AF501994

ENCYCLOPÉDIE
METHODIQUE,

OU

PAR ORDRE DE MATIÈRES:

PAR UNE SOCIÉTÉ DE GENS DE LETTRES,
DE SAVANS ET D'ARTISTES;

Précédée d'un Vocabulaire universel, *servant de Table pour tout l'Ouvrage, ornée des Portraits des Citoyens* DIDEROT *&* D'ALEMBERT, *premiers Editeurs de* l'Encyclopédie.

ENCYCLOPÉDIE
MÉTHODIQUE.

AGRICULTURE,

Par les Citoyens TESSIER & THOUIN, *Membres de l'Institut National des Sciences & Arts.*

TOME QUATRIÈME.

A PARIS,

Chez H. AGASSE, Imprimeur-Libraire, rue des Poitevins, N.° 18.

AN IV.e M. DCC. XCVI.

AVERTISSEMENT.

ERRATA

LE mot EPICERIE ayant été imprimé en mon absence, les épreuves n'en ont point été corrigées. Il s'y est glissé malheureusement beaucoup de fautes, dont il est important que je releve au moins les plus frappantes.

Page 196.. colonne 2eme, lignes 1 & 2, au lieu de *le à la campagne* lisez *écrit à la campagne.*
197.. colonne 2... ligne 2. après *cependant* ajoutez *il.*
202.. colonne 1... ligne 16. au lieu d'*amomum gnigiber* lisez *amomum gingiber.*
Idem.. idem....... ligne 28. au lieu d'*écrivoit* lisez *croyoit.*
203.. colonne 2... lignes 46 & 47, au lieu de *en* 1779, 1100 *plants, qu'elles ont produits, ont été:* lisez 1100 *plants, qu'elles ont produits en* 1779, *ont été.*
204.. colonne 1.. ligne dernière, au lieu de *qualité* lisez *quantité.*
Idem.. idem....... ligne 47. au lieu de *par des détails* lisez *de détails.*
206.. colonne 1... avant dernière ligne supprimez *un tems.*
Idem. colonne 2... ligne 16. au lieu de *de donne* lisez *vienne.*
208.. colonne 1... ligne 7. au lieu de *premier* lisez *dernier.*
Idem.. idem....... ligne 48. au lieu de *venues* lisez *venus* & supprimez *&.*
Idem. colonne 2... *idem*.... au lieu de *sécha & montra ses premières muscades le* 25 *Mars, l'autre partie développée* lisez : *l'autre sécha & montra ses premières muscades développées le* 25 *Mars.*
212.. colonne 2... ligne 8. lisez *Ravent-sara.*
213.. *idem* ....au lieu de 22 lisez à l'indication de la page 213.
Idem. colonne 1... ligne 7. après *Amérique* ajoutez *est.*
Idem.. idem....... ligne 39. au lieu de *n'avoit eu* lisez *n'avoit vu.*
Idem. colonne 2... ligne 4. au lieu de *Tenay* lisez *Ternay.*
Idem.. idem....... ligne 23. au lieu de *Theger* lisez *Theyer.*
Idem.. idem....... lignes 39 & 40, supprimez *en segment.*
214.. colonne 1... ligne 15. au lieu de *pere d'Imarville* lisez *pere d'Incarville.*
Idem. idem........lignes 28 & 29, au lieu de *deuxième* lisez *vingtième.*
215.. colonne 1... ligne 6. au lieu de *camphria* lisez *camphrier.*
Idem. colonne 2... ligne 19. au lieu de *Manjoustan* lisez *Mangoustan.*
Idem.. idem....... lignes 49, 50 & 51, au lieu de *c'est que ces arbres exigeant dans leur jeunesse beaucoup de soins particuliers, donne l'espérance* lisez *parce que ces arbres exigent dans leur jeunesse beaucoup de soins particuliers. M. Martin donne l'espérance.*
218.. colonne 1... ligne 21. au lieu de *partie* lisez *patrie.*
Idem. colonne 1... note 2. au lieu de *London chronicle* lisez *London chronic.*
220.. colonne 2... ligne 30. au lieu de *en girofle* lisez *de ces girofles.*
221.. colonne 1... ligne 5. au lieu de *& abritée* lisez *& qu'elle soit abritée.*
Idem.. idem....... ligne 20. au lieu de *dispose* lisez *pose.*
Idem. colonne 2... ligne 56. au lieu de *tondues* lisez *tordues.*
222.. colonne 1... ligne 15. au lieu de *trou* lisez *brou.*
223.. colonne 1... ligne 27. supprimez *une.*
Idem.. idem....... ligne 48. au lieu d'*encouder* lisez *émonder.*
Idem. colonne 2... ligne 8. au lieu de *cet* lisez *cette.*
Idem.. idem....... ligne 18. au lieu de *le* lisez *ce.*
224.. colonne 2... ligne 2. après *ques* ajoutez *tous les.* (TESSIER.)

DACTYLE, *Dactylis*.

Genre de plante unilobée, de la famille des *Graminées*, qui a des rapports avec les *Cretelles*. Il comprend des herbes qui ont la forme & l'aspect général des *Graminées*, dont la nature est d'avoir les feuilles ordinairement simples, entières, allongées, pointues, à nervures parallèles, confluentes au sommet & embrassant la tige par une gaîne fendue. Cette gaine fortifie singulièrement ces plantes, dont la structure est telle, que quoique foible en apparence, elle résiste aux vents les plus impétueux, pouvant se plier sans rompre. Leur tige est grêle, communément articulée, on la nomme *Chaume*. La grandeur des espèces de *Dactyle* varie de trois pouces jusqu'à quatre pieds. Elles sont étrangères à la France, excepté l'espèce n.° 2, *Dactyle pelotonné*. Les fleurs sont ramassées en épi, en tête ou par pelotons. Le fruit est une semence nue, applatie d'un côté & convexe de l'autre. Ces plantes ayant toutes le même port, sans aucune beauté particulière, nous nous bornerons à cet exposé & à la nomenclature des espèces. Ce genre est de la troisième classe de Linné.

Espèces.

1 Dactyle de Virginie.

Dactylis Cynnosuroïdes. L. ♃ de la Virginie, du Canada.

2 Dactyle pelotonné.

Dactylis glomerata. Lam. Encyc. ♃ en Europe, en France.

3 Dactyle cilié.

Dactylis ciliaris. L. du Cap de bonne-espérance.

4 Dactyle lagopoïde.

Dactylis lagopoïdes. L. ♃ dans l'Inde.

5 Dactyle capité.

Dactylis capitata. L. S. Sup. du Cap de bonne-espérance.

Culture.

Les quatre espèces étrangères se sèment au mois de mars dans des pots qu'on met dans la tannée d'une couche chaude sous chassis, on les traite comme les autres plantes congénères & on les rentre aux approches des grandes gelées. L'espèce n.° 2 se sème en même tems, en pots ou en pleine terre.

Usages.

Ces plantes font partie des gazons & des pâturages des pays qu'elles habitent. L'espèce n.° 2 est très-commune dans les prés, dans les hayes, sur le bord des chemins. Ses tiges, ses feuilles sont âpres, dures au toucher, d'une mauvaise qualité pour les foins qui la contiennent. Les Chiens la mangent pour se faire vomir.

Ces plantes n'ayant aucun agrément, aucune utilité reconnue, ne trouvent place que dans les jardins de Botanique pour la démonstration. (*L. Menon.*)

DACTYLUS. Nom usité dans les Pharmacies & emprunté de la langue latine, pour désigner le Dattier. *Voyez* ce mot. (*L. Reynier.*)

DAGA. Nom qu'on donne à l'*Iris germanique* dans la partie montagneuse de la Suisse françaisе. Ce nom est-il dérivé de quelque racine celtique, ou du mot *Dague* à cause de la forme de ses feuilles ? *Vicat*, *Plantes vénéneuses de la Suisse*. Voyez Iris (*L. Reynier.*)

DAIDSU. Nom vulgaire, au Japon, de l'espèce de Dolic, dont la gousse sert à faire le *Soja*, sauce très-connue & qui se transporte en Europe. *Voyez* Dolic du Japon, n.° 28. (*L. Reynier.*)

DAIM. Quadrupède sauvage, qui vit habituellement dans les bois. Il cause des dégâts aux cultures, de la même manière que la Biche & le Cerf. *Voyez* ces deux mots. (*M. Tessier.*)

DAIS, *Dais*.

Genre de la famille des *Thymelées*, qui a des rapports avec les Passerines & les Guidiennes. Il est composé d'arbustes & de sous-arbrisseaux étrangers qui croissent en Afrique, au Cap de bonne-espérance, à Madagascar & dans l'Inde. Leur verdure est perpétuelle & leurs fleurs ne sont pas sans agrément.

Le caractère de ce genre est d'avoir, 1.° une collerette à quatre feuilles qui accompagne le réceptacle commun, sur lequel sont réunies les fleurs; 2.° un calice ou une corolle dont le limbe est divisé en quatre ou cinq découpures ouvertes; 3.° huit ou dix étamines insérées à l'orifice du tube; 4.° un ovaire supérieur surmonté d'un style filiforme terminé par un stigmate en tête; 5.° & enfin pour fruit, une baie qui renferme une seule semence.

Les Dais ne peuvent être cultivés dans notre climat que dans des vases & avec le secours des serres. On les multiplie de marcottes. Ils sont très-rares en France & même en Europe.

Espèces.

1 Dais à feuilles de fustet.

Dais cotinifolia. L. ♄ du Cap de bonne-espérance.

2 Dais à fleurs glabres.

Dais octandra. L. ♄ de l'Inde.

3 Dais de Madagascar.

Dais Madagascariensis. Lam. Dict. ♄ de Madagascar.

Gnidia daphnæfolia. L. fils supp.

4 Dais pubescent.

Dais pubescens. Lam. Dict. ♄ de Madagascar.

5 Dais à feuilles de lin.

Dais linifolia. Lam. Dict.

Gnidia capitata. L. f. supp. ♄ du Cap de bonne-espérance.

Description du port des espèces.

1. Le Dais à feuilles de Fustet est un arbrisseau de quatre à cinq pieds de haut. Sa tige est droite, rameuse, garnie de feuilles vers l'extrémité des branches. Les feuilles sont opposées, ovales, entières, glabres. Leur longueur est d'environ deux pouces sur une largeur de dix lignes. Elles sont vertes en-dessus & veinées en-dessous. Les fleurs viennent par bouquets de huit à douze ensemble, à l'extrémité de chaque rameau, & forment une masse agréable qui ressemble assez à celle de l'Azalée visqueuse. Ces fleurs sont longues d'un pouce, pubescentes ou velues en-dehors & renferment dix étamines.

2 Le Dais à fleurs glabres paroît former un arbrisseau de même hauteur que le précédent. Ses feuilles sont disposées de la même manière, mais plus longues & plus étroites. Les fleurs, qui viennent aussi réunies en tête à l'extrémité des rameaux, sont plus petites, glabres, & n'ont que huit étamines.

3 Le Dais de Madagascar est un sous arbrisseau rameux garni à l'extrémité des branches, de feuilles ovales, entières, d'un verd foncé en-dessus & d'un vert pâle en-dessous. Les fleurs viennent réunies en tête au nombre de dix à quinze, dans les aisselles des feuilles, vers le sommet des rameaux. Quoique petites leur réunion jointe à leur couleur gris-de-lin, produit un effet agréable.

4 Dais pubescent. Les rameaux de cette espèce sont plus longs, plus grêles & plus feuillés que dans l'espèce précédente. Les feuilles sont très-rapprochées les unes des autres. Elles ont la forme & la grandeur de celles du Bouis, mais elles sont couvertes d'un léger duvet qui les rend comme argentées. Les fleurs sont rassemblées en tête, & partent des aisselles des feuilles de l'extrémité des rameaux. Elles sont plus petites & beaucoup moins agréables que dans les espèces précédentes.

5 Le Dais à feuilles de lin se distingue aisément des précédents par ses feuilles longues, étroites & semblables à celles du Lin & plus encore par ses têtes de fleurs plus considérables & munies d'une collerette composée de huit feuilles. Ces fleurs ont d'ailleurs, comme les deux précédentes, dix étamines portées à l'orifice de la corole qui est divisée par son limbe en cinq parties.

Culture. De ces cinq espèces de Dais il n'y a que la première qui soit cultivée dans les Jardins de l'Europe, encore ne se rencontre-t-elle que dans les grands Jardins de Botanique. On conserve ce sous-arbrisseau dans des vases que l'on rentre pendant l'hiver dans de bonnes orangeries & même dans la serre tempérée. Il lui faut une terre sablonneuse & substantielle qui ne soit pas susceptible de se durcir par la sécheresse. Des arrosemens légers pendant l'hiver, plus multipliés & plus abondans pendant l'été lui sont nécessaires. Il peut rester en plein air pendant toute la belle saison, lorsque le vase qui le renferme est enterré dans une plate-bande ou dans le terreau d'une couche sans chaleur à l'exposition du Midi. A l'approche des gelées il doit être rentré dans la serre & placé loin du fourneau, dans le lieu le plus aéré.

Il est probable que le Dais à feuilles de Fustet se multiplieroit aisément de semences, si l'on en recueilloit dans notre climat. Il suffiroit de les semer vers le milieu de l'automne dans des pots remplis d'une terre légère qu'on placeroit sous un chassis & qui y resteroient jusqu'à ce que les jeunes plants fussent assez forts pour être séparés. Mais comme cet arbrisseau n'a point encore fructifié dans notre climat & qu'il est assez rare d'en recevoir des graines du Cap de bonne-espérance, on est privé de ce moyen de multiplication. Celui des marcottes peut s'employer avec succès pourvu qu'on possède des individus d'une certaine force; car vouloir le tenter sur des individus foibles, c'est s'exposer à les faire périr.

On marcotte le Dais au moment où l'on sort les plantes des serres. Comme son bois est assez dur il est bon de l'inciser à la manière des œillets, & au tiers de l'épaisseur de ses branches. On les courbe ensuite dans des pots remplis d'une terre composée de deux parties de terre de bruyère & d'une partie de terre franche très-douce. On les arrose fréquemment, mais légèrement, pendant le courant de l'été; & si à la fin de cette saison les marcottes se trouvent abondamment pourvues de racines, on peut les séparer vers le milieu de l'automne. Mais il est plus sûr de remettre cette opération au printemps. Alors on les mettra dans de petits pots placés sous une couche tiède & sous un chassis qu'on ombragera jusqu'à ce que les jeunes pieds soient bien repris. Ensuite on les laissera exposés à l'air libre, jusqu'au moment de les rentrer dans les serres.

Nous n'avons point de renseignemens particuliers sur la culture pratique des quatre autres espèces. Mais nous croyons que celles qui sont comprises sous les n.os 2, 3 & 4, étant originaires de l'Inde & de Madagascar, doivent être cultivées comme les plantes les plus délicates des climats chauds & qu'elles doivent passer l'hiver dans les couches de tan des serres chaudes, sur-tout pendant leur jeunesse. La cinquième espèce originaire du Cap de bonne-espérance, s'accommoderoit sans doute de la culture que nous avons indiquée pour la première espèce.

Usages. Les propriétés & les usages des Dais dans leur pays natal ne nous sont pas connus. Mais nous pensons que ces sous-arbrisseaux figureroient fort bien dans nos Jardins ; que leur verdure perpétuelle, la teinte de cette verdure & la gentillesse de leurs fleurs en tête, y répandroient autant d'agrément que de variété. (*Thouin*.)

DAKHA. Plante dont la filasse sert au Cap de bonne-espérance pour l'usage des Hottentots. *L'Histoire générale des voyages* indique seulement son nom & son usage sans la désigner ; ainsi je ne puis la rapprocher d'aucune espèce, ni même savoir si c'est autre chose que le Chanvre ordinaire. *Voyez* FILASSE. (*L. Reynier*.)

DALBERG, *Dalbergia*.

Genre de la famille des *Légumineuses*. Il comprend deux espèces qui sont des arbres & arbrisseaux à feuilles alternes, ternées ou ailées avec impaire ; à fleurs axillaires en papillon, disposées en grappes ou en épi ; à légumes pédiculés, membraneux, de forme longue ou orbiculaire, comprimée ou applatie, renfermant une ou plusieurs semences. Elles sont exotiques & on ne pourroit, dans notre climat, les faire végéter qu'en serre chaude où elles seroient particulièrement admises pour les écoles de Botanique, où on les multiplieroit par graines. Ce genre fournit une résine.

Espèces.

1 Dalberg à gousse lancéolée.
Dalbergia lanceolaria. Lam. Dict. ♄ Isle de Ceylan.

B. Dalberg à folioles presque glabres des deux côtés, &c.
Eadem foliolis utrinque subglabris, &c. Lam. D. *Solori* de Adanson.

2 Dalberg à gousse ovale.
Dalbergia monetaria. Lam. Dict. ♄ Environs de Surinam.

Description du port des espèces.

1 Dalberg à gousse lancéolée. Cette espèce, suivant Linnéus fils, est un arbre dont le port est évidé, lâche & velu dans ses parties déliées. Dix à seize folioles petites ovales, ondulées, sans découpure, placées alternativement sur une côte commune composent ses feuilles, qui sont elles-mêmes situées alternativement ; les fleurs sont placées dans leurs aisselles & disposées en grappes branchues : elles sont de la forme de celles des Haricots & d'une couleur ferrugineuse : il paroît qu'elles ne sont pas fort grandes. Il leur succède des légumes d'une forme exactement en lance où se trouve une semence unique, quelquefois deux, mais alors elles sont écartées. Cet arbre croît dans l'Isle de Ceylan.

La variété B a les folioles presque glabres, brillantes en-dessus, d'un verd pâle & veineuses en-dessous : les gousses ont sur un des côtés un rebord.

2 Dalberg à gousse ovale. Dans cette espèce trois folioles sans dentelure, ovales, pointues, veineuses & dégagées forment la feuille. Les fleurs très-petites, blanches, nombreuses, sont placées dans les aisselles des feuilles sur un côté de la queue qui leur est propre, disposées en épi. Le légume est ovale, applati & plus long que n'est l'ongle du pouce. Cet arbrisseau croît dans les lieux humides aux environs de Surinam.

Culture & Usages.

Tous les Végétaux de la famille des Légumineuses intéressent dans la culture par le feuillage & sur-tout par les fleurs ; les Dalbergs paroissent, à ce dernier égard, moins mériter les soins du Cultivateur qui les veut voir récompensés par les agrémens de la fructification : mais ils n'en sont pas moins précieux, sur-tout par leur rareté, dans les endroits consacrés à l'avancement de la Botanique où leur culture ne sera pas négligée. Elle présente d'ailleurs peu de difficultés puisque les graines de cette famille lévent promptement & gardent long-tems leur qualité germinative. Les individus se conservent puisque le *Parkinsonia*, un des plus difficiles de cette famille, passe l'hiver dans une serre chaude tenue à dix ou douze degrés, & en supposant que les Dalbergs soient aussi délicats que lui, il n'est point de serres chaudes où on ne les puisse faire végéter : mais si l'indication que nous avons de l'habitation aquatique du n.° 2, nous prescrit des arrosemens fréquens nous croyons qu'il faut beaucoup s'écarter du même procédé à l'égard du n.° 1, & probablement de sa variété que nous présumons être du même sol que lui. Il sera de rigueur de tenir les deux espèces constament dans la tannée de la serre chaude ou en été dans celle d'un chassis, tant que pour cette dernière place leur élévation ne s'y opposera pas. La terre légère amendée convient aux Légumineuses exotiques : adultes ou non elles se rempotent en été motte tenante, les jeunes, dès que la foiblesse du plant ne le défend plus. Ces dernières doivent nécessairement être placées sous le chassis à tan, souvent aérées, endurcies en quelque sorte, jusqu'à l'automne où, introduites dans la serre chaude, elles doivent être veillées exactement : les feuilles lavées avec une préparation d'eau de vinaigre & de sel marin, lorsqu'elles sont attaquées par un certain puceron rougeâtre qui vit de la substance intérieure des lobes de la feuille, & qui tapisse le jeune arbrisseau d'une toile semblable à celle de l'araignée : nous avons remarqué que les fumigations au tabac n'ont presque point de prise sur lui. Telles sont nos conjectures sur la conduite que l'on doit tenir à l'égard des Dalbergs. Ce genre n'est point dans le commerce, & manque dans presque toutes les collections. La racine du n.° 2 coupée laisse couler un suc de couleur pourpre ; son bois est rouge. Il fournit une résine qui ressemble à celle que l'on nomme *Sang-dragon*. (*Fr. A. Quesné.*)

DALÉCHAMPE, *Dalechampia*.

Genre de la famille des Euphorbes, qui comprend onze espèces. Ce sont des plantes sarmenteuses & grimpantes qui paroissent en grand nombre, ligneuses, à feuilles caulines alternes, simples ou composées, à feuilles florales variées dans leur forme & découpure, embrassant les ombelles des fleurs qui sont écailleuses, sans éclat & monoïques ou mâles & femelles ensemble sur le même pied & souvent sur la même ombelle : le fruit est une capsule à trois coques, avec chacune une semence. Elles sont étrangères à notre climat, & ne se peuvent voir végétantes en Europe que dans les serres chaudes établies pour la Botanique ou pour les Collections de ceux qui veulent tout posséder. Elles se multiplient par graines, & probablement par drageons & marcottes : elles paroissent de courte durée.

Espèces.

1 Daléchampe à feuilles de Liseron.
Dalechampia convolvuloïdes. Lam. Dict. Brésil.
2 Daléchampe à feuilles de Taminier.
Dalechampia taminifolia. Lam. Dict. Inde.
3 Daléchampe à feuilles de Tilleul.
Dalechampia tiliæfolia. Lam. Dict.
4 Daléchampe du Pérou.
Dalechampia peruviana. Lam. Dict. Pérou.
5 Daléchampe velue.
Dalechampia villosa. Lam. Dict. Saint-Domingue.
6 Daléchampe à feuilles larges.
Dalechampia latifolia. Lam. Dict. Antilles.
7 Daléchampe à petites feuilles.
Dalechampia parvifolia. Lam. Dict. Chine.
8 Daléchampe du Bresil.
Dalechampia brasiliensis, Lam. Dict. Brésil.
9 Daléchampe à feuilles de Figuier.
Dalechampia ficifolia. Lam. Dict. Bresil.
10 Daléchampe à trois feuilles.
Dalechampia triphylla. Lam. Dict. Bresil.
11 Daléchampe à cinq feuilles.
Dalechampia pentaphylla. Lam. Dict. Bresil.

Description du port des espèces.

1 La Daléchampe à feuilles de Liseron a de plus le port de cette plante : elle est grimpante ainsi que toutes les suivantes ; ses tiges sont menues & couvertes d'un léger duvet. Ses feuilles sont en cœur ; elles sont larges de près de deux pouces, placées alternativement & fort dégagées. Les fleurs naissent sur les côtés. Plusieurs ensemble sont réunies sur une même queue environnée de deux feuilles, petites, cohérentes, en forme de cœur & d'un verd jaunâtre. Elle a été trouvée au Bresil par Dombey.

2 Les sarmens de la Daléchampe à feuilles de Taminier sont sans poil & marquées de stries. Les feuilles sont en cœur avec une pointe aiguë, leur longueur est de plus de trois pouces & leur largeur de deux pouces & demi. Les feuilles qui embrassent l'ombelle des fleurs, sont cohérentes & pointues. Cette plante a été rapportée, en herbier, de l'Inde.

3 Les feuilles dans la Daléchampe à feuilles de Tilleul sont sans dentelure, ce qui établit sa différence avec la suivante : elles sont en forme de cœur, & elles se rapprochent un peu de la forme de celles du *Tilleul*. Elles sont en-dessous recouvertes de duvet. On ignore positivement le lieu de son habitation, mais elle est présumée du même pays que la suivante n.° 4.

4 Daléchampe du Pérou. Les sarmens sont striés ; les feuilles sont en cœur & divisées profondément en trois lobes oblongs, pointus & sans dentelures : elles sont veineuses, cotonneuses en-dessous & bien dégagées. Les feuilles qui accompagnent les fleurs sont sans queue, d'une forme ovale & marquées de trois dents à leur sommet. Cette plante a été trouvée au Pérou.

5 La Daléchampe velue s'élève de douze pieds, & elle est par-tout couverte de poils : les feuilles sont divisées en trois lobes comme dans la précédente, mais la base est échancrée & les divisions sont en forme de lance & denticulées régulièrement. La queue des fleurs est un peu moins longue que celle des feuilles ; celles qui les environnent n'en ont point, elles sont dentelées & divisées aussi en trois lobes pointus. Elle se trouve à Saint-Domingue, dans les bois.

6 Daléchampe à larges feuilles. Cette espèce est beaucoup moins velue que la précédente ; elle a les feuilles plus grandes & plus larges, leur queue est plus longue ainsi que celle qui est propre aux fleurs. Elle grimpe sur les arbres comme le Houblon. Ses sarmens sont verts &

velus, ſes feuilles ſont de la grandeur de la main ouverte. Elle ſe trouve dans les Antilles.

7 La DALÉCHAMPE à petites feuilles eſt petite & couverte d'un léger duvet. Ses feuilles ſont diviſées en trois lobes, elles ſont cotonneuſes ſur-tout en-deſſous; elles n'ont pas plus d'un pouce de longueur, & leur queue eſt de moitié plus courte : celle des fleurs eſt longue d'un pouce, & les deux feuilles qui les environnent ſont à leur ſommet un peu fendues en trois parties. Elle croît à la Chine.

8 Les ſarmens de la DALÉCHAMPE du Breſil ſont très-menus & d'un duvet blanchâtre : la forme des feuilles eſt la même que dans la précédente. La queue des fleurs eſt très-courte, les feuilles qui les embraſſent ſont petites, d'une forme ovale & un peu fendues en trois parties. Elle a été trouvée près de Rio-Janeiro.

9 Le feuillage de la DALÉCHAMPE à feuilles de Figuier eſt large, liſſe & luiſant. Les feuilles ont trois lobes; leurs queues ſont chargées, ainſi que celles des fleurs, d'un coton rougeâtre. Les ombelles des fleurs ſont courtes, les deux feuilles qui les renferment ſont un peu fendues à leur ſommet; elles ſont retrécies vers leur baſe, & on rapporte qu'elles grandiſſent à meſure que les fruits ſe développent. Cette plante a été trouvée dans le Breſil.

10 Les tiges de la DALÉCHAMPE à trois feuilles ſont fort menues. Les feuilles ſont compoſées de trois folioles en lance de plus de deux pouces de longueur, les deux latérales ſont à leur baſe d'une forme oblique; elles ſont attachées à l'extrémité d'une queue commune. Les fleurs forment des ombelles fort petites, & les deux feuilles qui les embraſſent ſont fendues profondément en trois parties. Cette eſpèce a été trouvée dans le Breſil.

11 Les ſarmens de la DALÉCHAMPE à cinq feuilles & toutes ſes parties ſont légérement velues. Les feuilles ſont compoſées de cinq folioles luiſantes, ovales, pointues, larges d'un pouce, réunies au même point d'inſertion & un peu dégagées. Les ombelles des fleurs ſont petites & les deux feuilles qui les renferment ſont fendues en cinq parties. Cette eſpèce a été trouvée dans le Breſil.

Culture.

Nous n'avons point parlé de la conſiſtance herbacée ou ligneuſe des Daléchampes, parce que nous n'avons point d'indication certaine à cet égard. Cependant nous les croyons ligneuſes ou au moins ſemi-ligneuſes. Miller, qui en a cultivé une eſpèce qu'il avoit reçue de la Jamaïque, nous ſert de guide dans la conduite que nous indiquons pour les eſpèces de ce genre qui ne ſont guères connues que par les herbiers.

Les Daléchampes ne doivent en aucun tems être expoſées à l'air libre : elles doivent être cultivées en terre légère & amendée par le terreau, les pots enfoncés dans les tannées du fond de la ſerre chaude. On leur fournira des tuteurs & mieux un treillage ſur lequel elles s'étendront plus agréablement; elles fleuriront & peut-être même la graine mûrira-t-elle ſi l'air de la ſerre eſt ſouvent renouvellé, & ſi pendant les chaleurs on les fait jouir de toutes ſes bienſaiſances, en abattant les chaſſis. On les arroſe alors abondamment, mais en hiver on ne leur donne que très-peu d'eau. Il ne paroît pas que les Daléchampes ſoient de longue durée : Richard a cultivé le n.° 5 à Trianon, il a fleuri ſous les mains de ce cultivateur. Le n.° 7 pourroit peut-être avec ſuccès s'expoſer à l'air libre pendant les chaleurs.

La multiplication par graines ſera ſans contredit la partie la plus facile de la culture des Daléchampes; elles ſe sèment de bonne heure au printemps, ſur couche & ſous cloche. Lorſque le plant a trois pouces de hauteur on le tranſplante ſéparément avec beaucoup plus de terreau que de ſable de bruyère, dans des petits pots pour les placer de niveau ſous le chaſſis à tan, recouvert ſoigneuſement juſqu'à la repriſe, aéré, arroſé ſouvent & avec attention pendant la chaleur, juſqu'à ce que les racines garniſſant le fond du pot, on le change. Les plantes ſont alors en état de figurer dans la ſerre chaude.

Leur multiplication par drageons & par marcottes ne préſentera peut-être pas de grandes difficultés. Elle pourroit offrir le moyen de conſerver long-tems ces plantes, puiſqu'on a l'expérience en culture que les individus provignés valent ſouvent mieux que ceux dont on les a retirés. Au reſte ſi la durée des Daléchampes eſt naturellement courte, on doit encore tenter tous les moyens qui ſont au pouvoir de l'art pour les perpétuer.

Uſage.

On apperçoit que celui des Daléchampes ſe réduit aux beſoins de l'Ecole de Botanique. Néanmoins le n.° 9 ſeroit une acquiſition précieuſe pour toutes Collections *arboriques*, ne fût-ce que pour la ſingularité de l'agrandiſſement des feuilles florales pendant tout le tems du développement des fruits. (*FR. A. QUESNÉ.*)

DALÉCHAMPS. (Jacques) né à Caen en Normandie, l'an 1513, mort à Lyon, en 1588, âgé de 75 ans. Il exerçoit la médecine à Lyon. Nous avons de lui :

1. L'Hiſtoire des Plantes, grec & latin, imprimée à Lyon, en 1587, 2 vol. *in-folio*, traduite en français par Jean Démoulins. 2 vol. *in-fol.* 1553.

2. Une traduction latine des quinze Livres d'Athérée, deux volumes avec des notes & des eſtampes, imprimée à Lyon, en 1552, *in-folio*.

3. Une traduction française du 6.e Livre de Paul Eguetti, enrichie de commentaires & d'une préface sur la chirurgie ancienne & moderne.

4. Les onze Livres d'Administration analogistique de Claude Galien, translatée & corrigée. Lyon, 1566, *in-folio*.

5. Des notes sur l'Histoire naturelle de Pline. 1587, *in-folio*. (*C. Gruvel.*)

DALIBARDE, *Dalibarda*. Nom d'un ancien genre de Plante institué par Linnéus, en l'honneur de Dalibard, Botaniste français. Cet auteur l'a réuni, depuis, au genre de Ronces sous le nom de *Rubus* Dalibarda L. *V.* Ronce au Dictionnaire des Arbres. (*Thouin.*)

DAMAS de Tours. (gros) Damas musqué. Damas rouge. Damas rouge. (petit) Damas blanc. (gros) Damas ou Dame-Aubert. Damas d'Italie. Damas blanc. (petit) Damas violet. Damas drouet. Damas de Montgeron. Damas noir tardif ou Damas de Septembre. Ce sont des variétés du *prunus insititia Damascena L. Voyez* l'article Prunier au Dictionnaire des Arbres. (*Thouin.*)

DAMAS. Variété de la Vigne dont la grappe est très-grosse & les grains allongés; on en connoît de blancs & de rouges. Cette variété, avec laquelle on prépare les raisins secs, dits *de Damas* dans le Commerce, mûrit difficilement dans nos climats. *Voyez* Vigne. (L. *Reynier.*)

DAMASONIUM. Nom latin adopté dans plusieurs Catalogues, pour désigner une espèce de *Fluteau. Voyez* ce mot. (*L. Reynier*)

DAME D'ONZE HEURES. Nom vulgaire par lequel les Jardiniers designent *l'Ornithogale ombellé. Voyez* Ornithogale. (*L. Reynier.*)

DAMES. On appelle *des Dames* un aliment qu'on prépare avec la bouillie de Maïs. *Voyez* Maïs. (*Tessier.*)

DAMIER. Nom que les Fleuristes donne à un grand nombre de variétés de la *Fritillaria meleagris. L. Voyez* Fritillaire méléagre n.° 3. (*Thouin.*)

DAMMAR, *Dammara.*

Observation.

Nous ne faisons mention des arbres de ce nom, que pour nous tenir le plus près qu'il est possible du Dictionnaire de Botanique, & pour ne rien laisser à desirer sur les plantes exotiques existantes ou non en France. Si donc nous avons souvent besoin d'indulgence, c'est sur-tout lorsque dans un cas comme celui-ci nous ne pouvons offrir que des Extraits & n'entretenir nos Lecteurs que de conjectures.

C'est du tems & des circonstances qu'il faut attendre des lumières sur les Dammars : Rumphe par lequel ils sont connus, ou n'a point parlé de la fleur ou n'est point assez clair sur l'exposition des parties de la fructification de ces végétaux étrangers à notre climat, qui sont de grands arbres que l'on ne pourroit cultiver en Europe que dans les établissemens les plus considérables en faveur de la Botanique, ou du goût le plus décidé pour la possession de ce que le règne végétal offre de plus rare & de plus étonnant.

Espèces.

1. Dammar sélan.

Dammara selanica, Lam. Dict. ♄ Indes orientales.

2. Dammar blanc.

Dammara alba. Lam. Dict. ♄ Isles Moluques.

Description du port.

1. Suivant Rumphe, le Dammar sélan est un arbre fort résineux, gros, élevé & dont la cime est ample. Les feuilles sont simples, d'une forme ovale en lance, sans dentelures & placées alternativement. Les fleurs sont en grappes & ressemblent en quelque sorte à celles du *Corossol* : il est commun dans la plûpart des Indes orientales.

2. Le Dammar blanc est aussi un arbre très-résineux, des plus grands, dont le tronc est droit & communément de huit ou dix pieds de diamètre. Il s'élève comme un sapin, & sa cime paroît médiocre relativement à sa hauteur. Ses feuilles sont simples, en forme de lance, pointues aux deux extrémités, sans dentelures & d'un vert de mer. Son fruit ressemble presque à des cônes de Pin ou au fruit du *Protea argentea* de Linné. Il découle de cet arbre une résine blanche & transparente qui reste attachée à l'arbre & se durcit. Elle brûle facilement. Cet arbre paroît, dit Lamarck, avoir certains rapports avec le *Dombey* (*Voyez* son Art.) dont le caractère du fruit se rapproche des Pins, tandis que son aspect & son feuillage semblent devoir le faire ranger parmi les espèces du *Protea.* Le Dammar blanc croît dans les Moluques, sur les montagnes.

Culture & Usages.

Essayer la Culture des Dammars & des autres arbres volumineux & d'un feuillage étendu dans nos serres étroites, c'est ne communiquer à la science que des individus rabougris, génés & imparfaits. Les établissemens modernes, tels surtout que ceux du Jardin national, de Navarre près Évreux, &c., promettent à nos neveux des jouissances presque complettes & d'autant moins équivoques, que chaque jour ajoute aux connoissances dans la culture & au nombre des individus.

On fournit, par les chassis, un air plus propre à la végétation des élèves, & ce commencement d'éducation non contrarié par les accidents qui tiennent à l'air sain, peut être pour le végétal ce que sont pour l'animal les précautions que l'on prend sagement pour la formation du tempérammeni. Les Dammars devenus d'une taille non effilée & d'une forme dans laquelle on n'a rien précipité, mais trop grande pour leur place, passeront dans les serres chaudes à larges panneaux élevés & perpendiculaires : là, dans une tannée souvent renouvellée, dans des caisses remplies de terre préparée avec celle de pré & de sable de bruyère soignés avec intelligence, ils seroient en état d'essuyer les contre-tems de la température; enfin ils ne seroient pas tués tout de suite ou peu-à-peu, & si on ne les fait pas arriver jusqu'au période de la fructification, on aura au moins des individus propres à satisfaire la curiosité & peut être d'utilité pour les Arts. (*Fr. A. Quesné.*)

DANA, *Danaa.*

Nouveau genre établi par Allioni, & voisin des Livèches, dont il est distingué par ses semences unies & non striées.

On n'en connoît jusqu'à ce jour qu'une seule espèce déjà décrite par Villars, sous le nom de *Ligusticum lobelii.* C'est une plante qui s'élève à deux & trois pieds; sa tige, peu branchue, n'a de feuilles qu'à l'insertion de chaque rameau; ses fleurs sont blanches, disposées en ombelle assez lâche; les semences sont noires dans leur maturité. Les feuilles radicales sont glabres, nombreuses, composées de folioles biternées, incisées; chaque division est lancéolée.

Cette plante habite les collines rocailleuses d'une grande partie de l'Europe méridionale; sa culture est la même que celle des Livèches ou des Boucages, mais elle ne peut être utile que dans les Jardins de Botanique. (*L. Reynier.*)

DANAIDE, *Pæderia.*

Genre de plantes de la famille des *Rubiacées*, composé de plantes sarmenteuses à feuilles opposées & fleurs disposées en panicules axillaires & velues à l'intérieur. Chaque fleur est monopétale. Il lui succède une baye ovale qui contient deux semences.

Espèces.

1. Danaide fétide.
Pæderia fœtida. L. des Moluques.

2. Danaide odorante.
Pæderia fragrans. ♄ De l'Isle-de-France.

La première espèce est la seule qui soit cultivée jusqu'à présent; la seconde n'est connue que par l'herbier de Commerson. cette dernière, dont l'odeur est agréable, semblable à celle des Narcisse, devroit plus naturellement occuper une place dans les Jardins que la première, dont l'odeur fétide n'a rien d'attrayant & n'est remplacée par aucun agrément. La première espèce est une plante sarmenteuse qui s'entortille aux haies & arbrisseaux, & s'élève de cette manière. Ses feuilles sont lancéolées, opposées, & les fleurs naissent en panicule à leur aisselle.

Culture. La culture de cette plante a beaucoup de rapport avec celle des espèces de Cadelari, originaires des Molucques; mêmes précautions à prendre & mêmes moyens de multiplication à adopter. *Voyez* Cadelari, pour éviter les répétitions.

Usages. Au rapport de Rumphe, les habitans des Molucques se servent de cette plante pour guérir les coliques venteuses, & en cataplasme contre les inflammations externes. (*L. Reynier.*)

DANDELION. Manière d'écrire le nom des *Dents de Lion. Voyez* ce mot. (*L. Reynier.*)

DANDRELIN. Non qu'on donne, dans une partie de la France, à un ustencile d'Osier qui sert à transporter à dos d'homme la vendange de la Vigne dans la Cuve, & le vin du Pressoir dans les Futailles. On le nomme dans d'autres endroits Bachous. *Voyez* Hotte. (*Thouin.*)

DAPHNÉ. Nom latin d'un genre de Plante, qui a été adopté en Français par quelques personnes. *Voyez* Lauréole. (*Thouin.*)

DAPHNOT, *Bontia.*

Genre de Plante de la troisième section de la famille des Solanées, qui a des rapports avec celui du Calebassier & du Brunsfel. Son caractère essentiel consiste, 1.° en un calice monophille, court, persistant, à cinq découpures; 2.° en une corolle monopétale, divisée en deux lèvres dont la supérieure est légérement échancrée, tandis que l'inférieure, roulée en dehors, est divisée en trois parties; 3.° en quatre étamines didynamiques, portant des anthères simples; 4.° en un ovaire supérieur ovale, surmonté d'un style à stigmate obtus & bifide; 5.° et enfin en une baie ovale qui renferme un noyau monosperme.

Ce genre n'est composé que d'une espèce, originaire de la Zone torride, qui forme un joli arbrisseau toujours verd, qu'on cultive assez communément dans les serres chaudes des Jardins de l'Europe.

Daphnot des Antilles.
Bontia Daphnoides. L. ♄ de l'Amérique méridionale.

Le Daphnot, auquel on donne le nom d'Olivier sauvage dans les Colonies anglaises de l'Amérique, & d'Olivier bâtard à Saint-Domingue, est un grand arbrisseau qui trace par ses racines & forme des sépées arrondies dans leur circonférence, lesquelles se terminent en pyramide par leur extrémité. Comme elles sont garnies d'un grand nombre de rameaux couverts de feuilles très-rapprochées les unes des autres & d'une verdure foncée, leur masse est épaisse & d'une verdure sombre. Cependant lorsque ces arbrisseaux sont garnis de fleurs dont ils se couvrent, ou qu'ils sont émaillés de leurs fruits, alors ils ont de l'agrément & produisent un fort bel effet.

Lorsqu'on a soin de supprimer tous les drageons qui poussent au pied de cet arbrisseau, il s'élève & devient un arbre dont le tronc acquiert la grosseur du corps d'un homme. Son écorce est grisâtre & un peu ridée. Ses rameaux nombreux sont garnis de feuilles alternes, placées confusément, lesquelles sont épaisses, longues & étroites, à-peu-près semblables à celles de l'Amandier, mais sans dentelures. Les fleurs viennent dans les aisselles des feuilles, une à une, & vers l'extrémité des rameaux. Elles sont d'un jaune rougeâtre, ou de couleur d'orange pâle. Il leur succède des baies ovales, lisses & jaunâtres, qui ont à-peu-près la forme & la grosseur d'une olive.

Culture. Le Daphnot se cultive dans des vases que l'on rentre aux approches des petites gelées, dans les serres chaudes, & qu'on place sur des tablettes. Il aime une terre substantielle plus forte que légère, & dans une proportion assez considérable. Il lui faut en toute saison des arrosemens fréquens, parce qu'il végète perpétuellement, mais ils doivent être plus abondants pendant les tems chauds qu'en hiver. Comme ses racines sont très-nombreuses & qu'elles s'emparent promptement de la terre contenue dans le vase, il est à propos de le rempotter une fois chaque année & même souvent deux fois, lorsque les individus sont jeunes & vigoureux.

Cet arbrisseau se multiplie fort aisément de graines, de marcottes & de boutures. Mais comme ses graines ne mûrissent point dans notre climat, on les tire de l'Amérique méridionale, & particuliérement des Antilles, où il croit abondamment. On les sème vers la fin de mars, dans des pots remplis d'une terre meuble & substantielle, qu'on place ensuite sur une couche chaude couverte d'un chassis. Ces semences doivent être recouvertes d'environ six lignes de terre, & arrosées copieusement matin & soir, jusqu'à ce qu'elles commencent à lever. C'est ordinairement au bout de six semaines, qu'on voit les feuilles séminales se développer. Il convient alors de modérer les arrosemens, & de ne les administrer que lorsque la surface de la terre du semis devient grise & sèche. Si la couche a perdu sa chaleur, on transporte les vases sous une bâche ou sur une couche neuve, pour accélérer la croissance des jeunes plants & pour les mettre en état de passer l'hiver. Arrivés à la hauteur de quatre pouces, on les sépare le plus en motte qu'il est possible, & on plante chaque pied séparément dans de petits pots. Pour ne pas ralentir leur croissance, on les tient sous un chassis; & lorsqu'ils sont bien repris, on les habitue insensiblement à supporter l'air libre & le grand soleil. Cette précaution est nécessaire sur-tout à l'approche de leur rentrée dans les serres, afin qu'ils soient moins délicats & qu'ils puissent passer le premier hiver plus sûrement. Lorsque pendant la nuit le Thermomètre descend à six ou sept degrés au-dessous de zéro, il ne faut pas manquer de renfermer les jeunes Daphnots. On peut les placer sous des chassis d'une température douce, & les y laisser jusqu'à la fin du mois d'octobre. On les en retirera ensuite pour les placer dans la serre chaude sur les appuis des croisées ou même dans la tannée, s'ils sont foibles & peu vigoureux. Pendant l'hiver ces arbustes n'exigent d'autres soins que d'être arrosés de tems en tems & lavés autant de fois qu'il en est nécessaire, pour les débarrasser des gallinsectes & des pucerons qui salissent leurs tiges & leurs feuilles.

Vers le milieu du printemps, au moment de sortir les plantes des serres, on visitera les racines des jeunes Daphnots; & si elles remplissent la capacité de leurs vases, on les mettra dans des vases plus grands. Ensuite on les placera à l'exposition du plein midi, & on les laissera à l'air libre jusqu'au tems de leur rentrée dans les serres. Trois semaines ou un mois avant cette époque, il est nécessaire de visiter encore les racines de ces arbrisseaux & de les rempotter si l'on s'apperçoit qu'elles soient trop gênées; mais il est bon de ne pas couper de racines dans cette saison, & de se contenter de mettre ou transvaser simplement les plantes dans un vase un peu plus grand.

En suivant cette culture chaque année, on obtiendra des individus forts & vigoureux qui commenceront à fleurir vers la cinquième année. C'est ordinairement dans le mois de juin que ces arbrisseaux donnent leurs fleurs, mais il est rare qu'elles nouent & qu'elles produisent des fruits dans notre climat.

La multiplication par marcottes est plus aisée & les individus qu'on obtient par ce moyen fleurissent plutôt & vivent aussi long-tems; il en est de même des boutures.

Les unes & les autres se font au printemps, quelques jours après que les plantes sont sorties des serres. Les premières se font avec des rameaux de dix-huit mois ou deux ans, & les autres avec des bourgeons de la dernière pousse. Les marcottes n'ont pas besoin d'être incisées ni ligaturées pour reprendre, on se contente de les courber & de les assujettir dans un pot à marcottes avec de la terre très-forte, mais bien divisée, & qu'on recouvre de mousse un peu longue pour entretenir l'humidité. Elles ne tardent pas à pousser des racines, & elles en font ordinairement

rement aſſez pourvues pour être ſéparées vers le mois de ſeptembre.

Les boutures ſe font dans de petits pots ſur une couche tiéde & ſous cloche, à la manière ordinaire. On peut même les faire au Nord & à l'air libre, mais il faut attendre que l'été ſoit arrivé & que les nuits ſoient chaudes. Dans ce cas on choiſit les plus jeunes rameaux & on les enterre de trois à quatre pouces, en ne laiſſant ſortir hors de terre qu'environ un pouce de leur extrémité. Ces boutures reprennent aſſez bien, mais il eſt rare qu'elles ſoient aſſez pourvues de racines pour être ſéparées ſans riſque, la même année. Il eſt plus ſûr de leur faire paſſer le premier hiver dans le même vaſe où elles ont été miſes d'abord, & ne les replanter qu'au printemps. Les jeunes pieds obtenus de marcottes & de boutures ſe traitent comme ceux qui ſont venus de ſemences, & ne ſont pas plus délicats.

Uſage. Le Daphnot ſe cultive fréquemment dans les Barbades, pour en former des haies dont on entoure les Jardins. Cet arbriſſeau eſt très-propre à cet uſage, parce qu'il eſt toujours verd & d'une prompte croiſſance. On aſſure qu'en plantant les drageons enracinés qui ont pouſſé pendant la ſaiſon des pluies, ils forment au bout de dix-huit mois une haie de quatre à cinq pieds de haut & bien garnie dans toute ſa hauteur. Comme cet arbriſſeau peut être taillé ſans danger, on lui donne la forme que l'on veut ſans qu'il en réſulte aucun inconvénient.

En Europe le Daphnot ne doit être conſidéré que comme un arbuſte agréable par ſa verdure perpétuelle, propre à jeter de la variété dans les ſerres chaudes pendant l'hiver, & l'été parmi les arbuſtes étrangers dans les Jardins. (*Thouin.*)

DARD. Les Floromanes donnent ce nom aux tiges des Œillets, & quelques-uns l'étendent aux tiges des autres plantes des Parterres. Mais ce nom tombe en déſuétude, à meſure que la Floromanie s'éteint. *Voyez* FLORIMANIE (*L. Reynier.*)

DARD. Quelques Agriculteurs donnent ce nom à des épines d'une certaine longueur, comme celle du *Cratægus cruſgalli* L. qu'ils appellent *Épine à long dard.* Ils l'emploient auſſi pour déſigner de petites branches chiffonnées qui croiſſent ſur le devant des arbres en eſpaliers, & qui ne ſe trouvent pas dans une poſition à être paliſſées. (*Thouin.*)

DARD ou Aiguille. Termes employés par les Jardiniers, pour déſigner le Piſtil des fleurs des arbres fruitiers & des légumes. *Voyez* PISTIL & AIGUILLE. (*Thouin.*)

DARDILLER. Les Jardiniers diſent que les fleurs dardillent, lorſque s'épanouiſſant elles laiſſent appercevoir leurs Dards ou Piſtils (*Thouin.*)

DARTRES. Les animaux ſont comme les hommes, ſuſceptibles d'être attaqués de Dartres. On appelle ainſi de petites puſtules nombreuſes, plus ou moins faciles à appercevoir, quelquefois douloureuſes & dégénérant avec promptitude en ulcère ſuperficiel & couvert de croûtes, à travers deſquelles ſuinte une matière, ordinairement fluide & de mauvaiſe odeur : M. Vitet aſſure que les vives demangeaiſons accompagnent rarement les Dartres. Mais je crois qu'il ſe trompe, & qu'au contraire les demangeaiſons ſont un des caractères de cette maladie. La grande marque de ſenſibilité qu'éprouvent les animaux, en eſt la preuve, car rien n'eſt plus difficile à ſouffrir qu'une demangeaiſon conſidérable.

Le Cheval, le Mulet, ou le Bœuf, &c., attaqué de Dartres, ſe gratte fortement avec les dents ou le pied, ou la corne. Il appuie l'endroit, où eſt le mal, contre un corps ſolide & ſe frotte juſqu'à ce que la cuiſſon ſuccède à la demangeaiſon.

En écartant le poil de la partie affectée, on découvre une multitude de petites puſtules preſque imperceptibles, lorſque c'eſt une *Dartre farineuſe*, ou une tumeur brûlante, formée de petites puſtules réunies & enflammées, lorſque c'eſt une *Dartre vive*. Dans le premier cas, tout le poil tombe peu-à-peu & la peau ſe couvre d'écailles, qui ſe diſſipent ſous la forme d'une poudre blanchâtre. Mais dans le ſecond cas, la matière, qui découle des ulcères dartreux, cauſant beaucoup de douleur à l'animal, il ſe gratte ſi fréquemment, qu'il s'oppoſe à la régénération des plaies. Ce n'eſt qu'à meſure que cette matière perd de ſa cauſticité, qu'elle ſe durcit, & forme une croûte raboteuſe, qui, après un certain tems, ſe lève & tombe.

Suivant M. Vitet, la Dartre qui affecte le muſeau, ſe nomme *Bouquet, noir muſeau ;* celle qui attaque le pli du genou, porte le nom de *Malandre ;* la Dartre qui occupe le pli du jarret, s'appelle *Solandre ;* celle qui eſt ſituée le long du tendon, depuis le pâturon juſqu'au milieu de la jambe, eſt nommée *Queue de rat* ou *Arête ;* la Dartre qui attaque le boulet, eſt appellée *Mule traverſine ;* enfin celle qui a ſon ſiége à la couronne, eſt connue ſous le nom de *Peignes.* Quoique toutes ces maladies ne forment qu'une ſeule & même eſpèce de Dartre, elles exigent quelquefois un traitement particulier, à cauſe de la nature des parties léſées. Par exemple, celles des jambes ſont bien plus difficiles à guérir que les autres.

Les Dartres ſe perpétuent de race en race & ſe communiquent d'un animal à un animal, & même, à ce qu'on aſſure, d'un animal à un homme. Il eſt bon de prendre des précautions, quand on ſoigne un animal dartreux.

On attribue les Dartres aux écuries humides & malpropres, à la boue des rues, aux travaux exceſſifs, particuliérement en été, & à de mauvais alimens; sans doute il faut compter pour quelque chose la disposition du sujet.

Avant d'appliquer aucun remède à l'animal dartreux, il convient de lui faire une petite saignée. On le met à la paille & au son mouillé pour nourriture, en y ajoutant deux onces de soufre par jour, si c'est un Cheval ou un Bœuf; & moitié, si c'est une Brebis ou une Chevre. On leur offre pour boisson de l'eau blanche, du petit lait, ou de l'infusion de réglisse. Les bains de marais, d'étang ou de rivière conviennent beaucoup au Bœuf & au Cheval, & point à la Chevre & à la Brebis. On en fait prendre aux premiers animaux le nombre de vingt dans huit jours, en les tenant chaque fois plusieurs heures dans l'eau.

La Dartre doit être lavée trois fois par jour, avec une forte infusion de réglisse, tenant en dissolution un gros de sublimé-corrosif, à la dose d'un gros pour une livre & demie d'infusion; on couvre la partie affectée pour la défendre des injures de l'air.

On a conseillé plusieurs autres remèdes extérieurs, dont voici les principaux;

Un mélange d'un tiers de sel nitreux & de deux tiers de miel.

Une forte infusion de tabac dans du vinaigre, qui tient en dissolution du vitriol verd, à la dose de deux onces dans deux livres & demie de vinaigre.

On compose un onguent avec deux onces de ceruse, une once d'alun, & suffisante quantité de pulx de patience ou de miel, ou bien avec parties égales de soufre, de verd-de-gris, d'alun & suffisante quantité de miel; en employant l'un ou l'autre de ces derniers remèdes, on lave une fois par jour la Dartre avec une forte infusion de feuilles de tabac ou de mouches cantharides dans du vinaigre ou avec une forte lessive de cendres, dans laquelle on a fait dissoudre du savon.

On vante encore la dissolution d'un gros de sublimé-corrosif, sur une pinte & demie d'eau-de-vie.

L'usage de ces remèdes suppose que les Dartres sont invétérées, & qu'on a employé envain les remèdes simples & généraux; il est bon d'appliquer & d'entretenir un seton au fanon.

Pour traiter les Dartres appellées *Peignes*, on se borne à les frotter avec un mélange d'une demi-livre de verd-de-gris, de deux onces de vitriol verd, de deux livres de vinaigre, qu'on fait macerer sur les cendres chaudes pendant vingt-quatre heures.

Dans tous les remèdes que je viens d'indiquer, plusieurs sont de puissans astringens. Quelques Vétérinaires en blâment l'usage, dans la crainte qu'ils ne repercutent l'humeur sur quelque partie essentielle à la vie. C'est une question, qui n'est pas encore bien décidée, de savoir si dans ces sortes de maladies, on ne doit jamais employer les *repercussifs* sur les animaux, si tous les remèdes, auxquels on a donné ce nom, le sont réellement; enfin si, après des remedes généraux & internes, on peut regarder comme repercussifs les remèdes externes, même astringens. Sur les hommes, dont la peau est fine & les extrémités des vaisseaux ouverts, les astringens sont dangereux dans plusieurs cas. Mais le cheval, le bœuf & autres animaux qui ont le tissu de la peau serré, je ne crois pas qu'ils aient les mêmes inconvéniens, sur-tout si on a fait précéder le traitement externe du traitement interne.

Les animaux, dont les jambes sont attaquées de Dartres, ont besoin d'être dans une écurie sèche.

Si les Dartres sont entretenues par un virus farineux, il faut les traiter comme le Furia. *Voyez* le Dictionnaire de Médecine. (*Tessier.*)

DARTRIER, *Vatairea.*

Genre de la famille des *Légumineuses*, qui a des rapports avec les Ptérocarpes, dont la fleur n'a point été examinée & qui ne comprend qu'une espèce. C'est un arbre à feuilles alternes, composées, à fruit renfermant une semence à deux lobes; il est étranger à notre climat, où il ne se cultiveroit qu'en serre chaude. La semence est d'utilité pour la guérison des Dartres.

Espèce.

Dartrier de la Guiane.
Vatairea guianensis. Lam. Dict. ♄ Guiane.

Description du port.

Le Dartrier est un arbre de près de cinquante pieds de hauteur, le tronc a un pied de diamètre, l'écorce est lisse & blanchâtre. Neuf à treize folioles vertes en-dessus, cendrées en-dessous, ovales, de trois pouces & demi de longueur, de plus de moitié moins larges, peu dégagées, mais avec écartement entre-elles, sont placées alternativement sur les deux côtés d'une queue commune longue d'environ un pied. Le fruit est une gousse applatie, à bords amincis, ronde irréguliérement, & de trois pouces de diamètre; elle est de couleur de maron, & elle renferme une semence à deux lobes. Cet arbre croît à la Guiane : il a été trouvé au bord d'une rivière à Caux, chez Boutin.

Culture & Usages.

Le Dartrier n'est point dans le Commerce, il manque dans les Collections. Sa place dans la serre chaude, doit être dans la tannée destinée aux arbres qui croissent sur le bord des eaux.

Au surplus, pour sa culture, voyez les articles COURBARIL & DAMMAR.

Aublet rapporte que la semence, pilée avec le sain-doux, fait une pommade employée pour guérir les Dartres, d'où est venu le nom de fruit ou graine à Dartres que les habitans lui donnent. (*Fr. A. Quesné.*)

DARTRIER. Nom vulgaire, aux Antilles, de l'espèce de Casse désignée par la qualification de Casse à gousses ailées. Le nom fait connoître le genre d'utilité de ce végétal. *Voyez* CASSE. (*L. Reynier.*)

DATISCA. Nom générique d'une plante analogue au Chanvre, dont il est traité dans ce Dictionnaire sous le nom de CANNABINE. *Voyez* ce mot. (*L. Reynier.*)

DATTE. Fruit du Dattier, d'un usage général comme nourriture dans la partie septentrionale de l'Afrique, & adopté dans les Pharmacies où cependant son usage est presque tombé en désuétude. *Voyez* DATTIER. (*L. Reynier.*)

DATTE. (prune) Nom de la quarante-septième espèce, ou variété du genre des Pruniers de Duhamel, dans son Traité des Arbres fruitiers. Il la décrit sous la phrase de *Prunus fructu medio, oblongo, hinc flavo, inde virescente.* Duhamel. *Voyez* l'article PRUNIER, au Dictionnaire des Arbres (*Thouin.*)

DATTE. Fruit d'une espèce de Palmier, connu sous le nom de *Phœnix dactilifera*, L. *Voyez* DATTIER commun, n°. 1. (*Thouin.*)

DATTE des Indes. Mauvais nom donné au fruit du *Diospyros lotus.* L. *Voyez* PLAQUEMINIER au Dictionnaire des Arbres. (*Thouin.*)

DATTIER, *Phœnix.*

Genre de la famille des PALMIERS, qui ne comprend qu'une espèce dont la tige est simple, le feuillage en faisceau, la feuille ailée, la fleur en panicule mâle sur un individu, femelle sur un autre, le fruit une baie, la semence un noyau dur. C'est un arbre célèbre dans l'antiquité, ses rameaux furent l'attribut de la victoire; il est probable qu'il fut le premier appelé *Palmier*, & qu'il a donné son nom à la plus belle famille des végétaux. Plusieurs Nations du Levant font leur principale nourriture de son fruit qui, séché, est chez nous d'utilité en Médecine. Il peut végéter dans notre climat sans serre chaude, & cependant, par son secours, on ne peut en voir que des individus médiocres : il se multiplie par les noyaux : il drageonne. Les Arts imitatifs doivent beaucoup au Palmier-dattier.

Espèces.

DATTIER commun.

Phœnix dactylifera. L. ♄ Levant, Pays chauds.

Palma major. Bauh. Pin. 506.

B DATTIER à baies ovales, plus petites. *Petit Dattier sauvage.* ♄ *Idem.*

Eadem baccis ovatis minoribus. D Sonnerat.

Description du port & Notices sur la Culture étrangère.

La racine du DATTIER commun est singulière, elle est très-pivotante & elle laisse échapper à son collet des rameaux traçans qui lient l'arbre à la surface de la terre & qui le provignent. La hauteur de son tronc est de vingt à trente pieds, sa grosseur est proportionnée; il croît sans branches : il devient ligneux à sa base, mais il est d'une substance filandreuse, & qui tient d'autant plus de celle du Roseau, qu'elle approche de la cime : son écorce paroît épaisse : elle est écailleuse & formée presque en totalité par des chicots qui sont les restes des queues des vieilles feuilles qui ne se détachent qu'après un laps de tems considérable : c'est un moyen d'y monter facilement. Le feuillage est brillant, d'un beau verd & persistant; il termine le tronc par un large faisceau, en cône, formé par quarante feuilles au moins & quatre-vingt au plus, disposées, les dernières venues perpendiculairement, les autres avec écartement ou en arc plus ou moins courbé suivant leur âge; elles se renouvellent & l'arbre s'élève, parce qu'il en naît douze chaque année & qu'il en périt successivement : elles ont dix pieds de longueur. Elles sont composées de folioles larges de près de deux pouces, dix ou douze fois plus longues, plissées, resserrées en forme d'épée, dures, sèches, celles du bas plus petites terminées par une pointe noire, placées presque toutes alternativement sur les deux côtés d'une queue commune fort élargie à sa base, assujettie par des ligamens en réseau, dont l'ensemble forme un corps jaunâtre qui paroît encore être là pour protéger les premiers développemens des parties de la fructification. Elles sont enveloppées d'abord dans un voile ou une spathe, & elles s'élèvent sur des ramifications simples, en forme de balai, qui tiennent à une queue commune. Dans le Dattier mâle, elles se réduisent à des fleurs très-nombreuses, blanchâtres, moins grandes que celles du Muguet, d'une odeur désagréable, à trois divisions oblongues & concaves; dans le Dattier femelle, il succède aux fleurs dont les divisions sont ovales-obtuses, des baies ovales, grosses comme le pouce, longues comme le doigt, couvertes d'une pellicule mince, rousseâtre, dont la pulpe est jaunâtre, grasse, ferme, bonne à manger, d'un goût vineux & sucré, renfermant, sans y adhérer, un noyau allongé, dur & sillonné d'un côté. Cent quatre-vingts ou deux cents baies sont attachées au même régime, & on en voit huit ou dix suspendus en même tems à la cime d'un Palmier. Cet arbre croît en abondance dans le Levant, en Afrique, il se trouve en Asie, &c. Il végète aussi dans la partie la plus orientale du Département du Var.

C'est sur-tout dans les terres sablonneuses des pays chauds, que les Dattiers réussissent. Les jeunes pieds que l'on détache des racines traçantes & que l'on cultive avec soin, donnent du fruit quatre ou cinq années après leur transplantation; mais ceux qui proviennent de semences, ne sont en rapport qu'après un tems beaucoup plus considérable. C'est en février que les bourgeons à fleurs se développent. On cueille sur un Dattier mâle, des grappes chargées de fleurs que l'on attache à celles d'un Dattier femelle, qui se trouve fécondé ainsi sans attendre que les poussières des étamines, apportées par les vents, remplissent ce vœu de la nature que l'éloignement & peut-être des causes accidentelles rendent souvent inutile. On ne peut guère élever de doutes sur l'effet de ce méchanisme opérant par les Zéphyrs ou par l'Art : l'opinion que les deux sexes ne sont point ensemble sur le même Palmier, est très-anciennement reçue. Dans le Blason, les Ecus des Epoux étoient accolés par des Palmes, parce que l'on regardoit les Palmiers mâles & femelles comme le Type de l'amour conjugal. La maturité du fruit est achevée dans le mois d'août. Les Dattiers croissent très-lentement, (de deux pieds en dix ans,) mais ils durent un tems très considérable.

Culture.

Le Dattier commun se cultive, dans notre climat, relativement à la position du lieu : partout, lorsqu'il est sorti des difficultés que présente sa première éducation, il se peut conserver en caisse dans une orangerie. On le place, on le rentre plutôt ou plus tard, en raison de la douceur de l'atmosphère. Les endroits absolument privilégiés pour la culture, tels que des abris naturels dans la partie la plus à l'Est du Département du Var, sont si rares, que nous en faisons à peine mention. On pourroit y cultiver les Dattiers à l'air libre. Leur mode de croître, si lent dans les pays chauds où la nature les a mis, ne promet pas de grands progrès; ils sont tardifs même avec les secours de l'art. Nous croyons que, n'importe où l'on soit placé, en France, le Dattier n'y sera vigoureux & brillant que dans les serres tempérées, les serres chaudes, & sur-tout dans celles où la fortune & en quelque sorte la magnificence peuvent seconder les efforts du Cultivateur & offrir cette belle production dans de grandes proportions. On emploie de la terre substantielle & un peu sablonneuse; le renouvellement s'en fait de trois années l'une ou lors du changement de la caisse, toujours en ménageant beaucoup la motte & en ne supprimant que le réseau que forment les petits fibres. Lorsque l'individu est devenu un peu considérable, on s'épargne cette peine en abandonnant la caisse dans une tannée; là les racines se répandent & puisent abondamment, à l'aide d'une chaleur humide, des sucs qui font prendre à l'arbre un accroissement plus rapide que celui qui lui est propre : il fructifie avant d'être très-élevé. Miller rapporte que de jeunes Dattiers dont les pots avoient été enfoncés, hiver & été, dans une tannée bien entretenue n'ayant, après plus de vingt ans, des feuilles que de sept pieds de longueur & des tiges que de deux pieds de hauteur, un d'eux avoit donné quelques grappes de fleurs. Les arrosemens doivent être rares en hiver, abondans en été.

Ce que nous avons dit à l'article *Cocotier*, sur l'Art de faire germer les semences & d'élever cet arbre de la même famille, nous dispense ici de nouveaux détails. Les fruits du Dattier apportés en Europe, bien conditionnés, germent facilement : c'est la même terre, ce sont les mêmes soins, c'est aussi des pots plus petits que grands qu'il faut employer. On ne réussira qu'avec des peines infinies à faire végéter quelques élèves, si on n'a pas recours d'abord aux chassis & à la serre chaude, car ils ne peuvent jamais réparer en été le dommage que leur fait éprouver la longue absence de la chaleur dans les orangeries.

Nous ne croyons pas que le Dattier se multiplie par les drageons, parce que, dans nos Etablissemens, les appendices reproductifs que la nature a multipliés sur les végétaux manquent de l'abondance de sève, de la vivification qui tient le plus à l'air, &c. moyens absolument nécessaires pour qu'ils se développent, ou dont la défectuosité nous prive de voir la nature dans toute la plénitude de son œuvre.

Tout ce qui concerne la culture & la multiplication du Dattier commun, conviendra pour le petit Dattier sauvage.

Usages.

Par les préparations diverses que reçoivent les Dattes sur des claies au pressoir, elles deviennent des provisions plus ou moins délicates pour les différentes classes de la Société. On en fait un aliment essentiel ou accessoire comme du beurre, du sirop, &c. : on nous en envoie des séchées qui servent dans la Médecine. Les Arts imitatifs ont beaucoup emprunté du Palmier-dattier; il est d'une grande utilité dans l'Orient. On fait, dit l'abbé Prevôt, « des poutres de son tronc, » des ustensiles de *ses branches*, des corbeilles » de ses feuilles, des cordages de son écorce, » de l'huile de son fruit, & les Nègres, dans » plusieurs pays d'Afrique, tirent de son tronc » une sorte de vin qui est fort agréable dans sa fraîcheur, mais qui change & qui se tourne » en vinaigre dans l'espace de peu de jours ».

Nous nous sommes cru dispensés de parler de l'utilité du Dattier dans nos écoles de Botanique. (*Fr. A. Quesné.*)

DATURA. Nom latin employé par quelques Auteurs en français, pour désigner une plante vénéneuse, connue plus communément sous le nom de *Pomme épineuse*. *Voyez* STRAMOINE.

DAUCUS de Candie. Nom employé dans les Pharmacies, pour désigner l'*Athamanta cretica*. L. *Voyez* ATHAMANTE de Crète (*Thouin.*) (*L. Reynier.*)

DAUPHINE. Epithète donné à une variété du *Pyrus communis*, L. que Duhamel désigne sous le nom de *Pyrus fructu vix medio, rotundo, glabro, flavo, autumnali*. Traité des Arbres fruitiers, n.° 109. *Voyez* l'article POIRIER au Dictionnaire des Arbres. (*Thouin.*)

DAUPHINE. Variété de laitue pommée, distinguée par ses drageons qui s'élancent entre les aisselles des feuilles inférieures; & qu'on doit retrancher avec soin. Sa pomme est plate, serrée & assez grosse. Cette laitue est hâtive, & porte aussi le nom de *Printannière*. *Voyez* LAITUE. (*L. Reynier*)

DAUPHINE. (prune) Grosse Reine-claude, Abricot vert, ou Verte-bonne. Variété du *Prunus insititia*, L. indiquée par Duhamel sous le nom de *Prunus fructu magno, paululum compresso, viridi, notis cinereis & rubris conspersa*. Traité des Arbres fruitiers, n.° 25. *Voyez* l'article PRUNIER. (*Thouin.*)

DAUPHINELLE, *Delphinium*.

Genre de plantes à fleurs polypétalées, de la famille des *Renoncules*, qui a beaucoup de rapports avec les *Aconits*. Il comprend des herbes d'un port agréable, à feuilles alternes, plus ou moins découpées en segmens plus ou moins larges. Les tiges sont droites, garnies de branches latérales: elles varient en hauteur depuis un pied jusqu'à quatre. Les fleurs sont en épis longs plus ou moins denses, & terminent la tige & les rameaux. Elles sont de plusieurs belles couleurs, blanches, bleues, violettes, rougeâtres, couleur de chair, d'azur, quelquefois elles tiennent de ces différentes couleurs à-la-fois. Leur durée est d'environ trois semaines. Il y a des espèces annuelles & d'autres vivaces. Les fleurs sont irrégulières, composées de cinq pétales inégaux dont le supérieur se termine postérieurement par un éperon en cornet. Dans les espèces à fleurs doubles, cultivées dans les jardins pour leur beauté, on trouve jusqu'à vingt pétales.

Le fruit consiste dans trois capsules oblongues, droites. Elles s'ouvrent par leur côté intérieur & contiennent plusieurs semences anguleuses.

Dans plusieurs espèces de ce genre la fleur avant sont épanouissement a à-peu-près la forme du dauphin, d'où elle a tiré son nom. On l'appelle aussi *pied d'alouette*, & en Flandre *éperons de chevalier*. Ce genre est de la treizième classe de Linné.

Espèces.

1. DAUPHINELLE des bleds. *Pied d'alouette sauvage.*

Delphinium consolida L. ⊖ en Europe, en France.

2. DAUPHINELLE des Jardins. *Pied d'alouette des Jardins.*

Delphinium ajacis. L. ⊖ en Suisse, en Allemagne.

3. DAUPHINELLE des Dardanelles.

Delphinium aconiti L. ⊖ dans les Dardanelles.

4. DAUPHINELLE ambigue.

Delphinium ambiguum L. ⊖ dans la Mauritanie.

5. DAUPHINELLE hétérophylle.

Delphinium peregrinum L. ⊖ dans l'Isle de Malte, la Sicile, le Levant.

6. DAUPHINELLE à grandes fleurs.

Delphinium grandiflorum L. ♃ de la Sibérie.

7. DAUPHINELLE pentagyne.

Delphinium pentagynum Lam. Encyclop. du Portugal.

8. DAUPHINELLE élevée.

Delphinium elatum L. ♃ de la Suisse, de la Sibérie, la Silésie.

A. DAUPHINELLE élevée, velue.

Delphinium elatum villosum ♃ Lam. Encyc.

B. DAUPHINELLE élevée, glabre.

Delphinium elatum glabrum. ♃ Lam. Encyc

9. DAUPHINELLE à fleurs rouges.

Delphinium puniceum L. F. sup. ⊖ de la Sibérie.

10. DAUPHINELLE staphysaigre, vulgairement *l'herbe-aux-poux.*

Delphinium staphysagria L. ⊖ en Italie, du midi de la France.

B La même à fleurs d'un bleu plus pâle.

Idem *floribus pallide cœruleis*. Lam. Encyc.

Description du port des Espèces.

1. DAUPHINELLE des bleds. Sa tige est haute d'un à deux pieds, ronde, rameuse, paniculée, diffuse & à rameaux grêles presque nuds. Ses feuilles sont petites, à découpures lâches & linéaires. Les fleurs, ordinairement d'un beau bleu, sont éparses sur les rameaux où elles ne forment que des bouquets lâches. Leur éperon est long, pointu & un peu courbé; elle croît par toute l'Europe & la France parmi les moissons. Elles varie à fleurs doubles, blanches & couleur de chair. Elle fleurit en Juin.

2. DAUPHINELLE des Jardins. Ses tiges sont droites, peu rameuses, hautes d'un à trois pieds. Ses feuilles sont plus grandes & plus rappro-

chées que dans la première espèce, ainsi que les fleurs qui forment de beaux épis qui terminent les rameaux & les tiges. Leur couleur varie du plus beau bleu d'azur, au violet, à l'incarnat, au rose, à la couleur de chair & au blanc : quelques unes se panachent de ces différentes couleurs. On croit voir sur le lobe supérieur de la corolle des caractères qui ressemblent à ces lettres AIA, qui sont les initiales du mot *Ajax*; d'où lui vient son nom latin, & d'où les Poëtes ont feint qu'*Ajax* avoit été changé en cette fleur. Elle fleurit en Juillet & Août, & sert à la décoration de nos Jardins. Elle est annuelle & croît spontanément en Suisse, en Allemagne.

3. Dauphinelle des Dardanelles. Son port est le même que celui de l'espèce n.° 1. Sa tige est haute d'un pied, rameuse, paniculée & pubescente. Ses feuilles sont blanchâtres, les supérieures trifides & les inférieures à découpures linéaires. Les fleurs sont terminales, solitaires, petites, livides, panachées intérieurement de poupre & de verd. L'éperon est plus long que dans les autres espèces. Cette plante croît aux Dardanelles.

4. Dauphinelle Ambigue. Cette espèce s'éleve plus haut que celle des *Jardins*. Sa tige est plus rameuse, ses feuilles plus longues, plus agréable, plus régulièrement divisées : ses rameaux sortent d'abord horisontalement, & prennent ensuite une direction perpendiculaire pour fleurir & accompagner la tige avec laquelle ils forment une espèce de girandole. On trouve cette espèce dans la Mauritanie : elle est annuelle.

5. Dauphinelle Hétérophile. Elle s'éleve à la hauteur d'un à deux pieds, sa tige est branchue, les feuilles caulinaires sont simples, & celles de la base divisées en parties oblongues & émoussées à leur sommet. Les fleurs, d'un bleu foncé, naissent solitaires, éloignées, dans les aisselles des feuilles supérieures où elles forment un épi lâche & feuillé. Leur éperon est long & courbé, en manière de corne, il leur succède plusieurs capsules. Cette espèce croît en Italie, dans la Sicile & le Levant.

6. Dauphinelle a Grandes Fleurs. Il sort au printems de la racine de cette espèce une & plusieurs tiges rameuses, hautes d'un à deux pieds au plus. Ses feuilles sont d'un verd clair, divisées en plusieurs segmens étroits & aigus. Les fleurs sont simples, portées sur de longs pédoncules, peu nombreuses, d'un beau bleu d'azur : elles forment une grappe peu garnie, lâche, mais d'un aspect agréable; elles paroissent à la fin de Juillet. Il leur succède des capsules à trois loges qui perfectionnent leurs graines en automne : cette plante vivace croît dans la Sibérie.

7. Dauphinelle Pentagyne. Sa tige est haute d'un pied & demi, rameuse; ses feuilles pétiolées, arrondie, palmées. Les fleurs sont bleues, pédonculées, disposées sur les sommités de la plante où elles forment des grappes courtes. Elle croît dans le Portugal.

8. Dauphinelle Élevée. Vivace par sa racine, elle pousse au printems plusieurs tiges hautes de quatre pieds & plus, dont toutes les parties sont glabres ou pubescentes, selon les variétés. Ses feuilles palmées à-peu-près comme celles des Aconits, comme une main ouverte, sont nombreuses, portées sur de longs pédoncules, divisées en plusieurs segmens larges, terminés par deux ou trois pointes aigues. Ses fleurs sont couvertes au dehors d'un duvet farineux, leur intérieur ressemble assez à une abeille; leur éperon est court, ridé. Elles sont disposées le long de la tige où elles forment un épi d'un beau bleu d'azur, clair, admirable. Elles paroissent en Juillet & Août, il leur succède des fruits à trois capsules qui perfectionnent leurs graines en automne. Elle croît dans la Sibérie, en Dauphiné.

9. Dauphinelle à Fleurs Rouges. Toute la plante est pubescente, ses feuilles sont fort découpées, ses fleurs sont d'un rouge brun, leur éperon est droit, lisse. Cette plante croît dans la Sibérie. Elle est annuelle.

10. Dauphinelle Staphysaigre. Sa tige est haute d'un à deux pieds, droite, cilindrique, velue, un peu rameuse. Ses feuilles sont grandes, pétiolées, vertes, souvent tachées de brun, palmées, découpées profondément en cinq ou sept lobes pointus. Les fleurs sont bleues, pédonculées & disposées en grappe lâche & terminale. Leur éperon est court, recourbé en crochet. Le fruit est à trois loges & perfectionne ses graines en automne. Cette plante croît en Italie, dans le midi de la France, aux lieux ombragés.

Culture.

Toutes les espèces de Dauphinelles se sement en automne & au printems; mais mieux à la première époque. On place ces graines à demeure, soit en pots, soit en pleine terre : ces plantes étant moins belles & moins vigoureuses quand on les transplantes, même étant jeunes, & quoique semées avant l'hiver. Il suffit d'ameublir les places où on veut en avoir, de les dresser, de répandre les semences & de les recouvrir de terre meuble mêlée de terreau, de deux pouces avant l'hiver, & d'un pouce au printems, & de les tenir nettes de mauvaises herbes.

L'espèce n.° 2, connue sous le nom de *Dauphinelle à tiges droites*, doit être semée plus drue; l'espèce n.° 4, dite *branchue*, veut au contraire être semée plus claire parce qu'elle occupe plus de place. Généralement, moins il y aura de plant, plus les plantes deviendront belles & vigoureuses. Il faudra donc les éclaircir au printems pour les espacer à un pied environ l'une de l'autre, & y mettre des baguettes ou rames pour les soutenir contre l'effort des vents.

L'effet de ces plantes dépendra de la variété des couleurs, & celle-ci du soin que l'amateur aura su mettre dans le mélange des graines. Il en sera toujours maître s'il a l'attention de semer en automne, chaque couleur séparée & éloignée d'une autre, dans un endroit écarté du Jardin, & de ne laisser que les tiges les plus vigoureuses & à fleur les plus doubles. Il retranchera les sommités des tiges, ne prendra que les premières capsules, ayant soin de le faire avant qu'elles s'ouvrent. Maître de ses couleurs, il semera le bleu, le rouge, le violet, le blanc, le rose, l'incarnat, la couleur de chair où il voudra, même en telle quantité comptée, il les mêlera & nuancera ses Parterres à volonté.

Pour prolonger la durée de ces plantes, il sera bon d'en semer pour la seconde fois en Janvier, & une troisième fois en Mars. On augmentera sa jouissance en semant l'espèce n.° 4, qui est plus tardive ; mais séparément & jamais avec l'espèce n.° 1.

A cette double jouissance on pourra joindre dans d'autres plates-bandes, celle des espèces vivaces n.° 6 & n.° 8.

Ce que nous avons dit suffit pour la culture générale des plantes qui s'accommodent de tous les terreins, qui prospérent à toutes les expositions & qui ne demandent d'autres façons, d'autres soins, que le choix des semences. Ce choix fera toujours rejetter à un amateur, l'habitude de prendre ses graines parmi les couleurs mélangées, parce qu'il est impossible que les poussiéres fécondantes ne se mêlent pas, & que les espèces se conservent aussi franches que si elles étoient placées à une bonne distance les unes des autres.

Il naît cependant du mélange des étamines, des espèces panachées qui ne sont pas sans mérite, de blanc & de bleu, de bleu & de rose, de rose & de blanc. Nous avons conservé ces panachures bien distinctes, pendant plusieurs années, en les semant séparément & dans d'autres endroits écartés. Nous les avons mêlées avec d'autres espèces franches pour augmenter la variété du coup d'œil, nous les avons suivies & nous avons observé qu'elles dégénéroient plus vîte que celles que nous semions séparément. Au reste ces panachures arrivent fréquemment.

Les espèces des pays chauds, n.° 3, n.° 7, devront être semées au printems, en pots sur couche & sous chassis, être repiquées en petites mottes dans d'autres pots pour y fleurir ou être placées à volonté en pleine terre, en renversant les pots sans casser la motte.

Les espèces vivaces se multiplient, 1.° par les graines qui réussissent mieux en automne qu'au printems. On les seme dans une terre meuble, par rayons distans d'un pied, à l'exposition du Levant. On sarcle le plant quand il se montre, on l'éclaircit, on le bine légérement de tems en tems, & on le tient net de mauvaises herbes jusqu'à l'automne suivante, époque où il est bon à placer à demeure. Ces plantes fleuriront dès la seconde année, & produiront tous les ans un plus grand nombre de racines, de tiges & de fleurs.

2. On multiplie ces espèces par leurs racines, qu'on éclate aussi-tôt que les feuilles sont fanées. époque qui vaut mieux que celle du printems. Cette méthode est plus prompte pour la jouissance que celle des semences.

Usages.

D'agrément. Quoique les jouissances communes & faciles, portent souvent au dégoût & à l'abandon des choses qui nous les procurent : les *Dauphinelles* sont toujours l'agrément de nos Jardins, où ils fixent nos regards par leur variété & la richesse de leurs couleurs. C'est encore un hommage que nous rendrons long-tems aux charmes de la simple nature, & particulièrement à ceux des *Dauphinelles*, la main de l'amateur saura toujours tirer avantage de leurs différentes nuances. Il employera facilement l'azur, le blanc, le violet, le rose, la couleur de chair, le cendré, la panachure pour orner nos Parterres, nos Jardins, de la manière la plus gracieuse par la variété la plus charmante. Placées en compartimens dans les plates-bandes elles les émailleront des plus vives couleurs. Semées en pots & mises en contraste avec d'autres couleurs, à côté d'un verd feuillage plus ou moins foncé, parmi les arbustes & arbrisseaux, les plantes grasses & autres, elles contribueront à la beauté de nos Jardins. Les espèces vivaces serviront également à la parure des plus grands Parterres, des Bosquets paysagistes, placés sur les bords. En un mot, le vrai amateur ne négligera aucune de ces espèces, même étrangère, & il se trouvera bien dédommagé des peines & des soins qu'il aura pris pour se les procurer.

D'économie. La Dauphinelle des bleds, n.° 1, est un peu astringente & vulnéraire. On la dit utile contre le calcul & pour exciter les urines. On se sert quelquefois de l'eau de ses fleurs pour dissiper l'inflammation des yeux. Le suc de la corolle fixé par l'alun donne une couleur bleue. Les moutons mangent cette herbe, que les vaches négligent.

Les semences du n.° 10 la *Staphysaigre* sont un purgatif violent, dangereux, elle est même vénéneuse, prise intérieurement. On s'en sert extérieurement comme d'un vulnéraire détersif, pour consommer les chairs baveuses des ulcères & pour détruire les poux, sous le nom de *poudre* des capucins. On s'en sert aussi pour faire saliver dans les douleurs de dents. On en concasse un gros que l'on enferme dans un nouet que l'on tient à la bouche : l'âcreté de ces semences irrite les glandes salivaires, fait cracher beaucoup de pituite, ce qui procure du soulagement. (*L. Menon.*)

DAVANZATI (Bernard.) Avec le surnom de Bostichi, Gentilhomme Florentin. Il vivoit en Toscane à la fin du seizième siécle ; mais on ignore l'année de sa naissance, ainsi que celle de sa mort. Il a composé plusieurs traités sur différentes parties de l'Agriculture qui ne sont pas sans mérite. Le plus estimé des ouvrages de Davanzati est celui qu'il a publié à Florence, sur la manière dont on cultive, en Toscane, la vigne & d'autres arbres, sous le titre *Toscana coltivazione delle Viti & delli arbori. Firenze appresso i Giunti 1621*, *in-4.°*. Les ouvrages de Davanzati se trouvent quelquefois imprimés avec ceux de Soderini, son compatriote, qui a écrit à-peu-près dans le même temps & sur les mêmes sujets. La dernière édition de l'ouvrage de Davanzati est imprimée en italien, à Venise, en 1767, à la suite de l'ouvrage de Home, sur la végétation. (*C. Gruvel.*)

DÉBARDER. Terme employé par les Jardiniers, pour exprimer l'opération de vuider un Bar, des objets dont on la chargé. On dit débarder du bois, du fumier, des terres, &c. Ce qui signifie décharger le Bar. (*Thouin.*)

DÉBILLARDER. Jardinage. Pour dire mettre une caisse en équilibre sur une pierre ou sur un corps préparé à cet effet, afin d'avoir la facilité de la faire tourner comme sur un pivot; on se sert du mot Billarder.

Ainsi Débillarder, c'est ôter la pierre ou le corps qui retenoit la caisse en équilibre, pour la placer dans la position qu'on veut lui donner.

On n'a guère coutume de Billarder que les grandes caisses d'orangers qui sont très-difficiles à remuer, & qu'on risqueroit souvent de fatiguer beaucoup ainsi que les arbres qu'elles renferment, si l'on n'avoit recours à cette opération qui est assez simple. Quatre hommes avec des leviers, lèvent une des faces de la caisse, tandis qu'un cinquieme place dessous & au milieu du fonds, une grosse pierre plate à la base & arrondie à la partie opposée. La caisse alors se trouvant en équilibre, on la prend par les pommes formées par le prolongement des quatre montans, & on la tourne avec facilité dans le sens où l'on veut la placer. On la renverse ensuite sur un des côtés, on ôte la pierre sur laquelle elle étoit posée, ce qui s'appelle Débillarder la caisse, on l'équarrit sur ses faces & on la cale pour la mettre de niveau. (*Thouin.*)

DÉBIT. Se dit de la vente prompte & facile des productions de la terres ou autres Marchandises. Quelquefois leur nature, leur bonne qualité, & sur-tout le bas prix, en facilite le Débit. *Anc. Ency.*

DÉBITER de l'ouvrage. Signifie la même chose que faire beaucoup d'ouvrage dans un tems donné.

Il est des ouvriers qui, avec les mêmes outils, dans le même tems & toutes choses égales d'ailleurs, débitent plus d'ouvrage que d'autres; cela dépend plus souvent de leur intelligence que de leur force. Il est aussi des outils qui débitent plus promptement l'ouvrage & avec lesquels il est mieux fait qu'avec d'autres. C'est au Jardinier à les connoître & à savoir les employer à propos. (*Thouin.*)

DEBLAER ou DEBLAVER. Dans quelques pays on dit Deblaver au lieu de Moissonner. (*Tessier.*)

DÉBLAIS. Immondices qu'on enlève des allées des Jardins, après avoir ratissé les planches & arraché les mauvaises herbes. En les dépouillant des pierres qui s'y trouvent, ils peuvent augmenter la masse des fumiers, puisqu'ils ne sont composés que de détritus des végétaux mêlés avec de la terre végétale; mais sans cette précaution ils deviennent nuisibles, en remplissant le fumier d'ordures qui, par cette négligence, augmentent chaque saison les pierres dans le Jardin qu'on cultive. (*Voyez* Balayures.)

Les Déblais de Maçonnerie sont très-utiles en Agriculture. *Voyez* Platras. (*L. Reynier.*)

DÉBORDEMENT de la Mer & des Rivières. « Les terres engraissées par le limon, que l'inondation de la Mer ou des Rivières y ont apporté, deviennent très-fertiles en labour ou en pâturage, il importe de les garantir d'une nouvelle irruption des eaux. Voici la méthode pratiquée en Irlande : elle consiste à creuser un bon fossé dans toute la longueur du côté de l'eau, en rejettant la terre du même côté, pour former un glacis, où on semera du foin ou des herbes maritimes qui en fassent l'office, & exécuter ces travaux avec la plus grande diligence. »

« Les terres, où l'eau se rassemble en forme de mares ou de petits étangs, ne se refusent pas à porter des arbres. On peut dessécher ces terreins en étudiant leur pente, & si, par la suite des tems, les fossés se comblent, quand les arbres seront devenus forts, le bois souffrira peu d'une inondation limitée à une partie de l'année. Au reste, il vaudra toujours mieux y mettre des arbres aquatiques. » *Dictionnaire économique.* (*Tessier.*)

DÉCAISSER. Terme de Jardinage. C'est ôter un arbrisseau, un arbuste de sa caisse.

Cette opération ne se fait ordinairement que lorsque les caisses sont pourries & hors d'état de servir, ou lorsqu'un arbre étant devenu trop

for,

fort, ses racines ne peuvent plus être contenues dans sa caisse, ou, comme disent les Jardiniers, lorsqu'un arbre a faim.

Dans le premier cas, on brise la caisse pour en tirer l'arbre avec toute sa motte, & le Jardinier en brûle ordinairement les débris, après en avoir tiré la ferrure qui sert à un autre caisse. Mais il est bon de prévenir qu'on ne doit pas employer ces vieux bois à chauffer le four où l'on fait cuire le pain, parce qu'étant pour l'ordinaire imprégnés de peinture verte faite avec du verd de-gris, il en peut résulter des accidens fâcheux pour la santé.

Dans le second cas, pour ne pas perdre la caisse, on coupe la motte de l'arbre à deux pouces des bords de la caisse dans toute sa circonférence, & le plus profondément qu'il est possible. Ensuite on couche la caisse sur un de ses côtés en mettant une pierre plate dessous, pour empêcher que les branches de l'arbre ne se brisent contre terre. Ensuite un homme ou deux, suivant la force de l'arbre, saisissent sa tige avec les deux mains, & posant un de leurs pieds sur le bord de la caisse, en font sortir la motte avec l'arbre. La préparation de cette motte de terre, & la transplantation dans une autre caisse, est ce que l'on appelle Rencaisser. *Voyez* ce mot. (*Thouin*.)

DÉCANDRIE, *Decandria*. Nom de la dixième classe du Système sexuel de Linneus, qui comprend toutes les plantes qui ont dix étamines, tels que les Œillets, les Saponaires, les Lychnis & autres plantes de la famille des CARYOPHYLLÉES. (*Thouin*.)

DÉCEMBRE. *Agriculture*. Douzième mois de l'année civile, qui commence en janvier.

Ordinairement tous les ensemencemens d'hiver, en seigle & froment, sont faits. Il ne seroit pas trop tard d'en faire encore dans ce mois pour les Cultivateurs, placés près de Paris, qui n'auroient pas des terres froides.

Le froid des nuits, durant ce mois, retarde la levée des fromens tardifs. Les gelées & la neige, qui ont lieu alors dans beaucoup de pays, ne permettent plus de labourer. Les terres en reçoivent un grand bénéfice, car la gelée les ameublit; & la neige, quand elle fond, les pénètre d'une humidité qui les dispose à favoriser la végétation.

On profite des gelées pour mener le fumier, 1.° sur les champs qu'on n'a pu fumer plutôt; on le répand aussitôt, afin que les pluies le détrempent & insinuent les parties subtiles le plus avant possible; 2.° sur ceux qu'on veut ensemencer en grains du printemps; 3.° sur les prairies naturelles & artificielles. C'est encore un bon tems pour répandre les cendres, la suie, la marne & autres amendemens.

Lorsqu'on n'a fait que retourner le chaume en écorchant seulement la terre, & que l'on est assuré qu'il est en partie pourri, on peut donner en décembre le premier labour aux jachères; ce labour doit être très-profond. On fait ensuite l'émotage.

Souvent le tems manque dans ce mois pour le premier des labours à donner aux jachètes. On se contente d'en donner un aux terres qu'on veut ensemencer en pois, vesces, lentilles, & ce labour s'appelle *entre hiver*.

On met le troupeau, par un tems sec, dans les fromens qui sont trop forts. Quelquefois on attend la fin de l'hiver.

Le froment ne s'abat jamais si bien que dans le tems de la gelée. On bat pendant tout le mois de décembre, dans les pays de grande exploitation.

C'est le tems de visiter & d'arranger les haies des champs enclos & cultivés, afin d'en écarter les bestiaux; d'examiner les saignées faites aux terres & de les augmenter, si l'eau y séjourne, & d'écarter les lièvres des safrans, dont les feuilles font vertes en cette saison & de semer du bled dans les places où il a manqué, par quelque cause que ce soit. On nourrit les bestiaux de navets, carrottes, betteraves, pommes de terre, qu'on a mis en réserve pour l'hiver; on leur donne du trefle sec, de la luzerne, ou du sainfoin. En décembre, on continue de nourrir les essaims d'abeilles qui sont foibles; on nourrit aussi les pigeons bisets, qui ne trouvent plus rien aux champs.

On perce la glace dans divers endroits des étangs, pour donner plus d'air aux poissons. Des cossatres mis sur ces trous préviennent la formation de nouvelle glace.

Il faut continuer à détruire les taupes & les fourmis, qui sont alors en familles.

Les volailles sont engraissées & portées aux marchés; elles se vendent bien, parce qu'elles sont dans le meilleur état.

Les œufs sont rares & les fromages blancs ne sont pas communs, les vaches ayant moins de lait.

Les bons économes, lorsque le tems arrête tous les travaux des champs, comme il arrive communément au mois de décembre, savent s'occuper & occuper leurs domestiques dans l'intérieur de la ferme ou métairie. On fait des outils ou manches d'outils en bois, dont on a besoin dans le courant de l'année; on raccommode les instrumens aratoires, on dispose tout, pour n'être point interrompu quand les travaux ont commencé. (*Tessier*.)

DÉCEMBRE. Ce mois, l'un des plus tristes de l'année & le moins propre aux travaux du Jardinage, est cependant un de ceux qu'il importe le plus aux Jardiniers d'employer utilement. La moindre négligence ou le plus petit défaut de prévoyance, peut faire perdre tout le fruit d'une longue culture ou retarder des récoltes utiles.

Nous prévenons ici le Lecteur qu'une grande partie de cet Article est tirée du Calendrier des Jardiniers de Miller, c'en est assez pour attirer sa confiance. Les travaux qui doivent occuper le Jardinier, pendant le cours de ce mois, sont de deux espèces. Les uns ont pour objet de préserver les productions végétales de l'intempérie & des rigueurs de la saison. Les autres ont pour but les dispositions, préparations, pour obtenir des récoltes & des jouissances futures. Nous allons présenter succinctement l'énumération de ces divers travaux, en les rangeant sous les différentes sortes de Jardins auxquels ils appartiennent plus particuliérement, & nous commencerons par le Jardin potager.

Travaux à faire dans les Jardins potagers.

» Si le tems est doux & la terre maniable, profitez-en pour butter vos artichaux ; supposez que vous ayez négligé de faire ce travail dans le mois précédent, si la terre ne vous paroît pas assez bonne, mêlez-y du fumier bien consommé afin que leur végétation fasse des progrès & soit en état de remplir vos espérances au printemps prochain.

» Portez des engrais dans les carreaux de votre Potager qui ont fourni des récoltes la saison dernière, & répandez-les sur la surface du terrein. Si le tems le permet, labourez-le profondément avec la bêche ; & s'il est de nature froide & compacte, formez des sillons & laissez les mottes entières, afin que les gelées, les pluies & le soleil les divisent, les échauffent & rendent ce terrein propre aux semis printanniers. Comme chaque saison amène des occupations différentes, si vous négligez de faire ces travaux pendant l'hiver, vous ne pourrez y satisfaire au printemps, ou vous les ferez trop légérement pour qu'ils soient bons & profitables.

» Lorsqu'il gèle, poursuivez les limaçons ; saisissez-les dans les trous des vieilles murailles, sous les palissades, dans les haies, dans les espaliers, sous des vieux pots cassés & autres décombres. Cherchez-les aussi derrière les tiges & les branches des arbres fruitiers, qui sont en espaliers le long des murs ; c'est-là qu'ils établissent leur domicile pendant l'hiver, & qu'on peut les prendre aisément, avant qu'ils ne sortent pour venir ravager vos cultures.

» Semez sur des couches modérément chaudes, des Radis, des Raves, des Laitues de différentes espèces, du Cresson & de la Moutarde, pour mêler avec les Salades & leur servir de fournitures. Couvrez-les de cloches ou de chassis bas, pour les garantir des froids. On sème aussi des Concombres ; mais il faut bien de la surveillance pour faire réussir cette dernière culture, dans un tems où l'on ne peut donner aux plantes l'air si nécessaire à leur végétation, sans introduire un froid humide qui contrarie beaucoup la température artificielle des chassis.

» Quand le tems est doux, prenez soin de découvrir vos plants de Choux fleurs que vous tenez sous chassis, & laissez-les jouir de l'air libre, autrement ils s'étioleront & deviendront foibles & languissants. Coupez avec exactitude toutes les feuilles mortes ou qui jaunissent ; car si vous les laissez sur les plantes & même dans les chassis, vos plants en recevront un grand préjudice par la corruption de l'air qu'occasionne leur décomposition, sur-tout s'il arrive que le tems ne vous permette pas d'ouvrir les chassis pendant deux ou trois jours de fortes gelées.

» Buttez votre Céleri pour le faire blanchir, mais choisissez un tems sec pour faire cette opération, sans quoi il pourriroit. Il faut le butter le plus haut qu'il est possible, & ne laisser sortir hors de terre que l'extrémité des plus grandes feuilles, afin de le défendre de la gelée ; & même lorsque vous voyez le tems se préparer à un froid rigoureux, vous devez couvrir vos planches de Céleri & de Chicorée sur toute leur surface avec de la Litière, des fannes de Fougère, ou des cossats de Pois, pour empêcher que votre terrein ne gèle, car vous ne pourriez tirer vos légumes de terre tant que dureroit la gelée. Buttez aussi vos Cardons, qui seront restés en pleine terre, aussi près du sommet que vous pourrez & pour les mêmes raisons détaillées ci-dessus.

» Lorsque le tems sera doux & que vous verrez un jour sec, tirez vos Chicorées de terre & tenez-les suspendues dans un endroit sec, pendant un jour ou deux, pour que l'humidité concentrée dans les feuilles puisse s'échapper. Placez-les ensuite horizontalement sur un terrein sec, dans des Rigolles pour blanchir, en observant de réunir toutes les feuilles vers le centre, & buttez les jusqu'à un pouce ou deux au-dessus de l'extrémité des feuilles.

» Vous pouvez, dans ce mois, faire des couches chaudes pour hâter la végétation des Asperges, afin d'en avoir un supplément vers les derniers jours de janvier ; car si vos couches ont le degré de chaleur convenable, vous pourrez couper des Asperges au bout de six semaines qu'elles auront été échauffées.

» Vers le milieu du mois, si le tems est doux, semez des Pois michauds pour succéder aux semailles des mois précédents. Chaussez aussi les pieds de ceux qui sont déjà avancés, & dans le mauvais tems couvrez-les de Litière, afin de les abriter des gelées. Si vous pouviez mettre de vieux tan autour de leurs pieds, & en couvrir de quelques pouces la terre dans laquelle ils sont plantés, vous empêcheriez encore mieux le froid de pénétrer la terre & vous les protégeriez plus efficacement.

» Dans quelques pays on commence, dans ce mois, à transplanter les jeunes plants de différentes espèces de Choux qu'on destine à fournir des graines. On les repique dans des plates-bandes, au pied des murs, à l'exposition du Midi. Il convient de les enfoncer en terre presque jusqu'au sommet, en sorte qu'il n'y ait que l'extrémité qui paroisse au-dessus du niveau du terrein. Il faut ensuite ramasser la terre en forme de petite butte, autour de chaque plant, afin d'en écarter l'humidité qui les feroit tomber en pourriture, si elle ne pouvoit s'échapper.

» Il est indispensable de planter ces différentes espèces de Choux à des grandes distances les unes des autres, & même dans des carrés différents du même Jardin, pour empêcher que les poussières des étamines, emportées par les vents, ne fécondent les fleurs des différentes variétés, & par ce moyen ne détériorent les races cultivées. Si le froid s'annonce avec rigueur, couvrez vos Choux nouvellement plantés avec des Litières & autres matières sèches, & découvrez-les soigneusement dès que le tems sera devenu doux; car si la gelée fait périr ces plantes, l'humidité ne leur est pas moins nuisible.

» Semez des Radis, des Raves, des Carrottes & de la Laitue en pleine terre au pied des Espaliers ou sur des Ados, pour suppléer aux semis que vous avez dû faire les mois précédens, parce que ceux-là étant plus avancés, peuvent être détruits par les froids de l'hiver, tandis que ceux-ci pourront les supporter plus aisément.

» D'ailleurs il est bon de varier les chances, en faisant des semis successifs des choses d'un usage habituel, pour n'en jamais manquer.

» Vers la fin de ce mois on peut aussi semer en pleine terre les premières Fèves de marais, mais il faut les placer à des expositions bien abritées du froid & les plus exposées au Midi qu'il est possible: encore faut-il les couvrir soigneusement pendant les gelées. La petite Fève dite Julienne, & la verte, sont celles qui s'accommodent le mieux de cette culture. Celle de Windsor étant plus délicate, il est rare qu'elle réussisse dans cette saison.

Quand la terre est tellement gelée qu'il n'est pas possible de la labourer ni de la travailler, le Jardinier laborieux emploie son tems à réparer ses clôtures, à transporter les Fumiers & autres engrais sur les terres qui ont besoin d'être amendées, à défoncer des parties de terrein de mauvaise qualité, à faire les charrois & les transports de terres & terreaux propres à la composition de ses terres préparées; enfin, pendant les longues soirées de ce mois, il s'occupe à éplucher, vanner & cribler les graines de ses légumes qui doivent être semées dans le cours de l'hiver & au printems suivant.

» Mais de tous les travaux que nous venons d'indiquer les plus indispensables, ceux qui exigent une surveillance plus assidue, sont ceux qui ont pour objet la culture des légumes qu'on cultive sur des couches. A la moindre variation dans le passage du froid au chaud, il faut couvrir ou découvrir les chassis, les cloches & les bâches sous lesquelles ces végétaux sont plantés; profiter avec soin de tous les instants favorables pour renouveller l'air dans ces lieux fermés, rétablir la chaleur des couches, par des réchauds de Fumier neuf lorsqu'elle commence à se perdre; enfin faire des fumigations de soufre & de tabac, pour détuire les Pucerons & autres insectes qui attaquent les jeunes plantes. Les couches à Champignons exigent aussi une surveillance particulière pour les préserver des gelées & de l'humidité, qui leurs sont extrêmement nuisibles. Nous terminerons cet article, en indiquant les principales productions que peuvent fournir les Jardins potagers pendant ce mois.

Produits du Potager.

» Choux pommes, Choux rouges, Choux-fleurs, Choux de Savoie, Brocolis pourpre & blanc, Carottes jaunes, blanches & rouges; Panais, Navets, Turneps; Pommes de terre rouges, blanches & jaunes; Scorzonaire, Salsifix, Chervi, Betteraves rouges, jaunes & blanches; Persil-rave, Raifort, Oignon blanc & rouge, Poireau, Ail, Echalottes, Rocambolles, Thim, Sariette d'hiver, Cardes poirées, Cardons de Tours & d'Espagne, Céleri ordinaire, Céleri panaché, Céleri plein, Céleri-rave, Champignons, Oseille, Choux-rave, Persil ordinaire, Cerfeuil, Epinard, Cresson alenois, petite Laitue, Chicorée frisée, Chicorée sauvage, &c.

Ouvrages à faire dans les Jardins de Plaisance.

» On peut encore planter des Renoncules, des Anémones, des Tulipes, des Jacinthes, des Narcisses, &c., soit dans des pots qu'on place sous chassis ou dans des caraffes, pour faire fleurir dans les appartemens. Il faut soigneusement couvrir les planches de ces Oignons qui ont été plantés en pleine terre précédemment, lorsque le tems se dispose à la gelée ou qu'il est chargé d'humidité; car l'une & l'autre leur sont également pernicieuses. Mettez des paillassons ou des nattes sur celles de ces plantes qui ont déjà poussé leurs tiges hors de terre, & de la vieille tannée bien sèche sur les autres.

» Couvrez également les pots, les terrines & les caisses qui contiennent des plantes bulbeuses venues de graines, & qui sont encore trop jeunes pour être mises en pleine terre, parce que les grandes pluies & les froids sont susceptibles de les faire périr.

» Mettez à l'abri des neiges & des longues pluies vos beaux Œillets & vos Auricules choisies, car la neige & la pluie leur feroient funestes. Mais dès que vous voyez le tems se radoucir & devenir serein, laissez-les respirer & donnez-leur le plus d'air qu'il est possible, autrement ces fleurs s'affoibliront & deviendront très-délicates.

» Jettez du terreau, des feuilles, ou du fumier court sur les racines des arbres & arbrisseaux nouvellement plantés, ainsi qu'autour des arbres exotiques qui sont en plein air. Vous empêcherez par-là que les racines ne soient atteintes par la gelée, qui les fatigueroit beaucoup si elle ne les détruisoit pas.

» Labourez à différentes reprises, les planches & plates-bandes destinées à la culture de vos fleurs, afin que les gelées, les pluies & les neiges puissent les adoucir & les diviser. Faites de nouveaux mélanges de terre pour vos empottages & vos rencaissages; établissez-en des monceaux; remuez-les à plusieurs reprises pour les bien mêler ensemble. Il est bon d'avoir toujours une certaine quantité de ces terres préparées huit ou dix mois avant d'en faire usage; plus elles sont vieilles, plus elles ont de qualité.

» Quand le tems le permet, labourez & préparez les terres de vos planches & plates bandes, pour y planter au printemps les racines & les bulbes des fleurs qui se plantent dans cette saison. Bombez-les de manière que l'eau des grandes pluies n'y puisse séjourner; car si vos planches sont renfoncées, l'humidité s'y fixera & rendra votre terrein peu propre à recevoir cette sorte de plantation.

» Continuez aussi de labourer & de nétoyer les massifs des jeunes arbres, les bordures de vos bosquets, les pièces de terre destinées à la culture des fleurs dans les Jardins d'agrément; enfin faites tous les travaux de propreté & de préparation, pour les cultures qui doivent commencer au renouvellement de l'année; & si les gelées empêchent le travail de la terre, occupez-vous à éplucher les graines de la récolte dernière, à en faire le Catalogue, pour que vous puissiez les semer sans retardement, lorsque la saison sera arrivée.

Plantes de pleine terre en fleurs.

» Quelques Anémones simples, des Primeroses ou Primevères, des Giroflées jaunes, l'Hellébore rose, l'Alysson argenté, le Cyclamen d'Europe de différentes couleurs, l'Aster tardif, l'Aster miser, l'Aster à grandes fleurs, lorsqu'il n'a pas eu encore de trop fortes gelées; la Verge dorée toujours verte; & quand le tems est doux, on voit quelquefois les premières fleurs de l'Hellebore d'hiver, & celles du Perce-neige, à la fin de ce mois. »

Arbres & Arbustes de pleine terre qui fleurissent ou qui conservent encore leurs fruits pendant ce mois.

» Le Laurier-thim ordinaire, l'Arbousier d'Irlande souvent en fleurs & en fruit, la Lauréole des bois, l'Epine de Glastemburg, le Chamerisier à fruit bleu, la Bachante de Virginie, le Genêt épineux, la Clematite à feuilles de Poirier.

» On voit encore des fruits sur les Sorbiers des chasseurs & domestique, sur le Buisson ardent, sur plusieurs espèces d'Epines, de Nefsliers, d'Alisiers, de Fusains & de Houx; ils fournissent encore une sorte de décoration qui n'est point à négliger dans cette saison tardive. »

Plantes médicinales dont on peut s'approvisionner de Racines dans ce mois.

Aunée, Fenouil, Jusquiame, Hellébore noir & blanc, Livèche, Meum, Petasite, Bardane queue de Pourceau, Scolopendre, Polygale, Sceau de Salomon, Brione, Saponaire, Pivoine mâle & femelle, Scorzonaire, Bêtte, Chervi, Serpentaire, Patience, les différentes espèces du Rhubarbe, &c. »

Ouvrages à faire dans les Jardins de Botanique.

» On continuera de labourer les plate-bandes de l'Ecole, de rapporter des terres neuves aux pieds des plantes vivaces qui usent promptement celle où elles sont plantées, ou qui ont besoin d'une nature de terre différente de celle du sol. On diminuera l'étendue des touffes devenues trop volumineuses, on rempottera les plantes vivaces dont les racines sont trop resserrées dans leurs vases, & l'on sèmera en place les graines des plantes annuelles qui peuvent être semées dans cette saison.

» Si au contraire la terre est gelée & le froid rigoureux, on transportera au pied des plantes délicates, de la litière, des feuilles sèches, des fannes de Fougères ou des vieux tans. On en couvrira la surface de la terre de l'épaisseur d'un pied au moins dans une circonférence d'environ deux pieds, & l'on augmentera l'épaisseur de cette couverture en proportion du degré de froid. Les arbres & arbustes délicats, tels que les Azedarachs, les Azareros, les Lauriers des Poëtes, les Stirax, les Capriers, &c. indépendamment de matières dont on couvre leurs racines, doivent encore être empaillés soigneusement dans toute leur hauteur & à la manière des Figuiers. Mais dès que la gelée est passée & que le dégel est complet, il faut se hâter de découvrir les plantes pour empêcher qu'elles ne poussent sous leur couverture, & que venant à s'attendrir par une température plus douce que celle de l'atmosphère, l'humidité ne fasse pourrir leurs jeunes pousses. On place à côté d'elles les matières qui ont servi à les couvrir; on les met en petites meules, pour qu'elles ne s'imprégnent pas trop d'humidité; & lorsque les gelées reprennent, on s'en sert de nouveau pour recouvrir les plantes. Ce travail de couvrir & de découvrir, prend beaucoup de tems dans les grands Jardins de Botanique & doit faire une des occupations les plus assidues du Jardinier, sans quoi il en résulte la perte d'un grand nombre de plantes.

» Lorsque les grandes pluies & les dégels ne permettent pas au Jardinier de travailler dans son Ecole & que les travaux des serres lui en laissent le tems, il doit s'occuper à éplucher les semences de la dernière récolte, à les arranger dans les tiroirs de ses armoires à graines, à en faire le catalogue & à frapper ses numéros, afin que lorsque la saison de semer sera arrivée, il puisse, sans interruption, se livrer à ce travail.

» La correspondance que nécessite l'entretien & l'accroissement des plantes d'un Jardin de Botanique, doit occuper le jardinier botaniste pendant une grande partie des soirées de l'hiver. Elle consiste, 1.° à faire les listes des plantes qui ont péri pendant le cours de l'année, ou des plantes annuelles dont il n'a point recueilli de graines, ou enfin à extraire des catalogues des Jardins avec lesquels il est en correspondance, les noms des plantes qui manquent à sa Collection; 2.° à envoyer aux Jardiniers, aux Cultivateurs & aux Botanistes avec lesquels il est en commerce d'échange, ces différentes listes; 3.° à choisir parmi ses graines nouvellement arrangées, celles qu'il a par ses correspondances; 4.° à faire des Extraits dans les Ouvrages des Botanistes & des Voyageurs, des plantes étrangères qui n'ont point encore été cultivées en Europe & qu'on ne peut se procurer que par la voie des Négocians, des Naturalistes & des Amateurs qui voyagent dans les différentes parties du monde; 5.° à mettre en ordre toutes les pièces de sa correspondance, pour qu'il puisse en tout tems se rendre compte de ses progrès, de l'époque de l'arrivée de ses plantes, du lieu d'où elles lui ont été envoyées, de leur culture & de leur histoire; 6.° & enfin à faire des Mémoires & des Instructions sur la manière de faire des envois de graines & des plantes en nature, relativement à la distance des lieux, & sur-tout au degré de connoissance des voyageurs qui se chargent de faire ces récoltes & ces envois.

» Cette partie du travail du Jardinier botaniste, très-étendue dans les grands Jardins de Botanique, est essentielle à l'entretien & au complément des Collections. Elle exige des connoissances, de l'activité, & est susceptible d'occuper un homme laborieux pendant une partie de l'année. Pour rendre ce travail plus facile & en même tems pour l'abréger, on a pris le parti, dans quelques Jardins, de faire imprimer le catalogue exact des plantes qu'il renferme. Cela dispense le Jardinier de faire des listes, parce qu'en envoyant des exemplaires du catalogue, à ses correspondants, ils voient d'un coup-d'œil les choses qu'il possède & celles qui lui manquent. Le travail alors se réduit pour le Jardinier, à faire imprimer chaque année un supplément de nouvelles acquisitions faites pendant la campagne dernière, & une liste des choses qu'il a perdues, & à faire passer ces listes à ses correspondants. Ce moyen abrége bien du travail & facilite beaucoup la correspondance, sans laquelle les plus beaux Jardins sont bientôt appauvris. »

Attentions & Travaux que nécessite la culture des serres.

» Calfeutrez avec de la mousse & des bandes de papier, si vous ne l'avez pas fait les mois précédents, toutes les ouvertures qui pourroient se trouver à vos chassis des serres. Ne laissez de libre que les croisées & les vagistas nécessaires pour renouveller l'air. Nétoyez vos vitreaux, pour les rendre plus clairs & pour qu'ils laissent passer plus aisément la lumière & les rayons du soleil. Faites vos approvisionnemens de litière pour garnir le bas des portes des serres froides & empêcher l'air froid d'y pénétrer, des paillassons pour couvrir vos vitreaux pendant les grandes gelées, du bois, de fagots, de charbon de terre ou de tourbe, suivant le pays, pour entretenir le degré de chaleur convenable dans vos serres chaudes. Tous ces approvisionnemens doivent être faits depuis la fin d'octobre; mais s'ils ne l'ont pas été, il est instant de les faire au commencement de ce mois, parce que l'approche des grands froids les rend indispensables.

» Lorsque les froids arrivent, tenez vos serres closes & couvertes. Fermez pendant la nuit les croisées intérieures de votre Orangerie; & si le froid passe huit degrés, fermez les volets extérieurs si votre serre en est pourvue, ou couvrez-en les vitreaux de paillassons, dans la serre où il n'y auroit point de volets.

» Rentrez dans vos serres froides les Giroflées maraichers, les Cardos, les Œuillets les plus précieux & tous jeunes arbustes étrangers des pays tempérés, qui n'ont besoin que d'être préservés des gelées au-dessus de trois ou quatre degrés.

» N'oubliez pas non plus de visiter exactement vos différentes serres à feu, pour en connoitre la température & y entretenir le degré de chaleur qui doit y régner. Allumez les fourneaux toutes les fois que le thermomètre n'est pas au dessus de six degrés dans les conservatoires, au-dessus de huit dans les serres chaudes, & au-dessus de dix dans les bâches destinées aux jeunes plantes de la Zone torride. Augmentez le feu à mesure que le froid augmente, ou lors même que vous prévoyez une gelée plus forte pendant la nuit, mais toujours en raison du degré de chaleur qui doit exister dans chaque espèce de serre, & pour cela consultez souvent les thermomètres placés à l'extérieur & dans l'intérieur des serres, ainsi que les girouettes, qui vous indiqueront de quel côté souffle le vent & le danger plus ou moins grand que vous aurez à craindre du froid.

» Lorsque le tems est froid & brumeux, & que le soleil ne s'est pas montré depuis plusieurs jours, il est nécessaire d'allumer les fourneaux, plutôt pour chasser l'humidité surabondante des serres, que pour en augmenter le degré de chaleur.

» C'est dans ce mois qu'il faut apporter la plus grande surveillance pour couvrir les vitraux des serres & pour donner de l'air aux plantes qui y sont renfermées, le plus souvent qu'il est possible. Laissez ouvertes toutes les croisées de vos orangeries & serres froides, toutes les fois que le soleil éclaire l'horizon & que le thermomètre en plein air est au-dessus de quatre degrés. Mais fermez-les toujours à l'approche de la nuit, parce que dans ce mois les gelées surviennent d'un moment à l'autre & qu'il ne faut pas courrir les risques de se laisser surprendre. Si le tems est chargé de brouillards, quoique le thermomètre soit au-dessus de cinq degrés, tenez vos fenêtres fermées pour empêcher l'humidité d'entrer dans vos serres. Cependant, si après avoir eu les fenêtres fermées pendant plusieurs jours de suite, l'humidité intérieure de la serre étoit plus considérable que celle qui est répandue dans l'air extérieur, il seroit à propos d'ouvrir quelques croisées de distance en distance, & pendant quelques heures seulement, pour renouveller l'air & l'empêcher de se corrompre entiérement.

» Les paillassons qui couvrent les vitraux des serres à feu, doivent être enlevés tous les matins lorsque le soleil paroît. On doit même les retirer toutes les fois qu'il ne gèle pas, quand bien même le tems seroit couvert ou qu'il tomberoit de la pluie. Mais on doit les laisser toute la journée sur les vitraux, lorsqu'il tombe des frimats ou de la neige & qu'il gèle.

Cependant si ce tems duroit plusieurs jours, comme cela n'est que trop ordinaire dans notre climat, il faudroit retirer les paillassons de dessus les serres, sauf à y faire du feu pour empêcher le froid d'y entrer, parce que sans cette précaution les plantes jauniroient & perdroient une partie de leurs feuilles. Si les paillassons qu'on retire n'avoient pas eu le tems de se ressuyer & qu'ils fussent encore chargés de neige ou d'eau, il ne faudroit pas s'en servir dans cet état, mais bien les remplacer par d'autres qui seroient bien secs.

» Dès que le soleil est passé ou que la nuit approche, il faut s'empresser de couvrir les vitraux des serres, particuliérement ceux de la partie supérieure qui sont inclinées. Il est même prudent, lorsque le vent est un plein Nord, de ne pas attendre que le soleil soit passé pour placer les paillassons; il faut choisir le moment où les rayons qui entrent dans la serre ne l'échauffent plus, ce qu'on apperçoit très-bien en observant le thermomètre qui baisse sensiblement. On appelle cela enfermer le soleil dans la serre. Cette pratique est très-bonne à employer, lorsqu'il fait très-froid.

On doit donner de l'air aux serres chaudes le plus souvent qu'il est possible, soit en ouvrant quelques croisées, une heure ou deux dans le milieu du jour, lorsque le tems est très-doux; soit en établissant un courant d'air par le moyen de croisées ouvertes aux deux extrémités, lorsque les rayons du soleil font monter le thermomètre au-dessus de quinze degrés; soit enfin en ouvrant les vagistas de la partie supérieure des vitraux, lorsque le tems est froid & qu'il est indispensable de renouveller l'air corrompu des serres: dans ce cas, il faut allumer les fourneaux pour que le feu, dilatant l'air de la serre & en en introduisant un nouveau, puisse chasser par l'ouverture des vagistas celui qui est vicié.

» Le travail intérieur des serres consiste à donner des arrosemens journaliers aux plantes, à les bassiner de tems en tems, à biner la terre des vases qui les contiennent, & à nétoyer exactement, tant les végétaux que les lieux qui les renferment.

L'eau destinée aux arrosemens doit avoir séjournée dans les bassins ou dans les tinettes des serres, pendant un jour ou deux, avant que d'être employée, afin qu'elle y prenne à-peu-près le degré de température de la serre. On doit être fort réservé pour administrer les arrosemens dans cette saison; il faut n'arroser à plein bord des vases, que les plantes gourmandes qui sont encore en grande végétation. Celles dont la sève est tombée, & qui, quoique garnies de feuilles, ne poussant pas, ne doivent être arrosées que lorsque la terre de la surface des vases est sèche & de couleur grise; il suffira de mouiller une ou deux fois, pendant ce mois, les plantes grasses, telles que les Aloès, les Cactiers, les Euphorbes, les Stapelies, les Mesembrianthemes &c. & pour faire cette opération, il faut choisir des jours où le soleil paroisse & n'arroser qu'une partie de ces plantes si la terre en renferme beaucoup, pour ne pas jetter trop d'humidité dans l'air. Mais les plantes bulbeuses, celles qui perdent leurs fannes & les arbustes qui sont dépouillés de leurs feuilles, ne doivent point être arrosés du tout pendant ce mois.

Lorsque l'air de la serre a été desséché par un feu continué pendant plusieurs jours de suite, & que le soleil paroît devoir éclairer l'horizon toute la journée, il est bon de bassiner les plantes vers les huit heures du matin. On fait cette opération soit avec de petits arrosoirs à pomme, ou avec des seringues qui se terminent par une sorte d'écumoire percée d'un grand nombre de petits trous. L'eau dont on se sert doit être bien claire & bien pure, afin qu'elle ne salisse pas les feuilles & n'en obstrue pas les pores. On la répand le plus également qu'il est possible sur toute la surface des plantes, en forme de petite pluie douce; & à cet égard, la seringue a cet avantage sur l'arrosoir, qu'elle arrose également le feuillage en dessus & en-dessous, & que l'eau étant chassée avec plus de force, nétoye mieux la poussière, & fait tomber au pied des plantes les pucerons qui salissent les feuilles.

» Lorsque la terre des vases, battue par les arrosemens, vient à former une croûte à sa surface, on la bine & on la divise par un petit labour d'un pouce de profondeur. On se sert, pour cette opération, d'une espèce de couteau à lame de bois, afin de ne pas endommager le chevelu des racines qui se trouve à la surface. On béchotte la terre & on la ramasse en forme de petit cône, autour de la tige des arbrisseaux. Par ce moyen l'eau & l'air, s'introduisant plus aisément dans la masse de terre, facilite la végétation. Quoique les soins de propreté soient de tous les mois, on doit néanmoins les recommander dans celui-ci. Ils consistent à laver avec une éponge & à détacher avec une brosse douce, la crasse qui se forme sur les feuilles & les branches des plantes, & particuliérement sur celles qui étant renfermées dans les serres chaudes, n'en sortent presque jamais, tels sont, 1.° les Frangipaniers, les Caffeyers, les diverses espèces de Palmiers, &c.; 2.° à retirer les Gallinsectes & les Pucerons qui se trouvent sur les plantes, & qui y vivent aux dépens de leur substance; 3.° à chercher dans la tannée des couches les Cloportes qui s'y rencontrent, & qui mangent le collet des racines charnues; 4.° à ôter non-seulement toutes les feuilles qui restent sur les arbustes, mais encore celles qui sont jaunes & ne végétent plus, parce qu'en les laissant à la plante ou en ne les ramassant pas lorsqu'elles sont tombées sur la terre des vases ou sur les tablettes & les gradins des serres, elles s'imprègnent d'humidité, se moisissent, vicient l'air des serres, & portent la corruption à tout ce qui les environnent; 5°. & enfin à nétoyer & balayer toutes les parties intérieures des serres autant de fois qu'il est nécessaire, pour y entretenir une propreté qui n'est pas moins utile à la conservation des plantes qu'à l'agrément de leur possesseur. »

Plantes qui sont ordinairement en Fleurs pendant ce mois.

Dans l'orangerie on voit en fleurs le Laurier-thim de Portugal, l'Arboufier de Provence, souvent chargé de fleurs & de fruits; le Jasmin jonquille, celui d'Espagne & des Açores, le Cyclamen d'Alep, l'Anthericasphodeloïde, le Chrysantheme des Canaries, les différentes espèces de Lavatère en arbrisseau, le Lotier de Saint-Jacques, la Sauge du Mexique, la Mauve du Cap de bonne-espérance; différentes espèces de *Gnaphalium* ou Immortelles, &c.

Dans la serre tempérée, le Polygale en arbre, la Capucine à fleurs doubles, l'Aretotide en arbrisseau, les *Philica*, les *Diosma*, quelques espèces de Ficoïdes, &c. On trouve en fleurs, dans les serres chaudes, le Jasmin d'Arabie, les Lantana ou Canrara, l'Héliotrope du Pérou, le Galant de jour, les Asclepiades, les espèces d'Amandiers chargés en même tems de leurs fruits; & enfin plusieurs espèces de Liliacées & autres plantes étrangères. (*Thouin.*)

DÉCHALASSER. *Jardinage.* C'est retirer les échalas qui soutiennent les Arbustes & Plantes grimpantes lorsque les fruits ont été recueillis ou que les tiges sont desséchées.

Ces échalas doivent être empilés dans un lieu sec & à l'abri de l'humidité pour qu'ils ne se détériorent pas pendant l'hiver, & qu'on puisse les faire servir l'année suivante, en ravivant leur pointe. (*Thouin.*)

DÉCHARGE On appelle ainsi un lieu bas & profond dans lequel on porte les feuilles, les tontures & les immondices d'un jardin pour les y laisser consommer & se réduire en terreau.

Il est utile de donner au terrein qui environne les décharges, un peu de pente afin que les eaux puissent s'y rendre & y opérer une plus prompte décomposition des matières végétales qu'elles renferment.

On place ordinairement ces décharges dans les parties basses des jardins, derrière des charmilles, dans l'épaisseur des massifs & dans les endroits les moins exposés à la vue.

On nomme encore décharge le tuyau par lequel s'écoule le superflu des eaux des bassins. (*Thouin.*)

DÉCHARGER. Oter une charge, un fardeau, le renverser, le mettre par terre; ainsi l'on dit décharger du fumier, des terres, du bois &c.

On dit aussi décharger un arbre, & en ce sens, c'est ou supprimer les branches qui chargent trop la tête, ou ôter une partie des fruits dont ses branches sont surchargées, & sous le poids desquels elles rompent quelquefois. (*Thouin.*)

DECHARNELER. Synonime employé dans l'Orléanois, & qui signifie déchalasser la vigne. (*Thouin.*)

DECHARNER. Terme employé assez improprement dans la taille des arbres fruitiers pour exprimer une manière vicieuse de les tailler. *Voyez* le Dict. des Arbres & Arbustes au mot TAILLE. (*Thouin.*)

DÉCHAUMER. C'est labourer, soit à la bèche, soit à la charrue, une terre qui n'a point encore été cultivée. (Anc. Encyc.)

Ce terme est peu employé : on exprime le plus ordinairement la chose qu'il signifie par le mot défricher. (*Thouin.*)

DÉCHAUSSEMENT.

Déchausser, c'est enlever la terre du pied d'un arbre lorsqu'il en a trop, par exemple, lorsque la greffe est enterrée, lorsque l'arbre est planté trop profondément Aux approches de l'hiver on *déchausse* les arbres d'un verger pour leur donner de l'air, pour y mettre du fumier pour en ameublir & amender la terre. On *déchausse* un arbre pour connoître la cause de sa maladie, de sa langueur; quelquefois d'un seul côté, quelquefois tout autour. *Le déchaussement* n'est donc autre chose que cerner l'arbre au pied, ou en partie, ou tout autour, en tirer la terre plus ou moins, visiter les racines; & cette opération ne se fait qu'après les deux séves. (*L. Menon.*)

DÉCHAUSSER. On dit qu'une terre *déchausse* quand elle est de nature à se gonfler beaucoup dans les grandes gelées & s'affaisser aux dégels. Les plantes qui s'étoient soulevées avec la terre se trouvent ensuite couchées à la superficie & leurs racines à l'air. De quelque manière que l'on cultive ces sortes de terres, à moins que le labour ne soit profond, elles ne produisent, presque rien quand l'hiver est rigoureux. Le mieux est d'y semer des Mars. Les terres legères sont plus sujettes à déchausser que les terres fortes. (*Tessier.*)

DÉCIMATEUR. Celui qui a le droit de dixme. Dixmer, c'est percevoir sur la quantité des produits une portion déterminée, par exemple, la dixième gerbe de bled, le dixième Agneau, &c. *Voyez* le mot DIXME, ou plutôt le Dictionaire de Jurisprudence. (*Tessier.*)

DÉCLIMATER. Déshabituer une Plante d'un climat ou l'on sortir; cette opération change plus ou moins les qualités de l'espèce, soit en la perfectionnant, soit en diminuant ses qualités. Cette influence de climat sur la nature des végétaux est une des plus importantes étndes du Naturaliste, & cependant la plus négligée. *V.* CLIMAT. (*L. Reynier.*)

DÉCLIN de la séve. Epoque à laquelle la séve des végétaux se ralentit & commence à n'être plus abondante dans les vaisseaux qui la renserment.

Certaines greffes ne réussissent bien que lorsqu'on les fait à cette époque, d'autres veulent être posées à la séve montante, enfin, il en est qu'il faut faire lorsque les sauvageons sont en pleine séve. *Voyez* GREFFE. (*Thouin.*)

DÉCOCTION. C'est l'ébullition soutenue d'un fluide dans lequel on a mis une substance quelconque qu'on veut étendre dans un volume plus ou moins considérable.

En Jardinage on se sert de deux espèces de décoctions, l'une faite avec les feuilles, les tiges & les fruits de l'Aristoloche clématite, & l'autre avec les feuilles de tabac.

Ces deux sortes de décoctions se font dans de l'eau à une ébullition d'une demi-heure de durée, ensuite se passent dans un linge & s'étendent dans un sceau d'eau fraîche.

Elles servent à bassiner les Plantes qui sont attaquées par les pucerons & à chasser les fourmis qui les accompagnent presque toujours. Ce moyen fait périr un assez grand nombre de ces insectes & en débarrasse les Plantes pendant quelques temps; mais il en revient d'autres qu'on chasse de la même manière.

On se sert ordinairement d'une grande seringue terminée par une plaque percée d'un grand nombre de petits trous très-rapprochés les uns des autres. Au moyen de cet instrument, on parvient à lancer avec force les décoctions sur toutes les parties des Plantes, & a en chasser les insectes nuisibles. (*Thouin.*)

DÉCOLLER. En Jardinage, ce terme s'emploie pour désigner des greffes qui se séparent de leur sujet, ou les jeunes bourgeons vigoureux qui poussent à la couronne des arbres étêtés.

Le vent lorsqu'il est accompagné de pluie décolle souvent les jeunes greffes & les nouveaux bourgeons. Il faut avoir la précaution d'assujettir ces rameaux à des tuteurs jusqu'à ce qu'ils soient bien consolidés avec leurs sujets ou leurs tiges. (*Thouin.*)

DÉCOMBRES. Les plâtras & mortiers, résultans des bâtimens qu'on abat, s'appellent *Décombres.* L'Agriculteur en fait usage pour améliorer les terres. Ils conviennent dans celles qui sont

sont froides, humides & compactes, pour les diviser. La proportion de ces matières doit varier selon leur nature & celle du sol sur lequel on les répand. *Voyez* AMENDEMENT. (*TESSIER.*)

DÉCORATION. La guerre finit, & la paix rappelle les Citoyens dans leurs foyers. Là, jouissant & du sentiment si doux d'avoir été utile à leur Patrie, & du besoin de calme dont une vie orageuse instruit à jouir, ils voudront embellir les retraites qu'ils ont choisies. Des moines fainéans ne consommeront plus les fruits d'un territoire immense, dans une oisiveté corruptrice. Des bras citoyens cultiveront pour eux-mêmes ces terres que l'aristocratie avoit usurpée sur leurs ancêtres. Nous verrons en France, après la fin de la guerre, ce qui est arrivé dans tous les siécles. Les guerres les plus longues ont toujours précédé les époques diverses que présente la décoration des habitations champêtres. Tant il est vrai que l'homme vit pour la paix, la chérit; elle est son élément : les orages qui agitent & souvent abrègent son existence, sont des violations de la Loi de nature, des crimes produits par l'organisation vicieuse des Sociétés.

Quelle distance énorme de l'arbre que l'homme de la Nature plante auprès de sa cabane pour y respirer un air frais, jusqu'aux Jardins paysagistes des Cités florissantes! Et le même mobile a produit ces deux Décorations, le desir d'augmenter ses jouissances. Desir perfide par ses effets, puisqu'il nous arrache aux jouissances que nous pouvons nous procurer, pour nous égarer au travers d'un sentier pénible sur les traces de jouissances que nous n'avons pas.

Le jeune homme qui quitte son village, sa maîtresse qui l'aime réellement, pour s'ensevelir dans les villes, trouve-t-il ce qu'il a quitté dans les caresses mensongères des lais. Il éprouve bientôt qu'une parure plus brillante, des dehors plus séduisans, cachent des attraits flétris, souvent dégradés, & une ame corrompue. Le jeune homme qui quitte sa chaumière, où une vie simple & assurée lui promettoit une existence douce, & qui vient habiter les villes, d'abord séduit par la splendeur extérieure & par les plaisirs qui s'y multiplient, bientôt désabusé, n'y trouve qu'une vie pénible, des besoins factices; & l'air pur de la campagne, le calme de l'ame lui manquent.

Devenons Républicains, achevons de l'être; reportons nous vers les campagnes, prenons-y des goûts simples, & les vertus républicaines reparoîtront à leur suite. Mais pour nous y plaire, rendons nos habitations agréables sans nuire à la destination utile des terres; il est si facile de réunir ces deux avantages.

Jettons un coup-d'œil sur les Décorations adoptées dans les divers siécles & dans les divers pays: il pourra être suivi de quelques vues générales sur les moyens de décorations, sur leur concordance avec les climats.

Des divers genres de Décorations & de leur analogie avec les mœurs des Peuples.

Je ne ferai pas une sèche compilation du peu que les anciens ont dit sur l'art des Jardins; les embellissemens de la Poësie & des traditions mensongères, ont trop visiblement défiguré le vrai, pour que nous puissions réunir des données sûres. Les Romains, qui ont eu le bon esprit de s'approprier le bon de tout ce qu'ils observoient chez les Peuples conquis, ont eu des Jardins perfectionnés. Une belle Nature aidoit leurs efforts, & tous leurs Ecrivains chantent les retraites de leurs maisons de campagne, les bosquets enchanteurs où ils oublioient quelques instans les affaires publiques, pour se livrer à leurs plaisirs. Ces mots épars indiquent des Décorations analogues à nos Jardins paysagistes; mais ce rapprochement général ne suffit pas pour indiquer d'une manière précise le goût du siècle; car les Jardins paysagistes présentent des variations bien grandes & des principes divers dans leur composition. (1).

Les hordes du Nord parûrent, & ces retraites voluptueuses furent bientôt des monceaux de ruines. Le féodalisme nacquit : ses tours exhaussées sur des collines pour mieux distinguer de loin l'arrivée des Marchands & des Voyageurs, ne présentoient pas aux nobles-voleurs des moyens de Décoration : d'ailleurs la Décoration de son domicile tient aux sentimens paisibles, & leur ame guerroyante, toujours occupée de pillage ou de sang, pouvoit-elle sentir le bonheur de la solitude? Et la nécessité de vivre éternellement derrière des ponts levis, leur ôtoit l'idée d'étendre leurs jouissances au-delà de cette enceinte. Les Bardes ne chantent point les Jardins des brigands à qui ils vendoient leurs louanges; & si ces nobles avoient mis leurs Jardins au nombre de leurs

(1) Tandis que des notes éparses annoncent réellement que le goût des Romains, dans la composition des Jardins, se rapprochoit du vrai beau; on trouve, dans Pline le jeune, des détails sur un Jardin de Rome, qui annoncent des germes de la dépravation de goût qui a prévalu aux siécles d'ignorance. Pline, dans un long narré des parties de son Jardin, parle avec enthousiasme des arbres taillés en formes d'animaux, en lettres & chiffres, en formes d'Architecture; les buis y servoient déjà à tortiller les formes du parterre. Mais cette partie qui composoit chez eux le parterre, étoit accompagnée de bosquets plus éloignés qui restoient dans l'état de nature & qui s'appuyoient aux ailes du bâtiment : là se trouvoient les retraites ombragées. Ce passage intéressant prouve que les Romains avoient des Jardins paysagistes, en même tems que des parterres ridicules; mais un seul passage d'un livre isolé, où cette description vient accidentellement & sans réflexions sur les principes de l'art, ne peut rien offrir de concluant,

jouissances réelles ou d'amour-propre, le louangeur en auroit parlé. La renaissance des Jardins date de l'époque où le féodalisme commença à disparoître. Les bourgeois des villes libres, devenus riches par le commerce, sous la protection de quelque despote qui les ménageoit par crainte ou par calcul, ont été les premiers qui sentirent le besoin des jouissances de la Nature. C'est près des villes commerçantes que les Jardins se formèrent, parce que le terrein y devenant précieux, on voulut y multiplier les Décorations dans un petit espace de terrein, & l'on voulut dérober aux yeux cette petite étendue, soit par la variété des dessins des Parterres, soit par des labyrinthes & par des surprises de divers genres.

C'est alors que le mauvais goût, dans tous les genres, défigura la Nature; on crut beau ce qui étoit difficile; les tortillages de l'Architecture gothique, ces fleches d'église étonnantes par la hardiesse de leur travail remplacèrent la beauté simple de l'Architecture ancienne; des statues de saints, les bras croisés & sans draperie, remplacèrent la Venus & le Laocoon. Alors aussi commencèrent les Parterres tortillés, dessinés en cent manières bisarres; les bois taillés en animaux, les arbres tourmentés sous toutes les formes, & tous ces délires du mauvais goût qui, sous diverses variations, existèrent jusqu'au tems du Spectateur qui, par une bonne plaisanterie, déracina ce faux goût en Angleterre. Alors la France ployoit encore son goût sous celui du vaniteux Louis XIV; & cet imbécille orgueilleux, admirateur de Lenotre qui resta au niveau de la manière de son siécle, prolongea chez les Français, imitateurs, le faux goût qu'il préféroit.

Le besoin d'ombre a prémuni les Peuples méridionaux de ce goût bisarre: il falloit moins de Parterres que de Berceaux dans un climat ardent, & les berceaux, mêmes ceux qui étoient taillés, étoient un pas de plus vers la Nature. L'anglomanie, cette mode qui a parcouru la France, ranima enfin le goût du vrai beau: on ne l'adopta pas d'abord pour lui-même, mais parce que le peuple anglais l'avoit adopté. Manie avilissante dont des esclaves étoient seuls capables! Je n'attaque pas davantage cette frénésie, dont les Français ne se rendront plus coupables; elle a une suite heureuse, nous lui devons ces premiers germes de raisonnement qui, par un développement aidé des circonstances, ont fait éclore la Liberté.

Les Jardins, la manière de les décorer, tiennent beaucoup aux Mœurs nationales, indépendamment des caprices de la mode. Le Français bon, confiant, expansif, ne jouit pas lorsqu'on ignore ses jouissances; ses Jardins sont ouverts, & le paysagiste a soin de combiner les ouvertures avec les prospects lointains, & contribue, par leur richesse & leur variété à la beauté du site. Le Turc, dans les plus beaux pays, s'environne de murs élevés; ses jouissances sont concentrées dans ce lieu, dès-lors le genre de Décoration doit changer. Le Français pratique des ouvertures, pour marier les prospects éloignés avec les masses qui forment l'avant scène, & ces prospects bien menagés, ces échappées de vues dans des éclaircis inattendus, augmentent ses jouissances. Le Turc, dans le même local, ne voulant être vû de personne, ferme toutes les ouvertures; & pour masquer la nudité des clôtures, il faut qu'il combine d'autres Décorations. Ainsi les Décorations tiennent aux Mœurs, & ce qui est vrai pour des exemples directement contraires, doit exister pour beaucoup de circonstances intermédiaires.

Genre de Décorations adopté par les divers Peuples.

On prétend que les Anglais ont adopté le genre des Jardins paysagistes, à l'imitation de ceux des Chinois qu'ils avoient vu dans leurs voyages; si l'assertion est vraie, ils ont de beaucoup surpassé leurs modèles. On en jugera par l'Extrait suivant d'un Traité des Edifices, Jardins, &c., des Chinois, par Chambers, Architecte anglais.

» Les Jardins que j'ai vu à la Chine sont très-petits: leur ordonnance cependant, & ce que j'ai pu recueillir des diverses conversations que j'ai eues avec un fameux Peintre chinois nommé Lepqua, m'ont donné une connoissance des idées de ces Peuples sur cet art.

» La Nature est leur modèle, leur but est de l'imiter dans toutes ses belles irrégularités. Ils commencent par examiner la nature du local, & y adaptent leurs ornemens. »

» Comme les Chinois n'aiment pas la promenade, on n'y voit point d'avenues ou allées spacieuses: tout est distribué pour varier les scènes. »

» Ils distinguent trois espèces de scènes, les riantes, les horribles, les enchantées ou romanesques, & ils aiment beaucoup à exciter la surprise. Ils cachent le cours d'une rivière, de manière que son bruit souterrein frappe l'oreille, ils disposent des cavités dans les rocs, pour ménager des échos singuliers & y accumulent les plantes les plus bizarres. Les scènes d'horreur offrent des rocs suspendus, des cavernes, des chûtes d'eau, les arbres sont difformes & paroissent victimes des élémens; ils y pratiquent des ruines. Ces sites servent ordinairement de passage à des situations riantes. »

» Lorsque le terrein est étendu & qu'on peut y faire entrer une multitude de scènes, chacune est ordinairement appropriée à un seul point de vue. Mais quand l'espace est borné & ne permet pas assez de variété, on tâche de remédier à ce défaut en disposant les objets de manière qu'ils produisent des représentations différentes, suivant les divers points de vue, & souvent l'artifice est poussé au point que ces représentations n'ont entr'elles aucune ressemblance. »

» Les rivières roulent rarement en ligne droite, elles serpentent & sont interrompues par diverses irrégularités. Leurs Lacs sont ornés de machines hydrauliques qui animent la scene & de rochers artificiels A Canton, les ouvriers qui les font composent une classe particulière. »

» Les Chinois ont soin de varier les formes de leurs arbres & de les mêler avec soin dans leurs Bosquets; outre les arbres & sur-tout les saules dont ils bordent les eaux, ils y plantent des troncs pittoresques & portent leur attention jusque sur la couleur de l'écorce & la nature des mousses qui le couvrent. »

» Quoique les Chinois ne soient pas fort habiles en Optique, l'expérience leur a appris que la grandeur apparente des objets diminue & que leurs couleurs s'affoiblissent à mesure qu'ils s'éloignent de l'œil du spectateur. Ces observations ont donné lieu à un artifice qu'ils mettent quelquefois en œuvre. Ils forment des vues en perspective en introduisant des bâtimens, des vaisseaux & d'autres objets, diminués à proportion de leur distance, du point de vue; & pour rendre l'illusion plus frappante ils donnent des teintes grisâtres aux parties éloignée de la composition, & plantent dans les lointains des arbres d'une couleur moins vive & d'une hauteur plus petite que ceux qui paroissent sur le devant. De cette manière, ce qui en soi-même est borné & peu considérable, devient en apparence, grand & étendu. »

Ces détails sont les mêmes que donnent d'autres auteurs avec moins de circonstances, & qui m'ont été confirmés par divers voyageurs; ils viennent à l'appui de ce que j'ai dit plus haut sur l'analogie des mœurs des Peuples avec leur manière de décorer leurs campagnes.

Les Hollandais, dont le pays & les mœurs nous représentent le mieux la Chine & les Chinois, se rapprochent le plus de leur genre de Décoration. Des ornemens entassés sans goût, des fabriques multipliées lourdement, défigurent les Jardins paysagistes qu'ils ont voulu dessiner: il est vrai qu'un pays artificiel, pour lequel la Nature n'a rien fait, offroit des difficultés à vaincre: mais il est des moyens de Décoration pour ces genres de pays, autres que des montagnes artificielles, des ponts, des rochers, &c. Ces Jardins, bizarrement dessinés, sont une imitation ou caricature des Jardins paysagistes, faite par des hommes qui vouloient être *à la mode étrangère.*

Les Jardins du genre national sont des parterres, où les fleurs sont remplacées par des coquillages & par des verres diversement colorés; des Buis, des Ifs & quelques statues achèvent la Décoration de ces Jardins, ou *Tuin-huis*, où le négociant hollandais va boire du thé & fumer sa pipe, depuis le samedi soir jusqu'au lundi matin. Un pays en plaine uniforme, qui n'est diversifié que par des canaux & des digues, est difficile à décorer: mais cependant des massifs de bosquets qui s'éleveroient sur les côtés & se changeroient en futaie vers l'extrémité du paysage, & qui borneroient la vue en ménageant des éclaircis pour quelques lointains, comme eau, village, ferme, formeroient un encadrement. Des massifs d'arbustes, jettés de loin en loin, effaceroient l'uniformité d'un boulingrin, ou de prairies trop uniformes. Cette composition, où les grands objets serviroient à reposer la vue vers les limites, présenteroit bien plus d'agrément que ces entassemens d'objets, accumulés dans un seul point & sans aucun de ces passages, qui font naître des sensations de plaisir ou de surprise dans les Jardins paysagistes.

Les Anglais ont les premiers senti que les Jardins paysagistes doivent être une imitation de la Nature, que sans accumuler les Décorations elles doivent présenter une succession des belles scènes que la Nature offre sous divers climats. Un bois mélancolique doit avoir assez d'étendue, pour que le site principal, décoré par quelque fabrique analogue, ne se trouve pas accolé avec un site qui doit réveiller des sensation directement contraires. J'ai souri lorsque j'ai vu des ruines dans un lieu sauvage, où la Nature portoit toutes les empreintes de la destruction, & qui n'étoient séparées d'un Temple asiatique & de Jardins fleuris, que par des sinuosités dans un bosquet trop clair pour former un rideau. Les Anglais, plus larges dans leurs conceptions, tracent des masses plus grandes, & les passages entre ces sensations diverses modifient leurs contrastes. On ne peut, il est vrai, remplir cette condition qu'en consacrant à son paysage un terrein considérable; mais on peut encadrer dans son plan les terres cultivées, sans nuire à leur culture; mais on peut proportionner les masses d'idées qu'on veut exécuter, au cadre qu'on doit remplir. Le Peintre qui voudroit tracer tous les événemens de la vie d'un homme, dans un tableau, feroit un ouvrage détestable; & un Jardin paysagiste qui n'offrira que deux scènes, même une seule, plaira bien davantage, lorsqu'elle sera complette, que ce cahos informe & mal digéré que présentent beaucoup de Jardins dits Anglais, & qu'on devroit nommé Chinois.

Les Français n'ont adopté que depuis peu d'années, le goût des Jardins paysagistes: Ermenonville est une preuve que lors même qu'ils ſont imitateurs, ils ſurpaſſent aiſément leurs maîtres; là, c'eſt la nature; l'art paroît à peine, parce que les fabriques ont un rapport parfait avec les ſites & que les proſpects ſont ménagés avec aſſez d'adreſſe, pour qu'on ne ſoupçonne pas l'intention. Depuis cette époque les Jardins payſagiſtes ſe ſont multipliés, ils ſuccèdent partout à ces charmilles inſenſibles, à ces tailles de verdure ſans ceſſe tourmentées par les ciſeaux des Jardiniers, à ces parterres tracés au cordeau découpés bizarrement dans chaque carré. Ces châteaux à façade; ces parterres en avant, où rien ne garantit de l'ardeur du ſoleil, où les arbres qui oſent paroître ſont contraints à une forme inflexible par l'inſtituteur jardinier, ſemblent rappeller les ſiècles où on devoit s'y promener le chapeau ſous le bras & l'épée au côté. Rien n'y invite à cette douce confiance, à cette aménité qu'inſpire un boſquet, où les arbres, livrés à la nature, ſe balancent dans les airs & dans leurs ondulations, préſentent au moins de l'ombrage & de la fraîcheur. Là, ce ne ſont plus ces allées découvertes, où le maître du logis peut voir d'un coup-d'œil ſes convives, & lire en quelque ſorte, dans leurs geſtes, toutes leurs penſées. Les boſquets portent avec eux la liberté, & le changement de Décoration des Jardins a dû changer la manière de vivre à la campagne, & par conſéquent influer ſur les mœurs de la Nation. Plus de liberté & moins d'étiquette; des mœurs aiſées, une confiance naturelle; plus de liaiſons entre les individus, en même tems que les vices, productions naturelles des cours, ont dû tendre à s'effacer.

Rapports du Genre de Décoration avec le Site.

Un peintre imite & ne copie pas. Le cadre qu'il adopte ne peut pas renfermer tous les objets qu'il a ſous les yeux; ſon tableau c'eſt l'ouvrage d'un homme, le ſite eſt ſorti des mains de la nature. Pour compoſer un beau payſage, il doit élaguer, il faut qu'il ſe borne à la repréſentation de quelques-uns des accidens, qu'il les choiſiſſe de manière à former des contraſtes, à répandre de la variété; car le payſage de la Nature perd, en paſſant ſur la toile, cette impreſſion de calme & de bonheur que la Nature répand dans notre ame. Nous en éprouvons les ſouvenirs, lorſque nous voyons le tableau d'un ſite dont nous avons joui; il faut que l'art du Peintre remplace, en rendant plus magique ſon tableau, ce qu'il y a de différence entre la jouiſſance & ſon ſouvenir. Le travail doit être le même pour le Peintre, le Décorateur de Spectacle & le Décorateur de Jardin; tous veulent réveiller des ſouvenirs de la Nature, & doivent unir la vérité au pittoreſque, pour produire l'impreſſion qu'ils veulent faire naître dans l'ame de leurs ſpectateurs. Sans vérité point d'illuſion, donc point d'effet; il faut que la Décoration, ou, pour mieux dire, le travail de l'artiſte ſoit conforme au ſite.

Un terrein montagneux, où toutes les terres ont une inclinaiſon rapide, paroît commander des eaux en caſcades, en chutes variées & diverſifiées, tantôt roulant en écume, tantôt ſe précipitant ſur des rochers. Des nappes d'eau tranquille ſe forment naturellement dans les vallons qui ſervent de baſe aux montagnes; ſi la Nature n'en a pas formé, le Décorateur peut, ſans bleſſer la vérité du ſite, y pratiquer des baſſins, des nappes dont les bords plus ou moins champêtres, bordés de rocailles ou de prairies, s'adaptent à l'enſemble du pays. Un lac, un étang poiſſonneux y préſentent un moyen heureux de Décoration, ſans occuper la place inutilement.

Un ſite irrégulier eſt décoré par la Nature, l'art a peu de choſe à faire pour le rendre agréable; le Décorateur doit adoucir les formes trop dures, & encore cette condition ne devient néceſſaire que dans les pays rocailleux & trop couverts: tout le travail conſiſte à ouvrir des proſpects, à combiner les maſſes avec les éclaircis & les grands effets de la nature avec le travail de l'homme. Un ſite trop déſert, trop ſauvage, fait naître des ſenſations penibles; l'homme, dont la ſociabilité forme l'eſſence, eſt ſatisfait de voir les traces de la préſence de ſes ſemblables: il cherche bien la ſolitude, mais il ne la veut que momentanée; il deſire, au fond de ſon ame, de pouvoir la rompre à volonté.

Première règle pour décorer des ſites très-agreſtes, c'eſt que l'art y laiſſe comme échapper la trace de ſon paſſage. Et quelle trace? Un arbre ployé, dont le tronc forme un banc & quelques branchages le doſſier, un ſentier qui ſerpente, une fontaine ruſtique, puis des proſpects ménagés qui ſervent à lier ce ſite ſauvage aux lieux habités.

Quelques fabriques, mais peu nombreuſes, peuvent ajouter à la Décoration de ces ſites. Une maſure, reſte d'ancien château, réveillant le ſouvenir des nobles voleurs qui vécurent jadis, ajoutera l'idée de mort & de brigandage; l'œil ſe détourne, ſe reporte, par un éclairci, vers la Nature cultivée, & l'imagination compare ce ſiècle féodal au ſiècle de la vérité: c'eſt jouir de ſon exiſtence & de ſon ſiècle. Un pont haſardé ſur un ruiſſeau, dominant des chûtes & des accidens alpeſtres, peut encore être une fabrique analogue à ce ſite. Je le répète, lorſqu'un ſite eſt montagneux, on doit ajouter peu de choſe pour achever ſa Décoration; mais la Nature offre rarement des ſites auſſi précieux, preſque tous les pays à décorer ſont en plaine, ou dans des terreins foiblement irréguliers: c'eſt-là que l'homme doit tirer tout de rien & ménager jusqu'aux moindres accidens, pour les encadrer dans son tableau.

Morel, qui a écrit sur les Jardins, en distingue quatre ordres différens : le *Parc*, le *Jardin*, le *Pays*, la *Ferme* Le caractère particulier & distinctif de chacun est, dit-il, (*Théorie des Jardins.*) la variété pour le Pays, la noblesse pour le Parc, l'élégance pour le Jardin, la simplicité pour la Ferme. Laissons le parc qui va s'ensevelir, avec les châteaux, dans les décombres de la féodalité; les autres Jardins sont les seuls qui nous concernent.

Le *Pays*, c'est l'encadrement de la propriété individuelle; le possesseur d'un terrein peut répartir les diverses parties de ses Décorations de manière à se ménager les prospects les plus agréables : c'est sur la nature du pays qu'il doit modifier ses plantations, ses fabriques & ses cultures, car les cultures se combinent avec les Décorations. C'est comme conséquence que j'ai dit plus haut que les sites montagneux ont besoin de peu de Décoration, car le *Pays* décore, il ne faut que pratiquer des éclaircis pour en jouir.

La division de *Jardin* & *Ferme* que présente ensuite Morel, bonne pour son siécle, s'efface à présent; tout citoyen voudra décorer son manoir, (1) mais le décorer utilement : aussi le genre du *Jardin*, c'est-à-dire la terre consacrée à des Décorations stériles, va tomber en désuétude & se combinera graduellement avec la *Ferme* ou Décoration utile. Ainsi donc toutes ses divisions se borrent en *Pays* & *Ferme*, c'est-à-dire, pour parler plus simplement, qu'il faut combiner la Décoration de son terrein avec l'ensemble du site. Que de grands mots qui, réduits à leur juste valeur, déracineroient la *science* pour offrir une *vérité* connue de tout le monde!

» Le premier coup-d'œil de la magnificence, dit Girardin, (*De la composition des paysages.*) peut quelquefois éblouir & surprendre; l'effet, au contraire, de la Nature c'est de ne point surprendre : mais plus on la voit, plus elle paroît aimable, & les douces sensations que son aspect produit, par une analogie que tout homme ne peut manquer d'éprouver, font insensiblement passer jusqu'à l'ame des impressions voluptueuses & touchantes. » Voilà la base de tout ce qu'on peut dire sur la Décoration des Jardins.

Un pays de plaine exige un genre de Décoration directement opposé à celui des pays de Montagne. C'est le manoir qui est le point central de notre habitation, ou du moins le lieu le plus fréquenté & le centre où nous devons rapporter chacune de nos Décorations, de manière à produire pour chacun des points un prospect agréable. Un pays de plaine offrant une longue perspective sans objets bien saillants, qui présentent un *reposoir* à la vue, indique, par sa nudité même, le moyen de rendre un tel site agréable. L'œil y cherche un point d'appui, il faut le lui donner. S'il est trop près du manoir : par un effet naturel de la perspective, le prospect paroît se prolonger davantage; il faut donc, pour en raccourcir l'effet, jetter les masses à un certain éloignement, que ces masses qui forment un cadre laissent des éclaircis dans les endroits où le pays est le moins uniforme, tel que l'eau, quelque village, quelques bosquets éloignés, &c. Mais l'ensemble du rideau doit être à une certaine distance; alors l'œil trouve un point d'appui entre les détails voisins du manoir, & le pays sans borne qui s'ouvre devant lui.

Par un principe contraire, un pays irrégulier présente souvent des prospects trop rapprochés, où le pays écrase le site à décorer. Il convient alors de jetter les masses sur les devants; ils forment une avant-scène qui repousse au loin, en perspective, les objets qui paroissoient si près. Les principes de la Décoration des Jardins sont les mêmes que pour la Peinture.

Des Fabriques.

J'ai déjà dit plusieurs choses sur les fabriques, aux articles CABANE, CHAUMIÈRE, BEAUTÉ. On a voulu faire des fabriques pittoresques, & les hommes opulens, pour qui le malheur des hommes pauvres n'étoit rien, ils ne le partageoient pas, ont multiplié les cabanes & autres imitations des demeures de l'indigence, tandis qu'a l'intérieur tout y respiroit le luxe. Ces fabriques qui réveillent l'idée du malheur d'une partie de nos frères, qui retracent l'idée de besoins & de souffrances, devroient être proscrites par tous les hommes qui n'ont pas des ames de roi. Adoptons des fabriques qui nous retracent le bonheur, si nous voulons jouir, & réveillons, par ces constructions de luxe, des sentimens chers à la patrie, l'amour des hommes, des lieux consacrés aux vertus civiques, des retraites d'hommes heureux; alors nos Jardins, conformes aux sentimens qui nous animent, ne seront plus la flétrissure du possesseur.

Peu de fabriques; des arbres, des arbustes, de la végétation satisfont davantage dans un paysage, que toutes les constructions de l'homme. Les fabriques *decorées* détruisent l'impression de la Nature & l'art imite difficilement ses accidens; un rocher, une chûte, une masure, travaillés à grands frais, portent toujours une empreinte du Ciseau & de la main de l'Artiste,

(1) Les Dictionnaires ont décidé que le mot *manoir* a vieilli : mais on peut décider contre eux qu'il est bon, puisqu'on ne peut le remplacer même par *domicile.*

le travail de la nature a quelque chose de plus large. (*L. Reynier.*)

DÉCORTICATION. Enlèvement de l'écorce des arbres : cette opération ajoute à la qualité des bois, lorsqu'elle est faite quelques mois avant la coupe de l'arbre. Le Dictionnaire des Arbres & Arbustes traitera en détail des avantages & des inconvéniens de cette opération. (*L. Reynier.*)

DÉCOUPER. On le disoit d'un parterre, où l'on formoit des dessins bizarres, terminés par des Buis ou même par des bois vernissés. Ces parterres étant tombés en désuétude, entraînent dans leur chûte tout le Dictionnaire des mots qu'ils ont fait adopter (*L. Reynier.*)

DECOURS. Troisième & quatrième phases de la Lune, qui paroît décroître, c'est-à-dire, qui ne renvoie sur la Terre que des portions de lumière, décroissantes de nuit en nuit.

C'est un usage très-répandu à la campagne, de ne faire certains travaux que dans le Decours ou dernier Quartier de la Lune ; il y a des Jardiniers qui ne semeroient leurs graines d'Ognons, de Carrottes, de Choux fleurs, de Cardons, &c. ; des Fermiers qui ne feroient pas châtrer les jeunes animaux mâles qu'ils élevent ; des Marchands de bois qui ne feroient pas abattre des Taillis ou des Futaies, dans toute autre saison que dans ce quartier de la Lune.

Un fait, dont j'ai été témoin, a révolté mes idées sur cet usage. Le dernier jour de juin ou le 1er. de juillet, la chaleur étant considérable, on châtra un Cochon mâle dans le pays où je me trouvois. L'homme qui faisoit l'opération, en ayant l'habitude, la fit bien & a[illegible] Interrogé pourquoi il n'avoit pas att[illegible] jour où il ne fit pas chaud, il rép[illegible] ne falloit pas laisser échapper le Decours [illegible] Lune. On lui annonça que le Cochon pou[illegible] bien eu périr ; en effet, il mourut [illegible] main : la gangrène s'étoit mise à la pl[illegible] voit, par ce fait, combien a de force [illegible] profiter du Decours de la Lune [illegible] pu être balancée par l'inconvénie[illegible] la grande chaleur. J'ai vu des Jardiniers [illegible] le dernier jour de la Lune [illegible] attendre au lendemain, premier jour de la nouvelle Lune, comme s'il pouvoit y avoir [illegible] différence d'un jour au jour suivant.

Pour peu qu'on réfléchisse, il [illegible] voir que cet usage est un préjugé. L'ignorance plus commune que l'instruction, l'a enfanté [illegible] habitude l'entretient, & quelques succès [illegible] au hasard ou à d'autres circonstances, l'accréditent : mais il a sans doute un fondement, & c'est ce qu'il faudroit découvrir. Les gens de la campagne sont capables de bien observer & d'appercevoir des vérités utiles à leurs intérêts. S'ils se trompent, c'est dans l'application des vérités, dont ils ne profitent le plus souvent qu'à moitié. Par exemple, ils savent que quand un Brouillard sec survient, les Bleds étant en pleine vigueur, ces bleds sont attaqués de la *rouille*. Ils en concluent que toutes les maladies des Bleds dépendent du Brouillard. Une vache vient-elle à avorter dans une Etable, on sort par la fenêtre l'Avorton, c'est-à-dire, le Veau qu'elle a mis bas avant le terme, dans la crainte que si on le sortoit par la porte, les Vaches pleines n'avortent à leur tour : ce qui suppose que ces Agriculteurs reconnoissent les avortements comme contagieux. Cependant ils laissent la Vache qui vient d'avorter, avec les autres dans la même Etable, où les suites de l'avortement qui se putréfient dans son corps, en infectant l'Etable, communique plus sûrement l'avortement aux autres Vaches, que le passage de l'Avorton par la porte. La plupart d'entre eux s'étant apperçus que s'ils répandoient peu de semence dans les mauvaises terres, ils ne récolteroient presque rien, ont pris le parti d'y semer leurs grains très-drû ; ils sement de la même maniere dans les bonnes terres, où il faut semer clair, pour que les grains y tallent.

J'ai reconnu beaucoup d'autres circonstances où les gens de la campagne étoient autorisés à faire une chose, parce qu'ils avoient réussi en en faisant une autre, qu'ils croyoient pareille. Mais j'avoue que je ne vois rien qui m'indique pourquoi ils préfèrent le Decours de la Lune pour certains travaux ou certaines opérations. J'engage les personnes qui ont quelques lumières sur cet objet, à vouloir bien les publier.

Ce [illegible] quelque service sans doute aux gens de [illegible] en leur apprenant la cause [illegible] & en leur faisant voir, par de [illegible], qu'il est déraisonnable, qu'il [illegible] les gener & quelquefois leur nuire. En effet, [illegible] souvent le moment favorable [illegible] des opérations, si on s'astreignoit à ne les [illegible] Decours ; car le Decours n'arrive [illegible] également au même tems, puisque les [illegible] empiétent sur les mois. Les pluies ou la [illegible] esse ne dépendent pas des Quartiers de la [illegible]. Ainsi un Jardinier qui voudroit semer à la veille de la pluie, ou aussitôt après la pluie, s'il attendoit le Decours, s'exposeroit à ne plus pouvoir semer, parce que la sécheresse régneroit pendant le Decours & que la saison s'avanceroit.

Le fait du Cochon mort, pour avoir été châtré, en Decours de la Lune de juin, mais par une grande chaleur, prouve qu'il eût mieux fallu le châtrer dans le troisième quartier de la Lune de juin ou dans le premier de celle de juillet, en choisissant un tems frais. Enfin un Marchand qui doit exploiter une vente considérable, s'il ne faisoit abattre que dans le Decours, courroit risque de n'avoir pas assez d'ouvriers, d'être surpris & empêché par les neiges, &c. Ces raisons me paroissent propres à faire sentir la nécessité de montrer, par des expériences, aux gens de la campagne, que de semer des graines, châtrer des animaux, abattre du bois, &c., dans divers Quartiers de la Lune, pourvu que d'ailleurs on ne néglige pas les précautions convenables, n'est sujet à aucun inconvénient. (*Tessier.*)

DÉCROIT. C'est la diminution de produit en Bestiaux. *Voy.* Bail à Cheptel. (*Tessier.*)

DÉCOUVRIR. C'est retirer les paillassons & autres couvertures dont on s'est servi pour préserver les plantes, soit des gelées, soit du Soleil; on ne sauroit trop apporter de vigilance pour Découvrir, dès que la cause qui a occasionné la couverture a cessé, parce que les plantes, trop long-tems privées d'air, poussent, s'étiolent & pourrissent. (*L. Menon.*)

DÉCUMAIRE, *Decumaria.*

Genre qui paroît devoir être rangé dans la famille des Myrtes, suivant Lamarck, & que Jussieu y a placé. Il ne comprend qu'une espèce. C'est un arbre à feuilles simples, opposées, à fleurs à dix divisions, dont le calice est coloré, disposées en panicule corymbiforme terminale : il est étranger à notre climat : il se cultiveroit sous verre : il paroît devoir se multiplier facilement par marcottes. Il seroit utile dans les Démonstrations de Botanique; il n'est pas encore suffisamment connu.

Espèce.

Décumaire à feuilles veineuses.

Decumaria barbara. Lam. ♄ Afrique ou Inde.

Description du port.

Le Décumaire à feuilles veineuses est un arbre : nous ne pouvons dire que peu de choses sur le port. Ses rameaux sont articulés & à nœuds un peu renflés & pourvus en-dessous de petites racines fibreuses, on n'y remarque point de duvet; mais les bourgeons & les jeunes pousses en sont recouverts. Les feuilles sont placées par opposition, munies de queue, ovales, lisses des deux côtés, veineuses & crenelées vers leur sommet. Les fleurs sont odorantes, à dix divisions oblongues ovales, semblables à celles du *Tilleul*, & leur disposition est en grappes approchant de la forme du Corymbe; elles terminent les branches. Son fruit n'est point connu. On le présume originaire de l'Afrique; mais Lamarck est porté à croire qu'il est de l'Inde.

Culture.

L'incertitude sur le lieu de l'habitation du Décumaire à feuilles veineuses, ne sera point un obstacle à sa culture, mais elle obligera à prendre d'abord quelques précautions. Il sera aisé de juger d'après l'individu, si, dans l'été, on pourra l'exposer à l'air libre : au reste, beaucoup d'arbrisseaux très-délicats n'en végètent que mieux & leur feuillage n'en est que plus brillant, quand ils ont été sortis pendant six semaines ou deux mois. On apportera aussi quelque attention sur la place qu'on lui fera occuper dans la serre chaude pendant le premier hiver. La rareté de ce genre, l'intérêt qu'il inspire, puisqu'il y a encore des connoissances à prendre à son égard, détermineront à lui donner une place de tannée, qu'ordinairement on n'accorde point en vain; sauf l'année suivante à le reléguer sur les tablettes, dans la serre tempérée ou peut-être même dans l'orangerie. Nous ne croyons pas qu'il fût prudent de débuter avec lui par du terreau; nous essayerions avec de la terre franche mêlée avec égale portion de sable de bruyere, & si il ne reussissoit pas dans la serre chaude, au premier empotement suivant, nous y ajouterions de l'argille pure. Il est entendu que les arrosemens en été se peuvent faire avec moins de circonspection qu'en hiver; mais à l'égard de ceux du Décumaire; nous en aurions une très-grande pendant cette dernière saison.

Nous passons rapidement sur sa multiplication par les graines, (petits pots sur couche, sous cloche ou chassis, transplantation à la quatrième feuille, abri air renouvellé sous chassis, en automne tannée de serre chaude,) & nous nous arrêtons au procédé par marcottes, qui est prompt & qui paroît particulièrement convenir pour cet arbre, soit en poupée, (*Voyez* Marcotte) soit de branche entaillée sous un nœud & fixée dans le pot avec une fourchette. Le tems seroit en septembre; mais pour la commodité, à cause du service de l'hiver & sur-tout quand on remarque des dispositions comme sur ce sujet, on préfere le printemps. Lorsque les marcottes sont sevrées, on les met dans de petits pots remplis de terre assortie, enfoncés dans la tannée, abrités d'abord & arrosés avec beaucoup de modération. (*F. A. Quesné.*)

DECURRENTES. (feuilles) On nomme ainsi les feuilles dont la base se prolonge sur la tige ou les rameaux, comme y étant collée & y formant une saillie ou espèce d'aile courante sur la longueur, comme dans le *Bouillon ailé*, (*verbascum-thapsus*), dans les *Onopordes*, les *Chardons*, les *Centaurées*. Le Périole est Decurrent, lorsqu'il se prolonge sur la tige en y laissant une ou plusieurs saillies en manière d'ailes. (*L. Menon.*)

DÉDALE. On donne ce nom à une espèce de Jardins d'ornement, plus connue sous le nom de Labyrinthe. De tous les genres de mauvais goût, & on en a beaucoup épuisés, ce sont les Labyrinthes & les Tortillages des Jardins hollandais qui peuvent obtenir la Palme. Rien de plus absurde que de faire errer une heure entre des haies transparentes, pour causer la sotte surprise de se retrouver à la même place d'où on est parti. *Voyez* Beau. (*L. Reynier.*)

DÉFEND. Bois défend, mot usité dans l'administration des Forêts, pour désigner les portions des bois taillis ou futaie dont l'entrée est défendue au Bétail. *Voyez* le Dictionnaire des Arbres & Arbustes. (*L. Reynier.*)

DÉFENDUDES. C'est le nom que l'on donne en Provence à des morceaux de bois au bout desquels on met de la paille, pour marquer un champ où on ne veut pas que les troupeaux aillent paître. (*Tessier.*)

DÉFLEURIR. Perdre ses fleurs: c'est l'époque où la génération des plantes étant consommée, les parties de la fleur, qui sont inutiles à la conservation du fruit, se dessèchent & tombent. *Voyez* Floraison. (*L. Reynier.*)

DÉFONCER un terrein. Le labourer à une profondeur plus considérable que celle qui est d'usage dans les labours ordinaires. Le but du défonçage est de procurer plus de terre ameublie, afin que les racines des plantes puissent s'enfoncer & tirer des sucs de plus loin. On défonce des terres en valeur, comme des terres en friche. Lorsqu'on défonce à la main, la meilleure manière est de défoncer à jauge ouverte, c'est-à dire, en commençant par faire une décombre ou découverte, & en jettant en avant la terre à mesure qu'on la fouille. (*Tessier.*)

DEFRETURER. Se dit, dans le Boulonnois, d'une terre que l'on fait rapporter deux années de suite. (*Tessier.*)

DÉFRICHEMENT, *Défricher.*

Suivant l'éthimologie de ces mots, c'est ôter un terrein de l'état de friche. Par friche on entend une terre qu'on ne laboure point, ainsi un bois, un pré, un marais, un sol nu, sont des friches. Les défricher, c'est les convertir en terres labourables, ou les planter en bois, après les avoir cultivés.

Les défrichemens peuvent être considérés ou par rapport au gouvernement, qui doit avoir plus ou moins d'intérêt à les encourager, ou par rapport à l'avantage qu'y trouvent les particuliers.

Sous le premier rapport, j'examinerai jusqu'à quel point un gouvernement doit encourager les défrichemens, & sous le second, quelle doit être la conduite des particuliers. Je ferai voir ensuite comment il convient de défricher, relativement à l'espèce de sol,

Le goût des défrichemens a pris en France, il y a environ 40 ans, du moins, c'est à cette époque qu'on a commencé à s'en occuper d'une manière plus marquée. L'explosion qui s'est faite alors dans les esprits, soit qu'elle fut dûe à un accroissement de population qui nécessitoit plus de moyens de subsistances, soit qu'elle fût excitee par les idées de la vraie richesse du Royaume, qui consiste dans les productions du sol, a donné lieu a des réflexions de la part du gouvernement, il en est émané les deux actes suivans:

Déclaration du Roi qui accorde des encouragemens à ceux qui défrichent les Landes & terres incultes, avec Arrêt du Conseil en interprétation, d'icelle, du 2 Octobre 1766, donné à Compiegne, le 13 Août 1766, registrée en Parlement.

I. Les terres de quelque qualité & espèces qu'elles soient, qui depuis quarante ans, selon la notoriété publique des lieux, n'auront donné aucune récolte, seront réputées terres incultes.

II. Tous ceux qui voudront défricher ou faire défricher des terres incultes, & les mettre en valeur de quelque nature que ce soit, seront tenus, pour jouir des priviléges, qui leur seront ci-après accordés, de déclarer au Greffier de la Justice Royale des lieux, & celui de l'élection, la quantité desdites terres avec leurs tenans & aboutissans; il sera par eux payé dix sols à chacun des Greffiers, pour l'enregistrement de la déclaration; permettons aussi à ceux qui auront entrepris lesdits défrichemens depuis le premier Janvier 1762, de faire les mêmes déclarations dans le délai de trois mois à compter de l'enregistrement de notre présente déclaration, à l'effet de jouir desdits priviléges accordés

III. Pour mettre les Décimateurs, Curés & habitans à portée de vérifier ladite déclaration, & de se pourvoir, s'il y a lieu; savoir, les Décimateurs & Curés pour raison de la dixme devant les Juges ordinaires, & les habitans pour raison de la taille, en l'élection, ceux qui voudront entreprendre lesdits défrichemens, feront afficher une copie de leur déclaration à la principale porte de l'Eglise paroissiale, à l'issue de la Messe de paroisse, & un jour de dimanche ou de fête, par un Huissier, Sergent, ou autre Officier public requis à cet effet, dont il sera dressé procès-verbal.

IV. Les Entrepreneurs des défrichemens, les Décimateurs, Curés & habitans, pourront se faire délivrer toutes les fois qu'il le jugeront à propos, des copies de ces délibérations, en payant à celui à celui des Greffiers qui les délivrera, deux sols six deniers par rôle ordinaire ; défendons auxdits Greffiers de percevoir autres & plus grands droits pour raison de l'enregistrement & expédition desdites déclarations, sous quelque prétexte que ce puisse être, à peine de concussion.

V. En observant les formalités prescrites par les articles II & III, ceux qui défricheront lesdites terres incultes, jouiront pour raison de ces terreins de l'exemption des dixmes, tailles & autres impositions généralement quelconques, même des vingtièmes, tant qu'ils auront cours, pendant l'espace de quinze années, à compter du mois d'Octobre qui suivera la déclaration faite en exécution de l'article II ; défendons, en conséquence, à tous Taxateurs, Collecteurs, Asséeurs, de les augmenter à la taille, vingtièmes, tant qu'ils auront cours, & autres impositions pour raison du produit, & de l'exploitation desdits défrichemens pendant ledit espace de temps ; le tout néanmoins, à la charge par eux, de ne point abandonner la culture des terres actuellement en valeur, dont ils seroient propriétaires, usufruitiers, ou fermiers, sous peine de déchéance desdites exemptions ; nous réservant au surplus de proroger au-delà dudit terme, lesdites exemptions, si après avoir entendu les Décimateurs, Curés & habitans, la nature & l'importance de ces défrichemens paroissent l'exiger.

VI. Ladite exemption des dixmes ne pourra avoir lieu, plus long-temps que celle de la taille, vingtièmes & autres impositions ; en sorte qu'après l'expiration des quinze années, ou après celle du terme pendant lequel nous aurons cru devoir proroger lesdites exemptions: nous voulons & entendons que les terres nouvellement défrichées soient assujetties au paiement, tant desdites dixmes, que de la taille & autres impositions suivant la taxe & la manière qui sera par nous ordonnée.

VII. Les propriétaires de ces terreins, de même que ceux à dessécher, leurs cessionnaires ou fermiers, ne seront tenus de payer aucuns droits d'insinuation, centième & demi-centième denier pour les baux par eux faits relativement à l'exploitation de ces terreins, quoiqu'ils soient pour un terme au-dessus de neuf années jusqu'à vingt-sept & même de vingt-neuf ans.

VIII. N'entendons néanmoins rien innover aux dispositions de l'ordonnance du mois d'Août 1669, ni déroger aux Arrêts & réglemens précédemment rendus sur les défrichemens des montagnes, bruyéres, places vaines & vagues aux rives des bois & forêts, lesquelles continueront d'être exécutées selon leur forme & teneur.

IX. Les étrangers actuellement occupés auxdits défrichemens ou desséchemens, ou qui se rendront en France, pour se livrer à ces travaux, soit qu'ils y soient employés comme entrepreneurs, soit en qualité de fermiers, ou de simples journaliers, seront réputés régnicoles, & comme tels jouiront de tous les avantages dont jouissent nos propres sujets : voulons qu'ils puissent acquérir & disposer de leur bien, tant par donnation entre vifs, que par testament codicile & tous autres actes de dernière volonté en faveur de leurs enfans, parens & autres domiciliés en France, même à l'égard du mobilier, seulement en faveur de leurs enfans, parens & autres domiciliés en pays étranger, en se conformant aux loix & coutumes des lieux de leurs domiciles, ou à celles qui se trouveront régir les lieux où les biens immeubles seront situés : renonçant, tant pour nous que pour nos successeurs, à tout droit d'aubaine, deshérence, & à tous autres à nous appartenans, sur la succession des étrangers qui décédent dans notre Royaume.

X. Les étrangers ne seront néanmoins tenus pour régnicoles, que lorsqu'ils auront élu leur domicile ordinaire sur les lieux où il sera fait des défrichemens & desséchemens, & qu'ils auront déclaré devant les Juges royaux du ressort, qu'ils entendent y fixer leurdit domicile pour l'espace au moins de six années, & lorsqu'ils auront justifié après ledit temps, auxdits Juges par un certificat en bonne forme, qui sera déposé au greffe signé du Curé & de deux Syndics ou Collecteurs, qu'ils y ont été employés sans discontinuation auxdits travaux, dont il leur sera donné acte par lesdits Juges, sans frais, excepté ceux du Greffier que nous avons fixés à trois livres.

XI. Si quelques-uns desdits étrangers venoient à décéder dans le cours desdites six années, à compter du jour qu'ils auront fait leur déclaration devant lesdits Juges, les enfans, parens ou autres domiciliés en France, appellés à recueillir leur succession & même à l'égard du mobilier seulement ; ceux domiciliés en pays étranger, en auront délivrance, en justifiant par un certificat en la forme prescrite par l'article précédent, que les étrangers étoient employés auxdits défrichemens ou desséchemens.

Registré ce requérant, le Procureur général du Roi, pour être exécuté selon sa forme & teneur, à la charge qu'il ne pourra être entrepris aucuns défrichement que du gré, consentement ou concessions des propriétaires des terreins incultes des Seigneurs à l'égard des terres abandonnées, & sans que la qualification des terres incultes, donnée par l'article premier, à celles qui depuis quarante ans n'auroient produit aucunes récoltes, il puisse être tiré aucune conséquence relativement aux contestations sur la nature & la qualité des dixmes ordonnée par ladite déclaration ; comme aussi, sans que l'énonciation d'aucuns Arrêts ou réglemens qui n'auroient point été revêtus de Lettres-patentes enregiſtrées en la Cour, puiſſe être tirées à conſéquence, ni ſuppléer au défaut d'enregiſtrement; & copies collationnées envoyées aux bailliages & ſénéchauſſées du reſſort, pour y être lues, publiées & regiſtrées; enjoint aux Subſtituts du procureur du Roi d'y tenir la main, & d'en certifier la Cour dans le mois, ſuivant l'Arrêt de ce jour.

A Paris, en Parlement, toutes les Chambres aſſemblées, le 22 Août 1766. *Signé*, DUFRANC.

Arrêt du Conſeil d'Etat du Roi, rendu en interprétation de la déclaration du 13 Août 1766, concernant les privilèges & exemptions accordés a ceux qui entreprendront de défricher les Landes & terres incultes, du 2 Octobre 1766.

Extrait du Regiſtre du Conſeil d'Etat.

Sur ce qui a été repréſenté au Roi étant en ſon Conſeil, entre autres diſpoſitions, la déclaration du 13 Août 1766, porte que ceux qui défricheront des terres incultes, jouiront pour raiſon de ces terreins, pendant l'eſpace de quinze années, de l'exemption des dixmes, tailles & autres impoſitions généralement quelconques, même des vingtièmes tant qu'ils auront cours; que les propriétaires des terreins incultes, leurs ceſſionnaires ou fermiers ont été diſpenſés encore de payer des droits d'inſinuation, centième denier, pour les baux relativement à l'exploitation de ces terreins, quoiqu'ils ſoient pour un terme au-deſſus de neuf années, juſqu'à vingt-ſept & même vingt-neuf ans; mais que les baux ne ſont pas les ſeuls actes que les défrichemens donneront lieu de paſſer; qu'un particulier qui aura entrepris de mettre en valeur, une certaine quantité de terres, ne pourra le plus ſouvent y parvenir qu'en concédant une partie de ces terres à d'autres perſonnes, ou en les aſſociant à ſon exploitation; que les traités qui ſeront faits en conſéquence, les ventes, ceſſions, tranſports, ſubrogations & autres actes ſemblables paroiſſent mériter autant de faveur que les baux de vingt-neuf années & au-deſſous; qu'ainſi ces différens actes devroient jouir de la même exemption; que cependant cette exemption eſt bornée aux baux, uniquement, & qu'elle n'a même pour objet que les droits de centième & demi-centième denier; en ſorte que ceux de contrôle des baux & autres actes continueront à être perçus ſur le pied réglé par le tarif du vingt Septembre 1722, ſi Sa Majeſté ne ſe portoit pas à les affranchir; qu'indépendamment du contrôle du centième denier, il ſe préſentera quelquefois des cas où les actes relatifs aux défrichemens &c. donneront ouverture aux droits de francs-fiefs & amortiſſemens, ce qui pourroit (ſi l'exemption de ces droits n'étoit point prononcée légalement), arrêter les entrepreneurs dans leurs opérations & les rendre plus difficiles; qu'enfin les Colons & autres particuliers, employés aux défrichemens, ſeront tenus de payer la capitation parce que cette impoſition eſt perſonnelle; mais qu'il paroîtroit à propos de la fixer modérément afin d'encourager de plus en plus les exploitations. Sur quoi Sa Majeſté voulant faire connoître ſes intentions, & donner des nouvelles marques de ſa protection à ceux qui entreprendront le défrichement des terres incultes, vue la déclaration du 13 Août 1766: oui le rapport du ſieur de la Verdy, conſeiller ordinaire au Conſeil royal, Contrôleur général des finances, le Roi étant en ſon Conſeil, a ordonné & ordonne ce qui ſuit:

I. Les propriétaires des terres incultes qui entreprendront de les mettre en valeur, leurs ceſſionnaires, ſucceſſeurs ou ayant cauſe, jouiront pendant le temps porté par la déclaration du 13 Août 1766, de tous les privilèges, exemptions qui leur ont été accordés, en rempliſſant les formalités ordonnées par les articles II & III de cette déclaration.

II. Jouiront auſſi, les étrangers qui ſeront employés aux défrichemens, des privilèges particuliers qui leur ont été preſcrits par la même déclaration.

III. Les ceſſionnaires ou ayant cauſe, & les entrepreneurs des défrichemens, qui ne ſeront pas Nobles jouiront, en outre, pendant quarante années d'exemption des droits de francs-fiefs pour tous les terreins défrichés; & s'il eſt établi dans l'étendue deſdits défrichemens, des Egliſes paroiſſiales ou ſuccurſales, il ne ſera payé aucuns droits d'amortiſſement, pour raiſon de ces établiſſemens.

IV. Tous les actes qui ſeront paſſés pendant le même eſpace de quarante années par les propriétaires des terres incultes, leurs ſucceſſeurs, ceſſionnaires ou ayant cauſe, ſoit entre eux ou avec d'autres particuliers pour raiſon des défrichemens, ſeront contrôlés ſans qu'il puiſſe être exigé autres ni plus grands droits de contrôle, que dix ſols pour chacun acte de quelque nature ou eſpèce qu'il ſoit.

V. Et dans le cas où quelques-uns des actes mentionnés à l'article précédent, donneront ouverture aux droits d'inſinuation, centième & demi-centième denier, ces droits ne ſeront payés que ſur le pied, ſeulement, d'un denier par arpent, ſans néanmoins qu'il puiſſe être perçu pour les baux de neuf ans & au-deſſous, conformément à l'article VII de la déclaration du 13 Août 1766.

VI. Les Colons & autres perſonnes employés aux défrichemens, ſeront taxés à la capitation par les ſieurs Intendans & Commiſſaires départis dans les provinces & généralités du Royaume, à raison de vingt sols seulement par chacun. Enjoint Sa Majesté auxdits sieurs Intendans & Commissaires départis, de tenir la main à l'exécution du présent Arrêt, qui sera imprimé, publié, affiché, par-tout où besoin sera.

Fait au Conseil d'Etat du Roi, Sa Majesté y étant, tenu à Versailles, le neuvième jour d'Octobre 1766.

Ces deux actes sans doute ont donné de grandes facilités pour convertir en terres labourées, des Landes, Broussailles, vagues &c. Le Gouvernement d'alors ayant cette intention n'a pu rien faire de mieux en apparence ; mais ce qui a contribué davantage aux défrichemens, c'est d'une part l'augmentation du prix des grains qui, en général, s'est soutenu depuis ce tems-là ; de l'autre, l'accroissement de l'impôt, auquel on n'auroit pu satisfaire, sans de nouveaux produits ; d'ailleurs, on a vu qu'il y avoit du profit à vendre ou à récolter beaucoup pour sa consommation ; chacun a imaginé des ressources ; on en a trouvé dans les terres incultes. Mais, il est un terme à tout. Ce qui est un bien, devient un mal, quand on l'exagère, quand on va au-delà du but, quand on n'a pas une mesure déterminée. Les uns, pour gagner plus, ont défriché des bois ; les autres ont sacrifié à la culture du bled, des prairies qui nourrissoient de nombreux troupeaux. Il eût fallu que le Gouvernement, pour ne pas commettre de faute, fût plus instruit & se procurât avant d'accorder aucuns priviléges aux défrichemens, un état exact de la population du Royaume, & de ses accroissemens annuels, que sachant ce qu'il falloit à-peu-près de terres pour nourrir tous les habitans, de prairies pour les bestiaux, de bois pour le chauffage & pour la construction, il ne permît de défricher aucun bois en rapport, à moins d'en replanter la même quantité, ou aucune prairie à moins d'en faire d'autres de même étendue. Cette conduite eût paré il est vrai, à une atteinte à la liberté des propriétaires. Mais le bien général le commandoit. La France commençoit déjà à manquer de bois dans beaucoup de ses parties, on voit chaque année diminuer la production & la consommation augmenter. C'est aux défrichemens trop multipliés & mal entendus, que nous devons en partie cette disette d'une denrée précieuse. Il n'est donc pas toujours aussi intéressant qu'on le croit pour un gouvernement, de favoriser les défrichemens. Je voudrois qu'on ne défrichât aucun bois, à moins qu'il ne fût rabougri & presque d'aucune valeur, & qu'on se contentât de défricher les Landes, les terres vagues, les mauvaises Communes en prairies, qui, cultivées produiroient dequoi nourrir plus de bétail ; & qu'enfin, la plûpart des terres qu'on défriche fussent plantées en bois.

Si un Etat ancien & cultivé comme en France, dans la plus grande partie de son sol n'a pas beaucoup d'intérêt à favoriser les défrichemens, il n'en est pas de même d'un pays neuf, où de celui où les bois & les forêts sont trop étendus, eu égard à la culture, qui n'est pas en raison des besoins. On peut & on doit même, dans ce cas, permettre & ordonner d'abattre & de défricher les bois, pour semer des grains à leurs places. Combien de pays, maintenant habités, ne doivent leur population qu'à l'accroissement des cultures, aux dépens des forêts.

En général il y a plus d'avantage à améliorer les terres, actuellement cultivées, que de songer à porter la charrue dans celles où elle n'a pas encore passé ; 1.° parce qu'il y a moins de frais à faire & plus de produits à attendre ; 2.° parce que la plûpart des terres incultes sont de peu de rapport & répondroit mal aux soins des Laboureurs. Par exemple, je suppose qu'en France il y ait vingt millions d'arpens de terres cultivés, rapportant l'un dans l'autre, quatre pour un, & dix millions de terres incultes, qui moins bonnes que les autres rapporteroient deux pour un. Il vaudroit mienx faire en sorte que les vingt millions produisissent six pour un vu que la dépense pour l'amélioration de celles-ci ne seroit pas aussi forte que celle qu'il faudroit faire pour défricher les autres. Encore les dix millions d'arpens en friche ne sont ils pas entièrement incultes puisqu'une partie sert à la pâture des moutons. Les encouragemens du gouvernement dans un pays cultivé doivent principalement porter sur deux points, dont le premier est l'accroissement du produit des terres actuellement en culture, & le second, de celles qui sont défrichemens incultes pour les planter en bois.

L'entousiasme des défrichemens outre la diminution du bois, a eu les mauvais effets suivans : on se plaint que tous les pays à côteaux sont ruinés ; les sommets étoient garnis d'arbres ou de broussailles, dont les feuilles se pourrissoient & formoient un peu de terre végétale, que l'eau des pluies, retenue quelques tems, par les racines, entraînoit peu-à-peu vers le bas, ce qui fertilisoit les côteaux. Depuis que les sommets sont dégarnis, les roches sont à nu. Le grand Duc de Toscane a eu la sagesse, en permettant de défricher les côteaux jusqu'à une certaine hauteur, d'ordonner qu'avant de commencer l'opération, le propriétaire plantât en bois la partie superieure. La déclaration du Roi n'ayant pas prévu cet inconvénient, une très-grande partie du Languedoc où l'on a mis en culture toute espèce de Sol, n'offre plus qu'un roc vif & stérile.

C'est à cette cause qu'on attribue la perte de beaucoup d'oliviers dans les hivers de 1766, 1776, 1781 & autres années rigoureuses. Les arbres avoient changé de climat par la dégradation des bois & des terres, qui leur servoient d'abri contre le nord. On assure qu'à peine il existe aujourd'hui quelques oliviers à Montélimart. La même observation a lieu pour quelques pays de vignobles, qui n'ont perdu de leur ancienne réputation sans doute, que parce que les vignes ne sont plus aussi abritées.

Tels sont les calculs, tels sont, à ce qu'il me semble, les réflexions que doivent faire les gouvernemens, quand il s'agit de donner des loix sur les défrichemens. Les calculs des particuliers ne sont pas les mêmes. Deviennent-ils propriétaires de bois ou de terres incultes, ils peuvent avoir intérêt à les défricher & à les exploiter en labour? Les simples journaliers sont ceux à qui les défrichemens profitent davantage. Ils les défoncent, les façonnent, y portent des engrais & les améliorent dans les momens où ils ne sont pas occupés, en sorte que la main d'œuvre ne leur coûte presque rien. S'il importe à l'Etat que ces terreins soient conservés ou mis en bois, il importe aux particuliers d'avoir une jouissance prompte & par conséquent de les ensemencer en espèces de plantes, qui leur donnent tous les ans du produit.

Il y a diverses manières de défricher un terrein. Elles sont relatives à l'état dans lequel où il se trouve; c'est ou un Bois, ou une Lande, ou un Marais, ou une Prairie naturelle ou artificielle.

Lorsqu'une Colonie s'établit dans un pays où presque tout est Bois, ce ne peut être qu'en en détruisant, qu'elle se procure des terres cultivables. Les Européens ont été dans ce cas, quand ils se sont emparés des Isles & de quelques portions du Continent d'Amérique. Ils n'avoient pas besoin de ménager le bois, puisqu'ils en regorgeoient; pour l'exploiter convenablement, il leur eût fallu plus de bras qu'ils n'en avoient: ils étoient pressés de jouir, & ne devoient par conséquent employer qu'un moyen prompt. Ils prirent donc le parti de mettre le feu aux arbres, au lieu de les abattre, d'en arracher les souches & d'égaliser le terrein.

Dans nos Contrées, où il n'y a pas surabondance de Bois, on le coupe ou on l'arrache; on en ôte les racines, on remplit les trous & on laboure en automne avec une charrue à versoir. La gelée divise les mottes & fait périr les herbes; un second labour, donné au printems, met la terre en état d'être ensemencée.

Une bonne pièce de terre en Bois, mise en culture, rapporte jusqu'à vingt ans de suite sans interruption. Les feuilles, qui tomboient chaque année & se pourrissoient, y ont formé un engrais, dont elle se ressent long-tems. Les racines, prenant leur nourriture très-avant, n'ont pas épuisé la surface, la seule employée à donner du grain. On ne doit pas attendre un produit si long-tems prolongé d'un sol médiocre, autrefois en Bois, & nouvellement défriché, parce que les arbres y ayant moins de vigueur & étant chargés de moins de feuilles, ne l'ont pas autant engraissés. Si c'est un terrein léger & sablonneux, non-seulement il n'y a pas de profit à en détruire le Bois pour le cultiver, mais même on n'y récolte presque rien les premières années. Il faut auparavant qu'une culture assidue, des pluies & des engrais en aient rapproché les molécules. J'en pourrois citer un exemple. Le terrein du Parc de Rambouillet étoit de cette nature. On a imaginé d'arracher une partie des Bois, qui le couvroient, pour établir des cultures. Ce n'est qu'avec beaucoup de peines, de soins & d'engrais, qu'on est parvenu, après trois ou quatre ans, à en obtenir des récoltes satisfaisantes, qui ne remplaçoient pas les produits en Bois, tout médiocres qu'ils fussent.

On distingue deux sortes de Landes, la Lande maigre & la Lande grasse. La première est communément couverte de bruyères; la superficie de son sol est sablonneuse & sans liaison; elle est assise sur une couche argilleuse, & entre les deux il y a quelquefois un dépôt ferrugineux, plus ou moins épais telles sont les Landes, qui s'étendent depuis Anvers jusqu'à Rocfeu en Hollande, celles des environs de Loo, d'Utrecht, de Gueldre; & en France, celles de la Sologne, du Berry, du Bordelois, &c. Quelques Landes maigres sont formées de craie dure & solide, quelques autres d'argille pure ou presque pure.

Il est bien difficile que la Lande maigre dédommage des frais de défrichement. Si cependant on veut l'entreprendre, on peut choisir de l'une des deux manières suivantes, ou plutôt, on adoptera l'une ou l'autre selon la circonstance. Quand la Lande, c'est-à-dire, la plante qui la forme, est rare & éparse de distance en distance: on pèle la surface de la terre, on la fait sécher au Soleil & on l'amoncèle ensuite en ménageant une ouverture inférieure pour y mettre le feu; on la brûle, pour en répandre la cendre sur la terre: cette opération s'appelle *écobuer*. *Voyez* ce mot. Lorsque la Lande est multipliée & pressée, on est dans l'usage d'y mettre le feu au commencement de l'automne, avec la précaution de nétoyer toute l'herbe du côté où l'on veut que s'arrête l'incendie; on profite d'un tems où le vent dirige favorablement la flamme. Après l'extinction du feu, on laboure à la charrue & on ensemence en Avoine sur un seul labour. On a remarqué en général que le brûler étoit une mauvaise pratique. L'engrais des cendres n'est que momentané. Les terres, ainsi traitées, rapportent beaucoup la première année, & ne rapportent presque plus les années suivantes. Il vaut mieux, selon l'abbé Rozier, enterrer les bruyères, dont la décomposition très-lente sans doute forme un *humus*, capable de nourrir les végétaux. Mais il faut les enterrer, quand elles sont en fleurs, afin de ne pas remettre leurs graines dans la terre; d'ailleurs, plus tendres à cette époque, elles périssent plutôt, la charrue les ayant fortement endommagé On se sert de la charrue, montée sur deux roues, armée d'une longue flèche, d'une forte oreille ou versoir, & de tous ses accessoirs tranchans, pour couper les racines. Après plusieurs labours, on herseroit pour tirer tout ce qui ne seroit pas enterré assez avant. On mettroit ces débris sous les bestiaux, où on les disposeroit par lits avec de la terre, en les battant fortement; les pluies n'y pénètrant pas, ils se consommeroient lentement & donneroient un bon engrais.

L'abbé Rozier est d'avis qu'on n ensemence pas les Landes maigres, aussitôt après leur défrichement. Il pense qu'il faut donner à la terre le tems de prendre des *principes alimentaires de végétation*. Je le crois fondé a donner cet avis & à conseiller, comme il le fait, de défricher les Landes maigres au printemps, d'y semer sur-le-champ des Pois, des Vesces, de l'Ers ou des Lupins, d'enterrer ces plantes lorsqu'elles sont en fleur, de répéter la même opération une seconde année, d'y mettre à la troisième des grains pour les récolter, & d'alterner ensuite avec du Sainfoin, ou des Raves, ou des Carrottes, &c. C'est le moyen d'améliorer ces terres & de les rendre plus long-tems fécondes. Mais il faut faire le sacrifice du défrichement & des deux premières années, pendant lesquelles on dépense sans rien récolter.

Le plus utile & le plus certain est de les bien travailler & de les planter en vignes, si l'exposition & les autres circonstances le permettent, ou en bois, qui croisse en terrein médiocre, tel que le Bouleau, le Merisier, le Coudre, &c.; ou en Pins maritimes, dont le bois est d'un bon usage, même employé jeune, & dont on peut tirer beaucoup de résine en plusieurs pays, si on les laisse parvenir à une certaine hauteur. D'ailleurs, la chûte des feuilles de ces arbres peu-à-peu forme une terre végétale, qui, dans la suite, donne de la valeur à la Lande.

On reconnoît la Lande grasse aux Fougères, à l'Yeble, à l'état des Broussailles qu'elle produit. Elle est susceptible de bonne culture, & on peut espérer qu'en la défrichant elle donnera du profit. Duhamel pense qu'il faut d'abord arracher les Broussailles, faire passer ensuite une forte charrue à trois coutres, sans soc, attelée de quatre ou cinq paires de Bœufs, plus propres que les Chevaux aux défrichemens, & employer des femmes à tirer les racines que la charrue découvre. Mais il vaut mieux défricher à bras d'hommes qu'à la charrue. On doit le faire à tranchée ouverte, afin d'enlever toutes les racines. Il y auroit plus d'avantage à brûler la Lande grasse que la Lande maigre, parce que la terre en étant humide & compacte, les cendres contribueroient à la diviser.

Le tems le plus favorable au défrichement de la Lande grasse, est le commencement du printemps. On laisse ensuite passer l'été sans y toucher, à moins qu'elle ne pousse beaucoup de mauvaises herbes, qu'il soit nécessaire de détruire par des labours.

Lorsqu'on a le projet de défricher un Marais, le premier soin est de le dessécher. *Voyez* le mot DESSÉCHEMENT. S'il ne pouvoit être bien desséché, il vaudroit mieux le planter en Aunes ou en Osiers, qui se plaisent dans les Marais. Ensuite on le laboure en automne à la bêche, qui entre plus profondément que la charrue. Après que l'hiver a *mûri* la terre, c'est-à-dire, l'a divisée, on l'ensemence en avoine, qui réussit toujours. Les labours subséquens peuvent se faire à la charrue. Les eaux, qui séjournoient, ayant un bon écoulement, le Marais devient susceptible de différentes cultures.

S'agit-il de défricher une Prairie naturelle ou artificielle, soit parce qu'elle produit moins qu'elle ne produisoit, soit pour employer le terrein à d'autres usages, il suffit de la labourer avec une forte charrue quand les pluies d'automne l'ont pénétré, & de lui donner au printemps un second labour, pour semer ensuite de l'Avoine. J'ai vu des Fermiers même se contenter d'un seul labour en hiver; c'étoit, à la vérité, dans des terres légères qui avoient porté du Sainfoin. On ne seme du Froment, dans ces défrichemens, que quand la terre a été affinée par des labours réitérés.

On a imaginé diverses espèces de charrue pour défricher. Les Anglais, plus inventifs que nous en ce genre, en ont employé & fait graver plusieurs, dont on trouve la description dans le Dictionnaire des Instrumens d'Agriculture, au mot *Charrue*.

La prudence exige que celui qui veut entreprendre de grands défrichemens, calcule avec lui-même, pour savoir si le produit couvrira sa dépense. Il calculeroit mal, s'il prétendoit que ses champs défrichés dussent le dédommager en deux ou trois ans; souvent on fait une bonne opération, lorsqu'en retirant peu les premières années, on retire beaucoup les années suivantes. Il calculeroit mal encore, s'il ne comptoit d'avance une moitié ou un quart de mise de fonds de plus pour les circonstances imprévues.

Je conseillerois d'abord de connoître, d'après un arpentage, l'étendue du terrein à défricher, de le faire sonder à divers endroits, de s'assurer par des essais combien un homme ou des animaux en défricheroient en un tems donné. Je n'ai pas besoin de dire qu'on fera entrer dans les calculs ce qu'il en pourroit coûter, ou pour pratiquer des fossés propres à écouler les eaux, comme lorsque le terrein est en pente & qu'il eſt neceſſaire d'ouvrir à ſa partie ſupérieure une tranchée, ou pour élever en pierres ſèches terraſſes ſur terraſſes, ainſi qu'on le voit au terroir de Côte rôtie, le long du Rhône, depuis Vienne juſqu'à Tournon, ou pour s'enclore de haies ſèches ou vives, ou de murailles, ou de foſſés; ou enfin pour la conſtruction ou l'entretien des chemins utiles à l'exploitation des défrichemens.

On doit compoſer les atteliers des ouvriers, de manière qu'ils ne ſoient pas trop nombreux & qu'ils le ſoient aſſez. Trop d'hommes enſemble ne travaillent pas bien; ſouvent ils ſe nuiſent, un rien les détourne. Dans un grand nombre, il y en a toujours quelqu'un d'un caractère à diſtraire les autres. Lorſque dans un lieu où le travail eſt immenſe, on met peu d'ouvriers, ils s'ennuient, ſe découragent & manquent d'activité, ne voyant pas la fin de leur entreprise & n'ayant aucun objet d'émulation. Les bons atteliers ſont ceux de dix hommes par compagnie, dont un ſoit le chef & réponde des autres. S'il y a beaucoup de travailleurs, il faut avoir des Inſpecteurs & Sous-inſpecteurs, & que les Inſpecteurs faſſent l'appel trois fois par jour & qu'ils viſitent chaque ſemaine les outils; car on fait peu d'ouvrage avec de mauvais outils. Il y a bien des inconvéniens à nourrir les ouvriers. Il vaut mieux qu'ils ſe nourriſſent eux-mêmes. Le travail à la tâche, pourvu que les ouvriers ſoient ſuivis, eſt préférable pour eux & pour celui qui leur donne du travail.

Avant d'opérer on conſtruira les Hangards pour le moment des repas des ouvriers, pour les mettre à couvert de la pluie, pour placer les tombereaux, brouettes, &c., pour loger les Chevaux, les Bœufs & ſerrer leurs fourrages. Si l'on ſe propoſoit d'établir une Ferme au centre du défrichement, il conviendroit de commencer par conſtruire les Ecuries, qui ſerviroient à tous ces beſoins.

Les partiſans des défrichemens allèguent en leur faveur l'état floriſſant de l'Agriculture angloiſe. Ils diſent qu'elle a changé de face depuis que les Cultivateurs de cette Iſle ont employé à défricher les Landes, les communes, les mauvaiſes pâtures, la gratification accordée à l'exportation des grains. La Culture n'a pu s'augmenter ſans multiplier les Chevaux, les Bêtes à cornes, les Moutons, &c.; de-là la richeſſe de l'Angleterre en beſtiaux, en grains, & par une ſuite néceſſaire l'accroiſſement de ſa population. Cet exemple, ſans doute, eſt beau à ſuivre. La France doit faire tous ſes efforts pour tirer tout le parti poſſible de ſon ſol. Mais j'obſerverai deux choſes, 1.° que l'Angleterre a la reſſource du charbon de terre, qui remplace le bois pour beaucoup d'uſages, & que nous en avons trop peu pour ne pas chercher à conſerver & même à augmenter nos bois; 2.° que les Anglais, nation autant commerçante que cultivatrice, ont verſé dans l'Agriculture une partie des fonds immenſes que le commerce leur a procurés; or, ce moyen ne peut être employé que dans une partie de la France, qui n'eſt pas celle où il y a le plus de terres incultes. (*Tessier.*)

DÉGARNIR un arbre, une plante, c'eſt leur ôter les branches, les pouſſes qui ſont ſuperflues, ou qui gênent, ou qui viennent mal. *Dégarnir* eſt donc une opération de précaution. Il ſe dit auſſi d'un arbre ou plante qui perd quelques branches, ou à qui on en ôte trop, & alors il équivaut à *Dégrader* (*L. Menon.*)

DÉGATS. On ſe ſert de ce mot pour exprimer les dommages cauſés aux plantes cultivées, ſoit par la grêle, les pluies, le vent, les brouillards, ſoit par les animaux ſauvages ou domeſtiques. C'eſt au Dictionnaire de Juriſprudence à indiquer les Loix contre les Dégâts faits par les hommes ou les animaux (*Tessier.*)

DÉGEL. Epoque où la diminution du froid fait paſſer l'eau gelée à l'état liquide. Tous les végétaux ſont plus ou moins ſujets à l'influence du Gel. *Voyez* ce mot. On y trouvera l'expoſé des divers accidens que le froid occaſionne aux plantes cultivées.

Il en eſt de particuliers au Dégel, qui ſeront pareillement indiqués dans ce même article, tels que de rendre les végétaux plus ſenſibles à l'action d'une ſeconde gelée, quoique plus foible: d'occaſionner une putréfaction très-prompte des parties des végétaux qui l'ont éprouvé, &c. On trouvera ſous le mot Dessication, des expériences faites pour ſauver les Pommes de terre qui ont été gelées & les rendre encore profitables. (*L. Reynier.*)

DÉGÉNÉRATION. C'eſt l'altération qu'éprouve dans ſon développement un être organiſé quelconque, par laquelle il s'écarte de ſon type originaire.

Sans entrer ici dans des diſcuſſions métaphyſiques ſur une matière auſſi obſcure que celle-ci, nous obſerverons ſeulement, que nous n'admettons point d'autre dégénération que celle des eſpèces, la ſeule qui nous paroît s'accorder avec les Loix de la Nature. Dans les Plantes que nous cultivons, ainſi que dans les Animaux que nous avons ſu ſubjuguer, nous voyons fréquemment des individus qui s'éloignent très-ſenſiblement de leur prototype. Chez les uns & les autres, ce changement eſt preſque toujours une ſuite de la tranſplantation d'un climat dans un autre, ou du plus ou moins de ſoin que nous employons pour les entretenir. (*C. Gruvel.*)

DÉGRADER. Détériorer, gâter: on ſe ſert principalement de cette expreſſion pour les dégâts qui arrivent aux Forêts. Par exemple, les Beſtiaux qui s'introduiſent dans les Forêts nouvellement ſemées ou récépées, les dégradent, en détruisant les jeunes pousses. De même, des coupes mal combinées dégradent les bois, en dérangeant le cours de leur végétation.

On se sert aussi du mot DÉGRADER, en Agriculture & même en Jardinage, pour indiquer qu'une culture ou une plante ont été endommagés (*L. REYNIER.*)

DÉGRAISSER. Faire une opération aux Chevaux, sous le prétexte de décharger leur vue. Elle consiste à enlever avec une espèce d'Erigue, ou plutôt à arracher la graisse qui environne les yeux.

Quelques anciens Maréchaux pratiquent encore cette opération à la campagne; mais ceux qui sont éclairés, ne la pratiquent plus.

Il faut en effet, pour la proposer, n'avoir point de connoissance de l'économie animale, ni de l'utilité dont est la graisse autour de l'œil, pour le contenir, donner de la souplesse à ses muscles, faciliter ses mouvemens, &c. En un mot, c'est l'ignorance seule qui a pu l'inventer. (*TESSIER.*)

DÉGRÉBÉ. Nom sous lequel quelques personnes désignent la variété de la Laitue, plus connue sous le nom de *Crêpe ronde. V.* LAITUE. (*L. REYNIER.*)

DÉGUÉLE, *DEGUELIA.*

Genre de la famille des LÉGUMINEUSES, qui ne comprend qu'une espèce. C'est un arbrisseau à rameaux sarmenteux & grimpans, à feuilles alternes & composées, à fleurs en papillon disposées en épis axillaires & en panicules terminales. Il est étranger à notre climat; il ne se cultiveroit en France qu'en serre chaude, où il seroit considéré pour l'utilité des Démonstrations de Botanique comme pour objet d'agrément.

Espèce.

DÉGUÉLE grimpant.
Deguelia scandens. Lam. Dict. ♄ Guiane.

Description du port.

Le DÉGUÉLE grimpant est un arbrisseau qui a, suivant *Aublet*, un tronc haut de trois à quatre pieds sur quatre pouces de diamètre. Son écorce est grisâtre & ridée. Il pousse à son sommet des branches sarmenteuses, très-longues, qui se répandent & se roulent sur le tronc des arbres voisins & sur leurs sommets, d'où elles laissent pendre un nombre considérable de rameaux garnis de feuilles placées alternativement & composées d'une queue longue de trois pouces qui reçoit sur ses côtés, par opposition & avec écartement, quatre folioles & une à l'extrémité; elles sont sans dentelures, ovales, oblongues, terminées en pointe, vertes, lisses, fermes, longues de cinq pouces & larges des deux cinquièmes.

Les fleurs sont blanches, grandes comme l'ongle du petit doigt, semblables à celles des Haricots, disposées sur de longs épis placés dans les aisselles des feuilles : ces épis sont ramifiés lorsqu'ils terminent les branches. Le fruit est un Légume roussâtre, sphérique, de la grosseur d'une cerise; il renferme une semence. Cet arbrisseau croît dans la Guiane. Aublet l'a trouvé en fleur dans le mois de novembre, sur les bords de la rivière de Sinémari, & il l'a observé en fleur & en fruit dans le mois d'avril sur les bords de la Crique des Galibis, qui le nomment *Assa-ha Pagara undeguelé.*

Culture & Usage.

Le Déguéle grimpant se doit placer dans la tannée du fond de la serre chaude, d'où il ne sera pas plus aisé qu'utile de le sortir. On assujetira ses branches sur des tuteurs ou par un treillage. On remarque que les arbrisseaux sarmenteux qui couvrent de larges espaces & qu'on n'admet point volontiers dans les serres chaudes, loin d'y être incommodes, y prennent quelquefois des attitudes fort heureuses; le feuillage de celui-ci le rend déjà très-recommandable. On emploiera de la terre de pré & on ne lui épargnera point l'eau, sur-tout pendant l'été; mais nonobstant le goût naturel qu'il a pour l'habitation des bords des ruisseaux, on ne renouvellera point trop souvent les arrosemens en hiver si, par la position dans la serre, le pot n'étoit pas susceptible d'être suffisamment aéré, *Voyez*, pour le surplus, les articles CLOMPAN & DALBERG. On pourroit, sur le Déguéle, essayer peut-être avec beaucoup de succès la multiplication par marcottes. (*Voyez* MARCOTTE.)

Le Déguele seroit intéressant pour nos Ecoles. (*F. A. QUESNÉ.*)

DÉLIME, *DELIMA.*

Genre de la famille des ROSACÉES, suivant Jussieu. Il ne comprend qu'une espèce. C'est un arbrisseau sarmenteux, à feuilles simples & alternes, à fleurs incomplettes disposées en panicules lâches, axillaires & terminales; à fruit à baie sèche. Il est étranger à notre climat, où sa culture seroit de serre chaude : il s'y multiplieroit par semences, & probablement par marcottes. Il paroît peu desirable, si ce n'est pour l'Ecole. Dans l'Inde ses feuilles servent à polir.

Espèce.

DÉLIME sarmenteux : *Le Koroswel de Ceylan.*

Delima sarmentosa. L. ♄ Isle de Ceylan.

Description du port.

Le DÉLIME sarmenteux est un arbrisseau sur le feuillage & le port duquel on sait seulement que les rameaux sont cylindriques & que les feuilles sont comparées à celles du Hêtre. Elles sont placées alternativement, munies de queue, un peu dentelées & rudes au toucher. Les fleurs manquent de corolle & elles sont disposées, avec écartement, en épis ramifiés, d'une foible tenue, qui sont placés dans les aisselles & aux extrémités. Le fruit est une baie sèche qui se termine en pointe : elle renferme deux graines. Il croît dans l'Isle de Ceylan.

Culture.

Le Délime sarmenteux est de serre chaude & de tannée. *Voyez* l'article CUMBULU. Il y a beaucoup d'uniformité dans la culture des arbrisseaux de l'Inde, sur lesquels l'attention du Cultivateur est de rigueur spécialement dans deux cas : les soins de la première éducation, & les arrosemens d'hiver ou de tout le tems qui s'écoule depuis la cessation du mouvement de la séve, jusqu'à ce qu'il se manifeste de nouveau, ce qui a lieu aux approches du mois de mai. Mais si on l'a précipité par des arrosemens inconsidérés, on le verra, malgré les efforts les plus soutenus du côté de la chaleur, ou s'interrompre & l'individu périr, ou les pousses qui en résulteront seront pendant toute l'année dans un état de langueur, & les feuilles deviendront bientôt le nid des pucerons.

La multiplication par semences se peut faire au printemps, dans des petits pots sous chassis, où le jeune plant se cultive jusqu'à l'automne. Nous avons exposé le procédé de culture sous Clusier : on essaie volontiers à multiplier par marcottes les arbrisseaux sarmenteux, parce qu'on peut facilement courber une branche & l'assujettir dans un pot voisin & même éloigné : peut-être enracineroit-on ainsi les branches du Délime ? *Voyez* MARCOTTE.

Usages.

Le Délime sarmenteux est utile dans l'Inde, parce que ses feuilles, par leur aspérité & leur dureté, sont propres à polir : chez nous il n'inspireroit guère d'intérêt qu'en faveur des écoles de Botanique. (*F. A. QUESNÉ.*)

DELTOIDE. On donne ce nom aux feuilles qui ont la forme d'une lozange, mais avec une pointe un peu prolongée ; de sorte que les angles latéraux sont plus près du pétiole que de l'extrémité de la feuille. (*L. REYNIER.*)

DEMEURE. (Labour à demeure) C'est le dernier qu'on donne aux terres avant de les ensemencer, ou celui qui sert à recouvrir la semence ; il est ainsi appellé, parce qu'on ne la retourne pas & qu'il reste ainsi jusqu'à la récolte.

On dit aussi *semer à demeure*, en parlant des graines qu'on seme pour laisser les plantes qu'elles produisent, jusqu'à ce qu'on les détruise. On seme à demeure des graines d'herbes, comme des graines d'arbres. Il y en a d'autres qu'on seme en pepinière pour les transplanter ensuite. (*TESSIER.*)

DEMI-BOIS. On donne ce nom, en Jardinage, aux arbres fruitiers qui tiennent le milieu entre les arbres nains & les demi-tiges, degré de grandeur au-dessous de l'arbre de plein vent.

On se sert aussi de cette expression pour désigner le passage de l'état herbacé à l'état ligneux ; ce passage est indiqué dans les végétaux ligneux, par le changement de couleur du verd au brun. Il seroit à desirer qu'on connût les motifs de ce changement de couleur. (*L. REYNIER.*)

DEMI-FLEURON. On donne ce nom à une conformation de fleurs qui caractérisent certaines familles naturelles des végétaux. Ces fleurs sont composées d'un tube très-court qui se termine par une languette plus ou moins longue, entière ou dentelée à l'extrémité. Les organes sexuels sont disposés, les étamines en un faisceau uni par les anthères, au travers duquel perce le stigmate toujours plus long que les étamines. Ces Demi-fleurons réunis en un seul calice, forment les fleurs des Chicorées & autres plantes de la famille des PLANIPÉTALES, & dans la famille des RADIÉES, elles occupent la circonference, tandis que les fleurons occupent le centre. *Voyez* FLEUR & FLEURON. (*L. REYNIER.*)

DEMI-FUTAIE. Forêt dans un état intermédiaire entre le *haut Taillis* & la *Futaie*. *Voyez* le Dictionnaire des Arbres & Arbustes. (*L. REYNIER.*)

DEMI-TIGE. On donne ce nom aux arbres fruitiers retenus, par la culture, à une hauteur moindre que les arbres de plein vent. On les établit par la greffe, en choisissant pour pied des arbres qui s'élèvent moins que le sauvageon, mais davantage que pour les arbres nains. *Voy.* le Dictionnaire des Arbres & Arbustes. (*L. REYNIER.*)

DEMI-VENT. Ce mot est synonyme de demi-tige. *Voyez* le même renvoi. (*L. REYNIER.*)

DEMOISELLE. L'une des nombreuses variétés du Poirier : son fruit est de seconde qualité. *Voyez* l'article POIRIER au *Dictionnaire des Arbres & Arbustes*. (*L. REYNIER.*)

DENIER-A-DIEU. Modique somme donnée par un acquéreur, en faveur des pauvres, pour gage du marché. On donne encore ce nom dans plusieurs pays aux arrhes que reçoit un domestique de ferme de ferme, lorſqu'il ſe loue en acceptant les conditions propoſées par le maître. Le Denier-à-Dieu eſt un engagement qui paroît preſque auſſi ſacré qu'une convention écrite. (*Tessier.*)

DENMOUC, *Bragantia.*

Nouveau genre établi par Loureiro, qui paroît avoir quelque analogie avec les Greuviers & le Kleinhove, par l'organiſation de ſes parties ſexuelles; mais nous ignorons ſi ſon habitus s'en rapproche pareillement. Le Denmouc porte ſes étamines implantées ou adhérentes au piſtil, comme les Greuviers; ſes fleurs manquent de calice, & ſont composées d'une corolle portée ſur le germe, diviſée en trois pièces inégales. Son fruit eſt une ſilique à quatre valves & quatre loges.

Eſpèce.

1. Denmouc à fleur rouge.

Bragantia racemoſa. Lour. ♄ des montagnes de la Cochinchine.

C'eſt un Arbuſte de cinq pieds, dont les fleurs ſont d'un rouge brun, diſpoſées en épis axillaires.

On ne connoît aucun uſage, où cet Arbuſte puiſſe être employé, & il n'exiſte dans aucun Jardin. S'il y venoit, avec quelque envoi, on pourroit appliquer à ſa culture celle du Greuvier à fruits velus, qui eſt originaire des mêmes pays. (*L. Reynier.*)

DENRÉE. Meſure de terre en uſage à Auxerre en Bourgogne. Elle eſt de ſeize perches & demie & demi-tiers, & fait la ſixième partie d'un arpent. *Voyez* Arpent. (*Tessier.*)

DENTS. Connoiſſance de l'âge des animaux par les dents. *Voyez* Age des animaux. (*Tessier.*)

DENT-DE-CHEVEAUX. Nom vulgaire de la *Juſquiame noire*, dans la Suiſſe françaiſe, à cauſe de la forme de ſes capſules. *Voyez* Jusquiame. (*L. Reynier.*)

DENT-DE-CHIEN C'eſt ainſi que l'on appelle le Chiendent à Montargis, &c. *Triticum repens.* (*Tessier.*)

DENT-DE-CHIEN. Nom vulgaire de la plante connue ſous le nom de *Erithronium dens canis. L.* *Voyez* Vioulte. (*L. Reynier.*)

DENT-DE-LION.

Genre nouveau à établir que pluſieurs naturaliſtes ont ſoupçonné, mais ſans déſigner ſes vrais caractères. Les Dents-de-Lion, les Piſſenlits & les Liondents ont le calice embriqué & des hampes nues. Les Dents-de-Lion ont cette hampe fiſtuleuſe dans toute ſa longueur, tandis que celle des Piſſenlits & des Liondents eſt ſolide, excepté ſous le calice où elle eſt quelquefois creuſe. Les caractères des écailles calicinales réfléchies, des aigrettes plumeuſes ou ſimples, pédonculées ou ſeſſiles ſont arbitraires. *Voyez*, pour d'autres détails, *mémoires pour ſervir à l'Hiſtoire phyſique & naturelle de la Suiſſe, par Reynier & Struve*, & dans ce Dictionnaire, Pissenlit & Liondent.

Eſpèce.

Dent-de-Lion officinale.

Leontodon taraxacum. L.

A. à feuilles calicinales redreſſées, des Tourbières.

Hedypnoïs paludoſa. Scop.

B. à aigrettes filiformes & feuilles velues, des lieux ſablonneux, bois de Boulogne.

C. à aigrettes ſeſſiles, des Montagnes.

La Dent de-Lion eſt une plante commune dans les prés & les champs & ſur les bords des chemins; avec plus ou moins de variations elle croît dans tous les ſites. Sa hampe creuſe, qui porte au printemps & dans le cours de l'été de grandes fleurs jaunes, ſes feuilles ſemblables à celles de la Chicorée, & plus que cela ſes uſages ſont cauſe qu'elle eſt univerſellement connue. Il n'eſt aucun enfant qui ne connoiſſe, à la campagne, la propriété ſingulière de ſes hampes dont les morceaux, fendus ſur leurs bords, éprouvent une contraction ſingulière dans l'eau. Quelques autres végétaux, tels que les côtes du Céleri, offrent le même phénomène. Quelle eſt cette impreſſion de l'eau ſur les fibres des hampes de Dent-de-Lion? Je crois que cette ſingularité, à l'inſtar des bulles de ſavon, devroit attirer l'attention des obſervateurs; car les lanières, coupées en longueur& entiérement ſéparées de la hampe, tendent, par un mouvement naturel, à ſe recourber en dehors; ſecondement, à l'air elles ſe recourbent un peu, mais plus lentement & à un moindre degré.

On ne cultive pas la Dent-de-lion, quoiqu'elle ſoit comptée au nombre des plantes oléracées du printemps. Ses premières pouſſes, en ſalade ou ſous divers apprêts, ſont recherchées ſoit comme légume, ſoit auſſi comme plante diététique. On lui attribue, ainſi qu'à l'Ortie & à d'autres plantes vernales, la vertu de purifier le ſang, de chaſſer les humeurs réſidus de l'hiver, &c. Tous les peuples attribuent cette propriété aux premières plantes qui végètent au printemps; ſeroit-ce plutôt une propriété de la végétation, un beſoin d'en jouir, qu'une qualité attachée à telles eſpèces? Car nous apprenons, par des voyageurs au Nord, que ces peuples emploient pour cet uſage des plantes qui, végétant plus tard dans nos climats, y ſont négligées, telles que la Berce, &c.

Dans le cas où quelqu'un deſireroit cultiver la Dent-de-lion, je penſe qu'elle demanderoit les mêmes ſoins que la Chicorée; elle ne pourroit être cueillie que la seconde année. Mais cette plante est trop commune, pour qu'il prenne fantaisie à qui que ce soit de la semer. (*L. Reynier.*)

DENTAIRE, *Dentaria.*

Genre de plante à fleurs polypétalées, de la famille des *Crucifères.* Il comprend des herbes dont la racine est noueuse, couverte d'écailles, de la grosseur du pouce. Les tiges sont simples, à feuilles alternes, la plupart composées de cinq ou sept folioles entières, dentées & aigues. Les fleurs n'ont aucun éclat, elles varient du blanc au rouge & au pourpre, elles sont en corymbe ou grappe terminale. Le fruit est une silique longue, un peu comprimée, terminée par un style en manière de corne : ce dernier caractère distingue ce genre des *Cressons.* La silique contient dans chaque loge plusieurs semences ovoïdes, applaties. Toute la plante est de la hauteur de deux à trois pieds. Ce genre est de la quinzième classe de Linnée.

Espèces.

1. Dentaire à neuf feuilles.

Dentaria enneaphylla. L. ♃ en Autriche, en Italie,

2. Dentaire bulbifère.

Dentaria bulbifera. L. ♃ Dans le Midi de l'Europe.

3. Dentaire pinnée.

Dentaria pinnata. L. ♃ Le Mont-d'or, la Suisse, le Dauphiné.

4. Dentaire digitée.

Dentaria digitata. Lam. Encyc. ♃ De la Suisse, de la Provence.

Description du port des espèces.

1. Dentaire a neuf feuilles. Chaque feuille de cette plante est composée de trois feuilles qui sont disposées comme en verticile, dans la partie supérieure de la tige. Chacune de ces trois feuilles est composée de trois autres folioles, qui font neuf, soutenues par la tige. Les feuilles radicales sont aussi de trois folioles. Toutes les folioles sont ovales, pointues, dentées en scie, assez grandes, d'un beau verd. On trouve cette plante dans les lieux montagneux, stériles & ombragés de l'Italie & de l'Autriche.

2. Dentaire bulbifère. Sa tige est grêle, haute d'un pied & demi. Les feuilles inférieures sont pinnées à cinq ou sept folioles; les inférieures sont simples, lancéolées, petites. Il naît dans leurs aisselles des petites bulbes succulentes, qui servent à la propagation de la plante. Les fleurs sont blanches ou légérement purpurines. Cette plante croît dans le midi de l'Europe, au pied des montagnes dans les lieux ombragés. Les graines avortent presque toujours.

3. Dentaire pinnée. Sa tige est cylindrique, simple, haute d'un pied & demi. Sa partie inférieure est nue. Les feuilles supérieures sont grandes, elles ressemblent assez à celles du Sureau; elles sont ailées à cinq & sept folioles, vertes en-dessus, pâles en dessous. Les fleurs sont blanches ou rougeâtres, assez grandes, disposées en grappe terminale. Cette plante croît, dans les lieux ombragés & humides de la Suisse, du Dauphiné, du Mont-d'or.

4. Dentaire digitée. Sa tige est cylindrique, feuillée, haute d'un à deux pieds. Ses feuilles sont composées de cinq folioles en manière de digitation. Les fleurs sont d'un rouge tirant sur le violet, d'un aspect assez agréable, portées sur de longs pédoncules, disposées en corymbe lâche & terminal. Le port de cette plante est d'un joli effet. Elle croît aux mêmes lieux que les autres. Toute la plante a une odeur très-âcre, forte & désagréable.

Culture.

On multiplie ces espèces par leurs graines. Celles de la 2.e & 4.e se sèment en automne, aussitôt qu'elles sont mûres, dans un sol sablonneux & léger, au Levant. On éclaircit le plant au printemps, & il n'exige d'autres soins que de le tenir net de mauvaises herbes : il fleurit la seconde année.

Il est plus prudent de semer les graines des n.os 1 & 3 & même les autres, en pots, au printemps, de les transplanter à l'automne dans d'autres pots & de les rentrer l'hiver.

Toutes ces espèces se multiplient aussi par leurs racines, qu'on divise en automne.

Usages.

Ces plantes n'étant pas d'un grand éclat, n'aimant que des expositions & un sol qui leur conviennent particuliérement, on ne les conserve pas comme on veut dans les Jardins; & quoiqu'elles ne soient pas sans agrément, on ne les voit que dans les Jardins de Botanique.

L'espèce n.o 4 a une odeur forte, âcre, à-peu-près comme celle de la *Roquette*; elle est vulnéraire, détersive: on n'emploie que sa racine, on s'en sert rarement. (*L. Menon.*)

DENTAIRE-OROBANCHE. On donne fréquemment ce nom aux plantes du genre des Clandestines. *Voyez* ce mot. (*L. Reynier*)

DENTÉES. (feuilles) On donne ce nom aux feuilles, quelle que soit leur forme, dont les bords sont terminés par des dents semblables à celles d'une scie, pour les distinguer de celles qui font crénelées, dont les dents font arrondies. Voyez FEUILLE. (*L. REYNIER.*)

DENTELAIRE, *PLUMBAGO.*

Genre de plante de la famille des *Globulaires*, qui a des rapports avec les *Statices*, qui comprend des herbes ou fous-arbriffeaux la plupart exotiques, d'un port agréable. Les tiges font prefque ligneufes, de deux à trois pieds de hauteur, à feuilles fimples & alternes. Les fleurs font en bouquets, elles varient du blanc au pourpre & au rofe; leur calice eft hériffé de poils ou points glanduleux. Le fruit eft une femence nue, ovale, renfermée dans le calice. Ce genre eft rangé dans la troifième claffe de Linnée.

Efpèces.

1. DENTELAIRE européenne.
Plumbago europæa. L. ♃ Dans le Midi de la France. Vulgairement *Malherbe, herbe au cancer.*

2. DENTELAIRE de Ceylan.
Plumbago zeylanica, L. ♄ De l'Ifle de Ceylan, de l'Inde.

3. DENTELAIRE farmenteufe.
Plumbago fcandens. L. ♄ Du Midi de l'Amérique, des Antilles.

4. DENTELAIRE à fleurs rofes.
Plumbago rofea. L. ♄ Des Indes orientales.

5. DENTELAIRE auriculée.
Plumbago auriculata. Lam. Encyc. ♄ Des Indes orientales.

Defcription du port des efpèces.

1. DENTELAIRE EUROPÉENNE. Sa racine eft blanche, longue. Ses tiges font ligneufes, hautes d'un à trois pieds, cannelées & rameufes. Ses feuilles font alternes, oblongues, amplexicaules, chargées de poils glanduleux. Les fleurs font purpurines ou bleuâtres, ramaffées en bouquets fur les tiges & les rameaux; elles paroiffent en feptembre. Cette plante croît au Midi de la France, elle eft d'un port agréable. On l'emploie extérieurement contre la gale.

2. DENTELAIRE DE CEYLAN. Ses tiges font nombreufes, ligneufes, ftriées, hautes de deux pieds environ. Ses feuilles font périolées, entières, ovales, chargées de poils glanduleux. Les fleurs font blanches, en épi terminal. Cette plante offre un fous-arbriffeau agréable & curieux, elle eft gluante, elle fleurit en été: elle croît aux Indes.

3. DENTELAIRE SARMENTEUSE. Cette plante reffemble beaucoup à la précédente. Ses tiges font ftriées, coudées en zig-zag & farmenteufes. Les fleurs font blanches, en épi terminal. Cette plante croît au Midi de l'Amérique, aux Antilles, où on l'emploie pour confumer la chair baveufe des ulcères.

4. DENTELAIRE A FLEURS ROSES. Sa racine eft tubéreufe, fes tiges font foibles, hautes de deux à trois pieds; les articulations inférieures font enflées. Les feuilles font d'un verd brun, les fleurs d'un beau rouge ou couleur de rofe, en épi lâche & terminal. Elle croît aux Indes orientales.

5. DENTELAIRE AURICULÉE. Sa tige eft ligneufe, ftriée; les feuilles font émouffées à leur fommet, d'un verd brun, chargées de petits points écailleux & blanchâtres. Leur pétiole eft muni à fa bafe de deux ftipules qui embraffent la tige. Les fleurs font en épi terminal. Des Indes orientales.

Culture.

L'efpèce n.° 1 eft de pleine terre. On la multiplie en éclatant fes racines en automne, qu'on met ou en place, ou en pepinière. Elle fe multiplie auffi de graines, qu'on feme au printemps dans des petits pots qu'on met fur la tannée d'une couche chaude; on leur donne les foins ordinaires: quand le plant eft affez fort, on le place en pepinière ou a demeure, où on les traite comme les anciennes plantes.

Les quatre autres efpèces exotiques fe multiplient par les graines, qu'on fème au printemps dans des petits pots qu'on met fur la tannée d'une couche chaude, fous chaffis: elles lèvent en cinq ou fix femaines, on les traite comme les autres efpèces de graines des pays chauds. Quand le plant eft affez fort, on les met dans des pots plus grands, fur une couche tiéde, fous chaffis, on les abrite du foleil, on leur donne de l'air & on arrofe. On les tient ainfi, jufqu'à ce qu'ils aient fait de nouvelles racines. On les fort alors jufqu'aux premières gelées; on les met en ferres chaudes & tempérées pendant l'hiver, où elles demandent les foins ordinaires.

Ufages.

D'agrément. La première efpèce fe cultive en pleine terre, comme plante d'agrément: elle porte une quantité de fleurs, qui lui donne un afpect agréable à une époque où les fleurs commencent à fe paffer.

Les autres efpèces, fur-tout la feconde qui a plus d'éclat, ornent les gradins par leurs fleurs & par leur port.

D'économie. La première efpèce eft exceffivement âcre, corrofive & déterfive. On emploie fes feuilles & fes racines en topique, pour guérir les cancers. On fe fert de la décoction de fes racines pour guérir la gale, en s'en frottant extérieurement. On rapporte l'hiftoire d'une jeune fille qui fe trouva écorchée vive, pour s'en être frottée dans le dessein de se guérir de la gale.

Les Nègres, les Indiens, boivent la décoction de la racine de la seconde espèce, pour s'exciter le vomissement & les urines, quand ils ont été mordus par des bêtes venimeuses. On en fait un onguent aux Antilles, qui, appliqué deux ou trois heures sur la plaie, enlève & consume les chairs baveuses des cancers. Les feuilles de la première espèce, infusées dans l'huile d'olive, guérissent les ulcères invétérés & censés incurables, en les oignant trois fois par jour avec ce liniment. (*L. Menon.*)

DENTELLE, *Dentella.*

Genre que Lamarck présume devoir être rapporté à la famille des Rubiacées, & dans laquelle Jussieu l'a placé. C'est une plante rampante, à fleurs, à corolle infundibuliforme, à limbe droit quinquéfide dont les laciniures sont à trois dents, celle du milieu plus prolongée; à fruit à capsule pisiforme & couronnée. Elle est étrangère à notre climat, & sa culture en France, sous verre ou à l'air libre, ne peut être que présumée.

Dentelle rampante.

Dentella repens. Lam. Dict. Isles de la Mer du Sud.

Observation.

Les Forster n'ont encore publié que le caractère générique de cette plante rampante, à fleurs dont la corolle est d'une seule pièce, en entonnoir, avec évasement, à cinq laciniures, à trois dents, celle du milieu plus grande; à fruit en capsule globuleuse, velue, couronnée par le calice, qu'ils ont découvert dans les Isles de la Mer du Sud. Les connoissances ultérieures que l'on aura sur son habitation positive, sa durée &c. détermineront la conduite qu'il conviendra de tenir à son égard, soit dans la serre chaude ou tempérée, soit en pleine terre. (*F. A. Quesné.*)

DENTELLE ou *Bois-dentelle*. On donne ce nom à un arbrisseau des Isles de l'Amérique dont l'écorce intérieure, susceptible de se lever en plusieurs couches, a l'apparence des Dentelles. *Voyez* Laget. (*L. Reynier.*)

DENTIDIE, *Dentidia.*

Nouveau genre établi par Loureiro, & qui rentre dans la famille des Labiées : il lui donne pour caractère un calice divisé en trois pièces, les deux supérieures dentelées; la lèvre supérieure de la corolle plus courte que l'autre & terminée par quatre dentelures, la lèvre inférieure entière.

Espèce.

Dentidie de Nankin.

Dentidia nankinensis. ⊖ Des environs de Nankin.

Sa tige est annuelle, haute d'un pied, droite, quadrangulaire, colorée en rouge & branchue. Ses feuilles sont réniformes, concaves, frangées sur les bords, glabres, d'une couleur rouge tirant sur le brun, opposées & portée sur de longs pétioles. Les fleurs sont disposées en épis prismatiques, aux aisselles des feuilles, & sont de couleur blanche.

Usage & Culture. Loureiro dit que cette plante, qui est d'une forme élégante & dont l'odeur ressemble à celle de la Mélisse de Crète, est recherchée dans les Jardins de Canton, où elle a été transportée de Nankin, où il dit qu'elle croît sauvage. Il ne donne aucuns détails sur les soins qu'on donne à la culture de cette plante dans les Jardins de la Chine; détails qui seroient desirables dans les ouvrages des Naturalistes voyageurs, car ils nous offriroient des données pour commencer la culture de ces plantes, lorsqu'elles seront importées en Europe.

Ceux qui recevront la Dentidie en Europe, peuvent donner à cette plante les mêmes soins qu'aux Basilics. (*L. Reynier*)

DÉPAISSANCES. Nom que l'on donne aux pâturages des montagnes, dans le comté de Foix. (*Tessier.*)

DÉPARC. Terme dont on se sert pour dire que l'on cesse de parquer. (*Tessier.*)

DÉPEUPLER. (se) On dit d'un bois qu'il se dépeuple, lorsque, par suite de mauvaise administration ou d'épuisement du sol, les arbres dépérissent & ne sont pas remplacés par de jeunes plants, ou le sont par des plants de qualités inférieures, telles que du bois blanc, &c. *Voyez*, pour plus de détails, le *Dictionnaire* des Arbres & Arbustes. (*L. Reynier.*)

DEPIQUAGE, *Depiquer.* Faire sortir le grain de son épi. Ces mots sont usités dans les Pays méridionaux de la France, & remplacent ceux de *battage* & de *battre*, employés dans les Pays septentrionaux. *Depiquage* cependant s'applique plus particulièrement à la manière de séparer le grain de son épi, en faisant fouler les gerbes par les pieds des animaux; opération qui ne peut avoir lieu que dans les pays où le grain adhère peu dans ses bâles, & par conséquent dans les pays chauds. *Voyez* Battage. (*Tessier.*)

DÉPLANTER. C'est ôter de terre une plante, un arbrisseau, un arbre, pour les planter ailleurs. Cette opération, si commune, si nécessaire, est cependant mal faite par la plupart des Jardiniers, qui, se contentent de faire une fouille d'un pied environ, autour d'un arbre, en coupent toutes les racines & le pivot à la même distance. Les arbres ainsi mutilés, souffrent ou meurent après la transplantation, & ne sont sujet à ces accidens que par le vice de cette routine aveugle.

La fouille que l'on doit faire pour *Déplanter* un arbre, doit être proportionnée à sa grosseur & à son âge; elle doit être de six pieds environ, autour d'un arbre qui a si à huit pouces de circonférence, & elle doit être faite de manière à conserver le chevelu, toutes les racines & le pivot en entier, sans aucune mutilation de ces parties. Si l'arbre doit être transplanté à peu de distance, il faut faire en sorte de conserver la terre ou la *motte*. Si, au contraire, il doit être transplanté à de grandes distances, il faut secouer la terre des racines, les lier & les envelopper avec de la paille ou de la fougère; on sera sûr, par ces moyens, que les arbres reprendront facilement, & il faudra s'abstenir de *rapprocher* les racines & les branches, c'est-à-dire, de réduire l'arbre de moitié, en coupant les unes & les autres, comme font la plupart des Jardiniers, par une routine aussi destructive que peu réfléchie. Si cependant quelques racines ou branches ont été mutilées par accident, on les *rapprochera* le moins possible, mais le plus adroitement.

Il suit naturellement de la méthode que nous indiquons, que les pépiniéristes plantent leurs arbres trop près, & qu'en déplantant l'un, ils nuisent à l'autre; ce qu'ils pourroient éviter en partie avec plus de soins. Il suit encore qu'un particulier, moins économe de son terrein, doit planter à de plus grandes distances, & *déplanter* en suivant les racines grosses & petites & en ménageant le pivot jusqu'à son extrémité.

Nous avons transplanté, en suivant cette méthode, toutes les espèces d'arbres fruitiers & autres, de douze ans & plus, en motte ou dégagés de leur terre, avec le plus grand succès, sans leur retrancher ni racines, ni branches.

On *Déplante* un arbre dès que la séve a commencé à se rallentir, ce qu'on apperçoit à l'altération des feuilles & à leur chûte qui en sont la suite. Il faut choisir un tems couvert & doux & couvrir les racines à fur & mesure, afin que le hâle & la gelée ne leur nuisent pas.

Quant à l'époque de *Déplanter*, elle varie selon le climat & la nature des arbres; nous en parlerons aux mots *Planter* & *Transplantation*. Nous nous contenterons de dire ici d'avance, comme une chose essentielle, qu'il ne faut jamais *piétiner* ou *plomber* la terre en plantant, & que cette méthode routinière est détestable & destructive. (*A. S. Menon.*)

DEPLANTOIR. On donne ce nom à un instrument de Jardinage aussi connu sous le nom d'*Emporte-pièce*. *Voyez* ce mot. Cet instrument est une pelle courbée en demi cilindre, avec laquelle on enlève les plantes qu'on veut transplanter sans déranger la motte qui environne leurs racines; cette précaution est bonne pour les plantes délicates & pour celles qui sont déjà avancées à l'époque de leur transplantation.

On a une autre espèce de Déplantoir à qui le nom d'Emporte-pièce convient encore davantage : c'est un cylindre de fer blanc divisé en deux demi-cilindres par des charnières, l'une mobile, l'autre à demeure; on enfonce cet instrument dans la terre autour de la plante qu'on veut changer de place; en le levant, on retire avec lui la plante & un cilindre de terre autour des racines; puis, au moyen de la charnière mobile, on ouvre l'instrument & retire la plante. Cet instrument, d'un usage aussi long, ne peut convenir qu'à des Floromanes, & non à des Jardiniers, pour qui la perte de tems est une perte réelle. (*L. Reynier.*)

DÉPLIER. (se) On le dit des feuilles qui, dans le bourgeon, sont roulées d'une manière uniforme pour la même espèce ou le même genre, & qui se développent soit au mois de la germination, soit à la progression graduelle du même individu. *Voy.* Végétation & Feuilles. (*L. Reynier.*)

DÉPOTTER. Sortir une plante ou un arbuste d'un pot ou d'une caisse, pour le mettre dans une autre. Les mêmes précautions indiquées à l'article Déplanter, sont nécessaires ici & peut-être davantage, vu la délicatesse de la plupart des végétaux cultivés en pots. (*L. Reynier.*)

DÉPOUILLE. Produit qu'on tire des terres ou des bestiaux. On dit : « La dépouille de » mes champs a été bonne ou médiocre cette » année. J'ai dépouillé beaucoup de laine de » mon troupeau. » (*Tessier.*)

DÉPOUILLER. (se) On dit d'un arbre, d'un arbuste, & en général de tous les végétaux, qu'ils se dépouillent, lorsque leurs feuilles tombent à l'époque où la végétation est suspendue. Cette époque, plus ou moins prompte suivant les espèces, précède les gelées dans la plupart de ceux de notre climat. Dans les arbres toujours verds, la chûte des anciennes feuilles a lieu successivement, à mesure que les nouvelles paroissent; de sorte que la végétation, inégalement active dans les diverses saisons, ne paroît cependant jamais interrompue. Je renvoie au Dictionnaire des Arbres, pour l'explication de cette caducité annuelle de certaines portions de l'individu; circonstance bien curieuse de la Phisiologie végétale. Il se présente, dans l'Histoire de la végétation, une foule de faits à développer, & cette étude est à peine ébauchée. (*L. Reynier.*)

DÉPOUILLER. On dit aussi quelquefois, en Agriculture, dépouiller une terre, un champ, &c., pour exprimer qu'on récolte ses productions. Ce mot est peu en usage. (*L. Reynier.*)

DÉPRIMER les Prés. On se sert de cette expression, dans l'Auvergne, pour dire que l'on a fait manger la première herbe aux vaches. (*Tessier.*)

DERACINER. *Voyez* Déchausser. (*Tessier.*)

DÉRAYURE. Dénomination qui sert à distinguer le dernier sillon d'un champ, celui qui le sépare d'un champ voisin & qui leur est commun à l'un & à l'autre. Ancienne Encyc. (*Tessier.*)

DERRIS, *Derris*.

Genre établi par Loureiro, dans la famille des Légumineuses. Il lui donne pour caractères notables, un légume oblong, très-applati, membraneux; un calice coloré à cinq dents, & des pétales dont l'onglet est filiforme. Les espèces qu'il décrit sont des plantes ligneuses à tiges grimpantes.

1 Derris à feuilles ailées.

Derris pinnata. Lour. ♄ Des Forêts de la Cochinchine.

2 Derris à feuilles ternées.

Derris trifoliata. Lour. ♄ Des Forêts de la province de Canton en Chine.

Usage. Suivant Loureiro, les Cochinchinois emploient la racine de la première espèce, pour suppléer le fruit de l'Arec, lorsqu'ils en manquent, & lui attribuent les mêmes propriétés étant mêlée avec le Bétel. Comme il ne dit rien de sa culture, il paroît qu'on se borne à récolter la racine de la plante sauvage.

Quant à sa culture, en Europe, nous n'avons aucunes notions sur les soins que ces plantes exigeroient; mais on pourroit se régler sur ceux qu'on donne aux Aspalaths & aux Crotalaires, qui sont originaires des mêmes pays. (*L. Reynier.*)

DÉSAISONNER. C'est changer les terres labourables en prairies, & les prairies en terres labourables. Mais le plus ordinairement on dit que l'on désaisonne un champ, quand on lui fait rapporter deux années de suite du bled ou tout autre grain, tandis qu'il devroit être en repos ou ensemencé en une espèce de grain différente de celle pour laquelle il étoit destiné, suivant l'ordre des saisons.

Il étoit défendu, par d'anciens baux, de désaisonner un champ. Maintenant les propriétaires, plus éclairés que leurs peres, trouvent bon que le Fermier désaisonne & cultive à son gré les terres qu'il a louées. *Voyez* les mots Alterner & Bail. (*Tessier.*)

DÉSAISONNER. On emploie ce mot en général, pour exprimer qu'on change la saison où certain végétal donne ses produits, soit en le *hâtant* par une chaleur artificielle, soit en le *retardant* par la taille. L'art du Jardinier change entièrement le cours des saisons, par divers procédés qui seront tous rapportés dans ce Dictionnaire, sous les mots plus connus qu'on emploie, tels que Couche, Serre-chaude, Taille, Hater, &c. (*L. Reynier.*)

DESCRIPTION.

Décrire, c'est faire passer à d'autres personnes la connoissance d'un objet par le moyen de la parole ou de l'écriture & sans le secours du dessin. Rien de plus difficile qu'une bonne description; le poëte, l'historien, le naturaliste échouent dans l'Art descriptif; trop dire ou n'en pas dire assez, s'appesantir sur de minutieux détails & négliger les grands effets; voilà quelques-uns des nombreux écueils que rencontre le descripteur: aussi que de descriptions froides, minutieuses, ampoulées, hors de la Nature, pour une qui enchaine l'attention! Pour bien juger une description, il faudroit, un crayon à la main, tracer chacun des traits à mesure qu'on en écouteroit la lecture; si le dessin, exécuté d'après l'empreinte de la description sur l'esprit du dessinateur, porte le cachet de la ressemblance, donne une idée de l'habitus de l'objet, la description est bonne, & combien de descriptions échoueroient à cette épreuve! Un habile Paysagiste, dans les massifs d'arbres qu'il exécute, ne dessine aucune feuille, aucune fleur, & cependant l'homme le moins exercé y reconnoît l'espèce de chacun des arbres. Est-ce par les caractères sistématistes? aucuns n'y sont tracés: c'est donc par ces grands traits d'ensemble que l'homme de génie apperçoit, non pas dans un seul individu, mais dans tous. Ces traits sont ce qu'on nomme port & encore mieux *habitus*, mot latin qui n'a point de synonime en notre langue. Cet habitus est le résultat de tous les caractères, & plutôt celui de leurs relations que celui de chacun d'eux; il l'est aussi de l'abondance & position des feuilles, des insertions & configurations des branches, de leur étalement ou condensation, de leurs ramifités, de leur influence relative & sur l'ensemble. J'y reviendrai.

Nécessité des bonnes Descriptions pour l'Agriculture.

D'abord la première idée qui nait, est que l'Art descriptif est inhérent & ne convient qu'à la Botanique; qu'il suffit à l'Agriculteur de nommer le végétal par son nom connu, pour s'étendre ensuite sur son étude propre. Je l'avois long-tems pensé; puis de nouvelles réflexions ont changé mon opinion. Diverses plantes portent des noms variables, même parmi les Botanistes; l'Agriculteur, qui rarement est un Botaniste habile, peut aisément s'y méprendre, souvent se laisser entraîner par les noms locaux, de-là répandre des erreurs. J'ai remarqué, par exemple, dans les Départemens orientaux de la France, que le nom *Sainfoin* est appliqué à une plante très différente de celle que les Naturalistes désignent par ce nom. Beaucoup d'Agriculteurs, induits en erreur par cette confusion de noms, ont mal appliqué ce qu'ils ont dit du *Sainfoin*; car ce nom, dans la partie de la France voisine de la Suisse, s'adapte a la *Luserne*, tandis que le véritable Sainfoin y est nommé *Esparcette*. Diverses autres erreurs propagées ont une cause semblable : que de notions ont été rapportées au Maïs, qui concernoient un Millet & ainsi de l'inverse! Beaucoup de plantes dont parlent les anciens Agronomes, nous sont inconnues, & divers passages de leurs ouvrages, qui renferment des observations précieuses, sont perdues pour nous, parce que leurs descriptions sont imparfaites; & même, en différentes circonstances, on voit qu'ils parlent d'objets qu'ils jugeoient assez connus de leurs concitoyens, pour se dispenser d'une description. S'il est vrai que des siécles plus éclairés ont précédé leur siécle, que des périodes d'ignorance & des périodes de lumière ont successivement marqué les âges du monde; les traces, peut-être moins empreintes en leur imagination, leurs faisoient moins sentir le besoin de tout dire aux races futures, & de faire ainsi surnager les sciences au travers des orages politiques. Peut-être aussi que les hasards ont transmis jusqu'à ce jour les *maisons rustiques* d'alors, tandis que le ravage des tems a consumé les Ouvrages philosophiques des Rosier de ces siécles-là : peut-être qu'ils étoient aussi desireux de perpétuer leurs connoissances, mais que le défaut d'imprimerie & le petit nombre des copies alors existantes, a causé la perte de leurs travaux. Il est certain que plusieurs plantes alimentaires des anciens nous sont inconnues. Columelle parle du *Cytisus* comme d'un des fourrages les plus avantageux, & nous ne connoissons plus ce *Cytisus*. Les opinions des Naturalistes & des Voyageurs errent sur diverses plantes, de genres différens; mais ce sont des opinions, & non des certitudes; des rapprochemens scientifiques, & non des faits. Il en est de même du *Lotos*; des Tribus entières ont reçu le nom de Lotophages parce qu'elles en faisoient leur principale nourriture, & nous avons diverses opinions sur ce *Lotos*.

Résumons : il est essentiel que l'Agriculteur, qui parle d'une plante, fasse précéder ce qu'il en veut dire d'une bonne description; dès-lors plus d'ambiguité, nous saurons de quel objet il veut parler.

En quoi consiste une bonne Description.

Pour me servir des expressions de Lamark, qui est du petit nombre des Naturalistes philosophes : « une bonne description est celle qui dit, dans un ordre convenable, tout ce qu'il importe de savoir sur l'objet que l'on veut faire connoître, & non tout ce que l'on peut dire sur cet objet. » Pour bien décrire, il faut, après avoir porté son examen sur plusieurs objets différens, remarquer que chacun d'eux a une forme qui lui est propre. Plus on multiplie cet examen, plus on s'assure que ce caractère imprimé par la Nature, malgré les variations de grandeur, de vigueur, d'âge, de développement, se conserve & fait reconnoître l'espèce. Ainsi le Chêne, jeune, adulte, en pleine vigueur, caduc, est reconnu pour un Chêne par tout le monde : il est donc dans le Chêne un certain caractère de forme, qui se conserve le même au travers de toutes ces variations; & voilà ce trait qu'il faut choisir; c'est-là ce qui constitue l'*habitus*; c'est-là ce trait fugitif, sans lequel aucune bonne description. Tout Descripteur qui ne le saisit pas est comme un Peintre qui a rendu fidèlement tous les traits d'une personne, mais sans leur donner la vie ou l'expression qui est le résultat de leur ensemble. La personne est méconnoissable dans son portrait, car son caractère particulier n'y est pas. Ainsi, dans une description, on peut donner, dans tous ses détails, le développement de chacune des parties de la plante; si un grand trait n'en dessine pas l'ensemble & l'effet, la description est manquée. Qui donc décrira, me dira l'Adepte, déjà célèbre par un fascicule & une thèse latine décorée de citations? Peu d'hommes, car rien n'est plus difficile que de bien décrire; & je conseille volontiers à la plûpart des Naturalistes de l'Ecole Linnéenne d'apprendre à décrire, avant de publier des flores, herbiers, fascicules, centuries & autres ressassemens de définitions, de citations, d'espèces nominales, & sur-tout d'erreurs.

Après la peinture de l'habitus, on doit s'occuper de la description spéciale de chacune des parties de la plante, qui ont une forme particulière : ici je renvoie au mot DESCRIPTION du Dictionnaire de Botanique, qui contient en détail toutes les Instructions nécessaires pour enseigner à bien décrire & l'indication des mots techniques qui doivent y entrer.

Observons enfin que les végétaux, ou du moins un grand nombre, varient dans leurs formes, aux diverses époques de leur existence. Diverses espèces prennent des différences, & souvent même un autre habitus, en passant de la jeunesse à la caducité. Le *Gerane cicutin*, par exemple, dans sa jeunesse a des feuilles courtes, disposées en rose; une hampe de fleurs, courte, solitaire, sort au centre; les fleurs passent, des graines y succèdent, qui se développent & parviennent presque à leur maturité, sans que la plante change sensiblement de forme. Voilà un habitus marqué. Eh bien! ces mêmes individus, qui tapissent en germinal toutes les pelouses & les bords des chemins sous cette forme, perdent, avec la progression des chaleurs, toutes leurs feuilles radicales. Des tiges penchées, ou seulement inclinées sur la terre, sortent des divers collets de la racine. Ces tiges portent, sur leur longueur, des feuilles éparses & des fleurs disposées en bouquets. Ces deux formes différentes tiennent aux divers états de la même espèce, & sont plus ou moins prononcées en raison de la chaleur du site : (1) On peut les observer sur plusieurs Gérants européens, ainsi que sur d'autres genres; & ce changement, qui tient au développement du même individu, tient aussi au changement de saison. Ainsi une bonne description exige que son Auteur ait suivi l'objet qu'il décrit, dans les diverses phases de sa vie; dès-lors un Cultivateur décrira nécessairement mieux que le Botaniste, dont l'étude est circonscrite dans l'examen d'un ou de plusieurs individus parvenus à leur degré de développement parfait.

De la latitude des Espèces.

Outre qu'un Descripteur doit avoir vu les divers âges de l'objet qu'il veut faire connoître, il doit, pour rendre son travail complet, examiner & décrire les différences que les climats impriment aux individus qui y sont soumis. La même plante, transportée d'un climat dans un autre, change de forme ou d'apparence : une plante des montagnes, entraînée par les torrens dans la plaine, y prend des caractères, dont l'effet s'affoiblit à mesure qu'en remontant vers la source, on se rapproche du climat primordial. On observe pareillement qu'une plante des pays chauds se modifie, en passant sous une région plus froide; que la villosité, les épines, la grandeur, souvent même la durée, changent par l'impression des climats. Dès-lors, pour bien décrire une plante, il faudroit réunir à la suite du principal tableau, qui contiendroit seulement les traits qui résistent à ces influences diverses, tous les traits mobiles, & les classer dans leur rapport avec le climat qui les fait disparoître ou les produit. Ainsi, la plante qui, sur les montagnes élevées, est basse, porte une ou deux fleurs d'un très-gros volume, est couverte de poils ou de duvet sur toutes ses parties, & se reproduit par le développement successif de drageons enracinés; qui, dans la plaine, élève une tige d'un & deux pieds, rameuse & couverte de nombreuses fleurs, en même tems qu'elle perd ses poils ou son duvet; qui, dans les tourbières, reste petite, mais grêle, rase & sans aucuns poils, avec une ou deux fleurs presque avortées; présente, au travers de toutes ces diversités, les seuls caractères fixes qui constituent son espèce. C'est après une étude longue de toutes les impressions diverses, que la diversité des climats apporte dans la forme des plantes, que le Descripteur pourra donner une bonne histoire de chaque espèce : jusques-là, toutes ses descriptions ne seront que des mémoires à consulter, encore même ils resteront inutiles au progrès de la science, s'il n'ajoute pas à ce travail un exposé du climat ou des climats, à l'influence desquels étoient soumis les individus qu'il a vus. Pour bien entendre ce que je veux dire par CLIMAT, il faut lire avec attention les observations sommaires & les doutes que j'ai proposés sous ce mot : les recherches nouvelles que j'indique peuvent guider vers une route jusqu'à présent inusitée, & qui seule peut rendre la Botanique une science de faits, tandis qu'elle n'est qu'une série d'opinions. Je m'explique : pour la très-grande majorité des plantes, un Naturaliste, guidé par les caractères de convention qu'il adopte en vertu de systêmes également de convention, décide que telle plante constitue une espèce. Un autre Naturaliste, en vertu d'autres loix qu'il a créées, décide que cette même plante est variété d'une autre espèce. Tous deux ont raison, car on ne peut donner la preuve de leur erreur, puisque leur science est de convention : mais tous deux ont réellement tort, car leur systême est une invention de leur esprit, & non pas une explication de la Nature. Je me propose, au mot ESPÈCE, de traiter, avec quelques détails, de cette incertitude où nous sommes & des moyens d'en sortir. *Voyez* aussi DISSÉMINATION, DURÉE, PLANTE, SYSTÊME, VÉGÉTATION, & notamment le mot CLIMAT.

Influence de la Culture.

Chaque climat a une influence quelconque sur les végétaux : la culture, qui est encore une modification du climat, influe aussi sur eux; bientôt la plante cultivée change de forme; soit plus de perméabilité de la terre, soit une plus grande abondance des sucs, la première influence de ce site est un développement de l'individu. Puis diverses parties de la plante prennent un accroissement, qui, dans diverses circonstances, nuit aux moyens naturels de reproduction. Alors l'homme cherche dans des procédés artificiels, tels

(1) Ces diverses manières d'être paroissent tellement distinctes, que plusieurs Botanistes, & notamment Haller, les ont envisagées comme des races distinctes.

tels que la greffe, &c., les moyens de réparer la dénaturation, effet de l'art. Ainsi l'histoire de l'influence de la culture sur l'espèce doit entrer dans une description complette. Cette partie ajoutera peu à la description des plantes inusitées ou inutiles : elle entrera pour beaucoup dans celle des plantes qu'une longue culture a tellement dénaturées, qu'on ne retrouve plus, ou méconnoît, leur souche primitive.

Résumé.

J'ai crayonné quelques vues, fruit de mes réflexions sur l'étude de la Nature : elles ouvrent de nombreux travaux aux Botanistes ; mais qu'ils se persuadent bien que sans elle la Botanique, qui devroit être une science de choses, ne sera jamais qu'une science de mots. La concision d'un Dictionnaire ne permet que des apperçus : puissent-ils se développer entre les mains d'un Naturaliste, que les hasards de la vie n'arrachent pas à ses méditations. (*L. Reynier.*)

DÉSERT.

Lieu sauvage, inhabité. L'homme qui veut réunir autour de lui tous les genres de jouissances, imite les Déserts dans ses Jardins paysagistes. Mais le peu d'étendue qu'il peut leur donner, l'absurdité de voir un Désert enceint dans un lieu où tout porte l'empreinte du luxe & de la richesse, font échouer l'impression qu'il prétend faire naître. On a beau multiplier toutes les ressources de l'art pour isoler ce site, prolonger le sentier qui y conduit en multipliant ses détours, on ne parviendra jamais à détruire assez rapidement l'impression des objets antérieurs, pour produire celle d'un *Désert*, à moins qu'on ne change l'acception de ce mot. D'ailleurs quelle sensation agréable peut naître à la vue de la stérilité, de l'inoccupation du terrein? la sensation pénible de la dévastation, sensation digne d'un fermier-général & pénible pour l'homme libre. *Voyez* Décoration.

Un lieu naturellement agreste, où la Nature se refuse à la production, peut bien entrer dans la composition d'un Paysage lorsqu'il s'y trouve compris. Alors la raison nous dit l'impossibilité d'un autre emploi, & nous admirons les effets majestueux de la Nature. Mais vouloir imiter ces accidens alpestres dans des pays moins sévères, c'est montrer à grands frais son ineptie, & l'insuffisance de ses forces pour copier la Nature ; c'est le barbouilleur & Rubens.

Ainsi les décorations des sites agrestes doivent absolument être réservées pour les pays alpestres, montagneux, hérissés de rochers & couverts de forêts ; nos teintes doivent s'adoucir à mesure que le pays est d'un stile moins sévère, & finir enfin par devenir purement champêtres dans les sites qu'on décore le plus communément ; & le Paysage champêtre doit avoir pour caractere principal la fertilité & le bien-être, des teintes douces & suaves, toutes qualités bien incompatibles avec ce qu'indique le mot Désert. En général, toutes les compositions de rochers, de chûtes, de lieux escarpés, &c., qu'on enchasse dans les Jardins paysagistes, se marient si peu avec l'ensemble du pays, paroissent si fort l'ouvrage de l'homme, que l'impression qu'ils font naître est contraire à celle qu'on en attend. Riches possesseurs, écoutez l'homme simple qui entre à la dérobée dans vos Jardins ; *c'est bien beau*, dit-il, *cela doit avoir coûté bien de l'argent.* Ce cri de la Nature vous indique qu'il n'a vu, dans vos décorations, que l'ouvrage de l'art ; s'il y avoit vu la Nature, lui qui vit toujours avec elle, l'expression de ses sentimens auroit été différente. (*L. Reynier.*)

DÉSINFECTER. On désinfecte les étables & les écuries dans lesquelles ont séjourné pendant quelques tems des animaux attaqués de maladies contagieuses. Cette méthode, que l'on a malheureusement trop long-tems négligée, est, selon l'observation d'un grand nombre d'Agriculteurs, une des plus efficaces pour faire cesser, parmi les bestiaux d'un certain canton, des maladies épizootiques, qui souvent ont été regardées comme endémiques ou propres à quelques pays, & qui réellement ne s'y conservoient que par le défaut de propreté nécessaire.

Voici les moyens que propose Vicq d'Azyr, dans le *recueil d'Observations sur les différentes méthodes de guérir les maladies des bêtes à cornes, &c. Paris, 1775, in-4°.*

Les étables où les bestiaux infectés ont séjourné, demandent sur-tout la plus scrupuleuse attention : on emploiera pour les purifier, les moyens suivans :

1.° On enlevera le fumier, on regrattera les murs & les pavés, on détachera les planches qui font partie des auges ou rateliers, on les transportera dehors, on ne laissera que les montans, & on fera la même chose à l'égard des lits, s'il y en a.

2.° On enfouira le fumier à dix pieds de profondeur; s'il n'est pas trop humide, on pourra le brûler.

3.° On lavera les planches qui ont été transportées hors de l'étable, on les frottera avec force, on les passera plusieurs fois au-dessus de la flamme, & on les exposera à la vapeur du vinaigre.

4.° On doit se proposer ensuite de dénaturer le miasme, dont l'atmosphère & le mur sont imprégnés, & de faire circuler l'air dans les étables.

5.° Celui qui veut remplir ces indications, doit être muni d'une bouteille de vinaigre, de six ou huit onces d'acide vitriolique, très fort, de deux poignées de sel marin, de poudre à canon, de nitre en poudre, de soufre & de quelques fagots de menu bois.

6.° Il commencera par mettre des cendres ou du sable dans une terrine, au milieu de ce bain, il placera un verre rempli de sel de cuisine, il fera chauffer le tout, il portera la terrine ou le pot tout chaud dans l'étable, si elle est un peu grande, & il versera l'acide vitriolique peu-à-peu sur le sel; les vapeurs blanches qui s'élèvent alors sont très-actives, il obtiendra le même succès en versant l'acide sur du sel que l'on aura fait chauffer sur une pele, on doit beaucoup compter sur ce moyen.

7.° On fera du feu en différens endroits de l'étable, sur-tout là où étoit l'animal infecté, le long des murs & dans les angles; le feu seul est un excellent moyen de désinfecter.

8.° Il promènera de la paille longue allumée, sous les auges & dans les trous des murs, s'il y en a.

9.° Pendant que les feux allumés brûleront toujours, il frottera les auges avec un balai ou avec quelques chiffons trempés dans du vinaigre d'ail; on aura auparavant ratissé ou verloppé les auges, s'il est possible.

10.° Il jettera dans les feux allumés de la poudre à canon il aura soin de ne pas la semer çà & là, mais il en jettera une pincée dans un espace peu étendu, afin qu'elle fasse une petite explosion.

11.° Lorsqu'il n'y aura plus de flamme, il jettera du nitre en poudre sur les charbons, il emploiera sur-tout les pelotons ou masses de nitre un peu considérable, leur fusion a un effet plus marqué.

12.° Enfin il jettera du soufre sur les charbons. il sortira de l'étable & la fermera bien exactement.

13.° Il pourra employer également les fleurs de soufre mêlées avec le nitre en poudre, ce mélange s'enflamme avec la plus grande facilité, & sa vapeur satisfait aux mêmes indications.

14.° Il pourra aussi se servir des résines, feuilles, fleurs & baies aromatiques, mais en brûlant elles ne font que substituer une odeur agréable à une odeur fétide: elles trompent seulement l'odorat, & ne dénaturent point les miasmes putrides; les vapeurs salines ont ce dernier avantage, elles méritent par conséquent la préférence.

15.° Il n'épargnera point les lits qui sont dans les étables, d'autant mieux qu'ils appartiennent ordinairement aux vachers; il brulera les paillassons & matelas, les draps seront mis à la lessive, & le bois de lit sera traité comme les auges & rateliers.

16.° Pendant quelques jours il allumera du feu dans l'étable, & il y brûlera du soufre.

17.° Il laissera l'étable toujours ouverte avant & après cette opération.

18.° Six ou sept jours, il blanchira l'étable avec de la chaux délayée dans l'eau.

19.° Si l'étable que l'on se propose du purifier est construite de sorte qu'il soit dangereux d'y allumer du feu, alors on s'en tiendra aux autres moyens: on y brûlera seulement une plus grande quantité du mélange fait avec le soufre & le nitre.

20.° On aura soin d'enlever toute la paille qui peut être dessus ou à côté de l'étable, avant d'y faire les opérations susdites; le mieux seroit de la brûler. On ne doit au reste s'en servir que pour les chevaux ou bêtes asines.

21.° Si l'animal infecté logeoit dans une de ces cabanes de paille, que l'on construit pour le moment du besoin, il faudroit y mettre le feu; le mieux sera de la brûler sur le lieu même où l'animal aura été enseveli.

22.° On aura soin de faire la fosse loin des maisons, loin des chemins, loin des abreuvoirs & des endroits où l'on rassemble la paille en tas.

23.° Lorsque les terres qui remplissent la fosse s'affaisseront, on y en substituera des nouvelles & on les foulera avec force. Pour donner plus de consistance aux différentes couches, il sera bon de les humecter en les foulant: il suffira pour cela, de répandre de l'eau en différens endroits: on empêchera, par ce moyen, qu'il ne se fasse par la suite des crevasses qui pourroient être dangereuses.

24.° On ne fera rentrer les bestiaux sains, dans les étables où il y en a eu de malades, que long-tems après les avoir purifiées: il seroit même prudent que les métayers d'un canton ne se déterminassent point à faire réunir tous ensemble des bestiaux dans leurs métairies, sans avoir auparavant constaté, par une expérience facile, si, en faisant rentrer un certain nombre de bêtes à cornes dans une étable anciennement infectée & dûment purifiée, le laps de tems est assez considérable, & la désinfection assez complette, pour qu'il n'y ait plus aucun danger à courir: chaque communauté pourroit faire cet essai.

Pour désinfecter les écuries qui auront été occupées par des chevaux morveux, les moyens ci-dessus indiqués, ne sont peut-être pas suffisant pour enlever en entier le germe malfaisant de cette terrible maladie. Voici la méthode de désinfecter les écuries, telle qu'on la trouve dans l'*Instruction sur les moyens propres à prévenir l'invasion de la morve*, in-8.° Paris, l'an deux de la République, pag. 19.

Les précautions à prendre relativement aux écuries, aux équipages & à tous les ustensiles, qui, ayant servi aux chevaux morveux ou suspects, auroient pû se charger des particules du virus morbifique, sont plus importantes pour l'extinction de la morve, que tous les remèdes prescrits contre cette maladie; en effet, les soins à donner aux chevaux qu'on veut préserver, le régime auquel on doit les soumettre, l'administration des substances médecinales les plus propres à s'opposer aux effets de la morve, seroient des moyens insuffisans, si l'on négligeoit ceux capables de mettre les animaux à l'abri de l'influence des particules de ce virus.

Les écuries qui ont besoin d'être nétoyées & rétablies, sont celles dont les murs de face & de retour, sont plus ou moins dégradés & couverts, ainsi que les rateliers & les auges, des croûtes ou des traînées noires, épaisses, qui deviennent gluantes lorsqu'elles sont mouillées, & qui quelquefois sont mêlées de traînées de sang; celles dont le fond des auges mal joint, retient les alimens, le flux, la bave qui y fermentent, s'y putréfient, exhalent une mauvaise odeur, & se mêlent aux nouveaux alimens qu'on y remet, & sont ainsi avalés par les chevaux; celles dont le sol est irrégulier, qui sont mal pavées; enfin celles qui ont été blanchies à la chaux, à la portée où les animaux peuvent atteindre.

Le plafond, les fenêtres, seront bien nétoyés; on n'y laissera ni poussière, ni toiles d'araignées, ni rien enfin qui puisse se charger de particules virulentes.

On décrepira & récrepira les murs de face & ceux de retour; ils seront récrepis depuis le sol jusqu'à la hauteur de sept pieds, au moins.

Le fonds ou le sol de l'écurie, s'il est en terre, sera renouvellé à un pied de profondeur; la terre qu'on en retirera, pourra être lessivée pour la fabrication du salpêtre.

On préférera pour la remplacer, s'il est possible, les gravas ou le mâche-fer.

Si l'écurie est pavée, & que le pavé soit fixé à chaux & ciment, il suffira de laver à grande eau de bien balayer & racler les pavés, & surtout leurs enterstices : si les pavés ne sont fixés qu'avec de la terre, on les levera; ils seront lavés, on ôtera la terre qui les entouroit & on les placera avec de nouvelle terre.

On aura l'attention, dans ce déplacement, de conserver au pavé la pente qu'il doit avoir pour l'écoulement des eaux; & si le sol de l'écurie étoit trop bas, on profiteroit de cette circonstance pour le relever.

Les murs de dehors de l'écurie, aux endroits où l'on attache ordinairement les chevaux, seront aussi lavés, raclés ou grattés, récrepis s'ils en ont besoin, & les anneaux passés au feu avec un brandon de paille allumée.

Les municipalités feront faire sur-le-champ, & ensuite toutes les fois qu'elles le jugeront nécessaire, de pareilles opérations au devant boutique des maréchaux de leur commune, qui tous sont, sur cet objet important, d'une apathie ou d'une négligence qui ne peut être que très-dangereuse, parce qu'ils reçoivent & attachent indistinctement toutes sortes de chevaux sains ou malades.

Dès qu'une commune aura commencé à nétoyer les écuries publiques, & des auberges qu'elle renferme, aucun cheval n'y sera reçu que ce nétoyement ne soit entiérement achevé.

Les opérations du nétoyement & des réparations des écuries étant entiérement finies, il sera fait une dernière visite par la municipalité, assistée d'un Maçon & d'un Artiste vétérinaire, ou d'un Maréchal expert; ils constateront, par un procès-verbal, si le nétoyement est parfait, & si l'écurie est en état de recevoir des chevaux.

Toutes ces précautions prises, on laissera sécher les écuries avant d'y remettre des chevaux. Le tems nécessaire pour cette exsiccation, doit être relatif à la saison, ainsi qu'au genre d'enduit, dont on se sera servi pour récrepir les murs.

Les auges ou mangeoires, les rateliers & les barres, seront démontés, rabotés, planés à blanc, & remis en place.

Il en sera de même des coffres à avoine, lits, supentes, & de tout ce qui sera en bois.

Les cordes qui portent les barres, les longes de corde des licols, & toutes celles employées dans les écuries, seront lessivées, séchées, secouées & battues, pour être ensuite portées aux magasins de l'Agence des transports, pour y être décordées & employées à des nouvelles fabrications.

Les boucles & les anneaux de licols, ceux des barres, seront passés au feu; il suffira pour ces derniers, de les exposer à la chaleur d'un brandon de paille allumée, pour calciner les parties virulentes qui pourroient y être adhérentes.

Les sceaux, baquets, augets & tinettes, seront raclés & lavés à l'eau bouillante.

Tout ce qui n'aura que peu de valeur, ou qui sera en mauvais état, tels que brosses, éponges, manches d'étrilles, sera brûlé.

Les étrilles, si elles sont encore bonnes, seront passées au feu, les mors de bridons, d'abreuvoirs, de brides & de filets, toutes les boucles & ardillons, seront passés au feu & étamés; les étriers seront également passés au feu & bronzés.

On enlevera les panneaux des selles, on en fera bouillir le crin dans une forte lessive de cendres; la toile de ces panneaux, celle du coussinet, ainsi que la basane sur laquelle ils ont fixés, seront jettés au feu; le culeron, les feutres & les trousse-étriers, seront renouvellés, raclés & passés à l'eau seconde.

Les époussettes, les sacs à avoine, les sangles, la housse, les chaperons & les toiles seront lessivés ou renouvellés; s'ils sont en mauvais état, ils seront jettés au feu.

Les têtières de licols, des brides, des bridons, les rênes, les bricoles, les longes de cuir, les courroies du porte-manteau, les étrivières, le poitrail, le porte mousqueton, le porte-crosse, les entre-sangles, & toutes les parties de l'équipage faites de cuir, seront lavés, raclés, passés à l'eau seconde, & ensuite à l'huile grasse.

On joindra à toutes ces précautions, & lorsqu'elles seront prises, celle de parfumer les écuries avec le parfum suivant.

Mettez dans une terrine de grè, une livre de sel marin ou de cuisine; posez cette terrine sur un fourneau, plein de charbons allumés; portez-le dans l'écurie, dont vous aurez ôté toutes matières combustibles; remuez le sel avec un bâton, pour qu'il ne se grumele pas; lorsqu'il sera échauffé à ne plus pouvoir y tenir les doigts, vous verserez dans la terrine promptement, mais avec précaution, une demi livre environ de bon acide vitriolique, ou huile de vitriol; vous vous retirerez sur-le-champ, pour ne pas respirer la vapeur blanche & très-abondante qui s'éleve du mélange; fermez exactement les portes & les fenêtres, & ne rentrez que lorsque les vapeurs seront entiérement cessées. Si l'écurie est grande, on fait la même opération en deux ou trois endroits à la fois, en diminuant les doses.

Si on ne peut se procurer de l'huile de vitriol, on se bornera à faire évaporer du vinaigre dans l'écurie, sur un fourneau, ayant soin de tenir également les portes & les fenêtres fermées, pendant tout le tems que dure l'évaporation. On la répétera matin & soir, pendant quatre à cinq jours.

L'Auteur de la même Instruction regarde le blanchissement des murs avec de la chaux, comme insuffisant, quoique plusieurs personnes en avoient recommandé l'usage, en lui supposant une efficacité que l'expérience paroît avoir démenti. Il conseille, pour cette raison, de n'en faire aucun usage, & d'employer plutôt les moyens prescrits dans l'Instruction. (Gruvel.)

DÉSOLER ou ALTERNER. *Jardinage.* C'est en général faire succéder, sans interruption, à des productions d'une certaine espèce, des productions différentes, en sorte que le même terrein soit toujours en rapport.

Cette opération est une des plus importantes en Agriculture; elle augmente les ressources du Cultivateur, en même-tems qu'elle lui fournit les moyens de tirer le parti le plus avantageux de ses possessions; & si elle n'a été pratiquée jusqu'à présent que pour les plantes céréales & pour les fourrages, c'est faute d'en connoître tous les avantages & toute l'etendue, elle doit s'appliquer à toute espèce de culture.

On sait, & l'expérience journalière ne le démontre que trop visiblement, on sait, dis-je, que les meilleurs terreins, ceux qui sont les plus propres à la culture des plantes céréales, s'appauvrissent insensiblement & deviennent, après un certain tems, incapables de donner les mêmes productions. Les engrais même ne font que retarder plus ou moins cette époque, & l'on est enfin obligé de laisser reposer la terre pour lui rendre sa fertilité Ce repos est une perte réelle que le Cultivateur pourroit éviter en alternant, avec discernement, ses recoltes suivant l'état de la terre & la nature des végétaux qui peuvent y croître & qu'il convient d'y mettre de préférence. Une terre devient-elle incapable de produire des plantes céréales, ou n'en produit-elle plus que de foibles & de languissantes? Substituez-y des fourrages, & vous verrez vos champs se couvrir encore d'une récolte abondante. Mais si les fourrages refusent d'y croître, par un défaut de profondeur du sol, alors formez-y des plantations d'arbres. Ces belles productions, si utiles en elles-mêmes, paieront avec usure les soins du Cultivateur; & en augmentant insensiblement l'épaisseur de la couche végétale, auront bientôt rendu à la terre une partie de la force & de la vigueur qui lui manque.

Ce terrein pourra fournir ensuite, pendant des siécles, à la végétation des arbres; il ne s'agira que d'alterner les productions dans l'ordre où elles doivent se succéder, de remplacer, par exemple, une plantation de Pins par une de Mélezes, celle-ci par une autre de Chênes, & cette dernière par une de Châtaigniers, &c.

Mais il ne faudra pas toutes ces successions d'arbres, pour rendre à l'Agriculture des terres propres à la nourriture des plantes cerćales pendant un très-grand nombre d'années.

Ces terres, après la première ou la seconde plantation, auront acquis assez d'énergie pour remplacer, avec le plus grand avantage, celles qu'une longue suite de récoltes auroient appauvries, & que l'on pourra couvrir d'arbres à leur tour. Au moyen de cette alternation, qui devroit faire la base du système d'Agriculture de toute République, le sol, au lieu de se détériorer, prendroit une nouvelle face; les terres ne resteroient jamais incultes, & de nouvelles sources de richesses s'ouvriroient pour l'Etat & pour les Cultivateurs.

Cette pratique, si utile en Agriculture, ne l'est pas moins dans le Jardinage & ce n'est qu'autant qu'on en fait usage, que l'on peut conserver à chaque espèce de culture tout l'avantage dont elle est susceptible. S'agit-il de rétablir une allée d'Ormes nouvellement abattue? Il faut bien se garder de la remplacer par une autre allée d'Ormes; cette plantation réussiroit mal, la terre est appauvrie: mais que l'on mette à leur place des Tilleuls, des Maronniers d'Inde, l'Acacia, le Vernis du Japon, on les verra croître & pousser vigoureusement. Un espalier de Pêchers vient-il à périr de vieillesse? on n'aura jamais que des arbres foibles & languissants, si on replante de jeunes Pêchers à la place qu'occupoient les premiers; au lieu que l'Abricotier, le Cerisier, quelques espèces de Pommiers & de Poiriers y viendront parfaitement & garniront promptement l'espalier.

Il en est de même des plantes vivaces; leur végétation est presque toujours foible & incomplette, lorsqu'elles succèdent immédiatement à des plantes vivaces de la même espèce. Pour remédier à cet inconvénient, il faut ou changer les espèces, ou transposer du moins les individus entr'eux, si l'on est forcé de garnir ces places avec des plantes de même nature, comme il arrive assez souvent dans les Jardins symmétriques. Dans les Ecoles de Botaniques cette opération est nécessaire pour un grand nombre de plantes voraces, telles que les Asters, les Verges d'or, les Soleils, &c., qui dépérissent sur pied, lorsqu'elles sont trop long-tems en place. Le moyen de prévenir ce dépérissement, est de changer leurs touffes de place tous les quatre ou cinq ans. Ne les éloignât-on que d'un pied ou deux, cela suffit pour leur donner une nouvelle vigueur.

Mais c'est sur-tout dans les Jardins légumiers qu'il est bien important d'alterner les cultures, par les avantages considérables qu'on retire de cette méthode. Avez-vous un terrein neuf bien situé & d'une bonne qualité, commencez d'abord par y cultiver de gros légumes, tels que des Choux, des Artichauds, des Cardons, &c.; mettez ensuite à leur place des Navets, des Betteraves, des Carrottes & autres racines légumineuses; faites succéder à celles-ci des Asperges, que vous pourrez remplacer par des semis d'Oignons & de Salades de toutes les variétés. En faisant ainsi succéder ces différentes cultures & beaucoup d'autres de même nature, vous ménagerez beaucoup les engrais, & vous aurez toujours des récoltes abondantes & de la meilleure qualité. (*Thouin.*)

DESSÉCHEMENT, *Dessécher.*

On a senti de tout tems en France les grands avantages qu'il y auroit à dessécher les marais & à les mettre en culture réglée, tant pour fournir de l'occupation & les moyens de subsister à des hommes qui n'ont que leurs bras pour toute fortune, que pour multiplier les récoltes de différent genre, élever plus de bestiaux & obtenir de notre sol, la plus grande partie des matières premières, que nos Manufactures tirent de l'étranger.

Henry IV est un des Rois qui s'en est le plus occupé. Sous son regne il a paru des Loix très-favorables à ceux qui entreprendroient des desséchemens; mais on en a peu profité. M. Boncerf a donné en 1790, un très-bon Mémoire sur cet objet. Selon lui, on a fait peu de desséchemens, à cause de l'opinion où l'on étoit qu'il falloit beaucoup de talent pour les tenter, tandis qu'ils n'exigoient que des fonds médiocres pour les commencer, de la constance pour les suivre, & de l'intelligence pour profiter sur-le-champ de la portion de terrein qu'on auroit desséché, & par ce moyen remplacer en peu de tems les premiers fonds. Le même Auteur assure que des terreins considérables, qui aujourd'hui n'offrent aucune production avantageuse ou n'en donnent que de très-foibles, pourroient être rendus à l'Agriculture & procurer de belles récoltes en chanvre, lin & autres plantes, non moins importantes. S'il en est ainsi, le gouvernement est bien coupable de n'avoir pas tourné ses vues efficacement vers un genre d'amélioration qui augmentoit la richesse territoriale & assuroit la salubrité des pays situés dans le voisinage des marais. Car la Société de Médecine a des preuves sans nombre des mauvais effets des exhalaisons des marais sur la santé des hommes & sur celles des bestiaux. Ses Mémoires imprimés sont remplis d'une immensité de faits qu'une correspondance étendue l'a mise à portée de recueillir. Je laisse au Dictionnaire de Médecine à considérer les desséchemens sous ce rapport. Je ne dois les examiner qu'autant qu'ils touchent & intéressent l'Agriculture.

L'estimation de M. Boncerf porte les terreins ou marais à dessécher en France, au nombre de 1200 mille arpens. Il est vraisemblable que son estimation qu'il est impossible de garantir, n'a été faite que d'après des relevés certains, (*) ou des connoissances locales. Son Tableau de tous les pays à dessécher, m'a paru mériter d'être placé dans cet article; je l'ai extrait d'un rapport fait par M. Hallé à la Société de Médecine, Boncerf ayant soumis son projet à cette Compagnie, à cause des objets de salubrité. Il commence parles pays Méridionaux.

On y voit d'abord les vastes marais & étangs qui couvrent les environs d'Aix, les parties d'Arles, d'Aigues-Mortes & de Penais, & qui remontant le long du Rhône jusqu'à Saint-Paul-trois Châteaux, Villeneuve-les-Avignons, Baucaire, & suivant les côtes de la Mer, s'étendent jusqu'à plusieurs lieues au-delà d'Agde, à l'Ouest, & forment une étendue de plus de 200,000 arpens.

Ceux qui sont au nord & au midi de Narbonne, jusqu'au Roussillon, le long de la côte occidentale du golphe de Lyon, couvrent encore plus de 60,000 apens &c.

Depuis le golphe de Lyon jusqu'à Dax en Gascogne, il n'y a point d'eaux stagnantes, excepté dans quelques localités, telles que l'Isle Jourdain, Dans les environs de Dax & de l'isle Saint-Sever, commencent les sages des Landes de Bordeaux, qui présentent un terrein immense, facile à dessécher par des canaux. Un marais infect & un terrein plat, autrefois inondé près de Bordeaux, ayant été desséchés, cette Ville est devenue une des plus saines, comme elle est une des plus riches de France.

De l'embouchure de la Garonne à la Picardie, la plûpart des côtes & beaucoup de pays de l'intérieur sont remplis d'eaux stagnantes. Dans le Bronge sur-tout où une partie des marais salans a été abandonné, l'eau des pluies s'y confondant avec l'eau de la Mer, il en résulte une grande perte de terrein & des exhalaisons putrides, dont l'influence maligne s'étend par les vents du Sud-Ouest jusqu'à Rochefort.

Dans le Poitou, beaucoup de Villes & de Villages sont environnés d'étangs & de marais, causés par le débordement des rivières. La Sèvre inonde plusieurs mois de l'année les environs de Luçon, de Maillazais, de Marans & jusqu'à deux lieues au-dessous de Nyort, ce qui forme un marécage de 65,085 arpens.

Clisson, Montfaucon, Chollet & toutes les marches communes de Bretagne & de Poitou ont aussi leurs marais, qui se continuent jusqu'à Nantes, Bourg-Neuf, Pornic & le long du bord méridioual de la Loire.

Au nord de la Loire, se trouvent de vastes marais.

1.° Auprès de Nantes, près de 6000 arpens formés, suivant M. Boncerf, par la retenue des eaux des moulins de Nantes, sur la petite rivière d'Erdre.

2.° Prés de Guérande & Pont-Château, plusieurs endroits des côtes de Bretagne & particulièrement les environs de Dinan, Dol & Lamballe, sont exposés à des inondations, à cause des grandes marées que cette partie de la côte éprouve par l'effet de l'obstacle, que présente aux flots la côte occidentale du Cotentin. Les eaux repoussées par cette côte se reportent & s'accumulent dans les baies du Mont-Saint-Michel, de Saint-Malo & de Saint-Brieux, où doublant la marée directe, elles s'élevent à 40 pieds de haut & portent au loin l'inondation qui s'étend beaucoup au-delà de Dinan.

La côte occidentale du Cotentin, du Mont Saint-Michel, à Coutances, éprouve de violentes marées, parce que la Mer est poussée directement de l'Est, à l'Ouest & se trouve arrêtée par la côte. C'est pourquoi la baie du Mont Saint-Michel se prolonge bien avant dans les terres. Tout le long de la côte il y a des marais & des greves.

Au-dessus de Coutances se trouvent les marais & les Landes de Lessay & de Créance.

La côte au nord de Cherbourg présente la baie d'Isigny, connue sous le nom de grand & petit Vey. La Mer y entre à une grande hauteur & remonte dans les rivières, dont elle occasionne les débordemens, sur-tout dans les voisinage de Carentan, qui est entouré d'eau stagnante pendant une partie de l'année.

Les rivières de Caen, de Dives, de Pont-Audemer, & d'Auge, parcourant un sol de même nature, reçoivent les mêmes marées, éprouvent les mêmes débordemens & produisent les mêmes effets. Depuis le Havre jusqu'au-dessus de Dieppe, toute la côte étant en dunes & falaises très-élevées, la Mer n'y jette point ses eaux. Mais auprès de la ville d'Eu jusqu'à la Somme, & depuis la Somme jusqu'au-dessus d'Etaples, la côte est basse & sujette au sejour des eaux dans les terres.

Les bords de la Somme, de l'Authie & de la Canche sont continuellement inondés par l'effet de l'exhaussement progressif des digues & écluses des moulins, & le défaut de curement du lit des rivières.

On appelle Marquenterre le pays situé entre la Somme & l'Authie. Il s'y trouve environ 30000 arpens de marais.

Il y a 12 ans on a fait un Canal de desséchement dans la partie du Rimeu à l'Ouest de Saint-Valery. Ce desséchement a produit un très grand bien; mais ce travail ne feroit pas

(*) En parcourant diverses contrées de la France j'ai vû une partie des marais, indiqués par M. Boncerf; mais n'ayant alors aucun motif pour en constater l'étendue, ne m'en suis pas occupé.

le feul qu'exigeroit la Picardie. Elle préfente encore les immenfes marais des bords de la Somme depuis Sailbrai, à deux lieues au-deffous de Perronne, jufqu'à Saint Qentin. Il s'y trouve environ 50 à 60000 arpens à deffécher.

A la fuite des côtes que je viens de parcourir, jufqu'à Montreuil, viennent les dunes du Boulonnois, qui garantiffent le pays des inondations. Elles finiffent au-deffus de Calais, & alors recommencent les marais dans les contrées de Gravelines, Bergues, Saint-Omer, Dunkerque.

En quittant les côtes de l'Ocean, & fuivant toujours les frontières, on rentre dans la grande terre, où il n'y a plus que des marais de petite étendue.

La Loraine préfente beaucoup d'étangs, qu'il feroit utile de deffécher. Les parties de ce pays, où le cours de la Seilles eft très-ralenti, où le fol eft plat, où les débordemens font occafionnés par la vuidange des étangs, entr'autres de celui de l'Indre, dont les eaux occupent depuis Dieufe jufqu'à Metz, trois mois avant la pêche & particulièrement les environs de Marfal, Dieue & Moyenvré, ces pays fi fouvent inondés, ne rapportent pas ce qu'ils rapporteroient, s'ils étoient defféchés.

Toute la partie de la Loraine Allemande & des Evêchés qui fe trouve au-deffous de Sarrebourg jufqu'au-deffous de Patelage, eft auffi couverte d'une multitude d'étangs, dont les environs font marécageux.

Les étangs & marais de la Loraine occupent à-peu près un efpace de 100 mille arpens.

La Franche-Comté, pays montueux, & où les pentes font rapides, n'a point d'eau ftagnante.

Dans le Dauphiné fe trouvent les marais de Bourgoin, au Levant de Lyon. Ces marais, dûs particulièrement aux moulins, & au défaut de lit des rivières & ruiffeaux, couvrent 21 mille journaux ou arpens. Tout le refte du Dauphiné, pays montueux, comme la Franche-Comté, n'a plus de marais.

Enfin pour terminer le contour de la France, j'ajouterai que la côte de la Méditerranée jufqu'à l'embouchure du Rhône, appellée auffi le golphe de Lyon, point, dont je fuis parti, n'a pas les inconvéniens d'une grande partie des rives de l'Ocean. Il feroit néanmoins important de contenir les eaux du Rhône & de la Durance, qui fe répandent dans les terres.

Si nous rentrons dans l'intérieur de la France, nous y trouverons plufieurs cantons infectés de marais.

Dans la Champagne, il y a ceux de Saint-Gon qui couvrent environ 12,000 arpens.

Depuis Sezanne jufqu'à la rivière d'Aube, on rencontre beaucoup de mauvaife prairies, qui font plates. L'Aube a peu de pente; elle déborde facilement.

Le deffèchement des marais, qui étoient autrefois près de Riom en Auvergne, a enrichi une famille, qui poffède encore ce terrein.

Dans le Bourbonnois, l'Allier & la Loire fe répandent & laiffent des eaux croupiffantes, fur-tout depuis Dieule jufqu'à Digoin.

La ftérilité de la Sologne & d'une partie du Berry, eft dûe aux étangs nombreux & aux marais qui s'y trouvent.

Dans l'Artois, la Breffe, la Dombes & quelques autres endroits de la France, les retenues d'eau, pour faire des étangs, impregnent le fol d'un fond d'humidité & de fraîcheur, qui lui eft nuifible.

De ce tableau, il réfulte que la France, outre les terreins cultivés, en poffède un grand nombre qui pourroient l'être, fi on entreprenoit les travaux convenables. Mais ces travaux font-ils faciles à pratiquer? font-ils tres-difpendieux? les projets donnés pour les exécuter font-ils bons? voilà ce que je ne n'examinerai pas. C'eft au gouvernement à les prendre en confidération & à s'en faire rendre compte par des hommes capables. Le plan propofé par M. Boncerf, confifte à écarter les obftacles qui arrête le cours des eaux, à faciliter l'écoulement de celles qui font débordées, en fuivant fcrupuleufement la meilleure direction; à creufer dans cette direction, des canaux, des contre-foffés; à répandre des terres neuves, dont les fels actifs pénètrent dans les plantes creufes & inutiles & les font mourir; à oppofer des digues non-feulement aux bords des rivières; mais même à l'Ocean, en fe fervant à l'entrée des rivières, de portes battantes, de ventelles & de clapets. La poffibilité & le plus ou moins de facilité pour exécuter ces travaux doivent être jugées par les hommes de l'art & faire partie du Dictionnaire qui traite des digues, éclufes &c. M. Boncerf propofe de les commencer avec une avance de 100,000 écus, promettant que les mifes produiront du bénéfice à la fin de chaque opération particulière, & qu'elles fe fuccéderont avec rapidité, la rentrée devant fe faire par la vente du terrein, ou par le rembourfement de la part des propriétaires.

M. Boncerf, pour donner de la confiance dans fes affertions, cite plufieurs deffèchemens qu'il a pratiqués & qu'il eft facile de vérifier.

1.° En 1779, les marais de Chaumont, en Vexin, de 3000 toifes de long, fur des largeurs inégales, contenant 1000 arpens.

2.° En 1780, ceux du Marquenterre, commencés avec fuccès, interrompus & ruinés par des affaires litigieufes.

3.° En 1785, ceux de Talmont, en Saintonge, fur les bords de la Gironde & de l'Ocean.

4.° La même année, les étangs du grand Bagnas d'Agde.

Je fais qu'en 1791, M. Boncerf a fait encore un desséchement considérable en basse Normandie, dans la vallée d'Age.

Suivant une note de son Mémoire, le feu Roi de Prusse a fait dessécher le Lac de la Madine, dans la nouvelle marche de Brandebourg. Ce desséchement qui n'a coûté que 135000 liv. de France, a rendu cultivables 14,338 arpens de terre. Le marais de Brunster, en Hollande, desséché en 1712, a donné 10000 Acres. (*Voyez* au mot ARPENT, les articles NORMANDIE & SAXE) du meilleur sol de cet Etat.

Les terreins à dessécher sont ou de niveau ou en pente. Dans le premier cas, le desséchement est difficile; dans le second, il est facile.

Ceux qui sont de niveau ont été formés par la Mer ou par les rivières. La Mer les forme en accroissant chaque jour les dunes sur ses bords. C'est l'état d'une grande partie de la Hollande, & de la Flandre Françaife & Autrichienne. On imagine qu'avant la séparation de l'Angleterre, du continent, les marées se trouvant retenues entre les côtes de la France, de l'Angleterre & de la partie élevée de l'Allemagne, elles montoient plus haut qu'aujourd'hui, & retenoient les sables chassés par le Rhin & les bonnes terres entraînées par la Meuse, qui se sont successivement déposées. Il est vraisemblable que ces marais couvroient alors un vaste espace. La séparation du Pas-de-Calais étant faite, elles se sont étendues sur les côtes de Normandie & de Bretagne. Alors une très-grande partie de la Flandre & de la Hollande est sortie de dessous les eaux, & n'a plus été inondée. Comme la séparation est très-petite, eu égard au volume d'eau qui s'y jette, les marées ont été plus fortes sur les côtes de Normandie & de Bretagne, que dans le golphe de Gascogne. Une marée plus haute qu'une autre ou une grosse Mer a voituré des sables qui ont formé & élevé des dunes; d'une autre part, les vents violens poussant les sables mobiles, les ont jetté contre les dunes, qui se sont élevées peu-à-peu. Les dunes une fois formées, les grandes flaquées d'eau ont restées par derrière; mais l'industrie humaine & sur-tout celle des Hollandois, a su s'en débarrasser.

Les rivières changent de lit. Le plus foible obstacle dans le commencement suffit pour opérer dans la suite la plus grande révolution. Un arbre au milieu d'un champ inondé, offre de la resistance & donne de la force a un courant d'eau, le sol se creuse, il se forme un petit ravin qui s'élargit, & voilà un nouveau bras ou un nouveau lit de rivière, Si la pente est plus forte la rivière s'y rend; tout le terrein qu'elle recouvroit, devient un bas fond, où l'eau séjourne.

Ces sols submergés une partie de l'année, ou au moins marécageux sont le principe de beaucoup de maladie des riverains, sur-tout dans les pays méridionaux, où la chaleur corrompt plus facilement les débris des végétaux & des animaux qui s'y trouvent. Le Dictionnaire de Médecine dira sans doute que les eaux stagnantes, où il se putréfie des substances animales occasionnent des fièvres putrides, & que celles où il ne se putréfie que des substances végétales occasionnent seulement des fièvres intermittentes. *Voyez* ce Dictionnaire.

Pour faire des desséchemens de marais, il faut des opérations en grand, ou il ne faut pas en entreprendre, parce qu'ordinairement ces travaux doivent embrasser beaucoup de pays, & qu'il est nécessaire de leur donner une grande solidité. D'ailleurs, le concours de plusieurs propriétaires quelquefois est tellement indispensable, que si l'un d'eux refusoit de se prêter, ou ne vouloit pas qu'on touchât à son terrein, l'opération échoueroit.

Si le sol d'un endroit à dessécher est au-dessus du lit actuel d'une rivière, un large fossé, coupé par des fossés secondaires, suffit pour écouler les eaux. Mais si le terrein est au-dessous du lit des eaux, pendant les inondations, le même fossé, revêtu d'une écluse & de fortes portes, & même d'une levée le long de la rivière, empêchera les eaux de l'inondation de s'étendre sur le sol. Quand la rivière sera rentrée dans son lit, les portes s'ouvriront & l'eau s'écoulera.

Dans le cas où ce seroit la Mer qui dans les hautes marées, jetteroit des flaquées d'eau qui ne pourroient y retourner, il faudroit en élever les bords pour éviter les *derelaissées* & retenir, s'il se peut, la flaquée d'eau, qu'on enleveroit plus facilement, par le moyen du *pouldre* des Hollandois, espèce de Pompe inclinée, à spirale, que le vent fait mouvoir. Personne n'entend mieux les desséchemens que cette nation. Souvent tous les habitans d'un canton concourrent à la construction d'un *pouldre* & à celle des canaux. Il faut de grandes avances; mais en Hollande, le terrein est si précieux!

Quand un terrein est en pente, cette pente est ou naturelle, ou a besoin d'être travaillée.

Une pente naturelle n'exige qu'un fossé principal, & des secondaires dans les pays dépourvus de pierres & de cailloux; car dans les pays qui en sont pourvus, on ouvre un fossé principal qui traverse la partie basse du champ; on le remplit de pierres jettées confusément jusqu'à la hauteur de quatre pieds; on les recouvre de deux pieds de la terre du champ. Le point important est que le grand fossé ait un écoulement, & qu'il y ait dessus de larges sillons appellés *sang-sues*, pour écouler les eaux qui passent à travers la terre, comme à travers un crible. On a remarqué que ces pierrées duroient plus de 30 ans, sans qu'on fût obligé de les reconstruire.

Il est

Il eſt bon d'obſerver que quand on pratique un foſſé pour l'écoulement des eaux ; il eſt inutile de le creuſer au-delà d'une couche de gravier, ſi on en rencontre une, & que quand il y a abondance de ſources, dont l'eau eſt inutile & ſuperflue, il convient d'ouvrir les foſſés en partant de l'endroit le plus bas de la pièce & de le conduire vers ces ſources.

Il y a des poſitions où la pente eſt oppoſée à l'endroit par où il faudroit que l'eau s'écoulât, & d'autres où l'eau ne peut s'écouler qu'à grands frais. Dans le premier cas, ſi c'eſt une roche qui gêne, on la fait ſauter par la mine ; ſi ce ſont des amas de terre, on les enlève avec la brouette & le tombereau ; enfin, ſi on ne peut procurer aucun écoulement à l'eau, il faut creuſer dans les endroits les plus bas, des puiſarts de diſtance en diſtance & les remplir, ou de fagots ou de pierres, pour abſorber l'eau. On ſacrifie ainſi une partie de terrein, pour conſerver les autres.

La ſaiſon la plus favorable aux deſſéchemens ſeroit celle de la plus grande ſéchereſſe, c'eſt-à-dire, l'Eté. Mais à cauſe des exhalaiſons, capables de donner des maladies aux ouvriers, il vaut mieux les faire au printems & même en automne ou en hiver, quand la grande humidité du terrein le permet.

Pour donner une juſte idée des travaux qu'exigent les deſſéchemens & des effets qu'ils produiſent, je rapporterai les détails de ceux ſur leſquels j'ai eu des occaſions particulières d'être éclairé ; le premier eſt celui d'une partie des marais Pontins, en Italie, ſi connus par leur étendue & par l'inſalubrité qu'ils cauſent, à une grande diſtance ; (1) le ſecond, moins conſidérable, eſt celui d'un terrein ſitué entre Calais & le village de Sengatte, que j'ai vu couvert par la Mer dans les vives eaux ; j'en pourrois citer un, c'eſt celui d'un endroit impraticable en Sologne, converti en un pré ; j'ai participé à ce dernier, puiſqu'il a été entrepris par mes conſeils. *Voyez* pour celui-ci le mot AMENDEMENT, page 477, premier volume.

Deſſéchement d'une partie des marais Pontins. (2)

Un détail exact de l'ancien état des marais Pontins, qui comprennent la partie plate & la plus belle du Royaume des Volſques, & celui de l'abandon dans lequel ils ſont tombés dans les ſiècles barbares, ainſi que des penſées, projets & tentatives faites pour les deſſécher depuis 1700, juſqu'au moment préſent, ſont l'entrepriſe d'un Hiſtorien habile, & pourroient être un ouvrage très-étendu. On répondra donc en peu de mots à la ſubſtance des queſtions.

Le territoire des marais Pontins avant qu'on entreprît de les améliorer, étoit en hiver un amas d'eau impraticable. Il contenoit beaucoup de pêcheries où on prenoit des anguilles, des loups marins, des mulets, des truites & toute ſorte de poiſſon d'eau douce. Pour faire ces pêcheries on avoit coupé la voie appienne, on avoit fait des digues, des chauſſées & procuré par-là de plus en plus, le ſéjour continuel de l'eau. Au milieu de ces lacunes il y avoit de grandes forêts d'aulnes & de frênes, qu'on coupoit régulièrement pour bois de chauffage, qu'on faiſoit flotter & qu'on réuniſſoit en train pour être porté juſqu'à la Mer par le commerce. Le terrein qui n'étoit pas en bois étoit rempli de cannes de marais & très-étendu. Il y avoit quelques endroits plus élevés qui ſe deſſéchoient au commencement du printems. Dans ces endroits, les plus pauvres payſans des villes de Seze, de Piperne & de Terracine, s'empreſſoient de ſemer du Maïs & quelques légumes. Les plantes qui pouſſoient quand les eaux ſe retiroient au printems & en Eté, étoient ſi groſſières qu'elles ſervoient ſeulement de nourriture aux Buffles, dont les habitans de Seze, de Piperne & de Terracine, faiſoient un très-grand commerce. L'air étoit très-mauvais pour les hommes, qui pour cela abandonnoient tout en Eté ; ou bien autant que leurs récoltes le permettoient ; ils ſe retiroient ſur le ſoir pour aller coucher dans leurs villes & ne pas s'expoſer à une mort certaine. La maladie qu'éprouvoient les Bufles & les Bœufs, ſi par haſard on les y conduiſoit, étoit un engorgement de ſang épouvantable, cauſé par les herbes trop graſſes & trop ſucculentes que le terrein produiſoit. Il y en avoit peu qui en réchappaſſent.

Après deux Pontificats ſous leſquels on avoit très-ſérieuſement penſé à ôter les eaux amaſſées depuis tant de ſiècles dans les marais Pontins, Pie VI fut élevé au trône Papal, Pie VI qui a régné heureuſement. Ce Prince, auſſi magnanime que capable d'entreprendre ce que la droite raiſon lui conſeilloit, voulut s'inſtruire de tous les eſſais faits ſur cet objet depuis le Pontificat de Clément XI. Ces eſſais étoient conſignés dans un grand nombre de manuſcrits & conſtatés par des deſſins, profils &c. Se voyant obligé de recourir à un homme habile qui examinât la valeur de chaque objet, & deſirant une perſonne impartiale qui ne s'en fût pas encore occupée, il appella M. Caetan Rappini, qui alors étoit le premier des Hydroſtates, de la partie du Bolonois, pour les digues & chauſſées des rivières de ce pays. Il vint à Rome en 1776, & il examina toutes les tentatives faites & tout ce qui

(1) Je me ſuis procuré des renſeignemens ſur ce deſſéchement par M. Louis de Durfort, Ambaſſadeur de France, à Florence, auquel j'ai envoyé, il y a quelques années, des queſtions à ce ſujet.

(2) J'ai reçu ces renſeignemens en 1787.

y avoit rapport, d'abord dans le Cabinet, & ensuite sur les lieux. Après beaucoup de tems il conclu qu'aucuns des moyens proposés n'étoit praticable ou à cause de [illegible], ou à cause de l'immense dépense & du peu de solidité du travail qu'on auroit entrepris. Il restoit à essayer un nivellement sur le milieu de la Voie Appienne, chose à laquelle aucun [illegible] n'avoit pensé, & dont l'[illegible] venue par hasard. Cette opération très-difficile auroit été impossible sans un homme aussi instruit & aussi expérimenté: car elle devoit se faire au milieu de l'eau, dans une très-grande étendue & dans des endroits embarrassés. Néanmoins le Pape voulut qu'on l'exécutât. Le fait apprit qu'en suivant cette voie il y avoit de la pente pour l'écoulement des eaux stagnantes & pour enfermer dans des Canaux les rivières qui fournissent une grande quantité d'eau aux marais.

Il fut ordonné de mettre la main à l'ouvrage qui commença en 1778, avec beaucoup d'employés pour établir de l'économie & de la règle. Il avança peu quoique dès le commencement on pût en espérer du succès. Le Saint Pere voulut que l'année suivante (1[illegible]) le feu Rappini présidât à tout sous l'approbation de l'Eminence, Vice-Trésorier élu pour les travaux à exécuter. Cette année, où il y eut une sécheresse remarquable en hiver, au printems & en Eté, on fit beaucoup d'ouvrage dans la ligne *Pie*. On appella ainsi le nouveau Canal creusé le long de la Voie Appienne, & l'on vit en peu de tems l'eau courir vers la Mer dans une longueur de plus de douze mille. Pour faire les fossés on a employé des instrumens & les méthodes d'usage pour ces objets. On a pris très-peu de précaution pour les ouvriers. Afin de les garantir des intempéries de l'air, on faisoit des Cabanes de cannes de marais & on allumoit de grands feux. Tous les ouvriers étoient libres. Sa Sainteté n'ayant pas voulu que personne travaillât de force. On a poursuivi & on poursuit encore le desséchement de la même manière, quoiqu'avec moins d'ardeur, faute d'hommes, qui maintenant s'occupent plutôt à cultiver.

Des personnes courageuses voyant les eaux baissées & voyant à découvert d'une manière telle qu'elle, la surface d'une bonne partie de tout le terrein qui s'étend à 14 mille, ont entrepris de détruire la forêt d'aulnes & de frênes, d'arracher les cannes & d'égaliser les meilleurs sites pour y établir des plantes, des pâtures & introduire de la culture. En l'année 1781, on a vu croître le froment où auparavant nageoient les poissons. L'année suivante, 1782, de vastes plaines ensemencées prirent la place des buissons impénétrables. La récolte en froment fut bonne & le froment de médiocre qualité. On reconnut que les herbes étoient excellentes pour la pâture des Bœufs, qui s'engraissent promptement & se portent bien quoiqu'ils travaillent & fatiguent beaucoup. On y a introduit des races de Chevaux & des Vaches qui y multiplient avantageusement. Les produits qui autrefois étoient en seuls poissons & en Buffles, aujourd'hui sont en froment, en légumes, en Maïs, en Bœufs, en Chevaux: les Cochons & les Buffles en étant proscrits, comme nuisibles aux chaussées & à l'amélioration du sol. La Chambre Pontificale en reçoit un produit proportionné à l'argent dépensé pour creuser les fossés & améliorer le terrein. Il y a peu de fabriques On y en voit une magnifique. La Voie Appienne est rétablie dans la longueur de 34 mille, servant pour les Postes. Aujourd'hui tout forme une belle plaine qui ne demanderoit que beaucoup plus de Cultivateurs pour la rendre utile. Le terrein est très-bon excepté dans quelques endroits où il est trop brûlant, paroissant être un fumier bien consommé. L'air dans le territoire des marais Pontins, voisin des eaux courantes, est très-amélioré ainsi que dans les villes & pays qui les environnent. Il seroit plus salubre si on y avoit construit des maisons, s'il y avoit des habitans en proportion de l'étendue du terrein, & s'il étoit tout cultivé. Le rapport du produit actuel avec ce qu'on en retiroit autrefois, n'est pas calculable.

Pour ce qui regarde l'exécution de cet ouvrage, on a exposé en peu de mots la méthode du desséchement: au reste, ce qui appartient à l'égalisation du terrein, on l'a faite en quelques lieux avec le feu, lorsque les arbres trop touffus ne permettoient pas de les couper. Dans d'autres on a coupé le bois pour le commerce & ensuite on a brûlé les souches qui restoient. Dans les endroits remplis de cannes, il a fallu employer la houe & la charrue pour les extirper. Mais la canne de marais a les racines si profondes & si vigoureuses qu'elles repoussent toujours. Le tems seul & une culture suivie pourront les détruire.

Desséchement d'un terrein entre Calais & le village de Sangatte. (*)

Le marais desséché par le sieur Mouron & ses Associés, est situé sur la paroisse de Sangatte, qui du côté de la Mer, s'étend jusqu'aux portes de Calais.

Ce marais étoit une anse d'environ deux mille toises de longueur sur environ cinq cents toises de largeur réduite, ce qui forme huit cents mesures de terre ou neuf cents arpens de Paris; il étoit borné à son flanc du Sud, & sur son bout d'Ouest, par des digues de main d'hommes

(*) Détails, qui me sont parvenus en 1788.

qui préservoient tout le bas Calaisis & la basse Flandres, des irruptions de la Mer.

Le flanc du Nord est borné par des sables & dunes où la Mer du large vient battre à chaque marée, & qu'elle pénétroit & traversoit en dix endroits lors des tempêtes, en sorte qu'elle entroit par-là dans tout le marais.

Le bout de l'Est qui étoit ouvert à la Mer, est le Port même de Calais, dont cette anse longue & étroite formoit l'arrière Port. La Mer en montant dans le Port deux fois par jour, s'étendoit sur l'Ouest jusqu'à plus de trois mille toises au-delà des quais de la Ville.

Là à la faveur de cette enceinte de digues & de dunes sur trois côtés de ce quarré long, la Mer a entassé depuis des siécles des sedimens & des dépôts qui formoient le grand marais, coupé en tout sens d'un nombre infini de ces ravins tortueux nommés *Cries*. Ce terrein quoiqu'exposé aux inondations de toutes les marées de vive eau, s'est tellement exhaussé par ce travail de la Nature, que sa surface est de quatre à cinq pieds plus élevée que toute la terre du bas Calaisis, & de la basse Flandres.

Ce marais produisoit une herbe courte & salée qui servoit pendant les trois quarts de l'année à la nourriture d'environ cent Poulains & de deux cents Génisses. Un troupeau de Moutons y alloit paître quelquefois. La totalité du marais étoit affermé par M. le Duc d'Havré, qui en étoit propriétaire, à la Communauté de Sangatte, moyennant trois cents livres par an. Cette Commune avoit peine à payer ce modique loyer.

Après avoir acquis ce marais de M. le Duc d'Havré, le sieur Mouron & ses Associés, se sont pourvus au Conseil du Roi pour y obtenir les Arrêts & Lettres patentes pour les faire jouir de tous les priviléges accordés par les anciens Edits aux Entrepreneurs de desséchement, ce qu'ils obtinrent, d'autant plus aisément, que leur entreprise étoit doublement avantageuse à la Province.

1.° Parce que la digue qu'ils s'engageoient de construire à l'Est devant être plus solide & plus élevée que les digues, dites *Royale* & *Camin*, garantissoit pour toujours le Calaisis & la basse Flandres, des irruptions de la Mer; & que ces digues n'étant plus que subsidiaires, la Province se trouvoit déchargée de leur entretien.

2.° Cette entreprise alloit procurer des travaux utiles aux habitans de Sangatte qui végétoient dans la plus grande misère faute d'occupation, & contribuer à l'abondance de la Province, par des récoltes avantageuses.

L'exécution de ce projet étoit si évidemment utile pour la Province, qu'ils ont obtenu facilement l'approbation de tous ceux qui s'intéressent au bien public, & qui saisissent les moyens de l'opérer.

Rien ne pouvoit être plus satisfaisant pour le sieur Mouron & ses Associés; car dans de pareilles circonstances, il est important d'étouffer les cris de l'envie par le suffrage unanime de la saine partie du public, & de contenir ses efforts par la crainte d'une autorité puissante & tutélaire; d'ailleurs l'approbation des gens éclairés rassure; celle des honnêtes gens flatte: l'une & l'autre encouragent.

Tous ces avantages réunis ont déterminé le sieur Mouron & ses Associés à suivre avec activité leur projet.

Le sieur Mouron, après s'être pourvu de deux cents brouettes, quatre cents pelles ou bêches de différentes espèces; de cent dames & de trois à quatre cents planches pour faciliter le roulage, a attaqué, le 15 Avril 1770, son marais avec cinq à six cents ouvriers choisis, & bien payés pour être souvent dans la vase & l'eau.

Il s'agissoit de faire la digue du côté de l'Est de sept cents toises de long sur douze à quinze pieds de hauteur pour empêcher l'eau de la Mer qui venoit journellement par l'arrière Port de Calais sur ce marais; mais l'ouvrage le plus difficile étoit un batardeau à faire sur le grand Crie, de vingt-cinq pieds de haut sur soixante-dix toises de long.

Pour ces opérations l'on s'est servi de la meilleure terre du marais, qui est une vase qui ressemble beaucoup à l'argille. L'on a donné un talu considérable au pied de la digue, formé de cette vase, bien divisée & ensuite damée par les ouvriers & unie comme si la truelle y avoit passé, de sorte que les vagues de la Mer venoient journellement se briser contre ces ouvrages sans efforts, & n'ont jamais emporté la valeur d'une brouettée de terre.

Le batardeau s'est fait avec la même précaution, en laissant toujours une ouverture pour l'eau de la Mer qui venoit à chaque marée par l'arrière Port de Calais. Enfin, après avoir établi sur ce batardeau un Noc qui devoit servir à vuider les eaux pluviales du premier hiver, le 2 Juillet suivant, jour d'une belle marée, on occupa tous les ouvriers au batardeau, les uns à porter les terres, les autres à les diviser & les damer, de sorte qu'en six heures de tems, il y en eut assez pour que ce batardeau fût de hauteur & de consistance à empêcher la marée de ce même jour, de s'étendre dans la nouvelle enceinte qui lui fut pour toujours interdite.

Il est bon d'observer que de ce grand nombre d'ouvriers dont la majeure partie étoit continuellement dans l'eau de Mer & dans la vase, aucun n'est tombé malade. Dans le même tems l'on occupoit cent journaliers pour nétoyer & creuser un Canal dans l'intérieur des terres du Calaisis; la moitié de ces ouvriers a été portée à l'Hôpital: ce qui paroît démontrer que la vase de la Mer est autant salutaire que celle d'une eau douce & dormante est pernicieuse.

Les mois de Juillet & d'Août se sont passés à élever & fortifier, tant le batardeau que toute la digue du côté de l'Est, pour n'avoir plus à redouter, ni les grandes marées des Equinoxes, ni les tempêtes de l'hiver; & l'on a occupé les ouvriers pendant le mois de Septembre, à fortifier les endroits des dunes du côté du Nord, pour les empêcher d'être rompues par les marées de tempête.

Pendant qu'on étoit occupé à fortifier les digues, le sieur Mouron, dès le 16 Août a fait mettre les charrues sur une partie de ce terrein. Il a commencé par faire labourer le endroits voisins du grand Criq qui ont été les plus difficiles à rompre parce que ce terrein qui étoit composé de vase de Mer consolidee, & d'une profondeur de six à sept pieds, étoit aussi dur qu'une argille desséchée & tenue par un gazon très-serré. La charrue n'a fait que retourner ce gazon, les herses de bois & de fer ont eu de la peine à le diviser. On n'a pu faire semer avant l'hiver qu'environ cent mesures, dont vingt-cinq en colzats, vingt-cinq en froment & cinquante en foucrion, espèce d'orge d'hiver, qui sert à faire la bierre.

On a eu la précaution de ne faire semer que la moitié du grain qu'on est dans l'usage de semer dans les bonnes terres ordinaires. Par le peu de division de la terre il n'a germé & levé qu'environ le dixième de cette semence. Au mois de Mars & Avril, vu le peu de plantes qui paroissoient, l'on croyoit avoir une récolte bien médiocre; mais les pluies & rosées du mois de Mai, ont fait *troncher*, c'est-à-dire taller les plantes au point, qu'au commencement de Juin, lorsque tout étoit prêt d'épier, il y avoit à craindre que les grains ne versassent.

Le sieur Mouron a fait aussi labourer en Mars, Avril & Mai, environ trois cents mesures de ce terrein qu'il a fait semer en avoine & en orge, en pois & en fèves Ces grains n'ont pas tardé à germer & lever. Le mois de Juin ayant été chaud & sans pluie, les avoines & orges semées dans les meilleures terres du pays ont déperi & jauni, au lieu que ces mêmes grains sont venus de toute beauté dans le terrein nouvellement desséché. Les sels de la Mer & le nouveau terrein ont procuré aux plantes une humidité que les autres terres n'avoient pas.

Les avoines avoient plus de six pieds de haut; les tiges avoit le double en grosseur des tiges ordinaires. Il en étoit de même de celles du froment. Pendant trois ans qu'a duré cette forte végétation, les chevaux n'ont pu manger la paille du froment parce qu'elle étoit trop grosse & trop dure. La paille n'a servi alors qu'à faire des couvertures en chaume.

Le fond de ce marais est un sable marin que l'on trouve à 2, 3, 4, 5 & six pieds. La superficie est une terre vaseuse remplie de sel marin qui ne paroît pas chaude; car la végétation est lente jusqu'à la fin de Mai. Mais lorsqu'au mois de Juin la chaleur a pénétré & échauffé le sable, la végétation est prompte & les grains murissent en peu de tems. : dans les pays de montagnes à une lieue de ce marais, les froments épient quinze jours plutôt & mûrissent quinze jours plus tard, & par conséquent la récolte est plus tardive. On a commencé à couper les colzats à la fin de Juin; au 15 Juillet l'on a coupé les foucrions. Au commencement d'Août les froments; vers le 16 Août les pois, ensuite les avoines & les orges ou Baillard, & à la mi-Septembre l'on a fini par couper les fèves.

De tous les grains & graines qui ont été récoltés, ce qui a donné un plus grand produit est la graine de colsa s. Chaque mesure de terre a produit 12 à 15 septiers, & cette graine se vendoit 24 à 30 livres le septier; mais le colsat n'a donné avantageusement que pendant les deux premières années.

Chaque mesure ensemencée en froment a produit cinq à six septiers, & le septier qui est de 16 boisseaux pese 180 livres poids de marc. La mesure de terre est d'un dixième plus étendue que l'arpent de Paris.

La même portion de terre ensemencée en foucrion ou orge d'hiver, produisoit 14 à 15 septiers même mesure, & celle ensemencée en avoine, produisoit 18 à 20 septiers. *Idem*. Lorsque le froment se vendoit 20 à 22 livres le septier, le foucrion étoit vendu 11 à 12 livres & l'avoine 8 livres; d'où l'on peut voir qu'il étoit plus avantageux de semer du foucrion & de l'avoine, que du froment.

Pendant les six premières années le fort de la récolte consistoit en foucrions & avoines. Le foucrion demande une terre forte : on croit qu'il dégraisse ou épuise la terre. Cependant les terres fortes en vase ont été ensemencées pendant trois ans de suite en foucrion & ont continué de donner une abondante récolte. La quatrième année ces mêmes terres ont été ensemencées en pois & fèves; chaque arpent de ces pois & fèves produisoit cinq à six septiers même mesure. Ces légumes qui servoient en partie à la nourriture de la garnison de Calais, cuisoient en beaucoup moins de tems que pareils légumes récoltés dans les autres terres. A peine ces légumes étoient récoltés, qu'on donnoit à la terre un seul labour pour y semer du froment. Après le froment l'on y semoit de l'avoine; de sorte que la majeure partie des terres ont produit dix années sans se reposer & sans être amendées, & n'ayant qu'un seul labour chaque année.

La végétation étoit si forte dans les premières années, qu'à la seconde année on abandonna à lui-même un morceau de terre qui, l'année précédente, avoit été semé en froment. Les grains qui, avant la récolte, avoient été secoués par le vent, germerent sans qu'on retournât; sans qu'on le hersât, & sans qu'on le rondelât, le froment vint aussi beau que dans les terres ordinaires; & la récolte de ce morceau de terre, qui étoit d'environ trois mesures, produisit douze septiers de froment. On fit le même essai sur une partie ensemencée en avoine. La seconde récolte donna un tiers moins que la première.

Dépenses.

Les dépenses des deux digues, y comprise une écluse en maçonnerie que l'on a été obligé de faire sur le batardeau, en 1771, tant pour l'écoulement des eaux pluviales, que pour introduire dans le terrein l'eau de la Mer, si la défense de la ville de Calais l'exigeoit, ont monté à la somme de quarante mille liv.. ci-.... 40000 liv.

L'établissement d'une ferme considérable pour l'exploitation de tout le terrein, l'achapt des Chevaux, Vaches, Moutons, Porcs, 8 chariots, 15 charrues & autres ustensiles de labour, ont formé une dépense de cent mille liv. ci-........... 100000 liv.

L'acquisition du marais n'étoit qu'un objet de sept mille cinq cents livres; mais les dépenses qu'il a fallu faire pour obtenir les Arrêts du Conseil & Lettres Patentes, tous les procès qu'on a été obligé de soutenir contre les Usagers & d'autres particuliers, procès excités par les envieux, & dont la durée, tant en Parlement, qu'au Conseil du Roi, a été de six ans; les frais & faux frais qu'ils ont occasionnés, quoique le sieur Mouron & Compagnie ayant gagné tous ces procès avec dépens, tous ces objets réunis, ont formé une dépense de quarante mille liv.. ci-... 40000 liv.

Ainsi, l'acquisition du terrein les frais de desséchement jusqu'à ce qu'il ait été en bon état de culture, en y ajoutant la construction d'une très-belle Ferme, tout a coûté cent quatre-vingt mille livres. 180000 liv.

Toutes ces dépenses ont été remboursées au sieur Mouton & à ses Associers dans une exploitation commune de dix années.

Dans ces dix années il a été vendu, tant en grains du produit de ce terrein, qu'en bestiaux, nés, nourris & engraissés avec les graines médiocres, pour la somme de trois cents soixante-dix mille liv. ci-... 370000 l.

en prélevant sur cette somme, celle de. . . . . 180000 l.

avancée par le sieur Mouron & ses Associés, reste. . . . . 190000 l.

qui ont été dépensées en dix années pour les gages des Domestiques, d'un Econome, les journées des moissonneurs, des batteurs, l'entretient de tous les ustensiles de labour, entretient de la Ferme, de l'écluse &c..

Cette dépense qui revient, année commune, à dix-neuf mille livres, paroîtra considérable. Elle auroit pu être beaucoup moindre si on avoit voulu économiser; mais le sieur Mouron & ses Associers, voyant le grand produit de la terre, ont voulu en faire part aux habitans de Sangatte, qu'on avoit cherché à indisposer contre cette entreprise.

Pour les engager à devenir moissonneurs, batteurs, il a fallu leur payer leur journées à un prix plus haut que de coutume. Les appointemens d'un garçon de charrue étoient plus considérables qu'ailleurs. A la troisième & quatrième année, ces places étoient sollicitées & briguées, comme dans la classe des gens riches on sollicitoit une place de Fermier-général.

L'on semoit alors toutes les terres sans en laisser en jachère, comme il falloit profiter du tems propre pour les labourer & les ensemencer, lequel étoit très-court, on a été obligé d'avoir jusqu'à quinze charrues & par conséquent quinze garçons; au lieu qu'aujourd'hui les terres étant plus meubles, & les Fermiers en laissant un cinquième chaque année en jachère, la culture s'en fait avec huit charrues.

Sur les dix-neuf mille livres de dépense les habitans de Sangatte annuellement en touchoient dix mille, ce qui les a mis dans un état d'aisance en leur donnant l'habitude du travail. Avant le desséchement les habitans de Sangatte végétoient dans la plus grande misère, parce que ne trouvant point dans leur Paroisse de travail, le produit de deux ou trois Vaches mal nourries sur le marais ne suffisoit pas à la subsistance d'un ménage. Ils attendoient avec impatience qu'une tempête eût jetté & brisé sur leurs côtes un vaisseau, afin de profiter de ses débris. Depuis qu'ils ont du travail ils sont devenus meilleurs, plus humains, & lorsqu'il arrive des naufrages, ils s'empressent de secourir les malheureux.

On doit encore observer que les grains que les pauvres glanent & ont glané tous les ans, forment un objet plus considérable que la valeur & le produit total du marais lors de son inondation.

En 1773, trois années après le desséchement, les habitans de Sangatte ont eu une maladie épidémique. Le sieur Mouron & ses Associers, ont fait remettre au Curé une somme d'argent, produit de la récolte de 1772, pour procurer aux pauvres tous les secours qui leur étoient nécessaires.

Tels sont en partie les avantages que les habitans de Sangatte ont retiré de cette entreprise. Après une exploitation commune de dix années, le terrein a été partagé entre le sieur Mouron & ses Associés qui ont pris chacun des Fermiers pour cultiver leurs Lots. Ils composent trois Fermes qui, ensemble sont louées 14400 livres par an. Depuis cinq ans ces cultivateurs mettent un cinquième des terres labourables en jachères & les amendent. Ces terres sont semées en foucrion, l'année suivante elles portent des pois & des fèves, la troisième année du froment, & la quatrième, de l'avoine & de l'orge, nommé dans le pays, *baillard*, (c'est l'orge couvert, à deux rangs de grains.) Au moyen de cette culture, ils ont des récoltes abondantes; ils payent bien les propriétaires & s'enrichissent. Cette culture continuée de même durera long-tems.

Les tiges des fèves ont toujours été de cinq à six pieds de haut. Ces tiges sont si épaisses qu'elles servent à chauffer, & dispensent les Fermiers d'acheter aucun bois.

Des huit cents mesures de terre qui composent la totalité du marais desséché, six cents sont des terres fortes; elles ont trois & cinq pieds de profondeur de vase avant qu'on rencontre le sable. Il y a environ cent mesures de celles qui approchent des dunes qu'on peut regarder comme des terres médiocres. Avant qu'on y mît la charrue elles étoient composées d'une couche de vase d'environ un pouce, ensuite d'une couche de sable de même épaisseur, & après de la vase. Ces couches étoient ainsi distribuées alternativement jusqu'à deux & trois pieds de profondeur. Enfin toute la lisière qui touche aux dunes de la Mer & qui forme cent mesures est une terre légère, presque tout sable. Cette partie n'est point cultivée: elle reste en Communes & produit une herbe très-courte qui sert à la nourriture des moutons. Quant aux terres médiocres, elles sont de facile culture: elles se labourent & se sement aisément, mais la récolte n'en est pas abondante.

Il n'en est pas de même des terres fortes, il faut saisir le moment propre pour les labourer. Dans les sécheresses de l'Eté, la terre est trop difficile à rompre; dans les hivers & les printems humides, les chevaux ne peuvent y entrer. Lorsqu'on a bien labouré & semé, on est sûr d'avoir une récolte abondante.

On n'a mis qu'environ vingt mesures de terre en pâture, & pareille quantité en prairies artificielles, produisant du trèfle & de la luzerne que l'on donne en verd aux chevaux: on seme aussi pour eux de l'hivernache; mélange de vesce, de foucrion & de seigle de la dravis de Mars; ou mélange d'avoine, de vesce & de pois. (TESSIER.)

Desséchement des marais en Hollande.

La Hollande, & en général cinq des sept Provinces-Unies, sont au-dessous du niveau de la Mer. L'industrie, le caractère national que rien n'étonne en fait de patience, & plus que cela l'amour de la liberté qui seul rend l'homme supérieur à toutes les difficultés, sont les premières causes qui ont arraché ce pays à la Mer.

Un vaste Marais habité par quelques Pêcheurs qui se retiroient, aux tems des hautes marées, sur des mornes artificiels (Tacite) dont les traces restent encore, sont la peinture exacte de ce pays. Le despotisme voulut étendre son empire jusques sur ces lieux disgraciés de la Nature. Les habitans, fiers & pauvres, refusèrent le joug; ils devinrent libres, l'industrie naquit au milieu d'eux; il fallut rendre le sol habitable, & les moyens qu'ils employèrent alors sont les mêmes qui sont usités actuellement. Je donne ici le résultat des observations que j'ai faites sur les lieux, & des Mémoires qui m'ont été fournis par des Directeurs de semblables travaux.

Soit par la rupture de quelque digue ou par d'autres causes, il y a encore des terreins à dessécher; ce sont des Lacs marécageux, plus ou moins considérables, dont les eaux sont déjà contenues par des digues. Car toujours, & en tout lieu, l'eau est plus élevée que le niveau des terres; & le pays n'est garanti d'une submersion totale, que par les digues multipliées qui opposent des résistances successives depuis leur vaste enceinte qui résiste à l'Océan, jusqu'aux dernières ramifications des eaux intérieures.

Le desséchement (*Droogmakery* (1)) commence toujours par l'examen de l'état des digues d'enceinte, soit digues de Mer (*Zeedyken*) soit digues de rivière (*River dyken*) ou digues intérieures (*Leeden*): lorsqu'on craint qu'elles soient trop foibles, la première opération est de les fortifier. On forme ensuite une digue intérieure parallèle à cette première, (*Ringdyk*) à la distance de deux verges, (*Roeden*, vingt-quatre pieds du Rhin) qui la suit dans toutes ses sinuosités. L'espace entre ces deux digues forme un Canal navigable (*Ringsloot*) & un moyen de décharge pour les eaux du Lac. La digue intérieure est ordinairement moins haute de deux à quatre pieds que l'extérieure. On

(1) J'ai cru devoir indiquer les mots tecniques dans la langue du pays: précaution toujours utile & même indispensable pour être clair.

conſtruit ſur cette digue les premiers moulins à deſſécher ; (*Boventolens*) leur nombre ſe détermine par l'étendue du terrein qu'on veut deſſécher, mais ordinairement dans la proportion d'un moulin par cinq cents arpens (*Morgen*) quarrés : ces moulins déchargent l'eau du Lac dans le Canal d'enceinte. On interrompt alors les travaux juſqu'au moment où l'eau du Lac a été abaiſſée de quatre pieds ; ce qui néceſſite un tems plus ou moins long, ſuivant que les vents ont été forts ou foibles dans l'intervalle. On commence enſuite la conſtruction de la ſeconde rangée de moulins, qu'on place à la diſtance de vingt-cinq ou trente verges des premiers. Ces moulins ſont placés dans le Lac même, ſur des encaiſſemens qu'on épuiſe au moyen de la vis d'Archimède : deux jettées parallèles, diſtantes de deux verges, forment un Canal de communication (*Moolen boezem*) entre chacun de ces moulins intérieurs, & ſon correſpondant extérieur qui ceſſe alors de travailler directement ſur l'eau du Lac. Ces ſeconds moulins, dont la roue eſt de quatre pieds plus baſſe que celle des premiers, épuiſent l'eau du Lac & la jettent dans leur Canal ; ce dernier la porte au moulin extérieur, qui la décharge dans le Canal d'enceinte.

Lorſque la profondeur du Lac l'exige, on pratique un troiſième ordre des moulins, dont les communications s'établiſſent avec les ſeconds & dont les roues d'épuiſement ſont de quatre pieds plus baſſes, & ainſi d'un quatrième ordre & même d'un cinquième, ſi par extraordinaire la profondeur de ces lacs, qui paſſe rarement huit à douze pieds, les rendoient néceſſaires.

Lorſque toute l'eau du Lac a été épuiſée, on s'occupe de la diviſion du terrein. On creuſe des foſſés principaux de dix-huit pieds de large, (*Tochtſlooten*) qui partagent le terrein dans toute ſa longueur. Lorſqu'il eſt conſidérable, comme de quatre à cinq mille arpens, on creuſe d'autres foſſés qui coupent ceux-ci à angles droits ; mais ils ſont inutiles dans les deſſéchemens moins conſidérables. On creuſe enſuite d'autres foſſés de douze pieds de largeur, (*Cavelslooten*) qui diviſent ces grandes portions en d'autres de trente arpens, & aboutiſſent aux foſſés principaux ; enfin d'autres foſſés de ſix pieds de largeur, (*Barcislooten*) ſubdiviſent encore ces dernières portions en parties de trois ou quatre arpens. Ces coupures intérieures, qui communiquent avec les moulins de décharge, achèvent d'épuiſer l'eau dont la terre eſt imprégnée, & ſervent dans tous les tems de décharge aux eaux de pluie, ou dans le cas de ruptures accidentelles de quelque digue. Les hommes chargés de diriger les moulins d'épuiſement, ont ſoin de profiter de tous les vents pour vuider les foſſés & conſerver l'eau à dix-huit pouces au-deſſus du ſol, niveau des ſéchereſſes de l'été ; (*Zomer pyl*) niveau connu & fixé, dans toute la Hollande, par l'Adminiſtration des Canaux. Cette multitude de foſſés & de canaux, ſi néceſſaire pour rendre la Hollande cultivable, s'évalue ordinairement, pour chaque deſſéchement, au ſixième de l'étendue.

Toutes ces diviſions intérieures étant faites, on procède à la vente du terrein arraché aux eaux. On la diviſe ordinairement par lots de trente arpens : & celui qui en a acheté un, a la facilité de s'en procurer un ou pluſieurs autres pour le même prix, & de former, par ce moyen, une Ferme contigue de telle étendue qu'il la veut.

Cet eſpace deſſéché prend alors le nom de *Polder* : le Gouvernement accorde l'affranchiſſement de tous les impôts pendant un eſpace de tems conſidérable, même pour ſoixante & dix & quatre-vingts années. L'entretien qu'exigent tous les canaux, moulins, digues, écluſes néceſſaires pour s'oppoſer au retour des eaux, eſt dirigé par un Conſeil d'adminiſtration compoſé d'individus choiſis parmi les Propriétaires d'un certain nombre d'arpens ; il leur eſt alloué quelques légers avantages pour leur peine, & chaque année ils rendent compte des dépenſes qu'ils ont faites : elles ſont réparties entre les divers Propriétaires, proportionnellement à l'étendue du terrein qu'ils poſſèdent. Ce Conſeil d'adminiſtration ſe renouvelle tous les deux ou trois ans.

Toute la Hollande & une partie des autres Provinces ſont, dans leur enſemble, une ſuite de vallons diviſés par les levées qui ſoutiennent les canaux, & qui, dans pluſieurs endroits, ſont aſſez exhauſſées pour qu'on ſoit obligé de lever ſa tête pour voir paſſer les bateaux au-deſſus de ſoi. On peut le vérifier en ſortant d'Amſterdam par le *Muyde poort*. (*L. Reynier.*)

DESSICATION.

La Deſſication des végétaux ou parties de végétaux, concerne divers genres de travaux.

1.° Le Naturaliſte deſſèche des parties de végétaux pour former ſon herbier, & les avoir dans toutes les ſaiſons ſous les yeux, comme objet de comparaiſon. On trouvera ſous le mot Herbier, dans le Dictionnaire de Botanique, une indication très-complette des précautions à employer.

2.° L'Herboriſte & l'Apothicaire deſſèchent des parties de végétaux dont les qualités médicales ſont connues. *Voyez* les mots Dessication & Herbe dans le Dictionnaire de Pharmacie. Mais une obſervation générale ſur ces Deſſications, c'eſt qu'il faut préſerver les plantes de l'action immédiate des rayons ſolaires. [illegible] ſec & aéré leur enlève ſeulement les [illegible] aqueuſes, tandis que la lumière dév[illegible] peut-être décompose les principes volatils, les seuls utiles. Il faut aussi garantir les plantes de l'humidité qui, faisant naître la fermentation inférieure, dénature aussi les principes volatils.

3.° On sèche des végétaux ou parties de végétaux pour les Arts, soit teinture, soit autres. Les soins nécessaires pour ce genre d'utilité, sont les mêmes que ceux indiqués pour la Pharmacie.

4.° L'Agriculteur enfin sèche des végétaux, pour en prolonger la conservation. Je vais jetter un coup d'œil rapide sur les précautions nécessaires pour les espèces principales.

Les grains.

La conservation des grains dans nos pays, n'exige qu'un grenier aéré & sec & de fréquens remuemens qui mettent successivement toutes les parties du tas en contact avec l'air. Mais l'usage de la Marine & des Colonies & le transport du Commerce, exigent que le bled soit renfermé: alors, quand on n'a pas eu soin de le sécher auparavant, il est sujet à se fermenter & à se corrompre. Cailleau, Garde magasin à l'Isle de-France, après avoir examiné l'usage ordinaire, qui étoit d'exposer simplement le bled à l'action du soleil, ou de le faire passer dans un four, a proposé une étuve dont la figure & la description se trouvent dans les Mémoires de la Société d'Agriculture, année 1788, trimestre du printemps. Cette étuve est une caisse ou chambre solide garnie d'un double fond, dont l'intérieur est en tôle percée à jour, en treillage, ou en osier. Un soufflet, dont le tuyau traverse un fourneau allumé, vient aboutir à cette cavité; le soufflet, en jouant, y fait passer un air échauffé qui circule dans la masse du bled & le desseche: ce bled, au sortir de l'étuve, est de suite renfermé dans des tonneaux avant qu'il se charge de l'humidité de l'air. Cette précaution, employée en Europe avant le chargement du bled, doit être réitérée dans les Colonies pour enlever ce qu'il y peut avoir pénétré d'humidité, & pour faire périr les insectes qui s'y sont développés.

Quant aux grains qui se consomment en Europe, ainsi que pour les graines de Légumineuses, (Pois, Fèves, &c.) on se contente de les mettre en tas avec l'attention de les remuer fréquemment pour empêcher leur échauffement, effet de la fermentation des parties aqueuses qu'ils contiennent. La Dessication artificielle n'est employée que dans le cas où le grain manifeste un échauffement auquel l'exposition à l'air ne remédie pas, circonstance très-rare & qu'on observe seulement dans les tems où les pluies sont très-longues & sans intervalles. Quand les charençons, les teignes, ou tels autres insectes s'y manifestent, alors on emploie la Dessication pour faire périr ces insectes & leurs œufs. On a observé que les grains peuvent supporter une chaleur de soixante degrés, continuée pendant onze heures, sans perdre leur faculté germinative, & cette chaleur suffit pour détruire les insectes. Lorsque les grains ne sont pas destinés à servir de semences, il est préférable d'augmenter la chaleur; la Dessication est plus rapide, & cette grande chaleur ne détruit pas leurs qualités alimentaires. *Voyez* Froment.

Le Maïs dont les grains sont implantés sur un réceptacle charnu, ne peuvent être conservés en tas qu'après en avoir été séparé. Il est d'usage d'en suspendre les grappes à des perches pour leur Dessication, & de retarder leur *épiement* jusqu'à l'hiver. *Voyez* Maïs.

Les fruits.

Il est plusieurs fruits d'une substance solide pour qui la Dessication est peu nécessaire, tels que la Noix, la Châtaigne, &c. Elle n'est employée que comme un accessoire & un moyen additionnel de conservation, tandis qu'elle est indispensable pour des fruits plus aqueux.

Les noix débarrassées du *brou* ou enveloppe, sont étalées dans un grenier où elles achèvent leur Dessication à l'air. Beaucoup de personnes les étendent sur des claies à trois ou quatre pouces d'épaisseur, & les mettent dans un four où leur eau de végétation s'évapore. D'autres pratiquent des réduits au-dessus de l'âtre de la cheminée, hors de la portée du feu, où ils les exposent à l'action combinée de la fumée & de la chaleur: cette méthode, encore meilleure que la précédente, a l'inconvénient d'être difficile à employer pour des quantités un peu considérables. Mais dans ce cas, on pourroit adopter la méthode dont se servent les habitans de la Haute-Vienne, de la Corrèze & autres Départemens montagneux de la France, pour sécher les Châtaignes, méthode indiquée ci-dessous. Les Noix ainsi séchées, se rancissent moins facilement, & par conséquent peuvent se conserver plus facilement jusqu'au moment qu'elles passent sous le pressoir.

Les Châtaignes peuvent être conservées jusqu'au printemps, sans aucune précaution que d'être remuées à diverses époques, fréquemment pendant qu'elles *ressuent*, espèce de fermentation qui chasse au dehors le reste de l'eau de végétation, & plus rarement après cette époque. Juge (*Revue des autres du Limousin*) fait une observation qui, si elle est vraie, seroit bien embarrassante à expliquer. « Il est facile, dit-» il, de conserver les Châtaignes fraîches & » vertes jusqu'au printemps, en observant de » les placer sur un sol de grange ou dans une » fosse pratiquée en terre, en cas qu'elles aient » été ramassées en tems pluvieux, & de les

» étendre

» étendre sur un plancher, en cas que le tems » ait été sec. » Pourquoi cette diversité de soins ? Quant à la Dessication de ce fruit, elle s'opère par deux procédés ; soit uniquement au soleil, méthode que la saison rend presque toujours insuffisante ; soit au moyen du feu, méthode usitée en France, & notamment dans le ci-devant Limousin, où chaque famille a une espèce d'étuve, qu'elle destine uniquement à cet usage. Cette construction, nommée *séchoir* dans le pays, expose la Chataigne, pendant une quinzaine de jours, à l'action combinée de la fumée & de la chaleur. Lorsqu'on a soin de graduer leur effet, l'humidité du fruit transude, se dépose sur la peau ou écorce & ensuite s'évapore ; au lieu que sans cette précaution l'écorce se raccornit & conserve dans son intérieur l'humidité qui réagit ensuite sur l'amande ou substance charnue, & nuit à sa conservation. Au sortir du séchoir, il faut dépouiller les Châtaignes de leur écorce qui, chargée des principes de la suie, communique cette saveur à la Châtaigne lorsqu'elle y reste renfermée: Dans le ci-devant Limousin on emploie à cet effet de grands pilons de bois; dans les Cévennes, ce sont des sacs qu'on secoue : on passe ensuite les Châtaignes sur un crible à claire voie. Après cette opération, on les serre dans des caisses ou barriques qu'on conserve dans un lieu sec & aéré. Ces Châtaignes réduites en bouillie, servent à la nourriture des habitans du pays & même à celle de leur bétail, car ils en donnent à leurs bêtes à cornes.

La Figue est, pour divers peuples des Zones tempérées, sur les confins de la Zone torride, un aliment nécessaire. Les habitans des Isles de l'Archipel, au rapport de Tournefort, sèchent les Figues qu'ils récoltent au soleil comme provision d'hiver : les mêmes procédés sont employés dans le Levant & dans la Barbarie. Au Midi de l'Europe, où on en sèche beaucoup, on les considère plutôt comme un objet supplémentaire que comme un objet de consommation. Une grande partie passe par le moyen du commerce dans les Pays septentrionaux.

La Datte est une denrée de première nécessité pour les habitans du Nord, de l'Afrique & de quelques contrées de l'Asie. Ils conservent ce fruit par la Dessication, pour les saisons où l'arbre n'en produit pas. Leur manière usitée de les sécher, est de les exposer sur des nattes au soleil ; après quelques jours, plus ou moins suivant le degré d'activité de la lumière, ces fruits ont acquis le degré de Dessication nécessaire pour leur conservation. Alors on les fait passer sous un pressoir, pour en exprimer un suc mielleux, espèce de sirop, dont on sert pour l'apprêt de divers alimens ; puis ensuite on les conserve dans des paniers, & quelquefois dans des peaux. Les riches du pays consomment ordinairement des Dattes qui n'ont pas passé sous le pressoir : cette préparation est purement d'économie, & ne contribue pas à leur conservation. Les Dattes, dans cet état, ont à-peu-près la consistance des Figues : celles qu'on emploie dans les Pharmacies ont plus de consistance, elles ont été sechées un peu avant leur maturité.

Le Pruneau n'a besoin d'aucune préparation ; au moment de sa maturité on le cueille & on le sèche au soleil, où, si le tems est pluvieux, dans un four modérément chaud, ayant soin de le tourner fréquemment, sans quoi la partie en contact avec la planche ou claie qui les porte, est sujette à se corrompre. On sèche de la même manière les diverses espèces de Cerises, & notamment la Mérise noire & le Bigarreau, diverses variétés de raisins, prunes, pêches, pommes & poires, ces derniers fruits entiers ou coupés en morceaux. Ils servent dans divers pays de nourriture d'hiver, soit secs, soit cuits à l'eau ou même avec du porc. Le Paysan suisse regarde cette provision comme un article très important de son ménage, & les marchés en fournissent comme article de consommation pour les villes & même comme objet de commerce d'un endroit à un autre. Je ne parle point ici du *Rousselet de Rheims* & de la *Prune de Brignoles*, qui se préparent avec de plus grands soins, mais uniquement comme objet de luxe, & non pour l'économie rurale. En général, l'Agriculteur français, courbé sous le poids du despotisme, ne savoit point ajouter à ses jouissances cette variété de commestibles dont s'entourent les Suisses. Ces derniers plantent des arbres, ils regardent les fruits comme une denrée utile ; dans les campagnes de la France, on les croyoit un luxe, & cependant les fruits séchés sont une très-grande ressource pendant la saison morte, où les légumes deviennent plus rares ; & cette augmentation de denrées ne coûte que la peine de la récolter, puisque les frais de plantation sont presque nuls & que la durée du rapport des arbres se prolonge pendant nombre d'années. Ces fruits secs, joints à l'augmentation de la culture des racines potagères, assurent la subsistance du Suisse & lui offrent l'agrément de la varier; tandis que le Paysan français de l'ancien régime, réduit à son pain sec & à l'eau, étoit en danger de périr de faim, si la récolte des plantes céréales manquoit. Ce n'étoit pas sa faute, c'étoit celle du Gouvernement qu'il a renversé ; mais il faut à présent qu'il profite de sa liberté pour améliorer son Agriculture.

Bananes. Sous ces climats heureux, où la végétation n'éprouve presque aucune interruption, il est moins nécessaire de conserver des subsistances. Néanmoins Badier, qui a beaucoup travaillé sur l'Economie rurale de nos Colonies, a pensé qu'il seroit nécessaire de trouver des procédés pour la conservation de quelques plantes alimentaires, afin de suppléer aux mauvaises récoltes & pour l'usage de la Marine. Il a fait sécher des Bananes, après les avoir coupées en quatre & dépouillées de leur peau : il a réussi, en employant l'action du soleil & par la chaleur des étuves ; mais il donne la préférence à ce dernier moyen, comme plus commode pour en préparer à la fois une certaine quantité. Les Bananes conservées de cette manière, sont très-bonnes; j'en ai goûté qui différoient peu des fraîches étant cuites.

Jaquier. Fruit nommé vulgairement *arbre à pain*. Il paroît, par le récit des Voyageurs, que ce fruit seroit susceptible d'être séché pour conservation d'hiver, quoiqu'il ne reçoive nulle part cette préparation. Les habitans des Isles de l'Océan pacifique se bornent à le réduire en une pâte fermentée & acide, qu'ils conservent pendant les quatre mois que le fruit leur manque; ils font avec cette pâte une espèce de pain.

Cacao. Après avoir débarrassé ses amandes ou pepins de la chair du fruit, on les entasse d'abord quatre ou cinq jours pour leur faire subir cette espèce de fermentation qu'on nomme *ressuer*, puis on les étend sur des claies au soleil, où on les remue fréquemment, ayant soin de les mettre à couvert les jours pluvieux & la nuit; puis on les serre au grenier. Quelques Colons les font tremper à cette époque l'espace d'une demi-journée dans de l'eau de mer, & leur font éprouver une seconde Dessication.

Les Litchis sont des fruits de la Chine qui sont très abondans & d'un goût agréable, analogue, suivant Rumphe, à celui du Raisin muscat. Les Chinois les sèchent au four, & en font dans cet état, non-seulement un objet de commerce intérieur, mais même un objet d'exportation jusqu'aux Molucques & autres lieux.

Artichaut. On sèche des culs d'Artichaut dans plusieurs Départemens, tels que l'Aisne, l'Oise, &c., où la culture de cette plante se fait en grand. Ces culs d'Artichaut ainsi préparés, font un objet d'exportation pour les Cultivateurs de ces Cantons. Ils les préparent de la manière suivante : après avoir bouilli les Artichauts, ils enlèvent les feuilles & la *barbe* ou *foin* & les jettent dans de l'eau froide, d'où ils les ressortent pour les étendre sur des claies qu'ils mettent dans le four où la Dessication s'opère.

Haricots. La gousse d'Haricot, avant qu'elle ait acquis sa grosseur, se sèche dans plusieurs pays, comme provision d'hiver; on commence par leur donner une légère cuisson, puis on les étend sur des claies, ou on les enfile pour les suspendre. On accélère leur Dessication dans le four ou bien enfilés & suspendus autour de la cheminée; mais on est toujours contraint de les approcher du feu dans les tems pluvieux, pour empêcher qu'ils ne se corrompent.

Racines.

Pomme de terre. Outre la conservation de cette racine dans des creux en terre ou en tas dans les serres, celliers, &c., où elles se conservent en bon état jusqu'à l'époque de la germination, on a cherché divers moyens de rendre leur usage perpétuel & applicable à la Marine. On a essayé à diverses fois de les sécher coupées par tranches, après leur avoir fait subir un commencement de cuisson. Ces procédés ont eu peu de suite, soit par non succès ou peut-être à cause de la facilité de conserver cette racine en nature. Il ne reste donc à vérifier, par des expériences, que son utilité pour la Marine ; mais il faudroit vérifier jusqu'à quel point cet aliment pourroit être employé dans les voyages de long cours. *Voyez*, pour des détails, *l'Instruction sur les Pommes de terre, de Parmentier*. Hell a donné quelques détails plus précieux sur la Dessication des Pommes de terre gelées. Il est connu que la Pomme de terre qui a reçu l'atteinte du froid, se pourrit au moment du dégel, & par conséquent cesse d'être applicable à la nourriture de l'homme & même à celle des animaux. Dans cet état, Hell a trouvé moyen de les rendre encore utile. Voici ce qu'il en dit : (*Mémoires de la Société d'Agriculture, 1789, trimestre d'hiver, pag. 15.*) « Aussi long-tems qu'elles ne dégèlent point, elles peuvent servir à la nourriture des hommes ; si on les fait dégeler dans l'eau froide & cuire à l'ordinaire ce qu'il en faut pour la journée; & lorsqu'elles sont dégelées, si on les fait cuire avant qu'elles commencent à pourrir & si on les écrase en sortant de l'eau, elles servent de nourriture aux porcs, aux autres bestiaux & à la volaille, surtout si on y mêle un peu de son. »

Autre manière. » On les met avec de l'eau froide dans une chaudière sur le feu, on les laisse dégeler pendant que l'eau devient tiède, & ensuite on pousse le feu pour les faire cuire pendant environ un demi-quart d'heure; on les retire du feu, on les pèle, on les coupe en rouelles de trois à quatre lignes d'épaisseur, on les réduit en farine qu'on sèche au four après que le pain en est tiré, ou sur le poêle. »

Autre manière. » Lorsque les Pommes de terre dégèlent, mais avant qu'elles commencent à pourrir, si après les avoir pelées & coupées en deux, on les met sur des claies dans un endroit chaud, elles jettent beaucoup d'eau, diminuent de volume & de poids, noircissent extérieurement, sèchent & deviennent très-dures. Pour les manger on les rappe, on les cuit dans du bouillon, dans du lait, dans du vinaigre & de l'eau, ou avec de la viande, & elles donnent une très-bonne nourriture. » Il est à observer qu'en voulant les sécher sans les peler, la peau empêche l'eau de s'écouler & elles pourrissent; cela arrive même quand elles ont été cuites. Par cette Dessication on ne perd que les parties acqueuses, les parties nutritives restent, se concentrent, se durcissent & deviennent pour ainsi dire incorruptibles & très-faciles à transporter; elles pourroient être d'une grande ressource dans les voyages de long cours. On en tire l'amidon tout comme des Pommes de terre non gelées. J'ai vu des Pommes de terre sèches gelées & non gelées, elles ont la transparence de la corne, mais en les cuisant elles n'acquièrent jamais la qualité de la Pomme de terre fraîche; il est vrai qu'il s'agit de moyens d'utilité, & que pour un voyage de long cours, si à d'autres égards elle est utile, on passe sans peine sur une diminution d'agrément qu'on ne peut remplacer.

Le Citoyen Grenet vient de publier le résultat de nouvelles Découvertes sur la conservation des Pommes de terre, dans une brochure intitulée : (*Mémoire sur les moyens de conserver la Pomme de terre sous la forme de Ris ou de Vermicel, avec figure.*) Après avoir cuit la Pomme de terre à la vapeur, il la pèle & la fait passer au travers d'un cylindre percé de nombreux trous, par où elle sort en forme de pâte *filierée*; cette pâte doit ensuite être séchée dans une étuve, ou sur un poële où l'on ait la faculté de la remuer fréquemment. Cette méthode, que j'ai éprouvée, dénature moins la Pomme de terre que les autres proposées antérieurement & pourroit être adoptée pour la Marine.

CAROTTE. On a essayé, à diverses fois, de conserver la Carotte pour l'usage de la Marine; cette préparation, peu usitée jusqu'à ce jour, doit être la même que pour les Pommes de terre : mais pour l'usage ordinaire on ne l'a point adoptée, puisqu'on jouit de cette racine pendant neuf & dix mois, en comptant depuis les dernières qu'on conserve jusqu'aux printannières qu'on récolte.

PATATE. La nature de cette racine, semblable pour sa consistance à la Pomme de terre, me feroit penser qu'on trouveroit les mêmes avantages à la sécher pour les voyages de long cours. J'ignore si des essais ont été faits, mais je crois qu'ils auroient des succès, puisqu'on transporte cette racine en nature jusqu'en Europe, sans beaucoup de peine.

LYS, VROULTE, TULIPE. Les Tartares en consomment les racines d'abord fraîches dans la saison, & ensuite séchées par un procédé semblable à celui employé en Europe pour les culs d'Artichaut, procédé qui est pareillement employé pour la fabrication du Salep. Les Tartares ne cultivent point ces plantes, mais en cherchent les racines dans la campagne, Voyez *Découvertes des Savans voyageurs*, tom. 3. Sans doute que dans le nombre des racines employées à la nourriture des hommes, il y en a plusieurs autres qu'ils ont imaginé de sécher; mais les Voyageurs n'en parlent pas. Au nombre de ces racines, on peut compter diverses espèces de Gouets (*Arum*) cultivés en Asie, Afrique & même aux Isles de l'Océan pacifique; une Brione, (*Brionia abyssinica*); un Yucca au Panama; diverses espèces de Fougères en Tartarie, & une autre (*Pteris grandifolia*) aux Isles de la Société; une Fléchière (*Sagittaria*) à la Chine, la racine d'Asphodèle dans la Moldavie; un Pissenlit (*Leontodon bulbosum*) en Tartarie; ainsi que d'autres qui seront indiqués sous leur article & dans un tableau général, au mot RACINE.

Tiges.

Les tiges offrent peu d'exemples de leur Dessication pour l'usage de l'homme, la plupart des tiges qu'on laisse sécher sur pied, soit pour litière, *voyez* PAILLE, soit pour combustible, *voyez* BAGACE, PATATTES, SARMENS, MAÏS, &c. offrent peu d'utilité pour d'autres usages, devenant alors trop dures pour la nourriture du bétail. Cependant un Curé du Jura a fait part à la Société d'Agriculture, de l'emploi qu'il faisoit pour la nourriture de son cheval avec des Sarmens coupés en deux, puis broyés sous une meule. Dans cet état, ce cheval les mangeoit avec la même avidité que l'Avoine. Cette expérience n'a pas été répétée, & cependant elle en vaudroit la peine. D'autres expériences indiquent un succès semblable pour les tiges du Maïs : celles du Bananier sont employées pour cet usage aux Isles, & les mulets s'accommodent des Bagasses les moins grosses. Plusieurs tiges contiennent également des parties sucrées, & par conséquent nutritives, qui pourroient être recherchées par les animaux lorsque la meule a donné moins de liaison aux parties de l'écorce.

BERCE. Le seul exemple de Dessication des tiges pour l'usage des hommes, nous est offert par cette plante. Les habitans du Nord de l'Asie en séparent les tiges & les pétioles; ils les dépouillent de leur écorce qui est très-âcre & les exposent au soleil : à mesure que leur Dessication s'opère, ils les lient en bottes. Dès que la Dessication est achevée, ils renferment ces tiges dans des sacs, où elles se couvrent d'une exsudation sucrée, qu'ils ont soin de recueillir pour l'employer au lieu de sucre. Sans en avoir la certitude, je crois qu'ils préparent de la même manière les tiges d'Angélique; mais il est certain que fraîches elles leur servent de nourriture.

Feuilles.

On sèche les feuilles pour divers usages,

1.° Les Foins. *Voyez* FOURRAGES, FOIN, &c.

2.° Le Tabac. *Voyez* ce mot.

3.° *Voyez* aussi HOUBLON, pour la Dessication particulière de cette plante.

En général j'ai cru devoir indiquer dans cet article, sous un coup-d'œil rapproché, les divers genres de conservation usités pour les fruits & autres parties alimentaires des végétaux. Ces rapprochemens conduisent quelquefois au perfectionnement de nos méthodes par l'examen de celles adoptées pour des espèces analogues, & nous pouvons leur appliquer les procédés des autres pays. C'est ainsi que la préparation des Bananes nous indique comme probable celle des fruits du JAQUIER, &c.

Une observation générale relative à la conservation des fruits & autres substances végétales alimentaires, c'est que les soins qu'on y donne diminuent en raison qu'on s'approche de l'équateur. Sous les tropiques une végétation non interrompue offre une succession de produits, dont l'homme peut se nourrir: mais à mesure qu'on s'en éloigne, les hivers deviennent plus froids, & l'interruption de la végétation est plus longue; dès-lors l'homme doit davantage s'occuper de ses provisions d'hiver.

Cook observe qu'au Kamtschatka on trouve une quantité considérable de baies de diverses qualités & de mûres, que les habitans sèchent & conservent pour leurs provisions d'hiver : ils lui en donnèrent comme rafraîchissement pendant son séjour. Krascheninnikorw fait la même observation, & d'autres Voyageurs ajoutent encore le poids de leur assentiment. Ainsi plus on s'approche des pays du Nord, plus on trouve de soins pour la Dessication & conservation des alimens d'hiver : la Nature les commande. (*L.* REYNIER.)

Méthode économique pour dessécher toutes sortes de Plantes potagères.

Nous ne parlerons point ici de la Dessication des végétaux telle qu'elle est en usage chez les Apothicaires : on trouvera dans le Dictionnaire de Chymie & de Pharmacie de l'Encyclopédie, tout ce qui est relatif à cette matière. Notre but principal est de faire connoître plus particulièrement une méthode économique pour dessécher toutes sortes de plantes & racines potagères, proposée par M. Eisen, Ministre protestant à Torma en Livonie. (1)

Les végétaux desséchés d'après la méthode de M. Eisen, conservent, non-seulement une grande partie de leur goût, mais plusieurs ne perdent presque rien de la couleur qui leur est propre dans l'état de fraîcheur.

La méthode de M. Eisen a encore un autre avantage sur toutes celles qui, jusqu'ici, ont été mises en pratique pour dessécher des végétaux, à l'usage de la cuisine, c'est de n'occuper que peu de place; chose très-importante, lorsqu'on les destine pour l'approvisionnement d'une flotte ou d'une armée. Pour cet effet, il en forme des petits paquets d'une ou de deux livres, d'après les procédés que l'on emploie dans les Fabriques de Tabac, pour mettre en paquets le Tabac à fumer. On comprend bien que les végétaux que l'on veut entasser de cette manière, & sans les réduire en poudre, doivent être coupés ou réduits en petites tranches ou lames, à-peu-près comme le Tabac à fumer. Lorsqu'ils sont parfaitement secs, M. Eisen conseille de les humecter, ou avec un peu d'eau, ou bien avec une petite quantité de vinaigre, pour leur rendre le degré de souplesse que cette opération exige, sans quoi le rapprochement des parties n'a lieu qu'imparfaitement, & n'augmente non-seulement le volume du paquet, mais y occasionne encore des vuides qui recèlent une certaine quantité d'humidité, contraire à la conservation des substances végétales. On n'a pas besoin de craindre que l'eau ou le vinaigre dont on humecte les végétaux secs & que l'on veut mettre en paquets, nuise à leur conservation. Le papier gris, dont M. Eisen fait l'enveloppe de ses paquets, en absorbe une portion, & la chaleur à laquelle il expose ces paquets ensuite, enlève le reste. (1)

M. Eisen a desséché, non-seulement toutes les plantes & racines potagères, comme plusieurs espèces de Choux, Betteraves, Navets, Asperges, Oignons, mais encore des Citrouilles & des Courges; il suffit de suivre les préceptes qu'il donne là-dessus, pour se convaincre de la possibilité de l'entreprise.

Il est essentiel que la substance végétale que l'on veut dessécher soit cueillie dans son état de perfection. Cette précaution n'est pas inutile, certaines plantes ne possèdent que dans leur jeunesse, & lorsqu'elles commencent à se développer, les qualités qui les font rechercher. D'autres n'acquièrent que lorsqu'elles sont arrivées au dernier degré de leur accroissement, la saveur & la perfection qui leur sont propres; il y en a enfin qui ne sont bonnes à manger & à être conservées, que lorsqu'elles semblent pour ainsi

(1) L'ouvrage de M. Eisen est écrit en Allemand, sous le titre : *Unterricht von der allgemeinen krauter und wurzel trocknung. Riga* 1774, in-12.

1) Lorsqu'on ne travaille que sur une petite quantité de végétaux, telle que la provision pour un menage, il seroit superflu de mettre en paquets les plantes ou racines desséchées. Il suffit de les tenir renfermées dans des boîtes ou caisses, & de tenir celles-ci dans un endroit sec & à l'abri de la poussière.

dire sur le point de périr. Ceux qui se sont occupés de la conduite d'un Jardin potager, connoissent bien les différents âges dans lesquels les plantes potagères possèdent toutes ces qualités ; ainsi il seroit superflu de s'étendre davantage sur cette matière.

Une observation non moins essentielle que la précédente, c'est de n'employer pour la Dessication, que les plantes fraîchement cueillies. Ceux qui veulent s'occuper de la Dessication en grand, doivent sur-tout y faire attention, car les plantes fanées, sur-tout celles qui sont très-succulentes, perdent non-seulement toutes leurs qualités, mais elles contractent presque toujours un goût fade & désagréable, qui est une suite de l'espèce de fermentation qui s'y établit peu de tems après qu'elles ont été cueillies. On perdroit donc, & son tems, & son argent, en s'occupant de la Dessication des plantes potagères achetées dans les marchés ou chez les fruitiers, où souvent elles restent entassées pendant plusieurs jours & même des semaines entières.

Il est essentiel que les plantes potagères soient desséchées aussi promptement que possible, ce point est sur-tout nécessaire lorsqu'on travaille en grand & que l'on veut dessécher des plantes ou racines succulentes. Les Choux-fleurs, les jeunes pousses des Brocolis & plusieurs racines, sèchent non-seulement très-lentement, mais elles deviennent coriaces & contractent une couleur peu agréable à l'œil, si avant de les soumettre à la Dessication, on n'a eu la précaution de les tremper à plusieurs reprises dans de l'eau bouillante. L'expérience prouve que plusieurs espèces de fruits, sur-tout les Poires & Pommes, veulent être traités de la même manière, pour sécher plus promptement qu'à l'ordinaire. L'eau bouillante n'enlève ni aux plantes, ni aux racines & aux fruits leur goût sucré ; il suffit de le plonger deux ou trois fois dans l'eau lorsqu'elle est en pleine ébullition, & de le retirer promptement. Il semble que dans cette opération l'eau, accompagnée de la chaleur, ne fait que dénaturer une partie du principe mucilagineux sans le détruire en entier, car les plantes succulentes traitées d'après cette méthode, reprennent leur première forme & couleurs aussitôt qu'on les laisse tremper quelques minutes dans de l'eau chaude.

Outre les plantes fraîches, M. Eisen enseigne encore à dessécher toutes sortes de plantes & racines fermentées, comme Choux, Navets & Betteraves. Il paroît que le goût décidé que les habitans de la Russie ont pour tous les végétaux qui ont contracté par la fermentation un goût acide, a porté l'inventeur de cette méthode à des essais qui ont complettement réussi, car les Choux fermentés, ou le *Sauer kraut* des Allemands, ainsi que les Betteraves fermentés, se dessèchent très-bien & conservent pendant long-tems l'acidité qui rend ces préparations si salutaires.

Les grands poêles dont on fait usage dans tous les pays du Nord, & dont la construction est souvent aussi ingénieuse qu'économique, ont paru à M. Eisen un des meilleurs moyens pour dessécher en petit, ou pour l'approvisionnement d'un ménage les végétaux dont on veut faire usage pendant l'hiver. Il suffit de construire, autour d'un pareil poêle, un échafaudage en lattes, sur lesquelles on puisse placer les claies qui contiennent les végétaux que l'on veut dessécher. Cette methode, qui ne demande aucune dépense de la part du Propriétaire, n'est pourtant praticable que dans les pays où l'on fait usage de ces grands poêles ; dans d'autres pays, sur-tout si l'on vouloit s'occuper de la Dessication en grand, il faudroit nécessairement faire construire des séchoirs exprès, ou bien donner, comme le conseille M. Eisen, une construction particulière aux fours des Boulangers qui ne refroidissent presque jamais, sur-tout dans les endroits où l'on fait plusieurs fournées de pain par jour.

La Dessication des plantes & racines potagères ayant pour but leur conservation, on sera peut-être étonné de ce que l'Auteur de cette méthode ait également soumis à ses expériences des Choux aigres ou fermentés, ainsi que des Betteraves & plusieurs autres racines préparées de la même manière, qui cependant se conservent plusieurs années, pour peu qu'on les garde dans un endroit tempéré. Cette partie du travail de M. Eisen n'est pourtant pas sans mérite. Le Chou aigre ou le *Sauer kraut* des Allemands, se conserve à la vérité assez bien dans une température moyenne, mais il demande beaucoup de soins très-répétés pour se maintenir en bon état dans des latitudes au-delà des tempérées. Une autre considération paroît encore avoir réveillé l'attention de M. Eisen, c'est le peu de volume qu'occupe le *Sauer kraut* desséché, en comparaison de celui que l'on garde dans des pots de terre ou des tonneaux ; car selon son calcul, la plupart des végétaux desséchés perdent à-peu près trois quarts de leur poids par la Dessication ; mais cette perdition n'est point au désavantage de la plante desséchée, puisque ce n'est que la partie aqueuse que la Dessication fait disparoître, sans altérer sensiblement la saveur naturelle de la plante, toutes les fois qu'on aura suivi le procédé que nous avons indiqué dans le précédent, & sur léquel nous reviendrons. Le Chou aigre & les Betteraves que M. Eisen conseille de dessécher, ne demandent pas plus de soins que les autres végétaux ; il suffit de les enlever du vase ou du tonneau dans lequel ils ont fermenté, & de les placer sur des claies, & de les dessécher promptement. Il propose encore de faire préparer pour les approvisionnemens des vaisseaux, une espèce de biscuit composé de farine ou de la pâte ordinaire, & d'une certaine quantité de végétaux desséchés & hachés. Le procédé de M. Eisen pour faire ce biscuit, ne conviendroit sans doute pas à tout le monde, & il seroit peut-être beaucoup mieux de faire un choix dans les différents ingrédiens que l'on veut amalgamer avec la pâte du biscuit, que d'y faire entrer indistinctement toutes sortes de végétaux. Avec un peu de soins, on pourroit composer un biscuit salutaire & nourrissant en même-tems.

Résumé du Procédé de M. Eisen.

1.° Les plantes & racines potagères que l'on veut dessécher, doivent être fraîchement cueillies, & à l'époque où chaque espèce se trouve dans la plus grande perfection.

2.° Il ne faut jamais employer des plantes fanées, sur-tout quand elles sont succulentes, à cause de la fermentation qui se fait dans l'intérieur de la plante, & qui annonce toujours un commencement de destruction.

3.° Il faut les dessécher aussi promptement que possible, & jamais les soumettre à une Dessication lente.

4.° Les plantes & racines succulentes doivent être trempées dans de l'eau bouillante avant d'être exposées sur les claies sur lesquelles on veut les sécher, c'est le moyen de leur conserver une grande partie de leurs couleurs naturelles, & de les rendre moins coriaces.

5.° La Dessication au soleil seroit préférable à la chaleur artificielle, à cause de l'épargne du combustible, si l'on avoit toujours le soleil à sa disposition; dans les pays du Nord, ce moyen n'est praticquable que pendant peu de mois de l'année. Indépendamment de la longueur qu'exige cette espece de Dessication, à cause de l'instabilité du tems & des saisons, elle demande encore une surveillance plus active que la Dessication sur un four: cette dernière est donc la plus convenable.

6.° C'est une erreur que de croire, que des végétaux séchés rapidement au soleil, perdent une grande partie de leur essence; la plupart, même les plantes aromatiques, conservent beaucoup plus de leur odeur étant desséchées rapidement, que lentement à l'air ou à un degré de chaleur insuffisant.

7.° Lorsqu'on s'occupe de la Dessication en grand, il est essentiel que la substance desséchée occupe la moindre place possible. La méthode de mettre en paquet les plantes desséchées remplit parfaitement le but, indépendamment de ce que par ce même moyen on les met à l'abri de l'humidité, qui leur est absolument contraire.

8.° Pour accélérer la Dessication des plantes potagères, il est nécessaire de les réduire en tranches ou lames minces; quand elles sont sèches & qu'on desire les mettre en paquets, il suffit de les humecter d'un peu d'eau ou de vinaigre, pour leur donner la souplesse qu'elles ont perdu par la Dessication. Les paquets formés d'après la méthode prescrite, doivent de nouveau être placés dans un endroit chaud, pour enlever le restant d'humidité que le papier, qui sert d'enveloppe, n'aura pas absorbé.

Il seroit superflu d'entrer dans de plus grands détails sur la méthode de M. Eisen. Un petit ménage peut très-bien dessécher sa provision d'hiver au soleil ou sur un poële, ou chez le Boulanger. Pour travailler en grand, on construira des fours autour desquels on puisse arranger des claies sur lesquelles posent les substances à dessécher.

Les plus légères connoissances en Architecture suffisent pour construire un tel four ou une étuve propre à cet objet, selon le local & l'usage que l'on veut en faire. (*C.* GRUVEL.)

DESSOLER, enlever la sole de corne de dessus la sole charnue d'un animal. On dessole ordinairement le Cheval, l'Ane & le Mulet, dans le clou de rue grave, dans la bleime, dans le fie à la fourchette, les javarts & autres occasions où il y a de la matière amoncelée sous la sole de corne. On croit devoir recommander aux maréchaux de campagne de ne jamais dessoler les Mules & les Chevaux encloués, à moins que l'os du pied n'ait été intéressé. *Voyez* le Dictionnaire de Médecine.

Il y a des pays où le mot *Dessoler* a une autre signification, on l'emploie pour exprimer le dérangement d'un usage où l'on est d'ensemencer en même nature de grains toutes les terres d'un canton. *Voyez* Désaisonner. (TESSIER.)

DÉTOUPILLONNER. On nomme *Toupillons* des bouquets de feuilles très-rapprochées, qui se trouvent sur les Orangers; ils servent de retraites à divers insectes, & le Cultivateur soigneux a soin de les enlever; c'est ce qu'on nomme *Détoupillonner.* *Voyez* ORANGER *au Dictionnaire des Arbres & Arbustes.* (*L.* REYNIER.)

DÉTRANGER. On trouve ce mot dans l'ancienne Encyclopédie, pour signifier l'action de chasser les animaux qui nuisent aux végétaux. L'emploi de ce mot n'est pas général. (*L.* REYNIER.)

DEUNG-BOP, *DICALIX.*

Genre de plante établi par Loureiro, qu'il dit être de la classe des Polygamies dioecies de Linné. Son caractère est un calice double; une corolle en roue, à cinq divisions, plus longues que le calice; cent étamines capillaires, insérées à la corolle; un seul pistil implanté sur un germe inférieur. Le fruit est une Prune couronnée par les restes du calice intérieur, & qui renferme un seul noyau. D'autres fleurs, seulement femelles, naissent sur des pieds différens.

1. Deung-bop de la Cochinchine.
Dicalix cochinchinensis. Lour. ♄ Des Forêts montagneuses de la Cochinchine, d'Amboine & des Célèbes.

C'est un arbre de hauteur moyenne, dont le bois est pesant & très-solide. Ses feuilles sont lancéolées, de quatre à cinq pouces de long, glabres, à nervures peu sensibles. La figure qu'en donne Rumphe, indique des verrues sur les feuilles, assez semblables pour la forme aux galles qui se forment sur celles du Hêtre : est-ce un accident de l'individu, ou une singularité de l'espèce? Les fleurs sont en épis, blanches & fort petites. Les Malais donnent à cet arbre le nom d'*Eypareha*, nom qui signifie *arbre qui renaît*, parce qu'il quitte ses feuilles, reste quelques tems dépouillé, & en pousse ensuite de nouvelles. Cette interruption dans la végétation de cet arbre, est remarquable sous un climat où la végétation ne se rallentit jamais, & où les arbres sont verds toute l'année.

Usage & Culture. On emploie le bois de cet arbre pour la charpente : les avis diffèrent sur sa durée ; les uns veulent qu'aux lieux humides, comme les fondations, il se corrompe facilement, & qu'il n'est de durée que pour les faitures ; d'autres affirment le contraire. On ne connoît rien sur la culture que cet arbre exigeroit dans nos Jardins ; &, sans doute, il n'y sera jamais connu, vu sa grosseur & le peu d'apparence de ses fleurs. (*L.* Reynier.)

DEUNG-SÉ, *Decadia.*

Genre nouveau établi par Loureiro, dans sa Flore de la Cochinchine, dont la seule espèce connue étoit déjà indiquée par Rumphe, sous le nom d'*Arbor aluminosus*. (Herb. Amb. 5, pag. 160.) Cet Auteur s'étoit plus étendu sur les usages de la plante, que sur les caractères admis par les Naturalistes, & qui servent à distinguer, d'une manière précise, les végétaux.

Le genre des Deung-sés paroît compris dans la famille des Pruniers. Son caractère consiste en une fleur composée d'un calice de trois feuilles inégales & très-ouvertes ; d'une corolle de dix pétales ovales, allongées, dentelées ; de trente étamines ou environ, dont les anthères ont leurs deux loges distinctes ; enfin, d'un pistil dont le germe est supérieur : il lui succède un fruit charnu (*Drupa*) couvert d'une peau rude, & qui renferme une noix ovale à trois loges.

Espèce.

1. Deung-sé des Teinturiers.
Decadia aluminosa. Lour. Fl. Cochinch. ♄ Des Forêts élevées de la Cochinchine & d'Amboine.

C'est un arbre d'une grandeur moyenne, dont le bois est compacte & de couleur blanche ; son tronc est gros comme la cuisse d'un homme, rarement davantage, anguleux & couvert d'une écorce lisse & fragile. Ses ramifications & son port le rapprochent des Greuviers. Ses feuilles sont lancéolées, alternes, dentelées, d'un verd tendre & d'une substance ferme. Les fleurs paroissent dans la saison pluvieuse ; elles sont de couleur blanche, petites & disposées en grappes. Les fruits sont de la grosseur d'un Pois.

Usage. Les habitans des pays où cet arbre croît, emploient ses feuilles & son écorce au lieu d'Alun, pour fixer la couleur rouge qu'ils tirent du bois de Sapan, (*Voyez* Bresillot) en même-tems qu'elle l'avive comme feroit l'Alun. Desséchée, elle conserve la même propriété, ce qui devroit encourager à en exporter comme objet de Commerce. Rumphe dit que cet arbre est rare à Amboine ; mais il paroît qu'il est plus commun à la Cochinchine, d'où on pourroit s'en procurer. Il seroit intéressant qu'un Chymiste examina le principe qui existe dans le Deung-sé, & qui produit des effets semblables à ceux de l'Alun : les expériences ne seroient pas difficiles, puisque l'écorce conserve la même propriété lorsqu'elle est sèche.

Culture. Cet arbre n'ayant jamais été transporté en Europe, nous ignorons sa culture ; mais son analogie avec les Greuviers, dont quelques-uns sont originaires de climats analogues, me fait présumer que la même culture lui conviendroit. (*L.* Reynier.)

DEUTZ ou JORO, *Deutzia.*

Genre que Jussieu range parmi les *Polypétalées à germe supère dont la place est incertaine.* C'est un arbrisseau à feuilles simples, rudes au toucher ; à fleurs à cinq ou rarement six divisions, disposées en panicules terminales ; à fruit capsulaire, petit & globuleux. Il est étranger à notre climat, où il se cultiveroit sous verre & s'y multiplieroient au moins par graines, avec le double avantage de l'utilité pour la Science & de l'agrément pour les Amateurs. Les feuilles servent à polir le bois.

Espèce.

Deutz à feuilles rudes.
Deutzia scabra. Lam. Dict. ♄ Japon.

Description du port.

Le Deutz à feuilles rudes est, dit le Dictionnaire de Botanique, un arbrisseau de cinq ou six pieds, très-rameux, qui a le port d'un Sureau, les feuilles presque semblables à celles du Bouleau commun, & les fleurs approchantes de celles de l'Oranger. Les branches sont placées alternativement, cylindriques, pourprées, munies de rameaux velus, scabres ou raboteux & ouverts. Jussieu observe que les branches & les rameaux sont alternes dans la description *Thumb. Japon, 185, tom. 24,* & opposées dans la gravure. Les feuilles sont placées par opposition, de forme ovale, pointues, ridées par leurs nervures, & couvertes de poils qui les rendent dures au toucher; elles sont longues de deux pouces & fort peu dégagées. Les fleurs sont blanches, à cinq divisions (rarement à six) & en petit nombre, sur des épis ramifiés à base élargie, qui terminent les branches. Il leur succède des fruits globuleux de couleur cendrée, de la grosseur d'un grain de poivre, & divisés intérieurement en trois loges (rarement en quatre) renfermant les semences. Cet arbrisseau croît au Japon, dans les lieux montagneux; il fleurit dans les mois de mai & de juin.

Culture.

Ce seroit de la terre marneuse qui, à notre avis, conviendroit au Deutz à feuilles rudes: on la dépouilleroit de ce qu'elle auroit encore de trop onctueux par l'addition d'un quart de sable de ravine ou commun; on placeroit les racines plutôt au large qu'à l'étroit, dans un pot dont le fond seroit garni d'écailles d'huitres ou de fragments plats de pierre dure: on le mettroit sur une tablette de la serre chaude: on lui feroit passer la partie la plus chaude de la belle saison à l'air libre, en évitant d'abord l'inconvénient du soleil & toujours celui du vent & des grandes pluies. L'inconstance de la température du Japon & ses extrêmes dans le chaud & le froid, rendent hargneuses les plantes de ce sol, sur-tout lorsqu'elles ont été commencées ou élevées trop délicatement. Quelquefois c'est la chaleur qui les tue, elles se seroient conservées dans la serre tempérée, peut-être même dans l'orangerie: quelquefois c'est le suc propre qui a été trop long-tems engourdi dans les vaisseaux; il auroit fallu en ranimer le mouvement, & l'arbrisseau ne seroit point languissant.

Nous sommes fâchés de ne pouvoit fixer d'une manière plus positive un ordre de culture, mais notre entreprise n'est point assez circonscrite, pour que nous ne soyons pas très-souvent obligés de mettre la probabilité où nous couvenons qu'il faudroit l'expérience. Nous rappellerons ici l'attention qu'il faut avoir sur la propreté & les fumigations, afin que la multiplication des Pucerons & des Punaises ne contrarie pas encore les efforts de la Nature, qui, malgré les entraves & les difficultés, tend toujours à la vie dans les individus adultes même depuis longtems: il faut de plus prendre garde de l'éloigner de son but par des arrosemens inconsidérés, dans quelque saison que ce soit.

La graine offre une grande facilité pour multiplier le Deuts à feuilles rudes. On la pourroit semer sur couche & sous cloche vers la mi-mars; le repiquage auroit lieu à l'ordinaire, sur une vieille couche abritée long-tems par des paillassons assujettis sur des cerceaux, & en juillet on empoteroit dans de la terre ci-dessus avec un sixième de terreau très-consommé, encore un peu d'abri, ensuite l'air tout-à-fait libre, sans choix d'exposition, jusqu'aux pluies d'automne, & vos jeunes élèves seroient probablement assez robustes pour passer l'hiver dans la serre tempérée; si l'on en mettoit quelques-uns en serre chaude, ce seroit par prudence, comme ce ne seroit pas s'écarter d'une culture raisonnée que d'en placer dans le chassis d'hiver, & ceux-ci seroient peut-être au printemps les plus vigoureux.

On essaieroit encore la multiplication de cet arbrisseau par boutures (*Voyez* CLUTELLE) & par marcotte en poupée. (*Voyez* MARCOTTE.)

Usages.

Le Deutz à feuilles rudes paroît devoir ajouter aux agrémens de nos serres, sur-tout à cause de ses fleurs qui le feront probablement rechercher par les Amateurs. Mais un motif qui déterminera certainement en sa faveur, est le besoin de nos Ecoles. Les feuilles, dont la surface est âpre & dur, servent au Japon pour polir le bois. (*F. A. QUESNÉ.*)

DÉVOIEMENT, Diarrhée, Cours ou Flux de ventre. Etat des animaux dans lequel les matières fécales, évacuées plus fréquemment qu'à l'ordinaire, sortent sous une forme liquide.

On distingue différentes sortes de Dévoiement. L'un, qui doit être regardé comme salutaire, se reconnoît au peu de fétidité des matières, à la continuation de l'exercice des autres fonctions. Le Dévoiement ne dure pas long-tems, où dure seulement jusqu'à ce que l'estomac de l'animal soit accoutumé à la nourriture qu'on lui donne. Par exemple, un Cheval mis au verd a le Dévoiement quinze jours ou trois semaines. Il en est de même d'un Bœuf qui, après avoit été nourri de foin & de paille pendant l'hiver, est mis au printemps dans les pâturages.

La seconde sorte de Dévoiement est le Dévoiement séreux ou pituiteux. L'animal qui en est attaqué, a peu d'appétit, les forces vitales & musculaires sont affoiblies, les matières sont liquides & claires, sans être néanmoins fétides. Le Cheval & le Bœuf y sont plus sujets que la Brebis. Ils en deviennent si maigres, qu'ils meurent quelquefois en très-peu de tems. On attribue cette sorte de Dévoiement à des alimens qui contiennent une trop grande quantité de mucilage aqueux, aux eaux de mauvaise qualité, à un long séjour

séjour dans des écuries mal exposées, à des pâturages marécageux & à une atmosphère humide.

Dans le Dévoiement bilieux, qui est la troisième sorte, les excrémens sont liquides & jaunes, la bouche de l'animal est échauffée & sèche, les forces musculaires sont affoiblies; l'intestin rectum est un peu enflammé, le Dévoiement dégénère facilement en Dyssentherie. Le foin altère, ou parce qu'il est trop vieux, ou parce qu'il est composé de plantes marécageuses, des eaux impures pour boisson, de violens exercices en été, des plantes rouillées, &c. Telles sont, à ce qu'on croit, les causes de cette sorte de Dévoiement.

Les matières fécales de la quatrième sorte de Dévoiement, ont une odeur forte & insupportable. La langue est quelquefois sèche, un peu noirâtre; enfin l'animal est accablé, il voudroit rester toujours couché. Le Bœuf, plus souvent que le Cheval, la Brebis & la Chèvre, est attaqué de cette sorte de Dévoiement, qui reconnoît, suivant les Vétérinaires, les mêmes causes que le précédent, mais ayant une plus grande intensité.

Enfin, la cinquième sorte de Dévoiement est l'effet d'un purgatif trop actif. Les matières que les animaux rendent dans ce cas, sont jaunes & un peu muqueuses. L'intestin rectum est plus échauffé que dans l'état naturel. Ce Dévoiement est accompagné de gonflement du bas-ventre, détension des muscles, de tenesmes, de fièvre même, & d'inflammation des estomacs & des intestins: aussi n'est-il pas étonnant de voir les convulsions & la mort terminer la *superpurgation*.

Je ne garantis pas les causes auxquelles on attribue les diverses sortes de Dévoiement dont j'ai parlé. Je les rapporte d'après les Auteurs, persuadé qu'excepté celles de la première sorte, il y en a peu de bien constatées. Quelque jour, sans doute, l'Art vétérinaire en fera sa principale occupation, & l'on saura jusqu'à quel point les différents alimens & la boisson altèrent, influent sur la santé des animaux. . .

J'ai supposé que la première sorte de Dévoiement étoit salutaire. Elle exige donc peu de traitement. L'arrêter aussitôt qu'elle paroît, ce seroit troubler la Nature, qui, par ces évacuations, purge les animaux. J'observerai cependent que si elle dure long tems en affoiblissant les individus, elle n'est plus un bien & qu'il faut y apporter remède. A cette occasion, il est bon de dire que quand on met des Chevaux au verd, il faut consulter leur âge & leur constitution. Dans la Cavalerie française, comme dans les Dragons, on est dans l'usage de désigner chaque année, pour prendre le verd, un certain nombre de Chevaux par Compagnie, sans avoir égard aux circonstances. Un vieux Cheval, un Cheval d'une constitution molle ne s'accomodent pas d'une nourriture aqueuse. Si on s'apperçoit que l'herbe leur donne un Dévoiement trop loug, on s'expose à les perdre, à moins qu'on ne les remette à la nourriture sèche. Lorsqu'un Dévoiement est occasionné par une abondance d'humeurs, après quelques jours on doit faire avaler à l'animal une once d'aloës, délayée dans trois livres d'eau blanchie ou de petit lait.

On donne à l'animal pour nourriture, dans la seconde sorte de Dévoiement, du son qui contienne beaucoup de farine, & pour boisson de l'eau blanchie avec de la farine, l'un & l'autre aiguisé de sel marin; on lui administre en lavement une légère décoction de racine de Gentiane, tenant en solution du nitre. Si ces moyens sont insuffisans, on a recours, pour le Cheval & pour le Bœuf, à un breuvage composé d'une infusion de racine de Gentiane & d'une once de Lachon ou de Thériaque dans du vin, qu'on réitère deux fois par jour; &, après leur usage infructueux, à la racine d'Ipecacuanha dans de l'eau en décoction, à la dose d'une demi-once sur une livre d'eau pour breuvage, & à celle d'une once pour trois livres d'eau, en lavement.

Même nourriture & même boisson dans le Dévoiement bilieux; au Cheval & au Bœuf des lavemens de décoction de racines de Guimauve, aiguisée de Crême de tartre, & de décoction d'Ipecacuanha en boisson & en lavement, lorsque l'inflammation & la fièvre commencent à se calmer.

Le Dévoiement avec fétidité de matières, exige les adoucissemens & les antiputrides, tels que de l'eau blanche saturée de Crême de tartre pour boisson, de la paille saupoudrée de nitre pour aliment, des lavemens d'eau de Ris, saturés de Crême de tartre, un mélange de cendre, d'Absynthe avec de l'eau aiguisée de vinaigre, des bols composés d'une once de Crême de tartre, d'un demi-gros de Camphre & de suffisante quantité de vinaigre miellé, donnés trois fois par jour; ce dernier remède est fort estimé.

L'animal attaqué de ce Dévoiement doit être mis sous un hangard, loin des autres; il faut lui changer de litière cinq à six fois par jour, & enterrer profondément son fumier & ne le point remettre à son écurie ou au pâturage, que le Dévoiement ne soit entiérement passé.

Pour corriger l'effet d'un purgatif violent, on fait boire à l'animal beaucoup d'eau blanchie avec la farine de Ris, & des décoctions de racine de Guimauve ou de Mauve & d'Amandes douces. On le saigne même une ou deux fois, on ne lui donne point d'alimens jusqu'à ce que le Dévoiement ne subsiste plus. Si le purgatif avoit eu pour base une préparation mercurielle, on ajouteroit à l'eau blanche, de la craie réduite en poudre subtile.

Les Abeilles sont sujettes au Dévoiement comme les quadrupèdes. *Voyez* ABEILLES, pag. 326, du premier Volume. (*TESSIER.*)

DEXTRE. Mesure de terre en usage à Montpellier. Il faut soixante-quinze dextres pour une seterée; la seterée, qui contient deux cartons, égale vingt-deux mille neuf cents soixante-trois pans & demi-quarrés, ou trois cents soixante-dix-neuf toises sept pieds. *Voyez* ARPENT. (*TESSIER.*)

DIADELPHIE. Nom d'une des classes artificielles établies par Linnéus, en vertu de la conformation des organes sexuels des plantes: cette classe a l'inconvénient, comme toutes les autres imaginées par le même Auteur, de contourner sans cesse la Nature. (*L. REYNIER.*)

DIADELPHIQUE. Linné a donné ce nom à une conformation particulière des organes sexuels de certains végétaux. Les étamines de leurs fleurs sont au nombre de dix, divisées en deux faisceaux, l'un d'eux composé de neuf étamines unies par leurs filamens, & la dixième reste séparée. C'est de-là que Linné a tiré ce nom de Diadelphique, (*deux freres*) sans doute par allusion à la coutume de Normandie : admirons l'ingénieuse imagination de Linné. (*L. REYNIER.*)

DIALI, *DIALIUM.*

Genre encore peu connu & rapproché des Lilas dans le système artificiel de Linné. Lamarck le soupçonne voisin des Tanrouges.

Espèce.

1. DIALI des Indes.

Dialium indum. L. Dans les clarières des Forêts des Molucques, Amboine, Java, &c.

B. Var. à feuilles dentelées.

Cortex papetarius, Rumph. Amb. L. p. 212.

Ce végétal, au rapport de Rumphe, reste long-tems en l'état d'arbrisseau; puis enfin il s'élève en arbre. Sa fleur, qui paroît en janvier, est composée de cinq pétales & contient deux étamines, un pistil & un ovaire supérieur : on ignore la conformation du fruit. Rumphe n'en dit autre chose, si ce n'est qu'il est de la grosseur d'une graine de Cumin.

L'écorce du tronc est épaisse, lorsque l'arbre est parvenu à un certain âge, rude & crevassée à la surface, rougeâtre à l'intérieur & spongieuse. Le bois, lorsque l'arbre est vieux, est d'un blanc jaunâtre, susceptible de poli; il dure long-tems lorsqu'il est employé, & sert à la construction des maisons.

Usage. La grosse écorce, fraîche ou vieille, est un article de consommation; on la lève & la divise en morceaux qu'on sèche à la fumée & conserve en paquets ou bottes qui sont employés, non-seulement dans les Isles où cet arbre croît; mais aussi dans les autres parties des Indes où on l'importe. Cette écorce est employée pour cuire avec la fécule du Sagou, (*Sagumanda*) ainsi qu'avec la préparation de cette fécule nommée *Papeda.* On dit qu'elle a la propriété de rendre au Sagou le plus vieux les qualités qu'il a lorsqu'il est fraichement préparé, & que pour cela on en jette quelques morceaux dans l'eau où on le cuit. Rumphe, le seul qui parle de cet usage, n'en dit que cela : il seroit desirable qu'un Naturaliste vérifia comment cette écorce produit un semblable effet.

Culture. Le Diali n'a pas encore été transporté en Europe, il n'existe pas même dans les herbiers; ainsi on ne peut rien dire d'assuré sur la culture qu'il faudroit lui donner dans le cas où quelque Voyageur l'apporteroit. Comme le genre de culture doit être différent en raison de la porosité du bois & du site où la plante croît sauvage, je n'hasarderai aucun conseil. Il paroît que le Diali n'est pas cultivé dans son pays natal, & qu'on récolte seulement l'écorce sur les individus sauvages. (*L. REYNIER.*)

DIAMÈTRE. Ce mot a la même acception en Botanique, que dans les autres Sciences. Il est bon de dire, dans une description, le Diamètre ordinaire des arbres, pour en désigner la grosseur moyenne.

Plusieurs arbres, & notamment ceux des pays situés entre les Tropiques, ont un Diamètre énorme comparé à celui des arbres des Pays plus septentrionaux. Voyez *le Dictionnaire des Arbres & Arbustes*, & dans ce Dictionnaire l'art. BAOBAB. (*L. REYNIER.*)

DIAMOR. Aux Isles d'Amboine & autres de cet Archipel, on donne ce nom à des Champignons qui se forment sur le résidu qui reste après la séparation de la pulpe du Sagou, dans les Forêts où l'on a ouvert des troncs de ce Palmier. Ces Champignons sont bons à manger & très-recherchés, à ce que dit Rumphe. Tout me confirme dans l'opinion que j'ai énoncée à l'article *Champignon*, sur les rapports des Champignons avec la base sur laquelle ils se forment. *Voyez* CHAMPIGNON. (*L. REYNIER.*)

DIANDRIE. Linné, dans son système artificiel, a donné ce nom à la seconde de ses classes. Elle est autant artificielle que les autres, puisqu'elle coupe sa classe des *Didynamies*, qui, sans cette division, coïncidoit avec les familles naturelles des *Labiées* & des *Personnées*. La classe Diandrie comprend toutes les plantes dont la fleur renferme deux étamines; & cependant certaines espèces, telles que les Verveines, les Sauges, &c. dont le genre est compris dans cette classe, ont quatre étamines. (*L. REYNIER.*)

DIANELLE, *Dianella*.

Genre de la famille des Asperges, qui comprend deux espèces, dont l'une, suffisamment connue, est une plante vivace, à tige herbacée, presque nue; à feuilles alternes, engaînées, ensiformes; à fleurs à six divisions, disposées en panicule lâche & terminale; à rameaux & pédoncules enfermés d'abord dans des spathes; à fruit en baie ovale d'une belle couleur d'Améthyste. Elles sont étrangères à notre climat, où leur culture ne peut avoir lieu que sous verre. Leur multiplication est facile par les graines & par la séparation des racines au moins d'une espèce qui est intéressante & recherchée pour les Jardins d'agrément comme pour ceux de Botanique, où dans ces derniers l'autre seroit importante.

Espèces.

1. Dianelle des Bois.
Dianella nemorosa. Lam. Dict. ♃ Isle-de-France & de Bourbon, Indes orientales.
Dracæna ensifolia. L.
Diana. Commerf. *Herb. La Reine des Bois.* Sonner. *Herb.*

2. Dianelle demi-dorée.
Dianella hemichrysa. Lam. Dict. Isles-de-Bourbon.

Description du port.

1. La Dianelle des Bois a de la ressemblance dans le port avec les Iris, les feuilles ont la même disposition : celles qui tiennent à la racine qui est odorante, noueuse & munies de fibres, sont longues d'un pied & en forme d'épée : la tige est longue de deux ou trois pieds, peu garnies de feuilles placées alternativement & plus courtes que les autres : elle est terminée par des fleurs bleues d'une médiocre grandeur, à six divisions ouvertes en étoile, disposées en bouquet lâche en forme de pyramide étroite, dont les queues contournées sortent de spathes ou feuilles pliées sur la longueur. Le fruit est une baie ovale d'une couleur de violet foncé qui renferme dans chacune de ses divisions quatre ou cinq semences ovales & noirâtres. Cette plante est vivace; elle croît dans les Bois, aux Isles-de-France & de Bourbon, selon Sonnerat & Commerson, & dans les Indes orientales.

2. La Dianelle demi-dorée n'est, quant à la fructification, qu'imparfaitement connue. Tout son feuillage tient aux racines, il est en forme d'épée. Les feuilles sont longues d'un pied & demi, pointues, lisses en-dessus & couvertes en-dessous d'un duvet ferrugineux & comme doré. Au lieu de tige elle a une hampe à la manière des Amarillis, elle est trigone & les fleurs sont à son sommet, disposées en grappes placées alternativement, peu dégagées & longues d'un pouce & demi. Commerson n'a vu que les fruits naissans. Cette plante croît dans l'Isle-de-Bourbon.

Culture.

Nous ne distinguerons point dans la culture les deux espèces de Dianelles, que nous assimillons à celle des Crinoles. (*Voyez* leur article.)

A l'égard de la multiplication, on ne peut rien dire de positif sur celle de la Dianelle n.° 2, par la racine, puisque sa forme est jusqu'à présent inconnue. Celle du n.° 1 se peut facilement diviser, en observant de laisser au moins un œil à chaque fragment, & de ne planter les deux parties divisées qu'après que le desséchement aura fermé l'orifice des vaisseaux. Cette opération se fait avec succès en mars, & la conduite ultérieure est la même que pour les Crinoles provignées.

Les graines se doivent semer partie aussitôt qu'on les aura reçues, & partie en octobre, dans des petits pots remplis de sable de bruyère & de terreau, enfoncés dans une couche de tan recouverte d'un chassis à vitrage, & on les gouverneroit comme celles des Ixies & Glayeuls. (*Voyez* leur article.)

Usages.

Ceux du n.° 1 de ce genre, se bornent aux besoins de l'Ecole & aux agrémens de la serre chaude : à ce dernier égard on ne peut pas crier à l'insuffisance, puisqu'à des fleurs déjà intéressantes succèdent des baies d'une couleur vive & brillante. Pour ce qui est du n.° 2, il est d'abord desirable pour occuper une place dans le lieu consacré à la Démonstration. (*F. A. Quesné.*)

DIANTHÈRE. Nom d'un genre établi par Linné, & que Lamarck a réuni au genre des Carmantines. Linné les distingue par un caractère absolument artificiel; car, suivant lui, les Carmantines ont une seule anthère à l'extrémité de chaque filament, & les Dianthères en ont deux. Mais ce qu'il appelle deux anthères n'est qu'un écartement des deux loges de l'anthère, très-marqué dans certaines espèces, & peu sensible dans d'autres. On trouvera la description des diverses Dianthères, sous le mot Carmantine. (*L. Reynier.*)

DIANTONG. On donne ce nom, aux Moluques, à un paquet de folioles ou bractées qui terminent, en forme de tête, les régimes de Bananes. Ces Diantongs, qu'on nomme autrement *Cœur*, servent à la nourriture des hommes, comme les extrémités du Palmier nommé vulgairement *Chou palmiste*. C'est, disent les Voyageurs, un légume agréable *Voyez* BANANIER, & aussi ENSETÉ. (L. REYNIER.)

DIAPENZE, *DIAPENSIA.*

Genre qui paroît à Lamarck devoir être rapproché de la famille des LISERONS, & dans laquelle Jussieu l'a placé. Il ne comprend qu'une espèce. C'est une plante herbacée, vivace, à feuilles simples, persistantes; à pédoncules en forme de hampes, uniflores, à corolle d'une seule pièce quinquéfide; à fruit capsulaire, triloculaire, polysperme. Elle est étrangère à notre climat, où elle se peut cultiver en pleine terre & s'y multiplier par les semences. Ce genre manque en France, ou bien il y est infiniment rare.

Espèce.

DIAPENZE de Laponie.
Diapenzia lapponica. L. ♃ Laponie.

Description du port.

La DIAPENZE de Laponie est une petite plante d'un feuillage touffu, un peu recoquillé, serré, sur-tout vers le bas, & toujours verd. La racine est fibreuse : la tige a beaucoup de petites branches longues de deux à trois pouces, couchées, qui ne se subdivisent point, qui sont garnies de feuilles de la longueur de l'ongle, moins larges & obtuses, & qui sont terminées par une fleur droite, d'un beau blanc, portée sur une queue nue, longue de six à sept lignes : la corolle est en entonnoir à évasement ouvert & à cinq segmens obtus. Le fruit est une capsule à trois loges remplies de semences obrondes. Cette plante est vivace, & habite dans les montagnes de Laponie.

Culture.

Les plantes des montagnes élevées trouvent, dans leur sein, de vastes abris; elles s'établissent sur des ados formés de décompositions végétales. Elles se conservent sous la neige, & leur végétation, commençant lorsque la température s'étant adou ic & fixée, les a exposées à un air bienfaisant, elles semblent se prêter à la nécessité pout croître, fructifier & même provigner en fort peu de tems. Leurs graines, recouvertes dès qu'elles sont répandues, lèvent immanquablement, les œilletons prennent la place des veilles souches, les fontaines leur procurent une douce fraîcheur : c'est ainsi que les Jardins des montagnes s'entretiennent sans le secours de l'Art. De ce que la Laponie produit la Diapenze, il n'en faut pas conclure que la Diapenze se cultive en France sans des précautions. On l'y verra en pleine terre; d'accord, c'est probable, mais il faudra commencer.

En novembre, avant les neiges on semeroit la graine sur une planche de sable de bruyère, à l'exposition du levant, on la recouvriroit de quelques lignes de terreau passé au tamis. On devroit la garantir du soleil, par quelque abri qui ne nuiroit point trop à la libre circulation de l'air. Au mois de février on y répandroit de la mousse hachée, à cause des vents secs. Lorsque les plantules auroient deux à trois feuilles, on en lèveroit partie avec deux petites fourchettes de bois, pour les arranger à deux pouces d'écartement dans une terrine plate que l'on rentreroit à la Toussaint dans l'orangerie, pour y passer l'hiver dans un état plus sec qu'humide. Elle devroit y jouir de beaucoup d'air, n'être sortie que tard au printemps & mise à l'ombre. On ne lui épargneroit point les petits soins de l'été, sur-tout si la gelée ayant porté à nud sur les individus de la planche, les avoit détruits ou sensiblement altérés. Quoi qu'il en fût, on placeroit plusieurs de ceux de la terrine en motte, en pleine terre, à la fin de mai, dans un lieu qui seroit ombragé pendant l'hiver, aux approches duquel on recouvriroit les racines avec quelques feuilles sèches. Nous sommes portés à croire que l'on acclimateroit ainsi la Diapenze de Laponie, ou bien on se décideroit à la cultiver comme *l'Oreille d'Ours. Voyez* son article.

Usages.

Il seroit d'autant plus flatteur de réussir sur la Diapenze de Laponie, que ce genre manque dans les Ecoles, & que nous sommes en disette de plantes très-basses, de quelque mérite pour les devans des Parterres & des planches des Jardins d'agrément. (*F. A. QUESNÉ.*)

DIAPHORE, *DIAPHORA.*

Nom d'un genre nouvellement décrit par Loureiro, & qui forme une nouvelle sous-division, dans la famille naturelle des Graminées. Son caractère remarquable est d'avoir dix étamines dans chaque fleur. Cette plante est dioique, & les pieds femelles portent des semences triangulaires.

Espèces.

1. DIAPHORE de la Cochinchine. Dans les champs de la Cochinchine.
Diaphora cochinchinensis.

Cette plante n'a rien qui puisse attirer l'attention des Jardiniers, excepté ceux qui cultivent des plantes pour l'étude de la Botanique. On ne connoît cette plante dans aucun Jardin de l'Europe; & lorsqu'elle y sera transportée, on pourra suivre, pour sa culture, les indications que l'analogie nous fournit. *Voyez* APLUDA & BARBON. (*L. REYNIER*)

DIAPHRAGME. On donne ce nom aux séparations ou *cloisons* de certains fruits : ce mot est peu usité. (*L.* REYNIER.)

DIAPRÉE. Variété de prune grosse, ronde, couverte d'une fleur violette; sa chair adhère au noyau : elle mûrit vers la fin du mois d'août. Le nouveau Laquintinie en compte trois sous-variétés, la violette, la rouge & la blanche ; elles sont toutes très-bonnes en Pruneaux. *Voyez le Dictionnaire des Arbres & Arbustes*, au mot PRUNIER. (*L.* REYNIER.)

DIARRHÉE. *Voyez* DÉVOIEMENT. (TESSIER.)

DIATOME, *DIATOMA*.

Genre établi par Loureiro, qui rentre dans la famille des MYRTHES, & ne diffère des *Angolans*, d'après l'observation de Wildenow, que par le style qui est simple dans l'Angolan, & divisé en quatre ou cinq pièces dans le Diatome.

1. DIATOME branchu.

Diatoma brachiata. Lour. ♄ Des Forêts de la Cochinchine.

C'est un grand arbre dont les feuilles sont ovales, opposées, entières sur les bords ; ses fleurs sont petites, de couleur safranée, disposées en panicules aux extrémités des ramifications.

Usage. Les Angolans, ou du moins les espèces décrites, donnent des fruits mangeables, dont quelques espèces sont très-recherchées. Loureiro ne dit pas la même chose des fruits de son Diatome ; ce qui établit encore une nouvelle différence entre ces deux genres. Ceux qui auront occasion de cultiver cette plante, peuvent consulter les articles ANGOLAN & JAMBOSIER, & principalement le dernier. (*L.* REYNIER.)

DICÈRE, *DICEROS*.

Nouveau genre établi par Loureiro, & qui rentre dans la famille naturelle des PERSONNÉES. Il lui donne pour caractère, une corolle campanulée à cinq divisions, dont l'une est plus grande ; des anthères divariquées & profondément divisées en deux cornes ; une capsule à deux loges, remplies de plusieurs graines très-menues.

Espèce.

1. DICÈRE de la Cochinchine.

Diceros cochinchinensis. Lour. ♃ Dans les lieux humides de la Cochinchine.

C'est une plante herbacée qui s'élève à la hauteur d'un pied ; ses feuilles sont disposées trois à trois, par anneaux, autour de la tige ; ses fleurs sont d'un blanc nuancé de violet, solitaires à l'aisselle des feuilles.

Usage & Culture. Les Cochinchinois emploient cette plante en salade : Loureiro ne dit point s'ils la cultivent pour cet usage, ou s'ils se bornent à la recueillir sauvage. Cette plante n'existe encore dans aucun Jardin de l'Europe : vu ses rapports de forme avec les Barrellières, on pourroit lui donner les mêmes soins avec l'espoir du succès. (*L.* REYNIER.)

DICHONDRE, *DICHONDRA*.

Genre de plante à fleur d'une seule pièce ; presque en forme de cloche ouverte, avec cinq découpures en lance, & à fruit formé par deux capsules presque globuleuses, à une loge, & qui renferment chacune une semence de même forme qu'elles ; que les Forster ont découvert dans les Isles de la Mer du Sud, & dont on ne connoît que le caractère générique, sur lequel il est jugé devoir être de la famille des BORRAGINÉES, dans laquelle Jussieu l'a placé. Sa culture se déterminera lorsque l'on aura des indications ultérieures à son égard, & d'avance on procéderoit avec prudence & retenue, par le moyen des chassis & de la serre chaude. (*F. A.* QUESNÉ.)

DICHOTOME. On donne ce nom à une disposition particulière des tiges ou parties des végétaux, lorsqu'elles sont divisées de deux en deux, depuis la division principale jusqu'à la dernière ramification ; souvent une fleur naît au sommet de l'angle de division, comme dans le *Silene Dichotome*, divers *Cucubales*, divers *Ceraistes*, &c. Cette disposition des plantes est plus communément appellée *Fourchue*. *Voyez* ce mot. (*L.* REYNIER.)

DICHROA, *DICHROA*.

Loureiro a négligé, ainsi que tous les Naturalistes, dont le talent s'est étouffé dans le faux savoir des systèmes artificiels, de parler des rapports naturels de son *Dichroa* ; cependant par quelques rapports, tels que la persistance de son calice, il paroîtroit avoir quelque analogie avec les *Calycants*. Les caractères du Dichroa sont un calice tubulé, à limbe court, bordé de quatre dents ; une corolle composée de cinq pétales charnus, plus longs que le calice ; quinze étamines plus courtes que la corolle ; un germe enveloppé du calice, surmonté de quatre styles épais, auquel succède une baie ou calice devenue baie, à quatre loges.

Espèce.

1. DICHROA fébrifuge.

Dichroa febrifuga. Lour. ♄ Aux lieux montagneux de la Chine & de la Cochinchine.

C'est un arbuste dont la tige s'élève jusqu'à neuf pieds, & dont les rameaux sont étalés. Les fleurs sont blanches en-dehors, & bleues à l'inférieur, ainsi que les étamines; elles terminent les rameaux en corymbes divisés en ramifications nombreuses.

Usage & Culture. Loureiro dit que les feuilles & les racines sont un fébrifuge assuré dans les fièvres tierces & quartes, & que leur effet se confirme par des succès journaliers. Elles sont vomitives lorsqu'on les prend fraîches; mais elles ne purgent que par le bas, lorsqu'on les cuit sur un petit feu, dans du vin, jusqu'à l'entière évaporation du liquide. Ce remède réussit mieux sur les adultes, que sur les vieillards & les enfans; les Chinois préfèrent l'usage de la feuille à celui des racines.

Quant à la culture, quelques analogies du Dichroa avec les BANISTÈRES, me font présumer qu'il n'y auroit aucun inconvénient à le cultiver de la même manière; d'autant plus que diverses espèces de Banistères sont originaires de ces mêmes climats. (*L. REYNIER.*)

DICTAME ou FRAXINELLE, *DICTAMNUS.*

Genre de plantes à fleurs polypétales, de la famille des *Rhues*, qui a des rapports avec l'*Hermale.* Il comprend des herbes remarquables par le port, les tiges & les fleurs. Elles s'élèvent à deux pieds environ, elles sont droites, pinnées avec impaire; les fleurs sont grandes, blanches ou rougeâtres, à cinq pétales irrégulièrement ouvertes, disposées en grappes. Le fruit consiste en cinq capsules comprimées, bivalves, réunies ensemble, qui s'ouvrent avec élasticité & qui renferment deux semences ovales, glabres, noires & luisantes. Ce genre est de la dixième classe de Linnée.

Espèces.

1. DICTAME blanc.

Dictamnus albus. L. ♄ Du Midi de la France, vulgairement *la Fraxinelle.*

B. *Id. Flore albo.* La même à fleur blanche.

2. DICTAME du Cap.

Dictamnus capensis. Lin. Fil. Sup. Au Cap de bonne-espérance.

Description du port des Espèces.

1. DICTAME BLANC. Ses tiges sont droites, cylindriques, rameuses, velues, hautes de deux à trois pieds. Ses feuilles sont alternes, ailées avec impaire, ressemblantes à celle du Frêne, d'où lui est venu le nom de *Fraxinelle.* Les fleurs sont purpurines, marquées de lignes d'une couleur plus foncée, disposées en grappe terminale, d'un aspect agréable.

La variété B a les fleurs blanches, ses tiges ne sont pas rouges comme dans l'autre; ce qui la distingue, même avant l'épanouissement des fleurs. Ces deux variétés se trouvent au Midi de la France, en Italie. Elles fleurissent en juin, juillet, & perfectionnent leurs graines dans nos climats.

2. DICTAME DU CAP. Elle ressemble à la précédente, mais sa tige est plus rameuse. Ses feuilles sont simples, semblables aux folioles de la première espèce.

Culture.

La premiere espèce, ainsi que sa variété, se multiplient par les graines qu'on sème en terrines ou en pleine terre à une bonne exposition, aussitôt qu'elles sont mûres. Elles ne demandent d'autre soin que d'être tenues nettes de mauvaises herbes. Elles leveront au mois d'avril suivant. Quand le plant sera assez fort, on le mettra en planche à cinq ou six pouces de distance, où on le laissera deux ans; à cette époque on le transplantera pour le mettre en place, où il durera très-long-tems en augmentant les touffes & la quantité des tiges. Quand les touffes seront fortes, on pourra les multiplier en les séparant, ce qui n'est cependant pas aussi aisé que dans beaucoup d'autres plantes; les tiges partent précisément du collet de la racine, & n'ont ni racines, ni chevelu particulier.

On dit communément que la graine ne lève que la seconde année, quand on attend le printemps pour la semer. Nous pouvons assurer, d'après notre expérience, qu'elle lève également semée à cette époque. Nous conseillons cependant de la semer à l'automne & dans des terrines par préférence, on les rentre ou on les abrite l'hiver. Elles reparoissent au printemps, & on les met en place l'automne de la même année, c'est-à-dire, quand elles ont un an.

La seconde espèce demande à être semée en pots remplis de terre légère, qu'on mettra dans la tannée d'une serre chaude; on tiendra le plant net de mauvaises herbes, & à l'automne suivant; quand les feuilles seront fanées, on le repiquera dans d'autres pots. Il demande les soins généraux qu'on prend pour les plantes des pays chauds.

Usages.

D'agrément. Ces plantes ornent beaucoup les Jardins par le port, le feuillage & les fleurs: elles doivent donc trouver place dans les plates-bandes & sur les bords des bosquets, dans les Jardins paysagistes, où elles font un très-bel effet.

D'économie. La *Fraxinelle* a une odeur forte. Sa racine est âcre, amère & aromatique. On l'emploie avec succès contre les vers, les affections hystériques, les maladies putrides; on la donne en poudre ou en infusion. On tire de ses fleurs une eau distillée odoriférante & cosmétique.

Dans les grandes chaleurs elle répand une vapeur inflammable, qu'on peut allumer le soir d'un beau jour avec une bougie; une grande flamme paroît & se répand sur toute la plante, sans l'endommager. (*L. Menon.*)

DICTAME. Nom donné à diverses plantes de genres différens.

1. *Dictame blanc.* Cette belle plante est connue sous le nom de Fraxinelle. *Voyez* ce mot.

2. *Dictame de crête.* Plante connue sous ce nom depuis les anciens jusqu'à Linné, qui l'a classée dans le genre des Origans. *Voyez* ce mot.

3. *Dictame faux.* Plante du genre des *Marrubes*, semblable, pour ses propriétés médicales, au *Dictame de crête. Voyez* Marrube.

4. *Dictame de Virginie.* On donne quelquefois ce nom au Thym *de Virginie. Voyez* ce mot. (*L. Reynier.*)

DIDELTA, *Didelta*.

Nouveau genre établi par L'héritier, & qui rentre dans la famille des Composées radiées, division des Corymbifères. Les rapports sexuels la classent près des Doronics, tandis que par sa conformation & sa contexture elle a de l'analogie avec quelques Crassules. Sa fleur a deux calices, l'extérieur composé de trois grandes feuilles ovales, & l'intérieur de douze lanières linéaires. Les fleurons sont implantés sur deux disques: l'un extérieur, porte à la circonférence des demi-fleurons femelles, & au-dedans des fleurons hermaphrodites fertiles: l'autre intérieur, porte des fleurons stériles. On trouvera les détails de cette organisation singulière dans le Dictionnaire de Botanique.

Espèce.

Didelta du Cap.

Didelta capensis. Lam. Du Cap de bonne-espérance.

Les tiges de cette plante sont hautes d'un pied & demi; ses feuilles, éparses & nombreuses, sont lancéolées, charnues; chaque ramification est terminée par une fleur large de deux à trois pouces, d'un beau jaune.

Culture. Cette plante, qui a existé pendant quelques années à Trianon & au Jardin des Plantes, a péri depuis. On a acquis peu de lumières sur sa culture, pendant ce court espace. Tout ce qu'on a remarqué, c'est qu'elle réussissoit mieux dans la serre demi-chaude qu'ailleurs; qu'elle demandoit fréquemment qu'on renouvella l'air, & que la culture qui paroissoit le mieux lui convenir étoit celle des Crassules, des Mesembrianthèmes, des Othonnes, originaires du même climat, avec lesquelles elle a certains rapports comme plante charnue. (*L. Reynier.*)

DIDYNAMIE. Non d'une des classes du système artificiel de Linné. Cette classe a pour caractère quatre étamines, disposées par paires inégalement longues; de-là son nom. (*Deux pouvoirs.*)

Cette classe comprend deux familles naturelles, les *Labiées* & les *Personnées*; mais il y manque plusieurs genres que Linné a relégués dans sa classe *Diandrie.* (*L. Reynier.*)

DIERVILLE. Nom d'un arbuste du genre des *Chevrefeuilles*, qui d'abord avoit constitué un genre distinct, puis leur avoit été réuni. *Voyez* Chevrefeuille *au Dictionnaire des Arbres & Arbustes.* (*L. Reynier.*)

DIFFUSE. On nomme Diffuses les tiges qui se ramifient sous un angle très-ouvert, de sorte que l'ensemble de la plante se développe en tout sens. La panicule des fleurs prend aussi cette conformation dans beaucoup de plantes. (*L. Reynier.*)

DIGITALE, *Digitalis*.

Genre de plantes de la famille des Personnées, composé de plantes presque toutes herbacées ou demi-ligneuses, à feuilles éparses & fleurs disposées en épi terminal: chacune d'elle est en cloche, avec un ventre proéminent à la face inférieure. Le fruit est une capsule ovale, qui s'ouvre en deux valves & contient beaucoup de semences légèrement anguleuses.

Espèces & Variétés.

1. Digitale pourprée.

Digitalis purpurea. L. ♂ Des terres sablonneuses des Pays montagneux de l'Europe.

B. Variété à fleurs blanches.

2. Digitale à fleurs roses.

Digitalis minor. L. ♃ De l'Espagne.

3. Digitale décurrente.

Digitalis tapsi. L. ♃ De l'Espagne.

4. Digitale à grandes fleurs.

Digitalis grandiflora. Lam. ♃ des Lieux montagneux & boisés de l'Europe tempérée.

5. Digitale à petites fleurs.

Digitalis parviflora. Lam. ♃ des Lieux montagneux & boisés de l'Europe tempérée.

6. Digitale ferrugineuse.

Digitalis ferruginea. ♃ du Midi de l'Europe.

7. Digitale du Levant.

Digitalis orientalis. Lam. du Levant.

8. Digitale à fleurs rousses.

Digitalis obscura. L. ⊖ de l'Espagne.

9. Digitale des Canaries.

Digitalis canariensis. ♄ Des Isles Canaries.

10. DIGITALE de Madère.

Digitalis sceptrum. L. Fil. ♄ Des Bois & Lieux ombragés de l'Isle de Madère.

Espèces moins connues.

Digitalis pannónica. Jacq. Coll.

Digitalis cockinchinensis. Lour. Fl. Coch.

Digitalis sinensis. Lour. Fl. Coch.

La première espèce embellit également & les parterres, & les sites agrestes, où la Nature l'a placée. Les taillis & les landes sablonneuses, où le Genet à balai occupe souvent des espaces considérables, reçoivent quelques embellissemens de cette Digitale, dont les fleurs grandes & d'une couleur remarquable, occupent les regards au milieu de ces prospects stériles. Ses fleurs, disposées en un épi terminal, durent long temps, par leur succession graduelle; les inférieures ont passé depuis long-temps, le fruit déjà formé grossit & se développe, lorsque le haut de la plante présente des boutons à tous les degrés de développemens. Chaque fleur est une corolle d'un beau pourpre à l'extérieur, d'une teinte plus pâle, mais comme arrosée de taches d'une teinte foncée à l'intérieur. Ces belles nuances disparoissent dans la variété à fleur blanche, variété que Miller annonce être très-fixe, car trente ans de culture ne l'ont pas altérée.

On peut placer cette espèce de Digitale dans les sites agrestes & rocailleux des Jardins paysagistes, où des taillis clairsemés demandent des plantes à larges feuilles pour masquer la nudité du sol. On peut aussi l'introduire dans les parterres, où sa place se destine naturellement, par son élévation, sur les bords des plates-bandes. Jacquin, & après lui quelques autres Botanistes, ont pensé que deux espèces distinctes étoient confondues sous un même nom; mais comme cet auteur est très-sujet à multiplier les espèces nominales, je me suis conformé au Dictionnaire de Botanique.

Les deux espèces qui suivent la Digitale pourprée, dans la liste des espèces, sont moins apparentes, dès-lors moins utiles pour la décoration des Jardins : de plus étant originaires d'un pays plus chaud & moins acclimatées, elles seroient un peu moins agrestes, quoique leur culture n'exige aucuns soins particuliers.

Les espèces n.° 4, 5 & 6, encore moins apparentes que celles qui précèdent, ont néanmoins leur genre de beauté. Leur tige s'élève davantage, souvent elle s'élève jusqu'à quatre & même cinq pieds; les fleurs, d'une couleur jaune terne dans les premières espèces, de couleur de rouille dans la troisième, forment un épi beaucoup plus long, & qui souvent a plus d'un pied de longueur.

La Digitale ferrugineuse est admise dans nos Jardins, en vertu de son privilège d'étrangère à nos climats; mais la Digitale à grandes fleurs pourroit lui disputer cet avantage par le volume de ses corolles, qui égalent celles de la Digitale pourprée.

Toutes trois produiroient un grand effet dans les bocages rocailleux, dans les sites agrestes, parmi les ruines & dans le parterre au centre des plates-bandes.

Toutes ces Digitales sont vivaces par leur racine, excepté la première qui est seulement bisannuelle. Elles fleurissent pendant l'été, & leurs graines s'aoutent aux approches de l'automne. Observons cependant qu'en raison de la progression des fleurs, ce sont seulement les inférieures qui parviennent à la maturité; les extrémités de l'épi sont sujettes à être arrêtées par le froid, avant leur aoutement. Lorsqu'on abandonne cette plante à elle même, elle se multiplie par la dissémination de ses graines & par les traçans qui partent de ses racines.

Lorsqu'on veut se charger de leur multiplication, il faut avoir soin de les semer en automne, les graines semées au printemps sont sujettes à manquer ou à rester une année entière dans la terre avant de germer. Comme les jeunes plants ne fleurissent pas la première année, il est nécessaire de les semer en un lieu écarté, pour les replanter au printemps de la seconde année dans les places qu'elles doivent décorer. Les espèces vivaces y restent & y donnent des fleurs pendant le temps de leur durée; s'il est vrai qu'elles durent plus de deux années, ce dont je doute, ayant cru remarquer, avec Miller, que toutes périssent après l'aoutement de leurs graines.

J'ai déjà indiqué les places à la décoration desquelles diverses Digitales sont propres; comme elles sont très-communes dans les parterres, & qu'elles paroissent s'accommoder de tous les genres de terrein où on les cultive, il est inutile d'ajouter de plus grands détails.

D'autres Digitales portent l'empreinte du climat plus chaud où elles ont pris naissance; ce sont les espèces indiquées sous les n.°s 9 & 10. Les précédentes sont des plantes dont la tige périt aux approches de l'hiver, si elles sont réellement vivaces; ou qui périssent entièrement après leur fructification, si elles ne sont que bisannuelles, comme je le présume. Ici ce sont des arbustes ou plantes semi-ligneuses, qui sont dans le même rapport avec les espèces européennes, que le Laitron des Canaries avec les Laitrons de nos climats. Ces deux Digitales portent diverses branches, dont les plus fortes se terminent par des épis de fleurs disposées à la manière des autres Digitales, en épis très-allongés sur la première, en épis plus courts & presque ovales sur la seconde. De plus, la première offre un caractère qui lui est propre; la lèvre supérieure, qui, dans toutes les autres espèces, est égale

égale aux autres & même plus courte, dans celle-ci se prolonge & se recourbe au-delà.

Cette plante, encore rare dans les Jardins, feroit néanmoins un de leurs ornemens : sa floraison se prolonge pendant une grande partie de l'année, par la succession des fleurs sur chaque épi, & par celle des épis entr'eux. On la multiplie de graines. Elles doivent être semées, en automne, dans des vases pleins d'une terre légère, plongés dans la tannée d'une vieille couche déjà refroidie. On doit profiter de tous les beaux jours pour renouveller l'air, pendant le cours de la saison froide, & sortir les vases dès que les gelées ne sont plus à craindre. Alors le jeune plant est ordinairement assez fort pour être transplanté; s'il ne l'est pas, on retarde cette opération. Depuis cette époque, cette Digitale n'exige aucuns soins particuliers, différens de ceux qu'on donne aux autres plantes d'orangerie.

La Digitale de Madère n'a pas encore été cultivée, du moins dans les Jardins que je connois; mais il est présumable qu'elle n'exigeroit aucuns soins de plus que celle des Canaries.

Quant aux deux espèces de Digitale mentionnées par Loureiro, si vraiment ce sont des Digitales, ce dont je doute à cause de leurs fleurs axillaires, lorsqu'elles seront apportées en Europe, il faudra nécessairement les cultiver dans la serre chaude, & suivre les mêmes procédés qu'à l'égard des Barrelières.

La plupart des Digitales ont une saveur âcre, plus ou moins forte, qui rendroit leur usage nuisible prises à l'intérieur; on dit néanmoins que les feuilles de la Digitale pourprée sont utiles contre les maladies scrophuleuses. (*L. Reynier.*)

DIGITÉES. (feuilles) On donne ce nom aux feuilles composées de plusieurs folioles, qui sortent ensemble au même point du pédoncule & s'étendent en forme de main ouverte. *Voyez* Feuille. (*L. Reynier.*)

DILATATION (de l'air) Ainsi que sa condensation, elle a une influence réelle sur les végétaux, mais trop peu connue pour qu'on puisse inférer, de quelques faits, une théorie générale. *Voyez* Climat & Végétation. (*L. Reynier.*)

DILATRIS, *Dilatris.*

Genre de plantes peu ou point connu dans les Jardins de l'Europe, de la famille des Iris, & voisin des Wachendorfies. Ses fleurs sont disposées en un corymbe terminal & velues à l'extérieur.

Espèces.

1. Dilatris à ombelles.

Dilatris umbellata. L. Fil. Du Cap de bonne-espérance.

2. Dilatris visqueuse.

Dilatris viscosa. L. Fil. Du Cap de bonne-espérance.

3. Dilatris ixioïde.

Dilatris ixioïdes. Lam. Du Cap de bonne-espérance.

4. Dilatris hexandrique.

Dilatris hexandra. Lam. Du Cap de bonne-espérance.

Espèce moins connue.

Dilatris paniculata. L. Fil.

Toutes ces espèces seroient un ornement à ajouter aux plantes nombreuses de la même famille, que le Cap fournit à nos Jardins. Elles devroient, sans doute, être cultivées de la même manière. N'ayant aucun fait sur ces plantes, qui n'existent dans aucun des Jardins français & étrangers, que j'ai été à même de voir, je renvoie aux articles des plantes, dont la culture, suivie depuis nombre d'années, offre au moins des données sûres. *Voyez* Ixie, Glayeul. (*L. Reynier.*)

DINDE, oiseau de basse-cour. *V.* Poule-Dinde. (*L. Reynier.*)

DINE. Femelle du Daim. *Voyez* Daim, Biche & Cerf. (*Tessier.*)

DIODE; *Diodia.*

Genre de plantes qui rentre dans la famille des Rubiacées, & qui se rapproche de l'*Hédyote.* La seule espèce connue de ce genre, est une plante herbacée de peu d'apparence. Ses caractères sont un calice composé de deux pièces, persistantes; une corolle infundibuliforme, dont le tube est grêle & fort long; quatre étamines & un ovaire inférieur surmonté d'un seul pistil. Le fruit est une capsule quadrangulaire à deux loges.

Espèce.

1. Diode de Virginie.

Diodia virginica. L. Des lieux aquatiques, sur les bords sablonneux des rivières de la Virginie.

Cette plante a l'habitus d'un Mélampyre. Ses tiges sont longues d'un pied, couchées & quadrangulaires, à rameaux alternes. Les fleurs sont blanches & solitaires sur le côté des tiges.

Culture.

Cette plante n'a pas encore paru dans nos Jardins; la nécessité de lui donner de l'eau en abondance, forcera nécessairement ceux qui voudront essayer sa culture, de la mettre dans des pots dont la terre aura été préparée, d'après les indications que nous avons sur les lieux où elle croît : il faudra ensuite plonger ce pot dans un autre vase plus grand & plein d'eau, & avoir soin de la rentrer dans l'orangerie pendant la saison des gelées. Lorsque la plante aura été acclimatée par quelques années de culture, peut-être qu'on pourra retrancher quelques-unes de ces précautions; c'est au Jardinier habile à consulter alors la nature de la plante, & à ne rien hasarder tant qu'il n'aura qu'un seul individu. (*L. Reynier.*)

DIŒCIE. Nom d'une des classes du systême artificiel de Linné. Il y a réuni tous les végétaux où les deux sexes sont séparés sur des pieds différens. Au mot Sexe, cette organisation, qui paroît si contraire au vœu de la Nature, sera examinée dans tous ses développemens. Cette classe est tellement artificielle, que presque toutes les autres classes comprennent des plantes vraiment dioiques, qu'il n'a pu séparer de leur vrai genre, malgré cette circonstance. (*L. Reynier.*)

DIOGGOT. On donne ce nom, en Russie, à une huile qu'on retire de l'écorce du *Bouleau*. *Voyez* Bouleau, dans le *Dictionnaire des Arbres & Arbustes*. (*L. Reynier.*)

DIOIQUE. On donne ce nom aux végétaux où les deux sexes sont portés par des pieds différens, comme le Palmier, le Chanvre, &c. *Voyez* Sexe. (*L. Reynier.*)

DIONÉE, *Dionæa.*

Genre de plantes voisin des Rossolis, dont la seule espèce connue actuellement, est remarquable par l'irritabilité de ses feuilles. Ses fleurs ont un calice à cinq pièces persistantes, cinq pétales disposés en rose, dix étamines plus courtes que les pétales, un ovaire supérieur surmonté d'un seul pistil; le fruit est une capsule à une seule loge.

Espèce.

1. Dionée attrape mouche.

Dionæa muscipula L ♃ Des lieux marécageux de la Caroline.

Cette plante est basse, formée d'une touffe de feuilles radicales, disposées circulairement sur la terre; de leur centre naît une hampe haute de six à sept pouces, qui soutient un corymbe de fleurs de couleur blanche, disposées comme dans les Rossolis, à qui cette plante ressemble par son habitus, autant que par ses caractères. Les feuilles de cette plante offrent un phénomène remarquable: elles sont arrondies mais échancrées à leur sommet, de manière à former deux lobes distincts, assez semblables à l'appendice qui accompagne la base des feuilles de l'Oranger, & accompagnés eux mêmes de pareilles expansions plus petites. Ces feuilles portent à leur face supérieure de petites glandes rouges, & trois ou quatre pointes entre ces lobes; les bords sont ciliés comme dans les Rossolis.

Lorsqu'un insecte vient à se poser sur ces feuilles, par une irritabilité qui leur est naturelle, les deux lobes se rapprochent l'un de l'autre, enserrent l'insecte, & restent en cet état aussi long-temps que les mouvemens de l'insecte & ses efforts pour se débarrasser continuent. La résistance de ces lobes aux efforts qu'on fait pour les ouvrir, pendant la durée de l'action, est digne de remarque; mais dès que la cause qui agit sur l'irritabilité de la plante cesse, les lobes se séparent & la feuille reprend sa position naturelle, jusqu'au moment où une nouvelle irritation réagit de nouveau sur les organes de la plante. On a examiné avec attention ce mécanisme singulier, d'autant plus remarquable qu'on en ignore encore les motifs; ni l'analogie, ni les observations ne nous instruisent, c'est une découverte léguée à nos successeurs. Roth a observé des indices d'une irritabilité semblable sur les Rossolis, mais plus foible.

Culture.

La Dionée est encore rare dans les Jardins de l'Europe; elle exige des soins d'autant plus grands, qu'elle n'aoute pas ses graines, & qu'on n'y possède que des pieds importés d'Amérique, car on n'a aucun autre moyen de la multiplier. Il faut planter la Dionée dans des pots pleins d'une terre préparée, contenant deux tiers de terreau de bruyère & un tiers de terre franche légère. Ces pots doivent être placés dans des vases plus grands & pleins d'eau; de manière que l'eau s'infiltrant dans la terre, par les ouvertures pratiquées à cet effet, entretienne les racines dans un état d'humidité, qui imite le sol marécageux où elle croît. Elle doit être rentrée dans l'orangerie avant les premières gelées, & n'en être sortie qu'après les dernières gelées blanches. Malgré toutes ces précautions, la Dionée périt facilement, il est rare de la conserver plusieurs années. Les fleurs paroissent chaque année; mais les pieds qui ont été cultivés en France, n'y ont point donné de graines. Il est réservé aux Américains, qui ont cette plante sous leurs yeux, de suivre son irritabilité dans tous ses détails, & de saisir ainsi le secret de la Nature. (*L. Reynier.*)

DIOSMA, *Diosma.*

Genre de plantes de la famille des Rues; composé d'arbustes d'une forme élégante, recommandables la plûpart par leur odeur suave. Leur feuillage dure toute l'année, assez généralement il est touffu; les fleurs solitaires, ou disposées en bouquets, terminent les ramifications de la plante. Chaque fleur est composée d'un calice divisé en cinq pièces, qui dure plus long-temps que la fleur, & sert d'enveloppe au fruit; de cinq pétales, qui renferment à leur base une espèce de godet, qui cerne le bas du pistil; de cinq étamines implantées entre les pétales, & d'un ovaire surmonté d'un style. Le fruit est composé de cinq capsules qui s'ouvrent par un jeu d'élasticité qui leur est naturel.

Espèces.

1. DIOSMA scabre.
Diosma scabra. Lam. ♄ Du Cap de bonne-espérance.

2. DIOSMA à feuilles croisées.
Diosma decussata. Lam. ♄ Du Cap de bonne-espérance.

3. DIOSMA velu.
Diosma hirsuta. L. ♄ Du Cap de bonne-espérance.

4. DIOSMA junipéroïde.
Diosma rubra. L. ♄ de l'Afrique méridionale.

5. DIOSMA éricoïde.
Diosma ericoïdes. L. ♄ De l'Afrique méridionale.

6. DIOSMA du Cap.
Diosma capensis. L. ♄ Du Cap de bonne-espérance.

7. DIOSMA à fleurs en tête.
Diosma capitata. L. ♄ Du Cap de bonne-espérance.

8. DIOSMA à feuilles de Cyprès.
Diosma cupressina. L. ♄ Du Cap de bonne-espérance.

9. DIOSMA à feuilles courtes.
Diosma brevifolia. Lam. ♄ Du Cap de bonne-espérance.

10. DIOSMA effilé.
Diosma virgata. Lam. ♄ Du Cap de bonne-espérance.

11. DIOSMA à feuilles de Romarin.
Diosma rosmarinifolia. Lam. ♄ Du Cap de bonne-espérance.

12. DIOSMA aspalatoïde.
Diosma aspalathoïdes. Lam. ♄ Du Cap de bonne-espérance.

13. DIOSMA hérissé.
Diosma hirta. Lam. ♄ Du Cap de bonne-espérance.

14. DIOSMA barbu.
Diosma barbigera. L. Fil. ♄ Du Cap de bonne-espérance.

15. DIOSMA tétragone.
Diosma tetragona. L. Fil. ♄ Du Cap de bonne espérance.

16. DIOSMA bordé.
Diosma marginata. L. Fil. ♄ Du Cap de bonne-espérance.

17. DIOSMA cilié.
Diosma ciliata. L. ♄. Du Cap de bonne-espérance.

18. DIOSMA embriqué.
Diosma imbricata. L. ♄ Du Cap de bonne-espérance.

19. DIOSMA élégant.
Diosma pulchella. L. ♄ Du Cap de bonne-espérance.

20. DIOSMA à feuilles de Bouleau.
Diosma betulina. ♄ Du Cap de bonne-espérance.

21. DIOSMA uniflore.
Diosma uniflora. L. De l'Afrique méridionale.

22. DIOSMA à feuilles de Ciste.
Diosma cistoïdes. Lam. ♄ Du Cap de bonne-espérance.

Espèces moins connues.

Diosma lanceolata. L.
Diosma asiatica. Lour. Fl. Coch.

De toutes les espèces mentionnées au catalogue ci-dessus, il n'y en a qu'une partie de cultivées, qui sont celles indiquées sous les numéros 4, 17, 18; & cependant toutes, ou du moins le plus grand nombre, produiroient un effet agréable dans nos jardins.

L'espèce n.° 4 est désignée par le nom de Junipéroïde à cause de sa ressemblance avec le Genévrier par son feuillage, car son port est différent. Sa tige se divise & subdivise en rameaux qui tous s'élèvent dans une direction presque verticale, à la hauteur de trois pieds, rarement davantage. Ses feuilles, semblables pour la forme à celles du Genévrier commun, sont un peu reployées en-dessous sur les bords, & piquetées sur cette même face de points très-apparens. Les fleurs terminent les dernières ramifications, souvent solitaires, quelquefois deux ou plusieurs ensemble; elles paroissent comme ensevelies entre les dernières feuilles. Leur odeur est très-agréable.

Les espèces n.os 17 & 18, distinguées par les noms de *ciliée* & d'*embriquée*, s'élèvent moins que la précédente, mais lui ressemblent par la disposition & la direction de leurs branches. Leurs feuilles sont ovales, ciliées sur les bords. Les fleurs de ces deux espèces sont blanches, petites; celles du n.° 18 sont remarquables par les onglets des pétales, qui surpassent deux ou trois fois le calice en longueur, quoiqu'ils soient presque capillaires.

Ce que j'ai dit du port de ces trois espèces, peut se rapporter, avec plus ou moins de similitudes, à tous les autres Diosmas, qui se distinguent, en grande partie, par la configuration de leurs feuilles & la disposition des fleurs, en conservant une grande analogie pour l'ensemble de la plante.

Culture.

On multiplie les Diosmas de graines & de

boutures : la dernière méthode est la plus généralement reçue, vu la difficulté d'obtenir des graines bien aoûtées. On emploie l'été pour multiplier les Diosmas de bouture ; les branches déjà formées sont préférables aux plus jeunes & aux trop agées. On place les boutures dans des pots remplis d'une terre légère, que l'on plonge dans la tannée d'une serre médiocrement chaude. Pendant tout le temps de la reprise, on doit avoir soin de les garantir de l'action du soleil, & de les humecter fréquemment, de manière à leur conserver une humidité moyenne, mais uniforme. Au bout de deux mois, ou environ, ces boutures ont pris racine ; alors on les leve & les plante séparément dans des pots analogues à leur grandeur, qu'on place à l'ombre jusqu'à ce qu'elles aient repris. Depuis ce moment les Diosmas n'exigent aucuns soins particuliers ; on les change de pots à mesure qu'ils grandissent, & l'hiver on les rentre dans l'orangerie. Il est préférable de placer les espèces nouvellement reçues en Europe, dans une serre tiède pendant l'hiver ; mais les plants obtenus ensuite par boutures, peuvent très bien passer à l'orangerie.

Les graines perdent très-promptement leur qualité germinative ; lorsqu'un Diosma donne des graines bien aoutées, il faut les semer tout de suite dans des pots remplis d'une terre très-légère ; il faut avoir soin qu'elles soient très-peu recouvertes. Un inconvénient de ce mode de multiplication, est que les graines restent très-long-temps à lever. Le jeune plant obtenu de graine, ne demande aucuns soins particuliers.

Les Voyageurs qui voudront envoyer des graines de Diosma du Cap, ne rendront leurs soins fructueux qu'en stratifiant les graines dans de la terre seche. Voyez le mot GRAINE, où seront indiquées les précautions nécessaires pour leur conservation.

Usages.

Les Diosmas sont un des genres de plantes qui contribue le plus à la décoration de nos Orangeries pendant l'hiver, & de nos Jardins pendant les autres saisons. Leur forme agréable, leur verdure constante & leur odeur distinguée y contribuent ; presque toutes ont une verdure agréable.

Au rapport de Seba, les Hottentots prisent beaucoup le Diosma velu ; ils en tirent une huile aromatique utile pour fortifier les nerfs : ils lui attribuent aussi des vertus contre la rétention d'urine. Le Diosma entre aussi dans leur Pharmacie. En général, ce genre est encore peu connu, quoique l'une de ses espèces soit depuis long-temps dans les Jardins ; peut-être que de nouvelles observations indiqueront encore de nouveaux usages. (*L. REYNIER.*)

DIPHISE, *DIPHISA.*

Genre établi par Jacquin, & qui rentre dans la famille naturelle des LÉGUMINEUSES, près des ROBINIERS. Il est remarquable par deux vessies qui se forment sur les côtés du légume, tandis que le légume lui-même n'est point enflé.

Espèce.

1. DIPHISE de Carthagêne.

Diphisa carthagenensis. Jacq. ♄ Des environs de Carthagêne.

C'est un arbuste dont le port ressemble à celui des Acacies en arbre, & qui, par conséquent, n'a rien d'agréable dans son port. Les feuilles sont petites, composées de onze folioles échancrées au sommet. Les fleurs sont axillaires, portées au nombre de deux ou trois sur des pédoncules axillaires ; elles sont de couleur jaune & exhalent une odeur agréable, mais foible.

Culture.

Cet arbuste n'existe pas encore dans nos Jardins d'Europe. Son analogie de conformation, bien distincte de l'analogie de genre, paroît indiquer des soins analogues à ceux qu'on donne aux Acacies en arbre. (*L. REYNIER.*)

DIPS. Les habitans du Mont-Liban donnent ce nom à une boisson qu'ils préparent avec le moût de Raisin. C'est une espèce de sirop qu'ils évaporent jusqu'à ce qu'il ait pris une certaine consistance ; ils le clarifient en y jettant un peu de terre argilleuse. *Journal de Physique, 1790, janvier.* (*L. REYNIER.*)

DIPSACÉES. Nom d'une famille naturelle, qui contient la *Cardère* & les autres plantes dont les fleurs sont disposées de même. (*L. REYNIER.*)

DIRCA, *DIRCA.*

Genre de plantes de la famille des GAROUS, & très-voisin des THYMELÉES, par ses rapports & sa conformation. Sa fleur est une corolle monopétale en tube, qui contient huit étamines saillantes hors de la corolle : l'ovaire est supérieur & surmonté d'un style, auquel succède une baie qui contient une seule semence.

Espèce.

1. DIRCA des marais.

Dirca palustris L. ♄ des lieux marécageux & ombragés de l'Amérique septentrionale.

C'est un arbuste qui s'élève à cinq & six pieds de hauteur dans son pays natal : son bois est léger, couvert d'une écorce tenace, & qui maille au lieu de rompre, ainsi que les rameaux. Les

Canadiens lui donnent les noms de *Bois de plomb* & *Bois de cuir* : Duhamel présume, avec raison, que le premier de ces noms est une allusion à la qualité spongieuse & légère de son bois. Le Dirca fleurit de bonne heure, ses fleurs paroissent avant le développement des feuilles, comme celles de la Lauréole gentille : elles sont de couleur herbacée, nuancées de blanc, semblables à celles de la Lauréole thymelée. Les feuilles paroissent après les fleurs ; elles sont ovales, & colorées de blanc en-dessous par un duvet peu sensible.

Culture.

Le Dirca réussit difficilement dans nos Jardins, & n'y donne jamais de graines. On ne le multiplie que de boutures, qu'on plante en été dans un lieu ombragé, & qui souvent sont deux années avant de pousser des racines. Il faut avoir soin de couvrir de feuilles les jeunes plants à l'approche des gelées, mais avec la précaution de relever ces abris au moment du dégel, afin de prévenir que l'humidité, concentrée par celle de l'atmosphère, ne les fasse périr. Lorsque ces arbustes sont parvenus à une certaine grosseur, il faut les couvrir d'un paillasson, seulement dans les fortes gelées, qui seules peuvent l'endommager. Il craint aussi les retours de froid qui succèdent aux printemps précoces, & qui nuisent d'autant plus aux plantes, qu'elles sont plus vernales.

La terre qui lui convient le mieux est le terreau de bruyère ; il doit être placé à l'exposition du Nord, dans les mêmes plates-bandes où l'on cultive les *Andromèdes*, le *Ledon* & les autres arbustes de l'Amérique septentrionale. *Voyez* ANDROMÈDE *au Dictionnaire des Arbres & Arbustes*. (*L. Reynier.*)

DIRECTION *des plantes.*

Pourquoi les végétaux, dès leur germination, tendent-ils à prendre la direction verticale, contraire à la pesanteur universelle, de telle manière que dans toutes les positions de la graine, la plumule se reploie jusqu'au moment où elle a pris cette direction ? Cette question, si importante pour la connoissance de la physiologie végétale, sans laquelle il ne peut exister de vraies connoissances en Agriculture, doit occuper une place dans ce Dictionnaire. Une tendance si universelle indique un besoin ; & il faut connoître les besoins des végétaux, si on veut les cultiver d'une manière profitable.

Avant de proposer quelques idées sur la Direction des plantes, j'ai cru devoir rapporter les Opinions qui ont déjà été énoncées dans les *Mémoires de l'Académie des Sciences*, 1708, & *dans l'Encyclopédie ancienne, art. Perpendicularité* ; je ne connois aucun traité plus moderne sur ce sujet.

Dodart suppose que les fibres des tiges sont de telle nature, qu'elles se raccourcissent par la chaleur du soleil, & s'allongent par l'humidité de la terre, & qu'au contraire celles des racines se raccourcissent par l'humidité de la terre, & s'allongent par la chaleur du soleil.

Selon cette hypothèse, quand la plante est renversée, & que la racine est par conséquent en haut, les fibres d'un même écheveau, qui fait une des branches de la racine, ne sont pas également exposées à l'humidité de la terre ; celles qui regardent en en bas, le sont plus que les supérieures. Les fibres inférieurs doivent donc se raccourcir davantage, & ce raccourcissement est facilité par l'allongement des supérieurs, sur lesquels le soleil agit avec plus de force. Par conséquent cette branche entière de racine se rabat du côté de la terre : & comme il n'est rien de plus délié qu'une racine naissante, elle ne trouve point de difficulté à s'insinuer dans les pores d'une terre qui seroit même assez compacte, & cela d'autant moins qu'elle peut gauchir en tout sens, pour trouver les pores les plus voisins de la perpendiculaire. En renversant cette idée, Dodart explique pourquoi, au contraire, la tige se redresse : en un mot, on peut imaginer que la terre attire à elle la racine, & que le soleil contribue à la laisser aller ; qu'au contraire le soleil attire la tige à lui, & que la terre l'envoie en quelque sorte vers le soleil.

A l'égard du redressement de la tige en plein air, Dodart l'attribue à l'impression des agens extérieurs, principalement du soleil & de la pluie ; car la partie supérieure d'une tige pliée est plus exposée à la pluie, à la rosée & même au soleil, que la partie inférieure : or, la structure des fibres peut être telle que ces deux causes, savoir l'humidité & la chaleur, tendent également à redresser la partie qui est la plus exposée à leur action, par l'accourcissement qu'elles produisent successivement dans cette partie ; car l'humidité accourcit les fibres en gonflant, & la chaleur en dissipant. Il est vrai qu'on ne peut deviner quelle doit être la structure des fibres, pour qu'elles aient ces deux qualités différentes.

Lalive explique ce même phénomène, de la manière suivante : il conçoit que dans les plantes la racine tire un suc plus grossier & plus pesant, & la tige au contraire & les branches, un suc plus fin & plus volatil ; & en effet la racine passe, chez tous les Physiciens, pour l'estomac de la plante, où les sucs terrestres se digèrent & se subtilisent au point de pouvoir ensuite s'élever jusqu'aux extrémités des branches. Cette différence des sucs suppose de plus grands pores dans la racine que dans la tige & dans les branches, en un mot, une différente contexture ; & cette différence de tissu doit se trouver, les proportions gardées, jusques dans la petite plante invisible que la graine renferme. Il faut donc imaginer dans cette petite plante, comme un point de partage, tel que tout ce qui sera d'un côté, c'est-à-dire, si l'on veut, la racine, se développera par des sucs plus grossiers qui y pénétreront, & tout ce qui sera de l'autre par des sucs plus subtils.

Que la petite plante, lorsqu'elle commence à se développer, soit entiérement renversée dans la graine, de sorte qu'elle ait sa racine en haut & sa tige en bas, les sucs qui entreront dans la racine ne laisseront pas d'être toujours les plus grossiers; & quand ils l'auront développée & en auront élargi les pores, au point qu'il y entrera des sucs terrestres d'une certaine pesanteur, ces sucs toujours plus pesans, appesantissant toujours la racine de plus en plus, la tireront en bas, & cela d'autant plus facilement, ou avec d'autant plus d'effort, qu'elle s'étendra ou s'allongera davantage; car le point de partage supposé étant connu, comme une espèce de point fixe de levier, ils agiront par un plus long bras. Dans le même temps, les plus volatils qui auront pénétré la tige, tendront aussi à lui donner leur Direction de bas en haut; & par la raison du levier ils la lui donneront plus aisément de jour en jour, puisqu'elle s'allongera toujours de plus en plus. Ainsi la petite plante tourne sur le point de partage immobile, jusqu'à ce qu'elle soit entiérement redressée.

La plante s'étant ainsi redressée, on voit que la tige doit se lever perpendiculairement pour avoir une assiette plus ferme, & pour pouvoir mieux résister aux efforts du vent & de l'eau.

Voici l'explication donnée, sur la même matière, par Parent : le suc nourricier étant arrrivé à l'extrémité d'une tige qui se lève, s'il s'évapore, le poids de l'air qui l'environne de tous côtés doit le faire monter verticalement; & s'il ne s'évapore point, mais qu'il se congèle & qu'il demeure fixé à l'extrémité d'où il soit prêt à sortir, le poids de l'air lui donnera encore la Direction verticale; de sorte que la tige acquerra une particule nouvelle, placée verticalement : par la même raison que dans une chandelle placée obliquement, la flamme se lève verticalement en vertu de la pression de l'atmosphère, les nouvelles gouttes du suc nourricier qui viendront ensuite, auront la même Direction; & comme toutes ces gouttes réunies forment la tige, elles lui donneront une Direction verticale, à moins que quelque cause particulière n'en empêche.

A l'égard des branches, qui d'abord sont supposées sortir latéralement de la tige dans le premier embrion de la plante, quoiqu'elles aient par elles-mêmes une Direction horizontale, elles doivent cependant se redresser par l'action continuée du suc nourricier, qui d'abord trouve peu de résistance dans les branches encore tendres & souples, & qui, ensuite, lorsque les branches sont devenues plus fortes, agit encore avec beaucoup plus d'avantage, parce qu'une branche plus longue donne un plus long bras de levier. L'action d'une petite goutte de suc nourricier, qui est en elle-même fort petite, devient plus considérable par sa continuité & par le secours des circonstances favorables; par-là on peut expliquer la situation & la Direction constante des branches, qui sont presque toutes & presque toujours le même angle constant de 45 degrés, avec la tige & entr'elles.

Astruc, pour expliquer la perpendicularité de la tige & son redressement, suppose ces deux principes : 1.° que le suc nourricier vient de la circonférence de la plante, & se termine vers la moèle; 2.° que les liquides, qui sont dans des tuyaux parallèles ou inclinés à l'horison, pèsent sur la partie inférieure de leurs tuyaux, & n'agissent point du tout à la supérieure.

Il est aisé de conclure de ces deux principes, que lorsque les plantes sont dans une situation parallèle ou inclinée à l'horison, le suc nourricier qui coule de leur racine vers leur tige, doit, par son propre poids, tomber dans les tuyaux de la partie supérieure; ces tuyaux devront par-là être plus distendus, & leurs pores plus ouverts. Les parties du suc nourricier qui s'y trouvent ramassées, devront par conséquent y pénétrer en plus grande quantité, & s'y attacher plus aisément que dans la partie supérieure; par conséquent l'extrémité de la plante étant plus nourrie que la partie supérieure, cette extrémité sera obligée de se courber vers le haut.

On peut, par le même principe, expliquer un autre fait. Dans une fève qu'on sème à contre-sens, la radicule en haut & la plume en bas, la plume & la radicule croissent d'abord directement de près de la longueur d'un pouce; mais peu après elles commencent à se courber l'une vers le bas, & l'autre vers le haut.

On observe encore la même chose dans un tas de bled qu'on fait germer pour faire de la bierre, ou dans un monceau de glands qui germent dans un lieu humide; chaque grain de bled, dans le premier cas, ou chaque gland dans le second, ont des situations différentes : tous les germes pourtant tendent directement en haut, dans le temps que les racines sont tournées en bas, & la courbure qu'elles font est plus ou moins grande, suivant que leur situation approche plus ou moins de la situation directe, où elles pourroient croître sans se courber.

Pour expliquer des mouvemens si contraires, il faut supposer qu'il y a quelques différences entre la plumule & la radicule. Astruc n'en connoît point d'autre, sinon que la plume se nourrit par le suc que des tuyaux parallèles à ses côtés lui portent, au lieu que la radicule prend sa nourriture du suc qui pénètre dans tous les pores de la circonférence. Toutes les fois donc que la plume se trouve dans une situation parallèle ou inclinée à l'horison, le suc nourricier doit croupir dans la partie inférieure, & par consequent il doit la nourrir plus que la supérieure, & redresser par-là son extrémité vers le haut, pour les raisons que nous avons déjà rapportées. Au contraire, lorsque la radicule est dans une situation semblable, le suc nourricier doit pénétrer en plus grande quantité par les pores de la partie supérieure, que par ceux de l'inférieure. Le suc nourricier devra donc faire croître la partie supérieure plus que l'inférieure, & faire courber vers le bas l'extrémité de la radicule : cette courbure naturelle de la plumule & de la radicule doit continuer jusqu'à ce que leurs côtés se nourrissent également, ce qui n'arrive que quand leur extrémité est perpendiculaire à l'horison.

Buffon, connu par ses mille & un paradoxes, a soutenu que la perpendicularité des tiges est un effet des émanations de la chaleur centrale de la terre; indiquer son sistême, c'est se dispenser d'une réfutation. *Voyez* son Histoire naturelle générale.

On voit que ces Auteurs, plus Observateurs que Géomètres, plus habitués à approfondir des faits partiels & à les bien voir, qu'à embrasser la Nature dans son ensemble, se sont un peu écartés des propriétés connues des végétaux, dans l'énoncé de leur systême.

Les plantes sont composées de fibres parallèles, de trachées & de canaux déférens; ces parties sont liées par des fibres qui s'entrelacent & composent un réseau. Il est connu que l'accroissement se fait par l'interposition des molécules analogues : (1) l'acte de la nutrition sépare ces molécules des parties hétérogènes qui sont chassées au-dehors par les vases sécretoires.

Il paroît que l'absorption se fait par une action semblable à celle qu'on observe dans les tubes capillaires, & qui élève les molécules jusqu'au moment où elles s'incorporent à l'individu. La tige, & même quelle partie qu'on choisisse, est composée de vaisseaux, fibres, trachées. &c., dont la Direction suit la longueur de la plante pendant qu'aucune ne la traverse en largeur. Il est facile d'observer ce tissu, soit en macérant le bois, soit en observant des herbes caduques. Dans leur jeunesse, le liquide quelconque, répandu entre les mailles, met obstacle à l'observation. La séve (c'est le nom qu'on donne à ces molécules destinées à la nutrition) s'élève dans les canaux, se dépose entre les mailles formées, les développe & les agrandit à mesure qu'elle parvient aux extrémités qui sont moins développées, & par conséquent augmente l'individu dans cette même Direction : à mesure que de nouvelles molécules s'y réunissent, la dilatabilité diminue; elle finit enfin, dès que tous les intervalles sont remplis; ce moment est celui de la caducité.

Le torrent de la séve tend donc, par une force analogue à celle qui fait élever les liquides dans les tubes capillaires, à s'élever jusqu'aux extrémités de l'individu; elle agit par conséquent sur cette partie, en la prolongeant : ainsi, dès que la première direction de la plumule a été déterminée, l'individu la conserve par la même force qui le répare & le développe, & cette direction n'est interrompue que dans les cas où le prolongement n'est pas proportionné au diamètre : ce qui produit les plantes rampantes, grimpantes, volubiles, &c., qui ont besoin d'appui étranger pour se soutenir.

De l'Organisation même des végétaux, il s'ensuit qu'ils doivent tendre à s'allonger dans la direction verticale, dès que la plumule a prise cette direction; mais il doit exister une cause qui détermine cette plumule à tendre, dès sa naissance, vers une direction contraire aux loix de la matière inerte, & qui lui fait vaincre tous les obstacles pour y parvenir.

Outre la nourriture que les racines transmettent à l'individu, il en tire aussi de l'atmosphère; nourriture qui lui est tellement nécessaire, qu'il périt sous la machine pneumatique. Les principes que le végétal absorbe dans l'atmosphère paroissent être les diverses combinaisons du feu avec l'air; & les composés aqueux connus sous le nom d'air inflammable, phlogistique, &c., (1) dont il rejette une grande partie de l'air, après avoir séparé & absorbé les autres principes. On a remarqué que la plante, mise dans un vase plein d'air impur, le purifie sensiblement. *Voyez* Végétation & Plante. Et même cette absorption, produite par le travail de la vie, n'a lieu qu'autant que l'individu, exposé aux rayons solaires, en reçoit le mouvement vital; à l'ombre, cette décomposition

(1) Lamarck a donné l'éveil sur un point de vue bien important pour la connoissance de la végétation : il a, le premier, remarqué que le caractère principal des végétaux, en quoi ils se distinguent des animaux, c'est qu'ils composent, par l'acte de leur vie, les molécules qui les conservent par la combinaison des élémens ou principes simples, tandis que les animaux séparent ces molecules toutes formées des autres corps, pour se les assimiler. *Voyez* ses *Essais sur les Causes physiques*, Ouvrage plein de vues neuves.

(1) Je suis la nomenclature que j'ai adoptée dans mon Ouvrage sur le *Feu*, Ouvage contraire au systême des pneumatistes, que j'invite à y répondre.

de l'air impur ne peut s'opérer. *Voyez* ÉTIOLEMENT.

C'est l'air & la lumière que la plumule cherche, non point par un mouvement volontaire, mais parce que l'air, qui pénètre la superficie de la terre, s'offre naturellement à la plumule en plus grande abondance dans une direction que dans une autre. Une expérience aisée à vérifier, c'est que la direction est moins constante, lorsque la graine germe à une certaine profondeur. Alors ne rencontrant pas une quantité de particules d'air bien différente au-dessus ou au-dessous, sa direction se prononce moins rapidement, & ne prend même une détermination fixe qu'après s'être développée. Je m'explique; c'est dans le cas où la graine est mal placée; car, quand elle est bien disposée, la plumule prend naturellement sa direction.

Le feu dans l'état d'activité où le soleil nous le transmet, & qui nous est sensible, soit par le sentiment de chaleur qu'il développe, soit par l'impression de lumière, a peut-être quelque influence sur cette direction des tiges. Dans plusieurs circonstances on peut observer la tendance des végétaux à jouir de son influence: les expériences qu'on a faites à ce sujet sont assez connues. Nos idées sur l'impression que le feu fait sur les végétaux sont, & trop vagues, & trop obscures jusqu'à présent. Ont-ils la sensation de la lumière ou celle de la chaleur ? les ont-ils toutes deux ? ou la présence du feu agit-elle en eux sur des êtres insensibles ? Tout ce que nous connoissons des végétaux, jusqu'à présent, nous annonce des êtres organisés, mais non doués du sentiment, c'est-à-dire, de la faculté d'appercevoir les corps qui les environnent.

Le feu n'agit comme lumière sur les êtres organisés sensibles que dans son état de liberté & par une légère irritation sur la rétine. Mais cette manière d'être du feu n'est point sa qualité principale attachée à son existence, comme divers Chimistes le supposent; elle n'est au contraire qu'une qualité très-partielle, une manière d'être purement relative à quelques êtres organisés. La lumière est plutôt une disposition particulière d'une partie de notre corps, qu'une action réelle du feu. Mais la chaleur est une qualite du feu inhérente à sa nature expansible, dont elle est un des premiers échelons. Tous les êtres organisés & non organiques lui sont soumis; tous ressentent sont influence, parce que tous sont destructibles par le feu. Si nous observons que la lumière a souvent une action différente de celle de la chaleur sur les végétaux, c'est parce que l'état de lumière est dépendant de celui de liberté & point celui de chaleur; & que la chaleur peut bien développer le feu intégrant des végétaux & changer sa manière d'y être, mais ne peut pas en augmenter la proportion; au lieu que le feu, dans son état de lumière, est libre & peut se combiner. C'est la seule cause des différens effets que nous observons dans ces deux circonstances. (1)

Mais comme je l'ai développé ailleurs, l'action du feu solaire contribue plutôt à diminuer l'allongement des tiges, qu'à l'augmenter. Plusieurs faits rapportés au mot CLIMAT le prouvent, tels que la diminution énorme qu'éprouvent les plantes aquatiques qui se développent à l'air libre. Dans l'eau, l'action du feu est sensiblement affoiblie par la densité du milieu qu'il traverse; aussi les herbes qui y croissent acquièrent une longueur très-grande; (2) pendant que transportées à l'air libre, où le milieu plus rare s'oppose moins à l'action du feu, les tiges diminuent; mais un fait qui accompagne toujours ce racourcissement, c'est que les fleurs ne suivent pas les gradations de la tige; vérité dont j'ai tiré les conséquences les plus lumineuses sur la théorie des végétaux. *V.* CLIMAT. Il paroît donc par ce qui précède; que la première impulsion qui développe les graines est causée par l'action du feu; qu'ensuite l'air détermine la sortie des végétaux, & que cette première direction est conservée par l'impulsion de la séve qui agit sur les extrémités; & que cette liqueur réparatrice s'élève dans les végétaux par un mouvement des molécules, qui surpasse la résistence qu'apporte la colonne d'air, semblable à celui qu'on observe dans les tubes capillaires.

DISA, *Disa*.

Genre de plantes de la famille des ORQUIDÉES, composé de quelques espèces, encore peu connues, même des Botanistes, & qui ressemblent beaucoup, par le port, aux *Orquis* proprement dits: ce sont des herbes à feuilles engaînées, dont la tige porte à son sommet une ou plusieurs fleurs munies d'un éperon à la base du pétale supérieur.

Espèces.

1. DISA à grandes fleurs.

Disa grandiflora. L. Fil. Du Cap de bonne-espérance.

2. DISA à longues cornes.

---

(1) Je renvoie de nouveau à mon ouvrage sur le feu dont la lecture est indispensable pour suivre ce raisonnement.

(2) Plusieurs Algues parviennent à 40 ou 50 pieds. La renoncule d'eau a quatre, cinq, ou six pieds; & je l'ai observée, dans un terrein sec, longue au plus de deux pouces: j'ai donné les détails de cette observation, au mot CLIMAT, & avec plus de détails dans mes Mémoires pour servir à l'Histoire physique & naturelle de la Suisse.

Disa

Disa longicornis. L. Fil. Du Cap de bonne-espérance.

3. Disa tacheté.

Disa maculata. L. Fil. Du Cap de bonne-espérance.

Espèce moins connue.

Disa racemosa. L. Fil.

La première espèce ne porte qu'une seule fleur de couleur herbacée, dont les pétales sont longs d'un pouce & davantage; quelquefois une seconde fleur se forme au bas du spathe de la première, mais, dans ce cas, elle est moins grande. La fleur de la seconde espèce est de couleur bleuâtre, moins grande que celle de la première espèce. La fleur de la troisième espèce est d'un bleu plus foncé.

Culture.

Ces plantes ne sont pas encore dans les Jardins de la France. Comme les graines des végétaux de la famille des Orquidées ne lèvent jamais dans les Jardins, on ne peut y cultiver que des pieds qui y ont été apportés avec la motte, de leur pays natal, & qu'on replante immédiatement après, sans toucher le moins possible à leur motte, dans des vases pleins de terreau de bruyère, qu'on place sous une couche tiède ou dans une orangerie. Malgré ces précautions, il est rare de conserver long-temps ces plantes dans nos Jardins. *Voyez* Orquis. (*L. Reynier.*)

DISANDRE, *Disandra.*

Genre de plantes voisin des Sibtorpes, dont il ne diffère que par le nombre des parties qui composent la fleur.

Espèce.

1. Disandre couchée.

Disandra prostrata. L. Du Levant.

Espèce moins connue.

Disandra africana. L.

C'est une petite plante herbacée, à tiges couchées sur la terre, grêles & couvertes de feuilles alternes, d'un verd pâle adouci par les poils blanchâtres qui les couvrent. Les fleurs naissent par paquets de deux ou trois, supportées par un même pédoncule à l'aisselle des feuilles: elles sont jaunes & de peu d'apparence.

Culture.

La Disandre se multiplie de graines, qu'on sème au printemps dans des vases pleins d'une terre meuble & légère. Dès que les jeunes plantes peuvent le supporter, on les replante séparément dans des vases différens, qu'on a soin d'entretenir nets par des binages fréquens. On peut en hasarder quelques pieds dans les Jardins, sur les bords des plates-bandes; mais comme les froids peuvent nuire à l'entier aoutement des graines, il est bon d'en avoir en pots, qu'on rentre dans l'orangerie, où elle dure souvent deux années. Cette plante n'ayant rien d'agréable, ni dans sa forme, ni dans ses fleurs, n'est cultivée que dans les Jardins destinés à l'étude de la Botanique. (*L. Reynier.*)

DISETTE.

Ce mot pris dans sa plus grande étendue veut dire *manque*, & s'applique à toute espèce de denrée, qui par quelque circonstance devient rare. On dit: *disette de grains, disette de charbon, disette de bois, disette de fer* &c., quand on a de la peine à se procurer des grains, du charbon, du bois, du fer &c.

En considérant le mot *disette* seulement sous ses rapports avec l'agriculture, on en distingue plusieurs sortes;

1.° Disette réelle, disette apparente, disette factice, disette d'opinion.

2.° Disette générale, qui a lieu dans la plupart des Etats d'Europe, disette partielle ou locale, qui n'a lieu que dans un seul Etat, ou dans une partie d'un Etat.

3.° Disette sur toutes les denrées à la fois, disette sur quelques-unes seulement.

La disette réelle existe, quand les productions d'une ou de plusieurs années ne sont pas véritablement en proportion avec les besoins.

Elle n'est qu'apparente, si l'on juge de ce que doivent rendre les récoltes, à l'aspect des tiges & des épis qui sont moins nombreux qu'à l'ordinaire & qui cependant donnent beaucoup de grains; ce qui arrive dans les années, où tous les calyces des épis sont remplis.

L'avidité des marchands, le monopole, qui s'exerce & les projets de l'ambition causent ou font la disette factice, en soutraïant les denrées à la circulation, en les enmagasinant, les cachant & quelquefois les portant chez l'étranger pour les faire reparoître, quand les auteurs de ces exécrables manœuvres le jugent convenable à leurs vues.

La disette d'opinion est l'effet des allarmes & des inquiétudes du peuple, occasionnées par de faux bruits, que repandent l'ignorance & la malveillance. Cette disette aussi fâcheuse & plus fâcheuse même par ses suites que la disette réelle, engage les particuliers a des approvisionnemens, qui augmentent d'autant plus la rareté de la denrée; que leur nombre est immense. Il en résulte une cherté excessive & un manque de ressource pour l'homme absolument pauvre, qui n'est pas ou état d'acheter d'avance & quelquefois même pour l'homme riche, qui, crainte de murmures, n'ose pas se permettre ce que se permet l'homme seulement aisé.

Il y a peu d'années où la disette soit générale en Europe; ou plutôt, elle ne l'est jamais, à cause de la diversité des climats qui composent cette partie du monde. A moins qu'un Etat ne soit très petit, presque toujours les récoltes sont bonnes dans la majeure partie de son étendue. On l'a vue générale en France en 1788 & 1789. Une grêle épouvantable, qui tomba le 13 juillet 1788, enleva en 10 ou 12 heures la valeur de 25 millions de grains sur pied; les autres grêles de la même année en détruisirent encore pour 7 millions; pertes d'autant plus sensibles, que dans les pays épargné par la grêle, la récolte étoit mauvaise. Le plus souvent ce n'est qu'une partie de la France qui récolte peu; quelques fois les fromens sont beaux & abondans dans le Midy, tandis que ceux du Nord de la République rendent peu.

Rien n'est si rare que la disette sur toutes les denrées à la fois. Ordinairement ce n'est qu'une ou deux denrées qui manquent, selon que le tems a été défavorable pour ces denrées.

Au reste, la *disette* est l'opposé de *l'abondance*. Les causes de celle-là sont les causes inverses ou contraires de celle-ci. *Voyez* l'article ABONDANCE, où elles sont plus développées.

Que la disette soit réelle ou factice ou d'opinion elle est toujours fâcheuse, quand c'est une disette de subsistances & sur-tout de bled. Il est de la sagesse du gouvernement de la prévenir & d'y remédier, lorsqu'elle se fait sentir.

Sans rappeller ici tout ce que j'ai dit au mot commerce des grains, je ferai connoître un grand nombre d'actes, emanés du pouvoir public en France, depuis le commencement de la monarchie jusqu'au commencement de ce siècle. Il ne m'a pas été possible de me procurer tous les actes subsequens. Je donnerai à la suite l'extrait d'un projet sur la manière de s'assurer du produit des récoltes annuelles & de faire circuler les grains surabondans d'un pays dans un autre qui en est privé. Ces deux pièces ont été trouvées encore dans les manuscrit de M. Arrault; dont j'ai parlé plusieurs fois. Lui même avoit puisé la première dans l'ouvrage immense du commissaire Lamarre; il y a rempli des lacunes qui s'y trouvoient. Enfin, je terminerai cet article en indiquant comment le gouvernement & les particuliers aisés doivent se conduire, lorsqu'une disette arrive.

» L'application assidue à la culture de la terre est un des principaux moyens pour prévenir la disette, ou la faire cesser ».

» Les terres qui restent incultes, par la négligence des propriétaires font un grand tort au public ».

» Elles sont quelques fois abandonnées depuis si long-tems, qu'on n'en connoît plus les propriétaires ».

» En 1566, Charles IX rendit une ordonnance pour vendre à cens, ou à deniers d'entrées d'une somme modique, les terres vagues & abandonnées, qui tomboient ordinairement dans le domaine du Roi par déshérence, aubaine ou confiscation ».

» Le 13 octobre 1693, Louis XIV rendit un arrêt du conseil, qui permit à tous particuliers de cultiver & ensemencer les terres non cultivées, & d'en recueillir les fruits sans être tenus d'en payer rente ni censive, & sans que sous ce prétexte ils puissent être augmentés à la taille ».

» Dans des tems de disette, on défendoit la sortie & le transport des grains hors du royaume, sous des peines rigoureuses: elles l'étoient plus ou moins suivant les circonstances ».

» Ces défences ont été faites pures & simples en certain tems; dans d'autres, sous peine des galères, & dans d'autres sous peine de la vie même ».

» Cela s'est ainsi pratiqué en 1573, sous Charles IX. En 1574, sous Henri II. En 1587, sous Henri III. En 1595, sous Henri IV. En 1631, sous Louis XIII. En 1643, 1649, 1679, 1692, 1693, 1698, sous Louis XIV ».

» Un autre moyen employé contre la disette, c'est de procurer la facilité du commerce des grains de Province à Province, & même en attirer des pays étrangers en les exemptant de tous droits d'entrées, péages & autres ».

» Ce moyen fut pratiqué en 1693, sous Louis XIV; & il est toujours employé avec succès ».

» Les grains dans un tems de disette deviennent si précieux & si chers, qu'il est de la prudence d'empêcher qu'ils soient employés à d'autres usages qu'à la fabrication du pain. Cet usage des grains est incomparablement le plus nécessaire: delà, dans différens tems, les défenses dans des cas de disette, aux brasseurs de faire de la bierre, ou de faire des eaux-de-vie de bled ».

» Ordonnance de police du 4 Avril 1445 ».

» Ordonnance de police du premier octobre 1482 ».

» Arrêts du conseil du 16 Septembre, 27 Octobre & 14 Novembre 1693 ».

» Une précaution bien importante dans les tems de disette, c'est de s'assurer de la quantité de bled qu'il y a dans la France ».

» Paris, dont la consommation est immense, donne le ton aux Provinces pour le prix, & il faut avoir grand soin que les marchés de cette grande ville soient bien garnis, afin de contenir le prix du bled dans les Provinces. ».

» L'approvisionnement de Paris se tire de differens endroits. *Voyez* le mot ACHAT ».

» Les précautions à prendre en cas de disette se trouvent écrites dans une ancienne ordonnance rendue en pareille circonstance, par Philippe Lebel en 1304. Elle est adressée au Prevost de Paris; & elle lui enjoint de s'informer de la quantité des grains étant dans chaque ville & territoire, en laissant aux habitans leur subsistance jusqu'à la récolte, & les grains nécessaires pour semer; & de faire porter le surplus au marché ».

» En 1415. Ordonnance du Prévost de Paris, qui ordonne à ceux qui auront des grains de les déclarer, d'en vendre, sans en rien receler sous peine d'amende & de perdre la partie recelée ».

» En 1418. Le Prevost de Paris fixa le prix des grains ».

» En 1419. Ordonnance du Prevost de Paris, qui fixe le prix des grains & du pain.

» En 1430 & 1432. Ordonnance pour pareille fixation ».

» En 1434. On fit la même chose ».

» En 1436. Ordonnance qui défend de faire du pain blanc, brioches & échaudés. Ordonnance qu'il sera fait deux sortes de pain seulement ».

» En 1436 Fixation du prix du pain ».

» En 1437. De même pour le petit pain, & Ordonnance qu'il sera fait deux sortes de pain, l'un aux deux tiers de froment & un tiers de seigle, l'autre aux deux tiers de seigle & un tiers de froment ».

» En 1475. Fixation du prix du pain ».

» En 1520. De même ».

» En 1521. Arrêt du parlement, qui défend d'arrêter les grains chargés pour Paris ».

» En 1531. Ordonnance de porter les grains aux marchés; défenses de les vendre ailleurs ».

» En 1548. Fixation du prix du pain ».

» En 1560. Arrêt qui ordonne au chapitre de Notre-Dame, & aux riches monastères, de pourvoir aux besoins des couvents pauvres, & des autres pauvres de la ville ».

» En 1560. Arrêt pour fixer le prix du pain ».

» En 1560. Arrêt qui défend de vendre & d'acheter des grains dans les greniers, & ordonne de mener les bleds aux marchés ».

» En 1565. Arrêt pour faire venir des grains à Paris; défenses aux Boulangers de vendre le pain plus cher l'après-midi que le matin. Défenses sous peine de la hare de prendre le pain de force dans leur boutique ».

» Autre arrêt qui ordonne le doublement de la taxe des pauvres pendant six mois pour aider à leur subsistance ».

» En 1573. Arrêt qui ordonne à toutes personnes de déclarer dans le lendemain aux commissaires pour ce députés par la police, les grains qu'ils ont, tant à la ville qu'aux champs ».

» Autre arrêt qui porte que chacun des présidens & conseillers du Parlement, fera sa déclaration pour montrer exemple ».

» En 1587. Arrêt qui commet un conseiller de la Cour, qui s'y offrit pour se transporter en Province, pour faire venir des bleds à Paris ».

» Autre arrêt sur la commission adressée à six conseillers de la Cour pour aller en Province, & faire venir des bleds à Paris ».

» Autre arrêt pour autoriser un emprunt pour la subsistance des pauvres ».

» En 1622. On tint la même conduite pour prévenir la disette ».

» En 1630. On fit de même. Le transport des grains fut défendu : on défendit de vendre des grains ailleurs que dans les marchés. On ordonna à chacun de porter des grains au marché; le prix du pain fut fixé ».

En 1660. On fit encore la même chose : on envoya quatre commissaires au Châtelet en Province pour faire venir des grains à Paris; avec permission de faire ouvrir les magasins ».

» En 1660. Arrêt qui met en liberté un particulier arrêté pour deniers royaux, faisant voiturer des grains à Paris, avec défenses d'attenter aux personnes & aux bateaux amenans des grains à Paris ».

» Ordonnance de police, qui permet aux pâtissiers de cuire du pain & de le vendre ».

» En 1692. On prit les mêmes précautions pour remplir les trois grands objets qui occupent dans le cas de disette ».

1.° Pourvoir à la subsistance des pauvres.

2.° Pourvoir à l'abondance des grains dans les marchés ».

3.° Pourvoir à la sûreté publique, & à celle des Boulangers en particulier.

» Arrêt qui condamne deux particuliers à être pendus; d'autres aux galères, pour avoir volé du pain dans les marchés, & fait violence aux Boulangers ».

» En 1693. Arrêt qui ordonne que les mendians valides se retireront dans leur pays ».

» Arrêt du Conseil qui nomme des commissaires du Conseil, pour faire porter les bleds dans les marchés ».

» En 1693, Déclaration du Roi pour commettre dans toutes les villes des gens de probité; qui visitent les fermes & les magasins, & fassent porter du bled aux marchés ».

» Le Roi fit distribuer cent mille livres de pain à 2 sols la livre; pour prévenir les abus qui survinrent, on ordonna qu'il seroit distribué cent vingt mille livres en argent, de semaine en semaine suivant l'état qui seroit dressé ».

» En 1694. Arrêt qui ordonne aux mendians de se retirer dans leur Pays, défenses à eux de s'attrouper sous peine de la vie ».

» Arrêt qui ordonne que dans chaque paroisse il sera nommé un nombre de personnes pour veiller à la conservation des biens de la terre ».

» Déclaration du Roi qui défend d'acheter les bleds en verd, & déclare nuls de pareils traités ».

» Commission à six commissaires du Châtelet; pour aller dans les Provinces s'informer de l'état des grains ».

» En 1698 & 1699. La disette donna lieu à de pareils reglemens ».

» En 1709. Cette année fatale aux biens de la terre, ou une gelée survenue sur un faux dégel, qui avoit amoli la terre & mis à découvert les racines du bled, tendres & susceptibles des impressions de l'air, cette année si funeste & dont le souvenir effrayera à jamais les bons citoyens, donna lieu à renouveller toutes les anciennes ordonnances & tous les anciens réglemens, sur les grains dans les cas de disette. Savoir: l'ordre de porter les grains aux marchés: la défense de les receler en magasin: celle de les acheter en verd; l'injonction de les déclarer; l'envoi de commissaires dans les provinces, la défense aux brasseurs de faire de la bierre, & des eaux-de-vie de bled: celle du transport des grains; une sauve garde accordée tant aux personnes qu'aux bateaux, & aux grains amenés à Paris, pour prévenir les abus d'une saisie feinte & simulée, & arrêter l'effet d'une saisie véritable que l'avidité & l'injustice pourroient occasionner; des précautions contre les violences auxquelles les Boulangers se trouveroient exposés: l'exclusion des mendians étrangers de la ville de Paris: des soins particuliers pour la subsistance des pauvres: des réglemens pour les dixmes, pour les cens, les rentes & les redevances en grains.

Acquisition d'orge pour semer à la place des froments détruits & acquisition de froments pour les semences de l'automne suivant.

Défenses de faire plus de deux sortes de pains: des punitions exemplaires contre les contrevenans. Enfin, un Tribunal formé des principaux membres du Parlement de Paris, pour juger les contestations qui pourroient naître au sujet des déclarations recelées, & contraventions sur la matière des bleds ».

» Toutes les précautions prises sous le règne des Rois prédécesseurs de Louis XIV, furent employées par lui: tout concourut à soulager les pauvres, & à pourvoir à l'abondance & à la sûreté publique & particuliere.

Fasse le ciel que de pareils maux ne nous obligent pas de recourir à de pareils remedes! »

» En 1725. Des pluyes continuelles rendirent la récolte de mauvaises qualité, mais la quantité s'y trouvoit, & on n'eût point recours à tous ces tristes, quoiqu'utiles réglemens ».

» En 1731. Un effet contraire. La secheresse menaça d'une disette prochaine: on prit de bonne heure la précaution de faire venir des bleds de l'étranger: la récolte fût parfaite dans sa qualité, & elle fut suffisante en quantité, du moins pour empêcher la cherté ».

» Les réglemens anciens & modernes sont pleins de sagesse; mais des greniers publics ne fourniroient-ils pas un remede bien plus efficace? n'obtiendra-t-on jamais un secours aussi essentiel, sur-tout pour une ville, la capitale d'un aussi grand pays? La dépense de la construction est elle un objet qui puisse arrêter? »

» Les frais de la garde & de la conservation sont-ils si considérables? N'y a-t-il plus ici de citoyens qui puissent y donner leurs soins avec probité, avec sagesse, & avec désintéressement? Tous nos habitans sont-ils des hommes que l'ambition & l'avarice dominent, de façon qu'ils ne puissent rien faire sans intérêts? »

» Ce qu'il en coute en faux frais dans une année ou l'on craint la disette, soit pour la prévenir, soit pour arrêter le cours des maux qu'elle cause, suffiroit pour se prémunir à jamais contre ses funestes effets, par la construction de greniers publics ».

» Les frais de la culture & ceux des déchets, seront pris sur la chose même. Ces greniers, toujours pleins, se vuident au premier moment de cherté, & se remplissent toujours à meilleur prix. »

» Des greniers souterrains exemptent de bien des frais. *Voyez* conservation des grains ».

» Tout ce qui est à éviter comme un plus grand mal que la disette même, c'est de mettre en party & en traité, cette portion essentielle de la nourriture; ce seroit livrer la société à des tyrans, & le remede deviendroit plus dur que le mal même ».

» Dans les cas de disette, on ne peut trop s'appliquer à faire garnir les marchés & à y procurer l'abondance de tous grains: tous entrent alors dans la fabrication du pain; le froment, le seigle, l'orge, tous ces grains s'allient dans ces cas malheureux ».

On multiplie l'espèce en quelque manière, en réduisant la fabrication du pain à deux sortes de pain, parce qu'alors le produit est plus considérable: d'ailleurs le peuple qui gémit dans sa misere le souffre avec plus de patience, quand il voit une moindre différence entre sa nourriture & celles des riches qui sont hommes comme lui. Par là, on previent les plaintes & les murmures, toujours dangereux dans ces tristes circonstances. La sûreté publique est exposée à la fureur de ceux qui meurent de faim: Ils se croyent tout permis pour éviter une mort prochaine qui les menace: il faut pourvoir à leur subsistance. Mais il faut aussi penser à calmer des hommes impatiens dans leur peine, & à éviter tout ce qui peut l'augmenter ».

L'abondance des grains est un remede qui pare à bien des maux : elle en diminue nécessairement le prix : elle dissipe la méfiance, elle donne même la confiance si nécessaire & si desirable pour soutenir les disgraces : on les supporte bien mieux quand on a l'espérance de les voir bientôt cesser ».

L'auteur du mémoire sur la manière de s'assurer du produit des récoltes trace ainsi les » effets de la disette. « Tout est à craindre, dit-il, » quand le pain n'est pas assuré, la cherté qui » devient bientôt excessive, dès que l'inquiétude » de manquer de bled à saisi les esprits, est le » premier effet de la disette & ce n'est pas le » plus dangereux. La sédition, la maladie, la » mort même, triste compagne de la famine, » suivent de près la disette. La maison du riche » est exposée aux pillage; le riche pensant à » ses propres besoins, occupé de la crainte de » manquer pour lui-même, retranche les se- » cours qu'il donnoit aux pauvres. Le pauvre » réduit à se nourrir de choses qui n'ont jamais » paru dignes d'être mises au nombre des ali- » mens destinés à la nourriture de l'homme, » tombe malade, languit & meurt de misere. » Le riche effrayé, ne peut éviter lui-même » les effets d'un air devenu contagieux; les » villes sont abandonnées, les campagnes restent » incultes, les ouvriers sont sans travail, les » artisans restent oisifs; le cours de la justice » est interrompu, l'ordre & la police sont aban- » donnés, toute règle est bannie & renversée. » On voit la forme d'un Etat changer, & la » terre se renouvelleroit, si les enfans ne par- » ticipoient pas à la disgrace commune; mais » ils périssent avec leurs peres, après avoir par- » tagé pendant un certain tems ce qui auroit » à peine suffi pour nourrir les uns ou les » autres ».

Pour prévenir ces malheurs il y a deux extrêmes à éviter; la trop grande cherté du bled, & la trop grande baisse dans son prix; car lorsqu'il est à très bas prix, le cultivateur est découragé, en seme moins & la rareté de la denrée produit la disette.

On ne peut, suivant l'auteur, relever & soutenir le prix du bled après plusieurs années d'abondance, qu'en permettant d'en exporter à l'étranger. Mais ce remède pouvant tourner contre la nation qui l'employeroit, il faudroit en user avec précaution & avec sagesse : car il arriveroit qu'on se verroit obligé de racheter à un prix excessif, des bleds vendus à l'étranger à un prix ordinaire.

Le moyen que propose l'auteur, est de connoître à fond chaque année le produit de toutes les récoltes par Provinces, généralités & élections, (*) & d'être instruit de la consommation de tous les habitans. Les états de ces produits envoyés tous les ans à ceux qui seroient chargés de les recueillir, serviroient de guide & de règle pour prendre des mesures convenables, c'est-à-dire, pour faire venir des bleds de l'étranger, en cas de disette, ou pour permettre l'exportation, si le bled baissoit trop.

Les mêmes états, dans la même hypothèse, serviroient encore à entretenir une balance exacte sur le prix du bled d'une province à un autre, le gouvernement ayant l'attention de faire passer d'une Province où la récolte est abondante, des bleds dans celles où il y auroit à craindre la disette.

L'auteur ne veut pas que le gouvernement fasse lui même les approvisionnemens destinés à la subsistance du peuple, dans les mauvaises années, parce que ses agens ne doivent jamais être exposés à la haine publique & à la tentation irrésistible d'un gain considérable; d'ailleurs la construction des greniers, l'entretien des grains, les frais de transport coûteroient trop. En deux mots l'Auteur rejette les magasins publics. Il demande que dans les états des récoltes, on comprenne les différentes espèces de grains propres à faire du pain, tels que le froment, le seigle, l'orge, l'avoine & dans celui des habitans, les enfans qui d'abord consomment de la farine bouillie, & ensuite du pain. Il vaut mieux calculer la consommation au plus fort.

Les dénombremens des personnes peuvent se faire par les rôles des impositions, en y ajoutant les enfans.

On peut connoître facilement ce qu'il y a d'arpens de terres labourables dans chaque paroisse. Tout fermier seroit tenu de déclarer fidelement, & sous des peines rigoureuses, la quantité de terres qu'il auroit ensemencées, en distinguant les différentes natures de grains, ce qu'il laisseroit en jachères, la quantité de gerbes qu'il récolteroit & leur produit en grain.

Les déclarations, signées & paraphées par le syndic ou officier Municipal qui le représenteroit, seroit envoyé à l'Intendant, qui les inscriroit & feroit parvenir l'extrait de son regîstre à un bureau établi dans la capitale pour cette correspondance, sous l'inspection de notables bourgeois, qui n'auroient pas d'appointemens.

Les premiers magistrats, d'après les rapports

(*) Le mémoire dont ceci est extrait, est fait avant 1750, & par conséquent, dans le tems où l'administration de la France se faisoit par les Intendans, Subdelégués, Syndics, &c. Si on adoptoit le plan proposé, il s'exécuteroit par les départemens, districts, municipalités &c. Ce qui est la même chose.

des Inspecteurs, connoitroient d'un coup d'œil le besoin général, ou celui d'une ou de plusieurs Provinces, maltraitées par la grêle, les pluyes, la sécheresse, les insectes &c.

Cette connoissance mettroit à portée; 1.° de faire venir d'avance à propos & sans semer l'alarme, des grains de l'étranger, si on prévoyoit avoir besoin de ce secours; 2.° de faire passer des grains d'une Province dans une autre; 3.° de permettre avec prudence & sûreté l'exportation au dehors, quand le prix du bled seroit très bas.

Les moyens proposés par l'auteur du mémoire pour prévenir la disette & le trop bas prix du bled, sont bons en apparence & théoriquement. Il semble qu'ils soient simples & d'une exécution facile. Mais en les examinant, on y trouve beaucoup d'inconvéniens. Quelle voie employera le gouvernement, pour faire passer des grains d'une Province où il y en a beaucoup, dans une province où il en manque? se contentera-t-il d'engager les Cultivateurs ou le Commerce à se charger de cette commission? Mais s'y prêteront-ils, & quand ils s'y prêteroient, le peuple de la Province, qui sera dans l'abondance, ne s'opposera-t-il pas à cette exportation, dans la crainte qu'on ne lui enlève tous ses bleds? Si on contraint les Cultivateurs, n'est-ce pas une attaque à leur propriété? En supposant que le gouvernement soit le maître de disposer à son gré de la surabondance des bleds, pour y parvenir, il faut faire exercer une inquisition annuelle, très-désagréable. Aucun Cultivateur ne verra sans peine scruter ses profits. Il craindra les envieux de sa fortune & une surcharge d'impôts. Il en resultera qu'on fera des déclarations fausses, ou qu'on refusera de déclarer. Le systême de l'auteur me paroît donc un de ces plans, qui ont seulement beaucoup de spécieux. Je renvoye pour la discussion des autres moyens préservatifs de la disette, à tout ce qui a été dit au mot COMMERCE DES GRAINS.

Quand la disette est générale, ou quand on craint qu'elle ne le devienne, c'est au gouvernement qu'il appartient d'y remedier ou de la prévenir. Lui seul peut faire d'assez grands efforts pour en arrêter les effets.

Vers l'année 1740, M. Orry, Contrôleur général des finances, tira de l'étranger pour la somme de 13,000,000 de bled; une partie se trouva gâtée, par la négligence & l'avidité des personnes chargées de ces achats. Mais on fit paroître dans les marchés ce qu'il y avoit de bon, & le bled, auparavant très cher, reprit bientôt son cours ordinaire. C'est ainsi qu'un ministre sage sçait faire un grand bien.

En 1789, cette denrée étant à un prix excessif, le gouvernement, suivant l'état général de tous les bureaux frontières que j'ai entre les mains, fit venir 2,643,270 quintaux de froment, 537,693 quintaux de seigle & méteil, 351,343 quintaux de farine, 93,477 quintaux d'avoine, 462,774 quintaux d'orge, sarazin, maïs & autres menus grains, 232,415 quintaux de fèves, pois & autres légumes, & 115,998 quintaux de ris, total, 4,436,970 quintaux de grains. Mais ces denrées arriverent trop tard, puisque la plûpart ne furent dans nos ports qu'en Juillet, c'est-à-dire, près de la récolte, qui heureusement fut abondante; & ainsi elles n'eurent pas sur la diminution qui suivit, toute l'influence qu'elles auroient eues, si elles étoient arrivées plutôt. Cependant elles furent très-utiles, & sans elles on eût anticipé bien davantage sur la récolte nouvelle, qui en général ne commence à nous nourrir qu'après les semailles.

Quelquefois ce n'est qu'une Province, ou qu'un canton, ou qu'une ville seulement qui éprouvent la disette. Alors les secours des particuliers, l'intelligence & l'activité des hommes en place, sont les ressorts qui doivent être mis en mouvement. Un mémoire imprimé, dans lequel on rend compte de ce qui se passa dans la ville du Mans en 1738 & 1739, me met à portée d'en citer un exemple, dont le succès est bien constaté.

La récolte de 1737, fût peu abondante dans le Maine & insuffisante pour compenser celle de 1738, si mauvaise, qu'à peine elle produisit de quoi nourrir la Province jusqu'au mois de Janvier. Elle ne recueille ordinairement du bled que pour sa subsistance. On assura qu'en 1736 & 1737, on avoit tiré beaucoup de bled du Maine, & par conséquent cette Province n'avoit pas de provisions. L'Anjou & la Tourraine, pays voisins, étoient dans le même cas. Les commerçans de Tours & d'Angers, avoient remis entre eux une somme considérable, jointe à celle que le Roi leur avoit fait prêter pour acheter des bleds, emmagasinés à Nantes. Cette marche toute tracée étoit celle que desiroit suivre la ville du Mans. Mais, n'étant pas opulente comme Tours & Angers, où le commerce fait la richesse, elle fut embarrassée pour trouver les fonds nécessaires. L'évêque du Mans & le lieutenant général du Présidial, furent les premiers à proposer une contribution, qui s'exécuta avec joie. Les corps ecclésiastiques donnèrent 36500 liv. & les autres corps, y compris ce qu'offrirent quelques particuliers, formèrent 33400 liv. en y ajoutant à cette somme quelques emprunts, on parvint à réunir 74200 de contributions. L'Etat prêta de plus à la ville 500000. On établit un bureau de charité pour conduire l'opération: on prit toutes les précautions que la sagesse exige pour l'emploie de la somme à la connoissance des députés de tous les corps: on envoya à Nantes & en Angleterre même acheter du bled: les communautés ecclésiastiques fournirent les greniers: on vendoit & on distribuoit dans les greniers avec ordre & justice au prix courant, &

on en portoit en outre au marché afin que ce bled & celui que les fermiers y amenoient, concourussent pour le bien garnir. Il fût décidé dans les compagnies que les intérêts des emprunts qu'elles auroient pu faire seroient sur leur compte, & que si après la vente des bleds il y avoit perte, elle seroit supportée par tous les habitans; il ne paroissoit pas juste que ceux des gens riches & aisés, qui n'avoient pas contribué fussent exempts de la perte. Au contraire, si la vente excédoit le prix de l'achat, le profit en devoit être pour les pauvres après le remboursement des frais & des prêts.

Par ces précautions on para aux effets de la disette & de la cherté, & on fournit des bleds à ceux qui pouvoient en acheter. Mais il falloit en fournir à ceux qui étoient hors d'état de payer. On comptoit dans la ville 7000 pauvres. Les paroisses où n'habitoient que des bourgeois aisés, firent chaque mois des sommes suffisantes pour aider celles qui n'étoient habitées que par des artisans, la plupart pauvres & chargés de familles. L'évêque & plusieurs chapitres se chargèrent des pauvres de certaines paroisses. Le lieutenant général M. Lorschere voulut seul secourir ceux du grand S. Pierre : on leur distribuoit chaque semaine du pain fait avec le bled des magasins publics. Les pauvres des campagnes au nombre de 3000, que le besoin avoit aussi amenés dans la ville furent aussi secourus. L'évêque & M. Lorschere se donnèrent les plus grands mouvemens. Un marchand fripier nommé Dariot, qui avoit servi dans les troupes, fit pour ainsi dire des prodiges de bienfaisance; son zele & son humanité sauverent la vie à beaucoup d'infortunés. Il faisoit chez lui du bouillon, pour tremper de la soupe aux seuls pauvres de la campagne, avec le pain qu'on leur avoit donné dans la ville. Sa maison depuis 7 heures du matin jusqu'à 7 heures du soir étoit pleine de gens qui venoient chercher du bouillon. Il faisoit plus; il donnoit retraite à plus de 60 orphelins, & plaçoit les malades au nombre de plus de 40, dans une maison voisine de la sienne, & il en avoit un soin particulier. Lorsque les pauvres n'avoient pas trouvé de pain dans les distributions de la ville, il leur en fournissoit. Pendant plus de trois mois, il s'est consacré à cette œuvre de bienfaisance avec une activité peu commune. Il trempoit jusqu'à 1500 soupes par jour. Le bouillon de Dariot se faisoit avec de la viande, des légumes de toute sorte, telles que laitue, oseille, carottes, panais, choux & fèves, en y ajoutant des oignons, du beurre ou de la graisse, du sel & du poivre; le tout dans suffisante quantité d'eau; c'étoit ordinairement chaque jour 400 pintes, mesure du Mans. Dariot étoit sans fortune, mais son zèle le porta à tourner vers le soulagement des pauvres de la campagne, la générosité & l'humanité des gens aisés. Il n'eût pas plutôt commencé cette maniere de soulager, que beaucoup de personnes le firent dépositaire de ce qu'elles vouloient donner. Chacun lui apportoit; plus il distribuoit, plus il recevoit, afin de distribuer encore davantage. Les ames sensibles n'ont besoin souvent pour bien faire, que de l'indication des moyens qu'elles n'auroient pas imaginés. Puisse la mémoire de Dariot subsister long-tems! Par-tout ou sa belle action sera connue, elle prouvera dans tous les âges combien avec la bonne volonté on peut-être utile à ses semblables dans les tems de disette. *Voyez* au mot PAIN toutes les substances, qui servent à en faire, les meilleures combinaisons & ce qu'on peut y substituer quelquefois. (*TESSIER.*)

DISPOSITION.

On nomme Disposition, dans les plantes, la position relative des diverses parties & des divers organes de l'individu. C'est principalement cette disposition qui forme les caractères solides, auxquels le Naturaliste peut se fier dans l'examen & la description des espèces. On a remarqué, depuis long-temps, que le nombre des parties, sur lequel les sexualistes ont basé leur systême, est très-variable; tandis que ces mêmes parties conservent, dans leurs variations de nombre, la même position relative. En effet, il paroît à celui qui veut réfléchir, que la position tient plus immédiatement à la charpente primitive de l'individu, &, par conséquent, qu'elle dépend beaucoup moins des circonstances secondaires.

Cette disposition des parties comprend, non-seulement l'insertion diverse des organes de la fleur, mais aussi les insertions variées des branches, feuilles, stipules, épines, & autres accessoires du végétal. Ainsi tel végétal qui porte essentiellement ses branches alternes, ou opposées, ou verticillées, conserve ce caractère dans toutes les positions, au lieu que le nombre de ces parties varie fréquemment. Il en est de même des feuilles. On observe aussi que le nombre des parties conserve une proportion relative, même dans ses écarts : ainsi telle plante, dont la fleur porte habituellement dix étamines & cinq pétales, aura des analogues qui porteront huit étamines & quatre pétales, & ainsi des autres. Adanson, dans ses familles des plantes, a présenté diverses observations sur cet objet. (*L. REYNIER.*)

DISQUE. On donne ce nom à cette expansion de la tige, environnée sur ses bords d'écailles en forme de godet, sur laquelle sont implantées les fleurs de certaines familles, ou cette réunion de plusieurs fleurs particulières compose une fleur générale. *Voyez* FLEUR.

La famille naturelle des *Planipétales*, ainsi que les autres composées, les dipsacées, &c.,

ont leurs fleurs diſpoſées de cette manière. (*L. Reynier.*)

DISSÉMINATION.

On donne ce nom aux ſemis naturels qui ſe font par la chûte des graines, à l'époque de leur maturité. Cette diſſémination, modifiée par les circonſtances & par la forme des graines, préſente divers phénomènes qu'il eſt eſſentiel d'éclaircir. Ils tiennent même à la phyſiologie des plantes; car c'eſt par la diſſémination des ſemences, qu'on explique bien des faits ſinguliers, relatifs à l'apparition des eſpèces inconnues, & ſur-tout à la naiſſance de la végétation dans divers lieux.

Moyens de Diſſémination.

La graine proprement dite, c'eſt-à-dire cette ſubſtance charnue qui renferme l'embryon, & qui lui ſert de nourriture à l'époque de la germination, comme l'œuf au jeune oiſeau, a des enveloppes de divers genres, deſtinées non-ſeulement à préſerver ce dépôt des générations futures, mais qui lui ſervent auſſi de véhicule pour l'éloigner de la mere plante. C'eſt ou une aigrette qui la rend le jouet des airs, ou des crochets qui l'attachent à des corps qui la tranſportent, ou des ailes ou expanſions membraneuſes qui remplacent les aigrettes; quelquefois ce ſont des pulpes ſucculentes qui ſervent d'appas aux animaux frugivores; & les graines, qui réſiſtent à l'action diſſolvante des inteſtins, ſe trouvent, avec leurs déjections, jettées à une autre place. Ces divers moyens de diſſémination tiennent immédiatement à l'organiſation de *l'eſpèce*, & ne peuvent exciter cet étonnement ſtupide que le théologien veut faire naître. Car la plûpart de ces enveloppes ne ſont que des parties néceſſaires à la conſervation des organes ſexuels, qui ſe conſervent enſuite, & quelquefois acquierrent un développement qui les rend méconnoiſſables à qui n'obſerve pas avec attention. Beaucoup de fruits ne ſont que des calices développés; d'autres des piſtiles, où l'action fécondante de la pouſſière ſéminale a déterminé l'affluence des ſucs, par une eſpèce de caprification. La comparaiſon paroît d'abord ſingulière, & cependant les analogies ſe multiplient par diverſes obſervations. Le fruit piqué mûrit plutôt; le calice, où le piſtil des fleurs ou ſes ovaires n'ont pas été fécondés, ſe flétrit ſans prendre d'accroiſſement; il y a donc un genre d'action du fluide fécondant ſur les parties a voiſinantes, différent de celui qu'il a ſur les ovaires, & dont l'effet me paroît comparable à la caprification, puiſque l'un & l'autre déterminent l'affluence des ſucs nutritifs.

Les aigrettes des graines de fleurs composées ne ſont autre choſe que les calices ou enveloppes des fleurs; & ce qu'on nomme calice n'eſt, en dernière analyſe, qu'une collerette analogue à celle des ombellifères. En effet, dans les eſpèces où l'aigrette manque, elle eſt remplacée par une expanſion membraneuſe plus ou moins ſaillante, de forme diverſe, mais qui exiſte toujours. Ainſi ces aigrettes étoient néceſſaires à la conſervation de l'eſpèce, & non uniquement deſtinées à ſeconder la diſſémination. Dans les apocinées, les aigrettes ou *ouates* me paroiſſent être le placenta qui a tranſmis aux graines l'action fécondatrice du fluide fécondant, & le fluide nutritif pour ſa formation première. Un plus long examen des faits de détail eſt inutile pour prouver que les appendices, qu'on annonce comme deſtinés à être le véhicule des graines, ne le ſont qu'accidentellement, puiſqu'ils avoient une deſtination plus immédiate & plus néceſſaire, pour la conſervation des eſpèces.

Quelle eſt l'extenſion vraiſemblable de la Diſſémination des graines.

On conçoit facilement que des graines enlevées par l'agitation de l'air, attachées aux poils de quelques animaux, ou bien avalées par quelqu'un d'eux, paſſent d'un champ dans un autre, & s'étendent ainſi graduellement. On le conçoit encore plus facilement de ces eſpèces, en quelque ſorte coſmopolites, qu'on rencontre ſous des zones différentes, & dans preſque toutes les poſitions, telles que le *Pourpier*, la *Bourrache*, la *Bugle*, la *Bugloſe*, la *Morelle*, &c.; mais il eſt des plantes qui tiennent à de certaines poſitions, à de certaines terres, & qui ſe retrouvent dans des lieux éloignés à de grandes diſtances & ſans intermédiaires; telle, par exemple, le *Satyrium viride*, L. l'*Ophrys monorchis*, L. qui croiſſent dans les tourbières des montagnes élevées, dans les prairies du Spitzberg, & qui exiſtent encore, comme je m'en ſuis aſſuré, les ayant cueillies, dans les vallons marécageux, entre les dunes qui bordent la Hollande. Ces vallons de dix pieds de diamètre, quelquefois plus, très-ſouvent moins, contiennent un terreau tourbeux, très-ſemblable à celui des Alpes & à celui des terres extrêmes vers le Nord. Or, comment expliquer l'exiſtence de ces plantes dans trois points ſi diſtincts & ſans intermédiaires? Par la diſſémination des graines, dira-t-on? Mais quel véhicule peut apporter ſur les dunes de la Hollande, depuis le Spitzberg ou la Suiſſe, les ſemences de ces plantes, & principalement celles des Orchidées, qui perdent très-vîte leur faculté reproductive, outre qu'elles s'aoutent rarement? Ce ne peuvent être, ni les vents, ni les eaux, ni les animaux. Queſtion à réſoudre.

Après de grands mouvemens des terres, ſoit dans

dans les dépôts des fouilles souterraines, soit après la chûte des portions de montagnes, on voit naître sur ce nouveau sol des plantes qui ne croissoient pas dans ce site. Les graines, dira-t-on, y ont été déposées par les airs, ou par les oiseaux; d'autres diront que les graines étoient enterrées depuis long-temps dans les entrailles de la terre, où elles attendoient pour germer le contact de l'air. Mais comment ont-elles été déposées dans les entrailles de la terre? Quel véhicule les y a porté? Comment s'y sont-elles conservées, peut-être des siécles? C'est ce qu'on n'explique point. J'ai vu des ouvertures de mines faites en des lieux déserts, sauvages, inhabités. Bientôt les terres extraites des galeries, entassées vers l'ouverture, s'y couvroient de plantes qui croissent habituellement dans les terres fréquemment remuées, & qui ne se trouvoient dans aucun endroit des environs, sur un rayon assez considérable. D'où sont venues les graines de ces plantes? Comment existoient-elles dans les entrailles de la terre? On a beau invoquer la dissémination des graines & la prévoyance de la Nature, qui a donné à quelques-unes des aîles pour voler, on ne pourra répondre à cette question: comment existoient-elles dans les entrailles de la terre?

Labat, bon Observateur, & qui a dit tout ce qu'il a observé, remarque (tom. 1, p. 386 de ses Voyages) que par-tout où l'on défrichoit de son temps dans nos Isles, des terreins jusqu'alors incultes, la première herbe qui paroissoit étoit le Pourpier. Pourquoi ces graines de Pourpier se trouvoient-elles là & germoient-elles, tandis qu'on auroit dû présumer que la terre étoit remplie de graines des plantes qui y croissoient dans son état d'inculture, & néanmoins il n'en paroissoit pas.

J'ai fait une Observation semblable dans un Jardin de la Gueldre: ce Jardin, soigné depuis une époque très-ancienne, pousse encore, comme mauvaise herbe dans les allées, la Bruyère du Brabant, (*Erica tetralix, L.*) qui croît abondamment dans les sables de la Gueldre, mais qui, depuis plus de dix ans, n'a sûrement pas fleuri dans ce Jardin. Chaque fois que les allées avoient été quinze jours sans être ratissées, elles se couvroient de jeunes plantes de cette Bruyère; & cette production se renouvelloit dix fois chaque été. D'où venoit cette énorme quantité de graines dont devoit être imprégnée la terre de ce Jardin?

J'ai observé des terres remuées profondément, des collines coupées pour applanir des routes; & j'ai vu ces terres, qui naguères étoient ensevelies à cinquante pieds & plus de profondeur, même sous des bancs de grès, produire au bout de quelques temps des plantes différentes de celles qui croissoient antérieurement dans ce lieu; plusieurs ne se retrouvoient qu'à des distances considérables. D'où provenoient leurs graines? La dissémination suffit-elle pour expliquer leur naissance?

J'ai vu sur le sommet du Buet, le plus élevé de ceux qui sont voisins du Mont-Blanc, & qui est isolé à une certaine distance, une arrête de rochers qui s'étoit dégarnie de neiges à la suite d'un été fort chaud, & qui continuoit à se découvrir chaque année. Tout le reste de la montagne est couvert d'une épaisse calotte de neige. Cette arrête commence à se couvrir de végétation, & les deux plantes qui y croissent (une des avoines décrites par Haller & la Saxifrage biflore) sont deux plantes naturelles à ces sommets élevés, mais qui ne se trouvent dans aucun des endroits herbeux de la montagne. D'où provenoient ces plantes? Quel véhicule a pu y transporter ces graines? Car ce sommet domine tous les sommets voisins, excepté le Mont-Blanc.

En 1787 j'ai visité, dans une excursion botanique, un endroit qui m'offroit des données intéressantes sur la dissémination des graines. Une des pointes de la montagne des Diablerets, dans le canton de Berne, s'est écroulée en 1714: dans sa chûte, elle a couvert une vallée, alors riche en pâturages, couverte de chalets, & tellement importante, que pour y conduire le bétail, on avoit construit le chemin le plus hardi qui existe dans les Alpes. Les débris des Diablerets se sont étendus sur un espace d'une lieue & demie, & ont formé un lac dans leur centre, en retenant les eaux d'un torrent qui traversoit le vallon. La couche végétale étoit à une trop grande profondeur pour que les plantes, ensevelies sous les débris, aient pu la percer, Quelques végétaux, qu'on voit épars, sont nés depuis cette époque. Dans une relation de cette excursion botanique, (*Mémoires pour servir à l'Histoire physique & naturelle de la Suisse, tom. 1, pag. 179 & suiv.*) après avoir décrit quelques plantes, j'ai déjà proposé quelques doutes, en ces termes:

« Une question qui se présente d'elle-même & qui me paroît intéressante, est comment ces débris ont pu se couvrir d'une végétation qui n'existoit pas dans ces montagnes? On répond assez généralement que les graines ont été portées par les vents; mais cette réponse me paroît insuffisante. Le *Hieracium*, *36 Hall.*, le *Hieracium humile Jacq.*, l'*Epilobium dodonæi Vill.*, n'existoient pas dans ces montagnes avant cette époque. J'ai parcouru tous les lieux qui n'ont pas été couverts, sans en voir un seul individu; par conséquent, les graines auroient été portées de tres loin, ce qui rend la chose assez difficile, A quelle époque qu'on remonte, on doit nécessairement s'arrêter à un individu né de l'agrégation fortuite des divers constituans du végétal, & qui a été la souche de l'espèce; or, si la Nature a pu produire un être daus un temps, a-t-elle perdu ses forces productrices depuis lors?

Les végétaux paroiffent abfolument dépendans de la nature des lieux qu'ils habitent; ne feroit-ce pas parce que chaque pofition a les forces néceffaires pour donner l'exiftence à de certaines efpèces? »

Il eft une circonftance remarquable, & qui doit jetter quelques nouveaux traits de lumière fur cette queftion; elle tient à un coup-d'œil général fur les productions de la terre : c'eft l'analogie des végétaux des terres voifines des pôles oppofés. La même organifation préfente fouvent les mêmes genres, & même des efpèces très-analogues. Il eft évident que ce n'eft pas la diffémination qui a pu tranfporter d'un pôle à l'autre des plantes analogues, puifqu'un intervalle immenfe d'un climat, où ces efpèces ne pourroient vivre, fépare les deux points où elles végètent. Donc ces efpèces analogues ont pris fimultanément naiffance dans ces deux points oppofés. Mais, comme je le difois dans l'alinéa précédent, quelque loin qu'on remonte, il faut s'arrêter à une époque où la Nature a formé un ou plufieurs individus, tipes de l'efpèce exiftante; & ce qui a pu avoir lieu dans un temps, doit pouvoir fe renouveller auffi fouvent que les circonftances fe trouvent les mêmes.

De la naiffance des Végétaux dans les terres nouvellement formées.

La Géographie nous conferve la date où certaines terres ont commencé à fortir des flots; les Voyageurs donnent auffi divers renfeignemens. Ces terres nouvelles, féparées des autres terres par des mers, fe font enfuite couvertes de végétation. On peut demander fi la diffémination des graines a fuffi? En dernier lieu, une Ifle vient de fe former fur les côtes de l'Iflande, par une irruption de l'Hecla; j'invite les Naturaliftes, qui feront des Voyages dans le Nord, à examiner cette Ifle & à faifir le moment des premières végétations, pour en obferver la Nature. Pourroit-on imaginer que les graines ont été vômies avec les ponces & les cendres par le Volcan? Non Ainfi les végétations feront néceffairement une création de la nature, dans ce lieu.

D'autres Ifles ont été produites par des feux fouterreins, à une époque antérieure : déjà la végétation doit y être établie. L'une eft fortie de la Mer près de Santorin, dans l'Archipel, le 23 mai 1707. Une autre eft fortie près de Tercère, en 1720; il feroit utile que dans ces pays, où la végétation eft plus active, des Naturaliftes obfervaffent le genre & la nature des productions végétales qu'on y trouve. L'Ifle de l'Afcenfion, qui eft ifolée dans l'Océan, nourrit des plantes, qui lui font particulières, dans les atomes de terreau qui fe trouvent entre les crevaffes des rochers; la végétation y date d'une époque peu ancienne. Ce font les mêmes moyens qui en produiront, ou qui en ont déjà produit, dans les terres nouvelles forties des flots par les feux fouterrains.

Avant de faire aucun raifonnement, écoutons encore les Voyageurs qui ont vu; je ferai fuivre quelques obfervations fur cet objet, qui me paroît exiger une attention férieufe.

On trouve, dans le fecond Voyage de Cook, les obfervations fuivantes, qui me paroiffent devoir fixer notre attention.

En effet, il parle de terreins ifolés, nouvellement arrachés à la Mer, où la végétation commence à paroître. Peut-être qu'un Naturalifte plus obfervateur, ou qui auroit dirigé fes obfervations vers cet objet, auroit ajouté des détails bien plus précieux.

» Dans la baie de Poffeffion, nous avons » vu deux rochers, où la Nature commence fon » grand travail de la végétation; elle a déjà » formé une légère enveloppe du fol au fom- » met des rochers; mais fon ouvrage avance fi » lentement, qu'il n'y a encore que deux plantes, » un Gramen & une efpèce de Pimprenelle..... » A la terre de Feu, vers l'Oueft, & à la terre » des Etats, dans les cavités & les crevaffes des » piles énormes de rochers qui compofent ces » terres, il fe conferve un peu d'humidité, & » le frottement continuel des morceaux de rocs » détachés, précipités le long des flancs de ces » maffes groffières, produifent de petites par- » ticules d'une efpèce de fable : là, dans une » eau ftagnante, croiffent peu-à-peu quelques » plantes du genre des Algues, dont les graines » y ont été portées par les oifeaux; ces plantes » créent, à la fin de chaque faifon, des atômes » de terreau qui s'accroît d'une année à l'autre; » les oifeaux, la mer & le vent apportent » d'une Ifle voifine, fur ce commencement » de terreau, les graines de quelques-unes » des plantes à mouffe qui y végètent durant » la belle faifon : quoique ces plantes ne foient » pas véritablement des mouffes, elles leur » reffemblent beaucoup...... Toutes, ou du » moins la plus grande partie, croiffent d'une » manière analogue à ces régions, & propre à » former du terreau & du fol fur les rochers » ftériles A mefure que ces plantes s'élèvent, » elles fe répandent en tiges & en branches, qui » fe tiennent auffi près l'une de l'autre que cela » eft poffible; elles difperfent ainfi de nou- » velles graines, & enfin elles couvrent un » large canton; les fibres, les racines, les » tuyaux & les feuilles les plus inférieures, tom- » bent peu-à-peu en putréfaction, produifent » une efpece de tourbe ou de gazon, qui, » infenfiblement, fe convertit en terreau & en » fol; le tiffu ferré de ces plantes, empêche » l'humidité qui eft au-deffous de s'évaporer, » fournit ainfi à la nutrition de la partie fupé-

» rieure, & revêt, à la longue, tout l'espace » d'une verdure constante..... Je ne puis pas » oublier la manière particulière dont croît une » espèce de Gramen, dans l'Isle du Nouvel an, » près de la terre des Etats, & à la Géorgie » australe. Ce Gramen est perpétuel, & il » affronte les hivers les plus froids; il vient » toujours en touffes ou panaches, à quelque » distance l'un de l'autre : chaque année les » bourgeons prennent une nouvelle tête, & » élargissent le panache jusqu'à ce qu'il ait quatre » ou cinq pieds de haut, & qu'il soit deux ou » trois fois plus large au sommet qu'au pied. » Les feuilles & les tiges de ce Gramen sont » fortes, & souvent de trois à quatre pieds de » long. Les Phoques & les Pinguins se réfugient » sous ces touffes; & comme ils sortent souvent » de la Mer tout-mouillés, ils rendent si sales » & si boueux les sentiers entre les panaches, » qu'un homme ne peut y marcher qu'en sautant de la cime d'une touffe à l'autre. Ailleurs » les oiseaux appellés Nigauds, s'emparent de » ces touffes & y font leurs nids : ce Gramen » & les déjections des Phoques, des Pinguins » & des Nigauds, donnent peu-à-peu une élévation plus considérable au sol du pays. »

On trouve dans le troisième Voyage de Cook, les observations suivantes, qui donnent pareillement des Notions vagues sur la naissance de la végétation.

» Les arbres très-nombreux dans le dernier » des Islots (de l'Isle Palmerston) sur lequel » nous descendîmes, avoient déjà formé, de » leurs détrimens, des mondrains que la même » cause élevera, par la suite des temps, à la » hauteur des petites collines. Ils se trouvoient » en moindre quantité sur le premier, qui » n'offrit aucune éminence, & qui indiqua cependant, d'une manière plus sensible, l'origine » de ces terres; car, tout-près de cet Islot, il » y en a un second plus petit, formé sans doute » depuis peu : on n'y trouvoit aucun arbre, » mais on y voyoit une multitude d'arbrisseaux, » & quelques-uns sur des morceaux de corail » jettés par la Mer. Je remarquai, un peu plus » avant, une autre chose qui donne une nouvelle force à cette théorie; je veux parler de » deux bandes de sable de cinquante verges de » long, & d'un pied ou dix-huit pouces de » haut, qui étoient sur le récif & qui n'avoient » pas encore un arbrisseau. »

Et, dans un autre paragraphe, il observe que ces plantes étoient les mêmes que celles des terreins bas des autres Isles de cet Océan.

Il est inutile d'entasser plus de citations; car elles n'offrent que des probabilités, puisque les Voyageurs, qui ont observé, n'ont pas dirigé leurs recherches vers le but qui nous occupe : savoir comment la végétation commence dans les terres nouvelles, & quelle influence la dissémination des graines peut avoir eue. C'est encore une question à résoudre : j'invite les Naturalistes à s'en occuper, ainsi que des doutes proposés au mot CLIMAT.

Des Productions cryptogamiques.

Il est un genre de productions végétales sur lesquelles l'attention s'est déjà portée; ce sont les plantes dites Cryptogamiques. Déjà plusieurs Physiologistes ont révoqué en doute l'existence des organes sexuels de ces productions. Les Sexualistes, en adoptant leur principe qu'il ne peut exister qu'un mode uniforme de reproduction dans la Nature, ont varié sur les organes de l'individu auquel ils attribuoient les fonctions des sexes : aussi les observations des Naturalistes sur cet objet, diverses entr'elles, n'offrent aucune expérience qui confirme leurs suspicions. Je vois, dans les autres végétaux, l'effet du concours des sexes, puisque le plus grand nombre des ovaires non fécondés ne parvient pas à maturité : (1) je vois, par conséquent, l'influence de ces organes, dont je puis distinctement observer les formes & l'effet. Mais les productions cryptogamiques, organisées d'une manière différentes, n'offrent ni pistilles, ni ovaires, ni étamines. Linneus le père nommoit fleur femelle la rosule des mousses, difformité analogue à la galle-en-rose des Saules : Linneus le fils l'a nommée, aussi gratuitement, fleur mâle, ensuite d'un autre Naturaliste, Hedwig, qui n'a pu me rien démontrer, lorsque j'ai observé avec son microscope & avec lui.

Divers Botanistes ont nommé graine une poussière qui se trouve sur les lames des Agarics; & les Sexualistes, sur la foi du maître, l'affirment encore : cependant Medicus a prouvé, par des expériences, que ces poussières, en s'agglutinant, forment ce qu'on nomme le *blanc de Champignon*; or, est-ce des graines proprement dites qui forment un tout par leur aggrégation ?

Outre ces observations, que j'ai consignées, à diverses époques, dans le Journal de Physique, depuis 1786, j'en ai publié une, dans ce même Ouvrage, relative à la Clavaire des insectes. (*Clavaria militaris, L.*) J'ai observé distinctement que ce Champignon avoit brisé l'enveloppe de la Chrisalide, pour en sortir; donc il falloit que son germe fut dans l'intérieur : mais par où auroit-il pénétré ? On sait qu'il n'existe aucune ouverture dans l'enveloppe des Chrisalides : il faut donc que ses premiers rudimens quelconques se soient aggrégés dans le corps de l'insecte. On peut con-

(1) Je dis le plus grand nombre, puisque j'ai fait des expériences qui prouvent que des graines sont venues à maturité sans le concours des sexes. *Voyez* Journal de Physique, année 1787.

fulter le Journal de Phyfique, année 1787. Dans ce même Mémoire, j'étayois ce fait par d'autres obfervations qui paroiffent contraires au fexualifme des plantes de ce genre.

Une autre obfervation, que j'ai pareillement confignée dans ce même Journal, concerne le *Lichen radiciformis* de Scopoli, que j'ai vu, en très-grande abondance, fur les bois d'étançonnement des Galeries de Sainte Marie aux mines. Ce Lichen, que Scopoli n'a pareillement vu que dans les Galeries de mines, eft-il porté d'une mine à l'autre par la diffémination des graines? Ou bien tire-t-il fon origine de la décompofition lente du bois fur lequel il fe forme? Il en eft de même des autres productions végétales fouterraines, qu'on obferve dans toutes les fouilles. Sont-elles portées dans les fouilles nouvelles, par des véhicules extérieurs? Sont-elles le réfultat d'un concours de circonftances analogues dans toutes ces pofitions? Queftion à réfoudre.

D'une Galerie à une autre il peut exifter quelques relations; mais lorfqu'on ouvre une mine dans un pays où il n'en exiftoit pas, quel véhicule y porte les graines? Il y a huit à dix ans qu'on a ouvert une mine de plomb en Galênes, près de Sollingen; il n'en exifte aucune dans les environs, à une grande diftance. Un an après fon ouverture, j'ai vu des productions végétales fur les bois d'étançonnement, qui font femblables à celles des mines des autres pays. Preuve qu'elles étoient des produits de ce genre de pofition.

Voici un fait qui peut encore être rapporté au même principe, quoique relatif à des plantes nullement Cryptogamiques; je l'extrais des *Tranfactions phylofophiques*, année 1730, n.° 413, pag 280: Cramer eft l'Auteur de cette obfervation. » Un de mes amis a fait déterrer » des tuyaux de Fontaine, de bois de Frêne, » qui étoient en terre depuis environ douze ans. » On les laiffa dans une cour non pavée, où » ils achevèrent de pourrir: mais il fortit à la » même place une petite forêt de Frênes, qui » font actuellement dans un état floriffant, & » hauts de trois ou quatre pieds. Il eft remar- » quable que plus de cinquante jeunes Frênes » ont pouffé dans l'endroit où les tuyaux avoient » été, & qu'il n'en a pas crû un feul dans le » refte de la cour. Il n'y avoit aucun arbre de » cette efpèce à une grande diftance, & la cour » étoit dans l'intérieur de la ville. »

Encore un fait, & je conclus: je le tranfcris en entier, parce que cette obfervation, configнée dans le Journal de Phyfique, année 1786, offre des détails très-circonftanciés fur une production vraiment finguliѐre, qui, par la pofition où elle fe forme, indique affez clairement fon origine & la manière dont elle fe compofe. Les idées qu'elle m'a fuggérée peuvent très-aifément s'appliquer aux productions analogues qui naiffent dans des fites différens, ou avec des conditions acceffoires qui multiplient leurs formes.

» Pendant plufieurs années, j'ai obfervé une production qui porte tous les caractères des végétaux, excepté la forme régulière; ce qui la voile en quelque forte à nos yeux: elle eft rare, du moins mes recherches ont été infructueufes jufqu'à préfent, excepté dans le lieu où d'abord je l'avois découverte. Comme tous les faits nouveaux, ou peu communs, qui frappent l'Obfervateur, font naturels, mais produits par une combinaifon de caufes difficiles à rencontrer; j'ai cherché à pénétrer celles qui peuvent être réunies dans cette circonftance. Cette production reffemble à une gelée de couleur blanchâtre, quelquefois tirant fur le fauve; on peut la comparer au frai de grenouille pour la denfité & la réfiftance élaftique. A l'œil nud, elle ne préfente aucune trace d'organifation, excepté quelques traits d'une teinte plus foncée, & des véficules plus clairs. Cette matière eft également facile à féparer dans tous les fens, & ces traits foncés ne préfentent aucune réfiftance. Vue au microfcope, elle paroît par tout à-peu-près également tranfparente; & tout ce qu'on voyoit à l'œil nud, paroît plus diftinctement, mais auffi peu organifé. Elle a cette forme au printemps, & au commencement de l'été; mais pendant les faifons plus fèches, l'eau furabondante, & en général les matières évaporables, s'échappe, & cette plante prend une apparence différente. A mefure que le liquide fe diffipe, les fibres paroiffent davantage, & acquièrent de la denfité. Enfin la plante, parfaitement defféchée, eft d'un blanc éclatant, formée de fibres affez coriaces, qui font entrelacées: elle reffemble à une efpèce de papier, mais d'un tiffu lâche, les fibres étant entières & moins mêlées. En prenant cette forme elle diminue de volume, au point que l'épaiffeur de trois ou quatre pouces fe réduit à une ligne ou deux. »

« Ce végétal a beaucoup de reffemblance avec les conferves; comme elles, fon enfemble eft formé de fibres entrelacées, liées par une fubftance gélatineufe; comme elles, elle habite les eaux; comme elles, en fe defféchant, fes fibres paroiffent davantage. Mais ici ces propriétés font extrêmes; la gélatinofité eft fi grande, que les fibres font prefque invifibles, & la diminution de volume dans la deffication plus confidérable. Si les defcriptions des Botaniftes étoient plus complettes, je croirois reconnoître cette plante defféchée, fous le n.° 2120 de l'Hiftoire des plantes fuiffes de Haller; mais il eft difficile de s'en affurer. Cette production végétale, ou conferve, puifque fon *air* l'en rapproche, croît dans un feul endroit où je l'ai vue: c'eft à deux petites lieues au-deffus de Vevey, près d'un village nommé Brent; le lieu même fe nomme le Sex que pliau, *le rocher qui pleut*. Les idées que je vais propofer fur fa formation, exigent une defcription du lieu où je l'ai recueillie. C'eft au-deffous d'une grotte formée dans le tuf, & fur la pente d'une roche de même nature, qu'elle croît. L'eau qui découle continuellement de la voûte, forme de petits réfervoirs, qui s'épanchent fur cette roche, & y forment différens ruiffeaux. On peut obferver que cette eau dépofe une matiére calcaire très-abondante, & forme des incruftations de mouffes très-belles. La grotte eft fur le penchant d'une montagne médiocrement haute, mais très-marécageufe dans cette partie; & à peu de diftance de-là on connoît des fources foufrées. Je dois remarquer auffi que les grottes dans le tuf, & les incruftations font très-communes dans tout ce quartier, mais je n'ai vu cette conferve que dans ce feul endroit: il eft vrai que nulle part ailleurs je n'ai retrouvé cette pente adoucie & nue, qui vraifemblablement facilite fa formation. Ailleurs l'eau tomboit par chûte, ou fe raffembloit en nappe, quelquefois fe diffipoit dans les terres marécageufes qui formoient la bafe. »

« Il eft difficile de concevoir un végétal d'une organifation plus fimple, & s'il exiftoit une chaîne des êtres, certainement ici feroit un des derniers chaînons. Cette grande unité d'organifation nous offre quelques idées fur la manière dont elle eft formée. Cette plante, & en général les conferves, paroiffent produites par la juxtapofition de la matière organifée, fans intus-fufception, fans dilatation de germes, fans fécondation même. On apperçoit facilement les loix de cette formation dans cette conferve; elle paroît compofée de couches parallèles au courant de l'eau, & d'autant plus épaiffes, que l'eau, par la nature de fon mouvement, permettoit le dépôt des matières. Ce dépôt infenfible fuit dans fes formes le même ordre: qu'on fe repréfente un ruiffeau qui coule fur un rocher raboteux, & dont l'eau commence à geler; l'enduit de glace s'épaiffit, mais inégalement, fuivant l'inégal mouvement de l'eau, & cette couche fuit dans fon enfemble la forme du rocher primitif. Cette conferve imite parfaitement le tableau que je préfente, & vraifemblablement doit à la même caufe cette reffemblanse. On a déjà pu entrevoir que j'attribue la formation de cette plante à une dépofition des eaux, auffi lente qu'infenfible; en effet, cette forme paroît l'annoncer. La maffe entière de cette conferve reffemble au frai de grenouilles; elle en a le vifqueux, l'élafticité, tous caractères qui annoncent la préfence du mucilage prefque pur, & délayé dans une maffe d'eau confidérable. Sa décoloration paroît confirmer cette idée. Le mucilage, fuivant toutes les apparences, eft le fondement de fon organifation; il eft le germe de la reproduction & celui de la nourriture. Dans cette plante il eft prefque pur, & uniquement compofé de la matière primitivement organifée; il y apporte cette tendance à fe lier qui forme fon effence, & qu'il fuit dès que l'eau, accumulée dans fes interftices, fe diffipe. A mefure que l'évaporation s'exécute, les mailles fe refferrent, & les fibres, en devenant vifibles, fe confolident. Cette tendance du mucilage à prendre une apparence fibreufe, paroît clairement dans le defféchement, foit naturel, foit artificiel, des végétaux & des animaux, furtout à celui qui fuccède à la vétufté. Le mucilage perd le volume de liquide qui le pénétroit, & prend la texture fibreufe: fouvent elle paroît d'elle-même, mais toujours une fracture nous la fait appercevoir. Dans un végétal, le liquide ne s'élève qu'infenfiblement, & peut être diffipé en grande partie à mefure; auffi, excepté quelques plantes des pays chauds, elles ne confervent qu'une quantité de liquide très-médiocre, mais fuffifante pour s'oppofer à une trop grande cohéfion, qui nuiroit à la circulation de la féve. Dans les plantes ligneufes, les pouffes de l'année ont cette fragilité, mais elles la perdent à mefure que le rapprochement s'opère. Je dois remarquer que non-feulement c'eft le defféchement, mais auffi l'interpofition de nouvelles molécules qui durcit cette efpèce de végétaux. Dans les plantes fugitives, dues à une aggrégation momentanée, comme les Biffus, Conferves, Champignons, Moififfures, &c., fur-tout dans l'efpèce dont je traite ici, ce dégagement n'a pu s'opérer auffi rapidement, & ces plantes confervent plus ou moins la confiftance molle & vifqueufe du mucilage délayé. Plufieurs obfervations paroiffent venir à l'appui de cette idée. »

« Cette plante, defféchée rapidement, prend une teinte brunâtre; expofée à l'action du feu, elle fe bourfouffle, répand une fumée noire, & une odeur d'huile brûlée; avant de s'enflammer, elle prend une apparence charbonneufe. Confervée dans l'efprit-de-vin, elle y diminue de poids & de volume, parce qu'elle perd l'eau qu'elle contient; mais en même temps elle y prend une confiftance plus grande. Dans les différens morceaux que j'y ai plongés, j'ai reconnu une différence de diminution, d'autant moindre, que j'avois plus exprimé le liquide. Il étoit auffi facile de faifir la différente force de l'efprit-de-vin, fuivant la dofe du liquide qui s'y étoit mêlé. De toutes ces obfervations, j'ai pu conclure que l'efprit-de-vin n'a aucune action fur cette plante, comme fur tout ce qui eft mucilage. »

« Il eft naturel d'expliquer d'où provenoit cette quantité de mucilage dans un feul lieu, & quelles circonftances favorifoient fon aggrégation en forme régulière. Nous avons vu dans la defcription que j'ai donnée de cette grotte, que les incruftations de mouffes y font très-abondantes. En effet, leur accroiffement rapide pourroit étonner un homme peu accoutumé à voir la

Nature. Ces mousses, en se couvrant d'un enduit pierreux, se détruisent, & l'eau qui les arrose continuellement, se charge des molécules qui s'en détachent. Son cours étant fort ralenti, sur le rocher où la Conferve se forme, y dépose les matières qu'elle contient, & leur tendance à se lier les rapproche. J'observerai en passant qu'une année (1782) où l'été avoit été fort pluvieux, où par conséquent ces Conferves ne s'étoient pas desséchées, une partie étoit incrustée, ou plutôt toute leur substance étoient pénétrée d'un dépôt calcaire; quelques parties étoient déjà en tuf. J'ai cru devoir en avertir, afin que ceux qui voudront analyser cette plante, observent qu'elle contient toujours plus ou moins de terre calcaire. »

« On ne peut disconvenir que les molécules d'un corps puissent se recombiner, dans sa dissolution, & former un nouvel être; plus simple à la vérité, mais qui porte les caractères de l'organisme. Différens exemples donnés par les observateurs modernes, sans parler des Auteurs anciens dont notre superbe ignorance se moquoit, le prouvent. Mais il est difficile de concevoir que ces productions, qui n'ont pas dû leur être à un germe fécondé, & dont la forme est aussi simple qu'uniforme dans ses parties, puissent se former autrement que par aggrégation, & s'augmenter d'une autre manière. L'existence des êtres organisés, étant déterminée au temps où les mailles de la charpente primitive de leur germe sont remplies, doit être infiniment plus courte dans ceux où chaque molécule est originairement dans la place qu'elle doit occuper. Aussi voyons-nous, qu'excepté une ou deux espèces de Champignons, toutes ces plantes n'ont qu'une existence fugitive. Ces Champignons vivaces sont en quelque sorte les arbres de leur famille, puisqu'ils acquièrent, avec l'âge, la consistance ligneuse; & c'est à cette faculté qu'on doit attribuer leur durée. »

Résumé.

Les graines des végétaux se sement naturellement, & l'Art a suivi la Nature dans les semis artificiels. Les graines des végétaux se répandent à des distances plus ou moins éloignées de la mère plante, au moyen de divers véhicules; & se répandent ainsi, de proche en proche, sur les points divers où un *climat* semblable facilite leur développement. Mais il est cependant des bornes à cette dissémination, bornes imposées par la Nature : c'est lorsque des climats différens mettent entre deux points, où le climat est semblable, un intervalle trop considérable de sites contraires à l'espèce du végétal, pour que ses graines puissent le franchir. Alors les végétaux, qui croissent dans ces deux points, y croissent par la loi de leur existence, & nullement par la dissémination des graines.

Beaucoup de questions incidentes se présentent dans les développemens de cette question principale : elles exigeroient chacune des articles séparés : pour éviter de jetter dans un Dictionnaire concis la diffusion inséparable des traités particuliers, on pourra consulter les articles CLIMAT, GERMINATION, FÉCONDATION, SEXE, VÉGÉTATION, &c., où seront consignés de nouveaux rapprochemens & de nouveaux points de vues sur l'organisation végétale. (*L. Reynier.*)

DISSENTERIE. *Voyez* DÉVOIEMENT. (*Tessier.*)

DISTIQUE. On donne ce nom à une disposition particulière des parties des végétaux, telles que feuilles, fleurs, &c. où elles sont rangées alternativement sur les deux côtés opposés de la tige ou branche. Par exemple, les feuilles de l'*If* & du *Sapin* sont distiques; plusieurs *Gramens* & des *Liliacées* ont leurs fleurs arrangées de cette manière. *Voyez* FEUILLE & FLEUR. (*L. Reynier.*)

DISTRIBUTION. *Agriculture.* Un bon économe distribue les travaux de sa Métairie, ou de son domaine, de manière que chacun ait son occupation, & que personne ne soit surchargé. Cette exacte répartition constitue le travail d'un Agriculteur intelligent. *Voyez* ECONOMIE, MÉTAIRIE & divers autres mots analogues.

DISTRIBUTION. *Jardinage.* On emploie ce mot sous deux sens différens :

1.° On dit la *Distribution d'un Jardin*, pour exprimer sa composition. J'en ai dit quelques mots quant à l'ornement, sous le mot *Décoration*; je donnerai, sous le mot *Jardin*, les détails de la composition utile : cette division est motivée sur ce que la décoration du Paysage s'étend au-delà du Jardin, lorsqu'on veut réunir l'agréable & l'utile; tandis que l'utile se classe nécessairement dans chaque genre d'utilité, qui sera traité sous son article.

2.° Le Jardinier fait la *Distribution* des branches sur les arbres qu'il cultive. On a remarqué que la branche ou la tige qui s'élève perpendiculairement, s'emporte, la séve y monte, & les branches latérales en sont appauvries : on remédie à cet inconvénient, en inclinant cette branche de quarante ou quarante-cinq degrés. Enfin une bonne distribution des branches exige qu'on conserve une espèce d'équilibre entre celles des deux côtés de l'arbre; ce soin est nécessaire pour conserver la vigueur de l'arbre, car si les branches d'un des côtés de l'arbre l'emportent sur celles de l'autre, les racines en reçoivent une semblable inégalité, & la vigueur de l'arbre en est altérée. C'est sur cet accord parfait qu'est fondée l'excellence de la méthode de taille, dite de Montreuil. *Voyez* le *Diction-*

naire des Arbres & Arbustes, au mot TAILLE. (*L. REYNIER.*)

DIURÉTIQUE. On donne ce nom aux végétaux qui ont la propriété d'exciter à uriner, & qui par conséquent entraînent, par cet écoulement, les principes morbifiques ou les engorgemens qui peuvent s'être formés. L'ARBOUSIER *traînant*, *Busserole*, ou *Raisin d'Ours*, est un de nos Diurétiques européens. (*L. REYNIER.*)

DIVERGENT. On dit qu'une branche est divergente, lorsqu'elle s'écarte, sous un angle très-ouvert, de la tige & des autres branches ; de manière que ce ne soit pas une position accidentelle, mais bien une conformation qui se reproduit dans toutes les branches. (*L. REYNIER.*)

DIXME. Portion de ce que produisent annuellement la terre & les animaux. Car on perçoit la Dixme sur les Grains, sur le Vin, les Moutons, les Cochons, &c. Dans l'origine, c'étoit apparemment la dixième partie du produit ; mais les coutumes ont établi beaucoup de variétés dans la quotité. La plupart des Dixmes étoient perçues, en France, par les Ecclésiastiques. Il y avoit des Dixmes qu'on appelloit inféodées, c'étoit celles qui étoient perçues par les Seigneurs. *Voyez* le Dictionnaire de Jurisprudence. (*TESSIER.*)

DODART. (Denis) Médecin & Botaniste français, du dix-septième siécle : il a publié plusieurs Ouvrages sur la Botanique. On trouve, dans les Mémoires de l'Académie des Sciences de Paris, quelques-uns de ses Traités qui ont du rapport à l'Agriculture, comme celui sur le Bled corrompu & la manière d'employer le Seigle grillé au lieu de Café. (*C. GAUVET.*)

DODART, *DODARTIA.*

Genre de plantes à fleurs monopétalées, de la famille des *Personnées*, qui se rapproche des *Mimules*. Il comprend des herbes exotiques, de peu d'apparence ; la lèvre inférieure de la corolle est beaucoup plus longue que la supérieure. Le fruit est une capsule globuleuse, contenant des petites semences nombreuses : ce genre est de la quatorzième classe de Linnéus.

Espèces.

1. DODART orientale.
Dodartia orientalis. L. ♃ Sur le Mont-Ararat.

2. DODART des Indes.
Dodartia indica. L. De l'Inde.

Description du port des espèces.

1. DODART ORIENTALE. Sa racine trace beaucoup, & jette des tiges éloignées du pied ; elles sont droites, hautes d'un pied & demi, très-rameuses. Ses feuilles sont longues, linéaires. Les fleurs sont d'un pourpre noirâtre, situées dans les aisselles des feuilles supérieures, où elles forment des grappes lâches. Elle est originaire du Mont-Ararat, de l'Arménie : elle fleurit en juillet.

2. DODART DES INDES. Ses tiges sont velues, légèrement rameuses ; ses feuilles sont ovales, obtuses, plus larges que le pouce. Les fleurs sont jaunes, tournées d'un seul côté, & disposées en grappes terminales. Cette plante croît naturellement dans l'Inde.

Culture.

La première espèce se multiplie naturellement par ses racines rampantes qui occupent un grand espace, & qui fournissent beaucoup de nouvelles tiges, qu'il suffit d'éclater en automne aussitôt qu'elles sont sèches, ou au printemps avant que les nouvelles paroissent.

On peut aussi la multiplier par ses graines, en les semant en automne dans une terre légère. On les éclaircit au printemps, & on les tient nettes de mauvaises herbes.

La seconde, *des Indes*, doit être semée par préférence en automne, dans un pot rempli d'une terre légère, qu'on met sur la tannée d'une serre chaude, en lui donnant les soins généralement nécessaires aux plantes des Indes.

Usages.

Ces espèces n'étant d'aucun agrément remarquable, ne se cultivent que dans les Jardins de Botanique, pour la Démonstration. Elles ne sont d'aucune utilité reconnue. (*L. MENON.*)

DODÉCANDRIE. Non d'une des classes du systême artificiel de Linnée : son nom est tiré des douze étamines que renferme chaque fleur. Cette enrégimentation de plantes dissimilaires, accouple les *Résédas* aux *Euphorbes*. *Voyez* SYSTÈME. (*L. REYNIER.*)

DODECATHEON. Nom latin adopté par beaucoup de Jardiniers, dans leurs Catalogues, pour désigner la Gyroselle. *Voyez* ce mot. (*L. REYNIER.*)

DODOENS. (Rembert) plus ordinairement connu sous le nom latin de Dodoneus, naquit à Malines, ou, selon d'autres, dans la petite Ville de Stevern en Frise, au commencement du seizième siécle. Il s'adonna de bonne heure à la Botanique, & professa cette Science & la Médecine, pendant quelques années, a Leide. Il a publié plusieurs Ouvrages estimés de Botanique, qui ont été souvent réimprimés & traduits en plusieurs langues. Son premier Ouvrage, sous le titre *Frugum historia*, est imprimé à Anvers, en 1552, in-8.° Celui qui a pour titre ; *Frumentorum, Leguminum, Palustrium & Aquatilium historia*, in-8.° mérite d'être consulté par les Agronomes, à cause des éclaircissemens que l'Auteur y a donné sur plusieurs Graminées & plantes céréales. Dodoens paroît être mort en 1580 ou 1581. (*C. Gruvel.*)

DODONÉ, *Dodonæa.*

Genre de plantes de la famille des Balsamiers, & voisin des *Ptelés*, avec lesquels il fut d'abord réuni. Il comprend des Arbustes à feuilles alternes, à fleurs incomplettes, & dont les graines sont renfermées dans des capsules membraneuses bordées de trois ailes très-remarquables.

Espèces.

1. Dodoné visqueux.

Dodonæa viscosa. L. Fil. ♄ Des Lieux sablonneux & maritimes de l'Amérique & de l'Asie, sous les tropiques.

2. Dodoné à feuilles étroites.

Dodonæa angustifolia. L Fil. ♄ Des Indes orientales. Vulg. *Bois de Reinette.*

Ces deux arbrisseaux diffèrent principalement par leur feuillage. Ils s'élèvent verticalement, leurs rameaux s'écartent peu, & toute leur superficie non ligneuse est imprégnée d'un enduit visqueux, qui disparoît de la seconde espèce, après le parfait développement. Ses fleurs sont petites, de couleur herbacée, & disposées en panicules peu développées, à l'aisselle des feuilles, sur les extrémités des rameaux. Les capsules, plus apparentes que les fleurs, décorent davantage ces arbrisseaux, leur couleur étant pareillement d'une nuance de verd jaunâtre.

Culture.

On multiplie ces arbustes de graines, elles lèvent facilement lorsqu'elles sont fraîches. Ne pouvant ajouter aucune observation nouvelle à celles de Miller, je me bornerai à transcrire ce qu'il dit de leur culture.

« Quand les plantes sont en état d'être enlevées, on les met chacune dans des petits pots remplis d'une terre légère & marneuse ; on les plonge dans une couche chaude de tan, & on les tient à l'ombre jusqu'à ce qu'elles aient formé de nouvelles racines, après quoi il faut leur donner de l'air chaque jour, à proportion de la chaleur de la saison, pour les empêcher de filer, & ne pas trop les arroser. En automne on met les plantes dans la serre, on les tient pendant l'hiver à un degré de chaleur tempérée, & on les arrose peu, trop de chaleur les détruiroit bientôt : à mesure que ces plantes acquièrent plus de force, elles deviennent plus dures & peuvent être exposées en plein air, pendant deux ou trois mois, dans une position abritée. En hiver on les remet dans la serre chaude, à un degré de chaleur tempérée, car elles ne pourroient subsister dans l'orangerie. »

Usage.

On n'en connoît aucun : ces arbustes ne sont cultivés que dans les serres, soit des Jardins de Botanique, soit d'Amateurs. Leur forme élégante & leur verdure agréable, y répandent de l'agrément. (*L. Reynier.*)

DOGUER. Se dit des Moutons qui se battent en se donnant des coups de tête. Comme il arrive le plus ordinairement que ce ne sont que les Béliers qui se battent, sur-tout dans le temps qu'on leur fait couvrir les Brebis, on a imaginé, dans quelques pays, de leur entortiller les cornes avec les harres de fagot, de manière qu'elles débordent sur le front. L'expérience a prouvé que cette précaution les empêchoit de se battre aussi souvent. Cette précaution est d'autant plus utile, que ces animaux se portent quelquefois des coups si terribles, qu'ils se blessent & se tuent. (*Tessier.*)

DOLIC, *Dolichos.*

Genre de plantes à fleurs polypétalées, de la famille des *Légumineuses*, qui a beaucoup de rapport avec les *Haricots*, qui comprend des herbes exotiques à tiges grimpantes, qui s'entortillent autour de tout ce qu'elles rencontrent, & auxquelles il faut donner des tuteurs ; à feuilles alternes, composées de trois folioles plus ou moins grandes ; à fleurs *papillionacées*, dont l'étendard est muni de deux callosités à sa base, & dont la carène n'est pas contournée ; ce qui distingue ce genre des *Haricots*. Les tiges varient en grandeur de trois à vingt pieds & plus. Les fleurs sont jaunes, rouges, bleues, blanches, en bouquets plus ou moins garnis, portées sur des pédoncules quelquefois très-longs ; il leur succède des gousses tantôt glabres, tantôt velues, dont quelques-unes se mangent vertes comme nos *Haricots* : la racine de plusieurs espèces fournit aussi un aliment. Le fruit est une gousse oblongue, à deux valves, qui varie depuis quelques pouces jusqu'à un pied & demi, qui renferme plusieurs semences ovoides de différentes couleurs, farineuses, qu'on mange comme nos *Pois*. Ce genre est de la dix-septième classe de Linnée.

Espèces.

1. Dolic d'Egypte.

Dolichos lablab. Lin. ⊙ De l'Egypte.

2. Dolic de Chine.

Dolichos

Dolichos sinensis. L. ⊖ De la Chine.
3. Dolic à longues gousses.
Dolichos sesquipedalis. L. ⊖ de l'Amérique.
4. Dolic à crochets.
Dolichos uncinatus. L. De Saint-Domingue.
5. Dolic à onglet.
Dolichos unguiculatus. Lin. ⊖ De l'Isle des Barbades.
6. Dolic à gousses ridées.
Dolichos urens. L. *Vulgairement yeux de Bourique.* ♄ Des Antilles, dans les Bois.
7. Dolic à longs pédoncules.
Dolichos altissimus. L. De la Martinique.
8. Dolic à poils cuisans.
Dolichos pruriens. L. Des Antilles.
9 Dolic en sabre.
Dolichos ensiformis. L. De la Jamaïque. *Vulgairement Pois sabre.*
10. Dolic à feuilles obtuses.
Dolichos obtusifolius. Lam. Encyc. De Saint-Domingue.
11. Dolic quadrangulaire.
Dolichos tetragonolobus. L. Des Indes orientales.
12. Dolic tubéreux.
Dolichos tuberosus. Lam. Encyc. Vulgairement *Pois patate.*
13. Dolic articulé.
Dolichos articulatus. Lam. Encyc. De Saint-Domingue.
14. Dolic pyramidal.
Dolichos pyramidalis. Lam. Encyc. De l'Isle de Saint-Domingue.
15. Dolic à petites gousses.
Dolichos minimus. Lam. Encyc. ♄ De l'Isle de Saint-Christophe.
16. Dolic à feuilles de Luzerne.
Dolichos medicagineus. Lam. Encyc. Dans l'Inde, l'Isle de Ceylan.
17. Dolic cotonneux.
Dolichos scarabæoïdes. L. Dans l'Inde. ♄
18. Dolic du Cap.
Dolichos capensis. L. Au Cap de bonne-espérance.
19. Dolic bulbeux.
Dolichos bulbosus. L. Des Indes orientales.
20. Dolic à filets.
Dolichos aristatus. L. De l'Amérique.
21. Dolic filiforme.
Dolichos filiformis. L. De la Jamaïque.
22. Dolic ligneux.
Dolichos lignosus. L. ♄ Des Indes.
23. Dolic à plusieurs épis.
Dolichos polystachios. L. De la Virginie.
24. Dolic rayé.
Dolichos lineatus. Thumb. Du Japon.
25. Dolic à fruit courbe.
Dolichos incurvus. Thumb. Du Japon.
26. Dolic du Bengale.

Dolichos bengalensis. Jacq. Hort. V. Du Bengale.
27. Dolic jaunâtre.
Dolichos luteolus. Jacq. Hort. V. 1 t. 90.
28. Dolic du Japon.
Dolichos soja. Lin. ⊖ Du Japon, des Indes orientales.
29 Dolic à gousses menues.
Dolichos catjang. Lin. Des Indes orientales.
30. Dolic biflore.
Dolichos biflorus. L. De l'Inde.
31. Dolic uniflore.
Dolichos uniflorus. Lam. Encyc.
32. Dolic rampant.
Dolichos repens. Lin. De la Jamaïque.
33. Dolic psoraloïde.
Dolichos psoraloïdes. Lam. Encyc. ♃ De l'Inde, de Ceylan.
34. Dolic à grandes stipules.
Dolichos stipulaceus.
35. Dolic disséqué.
Dolichos dissectus. Lam. Encyc.

Description du port des espèces.

1. Dolic d'Egypte. Ses tiges sont herbacées, cylindriques. Elles s'élèvent à six pieds & plus, en s'entortillant autour de tout ce qu'elles rencontrent. Les pétioles, un peu velus, portent trois folioles. Au sommet du pétiole commun & particulier, on remarque deux filets stipulaires, plus longs que dans les autres espèces. Les fleurs sont panachées de pourpre, de violet, de blanc, en belles grappes qui terminent les rameaux. Les gousses sont glabres, en forme de sabre, terminées par une pointe en crochet. Elles contiennent trois ou quatre semences ovales, noires, ou rougeâtres, remarquables par un ombilic blanc. Cette plante croît en Egypte : on trouve une variété qui a la tige, les pédoncules, les pétioles, les nervures des feuilles, d'un poupre brun.

Observation.

Comme toutes les feuilles des *Dolics* sont les mêmes, à quelques petites différences près, nous n'en donnerons la description que quand elles s'écarteront de la forme commune. Elles sont au nombre de trois, plus ou moins rondes, triangulaires ou pointues, portées sur un pédoncule qui varie en longueur. Nous ne répéterons pas non plus à chaque espèce, qu'elles s'entortillent & grimpent par-tout, à moins que quelques espèces aient un caractère contraire.

2. Dolic de Chine. Ses tiges sont grêles, herbacées, grimpantes. Ses feuilles sont glabres, les fleurs purpurines, deux ou trois sur chaque pédoncule, plus petites que celles de nos *Haricots.* Les gousses sont fort longues, grêles, cy-

lindriques, un peu noueuses. Les semences sont ovales, plus petites que nos Haricots, tout-à-fait blanches, & rouges dans une variété. Elles sont bonnes à manger. Cette plante croît à la Chine, aux Indes.

3. Dolic a longues gousses. Cette espèce a de grands rapports avec la précédente, & n'en est peut-être qu'une variété. L'étendard de la corolle est d'une couleur pâle en-dessus, & rousseâtre intérieurement. Les gousses sont grandes d'un pied & demi. De l'Amérique septentrionale.

4. Dolic a crochet. Ses tiges sont plus grosses qu'une plume à écrire, presque ligneuses, mais pliantes, couvertes d'un duvet rousseâtre. Les fleurs sont en paquets, petites, d'un violet bleuâtre. Les gousses sont menues, comprimées, couvertes de poils, terminées par une pointe en crochet. Les semences sont réniformes, d'un blanc mêlé de brun. De l'Isle de Saint-Domingue.

5. Dolic a onglet. Il s'élève à environ deux pieds. Il est glabre dans toutes ses parties. Les fleurs sont sessiles, en tête, d'un pourpre pâle, à étendard un peu violet. Les gousses sont droites, un peu noueuses, longues de trois pouces. Leur pointe forme un onglet émoussé, pourpre & concave. Des Isles des Barbades.

6. Dolic a gousses ridées. Ses tiges sont longues, sarmenteuses. Les fleurs sont jaunes, tachées d'un peu de pourpre, en grappes pendantes, sur de longs pédoncules. Les gousses sont longues de six à sept pouces, plissées ou ridées transversalement, hérissées de poils roides, piquans, qui excitent sur la peau des demangeaisons cuisantes. Les graines sont rondes, applaties, chagrinées, d'un rouge brun, bordées en partie d'un cercle noir très-remarquable : on nomme ces graines, *Yeux de Bourique*, à cause de leur ressemblance avec les yeux d'un Ane. Elles sont fort amères. Elle croît dans les Bois de l'Amérique méridionale, des Antilles.

7. Dolic a longs pédoncules. Cette espèce a beaucoup de rapports avec la précédente. Ses tiges grimpent aussi sur les arbres les plus élevés, & laissent pendre des bouquets de fleurs panachées de bleu, de violet & de jaune, attachées à des pédoncules qui ont plus de douze pieds de longueur; ce qui présente un spectacle très agréable. Les gousses ne sont point ridées transversalement ; ce qui distingue cette espèce de la précédente. A la Martinique, dans les Bois.

8. Dolic a poils cuisans. Ses tiges s'élèvent moins que celles des Espèces précédentes. Les fleurs ont le calice rougeâtre, leur étendard couleur de chair, les ailes pourpres ou violettes, la carène d'un verd blanchâtre. Les gousses sont longues de trois pouces, de l'épaisseur du doigt, courbées comme la lettre S, munies sur le côté des valves, d'une côte tranchante, chargées de poils rousseâtres, brillans, qui s'attachent à la peau & qui y causent des demangeaisons très-cuisantes. Les semences sont au nombre de trois ou quatre, ovales, lisses, brunes, avec un ombilic blanc. Dans les Bois des Antilles.

9. Dolic en sabre. Les fleurs sont pourpres ou bleuâtre; les gousses ont la forme d'un sabre, longues d'un à deux pieds; elles contiennent six à douze semences blanches ou rousseâtres, ovales, comprimées, longues d'un pied & plus. Elle conserve ses tiges, elle est toujours verte; ses graines sont bonnes à manger, mais difficiles à digérer.

10. Dolic a feuilles obtuses Sa racine, fort éparse, pousse plusieurs troncs plus gros que le bras, ligneux, spongieux. Les tiges sont grêles, rameuses; les folioles sont presque rondes, larges de deux à trois pouces Les fleurs sont d'un pourpre bleuâtre. Les gousses sont grosses, un peu en sabre, longues de six à huit pouces. Les graines sont ovales, dures, d'un rouge plus ou moins vif; elles varient dans leur couleur. Cette espèce offre une variété dont les feuilles sont velues.

11. Dolic quadrangulaire. Sa racine est bulbeuse. Ses tiges sont menues. Les fleurs sont grandes, ne s'ouvrent qu'avant midi. Les gousses sont longues, quadrangulaires, munies de quatre ailes membraneuses. Des Indes orientales.

12. Dolic tubéreux. Sa racine est tubereuse, grosse comme les deux poings, bonne à manger. Le collet pousse des tiges semblables à nos *Haricots*. Les gousses sont longues d'environ un pied, arquées, noirâtres, couvertes de poils rousseâtres. Les semences sont réniformes, noires, luisantes & bonnes à manger à la manière des *Patates*. On la nomme *vulgairement Pois patate*. De la Martinique.

13. Dolic articulé. Ses sarmens sont ligneux, épars, longs, couverts de poils rousseâtres. Ils s'élèvent à une grande hauteur. Les feuilles & les fleurs sont grandes, celles-ci sont d'un pourpre violet, disposées en grappe droite & pyramidale. Les gousses sont longues, comprimées, couvertes de poils roux, munies d'articulations transversales & nombreuses qui contiennent chacune une semence réniforme, dure & luisante. De l'Isle de Saint-Domingue.

14. Dolic pyramidal. Ses sarmens sont grêles, longs; ses feuilles sont nombreuses, semblables à celles de nos *Haricots*, mais plus petites. Les pédicules sont axillaires, longs d'un pied & demi, garnis de cinquante fleurs environ, petites, dont l'étendard est pourpre, les ailes & la carène blanches. Les gousses sont courtes, larges, purpurines, contenant deux semences rondes, dures, luisantes, d'un beau rouge avec une tache très-noire; elles ressemblent aux graines de l'*Abrus*. De Saint-Domingue.

15. Dolic a petites gousses. Les tiges font menues, persistantes, longues de trois à quatre pieds. Les folioles font rhomboïdales. Les fleurs font petites, disposées en grappes axillaires, lâches. L'étendard est jaune, strié de brun sur le dos; les ailes font d'un beau jaune, la carène pâle avec une tache violette. Les gousses font longues d'un pouce environ, un peu en sabre. Les semences, au nombre de deux, font lisses, noirâtres & tachetées de blanc. De la Jamaïque. Cette plante conserve ses tiges & ses feuilles dans la serre chaude pendant l'hiver.

16. Dolic a feuilles de Luserne. Ses tiges font filiformes, pubescentes, rameuses. Ses feuilles font petites, semblables à celles de quelques-espèces de Luserne, glabres, ponctuées en-dessous. Les fleurs font petites, rougeâtres; les gousses, petites, veloutées, brunes, comprimées, ne contiennent que deux graines, quelquefois une. De l'Inde, de l'Isle de Ceylan.

17. Dolic cotonneux. Ses tiges font menues, ligneuses, pubescentes, hautes de deux à trois pieds, peu volubiles. Les feuilles font cotonneuses, ridées en-dessus, réticulées en-dessous, n'ayant pas un pouce de largeur. Les pédoncules font unis ou biflores. Les gousses font petites, velues. Les semences, au nombre de quatre ou cinq, font munies d'un petit cordon ombilical à deux pointes divergentes. De l'Inde

18. Dolic du Cap. Sa tige est filiforme, anguleuse. Les pédoncules font longs; les gousses ovales, pointues aux deux bouts, renfermant communément deux graines. Du Cap.

19. Dolic bulbeux. Sa racine est tubéreuse, les folioles lobées, les fleurs rougeâtres, les gousses pointues, noueuses. On mange sa racine.

20. Dolic a filet. Sa tige est cylindrique, les pédoncules axillaires, chargées de deux fleurs. Les gousses font linéaires, terminées par un filet qui a un pouce de longueur. De l'Amérique.

21. Dolic ligneux. Ses tiges font persistantes, diffuses. Les fleurs font rouges ou purpurines. Les gousses font oblongues, linéaires. Les semences, au nombre de trois à quatre, font brunes. De l'Inde, où on mange les gousses vertes.

22. Dolic filiforme. Les tiges font filiformes. Les folioles linéaires, de la longueur de trois à quatre lignes; la foliole du milieu est plus grande que les autres. De la Jamaïque.

23. Dolic a plusieurs épis. Sa tige est persistante, ses fleurs purpurines, les gousses comprimées, semblables à celles du *Pois des Jardins*. De la Virginie.

24. Dolic rayé. Sa tige est herbacée, un peu anguleuse. Les folioles font rayées par des nervures. Les fleurs font d'un rouge pourpre, disposées en grappes. Les gousses font oblongues, munies de trois côtes ou ailes courantes sur le dos. Du Japon.

25. Dolic a fruit courbe. Sa tige est herbacée, striée; les folioles font larges de deux pouces, longues de quatre à cinq. Les fleurs font axillaires, solitaires, d'un pourpre blanchâtre. Leur pédoncule est contourné à son sommet. Les gousses font en sabre, courbées, longues de huit à neuf pouces, munies de trois ailes courantes sur le dos. Du Japon.

26. Dolic du Bengale. Peu connu.

27. Dolic jaunatre. Peu connu.

28. Dolic du Japon. Sa tige est droite, haute d'un pied & demi, striée, chargée de poils roussâtres. Du Japon, où on mange ses graines.

29. Dolic a gousses menues. Sa tige est menue, droite, anguleuse, striée. Les pédoncules font droits, grêles, portant à leur sommet quelques fleurs blanches ou bleuâtres. Les gousses font menues, linéaires. Des Indes orientales, où on mange ses graines.

30. Dolic biflore. Sa tige est glabre, persistante. Les fleurs font jaunâtres, deux ensemble. Les gousses font redressées, pointues & arquées en faucille. De l'Inde.

31. Dolic uniflore. Cette espèce ressemble beaucoup à la précédente. Ses tiges font menues, frutescentes. Les fleurs jaunâtres axillaires, les gousses comprimées, acuminées, arquées en faucille : elles contiennent quatre à cinq semences. De l'Inde.

32. Dolic rampant. Cette plante est pubescente, la tige rampante, les fleurs en grappes géminées, & les gousses grêles. De la Jamaïque.

33. Dolic psoraloïde. Cette plante a le feuillage du *Psoralier*, les fleurs d'une *Trigonelle*. Ses tiges font foibles, courbées; elles s'élèvent à environ un pied & demi. Les fleurs font en grappes axillaires, rougeâtres; les gousses font longues d'un pouce & demi, droites, munies sur le dos d'une gouttière : elles renferment quatre à cinq semences. De l'Inde.

34. Dolic a grandes stipules. Sa tige est herbacée, foible, couchée en partie, longue environ d'un pied. Les pétioles portent trois folioles glabres, divisées en trois lobes obtus. Les fleurs font au nombre de trois.. Les gousses font linéaires, longues d'un pied & demi. De l'Inde.

35. Dolic disséqué. Ses tiges font filiformes, couchées, chargées de poils lâches; les folioles font disséquées, divisées en trois ou cinq découpures. Les fleurs font petites, jaunâtres. De l'Inde.

Culture.

Toutes les espèces de Dolics, annuelles ou vivaces, se multiplient par leurs graines, qu'on seme en mars sur une couche chaude, sous chassis, & qu'on transplante ensuite dans des pots où ils doivent rester. Il seroit mieux de les semer d'abord dans des petits pots remplis d'une terre substantielle & légère, deux ou trois ensemble, & de les mettre sur la tannée d'une couche chaude, sous chassis. Quand le plant sera assez fort pour être transplanté, il faudra le remettre dans des pots plus grands, pour y rester, qu'on mettra sur une nouvelle couche chaude en leur donnant les soins ordinaires; jusqu'à ce qu'ils aient produit de nouvelles fibres, après on leur donnera de l'air frais chaque jour, selon la chaleur de la saison. Quand les tiges seront trop hautes pour rester sous les chassis, on les transportera dans les serres chaudes où on les tiendra, si on veut en avoir des graines, qu'elles ne perfectionneroient pas en plein air. Les annuelles périront après la maturation des graines, & les autres persisteront. Les unes & les autres demandent des tuteurs pour grimper, s'entortiller & se soutenir.

Usages.

D'économie. La plupart de ces espèces servent d'aliment, soit en gousses quand elles sont jeunes & tendres, soit en graines. Celles de la première espèce, d'*Egypte*, sont aussi agréables que nos *Haricots;* on en fait usage en Egypte, elles mûrissent difficilement en France : on mange de même celles de la seconde espèce, *de la Chine*, dans les différentes régions de l'Inde. Les Matelots en achètent à la Chine, & en font des provisions pour les voyages. On mange en Amérique les gousses de la troisième & quatrième espèce, quand elles sont vertes & tendres, comme nos *Haricots verds*. Les graines de la neuvième espèce, *en sabre*, sont difficiles à digérer. Les gousses de la onzième espèce, *quadrangulaires*, fournissent un aliment dans les Indes orientales; on les coupe par petits morceaux, & on les fait cuire au jus. On mange aussi sa racine après l'avoir fait bouillir; il faut la cueillir avant que la plante ait donné son fruit, car après elle devient sèche & spongieuse. Les semences & les racines de la douzième espèce, *tubéreux*, se mangent à la manière des *Patates*. La racine de la dix-neuvième espèce, *bulbeux*, fournit aussi un aliment; on l'arrache quand la plante est dans sa vigueur, & que ses fruits ne sont pas encore mûrs : on en prépare un mets assez délicat, en les coupant par morceaux qu'on fait cuire avec du beurre, du sucre & de la canelle. Les gousses vertes de la vingt-deuxième espèce, *ligneux*, sont en usage dans toute l'Inde; leur saveur est moins agréable que celle de nos *Haricots* d'Europe. Les Japonois préparent, avec les semences de la vingt-huitième espèce, *du Japon*, une sorte de bouillie qui leur tient lieu de beurre, & dont ils font une sauce fameuse qui se sert avec le viandes rôties; ils nomment la bouillie *Miso*, & la sauce *Soja*. Le fruit de la vingt-neuvième espèce, *à gousses menues*, fournit, après le Ris, l'aliment dont les Indiens font le plus d'usage; on préfère les graines blanches, comme les plus délicates & les plus saines. Toutes ces différentes espèces ne mûrissent bien que dans leur lieu natal; au reste on doit en faire peu de cas en France, parce que nous avons dans nos Jardins plusieurs espèces ou variétés d'*Haricots*, qui leur sont préférables à tous égards.

D'agrément. Ce genre offre des espèces assez curieuses, agréables & jolies; mais elles sont trop volumineuses, ou plutôt elles grimpent trop haut pour être cultivées dans nos Jardins, où d'ailleurs elles ne fructifient pas en plein air. On en voit quelques unes au Jardin des Plantes pour la Démonstration, ainsi que dans d'autres Jardins de Botanique, où déjà elles ont perdu de leur agrément & encore plus de leur hauteur. Il n'est donc permis qu'aux Voyageurs, de jouir de la vue de toutes ces espèces. On voit dans les cabinets des curieux, les graines de la plupart de ces espèces, où elles étonnent par la variété de leur forme & de leur couleur. On a vu plus haut, que les gousses des espèces 6 & 8, *à gousses ridées & à poils cuisans*, étoient chargées de poils rousseâtres qui occasionnent des demangeaisons très-cuisantes où ils s'attachent : aussi les applique-t-on sur les mains & les bras par badinage. (*L. Menon.*)

Note additionnelle.

Nous avons peu de Notions sur l'Agriculture indienne, & en général sur l'Economie rurale des pays entre les Tropiques. Tous les faits qu'on peut recueillir sont précieux, jusqu'au moment où l'esprit d'observation planera sur ces régions, comme il existe en Europe.

Rumphe, à l'article de son *Phaseolus minor*, donne des détails sur la culture génerale des Haricots & Dolics dans les Isles de l'Océan d'Asie. Je vais les transcrire : « Cette Féve, d'un usage général, est une des principales cultures des Indes. A Java, Balaya & autres Isles malayes, on fait des trous avec des bâtons bifurqués à leur extrémité, dans une terre ameublie par des labours. »

« D'autres personnes se donnent moins de peine, & choisissent un terrain inculte : plus son état de friche est ancien, plus on en espère de produit. On met le feu, vers l'époque du mois d'août, aux herbes & halliers qui y croissent : c'est l'époque où on attend des pluies. Lorsque le temps est couvert, & que tout annonce une pluie prochaine, on jette les graines de Dolics ou de Haricots sur ces terreins brûlés : on nomme ce semis *Waru*. Lorsque la pluie survient à sa suite, les graines germent au bout de quatre à cinq jours. D'abord que les plants ont acquis un pied ou un pied & demi, les parties supérieures s'étendent en rameaux qu'on a soin de dépouiller, trois ou quatre fois de suite, de leurs jeunes feuilles. Cette opération, qu'on nomme *Oelangh*, met les plantes à fruit, & donne du développement aux branches : lorsqu'on la néglige, les plantes s'étendent en herbe & donnent peu de fruits. Au bout de trois ou quatre mois les feuilles se fanent, & les fruits mûrissent : on cueille à la main les gousses, & on les étend au soleil, pour achever leur dessication, avant d'en séparer les graines. »

Le Dolic à poils cuisans, n.° 8, entre depuis peu dans le catalogue des plantes pharmaceutiques comme febrifuge. *Voyez le Dictionnaire de Pharmacie.* (*L. Reynier*)

DOLOIR. On donne ce nom à une conformation particulière de certaines feuilles qui se rapproche de la forme d'un couteau dont la pointe est émoussée. *V.* Feuilles. (*L. Reynier.*)

DOMAINE. En Auvergne on comprend sous ce mot une étendue de terrein plus ou moins vaste, au milieu duquel se trouvent les bâtimens pour loger ceux qui l'exploitent, & les animaux dont il est pourvu.

En Bresse, en Berry, &c., on n'emploie pas d'autre terme. Les plus forts Domaines valent rarement au-delà de 2000 à 2400 liv. de revenu, ils sont en plus grande partie de 12 à 1500 livres : il y en a de plus petits, ceux sur-tout qui appartiennent à des paysans.

Le mot *Domaine* vient de *Dominium*, qui signifie propriétaire d'un fonds.

Le Domaine est quelquefois le produit d'une propriété. On distingue Domaine *immuable* & Domaine *muable* Les cens & rentes seigneuriales forment le premier, & le revenu des Fermes forme le second. (*Tessier*)

DOMAINE congéable. (Bail à) C'est un Bail par lequel le Propriétaire, en retenant la propriété de son héritage, en transporte la superficie & la jouissance à un Colon, moyennant une redevance annuelle, sur-tout en payant une somme en commençant la jouissance, sous le nom de deniers d'entrée ; & en outre, à condition qu'il pourra toujours rentrer dans sa propriété en donnant congé, & en remboursant les améliorations superficiaires du fonds & des édifices. Ces sortes de Baux sont fort en usage dans la Bretagne, & sur-tout dans le Morbihan. *Voyez* le mot Bail & le Dictionnaire de Jurisprudence. (*Tessier*)

DOMANIER. Propriétaire d'un Domaine, c'est-à-dire, d'une Ferme ou Métairie. (*Tessier.*)

DOMBEY, *Dombeya.*

Nouveau genre dont nous devons la connoissance à Dombey, qui l'a observé avec beaucoup de soins au Chily. Cet arbre porte les deux sexes sur deux pieds différens : ses fleurs, disposées en chatons, ont quelque analogie avec celles des Pins ; mais son feuillage ressemble à celui des *Protées.* Quant aux autres points d'analogie, tels que d'être résineux, d'habiter les pentes des montagnes centrales, ils le rapprochent de la famille des Pins.

Espèce.

1. Dombey du Chily.

Dombeya chilensis. Lam. ♄ Du Chily.

C'est un grand arbre toujours verd, dont le tronc est excellent pour la mâture des vaisseaux : on peut présumer, de ce qu'il s'élève avec lenteur, que son bois est compacte. Ses fruits se mangent comme les Châtaignes.

Culture. Nous n'avons aucune donnée sur sa culture ; l'analogie nous fait présumer que, pour en jouir en Europe, il faudroit se procurer des graines, les stratifier, pendant le voyage, entre des couches de sable, & avoir soin de les semer au moment de leur arrivée. Comme tous les arbres résineux, il est présumable qu'il supporte difficilement la transplantation ; dès-lors, autant que possible, il faudroit le semer en place, ou du moins ne lever le jeune plant qu'avec beaucoup de précautions. Les Naturalistes pensent que cet arbre, une fois naturalisé dans nos climats, y réussiroit ; & ce seroit une acquisition pour nos forêts, notamment sous le point de vue de bois de mâture, s'il est vrai comme on le dit, mais comme j'en doute, que le melèze soit trop pesant pour être employé à cet usage. (*L. Reynier.*)

DOMINÉ. Variété du Pois dont le grain est blanc, gros comme le *Michaux*, mais moins rond : il s'accommode facilement des terreins un peu rudes. On ne le seme guères qu'au printemps. *Voyez* Pois. (*L. Reynier.*)

DOMPTAIRE. Nom que l'on donne dans la Camargue, à un Bœuf privé & auquel on en joint un autre qui n'a pas encore porté le joug, pour dompter ou accoutumer ce dernier au travail. (*Tessier.*)

DOMPTER. Se dit d'un Bœuf, d'un Cheval ou tout autre animal dont on peut retirer quelque utilité, & que l'on dresse pour les usages auxquels on les destine. *Voyez* Bœuf & Cheval. *Tessier.*)

DOMPTE-VENIN. Nom vulgaire de l'espèce d'Asclépiade, connue sous le nom d'*Asclépiade blanche* *Voyez* Asclépiade. (*L. Reynier.*)

DONVILLE. Variété du Poirier dont le fruit, de grosseur médiocre, est de forme allongée & en pointe vers la queue. Sa peau est unie, jaune du côté de l'ombre, colorée d'un rouge vif du côté du soleil. Ce fruit se conserve jusqu'à la fin de germinal. *Voyez* Poirier au Dict. des Arbres & Arbustes. (*L. Reynier.*)

DONZELLE. Non qu'on donne à une espèce de Plumière; remarquable en ce que sa corolle ne s'ouvre jamais, mais reste tortillée à son extrémité, comme celle de la *Ketmie musquée* l'est après l'acte de la génération. Cette espèce de pudicité lui a aussi fait donner le nom de *Pucelle*, par les habitans des Isles où elle est cultivée dans les Jardins. *Voyez* Plumière. (*L. Reynier.*)

DORA. (le) Nom que l'on donne au Sorgho. *Holcus sorghum.* (*Tessier.*)

DORADE. Nom par lequel plusieurs personnes désignent le Cétérach. *Voyez* Doradille. (*L. Reynier.*)

DORADILLE, *Asplenium.*

Genre de plantes de la famille des *Fougères* caractérisées par leurs fructifications, ou du moins par ce qu'on prend pour tel, disposées en paquets allongés sur le dos des feuilles. On le distingue des Lonchites, où ces paquets occupent les bords, tandis que sur les Doradilles ils se rapprochent de la nervure centrale.

Espèces.

* *Doradille à feuilles simples*

1. Doradille radicante.

Asplenium rhizophyllum. L. Virginie, Canada.

2. Doradille hémionite.

Asplenium hemionitis. L. de l'Europe méridionale, de la Cochinchine.

3. Doradille palmée.

Asplenium palmatum. Portugal, Isle de Madère.

4. Doradille scolopendre.

Asplenium scolopendrium. L. Sur les rochers humides de l'Europe & de la Cochinchine.

β. Variété à feuilles frisées.

γ. Variété à feuilles laciniées.

5. Doradille à feuilles de Bananier.

Asplenium nidus. L. Sur les arbres de l'Isle de Java.

6. Doradille en scie.

Asplenium serratum. L. des Lieux humides de l'Amérique méridionale & des Antilles.

7. Doradille à feuilles de Plantain.

Asplenium plantagineum. L. de la Jamaïque.

β. Variété à feuilles linéaires lancéolées. De l'Isle-de-France.

8. Doradille à feuilles en lance.

Asplenium lanceum. Thumb. Présumée du Japon.

9. Doradille à deux feuilles.

Asplenium bifolium. L. des Forêts de Saint-Domingue.

** *Doradille à feuilles pinnatifides.*

10. Doradille cétérach.

Asplenium ceterach. L. Sur les murs de l'Europe méridionale.

11. Doradille à feuilles obtuses.

Asplenium obtusifolium. L. Sur les rochers humides de la Martinique.

*** *Doradille à feuilles ailées.*

12. Doradille politric.

Asplenium trichomanes. L. Sur les murs & les rochers humides de l'Europe & de l'Asie, à la Cochinchine.

β. Variété rameuse.

γ. Variété découpée.

13. Doradille dentée.

Asplenium dentatum. L. de l'Isle de Saint-Domingue.

14. Doradille maritime.

Asplenium marinum. L. En Europe, aux Isles d'Hières, en Angleterre; en Amérique, aux Antilles.

β. Variété à feuilles allongées.

15. Doradille unilatérale.

Asplenium unilaterale. L. de l'Isle-de-France.

β. Variété à folioles obtuses.

Asplenium monanthum. L. du Cap de bonne-espérance.

β. Variété à feuilles presque sessiles. De l'Isle de Saint-Domingue.

16. Doradille transparente.

Asplenium pellucidum. Lam. de l'Isle-de-France & de Madagascar.

17. Doradille à feuilles en couteau.

Asplenium cultrifolium. L. de la Martinique.

18. Doradille rongée.

Asplenium erosum. L. de la Jamaïque.

19. Doradille à feuilles en faulx.

Asplenium falcatum. Lam. des Isles-de-France & de Ceylan.

20. Doradille à feuilles de Saule.

Asplenium salicifolium. Des Forêts humides & des bords des ruisseaux, dans les Antilles.

21. Doradille bulbeuse.

Asplenium bulbosum. Lour. des Montagnes de la Cochinchine.

22. Doradille noueuse.

Asplenium nodosum. L. dans les Forêts humides & près des ruisseaux, à Saint-Domingue & à la Martinique.

23. Doradille à feuilles de Noyer.

Asplenium juglandifolium. Lam. de la Jamaïque.

24. Doradille prolifère.

Asplenium proliferum. Lam. de l'Isle-de-Bourbon.

25. Doradille bordée.

Asplenium marginatum. L. des Forêts humides

& près des ruisseaux, à Saint-Domingue & à la Martinique.

26. DORADILLE rizophore.

Asplenium rhizophorum. L. de la Jamaïque.

27. DORADILLE cotonneuse.

Asplenium tomentosum. Lam. du Bresil.

28. DORADILLE striée.

Asplenium striatum. L. dans les Bois de la Martinique.

29. DORADILLE du Japon.

Asplenium japonicum. Thumb. du Japon.

**** *DORADILLE à feuilles deux & trois fois ailées.*

30. DORADILLE sillonnée.

Asplenium sulcatum. L. de l'Isle-de-Bourbon.

31. DORADILLE écailleuse.

Asplenium squamosum. Lam. des Forêts de l'Isle Saint-Domingue.

32. DORADILLE adiantoïde.

Asplenium adiantoïdes. Lam. du Cap de bonne-espérance, de l'Isle-de-France & du Pérou.

33. DORADILLE en coin.

Asplenium cuneatum. Lam. de la Jamaïque.

34. DORADILLE noire.

Asplenium adianthum nigrum. L. Des Bois humides & Lieux couverts de l'Europe.

35. DORADILLE des murs.

Asplenium ruta muraria. L. Sur les vieux murs & les rochers humides de l'Europe.

36. DORADILLE d'Allemagne.

Asplenium germanicum. Lam. des Lieux ombragés & pierreux de l'Allemagne & de la Suisse.

37. DORADILLE pointue.

Asplenium cuspidatum. Lam. du Pérou.

38. DORADILLE à feuilles de carotte.

Asplenium daucifolium. Lam. de l'Isle-de-France.

39. DORADILLE à crêtes.

Asplenium cristatum. Des Antilles.

40. DORADILLE à feuilles de Laser.

Asplenium laserpitiifolium. Lam. de la Nouvelle-Bretagne.

Apperçu sur le port des espèces.

Les Doradilles forment plutôt un genre d'après leur conformation sexuelle, que d'après une forme générale, un habitus du genre. Toutes ces Fougères ont leur fructification, ou du moins ce qu'on soupçonne être leur fructification, disposée en paquets allongés sur la face inférieure de la feuille. Les unes ont des feuilles simples ou entières, ou plus ou moins profondément incisées; d'autres ont leurs feuilles ailées; d'autres ont leurs feuilles doublement ou triplement ailées. Une observation générale sur les *Fougères*, & qui sert non-seulement à l'explication de celles-ci, mais aussi à celles des autres genres, est qu'aucune Fougère n'a de tige; dès-lors toutes les Fougères qui paroissent avoir des tiges, ne sont que des Fougères à feuilles ramifiées. D'après cette observation générale, on peut choisir quatre formes premières sur lesquelles on peut baser : 1.° la Doradille *scolopendre*, vulgairement la *Langue de Cerf*, est une plante à feuilles allongées, entières ou divisées en lobes, les plantes sont des Fougères à feuilles simples; 2.° les Doradilles à feuilles pinnatifides; on en connoît une espèce sous le nom de Cétérach : cette division ne diffère de la première, que par le plus ou moins de profondeur des divisions de la feuille; 3.° le Politric offre un modèle ou terme moyen de conformation des feuilles ailées, plus ou moins longues ou larges, mais avec une organisation semblable: les feuilles de Panais ont une conformation assez semblable à celle de plusieurs Fougères de cette division; 4.° les Doradilles de cette division ont une conformation qui ne se trouve que dans les *Fougères* : elles ne diffèrent des Polipodes que par leurs caractères génériques.

Culture.

Les espèces européennes ne sont cultivées que dans les Jardins de Botanique, à l'époque des Cours; & la plûpart se trouvant à la portée du Jardin, il suffit de placer un quartier de vieux mur ou de pierre chargé de ces plantes, & humecté en posant par un angle dans un vase plein d'eau, à la place qu'elles doivent occuper dans l'Ecole. Celles qui sont d'un même climat, peuvent être conservées en plaçant dans les échancrures d'un vieux mur les individus avec leur motte pour les conserver C'est ainsi que j'ai pu me procurer la Doradille cétérach, celle d'Allemagne, &c.; & une fois placées sur les murs, elles s'y sont multipliées d'elles-mêmes sans aucuns soins.

Quant aux Doradilles des régions plus chaudes, on doit les cultiver dans la serre chaude, sur des rochers artificiels imprégnés de l'humidité que leur communique un baquet ou une cuve pleine d'eau dans laquelle ils plongent. Diverses Fougères de climats analogues, y réussissent & s'y conservent sans peine : d'autres, qui ne végètent que sur des bois vermoulus, sur de vieux troncs pourris, sur des détritus de végétaux, demandent une terre analogue; & le terreau de bruyères pur, plus ou moins humecté en raison du site où ces Fougères croissent, est la terre qui leur convient le mieux : alors on place ces plantes dans des vases pleins de terreau de bruyère, soit dans des baquets pleins d'eau dans la serre chaude, comme les plantes des marais des Tropiques, soit plongés dans la tannée, ou seulement dans l'orangerie, lorsque la plante exige moins d'humidité. Règle générale; les Fougères, comme la plûpart des plantes cryptogames, ne peuvent être cultivées qu'au moyen d'une imitation aussi parfaite que possible de leur climat naturel : aussi la principale règle à conseiller pour leur culture, est cette entière imitation. *Voyez* Polipode.

Usage.

Diverses espèces passent, dès les plus anciens temps, pour Pectorales & Béchiques, & comme émules des Capillaires. Loureiro dit que l'espèce n.° 21, a une racine nutritive; il ne dit pas si on la cultive pour cet usage, ou si on la récolte dans les Forêts où elle croît sauvage. A l'article Polypode, il sera donné des détails sur plusieurs Fougères dont la racine sert à la nourriture de l'homme. (*L. Reynier.*)

DORÈNE, *Dorena.*

Genre nouveau établi par Thunberg, dont on ne connoît qu'une seule espèce, originaire du Japon. Les fleurs de cette plante ont un calice d'une seule pièce à cinq divisions, une corolle monopétale en roue à cinq divisions, cinq étamines, un pistil porté par un ovaire supérieur, qui devient une capsule à une seule loge.

Espèce.

1. Dorène du Japon.

Dorena japonica. Thumb.

Cette espèce est une plante qui s'élève à la hauteur de cinq à six pieds; ses feuilles sont allongées, & à leur aisselle naissent les fleurs, remarquables par leur grande petitesse, & disposées en panicules.

Culture.

Nous ne connoissons aucune utilité à cette plante, & n'avons aucune notion sur la culture qu'elle pourroit demander; mais il n'est pas probable que personne en ait besoin, car cette plante ne sera jamais reçue, dans les cas où on l'importeroit en Europe, que dans les Jardins de Botanique. (*L. Reynier.*)

DORINE, *Chrysosplenium.*

Genre de plantes à fleurs incomplettes par défaut de corolle, qui semble se rapprocher des *Saxifrages.* Il comprend des herbes indigènes hautes de cinq à six pouces, à feuilles simples, opposées ou alternes; à fleurs jaunes, d'un joli effet. Le fruit est une capsule à deux cornes. Ce genre est de la dixième classe de Linnéus.

Espèces.

1. Dorine à feuilles alternes.

Chrysosplenium alternifolium. L. ♃ de la France, vulgairement *Saxifrage dorée.*

2. Dorine à feuilles opposées.

Chrysosplenium oppositifolium. L. ♃ de la France.

Description du port des espèces.

1. Dorine a feuilles alternes. Sa racine, fibreuse, pousse des tiges menues, succulentes, longues de deux à cinq pouces, rameuses. Les feuilles sont alternes, arrondies, crenelées, d'un verd luisant. Les fleurs sont jaunâtres, sessiles au sommet de la plante. En France, dans les Lieux couverts & humides, elle fleurit en juin & juillet : elle passe pour vulnéraire.

2. Dorine a feuilles opposées. Un peu plus grande que la précédente, elle n'en diffère que par ses feuilles opposées. En France, dans les lieux ombragés & humides, elle fleurit en juin & juillet.

Culture.

La *Dorine* se multiplie par les éclats, qu'il suffit de planter en automne ou au printemps, dans des endroits frais & ombragés.

Usages.

Ses feuilles ont un goût styptique & un peu amer; elles sont vulnéraires, apéritives : on les emploie en décoction. Un homme vomit jusqu'au sang, après en avoir mangé une petite salade.

Comme ces plantes ne sont pas d'un grand effet, on ne les cultive que dans les Jardins de Botanique : elles forment cependant des touffes bien garnies & d'un verd mêlé de jaune, qui ne sont pas sans mérite. (*L. Menon.*)

DORONIC, *Doronicum.*

Genre de plante à fleurs composées, de la division des *Corymbifères*, qui a des rapports avec les *Tussilages.* Il comprend des herbes exotiques & indigènes, à tiges simples ou rameuses, hautes de trois pouces à trois pieds; à feuilles simples, oblongues, un peu dentées, souvent velues, communément alternes; à fleurs radiées, jaunes, rarement rouges, plus ou moins grandes, terminales, d'un aspect agréable. Leur calice est composé de longues écailles, disposées sur deux rangs. Le fruit consiste en plusieurs semences ovales que le vent emporte aisément, à cause des aigrettes qui les couronnent. Ce genre est de la dix-neuvième classe de Linnéus.

Espèces

Espèces.

1. DORONIC à feuilles en cœur.
Doronicum pardalianches. L. ♃ de la France.
2. DORONIC à feuilles de Plantain.
Doronicum plantagineum. L. ♃ de la France.
3. DORONIC à feuilles opposées.
Doronicum oppositifolium. Lam. Encyc. ♃ Vulgairement le *Tabac des Vosges, la Bétoine des Montagnes.* En France.
4. DORONIC scorpioïde.
Doronicum scorpioides. Lam. Encyc. ♃ de l'Autriche.
5. DORONIC à grandes fleurs.
Doronicum grandiflorum. Lam. Encyc. ♃ de la Suisse.
6. DORONIC velu.
Doronicum hirsutum. Lam. Encyc. ♃ des Alpes.
7. DORONIC à feuilles de Paquerette.
Doronicum bellidiastrum. L. ♃ de la France, la Suisse &c.
8. DORONIC maritime.
Dorinicum maritimum. Lam. Encyc.
9. DORONIC à feuilles palmées.
Doronicum palmatum. Du Japon.
10. DORONIC du Japon.
Doronicum japonicum. Lam. Encyc. du Japon.
11. DORONIC cilié.
Doronicum ciliatum. Lam. Encyc. Du Japon.
12. DORONIC à feuilles de Pilofelle.
Doronicum pilosclloïdes. Lam. Encyc. De l'Afrique.
13. DORONIC spinulé.
Doronicum spinulosum. Lam. Encyc. De l'Afrique.
14. DORONIC à feuilles de Pyrole.
Doronicum pyrolæfolium. Lam. Encyc. Du Cap de bonne-espérance.
15. DORONIC à feuilles de Céterach.
Doronicum asplenifolium. Lam. Encyc. Du Cap de bonne-espérance.
16. DORONIC blanc.
Doronicum incanum. Lam. Encyc. Du Paraguay.
17. DORONIC du Pérou.
Doronicum peruvianum. Lam. Encyc. Du Pérou.

Espèce peu connue.

DORONIC d'Arabie.
Doronicum arabicum. Fork. Egyp. 151, n. 86. D'Arabie.

Description du port des espèces.

1. DORONIC A FEUILLES EN CŒUR. Sa racine est un peu tubéreuse, oblongue, oblique, traçante, noueuse, garnies de fibres qui lui

donnent une forme assez semblable au *Scorpion.* Sa tige est épaisse, haute de deux à trois pieds, striée, chargée de quelques poils, un peu rameuse; les feuilles radicales sont pétiolées, velues : celles de la tige sont alternes, & se rétrécissent à leur base en une oreillette amplexicaule. Les fleurs sont grandes, jaunes, portées sur des pédoncules simples, longs. En France, dans les lieux ombragés. Elle fleurit en avril & mai. Il y a une variété dont la tige est plus grêle & les oreillettes des feuilles plus étroites.

2. DORONIC A FEUILLES DE PLANTAIN. Sa tige est droite, striée, glabre, haute de deux pieds. Ses feuilles radicales sont pétiolées, ovales : les caulinaires sont un peu amplexicaules. Les fleurs sont grandes, jaunes, solitaires & terminales. De la France : elle fleurit en avril & mai.

3. DORONIC A FEUILLES OPPOSÉES. Sa tige est cylindrique, légèrement velue; elle s'élève d'un à deux pieds. Les feuilles radicales sont oblongues, nervées comme celles du Plantain, couchées sur la terre & embrassent la tige. Les feuilles caulinaires sont opposées, caractère particulier à cette espèce. La fleur est terminale, grande, fort belle, d'un jaune d'or. Elle est tonique, vulnéraire, diurétique & résolutive. Elle fleurit en juin & juillet. De la France.

4. DORONIC SCORPIOÏDE. Sa racine est noueuse, oblique, grosse comme le petit doigt. Sa tige est droite, velue, striée, uniflore, haute d'un pied environ. Les feuilles radicales sont ovales, rétrécies en pétiole. Les caulinaires sont alternes, semi-amplexicaules. La fleur est jaune, terminale, large d'un pouce & demi. Dans les Montagnes d'Autriche.

5. DORONIC A GRANDES FLEURS. Sa tige est simple, uniflore, haute de quatre à sept pouces. Les feuilles inférieures sont ovales, pétiolées, inégalement dentées, un peu velues. Les feuilles supérieures sont sessiles, semi-amplexicaules, profondément dentées vers leur base. La fleur est grande, jaune, terminale, fort belle. De la Suisse. Fleurit en mai.

6. DORONIC VELU. Sa tige est simple, uniflore, haute de six pouces environ. Les feuilles inférieures sont rétrécies en pétiole, à leur base. La fleur est grande, jaune, terminale. Elle passe pour stomachique. Des Alpes. Il y en a une variété à dents plus anguleuses.

7. DORONIC A FEUILLES DE PAQUERETTE. Ses tiges sont radicales, presque spatulées, velues & dentées. La tige est simple, nue, uniflore, haute de cinq à six pouces. Cette espèce ressemble beaucoup à la *Paquerette*, par son port & par la couleur de sa fleur; mais elle est plus grande, & n'a pas les feuilles aussi charnues.

8. DORONIC MARITIME. Sa racine est longue,

fibreuse, amère, aromatique. Elle pousse une tige épaisse, feuillée, striée, lanugineuse, haute d'un pied environ. Les feuilles de la tige sont lancéolées, entières, blanchâtres en-dessous. Les inférieures sont dentées, pointues, rétrécies en pétiole. Les pédoncules sont axillaires, terminaux, portant des fleurs d'un beau jaune, qui ont un pouce de diamètre. Toute la plante est lanugineuse. De l'Amérique septentrionale.

9. Doronic a feuilles palmées. Sa tige est cylindrique, finement striée, glabre, haute de deux pieds. Les feuilles inférieures sont palmées, pétiolées. Les inférieures sont vertes en-dessus, pâle- en-dessous. Les fleurs sont petites, paniculées, terminales. Au Japon.

10. Doronic du Japon. Sa tige est droite, creuse, glabre, haute d'un pied environ. Ses feuilles sont pétiolées, presque palmées, à lobes incisés, vertes en-dessus, pâles en-dessous. Les fleurs sont rouges, terminales : elle fleurit en juin. Du Japon.

11. Doronic cilié. Sa tige est haute d'un pied, droite, anguleuse, hérissée de poils blancs. Ses feuilles sont amplexicaules. Les inférieures sont dentées inégalement, ciliées en leurs bords, glabres en-dessus, velues en-dessous. La fleur est rouge. Du Japon.

12. Doronic a feuilles de Piloselle. Cette plante a le port & le feuillage de l'*Epervière piloselle ;* elle est couverte de duvet laineux. La fleur est purpurine. De l'Afrique.

13. Doronic spinulé. Elle s'élève à la hauteur d'un pied. Ses feuilles sont pétiolées, ovales, épaissies, veineuses, bordées de dents épineuses & piquantes : elles sont vertes en-dessus, blanchâtres en dessous. La fleur est d'un jaune d'or, portée sur une hampe laineuse & cylindrique. En Afrique.

14. Doronic a feuilles de Pyrole. Le collet de la racine & la base des pétioles, sont garnis de poils blancs, longs & soyeux. Ses feuilles sont radicales, ovales, glabres des deux côtés, longues d'un pouce, larges de deux, portées sur un pétiole long de deux pouces. Les hampes sont menues, portant chacune une fleur radiée, jaune ou rougeâtre. Du Cap.

15. Doronic a feuilles de Cétérach. Ses feuilles ressemblent beaucoup à celles *de la Doradille cetérach.* Le collet de la racine & la base des pétioles, sont garnis de poils laineux. Ses feuilles sont radicales, longues de quatre à cinq pouces, découpées en lobes courts & nombreux. La hampe est nue, cotonneuse, munie d'écailles, & soutient à son sommet une belle fleur, grande, dont la couronne est jaunâtre intérieurement, avec un cercle noir à sa base, d'une couleur purpurine au-dehors. Il y a une variété dont les feuilles sont plus étroites. Elle croît au Cap de bonne-espérance.

16. Doronic blanc. Le collet de la racine & la base des feuilles sont enveloppés de poils fins, longs & soyeux ; les feuilles sont radicales, longues de trois à quatre pouces, lancéolées, les unes très-entières, les autres pinnatifides, divisées en trois ou cinq lobes. Les hampes sont cylindriques, cotonneuses, très-blanches. Les fleurs sont belles : la couronne est d'un jaune orangé à l'intérieur, blanchâtre & un peu cotonneuse en-dehors, ainsi que le calice. Cette espèce est très-belle, & croît au Paraguai.

17. Doronic du Pérou. Le collet de la racine & la base des feuilles, sont enveloppés d'un duvet fin. Les feuilles radicales sont linéaires, lisses en-dessus avec quelques nervures longitudinales. Ses feuilles ont cinq à six pouces de longueur ; les hampes sont laineuses, uniflores. Du Pérou.

Culture.

Les huit premières espèces se plaisent à l'ombre, dans une terre humide. Elles se multiplient : 1°. par leurs racines qui tracent beaucoup & qu'on relève ou qu'on divise, quand les tiges sont flétries. 2°. Par les semences qui lèvent spontanément dans la plûpart de ces espèces. On les sème en automne dans un lieu frais & ombragé, où elles n'exigent d'autres soins que d'être tenues nettes de mauvaises herbes.

Les autres espèces des pays chauds, doivent être conservées dans des Serres, où on les multiplie en divisant les racines & en les mettant dans des pots remplis de bonne terre légère, ou sur la tannée d'une couche chaude. On les multiplie aussi par les graines qu'on sème dans des pots remplis de terre légère, qu'on met sur une couche chaude sous chassis, en leur donnant les soins ordinaires & en les repiquant dans d'autres pots qu'on remettra de nouveau sur la couche jusqu'à ce qu'ils soient assez forts pour être mis à l'air libre jusqu'aux premiers froids.

Usages.

D'agrément. Toutes ces espèces font un bel effet par leurs fleurs qui paroissent de bonne heure. Les huit premières peuvent être employées à l'ornement des Jardins paysagistes, sur les bords des Bosquets, dans les grandes plate-bandes aux endroits ombragés, où les autres plantes ne réussiroient pas ; & où elles multiplient abondamment. Les autres espèces servent à l'ornement des gradins dans les Serres, dans l'Orangerie, & au-dehors quand la saison est venue de les sortir.

D'économie. Le Doronic a feuilles opposées, connu vulgairement sous le nom de *Tabac des Vosges ; Bétoine des montagnes* est une plante précieuse. D'après les observations les plus récentes, la racine, les feuilles & les fleurs sont amères. Les fleurs froissées entre les doigts, répandent une odeur, vive, aromatique, sa racine est moins âcre. Les feuilles & les fleurs, excitent le vomissement, augmentent le cours des urines, déterminent les sueurs. Donnée à petite dose, elle est tonique, apéritive. A plus grande dose, émétique, purgative. Elle réussit dans les contusions considérables, en fa sant rendre une quantité de sang noir par le vomissement, les selles, les urines; elle fournit d'autres secours entre les mains d'un médecin habile & prudent. (*L. Menon.*)

DORSIFÈRES. Quelques naturalistes donnent ce nom à la famille des Fougères, dont les fructifications sont sur le revers de la feuille. *V. Fougère.* (*L. Reynier.*)

DORSTÈNE, *Dorstenia.*

Genre de plantes à fleurs incomplètes de la famille des Orties, distinguées par leurs semences, arrondies & implantées dans un réceptacle charnu.

Espèces.

1. Dorstène caulescente.
Dorstenia caulescens, ♃ près des ruisseaux, à Saint-Domingue.

2. Dorstène de la Chine.
Dorstenia chinensis. Lour. de la partie Septentrionale de la Chine.

3. Dorstène à feuilles en cœur.
Dorstenia cordifolia. Lam. de l'Amérique Méridionale.

4. Dorstène du Brésil.
Dorstenia brasiliensis. Lam. au Brésil, au Magellan.

5. Dorstène à feuilles de Gouet.
Dorstenia arifolia. Lam. aux lieux ombragés du Brésil.

6. Dorstène à feuilles de Berce.
Dorstenia contrayerva L. du Mexique & du Pérou.

Espèce moins connue.

Dorstenia radiata. Forsk.

Les Dorstènes offrent deux types de formes principaux: les unes sont des plantes à tiges herbacées, sur lesquelles portent les pédoncules des fleurs: d'autres sont des herbes dont toutes les feuilles sont radicales, & qui portent leurs fleurs sur des hampes qui naissent au centre du collet. Les feuilles de la plûpart sont divisées en lobes assez profonds, qui imitent une main ouverte; d'autres ont des feuilles entières, & d'autres plus ou moins incisées sur le même pied.

Ces plantes qui ont joui de la plus grande réputation dans la pharmacie Européenne, sous le nom de *Contrayerva*, ont ensuite perdu une grande partie de cette réputation, & réduite à sa véritable valeur, elle offre encore des secours dans plusieurs maladies: on la regarde comme sudorifique & cordiale; Loureiro regarde l'espèce qu'il décrit comme un excellent fébrifuge.

Culture. Aucune de ces plantes n'existe au Jardin des Plantes, & comme Miller l'observe, elles sont difficiles à se procurer, parce que leurs graines perdent promptement leur qualité germinative. Il n'est qu'un seul moyen, suivant lui, de les acquérir, c'est de lever des racines dans leur pays natal, au moment où la végétation se rallentit, de les planter dans des caisses près les unes des autres, dans une terre analogue à la leur, ayant soin de leur ménager les arrosemens. A leur arrivée en Europe, on sépareroit ces plantes pour les planter chacune dans un petit pot qu'on plongeroit dans la tannée d'une couche médiocrement chaude. Lorsque leurs feuilles sèchent, à l'époque de la suspension de la sève, on doit diminuer les arrosemens; c'est aussi l'époque où l'on peut multiplier l'espèce, en divisant les racines des pieds les plus forts. Ces plantes qui ont un genre d'utilité, intéressent sous ce point de vue dans un Jardin de Botanique. L'organisation singulière de leur système sexuel peut aussi piquer la curiosité. (*L. Reynier.*)

DORTIER, *Dartus.*

Genre établi par Loureiro, & qui se classe près des *Calacs*, distingué par le tube de ses fleurs, globuleux, & sa baie qui se dessèche & contient plusieurs fruits.

1 Dortier perlaire.
Dartus perlarius, Lour. ♄ des lieux ombragés près les fleuves de la Cochinchine; c'est un arbuste de 6 pieds de haut, dont les ramifications sont lâches, ses fleurs sont blanches & disposées en grappes à l'aisselle des feuilles.

Culture. Cet arbre n'est pas connu dans les jardins de l'Europe; mais il est vraisemblable qu'il exigerait les mêmes soins que les Calacs.

Usage. La racine au rapport de Loureiro est diurétique, suivant Rumphe elle est fébrifuge, il paraît qu'on la recueille sauvage, & qu'elle n'est pas cultivée dans son pays natal. (*L. Reynier.*)

DORYCNIUM. Nom latin adopté, & presque francisé dans les catalogues de beaucoup de Jardiniers. C'est un lotier distingué par Linné, sous le nom de *Lotus Dorycnium. V. Aspalat.* (*L. Reynier.*)

DOS-D'ANE. Est un terrein quelconque, disposé en talus des deux côtés, & que l'on plante de même. Cette manière de disposer un terrein, est la seule en usage dans les Jardins des provinces Méridionales qu'on ne peut arroser que par *irrigation*, les arrosemens ordinaires étant insuffisans. La hauteur de ces *Dos-d'Ane*, celle où on doit les semer ou planter, la profondeur de la rigole qu'on pratique entre deux *Dos-d'Ane*, dépèndent de la hauteur à laquelle les eaux peuvent monter dans l'irrigation qui ne doit baigner que le dessous des graines & des plantes, parce que celles-ci seroient déracinées, & que les autres pourriroient si elles étoient submergées par les eaux.

Nos Maraichers font des *Dos-d'Ane* pour multiplier leur terrein, ils s'y ménagent une troisième surface en abattant la crête du Dos-d'Ane pour y planter ou semer.

Le *Dos-d'Ane*, par ses deux côtés, diffère de l'*Ados* qui n'en a qu'un. *Voyez* ADOS.

L'abbé Rosier traite en grand la manière de faire des *Dos-d'Ane* au mot irrigation. *Voyez* ce mot (*A. J. MENON.*)

DOS-DE-BAHU. On nomme ainsi quelquefois le bombement des terres pratiqué aux plattes-bandes des Jardins. *Voyez* BAHU. (*L. REYNIER.*)

DOSSIÈRE. Partie du Harnois d'un limonier de charrette, dans laquelle on engage les limons. Elle se pose sur la selle, ce qui lui a fait donner encore le nom de *Surselle.* (*TESSIER.*)

DOTTER. Nom que l'on donne à Saverne, à la Cameline. *Voyez* Cameline. (*TESSIER.*)

DOUBLE. (fleur) On donne ce nom à une déformation des fleurs, où les parties génératrices sont remplacées par des Pétales. On donne le nom de *semi-doubles* aux fleurs où une partie seulement des organes sexuels est oblitérée. Pendant un temps, à l'époque où la florimanie avoit ses fanatiques, les fleurs doubles avoient acquis un prix de fantaisie que la postérité aura peine à croire. Le florimane ne voyait que ses fleurs, son univers étoit dans l'espace circonscrit de son parterre; il auroit tout sacrifié à de nouvelles jouissances du même genre. Actuellement on préfère les fleurs semi-doubles; on en viendra peut-être à la nature, pour qui les fleurs doubles sont ce que les Castrats sont dans l'ordre social.

Les causes de la luxuriance des pétales qui constitue les fleurs doubles, tenant à divers détails sur l'organisation de cette partie des végétaux; je renvoie à l'article FLEUR ou je traiterai avec quelques détails, & des moyens par lesquels les fleurs deviennent doubles cessent graduellement de l'être. *Voyez* FLEUR. (*L. REYNIER.*)

DOUBLE-AUBIER. On donne ce nom à une Zone de bois plus tendre, qui se trouve quelquefois à l'intérieur des arbres: ce vice altère la qualité du bois, il en sera traité plus amplement *au Dict. des Arbres & Arbustes* (*L. REYNIER.*)

DOUBLE-BIDET. On appelle ainsi le Cheval d'une ferme, qui est un peu plus fort que le Bidet, & qu'on emploie à la selle & au trait: aulieu que le Bidet ne s'emploie qu'à la selle. (*TESSIER.*)

DOUBLE-FEUILLE. Nom vulgaire de l'espèce d'Ophrys, nommée par Linné. *Ophrys bifolia. Voyez Ophrys.* (*L. REYNIER.*)

DOUBLE FLEUR. Variété du Poirier, dont les fleurs ont jusqu'à quinze pétales; son fruit est gros, de la forme de la Bergamote, il murit de pluviôse en germinal. On ne le mange que cuit. *Voyez* POIRIER au Dictionnaire des Arbres & Arbustes. (*L. REYNIER.*)

DOUBLE-PÊCHE. Variété du Pêcher, dont les fruits sont gros, un peu allongés, d'un blanc jaunâtre & d'un rouge foncé du côté qui a été frappé du soleil. Sa chair est fine, vineuse & le noyau adhère peu à la chair. Murit en fructidor & vendemiaire. *Voyez* PÊCHER *au Dict. des Arbres & Arbustes.* (*L. REYNIER.*)

DOUBLE DE TROYES. Variété du Pêcher, connue aussi sous le nom de *Pêche de Troyes* & de *petite Mignone.* Elle est mûre en fructidor. *Voyez* PÊCHER *au Dictionnaire des Arbres & Arbustes.* (*L. REYNIER.*)

DOUBLER. C'est faire des Andains ou deux sangles l'un sur l'autre. *Voyez* ANDAIN. (*TESSIER.*)

DOUBLIER. Nom que l'on donne aux Rateliers des Bergeries quand ils sont doubles. Ils se placent au milieu des Bergeries, tandis que les Rateliers se placent le long des murs. (*TESSIER.*)

DOUBLON. C'est ainsi que l'on nomme, sur les Montagnes d'Auvergne, un veau âgé de deux ans; c'est-à-dire, à double an: on donne aussi le même nom aux agneaux de deux ans ou Anthenois. (*TESSIER.*)

DOUCE-AMÈRE. Nom vulgaire d'une espèce de Morelle, commune dans les Hayes, & dont on cultive dans les Jardins une variété panachée. *Voyez* MORELLE. (*L. REYNIER.*)

DOUCETTE Nom vulgaire que l'on donne dans quelques cantons à la *Mâche. Voyez* VALÉRIANE.

On donne aussi le nom de *Doucette* à l'espèce de Campanule, nommée vulgairement *Miroir de Vénus. Voyez* CAMPANULLE. (*L. REYNIER.*)

DOUCIN. On donne ce nom à un Sauvageon de Pommier, qui est moyen en hauteur, entre le Pommier Sauvageon Franc & le Pommier de Paradis. On l'emploie pour greffer les Pommiers cultivés qu'on veut tenir en *hauts Buissons. Voyez* le dictionnaire des Arbres & Arbustes. (*L. REYNIER.*)

DOUCOYER. Dans quelques pays ce mot signifie la même chose que rouler, faire usage du rouleau. (*TESSIER.*)

DOUGERELLE-ROMAINE. On donne ce nom au Bled de Vache, *Melampyrum arvense*, *Voyez* BLED DE VACHE. (*TESSIER.*)

DOURA. Nom donné en Egypte á trois sortes de grains : savoir, Au Sorgho, au Maïs & au Millet à chandelle. Le premier se nomme *Doura Seïfi*; le second, *Doura Nili*; le troisième, *Doura Chami*. (TESSIER.)

DOUROU. On trouve sous ce nom l'article suivant dans *l'ancienne Encyclopédie*. La notice est insuffisante pour faire reconnoître l'espèce de plante dont il s'agit.

« DOUROU, plante des Indes qui se trouve dans l'Isle de Madagascar, qui ressemble assez à un paquet de plumes. Ses feuilles ont deux pieds de large & quatre ou cinq de long. Les Indiens nomment son fruit Voadourou; on dit qu'il ressemble à une grappe de raisin, & est de la même longueur qu'un épi de bled de Turquie. On retire de l'huile des baies de cette plante, ou bien on les écrase pour les réduire en farine, qui, mêlée avec du lait, fait une espèce de bouillie qu'on mange. »

Est-ce un Palmier ? Je l'ignore. (*L.* REYNIER.)

DOUVE. On donne ce nom vulgairement aux renoncules a feuilles simples, qui croissent dans les Marécages, & sont un poison pour le bétail. Ce sont les espèces nommés par Linné. *Ran. lingua, flammula, Repens.* *Voyez* RENONCULE. (*L.* REYNIER.)

DOUVES. Insectes qu'on trouve dans les animaux. On nomme aussi DOUVES plantes, (grande & petite) des espèces de Renoncules qui croissent dans les endroits bas & humides. On leur attribue *la pourriture* des moutons, maladie qui en fait mourir une grande quantité. *Voyez* POURRITURE. Les animaux qu'elle [illegible]ont dans le foie des vers courts & plats, [illegible] dans les pores biliaires, qu'on a appellé pour cette raison des *Douves*. Je crois cette opinion erronée. Les Douves, comme je viens de le dire, croissent, il est vrai, dans les terreins humides, mais ce n'est pas par une qualité vénéneuse qu'elles donnent la pourriture, puisque les moutons paissants, sur ces sortes de terreins, la contracteroient même en mangeant toute autre herbe que des Douves. La maladie est causée par l'humidité des Herbes & non spécialement par celles des Douves, qui en contiennent moins que beaucoup d'autres. D'ailleurs, il n'est pas prouvé que les bêtes à laine la mangent. Pour ôter toute incertitude, il faudroit faire manger des Douves à quelques uns de ces animaux, & faire manger à d'autres des herbes humides, parmi lesquelles il n'y auroit pas de Douves. (TESSIER.)

DOUX AUX VÊPES. On distingue deux sous variétés de ce pommier, le grand & le petit. Son fruit est jaune, quelque fois verd; mais marbré de rouge du coté frappé par le soleil. La chair est blanche, un peu jaune, médiocrement sèche. Elle est sujette a être attaquée par les guêpes, qui la vident sans attaquer la peau, excepté dans un seul point où elles pratiquent une ouverture. C'est de là qu'elles tirent leur nom. *V. pommier au Dict. des arbres & arbustres.* (*L.* REYNIER.)

DOYENNÉ. Variété du Poirier connue sous le nom de *Beurré blanc* : son fruit est gros, allongé, de couleur citrine, teint en rouge au côté frappé du soleil; sa chair passe & se cotonne très promptement. Cette variété réussit mieux en espalier qu'en plein vent, elle veut partout de bon terrein, & ne réussit pas dans les terreins froids & argilleux. Murit en Vendémiaire.

On donne le nom de *Doyenné* gris, à une poire d'un vert grisâtre plus petite que le Doyenné, beurrée, fondante & moins sujette à se cotonner que la précédente. Elle mûrit en Brumaire. *V. Poirier, au Dict. des arbres & arbustes.* (*L.* REYNIER.)

DRACOCÉPHALE, *DRACOCEPHALUM.*

Genre de plantes à fleurs monopetalées, de la famille des *Labiées*, qui se rapproche des *Mélisses*. Il comprend des herbes exotiques, vivaces & annuelles, dont la grandeur varie de 6 pouces à trois pieds, à feuilles opposées, simples ou composées, d'une odeur forte; les fleurs sont rouges, blanches, pourpres, bleues, disposées par verticiles & en tête. Le fruit consiste dans quatre semences nues, au fond du calice. Ce genre est de la quatorzième classe de Linné. *Dracocéphale*, dérivé de deux mots grecs, signifie *tête de dragon.*

Espèces.

1 DRACOCÉPHALE de Virginie.

Dracocephalum virginianum. L. ♄ de l'Amérique septentrionale, vulgairement la *Cataleptique.*

2 DRACOCÉPHALE trifoliée.

Dracocephalum canariense. L. ♃ de l'Amérique.

3 DRACOCÉPHALE d'Autriche.

Dracocephalum austriacum. L. ♃ de l'Autriche, de la Sibérie.

4 DRACOCÉPHALE à feuilles d'hysope.

Dracocephalum ruyschiana. L. ♄ du Dauphiné, de la Sibérie, de la Suisse.

DRACOCÉPHALE de Sibérie.

Dracocephalum sibiricum. L. ♃ de la Sibérie.

6. DRACOCÉPHALE pinnatifide.

Dracocephalum pinnatifidum. Lam. Encyc. ♄ de la Sibérie.

7. DRACOCÉPHALE de Moldavie.

Dracocephalum moldavica. L. ⊙ vulgairement la [illegible], *la moldavique*, de la Moldavie.

8 [illegible] à grandes fleurs.

Dracocephalum grandiflorum. L. ♃ de la Sibérie.

9. DRACOCÉPHALE blanchâtre.

Dracocephalum canescens. L. ⊖ du Levant.

10. DRACOCÉPHALE à Bractées rondes.

Dracocephalum peltatum. L. ⊖ du Levant.

11. DRACOCÉPHALE à fleurs penchées.

Dracocephalum nutans. L. ⊖.

12. DRACOCÉPALE à fleur de thym.

Dracocephalum thymiflorum. L. ⊖ de la Sibérie.

Description du port des espèces.

1 DRACOCÉPHALE DE VIRGINIE. Sa racine fibreuse pousse une tige droite, quarrée, haute de deux pieds. Ses feuilles sont opposées, glabres, dentées en scie. Les fleurs sont couleur de chair, un peu purpurines, en épi terminal. Elle fleurit en Juillet & Août, & perfectionne ses graines en automne. De Virginie.

2. DRACOCÉPHALE TRIFOLIÉE. Elle s'élève à la hauteur de deux ou trois pieds. Ses tiges sont rameuses, persistantes, d'un beau verd brun. Ses feuilles sont composées de trois ou cinq folioles lancéolées. Les fleurs sont d'un blanc pourpré, en épi serré & terminal; elle a une odeur forte de camphre & de térébenthine qui n'est pas désagréable, elle fleurit presque tout l'été. De l'Amérique.

3 DRACOCÉPHALE D'AUTRICHE. Ses tiges sont rameuses, paniculées, hautes d'un pied environ. Ses feuilles sont lancéolées linéaires, vertes, les unes entières avec une pointe épineuse, les autres divisées latteralement. Les fleurs sont grandes, fort belles, d'un violet bleuâtre, situées dans les aisselles des feuilles au haut des rameaux où elles forment un peu l'épi. Elle est intéressante par la beauté de ses fleurs. Elle fleurit en Juin. De l'Autriche, du Dauphiné.

4. DRACOCÉPHALE A FEUILLES D'HYSSOPE. Elle a beaucoup de rapport avec la précédente; mais elle en diffère par ses feuilles entières, plus longues, dépourvues de stipules par ses fleurs plus serrées, moins grandes, verticillées en épi terminal; elles sont bleues, assez belles, accompagnées de bractées lancéolées, ciliées en leurs bords. Du Dauphiné, de la Sibérie, les fleurs paroissent en Juin.

5. DRACOCÉPHALE DE SIBÉRIE. Elle s'élève à la hauteur de trois pieds. Ses feuilles sont en cœur, dentées en scie, pointues. Les fleurs sont purpurines au sommet de la plante. De la Sibérie.

6. DRACOCÉPHALE PINNATIFIDE. Ses tiges sont couchées, ligneuses. Les feuilles sont pinnatifides, vertes en dessus, blanchâtres & nerveuses en dessous. Les fleurs sont bleues d'une grandeur médiocre, en épi dense, terminal.

7. DRACOCÉPHALE DE MOLDAVIE. Les tiges sont hautes de deux pieds, rameuses. Ses feuilles sont ovales lancéolées, crenelées. Les fleurs sont bleues, purpurines ou blanches verticillées, formant des épis feuillés & terminaux. Elle fleurit en Juillet & dure deux mois. De la Moldavie.

8. DRACOCÉPHALE A GRANDE FLEURS. Ses tiges sont hautes d'un pied, simples. Ses feuilles radicales sont pétiolées, crenelées, semblables à celles de la Bétoine. Les caulinaires sont sessiles, presque en coins, dentées profondément. Les fleurs sont grandes, bleues, verticillées trois ensemble, accompagnées de deux bractées. De la Sibérie.

9. DRACOCÉPHALE BLANCHATRE. La tige est haute d'un à deux pieds environ, quarrée, divisée en deux ou trois branches. Les feuilles inférieures sont pétiolées, ovales, oblongues, dentées en leurs bords. Les supérieures sont linéaires, entières. Les fleurs sont grandes, fort belles, blanchâtres avec une tache violette plus ou moins foncée, disposées par verticilles de trois fleurs avec deux bractées bordées de dents épineuses. Cette espèce est très apparente & remarquable par le duvet cotonneux, blanchâtre dont elle est couverte. Fleurit en Juin & Juillet. Du Levant. Il y a une variété à fleurs blanches.

10. DRACOCÉPHALE A BRACTÉES RONDES. Sa tige est haute d'un pied, quarrée, divisée en deux ou trois branches. Les feuilles supérieures sont pétiolées, vertes, glabres & dentées. Les inférieures sont ovales, obtuses; celles du milieu lancéolées, semblables à celles du *Saule*. Les [illegible] sont bleues, petites, verticillées accompagnées de quatre bractées arrondies, glabres, nerveuses, bordées de dents qui se terminent par un poil. Ces bractées la font aisément reconnoître. Du Levant Elle fleurit en Juin.

11. DRACOCÉPHALE A FLEURS PENCHÉES. Sa tige est haute d'un pied environ, branchue. Les feuilles inférieures sont ovales, obtuses, dentelées, opposées, à longs pétioles; les inférieures les ont plus courts, & les feuilles oblongues étroites, presque entières. Les fleurs sont violettes ou bleuâtres, verticillées, de grandeur moyenne, penchées. Fleurit en Juin. De la Sibérie.

12. DRACOCÉPHALE A FLEURS DE THYM. Ses tiges sont longues d'un pied environ, plus ou moins droites, quarrées. Ses feuilles sont petites, verdâtres, trinerves; les inférieures sont ovales, dentées; les supérieures sont oblongues, moins dentées. Les fleurs sont petites, à peine saillantes hors du calice, bleuâtres ou violettes. De la Sibérie.

Culture générale.

Toutes les espèces de *Dracocéphale* annuelles

ou vivaces peuvent se multiplier en pleine terre. On sème les premières au printems dans une terre légère, meuble, à une bonne exposition, à place, ou elles n'exigent d'autre soins que d'être tenues nettes de mauvaises herbes & arrosées dans le besoin; comme elles souffrent assez bien la transplantation, on peut l'employer, quand le plant a 4 à 6 pouces. Les espèces vivaces se sèment à la même époque & demandent le même traitement. On les transplante dans une bonne terre quand la plante a deux à trois pouces, à six pouces de distance, dans une bonne terre meuble; on les ombrages jusqu'à ce qu'elles aient fait de nouvelles racines. On les levera à l'automne en motte, pour être mises en place, où elles subsisteront plusieurs années en donnant des graines qu'on semera pour perpétuer & renouveller les espèces. Les fleurs sont d'autant plus belles que les plantes sont jeunes, & les graines d'autant meilleures que les plantes vieillissent. Toutes les espèces perfectionnent leurs graines en Août & Septembre; elles levent au bout de cinq à six semaines.

On multiplie aussi les espèces vivaces en éclatant les vieux pieds, la plûpart reprennent également de bouture.

Culture particulière.

La premiere *Dracocéphale de Virginie* demande un sol humide, ou d'être arrosée souvent dans les tems secs. Les feuilles & les fleurs en seront plus belles, elle vient bien à l'ombre, ne trace pas & dûre deux mois & plus en fleurs.

La deuxième *Dracocéphale trifoliée*, demande d'être placée dans une platte-bande bien exposée, chaude; mais comme elle ne résiste pas toujours en pleine terre, il est prudent d'en mettre plusieurs pieds en pots qui passeront mieux l'hiver sous chassis, que dans l'orangerie; parce que cette espèce aime l'air libre, doux, & qu'il suffit de l'abriter des fortes gelées. Ses graines réussissent mieux si on les sème en automne, en bonne terre & à une bonne exposition en garantissant le plant des fortes gelées. Elle se multiplie aussi par éclats au printems & en automne, ainsi que par boutures qu'on fait en été à l'ombre.

La 3.e 4.e 5.e & 6.e se multiplient de même par éclats.

La 7.e espèce subsiste quelque fois deux ans quand elle est placée dans un terrein sec.

Usages.

D'AGRÉMENT. *Les Dracocéphales* peuvent être mises au rang des plantes d'agrément & être placées sur la ligne du milieu des plattes-bandes & sur les bords des promenades & des jardins paysagistes. L'effet de leurs fleurs, pourpres ou bleues, plus ou moins apparentes, disposées en tête ou pendantes, est très agréables & fait ressortir les différentes couleurs des autres plantes, par leur belle variété, sur-tout quand les touffes sont fortes.

D'économie. L'espèce N. 2 trifoliée est visqueuse, elle répand une odeur pénétrante assez agréable. Son infusion est très-salutaire & préférable à celle de l'espèce N. 7 dans les maladies de langueur, dans les flatuosités. Cette plante offre un camphre tout formé.

L'espèce N. 7 de *Moldavie*, est aromatique, un peu âcre, astringente, céphatique & vulnéraire. On emploie les feuilles sèches en infusion & l'on tire le suc des feuilles fraîches; on les emploie en infusion théiforme dans les affections spasmodiques causées par des flatuosités. On fait un ratafiat avec les fleurs, vanté contre les coliques. (*L. MENON.*)

DRACONTE, *DRACONTIUM.*

Genre de plantes de la famille des Gouets, dont les fleurs sont disposées sur un chaton, enveloppé lâchement ou accompagné d'une spathe allongée & ligulaire.

Espèces.

1. DRACONTE polyphylle.
Dracontium polyphyllum. ♃ Sur le continent de l'Amérique méridionale & au Japon.

2. DRACONTE épineuse.
Dracontium spinosum. L. Des lieux ombragés de l'Inde & de Ceylan.

3. DRACONTE fétide.
Dracontium fœtidum. L. Des lieux aquatiques de la Caroline & de la Virginie.

4. DRACONTE du Kamtchatka.
Dracontium kamtchatkense. L. De la Sibérie & du Kamtchatka.

5. DRACONTE à feuilles percées.
Dracontium pertusum. L. de l'Amérique méridionale.

6. DRACONTE rampante.
Dracontium repens. Lam. près des ruisseaux à S. Domingue.

7. DRACONTE à cinq feuilles.
Dracontium pentaphyllum. Aubl. Sur les vieux trôncs d'arbres de la Guyanne.

La première espèce est une plante dont la racine est tubéreuse, & assez semblable à celle du Cyclamen. Il en sort une feuille divisée en deux ou trois ramifications, qui se subdivisent en découpures pinnatifides; lorsque cette feuille se fane, la racine pousse une hampe terminée par l'épi des fleurs, leur spathe de couleur obscure & d'une odeur cadavéreuse n'a rien d'attrayant pour les jardins.

L'espèce N.° 6 offre une organisation bien différente, elle pousse des tiges longues qui s'élèvent en ſerpentant comme les Lierres le long des points d'appui qu'elles rencontrent. Des feuilles aſſez nombreuſes naiſſent alternes ſur ces tiges, & ſont remarquables par une ſingularité conſtante, ce ſont des ouvertures oblongues & de diverſes grandeurs, qui ſe forment entre les principales nervures latérales. Ces feuilles qui ont juſqu'à un pied & demi de longueur, d'un vert gai, liſſe & variées par ces diverſes ouvertures, forment une décoration intéreſſante des ſerres. Les fleurs naiſſent à l'aiſſelle des feuilles ſupérieures, leur ſpathe eſt long de ſix pouces & d'un blanc terne; il eſt remarquable que les plantes qui ſe mettent à fleur ceſſent de s'allonger, & que leur feuillage eſt ordinairement plus large après cette époque.

Culture. Le Draconte à feuilles percées ſe multiplie de boutures, ſes branches très charnues & remplies de ſève, doivent être placées au bout d'un ou deux jours, après qu'on les a ſéparées de la mère plante dans des pots pleins d'une terre légère & plongés dans la tannée d'une couche chaude, avec l'attention de les garantir de l'action immédiate des rayons ſolaires. Pendant tout l'eſpace qu'il mettent à pouſſer des racines, il faut avoir ſoin de les prémunir contre l'humidité, & ſoigner les arroſemens de manière à ce qu'ils ne ſoient ni fréquens ni abondans. Lorſque les boutures ont pouſſé leurs racines, il faut augmenter progreſſivement la quantité d'eau dont on les abreuve, & les placer de manière que les nouveaux jets trouvent en ſe développant un appui où ils puiſſent s'accrocher. Miller qui penſe que les vrilles de cette Draconte ſont des ſuçoirs, conſeille de leur donner plutôt un arbuſte adulte qu'un mur. L'examen que j'ai fait de ces vrilles, me font douter qu'ils rempliſſent une ſemblable fonction; cependant je n'ai pu faire aucune expérience confirmative de cette opinion ſur une plante peu commune dans nos jardins. J'obſerverai ſeulement que j'ai vu pluſieurs pieds de cette plante, grimpans contre des murs & pleins de vigueur. Ce Draconte une fois qu'il a pris racine, n'exige aucun ſoin particulier; on doit le ſoigner de la même manière que les plantes un peu charnues des mêmes régions.

Lorſqu'on veut tranſporter de ſon pays natal en Europe cette eſpèce où des eſpèces analogues, on doit couper des boutures, qu'on renferme avec du foin ſec dans une boëte, ayant ſoin de les ſéparer les uns des autres, de peur que leur humidité réunie ne fermente & ne les faſſe pourrir; à leur arrivée on leur donne les mêmes ſoins qu'aux boutures coupées ſur des pieds, en Europe.

La *Draconte polyphylle* ne ſe multiplie pas en Europe; il y eſt très-rare dans les jardins, où l'on ne poſſède que des pieds apportés de leur pays natal. Miller qui l'a cultivée dit qu'il faut la conſerver dans des pots pleins d'une terre de potager, légère & plongés dans la tannée d'une ſerre chaude; on lui ménage les arroſemens pendant l'hiver & pendant l'été on les rend plus fréquens ſans être copieux. La plante ménagée avec ſoin fleurit dans nos ſerres, mais les fleurs avortent.

Quand à la plante du Kamtchatka, elle ne demande aucun ſoin particulier, ſi ce n'eſt d'être placée dans une poſition à l'ombre; elle ne redoute aucun froid, même les plus rigoureux.

Uſage. La racine de la Draconte épineuſe fournit aux habitans de Ceylan, une fécule qui leur eſt d'un très grand ſecours aux temps de diſette. On ignore les procédés qu'ils emploient, mais ils ne doivent pas différer beaucoup e ceux employés pour les autres racines alimentaires. Obſervons en général, que la famille des GOUETS offre beaucoup d'exemples des racines potagères, nous les verons chacune ſous ſon article.

Les autres eſpèces de Draconte n'ont aucune propriété connue. (*L. REYNIER.*)

DRAGÉES. C'eſt ainſi que l'on appelle dans pluſieurs pays la Veſce que l'on fait manger en gerbe aux beſtiaux. On donne encore ce nom à un mélange de Veſce & d'autres graines. (*TESSIER.*)

DRAGEONS ou REJETS. Nouvelles tiges qui naiſſent des racines de certains arbres, & qui contribuent à la multiplication de l'eſpèce. Pluſieurs arbres en donnent naturellement, même de manière à devenir incommodes. Les plants obtenus de Drageons ont un inconvénient pour l'agriculture; c'eſt que manquant de pivots, ils ont une durée moindre que ceux obtenus de graine. Un avantage qui ne me paroît pas balancer cet inconvénient, c'eſt qu'ils ſe mettent plutôt à fruit pour les arbres fruitiers, & qu'on gagne deux années de croiſſance pour les autres arbres. Retarder une jouiſſance pour en prolonger la durée, c'eſt le devoir du bon agriculteur. On force les arbres à *Drageonner*, par des bleſſures légères qu'on fait aux racines de l'arbre. Crevecœur indique l'emploi de la charrue pour échancrer les racines du faux Acacia, & leur faire pouſſer de nombreux Drageons. *Voyez le dictionnaire des Arbres & Arbuſtes* pour de plus amples détails.

On donne auſſi le nom de *Drageons*, & plus particulièrement celui de *Rejets*, aux *Traçans* qui naiſſent du collet des racines de quelques plantes, & notamment du Fraiſier, & qui produiſent de nouveaux individus. Ces jeunes plants peuvent être ſéparés de la mère plante dès qu'il ont une racine développée, & c'eſt un moyen facile de multiplier l'eſpèce. (*L. REYNIER.*)

DRAGEONER. Pouſſer des Drageons: On dit

dit, qu'une plante, qu'un arbre drageonne. *Voyez* DRAGEONS. (*L. REYNIER.*)

DRAGON. Nom que quelques personnes donnent à l'*Estragon*. *Voyez* ARMOISE. (*L. REYNIER.*)

DRAGONIER, *DRACÆNA*.

Genre de plantes de la famille des Asperges, composé de plantes, dont une seule s'élève en forme d'arbre, à la manière des Palmiers : leurs feuilles sont simples, & leurs fleurs forment une panicule terminale : chacune d'elle est composée de six pétales, six étamines & un ovaire qui se change en une baie ovale, divisée en trois loges monospermes.

Espèces.

1. DRAGONIER à feuilles de Yucca.
Dracæna draco. L. des Isles Canaries.

2. DRAGONIER à bords rouges.
Dracæna marginata. Lam. de l'Isle de Madagascar.

3. DRAGONIER à feuilles réfléchies, vulg. Bois de chandelles.
Dracæna reflexa. Lam. des Isles de France & de Madagascar.

4. DRAGONIER de la Chine.
Dracæna terminalis. L. des Indes Orientales & de la Chine.

5. DRAGONIER rouge.
Dracæna ferrea. Lour. de la Cochinchine & de la Chine.

6. DRAGONIER de Bourbon.
Dracæna mauritiana. Lam. de l'Isle de la Réunion.

7. DRAGONIER à feuilles graminées.
Dracæna graminifolia. L. de l'Asie.

Espèces moins connues.

Dracæna undulata. L. Fil.
Dracæna medeoloides. L. Fil.
Dracæna erecta L. Fil.
Dracæna striata. L. Fil.
Dracæna volubilis. L. Fil.
Dracæna ensifolia. Lour. Fl. coch.

Ces plantes sont rares dans nos jardins. Une seule s'y trouve plus communément que les autres, c'est la première. Sa tige s'élève jusqu'à dix & douze pieds, nue comme celle des Palmiers, & terminée par un paquet de feuilles qui s'étendent en parasol comme celles des Yuccas. L'espèce n.° 2 en diffère par ses feuilles plus étroites & panachées de pourpre sur les bords.

Culture. Les Dragoniers exigent beaucoup de chaleur; on les doit tenir dans la tannée d'une serre chaude, & les soigner sur les mêmes principes que les YUCCAS & les BANANIERS. *Voyez* ces mots. (*L. REYNIER.*)

DRAP-D'OR. Petite Prune ronde, semblable, pour la forme, à la *Reine-Claude* jaune, tachée de rouge, fondante, délicate, fort sucrée & d'un goût fin. Elle murit en fructidor. *Voyez* PRUNIER *au Dictionnaire des Arbres & Arbustes.* (*L. REYNIER.*)

DRAP-D'OR. Variété du Pommier, dont le fruit est d'une forme arrondie, mais un peu renflée vers la queue, très-lisse, d'un beau jaune, imitant l'or mat; sa chair a le défaut de se cotonner. Son fruit se conserve rarement au-delà des premiers jours de nivose.

On donne aussi le nom de Drap-d'Or au *Fenouillet jaune*, mais ce nom est moins commun. *Voyez* POIRIER *au Dictionnaire des Arbres & Arbustes.* (*L. REYNIER.*)

DRAPE. On donne ce nom aux parties des végétaux couvertes de poils, tellement nombreux & entremêlés, qu'elles en paraissent comme feutrées. *Voyez* FEUILLE & POIL. (*L. REYNIER.*)

DRAPÉT, *DRAPETES.*

Lamarck a donné l'exposition de ce nouveau genre dans le Choix de Mémoires pour servir à l'histoire Naturelle, Tome I, pag. 186; il est voisin des Dais dans les familles naturelles, & distingué par ses fleurs en faisceaux, qui manquent de Calice. Leur Corolle est infundibuliforme, velue en dehors, à limbe quadrifide, portés par des Pédoncules velus; leurs étamines sont au nombre de quatre, plus longues que le Tube; leur pistile est simple, & l'ovaire supérieur; il lui succède une graine ovale, enveloppée de la base de la Corolle qui persiste autour de la Corolle.

1. DRAPET muscoïde.

Drapetes muscoïdes, Lamarck loc citato, pl. 10 du Magellan.

C'est une petite plante semblable, par son port, à une Passerine, ses tiges sont hautes de quatre pouces au plus, rameuses, nues dans la partie inférieure; les feuilles sont opposées en croix & sessiles. Les fleurs terminent les branches, en faisceaux dont la naissance est enveloppée par les feuilles supérieures.

Culture. On l'ignore absolument : cette plante a été apportée du Magellan, par Commenson & par les voyageurs qui ont accompagné Cook : Les soins qu'on lui devrait donner en Europe seroient les mêmes que pour les autres plantes naines de ces mêmes contrées. (*L. REYNIER.*)

DRAVE, *DRABA.*

Genre de plantes de la famille des CRUCI-

FÈRES, voisin des Alysses, dont il diffère par ses siliques allongées. Il est composé d'herbes qui restent basses & portent des fleurs petites & de peu d'apparence, sur des tiges ramifiées en Corymbes.

Espèces.

1. DRAVE aizoïde.

Draba aizoïdes. L. ♃ Sur les Rochers des montagnes élevées.

2. DRAVE ciliée.

Draba ciliaris. L. ♃ Sur les montagnes de l'Isère.

3. DRAVE des Alpes.

Draba alpina L. ♃ Des montagnes de l'Europe Septentrionale.

4. DRAVE printannière.

Draba verna. L. ⊖ Sur les murs & les pelouses de l'Europe.

5. DRAVE des Pyrénées.

Draba Pirenaica. L. ♃ Sur les montagnes de l'Europe Méridionale.

6. DRAVE de Fladniz.

Draba Fladnizensis. Jacq. Des montagnes de Fladniz & de la Suisse.

7. DRAVE du Carniole.

Draba carnica. Scop. Sur les murs du Carniole.

8. DRAVE des murs.

Draba muralis. L. ⊖ Des lieux ombragés & sur les murs de l'Europe.

9. DRAVE hérissée.

Draba hirta. L. ♃ Sur les montagnes de l'Europe Méridionale.

10. DRAVE blanchâtre.

Draba incana. ♂ Des lieux humides sur les montagnes de l'Europe Septentrionale.

11. DRAVE du Magellan.

Draba Magellanica. Lam. du Magellan.

12. DRAVE à feuilles de Giroflée.

Draba Cheiranthifolia Lam. ♃ Des lieux secs & sabloneux de la France & de l'Allemagne.

13. DRAVE à fleurs de Julienne.

Draba Hesperidifolia. Lam. ♃ de l'Italie & du Levant.

14. DRAVE à fruits de Lunaire.

Draba clypeata. Lam. ⊖ Des lieux maritimes de l'Europe Méridionale.

Espèces moins connues.

Draba ciliata. Scop.
Draba argentea. All.

Description.

Les espèces désignées par les n.os 1, 2, 3, 5, 6, 9, 10, sont des plantes très-basses, leur racine est vivace, & pousse des espèces de Rejets ou nouvelles pousses, à la manière des Androsaces & de quelques Saxifrages, & forment comme elles des touffes plus ou moins denses. Chaque touche est garnie d'une rose de feuilles courtes, très-nombreuses, dont les inférieures périssent à mesure que les supérieures se développent; & de leur centre, nait une tige haute d'un à trois pouces, ou nue, ou seulement garnie, suivant les espèces d'une à trois feuilles petites, & qui interrompent à peine la nudité du reste de la tige.

Les espèces n.os 4, 7, 8, ont un habitus semblable aux premières, j'en forme une division distincte à cause des sites différens qu'elles habitent & qui différencient leur culture.

Les espèces n.os 12, 13, 14, sont très-voisines des diverses espèces d'Alyssons auxquels divers Botanistes les réunissent. Ce sont des plantes vivaces, à tiges couvertes de feuilles, & qui portent leurs fleurs en un corymbe ou bouquet terminal, qui se prolonge en épi à mesure que les graines se forment.

Culture.

Les plantes de la première section sont toutes originaires des montagnes élevées où elles croissent, les unes dans les fissures des Rochers, les autres dans le terreau des sommités. On les multiplie de graines qu'on a soin de semer dès l'automne, dans des pots pleins de terreau de bruyère & placées à l'ombre, ayant soin pendant les grands froids de les couvrir de feuilles sèches, pour les garantir du froid. On lève cet abri au retour du printemps, & le jeune plant germe bientôt après. Mais son développement est ensuite très-lent, de sorte qu'il n'exige pendant toute la durée des saisons végétatrices, que d'être dépouillé de toutes les mauvaises herbes qui y naissent, & de lui donner de temps en temps des arrosemens, plus nombreux & plus abondans pour les espèces n.os 6 & 10, que pour les autres. Au printemps suivant on lève le jeune plant en mottes, qu'on place séparément dans des pots pleins de terreau de bruyère, ou qu'on dispose avec les autres plantes Alpines, sur des gradins exposés au Nord. Mais il est plus sur, pour la conservation de l'espèce, d'en mettre quelques pieds dans l'Orangerie; ce degré de chaleur paroissant le même que celui dont les plantes Alpines jouissent sous l'épaisse calotte de neige, qui précède les grands froids sur les Alpes, & dure jusqu'après les dernières gelées.

Les Draves de la seconde section exigent beaucoup moins de soins, elles sont agrestes, & une fois semées en un lieu, elles s'y reproduisent par la dissémination de leurs graines.

Les Draves de la troisième section exigent la même culture que celle qu'on donne aux ALYSSONS. *Voyez* ce mot.

Usage. Les Draves n'ont aucun emploi connu jusqu'à présent dans les Arts, leur peu d'apparence les exclut des parterres, & ce n'est que dans les Jardins de Botanique où l'on peut les trouver. (*L. REYNIER.*)

DRAVIE ou HYVERNACHE. Nom que l'on donne dans le Boulonnois, à un mélange de Vesce, de Soucrion & de Seigle, servant de nourriture aux chevaux. (*TESSIER.*)

DRAVIÈRE. On appelle ainsi à Cambray, un mélange d'Avoine, de Vesce & de Pois qu'on seme ensemble pour les bestiaux. Peut-être y joint-on encore quelques autres grains. (*TESSIER.*)

DRÈCHE. C'est ainsi que l'on nomme les grains qui ont servi à faire la Bierre. Ils ne prennent ce nom que quand ils ont fermenté & qu'ils ont été réduits en poudre grossière par un moulin. En Angleterre, ce residu est regardé comme un excellent engrais pour les terres. *Voyez* AMENDEMENT. (*TESSIER.*)

DREGER. C'est séparer, avec une espèce de peigne de fer, la graine du lin de la tige qui le porte. Pour cet effet, on passe les tiges entre les dents du peigne, & en les tirant à soi, on en sépare les capsules ou bien on les brise, & alors les graines tombent à terre.

On donne le nom de *Drège* à l'instrument. (*L. REYNIER.*)

DRESSER un terrein, (terme de Jardinage.) C'est procéder à dégrossir les inégalités de sa surface, suivant les pentes données par le plan général du terrein. Pour parvenir à faire cette opération avec économie, il faut d'abord établir les points principaux, tant pour leur direction que pour leur élévation. On les fixe par de forts piquets, dont les têtes doivent marquer le niveau du sol. C'est sur ces points fixes qu'on a eu soin d'établir à la circonférence du terrein qu'on place les Jalons pour poser les points intermédiaires qu'on marque également par des piquets, & a environ quatre toises les uns des autres.

Cette opération faite dans toute l'étendue du terrein il est aisé de voir ce qu'on a de terre excédentes, le niveau à enlever dans certaine parties, & ce qu'il en faut rapporter dans d'autres parties. Autant que faire se peut, il convient que la masse des remblais égale celle des deblais, afin de n'avoir pas de transports de terre à faire, soit de l'extérieur dans l'intérieur du Jardin, ou de l'intérieur à l'extérieur ; ce qui est toujours trop dispendieux.

On dresse ensuite le terrein, soit à la bèche, ou soit à la pioche, en égalisant les terres à la hauteur des piquets & ensuite on procède à son nivellement. *Voyez* NIVELER. (*L. MENON.*)

DRIADE, *DRIAS.*

Genre de plantes de la famille des ROSACÉES, & voisin des *Benoites*, dont il ne diffère que par le nombre des divisions de son calice & par celui des pétales, qui, dans les Driades, sont au nombre de huit, tandis que les Benoites n'en ont que cinq.

Espèce.

1. DRIADE à huit pétales.

Drias octopetala. L. ♃ Dans les paturages des montagnes de l'Europe méridionale.

C'est une plante à tige simple, dont les feuilles sont disposées en rose sur le collet de la racine, ou sur chaque souche lorsque le collet de la racine est divisé. Les fleurs sont grandes, d'un beau blanc, & sortent au centre de chacune de ces souches sur des pédoncules d'une grandeur médiocre.

Culture. Les soins que la Driade exige sont les mêmes que pour les autres plantes Alpines, dont les souches sont vivaces, telles que diverses espèces de Benoites. On doit la cultiver dans le terreau de bruyère, & avoir soin de la rentrer dans l'Orangerie avant les premiers froids.

Usage. Le tapis que ses feuilles forment & qui est orné pendant un temps assez long, par la succession des fleurs, peut faire employer cette plante à la décoration des gradins des plantes Alpines & des croisées des Orangeries où elle fleurit souvent dès les premiers beaux jours. (*L. REYNIER.*)

DRIANDRE, *DRIANDRA.*

Genre de plantes de la famille des EUPHORBES, & voisin des CROTONS : il n'est composé jusqu'à présent que d'une seule espèce connue, qui est un arbre de moyenne hauteur & même au-dessous, dont les fleurs sont dioiques, composées d'un calice de deux feuilles & d'une corolle de cinq pétales. Le fruit est une capsule ligneuse divisée en trois ou cinq loges à son intérieur, dont chacune contient une amande huileuse.

Espèce.

1. DRIANDRE oleifère.

Driandra oleifera. ♄ du Japon.

Cet arbre éleve sa tige à dix pieds, & forme ensuite une cime touffue, dont les rameaux sont pleins de moëlle & couverts d'une écorce ridée. Les feuilles sont grandes, en forme de cœur, quelquefois incisées au sommet, & terminent en touffes les ramifications des branches. Ses fleurs mâles sont disposées en panicules, &

les femelles naissent solitaires : les unes & les autres ont peu d'apparence.

Culture. Cette plante n'existe pas encore dans les Jardins de l'Europe ; Lamarck dit qu'on la cultive au Jardin de Botanique de l'Isle-de-France, d'où il est présumable qu'elle nous parviendra bientôt. Comme tous les Arbres & Arbustes originaires du Japon, il est présumable qu'il s'acclimâtera en peu d'années, au point de passer les hivers en pleine terre. Mais comme c'est un arbre plein de moëlle, & par conséquent sujet aux gelées, il sera utile de le placer, d'abord dans les Serres tempérées, delà les jeunes plants passeront à l'Orangerie, & lorsque les individus deviendront plus nombreux, on pourra en hazarder en pleine terre dans des positions abritées. C'est ainsi que le Gingo est devenu un des ornemens de nos Jardins. L'analogie nous fait présumer que les premiers soins à donner aux Driandres devroient être les mêmes que pour les Crotons.

Usage. Les Japonais extrayent des graines de cet arbre une huile qu'ils brûlent à leurs lampes. Thumberg dit qu'ils emploient le procédé suivant. « Deux billots ou troncs de bois, dont l'un est solidement fixé dans la terre, & contre lequel on chasse le second à l'aide de quelques coins de bois, servent pour écraser la graine ; l'huile qui découle sur le côté du billot inférieur, est alors reçue dans les vases placés en dessous. »

Les Chinois, au rapport d'Aublet, donne à cette huile le nom de *Mouzou.*

Quand à l'emploi de cet arbre en Europe, jusqu'au moment où il y sera assez commun pour qu'on puisse extraire l'huile de ses fruits, on ne peut le considérer que comme une décoration de nos Orangeries. Son feuillage est beau & peut y jetter de l'agrément, par les nombreux parasols qu'il forme au sommet de ramifications des branches. (*L. Reynier.*)

DRICE. Nom de l'instrument inventé par Tull, agriculteur Anglais, pour semer le grain. Ce Semoir étant tiré par un ou deux chevaux, forme des rigoles à telle profondeur qu'on veut, & en même temps il répand dans le fond de chaque rigole la quantité de semence convenable, laquelle se trouve enterrée sur-le-champ par le même méchanisme. *Voyez* Semoir, à la fin de ce Dictionnaire. (*Tessier.*)

DRIMIS, *Drymis.*

Genre de plantes de la famille des Annones, composé d'arbres dont l'écorce est aromatique, leur fruit est composé de quatre à huit baies ovoides, qui contiennent chacune quatre semences ovales.

Espèces.

1. Drimis de Grenade.

Drymis granatensis. L. Fil. ♄ De la nouvelle Grenade.

2. Drimis ponctué.

Drymis punctata. Lam. ♄ Du Magellan.

3. Drimis aromatique.

Drymis Winteri. L. Fil. ♄ De l'Amérique méridionale, aux lieux bas exposés au soleil.

Espèce moins connue.

Drymis axillaris. L. Fil.

Ce sont de grands arbres dont la culture est encore ignorée en Europe, où ils ne sont connus que par des rameaux conservés en herbier & par les relations des voyageurs. L'un d'eux, la troisième espèce, fournit cette écorce qui est connue sous le nom d'écorce de Winter du nom de celui qui la découvrit en 1567. Cette écorce est stomachique, & les autres espèces de Drimis paroissent avoir la même qualité.

Culture. Nous ignorons la culture qu'exigeroient les Drimis en Europe. (*L. Reynier*)

DROC. Nom qu'on donne à l'Ivraie, *Colium temulentum.* (*Tessier.*)

DROILLE. Nom que l'on donne à Mirecourt en-Lorraine, à la Droue ; plante qui croît dans les bleds. *Voyez* Droue. (*Tessier*)

DROU ou DROUE. *Bromus secalinus.* Plante nuisible aux moissons dont il est important de purger les semenses en les épluchant à la main. (*Tessier.*)

DRU, épais, touffu. La plupart des plantes n'exigent pas d'être semées dru pour prospérer. Bien au contraire, il y en a beaucoup dont on ne tireroit pas tout le produit qu'on a lieu d'en espérer, si on les semoit trop dru. Ce n'est guères que le Chanvre & le Lin qu'on est obligé de semer de cette manière pour en obtenir du fil fin. *Voyez* pour la quantité de grains que l'on doit semer dans un espace déterminé, le mot Semence. (*Tessier.*)

DRU. (Semer.) Se dit des graines que l'on a semé en trop grande quantité, & qui lèvent trop près les unes des autres. Cet inconvénient empêche ou retarde le développement du plant, il *s'échauffe* & *fond* insensiblement. Le moyen de remédier à ce mal; c'est d'éclaircir après une pluie ou un arrosement qui facilitent cette opération sans nuire au plant qu'on laisse ; celui qu'on arrache n'est point perdu, on le repique en pépinière ou en place, selon les cas.

Les *Girofliers* (Cheiranthus) n'aiment pas à être semés *dru.* (*L. Menov.*)

DRUPE. On donne ce nom aux fruits qui

ſont ſemblable à la *Baie*, mais dont la chair eſt plus denſe. Pluſieurs de nos fruits d'Europe ſont des *Drupes*. *Voyez* FRUIT. (*L. Reynier.*)

DRUSELLE. Variété du Pêcher, connue auſſi ſous le nom de *Sanguinole* & de *Betterave*, dont le fruit eſt remarquable par la couleur rouge de ſa chair. C'eſt une variété plus curieuſe qu'utile, ſon fruit étant âcre & n'étant bon qu'en compotes. *Voyez* PÊCHER. *au Dictionnaire des Arbres & Arbuſtes.* (*L. Reynier.*)

DRYPIS, *Drypis.*

Genre de la famille des Œillets, compoſé juſqu'à préſent d'une ſeule eſpèce. C'eſt une herbe ſèche, dont les fleurs ſont diſpoſées en paquets à l'extrémité des tiges.

Eſpèce.

1. DRYPIS épineuſe.

Drypis ſpinoſa. L. ♂ Du midi de l'Europe & de l'Afrique.

Le feuillage de cette plante à la roideur & la forme de celui de Genévrier ordinaire ; ſes fleurs ſont blanches ou légèrement colorées en rouge ; elles paroiſſent en été.

Culture. On multiplie cette plante de graines, qu'on ſème au printemps ſur une couche de chaleur modérée : on tient les jeunes plantes en pot, afin de les rentrer à l'Orangerie aux approches de l'hiver. Ces plantes ne fleuriſſent que la ſeconde année.

Uſage. Le Drypis reſſemble à pluſieurs Œillets & Sablines, il a peu d'apparence, & ne peut-être recherché que pour les Jardins de Botanique (*L. Reynier.*)

DSHUGARI. Nom bulgare du *Holcus ſaccharatus*. L. eſpèce ou variété que Lamark réunit au Sorgho. (*Houque Sorgho.*) Cette céréale eſt la ſeule que les Bulgares cultivent pour leur nourriture, & ſes tiges, après la récolte, leur ſervent de combuſtible. Dans des pays où le bois ſeroit moins rare, je crois qu'on pourroit peut-être les employer pour la nourriture du bétail, comme les tiges du Maïs ; ſi elles ſont trop dures, on peut les faire paſſer ſous la meule. Cette préparation, ſimple & peu diſpendieuſe, remédieroit à cet inconvénient. *Voyez* HOUQUE. (*L. Reynier.*)

DTHUCKAR. On nomme ainſi, en Barbarie, les ſoins qu'exige la fécondation du Dattier. Les deux ſexes étant placés ſur des pieds différens ; on coupe les ſpathes des fleurs du Dattier mâle avant leur épanouiſſement, & on les fixe ſur les Dattiers femelles. A leur épanouiſſement, la pouſſière ſéminale ſe répand ſur les fleurs de ces pieds & les féconde. *Voyez* DATTIER & le voyage de Shaw, qui indique le nom local de cette opération. (*L. Reynier.*)

DUAC. Nom Cochinchinois, d'une eſpèce de Palmier, décri par Loureiro, ſous le nom de *Boraſſus gomutus*, & par Rumphe, ſous celui de *Palma indica vinaria*, *ſaguerus gomutus.*

La partie ſupérieure du tronc, ſur-tout vers l'inſertion des feuilles, fournit une grande quantité de longues fibres, de couleur rouſſe, tirant ſur le noir, aſſez fortes pour être employées à la fabrication des cordages de vaiſſeaux, & principalement pour les cables des ancres. Elles réſiſtent long-temps à l'humidité. Le tronc du Palmier contient une moële dont les habitans font uſage, comme du Sagu.

Lorſqu'on coupe la grappe des fleurs avant leur épanouiſſement, il en découle une liqueur ſucrée, qui, par la fermentation, acquiert un goût vineux. Enfin, les fruits dépouillés de leur écorce, qui eſt extrêmement âcre, ſont très-recherchés, on les confit au ſucre. (*L. Reynier.*)

DUC-DE-THOL. Variété de Tulipe baſſe de tige, & dont les pétales étroits, rouges, bordés de jaune, n'ont aucune des qualités d'une belle Tulipe. Mais elle fleurit avant les autres, & ſa fleur eſt odorante, ce qui la rend recommandable pour les fleuriſtes. *Voyez* TULIPE. (*L. Reynier.*)

DUCHAL. Eſpèce de liqueur vineuſe, dont on uſe en Perſe. Elle reſſemble à du ſirop & en a la conſiſtance : on la fait avec du moût-de-vin, que l'on évapore quelquefois juſqu'à ſiccité, afin d'en rendre le tranſport plus facile ; & lorſqu'on veut en faire uſage, il ſuffit d'en diſſoudre une petite quantité dans de l'eau où l'on a mêlé un peu de vinaigre ; cette boiſſon eſt, dit-on, très-propre à appaiſer la ſoif, & ſur-tout très-commode dans un pays où l'uſage du vin eſt défendu. *Dictionnaire de Valmont-Bomare.* *Voyez* VIN. (*L. Reynier.*)

DUHAMEL. Henri-Louis-Duhamel du Monceau, né à Paris en 1700, mort dans la même ville, en 1782.

Il a rendu de très-grands ſervices à l'agriculture en France, ainſi qu'à pluſieurs Arts qu'il a cherché à perfectionner. Dans un âge où les jeunes gens d'une certaine aiſance, s'occupent rarement de ſciences, qui demandent une application ſuivie, Duhamel ſe rendit déjà utile à ſa Patrie. A l'âge de 28 ans, il communiqu'a à l'Académie des Sciences, ſes obſervations ſur une maladie dont les oignons de ſaffran ſont quelquefois attaqués. Comme la culture de cette production intéreſſante, eſt ſur-tout très-ſuivie dans le Gatinois, où Duhamel poſſédoit une terre ; il eût occaſion de parler ſur cette matière avec toute l'exactitude poſſible.

Le grand nombre d'ouvrages que Duhamel nous a laissé sur différentes branches de l'économie rurale, ainsi que sur les arts, sont autant de preuves de l'étendue de ses connoissances, que de son zele à bien servir son pays. On sait qu'il a été un des premiers auteurs qui ait fait connoître en France plusieurs genres de cultures anglaise, dont quelques uns ont été perfectionnées par ses expériences, ainsi que par celles de son frère, & d'autres regardés comme inadmissibles en France. Dans tous ses ouvrages il parle rarement le langage d'un simple théoréticien, mais presque toujours pour avoir fait lui-même des essais sur l'objet dont il parle. Souvent on s'est étonné du grand nombre de ses productions littéraires. Voici comment fit Duhamel pour composer tant d'ouvrages, en suivant en même temps les expériences très-variées que son travail exigeoit.

Il avoit un frère aîné, qui habitoit constamment la campagne, & qui répétoit dans sa terre de Dennainvillers, toutes les expériences agronomiques que son cadet lui communiquoit. Cette circonstance, dont peu de personnes semblent instruites, explique comment un seul homme a pu suffire à un travail aussi étendu. Outre les différentes branches de l'agriculture rurale proprement dite, sur lesquelles Duhamel nous a laissé des ouvrages, il a rendu également de très-grands services à la science forestière, aux arts & principalement à la Marine.

Nous avons cru faire une chose agréable aux agronômes, en ajoutant à la fin de cet article une notice des principaux ouvrages de Duhamel.

Plus de soixante Mémoires, presque tous sur des objets ruraux, lus à l'Académie des Sciences & insérés dans les Mémoires de cette compagnie.

Avis pour le transport de mer des arbres, des plantes vivaces, des semences & de diverses autres curiosités d'histoire naturelle, par Duhamel & la Galissoniere, *in*-12. Paris, 1752. Seconde édition, augmentée. Paris, 1753, *in*-8.°

Traité de la conservation des grains, & en particulier du froment, *in*-12. Paris, 1754.

Supplément au traité précédent. Paris, 1765, *in*-12; seconde édition, *ibidem*, 1771.

Traité de la culture des terres, avec la description des nouvelles charrues, & du semoir suivant les principes de Tull, *in*-12. Paris, 1750 & 1757, 6 volumes; seconde édition, *in* 12, 1761, 6 vol.

Elémens d'Agriculture, 2 vol. *in*-12. Paris, 1762; seconde édition, augmentée. Paris, 1779, *in*-12.

Histoire d'un insecte qui dévore les grains dans l'Angumois, avec les moyens que l'on peut employer pour le détruire. Par Duhamel & Tillet, *in*-12. Paris, 1762.

Traité des Arbres & Arbustes qui se cultivent en France en pleine terre, 2 vol. *in*-4.° Paris, 1755.

Traité des Arbres Fruitiers, 2 vol. *in*-4.° Paris, 1768.

Mémoire sur la garance & sur sa culture, avec la description de l'étuve pour la désecher, & du moulin pour la pulvériser, *in*-4.° Paris, 1757.

La Physique des Arbres, 2 vol. *in*-4.° Paris, 1748.

Traité des semis & plantations, & de leur cultures, *in*-4.° Paris, 1760.

Traité de l'exploitation des Bois, ou moyens de tirer parti des taillis, demi-futaies & hautes futaies, 2 vol. *in*-4.° 1764.

Du transport, de la conservation & de la force des bois, &c. *in*-4.° Paris, 1767.

Traité général des Pêches, & Histoire des Poissons qu'elles fournissent, &c. 3 Sections, Paris, 1769, *in-fol.*

L'Art du Charbonnier
- du Chandelier.
- de fabriquer les Ancres.
- de construire les Vaisseaux.
- de forger les Enclumes.
- du Cirier.
- du Cartier.
- de raffiner le Sucre.
- de la Draperie.
- de fondre & de raffiner le Sucre.
- de l'Epinglier, par Reaumur & Duhamel.
- du Couvreur.
- de friser ou ratiner les étoffes de laine.
- de faire les tapis, façon de Turquie.
- du Serrurier.
- du Tuilier & du Briquetier, par Duhamel, Fourcroy & Gallon.
- de réduire le Fer en Fil.
- de la Pêche.
- de faire différentes sortes de Colles.
- de faire les Pipes à fumer.
- du Potier de terre.
- de fabriquer l'Amidon.
- du Savonnier.
- de la Corderie. (*C. Gruvel.*)

DUMAS. Valmont Bomare, dans son Dictionnaire, donne ce nom à la plante dont on tire aux Indes l'ingrédient qui communique au coton cette belle couleur rouge si connue. Cette plante qui porte dans d'autres contrées le nom de *Chat*, n'est pas suffisamment désignée pour qu'on sache à quelle espèce la rapporter, à moins que ce ne soit la Garance ou une espèce analogne. (*L. Reynier.*)

DUMEZ. Au rappor de Pockoke le Syco

more porte ce nom en Egypte. *Voyez* Figuier *Sycomore*. (*L. Reynier.*)

DUN. Les Galles, dans leurs excursions militaires, se servent pour nourriture de boules composée de café rôti, & réduit en poudre, mêlé avec du beurre : ces boules ont assez de consistance pour être portées dans un sac de cuir sans les écraser. Une de ces boules, de la grosseur d'une petite bille de Billard, soutient mieux leur force & leur courage, pendant une journée, que du pain & de la viande. Cet aliment porte le nom de Dun. Voyage de Bruce. (*L. Reynier.*)

DUNES. Monticules de sable que les vagues de la mer déposent le long des côtes.

Les Dunes peuvent être considérées, quand à l'Agriculture, sous deux rapports différens, intimement liés entre eux. Le premier est celui sous lequel elles présentent un terrein, lequel avec le tems & les soins nécessaires, peut devenir productif. Le second rapport sous lequel les Dunes doivent fixer l'attention du cultivateur; c'est relativement au danger qui peut en résulter pour les champs labourés, situés dans la proximité des Dunes. Pour expliquer ceci, il est nécessaire de dire que le sable qui compose les Dunes, est le résultat d'une longue trituration que différentes parties calcaires, argilleuses & quarzeuses ont éprouvées au fond de la mer : ce n'est que dans cet état de finesse, que les vagues le déposent successivement sur les côtes. Autant que ce sable est humide il n'est nullement dangereux pour les champs adjacents, mais étant déseché par l'air & la chaleur, ses particules n'ayant que très-peu de cohérence, sont aisément distraites par les vents, & souvent emportées à des grandes distances dans l'intérieur des terres. Sans chercher au loin des preuves à l'appui de cette assertion, nous nous contentons d'indiquer ici plusieurs côtes de l'Europe où se phénomène s'observe journellement, telles que celles de la Jutlande & de la Hollande. En France, on en trouve des exemples frappans sur les côtes de Picardie, de Normandie, de Bretagne & de la Guyenne.

Pour tirer parti du sable des Dunes, il suffit d'y établir une végétation permanente ; le même moyen remplit également le second but, celui de fixer le sable.

Plusieurs végétaux se plaisent de préférence dans les sables, c'est de ceux-ci qu'il faut faire choix lorsqu'il s'agit de mettre à profit les Dunes. Nous indiquerons ci-après les précautions qu'il faut prendre pour les faire venir dans un sol aride & souvent très-mobile ; en attendant nous donnerons ici une petite liste des arbres & arbustes, &c. ainsi que des plantes, qui peuvent être employés avec succès.

Pin d'Ecosse &c. (*Pinus maritima*, *silvestris.*)
L'Orme. (*Ulmus campestris. L.*)
Le Bouleau. (*Betula alba. L.*)
Le Tremble. (*Populus tremula. L.*)
Le Genévrier. (*Juniperus com. L.*)
L'Herbe à Balais. (*Spartium scoparia. L.*)
Rosier à feuilles de pimprenelle. (*Rosa spinosissima. L.*)
Genet des Teinturiers. (*Genista tinctoria. L.*)
Arête-Bœuf. (*Ononis spinosa. L.*)
Ronce. (*Rubus fruticosus. L.*)
Saule rameux. (*Salix arenaria. L.*)
Saule épineux. (*Hipophae rhamnoïdes. L.*)
La Bruyère. (*Erica vulgaris. L.*)
Le Hoya. (*Arundo arenaria. L.*)
L'Elymne arenaire. (*Elymnus arenarius. L.*)
Laiche arenaire. (*Carex arenaria. L.*)
Chien dent. (*Triticum repens. L.*)
Laiche velu. (*Carex hirta. L.*)
Agrostis stolonifère. (*Agrostis stolonifera. L.*)
Medicago falcata. (*Medicago falcata. L.*)
Espergule des champs. (*Spergula arvensis. L.*)

Plusieurs espèces de Pin conviennent au sable des dunes, celles que nous avons indiquées précédemment paroissent cependant mériter la préférence. Leur propagation exige en général peu de soins ; il suffit de se procurer de la graine bien mûre, que l'on répand au printems, sur les parties des dunes que l'on veut peupler de cet arbre utile. Il est bon de faire observer ici, que la graine de Pins détachée du cône, ne doit être recouverte que de très-peu de sable. Quand on ne veut pas se donner la peine d'éplucher la graine, on peut également répandre les cônes des Pins, sur le sable : dans l'un & dans l'autre cas, il faut couvrir un pareil semis de broussailles, pour empêcher que le vent n'enlève la couche supérieure du sable avec la graine.

Le Bouleau se propage bien par la graine ; mais comme cette dernière est très-fine, on fait bien en la semant de la mêler avec du sable humide, pour la garantir contre le vent : on suivra les mêmes précautions que nous venons d'indiquer pour les Pins. On peut semer le Bouleau au printems & en automne.

Le Tremble croît très-bien dans le sable des Dunes, & il seroit en général d'un très-grand secours pour fixer le sable, si son premier accroissement ne présentoit des difficultés qui probablement en ont fait négliger la culture. Ces difficultés une fois vaincues, il se reproduit spontanément des rejets de ses racines qui sont très-traçantes & difficile à extirper des endroits où cet arbre a resté pendant quelque tems. Il est difficile de multiplier le Tremble de semence ; cette dernière est très-légère, recouverte d'un duvet cotonneux comme celle des saules, & ne lève que difficilement, à moins qu'on n'y apporte beaucoup de soins, ce qui ne peut se faire que dans un local circonscrit ou de peu d'étendue Les boutures ne réussissent que pendant les années humides, ou lorsque l'on veut se donner la peine de les arroser, pour les mettre ainsi à l'abri de la sécheresse. Les rejets que l'on prend sur les vieux arbres promettent toujours plus de succès ; il suffit de choisir pour cela ceux qui proviennent d'un arbre qui a toujours été exposé aux injures du tems, car l'expérience a prouvé que les rejets pris sur les arbres élevés dans des endroits abrités, prospèrent rarement dans le sable des Dunes.

L'Orme est encore du nombre des arbres qui croissent assez bien dans le sable des Dunes ; on le propage de semence. Cette dernière mûrit vers la fin de Juin ; mais on fait bien de la garder jusqu'en automne, cette saison convenant mieux pour les semailles de ce genre ; il faut la semer un peu drue, car sur le nombre on trouve toujours une certaine quantité qui ne lève pas. La semence d'Orme doit être couverte de peu de sable & recouverte de broussailles comme celle du Pin. Si l'on peut se procurer du plant d'Orme de deux ou trois ans, élevé dans un terrein sablonneux : on peut également en faire des plantations.

Le Genèvrier se plait dans le sable des Dunes, & les Hollandais l'emploient avec succès pour cet usage. On le propage par les semences ; les baies qui renferment cette dernière doivent être semées drues ; quand le plant a une fois levé, il ne demande presque plus de soin.

Parmi les Rosiers qui peuvent convenir pour la plantation des Dunes, celui connu sous le nom de Rosiers à feuilles de Pimprenelle, mérite la préférence, il croît plus vîte que les autres espèces, & se contente du terrein le plus aride. La meilleure manière de le propager c'est de diviser en automne les vieilles souches de ses Rosiers, & de les planter ainsi avec la motte à une certaine profondeur. On peut également le multiplier par semences, mais cette méthode est longue & assez casuelle.

L'Herbe à balais (*Spartium scoparia*), le Genet des Teinturiers (*Genista tinctoria*), L'arrête-bœuf (*Ononis spinosa*), le Ronce (*Rubus fruticosus*), ainsi que le Saule épineux (*Hipophae rhamnoïdes*), se propagent de la même manière que les Rosiers dont nous venons de parler ; on est toujours plus sûr en faisant ces plantations en hiver qu'en printems. En coupant assez courts les somités des arbustes que l'on destine pour cet usage ; le succès en sera plus certain, les vents ayant moins de prise sur le plant, qui dans un terrein aussi mobile, ne présente que peu de résistance.

En recommandant pour l'amélioration des Dunes la plantation des arbres & arbustes que nous venons d'indiquer, ceux qui veulent suivre cette méthode doivent toujours consulter les localités, (1) ainsi que la dépense qu'une pareille entreprise rend indispensable. Peut-être est-il plus prudent de commencer la culture des Dunes, par y multiplier les plantes arenaires que la Nature y produit spontanément ; les dépouilles que ces plantes rendent tous les ans à la terre, y forment insensiblement une croûte superficielle, sous laquelle d'autres plantes trouvent alors l'humidité & l'abri si nécessaire pour la première époque de leur germination. Sans répéter ici l'enumération des plantes que nous avons donné précédemment, & dont la culture a été prouvée par l'expérience, nous nous contenterons d'insérer ici l'extrait d'un Mémoire du citoyen Baillon, imprimé dans les mémoires de la Société d'Agriculture, année 1791, trimestre d'hiver.

La plante dont le citoyen Baillon recommande la culture pour l'amélioration du sable des Dunes, est *l'Arundo arenaria* (2) de Linné, connu en Picardie sous le nom de Hoya.

« La Nature par une prévoyance admirable place toujours le remède à côté des maux. Par l'effet de cette attention bienfaisante, une plante croît & se multiplie à l'excès dans les sables les plus arides ; plus la sécheresse & la chaleur sont excessives, plus elle est verdoyante & plus elle croît. Elle a seule la propriété surprenante d'arrêter & de fixer les sables, en les concentrant dans les lieux qu'ils ont dévasté. Elle puise dans l'air l'humidité dont elle manque souvent à ses racines. Par l'effet du méchanisme admirable, les brins fendus dans toute leur longueur, s'ouvrent pendant la nuit, & découvrent une moëlle blanche divisée en rubans, dont tout leur intérieur est tapissé. Cette masse d'éponges s'abreuve de l'humidité de l'air & de la rosée. Le matin ces brins se referment, & redeviennent aussi ronds que des joncs. Il est facile de tirer le plus grand parti de cette propriété singulière, en faisant des plantations disposées de la manière dont la Nature donne les premières leçons. »

« Le Hoya est une espèce de graminée, dont les brins très-longs forment des touffes considérables, toujours croissantes pendant tout le

(1) L'exposition des côtes, & les vents qui y dominent, sont du nombre des circonstances que l'on doit considerer, avant d'entreprendre une pareille entreprise.

(2) M. Viborg, Professeur de Botanique & de l'Art vétérinaire à Copenhague, a publié en 1788, un traité sur les plantes arenaires qui peuvent servir à fixer le sable des Dunes de la côte de Jutlande. Les Habitans de cette côte emploient depuis long-tems la même plante que le citoyen Baillon recommande à cet usage. Nous aurons occasion de parler plus au long de cet Ouvrage, lorsque nous indiquerons la méthode des Jutlandois pour fixer les sables de cette côte.

tems de la végétation : elles présentent aux sables un obstacle insurmontable. Les premiers grains qui sont poussés contre elle par les vents, en roulant sur le plan horizontal qu'ils forment, s'arrêtent embarrassés dans les fanes; ceux qui les suivent s'y amassent par agrégation. Bientôt une petite Dune, dont le sommet est couronné des brins flottans de la plante, s'élève, en formant vers le vent un plan incliné, presque vertical du côté opposé. Le Hoya continuant de croitre, fixe immuablement par ses fannes & ses racines capillaires, excessivement multipliées, la crête de la Dune qui s'élève de plus en plus, en raison de la force & de la hauteur de la touffe qui la soutient; le glacis se prolonge vers le vent dans la même proportion. Cette Dune voisine d'une autre formée par le même moyen, s'y réunit, & les deux glacis n'en forme qu'un, qui devient bientôt beaucoup plus large que ne l'étoient les deux ensemble; ainsi une longue suite des pieds d'Hoyas peut former une chaîne de Dune, & retenir une très-grande quantité de sables, qui sans cet obstacle, seroient portés par les vents dans toutes les propriétés voisines & les perdroient absolument. »

« Cette manière d'arrêter les sables, indiquée par la Nature, fait naître une réflexion qui ne doit échapper à aucun Observateur. Il est incontestable qu'en multipliant les obstacles, on doit arrêter une masse proportionnelle de ces sables. La vue des changemens journaliers des glacis des petites Dunes isolées en présente une autre; ces glacis deviennent le jouet des vents, & sont emportés au loin toutes les fois qu'ils sont près des côtées, parce qu'ils ne sont plus soutenus par l'agrégation de leur masse, dont le point d'appui est la crête de la Dune. En multipliant les moyens de former des crêtes dans tous les sens, les sables qui s'échappent d'un glacis en formeront aussitôt un autre, par les obstacles qu'ils rencontreront, à côté de celui qui les fixait; & ces mêmes obstacles croissans par la végétation, en hauteur ainsi qu'en largeur, retiendront une masse prodigieuse de ces sables. »

Méthode pour planter le Hoya.

« Quand à la forme que l'on doit donner à une plantation d'Hoya, le quinconce en paroît la meilleure. Elle donne seule le succès qu'on desire, mais le choix de la distance n'est pas indifférent. Si les plantes sont trop voisines, par exemple, si elles sont à un pied les unes des autres, ou plus près, les sables s'arrêtent trop vite à l'extrêmité de la plantation vers le vent. En y élévant une crête, la plantation qui est au-delà devient inutile. Les Hoyas de ces parties n'étant point entretenues & rehaussées par des sables nouveaux, s'enracinent peu, & ne donnent que des pousses foibles, qui, dans les grands coups de vent, ne peuvent arrêter les sables qui les entourent; & l'objet de la plantation est manqué. Il en est de même si les plantes sont éloignés de deux pieds, ou si elles sont disposées en carrés qui présentent de longues allées vers le vent; les sables passent rapidement entre elles, & facilitent, par le frottement, l'expansion de celui sur lequel elles sont arrangées. Les sables se portent en abondance vers la crête, qui, plantée ordinairement plus serrée, les arrête beaucoup; les pieds qui doivent former le glacis de la grande Dune que le planteur veut élever, se découvrent & se desechent; un coup de vent peut, comme il arrive souvent, ouvrir des ravines dans les places dégarnies, entre les plantes qui résistent. Ces ravines, toujours croissantes, causent l'éboulement des parties voisines. Si cet accident, toujours causé par les tempêtes, n'arrive pas, un autre ne peut s'éviter; le grand glacis n'étant point retenu par une quantité d'Hoyas, ne se forme & ne se soutient qu'aussi long-tems que le vent ne varie pas; mais il s'éboule par le côté, si le vent remonte ou descend, & ces sables s'échappent entre les routes déplantées, dont les racines ne peuvent se joindre; ces sables portés à côté de la crête, qui devoit les retenir, redeviennent le jouet des vents, qui les portent dans des endroits dégarnis, d'où ils s'épanchent dans les propriétés qui les avoisinent. »

« La distance la meilleure & la plus sûre, est d'un pied & demi en tous sens & en quinconce, sur toute l'étendue de la Pourriere, (1) à l'exception de la crête, qui se plante à un pied seulement, afin d'y arrêter tout le sable qui s'y porte, & d'en faciliter l'élévation plus prompte, & conséquemment une plus grande étendue de glacis. »

« Chacune de ses plantes acquiert facilement un pied de surface l'année suivante; l'espace qui reste entre elles est nécessaire pour faciliter le mouvement d'oscillation, presque continuel, que le vent donne aux sables, & qui en facilite l'ascension jusqu'à la crête des montagnes que les plantations formeront par agrégation. Toujours leur surface suit sa direction, s'il tourne à l'Est, la surface de la crête de ces montagnes diminuera jusqu'à ce qu'elle s'encroute; mais les sables qui en seront emportés seront arrêtés sur le glacis entre le Hoyas, ils s'éléveront proportionnellement à leurs masses, & les mêmes ou d'autres poussés par tous les vents, depuis le Sud-Ouest quart de Sud, jusqu'au

(1) Par contraction du mot Poudrière.

Nord - d'Oueſt, quart de Nord, rétabliront la crête, qui ſe formera toujours plus complettement par les vents d'Oueſt & des parties voſines de ce rumb, qui ſont les plus tenaces dans ces parages. (1) Le même coup de vent peut élever en peu d'heures, la crête des montagnes d'un pied, porter & fixer ſur ce glacis, un million de pieds cubes de ſable, même davantage. »

« Une opération de la nature facilitera encore chaque année l'élévation de ces montagnes ; les épis nombreux que les Hoyas produiſent, répandent une grande quantité de graines, qui, tombant enveloppé dans une membrane qui lui ſert d'ailerons, eſt éparſe par les vents ſur toutes les parties voiſines, entre les vieux pieds, qui, aidés de la quantité innombrable de plantes qui en naîtront, arrêteront l'année ſuivante une nouvelle couche de ſables de la hauteur de deux tiers de celles qu'ils acquéreront. »

« Il eſt néceſſaire d'obſerver, que la graine d'Hoya germera toujours en plus grande abondance ſur la crête, & dans ces environs, que vers le pied des glacis ; parce que les ſables arrêtés dans une plus grande quantité des plantes, ayant peu de mouvement, ſont moins dans le cas de mettre à nud, où de combler & d'étouffer les jeunes plantes dans les premiers tems de la pouſſe, & que le revers de ces montagnes, conſervant plus d'humidité, la germination s'y fait plus promptement. »

« Ainſi le produit des graines de chaque année contribuera à affermir & conſolider les travaux des plantations. Il en perpétuera les avantages en réuniſſant en une chaîne de hautes montagnes, tous les ſables qui couvrent, depuis tant de ſiècles, une immenſité de terreins précieux. »

« Il eſt poſſible que dans les parties les plus chargées de ſables, il devienne néceſſaire par la ſuite, de faire former une ſeconde chaîne de montagnes, afin de jouir plutôt des terreins qui ſe découvriront. Cette ſeconde dépenſe, encore éloignée, pourra ſe propoſer lorſque les ſuccès de la première en aura développé tout le bénéfice. »

« Dès que les grandes Dunes ou montagnes que les plantations auront élevés & fixé, auront acquis à la crête une hauteur ſuffiſante pour que les ſables ne s'y portent que difficilement, à cauſe de la longueur de leur glacis, le même phénomène que l'Auteur de ce mémoire admire ſur des Dunes également ſaturés, s'y opérera ; les fanes des Hoyas, déſechés par la gelée, & briſées par les vents, tomberont entre les pieds ſur les ſables ; & y ſeront retenues ; les pluies qui les y aterreront en opéreront la décompoſition. La ſurface de ces ſables abrités de tout ſens, n'ayant plus aucun mouvement, les parties calcaires de pluſieurs eſpèces, qui s'y trouvent en grand nombre, ſe diviſeront & ſe calcineront par l'action de la gelée ; toutes leurs parties entr'ouvertes par l'expanſion, s'abreuveront de l'humidité de l'air. Etant fondues par les pluies, elles s'uniront à la pouſſière argilleuſe, qui en deviendra le gluten, & aux parties décompoſées des fanes de Hoya. Une croûte imperceptible de terre végétale ſe formera à la ſurface : elle augmentera ſenſiblement en deſſous, en retenant l'humidité qui fondera de proche en proche, & amalgamera, avec les parties terreuſes, les détritus des coquillages & les autres ſubſtances Des graines de mouſſes & de pluſieurs autres genres, que l'air charie, s'attacheront à cette croûte, & y germeront. Elle prendra de la conſiſtance & verdira ; les racines des graminées qui y naîtront & mourront chaque année, lui donneront beaucoup de conſiſtance ; elle augmentera d'épaiſſeur par les ſables très-fins que des coups de vent y dépoſeront de tems en tems, & qui y ſeront retenues par le gazons Chaque année elle gagnera de l'étendue au point de fixer immuablement & pour toujours les dépôts énormes des ſables qu'elle enveloppera. »

« Dès que ces Dunes s'encroûtent ainſi, les Hoyas qui les couronnaient languiſſent, ils ſe deſſèchent & meurent ; il ſemble qu'ayant rempli leur tâche, leur préſence ſur ces Dunes devient inutile : la nature y ſème d'autres végétaux. »

« Fréquemment les plantes qui couvrent les Dunes encroûtées ſe deſſèchent dans les grandes chaleurs de l'été. Les pluies de ſeptembre en font renaître d'autres : cette alternative eſt un bien, puiſqu'elle augmente le nombre des plantes & celui des racines nombreuſes, dont les fibrilles entrelaſſées rendent la croûte plus inébranlable. La décompoſition annuelle de toutes ces plantes éphémères augmente chaque année l'épaiſſeur de l'humus. »

« Les habitans ſont tellement certains de l'immuabilité des Dunes ainſi encroûtées, qu'ils bâtiſſent, cultivent & plantent derrière & contre elles ſans aucune crainte d'éboulement. »

« Ces effets qui ſuivront la plantation méthodique des Hoyas, ſont confirmés par l'expérience. Pluſieurs habitans de la paroiſſe de Cucq, plus induſtrieux que leurs voiſins, ont eu le courage de planter une partie des glacis des deux Pourriéres de Trépied & du Baillaiguay, qui étoient ſur le point de s'ébouler ſur le reſtant de leurs propriétés ; ils les ont garantis, mais pour quel-

(1) La côte de Picardie.

que tems seulement, parce qu'ils n'ont pu couvrir de plantes la totalité du glacis : les sables des parties qui ne sont pas plantées, continueront de s'avancer des deux côtés des autres, ils entoureront de proche les biens-fonds conservés par la plantation, & ils les perdront par des éboulemens latteraux. »

« Il est incontestable qu'en réunissant en grandes masses toutes les monticules de sable qui se forment & s'éboulent tous les jours, en changeant de place au gré des vents, ce fléau destructeur cessera de s'étendre au-delà des lieux qu'il a dévastés ; des plantations bien faites & bien entretenues, en formeront une longue chaîne de montagnes, dont les glacis, vers la mer, ne cesseront de s'étendre, que lorsque les vents y auront réuni tous les sables sortis de la mer depuis le commencement des siècles, & répandus dans ces endroits. »

« Des plaines immenses se découvriront entre ces montagnes & la mer; elles seront susceptibles de culture. Les sables que les flots déposent encore sur la plage à chaque marée, & qui y seront portés par les vents, seront faciles à fixer; à une distance proportionnelle de la plage, une chaîne de digues en sera bientôt formée par une suite de plantations peu coûteuse, & cette digue aura le double avantage de préserver des sables les terrains découverts, & de les garantir des eaux de la mer. »

« La valeur des plaines qui seront découvertes, augmentera les richesses de la République, & la dédommagera avec usure, au centuple, des dépenses momentannées des plantations. »

« Ces mêmes terrains donneront au Gouvernement le moyen le plus assuré de multiplier, autant qu'il le désirera, les familles de Matelots, devenues trop rare en France. (1) Il s'agira de donner à titre de concession, avec la charge expresse de classement, à chaque particulier qui se présentera, deux arpens de ces terrains qu'on aura auparavant distribués avec beaucoup d'attention, pour former des amassemens commodes & bien percés par des chemins. Cette quantité suffit pour élever une famille entière de Matelots : ce genre d'hommes ne doit être cultivateur que de son jardin pour des légumes, & d'une prairie pour nourrir une jument & une ou deux vaches. Ils trouveront du blé par-tout où ils porteront le produit de leur pêche. »

« L'état du Matelot est bon : la mer fournit largement à ses besoins; il le néglige s'il cultive des champs. »

« Quelque vastes que soient les terrains qui seront à concéder, le partage en sera aussitôt fait qu'annoncé ; une foule immense de familles indigentes qui, dénuées de propriétés comme de travail, languissent dans la misère, viendront de l'intérieur des terres former des villages, dans des lieux qui ne présentent aujourd'hui que les horreurs des déserts. »

« Les sables qui perdoient des terrains immenses dans la Hollande, ont été fixés par les habitans, d'une manière plus hardie. Les Hollandois ont rétréci les bords de la mer, en y faisant accumuler les sables par des couches journalières. Ils ont eu la patience de couvrir tous les jours ces digues, de nouvelles tresses de paille, d'Hoyas & de joncs, de la hauteur d'un pouce. Ainsi le sable apporté par la mer & le vent, retenu à chaque marée de la hauteur de ce pouce, élevoit les digues dans la même proportion ; & peu après elles sont devenues si considérables, que la mer resserrée ne peut les franchir aujourd'hui. Les vastes terrains qu'elle couvroit sont présentement peuplés d'une très-grande quantité d'habitans industrieux, qui ont le talent de tirer, par la culture, des richesses immenses d'un sol plus bas que la mer de plus de douze pieds, dans beaucoup de parties. Celui qu'il s'agit de découvrir est infiniment plus haut que cet élément. »

« On opposera peut-être à l'exécution de ce projet, que beaucoup de monticules de sables sont déjà fixés, çà & là par des Hoyas, dans les plaines qui sont entre les Pourrières & la mer, & que conséquemment les vents ne pourront les détruire. (1) »

« La réponse à cette objection sera facile. »

(1) Tout ce qui peut augmenter le nombre des Matelots, doit plus que jamais fixer l'attention du Gouvernement. La pêche sur les Côtes, est la première école du Matelot encore novice, en se familiarisant ainsi avec un élément dangereux, il acquiert de jour en jour plus de hardiesse, insensiblement il devient Marin, & brave les périls de la Mer. Ce n'est qu'en favorisant la pêche par tous les moyens imaginables que les Anglais sont parvenus à former le grand nombre de leurs Matelots; profitons donc de leur exemple. (G.)

(1) M. Viborg rapporte à ce sujet dans l'Ouvrage que nous venons d'indiquer, une méthode que l'on suit sur plusieurs endroits des côtes de la Jutlande & de la Seelande. Avant de s'occuper des plantations des Dunes, on commence par y établir des abris derrière, où aux pieds desquels, les jeunes plantes se trouvent à l'abri des vents. Ces abris présentent des paravents formés d'un assemblage de roseaux que l'on enfonce dans le sable, & que l'on tient assujettis & unis à la partie supérieure, par une corde qui entrelace les différens brins de roseaux, & dont les deux bouts tiennent à une cheville enfoncée fort avant dans le sable. Ordinairement on pose ces abris en croix, ou en losange, selon la direction que suivent les vents dominants de la Côte. Les Jutlandois placent souvent ces abris dans les enfoncemens ou bassins que les vents creusent dans le sable. A mesure que le sable s'amoncele au pieds de ces abris, il les consolide, & les plantes qui, par leurs racines, coopèrent à cet affermissement, procurent par ce moyen une base solide à une petite butte, qui avec le tems devient une barrière capable d'arrêter le sable.

« Lorsque les plantations seront exécutées & bien consolidées, il sera facile de faire écrouler ces monticules; il suffira de les émouvoir & de les entamer avec des herses pendant le printems & l'été. Les habitans à qui on donnera la permission d'en arracher les Hoyas pour se chauffer, les auront bientôt enlevés, & les vents porteront, la même année, les sables aux montagnes fixées. »

« L'action de l'air sur les sables est telle, qu'en un seul jour de grand vent, la quantité de plus de 40,000 pieds cubes peut être enlevée d'un seul arpent de sable, & portée à un quart de lieue. Il est impossible à l'homme le plus robuste de traverser ces nuages de sable dans ces instans, il y périroit ensablé en quelques minutes. Souvent toute la surface des plaines est chargée en quelques heures. Lorsque le vent s'engouffre entre deux monticules voisines, il y ouvre en peu d'heures une ravine d'une profondeur effrayante; quelques jours après une autre aire de vent la comble. »

Dépenses des plantations d'Hoyas, & précautions à prendre pour en écarter les abus dans la dépense.

« La majeure partie des Ouvriers & des Voituriers qui seront employés à ces plantations, devant profiter des avantages qui en résulteront, il paroît certain que le plus grand nombre consentira à ne pas exiger les mêmes prix des journées & des voitures qui leur seroient dus, s'ils travailloient à des ouvrages étrangers à leur territoire. Cette circonstance, dont le Commissaire qui sera nommé par le Département pourra s'assurer, diminuera considérablement la dépense. »

« Chaque arpent devant être planté de 19,600 pieds d'Hoyas, qu'il faudra aupa avant faire arracher à trois quarts de lieue, & plus, du lieu de la plantation, dans certains endroits, & les y voiturer, devroit causer une dépense de 18 livres au moins; cependant il sera possible de le réduire d'un tiers, sur-tout si les Propriétaires des chevaux de traits consentent de ne demander que la moitié du prix ordinaire des voitures. Les planteurs & les arracheurs pourront gagner environ 10 & 9 sols par jour au lieu de 15 sols. »

« Il est facile de faire sur ce prix, l'apperçu de la dépense du total de la plantation à faire dans l'étendue de chacune des quatre Municipalités voisines de la mer. »

« Les cinq Pourrières du territoire de Cucq exigent environ cent quarante arpens de plantation très-urgente, ci. 140

Les trois les plus urgentes du territoire de Merlimont, présentent au moins cent vingt arpens de glacis, ci. 120

Le territoire de Berck, (1) présentement couvert de sables dans les six huitièmes de sa vaste étendue, a environ cent arpens à planter pour empêcher la perte du restant de sa commune & de quelques prairies, ci. . 100

Enfin les quatre principales Pourrières qui menacent d'une prochaine invasion le territoire de Groffliers, dont elles occupent déjà une partie, ont au moins cent cinquante arpens de glacis qu'il est instant de planter le plutôt possible, ci. 150

Total du nombre des arpens à couvrir de plantes 510

« Cette quantité nécessitera une dépense de six mille cent vingt livres, à raison de douze livres l'arpent. »

« Le tems le plus avantageux à choisir, est depuis le premier février, jusqu'à la mi-avril, alors les sables sont imprégnés de l'humidité des pluies de l'hiver. La chaleur qu'il reçoivent du sol, il hâte la végétation, & les pieds s'enracinent très-promptement, s'ils sont bien arrangés. »

« Il est possible que le retard de cette dépense cause dans une seule année, une perte d'immeubles de cette valeur & plus; & que cette perte continuant à se propager pendant une certaine suite d'années, l'Etat perde un revenu annuel de la même somme, par le comblement des territoires entiers des différens Villages qui sont placés dans la direction des sables. »

« Il sera très-intéressant que ces plantations soient surveillées; il paroît indispensable que le Département nomme un Commissaire auquel il conférera l'autorité nécessaire: 1.° pour la distribution des travaux entre les Paroisses;

2.° Pour se concerter avec chaque Municipalité pour la police des ateliers, & l'ordre à observer dans le travail & dans le paiement des ouvriers & des voituriers. »

« Le receveur général du District pourra payer chaque semaine, à un officier de chaque Municipalité, le montant du travail de six jours, signé par les Piqueurs, approuvé par le Maire, & vérifié par le commissaire. »

(1) Le bourg de ce nom, composé de plus de deux cents feux, est tellement au milieu des sables, qui en couvrent le sol, qu'on ne sauroit y trouver un seul pied cube de terre, qu'à une grande profondeur.

Moyens de conserver les plantations.

« Deux abus intolérables dans les villages voisins des sables mouvans, ont hâté la perte d'une infinité de manoirs, & d'autres propriétés. »

« 1.° Les habitans sont dans l'usage d'envoyer leurs bestiaux paître dans les plaines sableuses. Ces animaux y causent plusieurs dommages; ils mangent le *Hoya*, en arrêtent la pousse, ils émouvent sans cesse le sable à chaque pas qu'ils font, enfin ils brisent de même les croûtes qui commencent à couvrir les parties fixées, & qu'ils rendent de nouveau, par ce moyen, le jouet des vents. »

« Ces sables ainsi émus continuellement, sont emportés avec d'autant plus d'abondance, du fond des plaines, vers les propriétés qu'ils ensablent plutôt, que les touffes des Hoyas qui devraient les arrêter, sont rasées par les bestiaux, & meurent dès qu'elles sont entièrement comblées. »

« 2.° Une partie des mêmes habitans s'évite la dépense d'acheter du bois ou de la tourbe pour se chauffer, en allant dans les mêmes plaines, couper à la faucille des Hoyas, ainsi que les saules-nains, (*Salix arenaria*,) & les épines qui croissent dans les parties qui commencent à se découvrir. Les réglemens défendent ces larcins publics; cependant ils se commettent journellement. »

« Si le département ne déploie toute son autorité pour arrêter le cours de ces délits, en infligeant des peines très-graves aux coupables, les dépenses & les soins des plantations deviendront inutiles. Le moyen d'y remédier est aussi simple que facile. »

« En effet il sera nécessaire, 1.° de défendre à toute personne généralement quelconque, de mener, ni laisser ou envoyer paître leurs bestiaux dans les plaines qui sont chargées de sables, ni dans les endroits où se trouveront des Hoyas; comme aussi de couper à la faucille ou autrement, des Hoyas verds ou secs, des épines ou des saules des sables. »

« 2.° D'infliger la même peine à tous ceux, dans les domiciles ou les propriétés desquels des Hoyas verds ou secs seront saisis, même contre ceux auprès des domiciles desquels des amas d'Hoyas seront trouvés sur les flégards ou lieux publics (1). »

« 3.° De défendre aux matelots de nouer, ou garnir leurs pieux ou piquets de perche, avec des Hoyas, ailleurs qu'au pied de la mer; à peine de trois livres d'amende par chaque contravention (1). »

« 4.° Défendre pareillement à tous les habitans des villages voisins des côtes, d'arracher & d'avoir chez eux aucunes racines, soit d'Hoyas, soit d'autres plantes des sables, pour faire des écrapettes, des balais & d'autres meubles quelconques, sous même peine de trois livres. »

5.° En cas de récidive, d'infliger la peine du double, & ensuite du triple pour la troisième fois; en cas de récidive ultérieure ou de refus de paiement, celle de la prison, comme pour le fait de chasse; & même en cas de continuation de ce délit, le bannissement hors de la Municipalité. »

« 6.° De rendre les pères & les mères, maîtres & maîtresses, & tout possesseurs de maisons civilement garans & responsables, sur le fait de ces délits, de leurs enfans, domestiques & servants, de tout âge, même ceux & celles qui demeurent chez eux comme pensionnaires. »

« Toutes lesquelles amendes seront prononcées par la Municipalité du lieu du délit, sur le procès-verbal qui le constatera, duement affirmé & déposé aux Greffe, ou reçu par le Greffier. »

« Pour l'exécution de l'ordonnance qui contiendra ces défenses, chaque communauté nommera, par la voie du scrutin, dans la même forme qui a lieu pour l'élection des officiers municipaux, un garde-messier, qui prêtera serment devant la Municipalité, de bien remplir avec impartialité les devoirs de sa charge. Deux cents livres de gages lui seront assignés; ces gages, qui se leveront sur l'universalité des biens de la paroisse, au marc la livre, tant de l'imposition foncière que de la contribution mobiliaire, se paieront par quartier; il aura en outre le quart de chaque amende. »

« Il sera aussi nécessaire d'autoriser les gardes-messiers des Communautés voisines, même de celles qui n'ont pas de sables sur leurs propriétés, & tous greffiers de Juge de Paix, huissiers & gendarmes nationaux, à dresser des procès-verbaux contre ceux qu'ils reconnaîtront chargés d'Hoyas, ou en coupant, ou en ayant dans leurs prairies, pâtures, cours, jardins ou haies, ou qui en souffriront des amas sur les flegards voisins de leurs domiciles; à la charge de déposer leurs procès-verbaux au greffe de la Municipalité du lieu du délit, & de les y affirmer; desquels procès-verbaux récépissé leur sera donné par le greffier, & ces gardes-messiers externes, greffiers, huissiers & gendarmes nationaux, auront

(1) Fréquemment les délinquans font sur les bords des chemins, voisins de leurs habitations, des amas d'Hoyas pour chauffer leurs fours; d'autres les déposent sur les propriétés voisines. Il sera facile de rendre vaine toutes ces ruses & cent autres, par une très-grande surveillance.

(1) Un piquet garnis d'un lien de paille de seigle ou d'hoya, bien noué, & retenu par deux coches, ou une cheville, & planté dans le sable mouillé, par le bout garni, est inébranlable.

les deux tiers de l'amende, laquelle leur sera payée par le greffier qui les recevra toutes & en rendra compte à la fin de chaque année. »

« Ce qui restera des amendes dans les mains du greffier, sera employé à l'entretien des plantations. »

Moyen d'entretenir les plantations d'Hoyas sans dépenses pour les habitans.

« Plusieurs des Communautés affligées par les sables, sont propriétaires de marais qui servent au pâturage de leurs bestiaux; ces marais fort vastes sont excessivement négligés; l'état de stagnation dans lequel ils sont, est tel, que le quart à peine est pâturé. »

« Les Communautés de Berk & de Groffliers, jouissent ensemble d'un pâturage commun qui doit avoir trois cents arpens; celle de Cucq en a un égalèment vaste. »

« Il serait facile de distraire quarante mesures du premier, & vingt-cinq du second, & de les aliéner pour trente années, par parcelles de quatre mesures, au plus offrant, à la charge de les clore, de les dessécher, & de planter le tour de chaque partie en saules & autres bois. »

« Le produit annuel des baux emphitéotiques serait touché par le greffier de la Municipalité, & employé aux frais de l'entretien annuel des plantations d'Hoyas, ce seroit une ressource pour les pauvres, qui gagneroient chaque année ces sommes par leur travail. »

« Il serait également facile à ces Communautés de réserver de ce même quart, des parties qu'on planteroit en bois taillis, & dont les coupes réglées se vendroient pour les mêmes objets. Ces plantations conduites par des personnes intelligentes, sont peu coûteuses, & rapportent beaucoup. Elles seroient très-précieuses le long des côtes de la Mer, où les habitans manquent toujours de bois. Plusieurs autres moyens locaux & subordonnés à des circonstances particulières, peuvent se découvrir. Ils seront saisis par les commissaires qui pourront être chargés d'entrer dans tous ces détails. »

Manière de mettre en valeur les plaines de sables qui ne sont pas exposées à l'invasion prochaine de ceux des grandes Dunes ou Poudrières, ou qui en auront été garanties par des plantations d'Hoyas.

« Deux causes principales concourent à entretenir l'infertilité des sables de mer, leur incohérence & leur aridité. Ces causes empêchent beaucoup de Cultivateurs de tenter des entreprises sur les parties qui en sont couvertes. Cependant il est possible de parvenir à rendre ces sables aussi fertiles, qu'une infinité de terres qui coûtent beaucoup plus de frais de mise en valeur. Il suffit de leur donner le gluten qui leur manque, pour unir & consolider leurs parties, de manière qu'elles acquièrent la consistance nécessaire pour la végétation. Ils contiennent en eux-mêmes la matière de ce gluten. »

« En effet, tout observateur attentif remarque que la cinquième partie au moins de ces sables est composée, suivant les côtes, de détritus, de coquillages & d'autres matières calcaires, de débris de madrepores, de zoophites & de beaucoup d'espèces de productions marines. Toutes ces matières hétérogènes mélangées avec le véritable sable qui est diaphane, & impénétrable, conservent leur forme & leur nature, parce que l'air les entretient dans une sécheresse continuelle. Si l'eau, qui est le dissolvant universel de la matière, pouvait y séjourner, elle les diviserait, les fondrait, par les mêmes procédés qui détruisent les corps les plus durs. Le secret est de l'y fixer. »

« Des plaines fort étenduesse rencontrent dans les lieux couverts de sables, si elles ne sont pas exposées à une invasion prochaine par le voisinage des grandes Dunes, ou si elles en sont garanties par des plantations d'Hoyas, il est possible de les mettre en valeur, en suivant les leçons que la Nature nous donne dans ces endroits: l'auteur du mémoire n'a cessé de la consulter. Il est certain que ses préceptes sont toujours préférables à la plus belle théorie. »

« Nous remarquons dans ces déserts que, tant que le sable reste en plein air, il est le jouet de tous les vents, & est conséquemment infertile, parce que les racines d'une partie des plantes qui y germent sont découvertes à chaque coup de vent, & que le surplus est étouffé par le sable adventice. Nous voyons au contraire que lorsqu'une croûte d'humus se forme & le couvre, ses parties hétérogènes entretenues humides se fondent & changent de nature, de manière qu'elles convertissent, pour ainsi dire, ce sable en terre végétale. Pour profiter de cette leçon il est facile de hâter cette transmutation en employant des moyens que la Nature ne réunit pas, en opérant, mais qu'elle nous indique, en nous communiquant sont secret. »

« Si l'on veut obtenir le succès de la mise en valeur d'une quantité déterminée d'arpens de sables crûs dans un lieu garanti de l'invasion des Dunes par l'art où le hazard de sa position, il est très-important de la choisir la plus unie possible; moins il sera élevé, meilleur il sera. Si des terres ou petites Dunes, ou des élévations détachées s'y rencontrent, il faut les applanir; ce premier travail est très intéressant, parce que les parties élevées ne pourroient pas conserver la masse d'humidité qui s'entretient dans un terrein bien nivelé. L'humidité, qui n'eſt que l'eau diviſée, s'entretient par le niveau, juſqu'à ce que des cauſes particulières la diſſipent. »

« Il eſt néceſſaire d'élever vers la Mer, le long du terrein, une crête de ſable de la hauteur de deux pieds au plus, en perçant un foſſé en avant; cette crète ſera garnie d'une petite haie ſeche, de deux pieds au plus d'élévation. Ce premier travail à deux objets; 1.° il rallentit l'action du vent ſur la partie qu'on veut cultiver, & par une ſuite néceſſaire, les ſables qui la couvrent ont moins de mouvement; 2.° ceux que le vent amenera du dehors, combleront ce foſſé, & en s'élevant inſenſiblement contre la haie, ils formeront un plan incliné en dehors, au lieu de ſe répandre en dedans. Ils ſe fixeront immuablement, ſi on a l'attention de couvrir ce glacis de plantes d'Hoyas bien arrangées, qu'il faudra entretenir. »

« Après ces travaux préliminaires, il y faut ſemer, ſans labour précédent, du ſeigle & des bizailles froides; ces grains étant renfouis au binot de la même manière que dans les terres, des herſes rabattront les ſillons. Il ſerait très-utile d'y épandre des pieds de meules ou de greniers de foin, pour y ſemer de l'herbe qu'on recouvre d'un tour de herſe. »

« Incontinent après il eſt indiſpenſable d'étendre ſur le champ du fumier, dans la quantité qui s'emploie dans les terres; le plus long eſt le meilleur. Ce fumier empêchera le ſable de voler dans les coups de vents d'Octobre & de Novembre, & conſéquemment de découvrir les racines des jeunes plantes. Il leur procurera un autre avantage, il leur ſervira d'abri pendant l'hiver. Les neiges & les pluies l'atterreront au point qu'il pénétrera dans les ſables, de l'épaiſſeur de deux & trois lignes. Il s'y décompoſera par l'humidité, l'eau portera aux racines des plantes, les parties ſubſtantielles que l'air n'aura pas emportées; dans ces premiers inſtans, il eſt plus intéreſſant de donner à ces ſables de l'humus que des ſels. »

« Les grains & les herbes ſemés enſemble, pouſſeront une infinité de racines, qui, en s'entrelaçant, commenceront à lier les ſables, leurs fanes ſerrées en arrêteront la ſurface en y entretenant une humidité bienfaiſante. »

« Une croûte légère ſe formera par la décompoſition du fumier, & par celle des premières fanes du ſeigle & des herbes, qui meurent & ſe ſèche ſucceſſivement contre la terre. L'ombrage de ces plantes la garantira de ſa ſécheresse. L'humidité intérieure retenue par cet abri, procurera un autre avantage, les matières calcaires s'en imbiberont. Les gelées de l'hiver les diviſeront & les réduiront en chaux, les détritus des plantes marines & ceux des zoophites ſe pourriront, toutes ces matières ſe changeront en humus. Enfin la pouſſière argileuſe ſe détrempera & s'amalgamera avec les autres ſubſtances. »

« Toutes ces parties hétérogènes délayées & portées par l'eau des pluies dans les interſtices des grains de ſables, boucheront les vides que leurs formes variées à l'infini, tenaient toujours ouverts & remplis d'air. Elles deviendront le gluten de ces ſables, qui acquéreront, dans les parties ainſi enrichies, la même cohéſion que les terres potagères. »

« Si le printems eſt humide, les plantes trouvant, dans la décompoſition de toutes ces parties, une nourriture auſſi ſubſtancielle qu'abondante, pouſſeront avec vigueur, & garantiront le ſol des ardeurs du ſoleil, juſqu'à la fin du mois de Juin. »

« Si, à cette époque, les chaleurs deviennent exceſſives pendant quelques tems, l'eſpérance du Cultivateur diminuera, parce qu'il verra ſon grain s'éclaircir par le deſſèchement de ſes fanes; peut-être des parties périront ſi le pied n'eſt pas bien couvert d'herbes, mais il devra moins calculer ſur le produit de cette première dépouille, que ſur les avantages que lui donnera la tranſmutation d'une plage de ſables infertiles, en une belle prairie, dont il augmentera à ſon gré les productions, proportionellement aux engrais qu'il y portera. »

« Il ſera néceſſaire de laiſſer, en moiſſonnant, le chaume un peu haut & adhérant à la terre, & conſéquemment le pied de l'herbe, & de n'en rien enlever pendant l'hiver. Il ſeroit même utile d'empêcher les beſtiaux d'y pâturer. Ils pourroient émouvoir le ſable, en briſant à chaque pas la croûte légère de l'humus, que la décompoſition du chaume & du pied de l'herbe, ainſi que des racines, augmentera ſenſiblement; pendant l'hiver les pluies & les gelées acheveront de fondre toutes les parties hétérogènes & de les amalgamer avec le ſable. »

« Au printems ſuivant, ſur-tout dans les premiers jours d'Avril, il ſera néceſſaire de donner à ce nouveau champ un labour léger, d'une ſeule raye, mais ſerrée, afin de retourner toute la ſurface; ſi elle étoit profonde, on enfouiroit trop avant la terre végétale, & on remettroit au-deſſus du ſable crud, qui n'auroit pas encore reçu les bienfaits de la culture précédente. »

« Incontinent après ce labour, il faut enſemencer la terre en bizailles chaudes, & les renfouir avec la herſe, de manière que la terre ſoit bien unie. Si l'on différoit de ſemer, la terre ouverte par les ſillons ſe deſſècheroit; il eſt très-intereſſant de conſerver ſon humidité. »

« Avant de donner le dernier tour de herſe, il ſera utile de ſemer du treſle jaune ou lupuline, à raiſon de deux boiſſeaux par arpent, s'il est enveloppé de sa peau noire, & d'un boisseau seulement s'il est mondé. »

« S'il est possible d'épandre aussitôt après, la quantité d'environ cinq chariots de fumier par arpent, afin d'empêcher le sable de s'émouvoir au vent, & de découvrir les racines du grain dans des parties, & de l'étouffer dans d'autres, le Cultivateur sera certain d'avoir un pré plutôt formé, qui deviendra de la meilleure qualité, & sera très-productif. »

« Si l'année est pluvieuse, la dépouille de la bizaille sera très-abondante, mais une partie du trefle sera étouffée; la décomposition de ses fanes & de ses racines aura augmenté la masse de l'humus. Il aura conséquemment fait une partie du bien qu'on doit en espérer. »

« Aussitôt après la récolte, qu'il faudra faire de manière qu'on laisse sur le champ environ six pouces au moins de tiges, il sera nécessaire d'en épandre d'autres dans les places qui en seront dégarnies; il ne faudra les recouvrir ni avec des herses, ni en traînant des fagots d'épines. Il seroit dommageable d'entamer la croûte de l'humus, cette graine levera bien sans être couverte; celle qui est enveloppée de son écorce est préférable, parce que l'écorce préservera du hâle, ses lobes, lorsque la radicule commencera à poindre. »

« Les pluies d'Octobre, les neiges & les gelées acheveront la décomposition des engrais & de toutes les parties solubles de ces sables. Elles les amalgameront de manière que la surface du pré sera parfaitement encroûtée. Si le Cultivateur est jaloux d'élever au plus haut degré les qualités productives qu'il veut lui donner, il y épandra, au mois de Février, les balayeures de son grenier à foin & le pied de ses meules. Il l'avivera par ce moyen, autant qu'il est possible. »

« Il est vrai cependant, que la quantité de cette herbe sera gênée par la pousse abondante & active du trefle, mais elle fera son pied & elle produira l'année suivante, lorsque le trefle qui n'y sera plus semé, n'y sera que le produit des semences qui seront tombées par la coupe & la fénaison. »

« Le trefle jaune ayant des semences mûres dès les premiers jours de Mai, il ne sera pas nécessaire d'attendre pour le couper qu'il commence à sécher, dans la vue de laisser des semences pour les années suivantes. »

« Il sera prudent de ne pas mettre des bestiaux sur cette prairie aussitôt après la tonte : elle seroit trop nue, leurs pieds pourroient endommager l'humus & l'ouvrir. Au bout d'un mois elle sera tapissée d'une herbe courte & épaisse qui la garantira de cet accident. »

« Il paroît superflu de recommander au Cultivateur de veiller à l'entretien du glacis de sable vers la Mer, d'y remplacer les pieds d'Hoyas qui périroient, & de n'y souffrir jamais de bestiaux; la conservation de sa prairie dépend de ce soin. »

« Si les taupes viennent la fouiller, il sera intéressant de bien fouler les mottes, & d'épandre le surplus. On peut se débarasser de ces animaux nuisibles, en employant les moyens dont on se sert en Angleterre & dans la Normandie. Ils ne sont pas encore connus dans la plupart des provinces; mais la société d'Agriculture, qui ne laisse échapper aucune occasion de répandre les pratiques utiles, nous en instruira. »

« Une prairie ainsi arrangée donne au moins autant de produit net, qu'un champ d'une qualité ordinaire; on pourra dans la suite la charger de bestiaux pour les engraisser, on sera étonné des bénéfices qui en résulteront. Aucune herbe n'engraisse plus vîte que celle des sables ainsi cultivés; elle est très-fine, toujours tendre & conséquemment très-digestive; les animaux n'y prennent aucun dégoût. Plus on différera de labourer ces parties, plus on gagnera, parce que la croûte de l'humus acquérera chaque année plus d'épaisseur par la décomposition périodique des plantes qui la couvrent, & d'une partie de leurs racines; on pourra en convertir des parties en jardins potagers. Tous les légumes s'y plairont, les arbres fruitiers y prospéreront, lorsqu'ils y auront de l'abri. »

« Si le Cultivateur préfère un bois à une prairie, il lui sera facile d'en faire la plantation; plusieurs especes y réussiront à souhait; entr'autres, la saulx rouge & la grise, nommée saulx boutante, qui a des feuilles plus larges que les autres; le peuplier & l'aulne, même le blanc bois. (1). »

« Il y aura du choix entre les différentes manières de planter, toutes ne conviennent pas à ce terrein. »

« Il ne faudra point le fouir, on perdroit en un instant, le fruit de deux années de dépenses & de travail, & le terrein redeviendroit dans le même état qu'avant son amélioration. »

« Les saulx se planteront de branches, c'est-à-dire, on prendra une branche de quatre à cinq pieds de longueur, garnie de beaucoup de brins; on fera dans la terre une ouverture longitudinale, dans laquelle on couchera la branche horizontalement, en laissant passer toutes les menues branches de la hauteur d'environ un pied; le trou sera comblé & bien foulé, il sera même prudent de placer à la surface, la croûte de gazon qu'on aura levée avec précaution, & on en affermira les pièces avec le pied. »

---

(1) On se souviendra de ce que le redacteur de cet article a dit, dans le précédent au sujet des plantations d'arbres dans les Dunes; cette entreprise étant subordonnée à plusieurs circonstances ne peut pas être généralement adoptée. (G.)

3.° Les

« 3.° Les peupliers, sur-tout les indigènes, se planteront de la même manière. »

« 4.° Les aulnes seront plantés en racines, dans des trous faits de la largeur de la bèche, & bien rebouchés, pour empêcher la sécheresse de pénétrer dans l'intérieur. »

« Ces plantations formeront un bon taillis, qui se coupera tous les quatre ans; le produit en sera très-avantageux. »

« On peut planter de même dans le sable crud; mais très-souvent beaucoup de pieds, découverts par le vent, languissent & se dessèchent, d'autres périssent par la chaleur que les sables acquièrent dans le solstice; elle est quelquefois si grande qu'on ne peut y tenir la main; elle pénètre l'intérieur de plus de huit pouces. »

« Il est de l'intérêt public d'exciter, par des encouragemens, les Cultivateurs à faire des défrichemens dans ces sables. »

« En effet, la seule paroisse de Cucq a dans son territoire plus de six à sept mille arpens de sables cruds & mouvans, qui ne produisent absolument rien. Ils étoient ci-devant tenus en garennes, appartenantes à l'abbaye de Saint-Josse; l'abbé de Castelnau, qui en étoit Titulaire depuis 1788, projettoit d'employer une partie des revenus de son abbaye à mettre en valeur, tout ce qui, dans ces terreins, en est susceptible, ainsi que d'autres situés à l'embouchure de la rivière de Canche contigue, à ces déserts, & de faire des plantations très-étendues. Il auroit recouvré ses avances par le produit des baux qu'il auroit passé de ces terreins. L'auteur du mémoire étoit chargé de ces entreprises de bienfaisance; mais les circonstances de la révolution ont retardé l'exécution de ces projets. »

« L'Assemblée Nationale; occupée de tout ce qui peut concourir au bonheur des Français, pourroit charger des commissaires de donner en accensement, au plus offrant, par parcelles de six arpens au plus, toutes les parties de sables qui ne sont pas exposées à l'invasion des grandes Dunes, ainsi que celles qui se découvriront, lorsque les sables seront fixés par les moyens qui sont indiqués dans ce mémoire, & exempter d'impositions, pendant un certain nombre d'années, les seules parties qui seroient mises en valeur. Bientôt on verroit changer en prairies riantes, des déserts affreux; une infinité de bestiaux s'y éleveroit, & la race des matelots, aussi précieuse à l'Etat qu'elle est pauvre, se releveroit de l'anéantissement dans lequelle elle traine des jours remplis d'amertume & de misère. Nos côtes qui se dégarnissent de plus en plus, se repeupleroient, & nous apprendrions à nos voisins, jaloux de la prospérité vers laquel la constitution nous amène, qu'aucune partie n'échappe à la surveillance paternelle des Régénateurs de la France. »

Description d'une machine dont se servent les Hollandois pour enlever les sables de leurs champs, que la mer ou les vents y ont apporté.

Cette machine représente une espèce de pèle en grand, formée par l'assemblage de plusieurs planches; elle est pourvue de trois côtés d'un rebord, & par derrière, d'une queue comme celle d'une charrue. Cette pèle à ordinairement une longueur de trois ou quatre pieds, sur à-peu-près autant de largeur, elle doit être un peu plus large du côté où elle présente le tranchant de la pèle, que par derrière où est attachée la queue. On la fait traîner par un cheval; l'homme qui conduit le cheval marche par derrière, en appuyant sur la queue de la pèle. Par ce moyen, un seul ouvrier peut en peu de tems enlever une très-grande quantité de sable, & rendre ainsi à l'Agriculture des terreins souvent précieux. (Gruvel.)

Addition à l'article Dunes.

On donne ce nom aux immenses amas de sables qui bordent l'Océan dans beaucoup de parages. Ces sables mouvans, élevés en collines séparées par des vallons, offrent le coup-d'œil de la plus grande stérilité: quelques plantes dont les racines pivotantes résistent aux déplacemens du sable, produits par chaque orage, interrompent la nudité de ce tableau. Les Dunes de nos Côtes jusqu'au Texel, & qui reprennent ensuite vers Groningue, ne sont couvertes que de quelques plantes éparses; le catalogue de leurs productions se borne à peu d'espèces qui tiennent à ce genre de climat. *L'Epervière des Dunes*, la *Bugranne rampante*, le *Rosier des Dunes*, le *Panicaut maritime*, quelques *Saules*, un *Laitron*, le *Roseau des Sables*, &c. Entre ces collines existent des vallons où les eaux des pluies se ramassent; on y voit une végétation tout-à-fait différente, & un fait bien notoire, c'est qu'il y croît diverses plantes qu'on ne retrouve que sur les Alpes, & montagnes élevées, dans les prairies du Groenland & sur les côtes de la Mer glaciale. Cette circonstance que j'ai déjà fait remarquer ailleurs est un de ces phénomènes que les naturalistes auront peine à concevoir, & sur lesquels je les invite à fixer leur attention. *Voyez* CLIMAT.

Ce sont ces vallons qu'on a essayé de mettre en culture, mais les défrichemens qu'on a essayé de faire, ne sont pas nombreux. Je vais donner quelques détails sur ceux qui sont à ma connoissance.

A Schevelingen, sur les côtes de la Hollande, un habitant de ce village a rendu fertile un de ces vallons, en y transportant, avec ſoin, tous les inteſtins de poiſſon que les pêcheurs jettent en préparant leur pêche, ainſi que les poiſſons morts & autres débris que la Mer dépoſe journellement ſur la plage. Il mêle ces débris avec des herbes marines, de la paille, des feuilles, & en général, avec tous les débris de corps organiſés qu'il peut ſe procurer. Ces premiers eſſais, d'abord faits en petit, lui ayant réuſſi, il a étendu ſes opérations; & ce fumier, dont il augmente la quantité chaque jour, il le dépoſe ſur les ſables mouvans auxquels il donne de la cohérence: les premiers produits que cet homme induſtrieux tire de ſes travaux, ſont preſque nuls; mais ils augmentent au bout de quelques années, & ſes terres deviennent, par ſes ſoins, d'excellentes prairies. La dernière fois que j'ai vu ſes cultures, il y a neuf ans; ce cultivateur avoit une ferme d'environ ſeize à vingt arpens, où il nourriſſoit beaucoup de bétail, dont l'état de ſanté annonçoit la bonté des pâturages. Une prairie artificielle que j'ai vu réuſſir dans des ſables mis en culture en Weſtphalie, & qui pourroit s'adapter à ces défrichemens des Dunes, eſt un mélange de Planain lancéolé. (*Plantago lanceolata.* L.) & de Tréfle blanc. (*Trifolium repens.*) Le bétail & particuliérement les vaches & les moutons s'accommodent très-bien de ce fourrage qui paroît très-productif.

Un autre cultivateur, ſur ces mêmes côtes, à Noordwyk, a pareillement fait des tentatives pour mettre en culture les Dunes, il a cultivé dans ces ſables des pommes-de-terre, qui ont réuſſi; je n'ai aucun détail ſur ſes opérations, mais je ſuis ſûr des réſultats.

D'autres défrichemens analogues ont eu lieu ſur les côtes de la France, des citoyens induſtrieux, & notamment les frères Delportes, de Boulogne-ſur-Mer, ont acquis à la culture des portions de terre qu'ils ont enlevées à la ſtérilité. En général toutes les tentatives doivent ſe tourner vers un ſeul point, qui eſt de donner de la cohéſion aux particules du ſable, de les réunir en y mêlant une terre plus tenace, & d'y faire naître de la terre végétale. Celui qui auroit à ſa diſpoſition des argilles compactes, & qui pourroit en répandre ſur ces ſables mouvans, en même temps qu'il y porteroit cette quantité de débris d'animaux & de plantes que la Mer roule ſur ſes bords, accéléreroit la miſe en culture & le produit. Car l'argile compacte & tenace uniroit les particules deſunies du ſable, formeroit une maſſe moins perméable à l'eau, & par ce moyen accéléreroit le changement des engrais en terreau. Où l'argile manque, on peut, obtenir, par la conſtance des travaux & par la quantité des engrais verſés journellement, un réſultat ſemblable. L'expérience appuie ici le raiſonnement.

Ces ſables mouvans, ſans ceſſe balayés par les vents de Mer, plus violens encore que ſur terre, ſon ſujets à ſe déplacer, ce qui entraîne deux inconvéniens. Dans les pays bas, tels que la Hollande & la Zélande, le déplacement des ſables des Dunes pourroit ouvrir un paſſage aux eaux de la Mer & cauſer une inondation funeſte au pays: dans les pays plus élevés, on craint également que ces ſables, déplacés par les vents, n'envahiſſent des terres cultivées. Les habitans de ces pays partageant la même crainte, ont recours aux mêmes reſſources pour ſe prémunir; ils entretiennent, avec un ſoin particulier, les plantes qui peuvent croître dans ces ſables, & qui oppoſent une barrière à leur déplacement.

Sur les côtes de la Hollande, de la Zélande, ainſi que ſur nos côtes, on ſe ſert principalement pour cet effet du *Roſeau des Sables.* (*Arundo arenaria*) nommé *Elm*, dans la plûpart des langues du Nord, avec quelques variations qui ſuivent les dialectes. Cette plante qui végète dans les ſables les plus arides, où elle ne tire de ſubſtances que des eaux pluviales avant leur abſorbtion, & des vapeurs balayées par l'air ambiant, eſt d'une reſſource immenſe aux peuples maritimes. Là où ce roſeau croît naturellement, ils veillent à ſa conſervation, où il manque, ils le cultivent de la manière ſuivante:

Ce roſeau forme des larges ſouches par le développement ſucceſſif des cuiſſes qui naiſſent de ſon collet. Aux approches de l'hiver ils lèvent quelques unes des ſouches dans les endroits où elles ſont les plus rapprochées, ayant toujours ſoin de ne pas arracher toutes les anciennes. Ces ſouches qu'ils ont levées, ils les partagent en autant de parties qu'ils peuvent ſéparer de cuiſſes, ils en replantent une à la place qu'occupait la vieille ſouche, & emploient les autres à remplacer celles qui ont péri, ou pour en établir là où elles manquent tout-à-fait. Pendant la ſaiſon pluvieuſe, les ſables ont un peu plus de conſiſtance, les racines ſe développent, & quand les chaleurs reviennent, la plante a déjà la force de réſiſtance ſuffiſante pour arrêter les ſables.

Sur nos côtes, outre l'emploi que l'on fait du roſeau des ſables, les propriétaires voiſins des Dunes adoptent pour haye de clôture du côté des Dunes, des arbuſtes très-touffus, & qui réſiſtent aux ſables que le vent porte conſtamment à s'étendre de leur côté, ils donnent la préférence à l'Ajonc. (*Ulex europæus*) & à l'Argouſſier (*Hyppophae Rhamnoïdes*) mais ſur-tout au premier Sur les bords de la mer Caſpienne, ſuivant Pallas, on emploie pour le même uſage *l'Axyris ceraſtoïdes* & *l'Aſtragalus ammodytes* En général, la fixation des ſables, par le moyen des végétaux, exige un choix de plantes dont les racines pivotent, & qui ont aſſez de ténacité pour résister sans se rompre aux chocs multipliés que l'affluence des sables leur occasionne accidentellement : il faut aussi que ces mêmes plantes puissent végéter avec une grande partie de leur racine hors de la terre ; car souvent les mêmes vents qui font affluer sur certains pieds une abondance de sable, l'enlèvent à d'autres pieds, qui, à leur tour, se trouvent par d'autres déplacemens encombrés de nouveau sous des sables.

Ces plantes habituées à de pareilles vicissitudes, sans que leur végétation en souffre, ont un genre de vitalité tout-à-fait analogue à ce climat. Leurs racines sont longues, & n'ont de chevelus qu'à leurs extrémités, elles s'étendent au loin & sont d'une substance coriace, qui se déchire en mallant, mais ne se brise pas. Les ramifications de ces racines suivent les mêmes loix.

Et ce qui est remarquable dans les plantes des Dunes, c'est que des variétés de plantes d'autres climats, ou au moins des espèces très-analogues ont ces mêmes caractères de forme, qui sont leur seules différences d'avec l'espèce que je puis nommer primitive. J'ai fait cette observation à diverses reprises sur des plantes de familles très-différentes ; telles qu'une *Bugrane*, une *Epervière*, un *Laitron*, un *Rosier*, &c. Voyez CLIMAT. (*L. REYNIER.*)

DUNGEHON, DODECADIA.

Genre nouveau, établi par Loureiro, & remarquable en ce qu'il est le seul entre tous ceux de cette sous-division de la classe artificielle *Icosandrie* de Linné, dont la fleur soit monopétale. Le peu de connoissances que nous avons sur la seule espèce dont ce genre est composé, empêche de voir les rapports d'habitus & d'analogie de famille qu'elle peut offrir. Loureiro dit que le calice est monophille, à douze divisions très-courtes ; la corole est en cloche, le tube est court & le limbe découpé sur les bords en douze divisions. Le fruit est une Baie polisperme.

Espèce.

1. DUNGEHON des forêts.
Dodecadia agrestis. ♄ Des forêts de la Cochinchine.

C'est un arbre élevé, dit Loureiro, dont les rameaux s'étalent : ses feuilles sont entières sur les bords, ovales, un peu allongées : ses fleurs sont petites, blanchâtres, disposées en épis axillaires.

Culture. Cette plante n'est connue que par la description très-courte de Loureiro, nous ignorons de quelle région des forêts, élevée ou basse, elle est originaire, ainsi nous n'avons aucune donnée sur sa culture. (*L. REYNIER.*)

DUR. On emploie en Botanique cette qualification, sous la même acception que dans le langage ordinaire. On dit un bois dur, une feuille dure ou de nature sèche, &c. (*L. REYNIER.*)

DURANTE. DURANTA.

Genre de plantes à fleurs monopétales, de la famille des *Gatiliers*, qui a des rapports avec les *Cotelets* & qui comprend des arbrisseaux exotiques, épineux & sans épines, qui s'élève à dix & quinze pieds, à feuilles simples, opposées. Les fleurs sont *labiées*, bleues, disposées en grappes terminales ou axillaires. Le fruit est une baie ovale, arrondie, renfermée dans le calice, uniloculaire, renfermant quatre semences ovales, anguleuses à deux loges. Ce genre est de la quatorzième classe de Linné.

Espèces.

1. DURANTE à feuilles ovales.
Duranta plumerii. L. ♄ De Saint-Domingue.
2. DURANTE à feuilles lancéolées
Duranta ellisii. L. ♄ De Saint-Domingue.
3. DURANTE à feuilles entières.
Duranta mutisii. L. S. ♄ De Saint Doming.

Description du port des Espèces.

1. DURANTE A FEUILLES OVALES. Arbrisseau de dix à quinze pieds, dont les rameaux sont nombreux, alternes, plus ou moins droits, ses feuilles sont opposées, ovales, arrondies vers leur sommet, dentées en scie. Les fleurs sont bleues, de grandeur médiocre, au sommet des rameaux, sur des grappes longues de quatre à cinq pouces. Il leur succède des baies charnues, jaunâtres, recouvertes par le calice qui est resserré & contournée obliquement. De Saint Domingue. Il y a une variété à épines axillaires, opposées, en alène & à feuilles pointues.

2. DURANTE A FEUILLES LANCÉOLÉES. Cette espèce diffère de la précédente par ses feuilles plus allongées, lancéolées, pointues, dentées inégalement, par ses grappes de fleurs plus courtes, & par le calice de ses fruits, dont le sommet reste droit & ne se coutourne pas obliquement. De la Jamaïque.

3. DURANTE A FEUILLES ENTIÈRES. Ses feuilles sont ovales, lancéolées, entières ; ce qui la distingue des deux premières espèces. Les grappes des fleurs sont plus petites. Les baies ont l'orifice du calice coutourné, comme dans la première espèce. De Saint-Domingue. Il y a une variété à feuilles plus étroites.

Culture.

Les différentes espèces de *Durante* demandent

la serre chaude ; elles se multiplient de graines qu'on sème au printems dans de petits pots remplis d'une terre légère, & qu'on met sur la tannée d'une couche chaude sous chassis. Quand le plant sera assez fort pour être transplanté, on le mettra dans de plus grands pots, remplis d'une terre légère, plus forte & plus substantielle. On mettra les pots sur une couche chaude, sous chassis, en les abritant du soleil jusqu'à ce que le plant ait fait de nouvelles racines, après quoi on le traitera comme les autres plantes des pays chauds.

On les multiplie aussi de bouture qu'on fait dans des petits pots & qu'on met dans la tannée d'une couche chaude, sous chassis ; on les garantit du soleil, & on les traite comme les plantes des semences, quand elles ont fait des racines.

Usages.

Les *Durantes* ne sont d'aucune utilité reconnue. On ne les cultive que dans les Jardins de Botanique pour la démonstration, & chez les amateurs pour la curiosité des collections. (*L. Menon.*)

DUREAU ou DUROS. Nom qu'on donne dans divers cantons a la variété de pêche, connue sous le nom de *Brugnon*. *Voyez* Amandier dans le Dictionnaire des Arbres & Arbustes. (*L. Reynier.*)

DURÉE.

On peut considérer deux Durées différentes ; celle des espèces, marquant l'époque de leur formation & la fin de leur existence ; & celle des individus, qui embrasse tout l'espace entre leur naissance & leur mort. La première offre des questions bien intéressantes. Existe-t-il de tous les temps un pareil nombre d'espèces, où bien leur nombre s'est-il augmenté graduellement par des générations métives, par des déplacemens d'un climat à un autre, ou par la combinaison de nouvelles circonstances dans la Nature ? Les anciennes espèces cessent t'elles d'exister lorsque les circonstances qui ont présidé leur naissance cessent & disparoissent? Ces questions bien intéressantes seroient immédiatement liées à l'étude de l'organisation végétale, & par conséquent aux principes de l'agriculture : car comment agir sur un corps qu'on ne connoît qu'en superficie, comment avoir des bases certaines pour en calculer les résultats ? Mais aucune expérience ne vient appuyer les notions d'analogie ou de raisonnement qu'on pourroit invoquer, & je me tais : les progrès présumables des connoissances acquises instruiront davantage que toutes mes méditations. *Voyez* Dissémination & Climat.

L'autre Durée est celle des individus : plus rapprochée de la nôtre, elle offre aussi des faits plus clairs & moins problématiques. La tradition, plutôt encore que des expériences, nous transmet la longue durée de quelques arbres, tandis que nous voyons celle des plantes herbacées parcourir une série de jours, de mois, d'années, qui tient à leur nature & se trouve à-peu-près toujours la même dans la même espèce, placée dans les mêmes circonstances. J'ajoute cette dernière restriction, bientôt on en verra les motifs. Nous rentrons déjà ici dans la question de la Durée des espèces ; car des races diverses de la même espèce ont des Durées différentes : des espèces ne diffèrent entr'elles que par leur Durée : enfin la même plante, en passant d'un climat dans un autre, ne conserve pas la même Durée. Ceci feroit présumer que ce que nous appellons *espèce*, n'est bien souvent qu'une espèce secondaire ou race différentiée par l'influence du climat, qui reviendroit à l'espèce primitive après quelques générations si on la rapprochoit de ses anciennes localités. Dès-lors il existeroit une multitude immense de variétés & peu d'espèces primitives, bien différentes des espèces nominales qui encombrent les catalogues des Nomenclateurs Ainsi la même espèce pourroit se trouver épineuse ou couverte de duvet dans le Midi, rase dans le Nord, basse sur les Alpes, fluette dans les Tourbières, grande & acqueuse dans la Plaine, vivace sous les Tropiques, annuelle dans les Zones tempérées ; cette esquisse rapide indique combien d'erreurs découlent de l'ignorance où nous sommes de l'influence du climat, etude indispensable pour le Botaniste-phisicien & pour l'agriculteur qui veut penser son état.

Dans certains végétaux & notamment dans les plantes herbacées, l'existence de l'individu finit au moment où les graines qu'il a produit ont acquis le dégré de maturité. Dans d'autres végétaux herbacés, une partie seulement de l'individu, qui est la racine, survit à la dissémination des graines, & donne naissance à de nouveaux produits annuels l'année suivante. Dans d'autres végétaux, & notamment dans les végétaux ligneux, la vie de l'individu dure plusieurs années, & chaque année il produit d'autres individus. D'où naît cette différence ?

Une anatomie bien connue des végétaux, qui traceroit d'une manière précise les fonctions de chaque organe, après en avoir indiqué la forme, nous conduiroit à quelques idées sur ce que c'est que la *vie* dans les végétaux ; alors on pourroit établir par un examen très détaillé les différences d'organisation qui existent entre les végétaux vivaces & ceux qui sont annuels; car on sauroit quels changemens éprouve l'espèce qui ; d'annuelle devient vivace, ou de vivace annuelle, & on sauroit un résultat. Mais l'ignorance la plus profonde de la végétation nous entrave dans cette recherche : nous ne savons pas seulement comment les végétaux se nourrissent ; quels organes absorbent, quels assimilent la nourriture ;

quels l'élaborent ; donc il n'est aucun résultat certain dans cette partie des connaissances humaines. Lamarck, l'un de nos Philosophes modernes qui a le plus approfondi la nature, parce qu'il s'est écarté des routes connues pour n'interroger que sa raison, a donné des vues bien neuves sur la végétation dans ses *recherches sur les causes physiques* : j'apperçois dans les développemens futurs des principes qu'il a entrevus, la résolution de plusieurs faits entiérement obscurs pour nous. Aux mots VÉGÉTAL & PLANTE, je donnerai un précis sur ce qui est connu de l'organisation végétale.

On trouvera enfin au mot CLIMAT un apperçu de son influence sur la durée des végétaux, résultat d'observations transmises par divers voyageurs, & j'invite les naturalistes à multiplier ce genre d'observations : à force de rassembler des faits, on parviendra aux résultats. (*L. Reynier.*)

DURET ou DERÉ. On donne ce nom dans la France Orientale & dans la partie Françaife de la Suisse, à une espèce d'Erable, très-distincte de l'Erable opale, & que je présume le même que l'*Acer opalifolium* de Villars. J'ai décri cet arbre, il y a plusieurs années, sous le nom d'*Erable printannier*, nom qui le caractérise, car il fleurit le premier de tous, tandis que l'Opale est le plus tardif. Comme cet arbre est peu connu & qu'il me paroît devoir attirer l'attention par les qualités de son bois, je transcris ici ce qu'en dit Varenne Fenille. (*Mémoires sur l'administration Forestière, tome 2, pag. 119.*)

« Le bois de Duret est plein, dur ; le grain en est homogène & fin ; il prend le plus beau poli. Il ne paroît pas avoir de disposition à se fendre, puisque la bûche, quoique en grume, ne s'est pas même gercée. Sa couleur est d'un blanc légérement nuancé de couleur citrine & quelquefois rougeâtre par plaques & non par veines ; on n'y distingue aucun aubier. »

Varennes dit ailleurs que cet arbre est employé dans le département de l'Ain, au charronnage, qu'il y est fort estimé, & qu'il présume qu'il seroit avantageux de le cultiver dans la plaine. En son état de dessication complette, le pied cube pèse 52 livres 11 onces 1 gros.

Dans la partie de la Suisse où il croît, & c'est toujours dans des lieux chauds & rocailleux, sur-tout dans les pentes du Vallais, j'ai vu des arbres de cet Erable Duret qui avoient jusqu'à trois pieds de diamètre, mais il ne s'élève pas en proportion, & sa cime est ordinairement arrondie; cette forme, jointe à son verd plus gai que celui des autres Erables, répandroit de l'agrément dans nos diverses cultures. Le nom de Duret a été donné à cet arbre par les habitans des pays où il étoit, à cause de la dureté de son bois; je l'ai vu constamment priser davantage que les autres Erables pour le charronnage & l'arquebuserie. On sait que les Allemands font de très-beaux bois de fusils avec les broussins du petit Erable, & les Suisses estiment autant l'Erable Duret. *Voyez* ERABLE au *Dictionnaire des Arbres & Arbustes.* (*L. Reynier.*)

DURION, *Durio.*

Grand arbre qu'on présume de la famille des CAPRIERS, dont le calice est composé d'un seul godet, bordé de cinq divisions, les fleurs ont cinq pétales plus courts que le calice. Le fruit est une baie dont la peau est couverte de pointes ou élévations pyramidales.

Espèce.

1. DURION des Indes.

Durio zibethinus. L. ♄ Des Indes orientales.

Cette espèce est un arbre de la grandeur d'un pommier, ses fruits naissent sur le tronc & sur les branches principales, ils sont gros comme la tête d'un homme ; leur écorce est verte, épaisse & tenace ; le signe de la maturité du fruit est lorsque cette écorce s'ouvre par le haut. L'intérieur est une pulpe molle, dans laquelle sont logées les graines. Ce fruit est réputé l'un des meilleurs des Indes, mais son goût qui tient un peu de celui de l'oignon, déplaît la première fois aux étrangers. Il se conserve peu & se corromp en deux jours. Les graines ont le goût de la Chataigne & se mangent grillées.

Culture. Nous n'avons aucuns rapports sur la culture des Durions aux Indes, est-ce négligence des voyageurs, ou que la nature si prodigue pour l'homme dans ces beaux pays, ne lui laisse rien à faire pour sa nourriture? Comme le Durion n'a pas encore passé dans nos Jardins, nous ignorons les soins à lui donner : l'analogie nous fait présumer qu'ils doivent être les mêmes que pour les JACQUIERS. (*L. Reynier.*)

DUROIA, *Duroia.*

Genre de plantes de la famille des RUBIACÉES, & voisin des Guettardes, dont le fruit est une baie globuleuse, ombiliquée, hérissée à l'extérieur de poils nombreux, & qui contient beaucoup de semences planes, disposées sur deux rangs dans la pulpe.

Espèce.

1. DUROIA velu.

Duroïa eriopila. L. Fil. ♄ De Surinam.

Cet arbre n'est encore connu dans aucun des Jardins de l'Europe : à Surinam on mange ses fruits qui y sont recherchés; on dit qu'ils ont une saveur agréable. Il paroît par les descriptions, que cet arbre est d'une forme agréable, ses feuilles & ses fleurs naissent aux extrémités des ramifications des branches; ces dernières ressemblent à celles du *Mogori* (*Nictanthes Sambac. L.*). Nous ne savons rien de particulier sur la culture qu'il pourroit exiger dans nos serres, on devroit d'abord, en attendant les lumières de l'expérience, lui donner les mêmes soins qu'aux autres arbres originaires du même pays, tels que les Corossols. (*L. Reynier.*)

DUTROA. Nom qu'on donne aux Indes orientales aux espèces de plantes du genre des Datura. *Voyez* (*L. Reynier.*)

DUVET. (*Villus, pubes.*) On appelle ainsi les poils ou petits filets, qui recouvrent les plantes quand ils sont peu entassés, extrêmement deliés & très-doux au toucher. On dit qu'une tige est pubescente, (*pubescens, villosus*) quand sa superficie est chargée de poils foibles, mous & faciles à distinguer : feuilles pubescentes (*folia pubescentia, villosa.*) Réceptacle velu, (*receptaculum villosum*) quand il est chargé de poils plus ou moins flexibles.

On appelle aussi Duvet les poils courts & soyeux qui recouvrent certains fruits comme les *Pêches*. On regarde ce *Duvet* comme propre à défendre les corps qu'il recouvre, de l'action des frottemens & des injures de l'air : on peut croire que cette dernière fonction est celle du *Duvet*, qui tapisse l'intérieur des écailles qui recouvrent les boutons des arbres avant leur épanouissement : on regarde aussi les filets qui composent le *Duvet* comme des vaisseaux excrétoires. (*A. J. Menon.*)

DUVET. On donne ce nom aux poils courts & laineux qui recouvrent les divers parties des végétaux, ces poils ont la même organisation que les autres, on peut consulter le mot Climat & Cotonneux.

On donne aussi le nom de Duvet à cette villosité, qui couvre la peau de quelques pêches & des fruits du coignassier.

Enfin quelques personnes donnent ce nom aux Aigrettes, soit des plantes des familles des Planipétales, soit de celle des Apocinées. *Voyez* Aigrette & Ouatte. (*L. Reynier.*)

DYSODE, *Dysoda.*

Genre de plantes établi par Loureiro, & qui paroît entrer dans la famille des Rubiacées. Sa corolle est infundibuliforme à cinq divisions, qui chacune se subdivise en trois découpures moins profondes. Son calice devient une baie qui renferme plusieurs graines.

Espèce.

1. Dysode fasciculé.

Dysoda fasciculata. Lour. ♄ De la Chine & de la Cochinchine.

C'est un arbrisseau qui s'élève à deux pieds, & se divise en rameaux qui montent dans une direction verticale, ses feuilles sont nombreuses, ovales, entières; ses fleurs sont blanches, disposées en paquets denses aux extrémités des branches; ils naissent quelquefois latéralement.

Culture. Loureiro ne dit rien sur la culture de cet Arbuste, mais par l'usage auquel on l'emploie, il est présumable qu'il est très-vivace, & par conséquent qu'il exigeroit peu de soins.

Usage. Loureiro dit que les Chinois & les Cochinchinois emploient cet Arbuste pour border les compartimens de leurs Jardins, comme nous le faisons avec le buis. Il est singulier que les Chinois & les Européens aient choisi tous les deux des Arbustes dont l'odeur est désagréable, car Loureiro le dit du Dysode, pour les employer au même usage. (*L. Reynier.*)

DYSSENTERIE. Rougier-Labergerie, dans son *traité d'Agriculture pratique*, donne ce nom à une maladie du Seigle, connue aussi sous le nom de *maladie rouge*, qui est très-commune, sur-tout depuis quelques années, dans le département de la Creuse & autres circonvoisins.

« Lorsqu'il survient (j'emprunte les expressions de cet Agriculteur) des brouillards ou pluies à l'époque de la floraison des Seigles, elle ne peut s'effectuer, la Nature fait de vains efforts; la fleur reste dans la bâle, elle s'y altère avec le temps & donne à la partie qui n'a pu fleurir une teinte rouge pâle, d'où est venu son nom. Quelquefois les vents empêchent la fécondation en refroidissant les étamines attachées aux légers filamens qui les suspendent. »

Rougier-Labergerie a pris tous les soins possibles pour connoître la cause & les effets de cette maladie. Il a examiné, dit il, plus de deux cents pièces de terre, a ouvert par-tout des épis, & a trouvé dans tous ceux qui étoient colorés en rouge, des fleurs avortées, altérées dans leur substance, quoiqu'elles eussent conservé leurs formes. Il a vu aussi des épis où quelques grains seulement avoient été fécondés, & qui n'avoient cependant pas la teinte rouge. Enfin il s'est assuré que cette teinte, sur une partie de l'épi, ne nuisoit pas au reste, & que la partie non colorée étoit également saine.

Rougier Labergerie présume que cette maladie doit sa naissance dans ces départemens aux vents d'Est & Nord-Est, qui tombent sur les champs, après avoir traversé les montagnes de la ci-devant Auvergne, qui sont couvertes de neige à cette époque. Ces vents dont la froidure est augmentée par le contact des frimats des montagnes, contracte subitement les végétaux développés dans les pentes Méridionales, & détruit leur organisation. En effet, il a remarqué que les seigles adossés aux pentes Méridionales des montagnes, où cette masse leur sert d'abri, sont moins sujets à la Dissenterie que les seigles plus éloignés. Rougier-Labergerie propose, comme moyen curatif, le rétablissement des bois sur les sommités qui dominent les champs, bois, dont la destruction inconsidérée depuis que l'abus du chaufage que le luxe a consacré dans les villes, a échauffé la cupidité des propriétaires trop égoïstes pour sacrifier des jouissances prématurées & imparfaites à celles que leur promettoit la maturation de leurs propriétés. (*L. Reynier.*)

DZENELLIE. Nom singulier que l'on donne dans le pays d'enhaut canton de Berne, à la Clavaire coralloïde : ce mot dans ce dialecte signifie *Poule*, quels rapports entre ces deux êtres? *Voyez* CLAVAIRE. (*L. Reynier.*)

DZENOILLETTA. Nom que l'on donne dans la Suisse Française à la Balsamine des Bois. *Voyez* BALSAMINE. (*L. Reynier.*)

E

EAU. C'est aux chimistes à développer la nature de l'Eau; c'est à eux à faire voir qu'elle n'est point, comme on l'a cru, un élément simple, homogène, indécomposable, mais qu'elle est formée de deux substances, qu'on peut séparer & réunir. Il est du ressort du physicien de profession d'expliquer les qualités sensibles de l'Eau, telles que sa pesanteur, son élasticité, sa dilatabilité, sa compressibilité &c. L'agriculteur ne doit l'envisager que sous les rapports qu'elle a avec ses besoins personnels, avec ceux de ses bestiaux & de tous les végétaux qui l'intéressent.

Dans le pays où il ne croît ni vigne, ni pommiers & où l'orge est rare, les cultivateurs privés de vin, de cidre & de bierre, sont obligés de boire de l'Eau. Il est donc bien utile pour leur santé qu'elle soit bonne. On ne trouve pas partout de la bonne Eau; il faut quelquefois l'aller chercher loin, ou la tirer d'une grande profondeur.

Je vais indiquer brièvement les qualités de la bonne Eau, & les moyens de corriger la mauvaise.

On doit éviter l'Eau qui a une couleur obscure, tenant du jaune ou du rouge; cette couleur se rencontre dans les Eaux stagnantes. La couleur bleue & la couleur verte indiquent, l'une la présence du cuivre, & l'autre celle du fer; l'Eau bleue sur tout est très-dangéreuse.

La légereté de l'Eau est une des qualités desirables; mais quelquefois cette qualité seule ne suffit pas, puisqu'on voit des Eaux stagnantes, plus légères que des Eaux de puits. Si la légereté est unie à la limpidité, elle est un excellent indice de la pureté de l'Eau. On a dans beaucoup de puits maintenant des *aréomètres* ou *pese-liqueurs*, instrumen de verre, sur lesquels est une échelle graduée. En comparant à l'aide du pese-liqueur, l'Eau qu'on veut connoître avec l'Eau distillée, la plus légère de toutes, on s'assure de son véritable degré de pesanteur. Je ne propose ce moyen que pour les pays où l'on a la facilité de l'employer.

Chacun peut faire les observations suivantes:

La bonne Eau, versée par inclinaison, après avoir bouillie, ne laisse aucun dépôt. Elle cuit bien & en peu de tems les légumes. Ce caractère seul seroit encore équivoque, parce que des Eaux stagnantes cuisent bien les légumes; mais joint à d'autres il concourt avec eux à prouver la bonté de l'Eau.

Le savon s'y dissout bien, même à froid; par conséquent elle blanchit bien le linge. Une Eau est bonne quand elle est claire, sans odeur, sans saveur, quand elle coule sur le sable ou sur le gravier, quand elle nourrit d'excellent poisson, quand elle conserve le teint frais, & une bonne santé à ceux qui en font un usage habituel, enfin quand elle passe bien par les voies urinaires.

Quand on a le malheur d'être tellement placé que l'on ne puisse avoir à sa disposition pour les besoins domestiques, que des Eaux de mauvaise qualité, il ne faut pas négliger les moyens de les corriger. Ils dépendent de la cause de cette mauvaise qualité de l'Eau.

Si elles sont chargées d'un principe aérien, qui tient en dissolution quelque terre absorbante, ce qu'on reconnoît à la quantité de bulles d'air, qui se dégage de l'eau quand on l'agite; on doit la faire bouillir, la laisser refroidir, & ensuite l'exposer à l'air dans des vases peu profonds; la terre s'y dépose & l'Eau surnageante est bonne.

Lorsque c'est un autre acide qui tient de la terre en dissolution, la séparation en est moins facile. Dans ce cas on fait une lessive de cendres gravelées ou de cendres de bois; on la verse sur l'Eau goute à goute, jusqu'à ce qu'elle ne se trouble plus; il est alors fort aisé de calculer ce qu'il faut de lessive pour purifier une quantité plus ou moins grande d'Eau, & de se faire une règle pour toujours. On la verse par inclinaison &, si on le peut, on la filtre. C'est ainsi qu'on purifie les *Eaux dures*, telles que celles de beaucoup de puits.

Les Eaux stagnantes s'épurent en les filtrant dans une espèce de pierre sablonneuse.

Il suffit souvent de faire reposer une Eau sale & trouble & de la puiser, sans remuer le fond.

On peut encore jetter du sable dans l'eau & l'agiter ensuite, le sable entraîne les ordures. Les gens aisés savent se procurer des filtres de cotons, d'éponges, de pierres particulières.

Le moyen le plus sûr & qui n'est pas au-dessus des facultés de la plûpart des cultivateurs, est d'avoir deux fontaines de grès, les meilleures & les plus saines de toutes, une grande & une petite, & de passer de l'eau de la grande dans la petite, ayant soin tous les jours d'y faire replacer une quantité d'eau égale à celle qui aura été soustraite, pour l'usage de la journée.

J'ai cru devoir indiquer les carractères des bonnes Eaux, ceux des mauvaises & la manière de corriger celles-ci, parce que j'ai vu presque partout la plus grande négligence à cet égard de la part des cultivateurs, qui exposent continuellement leur santé, celle de leur famille & de leurs domestiques. Par ce simple apperçu dégagé de toute science, hors de leurs portée, chacun peut voir s'il doit compter sur la bonté de l'eau qu'il emploie, s'il doit prendre des précautions pour l'améliorer. Je les invite tous à curer souvent leurs puits, leurs citernes, les fosses où ils puisent de l'eau pour leurs besoins; & à mêler dans les grandes chaleurs du vinaigre à celle qui sert à la boisson des ouvriers.

A l'article abbreuvoir, j'ai parlé des soins qu'on devoit en prendre, pour que les animaux y trouvassent la boisson qui leur convient le mieux. J'ajouterai seulement ici que dans les pays, où en été sur-tout, on leur fait boire de l'eau de puits, il est bon de la tirer d'avance & de la laisser séjourner quelques heures dans des cuves ou tonneaux, avant de la leur présenter.

On a fait voir au mot arrosement, combien il étoit utile, lorsque les pluies ne suffisoient pas, de mouiller avec des arrosoirs les plantes des jardins, aux momens & aux époques favorables. Il ne s'agit à cet article, dont M. le Baron de Schondi est l'auteur, que de petites cultures. Je me suis réservé de traiter d'arrosemens plus considérables au mot irrigation, auquel je renvoie. On y verra l'exposé des qualités de l'Eau pour que cette grande operation soit avantageuse. (*Tessier.*)

EAUX-AUX-JAMBES. Maladie cutanée, qui tire sa dénomination du premier de ses symptomes, & à laquelle sont sujets les jeunes chevaux qui n'ont pas jetté, ou qui n'ont jetté qu'imparfaitement, ainsi que tous les chevaux de tout âge, qui sont épais, dont les jarrets sont pleins & gras, dont les jambes sont chargées de poils, & qui ont été nourris dans des terreins gras & marécageux, &c.

Elle se décele par une humeur fétide & par une sorte de sanie qui, sans ulcérer les parties, suinte d'abord à travers les pores de la peau qui revêt les extrêmités inférieures de l'Animal, spécialement les postérieurs. Dans le commencement, on les apperçoit aux paturons; à mesure que le mal fait des progrès, il s'étend, il monte jusqu'au boulet, & même jusqu'au milieu du Canon; la peau s'amortit, devient blanchâtre, se détache aisément, & par morceaux; & le mal cause l'enflûre totale de l'extrêmité qu'il attaque. L'Animal boite, & il arrive enfin que la liaison du sabot & de la couronne à l'endroit du talon, est en quelque façon détruite.

Dans ces cas il faut pratiquer une légère saignée à la Jugulaire; le même soir du jour de cette saignée donner à l'Animal un lavement émolliant, afin de le disposer au breuvage purgatif qu'on lui administrera le lendemain matin, & dans lequel on n'oubliera pas de faire entrer l'*Aquila albà*, ou le mercure doux.

La tisane des bois est encore, dans ces sortes de cas, d'un très-grand secours; on fait bouillir de la salsepareille, du sassafras, du gayac, en égale quantité, c'est-à-dire trois onces de chacun, dans environ quatre pintes d'eau jusqu'à réduction de moitié; on passe cette décoction; on y ajoute deux onces de *crocus metallorum*; on remue, & l'on agite le tout; on humecte le son que l'on présente le matin à l'Animal, avec une chopine de cette tisane que l'on charge plus ou moins suivant l'état du malade. La poudre de vipere desséchée n'est pas moins d'une grande ressource. On jette la poudre d'une vipere entière, chaque jour, dans le son.

Quand aux remèdes qu'il convient d'employer extérieurement, on ne doit jamais en tenter l'usage que lorsque l'Animal a été suffisamment évacué. Jusque-là il suffit de couper le poil, de graisser la partie malade, & il est important de laisser fluer la matière morbifique; mais l'enflûre se dissipant, & la partie malade se desséchant elle-même, il ne s'agit alors que de la laver avec du vin chaud, & de la maintenir nette & propre. Si on apperçoit encore un léger écoulement on substitue au vin dont on se servoit, de l'eau-de-vie & du savon; & si le flux est plus considérable, on bassinera l'extrêmité affectée avec de l'eau dans laquelle on aura fait bouillir de la couperose blanche & de l'alun, ou avec de l'eau seconde. Ensuite il faudra repurger l'Animal pour la dernière fois. On trouvera plus de détails sur cette maladie, dans un Ouvrage du citoyen Huzard. (*Tessier.*)

EBARBER. On dit ce mot de l'action de couper les chevelus, ou seulement leurs extrêmités endommagées, lors de la transplantation des Arbres & de tous les végétaux. *Voyez* Chevelus où sont exposés les inconvéniens d'un *ébarbement* indiscret.

On dit aussi ce mot de la tonte des Hayes, & principalement de celle des Charmilles. Cette opération a deux objets: l'un une prétendue beauté. *Voyez* Charmille: l'autre le retranchement des branches qui gênent les cultures ou le passage. Le jardinier se sert de ciseaux pour *ébarber*, & l'agriculteur de la *serpe*, parce qu'elle qu'elle eſt plus expéditive. *Voyez* TONTE & ELAGUAGE au *Dictionnaire des Arbres & Arbuſtes.* (*L. REYNIER.*)

EBBAS (Paddi) Variété du Ris qui croît dans les terrains ſecs; ſon grain eſt gros : il eſt commun dans toute l'Inde. *Voyez* RIS & PADDI, nom générique des variétés du Ris dans l'Inde, dans ce *Dictionnaire*, le *Voyage de Sumatra, par Marſden, Rumphe, Loureiro,* &c. (*L. REYNIER.*)

EBÈNE. Les commerçans ont prodigué ce nom à diverſes eſpèces de bois, remarquables par leur denſité, mais de couleurs différentes & produits par diverſes eſpèces d'arbres. Une ſeule, dans ce nombre, eſt le véritable Ebène; il en ſera parlé au mot EBÉNIER. Ici je vais donner une courte notice des Ebènes du commerce.

1. *Ebènes noirs.* Le principal & le plus eſtimé, celui qui a donné ſon nom aux autres bois qui en approchoient par leurs qualités, eſt un bois dur, extrêmement compact, peſant & ſuſceptible d'un très-beau poli; ſa couleur eſt une nuance de noir très-foncée : l'arbre qui produit cet Ebène & que Loureiro décrit, forme un genre nouveau, dont l'expoſition ſe trouvera à l'article EBÉNIER. Un autre arbre, dont le bois réunit les mêmes qualités, rentre dans le genre des *Plaqueminiers*, & a été défini par Linné le fils & par Thunberg : c'eſt cet arbre que Lamarck, avant la publication de l'ouvrage de Loureiro, préſumoit être le véritable Ebène. Un troiſième arbre enfin ſe rapproche de ces deux premiers, & plus encore du ſecond, c'eſt le *Plaqueminier Décandrique* de Loureiro, le *Hoamſi* des Cochinchinois, dont le bois eſt noir, tandis que l'aubier eſt blanc, veiné d'une multitude de raies noires; ce bois eſt employé dans les Indes, aux beaux ouvrages de Marquéterie, & Loureiro ſoupſonne que c'eſt le même dont Linné le fils a eu quelques notions. Ces trois Ebènes ſont des Indes Orientales; on connoît auſſi dans les Antilles un bois noir qui s'emploie ſous le nom d'Ebène; c'eſt celui de l'Aſpalath à bois noir. (*Aſpalathus ebenus.*) *Voyez* ce mot.

2. *Ebène gris.* Cet Ebène, dont Rumphe parle, eſt une variété de celui produit par le Plaqueminier Décandrique; il ne paſſe pas dans le commerce avec cette couleur, mais on le noircit auparavant, dit Rumphe, par le même procédé qu'on emploie en Europe pour imiter l'Ebène avec le bois de Poirier.

3. *Ebène verd.* Ce bois qui eſt d'un verd foncé, quelquefois veiné de jaune, eſt le produit d'un arbre du genre des Bignones, & déſigné dans ce Dictionnaire ſous le nom de *Bignone à Ebène.*

4. *Ebène jaune.* Ce bois eſt le produit d'une variété de l'eſpèce de Bignone ci-deſſus déſignée, qui donne l'Ebène verd.

5. *Ebène rouge.* On ne connoît pas encore l'arbre qui produit ce bois, quoiqu'il exiſte, depuis quelques temps, dans le commerce, & qu'il ſoit très-eſtimé pour les ouvrages de marquéterie & de tour.

6. *Ebène de crète.* C'eſt un arbriſſeau qui a été rapproché du genre des ANTHYLLIDES. *Voyez* ce mot.

7. *Ebène des Alpes.* Arbriſſeau, & même petit arbre, du genre des Cityſe, dont le bois eſt dur, veiné de verd, & très-eſtimé pour la marquéterie & les ouvrages de tour.

8. *Ebène de montagne.* On donne ce nom, en Amérique, au bois de la *Bauhine acuminée*, qui eſt veiné de noir & très-dur.

Enfin on a trouvé un moyen de colorer en noir le Poirier, & de lui donner l'apparence de l'Ebène : pour cet effet, on l'imprègne d'une décoction chaude de Noix de Galles; &, lorſqu'il eſt ſec, on le polit avec de la cire. *Voyez*, au Dictionnaire des Arts, les détails de cette manipulation. (*L. REYNIER.*)

EBÉNIER, *EBENOXYLUM.* Lour.

Loureiro, qui a vu cet arbre dans ſes voyages, en forme un nouveau genre dans la claſſe artificielle de Linné, *Dioécie Triandrie.* Le caractère générique, qu'il lui attribue, eſt de manquer de calice & d'avoir une corolle tripétale ou nectaire, diſpoſé en étoile, un ſtile & une baie qui renferme trois graines.

1. EBÈNE noir. *O mouk*, *U-muen-mó* des Chinois, *Caju-arang* des Malais.

Ebenoxylum verum Lour. ♄ Des forêts de la Cochinchine, ſituées vers le onzième degré Nord, près du pays de Camboje; à Amboine & autres pays, ſous la même latitude.

C'eſt un grand arbre droit, un peu angulaire, à côtes preſque ſaillantes près des racines; ſes rameaux s'élancent en haut; l'écorce eſt rude, d'un vert brun; l'aubier blanc & lourd, veiné de raies noires, qui ſont d'autant plus fréquentes, qu'il eſt plus voiſin du bois; ce dernier eſt noir & d'une plus grande peſenteur. Les feuilles ſont d'une conſiſtence dure, glabres, luiſantes, entières, d'un verd brun, auquel ſe mêlent des taches brunes, lorſque les arbres ſont un peu vieux. Les fleurs ſont blanches, diſpoſées en bouquets terminaux. La baie eſt orangée, ovale, ſa pulpe eſt douce, mais extrêmement aſtringente.

Culture. Cet arbre n'eſt connu que par les rapports de Loureiro & de Rumphe; on ne ſait rien de la culture qu'il exigeroit dans nos Jardins. La chaleur des régions qu'il habite forceroit à le cultiver dans la ſerre chaude, où il ne ſerait qu'un objet de curioſité; car il n'y acquerrait jamais un volume aſſez grand pour y être utile aux démonſtrations Botaniques. Loureiro obſerve, d'après ces expériences, que la décoction de ce bois eſt utile pour remplacer le

Guajac en pharmacie, il a les mêmes propriétés; cet auteur cite Burmann qui annonce de semblables expériences faites par Grimm. (*L. Reynier.*)

EBOTTER. C'est couper les branches d'un arbre, même les principales, fort près du tronc. On ne fait cette opération que sur des arbres malades, & comme un moyen de les rétablir; s'ils ne donnent pas ensuite des pousses vigoureuses, il ne faut plus compter sur l'arbre, & le mieux est de le remplacer. *Voyez le Dictionnaire des Arbres & Arbustes.* (*L. Reynier.*)

EBOULEMENT. On dit que des terres s'éboulent lorsque les talus s'affaissent par suite, ou de dessèchement, ou d'alluvions d'eau, comme après le dégel, une fonte de neige ou un orage. Un agriculteur soigneux doit rétablir les terrains éboulés, dès que la saison le lui permet, & doit appuyer les terres rapportées par des pieux, ou des murs, jusqu'à ce qu'elles aient repris de la consistence.

Souvent, à la suite des éboulemens un peu considérables, il naît des plantes, jusqu'alors inconnues dans cet endroit; on trouvera, au mot Dissémination, quelques pensées sur ce phénomène. (*L. Reynier.*)

EBOURGEONNER. *Jardinage.* Oter des bourgeons aux arbres. Cette opération, analogue à la taille, par son effet sur l'individu, consiste à enlever, après leur premier développement, les bourgeons & les jeunes branches qui nuisent à l'individu ou à l'élégance de sa forme. Elle n'a lieu que sur les arbres espaliers, nains, & en général sur ceux qui ont été le plus modifiés par la culture; auxquels, par conséquent, l'homme a le plus de soins à donner pour les faire produire.

C'est au mois de floréal, ou au plus tard au commencement de prairial pour ce climat, que l'ébourgeonnement doit se faire : il exige des attentions & de la dextérité; car souvent on opère à côté & sur le contact d'autres bourgeons tendres & fragiles, que la plus faible commotion peut altérer.

Une observation remarquable, & qui tient davantage à la physiologie des arbres, c'est la facilité avec laquelle les jeunes branches, encore herbacées, se séparent de la branche qui les supporte, & par une cassure nette, formant une concavité dans l'écorce. Cette espèce d'empâtement qui enveloppe leur base, doit être examinée avec quelques attentions.

L'ébourgeonnement est un moyen de donner aux arbres de Jardin des formes agréables, en laissant subsister, ou faisant naître des bourgeons, bien disposés pour former les ramifications des branches, en les dirigeant jeunes, avant qu'elle prennent une forme incommode. Le *Dictionnaire des Arbres & Arbustes*, traitera, dans tous ses détails de cette opération; on peut aussi consulter le *nouveau Laquintinie* & le *Dictionnaire de Rosier.* (*L. Reynier.*)

EBOURGEONNER. *Economie rurale.* Se dit aussi de la séparation qu'on fait de la laine qui est autour des oreilles, au bas des cuisses, de la queue & près du derrière *Voyez* Lavage de laines, au mot Bêtes a laine. (*Tessier.*)

EBOURGEONNEUR. Nom d'un Scarabée qui attaque les bourgeons des arbres : il est plus connu sous le nom de *Lisette*, il sera décri sous ce mot avec l'indication des moyens de s'en préserver. *Voyez* Lisette.

On donne aussi ce nom à quelques espèces d'oiseaux qui mangent & détruisent les bourgeons des arbres au printemps; de ce nombre sont le *Bouvreuil* le *Gros-Bec*, &c. (*L. Reynier.*)

EBOUTURER. Expression usitée dans beaucoup de Départemens, quoique très impropre. On veut exprimer, par ce mot, l'enlèvement des drageons qui naissent au pied des arbres, pour multiplier l'espèce, pour se fournir de sujets pour la greffe, ou pour décharger les racines de la mère plante. L'expression d'*Ebouturer* vient de Bouture; nom sous lequel on confond, dans ces mêmes Départemens, les drageons & les vraies Boutures. (*L. Reynier.*)

EBRANCHER. Couper les branches d'un arbre : on le fait pour plusieurs objets. 1.° Lorsqu'un arbre vieillit, on l'étête; & ses nouvelles pousses remplacent les branches déjà caduques & pleines d'engorgement, souvent même chancreuses. 2.° On ébranche les arbres forestiers, parce que l'action de la lumière durcit leur bois, & que d'ailleurs ils poussent davantage par le haut. *Voyez le Dictionnaire des Arbres & Arbustes.* (*L. Reynier.*)

EBROUSSER. Suivant Lamarre, qui a soigné la nouvelle édition du Dictionnaire Economique, ce mot est synonime d'*Effeuiller. Voyez* ce mot. (*L. Reynier.*)

EBRUN. Dans le Département de la Côte-d'Or & autres adjacens, quelques personnes donnent ce nom à l'*Ergot. Voyez* ce mot, (*L. Reynier.*)

EBUNIER des Alpes. On donne ce nom à l'*Aubours. Voyez* Cytise des Alpes. (*L. Reynier.*)

ECAILLES. Les Botanistes donnent ce nom à ces parties semblables aux Ecailles des poissons par leur forme, qui servent d'enveloppe aux bourgeons & aux boutons des arbres & autres plantes ligneuses.

On retrouve aussi les écailles dans les plantes herbacées, autour des bourgeons qui se forment dès l'automne sur le collet des racines vivaces.

Des écailles enveloppent aussi & forment le calice général des fleurs composées, telles que les chardons. L'usage a voulu ce nom ; mais ce sont de véritables bractées, par leur emploi dans l'organisation végétale. (*L. Reynier.*)

ECAILLE. Substance dure, qui sert de retraite à des animaux vivans dans la mer, dans les rivières ou les étangs. On donne ce nom aux coquilles d'huitres, qui sont propres à faire un bon amendement. *Voyez* COQUILLAGE & AMENDEMENT. (*Tessier.*)

ECALÉE. On appelle dans le pays de Caux, (département de Seine Inférieure) *Terre Ecalée* celle, qui ne faisant partie d'aucune ferme, se loüe isolément à des particuliers, sans bâtimens, & même à des fermiers qui ont des bâtimens appartenans à d'autres propriétaires. On recherche beaucoup l'acquisition des *terres Ecalées*, parce que n'étant attachées à aucun corps de ferme, leur exploitation n'exige aucuns frais de réparations de la part du propriétaire. (*Tessier.*)

ECALER. Oter aux fruits leur *brou* ou écorce, cette opération a lieu pour les Noix, les Amandes, les Chataignes & autres fruits, dont la première enveloppe n'est pas le *fruit mangeable.* (*L. Reynier.*)

ECALER. Terme usité dans quelques pays au lieu de celui d'*écosser.* On dit Ecaler des pois & des fèves. (*Tessier.*)

ECANGUER. On donne ce nom à un procédé par lequel on sépare la filasse des tiges sur les végétaux qui en produisent. Ce procédé consiste à passer la tige entière sur une rainure, où un bâton nommé la *Cangue*, vient frapper, par un mouvément qu'on lui imprime : il brise la tige & la sépare de la filasse. Cette méthode est plus communément nommée *broyer le Chanvre. Voyez* CHANVRE. (*L. Reynier.*)

ECARLATE. Nom vulgaire sous lequel quelques personnes connoissent l'espèce de Lychnis, connue aussi sous le nom de *Croix de Malthe. Voyez* LYCHNIDE (*L. Reynier.*)

ECARLATE de Virginie. Nom d'une des variétés cultivées du Fraisier, connue aussi sous le nom de *Caperon.* Son fruit est ovoide - tronqué, de grosseur moyenne, de couleur écarlate ; le calice reste appliqué contre le fruit, même à l'époque de sa maturité. *Voyez* FRAISIER. (*L. Reynier.*)

ECART. Expression dont on se sert communément pour désigner l'action d'un cheval qui, surpris à l'occasion de quelque bruit ou de quelque objet dont il est subitement frappé, se jette tout-à-coup de côté. Les chevaux ombrageux & timides, sont sujets à faire des écarts. Les chevaux qui se défendent font aussi des écarts.

Ce mot signifie aussi la disjonction ou la séparation accidentelle, subite, & forcée du bras d'avec le corps du cheval ; & si cette disjonction est telle qu'elle ne puisse être plus violente, on l'appelle *entrouverture.*

Les causes les plus ordinaires de l'Ecart sont, ou une chûte, ou un effort que l'animal aura fait en se relevant, ou lorsqu'en cheminant l'une de ses jambes antérieures, ou toutes deux ensemble se seront écartées & auront glissées de côté & en dehors. (*Tessier.*)

ECHALAS. On donne ce nom aux tuteurs qu'on donne à la Vigne, dans les pays où on l'arrête à une hauteur moindre que les treilles, ou que les autres appuis qu'on lui donne lorsqu'on l'élève en *treille. Voyez* VIGNE au Dict. des Arbres & Arbustes. (*L. Reynier.*)

ECHALASSER. Donner des échalas ou tuteurs à la Vigne. *Voyez* VIGNE au Dict. des Arbres & Arbustes. (*L. Reynier.*)

ECHALLIER. Dans l'ancienne Encyclopédie, on indique ce mot pour exprimer une espèce de clôture qui se fait avec des palissades sèches, qu'on enveloppe ou garnit de fagots principalement épineux. Si on emploie cette clôture pour entourer un terrein un peu considérable, & dans un pays où le bois est rare, elle est mauvaise sous les rapports de prompte destruction & de consommation inutile de bois, tandis que des Hayes vives en produiroient un supplément par les récépages & les arrachis. *Voyez* CLOTURE.

Dans plusieurs départemens, le mot d'*Echallier* désigne les endroits des haies où clôtures, par où les hommes passent, sans que le bétail puisse les franchir. Ce sont des marches ou échelles, où même de simples piquets de bois, sur lesquels on pose les pieds, pour passer par dessus la haie sèche qui bouche le passage, seulement pendant que les champs sont couverts de grains ; car après la récolte on ôte les Echalliers. On fait ordinairement les Echalliers de fagots fichés en terre & liés ensemble par des osiers ou d'autres menus bois flexibles. Ce mot vient d'échelle ; on dit aussi ECHELLIER. (*Tessier* & *L. Reynier.*)

ECHALOTTE. Nom vulgaire, & plus universellement connu, d'une espèce d'Ail, que les Botanistes désignent par l'épithète de *sterile.*

On en connoît deux variétés, distinguées par leur grandeur. L'une, qui est la *petite*, à son bulbe de cinq à six lignes de diamètre, qui, sous une même enveloppe, contient plusieurs cuisses ou cayeux. Le bulbe mis en terre brise, par le développement de ses cayeux, l'enveloppe qui en formoit un seul oignon, & chacun d'eux, en se développant, pousse des feuilles & forme à son tour, sous son écorce, de nouveaux cayeux; ainsi l'ensemble grossit en touffes denses, qui s'échancrent par le dépérissement des bulbes les plus vieux. Dans la culture, chaque année, on lève ces touffes & on sépare les oignons, pour les replanter à distance, ou pour la consommation.

La *grande* variété ne diffère de celle-ci que par le volume double de toutes ses parties. Mais cette variété, sujette à dégénérer, devient alors semblable à la première; de sorte que ce ne sont pas seulement des races distinctes.

Culture.

On lève, au mois de thermidor, les touffes d'Echalottes, au moment où leurs feuilles achevent de se dessécher; &, après les avoir laissé pendant quelques jours au soleil, on les serre dans un lieu sec & aéré. Au printemps, vers la mi-germinal, on plante séparément les cayeux d'Echalotte, dans une terre bien ameublie, à quatre pouces de distances les uns des autres. On emploie souvent, pour cet objet, des bordures de planches, les Echalottes encadrent les autres cultures d'une manière agréable, & occupent ainsi un terrain peu utile. On peut aussi, surtout dans la grande culture, telle que celle des maraichers, planter les Echalottes dans des plates-bandes ou des planches qui leurs sont uniquement destinées, depuis la plantation des cayeux jusqu'au moment où on les lève; ils n'exigent aucuns soins, tout au plus quelques sarclages, si les mauvaises herbes deviennent incommodes; attention qui devient même inutile pour celles qui sont disposées en bordures, où elles profitent des soins qu'on donne aux planches qu'elles encadrent. Les Botanistes considèrent cet Ail comme une variété de la ciboule. *Voyez* ce mot.

On emploie l'Echalotte pour la cuisine, son goût est moins âcre que celui de l'Ail; beaucoup de personnes le préferent. *Voyez* AIL. (*L. Reynier.*)

Culture en grand.

On cultive en grand les Echalottes dont on fait une consommation assez considérable. A S. Trojean en l'Isle d'Oleron, & à la Tranche en bas Poitou, on plante beaucoup d'Echalottes, autour des planches d'oignon. Comme la culture est la même que celle de l'ail, je renvoie à ce mot. *Voyez* AIL cultivé, pages 409 & suivantes. Je noterai seulement qu'à S. Trojean, un journal de terrein de 100 carreaux, le carreau de 18 pieds, peut produire, année commune, 5 à 6 milliers d'oignons, quatre cent d'Echalottes & cinq à six milliers d'ail, si toutes les planches d'oignon en sont bordées. Un cent d'Echalottes est composé de cent liasses, chacune de 100 à 120 Echalottes. (*Tessier.*)

ECHALOTTE d'Espagne. Nom vulgaire d'une espece d'Ail, nommée communément *Rocambole*. *Voyez* AIL. (*L. Reynier.*)

ECHANCRÉ. On donne ce nom aux parties des végétaux, dont l'extrémité porte une entaille plus ou moins grande. On dit ainsi une pétale, une feuille, une écaille, une stipule échancré. Les pétales des roses sont tous échancrés & peuvent servir d'exemple. (*L. Reynier.*)

ECHANVRER. *Voyez* CHANVRE. (*Tessier.*)

ECHANVROIR. Nom que l'on donne à l'instrument qui sert à séparer de la chennevotte la filasse du chanvre & du lin. *Voyez* CHANVRE. (*Tessier.*)

ECHAPPER. (s') On dit qu'un arbre s'échappe, lorsque des branches vigoureuses s'lèvent au-delà des autres. Cette luxuriance d'une partie épuise les autres, & nuit aux produits de l'arbre; car ces branches qui s'échappent ne portent point de fruits, & même ne donnent pas de quelques années des branches à fruit. *Voyez*, au Dictionnaire des Arbres & Arbustes, les moyens préservatifs que la culture indique. (*L. Reynier.*)

ECHARBON. Nom que quelques personnes donnent aux fruits de la Herse aquatique. *V.* HERSE. (*L. Reynier.*)

ECHARDONNER, ôter les chardons. Parmi les plantes qui infestent les moissons, on remarque sur-tout les chardons. L'espèce la plus commune dans les plaines fertiles en bled, orge & avoine, est le chardon hémorhoïdal *serratula arvensis* L.; d'autres espèces de chardons dans d'autres pays ne sont pas moins nuisibles. Le cultivateur doit avoir soin de les détruire dans le tems opportun, c'est-à-dire, à l'époque où ils ne peuvent plus repousser & drageonner, & avant qu'ils puissent donner leur graine. Il ne faut pas se contenter d'enlever ceux qui sont au milieu des moissons; il est nécessaire de porter encore son attention sur ceux même qui croissent le long des chemins, & dans les environs des pièces de terre. Si on les laisse fructifier, leurs graines se répandent dans les champs labourés, & multiplient les chardons presque à l'infini.

Il y a des terreins, ou les chardons se plaisent singulièrement. Ils sont le tourment des cultivateurs, qui doivent les veiller avec plus d'attention. Il vaut toujours mieux les arracher que de les couper; ainsi la méthode du ci-devant pays de Caux, où on les arrache avec la tenaille de bois, est préférable à la méthode des environs de Paris, de la ci-devant Beauce & ci-devant Brie, où on se contente de les couper. Je ne répéterai point ici ce que j'ai dit au mot AVOINE, page 740 du premier volume, & au mot CHARDON page 66 du deuxième volume de l'Encyclopédie méthodique. On y trouvera à-peu-près ce qu'il est intéressant de savoir sur la manière d'Echardonner. (*TESSIER.*)

ECHARDONNETTE. Dans le Boulonnois, on appelle ainsi l'échardonnoir, ou instrument propre à détruire les Chardons. *Voyez* le mot CHARDON. (*TESSIER.*)

ECHARDONNOIR. Petit crochet tranchant emmanché au bout d'un bâton; on s'en sert pour nétoyer les terres des Chardons, & autres mauvaises herbes, telles que les panences &c. Ce nom peut aussi se donner à une tenaille de bois, dont on se sert dans le ci-devant pays de Caux, pour ôter les Chardons des moissons. *Voyez* le mot CHARDON. (*TESSIER.*)

ECHASSERY ou *Bezy de Chassery.* Variété du poirier, d'un grand rapport, dont les fleurs sont grandes; ses fruits sont ovales, blancs-jaunâtres, beurrés, pleins d'une eau musquée : ils murissent pendant les mois de brumaire, & se conservent jusqu'en nivose. *Voyez* le Dictionnaire des Arbres & Arbustes, article POIRIER. (*L. REYNIER.*)

ECHAUDÉ. On nomme *bled échaudé*, celui dont le grain maigre, sec, ridé & flétri, contient peu de farine. Il y a des endroits où on le nomme *bled retrait.* Le bled échaudé fait de bon pain, sa farine est belle; mais il rend peu. Entre les causes auxquelles on croit pouvoir attribuer cet effet, M. Duhamel en rapporte deux, dont la première est le défaut de nourriture dans l'épi, lorsque le bled étant versé le tuyau est ployé ou même rompu; la deuxième est que s'il survient subitement de grandes chaleurs, lorsque les bleds sont pénétrés d'humidité, & que les grains ne sont pas suffisamment formés, la paille & le grain se dessèchent.

Le grain quoique retrait peut-être semé, sans craindre qu'il ne vienne pas. Je m'en suis assuré en en semant exprès, & comparativement avec du bled bien nourri & bien conditionné. Il a produit de belles récoltes. Néanmoins je ne garantirois pas qu'il en produisît toujours, il y auroit à craindre qu'il ne périt beaucoup de semence de grains retraits dans les années, où il surviendroit de la gelée au moment où il est en *lait*, c'est-à-dire, ramolli par un commencement de végétation. (*TESSIER.*)

ECHAUDER LE BLED signifie mettre le bled en chaux. *Voyez* CARIE. (*TESSIER.*)

ECHAUDEMENT ou ECHAUDAISON. Maladie à laquelle les Caffeyers de Saint-Domingue sont très-sujets, & qui provient d'une mauvaise manière de les cultiver. Les arbres attaqués de cette maladie s'effeuillent, & leur fruit se prématuré, avant d'avoir acquis sa perfection. *Voyez* CAFÉYER. (*L. REYNIER.*)

ECHAUFFER UN TERREIN. C'est ou lui ôter cette humidité froide, capable de retarder la végétation des plantes qu'il produit, ou lui ajouter quelque matière chaude par sa nature, à l'effet de le rendre propre à donner des récoltes plus précoces ou plus abondantes. Un écoulement donné, par le moyen de fossés ou rigoles, aux eaux, qui séjournent sur un sol compact, des labours répétés qui le divisent, ou des fumiers légers qui le soulèvent, sont des moyens certains de l'échauffer; on l'échauffe encore davantage, quand on l'amende avec des engrais de substances animales, telles que la fiente de volailles, la poudrette, les débris des boucheries &c. *Voyez* AMENDEMENT. (*TESSIER.*)

ECHAULER LE BLÉ signifie la même chose que chauler le bled. *Voyez* CARIE. (*TESSIER.*)

ECHAUX. On trouve, dans l'ancienne Encyclopédie, sous cet article, l'indication des rigoles ou fossés, qui servent à l'écoulement des eaux, après l'irrigation des prairies. *Voyez* IRRIGATION. (*L. REYNIER.*)

ECHELLE. Instrument nécessaire au Jardinier, pour la taille & le soin des arbres. Il sera traité, au Dictionnaire des Arbres, & Arbustes de la meilleure forme à donner aux échelles. (*L. REYNIER.*)

ECHELLE-DE-JACOB. Nom bizarre donné à la Polémone des Jardins. D'où dérive t'il ce rapport, entre une Echelle que Jacob affirme s'être élevée jusqu'au ciel, & une fleur qui s'élève à deux pieds de terre? *Voyez* POLÉMONE. (*L. REYNIER.*)

ECHELONS. On dit qu'un arbre croît par échelons, lorsqu'il se forme par étages, avec des intervalles entre ses ramifications. *Ancienne Encyclopédie.* (*L. REYNIER.*)

ECHENILLER. Enlever les Chenilles, ou leurs œufs, avant qu'ils éclosent, pour détruire ces insectes dévastateurs. On emploie divers moyens, adaptés à leur conformation, tels que d'enlever les jeunes branches où existent des *bagues*, celles où ont été formés des *nids*, les feuilles recoquillées par des *coques*, &c. : ces divers repaires contiennent les œufs; lorsqu'on les ôte pendant la saison morte & qu'on les détruit, on retranche, en grande partie, les craintes pour la saison suivante.

Mais quelque attention qu'on apporte dans cette révision des arbres, des nids échappent à la surveillance; d'autres insectes, éclos chez des voisins moins surveillans, viennent infecter le terrain qu'on a nettoyé : il faut alors détruire les Chenilles, on les cherche aux temps pluvieux; alors elles sont tapies sur les feuilles & sur les insertions des branches, & on les écrase à mesure : d'autres personnes allument des grands feux de paille sous les arbres attaqués, & y jettent du souffre, dont la vapeur active la fumée & asphixie ces insectes; ces moyens de les détruire réussissent, du moins ils affoiblissent le mal que l'imprévoyance du printemps auroit causé.

D'autres larves, analogues aux Chenilles, dévastent les fleurs, pénétrent dans les jeunes fruits & s'y développent: tous ces fléaux attaquent principalement les arbres ; dès lors le *Dictionnaire des Arbres & Arbustes* en traitera plus en détail.

Divers légumes, notamment les choux, sont dévorés par les Chenilles ; ces insectes ne laissent souvent que les côtes principales, la plante languit & ne pomme pas, ou pomme foiblement ; le plus sur moyen de préserver les choux, c'est de faire la visite au printemps de la partie inférieure des feuilles, d'écraser les œufs qui y sont collés par un gluten que déposent les papillons avec leurs œufs ; de faire ensuite, sur-tout après les pluies d'orage, la visite des feuilles, pour écraser les insectes échappés à la première recherche ; avec ces soins on sauve sa récolte. *Voyez* CHENILLE & INSECTE. (*L.* REYNIER.)

ECHINOPE ou BOULETTE.

Genre de plantes à fleurs composées flosculeuses, de la division des *Cinarocéphales*, qui a des rapports avec la *Gondèle* & la *Sphérante*. Il comprend des herbes à port de *Chardons*, dont la hauteur varie d'un à cinq pieds & plus, à tiges cannelées, à feuilles alternes, plus ou moins découpées, épineuses & glutineuses. Les fleurs sont aux bouts des tiges, en têtes globuleuses, blanches ou bleues, ayant un calice propre. Le fruit consiste en plusieurs semences oblongues, couronnées de poils courts, formant une aigrette peu apparente. Ce genre est de la 19.e Classe de Linné.

Espèces.

1. ECHINOPE commune.

Echinops sphœrocephalus. L. ♃ De la France, l'Italie.

2. ECHINOPE azurée.

Echinops ritro. L. ♃ Du midi de la France.

3. ECHINOPE lanugineuse.

Echinops lanuginosus. Lam. Encyc. ♃ Du Levant.

4. ECHINOPE à tête épineuse.

Echinops spinosus. L. ♃ H. de l'Afrique, l'Egypte.

5. ECHINOPE à feuilles âpres.

Echinops strigosus L. ⊝

6. ECHINOPE nudiflore.

Echinops nudiflorus. Lam. Encyc. ♃ De la Martinique.

7. ECHINOPE effilée.

Echinops virgatus. Lam. Encyc.

Description du port des Espèces.

1. ECHINOPE COMMUNE. La tige est épaisse, cannelée, rameuse, multiflore. Les feuilles sont grandes, alternes, amplexicaules, pinnatifides, epineuses en leurs bords, pubescentes en dessus, cotonneuses en dessous. Les fleurs sont blanchâtres, globuleuses, terminales. Sa hauteur varie par la culture, depuis cinq jusqu'à dix pieds & plus ; elle fleurit en juillet & perfectionne ses graines en août. Elle croît en France dans les lieux pierreux & incultes, il y a une variété à fleurs bleues.

2. ECHINOPE AZURÉE. Sa tige est haute d'un pied environ, cotonneuse, blanchâtre, munie d'un seul rameau. Ses feuilles sont pinnatifides, semblables à celles de la *Carline* commune ; glabres en dessus, cotonneuses en dessous. Les fleurs forment une tête sphérique, terminale, solitaire, d'un bleu agréable. Fleurit en juillet.

Il y a une variété à feuilles profondément pinnatifides, à découpures étroites. Les fleurs sont en tête sphérique, terminales, d'un bleu agréable.

3. ECHINOPE LANUGINEUSE. Sa tige est haute d'un pied, environ ; ligneuse, cotonneuse, en corymbe. Les feuilles sont nombreuses, ailées, à découpures étroites, épineuses. Les fleurs sont en tête terminale.

4. ECHINOPE A TÊTE ÉPINEUSE. Ses feuilles sont profondément pinnatifides, à découpures fort épineuses, & ressemblent à celles de plusieurs *chardons*. Les fleurs sont terminales, solitaires, blanchâtres ou bleuâtres, chargées de longues épines, plus ou moins nombreuses. Ce caractère la distingue aisément. De l'Egypte, de l'Arabie. Il y a une variété plus grande dans toutes ses parties.

5. ECHINOPE A FEUILLES APRES. Sa tige est haute d'un pied environ, simple, blanche, cotonneuse. Ses feuilles sont pinnatifides, vertes en dessus, avec des poils épineux, qui les rendent âpres au toucher, blanches & cotonneuses en dessous, avec une petite épine qui termine chacune de leurs découpures. Les fleurs sont ramassées en tête terminale, de couleur pâle blanc. Il y a une variété qui s'élève moins, dont les feuilles, plus rapprochées, sont finement découpées. La tête des fleurs est plus grosse que dans la première variété. Ces plantes croissent en Espagne. Annuelles.

6. ECHINOPE NODIFLORE. C'est un arbrisseau

qui s'élève à la hauteur de cinq pieds environ. Sa racine pousse plusieurs tiges ligneuses, menues, droites, rameuses & d'un brun rougeâtre. Les feuilles sont solitaires, ou accompagnées d'autres feuilles plus petites, plus ou moins ovales, d'un beau verd en dessus, avec des poils qui les rendent âpres au toucher. Les fleurs sont des têtes globuleuses, solitaires, sessiles, situées aux aisselles des feuilles supérieures. Les têtes des fleurs sont composées de fleurons nombreux & blancs. De la Martinique.

ECHINOPE EFFILÉE. Ses tiges sont droites, effilées, haute de deux pieds environ, un peu lanugineuses, rameuses à leur sommet. Les feuilles sont vertes, glabres en dessus, cotonneuses en dessous, pinnatifides, à découpures épineuses. Les têtes des fleurs sont sphériques, pédonculées, glabres & terminales. Elle a des rapports avec l'espèce n.° 2. *azurée*.

Culture.

On ne cultive communément dans les Jardins, que les deux premières espèces, qu'il suffit de semer en pleine terre, à la mi-mars, en place ou en rayons, de tenir nettes de mauvaises herbes & d'éclaircir quand elles deviennent un peu fortes, on pourra les transplanter à cette époque & les abandonner à elles-mêmes, elles fleuriront la seconde année. Elles se multiplient aussi spontanément & deviennent quelquefois incommodes, mais on peut éviter cet inconvénient, en coupant les têtes avant, ou aussitôt qu'elles sont mûres. Elles durent ordinairement trois & quatre ans. Tous les sols & toutes les expositions leurs sont bonnes. Quant aux espèces des pays chauds & celles annuelles, il faut les bien placer pour faciliter la perfection des graines.

Usage.

D'agrément. Les espèces les plus grandes se placent avec effet sur les bords des bosquets & massifs des Jardins paysagistes, près des rochers, des mazures & autres endroits pittoresques ou incultes, qu'ils ornent par leur port & leur grand feuillage. Les espèces les plus petites & les annuelles se placent tout-à-fait en avant des plates-bandes. Les unes & les autres font un effet agréable par la variété de leurs fleurs blanches ou bleues. Au reste, on les voit rarement hors des Jardins de Botanique.

D'économie. La première espèce est apéritive, & jouit des mêmes vertus que les *chardons*, mais elle est moins utile en médecine. (*L.* MENON.)

ECHINOPHORE, ECHINOPHORA.

Genre de plantes de la famille des Ombellifères, & voisin des CAUCALIDES, composé d'herbes à feuilles composées, & dont les fruits sont hérissés.

Espèces.

1. ECHINOPHORE épineuse.

Echinophora spinosa. L. ♃ Des lieux maritimes de la France méridionale.

2. ECHINOPHORE à feuilles menues.

Echinophora tenuifolia. ♃ Des lieux maritimes, pierreux & salins de la Pouille.

Ces deux plantes sont herbacées hautes d'un pied, rameuses dans la partie supérieure de la tige; leur feuillage est découpé; leurs fleurs sont blanches, disposées en ombelles de grandeur moyenne.

Culture.

Les racines de ces plantes sont rampantes & poussent des Dragеons dans tous les sens; on sépare ordinairement les jeunes pieds pour multiplier l'espèce. Cette opération doit se faire au commencement de germinal, plutôt ou plus tard, suivant la précocité ou le retard de la germination. Le sol qui convient à ces plantes est celui qui est naturellement graveleux & maigre; une exposition un peu chaude leur est nécessaire, & même il est bon de les couvrir pendant les grands froids. Lorsqu'on peut se procurer de la graine aoutée, ce qui est rare dans ce climat, on doit la semer au printemps; avoir soin, pendant l'été, de débarasser les jeunes plants des mauvaises herbes qui pourroient les étouffer; & les couvrir aux approches des froids, avec de la litière ou des feuilles sèches: mais il faut, avoir soin de lever cette couverture au moment du dégel, car ces plantes craignent l'humidité; enfin on les met en place au printemps suivant.

Usages.

Ces plantes n'ont aucune apparence & aucune utilité connue: dès-lors leur culture est restreinte aux Jardins de Botanique. (*L.* REYNIER.)

ECHIQUIER. Ordre de plantation des arbres & des plantes, nommé aussi *Quinconce*. Ce sont des plantes rangées en lignes droites, qui alternent; de manière que chacune des plantes se trouve au centre de quatre autres, plantées dans des lignes voisines. Cette méthode est la plus avantageuse, en ce qu'on perd le moins de terrain possible. *Voyez* QUINCONCE. (*L.* REYNIER.)

ECHITE, ECHITES.

Genre de plantes de la famille des Apocins, dont la majorité des espèces sont des plantes ligneuses & grimpantes; on y voit aussi des arbres. Toutes les Echites rendent, lorsqu'on les incise, un suc propre, laiteux. Les semences sont aigrettées &

contenues dans des follicules comme celles des Apocins.

Espèces.

1. ECHITE biflore.

Echites biflora L. ♄ Aux Antilles, dans les lieux maritimes, parmi les Palétuviers.

2. ECHITE quinquangulaire.

Echites quinquangularis. L. ♄ De l'Amérique Méridionale.

3. ECHITE campanulée.

Echites suberecta. L. ♄ De la Jamaïque & Saint-Domingue.

4. ECHITE aglutinée.

Echites agglutinata. L. ♄ A Saint-Domingue, près du Cap Français.

5. ECHITE toruleuse.

Echites torulosa. L. ♄ A la Jamaïque & à Saint-Domingue.

6. ECHITE à ombelles.

Echites umbellata. L. ♄ A la Jamaïque, à Saint-Domingue, aux Isles de Bahama.

7. ECHITE trifide.

Echites trifida. L. De l'Amérique, aux environs de Carthagène.

8. ECHITE rampante.

Echites repens. Jacq. ♄ A Saint-Domingue, près du Cap Français, sur le bord des Bois.

9. ECHITE à corymbes.

Echites corymbosa. L. ♄ A Saint-Domingue, dans les Bois.

10. ECHITE à épis.

Echites spicata. L. ♄ Des forêts de Cartagène, d'Amérique.

11. ECHITE tronquée.

Echites truncata. Lam. Des Isles de Bahama.

12. ECHITE lappulacée.

Echites lappulacea. Lam. A Saint-Domingue, au quartier de Léogane.

13. ECHITE verticillée.

Echites scholaris. L. ♄ Des Indes Orientales.

14. ECHITE à anneau.

Echites annularis. L. Fil. De Surinam.

15. ECHITE antivénérienne.

Echites siphilitica. L. Fil. ♄ Des environs de Surinam.

16. ECHITE succulente.

Echites succulenta. L. Fil. ♄ Du Cap de Bonne-Espérance.

17. ECHITE à épines doubles.

Echites bispinosa. L. F. ♄ Du Cap de Bonne-Espérance.

Espèce moins connue.

Voyez pour l'*Echites caudata.* L. l'article LAUROSE.

Les douze premières espèces font des Arbustes grimpans ou plantes ligneuses, qui s'entortillent aux arbres, aux haies & aux buissons. Les fleurs de quelques unes, telle que l'*Echite biflore*, la *campanulée*, celle *à ombelle*, &c., sont grandes, à-peu-près comme celles du Laurose commun, & disposées en grappes ou panicules, dont la floraison dure quelques temps; & leur succession, sur l'individu, prolonge cette belle époque de sa vie.

Les espèces 13 & suivantes sont des arbres, tous originaires des régions chaudes de l'ancien continent; tandis que les premières, dont la conformation est différente, sont toutes du nouveau. On distingue dans leur nombre l'*Echite verticillee*, qui est très-multipliée dans les Indes: son tronc est épais dans les forêts, sa base s'environne d'acoves, & il s'élève; mais lorsqu'il est planté près des maisons, où il est exposé à être endommagé par divers froissemens, il n'a point d'acoves, & son tronc reste rabougri. Son bois est mol, il se sèche facilement, & se corromp en peu de temps, il est sujet à être rongé des vers. On ne l'emploie qu'à de petits ouvrages, comme le tilleul en Europe. Rumphe observe que le bois des acoves est plus solide que celui du tronc. Un usage singulier auquel ce bois est employé dans les Indes, lui a donné le nom que Rumphe indique. *Lignum scholare*, *bois d'écolier* : on en fait des planchettes, épaisses d'un doigt & longues d'un pied, avec une ouverture pour les suspendre; les enfans y écrivent leurs leçons & ensuite l'effacent avec la feuille d'une espèce de figuier. (*Figuier conoïde.* Lam.) qui est très-rude & qui leur rend leur premier poli.

Culture.

Rumphe dit que cet arbre se multiplie très-facilement; une branche qui tombe à terre, dans un lieu un peu humide, y pousse bientôt de nouvelles branches, & les boutures s'enracinent sans peine.

Nous n'avons aucune donnée sur la culture des Echites, dans les Jardins d'Europe; aucune de ces espèces n'y a encore été cultivée. On pourroit, dans l'occasion, essayer sur elle la culture des *Cynanques*. Chazelles, dans son *supplement au Dictionnaire de* Miller, donne cependant quelques indications sur leur culture, que je vais transcrire. « Toutes les Echites sont trop tendres pour subsister en plein air dans nos climats. On les multiplie par leurs graines, qu'il faut se procurer dans leur pays natal. On les sème sur une couche chaude, aussitôt qu'elles arrivent : les plantes qu'elles produisent exigent d'être tenues constamment dans le tan de la serre, après avoir été élevées avec soin sur les couches; on les arrose, avec beaucoup de ménagemens, pendant l'hiver, & dans les temps nébuleux, parce qu'elles sont sujettes à se pourrir. On les multiplie aussi par boutures, comme les Euphorbes & autres plantes succulentes,

entes, en les laissant sécher avant de les mettre en terre. » Comme les Echites n'existent pas encore dans nos Jardins, j'ignore jusqu'à quel point l'expérience justifiera les conseils que donne cet auteur; mais ils suffisent en les combinant avec ceux qu'on trouvera sous le mot CYNANQUE : l'une des espèces de ce genre, a beaucoup d'analogie de conformation, avec les Echites grimpantes. (*L. Reynier.*)

ECHONELER. Signifie dans quelques endroits ramasser l'avoine avec des fauchets ou râteaux. (*Tessier.*)

ECIMER. Terme des Eaux & Forêts. On le dit des arbres dont la tête a été emportée par quelque orage. *Voyez* le Dictionnaire des Arbres & Arbustes. (*L. Reynier.*)

ECLAIRCIR. Se dit du soin qu'on doit avoir de retirer une partie des semis, quand ils sont trop drus, ou qu'ils sont parvenus au point de s'entretoucher & de se nuire. On retranche, par cette opération, le plant le plus maigre & le plus petit; on espace celui qui reste, à une distance proportionnée à la grandeur qu'il doit acquérir; il en devient plus beau, plus robuste & plus droit. Sans ce soin essentiel, les plantes resteroient maigres, rabougries, ou elles s'étioleroient. Le plant qu'on lève peut être repiqué ailleurs.

On dit *éclaircir* un bois, une allée, en l'élaguant pour la rendre moins obscure. On *éclaircit* une planche quelconque, semée trop drue, lorsqu'on en lève une partie pour faire fructifier l'autre. (*L. Menon.*)

ECLAIRCIR *les fruits.* Lorsque les fruits sont très-abondans sur les arbres, & qu'on préfère leur qualité & leur grosseur à la quantité, on en retranche une partie là où ils sont très-serrés, & on prévient leur chûte qui pouvoit avoir lieu plus tard, mais après qu'ils auroient absorbé une partie de la sève pour ce développement imparfait. On a soin, dans cet éclaircissement, de conserver les fruits qui paroissent les mieux nourris & les plus espacés, comme plus propres à prendre un entier développement. Cette attention est plus usitée sur les espaliers & les arbres nains, que sur les arbres élevés; les pleins vents sont ordinairement livrés aux soins de la nature, qui remplace quelquefois le nombre des fruits par leur volume, d'autre fois leur volume par le nombre; mais le Jardinier maîtrise ou plutôt dirige les arbres qui lui sont confiés, & ses soins assurent la formation de ces beaux fruits qu'on admire dans les Jardins.

On trouve plusieurs détails sur l'éclaircissement des fruits au mot AVORTEMENT. (*L. Reynier.*)

ECLAIRCISSEMENT. L'action d'éclaircir. *Voyez* ce mot sous ses diverses acceptions. (*L. Reynier.*)

ECLAIRE. Nom vulgaire de la Chélidoine commune, plante connue par le suc jaune qu'elle répand lorsqu'on la froisse. *Voyez* CHÉLIDOINE. (*L. Reynier.*).

ECLAIRETTE. Nom vulgaire de la *Ficaire*, qui porte aussi le nom de *petite Chélidoine. Voyez* RENONCULE. (*L. Reynier.*)

ECLAT. On donne ce nom à des portions de végétaux séparées par fracture du corps de l'individu. *Voyez* ECLATER. (*L. Reynier.*)

ECLAT. (Pomme d'Eclat,) ainsi nommée à cause de sa beauté & de sa grosseur : elle est très-recherchée & estimée dans le pays de Caux, où l'on voit des Pommiers d'Eclat à haute & à basse tige.

La forme de la Pomme est en général conique, d'une rondeur égale, rarement sillonnée.

La peau est unie, à fond jaune, tachetée de petits points très-fréquens. Ces points, quand le soleil a coloré la Pomme, sont d'un beau rose.

Très-souvent l'œil est double, & placé dans un enfoncement bridé & peu profond.

Elle a la queue grosse & courte, dont l'origine est dans une cavité peu évasée. Quelquefois le tour de la cavité est applati, ensorte que la Pomme, posée de ce côté à de l'assiette.

Les loges des graines en contiennent 4 ou 5, ou 6.

Elle a une excellente odeur; sa chair est fine & moëlleuse, mangée crue ou cuite elle est très-bonne : elle vaut encore mieux cuite que crue : elle ne dure pas long-tems.

Je desire que les personnes qui indiqueront les diverses espèces ou variétés de Pommes les décrivent; c'est le seul moyen de les bien distinguer. (*Tessier.*)

ECLATER. On emploie ce mot pour exprimer la séparation que le Jardinier fait des diverses cuisses d'une racine pour les replanter & multiplier l'espèce. Cependant il est bon de ne pas *déchirer*, mais de séparer avec attention les parties, de manière que la blessure ait le moins d'érosions possible; on doit aussi *parer* la blessure pour enlever toutes les inégalités qui, en se putréfiant, entraîneroient la carie du reste de la racine. Toutes les plantes à racines divisées en colets & vivaces, peuvent être multipliées de cette manière.

Eclater. On dit aussi qu'une branche s'éclate & se romp, soit par l'effet du vent, soit lors qu'on la courbe plus que son élasticité ne le permet. En réunissant les deux parties & les assujettissant par des ligatures, un bourlet se forme & la branche se rétablit, mais elle est sujette à d'autres fractures & n'est jamais bien solide. Roger-Schabol a conseillé d'éclater les branches qui s'emportent pour les mettre à fruit. Cette opération à quelque analogie avec celle de BOURELET. *Voyez* ce mot. (*L. Reynier.*)

ECLIPTE, *Eclipta*.

Genre de plantes de la famille des Corymbifères, & voisin des Bidens ; il est composé de plantes herbacées de peu d'apparence, & remarquables par leurs semences nues portées par un disque couvert de paillettes.

Espèces.

1. Eclipte droite.

Eclipta erecta. L. ♂ De l'Amérique.

2. Eclipte ponctuée.

Eclipta punctata. L. ⊖ Des lieux inondés & maritimes de Saint-Domingue & de la Martinique.

3. Eclipte couchée.

Eclipta prostata. L. ⊖ Des Indes orientales, dans les jardins & les terres abondantes en terreau.

ß. *Ecliptica Rumph.* D'Amboine & de la Cochinchine où Loureiro la désigne sous le non d'*Eclipta erecta*.

Ces trois plantes sont des herbes dont les tiges se ramifient & portent leurs fleurs à l'aisselle des feuilles supérieures : les feuilles sont d'un vert foncé, âpres au toucher, d'une forme entière, quoique dentées sur les bords ; lorsqu'on les froisse, elles rendent un suc noir qui les colore lorsqu'on les séche. Cette couleur, qui est très-pénétrante, est employée aux Indes pour teindre les cheveux ; elle leurs donne, même à ceux qui sont gris de vétusté, une teinte noire très-belle. La saveur de l'Eclipte couchée est désagréable ; cependant les habitans de l'Isle Baleva la mangent comme oléracée, en la mêlant avec d'autres herbes.

Culture.

Les Ecliptes aoutent leurs graines dans nos climats, même en pleine terre lorsque l'automne est belle. Cependant il est toujours bon d'en avoir en vase pour les placer sous chassis ou dans l'orangerie, lorsque des froids hâtifs viennent interrompre de bonne heure la végétation.

On seme les graines au printems, sous chassis : lorsque le jeune plant à acquis de la force, on le lève, en laissant, autant qu'on le peut, de la terre autour des racines, & on le met dans la place qu'il doit occuper pendant l'été. Il fleurit vers la fin de cette saison.

Les Ecliptes ont peu d'apparence & ne sont guères cultivées que dans les Jardins de Botanique : la petitesse de leurs fleurs les exclud des parterres. (*L. Reynier.*)

ECLISSE, qu'on nomme en certains endroits *Cagerot*, *Cazaret* ; c'est un moule à fromage, dans lequel on laisse égoutter le petit lait. Il y a des Eclisses rondes, en cœur, quarrées &c. Elles sont faites ordinairement de bois, & au fond garnies d'osier & à claire voie ; on se sert aussi d'Eclisses de faïence. On doit les tenir toujours très-proprement. (*Tessier.*)

ECOBUE. Instrument propre à écobuer, ou à peler la terre pour la brûler & en répandre les cendres. Voyez le *Dictionnaire des outils & instrumens aratoires*. (*Tessier.*)

ECOBUER.

« C'est enlever la superficie d'un terrein, chargé de plantes à un ou plusieurs pouces d'épaisseur, couper ces tranches quarrément, en former de petits fours, y mettre le feu & répandre ensuite cette terre réduite en cendre sur le sol ; tel est le sommaire de l'opération. »

« On écobue de deux manières, ou à bras d'homme, en se servant de l'Ecobue, nommée *Traque* dans quelques-unes de nos Provinces, ou avec la forte charrue à versoir, (*Voyez ce mot*) la dernière est la plus économique, & n'est pas la meilleure. »

» On écobue ordinairement les friches chargées de bruyères & de mauvaises herbes : les prairies destinées à être converties en terres à grains, au moins pendant quelques années : les luzernières, les esparcettes qu'on veut *dérompre* &c. Le grand art de l'écobuage consiste à enlever seulement la portion de terre pénétrée par les racines ; la portion simplement terreuse devient inutile. »

« Le grand art est encore de conserver à ces tranches toute la terre attachée aux racines, soit qu'on les enléve avec l'Ecobue ou avec la charrue. On les coupe ensuite quarrément, & après les avoir laissé sécher au soleil, elles sont disposées les unes sur les autres, ou quarrément ou en rond, & forment de petits fourneaux. Il faut observer que la partie inférieure de la tranche, soit à l'extérieur du fourneau, & que la supérieure chargée d'herbes, soit dans l'intérieur. On met le feu au milieu de ce fourneau rempli d'herbes ou de feuilles, & la petite ouverture qui lui sert de porte, est presque bouchée, afin de ne point établir de courant de flamme, mais un feu étouffé qui gagnera lentement de proche en proche, & consumera les racines jusqu'à l'extérieur de la tranche. On doit plusieurs fois dans la journée visiter ses fourneaux, afin de boucher exactement les gerçures ou crevasses qui s'y formeront surement, si le feu a trop d'activité. La fumée pénétrera la terre, comme l'eau pénètre une éponge, & se dissipera peu-à-peu dans le vague de l'air. J'ai vu des Agriculteurs mouiller extérieurement ces fourneaux avant d'y mettre le feu, & pétrir la terre tout autour. Cette opération est fort bonne, lorsque l'eau est dans le voisinage : on lute, pour ainsi dire, les tranches les unes contre les autres ; car c'est toujours dans leur point de réunion que la flamme s'ouvre un passage, lorsqu'on ne prend pas cette précaution, ou du moins lorsque la terre n'est pas assez serrée dans ces endroits. »

« Ceux qui veulent promptement faire sécher les tranches de terre, les réunissent les unes contre les autres par leur sommet, & ainsi disposées elles forment un triangle dont le sol est la base. De cette manière, elles sont de tous les côtés environnées d'un courant d'air, qui aidé par la chaleur du soleil, accélère l'évaporation de l'humidité. Si on est moins pressé, cette opération coûteuse est inutile, le soleil seul suffit, excepté dans les provinces naturellement froides, ou sous un ciel pluvieux. »

« Plusieurs jours après, lorsque les fourneaux ne fument plus, & sur-tout lorsqu'en tirant au dehors la tranche qui formoit la porte, on ne sent plus en dedans aucune chaleur, c'est le moment de briser l'édifice, de l'émietter & de répandre uniformément les débris sur le sol. »

« Les avantages de l'Ecobuage se réduisent, 1.° à détruire les mauvaises herbes & leurs semences ; 2.° à fournir un engrais. Examinons actuellement les vrais résultats de cette opération, & qu'elle espèce de terrein l'exige. »

« Lorsqu'on écobue même à feu lent & couvé, on sent au loin une odeur désagréable de corne brûlée, & si l'on se trouve dans l'atmosphère de la fumée, les yeux cuisent & larmoient ; c'est l'effet de l'acrimonie de cette fumée. Il s'échappe donc avec cette fumée, des principes autres que ceux de l'eau réduite en vapeurs. S'ils s'échappent, c'est donc une soustraction réelle des principes dont le sol auroit été bonifié. Mais quels sont ces principes ? les volatils les plus actifs & les plus *spiritueux*, si je puis m'exprimer ainsi ; c'est la partie huileuse & animale, auparavant combinée avec les sels, & il ne reste plus que les sels. Actuellement je demande si les sels seuls constituent la végétation ? voila donc de grands frais, de fortes dépenses faites uniquement pour se procurer un peu de cendre chargée de sel. Je ne crains pas d'avancer, 1.° que l'Ecobuage détruit les parties animales contenues dans la terre, & les parties huileuses des plantes ; 2.° que de leur union avec les sels, la seve est formée ; 3.° que le sel résultant de cette opération est plus nuisible qu'utile ; si la terre sur laquelle on le répand ne contient pas des substances huileuses & animales ; 4.° que de la chaux pulvérisée & répandue sur le sol produisent le même effet ; 5.° que l'Ecobuage dans les Provinces voisines de la mer est considérable, parce que la terre est chargée de sels, & qu'elle a besoin de substances graisseuses & huileuses. L'Ecobuage dans aucun de ces cas n'est avantageux ; 6.° que le vrai, le seul & unique mérite de cette opération, est de priver la terre d'une grande quantité de mauvaises graines, & de la purger du *Chiendent*. »

Des espèces de terreins à écobuer.

« Plusieurs auteurs peu partisans de l'écobuage, ont dit que la terre se cuisoit en manière de briques, & d'autres, qu'elle se vitrifioit ; c'est pousser la chose à l'excès, ou ne pas avoir l'idée de l'opération. Un feu couvé a très-peu d'activité ; il faut un grand courant de flamme soutenu pendant plusieurs jours, pour cuire la brique, & si on veut vitrifier les terres, le feu doit être bien autrement violent & plus long ; enfin, le feu poussé à son plus haut degré, on parviendra à vitrifier l'argile. Peut-on faire la plus légère comparaison des petits fourneaux d'écobuage, à ceux de chimie ou des arts ? on veut renchérir sur ce qui a été dit & l'on ne sait ce que l'on dit. »

Des terreins maigres.

« 1.° Plus ils sont maigres, moins ils sont chargés de substances huileuses & animales, & c'est précisément parce qu'ils sont pauvres en principes qui constituent la terre végétale, qu'ils sont maigres ; les écobuer, c'est les amaigrir encore. »

« Les terreins maigres & à *bruyères*, sont presque tous ferrugineux, & l'expérience la plus décisive a démontré que toute la terre ferrugineuse devient plus stérile après l'incinération. Les terreins sont maigres, parce qu'il y a peu de liaison entre leurs molécules. Ecobuer, c'est détruire encore plus le lien de leur adhésion. »

Des terreins forts.

« 2.° Ils sont ou secs ou humides, ou argilleux en différentes proportions. »

« Plus un sol est naturellement sec, plus il a besoin d'engrais qui tiennent ses parties divisées ; les sels & les cendres produits par l'écobuage, sont une petite ressource. La quantité d'herbes, de racines qui les a fournis, enfouies dans la terre par les labours, agiroient mécaniquement pendant beaucoup plus de tems, fourniroient au sol la même quantité de sels, & ce qui vaudroit encore mieux, les substances huileuses & savonneuses, qui ont déjà servi à leur végétation. »

« L'écobuage des terreins naturellement humides, ne me paroît pas contraire aux bons principes de l'Agriculture; je le crois avantageux jusqu'à un certain point. Comme ces sols mouillés sont chargés de beaucoup d'herbes, ils sont par conséquent couverts d'une multitude d'insectes : ici la partie animale ne manque pas, & souvent elle excède la partie saline ; aussi, l'écobuage fournit le sel nécessaire à la combinaison de la partie savonneuse, & rend la terre moins compacte. Un peu de chaux produiroit le même effet & coûteroit moins. »

« Si la terre est argilleuse, que résultera-t-il de l'écobuage, rien ou presque rien, relativement à son atténuation : quelques tombereaux de sable pur vaudroit beaucoup mieux. »

« Somme totale, l'écobuage occasionne beaucoup de dépense & produit peu d'effets. Brulez plusieurs années de suite la même terre, & l'expérience vous démontrera de combien vous l'appauvrissez. »

« Plutôt que d'Ecobuer, semez des herbes afin de les enterrer; il vous en coûtera moins & le produit que vous attendez sera plus réel. »

« On citera, j'en conviens, l'exemple & la coutume de plusieurs pays; mais je prie les partisans de l'écobuage de juger par comparaison; il faut créer de la terre végétale, les matériaux de la seve & non pas les détruire. » *Cours complet d'Agriculture.*

J'ai cru devoir conserver en entier l'article de M. l'abbé Rosier, parce qu'il m'a paru en général bien raisonné & fondé en principes. Comme lui, je pense que l'écobuage n'est une bonne opération, que dans les terreins humides remplis d'herbes ou de broussailles, qu'il faut détruire, & dont les cendres sont capables de bien diviser la compacité du sol. Le feu produit deux effets, celui d'incinérer les racines & les graines de végétaux peu avantageux; & celui d'offrir sur place un bon amendement, dont la durée est proportionnée à son abondance & à la qualité du terrein.

L'écobuage se fait en été, afin de pouvoir sécher les tranches coupées au soleil, & d'avoir le tems de les brûler avant les pluies. Quand les cendres ont été répandues, on attend que les pluies d'automne aient humecté la terre, pour la labourer à gros sillons avec la charrue à versoir. Au printems on donne un second labour & on seme de l'avoine. La seconde année il faut trois labours; afin d'y semer du bled à la troisième. (*Tessier.*)

ECOBUÉES. C'est ainsi que l'on appelle les terres dont les gazons ont été levés en été, séchés & brulés pour en répandre la cendre. *Voyez* Ecobuer. (*Tessier*)

ECOCHELER. Mot appliqué dans quelques pays à l'opération, par laquelle on ramasse avec des râteaux ou fauchets les tiges des grains, que la faulx a étendu en les coupant. Quand on coupe les grains à la faucille, on les met par petits tas ou javelles, dont on réuni deux ou trois pour former des gerbes, & on se sert des mains pour faire cette réunion. Mais lorsqu'on a employé la faulx, les tiges étant pressées les unes contre les autres, sans interruption & souvent en sens contraire, on ne peut les relever & en faire des gerbes qu'en les séparant par tas à l'aide d'un râteau. *Voyez* Andain & Sangle. C'est ce qu'on désigne sous les noms d'*Ecocheler*, *Effauchcter* &c. J'en ai parlé au mot Avoine. (*Tessier.*)

ECORCE. Enveloppe extérieure du végétal, & même l'une des parties les plus essentielles à sa conservation, comme on peut s'en assurer par l'examen de ses diverses fonctions. L'écorce se trouve sur toutes les parties des végétaux, herbacées ou ligneuses, avec quelques légères différences entre celle des herbes & celles des arbres & autres végétaux ligneux.

L'écorce des arbres est composée elle-même de plusieurs parties distinctes; l'*épiderme*, l'*enveloppe cellulaire*, les *couches corticales* & le *liber*.

L'*épiderme* est cette pellicule absolument extérieure, très-remarquable sur le groseiller, le bouleau, le platane, &c. où elle se lève & se sépare aisément du reste de l'écorce. On n'est pas bien d'accord sur sa nature; les uns lui attribuent une organisation distincte, d'autres pensent, & j'adopte leur opinion, qu'il n'est autre chose que la couche extérieure de l'enveloppe corticale, modifiée par l'action de la lumière & de l'air. En effet, l'épiderme se reproduit très-facilement. Beaucoup d'arbres perdent habituellement le leur, qui bientôt est remplacé par un nouveau & ainsi successivement. On observe aussi que les plaies à l'épiderme se forment sans exfoliation, ce qui fait présumer que ce n'est point une véritable reproduction, mais que la couche d'enveloppe cellulaire prend, par l'action des élémens, les qualités de l'épiderme enlevé.

2.° L'*enveloppe cellulaire* qu'on nomme aussi *Parenchime*, est placée immédiatement sous l'épiderme. Il paroît par les expériences des Physiologistes, que c'est cette partie de l'écorce qui sert principalement à l'élaboration des sucs, & par conséquent à la nutrition, à la conservation & à l'accroissement de l'individu.

3.° Les *couches corticales* sont des couches minces, composées de fibres en réseau; elles paroissent destinées, par la nature, à devenir par leur développement intérieur, les couches annuelles du bois qui augmentent le diamètre de l'arbre. On remarque que les couches les plus proches de l'aubier sont plus denses & plus consolidées que celles qui sont plus près de l'écorce.

4.° On donne le nom de *Liber* aux couches corticales, qui approchent le plus de la nature du bois : comme ce sont des séries de couches, à différens degrés de développement, il est difficile de donner une démarcation bien fixe à cette distinction du Liber & des couches corticales.

D'après ce qui précède, on voit que l'écorce est une partie importante des végétaux, puisqu'elle élabore les sucs & contient tous les organes par lesquels l'individu se nourrit & s'augmente. Aussi remarque-t-on qu'un arbre dont l'écorce a été enlevée périt bientôt après. Lorsqu'on fait seulement une blessure à une portion de l'écorce, cette partie se reproduit; mais on observe que ce n'est pas le bois qui contribue à cette reproduction, mais seulement les lèvres de la plaie; il en sort dans tous les sens un bourrelet qui s'étend sur la portion du bois mise à nud, & qui, insensiblement, la recouvre & reforme une nouvelle écorce.

Le Jardinier tire plusieurs avantages de cette propriété de l'écorce, l'un d'eux est détaillé fort au long à l'article BOURRELET. En levant une portion de l'écorce d'une branche, on diminue la quantité des sucs qui s'y portent; elle travaille moins en bois & fournit des fruits plus beaux & qui murissent près d'un mois avant les autres.

Comme tous les principes de la réproduction sont dans l'écorce, le Jardinier en a aussi profité pour faire des boutures. Ce sont des branches d'arbres coupées & mises en terre par un bout : bientôt, après un temps plus ou moins long, il sort des racines de la partie de l'écorce qui est en terre, la partie extérieure pousse des feuilles, & cette branche devient un nouvel individu.

L'écorce des plantes herbacées diffère à plusieurs égards de celle des plantes ligneuses, quelques herbes, & notamment les plantes grasses, ne paroissent avoir qu'une simple épiderme.

L'écorce sert donc à la formation & à l'entretien des parties internes du végétal, d'abord comme élaboratrice des sucs, peut-être aussi en s'opposant à leur évaporation. De là, l'avantage de l'écorcement des arbres sur pied; car pendant la courte durée de leur vie, postérieure à cette évaporation, le bois acquiert de la densité, & l'aubier devient presque semblable au bois pour ses qualités; c'est que les parties aqueuses, qui y étoient disséminées, plus en contact avec l'atmosphère, se sont évaporées plus aisément.

Le Dictionnaire des Arbres & Arbustes, soit à la division des arbres fruitiers, soit à celle des arbres forestiers, donnera des détails plus étendus sur les propriétés de l'écorce dans les arbres. (*L. Reynier.*)

ECORCE DE WINTER. Nom sous lequel on connoissoit dans le commerce, depuis le commencement du siècle, une écorce, sans être instruit de l'arbre qui la produisoit; on a reconnu depuis qu'elle appartient à un arbre du genre des DRYMIS. *Voyez* ce mot. (*L. Reynier.*)

ECORCELER. *Voyez* ECOCHELER. (*Tessier.*)

ECORCER. On écorce les arbres, d'après des expériences peu anciennes, parce qu'on a reconnu, que pendant quelques mois que leur végétation dure encore en s'affoiblissant graduellement, la qualité du bois s'améliore, & que l'aubier prend une dureté qu'il n'auroit pas sans cela. C'est en floréal que l'écorcement se pratique. *Voyez* le Dictionnaire des Arbres & Arbustes pour les détails des procédés. (*L. Reynier.*)

ECORCHURE ou EXCORIATION. Plaie de peu de profondeur & qui souvent n'emporte qu'une partie de l'épiderme ou de la peau. Le froissement d'un corps dur contre la partie affectée produit ordinairement cette maladie, qui ne demande presque point d'autre remède que des lotions avec l'eau dans laquelle on a fait dissoudre une petite quantité de sel de cuisine. (*C. Gruvel.*)

ECOSSER. On donne ce nom à l'action d'ouvrir les cosses des pois, fêves & autres légumes, lorsqu'on n'emploie que le travail des mains. On nomme *écosseuses* les personnes qui s'emploient à ce travail. (*L. Reynier.*)

ECOT. On donne ce nom aux tronçons d'arbres qui s'éclatent & se brisent lorsqu'on les coupe mal, ce qui est contraire à la législation des eaux & forêts, qui a fixé les moyens d'éviter que les arbres ne forment des *écots*. *Voyez* le Dictionnaire des Arbres & Arbustes. (*L. Reynier.*)

ECOUBER. Faire des écoubes, *Voyez* ECOBUER. (*Tessier.*)

ECOUCHE ou ECOUSSE. C'est l'*Espade* des ouvriers qui préparent le chanvre & le lin. *V.* CHANVRE & LIN. (*Tessier.*)

ECOUCHER, ECOUSSER. C'est espader. *V.* CHANVRE & LIN. (*Tessier.*)

ECOURGEON au lieu D'ESCOURGEON. Espèce d'orge qu'on séme avant l'hiver. *Voyez* ORGE. (*Tessier.*)

ECRETER. Couper les sommités du bled de Turquie; on se sert de ce mot aux environs de Toulouse. (*Tessier.*

ECTRE, *Ecutrus.*

Nouveau genre établi par Loureiro dans la famille des PAVOTS, & qui paroît ne différer des Argémones que par le manque de calice : aussi Wildenow pense que ce pourroit être la même plante, car le calice des argémones, est très-caduque, comme celui des Pavots, & tombe dès que la fleur s'épanouit.

Espèce.

1. ECTRE des chemins.

Echtrus trivialis. Lour. Près des chemins du Bengale & de Coromandel.

Cette plante est trop semblable à l'Argémone, si elle en diffère, pour demander une culture différente ; seulement, la premiere fois qu'elle sera importée en Europe, il sera bon de lui ménager un peu plus de chaleur. *Voyez* ARGEMONE. (*L. REYNIER.*)

ECUELLE D'EAU. Nom vulgaire de l'espèce d'Hydrocotle la plus commune : ce nom est emprunté de la conformation de ses feuilles pavoisées & un peu concaves. *Voyez* HYDROCOTLE. (*L. REYNIER*).

ECUISSER. C'est faire éclatter un arbre en le rompant : cet accident nuit à la valeur de l'arbre, lorsque l'éclat est un peu grand, parce qu'il peut nuire à l'équarissement ou aux autres emplois du tronc. *Voyez* le Dictionnaire des Arbres & Arbustes. (*L. REYNIER.*)

ECUME *printaniere.* Sécrétion dont s'enveloppe un insecte du genre des *Telligones*, & qui dépare beaucoup de plantes au printemps. *Voyez* CRACHATS. (*L. REYNIER.*)

ÉCUREMENT. On appelle ainsi à Provins & dans d'autres pays, l'action de former après l'ensemencement des raies plus profondes dans les fillons, pour faciliter l'écoulement des eaux. On fait des raies d'écurement en différens sens, selon que le terrein & la direction des eaux l'exigent. Les cultivateurs des cantons où le sol est argilleux, sont obligés de les multiplier, tandis que ceux dont les terres son légères n'en font point. (*TESSIER.*)

ECURIE. Logement des chevaux, mulets & ânes. La construction d'une Ecurie qui soit saine, commode & suffisamment spacieuse, est un objet utile dont je traiterai à l'article FERME, parce que l'Ecurie fait partie de la ferme. (*TESSIER.*)

ECUSSON. On donne ce nom à une manière particulière de greffer : elle consiste à enlever un œil avec l'écorce environnante, à l'insérer au moyen d'une fente croisée sous l'écorce du sujet ou sauvageon, de manière que l'œil sorte au point où les fentes se croisent. Bientôt un bourrelet se forme, qui unit la greffe au sujet; & ce germe à peine formé, donne naissance à des branches & forme l'arbre *Voyez* ECUSSON & GREFFE au Dictionnaire des Arbres & Arbustes.

On donne aussi le nom d'ECUSSON à ces plaques de fer, de plomb, ou de bois vernissé, où l'on inscrit dans les Jardins le nom des plantes pour les reconnoître, soit sur les semis, soit aux époques de leur vie où elles sont peu connoissables. (*L. REYNIER.*)

ECUSSONNER. Faire une greffe en écusson *Voyez* ce mot au Dictionnaire des Arbres & Arbustes. (*L. REYNIER.*)

ECUSSONNOIR. Instrument avec lequel on fait la greffe en écusson. *Voyez* le Dictionnaire des Arbres & Arbustes. (*L. REYNIER.*)

EDDER. On trouve sous cet article, dans le Dictionnaire Economique, l'indication du Gouet alimentaire, cultivé en Amérique. *Voyez* GOUET ombiliqué. (*L. REYNIER.*)

EDÈRE, *OEDERA.*

Genre de plantes de la famille des COMPOSÉES & voisin des ARCTOTIDES, qui comprend des arbustes à feuilles simples & fleurs terminales, solitaires à l'extrêmité des ramifications de la tige. Leur caractère distinctif est d'avoir, dans un calice commun, des calices secondaires qui servent à plusieurs fleurs. Les semences sont garnies de paillettes.

Espèces.

1. EDÈRE à feuilles recourbées

Oedera prolifera. L. ♃ Des lieux sabloneux du Cap de Bonne-Espérance.

2. EDÈRE embriquée.

Oedera imbricata. Lam. ♃ Du Cap de Bonne-Espérance.

3. EDÈRE douteuse.

Oedera aliena. L. Fil. ♃ Du Cap de Bonne-Espérance.

Ces arbustes du Cap n'ont pas encore été cultivés dans nos Jardins : ils produiroient dans les serres, & peut-être après quelques années d'acclimatement, dans les orangeries, un effet agréable par leur organisation particulière, plus encore que par aucune beauté distincte. Leur culture seroit sans doute la même que celle des Arctorides arbustes. (*L. REYNIER.*)

EDMETHA. On donne ce nom dans les Indes à une espèce d'*Anavingue*, à laquelle on attribue plusieurs propriétés médicales. *Voyez* ANAVINGUE à feuilles ovales (*L. REYNIER.*)

EDUCATION. Ce mot, en agriculture, s'applique à l'homme qui cultive, & aux animaux qu'on eleve. Il n'est point indifférent de donner une sorte d'Education au fils d'un Cultivateur : il est bon qu'il sache au moins lire, écrire & faire quelques calculs. Si son Education pouvoit être assez bien soignée, pour qu'il pût prendre dans les Livres des connoissances sur le perfectionnement de l'Art agricole, d'après les bonnes pratiques des différens pays & les expériences des autres, il n'en seroit que plus capable de tirer parti du Sol qu'il cultive. Je tâcherai de jetter quelques idées sur cet article, au mot FERMIER.

L'Education des animaux est traitée à chacun des articles qui les concernent ; celle des bêtes à cornes, au mot BÊTES A CORNES ; celle des bêtes à laine, au mot Bêtes a Laine ; celle du cheval & de l'âne, aux mots Cheval & Asne, &c. &c. (*Tessier.*)

EFFAUMER LES BLEDS. Dans quelques pays on dit effaumer, au-lieu d'effanner. *Voyez* Effanner. (*Tessier.*)

EFFANNER, Oter les fanes. Lorsque les fromens, seigles, orges & avoines, trop chargés de feuilles, ou chargés de feuilles trop vigoureuses, sont en risque de verser, parce qu'ils donnent beaucoup de prise aux vents & aux pluies abondantes, on doit les *effanner*, c'est-à-dire couper la sommité des feuilles, une, deux ou trois fois selon la force de la végétation. Souvent il ne faut effanner dans une pièce de terre, que certaines places, particulièrement celles où le sol a plus de fond, & celles où ont séjourné les morceaux de fumier, ou des corps d'animaux morts ; quelquefois c'est la pièce entière qui est trop forte & qui a besoin de cette opération. L'effet de ce retranchement des feuilles qui sont l'organe de la transpiration, est d'empêcher que la sève ne s'élève trop rapidement.

L'usage, bien entendu où sont des cultivateurs de faire passer en hiver ou de bonne heure au printems, leurs troupeaux de moutons sur les champs qui ont trop poussé & qu'ils craignent de voir verser, est une sorte d'effannage plus facile & moins dispendieux. Si on a la précaution de ne l'exécuter que par le tems sec, la dent de la bête à laine n'arrache aucun plant.

Le plus souvent ce sont des hommes ou des femmes qui effannent avec une faucille. On doit le faire avant que les épis soient montés, & cesser quand il y auroit à craindre, ou qu'on ne coupât ou qu'on ne rompît des tiges en marchant.

Les fanes coupées se donnent aux bestiaux, qui en sont très-friands ; il est nécessaire de les laisser auparavant flétrir une journée. (*Tessier.*)

EFFAUCHETER. Terme de la ci-devant Beauce, où l'on appelle le râteau *fauchet*. On l'emploie pour exprimer l'action de disposer l'avoine ou l'orge, mis en ondains par la faulx, à être liées & emportées à la grange, parce que c'est avec le fauchet qu'on met les tiges de ces plantes en tas. *Voyez* au mot Avoine la page 737. (*Tessier.*)

EFFEUILLAISON (*defoliatio.*) Est la chûte des feuilles ; ce qui arrive tous les ans à la plupart des arbres & arbustes des climats tempérés : cette chûte a ses limites & ses époques comme la *feuillaison*, elle arrive plus ou moins tard, selon que l'année a été plus ou moins sèche, plus ou moins froide & humide. Toutes les plantes ne perdent pas leurs feuilles en même temps. Parmi les grands arbres ; le *Frêne*, le *Noyer*, dont la *feuillaison* est la plus tardive, se dépouillent cependant les premiers, desorte que le *Noyer* ne porte souvent pas ses feuilles plus de cinq mois. Elles se dessèchent dès les premiers froids sur le *Charme*, sur le *Chêne*; mais elles restent attachées aux branches, jusqu'à ce qu'elles soient chassées par les nouvelles, qui se développent au printemps, comme on le voit sensiblement dans le *Hêtre*.

Dans les hivers doux & secs, le *Lilas*, le *Troène*, conservent leurs feuilles vertes pendant presque tout l'hiver.

D'autres espèces, soit arbres, soit arbustes, les conservent toute l'année, c'est ce qu'on appelle *arbre toujours verts*. Ce n'est pas que ces arbres ne quittent aussi leurs anciennes feuilles, mais c'est long temps après la formation des nouvelles, dans des temps indéterminés & jamais toutes à-la-fois ; en général, leurs feuilles sont plus dures, moins succulentes que celles qui se renouvellent annuellement. Ces arbres sont plus communs entre les tropiques que dans les climats froids & tempérés.

Quelques plantes vivaces, herbacées, conservent aussi leurs feuilles comme les *Aloes*, les *Sedum*, les *Crassula*.

M. Adanson (Fam. des plan : vol. 1, p. 100), rapporte la particularité remarquable qu'un arbre toujours vert greffé sur un autre, qui quitte ses feuilles, les lui fait conserver ; l'expérience a appris ce fait en greffant le *Laurier Cerise* sur le *Merisier*, & l'*Yeuse* sur le *Chêne*.

La floraison du *Colchique* annonce communément l'*effeuillaison* ou la chûte des feuilles. (*L. Menon.*)

EFFEUILLER LES BLEDS. Oter les feuilles ou les fanes. *Voyez* Effanner. (*Tessier.*)

EFFILÉE ou ÉTIOLÉE. Se dit d'une plante qui pousse des tiges longues, éfilées, de couleur blanche, terminées par des petites feuilles maigres, mal façonnées & d'un vert pâle. Cet état est une vraie maladie qui fait pousser les plantes beaucoup en hauteur, peu en grosseur ; le vert devient pale & tiste, toute la plante prend un air de langueur & périt insensiblement, sans avoir donné de fruit.

Il y a donc deux effets sensibles dans cette maladie, l'allongement excessif de la tige & la blancheur.

Sans entrer dans aucune discussion sur la cause de cette maladie, nous dirons d'après les meilleurs auteurs qui en ont traité, & d'après les expériences journalières, qu'elle est due à la privation de la lumière, & qu'une grande humidité peut y contribuer.

L'expérience nous fait voir qu'en semant dans la même terre, à la même exposition, la même espèce de graine, sous une cloche de verre transparent, & sous une autre de verre opaque ou de bois ; les plantes de la première cloche réussiront, tandis que celles de la seconde seront foibles, maigres, sans couleur, plus longues, & qu'enfin elles mourront sans avoir donné de fruit.

Le blanchiment des Laitues, des Chicorées, des Céleris, n'est qu'un étiolement factice, par lequel on parvient à ôter leur goût austère, qui répugne à notre sensualité, pour leur donner une saveur plus douce & plus sucrée.

Des plantes aquatiques, soumises aux mêmes expériences, se sont de même étiolées dans l'obscurité, d'où on doit conclure que la lumière influe jusques sur la végétation des plantes qui croissent dans l'eau.

Des expériences réitérées prouvent que les jeunes plantes ne croissent pas dans l'obscurité, & n'y vivent pas. Il n'y a que les adultes & les plantes faites qui puissent y produire des tiges. On a même remarqué que la structure des poils des plantes différoit un peu de ce qu'elle est ordinairement, qu'ils étoient plus rares & quelquefois plus longs sur les plantes élevées dans l'obscurité.

D'après ces faits on doit voir que les plantes que l'on seme trop dru & les arbres que l'on seme trop près, sont sujets à l'étiolement; les tiges s'effilent, s'allongent, blanchissent, ainsi que toutes les parties qui ne sont pas frappées directement de la lumière. Il en est de même à proportion des plantes élevées dans de très-petits espaces, entourés de mur ou de bâtimens très-hauts, elles s'étiolent jusqu'à un certain point, elles poussent beaucoup en hauteur, peu en grosseur; en un mot, elles ne font que languir & meurent enfin.

Le résultat qu'on doit tirer de ces différens faits est de donner le plus de lumière possible à toutes les plantes, à quelques expositions qu'elles soient placées. (*L. Menon.*)

EFFILER. *Voyez* Affiler sous ses diverses acceptions. (*L. Reynier.*)

EFFLEURER. Oter les fleurs d'un arbre ou d'une plante. Cette expression, si contraire à l'acception ordinaire du mot, n'est pas usitée, je ne la cite que comme se trouvant dans le Dictionnaire Economique. (*L. Reynier.*)

EFFLORESCENCE. On voit sur certains fruits une espèce de poussière ou plutôt de vapeur condensée, blanchâtre & très-légère; c'est une *Efflorescence*, qui les rend agréables à l'œil. Les prunes sont les fruits ou l'on la remarque davantage, sur-tout la prune de *Sainte Catherine*, celle de *Monsieur*, & en général toutes celles qui ont la peau brune, parce que la couleur blanche de cette vapeur contraste avec le fond de la prune. Est-ce l'effet d'une transpiration du fruit qu'une nuit fraîche a condensée? Est-ce une vapeur étrangère qui s'y est fixée? voilà ce que je n'entreprendrai pas d'expliquer.

J'ai vu aussi des bales de froment & des grains d'avoine couverts d'efflorescence. Je n'assure point que ce sont des espèces particulières, mais j'ai tout lieu de le croire, puisqu'en semant ce froment & cette avoine à part plusieurs années de suite, j'ai récolté des épis & des grains ayant toujours la même Efflorescence. Le froment est un *froment à epis rouges, étroits, barbus*, & l'avoine est une *avoine noire, à grains épars*. Il me suffit d'indiquer le fait dont j'ai cherché l'éclaircissement. Des circonstances qui ne dépendoient pas de moi, m'ont empêché de suivre plus loin cette expérience. (*Tessier.*)

EFFONDRER. Lorsqu'on veut placer un arbre dans un Verger ou dans un Clos quelconque, & qu'on craint que la terre n'ait pas assez de profondeur, on fait un creux, d'ou l'on enlève le tuf & les veines que l'on juge stériles, & on les remplace par de la terre franche. C'est ce qu'on nomme *effondrer*, & plus généralement *défoncer*. (*L. Reynier.*)

EFFRITER *une terre*. C'est l'épuiser, la rendre stérile; ces mots sont synonimes. Lorsque les Salpêtriers, par des lexiviations répétées, ont tiré de la terre tous les sels qu'elle contient, & que l'eau mère est chargée de toutes les parties graisseuses, huileuses & animales, alors la terre est parfaitement Effritée, & le lien d'adhésion qui réunissoit les molécules les unes aux autres, est rompu; enfin, cette terre n'a plus de consistance; on sémeroit envain par-dessus, des graines quelconques: si elles germent, elles leveront mal, à moins que cette terre ne s'approprie les principes répandus dans l'Atmosphère; les plantes chevelues sur-tout, & les trop fréquens labours opèrent, chacun dans leurs genre, & Effritent la terre.

« Prenons pour exemple la plante du tourne-sol, nommée vulgairement *Soleil*. Sa tige s'élève souvent à la hauteur de six à sept pieds, se partage dans le haut en plusieurs rameaux, & chaque rameau porte une ou plusieurs fleurs de cinq à six pouces de diamètre. Fouillons actuellement la terre, découvrons ses racines, & nous trouverons un nombre prodigieux de chevelus de neuf à douze pouces de longueur, sur une épaisseur de cinq à six pouces. Supposons encore que le tourne-sol ait végété dans une terre compacte, on trouvera cependant que la terre mêlée entre les chevelus sera presque réduite en poussière, parce qu'ils en auront épuisé tous les sucs & les sels, & ils auront, pour ainsi dire, à la manière des Salpêtriers, détruit tous liens d'adhésion. La terre qui aura avoisiné les chevelus sera également Effritée. On doit conclure de cet exemple, que plus une plante, un arbre, &c. sont garnis de chevelus, plus ils Effritent la terre. Toute racine chevelue Effrite la terre à peu de profondeur; toute racine pivotante n'épuise pas la partie supérieure, mais l'inferieure;

l'inférieure ; voilà pourquoi après le bled, on ne doit pas semer du bled, ni, de la luzerne, après de la luzerne ; mais le bled réussira très-bien après la luzerne, & ainsi tour-à-tour ; la forme des racines est la base de la Culture. C'est encore pour cette raison que la luzerne, prise pour exemple, fait périr tous les arbres aux pieds desquels elle est semée ; sa racine pivote profondément & enleve la substance qui leur étoit destinée. D'après ces observations, le Jardinier prudent ne plante pas dans le même Sol, par exemple, des scorsonères après des carottes ; il alterne ses plantations & fait succéder des plantes traçantes à celles qui pivotent. Il en est de même du Cultivateur en grand, il ne seme du lin, sur le même Sol, que plusieurs années apres celle du premier semis. »

« Les labours trop multipliés, & sur-tout coup sur coup, n'éffritent pas la terre tout-à-fait, dans le même sens que les chevelus du tourne-sol ; mais 1.°, ils ouvrent ses pores & facilitent l'évaporation des parties les plus volatiles produites par la fermentation & la combinaison des principes de la sève. 2.° Ils détruisent le lien d'adhésion des molécules terreuses, & rendent la terre trop friable. Les partisans de la fréquence des labours diront que la fertilité de la terre des jardins vient de la division & de son atténuation ; ce qui est vrai jusqu'à un certain point ; mais son gluten subsiste toujours, & ils est sans cesse augmenté par l'addition des engrais animaux. Le sable sec charié par les fleuves rapides est bien divisé ; il devroit donc produire d'excellente récoltes, puisqu'il possède au suprême degré la divisibilité que l'on veut faire acquérir aux terres par la fréquence des labours ; & l'expérience prouve que cette extrême division des molécules est préjudiciable, à moins qu'un gluten quelconque ne leur donne du corps, & ne fournisse les matériaux de la seve. »

« Le seul moyen de réparer une terre Effritée, consiste dans la multiplication des engrais. L'*alterner* vaudra infiniment mieux que de la laisser en jachères. » *Cours complet d'Agriculture.*

On reproche à des Fermiers d'Effriter leurs terres, quand ils sont à la fin de leurs baux. Un Fermier cherche à tirer du terrein qu'il loue, tout le parti possible en y semant les plantes, dont il espère obtenir le plus de produit. Le propriétaire a le droit de lui imposer des conditions, au moment où il lui donne un bail, en les stipulant dans ce bail, & il ne doit pas oublier d'exiger que les dernières années il cultive une certaine quantité de plantes, propres à former des engrais & qu'il laisse tous les engrais dans la ferme ; dans ce cas, on aura de quoi réparer les champs, qui pourroient avoir été Effrités, les années précédentes. (TESSIER.)

EGAGROPILES.

Ce sont des corps naturels plus ou moins arrondis, formés de poils ou de laine qu'on trouve dans un des estomacs des animaux ruminans, c'est-à-dire, des bœufs & vaches, des daims, des cerfs, des chévres & sur-tout des bêtes à laine.

L'ignorance & le préjugé qui toujours l'accompagne, ont souvent fait regarder les Egagropiles comme des compositions artificielles, faites par des hommes méchans, & jettées dans les endroits où paissent les Troupeaux, afin qu'alléchés par quelques-uns des ingrédiens, ils les avalent & soient empoisonnés. C'est pour cela qu'on leur a donné le nom de *Gobbes*.

Cette opinion erronée a bien des fois, parmi les gens de la campagne, causé des haines envenimées, des querelles sanglantes, & des procès criminels. Au commencement de 1792, il en a eté jugé un au Tribunal d'Evreux, dont l'extrait m'a paru propre à faire bien connoître les Egagropiles, parce que les Juges se sont entourés de toutes les lumières que la Physique, l'Anatomie & la raison peuvent procurer.

Les nommés Jean & Jean-Pierre Laurent, pere & fils, demeurans en la paroisse de La Neuville du Bosc, aux environs d'Harcourt, en Normandie, ont dénoncé : « Que des ennemis » attachés à leur perte, faisoient périr leur » Troupeau de moutons en semant des *Gobbes* » dans les lieux où ils alloient paître ; que ce » même troupeau, composé de 150 bêtes à » laine, avoit été renouvellé quatre à cinq fois, » depuis sept à huit ans, qu'en quinze jours » il avoit perdu quarante moutons. » Sur cette dénonciation est intervenu un requisitoire du procureur du Roi de la ville de Beaumont-le-Roger, pour être autorisé à faire informer. Quatorze témoins ont déposé : « Que le nommé » Pierre-François Penchon avoit menacé de » ruiner Laurent, pere & fils, par la perte de » leurs bestiaux ; qu'il avoit défendu à son Berger & à ceux de ses amis, de mener leurs » Troupeaux en certains endroits, où il disoit » qu'il ne faisoit pas bon ; qu'on l'avoit vu à » son domicile, fabriquer des *Gobbes*, les passer » au beurre noir dans une poèle à frire ; que » ces *Gobbes* avoient été vues chez lui dans une » assiette, &c. » A ces assertions se joignoient trois procès-verbaux des Officiers Municipaux de La Neuville-du-Bosc, qui constatoient la mort de quatre bêtes à laine du troupeau de Laurent & l'ouverture des corps, dans lesquels on avoit trouvé des *Gobbes*, qu'on disoit être des *pelotons composés de bourre menue, couverts de poix ou de brai* ; chaque procès-verbal étoit terminé par ces mots : *ce qui nous a paru avoir beaucoup contribué à la mortalité desdites bêtes.* Le dépôt des *Gobbes* a été fait au Tribunal, pour pièces de conviction.

Sur les informations, Pierre-François Penchon a été décrété & mis en prison, puis, après les formes accoutumées, condamné *à six ans de galères & en 1,500 livres de dommages & intérêts* envers Jean Laurent. Appel par l'accusé au Tribunal d'Evreux, pour être jugé en dernier ressort. Ce Tribunal soupçonant, avec raison, une condamnation injuste, prononcée par des hommes peu éclairés, a dabord profité d'un défaut de formes pour annuler la Sentence du premier Juge, l'information & le décret de prise-de-corps, & ordonner la relaxation de Pierre-François Penchon, & vu le grand intérêt public que présentoit cette affaire, il a voulu, avant de faire droit sur le fond, que par le directeur de l'Ecole Vétérinaire d'Alfort & ceux des Professeurs de ladite Ecole qu'il desireroit s'adjoindre; il fut procédé par la voie d'analyse, ou toute autre à l'examen des *Gobbes*, déposées au greffe du Tribunal pour en reconnoître la composition & savoir si elles étoient l'ouvrage de l'homme & l'effet d'un maléfice, ou une simple opération animale, & qu'ils donnassent leur avis sur la possibilité ou l'impossibilité de faire périr les animaux herbivores, spécialement les moutons, par des *Gobbes* quelconques, &c.

L'examen des *Gobbes* a été fait à l'Ecole Vétérinaire juridiquement & dans les formes rigoureuses de Droit, en présence d'un homme de Loi, représentant Penchon & de Jean Laurent. M. Chabert, directeur de cette Ecole, a donné une consultation qui contient des expériences, & la Société d'Agriculture, invitée par M. Chabert, a examiné la consultation, a donné son avis, & approuvé le rapport de deux commissaires qu'elle avoit nommés pour lui en rendre compte.

Le Tribunal saisi de toutes ces pièces favorables à l'accusé, a condamné les Laurent pere & fils, ses dénonciateurs, à 1500 livres de dommages & intérêts envers Penchon; il a ordonné l'impression du jugement à leurs frais jusqu'à 200 exemplaires, pour être distribués par Penchon, & lui servir de réparation, condamné lesdits Laurent aux dépens envers Penchon, supprimé les Mémoires des Laurent comme injurieux & diffamatoires, & enfin, pour donner à cette affaire toute la publicité que l'utilité générale demande, le Tribunal a arrêté qu'un extrait du procès-verbal de l'examen des *Gobbes*, fait à l'Ecole Vétérinaire, ainsi que la consultation de M. Chabert, & l'avis de la Société d'Agriculture, fussent transcrits à la suite du jugement, comme en faisant partie, & que le tout fût imprimé en placards & jusqu'à 600 exemplaires, pour être affichés & distribués dans toute l'étendue des district d'Evreux & de Bernay, & notamment dans la ville de Beaumont-le-Roger, & en la paroisse de La Neuville-du-Bosc.

Les Juges étoient M. M. Bourlet-Vallée, Le Boulanger, Damille Ville-Morin, Buzot, Dutocq, Branley, Engren, Le Roy, *Président.*

Il résulte de l'examen des *Gobbes*, fait à l'Ecole Vétérinaire, qu'elles ne contenoient aucun poison, ni minéral, ni végétal; mais qu'elles étoient composées de laine, de débris de végétaux & de matières terreuses; qu'elles n'étoient point enduites de poix, ni de brai, & que la matière, qui les enveloppoit, étoit le produit des sucs de la *Caillette*, quatrième estomac des moutons.

Je vais transcrire presqu'en entier la consultation de M. Chabert & le rapport des commissaires de la Société d'Agriculture, parce que c'est dans ces pièces, que se trouvent les expériences & les observations, propres à détruire le préjugé, trop répandu & trop enraciné sur ces prétendus empoisonnemens de bestiaux par le moyen de *Gobbes.*

« Nous avons choisi, dit M. Chabert, deux » brebis, dont l'une jouissoit de la meilleure » santé, & l'autre étoit affectée d'une toux » sèche, & avoit la respiration très-laborieuse, » au moindre exercice qu'on lui faisoit prendre. » On présenta à la première deux boules de » filasse d'une texture lâche & molle, & qui » avoient été trempées dans de l'eau salée, elle » les refusa d'abord; mais en les lui mettant » à plusieurs reprises dans la bouche, elle les a » mâchées légérement & les a avalées, presqu'aussi-tôt. On lui en donna deux autres, » composées de sa laine & enduites de miel, » qu'elle a prises & avalées; on lui en donna » encore deux autres, immédiatement après, qui » étoient également composées de sa laine, » de miel & de sel, & qu'elle avala avec la » même facilité que les dernières, ainsi que » les deux autres enfin qui étoient également » composées de sa laine & de miel avec addition de farine. »

« On observa cet animal pendant deux jours sans qu'il montrât le moindre symptôme maladif; après ce temps, on lui donna deux autres *Gobbes*, dont l'une étoit composée de sa laine & de poix noire, enveloppée ensuite d'une pâte faite avec du miel & de la farine; l'autre, composée comme celle-ci, étoit roulée dans le sel; celles-ci furent prises par la brebis avec la même facilité que les autres; mais en les mâchant elle sentit le goût de la poix & les rejetta aussi tôt: ce ne fut qu'à force de les lui remettre dans la bouche qu'elle les avala & encore fallut-il la lui tenir fermée pour en forcer la déglutition. »

« Nous avons observé cette brebis pendan

plusieurs semaines, & elle n'a montré aucun symptôme maladif. »

« Nous avons soumis l'autre brebis aux mêmes expériences; elle a fait les mêmes difficultés pour prendre les *Gobbes*, qui n'ont operé aucun changement quelconque, ni en bien, ni en mal, sur sa santé; elle a continué de tousser comme de coutume, & en tout n'a rien montré de particulier. Nous les avons laissées a peu près deux mois dans cet état, à compter du premier jour de cette expérience, après lequel tems nous les avons fait sacrifier, quoique jouissant d'une très-bonne santé. »

« Leur ouverture n'a montré aucun vestige de *Gobbes*; & nous avons trouvé tous les viscères dans un état tel que nous avions lieu de l'espérer, d'après les signes extérieurs de santé que donnoit la première brebis, & ceux de maladie qu'offroit la seconde.

Nous avons voulu pousser ces expériences plus loin encore sur une autre brebis qui jouissait aussi de la meilleure santé. On lui a fait prendre deux *Gobbes* composées de pâte ordinaire, garnies d'une couche de poix noire & recouvertes en suite de miel & de farine; dans le centre de chacune de ces *Gobbes*, il y avoit deux grains & demi d'Arsenic en poudre; elle a refusé & rejetté plusieurs fois ces corps, & ce n'est qu'à force de les lui remettre dans la bouche & de la lui tenir fermée qu'il a été possible de les lui faire avaler; elle a mangé en suite comme de coutume & n'a montré pendant six jours consécutifs, aucun symptôme maladif; nous lui avons ensuite donné dix grains de ce même Arsenic dans une seule *Gobbe* preparée comme les précédentes, & qu'elle n'a avalée qu'avec les plus grandes difficultés. Pendant les huit jours qui ont suivi, nous n'avons remarqué aucun symptôme maladif. Nous lui en avons ensuite donné vingt grains préparés comme ci-devant & qui n'ont pas plus produit d'effet, car presqu'aussitôt elle a mangé comme à l'ordinaire & n'a donné lieu pendant huit jours a aucun symptôme de maladie; après ce tems nous avons augmenté la dose d'Arsenic de dix grains, nous l'avons enveloppé de papier & de poix noire; cette *Gobbe* ne fut avalée par l'animal qu'avec les plus grandes difficultés & par force; pendant huit jours nous n'avons rien remarqué de particulier; nous avons porté ensuite la dose jusqu'à quarante grains d'Arsenic qu'on lui a fait avaler comme auparavant & avec les mêmes difficultés; pendant six jours elle n'en parut nullement affectée, ce qui nous détermina à augmenter la dose de dix grains sans que cela donnât lieu au moindre signe maladif. Nous avons ensuite porté la dose jusqu'à soixante grains; puis, à un gros; ensuite, à quatre scrupules & enfin à cinq scrupules que nous lui avons fait prendre de la même maniere qu'auparavant: le même jour elle n'en parut point affectée, mais le lendemain matin elle but beaucoup plus qu'à l'ordinaire; son poulx étoit concentré, petit; le surlendemain elle perdit entièrement l'appétit; son poulx étoit très-petit, très-concentré; elle regardoit de temps en temps son flanc gauche, & resta dans cet état une journée entière. Le lendemain on la trouva morte; elle avoit fianté, ses crotins étoient mous & point moulés. »

« A l'ouverture du cadavre nous avons trouvé dans le bonnet, les deux dernières *Gobbes* qu'on lui avoit fait prendre; l'une étoit intacte, & l'autre, à demi défaite, avoit répandu une partie de l'arsenic dans les alimens, & sur les membranes du second estomac. Celui-ci étoit enflammé dans presque toute sa partie inférieure au point d'avoir acquis une couleur de rouge brun. La partie inférieure & moyenne de la vessie conique gauche de la panse avoit une tache de cette nature, de huit à neuf pouces de circonférence. »

« Il résulte de toutes les expériences auxquelles nous nous sommes livrés, que les *Gobbes* qu'on donneroit aux moutons, dans le dessein de les empoisonner, seroient divisées & atténuées comme les alimens dont ces animaux se nourrissent, & qu'elles seroient ensuite expulsées au dehors avec les excrémens auxquels elles se combinent le plus communément sous une forme extrêmement déliée, lorsqu'aucune cause particulière, qui agit sur les estomacs, ne facilite leur formation. Dans les cas au contraire, où cette cause existeroit, alors les *Gobbes* arrivant dans la panse, ou le premier estomac, & passant ensuite dans le bonnet, s'y diviseroient, comme cela a constamment lieu, pour arriver brin par brin dans le feuillet & ensuite dans la caillette, où on les trouve le plus communément, & où on en a trouvé dans le mouton dont on rapporte l'ouverture dans le troisième procès verbal, où il est dit qu'elles ont été retirées de la *molette*, ce qui signifie formellement la caillette. Les *Gobbes* quelques petites qu'elles soient ne peuvent jamais arriver dans le feuillet, ou troisième estomac, sans être entiérement divisées, parce que ce viscère ne communique au bonnet, ou deuxième estomac, qu'à la faveur d'une petite goutière qui ne permet le passage qu'à des corps très-fins & très-atténués. Il s'en suit donc que la matière qui sert de base aux *Gobbes* qu'on a trouvées dans les estomacs des moutons, qui sont ici l'objet de la cause qui nous occupe, y est arrivée peu-à-peu sous forme de filament de laine brute; que cette laine s'y est assemblée & agglutinée par le suc gastrique, & a formé le corps ovoïde dont il s'agit. Si les *Gobbes* restent dans la caillette & ne pénétrent pas au-delà de ce viscère, c'est que sa grande courbure est en contre-bas; que son ouverture postérieure est recourbée en contre-haut & contournée de derriere en-devant, en forte que la nature a pris tous les moyens pour que des corps d'un certain volume ne puiffent arriver dans des inteftins très-fins, très étroits, & très entortillés, dans lefquels ils auroient fufpendu la marche des alimens & donné lieu à des coliques mortelles. »

« Tous les corps étrangers que l'animal peut avaler, font de deux fortes: les uns font diffolubles & les autres indiffolubles; les premiers parvenus dans la panfe, étant diffous par la chaleur & l'humidité du vifcere, y féjournent très-peu, à moins qu'ils ne foient d'une nature très corrofive: alors ils attaquent les parois, ils les irritent, les corrodent & les brûlent; l'animal réfifte peu à leur action, & leurs effets deftructeurs, fur la partie qui en a éprouvé l'impreffion, font fi fortement prononcés, qu'il eft bien difficile qu'ils échappent à l'œil même le moins exercé. Il n'en eft pas de même des feconds: ceux-ci font ou fins ou déliés, comme les poils, la laine, les matières fablonneufes, terreftres, &c. ou font d'un volume plus confidérable, tels que des morceaux de cuir, de bois, de fer, des clous, des épingles, des aiguilles, &c. »

« Ces derniers corps d'un certain volume & d'une nature indiffoluble, reftent dans la panfe où ils ont été déglutis, ou defcendent dans le bonnet & y féjournent conftamment, à moins que les epingles & les aiguilles, ne fe faffent jour à travers de cette poche, & ne penetrent dans la poitrine, ainfi qu'on le voit très-fréquemment dans les vaches, qui y font bien plus expofées que les moutons. Mais en ce qui concerne les poils, la laine & autres corps de cette nature, ils paffent de la panfe dans le bonnet, de ce vifcere dans le feuillet, & arrivent enfin dans la caillette, ou quatrième eftomac. La, ils y reftent, & lorfque quelque caufes facilitent leur accumulation, ils s'y raffemblent peu-à-peu, comme nous l'avons expliqué, & forment une maffe plus ou moins volumineufe, que les artiftes & les naturaliftes connoiffent fous le nom d'Egagropile & les gens de la campagne, fous celui de *Gobbe*, parce qu'ils s'imaginent que l'animal l'a avalée ou *Gobbée*; auffi le mouton qui la renferme eft-il reputé *Golbé*, ou animal *Colbé*. »

« Quand à la caufe des Egagropiles, prifes ici pour des *Gobbes*, elle dépend de l'action des animaux qui fe léchent & qui avalent peu-à peu les poils ou la laine qui les recouvrent. Auffi les troupeaux qui ont été affectés de la galle [illegible] demangeaifon quelconque, y font-ils [illegible] plus expofés que les autres. Quant à leurs [illegible], dans les animaux qui les renferment, ils [illegible] nuls ou à peu de chofe près nuls, à moins qu'elles ne foient d'un très-gros volume, ce qui eft, à l'egard du mouton, infiniment rare; d'où nous concluons que celles qu'on a trouvées à l'ouverture des cadavres du troupeau de Laurent, n'étoient point la caufe de la mort de ces animaux, mais feulement le corps matériel qui a frappé le plus éminemment le [illegible] de la vue des perfonnes qui ont rédigé les procès-verbaux & dont le jugement a été fufcité par des bruits populaires, ou par le nom feul de *Gobbe* qui fignifie que la chofe a été donnée à deffein; en forte que fi l'ouverture de ces cadavres eût été faite par des perfonnes de l'Art, elles auroient indubitablement, abftraction des *Gobbes*, dirigé leurs recherches fur toutes les parties des fujets, & elles auroient trouvé des caufes très-légitimes de la mort de ces animaux. »

« Quoi qu'il en foit, nous n'en concluons pas moins que les corps de délit du procès qui nous occupe, font de véritables *Egagropiles*, & qu'ils n'ont été nullement fabriqués par la main des hommes.

Déliberé à l'Ecole Vétérinaire d'Alfort, le 4 Décembre 1791. Signé Chabert. »

Extrait des regiftres de la Société d'Agriculture, du 19 Décembre 1791.

« A la dernière féance de la Société d'Agriculture, M. Chabert a lu une confultation qu'il a été prié de faire par M. Branley, juge au Tribunal du diftrict d'Evreux, Département de l'Eure. L'objet de cette confultation étant d'éclairer fur une procédure criminelle, dont il réfulte qu'un laboureur eft condamné, par un premier Tribunal en 1500 livres de dommages & intérêt & à fix ans *de galères*, M. Chabert a cru devoir faire appuyer fon avis de celui de la Société d'Agriculture. La compagnie en conféquence nous a chargés, M. Dubois & moi d'examiner les pièces qui ont motivé la confultation & de lui en rendre compte.

M. Branley, dans une première lettre, demande à M. Chabert. « Si les habitans des campagnes ont raifon de croire que l'on empoifonne leurs moutons, avec ce qu'ils appellent des *Gobbes*. » felon eux, ce font des pelotes formées de bourre, de farine, de miel de beurre, ou poix. On les jette dans les champs où paffe le troupeau. Les animaux alléchés par le miel, avalent les pelottes & en meurent. Dans le procès criminel dont il eft queftion, plufieurs procès verbaux d'ouverture de moutons, crus empoifonnés, atteftent qu'on leur a trouvé dans les eftomacs des pelottes de bourre, [illegible] de [illegible] ou de poix, de la longeur de plus d'un pouce, & d'environ un pouce de largeur. [illegible] portent de l'affaire au Tribunal d'appel, [illegible] lu dans quelques écrits que cette opinion [illegible] gens de la campagne eft un préjugé, témoigne un grand defir d'en être inftruit.

M. Chabert a répondu provisoirement à ce juge, que, d'après le simple extrait des procès-verbaux, il n'y avoit pas matière à accusation, & qu'afin de donner un avis circonstancié, il le prioit de lui envoyer la copie des procès-verbaux entiers & les *Gobbes* trouvées dans les animaux.

Les *Gobbes* étant déposées par le dénonciateur, partie civile, comme pièces de conviction, M. Branley n'a pu les faire passer à M. Chabert, (*) mais il les décrit de manière à ne laisser aucun doute sur leur nature; ce sont de véritables Egagropiles. M. Branley le soupçonnoit si bien qu'il a cherché à s'en assurer en lisant le mot Egagropile dans l'Encyclopédie, dans l'instruction de M. Daubenton pour les bergers & dans M. de Buffon; il s'est convaincu que les *Gobbes* du procès, ne sont autre chose que ces corps, dont l'existence est très-commune dans les ruminans.

Les procès-verbaux d'ouverture de corps sont au nombre de trois. Ils indiquent en peu de mots, qu'on a trouvé dans le bonnet ou la caillette des moutons *des plotons composés de bourre menue, couverts de poix ou de brai*; ce qui a paru contribuer à la mort des animaux. A la suite est une lettre du maître de poste de Nonnancourt à un des juges du district d'Evreux; ce maître de poste ayant perdu quarante moutons les fit ouvrir & les trouva tous *Gobbés*, c'est-à-dire, que dans leurs estomacs il y avoit des *Gobbes*. Pour s'assurer si la malice des hommes entroit pour quelque chose dans la mortalité qu'il éprouvoit sur ses moutons, il composa lui-même plusieurs fois des *Gobbes*, qu'il plaça sur leur passage; aucun animal n'y toucha; il en conclut que les moutons se *Gobbent* eux mêmes, où ce qui est la même chose, qu'il ramassent la matière dont se forment les *Gobbes*. Il observe en outre qu'on en voit quelquefois dans leurs estomacs de si grosses qu'ils n'auroient pu les avaler. Le maître de poste de Nonnancourt a aussi entendu dire que les *Gobbes* étoient un effet naturel.

D'après ces pièces, plus que suffisantes pour former un avis, M. Chabert a fait sa consultation. Elle contient des expériences bien conçues pour faire voir combien il est difficile d'empoisonner les herbivores &c.

M. Chabert, après quelques explications sur la manière dont se forment les Egagropiles, conclut que les *Gobbes*, trouvées dans le corps des moutons du sieur Laurent, ne sont pas la cause de leur mort.

Si dans une matière aussi importante il n'étoit pas utile de réunir le plus d'autorités possibles, nous nous contenterions d'applaudir au zèle éclairé de M. Branley, qui, en juge intègre, cherche à s'affermir dans une opinion précieuse à l'innocence, à louer l'intelligence & la justesse d'esprit du maître de poste de Nonnancourt, & à remercier M. Chabert, qui, pour détruire un préjugé funeste, a fait le premier des expériences positives & décisives. Mais nous devons à la cause qu'il s'agit de défendre, & au desir même de M. Chabert, l'exposé de quelques réflexions & des observations que l'un de nous (M. Tessier) a été à portée de faire.

Les Egagropiles sont des corps arrondis, formés intérieurement de poils, ou de filamens de laine réunis & recouverts extérieurement d'un enduit plus ou moins épais. Les animaux ruminans, ou à plusieurs estomacs, tels que les bêtes à cornes & les bêtes à laine, y sont très-sujets; on les trouve le plus souvent dans le quatrième, c'est-à-dire, dans celui d'où partent immédiatement les intestins, & que nous connoissons sous le nom de *Caillette*; le séjour de ces corps dans les estomacs, altère la couleur des poils & de la laine, de manière qu'on les prend pour de la vieille bourre; l'enduit qui les recouvre est formé par les sucs toujours contenus dans les estomacs, pour servir à la digestion; ces sucs s'attachent ou se collent aux poils, ou aux filamens de la laine par leur viscosité naturelle. Expliquer comment se fait dans les estomacs, la réunion de ces matières, n'est pas une chose facile, parce que les hommes ne connoissent pas les opérations secrettes de la nature. On n'explique pas plus aisément comment les oiseaux de proie qui, en mangeant d'autres oiseaux, avalent des plumes, rassemblent en boule arrondie ces plumes dans leurs estomacs, pour les vomir & s'en débarasser, ces animaux, qui n'ont qu'un seul estomac, ayant la facilité de vomir. Mais cette explication n'est pas nécessaire. Il suffit qu'on sache de quoi sont composés les Egagropiles, & comment les animaux ruminans avalent des poils ou de la laine. Or, tous les hommes qui ont observé avec attention les habitudes de ces animaux, ont remarqué que c'étoit particulièrement en léchant leurs petits & en se léchant eux-mêmes, que leur langue ramassoit des poils ou de la laine qui passoit ainsi dans l'œsophage, & de là dans les estomacs. Pour ne pas nous écarter des moutons, nous ajouterons qu'ils avalent encore de la laine en mangeant soit aux ratteliers, en hiver, soit dans les broussailles, en été. Les plus avides s'enfoncent dans les ratteliers & couvrent leurs toisons, ou de bourre, de foin, ou de fleurs de trèfles ou luzerne, ou d'épis de bled que les autres s'empressent de ramasser, en arrachant des filamens de laine qu'ils avalent en même-temps. En été, lorsque les troupeaux passent dans les broussailles, quelques flocons de laine s'accrochent aux branches, les bêtes qui veulent en

(*) Depuis cette époque les prétendues Gobbes ont été envoyées à l'école vétérinaire, où on les a examinées, ainsi qu'il a été dit plus haut.

brouter les feuilles, n'en séparent pas la laine; & c'est ainsi qu'on explique avec une grande facilité & une grande vérité, comment des filamens de poils & de laine s'amassent dans les estomacs des animaux, pour former ces Égagropiles, que les gens de la campagne appellent des *Gobbes*.

Les hommes instruits en histoire naturelle & dans la médecine vétérinaire, ont donc eu raison de regarder les Égagropiles comme le simple effet d'une opération de la nature, qui ne suppose pas un état maladif, car les animaux vivent long-temps, ayant des Égagropiles dans leurs estomacs. Les bouchers qui tuent presque toujours des animaux bien portans, seroient en état d'assurer que, fréquemment, ils leur trouvent des Égagropiles. L'un de nous, (M. Tessier), occuppé plus d'une fois à soigner des épizooties, & par conséquent à ouvrir des animaux morts de maladie, certifie en avoir rencontré dans les estomacs de beaucoup de moutons enlevés évidemment par la *pourriture*, ou par le *sang*.

Il résulte de cet exposé, que c'est un préjugé de croire que les *Gobbes* ou Égagropiles trouvées dans les moutons, sont un moyen employé pour empoisonner ces animaux, & qu'il n'y a pas matière à accusation pour cet objet dans la cause pendante au Tribunal du district d'Evreux, 1.° parce que ces Égagropiles sont des corps naturels; 2.° parce que d'après les expériences du maître de poste de Nonnancourt & de M. Chabert, des *Gobbes* offertes aux moutons ne seroient pas recherchées ni prises par eux; 3.° parce qu'il n'est pas facile d'empoisonner les animaux, comme M. Chabert & d'autres avant lui l'avoient prouvé. Nous sommes certains qu'on a donné à des chiens des bâtons de pierre infernale assez considérables, sans qu'ils en ayent été incommodés. Nous pensons que la Société d'Agriculture peut, avec confiance, appuyer l'avis de M. Chabert, & concourir avec lui à détruire un préjugé dont elle voit les dangers.

Signé TESSIER; J. B. DUBOIS.

Pour terminer enfin cet article par un avis, qui me paroît utile, je crois devoir dire que quand il y a sur les moutons une mortalité, dont on ignore la cause, au lieu de s'en prendre aux Égagropiles, qui sont dans la caillette, il faut examiner avec soin les autres parties du corps. Par exemple, le foie rempli de vers, qu'on appelle *douves*, des hydatides, ou vessies d'eau, éparses dans les viscères du bas-ventre ou de la poitrine, de l'eau même épanchée dans la moitié du bas-ventre, sont des preuves de la *pourriture*, occasionnée par des paturages humides. Si au contraire, on trouve les vaisseaux, sur-tout ceux qui rampent sous la peau, gorgés de sang, un épanchement de ce fluide dans quelque viscère ou capacité, une excretion ou sortie du sang, au moment de la mort, par quelque organe, on peut conclure que c'est la *maladie du sang*, qui tue. Des boutons inflamatoires ou gangrénés dans diverses parties du corps indiquent le *charbon malin* &c. Il est donc très-important d'appeller dans les cas de mortalité, des hommes éclairés, pour en bien constater la cause & en même-temps essayer des moyens curatifs & préservatifs, C'est ainsi qu'on connoîtra les véritables causes des mortalités, que l'ignorance attribue à des sortilèges ou à de mauvaises intentions. (TESSIER.)

ÉGAYER. Les Agriculteurs suisses, ont consacré ce mot, pour l'arrosement ou irrigation des terres. Ainsi on dit égayer un pré &c. *V.* IRRIGATION. (*L.* REYNIER.)

EGAYER. On dit égayer un arbre, lorsqu'on dirige sa taille & son palissage, de manière à lui donner une forme agréable, en retranchant où dirigeant tout ce qui est confus. Cet arrangement consiste à se conformer aux idées de convention qu'on s'est faites du BEAU. (*Voyez* ce mot.) Mais il paroît bien plus naturel que le végétal livré à ses propres forces soit beau, plutôt qu'un individu rachitique & déformé par les ciseaux. Un arbre sorti des mains du Jardinier est une femme belle de sa nature, mais enlaidie par sa toilette. On pourra le dire dans tous les temps. *Voyez* BEAU. (*L.* REYNIER.)

EGILOPE, *ÆGYLOPS*.

Genre de plantes unilobées, de la famille des *Graminées*, qui a des rapports avec les *Racles*. Il comprend des herbes exotiques & indigènes, d'un aspect commun à toute cette famille. Ses tiges sont articulées, hautes de trois pouces à un pied environ. Il y a des fleurs hermaphrodites & d'autres mâles sur le même individu; elles sont en épi simple, dur, à barbes plus ou moins longues. L'épi est composé de plusieurs épi lets, sessiles, alternes, plus ou moins serrés, disposés sur un réceptacle denté, leur bâle calicinale est comme tronquée & terminée par deux ou trois barbes, elle contient deux ou trois fleurs, dont deux sont hermaphrodites, & la troisième mâle & stérile; quelquefois c'est une fleur mâle entre deux femelles. Le fruit est une graine qui approche de celle du froment ordinaire pour la forme. Ce genre est de la vingt-troisième classe de Linneus.

Espèces.

1. EGILOPE ovale.

Ægylops ovata L. ⊖ De la France, d'Italie.

2. EGILOPE alongé.

Ægylops triuncialis. L. ♃ De la France, d'Italie.

3. EGILOPE à queue.

Ægylops caudata. L. De l'Isle de Candie.

4. EGILOPE à barbes courtes.

Ægylops squarrosa. L. ⊖ Du Levant.

Description du port des espèces.

1. EGILOPE OVALE. Ses tiges sont longues de six à sept pouces, feuillées, munies de deux articulations. Ses feuilles sont larges d'une ligne & demie, velues en leur superficie, ciliées en leurs bords. L'épi est court, d'une forme ovale, composé de trois à quatre épillets & hérissé de barbes fort longues. Les valves des épillets sont striées, velues sur le dos, terminées par trois barbes. De la France.

2. EGILOPE ALLONGÉE. Ses feuilles radicales sont nombreuses, larges d'une à deux lignes, molles, ciliées, disposées en gazon. Ses tiges sont longues de six à huit pouces, articulées, feuillées, couchées dans leur partie inférieure. L'épi est long de trois pouces environ. De la France.

3. EGILOPE A QUEUE. Sa tige est grêle, feuillée, longue d'un pied environ. Ses feuilles sont étroites. L'épi est grêle, serré, long d'un à deux pouces, terminé par deux barbes longues de trois pouces, en forme de queue. De l'Isle de Candie.

4. EGILOPE A BARBES COURTES. Ses tiges sont longues de huit à neuf pouces, couchées, coudées aux articulations. Les feuilles sont larges de deux à trois lignes, d'un vert glauque. L'épi est long de trois pouces, grêle, presque nud, à barbes courtes. Du Levant.

Culture.

Les Egilopes se sèment au printemps dans des petits pots remplis de terre légère, qu'on met sur une couche, d'où on les retire quand ils sont assez forts. Ils ne demandent aucun soin particulier.

Usages.

Ce genre n'offrant rien de particulier & n'ayant aucune utilité reconnue, on ne le cultive que dans les Jardins de Botanique pour la démonstration. (*L. MENON.*)

On a cru long-tems que l'Egilope étoit la plante qui, par une suite de cultures, avoit produit le véritable froment, c'est-à-dire, que c'étoit le *froment sauvage*. Un homme recommandable a fait beaucoup d'expériences pour voir s'il obtiendroit quelque changement dans ses produits en la cultivant avec soin un grand nombre d'années. J'ai repris & continué aussi les mêmes expériences en semant d'abord la graine de sa recolte. Il n'en est rien résulté, qui puisse faire croire aux raports prétendus de l'Egilope avec le froment. (*TESSIER.*)

EGIR. Dans le Dictionnaire Economique, on donne ce mot pour synonime de Rouir. *Voyez* ROUISSAGE. (*L. REYNIER.*)

EGLANTIER. Nom vulgaire de diverses espèces de Rosiers sauvages, & notamment de celle dont les feuilles ont l'odeur de pommes Reinettes. *Voyez* POMIER au Dictionnaire des Arbres & Arbustes. (*L. REYNIER*)

EGOBUER. *Voyez* ECOBUER. (*TESSIER.*)

EGOUT, conduite des eaux. Lorsqu'il s'agit de rassembler les eaux des goutières, pour les introduire dans des réservoirs ou citernes, on pratique des Egouts ou conduites, soit en formant des ruisseaux à découvert ou sous terre, soit en employant des tuyaux de fer ou de plomb, ou de terre. C'est ainsi que dans des fermes où l'eau est rare, & dans celles où il faut la tirer d'une grande profondeur, les propriétaires ont cherché a diriger par des Egouts celle des pluies dans des lieux où ils avoient besoin de la conduire.

La nécessité d'abreuver aussi les animaux a déterminé à niveller des terreins, voisins des fermes, afin de former de bonnes marres, qui ne manquassent pas d'eau.

Un économe intelligent fait écouler les eaux des lavoirs de cuisine, des écuries & vacheries dans des réservoirs, d'où on la tire, pour la répandre dans les champs; le plus souvent on en impregne des pailles ou feuilles de végétaux, pour former un bon engrais; il est prudent d'éloigner ces foyers d'infection, des habitations des hommes qui peuvent en être incommodés.

Enfin on appelle encore *Egout* les raies profondes des champs par lesquelles les eaux se débarrassent pour aller dans des étangs, des ruisseaux ou des rivières. (*TESSIER.*)

EGOUTER les terres. Pour Egouter un champ, souvent trop humide, il suffit de pratiquer autour un bon fossé; on réussira pour peu qu'il y ait de pente, sur tout si on le laboure en planches ou sillons.

Dans le cas où il y auroit un fond au milieu de la pièce, il sera nécessaire de la refendre par un fossé qui communique avec celui du pourtour, & d'en pratiquer même de petits, en patte d'oie, pour s'y rendre. L'Art consiste à leur donner la direction la plus avantageuse pour que l'eau se dissipe promptement.

Quand l'inégalité du terrein est peu considérable, on se contente de former de profonds sillons, qu'on pourroit regarder comme de petits fossés. On se sert pour cela d'une forte charrue, qui ait deux écussons ou grands versoirs fort évasés, avec un long soc pointu & en dos d'âne, à la partie supérieure. Cette charrue n'a pas besoin de coutre, parce qu'il ne s'agit pas de fendre la terre endurcie, mais d'ouvrir dans la terre labourée un large & profond sillon, qui tienne lieu de fossé. Ces sillons se nomment *maîtres*.

On a coutume dans les terres argilleuses de former des sillons où l'eau se ramasse, s'écoule par des ruisseaux; mais on doit observer de ne pas les faire trop-près les uns des autres, tant pour éviter la perte du terrein, que parce qu'il n'est pas nécessaire de trop faciliter l'écoulement des eaux. Il en résulteroit l'inconvénient d'entraîner beaucoup de plantes qu'elle déracineroit & la meilleure qualité de la terre, c'est-à-dire, celle de la surface.

Il y a des pays où les Cultivateurs doivent toujours labourer à plat, parce que leurs terres sablonneuses, ou calcaires, très-divisées, laissent trop aisément filtrer l'eau; mais il y en a, où l'on est forcé de labourer en *planches* ou en *billons*, parce qu'elles retiendroient trop d'eau. *Voyez* LABOUR.

Souvent on fait des tranchées éloignées les unes des autres de deux, quatre ou cinq toises; ce qu'on retire se répand sur les espaces intermédiaires; on rabat la crête de ces fossés & on laboure. Quelques Auteurs conseillent d'en garnir le fond de pierres, & de les recouvrir d'un peu de terre. Mais outre que ce travail est coûteux, il arrive que la terre ferme les interstices des pierres, & que l'eau ne s'écoule que difficilement. Les pierres elles-mêmes s'enfoncent dans la vase, quand le terrein est mou. On doit préférer un *fascinage*, en le couvrant de terre; on y recueille de l'herbe, dont les racines ont la liberté de s'étendre. Pour fascines on emploie l'épine, l'aulne, &c.

Les pierrées sont plus pratiquables dans les potagers, encore est-on obligé de les relever de temps en temps.

Il faut curer tous les trois ans les fossés qui sont à découvert. Ils ont l'avantage d'empêcher les voitures d'entrer dans les pièces. (*TESSIER.*)

EGRAINER, ôter le grain des épis, par le froissement. Un Fermier, qui veut connoître le degré de maturité de ses bleds, egraine des épis, en les froissant dans ses mains. Les bleds, seigles, orges, avoines, pois, sainfoin, &c. trop murs & enlevés au milieu du jour, s'égrainent souvent. Il y en a des espèces & variété, qui s'égrainent plus facilement que les autres. Il arrive quelquefois que des bleds, mouillés en javelles, s'égrainent si on les laisse ensuite éprouver trop de secheresse. Il faut dans ce cas les enlever le matin ou le soir, moments, où l'humidité resserre un peu les bales. Dans quelques pays, où l'on est obligé d'enlever les gerbes, par un temps chaud, ce qui arrive toujours lorsque l'on a de fortes exploitations, on a soin de disposer de grandes bannes de toile sous les voitures, afin qu'aucun grain ne se perde des champs à la grange. (*TESSIER.*)

EGRAPPER, ôter les grains des grappes. Quand on veut faire du bon vin, on *Egrappe*, c'est à-dire on sépare les grains de raisin des rapes qui, dans la fermentation donneroient de l'âpreté au vin. *Voyez* le Dictionnaire des arbres.

Dans beaucoup de pays on appelles *grappes* les épis de l'avoine; *Egrapper* les avoines, seroit en ôter les grains. (*TESSIER.*)

EGRAVILLONNER, *terme de jardinage*, on dit *Egravillonner* une motte d'oranger, de figuier &c., lorsqu'avant retranché, avec la hache, la serpe ou la bêche, environ les deux tiers de cette motte tout autour & au-dessous, on détache avec la pointe d'un instrument pointu, un peu de la terre qui est engagée dans les racines, afin que posées dans une nouvelle terre, elles ne soient point génées dans leurs progrès.

Cette opération est nécessaire toutes les fois qu'on dépote ou qu'on décaisse. *Voyez* le Dictionnaire des Arbres. (*TESSIER.*)

EGRUGEOIR. C'est le nom que l'on donne à Saint-Brieux & ailleurs à un instrument qui sert à séparer les capsules du lin *Voyez* LIN.

On donne aussi ce nom à l'instrument qui sert à broyer le chanvre ou le lin, c'est-à dire, à en séparer la filasse des parties qui l'enchaînent. (*TESSIER.*)

EGUILLE. On nomme ainsi, dans les Départemens du centre, la *Fleche* des Charettes, *Voyez* ce mot. (*L. REYNIER.*)

EGUILLE. On donne ce nom aux espèces de cornes qui terminent les graines de quelques ombelliferes, & notamment du *Cerfeuil à aiguillettes*. *Voyez* ce mot. (*L. REYNIER.*)

EGUILLETTE. Nom qu'on donne dans quelques pays au Peigne de venus. *Scandix pecten* *L.* (*TESSIER.*)

EHERBER. Ce mot, qui est très-peu usité, signifie la même chose que *sarcler*. *Voyez* ce mot. (*L. REYNIER.*)

EHRHARTE, *EHRHARTA.*

Genre de plantes de la famille des GRAMINÉES & voisin des MELIQUES, par ses rapports naturels; il en diffère par ses fleurs qui paroissent composées de deux fleurs de méliques, dont une n'auroit point de pistil.

Espèces.

1. EHRHARTE à fleurs penchées.

Eherharta

Ehrharta nutans. Lam. ♃ Du Cap de Bonne-Espérance.

2. EHRHARTE à fleurs droites.

Ehrharta erecta. Lam. Du Cap de Bonne-Espérance.

Nous avons peu de renseignemens sur la culture de ces graminées, qui, n'ayant pas beaucoup plus d'apparence que nos méliques des bois, pourroient être remplacées par elles pour la décoration, si jamais on leur donne un rang parmi les plantes d'ornement. Quand à leur culture pour les Jardins de Botanique, jusqu'au moment où l'expérience nous aura instruit, on peut semer leur graine au printemps sous une couche, avoir soin de tenir le jeune plant bien net, & vers l'automne le replanter séparément dans des pots qu'on rentrera avant les gelées dans l'orangerie, il est présumable que les pieds hazardés en pleine terre s'accclimateroient sans beaucoup de peine. La seconde espèce est cultivée de cette manière, dans le jardin de Kew. (*L.* REYNIER.)

EHOUPER. Terme des Eaux & Forêts, moins usité cependant que celui d'*Ecimer*, mais qui a la même signification. *Voyez* le Dictionnaire des Arbres & Arbustes. (*L.* REYNIER.)

EISTATE, *EYSTATHES*.

Genre nouveau établi par Loureiro, & qui paroît avoir quelques rapports avec les *Hennés*; la seule espèce connue est un arbre des hautes montagnes de la Cochinchine.

Espèce.

1. EISTATE sauvage.

Eysthathes sylvestris. Lour. ♄ Des hautes montagnes de la Cochinchine.

C'est un grand arbre à rameaux étalés, dont les feuilles sont ovales, oblongues & les fleurs blanches disposées en grappes allongées.

Usages.

Le bois de cet arbre est rougeâtre, d'une grain égal & dur, & très-bon pour la charpente. Il se conserve long-tems, lorsqu'il est employé. Nous ne connoissons rien de plus sur cet arbre, encore moins sur sa culture. (*L.* REYNIER.)

EJOO (Padii.) Variété du Ris qui se cultive dans les terreins secs; son grain est petit & coloré. Cette variété est assez rare dans l'Inde. *Voyez* RIS, PADDI nom générique du Ris dans l'Inde, & le *Voyage à Sumatra* de Marsden. (*L.* REYNIER.)

EKEBERG, *EKEBERGIA*.

Genre de plantes de la famille des CITRONNIERS, & voisin, par ses rapports, du Mahogon & de l'Azedarach; il n'est composé, jusqu'à présent, que d'une seule espèce.

Espèce.

1. EKEBERG du Cap.

Ekebergia capensis. Thumb. ♄ Du Cap de Bonne-Espérance.

C'est un arbre élevé, dont les rameaux sont ouverts & cicatrisés par les empreintes des anciennes feuilles; ses feuilles sont aîlées, & ses fleurs sont disposées en panicules à l'aisselle des feuilles. Le fruit est une baie de la grosseur d'une Noisette.

Culture.

Nous n'avons aucune donnée sur la culture qu'exigeroit cet arbre, ne connoissant pas même l'exposition & le terrein où il végète au Cap; sans ces notions préliminaires, on ne peut pas même hazarder des conseils fondés sur l'analogie (*L.* REYNIER.)

ELA. Lorsqu'on prépare le sagou, on sépare la fécule, par le moyen de l'eau: les molécules trop pesantes pour y rester suspendues, qui sont les fibres & autres parties grossières, tombent au fond; c'est ce qu'on nomme *Ela*. Lorsque l'opération se fait près des maisons, on réserve cet Ela pour la nourriture des cochons: lorsqu'on la fait dans les forêts, il y reste entassé & les sanglier le dévorent. Lorsqu'il reste en tas, pendant quelques jours, il y naît deux corps organisés qui servent à la nourriture des habitans, & dont ils font beaucoup de cas: les *Diamors* espèce de champignon, & les *Sagu-campas* espèce de larve dont l'histoire n'est pas connue, qui peut-être est la même que le ver palmiste, & dont les naturels sont très friands. *V.* SAGOU. (*L.* REYNIER.)

ELAGAGE. Action de couper les branches d'un arbre; on le dit principalement des arbres fruitiers. *Voyez* le Dictionnaire des arbres & arbustes. On distingue *l'Ebarbage* de *l'Elagage*; le premier consiste à couper les menues branches qui s'échappent; le second attaque les branches principales. L'Elagage a plusieurs genres d'utilité. *Voyez* aussi EBRANCHER. (*L.* REYNIER.)

ELANCÉ. On dit qu'un arbre est élancé, lorsque ses branches sont peu nombreuses, & s'élèvent en hauteur, sans prendre de développement horizontal. Souvent un arbre s'élance pour éviter l'ombre des autres arbres, & pour s'étendre au-dessus de ce qui nuit à la force du tronc. D'autrefois l'élancement est une conformation particulière à l'espèce. Mais de toute manière, en thèse générale, le bois d'un arbre élancé n'a pas la densité de celui d'un arbre qui s'étale. (*L.* REYNIER.)

ELATE. On trouve sous ce mot, dans le Dictionnaire économique, l'indication du *Pin d'Orient*. *Voyez* PIN au Dictionnaire des arbres & arbustes.

Valmont-Bomare donne aussi le nom d'*Elate* au spathe qui enveloppe les fleurs du Dattier avant leur épanouissement. *Voyez* DATTIER. (*L.* REYNIER.)

ELATÉRIE, *ELATERIUM*,

Genre de plante de la famille des CUCURBITACÉES, qui a des rapports avec les *Momordiques* & les *Sicyots*. Il comprend des herbes exotiques, rampantes, ou grimpantes, munies de feuilles alternes & de vrilles pour s'attacher & grimper. Les fleurs sont axillaires, blanches, mâles & femelles séparées sur le même pied. Le fruit est une baie peu charnue, coriace, capsulaire, hérissée de pointes molles, uniloculaire qui s'ouvre avec élasticité en deux valves. Cette baie renferme une pulpe aqueuse, dans laquelle sont plusieurs semences ovales, anguleuses & comprimées. Ce genre est de la 21.e classe de Linné.

Espèces.

1. ÉLATÉRIE de carthagène.

Elaterium carthaginense. L. ⊖ de l'Amérique Méridionale.

2. ÉLATÉRIE à feuilles découpées.

Elaterium trifoliatum. L. De la Louisiane.

Description du port des espèces.

1. ÉLATÉRIE DE CARTAGÈNE. Ses tiges sont herbacées, cylindriques, glabres, diffuses, grimpantes, munies de vrilles bifides. Les feuilles sont en cœur, anguleuses, finement dentées. Les fleurs sont blanches, axillaires ; elles exhâlent une odeur agréable pendant la nuit. Les pédoncules des fleurs femelles sont uniflores, ceux des fleurs mâles multiflores & plus longs. Le fruit est verd, ovriforme, hérissé de pointes molles & long d'un pied & demi. De l'Amérique Méridionale.

2. ÉLATÉRIE A FEUILLES DÉCOUPÉES. Ses feuilles ne sont point véritablement ternées, mais profondément incisées en cinq découpures obtusément anguleuses. Les feuilles sont un peu scabres. Les découpures principales sont mucronées. Les fleurs sont petites, pédonculées, axillaires. Le fruit est une capsule brune, velue, uniloculaire, bivalve, s'ouvrant avec élasticité. Elle contient une ou deux graines. De la Virginie.

Culture.

Ces plantes demandent la même culture que les melons, à l'exception qu'on leur met des tuteurs si on veut les laisser grimper & qu'on ne les taille pas.

Usages.

Elles ne sont d'aucune utilité reconnue & ne doivent trouver place que dans les grandes collections pour la démonstration. (*L.* MENON.)

ELATINE, *ELATINE*.

Genre de plantes de la famille des SABLINES, composé d'herbes aquatiques, dont les fleurs sont disposées à l'aisselle des feuilles.

Résumé.

1. ELATINE conjuguée.

Elatine hidropiper. L. ⊖ Dans les mares de l'Europe.

2. ELATINE verticillée.

Elatine alsinastrum. L. ♃ Dans les mares de l'Europe.

Ce sont deux petites plantes sans apparence, l'une assez semblable à un Callitric par son habitus, l'autre plus semblable à une Pesse ; le seul rapport qu'elles aient entr'elles consiste dans l'organisation de leurs fleurs, qui est la même.

Culture.

Ces plantes ne seront jamais cultivées que dans les jardins de Botanique ; comme elles exigent beaucoup de soin, à cause du sol qui leur est propre, on peut se borner à en lever une motte, dans la campagne, pour le moment du cours ; on la place dans un vase qui plonge dans un autre plus grand & plein d'eau ; on peut même se borner à les mettre dans un pot dont on a bouché les ouvertures, & qu'on a soin d'imbiber d'eau.

Lorsqu'on devroit cultiver ces plantes de graines, il faudroit remplir un pot avec du terreau de bruyère consommé, y semer la graine & tenir ce vase plongé dans un baquet plein d'eau, avoir soin pendant le développement d'arracher les mauvaises herbes, & sur-tout entretenir cette humidité constante si nécessaire à leur végétation. (*L.* REYNIER.)

ELATOSTEME, *ELATOSTEMA*.

Genre de plantes établi par les Forster, & dont nous ne connoissons que la définition générique. Ces auteurs en annoncent deux espèces.

Elatostema pedunculatum.

Elatostema sessile.

Grace au génie de Linné, qui avait formé ces

voyageurs, nous savons, dans tous leurs détails, de quelles parties sont composées les fleurs des *Elatostemes*; mais nous ignorons si ce sont des arbres ou des herbes microscopiques, ce qui me dispense d'en dire davantage. (*L.* REYNIER.)

ELCAJA. Arbre peu connu & qui croît sur les montagnes de l'Arabie heureuse; le peu que nous en savons nous a été transmis par Forskæhl. Il paroît former un genre particulier dans la famille des BALSAMIERS.

Usages.

Forskæhl nous apprend que les fruits de cet arbre forment une branche de commerce intérieur pour l'Arabie. On les mêle avec les substances odoriférantes, que les femmes du pays employent pour laver leurs cheveux. D'un autre côté, ce même fruit mêlé avec de l'huile de sesame, devient un onguent propre à guérir la gale. Voilà deux destinations bien distinctes. (*L.* REYNIER.)

ELEAGNUS. Beaucoup de Jardiniers ont francisé ce nom latin dans leurs catalogues. *Voyez* CHALEF. (*L.* REYNIER.)

ELECTRICITÉ. *Voyez* l'influence de l'Electricité sur la végétation, 2.e discours préliminaire de ce dictionnaire. (TESSIER.)

ELEPHAS. Nom qu'on donne à deux espèces de Cocrètes, à cause d'un prolongement d'une des lèvres de leur corolle, où l'on a cru voir quelque analogie avec la trompe des Eléphans. *Voyez* COCRÈTE éléphantoïde. (*L.* REYNIER.)

ELEPHANTOPE, *ELEPHANTOPUS.*

Genre de plantes de la famille des composées flosculeuses, voisin des Sphéranres & des Echinopes, & remarquable en ce que chaque calice particulier enveloppe trois ou quatre fleurons, tandis que dans ces genres voisins ils n'en enveloppent qu'un seul.

Espèces.

ELEPHANTOPE à fleurs terminales.

Elephantopus scaber. L. ♃ Des deux Indes.

β Var, à feuilles cotoneuses. *Eleph. tomentosus.* L.

2. ELEPHANTOPE à épis.

Elephantopus spicatus. Juss. De l'Isle de Saint-Domingue & de la Jamaïque.

La première espèce, la seule qui ait été cultivée en Europe, pousse au printemps une tige qui se ramifie en branches cotonneuses, terminées par des têtes de fleurs purpurines délavées.

Culture.

On multiplie cette plante de graines, ou en éclatant les racines.

De graines. On doit les semer au printemps sur une couche chaude : dès que les jeunes plants sont en état d'être transplantés, on les lève & on les place séparément dans des pots pleins d'une terre légère qu'on place dans la tannée d'une couche chaude, ayant soin de les garantir avec beaucoup d'attention du soleil, & de leur ménager beaucoup d'air & quelques arrosemens. Lorsqu'ils ont repris, on ne leur doit pas d'autres soins qu'aux autres plantes des tropiques; ils ne fleuriront que la seconde année, & ensuite donneront des fleurs pendant plusieurs étés successifs. Cette plante est sujette à ne pas aoûter ses graines dans nos Jardins de l'Europe; une précaution pour ne pas la perdre, est de se procurer, par occasions, de nouvelles graines de son pays natal.

De racines. La multiplication par la division des racines doit se faire au printemps, avant que les nouvelles feuilles poussent; on doit avoir soin de parer avec soin les plaies de la racine, & de donner à ces plantes, en les mettant en terre, les mêmes soins qu'aux plants de graine qu'on transplante.

Lorsque la plante a été un peu long-temps dans un pot & qu'elle a épuisé la terre, ou lorsque le pot est devenu trop petit par le développement de l'individu, on doit le transplanter, en suivant les mêmes procédés que pour tous les autres végétaux. *Voyez* EMPOTER.

Usage.

L'Éléphantope n'offre aucune utilité connue actuellement, & n'est admise que dans les Jardins de Botanique, pour y multiplier les points de comparaison & d'étude. (*L.* REYNIER.)

ELEVER. On dit élever un animal, une plante, lorsqu'on soigne son existence & lui donne les secours qui peuvent la prolonger *Voyez* CULTIVER.

On dit aussi qu'une plante ou un arbre s'élève, lorsqu'il acquiert du développement en hauteur. (*L.* REYNIER.)

ELITE. Choix, ce qu'il y a de mieux. On dit du froment d'*Elite*, pour exprimer la plus belle qualité. Quand on parle du prix dans un marché, du bled ou même de quelque autre denrée on ne parle point de l'*Elite*, parce qu'on regarde l'*Elite* toujours comme une chose rare & au dessus du prix courant. Ce mot est surtout en usage dans la ci-devant Beauce, maintenant Département du Loiret, d'Eure & Loir, de Seine & Oise. (TESSIER.)

ELITER. C'eſt choiſir parmi les Tulipes de belle venue, & notamment parmi les *hazards*, les plus belles, pour les placer dans les planches d'élites. On élite auſſi, parmi les plus belles nuances, les pieds de bonne venue pour en recueillir la graine. *Ancienne Encyclopédie*. (*L.* REYNIER.)

ELLEBORE. *Voyez* HELLEBORE. (*L.* REYNIER.)

ELLÉBORINE, *SERAPIAS*.

Genre de plante unilobée, de la famille des *Orquides*, qui a des rapports avec les *Sabots*, les *Limodores* & les *Angrecs*. Il comprend des herbes dont les racines ſont fibreuſes, bulbeuſes & charnues, qui pouſſent des tiges droites, ſimples, feuillées, d'un à deux pieds au plus de hauteur, à feuilles alternes, engaînées ou amplexicaules, communément nerveuſes, ſimples, entières, plus ou moins larges, à fleurs incomplètes, diſpoſées en grappe terminale, blanches ou rouges, compoſées de ſix pétales, dont l'inférieur eſt un nectaire concave à ſa baſe & à ſon ſommet en languette ovale, réfléchie en déhors, en forme d'appendice particulière; ces fleurs ſont accompagnées de feuilles florales, longues & aſſez larges. Le fruit eſt une Capſule ovoïde, turbinée ou oblongue, uniloculaire, à trois côtes longitudinales, s'ouvrant par trois valves pour laiſſer échapper des graines nombreuſes qui imitent la ſciure de bois. Ce genre eſt de la vingtième claſſe de Linné.

Eſpèces.

1. ELLÉBORINE à ſeuilles larges.

Serapias latifolia. Lin. ♃ De la France.

2. ELLÉBORINE des Marais.

Serapias paluſtris. L ♃ De la France.

3. ELLÉBORINE blanche.

Serapias grandiflora. L. ♃ De l'Europe de la France.

4. ELLÉBORINE rouge.

Serapias rubra. ♃ De l'Europe.

5. ELLÉBORINE à languette.

Serapias lingua. L. ♃ De la France.

6. ELLÉBORINE du Cap.

Serapias capenſis. L. ♃ Du Cap.

7. ELLÉBORINE paraſite.

Serapias caravata. Aubl. De la Guiane.

Eſpèces moins connues.

ELLÉBORINE droite.

Serapias erecta. Thunb. Flor. Jap 27.

ELLÉBORINE en faulx.

Serapias ſalcata. Thunb. Fl. Jap. 28.

Deſcription du port des eſpèces.

1. ELLÉBORINE A FEUILLES LARGES. Sa tige eſt haute d'un pied & demi, feuillée & terminée par un épi long de quatre à ſix pouces. Les feuilles ſont ovales lancéolées, nerveuſes & amplexicaules. Les fleurs ſont d'un verd blanchâtre dans leur jeuneſſe & rouge ou purpurines quand elles vieilliſſent. L'appendice ou la languette terminale du pétale inférieur, eſt preſqu'en cœur, ſenſiblement pointue & recourbée en dehors. De la France dans les lieux couverts & les bois.

2. ELLÉBORINE DES MARAIS. Sa tige eſt haute d'un pied & demi, feuillée. Ses feuilles ſont enſiformes, nerveuſes. Les fleurs ſont blanchâtres, mêlées de pourpre, pendantes en épi aſſez lâche, long de cinq à ſix pouces. Le pétale inférieur eſt plus grand, plus ſaillant que les autres, terminé par un appendice obtuſe, pliſſé ou ondulé en ſes bords. De la France dans les lieux marécageux.

3. ELLÉBORINE A FLEURS BLANCHES. Sa tige eſt haute d'un pied environ, garnies de feuilles diſtiques. Les fleurs ſont blanches, droites, aſſez grandes, au nombre de cinq à ſept diſpoſées en épi terminal garni de bractées étroites. Le pétale inférieur eſt court, obtus, chargé de trois lignes qui le font paroître ſtrié. De la France dans les pâturages montagneux.

4. ELLÉBORINE ROUGE. Sa tige eſt haute d'un pied environ, garnie de feuilles étroites, pointues. Ses fleurs ſont droites, grandes, purpurines, ſept à neuf en épi terminal. Le pétale inférieur eſt lancéolé, pointu, chargé de lignes ondulées. En Europe dans les lieux couverts des montagnes.

5. ELLÉBORINE A LANGUETTE. Sa racine eſt compoſée de deux bulbes arrondis. Elle pouſſe une tige feuillée qui s'élève à la hauteur d'un pied environ. Ses feuilles ſont étroites, en gouttière. Les fleurs ſont grandes, droites, d'une couleur ferrugineuſe, mêlée de violet, quatre à cinq en épiterminal, muni de bractées colorées, lancéolées & nerveuſes. La fleur eſt comme labiée, la lèvre inférieur eſt terminée par une grande languette pendante, longue de ſix à huit lignes, pubeſcente à ſa baſe. Cette languette diſtingue fortement cette eſpèce des précédentes. Du Midi de la France.

6. ELLÉBORINE DU CAP. Sa tige eſt haute d'un pied, droite, ſimple, glabre. Les feuilles radicales ſont enſiformes, pliées en deux. Les caulinaires ſont engainées, pointues, d'un pouce de longueur, à peine ſemblables à des feuilles. La grappe eſt ſimple, terminale, unilatérale, de onze à douze fleurs. Le pétale inférieur eſt bifide. Du Cap de Bonne Eſpérace.

7. Elléborine parasite. Cette plante croît sur les troncs des arbres. Ses racines sont rameuses, fibreuses. Ses tiges sont hautes d'un pied, couvertes par les gaînes des feuilles qui sont velues, fermes, nerveuses. Les fleurs sont jaunes, formant un épi terminal, muni de bractées spathacées, de couleur purpurine. Le pétale inférieur est plus long, plus large que les autres & rétréci à sa base. Dans les forêts de la Guiane.

Culture.

La voie des semences ne nous a jamais réussie, quoique nous l'ayons tentée, même aussitôt après la maturité des graines. Nous ne connoissons point d'autre moyen de multiplier les *Ellébo-rines*, que de les enlever avec une motte, des endroits ou elles croissent naturellement, quand les feuilles commencent à se faner & de les placer dans un lieu humide, où il y ait de l'ombre & où elles ne demandent aucun soin; c'est le moyen de leur voir faire assez de progrès pour les voir fleurir.

Usage.

Quoique les fleurs n'aient pas beaucoup d'éclat, ces plantes peuvent trouver place dans les jardins des curieux. La forme singulière de leurs fleurs, le port agréable de la plante, dédommageront amplement du peu de soin qu'on leur aura donné.

La première espèce passe pour apéritive, mais elle est peu d'usage. (*L. Menon.*)

ELLIPTIQUE. Forme particulière des feuilles, approchante de celle d'une Ellipse. *V.* Feuille. (*L. Reynier.*)

ELLISE, *Ellisia.*

Genre de plantes de la famille des Borraginées, & voisin des Hidrophylles, dont il ne différe que par des détails sexuels.

Ellise de Virginie.

Ellisia nictelea. L. ⊙ De la Virginie.

C'est une petite plante à tiges inclinées & un peu diffuses. Ses feuilles sont découpées presque jusqu'à la côte principale, en forme de feuilles ailées. Les fleurs sont penchées, de couleur blanche & naissent solitaires en opposition aux feuilles. L'Ellise fleurit en Prairial, & aoûte facilement ses graines avant l'automne; il lui faut un sol léger & de fréquens arrosemens, sur-tout pendant les chaleurs de l'été; une exposition un peu ombragée lui convient mieux qu'une autre, & elle y acquiert plus de volume. On peut la semer dès l'automne dans des bassins de terre bien meuble; le jeune plant supporte très-bien l'hiver, & par ce moyen on jouit plutôt de sa fleur. Mais on peut également retarder les semis jusqu'au printems, il réussit aussi bien & la plante a encore le tems d'aoûter ses graines avant le retour des froids.

Usage.

L'Ellise s'est multipliée depuis quelques tems dans les jardins, quoiqu'elle n'ait rien de remarquable; peut-être s'est on attaché aux masses touffues de feuillage qu'elle produit : en général, elle ne peut pas être classée parmi les plantes décoratrices, & ne devroit se trouver que dans les jardins de Botanique. (*L. Reynier.*)

ELM. Les Hollandais donnent ce nom au *Roseau des sables* qu'ils cultivent dans leurs Dunes, là ou il ne croît pas sauvage, pour opposer un obstacle au déplacement des sables. Cette même plante porte le nom de *Hoya*, sur les côtes de France. *Voyez* Roseau & Dunes. (*L. Reynier.*)

ELSHOLSIE, *Elsholtzia.*

Genre de plantes de la famille des Labiées & voisin des *Chataires* par ses rapports naturels, quoiqu'il en diffère par ses caractères sexuels. Nous devons l'établissement de ce genre à Wildenow, qui l'a décri dans les magasins botanique de Rœmer & Usteri (année 1790, onzième cahier); il donne pour caractère à ce genre, un calice fermé par des poils, une corolle dont la lèvre supérieure est plus courte que l'inférieure & munie de quatre dents; l'inférieure est crénelée & les étamines sont écartées. Nous rapportons ce genre sans discuter la nécessité de sa formation.

Espèces.

1 Elsholsie paniculée.

Elsholtzia cristata. Wild. ⊙ son pays natal est inconnu.

C'est une plante haute d'un pied, à tiges carrées, organisée pour la disposition des feuilles & des fleurs comme plusieurs Chataires, & notamment comme la Chataire nue. Ses fleurs sont de couleur purpurine fort délavée.

Culture Wildenow dit avoir reçu la graine de cette plante d'un amateur de la Saxe & qu'il l'a cultivée; mais il ne dit pas si c'est en pleine terre, ou quel degré de chaleur cette plante exige; ainsi nous n'avons aucune donnée sur sa culture; à moins, comme on peut le présumer du silence de ce Botaniste, qu'elle ne soit la même que celle des Chataires. (*L. Reynier.*)

ELUVO. On donne au Congo ce nom à une céréale, dont le grain se conserve plus d'une année; son épi est triangulaire, & son grain semblable au millet & de couleur rouge Il passe pour très-sain. *Histoire générale des voyages T. 5 pag. 74.* J'ignore à quelle plante il faut le rapporter, à moins que ce ne soit à la *Cretelle à épis larges.* (*L.* Reynier.)

ELVELLE. Nom de quelques champignons. *Voyez* Helvelle. (*L.* Reynier.)

ELYME, *Elymus.*

Genre de plantes unilobées, de la famille des Graminées, qui a beaucoup de rapports avec les *fromens*. Il comprend des herbes à racines rampantes, à feuilles longues d'un à deux pieds, larges de trois à six lignes, glabres ou velues, blanchâtres ou glauques. Les tiges sont droites, articulées, leur hauteur varie d'un à quatre pieds, elles se terminent par un épi de trois à six pouces environ, droit ou penché, garni de barbes plus ou moins longues. Le fruit est une graine oblongue enveloppée dans la bâle florale. Ce genre est de la troisième classe de Linné.

Espèces.

1. Elyme des sables.

Elymus arenarius. L. ♃ En France.

2. Elyme de Sibérie.

Elymus sibiricus. L. ♃ De la Sibérie.

3. Elyme du Canada.

Elymus canadensis. L ♃ D Canada.

B. Elyme de Philadelphie.

Elymus philadelphicus.

4. Elyme de Virginie.

Elymus virginicus. L. ♃ De la Virginie.

5. Elyme d'Europe.

Elymus europeus. L. ♃ De l'Europe, de la France.

6. Elyme fluet.

Elymus tener. L. F. Sup.

7. Elyme tête de méduse.

Elymus caput medusæ. L. Du Portugal.

8. Elyme herissonné.

Elymus hystrix. L ♃ De la Virginie.

Toutes les espèces d'Elyme, ayant les caractères généraux des *Graminées* & n'ayant rien de particulier, ni pour le port, ni pour l'usage, au moins reconnu, nous nous contenterons de donner la description de la première espèce, qui est la plus belle & la plus connue en France.

Première espèce.

Elyme des sables. Sa racine rampante, pousse beaucoup de feuilles longues d'un à deux pieds, larges de quatre lignes & plus, aigues, striées, glabres, blanchâtres ou glauques. Ses tiges sont droites, articulées, feuillées, hautes de trois à quatre pieds, terminées par un bel épi long de sept à neuf pouces, droit, pubescent, dépourvu de barbes. On trouve cette belle graminée sur les bords de la mer dans la France Méridionale.

Cette description peu s'appliquer plus ou moins aux autres espèces.

L'Elyme des sables sert à contenir les sables de la mer & pourroit sans doute offrir le même service dans des terreins à peu près semblables. (*L.* Menon)

EMARGINÉE. Cette expression est moins usitée que celle *échancrée* & signifie la même chose. *Emarginée* est la traduction littérale du mot latin. (*L.* Reynier.)

EMATABY. L'un des noms locaux du Rocou. *Voyez* ce mot. (*L.* Reynier.)

EMBAGNAN. Espèce de bouillie qu'on prépare à *Cayenne* avec les bananes, & qui forme une des principales nourritures des habitans. *Voyez* Bananier. (*L.* Reynier.)

EMBELI ribéfoïde, *embelia ribes* Burm. Nom d'un arbre de l'Isle de Ceylan, peu connu jusqu'à présent, & dont les fruits sont employés dans son pays natal à des confitures semblables à celles de nos groseilles. Nous n'avons aucunes notions sur la conformation & les autres usages de cet arbre. (*L.* Reynier.)

EMBLAVER. Mot d'usage dans quelques pays, pour exprimer l'ensemencement des terres, il tire sans doute son origine du mot *bled*; car Emblaver un champ, c'est particulièrement l'ensemencer en bled. On dit communément dans ces pays: *quand j'aurai emblavé mes terres; il faut que j'emblave ma ferme*, &c. (Tessier.)

EMBLAVES. S'entend des terres emblavées. *Voyez* Emblaver. (Tessier.)

EMBLAISON. On appelle ainsi à Fontenaile Comte les semailles, c'est-à-dire, la saison où l'on sème. (Tessier.)

EMBLAY. Partie d'une charrue. *Voyez* ce mot au Dictionnaire des instrumens aratoires. (Tessier.)

EMBOTHRION ou CATHAS, *Embothrium.*

Genre de plantes nouvellement établi, & qui se rapproche des Protées & des Garous; il comprend des arbrisseaux étrangers à notre climat, dont les fleurs sont disposées en grappes.

Espèces.

Embothrion à grandes fleurs.

Embothrium grandiflorum. Lam. ♄ du Pérou.

2. EMBOTHRION écarlate.

Embothrium coccineum. Forst. ♄ dans les bois du Magellan.

3. EMBOTHRION à ombelles.

Embothrium umbellatum. Forst. ♄ de la nouvelle Ecosse.

4. EMBOTHRION velu.

Embothrium hirsutum Lam. ♄ du Pérou.

Ces quatre arbustes, d'après les descriptions des voyageurs & les échantillons déposés dans les herbiers, paroissent avoir une conformation agréable. Les fleurs des deux premières espèces sont en grappes lâches, où l'on voit encore mieux ressortir la conformation singulière de leurs longues corolles. Ces arbustes sont encore peu connus; on ignore, par conséquent, la culture qui leur seroit propre (*L. Reynier.*)

EMBOUCHE. (Pré d'Embouche.) Dans le Charolois, on donne ce nom à un pré, destiné à l'engrais des bœufs. Ailleurs, on dit *herbage de graisse*, *pré à engraisser les bœufs*. (*Tessier.*)

EMBRIQUÉ. On donne ce nom à une disposition particulière des écailles, ou bractées, qui forment le calice général des fleurs composées: c'est lorsque ces bractées, disposées sur plusieurs rangs, se recouvrent comme les tuiles d'un toit. (*L. Reynier.*)

EMBROCATION. Terme de Médecine vétérinaire par lequel on désigne une onction, composée de différentes drogues grasses ou spiritueuses, que l'on applique sur la partie malade d'un animal. (*C. Gruvel.*)

EMBRYON. Rudiment d'un nouvel individu renfermé dans la graine; il prend le nom de *plantule*, lorsque la germination le développe & qu'il commence à briser l'écorce de la graine. *Voyez* Graine. (*L. Reynier.*)

EMERUS. Nom latin & francisé dans presque tous les catalogues des jardiniers, de la *Coronille des jardins*. *Voyez* ce mot. (*L. Reynier.*)

EMINE, EMINÉE, Noms de mesures de terre, en usage dans le ci-devant Dauphiné, maintenant, Départemens des Hautes-Alpes, de l'Isère & de la Drome. C'est une division de la *seterée*. Celle-ci n'étant pas composée d'une égale quantité de toises, l'Emine éprouve aussi des inégalités, selon les cantons & même quelquefois dans un village. Tantôt elle est de 375, tantôt de 250, tantôt de 200 toises &c. Aux environs de Valence, l'Emine est de 375 toises; on l'appelle demi seterée; Elle s'y subdivise en deux quartelées ou quarts de seterée.

Près de Die, où l'on dit plutôt *Eminée* qu'Emine, elle est de 250 toises; il en faut cinq pour faire la *charge*.

Au mont Dauphin, l'Eminée, qu'on écrit aussi *héminée*, n'est que de 200 toises.

A Guillestre, la seterée étant de 900 toises, ce qui forme un arpent de Paris, il y a lieu de croire que l'Eminée est de 450. Là, elle se subdivise en quartes & civayers. Je suppose que la quarte, qui doit être la quatrième partie de la seterée, soit de 225 toises, si le civayer est la huitième partie de l'Emine & la quatrième de la quarte, il doit être de 30 toises & demie; mais il seroit possible que les subdivisions ne fussent pas dans des proportions, toujours décroissantes par moitiés & par quarts & que le civayer fut de 25 toises seulement, c'est-à-dire, qu'une quarte ou demi Emine en contint cinq. Ce qu'il y a de certain c'est que le civayer au mont Dauphin, est de 25 toises. A la vérité, l'Emine de ce pays est de 200 toises. *Voyez* le tableau des mesures au mot Arpent, pour les rapports avec les arpens. (*Tessier.*)

EMIONITE. *Voyez* Hemionite.

EMMANEQUINER. Renfermer les racines d'un arbre ou d'une plante, dans un mannequin pour en faciliter le transport, avec la motte de terre qui environne les racines. Lorsque ce sont des arbustes délicats & qu'on craint de déranger les racines en sortant la motte du mannequin, on l'enterre jusqu'au moment où la plante a pris racine, alors on sépare le mannequin avec moins de dangers. (*L. Reynier.*)

EMMIELURE. Aux environs de Landrecie en Hainaut, maintenant Département du Nord, on appelle *Emmielure* un amaigrissement des bleds, qui restent longtems verds & murissent difficilement. Cette maladie paroîtroit avoir beaucoup de rapport avec le *rachitisme* ou *bled avorté*. *Voyez* le mot Avortement. Les gens du pays l'attribuoient à l'usage où l'on étoit d'employer pour engrais une terre noire, sulphureuse, qu'ils tiroient de loin. Mais rien ne prouve que ce fut la cause de l'*Emmielure* On assure qu'ils ont abandonné presque entierement l'usage de cet engrais. Il seroit interessant de sçavoir si depuis cette époque l'Emmielure a cessé. (*Tessier.*)

EMONDER. C'est nettoyer un arbre des branches sèches, des chicots & des autres défauts qui lui sont nuisibles. On le dit aussi du retranchement des branches superflues qui nuisent aux autres, sans être d'aucun avantage à l'arbre: Rosier blâme cette seconde acception, qui cependant est très-répandue. (*L. Reynier.*)

EMOTOIR. instrument avec lequel on casse les mottes On lui donne ce nom dans les environs de Montpellier. *Voyez* Emotter (*Tessier.*)

EMOTTER. Briser les mottes. Il est bon quelquefois que dans les terres légères & qui se déchauffent facilement, il y ait un peu de mottes, pourvu qu'elle ne soient pas trop grosses. Pendant l'hiver ces mottes se réduisent en terre & rechauffent les pieds des plantes. Mais les grosses mottes, sur-tout dans une terre compacte, sont nuisibles. D'abord elles s'opposent à la levée d'une partie des grains, qui n'ont pas la force de les soulever & ne peuvent se jeter de côté; elles se durcissent à l'air & gênent les moissonneurs, enfin, c'est une terre agglutinée, qui est absolument perdue pour les plantes, qui végétent aux environs. Lorsque les labours ont été faits par un tems humide, suivi aussitôt d'un grand hâle, il y a beaucoup de mottes. Le cultivateur les fait casser avec un maillet ou grosse masse de bois, appelié *brise-motte*, *casse-motte*; ou profitant du lendemain ou du surlendemain d'une petite pluie, il y fait passer le rouleau, ou une herse tournante, qui n'est autre chose que la herse unie au rouleau. (*Tessier*.)

EMOUSSER. Oter la mousse. Différentes espèces de mousse & lichens croissent sur le tronc & les branches des arbres & vivent aux dépens de leur sève. Il n'est pas de doute que les arbres ne soufrent, ou qu'au moins ils ne soient retardés dans leur végétation, quand leur écorce est ainsi encroutée & obstruée. Pour s'en convaincre il suffit de comparer leur état à celui des arbres, qui sont lisses & entièrement exempts de mousses & de lichens; ces derniers sont vigoureux dans toutes leurs parties, tandis que les autres n'ont qu'une existence languissante.

Pour émousser un arbre, on se sert d'un couteau, ou d'une torche de paille ou d'une grosse brosse, qui vaut encore mieux : on choisit le temps, qui suit la pluie, ou le matin à la rosée, afin que la mousse se détache facilement.

Ordinairement on se contente d'Emousser les arbres à fruit des jardins, parce qu'on a un intérest plus pressant à les bien soigner. Il seroit bon d'étendre cette pratique à des arbres d'allées, de quinconces & autres.

Feu M. Varenne de Fenille, pour détruire la mousse des arbres, ou plutôt pour l'empêcher de s'y former, conseilloit d'enduire avec un pinceau leur écorce d'une couche légère d'eau de chaux. J'ai été tenté bien des fois d'en faire l'expérience.

Les arbres qui prennent beaucoup de mousse, indiquent en général ou que le terrein n'a pas été assez defoncé, ou que sa qualité n'est pas celle qui convient aux espèces qu'on y a planté.

Quelquefois les prairies, soit naturelles, soit artificielles, se couvrent de mousse. Il faut alors les labourer, les fumer & les ensemencer en plantes d'une autre nature. (*Tessier*.)

EMPAILLER, se dit, 1.° des cloches de jardin, lorsque pour les retirer & les conserver dans les serres, on les emboite les unes dans les autres, ayant soin de mettre entre elles un peu de paille, afin qu'elles ne se cassent pas, 2.° des pieds de cardons & d'artichauds, qu'on entortille de paille, pour les faire blanchir, en interceptant la lumière, 3.° des arbres d'espalier, exposés à la trop grande ardeur du soleil, qu'on abrite par un petit paillasson, fixé sur les tiges, 4.° des arbres fruitiers, tels que les pommiers, placés dans les terres cultivées, qu'on est obligé de garnir de liens de paille, jusqu'à une certaine hauteur, afin que la charrue en passant n'endommage pas leur écorce. (*Tessier*.)

EMPALEMENT. Quelques personnes ont emprunté ce mot des Anglais, pour désigner le spathe de certaines fleurs ; il est peu usité. (*L. Reynier*.)

EMPANÉ. Mauvaise expression qui se trouve dans quelques anciens livres. *Voyez* Empenné. (*L. Reynier*.)

EMPEAU. Vieux mot qui exprime une greffe qui se fait entre le bois & l'écorce, comme celle en flûte & en écusson. *Voyez* Greffe. (*L. Reynier*.)

EMPENNÉ. Ce mot est peu usité, on le remplace par celui d'*Ailé*. On le dit des folioles rangées par paires sur une côte principale. (*L. Reynier*.)

EMPETRUM. Non latin employé quelquefois en français pour désigner la Camarigne. (*L. Reynier*.)

EMPHYSÈME. C'est une tumeur molle, luisante, elastique, indolente; elle est produite par de l'air répandu sous la peau, dans les cellules du corps graisseux. On peut comparer l'Emphysème à la boufissure des animaux, qu'on soufle après leur mort, dans les boucheries.

Il diffère de l'œdème, en ce qu'il ne retient pas l'impression du doigt, & de la tympanite, occasionnée par de l air contenu dans le bas ventre. Quand on comprime un Emphysème de la poitrine, l'air se retire de cellules en cellules & fait en même temps une crépitation, comme du parchemin sec.

La cause de l'Emphysème est le plus souvent externe. Souvent il se forme, à la suite d'une plaie.

Les animaux contractent des Emphysèmes aux genoux, au scrotum, &c.

Quand il est prouvé qu'un gonflement n'est que de l'*Emphiséme* & non de la *tympanite* ou du *metcorisme*, on le guérit par l'emploi des remèdes discussifs, appliqués extérieurement, tels que les sachets d'herbes & les semences aromatiques & carminatives de fenouil, d'anis, daneth, de cumin, de cam mille, de laurier, les feuilles de sureau & d'hyeble, bouillies dans du vin, produisent aussi de bons effets. On réussit même, sans aucun remède, pourvu qu'on tienne l'animal

mal très-chaudement. Enfin on a conseillé la ponction simple, lorsque l'Emphysème n'attaquoit pas une articulation. Mais je préférerois les moyens précédens. Voyez le Dictionnaire de médecine. (TESSIER.)

EMPHYTEOSE, EMPHYTEOTIQUE. Espèce de bail, à très-long terme. Voyez le mot BAIL, Tom. 2.e, 1.ere part. (TESSIER.)

EMPLATRE. On donne ce nom dans la médecine vétérinaire à des drogues simples ou composées qu'on applique sur quelque partie du corps d'un animal malade. Il y a des emplâtres de bien des sortes & bien des manieres d'en faire usage. Les classes principales auxquelles on peut les rapporter sont les vésicatoires, les rubefians, les attractifs, les épispastiques, les sinapismes, les escarotiques, les cathéretiques, les rongeants, les cautères potentiels, les feux morts &c. On choisit les uns ou les autres selon le besoin & selon l'effet qu'on veut produire. Tantôt on introduit des emplâtres dans des dépôts ou des playes, tantôt on s'en sert pour réunir des parties disjointes, tantôt pour former une ouverture ou pour enlever la peau &c. Ce genre de remède, pour être employé convenablement, exige des connoissances dans les maladies des bestiaux & de l'adresse. Le plus souvent on en abuse. C'est au Dictionnaire de médecine à prescrire les cas où ils sont utiles, & ceux où ils sont nuisibles. (TESSIER.)

EMPLATRE, *jardinage*. On a adopté, pour les arbres, cette partie de la médecine curative des animaux. Lorsqu'on coupe quelques branches, ou que des chancres & autres maladies désorganisatrices attaquent un arbre, & que l'amputation à vif devient nécessaire, il est utile de couvrir la plaie d'ingrédiens, qui empêchent l'action trop vive des élémens & la renaissance du principe désorganisateur ou morbifique. On a proposé diverses préparations, les unes plus avantageuses que d'autres. Mais *l'onguent de saint Fiacre* (Voyez ce mot.) paroît réunir tous les avantages & répondre aux divers inconvéniens. En général les corps graisseux & résineux, qu'on avoit essayé d'adapter à cet usage, ont trop d'inconvéniens pour qu'il soit possible de les employer. (L. REYNIER.)

EMPLÈVRE, *EMPLEVRUM.*

Genre nouvellement établi par Solander, & voisin, par son habitus & par sa conformation, des *Diosmas*, dont il differe par son manque de corolles.

Espèce.

EMPLÈVRE denté.

Emplevrum serrulatum. Sol. ♄ du Cap de Bonne-Espérance.

C'est un arbrisseau que Lamarck compare à un Saule à feuilles étroites pour la conformation de ses branches. Ses fleurs naissent par paquets de trois ou quatre à l'aisselle des feuilles.

Culture.

Nous n'avons jusqu'à présent aucune expérience qui y soit relative, mais son analogie de climat & de forme avec les Diosmas, nous offre quelques données première pour sa culture. (L. REYNIER.)

EMPORTER (s') Ce mot est synonime de s'échapper. Voyez ce mot. (L. REYNIER.)

EMPOTER, REMPOTER. C'est remplir un vase quelconque avec de la terre préparée, analogue à la nature & à la végétation des plantes que l'on y place. Il faut que la terre ait été exposée, pendant deux ou trois ans, à toutes les injures de l'air, retournée & passée plusieurs fois à la claye, pendant cet intervalle. Il ne faut point comprimer la terre en *empotant*, surtout pour les jeunes plantes, leur chevelu délicat & tendre se trouvera bien de cette méthode. Il suffit de frapper deux ou trois coups, du fond du pot sur la place ou l'on *empote* & de donner un léger arrosement.

Quand on a à *rempoter* de vieilles plantes, comme arbustes ou arbrisseaux, il faut d'abord ôter une partie de la motte avec un instrument tranchant, la mettre ensuite tremper dans un baquet plein d'eau jusqu'à ce qu'elle en soit pénétrée, en retirer les insectes qui se seroient glissés entre les racines & enfin la remettre en pot avec une terre neuve, substantielle, analogue à la nature de l'arbuste en donnant ensuite un léger arrosement.

On *empote* également ou à la fin de l'été, ou au printems: il ne faut pas oublier, dans cette opération, de mettre sur les trous des pots ou vases, des écailles d'huitres, ou des morceaux de pots cassés, tant pour empêcher les racines & la terre de passer avec l'eau des arrosemens, que pour en interdire l'entrée aux insectes. Certaines plantes demandent en outre, un lit de gros sable ou de gravats pour faciliter l'écoulement des eaux, dont le trop long séjour feroit pourrir les racines.

Quoique l'époque du *rempotage*, soit le besoin des plantes, il faut cependant *dépoter* dans l'intervalle de ce besoin, toutes les fois que les plantes souffrent, pour chercher la cause de leur maladie, & y remédier. (A. J. MENON.)

EMPOUILLER. Dans les environs de Noyon & autres lieux, on appelle *empouiller*, ensemencer ou emblaver les terres. C'est le contraire de *dépouiller* dont on se sert dans beaucoup de pays, pour dire *faire la récolte*, parce qu'en effet les plantes cultivées qui couvrent les champs font leurs vêtemens & leur parure. *Voyez* ENSEMENCER. (*TESSIER.*)

ENARRHEMENT. Enarrher. *Voyez* ARRHER. (*TESSIER*)

ENCAISSEMENT. C'est l'action de mettre un arbuste dans une caisse, les précautions doivent être les mêmes que pour *empoter*; la seule différence naît des vases différens que l'on emploie, ce qui dépend de la grandeur de l'individu. Tel arbuste jeune végète dans un pot, qui plus âgé ne peut se développer que dans une caisse, & la caisse où on le place doit augmenter de capacité en raison des progrès de sa végétation; car le développement des racines dans un végétal bien organisé, est toujours relatif à celui des branches

Dès qu'on voit qu'un arbre languit, que ses branches sont arrêtées dans leur développement, que son feuillage jaunit ou seulement perd de sa fraîcheur, il faut le changer de caisse ou du moins le déchausser. Si l'on trouve que ses racines sont gênées, on le met dans une caisse plus grande; si l'on trouve que ses racines sont libres dans leur développement, l'état de souffrance ne vient que de l'appauvrissement de la terre, alors il suffit de remplacer celle de la caisse par de la terre fraîche, c'est ce qu'on nomme *Demi-Encaissement. Voyez* EMPOTER. (*L. REYNIER.*)

ENCAISSER. Mettre un arbre ou arbuste dans une caisse, ou le transplanter d'une caisse dans une autre d'un plus grand diamètre. *Voyez* ENCAISSEMENT. (*L. REYNIER.*)

ENCAUSSEMENT. Nom que les bergers donnèrent à l'hydropisie des bêtes à laine. *Voyez* HYDROPISIE. (*TESSIER.*)

ENCÉLIE, *ENCELIA.*

Genre de plantes de la famille des COMPOSÉES-RADIÉES, & voisin des *Anacycles*, qui ne comprend jusqu'à présent qu'une seule espèce, qui est un arbuste ou plante ligneuse, semblable à l'Arroche Halime par son feuillage.

1. ENCÉLIE blanchâtre.

Encelia canescens. Lam. ♄ du Pérou.

L'Encélie est un joli arbuste ou sous-arbrisseau, dont tout l'aspect est blanchâtre. Ses feuilles sont ovales & nombreuses; ses fleurs sont disposées en grappes terminales & de couleur jaune. Il fleurit vers la fin de l'été.

Culture.

On le multiplie de deux manières, de graines & de boutures. De *graines*, on les seme au printems, lorsqu'on les a obtenues d'individus élevés dans nos serres, où dès qu'on les a reçues lorsqu'elles arrivent d'Amérique. Ces semis doivent être faits dans des pots placés dans une tannée chaude. Après la germination on ménage beaucoup les arrosemens; le jeune plant est lent à pousser, mais une fois parvenu à sa cinquième ou sixième feuille, son développement devient plus rapide. Lorsque le plant a été semé trop dru, il est bon de l'éclaircir à cette époque; mais quelques soins qu'on donne à ces pieds que l'on lève alors pour leur transplantation, il est rare qu'ils la supportent. Vers la fin de Fructidor, on lève tous les pieds du jeune plant pour les planter séparément dans des pots qu'on place dans une serre tempérée.

De Boutures, l'Encélie réussit pareillement, c'est au mois de Messidor qu'elles doivent être faites; les soins qu'elles exigent sont les mêmes que pour les autres sous-arbrisseaux de cette famille.

Usage.

L'Encélie peut répandre beaucoup d'agrément dans nos serres, & à mesure qu'il sera plus acclimaté, il deviendra une décoration pour nos orangeries & même pour les bosquets de la France Méridionale. (*L. REYNIER.*)

ENCHAUSSER LE BLED, le mettre en chaux. *Voyez* l'article CARIE, 2.me vol. pages 723 & suivantes. (*TESSIER.*)

ENCLORE.. *Voyez* CLOTURE. (*GRUVEL.*)

ENCLOS. A l'article Cloture de ce Dictionnaire, nous avons parlé très au long de tout ce qui regarde cette partie de l'agriculture, mais nous ne saurions nous empêcher de rapporter ici comme supplément à l'article Clôture, ce qu'un juge très-compétent dans pareille matiere, Arthur Young a dit dans son voyage agronomique en France, relativement à l'état des Enclos qu'il a rencontrés dans les différens départemens de la république; nous copions ce qu'il en a dit au chapitre onzième du second volume.

« Les principaux pays d'Enclos que j'ai vu en France sont, toute la Bretagne, la partie Occidentale de la Normandie, avec la partie au Nord de la Seine; la plus grande partie de l'Anjou, du Maine, jusqu'à Alençon. Au Midi de la Loire, il y a une vaste étendue de pays qui est enclose; le bas Poitou, la Tourraine, la Sologne, le Berri, le Limousin, le Bourbonnois, une partie du Nivernois, & depuis Mont-Cenis en Bourgogne, jusqu'à Saint Pourcain en Auvergne, tout est Enclos. Il y a des champs ouverts dans l'Angoumois, & dans la partie orientale du Poitou, mais il y en a davantage d'enclos. Le Quercy est en partie de même; mais tout le canton des Pyrénées, depuis Perpignan jusqu'à Bayonne, qui s'étend jusqu'à Auch, & presque jusqu'à Toulouse, (les bruyères exceptées) est rempli d'Enclos. Cette masse contigue de pays ne contient pas moins de onze mille lieues quarrées, des vingt-six mille qui composent le Royaume; si l'on y ajoute le étendues considérables d'Enclos dans d'autres parties de la France, on trouvera qu'une bonne moitié du Royaume est enclose. Il faut considérer que la Provence, sur-tout dans les environs d'Avignon, n'est pas sans Enclos, & que le Dauphiné en a davantage. Tout le canton montagneux d'Auvergne, du Velay, du Vivarais & des Cevennes en contient beaucoup; la Franche-Comté & la Bourgogne, principalement la première, ont de vastes étendues d'Enclos; la Lorraine en a quelques unes, & la Flandre est toute enclose. Ajoutez à cela la plupart des vignobles, des bois, des forêts & des prairies du Royaume; & il paroîtra que je n'exagère pas, en supposant que la moitié du Royaume est enclose. »

« Dans une pareille estimation, il seroit ridicule de vouloir prétendre à l'exactitude; c'est une conjecture fondée sur des observations & sur une multitude de remarques prises sur les lieux. Quelques-unes des Provinces encloses sont entremêlées de champs ouverts; & toute Province ouverte est entrelacée d'Enclos. Une autre remarque qu'il ne sera pas inutile de faire, pour l'usage de ceux qui pourront voyager par la suite, c'est qu'il y a plusieurs terres en France assez encloses pour tous les besoins de l'Agriculture, quoiqu'elles paroissent ouvertes; c'est-à-dire que la propriété y est assez distincte, quoiqu'elle n'ait pas pour limites une haie ou un fossé. »

« L'usage que l'on fait des Enclos dans ce grand Empire, est un sujet de plus d'importance. Si les habitans ne savent pas en tirer parti, autant vaudroit-il qu'ils n'en eussent pas. C'est précisément ce qui arrive; tout homme qui voyage avec attention ne sauroit en douter; & il n'y a pas de plus grande preuve que celle-ci, qui est qu'on donne le même prix pour les terres ouvertes que pour les terres encloses, pourvu qu'elles soient en labour. C'est un fait que j'ai souvent vu à mon grand étonnement. Il est d'autant plus singulier, que dans plusieurs parties du même Royaume, les petits propriétaires montrent combien ils entendent la valeur des Enclos; car à peine ont ils fait l'acquisition d'un champ, qu'il l'environnent immédiatement de haies ou de fossés, & souvent de tous les deux. Le Béarn offre un exemple plus frappant de ce que j'avance, qu'aucune partie de l'Europe. Il ne se trouve pas dans toute l'Angleterre un canton plus & mieux enclos; & ce qui est rare en France, les barrières & les sauts des haies se trouvent en bon état. Tout le territoire des Pyrénées est en général enclos; mais les champs ne sont pas si propres, ni si bien entretenus que dans le Béarn. Dans la Bretagne non plus, qui est par-tout plus ou moins enclose; elle à un aspect rude & sauvage: cependant il y a un canton depuis Guingamp jusqu'à Belle-Isle, qui est beaucoup mieux entretenu, où les barrières sont bien imaginées pour épargner le fer, les poteaux étant très-forts; celui sur lequel la porte est suspendue, a une saillie en haut & en bas; la dernière étant suffisante pour que la porte tourne dessus en s'ouvrant, & la première en se fermant, afin de la tenir dans une position perpendiculaire; l'autre poteau a une entaillure sur le devant, pour y mettre un bout de la barrière en la levant; par ce moyen, elle est aussi bien fermée qu'avec des verrous en Angleterre. Cette invention est fort bonne ou le bois n'est pas trop cher. »

« On ne sauroit douter que dans ces Provinces, ainsi que dans le Limousin, le Berri & plusieurs autres, où j'ai trouvé les haies bien entretenues & les trous bouchés avec attention, les fermiers ne connoissent par expérience les avantages des Enclos; ils ne feroient pas des dépenses si considérables, s'ils n'espéroient pas en être dédommagés. Mais dans les Provinces ou les champs ouverts dominent, les Enclos ne sont guères estimés; je n'en sais pas la raison. Si l'Agriculture étoit différente dans les Enclos que dans les champs ouverts, il n'y auroit rien de surprenant; mais par la folie singulière des habitans, dans les neuf-dixième des Enclos de la France, le même systême prévaut que dans les champs ouverts, c'est-à-dire, il y a autant de jachères & conséquemment les bestiaux & les moutons d'une ferme ne son rien en comparaison de ce qu'ils devroient être. La Flandre, l'Alsace & en général les terres fertiles sont bien cultivées, mais pas partout; car le beau sol qui se trouve entre Bernay & Elbeuf, & celui du pays de Caux, sont honteusement mis en jachères. La Sologne est enclose, cependant c'est la plus misérable Province de France; elle peut-être classée avec la Bretagne. Le Bourbonnois & une grande partie du Nivernois sont enclos; cependant les cours qu'on y suit sont: 1.° jachère; 2.° seigle; 3.° abandonnées aux mavaises herbes & au genet, & cela sur des terreins susceptibles des plus grandes améliorations, & du meilleur genre de culture du comté de Norfolck. Avec des systêmes si misérables, de quelle utilité sont les Enclos? Delà on doit conclure, qu'en trouvant la moitié de la France enclose, il ne faut pas supposer que l'Agriculture de ce Royaume soit dans un état d'amélioration que cette circonstance indique parmi nous; au contraire, elle n'indique rien de semblable; car quelques-unes des plus pauvres & des plus misérables Provinces sont précisément celles qui sont encloses, & je ne serois pas surpris qu'il se trouvât des visionnaires dans ce Royaume, qui s'appuyant sur cette circonstance, augmentassent contre l'usage des

Enclos, puisque les absurdités les plus grossières ont toujours trouvé des défenseurs. »

« La principale cause des nouveaux Enclos en France, qui soit parvenue à ma connoissance, c'est que les communautés de plusieurs paroisses, dans différentes parties du royaume, & particulièrement dans le territoire des Pyrénées, étant propriétaires des terres incultes, les vendent à ceux qui veulent les acheter ; elles donnent à ces acheteurs la propriété absolue du terrein, sans se réserver aucun droit de communeaux ou des bois ; en conséquence de quoi, ils ont le pouvoir de s'enclorre ce qu'ils ne manquent jamais de faire. C'est delà qu'il s'est fait tant d'amélioration dans les Provinces des montagnes. D'un autre côté, dans les plaines incultes de la Bretagne, de l'Anjou, du Maine & de la Guyenne, tout étant entre les mains des grands seigneurs qui ne veulent pas vendre, mais seulement donner ces terres en fief, on les trouve dans le même état de désolation ou elles étoient il y a cinq cents ans ; & dans ce cas il y a de grandes entraves aux Enclos, quand les communautés réclament des droits de communaux, & que la propriété est entre les mains des seigneurs : réclamation qui ne peut avoir lieu quand les terres appartiennent à la communauté elle-même. »

« Les champs ouverts de la Picardie, de l'Artois, d'une partie de la Normandie, de l'Isle de France, de la Brie & du pays de la Beauce, sont infestés de toutes les circonstances pernicieuses connues en Angleterre, en pareil cas ; tels que les droits de pâturages, commencants à certaines époques, lorsque les terres sont en culture, & toute l'année quand elles sont en jachères ; il y a aussi cette bizarre & misérable division des propriétés, qui ne semble avoir été inventée que pour donner au propriétaire tout le mal possible dans la culture de son petit morceau de terre. En Angleterre, nous avons fait depuis quarante ou cinquante ans, des progrès considérables dans la distribution & les Enclos des champs ouverts ; & quoique les dixmes, la folie, l'opiniâtreté, les préjugés & les grandes dépenses en Parlement, operent avec beaucoup de force pour empêcher nombre d'Enclos, nous en avons néanmoins assez pour en conserver l'habitude, la méthode & le systême de les faire ; ils continuent, & il faut espérer que les progrès du bon sens & de l'expérience feront enclore tout le royaume en moins d'un siècle. En France au contraire, on n'a pas encore fait le premier pas ; on n'a pas encore la méthode de procéder ; on n'a pas d'idées de donner des pouvoirs a des commissaires, d'entreprendre les travaux d'Hercule, selon l'estimation des François, pour faire une juste division des communes sans appel. Il y eut un édit du Roi à ce sujet en 1764 ou 65, qui je crois étoit relatif à la Lorraine ; mais en passant dans cette Province, je m'informai de ses effets, & je trouvai qu'il n'en avoit eu que très-peu ou point. Bien plus, on m'assura à Metz, à Pont-à-Mousson, à Nancy & à Luneville, que le droit de parcours étoit universel dans la Province, & que tout ce qui étoit semé, contradictoirement à l'usage, se trouvoit mangé. Je demandai à Luneville pourquoi il n'y avoit pas plus de luzerne ? on me répondit le droit de parcours l'empêche. Sous l'ancien régime il étoit impossible d'exécuter des pareils réglemens, parce que dans le fait, il n'y avoit pas en France de législature. Je ferai voir cela plus clairement dans un autre lieu. Aucune loi n'avoit de force à moins d'être volontairement concentrée par les Parlemens, & vigoureusement exécutée par eux ; car par le moyen de la constitution vicieuse des cours de justice, il n'y avoit pas de pouvoir exécutif pour faire mettre les loix à exécution, de sorte que quand toutes les parties n'étoient pas parfaitement d'accord pour exécuter, ainsi que pour donner une mesure, rien n'étoit fait : le Roi, malgré tout son despotisme, étoit impuissant à cet égard. Sous le nouveau gouvernement qui se forme en France, je doute beaucoup qu'il se fasse de grands progrès dans ce premier pas, vers toutes les améliorations utiles dans l'Agriculture ; de la manière dont la nouvelle constitution doit être entendue : c'est la volonté du peuple qui doit gouverner, & je ne connois aucuns pays où le peuple ne soit contre les Enclos. Le tiers-états & le clergé de Metz demandent expressémment la révocation de l'édit pour les Enclos : celui de Troyes, de Nimes & d'Anjou, fait la même requête ; un autre demande que le droit de communaux dans les forêts soit accordé aux paroisses voisines. La noblesse de Cambray déclare, qu'il ne faut pas rompre les communes. Il y a même des cahiers qui vont jusqu'à demander que les communes qui ont déjà été encloses, soient de nouveau ouvertes. Nous pouvons juger delà, combien il est probable, qu'on fasse aucune loi ou aucun réglement, pour favoriser la mesure des divisions & des Enclos. »

« Il seroit superflu d'entrer dans le détail de tous les avantages des Enclos, dans un ouvrage tel que celui-ci & dans le moment ; il paroît suffisant d'observer que sans un systême régulier d'Enclos, il est impossible d'entretenir des bestiaux, à moins de suivre le systême Flamand, & de les tenir constamment dans les étables ou dans des cours ; & cette méthode, quand les terres qui doivent fournir leur nourriture se trouvent éloignées de la maison, est peu commode & dispendieuse, quoique à plusieurs égards elles soit admirable. Avec des champs ouverts il faut que les fermes soient diſperſées ; il eſt impoſſible de ſuivre le ſyſtême Flamand, non-ſeulement parce que le cours établi des moiſſons ne permet pas la culture des plantes propres aux beſtiaux, mais parce que, quand même on les cultiveroit, on ne pourroit pas les faire venir tous les jours à la ferme, ſans paſſer ſur la terre des autres ; c'eſt pourquoi on doit toujours avoir préſent à l'eſprit que Bétail & Enclos ſont des termes ſynonymes. Les Académies nombreuſes & les Sociétés d'Agriculture en France, qui par des prix & des diſſertations eſſayèrent d'augmenter le Bétail du Royaume, par la culture de nouvelles plantes & d'herbes propres à leur nourriture, ſans faire les diſtinctions convenables, & ſans donner une attention particulière aux cantons enclos, ne pouvoient, ſelon la nature des choſes, voir naître aucun bon effet de leurs efforts : c'eſt comme l'Intendant qui donnoit de la ſemence de navets à des fermiers, qui n'avoient peut-être pas un ſeul âcre de terre propre à les cultiver. Nous pouvons aſſurer, ſans crainte de nous tromper, que ſans Enclos, la moitié de la France ne ſauroit entretenir le nombre des moutons & des beſtiaux néceſſaires, & que ſans un pareil approviſionnement une bonne agriculture eſt abſolument impraticable. Quelque ſujet d'Agriculture que nous traitions, il ne faut jamais oublier que les jachères d'une ferme doivent en ſoutenir les beſtiaux & les moutons. »

« Le premier objet capital de l'Agriculture françaiſe, eſt d'établir une meilleure geſtion dans les parties du Royaume déjà encloſes, & le ſecond, d'enclore les champs encore ouverts. Il eſt remarquable que les vignobles ſoient en général ouverts, quoique la propriété ſoit diſtincte & reconnue : j'ai vu des exemples où les morceaux de terre diſperſés, employés à cette culture, étoient auſſi variés & auſſi incommodes que dans les terres de labours, probablement parce qu'ils étoient dans cet état avant d'être convertis en vignobles. Les délits ſont communs en proportion de la valeur du produit, & de la facilité de les commettre. L'aſſiduité & la dépenſe qu'exige la ſurveillance des vignobles dans pluſieurs parties de la France, ſont des preuves convaincantes, que mieux ils ſeroient enclos, plus leur valeur ſeroit conſidérable. Il eſt digne de l'attention des Agriculteurs français, d'examiner juſqu'à quel point l'abri accordé par les Enclos, pourroit protéger les vignes de la rigueur des ſaiſons peu favorables. Cette amélioration peut encore être conſidérée ſous un autre point de vue, qui n'eſt pas de moindre importance ; lorſque les ſept huitièmes de la *France* éprouvent un manque de charbon de terre, c'eſt qu'elle fourniroit du chauffage. J'ai déjà fait voir quel immenſe étendue de pays étoit en forêts pour avoir du bois de chauffage ; au-lieu qu'un Enclos bien géré, des haies judicieuſement plantées & conſervées rapporteroient, comme en Angleterre, une grande quantité de matériaux pour faire du feu. Là où il faudroit beaucoup d'abri & d'humidité, la quantité en ſeroit grande ; là où il ne faudroit ſimplement qu'un Enclos, elle ſeroit moindre, puiſque la hauteur des haies ſeroit réglée ſur ces motifs. (*Gruvel*)

Avant le voyage en France d'Artur Yong, on avoit ſenti l'utilité des Clôtures ou Enclos, ainſi que celles, de la ſuppreſſion du parcours & des jachères. On en a la preuve dans des ouvrages imprimés & dans l'opinion, qui s'eſt formée depuis long-temps ſur cet objet. Cent fois j'ai déſiré qu'on commençât à établir des Clôtures dans la Beauce, parce que ce pays en eſt très-ſuſceptibles & en a un grand beſoin. 1.° parce qu'il y a de grandes exploitations, qu'on rapprocheroit encore, en échangeant des terres morcelées ; 2.° parce qu'on y manque de bois & qu'on en trouveroit dans les haies, qui borderoient les champs ; 3.° parce que les terres, qui ſont plus ou moins calcaires, étant habituellement expoſées à de grandes ſéchereſſes, des Clôtures y entretiendroient de l'humidité, & attireroient des pluies plus fréquentes. Mais le ſyſtême d'agriculture d'un grand pays ne change pas en une année. Il faut preſque un ſiècle pour introduire & faire goûter une bonne pratique. Obſtacles de la part d'un grand nombre d'adminiſtrateurs, toujours inſoucians pour le véritable bien. Obſtacles de la part de la routine & des préjugés ; obſtacles par le défaut de fortune des hommes, qui conçoivent de bonnes idées : toutes ces cauſes retardent nos progrès & nous tiendrons long-temps éloignés du but, où nous voulons atteindre. Quelque plan bien concerté, une protection ſpéciale, accordée à l'agriculture, & des encouragemens ſans nombre, ſeront les ſeuls moyens d'animer & de vivifier cette branche ſi précieuſe, de la proſpérité françaiſe. (*Tessier.*)

ENCLOUEURE, ENCLOUÉ. Le cheval, le mulet, l'âne & les bêtes à cornes ſont expoſés à avoir le pied percé, par quelque corps pointu ; tels qu'un *clou*, une *épine*, un *chicot de bois*, &c. Cet accident s'appelle *Encloueure*, parce que c'eſt ordinairement un clou, qui le cauſe. Le plus ſouvent l'animal boite auſſitôt qu'il eſt piqué ; quelque fois on ne le découvre que long tems après, quand le mal à fait beaucoup de progrès ; c'eſt alors qu'il peut être plus ou moins grave.

Si les hommes qui ſoignent les animaux de travail, s'apperçoivent qu'ils ſont encloués, ils doivent dans l'inſtant leur laver le pied & en ôter le corps etranger qui les bleſſe. En inſinuant dans la plaïe de l'eau ſalée, à pluſieurs fois &

la bouchant avec du linge ou de l'étoupe, on les guérit le plus souvent; pour peu que le mal soit consolidé alle. il faut se conduire comme il est dit au mot CLOU, CLOU DE RUE, tome 3, première partie, pages 318 & 319. *Voyez* aussi pour les attentions qu'on doit avoir des bœufs & des chevaux de travail les pages 165, 166, 167 du tome 2, première partie & les pages 143, 144 & 145, du tome 3, première partie. (*TESSIER.*)

ENCROUÉ. (s') Arbres Encroués, terme de forêt. *Voyez* le Dictionnaire des arbres & arbustes. (*TESSIER.*)

ENCROUER. On dit qu'un arbre est encroué, lorsqu'au moment où on le coupe il tombe sur un autre où ses branches s'enlacent; c'est un accident qui souvent est difficile à reparer, car on est obligé de couper l'arbre sur lequel sa chûte l'a porté, & qui peut se trouver un arbre de réserve. *Voyez* le Dict. des arbres & arbustes. (*L. REYNIER.*)

ENDIVE. Nom vulgaire & assez généralement connu de la *Chicorée des jardins. Voyez* ce mot. (*L. REYNIER.*)

ENDORMIE. Chazelle (*supplément au Dictionnaire des jardiniers de Miller.*) donne ce nom aux plantes du genre des STRAMOINES. *Voyez* ce mot. (*L. REYNIER.*)

ENDRACH, *HUMBERTIA.*

Genre de plantes nouvellement établi dans la famille des LISERONS, & voisin du RETZIE. Il ne comprend actuellement qu'une seule espèce, qui est un grand arbre étranger à nos climats.

1. ENDRACH de Madagascar.

Humbertia madagascariensis. Lam. ♃ de l'Isle de Madagascar.

C'est un très grand arbre, dont le bois, de couleur jaune & très compacte, porte le nom d'*Arbre* ou *bois immortel*, à cause de sa longue durée, même étant enfoui dans la terre.

Culture.

Cet arbre n'est connu que par les rapports des voyageurs, & par quelques échantillons qu'ils ont apportés pour les herbiers; nous ignorons la culture qu'il exigeroit dans nos climats, & même le sol qui lui est propre dans son pays natal. (*L. REYNIER.*)

ENELER. ôter les *nèles.* On donne dans beaucoup de pays le nom de *nèle* au lychnis des champs, nielle des bleds *agrostemma githago* L. cette plante ayant une grande influence sur la qualité du pain, on à beaucoup d'intérêt à la détruire.

Il y a plusieurs manieres. L'une est de l'enlever du milieu des bleds ou des seigles, soit à la main, soit avec le sarcloir; l'autre, de l'ôter des gerbes en les déliant & choisissant les tiges de cette plante qu'il faut bruler & non jeter sur les fumiers; une troisième consiste à s'en débarasser par le moyen des cribles. *Voyez* NIELLE DES BLEDS. (*TESSIER.*)

ENERVER. L'éthymologie d'*énerver* vient de *nerf,* parce qu'on fait ordinairement consister la force dans cet organe, tandis qu'elle réside dans la partie musculaire. Il veut dire *ôter la force.*

Il est bien important d'élever l'homme de campagne, de manière qu'il acquerre & conserve le plus de force possible. En général, il est nécessaire d'exercer de bonne heure la jeunesse au travail; elle se familiarise avec ce qu'elle doit faire, s'endurcit à la fatigue & aux injures de l'air & se met en état de porter, remuer ou traîner des fardeaux qui l'auroient accablé, si elle n'en eût contracté l'habitude. Mais combien n'abuse-t-on pas de cette idée? Combien le besoin des pauvres & leur avarice ne les forcent-t-ils pas à employer trop-tôt leurs enfans? Il en résulte qu'ils périssent de bonne heure ou vieillissent avant l'âge, pour n'avoir point été ménagés dans la jeunesse. Ils sont énervés à l'époque où ils devroient avoir encore toute leur force.

Je ne parle point d'une manière plus prompte de les énerver, c'est lorsqu'ils se livrent aux plaisirs de l'amour avant la parfaite puberté, ou lorsqu'ils s'y livrent sans mesure. Rarement les gens de la campagne, dont l'imagination ne se porte gueres au-delà de leurs travaux, sont exposés à cette précocité, si nuisible aux habitans des villes. Il n'y a à craindre pour eux que la trop grande fréquentation des hommes, qui ont été long-tems dans des garnisons, ou de ceux qui ont servi ou travaillé dans les grandes communes. C'est par ces derniers que le plus souvent les mœurs pures des campagnes s'altèrent. *Voyez* au mot FERMIER, l'éducation qu'on doit donner aux cultivateurs.

Des hommes je passe aux animaux. On les énerve également, c'est-à-dire, on diminue leur force, soit en les faisant trop travailler ou travailler trop-tôt, soit en les accouplant avant l'âge indiqué par la nature, ou en les exposant à s'épuiser, sur-tout les mâles par des accouplemens trop multipliés. J'ai fait voir aux articles BÊTES A CORNES, BÊTES A LAINE, CHEVAL ET ÂNE, à quel âge il convenoit d'employer ces animaux & ce qu'il falloit leur donner de travail, pour qu'ils conservassent leur force. (*TESSIER.*)

ENFILADE. On donne ce nom aux salles de verdure, qui se trouvent plusieurs à la suite, avec des ouvertures correspondantes, de manière à former une espèce de perspective. *Voyez* CLOITRE. (*L. REYNIER.*)

ENFLURE. On donne en général ce nom à toute espèce de gonflement du corps animal contre nature, soit universel, soit partiel.

L'enflure occasionnée par de l'air renfermé sous la peau se nomme *emphysème*, *tympanites*; *Voyez* ces mots, si c'est la sérosité ou toute autre humeur aqueuse, qui gonfle le tissu cellulaire, l'enflure est appelée *anasarque* & *leucophlegmatie*, *Voyez* ces mots; c'est enfin une *bouffissure* quand elle occupe toute la surface du corps, & un *œdeme*, si elle n'affecte qu'une partie, & que l'impression du doigt y reste, après la compression.

L'enflure qui doit sa naissance à un amas d'eau épanchée dans le ventre est l'*ascite*. L'*hydropisie* est l'épanchement d'eau dans toute autre cavité. Enfin, c'est un *hydrocèle*, si l'épanchement se fait dans le scrotum. *Voyez* hydropisie, hydrocèle.

Je ne parle point ici des tumeurs locales, inflammatoires ou froides, qui font enfler la partie du corps où elles se forment. Ces maladies ne sont jamais désignées sous le nom d'enflure.

Ce qu'on appelle véritablement enflure dans les bestiaux, c'est un gonflement subit du ventre, qui les feroit périr en très-peu de temps, si on n'y remédioit promptement. Les bêtes à cornes & les bêtes à laine y sont plus sujètes que le cheval. On s'en apperçoit, à leur retour des champs, parce que leur corps a pris un volume considérable, parce qu'elles se soutiennent à peine en marchant & qu'elles respirent difficilement.

La cause de cette maladie paroît être le développement d'une grande quantité d'air qui se dégage des herbes que ces animaux ont mangé en abondance; car c'est le plus souvent, lorsqu'ils ont brouté dans une treflière, une luzernière ou un champ de sainfoin. Cet air n'a pas besoin d'être corrompu pour tuer les bœufs et les moutons. Il suffit qu'en se dilatant il distende outre mesure les parois des estomacs, qui comprimant les gros vaisseaux, arrêtent le cours du sang. On croit encore devoir l'attribuer à des toiles d'araignée, qui se trouvent sur les prairies. Dans ce cas, il me semble que les toiles d'araignée nuiroient moins aux animaux que les insectes de tout genre qui s'y prennent & y restent. Plusieurs fois je l'ai observé dans les premiers brouillards de l'automne. Les araignées instruites sans doute des effets du brouillard sur les insectes qu'il force à descendre à terre, tendent toutes leurs toiles sur lesquelles on voit beaucoup d'insectes.

Quoiqu'il en soit la maladie étant très-rapide, il est nécessaire que le remède soit très-prompte. Les uns font avaler aux animaux de la thériaque dans du vin, d'autres les font courir à coup de fouet, d'autres les tiennent presque dans un état de sueur dans les étables, d'autres enfin avec un bistouri ou un couteau leur percent la panse en ouvrant la peau, le péritoine & les membranes de cet estomac. Ce qu'il y a de certain, c'est que dans l'instant l'air en sort avec impétuosité & qu'aussitôt le ventre reprend son premier volume. J'ai vû une vache à laquelle on venoit de faire cette opération, se rétablir en peu de temps. Les parois des plaies de l'estomac ont apparemment la facilité de se reunir. On doit mettre à une sévère diète les animaux qui sont enflés.

Quand le cheval a le ventre enflé pour avoir trop mangé, on le met aussi à la diète & on lui donne des lavemens; il guerit plus aisément que les ruminans, parce qu'il digère plus vite. (*TESSIER.*)

ENFONCÉ, Enfoncée. On dit dans quelques pays qu'une terre est bien *enfoncée*, quand après plusieurs jours de pluie, elle est pénétrée profondément. Lorsqu'on a éprouvé une longue sécheresse, de petites pluies n'enfoncent pas la terre; une grande pluie même très-abondante, si elle est de courte durée, n'humecte presque que la surface. Il faut ou de petites pluies long-temps continuées, ou une grande pluie répétée ou précédée de petites pluies, pour que la terre soit suffisamment enfoncée & en état de fournir à la nourriture des végétaux. (*TESSIER.*)

ENFOUIR. Enfoncer à plus ou moins de profondeur en terre. On enfouit les *engrais* tels que fumiers végétaux, destinés à servir d'amendement &c. (*L. REYNIER.*)

ENFOURCHEMENT. On donne ce nom à une manière particulière, mais peu usitée, de greffer. *Voyez* GREFFE au Dict. des arbres & arbustes. (*L. REYNIER.*)

ENGAINÉES. On donne ce nom aux feuilles dont la base, plus ou moins élargie enveloppe la tige ou la branche. *Voyez* FEUILLE. (*L. REYNIER.*)

ENGERBER, mettre en gerbes. Lorsqu'on a coupé à la faucille ou à la faulx les bleds, orges, avoines, foins &c. on les ramasse par tas & on en forme des gerbes, pour en disposer plus facilement & les transporter où l'on veut. Cette opération s'appelle *engerber*. Elle est indiquée à chacun des articles où il s'agit des plantes dont on moissonne les tiges. *Voyez* ces articles. (*TESSIER.*)

ENGORGEMENT. En médecine vétérinaire on appelle *engorgement* un état des vaisseaux du corps animal, dans lequel les fluides s'unissent en quelques points, s'y épaississent, forment des embarras & quelquefois des tumeurs. Il y a engorgement sanguin, engorgement lymphatique, engorgement laiteux, selon le fluide qui cesse de couler.

On ne remédie aux engorgemens internes que par l'usage de médicamens qui peuvent être pris intérieurement. Quant aux engorgemens externes, les applications extérieures, ou seules ou combinées avec des médicamens pris intérieurement, sont les moyens de les combattre. Au reste, l'engorgement est moins une maladie que la cause ou la disposition à une maladie. *Voyez* le Dictionnaire de médecine (*Tessier.*)

ENGRAIS, ENGRAISSER. Sous la dénomination d'*Engrais* on a toujours confondu toutes les substances, qu'on introduit dans les terres, pour les améliorer. Les livres d'agriculture, les mémoires manuscrits, les conversations des agronomes & des cultivateurs lorsqu'il s'agit de plâtre, de marnes, de cendres, de tangue ou sable de mer, de fientes d'animaux, d'urine, de fumier, de débris de végétaux, &c regardent ces matières comme de véritables engrais. Si cependant on y réfléchit, on verra qu'elles sont de nature bien différente & qu'elles n'ont pas la même manière d'agir. On doit les distinguer & ne point les mettre dans une seule classe. Toutes opèrent sans doute un changement dans la terre; mais les unes l'opèrent en y apportant des molécules huileuses; les autres en y plaçant de distance en distance des sels, capables d'attirer l'humidité de l'air; d'autres en donnant à la terre, suivant leur nature, une division ou une compacité, qui lui manque.

Pour ne point nous écarter de l'éthymologie des mots *Engrais*, *Engraiſſer*, & pour les prendre dans leur véritable acception, je crois qu'on ne peut donner raisonnablement ces noms, qu'aux amendemens, qui, entr'autres principes, fournissent une sorte d'onctuosité; telles sont les substances animales & végétales décomposées. Quant à la plupart des substances minérales, ce sont des instrumens méchaniques, qui disposent la terre de la manière la plus favorable à recevoir les engrais du règne animal & du règne végétal, & l'influence des météores, si nécessaire à l'accroissement des plantes. Je ne puis les considérer autrement.

Le terme amendement se distingue de celui d'Engrais, en ce que le premier comprend tous les genres d'amélioration, à la faveur des divers principes de la végétation, tandis que le dernier n'en est qu'une subdivision. *Voyez* AMENDEMENT.

Une matière animale seule, comme une matière végétale seule, est un Engrais. Si on les réunit, pour les laisser pourrir ensemble, soit en y ajoutant, soit sans y ajouter quelques terres ou substances minérales, il en résulte le fumier, qui est l'Engrais, par excellence. Ainsi, le fumier est une sorte d'Engrais & l'Engrais est une sorte d'amendement. *Voyez* le mot FUMIER.

Le nom d'Engrais est encore appliqué dans l'économie rurale au changement, qui se fait dans l'état des animaux, destinés aux boucheries & à la cuisine. Si de maigres qu'ils étoient, ils deviennent en chair & gras, par l'effet d'une nourriture plus abondante, ils acquièrent une qualité qui les rends bons à manger. On dit mettre des *bœufs à l'engrais*, lorsque de la charrue ils passent dans des herbages, ou lorsqu'on leur fait prendre dans l'étable des alimens choisis & variés. Il en est de même des moutons, des cochons, des volailles, auxquels la gourmandise prépare des engrais, pour en faire un plus agréable. *Voyez* les articles BÊTES A CORNES, BÊTES A LAINES, COCHON, POULARDE, &c. (*Tessier.*)

ENJAVELLER. Lorsqu'un moissoneur coupe du bled à la faucille, il forme de distance en distance de petits tas avec ses poignées: ces tas s'appellent *javelles*, & l'action de les former *Enjaveller.* On les lie ensuite & souvent on en réunnit deux ou trois pour faire des gerbes.

Dans les pays & les années, où on se sert de faulx, au lieu de faucille, même pour les grains très-forts, une femme ou un petit garçon suit le faucheur & Enjavelle les tiges, à mesure que la faulx les a coupées. Sans cette attention elles se mêleroient & ne pourroient être mises aisément en gerbes.

J'ai encore entendu nommer *Enjaveller*, la manière, dont on dispose le chaume, qui est court, pour l'employer à couvrir les bâtimens. Les ouvriers avec un râteau de fer, rapprochent les brins de chacune les uns contre les autres, les serrent fortement & les arrangent de maniere que, ne se touchant que dans une partie de leur longueur, il en résulte une gerbe, de quatre à cinq pieds. (*Tessier.*)

ENKIANTHE, *Enkianthus.*

Genre nouveau établi par Loureiro, & qui se distingue de tous ceux décrits jusqu'à ce jour pour une conformation vraiment singulière, si ce naturaliste l'a bien observée, ce qui est présumable, puisqu'il a eu ces plantes habituellement sous les yeux pendant plusieurs années. Chaque fleur est composée d'un calice de six pièces colorées, qui environnent huit petales bien épanouis de forme alongée. Du disque ou centre de cette fleur générale, naissent, au lieu d'organes sexuels, des pédoncules qui se courbent en dehors & portent chacun une fleur intérieure, composée d'un calice de cinq pièces, coloré & qui persiste autour du fruit; d'une corolle en cloche, monopétale, dont le tube est long, & le limbe court, divisé en cinq pièces; de dix étamines adhérentes au bas du tube de la corolle, & qui sont plus courtes que lui; d'un pistil épais, de même longueur que les étamines, dont le stigmate est coloré. Il succède à ces fleurs des baies ovales, relevées de cinq angles, & partagées intérieurement en cinq loges, qui renferment chacune plusieurs graines.

Je suis entré dans tous ces détails, parce que c'est une plante nouvellement décrite, & d'une d'une organisation bien singulière. Seroit-il possible que Loureiro eût pris pour corolles des enveloppes colorées comme celles des catanances, où l'homme inattentif peut bien voir un calice & une corolle, tandis que ce sont les deux rangées intérieures d'écailles de l'enveloppe ou calice général? J'observe à l'appui de cette idée, que la seconde espèce n'a qu'un calice commun, & point de corolle. De nouveaux voyageurs décideront [illegible], & [illegible] cette découverte d'une organisation dont il n'existe aucun autre exemple. Ce n'est pas une raison de la nier, car on a nié prématurément bien des choses, en histoire naturelle, que l'expérience a cependant confirmées. Seroit-ce enfin une espèce de superfétation produite par une longue culture? des altérations aussi singulières ont été reconnues pour en être un effet.

Espèces.

1. ENKIANTHE à cinq fleurs, le *Tsiau-tsung-hoa* des Chinois.

Enkianthus quinqueflora. Lour. ♄ cultivé à Canton en Chine.

2. ENKIANTHE à deux fleurs.

Enkianthus biflora. Lour. ♄ à Canton en Chine.

La première espèce est un arbre de moyenne hauteur, dont les rameaux s'étalent. Ses fleurs sont solitaires, d'un beau rouge, bordées d'une frange blanche. Ses feuilles sont entières, vertes & glabres.

La seconde espèce est un arbuste de trois pieds, dont la fleur est terminale & de couleur pourpre.

Culture.

Loureiro dit que ces plantes, & sur-tout la première, sont cultivées dans les jardins des Chinois, & qu'ils en placent des branches dans des vases pleins d'eau, au moment que les fleurs s'épanouissent; pour orner leurs appartemens; ces fleurs n'ont point d'odeur. Loureiro ne donne aucuns détails sur la culture que les Enkianthes exigent; il est presumable qu'ils réussiroient dans l'orangerie, & meme en pleine terre dans les départemens méridionaux de la France. Il est à desirer que des voyageurs naturalistes, ajoutent cette décoration à nos jardins; elle serait d'autant plus intéressante, que l'organisation des fleurs rendroit ces plantes précieuses pour les écoles de Botanique. (*L. Reynier*)

ENMEULAGE. Quand l'herbe des prairies soit naturelles, soit artificielles est fauchée & fanée, on l'amoncèle en différens tas ou meules. Cette opération se nomme *enmeulage*; dans cet état elle ne craint pas la pluie; on prend son temps pour l'enlever sans être botelée, ou pour la boteler sur place. (*Tessier.*)

ENNEANDRIE. L'une des classes du systême artificiel de Linné : elle comprend toutes les plantes dont la fleur contient neuf étamines. Par ce bizarre assemblage on *Rhubarbe* se trouve entre le *Laurier* & le *Butome*. (*L. Reynier.*)

ENOUROU, *Enourea.*

Nouveau genre dont on doit la connoissance à Aublet; il ne comprend actuellement qu'une seule espèce, qui est un arbrisseaux sarmenteux, qui repand lorsqu'on le blesse un suc propre laiteux. Ses caractères sexuels le rapprochent des Paullinies.

Espèce.

1. ENOUROU à vrilles.

Enourea capreolata. Aubl. ♄ de la Guyane.

Nous n'avons aucune notion sur la culture de cet arbrisseau, ainsi pour le moment cette indication peut suffire. Son analogie de conformation avec les *Gouanes*, peut indiquer des instructions préliminaires pour sa culture. (*L. Reynier.*)

ENRACINÉ. Ce mot, dans sa vraie acception, signifie un arbre qui a pris racine; mais dans le langage du jardinier, il signifie aussi que l'arbre est muni de racines. Ainsi lorsqu'il dit qu'une *plante est bien enracinée*, souvent il ne dit pas que cette plante a repris après sa transplantation; mais seulement qu'elle est forte en racines. (*L. Reynier.*)

ENSEMENCEMENT, *Ensemencer.* Opération, par laquelle on répand des graines dans la terre ou sur la terre, afin de donner naissance à des plantes, dont on attend un produit. *Voyez* le mot SEMER. (*Tessier.*)

ENSETÉ.

Avant de proposer mes idées sur cette plante, qui n'est connue que par les voyages de Bruce, je vais littéralement transcrire ce qu'en dit cet auteur.

« L'Ensété est une plante qui vient, dit-on, du Narea, ou elle croît dans les marais que forment dans ces contrées un grand nombre de rivières, qui n'ont pas assez de pente pour se rendre dans l'un ou dans l'autre océan. On raconte que quand les Gallas vinrent s'établirent en Abyssinie, ils y portèrent pour leur usage particulier l'arbre du café & l'Ensété, dont les Abyssiniens ne connoissoient point l'usage. Cependant l'opinion la plus commune est que ces deux plantes croissent naturellement dans tous les cantons de l'Abyssinie, où il y a de la chaleur & de l'humidité. »

» L'Enſeté vient fort bien à Gondar : mais il eſt plus abondant dans la partie du Maitsha & de Goutto, qui eſt à l'occident du Nil. Il y en a de grandes plantations, & c'eſt preſque la ſeule choſe dont ſe nourriſſent les Gallas qui habitent cette province. Le Maitsha a fort peu de pente, & les eaux des pluies y demeurant preſque toutes ſtagnantes empechent qu'on ne puiſſe y ſemer du bled. Auſſi la terre n'y fourniroient guères aux habitans de quoi ſe nourrir, s'ils n'avoient pas l'Enſeté. »

» Quelques perſonnes qui ont vu le deſſin de cette plante, & qui ſavent qu'il y a beaucoup de Bananes en Orient, ont cru que l'Enſeté étoit une eſpèce de Bananier : cependant ils ſe trompent. La feuille du Bananier reſſemble, il eſt vrai, à celle de l'Enſeté. Le Bananier porte des figues, formant une grappe conſidérable qui part du tronc, & eſt terminée par une excroiſſance conique tout-à-fait différente de celle de l'Enſeté. D'ailleurs les figues du Bananier ont à peu près la figure du Concombre, & on les mange : ces figues, quoiqu'un peu farineuſes, ont un goût ſucré & agréable. On dit que la Banane ne porte point de ſemence ; cependant il eſt bien certain qu'il y a quatre graines noires dans chaque figue ; mais les figues de l'Enſeté ne ſe mangent point : elles ſont d'une ſubſtance molle, aqueuſe, ſans goût & de la couleur d'un abricot un peu mûr : elles ſont d'une forme conique, recourbée par le bas, d'environ un pouce & demi de longueur, & ayant à-peu près un pouce de diamètre, dans l'endroit où elles ſont plus épaiſſes. Ces figues contiennent un noyau d'un demi pouce de long, de la forme d'une fève & d'un brun foncé, dans lequel eſt une petite graine qui au lieu de prendre la conſiſtance du fruit, n'eſt preſque jamais qu'une pellicule. »

» La longue tige qui porte la figue de l'Enſeté, ſort du milieu de la plante, ou plutôt n'eſt que la partie ſolide ou le trônc même. Les figues partent de ce trônc immédiatement & ſans pédicule, mais toujours au-deſſus de quelques feuilles détachées, & enſuite le haut du tronc eſt garni de pluſieurs petites feuilles, du milieu deſquelles ſort la fleur, qui a la forme d'un artichaud. Dans le Bananier, au contraire, cette fleur ou artichaud, croît à l'extrémité de la grappe des figues. »

» Les feuilles de l'Enſeté ſont formées de fibres longitudinales, & fort rapprochées ; elles partent de la tige immédiatement & ſans pédicule : ſa forme eſt donc celle d'une vraie plante, au lieu que le Bananier reſſemble à un arbre, & a ſouvent été pris pour tel. La moitié forme le tronc ; le haut eſt compoſé de feuilles, & au lieu de la tige qui s'élève au milieu de l'Enſeté, on voit dans le Bananier un gros paquet de feuilles qui ſe développent à meſure que celles d'en bas ſe deſſèchent & tombent. Mais toutes les feuilles du Bananier ſont attachées à une queue aſſez longue, & n'embraſſent point le tronc comme celles de l'Enſeté. »

» Il y a encore de plus grandes différences entre ces deux plantes. Quelques perſonnes ont pris le Bananier pour un arbre de l'eſpèce des Palmiers, par la ſeule raiſon que ſon fruit eſt porté par une excroiſſance qui ſort du milieu de la tige. Mais le Bananier n'eſt point un bois, & ne dure pas plus d'une année ; il ne porte du fruit qu'une ſeule fois, & en cela il diffère non-ſeulement des Palmiers, mais de toute autre eſpèce d'arbre. L'Enſeté au contraire n'a point de tronc dur ; il n'eſt pas non plus un bois, & on en mange la tige qui a pluſieurs pieds de hauteur, au lieu que dans le Bananier, il n'y a de bon à manger que le fruit. Cependant dès que la tige de l'Enſeté ſe couvre de feuilles, le pied de la plante devient dur & fibreux, & il n'eſt plus poſſible de s'en nourrir, tandis qu'avant d'arriver à ce point c'eſt un des meilleurs végétaux ; & quand on le fait bouillir, il a le goût du pain de froment tendre, excellent, & auquel il ne manque qu'un peu de cuiſſon. »

» La planche qu'on voit ici (Voyage de Bruce planche 8) repréſente un Enſeté planté depuis dix ans. Il étoit extrêmement beau & n'avoit aucune marque de dégradation. Quand au piſtil, aux étamines & à l'ovaire de la fleur, on les a deſſinés avec tant de ſoins, le crayon les a rendus avec tant d'exactitude, qu'il eſt inutile de les décrire. J'ai fait une figure de la plante entièrement revêtue de ſes feuilles, & une autre dépouillée, afin qu'on puiſſe encore mieux ſe convaincre de la différence qu'il y a entr'elle & le Bananier. »

» Quand on veut manger l'Enſeté on le coupe immédiatement au pied, c'eſt-à-dire, tout près de ſes petites racines détachées, & ſi la plante eſt un peu âgée on la prend un pied ou deux plus haut ; on racle toute l'écorce verte qui couvre la chair blanche, puis on le fait cuire comme nous faiſons nos navets, & quand on les mange avec du lait ou avec du beurre, il n'y a rien d'auſſi excellent, d'auſſi nouriſſant, d'auſſi ſain, & d'auſſi facile à digérer. »

Le reſte de l'article concerne une digreſſion ſur le rôle que l'Enſeté joue dans les Hiéroglyphes Egyptiennes, où Bruce préſume que cette plante indique l'intervalle d'une moiſſon à une autre, que c'eſt celle avec laquelle Horus Apollo dit que les Egyptiens ſe nourriſſoient avant qu'ils connuſſent l'uſage du bled, & que ce ne peut pas être le Papyrus comme on l'avoit préſumé.

La figure que Bruce a fait graver a vraiment le port d'un Bananier. Les feuilles ſont ſeſſiles, ou du moins elles embraſſent la tige par une partie large, qui eſt la continuation de la feuille.

Au premier apperçu l'Enseté diffère du Bananier par ses tiges couvertes de feuilles, tandis que celles du Bananier n'en ont qu'à leur sommet. Il est présumable que si l'Enseté n'est pas du genre des Bananiers, il en est très-voisin & de la même famille ; mais nous n'avons aucuns renseignemens autres que ceux qu'en a donné Bruce. Combien l'Histoire naturelle est encore imparfaite, puisque nous ignorons des plantes qui servent de premier aliment à des peuples entiers! (*L. Reynier.*)

ENSIFORMES. Feuilles dont la forme approche de celle d'une épée, telles que celles de *Iris. Voyez* Feuille. (*L. Reynier.*)

ENTE. On donne ce nom, dans plusieurs départemens, aux *Greffes* ; mais ce dernier mot a généralement prévalu. *Voyez* Greffe. (*L. Reynier.*)

ENTER. Synonime de *greffer*, mais moins usité. (*L. Reynier.*)

ENTERRER ; il y a des pays ou *Enterrer* signifie recouvrir les grains semés à la charrue. Ce mot est d'usage dans les environs de Dreux. (*Tessier.*)

ENTIÈRES. On donne ce nom aux feuilles dont les bords n'ont aucune crenelure ni ondoyement. *Voyez* Feuille. (*L. Reynier.*)

ENTOIR. Couteau à greffer ou *greffoir. V.* ce mot. (*L. Reynier.*)

ENTONNOIR. (fleurs en) On donne quelquefois ce nom aux fleurs monopétales, en forme de godet évasé ; conformation plus connue sous le nom *d'infundibulforme. Voyez* Fleur. (*L. Reynier.*)

ENTORSE, maladie du cheval & du bœuf. C'est une distention du ligament de l'articulation du boulet, avec un gonflement à la partie. L'animal qui a une entorse, boîte plus ou moins fortement, selon que le gonflement est plus ou moins considérable. Quelque fois, mais rarement, un cheval boîte très sensiblement, quoique le gonflement soit léger en apparence.

Les causes de l'entorse sont un faux pas, & les efforts que fait un animal, pour retirer son pied engagé dans une orniere ou entre deux corps.

Quand on s'apperçoit qu'un animal a une Entorse, il faut le conduire sur-le-champ dans une rivière ou une marre ; lorsqu'on en est loin, on doit lui mettre le pied dans un sceau d'eau froide, ou au moins l'étuver avec de l'eau fraiche ; peu après on le frictionne avec une dissolution de savon dans l'eau-de-vie ou avec de l'eau-de-vie camphrée.

Le plus souvent ces simples remédes préviennent les suites de l'Entorse. On peut saigner l'animal, si le gonflement est considérable, ou au plat de la cuisse, ou à la veine cephalique, selon que l'entorse est aux jambes de derriere, ou à celles de devant. (*Tessier.*)

ENTORTILLÉ. On donne ce nom aux tiges qui s'appuyent pour s'élever, contre des plantes plus fortes, autour desquelles elles s'enlacent en décrivant des spirales. Le *haricot*, le *liseron* & le *chevrefeuille* nous en offrent des exemples. (*L. Reynier.*)

ENTRÉE. (bois d') On donne ce nom aux arbres qui commencent à se couronner, c'est-à-dire, dont les branches sèchent vers les sommités. Ce premier dépérissement d'un arbre en nécessite la coupe ; car passé cette époque, il ne fait que dépérir. *Voyez* le Dictionnaire des arbres & arbustes (*L. Reynier.*)

ENTRE-HIVER. Labour fait pendant l'hiver. *Voyez* Entre-Hiverner. (*Tessier.*)

ENTRE-HIVERNER. Donner un labour aux champs pendant l'hiver, c'est-à-dire, entre les gelées qui sont comme autant d'hivers, quand elles sont interrompues. Ces labours qu'on nomme *Entres-Hiverts*, se donnent plutôt au commencement qu'à la fin de l'hiver. (*Tessier.*)

ENTRETENIR. On dit entretenir un bois, lorsqu'on a soin de le repeupler ; sur-tout en veillant à ce qu'il n'y naisse que de bonnes essences. *Voyez* le Dictionnaire des arbres & arbustes. (*L. Reynier.*)

ENTROUVERTURE. c'est la disjonction, portée au plus haut degré, du bras du cheval d'avec son corps. L'Entrouverture est un *écart* plus considérable. *Voyez* ce mot Ecart.

J'ajouterai seulement quelque chose sur les symptômes de la maladie & sur les moyens d'y remédier.

Dans l'Entrouverture ou l'écart le muscle commun a l'épaule & au bras est gonflé ; le cheval en marchant fauche, ou décrit un demi cercle & porte toujours la jambe malade en avant dans le repos.

Aussi-tôt qu'on reconnoit qu'un cheval est Entrouvert il faut le mener à l'eau, de manière que la partie affectée y plonge ; on l'y laissera une demi heure ; à la sortie du bain, on le saignera à la veine jugulaire & non à la cephalique ; ensuite, on appliquera sur le mal des topiques résolutifs, aromatiques & spiritueux, tels que les décoctions de sauge, d'absinthe, de lavande, l'eau-de vie camphrée.

Si la douleur & l'erethisme sont tels que l'animal ait de la fièvre, on emploie les lavemens émolliens, les fomentations émollientes sur le mal & un régime humectant & rafraichissant.

Dans le cas ou les résolutifs ne suffiroient pas, on auroit recours aux maturatifs & on appliqueroit un seton, à la partie supérieure interne de l'avant bras. La matière étant écoulée, on en viendra à une charge résolutive fortifiante & ensuite aux aromatiques & spiritueux. (*Tessier.*)

ENTRURE. On dit d'une charrue, qui pique ou enfonce bien avant qu'elle a beaucoup d'*Entrure.* (*Tessier.*)

ENTUMENTER. Terme de Suisse pour dire fumer. (*Tessier.*)

ENTURE. Mot encore moins usité que *Ente*, & par conséquent que *Greffe* dont il est synonyme. (*L. Reynier.*)

ENVELOPPES. On donne ce nom, en général, à toutes les parties qui enveloppent les organes sexuels dans les fleurs, telles que la corolle, le calice &c., quelle que soit leur forme. Ces parties servent à garantir ces organes délicats, des variations trop subites de l'atmosphère; & en effet elles tombent & se fanent, sur la plus grande partie des végétaux, lorsque la fécondation est opérée. (*L. Reynier.*)

ENULE CAMPANE. Nom francisé du latin & reçu en pharmacie de l'*Enule aunée.* *V.* ce mot. (*L. Reynier.*)

ENYDRE *Enydra.*

Nouveau genre établie par Loureiro, & qui paroît voisin, par ses rapports sexuels, des Sphéranthes, quoiqu'il en diffère par sa conformation générale.

Espèces.

1. Enydre aquatique.

Enydra fluctuans. Lour. ♃ des marais de la Cochinchine.

C'est une petite plante vivace, à racines rampantes, dont les feuilles sont opposées, presque amplexicaules. La fleur est terminale & de couleur blanche.

Culture.

Nous n'avons aucune notion sur la culture de l'Enydre; il est présumable que son site naturel la rend très-délicate, & que les soins qu'elle exigeroit surpasseroient de beaucoup l'avantage de la posséder: elle ne paroît pas avoir beaucoup d'apparence. (*L. Reynier.*)

EPACRIS, *Epacris.*

Nouveau genre établi par les Forster, dans la famille des Liserons, dont le caractère distinctif est tiré de cinq écailles ovoïdes qui embrassent l'ovaire.

Espèces.

1 Epacris à longues feuilles.

Epacris longifolia. Forst. ♄ De la nouvelle Zélande.

2 Epacris à feuilles de genévrier.

Epacris juniperina Forst. ♄ De la nouvelle Zélande.

3. Epacris fluette.

Epacris [illegible]. Forst. De la nouvelle Zélande.

Les Forster ont commis une grande faute: au lieu d'établir des genres, qui sont des démarcations arbitraires, ils auroient dû nous donner de bonnes descriptions d'espèces, qui nous auroient instruits; tandis que leur exposition de genres n'a été d'aucune utilité pour les progrès de la science. Ne connoissant rien de la conformation & des localités des espèces d'Epacris, nous ne pouvons rien hasarder sur leur culture. (*L. Reynier.*)

EPAMPER, Epamprer. c'est ôter une partie des feuilles aux bleds trop forts. *Voyez* Effaner. (*Tessier.*)

EPANOUI. On le dit d'une fleur qui a développé ses pétales, & qui est ouverte. *Voyez* Epanouissement. (*L. Reynier.*)

EPANOUIR. Verbe qui indique le développement de la fleur. *Voyez* Epanouissement. (*L. Reynier.*)

EPANOUISSEMENT. Epoque de la vie végétale où la fleur se développe, où ses pétales s'ouvrent & laissent à découvert les organes sexuels, qui au même instant travaillent à la reproduction de l'espèce. Dès que cet acte est consommé la fleur se flétrit & se dessèche.

On observe que les fleurs de certaines plantes ne s'épanouissent qu'une seule fois; d'autres, aux approches de la pluie ou de la nuit, se referment, pour rouvrir leurs pétales au retour de la lumière: ces dernières plantes sont plus décoratrices que les autres, puisque leurs fleurs ont une plus longue durée.

On trouvera au mot Irritabilité, quelques détails sur les mouvemens spontanés, ou du moins qui en ont l'apparence, qui ont lieu à l'époque de l'Epanouissement. (*L. Reynier.*)

EPARETTE, nom, qu'on donne au sainfoin dans quelques pays. *Voyez* Sainfoin. (*Tessier.*)

EPARGNE. Nom d'une variété du Poirier. Son fruit est allongé, d'un vert fauve, & sa chair fondante; il mûrit en Fructidor. *Voyez le Dictionnaire des arbres & arbustes.* Article Poirier. (*L. Reynier.*)

EPARSES. On donne cette qualification aux feuilles qui ne paroissent conserver aucun ordre régulier sur les tiges. *Voyez* Feuilles. (*L. Reynier.*)

EPARVIN. (Terme de Méd. vétér.) C'est ainsi que l'on appelle une maladie externe du jarret, assez commune aux chevaux & aux bœufs. Les vétérinaires en distinguent trois espèces, l'Eparvin sec, l'Eparvin calleux, & celui qui paroît propre aux bœufs. L'Eparvin sec consiste dans une contraction convulsive des muscles du pied du cheval; elle doit avoir ordinairement après que le cheval a été échauffé; il paroît avoir son siège dans les muscles qui servent aux mouvemens du pied. L'Eparvin calleux à son siège dans l'os du canon, à la partie latérale interne & supérieure de ce même os. L'Eparvin sec est, selon la plupart des Vétérinaires, une maladie héréditaire qui ne se guérit jamais radicalement. Contre l'Eparvin calleux, les résolutifs les plus actifs ont quelquefois réussi. L'Eparvin du bœuf, est ordinairement produit par une stagnation de la lymphe dans les ligamens de l'articulation. L'enflure que cette stagnation produit, est molle dans le commencement, mais à mesure que l'humeur viciée y séjourne elle se durcit & finit par devenir pierreuse; la claudication ne devient ordinairement sensible que lorsque cette tumeur est très-dure. En employant dans le commencement de cette maladie des fomentations émollientes, on la guérit souvent, mais elle devient rebelle, à mesure qu'elle acquiert plus d'intensité. (*C. Gruvel.*)

EPATIQUE. *Voyez* Hépatique. (*L. Reynier.*)

EPAUTRE, Epautre, Epeautre, Espott, Espautre, *bled locular ou locart*, espèce de froment, qu'on cultive en Allemagne, en Suisse & dans quelques parties de la France. *Voyez* le mot Froment. (*Tessier.*)

EPERNEAUX, on appelle ainsi en Bourgogne les ouvertures des claies des parcs à moutons. (*Tessier.*)

EPERON. Prolongement des pétales dans quelques fleurs irrégulières, où l'un d'eux porte une espèce d'appendice à sa base, en forme de corne qui s'élance en arrière. On en trouve des exemples dans la *Violette*, la *Balsamine* &c. (*L. Reynier.*)

EPERONS En Bourgogne on donne ce nom aux grains de seigle qui restent dans les épis. (*Tessier*)

EPERU, *Eperua.*

Genre de plantes de la famille des Légumineuses, & voisin des *Amorphas* par le port; tandis que les détails sexuels le portent près des *Casses*.

1. Eperu de la Guiane, vulg. *Pois sabre.*

Eperua falcata. Aubl. ♄ Près les rivières de la Guiane.

C'est un arbre qui s'élève à la hauteur de soixante pieds, sur trois pieds de diamètre au tronc. Son bois est dur, très-compact & de couleur rougeâtre, il dure long-tems, même lorsqu'il est enterré dans le sable, ce qu'on peut attribuer à la résine dont il est pénétré. Ses fleurs sont en bouquet à l'extrémité de longs pédoncules, & pendent sur une longueur de trois pieds. Nous ignorons la culture qu'exigeroit cet arbre qui n'a jamais été apporté dans ce climat. (*L. Reynier.*)

EPERVIER. (*Herbe à l'*) Nom vulgaire des diverses espèces d'Epervières. *Voyez* ce mot. (*L. Reynier*)

EPERVIÈRE, *Hieracium.*

Genre de plantes de la famille des Composées *semiflosculeuses*, composé d'un grand nombre d'espèces d'herbes, la plupart vivaces, dont les fleurs sont toutes terminales. On les distingue des autres genres voisins, par leur calice embriqué & sans renflement à la base, & par l'aigrette de leurs graines qui est simple & sessile.

Espèces.

Tige nue ou presque nue.

1. Epervière des Alpes.

Hieracium alpinum. ♃ Des pâturages secs des montagnes de l'Europe Méridionale.

2. Epervière dorée.

Hieracium aureum. Lam. ♃ Des pâturages secs des montagnes de l'Europe méridionale.

3. Epervière alpestre.

Hieracium alpestre. Jacq. ♃ Des montagnes de la Suisse.

4. Epervière safranée.

Hieracium croceum. Lam. De la Suisse.

5. Epervière de gmelin.

Hieracium gmelini. L. ♃ De la Sibérie.

6. Epervière veineuse.

Hieracium venosum. L. De la Virginie.

7. Epervière piloselle.

Hieracium pilosella. L. ♃ Des pâturages secs & des pelouses de l'Europe.

8. Epervière ambiguë.

Hieracium dubium L. ♃ Des prés de l'Europe.

9. Epervière auricule.

Hieracium auricula. L. ♃ Des pâturages secs de l'Europe.

10. Epervière des glaciers. Reyn. Mém. sur l'histoire naturelle de la Suisse. T. i.

Hieracium glaciale ♃ Du jardin, ſommité élevée des environs du Mont-blanc.

11. EPERVIERE en cime.

Hieracium cymoſum. L. ♃ De l'Europe Méridionale.

12. EPERVIERE à grappe.

Hieracium racemoſum. L. ♃ De l'Europe Méridionale.

13. EPERVIERE orangée.

Hieracium aurantiacum. L. ♃ des pâturages des montagnes de l'Europe Méridionale & de la Suiſſe.

14. EPERVIERE panachée.

Hieracium variegatum. Lam. Au Monte video dans le Paraguay.

15. EPERVIERE de Virginie.

Hieracium gronovii. L ♃ De la Virginie & la Penſylvanie.

16. EPERVIERE du Cap.

Hieracium capenſe. L. Du Cap de Bonne-Eſpérance.

** Tige feuillée.

17. EPERVIERE paniculée.

Hieracium paniculatum. L ♃ Du Canada.

18. EPERVIERE fauſſeule

Hieracium porrifolium. L ♃ Dans les ravins & le lits des torrens des montagnes de l'Europe Méridionale

19. EPERVIERE à feuilles de ſaule.

Hieracium ſalicifolium. Lam. ♃ Sur les rochers de l'Europe Méridionale.

20. EPERVIERE glauque.

Hieracium glaucum. Lam. ♃ Des Alpes.

21. EPERVIERE à feuilles de Condrille.

Hieracium condrilloides. L. Des montagnes de l'Autriche & de la Suiſſe.

22. EPERVIERE pygmée.

Hieracium pumilum. L. ♃ Dans les lieux pierreux, entre les fentes des rochers des hautes montagnes de l'Europe Méridionale.

23. EPERVIERE andrialoïde.

Hieracium andryaloides. Vill. ♃ des montagnes de l'Iſère près S. Eynard.

24. EPERVIERE laineuſe.

Hieracium lanatum. Vill. Des pentes Méridionale des Alpes.

25. EPERVIERE cérinthoïde.

Hieracium cerinthoides. L. ♃ Des Pyrenées & de la Suiſſe.

26. EPERVIERE velue.

Hieracium villoſum. L. ♃ Dans les pâturages des montagnes de l'Europe Méridionale.

27. EPERVIERE des murs.

Hieracium murorum. Lam. ♃ Sur les vieux murs & les rochers.

28. EPERVIERE naine.

Hieracium humile. Jacq. ♃ Des fiſſures de rochers des Alpes & des montagnes de l'Autriche.

29. EPERVIERE des bois.

Hieracium ſylvaticum. Lam. ♃ Dans les bois & les taillis de l'Europe.

β var. cotonneuſe. Sur les rochers les plus chauds de l'Europe méridionale. *Coll. Mém pour ſervir à l'Hiſt Nat. D. l. ..., Tom 1 pag. 152.*

30. EPERVIERE des marais.

Hieracium paludoſum L ♃ Des lieux humides & ombragés des montagnes.

31. EPERVIERE à feuilles en lyre.

Hieracium lyratum. L De la Sibérie.

32. EPERVIERE amplexicaule.

Hieracium amplexicaule. L. ♃ Sur les rochers expoſés au ſoleil des montagnes de l'Europe Méridionale.

33. EPERVIERE prénanthoïde.

Hieracium prenanthoides. Lam ♃ Des pâturages des montagnes de l'Europe Méridionale.

34. EPERVIERE à feuilles de cotonaſſier.

Hieracium cotoneifolium. Lam. ♃ Des pâturages des Alpes.

35. EPERVIERE tubuleuſe.

Hieracium tubuloſum. Lam. ♃ Des Alpes de l'Iſère.

36. EPERVIERE à grandes fleurs.

Hieracium grandiflorum. Lam. ♃ Des bois & lieux couverts des Alpes.

37. EPERVIERE blattairiforme.

Hieracium blattarioides. Lam. ♃ Des montagnes de l'Europe Méridionale.

38. EPERVIERE de Sibérie.

Hieracium ſibiricum. Lam. ♃ De la Sibérie.

39. EPERVIERE à feuilles de chicorée.

Hieracium intybaceum. Lam. ♃ Dans les ravins des Alpes & montagnes élevées.

40. EPERVIERE à feuilles de lampſane.

Hieracium lampſanoides. G. ♃ Des Pyrennées.

41. EPERVIERE glutineuſe.

Hieracium glutinoſum. L. De la France Méridionale.

42. EPERVIERE ſavoyarde.

Hieracium ſabaudum. L. ♃ Des taillis expoſés au ſoleil.

43. EPERVIERE à ombelle.

Hieracium umbellatum. L. ♃ Des bois & lieux ſecs.

β var. à tige uniflore ou biflore. Sur les pelouſes les plus chaudes de la Suiſſe ? *Spac. diſt.*

44. EPERVIERE des Dunes.

Hieracium arenarium. N. ♃ Des ſables qui bordent l'Océan. *An var. præced.*

Eſpèces moins connues.

Hieracium incarnatum. Jacq. coll. Tom. 3.
Hieracium ſaxatile. Jacq. coll. Tom. 1
Hieracium alpeſtre. Jacq.
Hieracium cæſpitoſum. All. fl. ped.
Hieracium montanum. Scop.

Toutes les Epervières se multiplient de la même manière, par leurs graines qui s'aoûtent facilement, même dans nos jardins, ou par les rejets qui sortent du collet de la racine dans plusieurs espèces.

On peut semer leur graine en place dès l'automne; mais il est peut-être préférable d'attendre le mois de Germinal, pour faire les semis en même tems que ceux du plus grand nombre des plantes. On sème ces graines dans des bassins d'une terre meuble, ayant soin que la graine soit peu recouverte, & que l'humidité n'y séjourne pas; car, à l'exception de quelques espèces, ce sont presque toutes des plantes qui vivent sur les rochers, ou dans les terres sèches. Lorsque le jeune plant lève, on a soin de le débarrasser des mauvaises herbes, & de l'éclaircir s'il est trop dru. Quelques soins de loin en loin, les conduisent jusqu'au mois de Vendemiaire, époque où on les lève pour les planter dans une planche de terre bien ameublée, à six pouces de distance; ils passent l'hiver dans cette espèce de pépinière, & le printems suivant on les lève de nouveau, pour les placer dans l'endroit où ils doivent fleurir. Ces soins sont nécessaires pour les espèces destinées à embellir nos parterres, où on ne les fait paroître qu'au moment ou l'époque prochaine de leur floraison promet un embellissement; mais beaucoup d'espèces ne sont cultivées que dans les jardins de Botanique; alors il suffit, ou de semer en place la graine, pour qu'on suive les développemens successifs de l'espèce; ou d'y placer la jeune plante dès qu'elle peut supporter la transplantation. Quant aux espèces qui tracent, ou dont les souches se divisent en nuisses enracinées, on peut les séparer en automne, & les replanter de suite.

Usages.

L'Epervière orangée n° 13, est déjà cultivée dans nos jardins d'agrément; mais on pourroit y ajouter celles indiquées sous les nos 4, 19, 24, 32, 35, 36, 39 dont les touffes feuillées & les fleurs d'un certain volume varieroient les massifs intérieurs des grands parterres. L'Epervière orangée qui s'élève moins ne peut décorer que les bords extérieurs, où ses fleurs d'une couleur assez rare dans le règne végétal peuvent être remarquées.

On peut enfin employer les diverses Epervières, & notamment celles ci-dessus indiquées, à la décoration des sites agrestes & rocailleux, dans les jardins paysagistes: plus on les mariera avec leur site natal, plus leur effet sera pittoresque & décorant.

Quelques espèces d'Epervières sont admises dans la pharmacie; telles que la Pilofelle, celle des murs &c. Elles passent pour vulnéraires.

D'après les expériences de Dambourney, l'Epervière des murs fournit un colorant solide d'une nuance mordoré clair. (*L. Reynier.*)

EPHÉMÈRE. Nom vulgaire & assez usité de l'Ephémérine de Virginie. Voyez ce mot. (*L. Reynier.*)

EPHÉMÉRINE *Tradescantia.*

Genre de plantes unilobées de la famille des Joncs, qui a beaucoup de rapports avec les Commélines. Il comprend des herbes exotiques dont la hauteur varie de trois pouces à un pied environ, à feuilles simples, la plupart pliées en gouttière, engainées à leur base, plus ou moins larges. Les tiges sont articulées, succulentes, portant un paquet de fleurs plus ou moins garni, accompagné d'une ou de plusieurs bractées. Les fleurs sont d'un beau bleu, ou d'un pourpre violet, ou blanches, composées de trois pétales, remarquables par les filamens de leurs étamines, qui sont couverts de longs poils articulés. Le fruit est une capsule ovale, triloculaire, trivalve, qui contient plusieurs semences anguleuses dans chaque loge. Ce genre est de la sixieme classe de Linné.

Espèces.

1. Ephémérine de Virginie.
Tradescantia virginica. L. ♃ De la Virginie.
2. Ephémérine du Malabar.
Tradescantia malabarica L. Du Malabar.
3. Ephémérine nerveuse.
Tradescantia nervosa. L. ♃
4. Ephémérine velue.
Tradescantia geniculata. L. De la Martinique.
5. Ephémérine axillaire.
Tradescantia axillaris. L. De l'Inde.
6. Ephémérine nodiflore.
Tradescantia nodiflora. Lam. Encyc. Du Cap de bonne-espérance.
7 Ephémérine à crêtes.
Tradescantia cristata. L. ⊙ De l'Isle de Ceylan.
8. Ephémérine redressée.
Tradescantia erecta. Jacq. coll. Tom. 4. Sa patrie est inconnue.
9. Ephémérine papillonnacée.
Tradescantia papilionacea. L. ⊙ De l'Inde.
10. Ephémérine à feuilles opposées.
Tradescantia speciosa. L. fil. Du Cap de bonne-espérance.

Description du port des espèces.

1. Ephémérine de Virginie. Les tiges sont droites, articulées, succulentes, hautes d'un pied & plus. Les feuilles sont alternes, pliées en gouttière, engainées à leur base. Les fleurs naissent au sommet des tiges en un paquet ou

belliforme, accompagné de deux feuilles qui [illegible]. Les pétales, au nombre [illegible] des [illegible], & les anthères [illegible] fleurit en Juin & Juillet.

2. EPHÉMÉRINE DE MALABAR. Sa tige est droite, [illegible], munie de feuilles graminées. Les pédoncules sont solitaires, portant une fleur [illegible] bleuâtre. Sur la côte de Malabar [illegible] sablonneux.

3. EPHÉMÉRINE [illegible]. Ses tiges sont hautes de trois à quatre pouces, [illegible]; les feuilles sont lancéolées, longues d'un pouce. Le pédoncule est terminal, filiforme, communément uniforme. La fleur est grande, munie d'une petite bractée.

4. EPHÉMÉRINE VELUE. Ses tiges sont herbacées, feuillées, couchées inférieurement, redressées & hautes de six à neuf pouces, velues, principalement sur les bords. Les fleurs sont petites, blanches, en panicule terminale. A la Martinique aux lieux ombragés & humides.

5. EPHÉMÉRINE AXILLAIRE. Les tiges sont un peu rameuses, couchées inférieurement, longues de six à sept pouces. Les feuilles sont linéaires, longues, ouvertes, embrassant la tige par une gaine courte, enflée, ciliée & rougeâtre. Les fleurs sont axillaires, souvent solitaires. Dans les lieux aquatiques de la côte du Malabar.

6. EPHÉMÉRINE NODIFLORE. Sa tige est simple, longue de sept à huit pouces, fléchie en zig-zag à chaque articulation. Les feuilles sont lancéolées, étroites, beaucoup plus courtes que celles de la précédente. Ses fleurs sont ramassées en paquet, sessiles & axillaires. Du Cap de Bonne-Espérance.

7. EPHÉMÉRINE A CRÊTES. Ses tiges sont cylindriques, lisses, couchées, diffuses, longues de huit à dix pouces, ouvertes, presque réfléchies, à gaine striée, transparentes. Les fleurs sont bleues; elles naissent renfermées dans des spathes diphylles, petites, embriquées, en épi unilatéral, en forme de crête. De l'Isle de Ceylan aux lieux aquatiques. Cette espèce à l'aspect d'une commeline.

9. EPHÉMÉRINE PAPILLIONNACÉE. Sa racine est fibreuse; ses tiges sont longues de trois pouces; les feuilles linéaires, lancéolées. La spathe est terminale, en cœur, renversée, semblable à une carène, ce qui donne à la corolle, qui est bleue, la forme d'une fleurs papilionnacée. De l'Inde.

10. EPHÉMÉRINE A FEUILLES OPPOSÉES. Sa tige est haute de deux pieds, lisse, la noueuse sous les articulations. Les fleurs forment des verticilles écartés les uns des autres. Sous chaque verticille, se trouvent deux feuilles opposées, ensiformes. Chaque fleur est composée de six pétales, dont trois extérieurs un peu roides & trois intérieurs plus tendres. Du Cap de Bonne-Espérance.

Culture.

La première espèce est de pleine terre, où elle se multiplie [illegible] par ses racines & par ses graines qui levent spontanément.

Quant aux autres espèces, [illegible] semer au printemps dans des pots [illegible] remplis d'une terre [illegible] la tannée d'une couche chaude sous châssis. On les tient [illegible] dans des pots plus grands [illegible] la plante sera plus fort; on les y traitera comme les plantes des pays chauds, on les tiendra un peu humides, on rentre à les espèces vivaces aux premières gelées, ainsi que les annuelles pour faciliter la perfection de leurs graines.

Usages.

La première espèce fleurit pendant une grande partie de l'été, quoique chaque fleur ne dure qu'un jour au plus, on la cultive comme plante d'agrément. C'est cette courte durée qui lui a fait donner le nom d'*Ephémérine*. Il y a une variété à fleurs blanches qui naît des graines de l'espèce à fleurs bleues. Les autres espèces assez rares, ne se trouvent & ne se cultivent que dans les jardins de Botanique pour la démonstration. (*M. Menon.*)

EPI, *Spica*. C'est la partie la plus intéressante des graminées, & sur-tout des céréales, puisque les grains, pour lesquels on les cultive, s'y forment, s'y perfectionnent & y mûrissent. On dit un Epi de froment, de seigle, d'orge, d'avoine, d'ivraie &c. Et par comparaison on dit que les fleurs de la lavande & de diverses autres plantes sont rassemblées en Epis.

De l'éclat des Epis [illegible] les bonnes ou les mauvaises années. Quand toutes les fleurs sont fécondées, on a l'abondance. Le plus souvent, il y en a quelques unes, qui avortent, & alors la récolte est plus ou moins mauvaise. *Voyez* ABONDANCE, page 541 du premier volume.

Quel spectacle pour l'homme sage & ami de ses semblables, que celui d'une belle plaine, couverte d'Epis, dont la dépouille doit enrichir le cultivateur & fournir à un grand nombre d'individus leur subsistance! La pensée de l'espèce, auquel sont destinés ces fruits de la fécondité de la nature, ne le [illegible] pas de celle de la puissance secrete qui fait germer, végéter & [illegible]. L'ame & l'esprit, satisfaits tout à la fois, éprouvent une jouissance pure à laquelle tout ce que les grandes cités, offre [illegible] de plaisirs, ne peut jamais se comparer. C'est sur-tout [illegible] une objet considérable, que le prix des productions de la terre [illegible]. O hommes insoucians, légers, extravagants, sachez respecter & honorer l'agriculture, sans laquelle vous n'existeriez pas? C'est elle, qui applique le baume salutaire

salutaire dans vos plaies. Ne perdez jamais de vue les obligations infinies, que vous lui devez. (*Tessier.*)

EPI D'EAU. Nom vulgaire sous lequel on connoît les *Potamogets. Voyez* ce mot. (*L. Reynier*)

EPI-FLEURI. Nom vulgaire de plusieurs espèces *d'Ornigalles. Voyez* ce mot. On le donne aussi aux *Stachis. Voyez* ce mot. (*L. Reynier.*)

EPI DE LAIT. Nom vulgaire des Ornigalles. *Voyez* ce mot. (*L. Reynier.*)

EPIBAT, *Epibaterium.*

Genre établi par les Forster, & qui ne comprend qu'une seule espèce, qui est une plante grimpante voisine des *Menispermes.*

Espèce.

1. Epibat pendant.

Epibaterium pendulum. Forst. Des Isles de la mer du Sud.

Nous ne connoissons ni l'organisation ni le climat qu'habite cette plante, dès lors nous ne pouvons rien présumer de sa culture. (*L. Reynier.*)

EPICE ou *Quatre-épices, ou alspices.* Nom qu'on donne dans la Caroline au *Calycant. V.* ce mot. (*L. Reynier.*)

EPICÉ. Variété du Pommier, dont le fruit est employé à la fabrication du cidre dans la ci-devant Normandie. *Voyez* Pommier au *Dictionnaire des arbres & arbustes.* (*L. Reynier.*)

EPICERIES.

On donne ce nom dans le commerce à une grande quantité de productions, étrangères pour la plupart, achetées & débitées par une classe de marchands qu'on appelle *Epiciers.* Sous cette dénomination sont compris plus particuliérement plusieurs substances très-aromatiques, telles que le girofle, la muscade, la canelle, le poivre &c. L'habitude que les hommes se sont faite de les employer pour assaisonner leurs alimens, les rend précieuses & intéressantes. Je traiterai, surtout en détail, des deux premieres sur lesquelles j'ai des renseignemens étendus, qu'il est bon de consacrer dans l'Encyclopédie.

Avant les découvertes des Européens dans les deux Indes, les épiceries étoient connues en Europe; mais l'usage en étoit borné. Nos pères mangeoient des aliments très-doux, ou les assaisonnoient en grande partie avec les aromats de leur pays. De hardis navigateurs ayant doublé le Cap-de-bonne-espérance, l'esprit mercantile trouva, au milieu des mers d'Asie, la patrie des Epiceries, dont l'Europe & l'Amérique voulûrent ensuite partager la consommation.

On assure que dans le moyen âge les Chinois, qui avoient abordé par hasard aux Molucques, y remarquerent le giroflier & le muscadier. Ils en porterent dans les Indes les produits qui se répandirent de là dans la Perse & en Europe. Aux Chinois succéderent les Arabes dans la possession des Molucques, &, à ceux-ci, les Portugais; enfin vers l'an 1621 les Hollandois s'en emparerent. Ils ne négligerent rien pour s'approprier le commerce exclusif des Epiceries, comme les Espagnols se sont appropriés, depuis qu'ils ont conquis le Méxique, celui de la Cochenille fine. La culture du giroflier fût concentrée à Amboine, & celle du muscadier dans la petite île de Poulo-ai, une de celles de Banda. Par ordre des Hollandois on arracha tout ce qui croissoit de ces arbres dans les autres parties de l'Archipel des Molucques; ou dumoins on essaya de n'en point laisser. Chaque année depuis ce tems les Gouverneurs d'Amboine & de Banda parcourent toutes les iles & détruisent les arbres à Epicerie, qui semblent repousser exprès, pour entretenir leur sollicitude; étrange effet de l'avidité d'une nation commerçante, qui veut enchaîner les bienfaits de la nature & la mettre tous sa dépendance.

Entre les nations, comme entre les particuliers, la rivalité ne s'éteint point que son objet ne soit rempli. Les Hollandois devoient s'attendre que tôt ou tard les autres puissances de l'Europe, dont les vaisseaux naviguoient dans les mers des Indes, chercheroient à partager un produit qui faisoit la base de leur commerce & de leur propriété. * On va voir que

(*) Cette idée, qui pouvoit entrer dans l'esprit de plus d'une personne, a été singuliérement mise en avant par le Pere Labat, en 1696, dans son nouveau Voyage aux Isles françoises de l'Amerique, pages 475, 476, 477 *Tome III.*

« A l'égard des Epiceries fines, dit-il, je suis persuadé qu'il n'est pas impossible de les cultiver dans nos » Isles dès qu'on voudra faire les dépenses nécessaires pour » cela, & ne se rebuter pas, comme on fait ordinairement, lorsqu'on trouve des difficultés dans le commencement, & qu'on ne réussit pas du premier coup. »

« C'est un bruit commun à la Guadeloupe que quand » les Hollandois chassés du Brésil, y furent reçus; un d'eux » plus curieux que les autres, y avoit apporté un Muscadier qu'il avoit mis en terre dans son habitation, » où cet arbre profitoit à merveille, & auroit infailli-

la France a commencé à prouver que la surveillance la plus exacte étoit inutile quand on avoit à lutter contre un grand intérêt.

C'est une leçon pour les Espagnols & pour tous les autres Peuples qui travailleront à ravir aux autres des productions que la nature peut faire croître ailleurs. Je ne connois qu'une seule espece d'exclusif qui brave toutes les concurrences, c'est celle qui dépend du climat & de la nature du sol. Par exemple, aucune Nation ne peut imiter nos vins & nos eaux-de-vie.

Ce que j'ai à dire sur les importations des Epiceries dans les Colonies françoises, sera divisé en trois articles. Le premier contiendra l'historique; le second les progrès; & le troisieme la culture & quelques détails de végétation & d'économie.

ARTICLE PREMIER.

Histoire des importations.

UN de ces hommes rares, qui réfléchissent sur les choses véritablement utiles, & qui n'abandonnent point un projet jusqu'à ce qu'il soit exécuté, avoit résolu de faire jouir la France, sa patrie, de la possession des arbres à Epicerie fine. Cet homme étoit M. Poivre, digne de nos regrets, digne de l'estime des gens éclairés, digne de la reconnoissance publique. Un abrégé de ses voyages, pris des notes qui m'ont été communiquées par Madame Poivre, fera connoître l'origine de son plan & les moyens employés pour le faire réussir.

Ayant passé quatre années en Chine, il s'embarqua à Canton, en 1745, pour revenir en France. Il fut pris par les Anglois, qui l'emmenèrent à Batavia. En cinq mois de séjour, il étudia la conduite des Hollandois dans ce chef-lieu de leurs établissements; il connut dans sa source le système de leur grand commerce, & remarqua que la richesse de leur compagnie étoit principalement fondée sur la propriété exclusive des Epiceries. Cette découverte le porta à des recherches sur les isles où elles croissent, sur le gouvernement que les Hollandois y ont établi, sur les précautions qu'ils prennent pour qu'on ne leur enleve pas ces précieux arbres, enfin sur la maniere dont ils les cultivent & dont ils en récoltent les productions.

Jusqu'ici la curiosité d'un homme qui cherche à s'instruire pouvoit être satisfaite; mais le vœu du cœur de M. Poivre n'étoit pas rempli. Il vouloit aller plus loin, & il y alla en effet. Il sut qu'Amboine & Banda n'étoient pas les seules isles qui produisoient le girofle & la muscade; que plusieurs des autres isles qui en portoient étoient désertes; que dans quelques-unes de celles qui étoient peuplées il n'y avoit pas de Hollandois; qu'il étoit facile d'y aborder & d'y prendre des plants.

Il sortit de Batavia avec toutes ces connoissances, & arriva à l'Isle de France en 1746. La Compagnie françoise des Indes en y formant un établissement n'avoit eu en vue que de procurer une bonne relâche à ses vaisseaux qui alloient dans l'Inde. Elle avoit en conséquence exigée de ses nouveaux Colons qu'ils s'appliquassent uniquement à élever des bestiaux & à cultiver des grains. M. Poivre la parcourut en observateur; il y examina les productions spontanées, & trouva plusieurs de celles qui, suivant ce qu'il avoit appris à Batavia, croissent dans les Moluques. Il y vit beaucoup de plantes aromatiques, & parmi elles le Ravensara transporté de Madagascar, plein de parfum & d'aromat, quoique négligé & sans culture. Il en conclut qu'il ne manquoit à cette isle que les épiceries fines; conclusion qu'on pouvoit regarder par plusieurs raisons comme précipitée; 1.° le rapport des Hollandois de Batavia pouvoit être inexact; 2.° il y a des plantes qui vivent sous diverses latitudes, tandis que d'autres ne peuvent vivre que sous certaines latitudes. On sait que les Moluques sont voisines de la ligne, & l'Isle de France par 20 dégrés; 3.° les plantes aromatiques, dans les latitudes où elles viennent, ont d'autant moins de parfum que la latitude est moins chaude. Ces observations que M. Poivre étoit bien en état de faire, ne devoient pas mettre obstacle à ses desseins; car malgré toute leur force son plan n'en étoit pas moins bien conçu & pas moins utile. La proximité où l'Isle de France est des Moluques rendoit plus facile la transplantation

» blement apporté du fruit, qui auroit servi à multiplier » son espece, si un autre Hollandois, en ayant eu connoissance, & jaloux de ce que les François alloient avoir » ce trésor pour lequel ceux de sa nation ont soutenu tant » de guerres & fait tant de dépenses, ne l'avoit arraché » pendant la nuit & brûlé. Quelque diligence que j'aie » pu faire, je n'ai jamais pu savoir si cet Hollandois avoit » apporté cet arbre des Indes orientales, ou s'il l'avoit » fait venir de semence au Bresil. Quoi qu'il en soit, je ne » crois pas qu'il fût impossible de gagner quelqu'un des » gardiens des Isles où le girofle & la muscade naissent pour » en avoir quelques pieds, les cultiver pendant quelque » temps à Mascareigne, ou dans les endroits où la Compagnie a des établissemens & des Comptoirs, en étudier la culture, & puis en transporter l'espèce dans nos » Isles, où il seroit aisé de lui trouver un terrein propre, soit par sa nature, soit par son exposition au » soleil. »

des Epiceries. Il lui paroiffoit fuffifant d'employer à leur culture au plus la 20e partie du terrain & un petit nombre d'hommes. Le refte pouvoit être confacré aux objets indiqués par la Compagnie des Indes : par ce moyen l'Ifle ne ceffoit pas d'être une Colonie nourricière.

Le projet de M. Poivre fut communiqué d'abord à M. David, Gouverneur de l'Ifle de France qui l'approuva. Il vint enfuite à Paris en faire part à la compagnie des Indes, celle-ci le pria de fe charger de l'exécution. Il fit quelques difficultés ; mais au nom de la *Patrie*, qu'on prononça pour l'y engager, il accepta & repaffa à l'Ifle de France, où il arriva en mars 1749. De là il fit, pour des objets de commerce, un voyage à la Cochinchine, d'où il revint à l'Ifle de France en avril 1750. Ce fut alors qu'il s'occupa très-férieufement de procurer à la France les Epiceries fines.

Il avoit d'abord penfé qu'en fe rendant aux Philippines il pourroit obtenir ce qu'il défiroit par la voie de Mindanao, qui n'eft qu'à 60 lieues des Molucques. Il favoit que malgré les Hollandois les Molucquois commercent avec les Ifles Efpagnoles. Le Gouverneur de l'Ifle de France ne put lui fournir un vaiffeau pour les Philippines.

Il jugea qu'il n'avoit d'autre parti à prendre que de paffer à la Chine, & de là à Manille fur un vaiffeau de Macao ou fur un vaiffeau Efpagnol. En fuivant cette idée il arriva à Manille le 25 mai 1751 : il y trouva fon fecret éventé. Un Gouverneur de l'Inde qui en étoit inftruit, avoit cherché à le prévenir, en promettant 2000 piaftres, à qui remettroit à Manille 25 plants de mufcadiers & autant de girofliers entre les mains de M. Cavallo, Soubrecargue d'un vaiffeau expédié de Pondichery. M. Poivre retira la lettre qui contenoit cette promeffe, au moment où elle alloit être remife à un Hollandois, capitaine d'un vaiffeau de Batavia.

A Paris le fecret n'avoit pas été mieux gardé qu'à Pondichery. Il avoit été divulgué par des perfonnes qui, par leurs places fembloient le plus obligées à le conferver.

M. Poivre avoit fait beaucoup de recherches qui n'avoient préfenté que des obftacles, lorfque dans la rivière de Manille il arriva quelques petites embarcations de Xolou, Mindanao & Boruco. Un marchand Chinois, qui étoit fur l'une d'elles, avoit 3 0 noix mufcades bien fraiches. M. Poivre les acheta & les planta fur-le-champ : plufieurs germerent & fortirent de terre. Le 12 Février il fe trouva en poffeffion de 32 plants de mufcadiers beaux & vigoureux.

La conquête des girofliers n'étoit pas auffi facile. En fuppofant que les Molucquois apportaffent aux ifles Efpagnoles des cloux de girofle, c'étoit n'apporter que les boutons des fleurs, au lieu que les noix mufcades font les véritables fruits, capables de reproduire. Il n'y avoit donc d'autre moyen que de fe tranfporter dans les Molucques pour y prendre des plants ou des fruits de girofliers à maturité. Le prétexte d'un armement fait par les Efpagnols contre les habitans de l'ifle d'Yolo, arrêtoit à Manille toutes les embarcations des Molucques : il n'étoit pas poffible d'en profiter.

Le Gouverneur de Manille, auquel M. Poivre confia fon fecret, lui permit d'y paffer l'hiver, & de demander à l'Ifle de France un bâtiment, à condition qu'il viendroit fous pavillon Afiatique, précaution qu'il croyoit néceffaire pour ménager les Hollandois, capables de nuire à la Colonie des Philippines, s'ils avoient fu qu'il eut favorifé un deffein contraire à leurs intérêts.

M. Poivre écrivit par deux occafions au Gouverneur de l'Ifle de France ; il lui envoya quelques noix mufcades, propres à être mifes en terre, & un mémoire fur la manière de former un jardin & de le difpofer pour la culture des Epiceries. Il informa auffi la Compagnie des Indes de fes démarches, & lui fit paffer des montres de mufcades qu'il avoit acquifes. MM. de Buffon & de Juffieu, auxquels M. de Machaut les remit, les reconnûrent pour de vraies mufcades, femblables à celles du commerce.

La direction de la Compagnie des Indes ne répondit pas.

M. Poivre, qui mettoit le tems à profit en attendant des nouvelles de l'Ifle de France, fit encore des recherches fur les Molucques. Il apprit la langue Malaife pour être en état de traiter directement avec les Molucquois ; il dreffa une carte du pays plus exacte que celles des Hollandois ; il fe procura deux bateaux efpagnols qu'il arma fous le prétexte de les envoyer en courfe contre les infulaires d'Yolo. Son but étoit de les envoyer à la recherche des plants d'Epiceries, pour les avoir tout prêt, à l'arrivée de la frégate qu'il attendoit de l'ifle de France. Il comptoit même s'embarquer fur un de ces bateaux. Mais le Gouverneur général pour les Efpagnols s'y oppofa, dans la crainte que les Hollandois n'en priffent de l'ombrage. Les bateaux partirent fans lui de Manille le premier mars 1752. La Mousson du Sud-ouest étant déclarée, quoique ce ne fut que le 27 juin, ils ne purent aller dans les Isles du Sud, qui étoit l'objet important. Tout ce que M. Poivre tira de cette expédition, ce fut des éclaircissemens sur la navigation dans l'Archipel.

Ces difficultés ne le rébutèrent pas. Il profita d'une occasion qui pouvoit servir son projet. Le Gouverneur de Sambuangan, établissement Espagnol, dans l'isle de Mendanao, venoit de mourir. Il s'agissoit de le faire remplacer par un homme sur lequel ont put compter. M. Poivre parvint a faire nommer M. Oscotte auquel il s'étoit ouvert du projet, & qui avoit fourni les deux bateaux. Il concerta avec lui les opérations qu'il s'étoit engagé de suivre. Rien n'étoit plus favorable que son poste, situé à la porte des Moluques & environné d'insulaires, qui ne subsistoient que par leur commerce dans l'Archipel.

Inutilement il attendit pendant 14 mois à Manille la frégate qu'il avoit demandée à l'Isle de France. Le Gouverneur de cette Isle, n'ayant reçu que des ordres vagues de le seconder, & manquant de vaisseaux par les besoins le plus pressant, ne put lui en envoyer. Il éprouva un semblable refus de M. Dupleix, Gouverneur de Pondichéry, sous le prétexte que la Compagnie ne lui avoit donné aucun ordre. Il ne put donc obtenir de ses concitoyens le foible secours, indispensable pour le succès de son entreprise. Dans cet abandon il resolut d'aller les chercher lui-même, & partit pour l'Isle de France avec 19 plants de Muscadiers sains & vigoureux. Le navire sur le quel il s'embarqua étoit embarrassé d'une multitude de passagers de toute nation; il n'avoit ni galleries, ni chambre du conseil. Comment placer ses plants, comment les soigner & les dérober à la connoissance du Capitaine & à celle des passagers? On se figure aisément son embarras. L'esprit qui porta M. Desclieux, chargé d'importer aux Isles d'Amérique des Plants de café, à se priver de l'eau nécessaire à sa boisson pour les arroser, ce même esprit inspira à M. Poivre les moyens de conserver ses muscadiers. Malgré ses soins il ne put en porter à Pondichéry que 12 en bon état. Il en perdit 7 encore dans cette relâche, n'ayant trouvé aucun secours. Il tenta d'obtenir de M. Dupleix quelque assistance, pour retourner à Manille suivre sa mission; M. Dupleix fut constant dans son refus. N'ayant pu rien gagner il partit en Octobre 1753, pour se rendre à l'Isle de France, emportant avec lui trois de ses plants, & plaçant les deux autres sur un autre bâtiment qui avoit la même destination.

A son arrivée il ne trouva point de terrain disposé à recevoir ses plants, quoiqu'il eut écrit à la Compagnie des Indes.

Cherchant à pénétrer les causes des contradictions qu'il éprouvoit, M. Poivre découvrit qu'une des principales étoit le changement de Directeur de la Compagnie. C'étoit M. David quand il étoit parti pour Manille. Celui qui le remplaçoit, d'origine Hollandoise, [illegible] ou contrecarroit tout ce qu'avoit adopté son prédécesseur. M. Poivre en fut informé par un de ses amis. Désespéré des difficultés il vouloit abandonner son entreprise. Mais l'amour de la patrie combattit quelque temps cette résolution & l'emporta. Il avoit rempli une partie de sa mission en apportant à l'Isle de France des plants de muscadiers. Il ne restoit plus a aquerir que les girofliers. Il avoit dans le Gouverneur de Sambuangan un homme qui lui étoit dévoué, & qui peut-être avoit déja travaillé efficacement pour lui. Ces idées & celle des avantages qu'il alloit procurer à sa patrie lui firent reprendre courage & surmonter les risques qu'il alloit courir, soit de la part de la mer, soit de la part des Hollandois.

Il demanda à M. Bouvet successeur par *intérim* de M. David, un vaisseau, quelque mauvais qu'il fut, uniquement dans l'intention de le porter à Manille où il espéroit trouver des plants envoyés par M. Oscotte.

On lui donna la frégate la *Colombe* de 160 tonneaux, il s'y embarqua le premier mai 1754, ayant auparavant placé ses plants dans trois quartiers de l'Isle qui lui parûrent les plus convenables a leur culture. Sa traversée, qui n'auroit du être que de deux mois, en dura trois à cause du mauvais état de son bâtiment qui ne marchoit pas & faisoit beaucoup d'eau : mais on n'avoit pu lui en donner un meilleur.

A son arrivée à Manille il trouva un nouveau Gouverneur. La guerre étoit allumée entre les Espagnols & les Insulaires de Mendanao, & par conséquent la communication se trouvoit coupée entre Manille & les isles méridionales de l'Archipel des Moluques. Point de nouvelles de M. Oscotte, Gouverneur de Samouangan. Il se détermina à y passer.

Un mauvais bâtiment, qui couloit bas d'eau dans le port même, un foible équipage, composé de 8 blancs & de 22 Larscars, dont 15 avoient déserté à Manille, la nécessité de charger la frégate d'objets utiles pour le compte de la Compagnie qu'il falloit dédomager des frais de l'armement, ce qui devoit encor diminuer sa marche, la crainte que les Hollandois apprenant le but de l'expédition ne s'emparaſſent du bâtiment hors d'état de ſe défendre, ſans eſpoir de réclamation de la part de la compagnie des Indes, toutes ces conſidérations qui ſe préſentoient à ſon eſprit, ne purent rallentir ſa réſolution. Il répara ſa frégate, recouvra trois de ſes déſerteurs, remplaça les autres par des Indiens, & quitta Manille le 22 janvier 1755.

Il cotoya les Phillipines jusqu'à Mindanao, & mouilla le 2 février à l'entrée du port de Caldeira & le 6 dans la rade de Sambuangan. M. Oſcotte lui apprit que pour n'être pas venu plutôt à Manille, il avoit manqué la plus belle occaſion du monde. En janvier 1754 deux embarcations Malaquoiſes étoient entrées dans la rade de Sambuangan, ayant à bord 16 quintaux de girofle dont la moitié étoient des fruits, & environ 12 quintaux de noix muſcades. M. Poivre auroit pu traiter avec les conducteurs des embarcations & être conduit par eux, à l'inſu des Hollandois, dans les lieux où ils recueillent les Epiceries. Il eut profité de cette heureuſe circonſtance ſi on lui avoit envoyé de l'Iſle de France la frégate qu'il avoit demandée, ou ſi M. Dupleix eut voulu à Pondichéry lui donner le ſecours qu'il avoit ſollicité.

Le moment étoit paſſé & les regrets ſuperflus. Les apparences d'un arrangement entre les Eſpagnols & les Inſulaires de Mendanao donnoient encore un peu d'eſpoir. Mais la violence des courants ne permit pas au vaiſſeau de reſter dans la rade. Il y avoit déja perdu un ancre & rompu un câble. Cet événement le détermina à faire route vers l'iſle de Meao, dont il fut auſſi forcé de s'écarter : avec un bon bâtiment il eut réſiſté par tout.

Ne pouvant faire mieux il pourſuivit ſon voyage, reconnut la côte orientale de Celèbes, donna dans le détroit de Xulla, très dangereux, cotoya Celèbes & Bulion & tenta envain de traiter avec les habitans qui prîrent ſa frégate pour un bâtiment des Hollandois avec leſquels ils étoient en guerre. A la pointe de Buton il rencontra un vaiſſeau de cette nation, auquel il eut le bonheur d'échapper. Ce fut alors qu'il découvrit un complot formé par un Chirurgien de ſon bord. Ce perfide devoit enlever le canot & aller à Batavia révéler le ſecret du voyage.

Après avoir paſſé encore entre pluſieurs iſles M. Poivre mouilla dans la rade de Liffao, principal établiſſement des Portuguais ſur l'iſle de Timor. Le Gouverneur & les gens du lieu lui firent tout l'accueil qu'il pouvoit deſirer. Il y trouva des muſcadiers d'une eſpèce inférieure à ceux qu'il avoit importé lors de ſon premier voyage à Manille; cependant en emporta onze.

Le Gouverneur de Timor ayant autant de facilité que celui de Sambuangan pour procurer des plants d'Epicerie des Moluques, puiſque tous les jours il venoit dans ſa rade des Macaſſais, bons navigateurs, qui connoiſſent tout l'Archipel; M. Poivre le ſonda, le mit dans ſes intérêts & fit alliance avec lui, au nom de la Compagnie. C'étoit s'aſſurer les moyens de réuſſir, dans le Sud, comme il avoit réuſſi dans le Nord.

Peu ſatisfait d'une expédition ſi contrariée, il fut de retour à l'Iſle de France, le 8 Juin 1755. Il apportoit avec lui des plants de Cacaoyers, des Rimas ou arbres à pain, dont ſe nourriſſent les habitans des Iſles Mariannes, &c. Il préſenta au conſeil de la Colonie de vraies noix muſcades & des fruits de Girofliers, qu'il avoit reçus à Sambuangan; c'étoit annoncer la poſſibilité d'en avoir en état d'être plantés. Il remit auſſi un plant de Muſcadier, de l'eſpèce de Timor, le ſeul des onze, qu'il eut conſervé & une noix germée.

Sa première attention fut de s'informer des Muſcadiers de ſon premier voyage, & qu'il avoit placés dans trois endroits différens de l'Iſle. Il eut la douleur d'apprendre qu'ils étoient tous péris d'une mort peu naturelle.

Pour comble de malheur le nouveau Gouverneur lui déclara qu'il ne pourroit lui donner aucun ſecours, pour ſuivre ſon projet, parce que la Compagnie ne lui avoit pas donné d'ordres. Il réſolut & obtint la permiſſion d'aller en ſolliciter lui-même, malgré la guerre entre la France & l'Angleterre.

Avant de quitter l'Iſle il propoſa de nouveau au Commandant de prendre quelques meſures dans le cas, où les Gouverneurs de Sambuangan & de Timor donneroient avis d'une acquiſition de plants d'Epicerie, ſuivant les traités faits avec eux, au nom de la Compagnie. Le Commandant déclara que dans ce cas même, il ne pourroit envoyer un vaiſſeau, ni aux Philippines, ni à Timor, n'ayant pas l'agrément de la Compagnie.

M. Poivre partit de l'Iſle de france le 26 avril 1756 ſur le vaiſſeau le *Pondichery*; il paſſa à Madagaſcar & faiſant route pour France il fut pris par les anglois, conduit a Cox en Irlande d'où il revint dans ſa patrie, le 22 avril 1757.

Par tous les faits, que je viens de rapporter, on voit combien ſon projet de éprouva de difficultés, on voit que les plus grandes sont venues de la part de la Compagnie des Indes, à laquelle cependant il importoit le plus qu'il fut éxécuté, puisqu'il tendoit à augmenter ses profits aux dépens de la Compagnie hollandoise. Tout homme, qui auroit eu moins de caractère, que M. Poivre y auroit renoncé; mais les avantages, qu'il devoit en résulter pour la France, étoient fortement imprimés dans sa tête & il ne les perdoit pas de vue.

Pendant son séjour à Paris il donna à la Compagnie, sur divers objets de commerce, des conseils si sages, qu'ils lui mériterent toute sa confiance. Elle le pria d'aller à l'Isle de france, en qualité d'Intendant de la Colonie. Dabord il eut de la peine à rentrer dans la carrière des dangers & des contradictions. Cependant il accepta, dans l'intention de se rendre utile & de reprendre son projet. Il débarqua à l'Isle de France en 1767.

Par une lettre qu'il écrivoit au ministre de la marine. il paroît qu'en 1768 il avoit envoyé, pour sonder le terrain, M. M. de Tremigon, lieutenant de vaisseau & Provost, écrivain. Mais les indiscrétions de M. Dumas, ayant découragé M. de Tremigon, des opérations, commencées à Queda, n'eurent aucun succès.

Une seconde expédition suivit de près la première, &, une troisième se fit bientôt après. Je rendrai compte de l'une & de l'autre, ayant eu dans les mains les pièces originales, tirées des bureaux de la marine.

M. de Tremigon partit de l'Isle-de-France avec M. Provost le 17 Mai 1769 sur la corvette *le vigilant*. Il fut joint à Achem par le bateau *l'étoile du matin*, commandé par M. d'Etchevri. Ils se rendirent à Queda, d'où la Mousson, qui s'avançoit les força de s'éloigner sans attendre l'arrivée des Bonguis, qui avoient promis des plants d'Epicerie; M. Provost n'en trouva pas davantage à Sambuangan. Il prit dans ces deux endroits des mesures, pour une autre expédition, en cas que celle-ci manquât. Des Philippines il passa aux Molucques, se rendit à Yolo, dont le Sultan, qui aimoit M. Poivre, lui fit à cause de lui, un accueil favorable. D'Yolo il alla à Miao, Isle voisine de Ternate. Après trois jours de recherches infructueuses, il continua sa route à Ceram & à Timor, suivant ses instructions. Le conseil ayant décidé qu'il étoit impossible d'aller à Ceram & à Timor, pour s'y arrêter. la saison étant très-avancée, les deux bâtiments se séparerent. M. de Tremigon gagna Timor & de-là l'Isle-de-France, où il apporta quelques plants de muscadiers du pays, d'une espèce longue. M. Poivre en avoit aussi rapporté.

M. Provost étant alors sur le bateau *l'étoile du matin*, alla à Ceram, où il y avoit plus d'espérance de réussir. Il y trouva un vieux soldat françois, établi depuis 30 ans, qui lui donna à emmener son fils, né sous le girofle & la muscade; c'étoit une précieuse acquisition. On conseilla à M. Provost d'aller à Geby, pour y être à portée de Patany, de Maba & de Weda, lieux tout remplis d'Epiceries. Les habitans avoient secoué le joug des Hollandois. L'horreur qu'ils ont pour ces derniers, qu'ils regardent comme des tyrans, leur en inspire pour tous les Européens. Avec de la douceur M. Provost les gagna, au point qu'ils risquèrent leur vie, pour aller chercher à Patany, situé dans l'Isle de Gilolo, des plants de muscade & de girofle, dont ils chargerent leurs pirogues.

Le Roi de Patany, indigné de cet enlévement, fait sans sa permission, envoya une petite flotte, pour punir les habitans de Geby. M. Provost parvint à appaiser l'Ambassadeur; il vit le Prince, que des caresses & des présens satisfirent complettement. Il accorda le pardon des habitans de Geby & donna l'espérance de pouvoir y faire une autre expédition. Il voulut avoir un pavillon François & partit faché du départ de M. Provost, qui eût lieu le 24 Avril.

Pour éviter toute rencontre, M. Provost avoit fait un projet de route que le mauvais temps ne lui permit pas d'exécuter. Etant encore dans le détroit de Bouton, il trouva 5 bâtiments Hollandois, armés en guerre, qu'il ne put éviter. Deux Officiers qui le visitèrent, ne s'apperçevant pas qu'il avoit des plants d'Epicerie, retournerent à leurs vaisseaux. Le danger qu'il avoit couru, détermina M. Provost, à passer par le détroit de Combave. Il en sortit heureusement & arriva à l'Isle-de-France le 25 Juin 1770, avec une grande quantité de plants & de graines des deux Epiceries fines.

M. Commerson, botaniste & naturaliste très-connu, qui avoit fait avec M. de Bougainville, le voyage autour du monde, étoit alors à l'Isle-de-France, où M. Poivre l'avoit retenu. Il fut prié de vérifier les plants & les graines, apportés de l'expédition.

Il y avoit, 1.° 450 jeunes plants de muscadiers, hauts depuis 6 pouces jusqu'à un pied & demi, tous très-verts & bien bourgeonés.

2°. Dix mille noix muscades, déposées dans de la terre sablonneuse, immédiatement après avoir été cueillies sur les muscadiers au moment de leur maturité. Toutes étoient bien germées & propres à être mises en terre. Il y en avoit plusieurs, encore couvertes de leur *macis*, qui avoit son aromat.

3.° Deux cents noix muscades altérées & incapables de germer. Elles avoient fermenté dans la cale du vaisseau.

4.° Quelques pieds du muscadier, à feuilles grandes, larges, épaisses & à fruit long, foiblement Épicé, afin de servir d'objet de comparaison.

5.° Soixante-dix plants de girofliers, la plupart bien verds & bien frais.

6.° Une très-grande quantité de baies ou fruits de girofliers, deposées dans du sable, la plupart germées, quelques-unes même ayant poussé leurs feuilles séminales.

M. Poivre, dont la jouissance est facile à concevoir, informa le Ministre de la Marine, de cette riche cargaison. Il rendit justice à MM. de Tremigon & d'Etchevry. Le premier, dépositaire du secret, dans toutes les escales où ses opérations l'avoient forcé de relâcher, s'étoit montré avec toute la capacité & toute la distinction possibles. L'autre, qui avoit affronté tous les dangers de l'expédition, étoit un hardi navigateur, puisque pour aller de France à l'Isle de France, il avoit doublé le Cap-de-bonne-espérance dans un bateau de moins de 80 tonneaux, y ayant embarqué sa femme & tous ses enfans.

Les plants de muscadiers poussoient avec vigueur; quelques noix muscades avoient germé dans différens quartiers de l'Isle. Aucun des plants de girofliers importés ne donnoit signe de vie, une vingtaine de graines avoient levé & avoient 8 ou 10 feuilles, qui promettoient une belle végétation; mais la marche des girofliers étoit trop lente, au gré de l'impatience de M. Poivre. Il falloit 7 à 8 ans avant qu'il rapportassent des fruits, dont on pût faire des semis. Il se proposa de renvoyer M. Provost aux Molucques pour rapporter une quantité suffisante de plants & de graines de girofliers. Il vouloit transplanter quelques-uns des plants de cette dernière expédition aux Isles de l'amirauté ou des trois freres, situées à quatre degrés Sud de la ligne, même distance que Banda. L'auteur d'une note, insérée à la lettre de M. Poivre au ministre, observe que les Isles de l'Amirauté étant désertes, y introduire les Epiceries, eût été les livrer aux étrangers & les mettre à portée de partager avec nous cette richesse. C'eût été au moins enlever l'exclusif aux Hollandois.

Pour tenter un nouveau voyage, il falloit l'attache de M. le Chevalier Desroches, Gouverneur de l'Isle de France & de Bourbon. M. Poivre, alors Intendant, l'obtint avec peine, ou du moins le Gouverneur dans une lettre au ministre, en date du 25 Juin 1771, fait entendre que c'est un acte de complaisance de sa part. Il consentit à ce que M. Provost retournât aux Molucques sur la flûte du roi, l'*Isle de France*, commandée par M de Coetivi, enseigne de vaisseau accompagnée de la corvette *le Nécessaire*, que commandoit M. Cordé, Officier de vaisseau de la compagnie. L'expédition fut faite principalement pour aller à Manille chercher des vivres & des agrêts de marine chez les Espagnols. Celui qui la conduisoit, avoit ordre de revenir par les Molucques, pour en rapporter des plants de girofliers & de muscadiers.

On ne sait pourquoi m. Desroches avoit cherché à traverser ce second voyage. M. Poivre s'en est plaint avec amertume. La crainte de déplaire aux Hollandois sans doute y avoit beaucoup de part. On lui reprochoit d'avoir fait dire au Gouverneur Espagnol des Philippines, que M. Provost étoit un homme sans aveu, d'avoir instruit les chefs du Cap-de-bonne-espérance du but de l'expédition, afin qu'on le sût à Batavia, enfin, d'avoir gardé quelque tems les instructions signées & données par l'Intendant à MM. de Coetivi & Provost, & de ne les avoir rendues qu'après les avoir copiées. Parmi ces griefs, les premiers, s'ils étoient vrais, supposeroient de la méchanceté. On ne voit dans le dernier que la conduite d'un homme timide & qui n'est pas persuadé de l'importance de l'expédition.

Quoiqu'il en soit, MM. de Coetivi & Provost partirent de l'Isle-de-France le 25 Juin 1771, pour se rendre à Manille. Ils quittèrent cette dernière Isle le 29 Décembre suivant, passèrent au travers des Philippines & des Molucques, & relâcherent à Geby. Ils y prirent une quantité considérable de plants & de graines de girofliers, & de muscadiers, ne négligeant aucune précaution, pour en assurer la conservation. Partis de Geby le 8 Avril 1772, ils furent de retour à l'Isle-de-France, M. de Coetivi le 4, & M. Cordé le 6 Juin.

M. Provost pria le Gouverneur général & l'Intendant de faire constater par un procès-verbal, l'état de sa cargaison.

Cette fois, comme la première, M. Commerson examina ce que les deux bâtimens avoient apportés.

Il trouva 1.°, dans 36 caisses, ouvertes par en haut, mais défendues par des treillis & grillages bien faits, 500 plants de girofliers & 28 de muscadiers, dont 50 de deux à deux pieds & demi de hauteur, trois de la plus belle végétation, 100 d'un pied & demi aussi très-beaux & les autres, d'un pied & au-dessous. 2.° Dans des caisses fermées & enveloppées de toile goudronnée, 0 plants tant de girofliers que de muscadiers placés entre deux lits de terre. Presque tous avoient péri, parcequ'on les avoit privé d'air. 4.° De 12 à 13000 noix muscades, dont la moitié étoit pourrie & l'autre bien germée dans des barriques ou des corps, fermés & remplis, comme les caisses, de la terre du pays. Il y avoit aussi quelques graines de girofflier mêlées avec les muscades, mais en moindre nombre. Par la récapitulation des articles, ce second envoi étoit aussi riche en girofliers que le premier l'avoit été en muscadiers.

M. Poivre avoit placé les premiers plants en pépinière dans son jardin; à l'arrivée des seconds, ils avoient deja fait des progrès, qui donnoient la plus belle espérance; on en avoit distribué aux habitans de l'Isle-de-France & de Bourbon; ils n'avoient pas eu le succès qu'on devoit attendre de l'intelligence des cultivateurs On en avoit envoyé aux Seychelles, situés à la même latitude que Banda.

L'antipathie de M. Desroches pour l'importation des Epiceries éclata encore davantage, à l'arrivée de M. Provost Il ne voulut point signer le procès-verbal, quoiqu'il fut invité à se trouver à l'ouverture des caisses. Il écrivit plusieurs fois au ministre pour déclamer contre l'appareil qu'on y avoit mis; il lui envoya copie d'une lettre de Batavia à Pondichery, quoiqu'elle n'eût aucun rapport avec les expéditions. (*) Il prouva que la crainte de déplaire aux Hollandois le tourmentoit plus qu'il n'étoit animé du desir d'enrichir la France.

Il étoit de la justice de M. Poivre de faire connoître les services de M. Provost, qui avoit présidé aux deux importations. Il s'en acquitta avec beaucoup d'intérêt dans une lettre au ministre, du 15 Juillet 1772.

M. Provost alla en France. Il porta à l'Académie des Sciences, de la part de M. Poivre, des branches & des fruits de girofliers, & trois sortes de muscades, appellées en Malais *palapa-rampnon & palalaki parampuan*, & *palalaki laki*, récemment importés aux Isles de France, de Bourbon & de Seychelles M M. de Jussieu & Adanson, nommés Commissaires pour les examiner, prononcèrent que les branches & les fruits, du giroflier, qu'on leur presentoit, apparte noient au vrai giroflier, & que parmi les muscades, les deux premières étoient les muscades du commerce. Leur rapport est du 17 Février 1773.

A cette époque M. Poivre remplacé par M. Maillard-Dumesle, revint en France & se fixa dans une maison de campagne près de Lyon, où il vécut simple, mais honoré de l'estime publique, que ses vertus douces, son ardent amour du bien & ses vues profondes lui avoient mérité. Une famille intéressante rendit les dernières années de sa vie, aussi paisibles & aussi heureuses qu'elles pouvoient l'être. La récompense du sage est le bonheur, qu'il trouve dans son intérieur. Il mourut au commencement de 1786. (1)

Telle a été la marche suivie pour importer les arbres à Epicerie fine, c'est-à-dire, le girofier & le muscadier, dans nos Colonies d'Afrique & d'Amérique On a eu moins de peine a y introduire le canellier & le poivrier, parce qu'ils croissoient dans un pays, d'un abord plus facile & plus à portée de nos possessions.

Toute la canelle, que les Hollandois fournissoient aux deux Mondes, se recueilloit dans l'Isle de Ceylan, sur les bords de la mer, depuis Negambo jusqu'à Galleres, dans un espace de 14 lieues. C'est là qu'ils avoient resserré la culture de ce qu'il leur en falloit pour leur commerce, n'en laissant point dans d'autres endroits. On croit qu'ils en vendoient 600,000 pesant à l'Europe & à peu-près autant dans les Indes. Il s'en consomme beaucoup à l'Amérique, & sur tout dans le Pérou pour le chocolat, dont les Espagnols n'en peuvent se passer.

Suivant M. Fusée Aublet, nous devons les arbres de la vraie canelle aux soins de M. le Commandeur de Godheu & aux ordres de M. son frère, directeur de la Compagnie des Indes, & Commandant général de nos établissemens dans cette partie. Ils n'eparnerent rien pour enrichir la France de ces intéressans végétaux. M. Porché, Commandant à Mahe, procura par Cariçal, plusieurs bois de canellier tirée de Ceylan même: Une partie fut cultivée dans le jardin de Pondichery, par M. Bordier, médecin. Le reste fut envoyé à l'Isle de France & confié par M. Delalonde, capitaine de vaisseau, à M. Fusée-Aublet. La caisse contenoit cinq baies, dont le germe sortoit de terre. M. Aublet les fit transplanter dans le jardin du *Reduit* (2) où ils fleurirent & donnerent cinq ans après une grande quantité de baies; elles ont formé des plants, qu'on a répandu dans l'Isle: on a même, d'après M. Au-

(*) Cette lettre portoit une défense d'importer, à compter du commencement de 1772, à Batavia sur la rade, au détroit Sunda, à Bantan, Cheibon & le long de tout Java, aucunes toiles ni étoffes de soie de l'Occident des Indes. Défense aux vaisseaux de se reparer dans lesdits endroits, & d'y chercher des effets d'équipage.

(1) M. Poivre a publié un petit ouvrage intitulé: *voyages d'un philosophe*. Cet écrit respire l'observateur le plus attentif. sur les objets qui peuvent procurer aux hommes des jouissances raisonnables.

(2) C'est le jardin du Gouvernement.

blet,

blet, fait passer de ces baies en France, où elles ont levé & fourni du plant, qui a été envoyé à Cayenne; comme le plant du café a été porté de Paris aux Antilles, par M. Desclieux.

Timor, Java, & Mandanao produisent une fausse canelle, inférieure même à la fausse canelle du Malabar. Elle y est très-abondante & tellement répandue que les Hollandois ont renoncé à l'extirper. Lors de leur prépondérance, ils exigeoient des Souverains du pays, qu'ils n'en dépouillassent pas les arbres; mais on les trompoit & on les trompe encore davantage, depuis que leur puissance a diminué, & depuis qu'ils ont augmenté le prix de la canelle de Ceylan. Ce commerce est tout entier dans les mains des Anglois.

On seroit tenté de croire que le canellier est naturel à l'Amérique, comme à l'Asie, ou qu'il a été porté très-anciennement à l'Amérique. M. Godet de Brois, Conseiller au Conseil supérieur de la Gouadeloupe, écrivoit de cette Isle à M. Bernard De Jussieu, en 1755, que son père possédoit depuis long tems, & avoit multiplié des canelliers. A la vérité, il n'avoit pas tiré de leur écorce une canelle aussi bonne & aussi belle que celle de Ceylan, mais elle en approchoit beaucoup, & la différence pouvoit venir de l'époque où on la recueilloit, & de la préparation qu'elle recevoit. La racine & les feuilles exhaloient le camphre, le plus pur.

M. de la Luzerne étant gouverneur de Saint-Domingue, trouva chez un Colon un superbe canellier, que ses connoissances en botanique lui firent découvrir. Le Colon étoit persuadé que cet arbre venoit de l'Asie; mais personne ne pouvoit se rappeller depuis quel tems il étoit à Saint-Domingue.

Dans l'Histoire naturelle des Antilles par de Rochefort, imprimée en 1667, le canellier est indiqué comme arbre commun à toutes ces isles. Celui qu'on y rencontre, a l'écorce aromatique; il ressemble à un laurier par son odeur & par sa verdure perpétuelle; on l'emploie dans le pays pour débarrasser l'estomac des humeurs pituiteuses & gluantes: tout annonce donc un canellier, mais est-ce le vrai canellier?

Ce qu'il y a de certain, c'est qu'il ne diffère de celui du Levant, c'est-à-dire, de celui de Ceylan, que parce que l'écorce cachée, sous une peau cendrée, est plus épaisse & d'une couleur plus blanche; sa saveur est aussi plus âcre & plus mordicante; ce qui peut dépendre de la grosseur des arbres.

On retrouve les mêmes idées dans les nouveaux Voyages aux Isles Françoises d'Amérique du Père Labat, en 1696. Les canelliers y étoient seulement plus grands & plus gros, parce qu'ils y étoient fort anciens. Leur écorce, épaisse par cette raison, avoit une odeur & un goût de girofle; ce qui fait que les Italiens, auxquels les Portugais en envoyoient une quantité considérable, pour la réduire en poudre & en faire une épicerie douce, la nommoient *Canelle giroflée*.

Les Portugais ont un grand nombre de canelliers au Brésil, soit qu'ils en aient apporté avec eux, lorsqu'ils furent obligés d'abandonner l'Isle de Ceylan, soit qu'ils l'aient tiré de Malabar, ou de la Chine, ou de la Cochinchine, des Isles de Timor & de Mandanao, car cet arbre se trouve dans une infinité d'endroits.

De tous ces faits on peut inférer que le canellier s'acclimate facilement, dans bien des pays différens; qu'il y ait plusieurs espèces ou diverses variétés, c'est à la Botanique à le décider. Il suffit que maintenant dans presque toutes nos Colonies, nous possédions des canelliers, quand bien même ils n'auroient pas la qualité de la meilleure espèce de Ceylan; c'est toujours un grand avantage, qui nous met à portée de nous passer de l'étranger pour cet objet.

Aucune des Epiceries, dont j'ai parlé, n'est aussi employée que le poivre. L'arbrisseau qui le produit croît à Java, à Sumatra & à Ceylan; mais plus particulièrement sur la côte de Malabar. Tous les ans on en enlève dix millions pesant, à dix sols la livre, c'est un objet de cinq millions. L'exportation du poivre, qui fut autrefois toute entière entre les mains des Portugais, est partagée aujourd'hui entre les Hollandois, les Anglois & les François.

En 1787, le vrai poivrier, répandu dans les isles Hollandoises & Angloises, n'existoit pas encore à l'Isle de France. On n'y avoit que l'individu mâle, du poivrier sauvage, indigène à l'Isle de France, à Bourbon & à Madagascar. Cet arbre ne fructifioit pas parce que, comme le muscadier, il étoit dioique & qu'on n'avoit pas l'individu femelle.

M. Ceré assure que le poivrier sauvage de Mahé sur la côte Malabar, a également besoin du concours des deux sexes, tandis que le poivrier vrai, le poivrier aromatique de Mahé étoit hermaphrodite. L'ignorance où l'on a été à l'Isle de France sur ce point de botanique, a fait perdre beaucoup de tems & a fait retarder nos jouissances de 30 ans. M. Ceré malheureusement ne s'en apperçut que tard. Néanmoins sa découverte sera très-utile à sa patrie.

M. Aublet attribue à M. de la Bourdonnois la première importation du poivre de Mahé à l'Isle de France. En homme de génie, la Bourdonnois en avoit senti l'importance. Mais y importât-on alors le vrai poivrier, ou le poivrier sauvage, ou l'un & l'autre? Ce qu'il y a de certain, c'est que le poivrier, qui étoit à l'Isle de France, lors du séjour de M. Aublet, ne donnoit aucun fruit; c'étoit donc ou le mâle ou la femelle; tandis que d'après M. Ceré, celui qu'on en exporta pour Cayenne en 1783, étoit hermaphrodite. Il est vraisemblable que M. de la Bourdonnois fit apporter les deux de Mahé.

Outre les quatre Epiceries, dont j'ai parlé, il y en a trois autres, de peu d'importance, si on les compare aux précédentes. Ce sont, 1.° l'écorce de winter, *Drymis forsteri*, de la famille des Magnoliers; 2.° le gingembre, *Amorum gingiber* Li. 3.° *Le Raven-tsara*, ou feuille bonne, *Agathophyllum*, Juss. Un pays, qui posséderoit une seule de celle-ci, & qui ne voudroit tirer aucune des premières de l'étranger, auroit un aromate suffisant, pour assaisonner ses alimens.

L'infériorité de ces Epiceries a fait négliger le soin d'importer les arbres & les plantes qui les produisent, au-delà du pays où ils croissent naturellement. *Le Raven-tsara*, dont la patrie est Madagascar, a été cependant cultivé avec attention à l'Isle de France, parce que M. Poivre écrivoit qu'on en pourroit tirer parti.

ARTICLE DEUXIÈME.

Progrès des arbres à Epicerie.

Quand M. Poivre repassa à l'Isle de France en 1767, M. de Praslin, ministre de la Marine, voulut, pour le dédommager de son déplacement, lui donner l'habitation de la compagnie des Indes, appellée *le Mont-plaisir*. A son arrivée dans la colonie, l'ayant trouvé convenable pour la culture des arbres à Epicerie, il la fit estimer & la paya au Roi 24000 livres. Une partie, composée de 35 arpens, tant en terres labourables qu'en marais, fut dans la suite consacrée à l'éducation de ces plants. On lui donna le nom *de jardin du Roi*. C'est de là que sont sortis des semences & des arbres précieux, pour se répandre dans les Isles d'Afrique, d'Asie, de l'Amérique, & dans les différentes serres chaudes de l'Europe. La culture des Epiceries & leur multiplication furent la première cause de cet intéressant établissement. On en fit une pépinière des meilleures productions, où puisèrent toutes les parties du monde.

M. Maillard du mesle ayant remplacé M. Poivre, celui-ci, au lieu de vendre bien cher son habitation à un particulier, préféra de la vendre au Roi à un prix modique; il recommanda à son successeur les arbres à Epicerie (*) & donna une instruction, pour en suivre la culture. Il y avoit alors 100 girofliers bien portans, 200 dans un état incertain, dont quelques-uns, étoient repris, 956 jeunes plants de muscadiers 300 muscades germées & 5000 bien saines, qui donnoient l'espoir de germer. Beaucoup d'autres arbres importans enrichissoient le jardin. Mais tout avoit éprouvé de grandes pertes.

M. Ceré, major d'Infanterie, & commandant du quartier des Pamplemousses, avoit une habitation voisine de Mont-Plaisir. Il avoit pris du goût pour les arbres à Epicerie. M. Poivre, dont il étoit l'ami, l'engagea à demander la surveillance du jardin du Roi. Le nouvel Intendant le refusa & lui donna du désagrément. M. Poivre à son retour en france n'eût pas de peine à obtenir de M. M. Turgot & Sartines, un ordre positif, pour que les soins du jardin fussent confiés à M. Ceré.

Il n'y avoit plus, à cette époque, qu'un petit nombre d'arbres à Epicerie. Il étoit tems de les mettre dans des mains sûres. Le fruit de tout ce qu'avoit fait M. Poivre eût été perdu & de long-temps peut-être la France n'eût pû renouer une tentative si difficile.

(*) Il peut servir d'entrepôt à un grand nombre de productions des Indes, de la Chine, de la Côte orientale de l'Afrique & des Isles situées au-delà du Cap-de-bonne-espérance. Les vaisseaux Français, qui vont dans ces parties du monde & en reviennent, relâchent à l'Isle de France & offrent des facilités pour tirer des graines & des plants des lieux où le commerce & le service de guerre les appellent. Reposés, pour ainsi dire, & cultivés au jardin de l'Isle de France, les végétaux sont plus en état de passer, sans s'altérer, dans nos possessions d'Amérique ou dans nos contrées méridionales d'Europe. L'usage qu'on en a fait jusqu'ici pour la multiplication des Epiceries suffiroit seul pour en justifier l'établissement. Mais tout ce qu'il est important de naturaliser dans nos possessions n'est pas encore acquis. Le berceau des Epiceries pourroit être celui de beaucoup d'arbres & de plantes dont les fruits, la moelle, la fécule ou les racines, fussent utiles aux hommes & aux arts. Par les avantages que ce jardin a procurés, on peut juger de ceux qu'il procurera dans la suite, s'il continue à être bien entretenu, s'il est toujours dirigé avec intelligence & attention, si on l'environne entièrement de palissades de bois noir de Madagascar pour l'abriter des Ouragans. Déjà il a fait partager ses richesses à Pondichery, à Goa, aux Isles de France & de Bourbon, aux Seychelles, a Madagascar, à Cayenne, à Saint-Domingue & à la Martinique. Il a fait des envois à l'Empereur, au grand Maître de Malthe, à beaucoup de personnes distinguées de France & sur-tout à Paris au jardin des Plantes. La Botanique & l'Agriculture lui ont de grandes obligations. On parcourt avec intérêt le Catalogue des objets qu'on y cultive & dont une partie est si abondante, qu'on en fait des distributions comme on en fait des arbres à Epicerie. En 1785, il contenoit 569 tant espèces que variétés d'arbres & de plantes la plupart originaires d'Asie & d'Afrique.

Par les plaintes de M. Ceré, il paroît que M. Maillard du Meslé avoit le projet de faire supprimer le jardin du Roi de l'Isle de France. La dépense qu'il nécessitoit pouvoit en être le prétexte spécieux. Mais à moins que cette dépense, peut être possible à réduire, ne fut excessive, la suppression de ce jardin devenoit un crime. Il étoit singulièrement utile à la Colonie, il contribuoit aux progrès des Sciences & de l'Agriculture, il formoit une échelle de Botanique & d'économie entre l'Asie, l'Amérique & l'Europe. Que de motif pour le conserver!

Si on osoit se permettre des conjectures, on diroit que la situation saine & agréable du Mont-Plaisir fut l'objet de l'envie de plusieurs Administrateurs, qui n'auroit pas cru pouvoir en jouir à leur aise, tant qu'il auroit eu dans son voisinage le jardin du Roi. C'est ainsi qu'on expliqueroit les efforts de plusieurs d'entr'eux, pour la suppression de ce Jardin.

Quoiqu'il en soit, les tracasseries, suscitées à M. Ceré par M. Maillard-du-Meslé, ne finirent qu'à sa mort. Car revenu en France en 1777, il chercha encore à lui ôter la direction du jardin. Mais M. Poivre interposa son crédit & M. de Sartines soutint l'homme qu'il avoit choisi. L'envoi d'un premier produit d'Epicerie fut ce qui parla le mieux en sa faveur.

Le jardin du Roi n'offrant pas dans la suite un espace assez grand, M. Ceré planta dans son propre jardin, une partie des fruits des arbres à multiplier.

Il falloit un homme comme lui, pour tirer autant de parti de la culture des arbres à Epicerie. Activité, amour du bien, constance, goût pour l'Agriculture, passion pour l'exécution du plan de M. Poivre, toutes ces qualités se trouvoient dans M. Ceré. Il surmonta beaucoup d'obstacles, il paru aux accidens des ouragans, il prévint par sa vigilance les effets de la malveillance. Sans lui ce qui avoit exigé tant de recherches, tant de soins, tant d'années, auroit été anéanti. Si le projet de M. Poivre a été rempli, ça été en grande partie l'ouvrage de M. Ceré.

Une correspondance suivie entre le Cultivateur & moi, pendant plusieurs années m'a mis à portée d'être informé des progrès graduels des Epiceries. C'est en profitant des détails, qu'il m'a communiqués, que je puis en faire part au public.

En 1775, M. Ceré, chargé par le ministre, des soins du jardin, dressa un procès-verbal de récensement. Il n'y avoit plus que 38 girofliers & 48 muscadiers, dont deux étoient sauvages. Comment, de deux importations si abondantes, ne subsistoit-il que si peu de plants? On ne s'en rend raison qu'en réfléchissant sur le grand intérest des hollandais pour nuire à ces cultures & sur les moyens, qu'à su mettre en œuvre une nation si opulente. Malgré leurs efforts, le succès en est assuré. On va voir par quels degrés on est arrivé à des produits, qui deviennent importans.

Des Girofliers, première fructification, 1775.

En Octobre 1775, un giroflier montra trois ou quatre cloux qui tomberent avant même de parvenir à moitié de leur grosseur, & par-conséquent avant l'épanouissement de la fleur.

Deuxième fructification, de 1776 à 1777.

Il parut au commencement de 1776, des cloux, qui s'épanouirent vers la fin de 1777, & devinrent propres à la reproduction. Ils étoient sans doute, petits, secs & maigres, comme on s'est hâté de le faire publier par M. l'Abbé Reynal; mais il falloit répondre à cet écrivain que les premiers fruits d'un arbre, sur-tout quand il est transporté dans un climat différent du sien, sont toujours foibles & le plus souvent inféconds. Cette observation, vraie & d'expérience, eût empêché qu'on ne prît en France une idée défavorable de l'introduction des Epiceries dans une de nos plus belles Colonies. Les plants, qui leverent de baies ou cloux matrices ou authofles de cette première production, périrent tous successivement, comme on devoit s'y attendre. M. l'Abbé Reynal dans cette occasion, ne fut que l'instrument de la méchanceté ou de l'ignorance en botanique & en agriculture.

Troisième fructification, de 1777 à 1778.

Des troisièmes cloux ou calices plus nourris, il provint 500 grosses baies qu'on mit en terre en Février, Mars, Avril & Mai 1778. Les arbres qu'elles donnerent furent propres à être transplantés l'année suivante 1779, au nombre de 72 à 80.

Quatrième fructification, de 1778 à 1779.

Des cloux du commencement de 1778, on a obtenu 5090 baies; en 1779, 1100 plants qu'elles ont produit, ont été transplantés en 1780, dans les Isles de France & de Bourbon,

Cinquième fructification, de 1779 à 1780.

Les cloux de cette année, n'ont pu devenir baies qu'au commencement de 1780, année où la Colonie a éprouvé un fort ouragan en Février. Ils n'ont donné que 1367 méchantes baies, dont on a sauvé seulement 163 plants, qui ont été transplantés en Juin, Juillet & Août 1781.

Sixième fructification, de 1780 à 1781.

Les arbres étant trop fatigués, des suites de l'ouragan, il n'y en eut que trois qui montrèrent des cloux au commencement de cette année. Du peu qu'ils fournirent il n'est resté que 800 baies en Avril & Mai 1781. On n'a pu transplanter que 267 plants en 1782.

Septième fructification. de 1781 à 1782.

Des cloux qui se sont épanouis sur trois arbres, en Octobre & Novembre 1781, il est provenu en Mars, Avril, Mai & Juin 1782, 8500 baies; dont 6000 sur un seul; elles ont produit 2000 plants, délivrés dans la Colonie.

Huitième fructification de 1782 à 1783.

Un ouragan, arrivé le 11 Janvier dernier & un coup de vent en Février suivant, ont tellement dérangé les productions de 1782 que l'on n'a eu que 2000 baies; encor étoient-elles produites par un seul arbre celles des autres n'étant pas venues à bien; on les à planté en Avril, Mai, Juin & Juillet 1783. Il en est résulté environ 1200 plants; 900 sont restés dans la pépinière & les autres ont été délivrés dans la Colonie.

Neuvième fructifiication de 1783 à 1784.

Douze girofliers de souche, à cause du dérangement occasionné par l'ouragan de cette année n'ont travaillé a faire leurs cloux, les uns que depuis Mars & Avril, les autres que depuis Juin, Juillet & Août. Les cloux qui se montroient sur ces douze girofliers, ont donné naissance à 4900 baies. L'année 1784 ayant été extrêmement séche il n'a été possible de sauver que 600 plants de cette qualité de baies.

Dixième fructification de 1784 à 1785.

Environ 150 girofliers créoles (*) ont commencé leurs cloux dans les premier mois de 1784; ils ont fourni des baies en Février & Mars 1785. Les pluies s'étant déclarées de bonne heure cette année & ayant été longues & abondantes, ces 150 girofliers ont produit plus de 11000 baies bonnes & grosses qui ont été ceuillies & plantées en pépinière en Février & Mars derniers.

Onzième fructification 1785 par anticipation à 1786.

458 girofliers créoles, ont commencé leurs cloux en Février, Mars & Avril 1785. ils pouvoient produire environ 30000 baies ou mere de cloux propres à être plantés dans les mois de Février & de Mars 1786.

Ici finit le calcul des progrès réels des girofliers; dans les Isles de France & de Bourbon, c'est à cette époque que M. Ceré me l'a fait passer. On ne peut douter de son exactitude, puisqu'il repose sur des faits & sur l'expérience. Mais celui qui va suivre, ne jouit pas du même avantage. M. Ceré voulant faire connoître tout ce qu'on pouvoit attendre de la multiplication de ces arbres à la fin du siécle, n'a pu établir que des probabilités, des suppositions à la vérité, loin de choquer la vraisemblance. Il s'est contenté d'admettre de foibles produits. En homme sensé, à mesure que le nombre des arbres fructifians doit s'accroître, il a diminué leur fécondité. Un Mathématicien eût opéré tout autrement & partant de la fructification de 1785, comparée à celle de l'année précédente, il eût porté à l'infini le nombre des anthofles des 15 années suivantes. L'Agriculteur sait que quand il s'agit d'introduire des objets de culture nouvelle, les première années rapportent peu, parce que le défaut d'expérience nuit à la multiplication; il sait que dans la suite les progrès sont plus sensibles & plus considérables, & qu'il arrive un terme ou la multiplication s'arrête & se borne, tout ce qui cultivé en grand étant sujet à plus d'obstacles.

Pour présenter favorablement les aperçues de M. Ceré, j'ai cru devoir les ranger en tableau. L'esprit est beaucoup plus frappé de calculs comparés & rapprochés, que par des détails, qui lassent son attention.

Nous avons vû qu'en 1785, il y avoit 16000 plants ou arbres de girofliers, repartis dans la Colonie. M. Ceré réduit leur existence au quart, qui est de 4000.

(*) Par ce mot dans les Colonies on entend des individus, qui y sont nés.

ANNÉES.	Arbres fructifiants.	Produit en baies supposé.	Réduction en plants supposée.	OBSERVATIONS.
1786....	200	...40,000	...10,000	De 4000 plants ou arbres, qui existoient, en 1785, M. Ceré suppose que 200 donnent du fruit, & que chacun donne 200 baies, dont il résulte 4000 baies. Cette supposition n'est pas trop forte, puisqu'on a vu un seul arbre en donner 6000. Il réduit au quart restant le produit des baies, c'est à dire, à 1000 plants, pensant qu'il en peut manquer les trois quarts.
1787....	400	...80,000	...20,000	Les 4000 arbres ayant une année de plus, on peut porter à 400 le nombre de ceux qui produisent. Réduction du produit des baies, un quart restant.
1788....	600	..120,000	...30,000	Mêmes observations.
1789....	800	..160,000	...40,000	Mêmes observations.
1790....	4000	..200,000	...50,000	Au lieu de supposer que chaque année il y a un plus grand nombre de girofliers, qui donnent des baies, M. Ceré regarde les 4000 arbres de 1785, comme en état de rapporter tous. Mais il borne leur production à 50 baies par arbre. Réduction du produit de ces baies, un quart restant.
1791....	14,000	..700,000	..175,000	On a vu des girofliers commencer leurs cloux à trois ans & produire des baies mûres à quatre. M. Ceré suppose qu'ils n'ont des cloux qu'à cinq & des baies mûres qu'à six. A l'année 1791. on peut commencer à indiquer la fructification des plants, produits par les baies, plantées en 1786; & dans ce cas ajouter aux 4000 arbres en rapport en 1785, les 10000 qui ont été produits par les semis de la même année. Réduction du produit des baies des 14000 arbres, un quart restant.
	20,000	1,300,000	325,000	

ANNÉES.	Arbres fructifiants.	Produit en baies supposé.	Réduction en plants supposée.	OBSERVATIONS.
1792....	...34,000	..850,000	..212,500	M. Ceré ayant ajouté l'année dernière aux 4000 arbres fructifians en 1785, les 10000 plants de 1786, qui à la 6.e année doivent être en rapport, suppose successivement que les plants des années suivantes deviennent en rapport après le même terme. En conséquence aux 14000 de 1785 & de 1786, il ajoute les 200000 de 1787 & ne comptant leur produit en baies qu'à 25 par arbre, il trouve 850000 baies dont le quart est de 212500.
1793....	...64,000	..640,000	...80,000	En suivant la même marche, ajoutons les 30000 arbres de 1788 & ne leur faisons produire à chacun que 10 baies; au lieu du quart, supposons qu'il ne donne à bien qu'un 8.e de ces baies, nous aurons encore en nouveaux plants les 80000 ci-contre.
1794....	..104,000	.1,040,000	..130,000	Mêmes observations, c'est-à-dire, addition des 40000 plants de 1789, & réduction du produit total des baies, à 10 par arbre, un huitième.
1795....	..154,000	..770,000	..481,125	Mêmes observations, excepté qu'au lieu de supposer le produit de la totalité réunie des arbres de 1785, 1786, 1787, 1788, 1789 & 1790, à dix par arbre; nous ne le suppo-sons plus qu'à cinq & que nous en réduisons les bien venans à un seizième, au lieu d'un huitième.
1796....	..329,000	.1,316,000	...26,320	Nous ajoutons les plants de 1791, & nous ne faisons produire à tous les arbres que quatre baies, au lieu de cinq, réduisant les bien venans à un cinquantième.
1797....	..541,500	.2,166,000	...21,660	Nous y ajoutons les plants de 1792, faisant produire à chacun quatre baies, & réduisant les bien venans à un centième.
	1,226,500	6,782,000	951,605	

ANNÉES.	Arbres fructifiants.	Produit en baies supposé.	Réduction en plants supposée.	OBSERVATIONS.
1798....	..621,500	.1,854,500	...18,645	Nous ajoutons les plants de 1793, & nous faisons produire à chacun trois baies seulement, réduisant les bien venans au centième.
1799....	..751,500	.1,503,000	...15,030	Nous ajoutons les plants de 1794, & nous faisons produire à chacun trois baies, réduisant les bien venans à un centième.
1800.....	..799,625	..799,625	7,996	Nous ajoutons les plants de 1795, & nous ne supposons qu'une seule baie de produit par arbre, réduisant les bien venans à un centième.
	2,172,625	4,157,125	41,671	

Total des Arbres fructifians dans la Colonie, en 1800........................ 3,419,125.

Quelque peu exagérée que paroisse cette multiplication, quand on en suit les progrès, il est difficile de croire, qu'elle put être aussi considérable les dégats des ouragans étant incalculables, & il ne seroit peut être pas utile de la porter si loin. L'emploi du clou de girofle est borné. C'est un assaisonement si actif, qu'on (*) l'a économisé même dans les pays, où les alimens sont fades. Un seul cas doit engager à ne pas restreindre la culture des girofliers, c'est celui où les arts en auroient besoin. Jusqu'ici sa cherté n'a pas permis d'en étendre l'usage. Quand les cloux de girofle seront abondans, les artistes imagineront des moyens d'en tirer un parti avantageux

On assure qu'à Amboine les Hollandois ne cultivent que 500,000 girofliers, pour l'approvisionement du monde entier & que ces arbres y produisent l'un dans l'autre deux livres de cloux; si cette assertion est vraie, l'Isle-de-France quand bien même on n'auroit de chaque arbre qu'une demie livre ou un quartron de cloux, ne tardera pas à assimiler ses produits à ceux d'Amboine, pourvu qu'on mette de l'intérêt à la culture des girofliers. Les succès de Cayenne, qui est très avancée dans cette culture, augmenteront encor les produits de nos colonies. Que seroit-ce si l'importation aux antilles françoises prospérois également.

(*) Il y en a eu un considérable le 14 Octobre 1786, qui a pu déranger un tems les calculs du précédent tableau. On assure que c'est un des plus désastreux qu'on ait éprouvé.

M. Hubert, colon de l'île de Bourbon écrivoit, le 10 Novembre 1780, qu'il étoit déjà dédommagé de ses soins, peines & dépenses pour la multiplication du giroflier. Un seul arbre, le premier qui ait rapporté dans son habitation, lui a produit 2000 livres, tant en baies qu'en plant. Il avoit vendu les premiers 40 sols, & ensuite 20 sols, & les baies 10 sols; alors il possédoit 1700 girofliers, qui commençoient à donner des clous; son frère en avoit 1000 du même âge, non compris 2000 jeunes plants, qui étoient en place.

Des Muscadiers. 1775.

Cinq muscadiers, dont un femelle & sauvage *Pala minina* de Rumphius, fleurirent dans le courant d'Octobre, quatre autres fleurirent en Novembre.

Deux muscadiers moururent en Décembre *en leur retirant la vase mortifere*; ce sont des expressions de M. Ceré; on peut en inférer que pour faire périr ces arbres, ou par ignorance, on avoit mis à leurs pieds une vase, qui leur a été funeste.

1776.

Deux muscadiers dont un femelle & sauvage, fleurirent en Avril, trois autres en Décembre. Dans ceux-ci il en avoit un femelle & aromatique.

Ce fut cette année que M. Ceré s'aperçut qu'il y avoit deux sexes sur différens pieds dans le muscadier, ou ce qui est la même chose, que c'étoit un arbre dioique.

1777.

Il fleurit en Février un muscadier mâle sauvage, *Palaboy* de Rumphius; en Août, un femelle, planté par M. Poivre, en Septembre 28 dont 6 soupçonnés d'être femelle; ces 29 derniers étoient aromatiques.

Les fleurs de muscadiers femelles tomberent nouées, après 9, 10 ou 12 jours d'épanouissement.

M. Ceré reconnut que les muscadiers sauvages étoient dioiques, comme les aromatiques.

1778.

En Février, plusieurs muscadiers, dont 8 femelles fleurirent en Mars, il fleurit encore 9 femelles.

On vit en Mars 7 muscades, dont 6 sur l'arbre venues de noix de la première importation & plantées par M. Poivre.

Le 16 Janvier suivant, le muscadier femelle, qui avoit 6 fruits, commença une seconde floraison; le 25 Février une partie des fleurs tomba sans nouer, sécha & monta ses premières muscades le 25 Mars, l'autre partie développée. Depuis ce tems là cet arbre a fleuri & monté des fruits tous les mois.

Le vent fit tomber toute petite la noix qui étoit sur un des muscadiers.

1779.

On comptoit 32 muscadiers en fleur, dont 9 femelles.

Trois muscadiers avoient en tout 6 fruits. Sur 9 femelles connues six se trouvoient en rapport.

On marcotta un muscadier mâle & un femelle.

Les 4 premières noix muscades recueillies dans l'Isle ayant été mises en terre, donnerent des plants Créoles. Une d'elles a levé en 36 jours; le plant qui en est venu a péri aussi tôt, un second plant a péri plus tard, un troisième a été dévoré par les rats.

On a recueilli cette année 6 noix qui différoient entr'elles de forme; M. Ceré a donné des noms particuliers à chaque arbre & à chaque sorte de muscade, tels que ceux de *muscade royale longue*, *muscade royale ronde*, *muscade reine longue*, *muscade reine ronde*.

Le 23 Octobre 42 muscades furent développées sur trois arbres.

1780.

Un ouragan, survenu le 21 Février, abattit 30 muscades vertes.

On mit en pepinière 7 muscadiers Créoles.

Quatre provins furent commencés pour Cayenne.

Le 24 Juin, on obtint six noix du cinquième rapport du muscadier royal, produit d'une noix plantée par M. Poivre.

Beaucoup de noix jettées par l'ouragan, ou tombées des fruits avant maturité.

1781.

Plantation de 50 muscades, provenans de différens arbres.

1782.

En Mars, 11 muscadiers en rapport; quatre cents quatre-vingt-cinq muscades plantées.

Quarante-quatre muscadiers Créoles en pepinière.

Une marcotte de muscadier femelle a été transplantée au Jardin du Roi, & un autre envoyée à M. Lecomte, à l'Isle de Bourbon.

1783.

Un ouragan, qui a eu lieu le 10 Janvier, a fait perdre à 11 arbres 236 muscades avancées.

Le muſcadier royal ſeul en a perdu 18 [illegible], prêtes à s'ouvrir.

Depuis le premier rapport il a été planté 586 muſcades mûres.

Le 25 Octobre il y avoit en pépinière 15[illegible] muſcades Créoles, depuis un pouce de hauteur juſqu'à dix-huit.

On a recommencé des provins de muſcadier mâle, pour l'île de Bourbon.

De 48 muſcadiers de ſouche, remis à M. Céré, il n'en reſtoit plus que 34, ſavoir, 20 mâles & 14 femelles, dont trois étoient encore effeuillés & languiſſants, par les effets de l'ouragan.

1784 & 1785.

Les ſix premières noix muſcades aromatiques, venues au Jardin du Roi, mûrirent en Décembre 1778, & en Janvier 1779. Il n'en réuſſit qu'une ſeule qui leva vers le mois de Mars 1779, & donna un arbre femelle. M. Céré l'appella *muſcadier royal*, parce qu'il avoit été produit par une noix, importée des Moluques, en 1770, & plantée par M. Poivre lui-même, en 1771.

Six arbres nés des noix de ce muſcadier, âgés de 4 à 5 ans, avoient été envoyés en 1783, à Cayenne, où il devoient rapporter en 1787.

On y avoit joint deux provins de muſcadiers femelles qui avoient rapporté.

A l'époque de 1785, il y avoit à l'Iſle de France 18 muſcadiers femelles, tant de ſouche que Créoles, ou obtenus par des provins, dont 10 avoient produit. Depuis 1779 ils avoient montré en tout 1088 muſcades, dont 846 rondes & 242 longues. Les ouragans & les coups de vent en ont abattu avant leur maturité.

Il en étoit réſulté, 1.° 60 plants, tranſplantés dans le Jardin du Roi.

2.° Deux plants envoyés à l'Iſle de Bourbon.

3.° Six plants envoyés à Cayenne.

4.° Six plants donnés à M. de Coſſigny, Ingénieur.

5.° 120 Plants dans les pépinierès.

6.° 117 noix en terre, dont une partie germée.

On voyoit ſur les arbres plus de 800 muſcades avancées ou prêtes à s'ouvrir ſous peu de tems. Le ſeul muſcadier royal en avoit 300 belles & rondes.

1786.

Le coup de vent du 15 Juin 1785 a fait tomber 300 noix encore vertes Il a tellement dérangé la végétation des 500 autres, que la plûpart ne ſont pas venues à une parfaite maturité. Elles s'étoient ouvertes ſur les arbres & avoient montré un *macis* bien rouge & une coque noire & luiſante. En les épluchant on s'eſt apperçu que leurs amandes étoient échauffées. Elles n'ont pu reſter aſſez de tems en terre, pour germer, ſans achever de ſe gâter entierement.

Il ne reſtoit en pépinière que 76 muſcadiers & 61 muſcades en terre.

Cette perte de noix a déterminé M. Céré à ſe ſervir d'un moyen qui lui avoit procuré déjà de beaux arbres, celui, plus ſûr & plus prompt, de multiplier les muſcadiers de marcottes ou Provins. Il croit avoir réuſſi à aſſurer cette ſource de richeſſe, ſans nuire aux arbres.

On étoit plus avancé en 1786 ſur les progrès du giroflier. Les fruits de cet arbre offroit moins de priſe aux vents; il étoit donc plus facile d'en obtenir de mûrs pour des ſemis. D'ailleurs le giroflier étant hermaphrodite & un individu n'ayant pas beſoin du concours d'un autre, il n'eſt pas expoſé dans ſa fructification à des dérangemens que cauſent ſouvent les vents & les autres météores.

On ne peut qu'applaudir M. Céré, qui au lieu de s'en rapporter uniquement à la multiplication des noix par les plantations, a réſolu auſſi d'employer la voie des marcottes. L'obſervation & l'expérience des accidens lui en faiſoient une loi.

Occupé ſingulièrement du ſuccès complet de l'entrepriſe, il a voulu lire dans l'avenir & prévoir combien la Colonie pourroit compter de muſcadiers à la fin du ſiècle. Au lieu d'établir ſes calculs, année par année, juſqu'en 1800, comme il a fait à l'égard des girofliers, il a partagé l'eſpace en quatre périodes.

PREMIERE PÉRIODE 1787.

Marche des marcottes.

Les quatre cent cinquante marcottes exiſtantes ne ſeront ſevrables qu'en Septembre. Il leur faudra trois mois de ſéjour & de ſoin, dans des planches préparées, où ils acheveront de former aſſez de racines pour ſupporter une tranſplantation plus éloignée. Ils ne ſeront donc delivrables qu'en Janvier 1787. Quoiqu'il y eût lieu d'eſpérer de les amener toutes à bien, M. Céré n'a calculé leur réuſſite que depuis le nombre de deux cent juſqu'à celui de quatre cent, & le tableau, qui ſe trouvera ci-après, fera voir d'un coup-d'œil, la poſſibilité de leur progreſſion en raiſon des trois hypothèſes & dans une proportion moyenne.

Selon M. Céré, ces marcottes ayant réuſſi, quelqu'en puiſſe être le nombre, offriront les avantages ſuivans,

1.° Ils auront dès le moment de leur tranſplantation, autant de corps, de force, de hauteur & de branches, que des muſcadiers venus de noix de trois, quatre & cinq ans, puiſqu'ils auront depuis deux juſqu'à quatre & cinq pieds de haut.

2.° Ils auront vraiſemblablement des fruits dès la première année, & ils en rapporteront ſûrement dès la seconde ou la troisième, pour ne plus cesser d'en donner; les arbres venus de noix, ne sauroient en montrer avant six ou sept ans.

3.° Chaque marcotte de muscadier femelle sera un arbre fructifiant, tandis qu'il peut se faire qu'il n'y en ait qu'un très-petit nombre sur ceux qui viennent de fruits.

DEUXIÈME PÉRIODE 1792.

Les arbres, formés de marcottes, pourront être marcottés à leur tour deux ans après; mais on suppose qu'ils ne seront dans ce cas qu'au bout de la quatrième année & qu'on ne fera sur chacun que depuis cinq, jusqu'à dix nouvelles marcottes. On voit qu'on en a fait 450 sur quinze arbres, c'est-à-dire, trente par arbre.

Ces nouvelles marcottes obtenues, soit au nombre de cinq, soit au nombre de dix, sur chaque première marcotte, devenue arbre, auront aussi besoin d'une année pour se faire & ne seront bons à espacer qu'en 1792.

TABLEAU progressif de la multiplicatio
à l'Isle de France, depui

Année 1787.	Année 1792.		Année 1796.		Année 1800.	
Nombre des Marcottes.	Supposition.	Progression.	Supposition.	Progression.	Supposition.	Progression
200...	à 5.....	1000	à 5.....	5000	à 5.....	25000
	à 10....	2000	à 10....	20000	à 10....	....2000[illegible]
300...	à 5.....	1500	à 5.....	7500	à 5.....	37500
	à 10....	3000	à 10....	30000	à 10....	...300000
400...	à 5.....	2000	à 5.....	10000	à 5.....	50000
	à 10....	4000	à 10....	40000	à 10....	...400000

TROISIEME PERIODE 1796.

Les marcottes de la deuxième Période se trouveront quatre an, après leur transplantation, en état d'être provignées aussi, soit par cinq, ou par dix & les nouveaux plants qu'ils fourniront, prenant un an pour leur formation & leur éducation, ils seront bons à mettre en place en Janvier 1796.

QUATRIÈME PÉRIODE 1800.

Les marcottes, en très-grand nombre, qui auroit résulté de la troisième multiplication, en fournissant également des provins au bout de quatre ans; & donnant ch cunes, cinq ou dix nouveaux arbres, leur nombre s'élévera à plusieurs centaines de mille en 1800.

Pendant la multiplication par les marcottes, M. Céré compte qu'on tirera parti des noix, que fourniront les nouveaux arbres dans l'espace de quatorze ans. Il suppose qu'ils en auront donné 444000. En réduisant la quantité d'arbres, qui en résulteront, à un 50ᵉ, on en trouvera 500000.

...pposée du muscadier femelle aromatique,
...786, jusqu'en 1800.

TOTAL.	MOYENNES proportionnelles.	RÉSULTAT mitoyen.	*OBSERVATIONS.*
			Première hypothèse.
.... 31,200	126,000		Cette hypothèse est celle où il ne réussiroit que 200 marcottes de 450 que l'on a fait.
.... 222,200			
253,400			
			Deuxième hypothèse.
... 46,700	190,000	190,000	Cette hypothèse est celle où il réussiroit 300 marcottes des 450. On auroit alors pour résultat 190,000, qui doit être le nombre mitoyen, sur lequel ou peut raisonnablement compter.
... 333,300			
... 380,000			
			Troisième hypothèse.
... 62,400	253,400		Cette hypothèse est celle où il réussiroit 400 marcottes des 450.
... 444,400			
506,800			

Si dans ce nombre il y a feulement le cinquantième d'individus femelles, on aura en arbres fructifians.................... 10,000
ajoutons-les aux 190,000 admis..
dans la deuxieme hypothèse, cela
fera 200,000

Rien n'empêchera qu'on ne faffe de nouvelles marcottes fur les arbres qui en avoient fourni les premières années, à mefure qu'ils auront donné de nouvelles branches quoique leur nombre puiffe s'élever fort haut, on ne le fuppofe monter qu'à.......... 10,000

Total. 210,000 arbr.

Un amour propre, bien fondé, ou plutôt une paffion permife & utile pour la perfection de l'objet, dont il étoit chargé, a engagé M. Céré à faire les calculs des progrès des mufcadiers, comme il les avoit fait pour les girofliers. Des hommes ou interreffés ou ignorans, ou voulant fe donner une forte de mérite lui demandoient fouvent, *s'il croyoit que l'Isle-de-France pouvoit à la fin du fiecle, fournir une cargaifon d'Epicerie fine* &c. On paria pour & contre dans la Colonie. M. Céré en prouvant par les calculs precedens qu'il étoit poffible qu'en 1800, il y eut 210,000 mufcadiers femelles, paroit avoir atteint le but qu'il fe propofoit. Il entre dans une livre de noix mufcades, deux cents noix. Suppofons que 100,000 individus feulement en rapportent chacun une livre; c'eft donc cent milliers pefants par an. Qu'on y joigne le produit encore plus confidérable des Girofliers, & le problème fera réfolu.

Je fuis entré dans ces détails, qui m'ont paru interreffans. Si l'expérience ne juftifie pas les conjectures de M. Céré; c'eft qu'une foule d'événemens imprévus, s'y oppofera. Il en aura toujours démontré la poffibilité.

On a diftribué aux habitans de l'Ifle-de-France, Bourbon & Seychelles (1) des fruits & des plants d'Epicerie, à diverses époques.

En 1779, on partagea 1200 baies de girofliers entre 200 habitans.

Deux ou trois ans après, 300 jeunes girofliers, depuis un pied jufqu'à 15 & 18 pouces de hauteur furent donnés dans l'ifle, & deux mufcadiers à M. Lecointe à Bourbon.

(1) M. Renaud de la Bretonnière en 1780 fut chargé par les Administrateurs de l'Isle de France, de détruire 5 muscadiers & un girofl. et exiftans aux Seychelles. La crainte des hostilités des Anglois dans l'Inde, fit ordonner cette deftruction, dont M. de la Bretonnière s'acquitta à regret.

Une troifième diftribution eut lieu en 1785. M Céré annonça dans un imprimé que pendant les mois de Février & de Mars, il feroit délivré par jour 4 à 500 baies de girofliers. On donna en outre cette année 10116 plants de girofliers, dont plufieurs étoient fi forts, qu'un homme pouvoit à peine en porter un, 54 mufcadiers, 3000 canelliers & 60 ravenfaras. Plus de deux mille habitans dont on publia les noms y eurent part; l'imprimé indiquoit les precautions à prendre pour recevoir, transporter & planter les arbres. On donna à M. De Coffigny, Ingénieur à Bourbon, fix mufcadiers.

En 1786, la production des girofliers ayant été confidérable, on a renouvelle la diftribution en répandant encore 86025 baies.

Ainfi, dans l'efpace de 7 ans, il a été délivré à l'Ifle-de-France plus de 100,000 baies & plus de 13000 plants de girofliers.

En 1786, 450 jeunes girofliers donnerent indépendamment d'un grand nombre de baies, environ 100 livres de cloux qu'on cueillit dans cet état, pour en faire ufage. M. Céré les jugea analogues en bonté à ceux des Molucques.

Sur la demande des chefs de la Colonie, M. Céré rémit à M. Motais de Narbonne, 4000 baies ou antholles de girofle, pour le nouveau quartier Saint-Jofeph de Bourbon, appellé depuis les nouvelles Molucques.

Il fut encore remis, en 1787 aux habitans des Isles-de-France & de Bourbon, trois mille jeunes girofliers, depuis un pied, jufqu'à 15 & 18 pouces.

La France ayant en fa poffeffion les arbres à Epicerie, devoit-elle les propager dans fes diverfes Colonies, ou, comme les Hollandois, les concentrer dans quelques-unes? Cette queftion a pu être envifagee de deux manières. A ne confulter que l'intéreft du commerce français, il paroiffoit plus avantageux de raffembler les arbres à Epicerie dans un petit efpace; c'étoit le moyen de les garder plus aifément & d'en jouir feul. On n'auroit eu pour concurrens que les Hollandois. M. Poivre & M. Céré penfoient ainfi Le premier defiroit que l'Ifle-de-France, celle de Bourbon & des Seychelles, confervaffent le Giroflier le mufcadier & le canellier & qu'on introduifit le poivrier à Cayenne, ou il ne pouvoit manquer de réuffir. D'autres vues encore avoient determiné l'opinion des deux amis. Ils chériffoient par deffus tout l'Ifle de-France & ils euffent voulu la combler de biens. Ils penfoient que ce genre de culture, qui exige peu d'efclaves & peu de terre, lui convenoit mieux que toute autre, que celle du caffé, par exemple. D'ailleurs cette Ifle eft éloignée de la Métropole, d'ou il ne vient que rarement des vaiffeaux, parceque les marchands trouvant des chargements affurés à l'Amérique, à la porte de la France, ils ne se déterminent que difficilement à des voyages aussi longs; il falloit un puissant attrait pour les y attirer souvent, & cet attrait MM. Poivre & Céré le voyoient dans la production des Epiceries. Par ce moyen, l'Isle-de-France, au lieu de ne recevoir des objets d'Europe que quand l'Amérique en regorge, en eut reçu directement & plus fréquemment, en échange de ses Epices.

Ces motifs qui supposoient de grandes réflexions & qui paroissoient très forts, n'étoient cependant pas sans réplique. On a pu leur opposer les suivantes.

1.° Il étoit inutile de se plaindre de l'avarice des Hollandois, qui privoient les autres nations d'une production naturelle, pour les copier, pour imiter leur conduite, si contraire aux droits de l'humanité. S'approprier l'exclusif des arbres à Epicerie, étoit un crime aux yeux de la raison.

2.° En ne consacrant à ces cultures que quelques endroits privilégiés, c'étoit indiquer à la malveillance où elle devoit frapper, pour redonner aux Hollandois l'exclusif, qu'ils venoient de perdre. Les difficultés qu'on avoit éprouvées pour faire prospérer ces précieux végétaux étoient un avertissement salutaire.

3.° Quels regrets n'eût pas eu la France, si dans l'événement d'une guerre, la Colonie, qui auroit renfermé toutes ses Epiceries, eût été attaquée & prise?

4.° On sait combien l'Isle-de-France est exposée à des coup de vents & à des ouragans terribles & fréquens, qui peuvent non-seulement détruire les fruits des arbres à Epicerie, mais encore les arbres même. Pour en assurer l'existence, il étoit donc indispensable de les importer dans d'autres pays.

5.° Enfin, la Métropole, qui ne calcule pas comme chaque Colonie, n'avoit eû jusqu'ici dans l'Isle-de-France qu'une Colonie nourricière, qui devoit procurer des rafraichissemens à ses vaisseaux allant dans l'Inde; ce furent là les vues de La Bourdonnois quand il la fonda. La Métropole n'avoit-elle pas à craindre qu'en donnant à l'Isle-de-France seule le soin des arbres à Epicerie, ses habitans n'y consacrassent tout leur tems & toute leur industrie, au lieu de se livrer à la culture des comestibles nécessaires pour alimenter les bâtimens dans leurs relâches?

Le système contraire à celui de MM. Poivre & Céré prévalut.

Dès 1771, M. de Boyne étant Ministre de la marine, donna ordre à M. Poivre d'expédier un petit bâtiment & d'envoyer à Cayenne des plants & des graines de ces arbres. A l'arrivée de M. Maillard-du Mesle en 1772, rien n'avoit été envoyé. Celui ci s'en occupa sur le champ, de concert avec M. de Ternay successeur de M. Desroches. Ils profitèrent du vaisseau le Prince de Condé, de Nantes, qui étant venu à Fret à l'Isle-de-France, alloit, après avoir déposé son chargement, chercher un autre fret à Saint-Domingue. Il se chargea d'une importation de plants de muscadiers & girofliers pour Cayenne. Ils y arrivèrent à bon port & furent remis aux habitans (1) pour être plantés. (2) M. Maillard-le-Mesle avoit mis pour passagers sur ce vaisseau deux Capitaines, au fait de la navigation de cette côte & un employé au service du Roi, nommé Dallemand, pour avoir soin des plants.

A la paix de 1783, les Administrateurs de l'Isle-de-France reçurent ordre de faire passer à Cayenne des plants de girofliers, de muscadiers, de poivrier & de thé. M. Céré, Directeur du jardin fit l'envoi de deux marcottes de muscadier femelle, de six muscadiers créoles, de 24 boutures de Poivrier; d'un thésier ou arbre à thé de Chine. Il y joignit 24 canelliers de Ceylan, 7 drageons de Roting, 7 plants de Cardamone, 24 plants de Wolakoa ou Keida avec 100 graines du même arbre, des graines de Sagoutier & de Rouffia & des pepins de Litchy, fruit délicieux de la Chine. Cet envoi partit sous la conduite de M. Renard de la Bretonniere, employé depuis 2 ans à la direction du jardin, dans des caisses grillées, que la petitesse du bâtiment força de mettre dans la calle. Il arriva devant Cayenne en 82 jours de traversée, y compris 7 jours de relâche au Cap de bonne-Espérance, où la flotte de M. de Suff. en étoit alors mouillée. M. Richard botaniste et naturaliste vint à bord recevoir l'envoi. Toute la colonie l'accueillit. Il y avoit alors 1000 à 1200 girofliers bien portans et un seul muscadier. On les plaça en segment à 12 ou 15 lieues dans les terres.

Une lettre de M. Foncin, capitaine du génie, écrite de Cayenne le 15 Septembre 1785, annonçoit que le girofflier s'étoit multiplié dans la colonie

(1) On a sçu depuis que tous les plants de muscadiers périrent. Il se trouva dans la malle du chirurgien du navire deux muscades fraîches, qui furent plantées & qui levèrent; mais un plant fut écrasé au moment d'une fête; il n'en survécut qu'un qui étoit un individu mâle.

Quoique dans les notes, qui m'ont été remises, il ne soit pas question du canellier, il est probable que dans le même envoi, on y en avoit ajouté un, puisqu'il est certain que le premier canellier fut planté à Cayenne, en Novembre 1772.

(2) Ce fut M. Rochin, Ingénieur, qui commença la plantation des girofliers à la Gabrielle, petite chaîne de montagnes basses. La première récolte s'en fit en 1786.

et porté déjà dans les autres d'Amérique. On comptoit à la Gabrielle 4411 girofliers, ceux qu'on avoit plantés en 1780 et 1781 au nombre de 58 avoient des fleurs. On en évaluoit le produit à 8 livres pesant de clous. A cette époque il n'y avoit à la Gabrielle que 4 canelliers. On se proposoit d'y ajouter des poivriers.

En 1786 je formai le projet d'une communication entre l'isle de France et S.-Domingue, pour introduire dans cette dernière des arbres de l'Asie, cultivés dans la première. Voici le projet, tel que je l'ai envoyé à M. le Maréchal de Castries, alors ministre de la marine.

» L'herbier des provinces voisines de Pékin, fait par le père d'Incarville et qu'on trouve chez M. de Jussieu, prouve qu'aux environs de cette capitale il croît des plantes pareilles à celles que nous voyons auprès de Paris et dans d'autres parties de la France. Le quinquina que l'Espagne a envoyé il y a quelques années à la société de médecine, afin qu'elle l'examinât, venait de Santa-fé, tandis que le quinquina ordinaire se prend à Loxa. On sait que Pékin et Paris sont sous des latitudes à-peu-près semblables dans le même hémisphère, on sait que Santa-fé et Loxa dans le nouveau continent, se correspondent aussi pour les dégrés de latitude. Il me semble que les botanistes ont recueilli à l'Isle de France et à S. Domingue, situés sous le deuxième dégré, des plantes, qui ont entr'elles les plus grands rapports. Il résulte de ces faits qu'indépendamment de la température, qui doit être la même dans ces deux Isles, leur sol, du moins en certaines parties, a la même qualité. Par une analogie toute simple, on peut présumer que si on est parvenu à naturaliser en quelque sorte à l'Isle-de-France beaucoup de végétaux originaires de l'Inde, du Midi, de la Chine & des Isles méridionales de l'Asie, on les cultivera avantageusement à S.-Domingue en prenant les précautions convenables ».

« Il y a trop loin de ces parties du monde à S.-Domingue, pour qu'il soit possible de transporter dans cette Isle d'Amérique ou des graines ou des plants, qu'on en tireroit directement. Ils souffriroient et s'altéreroient dans la traversée. On éprouveroit pendant plusieurs années, comme on l'a éprouvé à l'Isle-de-France les obstacles qu'oppose la différence de climats, ce qui retarderoit les progrès d'une culture, qu'on ne sauroit trop se hâter d'accélérer. Mais si l'Isle-de-France étoit pour ainsi-dire l'échelle ou plutôt la pépinière de Saint-Domingue, les plantes déjà acclimatées sous le vingtième dégré de latitude en Afrique, ne seroient exposées à aucun changement lorsqu'on les cultiveroit sous le même dégré en Amérique. Les jouissances seroient plus promptes : et peut-être parviendroit-on plutôt qu'on ne pense à introduire une partie de ces productions soit en Corse, soit dans les provinces du Midi de la France ».

» Il est inutile d'observer que ce qui viendra de l'Isle-de-France à Saint-Domingue pour être essayé dans les terrains les mieux situés, conviendra également & peut-être mieux aux autres Isles Françaises d'Amérique, pourvu qu'il s'y trouve des personnes, capables d'en désirer et d'en suivre la culture ».

» Selon le catalogue, qui m'a été remis de la part de M. Céré, le jardin du Roi de l'isle-de-France est riche en productions d'Asie & particulièrement en arbres d'épicerie fine, qui donnent maintenant du fruit. M. Le C. de la Luzerne, parfaitement éclairé en agriculture, & M. de Marbois qui a du goût pour ce genre d'utilité, ne négliront aucuns soins pour faire prospérer à Saint-Domingue, tout ce qui leur sera envoyé de l'Isle-de-France. On ne peut trouver un moment plus favorable pour établir cette précieuse communication ».

» Il y a deux moyens dont l'un me paroît bien préférable à l'autre. Le premier est d'envoyer des plants de l'Isle-de-France à Saint-Domingue, de les faire soigner pendant la traversée par un homme attentif. (*) Peut-être cet objet vaudroit-il la peine que sur le vaisseau chargé du transport des plants, il partît de la pépinière de l'Isle-de-France un jardinier qui en prendroit soin en route et à leur arrivée, et les planteroit lui même ».

» Le second moyen consiste à ne faire passer à Saint-Domingue que des graines ; mais il faudroit qu'elles fussent bien mûres, qu'elles [illegible] point d'humidité sur le vaisseau & que M. Céré les accompagnât d'une instruction sur la manière de les soigner et de les cultiver ».

» Dans le cas ou ce seroit des plants qu'on enverroit, il seroit toujours nécessaire de joindre des graines aux envois ».

» Je ne sais s'il y a une communication directe entre les deux Isles dont il est question. Il y en a au moins une indirecte par les vaisseaux de l'Amérique qui vont dans l'Inde ou à la Chine. Il seroit extraordinaire qu'il n'en relâchat pas à l'Isle de France aux époques, ou les plants sont bons à enlever des pépinières, et les graines dans leur parfaite maturité. On perdroit beaucoup à faire passer ces envois par la France et on courroit risque de les multiplier infructueusement. Au reste le gouvernement sentira s'il n'y auroit pas un avantage inexprimable d'envoyer exprès un petit bâtiment

(*) Ces moyens ne suffisent pas il faudroit encore suivant ce que m'a dit M Richard, préparer presque un an d'avance les envois de plants, afin qu'ils soient bien repris dans les caisses, avant de les embarquer. C'est vraisemblablement, en partie, faute de cette précaution que beaucoup d'envois n'ont pas réussi.

de l'Isle-de France à Saint Domingue, ou d'en faire partir un de cette derniere Isle pour l'Isle-de-France ».

J'ajoutois la liste des principaux arbres à transporter parmi lesquels on distinguoit le girofler, le muscadier, le canelier, le camphria, le cadamome, le litchi, le raven-tsara, le rima ou arbre à pain, & je demandois que copie du mémoire fut envoyé à M. de la Luzerne & à M. Céré.

Ce projet ayant été accueilli, M. de Castries donna aussitôt à MM. de la Luzerne & Céré des ordres en conséquence.

On lit dans un Mercure de France la note suivante :

» La Corvette *la Sincère*, commandée par M. » Duvivier, lieutenant de vaisseau, partie de » Cayenne est au port au Prince. Elle avoit été » envoyé à Cayenne par les administrateurs, » pour y chercher des plants d'arbres à épiceries. » M. Duvivier a déposé à la Martinique deux » caisses de plants de girofliers, un plant de ca- » nelier, 6 caisses pleines de semences de giroflier » & de Canelier, qui n'ont pas encore levé, ainsi » que des plants de différens arbres indigènes de » Cayenne, dont la culture peut être utile à Saint- » Domingue ».

» De deux cent quatre-vingt trois plants de gi- » roflier (destinés pour Saint-Domingue), on » en a envoyé 84 au Cap ».

» Les avantages que l'Etat & les Colonies Fran- » çaises retireront des arbres à épicerie, sont inap- » préciables ».

Outre les plants d'arbres à épicerie on avoit envoyé de Cayenne le *tarapas*, grand arbre qui se plait dans les marais et que le poux de bois n'attaquent pas. Son fruit fournit une huile, avec laquelle les Indiens préparent le Rocou. C'est un bon febrifuge &c.

Cette note prouve que pour hâter la jouissance on a d'abord envoyé de Saint-Domingue chercher des arbres à épicerie à Cayenne, c'étoit en Mars 1788 (*)

La même année, il partit de l'Isle-de-France un envoi d'arbres à épiceries pour Cayenne, la Martinique & Saint-Domingue.

Depuis ces importations il s'en est fait une plus considérable, sous la direction de M. Joseph Martin, cultivateur françois, élève du Jardin du Roi de Paris. Il étoit allé de France à l'Isle-de-France, où il déposa beaucoup d'arbres, que M. Thouin crut y devoir faire passer, pour le bien de la Colonie. Le but du voyage de M. Martin fut de disposer & de surveiller une expédition d'arbres à épiceries & autres productions pour Cayenne, les Antilles & Paris. Il remit à Cayenne le 8 Juin 1788, 7 beaux muscadiers de dix qu'il avoit emporté, trois étant morts dans la traversée, trois rimas ou arbres à pain bien portans, 3 badamiers, 1 hevé, 2 touffes de rotin, plusieurs caneliers, quelques jets de cannes à sucre, différentes graines de l'Inde, parmi lesquelles il y avoit du mat jourtan. Personne n'a jusqu'ici autant enrichi les terres du jardin de Paris d'arbres rares & intéressans, qu'on a eu occasion de voir dans le meilleur état possible, tant il est vrai que l'homme instruit dans la culture des arbres est le seul, qui puisse prendre les véritables précautions pour les faire voyager sûrement.

M. Martin retourna à Cayenne pour y multiplier les arbres étrangers à la Colonie dont on espéroit tirer dans la suite de grands avantages. Il s'appliqua sur-tout à la culture des épiceries. Pour prouver les progrès de ces arbres & de quelques autres non moins précieux, aux époques du 26 Avril & 19 Mai 1792, je vais rapporter son tableau de distribution qu'il a fait passer à M. Thouin. On n'y trouvera point de muscadiers, parce qu'il n'y en avoit que trois dans la Colonie, dont un reconnu mâle; les deux autres en 1792, n'avoient pas encore fleuri. Il seroit à désirer que le gouvernement François eut soin d'en faire expédier de l'Isle-de-France. Sans cette précaution, cet arbre sera trop long-temps à s'y multiplier.

M. Martin en envoyant l'état ci-dessous daté du 28 Juillet 1793, n'y comprend pas 18cccc petits girofliers de quatre pouces de haut. Il ne croit ces arbres délivrables que quand ils ont 2 à 3 pieds de hauteur. Il subsistoit à peine 50000 plants élevés quoiqu'il y eut distribué depuis trois ans de 4 à 500000 baies. C'est que ces arbres exigeant dans leur jeunesse beaucoup de soins particuliers, donne l'espérance de pouvoir distribuer en 1794 & 1795 6000 girofliers, 10000 caneliers, 16000 arbres à pain & 1000 poivriers, non compris ce qu'on réserve pour les propriétés du gouvernement.

(*) En rassemblant les circonstances, il paroît que cet envoi fut preparé par M. Richard, étant encore à Cayenne. Ce savant laborieux, également instruit dans toutes les parties de l'Histoire Naturelle, avoit formé un jardin, dans lequel il cultivoit tous les arbres & tous les plants, qu'il croyoit utile de multiplier dans nos autres Colonies. Je tiens de lui qu'il chargea le navire destiné pour les Antilles, non seulement de 600 pieds de girofliers & de beaucoup de caneliers; mais de tous les vegetaux des environs de Cayenne, qui pouvoient procurer des alimens ou servir aux Arts. Lors de son depart de Cayenne, qui eut lieu en Juin 1780, après 6 ans de sejour, il y avoit dans le Jardin du Roi de l'Isle plus de 400 plants de girofliers bien venants & un grand nombre d'arbres de différens genres & espèces. Puisse cet établissement, commencé à l'imitation & dans les memes vues que celui de l'Isle de-France, se perpetuer & se perfectionner encore.

Etat de la distribution des plants & graines des Pépinières de Cayenne, faite depuis le 26 Avril 1791, jusques au 19 Mai 1792.

CANTON DE CAYENNE.

Girofliers	2936
Canelliers	196
Poivriers	31
Arbres à Pain	159
Boidamiers	11
Cannes à sucre de Batavia	12
Total	3345

CANTON D'APROUGUE.

Girofliers	9977
Canelliers	2198
Poivriers	79
Arbres à Pain	181
Boidamiers	3
Rotaing	1
Vakoa ou Kaida	1
Médeciniers des Indes	11
Total	12,451

CANTON DE SINAMARI.

Girofliers	8
Canelliers	6
Arbres à Pain	4
Total	18

CANTON DE REMIRE.

Girofliers	278
Canelliers	274
Poivriers	126
Arbres à Pain	209
Boidamiers	10
Vakoas ou Kaidas	2
Bahobabs ou Pain de Singe	2
Rotaing	1
Total	902

CANTON DE MACOURIA.

Girofliers	14
Canelliers	243
Poivriers	62
Arbres à Pain	64
Boidamiers	16
Vakoas ou Kaidas	2
Bahobabs ou Pain de Singe	2
Rotaing	1
Médeciniers des Indes	8
Total	412

CANTON D'OYAPOK.

Girofliers	1619
Canelliers	140
Poivriers	220
Arbres à Pain	29
Boidamiers	14
Total	3082

CANTON DE ROURA.

Girofliers	8681
Canelliers	2218
Poivriers	44
Arbres à Pain	101
Boidamiers	6
Rotaing	2
Bahobabs ou Pain de Singe	2
Total	11054

ISLE DE LA MARTINIQUE.

Girofliers	237
Canelliers	506
Poivriers	57
Arbres à Pain	65
Manguiers	10
Boidamiers	4
Vanilles	5
Total	884

Dans les Propriétés particulières du Gouvernement François à Cayenne.

Girofliers	6
Canelliers	6
Arbres à Pain	7
Poivriers	6
Boidamiers	3
Total	28

CANTON DE KOUROU.

Girofliers	27
Canelliers	63
Poivriers	23
Arbres à Pain	30
Bahobabs ou Pain de Singe	2
Cannes à sucre de Batavia	6
Total	151

ISLE DE LA GUADELOUPE.

Girofliers	40
Canelliers	33
Poivriers	5
Arbres à Pain	9
Total	87

BAIES DE GIROFLIERS,

délivrées auxdits Cantons	781,310
délivrées à la Municipalité	280,790
Total des baies de giroflier	1,062,100

BAIES DE CANELLIERS,

délivrées à divers Quartiers	23,000
Graines d'Arbres à Pain	600
Total des Graines	1,085,700

RÉCAPITULATION GÉNÉRALE DES PLANTS.

Cayenne	3,345
Remire	902
Roura	11,054
Approuge	12,451
Macouria	412
Kourou	151
Sinamari	18
Oyapok	3,082
Martinique	884
Guadeloupe	87
Propriétés du Gouvernement à Cayenne	28
Total	32,414

Les papiers publics de France (1) & d'Angleterre (2) ont répandu que les Anglois nous ayant pris dans la guerre précédente les plants d'épicerie, les ont fait planter à la Jamaïque, où ils réussissent à merveille. M. Céré, qui connoît l'état des envois qu'il a fait, certifie (3) qu'ils n'ont pu nous enlever qu'un bâtiment chargé de plants de raven-tsaras, de jacquiers et autres objets de moindre prix que les épiceries fines. Il seroit possible qu'ils se fussent procurés ces arbres, sans les avoir conquis sur nous. Au reste, il faut s'attendre que tôt ou tard, chaque nation Européenne ayant des Colonies en Asie, en Afrique & en Amérique, trouvera le moyen de se rendre indépendante des autres pour les productions, que son sol et sa position lui permettront de faire croître. C'est beaucoup à la France d'avoir pris l'avance & de s'être mise en état d'approvisionner d'épicerie la métropole.

ARTICLE TROISIÈME.

Culture & végétation des arbres à épicerie.

La partie de ces arbres étant très distante de la France, je ne puis décrire leur culture & leur végétation, que d'après ce qu'on en a publié, ou d'après des mémoires particuliers. Une instruction qui a paru de l'Isle-de-France, en 1782, me fournira une partie de ce que j'ai à exposer.

Culture du giroflier

Jusqu'ici on n'a élevé le giroflier *cayophyllus aromaticus* que de graine c'est-à-dire, par le moyen des baies ou anthosles. On le sème & on le transplante ensuite. Il croît si bien de cette manière, qu'on n'a pas imaginé de le provigner.

Le terrein où on doit faire le semis a besoin d'être fouillé jusqu'à la profondeur de trois pieds. S'il n'est pas frais & à l'ombre, il ne convient point. Pour planter on y fait des trous qu'on ne remplit pas exactement; on y laisse un petit creux de trois à quatre pouces, tant pour entretenir de l'humidité, que pour donner un peu d'abri au jeune plant, par la hauteur pré-dominante de la circonférence du trou.

Avant d'y déposer la graine, M. Céré conseille de la mettre tremper pendant 24 heures dans l'eau & de la dépouiller de son enveloppe. Si l'amande étoit noire, elle ne vaudroit rien. Quand elle est d'un verd clair, on est assuré qu'elle germera. On la plante aussi tôt, à 6 lignes de profondeur, ayant soin de la recouvrir d'un peu de terre légère & facile à soulever & de répandre dessus des feuilles, qu'on arrose avec un arrosoir à pomme.

Il est nécessaire de défendre chaque trou par un entourage de gaulettes, afin que rien ne nuise au jeune plant qui est très-délicat.

Si la chaleur est de 20 à 23 dégrés la graine de giroflier leve en 25 ou 30 jours. En tenant la terre continuellement humide, le plant a au bout d'un mois 5 ou 6 pouces de hauteur & 4 feuilles développées; à 10 mois ou un an il a 2 ou 4 branches.

On auroit plus d'avantage à semer le giroflier en place, que de le mettre en pépinière, pour le transplanter ensuite. Ses racines, composées d'un chevelu très-délié, craignent le contact de l'air. Si on veut le transplanter, il faut le lever en motte avec précaution.

Quoiqu'il aime beaucoup l'ombre dans sa jeunesse, il ne doit pas être tellement abrité, qu'il ne puisse recevoir l'influence de l'air. Il périroit inévitablement sous un arbre touffu, tel que le manguier ou le tamarin. Il se plaît sous le cocotier, sous l'agati, sous le bois de demoiselle, & sous tout autre, dont les branches & les feuilles soient rares. M Martin étoit d'avis que les habitans de Cayenne plantassent leurs girofliers au milieu des rocous, des cafféyers, des cotonniers, des bananiers, jusqu'à ce qu'ils eussent de 7 à 9 pieds de haut. A cette époque les girofliers fleurissent & ils ne veulent plus être ombragés. De petits défrichemens dans les bois, pourvu que le sol en fut frais, seroient les places les plus favorables.

Le giroflier croît avec assez de rapidité; il s'élève à la hauteur des cafféyers, des cerisiers, c'est-à-dire jusqu'à 18 & 20 pieds. On en a cependant vu monter beaucoup plus haut. *Voyez* pour sa description le Dictionnaire de Botanique. Sa cime est disposée en pyramide ou en cône, comme celles de tous les myrthes, dans la famille desquels on le classe. Rumphius, auteur de l'herbier d'Amboine, assure que son écorce, qui est lisse, unie & très adhérente, recouvre un bois tellement dur, qu'une petite branche peut porter un homme. M. Céré au contraire dit que la plus forte ne porteroit pas un enfant. Son assertion est appuyée de l'opinion de M. Hubert, colon de Bourbon, qui a vu des girofliers souffrir par le poids seul de la rosée & de l'eau des pluies, retenues sur leurs feuilles. Il est difficile de concilier deux opinions si opposées, à moins d'admettre que ces arbres aux molucques sont d'une constitution plus robuste, ou que ce qui les rend fréles, est moins la foiblesse du corps de leurs branches, que de leur peu d'adhérence à l'endroit de leur insertion au tronc. Il paroît du moins prouvé qu'à l'Isle-de-France & à Bourbon, les girofliers se fendent & se déchirent souvent sans coup de vent, par la pesanteur seule des cloux. Les branches d'en bas, toujours les plus chargées, sont les plus sujettes à cet accident. Pour les prévenir M Céré a proposé de ne les point laisser monter haut, mais de les conduire comme les cafféyers, en les étêtant & les ébourgeonnant. Cette pratique sans doute rendroit les cloux plus beaux. Mais

(1) Mercures de France n° 41, Samedi 11 Octobre 1785; n.° 44, Samedi 29 Octobre 1785.

(2) Evening post ou London's Chronicle 28 Septembre 1786.

(3) Lettre du 17 Novembre 1787.

on ne pourroit l'employer qu'en retranchant le bout des branches & par conséquent beaucoup de cloux & de fruit, qui se placent en corymbes aux extrémités.

On s'est assez bien trouvé des tuteurs fichés dans la terre, à 3 ou 4 pieds des arbres & à peu-près au milieu du tronc. Par cette précaution le coup de vent du premier Janvier 1790 n'a presque pas nui aux girofliers de l'Isle-de-Bourbon. M. Hubert avoit encore le projet de planter tellement ses girofliers qu'il pût à la moindre apparence des coups de vent, les lier quatre à quatre par le haut en les rapprochant; il espéroit qu'une plantation de girofliers, ainsi traitée, se soutiendroit mieux.

M. Richard en examinant la belle plantation de girofliers, faite à la Gabrielle, Isle de Cayenne, a remarqué, que ceux qui reçoivent le vent d'Est ou le soleil levant, étoient en général plus vigoureux que les autres; ceux qui étoient au vent d'Ouest étoient pour la plûpart chétifs, quoique en assez bonne végétation. Cette remarque pourroit bien n'être applicable qu'à Cayenne & peut-être même à la seule position de la Gabrielle.

On a beaucoup varié sur le produit des girofliers. Si l'on en croit Valentin (Hist. Simp. ref. page 202) ils donnent une si grande quantité de cloux, que d'un seul arbre on en a retiré 625 livres. Cette production paroît bien extraordinaire, quand on la compare à celle qui est rapportée par d'autres témoignages. Ce que nous savons c'est que M. Hubert de l'Isle-de-Bourbon, sur un de ses girofliers, qui avoit 40 pieds de haut, a recueilli 35 livres de cloux, sans compter les baies. On regarde avec raison cette récolte comme un phénomène. L'Abbé Raynal, M. Céré & beaucoup d'autres en rabbattent beaucoup, puisqu'ils n'estiment le produit commun des girofliers l'un dans l'autre qu'à 2 livres, c'est-à-dire, à 10000 cloux, une livre en contenant 5000; ce qui est confirmé par le témoignage de M. Richard. Il est bon d'observer d'après M. Poivre, que cet arbre n'a des récoltes abondantes que tous les trois ans. Cette particularité lui est commune avec un grand nombre d'autres, de nos climats.

Dans les molucques les girofliers donnent ordinairement des cloux & des fruits la septième ou la huitième année. A Amboine, ce n'est qu'à 10 ou 12 ans.

On a vu à l'Isle-de-France, des girofliers rapporter à trois ans. Ils sont en plein rapport à 6. Ils donneroient plus longtemps & de plus beaux cloux, s'ils étoient plus lents dans leur végétation & dans leur fructification.

Les cloux sont 9 mois à se former, avant d'avoir acquis la grosseur & le point convenables, pour être *épicerie* ou *cloux marchands* de ce moment à celui de la maturité des baies, après le développement & le détachement de la fleur, il se passe 3 mois. Ainsi, la fructification entière s'opère en un an. A Cayenne la récolte s'en est faite en Juillet, suivant Valentin, à Amboine, c'est depuis Juillet jusqu'en Septembre.

Dans les ouragans le giroflier peut être renversé, mais les cloux adhérent fortement à l'arbre. Ceux qui tombent, à quelqu'époque que ce soit, ne doivent point être rejettés ils ont plus ou moins la qualité d'épicerie.

Valentin assure que quelquefois le giroflier est rongé par un vers, ce qu'on reconnoit à l'état de ses feuilles, qui sont flétries & pendantes.

M. Céré, ne voulant rien perdre des premiers produits des girofliers qu'il cultivoit, a réuni les cloux tombés à tout âge & à toute saison, même les baies ou authofles. En examinant le girofle du commerce on y trouve ce mélange, ce qui prouve que les Hollandois ne prennent pas la précaution de ne cueillir que les calices. Dans cet état M. Céré a jugé qu'ils avoient beaucoup d'aromat. On ne peut regarder comme privé de cette qualité les cloux naissans. Mais ils ne sont pas au même degré que quand ils sont près du tems de la floraison. Une remarque plus juste de M. Céré, c'est que les baies sont bien parfumées & pourroient en quelque sorte remplacer les cloux.

Au moment ou j'écris, j'ai sous les yeux cinq échantillons de girofles, 4 de l'Isle-de-France & un de Cayenne. Les échantillons de l'Isle-de-France m'ont été envoyés en 1787 par M. Céré sous 4 n^{os}; celui de Cayenne est le premier rapport d'un giroflier de l'habitation de M. Praville, situé sur la rivière d'aprouge.

Sous le n°. premier de l'Isle-de-France sont des cloux tombés verds & jaunes, & des cloux tombés à l'époque de l'épanouissement de la fleur. Leur longueur étoit de 5 lignes y compris le bouton & leur circonférence de 4 lignes.

Le n° 2 comprend des cloux tombés avant & après l'épanouissement de la fleur. C'est un mélange de vrais cloux & de baies commencantes. Ils ont 4 lignes & demi à cinq lignes & demi de longueur, sur 4 lignes de tour & sont rougeâtres.

Le n°. 3 n'offre que des baies commençantes c'est-à-dire ayant déja un commencement de gonflement. Les plus renflés ont 10 lignes de longueur sur 8 de tour. Ils sont bruns & grisâtres. Ces cloux, comme les précédens ont été ramassés par terre.

Ce qui compose le 4e n°. sont des cloux, cueillis exprès sur les arbres, au moment précis ou leurs fleurs alloient s'ouvrir & par conséquent dans l'état le plus parfait. Ils sont encore rouges dans toutes leurs parties. Ils ont 6 lignes de longueur & 4 de tour. M. Céré n'a fait subir à tous ces cloux d'autre préparation que de les mettre sécher à l'ombre. Les plus aromatiques sont ceux du n°. 4; ceux du n°. 2 le sont plus que ceux des n°s. 3 & 1; & ceux du n°. 1 moins que ceux du n°. 3. On a calculé qu'une livre du n°. 4 qui sont plus gros & plus nourris que les autres, contient 4400 clous, tandis qu'il en faut davantage des autres n°s.

A l'égard de l'échantillon de Cayenne, il s'y trouve quelques clous d'une grosseur médiocre avec les boutons de fleurs. Tous les autres sont petits, maigres, ridés & très peu parfumés, tels que les premiers clous de l'Isle-de-France que M. Céré fit passer à Paris. Ceux que Cayenne a envoyés depuis que les arbres ont pris de la force, ne le cèdent point à cette espèce d'épicerie du commerce. J'en ai pu juger par une branche chargée de clous, envoyée de cette dernière Colonie & par l'herbier de M. Richard.

Rumph prétend que dans quelques endroits, à l'Areque sur-tout, on jete les clous de girofles dans l'eau bouillante, qu'on les expose ensuite à la fumée sur des claies recouvertes de grandes feuilles, qu'on les fait sécher au soleil, que la marque de leur parfaite siccité est, quand on peut leur enlever la pélicule avec l'ongle & quand ils ont intérieurement une couleur pourpre. On ne voit pas où peut tendre cette préparation, dont l'effet doit être de faire perdre aux clous de girofle une partie de leur aromate. Quelques personnes, sans les plonger dans l'eau bouillante, les exposent à la fumée & ensuite au soleil. M. Céré a traité des clous de girofle de cette manière, & il s'est convaincu qu'elle en altéroit la qualité & qu'il falloit se contenter de les faire sécher à l'ombre. M. Lecomte, habitant de Bourbon, persuadé que les principes de Baumé sur la dessication des plantes aromatiques, étoient les meilleurs, a fait sécher des clous de girofle à la plus grande ardeur du soleil & il s'en est applaudi. Ce n'est que par des essais qu'on peut décider laquelle des deux méthodes contradictoires est préférable. Je suis tenté de croire qu'une dessication très rapide est la meilleure.

Les Hollandois confisent des baies de giroflier, ils en font de la gelée qu'ils vendent bien. A Cayenne on les confit aussi, après les avoir fait cuire légèrement pour ôter l'acreté.

Ce n'étoit pas assez de s'assurer de l'identité des girofliers, importés dans nos Colonies avec ceux des molucques, il falloit comparer leur qualité aromatique. En conséquence plusieurs chimistes ont fait en France l'analyse des uns & des autres. M. Lavoisier, dont les sciences pleureront longtemps la perte, s'en est occupé. Ses résultats n'ont point été si favorables au girofle François qu'au girofle Hollandois; ce qui peut dépendre du tems où les clous qu'on lui a remis avoient été cueillis & de l'âge des arbres. Trois autres chimistes ont procédé au même examen. Ils ont retiré autant d'esprit aromatique des clous de girofle de Bourbon, que de ceux du commerce & des premiers plus d'huile pesante, essentielle. (*) Les résultats obtenus par M. Fourcroy, l'un des trois chimistes, ayant été appliqués à différens arts, ont offert les rapports suivans:

1°. Huit personnes, auxquelles on a présenté les vases qui contenoient l'huile pesante & l'esprit aromatique, extraits du girofle de Bourbon & de celui des molucques, en leur cachant les étiquettes, se sont trouvées partagées sur la préférence à donner à l'huile pesante ou à l'esprit aromatique de Bourbon ou des molucques.

2°. On n'a trouvé aucune différence entre l'esprit aromatique, extrait du girofle de Bourbon & celui, qui a été extrait du girofle des molucques.

3° La poudre, dite *d'œillet* dans le commerce, faite avec la paille brulée & le girofle de Bourbon avoit plus de montant, que celle qui a été faite avec le girofle des molucques; cette dernière a paru à plusieurs personnes plus suave et approcher davantage de l'odeur douce de l'œillet.

4° L'amidon aromatisé avec l'huile de girofle des molucques, ou avec celle du girofle de Bourbon a été jugée aussi suave.

5°. Les pommades faites avec l'une & l'autre huile, exhalent une odeur très douce.

6°. Le clou de girofle de Bourbon & celui des molucques, employés dans la cuisine, ne présentent aucune différence.

7°. On a fait des liqueurs en girofle, toujours comparativement; s'il y a quelque différence, elle est très-peu sensible.

8° Le girofle de Bourbon s'est vendu dans le commerce un 8e moins que celui des Molucques. Le premier n'est ni aussi beau à l'œil, ni aussi compact, ni d'une couleur aussi foncée. Il est à présumer que la culture & l'art plus connu de la dessication lui donneront toutes ces qualités.

Pour que cette analyse eût été plus égale, il eût fallu que les clous de Bourbon & des Molucques eussent été cueillis à la même époque, sur des arbres de même âge & séchés de la même manière, circonstances qu'il est presqu'impossible de réunir, lorsqu'on opère sur des clous de girofle du commerce. Mais les comparaisons précédentes suffisent bien pour prouver que nous possédons le vrai giroflier, qu'il réussit dans nos Colonies & que ses succès sont maintenant assurés pour nous.

Culture du Muscadier.

La noix du muscadier a été le premier moyen employé pour le multiplier. L'art est venu depuis au secours de la nature, & M. Céré, impatient des difficultés qu'il éprouvoit, a provigné cet arbre.

(*) Un des Chimistes a obtenu sur une livre de clous de Bourbon 2 onces 7 gros & demi d'huile, & sur une livre de ceux des Moluques 2 onces 7 gros. Un autre n'a eu que 7 gros d'huile de ceux des Moluques, & une once & un gros de ceux de Bourbon.

On met les noix muscades en pépinière & on transplante ensuite les plants qui en résultent.

La terre doit être fouillée à trois ou quatre pieds de profondeur. Il faut qu'elle soit fraiche, sans être inondée & abritée du vent & du soleil. Le semis sera bien placé au milieu des bois, garnis de Bananiers, pourvu qu'ils soient éloignés de 7 à 8 pieds les uns des autres. Si on plante les noix avec leurs coques, elles ne germent qu'en six semaines ou deux mois. Les vers ont le temps de s'y mettre, de les consommer & d'attaquer la jeune tige. On en a vu même, qui ne sont sorties de terre qu'après 14 mois, ce qui doit engager à patienter. Mais la germination est bien plus hâtive, quand on plante les noix, dépouillées de leurs coques. Souvent elle s'opère en 9 jours & les tiges se montrent après 30 ou 40 jours.

La noix se place au milieu du trou, dont la terre ne doit point être plus bas que celle qui l'environne; on la dispose horisontalement & très superficiellement, de manière qu'elle paroisse un peu; on presse bien la terre qui est auprès, on la recouvre de feuilles & on donne par dessus un léger arrosement. La muscade n'a pas besoin d'être fraiche pour bien lever. Quatorze mois après avoir été récoltée, elle conserve sa vertu germinative. Il est inutile de la planter, lorsque son amande est noire.

Souvent les noix sont germées avant qu'on les mette en terre. Dans ce cas, on enfonce la partie du germe qui est toujours le pivot ou la racine. Il est facile, si la germination est avancée, de distinguer le pivot de la jeune tige. Cependant la plupart des habitans de l'Isle-de-France, auxquels on avoit confié des noix muscades de la première importation, avoient regardé le premier jet de la noix, comme devant être la tige de l'arbre & l'avoient planté dans le sens contraire. C'est une des causes qui a fait manquer une grande partie des importations.

La noix muscade germée craint encore plus les grands arrosemens, que la noix muscade plantée sèche. En 1770 on fit à l'Isle-de-France une grande faute à cet égard. On n'en fera point, si après avoir planté des noix, on se contente de n'arroser qu'à six pouces de la noix, uniquement pour donner de la fraicheur à la terre & pour la réunir au pivot.

Une attention indispensable est de former autour de la pépinière, une enceinte de gaulettes écorcées, appointées par le bas & passées au feu. Quelques personnes, pour plus de précaution, forment l'enceinte double. On doit serrer les gaulettes les unes contre les autres, pour empêcher les rats (*), qui sont très friands de noix muscades d'en approcher.

(*) Ces animaux sont très-gros & très-multipliés dans l'Isle de France. On dresse des chiens pour les chasser. Des Noirs sont sans cesse occupés à tendre des assommoirs. C'est un vrai fléau.

La noix muscade pousse d'abord une radicule de 9 à 10 pouces, puis la tige sort de terre, ayant d'abord la couleur brune, avant 3 mois elle a 6 à 7 pouces de hauteur. Elle devient verte, quand elle a formé 4 ou 5 feuilles. A un an le plant a un pied de hauteur; à deux ans il commence ses branches. Dans la troisieme année son accroisement est aussi considérable que dans les deux premières.

Pour transplanter un plant de muscadier, il est nécessaire que le terrain soit profond de 3 à 4 pieds. Il pousse un long pivot sans racines latérales; il a besoin de pouvoir pénétrer bien avant. Le point essentiel est de le lever avec toute sa motte & de ne lui rien retrancher. Sans cette précaution, on s'expose à le perdre. On l'enterre au niveau du sol & on ne laisse autour de la tige aucune cavité, où il puisse séjourner de l'eau, dont cet arbre redoute l'abondance.

Les plants ayant été mis en place à 3 toises les uns des autres, on les entoure, on arrose à une certaine distance, on couvre la terre d'une couche de bon terreau d'un pouce d'épaisseur & par dessus, on jete des feuilles qui tiennent le plant frais.

Bazile Valentin assure que l'ombre est si nécessaire aux muscadiers même adultes, que non-seulement ils ne portent aucun fruit, mais qu'ils meurent, quand on abbat les arbres qui les environnent. C'est pour cela que les Hollandois commettent des forestiers, dont l'office est d'empêcher de détruire les arbres, dans les bois où croissent les muscadiers, à moins qu'il n'en reste assez pour les ombrager. On lit dans quelques relations, que les naturels du pays, sement du tabac ou de la moutarde à travers les jeunes plants; surt-tout quand le terrain est aride. Les racines des plantes annuelles sont trop foibles pour nuire, & leurs tiges & leurs feuilles ombragent utilement.

La culture se réduit ensuite à sarcler & à extirper les herbes, qui peuvent croitre autour des jeunes muscadiers. Il est inutile de les arroser; il sera seulement nécessaire de donner deux fois par an un petit labour, à la pioche ou à la bèche, pour tenir la superficie du terrein un peu meuble.

Le muscadier demande à être garanti de la chaleur qui n'est pas tempérée par des pluies & plus encore des vents. C'est un arbre tendre, qu'un ouragan dérange quelquefois pour plus de 6 mois. Le froissement de ses branches les unes contre les autres, détruit son écorce & fait périr toutes les sommités, que le vent n'a pas tondues, fendues, brisées, ou emportées.

Le muscadier à l'Isle-de-France commence à fleurir entre 7 & 8 ans, & donne son premier fruit entre 8 & 9. Aux molucques, suivant Rumph, il ne rapporte qu'à 10 ou 12 ans. Il atteint la hauteur d'un poirier. C'est donc un arbre de moyenne grandeur.

Le signe certain qu'une fleur doit donner du fruit, c'est lorsque trois ou quatre jours après son épanouissement le calice commence à s'altérer. Il perd bientôt sa blancheur; il devient roux & se sèche tout-à-fait, sans que le pédicule perde de la vivacité de sa couleur verte. Au bout de 8 à 10 jours le calice se détache de la base du pédicule, de manière à laisser appercevoir le fruit; à mesure que celui-ci grossit, il déchire le calice, qui tombe après 20, 25 ou 30 jours.

Du moment ou la fleur pointe à l'aisselle des feuilles, jusqu'a celui de son épanouissement, il se passe 3 mois. Le fruit est sur l'arbre 9 mois & quelquefois 11 mois avant de s'ouvrir, c'est-à-dire avant que le trou qui le recouvre extérieurement se sépare. Quelquefois le muscadier montre des fleurs & des fruits tous les mois.

Le peu de succès, obtenu par M. Céré dans la multiplication des muscadiers, à l'aide de la plantation des noix, & le desir d'augmenter à volonté le nombre des individus femelles, l'a déterminé, comme je l'ai dit à employer la voie des mareottes. Elle consiste, à placer des branches dans des paniers remplis de terre, & bien assujettis & élevés à leur hauteur, & à retirer ces branches, quand elles ont bien formé des racines. Un seul mâle étant suffisant pour féconder beaucoup de femelles, on n'en provigne que très-peu du premier.

M. Hubert a essayé la greffe par approche, la seule, qui lui ait réussi. Il paroît content d'avoir eu cette idée.

Lorsque les fruits du muscadiers sont mûrs, on monte sur les arbres pour les cueillir en attirant les branches avec des crochets. On en sépare le brou & on porte à la maison les noix, dont on détache le *Macis*, espèce de reseau aromatique qui lui sert de deuxième enveloppe. On fait sécher le macis à un soleil ardent pendant un jour. Puis dans un endroit moins exposé à la chaleur; de rouge qu'il étoit, il devient brunâtre. Les noix se font aussi sécher au soleil d'abord, & ensuite auprès du feu jusqu'a ce qu'en les agitant elles rendent du son; alors avec un petit bâton, on casse leur coque. Les plus belles sont apportées en Europe; les médiocres se consomment dans le pays & on tire des petites de l'huile par expression. Une livre en donne ordinairement trois onces. Par la distillation on en retire aussi une huile essentielle.

Les noix muscades se gâteroient si on ne leur faisoit pas subir une préparation. On les trempe deux ou trois fois dans une lessive d'eau de chaux, faite avec des coquillages calcinés, & de l'eau salée, jusqu'a consistance de bouillie claire. Ainsi enduites on les met en tas, ou elles s'échauffent & se dépouillent de l'humidité surabondante. Dans cet état elles peuvent passer la mer.

On confit dans l'Isle de Banda le fruit entier du muscadier comme on confit en Europe le fruit du noyer.

Culture du Canellier.

On a placé le canellier dans la famille des lauriers. Il croît à la hauteur de 18 à 24 pieds. Ses racines sont grosses & fibreuses, exhalant une odeur de camphre. Son tronc se divise en beaucoup de branches, recouvertes d'une écorce verte d'abord & rougeâtre ensuite. Il porte des fleurs en bouquet à l'extrémité des rameaux; à ces fleurs succèdent des baies ovales, de 4 lignes de longueur. *Voyez* le Dictionnaire de Botanique.

Beaucoup d'oiseaux recherchent les baies de canellier, qu'ils emportent & sement de tout côté. Pour en recueillir, il faut bien saisir le moment. Au reste, ce que les oiseaux sèment produit des plants, qu'on peut enlever & mettre dans des places plus convenables.

Je n'ai trouvé nulle part la culture du canellier, ce qui me fait présumer qu'il n'est pas difficile à multiplier.

Une note de M. Céré indique seulement qu'il vient aussi de bouture. C'est le sort des arbres qui croissent spontanément dans divers climats, de ne fixer l'attention de personne sur la manière de les élever. Le canellier me paroît être de ce nombre; s'il exige quelque soins pour sa multiplication, ce ne sont que des soins ordinaires, sur-tout dans les climats, peu différens de ceux où il est indigène. Semer des baies dans un terrain ameubli, transplanter avec précaution les jeunes pieds qu'elles produisent; nétoyer d'herbes pendant quelques années le terrein qui les environne, ne point les laisser à l'ombre des autres arbres quand ils commençent à fleurir, voila vraisemblablement à quoi tout se réduit.

Le canellier résiste au vent; il produit beaucoup de graines, on le coupe pour la première fois à 5 ans, il fournira ensuite de nouveaux jets, qu'on récépera tous les trois ans. La bonne manière de les planter seroit de les disposer par lignes, éloignés les unes des autres de 7 à 8 pieds, & d'espacer les plants sur ces lignes à 5 ou 6 pieds.

Dans le giroflier, c'est le calice de la fleur que l'on emploie, dans le muscadier, c'est l'amande & une des enveloppes du fruit. Dans le canellier, c'est l'écorce intérieure; on choisit la saison, ou le canellier est en sève, parce qu'alors l'écorcement est plus facile.; l'écorce extérieure, trop épaisse & trop raboteuse est rejettée. Celle qui est au dessous est d'autant plus fine qu'elle approche le plus du centre. L'âge des arbres, leur position, les soins qu'on en prend, les diverses parties qu'on écorce, produisent une canelle plus ou moins fine; aussi en distingue-t-on de trois sortes, de la *fine*, de la *moyenne* & de la *grossière*.

Pour avoir de la canelle, on coupe par lames longues, l'écorce intérieure qui est mince, on l'expose au soleil & elle se roule d'elle même, telle qu'on la voit dans le commerce. Sa couleur est d'un jaune rougeâtre; son goût est âcre, piquant, aromatique & son odeur très pénétrante.

Quoiqu'on s'attache particulièrement à l'écorce du canellier, toutes les parties de cet arbre sont utiles On en retire des eaux distillées, des esprits volatils, du camphre, du suif ou de la cire, de l'huile; on en fait diverses compositions. Une livre de canelle donne 3 gros d'huile essentielle &c.

Culture du Poivrier.

Le poivrier *piper nigrum* L. est un arbrisseau de la famille des myrthes, dont la racine est fibreuse & noirâtre, ce qui prouve qu'il est destiné aux terres fortes. Sa tige sarmenteuse & flexible comme celle de la vigne, a besoin pour s'élever, d'un arbre ou d'un échalas; vers le milieu de ses rameaux & plus souvent aux extrémités, on voit de petites grappes, semblables à celles du groseiller, qui portent environ 30 fleurs; le fruit qui leur succède, est d'abord vert, puis rouge de la grosseur d'un pois. La plante fleurit tous les ans une même deux fois, si elle est forte.

On ne sème point le poivrier, mais on le plante, & le choix des rejettons demande une attention sérieuse. On peut le propager de marcottes ou de boutures. Toutes les saisons ne sont pas propres à cette opération. Il y a aussi du choix dans les tiges, dont on veut faire des boutures. On doit choisir celles qui ont le bois bien *aouté*, & dans les climats où les pluies sont régulières, le commencement de la saison des pluies.

Le surplus de la culture du poivrier n'est pas difficile. Il suffit de le placer dans les terres grasses & d'arracher avec soin, sur-tout les trois premières années, les herbes qui croissent en abondance autour de sa racine. Comme le soleil lui est très nécessaire, on doit lorsqu'il est prêt à porter du fruit, élaguer les arbres qui lui servent d'appui, afin que leur ombre ne nuise pas à ses productions. Après la récolte il convient de l'encouder par le haut; sans cette précaution, on auroit beaucoup de bois & peu de fruits

Le poivrier ne donne du fruit qu'au bout de trois ans. La première année & les deux qui suivent sont si abondantes, que quelques arbustes produisent jusqu'à 6 ou 7 livres de poivre. Les récoltes vont ensuite en diminuant, & l'arbuste dégénere avec une telle rapidité, qu'il ne rapporte plus rien à la douzième année. Mais il est facile d'en avoir toujours en plein rapport.

On cueille communément le poivre en Septembre, quatre mois après la floraison, & on l'expose 7 à 8 jours au soleil. La couleur noire qu'il acquiert alors, lui a fait donner le nom de *poivre noir*. On le rend blanc, en le dépouillant de sa pellicule extérieure. Le plus gros, le plus pesant, & le moins ridé est le meilleur.

Cet espèce de poivre ne se confond ni dans le commerce, ni en botanique, avec le poivre de la Jamaïque, plus connu sous le nom de *piment*.

L'arbre qui le produit, croît aux antilles; le pere Plumier l'a vu à Sainte Croix, à Saint-Domingue & aux Grenadines. C'est sur-tout dans les forêts de la partie septentrionale de la Jamaïque qu'on le trouve en plus grande abondance. Les Anglois le cultivent avec soin.

Le poivrier, quand il est en bonne terre, surpasse en hauteur nos noyers d'Europe. Il ne s'élève que médiocrement dans les parties sèches des forêts, où il se plaît le plus. Il fleurit en Juin Juillet ou Août, suivant les pluies & l'exposition. Son fruit bientôt après mûrit. C'est une baie, plus grosse que celle du poivre noir ou blanc; Elle est brune, ridée, d'un goût un peu âcre, aromatique, & approchant de celui du girofle.

Pour en faire la récolte, les nègres montent sur quelques arbres, ils en coupent ou en abattent d'autres, ils en separent les fruits, qu'ils font sécher sur des étoffes au soleil pendant plusieurs jours, ayant soin de ne pas les y laisser à la rosée.

Ainsi séchées, les baies se rident, brunissent & passent dans le commerce. Les Anglois les regardent comme un des meilleurs aromates, on en assaisonne les sauces; on en tire une huile essentielle d'une odeur agréable.

Culture de l'arbre, qui donne l'écorce de Winter, du Gingembre & du Raven-tsara.

Le silence des cultivateurs ou des écrivains agronomes, prouve ou que ces épiceries ne sont pas très recherchées, ou qu'elles n'exigent pas de soins pour leur multiplication.

On a donné à l'écorce d'un arbre de Madagascar, le nom d'écorce de Winter, parce que Winter fut le premier qui l'apporta en Angleterre, & qui la mit en usage. Elle est plus épaisse, plus forte, plus terne que la canelle blanche, avec laquelle on la confond souvent. On la tire du tronc & des branches.

L'arbre aime les endroits pierreux. Les Indiens emploient l'écorce dans leurs parfums. Elle donne beaucoup d'huile essentielle dans la distillation.

Le gingembre se trouve dans le Decan, dans tout l'Archipel Indien, au Bengale, sur la côte de Malabar. On croit même qu'il y en a aux

Moluques, une espèce différente de l'ordinaire. Le meilleur est celui du Malabar. Il y en a maintenant à Cayenne & dans les autres Isles de l'Amérique.

Cette plante semblable au Cardamome, a la racine noueuse & traçante. Elle est blanche, tendre, & d'un goût presque aussi piquant que le poivre.

Les indiens en mettent dans le ris, qui fait presque toute leur nourriture, pour en corriger l'insipidité naturelle. Cette épicerie, mêlée avec d'autres, donne aux mets qu'elle assaisonne, un goût fort, qui déplaît souverainement aux étrangers. Ceux qui arrivent dans l'Asie sans fortune, sont forcés de s'y accoutumer, la plupart par complaisance pour leurs femmes, nées dans le pays.

On fait à l'Amérique avec le gingembre, des confitures qui ne plaisent point au palais des Européens, à cause de leur aromate trop fort, & un peu âcre. Mais il y a une préparation qu'on trouve agréable. On gratte l'écorce de gingembre, on la rape très fine, & on la met tremper dans l'eau froide, qu'on renouvelle pendant 15 jours; alors on presse le gingembre & on le desséche; on y mêle une quantité égale d'amande douce rapée, & du sucre; le tout mis dans une casserole sur le feu jusqu'à sécheresse, forme une préparation qui n'a plus d'âcreté, & qui ne conserve que peu d'aromate.

M. Poivre a donné lui même quelques détails sur le raven-tsara. Je vais extraire ce qui est relatif à mon objet, de son manuscrit, que m'a communiqué M. de Jussieu, dont le plaisir est de répandre les trésors de sa collection botanique, qui peuvent servir à l'instruction & à l'utilité publique.

» Le raven-tsara dit-il, ou feuille bonne, qui est commun dans l'Isle de Madagascar, & ne se trouve nulle-part ailleurs; devient fort gros & touffu; il porte comme le giroflier une tête pyramidale. Son écorce de couleur roussâtre, est odoriférante, son bois est blanc, mêlé de quelques fibres rouges. Il est pesant, dur, & sans odeur; il croît dans toutes sortes de terres, mais il aime celles qui sont humides, & demande de l'ombre ».

» L'écorce du raven-tsara, sa feuille, le brou & la coque de son fruit, ont l'odeur des épiceries, mais sur-tout du clou de girofle. Les habitans de nos Colonies, de l'Isle-de-France & de Bourbon, employent toutes les parties du raven-tsara dans leurs ragoûts. Les Malegaches ne se servent que de la feuille, qu'ils ont nommé *bonne* par excellence, car le nom qu'ils donnent à cet arbre veut dire *feuille bonne*. Il est vrai que la feuille de l'arbre est la partie d'abord la plus aromatique; ou du moins celle dont l'aromate est plus suave. Cependant j'ai observé qu'en recueillant le fruit encore en embryon, comme l'on recueille aux Moluques l'embryon de la baie du giroflier, ce fruit tendre, séché à l'ombre, est infiniment supérieur pour l'aromate, au même fruit parvenu à maturité, & peut le disputer en aromate aux plus fines épiceries. Il seroit aisé de faire à cet égard un essai qui ne coûteroit que peu de soins, & pourroit peut-être nous procurer une épicerie nouvelle. ».

» Ces arbres sont si communs dans toute l'Isle de Madagascar, sur-tout dans le quartier de *foule pointe*, que lorsque les habitans veulent en cueillir les feuilles, ils n'hésitent point à abattre l'arbre entier ».

» Cet arbre ne se trouve pas dans les environs des bords de la mer. Il faut entrer à quelques lieux sur le terrain pour le rencontrer. Il veut une terre grasse; il a une particularité qui lui est commune avec le giroflier c'est qu'il ne produit de récoltes que trois ans. Il fructifie peu ou beaucoup moins les autres années ».

» Les Malegaches en distinguent plusieurs espèces, qui ne diffèrent que par la grosseur des fruits, & par le plus ou le moins d'aromate; ce qui peut venir de la différence de sol ou se trouvent ces arbres ».

M. Céré a observé que le raven-tsara commencoit à rapporter à cinq ou six ans; il fleurit en Janvier & Février; le fruit est dix mois à se former & à murir.

La préparation des feuilles consiste à en faire des chapelets, & à les laisser à l'air pendant un mois. Au bout de ce temps, on les jète dans l'eau bouillante pendant quelques minutes, & on les met sécher ensuite au soleil ou à la cheminée.

Dans cet état elles se conservent plusieurs années. On emploie le même procédé pour conserver les fruits.

J'aurois desiré pouvoir me procurer une suite de relevés des épiceries, importées en France pendant un temps considérable, afin d'en former une année moyenne. Mais tous mes efforts ont été inutiles. N'ayant été à portée d'obtenir que le relevé de 1784, il me sera difficile de faire connoitre au juste à quoi se monte notre consommation. Néanmoins le tableau que je présente n'est pas sans intérêt, puisqu'il donne une idée de la quantité de chaque épicerie que le commerce tant national qu'Etranger, nous a apportée & de ce qui nous en est resté pour nos besoins, dans un moment où la circulation des denrées étoit entièrement libre. Un résultat obtenu par une autre voie, & l'importation d'une année antérieure à 1784, se rapprochant beaucoup de celui du tableau; j'ai lieu de penser que je ne suis pas loin de la vérité.

RELEVÉ

RELEVÉ des Epiceries de toute nature importées en France des différentes Puissances Etrangères, en 1784.

DÉNOMINATION des PUISSANCES.	Epiceries diverses		Canelle.		Girofle.		Muscades.		Poivre ordinaire.		Poivre giroplé,		Piment.	
	Quantités.	Valeurs.	Quantités.	Valeurs.	Quantités.	Valeurs.	Quantités.	Valeurs.	Quantités.	Valeurs.	Quantités.	Valeurs.	Quantités.	Valeurs.
ESPAGNE	″	″	2,830	39,620.	860.	12,900.	130	1,950	65,510	98,796	″	″	″	″
PORTUGAL	″	″	2,334.	28,008.	1,317.	15,808	″	″	428,856	666,325	″	″	10,834	7,584
SARDAIGNE	″	″	392.	4,704.	″	″	″	″	23,828	35,737	″	″	″	″
GÈNES	″	″	″	″	298.	3,576	″	″	33,406	51,780	652	469	3,500	2,450
MILANÈS, Toſcane & Lucques	″	″	″	″	893.	10,716	697	8,364	″	″	824	593	″	″
HOLLANDE	″	6,056	10,865 ½	139,036.	48,055.	548,980	10,551	129,046	556,367	925,592	295	442	11,668	11,918
VILLES Anſéatiques	″	″	″	″	″	″	″	″	24,230	38,873	″	″	4,595	4,595
VENISE	″	″	″	″	″	″	″	″	148,200	229,710	″	″	″	″
ETATS de l'Empereur en Allemagne & Flandre	″	922	1,903.	28,925.	840.	7,560	466	5,696	512,320	1,053,073	″	″	56,838	86,597
	″	6,978	18,324 ½	240,293	52,263	599,540	11,844	145,056	1,792,717	3,099,886	1771	1504	87,435	113,144

Récapitulation des valeurs par Puissances.

ESPAGNE	153,266	
PORTUGAL	717,725	
SARDAIGNE	40,441	
GÊNES	58,275	
MILANÈS, TOSCANE & LUCQUES	19,673	4,206,401
VENISE	229,710	
HOLLANDE	1,761,070	
VILLES ANSÉATIQUES	43,468	
ETATS de l'Empereur en Allemagne & Flandre	1,182,773	

RELEVÉ des Epiceries de toute nature rapportées directement des Indes Orientales en France par le Commerce National, en 1784.

	Canelle.		Girofle.		Poivre.		TOTAUX DES VALEURS.	
	Quantités.	Valeurs.	Quantités.	Valeurs.	Quantités.	Valeurs.		
ISLES DE FRANCE ET DE BOURBON	″	″	″	″	439	571	571	
ETATS DE L'INDE	2,792	16,752	8,780	70,240	636,610	1,050,406	1,137,398	1,768,630
LA CHINE	57,641	345,846	″	″	172,615	284,815	630,661	
	60,433	362,598	8,780	70,240	809,664	1,335,792	1,768,630	

Valeur Totale des Epiceries de toute nature Importées dans le Royaume, en 1784...... 5,975,031

RELEVÉ des Epiceries exportées, soit à l'Etranger, soit aux Colonies Françoises de l'Amérique, en 1784.

	Epiceries diverses.		Canelle.		Girofle.		Poivre.		Totaux des Valeurs.	
	Quantités.	Valeurs.	Quantités.	Valeurs.	Quantités.	Valeurs.	Quantités.	Valeurs.		
Exportation à l'Etranger....	″	8,813	6,979	76,454	11,896	108,419	302,686	484,462	678,148	827,659
Idem. Aux Colonies Françoises de l'Amérique	Epiceries	diverses							149,511	

En défalquant des 5,975,031 liv. de valeurs en Epiceries de toute nature importées dans le Royaume, les 827659 liv. de valeurs à quoi monte l'exportation totale à l'Etranger & aux Colonies, il en sera resté dans la consommation du Royaume, en 1784, pour la somme de............ 5,148,372 liv.

Qui mieux que ce tableau peut répondre à l'objection faite par ceux qui craindroient la trop grande multiplication des arbres à épiceries dans nos Colonies ! En supposant qu'elle fût telle, qu'il n'y eût pas autant d'intérêt à les cultiver, il y aura toujours un débit certain dans la métropole, puisque la consommation des Epices monte à prix anciens, à plus de 5,000,000 de livres. Si on y ajoute ce qui s'y exporte à l'Étranger en passant par la France, on aura une valeur de près de 6,000,000 de livres. Le négociant françois, en puisant dans nos possessions, aura encore la facilité de concourir avec les autres à l'approvisionnement des puissances, privées de Colonies ; & ce sera un avantage de plus. Enfin n'eussions nous gagné à ces importations, que de nous suffire à nous-mêmes, de laisser dans l'État cinq millions au moins de numéraire qui en sortoit, & de fournir à nos vaisseaux un nouvel objet d'échange, on ne pourroit s'empêcher de convenir que MM. Poivre, Céré & tous leurs coopérateurs directs ou indirects ont rendu un grand service à la France. Puissent les événemens de la guerre actuelle ne point détruire, ni retarder nos jouissances ! (*Tessier.*)

EPICIA ou PESSE. Nom vulgaire d'une espèce de Sapin. *Voyez* ce mot au *Dictionnaire des arbres & arbustes.* (*L. Reynier.*)

EPIDERME. On donne ce nom à la partie la plus extérieure de l'écorce. *Voyez* le mot Ecorce, où se trouve une indication abrégée des fonctions de cette partie du végétal. (*L. Reynier.*)

EPIER, monter en épi, ou plutôt, montrer son épi ; car les tiges le renferment long-tems avant qu'il paroisse au dehors. Cette expréssion convient à toutes les plantes à épi & particulièrement aux Céréales.

Quand les grains épient, ils ont encore beaucoup à croître. Ils ne tardent pas à fleurir après cette époque, &c.

Avant que les bleds soient épiés, il paroissent presque toujours trop dru, à cause de l'espace qu'occupent les fourreaux, dans lesquels sont les épis. Mais dès qu'ils sont épiés, on les trouve clairs parce que la tige, en s'élançant, s'amincit.

Les grains épient plutôt ou plutard, selon les espèces, le climat, le tems, où ils ont été semés ; plusieurs circonstances peuvent accélérer ou retarder l'épiement ; la chaleur, les pluies, les orages l'accélerent : le froid, la rouille, &c. le retardent. (*Tessier.*)

EPIERREMENT, EPIERRER. C'est enlever les pierres. Il y a des champs tellement remplis de pierres, que la semence n'y leve pas, parceque les grains, qui se placent dessous, sont étouffés. La charrue même ne peut les labourer. Il faut donc, si on veut les cultiver, ôter une grande partie des pierres.

On doit examiner, avant d'entreprendre l'Epierrement d'un champ, de quelle nature sont les pierres. Si elles sont calcaires ou susceptibles d'une prompte division à l'air, il faut n'enlever que les plus grosses ; les autres retiennent l'humidité de la terre & attirent la rosée. On a vu des champs où il y avoit beaucoup de pierres, devenir inféconds, après qu'elles en ont été retirées. Je connois des cantons pierreux qui rapportent du beau grain & en assez grande quantité.

Il ne faut pas balancer à épierrer des parties de terre, sur lesquelles il y auroit beaucoup de pierres graniteuses & vitrifiables. Jamais elles ne se décomposent à l'air & quand elles se décomposeroient, elle seroient plus nuisibles qu'utiles à la végétation.

On Epierre à la main, ou avec des râteaux de fer, qu'on traîne, pour amonceler les pierres; on les enleve ensuite avec des paniers ou des tombereaux. Quand on n'a qu'un petit champ, dont on veut ménager la terre, on peut passer à la claie les menues pierres, toujours mêlées de terre, & les porter dans les chemins. (*Tessier.*)

EPIETTE. Nom vulgaire dans la France Méridionale de la *Stipe plumeuse. Voyez* Stipe. (*L. Reynier.*)

EPIGÉE, *Epigæa.*

Genre de plantes de la famille des Bruyères & voisin des *Andromèdes*, par ses rapports & par son habitus : il n'est composé jusqu'à présent que d'une seule espèce qui est un sous-arbrisseau ou plante ligneuse rampante.

Espèce.

1. Epigée rampante

Epigæa repens. L. des forêts de Pins de la Virginie & de la Caroline.

C'est une plante dont les tiges sont rameuses, couchées la plupart, & qui s'enracinent par leurs articulations dès qu'elles posent sur la terre. Ses feuilles sont coriaces, ovales, semblables pour la forme à celles des pyroles ; les fleurs sont de couleur de chair & disposées en petites grappes axillaires, & terminales comme celles de plusieurs Andromèdes.

Culture.

Elle doit être la même que celle de beaucoup d'Andromèdes. L'Epigée ne donne pas de graines dans nos jardins ; on la multiplie par le moyen de ses tiges enracinées, qu'on sépare de la mère plante vers l'automne après que les fleurs sont passées, & assez tôt pour qu'elles ayent le tems de reprendre avant les froids. Il faut à l'Epigée un terreau de bruyère, pur, ou mélangé de terre franche & une exposition humide; c'est le sol où il réussit le mieux, & où il trace & se multiplie le plus rapidement. Lorsque l'hiver est rude, il est bon de le couvrir de quelques feuilles sèches; mais il résiste très-bien aux hivers ordinaires.

Usage.

L'Epigée produit un effet agréable dans les planches de sous-arbrisseaux du Nord & des Alpes, tels que les Andromèdes, Rodendres, Ledons, Kalmies &c; cependant on le cultive plutôt dans les jardins de Botanique, que sous le point de vue d'ornement. (*L. Reynier.*)

EPIHYSSOPE. Nom vulgaire de la Cuscute, qui lui avoit été donné dans le tems où l'on croyoit que cette plante parasite, prenoit les propriétés médicales des plantes auxquelles elle s'attachoit. *Voyez* Cuscute. (*L. Reynier.*)

EPILLET. Les Botanistes donnent ce nom aux réunions de fleurs des Graminées, chacune enveloppée d'une bâle, & dont l'ensemble se recouvre l'un l'autre, & forme un épi plus ou moins long en raison du nombre des fleurs qui le compose & de la conformation des bâles. *Voyez* Graminées. (*L. Reynier.*)

EPILOBE, *Epilobium.*

Genre de plantes de la famille des Onagres, composé de plantes herbacées, dont les fleurs ont un ovaire très-allongé, qu'au premier coup d'œil on confond avec le pédoncule.

Espèces.

* *fleurs irrégulières.*

1. Epilobe à épi.

Epilobium spicatum. Lam. ♃ Dans les taillis & les clarières des bois.

2. Epilobe à feuilles étroites.

Epilobium angustifolium. Lam. ♃ Dans les ravins & les lits des torrens des montagnes de la France & de la Suisse.

3. Epilobe à feuilles larges.

Epilobium latifolium. ♃ De la Sibérie & la Silésie.

** *fleurs régulières.*

4. Epilobe amplexicaule.

Epilobium amplexicaule. Lam. ♃ près des eaux en Europe.

5. Epilobe mollet.

Epilobium molle. Lam. ♃ Des lieux aquatiques & ombragés de l'Europe.

6. Epilobe de montagne

Epilobium montanum. L. ♃ Des bois montagneux de l'Europe.

7. Epilobe effilé.

Epilobium virgatum. Lam. ♃ De l'Italie & de la Sicile.

8. Epilobe tetragone.

Epilobium tetragonum. L. ♃ Des lieux couverts de l'Europe.

9. Epilobe des marais.

Epilobium palustre. L. ♃ Des fossés & lieux humides de la France, de la Suisse, &c.

10. Epilobe à feuilles d'origan.

Epilobium origanifolium. Lam. ♃ Près des ruisseaux & fontaines des Monts d'or & de la Suisse.

11. Epilobe à feuilles de mouron.

Epilobium anagallidifolium Lam. Des montagnes de l'Europe.

Espèces douteuses.

Epilobium tetragonum. Lour.
Epilobium fruticosum. Lour.

Il est possible que ces plantes soient des Onagres plutôt que des Epilobes, car Loureiro leur attribue des fleurs jaunes, ce dont nous n'avons aucun exemple dans le genre des Epilobes.

Description du port des espèces.

Les Epilobes poussent la plupart de nombreuses tiges, qui sortent d'une même racine; ces tiges ont peu ou point de rameaux, & portent leurs fleurs, disposées en épi à l'extrémité des tiges, ou bien aux aisselles des feuilles supérieures. La plupart ont des fleurs assez grandes, & leur nombre joint à leur durée classe plusieurs espèces parmi les plantes décoratrices. Leur feuillage est abondant, d'un vert agréable, & disposé sur toute la longueur de la tige. Quelques-uns des Epilobes, & notamment les espèces 1 & 2 sont cultivées dans les jardins d'ornement; & s'y font remarquer par leurs fleurs d'un rouge vif, autant que par les belles touffes de leur feuillage. Les autres espèces sont moins brillantes, cependant les espèces n.° 3 & 4 pourroient encore être vues dans les parterres avec quelque intérêt. Le paysagiste peut tirer un très-grand parti des Epilobes, pour la décoration des jardins naturels. Plusieurs espèces croissent naturellement près des ruisseaux ombragés; d'autres vivent dans les ravins & les sites agrestes: ces plantes placées dans des sites analogues, y produisent un effet vraiment pittoresque, notamment les deux premières espèces qui étant d'un certain volume, s'apperçoivent avant même qu'on s'occupe des détails.

Culture.

Les Epilobes réussissent sans exiger beaucoup de soins. Leurs racines se divisent en souche, qu'on peut partager en automne pour multiplier l'espèce. Les graines offrent aussi un moyen aisé de réproduction; on peut également les semer en automne ou au printems, & le jeune plant n'exige que ces soins généraux qu'on donne à toutes les plantes élevées de graine; tels que des sarclages, des arrosemens. Il est superflu je présume d'ajouter qu'il faut donner plus d'eau aux espèces aquatiques qu'à celles des lieux secs.

Usage.

Les Epilobes ne servent ni en Pharmacie ni pour les arts : cependant Dambourney a tiré d'une des espèces aquatiques, une teinture vigogne dorée, qu'il assure être solide. L'usage plus général auquel les Epilobes sont employés, est la décoration des jardins. (*L. Reynier.*)

EPIMEDE DES ALPES, *Epimedium alpinum*. L. ♃ Des alpes.

Sa racine est fibreuse, traçante. Le pétiole commun des feuilles est divisé en trois & soutient sur chaque ramification, trois folioles pétiolées. Ces folioles sont en cœur, pointues, ciliées sur les bords, glabres en leur superficie, glauques en dessous, ayant un côté plus court que l'autre : elles sont pendantes & ont un pouce & demi de largeur. La tige est droite, cylindrique, haute d'un pied environ & porte à son sommet une panicule lâche, à fleurs petites, composées de quatre pétales rougeâtres & jaunes, d'un aspect assez agréable. Le fruit est une petite silique oblongue, pointue, bivalve, uniloculaire & polysperme. Cette plante est de la quatrième classe de Linné.

Elle croît dans les lieux ombragés & montagneux de la France, dans les Alpes. On la cultive comme plante d'agrément : elle fleurit en Mai. Sa place est dans une platte-bande à l'ombre, ou elle a l'inconvénient de tracer beaucoup. On la nomme communément *le chapeau d'évêque*; on la regarde comme rafraichissante, elle n'est cependant point ou de peu d'usage en médecine. (*L. Menon.*)

EPINARD, *Spinacia. L.*

Plante potagère à fleurs incomplètes, dioïques, axillaires, de la famille des Arroches : les feuilles en sont alternes, d'un verd herbacé, très-luisant. La fleur mâle a un calice partagé en cinq découpures oblongues, obtuses & concaves : cinq étamines, dont les filamens plus longs que le calice, partent des anthères didymes. La fleur femelle a un calice monophylle, persistant, partagé en quatre découpures pointues, dont deux opposées sont plus petites : un ovaire supérieur, arrondi, comprimé, surmonté de quatre styles, à stygmates simples.

Le fruit est une semence couverte par le calice qui s'est durcie, & qui est nud ou muni de deux ou quatres cornes épineuses.

Espèces.

1. Epinard potager.

Spinacia oleracea, L. *Spinacia fructibus sessilibus.* Lin. Hort. Clif.

Epinard commun.

A. *Spinacia vulgaris, capsulâ seminis non aculeatâ.* Tournef.

Epinard commun.

B. *Spinacia vulgaris, capsulâ seminis non aculeatâ.* Tournef.

2. Epinard de Sibérie.

Spinacia fera. L. *Spinacia fructibus pedunculatis.* Lin.

Les deux variétés de l'Epinard commun que nous avons rapporté après la citation de Lamark, & que Linné n'avoit regardé que comme des simples variétés produites par la culture, se propagent cependant, comme le remarque très-bien Lamark, d'une manière si constante, qu'elles mériteroient plutôt d'être regardées comme des espèces bien prononcées. Le port des deux espèces est à peu de chose près le même, excepté que l'Epinard d'Hollande a toujours des feuilles plus grandes. La différence plus constante des deux variétés réside principalement dans les fruits; ceux de l'Epinard commun sont constamment épineux; tandis que l'Epinard d'Hollande ne produit que des fruits glabres.

L'un & l'autre de ces Epinards pousse des tiges hautes d'un pied & demi, feuillées, cannellées, glabres, plus ou moins rameuses; les feuilles sont alternes, pétiolées, hastées, vertes, lisses, molles, un peu succulentes, & les inférieures ont souvent quelques découpures anguleuses à la base. Les fleurs sont d'une couleur herbacée, sessiles & ramassées par paquets dans les aisselles des feuilles.

La tige de l'Epinard de Sibérie, que nous ne voyons que dans les jardins de Botanique, atteint la même hauteur que celle de l'Epinard commun; elle est anguleuse, feuillée, à rameaux lâches : ses feuilles sont pétiolées, ovales deltoïdes, succulentes, obtuses, les unes entières, les autres un peu sinueuses ou munies de quelques angles courts, émoussés. Les fruits sont axillaires, disposés trois ensemble ou davantage, & portés sur des pédoncules propres qui les égalent en longueur. Ces fruits sont ovoïdes, obtus, lisses, & un peu carinés ou anguleux de chaque côté; ils sont quelquefois scabres, & de couleur brune ou noirâtre.

L'Epinard commun, ainsi que celui d'Hollande, sont des plantes extrêmement communes dans nos potagers : l'Epinard commun supporte mieux que celui d'Hollande la gelée de nos hivers.

Culture.

Dans une terre bien labourée, ameublie & amendée, on sème la graine d'Epinard en rayons, on la recouvre au râteau, on la marche, ou on bat la terre avec le dos de la bêche; aussitôt on donne une bonne mouillure, et le lendemain on couvre la planche de terreau si l'on en a. La graine d'Epinard commun levera en peu de tems; celle du grand Epinard ne levera qu'en quinze ou vingt jours. Cette plante n'exige que d'être mouillée au besoin, & sarclée exactement.

On sème de l'Epinard à la mi-Août, qui est bon à cueillir & non pas à couper au commencement d'Octobre : on en sème à la mi-Septembre, qui ne se cueille ordinairement qu'en Décembre. Ces deux semis fournissent pendant l'hiver. On en sème encore au commencement d'Octobre. Ceux-ci ne se coupent qu'après l'hiver; ils succèdent aux deux semis précédens & conduisent jusqu'aux nouveaux. De ce semis faits avant l'hiver, on conserve la quantité convenable de pieds pour porter de la graine; ils montent dès le commencement de Mai; lorsque la fleur est passée, il est bon d'arracher les pieds mâles. On soutient les tiges du grand Epinard, & aussitôt qu'elles commencent à jaunir on les coupe : on les expose au soleil sur un drap pendant quelques jours, où la graine achève de mûrir; aussitôt on la bat & on l'enferme en un lieu sec : elle se conserve trois ans. Celle des semis du printems est égale en bonté, mais moindre en quantité.

Au commencement de Mars, on reprend les semailles d'Epinard; & depuis ce tems jusqu'à la fin de l'été on en sème tous les quinze jours, pour l'empêcher de monter en graine presqu'en naissant.

Usage.

Les deux variétés de l'Epinard commun sont d'un usage journalier dans nos cuisines; elles nourrissent peu, mais comme elles sont très-faciles à digerer, elles conviennent à tous les âges & à tous les tempéramens. Dans quelques pays on emploie l'Epinard comme médicament topique, en forme de cataplasme; usage qui paroît être justifié par la vertu émolliente de cette plante. (*Gruvel.*)

EPINARD. (laitue) Variété de Laitue dont les feuilles se tondent & recroissent plusieurs fois comme celles des Epinards. Cette Laitue n'est pas très-recherchée *Voyez* Laitue. (*L. Reynier.*)

EPINE. Parties des végétaux qui forment un cône plus ou moins allongé, avec une pointe acérée, & qui naissent par le développement de l'individu sans avoir de bouton particulier. On en distingue deux sortes, les unes ont une communication avec le corps ligneux, d'autres qu'on nomme aussi *aiguillons*, n'en ont qu'avec l'écorce. On remarque que la culture fait disparoître les Epines des plantes, & cependant le bois qui les compose paroît avoir une texture plus dense & plus compacte que le bois du tronc. Ayant donné plusieurs détails sous le mot Climat sur les épines, & ne devant pas m'occuper de l'anatomie végétale dans ce Dictionnaire, je renvoie au *Dictionnaire des arbres & arbustes*, partie de la *Physiologie végétale*. (*L. Reynier.*)

EPINE BLANCHE. On donne vulgairement ce nom à l'*Alisier des haies*, qui fleurit dès le printems. *Voyez* Alisier au *Dictionnaire des arbres & arbustes*. (*L. Reynier.*)

EPINE DE BOUC. On donne ce nom à l'Astragale, qui produit la gomme adragant. *V.* Astragale. (*L. Reynier.*)

EPINE DE CHRIST. Nom vulgaire du *Paliure*, donné par de savans Docteurs, qui ont découvert dans leurs veilles, que des rameaux de cet arbre avoient composé la fameuse couronne d'épines de Jésus. (*L. Reynier.*)

EPINE D'ÉTÉ. Variété du Poirier, connue aussi sous le nom de *Fondante musquée*. Son fruit allongé, lisse, verd, fondant, mais un peu pâteux dans sa maturité avancée, mûrit en Vendemiaire. *Voyez le Dictionnaire des arbres & arbustes*, article Poirier. (*L. Reynier.*)

EPINE FLEURIE. On donne ce nom au Prunelier, à cause de la précocité de sa fleur. *Voyez* Prunier au *Dictionnaire des arbres & arbustes*. (*L. Reynier.*)

EPINE D'HIVER. Variété du Poirier, dont le fruit est allongé, lisse, d'un verd pâle; sa chair est fondante & très-estimée. Mûrit de Brumaire en Nivôse. *Voyez le Dictionnaire des arbres & arbustes*. (*L. Reynier.*)

EPINE DE LYS. Nom vulgaire de la Catesbée, espèce d'arbuste épineux, assez commun dans nos serres chaudes. *Voyez* Catesbée. (*L. Reynier.*)

EPINE NOIRE. Nom vulgaire du *Prunelier*, arbuste très-commun dans les haies, & qui fleurit des premiers au printems. *Voyez* Prunier au *Dictionnaire des arbres & arbustes*. (*L. Reynier.*)

EPINE ROSE. Nommée aussi *Poire de Rose*. Variété du Poirier; son fruit est gros, de forme imitant la Crasanne, d'un verd jaune, tiqueté de brun & délavé de rouge : sa chair est demi-fondante & musquée. Mûrit en Fructidor. *V. le Dictionnaire des arbres & arbustes*, article Poirier. (*L. Reynier.*)

EPINE VINETTE. Nom vulgaire du Vinetier. *Voyez* ce mot au *Dictionnaire des arbres & arbustes*. (*L. Reynier.*)

On attribue dans quelques pays à cet arbrisseau

deux accidens, qui surviennent aux bleds, sçavoir la *coulure* & la *carie*. Il seroit difficile de convaincre du contraire les gens de la campagne, imbus de ce préjugé. C'est aux hommes sensés, qui vivent aux champs, à chercher ce qui a pu le faire naître. Sans doute une erreur accréditée a une cause; le grand art est de la découvrir, parcequ'on peut alors espérer plutôt de la détruire. Si le hasard m'avoit porté dans un pays abondant en Epine-vinette, j'aurois plusieurs années de suite essayé de semer des grains aux environs de cet arbuste & appellé les cultivateurs pour juger de l'état de ces semis.

A un homme raisonnable il suffit de dire que les bleds *coulent* ou sont *cariés*, à des distances très-éloignées des bois, où il y à de l'Epine vinette & qu'auprès de ces bois même les bleds ne coulent point toujours & ne sont pas toujours cariés.

La seule expérience positive que j'aie faite, non pour m'éclaircir un doute, mais pour l'instruction de quelques cultivateurs, c'est d'avoir semé dans un jardin du bled à 24 pouces au plus d'un pied d'Epine-vinette. Le bled n'a point été altéré, mais ce n'est qu'un fait & j'aurois voulu pouvoir répéter l'expérience.

On ne voit nul rapport entre la floraison de l'Epine-vinette & la fécondation du bled. Quand l'arbuste & la plante fleuriroient ensemble, la poussière de l'Epine-vinette n'empêcheroit pas l'action du *pollen* du bled sur l'organe femelle. Il est revêtu d'une double bâle, très-forte & très-adhérente qui ne s'écarte que quand la fécondation est faite. Au reste, l'Epine-vinette fleurit au mois de mai, époque où les bleds sont loin encor de leure floraison.

Accuseroit-on cet arbre de retenir sur ses feuilles des goutes de pluie ou de rosée, que le soleil convertit ensuite en brouillard, dont l'effet est regardé comme dangereux pour les bleds? mais beaucoup d'arbres sont dans le même cas. Faut il pour cela les détruire? il seroit donc nécessaire de ne point semer de bled auprès des bois & des forêts. Au reste ces brouillards produiroient la *rouille* & tout au plus la *coulure* de quelques épis mais jamais *la carie*.

Les causes de la coulure ou de l'avortement dépendent de la végétation des bleds & de l'état de l'air; la carie a ses causes particulières. *Voyez* les mots AVORTEMENT & CARIE. (*TESSIER*.)

EPINETTE ou SAPINETTE. Nom vulgaire de deux espèces de Pin du Canada, qu'on distingue par les épithètes de *blanche* & de *noire*. Linné donne à l'Epinette blanche le nom de *pinus canadensis*, l'autre il ne paroît pas l'avoir connue. Ces deux espèces sont employées à faire de la bierre dans l'Amérique septentrionale. *Voyez* SAPIN au *Dictionnaire des arbres & arbustes*. (*L. REYNIER*.)

EPINEUX. Qui est couvert d'épines; on le dit de plantes & des arbres qui sont hérissés d'épines ou d'aiguillons. *Voyez* EPINE. (*L. REYNIER*.)

EPIPHYLLOSPERMES. On donne aux FOUGÈRES ce nom grec-francisé, qui signifie *portant ses graines sous la feuille*. C'est une des familles naturelles de plantes. (*L. REYNIER*.)

EPITHYM. On donne ce nom vulgaire à la *Cuscute*, plante parasite qui se nourrit sur les autres végétaux. Ce nom lui vient de ce qu'elle vit fréquemment sur le thym. *Voyez* CUSCUTE. (*L. REYNIER*.)

EPLUCHER, ôter à la main. Dans les granges on ôte des gerbes les épis de *bled carié*, la *nielle des bleds*, la *queue de renard* & autres plantes dont la contagion ou la graine pourroit nuire aux ensemencemens, qu'on se propose de faire. On procède à cette opération au moment où l'on bat pour les semences. Il est nécessaire de brûler toutes les plantes qu'on à séparées des bonnes tiges, afin que mêlées dans les fumiers leurs graines ne soit pas reportées aux champs, où elles donneroient encore naissance a de mauvaises herbes.

On Epluche aussi les champs de lin, de chanvre, &c. en enlevant les mauvaises herbes qui les infestent. *Voyez* SARCLER.

Le mot *Eplucher* est employé en général pour celui de *nettoyer*. Dans ce sens on dit; Eplucher du cerfeuil, du persil, des épinards, des pois, des fèves, des lentilles, du ris, &c. (*TESSIER*.)

EPOUVENTAIL. Parmi les animaux, une foule d'ennemis menacent & attaquent nos ensemencemens & nos récoltes. On a cherché à les écarter en attachant à des bâtons des chiffons, des corps d'oiseaux morts, de petits moulins, &c. Tous ces artifices ont été nommés *Epouventails*. J'en ai parlé à l'article Chanvre, page 21 du 3.e volume. *Voyez* ce mot. (*TESSIER*.)

ÉPUISÉE, on appelle terre épuisée celle qui se lasse de produire. Mais il est rare qu'une bonne terre s'épuise, si on a l'attention de lui donner de la force & de la vie en l'amendant convenablement & en substituant aux plantes, qu'on étoit dans l'usage d'y cultiver, d'autres plantes d'une nature différente. (*TESSIER*.)

ÉPURGE. Nommée aussi *Catapuce* & *Cartepuce*, c'est une plante du genre des EUPHORBES, distinguée par cette qualification spécifique *d'Epurge*. (*L. REYNIER*.)

ÉQUICULÉ. Variété du Pommier, l'une de celles que l'on employe pour faire du cidre dans la ci-devant Normandie. *Voyez* POMMIER. au *Dict. des arbres & arbustes*. (*L. REYNIER*.)

ERANTHÈME, *Eranthemum.*

Genre de plantes voisin des *Verveines*, composé de plantes ou arbustes tous exotiques, dont la fleur est remarquable par son tube filiforme, & les étamines saillantes.

Espèces.

1. ERANTHÈME du Cap.
Eranthemum capense. L. De l'Afrique.
2. ERANTHÈME à feuilles étroites.
Eranthemum angustifolium. Lam. ♄ De l'Afrique.
3. ERANTHÈME à petites feuilles.
Eranthemum parvifolium. L. ♄ Du Cap de Bonne-Espérance.
4. ERANTHÈME à feuilles de soude.
Eranthemum salsoloides. L. Fil. ♄ De l'Afrique.
5. ERANTHÈME épineux.
Eranthemum spinosum. Lour. ♄ Des côtes de Mozambique.

Les Eranthèmes sont des sous-arbrisseaux à branches effilées, droites & couvertes de feuilles. Les fleurs sont disposées en épis à l'extrémité des principales branches.

Culture.

Les Eranthèmes sont peu communs dans les jardins de l'Europe, le peu qu'on a recueilli sur leur culture se borne à ce qu'en dit Chezelles dans son *supplément au Dictionnaire de Miller*, que je vais en extraire.

« Ces plantes sont tendres, & ne peuvent subsister en Europe pendant l'hiver sans chaleur artificielle. Lorsqu'elles sont acclimatées on peut les laisser pendant l'été exposées en plein air dans un lieu abrité; mais aussi-tôt que les nuits commencent à devenir froides, il faut les placer dans une serre chaude sèche, près des vitrages. On les multiplie par semences, par boutures ou par marcottes. »

Les Eranthèmes produiroient un effet agréable dans nos serres, parmi les plantes des mêmes climats; il est à desirer que des voyageurs nous en fasse jouir. (*L. Reynier.*)

ERAUT. On donne ce nom dans le district de Chatelleraut à une espèce de charrue, formée d'un petit soc mince & effilé, sans coutre & sans versoir. Il est tiré par des bœufs & quelquefois par des ânes. *Descr. topogr. du district de Chatelleraut, par J. A. Creusé-Latouche. pag. 38.* (*L. Reynier.*)

ERESIE. Plumier a donné ce nom à une plante d'Amérique, que Linné a publiée depuis sous le nom de *Theophrastea*; ces changemens de noms augmentent les difficultés, sans ajouter aux connoissances utiles. *Voyez* THEOPHRASTEA. (*L. Reynier.*)

ERESIPELES, ERISIPELES. Maladie des bestiaux. Le cheval, les bêtes à cornes & les bêtes à laine sont quelquefois attaqués de l'Erésipèle. Ces dernières y sont le plus sujettes.

Les signes de cette maladie, dont le siége est la peau, sont la douleur, la tumeur, & le gonflement. En écartant les poils du cheval & du bœuf, & la laine des moutons, on apperçoit une rougeur vive. Presque toujours la fièvre accompagne cette maladie.

Elle peut affecter toutes les parties du corps. Lorsqu'elle attaque les extrémités, elle est moins dangéreuse. Les jeunes sujets & ceux qui sont bien nourris la supportent le mieux. Quelquefois la tumeur érésipelateuse change de situation. Sa rentrée, comme celle des autres humeurs repercutées, cause promptement la mort de l'animal.

L'Erésipèle se termine ou par résolution, ou par suppuration ou par gangrene.

Il paroît occasionné par le passage subit d'une grande chaleur à un grand froid, par une trop longue exposition aux rayons d'un soleil ardent, par la mal-propreté ou l'abondance des poils & de la laine, par des applications de matières grasses, telles que les charretiers ou maréchaux en employent, &c.

On doit au commencement d'un Erésipele, pratiquer quelques saignées, mettre l'animal à l'eau blanche nitrée pour toute nourriture; on appliquera sur la tumeur des compresses imbibées de décoction de fleur de sureau, animée d'eau-de-vie, à moins que l'inflammation & les douleurs ne soient très-vives, ce qu'on reconnoît en touchant la partie. Dans ce cas, on supprimera l'eau-de-vie & on ajoutera aux fleurs de sureau, celles de mauve & guimauve. Mais si au lieu d'être inflammatoire, la tumeur s'affaissoit ou devenoit œdemateuse, il faudroit employer l'eau-de-vie, ou pure ou camphrée. Enfin, quand, malgré les remèdes, elle se gangréne, on doit avec l'instrument tranchant, séparer les parties mortes des chairs vivantes *Voyez* pour plus de détails, le Dictionnaire de Médecine. (*Tessier.*)

ERGETT. Au rapport de Bruce, les Abyssins donnent ce nom aux végétaux du genre connu par les Naturalistes sous le nom *d'Acacie.* (*Mimosa.*) Ils ajoutent une qualification particulière pour distinguer chaque espèce. Bruce donne la figure de deux espèces intéressantes. *Voyez* ACACIE. (*L. Reynier.*)

ERGOT.

Une maladie, qu'on peut regarder comme une des plus considérables, & comme particulière au seigle, quoiqu'elle se manifeste dans d'autres graminées, est celle qui depuis long-temps, est connue sous le nom d'*Ergot*, à cause de la ressemblance de la graine, qui en est le produit, avec l'Ergot d'un coq de basse cour. Je consacrerai cet article, à la développer dans toute son étendue. Les matériaux que des observations & des expériences suivies m'ont mis à portée de réunir, me font espérer que je laisserai peu de chose à désirer.

Forcé d'être très-long, à cause de l'importance de l'objet & des détails, qu'on regardera peut-être comme nouveaux, je ne chercherai point à m'étendre encore plus en faisant l'énumération de tous les auteurs qui ont parlé de l'Ergot, ni en rappellant ce qu'ils en ont dit. Les uns ont écrit d'après des livres, qu'ils ont copiés & qu'ils ont cités; les autres n'ont formé que des conjectures, ou se sont contentés de rapporter, sans preuves, les opinions des habitans des campagnes. Je ne nommerai que les personnes qui ont fait des observations ou des expériences par elles-mêmes : ce sont les seules, dont les témoignages soient précieux. En physique les autorités doivent se calculer par le nombre des faits & non par celui des écrivains qui les répetent.

J'avois d'abord pensé à extraire seulement de mon *traité des maladies des grains* ce qui concerne l'Ergot, pour n'en présenter ici que les résultats; mais comme on exige cet article dans un moment, où je suis accablé de travail, je n'en aurois pas le temps. Ce qui me rassure contre la crainte d'être trop long, c'est que beaucoup de souscripteurs de l'Encyclopédie seront bien aise de trouver sous leurs mains toutes les recherches & les expériences, faites sur un objet si important.

L'ouvrage a été imprimé en 1783; il est accompagné de figures, propres à faire distinguer les maladies des grains.

L'Ergot sera considéré de deux manières, ou independemment de ses effets, ou relativement à ses effets. La première comprendra la description de l'Ergot, ses différences, les terrains & les circonstances qui en produisent le plus, les phénomènes de sa formation, son accroissement, ses causes & les principes qui le constituent, reconnus par l'analyse chimique. Je rapporterai à la seconde, plus intéressante que la première, 1.° tout ce que les expériences des autres, & les miennes m'ont appris sur le mal que peut occasionner l'Ergot, qui entre dans la nourriture des hommes, 2.° le tort que le cultivateur reçoit lorsqu'il se forme beaucoup d'Ergots dans ses seigles. Suivront ensuite les moyens de separer cette graine du seigle, avec lequel elle est mêlée, & de l'empêcher de naître, sinon entièrement, au moins en partie.

De l'Ergot considéré indépendemment de ses effets.

Description de l'Ergot.

Les descriptions qu'on trouve de l'Ergot, dans plusieurs auteurs, ne m'ont pas paru aussi complettes qu'elles peuvent l'être. Je ferai ensorte, dans celle qui va suivre, de suppléer à ce qui manque aux autres.

Quelques naturalistes l'ont désigné sous le nom de *clavus secalinus*, *secalis mater*, *clavus siliginis*, *secale luxurians*; il est appellé communément, *blé cornu*, *Ergot*, *seigle Ergoté*. Dans le Maine on le nomme *mene* & en quelques endroits, *seigle ivre*, ou *blé farouche*, *blé havé*. C'est une espèce de graine d'une forme ordinairement courbe & allongée. L'Ergot excede le plus souvent la bâle, qui lui tient lieu de réceptacle; ses deux extrémités, moins épaisses que le milieu, sont tantôt obtuses, tantôt pointues; rarement il est arrondi dans toute sa longueur; mais on y remarque trois angles mousses & séparés par des lignes longitudinales, qui se portent d'un bout à l'autre. Plusieurs Ergots, sur-tout les plus gros, laissent appercevoir de petites cavités, qu'on croiroit l'ouvrage des insectes & des gerçures, occasionnées par la sécheresse & par le soleil, comme je l'expliquerai quand il sera question de la manière dont se forme l'Ergot.

Cotte, ci-devant prêtre de l'Oratoire, & Saillant, docteur en médecine, ont examiné au microscope un grain entier d'Ergot. Ils ont vu à l'extrémité supérieure, beaucoup de petits filamens, au-dessus desquels étoient plusieurs petits trous, bordés d'une matière luisante, rangée par couches. L'extrémité inférieure étoit lisse & garnie de la même matière luisante. Le sillon latéral paroissoit être une ouverture environnée d'une écorce; vers son fond, on appercevoit une seconde écorce, enduite d'une couche légère de matière luisante, laquelle étoit également contenue dans l'intérieur d'un grain Ergoté.

De l'Ergot récent, concassé & infusé dans l'eau chaude, ne m'a offert, vû au microscope, que des corpuscules informes, sans organisation, nageant dans le liquide. M. De Buffon, dans son histoire naturelle, dit : « qu'on découvre dans l'Ergot, à l'aide du microscope, une infinité de filets ou de petits corps organisés, semblables, pour la figure, à des anguilles », phénomène que je n'ai apperçu que dans le produit de la maladie appellée, par M. Tillet, *blé avorté*, *blé rachitique*. *Voyez* le mot AVORTÉ.

M. l'abbé Fontana, célèbre Physicien d'Italie, a confondu l'Ergot avec le blé rachitique; ensorte qu'on ne peut point compter sur ce qu'il a écrit relativement à ce sujet. Il paroît que les Italiens admettent deux sortes d'Ergot, celui du seigle, qui est le plus grand, & celui du froment, qui n'est autre chose que le blé rachitique. Lorsque des yeux l'on parcourt des champs de seigle, on en distingue aisément, & de loin, les grains Ergotés, dont la couleur, qui est d'un violet sombre, paroît noire, à cause du jaune des tiges & des épis qui les portent. On assure que dans les environs de Mayenne, l'Ergot est gris. Si on détache ces grains, on remarque à une de leurs extrémités, quelques traces blanchâtres, qui indiquent par où ils adhéroient aux bâles. Cette adhérence est foible, parce que l'Ergot n'a pas de germe, & par conséquent pas de filamens, qui l'attachent au support de l'épi. L'écorce violette recouvre une substance d'un blanc terne & d'une consistance ferme, qui ne s'en sépare pas facilement, même après une longue ébullition. L'Ergot moulu a l'apparence d'une poudre brune, tant est foible la teinte blanche de la pulpe, dont il est en partie composé.

Qu'on coupe un grain d'Ergot, il casse net comme une amande sèche. Un grain isolé n'a pas d'odeur; mais un grand nombre de grains réunis, sur-tout s'ils sont nouvellement récoltés, en ont une très sensible, & vraiment vireuse, laquelle, si on réduit l'Ergot en poudre, se développe davantage & se conserve très-long-temps même à l'air libre. C'est en cet état, que l'Ergot imprime sur la langue une saveur légérement mordicante : le pain, dont il fait partie, est coloré en violet foncé, ayant une odeur & une saveur peu désagréables. La farine, exempte d'Ergot, absorbe plus d'eau dans le pétrissage, que quand elle en contient. Car un pain fait avec dix onces de belle farine de froment, jointe à deux onces & demie de farine d'Ergot, étoit du poids d'une livre, une once & deux gros, tandis qu'un pain fait en même-temps, avec douze onces & demie de la même farine de froment, sans Ergot, pesoit une once & quatre gros de plus.

Grosseur de l'Ergot, quantité qu'on en trouve sur les epis, & sa pésanteur.

Il y a des Ergots de différente grosseur & de différente longueur. On en voit de plus petits que des grains de seigle même ; d'autres ont jusqu'à dix-huit & dix-neuf lignes de longueur, sur deux ou trois d'épaisseur; la longueur, la plus ordinaire, est de dix ou douze lignes. L'Ergot de Sologne, où il est le plus abondant, est, en général mince, & d'une longueur inégale; il y en a cependant des grains qui sont courts & gros à la fois: ces derniers n'ayant pas la forme ordinaire, peuvent être regardés comme monstrueux; l'Ergot de Beauce est plus nourri & moins effilé. Cette différence dépend de la nature des terres, qui sont de meilleure qualité en Beauce qu'en Sologne.

Quand l'Ergot est gros, il est ordinairement seul, & les grains de seigle du reste de l'épi sont beaux & sains, la plante entière est vigoureuse. Au contraire, les épis, qui portent de petits Ergots, en ont toujours plusieurs sur une tige foible. Communément, il y a quatre ou cinq Ergots sur un épi; souvent on en compte dix & douze; quelquefois jusqu'à vingt, ce qui est rare. La place qu'ils occupent n'est pas déterminée; cependant j'ai cru m'appercevoir qu'il y en avoit plus auprès du tuyau, ou à l'extrémité de l'épi, qu'au milieu.

Il se trouve peu & quelquefois point de bons grains dans les épis, qui portent beaucoup d'Ergots, soit que ceux-ci remplissent presque toutes les places, soit qu'il reste un certain nombre de bâles vuides. Les grains de seigle des épis, chargés d'Ergots, ne sont jamais en bon état; ils paroissent retraits & recouverts, à leur extrémité supérieure, d'une poudre noire; les épis eux-mêmes sont sales & noirâtres. Quelquefois, sur une même souche, on voit des épis, qui ont plus ou moins d'Ergots, & d'autres qui n'en ont point, mais dont les grains de seigle sont retraits & noircis. Souvent aussi, une même souche porte des épis Ergotés & des épis qui contiennent des grains parfaitement sains; les tuyaux même, qui soutiennent des épis Ergotés, s'élevent & grossissent comme les autres, dont ils ont la couleur; les feuilles n'en paroissent pas altérées, comme le sont celles des grains cariés ou charbonnés.

L'Ergot, exposé à l'air, se dessèche promptement & perd de son volume; il est très léger si on le compare au seigle. Car un boisseau, mesure de Vierzon, qui contient quatorze livres de seigle, ne contient que neuf livres d'Ergot. Cette différence de poids est due en partie seulement, à la forme longue & irrégulière des grains d'Ergot, qui ne peuvent se tasser comme ceux du seigle.

Grains composés de seigle & d'Ergot.

J'ai vu sur beaucoup d'épis de seigle, des grains composés de seigle & d'Ergot; du moins les deux substances qui les constituent, ont la plus grande analogie, l'une avec le seigle, & l'autre avec l'Ergot. Car la première a extérieurement la forme & la couleur du seigle : elle contient de la farine ; la seconde est d'un violet foncé à la surface, & intérieurement, d'un blanc terne; la ressemblance de la partie farineuse de ces grains, avec le seigle, est beaucoup plus sensible lorsqu'ils sont frais, que lorsqu'ils sont desséchés. Ce qui est digne de remarque, c'est que la portion Ergotée, qui, tantôt fait la moitié, tantôt le tiers ou le quart, est la plus voisine du support de l'épi & se trouve insérée dans la bâle, occupant la place du germe; au lieu que la portion semblable à du seigle, est à découvert, & la plus éloignée du support. Celle-ci, dans quelques-uns des grains, est, en partie, recouverte de la portion Ergotée, comme si la corruption s'y étoit faite d'une manière inégale & précipitée. On ne peut douter que ce fait, qui n'avoit point été observé, parce que peu de personnes sont entrées dans les mêmes détails que moi, ne doive servir beaucoup, pour expliquer la manière dont se forme l'Ergot. Si on sème ces grains, aucun ne leve; ce qui ne doit point étonner, puisque la partie du germe se trouve altérée.

Le seigle

Le seigle d'Automne produit-il plus d'Ergot que le seigle de Mars ?

On sème en Sologne du seigle à deux temps différens, avant l'hiver & au mois de Mars. Le premier est appellé, dans le pays, *gros bled* (il vaudroit mieux dire *gros seigle*,) parce qu'en effet, le grain en est plus gros; & le second, est connu sous le nom de *bled de Mars*, c'est-à-dire, seigle de Mars. Je n'ai pu découvrir si l'un produisoit plus d'Ergot que l'autre; ce qu'il y a de certain, c'est que j'en ai recueilli beaucoup dans ces deux sortes de seigle. Je suis porté à croire qu'il s'en trouve davantage dans le seigle de Mars; car, toutes choses étant égales d'ailleurs, on en voit une plus grande quantité dans les épis tardifs du seigle d'Automne, que dans les épis principaux. M. Read à remarqué que l'hivernache, qui est un mélange de seigle & de vesce destiné pour la nourriture des bestiaux, contenoit proportionnellement plus d'Ergot, que le seigle semé seul.

Plantes sur lesquelles se trouvent des Ergots.

Parmi les végétaux, le seigle n'est pas la seule plante qui porte de l'Ergot; M. De Jussieu conserve dans ses herbiers, un souchet Ergoté, qui a été envoyé de la Louisiane. C'est, sur-tout la famille des graminées, qui en fournit M. Duchesnes botaniste connu par ses ouvrages estimés, m'a certifié qu'il en avoit beaucoup vu, dans un terrain gras & frais sur l'Alpiste (*Phalaris Canariensis*, sur le *Festuca duriuscula*, & sa variété,) *festuca foliis glaucis, monspeliensis*), sur le Fromental (*avena elatior*), & sur une espèce de *Poa*. Le gramen *Mannæ*, nommé par Linneus *Festuca fluitans*, en a dans la prairie de Gentilly, près Paris. Il y en a paru au Jardin des Plantes, sur le *Gramen loliaceum aristis donatum*, J: R. H. Selon Thalius, il s'en forme en Saxe, sur le *Festuca tertia seu graminea nemoralis*. M. Frédéric Rainville, de l'Académie de Rotterdam, dit en avoir vu sur le *Triticum repens*, sur le *Triticum junceum*, l'*Arundo arenaria*, l'*Aira cristata*, le *Lolium perenne*, le *Festuca elatior*, l'*Agrostis stolonifera*, *l'holcus lanatus*, l'*Alopecurus geniculatus* & l'*Alopecurus pratensis*. M. Thouin, jardinier en chef du Jardin des Plantes, m'a rapporté plusieurs épis du Thimothy *Phleum pratense* L. (*Gramen thyphoides maximum. C. B.*) qui étoient Ergotés. Il les a cueilli dans une petite plaine humide, entourée de hautes montagnes, & traversée par la Dordogne, entre le village de Bains & le mont-d'Or en Auvergne. Il assure qu'il y avoit un grand nombre d'individus de cette plante, Ergotés. Schmieder en a apperçu sur l'orge & l'avoine MM. Duhamel, Tillet, Réad, Ginani, Beguillet, Vetillard, & beaucoup d'autres savans, dont quelques-uns en avoient découvert sur plusieurs des plantes citées, en ont vu sur du froment. J'en ai trouvé, en Beauce, sur des épis de cette dernière plante & sur des épeautres. J'en ai aussi trouvé sur de l'ivraye. Mais la petite quantité d'Ergot, que toutes ces plantes produisent, ne doit être comptée pour rien, & ne peut jamais être comparée à ce qu'on en voit dans le seigle, en quelques pays, & dans certaines années.

Pays où vient l'Ergot.

Par-tout où il croît du seigle, il peut y avoir de l'Ergot. Mais il n'y en a point, ou, presque point dans certains cantons, tandis que d'autres en fournissent beaucoup. La Sologne, qui fait partie de l'Orléanois, est la province où il s'en trouve davantage. Le seigle en est le principal objet de culture; c'est dans ce pays que j'ai cru devoir aller particulièrement, pour mieux observer ce qui a rapport à cette production. Voici ce que j'y ai remarqué.

Plus un terrain étoit humide, plus il avoit produit d'Ergot.

Les champs les plus élevés en avoient peu, à moins que les sillons ne fussent disposés de manière à ne pas laisser écouler facilement les eaux.

La partie la plus basse d'une pièce de terre, en offroit aux yeux une plus grande quantité, que la partie la plus haute.

Il en paroissoit bien plus sur le bord des chemins, & autour des pièces de terres, qu'au milieu & dans les endroits où le sol étoit meuble.

Enfin, à humidité égale, les champs le plus infestés d'Ergots, étoient ceux qu'on avoit nouvellement défriché. Cependant, une personne à prétendu, que de trois pièces, qu'elle avoit ensemencées en seigle, l'une d'elles, qui étoit un nouveau défrichement, avoit le moins d'Ergot.

Quantité d'Ergots, qu'on trouve dans les seigles.

Il n'est pas facile d'estimer la quantité d'Ergot que contiennent les seigles de la Sologne, parce qu'elle varie selon les lieux & les années. Salbris, Seille-Saint-Denys, Nancey, Teilley, Souesme, Marsilly, Tremblevif, &c. villages situés au centre de la Sologne, y sont extrêmement sujets. Pour ne dire que ce que j'ai observé moi-même, en 1777, année humide, il y en eut bien plus qu'en 1780, année sèche. Au mois de Juillet, de la première de ces deux années, des seigles de Mars, qui étoient encore sur pied, étoient tous noirs d'Ergots. Une seule gerbe de seigle d'hiver, qui pouvoit rendre environ quatorze livres de seigle, m'a produit à la grange huit onces d'Ergot. Douze autres gerbes, prises au hasard, & capables de rendre douze boisseaux de seigle, chacun du poids de quatorze livres, ont fourni la quatrième partie d'un boisseau d'Ergot. Il faut observer, que ce n'étoit que les Ergots renfermés dans le milieu des gerbes. Ceux de la circonférence, & les plus gros, étoient tombés, à cause du frottement qu'éprouvent les épis, dans le transport des gerbes. En ajoutant, s'il étoit possible, à ce déchet, ce qui s'est perdu d'Ergot, pendant le travail des moissonneurs, ce qu'en ont dispersé les vents, qui heureusement ont précédé la moisson, enfin, ce que des circonstances encore plus favorables à la production de l'Ergot, pourroient en faire naître de plus, on se persuaderoit qu'en certaines années, il peut y en avoir en Sologne une grande quantité.

J'ai trouvé en 1777, beaucoup d'Ergots dans le Berry, sur-tout, à Montipouret, Chassignoles, & autres villages voisins de la Châtre, dont le sol est analogue à celui de la Sologne. Il n'y en avoit pas moins dans les nouveaux défrichemens des Landes, près d'Ardentes & de Clavières. Ce qu'on lit dans le volume de la méridienne de Paris, est d'accord avec cette observation. M. Le Monnier, savant Botaniste, rapporte que le seigle est particulièrement sujet à l'Ergot, dans la grande Lande de Mery ès-bois, en Berri, qu'il trouva remplie de fougères, dont les racines donnoient beaucoup de peine a ceux qui vouloient les défricher. Dans le Nebousan, pays de la généralité d'Auch, il y eut une grande quantité d'Ergots, en 1777, année pluvieuse. On assure que le seigle, en Saxe, en Lusace, & dans quelques cantons de l'Allemagne & de la Suisse, produit beaucoup d'Ergots. Personne, à ce qu'il paroît, n'en a calculé la quantité, ni les proportions.

Il en vient peu en Brie, où, à la vérité, on ne cultive que très-peu de seigle.

J'ai parcouru une partie de la Champagne, & j'ai examiné beaucoup de champs de seigle, sur les bords des chemins, où on trouve le plus d'Ergot; je n'en ai pas apperçu. Cependant, M. Tillet en a vu beaucoup dans les environs de Troyes, dans des terrains secs & sur des remparts. C'est aussi sur les bords des chemins, que M. Fougeroux de l'Académie des Sciences, croit qu'il en naît davantage.

On peut dire, en général, que l'Ergot est rare en Beauce, quoiqu'on y en découvre quelquefois. Ayant fait battre, à part, douze douzaines de gerbes de seigle, qui ont produit onze mines de grains, mesure de Pithiviers, dont chacune est du poids de quatre-vingt livres, il n'y avoit, en tout, que trois Ergots Cependant, dans le même pays, j'en ai vu une assez grande quantité, dans quatre endroits différens; savoir, le long d'un chemin, au bord d'un fossé, auprès d'un bois, & à la place d'une berge, qu'on avoit défrichée récemment. Un terrain rarement mis en valeur, & dans lequel j'avois semé du méteil, en 1778, resta inculte en 1779. Quelques grains de seigle, qui s'y étoient semés, levèrent, malgré la dureté du sol, & beaucoup de chiendent qui l'infestoit. Ils produisirent des épis sains & des épis Ergotés, chargés d'Ergots; on en comptoit sur plusieurs jusqu'à dix-sept. La plupart en avoient douze ou quatorze. Au moment de la maturité, sur mille huit cens cinquante épis, il s'en est trouvé trois cens vingt-deux Ergotés, sans y comprendre ce que les vents & les oiseaux en avoient fait tomber. Une seule souche portoit dix épis de bon seigle & huit épis Ergotés. Il sembloit qu'il y en eût davantage, où il y avoit le plus de chiendent. Le même terrain ayant produit trente épis d'ivraie, il y en avoit quinze Ergotés; une seule touche qui portoit treize épis d'ivraie en avoit huit Ergotés. M. Beaumé de l'Académie des Sciences, m'a certifié, qu'il avoit vu beaucoup d'Ergots dans du seigle, qui se semoit de lui-même, plusieurs années de suite, dans un terrain, ou on en avoit cultivé quelque temps auparavant.

J'ai obtenu trois cents-vingt épis sains & quatre-vingt Ergotés, dans un petit espace, où j'avois fait une expérience sur la cause de l'Ergot.

Le Père Cotte, Curé de Montmorency, assure qu'en certaines années, il a recueilli un quarteron d'Ergot, en deux heures de promenade, & en ne prenant que celui qui se trouvoit sur le bord des champs. Enfin, je connois quelques endroits, auprès d'Andonville en Beauce, où les terres étant maigres, on est obligé de temps en temps, de les laisser reposer plusieurs années de suite; lorsqu'on recommence à les ensemencer, on y met du seigle; elles produisent plus d'Ergot que celles qui sont habituellement cultivées.

Si cette dernière circonstance, comme les faits précédens sembleroient le prouver, servoit beaucoup à la multiplication de l'Ergot, il ne seroit pas difficile d'expliquer pourquoi il y en a en Sologne plus qu'ailleurs; car c'est un pays où l'on défriche perpétuellement. Les terres ne rapportent que neuf à douze ans, en les laissant reposer de trois années l'une. Ce terme expiré, elles restent incultes, & ce qu'elles produisent n'est plus que pour la pâture des bestiaux. On ne recommence à les cultiver que long-temps après. Si un terrain est remis en valeur, dans une année propre à la génération de l'Ergot, il s'y en trouve beaucoup. On verra, quand il s'agira des causes, que jusques ici il est difficile de rendre raison de ce phénomène & qu'il faut se contenter de l'avoir remarqué.

Temps où l'Ergot paroît.

L'époque où paroissent les premiers Ergots, est différente, selon les pays, les terrains, la température de l'année & le temps où le seigle a été semé; toutes choses étant égales d'ailleurs, ils sont formés plutôt dans les provinces méridionales, dans les champs sablonneux & légers, lorsque les mois de mai & juin sont chauds et secs, dans les seigles semés de bonne heure & dans les seigles d'automne. Cette différence fuit la progression et la maturité du feigle. Dans une année feche, j'ai vu, en Beauce, le 20 juin, de l'Ergot formé fur du feigle d'automne. Le Pere Cotte ayant femé du feigle, au mois d'avril 1777, n'y trouva de l'Ergot, que le 12 août : le printemps de cette année avoit été humide & frais. En 1778, ou la température du printemps fut toute différente, le 23 juillet, j'apperçus des Ergots, formés fur du feigle femé en avril, et le long d'un mur au nord, et par conféquent à l'expofition la plus propre à retarder la floraison et la maturité du feigle, d'où dépend la naiffance de l'Ergot; enfin, de plufieurs planches, compofées de diverfes terres, où j'avois femé du feigle, celle qui étoit formée de fable à la furface, a produit les premiers épis de feigle, les premières fleurs & les premiers Ergots.

Comment fe forme l'Ergot.

Quelque attentif que foit un obfervateur, la nature fouvent lui dérobe fes fecrets, ou ne les lui dévoile qu'après qu'il a long-temps cherché à les deviner. Je ne me flatte point d'avoir découvert la manière dont fe forme l'Ergot : c'eft un point difficile à faifir. Mais au moins mes recherches m'en ont approché de très-près.

J'ai vu, ainfi que quelques phyficiens, fur des epis de feigle, un fuc vifqueux, luifant, d'un goût mielleux, qui enduifoit l'intérieur, l'extérieur et les arrêtes même des bâles, où étoient renfermés des Ergots naiffans. Mais, plufieurs bâles étant privées de ce fuc, quoique elles contînffent de jeunes Ergots, je ne puis prononcer fur la caufe qui le produit, ni fur la part qu'il a à la formation de l'Ergot : j'aurai la même referve à l'égard d'un grand nombre d'infectes qu'on trouve fur le feigle, furtout au temps de la floraifon. Les uns font de petites mouches femblables à celles qui fe voient fur le vinaigre, fur la lie de vin ou fur le vin éventé. On les prend facilement à la main, et, d'après le Pere Cotte, elles fautent plutôt qu'elles ne volent. Les autres font des vers très-déliés, très-agiles, d'une ligne de longueur & d'un jaune aurore, qui, quelquefois, font au nombre de fept ou huit dans une même bâle : la couleur brunâtre qu'elle acquierre, eft un figne certain de leur préfence. Ils font plus rare dans les épis des tuyaux principaux, que dans ceux des tuyaux fecondaires, & ils fe trouvent particuliérement dans les bâles inférieures. Mais, 1.°, le nombre des infectes qu'on découvre fur tous les grains, à l'époque de leur floraifon, eft confidérable, & on n'eft pas affuré qu'ils produifent du défordre dans la végétation; 2.°, pour juger fi les mouches dont il s'agit, caufent l'Ergot en piquant l'embryon du feigle à travers les bâles, il faudroit les avoir pour ainfi dire, furpris dans ce travail; 3.°, j'ai remarqué que, d'un grand nombre de bâles qui contenoient des vers jaunes, aucune n'a porté d'Ergots. Ces infectes rongent entiérement les anthères & difparoiffent enfuite, fans qu'on s'apperçoive de qu'elle maniere.

Quoiqu'il en foit, ayant apperçu dans un épi de feigle, à la place d'un grain, une fubftance blanchâtre, plus alongée que du feigle & fans organifation diftincte, j'ai foupçonné qu'il fe formeroit à cet endroit un Ergot. Les bâles étoient fortement adhérentes entr'elles, & couvertes du fuc mielleux & luifant dont j'ai parlé. La fubftance blanchâtre, en vingt-quatre heures, prit une couleur jaunâtre, qui augmenta d'intenfité par degrés, enforte que huit jours aprés, ce fut un Ergot bien formé et coloré en violet. Une fubftance femblable, obfervée fur un autre épi, éprouva les mêmes changemens, et fut entiérement convertie en Ergot dans l'efpace de dix jours : voilà ce que j'ai vu d'abord, fans déranger les bâles. Enfuite j'en ai entr'ouvert plufieurs, & j'ai remarqué qu'à la partie inférieure de la fubftance blanchâtre, vers l'endroit où eft le germe du grain de feigle, il paroiffoit avant tout une petite tache violette qui fe fonçoit de plus en plus, & s'étendoit de manière, que la partie qui fortoit de la bâle reftoit encore blanche, les autres parties étant déjà violettes. Je ne fuis autorisé à avancer ce dernier fait que par trois obfervations, nombre, à la vérité, peu confidérable; mais il eft difficile de les multiplier en matière auffi délicate, & qui exige tant d'attention.

En fe rapellant ce que j'ai dit plus haut, qu'il y a des grains mixtes, dont une partie eft de l'Ergot & l'autre du feigle, celle-ci étant plus ou moins confidérable & la plus éloignée de l'infertion, & en réfléchiffant fur la dernière obfervation, qui conftate que c'eft vers le milieu du germe que commence l'altération du grain deftiné à être Ergot, on fera porté à croire que cette graine monftrueufe fe forme par l'accroiffement du germe, contre nature, aux dépends du corps farineux. Au refte, je ne tiens point à cette idée, quelque fondée qu'elle me paroiffe.

L'Ergot nouvellement formé eft d'une confiftance molle; il fe durcit peu à peu; il exhale lorfqu'on l'écrafe fous les doigts, une odeur femblable à celle du miel qui commence à fermenter, il a une faveur fucrée qui vraifemblablement attire quelquefois des fourmis, car j'en ai vu monter le long du tuyau, parvenir jufqu'à l'épi, & ronger l'Ergot tendre. C'eft donc à elles qu'on doit attribuer ces cavités profondes qu'on y remarque quelquefois; cavités bien différentes des gerçures qui ne peuvent être que l'effet d'une deſſication rapide. Reſte à ſavoir ſi les mouches, dont j'ai parlé, ſe portent ſur les épis ergotés, afin de ſe nourrir, comme les fourmis, du ſuc doux qui s'extravaſe ou ſi c'eſt leur piquure qui occaſionne l'extravaſion de ce ſuc et la formation de l'Ergot. Aucune des bâles, dans leſquelles l'Ergot commençoit à ſe former, ne paroiſſoit contenir des parties de la fructification. Pour être aſſuré qu'il n'y a point eu de fleurs dans les bâles, qui portent des Ergots, il faudroit peu de temps après que le ſeigle eſt épié, diſſéquer un grand nombre d'épis, qu'on ſoupçonneroit devoir être attaqués de cette maladie, ce qu'on ne peut faire qu'avec une extrême patience & dans un pays où l'Ergot eſt abondant. Cependant il y a lieu de préſumer que les bâles, qui renferment des Ergots, contiennent des fleurs qui ſe développent, ou que leurs embryons ſont fécondés. Car comment ſe formeroient les grains composés de ſeigle & d'Ergots?

Progrès de l'Ergot depuis ſa formation.

J'ai meſuré, jour par jour, deux grains d'Ergot, pour connoître leurs degrés d'accroiſſement. L'un d'eux, qui a atteint la longueur de douze lignes en neuf jours, croiſſoit, tantôt d'une ligne, tantôt d'une ligne & demie, en vingt-quatre heures. Son plus grand accroiſſement s'eſt fait dans les jours qui tenoient le milieu entre les premiers et les derniers; l'autre eſt parvenu pendant le même temps, à la même longueur, en croiſſant plus les premiers jours que les ſuivans; il a augmenté une fois de deux lignes en vingt-quatre heures. Ce qui mérite d'être remarqué, c'eſt que ces Ergots, dans leur accroiſſement, n'ont pas ſuivi l'ordre des degrés de chaleur; car ils ont quelquefois augmenté davantage dans des jours moins chauds.

Analyſe chimique de l'Ergot, comparée avec celle du ſeigle.

Quelqu'importante que ſoit la chimie, quelque confiance qu'on doive aux découvertes qu'elle procure, cependant il ſeroit imprudent d'adopter légérement tous les réſultats que fourniſſent les analyſes d'un grand nombre de ſubſtances et ſur-tout des ſubſtances végétales. Mais loſqu'ils s'accordent avec des obſervations faites par d'autres moyens, lorſqu'ils ſont le fruit de recherches impartiales & ſans préjugé, loin d'être rejettés, ils méritent d'être admis, & doivent concourir, pour leur part, à répandre du jour ſur une matière qu'on veut éclaircir. C'eſt d'après cette idée que j'ai cru devoir analyſer chimiquement l'Ergot, & publier ici les procédés que j'ai employés & ce qu'ils ont produit. Parmi les phyſiciens qui ſe ſont occupés de cette graine, pluſieurs en ont fait une analyſe chimique, entr'autres MM. Smieder, Model, Parmentier & Réad. Mais comme leurs réſultats ne ſont pas les mêmes, comme ils n'ont point d'ailleurs épuiſé toutes les manieres poſſibles d'analyſer, & qu'aucun deux n'a fait, pour ainſi dire, marcher à côté l'analyſe du ſeigle, il m'a paru néceſſaire de reprendre ce travail de nouveau, et de le faire avec le plus grand ſoin. En conſéquence, j'ai choiſi de l'Ergot, ſur lequel j'ai répété les expériences ſuivantes. (*)

Analyſe de l'Ergot par la voie humide.

Douze onces d'Ergot concaſſé ont été mis dans une cucurbite, avec trois livres d'eau; j'en ai tiré par la diſtillation, à la chaleur la plus douce, environ douze onces de produit que j'ai ſéparé en quatre parts, recevant ſeulement trois onces à chaque fois; tous ces proproduits m'ayant paru parfaitement ſemblables pour l'odeur et pour le goût, je les ai réunis. C'étoit une eau tres limpide, d'une odeur déſagréable, vireuſe & d'un goût nauſéabond. La matière reſtée dans le bain-marie, affectoit le nez de la même manière que l'eſpèce d'eſprit recteur que j'en avois obtenu.

Les grains d'Ergot n'étaient point amollis, ni altérés dans leur couleur : l'infuſion étoit d'un beau violet. Ayant été verſée par inclinaiſon, elle a paru couverte d'une pellicule blanche qui étoit huileuſe, comme je m'en ſuis aſſuré en la touchant et en imbibant du papier. M. Réad a obſervé que, ſi l'on fait macérer l'Ergot pendant vingt-quatre heures dans l'eau chaude, il s'en éleve une ſubſtance onctueuſe qui forme, à la ſuperficie, une cuticule aſſez épaiſſe & de différente couleur. Il a auſſi remarqué que l'infuſion d'Ergot fait efferveſcence avec les acides; je n'ai pu voir ni cette couleur, ni cette efferveſcence.

L'infuſion filtrée & évaporée au bain-marie à ſiccité, à fourni quatre gros d'un extrait brun & tranſparant. Cet extrait mis ſur les charbons ardens, ſe bourſouffle, brûle ſans donner de flamme, & laiſſe après lui un charbon très-ſpongieux; il attire ſenſiblement l'humidité de l'air,

(*) Au moment où cette analyſe a été faite, la chimie n'étoit pas auſſi avancée, il ne faut point la juger d'après les connoiſſances modernes. Toute imparfaite qu'elle eſt, on peut en prendre des idées ſur les parties conſtituantes de l'Ergot : c'eſt ce motif qui me détermine à la laiſſer ſubſiſter. Des chimiſtes habiles la reprendront, & expoſeront mieux, qu'on ne le voit ici, les principes qui compoſent cette monſtruoſité ou maladie végétale.

se dissout entierement dans l'eau & ne colore point du tout l'esprit de vin. Je le regarde donc comme un véritable extrait gommeux.

Si l'on abandonne à elle même de l'infusion d'Ergot, au bout de vingt-quatre heures elle prend une odeur piquante; elle se couvre d'une mousse légère, qui indique un commencement de fermentation; après quarante-huit heures, elle exhale une odeur infecte & putride. Dans cet état elle verdit le sirop de violettes, & devient trouble, si on y ajoute un peu d'esprit de vitriol, qui lui fait perdre son odeur fétide.

J'ai fait bouillir pendant environ un quart d'heure, dans quatre pintes d'eau, l'Ergot, dont j'avois enlevé l'esprit recteur & la partie extractive par l'infusion; j'ai filtré la décoction, qui étoit d'un brun rougeâtre assez foncé; j'ai fait bouillir de nouveau le marc avec quatre autres peintes d'eau; cette seconde décoction étoit d'un jaune pâle : enfin j'ai réitéré une troisième fois, en employant la même quantité d'eau, qui ne s'est point colorée. Après ces décoctions répétées, la couleur des grains d'Ergot n'a pas paru sensiblement alterée, elle avoit seulement pénétré dans l'intérieur des grains; observation qui n'a point échappée à M. Réad. Ils ne se sont pas trouvés beaucoup plus attendris, ni gonflés; mais il sont devenus un peu plus souples. La décoction d'Ergot, suivant M. Réad, verdit le syrop de violettes, & fait effervescence avec les acides; je n'ai rien pu appercevoir de semblable.

Ayant rassemblé toutes les décoctions, je les ai fait évaporer au bain-marie, & j'ai fait dessécher le residu à une chaleur douce; j'en ai obtenu six gros d'un extrait brun, d'une odeur assez fétide. Mis sur les charbons ardens, il se boursouffle, brûle sans donner de flamme & laisse, après sa déflagration, un charbon très-spongieux.

Cet extrait, ayant été soumis à la distillation dans une cornue au fourneau de réverbère, a donné deux gros de produit, qui n'étoit, pour la majeure partie, qu'un esprit roux, fétide, qui a verdi le sirop de violettes, & a fait une vive effervescence avec tous les acides.

L'extrait d'Ergot, préparé par décoction, attire l'humidité de l'air; il se dissout entierement dans l'eau, à laquelle il communique une couleur brune très-foncée. Il est insoluble dans l'esprit de vin, qu'il colore cependant plus que l'extrait d'Ergot préparé par infusion; ce que je crois pouvoir attribuer à l'altération qu'il a éprouvée par la longue action du feu; car je le regarde, ainsi que l'autre, comme un véritable extrait gommeux, mais plus altérable que la plûpart des extraits de cette espèce, à en juger par la nature des produits qu'il fournit, & par la facilité avec laquelle la dissolution de cet extrait tourne à la putréfaction.

Analyse du seigle, par la voie humide.

J'ai mis en digestion, dans une cucurbite de verre, avec trois livres d'eau pure, douze onces de seigle de la dernière récolte; il s'est tellement gonflé, qu'il a absorbé presque la totalité de l'eau. En cet état il a été soumis à la distillation au bain-marie; & a laissé échapper douze onces d'une liqueur d'une saveur douce, qui n'a point changé la teinture bleue des végétaux.

Ce qui restoit dans la cucurbite étoit très-volumineux, & si adhérent aux parois, que c'est avec beaucoup de peine qu'on l'en a détaché. Je l'ai fait bouillir dans suffisante quantité d'eau pour en tirer la partie extractive. Six pintes suffisent à peine; car cette quantité d'eau fut convertie en une espèce de gelée, semblable à de la colle d'amidon, sans odeur, d'une saveur agréable, soluble dans l'eau, ne laissant après elle aucun dépôt. Elle s'est conservée quelque tems sans s'altérer; au bout de huit à dix jours elle a commencé à s'aigrir & ce mouvement de fermentation en a détruit la viscosité. Cette première opération établit déja une différence entre les produits chimiques du seigle & ceux de l'Ergot; elle fait voir sur-tout que dans celui-ci il ne se trouve point de partie amilacée, puisqu'il ne fournit point de mucilage, qui est très-abondans dans le seigle.

Analyse de l'Ergot, à feu nu, ou par la voie seche.

J'ai distillé douze onzes d'Ergot dans une cornue de verre, au feu de réverbère, en procédant d'abord par une chaleur très-douce J'en ai retiré deux onces d'un phlegme transparent, dont les premières portions verdissoient sensiblement le sirop de violettes. Il avoit une odeur d'alkali volatil très-désagréable. J'augmentai insensiblement le feu, jusqu'à faire rougir la cornue, que j'ai tenue dans cet état pendant environ deux heures. J'ai obtenu une once & un gros & demi d'un esprit roux, fétide, & capable de verdir le sirop de violettes, & de faire une effervescence marquée avec les acides. Il étoit couvert d'une couche d'huile épaisse, & figée en forme de beurre, du poids de trois onces Le charbon resté dans la cornue pesoit une once & cinq gros; il conservoit la forme des grains d'Ergot, qui parroissoient brillans comme des substances métalliques. La cornue, qui avoit été ramollie & déformée par le feu, étoit enduite, à l'intérieur, d'une espèce de vernis aussi brillant.

Le charbon d'Ergot ne fait pas effervescence avec les acides, & ne verdit que foiblement le sirop de violettes; il brûle très-difficilement: je l'ai tenu dans un cristal pendant quinze heures, à un très grand feu, sans pouvoir le reduire en une véritable cendre; il s'est seulement converti en une matière demi fondue, de couleur de rouille, blanche en quelques endroits, avec l'apparence saline, & du poids d'un gros. Je l'ai lessivé avec deux onces d'eau distillée; la lessive filtrée n'a point fait effervescence avec les acides; mais elle à verdi le syrop de violettes, & à précipité des sels à base terreuse & des sels à base métallique; elle étoit donc sensiblement alkaline.

L'Ergot, dont j'avois enlevé l'extrait par des décoctions répétées, ayant été seché, pesoit six onces & cinq gros. Je l'ai également soumis à la distillation dans une cornue, au feu de réverbère, & j'en ai retiré trois gros & demi d'un esprit roux, & fétide, qui verdissoit le syrop de violettes, & faisoit cependant peu d'effervescence avec les acides. Il étoit aussi couvert d'une couche épaisse d'huile brune & figée, qui pesoit deux onces & demie, & demi-gros. Le charbon resté dans la cornue conservoit encore la forme des grains d'Ergot, & avoit pareillement une apparence métallique: il ne faisoit point effervescence avec les acides, & ne verdissoit pas le syrop de violettes.

Cette expérience ressemble, comme on voit, à la précédente; car les six onces & cinq gros d'Ergot distillés en dernier lieu représentoient les douze onces d'Ergot, que j'avois d'abord mis en distillation au bain marie: la quantité d'huile retirée dans l'un & l'autre cas, est à-peu-près égale; la différence n'est que de trois gros & demi; mais ce déchet de la seconde expérience, peut être raisonnablement attribué à l'extrait que j'avois d'abord séparé du grain.

Gas contenus dans l'Ergot.

La recherche des différens fluides aeriformes ou gas, qui entrent dans la composition des corps étant un moyen de plus de les connoître, dont on est redevable à la chimie moderne, j'ai cru devoir examiner quelle étoit la nature de ceux que contenoit l'Ergot; ce qui n'avoit encore été tenté par aucun des physiciens qui l'avoient analysé. Pour cet effet une once d'Ergot a été mis dans une cornue de verre, placée sur un fourneau; le bec passoit a travers de l'eau dans une terrine, & s'insinuoit sous un récipient, aussi rempli d'eau: appareil simple, décrit par M. De Lassone, premier medecin du Roi, & inséré dans les mémoires de l'Académie des Sciences, année 1776. Après avoir laissé échapper l'air atmosphérique de la cornue, j'ai reçu d'abord vingt quatre pieds cubes de gas, qui étoit de l'air fixe, puisqu'il éteignoit la lumière; ensuite en deux fois, cent seize pouces cubes d'un gas, qui étoit en grande partie, de l'air inflammable; car à l'approche d'une lumière, la premiere portion a pris feu & a jette une flamme blanche, qui répandoit une odeur empyreumatique; la seconde portion, également inflammable, brûloit avec une flamme bleue.

Analyse du seigle, à feu nu, ou par la voie seche.

Douze onces de seigle ont été exposées dans une cornue au fourneau de réverbère, comme l'Ergot; le feu a été également conduit avec ménagement. D'abord il a passé une once de liqueur claire, d'un jaune citron, légérement empyreumatique, & qui rougissoit foiblement la teinture de tournesol. A un feu plus fort la liqueur, qui distilloit, étoit plus colorée, plus empyreumatique & rougissoit davantage la teinture de tournesol. Cette seconde fois il en a passé trois onces. Bientôt, & presque en même tem[illegible], il est entré dans le récipient, une once d'h[illegible]e, dont une petite partie, très-légère, [illegible]geoit la liqueur: la plus grande parti[illegible], [illegible]lus épaisse & de la consistance de la poix, [illegible]étoit précipitée au fond. Ce n'est que sur la [illegible] de la distillation, qu'il a passé un peu d'Alkali volatil, substance regardée par [illegible] les chimistes, [illegible]omme étrangère aux [illegible] qu'on a[illegible]'e, & qui peut être p[illegible] par les change[illegible] altérati[illegible] dans ce[illegible] il le [illegible] [illegible] [illegible]ment dans, Il est resté dans [illegible] de charbon, sans [illegible] en poudre, ne produisant aucun effet [illegible]es acides; les grains de seigle avoient conservés leur [illegible], ils étoient brillans à la surface, & avoient un éclat metallique. Cette matière charbonneuse, pulvérisée & exposée dans un creuset à un très-grand feu, étoit à peine incinérée à la surface au bout de trois heures. Retirée du feu & encore chaude, elle n'a pas formé de pyrophore, comme le charbon de froment, ainsi que je le ferai voir ailleurs.

Pour suivre de point en point tous les procédés employés pour l'Ergot, j'ai distillé de la même maniere le seigle que j'avois dépouillé entierement par des décoctions réitérées de sa partie amilacée, gommeuse. Ce n'étoit plus que de l'écorce qui conservoit la forme des grains seulement un peu applatis. J'en retirai encore de l'esprit acide & de l'huile empyreumatique: le charbon avoit l'aspect métallique, comme celui du seigle qui n'avoit pas bouilli et étoit aussi difficile a incinérer. Une partie réduite en poudre par douze heures d'ignition, & lessivée dans l'eau distillée, a verdi à peine d'une manière sensible, le syrop de violettes; le surplus du charbon a donné une assez grande quantité d'Alkali fixe.

Gas contenus dans le seigle.

Une once de seigle, distillée pour en obtenir les gas a donné; 1.°, trente-six pouces d'air, dans lequel la lumiere brûloit un peu moins bien que dans l'air atmosphérique; c'étoit de l'air atmosphérique mêlé à un peu d'air fixe; 2.°, quatre-vingt-quatre pouces d'air inflammable & trente pouces d'un air plus inflammable encore, qui répandoit, sans détonner, la flamme de l'esprit-de-vin.

Comparaison de cette analyse avec celles qui l'ont précédée.

L'analyse que je viens de faire de l'Ergot, me paroît justifier ce qu'avance M. Réad, qui dit, que les grains ergotés, si on les présente à la flamme d'une chandelle, s'allument comme les amandes, & se convertissent en une cendre noire, d'une odeur empyreumatique, & aussi luisante que celle des cornes & des cheveux brûlés. Il y a en effet une grande parité entre les produits de l'Ergot & ceux des semences émulsives, & en particulier des amandes douces; car celles-ci donnent, dès les premiers degrés du feu, un phlegme sensiblement alkalin, un esprit alkali volatil très-roux, & une quantité considérable d'une huile brune & très-épaisse. M. Réad, qui a distillé l'Ergot à feu nu, en a également retiré de l'alkali volatil, une huile épaisse & brune, & un charbon très-difficile à incinérer: d'où il conclut que l'Ergot a une qualité alkaline manifeste. Peut-être eût-il été plus exact de dire qu'il étoit susceptible de s'altérer facilement au feu & qu'il peut fournir de l'alkali volatil; car il est certain que l'esprit recteur rétiré de l'Ergot n'est point du tout alkalin.

M. Model, chimiste russe, dans ses recréations physiques & chimiques, a publié une analyse de l'Ergot qui paroît presque entiérement opposée à celle que je viens de détailler; car l'auteur dit avoir retiré, de quatre onces d'Ergot, deux gros & quelques grains d'un flegme pur, dont la saveur étoit déja acide. A un feu beaucoup plus fort, l'Ergot donna six gros d'une liqueur plus acide & plus concentrée que celle qu'on avoit retiré du seigle; ensuite il passa une huile jaune, mais figée & semblable à l'huile de cire, du poid de trois gros: enfin, une once d'une huile brune & fétide.

M. Parmentier a aussi fait l'analyse de l'Ergot, qu'il a inséré sous le titre d'*observations* & d'*additions*, dans l'ouvrage de M. Model, dont il a donné la traduction. Ce chimiste français convient que dans l'analyse à feu nu il a obtenu beaucoup d'huile & de l'alkali volatil. Mais, dit-il, page 439: « tous les grains » dont nous nous nourrissons donnent à la fin » de leur distillation ces deux produits, en plus » ou moins grande proportion. Ce sont leur » mucilage & leur partie corticale, qui fournissent » l'alkali volatil; car l'amidon ne donne absolu- » ment que de l'acide & de l'huile. » On ne sauroit douter que les semences farineuses ne donnent de l'alkali volatil & de l'huile. Mais comme le dit M. Parmentier lui-même, ce n'est qu'à la fin de la distillation, au lieu que l'Ergot donne de l'alkali volatil, dès les premières impressions de la chaleur, & il fournit beaucoup plus d'huile qu'aucune semence farineuse. M. Parmentier ne peut attribuer à l'écorce l'alkali volatil qu'on en retire, puisqu'il assure que l'Ergot n'a point d'écorce, quoique cependant il en ait une sensible qui s'enleve par la dissection, & c'est dans cette pellicule que réside la partie colorante. A l'égard du mucilage, M. Parmentier ne décide pas qu'elle est l'espèce que l'Ergot en contient, ce qui est d'autant moins indifférent, qu'il n'y en a qu'une seule espèce, savoir la partie glutineuse, qui donne de l'alkali volatil dès les premiers degrés de chaleur. Encore la matière glutineuse de la farine n'est-elle pas un vrai mucilage, puisqu'elle ne se peut dissoudre dans l'eau sans intermède. Or, je ne connois aucune expérience qui démontre l'existence de la partie glutineuse dans l'Ergot. (*)

L'analyse faite par l'auteur que M. Parmentier a traduit ne ressemble à celle que j'ai répétée que pour la quantité & la qualité de l'huile que nous avons obtenu l'un & l'autre; mais elles different essentiéllement par la nature de l'esprit que nous avons retiré dans la distillation de l'Ergot. Suivant ce que j'ai observé, cet esprit verdit fortement le syrop de violettes, & fait une effervescence sensible avec les acides, tandis que, suivant M. Model, il fait effervescence avec les alkalis, précipite l'hépar & change en rose la couleur du sirop de violettes. Aussi cet auteur en conclut-t-il que l'Ergot est une semence farineuse, conclusion que je suis d'autant moins porté à admettre, que les plantes farineuses ne donnent pas, à beaucoup près, la même quantité d'huile par l'analyse. D'ailleurs la similitude que je trouvois entre les produits de l'Ergot & ceux de la graine de sinapi, le peu de mollesse que contracte l'Ergot, même après l'ébullition, la couche huileuse qui couvre l'infusion de cette

(*) En supposant que l'Ergot retînt quelques principes de seigle, il ne contiendroit pas de parties glutineuses, puisque le seigle en est privé. Le froment seul en contient.

graine, me firent penser que c'étoit une semence émulsive.

Preuves que l'Ergot est une graine émulsive.

Pour m'en convaincre davantage, je broyai exactement quelques graines d'Ergot dans un mortier de marbre, en ajoutant peu-à-peu, environ trois onces d'eau distillée. Il en résulta une liqueur de couleur de gris de lin pâle, laquelle, passée par un linge, avoit tous les caractères d'une véritable émulsion; sa saveur étoit désagréable, & ne peut être comparée qu'à celle des haricots cruds. Elle a conservé sa qualité laiteuse pendant plus de trente heures; elle n'a laissé déposer que quelques portions du parenchyme des grains qui n'étoient pas assez divisés, & sa surface s'est couverte d'une pellicule d'un blanc de lait, comme il arrive aux émulsions abandonnées à elles-mêmes.

Enfin, dix onces d'Ergot, réduites en poudres grossières, ont été renfermées dans une toile forte, & ont été soumises à la presse; elles ont donné deux gros d'une huile jaunâtre, limpide & très-combustible. Je crois pouvoir assurer que cette quantité d'Ergot eût dû m'en fournir davantage. Mais je n'avois à ma portée qu'une presse de bois très-foible, & d'ailleurs la poudre d'Ergot étoit renfermée dans une toile neuve qui a absorbé une partie de l'huile.

Quoique je fûsse convaincu, d'après tous les faits précédens, du caractère emulsif de l'Ergot & de la différence qu'il y avoit entre lui & le seigle, pour m'assurer davantage de cette différence, j'ai employé les moyens suivans:

J'ai mis séparément en macération dans l'eau froide, des quantités égales d'Ergot & de seigle sain; aussi-tôt le seigle s'est précipité au fond de l'eau; l'Ergot a surnagé & ne s'est précipité que quelques temps après avoir été impregné d'eau, dont il n'absorbe qu'une très-petite quantité, tandis que le seigle en absorbe au point de se gonfler considérablement & même de crever. Ces deux mélanges ayant été abandonnés à eux-mêmes pendant quarante-huit heures, le seigle exhaloit une odeur piquante & vineuse; il s'étoit formé au-dessus de l'eau, dans laquelle étoit l'Ergot, une couche grasse au toucher, & d'une odeur fétide. Le quatrième jour le piquant du seigle étoit augmenté, & la fétidité de l'Ergot étoit telle, que je ne pus le garder plus long-temps dans le lieu où se faisoit l'expérience.

M. Model, dans son analyse de l'Ergot, dit que cette graine, macérée dans l'eau, a une odeur acide, & qu'il s'élève à la surface une poudre blanche farineuse. Il dit aussi que la décoction d'Ergot réduit en poudre, passe promtement à l'acidité. Il ajoute dans son supplément à l'analyse de l'Ergot, qu'il n'est pas possible de retirer de l'alkali volatil de cette graine, ni par la macération, ni par la distillation. Dans tous ces cas j'ai vu absolument le contraire.

J'ai pris six onces d'Ergot en poudre; je les ai humecté pour en former une pâte qui a absorbé quatre onces & demie d'eau. Cette pâte n'avoit aucun liant, & n'a pu me donner le moindre indice de l'existence d'une partie glutineuse. On lit dans l'extrait d'un mémoire de M. Schleger, Médecin du Landgrave de Hesse-Cassel, que, « l'Ergot, concassé grossiérement & infusé dans l'eau pure, est entré » en fermentation, sans qu'il ait été nécessaire » re d'y ajouter un ferment, qu'on l'a distillé, » & qu'il a fourni une eau verdâtre, d'un goût » aigrelet. Ces effets sont entiérement opposés à ceux que j'ai observés. »

Nature de la partie colorante de l'Ergot.

Afin de déterminer la nature de la partie colorante de l'Ergot qui me restoit à examiner, j'en ai fait macérer dans de l'esprit de vin très-pur; il n'a pris aucune couleur, quoique M. Model ait assuré que cette graine donne sa couleur à l'esprit de vin. Les alkalis fixes & volatils caustiques decolorent l'Ergot promptement, & forment avec lui des teintures très-chargées. Celle qui est faite par l'alkali fixe caustique est d'un brun foncé; & celle qui est faite par l'alkali volatil caustique est d'un brun rougeâtre: toutes les deux sont précipitées par les acides. La teinture d'Ergot, obtenue par l'alkali fixe caustique, a fourni, lorsque je l'ai précipitée avec de l'huile de vitriol, une fécule d'un très-beau rouge. La liqueur qui surnageoit étoit très-claire & sans couleur.

Il résulte de ces expériences que l'Ergot, comme le safran, le carthame & beaucoup d'autres substances végétales colorées, contient deux sortes de matières colorantes, dont l'une est extractive & dissoluble dans l'eau; l'autre est une résine d'une nature particulière, que l'esprit de vin n'attaque point, mais à laquelle les alkalis se combinent facilement, & dont ils peuvent être séparés par les acides.

A l'égard de l'amidon & du mucilage que M. Parmentier admet dans l'Ergot; mais dans un état de combinaison particulière, & pour ainsi dire desséché, je n'ai rien observé qui pût tendre à démontrer l'existence de ces substances.

Les

Les grains d'Ergot m'ont paru ne contenir, indépendamment de la partie colorante dont il vient d'être question, qu'un principe odorant très-fétide, de l'air fixe, de l'air inflammable, une grande quantité d'huile douce, une petite portion de matière extractive gommeuse, très-susceptible de s'altérer & de donner de l'alkali volatil & très-peu de terre, ainsi qu'on en retire par l'analyse des semences émulsives.

Les grains de seigle fournissent, dans l'analyse, un mucilage abondant, peu de matière huileuse, un esprit acide, &, sur la fin de la distillation à feu nu, une petite quantité d'alkali volatil, mais bien plus d'alkali fixe, qu'on retrouve dans les cendres; produits ordinaires des semences farineuses.

Ce tableau comparé, offre des différences sensibles entre les principes constitutifs de l'Ergot & ceux du seigle. Il est difficile de comprendre comment une graine, qui prend naissance dans des bâles pareilles à celles où se forment les grains de seigle, étant portée sur la même tige, sur le même épi, & nourrie de la même sève, est tellement altérée, qu'elle n'a ni la forme, ni la couleur, ni les principes du seigle. Mais ce n'est pas le seul mystère que nous offre le règne végétal; il est inutile de chercher à le pénétrer.

Des causes de l'Ergot.

Je sens parfaitement toute l'importance de cet article, toujours très-difficile à traiter, parce que c'est celui où l'esprit de systême se glisse le plus aisément; aussi ne m'attacherai-je qu'à exposer les diverses opinions & les fondements sur lesquels elles sont appuyées, & à rendre compte des expériences que j'ai tentées, pour savoir ce qu'on doit penser de tout ce qui a été écrit sur cet objet.

Selon l'opinion la plus généralement répandue parmi les habitans des campagnes, l'Ergot est occasionné par la pluie & les brouillards qui tombent sur les épis du seigle. (1) Langius, Médecin & Naturaliste, admet outre ces deux causes, les rosées & l'excessive humidité de l'air. Voici l'explication qu'il en tire : « L'air humide, impregné de nitre, de soufre volatil & d'autres particules subtiles, est extrêmement pénétrant. Il environne l'épi, amollit la bâle, l'étend, presse l'écorce du grain, le dispose à la corruption, excite un mouvement de fermentation, & ainsi augmente sa croissance. »

(1) *Descriptio morborum ex esu clavorum secalinorum cum pane. Lucernæ.* 1717.- *Act. Lepf.* Année 1718, page 309.

On lit dans l'histoire de l'Académie des Sciences, année 1710, d'après M. Fagon, (1) « qu'il » y a des brouillards qui gâtent les froments, » & dont la plupart des épis de seigle se dé» fendent par leurs barbes. Dans ceux que cette » humidité maligne peut atteindre & pénétrer, » elle pourrit la peau qui couvre le grain, la » noircit & altère la substance du grain même. » La sève qui s'y porte, n'étant plus resserrée » par la peau dans les bornes ordinaires, s'y » porte en plus grande abondance, & s'ammassant » irrégulièrement, forme une espèce de monstre, » parce qu'il est composé d'un mêlange de cette » sève superflue avec une humidité maligne. Ce » n'est que dans le seigle que se trouve l'Er» got. »

Et plus loin : « Cette mauvaise espèce de » grain vient en plus grande abondance dans » les terres humides & froides, & dans les » années pluvieuses. Un certain seigle particulier » qu'on seme en mars, y est plus sujet que » ceux qu'on seme en automne. »

M. Lemonnier, savant Botaniste, a avancé, dans le volume de la méridienne de Paris, (2) que les récoltes dans quelques endroits du Berry, sont souvent endommagées par des vents humides & chauds qui règnent pendant les mois de Juin & de Juillet, & qu'on voyoit alors beaucoup de froment niellés & Ergotés.

Ces autorités suffisent pour indiquer une opinion fondée en apparence sur de bonnes observations, faites depuis long-temps. En effet, il se forme en Sologne, comme je l'ai dit, plus d'Ergots dans les années pluvieuses & humides, que dans les années seches. Les terrains situés sur le bord des marais & auprès des bois, & par conséquent le plus exposés aux brouillards, en produisent une grande quantité. On voit les fromens se gâter quand il s'élève certains brouillards qui les couvrent dans la force de leur végétation. Pourquoi, dira-t-on, le seigle ne seroit-il pas susceptible comme le froment de la mauvaise influence de l'air?

A ces raisons, propres à appuyer la première opinion, il est aisé d'en opposer d'autres qui pourront au moins les balancer.

J'observerai d'abord que l'explication que donne Langius est hasardée, & qu'il suppose dans l'air des corpuscules de diverse nature,

(1) Le Mémoire de M. Fagon n'a pas été imprimé. On n'en connoît que l'extrait, donné dans l'Histoire de l'Académie des Sciences.

(2) Suite des Mémoires de l'Académie des Sciences, 1740, troisième partie; page 114.

qui n'y sont pas démontrées, & une manière d'agir bien difficile à prouver. Ce que M. Fagon dit, mérite une discussion particulière.

Il est vrai qu'il y a des brouillards qui gâtent les froments, & dont la plupart des épis du seigle se défendent, non pas à cause de leurs barbes, comme le croyoit M. Fagon, mais parce que le seigle, à l'époque où les brouillards sont nuisibles, n'en peut plus être affecté. Ces brouillards, dans les froments barbus comme dans les froments sans barbe, causent évidemment la *rouille*; maladie dont le seigle est peu suceptible, car ce grain étant plus hâtif que les autres, & n'ayant pas une végétation vigoureuse, il n'est pas aussi sujet aux effets d'une transpiration supprimée, & par conséquent à la rouille. Aussi remarque-t-on que les champs de méteil, dont les épis de seigle excédent ceux du froment, se rouillent moins que les champs de pur froment. M. Fagon au reste regarde l'humidité de l'air comme cause & des maladies du froment & de celles du seigle, qu'il paroît confondre, quoiqu'elles ne se ressemblent pas. Si cette humidité produisoit l'Ergot en pourrissant la peau qui recouvre le grain, & en la noircissant, le mal ne commenceroit-il pas par la partie du grain qui est le plus à découvert & le plus exposé au contact de l'air? or j'ai observé précisément le contraire. On ne peut disconvenir, avec M. Fagon, que l'Ergot vient en grande abondance dans les terres humides & froides, & dans les années pluvieuses. Mais ce ne sont pas là les seules circonstances qui en donnent le plus, & je ne me suis pas aperçu que le seigle de mars y fût beaucoup plus sujet que celui qu'on seme en automne. Je me suis assuré, par une expérience, que du seigle semé le 18 Septembre, n'avoit pas plus d'Ergot que du seigle semé le 21 Octobre, c'est-à-dire, un mois plus tard, quoique bien des gens pensassent que le dernier dût en avoir davantage. Il est étonnant que M. Lemonnier annonce que dans son voyage de Berry, il voyoit beaucoup de froments niellés & ergotés, parce qu'il est extrêmement rare de trouver des épis de froment ergotés. Quelques recherches que j'aie faites depuis huit ans, en passant l'été au milieu des vastes pleines de froment, je n'en ai découvert qu'un petit nombre. Je serois porté à croire que les Ergots que M. Lemonnier a vu, étoient sur du seigle, vraisemblablement appelé *bled* dans le pays, d'autant plus que je suis certain que cette espèce de grain en produit beaucoup dans la partie du Berry dont il s'agit, & que la nielle (nom qu'on donne au charbon), étoit sur du froment. Ce qu'il y a de prouvé, c'est que le charbon n'est pas dû aux vents humides & chauds : je doute qu'on puisse leur attribuer l'Ergot, puisqu'on assure qu'il est plus abondant dans les années humides & froides.

L'opinion de M. Tillet ne mérite pas moins d'attention que la précédente. Une circonstance particulière lui en a donné l'idée. En faisant une expérience pour constater la cause d'une maladie des froments, il trouva quelques épis ergotés, &, dans les Ergots, des vers renfermés qui se changerent en papillons de la plus petite espèce. Il examina l'Ergot avec plus de soin, & crut appercevoir à sa base un trou qui communiquoit dans un canal intérieur, pratiqué au centre. Quelquefois l'insecte endommageoit peu l'Ergot; quelquefois il en rongeoit tout l'intérieur, & ne laissoit que l'écorce. Ces fentes qu'on découvre sur de gros Ergots, & que Langius & d'autres ont attribué à la sécheresse, M. Tillet les regarde comme l'ouvrage du même insecte. Il s'étaye des observations de MM. Marchant & de Réaumur, sur les galles des différens végétaux, qui pour la plupart doivent leur origine à des insectes. M. Réad & plusieurs autres physiciens ont adopté l'opinion de M. Tillet, qui, au premier coup d'œil, paroît vraissemblable; mais cependant elle n'est pas prouvée. Car indépendamment de ce que cet académicien estimable convient qu'il n'a trouvé des insectes que dans le plus petit nombre des Ergots soumis à l'examen, pour mettre la chose hors de doute, il eût fallu qu'il eût vu les insectes piquer les bâles ou les jeunes grains de seigle, ou que les papillons qu'il en a obtenu, eussent produit des œufs & des insectes pareils à ceux qui les avoient formés. D'ailleurs comment peut-on être assuré que ces insectes soient la cause de l'Ergot, puisqu'il est également possible qu'ils ne s'y introduisent que pour s'en nourrir, comme on voit des charansons ou des mélabres ronger intérieurement des froments, des pois, des feves, des lentilles &c.? On a cru que les petites mouches qui se remontrent sur les épis de seigle, à l'époque de leur floraison, en piquoient certaines bâles, & donnoient naissance à l'Ergot. Dans ce cas il faudroit admettre d'autres insectes que ceux qu'admet M. Tillet, puisque les derniers, donnent des papillons, au lieu de mouches. J'ai déja fait observer qu'il ne se formoit pas d'Ergots dans les bâles qui renfermoient plusieurs petits vers de couleur jaune-aurore, parce que j'en ai suivi plusieurs avec beaucoup d'assiduité. Voilà donc deux sortes d'insectes qui ne sont pas cause de l'Ergot. Enfin le P. Cotte, (1) ayant conservé

(1) Lettre du P. Cotte, Octobre, 1776.

pendant trois mois des grains ergotés, les a vu se réduire en poussière, & servir de nourriture à de petits insectes. Mais il a cru qu'ils pouvoient y être venus après coup : ce qui est d'autant plus vraisemblable, que des grains ergotés que j'ai gardé pendant cinq ans, étoient au bout de ce temps, entiers & sains.

Les sectateurs d'une troisième opinion croyent que l'humidité du sol est la cause principale de l'Ergot : ils se fondent sur ce qu'il en croît davantage sur des terres abreuvées d'eau, & dans les années pluvieuses. Mais on en trouve aussi dans des endroits élevés, sur des remparts, dans des années séches, M. Tillet en cite des exemples. J'en ai cité plusieurs précédemment. M. Dubuat de Nançay en Sologne, pour s'assurer s'il étoit vrai que plus un terrain est humide, plus on y trouve d'Ergot, choisit (2) trois pièces de terre différemment situées, l'une dans un endroit un peu plus élevé que le reste du pays, l'autre dans un lieu qui l'étoit moins, & la troisième dans un parc auprès d'un large fossé pratiqué pour égoûter les eaux. Le terrain le plus élevé produisit le plus d'Ergots. Je dois, à la vérité, de dire qu'il n'étoit pas beaucoup plus élevé que ceux du pays, & que les sillons auxquels on donne un pied d'élévation, y étoient disposés transversalement; ensorte qu'au rapport de quelques habitans même, ils avoient été long-temps couverts d'eau : ce qui m'empêcha de me rendre à l'avis de M. Dubuat, qui d'abord m'avoit fait une grande impression. Ces trois champs furent semés à des époques différentes; savoir : un au commencement d'octobre, un autre à la mi-novembre, & le troisième vers la fin de Décembre. M. Dubuat alloit souvent les visiter. Il remarqua que la floraison, dans les deux derniers semés, avoit été successive, ayant duré plus d'un mois, pendant lequel le temps fut alternativement beau & pluvieux. La floraison de la pièce semée la première & dans le terrain le plus élevé, avoit été simultannée, & s'étoit passée en huit jours, durant une pluie continuelle. Il en est résulté que la pièce ensemencée de bonne heure, & dont la floraison s'étoit faite rapidement, & pendant la pluie, fut perdue d'Ergots, au lieu qu'il y en eut bien moins dans les deux autres ensemencées plus tard, & dont la floraison fut de longue durée, avec des alternatives de beau & de mauvais temps. Cette expérience expliqueroit pourquoi il se trouve, dans le même canton, des champs remplis d'Ergots & d'autres qui n'en ont gueres; pourquoi dans la même pièce de terre il y a des épis qui en sont infectés, tandis que les autres en sont exempts; pourquoi enfin un épi a plus ou moins d'Ergots. C'est que les effets de la pluie, à laquelle, dans ce cas, il faudroit rapporter la formation de l'Ergot, dépendroient, d'après M. Dubuat, de l'état & du degré de floraison où seroient les différens champs de seigle, les différents épis & les différents germes. Cette ingénieuse remarque seroit d'un grand poids, si elle eût été faite dans différens pays par différentes personnes, & si l'on pouvoit se persuader que la floraison d'une pièce de terre, dont tous les grains ont été semés au même temps, ait été tellement successive, qu'il y ait eu presqu'un mois de différence entre celle d'un épi & celle d'un autre, & que la floraison ait été plus prompte dans la pièce de terre qui a fleuri pendant la pluie. On demanderoit encore pourquoi les seigles de Sologne sont plus sujets à être gâtés par les pluies pendant leur floraison, que ceux des autres provinces.

Dans une quatrième opinion adoptée par d'autres savants, l'Ergot est regardé comme une môle occasionnée par un défaut de fécondation. Le pistil dans ce cas, ne recevant pas la poussière des étamines, le grain devient monstrueux. C'est ainsi qu'ont pensé les célèbres Geoffroy (1) & Bernard de Jussieu; c'est ainsi que pensent MM. Aymen (2) & Béguillet (3). Cette opinion n'est pas contraire aux trois qui la précédent; car en la supposant bien fondée, le défaut de fécondation ne peut être qu'une cause immédiate de l'Ergot, & il en faut admettre une autre qui la détermine, soit des piqures d'insectes, soit la pluie ou les brouillards, soit l'humidité ou la nature du sol. Je ne rappellerai point ici tout ce qu'on lit dans l'Encyclopédie, sur la manière d'expliquer comment un défaut de fécondation peut produire l'Ergot : je ne dois insister que sur des faits, & non sur des raisonnemens. Il est certain que plusieurs végétaux portent des fruits informes & extraordinaires; mais il n'est pas facile de décider quel est l'accident qui y donne lieu. J'observerai seulement, à l'égard de l'Ergot, que s'il s'en formoit dans toutes les bâles dont les ovaires ne sont pas fécondés, les seigles, non-seulement de la Sologne, mais de tous les pays

(2) Le Mémoire de M. Dubuat, est un manuscrit que j'ai entre les mains.

(1) Mémoires de l'Académie des Sciences, 1711.

(2) Tomes 3 & 4, des Savans Etrangers.

(3) Dissertation sur l'Ergot, ou bled cornu, imprimée à Dijon, en 1761.

où on en cultive en étoient remplis chaque année, ainsi que le froment, l'orge & l'avoine. Beaucoup de bâles de graminées contiennent des ovaires qui n'ont pas été fécondés: ils sont dans un état de desséchement, & on n'y apperçoit point de principes d'Ergots. M. Aymen, cultivateur & physicien éclairé, pour appuyer son avis, compare l'Ergot au *charbon*: (c'est de la *carie* qu'il veut parler, sans doute, d'après ce qu'il en dit.) Or, ces deux maladies ne se ressemblent pas; je crois qu'en cela M. Aymen se trompe; car il paroît que l'Ergot ne se forme que quand le grain de seigle est déjà formé, & que c'est aux dépens de celui-ci. Les grains qui sont en partie seigle, & en partie Ergot, le font d'autant plus présumer, que, comme je l'ai exposé, la partie ergotée est tantôt d'un quart, tantôt d'un tiers, tantôt de la moitié, & qu'elle est toujours le plus près du support. D'ailleurs j'ai déjà fait observer que la corruption commençoit par un point renfermé dans la bâle, & qu'elle s'étendoit de plus en plus. Dans les bâles qui renferment des grains ergotés, on ne voit aucuns restes d'étamines, ce qui indique que leur développement, en supposant qu'il ait eu lieu, a été complet, & qu'après avoir produit leur effet, elles sont tombées comme celles des fleurs qui fructifient. Il n'en est pas de même de la *carie*, dont le principe se manifeste long-temps avant que l'épi soit apparent & sorti du fourreau: l'ovaire y est à peine formé, qu'il est altéré & infecté; les étamines ne sont pas détruites; on les trouve flasques seulement, & collées sur les grains de carie, & dans un état de desséchement. Enfin, il m'est difficile de regarder le défaut de fécondation comme cause de l'Ergot, puisque j'ai observé dans plusieurs bâles de petits corps blanchâtres fort ressemblans au seigle, & qui sont devenus violets par degrés, ayant commencé par la partie où est placé ordinairement le germe.

Après avoir rapporté sur les causes de l'Ergot, celles des opinions qui sont établies d'après des faits, & les seules qui méritent attention, j'exposerai les diverses expériences que j'ai tentées pour éclaircir ces objets, & j'en jugerai les résultats avec la même sévérité.

Expériences qui tendent à faire connoître, si la pluie est cause de l'Ergot.

Au mois de Juin 1778, n'ayant pu avoir de l'eau stagnante, parce que les marres étoient à sec: (1) j'exposai, pendant quelque temps, de l'eau de puits à l'air chaud, afin que par le séjour, elle acquît, s'il étoit possible, une mauvaise qualité. Je m'en servis pour arroser; 1.° six principaux épis de seigle, d'une même souche, dont les étamines étoient récemment sorties de leurs bâles; c'est-à-dire, qui étoient en pleine fleur. L'arrosement se faisoit sur les épis, seulement, à l'aide d'une petite seringue, de manière que l'eau y tomboit en forme de pluie, & que j'en insinuois souvent entre les paquets de fleurs appartenants aux mêmes calices; 2.° trois épis tardifs ou secondaires, de la même souche que les précédens, & dont les étamines étoient encore dans les bâles, &, par conséquent dans un état différent; 3.° trois épis foibles d'une autre souche; l'un étoit nouvellement défleuri, l'autre en pleine fleur, & le troisième prêt à fleurir. Ceux-ci furent arrosés pendant vingt-deux jours, & les autres pendant dix-huit jours de suite; quelquefois deux fois par jour. Au moment de la maturité, les six épis principaux se trouverent les plus beaux du canton; car ils avoient cinq pouces de longueur, & les grains qu'ils contenoient étoient très-gros. Quelques fleurs cependant avoient coulé; ce que je ne crois pas devoir attribuer à l'arrosement, puisqu'à cet égard ces épis ressembloient à beaucoup d'autres abandonnés à eux mêmes. Les trois épis secondaires, & qui avoient été arrosés avant leur floraison ne différoient des premiers, que parce qu'ils avoient plus de bâles vuides: ils étoient aussi semblables en cela à des épis secondaires non arrosés. Leur floraison n'en a paru ni accélérée ni retardée. Il en étoit de même de trois épis foibles d'une autre souche, & qui avoient été arrosés, chacun étant dans un état différent: aucun de ces douze épis n'a souffert & n'a produit d'Ergot: ils en ont même profité davantage.

J'ai arrosé de la même manière quatre épis de froment bien constitués. Mon intention étoit, si je parvenois à y faire naître de l'Ergot, par ce moyen, d'en tirer la plus forte induction, puisque le froment porte rarement de ce grain. L'arrosement se fit avant la floraison, & fut continué long-temps après. Les épis fleurirent bien, & furent remplis de très-beaux grains.

De ces faits je ne conclurai pas que jamais la pluie, qui tombe sur les épis de seigle, ne peut leur être nuisible, parce que j'ignore si certaines pluies ne contiennent pas des principes malins & destructeurs; mais pouvois-je imiter autrement la pluie? on en peut au moins conjecturer qu'elle n'est pas la véritable cause de l'Ergot, puisqu'on en produit par d'autres moyens.

Expériences qui tendent à faire connoître si les piquures d'insectes sont causes de l'Ergot.

Afin de savoir ce que produiroient des piquures faites à travers des bâles de seigle, les jeunes grains étant plus ou moins avancés, ou même étant à peine formés; 1.° je piquai pro-

(1) Les expériences ont été faites à Andonville, en Beauce.

[illegible]fondément avec un stylet, les bâles inférieures de deux épis de seigle, dont les supérieures étoient en fleur, & toutes les bâles d'un troisième épi de la même souche, qui n'avoit pas encore commencé à fleurir, de manière que le stylet atteignît le pistil ou l'embrion; 2.° toutes les bâles d'un épi d'une souche particulière, & plus avancé que les précédens, dont j'avois ôté quelques étamines après leur sortie; 3.° les bâles de deux rangées d'un épi; celles d'une rangée seulement d'un autre épi, & celles de la moitié d'une rangée d'un troisième épi; les grains de ces trois derniers épis ayant déja une ligne ou une ligne & demie de longueur; 4.° toutes les bâles de deux épis de seigle, qui étoient bien formés, & que j'ai arrosés par injection pendant quinze jours, pour voir si dans ceux-ci, l'eau s'insinuant par les piqûres à travers les bâles, donneroient naissance à l'Ergot: moyen de perfectionner encore une des expériences précédentes.

Dans tous ces cas, les épis étoient sains au temps de la récolte; ils contenoient des grains en bon état, sans qu'il y eût de bâles vuides ni d'Ergots.

Je ne me dissimule pas, que des piqûres de stylet ne peuvent remplacer celles d'un insecte, qui introduit un fluide capable de causer des altérations; aussi ne présentai-je pas ces faits pour détruire l'opinion de M. Tillet, mais seulement pour rendre compte de ce que j'ai imaginé pour suppléer, autant qu'il étoit en moi, aux piqûres d'insectes. Toutes insuffisantes que doivent paroître ces expériences, elles seront peut-être de quelque force, comme celles qui les précèdent, si je parviens par une autre manière, à faire naître de l'Ergot.

Expériences qui tendent à faire connoître si l'humidité du sol est la cause de l'Ergot.

A parler exactement, c'est, en France, la Sologne qui produit le plus d'Ergot: tout ce qu'on en voit ailleurs quelque considérable qu'on le dise, n'est pas comparable à ce qui s'en trouve dans ce pays-là. C'est donc d'après les circonstances que réunit la Sologne, qu'il faut chercher la cause de l'Ergot.

Le sol en est toujours humide ou frais, parce qu'il est composé d'argile & de sable qui le recouvre. Présumant que ce terrein pouvoit être plus propre qu'aucun autre à la production de l'Ergot, soit à cause de son humidité plus ou moins grande, soit à cause de quelque qualité particulière, j'en formai artificiellement un pareil en Beauce, pays où l'Ergot est très-rare, afin de donner encore plus de force à l'expérience. Je fis enlever la terre franche d'un espace de quatre pieds sur trois, & mettre à la place un lit de terre glaise, & par-dessus un lit de sable blanchâtre, tel que j'avois pu me le procurer. Les premiers jours d'Avril, on l'ensemença de seigle d'Automne, récolté dans le pays; (c'est à cette époque que les habitans de la Sologne sèment leurs seigles de Mars.) On ensemença, en même-temps, & du même seigle, deux terreins ordinaires, chacun d'une étendue égale, à celle du terrein factice, & situés des deux côtés, pour avoir des objets de comparaison. Ils étoient le long d'un mur à l'exposition du nord: circonstances plus propres à tenir le pied du grain frais. Les deux terreins ordinaires furent abandonnés à la nature; mais on arrosa de temps-en-temps le terrein factice, sur-tout lorsqu'il faisoit sec, avant & après la floraison du seigle. Incertain si la formation de l'Ergot ne dépendoit pas de deux causes combinées; savoir, de l'humidité du sol & de l'effet immédiat de la pluie, sur les épis du seigle, j'en arrosai par injection six choisis dans le terrein factice, en commençant avant leur floraison, & en continuant après. Le vent en cassa deux, avant que je pusse voir si le grain étoit formé.

Vers le 20 Juillet, on commença à découvrir les premiers Ergots dans le terrein factice, c'est-à-dire, composé de glaise & de sable. Chaque jour on en vit éclore de nouveaux, d'abord dans les épis principaux, ensuite dans les épis secondaires (1). Des quatre qui avoient été arrosés par injection, trois portoient des Ergots & des grains de seigle très-beaux; ce qui n'est point étonnant, puisque j'ai remarqué plus haut, que des épis, soit de seigle, soit de froment, arrosés de cette manière, ont produit des grains plus beaux que ceux auxquels on n'a point injecté d'eau. Le seigle est devenu plus haut dans le terrein factice, parce que l'arrosement a suppléé à l'ingratitude du sol. Il a produit quatre cents épis, dont quatre-vingt ergotés, tandis que des deux terreins ordinaires, dont la récolte entière n'étoit que de quatre cents épis; l'un avoit quinze Ergots, & l'autre cinq; huit des quinze étoient sur le bord du terrein factice, à l'humidité duquel ils avoient vraisemblablement participé. Comme dans les expériences de recherches, il faut tout compter, le terrein ordinaire, qui a donné quinze épis ergotés, étoit tellement situé, que sans l'arroser un peu, on ne pouvoit arroser le terrein factice.

Si l'on compare seulement le produit en épis ergotés de chacun des terreins ordinaires, avec celui du terrein factice, on verra que le dernier en a porté quatre fois plus qu'un des deux, & dix-neuf fois plus que l'autre. Mais si c'est la proportion des épis sains aux épis ergotés qu'on examine, un des terreins ordinaires a eu un quarantième d'épis ergotés, & l'autre un treizième,

(1) M. Antoine-Laurent de Jussieu a vu les [illegible] la formation des premiers Ergots, dans le terr[illegible]

tandis qu'on en a compté un cinquième dans le produit du terrein factice, en supposant que les huit épis ergotés qui étoient sur le bord du terrein factice, appartinssent à celui des terreins ordinaires, qui en a eu quinze.

Cette expérience qui indique des circonstances propres à donner naissance à une grande quantité d'Ergots, éclaircit en outre un point contesté, puisqu'il prouve que, dans une récolte, il peut se trouver un cinquième d'épis ergotés. Que penser de l'arrosement fait à quatre épis par injection, sinon que, sans être arrosés, les trois d'entr'eux qui ont porté des Ergots, auroient pu en produire comme tous les autres ?

Quelques satisfaisans que m'aient paru ces résultats, cependant ils exigeoient d'autres recherches; car il falloit découvrir si la quantité d'Ergots qu'a produit le terrein factice, étoit due à sa qualité, ou à l'arrosement, ou a l'un & a l'autre en même-temps. Il falloit encore placer du seigle à une exposition qui ne fût pas celle du nord, & le semer en Automne, celui de l'Expérience ayant été semé au Printemps.

Au mois de Septembre suivant, je disposai quatre planches chacune de onze pieds sur cinq; on enleva de deux la terre franche, pour la remplacer dans une d'un lit de glaise & de sable, & dans l'autre d'un lit de glaise qu'on recouvrit de terre franche. Les deux autres restèrent dans leur état ordinaire, ayant seulement été labourées à la bèche. Elles furent, toutes-à-la-fois, ensemencées de seigle nouveau à la fin de Septembre. Elles étoient séparées par des sentiers de deux pieds, afin que l'arrosement qu'on devoit leur donner ne communiquât pas de l'une à l'autre.

Le 16 Mai, peu de jours avant la floraison, on commença à arroser une fois par jour le terrein composé de glaise & de sable, & celui qui étoit composé de glaise & de terre franche. Un des terreins ordinaires a été arrosé deux fois par jour, pendant un mois, & l'autre ne l'a pas été du tout.

Ces quatre planches ont produit peu d'Ergots; la plupart se trouvoient dans les épis tardifs, dont les pieds avoient été arrosés avant la floraison. Le terrein de glaise & de sable, plus avancé que les autres, eût dû être arrosé plutôt. Il a porté quarante-quatre épis ergotés, chargés de beaucoup d'Ergots. Le terrein de glaise & de terre franche, arrosé, comme le précédent une fois par jour avoit dix-huit épis ergotés. Il s'en est trouvé trente six dans un des terreins ordinaires arrosé deux fois par jour, & neuf dans l'autre terrein ordinaire non arrosé. Les épis ergotés de ces trois derniers terreins, étoient moins chargés d'Ergots que ceux du premier. Chacun a produit une petite gerbe de seigle sain, dont il ne m'a pas été possible de compter les épis. On observera que la planche de terrein ordinaire, qui a été arrosée deux fois par jour, & la planche de celui qui avoit été formé de glaise & de sable, étoient exposées presque toujours au soleil, tandis que les deux autres avoient de l'ombre une partie de la journée : position qui les disposoit à produire de l'Ergot, comme je l'ai déjà fait observer. La plupart des épis ergotés étoient sur les bords des sentiers.

Les conséquences que semble permettre cette Expérience, se réduisent à celles-ci. A arrosement égal, un terrein formé de glaise & de sable, produit plus d'Ergots qu'un terrein de glaise & de terre franche. Il en naît moins dans ce dernier arrosé une fois par jour, que dans un terrein de pure terre franche arrosé deux fois par jour; sans arrosement même, un terrein de terre franche, exposé à l'ombre, & par conséquent plus au frais, donne de l'Ergot, mais bien moins que s'il avoit été arrosé. Ne seroit-ce pas la raison pour laquelle, dans l'Expérience précédente, il a paru de l'Ergot dans les deux terreins ordinaires qui accompagnoit le terrein factice, & qui étoient comme lui au nord ? circonstance qui expliqueroit pourquoi on trouve de l'Ergot particulièrement dans les parties des champs de seigle qui sont auprès des bois & des habitations.

Moins scrupuleux, sans doute, je m'en serois tenu sur les causes de l'Ergot, aux faits positifs que je viens de rapporter, & j'aurois été persuadé qu'on doit les attribuer à l'humidité du sol & à sa qualité, puisque le seigle semé dans un terrein d'argile & de sable y est le plus sujet. D'autres faits aussi positifs ne s'accordoient pas, en apparence, avec ces causes; car, ainsi que je l'ai déjà dit, M. Tillet a trouvé de l'Ergot sur des remparts dans des endroits élevés; M. Fougeroux en a vu sur le bord des chemins: moi-même j'avois observé dans le Berry, dans la Sologne & en Beauce, que toutes choses étant égales d'ailleurs, les seigles des terres nouvellement défrichées produisoient le plus d'Ergots; j'en avois aussi découvert le long des chemins, dans des terres incultes, qui portoient même de l'ivraie ergotée. J'ai donc cru devoir faire de nouvelles recherches, & des expériences propres ou à indiquer d'autres causes, ou à concilier les derniers faits avec les premiers.

Pour savoir quelle influence avoit sur la formation de l'Ergot un terrein nouvellement défriché, au mois d'Octobre 1779, je fis défricher un morceau d'allée de jardin, de trente-deux pieds sur quatre; on le partagea en deux parties égales, & on y sema du seigle. On arrosa l'une vers le temps de la floraison, & on n'arrosa pas l'autre. Celle-ci a donné un seul épi ergoté, & celle-là en a donné huit. Jamais année ne fut moins propre à la formation de l'Ergot, que l'année 1780, puisqu'en Sologne même il y en eut très-peu. Pour trouver en Beauce autant d'épis ergotés que le petit espace de terrein défriché en a produit, il eût fallu examiner beaucoup d'arpens de seigle; le nombre en eût été plus grand, sans doute, si la terre avoit été en partie argilleuse.

Deux autres terreins, d'égale grandeur, chacun de trente pieds sur douze, furent ensemencés de seigle; l'un étoit à sa premiere année de défrichement, l'autre à sa seconde, celui-ci ayant produit de l'avoine l'année d'auparavant. Dans le premier il y eut deux cents épis ergotés, & seulement huit dans le second; différence si appante qui semble indiquer qu'une terre ameublie par les labours, est moins sujette à l'Ergot. Le dernier terrein étoit ensemencé en seigle de Mars, semé en Mars, & l'autre en seigle d'Automne, semé en Automne.

CONCLUSION

sur les causes de l'Ergot.

Pour résumer ce qui concerne les causes de l'Ergot, je rappellerai qu'il y a quatre opinions principales, la première, la plus ancienne, & la plus générale, attribue la naissance de cette graine à une humidité de l'air, froide selon les uns, chaude selon les autres; la seconde, a des piqures d'insectes; la troisième, à l'humidité du sol; & la quatrième regarde l'Ergot comme une môle occasionnée par un défaut de fécondation. La première & la troisième peuvent rentrer l'une dans l'autre, parce que l'air n'est jamais aussi humide que dans les pays où le sol l'est habituellement, les évaporations y étant très-abondantes; d'ailleurs quand les pluies sont fréquentes, l'air & la terre sont à-la-fois humides. La quatrième qui n'est que cause immédiate, en suppose ou une des trois premières, ou une autre inconnue. Ainsi ces opinions se réduisent à deux; savoir: à celle qui regarde les piquures d'insectes, & à celle qui regarde l'humidité du sol comme cause de l'Ergot.

Si dans la plûpart des Ergots que M. Tillet a examinés, il eût vu des insectes, comme il en a trouvé dans quelques-uns; si les insectes eussent été apperçus par lui au moment où ils piquoient le grain de seigle, de manière qu'il s'en fût suivi la formation & l'accroissement gradué des Ergots; si les papillons qui en sont provenus, eussent produit des insectes semblables, l'opinion de ce Savant eût été universellement adoptée, sans la moindre difficulté. Il eût été néanmoins difficile de concevoir comment les insectes s'attachoient plutôt à des épis de seigle qu'à d'autres, plutôt dans un pays que dans un autre, plutôt dans une année humide que dans une année sèche, plutôt dans des terres fraîches ou récemment défrichées, que dans des terres en culture suivie. Mais des faits de cette nature, rapportés par un homme digne de foi, eussent suffi pour convaincre, & écarter tous les doutes. Jusqu'ici l'opinion de M. Tillet n'a donc que de la vraisemblance.

Celle qui admet l'humidité, je ne dis pas de l'air, mais du sol, a des degrés de probabilité de plus; car on ne peut nier que la Sologne, qui est le pays où il croît le plus d'Ergots, ne soit en même-temps le pays le plus humide: il est également certain que dans ce pays, & dans d'autres, les années les plus pluvieuses sont les plus fécondes en Ergots. Dans plusieurs de mes expériences j'ai obtenu d'autant plus d'Ergot, que j'ai plus arrosé le terrein: il est vrai que la quantité en peut-être augmentée par la qualité du sol, puisque quand il est formé de glaise & de sable, ou récemment défriché, ou même quand il reste sans culture, il en produit davantage. Je ferai voir que ce qui a lieu ici pour l'Ergot, a également lieu pour la carie & le charbon, qui sont plus abondans dans des terres disposées d'une certaine manière, quoique ce ne soit peut-être pas là la cause particulière qui les produise. Au reste, ne seroit-on pas en droit de soupçonner que si un terrein nouvellement défriché, ou non cultivé, & les bords des pièces de terre le long des chemins, où la charrue empiète toujours, sont plus sujets à l'Ergot, c'est parce qu'ils sont plus frais & plus humides; car une terre nouvellement défrichée, n'est pas meuble, n'absorbe pas autant d'eau, & ne se prête pas autant aux évaporations. Une terre non cultivée, porte des plantes qui peuvent tenir frais le pied du seigle qui s'y sème ou lève par hasard. On peut également penser que les épis secondaires du seigle ont plus d'Ergot que les principaux, parce qu'ils sont plus bas, & abrités par ceux ci.

Dans l'Hyvernache, (1) qui y est très-sujet, les racines du seigle sont tenues fraîches par la vesce. En supposant qu'il fallût attribuer quelque chose à la qualité du terrein, & peut-être à la culture, ce que je croirois très-volontiers; l'humidité entre, pour la majeure partie, dans la cause de l'Ergot, ainsi que les expériences particulières que j'ai rapportées semblent le constater. Comment l'humidité du sol agiroit-elle pour former des Ergots? C'est une explication que je ne suis pas en état de donner, & qui ne me paroît d'ailleurs nullement nécessaire; il suffit que des faits l'attestent. La tâche que je me suis imposée ne consiste qu'à en rendre un compte exact, & à les éclaircir autant qu'il dépend de moi.

DE L'ERGOT,

Considéré par rapport à ses effets.

La manière dont j'ai considéré l'Ergot jus-

(1) Mélange de seigle & de vesce.

qu'ici, offre des détails qui sans doute fixeront la curiosité de plusieurs physiciens. Ils me sauront gré d'avoir développé, autant que je le pouvois, toutes les particularités qui concernent ses qualités extérieures, la manière dont il se forme, ses principes constituans & ses causes.

Mais si je m'en étois tenu à ces observations, je n'aurois qu'imparfaitement rempli le but que je me suis proposé; car je devois spécialement m'occuper de faire connoître les véritables effets de l'Ergot, sur les hommes qui s'en nourrissent quelquefois. C'est-là le point qui intéresse un grand nombre de personnes, & celui sur lequel les avis & les opinions ont été très-partagés. Je me croirai heureux si mes observations & mes expériences, peuvent tellement éclairer le public sur cet objet, qu'il sache désormais à quoi s'en tenir. Je parlerai aussi du tort que l'Ergot fait aux cultivateurs en diminuant le produit de leurs récoltes. Quelqu'avantageux qu'il fut pour cette classe de citoyens, d'être délivrés d'une production qui tient la place de bons grains, si l'Ergot est innocent, on a bien moins d'intérêt à le détruire.

Opinion commune sur les effets de l'Ergot.

Il a regné en différentes années des épidémies gangreneuses qui ont été attribuées à l'Ergot, parce que dans les pays ou elles se sont manifestées, il s'étoit formé beaucoup de cette graine dans la récolte qui avoit précédée. On les a éprouvées vers l'année 1776, (1) aux environs de Blois & de Montargis; en 1709 (2) en Sologne, dans le Blaisois & dans le Dauphiné; en 1747 (3) en Sologne; en 1749 (4) auprès de Lille en Flandre & de Béthune en Artois; en 1764 (5) auprès d'Arras & de Douai; en 1772 (6) en Sologne, sur tout à Nancay, & depuis ce temps-là (7) dans le Limousin & dans l'Auvergne. Je ne parle pas de celles qui ont causé de grands ravages dans toute la Hesse, en 1597, dans d'autres parties de l'Allemagne, en 1648, 1649 & 1675; ni de celles qui ont regné dans la Lusace, dans la Misnie & dans le canton de Lucerne, parce qu'elles ont des symptômes différens, comme on peut le voir dans un bon Mémoire de M. Saillant, inséré dans les Mémoires de la Société de Médecine, année 1776. Il paroît que la Sologne a été le plus souvent affligée de ce fléau, ce qui a confirmé dans l'idée qu'il est occasionné par l'Ergot.

Ce fut vers 1670 ou 1672 que M. Perrault en informa le premier l'Académie des Sciences. M. Dodart, en 1675, rendit compte à la même compagnie de tout ce qu'il avoit appris sur ce sujet. Mais les personnes, qui lui avoient écrit, n'alléguoient aucuns faits qui pussent prouver que l'Ergot étoit la véritable cause du mal. L'Académie alors, pour s'en assurer, arrêta qu'on feroit des expériences, tant pour connoître l'origine de l'Ergot, que pour constater ses effets. Elle crut également nécessaire d'en faire l'analyse chimique. On ignore par quelles circonstances les vues sages de cette Compagnie n'ont pas été remplies; des expériences faites par ses membres, auroient, dès ce temps-là éclairci, la question d'une manière satisfaisante. Le travail que je publie aujourd'hui sur l'Ergot, est absolument tracé sur ce plan. Si on le trouve de quelque utilité, c'est à l'Académie des Sciences qu'on en aura la première obligation. Depuis cette époque, cette Compagnie eut connoissance des mêmes maladies, qui se firent sentir en Sologne: on annonçoit toujours, sans le prouver, que l'Ergot en étoit la cause. Après un Mémoire de M. de Salerne, médecin d'Orléans, imprimé dans le second volume des Savans étrangers, on commença à sortir de l'incertitude raisonnable où l'on avoit été jusques-là. Dans ces derniers temps, quelques Physiciens estimables, (1) guidés sans doute par des motifs louables, ont cru pouvoir justifier l'Ergot, d'après des expériences qu'ils avoient tentées. Les faits qu'ils ont publiés, ont jetté un grand nombre de personnes, dans l'état d'indécision où l'on étoit avant le mémoire de M. de Salerne. Comme cet objet intéresse la santé des hommes, la Société de Médecine (2) a pensé qu'il lui importoit de connoître la vérité dans cette circonstance. Elle a décidé en conséquence qu'il falloit de nouveau consulter l'expérience; & elle m'a chargé de ce soin.

Deux choses m'ont paru nécessaires pour parvenir, d'une manière plus sûre, au but proposé; la première, d'examiner le sol de la Sologne, si abondante en Ergot, l'air qu'on y respire, les alimens dont se nourrissent les habitans, leur constitution,

(1) Mémoires de l'Académie des Sciences, année 1676.

(2) *Id.* Année 1710, & détails communiqués par l'Abbaye Saint-Antoine.

(3) Mémoires de l'Académie des Sciences, & Mercure de Janvier 1748.

(4) Observations de M. Boucher, médecin de Lille, journal de Médecine 1762, & Mémoires de M. Cauvet, adressés à la Société de Médecine, en 1777. Ces deux Médecins, très-estimés, ont attribué cette maladie aux variations de l'air, & non à l'Ergot.

(5) Méthode curative, par MM. de Laisé & Tarangct, à Arras, 1755.

(6) Faits qui me sont connus.

(7) Lettres que j'ai reçues.

(1) MM. Schleger, Model & Parmentier.

(2) La Société, pour cet objet, nomma plusieurs Commissaires, savoir, MM Dejussieu, Paulet, Saillant, Chambon & moi. Chacun de nous fit quelques recherches dans les Auteurs & l'on voulut bien s'en rapporter à moi pour les observations & les expériences.

constitution, leur genre de vie, les maladies auxquelles ils sont sujets, afin que s'il étoit prouvé que l'Ergot ne donnât point la gangrène sèche, qui règne quelquefois dans cette province, on pût avoir sur sa cause de nouveaux renseignemens; la seconde, de chercher à découvrir l'origine de l'Ergot, de voir ce que les seigles en produisent, & l'usage qu'on en fait, enfin d'en ramasser une quantité suffisante pour en donner à des animaux, & en faire l'analyse chimique. Ces considérations adoptées par la Société, & accueillies par M. Néker, directeur-général des finances, ont déterminé un voyage que j'ai fait en Sologne, au mois de Juillet 1777; voyage dans lequel je n'ai rien épargné pour m'acquitter convenablement de la commission dont j'étois chargé.

OPINIONS ET EXPÉRIENCES,

Qui tendent à faire regarder l'Ergot, comme cause de la gangrène sèche.

Je pourrois citer ici un grand nombre de personnes, dont les noms sont respectables dans les Sciences, qui ont pensé & écrit, que l'Ergot étoit la cause des gangrènes sèches de la Sologne; mais les uns ont conçu cette opinion d'après de simples oui-dire, & fondée seulement sur ce qu'en certaines années, fécondes en Ergots, il est venu de plusieurs cantons de la Sologne, à l'Hôtel-Dieu d'Orléans, beaucoup d'hommes attaqués de cette maladie. Les autres ont adopté la même idée depuis le Mémoire de M. de Salerne, médecin d'Orleans, qui rend compte d'une expérience propre à constater les mauvais effets de l'Ergot. S'il est permis de le dire, les premiers ont regardé trop précipitamment l'Ergot comme dangereux, parce que les maladies de Sologne, quoiqu'elles règnassent d'autant plus qu'il y avoit plus d'Ergot, pouvoient dépendre d'une ou de plusieurs autres causes. Ceux qui, pour former leur avis, ont attendu la publication du Mémoire de M. de Salerne, se sont moins exposés à être trompés, parce qu'ils ont jugé d'après un fait positif. Mais ce n'en étoit encore qu'un, & il avoit besoin d'être confirmé par les expériences de M. Réad, qui ne s'en est occupé que long-temps après: celles-ci ont bientôt été suivies de beaucoup d'autres, dont les résultats sont totalement opposés à ceux de MM. de Salerne & Réad. J'exposerai les unes & les autres, & ensuite, celles que j'ai cru devoir faire, pour décider la question.

Expériences de MM. de Salerne (1) & Réad. (2)

M. de Salerne a nourri un cochon, d'abord de son de froment, ensuite d'orge mêlé avec de l'Ergot. L'animal en a mangé environ huit livres. Il marqua les premiers jours une grande répugnance, qui cessa quand on eut substitué l'orge au son. Au bout de quinze jours son ventre devint dur; ses jambes furent rouges & enflammées; il en suinta une liqueur verdâtre & infecte, qui augmenta de jour en jour. Le dos & le dessous du ventre noircirent; la queue & les oreilles étoient pendantes. L'animal avoit de la peine à marcher, il chanceloit & se plaignoit: cependant il conservoit de l'appétit. Ses urines couloient librement, & ses excrémens étoient durs. Il mourut: on trouva une tache gangréneuse au foie; une partie du mésentere, le jéjunum, & sur-tout l'ileum étoient enflammés. Il y avoit sous la gorge & sous le ventre quelques boutons noirs & entr'ouverts, par lesquels il sortoit une humeur rousse: le corps de l'animal étoit très-maigre.

M. de Salerne à l'appui de cette observation rapporte une lettre d'une demoiselle de la Borde-Vernoux, en Sologne, qui annonce qu'un cochon a perdu les quatre pieds & les deux oreilles, pour avoir mangé du son de deux tiers de seigle, mêlé d'Ergot, & la mort de quelques animaux qui en avoient mangé d'eux-mêmes.

M. Réad en 1766, a donné, à un cochon, de l'Ergot mêlé avec moitié de son de froment. Cet Ergot avoit été ramassé dans les environs de Fresne & d'Haussi, près Valenciennes. Dans les dix premiers jours, l'animal a mangé trois livres & demie d'Ergot, dont la dose a été augmentée les jours suivans: en tout il en a mangé environ sept livres, avec le même poids, à-peu-près, de son de froment; ainsi la proportion étoit de moitié. Le dix-neuvième jour les yeux du cochon étoient enflammés; il en distilloit une sérosité qui faisoit tomber les soies des parties voisines; le cochon étoit affaissé; il se plaçoit toujours de manière qu'une de ses oreilles étoit appuyée contre le mur. Le vingt-troisième jour, cette oreille, qui s'étoit enflammée à sa base, & étoit devenue livide, tomba: le vingt-quatrième, le cochon, dont les yeux s'étoient encore enflammés davantage, & fermés même, mourut dans des convulsions. Les viscéres du bas-ventre étoient gonflées, il y avoit au foie une tache gangréneuse, d'un pouce de diamètre. M. Réad ayant fait une forte décoction d'Ergot, qu'il mêla avec du miel, des mouches qui en goûtèrent, périrent dans l'espace de deux ou trois minutes. Quelques concluantes qu'aient paru les expériences de MM. de Salerne & Réad, on ne peut disconvenir, qu'elles ne démontroient pas encore les funestes effets de l'Ergot; car il leur manquoit des détails très-intéressans: ni l'un ni l'autre n'a parlé de l'etat où étoit chaque cochon avant qu'il commençât à manger de l'Ergot: on ne sait pas en quelle proportion cette graine étoit chaque jour dans

(1) Académie des Sciences, Tom. 2 des Savans Etrangers.
(2) Traité de l'Ergot par M. Réad, médecin des hôpitaux Militaires.

les alimens que M. de Salerne a fait donner au sien. Les faits arrivés à Laborde-Vernoux, & que ce médecin rapporte, ne sont rien moins que prouvés, comme on le verra par la suite : car on annonce que des animaux ont mangé d'eux-mêmes de l'Ergot, tandis qu'ils ont pour cette graine la plus grande répugnance. La fausseté de cette dernière assertion rend suspecte celle où l'on annonce qu'un cochon a perdu les quatre jambes & les deux oreilles. Le son de froment, que M. Read a joint à l'Ergot, pendant tout le temps de son expérience, & que M. de Salerne y a joint pendant les premiers jours seulement de la sienne, formoit-il une nourriture assez substantielle, pour qu'on ne pût imputer la maladie & la mort des cochons à l'inanition, qui dispose à la gangrène ? Comment au surplus les animaux ont-ils été soignés ; & avec quelles précautions ? Les éclaircissemens, si MM. de Salerne & Réad eussent pensé à les donner, auroient porté la conviction dans tous les esprits, au lieu de laisser des doutes, & de faire desirer de nouvelles recherches.

Expériences, par lesquelles on essaye de prouver que l'Ergot n'est pas dangereux.

L'opinion qui regarde l'Ergot comme capable de causer des maladies gangreneuses, n'étoit pas assez prouvée, même après les expériences de MM. de Salerne & Réad, pour ralentir le zèle de quelqu'autres physiciens qui s'occupent à éclairer les hommes, en leur ôtant les préjugés qui les inquietent. Il devoit d'ailleurs en résulter un grand avantage, si l'on découvroit que l'Ergot n'étoit pas malfaisant ; c'étoit d'engager par là les hommes livrés à l'art de guérir, à chercher la véritable cause de ces maladies, afin d'en indiquer les moyens préservatifs. Le motif, aidé d'observations particulières, à sans doute donné lieu aux expériences qui suivent.

Expériences de M. Schleger. (1)

M. Schleger a fait sur l'Ergot des observations & des expériences qui méritent d'être rapportées. Des mouches qui ont mangé de la farine d'Ergot, mêlée avec du sucre, de l'eau, du vinaigre dulcifié, ou avec de l'eau de chaux, en sont mortes. On a donné du pain fait d'Ergot & d'un peu de levain, à manger à deux chiens, à des poules, à un cochon, à un mouton, & à deux carpes ; les quadrupèdes n'en ont pris que quand ils ont été pressés par la faim ; un des deux chiens, dont la boisson étoit au mélange d'eau & de poudre d'Ergot, a vomi, sans autre incommodité : l'un & l'autre a été constipé, & a eu le ventre tendu pendant trois jours ; mais après qu'ils eurent mangé quinze onces de ce pain, ils ont éprouvé du dévoiement : les deux carpes (1) n'ont point paru affectées : les poules l'ont refusé ; lorsqu'on leur a fait avaler de force, leur estomac s'est gonflé, & a long-temps retenu la pâte, dont l'Ergot faisoit la plus grande partie, mais il ne s'en est pas suivi d'accident.

On a fait manger à un petit chien une once de farine d'Ergot dans du lait ; un autre en a avalé trois onces dans du bouillon : un chat en a pris deux onces ; aucun de ces animaux n'en a ressenti de mal.

Un chien a respiré pendant dix minutes la vapeur d'Ergot, qu'on avoit mis sur un caillou rougi au feu. Les spectateurs de cette expérience n'en ont eu qu'un peu de chaleur aux yeux, & le chien a paru ne rien éprouver.

De l'infusion d'Ergot, injectée dans la veine d'un mouton, lui a occasionné des mouvemens convulsifs, de l'oppression, des battemens de ventre. Cet animal a mangé ensuite, & il lui est survenu une roideur universelle : on l'a tué ; mais M. Schleger ne rapporte pas le résultat de l'ouverture du corps.

On a saupoudré d'Ergot une plaie récente ; dans une partie charnue du doigt d'un homme ; le sang s'est arrêté tout-à-coup ; le blessé a éprouvé une ardeur légère, suivie d'un engourdissement dans la plaie & dans le bout du doigt. Le même Auteur convient que quelque temps après qu'on a mâché de l'Ergot, il imprime sur la langue un goût d'huile rance, une sensation brûlante, une sécheresse âcre & mordicante, qui ne se dissipe que par l'usage du lait ; & que la poussière de l'Ergot pique le nez comme du tabac très-fort.

C'est avec ces expériences que M. Schleger essaie de justifier l'Ergot du mal qu'on lui attribue : il est certain que d'après elle on ne peut conclure que l'Ergot soit cause des maladies gangréneuses de la Sologne, puisqu'aucun des animaux, dont M. Schleger s'est servi n'a été attaqué de gangrène : mais on peut objecter à M. Schleger que ses expériences n'ont pas été portées assez loin ; que dans la plupart, il s'est contenté de donner une fois de l'Ergot à des animaux ; que les habitans de la Sologne peuvent en manger beaucoup & long-temps de suite (2), &c. D'ailleurs, les faits même qu'il rapporte, dé-

(1) Journal Encyclopédique, du mois de Juin 1771.

(1) L'Auteur qui a extrait M. Schleger, a omis de rendre compte de ce qui a pu arriver au cochon & au mouton.

(2) « Un homme, dit M. Schleger, qui mange huit » chaque jour quatre ou six livres de pain, ne s'expo- » seroit pas à un grand danger, en avalant avec le pain » une demi-once d'Ergot en huit jours, Proportion exacte,

posent fortement contre l'Ergot : la répugnance des animaux pour cette graine, ainsi qu'il l'observe, le chien qui a vomi pour en avoir pris dans de l'eau, les volailles qui ont eu de la peine à le digérer, des chiens dont le ventre a été distendu & constipé d'abord, relâché ensuite, parce qu'ils avoient mangé de l'Ergot, les convulsions & autres accidens du mouton, dans les veines duquel on en a injecté de l'infusion, l'effet qu'il a produit sur le doigt d'un homme, l'impression qu'il fait sur la langue & dans le nez, toutes ces circonstances ne sont-elles pas propres à le faire regarder comme dangereux, & à le faire soupçonner d'être la cause des épidémies gangrèneuses qui lui ont été attribuées ?

Expériences de M. Model (1).

M. Model, physicien Russe, dit qu'il y a beaucoup de preuves que des gens, par bravade, ont mangé de l'Ergot crud, sans en avoir été incommodés.

Il mêla différentes fois de l'Ergot avec du seigle & du froment; il jetta le mélange à des pigeons, qui le laissèrent d'abord, peut-être, dit-il, par rapport à la couleur noire : le lendemain ils le mangèrent avec beaucoup d'empressement : il ne leur en arriva rien.

De la farine de seigle & de la farine d'Ergot, ayant été mêlées, à parties égales, ce mélange se gonfla & perdit beaucoup de sa couleur noire. M. Model le fit pétrir ensuite avec deux fois autant de farine de seigle qu'il y avoit d'Ergot : on en forma un pain, qui après qu'il fut cuit étoit sans goût, bien levé, & d'une couleur peu différente de celle du pain de pur seigle. Ceux qui le mangèrent n'en reçurent aucune incommodité.

Des trois faits allégués par M. Model, le dernier est le seul qui mérite attention; car les gens qui ont mangé de l'ergot par bravade, en ont vraisemblablement mangé si peu qu'on n'en doit rien conclure; il en est de même de ce qu'en ont mangé les pigeons puisqu'il paroît qu'on ne leur en a donné qu'une fois; encore ne sait on pas à quelle dose; leur répugnance pour l'Ergot est plus facile à concevoir, que leur empressement pour cette graine.

» quelqu'ergoté qu'on suppose le grain dont on se sert. » M. Schleger ne prévoyoit pas qu'une seule gerbe de seigle, qui pouvoit rendre environ quatorze livres de grain, ne fourniroit huit onces d'Ergot; & que de deux terrains, l'un sur mille huit cent cinquante épis, en auroit trois cent vingt-deux ergotés, & l'autre sur quatre cent en auroit environ quatre-vingt ergotes, comme je l'ai attesté précédemment.

(1) Récréations chimiques de M. Model publiées en 1768.

Le pain, que quelques personnes ont mangé, contenoit, selon M. Model, un quart d'Ergot; quantité considérable, sans doute : mais on ne dit pas de quel poids il étoit, ni combien, en le mangeant entier, on a mangé d'Ergot. D'ailleurs, il n'est pas certain que ces personnes n'aient pas pris en même temps des alimens capables de détruire le poison de l'Ergot. Ce fait n'est pas assez détaillé pour qu'il puisse faire quelque impression.

Expériences de M. Parmentier (1).

M. Parmentier, apothicaire-major des invalides, & physicien recommandable par des ouvrages d'une grande utilité, publiés en différens temps, est celui qui a fait les plus nombreuses expériences sur l'Ergot, qu'il a regardé comme incapable de produire de dangereux effets.

Il s'est soumis lui même à l'épreuve de l'Ergot : il en a pris à jeun pendant huit jours de suite, un demi-gros chaque matin, & il n'en a pas été incommodé.

Il en a ajouté pendant quatre jours un huitième aux alimens dont on nourrissoit un pigeon & une poule : celle-ci n'en voulut pas d'abord; le lendemain elle en mangea, ainsi que le pigeon, avec avidité; on leur en donna un quart les quatre jours qui suivirent : on en fit pendant ce même temps manger à un chien, en même proportion, en le mêlant en poudre avec du pain & de la viande.

M. Parmentier a fait un pain composé d'une once d'Ergot, de huit onces de pâte de farine de seigle, y compris le levain : ce pain fut distribué aux trois animaux précédens. Les deux jours suivans, on leur fit d'autres pains, en augmentant chaque jour du double la dose d'Ergot. Dans aucun de ces cas il ne résulta de mal : on tua le pigeon & la poule; on ne trouva pas dans leurs corps de vestige de gangrène, ni d'érosion.

Un cochon mangea pendant huit jours, tous les matins une once d'Ergot jointe à deux onces de farine de seigle, indépendamment des autres alimens, dans lesquels on avoit soin qu'il n'entrât pas de son. Un chien pendant le même temps, en prit par jour une demi-once mêlée à du pain & à de la viande : M. Parmentier en joignit un huitième à de la vesce & à du chenevis destinés pour deux pigeons, qui les premiers jours seulement refusèrent l'Ergot, à ce qu'il croit, à cause de sa couleur noire. Il leur en

(1) Observations & additions aux récréations chimiques de M. Model.

Journal de physique.

Mémoire particulier.

fit injecter plusieurs fois dans le bec, un demi-gros chaque fois : tous ces annimaux se portèrent toujours bien; les deux pigeons furent tués au bout d'un mois, & mangés sans nul inconvénient.

Enfin il forma encore un pain Ergoté, que deux personnes mangèrent pendant huit jours, en le trempant dans du bouillon. La proportion de l'Ergot étoit telle, que chaque personne mangeoit une once & trois gros d'Ergot, en tout cinq onces & demie. Le reste de leur nourriture consistoit en un quarteron de viande, une demi-livre de bon pain & de l'eau. Elles n'éprouvèrent pas la moindre incommodité.

Expérience faite dans le Maine (1).

Une personne qui habitoit le Maine & dont l'expérience n'a pas été publique, a desiré s'assurer par elle même, si les effets de l'Ergot étoient aussi pernicieux que le bureau d'Agriculture du Mans l'a annoncé en 1764. Assurée qu'une graine qu'elle avoit ramassée, étoit le véritable Ergot nuisible, elle fit attacher par la patte, dans sa cuisine, un jeune coq de trois à quatre mois. On dessécha de l'Ergot, on le broya dans un moulin à poivre, on en pétrit de temps en temps de la farine avec de l'eau & on la mit cuire sous la cendre en forme de tourteau. Ce fut pendant trois semaines la nourriture unique du poulet, si ce n'est qu'il ramassoit, par hasard, quelques miettes dans l'espace où il pouvoit se mouvoir : il étoit souvent visité; on remarqua seulement qu'il mangeoit du tourteau avec beaucoup de répugnance, qu'il devenoit triste & maigre de plus en plus, & que sa crête avoit beaucoup pâli; ce qui fut attribué à sa détention. Au bout de trois semaines on le relâcha; il reprit sa gaieté & sa crête redevint vermeille. Il avoit mangé une livre & un quarteron d'Ergot.

Le bureau d'Agriculture du Mans, auquel cette expérience fut communiquée, ne la regarda pas comme suffisante & comme assez probatoire pour détruire des expériences contradictoires, parce qu'un seul fait, d'ailleurs susceptible d'être discuté, n'est jamais une preuve convaincante. Le bureau pensa sagement que, vu l'état de la crête du coq, si on eût continué à lui donner de l'Ergot, il auroit éprouvé des effets plus marqués.

On ne peut cependant disconvenir que des expériences de cette espèce sont très-importantes, & capables de laisser des doutes fondés sur les effets funestes de l'Ergot. S'il n'y avoit eu trop de risque à rassurer les habitans des campagnes sur leurs craintes à cet égard, & si on n'avoit pas soupçonné que les quantités d'Ergot qu'on a employé étoient peut-être trop foibles, personne n'auroit osé entreprendre de nouvelles expériences, & on eût regardé l'Ergot comme innocent. Mais à quels dangers n'exposoit-on pas les habitans des lieux où il est abondant, si une erreur dans les expériences eût été cause qu'on l'eût justifié à tort? Parmi les substances nuisibles, n'y en a-t-il pas qui empoisonnent lentement, & lorsqu'on en prend une certaine quantité ? Aucun des hommes qui, d'après les expériences de M. Parmentier, ont mangé de l'Ergot, aucun des annimaux auxquels lui & d'autres en ont donné, n'ont approché des doses que MM. de Salerne & Réad ont fait prendre aux deux cochons, qui en sont morts. Ces réflexions ne seront pas certainement désapprouvées par les savans dont les intentions sont pures : c'est un témoignage que je dois sur-tout à M. Parmentier, à cause des preuves que j'en ai entre les mains (1).

Expériences destinées à faire connoître quelles sont celles des précédentes, qui méritent le plus de confiance.

La diversité des résultats obtenus dans les expériences de MM. de Salerne, Réad, Schleger, Model & Parmentier, ayant donc nécessité de nouvelles recherches, j'ai cru devoir ne négliger dans les miennes aucune attention & surtout être exact dans le calcul & les proportions des alimens qu'il falloit joindre à l'Ergot : je ne me flatte pas d'avoir atteint aussi parfaitement qu'on le desireroit le but que je me suis proposé; mais l'exposé des précautions que j'ai prises, le détail de chaque expérience & les conséquences qui peuvent en être tirés, mettront les lecteurs en état d'en juger.

Precautions prises dans les expériences.

J'ai fait choix d'animaux de différentes espèces, tous bien sains, & la plupart dans l'âge de la force; trop jeunes ils auroient pu s'accoutumer à la nourriture que je voulois leur donner; trop âgés, ils auroient peut être eu déjà de la disposition à la gangrène.

Les quadrupèdes ont été placés dans des cabanes spacieuses & suffisamment aérées; & les oiseaux dans des poulaillers vastes, dont les fenêtres étoient grillées & les portes exactement fermées, pour ne s'ouvrir qu'en m'a présence. Il eût été mieux sans doute, de laisser ces ani-

(1) Le détail de cette expérience m'a été communiquée par la personne même qui l'a faite.

(1) Lettre de M. Parmentier, du 27 mars 1777

maux en pleine liberté; mais dans ce cas comment les conserver, comment les contraindre de manger, lorsqu'ils refusoient ce qu'on leur présentoit? Comment empêcher qu'on ne leur donnât secrètement des aliments capables de détruire les effets de l'ergot?

Les habitans de Sologne, où la maladie gangréneuse a règné le plus souvent, & où l'Ergot est plus abondant qu'ailleurs, ne vivent, pendant les trois premiers mois qui suivent la récolte, que de pain fait de seigle, en y comprenant le son. Pour imiter d'abord leur manière de se nourrir, je fis donner aux animaux de l'Ergot réduit en poudre, & de la farine de seigle : ensuite j'y mêlai d'autres aliments, soit pour les engager, par ces changements, à prendre plus aisément de l'Ergot, soit pour être assuré des effets de cette graine jointe à différentes substances. Chaque jour les doses d'alimens & d'Ergot étoient pesées, les vaisseaux & ustensiles dont on se servoit, bien nettoyés, l'eau qu'on destinoit à abreuver les animaux, renouvellée. Lorsque par dégoût, quelques-uns n'avoient pas mangé leur nourriture, je la faisoit jetter, pour en substituer de nouvelle. Les proportions d'Ergot varioient du commencement à la fin de chaque expérience : d'abord je n'en faisois donner qu'une petite quantité, qu'on augmentoit par degrés. Il falloit éviter par cette attention, de causer la gangrène aux organes de la digestion, avant de la déterminer aux extrêmités, parties qu'elle attaquoit spécialement dans les maladies de Sologne. Quelquefois je fis mettre un quart, & même plus d'un quart d'Ergot dans la nourriture; mais ce fut rarement, dans quelques circonstances seulement, & particulièrement dans les premières expériences, où il s'agissoit, pour ainsi dire, de tâtonner. D'ailleurs en certaines années les habitans de Sologne peuvent habituellement en manger presque cette quantité pendant plusieurs mois de suite, comme le prouvent les calculs que j'en ai faits.

Je marquois exactement sur un journal les doses d'Ergot & d'alimens, les dérangemens dont je m'appercevois dans la santé des animaux, & tous les phénomènes qui se présentoient avant & après leur mort. Enfin, pour donner plus de force aux expériences, elles ont été faites dans un pays très-sain (1) & en présence de personnes dont le témoignage ne sauroit être suspect (2).

Je placerai sous trois ordres toutes les expériences dont je dois rendre compte. Le premier comprendra celles qui prouvent jusqu'à quel point l'Ergot récent peut-être dangereux; le second, celles qui démontrent l'extrême répugnance des animaux pour cette graine; & dans le troisième seront celles qui constatent que de l'Ergot ancien n'est pas moins funeste que de l'Ergot récent, que celui de Sologne n'est pas le seul malfaisant, & que cette graine donnée sous forme de pain, cause la mort, comme lorsqu'on la donne sans lui faire subir la fermentation & la coction.

Expériences du premier ordre, qui prouvent jusqu'à quel point l'Ergot récent peut-être dangereux.

Première expérience, 22 Septembre 1777.

Deux canards, de l'âge de quatre mois, un mâle & une femelle, ayant été renfermés ensemble, on leur donna le premier jour de l'Ergot en grain, auquel ils ne touchèrent pas. J'y substituai une pâtée faite avec de la farine de seigle & de la poudre d'Ergot : ils n'en mangèrent que très-peu, on les fit promener pour leur donner plus d'appétit, mais ce fut inutilement : il fallut donc leur en faire avaler de force. Les deux jours suivans on les nourrit ainsi.

Le quatrième jour pour voir si leur appétit étoit dérangé, je leur fis jetter de l'orge en grain, dont ils ne laissèrent rien. Voulant ensuite m'assurer si ce n'étoit pas pour la farine de seigle autant que pour l'Ergot qu'ils avoient de la répugnance, je fis mêler du son gras de froment à de la poudre d'Ergot; ils n'en prirent pas plus que du mélange de farine & d'Ergot. On continua à les empâter, comme on empâte les volailles qu'on engraisse. On avoit l'attention d'interrompre (1) de tems en tems cette opération pour les faire boire, afin de se conformer à la coutume des canards : on leur introduisoit la nourriture dans le bec sans les blesser.

Ils mangèrent d'abord un dix-septième d'Ergot, dont j'augmentai la proportion jusqu'à un neuvième.

Dès le cinquième jour il suintoit, par les ou-

(1) A Andonville en Beauce, où j'avois rapporté de Sologne, quarante-cinq livres d'Ergot, qui m'avoient coûté à ramasser beaucoup de temps, de peine & de patience; au milieu d'une foule d'obstacles & de dangers, même de la part des gens du pays, qui ne comptant pas sur la pureté de mes intentions, sont excusables à plus d'un égard.

(2) J'ai eu pour témoin M. de Fourcroy, de l'Académie des Sciences, directeur du Génie, aussi distingué par ses connoissances en physique, que par ses qualités militaires, M. Leorg, maître des comptes & M. Pelé, artiste vétérinaire éclairé J'ai toujours cherché les lumières des autres, pour être moins sujet à errer.

(1) Indépendamment de cette précaution, nécessaire dans le moment où on les faisoit manger, ils avoient toujours dans leur cabane, de l'eau pour boire & pour barboter.

vertures du nez de la femelle, des gouttes de sang noirâtre. A cette époque, elle n'avoit encore pris qu'une once & deux gros d'Ergot. Sa langue jaunissoit, & paroissoit gonflée & molasse sur les bords.

Le sixième jour, la couleur du bec commençoit à changer sensiblement : l'humeur qui sortoit par les ouvertures du nez, étoit moins rouge; elle s'éclaircit par degrés, & devint limpide : le bec se brunit ensuite, & se noircit particulièrement vers sa racine; la peau qui supérieurement la recouvroit, se gonfla en plusieurs endroits; il devint froid, ainsi que la langue, dont l'extrémité pâlit, & se sphacéla (2) au point qu'on pouvoit en détacher des parties. L'oiseau fut plus triste de jour en jour; quelquefois il appuyoit contre la muraille son bec, qui étoit infect; ses plumes n'étoient plus lisses & luisantes comme auparavant. Il mourut dans la nuit du neuvième au dixième jour.

Il avoit mangé une livre & quatre onces de farine de seigle, une once de son & une once & sept gros d'Ergot.

Le canard mâle ne fut sensiblement attaqué que le huitième jour, après avoir mangé une once & trois gros d'Ergot : alors j'apperçus pour la première fois une humeur rougeâtre qui découloit des ouvertures du nez; bientôt le bec éprouva aussi de l'altération : le mal fit des progrès jusqu'à la nuit du treize au quatorze, que cet oiseau mourut : dans ce dernier, la langue pâlit seulement, sans se sphacéler; il différa encore de l'autre, parce que la membrane intérieure de son bec devint noire à son extrémité. Sur la fin de sa vie, il traînoit son aile, & paroissoit avoir des vertiges.

Ce second canard avoit mangé deux livres de farine de seigle, une once de son & deux onces & six gros d'Ergot.

J'observerai que leurs excréments avoient toujours été moulés, excepté les derniers jours.

Examen & ouverture des corps après la mort.

Toutes les plumes du canard femelle, dont le corps étoit très-maigre, tenoient bien; les pattes n'avoient éprouvé aucun changement.

La chair paroissoit belle, & étoit sans odeur.

L'œsophage, le gros boyau qui tient lieu d'estomac, les intestins, & les autres parties du bas-ventre n'offroient rien de contraire à l'état naturel : je n'y ai remarqué aucun point gangréneux, pas même le moindre signe d'inflammation. Il en étoit de même du cerveau & des viscères de la poitrine.

Tout le mal étoit concentré dans le bec; on y voyoit une grande tache violette, qui s'étendoit depuis les ouvertures du nez, par où elle avoit commencé, jusques vers la pointe du bec, dont elle occuppoit la largeur. L'épiderme qui le recouvre étoit soulevé, gonflé & rempli, en quelques endroits, d'un sang noir & fétide.

La pointe de la langue étoit sphacélée, quoiqu'il n'y eût rien à sa base ni à l'arrière-bec. La membrane pituitaire étoit entièrement réduite en bouillie noire, d'une odeur insupportable.

Le corps du canard mâle avoit peu de chair : j'apperçus à sa surface deux traces d'inflammation, l'une au pli, l'autre à la première phalange de l'aile, qu'il laissoit traîner quelquefois avant sa mort. Rien de particulier dans l'intérieur de la tête, de la poitrine & du bas-ventre, si ce n'est qu'on distinguoit encore des parties d'Ergot non digéré dans le gesier.

Le bec à l'extérieur avoit une couleur livide; il étoit gonflé; on y trouvoit même du sang noir sous l'épiderme; on voyoit l'extrémité de la membrane du palais gangrénée au plus haut degré : là, le mal s'étendoit depuis la pointe du bec, où il avoit commencé, jusques vers l'entrée des narines; sa largeur diminuoit insensiblement & il étoit environné d'une ligne rouge.

La langue étoit seulement pâle & jaunâtre : l'arriere-bec & particulièrement l'entrée des narines, paroissoient sains; mais la membrane pituitaire, depuis l'os frontal jusqu'à l'extrémité du bec, se trouvoit entièrement sphacélée, sans que les nerfs olfactifs fussent endommagés : les parties même des os qu'elle recouvroit, commençoient à se carier, il s'en exhaloit une odeur infecte.

Par cet exposé on voit que dans l'un & l'autre canard, le bec a été particulièrement affecté. La gangrène a été plus étendue & plus considérable dans celui des deux qui a vécu le plus long-temps, & qui a mangé le plus d'Ergot.

Seconde expérience, 8 Octobre 1777.

Une dinde d'un an, bien constituée & mangeant bien, fut destinée à être nourrie particulièrement de son gras (1) de froment & d'Ergot en poudre. Mon intention étoit d'éprouver si ce mêlange, dans lequel entroit un aliment propre à engraisser les dindes, produiroit le même effet

(2) Ce mot est consacré, en chirurgie, pour exprimer les effets de la gangrene, portée au plus haut degré.

(1) On appelle ainsi la portion de froment qui reste après qu'on en a séparé la première farine. Cette sorte on est composée de l'écorce & des gruaux, dont on tire, par la mouture économique, la plus belle & la meilleure farine. Le son gras est très-nutritif.

que celui que j'avois fait donner aux canards. La dose d'Ergot ne fut d'abord que d'un trente-troisième, elle fut portée ensuite jusqu'à un neuvième.

Les sept premiers jours la dinde mangea seule & de bon appétit, quoique dès le cinquième jour la dose d'Ergot fût d'un neuvième; ensuite elle se lassa, & il fallut la faire manger de force.

Dès le sept, n'ayant pris encore qu'une once & quatre gros & demi d'Ergot, elle avoit un œil enflammé, les ouvertures de son nez étoient bouchées.

A l'époque du quinze, je la trouvai sensiblement maigrie; elle perdoit de ses plumes, vraisemblablement parce que c'étoit le temps de la mue (2) : celles qui devoient les remplacer ne poussoient qu'avec peine. Elle fut aussi attaquée de vertiges, comme l'un des deux canards.

Le dix-sept, le tour de sa tête étant devenu violet, il sortoit de ses narines une sérosité jaunâtre, & le dessus du bec changeoit de couleur. La dinde alors avoit mangé quatre onces & six gros d'Ergot.

Le vingt-un, le dévoiement qu'elle avoit eu quelquefois depuis le quinze, la reprit.

Le vingt deux, elle rendit de l'eau par le bec, son jabot étant gonflé & tendu. Elle mourut ce jour-là, après avoir mangé pendant l'expérience trois livres de son gras de froment, huit onces de farine de seigle, quatre onces de farine d'orge, que je fus obligé de lui donner pour masquer mieux l'Ergot les premiers jours, & huit onces & quatre gros & demi d'Ergot.

Examen & ouverture du corps.

Il ne paroissoit aucune marque d'inflammation, ni de gangrène aux pattes & au bout des ailes; un des muscles pectoraux étoit enflammé : on voyoit la partie inferieure du poumon gorgée d'un sang noir.

J'ai trouvé les bords du bec violets & gonflés, & la membrane pituitaire sphacélée dans tous les sinus qu'elle occupe. A la vérité, la ganrène n'y avoit pas fait autant d'impression que dans les canards; mais ce n'étoit pas la seule partie qui fut altérée; car le jabot étoit enflammé, & parsemé intérieurement de corps glanduleux, petits & noirâtres. Quelques portions de la membrane qui unit les cartilages de la trachée-artère, l'ovaire en partie, les deux cæcum, le rectum & leurs attaches étoient noirs comme de l'encre, & exhaloient une odeur infecte.

(2) C'étoit au 20 Octobre.

Les intestins grêles étoient enflammés dans toutes leurs circonvolutions, & gangrénés dans quelques parties; ils contenoient de distance en distance un mucus jaunâtre, & même de la pellicule noire d'Ergot, qui n'avoit pas été digérée.

Cette dinde avoit mangé cinq onces & sept gros & demi d'Ergot plus que les deux canards. Est-ce par cette raison que la gangrène avoit fait sur elle plus de ravage, ou bien est-ce parce qu'elle y avoit plus de disposition?

Troisième expérience, 12 Octobre 1777.

Après m'être assuré, pendant six jours, qu'un cochon âgé de six semaines & sevré, mangeoit avec avidité de la farine de seigle dans du petit-lait, je commençai à lui faire donner un quarante-neuvième d'Ergot, avec de la farine de seigle délayée dans de l'eau chaude.

Les premiers jours il en mangea, mais peu; la nourriture étoit renouvellée chaque fois : il préféroit les épis de froment qu'il trouvoit dans sa litière, qu'on changeoit souvent.

Pour me convaincre que l'Ergot seul lui étoit désagréable, je lui faisois donner quelquefois de la farine de seigle pur dont il ne laissoit pas. Souvent à la farine de seigle je substituois celle d'orge, que les cochons préfèrent à toute autre; & au lieu de délayer les aliments dans l'eau commune, on les délayoit dans du petit-lait (1). Ces changements étoient d'autant plus nécessaires, qu'il falloit perpétuellement user de ruse pour déterminer le cochon à manger de l'Ergot.

Le douze, après qu'il en eut pris seulement quatre onces & demie, l'extrémité de ses oreilles & de ses pieds me parurent rouges. L'animal avoit le ventre resserré, malgré l'usage du petit-lait.

Les jours suivans, il fit encore des difficultés qui m'obligèrent d'avoir recours à d'autres moyens. Enfin je lui donnai de l'Ergot avec du lait; alors il en mangea sans peine.

Le dix-huit, la rougeur des oreilles étoit plus étendue, celle des pieds gagnoit les jambes, & augmentoit d'intensité; la queue & les oreilles étoient pendantes; le cochon maigrissoit.

Vers le vingt, son ventre me parut tendu; ses jambes devenues violettes & froides étoient gonflées, & avoient de la peine à soutenir son corps; l'intérieur de la geule étoit enflammé. Le cochon moins vif qu'à l'ordinaire, & comme étourdi, éprouvoit au corps des démangeaisons, dont je m'apperçus, parce qu'il cherchoit à se frotter.

(1) Le petit-lait, avec lequel on nourrit quelquefois les cochons dans les fermes, est toujours mêlé de beaucoup de parties caseuses. Ce fut celui-là que j'employai.

Le vingt-deux, les oreilles & la queue étant froides; il rendit pour la première fois des excréments liquides; il étoit couché sans pouvoir se relever & il se plaignoit.

Le vingt-trois, il mourut après avoir eu des mouvemens convulsifs.

En vingt-deux jours, il avoit mangé une livre & douze onces d'Ergot, cinq livres & onze onces de farine de seigle, deux livres onze onces de farine d'orge, cinq pintes de petit lait, indépendamment des épis de froment qu'il avoit trouvé dans sa litière les premiers jours; car dans la suite je ne fis jetter sous lui que du chaume, pour le forcer à manger de l'Ergot.

Examen & onverture du corps.

Les quatre pieds étoient gonflés, sur-tout aux articulations des jambes; celles-ci étoient d'un rouge violet; on y observoit de gros boutons de la même couleur.

Les oreilles paroissoient peu gonflées, mais livides dans les parties les plus éloignées de la tête. Un cercle rouge y bornoit la gangrène du côté de la tête, particulièrement en-dessous. Lorsqu'on les avoit disséqué, on s'appercevoit que la couleur violette avoit plus d'intensité immédiatement sur les cartilages, que près de la peau.

La chair de l'animal, qui étoit maigre, n'exhaloit aucune odeur.

Je vis des taches violettes à un des poumons & plusieurs points inflammatoires dans ces deux viscères.

Le milieu de l'estomac, l'épiloon, les intestins grêles & les gros intestins étoient plus ou moins enflammés : ces derniers ne contenoient presque que de la paille que le cochon avoit mangée, & de la pellicule d'Ergot, facile à distinguer à sa couleur.

Le dedans de la geule étoit enflammé; on voyoit aux articulations des pieds avec les jambes une bouillie noire & fétide : c'étoient les seules parties de l'animal qui sentissent mauvais : la gangrène avoit fait une impression moins forte aux extrêmités de devant. Aussi le cochon avant sa mort se tenoit-il mieux sur les jambes de devant que sur celles de derrière.

On observera encore que la gangrène, dans ce cochon, qui avoit mangé plus d'Ergot que les oiseaux des deux précédentes expériences, y avoit fait de plus grands ravages.

Quatrième expérience, 21 Septembre 1777.

Le sujet de cette expérience est un cochon de six mois, qui étoit vigoureux.

Je l'avois choisi de cet âge & de cette constitution, parce que je craignois que le premier n'eût été aussi sensible à l'action de l'Ergot, que parce qu'il étoit jeune; & afin que si j'obtenois de nouveaux effets, ils fussent plus concluans.

Le premier jour, on lui donna, dans suffisante quantité d'eau, de la farine de seigle, avec un treizième d'Ergot en poudre. D'abord il en mangea; mais bientôt il n'en voulut plus. Il prenoit aisément la farine du seigle, lorsqu'elle étoit seule : il la refusoit ou n'en mangeoit que très-peu, dès qu'on y mêloit de l'Ergot.

Les détails de cette expérience, qui a duré soixante & neuf jours, sont trop longs pour être transcrits en entier; il me suffira d'extraire de mon journal les particularités qui annoncent les effets gradués de la maladie que le cochon a éprouvée.

J'observerai auparavant, qu'après m'être assuré par des essais multipliés, qu'il n'avoit du dégoût que pour l'Ergot seul, j'ai employé une infinité de moyens pour le lui masquer, & le déterminer à en manger. La proportion de l'Ergot, dans sa nourriture, varia perpétuellement : d'un treizième qu'elle étoit dans le commencement, elle fut portée à un tiers les derniers jours. Je ne l'augmentai pas d'une manière régulière; car souvent je la faisois diminuer lorsque l'animal marquoit plus de répugnance. (1)

Dès le cinquième jour, les yeux du cochon me parurent rouges. Il n'avoit encore mangé alors que huit onces & quatre gros d'Ergot. Le lendemain, je vis suinter du grand angle de chaque œil, une humeur blanchâtre, qui détruisoit & altéroit les soies voisines; les paupières avoient de la chassie. Le ventre étoit tendu & l'animal, quoiqu'il prît beaucoup de petit-lait, rendoit des excréments durs.

Le treize, je le trouvai attaqué de vertiges; il se soutenoit à peine, & se plaignoit le lendemain, il boitoit des pieds de devant, qui me parurent enflés. Ses yeux n'étoient pas aussi rouges : il devint sale, crasseux, quoique sa litière fût propre & souvent renouvelée.

Le quinze, l'humeur âcre qui découloit de ses yeux, avoit fait une impression corrosive à la paupière inférieure.

Vers le vingt, il se forma à l'articulation du pied droit avec la jambe, deux trous par lesquels il sortit une matière purulente; mais ces plaies se couvrirent bientôt de croûtes, & le cochon ne boita plus.

Cependant, l'extrêmité de sa queue étoit froide; une oreille devint rouge, & se gonfla.

Le vingt-six, ses jambes foiblirent encore pour la seconde fois : ses yeux redevinrent enflammés;

(1) Je préviens ceux qui seroient tentés de répéter cette expérience avec exactitude, qu'elle exige du temps, de la patience, & qu'il faut perpétuellement imaginer de nouvelles ruses Il n'en est pas d'un quadrupède comme d'un oiseau, auquel on peut aisément faire avaler de force les aliments qu'on lui destine.

més; où il ne rendoit plus d'excrémens, ou ceux qu'il rendoit étoient durs : il s'adoucissoit & on pouvoit le soigner avec moins de difficulté : une crasse épaisse couvroit son corps, & plus particulièrement ses oreilles Dans ce second malaise, comme dans le premier, il eut plus de peine à manger de l'Ergot.

Le trente-trois, la femme qui en avoit soin, ayant été léchée par lui, sentit une démangeaison qui n'eut pas de suite, & qui ne peut-être attribuée qu'à la salive de l'animal. Il avoit perdu beaucoup de ses soies.

Le quarante-deux, j'apperçus une tumeur à l'articulation du pied gauche de devant avec la jambe, à l'endroit même où il avoit déjà paru du mal. J'y portai la main; & chaque fois l'animal retiroit son pied, comme si je lui eusse fait de la douleur.

Le quarante-cinq, ses yeux s'enflammèrent pour la troisième fois. C'étoit toujours après que la dose d'Ergot avoit été augmentée : depuis trois jours je l'avois portée à un tiers. Les jambes & le dessus du calcaneum droit étoient gonflés. Le cochon buvoit beaucoup. Dans cette circonstance je diminuai la dose d'Ergot, pour voir si je ralentirois par ce moyen les progrès du mal. L'animal se remit un peu : mais je repris par degrés la dose précédente, & il ne jouit pas longtemps du relâche que je lui avoit procuré.

Le cinquante, les deux oreilles étoient livides & pendantes; il y avoit à l'une d'elles une tache gangréneuse. Le bout de la queue étoit violet, noir, & sans mouvement; on pouvoit même en séparer des parties, sans que l'animal le sentît; il éprouvoit comme l'autre cochon, des demangeaisons; ses excrémens étoient durs; une de ses paupières paroissoit fermée le matin, & s'ouvroit pendant le jour, lorsque la matière qui la colloit étoit devenue plus tenue; plus il mangeoit, plus il maigrissoit.

Le cinquante-huit, après qu'on lui eut fait manger beaucoup d'Ergot, à la faveur d'un grand appetit, ou plutôt parce qu'ayant perdu le goût, il ne distinguoit pas qu'il avaloit de l'Ergot, la tumeur qu'il avoit au-dessus du pied droit, s'ouvrit; il en découla une matière roussâtre. La plaie étoit profonde, & s'étendoit jusques dans l'articulation, comme je m'en suis assuré en la sondant. Il se forma aussi une plaie au-dessus du pied gauche, mais moins considérable. Les deux jambes étoient froides & gonflées; il s'en détachoit des portions de muscles, desséchées & insensibles. Le cochon ne pouvant plus marcher, on le soutenoit pour le faire manger.

Le soixante-huit, il avoit des mouvemens convulsifs & du dévoiement; il mourut le lendemain.

Pendant le cours de l'expérience, le cochon a mangé soixante-dix-neuf livres & quatre onces de farine de seigle, vingt-sept livres de farine d'orge & dix pintes de petit-lait, mêlé de partie caséeuses, six pintes de lait de beure, six pintes de lait, quatre livres d'orge en grain, des carottes, des navets, & autres légumes, & ce qu'il trouvoit de froment dans les épis de la paille fraîche qui lui a servi de litière pendant quelque temps; car dans la suite, je l'ai remplacée par du chaume : enfin vingt-deux livres & six onces d'Ergot.

Il résulte, estimation faite, que le cochon a pris en total, sept huitièmes d'alimens de bonne qualité, & par conséquent un huitième d'Ergot.

J'insiste sur ces calculs, afin qu'on ne croie pas que les animaux soumis aux expériences, ont pu mourir de faim.

Examen & ouverture du corps.

La chair du cochon, entièrement sans graisse, n'avoit pas d'odeur, & paroissoit vermeille; les soies tenoient bien à la peau, quoiqu'elle n'en fût pas garnie autant que si l'animal n'eût pris que de la bonne nourriture.

Il y avoit plusieurs taches violettes aux jambes de devant & de derrière; le bout de la queue étoit noir & violet, & les oreilles livides.

Le cerveau, les viscères de la poitrine, & plusieurs de ceux du bas-ventre, tels que le foie, la rate, les reins & la vessie, n'avoient rien de contraire à l'état naturel.

La vésicule du fiel parut extrêmement petite, & remplie d'une bile épaisse, & jaune comme du safran.

La partie de l'estomac qui avoisine le pylore, étoit enflammée & gangrènée en quelques endroits; il en étoit de même des intestins grêles, dans lesquels on remarquoit des rétrécissements, qui sembloient être autant d'appendices vermiformes, & de distance en distance, de la pellicule d'Ergot, mêlée aux matières; les vaisseaux du mésentère étoient gorgés de sang.

La queue se fendit par le moyen du scalpel, avec une très-grande facilité; ce qui prouve à quel point elle étoit gangrénée; aussi étoit-elle noire à l'extrêmité, & d'une couleur violette au-dessus.

La lividité des oreilles étoit plus considérable sous la peau qu'extérieurement.

Les deux premières phalanges du pied droit de devant, étoient gangrènées & desséchées, surtout aux articulations; les os en étoient brunis. Les mêmes parties du pied gauche de devant étoient aussi gangrènées, mais à un point moins considérable, car les os n'en étoient pas altérés. Sur chaque calcaneum, il y avoit une tache livide, plus grande à l'un qu'à l'autre.

Cet état a été constaté par dix-huit de mes

confrères, car à peine le cochon fut-il mort; que je le transportai par un temps frais, & promptement à Paris (*).

Ces effets de l'Ergot m'ayant paru considérables, j'ai desiré que des yeux plus clair voyants que les miens, les vissent, & m'aidassent à distinguer ce qui n'étoit pas dans l'état naturel.

Cinquième expérience, Avril 1778.

Lorsque je fis l'analyse chymique de l'Ergot, je conservai pendant deux jours une chopine d'esprit recteur de cette substance; elle étoit d'une odeur particulière & désagréable.

Un jeune chien, bien gai & bien portant, auquel on en a présenté en a goûté un peu; ensuite il n'en a plus voulu.

Un matin, avant qu'il eût rien mangé, je lui en fis avaler de force, à plusieurs fois; le reste du jour il fut triste, presque sans appetit & sans soif.

Environ dix-huit heures après la dernière dose d'esprit recteur d'Ergot, il vomit d'abord un peu de pain qu'il avoit pris la veille; dans le vomissement suivant, il ne rendit que de la sérosité & une matière visqueuse.

Quelques jours après, on lui donna encore de la même manière, de l'esprit recteur d'Ergot, qui produisit le même effet, à une distance égale de temps.

On continua cependant dans la suite à lui en faire prendre plusieurs onces, sans qu'il vomît davantage, soit que son estomac souffrît plus aisément un liquide, auquel il s'accoutumoit, soit que l'odeur désagréable qui s'en exaloit, se fût dissipée en partie.

Quoique ce fait ne puisse être comparé aux quatre précédents, j'ai cru ne pas le devoir passer sous silence, parce qu'il indique au moins que le principe le plus subtil de l'Ergot, peut incommoder les animaux.

Expériences du second ordre, qui démontrent l'extrême répugnance des animaux pour l'Ergot.

La répugnance des animaux pour l'Ergot, m'a paru si considérable, que j'ai été étonné que les personnes qui ont fait des expériences sur cet objet, n'y ayent pas insisté davantage. On lit dans les mémoires de l'Académie Royale des Sciences, année 1710, que des poules n'en vouloient pas manger, & qu'il falloit les surprendre pour les y déterminer. Le cochon auquel M. de Salerne a donné de l'Ergot, n'a marqué selon lui une grande répugnance que les premiers jours. La demoiselle de la Borde-Vernoux, dont il s'agit dans le mémoire de M. Salerne, annonce que des canards, qui d'eux-mêmes ont mangé de l'Ergot, sont morts. M. Schleger dit que des poules ont refusé d'en prendre. D'apres MM. Model & Parmentier, des pigeons & une poule n'en ont pas voulu d'abord, trompés, à ce que croient ces savans, par la couleur de l'Ergot, qui ne diffère cependant pas de celle de la vesce, dont ont nourrit ces oiseaux; mais ensuite ils en ont mangé avec empressement. M. Réad n'en parle pas du tout. On se rappellera que les deux canards de la première de mes expériences, n'en ont jamais mangé d'eux mêmes malgré leur voracité naturelle; la dinde n'en a pris que pendant quelques jours, & il a fallu ensuite en faire avaler de force à ces trois oiseaux; ce n'est qu'en usant d'artifice, & en ayant recours à une infinité de moyens qu'on a pu déterminer les deux cochons à en manger (1). Les faits suivants prouveront cette répugnance d'une manière positive.

Première expérience, Octobre 1777.

Un jeune canard, auquel je fis donner une once & demie d'Ergot concassée & autant de sarrasin, mangea le sarrasin & ne toucha pas à l'Ergot, dont je retrouvai le même poids. Le lendemain je broyai l'Ergot, & je le mêlai à de la farine de sarrasin, en délayant l'un & l'autre dans l'eau. Le canard, qui par ce moyen ne pouvoit pas séparer le sarrasin de l'Ergot, refusa de manger du mélange, & souffrit plutôt la faim pendant trois jours. Alors je lui rendit sa liberté. Il étoit devenu maigre & foible.

Seconde expérience, Octobre 1777.

Jusqu'ici j'avois fait prendre aux animaux l'Ergot réduit en poudre, c'est-à-dire sous la forme où l'on a coutume de leur donner ordinairement les aliments dont on les nourrit (2). Dans cette seconde expérience, il fut donné d'une autre manière.

Je fis réunir un quarteron d'Ergot pulvérisé, sept quarterons de farine de seigle, dont on n'avoit pas ôté le son, & suffisante quantité de le-

(*) Il a été examiné à la Société de Médecine, dont j'étois membre.

(1) En partant pour la campagne, où je restai trois ou quatre mois, je laissai à Paris des epis de seigle ergotes; à mon retour je m'apperçus que des souris avoient mangé tous les grains de seigle & n'avoient pas touché à l'Ergot.

(2) La plûpart de ceux qui ont fait manger de l'Ergot à des animaux l'ont donné en grain. Mes expériences étant faites pour vérifier les autres, il falloit en user de la même manière. MM. Model & Parmentier en ont fait faire du pain, pour varier leurs expériences. Je me suis fait un devoir de les imiter.

vain de froment. On pétrit le tout avec de l'eau chaude, & on le laissa fermenter pendant la nuit. Le lendemain on en fit un pain, qui étoit d'un brun violet, ayant une odeur foiblement vireuse, sans saveur désagréable. Il pesoit trois livres.

On donna de ce pain au chien d'un homme de campagne : quoique cet animal fût de bon appetit, & accoutumé d'en manger d'aussi brun, il ne fit qu'en goûter & n'en voulut plus. Le lendemain, pour l'engager à en prendre, j'en fis mêler à du lait caillé; il avala tout le lait, & lécha seulement le pain, qui resta tout entier. Un jour après, je me déterminai à ne lui donner pour toute nourriture que du pain dont l'Ergot faisoit partie : depuis deux jours il avoit peu mangé, & devoit être affamé (1). Il préféra cependant de ne rien prendre du tout pendant quarante-huit heures, plutôt que de se nourrir de ce pain; il y goûtoit chaque fois qu'on lui en présentoit; mais aussi tôt qu'il avoit distingué que c'étoit du pain ergoté, il le refusoit absolument. On me pria de lui rendre sa liberté, dans la crainte qu'il ne devînt enragé; & j'y consentis.

Troisième expérience, Novembre 1777.

Une poule fut destinée à manger d'elle-même d'un mélange d'Ergot & d'orge ou de seigle moulus, & réunis avec de l'eau, sous forme de patée, ou à souffrir les effets de la faim. La proportion de l'Ergot fut d'abord d'un dix-septième, & à la fin, d'un cinquième. On laissoit de ce mélange dans le lieu où elle étoit renfermée, ensorte qu'elle en pouvoit manger d'elle-même; mais quelque peu qu'on en laissoit, on en retrouvoit toujours. Je le renouvellois chaque fois, afin de ne pas forcer la poule à prendre une nourriture gâtée, L'expérience dura vingt-trois jours. Je ne pus la continuer parce que je quittois l'endroit où elle se faisoit. La poule fut mise en liberté.

Elle étoit maigre, mais n'avoit aucune marque de gangrène; ce qui ne me surprit pas, parce que calcul fait, en vingt-trois jours, elle n'avoit pris que dix gros d'Ergot. La répugnance qu'elle avoit pour cette substance, fut cause qu'elle ne mangea pendant ce temps que douze onces de farine d'orge, ou de seigle, tandis qu'elle en eût mangé bien davantage, si ces farines n'eussent pas été mêlées à de l'Ergot.

Quatrième expérience, 5 Janvier 1778.

On m'avoit assuré qu'une personne de Touraine avoit non-seulement nourri, mais même engraissé des volailles avec de l'Ergot pur : quoique ce fait dont on ne fournissoit pas de preuves, pût être révoqué en doute, il a donné lieu à l'expérience suivante.

Une poule qui étoit en embonpoint, fut mise dans un poulailler, ayant à sa disposition de l'eau d'une part, & de l'Ergot pilé de l'autre. Le poids de l'Ergot m'étoit connu. Le premier jour, elle a ramassé quelques grains d'orge & d'avoine, répandus dans le poulailler; ensuite elle a mangé un peu d'Ergot; mais bientôt elle n'en a plus voulu, & a cessé totalement de manger. Elle est morte le dix-septième jour, sans que son bec & son corps, que j'ouvris, m'offrissent dans aucune partie, la moindre trace de gangrène.

Cinquième expérience, 4 Février 1778.

Le but de celle-ci étoit de donner la gangrène à un cochon, en lui faisant manger de l'Ergot, & d'essayer ensuite les moyens qui me paroîtroient les plus propres pour le guérir; mais sa répugnance ayant été extrême, je n'ai pu remplir à cet égard l'objet que je m'étois proposé.

Cet animal avoit environ un mois & demi; il étoit vif, bien portant, & de bon appetit, comme je m'en suis assuré pendant huit jours; il étoit plus fort que ne l'est un cochon de cet âge, parce qu'il étoit né d'une mère qui pesoit trois cents.

Je lui ai donné d'abord un dix-septième d'Ergot, soit dans de la farine de seigle, soit dans de la farine d'orge, & je n'ai augmenté cette dose que de très-peu.

J'en ai fait joindre à du lait, à des lavures grasses de vaisselle, à des pommes de terre, à différentes autres espèces de légumes; jamais il n'en mangeoit qu'une très-petite quantité. (1) En entrant dans l'endroit où il étoit renfermé, on trouvoit renversé le vaisseau qui contenoit sa nourriture, & sa litière mouillée par les aliments qui y étoit répandus. Pour éviter cet inconvénient, je fis sceller ce vaisseau; mais le cochon avoit l'adresse de l'enlever avec son grouin, ou de jetter ce qu'il y avoit dedans. Sa principale & presque sa seule nourriture, étoit la paille de sa litière; car ses excrémens étoient comme ceux des chevaux, composés de paille hachée.

Je ne parvins pas davantage à l'engager à manger de l'Ergot, en ne faisant jetter sous lui que de la litière qui avoit passé sous les chevaux:

(1) En mettant le chien hors d'état de manger autre chose que ce que je lui faisois donner, j'avois eu l'attention de ne pas l'enfermer seul; car l'ennui auroit pu lui ôter l'appétit. Il resta, à la vérité, attaché, mais dans une chambre habitée.

(1) Cette expérience a été faite à Paris, où je n'avois ni le temps, ni la facilité de rester avec le cochon, plusieurs heures de suite, pour inventer continuellement des moyens de le déterminer à manger, comme j'avois fait à la campagne dans les premières expériences.

il se nourrit de cette litière, comme si c'eût été de la paille fraîche (1). Après trois mois de ruses & de tentatives inutiles, je résolus de substituer à sa litière de la sciure de bois, parce qu'il falloit quelque chose pour absorber ses urines. A cette époque MM. de Jussieu, Paulet, Saillant, & beaucoup d'autres personnes qui avoient vu le cochon avant l'expérience, l'examinèrent, & le trouvèrent d'une maigreur extrême, ayant les oreilles, le corps & la queue sales, mais sans aucun signe de gangrène. Pour les rendre témoins de la répugnance du cochon pour l'Ergot, on apporta en leur présence de la farine d'orge mêlée exactement avec un dixième d'Ergot: l'animal n'y toucha pas; on lui présenta de l'Ergot seul, tant en poudre qu'en grain, il s'en éloigna davantage. Ayant fait jetter dans un vaisseau de la farine d'orge seule, délayée dans de l'eau, il en mangea avec avidité. Je retirai le vaisseau pour mettre de la poudre d'Ergot au milieu de ce qui restoit d'aliments; le cochon prenoit ce qui étoit autour, & ne touchoit pas à l'Ergot. Alors je mêlai le tout exactement; il se retira pour n'en plus approcher.

Je présume que pendant les trois jours qui suivirent celui où je lui avois retranché sa litière, il a mangé, forcé par la nécessité, un peu du mélange, dans lequel il y avoit un dixième d'Ergot; mais je n'en ai aucune preuve, parce que je trouvois toujours ses alimens jettés par terre. Il rongeoit de rage la porte de sa cabane, & jettoit jours & nuits des cris perçans qui incommodèrent le voisinage. J'avois résolu de porter l'expérience jusqu'à le laisser mourir de faim s'il ne mangeoit pas d'Ergot; mais le bruit qu'il faisoit me força d'abandonner ce projet. Un homme de campagne auquel je l'ai donné, l'a accoutumé par degrés, à de bonne nourriture; au bout de quelque temps il l'a tué, & m'a assuré qu'il n'a trouvé dans son corps rien de particulier.

Le P. Cotte (2) a donné à des chiens de la pâtée faite avec de la viande & de l'Ergot: ils l'ont refusée constamment. Un maître des comptes de Nantes (3) ayant voulu faire manger de cette graine à des volailles, il n'a pu y réussir, sous quelque forme qu'il la leur ait présentée, de quelque manière qu'il s'y soit pris, & quelques affamés que fussent ces volailles: un seul canard en a pris, & il en est mort. Suivant une note qui m'a été remise, par un membre de l'Académie des Sciences, des chevaux ne veulent pas de farine où il y a de l'Ergot.

(1) Chaque jour on lui donnoit un nouveau mélange en entier, afin que ce qu'il avoit laissé ne l'incommodât pas en s'aigrissant.

(2) Lettre du P. Cotte.

(3) Extrait des registres du bureau d'Agriculture du Mans, qui m'a été envoyé par M. Vétillard-du-Ribert, médecin de cette ville.

Expériences du troisième ordre,

Qui constatent que l'Ergot ancien n'est pas moins funeste que l'Ergot récent; que celui de Sologne n'est pas le seul mal-faisant, & qu'il peut être mortel, même donné sous la forme de pain.

Les effets de l'Ergot récent & pris dans la Sologne, n'étoient déja plus équivoques, puisque celui que j'avois employé jusqu'ici étoit récemment récolté & de cette province; mais il falloit examiner s'il cessoit d'être mal faisant lorsqu'il devenoit ancien, comme on le croyoit d'après une opinion accréditée (1); & si celui qui étoit produit dans d'autres provinces avoit aussi des qualités pernicieuses. On m'avoit sagement fait observer qu'afin de rendre mes expériences plus concluantes, je devois enfermer ensemble deux animaux, leur donner la même nourriture, avec cette seule différence que pour l'un des deux seulement, une partie des alimens seroit remplacée par une quantité d'Ergot égale. Il n'étoit pas moins important de s'assurer si cette graine, donnée sous la forme de pain, auroit dans la fermentation & dans la coction, perdu son activité meurtrière. Tous ces points méritoient d'être examinés: ils sont l'objet des expériences du troisième ordre.

Première expérience, 31 Mai 1782.

Deux canards, l'un mâle & l'autre femelle, en bon état, sans être gras, ont été enfermés avec toutes les précautions nécessaires pour qu'ils eussent suffisamment d'espace, d'air & d'eau. On leur a laissé un mélange de farine de froment & de seigle (2), détrempé légérement dans l'eau avec un dix-septième d'Ergot, & qui avoit près de trois ans. Ces canards quoique accoutumés à manger seuls tous les jours depuis long-temps d'une pâtée de farine destinée pour des poules, n'ont pas touché pendant vingt-quatre heures, au mélange dont l'Ergot faisoit partie; nouvelle preuve de la répugnance de ces oiseaux pour cette graine.

On les fit manger de force. D'un dix septième d'Ergot qu'il y avoit dans leur nourriture le

(1) Cette opinion est répandue dans les Mémoires de l'Académie des Sciences, dans beaucoup de lettres que j'ai reçues, & dans plusieurs écrits imprimés.

(2) C'étoit de la farine de méteil, de meilleure qualité, que celle de seigle pur, employée dans la majeure partie des expériences précédentes.

premier jour, la proportion en fut, les trois jours ſuivans, d'un neuvième, & les deux autres après, d'un peu plus d'un cinquième. A cette époque le mâle mourut : il avoit eu ainſi que la femelle, du dévoiement le troiſième jour, n'ayant encore mangé chacun que deux gros & demie d'Ergot; graine dont le mâle ne prit en tout que douze gros & demi, avec onze onces de farine. La femelle qui lui a ſurvécu de deux jours, a mangé plus de trois onces de farine, & ſix gros & demi d'Ergot. Je vis la veille de ſa mort, ſortir par les ouvertures de ſes narines une humeur ſanguinolante, le tour de ſa langue, & la partie ſupérieure & la plus extrême du palais étoient rougeâtres

Je fis tuer un canard bien portant & en liberté, afin de comparer le corps avec ceux des canards qui étoient morts après avoir mangé de l'Ergot. Cette précaution que j'avois omiſe juſqu'alors, me parut néceſſaire pour me mettre en état de mieux juger.

Ouverture des Corps.

L'extrêmité du bec du canard mâle étoit livide, & la membrane pituitaire noirâtre, ſans que le deſſus du bec eût aucune tache de gangrène ; rien d'altéré dans l'intérieur de la tête & de la poitrine ; la véſicule du fiel petite, n'ayant que très-peu d'une bile épaiſe & foncée ; les vaiſſeaux du méſentère gorgés de ſang. Tous les organes deſtinés à contenir des matières alimentaires en étoient remplis, ſur-tout les gros inteſtins, dans leſquels elles étoient jaunâtres, & entre-mêlées de poudre noire d'Ergot, Quelques parties des membranes des gros inteſtins étoient rouges, ou violettes & gangrénées.

Ce canard dont le corps étoit ſans graiſſe, avoit peu de chair, quoiqu'il en eût plus que les deux canards des premières expériences; elle étoit livide & ſèche.

Dans le canard femelle on voyoit les cornets du nez violets, le bout de la langue rougeâtre, l'extrêmité de la voûte du palais gangrénée : cette partie exhaloit une odeur fétide ; le deſſus du bec même, dans pluſieurs points, & particulièrement vers les orifices du nez nez ne conſervoit pas ſa couleur naturelle.

La véſicule du fiel, l'interieur des organes de la digeſtion, quelques portions des membranes des inteſtins, les vaiſſeaux du meſentère & la chair étoient comme dans le canard mâle.

La femelle pondoit quand on l'a ſoumiſe à l'expérience ; au lieu de trouver des œufs entiers dans ſon corps, je n'y ai vu que deux pellicules vuides, fermes & repliées, ſans apparence de trou par où la double ſubſtance qui y étoit renfermée, & qui contient l'œuf, avoit paſſé : elle ne s'étoit donc diſſipée que par des vaiſſeaux abſorbans.

Aucune de ces particularités n'a eu lieu dans le canard tué exprès, pour ſervir de comparaiſon.

Seconde expérience, 22 Mai 1782.

La difficulté de faire avaler de force à des canards les alimens qu'on leur introduit dans le bec, à cauſe de la forme de cette partie, & de la langue qui les repouſſe, me détermina a ne me ſervir dans la ſuite que de poules, plus faciles à faire manger, parce que leur langue eſt plus applatie, & leur arrière-bec plus large.

Je choiſis deux poules d'un an, à l'œil vif, à la crête vermeille & dreſſée, & en embonpoint, l'une pour lui donner de la farine de méteil, mêlée à de l'Ergot de Sologne de 1777, & l'autre pour ne la nourrir que de la même farine, dans une quantité égale à la totalité de la nourriture de la première, y compris l'Ergot.

Les trois premiers jours, la poule qui ne devoit pas manger d'Ergot, prit trois onces de farine, & l'autre également trois onces d'alimens; parmi leſquels les deux premiers jours, il y avoit deux gros d'Ergot, & le troiſième jour trois gros. M'étant apperçu, à l'état de leur poche, que cette nourriture étoit trop conſidérable, je la réduiſis pour chacune, à vingt gros par jour; enſorte que donnant toujours cette doſe de farine à l'une, j'en donnai à l'autre pendant deux jours, dix-ſept gros, avec trois gros d'Ergot, & pendant les deux jours ſuivans, ſeize gros de farine avec quatre gros d'Ergot. Celle-ci dès le troiſième jour eut du dévoiement, qui ne la quitta pas juſqu'à ſa mort : elle devint triſte, ſes plumes perdirent leur liſſe & leur ſoutien; ſa crête ſe pencha & ſe brunit; ſur la fin même ſon jabot ſe gonfla, comme je l'avois déja remarqué dans les autres oiſeaux qui avoient mangé de l'Ergot. Elle mourut le huitième jour (1), après avoir pris une livre & trois gros de farine, & deux onces & ſept gros d'Ergot.

La poule qui n'avoit vécu que de farine, s'étoit conſervée en bon état, en ayant mangé pendant le même temps une livre trois onces & deux gros; quantité égale à la nourriture de l'autre en y comprenant l'Ergot.

Ouverture du Corps.

Le corps de la poule morte étoit maigre & livide; il avoit une tache gangréneuſe ſur une cuiſſe ; l'intérieur du bec & ſur-tout la langue, paroiſſoient pâles ; la crête & les appendices de de deſſous le bec, entièrement violettes; la po-

(1) C'eſt la première poule, à laquelle j'aie donné de l'Ergot juſqu'à la faire mourir. Ce fait annonce, que cette eſpèce de volaille n'y réſiſte pas plus que le canard & le dindon.

che enflammée & gangrénée, la véficule du fiel groffe, & pleine d'une bile verte; les inteftins blanchâtres, avec quelques taches gangréneufes; l'ovaire ne contenant que des œufs, tous très-petits, & dont quelques-uns par conféquent, avoient diminué de groffeur, ou n'avoient pu croître; car la poule étoit jeune, & pondoit prefque habituellement. On voyoit au-deffous des clavicules à la furface du corps, plufieurs efpèces de phlyctènes, remplies d'une matière épaiffe & glaireufe, de couleur jaune. La poche étoit vuide : ce qui prouve que la poule avoit digéré même les derniers alimens; mais les inteftins contenoient des matières.

Troifième expérience, 9 Juin 1782.

Dans celle-ci j'avois pour but de favoir, 1.° fi de l'Ergot du Maine, (1) mêlé à un douzième d'Ergot de Beauce, feroit auffi pernicieux que de l'Ergot de Sologne; 2.° fi cette graine, récoltée en 1777, c'eft-à-dire cinq ans auparavant, expoferoit les animaux qui en mangeroient, aux mêmes dangers que fi elle étoit moins ancienne; 3.° fi en la fupprimant après en avoir donné quelque temps, ou en employant des remèdes convenables, on parviendroit à en corriger les effets déja fenfibles.

En conféquence des deux autres poules, en auffi bon état que celles de la précédente expérience, l'une fut deftinée à manger de l'Ergot jufqu'à en mourir, & l'autre n'en devoit manger que jufqu'à ce qu'elle en parût incommodée. Quoiqu'elles habitaffent un endroit qui n'étoit pas pavé, & où elles pouvoient trouver de petites pierres propres à faciliter leur digeftion, j'eus cette fois l'attention d'y en faire jetter exprès.

Elles moururent toutes les deux fi promptement, qu'il ne me fût pas poffible d'effayer fur l'une d'elles des moyens de remedier aux effets de l'Ergot; car l'une ne vecut que quatre jours, l'autre à peine cinq. Chacune avoit pris par jour vingt gros d'alimens, y compris l'Ergot, dont la dofe avoit été graduée depuis un gros jufqu'à quatre; en tout neuf onces de farine de méteil, & une once & deux gros d'Ergot.

Le troifième jour, on leur avoit laiffé leur nourriture, à laquelle elles ne touchèrent pas. La troifième & la quatrième expérience du fecond ordre, avoient fait voir la répugnance invincible des poules pour l'Ergot récent & de Sologne. Cette dernière circonftance indique que de l'Ergot ancien, & d'un autre pays que la Sologne, n'étoit pas plus de leur goût. Il fallut continuer à les faire manger de force: elles devenoient triftes, & fe laiffoient prendre facilement; indice certain d'un commencement de foibleffe, d'un effet fenfible de l'Ergot. Déja la crête de l'une d'elles n'étoit plus fi vermeille, & cette poule avoit du dévoiement : ces fymptômes, qui augmentèrent le lendemain, parurent auffi dans l'autre : elles étoient en mourant affoiblies & comme engourdies.

Ouvertures des corps.

Les corps ayant été examinés après la mort, ont offert les particularités fuivantes. Chacun avoit fous le ventre une tache violette, de quatre pouces de longueur, fur un ou deux pouces de largeur; elle commençoit auprès de l'anus, & s'étendoit jufques vers le milieu du fternum; toute la peau du tour de la tête étoit violette, ainfi que les appendices de deffous le bec; on voyoit la crête noircie, comme fi on l'eût brûlée; couleur qui fe manifeftoit dans fa fubftance même, fi on la difféquoit, fur-tout aux découpures. La véficule du fiel étoit remplie d'une bile foncée; il y avoit des taches gangréneufes & prefque du fphacèle aux deux cœcum, qui exhaloient une odeur fétide. L'ovaire étoit remplie de petits œufs, & dans le *cloaque* il y en avoit un avec fa coquille, qui paroiffoit fain intérieurement. Au refte, la plus grande partie de la peau & de la chair étoit belle & fans odeur; on trouvoit même de la graiffe dans le péritoine, & fur le géfier; car ces deux poules n'avoient pas eu le temps de maigrir.

Quelque accoutumé que je fuffe aux effets de l'Ergot, je n'en avois pas encore vu d'auffi rapides, ni d'auffi conformes entr'eux. Ces deux faits ajoutés à celui qui les précède, m'ont paru prouver que l'Ergot du Maine, mêlé à un peu d'Ergot de Beauce, & confervé plufieurs années, n'étoit pas moins funefte que de l'Ergot de Sologne, & plus récemment récolté.

Quatrième expérience, 15 Juin 1782.

Puifque dans la dernière expérience, je n'avois pu tenter des moyens de corriger les effets de l'Ergot, je réfolus de le faire dans celle-ci, en faififfant les premiers momens où je m'appercevrois que deux poules qui y feroient foumifes, commenceroient à être incommodées. Dans toutes celles du premier & du fecond ordre, j'avois employé de la farine de feigle autant que je l'avois pu; dans les trois précédentes c'étoit de la farine de meteil, c'eft-à-dire, d'un mélange de feigle & de froment délayé dans de l'eau. Il me reftoit à faire ufage de la farine de pur froment, & d'en détremper même avec du lait, afin de joindre à l'Ergot le meilleur aliment qu'on puiffe donner à des volailles. C'eft ce que j'effayai de la manière fuivante.

On forma deux fortes de pâtons, les uns

(1) Il avoit été recueilli aux environs de Laval.

[illegible] de la farine de froment, (1) la poudre d'Ergot & le lait doux, pour les faire avaler à une poule; les autres avec la même farine & la même poudre délayées dans l'eau, pour la nourriture d'une autre. Pendant les deux premiers, chacune prit dix-neuf gros de farine & un gros d'Ergot: les deux suivans, la dose d'Ergot fut augmentée de moitié, & celle de la farine diminuée d'autant. Le cinquième jour, l'une & l'autre ayant mangé neuf onces & deux gros de farine, & six gros d'Ergot, elles me parurent moins vives; on les prenoit plus facilement; leurs crêtes étoient renversées, de droites qu'elles étoient auparavant: l'une l'avoit seulement terne, & l'autre déjà violette, sur-tout à ses découpures, ainsi que les appendices de dessous la tête: leurs plumes ne se soutenoient pas bien; les œufs qu'on avoit senti tout formés, lorsqu'on avoit commencé à leur donner de l'Ergot, n'étoient pas sortis. D'après les signes observés dans les autres animaux, je ne devois plus douter que les poules ne fussent déjà malades, & qu'il ne fût temps de m'occuper d'y remédier. Je leur retranchai l'Ergot & on leur donna à chacune par jour, vingt gros de farine, délayée avec du lait pour l'une, & avec de l'eau pour l'autre. Celle-ci m'ayant paru le plus malade, puisqu'elle avoit de plus du dévoiement, j'ajoutai à sa nourriture, pendant quatre jours de suite, quatre grains de camphre pulvérisé: dès le lendemain je les trouvai mieux. Peu-à-peu elles reprirent leur vivacité, & devinrent plus farouches: elles pondirent; le dévoiement de l'une d'elles cessa; leurs crêtes se redressèrent, & parurent plus vermeilles; mais il fallut du temps pour que ces parties fussent dans leur état naturel. Je fis donner aux poules de l'avoine en grain, & quelques jours après on les mit en liberté. Celle qui avoit été le plus malade, & que je ne perdis pas de vue, n'eût sa crête parfaitement vermeille, que plus de quinze jours après: l'autre nourrie de farine & de lait seulement, se rétablit plus promptement après que je lui eut retranché l'Ergot: à la vérité, elle n'avoit jamais été aussi incommodée.

J'observerai, à l'égard de la couleur plus ou moins violette que contracte la crête des poules qui mangent de l'Ergot, que le froid de l'hiver produit sur elles quelquefois des effets semblables: les poules dans ce cas, sont malades & ne pondent pas; mais pendant les expériences où je me suis servi de poules, il a fait chaud, car le thermomètre a été de vingt à vingt-sept degrés au dessus du terme de la glace. Cette conformité entre les effets du froid & ceux de l'Ergot, est peut-être une des plus grandes preuves qu'on puisse apporter en faveur de l'opinion de ceux qui lui attribue la gangrène des Solognots.

(1) On employa de la farine, destinée à faire de belle pâtisserie, & par conséquent de la fleur de [illegible].

Cinquième expérience, 26 Octobre 1782.

Dans la dernière expérience, les deux poules qui avoient été incommodées pour avoir mangé de l'Ergot, se sont rétablies par le seul retranchement de cette graine. L'une ayant été nourrie de belle farine délayée dans du lait, & l'autre de la même farine délayée dans de l'eau, & à laquelle j'avois ajouté du camphre. Il étoit incertain si le rétablissement de la première étoit dû au lait, & celui de la seconde au camphre, concurremment avec la farine de belle qualité, ou seulement au retranchement de l'Ergot.

Pour m'en assurer, j'ai fait donner à une poule quinze onces de farine de seigle, qui contenoit le son, & un gros d'Ergot délayé dans de l'eau. Le lendemain elle a pris quatorze onces de farine & deux gros d'Ergot. Le troisième jour elle n'avoit pas digéré la nourriture de la veille; sa crête étoit déja violette, ses plumes sans soutien, & la poule n'avoit plus la force de se percher. Je fus étonné de la rapidité avec laquelle elle fut attaquée de la gangrène. Je crus qu'il n'y avoit plus rien à attendre pour retrancher l'Ergot, car deux gros de plus l'auroient fait mourir. On continua à lui donner pendant deux jours, de la farine seule délayée dans de l'eau: ensuite elle mangea de l'orge en grain. Le troisième jour après le retranchement de l'Ergot, on s'apperçut qu'elle reprenoit ses forces, sa crête restant cependant encore violette; enfin elle revint peu-à-peu, & plus lentement que les deux de la précédente expérience, soit parce que celles-ci avoient eu pour nourriture de la farine de froment, soit parce que c'étoit dans une saison plus chaude.

Il résulte de-là qu'en retranchant seulement l'Ergot de la nourriture des animaux auxquels on en donne, ils se rétablissent, sans médicament, de la gangrène qu'ils ont contractée, pourvu qu'elle n'ait pas fait de progrès trop considérables.

Sixième expérience, 22 Juin 1782.

Je cherchois depuis long temps le moyen de faire manger du pain ergoté à des animaux, J'avois essayé infructueusement, en 1777, d'en donner à un chien, qui l'avoit constamment refusé. La facilité avec laquelle les poules avalent ce qu'on met dans leurs becs, me décida à en nourrir une, d'un pain fait avec dix onces de fleur de farine de froment, & deux onces & demie d'Ergot. Une autre poule fut nourrie en même temps avec un pain formé de douze onces &

demie de la même farine seulement. L'un & l'autre fut fabriqué par une femme de campagne, dont je me servois pour donner à manger aux animaux, parce qu'elle étoit dans l'usage d'engraisser des volailles. Ayant bien de la peine à introduire peu-à-peu du pain dans le bec des poules, elle prit le parti d'en laisser chaque jour tremper une certaine dose dans l'eau; par ce moyen il glissoit mieux dans le jabot. Chaque pain dura six jours entiers; ensorte que la poule qui vécut de pain d'Ergot, mangea chaque jour trois gros de cette graine. Le troisième jour, sa crête me parut en partie renversée & moins vermeille: celle de l'autre n'avoit pas changé; elles étoient toutes les deux toujours très-vives. Ce qui me restoit d'Ergot n'étant pas assez considérable pour en faire du pain, je le fis donner en substance, à la poule qui en avoit mangé sous forme de pain; elle en prit graduellement de cette manière, en cinq jours treize gros, avec douze onces & demie de farine. Sa crête me parut plus brune encore, & la poule moins vive. L'ayant fait tuer, je ne trouvai que quelques taches livides au deux cœcum, & la crête violette.

On a lieu d'être étonné, si on compare ces derniers effets de l'Ergot avec ceux qu'il a produits dans toutes les expériences précédentes. La poule dont il s'agit étoit-elle moins susceptible que les autres d'en être affectée? La longueur du temps qu'elle en a mangé, a-t-elle rendu l'effet du virus moins actif? En seroit-elle morte si on eût continué de lui en faire avaler, même sous forme de pain? La fermentation que l'Ergot dans cette preparation a subi à l'aide du levain, ou la coction ou la macération dans l'eau en ont-ils émoussé la force? enfin l'Ergot étoit-il moins malfaisant, parce que l'ayant réduit en poudre, je le tenois depuis plus d'un mois exposé à l'air? Voilà ce que je ne puis dire: il est certain au moins que la poule, qui en a mangé ainsi, quoiqu'en bon état d'ailleurs, avoit la crête & les deux cœcum altérés; tandis que celle qui dans le même lieu a vécu d'un pain de pure farine, avoit la crête très-vermeille & très-droite.

Septième expérience, 9 Octobre 1782.

Qoiqu'on ne pût conclure absolument de l'expérience précédente, que l'Ergot donné sous forme de pain n'étoit pas malfaisant puisque la poule qui en a mangé de cette manière, a eu la crête violette, & des taches violettes au cœcum, néanmoins il y avoit lieu de penser que la coction en détruisoit ou en émoussoit le virus. Il étoit à craindre qu'on en tirât des conséquences capables de tr[illegible] [illegible]surer les hommes, qui ne mangent de [illegible] que quand il a passé au feu. Cr[illegible] donc devoir répéter cette expérience, je me suis procuré de l'Ergot de la nouvelle récolte & de la farine de seigle, telle que les habitans de Sologne (1) l'emploient pour leur nourriture.

J'ai fait faire un pain avec dix gros de farine, & dix gros d'Ergot en poudre; on l'a cuit sous la cendre comme un tourteau, & on l'a fait avaler dans la journée en trois fois, à une poule de quatre ans bien portante. Le lendemain matin il n'y avoit plus rien dans son jabot. On lui a donné d'un autre pain frais, dans lequel la farine & l'Ergot étoient en mêmes proportions. Le soir sa poche a paru gonflée, & sa crête moins vermeille.

Chacun des deux jours suivans, la poule a mangé un pain pareil aux précédens: sa poche est restée gonflée, & sa crête ainsi que les appendices de dessous le bec ont noirci; ses plumes n'étoient plus lisses, & elle avoit l'air d'être enivrée.

Elle est morte dans la nuit du quatrième au cinquième jour, ayant mangé, sous forme de pain, cinq onces de seigle & cinq onces d'Ergot; dose dont on pourroit retrancher une once au moins, parce que la poule avoit toute la nourriture de la veille dans son jabot.

Indépendamment de la couleur noirâtre de la crête & des appendices, il y avoit sous le ventre une tache violette; tout le corps étoit livide, & les intestins & sur-tout les cœcum, ternes; on voyoit des parties de ces viscères enflammées & d'autres gangrénées.

Cette expérience est entièrement contraire à celle qui a été faite dans le Maine & que j'ai rapportée précédemment: expérience dans laquelle on n'avoit pas donné assez d'Ergot à un coq qui en étoit le sujet, ainsi que l'a présumé le bureau d'Agriculture du Mans

Huitième expérience, 14 Octobre 1782.

Celle-ci n'est que confirmative de la précédente, que j'ai cru devoir répéter, parce qu'elle est une des plus décisives, & parce qu'on ne sauroit trop multiplier les faits en matière importante.

On a donné à une poule un pain cuit sous la cendre, & composé de dix gros de farine de seigle, & de dix gros d'Ergot en poudre. Le premier jour elle l'a digéré tout entier; le soir du second jour, elle avoit encore dans son jabot une partie d'un nouveau pain qu'on lui avoit fait avaler depuis le matin. Le troisième jour je défendis qu'on lui donnât à manger

(1) Cette farine où le son étoit compris, a été fournie par un habitant de Sologne, qui la destinoit à en faire du pain sans la blûter.

afin

afin qu'elle eût le temps de digérer la nourriture de la veille. Le quatrième jour, ce qui restoit dans son jabot étant plus amoli, on lui fit avaler la même dose de pain. Elle est morte dans la nuit du cinquième, après avoir mangé de cette manière, cinq onces de farine de seigle, & cinq onces d'Ergot récent.

Son corps étoit maigre & livide; la crête & les appendices de dessous le bec étoient d'un violet foncé ainsi que le dessous du ventre; on voyoit le jabot distendu, plein d'alimens en partie fermes & en partie amolis & parsemés de quelques taches gangréneuses. Les intestins & le gésier contenoient aussi des matières alimentaires dans un degré de digestion. On y remarquoit aussi des taches de gangrène.

En comparant cette expérience avec celle qui la précède; il est aisé de s'appercevoir que les résultats en sont les mêmes.

Neuvième expérience, 20 Octobre 1782.

Dans la sixième & la septième expériences, l'Ergot avoit été donné sous forme de pain ou plutôt sous forme de tourteau; c'est-à-dire, que le mélange composé de farine & d'Ergot n'avoit éprouvé que l'action du feu, sans éprouver celle de la fermentation qu'on pouvoit regarder comme capable d'anéantir le virus d'une graine jusqu'ici si funeste. Pour éclaircir ce doute & ne laisser rien à desirer sur les effets véritables de l'Ergot, j'ai fait l'expérience suivante avec toute l'attention possible.

J'ai réuni cinq gros de poudre d'Ergot, huit gros de farine & suffisante quantité d'eau, je les ai laissé pendant la nuit dans un appartement chaud; le mélange qui le lendemain matin pesoit seize gros, parce qu'il avoit absorbé trois gros d'eau, ne paroissoit pas avoir levé; on en a fait un pain qu'on a mis cuire sous la cendre & qu'on a fait manger dans la journée à une poule d'un an & demi, une des mieux constituées que j'aie pu trouver. Elle l'a très-bien digéré.

Le second jour, un nouveau pain a été formé de quatre gros d'Ergot, de huit onces de farine & d'eau afin de l'exciter à fermenter; j'y ai joint un gros de levain pris chez une femme de la campagne. Ce mélange exposé pendant cinq heures auprès du feu, a bien levé à cause de la farine & du levain qui entroient dans sa composition (1). On l'a cuit, comme le précédent; la poule l'a mangé & l'a digéré.

Le troisième & le quatrième jour, j'ai procédé de la même manière, avec cette différence que dans le nouveau pain j'ai augmenté la dose d'Ergot qui a été en parties égales avec la farine; il avoit bien levé. Je ne m'étois encore apperçu d'aucun effet.

Le cinquième, même dose; la poule le soir fut languissante, sa crête étoit devenue terne; son jabot conservoit une partie du pain qu'on lui avoit fait avaler.

Le sixième au matin, je la trouvai comme enivrée, ayant les plumes traînantes, la crête violette & ne pouvant se soutenir; elle mourut quelques heures après. En cinq jours elle avoit mangé cinq onces & un gros de farine & quatre onces & un gros d'Ergot, sous forme de pain, qui, à l'exception du premier jour, avoit suffisamment fermenté.

Son corps n'étoit pas aussi maigre que celui des deux poules précédentes, parce qu'elle étoit en meilleur état lorsqu'elle a été soumise à l'expérience; il y avoit aussi sous le ventre une tache violette, mais moins grande & moins foncée; la poche ne contenoit que peu d'alimens; aussi, cette partie n'étoit-elle pas altérée, si ce n'est vers son origine du côté du bec; on voyoit même du sang extravasé dans les environs; la tête paroissoit gonflée & d'un violet noir dans toute sa surface; la vésicule du fiel étoit grosse & gorgée de bile; quelques parties des intestins, voisins des cœcum, avoient des taches de gangrène.

Les résultats des trois dernières expériences, résultats conformes entr'eux, ne sont pas les mêmes que ceux de la cinquième qui les précède. La poule qui a été le sujet de celle-ci, ne s'est trouvée que foiblement incommodée d'avoir mangé du pain ergoté, tandis que les trois autres sont mortes gangrénées. Cette différence sans doute dépend de la quantité d'Ergot que ces poules ont mangé; car la première en six jours en a pris deux onces & demie : chacune des trois autres en quatre jours en a pris quatre onces.

Il paroît que sous forme de pain l'Ergot doit être donné à plus forte dose qu'en substance, pour qu'il produise le même effet; ce qui fait penser que la coction & la fermentation émoussent un peu son activité, mais ne la détruisent pas.

Observations relatives aux alimens dont les animaux ont été nourris.

J'ai nourri souvent les animaux de farine de seigle avec de l'Ergot pour assimiler, comme il a déjà été dit, leurs alimens à ceux des habitans de la Sologne.

Quelques personnes sur la préférence que paroissent donner certains animaux au froment, à l'orge & à d'autres grains ont pensé que la répugnance, dont j'ai fait mention, étoit plutôt pour le seigle que pour l'Ergot. Voici des faits qui doivent détruire cette opinion.

(1) La poudre d'Ergot seule ne lève pas.

1°. Dans la première expérience du premier ordre, le quatrième jour je fis donner aux canards une pâtée faite de ſon gras de froment & de poudre d'Ergot; ils n'en mangèrent pas plus que lorſqu'il y avoit de la farine de ſeigle au lieu de ſon.

2°. Il fallut le treizième jour introduire la nourriture dans le bec de la dinde de la ſeconde expérience, quoiqu'on ne mêlât à l'Ergot que du ſon (1).

3.° J'ai nourri de farine de ſeigle le cochon de la troiſième expérience, pendant ſix jours avant de lui donner de l'Ergot; il ſe portoit bien & n'a refuſé de manger, que quand j'ai joint de l'Ergot au ſeigle.

4.° Lorſqu'on préſentoit du ſeigle pur au cochon de la quatrième expérience il le mangeoit avec avidité. Si l'on y mêloit de l'Ergot il n'en vouloit plus ou n'en mangeoit que très-peu. Cette épreuve a été répétée pluſieurs fois.

5°. Dans la première expérience du deuxième ordre, je n'ai pas donné de ſeigle au canard, mais du ſarraſin qu'il a refuſé quand il s'eſt trouvé joint à l'Ergot.

6.° Dans les pays où on ne récolte que du ſeigle, les chiens, comme les hommes, ſe nourriſſent volontiers de pain fait avec ce grain; cependant le chien de la ſeconde expérience n'a point voulu de pain de ſeigle; ſans doute parce qu'il contenoit de l'Ergot.

7.° La poule de la troiſième expérience eût mangé en vingt-trois jours plus de douze onces de farine de ſeigle & d'orge; & la poule de la quatrième expérience, qui n'avoit que de l'Ergot ſeul à manger, ne ſe fût pas laiſſée mourir de faim.

8.° Les deux canards de la première expérience du troiſième ordre, n'ont pas touché pendant vingt-quatre heures à une pâtée, compoſée d'un mélange, à parties égales, de farine de froment & de ſeigle & d'un dix-ſeptième ſeulement d'Ergot.

9.° Il en a été de même des deux poules de la troiſième expérience.

10.° Dans la Champagne & dans d'autres cantons où l'on ne ſème que du ſeigle, on en donne aux cochons qui ne le refuſent pas, & engraiſſent avec cette nourriture.

11.° Enfin j'ai fait jetter du ſeigle à des poules qu'on nourriſſoient d'orge, elles l'ont mangé avec avidité. En Sologne j'en ai vu qui faiſoient beaucoup de dégât dans les granges, quoiqu'il n'y eût que du ſeigle. Des pigeons & des dindons y venoient auſſi & j'ai bien diſtingué que ce n'étoit pas des inſectes qu'ils cherchoient, mais des grains de ſeigle que je leur voyois ramaſſer. Dans un champ de ſeigle tardif, que j'avois ſemé pour connoître la cauſe de l'Ergot, les moineaux me furent très-incommodes, parce qu'ils y arrivoient en foule; on voit ordinairement au commencement de la maturité des grains, que le ſeigle qui mûrit le premier, eſt le premier attaqué par les oiſeaux; néanmoins je ſuis porté à croire qu'ils préfèrent au ſeigle d'autres grains quand ils ont la liberté du choix, mais il s'en faut de beaucoup que cette préférence puiſſe être regardée comme de la répugnance.

RÉFLEXIONS

Sur toutes les expériences compriſes dans les trois ordres, & conſéquences qu'on en peut tirer.

Il s'élève ici naturellement deux queſtions, dont la déciſion établit les conſéquences qu'on peut tirer de toutes les expériences que je viens de détailler: la première conſiſte à ſavoir ſi c'eſt à l'Ergot ſeul que ſont dûs les phénomènes obſervés dans les différens animaux; la ſeconde, ſi ces phénomènes ont des rapports avec les ſymptômes des maladies des hommes, qu'on a fait dépendre de l'Ergot: tout le but du travail ſe réduit à ces deux points.

La première queſtion n'eſt pas la plus difficile à réſoudre, car ou, il faut attribuer à l'Ergot la répugnance des animaux pour les alimens qu'on leur a préſentés, & la mort qui s'en eſt ſuivie, lorſqu'ils ont été forcés de manger des mélanges dont l'Ergot faiſoit partie, ou de ces deux effets le premier eſt dû à la qualité des alimens même, & le ſecond aux alimens ou à la propre conſtitution des animaux, ou à l'air qu'ils ont reſpiré, ou à la ſaiſon pendant laquelle les expériences ont été faites, ou enfin à quelque négligence dans la manière de les ſoigner. Or par les dernières obſervations, on voit évidemment que les animaux n'avoient pas de répugnance pour les ſubſtances qu'on joignoit à l'Ergot, puiſqu'on ſe ſert de ces ſubſtances pour les nourrir, leur donner de l'embonpoint & les engraiſſer; (1) puiſque ces ſubſtances étoient de diverſe nature & de qualités meilleures les unes que les autres; puiſque chaque fois qu'on les donnoit ſeules, les animaux les mangeoient avec avidité. L'article des préau-

(1) Je ne conçois pas pourquoi dans une de ſes expériences M. Parmentier eût grand ſoin qu'on ne mêlât pas de ſon avec la farine d'Ergot & de ſeigle qu'il faiſoit donner à un cochon; car on ſait qu'on ſe ſert ordinairement de ſon pour engraiſſer les cochons, qui ne contractent pas la gangrène en ne vivant que de cette nourriture. C'eſt, à la vérité, du ſon gras.

(1) Dans quelques cantons de l'Artois, on ne ſe ſert de ſeigle que pour engraiſſer les cochons. *Lettre de M. Cauvet, médecin à Béthune, écrite à M. Boucher, médecin à Lille, qui m'en a donné copie.*

tions que j'ai eu soin de ne pas omettre afin de prévenir des objections auxquelles je m'attendois, indique que chacun des animaux avant d'être soumis à l'expérience, étoit en très-bon état, dans un âge convenable & bien constitué. Les doses d'alimens & d'Ergot, comme je l'ai dit, étoient pesées, renouvellées chaque jour, données en ma présence, les ustensiles tenus propres; les cabanes nétoyées, & il y avoit toujours un vaisseau rempli de bonne eau. Pouvois-je employer plus d'attention, & m'assurer mieux des véritables effets de l'Ergot? L'air que respiroient les animaux s'il n'eût pas été pur, auroit également incommodé ceux qui, destinés à être des objets de comparaison se sont bien portés dans les mêmes cabanes. Au reste, ces cabanes étoient très-spacieuses & accessibles à l'air. Parmi les expériences; les unes ont été faites en automne, d'autres en hiver, d'autres au printemps, & d'autres en été, & dans chacune de ces saisons, il est mort des animaux auxquels on a donné de l'Ergot. Je ne crains donc pas de me tromper en regardant, comme démontré que c'est à l'Ergot seul qu'il faut attribuer la répugnance des animaux, leurs maladies & leur mort.

En effet, les expériences du second ordre sur-tout prouvent que des quadrupèdes & des volatiles ont un tel dégoût pour l'Ergot, que ceux auxquels on le donne seul pendant quelque temps, préfèrent de mourir de faim plutôt que d'en manger si on les abandonne à eux-mêmes. Les exemples en sont frappans dans un canard, un chien, deux poules & un cochon.

Cette répugnance n'est pas au même degré dans chacun des animaux; elle augmente ou diminue selon qu'on leur offre des mêlanges où il y a plus ou moins d'Ergot. Elle est, pour ainsi dire, invincible, si l'Ergot est pur; s'il est uni avec de la farine de seigle, elle n'est pas aussi forte dans les premiers jours, mais elle le devient par la suite. La farine d'orge qui apparemment a plus de saveur que celle du seigle masque davantage l'Ergot; ce n'est que pour un temps; & on ne peut espérer de faire manger à des animaux une suffisante quantité d'Ergot, si on ne les trompe perpétuellement, ou si on ne leur en fait avaler de force.

Il résulte des expériences du premier ordre, que de six animaux, l'un n'a été que légérement incommodé, parce qu'il a bu seulement de l'esprit recteur d'Ergot, & que les cinq autres qui ont mangé de cette substance même, en sont morts. Les résultats qu'ont obtenus MM. de Salerne & Réad, par des procédés à-peu-près semblables, quoique moins exactement rapportés, étant entièrement les mêmes, leurs expériences doivent être placées à côté des miennes (1) & servir, comme elles, à faire connoître jusqu'à quel point l'Ergot peut être funeste, puisqu'il fait périr inévitablement les animaux auxquels ont parvient à en faire manger une certaine quantité.

Les expériences du troisième ordre font connoître que de l'Ergot de trois & cinq ans, qu'il soit de Sologne, ou du Maine, ou de la Beauce (1), est capable d'incommoder plus ou moins les animaux lorsqu'ils en mangent peu, ou de les tuer même promptement, s'ils en prennent une dose suffisante sous la forme de pâtée, puisque trois poules qui en ont mangé une petite quantité en ont été malades, puisque trois autres poules & deux canards ont péri, pour en avoir mangé davantage.

Des expériences du même ordre prouvent aussi, que l'Ergot n'est pas moins funeste aux animaux qui le mangent mêlé avec de la farine, & cuit comme un tourteau, ou sous forme d'un véritable pain, puisque trois poules, pour avoir été nourries d'Ergot ainsi préparé, ont succombé comme celles qui en avoient mangé en substance.

Je pourrois rappeller ici presque toutes les expériences de M. Schleger qui constatent que les animaux auxquels il a donné de l'Ergot ont éprouvé des incommodités plus ou moins grandes; mais d'après ce qui précède, les preuves des effets dangereux de l'Ergot sont suffisantes & assez fortes, sans faire tourner les expériences de M. Schleger contre son opinion. Il s'agit maintenant d'examiner les rapports qui se peuvent trouver entre les maladies des hommes, qu'on a attribuées à l'Ergot, & celles des animaux, qui en ont été nourris.

Maladies des hommes, attribuées à l'Ergot.

Je crois devoir décrire, en peu de mots les symptômes des maladies des hommes attribuées à l'Ergot; ce sera d'après les mémoires de l'Académie des Sciences, années 1676, 1710, 1748, & le mercure de Janvier 1748, &c. car je n'ai jamais eu l'occasion de les voir.

Les hommes qui en étoient attaqués, sur-tout les mieux constitués, & dans certaines épidémies éprouvoient les deux ou trois premiers jours, des douleurs de tête & d'estomac; la fièvre survenoit ensuite. Ces signes ne se manifestoient

(1) Il est dit dans le Mémoire de l'Académie des Sciences, que M. Thuillier, médecin du Duc de Sully, étant à Sully en Sologne, fit donner de l'Ergot à des animaux de basse-cour qui en moururent. Je ne m'autorise pas de ce fait, ni de plusieurs autres qui sont également rapportés sans détails.

(1) M. Réad a employé, pour son cochon, au mois de Juin 1765, de l'Ergot récolté aux environs de Valenciennes, au mois d'Août 1765, près d'un an auparavant.

pas dans ceux qui étoient d'une mauvaise constitution: ils sentoient tous des lassitudes douloureuses dans les extrémités inférieures; ces parties se gonfloient sans inflammation apparente; elles devenoient engourdies, froides & livides, se couvroient de phlyctènes & se gangrénoient. Quelquefois il en suintoit une sérosité fétide, ou des gouttes de sang noirâtre; quelquefois il s'y formoit des vers. Ordinairement la gangrène étoit entourée d'un cercle rougeâtre où elle se bornoit, & où par la suite le membre se séparoit de lui-même La gangrène commençoit par le centre & ne paroissoit à la surface que long-temps après. Pour la voir on étoit obligé de découvrir ce qui la cachoit. Les doigts tomboient les premiers, & successivement les autres parties se détachoient dans leurs articulations : les extrémités supérieures quoique plus rarement, éprouvoient le même sort. On a vu des malheureux auxquels il ne restoit que le tronc, & qui ont vécu dans cet état encore quelques jours; les membres se séparoient sans hémorragie; quelquefois les chairs sphacelées tomboient seules, & laissoient à nud les os qu'on étoit obligé de couper; quelquefois aussi les membres devenoient si maigres, que la peau étoit collée sur les os; ils étoient dans ce cas d'une noirceur épouvantable & se dessèchoient sans tomber en pourriture; les malades avoient l'air stupide, leur ventre étoit gros & tendu, leur pouls petit & concentré, sur-tout quand le mal avoit fait des progrès; leurs urines couloient librement, & leurs excrémens, par leur consistance, annonçoient que les digestions se faisoient bien. Sur la fin de la maladie cependant, il se déclaroit un dévoiement: les pauvres gens y étoient les seuls exposés. Le mal n'étoit pas contagieux; il attaquoit plutôt les hommes que les femmes. Lorsque celles-ci étoient grosses, elles avortoient : si elles nourrissoient leur lait se tarissoit. Cette maladie étoit plus ou moins meurtrière; car dans une épidémie, sur cent-vingt malades traités à l'Hôtel-Dieu d'Orléans, il ne s'en est sauvé que quatre ou cinq.

Traitement, ou curation de la gangrène sèche.

Quoiqu'il ne s'agisse dans cet écrit de la gangrène sèche, que pour savoir si l'Ergot en est la véritable cause, cependant je ne crois pas déplaire à mes lecteurs en ajoutant ici la manière de la traiter qui me paroît la plus convenable. Peut-être même m'eut-on reproché d'avoir tû un article qui peut servir dans l'occasion. Je ne ferai pour ainsi dire, que transcrire ce qui se trouve dans un imprimé intitulé: Méthode curative, publiée en 1765 par MM. de Larté & Taranget, médecins à Arras; car indépendamment de ce que le traitement qu'ils proposent est bien vu & bien conçu, ils assurent que ceux pour lesquels il a été employé ont été guéris sans perdre aucun membre.

Pour plus de clarté, il faut partager la maladie en quatre temps; dans le premier où il y a de la douleur aigue aux extrémités, gonflement sans inflammation apparente, accompagné de fièvre, on pratique, lorsque l'état du pouls le permet, une ou deux saignées, mais avec une extrême réserve, sur-tout si les malades sont de Sologne. On leur donne pour boisson ordinaire, une légère infusion de fleurs de sureau, ou de quelque autre plante analogue, dans laquelle on ajoute du miel & du vinaigre. On applique sur les parties gonflées des compresses imbibées d'une eau-de-vie affoiblie par un mélange d'eau, après y avoir fait des frictions avec un linge chaud, pour y ranimer la circulation. La nourriture des malades doit être ordinairement de bouillon fait en grande partie avec le veau ou la volaille, ce qui doit dépendre de l'état des sujets: car un homme dont la constitution a été détruite par la misère & par une suite de mauvais alimens, ne se rétablira qu'en prenant peu-à-peu, de bonne qualité, & souvent ce seul secours le guérit, ou le dispose à guérir.

Le second temps est marqué par un engourdissement dans les pieds, dans les mains, accompagné d'un froid excessif. Alors on fera sur ces parties des fomentations avec les huiles de Camomille, de millepertuis, de thérébentine & de rhue, & par-dessus on appliquera des linges trempés dans une forte décoction de quinquina & de sel ammoniac; décoction dont les malades même feront usage intérieurement, en en buvant de quatre heures en quatre heures quelques onces, unies avec du syrop d'œillet.

La gangrène établie produit le troisième temps. Elle s'annonce quand les parties commencent à devenir d'un rouge plombé ou d'un brun obscur; on ne doit plus douter qu'elle n'existe, quand il paroît des phlyctènes; alors il faut employer des moyens plus actifs. A la boisson ordinaire des malades, on ajoutera du jus de citron, ou du suc d'oseille; ils prendront toujours de la décoction de quinquina, dans laquelle on aura dissout du sel ammoniac, en y joignant quatre grains de camphre par livre de liqueur; & cette décoction sera toujours employée pour appliquer sur les parties gangrénées auxquelles on fera des scarifications. On pansera avec le baume suivant.

Prenez deux livres & demie d'huile d'olives, deux livres de vin, une once de sang-dragon, une livre de cire jaune, une livre & demie de thérébentine & deux onces de baume du Pérou. Faites bouillir l'huile, le vin & le sang-dragon à petit feu, jusqu'à la consomption du vin; ajoutez y la cire & la thérébentine en les faisant encore un peu bouillir, & n'y mettez le baume du Pérou qu'après que vous aurez retiré le vaisseau.

Si on n'a pas la facilité de composer ce baume, comme il arrive souvent dans les campagnes éloignées des villes, on peut se servir pour les pansemens de la thérébentine seule, ou de l'onguent de styrax, & mettre sur les plaies même quelques grains de camphre pulvérisé.

Lorsque je faisois sur cet objet des recherches en Sologne, j'ai trouvé un malheureux qui avoit été mutilé dans une des épidémies gangreneuses; il se formoit de temps en temps à la cuisse du côté où il avoit perdu une jambe, des escharres de gangrène que l'usage de la thérébentine détruisoit, & dont il auroit anéanti la cause, s'il eût pu observer un régime convenable.

A chaque pansement on lavera les plaies avec une décoction de quinquina & de sel ammoniac, dans du vin & de l'eau; on appliquera aussi des compresses qui en seront trempées par-dessus les emplâtres couvertes du baume.

Si malgré ces secours les parties devenoient totalement noires & sphacelées, ce qui pourroit constituer le quatrième temps, on seroit forcé d'en venir à l'amputation; mais il faudroit attendre que la nature eût marqué elle-même le temps de cette opération par une ligne de séparation entre le mort & le vif. On pourroit l'aider, s'il en étoit besoin, en usant des moyens que l'art indique. On se servira à cet effet de compresses trempées dans une eau composée de quatre onces d'alun calciné, de vitriol romain, & de trois onces de sel marin, le tout bouilli dans quatre livres d'eau réduites à deux. Si l'on précipitoit l'opération sans attendre l'indication de la nature il en résulteroit que le moignon du membre amputé se mortifieroit entièrement, & que le sphacèle se renouvelleroit, ou qu'au moins il s'y formeroit de temps en temps de la gangrène comme dans le cas dont j'ai parlé.

Ceux qui connoissent la méthode curative, dont ceci est extrait, verront que je n'y ai fait que de très-légers changemens: j'ai cru devoir les faire pour la rendre en quelque sorte plus facile à exécuter. M. Maret, médecin célèbre & secrétaire de l'Académie de Dijon, a publié en 1771 pour la même maladie, une méthode curative qu'il a puisée aussi dans les meilleures sources.

Comparaison des symptômes observés dans les hommes attaqués de la gangrène sèche attribuée à l'Ergot, & de ceux qu'ont offerts les animaux qu'on en a nourris.

La manière dont les animaux sont affectés dans leurs maladies, ne doit pas être toujours semblable à celles dont les hommes peuvent l'être: les mêmes causes produisent des effets qui diffèrent lorsqu'elles agissent sur des êtres diversement modifiés, ou qui sont dans des positions différentes. D'ailleurs on ne peut souvent saisir les symptômes des maladies des animaux ou l'on n'en saisit qu'une partie & encore imparfaitement. Il ne faudroit donc pas s'étonner si dans ceux auxquels on auroit donné de l'Ergot, on ne voyoit pas les mêmes signes & les mêmes effets que dans les hommes qui s'en seroient nourris. Cependant si de la description que j'ai donnée plus haut des maladies, on retranche seulement les symptômes dont il n'est pas possible de s'appercevoir dans les animaux, on retrouve dans ceux qui sont morts après avoir mangé de l'Ergot (1), presque tous les phénomènes observés dans les hommes. L'inflammation des yeux de la dinde, des deux cochons, soumis par moi à l'expérience, & de celui de M. Réad, la soif d'un des cochons pourroient être regardés comme un des signes de fièvre. L'animal dont parle M. de Salerne avoit selon lui, les jambes rouges & enflammées. A en juger par l'état de celles des deux cochons qui ont mangé de l'Ergot sous mes yeux, la rougeur des jambes étoit plus livide qu'inflammatoire, elle s'est aussi manifestée dans la membrane du bec, à la langue d'un des canards, & à la crête des huit poules des expériences du troisième ordre. Le cochon de M. Réad appuyoit toujours une oreille contre le mur. Un des canards de ma première expérience du premier ordre appuyoit aussi son bec, preuve de foiblesse dans ces parties. Les jambes de tous les cochons se sont engourdies & affoiblies même au point que ces animaux chanceloient & ne pouvoient se soutenir. Le bec des deux premiers canards & de la dinde se sont également gonflés. Il y avoit des taches gangréneuses à une aile d'un canard, à une aile de la dinde, à la cuisse d'une poule & sur-tout sous le ventre de plusieurs poules des expériences du troisième ordre. On voyoit à la surface du corps d'une poule, au-dessus des clavicules des espèces de phlyctènes remplies d'une matière épaisse, glaireuse & de couleur jaune.

Le cochon nourri par M. de Salerne, rendoit par les jambes une liqueur verdâtre & infecte. M. Réad a vu sortir des yeux du sien une sérosité âcre & corrosive. Le même phénomène a eu lieu dans celui de ma quatrième expérience; sa salive avoit aussi cette qualité. Ce dernier animal rendit une humeur roussâtre par une tumeur qu'il avoit à un pied, comme celui que cite M. de Salerne en avoit rendu par des boutons noirs & entr'ouverts qu'il avoit sous la gorge & sous le ventre. Les deux canards de la première expérience du troisième ordre, eurent un semblable écoulement par les ouvertures du nez. La queue, les oreilles & les jambes des qua-

(1) Je ne parle ici que des animaux, des expériences du premier & du troisième ordre. Ceux des expériences du second ordre servent à prouver seulement la répugnance.

drupèdes, le bec & la crete des oiſeaux ſont devenus froids, & plus ou moins gangrenés; car l'un des cochons, ſelon M. Réal, perdit une oreille, qui ſe ſépara d'elle même. M. de Salerne & moi nous n'avons obſervé que des taches livides ſur celles des trois cochons ſoumis à l'expérience. La gangrene étoit bornée par un cercle rouge, comme il a paru ſur-tout aux oreilles du cochon de la troiſieme, & à la membranedu palais des deux canards. Le cochon de la quatrième expérience perdit ſucceſſivement des parties de l'extrémité de ſa queue, qui étoit noire & inſenſible: un de ſes pieds ſe deſſécha, & ſeroit tombé vraiſemblablement de lui même, ſi j'euſſe pu donner plus d'Ergot à cet animal: la gangrène avoit même carié les os. Le cochon de la troiſième expérience n'eut pas les jambes ſi maltraitées; mais il y avoit aux articulations de celles de derrière, avec les pieds, un bouillie noire & fétide; produit de la gangrène portée à un haut degré. Il eſt à remarquer qu'elle étoit comme dans les hommes, toujours au centre de la partie affectée, avant de ſe communiquer à l'extérieur. La diſſection des corps des deux cochons l'a prouvé.

C'eſt particulièrement au bec, ou dans les environs du bec de dix oiſeaux, que la gangrène a cauſé le plus de déſordres, parce que les parties ſont très-éloignées du centre du mouvement, c'eſt-à dire, du cœur; car le bec des deux premiers canards, la crête & les appendices de deſſous le bec de cinq poules, ainſi que l'extrémité de la langue, de la membrane du palais, & la membrane pituiraire de la plùpart de ces oiſeaux, tout étoit gangrèné d'une manière ſenſible.

Si les hommes infortunés, qui ont éprouvé l'épidémie dont il s'agit, étoient ſtupides, les animaux l'étoient auſſi; pluſieurs ont eu [illegible] vertiges, quelques-uns même m'ont paru comme engourdis. Les hommes avoient le ventre reſſerré pendant quelque temps, & n'ont eu du dévoiement qu'en approchant du terme de la mort. Dans les expériences du premier ordre, où je ne donnois l'Ergot qu'à très-petite doſe d'abord, les animaux, ſur-tout les quadrupèdes, ne rendoient que rarement leurs excrémens, quoiqu'ils buſſent abondamment d'une boiſſon relâchante (1), & qu'ils mangeaſſent de la farine de ſeigle, qui procure la liberté du ventre. Ce n'étoit que les derniers jours que leurs dijections étoient liquides. Dans les expériences du troiſième ordre, les oiſeaux qui en furent le ſujet eurent du dévoiement plutôt; mais ils vécurent moins de tems, & mangoient plus d'Ergot. Les urines des quadrupèdes couloient [illegible] avec facilité. La maigreur étoit extrême dans ceux des animaux qui furent long-temps en expérience, & elle alloit en croiſſant, ſelon qu'ils mangoient plus d'Ergot. Les corps de deux canards & de trois poules des expériences du troiſième ordre, avoient d'autant plus de chair, que leur mort avoit été plus rapide; ceux des deux poules ſur-tout qui ne vécurent que quatre jours, conſerverent de la graiſſe.

Le ſilence gardé ſur l'état où étoient à l'intérieur les cadavres des hommes qui ſont morts de la gangrène ſèche, annonce qu'on ne les a point ouverts. Peut-être eût on trouvé, comme dans les animaux, des viſcères enflammés ou gangrènés, & alors l'analogie eût été frappante dans tous les points.

Une obſervation qu'on ne doit pas perdre de vue, eſt celle-ci. Tous les animaux qui ont été ſoumis aux expériences, étoient comme je l'ai dit ſains & bien conſtitués. On leur a donné avec l'Ergot, des alimens choiſis & de bonne qualité; on les a mis dans la poſition la plus favorable à la conſervation de leur ſanté, & par conſéquent ils devoient être moins ſuſceptibles que d'autres d'être attaqués de la gangrène. Les hommes au contraire, qui ont pu manger de l'Ergot, ſur-tout ceux de la Sologne (1), étoient foibles, pauvres & ordinairement mal nourris, vivant dans des habitations humides, reſpirant un air chargé d'exhalaiſons pernicieuſes.

Dans le pays on cuit mal le pain qui eſt toujours mat. C'eſt dans les années de diſette, qu'ont régné principalement les épidémies, années où le ſeigle, indépendamment de l'Ergot qui s'y trouve mêlé, avoit peut être en outre des qualités mauvaiſes. Rien n'étoit donc plus propre que ces circonſtances, à les diſpoſer à contracter la gangrène.

M. de Ryant, (2) qui pendant vingt-cinq ans, a exercé la médecine à Romorantin en Sologne, croyoit que c'étoit plutôt à la conſtitution des habitans, à leur genre de vie & au [illegible] marécageux, qu'il falloit attribuer les épidémies gangreneuſes, qu'à une nourriture de pain fait de ſeigle Ergoté. Je ne puis ſavoir ſi M. de Ryant s'eſt occupé des rapports qu'avoit le ſeigle Ergoté avec la gangrène ſèche, ni qu'elle confiance mérite ſon opinion à cet égard. Quoiqu'il en ſoit, les cauſes qu'il allègue, doivent être admiſes comme concourantes, à ce qu'il me ſemble.

(1) Une figure pâle & jaunâtre, une voix foible, des yeux languiſſans, un gros ventre, une taille au-deſſous de cinq pieds, une démarche lente, voila ce qui peut faire reconnoître à la ſimple inſpection, un habitant de Sologne. Dans le pays, les hommes ſont ſujets aux fièvres intermittentes, aux obſtructions & aux maladies dependantes de l'epaiſſiſſement des fluides. *Voyez* un Memoire ſur la Sologne, tome premier des Memoires de la Societé de Medecine.

(1) Du petit-lait ou du lait-de-beurre,

(2) Lettre de M. de Ryant, du 12 Mars 1777.

En 1777, on fit dans les Landes (1) de plusieurs paroisses de la Généralité d'Auch, pays où le sol est presque analogue à celui de la Sologne, une très mauvaise récolte en seigle, dont les grains étoient retraits, c'est à dire, étroits, ridés, n'ayant que l'écorce, & presque point de farine; (2) il s'y trouvoit peu de grains d'Ergot. Les malheureux qui vécurent de ce grain, éprouvèrent quelques symptômes seulement de la gangrène sèche, & d'autres accidens qui n'ont pas lieu dans cette maladie. Il en fut de même des animaux auxquels M. Le Brun, médecin du Roi, dans ces cantons, donna de ce seigle; il paroît donc que la mauvaise qualité du seigle avoit plus de part à cette dernière maladie, que l'Ergot qui s'y trouvoit mêlé en petite quantité; aussi la maladie n'étoit elle pas du genre des épidémies, dont il est question.

Il est encore à remarquer que sur quatorze expériences, dans lesquelles des animaux sont morts, pour avoir mangé de l'Ergot, il y en a onze où il paroît que les désordres causés par la gangrène, ont été en raison de la quantité qu'ils ont mangé de cette dangereuse graine, eu égard au temps que chaque expérience a duré. On peut d'après cette remarque, ranger dans l'ordre suivant les animaux, selon qu'ils ont été plus ou moins affectés de la gangrène. 1.° Le cochon nourri par M. Réad; 2.° le cochon de ma quatrième expérience du premier ordre; 3.° le cochon nourri par M. de Salerne; 4.° le cochon de ma troisième expérience du premier ordre; 5.° la dinde de ma seconde expérience du premier ordre; 6.° la poule de ma seconde expérience du troisième ordre; 7.° les deux poules de la troisième expérience du troisième ordre, lesquelles ayant mangé de l'Ergot en quantité égale, & ayant vécu le même temps, ont éprouvé absolument les même effets, à quelques nuances près; 8.° le canard femelle de ma première expériences du troisième ordre; 9.° le canard-mâle de ma premiere expérience du premier ordre; 10.° le canard femelle de ma première expérience du même ordre; 11.° enfin, le canard mâle de ma première expérience du troisième ordre, parce qu'il paroît que, sous forme de pain, l'Ergot doit être pris à plus forte dose pour causer la mort.

Causes de la différence qui se trouve entre les résultats de MM. Schleger, Model & Parmentier, &c. & ceux que nous avons obtenus dans nos expériences, MM. de Salerne, Réad & moi.

La cause des différences qui se trouvent entre les résultats de ces premiers physiciens & les nôtres, a vraisemblablement deux sources; la première vient de ce que la plupart de leurs animaux, n'ont point été mis hors d'état de manger autre chose que des mélanges, dans lesquels entroit l'Ergot. On peut au moins le soupçonner; puisqu'on n'a donné aucun détails des précautions; la seconde vient de ce que les animaux n'ont pas pris assez d'Ergot, ni assez long-temps. M. Schleger ordinairement n'en donnoit qu'une très-petite quantité; une seule fois il en a donné un once à un chien. M. Model ne s'explique pas sur la quantité qu'il en faisoit prendre; il se contentoit d'en donner une fois ou deux. Dans les expériences de M. Parmentier, & dans celles qu'une personne a faite dans le Maine, les animaux ont mangé l'Ergot à plus forte dose; mais ils ne leur en ont donné, ni la même quantité, ni aussi long temps, que MM. de Salerne, Réad & moi, & ils n'ont pas approché de ce qu'en peut manger un habitant de Sologne en trois mois, quand il en a récolté beaucoup. MM. Schleger, Model & Parmentier sur-tout, ne sont tombés dans cette erreur, que parce qu'ils ont cru que l'Ergot ne formoit jamais qu'une infiniment petite partie des récoltes; ils n'en jugeoient que parce qu'ils voyoient dans des provinces différentes de la Sologne, & en cela leurs expériences s'accordoient avec leurs observations; mais leurs conséquences ne peuvent plus être admises, comme on l'a vu, & comme on le verra encore; il y a des pays & des années où l'Ergot est extrêmement abondant.

M. Schleger, en supposant qu'un homme, à la rigueur, ne pouvoit jamais manger au-de là d'une demi once d'Ergot en une semaine, ou, ce qui est la même chose, d'un demi gros par jour, s'est trompé, comme il est facile de le démontrer; car un habitant de Sologne, qui n'a que du pain, en mange quatre livres par jour, quantité produite par la quatrième partie d'un boisseau de seigle, que j'estime capable de contenir en certaines années huit onces d'Ergot, puisque j'en ai trouvé ce poids dans une seule gerbe, qui pouvoit rendre un boisseau de grain, mesure du pays (1) C'est donc deux onces d'Ergot par jour, & par conséquent onze livres & quatre onces dans les trois mois, qui s'écoulent depuis la récolte du seigle jusqu'à celle du sarrasin.

Quoique d'après les faits & les réflexions qui précèdent, il paroisse évident que l'Ergot donne aux animaux une maladie gangrèneuse, analogue à celle que les hommes ont éprouvée dans certaines épidémies, en différentes années, en différens pays, & sur-tout en Sologne, je n'assurerai

(1) Mémoire envoyé par M. Le Brun.

(2) Je conserve des échantillons de ce seigle.

(1) C'est la mesure de Vierzon, dont le boisseau contient environ quatorze livres de seigle.

pas, d'une manière décisive, que les maladies des hommes ont toutes été absolument occasionnées par l'Ergot; car la gangrène sèche ne peut-elle pas être produite par d'autres causes? Est-il certain que ce soit précisément les mêmes maladies qui aient régné dans tous les cantons où on les a attribuées à l'Ergot? La disposition des sujets qu'elles ont attaqués n'y a-t-elle pas contribué autant que la nourriture du pain Ergoté?

Voilà ce qui seroit capable de faire naitre encore des doutes, qu'on ne pourroit condamner. Il me paroît cependant qu'on peut conclure qu'il y a les plus fortes raisons de penser que les hommes s'exposent à de grands dangers lorsqu'ils mangent du pain Ergoté en certaine quantité & qu'ils doivent employer tous leurs soins pour ne jamais s'en nourrir.

C'est ici le lieu de consigner un acte de bienfaisance, aussi utile que sagement imaginé. M. de Boisgibault ayant vu règner plusieurs fois dans sa terre de Sologne, des maladies qu'on attribuoit à l'Ergot, engageoit chaque année, les pauvres habitans à apporter chez lui tout ce qu'ils récoltoient de seigle. Il leur en faisoit donner en échange la même quantité, après qu'on l'avoit fait purifier d'Ergot. Il assuroit que depuis ce tems là, ils étoient exempts de la gangrène seche. Cette conduite de MM. les députés des états d'Artois (1), & quelques gens riches & curés du Maine (2), donnoient aussi l'exemple, est digne d'être imitée par les personnes bienfaisantes de la Sologne, & des pays sujets à l'Ergot.

Je terminerai ces réflexions par un fait qui m'a paru avoir beaucoup de force, & qui semble prouver directement les funestes effets de l'Ergot sur les hommes. Il est rapporté dans un avis publié en 1664, par le bureau d'Agriculture du Mans; un homme de Noyen, dans le Maine, en 1709, année de disette, & en même temps trop féconde en Ergot, voyant dans une ferme cribler du seigle Ergoté demanda la permission d'en emporter les criblures pour faire du pain. Le fermier lui ayant représenté que ces criblures, composées d'Ergot en grande partie, pourroient lui être funestes, le besoin pressant prévalut sur la crainte, il en fit du pain, dont il mangea avec toute sa famille. Lui, sa femme & cinq enfans moururent; un de ceux-ci avoit mangé de la bouillie faite avec la farine de ce grain. Il ne se sauva de la mort que deux enfans (1), dont un qui étoit alors âgé de neuf à dix ans est resté sourd, muet, & privé d'une jambe qui se séparoit d'elle même, sans le secours de l'art. Un voisin coupa seulement avec un rasoir une petite partie par laquelle elle tenoit encore. On assure que les chiens & les volailles n'avoient pas voulu manger de ce pain. Il est bien difficile de regarder comme controuvé un fait accompagné de circonstances aussi détaillées, & de ne pas en concevoir des alarmes sur l'effet de l'Ergot, sur-tout lorsqu'on sait qu'il tue & donne la gangrène à des animaux qu'on force d'en manger.

Je passerai sous silence ce que dit M. de Larsé, qu'il s'est rencontré en Artois un fait semblable à celui-ci, & plusieurs cas particuliers, où des hommes ont été atteints de gangrène, parce que quoique la plûpart aient assuré qu'ils avoient mangé du pain Ergoté, il n'y en a pas de preuves authentiques, comme à l'égard de la malheureuse famille de Noyen.

Tort que l'Ergot fait aux Cultivateurs.

Il ne m'est pas possible d'apprécier le tort que fait aux cultivateurs la naissance de l'Ergot, puisque la quantité qui s'en forme varie, comme je l'ai dit, selon les lieux & les années, même dans les pays qui y sont le plus sujets; d'ailleurs, les épis qui contiennent des Ergots, en ont un nombre plus ou moins grand, & on y trouve plus ou moins de bâles dont les fleurs ont avorté, & qui ne contiennent ni grains de seigle ni grain ergoté. Ce que je puis assurer, c'est que dans les cantons les plus humides de la Sologne, il y a, dans les années pluvieuses sur-tout, beaucoup d'épis de seigle ergoté, chargés de beaucoup d'Ergots. Déjà j'ai fait voir que dans ce pays, en 1777, une gerbe de seigle d'hiver, prise dans la grange, & qui pouvoit rendre en tout quatorze livres de grains, a donné une demie-livre d'Ergot, c'est-à-dire, un vingt-huitième, & que douze gerbes du même seigle, aussi examinées à la grange, & pouvant produire douze boisseaux de seigle, ont donné un quart de boisseau d'Ergot, c'est-à-dire, un quarante huitième. Il faut obsever

(1) Suivant une Lettre & une Note de M. de Larsé, médecin à Atras, qui dans les environs de cette ville, avoit traité, en 1764, conjointement avec M. Taranget, chirurgien, une épidémie gangrèneuse attribuée à l'Ergot, on craignit de la voir renouveller en 1770, parce que l'année étant humide, il parut beaucoup de cette graine dans les seigles; mais les ordres de cribler les seigles ayant été exécutés, & MM. les Députés ayant fait donner de bons grains pour remplacer ce qu'on jettoit, il n'y eut de malades que dans deux ou trois familles, qui n'avoient pas profité des avis donnés dans le temps.

(2) Notes envoyées par M. Vétillard.

(1) M. Vetillard-du-Ribert qui a joint à l'avis du bureau d'Agriculture, un très-bon Mémoire sur le traitement de la gangrène, m'a confirmé par une lettre, ce fait consigné dans les registres du bureau d'Agriculture, & notoire dans le pays. Il s'est transporté lui-même à Noyen, où il a vu un des deux enfans échappés au désastre, qui sur neuf personnes de la même famille, en a fait périr sept & mutilé une. Sa Lettre est du 16 Mars 1777.

que tous ces Ergots étoient renfermés dans le milieu des gerbes, & qu'on n'en trouvoit point à la circonférence, parce que le frottement occasionné par le transport, les avoit fait tomber. Si à ce déchet on ajoute ce qui se perd pendant le travail des moissonneurs, ce que la sécheresse & les vents qui surviennent avant la moisson en dispersent, enfin ce qu'une année encore plus humide que 1777 est capable d'en produire de plus, on verra qu'en Sologne la quantité d'Ergot peut quelquefois être considérable ; on la fait monter jusqu'au quart ou au tiers de la récolte. Je n'en nie pas la possibilité; mais je suis porté à croire qu'il y a un peu d'exagération, & qu'on s'en est rapporté à de simples apparences, ou qu'on a calculé sur le nombre des épis Ergotés, plutôt que sur la proportion des Ergots aux grains de seigle ; ce qui est bien différent.

En Beauce, comme je l'ai dit, dans un terrain de trois pieds & demi en quarré, sur quatre cens épis, j'en ai eu quatre-vingt Ergotés. Un autre terrain m'en a produit mille huit-cent-cinquante épis, dont trois cent-vingt Ergotés; c'est-à-dire, dans le premier cas, près d'un quart, & dans le second cas, près d'un sixième d'épis Ergotés, sans compter ceux que le vent & les oiseaux ont pu faire tomber. Ces deux exemples prouvent que le nombre des épis Ergotés peut être considérable, relativement à celui des épis sains, & que les cultivateurs en reçoivent un grand dommage. Mais ils ne prouvent rien pour la proportion des grains Ergotés aux grains sains, ni pour la quantité des bâles vuides dont les fleurs ont avorté; ce qui diminue encore le produit du seigle. J'avoue que quand j'ai fait mes observations & mes expériences, j'ai oublié cette comparaison qui m'eût peut-être été possible alors.

Que devient l'Ergot, lorsqu'il est parvenu à maturité?

J'ai distingué plus haut deux sortes d'Ergots, par rapport à leur grosseur & à leur longueur. Les uns ont jusqu'à dix-neuf lignes de longueur, sur une épaisseur de deux ou trois lignes ; les autres sont quelquefois plus petits que des grains de seigle même, & à peine les apperçoit-on dans leur bâles, Les derniers sont les plus nombreux ; pour peu que le temps soit sec avant & pendant la moisson, les plus gros Ergots sont jettés à terre. Desirant m'en convaincre par moi-même j'ai examiné en Sologne la surface de plusieurs champs, sur laquelle j'en ai trouvé une grande quantité. Des bestiaux de tout genre y avoient passé; il étoit probable qu'ils n'avoient pas touché à l'Ergot, du moins je le présumois par la quantité que j'en voyois répandue dans les sillons. Les gens qui veillent à la garde des troupeaux, m'ont assuré qu'aucun animal n'en mangeoit; ce qui s'accorde avec la répugnance dont j'ai fait mention. Par quelle fatalité des hommes persuadés qu'il peut leur faire du mal, ne font-ils aucune difficulté de le laisser dans les grains dont ils se nourrissent ? car je ne puis douter de la manière de penser des habitans de la Sologne sur l'Ergot : tous ceux que j'ai interrogé dans le pays, m'ont cité des malheurs arrivés dans leurs familles, & qu'ils attribuoient à l'Ergot. Quelle peut être la cause de leur indifférence sur un point aussi essentiel, sinon leur extrême misère, qui les rend sourds aux cris du danger ?

Si le temps est humide vers la moisson, une partie des gros Ergots reste dans les bâles; les plus petits qui adhèrent fortement, même par le temps sec, parviennent entièrement à la grange.

Si l'on n'étoit pas persuadé de la négligence des habitans de la Sologne, & du motif qui les empêche de séparer les Ergots du seigle, on seroit porté à croire que dans les années où il a règné des gangrènes sèches, il y avoit plus de petits Ergots que de gros; car il est moins aisé de séparer ceux-ci. Les métayers qui ont commencé en 1777 à couper leurs seigles avant la cessation totale des pluies, qui tomboient encore au mois de Juillet, ont entré bien plus d'Ergot que les autres. J'ai comparé un grand nombre de ces différentes gerbes, il y avoit entre-elles une disproportion considérable à cet égard. L'Ergot des gerbes moissonnées par la pluie sentoit très-mauvais, au lieu que celui qui avoit été récolté par le temps sec, n'avoit que l'odeur qui lui est particulière, lorsqu'il n'a pas fermenté. Les habitans de Sologne ne criblent pas leur seigle lorsqu'il est battu; ils se contentent de le jetter au vent; ce qui suffit pour en séparer les bâles, moins adhérentes que celles du froment. Il y a dans chaque moulin un crible, mais les trous en sont petits & seulement destinés à laisser échapper la poussière qui encrasseroit les meules. Seigle, Ergot, graines de quelque qualité qu'elles soient, tout est moulu, tout est mêlé dans la farine. A compter du moment où se fait la récolte des seigles (1), jusqu'à celle des sarrasins, (autre espèce de grains qu'on cultive en Sologne) les gens de ces cantons ne font leur pain que de seigle; leur misère, capable d'inspirer de la douleur à ceux qui la voient de près, ne leur permet pas d'en conserver d'une année à l'autre. Ils atendent toujours avec impatience

(1) On récolte les seigles d'hiver dès le commencement de Juillet ; les sarrasins les premiers semés, ne se récoltent pas avant la fin d'Octobre.

la nouvelle moisson; quelquefois ils préviennent la maturité parfaite du seigle; ils en coupent dans les derniers temps, ce qu'il leur en faut pour vivre pendant une semaine ou deux. Ils le battent & le font sécher au soleil, afin qu'il puisse être écrasé sous la meule. Ils mangent ordinairement la farine avec le son, & tout ce qui se trouve mêlé dans le grain.

Il n'y a pas d'année où l'on ne voye beaucoup de ces malheureux en agir ainsi. Ces faits étant connus, on croira sans peine que dans les années de disette sur-tout, les pauvres gens de la Sologne ne séparent pas l'Ergot de leur seigle.

L'Ergot conseillé comme remède.

Quelques personnes ont assuré qu'on employoit l'Ergot avec succès pour hâter l'accouchement (1), d'autres prétendent qu'on s'en est servi avantageusement dans les pleurésies (2), & pour arrêter le sang (3). Quoique ces assertions soient dénuées de preuves authentiques, en les supposant vraies, on a eu tort d'en conclure que l'Ergot n'etoit pas capable de faire du mal. Par cela seul qu'il produiroit quelques effets dans l'accouchement lent, ou dans la pleurésie, on doit croire que, donné à certaine dose, il peut être dangereux. Un usage continué des remèdes les plus précieux, lorsqu'on n'en a pas besoin, seroit capable d'empoisonner.

Moyens de s'opposer à la naissance de l'Ergot.

La satisfaction la plus grande que pût recevoir un observateur, après avoir fait des recherches sur la cause d'un mal, seroit de trouver aussitôt des moyens efficaces pour y remédier. Mais lorsque les causes ne sont pas de nature à n'être point sous la main des hommes, on ne doit pas s'attendre à prévenir leurs effets. En supposant que l'Ergot fût occasionné par des piqûres d'insectes, ou qu'il dépendît d'un défaut de fécondation, il ne seroit pas possible de s'opposer à sa naissance. Car comment écarter les insectes des seigles? Comment déterminer la fécondation d'un grand nombre de fleurs? Mais s'il est vrai que les causes de cette graine soient l'humidité & la nature du sol, sentiment pour lequel je penche le plus volontiers, on ne peut remédier à une de ces deux causes, & on peut corriger les effets de l'autre, & diminuer par conséquent la quantité d'Ergot, avantage précieux dans une circonstance aussi importante.

On a vu que toutes choses étant égales d'ailleurs, plus un terrain etoit humide, plus il produisoit d'Ergot. L'observation me l'avoit indiqué, l'expérience l'a confirmé. On a vu aussi que des terres non cultivées ou récemment défrichées, avoient à humidité égale, plus d'Ergots que des terres ameublies & en culture réglée. L'observation & l'expérience l'ont aussi également prouvé. On peut donc espérer de recolter d'autant moins d'Ergots, qu'on élévera davantage les sillons dans les pays humides, qu'on procurera plus d'écoulement aux eaux, & qu'on ne semera du seigle que dans les champs où la terre aura été labourée plusieurs fois, & suffisamment ameublie. Il sera bon de commencer par semer, dans une terre nouvellement défrichée, de l'avoine ou du sarrasin, ou quelqu'autre grain, selon les lieux, & de n'y mettre du seigle qu'aux semailles suivantes. Si la qualité du terrain ne permet pas qu'on y cultive rien avant le seigle, il vaudroit mieux peut-être défricher toujours une année d'avance.

Qoique la connoissance de la cause de l'Ergot ne conduise pas à chercher à purifier le seigle avant de le semer, j'ai engagé un propriétaire de terre en Sologne, à passer ses semences dans une lessive de chaux & de sel marin. J'ai moi-meme cette année ensemencé du seigle lessivé à cette intention: peut-être naîtra-t-il de là quelque avantage auquel on ne s'attend pas. c'est le vœu que doit former tout homme qui s'intéresse au sort des malheureux. (*)

Manière de séparer l'Ergot du seigle.

Il y a plusieurs manières de séparer les grains d'Ergot des grains de seigle, lorsqu'ils sont en assez grande quantité pour craindre qu'ils n'incommodent. 1.° Si on fait usage des cribles, dont les trous donnent seulement passage aux grains de seigle, les plus gros Ergots seront retenus dessus & faciles à ôter. 2.° A l'aide du van, instrument d'usage dans les métairies excepté en Sologne, l'Ergot, plus léger que le seigle, paroîtra au-dessus, il se mêlera parmi les bâles, & pourra être emporté avec la main. 3.° Par le seul vent lui-même, on dépouillera presqu'entièrement le seigle d'Ergot; car j'ai remarqué que lorsqu'on jette de loin le grain avec la pêle, afin que le vent en enleve les bâles, l'Ergot se place du côté du monceau le plus près de l'ouvrier, ensorte qu'en

(1) On proposoit, dans ce cas, d'en donner plein un dez à coudre, dans une cuillerée de vin, d'eau ou de bouillon.

(2) Lettre que M. Parmentier a reçue de Madame Dupille. Journal de Physique, *Tome 4, page 141.*

(3) Sylva harcinia.

(*) Au moment où j'écris, je ne me rappelle plus ce qu'est devenue cette experience, je conseille à ce x qui y auroient quelque confiance de la tenter. Une foule d'occupations d'un autre genre m'a empêché de la suivre.

effleurant le seigle, il est aisé de l'enlever avec un Balai. 4.° Enfin le petit Ergot qui résiste aux trois moyens précédens, se sépareroit, à ce que je présume d'après quelques essais, si on mettoit le seigle dans des baquets remplis d'eau qu'on agiteroit; car il s'élève à la surface à cause de sa légéreté, & on l'ôteroit avec des écumoires. Il faudroit ensuite faire sécher le seigle. (*Tessier.*)

ERGOT. Maladie d'animaux. (*L. Reynier.*)

ERGOT. Les jardininiers donnent ce nom à des restes de branches mortes. Lorsqu'ils sont attentifs & soigneux ils retranchent ces Ergots qui déparent l'arbre. (*L. Reynier.*)

ERGOT-DE-COQ. Chazelle (*Supplément au Dictionnaire des jardiniers, de Miller.*) donne ce nom aux plantes du genre des Dactyles. (*L. Reynier.*)

ERIMATAL. Plante peu connue du Malabar, dont Lamark donne une notice dans le *Dictionnaire de Botanique*; comme on ne connoît aucun usage économique de cette plante, je me borne à cette indication. (*L. Reynier.*)

ERIMANTE. Variété de la tulipe des jardins, dont la fleur est panachée de rouge, feuille morte & blanc. *Recherches sur la culture des fleurs.* Voyez Tulipe. (*L. Reynier.*)

ERINACE, *Hydnum.*

L'un des genres qu'on a établi parmi les Champignons; on les distingue par les pointes qui garnissent leur face inférieure. Pour me conformer à l'opinion actuelle, je vais donner la nomenclature des espèces.

Espèces.

1. Erinace embriqué.
Hydnum imbricatum. L. Dans les bois, en automne.

2. Erinace sinuée.
Hydnum repandum. L. Dans les bois, en automne.

3. Erinace cyathiforme.
Hydnum cyathiforme. Bull. Dans les bois, en automne, entre les débris de feuilles.

4. Erinace cotonneuse.
Hydnum tomentosum. L. Dans les bois de l'Europe septentrionale.

5. Erinace cure-oreille.
Hydnum auriscalpium. L. Sur des rameaux & des cônes en putréfaction sur la terre.

6. Erinace de la Cochinchine.
Hydnum auriscalpium. Lour. non Linœi. Sur les racines des arbres de la Cochinchine.

Ces Champignons sont comme tous les autres, des secondes formations de la matière organisée des corps putréfiés, sur lesquels ils se forment. Voyez Champignon. (*L. Reynier.*)

ERINE ou MANDELINE, *Erinus.*

Genre de plantes à fleurs monopétalées, de la famille des Personnées, qui a beaucoup de rapport avec les *Buchnères* & les *Manulées.* Il comprend des herbes hautes de moins d'un pied, à feuilles simples, dentées, velues, communément alternes. Celles des tiges sont éparses; celles de la racine, nombreuses, ramassées en rond. Les fleurs sont rouges ou blanches, découpées en cinq lobes échancrées en cœur. Le fruit est une capsule ovale, entourée par le calice, biloculaire & polysperme. Cette plante est de la quatorzième classe de Linné.

Espèces.

1. Erine des Alpes.
Erinus alpinus. L. ♃ Des Alpes.

2. Erine d'Afrique.
Erinus africanus. L. D'Afrique.

3. Erine à fleurs de phlox.
Erina lychnidea. L. S. Du Cap de Bonne Espérance.

4. Erine à feuilles de Véronique.
Erinus peruvianus. L. Du Paraguay.

Espèces moins connues.

Erine maritime.
Erinus maritimus. L. S. f. 287.

Erine triste.
Erinus tristis. L. S. f. 287.

Description du port des Espèces.

1. Erine des Alpes. Ses tiges sont hautes de cinq à six pouces, simples, pubescentes, feuillées, assez droites & couchées dans leur partie inférieure. Les feuilles caulinaires sont spatulées, dentées vers leur sommet. Celles de la racine sont nombreuses, ramassées en touffes basses & bien garnies. Les fleurs sont rouges ou blanches, d'un aspect assez agréable. Elle fleurit en Mai. Des Alpes.

2. Erine d'Afrique. Cette plante est toute velue, haute de huit à neuf pouces. Sa tige est rameuse, chargée de poils un peu courts. Ses feuilles sont oblongues & les fleurs latérales, solitaires, dans chaque aisselle. De l'Afrique.

3. Erine à fleurs de phlox. Ses tiges ou rameaux sont épais, pleins de moëlle, pourprés, pubescens, longs d'un à deux pieds. Les feuilles sont lancéolées, linéaires, chargées d'un duvet court & cotonneux. Les fleurs qui sont grandes, ont l'aspect de celles des *phlox*, &

forment un corymbe terminal allongé en épi. Du Cap.

4. ERINE A FEUILLES DE VERONIQUE. Ses tiges sont presque simples, pubescentes, hautes d'un pied environ. Ses feuilles sont opposées, ovales, lancéolées, pubescentes. Les fleurs sont d'un beau rouge, ramassées en bouquet terminal. Du Paraguay.

Culture

La première espèce qui est de pleine terre, se multiplie en divisant ses racines en automne. Elle se plaît à l'ombre, dans un terrein sec, la terre trop grasse la faisant aisément pourrir. On la multiplie aussi par ses graines qui mûrissent en Juillet, & qu'on seme au printems dans un terrein sec & sans fumier.

Les autres espèces se sèment au printems dans des pots remplis de terre légère qu'on met sur la tannée d'une couche chaude sous chassis; les plantes leveront au bout de six semaines; quand elles seront assez fortes, on les repiquera chacune séparément dans de plus grands pots remplis d'une terre légère sans terreau, qu'on mettra sur une autre couche tiède où on leur donnera de l'air & des arrosemens, & d'où on les retirera quand elles auront fait de nouvelles racines. On les traitera ensuite comme les autres plantes des pays chauds en les arrosant souvent, & en leur donnant assez de soin pour accélérer la maturité des graines.

Usages.

On ne cultive les Erines que dans les jardins de Botanique pour la démonstration. Quoique la première espèce soit d'un aspect assez agréable, elle est d'un trop petit effet pour servir d'ornement à nos parterres. Ces espèces ne sont d'aucune utilité & d'aucun usage reconnu. (*L. Menon.*)

ERIOCÉPHALE, *Eriocephalus*.

Genre de plante à fleurs composées radiées, qui se rapproche de l'*Hippia*. Il comprend de petits arbrisseaux exotiques, de la hauteur de trois à six pieds, dont le feuillage est analogue à celui des *Auronnes*, à feuilles linéaires, entières ou divisées en trois ou cinq découpures, alternes ou opposées, d'un verd blanchâtre, d'une odeur & d'un goût aromatiques. Les fleurs sont radiées, d'un blanc mêlé de rouge ou de pourpre, semblables par leur aspect à celles des *Achillées*. Ces plantes sont remarquables par le duvet abondant, long, soyeux, qui environne leur calice intérieur, sur-tout à l'époque de la fructification. Le fruit consiste en plusieurs semences ovoïdes, nues, produites par les demi-fleurons. Ce genre est de la dix-neuvième classe de Linné.

Espèces.

1. ERIOCÉPHALE à corymbes.

Eriocephalus africanus. L. ♄ De l'Afrique.

2. ERIOCÉPHALE à grappes.

Eriocephalus racemosus. L. ♄ Du Cap de Bonne-Espérance.

Description du port des espèces.

1. ERIOCÉPHALE A CORYMBES. C'est un arbrisseau toujours verd, haut de trois à six pieds environ, à rameaux droits, roides & grisâtres; ses feuilles sont linéaires, longues d'un pied & demi, d'un verd blanchâtre, semblables à celles de l'*Auronne*, mais plus épaisses, qui répandent une odeur pénétrante & aromatique quand on les froisse. Les fleurs sont d'un blanc mêlé de rouge ou de pourpre, disposées six à huit en corymbe terminal. A mesure que la fructification se développe, les têtes des fleurs sont environnées de poils fins, laineux, blancs sur les individus vivans, roussâtres sur les individus desséchés. De l'Afrique.

2. ERIOCÉPHALE A GRAPPES. Cet arbrisseau a les rameaux plus grêles, moins roides que le précédent & un peu effilés; ses feuilles sont petites, nombreuses, linéaires, entières, couvertes d'un duvet court qui leur donne une couleur argentée. Les fleurs viennent sur des grappes simples, en forme d'épi, terminales, longues, qui forment au sommet des principales branches, une panicule oblongue abondamment laineuse. Du Cap.

Culture.

Le moyen des boutures pour multiplier les *Eriocéphales*, est le plus prompt; on les fait dès le mois de Mai pour leur donner le tems de faire de fortes racines avant l'hiver : on les met dans des petits pots remplis de terre légère, qu'on place sur la tannée d'une couche tiède, sous chassis, à l'abri du soleil jusqu'à ce qu'elles aient produit des racines; on les arrose modérément, la trop grande humidité leur étant contraire. Quand elles auront pris racine, on les accoutumera par degrés à l'air libre, jusqu'à ce qu'elles puissent y être exposées tout-à-fait. On les rentrera dans la serre ou chassis vers le mois d'Octobre, de façon à ce qu'elles puissent être exposées au soleil & à l'air dans les tems doux; on les arrosera peu pendant l'hiver, & l'été suivant quand on les aura mis en plein air, on leur donnera de l'eau plus souvent.

On peut aussi les multiplier par les graines en les semant dans de petits pots, qu'on placera sur une couche tiède, on transplantera le plant quand il sera assez fort, & on lui donnera en tout, les mêmes soins qu'aux boutures.

Usages.

Comme ces plantes conservent leurs feuilles toute l'année, & que leur aspect blanchâtre & cotonneux leur prête beaucoup d'effet, elles concourent à l'ornement des gradins en hiver & en été, par leur agréable variété avec les autres plantes exotiques. (*L. Menon.*)

ERITHAL, *Erithalis.*

Genre de plantes établi par Jacquin dans la famille des Rubiacées, composé jusqu'à présent d'une seule espèce, qui est un arbre ou arbrisseau exotique.

Espèce.

1. Erithal d'Amérique.

Eritalis frutifosa. L. ♄ Des bois de la Martinique, la Jamaïque & S. Domingue.

β. Variété à fleurs inodores de Curaçao.

C'est un arbrisseau, rameau, d'un port élégant, & qui s'élève à la hauteur de quinze pieds; ses fleurs sont disposées en corymbes axillaires & terminaux; elles ressemblent un peu aux grappes de lilas & répandent une odeur agréable.

On multiplie cet arbre de graines reçues du pays natal, car on n'en a pas encore obtenu dans nos serres. On seme ces graines dès qu'on les reçoit dans des petits pots pleins d'une terre légère, & plongés dans la tannée d'une serre chaude. Semées en automne elles lèvent le printems suivant. Une fois qu'on possède cet arbre, on peut le multiplier de boutures; elles ont un peu de peine à reprendre; mais elles réussissent cependant. Quand aux soins que l'Erithal exige, ils sont les mêmes que pour les autres arbrisseaux de ces climats.

L'Erithal n'est pas encore cultivé à Paris, mais je l'ai vu dans les jardins de la Hollande, & l'agrément de ses formes, sur-tout lorsqu'il est en fleur, devroit encourager à le multiplier dans nos jardins à serres. (*L. Reynier.*)

ERS, *Ervum.*

Genre de plantes de la famille des Légumineuses & voisins des *Vesces*, dont il ne diffère pas sensiblement. Il est composé de plantes cultivées la plûpart pour la nourriture de l'homme & celle des animaux.

Espèces.

1. Ers aux lentilles, vulg. lentille.

Ervum lens. L. ⊙ Cultivée en Europe où elle se reproduit sauvage en plusieurs lieux.

2. Ers tetrasperme.

Ervum tetraspermum ⊙ Des champs de l'Europe.

3. Ers velu.

Ervum hirsutum. ⊙ Des champs de l'Europe.

4. Ers de sologne.

Ervum soloniense. L. De la France.

5. Ers à une fleur.

Ervum monanthos. L. ⊙ Du midi de la France & des pays tempérés de l'Asie.

6. Ers ervillier. vulg. Pois de pigeons, pesette.

Ervum ervilia. L. ⊙ Des champs de l'Europe Méridionale & du Levant.

Espèce douteuse.

Ervum hirsutum. Lour.

La lentille est la principale espèce d'Ers, par la qualité de son fruit, qui est une des nourritures habituelles de beaucoup de peuples. On en distingue deux races distinctes qui se conservent assez constantes, lorsque le mélange des poussières ne produit pas de métis. L'une est la *grosse lentille* dont la graine est le double plus grosse, d'une teinte blonde, la plante elle-même est plus grande dans toutes ses parties; l'autre est la *petite lentille* dont la graine est d'une teinte brune; cette dernière sorte a plus de goût que l'autre; beaucoup de personnes préfèrent la première. La culture des lentilles se fait ordinairement en grand, lorsque quelque personne en cultive un carré de jardin, il suit la même culture; ainsi je renvoie à l'article Lentille de Tessier.

L'espèce connue sous le nom d'*Esservillier*, est cultivée dans plusieurs pays, pour la graine qui est employée à nourrir la volaille, quoique peu saine & très-indigeste; une culture plus avantageuse est celle pour fourrage. *Voyez* ci-après l'article de Tessier.

Les autres espèces sont des plantes qui croissent sauvages dans les champs, & qu'on n'a pas encore utilisées.

Culture dans les jardins.

Je ne parlerai ici que de la culture pour les jardins de Botanique; il suffit de planter les graines dans des bassins de terre ameublie, vers le mois de Germinal, & d'avoir soin par quelques sarclages de les débarrasser des mauvaises herbes. La graine fleurit de bonne heure,

& si on n'a pas le soin de la récolter à sa maturité; elle se dissémine & reproduit l'espèce sans culture. (*L. Reynier.*)

Culture de la sixième espèce.

Ervum, Ervilia L. On appelle encore cette plante *Eras, les Ers, goirils, arrobes, orob, pois moresque, lentille bâtarde, légumes noueux*, &c.

Elle m'a paru avoir des racines pivotantes, de quatre à cinq pouces de longueur. Sa tige est ferme sans être grosse. Elle s'élève jusqu'à un pied & demi. Une tige d'Ers se divise en plusieurs rameaux, qui partent souvent de la racine & se subdivisent. J'ai vu dans mes cultures jusqu'à vingt siliques sur un seul pied. Elles n'ont que huit à neuf lignes de longueur & contiennent trois ou quatre grains au plus, de grosseur égale, séparés les uns des autres & comprimés dans tous les sens; ce qui leur donne l'apparence de siliques articulées.

Les grains, avant qu'ils soient mûrs, sont arrondis comme des pois; à leur maturité, on y découvre quatre facettes & quatre éminences. Leur saveur est celle du haricot, affoiblie, sans amertume.

On trouve quelquefois les graines d'Ers mêlées dans celles de vesce & de la lentille commune.

Tout ce que j'en ai semé, a été quatre mois au moins en végétation, soit que je les aie semées en Mars ou en Avril.

L'Ers peut se couper en verd & fournir un fourrage très-tendre, si on saisit le moment où elle est en fleur.

Communément on en donne la graine aux pigeons & aux animaux ruminans, qu'elle nourrit & engraisse.

Elle entre dans la composition des farines résolutives, dont la chirurgie fait usage. La nécessité a forcé quelquefois d'en faire du pain, d'autant plus lourd & plus mat, que l'Ers en forme une plus grande partie. Sa farine étant courte & sèche, il faut l'allier avec du froment & du seigle.

En repassant les pays, d'où j'ai reçu des graines d'Ers, je reconnois qu'elle se cultive seulement dans les parties méridionales de la France, dans le Comté de Nice, dans les isles de l'Archipel, aux Canaries; aucun canton du Nord ne me l'a envoyée. Il est aisé de juger maintenant du climat qui lui convient.

Le sol & la culture qu'exige l'Ers, sont les mêmes que ceux qu'il faut pour la lentille. *Voyez* cette dernière plante. (*Tessier.*)

ÉRUCAGE. Nom par lequel beaucoup de jardiniers désignent les plantes du genre des CAQUILLES. *Voyez* ce mot. (*L. Reynier.*)

ERYNGIUM. Les jardiniers ont presque francisé ce nom latin, des plantes plus connues sous le nom des PANICAUT. *Voyez* ce mot. (*L. Reynier.*)

ERYTHRINE, *Erythrina.*

Genre de plantes de la famille des LÉGUMINEUSES voisin des *Dolics*, sous plusieurs rapports, quoique différens par le port des espèces. Ce sont des arbres & arbustes exotiques, tandis que les Dolics sont des plantes grimpantes.

Espèces.

1. ERITHRINE de Caroline.

Erythrina herbacea. L. ♃ ou ♄ De la Caroline & la Floride.

2. ERYTHRINE des antilles. vulg. arbre de corail.

Erythrina corallodendron. ♄ Des Antilles.

3. ERYTHRINE des Indes.

Erythrina indica. Lam. ♄ Des Indes orientales.

β. Variété à feuilles panachées.

4. ERYTHRINE crête de coq.

Erythrina crislagalli. L. ♄ Du Brésil.

5. ERYTHRINE monosperme.

Erythrina monosperma. L. ♄ Du Malabar.

6. ERYTHRINE brun.

Erythrina fusca. Lour. ♄ Près des fleuves de la Cochinchine.

7. ERYTHRINE équipétale.

Erythrina isopetala. Lam. ♄ Du Brésil.

8. ERYTHRINE à gousses planes.

Erythrina planisiliqua. Lam. De S. Domingue.

Espèce moins connue.

Erythrina abyssinica.

La première espèce est une plante qui par les relations des voyageurs, paroît être un arbrisseau dans son pays natal, & qui dans nos serres n'est qu'une plante herbacée. Peut être seulement que ses tiges qui périssent chaque année dans nos serres, acquièrent plus de volume, & de consistence dans les pays chauds, dont elle est originaire. Sa racine est grosse, formée comme celle de la Bryone; il en sort plusieurs tiges, qui s'élèvent d'un à deux pieds dans nos jardins & de six pieds dans son pays natal, qui portent les fleurs disposées en épi à leur extrêmité. Ces fleurs sont rouges de couleur de sang. L'espèce n.° 2. & les suivantes, excepté la dernière, sont des arbres de hauteur moyenne, ordinairement couverts d'aiguillons, mais qui les perdent dans beaucoup de circonstances; leur bois est blanc tendre. Leurs feuilles sont ternées & précédées par les fleurs, dans les espèces n.° 2 & 3; il est plus vrai de dire que les fleurs paroissent au moment de la chûte des anciennes feuilles; car les arbres des tropiques ne sont pas sujets à cette suspension de sève, que le froid occasionne aux arbres de nos climats. Les fleurs sont en épis, de couleur de corail très-vive; cette couleur rouge est remplacée par un brun rougeâtre foncé dans l'espèce n.° 6.

Culture.

La première espèce se multiplie de graines, qu'on reçoit de son pays natal; car ses fleurs restent stériles dans nos serres. On sème ces graines dans des pots plongés dans la tannée d'une serre moyennement chaude; ordinairement elles germent en cinq ou six décades. Lorsque le plant a acquis dix à douze pouces de hauteur, on le transplante séparément dans des pots qu'on enterre de même dans une tannée tiède, ayant soin de les prémunir contre l'action immédiate des rayons solaires, mais en leur conservant autant d'air que possible. Dès que ces plantes ont acquis une certaine force, c'est-à-dire, au bout d'un à deux ans, on doit les placer dans des expositions moins chaudes, & même les placer sur les gradins d'une serre ordinaire, ayant soin de leur donner de tems à autre quelques arrosemens; elles y fleurissent sans peine, & sont alors un des ornemens de nos jardins exotiques.

Les Erythrines en arbres exigent les mêmes soins étant jeunes, & lorsqu'ils sont parvenus à leur développement ligneux; on peut les multiplier de boutures en donnant à ce jeune plant les mêmes soins qu'à ceux obtenus de graines.

Usages.

Les Erythrines peuvent être considérés comme un des plus beaux ornemens de nos serres, comme ils le sont des jardins des pays des tropiques. Ils sont cultivés comme plantes décoratrices dans les deux Indes, & on ajoute à cet usage d'agrément, d'autres plus utiles, tels que l'emploi de la troisième espèce en pharmacie. L'écorce, suivant Loureiro, en est fébrifuge : son bois est employé préférablement à tout autre, pour le charbon qui sert à la fabrication de la poudre à canon; enfin ses feuilles servent d'enveloppes aux viandes, contribuent à leur conservation & les rendent plus savoureuses. Les habitans de nos Isles employent l'espèce n.° 2, pour faire des haies; ils la préfèrent à cause de la promptitude de sa croissance & la facilité avec laquelle elle reprend de bouture. (*L. Reynier.*)

ERYTHRONIUM. Genre de plante de la famille des *Liliacées*, dont plusieurs peuples de l'Asie se nourrissent. *Voyez* VIOULTE. (*L. Reynier.*)

ESCAYOLA. Dans quelques endroits on appelle ainsi l'Alpiste. *Voyez* ALPISTE. (*Tessier.*)

ESCAROLE. Manière vicieuse d'écrire, & de prononcer le nom de la *Chicorée scariole*. *V.* CHICORÉE. (*L. Reynier.*)

ESCAT. Mesure de terre, usitée dans quelques pays, particulièrement à Albret, Castillones en Agenois, Condom, Lectoure, Lomagne, Nérac en Guyenne, &c. Sa contenance n'est pas la même, puisque à Albret & Nérac elle est de six à sept toises, & à Castillones, Condom & Lectoure, de quatre à cinq toises quarrées. *Voyez* la comparaison de diverses mesures au mot ARPENT. (*Tessier.*)

ESCOURGEON. Espèce d'orge qu'on appelle encore *orge quarrée*, *orge d'Automne*, *orge prime*; *orge quarrée*, parce qu'elle a quatre rangs de grains; *orge d'Automne*, parce qu'on la sème dans cette saison; *orge prime*, parce que c'est le premier grain qu'on moissonne : elle se sème avec le meteil & demande une terre forte. *Voyez* ORGE. (*Tessier.*)

Addition à l'article Escourgeon.

Dans les diverses fermes dépendantes du Cap de Bonne-Espérance, on cultive les diverses variétés de l'orge pour la nourriture du bétail; & on les fauche plusieurs fois de suite avant qu'elles montent en épis. *Thumberg, voyages.*

ESCOURSOIR. On donne ce nom à une machine employée à séparer la filasse du chanvre de sa tige. *Voyez* CHANVRE & ECHANVRER. (*L. Reynier.*)

ESPACER. On le dit de la distance à mettre entre les végétaux lorsqu'on les plante.

Les arbres des avenues, allées &c., où ils ont deux côtés de développement, se plantent plus près pour rendre la haie d'ombrage plus touffue. Mais les arbres de plein vent, qui doivent se développer en tout sens, demandent une espace plus grand qui ne peut être évalué d'avance, mais que l'usage indique pour chaque espèce. En général l'*Espace* qu'on doit donner à chaque arbre, est celui qui lui est nécessaire pour acquérir un entier développement sans nuire aux autres végétaux, & sans en recevoir d'influence délétrice. Ainsi l'arbre de première grandeur exige plus d'espace que celui de seconde; l'arbre de plein vent plus que le demi-vent &c. Il en est de même des légumes; l'usage raisonné & réfléchi motivé sur le développement moyen des individus de l'espèce, doit déterminer l'espace à leur donner, encore même devroit-on subordonner cet espace à la nature du terrein : car dans un terrein stérile, une plante exige un plus grand espace, pour acquérir sa plénitude de développement, que dans un sol riche ou tout favorise son développement. Ainsi le principe général dont l'application est subordonnée aux lumières du cultivateur, est que chaque plante occupe la place nécessaire à son développement. (*L. Reynier.*)

ESPALIER. Arbre placé contre un mur, sur lequel ses branches sont étendues par le jardinier; ce genre de développement de l'arbre, peut-être considéré comme le complément de l'art de la culture, car aucune position ne fournit des fruits aussi parfaits que celle-ci. Le développement de la culture en Espalier, étant du ressort du *Dictionnaire des arbres & arbustes*, je dois y renvoyer, cependant j'aurois plusieurs observations & résultats d'expériences à opposer, à ce que dit Rosier dans son cours d'agriculture sous cet article. (*L. Reynier.*)

ESPARCETTE. Nom que l'on donne au sainfoin, à Saverne-le-Château, à Valres en Rouergue, & à Montpellier, &c. *Voyez* Sainfoin. (*Tessier.*)

ESPARGOUTE. Nom vulgaire de la *spergule :* plante dont la culture est adoptée pour prairies artificielles. *Voyez* Spergule. (*L. Reynier.*)

ESPARTO. Nom vulgaire en Espagne du *Spart*, production ou plutôt emploi d'une espèce de Stipe. *Voyez* ce mot. (*L. Reynier.*)

ESPEAUTE, ESPEAUTRE, ESPIOTE. Sous ce nom on confond une espèce d'orge, qu'on sème en automne; & une espèce de froment qu'on appelle aussi Epeaute, Epeautre; la véritable Epeautre est un froment. *Voyez* Froment. (*Tessier.*)

ESPÈCES. Ce mot, qui sert à distinguer les plantes, a souvent causé des discussions entre les botanistes & les agronomes, les uns voulant qu'on rangeât parmi les *Espèces* ce que les autres releguoient dans les *Variétés*. Il en est résulté que des botanistes ont cru devoir admettre un plus grand nombre d'Espèces, en diminuant à proportion celui des variétés. Lamark, (*Dict. de Botanique*) se plaint de cette condescendance, dans laquelle il voit la ruine de la botanique & l'inutilité des travaux des hommes, qui ont cultivé & éclairé cette Science. En effet, si la botanique n'adoptoit pas des caractères tranchans, elle auroit de la peine à se reconnoître dans le nombre prodigieux de végétaux existans. Il ne suffit pas d'avoir des signes certains, qui empêchent de confondre les individus. Pour rendre l'étude de la botanique facile & commode, & pour avoir dans cette Science des idées nettes & claires, il faut encore établir des classes ou des ordres, des divisions, des subdivisions. Mais on ne doit, ni trop resserer, ni trop étendre les distinctions; il est à tout des bornes. Les auteurs des systêmes & méthodes de botanique, ont, après les grandes classifications, distingué les plantes par *Espèces* & *variétés*. Suivant Jussieu, l'*Espèce est la succession constante des individus semblables, au moyen de la génération* : ainsi, tout ce qui ne ressemble point entièrement à l'individu, dont il est produit, n'est que variété. Par exemple, la graine de Pin maritime & celle de Pin d'Ecosse, donnant toujours naissance, l'une à des Pins maritimes & l'autre à des Pins d'Ecosse, ces deux arbres sont deux espèces bien déterminées. Il en est de même du bled de Pologne, *triticum Polonicum*, comparé au bled de miracles, & d'un grand nombre d'autres plantes. Voilà pour les Botanistes un point d'où ils peuvent partir, voilà une base fixe pour leurs méthodes ou systêmes, voilà enfin une ligne de démarcation, qui peut les diriger & les satisfaire. Mais les agronomes ne s'en contenteront pas.

Toutes les multiplications par greffes, marcottes ou racines sont constantes. Si cependant on semoit la graine, soit de l'individu greffé, soit de l'individu marcotté, soit de celui qu'on élève de racines, on n'obtiendroit pas des sujets semblables à ceux, dont on auroit tiré la graine. D'après la définition de l'Espèce, citée précédemment, combien de plantes multipliées par greffes, marcottes & racines, & regardées par les agronomes comme des Espèces, ne sont que des variétés? Il s'en suit, que le *bon-chrétien*, le *chaumontel*, le *beurré*, le *catillac*, &c. sont de simples variétés de poires; l'*apis*, la *reinette*, le *rambour*, le *fenouillet*, &c. des variétés de pommes; le *teton-de-vénus*, la *grosse mignone*, la *Magdelaine*, la *grosse bourdine*, &c. des variétés de pêches; la *Reine-Claude*, la *mirabelle*, la *St-Julien*, &c. des variétés de prunes. Cependant ces arbres différent tellement entr'eux par le bois, l'écorce, les feuilles, la qualité & la précocité du fruit, qu'il est impossible de les confondre; on les reproduit constamment, & séparément, si on insère des yeux ou des portions de leurs branches dans les branches, ou d'un sauvageon, ou d'un coignassier, ou d'un poirier franc. Les agronomes peuvent donc les prendre pour des *Espèces*, quoique leurs graines ne donnent pas des individus semblables. Car sans cette désignation comment distingueroient-ils les différences qui naissent seulement de la couleur, de la forme & d'autres accidens, dépendans du sol, du climat, des météores? Que deux plantes différentes se reproduisent constamment les mêmes, de graine ou par tout autre moyen, quelle importe dès qu'on est assuré d'obtenir des individus semblables, de l'un comme de l'autre, on ne peut refuser de les placer dans les Espèces. Les botanistes auroient dû au moins donner

donner un peu plus d'extension à leur définition, & dire : *nous appellons Espèce la succession constante des individus semblables, au moyen de la génération naturelle & de la génération artificielle*, c'est-à-dire, celle, qui se fait par greffes, boutures ou marcottes, ou racines. Ils se seroient en ce point rapprochés des agronomes, & ils n'auroient pas eu l'air de négliger des différences bien importantes. Je pourrois à cette occasion entrer dans des détails, qui nous conduiroient loin, sur les propriétés si diverses de quelques arbres, que la botanique place dans la même *Espèce*, sur les avantages si dissemblables de plusieurs individus qu'elle appelle *variétés*, sur les époques si éloignées de la maturité des fruits d'un grand nombre; enfin sur leur manière de végéter, qui n'étant pas la même, exige du cultivateur des soins différens. Mais j'en ai dit assez pour faire voir que les botanistes & les agronomes pourroient facilement être d'accord.

On a cru tout concilier en distinguant les Espèces en *Espèces naturelles* & en *Espèces jardinieres*; mais cette distinction n'est pas nécessaire, ainsi qu'on vient de le voir. Il vaudroit mieux s'entendre & adopter la même définition. Il faut que la botanique & l'agriculture se concertent & s'aident réciproquement.

Je n'ai pas besoin de dire ici que quand sur un point contesté depuis long-tems, je cherche à réunir les botanistes & les hommes, qui se livrent à l'étude de l'agriculture, je n'ai point en vue les cultivateurs routiniers, qui multiplient les Espèces à l'infini, & qui ne peuvent comprendre le sens qu'on attache aux mots *Espèce* & *Variété*. Quand les hommes instruits marcheront sur la même ligne, ils répandront les connoissances par-tout; & les routiniers peu-à-peu s'éclaireront & adopteront le vrai langage de la science en même-tems que les meilleures pratiques. (*Tessier*.)

ESPECIAS. Arbre dont Ulloa parle (T. I, pag. 130.) qui occupe les hautes sommités des Cordillères, vers le terme de la région boisée, cependant au-dessous d'une autre espèce qu'il nomme *Cassis*. Ces noms locaux pourront servir à quelques naturalistes voyageurs, d'indication pour retrouver les arbres qu'Ulloa désigne, & qui nous en donneront alors une description plus circonstanciée. Ulloa se borne à dire que l'écorce de l'*Especia* a deux ou trois lignes d'épaisseur, qu'elle est dure, unie & adhérente au tronc, en quoi elle diffère de celle du *Quinecal*, autre production de ces sommités: la feuille est épaisse comme celle du Chene, & d'un vert foncé; le fruit est petit & la fleur de couleur obscure est petite, & semblable à celle de l'Olivier. (*L. Reynier*.)

ESQUILLE. Saillies qui se forment lorsqu'on casse des branches. *Voyez* Casser. (*L. Reynier*.)

ESQUINANCIE. Maladie de bétail, plus connue sous le nom d'*Etranguillon*. *Voyez* Etranguillon. (*Tessier*.)

ESQUINE. Mauvaise manière d'écrire le nom d'une *Smilace*, connue dans les Pharmacies sous le nom de *Squine*. *Voyez* Smilace. (*L. Reynier*.)

ESSAIM. Assemblage de jeunes abeilles, qui sortent d'une ruche, pour aller chercher une demeure. *Voyez* Abeilles. (*Tessier*.)

ESSAIMER. Quand des abeilles, par la naissance d'une grande quantité de jeunes, sont trop nombreuses dans une ruche, il en part une Colonie, qui va chercher une autre habitation. C'est ce qu'on appelle *Essaimer*, donner un *essaim*. *Voyez* Abeilles. (*Tessier*.)

ESSARTAGE, *Essarter, faire des Sarts*. Je ne puis mieux donner une idée de cette opération rurale qu'en copiant un Mémoire du C. Bourgeois, cultivateur instruit. Il ne s'agit pas d'une pratique, qui n'a lieu que de tems en tems; mais d'une pratique qui s'exécute tous les ans en grand, & qui par conséquent mérite attention.

« Dans le Département des Ardennes, aux environs des villes de Mezières, Rocroi, Marienbourg & Givet, il y a plus de quarante paroisses, toutes assez considérables, qui n'ont point, ou qui n'ont que très-peu de terres-labourables. »

Les villages du Duché de Luxembourg & de la Principauté de Liége qui sont situés à la rive droite de la Meuse, depuis Charleville jusqu'à Givet, ne sont pas plus favorisés de la nature. »

« Sur une surface de quinze à seize lieues en longueur & de cinq à six en largeur, le pays traversé par cette rivière, est couvert de rochers, de montagnes & de forêts. »

« Les bourgs & les villages sont situés au milieu des bois; leurs terroirs, plus ou moins grands, consistent en bruyères & pâtures, en prés bas, & en prés hauts. »

« On a donné aux prés hauts, le nom de terres, parce qu'on en laboure quelquefois des portions. On y sème de l'avoine la première année; la seconde, du seigle après y avoir mis du fumier, & la troisième année encore de l'avoine. On ne donne jamais qu'un labour. »

« La récolte en seigle est ordinairement mauvaise ou médiocre, & les deux récoltes en avoine sont ordinairement très-abondantes. »

« Ces trois récoltes faites, le terrein reprend la nature d'un pré, sans qu'on y donne aucun soin. On le fauche chaque année, & on le laisse dans cet état neuf à dix ans, & quelquefois plus long-tems. »

« Les habitans n'ont point de bêtes à laine, ils ont quelques chevaux, beaucoup de vaches & de bœufs d'une petite espèce. »

« Le profit de leurs vaches & les travaux que donne l'expofition des bois & de quelques forges font toute leur reffource. »

« Les chevaux & les bœufs vivent & couchent dans les champs & les bois fept à huit mois de l'année ; ils font employés à voiturer le produit des coupes de bois & celui des forges ; les rochers & les montagnes rendant le charriage difficile, on attele, huit, dix & jufqu'à douze bœufs à un charriot très-léger, chargé d'une corde de bois ou de l'équivalant. »

« Ces animaux reftent attelés depuis cinq heures du matin, jufqu'à fix ou fept heures du foir fans prendre de nourriture. La journée faite, on les remet dans le pâturage où ils étoient le matin, pour les y reprendre le lendemain. »

« Pour fubvenir au défaut de terres labourables & fe procurer leur fubfiftance, les habitans cultivent le fol des forêts qui leur donne une récolte très-abondante en feigle ; ce genre de culture fe nomme dans le pays *Effarter*, ou faire des *Sarts*. »

« On exploite les bois à l'âge de dix-huit à vingt ans, & on ne laiffe pas de baliveaux : c'eft une dérogeance à l'Ordonnance des Eaux & Forêts en faveur de ce pays ; elle eft dûe fans doute à la néceffité. »

« Pendant l'hiver on coupe les bois blancs & on les réduit en bois de chauffage & de charbon. Le chêne refte fur pied ; on attend que la chaleur du printems ait fait monter la féve pour en arracher l'écorce qui eft employée dans les tanneries. L'écorce arrachée on coupe le chêne & on le réduit auffi en bois de chauffage & de charbon. »

« Les branches des bois blancs & des chênes reftent fur le terrein. »

« Le propriétaire ou l'adjudicataire de la coupe, la fait divifer en portions d'un arpent chaque ou à peu-près & vend par adjudication au plus offrant, la fuperficie de chaque portion avec les branches qui la couvrent. »

« Les adjudicataires de ces portions taillent & placent les branches fur le terrein comme on place le chanvre qu'on fait rouir fur les prés ; s'il fe trouve de la bruyère, des ronces, ou quelques arbuftes, on les arrache, on les coupe & on les arrange de même. »

« Quand les chaleurs des mois de Juillet & Août ont féché ces branches, les locataires des portions fe réuniffent & y mettent le feu, après avoir pris les précautions néceffaires pour empêcher l'incendie de fe communiquer aux bois voifins. »

« Si la faifon a été sèche, s'il fait un peu de vent, cinq à fix heures fuffifent pour brûler une coupe de cent arpens ; elle n'offre plus qu'une fuperficie noire & cendrée. »

« Quelques jours après, chaque locataire, sème du feigle dans fa portion & recouvre la femence par un crochetage léger fait avec un hoyau étroit, à manche long. La germination eft prompte ; la tige devient haute, & la récolte eft précoce & abondante. »

« On feroit porté à croire que l'Effartage caufe du dommage aux forêts, & nuit à l'intérêt des propriétaires, tant par la chaleur du feu qui peut brûler ou deffécher les fouches, que par la perte de la première feuille. Mais l'expérience de tous les tems prouve le contraire. »

« La première feuille eft perdue, fans doute, mais les préparations que le terrein a reçues, donnent à la deuxième pouffe une vigueur étonnante ; les rejettons s'élevent à l'envie avec le feigle qui les entoure, les foutient & leur fait prendre une direction droite. Le feigle les met à l'abri du vent qui en détacheroit une partie de la fouche & feroit rompre les autres ; ainfi protégés dans leur première croiffance, ces rejettons forment une fepée bien garnie, dont les tiges font toujours droites & vigoureufes. »

« Les fouches & les racines ne reçoivent aucune atteinte nuifible de ce feu courant, pas même celles de bois blancs quoique traçantes & plus à fleur de terre. A la troifième pouffe les taillis font inpénétrables, & après la cinquième ils ont affez d'élévation pour fe défendre des dégâts des beftiaux ; c'eft à cette époque qu'on permet de les y mener paître. »

Les vignerons de quelques pays appellent *Effartage* ou *Effarter* la première façon qu'ils donnent à la vigne, après l'hiver. Elle confifte à fouiller avec une efpèce de pioche la terre entre les ceps, dont on s'approche peu à peu. (*Tessier.*)

ESSARTS ou ESSERTS. Terreins vagues, couverts de brouffailles & par conféquent incultes. Ce mot n'eft pas univerfellement adopté ; mais il eft ufité dans plufieurs départemens. (*L. Reynier.*)

ESSAYEUR. On donne ce nom au cheval entier, qui dans un haras fert à affurer la chaleur des jumens ; c'eft ordinairement un mauvais cheval. Il eft plus connu fous le nom de *bout-en-train*. *Voyez* Cheval. (*Tessier.*)

ESSEMENS. Nom donné dans quelques pays aux femences. On dit renouveller fes *Effemens*, au lieu de dire renouveller les femences. (*Tessier.*)

ESSORER. On le dit de l'action du foleil fur la terre, lorfqu'il en diffipe l'excès d'humidité. On ne doit pas travailler la terre avant qu'elle foit efforée ; fans cela elle refteroit compacte en fe grumelant, & trop pénible à travailler en s'attachant aux inftrumens aratoires. (*L. Reynier.*)

ESSOUCHER. Arracher les souches. Les Suédois ont inventé depuis quelques années une machine pour arracher les souches des arbres de futaye ; on en trouvera la description au *Dictionnaire des machines*, auquel je renvoye. On employe aussi le mot *Essoucher*, mais moins communément, comme synonime d'*Essarter*. *V.* ce mot. (*L.* REYNIER.)

ESSOUED. Nom qu'on donne en Egypte, à une terre noire, ou plutôt brune, formée par les dépôts successifs du Nil. Elle est grasse, onctueuse, liante, sans saveur bien décidée, mais donnant un peu sur le doux. (TESSIER.)

ESTAMPE. Tulipe panachée de colombin, de blanc & d'incarnat ; c'est une des variétés distinguées que cite *l'auteur des recherches sur la culture des fleurs*. Voyez TULIPE. (*L.* REYNIER.)

ESTANT. (boijen) On donne ce nom au langage forestier, au bois qui est sur pied. *V. le Dictionnaire des arbres & arbustes*. (*L.* REYNIER.)

ESTRAGON. Nom vulgaire d'une espèce d'Armoise, dont la culture est détaillée sous le nom d'*Armoise âcre*, que les Naturalistes lui ont donné. *Voyez* ARMOISE. (*L.* REYNIER.)

ESTRAGON DU CAP. Nom vulgaire suivant Chazelles de l'*Eriocephale à grappes*. *Voyez* ce mot. (*L.* REYNIER.)

ESTRAPOIRES. Ce sont de longues serpes en forme de croissant, attachées à l'extrémité d'un long bâton, dont on se sert pour couper le chaume à raz-de-terre. Cette manœuvre s'appelle Estraper. *Ancienne Encyclopédie*. (TESSIER.)

ESULE. Nom vulgaire d'une espèce d'Euphorbe, commune en Europe. *V.* EUPHORBE. (*L.* REYNIER.)

ETABLE. Ce mot s'applique en général à tous les lieux, où l'on loge les animaux. Il exprime plus particulièrement celui, qui renferme les bêtes à cornes, quoiqu'on appelle quelquefois *Vacherie* la demeure des vaches, & *Bouverie* la demeure des bœufs. On ne dit guères l'Etable des chevaux, l'Etable des moutons. *Voyez* FERME. (TESSIER.)

ETAGE. Un jardinier soigneux élève graduellement chaque année son espalier d'un étage, c'est-à-dire de deux branches qui se développent en sens opposé, & forment l'éventail entr'elles. *Voyez* ESPALIER *au Dictionnaire des arbres & arbustes*.

On dit aussi, mais moins communément des *étages de racines*, pourvu que les plus élevées soient saines, en coupant les autres ; lorsqu'elles sont endommagées on sauve l'arbre. (*L.* REYNIER.)

ETALÉ. On le dit des végétaux qui s'étendent lattéralement, sans acquérir la même extension en hauteur. Ce mot est en opposition à celui d'*effilé*, qui désigne le développement vertical sans accroissement proportionel sur les côtés. (*L.* REYNIER.)

ETALON. Ce mot se prend dans deux acceptions totalement différentes. Une mesure, qui sert de règle aux autres est un Etalon ; telle étoit autrefois la toise du châtelet ; tel étoit le boisseau de l'Hôtel-de-Ville de Paris.

Si le travail, dont on s'occupe pour établir des poids & mesures uniformes, se complette quelque jour, il y aura de nouveaux Etalons, auxquels on devra se conformer.

On donne le nom d'Etalon aux animaux mâles, qui servent à couvrir un certain nombre de femelles. Un cheval entier, un taureau, un âne, un bélier, un verrat, sont regardés comme Etalons, lorsqu'on les destine spécialement à l'accouplement. Le plus ordinairement, quand on parle d'un Etalon, c'est d'un cheval entier qu'il s'agit. *Voyez* les mots BÊTES A CORNES, BÊTES A LAINE, CHEVAL, MULET. (TESSIER.)

ETALON. Dans le langage de l'administration ancienne des eaux & forêts, ce mot étoit synonime de BALIVEAU. *Voyez le Dictionnaire des Arbres*. (*L.* REYNIER.)

ETAMINE. On donne ce nom à ces parties qui ont été reconnues par les Naturalistes, pour être les organes mâles des végétaux ; ce sont des filets plus ou moins longs, terminés par une tête de forme diverse nommée *Anthère*, ou est renfermée la *liqueur fécondante* ou *spermatique*, disséminée dans les loges d'une poussière spongieuse qui en sort à leur maturescence, & que le vent ou des mouvemens naturels de cet organe, portent sur les organes femelles nommés *pistils*. *Voyez* SEXE & FÉCONDATION. (*L.* REYNIER.)

ETANG. Amas d'eau, dans lequel on élève du poisson.

On peut distinguer les Etangs en Etangs accidentels, qui doivent leur existence au débordement de la mer ou des grandes rivières ; & en Etangs artificiels, formés par la main de l'homme. Comme ces derniers, sont l'objet principal du présent article, nous nous réservons de parler des premiers, à la fin de notre travail.

Des soins qu'exige la formation des Etangs.

Des eaux. Elles sont fournies ou par des sources, ou par des conduits qui aboutissent à des ruisseaux, à de petites rivières, & dont on détourne & conduit une partie dans l'Etang : ou enfin en rassemblant les eaux pluviales. Le grand point est de s'assurer, de la manière la plus positive, si ces eaux quelconques une fois réunies, suffiront à l'entretien de l'Etang, même dans le cas de sécheresse; c'est-à-dire, si dans ces cas, il restera une masse suffisante d'eau, à l'entretien & à la conservation du poisson. Sur cette première vue, on déterminera la longueur & largeur de l'Etang; mais ce seroit la plus grande folie, que d'entreprendre une pareille opération, toujours très-coûteuse, si on n'étoit pas assuré du plein succès, & si l'on se confioit trop sur l'abondance des pluies. Un bon Etang doit nécessairement être rafraîchi par l'eau des sources ou d'un ruisseau, sur tout dans les provinces méridionales de la France; sans cela le poisson diminue de valeur plutôt que d'en acquérir.

Il est possible à peu de chose près, d'évaluer combien de pouces d'eau, l'Etang reçoit par jour, ou des sources, ou des ruisseaux Plus il y aura de surface, plus il y aura d'évaporation; & cette évaporation sera encore en raison de la profondeur. De-là résulte la nécessité de tenir les bords élevés, afin que les eaux soient moins répandues & soient plus profondes; alors les rayons du soleil & leur action ne pouvant pénétrer jusqu'au sol, échaufferont moins l'eau, elle se volatilisera moins.

La plûpart des Etangs un peu considérables, ont le défaut d'avoir des bords trop peu élevés, d'où il résulte une évaporation, qui ne laisse pas que de devenir nuisible à la santé des habitans, qui demeurent dans le voisinage.

On doit encore considérer si les eaux que l'on emploie à la formation de l'Etang, ne passent pas sur quelques veines de minéraux contenant du cuivre ou du plomb, &c. le poisson languiroit dans de pareils Etangs & y périroit.

Il est de la dernière importance que l'eau ait une certaine profondeur, qu'elle ne s'étende pas inutilement, & au loin sur les bords seulement; cet excédant est inutile au poisson; il est le repaire des insectes, la cause de la corruption de l'air & la peste du voisinage.

Du local de l'Etang. Le premier soin est de s'assurer si le sol retiendra l'eau; si sous la première petite couche de terre, on ne trouvera pas un banc de sable ou de gravier, ou des scissures de rocher; en un mot se convaincre par les sondes multipliées, qu'il ne se perdra point d'eau. Le second est de donner différens coups de niveau, afin de s'assurer de la hauteur de la chaussée une fois déterminée, à quelle hauteur l'eau montera, & quelle superficie de terrein en sera recouverte. Le troisième, d'examiner si toutes les parties qui seront sous l'eau, appartiennent au constructeur de l'Etang, sans quoi les procès seroient multipliés à l'infini, à moins que par des arrangemens préliminaires, & passés pardevant notaire, on ne fût plus dans le cas de demander des dédommagemens. Le quatrième est d'éloigner l'Etang autant qu'il est possible des habitations & sur-tout de ne pas le placer au vent de ces dernières; la salubrité de l'air en dépend absolument.

Ces premières observations pratiques, en supposent d'autres qui tiennent à la spéculation. Combien coûtera la chaussée à construire? Combien rapportera cet Etang, en supposant la plus grande réussite? Combien rapportent actuellement les terres destinées à être converties en Etangs? Enfin en supposant qu'elles soient marécageuses, combien en coûtera-t-il pour les égoûter, & quel seroit alors leur produit? Cet examen demande la plus grande attention de la part du propriétaire. Ce n'est pas tout; après avoir porté la réussite de l'Etang au plus haut, il doit de nouveau calculer son produit au plus bas, & recommencer tous les calculs de comparaison: le chapitre des accidens est immense, & il le forcera dans la suite à se convaincre que deux & deux ne font pas toujours quatre, lorsqu'il s'agit d'un Etang.

Tout fond bas peu servir au placement d'un Etang, parce que l'eau y séjourne naturellement, & il sert de réservoir à toutes les eaux des pluies. Ces positions entraînent après elles un grand inconvénient, c'est le rehaussement du fond par les terres que les eaux des pluies entraînent & qui comblent la tranchée ouverte dans le bas, afin de laisser écouler toute l'eau du côté de la porte de l'écluse.

La position la plus heureuse est celle formée par le rapprochement de deux côteaux, ou deux collines; il y a alors beaucoup moins de longueur de chaussée à construire. Communément on trouve une profondeur convenable sur le devant & sur les côtés; & la hauteur de la chaussée détermine l'espace & la circonférence qui sera par la suite recouverte d'eau. Avant de donner le premier coup de pioche, il convient d'examiner si l'on aura la facilité de procurer l'écoulement non-seulement des eaux qui affluent chaque jour, mais encore de toutes celles qui tombent par averses pendant les orages, ou qui s'y rassemblent après des pluies consécutives & de durée; sans cette précaution, la réussite de l'Etang est plus que douteuse.

De la chaussée. C'est la partie la plus essentielle & l'ame de l'Etang; enfin celle qui supporte le poids énorme de la masse d'eau. Lorsqu'on a désigné la place que doit occuper la chaussée, & avant de commencer sa construction, il faut s'occuper de la construction de la porte de l'écluse, de la bonde ou pale; cette partie sera en bonne & solide maçonnerie. La plus légère parcimonie tire à la plus grande conséquence. Il convient donc de choisir pour cet ouvrage & le meilleur ouvrier, & les meilleurs matériaux.

Si la chauffée a, par exemple, huit à neuf pieds d'élévation, son diamètre, dans la partie supérieure, doit avoir l'épaisseur de huit à neuf pieds; & celui de la base sera au moins le triple de la hauteur, par conséquent de vingt-quatre pieds de diamètre, sur huit de hauteur; de vingt-sept sur neuf, de trente sur dix; il est même très-prudent d'étendre beaucoup la base; mais ce principe que l'on vient d'établir est de rigueur, & il offre le plus petit diamètre qu'on puisse donner. Une chauffée de huit pieds d'élévation, doit supporter seulement une colonne d'eau de six pieds de hauteur, & ainsi proportionnellement sur toutes les hauteurs. Ces deux pieds en sus, servent à retenir les vagues causées par les vents, car si l'eau ainsi agitée passe par-dessus la chauffée, elle est perdue, à moins qu'elle ne soit recouverte en-dessus, & du côté de l'écoulement, d'une forte maçonnerie, objet très-coûteux.

Supposons donc une chauffée qui aura huit pieds d'élévation, autant de crête & vingt-quatre pieds de base. On doit choisir l'endroit le plus bas du local, enfin le mieux situé pour que l'eau puisse s'écouler librement. On pratiquera dans cet endroit un canal en maçonnerie, d'un diamètre de dix-huit à vingt-quatre pouces en tous sens; enfin proportionné au volume d'eau qui doit y passer. La base de ce canal doit avoir deux pieds d'epaisseur en maçonnerie, & être portée sur une masse d'argille bien corroyée & bien battue. Les côtés & le dessus construits, le même corroi doit régner tout autour; la précaution est indispensable, afin de prévenir l'affouillement des eaux, qu'il est presque impossible de réparer dans la suite, sans une dépense presque égale à celle de la première construction. Si on a de la pouzzolane, c'est le cas de la mêler au mortier employé à la construction, & d'en parer la maçonnerie dans les parties intérieures du canal; elle préviendra les infiltrations. La partie de la maçonnerie qui correspond à l'intérieur de l'Etang, doit être élevée en pierres de taille, solidement posées & liées avec la masse de la maçonnerie du canal; dans ces pierre sera creusée la rainure dans laquelle doit glisser l'empalement destiné à intercepter à l'eau sa sortie de ce canal; enfin l'ouverture du canal derrière l'empalement sera garnie de forts barreaux de bois, séparés les uns des autres d'un demi-pouce seulement. La partie opposée, ou l'autre partie du canal, sera également terminée par des pierres de taille, afin de prévenir les dégradations. Dans quelques endroits, la maçonnerie qui soutient l'empalement, s'élève aussi haut que la chauffée, & la précaution est sage; dans d'autres, les supports de l'empalement sont en bois : ce sont de bons & forts pilotis enfoncés avec le mouton, & liés les uns aux autres par des traverses. La première méthode est préférable; la seconde est indispensable lorsque les pierres dures sont rares; mais elle est plus sujette à être détériorée, & à de grandes réparations.

Le canal, une fois solidement construit, il s'agit d'élever la chauffée. Avant de donner le premier coup de pioche, il convient de tracer sur toute la longueur que doit occuper l'Etang, un large fossé qui, prenant de son extrémité la plus éloignée, corresponde à l'empalement, & ensuite tirer des lignes diagonales des côtés, qui correspondent à ce grand fossé. La terre tirée de la partie des fossés les plus éloignés, sera la première enlevée & formera la base de la chauffée, & ainsi de suite, jusqu'à ce qu'on arrive à son pied, qu'on appelle la poêle. A mesure que l'eau de l'Etang s'écoule, le poisson se retire dans les fossés; petit-à-petit il vient se rassembler dans la poêle, où enfin il reste à sec.

Le diamètre en tout sens de cette poêle, doit être proportionné à celui de l'Etang, c'est-à-dire, qu'il doit avoir douze à vingt-quatre pouces par arpent. On peut même dans cette poêle, en ménager une plus profonde & de beaucoup plus étroite, afin de rassembler promptement le poisson dans un endroit circonscrit. Ces deux poêles seront toujours, quelque profondeur qu'on leur donne, de niveau avec la base de l'ouverture du canal, afin que toute l'eau s'échappe par cette ouverture, & que le poisson reste à sec, d'où on le peut enlever plus commodément.

Le second avantage de ces poêles & des fossés, est de dessécher, dans la suite le terrein, lorsqu'on veut le convertir en champ & de fournir la quantité de terre suffisante à la construction de la chauffée.

Le troisième, comme la poêle est plus creuse que le reste de l'Etang, la colonne d'eau est plus considérable & garantit par conséquent le poisson des funestes effets du froid & des gelées. Le grand fossé & les fossés latéraux qui aboutissent à la poêle, donnent aux poissons les moyens de s'échapper dans la poêle, lorsqu'une gelée vive & subite glace la superficie de l'Etang.

Il est bon & même essentiel d'observer que les terres simplement remuées, s'affaissent d'un pouce par pied & que l'affaissement est beaucoup plus considérable lorsqu'elles ont été transportées; ainsi une chauffée destinée à avoir constamment huit pieds d'élévation, doit dans le principe être montée à la hauteur de neuf pieds, sans cette attention on se trouvera bien loin de compte : à la fin de l'année il faudroit l'exhausser de nouveau, & peut-être sera-t-on fort embarassé pour se procurer de la terre.

Si la chauffée n'a pas une longue portée, si

l'on trouve facilement dans le voisinage des pierres propres à la construction, il est plus avantageux, plus profitable de la faire en maçonnerie; les fondations seront proportionnées à la hauteur, & l'épaisseur de toute la maçonnerie doit avoir la moitie de la hauteur. Je sais que bien des gens se contentent du tiers, parce que disent-ils, l'effort de l'eau est plus perpendiculaire que latéral. Cela est vrai jusqu'à un certain point, par exemple dans un vase, sur un terrein circonscrit, également profond dans toutes ses parties; mais ici le cas est bien différent; l'eau agit de tous les points de la circonférence contre cette chaussée à cause du plan incliné sur lequel elle porte. Quant cette assertion ne seroit même pas rigoureusement vraie, un père de famille peut il se laisser entraîner par des vues mesquines & trembler, à chaque orage, que sa chaussée ne soit emportée & par conséquent tout son poisson perdu? il seroit facile de citer des exemples d'un semblable événement, les papiers publics en fourmillent. Il est donc juste que le propriétaire soit puni de sa négligence & qu'il recoive une leçon couteuse; mais le grand mal est, que le volume d'eau franchissant les obstacles qui le captivoient, porte en s'échappant la terreur dans les villages & la désolation sur tous les champs placés au dessous.

Plusieurs propriétaires forment la chaussée avec des pieux de chêne ou de chataignier, éloignés de douze ou dix huit pouces les uns des autres; ils forment au moins deux rangées, l'une à l'extérieur, l'autre à l'intérieur. Sur ces pieux sont cloués de fortes planches sur toute la longeur de la chaussée, de manière que le tout fait un encaissement dans lequel on jette & on corroye la terre. A moins que le bois ne soit très commun sur les lieux mêmes, cette construction est très dispendieuse & après un certain nombre d'année sujette à de perpétuelles réparations. Le bois se conserve dans l'eau, le chêne sur-tout; mais toute la partie hors de l'eau travaille, se déjette & pourrit; l'eau poussée en vagues contre ces planches, s'insinue entre leur séparation, détrempe la terre, l'entraîne; il se forme peu à peu des cavités. Si l'eau peut s'établir un petit courant dans le centre de l'épaisseur de la chaussée, le terrein sera miné & au moment qu'on s'y attendra le moins, la crevasse paroîtra, le courant l'agrandira, & la chaussée sera perdue.

La meilleure terre pour la construction des chaussées est l'argile, la plus mauvaise la sablonneuse. L'argile demande à être corroyée, parce qu'elle ne s'assoit pas facilement; la terre simplement forte se tasse d'elle même avec le tems; la sablonneuse ne prend jamais la consistance requise & laisse toujours filtrer l'eau. Il y auroit un moyen sans doute de lui donner de la consistance, ce seroit de la mêler avec de la chaux en poudre, mais qu'elle dépense! ce sera toujours une mauvaise chaussée.

Si le cailloutage, si le sable pur sont dans le voisinage & que le prix de la chaux soit modéré, un encaissement fait en béton, sera éternel s'il a l'épaisseur requise. On peut même en construire ainsi toute la chaussée & suppléer à la maçonnerie, si elle n'est pas d'une longue portée. Le béton une fois cristallisé, ne laisse aucune prise à l'eau & fait du tout un corps d'une seul pièce.

J'ai dit que la chaussée devroit être élvée au-dessus des plus grandes eaux, que sa crête devoit égaler sa hauteur. Ce n'est pas encore assez; la partie extérieure de la crête sera encore plus élevée que l'intérieure, afin d'arrêter le derniers efforts de vagues; ainsi sur 8 pieds de diamètre de la crête la partie extérieure sera encore plus élevée que l'intérieure, afin d'arrêter le dernier effort des vagues : ainsi sur huit pieds de diamètre de la crête, la partie extérieure sera plus élevée que l'autre, de seize à dix huit pouces & sur un plan incliné de deux pouces par pied. Une chaussée surmontée par les vagues est une chaussée perdue. On ne sauroit trop le répéter, plus la chaussee est perpendiculaire, plus l'action des vagues est forte, plus elle est destructive, plus elle frappe le terrein pour le faire ébouler; au lieu que l'inclinaison des talus sur un angle de quarante cinq degrés, oppose une foible résistance; l'eau coule, & ne dégrade pas.

Aussitôt que le terrein sera élevé, il convient de le semer, & de le couvrir de graine de foin. Les feuilles & les racines de plantes menues, tapissent la superficie du terrein, ne font qu'un corps; l'eau glisse par dessus, & ne peut l'attaquer.

Si on se hate de jouir, si on met l'eau sur-le-champ, le terrein travaillera baucoup, s'affaisserat trop promptement & inégalement, parce qu'il n'est guère possible que la qualité de la terre employée soit homogène. Il vaut beaucoup mieux laisser le tout se tasser pendant une année & donner le tems à l'herbe de croître, & de faire un glacis solide.

Quelques particuliers ont l'usage de planter des arbres sur les chaussées; l'effet en est très-agréable, très-pittoresque & j'ajoute très-pernicieux. Si les arbres sont multipliés, leurs racines auront bientôt rempli tout le terrein, ils se souttendront mutuellemnt tant qu'ils existeront. L'arbre mort les racines pourrissent, deviennent spongieuses, & sont alors autant de siphons qui attirent l'eau du dedans en dehors; les petits courans sont formés & la chaussée détruite. Qu'un coup de vent déracine un arbre, qu'il tombe, ou dans l'Etang, ou sur la chaussée, voilà une brèche faite; elle sera bientôt agrandie par les vagues, & pour peu qu'elles trouvent de prise, elles pénétrent de part en part, & la chauffée est anéantie. Ces craintes ne ressemblent point à des terreurs paniques, le fait les réalise chaque jours, & on ne le prévoiroit peut être pas, s'il n'avoit été confirmé par l'expérience. Les arbres, les buissons sont d'ailleurs le repaire des oiseaux, de loutres & de tous les animaux déstructeurs des Etangs; par cette raison il est prudent de les en éloigner.

Des dégorgeoirs ou décharges d'eau. Il est impossible qu'à certaines époques de l'année, l'Etang qui ne reçoit même que les eaux pluviales ne soit trop plein, & par conséquent la chauffée en danger de crever. Autant que faire se peut, on doit donc ménager une décharge de chacun de ces côtés, ou au moins d'un seul. Il est indispensable, que cette partie soit en bonne & solide maçonnerie au béton, ainsi que la pente sur la qu'elle l'eau doit couler. A une ou deux toises à partir de la pente, doit encore régner un pavé, & encore mieux de la maçonnerie, afin que la chûte des eaux n'entraîne point le terrein, & ne parvienne enfin à creuser sous le talus.

La partie supérieure du dégorgeoir, celle qui détermine le niveaux constant de l'eau, sera garnie d'une grille, ou en fer ou en bois, dont les barreaux seront espacés d'un pouce, & la hauteur de cette grille égalera celle de la chauffée. On ne sauroit lui donner trop d'étendue, c'est le moyen de préserver tous les accidens.

Si au dessous de ce premier Etang on en construit un ou plusieurs autres, l'eau des dégorgeoirs servira à les remplir. Cette méthode n'est pas sans inconveniens : pour peu que l'eau soit abondante dans l'Etang, supérieur, pour peu que l'intensité des pluies soit forte, les Etangs inférieurs risquent d'être emportés, car outre les eaux qu'ils reçoivent naturellement, ils auront encore à recevoir le trop plein des Etangs supérieurs, de manière que toute la superficie de la levée seroit elle même un dégorgoir garni de sa grille : il est presque impossible qu'un pareil édifice se soutienne.

La prudence indique un moyen de prevenir les facheux accidens : il consiste à rassembler l'eau des dégorgeoirs dans un fossé proportionellement large & profond, qui régnera sur les deux côtes de l'Etang, ou au moins sur un. Pour remplir les empalemens inférieurs, on pratiquera à chaque dégorgeoir un empalement susceptible d'être ouvert ou fermé à volonté ou même d'être percé d'un certain nombre de troux, par lesquels une masse d'eau fixée s'échappera d'un Etang dans un autre, & il ne pourra jamais y passer que cette quantité.

Si l'Etang est entretenu par le courant d'un ruisseau, il est essentiel de garnir d'une semblable grille, l'endroit ou le ruisseau communique à l'Etang parce que la truïte, le brochet, l'anguille &c. remonteroient le ruisseau, & seroient perdues pour le propriétaire.

Le fossé de ceinture dont on a parlé, non seulement prévient les accidens, mais il procure l'avantage de ne pas perdre les eaux, de diriger & rendre utile leurs cours & leur chûte, au service des moulins des usines & même à l'irrigation des prairies. Le local indique l'usage auquel on doit les destiner.

Le local de l'Etang est préparé, le canal construit, la chauffée préparée, les dégorgeoirs placés, il ne reste plus qu'à y faire entrer l'eau, & à la retenir moyennant l'empalement.

De l'empalement. Sa forme varie : tantôt c'est une espèce de pale que l'on laisse tomber dans les rainures, dont on a parlé, & qui bouche exactement l'ouverture du canal ; tantôt c'est une piéce de bois de chêne, arrondi par sa base, & qui tombe perpendiculairement dans un trou de même forme, qui communique dans le canal & donne issue à l'eau lorsqu'il n'est pas bouché par cette bonde.

Il est aisé de concevoir quelle est la pression de l'eau contre l'empalement sur-tout, ou contre la bonde; mais comme le manche de l'un & de l'autre s'élève au dessus de la chauffée, & passe dans une pièce de bois à vis, ainsi que le manche, il est facile de les soulever, en faisant tourner cette vis. La traverse taraudée & vissée, est supportée par deux forts pieux, sur lesquels elle est solidement assujettie en s'emboitant avec eux. L'extrêmité supérieure du manche excède la traverse, & cet excédent est appellé la tête, cerclé en fer, & percée de deux trous qui se croisent l'un sur l'autre, par ou l'on passe les barres ou tourniquets, au moyen desquels on éléve ou abaisse la pale ou la bonde. Plusieurs particuliers assujettissent la traverse des bois dans la maçonnerie même ; elle est plus solide, & exige moins de réparations : d'autres recouvrent la pale ou la bonde avec une couche de plomb laminé; cette précaution est sage, & elle ne l'est pas autant si l'on emploie le fer parce que la rouille le corode ; il ne prête pas comme le plomb, & pour peu que la pale ou la bonde soient agitées le fer étant plus dur que la pierre il la lime, il l'use, & il se forme de petites voies d'eau.

De la cage. Avant de mettre l'eau, il convient d'établir solidement la cage sur le devant, & au moins à une toise de l'empalement ; des pilotis en nombre suffisant seront enfoncés avec le mouton, fortement liés les uns aux autres par des traverses de manière qu'ils forment un quarré & encore mieux un éxagone. Sur ces pieux on cloue à demeure des grillages en bois à forts barreaux, à moins que les pieux eux-mêmes ne soient placés assez près les uns des autres, pour empêcher que le poiſſon ne s'échappe, & ne ſuive le courant de l'eau, lorſque la pale eſt levée au moment de pêcher l'Etang, & pour plus grande précaution, on la garnit encore du haut en bas avec des faſcines.

Si quelque poiſſon traverſe le grillage de la cage & des faſcines, il ſe trouvera arrêté par le grillage du canal placé derrière l'empalement. Cette méthode n'eſt pas toujours ſuivie; on expliquera tout-à-l'heure le cas de l'exception. Dans les règles preſcrites pour la conſtruction d'un Etang, j'ai pris un terme moyen, dont on s'écartera plus ou moins ſelon le local, l'étendue & la maſſe d'eau; enfin, les circonſtances que je ne puis, ni prévoir, ni détailler. En ce genre comme dans tous les objets d'agriculture, la parcimonie dans ce principe devient à la longue ruineuſe dans les conſéquences; maxime qu'il ne faudra jamais perdre de vue : ou entreprenez & exécutez bien, ou n'entreprenez rien du tout.

De l'Empoiſſonnement. La qualité des eaux, décide la qualité du poiſſon dont on doit remplir l'Etang. Il en eſt ainſi du fond du ſol.

La carpe, la tanche, le lanceron, &c. aiment les eaux graſſes, bourbeuſes; la perche, la truite, la vendoiſe, le gardon, la loche, ſe plaiſent dans l'eau vive, & parmi les rocailles; la truite multiplie rarement dans les Etangs même d'eau vive; le brochet, le barbot, l'anguille, ſont très-bien dans les fonds ſablonneux.

Si l'on veut que le poiſſon proſpère dans un Etang, il eſt eſſentiel qu'il ne s'y trouve point de poiſſons voraces, tel que le brochet & la truite; à quelques prix qu'ils ſoient vendus, le propriétaire eſt toujours en perte.

Des eſpèces de poiſſons. On diſtingue deux eſpèces de poiſſons; le marchand, & la menuiſaille. La carpe, le brochet, la perche, la tanche, la vendoiſe, le barbot, la truite & l'anguille, ſont des poiſſons marchands deſtinés à être tranſportés dans les Villes : la menuiſaille, la blanchaille, & la rouſſaille, eſt vendue ſur les lieux, à moins que l'Etang ne ſoit à la proximité d'une grande ville.

Il appartient à l'Hiſtoire naturelle des poiſſons de parler au long de toutes les eſpèces dont on peuple les Etangs. Nous nous contentons d'indiquer ici en peu de mots leur utilité.

Le *barbot* ou *barbeau*, nommé barbillon dans ſa jeuneſſe, détruit dit-on ceux de ſon eſpèce, craint le froid, & maigrit pendant l'hiver; ſes œufs ſont réputés dangereux.

Le *meunier* ou *muſnier*, approche du barbeau, aime de l'eau vive & vit de vers & inſectes qui ſe trouvent dans l'Etang.

La *barbotte*, eſt un poiſſon de peu de valeur, cependant recherché à cauſe de ſon foie très-volumineux, proportion gardée avec ſon corps.

Le *goujon*, petit poiſſon, aſſez inſipide dans les Etangs bourbeux, plus délicat dans ceux à fond ſablonneux & dont l'eau eſt vive.

Le *véron* ou *verdon*, nommé ainſi à cauſe de la variété de ſes couleurs, aime les eaux vives.

Le *gardon*, aſſez mauvais poiſſon, très-utile cependant à nourrir les brochets, parce qu'il multiplie beaucoup, & c'eſt la même raiſon qui faſſe admettre ces ſix eſpèces de poiſſons dans les Etangs, car pour le reſte, elles y ſont plus nuiſibles que profitables.

La *carpe* eſt la reine des Etangs, & c'eſt principalement pour elle qu'on les conſtruit; ſa multiplication eſt prodigieuſe, & aucun poiſſon n'eſt plus ſuſceptible qu'elle de perdre les organes de la génération ou de devenir nulle; dans cet état elle porte le nom de carpeau. Quoique les carpes réuſſiſſent très-bien dans les Etangs, cependant elles n'ont jamais un goût auſſi délicat que celles que l'on pêche dans les rivieres à eaux vives; telles ſont les carpes du Rhône, du Rhin & de la Loire. La carpe vit très-long-tems, & parvient à une groſſeur monſtrueuſe, les carpes de Fontainebleau en ſont la preuve.

La *braime* rapproche beaucoup de la carpe pour la figure; mais elle eſt plus large, plus plate, ſes écailles plus grandes; elle ſe plait dans la même eau que la carpe.

La *vendoiſe* ou *vendoiſe*, eſt plus délicate que la carpe, à laquelle elle reſſemble quoique d'une couleur plus blanchâtre : ſon corps eſt plus applati, ſon muſeau eſt plus pointu.

La *tanche.* Quoiqu'elle ne devienne jamais fort groſſe, c'eſt un poiſſon fort recherché; toute eſpèce d'eau lui convient; elle réuſſit mieux dans les eaux bourbeuſes, & ſupporte facilement le long tranſport.

Ces poiſſons ſont à nos Etangs, ce que les oiſeaux domeſtiques ſont à nos baſſes-cours, preſque tous n'ont de défenſe que leur coups de queue, & leur bouche eſt dépourvue de dents; il n'en eſt pas ainſi des poiſſons ſuivans.

La *perche.* Quoiqu'elle ait la bouche petite & ſans dents, elle ne laiſſe pas d'être vorace & de ruiner bientôt la menuiſaille. On peut la mettre dans les Etangs à brochets : à moins qu'il ne la prenne par ſurpriſe, elle ſe défend en lui préſentant ſa queue, & en dreſſant auſſi tôt l'aileron piquant qu'elle a ſur le dos. Avec cette même arme, elle perce une infinité de poiſſons qui meurent de leurs bleſſures.

Le *brochet*, eſt le roi des Etangs; s'il y trouve une nourriture abondante, il devient monſtrueux; au défaut de rouaille, il dévore les brochetons. Un brochet de ſix livres, dévore une carpe du même poids, & la mange en grande partie dans la matinée. Les dents de cet animal ſont nombreuſes,

breuses, fortes, aigues; sa bouche très-grande, s'ouvrant largement lorsqu'il mord, ses deux machoires se serrent si fort l'une sur l'autre, qu'il est très-difficile de lui faire lâcher prise. Si le brochet se trouve dans un Etang, simplement peuplé de carpes, sans menuisaille, & qu'il soit vendu au prix d'un écu, il est démontré qu'il aura détruit pour la valeur de cinquante francs de carpes. On assure que le brochet a pris en six ans, toute la grosseur où il peut parvenir, & qu'ensuite il devient aveugle. La première partie de cette assertion est vraie jusqu'à un certain point, si l'Etang est trop circonscrit. Dans les Etangs de vaste étendue on a prouvé le contraire. Quant à la cécité, le fait demande des expériences répétées, pour en décider avec certitude. On ne sait positivement jusqu'à quel âge ce poisson peut vivre; mais un brochet pris près d'Heilbronn, dans le duché de Wirtenberg en Allemagne, fut reconnu d'avoir deux cents soixante-neuf ans, par un anneau attaché à sa queue.

La *truite*, est très-carnassière; heureusement elle ne multiplie pas dans les Etangs, elle y fait de grands dégâts, quoique ses dents ne soient pas aussi fortes que celles du brochet.

L'*Anguille* doit également être placée parmi les poissons voraces, puisque je lui ai vu manger des petits poissons; une autre raison doit la faire redouter, elle fait souvent crever les chaussée. Si ces dernières sont en maçonnerie, & que les pierres soient mal jointes, elle s'insinue entre deux, se glisse dans les plus petites gerçures, & petit-à-petit cause des larons ou petits passages à l'eau. Dans la terre mal corroyée des chaussées, ou mal assise, le même accident arrive, sur-tout si dans cette terre il se trouve des racines pourries.

L'*Ecrévisse*, est singulièrement vorace; tout le corps enfoncé dans un trou, les deux serres en avant, elle guette sa proie; & lorsque le petit poisson vient jouer sur les bords, elle le saisit avec une agilité surprenante : j'ai vu une écrévisse de moyenne grosseur, saisir une petite couleuvre de huit à neuf pouces de longueur, & un peu plus grosse d'un fort tuyau de plume, la tuer, la tirer dans son trou, & le lendemain je ne trouvoit plus qu'une petite portion de son extrêmité inférieure.

L'*Alevin* ou *feuille*, ou *fretin*; dénomination sous laquelle on comprend les jeunes carpes, tanches, brochets, &c. trop petits pour être livrés aux marchands, & dont on se sert pour repeupler les Etangs. Le mot *feuille*, devroit plus particulièrement s'appliquer au poisson de la première année, & celui d'*alevin* à celui de la seconde.

Les propriétaires un peu entendus, ont plusieurs Etangs de différentes grandeurs. Le plus petit est consacré pour l'alevin que l'on mêle tout ensemble, n'importe l'espèce, pourvu toutefois que les poissons voraces y soient en petit nombre. Il y passe la première année, après quoi on les pêche. A cette époque on fait un choix rigoureux des espèces nuisibles, & on les transporte dans un Etang uniquement destiné pour elles, & fortement peuplé de roussailles; les poissons paisibles sont jettés dans un Etang un peu plus considérable que le premier, où trouvant plus d'espace à parcourir, & plus de nourriture, ils croissent à vue d'œil. On les y laisse pendant deux ans.

Cette séparation permet de connoître le poisson, de juger de celui qui a le plus profité, de le choisir, enfin de compter le nombre de mâles & de femelles.

A la troisième année, le partage se fait, sur cent carpes femelles, on met vingt-cinq mâles, & ce nombre est suffisant pour un Etang de huit à dix arpens, & ainsi de suite en gardant les mêmes proportions pour des Etangs plus étendus. Cette manière d'opérer, sur-tout si les Etangs sont limitrophes, ne force pas le poisson à passer d'un territoire gras dans un terrioire maigre; ce qui lui nuit beaucoup.

On peut si l'on veut, pêcher, ce dernier & grand Etang l'année d'après; le poisson y aura donné beaucoup de feuille; mais il vaut mieux attendre à la seconde année. Cette multiplicité d'Etangs, consacrés aux différens âges de poisson est très-avantageuse au vendeur & à l'acheteur. Il est plus aisé & plus profitable à l'un & à l'autre, de vendre un beau poisson que deux petits; comme le local ou les moyens ne permettent pas de multiplier les Etangs, & que souvent on est réduit à un seul, la règle est différente.

La pêche d'un Etang unique, fournit des carpes & un grand nombre qui ne le sont pas, à cause de leur petitesse, de l'alevin & de la feuille.

Lorsqu'on pêche un pareil Etang, on sépare chaque espèce, & l'on a, pour cet effet, au-dessous de la bonde de l'Etang, plusieurs réservoirs remplis d'eau, & qu'on peut mettre à sec à volonté; dans l'un on jette les brochetons & autres poissons voraces invendables; dans l'autre des carpes au-dessous de la vente, l'alevin & la feuille; dans le troisième, toute espèce de roussaille, afin de la séparer complettement de la famille des carpes & des tanches. Il est essentiel de maintenir toujours un courant d'eau nouvelle dans ces réservoirs, parce que la multitude de poissons, l'auroit bientôt viciée. On connoît que l'eau commence à être trop visqueuse & trop privée d'air, lorsque le poisson monté à la surface, & qu'il sort la bouche hors de l'eau pour respirer un air plus frais &

plus salubre. Pour peu qu'on diffère à lui donner de nouvelle eau & faire dégorger l'ancienne, il périt par milliers.

Lorsque le grand Etang commence à être rempli, on met à sec le réservoir qui renferme les carpillons & l'alevin de cinq à sept pouces, ainsi que les petites tanches, & on les jette dans le grand Etang après les avoir comptés, c'est-à-dire, avoir fixé à peu de chose près, de quinze cens à deux milliers par arpent: la force de l'alevin decide du nombre.

La crainte que cet alevin ne multiplie trop jusqu'au moment que l'Etang sera pêché, engage d'y mettre des brochets. Mais cette méthode ne peut être approuvée que jusqu'à un certain point, & dans le cas seulement, qu'on n'y mettra que de la feuille de brochet & en petit nombre. Si le brocheton est aussi gros que l'alevin, celui-ci ne produisant pas dans la première année & très-peu dans la seconde, laissera manquer de nourriture aux brochets, & ceux-ci attaqueront l'alevin, ils en diminueront prodigieusement le nombre; au lieu que le petit brocheton se contentera de la feuille jettée pour son entretien, & la carpe, trop grosse pour lui, se soustraira à sa voracité. On prétend que les carpes d'un Etang, où il y a quelques brochets, sont plus délicates, que celles qui vivent paisiblement, parce que la chasse continuelle dit-on, les force à un très-grand exercice, cela peut-être; mais il est démontré, que la crainte & la frayeur de la mort sans cesse devant les yeux, n'engraissent pas; cette prétendue délicatesse de la carpe ne tourne certainement pas au profit du propriétaire de l'Etang.

La pêche générale d'un Etang a lieu communément tous les trois ans, en comptant depuis l'alevinage jusqu'au moment de la pêche.

Si l'on ménage un Etang pour les brochets, séparation que je conseille très-fort, c'est le cas d'y multiplier la menuisaille, & même tous les autres petits poissons blancs dont il faut sevrer les Etangs à carpes & à tanches. Sans cette précaution indispensable, les gros brochets ne trouvant pas une nourriture abondante, mangeront leurs petits.

L'ordonnance des eaux & forêts a établi cette règle pour le rempoissonnement des Etangs qui appartenoient au Roi, ou aux églises, ou aux communautés, que le carpeau aura six pouces au moins; la tanche cinq, la perche quatre, & le brocheton de quelle mesure que l'on voudra; mais qu'on ne pourra le jetter qu'un an après l'empoissonnement au plutôt.

Il est impossible d'établir une règle générale pour l'empoissonnement & la pêche des Etangs, ni fixer d'une manière exactement déterminée la quantité d'alevin ou de pièces. Ces objets varient; 1.° sur l'étendue de l'Etang; un millier n'est pas trop, si elle est considérable, & cinq cens alevin suffisent, & au-delà, si l'Etang n'est que d'un arpent. 2.° La température du climat mérite d'être prise en considération. Plus l'eau s'échauffe, plus elle perd de cet air qu'elle contient, & plutôt elle est viciée, & par elle-même & par l'inspiration & la respiration continuelle des poissons. Si le nombre de poissons est considérable, cette eau sera bientôt complettement viciée. 3.° La nature du sol, ainsi que celle de l'eau, prononcent encore sur la quantité des poissons; les fonds gras, limoneux & bourbeux, ainsi que les bords de l'Etang, servent bien mieux d'asyle à une multitude prodigieuse d'insectes, qu'un fond & des bords sablonneux; mais comme entre le fond sablonneux & bourbeux il y a beaucoup de nuances, c'est au propriétaire à étudier la nature du sol de son Etang, & à le peupler après l'avoir bien observé. Ce que je dis du terrein s'applique également à la qualité de l'eau. Celle qui coule entre des rochers secs & arides, ou celle qui sort d'une ou de plusieurs sources voisines, entraine avec elle très-peu, ou point de nourriture; celle au contraire qui après avoir reçu les immondices d'un village, d'une ville, se jette dans un Etang, y amene l'abondance; dès-lors la multiplication & la nourriture des poissons sont assurés.

Du frai. Ce mot a deux significations; la première désigne l'amour des poissons, & on dit le poisson fraye; la seconde indique une matière gélatineuse, plus ou moins épaisse dans laquelle sont parsemés les œufs: s'ils n'ont pas été fécondés par le mâle, à mesure que la femelle les pond, ces œufs n'éclosent pas. Les mois de Mars, Avril & Mai, sont les époques de l'apparition du frai suivant le degré de chaleur de la saison ou du climat.

Le poisson ne s'accouple pas comme les quadrupèdes, les oiseaux & les insectes. Lorsque le tems des amours est venu, les femelles se portent en foule vers les bords de l'Etang, & chacune est suivie d'un ou de plusieurs mâles; elles traînent leur ventre sur la terre ayant quelquefois une grande partie de leur corps hors de l'eau, afin d'augmenter la force de cette pression qui les aide à se débarrasser du frai. Les mâles se tiennent près des femelles & sur les côtés; ils pressent également leur ventre contre la terre & il en sort un peu de liqueur légérement blanchâtre qui vivifie tout le frai.

Le but de la nature dans cette opération, est de contraindre le poisson à déposer ses œufs dans un endroit où il y ait peu d'eau, afin que la chaleur des rayons du soleil la pénétre, l'échauffe ainsi que la terre qu'elle recouvre; cette chaleur suffit pour faire éclore ces œufs douze ou quinze jours après la ponte. La multitude d'œufs est si considérable, que lorsque les petits poissons sont éclos, l'eau des bords paroît presque noire. Jusqu'à ce qu'ils aient acquis une certaine force, ils folatrent sur ces bords, animés par les rayons du soleil; peu-à-peu ils s'en éloignent, enfin ils les abandonnent. Si la chaleur diminue le volume d'eau de l'Etang, enfin si l'eau ne recouvre pas toujours le frai, il est perdu, se putréfie sur le bord, & corrompt l'air; j'ose même avancer, d'après mes observations, que ce frai desséché, est la principale cause de l'odeur fétide des Etangs, & de la corruption de l'air: tous les frais quelconques produisent cet effet. Si le frai reste couvert d'eau, il est plus long-tems à se corrompre, son odeur est moins forte, & ses émanations moins dangereuses; l'une & l'autre le sont toujours.

J'ai dit en parlant du local d'un Etang, que ses bords devoient être coupés à pic, afin de maintenir toujours une certaine profondeur à l'eau, de l'empêcher de se putréfier; enfin d'empester l'air & de porter le méphitisme dans le voisinage; cette proposition exige des modifications. Si tout l'Etang étoit ainsi circonscrit, & ses bords par-tout à un pied de profondeur, il n'y auroit jamais de frai, ou du moins, il périroit en grande partie: cette raison nécessite donc à laisser en plan légérement incliné & sur une assez grande étendue, le côté par lequel l'eau se rend dans l'Etang. Il y aura donc au moins les bords des trois quarts de l'Etang qui ne seront pas nuisibles. Rien de si naturel que de pourvoir à la multiplication du poisson, mais il est plus naturel encore de songer à la conservation de la santé des hommes.

Les bords coupés à pic est un grand avantage, celui d'empêcher les bestiaux à venir piétiner le sol couvert de frai. Dès que l'agrégation de ce frai est rompue, la masse totale est détruite; il est donc bien plus aisé de circonscrire, avec des ronces sèches ou des palissades, la partie de l'Etang où le frai se trouvera déposé.

D'ailleurs, si la sécheresse commence par se faire sentir, si on prévoit que cette partie du bord de l'Etang ne sera pas recouverte d'eau jusqu'à ce que le poisson puisse sortir de l'œuf, il sera facile de lever dans sa longueur quelques pellées de terre, en manière de petite digue, afin d'empêcher le poisson de passer outre & d'assurer son frai.

Plusieurs personnes assurent que le frai de carpe ne prospère réellement bien, que lorsque la carpe a sept ou huit ans, & le mâle quatre ou cinq, cette assertion paroît cependant paradoxale & contraire à l'expérience. On seroit heureux si elle étoit vraie, parce que les Etangs seroient moins garnis de menuisaille qui affame le gros poisson. Il est prouvé par l'expérience, que l'alevin de sept pouces, c'est-à-dire, de deux ans, & conservé pendant trois ans dans les Etangs, peuple à merveille.

Des accidens qui arrivent aux Etangs & aux poissons.

L'assec. Rien de plus fâcheux pour l'entretien d'un Etang que la grande sécheresse, & l'assec qui en est la suite; ainsi que les larrons ou fuites d'eau qui peuvent se former dans la chaussée. Les Etangs dont le sol est à surface trop plane & trop étendue, sont dans le cas d'éprouver, plus que tout autre, les rigueurs de la sécheresse: outre la cessation des sources ou ruisseaux qui y affluoient, il s'évapore une prodigieuse quantité d'eau chaude, parce que l'évaporation est toujours en raison de la surface, de la chaleur que l'eau reçoit, & du courant d'air auquel elle est exposée, ainsi plus l'Etang aura de profondeur dans sa poële dans ses fossés, plus ses bords seront coupés à pics droits, moins il y aura d'évaporation. Cependant si l'on voit que la sécheresse continue, que les eaux diminuent trop promtement, il vaut mieux sacrifier une partie des poissons que la masse totale. Comme on sait la masse des gros poissons dont l'Etang est peuplé, on en tirera la moitié ou plus ou moins suivant la circonstance en le pêchant avec la seine, & ce poisson étant vendu, dédommagera un peu le propriétaire. Moins il restera de poissons dans l'Etang, moins l'eau restante se corrompera.

Si la sécheresse est extrême, si l'Etang reste à sec, ou bien avec une trop petite quantité d'eau, le mal est sans remède, le poisson y périra, pourrira, & la contagion est à craindre. Etablir des grands feux autour & sur le sol de l'Etang même, est le palliatif le plus assuré; & le remède sera complet, si le nombre & le volume des feux, égale le foyer de putréfaction.

Si l'eau se perd par des larrons, il faudra faire les recherches les plus exactes, afin de connoître leur rentrée & leur sortie. On voit communement l'eau tourbillonner, & le tourbillon est toujours en raison du diamètre du larron; lorsque la surface de l'eau est agitée par les vagues, il n'est pas possible de distinguer ces tourbillons. Les plus dangereux larrons sont ceux placés à la base de la chaussée ou dans la poële, ou dans telle autre partie de la cavité de l'Etang. Lorsque l'on est assez heureux pour les découvrir, on cherche avec des instrumens à élargir leur entrée, afin d'augmenter le courant; alors on adapte sur cette ouverture un tuyau fait avec des planches, & proportionné à sa grandeur, & dans ce tuyau ou encaissement qui correspond au-dessus de la surface de l'eau, on jette du béton clair & fait avec des petits cailloux. Un homme armé d'une longue perche de bois, fasse ce béton, le fait entrer autant qu'il peut.

dans ce vuide; on remet du nouveau béton, le fassement recommence & ainsi de suite, jusqu'à ce qu'on s'apperçoive clairement que la cavité ne reçoit plus de béton. Si la chaux est bonne, & qu'elle soit broyée avec les cailloux & le sable, sans le noyer d'eau, elle cristallisera dans moins de vingt-quatre heures, & l'eau ne se perdra plus à l'avenir. Si le larron est dans la chaussée même, cette opération peut également être employée. On jugera qu'il est rempli lorsque l'on vera de l'autre côté de cette chaussée, que l'eau ne coule plus quelques jours après, si avant l'opération, on bouchoit l'issue de ce côté le travail seroit manqué. C'est au courant lui même à entraîner la chaux, le sable, le gravier & à les accumuler dans l'espace vide.

Si on ne suit pas cette méthode très-économique & que j'ai vu réussire sous mes yeux, il faudra renverser la chaussée, & la construire à neuf, en tout ou en partie, sans attendre que l'Etang soit au terme fixé pour la pêche. Tous les palliatifs n'empêcheront pas la perte du poisson.

Des gelées. Si l'Etang a la profondeur que nous avons proposé, il est impossible que la glace aille j'usqu'au fond, car nous voyons rarement les froids former une glace de plus d'un pied, à moins que les glaces qui s'élèvent des eaux plus profondes ne viennent se joindre à la glace supérieure & former avec elle une masse solide; mais tant qu'il y aura un fond suffisant, l'ascension de ces glaces inférieures ne sera pas à redouter.

Les gelées les plus à craindre pour les Etangs sont celles qui succèdent subitement à des jours de dégels, sur-tout quant ces derniers n'ont pas duré assez long-tems pour fondre toute la glace. La fonte des neiges, ou une plus grande abondance d'eau quelconque couvrant cette glace, le poisson vient à la file dans cette nouvelle eau, afin de chercher l'eau dont la température est supérieure à celle du dessous de la glace; mais si dans cette circonstance il survient une seconde gelée un peu forte, il se trouve entre deux glaces, privé d'air, percé du froid, & il périt. Le seul moyen de remedier à cet inconvenient est d'ouvrir l'empalement, de laisser couler une certaine quantité d'eau, de manière que la glace inférieure ne touche plus à quelques pouces la surface de l'eau; alors entraîné par son propre poids, par celui de l'eau & de la glace supérieure, elle se fend, se divise & se brise, & le poisson trouve les moyens de regagner sa première demeure.

Lorsque l'Etang a peu de profondeur, on fait très-bien de rompre les glaces; opération penible, & qui doit être répétée souvent; quelques pieux enfoncés dans divers endroits de l'Etang entretiendront le courant d'air, tant que les gelées ne seront pas très-fortes; comme ils offrent une résistance à la vague de l'eau, elle est contre eux dans une agitation qui l'empêche de se glacer, mais si la gelée est forte l'expédient est nul; on peut cependant donner une plus grande extension à leur utilité, en implantant assez foiblement ces pieux dans le sol, & leur laissant la facilité du mouvement que l'on accélère par le secours des cordes qui y sont attachées & tirés par des homme placés sur les bords opposés.

D'autres personnes, après avoir brisé la glace en différens endroits, garnissent les ouvertures avec des bottes de paille; ces moyens sont insuffisans contre les grandes gelées; le meilleur est toujours la profondeur de l'Etang.

Nous rapportons ici un extrait du Mémoire de M. Varenne-de-Fenille, sur la mortalité des poissons, dans les Etangs de la Bresse, pendant l'hiver de 1788 & 89.

Les Etangs de la Bresse ont été gelés en entier depuis la fin de Novembre 1788, jusqu'en Janvier; l'épaisseur de la glace étoit communément de seize à dix-sept pouces. La première glace, qui n'avoit qu'une épaisseur de six à sept pouces, fut bientôt suivie de neige, puis de verglas, d'une seconde couche de neige, à laquelle succédoit un faux dégel, enfin une gelée très-forte, au point que le thermomètre de Reaumur, montroit depuis quinze à dix-sept degrés au-dessous du point de congélation.

Quoique le dégel ait commencé très-doucement le 13 Janvier, la fonte des glaces fut accélérée par un vent violent accompagné de pluie. La glace ayant disparue, les bords de tous les Etangs se trouvoient couverts d'une si grande quantité de poissons de toutes espèces, que l'infection de l'air fut à craindre; le baillage de Bourg rendit en conséquence une ordonnance pour faire enterrer les poissons morts, & dont une grande partie avoit déjà été dévorée par différens animaux carnassiers, ainsi que par les corbeaux qui se rassembloient alors en foule sur les bords des Etangs. En plusieurs endroits les communes avoient conduit leurs cochons sur les bords des Etangs, qui y trouvoient une nourriture abondante pendant plus de huit jours, qui ne paroît pas avoir produit un effet dangereux sur ces animaux.

On a d'abord attribué la mortalité du poisson uniquement à l'intensité du froid & à sa longue durée. Il est vrai, que quelques poissons égarés, engourdis, surpris & privés de la clareté du jour sous une voûte épaisse de glace & de neige, ont pu se trouver encroutés dans la glace; mais ce n'a jamais été le plus grand nombre; & l'on verra par la suite, que la rigueur du froid n'a contribué à la mortalité, qu'en laissant à une cause plus immédiate la faculté de déployer toute son énergie. D'autres personnes, qui ne se sont apperçue de la mortalité des poissons qu'à l'époque du dégel, ont cru, que le changement subit de température avoit pu l'occasionner. Notre Auteur croit cependant que plusieurs autres causes ont pu concourir à cette dévastation ; sans prononcer affirmativement sur la véritable cause, il donne d'abord la description du sol sur lesquels sont situés les différens Etangs de son canton, il y ajoute différentes circonstances, que ses expériences lui ont fait connoître, & qui paroissent jetter un grand jour sur un accident aussi neuf que désastreux pour le propriétaire. Voici les propres paroles de M. Varenne.

En Bresse, les Etangs sont situés, ou sur un terrein d'argile blanche ;

Ou sur une couche de terre limoneuse, sous laquelle se rencontre un banc, soit d'argile, soit de marne argilleuse, sans quoi l'eau se perdroit par infiltration ;

Ou sur un terrein fangeux, bourbeux & anciennement marécageux.

On concevera aisément qu'entre ces trois classes principales, il doit se trouver beaucoup de sous-divisions qui y participent plus ou moins.

Il croît très-peu d'herbe dans les Etangs situés sur l'argile ; on les appelle Etangs blancs.

Le labourage la détruit en partie sur les Etangs de la seconde classe, lorsque ceux-ci sont mis en culture à la troisième année ; je ne doute même pas que l'herbe ne se détruisît presqu'entièrement, si on laissoit les Etangs en assec pendant deux années de suite.

Les joncs, les roseaux, & une espèce de gramen, connue dans la province sous le nom de *Brouille* (*Festuca flutans* Lin.), couvrent quelquefois en entier les Etangs de la troisième classe, à moins que l'extrême profondeur de l'eau n'empêche ce végétal de croître près de la chaussée.

Voici maintenant les observations dont le rapport est unanime de la part des personnes que j'ai interrogées sur la mortalité dont il est question, & sur les circonstances qui l'ont accompagnée.

1.° On ne s'est point apperçu que proportionnellement il y ait eu plus ou moins de perte dans les grands Etangs que dans ceux d'une médiocre étendue.

2.° Plusieurs Etangs, n'ayant que trois ou quatre pieds de profondeur, ont été entièrement préservés, tandis que la perte a été totale dans les Etangs de huit à dix pieds de profondeur près de la bonde, & réciproquement. Ainsi, le plus ou moins de profondeur n'a été qu'une circonstance indifférente.

3.° La perte a porté sur les gros poissons comme sur les petits indistinctement.

4.° En général, il paroît que la carpe est l'espèce qui a le plus souffert. Les brochets, les perches, & sur-tout les tanches, ont mieux résisté. Cependant la perte a été générale dans quelques Etangs de la Chartreuse de Montmerle ; suivant le rapport du Prieur, ainsi que dans quelques Etangs de la Dombe, suivant celui de M. Churlet.

5.° La précaution de faire des trous dans la glace, pour donner de l'air au poisson, a été inutile.

6.° Les Etangs situés sur un sol dur & ferme, qu'on nomme Etangs blancs, n'ont pas souffert, ou fort peu.

7.° Le poisson a presqu'entièrement péri dans les Etangs vaseux, chargés de brouilles sèches & roseaux.

8.° Les Etangs nouvellement réparés ou construits, & ceux dont le bief & la pêcherie étoient bien nétoyés, ont incomparablement moins souffert que les autres.

On nomme pêcherie une enceinte assez profonde, placée en avant de la chaussée, ou le poisson se retire dans le temps de la pêche, à mesure que l'eau de l'Etang s'écoule par la bonde. Le bief principal, ou le fossé dirigé depuis la queue de l'Etang jusqu'à la bonde, y aboutit. La pêcherie doit être proportionnée à l'étendue de l'Etang. On verra ci-après, que dans quelques Etangs où il n'y avoit plus d'eau que dans la pêcherie, le poisson s'est parfaitement conservé. (*a*)

9.° L'opinion générale est que la mortalité a précédé le dégel. (*b*)

M. Varenne ajoute à ce qu'il vient de dire plusieurs faits particuliers, qui contribueront sans doute à éclairer les personnes qui se trouveront chargées de l'inspection des Etangs pendant les fortes gelées.

Le Comte de Montrevel, avoit fait construire nouvellement dans son parc de Chales, une fort belle pièce d'eau, alimentée par différens petits ruisseaux très-limpides. Cette pièce d'eau empoissonnée n'avoit guère que cinq pieds de profondeur. Le propriétaire, avoit grand soin de faire arracher toutes les herbes & les roseaux qui y poussoit. Pendant la gelée de 1788 & 89, les ruisseaux qui alimentoient cette pièce d'eau avoient entiè-

---

(*a*) Plusieurs propriétaires d'Etangs, auxquels notre Auteur s'étoit adressé, pour des renseignemens relatifs à son objet, ont eté unanimement de l'avis, que les Etangs curés avec soins, & purgés de toutes les boues qui s'accumulent souvent, n'ont presque rien soufferts de la mortalité en question Il en est de même de ceux qui avoient peu ou point d'herbe.

Tous recommendent la propreté des Etangs, des pêcheries profondes & des biefs larges.

(*b*) Les renseignemens que l'on a communiqués à M. Varenne s'accordent là-dessus ; les personnes qui ont eu occasion de s'instruire par leur propre expérience, se sont assurées que le poisson étoit mort avant le dégel.

rement cessé de couler, malgré cela aucun poisson n'y a péri; on a, à la vérité, cassé la glace de temps-en-temps, mais le propriétaire ne semble pas avoir attaché une grande valeur à cette circonstance.

Un autre Etang, appartenant au Chevalier Jalamondes, de cinq pieds de profondeur, d'une superficie d'environ vingt mille pieds carrés, a conservé tout son poisson. Le fond de cet Etang étoit argilleux.

Dans plusieurs autres Etangs du même canton le poisson a péri dans ceux qui avoient un fond vaseux; il s'est parfaitement bien conservé dans ceux à fond argilleux purgés de toutes les herbes. La carpe a par-tout souffert le plus, ensuite les brochets & les anguilles : les tanches résistoient le mieux même dans les Etangs à fond vaseux.

Le Prieur de la Chartreuse de Montmerle auquel Mr Varenne s'étoit adressé pour se procurer quelques notices sur la mortalité des différens Etangs que cette communauté possédoit alors, lui répondit dans une lettre très-détaillée, que l'opinion des habitans du canton, particuliérement celle d'un des frères chartreux, chargé de l'administration des Etangs, étoit que la brouille (espèce de graminée dont nous avons fait mention ci-dessus) produisoit cette mortalité; d'après l'opinion du frère chartreux, cette plante recèle des principes sulfureux, qui tue les poissons.

M. Varenne paroît avoir réduit à sa juste valeur l'opinion du frère chartreux; quelque peu de connoissance que l'on puisse avoir en physique, on s'apperçoit aisément, que cette plante en elle-même est très-innocente, mais elle peut, comme toute autre produire par la putréfaction un air méphitique dans lequel le poisson ne sauroit vivre. La réunion de plusieurs faits cités nous conduit naturellement à conclure que c'est uniquement à la qualité de l'air que le poisson a été forcé de respirer, qu'il faut attribuer cette épidémie. On sait que les ouies remplissent à l'égard des poissons, les mêmes fonctions que les poumons à l'égard des animaux terrestres. Les poissons respirent l'eau par la bouche, & l'expirent par les ouies. Ce viscère est composé de parties innombrables mais néanmoins distinctes. C'est dans le tems de l'expiration & au moyen du froissement & de la division extraordinaire que souffrent les parties de l'eau, que l'air qui y est mélangé, se détache & entre dans les vaisseaux capillaires des ouies, aider à la circulation du sang.

Le poisson a donc besoin que l'air dont l'eau est impregnée, soit d'un degré de pureté comparable à celui que respirent les animaux terrestres. Mais dans les Etangs vaseux, marécageux & brouilleux, & sous une croûte de glace de quinze pouces d'épaisseur, qui a duré plus de six semaines, l'air partie constituante de l'eau, & qui y est en quelque sorte dissoute, n'a-t-il pas pu se corrompre à la longue, causer enfin une sorte d'asphixie aux poissons, non pas, à la vérité, aussi prompte que je suis parvenu à leur donner par artifice, mais capable de le rendre malade & de le faire périr.

On avoit déja reconnu depuis long-tems, qu'il s'exhale continuellement, du fond des marais, un air fétide & corrompu, qui ne produit que trop souvent des épidémies mortelles. A la vérité, ces émanations sont plus nombreuses quand la chaleur en favorise le développement, & voilà pourquoi les pays marécageux sont plus mal-sains en été, mais il en sort dans tous les tems, & il suffit de remuer le fond des marais pendant l'hiver, pour s'en convaincre, par la quantité de bulles d'air qui s'élevent & viennent crever à la surface.

Les magnifiques expériences faites de nos jours sur l'air & sur les substances aériformes, nous ont appris la nature de celui qui s'échappe des marais. On lui a donné indifféremment le nom de gaz inflammable mofétisé, & d'air inflammable des marais; on y a également reconnu la présence de l'air crayeux ou air fixe. Ce gaz de marais produit par les matières végétales & les substances animales qui pourrissent dans l'eau, se dégage des marais, des Etangs, des égoûts, des latrines. Il paroît qu'il est composé de trois substances aériformes, mélangées à différentes doses, à savoir, l'air fixe, la moféte & l'air inflammable. Sans entrer ici dans des dicussions sur les différentes espèces que nous venons de nommer, il suffit d'observer, qu'aucun d'eux n'est respirable, sans compromettre la vie de l'animal qui l'aura respiré.

Maintenant, si l'on rapproche les circonstances dans lesquelles le poisson a péri dans les Etangs, de celles où il a été conservé, on reconnoîtra que la mortalité a été d'autant plus grande, qu'il a dû se rencontrer plus de matières propre à produire du gaz inflammable mofétisé, & de l'air fixe.

La vase n'est que le résidu de la stercoration & de la transpiration abondante des poissons, du suc des terres qui s'égoûtent dans les Etangs, & de cette innombrable quantité d'insectes qui naissent, croissent, multiplient & périssent dans les eaux stagnantes.

Plus il y a de vase rassemblée, plus la fermentation a été excitée, plus il a dû se former de gaz inflammable mêlé de moféte. A l'égard de l'air fixe, comme l'eau en est avide, elle s'en est emparée; mais on verra bientôt à quel point l'eau impregnée d'air fixe est mortelle aux poissons.

La brouille a augmenté la corruption. Cette

plante ne se trouvant plus en contact avec l'air extérieur, est tombée en pourriture, & la pourriture a produit un gaz qui n'étoit plus respirable. Cette substance aériforme s'est élevée au-dessus de l'eau, d'où elle n'a pu se dégager sous une voûte de glace, de quinze à seize pouces d'épaisseur.

Le poisson n'a donc plus eu que de l'air en partie méphitique à respirer; il a commencé à souffrir, puis il a été malade, enfin il a péri. Suivant toute apparence sa mort a été d'autant plus prompte, & l'épidémie d'autant plus générale que les causes de mortalité ont été plus abondantes & plus actives. On a pu faire à cet égard, d'observations, tant que la gelée a duré; mais il est certain que les poissons avant de périr, ont été très-languissans, qu'ils avoient perdu leurs forces, la qualité de l'air qu'il venoient chercher à la surface de l'eau, a augmenté leur engourdissement, au point qu'on en a trouvé, dont les nageoires dorsales étoient collées contre la glace, quoique le corps flottât dans l'eau.

Après avoir remonté des effets à la cause, pour la connoître, j'ai pensé que la vérité de cette découverte ne seroit, ni contestable, ni douteuse, si de cette cause j'obtenois les mêmes résultats, c'est-à-dire, si je parvenois à donner artificiellement au poisson la même maladie qu'il avoit éprouvée naturellement par le concours des circonstances dont la rigueur de l'hiver l'avoit rendu victime. Les expériences suivantes viendront à l'appui de mon assertion.

1.e *Expérience.* Le 6 Mars, à onze heures & demie du matin, nous avons placé sur l'appareil pneumato-chimique, une cloche de verre remplie d'eau, dans laquelle étoient deux tanches d'environ sept pouces de longueur & très-vives. Ensuite nous avons réduit l'eau qu'elle contenoit, à environ moitié, en y introduisant de l'air inflammable produit par la limaille de fer & l'acide vitriolique. Les deux tanches se sont d'abord fort agitées; leur respiration étoit précipitée; elles remontoient du fond du vase à la superficie de l'eau, & redescendoient avec précipitation. A ces grands mouvemens, qui ont duré environ une heure, ont succédé des instans de repos, puis de nouvelles agitations, mais de plus courte durée que les premières. Ces deux poissons se sont affoiblis de plus en plus, leur agonie a été très-longue. Plusieurs fois je les ai cru mortes, même dans la journée du six, cependant ils respiroient encore. Mais le mouvement de leurs lèvres se ralentissoit de plus en plus, l'orifice de la bouche ne faisoit que s'en tr'ouvrir, ainsi que la conque de leurs ouies.

L'une des deux tanches m'a paru décidément morte, le 7, à neuf heures du soir, & la seconde étoit au dernier degré d'affoiblissement à minuit.

2.e *Expérience.* A onze heures cinquante minutes, au moyen du même appareil & sous un autre récipient, nous avons introduit deux brochets d'environ huit pouces de longueur, & nous y avons fait passer pareillement de l'air inflammable. Les brochets sont entrés sur-le-champ dans une grande agitation; ils élevoient leur tête hors de l'eau, & la replongeoient bien vîte. Le mouvement de leurs ouies & de la conque qui les couvre, étoit visible; mais ils se sont bientôt affoiblis: l'un d'eux, renversé sur le ventre, respiroit encore à trois heures; l'autre est mort une demi-heure après. Au surplus, il est assez difficile de saisir l'instant où un poisson expire: quelquefois on le croit mort, qu'il n'en est rien, un moment après on le voit donner encore quelques signes de vie. Tous les brochets que nous avons asphyxiés, avoient la bouche ouverte après leur mort.

3.e *Expérience.* Nous avons fait de l'air méphitique en laissant éteindre une chandelle sous un bocal dont l'orifice baignoit dans l'eau. A l'aide de l'appareil pneumato-chimique, nous avons fait passer cette moféte sous une cloche, ensuite nous y avons introduit, à-peu-près une quantité égale d'air inflammable. Ces deux substances aériformes, mêlangées de la sorte, occupoient environ la moitié de la cloche. Deux brochets ont été introduits dans l'eau qui remplissoit l'autre moitié; nous avons remarqué les mêmes affoiblissemens que dans l'expérience précédente, mais les deux brochets ont vécu environ une heure de moins.

4.e *Expérience.* Nous avons produit de l'air fixe par la dissolution de la craie dans l'esprit de vitriol affoibli. Après en avoir saturé l'eau de quatre grands flacons; cette eau a été versée dans une cloche de verre, on a placé la cloche sur l'appareil pneumato-chimique, & nous y avons introduit une nouvelle dose d'air fixe. C'est dans cette eau ainsi préparée, qu'on a fait entrer un brochet d'environ neuf pouces de longueur.

Rien n'approche des convulsions où ce bain a jetté ce pauvre animal; tantôt il s'élançoit hors de l'eau avec fureur, tantôt il lui prenoit des tremblemens; quelquefois il ouvroit la bouche comme s'il eût voulu engloutir une proie, & la refermoit plus vivement encore. Son corps se replioit en demi-cercle, & changeoit bien vîte de situation. Nous ne nous sommes point apperçus, mon coopérateur & moi, qu'il ait jamais ouvert la bouche pour respirer, ni qu'il ait entr'ouvert les ouies; on n'appercevoit qu'un peu de mouvement sous la gorge. Cependant il a vécu plus d'une heure; mais la violence de ses mouvemens étoit déja fort ralentie après le premier quart d'heure. Sa bouche est restée béante après sa mort. Il est singulièrement remarquable, que l'eau impregnée d'air fixe, qui est devenue un remede pour les hommes, soit le fluide le [illegible] ...te de tous pour les poissons. J'aurois [illegible] ... à portée de répéter cette expérience [illegible] une cloche remplie d'eau de Spaa.

5.e *Expérience.* Le même jour à midi. Sous un récipient rempli d'eau de rivière & d'air commun à parties à-peu-près égales, nous avons enfermé deux tanches & un brochet ; ce récipient portoit neuf pouces de diamètre & environ dix pouces de hauteur. Le brochet vivoit encore le 12 Mars, au soir, mais paroissoit languissant ; il est mort pendant la nuit. Les deux tanches ont vécu, l'une neuf jours, l'autre dix. Ces trois animaux ne m'ont paru commencer à souffrir qu'un jour avant leur mort. L'eau du récipient est devenue terne dès le premier jour, & fort trouble par la suite.

Le 9 Mars, nous avons placé deux carpes, & de la même manière, sous une cloche de jardin d'un assez petit volume. Elles sont mortes toutes deux, le 15, l'une le matin, l'autre le soir. Leur eau s'est également troublée assez promptement, & avoit pris une odeur de poisson très-forte.

6.e *Expérience.* Le mardi 9 Mars, à dix heures cinquante-cinq minutes du matin ; nous avons renfermé sous un récipient plein d'eau, deux carpes de celle qu'on appelle empoissonage de deux ans. L'on a introduit de l'air inflammable. Les carpes ont paru d'abord fort agitées, ensuite plus tranquilles. Elles étoient au fond du vase, respirant, mais languissantes, à quatre heures du soir ; elles paroissoient à-peu-près dans le même état à minuit. Le lendemain à huit heures du matin, l'une des deux étoient décidément morte & couché sur le côté, au-dessus de l'eau ; l'autre également couchée, donnoit encore quelques signes de vie à minuit ; morte à deux heures.

7.e *Experience.* A onze heures dix minutes. Nous avons placé deux carpes semblables à celles de l'expérience précédente, sous de l'air inflammable mofétisé. Grandes convulsions & agitations dans les premiers instans. Quantité d'écailles, qui s'étoient détachées du corps de ces poissons flottoient dans l'eau au gré de leurs mouvemens. A une heure une des carpes nageoit sur la surface de l'eau & sur le côté ; l'autres étoit languissante au fond du bocal. La première est morte a cinq heures, la seconde étoit au fond du vase très-languissante, & respiroit à peine. Elle étoit dans le même état à minuit. Je l'ai trouvée morte le lendemain à huit heures, & au dessus de la surface de l'eau.

8.e *Expérience.* A onze heures vingt-huit minutes. On a mis une petite carpe sous de l'air mofétisé, mais sans addition d'air inflammable. Mouvemens convulsifs d'abord ; languissante à une heure, cherchant à respirer au fond du bocal, la tête basse & le corps élevé, quelquefois sur le côté, mais pas long-tems. Même état à quatre heures, à minuit, à huit heuers du lendemain, trois heures après midi. Languissante pendant la journée du onze, morte dans la nuit du onze au douze. Elle a vécu plus de deux jours & demi.

9.e *Expérience.* A onze heures & demi. Nous avons placé une carpe sous un récipient rempli d'eau de rivière, ensuite on y a introduit une assez médiocre quantité d'air fixe. La carpe a d'abord paru assez tranquille. Mais à mesure que l'eau absorboit l'air fixe, elle est entrée en convulsion ; grands mouvemens à onze heures quarante-huit minutes ; à une heure, sur le côté, entre deux eaux, respirant à peine ; morte à deux heures, couchée sur le côté, & le corps plié en arc, au-dessus de l'eau, & même le ventre touchant le bocal ; car l'air fixe avoit été presqu'entièrement absorbé.

10.e *Expérience.* A midi nous avons répété la quatrième expériences, sous un grand récipient, sur un brochet & une tanche enfermés ensemble, mêmes mouvemens convulsifs, mêmes tremblemens subits, mais plus prononcés dans le brochet ; celui-ci paroissoit mort à midi 20 minutes. A une heure nous aperçumes encore quelques mouvemens. La carpe étoit très-languissante, & entr'ouvroit les lèvres ainsi que les ouies, de tems-en-tems & foiblement. Elle étoit morte à trois heures & la tanche à huit heures du soir.

On pourroit multiplier ces expériences & les varier à l'infini. On pourroit, par exemple, faire respirer de l'air déphlogistiqué ou air pur au poisson, & voir de combien, toutes choses égales d'ailleurs, sa vie en seroit prolongée ; mais les connoissances qui en résulteroient, ayant un rapport plus immediat à l'Histoire naturelle du poisson, qu'à l'objet qui nous occupe, il m'a paru suffisant qu'on pût conclure de nos expériences.

1.° Que c'est le défaut d'air respirable, qui a été la vraie & seul cause de la mortalité du poisson pendant l'hiver de 1788 & 1789.

2.° Que de tous les airs, c'est l'air fixe qui lui donne le plus promtement la mort.

3.° Que l'air inflammable seul & l'air inflammable mofétisé, lui ont été à-peu-près également funestes.

4.° Que l'air mofétisé seulement est moins delétère ; sans doute, parce que la flamme avant de s'éteindre, ne consume qu'une portion de l'air vital par excellence ou air pur, qui n'entre que pour un peu plus du quart dans l'air que nous respirons ; & que l'eau dans laquelle nageoit le poisson, étant elle même impregnée d'une grande quantité d'air vital, le poisson a dû le consommer avant de périr.

5.° Que la tanche est l'espèce de poisson qui a le plus long-tems résisté, quelque part que ce fût.

6.° Que

6.° Que les poissons de la cinquième expérience n'ont pas même pu résister à la mosféte qu'ils ont produite en respirant, consommant & dénaturant l'air pur, renfermé avec eux dans l'espace ou ils nageoient; espace à la vérité fort petit, puisqu'il n'équivaut qu'au tiers d'un pied cube environ. On sait que des animaux terrestres, qu'on tiendroient enfermés long-tems dans un lieu où l'air ne se renouvelleroit pas, périroient également.

Comme l'eau s'est beaucoup troublée, & que les déjections des poissons ont été abondantes, cette circonstance a pu augmenter la corruption de l'eau; néanmoins ils ont beaucoup plus vécu que les poissons des autres expériences, & cela devoit être. En même tems l'on remarquera que s'il a fallu cinq jours au moins robuste de ces animaux pour vicier l'air au point de le rendre irrespirable dans l'espace qu'il occupoit, ce seroit seulement au bout de soixante jours, que 108,900 poissons d'un semblable volume, parviendroient à vicier, au même point, l'eau d'un Etang d'un arpent d'étendue & de trois pieds de profondeur.

Préservatifs contre la mortalité des poissons dans les Etangs pendant les fortes gelées; proposés par Varenne-de-Fenille. Ces préservatifs s'indiquent pour ainsi dire d'eux mêmes, avec d'autant plus de justesse, qu'ils tirent leurs principes des exceptions particulières au désastre commun dont la cause a été l'objet de nos recherches; les précautions à prendre exigent plus de soins que de dépense.

Si l'Etang est naturellement vaseux, donnez au bief huit à dix pieds de largeur, & approfondissez-le, jusqu'à ce que vous trouviez le terrein ferme. Donnez au moins l'angle de quarante-cinq degrés aux pentes riveraines, afin que la terre du bord ne retombe pas dans le bief. Etablissez près de la chaussée une vaste & large pêcherie, proportionnée à la grandeur de l'Etang. Enlevez soigneusement toute la vase, formez-en des tas sur les bords, laissez-les s'égoûter. Lorsque le sol de l'Etang sera assez sec pour permettre le transport de cette vase, vuidez-en l'Etang, rassemblez-la en un monceau, laissez-la fermenter & reposer pendant un an sans y toucher. Remuez-la ensuite une couple de fois, pour qu'elle se façonné à la gelée & au soleil. Au bout de dix-huit mois ou de deux ans répandez-la sur les guerets. C'est un des plus puissans engrais & des plus durables qui existent, sur-tout pour les terres sablonneuses; j'en ai l'expérience. Si l'on se presse de répandre cette vase avant qu'elle ait fermenté, on trouvera qu'elle refroidit le terrein. Il faut lui donner le tems nécessaire pour que les parties graisseuses qu'elle contient en abondance, soient changées en molécules savonneuses : on hatera sa jouissance en y faisant éteindre de la chaux, lit sur lit, environ une partie de chaux sur huit à dix parties de vase. Ce mélange portera la fertilité par-tout où il sera répandu, même en assez petite quantité.

Si l'Etang est brouilleux, laissez-le au moins deux ans de suite en culture. Le poisson en profitera mieux, & ce gramen se détruira insensiblement, puisque pour croitre, il demande d'etre baigné d'eau. Comment veut-on qu'il se détruise par une seul année d'assec ? on auroit beau l'arracher, il se multiplîroit par les graines, & la graine est encore adhérente à l'épi au tems de la pêche.

Si malgré les précautions qu'on auroit prises, ou faute de les avoir prises, un Etang étoit couvert de brouille, & qu'il survînt une violente gelée, levez la bonde & laissez couler l'eau jusqu'à ce qu'elle ne baigne plus la brouille qui pour l'ordinaire se trouve en plus grande partie à la queue de l'Etang. Le poisson se retirera dans le bief & dans la pêcherie que je suppose avoir été bien curés & d'où il ne s'élevera ni air inflammable, ni mosféte. D'ailleurs, l'eau ne peut s'écouler sans qu'il n'entre sous la glace un égal volume d'air, qui empechera que le poisson ne vicie la portion d'eau dans laquelle il se sera retiré.

On ne doit pas craindre que l'Etang manque d'eau dans la suite; il est rare qu'une gelée de longue durée se passe sans neige, ni que le dégel se passe sans pluie; plus ordinairement une crue d'eau suit le dégel.

Des ennemies des poissons.

Tout individu dans la nature est détruit par un individu plus fort, l'homme est le plus grand, le plus souverain destructeur. La timide alouette, l'innocente colombe, servent d'aliment à la nombreuse famille des oiseaux de proie à bec crochu & à serres aigues. Le poisson est la victime de la voracité non seulement de certains poissons, mais encore d'un grand nombre d'oiseaux & de quadrupèdes.

L'eau considérée comme eau, n'attire point les oiseaux; c'est la nouriture qu'ils y trouvent, la seule qui leur convient, & qu'ils ne sauroient trouver ailleurs; ainsi les oiseaux nommés aquatiques, tels que les cicognes, très-multipliées dans les pays froids, les hérons, les canards, les sarcelles, les poules d'eau, &c. détruisent une grande quantité de poisson. Ces oiseaux plongent avec une rapidité étonnante, suivent leur proie, l'attrapent, & viennent la manger sur la surface de l'eau.

La loutre. Animal amphibie, un peu plus grand qu'un chat, assez approchant par sa forme, est le fléau le plus redoutable des poissons : cinq ou six loutres viendront à bout à la longue de dépeupler un Etang. La loutre digére presque aussi-tôt qu'elle a mangé, & s'il se trouve quelques pierres un peu au-dessus de l'eau elles sont bientôt couvertes de ses excrémens, remplis d'arêtes & de vertebres de poissons. On emploie pour la détruire, les traquenards, frottés avec la graisse de héron, & garnis de petits poissons qui servent d'appas. Si elle trouve dans l'Etang une nouriture abondante, elle dédaignera l'amorce; il vaut mieux s'embusquer près des pierres, cacher sa retraite avec des broussailles, l'attendre à l'affut & la tuer à coup de fusil.

Le *Castor* est aussi dangereux que la loutre, mais il n'est pas si commun; on en trouve dans le Rhône, dans le Gardon, dans l'Isère, dans l'Oise & dans plusieurs autres rivières de la France. Comme cet animal, connu sous le nom de biévre, se vend très-bien, les braconniers & les paysans en détruisent peu à-peu l'espèce.

Je place au rang des ennemis des poissons, les masses de joncs, de plantes aquatiques, les racines des gros arbres plantés sur les bords des Etangs, parce qu'ils servent de cachette aux oiseaux, aux loutres, &c. Il est donc très-important de les détruire, lorsque l Etang est à sec.

Les braconniers pêcheurs, car la pêche a les siens comme la chasse, sont à redouter; le seul moyen de prévenir leurs grandes déprédations, est de planter des piquets de distance en distance, de les enfoncer solidement, & de les armer entre deux eaux de crochets de fer, afin de retenir leurs filets & les rompre, les briser lorsqu'ils veulent les retirer. Les pêcheurs à la ligne seroient moins à craindre, s'ils se contentoient d'une seule ligne, mais ils en jettent en grand nombre garnies de plusieurs hameçons; elles sont retenues près des bords, ou par des racines qui baignent dans l'eau, ou par des pierres également submergées, auxquelles la ficelle est attachée; c'est au propriétaire vigilant à parcourir souvent les bords de ses Etangs, à faire traîner tout autour des espèces de grapins afin de rencontrer les lignes cachées, mais sur-tout de visiter ses Etangs de grand matin pour surprendre les pêcheurs.

Des Etangs relativement à l'Agriculture.

Depuis long-tems, on a reconnu en France la nécessité de supprimer une partie des Etangs; mais il paroît qu'on a toujours trop généralisé ce systême; nous verrons ci-après, qu'il y a des cantons qui ne sauroient se passer de leurs Etangs, & qui se trouveroient forcés d'abandonner toute espèce d'Agriculture, aussi-tôt qu'ils en seroient privés. Sans doute, il y a des Départemens entiers, où le nombre des Etangs actuellement existans, n'est point en proportion avec le reste des terres labourables; dans ceux-ci, il est certainement de la dernière importance d'en diminuer le nombre, à moins que les localités, qu'il ne faudroient jamais perdre de vue, ne s'y opposent impérieusement; il n'y a donc que l'abus, ou l'excessive multiplication des Etangs à laquelle il est urgent de porter un remède efficace. La multiplication des Etangs, remonte selon l'Abbé Rozier, dont nous avons emprunté la plus grande partie de cet article, au tems où le commerce des grains gémissoit sous les entraves les plus criantes & les plus tyranniques; on peut dire qu'on mouroit de faim à côté d'un monceau de bled, parce que le commerce en étoit défendu non-seulement hors de la France, mais encore d'une province dans une autre. On a vu à cette époque dans des pays vignobles, payer huit à dix livres la mesure de grains qui ne valoit que cent sols ou six francs dans la province voisine. Il falloit donc, malgré qu'on en eût, faire rapporter à ses terres un genre de récolte qui ne fût pas écrasé, ou presque rendu nul par le régime prohibitif; alors on songea aux Etangs. L'habitude d'en avoir plus que le produit réel les a fait perpétuer, & on n'a pas été jusqu'à examiner, si ces Etangs aujourd'hui convertis en prairies, ou en terres labourables, ne rendroient pas autant & même davantage. Je mets en fait, qu'il n'existe aucun Etang proprement dit, qui ne seroit susceptible d'être mis en culture réglée, & de produire beaucoup, à moins que le fond ne soit purement sablonneux, & dès-lors c'est un champ au-dessous de la qualité médiocre. On peut évaluer en France, à quarante mille arpens, l'étendue de terrein converti en Etangs. (*a*) Tout ce qui est bonne terre, ou forte ou limoneuse, l'argille pure exceptée jusqu'à un certain point, donnera d'excellens grains; le séjour de l'eau & des poissons y a répandu le germe de la fertilité: de dix ans, & peut-être jamais, on ne sera forcé de l'enrichir par des engrais. On ne peut voir sans chagrin, presque la moitié de la Bresse, de la plus belle plaine de Foréz, &c. couverte d'Etangs: passe que des communautés religieuses vouées au maigre, en conservent uniquement pour l'usage de leur maison, & encore je ne sais pas, si le bien public ne devroit pas l'emporter sur le bien particulier, sur-tout lorsque celui-ci nuit visiblement à la santé des habitans. (*b*)

Il est donc démontré, que la multiplicité des Etangs enlève à l'agriculture le terrein le plus précieux, diminue les récoltes de première nécessité, prive les bestiaux d'un pâturage fertile, enfin diminue la population, toujours en proportion de l'étendue des bons terreins cultivés.

(*a*) On verra par le tableau que nous donnerons à la fin de cet article, qu'il y en a un plus grand nombre.

(*b*) Cet article est composé long-tems avant la révolution, depuis ce tems, les choses ont changé de face.

Il eſt inutile d'entrer dans des plus grands détails puiſque l'on voit des provinces abondantes en Etangs moins peuplées que celles qui n'en ont pas, quand même le terrein de ces dernières ſeroit inférieur en qualité. La force réelle d'un Etat, conſiſte dans une nombreuſe population ; l'agriculture eſt l'ame de cette population, l'agriculture eſt la partie la plus ſaine, & les villes, pour leſquelles on conſerve uniquement les Etangs, en ſont le fléau qui abâtardit l'eſpèce, ou le goufre qui la dévore.

Des Etangs relativement aux propriétaires.

La fertilité des Etangs mis à ſec & cultivés en règle, n'eſt plus actuellement conteſtée. Souvent on a été obligé de ſemer la première année de l'orge, éfriter la terre, & que ſi à ſa place on avoit ſemé du froment, il auroit verſé. Après une ou deux récoltes; on peut de nouveau convertir un champ pareil en Etang, & le laiſſer dans cet état pendant trois ou quatre années. Mais ſi au lieu de l'Etang, on ſe fût contenté d'enſemencer ce ſol annuellement en froment, ou ſimplement en chanvre, de quel côté feroit le bénéfice le plus clair ? La déciſion tient à un ſimple calcul bien aiſé à faire, & dont nous parlerons inceſſamment après avoir répondu aux obſervations les plus ſpécieuſes.

Les Etangs ſont des bas fonds, par conſéquent gouteux, humides, &c. Dès-lors le grain eſt noyé par l'eau, ou s'il végète la rouille s'empare de la plante. C'eſt toujours la faute du propriétaire ſi le grain ſouffre, puiſque l'empalement facilitoit la ſortie de l'eau juſqu'à la dernière goute; cette facilité eſt encore augmentée par le grand foſſé qui prend depuis la queue de l'Etang juſqu'à la tête, c'eſt-à-dire, juſqu'à la bonde, & par tous les foſſés latéraux. L'agitation de l'eau entraîne toujours la terre vers ces foſſés par une pente inſenſible, de manière qu'eux ſeuls forment des cavités, des goûtières, &c. & le reſte du terrein eſt ſur une pente douce. Il eſt donc impoſſible que l'eau ſéjourne, que le grain ſoit noyé, la plante rouillée, &c. Suppoſons encore que ces foſſés aient été comblés : quel eſt le propriétaire même des terres sèches, qui après les avoir ſemés, ne fait pas donner quelques coups de charrue, afin d'établir des ſangſues ou goutières deſtinées à l'écoulement des eaux pluviales ? Ces deux propriétaires de nature de ſol différent, ſont dans le même cas, ainſi que tous les propriétaires en général. Le travail de ceux qui billonnent eſt bien plus conſidérable, le pis aller ſera de ſuivre leur exemple.

La culture des terres néceſſite à des grandes dépenſes; il faut multiplier le nombre des domeſtiques, les animaux de labourage, des inſtrumens aratoires, &c. Je conviens de ces faits, & je ſuppoſe même qu'après avoir calculé, le produit des grains, comparé à celui de l'Etang, ſoit inférieur ; mais il faut mettre en ligne de compte, & compter pour beaucoup la paille qui ſervira à nourrir & à faire la litière d'un plus grand nombre de beſtiaux, & par conſéquent à l'augmentation des engrais, dont les champs élevés ont toujours beſoin : il faut compter encore la multiplication des troupeaux, qui trouveront une nourriture abondante & ſaine dans un lieu dont l'accès leur étoit autrefois interdit, au moins pendant le tems du frai, tandis qu'auparavant, des vaches, des bœufs languiſſans & décharnés n'avoient ſur le bord de l'Etang, que de l'herbe maigre & de mauvaiſe qualité; leur état de dépériſſement l'annonçoit aſſez. L'augmentation des beſtiaux, des troupeaux, & la perfection de l'eſpèce, devroient ſeules engager à ſupprimer les Etangs, ainſi que la multiplication des engrais. Que peut-on attendre d'un travail fait par des bœufs étiques & exténués, & d'un champ ſans engrais ? S'il ſe préſente quelques exceptions, relatives aux animaux de labourage, elles ne détruiſent pas la généralité & la véracité des faits. pour un particulier jaloux de bien nourrir ſon bêtail, il y en a mille qui ſe contentent de l'envoyer paître ſur les bords de l'Etang. On ne doit donc plus être étonné de la fréquence des épizooties, & de cette multitude de maladies qui attaquent & enlèvent le bêtail.

Il y a plus, il eſt très-rare que les récoltes ſoient aſſurées dans les champs limitrophes des Etangs; ſur dix années à peine en peut-on compter une bonne ; l'eau réduite en vapeur, portée par le vent, rouille les plantes : ou lorſqu'elles en ſont imbibées, s'il ſurvient un coup de ſoleil chaud, elles ſont brûlées. Le bled eſt-il en fleur, la fleur coule plus facilement que partout ailleurs. & au lieu de grain, on récolte ſouvent de la paille. La carie ou charbon, ou le noir, attaque les bleds en certaines années; c'eſt préciſément lorſqu'ils ſe trouvent dans des circonſtances égales a celles où ſont preſque toujours les bleds dont il eſt queſtion; en effet, on les voit très-rarement exempts de carie & même ceux qui en ſont plus éloignés s'en reſſentent. Revenons au tableau de comparaiſon des produits.

L'achat de l'alevin de ſix à ſept pouces de longueur coûte à-peu-près quarante-huit livres le millier ; ainſi le prix de l'empoiſſonnement d'un Etang de cent arpens eſt de quatre mille huit cent livres, & il eſt rare, près des grandes villes où les débouchés ſont aſſurés, que l'alevin ſoit à un prix auſſi bas. L'intérêt de cette miſe première pendant trois ans, eſt de ſept cents vingt livres; le capital réuni à l'intérêt, forme la ſomme de cinq mille cinq cents vingt livres.

La carpe, prise sur le lieu même se vend à l'échantillon avec les quatre au cent, c'est-à-dire, à la mesure, par pied & pouce, qui se prend depuis le bas de l'œil jusqu'à l'angle de la fourchette de la queue; les marchands prétendent que ce doit être deux écailles au-dessus de cet angle; mais quelque chose que l'on fasse, le marchand parvient toujours à trouver son compte, car si on lui vend toutes les carpes de douze pouces & au-dessus, trois cents livres le millier, ou six sols la pièce, il rebutera toutes celles qui seront d'onze pouces, & il demandera ce qu'il aura rebuté à un prix très-modique; voilà ce qu'on appelle le savoir faire du marchand: c'est ainsi que M. Duhamel s'explique dans son grand traité des pêches.

On ne dira pas que le prix du millier qui vient d'être indiqué, soit au-dessous de la valeur. Certainement dans les Départemens situés au centre de la France, il ne monte jamais aussi haut, à moins que les Etangs n'aient soufferts, ou par la grande sécheresse ou par une forte gelée. Admettons donc ce prix dans sa généralité.

Les propriétaires savent très-bien par expérience, que les marchands spéculateurs sur les poissons, forment entre eux une espèce de confédération; qu'ils courent rarement sur les marchés des uns & des autres; enfin, qu'après avoir employé toutes les ruses possibles, ils paient le moins qu'ils peuvent, parce qu'on est obligé de passer par leurs mains; & si on écoutoit les raisonnemens qu'ils accumulent, ils prouveroient qu'en leurs donnant le poisson a la moitié du prix ordinaire, & même un quart au-dessous de cette moitié, ils seroient encore en perte, à cause de l'éloignement des lieux, de la chéreté du transport, de la perte de la marchandise, &c. J'ai vu conclure des marchés dans ce genre; leurs petites menées sont par-tout les mêmes.

Sur vingt milliers de carpes jettées dans un Etang de cent arpens, l'expérience prouve qu'on n'en retire jamais les deux tiers, & jamais la moitié, si on y a mis des brochets, ou à cause des autres accidens.

Admettons une moitié franche, le produit sera de..........	30000 liv.
Cette somme éblouit, mais sur cette moitié, il faut déduire un quart pour les poissons qui n'auront pas la grandeur requise, reste donc..........	15000 liv.
Admettons que l'autre quart sera vendu...............	5000 liv.
La somme totale sera de.....	20000 liv.

Je demande au propriétaire, s'il lui arrive souvent de retirer cette somme d'un Etang de cent arpens, même en ne comptant pas la mise première de l'alevinage ni ses intérêts? je mets en fait, que sur cent propriétaires on en trouvera quatre vingt dix-huit qui s'abonneront à douze ou dix mille livres.

Ce produit paroît considérable, parce qu'il vient tout-à-coup & qu'il est en masse; dès-lors on juge les Etangs très-avantageux; un moment de réflexion & de comparaison indiquera à quoi il faut s'en tenir.

Convertissons cet Etang de cent arpens en terres labourables, & calculons au plus bas: un fond d'une aussi bonne nature, & si fortement engraissé, produira pendant les trois années consécutives, nécessairement dix pour un, & presque toujours quinze pour un.

On aura semé par arpent un quintal & demi de froment, poids de marc. Le produit sera donc de quinze cens quintaux.

Le prix du quintal est généralement parlant, dans toute la France & au plus bas prix à six livres, presque toujours à huit, souvent à dix;

comptons le à six, alors le produit sera par arpent de..................	900 liv.
Mais il faut prélever la semence, payer la dixme; ainsi à déduire..	300 liv.
Reste net cent douze quintaux qui représentent............	672 liv.
Multipliant ce produit de 672 livres par le produit des cent arpens, on aura........	67200 liv.
Diminuons à présent la moitié franche, soit pour les frais de culture, soit pour les impositions, il restera net pour le produit d'une année.........	33800 liv.
Si on trouve, que j'ai porté trop bas les frais de culture ou d'impositions, & que l'on veuille que ces frais aient consommé les deux tiers du produit, il restera......................	20000 liv.

Admettons encore la vente du poisson à quarante ou cinquante mille livres, ce qui est exorbitant, il y aura encore dix mille livres de bénéfice du côté des produits des champs, porté à une valeur extrêmement inférieure aux prix des denrées, & à l'abondance des récoltes qu'on doit attendre d'un sol qui est la fertilité même. Il me paroît démontré, jusqu'à l'évidence, qu'une seule année de culture équivaut, & au-delà, au produit de trois années de l'Etang; d'où je conclus que les Etangs, sont nuisibles à l'agriculture en général, s'opposent à la population, à la multiplication des bestiaux & sont préjudiciables aux propriétaires.

De l'influence des Etangs sur la santé.

Les maladies endémiques qui règnent dans les

pays à Etangs, prouvent assez combien leur voisinage est à redouter. Nous rapporterons à ce sujet quelques exemples, qui prouverons jusqu'à quel point notre assertion est fondée.

Avant que l'on eût supprimé dans la basse Lorraine cette immense quantité d'Etangs, les habitans étoient constamment attaqués de fièvres intermitentes, qui souvent devinrent épidémiques, & diminuerent considérablement la population : depuis le desséchement des Etangs, on n'entend plus parler de ces maladies jadis si funestes pour ce pays, les habitans y jouissent actuellement d'une bonne santé.

On sait que la plaine du Foréz est couverte d'Etangs; on ne doit donc point s'étonner d'y voir les malheureux habitans pendant neuf mois de l'année réduits à l'inaction, & à un état douloureux & languissant. La partie élevée qui borde cette plaine étoit rarement affectée, aujourd'hui, un particulier a fait construire un Etang de cent arpens au pied de la montagne, & les environs sont aussi infectés que ceux de la plaine.

Dans la Bresse bressante, l'homme le plus âgé d'une paroisse ne passe pas cinquante ans, & il est aussi vieux que le seroit un homme de quatre-vingt ans par-tout ailleurs: les femmes & les enfans ont un ventre ballonné, semblable à celui d'un hydropique; enfin cette partie de la Bresse infecte l'autre, & la fièvre est souvent endémique dans les villes de Mâcon & de Châlons, quoiqu'éloignées des Etangs.

La ville de Blois, quelquefois celle d'Orléans sont dans le même cas, si les vents d'Est & Sud-est règnent en été pendant quelques jours consécutifs; ils apportent avec eux les miasmes élevées sur les Etangs de la misérable Sologne. Je pourrois citer cent exemples pareils.

Si dans les provinces où la chaleur est tempérée, ils produisent des effets si funestes, on doit juger de leurs ravages dans les provinces méridionales. J'y ai vu les habitans obligés de charger sur des voitures les cadavres, parce qu'il ne se trouvoit plus dans le village de gens en état de les transporter au lieu de la sépulture.

Les villages situés près des Etangs, ou sous leur vent, ressemblent à des hôpitaux, on n'y voit que des spectres, traîner une vie languissante; la pâleur de la mort est sur leur visage, & le principe de la mort circule avec leur sang; on prodigue vainement les remèdes à ces malheureux, ils épuisent le reste de leurs forces & anéantissent leur petite fortune : tant que le foyer du mal existe, le remède est plus dangereux qu'utile. Pour y employer les remèdes avec succès, il faut attendre le retour de l'automne ou de l'hiver. Terre infortunée ! terre qu'une insatiable & mal entendue cupidité a rendu maudite, comment êtes-vous encore habitées ? Si j'étois Curé dans ces cantons, j'assemblerois les habitans, je monterois en chaire & je leurs dirois : ce n'est pas vivre que de souffrir perpétuellement; les maladies vous enlèvent la force de travailler; ce n'est pas assez d'être écrasé d'infirmités, la misère assiége votre porte, l'enfant vous demande du pain, & vous ne pouvez lui donner que des larmes : fuyez ces lieux pestiférés, abandonnez vos foibles & calamiteuses possessions; si vous êtes valets ou journaliers, vous trouverez par-tout de l'emploi; la santé vous rendra des forces, & vous gagnerez de quoi nourrir vos enfans. Si vous êtes fermiers, ne croyez pas que vos maîtres barbares, qui vous avoient abymés dans les souffrances & dans l'impossibilité de travailler, se relâchent d'un seul denier sur le prix de la ferme : en fuyant ce séjour de la mort, forcez-les à venir eux-mêmes cultiver leurs héritages, ou à les abandonner. Lorsque vous les aurez réduits à cette extrêmité, la soustraction des revenus, les contraindra à se procurer des ressources; ils se plaindront, demanderont des secours, solliciteront, importuneront; leur voix pénétrera jusqu'aux oreilles du gouvernement, & on viendra à leur secours. La plainte de l'indigent passe rarement le seuil de la porte; on croit avoir beaucoup fait, lorsqu'on lui a accordé une piété stérile. Puisse le nombre des curés, capables de parler ainsi, se multiplier autant que celui des paroisses infectées, & faire voir qu'ils ont de l'énergie dans l'ame ! Aux grands maux il faut les grands remèdes; les palliatifs les augmentent; la coignée mise au pied de l'arbre est le seul remède. Je sais que les propriétaires des Etangs trouveront ma morale un peu sévère, qu'ils me traiteront même de séditieux; mais est-ce ma faute si de gaieté de cœur, connoissant toute l'étendue du mal, ils persistent à être non-seulement le fléau, mais encore les destructeurs de l'espèce humaine. (1)

La suppression des Etangs est un objet indispensable; le salut de la masse y est attaché, & ce n'est pas plus attaquer les propriétés, que de prendre du terrein pour les grandes routes; encore dans ce dernier cas, le propriétaire perd sa posession, au lieu que l'Etang couvert en terres labourables ou en prairies, augmente ses revenus.

Si les communautés ne suivent pas les sages conseils que je suppose donnés par le curé, elles doivent s'assembler, constater par des procès verbaux bien en règle : 1.° le nombre des ha-

(1) Ceci est écrit en 1779; depuis cette époque les vœux de notre Auteur s'approchent de leur accomplissement.

bitans, en distinguant le nombre d'hommes, de femmes & des enfans, & d'en former un tableau. 2.° combien d'individus on été attaqués par la fièvre, ou par telle autre épidémie. 3.° combien il en est mort dans le courant de l'année. 4.° tacher s'il est possible, de constater un semblabe état, d'un certain nombre d'années antérieures, & après lui avoir donné les formes légales, l'envoyer aux autorités constituées, avec une requête dans laquelle la communauté demandera la suppression de l'Etang. Rozier conseille en cas qu'une pareille requête resteroit sans réponse, d'en adresser une seconde au ministre ou aux personnes dont la direction supérieure pourroit être confié, enfin d'abandonner en cas d'urgence la paroisse, & d'aller s'établir à un endroit plus sain. En un mot, lorsque les propriétaires entretiennent la peste, on doit chercher tous les moyens propres à s'y soustraire.

Etat des Etangs actuellement existans en France, tiré du rapport fait par la Commission d'Agriculture.

La révolution ayant porté un grand changement dans toutes les administrations, sur-tout dans celles qui surveillent l'agriculture, il étoit naturel qu'un objet de cette importance fixa particulièrement l'attention du gouvernement. La Convention nationale toujours attentive à tout ce qui peut augmenter les richesses agricoles de la France, avoit dès le 14 Frimaire deuxième année de la république donné une loi, par laquelle le desséchement des Etangs avoit été ordonné. (*)

L'exécution de cette loi ayant éprouvée plusieurs difficultés, la commission des subsistances, chargée alors de l'agriculture, proposa au comité de salut public d'envoyer des agens dans les départemens où il y avoit le plus d'Etangs, pour en surveiller le desséchement & l'ensemencement; pour donner aux cultivateurs des conseils utiles, reconnoître & indiquer à la commission la nature du sol des Etangs desséchés, les modes de culture, les graines qu'il étoit le plus avantageux d'ensemencer, enfin, pour prendre en même-tems sur l'agriculture en général & l'économie rurale tous les renseignemens propres à les faire fleurir.

Le comité de salut public approuva cette mesure, ainsi que les choix de six agens qui lui furent indiqués : tous étoient, ou avoient été cultivateurs. Elle assigna à chacun les départemens où, par leurs connoissances locales, ils

---

(*) La Convention nationale, après avoir entendu le rapport fait au nom de son comité d'agriculture, décrète ce qui suit :

Article premier.

Tous les Etangs & lacs de la République qu'on est dans l'usage de mettre à sec pour les pêcher; ceux dont les eaux sont rassemblées par des digues & chaussées; tous ceux enfin dont la pente des terreins permet le desséchement, seront mis à sec avant le 15 Pluviôse prochain, par l'enlèvement des bondes & coupures des chaussées, & ne pourront plus être remis en Etangs; le tout sous peine de confiscation, au profit des citoyens non propriétaires des communes où sont situés lesdits Etangs

II.

Le sol des Etangs desséchés sera ensemencé en grains de mars, ou planté en légumes propres à la subsistance de l'homme, par les propriétaires, fermiers ou métayers, & si les empêchemens ou délais provenoient du défaut d'arrangement entre les propriétaires, fermiers ou métayers, à cause des conditions des baux, les propriétaires seuls en seront responsables, sous les peines portées par l'article ci-dessus.

III.

Quant aux Etangs dont la République est propriétaire, les administrations de district sont chargées des défrichemens, vente du poisson, le tout par adjudication, affiches apposées huit jours à l'avance, sauf l'indemnité des fermiers, dans la forme prescrite pour l'administration des autres domaines nationaux, si mieux ils n'aiment se charger du desséchement.

IV.

Sont exceptés du desséchement les Etangs qui sont nécessaires pour alimenter les fossés de défence des villes de guerre, les usines métallurgiques, les canaux de la navigation intérieure, le flottage, les papetries, les filatures, les moulins à foulon, à scier & à poudre, pourvu que toutes ces usines aient été construites avant la présente loi.

V.

Ne sont pas considérés comme Etangs, ni sujets au desséchement ordonné par la présente loi, les réservoirs d'eau qui ont été destinés jusqu'à présent à l'irrigation des prairies ou à abreuver les bestiaux, pourvu qu'ils ne contiennent pas plus d'un arpent; & s'ils ont une plus grande étendue, ils seront réduits à celle d'un arpent.

VI.

Les administrations de district dans l'arrondissement desquelles se trouveront les Etangs desséchés, sont tenues de demander aux municipalités & de faire passer incessamment à la commission des subsistances les etats des semences en légumes & grains de mars qui leur manqueroient pour les mettre en valeur; & la commission des subsistances est chargee de leur faire passer les quantités nécessaires.

VII.

Il sera excepté du desséchement ordonné par l'article premier ceux des Etangs qui seront jugés indispensablement nécessaires pour le service des moulins & autres usines. Les districts prononceront provisoirement, d'après la demande de la commune, la conservation desdits Etangs; la demande de la commune & l'avis du district seront envoyés sans délai au comité d'agriculture, qui en fera son rapport, sur lequel la Convention nationale statuera définitivement, &c.

pouvoient opérer le plus grand bien. Ils furent chargés de parcourir les départemens

de l'Ain.	de Loir & Cher.
de Rhône & Loire.	du Loiret.
de l'Isère.	de l'Yonne.
des Bouches-du-Rhône.	de l'Indre.
du Gard.	de la Creuse.
de la Nièvre.	de la Haute-Vienne.
de la Marne.	de l'Aube.
de Saône & Loire.	du Jura.
des Vosges.	de la Dordogne.
de la Moselle.	d'Eure & Loir.
du Cher.	de la Sarthe.
de l'Orne.	de la Côte-d'Or.
de la Mayenne.	de la Meurthe,
de la Loire-Inférieure.	& Haute-Saône.
de Seine & Marne.	

La commission ne se contenta pas de choisir des agens actifs & instruits par l'expérience agricole : elle voulut encore diriger leurs opérations, d'une manière plus sûre, par une instruction qui leur fît mettre de l'harmonie dans leur travail. Prévoyant qu'on pourroit faire naître des obstacles, elle indiqua à ses agens la conduite qu'ils devoient tenir dans ces circonstances; elle leur recommanda sur-tout l'exécution de la loi, la nécessité de ne pas s'en écarter & l'obligation où ils étoient de n'exercer d'autres droits que celui de surveillance; d'éviter toute espèce de conflit avec les autorités constituées: de se borner à des observations, & de ne rien faire sans l'aveu de la commission. Elle les invita à prendre tous les renseignemens utiles sur l'agriculture de chaque pays : enfin elle entra dans les plus grands détails sur la manière la plus avantageuse d'opérer les dessèchemens, sur les effets qu'ils devoient produire dans les différens terreins & sur les plantes qui pouvoient y croître avec le plus de succès.

Ces agens ont commencé leurs travaux presque tous en même-tems, le résultat n'en est pas à beaucoup près uniforme & également satisfaisant. L'un a cru faire assez pour le bien public, en excitant au dessèchement & à l'ensemencement, les corps administratifs & les citoyens. Il s'est contenté de leur rappeller leur responsablité & l'intérêt public, de leur demander l'état des Etangs desséchés. La commission l'a rappellé, par plusieurs lettres, à l'objet de sa mission & aux instructions qu'elle lui avoit données. Une lettre, du mois Brumaire dernier seulement, apprendre à la commission qu'il en connoît les intentions.

Un autre ayant à parcourir quelques déparmens de l'ouest, de cette contrée où la plus affreuse guerre a mis l'agriculture en deuil, & ensanglanté si souvent le fer des charrues, a cru qu'il étoit plus intéressant pour la chose publique de déployer toute son activité dans un premier voyage, de se transporter avec célérité d'un département dans un autre, en répendant les instructions nécessaires pour accélérer & utiliser le desséchement des Etangs. Mais dans plusieurs districts des départemens de la Loire-Inférieure, de la Sarthe, de la Mayenne, les mouvemens successifs des armées de la république, & auxquels les bons citoyens étoient souvent appellés, les marches orageuses d'ailleurs des corps armés des brigands, le besoin enfin des subsistances avoient été autant d'obstacles à l'exécution de la loi relative aux Etangs. Par-tout où il y a pu exercer sa surveillance, il a fait dessécher les Etangs, indiqué les moyens d'en tirer le meilleur parti. Il a éclairé, consolé les cultivateurs désolés par la dévastation de la guerre. En remplissant sa mission, autant que les circonstances pouvoient le permettre, il s'est attaché encore à prendre des renseignemens sur diverses parties de l'administration publique, qu'il a transmis à la commission. Le département de la Loire-Inférieure & d'Eure & Loir sont les seuls sur lesquels les états des Etangs sont positifs. Il a fait un rapport général de ses opérations, dans lequel il se trouve des avis politiques & renseignemens utiles.

Le troisième a parcouru plusieurs départemens du midi. Il a examiné lui-même les cantons où il y avoit le plus d'Etangs. Il s'est attaché à reconnoître les rapports qu'il pouvoient avoir pour ou contre l'agriculture & la salubrité. De concert avec les autorités constituées, il a provoqué avec ponctualité l'exécution de la loi. Il a indiqué aux propriétaires & aux corps administratifs des améliorations. Il a transmis diverses indications précieuses sur l'agriculture. Il a encore porté son attention sur les marais, malheureusement trop multipliés dans cette contrée. Il a observé & recherché avec zèle les moyens de parvenir à les dessécher. Il a tracé les malheurs & les ravages qu'ils causoient sous tous les rapports. Sa correspondance donne des résultats positifs sur la situation des Etangs. Elle pourra fournir par la suite des matériaux utiles pour l'agriculture de cette partie de la République.

Le quatrième avoit à parcourir cinq départemens de l'intérieur. Il s'est conformé exactement aux instructions qui lui avoient été données. Il a examiné dans tous les districts les Etangs qui, par leur étendue, présentoient les plus grandes ressources, & ceux dont le desséchement avoit excité des obstacles ou des doutes sur l'exécution de la loi. Il a pris, de concert avec les autorités constituées, diverses mesures pour les desséchemens & ensemencemens qui ont été approuvées par la commission. Il adressoit, chaque décade, le tableau des opérations des Etangs desséchés, de ceux qui ne l'avoient pas été par des circonstances locales, ou d'après les exceptions même de la loi. Il a parcouru avec la plus grande attention, toute cette contrée malheureuse, connue sous le nom de *Sologne*. Il ne s'est pas attaché seulement à la considérer sous le rapport des Etangs; il a pris dans toutes les parties des renseignemens sur les moyens de rendre ce vastes pays à l'agriculture. C'est d'après ses observations que le comité de salut public, sur le rapport de la commission, a pris, au mois de Prairial dernier, un arrêté pour préparer les travaux qui devoient assainir & fertiliser la ci-devant Sologne. Il n'a pu parcourir le cinquième département, celui de la Nièvre, parce que la commission l'a chargé d'aller dans les départemens du Cher, de la Creuse & de l'Inde, reconnoître les ravages de la gêle, y indiquer les moyens de réparer, en partie, les désastre de ce fléau. Il a rempli l'un & l'autre mission avec zèle. Tous les corps administratifs ont justifié par leur correspondance l'opinion que la commission avoit de ce citoyen.

Dans trente-quatre départemens, l'exécution de la loi n'a porté atteinte qu'à diverses ressources locales que les Etangs procuroient à des fermes, hameaux & à des communes.

Noms des trente-quatre départemens.

1. De la Marne.
2. De Saône & Loire.
3. Des Vosges.
4. De l'Isère.
5. Des Bouches-du-Rhône.
6. De la Vienne.
7. De la Creuse.
8. De Seine & Oise.
9. De la Moselle.
10. Du Jura.
11. D'Eure & Loir.
12. De la Sarthe.
13. De l'Orne.
14. De la Mayenne.
15. De la Loire-Inférieure.
16. De la Côte-d'Or.
17. De la Meurthe.
18. De la Haute-Saône.
19. De l'Aisne.
20. De l'Allier.
21. Des Ardennes.
22. Du Calvados.
23. De la Charente.
24. De la Corrèze.
25. De la Haute-Marne.
26. Du Haut-Rhin.
27. De la Haute-Vienne.
28. D'Ille & Vilaine.
29. D'Indre & Loire.
30. Des Landes.
31. Mayenne & Loire.
32. De la Meuse.
33. Du Puy de-Dôme.
34. De Seine & Oise.

Dans douze autres, d'après les réclamations des autorités constituées, les rapports des divers agens, le sort de l'agriculture de contrées ou cantons, plus ou moins étendus, le service continu de ruisseaux & rivières, pour la navigation, les usines & les flottages, semblent dépendre de l'existance d'un grand nombre d'Etangs desséchés, d'après la loi.

Noms des douze départemens.

1. Du Loiret.
2. De Loire & Cher.
3. De la Nièvre.
4. De l'Yonne.
5. De la Côte-d'Or.
6. De l'Aube.
7. De l'Ain.
8. De Rhône & Loire.
9. De l'Indre.
10. De l'Oise.
11. Du Cher.
12. De la Dordogne.

Ils étoient en effet vastes & nombreux dans trois grandes contrées, connues ci-devant sous les noms de *Sologne*, *Bresse* & *Brenne*. Le desséchement ordonné y a excité les plus vives réclamations, & produit, par les mêmes causes, des effets presque semblables. Il est important de les faire reconnoître successivement, & sous les divers rapports qui sont particuliers à chaque partie, afin de pouvoir en suite apprecier, avec plus de connoissances locales, les exceptions ou modifications que la force de l'utilité ou nécessité démontrées, semblent devoir faire admettre.

SOLOGNE.

Départemens de Loir & Cher, du Loiret & du Cher.

La ci-devant Sologne est située entre les rivières du Cher & de la Loire : ce fleuve la circonscrit dans sa plus grande longueur, depuis Gien jusqu'à Candé, au-dessous de Blois. La surface de ce territoire, d'après diverses cartes, peut comprendre 2[illegible]0 lieues quarrées ou 900,000 arpens, parce qu'il faut déduire les riches vallées d'Olivet & de Denis, vis-à-vis Orléans. Il s'étend sur le territoire des départemens de Loir & Cher, du Loiret & du Cher.

Le sol, en général, n'est qu'un sable maigre & ténu, variant de 4, 6 à 8 pouces de profondeur. La couche inférieure n'est, dans la plus grande partie, qu'une argille compacte & imperméable à l'eau. Il résulte de cet état, que, pendant l'hiver & le printems, lorsque la couche sablonneuse est saturée d'eau, les terres doivent être humides; qu'il doit y avoir des stagnations multipliées sur la surface plate d'un pays où les côteaux sont rares, & où les plaines [illegible] pentes sensibles sont très-communes. Une telle situation a dû porter les habitans à former beaucoup d'Etangs, soit pour dessécher des [illegible], soit pour prévenir des inondations, soit enfin pour avoir des réservoirs d'eau pendant les étés & les sécheresses. La nature du sol, le défaut de pentes, les bruyères & broussailles, qui entourent presque tous ces Etangs, indiquent assez que la vase ou terre végétale, formée par les débris des végétaux, doit y avoir une mince superficie, & qu'ils offrent peu de ressources à la culture.

Il y a néanmoins des exceptions; les Etangs qui sont formés à l'extrémité des plaines, dont la pente est plus rapide, dont le sol environnant est soumis à la culture ou couvert de bois, produisent beaucoup de roseaux & herbes aquatiques. La décomposition annuelle de ces végétaux, jointe aux terres & débris que les eaux y entraînent,

entraînent, doit à la longue former une couche épaisse de vase, qui, travaillée par l'écobuage, & ensuite par l'incinération, peut donner de bonnes récoltes. Le nombre de ces Etangs est au plus le sixième de ceux qui existent. Les bras manquent pour ces sortes de travaux.

D'autres causes encore ont porté à former des Etangs. Beaucoup n'existent que pour abreuver les bestiaux. Ces réserves d'eau sont absolument nécessaires dans des plages de 2, 3 & 4 lieues, où il n'y a ni ruisseaux, ni fontaines, ni rivières, & où l'aridité du sol, pendant l'été, multiplie pour les animaux les besoins de la soif.

D'autres sont formés pour arroser des prés. Cette irrigation est essentiellement utile dans ce pays, pour former ce qu'on appelle des *prés-hauts*. Sans irrigation, point de prés; & cependant les récoltes donnent la meilleure qualité de foin; car les prairies qu'arrosent les rivières de *Beuvron* & *Cosson* sont très-marécageuses, sujettes à être rouillées par les débordemens. Les prés de plaines sont absolument nécessaires pour les bestiaux.

L'exécution de la loi sur le desséchement des Etangs a excité dans cette contrée les plus vives réclamations. Au lieu de l'exécuter, on a adressé des pétitions motivées, à la Convention & au comité d'agriculture. Toutes exprimoient que le desséchement général des Etangs perdoit la Sologne. Les administrations de districts, dans le ressort desquels se trouve cette contrée, ont réclamé dans le tems même où la loi a été rendue. Celles d'Orléans, Beaugency, Blois, plusieurs sociétés populaires, ont fait des représentations, fondées sur l'expérience, & les effets malheureux qui pourroient résulter du desséchement. Celle de Romorantin, qui, par sa position au centre de la ci-devant Sologne, pouvoit encore mieux apprécier les effets de l'exécution stricte de la loi, a adressé, dès le mois de Ventôse de l'an deuxième, une délibération, prise sur les pétitions & réclamations des communes du district, pour demander ou le rapport de la loi, ou des modifications. Cette unanimité de la part de six administrations de district, de plusieurs sociétés populaires, prouve déjà que l'exécution littérale de la loi peut être funeste à ce malheureux pays.

Les Etangs de la Sologne se divisent en deux espèces principales, en Etangs purement sablonneux, & c'est le plus grand nombre; ou en Etangs couverts de joncs-roseaux, & conséquemment d'une vase proportionnellement épaisse. Les premiers ne sont propres à aucune culture: les seconds exigent des travaux longs & dispendieux. Les racines des joncs sont très-volumineuses, & enchevêtrées les unes dans les autres. On ne peut les ouvrir à la charrue ordinaire: il faut absolument, pour les soumettre à la culture, les écobuer & incinérer. Mais la population y est manifestement impuissante pour réaliser de tels travaux.

L'agent de la commission a pris des renseignemens sur les frais de cette culture: il en coûteroit, pour chaque arpent, au moins 100 liv.; ainsi, ce seroit, pour un Etang de 30 arpens, 3000 liv. L'expérience apprend cependant, dans ce pays, que le sol des Etangs, ainsi travaillé, ne peut donner que deux à trois bonnes récoltes.

Ce seroit donc exiger une opération très-difficile dans quelques cantons, & impossible en d'autres, par défaut de bras. Ce seroit donc forcer les propriétaires à une dépense qui excéderoit beaucoup la valeur du fonds, employer les bras à un travail exclusif, pour un produit incertain & passager, en courant le risque de négliger les autres travaux des champs.

Il est évident que, dans un tel pays, couvert d'eau en hiver & dans les saisons pluvieuses, les chaussées d'Etangs servent de communication entre les communes. Si on dessèche tous les Etangs, il faudra rompre beaucoup de chaussées, pour completter les desséchemens des Etangs inférieurs sur-tout. Ces circonstances locales y sont très-communes. Il en résulteroit donc, ou une dépense excessive pour faire des ponts, ou un obstacle aux desséchemens, ou une interceptation dans les communications avec voitures.

Plusieurs chaussées servent aussi de communication à des grandes routes & chemins vicinaux, très-importans pour les foires & marchés.

Les Etangs y sont encore plus nécessaires que dans d'autres pays, où les pâturages sont abondans. Il y croît plusieurs sortes d'herbes, que les bêtes-à-cornes & les chevaux recherchent avec avidité. Cette espèce de nourriture est un besoin indispensable sur un sol qui devient aride après quelques jours de beau tems; où les bestiaux, forcés de paître la bruyère, les feuilles de bois & broussailles, éprouvent plus souvent la soif. La qualité de leur nourriture, réunie à la chaleur brûlante qui existe pendant l'été au milieu de ces sables, rend l'herbage des Etangs indispensable pour la santé & la multiplication des bestiaux. Ils le sont encore pour les abreuver, dans une contrée où, sans Etangs, on feroit trois & quatre lieues avant de trouver un ruisseau.

Il n'est que trop vrai, sans doute, que les Etangs étoient trop communs dans la ci-devant Sologne. Les propriétaires, les colons, les nobles & les moines les avoient excessivement multipliés; les uns, pour échapper à la voracité du fisc royal; les autres, pour avoir abondamment une subsistance ordonnée par la règle de leur secte. Mais la stérilité & son insalubrité ont d'autres causes plus réelles que celles résultantes de la quantité des Etangs.

Les citoyens, dans la plus grande partie, vivent avec du pain de bled noir, qu'ils appellent *carabin*. Ils ignorent absolument l'art si nécessaire à la santé, la panification. Leur pain de seigle est presqu'aussi noir que celui de sarrasin : il est lourd & d'une digestion difficile. Ils ne peuvent obtenir de bonnes récoltes que par un travail excessif, dans un sol où ils ont à combattre la *sécheresse* & *l'humidité*. Cet excès de travail, réuni à la plus mauvaise nourriture, à la privation de viande, de cidre & de vin, leur cause, à l'automne, ces fièvres lentes qui les consument & les énervent.

La ci-devant Sologne est formée en général par des plaines applaties. Lorsque les eaux de pluies y séjournent, pendant les chaleurs, elles répandent dans l'air des vapeurs mal-faisantes. C'est par ces foyers de putréfaction, excessivement multipliés, plutôt que par les Etangs, qui reposent en général sur un sol graveleux & sablonneux, qu'à la fin de l'été, l'air se trouve vicié & désorganisé; c'est encore par le débordement des petites rivières & ruisseaux qu'y forment les Etangs, & quelques sources dans le voisinages des bois. Leur lit, par-tout, est encombré par la vase, & obstrué par les joncs & roseaux. Il peut à peine suffire au cours ordinaire : à la moindre crue, les eaux couvrent les prés & pâturages. Ces inondations couvrent les herbes & arbrisseaux d'une rouille funeste, forment dans les cavités des amas d'eau, qui ne se détruisent que par l'évaporation. Les insectes, que l'humidité & la chaleur attirent & font éclorre, augmentent encore la masse de la putréfaction. C'est par toutes ces causes réunies, que les malheureux habitans de ce pays éprouvent les fievres automnales, qui les rongent & les affoiblissent.

Enfin, ce pays est dépeuplé. Les citoyens, en général, y sont pauvres ou malheureux. L'agriculture y est misérable. L'industrie rurale y est presque inconnue. Des landes immenses, des bois taillis abandonnés, occupent plus des deux tiers du sol, & ce qui est cultivé suffit à peine à la nourriture de ceux qui l'habitent & le fréquentent. Un peu de seigle, beaucoup de bled noir, quelques vignes près des chefs-lieux de canton ou district, le commerce des bêtes-à-laine & du poisson sont toutes les ressources de la ci-devant Sologne.

Elle a donc absolument besoin de quelques Etangs. Mais son amélioration ne dépend pas seulement de la suppression de ceux qui sont marécageux; elle dépend encore d'autres travaux qui ne peuvent être isolés & partiels.

1.° Les rivières, encombrées par les vases & les roseaux, doivent être curées, & le cours des eaux rendu plus libre.

2.° Plusieurs moulins élèvent excessivement les eaux, causent des submersions ou des marais. Ils doivent être détruits ou déplacés, pour ne plus nuire.

3.° Une police rurale publique exige que tout propriétaire inférieur ou contigu admette sur son terrein l'écoulement des eaux venant d'un terrein supérieur.

4.° Que la République suive le même ordre sur les propriétés nationales & sur les chemins publics que ces eaux traverseront.

En prenant de telles mesures, l'agriculture prendra bientôt de l'accroissement. Déjà, un arrêté du comité du salut public, du mois de Floréal, rendu sur le rapport de la commission, a ordonné des travaux préliminaires, pour rendre cette contrée à la fertilité & à la salubrité.

Le comité a sous les yeux, depuis le mois de Thermidor, un second rapport de la commission, pour l'exécution de cet arrêté qui est connu par les administrations de district, & a porté la joie dans l'ame de tous les habitans de Sologne, qui aspirent tous au bonheur de voir leur pays salubre, cultivé & fertile.

BRESSE.

Département de l'Ain.

Une grande contrée, parsemée d'Etangs, fait partie du Département de l'Ain. Elle étoit connue ci-devant sous le nom de *Bresse*.

Les Etangs vastes & multipliés qui couvrent ce pays, méritent d'être observés avec une attention rigoureuse; car ils paroissent être l'ouvrage, ou plutôt la conquête de l'homme sur une étendue immense de marais.

Parmi les neuf districts qui composent le Département de l'Ain, cinq seulement renferment des Etangs. Il est partagé par la nature en deux grandes divisions absolument distinctes l'une de l'autre.

La première, qui occupe toute la partie orientale, & qui comprend les districts de *Nantua*, *Belley*, *Gex* & *Rambert*, consiste en hautes montagnes sillonnées par des vallons & séparées par quelques plaines fertiles. Le noyau de ces montagnes est ordinairement un rocher calcaire, dont la base est gratineuse. (Cette partie étoit autrefois le Bugey.)

Il résulte de cette formation de la nature, que le sol cultivé, qui participe nécessairement du détritus des rochers, est léger, friable & perméable à l'eau. Aussi par-tout le sol le plus escarpé y est soumis à la culture. Les prés, les bois, les plantes céréales & légumineuses y croissent avec la plus grande beauté. La population y est très-nombreuse, comme en général dans tous les pays montueux. Les hommes y sont robustes, actifs & industrieux; & quoique dans beaucoup de parties inférieures, le sol y ait assez d'adhésion pour faire des retenues d'eau, on ne s'est pas imaginé d'y former des Etangs.

La deuxième division, qui occupe toute la

partie occidentale qui comprend les districts de *Montluel*, *Châtillon*, *Pont-de-Vaux* & la plus grande partie du district de *Trévoux*, est un pays plat, séparé des montagnes par des rivières, formant un vaste bassin dont les bords au *Sud sont très-élevés*, moins à l'est, & inclinés vers le nord-ouest. Au milieu s'élèvent quelques côteaux plus ou moins rapides, ou des éminences plus ou moins prononcées, entre lesquelles coulent quelques rivières & ruisseaux.

La topographie de ce pays est réellement extraordinaire. Elle peut beaucoup servir à faire apprécier les effets de la loi sur le desséchement des Etangs.

Quoique, de toutes parts, le continent s'abaisse vers la Méditerrânée, ainsi que l'indique bien dans cette partie le cours de la Saône, & ceux plus rapides encore du Rhône & de l'Ain qui coulent du *nord* au *sud*, cependant à l'extrèmité de ce bassin, du côté du sud, à quelques milles de l'Ain, à deux du Rhône qui la circonscrit de ce même côté, les ruisseaux & rivières qui baignent le pays, *ont tous leur source au sud, & leur pente vers le nord.* Les principales rivières vont se jetter ensuite dans la Saône.

Ainsi la *Reyssouse*, qui prend sa source au sud, près de l'Ain, détermine son cours vers le nord, dans un sens opposé à celui de la Saône, traverse les districts de Bourg & Pont-de-Vaux, & va se jetter dans la Saône, au-dessus de la commune de Pont-de-Vaux, quoiqu'il y ait une différence de plus de vingt lieues entre le point parallèle de sa source & celui de la Saône.

Ainsi encore, la rivière de *Veyle* parcourt du sud au nord les districts de Montluel & Châtillon : celle de *Chalaronne*, dans la même direction, les districts de Châtillon & de Trévoux, vont affluer dans la Saône, dans des points plus ou moins rapprochés de son confluent avec le Rhône.

On doit penser que dans un tel pays, dont toutes les eaux, excepté celles qui peuvent être sur les revers du bassin, se dirigent du sud au nord, pour venir ensuite couler vers le sud, dont le sol à la surface n'a que 3, 4 à 5 pouces de terre végétale, & dont la couche inférieure est par-tout une argile compacte & imperméable à l'eau, ne doit avoir que très-peu de sources, qu'une pente foiblement prononcée, & que, conséquemment, les marais, les amas d'eau doivent y avoir été vastes & multipliés.

Tel étoit dans les tems reculés l'état de la ci-devant Bresse, trop connue encore par son insalubrité & ses Etangs. L'histoire du pays & des actes anciens prouvent qu'on appelloit *Etangs* en Bresse, ce qui n'étoit réellement que des marais. Vitruve l'appelloit *une contrée misérable, où les eaux marécageuses occasionnent le goître.*

Le desir si naturel à l'homme de fuir la servitude, d'échapper aux proscriptions des tyrans d'Italie, & de se créer une propriété dans un pays presque inaccessible, dont la position éloignoit tous les oppresseurs, y a appellé & fixé successivement des hommes d'Italie, de Savoye & du Bugey. Quelgue part qu'ils se soient fixés, ils se sont convaincus que leurs premiers travaux devoient se diriger contre les stagnations & les inondations. Les progrès & les succés dans des desséchemens partiels les ont dû porter à se délivrer de ces vastes marais & à assainir le sol. L'expérience commune les a déterminés à former des digues pour contenir les eaux éparses, & accumuler en plus grand volume celles qui stagnoient sur des fonds bas & fangeux. Par-tout on a senti le besoin impérieux de maîtriser les eaux, & de les forcer d'être utiles à l'agriculture & aux usines.

Dans les parties basses, marécageuses, indesséchables, que les eaux ne couvroient que superficiellement & alternativement, on a reconnu que pour les rendre moins pestilencielles, il falloit les couvrir de plusieurs pieds d'eau, & surtout diminuer sur les bords les retraites précipitées. On a donc construit des chaussées avec des bondes & des déversoirs à une ou aux deux extrêmités des chaussées, pour verser le trop plein ou arroser les prés qui doivent se trouver communs au-dessous de ces vastes retenues.

En d'autres endroits, l'expérience acquise par de longues sécheresses dans un pays qui ne jouissoit des eaux que par les pluies, & a fait reconnoître le besoin d'en réserver en grande masse, non-seulement pour leur donner plus de mouvement dans leur cours & y servir aux irrigations, mais encore pour fournir en tous tems & sans désordre, les ruisseaux & les rivières servant à des usines.

Indépendamment de ces vastes réservoirs, on a dû encore pratiquer des Etangs plus ou moins grands, & les multiplier en raison même des habitations, sur un pays sillonné par des ravins & alternativement plat & bombé; parce qu'outre les épanchemens funestes que les Etangs prévenoient, il étoient en outre nécessaires pour les irrigations, abreuver les bestiaux, rouir les chanvres & suppléer, pour tous les usages domestiques, à la disette des eaux de sources.

Tant de digues, tant de chaussées, tant de retenues, ne se sont élevées successivement sur un sol aussi disgracié par la nature, que parce que, chaque année, à mesure que la culture faisoit des progrès, les inondations ravageoient les récoltes, en laissant après elles des milliers des petits marais ou amas d'eau, dont l'évaporation vicioit l'air & dont la rouille empestoit les fourrages.

Tels furent les immenses travaux des antiques Bressans, dont le génie & l'industrie méritent d'occuper une place glorieuse dans l'histoire des peuples agricoles : car ils ont fait, avec plus de difficultés peut-être, ce que les Bataves n'ont fait qu'après eux dans les marais de la Hollande & de la Zélande.

Ils jouissoient paisiblement de leurs travaux, lorsque, pour le malheur du genre humain, se formèrent & se multiplièrent dans l'Italie, la Savoye & les contrées méridionales, des sectes monastiques dont la manie & la croyance n'étoient pas seulement de faire maigre entre elles, mais encore de l'ordonner pendant une grande partie de l'année, à tous ceux qu'ils appelloient leurs fidèles. Ainsi fut fondée, près de la Bresse, la fameuse abbaye de Clugny, où on comptoit, dans les tems de sa splendeur chrétienne, jusqu'à 1500 moines.

C'est de ces funestes époques que commencèrent les abus sur le trop grand nombre d'Etangs. Les moines, les prêtres, les nobles, les riches construisoient & faisoient construire par-tout des Etangs. Le revenu & le débit étoient sûrs ; les propriétaires suivoient eux-mêmes cette impulsion.

Colbert, qui auroit fait prendre à la France le premier rang parmi toutes les nations agricoles, s'il eût autant favorisé l'agriculture que le commerce, s'il eût donné à la culture du bled, à l'amélioration des laines tous les millions qu'il fit donner à la culture des mûriers & aux fabriques de soie & coton, porta un coup mortel à la culture de la Bresse, en défendant toute exportation de grains. Les cultivateurs qui ne retiroient de produits que par la culture de leur terre, se trouvèrent obsédés par les entraves les plus tyranniques.

Ce fut alors que la Bresse, qui ne pouvoit plus rapporter sur son sol les sommes qu'elle retiroit annuellement des pays méridionaux ou du commerce, qui ne put plus soutenir au même degré une culture pénible, dont les frais absorboient le produit, borna la culture des grains à ses propres besoins, & éprouva bientôt après une grande émigration. Les Bressans abandonnèrent la charrue, pour aller travailler la soie dans les fabriques de Lyon. Il n'y resta que ceux qui ne purent vaincre l'amour de leur pays natal, ou le sentiment de conserver & transmettre à leurs enfans une propriété foncière.

C'est dans ces tems sur-tout que les habitans qui restèrent en Bresse, que ceux qui émigrèrent à Lyon, ou préférèrent de se retirer sur les bords fertiles & salubres de l'Ain & de la Saône, multiplièrent à l'excès les Etangs. Il n'est pas indifférent d'en faire observer toutes les causes.

Les Etangs étoient déjà d'un grand produit par l'effet de la vigoureuse observance des nombreuses colonies de cénobites, & par tous les jeûnes & carêmes ordonnés dans la société chrétienne. Ceux de la Bresse sur-tout devoient être plus considérables encore, par les débouchés qu'offroit une ville aussi populeuse que Lyon, & par la navigation de la Saône & du Rhône. Les terres à bled ne rapportoient aucun produit net. Les prêtres, les moines, les nobles, le fisc exercoient leurs brigandages respectifs sur tout ce qui n'étoit pas Etangs. La nécessité locale faisoit seule mouvoir les charrues. Les fourrages peu abondans, trop généralement aigres & malsains, ne laissoient que peu de moyens d'engraisser des bestiaux. Les riches, les moines, les colons ont tous dirigé leur industrie à faire des Etangs. Cette multiplicité même a été regardée par la suite comme un moyen certain de l'amélioration du sol.

Soit que les cultivateurs se soient convaincus que le sol des côteaux ou des éminences ne pouvoit suffire à une culture continue, & qu'il avoit besoin d'un repos périodique, soit qu'on ait observé que les pluies délayant trop facilement les molécules de la terre, les forçoient de descendre du sommet des sillons, ordinairement très-élevés, pour se préserver des stagnations, que la terre végétale garnie d'engrais, la plus fertile, comme la plus exposée à l'air atmosphérique, étoit entraînée par les pentes dans les Etangs où elle étoit également favorable à la culture des grains & aux poissons ; soit enfin que la population ait augmenté & nécessité une plus grande culture, on a introduit l'usage de cultiver & couvrir d'eau alternativement tous les Etangs qui en étoient susceptibles. L'intérêt a sanctionné cet usage. Tous les colons & propriétaires ont vu que la terre, d'ailleurs couverte d'une mince couche végétale, ne donnoit que des produits foibles & souvent incertains, après beaucoup de dépenses & *cinq labours* : ils ont vu que les grands froids, comme les longues pluies, attaquoient ou détruisoient souvent les récoltes des bleds d'hiver, tandis que les Etangs cultivés, sans engrais, avec un seul labour, sans crainte des gelées, donnoient les plus belles récoltes. Il ont donc encore multiplié les Etangs. Ils sont même devenus un objet de spéculation, tant de la part des riches que des cultivateurs & des amodiateurs. Les premiers fournissoient les fonds nécessaires pour faire des chaussées, sous la condition qu'ils jouiroient de l'Etang en eau pendant deux ou trois ans, & que, pendant l'année immédiate après la pêche, le propriétaire du fonds auroit le droit de le cultiver à son profit. Cet usage est devenu une sorte de droit coutumier, transmissible, comme toute propriété foncière, dans les transactions entre les citoyens.

Telles sont les causes réunies de tous les Etangs de la ci-devant Bresse, dans lesquelles la législation, le commerce & l'industrie rurale peuvent trouver des faits précieux pour l'avenir. Le nombre des Etangs cependant a dû proportionnellement diminuer par les causes mêmes qui les avoient fait multiplier, à mesure que le flambeau de la philofophie, en éclairant les hommes, a fait difparoître l'impofture & le fanatifme. Pendant ces luttes glorieufes qui ont préparé l'infurrection de la Nation françaife contre le defpotifme, l'ancien gouvernement faifoit quelques actes favorables à la liberté du commerce des grains & à l'agriculture. Les caîtes cénobitiques & les prêtres s'anéantiffoient, le poiffon devenant moins néceffaire par fuite de ces effets politiques, la culture des terres reprenoit fon empire & fon niveau. Tous les propriétaires qui ont entendu leur intérêt, ont fucceffivement defféché & *mis en prés* les Etangs qui en étoient fufceptibles.

La loi du 14 Frimaire a fait dans ce pays une forte de révolution agricole qu'il importe beaucoup de connoître & de bien apprécier, afin que l'agriculture n'y éprouve pas des effets qui pourroient lui être funeftes, afin d'y éclairer promptement les cultivateurs fur leur véritable intérêt, & y établir le cours ordinaire de la culture & de l'induftrie.

Prefque toutes les communes des diftricts de Montluel, de Châtillon & des parties limitrophes des diftricts de Bourg & Pont-de-Vaux, ont adreffé des réclamations aux adminiftrations de diftrict, qui les ont tranfmifes au comité d'agriculture. La commiffion fe bornera à ne rappeller dans ce moment que celles qui font particulières à cette contrée.

D'après la connoiffance du fol, d'après fa pofition topographique, prefque toutes les eaux font éventuelles, dans la baffe Breffe fur-tout, où on ne rencontre point de fources. Les eaux qui y circulent ne font que le produit des pluies. Auffi, eft-elle expofée à des crues fubites qui inondent les bas-fonds, ou au deffèchement des ruiffeaux que les Etangs alimentent. Le retour périodique de l'hiver & de l'été ramène fouvent ces deux excès. La nature du fol & l'expérience y ont fait former des Etangs, pour préferver cette partie de ces deux fléaux.

Pendant les tems de féchereffes, ils retiennent les eaux de pluies que le cultivateur enfuite diftribue felon fes befoins. Pendant les faifons pluvieufes, après lefquelles il furvient des crues, ces Etangs encore retiennent & modèrent le cours des eaux qui, fans eux, feroit défaftreux & renverferoit tous les moulins.

Les crues fubites & fréquentes doivent en effet être très-communes dans un pays où la terre ne peut abforber qu'une très-petite quantité d'eau; où le lit des ruiffeaux & rivières qui fe forme par le cours ordinaire des eaux, doit être infuffifant. Cette confidération eft de la plus haute importance pour la confervation *des prairies*. Celles-ci occupent deux terreins différens. Les unes font dans les bas fonds & fur les rives des rivières: le fol en eft perpétuellement humide & fouvent inondé. Les plantes marécageufes feules, peuvent réfifter à ce bain continuel. Le fourrage en eft aigre & profite moins aux beftiaux que la paille que ceux-ci de leur côté préfèrent.

Les autres font fur les éminences où on a pu faire dériver les eaux d'Etangs. *Sans irrigations, la récolte eft abfolument nulle*, parce que n'ayant que quelques pouces de terre végétale, & ne pouvant recevoir de l'intérieur cette humidité falutaire qui donne la vie & la force végétative aux plantes des fonds profonds, les herbes, après quelques jours de beau tems, languiroient & deffécheroient. L'irrigation eft donc abfolument néceffaire pour conferver les meilleures prairies de la Breffe, & defquelles dépendent évidemment l'exiftence des animaux de travail & les moyens d'y faire des élèves.

Toutes les rivières étant formées par la réferve des eaux pluviales dans les Etangs, elles ont dû éprouver, dès cette année même, une diminution ou altération proportionnée au nombre des Etangs confervés.

Les moulins à bleds & d'autres ufines font très-multipliés fur le cours de la rivière.

La petite rivière de Sereine, d'après un procès-verbal d'experts, nommés par le diftrict de Montluel, n'eft entretenue que par des Etangs qui font dénommés. « Cette rivière difent-ils, » fait mouvoir le long de fon cours, douze » moulins à farine, huit foulons pour le chanvre » & autres artifices pour une manufacture confi» dérable d'indienne établie à Montluel, & fert » après, à arrofer environ deux mille bicherées » d'excellentes prairies. Quoiqu'elle ne tariffe » jamais, cependant il eft notoire que fi tous les » Etangs qui l'entretiennent font fupprimés, il » en réfultera une grande diminution d'eau qui, » dans certains tems de l'année, expoferoit les » artifices fitués le long de fon cours à ne plus » mouvoir. Un exemple récent, continuent-ils, » qui vient de fe paffer fous nos yeux, doit ré» veiller l'attention à cet égard. Il eft à la con» noiffance de tout Montluel & de fes environs, » que fi pendant le fiége de Lyon l'on n'avoit » pas eu des Etangs pour fournir de l'eau à la » rivière *Sereine*, les moulins n'auroient pas fourni » les farines néceffaires à l'armée. » Ils citent encore les rivières *Dagneux*, de *Longevant*, de *Toizon*, de *Chatenay*. Toutes font alimentées par les Etangs, font abfolument utiles à un très-grand nombre d'ufines & à l'irrigation des prairies.

Il eft important d'obferver que ces mêmes experts ont défigné les Etangs qu'ils ont cru néceffaires, & ceux qu'il faudra défigner encore pour l'année prochaine. (Le nombre s'élève à 139 Etangs réfervés pour le feul diftrict de Montluel.) Leur témoignage n'eft pas équivoque fur la néceffité de conferver beaucoup d'Etangs.

« Nous vous faifons obferver, difent les offi» ciers municipaux de la Péroufe, que les mou» lins à farine établis à Villars, Châtillon, Touffey » & dans d'autres villages riverains, font deffervis

» par la rivière de Chalaronne, que cette rivière
» ne s'alimente que par les eaux d'une grande
» quantité d'Etangs supérieurs auxquels elle sert
» de vidange, & qui, s'écoulant graduellement,
» entretiennent constamment dans son lit un
» assez grand volume d'eau. Supprimez absolument nos Etangs, nos moulins cesseront d'exister
» avec eux. La rivière de Chalaronne pourra
» former de tems à autre un torrent impétueux
» & dévastateur. Mais lorsque les pluies d'hiver
» ne lui fourniront plus d'aliment, les habitans
» de ces contrées seront obligés d'aller moudre
» leurs grains à cinq & six lieues de leur foyer.
» En hiver, nos chemins sont impraticables, En
» été, les travaux de nos champs exigent tous
» nos soins. Dans tous les tems, nos journaliers,
» qui n'ont point de bétail pour faire des charrois,
» se verroient exposés à manquer de subsistances. »

« En vain, continuent-ils, chercheroit-on à
» remplacer nos moulins à eau par des moulins
» à vent qui existent dans d'autres pays......
» Nous ne répondont que par un fait, que les
» moulins à vent n'ont jamais pu réussir dans nos
» campagnes. De vieilles ruines attestent encore
» l'inutilité des tentatives de nos pères. Un exemple
» récent a prouvé de nos jours que le talent &
» l'emploi des moyens les plus coûteux n'avoient
» pu les faire réussir. »

On ne doit pas s'étonner de ces tentatives infructueuses dans un pays entouré de montagnes au nord & à l'est, & qui est en général plat & sillonné par des vallons de peu d'étendue.

C'est encore une vérité démontrée par la nature du sol, que les puits, en général, dans les campagnes ne sont alimentés que par l'infiltration des eaux retenues dans les Etangs. L'expérience des tems passés a fait connoître qu'ils se desséchoient en même tems que les Etangs. Il n'y reste qu'une eau bourbeuse & mal-faisante qui donne ou continue les maladies. Ces effets ont été sensibles, cette année même, dans le canton de Villars. Ils sont de nature à mériter la plus grande considération.

Le district de Trévoux aussi a cru devoir prendre un arrêté pour la conservation de 142 Etangs. Il ne l'a pris qu'après un rapport de commissaires & des réclamations de toutes les communes. Il a jugé cet arrêté provisoire absolument utile à son pays. Il en a référé au comité d'agriculture & à l'agent de la commission, lors de son séjour. « Toutes ces communes, dit-il, contien-
» nent environ vingt-huit lieues de superficie,
» n'ayant pas un seul filet d'eau vive. » Du reste ils ont instruit & prescrit aux communes l'ensemencement de ceux qui ont été desséchés.

Les cultivateurs ne regrettent pas les Etangs, seulement pour les irrigations & abreuvages de bestiaux, mais encore pour le pâturage. Il croît sur les eaux une espèce de gramen, connu dans le pays sous le nom de *brouille* : c'est la fétuque flottante, *festuca fluitans* de Linné. Tous les bestiaux la paissent avec plaisir, & vont la chercher dans l'eau. Les chevaux en sont avides lorsqu'elle est en graine. Il y croît encore plusieurs autres herbes, que les bestiaux appètent beaucoup. C'est un fait vrai, que les bestiaux, dans la Bresse, paissent, pendant toute la belle saison, dans les Etangs. Si on les en prive tout-a-coup, par un desséchement général; si le cultivateur n'a pas le tems suffisant pour préparer par son industrie ce pacage, que les Etangs lui fournissoient, il en résultera une excessive réduction, dont les suites auroient une funeste influence sur l'agriculture de ce pays.

Le droit d'*évolage*, ou de mettre en culture le sol d'un Etang, qui, en eau, appartient à un autre citoyen, excite & cause les réclamations les plus importantes : ce droit, que la loi du 14 Frimaire n'a pas prévu, mérite d'être examiné, & soumis ensuite à la Convention. Il n'intéresse pas seulement sous le rapport de l'agriculture, mais encore sous celui de la législation, puisque, dans cette contrée, ce droit est devenu commun & coutumier.

Depuis un tems immémorial, l'expérience a fait connoître que le séjour des eaux stagnantes, l'affluence de celles des côteaux ou terreins plus élevés, qui charioient des terres & des débris de végétaux, amélioroient & renouvelloient le sol des Etangs. Le laboureur, tous les trois ans, sur le plus grand nombre, semoit de l'avoine, & dans les meilleurs fonds, des bleds. A l'aide d'un seul labour, sans autre main-d'œuvre, sans engrais, sans crainte de gelées, il faisoit d'abondantes récoltes, qui lui fournissoient dix fois plus de grains & de paille que d'autres terres sur une égale étendue donnée. Les Etangs, après cette culture, n'en étoient que plus poissonneux. L'intérêt de tous se trouvoit dans le droit d'évolage. On ne peut nier, en effet, que cette méthode, fondée d'ailleurs sur une expérience généralement reçue, n'ait toute la réalité des avantages qu'on y attache. Il seroit possible peut-être, de les compenser par une culture mieux entendue & appropriée au sol : mais ce qu'il importe de bien observer en ce moment, c'est que depuis des siècles, l'agriculture & l'industrie sont dirigées d'après cette pratique. Il y auroit de grands inconvéniens à changer cet état de choses, avant que l'habitant des campagnes fût plus éclairé, pour faire le sacrifice de ses usages ou de ses avantages. Il importe beaucoup d'en bien calculer la réaction sur l'agriculture, les propriétés privées, & les résultats pour la chose publique.

Le droit indivis d'Etangs en eau & en culture, a été transmis comme propriété foncière, dans les contrats de mariage & de partage, & dans toutes les transactions.

La République même *a vendu*, comme propriété nationale, ces droits, dans l'année où la loi a été rendue; les adjudicataires demandent à jouir, ou la résiliation des adjudications. L'agriculture, la législation, le maintien des intérêts dans les familles, l'hésitation sur tous ces points dans une vaste contrée, exigent absolument une décision positive.

Tous les avantages attribués aux Etangs doivent disparoître contre l'insalubrité de l'air qu'on leur attribue : c'est un des motifs les plus importans qui ont déterminé la loi du 14 Frimaire.

Les états de population n'annoncent que trop que cette contrée est peu habitée. On y parcourt de vastes plaines sans rencontrer des hameaux ou des chaumières. Les habitans en général, les chefs-lieux de communes, occupent des sites élevés : les parties inférieures des bassins, à l'embouchure des rivières, sont plus peuplées; les maisons y sont plus communes que dans l'intérieur.

Quoique la population soit beaucoup moindre dans la basse-Bresse que dans la haute, & dans les parties du ci-devant Bugey, la tradition des pays & des dénombremens faits, attestent que, depuis quarante ans sur-tout, la population a augmenté d'un dixième. La commune de Pérouse affirme que, depuis 1744, le nombre des bestiaux a triplé dans toutes les fermes, que l'éducation des chevaux, sur-tout, a fait des progrès sensibles depuis environ cinquante ans. Les registres de sépulture, d'un autre côté, comparés à ceux des naissances, semblent démentir ces faits. Cette dernière différence est attribuée à l'affluence des étrangers dans les tems de moissons, qui, sortant d'un climat sain & opposé en température, prenant aussi moins de précautions, par l'idée de leur bonne constitution, sont attaqués par les maladies locales, avec plus de force que les domiciliés.

La commission n'a pas sur ces faits des données assez précises pour juger de la réalité des uns & des autres. Il paroît au moins résulter de ces assertions contraires, que la population n'y a pas été plus considérable.

Les causes de l'insalubrité, & par une suite nécessaire, celles de la population, tiennent aussi à plusieurs causes particulières, à la nature d'un sol ingrat & stérile, sur lequel il est si difficile de cultiver les légumes farineux & des plantes pivotantes, parce qu'on ne peut donner du fond à la terre qu'avec beaucoup de frais & de travaux, sur lequel on ne cultive ni vigne, ni arbres à fruits qui fournissent des boissons acidulées. Elles tiennent encore à la préférence bien évidente que les citoyens ont donnée au séjour d'une grande ville, qui offroit des ressources, des jouissances & des moyens de richesses, &, par-dessus tout, un air pur & salubre; à la tyrannie du régime féodal & sacerdotal, enfin, à l'incurie criminelle de l'ancien gouvernement, qui ne songeoit à ce malheureux pays que pour l'opprimer par des exactions fiscales.

Il importe de faire connoître un fait qui peut diriger par la suite, pour rendre ce pays plus fertile & plus salubre. En 1512, les Bressans creusèrent un canal profond pour faire écouler les eaux du *marais des Echets*, dans la Saone. Le plus grand succès couronna cet ouvrage mémorable; le lac devint, suivant l'expression d'auteurs contemporains, « une grande » prairie & de belle étendue. On y bâtit une » maison avec fossés, & plusieurs parties de son » emplacement furent albergées à plusieurs par- » ticuliers. »

Les guerres civiles, entreprises par les passions ou l'intérêt des papes & des rois, empêchèrent d'entretenir ce précieux canal. Les terres s'affaissèrent, les canaux s'encombrèrent; & aujourd'hui encore, à la place de cette prairie fertile, gît un vaste marais contagieux.

Son existence a trop de rapport avec les Etangs, & toutes les influences qu'on leur attribue, pour n'en pas donner la description sommaire. Il est le plus cruel ennemi de cette malheureuse contrée. Déjà la commission s'est occupée des moyens de l'anéantir.

Ce marais ou lac des Echets est situé à l'extrémité méridionale des district de Montluel & de Trévoux, à une demi-lieue de la Saône, à trois quarts du Rhône, & à deux lieues de Lyon. Il couvre une surface de plus de trois mille arpens.

Avant les travaux de 1512, il étoit très-profond; il n'étoit pas plus nuisible que celui de *Nantua*. Mais, depuis cette époque, les eaux ont occupé une plus grande surface, & par-là même sont devenues marécageuses. Quelques lisières de cet immense marais sont encore en prairies, mais le fourrage est de la plus mauvaise qualité.

Les habitans de dix communes au moins, situées autour de ce cloaque, traînent une vie languissante, sont accablés d'infirmités, très-sujets aux obstructions & à l'hydropisie, & dévorés par la fièvre, les trois quarts de l'année. Leur existence se termine ordinairement à une époque où ceux qui habitent les bords de la Saône sont encore dans la force de l'âge. Les vieillards y ont au plus 50 ans.

Il existe encore dans la basse-Bresse sur-tout, une immensité *de prairies marécageuses*, qui ne se dessèchent pas, même dans les plus fortes chaleurs, & dessus lesquelles s'élèvent perpétuellement des brouillards. C'est *sur-tout* à elles qu'on doit attribuer les principales causes de l'insalubrité. Elles sont telles, parce que le lit des rivières n'est pas proportionné à l'affluence éventuelle des eaux qui, en s'épanchant, forment des petites mares, & ne favorisent ainsi que la végétation des plantes aquatiques : ce qui arrive plusieurs fois dans l'année; soit après les pluies, soit pendant les pêches des Etangs. Elles sont telles, parce que les meûniers, par-tout avides, élèvent le niveau des eaux beaucoup au-dessus & au loin dans ces prairies. Elles sont telles, parce qu'il n'existe aucune police publique pour le creusement des rivières & des rigoles, & sur les époques de pêcher les Etangs. Les inondations fréquentes qui ravagent ces basses prairies, chaque année, sont une preuve de ce triste état de choses.

Les marais, les prairies marécageuses, les Etangs marécageux, sont donc les causes les plus réelles de l'insalubrité de la ci-devant Bresse.

Après avoir fait connoître la situation physique & agronomique de ce pays, on reste bien convaincu que la loi du 14 Frimaire, exécutée à la rigueur, perdroit en effet ce malheureux pays. Par son organisation continentale, il fait exception à toutes les autres contrées de la République, même à celle de Sologne.

Il résulte de cette description, que ce pays, pour être cultivé & habité, a besoin d'eaux *réservées*, puisque la nature lui en a refusé de *vives* : que la pluie & les rivières en général sont le résultat de l'écoulement des eaux d'Etangs, des filtrations du sol saturé & des marais : que sans ces eaux reservées, les meilleurs prés, les prairies de bas-fonds même, disparoîtroient & avec eux les bestiaux, les engrais & la population : que les inondations fréquentes ravageroient infailliblement les contrées basse qui sont les plus peuplées & les plus fertiles, telles que les environs de Bourg, Pont-de-Vaux, & les rives de la Saône.

Il résulte encore de cet état de choses, que la culture, soit par préjugé, soit par une expérience raisonnée, a dirigé ses ressources sur le sol des Etangs, périodiquement couverts d'eau & cultivés; qu'on ne peut, sans opérer une disette fâcheuse, intervertir brusquement un usage aussi général, & duquel dépend l'exploitation des terres. Les Etangs dans la Bresse, sont donc tout à la fois la cause & l'effet de la culture qui y existe. Le fonds cultivé donne abondamment des grains, des pailles pour former des engrais pour les autres terres. Le produit net comparé avec celui des autres terres est dans la proportion de 12 à 3.

En desséchant tous les Etangs, le fonds offriroit sans doute pendant les premières années des récoltes; mais, privé du dépôt vaseux qui s'y forme, il deviendroit bientôt ce que sont les autres terres.

Les propriétaires, les colons n'ayant plus d'intérêt à creuser les vidanges, laisseroient malgré eux se former des marais, là où il seroit possible de n'avoir qu'une masse d'eau non mal-faisante.

Il n'est pas indifférent de faire connoître que toutes les avoines qui approvisionnent ordinairement les départemens méridionaux, viennent de la Bresse, où elle croissent avec une abondance prodigieuse sur le sol des Etangs desséchés & renouvellés par les eaux.

Le sort des récoltes sur les terres non inondées est réellement incertain. Les terres ayant peu de pente & d'épaisseur, on est obligé de former des sillons haut & étroits. S'il survient des pluies après les semailles, avant que la terre ait pris dans cet état de la consistance, avant que les racines du bled aient lié & fixé autour d'elles la terre qui les couvre, le dessus s'échappe dans la raie & dégarnit le bled qui souvent jaunit & languit, & souvent encore est plutôt atteint par les gelées & détruit sans retour.

Il s'en faut de beaucoup cependant que l'agriculture & la salubrité, sources premières du bonheur & de la prospérité, soient au meilleur degré possible dans la ci-devant Bresse. Les Etangs y ont été multipliés à l'excès, parce que des propriétaires externes, n'écoutant que leur cupidité, ont formé des Etangs dont ils retiroient tout le produit, sans avoir à craindre l'influence de leurs émanation. D'autres ont trouvé plus d'intérêt à couvrir d'eau leur terrein, quoique propre d'ailleurs à la culture des bleds, & même à former des prés, afin d'échapper plus sûrement à la cupidité du fisc & à la dîme des prêtres.

Il est possible, il est même facile de concilier les intérêts de l'agriculture avec la salubrité de l'air, en modifiant la loi du 14 Frimaire. Il faut, pour y parvenir, 1.° faire reconnoître, dans chaque canton, par des hommes probes & éclairés, les Etangs qui sont mal-faisans par leur état plus ou moins marécageux; 2.° désigner ceux qu'on peut, sans inconvéniens, alterner en eau & en culture; 3.° sacrifier ceux qui seroient marécageux, quand même ils serviroient immédiatement à une usine; 4.° réserver préférablement ceux qui reposent sur un sol sablonneux ou pierreux, dégarni d'herbes aquatiques, & dont le volume d'eau donne moins de prise à l'évaporation; 5.° établir une police rigoureuse sur le curement de toute décharge des Etangs, soit aux déversoirs, soit au empellements : forcer tous les propriétaires inférieurs d'ouvrir une issue aux eaux affluentes, jusqu'aux ruisseaux, rivières ou Etangs; 6.° circonscrire tous ceux qui seront absolument nécessaires, sur lesquels les herbages croîtroient avec plus d'abondance, avec un léger fossé en aval, dont l'objet seroit de maintenir les eaux en plus grande profondeur, & rendre ainsi les bords moins chargés de débris, de frai, de vase, susceptibles de putréfaction; 7.° ce seroit encore de faire sauter tous ces moulins, construits par la puissance féodale & sacerdotale, pour lesquels des meûniers avides ont élevé les eaux a plusieurs pieds au-dessus du niveau des terres; 8.° d'y indiquer la forme des moulins qui dépensent moins d'eau; 9.° d'assujettir tous les propriétaires des prairies

prairies marécageuses à pratiquer, de distance en distance, des fossés transversaux, mais obliques; 10.e de prescrire, par un règlement sévère, les époques des pêches d'Etangs, pour prévenir les effets des débordemens & émanations vaseuses.

Ce seroit sur-tout de dessécher les marais immenses, qui font plus de mal que les Etangs, qui sont pour ce pays de vrais foyers de peste; de creuser un canal pour en recevoir les eaux, d'y faire affluer des ruisseaux & rivières, pour le rendre navigable. Quels bienfaits ce seroit pour un pays où les chemins sont impratiquables, & les communications si difficiles; où, sur plus de 40 lieues de long, & 15 à 20 de large, il n'y a pas de route! Ces bienfaits ne sont-ils pas dus à un pays célèbre par son industrie, qui a tant souffert, par toutes les tyrannies possible; qui souffre encore des effets des mêmes tyrannies, & par un air insalubre?

Enfin, pour réduire tout ce qui a été dit sur cette contrée à un simple corollaire : en desséchant tous les Etangs, elle se dépeuple & devient marécageuse. En modifiant la loi, par des exceptions assorties à la nature du sol, en desséchant les marais, les prés & Etangs marécageux, en prenant des précautions, on peut faire prendre à cette grande contrée un essor favorable à l'agriculture & au commerce.

LA BRENNE.

Département de l'Indre.

Il existe encore, dans le département de l'Indre, sur parties des districts du Blanc, Châtillon & Châteauroux, une contrée remplie d'Etangs: moins étendue que la Bresse & la Sologne, elle leur ressemble par la nature du sol, dans sa couche inférieure. Elle peut contenir environ 12 lieues quarrées. Le desséchement des Etangs y a excité des réclamations, comme dans les deux dernières contrées. Elles portent même le caractère d'une nécessité plus impérieuse, sous le rapport de l'ordre physique, en ce que l'affluence des eaux n'y est pas accidentelle.

La ci-devant Brenne est un vaste plateau, dont les pentes peu prononcées s'inclinent dans deux bassins principaux. L'un confine à la Creuse, l'autre est coupé par un vallon assez spacieux, dans lequel coule la rivière de *Claise*. Ce dernier est le plus fort réceptacle des eaux d'Etangs. Toutes les eaux ont leur direction de l'est à l'ouest.

La Basse-Brenne est habituellement inondée, parce qu'elle est dominée par des sources, & l'écoulement des eaux d'une vaste étendue de bois & forêts. Pour y exercer, avec quelque succès, la culture, il y a fallu retenir & modérer le cours des eaux. Telle est l'origine des Etangs multipliés qui y existent à la file les uns des autres, plus encore que dans les autres contrées.

Le sol inférieur est communément une couche de glaise, compacte & imperméable à l'eau. La surface est, dans les endroits, une mince couche de terre végétale, qui n'admet que la culture de quelques graminées. Dans d'autres, la couche superficielle n'est que de sable, que le tems & la culture ont plus ou moins végétalisé. Mais dans la plus grande partie, le sol n'est qu'un sable excessivement ténu, s'agglutinant sous l'eau comme à l'air. Il ne faut rien moins qu'une culture opiniâtre, & beaucoup d'engrais, pour la rendre productible.

Si le sol, dans ces parties applaties, est ingrat, il y a aussi des parties qui sont fertiles. Telles sont celles qui se trouvent au-dessous des côteaux cultivés; celles qui sont dominées ou entourées de bois. Le détritus des végétaux y a été plus accumulé, & le cultivateur n'a pas manqué de confier ces récoltes à ces cantons favorisés.

La partie ouverte d'Etangs est réellement une contrée stérile. A peine la couche de terre végétale est-elle sensible. De grandes & immenses bruyères les circonscrivent. Les eaux n'y peuvent charier aucuns débris de végétaux, ni de terre meuble, qui augmente & enrichisse le sol des Etangs. Ils n'offrent pas, comme en Bresse, les ressources de la culture, après les pêches.

Comme dans les autres pays d'Etangs, l'origine de ces retenues d'eau a été raisonnée & nécessitée par la nature même du sol, par le desir de conserver des propriétés inférieures, de construire des usines & pratiquer des irrigations sur la cime des deux bassins, où les pentes sont incertaines, la retenue des eaux en plus grande masse a été absolument nécessaire, pour abreuver les bestiaux, & pour tous les usages domestiques. Mais aussi, ces retenues utiles ont été multipliées par le besoin de poisson, rendu nécessaire par les castes du ci-devant clergé. L'intérêt a profité de ces besoins, & la cupidité en a fait construire à l'excès.

Des moulins, des usines, des forges ont été construits au-dessous des plus grands réservoirs. Leur utilité a en quelque sorte sanctionné leur existence. Ces constructions sont d'autant plus malheureuses pour l'agriculture & la salubrité de ce pays, que les Etangs réservés sont précisément ceux sur lesquels il s'élève le plus constamment des brouillards ou des émanations méphitiques. Assujettis au service des usines, ils éprouvent des retraites d'eau successives qui, pendant les chaleurs, donnent plus d'activité à l'évaporation & à la putréfaction. Ils sont encore ceux sur lesquels l'agriculture pourroit s'exercer fructueusement, parce qu'ils sont placés ordinairement dans des vallées ou près des bois, où la chûte entraîne des débris Ceux, au contraire, qui sont en plaines, au milieu des brandes, n'ont aucune qualité mal-faisante, puisque les bords sont sablonneux & dégarnis de toute matière qui puisse se décomposer.

Il n'est que trop vrai que la population y est très-modique, en raison de l'espace du territoire. Il est vrai que dans certains cantons, les hommes y sont habituellement souffrans & sujets à des maladies endémiques. Mais il n'est que trop vrai aussi que cette dépopulation a une autre cause. La désastreuse gabelle a ravagé ce pays, comme un pays ennemi. La misère la plus déplorable, la féodalité la plus despotique opprimoient en général ce malheureux pays que n'habitoient ni les nobles, ni les riches propriétaires. Une culture pénible, des récoltes incertaines sur un sol disgracié par la nature, le vil prix des denrées, forçoient les malheureux habitans à tenter d'autres moyens d'industrie & de fortune. La rivière de *Creuse* étoit la limite des pays où commençoit *la grande gabelle*. Le Poitou étant un pays rédimé, ne payoit le sel que trois à quatre liards la livre, lorsque le Berry le payoit quatorze sols. Sauver une charge de sel dans le pays *gabellé*, étoit une fortune. Les malheureux étoient presque toujours victimes de ces actions qu'ils n'entreprenoient souvent que pour faire vivre une nombreuse famille. La prison, les galères ou la mort consumoient les hommes de cette contrée, comme tous ceux des bords de la Haute-Creuse.

Presque toutes les communes ont réclamé contre la stricte exécution de la loi. Les unes, pour abreuver les bestiaux & pour les irrigations: les autres, pour préserver leur meilleur sol des inondations. Elles ont adressé un long mémoire à la Convention. Elles ont encore pris l'avis des sociétés populaires des communes de Châtellerault, Poitiers & Issoudun. Tous les avis sont unanimes.

Deux citoyens députés par ce canton près la Convention, le 4 Pluviôse dernier, lui représentent : « Qu'en détruisant tous les Etangs, on » détruit la Brenne entière, que la loi manquera » d'autant plus son but, qu'on forcera plusieurs » colons d'abandonner les domaines qu'ils habitent, puisqu'ils seront privés entièrement, non-» seulement des fourrages indispensables à la » nourriture des bestiaux de charrue, mais en-» core à celle de ceux destinés à faire des élèves, » & à procurer les engrais, si nécessaires à ces » mêmes terreins, qui sont tels, qu'ils ne sont » susceptibles d'être fertilisés qu'autant qu'ils sont » bien amendés, puisqu'ils ne peuvent être mis » en prairies artificielles; & qu'ils ne sont pro-» pres enfin à rapporter de l'herbe qu'autant » qu'ils sont baignés pendant l'été. »

« D'après ces considérations; citoyens repré-» sentans, continuent-ils, nous vous prions, au » nom de ce pays, si digne de vos sollicitudes; » par l'aridité naturelle de son sol, de vouloir » nommer dans votre sein deux commissaires, » pour prendre connoissance du local, de sus-» pendre l'exécution du décret jusques après leur » rapport. »

Il ont joint à leur mémoire une lettre du citoyen Boncerf, qui partage entierement leur opinion, & qui habite lui-même cette contrée.

Le 18 Frimaire, an troisième, la commission de commerce appelle l'attention de la commission sur les dommages qui résultent du desséchement des Etangs, tant pour les forges de Preully, situées dans la ci-devant Brenne, que pour l'intérêt public. « En avouant (dit la société populaire de Châtelleraud, sur un rapport qui lui est fait par six commissaires nommés pour examiner la justice de la pétition des habitans de la Brenne) « que le desséchement des Etangs feroit » cesser la cause de l'insalubrité de l'air, on ne » peut s'empêcher de reconnoître cependant » qu'avant de produire cet effet, il augmen-» teroit prodigieusement le mal. Ce ne sont pas » les émanations aqueuses qui altèrent l'air ou » nuisent à la santé, mais bien celle des vases » dans les parties des Etangs que la chaleur des » étés met toujours à sec. C'est pour cette raison » que le desséchement des Etangs a toujours été » funeste aux hommes placés dans leur voisinage. » Mais, nous le demandons, que feroit-ce donc, » si l'on venoit mettre à sec tous les Etangs de » la Brenne? Etangs d'une si vaste étendue, qu'ils » couvrent plus de la moitie du sol de ce pays. » Nous croyons être en droit d'assurer que la » Brenne deviendroit infailliblement le foyer » d'une épidémie, dont la contagion pourroit » peut-être s'étendre & se propager très-rapide-» ment, & dont les désastres sont incalculables. » Cet effet résulteroit encore de l'imperfection » des desséchemens, à moins de travaux con-» sidérables, qu'on n'a certainement pas le moyen » & la volonté d'entreprendre. Il resteroit, à » la place des Etangs, des cloaques fangeux qui, » en se desséchant, deviendroient des foyers » d'infection. »

Cette société termine par demander des modifications à la loi, & néanmoins provisoirement l'exécution de celle qui existe.

Celle de Poitiers, en préférant le défrichement des vastes plaines de la Brenne, déclare, dans une adresse à la Convention, qu'elle adhère aux moyens & raisons consignés dans le mémoire des habitans de la Brenne; invite la Convention nationale à se faire rendre compte des différens cantons de la République, tels que celui de la Brenne, où les Etangs sont plus utiles que nuisibles à l'agriculture, pour en faire exception dans sont décret du 14 Frimaire.

La société populaire d'Issoudun, après avoir

pris communication du mémoire des habitans de la Brenne, s'exprime ainsi : « D'après les connoissances locales que la société a de ce pays, & d'après les différens rapports de commerce qui existent entre les deux districts; considérant que si le décret du 14 Frimaire, relativement au desséchement des Etangs, est exécuté, cette opération entraînera infailliblement la perte de toutes les productions territoriales de la Brenne, sans moyens de les remplacer par d'autres genres d'exploitations : considérant que les départemens & les communes qui avoisinent ces contrées, perdront une branche essentielle de commerce, en bestiaux de bonne espèce & en denrées agréables & utiles : considérant en outre que tous les moyens de subsister étant ôtés aux habitans de la Brenne, il s'ensuivera une dépopulation considérable, & que ce pays ne sera bientôt plus qu'un vaste désert; arrête qu'elle donne son assentiment à la réclamation des habitans de la Brenne, comme étant d'un intérêt général. »

La nature y oppose en effet de grands obstacles au desséchement de tous les Etangs. Les exceptions mêmes de la loi sont contraires au seul bien que le desséchement des Etangs marécageux pourroit opérer ; car les deux agens envoyés dans cette partie, attestent que le canton de la Brenne le plus mal-sain est au milieu des Etangs, qui servent à alimenter deux forges. Le plus grand nombre a été vendu par la nation au citoyen qui est propriétaire de ces usines, pour avoir, en tous tems, des eaux suffisantes. Ces mêmes agens, sans avoir égard à une pétition de ce propriétaire, avoient compris 14 Etangs, dans le nombre de ceux qui devoient être desséchés, contenant 848 arpens. Mais le représentant du peuple Fery, chargé du soin de faire fondre des canons, boulets & autres objets de guerre, leur a fait connoître qu'il falloit laisser réserver par les maîtres de forges tous les Etangs qu'ils réclameroient, afin qu'ils n'eussent aucuns prétextes de retard ou d'inaction.

Dans la partie basse, au milieu des brandes, on a réservé, pour abreuver, ou réduire à un arpent, 124 Etangs. Cette réserve seule démontre bien la nécessité de l'existance des Etangs, dans cette partie, & de modifier la loi, selon les localités & les circonstances.

La ci-devant Brenne pourroit être mieux cultivée, en desséchant les Etangs marécageux; en conservant ceux qui reposent sur un sable ou une argille pure; en sacrifiant ou déplaçant des usines dont les eaux, beaucoup trop élevées, occasionnent des marais; en faisant examiner, par des hommes instruits non prévenus, les Etangs qui seroient susceptibles de culture ; en ordonnant une police sévère pour le curement de tous les canaux de décharge, jusqu'aux ruisseaux ou rivières; en accordant des secours en hommes & argent aux plus malheureux des citoyens qui souffrent de l'état habituel où ils sont. Des exceptions à la loi sont donc rigoureusement nécessaires pour ce pays.

Réclamations générales.

Abreuvages des bestiaux.

La commission va rappeller au comité tous les motifs de réclamations qui lui sont parvenus de 46 départemens. Il reconnoîtra, comme elle, la nécessité de déterminer plus positivement les dispositions de la loi, sur certaines questions qui n'ont pas été prévues; de la modifier sur d'autres, que le bien général sollicite, & qu'en beaucoup d'endroits la nature même commande. Pour mieux apprécier chacun de ces motifs & l'opinion que la commission s'en est formée, elle les considérera, les uns après les autres, en indiquant les départemens & les principales circonstances.

L'article 5 de la loi a excité le plus de réclamations. Il est ainsi conçu : « Ne sont pas considérés comme Etangs ni sujets au desséchement » ordonné par la présente loi, les réservoirs d'eau » qui ont été destinés jusqu'à présent à l'irrigation des prairies, ou à abreuver les bestiaux, » pourvu qu'il ne contiennent pas plus d'un arpent; » & s'ils ont une plus grande étendue, ils seront » réduits à celle d'un arpent. »

Sous le rapport de l'abreuvage des bestiaux, il est manifeste que la réduction à un arpent sur un Etang de certaine étendue, est une ressource, sinon illusoire, au moins très-éventuelle, & qui peut souvent être dangereuse. Car si l'Etang est vaste, si le sol est sablonneux & pierreux, il n'y a ordinairement de vase que dans la partie intérieure de la chaussée, dite communément la *poële*. On conçoit que cet arpent ne présente plus que quelques pouces d'eau que les chaleurs mettront bientôt en fermentation avec la vase & la font promptement évaporer.

Si le sol est vaseux, si la *poële* est profonde, s'il y a même 12 à 15 pouces d'eau, si ce volume, renouvellé par des pluies accidentelles, peut résister à l'évaporation, les bords de ces Etangs vaseux ou sourceux, couverts de joncs dont les racines s'entrelacent en tous sens, sont inaccessibles aux bestiaux. La partie de l'eau des rives qui est en contact avec la vase s'échauffe, fermente, charge l'air d'émanations plus ou moins nuisibles.

En d'autres lieux, où le terrein de l'Etang réduit, est pierreux & rébelle à toute espèce de culture de graminée, ou il est d'un fonds propre à être cultivé. Dans le premier cas, on perd le produit avantageux du poisson; on perd la ressource d'abreuver facilement les bestiaux, d'arroser des prés, sans aucun remplacement. Dans le second, la culture ne gagne rien ou peu : 1.° parce que l'eau communiquant dans toute la circonférence de son étendue avec la vase qui est spongieuse par sa nature, l'humidité se communique à de longue distances; 2.° parce que la bonde étant fermée, les crues après des pluies ou orages inonderoient les parties labourées; 3.° les bestiaux souffrent pour aller boire une eau souvent corrompue, & qu'il leur est souvent difficile d'aborder; 4.° la pureté de l'air est altérée par les exhalaisons qui s'élèvent de ce sol humide & marécageux, mille fois plus insalubre que l'Etang même resté en pleine eau.

Quoique la loi désigne positivement un seul arpent, cette étendue n'est pas aussi rigoureuse qu'on l'a interprété dans beaucoup d'endroits. Là, on a pensé que cette réduction à un arpent étoit pour les plus basses eaux. Ailleurs, le mot littéral de la loi a prévalu : la réduction stricte a été ordonnée, & on demande dans ce cas, si des pluies continues, si des pentes rapides donnoient quinze à vingt fois dans l'année six, dix, quinze arpens, faudroit-il donc que le propriétaire fût tenu, à chaque crue, d'aller lever la bonde ou de construire dans la chaussée même un déversoir au niveau de la hauteur d'un arpent? Le propriétaire, ne résidant pas ordinairement sur les lieux, ne manqueroit pas d'en imposer l'obligation à son fermier ou métayer. Peut-on croire que celui-ci en contracteroit l'obligation ou que la loi seroit fidèlement exécutée, s'il la contractoit? Cette dépense seroit excessive & d'une exécution très-difficile dans les chaussées élevées & épaisses. Une telle opération nécessiteroit, dans les points où les chaussées servent de communication, ou un pont, ou une voûte. De tels moyens sont-ils raisonnablement proposables? Les frais & les moyens d'exécution, dans des lieux souvent dépourvus de matériaux, pour se procurer une ressource évidemment illusoire, ne les éloignent-ils pas sans retour?

Des réclamations innombrables sont parvenues au comité de la Convention, à la commission, de communes de trente Départemens. Toutes demandent ou une ampliation sur l'étendue d'un arpent, ou des modifications, &, le plus grand nombre, des exceptions. Toutes ces réclamations ont des caractères, de nuances différentes, selon la diversité des sols, des sites & de la population. La commission voudroit pouvoir les retracer toutes. Le comité y verroit dans l'exposé le besoin bien réel d'abreuver les bestiaux, la nécessité de conserver quelques Etangs. Il y verroit encore la manifestation de leur respect pour les loix, & leur aveu pour les abus des Etangs.

Ainsi, dans le district de Montargis, plusieurs hameaux des communes de Tymory ont construit autrefois un Etang au milieu d'une plaine, pour abreuver les bestiaux. Plus de neuf cents têtes-à-laine & à cornes s'y abreuvent tous les jours. Les puits ne sont alimentés que par la filtration de ses eaux. Ils sont à trois quarts de lieue d'un ruisseau qui tarit souvent, à une lieue du canal d'Orléans. Cet Etang leur est absolument nécessaire encore pour tous les usages économiques & domestiques.

Ainsi, dans le Département de l'Yonne, la commune d'Avallon réclame la conservation d'un Etang de douze arpens. Située sur un rocher escarpé, elle est entourée de trois parts par des fossés profonds creusés par la nature. Les puits & citernes ne donnent de l'eau qu'une partie de l'année. Cette année même, ils ont tari. L'Etang a été la seule ressource pour les constructions, abreuvoirs & usages domestiques.

Il n'en existe aucun autre dans la commune, malgré toutes les dépenses qu'elle a faites pour s'en procurer. La rivière du Cousin coule au bas des deux côtés des montagnes au sud & à l'ouest, comme dans un abyme, à une distance de plus de cinq cents pieds. Il faut trois quarts-d'heure pour y descendre par des sentiers obliques & tortueux. Cet Etang est encore nécessaire pour abreuver & baigner les chevaux des postes & messageries. Il est la seule ressource en cas d'incendie. Oter cet Etang à la ville d'Avallon, c'est la priver d'un objet de première nécessité.

L'administration, par ces considérations, en a prononcé la conservation provisoire, en attendant que par des établissemens on puisse conduire dans la commune les eaux qui forment l'Etang. Elle en a référé aussi-tôt à la commission & au comité d'agriculture. Il est impossible de combattre la nécessité d'une telle exception.

Le besoin seul, dit la société populaire de Brutus-le-Magnanime, par une troisième adresse, en date du 20 Brumaire dernier, « le besoin seul » nous fait solliciter le rapport d'un décret rendu » par la Convention. Ce besoin est de première » nécessité. Nous habitons un pays où il n'y a ni » rivière, ni source à proximité. Un Etang qui » baigne nos murs servoit de lavoir & d'abreuvoir. » Rendez à notre industrie ce que la nature a » refusé à notre besoin. »

Dans le Département de l'Aube, la commune de Bailly-le-Franc demande la remise en eau d'un Etang qui est le seul réservoir. Elle a fait le recensement des maisons & bestiaux. Il consiste en trente ménages, quatre-vingt-dix chevaux, six cents moutons, cent six vaches. Elle est à une lieue de la rivière. Il lui en a coûté une somme considérable d'abonnement, pour conduire de l'eau pendant l'été dernier.

Dans le district de Montmorillon, Département de la Vienne, les administrateurs on cru devoir prononcer la conservation provisoire d'étangs situés au milieu des immenses brandes qui s'étendent vers le district du Dorat, sur lesquels paissent de nombreux troupeaux, auxquels il faudroit renoncer, sans les Etangs, qui, quoique vastes, se dessèchent ou se réduisent beaucoup pendant les étés. Ils ont cru voir une perte énorme pour l'agriculture. Ils en ont référé au comité, dans l'indécision, les Etangs sont restés en eau.

Le comité observera la nécessité de ramener la loi à une exécution uniforme, par des exceptions ou par d'autres modifications, puisque dans le Département de l'Aube, la loi est rigoureusement exécutée, quoique l'agriculture en souffre; & que dans celui de la Vienne, on en suspend l'exécution, pour ne pas faire souffrir l'agriculture, en conservant les troupeaux.

A Beaune, Département de la Côte-d'Or, un village a fait constater qu'il avoit sept cents bêtes-à-cornes; que deux Etangs servoient à les abreuver: ils sont à deux grandes lieues de la Saône.

A Prissac, district d'Argenton, Département de l'Indre, la société populaire réclame, avec la plus vive instance, la conservation de quelques Etangs situés au milieu des brandes immenses sur lesquelles paissent les troupeaux, mais principalement les mulets servant à l'exploitation des forges, sans lesquels il seroit impossible de continuer à faire aller ces usines.

A Château-du-Loir, Département de la Sarthe, la rivière la plus proche est à trois quarts de lieue. Un Etang est absolument nécessaire pour habiter & cultiver le pays.

A Montagne, district de Fougères, Département d'Ille & Vilaine, & un village, situé sur un rocher, n'a d'autre eau que celle d'un Etang construit à grands frais dans une gorge de montagnes & sur un fonds indesséchable.

La commission se borne à ne citer que quelques localités. Mais elle a vu, par toutes les pieces, que cette disposition de la loi a excité des réclamations innombrables dans des points différens, de tous les Départemens déjà énoncés.

Irrigations.

Un arpent d'eau pour arroser des prairies est encore évidemment insuffisant. L'agriculture en a beaucoup souffert cette année.

Dans tous les Départemens, des Etangs avoient été construits pour arroser les prairies. Ces irrigations, faites à tems & à volonté, favorisoient puissamment la végétation. L'abondance des récoltes étoit le prix de cette industrie. Les réflexions sont inutiles, pour convaincre de la réalité de ces effets. La commission se borne donc à rappeller quelques localités frappantes par leur position & par la perte des fourrages.

A Luxeuil, Département de la Haute-Saône, les administrateurs exposent que le sol de leur district est aride, sablonneux, parsemé de montagnes; que les habitans ont été obligés d'y construire des Etangs, ainsi que dans les bois; que, cette année principalement, les eaux ont été d'une grande ressource; que, sans ces Etangs, il n'y auroit aucune récolte de foins; que tous leurs prés, situés sur le revers des montagnes, ont absolument besoin de ces irrigations, souvent répétées pendant la belle saison; que la même nécessité existe pour abreuver les bestiaux.

A Chinon, Département de la Nièvre, où il s'élève une si grande quantité de bestiaux, pays connu autrefois sous le nom de *Morvant*, les administrateurs réclament la conservation de quelques Etangs, pour faire des récoltes de foin & abreuver. On ne peut calculer la perte qui en résulteroit pour ce canton, où les prés de bas-fonds sont presque toujours ravagés par des torrens qui descendent des montagnes; où les bois multipliés ombragent trop les pâturages, & où conséquemment les prés élevés sont d'autant plus nécessaires & plus productifs.

A Montmarant, Département de l'Allier, la société populaire réclame, par les motifs les plus pressans, la conservation de plusieurs Etangs, pour arroser les prés, sans lesquels ils n'auroient aucun fourrage d'hiver. Leur réclamation a été adressée aux représentans de ce Département, pour attester la vérité des faits au comité & à la Convention.

A Joigny, Département de l'Yonne, une vaste prairie, de plusieurs lieues, n'existe & ne peut produire que par l'irrigation de l'Etang de Sépaux, dont la chaussée sert de grande route, dont le fonds est ingrat pour la culture, & encore, situé au milieu d'une plaine où il sert à abreuver. Toutes les communes de ces cantons, au sud du district, ont réclamé & représenté l'impossibilité de continuer leur culture.

A Mont-de-Marsan, Département des Landes, les administrateurs, après avoir fait précéder leur arrêté, par des considérations fortes & convaincantes, ont suspendu le dessèchement de deux Etangs, qui n'existoient que pour l'irrigation de vastes prairies, sans lesquels elles ne produiroient rien, en observant que le fond des Etangs est indesséchable. Ils en ont référé au comité, pour connoître leur conduite ultérieure & définitive.

Les irrigations, en général, mais celles sur-tout faites avec des eaux réservées, sont essentiellement fertilisantes. Bien loin d'en diminuer le nombre & les moyens, il faut les augmenter, les multiplier par-tout, pourvu qu'elles ne nuisent pas à la salubrité. La commission ne peut donc qu'insister sur des exceptions à faire à l'article 5 de la loi, pour soutenir & agrandir l'étendue des terreins consacrés aux fourrages.

Fonds indesséchables.

Il est dans l'ordre de la nature qu'il y ait des

fonds fourceux & des abymes couverts à la longue par le détritus des plantes, fur lefquels il eft impoffible d'exercer une culture quelconque, au moins avec bénéfice. L'expérience, les obfervations, l'intérêt même, peuvent avoir fuggéré des moyens d'induftrie, foit pour prévenir des émanations dangereufes, foit pour forcer de tels fols au produit, en poiffon, en pacage ou en irrigation. Ces amas d'eau, généralement connus fous le nom de *fondrières*, devoient être multipliés fur un fol autrefois couvert de bois, & qui a dû éprouver autant de tourmentes que les pluies & les fources, plus abondantes alors, devoient en produire. Le meilleur moyen, fans doute, étoit de couvrir ces réceptacles d'eaux fauvages, par un grand volume d'eau, pour détruire la malignité des évaporations. On a conftruit des chauffées avec des bondes: en augmentant le volume des eaux, leur furface a augmenté en raifon de l'applatiffement du fol circonvoifin; & on y a mis du poiffon.

La caufe de ces Etangs eft certainement autant induftrieufe qu'utile; & ceux qui ont pu obferver le fol de la République, fur-tout dans le voifinage des bois, conviendront que telle eft l'exiftence de plufieurs Etangs.

Ainfi, à Provins, Département de Seine & Marne, les communes & adminiftrateurs réclament la confervation en eau d'Etangs remplis de fources venant de la forêt de Jouy, & qu'il eft impoffible de deffécher.

A Bouffac, Département de la Creufe, les adminiftrateurs déclarent que les anciens avoient transformé en Etang un marais peftilentiel; que, fidèles à exécuter la loi, ils l'ont réduit à un arpent; mais qu'il eft indeffèchable.

Les adminiftrateurs du diftrict d'Arney, Département des Voges, déclarent & démontrent, par un raifonnement fondé fur des faits, que plufieurs de leurs Etangs font indeffèchables, & que fi on en met le fol à découvert, ils feront mille fois plus nuifibles qu'en nature d'Etangs.

Les adminiftrateurs du diftrict de Montagne, Département de la Marne, expofent au comité & à la Convention, que la plûpart de leurs Etangs font fitués dans les bois; que le fol eft une argille compacte, la fuperficie un fablon ferrugineux, qui n'eft pas propre à la végétation; qu'il feroit impoffible de les deffécher, & qu'il feroit bien plus utile de les conferver en eau, parce qu'ils produiront en poiffon, en pacage, & ferviroient encore à abreuver. Cette contrée donne naiffance à deux rivières, notamment à *l'Aifne*, fur laquelle il eft évident que le defféchement des Etangs auroit une influence défavantageufe.

Les adminiftrateurs du diftrict de Chaulny, Département de l'Aifne, ont nommé des commiffaires, pour rendre compte de la fituation des Etangs. Il en réfulte les mêmes faits & obfervations que dans le Département de la Marne.

Dans le diftrict de la Tour-du-Pin, Département de l'Isère, beaucoup d'Etangs ne laifferont à l'air que des marais boueufes. Ils font encore indeffèchables, parce qu'ils font alimentés par les filtrations des glaciers des montagnes.

Il exifte des milliers d'amas d'eau pareils, qu'on ne peut deffecher qu'avec des dépenfes qu'aucun intérêt n'exige. Le meilleur moyen feroit peut-être de les combler, fi toutefois on pouvoit maîtrifer les effets de la force de l'eau, que des réfervoirs immenfes & inconnus dominent. Il feroit plutôt à defirer que tous ces marais mouvans, qu'on néglige, fuffent tous couverts d'un grand volume d'eau, jufqu'à ce que le gouvernement pût s'occuper de les détruire tout-à-fait.

Pacage des beftiaux.

La reffource du pacage qu'offroient les Etangs, a été univerfellement réclamée. Si l'intérêt a déterminé beaucoup de propriétaires à en demander la confervation, pour cet objet, la commiffion doit dire, d'après le rapport de fes agens, d'après les inftructions qu'elle a prifes dans la correfpondance des corps adminiftratifs, que l'habitant des campagnes redemande avec inftance le pacage des Etangs. Elle ne fe diffimule pas que l'habitude, les préjugés ou le défaut de moyens de mieux faire, peuvent bien faire regarder ces pacages comme des pertes réelles, tandis qu'avec des foins & une induftrie bien dirigée, on pourroit peut-être faire produire, fur la plus grande partie du fol des Etangs, des fourrages meilleurs que ceux qui couvrent la furface des eaux. Il eft vrai de dire cependant, qu'il croît fur les Etangs différentes herbes, que les chevaux & bêtes-à-cornes appètent beaucoup, & qui les entretiennent. Cette nourriture peut encore être falutaire dans des pays arides, où les beftiaux, après avoir pâturé le fourrage fec, les bruyères amères, les feuilles ftiptiques des chênes, accourent dans les Etangs prendre une nourriture rafraîchiffante. On peut fans doute remplacer plus utilement ces pacages, peu nourriciers, par des prairies artificielles: mais cette poffibilité eft encore bien éloignée de l'exécution. Il faut plus que des confeils pour donner une impulfion active & raifonnée aux travaux des champs. Le train d'exploitation eft tel, dans toutes les fermes des pays d'Etangs: il ne faut pas le détraquer brufquement, fans pourvoir à un remplacement, & fe priver d'une reffource qui fait vivre plus d'un million d'animaux, & à laquelle les cultivateurs attachent encore l'exiftence même.

A Saint-Fargeau, Département de l'Yonne, les communes ont réclamé pour le pacage & pour l'abreuvage.

A Serre-sur-Saône, les citoyens des campagnes ont cru leur exploitation perdue, si on desséchoit les Etangs. Des propriétaires externes on voulu exécuter la loi à la rigueur. Les citoyens ont réclamé, sur l'extrême utilité des Etangs, pour abreuver & pacager leurs bestiaux. Le comité a été instruit de ces oppositions.

A Montpont, district de Russidan, Département de la Dordogne, la société populaire expose, qu'une grande contrée inculte n'a été soumise à un produit qu'en y formant des Etangs, dans lesquels ils trouvent le double avantage du poisson & du pacage; que le territoire immense qui les circonscrit est stérile; que le sol que les eaux couvrent le seroit de même; qu'au moins ces eaux arrosent & bonifient quelques parties de ce terrein ingrat; & qu'ils échangeroient, disent-ils, une terre à produit pour une terre stérile. Ils demandent, au nom du bien public, l'examen de la réalité des faits qu'ils exposent, par des commissaires.

Dans le district de Montluel, Département de l'Ain, les fermiers & métayers veulent quitter les métairies, si on leur ôte la ressource de quelques Etangs. Le bien de l'agriculture veut donc qu'on ne se prive pas subitement de cette ressource, & qu'on la concilie avec l'exécution de la loi & de l'intérêt général.

Grandes routes & chemins interceptés.

L'article premier de la loi, porte qu'on enlevera les bondes & rompra les chaussées de tous les lacs & Etangs qu'on est dans l'usage de mettre à sec pour les pêcher.

Une loi de Pluviôse porte qu'on ne rompra pas les chaussées des Etangs qu'on pourra dessécher autrement.

Cette partie de la loi éprouve des difficultés & des obstacles multipliés, qu'il importe beaucoup de faire cesser.

Les chaussées, en général, servent aux communications. Un très-grand nombre n'a été construit que pour les faciliter. Dans tel canton, des débordemens fréquens interceptoient les fréquentations vicinales & l'approvisionnement des marchés. Un propriétaire construisoit une chaussée, sous la condition de jouir du terrein couvert d'eau. Ces transactions souvent étoient au profit du noble, du riche. Mais elles faisoient au moins le bien du voisinage.

En d'autres endroits, le point le plus accessible entre deux communes, étoit une vallée, dont le fond étoit rempli de sources & de précipices. Une chaussée devenoit nécessaire; elle a été construite. Les eaux ont couvert le sol environnant: la jouissance en Etang a dédommagé des frais.

Il existe un nombre prodigieux d'Etangs, qu'on ne peut réellement dessécher, sans rompre les chaussées; & cependant elles sont absolument nécessaires, non-seulement pour les chemins vicinaux, mais encore, en beaucoup d'endroits, pour les grandes routes. Il suffit de citer des exemples.

A Montagne, Département de la Marne, les administrateurs ont fait constater par deux experts, l'un cultivateur, l'autre architecte, que des chaussées servoient de passage à la sortie de plusieurs bois, à celle des foins qu'on récolte sur les bords de la rivière d'Aisne, *sans qu'il y ait de passage* ailleurs pour leur sortie; ils ont provisoirement suspendu le dessèchement, & en ont référé au comité d'Agriculture.

A Montargis, Département du Loiret, la chaussée d'un Etang de la commune d'Hilaire a été construite à grands frais. Elle sert de communication à quatre communes. Par ce chemin seulement, on peut exploiter un bois voisin: cette chaussée retient les eaux qui formeroient un marais immense, & qui n'est moins grand au-dessous, que parce qu'on a forcé les eaux à se déverser dans une petite rivière qui passe à Montargis. Rompre cette chaussée, seroit anéantir ce canton. Le constructeur mérite la reconnoissance publique.

A Carlepont, district de Noyon, département de l'Oise, l'administration de district a pris un arrêté ainsi motivé: « Considérant qu'il est de » l'intérêt public de ne pas changer la nature » de l'Etang des Relais, dont l'expérience a toujours montré les avantages, puisqu'il sert à » abreuver les bestiaux, à arrêter les incendies, » [dans un pays où les maisons sont couvertes » de chaume] à préserver, dans les tems d'orages, » la majeure partie des héritages de Carlepont » des inondations qui y seroient fréquentes, » arrête qu'il en sera référé aussi-tôt au comité, &c. »

A Marigny, district de Beaune, département de la Côte-d'Or, les administrateurs ont pris aussi l'arrêté suivant: « Considérant que l'Etang » Reuley est extrêmement nécessaire pour abreuver les bestiaux de plusieurs communes, que » le dessèchement exposeroit à l'inondation une » grande étendue de terrein fertile; qu'il est de » notoriété publique, que la grande route est » souvent exposée à être inondée & souffre des » dégradations que causent les eaux d'Etang » dans lequel coule un ruisseau; que quand il » est plein, la bonde levée, à l'aide d'un déchargeoir, il n'y arrive aucune inondation; » que cet Etang retirent les eaux affluentes.... » que d'ailleurs, le fonds n'en vaut rien, puisque le propriétaire a tenté de le cultiver en » partie, attendu le bien public pour la route, » arrête la conservation provisoire. »

L'administration de Joigny, département de l'Yonne, a prononcé la conservation provisoire de la chaussée de l'Etang de Sépaux, sur laquelle passe la route de Courtenay à Joigny, Auxerre & Dijon, jusqu'à ce qu'elle soit autorisée à faire construire un pont. Cet Etang est sur un terrein stérile : il arrose une grande prairie.

Les administrateurs du district de Chaulny, département de l'Aisne, exposent que le desséchement d'un Etang, nécessitant la rupture de la chaussée, on intercepteroit la communication de plusieurs communes, celle nécessaire à l'exploitation des bois de Montijet, attendu que le fond n'est pas susceptible de culture ; ils en ont ordonné, par ces motifs, la conservation provisoire.

A Clemont, département de l'Oise, des experts ont demandé 50,000 liv. pour dessécher un Etang de 55 arpens.

A Montdoubleau, département de Loir & Cher, un vaste Etang a été vidé; mais pour le dessécher, il faudroit rompre la chaussée : elle sert de grande route pour aller au Mans. Le fameux chemin, dit de *César*, est construit sur la chaussée, qui d'ailleurs est absolument utile à l'exploitation des bois pour les forges de Vibrai & verreries de Monmirail. Il faut absolument un pont : dépenser peut être plus de 400,000 liv., pour avoir un fonds ombragé & sourceux.

Voici encore une difficulté nouvelle, sur laquelle il faut que la législation s'explique.

A Luxeuil, département de la Haute-Saône, un propriétaire, pour dessécher son Etang & se conformer à la loi, a fait rompre la chaussée, avant le 15 Pluviôse. Un autre propriétaire de moulin a fait constater par une commune l'indispensable nécessité du moulin ; l'administration a prononcé la conservation de l'Etang. Le propriétaire est poursuivi pour construire sa chaussée : il demande qu'une loi défende aux corps administratifs d'ordonner aucune reconstruction de chaussées détruites avant le 15 Pluviôse.

La commission ne peut indiquer au juste le nombre de ponts que nécessiteroit la rupture des chaussées, qui servent de communications publiques, & le nombre des Etangs dont le desséchement complet ne peut s'effectuer que par cette mesure : mais elle peut assurer que la dépense en seroit immense, & que, sous le rapport seul de l'administration publique, l'intérêt, ou les avantages qui en résulteroient, ne pourroient balancer tant de travaux & l'emploi de milliers d'hommes, que l'agriculture rappelle pour des travaux incomparablement plus pressés.

Droits indivis, ou mixtes, pour des Etangs en eau & à sec.

Il est encore indispensable qu'une loi ultérieure fasse cesser des contestations, sur lesquelles les tribunaux même, ont besoin d'une loi pour prononcer : elles sont relatives aux droits mixtes, ou alternatifs de propriété de l'Etang en eau & desséché. Beaucoup de ces droits, comme on l'a déjà observé, peuvent avoir une origine féodale ; mais il semble que dans beaucoup de parties, les transactions, les successions les ont légitimés. Ces droits mixtes sont communs dans tous les départemens où il y a des Etangs. Le propriétaire de l'Etang en eau prétend avoir moitié dans le sol ; celui de l'Etang desséché prétend qui lui appartient en entier. L'un & l'autre s'appuient sur la loi, & en tirent des conséquences opposées. Une grande partie d'Etangs est grevée des droits de pacage & d'abreuvage. Le propriétaire du fonds les fera-t-il perdre en cultivant le sol ? n'est-il pas juste que celui-ci dédommage ? quelles seront les bases de ces dédommagemens ? Cette question intéresse sur-tout le pauvre agriculteur, qui, comme fermier, ou propriétaire, avoit ces droits, & laissoit aux riches les grands Etangs ; la commission pense que dans le cas où les produits d'Etangs en eau pourront compenser ceux qu'ils donneront par la culture, il conviendroit d'en ordonner le partage. Par-tout les administrateurs réclament une explication positive. déjà des procès ont été intentés, dans le district de Louhans, département de Saône & Loire, & un plus grand nombre encore, dans le département de l'Ain. L'intérêt même de l'agriculture le sollicite, ainsi que le repos des familles.

Demandes en résiliation de baux, & faculté d'ensemencer autrement qu'en grains propres à la nourriture de l'homme.

L'article 2 de la loi porte : « Que le sol des » Etangs desséchés sera ensemencé en grains de » Mars, ou planté en légumes propres à la sub» sistance de l'homme, par les propriétaires, » fermiers ou métayers : si les empêchemens ou » délais provenoient du défaut d'arrangement » entre les propriétaires, fermiers ou métayers, » à cause des conditions des baux, les proprié» taires seuls en seront responsables, sous les » peines portées par l'article ci-dessus. »

Cette disposition a donné lieu à une foule d'incertitudes entre les propriétaires & les fermiers qu'il importe de bien déterminer. La loi n'ayant point dit aux dépens de qui se feroient ces travaux de desséchement, & comment celui qui les feroit seroit indemnisé, il est arrivé que par-tout, les fermiers, ceux sur-tout dont les baux alloient bientôt finir, n'ont pas voulu faire des desséchemens, souvent très-dispendieux, difficiles & incertains. Le propriétaire, de son côté, n'a pu les entreprendre, parce que sa ferme étoit occupée, & qu'il n'avoit pas tous les moyens pour entreprendre & suivre les travaux. Beaucoup

coup de propriétaires, souvent domiciliés dans d'autres districts ou départemens, pour éviter la confiscation, ont proposé la résiliation; les fermiers l'ont refusée. Il est résulté de cet état de choses, qu'une grande étendue de terreins est restée en vase & en marais.

Les administrateurs du district de Château-Salins, département de la Meurthe, ont exposé que l'obligation imposée aux propriétaires de dessécher, sous la peine de confiscation, dans le cas où les fermiers ne dessécheroient & ne cultiveroient pas, nécessitoit une loi précise pour la résiliation des baux ou la fixation des indemnités, de part & d'autre.

A Sens, département de l'Yonne, un fermier n'ayant pas desséché au tems prescrit par la loi, le propriétaire l'a traduit au tribunal, qui a suspendu le desséchement.

La commission se fait un devoir d'observer sur cet objet particulier, que les desséchemens exigeant, en général, de grandes dépenses & beaucoup d'ouvriers, sans présenter souvent des produits, qui indemnisent, il peut arriver qu'un grand nombre de fermiers quittent leur exploitation : les desséchemens, on le sait, sont funestes à l'agriculture, qui ne s'exerce jamais mieux que par un fermier, qui a pu, pendant longtemps, observer ses terres, prés & pâturages.

Le même article de la loi porte encore que le sol des Etangs desséchés sera ensemencé en grains de Mars, plantes ou légumes propres à la subsistance de l'homme.

La disposition littérale de la loi, bien déterminée, pour des semences propres à la nourriture de l'homme, a excité & excite encore des réclamations innombrables. Peu d'Etangs, en effet, dans la première année du desséchement, sont propres à la culture de plantes céréales, ou plantes légumineuses. Dans tel canton, un Etangs ne sera propre qu'à des plantes fourrageuses; tel autre, à des plantes filamenteuses; d'autres seroient plus utilement ensemencés en lin ou en colsat; d'autres enfin, ne conviendroient qu'à des plantations d'arbres aquatiques, ou à former des oseraies. C'est dans ce sens là sans doute que la loi auroit dû être interprétée; mais on a craint de faire des interprétations. Ainsi les administrateurs du Haut-Rhin demandent à ce sujet, si un propriétaire peut laisser vague un Etang dont le sol n'est bon à rien. Cette question est commune à tous les départemens. Pour régulariser les décisions des corps administratifs, sur la pénalité de la loi, pour tirer le meilleur parti possible des terreins desséchés, il est donc utile qu'une loi nouvelle laisse plus de latitude aux divers ensemencemens, & qu'elle permette aussi d'y laisser croître des végétaux utiles aux arts, ou aux bestiaux.

Réclamations contre les adjudications d'Etangs & droits accessoires, faites au nom de la République.

La nation, en devenant propriétaire des biens-fonds du ci-devant clergé, &, par suite, des domaines royaux & féodaux des princes & émigrés, a eu à vendre une quantité immense d'Etangs. Ces adjudications excitent des réclamations multipliées. Des acquéreurs ne veulent plus continuer de payer les annuités; ils demandent la résiliation de la vente. Beaucoup même préfèrent prendre les annuités, que de faire certains desséchemens; d'autres sont dans une position plus pressante encore. Ils ont acheté de la nation le simple droit d'Etang en eau, sous la condition de laisser la troisième année, d'assec, à un autre propriétaire. Celui-ci veut profiter de la loi, & refuse toute espèce de propriété à l'acquéreur.

A Bourg, département de l'Ain, une veuve demande la nulité d'un telle adjudication nationale de trois Etangs, qui lui ont coûté 65,000 l., si on ne la résilie pas, elle déclare qu'elle sera ruinée; observant qu'elle ne voudroit pas de ces trois Etangs à sec, sans la faculté d'y mettre l'eau, pour 15,000 livres.

Les administrateurs de district par-tout, sont embarrassés sur le sol des Etangs, dont la nation est encore propriétaire. Les uns demandent s'ils sont autorisés à faire des frais de desséchemens, dans le cas où on ne trouveroit pas à les vendre, sous la condition de la mise en culture, en plantes, ou grains propres à la nourriture de l'homme. D'autres demandent sur quels fonds ils pourront faire faire ces travaux, & le mode de les mettre en régie.

A Sézanne, département de Seine & Marne, les administrateurs demandent 6,000 livres, pour dessécher un Etang qu'une petite rivière traverse.

Il résulte de cette état d'incertitude, qu'une étendue immense d'Etangs non vendus, sont restés, ou en eau, ou en marécage : une décision est pressante.

Etangs dont le sol sablonneux n'est amélioré & cultivé que par les eaux d'hiver.

Dans les grandes contrées d'Etangs & sur des points multipliés de la République, il existe un usage qui ne peut être que le résultat de l'expérience; c'est d'améliorer chaque année le sol des Etangs, en y laissant séjourner l'eau pendant l'hiver. Au printems, on lâche l'eau, & on laboure; quelque tems après, on fait une belle récolte d'avoine; sans ce procédé, on ne récolteroit rien, après deux ou trois ans de culture,

On doit penser qu'un tel sol, ou sablonneux ou argilleux, n'a que peu de terre végétale, que là les eaux ne peuvent être marécageuses. D'après la loi cependant, ils doivent être desséchés : ce sera donc perdre, sans aucun retour, une ressource précieuse, que nos besoins intérieurs, & celui de nos armées réclament. Quel inconvénient y auroit-il de faire exception pour de tels Etangs?

Demande d'un dégrèvement sur l'imposition des Etangs.

La commission n'a pas encore parlé de la perte immense qu'ont éprouvé la République & les citoyens, par le desséchement général des Etangs, parce que *l'intérêt pécuniaire, quel qu'il soit, doit céder aux grandes considérations qui embrassent l'agriculture & la salubrité.* S'il n'étoit pas bien démontré qu'il y a des Etangs qui ne sont pas nuisibles, la commission ne parleroit pas dans ce rapport, de ce dernier objet, mais elle le doit, pour l'intérêt public; elle doit encore, pour transmettre au comité & à la Convention les observations, les réclamations des autorités constituées, auprès desquelles elle est l'organe, par son institution.

Dans toute la République, les Etangs étoient imposés au moins le triple plus que les autres terres labourables, mis à sec, le plus grand nombre perd sa valeur comparative. Il est impossible à la commission de présenter un calcul positif; elle se bornera à citer quelques exemples.

A Romorantin, département de Loir & Cher, les Etangs d'une commune, (la Ferté) sont évalués sur le rôle des sections à 14,125 l. v. 10 s. de revenu net; tout le revenu de la commune n'étant estimé que 39,724 liv. 2 s. 4 d., il en résulte que les Etangs en forment plus du tiers, même à-peu-près les quatre onzièmes. Leur suppression enlèvera donc au territoire plus du tiers de sa valeur vénale, qui, évaluée à raison du denier 3, feroit une perte pour cette seule commune de 423,765 liv. Ainsi, les propriétaires perdroient plus du tiers de leur revenu. La République perdroit, pour une seule commune de Sologne, plus de 7,000 liv. Qu'on applique ces calculs aux autres commune de ce pays, aux contrées de la Bresse, de la Brenne, & à tous les Etangs isolés dans les autres départemens, on sera étonné de la perte qu'éprouveroit la nation dans ses revenus publics & privés.

Dans le district de Saint-Fargeau, département de l'Yonne, dans celui de Montargis, le prix commun des terres labourables est de 30 à 40 s. par arpent aussi, est de 5 à 6 liv. Cependant le district de Saint Fargeau a eu 928 arpens desséchés, & celui de Montargis, 1,493.

Par-tout les citoyens, les administrateurs, réclament un dégrèvement d'imposition foncière, pour les Etangs desséchés.

A Béfort, département du Haut-Rhin, les administrateurs demandent s'il faut diminuer les impositions des Etangs desséchés. Ceux de Romorantin, Montluel, Châtillon font la même demande : l'intérêt même de l'agriculture le sollicite. Cette cessation subite des produits, la continuation du paiement des impôts au même taux, pourroient avoir, dans ce pays & cantons, la plus funeste réaction sur les terres cultivées, les réduire à la plus affreuse misère, & détruire l'agriculture. Ce dégrèvement est donc d'une justice rigoureuse. Les corps administratifs n'osent pas l'ordonner officiellement; il faudroit, d'ailleurs, en faire le rejet sur les autres bien-fonds. Le paiement provisoire de l'impôt foncier ne fait qu'ajouter à ces premiers motifs de justice. Cette considération est d'autant plus digne d'être soumise au comité & à la Convention, que l'exploitation d'un nombre considérable de fermes en dépend : le propriétaire, qui avoit assujetti son fermier ou métayer à payer les impôts, ne veut faire aucune diminution. Ceux-ci demandent, non-seulement une diminution d'impôts, mais encore une indemnité, ou la résiliation des baux. Beaucoup même veulent & ont signifié que, sans quelques Etangs, qui leur sont utiles, ils quitteroient. Cette collision d'intérêts est très-fâcheuse; il importe de ramener l'état des choses à un ordre fixe.

Pertes de l'Agriculture, en ne mettant pas des Etangs alternativement en eau & en culture.

Les produits particuliers dans une République, sont indispensables du produit commun; ils méritent une attention non moins sérieuse, sous le rapport même de l'intérêt général de l'agriculture.

Dans les pays d'Etangs, l'alternat de mise en eau & de culture, donnoit des récoltes abondantes, sûres & peu dispendieuses, & des produits aussi considérables en poisson, qui étoit porté dans les grandes villes, d'où il revenoit de l'argent, pour cultiver & fertiliser les terres des campagnes.

Nos terres, dit la commune de Pérouse, dans le district de Montluel, ne produisent qu'à raison du grain trois, & encore après trois & quatre ans de repos; les frais de culture s'élevant au moins à 60 livres par arpent, le propriétaire ne peut retirer de produit réel de ses terres, sans ses Etangs, sur le sol desquels les frais d'exploitation sont moindres des trois quarts, & pour lesquels aussi les années d'eau sont la source d'un produit considérable en poisson. Détruisez nos Etangs, & tous ces avantages privés & généraux vont disparoître.

D'autre part, dit encore cette commune, les Etangs nous offrent une ressource bien précieuse pour la culture de l'avoine; sans eux, il faudroit renoncer à ce produit. Chacun sait que nos terres ordinaires ne sont nullement propres à l'avoine; que ce n'est que dans les Etangs qu'on la voit prospérer, parce que le sol y a plus de profondeur. Ce genre de récolte a cependant bien des avantages.

1.° « Continue-t-elle, elle fournit à la République une ressource considérable, sur-tout pour l'entretient de la cavalerie; & jamais nos besoins ne solliciterent à cet égard de plus grandes ressources. »

2.° « Ce sont tous les Etangs du département de l'Ain qui fournissent au midi de la France toute l'avoine dont ces contrées manqueroient souvent. »

3.° « Il est constant que deux récoltes en avoine équivalent à une récolte en bled; le produit du poisson rend, par conséquent, le produit réel de l'Etang plus considérable qu'il eut été dans les terres ordinaires. »

4.° « La paille d'avoine remplace avantageusement les fourrages, dont nous manquons. »

5.° « La culture d'avoine n'empêche pas celle du bled, le laboureur a le tems encore de préparer & ensemencer ces terres en froment avant l'hiver : deux années peuvent donc lui procurer trois récoltes. »

De tels produits doivent certainement être compensés par un bien grand intérêt, pour être sacrifiés, sans les soumettre à un examen rigoureux. L'exécution de la loi les fait connoître; la commission remplit un devoir sacré en les transmettant au comité.

Apperçu sur la perte des produits par la vente du poisson.

Le district de Romorantin vendoit ses poissons dans les villes de Blois, Orléans & Paris : il évalue ce revenu à plus de 600,000 livres. Les départemens de Seine & Marne, de la Marne, de la Haute-Marne, de partie de la Côte d'Or, de l'Aube, de la Nièvre, de l'Allier, du Cher, de l'Yonne, du Loiret, où il y a beaucoup d'Etangs, envoyoient leur poisson à Paris. Ce commerce seul, abstraction faite des ressources qu'il offroit à l'industrie & à la navigation, se montoit tous les ans à plus de deux millions.

Le seul district de Saint-Fargeau, qui avoit environ 1200 arpens d'Etangs, vendoit à Paris, année commune, 60,000 carpes, tanches & brochets, qui, à 20 sols seulement, faisoient une somme de 60,000 liv.

Les grandes communes, situées sur les canaux de navigation & rivières navigables, trouvoient, ainsi que Paris, une ressource utile dans ces poissons de rivières, qu'elles regrettent d'autant plus, que ce vide n'a pas été réparé par les poissons de mer, ou par une plus grande abondance de viande, que nous avons dû réserver pour tous nos braves défenseurs. Ces motifs doivent être soumis à l'examen du comité & de la Convention.

De la diminution des poissons dans les rivières.

Il faut bien remarquer encore, que nos rivières, nos fleuves, n'étoient empoissonnés, en grande partie, que par les effets des crues & par les pêches des Etangs. Ceux qui connoissent cette branche d'économie rurale, savent qu'il s'échappe des milliers innombrables de petits poissons à travers les grils, filets & palissades des pêcheries, que le cours de l'eau entraîne dans les ruisseaux & rivières, où ils prennent un accroissement rapide.

Presque tous les ans encore, les Etangs débordent ou écument, dans ces cas, il se sauve beaucoup de gros poissons même, qui fournissent les rivières. Il est très-rare que les poissons d'Etangs, tels que la carpe & le brochet, puissent frayer avec succès sur les bords des rivières; les Etangs sont donc les pépinières de ces poissons, qui peuplent les eaux courantes, dans lesquelles les citoyens des cités & des campagnes, abstraction faite encore des revenus publics, trouvent des ressources, qu'on ne peut faire perdre, que par la compensation d'un plus grand intérêt. Ces effets sont peu sensibles encore; mais il est utile de les prévoir, & d'en instruire ceux qui pourroient n'avoir pas prévu ces effets.

Demande de petits Etangs pour alviner les grands.

Une étendue considérable de terrein en Etang a été conservée, d'après la loi, soit pour les usines de toute espèce, soit pour la navigation des canaux. Le service de l'eau ne doit pas être le seul produit; on peut encore en faire un avec le poisson. Il faut de toute nécessité, quelques petits Etangs, pour les faire multiplier, & en *alviner* ensuite ceux qui ont été réservés.

Sans ces Etangs, disent les administrateurs du district d'Etain, département de la Meuse, les autres seroient en pure perte, pour beaucoup de propriétaires, qui ne le sont pas des usines.

Des fermiers d'Etangs, dans le district de Dieuze, demandent la résiliation des baux, s'ils n'ont pas quelques petits Etangs conservés pour alviner les grands.

A Châtillon-sur-Seine, département de la Côte-d'Or, un maître de forge réclame des petits Etangs, appellés dans le pays *carpiers*, sans lesquels il ne peut payer ses prix de ferme, ni faire aussi les frais de desséchement, étant à la fin de son bail.

Il est certain que le poisson ne se multiplie que dans les petits Etangs, dans lesquels il fraie plus sûrement, où on n'y met que des carpes *forcières*, & un petit nombre de mâles, & où on a grand soin de ne pas laisser de brochets. L'expérience sur ces soins économiques, est constante. Une plus longue exposition devient inutile. Il seroit abusif de laisser sans produit, en poisson, une aussi vaste étendue d'eau réservée par la loi pour les usines.

Réclamations contre des Etangs conservés par la loi.

Il y a eu aussi des réclamations contre la conservation d'Etangs exceptés par la loi, sur lesquelles il importe de statuer.

A Châtillon-sur-Seine, département de la Côte-d'Or, une commune prétend qu'un grand Etang réservé pour un moulin, fait souvent geler les vignes & les bleds. Dans le département du Lot & Garonne, des communes se plaignent de ce qu'on a réservé certains Etangs pour des moulins, dont les meûniers élèvent sans cesse les eaux, & forment ainsi des marais.

A Sarrebourg, département de la Meurthe, une commune demande le desséchement d'un Etang de 1000 arpens: d'autres communes en réclament la conservation, d'après la loi, pour le service des moulins. Les administrateurs ont ordonné le desséchement. Les communes & propriétaires réclament contre cette décision, auprès du comité & de la Convention.

Dans le district de Chaumont, département de la Haute-Marne, un inspecteur des forges, pour la fabrication des boulets & obus, a soutenu que deux Etangs étoient dans le cas des exceptions prévues par la loi: l'administration de district, sur la demande des communes, en a ordonné le desséchement.

Des procédures criminelles ont été intentées à Bourganeuf, département de la Creuse; à Jussey, département de la Haute-Saône, pour des Etangs, que les uns vouloient faire dessécher, & d'autres conserver, pour le service des moulins.

Etangs réclamés pour la défense des places fortes.

Il importe aussi de faire connoître quelques faits, qui, pour être isolés & locaux, n'en sont pas moins liés au gouvernement général de la République, sous des rapports plus ou moins immédiats.

A Dieuze, département de la Meurthe, les administrateurs de district & de département sont d'avis de dessécher le grand Etang de l'*Indre*, de 3264 arpens; les administrateurs de département de la Moselle sont d'un avis contraire, parce que les eaux vont tomber dans les fossés fortifiés de Metz.

L'adjoint du Ministre de la guerre alors, étoit de l'avis aussi de la conservation. La Convention peut seule décider ou faire décider, sur un Etang qui, par sa position, tient à la défense d'une de nos places fortes.

Un autre Etang est réclamé pour servir, en cas de guerre, à faire des inondations dans le département de la Meuse.

A la Fère, district de Chaulny, département de l'Aisne, des ingénieurs militaires avoient approuvé un plan, tendant à conserver plusieurs Etangs, pour inonder, en cas de besoin; ce desséchement est encore indécis.

Variation & contradiction dans les décisions des administrations, sur l'exécution de la loi, & observations contre le desséchement.

Il devoit résulter des dispositions d'une loi, qui a froissé tant d'intérêts, qui a eu des effets contraires & excessivement modifiés, en raison des localités, une exécution presque aussi inégale. Dans telle contrée, les citoyens, ou les administrateurs ne considérant que l'utilité, ou la nécessité de certains Etangs, en ont ordonné la conservation provisoire; & ils ont cru ainsi pouvoir suspendre l'exécution de la loi, parce qu'ils en référoient au comité. D'autres, voyant des dangers dans des desséchemens & aucune utilité réelle, ont suivi la même marche. Ainsi les administrateurs du district de Tours ont conservé, d'après un rapport de commissaires, deux Etangs, par les motifs qu'ils sont sujets à des inondations inévitables, & que le fonds est incultivable.

Dans le département du Puy-de-Dôme, beaucoup d'Etangs construits dans des gorges des montagnes, retenoient l'impétuosité des eaux provenant des orages, de la fonte des neiges & des glaces: des vallées, précieuses, (ainsi que dans beaucoup d'autres parties de la République), peuvent être inondées & ensablées.

A Saint-Dizier, département de la Haute-Marne, les administrateurs ont prononcé la conservation provisoire de plusieurs Etangs; défendant, est-il dit, à tout citoyen, non propriétaire, d'attenter aux Etangs: ils ont référé des motifs au comité.

A Troyes, département de l'Aube, les administrateurs du district ont cru bien faire, sans doute, en nommant des commissaires, pour examiner les Etangs; d'après le rapport, ils en ont conservé provisoirement, & réduit ceux qui étoient nécessaires pour abreuver, à 15, 20 ou 30 arpens. Ils ont fait payer les commissaires sur la recette des revenus nationaux. La même opération a eu lieu, à-peu près, dans le district de Saint-Mihiel, département de la Meuse; dans d'autres départemens, les administrateurs envisageant leur responsabilité, d'après les loix du gouvernement révolutionnaire, & d'après la loi même, n'ont pas voulu prononcer sur les pétitions; mais ils en ont référé au comité d'agriculture.

Les administrateurs du district de la Flèche, département de la Sarthe, exposent que les eaux de plusieurs Etangs ne peuvent préjudicier à la salubrité de l'air, étant situés sur un terrein aride, que leurs eaux vivifient des landes & bruyères en les traversant par des canaux & vont tomber dans la Sarthe, à la chûte desquels ils proposent la construction d'un moulin.

Les administrateurs du district de Laval, département de Mayenne & Loire, d'après un rapport d'experts, exposent, que le desséchement des Etangs sera funeste, en ce qu'ils produisoient du poisson, des herbes & du fourrage par les irrigations, & qu'ils ne donnent aucun remplacement

Les administrateurs du district de Romorantin ont représenté, dès le 5 Pluviôse de l'an deuxième, que le desséchement exigé des Etangs accasionneroit dans le malheureux pays de Sologne, la ruine des propriétaires, la diminution des impositions & la suite du cultivateur.

D'autres départemens exposent le manque de bras, ayant fourni, comme celui de la Meurthe, 14 bataillons pour nos armées.

Les administrateurs du district de Riberac, département de la Dordogne, exposent que le sol de leurs Etangs est ingrat, sablonneux, sauvage; qu'il existe dans leur district un canton spacieux, connu sous le nom de *Double*, couvert de broussailles, & parsemé d'Etangs; qu'ils sont pratiqués dans des vallons trop froids pour rien produire, mais très-productifs en poisson; que là les habitations sont très rares; que communément les Etangs appartiennent à de pauvre sans-culottes, qui seroient ruinés, & qu'ils n'en sont pas incommodés; que leurs Etangs alimentent pendant l'année plusieurs petits ruisseaux, où il y a des moulins; qu'il en résulteroit une perte immense pour la République; que d'ailleurs ils resteroient en marais, faute de bras. On a vu que par la force des circonstances locales, il étoit resté un grand nombre d'Etangs en eau & desséchés sans être ensemencés, d'après la loi, ils devoient être confisqués au profit des non propriétaires des communes. La commission cependant n'a aucune connoissance que des confiscations aient été effectuées dans quelques communes.

A Saint-Dizier seulement, des citoyens ont demandé le desséchement de quelques Etangs; l'administration de district a maintenu, par un arrêté provisoire, les Etangs en eau.

Dans un grand nombre de communes, au contraire, les propriétaires ont voulu dessécher leurs Etangs; les communes s'y sont opposées par le motif du besoin des eaux.

A Noyon, les administrateurs attestent que plusieurs propriétaires d'Etangs ont offert le sol desséché, à des citoyens non propriétaires, pour le cultiver pendant un certain nombre d'années, que personne n'a voulu accepter ces conditions. Ces offres sont communes à la plus grande partie des départemens qui ont réclamé.

Il résulte bien de tout ce qui vient d'être exposé, que si des Etangs sont nuisibles, il y en a aussi qui sont utiles; que cette différence provient évidemment de la qualité plus ou moins marécageuse. Cette idée n'a point échappé aux corps administratifs & aux citoyens qui ont réclamé des Etangs. Tous ont demandé le desséchement des Etangs marécageux & des marais. Faites dessécher, disent les administrateurs de Metz, les marais de Seille, aux bords desquels la fièvre & la langueur consument les habitans, plutôt que l'Etang de l'*Indre*, auprès duquel le village de Tarquinpol n'éprouve aucune maladie locale. Ainsi en Sologne, la cause la plus réelle des maux qui l'affligent, provient spécialement des milliers de petits marais & amas d'eau qui sont formés dans des plaines ombragées par les bruyères, par les débordemens des ruisseaux & rivières qui sont encombrés par la vase & par le défaut de pentes. Ainsi dans la ci-devant Bresse, le vaste marais des Echets fait plus de ravage sur l'humanité, que tous les Etangs du district de Montluel. Les habitans de dix communes, au moins, dit l'agent de la commission qui a parcouru ce département, situés autour de ce cloaque, traînent une vie languissante, sont accablés d'infirmités, très-sujets aux obstructions & à l'hydropisie, rongés de fièvres les trois quarts de l'année; misérable existence qui se termine ordinairement dans la force de l'âge & qui se prolonge rarement au-delà de 50 ans. Par-tout, les citoyens, les administrations, les communes demandent le desséchement des marais infects. A Montargis, un marais touche aux murs de la commune; il y cause des maladies annuelles. Les administrateurs en réclament le desséchement. A Sens, un de 10,000 arpens vient jusqu'aux portes de la Cite: par-tout s'élève une voix commune; pour représenter que des milliers d'arpens incultes, offrent des ressources plus réelles, plus durables à l'agriculture, tant par la culture des plantes céréales, que par les semis des bois. Par-tout on appelle l'attention du gouvernement sur ces étendues immenses de terreins productibles, que les préjugés d'une culture mal-entendue & routinière laissent, depuis des siècles, en vain parcours, sur des terreins immenses envahis ou possédés par les ci-devant nobles, & dont la nation est devenue propriétaire, en grande partie, par leur émigration. Ces vastes déserts étoient, avant la révolution, l'attribut de leur féodalité; ils doivent enfin rentrer dans le domaine de l'agriculture.

C'est sur de tels travaux que les citoyens & corps administratifs appellent l'attention & les soins paternels de la Convention.

Dès le 18 Ventôse de l'an deuxième, la commission des subsistances alors, exposa, par un rapport, la plus grande partie des inconvéniens que la commission retrace aujourd'hui, & la nécessité d'y faire des modifications & exceptions.

Navigation des canaux & rivières.

Une puissante considération doit exciter l'attention des législateurs sur le desséchement des Etangs : elle est relative à la navigation intérieure, par laquelle la France peut devenir la nation du monde la plus riche, la plus forte, par son agriculture, son commerce & sa population. Ce motif seul pourroit donner lieu à de grands développemens, que la commission réduira à quelques réflexions sommaires & élémentaires, sous le rapport des Etangs.

Toutes les eaux vives & adventices se rendent par des pentes, dans les bassins des ruisseaux, rivières & fleuves. Qu'on examine la formation de ceux-ci, on verra en remontant à leur source, des milliers d'amas d'eaux pluviales, de sources, d'Etangs pratiqués à la pente des bois, ou des plaines, desquels il s'échappe continuellement plus ou moins d'eau, qui alimente les ruisseaux, qui au moins rend un très-grand service, quand elle ne feroit que d'en fournir assez pendant les sécheresses, pour imbiber le terrein sinueux qu'elle parcourt. A la première pluie, les retenues se remplissent & l'excédent coule sans perte dans les ruisseaux. Qu'on dessèche ces Etangs, qu'on en rompe les chaussées, qu'on réduise tous ceux réclamés pour des irrigations à un arpent, tous les cours d'eau intermédiaires entre ces réservoirs & les ruisseaux, restent à sec. Les premières pluies ne peuvent pas même faire arriver leurs eaux aux ruisseaux. Si elles sont abondantes, si elles proviennent d'orages, elles se rendent en torrens, en 24 heures, à une distance qu'elles n'auroient parcourue lentement qu'en 24 jours, si elles avoient été retenues par des digues successives.

Il ne suffit pas de considérer les fleuves majestueux dans leurs cours, près de leur embouchure; il faut encore les considérer dans leur cours moyen, dans les rivières secondaires, dans ces ruisseaux, dans ces filets d'eau que la nature, ou l'industrie de l'homme ont formés, & dont la multiplicité fait les rivières & les fleuves.

Voici un exemple frappant de ces effets, pris sur une rivière déja grossie par le concours des ruisseaux.

La rivière de l'Indre fait aller depuis plus d'un siècle les forges d'Ardentes, près Châteauroux, département de l'Indre; elles n'avoient jamais manqué d'eau. Cette année, le directeur a été obligé d'altérer le service pour attendre que les biefs supérieurs fussent pleins. Il attribue ce déficit à de vastes Etangs desséchés, dans les districts de Chateaumélian & de la Châtre. Il en demande le rétablissement. Le représentant du peuple Ferry a chargé les agens de la commission dans ce département, de laisser en eau, tous les Etangs que les maîtres des forges réclamoient, afin qu'ils ne pussent alléguer aucuns prétextes de retards dans la confection des [illegible] qu'ils avoient entrepris.

Dans le district de Bourges, deux vastes Etangs peuvent servir à ouvrir une communication intérieure très-importante, l'un au [illegible] porte ses eaux à Bourges, forme une petite rivière par des sources qui sont au-dessus; l'autre au [illegible] porte ses eaux *dans la Loire*. Il n'existe qu'un quart de lieue entre ces deux réservoirs : deux écluses suffiroient pour joindre les eaux, & former, sans dépenser peut-être un million, un canal, qui conduiroit de la Loire au-dessus de la Charité, par Bourges, Vierzon, Saint-Aignan, Amboise & Tours, les charbons de-terre, les bois de marine, les fers & les chanvres des ci-devant Berry & Auvergne, sans avoir à craindre les grandes crues, ou les basses eaux de la Loire, dont la navigation est si dangereuse. Ce projet a déjà été rappellé à la commission; son exécution a été reconnue possible par le citoyen Guillaume, ingénieur, qui jouit de la confiance du gouvernement. L'agent envoyé pour le desséchement des Etangs, a instruit, dans le tems, la commission que les autorités constituées l'avoient expressément chargé de lui en référer.

Les administrateurs du district de Sémur avertissent que le desséchement des Etangs nuira beaucoup aux ruisseaux flottables pour la provision de Paris.

Les canaux de Briare, de la Côte-d'Or & de l'Yonne souffriront des interruptions fâcheuses si tous les Etangs qui y dérivent sont desséchés; car il faut remarquer que si la loi a réservé les Etangs pour les canaux & les flottages, elle n'a compris que ceux qui leur étoient immédiatement affectés, tandis que des Etangs isolés, éloignés, non assujettis à ce service public, ont été desséchés, quoiqu'ils portassent leurs eaux dans les réservoirs des points de partage ou de distribution. Le canal de Briare particulièrement est alimenté par deux grands Etangs, dont le cours d'eau commence la rivière de Loing jusqu'à la commune de Saint-privé, où se sont jetté déja plusieurs ruisseaux venant d'Etangs qui ne sont pas assujettis au service du canal.

A Saint-Privé, la rivière de Loing est *diversée* toute entière dans une rigole qui longe tous les côteaux par des replis & des sinuosités multipliés. Cet ouvrage est admirable, c'est par lui que la navigation est entretenue par les eaux qu'il donne à l'Etang de distribution, au-dessus des sept écluses de Rogny. Il étonne même les gens de l'art, quand ils voient que les eaux de la même rivière coulent au dessus & au-dessous d'une montagne qui a plus de 300 pieds.

Des fontaines abondantes & l'excédent des eaux de la rivière, pendant les crues contiennent la rivière de Loing dans son lit naturel, depuis Saint-Privé & Bleneau jusqu'à Rogny, où les eaux prises à Saint-Privé, par le canal nourricier, se réunissent & forment le canal de Briare.

Il y a trois petites lieues de Saint-Privé à Rogny, par la route ; le canal nourricier en parcourt six & demie.

Un grand nombre d'Etangs sur le côté opposé, fournissoient des eaux à la rivière de Loing, qui, à Rogny, suffisoit à tous les besoins de la navigation. Cette année on a été obligé de mettre en coule, un seul Etang réservé d'après la loi, pour faire partir du port de Rogny seize charbonnières. La rivière de Loing, en grande partie, est alimentée par les Etangs. Il est à craindre que le canal en souffre beaucoup.

Le canal de la Côte-d'Or, Yonne, cit de Bourgogne, ne peut avoir une navigation soutenue, avec le secours seul de l'Armançon ; il faut absolument des eaux de réserve dans plusieurs points, pour suppléer à la baisse des eaux de la rivière. Il y a peu d'Etangs dans cette partie ; ce qui rend encore plus nécessaire ceux qui existent.

Comme ce canal n'est pas encore en état d'activité, on n'a pas pu juger de tous ses besoins d'eau. Il a coûté des sommes immenses, on n'y travaille plus depuis trois ans ; avec 300,000 liv. cependant on pourroit le rendre navigable au moins depuis Tonnerre.

L'agriculture souffre beaucoup de ces retards, par l'emploi excessif de tous les chevaux des districts de Tonnerre, Saint-Florentin, à voiturer les vins, tandis qu'ils pourroient être mieux employés au labourage.

Le commerce, la marine, l'approvisionnement de Paris sollicitent également cet achèvement de travaux, dont la suspension détériore ceux déjà faits, & augmente les atterrissemens des berges.

Puisse cette observation être prise en considération par le comité, pour faire exécuter les travaux.

Combien de rivières qu'il seroit possible de rendre navigables, en combinant les retenues supérieures avec le service de la navigation, en rétrécissant les lits & en multipliant les écluses !

Combien d'autres qui sont navigables, & qui cesseront de l'être dans les parties hautes ! Si on jette un coup-d'œil sur la carte de Cassini, on verra des milliers de ruisseaux qui n'existent que par des Etangs, situés, en grande partie, dans les bois, & qui resteront à sec pendant les secheresses de l'été, tems où la navigation est plus nécessaire.

Enfin, en conservant seulement les eaux utiles de la Sologne & de la Bresse, en les dirigeant vers un bassin commun, on peut faire des canaux de navigation qui dessécheroient ces malheureuses contrées, les rendroient à l'agriculture, au commerce & à un air salubre. Ce projet qui ne seroit ni difficile, ni dispendieux, doit être réalisé sous un gouvernement Républicain. Les motifs les plus sacrés le commandent.

Il existoit en France pendant le règne le plus absolu des moines & des prêtres, plus d'un million d'arpens en Etangs. La ferveur de la secte chrétienne, pour laquelle le poisson étoit devenu un besoin, & la cupidité, en auroient encore augmenté le nombre, si la force de la raison n'avoit enfin éclairé le Français sur l'imposture des papes & leurs chefs de sectes, & ramené les hommes à l'agriculture & au commerce : peu-à-peu on a desséché les Etangs, dont le fonds étoit fertile, & que l'on pouvoit maintenir dans cet état, parce qu'on n'a pas balancé à préférer *vingt arpens de bons prés à vingt arpens d'eau*, presque par-tout où les localités l'ont permis, ou indiqué, l'intérêt seul est l'argument & la preuve de cette amélioration successive.

Une quantité prodigieuse d'Etangs encore a disparu, depuis que dans plusieurs contrées, on a eu plus d'intérêt à vendre les bois pour les foyers & les charpentes, qu'à le consommer à des usines à fer & à verre, depuis que les canaux de navigation ont offert des débouchés aux grandes cités, dans lesquelles la consommation a été aussi excessive que l'abattis des forêts dans les contrées qui pouvoient leur en fournir. On voit dans la plus grande partie des départemens, surtout dans ceux du centre, des résidus & des scories de forges. Les ateliers, les fourneaux de mine, les Etangs ont été abandonnés aussi-tôt qu'un plus grand intérêt s'est offert aux propriétaires de bois ; quoique notre sol fût couvert d'immenses forêts & de bois multipliés, l'air y étoit cependant salubre ; la terre y étoit fertile. Des cantons entiers, jadis cultivés, sur-tout des pays de montagnes, n'offrent plus, en beaucoup d'endroits, que des rochers nuds.

D'après tous les renseignemens que peuvent donner les cartes anciennes, particulièrement celle de Cassini ; les réclamations des départemens, les quantités connues dans le pays où il y a le plus d'Etangs, la commission présume qu'à l'époque de la loi du 14 Frimaire, il pouvoit y avoir, tant en Etangs pour usines, canaux, défence publique, que pour les besoins de l'agriculture, environ 500 mille arpens ; la loi peut en avoir réservé environ 80 mille, dont le desséchement est effectué ou doit l'être d'après les dispositions formelles de la loi.

Une telle surface ne peut pas être indifférente dans l'ordre des choses de l'atmosphère, des rivières, des sources, des irrigations & de la végétation en général : il ne faut pas la considérer seulement sous le rapport d'une quantité une fois donnée, mais encore d'après le renouvellement périodique & successif des pluies, qui rendent à ces réservoirs ce qu'ils perdent par l'évaporation. Les effets du vent peuvent aussi renouveller sans cesse les eaux & en agrandir la surface. Aussi voyons-nous dans les contrées découvertes, arides & inhabitées, que l'atmosphère y est sèche, parce qu'elle ne contient que des nuages légers, que le vent roule dans des régions supérieures; les arbres souffrent, les plantes se dessèchent & périssent; la terre laisse échapper le peu d'humidité qu'elle pouvoit contenir.

Ce ne peut donc être un doute pour tout homme instruit, que tous les climats dont l'atmosphère se charge le plus par les évaporations, sont aussi ceux où l'humidité de la terre entretient ces rosées bienfaisantes, que la fraîcheur des nuits fait retomber sur tous les végétaux.

Il n'est que trop réel que le sol & les divers climats de la France ont bien changé depuis deux siècles, par la dévastation des forêts, par la dégradation du sol des montagnes, qui formoient, avant, de grands abris aux contrées inférieures; les défrichemens excessifs ou inconsidérés, ont opéré encore les changemens, sur les degrés de chaleur ou de froid. Nous en sommes au point même dans les départemens du centre & du nord, qu'il ne faut plus souffrir aucun excès arbitraire dans la destruction des bois.

Les pluies d'hiver ne suffisent pas pour fournir à tous les réservoirs visibles & occultes de la nature; elle a assigné deux effets bien distincts aux pluies d'hiver & aux pluies d'été. Par les premières, elle rend à la terre tout l'humide qu'elle a perdu par l'évaporation pendant les chaleurs de la belle saison. Les grands végétaux dont les racines sont profondes & largement ramifiées, ont besoin de cette grande quantité d'eau pour retrouver dans les entrailles de la terre, les sucs, les principes ou sels qui doivent au printems, réveiller leur sommeils & les rappeller à la vie active: l'excédent de leur besoin se rend dans les réservoirs qui alimentent les sources.

Par les secondes, elle rétablit l'équilibre du mouvement de la sève que les chaleurs peuvent avoir plus ou moins altéré, les feuilles des plantes herbacées sur-tout, ont besoin de ces effets; les arbres absorbent aussi par les feuilles, leurs tiges & leur écorce même l'humidité qui s'élève de la terre.

Combien donc les Etangs disséminés sur tant de points du sol, dont l'existance en général y suppose l'éloignement des eaux vives, pourroient causer de dommages à l'agriculture par leur desséchement?

Combien de lieux perderoient de leur fertilité, par la disparution des eaux de source, de filtration, par les irrigations & par la disparution de leurs eaux?

Combien de végétaux encore, qui croissoient & prospéroient, à la proximité de ces réservoirs, & qui languiroient, s'ils en étoient privés?

Quel contraste offre à la vue, dans ces contrées, l'état des végétaux, éloignés des rivières, des sources, & de toute retenue d'eau, comparé à celui des plantes, ou arbres qui ont leurs feuilles rafraîchies ou humectées par le voisinage des eaux? N'est-ce pas au bord des ruisseaux, des fontaines, qu'on contemple avec admiration les moissons les plus abondantes, & les arbres les plus vigoureux? N'est-ce pas autant par une température humide que par la profondeur du sol végétal, que les départemens du nord & du centre sont plus fertiles que les régions du midi? N'est ce pas part l'effet de cette même température, que les arbres de nos forêts du nord ont une végétation plus hardie, plus volumineuse que ceux des forêts de l'Yonne, de la Côte-d'Or & du Cher, & que ces derniers départemens en produisent qui sont supérieurs en qualité & en volume à ceux des départemens du Gard, du Lot & de l'Aveyron?

Toute opération de politique rurale qui tendra à multiplier les bois, à conserver les eaux, tendra incontestablement au maintien de la prospérité publique. Les eaux d'Etangs (qui ne sont pas marécageux,) sont évidemment liées aux causes qui maintiennent & augmentent les principes de la fertilité.

Les départemens instruisent que des desséchemens d'Etangs ont fait tarir cette année des rivières: tel est l'Etang de Pouligny, dans le département du Cher, qu'il est impossible de dessécher & mettre en état de culture, sans dépenser vingt fois au-delà de la valeur du fonds: il alimentoit la petite rivière de l'Yverette.

Les administrateurs du district de Riberac, ceux du département de l'Aube, font les mêmes réclamations. Combien de sources sont disparues & disparoitroient encore, si tous les Etangs étoient rigoureusement desséchés? Et cependant la perte d'une seul source, dans un état agricole, est une sorte de malheur public pour le lieu qui l'éprouve.

D'après toutes ces considérations, qu'il faut enfin résumer, il semble certain qu'il n'est pas plus possible de dessecher & d'ensemencer tous les Etangs de la République, en grains ou plantes propres à la subsistance de l'homme, que de cultiver & ensemencer en mêmes grains, toutes les terres vaines & vagues.

La différence des climats & des sites, la prodigieuse variété des terreins de la République & des localités, ont dû nécessairement multiplier des obstacles & des réclamations contre l'uniformité de l'exécution de la loi. Il importe à l'agriculture, à la prospérité publique, aux principes même de la législation, de faire cesser cette excessive divergence, & de ramener les dispositions de la loi à une telle exécution, que par-tout elle soit suivie & salutaire.

La *salubrité de l'air* & les *progrès de l'agriculture*, sont les deux motifs essentiels de la loi, sur le desséchement des Etangs.

Le

Le premier doit être maintenu & surveillé par le gouvernement, qui veille pour tous au bien le plus précieux de la vie. Il doit éclairer les hommes restés ignorans, punir ou prévenir la cupidité de ceux qui calculeroient leur fortune privée par le malheur des autres. Ainsi tous les Etangs marécageux & nuisibles à la santé des hommes, quel qu'en soit l'emploi, doivent être desséchés & rendus à la culture.

Quant aux Etangs qui ne sont pas marécageux, dont le desséchement n'est ordonné que sous le rapport des progrès de l'agriculture, les principes du gouvernement républicain portent à penser qu'il vaudroit mieux en laisser l'exploitation à l'entière liberté des propriétaires ou fermiers.

La liberté des propriétés est aussi nécessaire à la prospérité d'une République agricole, que la liberté même des citoyens, l'une fortifie l'autre. Le sort de tels Etangs, dont l'existence, les besoins, les ressources, sont si diversement modifiés, & d'ailleurs, si généralement réclamés, pourroit donc être laissé à l'intérêt, à l'industrie, à cet esprit public qui n'a plus à redouter l'oppression tyrannique des nobles & des prêtres, ni le luxe féodal des Etangs; à cet esprit public qui dirigera toujours de plus en plus les actions des hommes vers le bien commun.

Les circonstances même de la révolution semblent justifier ce principe de gouvernement. L'appel des citoyens à la défense de la patrie a ôté des bras exercés aux travaux des champs; les travaux ordinaires des ensemencemens & des moissons sur les terres cultivées ont besoin de tous ceux qui existent. D'autres travaux publics, plus pressés, plus importans, sont indiqués & réclamés de toutes parts; tels que les desséchemens de plusieurs marais, dont les moyens sont faciles & peu dispendieux; les réparations des canaux existans, & l'achèvement de ceux commencés ou près d'être finis, les travaux urgens à faire pour réparer & prévenir les ravages des inondations dans les plaines les plus fertiles des départemens méridionaux.

Il seroit encore imprudent d'assujettir au desséchement, les Etangs qu'on ne pourroit pas de suite cultiver & ensemencer : les causes qui en ont fait rester en eau un si grand nombre pendant l'année dernière, sont encore existantes.

La législation ne pouvant donc statuer sur tous les réclamations & modifications qu'à nécessité la différence excessive des terreins, des usages & des droits, il semble que l'application de la loi pourroit être attribuée aux corps administratifs, qui en connoissant bien les motifs, ne manqueroient pas d'en bien diriger l'exécution.

L'unanimité des décisions de la part des autorités constituées, prises sur les rapports d'experts éclairés, suffiroit pour désigner les Etangs marécageux, malfaisans, indiquer les époques, le mode de desséchement, & de mise en culture; le dissentiment des avis entre les corps constitués, seroit terminé par la commission d'Agriculture.

La Commission, enfin, propose d'envoyer aux départemens une instruction, d'après laquelle les citoyens, les corps administratifs pourroient diriger leurs travaux, en conciliant l'intérêt général sous le rapport de la salubrité, & les intérêts privés, sous le rapport des progrès de l'agriculture.

La Commission a cru devoir donner un tableau approximatif de tous les Etangs : le tableau des quotités connues lui a été transmis par les agens qu'elle a envoyés & par les corps administratifs; il a beaucoup servi pour former le second, en comparant sur la grande carte de Cassini les points figurés des Etangs connus avec ceux des Etangs inconnus; le nombre de tous les Etangs une fois déterminé, on a pris trois moyennes proportionnelles en raison de la différence de grandeur des points géométriques : des épreuves multipliées ont justifié l'évaluation approximative donnée.

Le tableau seul des Etangs connus, prouve que le nombre n'en est pas aussi considérable qu'on l'avoit cru, & que le besoin pour l'agriculture & la navigation en faisoit conserver le plus grand nombre.

Le nombre des Etangs salés au contraire *est immense* sur les plages de la Méditerranée; leur desséchement offre de grandes ressources à ces contrées, pour la culture, les salines & la soude. Combien de produits négligés !

D'après ce rapport de la commission d'Agriculture & des Arts, la Convention a rapporté son décret sur le desséchement des Etangs, & les choses en sont restées dans leur ancien état. (*)

(*Gruvel.*)

Paris, 13 Messidor, an 3.e de la Républ.

(*) La Convention nationale, après avoir entendu son comité d'Agriculture & des Arts, décrète ce qui suit :

Article premier.

La Convention rapporte la loi du 14 Fructidor an II, relative au desséchement des Etangs.

Art. II.

Le comité d'Agriculture chargera les administrations de faire reconnoître par des agens, les moyens de faire prospérer l'agriculture, & de rendre l'air plus salubre dans les contrées, connues ci-devant sous le nom de Sologne, Brenne & Bresse; d'y faire cesser, ainsi que dans toutes les autres parties de la République, les abus résultant de l'élévation des eaux pour le service des moulins, de donner aux rivières obstruées & encombrées un libre cours, d'indiquer les mesures les plus efficaces pour ordonner & faire maintenir les loix de police, tant sur le cours des eaux d'Etangs, que des marais qui se forment annuellement; d'ouvrir, notamment dans les trois contrées ci-dessus désignées, des canaux de navigation, pour le tout être présenté au plus tard dans le délai de trois mois à la Convention, & être statué par elle sur les mesures les plus efficaces pour chaque contrée, &c.

Tableau approximatif du nombre & de l'étendue des Etangs dans

QUOTITÉS CONNUES.

NOMS DES DÉPARTEMENS.	NOMBRE. DES ÉTANGS.	NOMBRE DES ARPENS qu'ils contiennent.	OBSERVATIONS.
Ain (Breſſe.)	1667	26,544	
Loiret. / Loir & Cher. } Sologne.	1370	17,940	Partie ſert au canal d'Orléans.
Indre (Brenne.)	931	15,256	
Aube.	204	5786	Au flottage.
Seine & Marne.	124	1788	Au flottage.
Côte d'Or.	509	4070	Au flottage.
Saône & Loire.	1841	9710	
Jura.	323	1835	
Voſges.	294	1593	
Meurthe.	101	4417	
Moſelle.	289	3358	
Loire Inférieure.	588	13,468	
Eure & Loire.	78	3228	
Haute-Vienne.	275	8830	
Cher.	65	4700	Partie ſert au canal de Briare & au flottage.
Yonne.	212	6960	
Dordogne.	74	4517	
18 Départemens...	8,927	134,000	

Quotités connues du nombre des Etangs................	8927
Quotités préſumées d'après la carte de Caſſini..........	5348
TOTAL GÉNÉRAL des Etangs connus & préſumés....	14,275

la République, à l'époque de la loi du 14 Frimaire de l'an deuxième.

QUOTITÉS PRÉSUMÉES D'APRÈS LA CARTE DE CASSINI.					
NOMS DES DÉPARTEMENS.	NOMBRE DES ÉTANGS.	NOMBRE DES ARPENS.	NOMS DES DÉPARTEMENS.	NOMBRE. DES ÉTANGS.	NOMBRE DES ARPENS.
Nord.	36	1800	de l'autre part..	2805	100,290
Pas-de-Calais.	10	150	Vienne.	155	5400
Somme.	7	1100	Indre & Loire.	160	4500
Seine Inférieure.	4	60	Nièvre.	320	7000
Calvados.	27	1500	Allier.	300	3400
Manche.	80	3300	Rhône & Loire.	750	9500
Orne.	240	7500	Puy-de-Dôme.	220	4500
Eure.	36	2700	Cantal.	22	1100
Oise.	50	2500	Corrèze.	117	4800
Seine & Oise.	18	360	Creuze.	96	7300
Aisne.	94	5800	Charente.	108	3500
Ardennes.	44	1920	Charente Inférieure.	11	1700
Marne.	270	9500	Aveyron.	3	160
Haute-Marne.	75	3600	Gers.	25	1800
Meuse.	200	6500	Landes.	20	1600
Bas Rhin.	60	2300	Arriège.	125	3000
Haut-Rhin.	40	2100	Haute-Loire.	28	2300
Haute-Saône.	460	8000	Hérault.	5	1100
Doubs.	17	1200	Pyrénées Orientales.	22	1500
Sarthe.	110	5300	Tarn.	3	40
Mayenne.	175	5000	Lozère.	2	60
Ille & Vilaine.	56	4500	Isère.	27	1800
Côtes du Nord.	31	2600	Basses-Alpes.	5	70
Finistère.	9	550	Aude.	7	7000
Morbihan.	15	2450	Bouches du Rhône.	12	800
Maine & Loire.	310	8200			
Vendée.	250	6000			
Deux-Sèvres.	90	3800	52 départemens.	5348	174,220
	2805	100,290	TOTAL des quotités d'arpens connues.		134,000
	TOTAL GÉNÉRAL des quotités d'arpens connues & présumées.				308,220

ETANT On le dit des forêts sur pied. *Voyez* ESTANT. (*L. REYNIER.*)

ETAUPINER. Abattre les terres que les taupes se pratiquent a l'issue de legers boyaux souterrains. Cette opération qui est très-importante pour l'entretien des prés, doit se faire en Germinal. *Voyez* TAUPE. (*L. REYNIER.*)

ETENDARD On donne ce nom au pétale supérieur des fleurs *légumineuses*. *Voyez* ce mot. (*L. REYNIER.*)

ETERNUE. Nommée aussi *herbe à éternuer*, plante du genre des *Achillées*. *Voyez* ce mot. (*L. REYNIER.*)

ETÊTER. On dit étêter un arbre, lorsqu'on coupe toutes ses branches au sommet du tronc : cette opération est pratiquée par plusieurs personnes, pour faire donner du nouveau bois à l'arbre & le renouveller ; mais Rosier préfère de couper le tronc au-dessus de la greffe; il assure que le pied dure davantage. *Voyez* le *Dictionnaire des arbres & arbustes*. (*L. REYNIER.*)

ETIOLE, bled Etiolé. Il y a des pays où on donne ce nom au bled retrait, *Voyez* RETRAIT. (*TESSIER.*)

ETHULIE, *ETHULIA.*

Genre de fleurs de la famille des COMPOSÉES flosculeuses, & voisin par ses rapports des *Tanaisies* : il est composé de plantes ligneuses & herbacées, étrangères à notre climat.

Espèces.

1. ETHULIE conizoïde.

Ethulia conysoides. L. ⊙ Des bois du Nil en Egypte.

2. ETHULIE nodiflore.

Ethulia sparganophora. L. Des Indes Orientales.

3. ETHULIE divergente.

Ethulia divaricata. L. ⊙ Dans les champs du Malabar & du Coromandel.

4. ETHULIE cotonneuse.

Ethulia tomentosa. L. ♄ De la Chine.

5. ETHULIE à feuilles opposées.

Ethulia bidentis. L. ⊙ De l'Inde.

Ces diverses espèces sont des plantes annuelles, une seule est ligneuse & par conséquent vivace. Elles ne sont connues jusqu'à présent que par les descriptions qu'en ont publié les Naturalistes. Les deux premières & la dernière sont des plantes qui montent verticalement, & s'élèvent à la hauteur de deux à trois pieds. Les fleurs de la première sont bleuâtres, & disposées en corymbes peu apparens : celles de la seconde espèce sont disposées aux aisselles des feuilles. La troisième est une petite plante rameuse, étalée, qui portent ses fleurs solitaires en opposition aux feuilles. Enfin la quatrième est une plante ligneuse, ou sous-arbrisseau à la manière des Lavandes.

Culture.

Les Ethulies sont encore peu connues dans les jardins de l'Europe; ce qu'on a recueilli sur leur culture, n'annonce jusqu'à présent aucun soin qui leur soit particulier. La seule précaution importante concerne les espèces annuelles. Lorsqu'elles paroissent avoir peine à aoûter leurs semences, aux approches de l'hiver, il faut avoir l'attention de les entrer dans une serre plus chaude, pour accélérer leur maturation. (*L. REYNIER.*)

ETHUSE. Manière d'écrire le nom des *Æthuses*, plus naturelles & cependant inusitée. (*L. REYNIER.*)

ETOC. Dans le langage des eaux & forêts, on donne ce nom aux souches mortes, rompues ou coupées trop haut, qui restent dans les forêts. *Voyez* le *Dictionnaire des arbres & arbustes*. (*L. REYNIER.*)

ÉTOILE. Dans les jardins réguliers & les parcs, on nomme Etoiles les salles ouvertes ou ceintes de charmilles, où aboutissent plusieurs avenues. Dans les grands parcs, ces Etoiles étoient des lieux de reconnoissance ou des haltes de chasse, dans les jardins, c'étoient des lieux de repos ordinairement garnis de bancs de forme diverse, sur les contours & au centre d'un jet-d'eau, d'un grouppe, ou de quelque fabrique ou décoration artificielle. (*L. REYNIER.*)

ÉTOILE DE BETHLÉEM. Nom vulgaire des *Ornithogales*, & notamment de celui que les Naturalistes connoissent sous le nom d'Ornithogale des Pyrénées, dont les fleurs sont grandes bien ouvertes, & disposées en nombre sur un épi qui occupe presque toute la longueur de la tige. *Voyez* ORNITHOGALE.

ETOILE DE BETHLÉEM BATARDE. On donne ce nom à l'*Alluque*, à cause de sa ressemblance générale avec l'espèce d'Ornithogale ci-dessus désignée. *Voyez* ALBUQUE. (*L. REYNIER.*)

ETOILÉE (Pomme) ou *Pomme d'Etoile.* Rosier donne ce nom à une pomme petite très-applatie sur les extrêmités, & relevée de cinq côtes très-marquées, d'où elle tire son nom. Sa couleur est la même que celle de la *Pomme d'apis*, mais moins brillante : la chair est aussi moins fine. Cette pomme se conserve jusqu'en Messidor de l'année suivante *Voyez* POMMIER au *Dictionnaire des arbres & arbustes*. (*L. REYNIER.*)

ETOILÉS. On donne ce nom aux poils qui

naissent des feuilles en bouquets, & qui rayonnent en s'étendant en tous sens, de manière à former un asférique. On en peut voir des exemples sur quelques *Alysses*. (*L. Reynier.*)

ETONNEMENT du Sabot. C'est un ébranlement occasionné dans le pied du cheval, par un corps quelconque, soit une pierre, soit un chicot, &c. L'animal se tient mal sur le pied, qui a éprouvé l'Etonnement. On en découvre le siége en frappant avec le brochoir sur les diverses parties du sabot, parce que l'animal marque de la sensibilité à l'endroit même.

Dans ce cas il ne s'agit que de saigner en pince & d'en faire d'une emmiélure le tour du sabot & de la sole; on saigne en pince en enlevant un morceau de chaire canelée à sa réunion avec la sole charnue, & on panse avec de l'étoupe sèche: la plaie guérit en peu de jours. (*Tessier.*)

ETOUFFER. (s') Les plantes qui ont été semées trop drues s'étouffent les unes & les autres: les plus fortes s'élèvent, mais fluettes, & dans un état moyen entre celui de santé & celui d'étiolement: les plus faibles enfermées entre les autres qui les privent des sucs & de l'influence salutaire de la lumière & de l'air, s'étiolent & finissent par périr. Pour éviter l'étouffement dans les semis, on doit *éclaircir* le jeune plant. *Voyez* ce mot.

Les arbres en pépinière sont également sujets à s'étouffer l'un l'autre; on y remédie par les mêmes précautions. (*L. Reynier.*)

ETRANGUILLON. Le cheval & les bêtes à cornes, sont, comme l'homme, sujets à des maux de gorge inflammatoires & catharreux. Dans l'homme on les appelle *angines, esquinancies*. Dans les animaux nous les nommons *Etranguillons*, parce que ces maux causent une suffocation, un étranglement.

Le siége de cette maladie est dans les glandes amygdales, comme celui des *avives* est dans les glandes parotides. Elles sont quelquefois si engorgées, que l'animal ne peut plus respirer.

Il n'est pas facile de deviner la cause de l'Etranguillon. Elle dépend ou des variations de l'air, ou d'une eau trop crue, ou de quelque corps âcre & irritant & plus encore d'une disposition de l'animal, qui le rend susceptible de l'effet des impressions étrangères.

A l'état du pouls, à la constitution phlétorique de l'animal, à la rougeur de ses yeux & à la chaleur de sa bouche, on s'apperçoit que l'Etranguillon est inflammatoire. Dans ce cas, on emploie quelques saignées, des fomentations émollientes sous le gosier, des gargarismes d'eau d'orge miellée & acidulée. Si ces moyens sont insuffisans, on a recours à la *bronchotomie*, opération délicate, qui exige un artiste adroit & éclairé.

L'Etranguillon catharreux donne bien aussi de la fièvre & gêne la respiration; mais l'animal n'a ni autant de chaleur, ni les yeux & la bouche aussi vermeils que dans l'Etranguillon inflammatoire. On peut saigner aussi pour opérer une détente & faciliter le dégorgement; mais on saigne une fois ou deux tout au plus. On applique sous la ganache une peau ou de la laine d'agneau ou un sachet rempli de cendre de bois. Je crois que la suie de cheminée formeroit un très-bon topique, si on l'aspergeoit d'alkali volatil, à cause du sel ammoniac, qu'elle contient; on pourroit la remplacer par des fomentations d'urine; on fait prendre à l'animal des gargarismes d'eau acidulée & on en vient, si le tout échoue, à l'opération de la *bronchotomie*.

Souvent la suppuration des amygdales termine l'Etranguillon. On aide la nature en exposant fréquemment la bête malade à la vapeur de l'eau bouillante & en injectant dans ses naseaux de la décoction d'orge miellée.

Les hommes éclairés condamneront la pratique déraisonnable des maréchaux, qui pour évacuer plus promptement le pus des amygdales, les pressent & les froissent fortement. On sent combien d'inconveniens elle entraînent au lieu de faire cesser la maladie; elle l'a prolonge en renouvellant l'inflammation. Le plus simple est de laisser faire à la nature presque toute la dépuration & de lui en faciliter les moyens par les gargarismes & les fumigations dont je viens de parler. (*Tessier.*)

ETRILLE. Instrument de fer, propre à panser les animaux, dont la peau est d'un tissu ferme & le poil court, tels que les chevaux, les ânes, les mulets, les bêtes à cornes, &c. En le passant sur toutes les parties du corps excepté sur les organes de la génération, qui sont trop sensibles, on enlève les insectes ou les œufs d'insectes, la poussière & toutes les ordures qui s'y amassent. Il en résulte un autre effet, plus important encore, c'est de favoriser la transpiration insensible en ouvrant les pores de la peau.

On donne encore dans quelques pays le nom d'*Etrille* à un instrument, qui sert à rader ou racler ce qui excède de grain dans les mesures. (*Tessier.*)

ETRIPER. Ainsi que Rosier dans son *cours d'Agriculture*, j'emprunte les propres expressions de Roger Schabol pour expliquer ce mot.

« On ne voit pas trop l'éthimologie de ce mot; c'est faire quelque chose de plus qu'*élaguer*, & quelque chose de moins que de *éboter*; c'est-à-dire lui ôter des branches de distance en distance, afin de la rajeunir en lui en faisant pousser de nouvelles, & en rabaisser d'autres en coupant où il y a du bon bois. Beaucoup de jardiniers confondent toutes ces choses. Si un arbre pour avoir toujours été incisé & dépouillé de son bois à mesure qu'il a poussé n'a pas donné du fruit, espère-t-on qu'en l'étripant pour le rajeunir, il deviendra fécond, quand ce nouveau bois sera traité de la même manière que le précédent? Nous pouvons affirmer que depuis plus de 40 ans de travail & d'expérience dans le jardinage, nous avons bien vu des arbres ébottés, étripés, récépés, étronçonnés & mutilés de toutes les façons imaginables, mais que nous n'en avons pas vu un seul réussir. »

Il n'est en général qu'un seul cas ou ces mutilations peuvent être utiles, c'est quand les branches sont attaquées de maladies qui n'attaquent pas les racines, on peut espérer que les nouvelles pousses ne porteront pas le vice de celles qui ont été retranchées; mais on ne retarde que bien foiblement la caducité par ces procédés divers, malgré les préconisations de plusieurs cultivateurs. (*L. Reynier.*)

ETRONÇONNER. C'est couper toutes les branches & ne laisser que le tronc d'un sauvageon qu'on veut greffer en poupée. *Voyez* Greffe au *Dictionnaire des arbres & arbustes.*

On emploie aussi quelquefois ce mot dans le même sens qu'Etêter; mais il est moins usité. (*L. Reynier.*)

ETROUBLE. On donne quelquefois ce nom aux portions de chaume qui restent sur pied après qu'on a coupé les bleds : ce mot n'est presque plus en usage. (*L. Reynier.*)

ETUVE, chambre échauffée pour la conservation de quelque chose. Le grand avantage, que l'agriculture peut tirer des Etuves, c'est en les employant pour enlever l'humidité des grains & les empêcher de s'altérer. On trouvera sans doute la description de celles de Duhamel dans le Dictionnaire des instrumens aratoires. J'ai détaillé leurs usages & leur utilité à l'art de Conservation des grains, *Tome III, pages* 465 & suivantes. (*Tessier.*)

EUCALYPTE, *Eucalyptus.*

Genre de plantes établi par l'Héritier (*Sertum anglicum.*) auquel il donne pour caractère un calice monophylle, tronqué; une calyptre ou enveloppe qui remplace la corolle & qui adhère au calice : chaque fleur renferme beaucoup d'étamines & un pistil dont l'ovaire est inférieur : il lui succède une capsule à quatre loges.

Espèces.

1. Eucalypte poivré.
Eucalyptus piperita white. ♄ De la nouvelle Galles.

2. Eucalypte résinifère.
Eucalyptus resinifera white. ♄ De la nouvelle Galles.

Ces deux arbres ne sont connus que par la description qu'en a donné J. White dans son voyage à la nouvelle Galle. Le premier est un arbre qui s'élève jusqu'à la hauteur de cent pieds, & qui acquiert souvent vingt pieds de circonférence : son écorce est lisse comme celle des peupliers : ses jeunes branches sont longues, minces, anguleuses dans leur partie herbacée; ses feuilles sont alternes, pointues entières sur leurs bords, & couvertes sur leurs deux faces de points transparens, qui sont des réservoirs pleins d'huile essentielle. Les fleurs sont en bouquets sessiles; il leur succède des capsules de la grosseur d'une groseille. L'huile essentielle que les feuilles de cet arbre contiennent, a le même goût que celle de la *Menthe poivrée*, & vraisemblablement les mêmes propriétés. La seconde espèce est aussi un grand arbre : son bois est plein d'une résine, qui en sort lorsqu'on fait des incisions au tronc, d'abord liquide & qui en se desséchant devient rouge. White l'a employée avec succes contre la dissenterie : il dit qu'un arbre en donne jusqu'à soixante pintes. Le bois de cet arbre n'est bon qu'à brûler à ce que dit ce voyageur.

Culture.

Ces arbres sont encore peu connus en Europe; l'orangerie leur suffiroit sans doute, mais leur grandeur forceroit au bout de peu d'années à les rendre à leur liberté en pleine terre. Comme arbres résineux, il est probable qu'ils pourroient se faire à l'aspérité du climat. (*L. Reynier.*)

EUCLÉ, *Euclea.*

Genre de plantes de la famille des Nerpruns, dont les sexes sont séparés dans des fleurs, & sur des pieds différens; les fleurs sont disposées en épis.

Espèce.

1. Euclé à grappes.
Euclea racemosa. L. ♄ Du Cap de Bonne-Espérance.

Espèces moins connues.

Euclea pilosa Lour. Fl. Coch.
Euclea [illegible] Lour. Fl. Coch.

Les deux espèces que Loureiro détermine, n'ayant pas été examinées, d'après son propre aveu, dans tous leurs détails, je me borne à cette indication : l'une doit être un grand arbre qui croît dans les forêts élevées de la Cochinchine; l'autre est une herbe qui se trouve dans les environs de Canton en Chine.

L'espèce première est plus connue, quoique rare dans les jardins de l'Europe; c'est un arbrisseau toujours verd semblable par son por

& son feuillage à un olivier : ses fleurs sont disposées en grappes penchées à l'aisselle des feuilles.

Culture.

Elle est encore peu connue ; on a seulement remarqué que l'Euclé préfère les terres sablonneuses aux autres, & qu'il a besoin de la chaleur d'une serre tiède pour l'hiver.

Usage.

Thunberg dans son voyage parle d'un Euclé qu'il désigne par le nom d'*ondulé*, qui n'est peut-être qu'une variété de celui-ci. Il dit que les Hottentots prisent beaucoup sa baie qui a un goût doux, & donne par la fermentation un vinaigre semblable à celui qu'on obtient du vin rouge. (*L. Reynier.*)

EUFRAISE, *Euphrasia.*

Genre de plantes de la famille des Personnées, composé d'herbes, toutes indigènes, de nos climats tempérés.

Espèces.

1. Eufraise officinale.
Euphrasia officinalis. L. ⊖ Des terreins secs & incultes de l'Europe.

2. Eufraise jaunâtre.
Euphrasia flavescens. ⊖ Des montagnes élevées de l'Europe.

3. Eufraise des Alpes.
Euphrasia alpina. Lam. ⊖ Des montagnes élevées de l'Europe méridionale.

4. Eufraise à feuilles larges.
Euphrasia latifolia. L. ⊖ Des prés montagneux de l'Europe méridionale.

5. Eufraise tardive.
Euphrasia odontites. L. ⊖ Près des chemins & dans les champs aux lieux humides.

6. Eufraise printanière.
Euphrasia verna. Bell. obs. bot. dans les champs du Piémont, & des environs de Nice.

7. Eufraise à trois pointes.
Euphrasia tricuspidata. L. ⊖ De l'Italie.

8. Eufraise jaune.
Euphrasia lutea. L. ⊖ Aux lieux secs & pierreux de l'Europe méridionale.

9. Eufraise visqueuse.
Euphrasia viscosa. Lam. ⊖ Des lieux secs de l'Europe méridionale.

10. Eufraise à longues fleurs.
Euphrasia longiflora. Lam. De l'Espagne.

Espèce moins connue.

Euphrasia linifolia. L.

Toutes ces Eufraises sont des herbes annuelles, dont la tige après être souvent simple du collet se divise en rameaux nombreux, couverts de feuilles opposées, à l'aisselle desquelles naissent des fleurs, tantôt solitaires, tantôt deux à deux. Les feuilles supérieures étant plus petites, & les fleurs étant plus accumulées vers les sommités, elles ne paroissent là que des bractées; mais comme elles ont une même forme, on doit les considérer comme de véritables bractées. Les fleurs de ces plantes sont en général assez jolies, comparées au volume de la plante, & ce qui y contribue sur-tout, c'est leur couleur qui est apparent dans plusieurs espèces.

Culture.

Ces plantes dont la plûpart croissent sauvages dans la campagne, ne sont pas cultivées habituellement dans nos jardins, si ce n'est dans ceux de Botanique, où elles exigent quelques soins.

Les espèces n.os 2 & 3, sont des plantes qui ont rarement plus de deux pouces de hauteur, & qui souvent n'ont que quelques lignes. Le seul moyen, si on veut essayer leur culture, seroit de semer la graine dans un bassin plein d'un terreau de bruyère extrêmement fin; je ne puis assurer qu'elles germent n'ayant jamais fait cette expérience, mais je desirerois qu'un Naturaliste en fît l'essai, car la culture seroit le seul moyen de vérifier, si les trois premières espèces d'Eufraise sont des espèces vraiment distinctes, ou seulement des variétés diversifiées par les climats, ce dont je suis persuadé d'après mes observations sur les dégradations de formes, aux confins des climats formateurs de ces variétés.

Les autres espèces, excepté celle n.° 5, sont originaires des terres sèches & réussissent étant semées : j'en ai cultivé quelques-unes & notamment celles n.os 8 & 9 qui ont réussi. On doit répandre les graines dans des bassins d'une terre légère & très-ameublie, avoir soin qu'elles soient très-peu couvertes, seulement ce qu'il faut pour les envelopper. Une fois germées, on doit les tenir propres & très-espacées ; j'ai remarqué qu'elles supportoient difficilement la transplantation. Lorsque l'été est chaud, leur graine s'aoûte facilement.

Usages.

Si leur culture étoit plus facile & leur durée plus grande, ces Eufraises ci-dessus indiquées, ainsi que celles n.os seroient un ornement des bords des plate-bandes dans nos parterres ; mais les soins qu'elles exigent l'emportent de beaucoup sur un moment trop-court de jouissance. (*L. Reynier.*)

EUFRASQUE. Tulipe panachée de rouge & de blanc de satin ; elle est mentionnée comme distinguable dans les recherches sur la culture des fleurs. *Voyez* TULIPE. (*L. REYNIER.*)

EUGENE. Tulipe panachée de rouge, brun & de blanc. *Voyez Recherches sur la culture des fleurs* & TULIPE. (*L. REYNIER.*)

EUHARA. Aux Isles de la Société, on donne ce nom au *Baquois*, dont ils mangent les fruits, & qui décore leurs habitations par l'odeur des fleurs. *Voyez* BAQUOIS. (*L. REYNIER.*)

EUPATOIRE, *EUPATORIUM*.

Genre de plante à fleurs composées flosculeuses, de la division des *Corymbifères*, qui a beaucoup de rapports avec les *Couizes*. Il comprend des herbes & arbrisseaux vivaces la plupart exotiques, dont la hauteur varie d'un à dix pieds environ, à tiges cylindriques, quelquefois striées, velues, rougeâtres, à feuilles presque toujours opposées, simples ou multifides, sessiles ou pétiolées, à fleurs disposées au sommet des tiges & des rameaux en bouquets. Elles sont composées d'un calice commun, imbriqué d'écailles lancéolées, droites, inégales, de fleurons hermaphrodites, souvent en petit nombre, tubulés, quinquéfides, blancs ou violets ou pourpres, posés sur un réceptacle nu, entourés par le calice commun, à styles saillants & bifides.

Le fruit consiste en plusieurs semences oblongues, chargées d'une aigrette sessile, longue & plumeuse. Ce genre est de la 19.e classe de Linné.

Espèces.

1. EUPATOIRE de la Jamaïque.
Eupatorium dalea. L. ♄ De la Jamaïque.

2. EUPATOIRE à feuilles d'hyssope.
Eupatorium hyssopifolium. L. ♃ De la Virginie.

3. EUPATOIRE à feuilles longues.
Eupatorium altissimum. L. ♃ De la Virginie.

4. EUPATOIRE à feuilles sessiles.
Eupatorium sessilifolium. Lin. ♃ De la Virginie.

5. EUPATOIRE commun, ou à feuilles de chanvre.
Eupatorium cannabinum. L. ♃ De la France. Vulgairement *Eupatoire d'avicenne.* Il varie à feuilles supérieures entières.

6. EUPATOIRE blanc.
Eupatorium album. Lin De la Pensylvanie.

7. EUPATOIRE de Chine.
Eupatorium chinense. L. De la Chine.

8. EUPATOIRE à feuilles rondes.
Eupatorium rotundifolium. L. ♃ De la Virginie.

9. EUPATOIRE de la Guiane.
Eupatorium triflorum. Aub. ♄ De la Guyane.

10. EUPATOIRE de Ceylan.
Eupatorium zeilanicum. L. De l'Isle de Ceylan.

11. EUPATOIRE trifolié.
Eupatorium trifoliatum. L. De la Virginie.

12. EUPATOIRE verticillé.
Eupatorium verticillatum. Lam. Encyc.
A. *foliis quaternis.*
à quatre feuilles.
B. *foliis quinis.*
A cinq feuilles.

13. EUPATOIRE cendré.
Eupatorium cinereum. L. S. Sup. Du Cap de Bonne-Espérance.

14. EUPATOIRE scabre.
Eupatorium scabrum. L S. Sup. De l'Amérique méridionale.

15. EUPATOIRE perfolié.
Eupatorium perfoliatum. L. ♃ De la Virginie.

16. EUPATOIRE à feuilles de scrophulaire.
Eupatorium cœlestinum. L. ♃ De la Virginie.

17. EUPATOIRE ageratoïde.
Eupatorium ageratoides. L. S. ♃ De la Virginie.

18 EUPATOIRE aromatique.
Eupatorium aromaticum. L. ♃ De la Virginie.

19 EUPATOIRE à feuilles de micocoulier.
Eupatorium celtidifolium. Lam. Encyc. ♄.

20. EUPATOIRE deltoïde.
Eupatorium deltoideum. Lam. Encyc. De la Jamaïque.

21. EUPATOIRE fourchu.
Eupatorium dichotomum. Lam. Encyc. Des Antilles.

22. EUPATOIRE odorant.
Eupatorium odoratum. L. ♃ De l'Amérique méridionale.

23. EUPATOIRE à feuilles d'arroche.
Eupatorium atriplicifolium. H. L. communément *herbe à chat, langue de chat.* ♄ Des Antilles.

24. EUPATOIRE sinué
Eupatorium sinuatum. Lam. Encyc. ♄ De S. Domingue.

25. EUPATOIRE ponctué.
Eupatorium punctatum. Lam. Encyc. ♄ Des Antilles.

26. EUPATOIRE glutineux.
Eupatorium glutinosum. Lam. Encyc. ♄ Du Pérou.

27. EUPATOIRE glabre.
Eupatorium lævigatum. Lam. Encyc. De l'Amérique.

28. EUPATOIRE à feuilles d'amandier.
Eupatorium

Eupatorium amygdalinum. Lam. Encyc. Du Pérou.

29. EUPATOIRE à petites feuilles.

Eupatorium mycrophyllum. L. S. ♄ De l'Amérique méridionale.

30. EUPATOIRE à feuilles de flœchas.

Eupatorium stœchadifolium. L. S. De l'Amérique méridionale.

31. EUPATOIRE à épi

Eupatorium spicatum. Lam. Encyc. ♄ Au monte video.

32. EUPATOIRE à feuilles de Saule.

Eupatorium salicinum. Lam. Encyc. Du Pérou.

33. EUPATOIRE à feuilles d'iva.

Eupatorium ivæfolium. Lin. De la Jamaïque.

34. EUPATOIRE à grandes feuilles.

Eupatorium macrophyllum. L. Des Antilles.

35. EUPATOIRE à feuilles de Sophie.

Eupatorium sophiæfolium. L. De saint Domingue.

36. EUPATOIRE à feuilles de morelle.

Eupatorium scandens. Lin. ♃ Des Antilles.

37. EUPATOIRE à feuilles de Liseron.

Eupatorium cordatum. B. De l'Isle de Java.

38. EUPATOIRE hasté.

Eupatorium hastatum. L. Jamaique.

39. EUPATOIRE à feuilles de pervenche.

Eupatorium vincœfolium. Lam. Encyc. ♃ De la Guyane.

40. EUPATOIRE cotonneux.

Eupatorium tomentosum. Lamar. Encyc.

L'herbe à bouc. Commers. Herb.

La même à feuilles très-peu dentées.

41. EUPATOIRE en zig-zag.

Eupatorium flexuosum. Lam. Encyc. ♄.

42. EUPATOIRE auriculé.

Eupatorium auriculatum. Lam. Encyc. Du Cap de Bonne-Espérance.

43. EUPATOIRE à feuilles de mélisse.

Eupatorium melissæfolium. Lam. Encyc. Du Pérou.

44. EUPATOIRE à feuilles de fariete.

Eupatorium satureiæfolium. Lam. Encyc. Du Paraguay.

Il y a une variété plus petite dans toutes ses parties.

Description du port des espèces.

1. EUPATOIRE DE LA JAMAÏQUE. Arbrisseau de six à neuf pieds, à rameaux glabres, feuillés vers leur sommet, unis à leur base avec des impressions circulaires. Les feuilles sont lancéolées, de trois à quatre pouces de longueur sur un pouce de largeur. Les fleurs viennent au sommet des rameaux en grappes courtes & rameuses. De la Jamaïque.

2. EUPATOIRE A FEUILLES D'HYSSOPE. Sa tige est haute d'un pied & demi, feuillée, pubescente, rameuse dans sa partie supérieure ; ses feuilles sont lancéolées, linéaires, entières & dentées, velues, trinerves, les unes alternes, les autres opposées. Les fleurs sont blanches, disposées par bouquets sur des pédoncules rameux : elle fleurit sur la fin de l'été. De la Virginie.

3. EUPATOIRE A FEUILLES LONGUES. Sa tige est dure, pubescente, haute de quatre à cinq pieds ; ses rameaux sont nombreux & divisés ; ses feuilles sont lancéolées, pointues, luisantes en-dessus, saliciformes ; les supérieures sont entières, les autres dentées en scie. Les fleurs sont blanches, en panicule composée de bouquets nombreux corymbiformes. Les graines ont une aigrette à poils légèrement velus : elle fleurit en été jusqu'au commencement de Septembre. De la Virginie.

4. EUPATOIRE A FEUILLES SESSILES. Ses tiges sont hautes de deux pieds, feuillées, d'un verd pourpre ; ses feuilles sont sessiles, élargies à leur base, pointues, un peu amplexicaules, longues de trois pouces, larges d'un pouce environ. Les fleurs sont blanches, en corymbes terminaux, semblables à celles de l'*Eupatoire commun.* De la Virginie.

5. EUPATOIRE COMMUN OU A FEUILLES DE CHANVRE. Sa racine est oblique, garnie de fibres blanchâtres ; ses tiges sont hautes de trois à quatre pieds, velues, rougeâtres, pleines de moëlle, feuillées, rameuses ; ses feuilles sont divisées en trois folioles lancéolées, dentées. Les fleurs sont rougeâtres, terminales, disposées en corymbe. Les feuilles ont une saveur amère. De la France, dans les lieux humides.

6. EUPATOIRE BLANC. Sa tige est droite, striée ; ses feuilles sont larges, lancéolées ; les fleurs en corymbe terminal, blanc, dont les ramifications sont alternes. De la Pensylvanie.

7. EUPATOIRE DE CHINE. Sa tige est branchue, un peu glabre ; ses feuilles sont ovales, acuminées, grossièrement dentées, glabres, pâles en-dessous ; les corymbes sont terminaux ; les calices contiennent cinq fleurons. De la Chine.

8. EUPATOIRE A FEUILLES RONDES. Sa tige est haute d'un pied & demi ; ses feuilles sont ovales, obrondes, courtes, ponctuées & dentées. Les fleurs sont blanchâtres, petites, en bouquets glomerulés terminaux, sur des pédoncules communs opposés : elle fleurit en Juin. De la Virginie.

9. EUPATOIRE DE LA GUYANE. Cet arbrisseau pousse des tiges qui s'élèvent à sept ou huit pieds, divisées en plusieurs rameaux couverts d'un duvet blanchâtre, sarmenteux, qui se répandent sur les arbres voisins. Les feuilles sont alternes, entières, couvertes en-dessus d'un duvet blanchâtre. Des aisselles des feuilles & de l'extrémité des rameaux, naissent des grappes rameuses garnies de fleurs blanches ramassées

par paquets : elles sont un peu [illegible] ainsi que les feuilles : les calices contiennent trois fleurons. De la Guyane.

10. EUPATOIRE DE CEYLAN. Sa tige est velue ; ses feuilles sont pétiolées, oblongues, crénelées, munies à leur base de deux oreillettes qui les font paroître hastées, d'un verd foncé en-dessus, couvertes d'un duvet blanchâtre en-dessous. Les fleurs naissent au sommet de la plante, en corymbes rameux. De l'Isle de Ceylan.

11. EUPATOIRE TRIFOLIÉ. Les feuilles sont ovales, lancéolées, dentées, pétiolées, au nombre de trois à chaque nœud. Les fleurs sont blanches. De la Virginie.

12. EUPATOIRE VERTICILLÉ. Il y a deux variétés de cette espèce. La première a des tiges hautes de deux pieds environ, simples, d'un verd obscur, parsemé de taches oblongues d'une couleur brune. Les feuilles sont ovales, oblongues, pétiolées, dentées, ridées, disposées quatre ensemble par verticilles. Les fleurs sont purpurines ou rougeâtres au sommet des tiges.

La seconde pousse des tiges hautes de trois à quatre pieds, simples, parsemées de points & de petites lignes d'un pourpre brun. Les verticilles sont de cinq feuilles : elle fleurit en Août. De l'Amérique septentrionale.

13. EUPATOIRE CENDRÉ. Cette espèce ressemble à une anastasie par ses feuilles & par sa tige roide & ligneuse ; ses feuilles sont lancéolées, cotonneuses. Les calices contiennent neuf fleurons. Du Cap de Bonne-Espérance.

14. EUPATOIRE SCABRE. Sa tige est droite, velue, garnie de feuilles ovales, velues en-dessous, glabres, ridées & scabres en-dessus, portées sur des pétioles courts. Les fleurs sont paniculées, droites, terminales. De l'Amérique méridionale.

15. EUPATOIRE PERFOLIÉ. Ses tiges sont velues, feuillées, hautes d'un à deux pieds : les feuilles sont connées, perfoliées : les fleurs sont blanches, en corymbe au sommet des tiges. Les calices contiennent douze à quinze fleurs : elle fleurit en Juillet & Août. Aux lieux aquatiques de la Virginie.

16. EUPATOIRE A FEUILLES DE SCROPHULAIRE. Ses tiges sont velues, hautes de deux à trois pieds ; ses feuilles sont pétiolées, presqu'en cœur, dentées, ridées. Les fleurs sont d'un pourpre bleuâtre en corymbe, serré & convexe. De la Virginie.

17. EUPATOIRE AGÉRATOÏDE. Ses tiges sont hautes de trois pieds & plus, branchues dans leur partie supérieure ; ses feuilles sont pétiolées, presqu'en cœur, d'un verd foncé ou noirâtre. Les fleurs sont blanches en corymbe terminal. Le calice en renferme 15 à 20 : elle fleurit en Septembre & Octobre. Du Canada.

18. EUPATOIRE AROMATIQUE. Cette espèce a de grands rapports avec la précédente ; sa tige est cependant moins glabre, ses feuilles sont plus petites & ses fleurs un peu plus grandes : elle fleurit en Septembre ; sa racine est aromatique. Du Canada.

19. EUPATOIRE A FEUILLES DE MICOCOULIER. Ses rameaux sont durs, glabres, striés ; ses feuilles sont pétiolées, longues de 5 pouces, larges de deux, presque luisantes, à trois nervures principales, arrondies à leur base. Les fleurs sont blanches, en corymbes terminaux, neuf à dix dans les calices. Des Antilles.

20. EUPATOIRE DELTOÏDE. Les tiges sont rameuses, hautes d'un pied environ ; ses feuilles sont pétiolées, nerveuses, larges d'un pouce environ. Les fleurs sont petites, blanchâtres, en panicule terminale, irrégulière, dix à douze dans les calices. De la Jamaïque.

21. EUPATOIRE FOURCHU. Sa tige est menue, haute d'un à deux pieds ; ses feuilles sont linéaires, longues d'un pouce. Les fleurs sont paniculées, nombreuses, terminales, 10 à 12 dans les calices. Des Antilles.

22. EUPATOIRE ODORANT. Sa tige est droite, chargée d'un duvet cotonneux ; ses feuilles sont pétiolées, presque deltoïdes, dentées à leur base, cotonneuses en-dessous. Les fleurs sont blanches ramassées en cimes ombelliformes : elle fleurit en Août & Septembre. De l'Amérique méridionale.

23. EUPATOIRE A FEUILLES D'ARROCHE. C'est un arbrisseau de cinq à six pieds, droit, à rameaux opposés, striés, pubescens à leur sommet. Les feuilles sont ovales, deltoïdes, grossièrement & inégalement dentées. Les fleurs sont bleuâtres ou blanches, en cimes ombelliformes. On la regarde comme emménagogue, apéritive & vulnéraire.

24. EUPATOIRE SINUÉ. Ses rameaux sont grêles, sous-ligneux, munis de feuilles très-petites, émoussées, sinuées, presque pinnatifides, verdâtres, glabres en-dessus, cotonneuses en-dessous, portées sur des pétioles d'un pouce de longueur environ. Les fleurs sont petites sur des grappes courtes, opposées, neuf à dix dans les calices. De S. Domingue.

25. EUPATOIRE PONCTUÉ. Les tiges sont ligneuses, glabres, à rameaux ouverts & opposés ; ses feuilles sont ovales, pointues, glabres des deux côtés, longues de trois pouces environ, parsemées en dessous de beaucoup de petits points qui paroissent d'une nature résineuse. Les fleurs sont nombreuses, paniculées en corymbe, 12 à 15 dans les calices. Elle a une saveur amère un peu aromatique. Des Antilles.

26. EUPATOIRE GLATINEUX. Ses rameaux sont ligneux, pleins de moëlle, glatineux à leur sommet. Les feuilles sont pétiolées, en cœur à leur base, glabres, très ridées en-dessus, couvertes d'un coton lain ux en-dessous, longues de cinq à six pouces sur un pouce & demi de largeur, semblables à des feuilles de sauge. Les fleurs sont en panicule terminale. Cette espèce est très-belle. Du Perou.

27. EUPATOIRE GLABRE. Sa tige est droite, anguleuse, striée, branchue, frutescente, pleine de moelle; ses feuilles sont ovales, pointues, dentées en scie, glabres, presque luisantes des deux côtés, trinerves, longues de deux à trois pouces sur un pouce & demi de largeur. Les corymbes sont rameux, terminaux, garnis de beaucoup de fleurs, dix à douze dans le calice. D'Amérique.

28. EUPATOIRE A FEUILLES D'AMANDIER. Sa tige est simple, haute d'un pied & demi environ; ses feuilles sont sessiles, glabres, à-peu-près semblables à celles de l'*amandier*. Les fleurs naissent sur une panicule presque nue, lâche, dont les ramifications sont très-grêles. Au Pérou.

29 EUPATOIRE A PETITES FEUILLES. Sa tige est ligneuse, roide; ses feuilles sont petites, ovales, tronquées transversalement à leur base, obtuses, à neuf crenelures dont la neuviéme est terminale, épaisses, glabres, trinerves, vertes en-dessus, blanchâtres & cotonneuses en dessous avec des raies brunes reticulées. Les corolles sont violettes & leur limbe à l'extérieur est pubescent. Les écailles du calice sont en alène & piquantes. De l'Amérique méridionale.

30. EUPATOIRE A FEUILLES DE STŒCHAS. Sa tige est droite, couverte d'un duvet cotonneux, blanc & très-doux; ses feuilles sont linéaires, crénelées, planes, cotonneuses des deux côtés, mais blanches en-dessous & veineuses. Les fleurs sont violettes, ramassées en panicule terminale; leur limbe est pubescent à l'extérieur. De l'Amérique méridionale.

31. EUPATOIRE A ÉPI. Sa tige est haute d'un à deux pieds & demi, feuillée, pleine de moelle, striée, ou un peu anguleuse; ses feuilles sont linéaires, spatulées, rétrécies à leur base, longues d'environ deux pouces. Les fleurs sont sessiles, glomérulées, disposées en épi droit, terminal, long d'un à trois pouces, interrompu à sa base. Cette espèce paroît sous-ligneuse, sont aspect est glabre: elle croît *au monte video*.

32. EUPATOIRE A FEUILLES DE SAULE. Sa tige est épaisse, anguleuse, comme ligneuse, pleine de moëile; ses feuilles sont saliciformes, pointues, glabres, ridées en dessus, cotonneuses en-dessous, longues de six à sept pouces sur un pouce de largeur & rétrécies à leur base. Les fleurs sont en cime rameuse glomérulée, convexe & terminale; dix à douze dans les calices. Du Pérou.

33. EUPATOIRE A FEUILLES D'IVA. Ses feuilles sont étroites, lancéolées, munies en leurs bords d'une ou deux dents. Les calices sont raboteux & contiennent 17 fleurons & plus. Cette espèce ressemble à l'*Eupatoire à feuilles d'hyssope*. De la Jamaique.

34. EUPATOIRE A GRANDES FEUILLES. Elle s'élève à la hauteur de cinq à six pieds; sa racine est ligneuse, tamerse, diffuse, d'une saveur âcre & aromatique: elle pousse une ou deux tiges ligneuses, plus épaisses que le pouce, légèrement velues, pleines de moelle comme celles du sureau; ses feuilles sont en cœur, pointues, crénelées, fort grandes, velues, munies de plusieurs nervures rameuses. Les fleurs sont petites, nombreuses, purpurines, en panicule terminale. Les calices renferment 15 à 25 fleurons Cette belle plante se trouve aux Antilles sur le bords des ruisseaux.

35 EUPATOIRE A FEUILLES DE SOPHIE. Sa racine pousse plusieurs tiges menues, en partie couchées, en partie droites, qui s'élèvent à environ un pied & demi; ses feuilles sont longues de deux pouces, d'un verd gai, bibinnatifides, à découpures nombreuses, courtes & obtuses. Il nait au sommet des tiges & dans les aisselles des feuilles supérieures, des pédoncules menus, ramifiés en corymbe, qui soutiennent des fleurs petites & purpurines. De S. Domingue.

36. EUPATOIRE A FEUILLES DE MORELLE. Ses tiges grimpent, s'entortillent autour des supports qu'elles rencontrent & s'élèvent à 4 & 6 pieds: elles sont légèrement striées, d'un verd obscur; les feuilles sont périolées, en cœur, molles, à dents anguleuses & inégales. Les fleurs viennent à l'extremité des tiges & des rameaux. Le calice contient quatre à cinq fleurons: elle fleurit en Septembre. De la Virginie.

37. EUPATOIRE A FEUILLES DE LISERON. Ses tiges sont grimpantes, munies de rameaux divergens. Les feuilles sont cordiformes, entières; les inférieures sont alternes. Les fleurs sont portées sur de longs pédoncules en corymbes paniculés. Les calices contiennent quatre fleurons. L'aigrette des semences est très-rouge. De l'Isle de Java.

38. EUPATOIRE HASTÉE Les tiges grimpent & s'entortillent autour des supports qu'elles rencontrent: les feuilles sont hastées presque triangulaires, en cœur à leur base, pointues à leur sommet; les fleurs sont disposées sur des épis branchus; les calices contiennent cinq fleurons. De la Jamaique.

39. EUPATOIRE A FEUILES DE PERVENCHE.

Ses tiges sont grimpantes, ses feuilles pétiolées, ovales, vertes & glabres des deux côtés avec des nervures saillantes en-dessous : les fleurs sont en grappes terminales sur les grands & les petits rameaux. Le calice contient trois ou quatre fleurs. Aublet rapporte que cette plante donne un suc jaunâtre, visqueux & aromatique. De l'Amérique méridionale.

40. EUPATOIRE COTONNEUX. Sa tige est ligneuse, rameuse, sarmenteuse & grimpante ; ses feuilles sont alternes, pétiolées, en cœur, blanches & cotonneuses en-dessous, verdâtres en-dessus avec un duvet aranéeux : elles sont longues de deux à trois pouces, larges de deux, bordées de dents anguleuses & inégales Les fleurs sont petites, en grappes, paniculées aux extrémités des rameaux & dans les aisselles des feuilles supérieures. Le calice contient trois ou quatre fleurons. La plante a une odeur de lilas : elle varie à feuilles presqu'entières.

41. EUPATOIRE EN ZIG-ZAG. Sa tige est sous-ligneuse, munie de rameaux grêles, légèrement striées, coudées en zig-zag & comme sarmenteux. Les feuilles sont alternes, glabres des deux côtés, ovales, lancéolées. Les fleurs sont blanchâtres, en panicule courte au sommet des rameaux. Les calices renferment douze à quinze fleurons. De l'Isle De France.

42. EUPATOIRE AURICULÉ. Sa tige est comme herbacée, glabre, striée par des angles nombreux, pleine de moëlle, sarmenteuse, à rameaux en zig-zag. Les feuilles sont alternes, triangulaires, un peu hastées, ayant la plûpart des oreillettes stipulacées & amplexicaules à la base de leur pétiole. Les fleurs viennent en grappes courtes, rameuses & terminales. Le calice renferme six fleurons. Du Cap de Bonne-Espérance.

43. EUPATOIRE A FEUILLES DE MÉLISSE. Sa tige est haute d'environ deux pieds, pleine de moëlle, un peu lanugineuse ; ses feuilles sont longues de deux pouces environ, larges d'un pouce & demi, ovales, un peu amplexicaules, grossièrement crénelees. Les fleurs sont purpurines, en corymbes terminaux. Les calices contiennent cinq fleurons. Du Pérou.

44. EUPATOIRE A FEUILLES DE SARRIETTE. Sa tige est fruticuleuse, branchue, haute d'un pied environ, chargée d'un duvet fort court. Les feuilles sont linéaires, entières, légérement velues, longues d'un pouce environ, sur une ligne ou deux de largeur : celles du sommet sont alternes. Les fleurs sont purpurines, fasciculées au sommet de rameaux. Il y a une variété plus petite dans toutes ses parties.

Culture.

La culture des *Eupatoires* se divise naturellement selon la différence du climat de leur lieu natal ; 1.° en espèces de serre chaude ; 2.° de serre tempérée ; 3.° de pleine terre.

Les espèces de serre chaude se multiplient 1.° par les graines qu'on sème aussi-tôt qu'elles sont mûres ou qu'on les reçoit de leur pays natal, dans des petits pots remplis de terre légère, qu'on met sur une couche de chaleur modérée sous des chassis, à l'abri du soleil ; on a le soin de les tenir humides, & l'attention de conserver les pots jusqu'au printems suivant, quand même les graines ne leveroient pas, attendu qu'elles ne lèvent souvent que la seconde année : on les remet alors sur une nouvelle couche, où elles lèvent ordinairement bientôt après. Quand les plantes seront assez fortes, on les mettra séparément dans des petits pots sur la tannée d'une couche chaude, ou on les abritera jusqu'à ce qu'elles aient formé de nouvelles racines : on leur donnera de l'air dans les tems chauds, on les arrosera pendant l'hiver en donnant moins d'eau aux espèces qui perdent leurs feuilles ; toutes profiteront bien & produiront une grande quantité de fleurs, & ne demanderont alors que les soins ordinaires aux plantes du même climat.

2.° On les multiplie par les éclats des racines, par boutures qu'on fait en Juin en les mettant dans des petits pots remplis de terre légère, & qu'on place sur la tannée d'une couche chaude.

3.° Par marcottes, qui reprennent facilement si on les arrose souvent. Ce troisième moyen doit être employé particulièrement pour les espèces grimpantes.

Les espèces de serre chaude sont les n.os 1 qu'il faut tenir sur la tannée, 9, 14, 22, 23, qu'il faut mettre sur les tablettes, ou on puisse leur renouveller l'air & les faire jouir du soleil & de la lumière ; 24 sur la tannée, 25, 26, 29, 39.

Les espèces de serre tempérée se multiplient par les mêmes moyens, les semences, les boutures les éclats, les marcottes, en leur donnant les mêmes soins & les mêmes attentions. Ces espèces sont les n.os 10, 13, 20, 21, 31, 42.

Les espèces de pleine terre se multiplient, 1.° par semences aussi-tôt qu'elles sont mûres, ou qu'on les reçoit : si on attendoit l'automne elles ne leveroient que l'année suivante. Comme ces graines ont beaucoup de duvet, & que le moindre vent les déplace aisément, il faut les semer en rigoles sans les trop enterrer, ni les trop couvrir, sans quoi elles ne germeroient pas. L'exposition du Levant est la meilleure. Si la planche étoit au midi, il faudroit abriter pendant la chaleur du jour, en tenant la terre toujours humide, parce que ces plantes croissent naturellement dans des lieux humides & à l'ombre. Quand le plant commencera à lever, on l'éclaircira où il aura été semé trop dru; on arrosera, sur-tout dans les tems secs, & on le tiendra constamment net de mauvaises herbes jusqu'à ce qu'il soit assez fort pour être repiqué dans une autre platte-bande, ou sur une couche tiede où on lui donnera les abris & les arrosemens nécessaires jusqu'à ce qu'il ait fait de nouvelles racines. A l'époque de l'automne, soit que le plant soit resté en rigoles, soit qu'il ait été repiqué, il faudra le lever tout-à-fait, pour le mettre en place, à quatre pieds de distance de toutes plantes pour les espèces les plus fortes : elles y profiteront d'autant mieux, que la terre sera plus substantielle plus humide, & qu'elles auront été plus arrosées dans les tems secs.

2.° On les multiplie par les racines, en les divisant tous les deux ans, ou en prenant les rejets rampants afin de ne pas endommager les vieilles plantes dont la quantité de fleurs s'affoibliroit. Cette séparation doit se faire en automne aussi-tôt que la sève sera arrêtée, afin qu'elles aient le tems de former de nouvelles racines avant les gelées; si elles étoient vives & fortes d'abord, il faudroit les couvrir, ainsi que le jeune plant, de grosse litière ou de feuilles sèches. On pourra prendre les mêmes précautions pour les vieilles plantes que l'expérience aura fait reconnoître plus délicates. Toutes ces plantes une fois placées, ne demandent que d'être labourées tous les printems & d'être tenues nettes de mauvaises herbes.

Les espèces de pleine terre sont les n.os 2, 3, 4, 5, 6, 8, 11, 15, qui demandent de la terre de bruyère. 16, 18, 36, ces trois espèces demandent à être couvertes pendant l'hiver avec de la paille ou des feuilles sèches.

La culture des espèces n.os 7, 12, 19, 27, 28, 30, 32, 33, 34, 35, 37, 38, 40, 41, 43 & 44, n'étant pas encore bien connue, il faut consulter leur pays natal, & les reporter à l'une des trois divisions que nous avons établies.

Nous répéterons que toutes les espèces d'*Eupatoire* viennent mieux des graines qu'on retire de leur pays natal, que par-tout autre moyen, sur-tout pour les espèces les plus délicates. Il faut les semer toutes aussi-tôt qu'elles arrivent ou qu'on les recueille, & comme elles germent rarement la première année, il faut attendre la seconde avec patience, & mettre les pots de tems en tems sur de nouvelles couches.

Il faut avoir soin de mettre des tuteurs ou supports, aux espèces qui grimpent & qui s'entortillent; le meilleur moyen de les mutiplier, est la voie des marcottes qui réussit si on a soin d'arroser.

Usages.

D'*Economie.* La cinquième espèce, *Eupatoire commun*, passe pour apéritive, hépatique, histérique, vulnéraire & détersive. Ses feuilles & ses sommités bouillies légèrement dans l'eau commune ou le petit-lait, sont une boisson utile pour l'engorgement des viscères & les obstructions qui y surviennent après de longues maladies, lorsque les malades deviennent bouffis & qu'ils sont menacés d'hydropisie. On fait aussi dans ces maladies, des fomentations aux pieds des malades avec la décoction de la plante dans du vin. Elle passe pour spécifique dans les entorses, les foulures en enveloppant la partie malade de l'herbe broyée en forme de cataplasme & de fomentation. On la recommande encore avec de la fumeterre, pour la gale, les maladies de la peau, les taches hépatiques & la jaunisse.

Sa racine employée fraiche est un fort purgatif, réduite en poudre & délayée dans du vin, à la dose d'une drachme; elle purge & fait vomir.

Les feuilles appliquées sur les ulcères baveux, les raniment & les conduisent promptement à l'état des plaies récentes.

L'infusion & le suc des feuilles, portent sur tous les couloirs, augmentent le cours des urines & disposent à la sueur.

D'agrément. Toutes les espèces d'*Eupatoire*, le n.° 5 excepté, sont étrangères à la France & même à l'Europe. On ne les cultive que dans les Jardins de Botanique pour la démonstration & chez les amateurs; la plûpart perdent leurs feuilles l'hiver & ne font aucun effet alors. D'autres espèces les gardent dans les serres, & ornent les couches & les gradins plus par leur port que par leurs fleurs, qui selon les différentes espèces paroissent depuis Juin jusqu'en Octobre, & ornent les lieux où elles se trouvent, tant par les couleurs variées de leurs fleurs, que par leur port. Elles peuvent donc être placées comme plantes d'ornement dans les grands Jardins, dans les grandes collections, & sur-tout sur les bords des bosquets des jardins paysagistes. (*L.* MENON.)

EUPATOIRE *de Mésue.* Nom vulgaire de L'ACHILLÉE VISQUEUSE. (*L.* REYNIER)

EUPHORBE OU TITHYMALE, *EUPHORBIA.*

Genre de plantes à fleurs incomplettes, de la famille du même nom. Il comprend des herbes

& des arbrisseaux dont la hauteur varie depuis quelques pouces jusqu'à dix pieds & plus ; à tiges simples ou rameuses, cylindriques ou anguleuses, articulées, lisses ou chargées de tubercules mammillaires ; fortes, de l'épaisseur d'une ligne jusqu'à celle du bras & plus. Toutes remplies d'un suc laiteux, âcre & corrosif, qui en decoule à la moindre incision. Plusieurs espèces sont annuelles, d'autres ont des tiges épaisses, charnues & persistantes : la plûpart sont dépourvues de feuilles & ont leurs angles garnis d'épines solitaires ou géminées. D'autres ont des tiges moins épaisses & feuillées comme les autres plantes : leurs feuilles sont simples, rares ou nombreuses, larges d'une ligne jusqu'à un pouce environ ; communément alternes, quelquefois opposées ou verticillées, éparses, laissant après leur chûte des petits angles ou protubérances, au lieu où elles étoient attachées. Dans les unes les fleurs sont sessiles, dans d'autres elles sont disposées en ombelles, plusieurs fois fourchues ou dichotomes. La fleur est composée d'un calice monophyle à huit ou dix divisions, dont quatre ou cinq sont plus intérieures, d'une couleur herbacée, peu apparente, & les autres extérieures, plus colorées & pétaliformes. Nous employerons indistinctement pour nommer ces parties, les noms de *fleur*, *calice*, *pétale corolle*. On trouve sous chaque fleur deux bractées opposées & verticillées, quand elles se trouvent sous l'ombelle des principales ramifications.

Le fruit est une capsule arrondie, lisse ou velue, ou verruqueuse, sillonnée à l'intérieur, triloculaire ou composée de trois coques jointes ensemble, & qui contient dans chaque loge ou coque une semence obronde.

Ce genre est de la onzième classe de Linné.

Espèces.

1. EUPHORBE des anciens.

Euphorbia antiquorum. L. ♄ de l'Arabie.

B. *Euphorbia aculeata nuda.* Mill. Dict. La même dont la tige est plus nue.

2. EUPHORBE des Canaries.

Euphorbia canariensis. L. ♄ Des Isles Canaries.

3. EUPHORBE heptagône.

Euphorbia heptagona. L. ♄ De l'Afrique.

4. EUPHORBE mammillaire.

Euphorbia mammillaris. L. ♄ De l'Afrique.

5. EUPHORBE cereiforme.

Euphorbia cereiformis. L. ♄ De l'Afrique.

6. EUPHORBE officinal.

Euphorbia officinarum. L. ♄ De l'Afrique.

7. EUPHORBE [illegible]

Euphorbia [illegible]. Lam. Encyc. ♄ Des Isles Canaries.

8. EUPHORBE à feuilles de laurose.

Euphorbia neriifolia. L. ♄ De l'Inde.

9. EUPHORBE cuirassé.

Euphorbia loricata. Lam. Encyc. ♄ De l'Afrique.

10. EUPHORBE tête de Méduse.

Euphorbia caput medusæ. L. ♄ De l'Afrique.

B. La même couchée.

Euphorbium procumbens. Burm. Afr. 17 T. 8.

D. La même plus petite.

Euphorbium humile procumbens. Burm. 20 T. 10 F. 1.

11. EUPHORBE à trois dents.

Euphorbia tridentata. Lam. Encyc. ♄ De l'Afrique.

12. EUPHORBE à feuilles en gouttière.

Euphorbia canaliculata. Lam. Encyc. ♄ Des Canaries & d'Afrique.

B. La même sans tige.

Euphorbium acaulon. Burm. Afr. P. 12 T. 6 F. 1.

13. EUPHORBE à feuilles longues.

Euphorbia longifolia. Lam. Encyc. ♄ De l'Afrique, des Canaries.

14. EUPHORBE à crêtes.

Euphorbia lophogona. Lam. Encyc. ♄ De Madagascar. *Communément grande main.*

15. EUPHORBE effilé.

Euphorbia tirucalli. L. ♄ Des Indes Orientales.

B. La même à rameaux plus forts & plus droits.

Eadem ramis crassioribus & rectioribus. ex H. Com.

16. EUPHORBE à feuilles de laurier.

Euphorbia laurifolia. Lam. Encyc. Du Pérou. H. Jo. Jus.

17. EUPHORBE de Mauritanie.

Euphorbia mauritanica. L. ♄ De l'Afrique.

18. EUPHORBE arborescent

Euphorbia dendroides. L. ♄ Des Isles d'Hières.

19. EUPHORBE à feuilles de poirier.

Euphorbia pyrifolia. Lam. Encyc. De l'Isle de France.

20. EUPHORBE à feuilles de myrte.

Euphorbia myrtifolia. Lam. Encyc. ♄ De l'Amérique.

21. EUPHORBE à feuilles d'orpin.

Euphorbia anacampseroides Lam. Encyc. ♄ De la Martinique.

22. EUPHORBE hétérophylle.

Euphorbia heterophylla. L. ♄ De l'Amérique.

23. EUPHORBE à feuilles de fustet.

Euphorbia cotinifolia. L. ♄ De Curaçao.

24. EUPHORBE à feuilles de basilic.

Euphorbia ocymoidea. L. ⊙ De la *Vera crux.*

25. EUPHORBE en touffe.

Euphorbia cæspitosa. Lam. Encyc. De *Monte video.*

26. EUPHORBE à feuilles lisses.

Euphorbia laevigata. Lam. Encyc. En la baie de Rio Janeiro.

27. EUPHORBE articulé.

Euphorbia articulata. Lam. Encyc. ♄ De l'Isle de S. Christophe.

28. EUPHORBE à feuilles de buis.

Euphorbia buxifolia. Lam. Encyc. ♄ Des Antilles.

29. EUPHORBE origanoide.

Euphorbia origanoides. L. De l'Isle de l'Ascension.

30. EUPHORBE à feuilles de millepertuis.

Euphorbia hypericifolia. L. ⊖ De l'Amérique.

B. EUPHORBE tacheté.

Euphorbia maculata. L. Jacq. H. Vol. 2 T. 180. ⊖ De l'Amérique.

31. EUPHORBE à fleurs en tête.

Euphorbia capitata. Lam. Encyc. ⊖ Des deux Indes. *Vulgairement la mal nommée*.

B. *Tithymalus botryoides erectus*. Burm Zeyl. 224 T. 104.

32. EUPHORBE à feuilles d'hyssope.

Euphorbia hyssopifolia. L.

33. EUPHORBE à feuilles de thym.

Euphorbia thymifolia. L. ⊖ De l'Isle de France.

34. EUPHORBE des Indes.

Euphorbia indica. Lam. Encyc. ⊖ Des Indes.

35. EUPHORBE du Brésil.

Euphorbia brasiliensis. Lam. Encyc. Du Brésil.

36. EUPHORBE à petites feuilles.

Euphorbia microphylla Lam. Encyc. Des Indes Orientales.

37. EUPHORBE du Gol.

Euphorbia goliana. Com. ♄ De l'Isle de Bourbon.

38. EUPHORBE à petites fleurs.

Euphorbia parviflora. L. ⊖ De l'Inde.

39. EUPHORBE à feuilles de sarriette.

Euphorbia satureioides. Lam. Encyc. De l'Inde.

40 EUPHORBE blanchâtre.

Euphorbia canescens. L ⊖ De l'Espagne.

41. EUPHORBE monnoyer.

Euphorbia chamæsyce. L. ⊖ Du midi de la France.

42. EUPHORBE auriculé

Euphorbia peplis. L. ⊖ Du midi de la France.

43. EUPHORBE à feuilles de renouée.

Euphorbia polygonifolia. L. ⊖ Du Canada.

44. EUPHORBE graminé.

Euphorbia graminea. L. De l'Amérique.

45. EUPHORBE à longs pédoncules.

Euphorbia ipecacuanhæ. L. ♃ Du Canada.

46. EUPHORBE portulacoide.

Euphorbia portulacoides. L. De la Pensylvanie.

47. EUPHORBE à feuilles elliptiques.

Euphorbia elliptica. Lam. Encyc. ⊖.

48. EUPHORBE adiantoide.

Euphorbia adiantoides. Lam. Encyc. Du Pérou.

49. EUPHORBE à fleurs nues.

Euphorbia nudiflora. Lam. Encyc. De Carthagène.

50. EUPHORBE échancré.

Euphorbia emarginata. Lam. Encyc. Lin.

51. EUPHORBE des vignes.

Euphorbia peplus. L. ⊖ De la France, de la Guyane. Aublet.

52. EUPHORBE mucroné.

Euphorbia mucronata. Lam. Encyc. ⊖ De la France.

53. EUPHORBE fluette.

Euphorbia exigua. Lin. ⊖ De la France.

B. La même plus petite.

Euphorbia exigua minima. Bauh. Pinax 291.

D. La même à feuilles obtuses.

Euphorbia exigua foliis retusis.

54. EUPHORBE acuminé.

Euphorbia acuminata. Lam. Encyc. ⊖ De la Suisse.

55. EUPHORBE à longues bractées.

Euphorbia retusa. F. De l'Egypte.

B. La même à feuilles en scie.

Tithymalus marinus serratus Barr. Icon 1202?

56. EUPHORBE spatulé.

Euphorbia spatulata. Lam. Encyc. Du *Montevideo*.

57. EUPHORBE à feuilles d'estragon.

Euphorbia dracunculoides. Lam. Encyc. De l'Isle de France.

58. EUPHORBE à feuilles menues.

Euphorbia tenuifolia. Lam. Encyc. Du Dauphiné.

59. EUPHORBE tubéreux.

Euphorbia tuberosa L. ♄ De l'Egypte.

60. EUPHORBE épurge.

Euphorbia lathyris. L. De la France ♂.

61. EUPHORBE de terracine.

Euphorbia terracina. L. ⊖ De l'Italie.

62. EUPHORBE à feuilles obtuses.

Euphorbia obtusifolia. Lam. Encyc. ♄ De Cadix.

63. EUPHORBE à racine de navet.

Euphorbia apios. L. De l'Isle de Candie.

64. EUPHORBE à feuilles de pastel.

Euphorbia isatidifolia. Lam. Encyc. De l'Espagne.

65. EUPHORBE éricoïde.

Euphorbia ericoides. Lam. Encyc. Du Cap de Bonne-Espérance.

66. EUPHORBE génistoïde.

Euphorbia genistoides. Lin. ♄ Du Cap de Bonne-Espérance.

67. EUPHORBE à feuilles de coris.

Euphorbia corifolia. Lam. Encyc. ♄ Du Cap.

68. EUPHORBE piquant.

Euphorbia pungens. Lam. Encyc. ♄ De l'Isle de Candie.

B. La même à rameaux plus grêles.

Cadem ramis tenuioribus. ♄ Des environs de Raguse.

69. EUPHORBE épithymoïde.

Euphorbia epithymoides. L. De l'Italie ♃.

70. EUPHORBE doux.

Euphorbia dulcis. L. ♃ De la France.

71. EUPHORBE à feuilles de genévrier.

Euphorbia pithyusa. L. ♃ De la France.

72. EUPHORBE portlandique.

Euphorbia portlandica. L. ♄ De l'Angleterre.

73. EUPHORBE maritime.

Euphorbia paralias. L. ♃ De l'Europe.

74. EUPHORBE d'Alep.

Euphorbia aleppica. L. ♃ De l'Isle de Candie.

75. EUPHORBE (*pinea*)

Euphorbia pinea. L.

76. EUPHORBE des bleds.

Euphorbia segetalis. L. ⊖ De la France.

77. EUPHORBE réveille-matin.

Euphorbia helioscopia. L. ⊖ De la France.

78. EUPHORBE denté.

Euphorbia serrata. L. ♃ Du midi de la France.

79. EUPHORBE d'Italie.

Euphorbia italica. Lam. Encyc. d'Italie.

80. EUPHORBE verruqueux.

Euphorbia verrucosa. L. ♃ De la France.

81. EUPHORBE des champs.

Euphorbia platyphyllos. L. ⊖ De la France.

B. La même à ombelle rameuse & ample.

Eadem umbella ramosissimâ & amplissimâ.

82. EUPHORBE du Levant.

Euphorbia orientalis. L. ♃ Du Levant.

83. EUPHORBE à feuilles de valériane.

Euphorbia valerianæfolia. Lam. Encyc. De l'Isle de Chio.

84. EUPHORBE denticulé.

Euphorbia denticulata. Lam. Encyc. De la Natolie.

85. EUPHORBE de Dalmatie.

Euphorbia illirica. H. R. ♃ De la Dalmatie.

86. EUPHORBE lanugineux.

Euphorbia lanuginosa. Lam. Encyc. De l'Italie.

87. EUPHORBE coralloïde.

Euphorbia coralloides. L. ♃ Du Levant.

88. EUPHORBE carollé.

Euphorbia corollata. L. Du Canada.

89. EUPHORBE à feuilles de lauréole.

Euphorbia hyberna. L. ♃ En Irlande, en Auvergne.

90. EUPHORBE des bois.

Euphorbia sylvatica. L. ♄ De la France.

91. EUPHORBE à feuilles de linaire.

Euphorbia linariæfolia. Lam. Encyc. ♃ En France.

92. EUPHORBE à feuilles de pin.

Euphorbia pinifolia. Lam. Encyc. ♃ Du midi de la France.

93. EUPHORBE cyparisse.

Euphorbia cyparissias. L. ♃ De la France. *Vulgairement la petite Esule.*

94. EUPHORBE myrsinite.

Euphorbia myrsinites. L. ♃ De la France.

95. EUPHORBE des marais.

Euphorbia palustris. L. ♃ De l'Europe.

96. EUPHORBE amygdaloïde.

Euphorbia amygdaloides. L. ♃ Encyc. De Montpellier.

97. EUPHORBE à feuilles pourpres.

Euphorbia characias. L. ♄ En Provence.

Description du port des espèces.

1. EUPHORBE DES ANCIENS. Arbrisseau qui s'élève à la hauteur de six à dix pieds. Sa tige est épaisse, à trois ou quatre angles, articulée, ayant de très-petites appendices solitaires près des épines, qui sont ses véritables feuilles. La tige pousse d'autres rameaux semblables, plus ou moins ouverts. Les angles de la tige & des rameaux sont ondés, échancrés par intervalles & comme entrecoupés de différens nœuds terminés par deux épines fort courtes & divergentes. Les fleurs sont blanchâtres, latérales, dans la partie supérieure de la plante, placées dans les angles, portées sur des pédoncules courts, simples ou divisés, articulés & biflores. De l'Inde, au Malabar.

2. EUPHORBE DES CANARIES. Sa hauteur est de quatre à six pieds. Sa tige est nue, épaisse de deux pouces, quadrangulaire, garnie de plusieurs rameaux ouverts. Les angles de la tige & les rameaux sont munis de tubercules nombreux, calleux, rangés sur la longueur, surmontés chacun de deux aiguillons courts & divergens. La fleur est sessile & a de chaque côté une bractée plus courte, ovale, concave & verdâtre. Des Isles Canaries.

3. EUPHORBE HEPTAGONE. Sa tige est haute de deux pieds, droite, simple ou rameuse, nue, à 7 angles, dont la carène est hérissée d'épines noires, longues d'un pouce & plus. Les fleurs sont d'un rouge brun; elles naissent vers le sommet de la tige, sur des pédoncules qui se changent en épines semblables aux autres. De l'Afrique. Elle fleurit en Octobre.

4. EUPHORBE

4. EUPHORBE MAMMILLAIRE. Sa tige est droite, haute d'un à deux pieds, épaisse, munie de rameaux simples, sillonnée dans sa longueur par plusieurs rangées de tubercules mammillaires, au sommet desquels naissent des petites feuilles caduques. Les fleurs sont sessiles, au sommet des tiges, petites, d'un verd jaunâtre. De l'Afrique.

5. EUPHORBE CÉRÉIFORME. Sa tige est droite, simple, haute de six à huit pouces, épaisse, charnue, sans feuilles à son sommet, sillonnée. Les épines sont petites, solitaires, dans la partie supérieure de la plante, sur la crête des angles. Les fleurs sont sessiles, au sommet de la plante, entre les épines. De l'Afrique.

6. EUPHORBE OFFICINAL. Sa tige est épaisse, charnue, droite, haute de quatre à cinq pieds, souvent simple, ou sillonnée par douze à dix-huit angles dans sa jeunesse, mais qui devient presque ronde en vieillissant. La crête des angles est munie d'une rangée d'aiguillons roides & géminés. Les fleurs viennent sur les angles de la partie supérieure de la plante. De l'Ethiopie & des parties les plus chaudes de l'Afrique.

7. EUPHORBE TRIBULOÏDE. Sa tige est quadrangulaire, charnue, haute de deux pouces, hérissée de piquans ouverts comme un fruit du *tribulus*. Des Isles Canaries.

8. EUPHORBE A FEUILLES DE LAUROSE. Arbrisseau de six à huit pieds. Sa tige est simple ou rameuse, droite, épaisse, cylindrique à la base, à cinq angles tuberculeux, montant en spirale ou obliquement dans sa partie supérieure, chaque angle ayant deux épines courtes & courbées; la tige & les rameaux sont feuillés à leur sommet. Les feuilles sont éparses, oblongues, spatulées, succulentes, vertes, glabres, entières, longues de quatre à cinq pouces. Les fleurs sont d'un verd jaunâtre mêlées d'un peu de pourpre. La tige en vieillissant perd ses angles & ses épines; ses feuilles poussent en automne & tombent au printems. De l'Inde.

9. EUPHORBE CUIRASSÉ. Sa tige est épaisse, cylindrique, haute d'un pied & plus, munie de rameaux courts, feuillée vers les sommités, couverte d'écailles tuberculeuses qui la font paroître comme cuirassée. La partie inférieure de la tige est hérissée d'épines solitaires, roides, longues d'un à deux pouces. Les feuilles sont étroites lancéolées & les pédoncules uniflore. De l'Afrique.

10. EUPHORBE TÊTE DE MÉDUSE. Du collet de sa racine, qui est fort épais, tubéreux, s'élève une tige de quatre à six pouces, qui se couronne par plusieurs rameaux cylindriques, tuberculeux, feuillés à leur sommet & divergens, en manière de rayons qui font paroître cette plante comme une tête de *Méduse* hérissée de serpens. Les tubercules supérieurs sont chargés d'une petite feuille linéaire, verte, glabre. Les autres tubercules sont terminés par un point calleux qui n'est que l'insertion des anciennes feuilles (ce qui arrive à toutes les plantes de ce genre) au sommet des rameaux, naissent trois ou quatre fleurs d'une couleur herbacée. De l'Afrique. Cette plante fleurit au commencement d'Octobre.

11 EUPHORBE A TROIS DENTS. Ses rameaux sont cylindriques, verdâtres, de l'épaisseur du doigt, imbriqués de tubercules. Les fleurs sont grandes, plus belles que dans aucune espèce de ce genre, panachées de blanc & de pourpre : elles naissent trois ou quatre ensemble au sommet des rameaux qui ne divergent pas d'un centre commun, mais qui se portent irrégulièrement de divers côtés de l'Afrique. Elle fleurit en Septembre.

12. EUPHORBE A FEUILLES EN GOUTTIÈRE. Sa tige est droite, simple, épaisse, haute de cinq à huit pouces, d'un verd glauque, amincie vers ses extrêmités, feuillée vers son sommet, couvertes de toutes parts d'écailles imbriquées oblongues. Les feuilles qui naissent au sommet de la tige sont linéaires, canaliculées, vertes, glabres, longues de trois à quatre pouces. Dans la partie supérieure de la tige, naissent des pédoncules solitaires, longs d'un pouce, qui portent chacun une seule fleur. Des Isles Canaries. Elle fleurit en Janvier.

13. EUPHORBE A FEUILLES LONGUES. Sa tige est droite, frutescente, simple ou divisée en deux parties également simples, effilée, haute de trois pieds environ, nue dans sa partie inférieure, garnie vers le sommet de feuilles longues de cinq à six pouces sur un pouce de largeur. L'hiver quand la plante fleurit, elle n'est munie de feuilles qu'à son sommet où elles forment une espèce de rosette, au centre de laquelle naissent plusieurs petits corymbes pédonculés, portant des fleurs blanchâtres sans éclat. De l'Afrique.

14 EUPHORBE A CRÊTES. Sa racine est rameuse & fibreuse : elle pousse une tige haute d'un pied environ, simple, frutescente, de l'épaisseur du doigt, cylindrique à sa base, ayant dans sa partie supérieure cinq angles montans en spirale, membraneux, frangés longitudinalement en forme de crêtes. Les feuilles sont éparses au sommet de la plante, longues de quatre à six pouces sur deux de largeur. Il naît au sommet de la tige un pédoncule long de deux pouces, multifide, qui soutient six ou huit fleurs en ombelle terminale. De l'Isle de Madagascar.

15. EUPHORBE EFFILÉ. Sa tige est droite, cylindrique, nue, d'un gris verdâtre : elle pousse plusieurs rameaux à écorce verte, ouverts horizontalement, divisés en d'autres rameaux effi-

l's en forme de jonc, dont les derniers ont des petites feuilles alternes & caduques. Les fleurs sont vertes, sur des pédoncules simples, trois ou quatre ensemble & forment des petites ombelles sessiles. Des Indes orientales.

16. EUPHORBE A FEUILLES DE LAURIER. Sa tige est ligneuse, simple, feuillée à son sommet. Les feuilles sont éparses, pendantes, longues de cinq à six pouces sur un pouce de longueur. Les pédoncules portent trois fleurs à leur sommet. L'ovaire & le fruit sont gros, glabres & trigônes. Du Pérou.

17. EUPHORBE DE MAURITANIE. Elle forme un arbrisseau de quatre à cinq pieds. Sa tige est droite, munie de rameaux grêles, d'un verd glauque. Les feuilles sont oblongues, d'une couleur glauque, éparses au sommet des rameaux. Les pédoncules sont longs d'un pouce, uniflores, disposés cinq à sept en ombelle terminale & sessile. Les fleurs sont d'un verd jaunâtre. Dans les lieux maritimes de l'Afrique.

18. EUPHORBE ARBORESCENT. Sa tige est droite, arborescente, de l'épaisseur du bras, haute de trois à quatre pieds, nue, brune, terminée par une cime rameuse & feuillée. Ses rameaux sont glabres & rougeâtres. Les feuilles sont nombreuses, lancéolées. Les fleurs sont en ombelle terminale & sessile. Des Isles d'Hières, d'Italie.

19. EUPHORBE A FEUILLES DE POIRIER. Le collet de sa racine est une petite souche d'un pouce de longueur, garnie de beaucoup de feuilles rapprochées, disposées en touffe, de laquelle naissent trois ou quatre tiges simples, nues, longues de six à neuf pouces. Les feuilles sont pétiolées, lisses, lancéolées, terminées par une pointe sétalée, longues de trois à quatre pouces. Les pédoncules sont nuds, longs de deux pouces, la plupart uniflores. Les capsules sont glabres. De l'Isle de France.

20. EUPHORBE A FEUILLES DE MYRTE. Sa tige est frutescente, haute de six pied & plus, grosses comme le doigt; ayant besoin de tuteurs, divisée en plusieurs rameaux fléchis en zig-zag. Les feuilles sont alternes, sur deux rangs opposés, luisantes en-dessus, un peu pubescentes en-dessous, larges d'un pouce environ, d'un verd foncé, d'une consistance coriace. Les fleurs sont en bouquet terminal, rouges, inodores, d'une forme irrégulière, semblables à un sabot ou à une tête d'oiseau. De l'Amérique, aux lieux pierreux.

21. EUPHORBE A FEUILLES D'ORPIN. Sa tige est tortueuse, épaisse, haute d'un pied environ, frutescente, d'un verd obscur. Elle se divise en rameaux de la longueur du doigt, feuillés, hauts de trois pieds. Les feuilles sont situées sur deux rangs opposés, ovales, éparses, larges de trois pouces environ, carinées, munies d'une côte tranchante sur le dos. Les fleurs naissent en ombelle, sur le sommet des rameaux, elles ont presque la forme du pied de l'homme, dont le dessous est de couleur rouge. L'ovaire est verdâtre, de la grosseur de la tête d'un petit oiseau, avec un long style rouge qui en forme le bec. Les semences sont d'un rouge brun. De la Martinique, aux lieux pierreux & maritimes.

Il y a une variété dont les feuilles sont moins arrondies.

22. EUPHORBE HÉTÉROPHYLLE. Elle s'élève à la hauteur de deux ou trois pieds. Sa tige est frutescente à sa base, divisée en rameaux anguleux, feuillée. Les feuilles affectent plusieurs formes, la plus remarquable est en violon, d'un beau verd en-dessus, plus claires en-dessous, quelquefois tachetées d'un brun verd. Les feuilles florales sont marquées à leur base d'une tache d'un rouge écarlate fort éclatant. Les fleurs sont petites, herbacées, en faisceaux à l'extrêmité des rameaux. Des Antilles & des pays chauds de l'Amérique.

23. EUPHORBE A FEUILLES DE TUSTET. Cette espèce s'élève en arbres à la hauteur de cinq à six pieds. Sa partie supérieure est en cime ample & lâche. Ses rameaux sont garnis de feuilles verticillées trois à trois, semblables à celles du fustet, portés sur de longs pédoncules. Les fleurs naissent à l'extrêmité des rameaux en ombelle terminale. Elle fleurit en Juillet, de l'Isle de Curaçao.

24. EUPHORBE A FEUILLES DE BASILIC. Sa tige est droite, haute d'un pied environ, divisée en plusieurs branches fort étendues, garnies de feuilles rondes, entières, en cœur, portées sur de longs pétioles. Ses fleurs sont petites, de couleur herbacée. Les capsules sont rondes, petites & renferment 3 semences. De la *Vera crux*.

25. EUPHORBE EN TOUFFE. Ses tiges sont longues de quatre à cinq pouces, rameuses, rougeâtres du côté exposé au soleil, feuillées & disposées en touffe. Les feuilles sont éparses, petites, spatulées, longues de quatre à cinq lignes. Les fleurs sont un peu nombreuses, au sommet des rameaux, d'un pourpre noirâtre. De *Monte video*.

26 EUPHORBE A FEUILLES LISSES. Ses tiges sont herbacées, munies de rameaux alternes, articulés, feuillés, nuds dans leur partie inférieure. Les feuilles sont ovales, pointues, à nervures latérales. Les fleurs sont terminales & pédonculées. Au Brésil.

27. EUPHORBE ARTICULÉ. Elle s'élève à cinq ou six pieds sur une ou plusieurs tiges de la grosseur du bras, recouvertes d'une écorce grisâtre, un peu ridée. Ses tiges sont rameuses, articulées. Ses feuilles sont opposées, linéaires, longues de deux pouces environ. Les pédoncules sont uniflores, solitaires, au sommet des tiges.

Les fleurs font petites, penchées. De l'Isle de Saint-Cristophe, sur les bords de la mer.

28. EUPHORBE A FEUILLES DE BUIS. Sa tige est ligneuse, ridée, rousseâtre, haute d'un pied environ, articulée, grosse comme une plume à écrire. Elle se divise en rameaux ligneux, simples ou branchus. Les feuilles sont opposées, semblables à celles du *buis*, mais plus petites. Les pédoncules font courts, uniflores, au sommet des rameaux. Des Antilles dans les sables des rivages de la Mer.

29. EUPHORBE ORIGANOÏDE. Sa tige est simple, haute de sept à huit pouces, articulée, terminée par une panicule, comme dans l'*origan*, auquel elle ressemble beaucoup. Ses feuilles font ovales, trinerves, denticulées & purpurines sur un côté. De l'Isle de l'Ascention.

30. EUPHORBE A FEUILLES DE MILLE-PERTUIS. Ses tiges font menues, dures, glabres, longues de deux pieds environ, rameuses & inclinées. Les feuilles font opposées, oblongues. Les fleurs font petites, blanches, en paquets ferrés, aux extrêmités des rameaux. Cette plante ressemble au *mille-pertuis*. De l'Amérique. Il y a une variété plus velue.

31 EUPHORBE A FLEURS EN TÊTE. Ses tiges font longues de cinq à six pouces plus ou moins couchées, rameuses & chargées de poils rousseâtres Les feuilles font opposées, ovales, longues d'un pouce environ. Les pédoncules communs naissent dans les aisselles des feuilles & soutiennent beaucoup de petites fleurs ramassées en une ou plusieurs têtes. Des Indes orientales. Elle offre plusieurs variétés.

32 EUPHORBE A FEUILLES D'HYSOPE. Sa tige est branchue, droite. Ses feuilles font linéaires, un peu crénelées, & ses fleurs, fasciculées & terminales.

33. EUPHORBE A FEUILLES DE THYM. Ses tiges font grêles, velues, rameuses, feuillées, longues de six à huit pouces, étalées sur la terre. Les feuilles font petites, opposées. Les fleurs font petites, velues, ramassées par petits paquets. Son feuillage ressemble à celui du *thymus serpillum* & de l'*acynos*. Des Indes orientales.

34. EUPHORBE DES INDES. Ses tiges font menues, presque glabres, feuillées, longues de quatre à cinq pouces. Ses feuilles font opposées, elliptiques, un peu difformes, parsemées en-dessous de poils courts. Les fleurs naissent en petits corymbes axillaires & alternes. Des Indes orientales.

35. EUPHORBE DU BRÉSIL. Ses tiges font longues de six à huit pouces, rougeâtres, rameuses. Les feuilles font opposées, oblongues, dentelées, irrégulières à leur base. Les fleurs viennent au sommet des plus petits rameaux, en grappes. Du Brésil.

36. EUPHORBE A PETITES FEUILLES. Ses tiges font longues de quatre à cinq pouces, rameuses, diffuses, feuillées. Les rameaux ont des articulations nombreuses, munies de petites stipules persistantes. Les feuilles font petites, opposées, longues d'une à deux lignes. Les fleurs font petites axillaires, ramassées deux ou trois ensemble. Des Indes orientales.

37. EUPHORBE DU GOL. C'est un sous-arbrisseau, rameux, diffus, dont la tige est ligneuse, grosse comme une plume à écrire, longue d'un à deux pouces, qui se divise en un grand nombre de ramifications grêles, articulées. Les feuilles font petites, arrondies, irrégulières à leur base. Les fleurs font petites, monoïques, blanchâtres, terminales, solitaires ou plusieurs ensemble. Dans l'Isle de Bourbon, aux environs du Gol, près la Mer.

38. EUPHORBE A PETITES FLEURS. Sa tige est longue de six à huit pouces, glabre, feuillée, peu rameuse. Les feuilles font opposées, oblongues, souvent marquées d'une tache brune. Les fleurs font petites, axillaires, terminales, solitaires ou fasciculées. De l'Inde.

39. EUPHORBE A FEUILLES DE SARRIETTE. Ses tiges font longues de six à huit pouces, foibles, un peu rameuses. Les feuilles font opposées, étroites à leur base, plus large à leur sommet, longues de trois lignes. Les fleurs font fasciculées, en petit nombre, au sommet de la plante. De l'Inde.

40. EUPHORBE BLANCHATRE. Elle ressemble tellement à l'espèce suivante, qu'on peut croire qu'elle n'en est qu'une variété. Mais toutes ses parties font velues & blanchâtres, au lieu qu'elles font glabres dans la suivante. De l'Espagne.

41 EUPHORBE MONNOYER. Ses tiges font presque filiformes, glabres, rougeâtres, rameuses, étalées sur terre. Les feuilles font lenticulaires, glabres, vertes & souvent rougeâtres. Les fleurs font petites, axillaires. Dans les lieux stériles & sablonneux du midi de la France.

42. EUPHORBE AURICULÉ. Ses tiges font longues de sept à huit pouces, rameuses, glabres, étalées sur la terre, verdâtres ou rougeâtres; les feuilles font cordiformes, irrégulières, fortement auriculées d'un côté à leur base. Les fleurs font axillaires, solitaires, sur des pédoncules courts. Du midi de la France, de l'Espagne, aux lieux maritimes.

43. EUPHORBE A FEUILLES DE RENOUÉE Ses tiges font rameuses, étalées sur la terre, garnies de feuilles opposées, oblongues, ayant un lobe saillant à leur base. Les fleurs font axillaires & solitaires. De la Virginie, du Canada.

44. EUPHORBE GRAMINÉ. Sa tige est herbacée, effilée, branchue, haute de deux à trois pieds. Ses feuilles font opposees, ovales, pointues, luisantes, longues d'un pouce & demi. Les

pédicules sont terminaux, grêles & dichotomes. De l'Amérique, aux lieux humides parmi les graminées.

45. EUPHORBE A LONGS PÉDONCULES. Sa racine est rampante. Ses tiges sont droites, hautes de six à huit pouces, branchues. Les feuilles sont presque toutes opposées, lancéolées, entières. Les pédoncules sont axillaires, solitaires, uniflores, de la longueur des feuilles pendant la floraison; deux fois plus longs lorsqu'ils portent des fruits. De la Virginie, du Canada.

46. EUPHORBE PORTULACOÏDE. Sa tige est branchue, droite, haute d'un pouce environ, garnie de feuilles ovales presque toutes opposées, glabres, un peu plus grandes que celles du *pourpier*. Les pédoncules sont axillaires & uniflores. dans la Pensilvanie.

47. EUPHORBE A FEUILLES ELLIPTIQUES. Sa tige est droite, haute d'un à deux pieds simple ou branchue, cylindrique, striée. Ses feuilles sont elliptiques, longues d'un pouce environ, alternes inférieurement, opposées vers le haut. Celles qui sont voisines des fleurs ont une tache pourpre à leur base. L'ombelle est bifide, terminale. Du Pérou.

48. EUPHORBE ADIANTHOÏDE. Sa tige est longue d'un pied environ, glabre, munie de rameaux alternes, filiformes & branchus, ayant presque l'aspect du *capillaire de Montpellier*. Les feuilles sont de différentes formes, glabres, minces, entières, portées sur des pétioles longs & capillaires. Les pédoncules sont solitaires, uniflores & capillaires. Du Pérou.

49. EUPHORBE A FLEURS NUES. Sa tige est herbacée, verdâtre, haute d'un pied environ, ses rameaux sont striés, filiformes, branchus vers leur sommet. Les feuilles sont opposées, ovales, pointues, verdâtres, chargées de poils courts, longues de neuf à dix lignes. Les pédoncules sont grêles, nuds, dépourvus de bractées, chargés de quelques petites fleurs disposées en grappes. De Carthagène.

50 EUPHORBE ÉCHANCRÉ. Cette espèce est branchue, à feuilles entières, arrondies, échancrées, blanchâtres dessous, à fleurs solitaires & à tige droite. De la Jamaïque.

51 EUPHORBE DES VIGNES. Sa tige est haute de sept à dix pouces, lisse rameuse. Ses feuilles sont ovales, arrondies, vertes, glabres, alternes sur les rameaux & opposées sous chaque division de la tige. Les fleurs sont petites, d'un verd jaunâtre. Les bractées sont ovales, les capsules glabres, sillonnées sur leurs angles. Elle fleurit pendant tout l'été & l'automne. De la France.

52. EUPHORBE MUCRONÉ. Sa tige est droite, haute de sept à huit pouces, garnie à sa base de plusieurs rameaux fort ouverts. Les feuilles de la tige sont éparses, linéaires, cunéiformes. Celles qui sont situées à la base de l'ombelle sont verticillées au nombre de trois. Celles qui sont placées sous chaque dichotomie, ainsi que les florales, sont opposées & toutes sont d'une forme différente de celles de la tige. Elles sont ovales, arrondies, presqu'en cœur & terminées par une pointe, sétacée très-remarquable. Les fleurs sont petites & solitaires. De l'Europe.

53. EUPHORBE FLUET. Sa tige est menue, rameuse, haute de trois à six pouces. Ses feuilles sont épaisses, linéaires. L'ombelle est trifide ou quadrifide, ses rayons sont une ou plusieurs fois fourchus. Les pétales sont lunulés & les capsules glabres. Elle fleurit en Août & Septembre. De la France.

La variété B est extrêmement petite. La variété D est remarquable par ses feuilles obtuses & comme tronquées à leur sommet, avec une petite pointe.

54 EUPHORBE ACUMINÉ. Sa racine est blanche, oblongue, elle pousse une ou deux tiges droites, hautes de 6 ou 7 pouces, d'un verd blanchâtre ou rougeâtre, garnies de petits rameaux fleuris. Les feuilles sont éparses, oblongues, spatulées. L'ombelle est petite, trifide. Les fleurs sont petites, les capsules glabres. De la Suisse méridionale.

55. EUPHORBE A LONGUES BRACTÉES. Sa racine pousse beaucoup de tiges herbacées, droites, hautes de six à huit pouces. Ses feuilles sont alternes, linéaires. L'ombelle est trifide. Les bractées sont longues, élargies à leur base. Les capsules sont glabres. De l'Égypte.

La variété citée par Barrelier a les bractées moins longues.

56. EUPHORBE SPATULÉ. Ses tiges sont glabres, hautes d'un pied environ, munies de petits rameaux alternes. Ses feuilles sont oblongues, spatulées. L'ombelle est composée de trois rayons, deux ou trois fois bifides. Les capsules sont glabres. De *Monte video*.

57. EUPHORBE A FEUILLES D'ESTRAGON. Ses tiges sont hautes de six à huit pouces, feuillées dans toute leur longueur, les feuilles sont éparses, linéaires, longues de deux pouces, larges de deux lignes. L'ombelle est divisée en trois rayons droits, plusieurs fois bifides. Les fleurs sont sessiles, les capsules glabres. De l'Isle-de-France.

58. EUPHORBE A FEUILLES MENUES. Du collet de sa racine naissent quelques tiges fort grêles, simples, feuillées, hautes d'un pied. Les feuilles sont linéaires & glabres. L'ombelle est terminale, composée de trois rayons uniflores. Les pétales sont jaunâtres, en croissant. Sur les montagnes du Dauphiné.

59. EUPHORBE TUBÉREUX. Cette espèce est très-petite. Le collet de sa racine forme une souche tubéreuse, charnue, plus grosse que le pouce,

quelquefois articulée, comme prolifère, garnie à sa base de racines fibreuses. Les feuilles & les tiges sont nues, longues d'un pouce & demi, divisées à leur sommet en ombelle de trois à quatre rayons. Les capsules sont velues. De l'Egypte & de l'Ethiopie.

60. EUPHORBE ÉPURGE. Sa tige est haute de deux à trois pieds, ferme, lisse, d'un verd rougeâtre, rameuse à son sommet. Les feuilles sont sessiles, lancéolées, d'un verd foncé, lisses, opposées. L'ombelle est quadrifide. Les fleurs sont solitaires, les pétales à deux cornes terminées par une appendice ronde. Les capsules sont glabres. De la France sur les bords des chemins & dans les lieux cultivés.

61. EUPHORBE DE TERRACINE. Sa tige est herbacée, garnie de feuilles alternes, lancéolées. L'ombelle est composée de quatre rameaux dichotomes. Les bractées sont ovales & les fruits glabres. De l'Italie, près de Terracine, de l'Espagne.

62. EUPHORBE A FEUILLES OBTUSES. Sa tige est ligneuse, grisâtre grosse comme une plume à écrire, haute de six à huit pouces, garnie latéralement de rameaux, feuillés & stériles. Les feuilles sont alternes, linéaires, cunéiformes, longues d'un pouce, larges de deux lignes. La plante en fleur se divise supérieurement en trois ou quatre rameaux plusieurs fois branchus. Des environs de Cadix.

63. EUPHORBE A RACINES DE NAVET. Du collet de sa racine qui est napiforme, s'élèvent deux ou trois tiges hautes de deux pieds environ, garnies de feuilles oblongues, velues & alternes. Ses fleurs viennent en ombelle dans les divisions des tiges. Elles sont petites, d'un jaune-verdâtre; l'ombelle est quadrifide. De l'Isle-de-Candie.

64. EUPHORBE A FEUILLES DE PASTEL. Sa tige est glabre, épaisse, feuillée, haute d'un pied environ, garnie dans sa partie supérieure de plusieurs rameaux fleuris. Les feuilles sont éparses, oblongues, glabres. L'ombelle est trifide ou quadrifide. Les bractées concaves, les capsules glabres. De l'Espagne.

65. EUPHORBE ÉRICOÏDE. Ses tiges sont grêles, garnies de quelques rameaux simples & stériles, longues d'un pied environ. Les feuilles sont petites, linéaires, quelques-unes roulées, d'autres courbées en arc. L'ombelle est trifide ou quadrifide. Les bractées sont opposées, larges, arrondies, échancrées à leur sommet, colorées de jaune & de pourpre. Du Cap.

66. EUPHORBE GENISTOÏDE. C'est un sous-arbrisseau qui s'élève à six ou huit pouces. Sa tige est feuillée, divisée en rameaux droits. Ses feuilles sont éparses, rapprochées, linéaires Les ombelles sont petites, terminales, à quatre ou cinq rayons. Les bractées sont ovales, nerveuses en-dessous. Les fleurs sont sessiles. Du Cap.

67. EUPHORBE A FEUILLES DE CORIS. Sa tige est menue, ligneuse, divisée en rameaux droits qui s'élèvent à six ou sept pouces. Les feuilles sont petites, linéaires, roulées, chargées d'un duvet visqueux, longues de trois à quatre lignes; les rameaux fleuris sont terminés par une ombelle à cinq rayons. Les bractées sont petites. Du Cap.

68. EUPHORBE PIQUANT. C'est un sous-arbrisseau peu élevé, rameux, diffus, disposé en buisson touffu dont les rameaux deviennent durs, nuds & piquants à leur extrêmité. Les feuilles sont petites, glabres, d'un verd agréable. L'ombelle est de quatre à cinq rayons inégaux. De la Provence, l'Italie.

La variété s'élève à la hauteur de deux pieds & demi, en touffe très-rameuse, paniculée, frutescente; ses rameaux sont grêles, rougeâtres, moins piquants, moins roides que dans la première espèce. Les ombelles sont petites, trifides ou quadrifides : Les bractées jaunâtres & les fruits hérissés. De Raguse.

69. EUPHORBE EPITHYMOÏDE. Ses tiges sont hautes d'un pied, herbacées, velues. Ses feuilles sont alternes, oblongues, velues. L'ombelle est petite, terminale, à cinq rayons. Les fruits sont hérissés de filets en alène, pourprés & épars. De l'Italie, de l'Autriche.

70. EUPHORBE DOUX. Ses tiges sont glabres, droites, hautes d'un pied environ, herbacées. Ses feuilles sont oblongues, lisses en-dessus, velues en-dessous. L'ombelle est composée de cinq rayons: les capsules sont rougeâtres & verruqueuses. De la France.

71. EUPHORBE A FEUILLES DE GÉNÉVRIER. Sa tige est haute d'un pied & plus, frutescente, nue, rougeâtre inférieurement. Ses rameaux sont lâches, la plupart stériles. Les feuilles sont éparses, semblables à celles du *génévrier*, mucronées, d'une couleur glauque. L'ombelle est de trois à cinq rayons : les capsules sont lisses. Du midi de la France, de l'Italie.

72. EUPHORBE PORTLANDIQUE. Ses tiges sont fruticuleuses, hautes de quatre à cinq pouces, rougeâtres pendant l'hiver. Les feuilles sont linéaires lancéolées, mucronées, rouges en-dessous à leur base. Les rameaux sont latéraux, les ombelles terminales, quinquefides, les bractées en cœur, concaves; Les fleurs jaunes, les fruits glabres, hérissés sur les angles. De l'Angleterre.

73. EUPHORBE MARITIME. Les tiges sont hautes d'un à deux pieds, rougeâtres, rameuses inférieurement, feuillées dans leur longueur. Les feuilles sont blanchâtres, nombreuses, d'un verd glauque, terminées par une pointe longue de six à huit lignes. L'ombelle est de cinq à six rayons.

Les bractées sont presque quadrangulaires : les capsules sont glabres, ridées sur leurs angles. Des lieux maritimes de la France.

74. EUPHORBE D'ALEP. Ses tiges sont nues à leur base, feuillées dans leur partie supérieure, longues de six à sept pouces. Les feuilles sont nombreuses, étroites. L'ombelle est terminale, grande, à cinq rayons. Les bractées sont grandes, lancéolées & mucronées. De l'Isle de Candie; aux environs d'Alep.

75. EUPHORBE (PINEA.) L'ombelle est quinquéfide, branchue; les involucres ou bractées en cœur; les feuilles linéaires, acuminées, ramassées : les capsules un peu lisses.

76. EUPHORBE DES BLEDS. Sa tige est haute d'un pied, glabre, rougeâtre à sa base, feuillée. Les feuilles sont linéaires, éparses, d'un verd clair, longues d'un pouce. L'ombelle est grande, composée de cinq rayons ouverts, plusieurs fois branchus. Les folioles de la collerette sont ovales, lancéolées, les bractées de grandeur médiocre, en cœur. Les pétales sont jaunâtres & les capsules ridées sur leurs angles. De la France, de la Mauritanie, parmi les bleds.

77. EUPHORBE REVEIL-MATIN. Sa tige est haute de sept à dix pouces, verte ou rougeâtre. Les feuilles sont alternes, glabres, spatulées. L'ombelle est à cinq rayons ouverts. La collerette est composée de cinq folioles spatulées. Les bractées sont irrégulières, glabres, les pétales jaunâtres & les capsules glabres par-tout. En France.

78. EUPHORBE DENTÉ. Sa tige est droite, simple ou rameuse, haute d'un pied & demi. Ses feuilles sont ovales, lancéolées, dentées sur les bords, rougeâtres dans leur jeunesse. L'ombelle est médiocre, à cinq rayons. Les folioles de la collerette sont larges, cordiformes, pointues. Les bractées sont presque arrondies. Les fleurs n'ont que deux pétales roussеâtres terminés par deux dents courtes & épaisses. Les capsules sont glabres. Du midi de la France.

79. EUPHORBE D'ITALIE. Ses tiges sont menues, simples ou rameuses, hautes d'un à deux pieds. Ses feuilles sont étroites, lancéolees, denticulées, presque glabres en-dessus, velues en-dessous. Les ombelles sont petites, jaunâtres, à cinq rayons. Les capsules sont petites & verruqueuses. De l'Italie.

80. EUPHORBE VERRUQUEUX. Ses tiges sont menues, glabres, feuillées simples ou rameuses, hautes d'un à deux pieds. Ses feuilles sont ovales, lancéolées, rétrécies en pétiole à leur base, alternes, longues d'un pouce, glabres en-dessus, légèrement velues en-dessous. Les ombelles sont jaunâtres, petites, à cinq rayons. Les capsules sont verruqueuses. De la France, de l'Italie, dans les lieux pierreux.

81. EUPHORBE DES CHAMPS. Sa tige est haute d'un pied & plus, tantôt presque simple avec une ombelle médiocre, tantôt avec des rameaux allongés & divisés avec une ombelle fort ample. Ses feuilles sont lancéolées, dentelées, glabres en dessus, un peu velues en-dessous. L'ombelle est composée de cinq rayons d'abord trifides. Les bractées sont en cœur, dentées sur leurs bords. Les pétales sont jaunes & entiers. Les capsules sont petites, légèrement verruqueuses. En France dans les champs.

82. EUPHORBE DU LEVANT. Les tiges sont hautes de deux à trois pieds, droites, glabres, purpurines. Les feuilles sont éparses, lancéolées, d'un verd glauque, longues de deux pouces environ. Les extrêmités des tiges se divisent en rameaux fleuris & alternes. L'ombelle est composée de cinq rayons. Les bractées sont d'abord quaternées, ensuite opposées, les fleurs sont jaunâtres. Du Levant. Elle fleurit en Juin.

83. EUPHORBE A FEUILLES DE VALÉRIANE. Sa tige est haute d'un pied, glabre, d'un verd rougeâtre, simple, ou munie à sa base de quelques rameaux stériles. Ses feuilles sont finement dentées, d'un verd glauque. L'ombelle est quinquéfide. La collerette est grande. De l'Isle de Chio.

84. EUPHORBE DENTICULÉ. Ses tiges paroissent simples. Les feuilles sont éparses ovoïdes. L'ombelle est quinquéfide. Les bractées sont obrondes avec une pointe. Les divisions extérieures du calice sont en demi-ovale, bordées de dentelures nombreuses. Dans les lieux montueux de la Natolie.

85. EUPHORBE DE DALMATIE. Ses tiges sont hautes de deux à trois pieds, épaisses, terminées par une cime jaunâtre. Les feuilles sont éparses, pourprées sur les bords, pubescentes. L'ombelle est petite, composée de cinq à six rayons, au-dessous de laquelle il y a plusieurs pédoncules épars, portant chacun une ombelle à cinq rayons bi-ou triflores. Les fleurs sont jaunes & semi-orbiculaires. De la Dalmatie.

86. EUPHORBE LANUGINEUX. Ses tiges sont hautes d'un pied & demi, velues, d'un verd brun; rameuses dans leur partie supérieure, formant une cime ample. Les feuilles sont ovales, oblongues, molles, velues, quelquefois pourprées sur les bords, longues de deux pouces sur un de largeur. L'ombelle est grande, lâche, à cinq rayons. Les divisions du calice sont arrondies, les capsules sont velues, lanugineuses & un peu verruqueuses. De l'Italie, dans les lieux ombragés des montagnes.

87. EUPHORBE CORALLOÏDE. Ses tiges sont nombreuses, simples, annuelles, hautes de deux à trois pieds, en forme de joncs. Les feuilles sont larges, velues en-dessous, rougeâtres sur les bords. L'ombelle est de cinq rayons trifides & branchus. Les bractées sont velues, les capsules globuleuses couvertes de poils longs, blancs & laineux. De la Sicile, du Levant.

88. Euphorbe corrollé. Sa racine pousse plusieurs tiges simples, herbacées, feuillées, droites, hautes d'un pied. Ses feuilles sont éparses, longues d'un pouce, un peu obtuses. L'ombelle varie de trois à cinq rayons fourchus. Les folioles de la collerette ressemblent aux feuilles. Les bractées sont ovales, oblongues. Les fleurs sont blanches, bien colorées. Du Canada, de la Virginie.

89. Euphorbe a feuilles de lauréole. Ses racines sont épaisses & fibreuses. Elles poussent plusieurs tiges simples, feuillées, verdâtres ou rougeâtres. Les feuilles sont oblongues, alternes, ouvertes, longues de trois pouces sur un pouce de largeur. L'ombelle est d'une grandeur moyenne, quinquéfide. Les bractées sont ovales, les fleurs petites, jaunes, en ombelle. De l'Irlande, d'Auvergne : elle fleurit en Juillet.

90. Euphorbe des bois. Sa tige est droite, velue, nue dans sa partie inférieure, haute de deux pieds. ses feuilles sont ovales, lancéolées, légèrement velues sur-tout en-dessous, d'un verd sombre. Celles des rameaux stériles, sont plus longues, ramassées en rosette, larges & bien garnies au sommet. Les deux bractées sont connées & traversées par le pédoncule. Les divisions du calice sont semi-lunaires à deux cornes pointues, les capsules glabres. Des bois de la France.

91. Euphorbe a feuilles de linaire. Ses tiges sont simples, feuillées, hautes d'un pied environ. Les feuilles sont éparses, linéaires, d'u verd glauque. L'ombelle est composée de neuf quinze rayons deux fois bifides. Les capsules sont glabres. Toute la plante ressemble au *muflier linaire*. En France dans les lieux secs & stériles.

92. Euphorbe a feuilles de pin. Sa racine est rameuse, rampante. Elle pousse plusieurs tiges hautes d'un pied & demi. Les feuilles sont exactement linéaires comme celles du *pin*, mais moins étroites & peu pointues à leur sommet. La tige est garnie de quelque rameaux stériles. Les bractées sont en cœur obtus & ses fruits glabres. Du midi de la France.

93. Euphorbe cyparisse. Sa tige est droite, glabre, haute de sept à dix pouces nue à sa base, garnie plus haut de beaucoup de feuilles éparses, linéaires, glabres & très raprochées. Elle pousse vers son sommet, plusieurs rameaux stériles chargés de feuilles presque capillaires, très-nombreuses & ramassées. L'ombelle est terminale, composée de neuf à douze rayons bifides. Les capsules sont verruqueuses. De la France.

94. Euphorbe myrsinite. Les tiges sont hautes d'un pied, feuillées, étalées sur la terre. Les feuilles sont alternes, ovales, spatulées, larges, charnues, d'une couleur glauque. L'ombelle est terminale, composée de huit rayons bifides. Les folioles de la collerette sont mucronées, les bractées concaves, les fleurs d'un jaune rougeât e, & les capsules glabres. Du midi de la France.

95. Euphorbe des marais. Sa tige est haute de trois pieds, glabre, ferme, épaisse. Elle pousse latéralement beaucoup de rameaux stériles, rougeâtres. Les feuilles sont éparses, nombreuses, ovales, oblongues, traversées par une nervure blanche & longitudinale ; elles sont longues de deux à trois pouces sur un pouce de largeur. L'ombelle est terminale, petite, accompagnée à sa base de beaucoup de pédoncules fleuris & bifides. Les folioles de la collerette sont ovales, Les bractées presqu'arrondies & jaunâtres, les fleurs d'un jaune rousseâtre & les capsules verruqueuses. De l'Europe, de la France dans les marais & les fossés.

96. Euphorbe amigdaloïde. Ses tiges sont hautes d'un à deux pieds environ, simples ou munies à leur base de quelque rameaux stériles & feuillés. Les feuilles sont éparses, linéaires, de grandeur médiocre. L'ombelle est terminale, composée de neuf à dix rayons. Les folioles de la collerette sont élargies presque cordiformes. Les bractées sont obtuses. Les divisions extérieures du calice sont lunulées, à deux petites cornes pointues. Les fruits sont glabres. de la France près Montpellier.

97 Euphorbe a fleurs pourpres. Les tiges sont hautes de trois pieds environ, frutescentes, épaisses, simples, feuillées, pubescentes supérieurement. Les feuilles sont nombreuses, éparses, linéaires, lancéolées, d'un verd foncé ou noirâtre. L'ombelle est médiocre, multifide, ayant en-dessous beaucoup de pédoncules florifères. Les bractées sont connées & perfoliées. Les quatre divisions extérieures du calice sont tronquées, presque triangulaires, remarquables par leur couleur d'un pourpre brun & noirâtre. De l'Italie, de la Provence, aux lieux montagneux & ombragés.

Quoique le genre soit déjà nombreux en espèces, il y en a encore beaucoup d'autres imparfaitement connues : on ne pourra en donner la description complette que quand on aura acquis de nouvelles connoissances.

Culture générale.

Pour donner une plus grande facilité à cultiver ces nombreuses espèces, nous les diviserons 1.° en espèces de pleine terre 2.° d'orangerie 3.° de serre temperée 4.° de serre chaude.

La 1.e division comprend les N.° 45, 46, 60, 69, 70, 72, 73, 74, 78, 80, 82, 85, 86, 89, 90, 91, 92, 93, 94, 95, 96 & 97, d'entre ces N.os, les suivants qui demandent d'être couverts dans les grands froids, 73, 74, 92, 94, 97.

La 2.e division comprend les N.os 17, 18, 55, 63, 71, 87.

La 3.e division comprend les N.ºs 2, 3, 4, 5, 6, 8, 10, 11, 12, 59.

La 4.e division comprend les N.^os, 1 qui demande baucoup de chaleur & peu d'arrosemens, 9, 13, 14, 15, 19, 20, 21, 22 & 23. Les N.ºs 13, 14, 15, 20, 21, 23, demandent, en outre, d'être mis sur la tannée.

Toutes les espèces n'étant pas comprises dans ces quatre divisions, nous en ferons une cinquième & une sixième.

La 5.e comprendra les espèces dont la culture n'est pas encore assez connue, soit parce qu'elles sont rares, soit parce qu'on ne les connoît que dans les herbiers des Botanistes. Ce sont les N.ºs 7, 16, 25, 26, 27, 28, 32, 35, 36, 37, 39, 44, 48, 49, 50, 56, 57, 58, 62, 64, 65, 66, 67, 68, 75, 79, 83, 84, 88.

La 6.e comprendra toutes les espèces annuelles sous les N.ºs 24, 29, 30, 31, 33, 34, 38, 40, 41, 42, 43, 47, 51, 52, 53, 54, 61, 76, 77, 81.

1.e Division de pleine terre. Quoique la plupart de ces espèces se multiplient d'elles-mêmes par leurs racines, ou par leurs graines qui lèvent spontanément, la culture générale qui leur convient & qui réussit parfaitement est ;

1.° De les semer au printems dans des petits pots remplis de la terre indiquée pour les semences, article *Cotylet*, de les placer sur la tannée d'une couche tiède, de leur donner selon les besoins, des abris, des arrosemens & de les tenir nettes de mauvaises herbes. Quand le plant se a assez fort, on le mettra en place, ou en pépinière pour être planté une seconde fois selon les besoins.

2.° On les multiplie par leur racines qu'on écarte en automne & qu'on met en place ou en pépinière, dans une terre convenable.

Comme la plupart des *Euphorbes* croissent naturellement dans des terreins secs & sablonneux, on peut se dispenser de les mettre dans une bonne terre. Une terre sablonneuse mêlée de décombres, de gravats, leur convient très-bien, à l'exception de quelques espèces qui viennent dans des terreins marécageux.

Les espèces des 2.e, 3.e & 4.e division se multiplient ;

1.° par leurs graines qu'on sème dans des petits pots remplis de la terre indiquée ci dessus & qu'on place sur la tannée d'une couche chaude, sous chassis, en leur donnant les soins ordinaires & nécessaires : comme d'abriter dans le grand soleil, de leur donner de l'air, de les sarcler, & sur-tout de les arroser avec précaution, en les tenant toujours plutôt sèches qu'humides.

2.° Par boutures. Méthode qui est plus prompte & plus sûre que la première. On les coupe vers le mois de Juin, à un nœud ou à une articulation, sans quoi les plantes-mères seroient sujettes à pourrir. Ces boutures abondent d'un suc laiteux qu'il faut laisser couler, mais qu'on doit arrêter dans les vieilles plantes en couvrant les cicatrices avec de la terre sèche ou du sable. On laissera sécher & cicatriser les boutures dans un lieu sec, comme nous l'avons dit article *Cotylet*, pendant trois ou quatre semaines selon la grosseur des boutures. A cette époque on les mettra dans des petits pots remplis de la terre indiquée plus haut, & qu'on placera sur la tannée d'une couche chaude, sous chassis : on les abritera du soleil, on leur donnera de l'air, on les arrosera légèrement selon leur besoin, avec l'extrême précaution de ne les pas trop mouiller. Un mois ou six semaines après, elles auront fait des racines, alors on abritera moins, on donnera plus d'air, on augmentera les arrosemens, on les sortira de la couche pour les endurcir peu-à-peu, en les laissant sous chassis, ou dans les serres. Quand elles seront un peu plus fortes, on les sortira jusqu'à ce que la saison oblige de les rentrer & les placer dans la température qui leur convient & où on leur donnera les soins ordinaires; vers le mois de Juin elles auront fait assez de progrès pour être mises dans des pots plus grands qu'on remplira de la terre forte, indiquée pour les plantes faites, aux articles *Aloes* & *Cotylet*, après avoir eu la précaution de mettre au fond des pots, un peu de gros sable, ou de gravats, pour faciliter l'écoulement des eaux dont le séjour est pernicieux à ces plantes.

Nous renvoyons à l'article COTYLET & ALOES, pour la maniere de faire sécher les boutures, de les conserver & de les emballer pour de longs voyages.

5.e Division. Espèces dont la culture est inconnue. Celle qu'on doit leur donner généralement sera analogue à la température du climat qui les aura produites & à la nature particulière de l'espèce relativement à la durée des racines & des tiges qui sont ou ligneuses, ou vivaces, ou annuelles, en leur donnant la culture que nous avons indiquée, pour leurs congénéres.

6.e Division. Espèces annuelles. Elles se sèment comme nous l'avons dit plus haut à la 2.e, 3.e & 4.e division, & demandent les mêmes soins. Quand le plant sera assez fort on le repiquera dans d'autres pots, qu'on mettra sur une nouvelle couche avec les mêmes attentions : quand il aura fait de nouvelles racines on le placera dans les serres, ou en pleine terre, renversant les pots sans casser la motte; & par-tout elles ne demanderont que les soins ordinaires. On aura l'attention cependant de soigner particulierement les individus qu'on réserve pour donner des graines; on les laissera dans les serres ou chassis pour hâter leur fécondation, ou au moins on les y rentrera à cette époque.

Pour

Pour ne rien laiffer à defirer fur la culture de ce genre nombreux, nous dirons un mot fur la culture particulière de quelques efpèces.

L'efpèce N.° 1, des *anciens*, fe multiplie promptement par bouture, il en eft de même des autres efpèces dont la tige eft groffe & ferme; elles ne produifent que très-rarement des graines dans nos climats; tels font les N.os 4, 5, 6, 8, 9, 15.

Les N.os 3, 10, 11 perfectionnent quelquefois leurs graines, & en ce cas elles réuffiffent mieux fi on les fème auffi-tôt qu'elles font mûres.

L'efpèce N.° 17 pouffant des rameaux foibles de quatre pieds environ demande un tuteur: elle perfectionne quelquefois fes graines en France.

Le N.° 18, *arborefcent*, fe multiplie facilement par les boutures dans tous les temps de l'année.

L'efpèce N.° 20, à *feuilles de myrthe*, s'élève à la hauteur de douze & quatorze pieds; elle a befoin d'un tuteur quoique fes tiges foient groffes comme le doigt.

Le N.° 63, à *racines de navet*, fe multiplie par fes racines qu'on éclate en automne. On met ces éclats dans de petits pots; on les tient à l'ombre dans la ferre, jufqu'à ce qu'ils aient fait de nouvelles racines.

L'efpèce N.° 82, du *levant*, demande un terrein fec. Elle perfectionne fes graines qui réuffiffent mieux fi on les fème en automne.

Le N.° 89, à *feuilles de laureole*, demande que fes boutures foient faites à l'ombre dans un terrein humide.

Le N.° 95, *des marais*, aime les lieux aquatiques & marécageux. Elle fe multiplie par fes racines & par fes graines, pourvu qu'on les fème auffi-tôt après leur maturité.

Quoique ce genre n'offre que peu d'efpèces propres à la décoration des jardins, nous avons cru devoir en détailler la culture, parce qu'il eft nombreux & très-intéreffant pour les amateurs botaniftes, & particulièrement pour les jardins de botanique deftinés aux démonftrations.

Comme toutes les efpèces de ce genre contiennent un fuc laiteux, âcre & corrofif, qui découle à la moindre incifion ou bleffure de la plante; qu'il caufe des ampoules fur la peau; qu'il peut y occafionner des plaies dangereufes; qu'il brûle les vêtemens & fur-tout le linge; il faut les traiter avec précaution dans la crainte de froiffer ou caffer les branches, ce qui pourroit auffi les faire pourrir jufqu'au premier nœud. Si une branche a fouffert, on doit la retrancher jufqu'à la première articulation.

Ufages & propriétés.

D'agrément. De toutes les efpèces de pleine terre le n.° 97, à *feuilles pourprées*, mérite une place dans les jardins comme plante d'agrément. Son feuillage, fon volume, la couleur rouge-brun de fes pétales font d'un bel effet. D'autres efpèces font auffi agréables par la régularité de leurs ombelles; mais la mauvaife qualité du fuc qu'elles diftillent à la moindre incifion, les a fait exclure des jardins d'agrément.

Les efpèces qu'on cultive dans les ferres offrant plus de diverfité dans leurs formes & dans leur port, font mieux acceuillies; encore font-elles cultivées plus pour la fingularité qui les diftingue des autres plantes, que pour la beauté de leurs fleurs qui n'ont aucun éclat, étant toujours très-petites, plus ou moins jaunes ou vertes.

L'efpèce N.° 2, des *canaries*, s'élève dans fon pays natal à vingt pieds. Cette hauteur feroit peu avantageufe pour fa culture dans nos climats; elle ne s'y élève qu'à quatre & cinq pieds. Elle jette plufieurs rameaux latéraux, qui prenant d'abord une direction horizontale, s'arquent peu-à-peu pour reprendre enfuite la perpendiculaire, ce qui lui donne la forme fingulière d'un chandelier à plufieurs branches. Ces différentes directions des branches font communes à plufieurs autres efpèces du même genre, qui toutes font épaiffes, groffes, fermes, ligneufes en dedans, recouvertes en-dehors d'une écorce d'un verd plus ou moins foncé. Il femble que leur fubftance fucculente ne leur eft donnée par la nature, qu'aux dépents des feuilles dont elles font dépourvues, ou qui font d'une forme peu ordinaire ou rarement perfiftantes.

D'autres efpèces ont des formes encore plus fingulières, comme les N.os 10, 11, 12, 13 & 17, dont les rameaux font jonciformes, 22, 44 &c. L'amateur profite de cette fingularité pour varier le coup d'œil de fes gradins ou de fes ferres, qu'il rend utiles & agréables par la bizarrerie, qu'il fait y faire naître, en entremêlant ces efpèces avec celles des genres *aloès*, *cotylet*, *ficoïdes* &c.

D'économie, il découle des efpèces N.° 1, *des anciens*, & N.° 6, *des boutiques*, foit naturellement, foit par incifion un fuc laiteux très-âcre & très-cauftique qui s'épaiffit & fe deffèche en petits morceaux friables, d'un jaune pâle qu'on apporte en Europe, fous le nom d'*Euphorbe*, &, qui vraifemblablement eft tiré de plufieurs autres efpèces du même genre.

Les habitans où on le recueille percent les arbriffeaux de loin avec une lance, ou bien fe couvrent le vifage afin d'éviter d'être incommodés par les exhalaifons fubtiles & pénétrantes du fuc volatil qui découle des plantes en abondance. Ce fuc eft reçu dans des vafes ou dans des peaux de mouton où il fe durcit en gomme jaune, inodore, foluble en plus grande quantité dans l'eau que dans l'efprit-de vin, ce qui le fait mettre au rang des gommes & non des réfines.

Cette gomme ou gomme-réfine eft le plus violent des purgatif, qui, à la dofe de quatre ou cinq grains fait des ravages fi étonnans, qu'on doit plus le regarder comme un poifon que comme un médicament. Plufieurs médecins ont propofé de le corriger par divers moyens, mais on doit croire qu'ils sont insuffisans, ou qu'ils énervent le remède au point de le rendre impuissant. Il est donc prudent de n'en faire aucun usage pour l'intérieur, même sur les chevaux.

On l'applique extérieurement pour résoudre les tumeurs scrophuleuses disposées à la résolution. On l'emploie en teinture, dans la carie des os pour en faciliter l'exfoliation, dans la résolution des nerfs, dans leur convulsion ou tremblement. On en introduit quelques gouttes, comme calmant, dans la blessure d'un nerf, faite par un instrument tranchant. C'est un sternutatoire, si vif qu'il fait éternuer jusqu'au sang; ce qui le rend dangereux à pulvériser. On en met quelquefois sur les vésicatoires pour les rendre plus actifs. On l'emploie aussi comme dépilatoire.

Après avoir fait connoître l'*Euphorbe* & ses propriétés, nous avons cru devoir parler des vertus de quelques espèces en particulier.

Forskal rapporte qu'en Arabie les chameaux mangent l'espèce n.° 1, *des anciens*, après qu'on l'a fait cuire dans un trou pratiqué en terre à cet effet.

Les Indiens se servent de l'espèce N.° 15, *effilé*, pour faire des hayes qui sont d'une grande défense parce que les noirs craignent le suc de cette plante qui fait perdre la vue. Ce même suc leur sert contre la syphillitique; ils en font une pâte avec de la farine de maïs, dont ils prennent par jour, gros comme un grain de poivre. Ils s'en servent aussi quand il est épaissi par la cuisson, en place de nos médecines & vomitifs: c'est un purgatif violent & dangereux. Les habitans de l'Isle-de-Java concassent l'écorce de la plante & l'appliquent extérieurement pour guérir la fracture des os.

L'espèce N.° 20, *à feuilles de mirthe*, fournit aux habitans du pays, un remède contre les maladies vénériennes, dans la décoction de ses tiges en boisson.

L'espèce N.° 31, à *fleurs en tête*, passe pour détersive & pour un très-bon antidote contre la morsûre des serpens.

Le N.° 40, *blanchâtre*, est employé en infusion dans les maladies vénériennes.

Les habitans des pays septentrionaux de l'Amérique se servent de l'espèce N.° 45, à *longs pédoncules* pour se faire vomir; mais témérairement plusieurs lui donne le nom d'*ipecacuanha*.

L'espèce N.° 46, *portalucoïde*, est employée dans le pays pour se purger, sous le nom de *pichua femelle*.

Haller dit que dans le Holstein, on donne l'écorce de l'espèce N.° 51, *des vignes*, à la dose d'une dragme, dans une boisson convenable pour purger dans l'hydropisie

L'espèce N.° 60, *épurge*, est purgative, hydragogue, émétique; son suc est dépilatoire. Ce purgatif est violent & dangereux, plus en usage parmi les habitans de la campagne que dans les villes, parce que le tempérament des premiers est plus robuste. Ils se servent des graines qui évacuent par le bas & par le haut avec violence. Ils en prennent depuis dix jusqu'à vingt grains. La dose raisonnable en substance est de deux grains jusqu'à six pour les hommes, & de cent jusqu'à cent cinquante pour les animaux. Le suc appliqué sur les verrues les ronge & les dissipe. La plante est mortelle pour les brebis. Ses fruits & ses feuilles jettés dans l'eau, enivrent les poissons qui viennent à la surface; on les prend à la main, on les remet dans une autre eau où ils reviennent sans qu'ils aient contracté aucune mauvaise qualité.

De tous les *Euphorbes*, l'espèce N.° 70, a le suc doux.

Le suc de l'espèce N.° 77, *reveil-matin*, a une saveur un peu salée; il n'est point fort âcre & passe pour un bon purgatif; il rougit beaucoup le papier bleu.

L'espèce N.° 90, *des bois*, est une des plus corrosives; son odeur est fétide.

Les feuilles de l'espèce N.° 93, *cyparisse, vulgairement la petite ésule*, fournissent un bon purgatif recommandé par les anciens; il est d'usage en médecine: on administre son suc épaissi en place de la scammonée dans l'hydropisie. Cette espèce est dangereuse pour les brebis; on la croit même mortelle.

Il résulte de tout ce que nous avons dit sur les vertus & les propriétés des *Euphorbes*, que les espèces exotiques étant plus âcres & plus caustiques, sont les plus dangereuses; que les espèces indigènes de la France le sont moins. Nous avons vu que ces dernières étoient employées en médecine, nous savons qu'elles l'ont été avec succès par d'habiles médecins qui ont vérifié qu'elles offrent différens degrés d'activité, d'où l'on peut conclure qu'administrées par des praticiens sagement hardis, elles pourroient produire des effets très-avantageux. Une foule d'observations anciennes parlent en leur faveur, & cependant on les néglige, tandis que par une étonnante contradiction les médecins ordonnent des drogues étrangères qui ne sont que des sucs résineux, plus âcres dans leurs plantes vivantes que nos *Euphorbes*. Si on emploie les *Euphorbes* exotiques dans leur lieu natal pour guérir les maladies vénériennes, pourquoi ne pas vérifier si nos espèces indigènes n'auroient pas la même vertu?

La plus grande partie de ces nombreuses espèces que nous cultivons dans nos serres, a été primitivement apportée par les Hollandois, toujours empressés d'introduire en Europe les richesses botaniques du Cap de Bonne-Espérance & des Indes. Les espèces les plus rares, les moins connues & les plus nouvelles, sont les productions heureuses des voyages laborieux des botanistes modernes qui, à plusieurs autres titres, ont mérité la reconnoissance des naturalistes. (*A. J. Menon.*)

EURIA, *Euria.*

Genre de plantes établi par Thumberg, dont la seule espèce connue est un arbuste qui ressemble au *thé* par son port.

Espèce.

1. Euria du Japon.

Euria Japonica. Thumb. ♄ des montagnes du Japon.

C'est un arbrisseau à rameaux menus, couverts de feuilles alternes qui portent à leur aisselle des fleurs, ou solitaires ou disposées deux ou trois ensemble. Son fruit est une capsule de la grosseur d'un grain de poivre.

Culture.

Elle est inconnue en Europe : les Japonois cultivent cet arbrisseau dans leurs jardins, au rapport des voyageurs, à cause de l'élégance de ses formes; mais on ne nous dit point quels sont les soins qu'ils lui donnent & si cette plante est la même que le *fikasaki* de Kempfer, ce dont je doute, puisqu'il lui attribue une baie & non une capsule. Cette baie est propre à teindre en bleu (*L. Reynier.*)

EURISTÉE. Variété de la tulipe, remarquable par de beaux panaches vivement tranchés de colombin & de blanc. L'auteur des *recherches sur la culture des fleurs*, la met au nombre des belles variétés. *Voyez* Tulipe. (*L. Reynier.*)

EUSÈBE. Variété de la tulipe dont la fleur est panachée de colombin, de rouge & de chamois, c'est une des variétés notables désignée dans les *recherches sur la culture des fleurs. Voyez* Tulipe. (*L. Reynier.*)

EVAPORATION.

Je ne traiterai pas ici de l'Evaporation pure & simple : il suffit de dire que l'évaporation est cette action de l'air, par laquelle il se charge de parties d'eau qui y restent suspendues, jusqu'à ce que les pluies ou rosées les fassent tomber. Ceux qui voudront connoître tous les détails de l'Evaporation, peuvent consulter le *Dictionnaire de Physique.*

Je me bornerai à donner ici quelques vues générales, sur l'influence que l'Evaporation peut avoir sur la santé & sur la vie des végétaux; matière peu connue jusqu'à présent, & qui cependant devroit fixer l'attention.

L'eau paroît la base première de la nourriture des végétaux : quelques physiologistes, Lamark entr'autres, pensent que l'eau pure sert à leur nutrition en se combinant, par l'acte de la vie, avec le feu & les gas divers; d'autres pensent que les eaux chargées de parties végétales, contribuent davantage à la nutrition des plantes que les eaux pures, parce que les plantes s'assimilent aussi les atômes de matière organisée qui y sont disséminées. Quelque soit le sentiment qu'on adopte, il en résulte également que la privation ou la surabondance d'eau influe sur la santé des végétaux : dès-lors qu'une Evaporation plus ou moins lente les plongeant successivement dans une atmosphère sèche ou humide, saturée d'eau ou exerçant une action pour en absorber, ces divers états doivent agir sur les végétaux, sous le point de vue de leur fournir plus ou moins d'eau ou principe nutritif.

Autre point de vue encore à considérer & qui me paroît également important. Les végétaux, outre qu'ils aspirent une portion d'eau, en rendent encore à l'air la portion surabondante, ou celle qui ne convient pas à l'individu. L'action de la vie la porte jusqu'à l'orifice des vaisseaux sur l'épiderme, & l'air ambiant en débarrasse l'individu par l'Evaporation. Dès-lors un air saturé de parties humides, & qui n'absorbe plus, laisse ces parties sécrétoires sur l'orifice des vaisseaux, & cela ne peut-il pas occasionner des engorgemens? Comme aussi une action trop vive d'un air sec, ne peut-elle pas attirer trop de parcelles humides, & causer un épuisement de l'individu? C'est par de semblables effets que j'ai proposé d'expliquer & l'effet des *brouillards* & la *brouissure*, suppositions que je hasarde avec invitation aux Physiologistes de les vérifier par des observations & des expériences. Ces considérations générales sur l'hygrométrie, considérée comme influant sur la vie des végétaux, & sur leur état de santé, me paroissent devoir occuper des observateurs. Si les évènemens me reportent à la campagne, je suivrai des observations relatives à cet objet. Mais en général je pense, sans néanmoins pouvoir en donner la preuve physique, que la *brouissure*, la *cloque* (*), les *retours de froid*, le *noir*, la *dyssenterie* & beaucoup d'autres maladies des végétaux, doivent en grande partie leur naissance aux effets hygrométriques de l'air; de sorte que ces maladies auroient pour origine, tantôt une excès d'humidité que l'air n'a pas absorbée, tantôt une privation qui a nui à l'organisation du végétal. (*L. Reynier.*)

EVASER. On le dit lorsqu'on fait prendre à un arbre la forme d'un vase, en supprimant toutes les branches de l'intérieur. Cette forme a un inconvénient dans les potagers, c'est d'occuper beaucoup de place; elle a un avantage, c'est que les fruits y reçoivent mieux l'impression de l'air & du soleil que dans la forme des buissons, où beaucoup de fruits se trouvent à l'intérieur & hors de l'action de la lumière.

Lorsqu'un arbre s'évide ou s'évase trop, &

(*) Ce qu'on appelle la *cloque* dans beaucoup de pays est la Carte. *Voyez* ce mot, particulièrement aux pages 702 & suivantes, tome 2, où il s'agit des causes de cette maladie du froment. (*Note du C. Tessier.*)

tend à s'étendre de lui-même, c'est un défaut parce qu'il occupe trop de place. (*L. Reynier.*)

EVÉ, *Evea.*

Genre nouveau, dont nous devons la connoissance à Aublet. Il rentre dans la famille des Rubiacées & se rapproche des *Carapiches.*

Espèce.

Evé de la Guyane.

Evea guyanensis. Aubl ♄ Des forêts de la Guyane.

C'est un arbrisseau rameux dès le bas de la tige, couvert de feuilles ovales, allongées & dont les fleurs sont disposées en têtes en opposition, mais un peu au dessus de l'aisselle des feuilles.

Culture.

Elle nous est inconnue, cet arbrisseau n'ayant jamais paru dans nos jardins d'Europe.

N. B. Il ne faut pas confondre ce genre avec l'*Hévé* ou *Caoutchouc*, autre genre originaire, de la Guyane, mais de famille très-différente. (*L. Reynier.*)

EVENTAIL. On le dit en général, de tous les arbres en espalier, mais particulièrement de ces arbres sans appuis ou taillés dans cette forme, dont on décoroit jadis les avenues, les allées & autres lieux des parcs, à la même époque où l'on trouvoit beaux les charmilles & les ifs taillés sur toutes les formes. Ces Eventails ne sont plus en usage que pour les arbres fruitiers (*L. Reynier.*)

EVENTER *la sève.* C'est faire de grandes blessures à un arbre, soit par le retranchement de grosses branches, ou en taillant les autres trop en biais. Il faut avoir soin de couvrir ces blessures d'onguent de S. Fiacre, pour éviter d'abord la déperdition de la sève par ces ouvertures, & ensuite la carie qui s'y établiroit après. (*L. Reynier.*)

EVEUX. On donne ce nom aux terreins qui retiennent l'eau, & deviennent boueux à la suite de quelques jours de pluie. Ils ont des inconvéniens pour diverses cultures, & l'on doit tendre à les rendre moins tenaces. (*L. Reynier.*)

EVIDER. C'est la même chose qu'*évaser* un arbre, c'est-à-dire, ôter toutes les branches intérieures pour lui donner la forme d'une coupe.

On le dit aussi lorsque par un goût bizarre, & dont les exemples deviennent chaque jour moins communes, on ouvre dans l'intérieur d'un arbre une retraite ou cabinet : ces loges, qui n'ont d'autre mérite que la difficulté vaincue, ne remplacent pas les cabinets.

Enfin on dit évider un arbre, sur-tout un buisson, lorsqu'on le décharge de ses branches inutiles, pour faciliter à l'air & à la lumière leur action sur son intérieur. (*L. Reynier.*)

EVODIE, *Evodia.*

Genre établi par les Forster, dans la famille des Balsamiers & voisin des *Fagariers* ; il est remarquable par la position du pistil, qui naît au centre des quatre ovaires qui composent son fruit.

Espèce.

Evodie des jardins.

Evodia hortensis. Forst. Des pays orientaux de l'Asie.

Cette plante est à peu-près inconnue, comme toutes celles transmises par les notices qu'ont publié les Forster ; on ignore si elle est herbacée ou ligneuse : tout ce qu'ils ajoutent à la définition du genre, c'est que cette espèce est intéressante par l'odeur de ses fleurs ; mais il ne disent pas si on la cultive pour cela dans les pays dont elle est originaire, comme son nom le feroit présumer, ou si elle y croît sauvage. (*L. Reynier.*)

EVOLAGE. Terme de Bresse, qui exprime le tems où un étang est rempli d'eau & empoissonné. C'est l'opposé d'*à sec.* On sait que dans la plûpart des pays les étangs, sont tantôt en eau & empoissonnés, & tantôt sans eau & même quelquefois cultivés. (*Tessier.*)

EVONIMOIDE. C'est sous ce nom qu'Isnard a fait connoître, pour la première fois en 1716, le genre des Celastres, nom qu'il tiroit de la ressemblance qu'il leur trouvoit avec les Fusains. *Voyez* Celastre. (*L. Reynier.*)

EXACANTHE, *Exoacantha.*

Genre nouveau établi par Labillardière (*Icones plantarum Syriæ Rar. Decas* 1.) dans la famille des Ombellifères, & voisin des *Echinophores*, dont il diffère principalement par ses semences nues.

Espèce.

1. Exacanthe Hétérophille.

Exoacantha heterophylla. Labill. ♂ aux environs de Nazareth.

C'est une plante haute de deux pieds, dont le feuillage radical diffère de celui qui porte la tige, comme on l'observe aussi sur plusieurs *pimprenelles.* Les fleurs sont blanches, disposées en ombelles denses, qui paroissent comme herissées des enveloppes générales & partielles, ainsi que le représente la figure publiée par Labillardière.

Culture.

Ce Naturaliste n'a point apporté de graines de cette plante ; nous ne la connoissons que par la description & par des échantillons d'herbier : il est présumable que les premiers pieds importés en Europe devroient être placés d'abord dans l'orangerie, mais que dans la suite la plante supporteroit notre climat, comme les échinophores. (*L. Reynier.*)

EXCAVATION. Dans son sens ordinaire ce mot exprime un creux plus ou moins profond, fait dans la terre.

Roger Schabol a mis ce mot en usage pour exprimer les vuides que la carie fait dans l'intérieur des arbres, lorsqu'on a négligé de parer leurs blessures & de les couvrir ensuite de l'onguent de Saint-Fiacre. Plus la plaie approche de la contusion, qui est un déchirement des fibres, & plutôt la carie s'y forme: pour y remédier, il faut enlever jusqu'au vif la partie étonnée avant l'application de cet onguent. A la suite des blessures faites à un arbre ou d'une taille negligée, la carie s'établit à l'intérieur, & tout le bois de l'arbre est détruit, tandis qu'à l'extérieur l'écorce est entière & végète. C'est ainsi que les saules qu'on récèpe souvent forment à la longue un brouissin; l'eau séjourne dans les plaies qu'on ne soigne pas, la carie s'y met, & voilà la raison de cette multitude de saules excavés, qu'on rencontre dans la campagne. *Voyez le Dictionnaire des arbres & arbustes* (*L. Reynier.*)

EXCELLENTEBURY. Œillet pourpre-noir sur un fond blanc-fin; ses panaches sont peu détachés. *Traité des œillets.*

C'est une des variétés de l'*œillet des fleuristes*. *Voyez* ce mot. (*L. Reynier.*)

EXCORIATION ou ÉCORCHURE.

Blessure par contusion avec enlèvement de l'écorce que les arbres reçoivent par des frottemens violens ou par des coups. Les arbres voisins des routes y sont plus sujets que les autres. Quelquefois aussi les arbres cultivés, à la suite des tempêtes & des coups de vent, se trouvent écorchés par des frottemens qui en ont été la suite. Il est bon de parer la plaie aussi-tôt, pour prévenir les effets de la carie qui en est souvent la suite (*L. Reynier.*)

EXCRÉMENS. Matières, qui sortent du corps de l'homme & des animaux par l'anus ou par les voies urinaires. Il n'y a pas de plus puissant engrais que les substances animales, parmi lesquelles se trouvent les matières fécales & l'urine. *Voyez* Amandement. (*Tessier.*)

EXCRU. En langage des eaux & forêts on donne ce nom aux arbres qui croissent hors de l'enceinte des forêts, comme dans les hayes, dans les terreins vagues qui les avoisinent &c. Ces arbres sont d'un bois plus compact que les arbres forestiers, mais sont sujets à être *pommie s* *Voyez le Dictionnaire des arbres & arbustes* (*L. Reynier.*)

EXOTIQUE. On donne cette qualification aux plantes qui sont originaires d'un autre climat. L'usage a prévalu d'appliquer ce mot aux espèces qui sont originaires d'un climat plus chaud, & qui demandent la chaleur artificielle des serres & des couches pour vivre dans nos pays tempérés. Cependant la plante des climats plus froids est autant exotique que celle des climats plus chauds (*L. Reynier.*)

EXPERIENCES.

Il y a en général deux manières de découvrir en agriculture, des vérités, savoir, la *théorie* & les *Expériences*. La première est une conception de l'esprit, qui par des méditations & des combinaisons, forme des projets, des plans, des méthodes, dont les résultats, lorsqu'elle n'a pour base que des opérations intellectuelles, sont communément trompeur, sans effet & capables d'induire en erreur ceux qui y prendroient confiance. Au contraire les Expériences qui enfantent des faits & des observations, sont un flambeau dont la lumière n'est point vacillante, un guide toujours assuré. Je ne confonds point ici, comme on voit, les Expériences avec la *pratique*. Celle-ci ne suppose que de l'habitude & de la routine. Si elle est la suite des Expériences, elle les confirme & leur donne plus de force. Mais quand elle est seule, ce qui a lieu le plus souvent, elle ne fait pas faire aux arts & aux sciences un pas vers leur perfectionnement. Un cultivateur, par exemple, opère comme il a vu opérer son pere. Il transmet à son fils le peu d'idées qu'il a reçues; ce dernier, sans y rien ajouter, les fait passer à ses descendans. Si on n'avoit eu que des hommes de cette trempe, l'agriculture, depuis son origine, auroit langui & ses bienfaits n'eussent jamais été assez abondans pour suffire aux besoins & à l'agrément des habitans de la terre. Heureusement le génie des Expériences a plané sur l'horison de l'Europe & les françois n'ont pas été les derniers à le fixer sur leur sol fertile. Il s'est trouvé des hommes, qui sentant profondément l'importance de l'agriculture ont consacré à l'étude de cet art le bon esprit, dont il étoient doués. Admis pour ainsi dire dans les secrets de la nature, ils se sont pénetrés des principes de la végétation; ils ont connu la différence des terreins, l'influence des climats, ce que les météores pouvoient sur les plantes, &c. Ayant dans leurs mains les livres de toutes les nations sur l'agriculture; connoissant les découvertes anciennes & modernes; instruits enfin de chacune des pratiques des diverses contrées, ils avoient de grands avantages, & ils en ont su profiter pour l'utilité publique. De-là une foule d'Expériences, dont il est résulté des améliorations sans nombre, que le vulgaire attribue au hasard, tandis qu'elles sont l'effet nécessaire de la propagation des lumières. L'ignorance a beau mettre des entraves aux élans de l'esprit; elle a beau ridiculiser ce qu'elle n'est pas en état d'apprecier & vouloir que tout ce qu'on essaie réussisse, dès les premiers instans; elle a beau se refuser long tems à adopter ce qui est démontré plus parfait, tôt ou tard, sans qu'elle y pense, sans qu'elle en ait le desir, sans qu'elle en ait la volonté, elle est subjuguée, forcée de se rendre & la vérité l'emporte. C'est ainsi que nous voyons de jour en jour l'agriculture françoise faire des progrès; ces progrès, n'en doutons pas, sont dûs aux Expériences qui se multiplient au point que beaucoup de fermiers même s'y livrent avec une grande intelligence. Trop loin encore du terme où l'on nous assure que sont parvenus nos vo sins, ne nous arrêtons pas, redoublons d'activité & de courage, & prouvons que la Nation françoise, avec moins de moyens, est peut être en état de faire plus.

Dans ce moment ou tant de motifs se réunissent pour solliciter les citoyens oisifs à diriger l'emploi de leur tems vers un but solide & utile, on paroît avoir senti combien le séjour des villes étoit peu propre à remplir le vuide d'une vie désœuvrée & stérile pour la Patrie; aussi entend-on de toutes parts l'éloge des avantages, qu'on peut trouver à vivre dans les campagnes. Si l'on en croit les projets d'un grand nombre de personnes, nos champs vont se peupler d'habitans aisés, qui y porteront leur intelligence & leur activité. Toutes d'un accord commun désignent l'agriculture pour l'objet de leur soins & de leur agrément. On ne peut qu'aplaudir à un zèle si louable dont les effets sans doute contribueront à la perfection du premier des arts. Loin de chercher à le ralentir, je regrette, puisqu'il doit servir au bonheur public, de n'avoir pas assez d'éloquence pour développer ici tout ce qui peut être capable de l'exciter & de l'enflammer. Mais l'habitude des Expériences m'ayant mis à portée de réfléchir sur les vrais moyens de rendre utiles celles qu'on fait en agriculture, j'oserai présenter quelques avis généraux, propres à guider les nouveaux colons, dont l'agriculture sera bientôt la plus chère & la principale occupation.

Le premier soin est d'étudier les différentes couches, la nature & le plus ou moins de compacité du sol, les degrés de latitude du pays ou les abris chauds ou froids qui peuvent les compenser, les saisons & l'abondance des pluies, les pratiques usitées, les especes de plantes, qu'on cultive, les essais entrepris pour des améliorations & les raisons, qui ont déterminé à les admettre ou à y renoncer. Sans cette étude préliminaire on marche à tâtons, on confie à la terre des plantes, qui n'y végètent pas ou n'y végètent que peu de tems, à de bonnes pratiques on en substitue de mauvaises, on renouvelle infructueusement des tentatives que l'observation avoit sagement fait abandonner.

Pour que des Expériences d'agriculture soient profitables au public, il ne suffit pas que ceux qui les font les aient établi sur de bonnes bases, il faut encore qu'ils aient rempli toutes les conditions capables de les rendre probatoires & de mériter la confiance. J'en distingue de deux sortes; les unes regardent les Expériences elles mêmes; les autres regardent les personnes, qui les éxécutent.

Les conditions, qui regardent les Expériences elles mêmes sont au nombre de quatre. 1.° Les Expériences doivent être exactes; 2.° il faut les varier, s'il en est besoin. 3.° Presque toujours il est indispensable de les répeter. 4.° Elles doivent être faites d'une maniere comparative.

L'exactitude dans les Expériences est si importante, que la moindre omission peut déranger les conséquences qu'on en voudroit tirer, ou, au moins laisser des doutes qui empêcheroient une parfaite conviction. Tout doit être pesé, mesuré, calculé. Les Expériences précieuses de Tillet sur la carie, qui attaque le froment; celles de Daubenton sur l'amélioration des laines françoises; celles de Duhamel sur la culture des arbres & arbustes sont des modèles de cette précision si desirable. En prenant toutes les précautions, qu'ils ont prises, on est assuré d'avoir atteint le but. Il en coûte sans doute des soins minutieux; mais ces soins, que rien ne sauroit suppléer, sont autant de points d'appui pour les résultats, & l'homme exact, qui n'a point à se reprocher une négligence, jouit en paix du fruit de son travail & ne craint point qu'on ne vienne le troubler dans la possession de sa découverte.

Lorsqu'on veut rendre certaines Expériences applicables à différens pays & à différentes circonstances, il est utile de les varier, soit dans la manière de les faire, soit dans les instrumens, qu'on emploie, soit en les exécutant à des epoques, qui ne soient pas les mêmes ou sur des terreins d'une nature opposée. Si d'une part on n'a droit d'y compter qu'après qu'elles sont confirmées; de l'autre, on ne doit les regarder comme nulles, qu'après avoir épuisé sans succès tous les moyens pratiquables. J'en citerai quelques exemples. De quelque manière que j'aie varié la culture de la spergule, vantée comme un tres-bon fourrage dans le pays de Liege & en Hollande, je n'ai pu parvenir à la multiplier assez pour en nourrir le bétail, Il y a lieu de croire que des circonstances locales la favorisent dans les cantons, qui l'ont adoptée Ayant semé en automne & au printems plusieurs années de suite le bled dit particulièrement, bled de Pologne, *Triticum Polonicum*, L. j'ai été obligé de ne le plus semer qu'au printems, parce qu'il résistoit difficilement aux hivers rigoureux, tandis qu'un bled dur, à épis roux, barbus, applatis, à bâles serrées, quoique né dans les pays chauds, resemé plusieurs années en automne, s'est acclimaté au point de donner de belles récoltes. En plantant des pommes de terre, de huit en huit jours depuis le mois de Mars jusqu'au mois de Juin dans un terrein froid, j'ai reconnu que la véritable époque étoit la fin d'Avril, tandis que Parmentier, qui a opéré dans un autre sol, a reconnu qu'on pouvoit attendre jusqu'à la mi-Mai.

Il y a des Expériences, qui n'auroient pas besoin d'être répétées, si on ne vouloit constater qu'un seul fait, sans s'embarrasser des circonstances, qui l'accompagnent. J'ai inoculé la clavelée a des moutons & la carie à toutes sortes de fromens. La clavelée dans les moutons a suivi tous ses périodes, & les grains, auxquels j'ai inoculé la carie, ont produit un grand nombre d'épis cariés. Si je n'avois eu que l'intention de savoir que la clavelée & la carie se communiquent par inoculation, il eût été inutile que je répétasse les Expériences. La possibilité, pour être démontrée, n'exige qu'un seul résultat Mais combien y a-t-il de cas, où un seul fait ne suffit pas & où il faut qu'il soit confirmé par beaucoup d'autres? *les années se suivent*, disent les gens de la campagne, *& ne se ressemblent pas.* Ce proverbe dicte la conduite des personnes, qui font des Expériences d'agriculture & les engage à les recommencer plus ou moins d'années. En effet une année est plus chaude ou plus froide, plus abondante en pluies ou plus sèche qu'une autre; la chaleur ou le froid, la sécheresse ou la pluie ne se manifestent pas tous les ans précisément aux mêmes époques ou avec la même intensité; les différentes parties d'un canton, d'un terroir & d'un champ ne sont pas de la même nature; il est rare qu'on puisse chaque année semer & récolter à des jours fixes & qui se répondent; quelque fois des insectes, des quadrupèdes, des hommes même altèrent ou brouillent des ensemencemens, dont les produits doivent être calculés. Toutes ces raisons exigent qu'on répète des Expériences autant de fois qu'on le croit nécessaire, c'est à dire, jusqu'à ce qu'une masse de faits donne des résultats généraux. Je me suis convaincu souvent de cette nécessité & particulièrement dans trois Expériences. La première avoit pour but de déterminer s'il étoit aussi indispensable, que le croyoient les cultivateurs, de renouveller fréquemment le froment de semence. Il s'agissoit d'examiner dans la seconde si le froment de la dernière récolte étoit toujours, préférable pour semence, à celui des deux ou trois récoltes précédentes. La troisième, qui n'est pas encore à sa fin, a pour objet de connoître la quantité de semence convenable à différens terreins. Par les résultats de la première, communiqués à l'Académie des Sciences, il est prouvé qu'après onze années le renouvellement de la semence ne ma pas été nécessaire, puisque la onzième récolte étoit aussi belle que la première. Il est également prouvé que des grains de huit années peuvent bien lever & produire abondamment, s'ils n'ont point été altérés dans les magasins où on les conserve. Je n'eusse jamais pû tirer ces conséquences, si je me fusse contenté de faire les Expériences quelques années seulement.

Si les jugemens de comparaison sont utiles quelque part, c'est sur-tout dans les Expériences d'agriculture, parce que le rapprochement de différens résultats fait ressortir les vérités, qu'on se propose d'établir. Veut-on s'assurer, comme vient de faire M. Yong, célébre agriculteur d'Angleterre, de la manière la plus économique & la meilleure d'engraisser les bêtes à cornes, il faut en nourrir plusieurs d'une quantité connue d'alimens différens, ou nourrir les mêmes à diverses époques d'alimens de diverses espèces & constater leur état de graisse chaque fois qu'on change leur nourriture? A-t-on l'intention de juger entre deux cultures, celle qui doit être préférée à l'autre? on ne pourra le savoir qu'après les avoir employées en même tems & après avoir calculé les frais & les avantages respectifs. En physique & en agriculture la comparaison est la pierre de touche pour s'assurer d'un grand nombre de vérités, mais il faut qu'elle les éprouve sous tous les rapports. Plusieurs fois j'ai regardé comme nulles des Expériences, dans lesquelles j'avois omis de suivre tous les points de comparaison.

Telles sont les conditions qu'on a droit d'exiger des Expériences d'agriculture, pour qu'elles soient utiles au public. J'indiquerai quelques unes de celles, qui regardent les personnes, qui les exécutent.

Il faut sans doute une sorte de génie pour imaginer des Expériences & pour inventer tous les moyens de les bien faire, mais la vivacité d'une imagination ardente emporte souvent au-delà du but & quelques esprits s'attachent seulement aux faits qui s'allient & s'accordent avec le systême, qu'ils ont adopté & abandonnent ceux qui pourroit les balancer ou les contrarier. Il est rare qu'ils ne s'égarent pas & ne trompent pas les autres, au lieu qu'avec des combinaisons sages & des calculs bienfaits on ne s'écarte point du chemin de la vérité ou l'on y revient sans peine dès qu'on s'en est écarté.

La patience est une des vertus nécessaires à celui qui fait des Expériences d'agriculture. Elles durent toujours une année, souvent plusieurs, quelquesfois un demi-siècle. L'homme pressé de jouir du fruit de ses recherches ou avide d'une gloire ephémère n'entreprend que des Expériences de courte durée, mais l'ami de l'humanité, mais celui, qui, aspire à la véritable gloire, ou plutôt qui à l'exemple de Malesherbes (1), *s'oublie tout entier pour ne voir que*

(1) Cette vérité ne sera démentie par personne. Malesherbes à fixé la renommée sur son compte d'une manière invariable. L'histoire fidèle rendra toujour hommage à ses vertus publiques & particulières. Ses connoissances profondes en législation, en morale & en agriculture ne seront jamais oubliées Longtems on se souviendra de l'aimable simplicité, de l'interressante franchise, qui le caractérisoient & de sa conduite aussi pure que courageuse; Il étoit si elevé au-dessus des hommes de son siècle, que sa mort, comme celle de Socrate.

le bien de la postérité, ne craint pas de commencer des essais, dont il est probable qu'il ne verra pas la fin.

Les Expériences dont le succès dépend d'un ensemble d'opération, ne peuvent être tentées qu'en grand; telles sont les desséchemens de marais, &c. Mais la plûpart des autres, si celui qui les entreprend est prudent, doivent être faites d'abord en petit (2), peu à peu on les agrandit, si elles réussissent, &, on leur donne ensuite toute l'étendu possible. Toute agriculteur, qui se conduit autrement s'expose à des pertes ou à des non valeurs.

En suppôsant qu'on soit assuré du succès de la culture d'une plante nouvelle, avant de se déterminer à la multiplier en grand, il faut savoir si on en aura le débouché & si les profits dédommageront des frais. Combien n'a-t-on pas d'amateurs d'agriculture, plus zélés qu'éclairés, combien n'a-t-on pas vu de spéculateurs inconsidérés se ruiner dans des entreprises, pour n'avoir pas fait ces réflexions & pour n'avoir pris aucunes précautions?

Deux extrêmes sont également a éviter pour les personnes qui s'établissent à la campagne avec l'intention de s'y occuper d'agriculture; l'un de regarder comme vicieuses toutes les pratiques des cultivateurs, l'autre de les regarder toutes comme les meilleures. On ne tombe point dans le premier extrême, lorsqu'on connoit bien le cultivateur. Maintenant dans beaucoup de pays il est intelligent; ce qu'il fait, il le fait bien; il est plus observateur, plus calculateur; il a une géométrie naturelle, qui sert bien ses intérêts; dans les pays peu éloignés des villes, il raisonne sa culture, il la change, il la perfectionne tous les jours. On peut dire avec vérité que si dans certains départemens l'agriculture a augmenté ses produits d'un quart depuis trente ans, elle le doit en partie à l'intelligence des cultivateurs. On seroit également dans l'erreur si on adoptoit toutes leurs idées, parmi lesquelles il se trouve beaucoup de préjugés, que le tems & la réflex on détruiront. L'homme sage vivant aux milieu d'eux saura discerner ce qu'il faut adopter & ce qu'il faut rejetter de leurs pratiques. Son exemple, plutôt que ses conseils, persuadera d'abord les plus disposés à l'instruction & en suite entraînera les autres.

Lorsque des Expériences paroîtront assez utiles pour qu'on les publie, il faudra le faire avec cette exactitude & cette franchise, qui conviennent aux hommes inspirés par le seul amour du bien. Trop souvent une vanité déplacée, un esprit de charlatanisme même, dont l'agriculture n'est pas toujours exempte, ont fait publier & répandre des Expériences, qui n'avoient pas eu lieu ou dont les résultats avoient été alterés, modifiés, arrangés. Le mérite, auquel il soit permis à tout homme de prétendre, n'est pas de paroître, mais d'être véritablement utile à ses concitoyens. Heureusement des compagnies instruites seront les juges des Expériences d'agriculture. On cherchera moins à en inposer, quand on craindra leur surveillance. Placées comme des sentinelles toujours éveillées, elles empêcheront qu'on ne trompe les cultivateurs, dont la sûreté, & l'activité éclairée sont nécessaires au bonheur & aux intérêts des autres hommes. (*Tessier.*)

EXPLOITATION. Terme consacré pour exprimer l'action de mettre des terres en valeur ou de faire abattre ou couper des bois. On dit en parlant d'un cultivateur : *il a une grande ou une petite Exploitation*, selon que sa ferme ou sa propriété rurale est composée de plus ou moins d'arpens de terre ; *toute son Exploitation consiste, par exemple, dans 300 arpens. Il Exploite bien, ou il Exploite mal*, s'il est bon ou mauvais cultivateur ; cette ferme est d'*une Exploitation difficile*, quand les terres sont mal placées ou pierreuses, ou argilleuses, &c. On dit aussi : *Il est tems d'Exploiter ces bois*, quand les arbres de tige sont courronnés, ou quand les taillis ne profitent plus. *Voyez* à cet égard le *Dict. des arbres & arbustes*. (*Tessier.*)

EXPORTATION. Sortie au dehors. Ce mot appartient plus particulièrement au Commerce; cependant sous plus d'un rapport il concerne l'agriculture. *Voyez* dans ce Dictionnaire les mots Commerce des grains, Disette & Importation. (*Tessier.*)

EXTIRPER, arracher, ôter promptement. On Extirpe aux animaux malades, des tumeurs qui les gênent; on Extirpe un chancre d'un arbre. C'est l'instrument tranchant qui Extirpe; le caustique peut bien détruire & enlever, mais il n'Extirpe pas, parce que l'action d'Extirper est très-vive.

J'ai entendu des gens de la campagne se servir de ce mot, pour indiquer une manière d'arracher le chaume après l'enlevement des bleds. (*Tessier*)

EYMARA. Nom que les Galibis donnent à l'*Enouvrou*. *Voyez* ce mot (*L. Reynier.*)

& de Demosthène, sera à jamais l'oprobre de ceux, qui l'ont provoquee & imprimera une tache ineffaçable aux momens qui en ont ete les témoins.

(2) Par Expériences en petit, je n'entends pas ici des Expériences dans un coin de jardin ou sur une fenêtre, ou dans un pot, mais des Expériences, faites en pleine campagne, dans un quartier ou demi quartier de terre, se on que le cultivateur peut en sacrifier, sans inconveniens. On à blâmé des hommes, qui écrivoient sur l'agriculture, d'avoir tiré des consequences de quelques essais, extrêmement concentrés & on a eu raison; mais ce qu'on auroit dû dire pour être juste, c'est que nos meilleurs ecrivains sur cette matière, ont opéré très-en grand.

FABAGELLE, *Zygophyllum.*

Genre de plante à fleurs polypétalées, qui a des rapports avec la famille des *rues*. Il comprend des herbes & arbustes, dont la hauteur varie de six pouces à trois pieds environ (une espèce exceptée, qui est un arbre de quarante pieds de hauteur), à feuilles opposées, simples, soit géminées ou conjuguées, soit pinnées, charnues, ainsi que leur pétiole auquel elles sont articulées. Les fleurs sont blanches, ou jaunes, ou rouges, axillaires, terminales, auxquelles il succède des capsules pentagones. Le fruit est une capsule divisée en cinq loges, qui renferment plusieurs semences anguleuses.

Ce genre est de la dixième classe de Linné.

Espèces.

1. Fabagelle à feuilles simples.
Zygophyllum simplex. L. de l'Arabie.
2. Fabagelle commune.
Zygophyllum fabago. L. ♃ de la Syrie.
3. Fabagelle à fleurs rouges.
Zygophyllum coccineum. L. de l'Egypte.
4. Fabagelle à fleurs blanches.
Zygophyllum album. L. ♄ de l'Egypte.
5. Fabagelle vésiculeuse.
Zygophyllum morgsana. L. ♄ de l'Afrique.
6. Fabagelle à feuilles sessiles.
Zygophyllum sessilifolium. L. ♄ de l'Afrique.
B. La même à fruit plus aigu.
Fabago flore luteo, petalorum unguibus rubris, fructu sulcato, oblongo, acuto. Burm. Afr. 6. T. 3. F. 1.
D. Fabagelle épineuse.
Zygophyllum spinosum. L. ♄ d'Ethiopie.
7. Fabagelle à petites feuilles.
Zygophyllum microphyllum. L. f. ♄ du Cap.
8. Fabagelle du Cap.
Zygophyllum Capense. H. K. ♄ du Cap.
9. Fabagelle de Surinam.
Zygophyllum æstuans. L.
10. Fabagelle en arbre.
Zygophyllnm arboreum. L. ♄ de Carthagène.

Espèce moins connue.

Fabagelle à feuille en cœur.
Zygophyllum cordifolium. L. F. Sup. 232.

Description du port des espèces.

1. Fabagelle a feuilles simples. Toute la plante est charnue, herbacée, longue de trois à six pouces, couchées; les feuilles sont opposées, linéaires, charnues, semblables à celles de certaines espèces de *soude*. Les fleurs sont jaunes, solitaires. Cette plante est commune dans l'Arabie, aux lieux secs & stériles.

2. Fabagelle commune. Sa racine est blanche, épaisse, ligneuse. Elle pousse des tiges droites, glabres, verdâtres, feuillées, comme articulées, rameuses, d'un aspect agréable. Ses feuilles sont opposées, pétiolées, composées de deux folioles vertes & charnues, longues de huit à neuf lignes. Les fleurs sont latérales, terminales, géminées à chaque nœud. Elles naissent dans les aisselles de deux petites stipules : elles s'ouvrent peu & sont d'un rouge orangé. Les capsules sont longues d'un pouce environ, à cinq angles; de la Syrie, & de la Mauritanie. Elle fleurit pendant les mois de Juin, Juillet & Août.

3. Fabagelle a fleurs rouges. Sa tige est rameuse, diffuse, presque droite, haute d'un pied & demi environ, articulée. Ses feuilles sont opposées, composées de deux folioles charnues, cylindriques, articulées à un pétiole aussi cylindrique & charnu. Les fleurs sont rouges, latérales, portées sur des pédoncules simples. Les capsules sont cylindriques; de l'Egypte, de l'Arabie, aux lieux incultes & pierreux.

4. Fabagelle a fleurs blanches. Ses tiges sont fructiculeuses, paniculées, rameuses presque couchées, longues de six à dix pouces, pubescentes vers leur sommet. Les feuilles sont opposées, composées de deux folioles presqu'en massue; charnues, pubescentes, blanchâtres. Les pédoncules sont charnus, uniflores & latéraux. Les pétales sont blancs, ovales, ouverts en rose; la capsule est courte & obtuse; de l'Egypte, des environs d'Alger.

5. Fabagelle vessiculeuse. Arbrisseau de quatre à cinq pieds. Sa tige est grisâtre, divisée en branches lâches, irrégulières, dont les derniers rameaux sont glabres, verdâtres & feuillées. Les feuilles sont opposées, composées de deux folioles ovoïdes, charnues. Les fleurs sont grandes, d'un jaune pâle. Les capsules sont presque vésiculaires; de l'Afrique. Elle fleurit presque tout l'Eté.

6. Fabagelle a feuilles sessiles. Ses tiges sont menues, sous-ligneuses, longues d'un pied environ, munies de deux angles ou ailes courantes. Les feuilles sont petites, opposées, sessiles, composées de deux folioles ovales, lancéolées, à bords cartilagineux & scabres. Les pédoncules sont latéraux, solitaires Les pétales sont blancs & jaunâtres ou orangés à leur base; de l'Afrique. Il y a deux variétés, dont une épineuse.

7. Fabagelle a petites feuilles. Sa tige est droite, rameuse. Ses feuilles sont opposées, composées de deux folioles charnues, ovales

lisses. Les pédoncules sont solitaires, latéraux, capillaires. Les pétales sont oblongs, jaunes. La capsule est obtuse aux deux bouts.

8. FABAGELLE DU CAP. Arbrisseau de deux à trois pieds, à écorce cendrée, à rameaux courts & roides. Les folioles des feuilles sont ovoïdes, vertes, charnues. Les pédoncules sont uniflores, latéraux & géminés; du Cap.

9. FABAGELLE DE SURINAM. Ses tiges sont herbacées, longues d'un pied, diffuses. Les feuilles sont opposées, sessiles, au nombre de cinq; des environs de Surinam.

10. FABAGELLE EN ARBRE. Très-bel arbre qui s'élève à quarante pieds, dont la cime est ample, épaisse & d'un aspect agréable. Cette cime est soutenue par un tronc droit, haut de six pieds, qui se partage en rameaux nombreux, dichotomes. Les feuilles sont opposées, ailées, sans impaire, composées de treize à quatorze folioles oblongues, alternes, sessiles, longues d'un pouce, portées sur un pétiole commun, long de trois pieds environ. Les fleurs sont grandes, belles, inodores, en grappes lâches, axillaires & terminales. Le fruit est une capsule à grandes ailes membraneuses; des environs de Carthagêne, dans les bois.

Espèce moins connue.

FABAGELLE A FEUILLES EN CŒUR. Les feuilles sont simples, opposées, arrondies en cœur.

Culture.

L'espèce N.° 2, *commune*, passe l'hiver en pleine terre; elle perd ses tiges, mais elle conserve ses racines, qui servent à la multiplier. Elle s'éclate difficilement parce que sa racine est ligneuse & que son collet s'étale peu. On la multiplie aussi par boutures, qu'on place, quand les tiges sont assez fortes, en pleine terre, au midi, ou mieux en pots sur une couche chaude. Elle se multiplie encore par ses graines, qu'on sème au printems, en pleine terre légère, au midi, ou encore mieux en pots sur une couche tiède. Comme le plant & les boutures seront encore délicats la première année, il sera prudent de les relever & de les mettre dans l'orangerie, où ils ne demanderont que les soins ordinaires.

Toutes les autres espèces se multiplient, 1.° par leurs graines. (que plusieurs perfectionnent dans nos climats.) On les sème au printems dans de petits pots remplis de terre légère, qu'on met sur la tannée d'une couche chaude sous chassis. Elles levent au bout de trois semaines; on les arrose; on leur donne de l'air & les soins nécessaires. Quand le plant a un ou deux pouces, on le repique dans d'autres pots qu'on met de même sur une couche chaude. On l'abrite; on le découvre dans les temps couverts jusqu'à ce qu'il ait fait de nouvelles racines: alors on donne plus d'air; on arrose un peu plus, & enfin on sort les pots vers le mois de Juin, à une bonne exposition, jusqu'à ce que la rigueur de la saison oblige à les rentrer. 2.° Par boutures, qu'on fait dans des pots & qu'on traite comme les semences. 3.° Par les racines quand on peut les éclater. Ces deux derniers moyens sont sans doute les plus prompts pour la jouissance, mais nullement pour avoir de belles plantes, celles obtenues par les semences, étant toujours les plus belles, les plus fortes, les plus durables & s'élèvant le plus haut; ce qui a lieu assez généralement pour toutes les plantes semées.

Usages & Propriétés.

D'agrément. L'espèce N.° 2, *commune*, est d'un effet très-agréable, & mérite une place dans nos jardins d'agrément, soit sur les bords des bosquets des jardins paysagistes, soit en platebande sur la ligne du milieu. L'espèce N.° 5 fleurit pendant la plus grande partie de l'été & se place sur les gradins, ou sert à former des groupes avec d'autres plantes. L'espèce N.° 6 fleurit tout l'été & l'automne: elle se place comme la précédente, & perfectionne ses graines pendant l'hiver.

D'économie. Les Arabes se servent du suc exprimé de la première espèce pour dissiper les taches des yeux. L'espèce N.° 2 a une saveur amère, mêlée d'un peu d'âcreté; elle passe pour être vermifuge. Aucun animal domestique, pas même le chameau, ne veut brouter l'espèce N.° 3. L'espèce N.° 10 est très-agréable à voir quand elle est en fleur; c'est un arbre des bois d'une moyene grandeur, qu'on ne voit que dans son pays natal. Les habitans le nomment *guagacan*, nom qu'ils donnent à tous les bois durs, bons pour différens ouvrages, d'où nous pouvons conclure que l'espèce dont nous parlons y est employée aussi. (*A. F. MENON.*)

FABRECOUILLER. Les habitans de la France méridionale donnent ce nom, suivant Valmont Bomare, au MICOCOULIER. *Voyez* ce mot. (*L. REYNIER.*)

FABRIQUES.

On donne ce nom aux ouvrages de l'art qui entrent dans la composition d'un paysage. Ce sont les peintres paysagistes qui d'abord ont consacré ce mot, puis, il a été adopté par les jardiniers paysagistes & par les décorateurs. Les maisons de toutes les destinations, les ponts, les cabinets, les kioscs, &c. en général tous les ouvrages de l'homme se classent sous cette dénomination.

Un payſage ſans Fabriques eſt inanimé, lorſque ſon ſite eſt champêtre ; il prend un ſtyle ſauvage, l'orſqu'il repréſente cés grands tableaux où la nature ſe montre dans toute ſa majeſté: mais dès qu'on y ajoute des Fabriques, les impreſſions s'adouciſſent, tout s'anime, & prend une teinte de vie ; comme ſi le beſoin de la ſociété influoit même ſur les jouiſſances factices que nous donne la peinture ; jouiſſances de ſouvenir, mais non moins délicieuſes pour cela. Le grand art du payſagiſte c'eſt la coordination des *plans* de manière que les Fabriques s'y trouvent dans leur vrai ſite & ne faſſent aucun diſparate ; un palais, par exemple, au milieu de rochers affreux, d'un déſert inhabité, ſeroit un contraſte trop frappant, & cette ſurpriſe qu'on lit quelquefois avec plaiſir dans les mille & une nuits produiroit un effet contraire dans le payſage qui doit être une imitation des beaux ſites de la nature. C'eſt de là que Girardin a tiré ce principe général, dans ſon traité de la compoſition des payſages, que la *convenance* doit déterminer l'emploi des Fabriques.

Comme je l'ai déjà fait remarquer à l'article DÉCORATION, on abuſe des Fabriques dans la compoſition des jardins payſagiſtes, on les entaſſe ; dès lors elles ceſſent de produire de l'effet ou d'offrir la convenance du ſite. On doit conſidérer chaque Fabrique comme le centre d'une ſcène particulière ; chacune de ces ſcènes doit avoir des points d'union gradués avec les autres ſcènes ; leur réunion forme alors l'enſemble du payſage. Ainſi le même payſage, lorſque le pays offre des ſites aſſez variés, peut bien renfermer un pont agreſte ou des ruines, en même-temps qu'un temple à l'amour, à l'amitié ou quelqu'autre ſcène de ce genre : cet accollement ſeroit déſagréable ſi le paſſage étoit bruſqué ; il plaira ſi le paſſage eſt gradué par des nuances qui s'adouciſſent & donnent en quelque ſorte à l'imagination le temps de ſe naturaliſer dans chacune de ces manières d'être différentes. Ainſi de même un bois de cyprès & un bocage doivent être ſéparés d'un boſquet par des nuances ; un paſſage rapide contraſteroit trop ; il feroit bien naître de l'étonnement, mais l'étonnement n'eſt pas le plaiſir.

De quelques Fabriques. D'abord j'avois penſé convenable de traiter ici de tous les genres de Fabriques qu'on fait entrer dans la compoſition des jardins payſagiſtes : mais toutes les réflexions naiſſant par des développemens ſucceſſifs, il m'a ſemblé préférable de traiter de chacune à ſon article & de me borner à quelques principes généraux comme dans l'article DÉCORATION.

LA FERME. C'eſt la première & la plus importante des Fabriques pour la compoſition d'un payſage parce qu'elle porte avec ſoi l'idée d'utilité & de bonheur champêtre, que jamais on n'éprouve dans ces vaſtes maiſons que la vanité féodale nommoit châteaux.

Cabanes. Dans les jardins payſagiſtes on donnoit ce nom à de petits bâtimens, dont l'extérieur avoit l'air de la miſère. Des murs en apparence groſſièrement conſtruits ; une couverture de paille, ou de roſeaux ou d'autres herbes ; des fenêtres en dehors mal ouvragées, tout indiquoit un réduit pauvre, tandis que le luxe étoit étalé en dedans avec profuſion. Un philoſophe ſans doute déſaprouve ce contraſte & l'homme ſenſible proſcrira les cabanes de ſon jardin d'agrément.

Chaumière. Une chaumière eſt l'aſile du cultivateur, qui, alimenté des mets ſimples que lui fournit la nature, vit heureux, content de lui-même ; car il eſt hoſpitalier ou du moins ſecourable, ſuivant la ſociété qui l'entoure. Il ne deſire rien au-delà, car ſon luxe s'y renferme, c'eſt ſon bien-être, ce ſont ſes beſoins ſatisfaits & il en a peu hors de ceux commandés par la nature. Une chaumière eſt l'embelliſſement du jardin payſagiſte ; elle eſt, & ſera dans tous les temps, la leçon de l'ambitieux qui, l'orſqu'il y paroît un moment pour y voir la nature, gémit en ſecret, même au ſein de ſes amis du role, qu'il joue, & ſoupire après un bonheur réel & peu connu. Une chaumière dans un ſite champêtre, orné à l'intérieur de meubles analogues à l'extérieur qui tous ſoient l'image fidèle du bien-être agricole, voilà la plus belle décoration des *bocages* ; diſtinguons ce mot de celui de *boſquet*. Une chaumière adoſſée à un bocage, ayant en face une prairie ſéparée du *pays* par des rideaux d'arbres exhauſſés, eſt une décoration champêtre qu'on deſire toujours revoir ; car la chaumière annonce l'aiſance du cultivateur, la cabane en indique la miſère & celui qui viendra ſe repoſer avec plaiſir dans un local où il ſait que beaucoup d'hommes ſont heureux, repouſſera loin de lui l'idée d'une cabane où il ſent que tant d'hommes vivent dans le beſoin.

Fabriques de luxe. Sous cette dénomination je claſſe généralement toutes les conſtructions d'architecture ſoignée, où l'extérieur ainſi que l'intérieur annoncent les frais du propriétaire, telles que temples antiques ou étrangers, kioſcs, cabinets, belvédères, &c. Ce genre de décoration, purement réſervé au luxe, même au luxe aſiatique, doit être relégué dans la partie du jardin qui ſera occupée par les boſquets ; cette portion du payſage, qui tous les jours diminuera d'étendue dans nos campagnes, peut très-bien ſe marier avec des Fabriques de luxe, car elles ſont de l'eſſence du BOSQUET. *V.* ce mot : de plus on trouvera dans le *Dictionnaire d'Architecture* toutes les indications de conſtruction. Je ne dois ici m'occuper que de leur encadrement dans l'enſemble du payſage & de leur rapport avec l'enſemble. Dès-lors je reviens à cette règle générale de Girardin que la convenance doit claſſer les Fabriques; or des Fabriques de luxe qui en portent l'empreinte ne peuvent convenir qu'aux parties ornées du payſage, tandis qu'elles formeroient un trop grand contraſte avec les ſites agreſtes. Ainſi les Fabriques de ce genre peuvent ſervir à organiſer & centraliſer des ſcènes analogues, ſcènes toujours ſubordonnées à ce principe général, qu'elles doivent être rares, bien développées & adoucies vers leurs points de contact pour produire de l'effet. Ainſi un temple à l'amour ſe trouve naturellement au milieu d'un boſquet de roſiers & autres arbuſtes floriſères; un temple à l'amitié ſe trouve naturellement au milieu d'arbuſtes gais, d'une verdure douce & moins brillans que les premiers; la manière de groupper ces plantes ajoute encore à leur effet : enfin un temple aux ſouvenirs, aux mânes de ſes amis, à ceux des défenſeurs de la Patrie, fixe ſur un objet l'impreſſion vague de triſteſſe qui naît d'un bois de cyprès, d'ifs & autres arbres toujours verds. Le décorateur doit être économe de ce genre de Fabriques; tout payſage peut s'en paſſer, peut-être même qu'il ſeroit préférable de les abandonner & de ſe renfermer dans les Fabriques plus naturelles, qui offriroient également une retraite & un point de repos aux promeneurs fatigués, & qui peut-être les rameneroient davantage vers le ſite toujours plus ſolitaire qui leur ſeroit conſacré.

Fabriques agreſtes. Ici ſe claſſent les Fabriques naturelles, les accidens dont l'homme de la campagne tire parti pour ſon uſage & que l'homme riche imite dans ſes jardins lorſque des circonſtances ſemblables le lui permettent. Ce n'eſt plus le boſquet qui va nous occuper, ce ſont des ſites d'un ſtyle plus ſévère, des ſites où la nature agreſte, quelquefois montagneuſe & ſauvage s'encadre dans le pays d'un jardin. Alors le décorateur emploie ces reſſources, ces proſpects heureux, & tire parti des accidens divers que la nature lui préſente. Tantôt un arbre courbé par l'effort des vents ou par le nombre des années offre dans un lieu reculé un banc champêtre; le décorateur ajoute quelques arbuſtes de forme agréable qui, plantés derrière, imitent un doſſier & par leurs branches qui s'étendent au-deſſus, forment l'ombrage d'un berceau naturel. *Voyez* Banc. Tantôt deux rochers paroiſſent au-deſſus du ſol, des arbres jetés au haſard ſemblent y diriger naturellement le ſentier qui ſerpente; le décorateur paroît avoir été contraint d'y conſtruire un pont & avoir choiſi le plus ſimple, ce ſont des bois bruts, des appuis en branchages. *Voyez* Pont. Tantôt un ruiſſeau plus ou moins abondant traverſe le pays; le décorateur le précipite en caſcades, ou varie ſon cours ſuivant que les ſites le permettent. Une plaine annonce un ruiſſeau qui coule paiſiblement dans ſon lit; un ſite irrégulier permet des caſcades; ſouvent même il ne faut qu'encadrer une caſcade naturelle dans des maſſifs d'arbuſtes choiſis pour leurs effets pittoreſques. *V.* Cascade. Ainſi tout offre des moyens de décoration pour qui ſe plaît à la campagne, pour qui chérit la nature; un banc couvert d'un berceau, à l'extrêmité d'une avenue utile d'où il voit d'un coup d'œil ſes cultures diverſes eſt bien plus décorant à ſes yeux que les froides compoſitions du luxe. S'il voit ce berceau de ſon manoir; s'il forme un de ſes proſpects en même-temps; que de là ſes regards s'étendent plus au loin ſur ſes poſſeſſions, ſoyez aſſuré que ce ſera & le premier objet qu'il ſera remarquer de chez lui à un étranger, & le premier où il le conduira après le repas.

Ruines. Juſqu'où s'étendent les caprices des hommes! Non-contens de voir tout dépérir autour d'eux, de voir tous les êtres animés & inanimés ſe détruire & s'anéantir, ils ont cru ranimer encore leurs ſenſations épuiſées en imitant les ruines, les mazures dans leurs jardins. Le mérite de la difficulté vaincue dans l'imitation a peut-être ſtimulé quelque artiſte. Ce genre de Fabriques, ſur lequel on doit être infiniment réſervé, ne peut produire quelque effet que dans des ſites ſauvages, même alpeſtres. Les mazures ne peuvent ſe marier qu'à un grand payſage; elles déplaiſent dans un cadre borné, deviennent ridicules dans l'enceinte des jardins d'un arpent qu'on décore *à l'angloiſe*. *V.* Bastide.

Rochers artificiels. Genre de Fabriques encore plus ridicules que les ruines, ſi cela eſt poſſible. Les Chinois dans leurs jardins, les Hollandois dans les leurs paroiſſoient devoir être, par l'artificiel de leur pays, les ſeuls peuples qui puſſent donner dans ce genre de folie; mais j'en ai vu des exemples aſſez fréquens dans des pays où d'autres genres de décoration ſe préſentoient plus naturellement. La fauſſe jouiſſance de la difficulté vaincue, pour un propriétaire qui n'a pas conſtruit lui-même, mais qui a payé, n'eſt autre choſe que de ſe pavaner de ſa fortune, en ſacrifiant des beautés réelles que le ſite offre & qu'on auroit développées avec cent fois moins de frais.

On peut encore conſulter les articles généraux Beau, Décoration & Jardin, où ſe trouvent des développemens plus analogues à chacun de ces divers points de vue. (*L. Reynier.*)

FAÇON, *façonner.* Donner à la terre des Façons; la Façonner, c'eſt la labourer, la cultiver. On appelle une terre en bonne Façon, celle qui a été bien préparée, pour y recevoir les ſemences qu'on lui confie. Les ſoins qu'on prend des plantes pendant leur végétation, font auffi regardés comme des façons.

Il y a des fols & des efpèces de plantes qui exigent plus de Façons que d'autres.

Selon les faifons on donne à la terre diverfe Façon.

Les inftrumens propres à Façonner la terre ne font pas les mêmes dans tous les pays, ni pour toutes les cultures. *Voyez* LABOURER, ROULER, SARCLER, &c. (*TESSIER.*)

FAGARIER, *FAGARA.*

Genre de plantes de la famille des BALSAMIERS, compofé d'arbres & d'arbuftes des climats chauds, dont quelques efpèces ont un genre d'utilité dans les régions où ils font indigènes.

Efpèces.

1. FAGARIER à feuilles de jafmin.
Fagara pterota. L. ♄ de la Jamaïque.
2. FAGARIER à petites feuilles.
Fagara tragodes. L. ♄ de Saint-Domingue.
3. FAGARIER du Japon. Vulgairement le poivrier du Japon.
Fagara piperita, L. ♄ du Japon & de la Cochinchine, dans les taillis & les haies.
4. FAGARIER d'Avicenne.
Fagara Avicennæ. Lam. ♄ de la Chine.
5. FAGARIER hétérophille.
Fagara heterophilla. Lam. ♄ de l'Isle de la Réunion.
6. FAGARIER du Sénégal.
Fagara zanthoxyloides. Lam. ♄ du Sénégal.
7. FAGARIER de la Guyane.
Fagara Guianenfis. Lam. ♄ des forêts de la Guyane.
8. FAGARIER ortandrique.
Fagara ortandra. L. ♄ des lieux pierreux de Curaçao & autres ifles voifines.
9. FAGARIER à trois feuilles, l'*ampac.*
Fagara triphilla. Lam. ♄ des ifles Philippines & Molucques.

Ces plantes font toutes des arbres ou arbriffeaux, remarquables par leurs feuilles ailées avec une foliole terminale; prefque toutes ont leurs folioles entières, mais avec une échancrure au fommet. Leurs fleurs font en grappes diverfement compofées dans chaque efpèce, c'eft-à-dire, de quelques fleurs dans certaines efpèces, de plufieurs fleurs dans d'autres: elles ont en général peu d'apparence; elles font petites & leur couleur dans les efpèces connues, eft terne & peu prononcée.

Culture. Les Fagariers font peu communs dans nos jardins, on n'en cultive que deux ou trois efpèces; les autres ont été décrites fur des échantillons d'herbier. Les deux premières efpèces qui font les plus anciennement connues & cultivées fe multiplient principalement de boutures ou marcottes, plus rarement de graines & feulement lorfqu'on en reçoit des pays où elles croiffent fauvages.

Les Fagariers exigent la chaleur de la ferre chaude; on peut cependant les fortir pendant les jours les plus chauds de l'été, excepté à cette époque, on doit les laiffer dans la tannée. Les foins qu'ils demandent pour la culture des marcottes, pour les changement des pots lorfque leur terre s'épuife ou que leurs racines commencent à être à l'étroit, font les mêmes que pour les arbres des mêmes régions dont le bois eft tendre, fans être aqueux, & plein de fuc.

Ufage. Les efpèces N.os 3 & 7 ont dans toutes leurs parties une faveur poivrée qui les rend utiles aux habitans des pays où elles croiffent. La 3.e eft nommée vulgairement *poivrier du Japon.* Thumberg, qui l'a obfervée dans ce pays là, dit, que fes feuilles & fes fruits font aromatiques & échauffans, & que les Japonais s'en fervent en guife de poivre. Loureiro qui a retrouvé cet arbriffeau à la Cochinchine, où il croît dans les haies & les bocages, dit qu'on l'emploie pareillement à l'affaifonnement des mets & que fon ufage eft des plus falubre : il ajoute auffi que la racine eft reçue dans la pharmacie de ce pays comme diaphorétique & emménagogue; qu'elle eft utile dans les fièvres & pour plufieurs autres maladies où fon efficacité eft reconnue par un fréquent ufage.

La 7.e efpèce qui, fuivant Lamark, porte à la Guyane le nom de *poivre des Nègres*, a pareillement cette faveur piquante & aromatique, fans doute qu'elle eft employée aux mêmes ufages par ces peuples.

La 8.e efpèce porte, aux ifles où elle croît, le nom de *bois de felle*, à caufe de l'ufage qu'on fait de fon bois blanc & léger pour la fabrication des felles.

Il eft préfumable que les autres Fagariers moins connus, font pareillement employés à des ufages économiques; par exemple, s'il fe confirme que l'*ampac* (*V.* ce mot) eft un Fagarier, l'ufage qu'on fait de fon bois & de la réfine qui en découle confirmeroit cette préfomption. (*L. REYNIER.*)

FAGONE, *FAGONIA.*

Genre de plante à fleurs polypétalées, qui a des rapports avec les *fabagelles.* Il comprend des herbes exotiques de peu d'effet, à feuilles oppofées, accompagnées de ftipules fouvent épineufes. Les fleurs font bleues, violettes, ou jaunes, axillaires & terminales. Il leur fuccède des capfules à cinq loges monofpermes.

Ce genre est de la dixième classe de Linné; il a pris son nom de M. *Fagon* surintendant du Jardin des Plantes.

Espèces.

1. FAGONE de Crète.
Fagonia cretica. L. ⊖ de l'Isle de Candie.
FAGONE d'Espagne.
Fagonia hispanica. L. ♂ d'Espagne.
3. FAGONE à longues épines.
Fagonia arabica. L. ♂ de l'Arabie.
A. FAGONE arabique.
Fagonia arabica. Mill. Dict. N.° 3.
B. La même à feuilles ovales.
Eadem foliis ovatis. Lipp. Mss.

Description du port des espèces.

1. FAGONE DE CRÊTE. Ses tiges sont herbacées, grêles à leur base, verdâtres, anguleuses, rameuses, fort étalées, longues d'un pied environ; ses feuilles sont opposées, composées de trois folioles, lancéolées, mucronées, longues de trois à sept lignes. Les fleurs sont bleues ou purpurines, portées sur des pédoncules axillaires, solitaires, un peu vélus. La capsule est penchée, à cinq angles comprimés, légerement vélue; de l'Isle de Candie

2. FAGONE D'ESPAGNE. Cette espèce est lisse, sans épines; d'Espagne.

3. FAGONE A LONGUES ÉPINES. Cette espèce a l'aspect de l'*ajonc 2. ulex europeus* par ses longues épines. Ses tiges sont ligneuses, blanchâtres, cylindriques, noueuses, ayant quatre épines en forme de stipules à chaque nœud. Les fleurs sont violettes & les antheres jaunes; de l'Arabie, de l'Egypte.

La variété A, a les feuilles pétiolées, ternées, composées de trois folioles linéaires, pointues; ces folioles sont ovales dans la variété B.

4. FAGONE DES INDES. Sa tige est herbacée, cylindrique, droite, munie de rameaux alternes; ses feuilles sont simples, opposées, oblongues. Les épines stipulaires sont au nombre de quatre à chaque nœud. Les fleurs sont jaunes axillaires, & terminales; de la Perse.

Culture. Toutes ces espèces doivent être semées au commencement du printems, en pots, sur une couche tiède. On éclaircira les espèces annuelles, & on les laissera en pots jusqu'à ce qu'elles soient assez fortes pour être mises en pleine terre, en renversant les pots sans casser la motte. On repiquera les bisannuelles dans des pots plus grands; on les sortira quand elles auront fait de nouvelles racines, jusqu'au tems de les rentrer dans l'orangerie. On les sortira au printems pour les laisser en pots ou pour les mettre en pleine terre, en les soignant pour les graines & elles fleuriront avec les soins ordinaires.

Usages. Ces espèces n'étant que d'un petit effet on ne les cultive que dans les jardins de botanique pour les démonstrations.

On ne leur connoit aucune propriété médecinale ni économique. (*A. J. MENON.*)

FAGRÉ, *FAGRÆA.*

Genre de plantes établi par Thumberg, voisin des GARDÈNES, par son organisation & des CALACS, par ses rapports sexuels. Il ne contient jusqu'à présent qu'une seule espèce connue, étrangère à nos climats.

Espèce.

1. FAGRÉ de Ceylan.
Fagræa Zeylanica. Thumb. ♄ de l'Isle de Ceylan.

C'est un arbrisseau qui s'élève à deux pieds, dont la tige est tetragone; ses feuilles qui sont coriaces, ont jusqu'à sept pouces de longueur, sur trois & même quatre de large. Ses fleurs sont grandes, disposées en faisceaux au sommet de chaque rameau. J'ai donné ces détails à cause de l'organisation aussi singulière d'un arbrisseau, dont les feuilles ont presque la longueur de sa tige.

Culture. On l'ignore jusqu'à présent, le Fagré n'ayant pas été cultivé : il seroit une décoration réelle de nos serres chaudes & nous devons desirer que quelque voyageur nous en fasse jouir. Comme Thumberg n'indique pas le genre de sol ou croît le Fagré, s'il est des montagnes ou des plaines, nous ne pouvons faire aucun rapprochement de sa culture, présumable avec celle d'autres arbrisseaux plus connus. Indiquer l'Isle de Ceylan pour le pays où il végéte, c'est nous donner une généralité presque inutile, car cette Isle immense comprend des sites & des climats bien différens. Lorsqu'on publie des objets nouveaux en Histoire Naturelle, sur-tout en botanique où les êtres sont davantage soumis à l'influence des climats, on devroit comme partie essentielle, donner l'historique des localités des plantes nouvelles qu'on décrit. (*L. REYNIER.*)

FAINE. Nom que l'on donne au fruit du HÊTRE. Depuis des temps très-anciens, on connoissoit l'excellente qualité de l'huile qu'on en retire; on l'employoit dans diverses contrées. La cherté des huiles à l'époque actuelle à donné l'éveil sur cette richesse nationale, & le gouvernement à publié une instruction sur la méthode d'extraire cette huile. On en trouvera les détails au mot HÊTRE, dans le *Dictionnaire des arbres & arbustes.* (*L. REYNIER.*)

FAISAN, *Faisanderie.*

C'eſt ſans doute plus par amour pour la chaſſe, que pour ſatisfaire le déſir de manger d'un oiſeau délicat, qu'on fait des éducations en grand de Faiſans dans les pays ſeptentrionaux de l'Europe.

Le Faiſan, originaire du Midi, s'aclimate aiſément dans nos contrées. (*) Mais il eſt ſi lourd, ſi facile à rencontrer, qu'à moins d'en élever beaucoup, pour remplacer ce que les chaſſeurs en tuent, bientôt le pays où il y en auroit le plus, en feroit dépeuplé entièrement.

L'eſpèce à laquelle on s'eſt attaché davantage eſt le Faiſan ordinaire ou commun, parce qu'il exige moins de ſoins que les autres. Par curioſité cependant on a cherché auſſi à multiplier le Faiſan tricolor ou doré, & le Faiſan blanc de la Chine. *Voyez* le Dictionnaire des Oiſeaux.

Les ſouverains, les princes, les grands ſeigneurs & les gens riches mettoient de l'importance à faire élever beaucoup de Faiſans, pour les lâcher enſuite dans les plaines & dans les bois.

L'Auteur du dictionnaire des oiſeaux, s'étant contenté de décrire les caractères diſtinctifs des Faiſans, leurs habitudes & leur naturel, m'a laiſſé (*voyez* la page 2, du 2.e *Volume* de ſon Ouvrage) la tâche de traiter de la manière d'établir les *faiſanderies* & d'y élever de jeunes Faiſans.

Si on ne conſidéroit que l'état actuel des choſes en France, on ne feroit point d'article ſur l'éducation des Faiſans, c'eſt-à-dire, ſur la manière de multiplier des oiſeaux deſtructeurs des récoltes. Mais on doit penſer que ces éducations auront lieu dans d'autres pays. Il faut que dans l'Encyclopédie, on trouve ce qui s'eſt fait, comme ce qui peut ſe faire. D'ailleurs, eſt-il impoſſible que des particuliers riches, ayant en propriété une étendue conſidérable de pays, s'occupent d'élever des Faiſans, ſans nuire à perſonne ? On ne ſauroit au moins blâmer des hommes, qui font leur ſéjour à la campagne, de s'amuſer à en entretenir dans leur baſſe-cour, comme on entretient des pintades & autres volailles. C'eſt à la ſageſſe des gouvernemens à réprimer & à prévenir les abus. Nous ne devons omettre aucun genre de l'économie rurale, dans laquelle ſe trouve compriſe la multiplication en grand des Faiſans.

J'ai été à portée d'une Faiſanderie conſidérable, dont les détails m'ont parut en tout conformes à ce que j'ai lu dans l'ancienne Encyclopédie, article de M. Leroi, lieutenant des chaſſes, & dans un petit ouvrage, intitulé : *Précis ſur la manière d'élever les Faiſans & les perdreaux, à Paris*, 1772. C'eſt dans ces ſources que je puiſerai pour les mots *Faiſan, Faiſanderie.*

« Une Faiſanderie doit être un enclos fermé de murs aſſez hauts pour n'être pas inſultés par les renards, &c. & d'une étendue proportionnée à la quantité du gibier qu'on y veut élever. Dix arpens ſuffiſent pour en contenir le nombre dont un Faiſandier peut prendre ſoin ; mais plus une Faiſanderie eſt ſpacieuſe, meilleure elle eſt. Il eſt néceſſaire que les bandes du jeune gibier qu'on élève ſoient aſſez éloignées les unes des autres, pour que les âges ne puiſſent pas ſe confondre. Le voiſinage de ceux qui ſont forts eſt dangereux pour les plus foibles : cet eſpace doit d'ailleurs être diſpoſé de manière que l'herbe croiſſe dans la plus grande partie, & qu'il y ait un aſſez grand nombre de petits buiſſons épais & fourrés, pour que chaque bande en ait un à portée d'elle ; ce ſecours leur eſt néceſſaire pendant le temps de la grande chaleur. »

« Pour ſe procurer aiſément des œufs de Faiſans, il faut nourrir pendant toute l'année un certain nombre de poules : on les tient enfermées, au nombre de ſept, avec un coq, dans de petits enclos ſéparés, auxquels on a donné le nom de *parquets*. L'étendue la plus juſte d'un parquet eſt de cinq toiſes en quarré, & il doit être gazonné. Dans les endroits expoſés aux fouines, aux chats, &c. on couvre les parquets d'un filet : dans les autres, on ſe contente d'éjointer les Faiſans pour les retenir. *Ejointer*, c'eſt enlever le fouet même d'une aîle en ſerrant fortement la jointure avec un fil. Il faut que ce qui fait ſéparation entre deux parquets ſoit aſſez épais, pour que les Faiſans de l'un ne voyent pas ceux de l'autre. Au défaut de murs, on peut employer des roſeaux, ou de la paille de ſeigle. La rivalité troubleroit les coqs, s'ils ſe voyoient, & elle nuiroit à la propagation. On nourrit les Faiſans dans un parquet, comme des poules de baſſe-cour, avec de l'orge, &c. Au commencement de Mars, on changera de grain. On obſervera que s'il eſt néceſſaire que ces animaux ſoient bien nourris, il ſeroit dangereux qu'ils fuſſent engraiſſés. Les poules trop graſſes pondent moins, & la coquille de leurs œufs eſt ſouvent ſi molle, qu'ils courent riſque d'être écraſés dans l'incubation. Au reſte, les parquets doivent être expoſés au midi, & défendus du côté du nord par un bois, ou par un mur élevé qui y fixe la chaleur. »

Objet de la ponte.

« Au premier de Mars, ou le quinze au plus tard (dans le climat de Paris), il faut s'occuper de mettre à part les poules que l'on deſtine

(*) En Corſe le Faiſan multiplie bien dans les bois, ſans qu'on veille à ſa nourriture, ce qui prouve qu'il réuſſiroit mieux dans nos Départemens méridionaux que dans ceux du nord.

pour pondre ; celles de deux ans sont préférables à celles qui n'en ont qu'un : on peut les garder jusqu'à trois & quatre années, dans l'intention de faire couver chaque année leurs œufs ; mais passé ce temps, il faut songer à en avoir d'autres. »

« On a soin de choisir pour la ponte, celles qui sont en meilleur état ; ce qui se connoît à leurs plumes bien lisses & à la vivacité de l'œil. »

« On donne depuis cinq jusqu'à sept poules au même coq ; celui qui est le plus foible de corps pourvu qu'il soit bien portant, & qu'il ait l'œil vif, est toujours preférable. »

« On observera, lorsqu'une fois les poules sont avec le coq, de ne point le laisser communiquer avec les poules d'un autre *parquet*. C'est, comme je l'ai dit, le lieu où l'on renferme à part, pour la ponte, les Faisans qui, avant le premier de Mars, étoient ensemble dans la Faisanderie. »

Nourriture pour échauffer les poules.

« Dès qu'elles sont mises dans le *parquet* où l'on veut qu'elles pondent, il faut pour les échauffer, substituer le bled ou le sarrasin à l'orge, qu'on leur donnoit pour nourriture. Si on veut les hâter encore davantage, on donnera un peu de chenevis & même quelques œufs durs hâchés : il faut cependant prendre garde de ne pas trop donner de chenevis ; une poignée tout au plus, tous les deux jours, suffit pour chaque parquet. »

Ponte.

« Environ du quinze au vingt Avril (dans le climat de Paris), les poules commencent à pondre. Matin & soir on a soin de lever leurs œufs ; l'heure de la ponte la plus forte est vers les deux heures après midi. »

« Il faut avoir soin de ne point les troubler, & qu'il n'y ait que celui qui les soigne qui en approche pendant ce tems. »

« Une poule pond quelquefois deux jours de suite, mais ordinairement de deux jours l'un, lorsqu'elle est dans le fort de la ponte, qui peut aller de douze à seize œufs & qui dure environ un mois. Il y a une reponte, c'est-à-dire, qu'une poule, après avoir pondu son premier nombre d'œufs, huit ou dix jours après, pond encore quatre ou cinq œufs, quelquefois plus. »

« On observera à mesure que l'on ramasse les œufs, de les mettre dans un baquet ou autre vaisseau rempli de son, & que le lieu ne soit ni trop humide, ni trop sec. »

« Si l'on voit le coq s'acharner plus particulièrement, comme il arrive quelquefois, à une poule, & qu'elle vienne à avoir le croupion écorché, il faut frotter la plaie avec un peu de beurre, & prendre un petit linge, auquel l'on fera deux ouvertures par où passeront les ailes ; le reste du linge tombera sur le croupion ; il faut qu'il le dépasse d'un bon pouce. »

Choix des couveuses.

« Pour couver des œufs de Faisans, on prend des poules de basse-cour. Plus une poule est légère, meilleure elle est, pour la sûreté des œufs qu'on lui confie ; le nombre peut aller de douze à quinze, suivant qu'on voit qu'elle les tient facilement. »

« Il faut avoir soin de prendre des poules qui ne fassent que commencer à vouloir couver, ce qui se voit à l'état de leur ventre. Une poule trop déplumée ne vaut rien, elle a déjà perdu une partie de sa chaleur. »

« On doit encore avoir attention de choisir les plus douces. Une bonne poule doit tenir ses œufs, se laisser approcher, &, si on la touche, donner de son bec sans se lever. Son cri doit être sourd & enroué, ce qu'on appelle *glousser* ; un cri aigu marque une poule qui n'a pas une volonté déterminée de couver. »

Couverie.

« Ce lieu doit être retiré, tel qu'une écurie ; ni trop chaud, ni trop froid ; il faut en clore les fenêtres ; plus il y fait sombre, plus les poules y restent tranquilles. »

« Il faut un jour ou deux avant de donner les œufs de Faisans aux couveuses, les établir dans la couverie, & leur donner trois ou quatre œufs de poules que l'on met dans leurs paniers, sur un bon lit de paille broyée ; le foin, à moins qu'il ne fût très-sec & bien vieux, s'échauffe & est même nuisible aux couveuses. Alors le jour destiné, à mesure que l'on lève les poules pour les faire manger (ce qui doit être vers les deux heures de l'après-midi, l'air étant plus égal à cet instant), on substitue les œufs de Faisans à ceux de poules, & l'on repose la poule doucement, observant si elle prend bien les œufs qu'on lui a substitués. »

Soins pendant que les poules couvent.

« Si l'on a douze couveuses, on peut en faire manger quatre à-la-fois, ayant quatre mues (*) séparées. Si le nombre est plus grand, avec plus de

(*) On donne ce nom à des claies d'osier faites en forme de toits, qu'on pose sur terre & sous lesquelles on retient des oiseaux, soit pour les séparer des autres, soit pour les avoir à volonté.

de mues l'on en fait également manger davantage à-la-fois, ce qui épargne de l'embarras. »

« On observera de remettre exactement chaque poule sur son même panier; le tems de leurs repas doit être un bon quart-d'heure, le principal est qu'elles se vuident. Leur nourriture doit être le bled pur tandis qu'elles couvent. »

« Il faut beaucoup de propreté; s'il se casse quelques œufs, on les ôtera à chaque fois qu'on levera les poules pour les faire manger; ce qui doit se faire avec l'attention de glisser les mains légérement sous le ventre, pour voir si elles n'ont point quelques œufs entre leurs ailes ou dans leurs pattes. »

« Si l'œuf cassé en a gâté d'autres, il faut les essuyer avec un linge & un peu d'eau tiède; si la paille est trop mal-propre, enlever le dessus & en remettre de fraîche. »

« On doit aussi prendre garde si les poux ne gagnent pas quelques poules; dès qu'on s'en apperçoit, il est nécessaire de donner une autre couveuse. »

« Comme on ne peut guères se flatter d'éviter qu'il n'arrive d'accident à quelques poules couveuses pendant la durée du tems qu'elles couvent, il seroit très-avantageux de se précautionner douze ou treize jours après celui où l'on a mis un nombre d'œufs couver, d'un nombre de poules presque égale à celui de celles qui couvent. C'est à-peu-près à cette époque que les accidens peuvent commencer. »

« Ces nouvelles poules, que j'appelle *poules de relais*, se placeront sur des paniers dans la couverie. On sacrifiera, pour les entretenir à couver, quatre ou cinq œufs de poules sous chacune d'elles. »

« Voici l'avantage de cette méthode. L'accident le plus à craindre, est qu'une poule vienne à perdre sa chaleur, d'où il résulte un très-grand danger pour les œufs qu'elle couve. C'est à celui qui les soigne à juger (lorsqu'il les lève pour les faire manger sous les mues), si les œufs sont à un bon degré de chaleur. La crête indique, d'une manière certaine, l'état de la poule; tant que sa crête reste d'un rouge frais, il n'y a rien à craindre; mais dès qu'elle blanchit trop, c'est une marque que la poule languit. Il faut aussi-tôt avoir recours à son *relais de poules*, & choisir la plus douce, qu'on met sur les œufs de Faisans à la place de la malade, qu'il ne faut point cependant encore abandonner, puisqu'elle sera employée au moment de l'éclosement, comme on va le voir à l'article suivant. »

« Elle demande au contraire plus de soins; on la laissera se rafraîchir, lui donnant la liberté dans la basse-cour pendant une journée : ensuite (car ces poules sont souvent plus attachées à leurs œufs que d'autres) on la remettra sur le panier où étoit celle qu'on lui a substituée; & pour la rétablir entièrement, à chaque fois qu'on la fera manger, au lieu du tems ordinaire, on la laissera une ou deux heures sous la mue. »

« Si on n'est pas dans le cas d'employer toutes ses *poules de relais*, il ne faut pas pour cela les regarder comme inutiles, puisque celles qu'on n'a point employées amènent des poulets pour l'usage de votre basse-cour. »

Moment où les œufs éclosent.

« L'œuf de Faisan est à éclorre depuis vingt-trois jusqu'à vingt-sept jours; ainsi dès que le vingt-troisième jour commence, il faut redoubler de soins. »

« On peut prevoir si les œufs viendront à bien, lorsqu'à cette époque, en passant legèrement la main dessus, ils rendent un son semblable à celui de noix pleines. »

« Dès qu'on apperçoit dans un panier quelques œufs *béchés*, c'est le moment d'avoir recours aux *poules de relais*, de faire usage de ces premières poules qu'on va rechercher, & qui fatiguées & impatientes d'avoir des poussins, ont tout le soin & la tendresse de bonnes mères. Les autres qui n'ont point encore achevé leur tems de couver, ne seroient pas assez douces, & on courroit même le risque qu'elles ne tuassent les petits à mesure qu'ils sortiroient des œufs. »

« Il n'est pas besoin de dire que les œufs ayant été mis en même tems, tous les paniers partent presqu'au même moment; il faut donc redoubler de vigilance, regarder d'heure en heure à chaque panier, afin de débarrasser les petits, qui, déjà éclos pourroient s'étouffer, (comme il arrive souvent) en se fourrant la tête dans la coquille dont ils viennent de sortir. On jette donc les coquilles à mesure hors des paniers. »

« Lorsque tout est éclos, il faut les laisser encore vingt-quatre heures dans le panier sous leurs mères; la chaleur de la poule, pour les ressuyer, leur est plus nécessaire que la nourriture, seulement on fera attention qu'il ne s'en étouffe pas, ou que les plus éveillés, gravissans sur les ailes de la mère, ne se jettent hors du panier; on pare à cet inconvenient en tenant le dessus des paniers exactement fermé; le dessus doit être d'un ozier à claire-voie serrée. »

« Environ au bout de vingt-quatre heures, qu'on peut cependant prolonger pour gagner l'heure de midi, on essayera de présenter aux petits des œufs de fourmis, & un peu de jaune d'œuf en [illegible]té, & comme il s'en trouve toujours de plus forts, on peut, après avoir tenté ce premier repas, faire choix des plus vigoureux, & les mettre quinze ensemble sous une même mère, dans les boîtes destinées à cet usage. (*) La bonne maniere est de mettre deux de ces boîtes l'une au bout de l'autre, pendant les cinq ou six premiers jours; les petits ont plus d'espace pour se promener, & vont d'une mère à l'autre, observant de couvrir de claies fines, ou d'un petit filet, la partie des boîtes qui est découverte, de crainte que les petits ne s'elancent par-dessus. »

« Revenons aux plus foibles. Il faut les laisser passer encore une nuit sous leurs mères & attendre au lendemain pour les mettre au même régime que les autres. »

Nourriture & soins des élèves.

« La nourriture doit dans les premiers tems, être l'œuf de fourmis & le jaune d'œuf haché très-menu, avec son blanc, joint à un peu de mie de pain; l'avoine alors ou l'orge suffit aux mères, »

« On a soin tous les jours de lever un moment les poules hors de la boîte, pour nétoyer leur fiente, qui feroit tort & abîmeroit leurs petits. »

« Au bout de douze ou quinze jours, si le temps est beau, l'on peut désunir les boîtes, & laisser par ce moyen, la liberté aux petits de courrir sur un gazon ou dans une luzerne; il faut aussi toujours mettre les boîtes à l'exposition du levant, & les tourner à mesure que le soleil avance; on observera dans les commencemens, s'il y avoit le matin une trop grande rosée, d'attendre un peu plus tard à ouvrir les boîtes; on observera aussi, que si le soleil étoit trop ardent, il faudroit approcher les boîtes d'une charmille qui pût donner de l'ombre; un soleil trop vif leur seroit nuisible. Dès qu'ils se fortifient, les soins diminuent & le plaisir augmente; la nourriture ne varie que par l'augmentation du chenevis en grain, & de bled qu'on leur donne également en grain, quand on s'apperçoit qu'ils peuvent le prendre. »

(*) Cette boîte, de trois pieds de longueur, sur quinze pouces de largeur & de hauteur, est composée de trois pieces, savoir, du corps de la boîte, d'un couvercle & d'une planche qui entre dans des coulisses. Le corps de la boîte est partagé en trois loges; dans la plus éloignée se place la poule, retenue par un grillage de bois; dans la seconde, les Faisandeaux, les premiers jours. La troisième est une avant pièce où ils se promenent d'abord & où on met leur nourriture; celle-ci, ainsi que les intervalles entre les deux autres se ferme verticalement & à volonté, par des planches à coulisses.

« L'œuf de fourmis, base essentielle de leur nourriture, doit être peu épargné; il ne faudroit cependant pas en donner trop l'excès en deviendroit dangereux; si l'on croyoit leur appétit, ils mangeroient toujours. Si on en manquoit, on pourroit y substituer du ver blanc de charogne, dont la préparation sera détaillée à la fin. Il est encore une chose très-analogue à leur goût, c'est l'orge, que l'on peut se procurer aisément, en en semant de maniere que l'on puisse en avoir toujours de verte, du premier Juillet au premier Septembre. On coupe tous les jours de petites gerbes de cette orge verte, qu'on met devant eux, ils se jettent avec grand plaisir dessus, & piquent ce grain tendre, rempli d'un lait qui leur est très-bon. »

« On observera de laisser aux petits, à mesure qu'ils se fortifient, une pleine liberté; la mère, toujours demeurante dans la boîte, les empêche de trop s'éloigner; au moindre signal de l'heure des repas, on les voit accourir jusqu'à ses pieds. »

« A deux mois ils pourroient absolument se passer de mère; on peut aussi supprimer l'œuf de fourmi, le bled, l'orge & le sarrasin suffisant alors. Cependant, à l'égard de la mère, plus on la tient captive, moins les petits deviennent sauvages, s'éloignant peu du lieu où elle demeure, & se *branchant*, pour la nuit sur les arbres voisins du lieu où est la boîte. »

« Ce n'est qu'à la fin d'Octobre qu'ils commencent à s'éloigner un peu, & à battre le pays; mais avec un peu de grains, qu'on observe de conserver dans le premier lieu de leur éducation, on est sûr de les retenir, & que fidèles au séjour de leur enfance, ils ne manqueront pas d'y faire leur ponte au printems suivant, préférablement à tout autre lieu. »

Observations particulieres.

« Ceux qui ne voudroient point avoir l'embarras de conserver pendant l'hiver des poules faisannes pour la ponte de l'année suivante, peuvent, vers la fin de Février, en ratrapper dans le parc ou bois où elles se sont plus adonnées, le nombre qu'ils veulent; cela se fait aisément, en mettant le bled ou orge qu'on leur donne á manger, sous de grandes mues, qu'on abat par le secours d'un cordeau qui se tient à la main, restant caché derrière un arbre, à quelque distance. »

« Il est sensible que ceux qui voudroient se procurer des Faisandeaux plus hâtifs, peuvent gagner le mois que dure la ponte, en formant aussi-tôt une couvée particulière des premiers œufs que donnent les poules; mais quand il s'agit de peupler un canton, & qu'on projette un élève un peu nombreux, il est beaucoup plus simple de diminuer les embarras que demanderoit cette même suite d'opérations, s'il falloit, pendant le mois que dure la ponte, mettre d'un jour à l'autre, des œufs couver ; le meilleur parti est donc de faire couver en deux temps. Si l'on attendoit que la ponte fût entièrement finie, il se trouveroit des œufs pondus depuis un mois, ce qui seroit un terme un peu long pour la sûreté du germe de l'œuf; ainsi prenant un juste milieu, au bout de quinze jours de ponte, on peut mettre couver tout à-la-fois les œufs pondus pendant ce terme; & à la fin de l'autre quinzaine, on fera une autre couvée de tous les autres œufs pondus depuis. Ce parti est le plus sage, & donne le temps de trouver plus à son aise de bonnes couveuses. »

« La maladie la plus à craindre pour ces animaux, est le dévoiement; ce qui leur arrive lorsqu'il survient des froids & des orages qui répandent une grande humidité dans l'air; il est difficile d'y rémédier : cependant leur état demande plus de soins. Le plus sûr est de séparer les infirmes, que l'on porte (avec une ou deux mères, si le nombre l'exige), à une distance suffisante pour qu'ils ne puissent communiquer avec les autres ; on leur donne un peu plus de jaune d'œufs & de chenevis, pour tâcher de les fortifier; il faut aussi mettre un peu de sel & de mâche-fer dans leur eau, ou ce qui est encore plus actif, plonger un fer rouge dans l'eau qui doit servir à remplir leurs terrines. On ne sauroit trop porter d'attention, dès le commencement, à la propreté que demandent ces petits animaux. Il faut nétoyer exactement chaque jour les boîtes; & lorsqu'on a commencé l'usage de l'eau, la renouveller deux fois par jour : ce sont des soins par lesquels on préviendroit la maladie, qui, une fois établie, ravage sans laisser presque d'espérance d'arrêter la contagion. (*) »

« Personne n'ignore que le Faisan se plaît particulièrement dans les bois les plus fourrés & un peu montueux; il leur faut aussi toujours de l'eau; des marres, pourvu qu'elles ne tarissent jamais, suffisent. »

« Quand, dans une terre, l'on a ces avantages, & qu'on y joint le soin de faire semer autour de ses bois quelques arpens de sarrasin en différentes places (observant de le laisser mourir sur pied), l'on peut se flatter de les fixer aisément. »

(*) Il n'est rien moins que prouvé que le dévoiement des Faisans soit contagieux. La même cause peut agir à-la-fois sur un très-grand nombre, sans qu'ils gagnent la maladie les uns des autres. Si on l'attribue à des froids & à des orages, on conçoit qu'il ne faut pas recourir à la contagion pour l'expliquer. Ce qu'il y a de certain c'est que cette maladie en tue beaucoup. Tous ceux que j'ai ouverts, avoient les vaisseaux & les viscères dans un état de cachexie. Les remèdes toniques seuls leurs conviennent.

« S'il y a des vignes aux environs, on tire encore un grand avantage du marc de raisin, qu'il faut faire mettre en différentes places des bois. Si, pendant l'hiver, il tombe beaucoup de neige, les gardes ont soin de la balayer de dessus le marc; les Faisans l'aiment prodigieusement, & l'on peut même être sûr que s'il en vient des environs, ils ne s'eloignent plus quand ils en ont une fois connoissance. »

« Au défaut de marc de raisin, si l'on s'apperçoit que le sarrasin, mort sur pied, ne suffit pas, & qu'il y ait une grande abondance de neige, il faut y suppléer, en leur faisant jetter un peu d'orge & de bled de Turquie, si le pays en fournit. »

« Il faut encore ajouter au nombre des choses qui leur conviennent, les carottes, les pommes de terre, les choux pommés, l'oseille, les laitues, le persil & les panais; ces deux derniers légumes particulièrement sont, par leur qualité échauffante, très-bons à donner aux poules faisannes pour avancer la ponte, & même pendant le tems qu'elle dure. »

« Ils mangent très-bien aussi les pois, les fèves & la graine que donne l'aube-épine : on dit même le gland. »

« Comme on ne sauroit trop insister sur la nécessité de ne pas manquer d'œufs de fourmis, l'étude d'un garde est de connoître à fonds toutes celles des bois de son canton, & si elles changent d'habitation, d'observer le nouvel endroit où elles se sont fixées. »

« Lorsqu'on a un *fourmilleur* exprès, s'il ne connoît pas les environs, il faut qu'il aille cinq ou six jours avant que son service commence, battre les bois & haies, qu'il s'informe aux bergers & aux bûcherons, pour avoir connoissance des fourmillières; le travail une fois commencé, il se levera de grand matin & se précautionnera pour sa journée. Souvent il ira à trois & quatre lieues, étant obligé de ménager toujours les fourmillières les plus voisines, pour que dans un moment pressant, ou lorsqu'il survient vingt-quatre heures de mauvais tems, il soit en état de fournir toujours. »

« On doit laisser quinze jours au moins de repos à une fourmillière avant d'y retourner. Le *fourmilleur* doit avoir un bon sac, de plus, une cuillere de fer de dix huit pouces de long, terminée en cuillere à pot; il ouvre avec sa cuillere la fourmillière; quand il fait beau, les œufs sont à la superficie; mais dans un jour de pluie, ils sont quelquefois à plus d'un pied de bas. »

« Voici la manière dont je proposerois d'aller aux fourmis. Cependant ceux qui en trouveroient l'usage trop compliqué, peuvent s'en tenir à la manière ordinaire, retranchant du détail ci-après tout ce qui a rapport à l'opération du crible,

& n'observant que ce qui est prescrit pour la conservation de la fourmillière. »

Manière d'aller aux fourmis.

« Un fourmilleur devroit porter avec lui un double crible, qui, pour ne point embarrasser au bois (où souvent il faut entrer dans des endroits fourrés), n'aura que dix-neuf pouces de diamètre; il sera en deux parties, s'emboîtant l'une dans l'autre. La partie supérieure aura un rebord de trois pouces & le *tamis* (j'appelle ainsi la peau de mouton), sera percé de trous de quatre lignes de diamètre. La seconde partie, ou crible de dessous, dans lequel s'emboîtera la partie supérieure, aura son tamis percé de trous d'une ligne de diamètre. »

« Ces deux cribles qui, réunis l'un dans l'autre, n'en feront qu'un, porteront en tout sept pouces de haut, savoir: quatre entre les deux tamis, & trois pour les rebords du premier crible. »

« Pour le manier commodément, on percera dans les côtés du crible de dessous, deux trous, où seront attachées des couroies qui serviront de mains pour le secouer. »

« Sitôt que le fourmilleur aura ouvert sa fourmillière, il jettera sa première cuillerée sur son crible, donnera une légère secousse pour faire passer les œufs dans le vuide entre les deux cribles, rejettant sur les côtés de la fourmillière les ordures & le gros bois qui n'auront pu passer par les trous, & recommencera cette opération, jusqu'à ce qu'il voie qu'il amène du fond de la fourmillière, plus de terre que d'œufs. »

« Alors, il prendra son crible à deux mains, le secoura fortement sur le milieu de la fourmillière, afin que la terre & les œufs, trop petits, sortent par les trous du second crible, & avec la main fera tomber sur la fourmillière les fourmis qui, ayant passé avec les œufs, se trouveront attachées en pelotons au côté intérieur du crible de dessus. »

« Cette opération finie, il mettra ces œufs, ainsi nétoyés, dans son sac, qu'il liera d'une bonne corde. »

« Reste le soin de la fourmillière; il arrachera de préférence à tout autre bois, une branche de chêne, & après l'avoir tortillée, la mettra dans le cœur de la fourmillière, qu'il rétablira le mieux possible. »

« Enfin, avec quelques branches, dont il fera un balai, il repoussera sur la fourmillière, les fourmis qui, épouventées, se répandent & noircissent la terre à trois ou quatre pieds de leur habitation. »

« La manière d'opérer ainsi en allant aux fourmis, est nécessaire en tout point. Si l'on n'avoit point de *crible*, on mettroit dans son sac plus de terre, & de menu bois dont sont couvertes les fourmillières, que d'œufs; de plus, on emporteroit aussi une grande quantité de fourmis, ce qui, d'une part, détruit l'espèce dont on a grand besoin, & d'autre part, fait un tourment aux petits Faisans, sur-tout quand ils sont jeunes, s'attachent à leurs pattes & les empêchant de manger à leur aise. »

« Par ce moyen l'on évite ces deux inconvéniens, & l'on rapporte, sans beaucoup fatiguer son cheval, une charge qui est toute en profit. On observera cependant, que les œufs étant ainsi criblés & séparés de tout le menu bois, le *fourmilleur* en revenant à la maison, ne doit pas se mettre sur sa charge, crainte de les écraser; s'il veut monter sur son cheval, il prendra les précautions nécessaires pour éviter cet inconvénient. »

Manière d'employer les vers de charogne.

« On se fera apporter, ou une brébis, ou une vache morte, ou enfin, d'autres animaux, même des intestins de chez quelque boucher. »

« On aura un lieu exprès, où toutes ces choses pourront se suspendre à l'abri de la pluie; quelques mauvaises planches suffiront pour former un toit au-dessus; mais on observera que le soleil du midi ne pénètre point sous l'appentis; les mouches qui s'y attachent en quantité, ont bientôt engendré les vers dont on a besoin; cependant il faut bien se garder de les donner aux *élèves* dans l'état où on les ramasse. On aura des baquets faits avec des moitiés de tonneaux; on y jettera les vers, que l'on saupoudrera de poussière très-fine, ou de cendre pour les ressuyer & leur faire jetter leur feu; au bout de deux fois vingt-quatre heures, qu'ils ont été dans les baquets, on peut, sans danger, les donner aux *élèves*, après néanmoins les avoir lavés dans une eau claire & ressuyés dans le son. »

« Ce moyen ne doit être regardé que comme une ressource dans le cas où l'on manqueroit d'œufs de fourmis, toujours préférables à cette nourriture. »

Cette manière de nourrir les jeunes Faisans peut convenir, à ce que je présume, à d'autres oiseaux, qu'on auroit intérêt d'aclimater & d'élever dans nos basses-cours. Il est bon de la faire connoître, quand bien même on ne devroit plus élever de Faisans. (TESSIER.)

FAISANCES. Terme usité dans les baux à ferme. Ce sont les produits de conditions, que j'appelle *secondaires* ou *additionnelles*, parce qu'on les ajoute aux conditions importantes. Après avoir stipulé le prix principal d'un bail, soit en argent, soit en grain, on indique les *Faisances*, dont la nature & la quantité varient selon les pays, les usages & la position respective du bailleur & du preneur. Les Faisances sont ordinairement des volailles, du beurre, des œufs, du poisson, du cochon frais ou salé, un ou deux agneaux de lait ou chevreaux, du lin, du chanvre, de l'huile, des fruits, un certain nombre de bottes de fourrage, le transport de bois de chauffage, de grains, meubles & personnes, &c.

Quand le propriétaire n'a pas de récolte particulière, il charge ses baux de Faisances, pour se procurer des denrées sans soins, sans embarras.

Si les Faisances sont peu de chose, elles n'influent pas sur le prix du bail. Mais lorsqu'elles sont considérables, le fermier donne d'autant moins en argent ou en grain, & souvent le propriétaire qui a d'autres ressources pour des denrées, ou qui est éloigné de ses fermes, feroit mieux de n'exiger aucune Faisance, & de les confondre dans le prix principal du bail.

Dans ces derniers tems on a cherché en France à faire regarder les Faisances comme des *revenus féodaux*, comme des *corvées*. L'ignorance, qui ne distingue rien, la méchanceté, qui ne demande qu'à nuire, & l'injustice, cette compagne trop fidèle des momens de troubles, qui saisit avec empressement le moindre projet, la moindre circonstance favorable, de dépouiller les propriétaires, ont conspiré pour tout confondre, & sont parvenus à faire classer une partie des Faisances dans les droits, qu'on a détruits. Sans doute on y reviendra, & la nation éclairée sur ce qui est tyrannie & sur ce qui est convention libre, laissera les propriétaires & les locataires maîtres de leurs conditions respectives. *Voyez* le mot CORVÉE, sur-tout aux *pages* 522 & 523, *Tome* 3.e (TESSIER.)

FAISOLES. Nom donné dans quelques pays aux haricots, & dans d'autres aux fèves. Il vient du mot latin *phaseolus*. (TESSIER.)

FALABRIQUIER. Suivant Valmont Bomare, les habitans de la France méridionale donnent ce nom au MICOCOULIER. *Voyez* ce mot. (*L.* REYNIER.)

FALKIE, *FALKIA*.

Genre de plantes établi par Linné le fils, sur lequel on n'a pas assez de notions pour le rapprocher avec certitude de la famille des LISÉRONS, ou de celle des BORRAGINÉES ; il ne comprend actuellement qu'une seule espèce.

Espèce.

1. FALKIE rampante.

Falkia repens. L. Fil. ♃ du Cap de bonne-espérance, aux lieux inondés.

C'est une petite plante qui, par son *habitus* & par la forme de sa fleur, ressemble beaucoup aux liserons, mais qui en diffère par un caractère notable de son fruit qui est composé de quatre semences nues, logées au fond du calice ; caractère principal des borraginées.

Culture. On a peu de notions sur les soins nécessaires à cette plante ; mais le climat qu'elle habite exigeant la chaleur artificielle de nos orangeries, jointe à beaucoup d'humidité, rend sa culture plus difficile qu'elle ne seroit profitable. On la cultive dans les jardins de botanique de Keir, où Aiton dit qu'elle réussit dans l'orangerie & qu'elle fleurit en Mai. On ne la possede pas encore dans les jardins de la France. (*L.* REYNIER.)

FALLOPE, *FALLOPIA*.

Genre établi par Loureiro & qui se classeroit dans la famille des CISTES, sans les feuilles éparses de l'espèce connue, ce qui le rapprocheroit davantage des TILLEULS.

Ce genre est remarquable par son calice composé de douze pièces caduques qui sert d'enveloppe à trois fleurs distinctes, chacune ayant cinq pétales ovales & cinq nectaires petits & redressés. Seroit-il présumable que ce calice qu'indique Loureiro fût composé de bractées ? que ces pétales de chaque fleur fussent des calices colorés ? que ces nectaires fussent des pétales ? Ce seroit se rapprocher des organisations communes ; mais ce n'est pas une raison pour que cela soit, car déjà souvent la nature a démenti les doctes présomptions des savans qui vouloient poser une borne aux combinaisons variées qu'elle offre sous divers climats. Loureiro a institué ce genre sous le nom du célèbre anatomiste Fallope.

Espèce.

1. FALLOPE à feuilles nerveuses.

Fallopia nervosa. Lour. ♄ des environs de Canton en Chine.

Cette espèce est un arbre de huit pieds de haut, à rameaux étalés, dont l'écorce intérieure est filasseuse ; mais Loureiro ne dit pas si les Chinois en font usage. Ses fleurs sont petites, disposées sur des rameaux à l'extrêmité des branches. Nous n'avons aucunes données sur sa culture. (*L.* REYNIER.)

FALSÉ. Espèce de Greuvier qu'on cultive sous ce nom à Pondichéry, pour son fruit, dont la saveur acide est très-agréable. *V.* GREUVIER. (*L.* REYNIER.)

FALUN. On donne ce nom à un amas très-considérable de débris marins réduits en poussière, que l'on trouve dans la ci-devant Touraine, province de France. Les endroits creusés

Pour extraire le Falun, se nomment *falunières*. L'étendue de terrein qu'occupe ce dépôt, est d'environ trois lieues & demi de longueur, sur une largeur moins considérable; il est vrai que l'on en a pas encore fixé au juste les limites. L'épaisseur de cette couche n'est pas mieux connue; la plus grande profondeur où l'on ait creusé jusqu'à présent des falunières, est de vingt pieds: on n'a pas été plus avant à cause de l'eau qui y sourd de tous côtés. Quelle immense quantité de coquilles! quel dépôt! ajoutons aussi, quel trésor! car l'industrie humaine a su en tirer parti, & ces dépouilles marines deviennent tous les jours un excellent engrais pour les terres qui les recouvrent. »

« L'origine de cet amas de débris de coquilles réduites en poussière, formant une masse de plus de vingt pieds d'épaisseur sur plus de trois lieues de longueur, éloigné de la mer de plus de trente-six lieues, n'est pas aussi facile à donner qu'on le pense : l'attribuer tout simplement à un courant de mer, qui, retenu & brisé par les collines voisines, a laissé déposer ces fragmens qu'il rouloit avec ses eaux, c'est donner une explication simple de ce fait singulier & peut-être unique d'histoire naturelle. Abandonnons-la aux physiciens qui s'occupent de la nature en grand, & considérons les falunières par rapport à leur exploitation & à leur utilité. Les observations suivantes serviront pour les pays où l'on viendra à en rencontrer de pareilles. »

« Lorsqu'un paysan de ce canton veut *faluner* sa terre, il examine d'abord si dans son district il se trouve des indices de Falun. Cette substance se montre quelquefois à la surface; mais ordinairement elle est recouverte d'une couche de terre de quelques pieds d'épaisseur. Les endroits bas, aquatiques, peu couverts d'herbes, promettent du Falun proche de la surface de la terre; il fonde, & dès que la couche de terre a plus de neuf à dix pieds, il n'en fait pas la fouille, parce que la dépense deviendroit trop considérable. Lorsqu'on est assuré de la présence du Falun, on rassemble un grand nombre d'ouvriers; il est rare qu'on en emploie moins de quatre-vingt à-la-fois, & quelquefois le nombre va à plus de cent cinquante. On ouvre des trous quarrés, à-peu-près de trois à quatre toises de longueur; la première couche de terre enlevée, & le premier Falun tiré & jetté sur les bords du trou, le travail se partage; une partie des travailleurs creuse, tandis que l'autre épuise l'eau. »

« Comme la plaine où se trouve le Falun est basse, que la masse elle-même de Falun est comme une éponge, il n'est pas étonnant qu'elle soit perpétuellement imbibée d'eau qui coule par-tout où elle trouve une issue. Pour être moins fatigué par l'affluence des eaux, on ouvre communément les falunières vers le commencement d'Octobre. »

« On creuse les trous en forme de gradins; c'est là-dessus que se placent les ouvriers, depuis l'orifice du trou jusqu'à son fond. Pendant que les uns avec des seaux puisent & étanchent l'eau, les autres enlevent le Falun : pour aller plus vîte, l'eau dans les seaux, & le Falun dans des corbeilles montent de main en main jusqu'à l'ouverture, à-peu-près comme l'on voit les maçons ou les couvreurs distribués sur une échelle, depuis le bas d'une maison jusqu'à son faîte, se passer de main en main la tuile ou l'ardoise. L'eau est jettée d'un côté du trou, & le Falun d'un autre; on ne met tant de célérité dans ce travail, que parce que l'eau sourd fort vîte, & auroit bientôt inondé tout l'ouvrage; aussi commence-t-on le travail de très-grand matin, & est-on obligé de l'abandonner vers les trois ou quatre heures de l'après-midi. Un trou une fois abandonné, on n'y revient plus, il est moins pénible & plus avantageux d'en percer un second, que d'épuiser le premier. L'eau filtrée à travers ces débris de coquilles est claire, limpide & sans mauvais goût; cela vient sans doute de ce que la masse de Falun n'est composée absolument que de coquilles sans sable, ni pierre, ni terre. »

« La masse de Falun nécessaire retirée du trou, égoûttée & desséchée, s'étend dans les champs comme la marne. Comme les terres de ce canton sont de nature différente, la quantité de Falun nécessaire pour chaque terre n'est pas la même; il y a des terres qui en demandent jusqu'à trente, trente-cinq charretées par arpent; tandis que dans d'autres quinze ou vingt suffisent. »

« La nature du Falun bien reconnue pour n'être qu'un dépôt de coquilles & de madrépores, en un mot, de productions marines, il est facile de voir qu'il diffère essentiellement de la marne, qui n'est qu'une terre calcaire mêlée de sable & d'argille. (*) Aussi les terres que féconde la marne, ne le sont-elles pas par le Falun; ou pour parler plus juste, le Falun ne doit pas être considéré positivement comme un engrais dont les sels & les huiles animale & végétale fournissent abondamment le principe savonneux aux plantes, mais plutôt comme un corps maigre & sec, qui dissémine à travers les molécules de la terre, les tient écartées & assez éloignées les unes des autres pour laisser un jeu

(*) N'ayant rien voulu changer à cet article, pris dans le *Cours complet d'Agriculture* de l'Abbé Rosier, j'observerai seulement qu'il se trompe quand il dit que la marne n'est qu'un composé de terre calcaire ou craie, de sable & d'argile. Car il entre dans la composition des marnes, quelquefois d'autres substances. Au reste c'est ou la craie ou l'argile, qui y domine.

libre aux combinaifons, qui doivent fe former dans le fein de la terre, & porter la vie dans les racines de chaque plante. Cet amendement artificiel donne à la terre où on l'emploie, la qualité de ne conferver que la quantité d'eau convenable à la végétation, de ne pas s'affaiffer par les pluies d'orage, & de fournir par fa décompofition une certaine portion d'air fixe & de terre foluble, qui font fi effentiels aux plantes. (*) Pour remplir ces trois objets, il faut que le Falun foit extrêmement divifé, foit naturellement à fa fortie du trou, foit par fon féjour & fon mélange avec la terre végétale. Auffi fon effet eft moins fenfible les premières années que les fuivantes; alors le Falun fe trouve, par les labours & la culture, divifé, atténué & répandu uniformément. » *Cours complet d'Agriculture.* (*Tessier.*)

FAMILLE de plantes. Les Botaniftes donnent ce nom à des grouppes qu'ils forment pour la fimplification de l'étude des plantes qui ont entre elles des rapports communs plus grands que ceux qu'elles ont avec les autres. Ces rapports naiffent ordinairement de l'habitus qui eft le réfultat de la conformation générale; mais la multiplicité des anomalies & des exceptions qu'on découvre chaque jour force à joindre à cette démarcation générale, la confidération des caractères les plus apparens. Ainfi, pendant que Linné a bâti fon fyftême artificiel & fes accolemens monftrueux de plantes fur la confidération du nombre des étamines qui ne préfente qu'un caractère variable, beaucoup de Naturaliftes reviennent à des principes plus fains & rappellent l'examen de l'enfemble dont on doit la première idée au génie créateur de Tournefort. En fe rapprochant fans ceffe de la nature, ils nous conduiront enfin à des notions fûres, claires & faciles à faifir, plus faciles même que l'apparente facilité du fyftême Linnéen, qui n'eft autre qu'un moyen de parvenir à un faux favoir. Cette indication fommaire fuffit à l'agriculteur qui voit le mot Famille employé dans un dictionnaire, & qui veut favoir ce que c'eft; s'il veut acquérir des notions plus étendues, il doit confulter ce même article dans le *Dictionnaire de Botanique*, où Lamarck l'a traité avec étendue & philofophie. (*L. Reynier.*)

FAMINE. Ce mot, qui vient de *fames*, faim, exprime l'état d'un pays ou d'un certain nombre d'individus, aux quels les vivres manquent.

Il y a cette différence entre la *Famine* & la *difette*, que la Famine eft une fuite de la difette & non *vice verfa*. La difette eft le manque de denrées, quand il en réfulte la faim portée au plus haut point, c'eft la Famine.

Les poëtes & les hiftoriens en ont fait fouvent des peintures touchantes. On ne lit point dans la Henriade, fans une forte de friffonnement, la defcription de la Famine de Paris, lors du fiége de cette ville.

Plufieurs circonftances procurent la Famine. Des nuées de fauterelles, qui viennent fondre fur un pays, une grêle horrible ravageant tout, un tremblement de terre, quand les moiffons font encore fur pied, voilà des caufes de difette & par conféquent de Famine. A ce malheur font expofés des villes affiégées, fans être pourvues d'affez de fubfiftances, des armées, dont l'ennemi a pillé les magafins, & enfin des Etats entiers ou des Provinces, que la malveillance ou le monopole prive à-la-fois des denrées de première néceffité.

Je laiffe à l'Hiftoire à faire connoître les agens fecrets de la Famine longue, dont on vient d'éprouver en France les triftes effets. Quelque foin qu'on ait pris d'approvifionner Paris, même aux dépens du refte de l'Empire, cette grande Cité a beaucoup fouffert. (*) Ses habitans, réduits à quatre & à deux onces d'un pain noir & mauvais, par jour, avoient prefque la certitude de n'en point avoir, s'ils ne paffoient quatre ou cinq heures aux portes des boulangers, auxquels l'adminiftration envoyoit la portion qu'il étoit en fon pouvoir de mettre à leur difpofition. Combien d'hommes infirmes, combien d'enfans en bas âge, dont les meres étoient malades, reftoient des journées entières fans manger? Il n'y a point de quartiers, où l'on n'ait trouvé des individus, morts de faim.

L'embarras pour les fubfiftances, qui affligeoit Paris, fe faifoit fentir dans prefque tous les départemens, même dans ceux où les récoltes en grains, étoient le plus abondantes. Par-tout on demandoit du pain, par-tout on cherchoit à le fuppléer par du riz, des racines, des graines légumineufes. Tout fe vendoit au poids de l'or, & l'infortuné, qui n'avoit à donner en échange ni argent, ni meubles précieux, étoit éconduit & condamné à fe nourrir d'alimens groffiers, dont il n'avoit pas une affez grande quantité pour appaifer fa faim.

Cette affreufe pofition, dont on ne prévoyoit pas le terme, a changé tout-à-coup, & on a vu reparoître le bled, la farine & le pain, auffi-

(*) Il faloit ajouter, pour donner aux racines la facilité de mieux s'étendre. *Voyez* au mot Amendement, la page 494 & fuivantes, premier Volume de ce Dictionnaire.

(*) Ceci eft écrit en Octobre 1796. Il y a au plus fix mois que les boulangers, à Paris, expofent du pain dans leurs boutiques, après une interruption d'au moins deux ans.

tôt que le gouvernement, plus éclairé sans doute, ayant retiré sa confiance à des agens dangereux & infidèles, a lâché peu-à-peu les rênes, qui retenoient le Commerce. Il n'a pas fallu attendre la nouvelle récolte, pour jouir d'une abondance inatendue; tant il est vrai que les malheurs, dont les peuples sont accablés quelquefois, sont toujours dûs à l'ignorance ou à l'insouciance de leurs gouvernemens. La reconnoissance publique n'oubliera pas les hommes auxquels elle doit ce bienfait, & tant qu'il sera question de la disette factice & de la famine, dont nous avons été les témoins & les victimes, les noms de ceux, qui les ont fait cesser, seront prononcés avec estime & repect. *Voyez* les mots COMMERCE DES GRAINS & DISETTE. (*TESSIER.*)

FANAGE. Action de dessécher les herbes des prairies, pour les conserver. *Voyez* FANER & FOIN. (*TESSIER.*)

FANAU-D'IVOUÉ. Nom vulgaire de la *renoncule aquatiqua* dans la France orientale & dans la partie limitrophe de la Suisse. *Voyez* RENONCULE. (*L. REYNIER.*)

FANE, *agriculture*. Tige & sur-tout feuille des plantes herbacées. Par exemple, on dit la Fane ou la feuille de cette plante est différente de celle de telle autre. C'est de-là que vient le mot *effaner*, ôter une partie des Fanes. Quand les feuilles des bleds, étant trop fortes, font craindre qu'ils ne versent, ont les effane, c'est-à-dire, qu'on en retranche les extrêmités. *Voyez* EFFANER. (*TESSIER.*)

FANE, *jardin*. Les fleuristes donnent ce nom aux feuilles des plantes qu'ils cultivent, mais principalement à celles des *anémones*, des *renoncules* & des *oreilles d'ours*. La considération de la Fane entroit pour beaucoup dans les règles de beauté, que les flotimanes avoient établies; on les trouvera indiquées, sous l'article de chacune de ces fleurs. (*L. REYNIER.*)

FANEGUADE. On dit aussi fanegue (*faneguada, fanegua*) mesure de terre en Espagne & dans les possessions de cette nation.

Le fanegue ou la fanegue de terre, d'après la métrologie de Paucton, égale quatre mil neuf cent vares quarrées, ou neuf cent trois toises & dix-huit pieds, qui ne font point un arpent royal de France, mais un arpent de Paris, trois toises & dix-huit pieds.

Je trouve dans mes notes sur les Isles Canaries que le fanegue ou la fanegue contient quarante brasses quarrées, chacune de cinq pieds & demi ou de deux vares, & un sizième. (*TESSIER.*)

FANEGUE. Mesure de grains, usitée en Espagne, aux Isles Canaries & vraisemblablement dans les autres possessions espagnoles.

Suivant Paucton la Fanegue (*fanegua*) égale douze celemines & vaut deux boisseaux & demi de Paris,

On trouve dans l'almanach de Gottingue que la Fanegue égale deux mille trois cent quatre-vingt-dix pouces cubiques de France, ce qui feroit trois boisseaux & trois quars.

D'après d'autres auteurs, la Fanegue feroit de cinq boisseaux.

Celle de Lisbonne (*fanego*) qui se divise en quatre alquières, est de quatre boisseaux & un quart.

A Teneriffe, & à Fortaventure, deux des Isles Canaries, la Fanegue (*fanegua*) se divise en douze almudes & pese en froment ordinairement cent livres, quoiqu'il pese quelquefois plus, c'est-à-dire, égale cinq boisseaux. La mesure de ces isles est plus forte que celle de Cadix, puisque cent Fanegues de bled des Canaries en produisent cent quatorze à la mesure de Cadix. (*TESSIER.*)

FANER. Opération, par laquelle on met les herbes des prairies naturelles ou artificielles, en état d'être conservées, sans s'alterer.

La nécessite de retrouver en hiver des fourrages, qui contiennent une partie de leur sucs nutritifs, ou d'en transporter facilement & sous un plus petit volume pour les armées, dans les villes, aux postes, aux auberges, &c. a fait imaginer l'art de dessécher en grand les herbes, capables de servir d'aliment aux bestiaux; c'est ce qu'on appelle en économie rurale *faner*.

Ces herbes ne sont ni de même genre, ni de même espèce. Leur texture par conséquent est différente. La chaleur, lorsqu'on les coupe, est plus ou moins forte & la saison plus ou moins *hâleuse*. Elles n'exigent donc pas par-tout, ni en tout tems les mêmes attentions pour leur dessication. Les graminées, dont les tiges & les feuilles sont grêles, contiennent peu d'eau de végétation & ne tardent pas à se Faner. Les pois & les vesces, les pois sur-tout, quoique plus humides, sont aussi bientôt secs, parce que leurs pores & leurs vaisseaux exhalans sont très-ouverts. Il faut beaucoup plus de tems à d'autres plantes, telles que le sainfoin, &c. ce qui dépend encore de l'épaisseur des ondains ou couches d'herbes.

En été, le fanage n'est pas long. Il est même quelquefois si court, que pour peu qu'on tarde à amonceler & à enlever les plantes, elles se réduisent en poussière & ne sont plus utiles, Il est à craindre en automne, que les regains ne soient perdus, dans les vallées étroites, où le soleil ne paroît que quelques heures de la journée. Ce sont ces heures, qu'il faut bien saisir.

Dans certaines années & dans certains champs, on laisse Faner un jour ou deux les tiges coupées

pées du seigle, & du froment, avant de les enlever, lorsque parmi elles il y a beaucoup d'herbes, qui exciteroient de la fermentation & exposeroient les fermes ou métairies à des incendies. Quoiqu'un autre motif détermine les cultivateurs à ne point amener à la grange les tiges d'avoine aussi-tôt qu'elles ont été fauchées, (*voyez* Avoine, page 736, *Tome I.er*) cependant le fanage y doit entrer pour quelque chose, dans les pays ou ces tiges servent à nourrir les vaches; car cette raison doit suffire pour les faire couper encore un peu vertes; le grain mûrit assez dans le tas, & les vaches trouvent dans la paille, ainsi traitée, un fourrage plus succulent. *Voyez* le mot Foin pour les détails du fanage. (*Tessier.*)

FANER. (se) Se dit des plantes, qui de droites & étendues qu'elles étoient, deviennent languissantes, tombent & se flétrissent, ce qui a lieu, sur-tout en été, lorsque des plantes viennent d'être plantées; cette flétrissure, remarquable sur les choux, les laitues, les melons, &c. qu'on met en place, exige des arrosemens, les premiers jours, jusqu'à ce qu'elles commencent à faire de nouvelles racines.

On se sert encore de cette expression pour indiquer l'état des fleurs, qui se décolorent & perdent leur première fraicheur. (*Tessier.*)

FANÈRE, *Phanera.*

Genre nouveau établi par Loureiro dans la famille des *légumineuses*, voisin des *bauhines* & composé jusqu'à présent d'une seule espèce que Linné avoit définie sous le nom de *bauhine grimpante*, mais Loureiro présume que ce genre doit comprendre d'autres espèces, dont il n'a que des notions imparfaites. Ce genre diffère de celui des bauhines, par le nombre des étamines qui ne sont qu'au nombre de trois dans chaque fleur & par le calice qui est composé de quatre pièces.

Espèce.

1. Fanère à fleur rouge.

Phanera coccinea. Lour. ♄ dans les forêts de la Cochinchine.

Loureiro dit que la Fanère à fleur rouge dont il préconise la beauté & notamment celle de la fleur, s'elève jusqu'au sommet des plus grands arbres. On trouvera sous l'article *bauhine grimpante* dans ce Dictionnaire tout ce qu'on fait de la culture de cette plante. (*L. Reynier.*)

FANEUR, FANEUSE. Une partie du fanage n'exigeant pas un travail très-penible, on y emploie des femmes & des hommes. Ce mélange des deux sexes est un des avantages de l'opération; parceque la gaité, qui en résulte, est un encouragement capable de donner de l'activité. Rien ne demande plus de promtitude que le fanage, pour lequel une pluie est un accident fâcheux. Il est donc important de bien saisir les moments de sécheresse & d'accélérer l'ouvrage.

Voyez pour le méchanisme du fanage l'article Foin.

Comme on ne peut faner que dans les heures du jour les plus chaudes, & souvent au milieu des marais, il y a quelques précautions à prendre pour les ouvriers. Il doivent avoir toujours la tête couverte, de manière à ne pas être exposés aux coups de soleil, qui darde fortement dans les prairies, environnées de montagnes & sur-tout dans les parties de ces prairies, qui sont placées entre des sepées de bois élevé.

Ce n'est pas au milieu du jour que les exhalaisons des marais sont le plus dangereuses; c'est vers le soir, quand ces exhalaisons condensées se rabbattent sur la terre. Alors il faut se hâter de sortir des prairies pour y revenir le lendemain, après que la rosée sera dissippée.

Les hommes, qui dirigent les Faneurs, leur rendront encore service, si, independamment des avis précedens, ils leur conseillent de ne pas rester en chemise, comme il leur arrive souvent, sur la fin de la journée. La transpiration, occasionnée par l'ardeur du soleil & par le travail, peut être supprimée par la fraicheur commencante & leur occasionner des maladies inflammatoires, où des fièvres intermittentes. (*Tessier.*)

FANNASHIBA. Arbre qui est cultivé près des temples au Japon & que Lamark indique comme présumant être le badian. En effet Tumberg dit en plusieurs endroits de son voyage, publié depuis que Lamark avoit écrit que les Japonais cultivent le badian, dans ces mêmes endroits. *Voyez* Badian. (*L. Reynier.*)

FANTASQUES. Tulipes dont les panaches ont des singularités qui contrastent avec les règles de beauté, adoptées par les florimanes, mais qui rachêtent à leurs yeux cette irrégularité par quelques agrémens de caprice ou réel. *V.* Tulipe. (*L. Reynier.*)

FAON. C'est le nom, qu'on donne pendant la première année, aux petits des biches, des daines & des chevrettes. Ces jeunes animaux nuisent aux récoltes, en proportion de leur âge. *Voyez* les mots Biche, Cerf, Chevreuil, Dain & sur-tout Biche. (*Tessier.*)

FAR. Ce mot, chez les Auteurs Latins, exprimoit ou en général plusieurs sortes de froment, ou certaines espèces en particulier.

Dans Virgile, *farra* est souvent le synonime

de *frumenta.* (*a*) Mais comme on sait que les Poëtes prenoient une partie pour le tout, on n'en pourroit rien conclure Il n'est pas plus certain que Virgile ait désigné une espèce de bled, par ces mots *robustaque farra*, (*b*) parce que en Italie il y a beaucoup de fromens, dont la paille est forte & le grain dur. Quand Horace dit *farre pio venerari Vestam*, il peut employer le mot *Far* pour le froment en général ou pour une espèce, ou même pour des galettes, faites de froment, comme on en offroit aux Dieux, & dans ce cas prendre le grain pour la préparation de ce grain. Horace étoit un poète & par conséquent ne peut faire loi en histoire naturelle.

Suivant Pline & Columelle, le *Far* résistoit aux rigueurs de l'hiver, ce qui suppose seulement que c'étoit un bled d'automne, c'est-à dire, un bon froment. Car ceux, qu'on sème avant l'hiver, ayant une végétation plus longue, ont plus de qualité nutritive. Sa tige, ajoutent-ils, étoit composée de six nœuds, comme le font les tiges des bleds, qui s'élèvent très-haut; le grain ne pouvoit être séparé de sa bâle, qu'en le faisant rôtir; l'usage du fléau ne datant pas de si loin, il falloit un autre manière de débarrasser les fromens de leurs bâles; la torréfaction en étoit une facile. Il n'est pas besoin pour expliquer cette assertion d'imaginer que le *Far* étoit une Epeautre. C'étoit encore moins une orge, comme quelques-uns des modernes l'ont cru. On ne seroit pas si embarrassé, si les descriptions données par les anciens naturalistes, pouvoient se comparer à celles de nos grains.

Sans insister davantage sur les diverses conjectures, j'établirai mon opinion sur un fait positif.

J'ai cultivé plusieurs années de suite quelques variétés d'un froment, qui m'a eté envoyé de Messine en Sicile, sous le nom de *frumento farro.* Il venoit des environs de Catane. J'ai reçu le même froment & sous le même nom de Nice.

Ce froment, transporté dans un pays moins chaud, que ceux de son origine, n'a pas atteint assez de hauteur pour avoir six nœuds. Les épis étoient les uns rouges, les autres blancs, à barbes noires ou à barbes blanches, lisses ou velus, & tous très-épais, ayant les bâles couchées les unes sur les autres & très-serrées, & les grains durs, cornés & demi transparens. L'état des bâles de ce froment suffit pour expliquer pourquoi on étoit obligé de les rôtir pour en extraire le grain.

Il est donc plus que probable que le nom de *Far*, autrefois adopté par les poëtes, pour désigner en général les fromens, s'est conservé depuis en Sicile & à Nice, où on l'a consacré à l'espèce qu'on m'a fait parvenir de ces pays. Je présume que du mot *Far* est dérivé *farine.* (TESSIER.)

(*a*) *Aut hi flava feres mutato sidere farra.* Virg. Georg. Lib. 1. Vers 73.

. . . . *Hyberno lætissima pulvere farra.* Virg. Georg. Lib. 1. Vers 101.

Pubentesque secant herbas, fluviosque ministrant farraque. Lib. 3. Vers 126.

(*b*) *At si triticeam in messem robustaque farra* Lib. 1. Vers 219.

FARAMIER, *FARAMEA.*

Genre de plante établi par Aublet, qui se classe dans la famille des RUBIACÉES, près des *ixores*; il comprend des arbrisseaux exotiques, peu connus des Botanistes.

Espèces.

1. FARAMIER à bouquet.

Faramea corymbosa. Aubl. ♄ des vastes forêts de la Guyane.

2. FARAMIER à fleurs sessiles.

Faramea sessiliflora. Aubl. ♄ des vastes forêts de la Guyane.

Ce sont des arbrisseaux qui s'élèvent de six à huit pieds sur un seul tronc, qui se ramifie à deux pieds environ de terre. Leurs fleurs sont blanches & répandent une odeur suave analogue à celle du jasmin.

Culture. Elle est inconnue Ces arbres n'ont pas encore été apportés en Europe. (*L. REYNIER.*)

FARCIN. Une des maladies superficielles ou cutanées des bestiaux. Le cheval seul paroît y être sujet, du moins, on ne l'a pas encore remarquée dans les bêtes à cornes, ni dans les bêtes à laine.

Elle doit être regardée comme contagieuse, puisqu'elle se communique d'un cheval à un autre.

Ses principaux caractères sont des boutons sur diverses parties du corps, qui d'abord sont inflammatoires, ne se terminent que rarement par résolution; mais le plus souvent & très-lentement par suppuration.

Il ne faut pas confondre le Farcin avec une espèce de dartre, qu'on peut reconnoître. Elle consiste dans une multitude de petits boutons sur le garot, le long de l'épine, à la croupe, au dedans de la jambe, au-dessus & sur le jarret.

On distingue quatre sortes de Farcin, quoiqu'il n'y en ait qu'une. L'intensité plus ou moins forte du mal en constitue les différences. L'un est le *Farcin volant*, dans lequel les boutons, peu sensibles, légérement inflammatoires, roulant sons les doigts, disparoissent quelquefois par la simple application de doux répercussifs & par la saignée. Le second est le *Farcin cordé*, dans lequel on sent une traînée ou chapelet de boutons, qui sont douloureux & viennent promptement à suppuration; dans celui-ci quelquefois la tête se gonfle. On nomme la troisième espèce *Farcin de cul de poule*, parce que de volumineux que sont les boutons au commencement, ils s'ulcèrent en très-peu de tems; il en sort une matière fétide & ichoreuse; leurs bords se renversent, deviennent durs & calleux, & prennent la forme de *cul de poule*. Enfin la quatrième espèce est le *Farcin intérieur*, celui, dont les boutons adhérent beaucoup au panicule charnu.

La cause la plus commune du Farcin est la contagion.

Un cheval, qui en est attaqué le communique à un cheval bien sain avec lequel il habite. Les animaux le gagnent aussi pour avoir séjourné dans des écuries où on a logé des chevaux farcineux. En outre, on reconnoît pour causes de cette maladie le long repos après un grand travail, une nourriture abondante, sans exercice, ou après une maladie, ou après des fatigues outrées, de l'avoine ou du foin nouveaux, donnés en grande quantité, le passage subit de l'air dans l'eau & de l'eau dans l'air, comme il arrive aux chevaux, qui tirent les bateaux ou les coches d'eau. Mais il s'en faut de beaucoup qu'il soit prouvé que toutes ces causes produisent le Farcin. Il faudroit des faits positifs & on en manque.

L'ouverture des corps des animaux morts du Farcin, n'offre rien d'instructifs sur les effets de cette maladie. On ne sait pas jusqu'à quel point la chair crue de ceux qu'on tue ou qui périssent ayant cette maladie, peut influer sur la santé des quadrupèdes qui en mangent. Nous avons soupçonné, que le beau Lion de la ménagerie du Musœum d'Histoire-naturelle, étoit mort (en 1796) pour avoir vécu long-tems de viande de chevaux farcineux, de l'Ecole vétérinaire d'Alfort. Ce qu'il y a de certain, c'est qu'ayant contracté des boutons, qui cessèrent par l'interruption de cet aliment, ils revinrent dès qu'on le reprit. Le gardien la seconde fois les fit disparoître par des applications extérieures; mais bientôt l'animal fut attaqué d'une inflammation à l'estomac & au diaphrague, dont il mourut. Ce n'est ici qu'une conjecture, qui n'est pas sans fondement. Mais on pourroit s'en assurer en nourrissant des chiens de chevaux farcineux.

Le Farcin le plus difficile à guérir est celui qui est situé sur le col, sur les extrêmités, sur les lèvres, les narines & les paupières. Le Farcin le plus dangereux est celui qui commence sur le pâturon, ou qui se communique d'un côté à l'autre, ou qui se manifeste sur l'épine du dos. Lorsque des chevaux farcineux jettent par les narines une humeur verdâtre & sanguinolente, on doit les faire promptement assommer & enterrer profondément.

On a employé bien des méthodes pour traiter le Farcin : cette maladie, comme beaucoup d'autres ayant été presque toujours abandonnée à des maréchaux, qui ne connoissoient point l'économie animale, ni la composition, ni l'effet des remèdes, chacun d'eux a eu ses moyens & ses secrets, avec lesquels il ne guérissoit pas, mais en imposoit aux propriétaires ignorans des chevaux.

A parler franchement & avec vérité, on ne connoît jusqu'ici ni spécifique, ni méthode certaine pour la guérison de cette maladie. Quand elle est ancienne, ou sur des sujets mal constitués, elle est incurable.

Avec de la réflexion & de la hardiesse, on peut espérer de la combattre avantageusement, si on s'y prend de bonne heure & si les chevaux sont d'ailleurs en bon état.

Je ne conseillerai de donner aux chevaux ni vin émétique, ni mercure, soit crû, soit diversement préparé, ni sudorifiques; mais, si les animaux sont phlétoriques, ce qu'il ne faut pas confondre avec les animaux en embonpoint, (*) je propose de leur faire faire quelques petites saignées & ensuite de scarifier & d'emporter avec le bistouri tous les boutons farcineux, sans craindre de multiplier les plaies, plus effrayantes que dangereuses & qu'il faut ensuite abandonner à la nature. La seule attention est de faire la ligature aux gros vaisseaux, qu'on auroit été obligé d'ouvrir. Un peu de repos pendant le traitement, de l'eau blanchie avec de la farine pour nourriture, & pendant huit à dix jours du *crocus* dans une poignée d'avoine, tels doivent être le traitement & le régime. *Voyez* le Dictionnaire de Médecine.

Les avantages qui résultent de la connoissance & de la guérison des maladies des animaux domestiques, font espérer qu'on prendra en France des mesures efficaces pour s'assurer avant tout de leurs causes & pour essayer les traitemens qui paroîtront les plus simples & les plus certains. On est bien peu avancé sur le Farcin, si multiplié, sur-tout parmi les chevaux de transports militaires d'approvisionnemens, de postes, roulages, messageries & de tirage de bateaux. On rendra un véritable service à tous les établissemens, dont ces animaux sont la cheville ouvrière, si on parvient à les en préserver ou à les en guérir promptement. (TESSIER.)

(*) On reconnoît un cheval phlétorique à la grosseur de ses vaisseaux & à la plénitude du pouls. Les chevaux gras ont les vaisseaux petits & le pouls mou, & ne sont pas phlétoriques.

FARINE.

Toutes les nations, exceptées celles qui ne connoissent que la chasse & la pêche, emploient comme aliment, quelque Farine, soit seule, soit mêlée a d'autres substances.

On peut en général définir la Farine une matière nutritive, fournie par beaucoup de végétaux, qui la contiennent plus ou moins pure & plus ou moins abondante.

La ténuité de cette poudre fine qui dans les moulins à tan s'échappe des pilons, pour se fixer sur les murailles & sous la toiture, l'a fait appeller à tort *Farine*, *folle Farine de tan.*

Suivant des conjonctures fondées, on trouve l'éthymologie de Farine dans le mot *far*, qui désigne une espèce de froment. Car la Farine par excellence est celle du froment. *Voyez* FAR.

Il me semble que le nom de Farine ne devroit appartenir qu'à l'amidon. Elle auroit alors un caractère particulier & distinct des autres matières réduites en poudre, qui forment notre nourriture. Mais on confond le plus souvent sous le nom de Farine & l'amidon & l'écorce, & la pulpe ou le parenchyme & tout ce qui entre dans la composition de la partie du végétal, qu'on convertit en molécules fines; ou plutôt, ce sont ces molécules mêlées, qu'on est dans l'usage d'appeler Farine.

On retire de la Farine des graines de certains genres & espèces de plantes, des racines de plusieurs autres & des fruits de quelques arbres. Les graminées & les légumineuses en sont le plus abondamment pourvues. J'indiquerai le seigle, toutes les espèces & variétés de froment, d'orge, d'avoine, de panis, de sorgho, de millet, de ris, de maïs, auxquels on peut ajouter le sarrasin. On est étonné de la quantité qu'en produisent les haricots, les fèves, les pois, les gesses, les lentilles, les vesces, les lupins, les pois chiches. Les racines de pommes de terre, de patates, de manioc, d'igname, de bananes, d'arum (chou caraybe) d'orchis, en y joignant le giraumont même, sont très-farineuses. Parmi les fruits des arbres, je ne citerai que la chataigne, le marron d'Inde, le coton fromager & le sagou, quoiqu'il ne soit pas le fruit, mais la moëlle d'une espèce de palmier. Quant aux autres végétaux, dont l'industrie & la Science ont sû tirer de la Farine, ou dans des tems malheureux, ou pour étendre les connoissances, je n'en parlerai pas parceque ce sont, en quelque sorte des tours de force, qui s'éloignent des usages ordinaires & que la chimie seule peut revendiquer. Ils prouvent seulement combien la nature a disséminé la Farine dans ses productions. On en trouvera les détails dans l'excellent ouvrage de Parmentier *sur les végétaux nourrissans*; là, sont rassemblés les résultats de beaucoup de recherches, d'expériences & d'observations, toutes très-interressantes.

Il y a trois manières d'obtenir la Farine, savoir, par la macération, le pilage & la mouture. Les hommes sans doute n'ont pas commencé par moudre. Cette opération étoi trop compliquée. Mais ils ont fait macérer des corps farineux, où pour les manger en cet état, ou pour en extraire des fécules, c'est-à-dire, les parties les plus pures de la Farine. Combien de peuples se contentent de faire tremper, dans l'eau, de la Farine ou un corps farineux pour s'en nourrir? La sobriété des habitans de l'Inde & des parties méridionales du reste du globe les porte à ne faire usage que de cet aliment simple. Par un prodédé plus combiné les Péruviens font geler des racines, les exposent à un courant d'eau, pour en extraire une véritable Farine ou fécule, c'est-à-dire un amidon, qu'ils employent au besoin. *Voyez* FECULES.

D'autres peuples pendant longtems ont pilé les graines dures, les ont écrasées ou broyées entre deux pierres.

Cette opération la plus simple, la plus expéditive & la meilleure, à successivement acquis des perfections & donné naissance aux moulins, dont le mouvement, confié d'abord aux bras des hommes, a été ensuite imprimé par le vent, l'eau & le feu. C'est au mot MOUTRE qu'il faut lire tout ce qui a rapport à la conversion des graines en farine, par ce moyen. Ici, je la suppose extraite & je l'examine, au sortir du bluteau, c'est-à-dire, de l'instrument, qui la tamise & qui la sépare de l'écorce, appelée *son.*

Ce qui distingue les produits des moutures, ce sont la couleur, la saveur, l'odeur & le plus ou moins de douceur. La couleur blanche est en général la plus estimée. Mais elle à bien des nuances depuis la Farine de froment jusqu'à celle du sarrasin & de l'avoine. Quelques grains fournissent des Farines jaunes; d'autres, de rousses; d'autres, de verdâtres; d'autres, de grises. Elles participent plus ou moins de la couleur de l'écorce. Quelque blanche que soit la plus belle Farine de pur froment, elle n'approche pas encore de la fécule de manioc, de pommes de terre, &c. la couleur de la Farine d'une même espèce & d'une même variété de grain, receuilli dans différens pays, a des degrés d'intensité, variables selon le terrain, qui l'a produit, le plus ou moins de maturité & selon d'autres circonstances.

Certaines Farines ont peu de saveur, telles sont celles du froment, du seigle, du maïs, &c. cependant quand on en a l'usage, on fait y distinguer celle des grains, dont elles sont extraites, quelque foible qu'elle soit. Il y a des Farines, qui ont la saveur du grain si marquée, qu'elle se conserve dans tous les produits & particulièrement dans les gruaux, parceque cette saveur est pl sensible dans les écorces dont les gruaux participent.

Une Farine, qui n'est point alterée, n'a presque pas d'odeur. Cependant l'odorat exercé ne les confond pas. Chacune a son odeur particulière.

La douceur des Farines dépend moins de la tenuité, que du lit, & du plus ou moins d'applatissement des molécules; de-là vient que des Farines grossières causent aux doigts une sensation de douceur lorsqu'elles sont le produit d'un grain, dont l'écorce est lisse, tandis que des Farines qui ont pu passer par les mailles de tamis plus fins, offrent un peu d'aspérité aux doigts. On peut donc, à cet égard, diviser les Farines en plates & rondes. Les premières sont glissantes ou extensibles sous les doigts & sur le papier. Les autres résistent sous les doigts & roulent sur le papier.

Après avoir traité des qualités générales des Farines, je traiterai des qualités particulières & comparées de celles des graines, que j'ai pû soumettre à la mouture. Si, à l'apperçu des quantités en produits, que j'ai obtenus, on concluoit qu'ils sont toujours tels, que je vais les indiquer, on se tromperoit, parce que quelque soin que j'aie mis dans mes essais, ils n'ont point été multipliés autant que je conçois qu'ils devroient & pourroient l'être. D'autres que moi, s'ils en ont le tems & le goût, les vérifieront & les continueront. Mais je pense qu'il est bon de consigner ici mes données, plutôt foibles que fortes, & les remarques que j'ai eu occasion de faire.

Dans une mouture à la grosse, qui est celle, que j'ai employée, il y a à examiner, d'abord deux sortes de Farine, puis, le gruau & le son, ces quatre choses étant séparées par le blutage.

FROMENT. L'espèce, que j'ai choisie est le *triticum sativum autumnale, spicâ albâ, muticâ, seminibus aureis.*

Cest le froment à épis blancs, sans barbes, grains jaunes, paille creuse. Une de ces variétés n'en diffère que parce qu'elle a les épis roux. Une autre variété a les épis & les grains blancs & une autre les épis roux & les grains blancs. J'ai bien fait moudre vingt sortes de froment, mais je n'ai pas distingué les qualités physiques de leurs Farine. A l'article *pain* il fera question de leurs pains comparés. Celui, dont il s'agit ici & qui se cultive dans les meilleurs pays à bled, de la France, pesoit deux cent trente-trois livres le setier, mesure de Paris. C'étoit en 1788. Dans d'autres années la même mesure peseroit j'usqu'à deux cents cinquante livres & au-delà & produiroit de la Farine en proportion. Par la mouture à la grosse (*Voyez* MOUTURE) il a donnécent cinquante-huit livres de Farine.

La première des deux, c'est-à-dire, la plus fine, étoit blanche, douce, extensible, ayant foiblement l'odeur du grain. En la goutant on lui trouvoit une légère saveur de noisette. La seconde n'en différoit que parce qu'elle étoit un peu moins blanche, moins douce &, moins extensible. Si on l'examinoit attentivement, on y appercevoit des particules de son très-atténuées; ce qui l'empêchoit d'avoir les qualités de la première. On obtiendroit des qualités de Farine plus belles encore que la première, en passant celle-ci dans des tamis plus fins.

Le gruau, c'est-à-dire, ce composé de petits grumaux formés en partie de l'écorce & en partie de la Farine, étoit roux & blanc. Il étoit mêlé à quelques portions d'écorce plus fines que le gros son : ce qui le rendoit un peu doux au toucher. Le gout du froment y étoit plus sensible que dans les deux Farines.

Le gros son étoit lamelleux, plus ou moins bien nétoyé de Farine; il étoit aussi roux & blanc comme le gruau. En masse il avoit une odeur particulière. Le son avoit moins que le gruau le gout de froment.

SEIGLE. *Secale hibernum.* Lin.

Il n'y a qu'une seule espèce de seigle, ou du moins je n'en connois pas d'autre. Un setier pesant deux cent vingt-neuf livres a donné cent quarante-une livres de Farine.

La première des deux peut être comparée à la seconde du froment, pour la blancheur, la douceur & l'extensibilité. L'écorce de ce grain se sépare difficilement de la Farine. Il s'en attenue une partie au moulin; elle ternit même la première Farine, à plus forte raison la seconde, qui est grisâtre, roulant sous les doigts & sur le papier. Si on met dans la bouche, de la première ou de la seconde Farine, elle s'y colle comme de la pâte; ce qui n'a pas lieu, à l'égard des Farines de froment, au moins au même degré. La seconde de seigle à un gout de poudre; elles ont toutes deux l'odeur de seigle plus sensible que n'est celle des Farines de froment.

Le gruau à un peu de rudesse; ce qui s'y trouve de blanc, est d'un blanc mate; ce qui tient de l'écorce est d'un roux grisâtre, parce que c'est la couleur de beaucoup de grains de seigle, sur-tout quand il n'est pas de l'année.

Le son est en lames plus fines que celui du froment. Il n'est pas rude sous les doigts; sa couleur est grisâtre; il n'a point d'odeur.

Orge de printemps, à deux rangs, grains couverts d'une bâle adhérente. *Hordeum distichon* Lin. On l'appelle marseiche en Berry, ailleurs [illegible], baillorge, &c.

Un setier du poids de cent quatre-vingt-douze livres, a donné cent vingt-huit livres de Farine. Si dans la première Farine de cette orge on n'appercevoit pas une foible teinte rousseâtre, due à la bâle divisée, elle auroit le degré juste de blancheur de la deuxième Farine de seigle. Elle est moins douce que la première de seigle & plus douce que la deuxième. Cette Farine, qui a l'odeur de savon & la saveur particulière de l'orge, colle à la langue, si on en met dans la bouche. La seconde est plus ronde, plus terne, plus rousseâtre, plus sapide.

Le gruau est rude, inodore & presque sans saveur.

Le son est allongé, pailleux, d'un jaune roux & sans la moindre odeur.

Avoine de printemps, à grains couverts, gris ou roux, épars sur les panicules. *Avena sativa.* Lin.

Un septier d'avoine du poids de trois cent vingt-trois livres, mesure de Paris, (*) c'est-à-dire, de vingt-quatre boisseaux, a donné cent quatre-vingt dix-huit livres de Farine. Si on assimile la mesure d'avoine à celles des autres grains, en la réduisant à douze boisseaux, le septier de cent soixante-une livres & demie auroit donné quatre-vingt dix-neuf livres seulement de Farine.

Le caractère distinctif de la Farine d'avoine est de se pelotonner quand on la touche, de manière à ne point se fixer sous les doigts, & à ne point s'étendre sur le papier. Elle est toujours humide, soit parce qu'elle attire facilement l'humidité de l'air, soit parce qu'elle retient son eau de végétation. La première est un peu moins douce que la première & un peu plus douce que la deuxième d'orge. Elle a l'odeur de vieille eau de savon & la saveur un peu amère & nauséabonde. Sa blancheur est celle du plâtre, que des maçons viennent d'employer. La seconde Farine, moins douce que la première, est plus bise d'une nuance.

Le gruau conserve la teinte de couleur de la surface extérieure du grain. Il est comme peluchеux, à cause des houpes, dont il est en partie composé. Moins amer que les Farines, il en a l'odeur.

Le son est allongé, plus pailleux encore que celui de l'orge; il a la couleur du grain d'avoine.

(*) La mesure de Paris, pour l'avoine seulement, est le double en capacité de celle des autres grains.

Maïs ou bled de Turquie à grains jaunes. *Zea Mais, granis aureis.* Lin.

La grosse & belle espèce de Maïs ou bled de Turquie, fournit trois variétés, savoir : le Maïs jaune, le rouge & le blanc. La premiere variété est celle qu'on cultive & qu'on emploie le plus. Néanmoins, comme j'en ai récolté assez de chaque variété, je les ai examiné toutes.

Un septier de Maïs jaune pesant deux cents trente-quatre livres, a donné cent quarante sept livres de Farine.

Je compare la douceur de la première Farine de maïs jaune à celle de la première d'orge. Elle s'étend médiocrement sous les doigts & sur le papier. Elle se pelotonne même & colle à la langue. Cette Farine reste humide, soit qu'elle conserve son eau de végétation, soit parce qu'elle attire facilement l'humidité de l'air. Elle a une odeur & une saveur propres au maïs. Sa couleur est d'un jaune pâle. La seconde Farine est d'un jaune plus foncé. Elle a la couleur de fleur de soufre.

La couleur du gruau prend plus d'intensité que celle de la seconde Farine.

Le son est en partie lamelleux & en partie pailleux, & d'un blanc jaune, à cause de la couleur extérieure du grain & de celle de l'intériur, dont l'une est jaune & l'autre blanche. Il a l'odeur du grain.

Maïs à grains rouges. *Zea Mais, granis rubris.* Lin.

Un septier du poids de deux cents livres a donné cent cinquante-six livres de Farine.

La première ressemble entièrement à la première du Maïs jaune. Mais la seconde est un peu plus jaune que la seconde de Maïs jaune.

Le gruau, contenant beaucoup de particules de son écorce, est coloré en rouge.

Le son est d'un blanc rouge.

Maïs à grains blancs. *Zea Mais, granis albicantibus.* Lin.

Un septier pese cent quatre-vingt dix-huit livres. On a oublié de peser son produit en farine.

La premiète est blanche comme certains sables & douce comme les premières de Maïs jaune & de Maïs rouge. La seconde est d'une foible nuance plus blanche que la première. Elle est un peu moins douce.

Le gruau est rude & d'un blanc jaunâtre.

Le son est lamelleux & d'un blanc jaune.

Pois verds-pâles dont on fait des purées. *Pisum sativum.* Lin.

Un septier de deux cents quarante-cinq liv.

a donné cent quatre-vingt une livres de Farine.

La première étoit d'un blanc jaune, un peu plus pâle que les premières de Maïs jaune & rouge, douce sous les doigts médiocrement extensible, ayant l'odeur & la saveur du pois. La seconde Farine plus jaune que la première, étoit ronde & par conséquent rude. Elle paroissoit être une espèce de gruau ou tenir le milieu entre un gruau & une Farine. Elle étoit moins douce que la deuxième des Maïs, & moins rude que leurs gruaux.

Je n'ai point conservé de gruau de ce pois.

Le son en étoit lamelleux, glissant & d'un verd pâle.

Les gros pois d'un verd foncé donnent des Farine vertes, de manière que la première est d'un verd plus pâle que la seconde. Le gruau en est rude, le son glissant. Ces deux derniers produits sont verds : tous ont la saveur & l'odeur très-sensibles de pois.

Pois gris des champs, connus dans quelques pays sous le nom de *Pois de brebis*, *Pois d'agneaux*. *Pisum arvense*. Lin.

La première Farine est d'une douceur semblable à la première des pois verds. Sa couleur est d'un jaune un peu plus pâle. La seconde Farine est rude comme la seconde de pois d'un verd pâle; elle est moins jaune. Les deux Farines de pois gris ont l'odeur & la saveur de pois très-sensibles. Toutes les Farines de pois collent à la langue.

Le gruau de pois de brebis, contenant une partie de l'écorce, est glissant sous les doigts.

Le son est lamelleux & d'un gris verdâtre.

Vesce à petits grains bruns. *Vicia sativa*. Lin.

Un septier de deux cents quarante-trois livres, a donné cent quatre-vingt cinq livres de Farine.

La première est douce comme la première de pois. Elle est médiocrement extensible. On y apperçoit quelques molécules verdâtres, qui sont des parties de l'écorce; car la vesce ne paroît noire ou brune, que parce que sa couleur est d'un verd tres-foncé. Cette Farine est d'un blanc tirant foiblement sur le jaune. La seconde Farine, plus jaune que la première, est parsemée de plus de molécules d'écorce, qui sont verdâtres, si on les examine de près. De loin, à cause de leur ténuité, elles ressemblent à de la poudre de tabac. La seconde Farine de vesce est plus ronde que la deuxième d'avoine, & moins ronde que la deuxième de pois. Les deux de vesce collent un peu à la langue. Elles ont une foible odeur de vesce; mais elles ont la saveur de ce grain, c'est-à-dire, un goût de vesce mêlé d'amertume.

Le gruau de vesce ressemble à un mélange de graines de pavots noirs & blancs.

Le son est verdâtre, luisant & par conséquent glissant.

Gesse à larges gousses & à gros grains, nommée *lentille d'Espagne*. *Latyrus sativus*. Lin.

Un septier pesant deux cents vingt-huit livres a donné cent quatre-vingt dix livres de Farine.

La première a la douceur des premières de pois & de vesce. Elle en diffère par la couleur qui est d'un jaune décidé, presque aussi intense que la deuxième de maïs jaune. C'est le caractère, qui m'a paru le plus propre à faire distinguer cette Farine de la première de féveroles dont il sera question plus loin. La saveur a beaucoup de rapport avec celle des fèves; elle tire un peu sur l'amertume : l'odeur est celle de fèves. Je suis porté à croire que la gesse est le passage de la fève aux pois. Au moins ces trois plantes ont entr'elles de grands rapports La seconde Farine de gesse est de couleur jaune-d'œuf. Elle a une saveur de fèves, moins marquee que dans la première.

Le gruau est glissant & doux. Le son est lamelleux & bien nétoyé de Farine.

Gesse à petites gousses & à petits grains. *Latyrus Sylvestris*. Lin.

Un septier de deux cents trente-deux livres a donné cent quatre-vingt douze livres de farine.

La première est d'un blanc terne, avec un œil un peu jaune. La seconde est un peu plus jaune encore & mêlée de molécules d'écorce, comme si c'étoit du tabac en poudre. La première à la saveur de fèves plus forte que la première de grosse gesse : elle est douce comme les premières de pois & de vesce, extensible, ayant l'odeur de gesse. La deuxième en a foiblement le goût & l'odeur.

Le gruau est rond & rude, jaune, blanc & verdâtre; ces trois couleurs sont dues aux deux surfaces de l'écorce. Il a le goût & l'odeur foibles de gesse.

Je n'ai pas gardé le son de cette gesse.

Petite Fève ou féverole. *Vicia faba equina* Lin.

Un septier pesant deux cents quarante-cinq livres a donné cent quatre-vingt livres de Farine.

La première étoit douce & extensible comme les premières des trois précédens grains, d'un blanc jaune, plus pâle que celui de la première du Maïs. La seconde est moins rude que les deuxièmes de pois & de vesce, quoiqu'ayant peu de douceur. Elle est d'un jaune plus intense que celui de la première de féveroles & moins jaune d'une foible nuance que la première de Maïs. Ces deux Farines ont l'odeur & plus encore la saveur de fèves.

Le gruau est doux & glissant.

Le son est d'un brun verdâtre, lamelleux & bien nétoyé.

LENTILLES à grains larges & verdâtres. *Ervum lens.* Lin.

Un septier pesant deux cents trente-cinq livres a donné cent quatre-vingt-dix huit livres de Farine.

Semblable en douceur aux premières de pois, de vesce, de gesse & de féveroles; la premiere Farine de lentilles est d'un blanc qui approche de celui de la première de pois, d'un verd pâle. Ce blanc est seulement un peu plus clair; il est aussi un peu plus clair que celui des premières de Maïs jaune & rouge. La même ressemblance a lieu dans les secondes Farines. Celle de lentilles est seulement un peu plus jaune que la deuxième de pois. On les reconnoîtra au goût, parce que les Farines de lentilles ont une saveur bien marquée de ce grain. L'odeur est celle de la lentille; mais cette odeur est foible.

Le gruau est rond & mêlé des particules verdâtres de l'écorce. On y trouve quelques lames rougeâtres, parce que l'écorce des vieux grains de lentilles a cette couleur.

HARICOTS à grains blancs, veinés sous peau; on les connoît à Paris sous le nom de *haricots de Soissons. Phaseolus vulgaris alba.* Lin.

Un septier pesant deux cents quarante-trois livres a donné deux cents treize livres de Farine.

J'ai fait moudre également des haricots rouges, courts, lisses, luisans, médiocrement applatis; mais j'ai oublié d'en conserver les pesées.

La première Farine de ces deux espèces de haricots est d'une blancheur qui approche beaucoup de celle de la deuxième de froment & de la première de seigle, un peu au dessous de celle de la Farine du riz. Ces deux premières de haricots sont d'une nuance si semblable, qu'on ne pourroit les distinguer, à moins qu'elles ne fussent à côté l'une de l'autre. Alors on trouve un peu moins de blancheur à la premiere Farine de haricots rouges. Les deux secondes different entr'elles en ce que celle des haricots rouges contient quelques parcelles de l'écorce; toutes ces Farines sont également rondes, également sapides, ayant le goût du haricot, & une odeur foible de ce grain. Leur douceur est la même que celle des légumineuses précédentes.

Les deux gruaux, également glissans, varient en couleur. Car celui des haricots rouges est rouge & blanc, & celui des haricots blancs est de deux nuances de blancheur, dont l'une est terne & l'autre claire; ce qui répond à l'écorce & à la Farine, qui ne sont pas de même blancheur.

Les sons sont lamelleux, luisans, ayant chacun la couleur de leur écorce.

SARRASIN à grains bruns, lisses, non ailés. *Polygonum fagopyrum.* Lin.

Un septier pesant cent quatre-vingt quatre livres a donné cent trente-trois livres de Farine.

La première Farine est médiocrement douce, d'un gris blanchâtre, moins terne que la première de l'avoine, & ne se pelotonnant pas comme elle, quoique humide. On voit dans sa composition une infinité de particules brunes, dépendantes de l'écorce, qui est facile à atténuer. La seconde Farine est d'un gris brunâtre, à cause des parties plus nombreuses de l'écorce, qui s'y trouvent; elle est ronde & un peu rude.

Le gruau est encore plus brun & plus rude.

Le son est abondant & par valves presque entières.

PETIT MIL ou MILLET, à grains blancs & jaunes. *Panicum miliaceum.* Lin.

Un septier pesant deux cents vingt-deux livres a donné cent soixante-sept livres de Farine.

La première de ces Farines est douce comme la première des Maïs jaune & rouge, & d'un jaune un peu plus clair. Elle a un goût particulier, tendant à l'amertume. Mise dans la bouche elle s'attache au palais & aux gencives, comme des grains de poussière. Son odeur m'a paru vireuse & comparable à celle de la fleur de chataignier. La seconde Farine est d'un jaune sombre. Elle est ronde & elle a le gout & l'odeur de la première.

Le gruau & le son sont glissans, parce que l'écorce du millet est lisse & luisante.

SORGHO ou grand millet à grains rouges, qui se cultive & murit dans les pays méridionaux de la France. *Holcus sorghum rubra.* Lin.

Un setier pese cent vingt-huit livres. J'ai perdu le poids de la Farine qu'il a rendu Par la légèreté de ce grain, on voit déjà combien il seroit peu avantageux de le convertir en Farine.

La Farine est sous les doigts comme du sable. Elle est de couleur rougeâtre ayant une odeur & une saveur particulières. Sous les dents elle fait l'effet du sable.

Le gruau en est très-rude & d'une couleur mêlée de blanc & de rouge. Il est un peu plus sapide que la Farine.

Le son est glissant, formé de valves & d'un rouge foncé.

La plus part de ces plantes, ayant d'autres espèces & variétés, que celles que j'ai pu me procurer, il seroit intéressant d'examiner egalement les Farines de ces espèces & variétés. Je sens bien que la comparaison eût été plus complette, si j'avois été à portée d'avoir des quantités suffisantes de ces dernieres. Mais il m'en a couté assez de peine & de soins pour réunir à-la-fois autant de graines & pour les essayer en même-tems Qui que ce soit peut-être n'a jusqu'ici fait marcher ensemble tant d'expériences. Je me proposois de recommencer ce travail & de cultiver assez d'*ers*, de *lupins*, de *panis*, de *pois chiches*, &c. pour les faire entrer dans la comparaison. Mais les évenemens politiques ont tout arrêté, & je n'aurai peut-être que le tems de rédiger & de publier mes recherches.

OBSERVATIONS.

Par l'état du poids de quatorze sortes de grains, non compris sept variétés, qui portent le nombre de ceux que j'ai examinés, à vingt-un; par celui de leurs produits en farines, on voit, 1.° que les poids de ces grains ne sont pas les mêmes : car depuis l'avoine, qui pesoit cent soixante-une livres, jusqu'au pois ou à la féverole, qui pesoit deux cens quarante-cinq livres le septier, il y a une différence de quatre-vingt-quatre livres. *Voyez* le premier Tableau, à la fin de l'article.

2.° Que les graines légumineuses, sont en général celles qui pesent le plus & qui par conséquent fournissent le plus de Farine, car le produit en Farine est en raison de la pesanteur du grain. Parmi elles le haricot est le plus riche en Farine.

3.° Qu'on retire plus de Farine du millet, que du froment même qui en contient plus que les autres graminées.

4.° Que l'avoine, dont l'écorce forme une grande partie, est la moins abondante en farine.

5.° Qu'il s'y en trouve plus dans le sarrasin, malgré l'épaisseur de son écorce, que dans l'orge & l'avoine. Si par la mouture économique on retire des gruaux toutes les Farines qu'on en peut obtenir, on trouve ces Farines d'autant moins blanches ou approchant d'autant plus de la couleur de l'écorce, qu'elles s'éloignent davantage de la première mouture, qui donne la Farine dite de *grain*. La première de gruau se ressent déjà du mêlange d'un peu d'écorce, qui l'empêche d'être aussi blanche que l'autre. Cette blancheur diminue à chacun des autres remoulages de gruau. Ce qui prouve que le centre des grains ne se colore point & que c'est là où est placée la Farine la plus tenue, la plus affinée & par conséquent la plus parfaite.

Les Farines de gruaux, comme les gruaux eux-mêmes, ont plus de saveur, que les Farines, dites de *grain*. La partie de la Farine, qui approche le plus de l'écorce, est celle qui est la plus sapide.

Les graines légumineuses, donnent des gruaux plus abondans que celles des graminées, parce que à cause de leur grosseur on est obligé de les moudre imparfaitement d'abord & de les remoudre ensuite en rapprochant les meules. La première mouture n'exprime que très-peu de Farine.

Les gruaux rendent beaucoup de Farine, quelquefois les quatre cinquièmes & même jusqu'aux quatorze seizièmes de leur poids. Il y a des grains dont la première Farine est moins considérable que celles des gruaux.

Une mesure déterminée de chacune des Farines n'a pas le même poids, & leur pesanteur n'est pas toujours en raison de celle des grains, dont on les a extraites. Elle dépend sans doute du plus ou du moins de facilité qu'elles ont à se tasser ou à se soulever. *Voyez* le deuxième Tableau, à la fin de l'article.

La quantité d'eau que ces Farines absorbent, varie selon les espèces. Les unes en ont absorbé plus que les autres au paitrissage, comme on le verra, à l'article PAIN. Dans quelques-unes elle a excédé la pesanteur des Farines. Cette diversité ne peut être due au plus ou moins de dessication des grains & des Farines. Car long-tems, avant de les employer, je les ai tenues dans un endroit sec & chaud. On ne doit donc, ce me semble, l'attribuer qu'à la qualité des Farines, plus ou moins propres à se charger d'eau.

La chymie a trouvé qu'en général la Farine étoit composée d'un véritable sucre, d'une substance extractive & d'une gomme particulière, nommée *amidon*. En cet état elle peut toute entière être employée à la nourriture de l'homme. Mais il arrive quelquefois, qu'au lieu de sucre, ce corps farineux contient un principe résineux & caustique, dont il est nécessaire de le débarrasser.

Jusqu'ici la Farine de froment est celle qui est la plus recherchée, la plus répandue dans la majeure partie de l'Europe & autres contrées, & la plus précieuse, parce qu'elle est la plus nutritive & qu'elle fait le plus beau & le meilleur pain. D'où dépend cette excellence & les avantages de cette Farine sur toutes les autres? Sans doute, des substances principales, qui la constituent. Les marchands de grains & les boulangers savoient bien que quelque chose la distinguoit des autres. Il étoit réservé au physicien *Beccari* de démontrer le premier, qu'outre l'amidon il y avoit dans le froment une matière qu'on a appellée *matière glutineuse*, à cause de l'effet qu'elle produisoit sous les doigts, & ensuite *vegeto-animale*, parce qu'on a cru lui trouver de la ressemblance avec des parties du corps animal. Les Chymistes se sont bientôt emparés de cette découverte; *Kessel-Meyer*, *Model* & *Parmentier* l'ont examinée sous beaucoup de rapports. Ce dernier, après bien des recherches & des raisonnemens

(*) pour prouver que c'étoit presqu'entièrement dans l'amidon & très-peu dans la partie glutineuse, que résidoit la qualité nutritive du froment, s'est borné à regarder celle-ci comme un mucilage, surchargé d'une huile particulière, ou une espèce de gomme résine.

Un Chymiste aussi sage & aussi modeste qu'il est éclairé, d'Arcet, membre de la ci-devant Académie des Sciences & maintenant de l'Institut National. m'a communiqué l'expérience suivante :

Il s'agissoit de savoir laquelle des Farines d'un froment moulu par la mouture économique contiendroit le plus de matière glutineuse, & quelles en étoient les proportions. On lui a procuré huit livres de cinq sortes de Farines de vieux froment; savoir, de la Farine, dite de *bled* ou de *grain*; de la première, de la deuxième, de la troisième & de la quatrième de *gruau*.

La Farine dite de *grain*, a donné une livre deux onces & demie de belle matière glutineuse, très-nette & débarrassée de toute partie amilacée.

On en a retiré de la première de *gruau*, deux livres une once & demie : elle étoit nette & belle.

De la deuxième de *gruau*, une livre quatorze onces & un gros. Elle étoit aussi très-belle.

De la troisième de *gruau*, sept onces cinq gros : celle-ci étoit un peu bise. On a eu beaucoup de peine à l'obtenir. Il a fallu repasser l'amidon trois fois au tamis pour recueillir entièrement ce qu'il y avoit de matière glutineuse. La quantité de son, qui se trouve dans cette troisième Farine, la brise & l'empêche de se réunir.

Enfin malgré toutes les précautions prises & tous les soins employés, il n'a pas été possible de séparer de la quatrieme Farine de gruau, le peu de matière glutineuse, qu'on y a cependant remarqué. Elle étoit courte & privée de liant. Cette dernière Farine, qui n'étoit presque que du son, n'a donné qu'une très-petite quantité d'amidon.

Les expériences ont été faites par un tems assez froid ; on s'est servi d'eau de puits très-froide.

D'Arcet a fait sécher au soleil les deux livres une once & demie de matière glutineuse, retirée de la première Farine de gruau. Elle s'est convertie en une croûte brunâtre, sèche, solide, à demie transparente & très-friable. Elle ne pesoit plus alors que huit onces & un demi gros. Ainsi elle avoit perdu par la dessication, vingt-six onces trois gros & demi.

Si on réunit tous les produits en matière glutineuse, obtenus par d'Arcet dans les quatre premières Farines, on voit que le froment en contenoit à-peu-près un septième de son poids, puisqu'ayant essayé sur quarante livres de Farine, il a trouvé cinq livres neuf onces cinq gros de matière glutineuse.

(*) Recherches sur les végétaux nourrissans, 1781.

Beccari & Kessel-Meyer ont inutilement cherché la partie glutineuse dans tous les végétaux, qu'on croit alimentaires. Les plantes graminées, les légumineux, les racines potagères ne leur ont rien fourni de semblable. Parmentier, qui en outre a examiné le ris & la chataigne, & moi, qui ai soumis aux mêmes expériences, toutes les graines citées ci-dessus, nous n'avons pas été plus heureux. On s'est retranché à dire, après de vains efforts, qu'il étoit possible qu'elle se trouvât dans les autres en trop petite quantité ; c'est comme si on eût dit qu'il n'y en avoit point. Car on ne pouvoit alors la comparer aux effets qu'elle produit dans le froment.

Occupé de toutes les espèces & variétés de cette plante, & desirant les connoître sous tous les rapports; il étoit difficile que je ne cherchasse pas à découvrir ce que chacune d'elles pourroit fournir de matière végéto-animale & si quelque chose contribuoit à en augmenter la proportion.

Après la récolte de 1791, j'ai fait moudre vingt sortes, tant espèces, que variétés de froment, les uns durs, les autres tendres. Ils avoient été récoltés dans le même terrein, de qualité au-dessous du médiocre. On en a moulu de tous une assez grande quantité, & il a été pris assez de précautions pour que je fusse assuré, que les divers produits appartenoient réellement aux divers fromens.

Une livre de chaque Farine, ayant été mise en pâte épaisse, soumise ensuite à un filet ou plutôt à un écoulement d'eau goutte à goutte & maniée pendant long-tems, suivant le procédé connu, toute la partie amidonnée, s'est séparée de la glutineuse, que j'ai pesée fraîche & que j'ai fait sécher lentement sur le couvercle d'une casserole, remplie d'eau bouillante & placée sur le feu.

Il en est résulté 1.° que sur le nombre indiqué, deux sortes de froment, savoir le froment à épis roux, lisses, barbus, barbes divergentes, grains jaunes ou de couleur ordinaire, très-hâtif, & le froment à épis blancs, lisses, sans barbes, grains blancs, originaire de Philadelphie, ont donné chacun cinq onces de partie glutineuse, tandis que le froment, à épis roux, lisses, barbus, grouppés, variété du froment dit *bled de miracles*, & le froment, à épis blancs, barbus, barbes droites, bâles allongées, grains durs & longs, connu sous diverses dénominations & plus particulièrement sous celle de bled de Pologne, *triticum polonicum* L. tandis que ces fromens, dis-je, n'ont donné, l'un que deux onces & l'autre que deux onces & demi de cette substance par livre de Farine. Je n'en ai obtenu même que quatre gros du froment, à épis violets, barbus & vélus, grains durs & tachés sur le germe, originaire de Nice, & des Canaries. Les autres en ont produit de quatre onces à quatre onces & cinq gros.

2.° Qu'en général les Farines des bleds durs en avoient moins que celles des bleds tendres.

3.° Qu'après la dessication, la partie glutineuse de plusieurs étoit plus friable, que celle des autres & c'étoit particulièrement celle des bleds durs.

4.° Que suivant une des remarques de Parmentier, dans son ouvrage sur les *végétaux nourrissans*, la partie glutineuse perd beaucoup de son poids, quand on la dessèche. (*)

5.° Enfin, que la diminution du poids de la partie glutineuse, est en raison inverse de la quantité, qu'on en a obtenu.

Au reste, il ne s'agit ici que de la comparaison des quantités de partie glutineuse, fournies par les divers fromens, & parconséquent il est indifférent dans quel état on les estime & dans quels rapports elles se trouvent avec le poids de la Farine. Il suffit d'avoir prouvé, que les Farines de vingt sortes de froment, ayant été traitées de la même manière, la matière végéto animale, qu'elles ont fournie, soit qu'on l'ait pesée immédiatement après son extraction, soit qu'on l'ait pesée après une dessication complette, étoit dans des proportions différentes.

Instruit par cette comparaison d'une vérité que je desirois éclaircir, j'ai procédé à l'éclaircissement d'une autre. Avant tout il m'importoit de savoir si les engrais, & quels engrais contribuoient à la formation de la partie glutineuse, en supposant une disposition dans le végétal.

En conséquence au printemps de 1792, je fis préparer dans une pièce de terre, ou le sol me parut a peu près de même nature, neuf planches, chacune de deux perches, de vingt-deux pieds quarrés & parfaitement égales en tout, excepté sous le rapport de l'engrais.

J'en fis parquer une par un troupeau de cent quarante bêtes, tant moutons que chèvres, qui y séjournerent environ deux heures. Le parcage me parut tel qu'il est d'usage de parquer en plein dans la ci-devant Beauce, la ci-devant Brie & la ci-devant Picardie.

Une autre fut fumé par deux sachées de fumier de cheval, assez consommé.

Une autre par deux sachées de fumier de vache, dans le même état.

Une autre par soixante-quatre pintes d'urine d'homme.

La cinquième par trente-six pintes de sang de bœuf.

La sixième par deux sachées de débris de plantes réduites en terreau.

Je fumai la septième avec trois boisseaux de fiente de pigeon, & la huitième avec autant de la poudrette ou matière fécale en poudre, préparée à Montfaucon près Paris, dans l'établissement du Citoyen Brider.

Enfin, la neuvième n'a reçu aucun engrais.

Pour l'ensemencement de toutes ces planches, j'ai employé une seule espèce de froment, c'est le froment à épis blancs, lisses, sans barbes, grain de couleur ordinaire, tiges ou paille creuse, accoutumé à être semé en Mars.

Quoique la comparaison des produits en grains ne fut pas l'objet principal, que j'eusse en vue, cependant il est bon de remarquer que la planche fumée avec de la fiente de pigeons est celle, qui a rendu le plus de grain; après elle, j'en ai récolté davantage des deux, que j'ai amendé avec la poudrette & l'urine d'homme, puis, de celles, qui ont reçu du sang de bœuf, & du fumier de cheval. L'engrais formé des débris de végétaux & de fumier de vaches, a eu moins d'effet. La planche, ensemencée, sans engrais, n'a donné en froment qu'un peu plus du double de la semence, tandis que d'autres ont produit plus de six fois la semence.

Quant au résultat relatif à la partie glutineuse, qu'il importe de connoître, il consiste en ce que le froment de la planche arrosée avec de l'urine, a fourni six onces de partie glutineuse par livre de Farine non séchée; celui des planches, fumées par le parcage, par le fumier de cheval, de vache, de pigeon, par le sang de bœuf & les débris de végétaux, & celui de la planche sur laquelle je n'ai point fait répandre d'engrais, en ont donné cinq onces, & enfin celui de la planche a poudrette n'en a produit que quatre.

Sans doute on a peine à concevoir comment je n'ai pas obtenu du produit des huit planches, une quantité égale de matière végéto-animale; car c'étoit la même semence, jetée dans un terrein, semblable en apparence & fumé à peu près de

(*) Parmentier a exposé à une très-douce évaporation de la matière glutineuse, divisée par petits morceaux, jusqu'à ce qu'elle pût se réduire en poudre & il a reconnu qu'elle perdoit les deux tiers de son poids, & que le meilleur grain n'en contenoit pas plus d'un huitième Cette assertion est d'autant moins exagérée qu'après avoir rassemblé la partit glutineuse de différents froments, en la dépouillant autant que possible & de son amidon & de l'eau qu'elle contenoit & en la faisant bien sécher, j'ai trouvé au bout de quatre ans, une diminution des deux tiers. ou des trois quarts, des quatre cinquièmes & des sept huitièmes même selon les espèces ou les variétés de froment. Il est rare que j'en aie eu d'un froment plus de deux onces dans l'état de sécheresse A la vérité, il ne faut pas s'y tromper, le poids de la partie glutineuse sèche ne peut se comparer avec celui de la Farine dans l'état ordinaire, où on la conserve. Car une livre de Farine, non humide, mise à sécher graduellement sur un poële tiede, en vingt-quatre heures s'est réduite à quatorze onces, c'est-à-dire, a perdu un huitième de son poids sans être grillée, ni sans altération de sa couleur. D'où il s'en suit que pour savoir au juste la diminution de la partie glutineuse d'une livre de Farine, il faudroit l'extraire d'une livre de Farine, déjà desséchée, ou ne compter que sur le produit en matière glutineuse, de quatorze onces de Farine.

la manière, dont on fume. Mais on voit clairement que l'engrais n'est entré pour rien dans cette différence, puisque j'ai retiré cinq onces de cette matière du froment recolté dans la planche non fumée, c'est-à-dire, autant que de six autres planches, amendées de diverses manières; ce qui suffit pour déterminer à chercher dans une autre circonstance la cause de la diverse proportion de la partie glutineuse. J'observerai que le froment, employé pour l'expérience du printems, avoit son analogue en espèce & en variété, dans l'expérience d'automne & que dans les produits de celui d'automne, il n'a fourni que trois onces de partie glutineuse, dans l'état de fraîcheur, au lieu de cinq ou six, ce qui feroit présumer que les bleds, semés en Mars, en contiendroient plus que ceux, qu'on seme en automne, ou au moins que ceux d'automne, malgré leur végétation plus longue, n'en ont pas davantage. Pour rappeller en peu de mots les résultats qui précédent, on retire des diverses espèces & variétés de froment, diverses quantités de partie glutineuse, plus ou moins friable, qui excède le tiers, si on la compare dans l'état de fraîcheur à la Farine, & ne va guere au-delà d'un huitième dans l'état de sécheresse. L'engrais ne contribue en rien à la formation de cette singulière substance.

Il s'en faut de beaucoup que tout ce qu'il importeroit de connoître sur ce sujet soit connu. Car on est en droit de demander, 1.° s'il est prouvé qu'aucune autre graminée n'en contienne; on est assuré sans doute qu'on n'en obtient ni du seigle, ni de l'orge, ni de l'avoine. Mais a-t-on réuni assez de graines de quelques autres graminées pour en faire de la Farine? Par exemple, croit-on qu'on n'en trouvât pas dans la graine appellée *Manne* & si fort en usage en Pologne.

2.° L'économie rurale exigera que nous cherchions si les froments d'un canton en contiennent tous les ans, plus que ceux d'un autre; ce qui nécessite plusieurs années d'examen.

3.° Il faudra encore s'assurer si l'exposition des champs, ou la nature du sol, (*) doivent être admis ou non dans les causes de la partie glutineuse, & dans ce cas il sembleroit nécessaire de former un sol artificiel, dont on connoît les mélanges, ouvrage difficile & qu'un homme zélé, & habitant de la campagne peut seul entreprendre.

4.° Enfin, en supposant que ces recherches ne donnent que des preuves négatives, ou qu'on ne trouve qu'une cause concurrente ou secondaire, il restera toujours à savoir pourquoi, des graminées, qui nous nourrissent, le froment est le seul qui paroisse avoir la prérogative de contenir de la matière végéto-animale, ou qui en contienne tant. On ne doit pas trop espérer de découvrir cette dernière vérité, parce que cela peut tenir à l'organisation particulière d'un végétal, dont on ne peut faire l'anatomie. Mais ce sera beaucoup que d'avoir reconnu en quoi consiste, & d'où dépend dans les diverses espèces, & dans les variétés de la même espèce de froment, le plus ou moins de cette matière, qui à une si grande influence sur la panification.

Si la matière glutineuse n'est dans le froment, ni le principe nutritif, ni le plus abondant; il n'en est pas de même de l'amidon. Parmentier le définit une gomme particulière, une sorte de gelée sèche, répandue dans une infinité de végétaux, inodore, insipide, toujours très-blanche, très-fine, inaltérable à l'air & indissoluble dans les véhicules aqueux & spiritueux, si ce n'est à l'aide de la chaleur. On connoît les différens amidons, sous le nom de fécules. *Voyez* ce mot. C'est à l'amidon du froment qu'on attribue la vertu alimentaire. Le plus médiocre peut en fournir jusqu'à huit onces par livre. La Farine de gruau, qui est la partie la plus nourrissante, est presque tout amidon.

Plusieurs arts ayant besoin d'amidon, il s'est établi des ateliers, où on l'extrait des grains. *Voyez* l'Art de l'Amidonnier dans le *Dictionnaire des Arts & Métiers*, & dans celui-ci, le mot AMIDON, pages 499 & 500, premier Vol.

La connoissance des Farines, dont l'utilité est tellement démontrée par l'usage habituel & journalier qui s'en fait, que je ne crois pas devoir en parler, semble appeller l'exposé des moyens de les conserver long-tems sans qu'elles s'altèrent. Ces moyens se trouvent à la fin de l'article CONSERVATION DES GRAINS, pages 469 & suivantes, Volume 3.e

A la suite de l'article COMMERCE DES GRAINS, pages 379 & 380, même volume, j'ai placé l'idée de Parmentier sur les avantages qui résulteroient de substituer au Commerce des grains celui des Farines.

Aux deux petits Tableaux, relatifs aux poids comparés des graines & des Farines que j'en ai obtenu par la mouture *à la grosse*, (*) &

(*) Dans l'ouvrage cité, Parmentier dit qu'il y a des bleds, tels que ceux, qui croissent dans les lieux humides ou dans des terreins ingrats, dont le produit en matière glutineuse est à peine d'une once par livre & qu'il y en a d'autres au contraire, qui en contiennent près de deux onces. Je n'ai point à contredire cette assertion, puisque le fait est certain J'observerai seulement que si par sol ingrat, Parmentier entend des terreins secs & pierreux, il me sembleroit plus naturel de penser que le froment, qui en résulte, ayant beaucoup de qualité, il doit contenir plus de parties glutineuses. Ceci a besoin d'être examiné de près, l'important est de bien constater l'état du sol, pour n'avoir rien que de bien positif.

(*) On verra au mot MOUTURE la différence entre la *mouture à la grosse* & la *mouture economique*.

à celui d'une mesure déterminée de chacune d'elles, j'en ai joint deux autres, qui ne m'appartiennent pas & qui m'ont paru intéressans. Ils offrent les résultats d'expériences faites sur diverses variétés de fromens & autres espèces de graines, tant pour savoir ce qu'elles contiennent de première & deuxième pellicule, & de pure Farine, que pour comparer les produits qu'on peut en espérer par une *mouture economique* soignée.

Le citoyen Ovide, auteur de ces utiles recherches, a bien voulu me communiquer ses deux Tableaux, qui me paroissent parfaitement placés au mot Farine.

J'aurois desiré qu'au lieu de désigner seulement la couleur des grains de froment & les Départemens où tous les objets examinés, ont été pris, il eût décrit les épis des uns & celles des parties des autres, qui en caractérisent les espèces & les variétés. Car la couleur des grains de froment n'est pas une désignation suffisante, & le plus souvent une même Commune en cultive diverses sortes. Mais le citoyen Ovide ayant reçu ces grains dans l'état de graine, il n'a pu en connoître les caractères.

Le troisiéme Tableau mérite beaucoup d'attention, parce qu'il indique ce que les différentes sortes de grains contiennent réellement de chacune des deux pellicules, qui recouvrent la Farine. Personne jusqu'ici n'avoit examiné avec autant de soin cet objet.

Dans le quatrième Tableau, l'Auteur auroit pu supprimer la troisième colonne, en indiquant à la tête, que pour chaque espèce il a opéré sur un quintal de grain.

Il n'en est pas de même des colonnes où il s'agit des produits en pain; quoiqu'elles semblent devoir appartenir au mot Pain, elles méritent d'être conservées, parce qu'elles rendent la comparaison plus complette.

PREMIER TABLEAU.

Poids comparés des grains & de leurs produits en Farine.

Dénominations des grains & graines.	POIDS DU SEPTIER.	Poids des Farines obtenues par la mouture à la grosse
Froment....	.. 233 liv.	.... 157 liv.
Seigle......	.. 229 ..	.... 141.
Orge.......	.. 192 ..	.... 128.
Avoine.....	.. 161 ..	.... 58.
Maïs jaune....	.. 234 ..	.... 146.
Maïs rouge...	.. // ..	.... //
Maïs blanc...	.. // ..	.... //
Pois verdâtres.	.. 245 ..	.... 181.
Vesce......	.. 243 ..	.... 185.
Gesse à larges siliques......	.. 228 ..	.... 189.
Féveroles...	.. 245 ..	.... 180.
Lentilles....	.. 235 ..	.... 198.
Haricots de Soissons.....	.. 243 ..	.... 213.
Sarrasin.....	.. 184 ..	... 133.
Millet......	.. 222 ..	.... 167.

DEUXIÈME TABLEAU.

Poids d'un Boisseau de Farine de chaque sorte de grain.

Un Boisseau de Farine de bon froment pese..........	15 liv.	
De seigle..............	14	6 onc.
D'orge...............	11	14
D'avoine.............	9	14
De maïs jaune.........	14	8
De maïs rouge.........	14	//
De maïs blanc.........	14	8
De pois verdâtres......	12	15
De pois gris..........	13	14
De vesce.............	16	14
De gesse à larges siliques..	15	6
De féveroles..........	14	14
De lentilles...........	16	6
De haricots blancs.....	15	6
De sarrasin...........	16	6
De millet ou petit mil..	14	8

TROISIÈME

EXPÉRIENCES faites sur dix-neuf espèces de grains à l'effet pellicule, & ce qu'elles

	NOMS DES GRAINS.	POIDS des grains en Expérience.	POIDS de la première pellicule.
		liv.	liv. onc. gr. gr.
N.os 1	Froment rouge du Dép. de Seine & Oise.	100	8. 2. 5. 24.
2	Froment blanc du Dép. de l'Aude......	100	6. 1. 4. 25.
3	Froment du Départ. du Calvados....	100	7. 3. 6. 20.
4	Froment jaune du Départ. du Nord.....	100	5. 8. 7. 8.
5	Froment blanc des côtes de Barbarie...	100	8. 5. 2. 48.
6	Seigle du Départem. de l'Arriège......	100	4. 13. 6. 16.
7	Orge du Départ de Seine & Marne...	100	13. 13. 9. 56.
8	Sarrasin du Départ. de la Manche ..	100	13. 4. 1. 16.
9	Avoine blanche du Dép. de la Seine-Inf.	100	29. 2. 5. 24.
10	Avoine noire dudit Département.....	100	29. 13. 6. 16.
11	Maïs jaune du Département........	100	8. 5. 2. 48.
12	Maïs blanc du Dép des Hautes-Pyrénées.	100	6. 9. 4. 32.
13	Feves de marais du Dép. de la Seine..	100	16. 10. // //
14	Petites féveroles du Dép. de Seine & Oise.	100	16. 10. 5. 24.
15	Haricots blancs du Départ. de l'Oise .	100	11. 1. 6. 16.
16	Haricots rouges du Départ. de l'Oise..	100	9. 11. 4. 32.
17	Lentilles du Départ. de la Seine.....	100	10. 6. 5. 24.
18	Pois verds du Départ. de la Seine ...	100	8. 10. 7. 8.
19	Pois jaunes du Départ. de la Seine....	100	8. 11. 5. 10.

Les Montagnards des Pyrénées font du pain du petit millet noir le manger en forme de riz;

TABLEAU.

de connoître exactement ce qu'elles contiennent de première & deuxième produisent de pure Farine.

POIDS de la deuxième pellicule.	POIDS de la Farine dite *de bled.*	DÉCHET.	TOTAL GÉNÉRAL semblable au premier poids.	OBSERVATIONS.
liv. onc. gr. gr.	liv. onc. gr. gr.	liv. onc. gr. gr.	liv.	
7. 10. // //	82. 13. 6. 48.	1. 5. 4. //	100	
4. // 5. //	88. 9. 6. 47.	1. 4. // //	100	
5. 8. // 24.	86. 4. 1. 24.	1. // // 4.	100	
5. 3. 1. 24.	88. 9. 7. 40.	// 10. // //	100	
// // // //	90. 10. 5. 24.	1. // // //	100	
// // // //	94. // 5. 56.	1. // 4. //	100	
// // // //	85. 1. 4. 16.	1. // 2. //	100	
5. // 2. //	80. 10. 7. 56.	1. // 5. //	100	Le sarrasin se mange en pain & en galette.
// // // //	69. 12. 4. 48.	1. // 6. //	100	
// // // //	69. 1. 4. 56.	1. // 5. //	100	
// // // //	90. 8. 5. 24.	1. 2. // //	100	
// // // //	92. 6. 3. 40.	1. // // //	100	
// // // //	82. 12. // //	// 10. // //	100	
// // // //	82. 12. 2. 48.	// 9. // //	100	
// // // //	87. 14. 1. 56.	1. // // //	100	
// // // //	89. 10. 3. 40.	// 10. // //	100	
// // // //	88. 7. 2. 48.	1. 2. // //	100	
// // // //	90. 4. 0 64.	1. 1. // //	100	
// // // //	90. 4. 2. 62.	1. // // //	100	

& blanc, & des gâteaux excellens. Il est encore plus avantageux de lorsqu'on sait en enlever la pellicule.

QUATRIEME

QUATRIÈME TABLEAU.

ESSAIS DE MOUTURE ÉCONOMIQUE, PERFECTIONNÉE SUR DOUZE ESPÈCES OU VARIÉTÉS DE GRAINS DIFFÉRENTS.

Ces Essais ont été faits aux Moulins à Vapeur de l'île des Cignes, par le Citoyen Ovide, d'après l'autorisation de la Commission d'Agriculture et des Arts. On y a joint le produit en Pain de plusieurs de ces moutures et quelques autres essais de Panification.

N.os	NOMS DES GRAINS.	POIDS des grains mis en expérience.	POIDS du Minot de Paris ou 3 boisseaux.	POIDS DU PIED CUBE.	PREMIÈRE MOUTURE. POIDS de la Farine dite de bled.	POIDS du Pied cube de la Farine dite de bled.	DEUXIÈME MOUTURE. POIDS de la Farine blanche de gruau blanc.	POIDS du Pied cube de la Farine blanche de gruau blanc.	POIDS TOTAL des Farines des deux premières moutures.	PAIN BLANC COMPOSÉ DES DEUX PREMIÈRES MOUTURES.	TROISIÈME MOUTURE. POIDS de la Farine bise de gruau bis.	POIDS du Pied cube de la Farine bise de gruau bis.	POIDS TOTAL des Farines des trois Moutures.	PAIN bis blanc Composé des Farines des trois Moutures.	GROS ET PETIT SON.	POIDS du Pied cube du gros & petit son.	POIDS TOTAL des Farines & son.	PAIN BIS Composé des trois farines & du son, ou pain sans extraction de son.	DÉCHET.	TOTAL GÉNÉRAL, semblable au premier Poids.
		liv.	liv.	liv.	liv.	liv.	liv.	liv.	liv.	liv.	liv.	liv.	liv.	liv.	liv.	liv.	liv.	liv.	liv.	liv.
1	FROMENT blanc de Pologne..........	100	60 ″	53 [illegible]	51 ½	36 [illegible]	22 ″	38 ″	73 ½	89 [illegible]	15 ½	″ ″	88 [illegible]	112 [illegible]	10 ″	11 ″	98 [illegible]	148 ½	1 ½	100
2	FROMENT rouge de la Nouvelle-Angleterre...	100	61 ″	53 [illegible]	58 [illegible]	36 [illegible]	14 [illegible]	″ ″	72 [illegible]	91 ″	17 [illegible]	″ ″	89 [illegible]	116 [illegible]	9 [illegible]	10 [illegible]	99 [illegible]	152 [illegible]	″ [illegible]	100
3	FROMENT jaune de Flandre...........	100	60 [illegible]	52 [illegible]	55 [illegible]	36 [illegible]	18 [illegible]	″ ″	74 [illegible]	100 [illegible]	14 [illegible]	″ ″	88 [illegible]	128 [illegible]	10 [illegible]	10 [illegible]	98 [illegible]	148 [illegible]	1 [illegible]	100
4	FROMENT glacé des Côtes de Barbarie....	100	60 [illegible]	52 [illegible]	38 [illegible]	36 [illegible]	33 [illegible]	″ ″	71 [illegible]	96 [illegible]	21 ″	″ ″	92 [illegible]	130 [illegible]	6 [illegible]	10 ″	98 [illegible]	144 [illegible]	1 [illegible]	100
5	[illegible] rouge [illegible]..........	100	60 [illegible]	52 [illegible]	52 [illegible]	36 ″	18 ″	″ ″	70 [illegible]	85 [illegible]	17 [illegible]	″ ″	87 [illegible]	114 [illegible]	11 ″	11 ″	98 [illegible]	151 [illegible]	1 [illegible]	100
6	[illegible] blanc & [illegible]ane....	100	62 [illegible]	54 [illegible]	53 [illegible]	37 ″	19 ″	″ ″	72 [illegible]	88 [illegible]	18 [illegible]	″ ″	90 [illegible]	119 [illegible]	8 ″	9 [illegible]	98 [illegible]	152 [illegible]	1 [illegible]	100
7	SEIGLE des environs de Paris.	100	″ ″	51 [illegible]	48 [illegible]	32 [illegible]	Voyez la troisième mouture.	″ ″	48 [illegible] Première mouture seulement.	57 [illegible]	32 [illegible] Deuxième & troisième mouture.	″ ″	80 [illegible]	118 [illegible]	18 ″	11 [illegible]	98 [illegible]	″ ″	1 [illegible]	100
8	ORGE des environs de Paris...........	100	″ ″	44 ″	25 [illegible]	32 [illegible]	30 [illegible]	39 [illegible]	55 [illegible]	73 [illegible]	28 [illegible]	30 ″	84 [illegible]	126 [illegible]	Gros 11 ″ Petit 3 [illegible] 14 [illegible]	9 ″	98 [illegible]	″ ″	1 [illegible]	100
9	SARRASIN des Départemens du Nord...	100	″ ″	43 [illegible]	25 ″	″ ″	36 [illegible]	″ ″	61 [illegible]	84 [illegible]	14 [illegible]	″ ″	75 [illegible]	118 [illegible]	23 [illegible]	8 [illegible] Gros son.	98 [illegible]	″ ″	1 [illegible]	100
10	MAÏS jaune des environs de Paris........	100	″ ″	50 [illegible]	44 [illegible]	35 [illegible]	Voyez la troisième mouture.	″ ″	89 [illegible] Il n'y a point eu de 3.e mouture.	″ ″	44 [illegible] Deuxième & troisième mouture.	″ ″	89 [illegible]	″ ″	6 [illegible]	″ ″	95 [illegible]	″ ″	4 [illegible]	100
11	LENTILLES.....	100	″ ″	53 [illegible]	25 [illegible]	36 [illegible]	40 ″	″ ″	65 [illegible]	″ ″	28 ″	″ ″	93 [illegible]	″ ″	5 [illegible]	26 [illegible]	98 [illegible]	″ ″	1 [illegible]	100
12	POIS jaunes.....	100	″ ″	″ ″	24 ″	26 [illegible]	44 [illegible]	″ ″	68 [illegible]	″ ″	22 [illegible]	″ ″	89 [illegible]	″ ″	9 [illegible]	16 ″	99 [illegible]	″ ″	″ [illegible]	100
13	FROMENT de France dont la farine, à 11 liv. d'extraction de son par quintal, est restée quatre mois sur le plancher....	100	″ ″	″ ″	″ ″	″ ″	″ ″	″ ″	″ ″	″ ″	″ ″	″ ″	80 [illegible]	108 [illegible]	18 ″	″ ″	98 [illegible]	″ ″	1 [illegible]	100
14	FROMENT blanc de Pologne, N.° 1.er ci-dessus........ 75 liv. MAÏS jaune des environs de Paris, 25 N.° 10 ci-dessus.	100	″ ″	″ ″	″ ″	″ ″	″ ″	″ ″	″ ″	″ ″	″ ″	″ ″	88 [illegible]	107 [illegible]	″ ″	″ ″	″ ″	″ ″	″ ″	100
15	FROMENT rouge d'Angleterre, à 10 livres d'extraction par quintal de bled. 75 liv. SEIGLE à 15 liv. d'extraction. *Id.* 12 ½ ORGE à 15 liv. d'extraction. *Id.* 12 ½	100	″ ″	″ ″	″ ″	″ ″	″ ″	″ ″	″ ″	″ ″	″ ″	″ ″	87 [illegible]	120 [illegible]	11 [illegible]	″ ″	98 [illegible]	″ ″	1 [illegible]	100
16	FROMENT rouge de France, à 15 liv. d'extraction par quintal de bled...........	100	″ ″	″ ″	″ ″	″ ″	20 ″	″ ″	″ ″	25 [illegible]	″ ″	″ ″	″ ″	″ ″	″ ″	″ ″	″ ″	″ ″	″ ″	″

NOTA. *Les Expériences ci-dessus ont été faites la plupart sur des quantités différentes les unes des autres; en les ramenant aux mêmes bases, par le calcul, cela a produit les fractions de livres ci-dessus.*

Pour avoir opéré sur des quantités dissemblables, cela a produit nécessairement de légères différences dans les résultats; par exemple, lorsqu'on a eu assez de Farine d'une espèce pour faire des pains plus gros, le produit doit en paroître un peu plus considérable que lorsqu'on a seulement fait des petits pains, parce que ces derniers, toutes choses égales d'ailleurs, perdant davantage à la cuisson, donnent alors proportionnément moins au poids. On sait qu'il est fort différent, malgré la précision du calcul, d'opérer en petit ou en grand.

Malgré les soins qu'on a mis à ces Expériences, il ne faut encore regarder ce Tableau que comme un apperçu de ce qu'on auroit pu faire en ce genre, si les circonstances eussent été plus favorables. (TESSIER.)

FARINE FÉCONDANTE. On donne ce nom & celui de *Pouſſière*, à la ſubſtance que les anthères répandent à l'époque de la fécondation. Ces molécules ſont elles-mêmes des vaſes qui contiennent la liqueur ſpermatique, & la tranſportent au travers des airs, pour la dépoſer ſur le piſtil. *Voyez* FÉCONDATION & GÉNÉRATION. (*L. Reynier.*)

FARINET. Nom que l'on donne à une eſpèce de gale ou dartre, à laquelle les animaux ſont ſujets. *Voyez* ces mots. (*Tessier.*)

FARINEUSES. Les fleuriſtes ont indiqué par cette déſignation générale, certaines variétés de l'auricule, dont la fleur eſt comme ſaupoudrée d'une eſpèce de pouſſière. Ces auricules étoient en général moins priſées que les autres. *Voyez* PRIMEVERE, *oreille d'ours.* (*L. Reynier.*)

FARINEUX. Les cultivateurs d'arbres donnent cette qualification aux fruits, dont la ſubſtance eſt pâteuſe & manque de ſucs ſavoureux. Quelques fruits, notamment parmi les variétés des, poires ont ce défaut, plus commun encore parmi celles d'été, que parmi celles des ſaiſons plus avancées. Lorſque le fruit après avoir été pâteux à ſa maturité, comme la *belliſſime d'été*, &c. paſſe à un état encore moins ſavoureux qui précède ſa putréfaction, on dit qu'il ſe *cotonne.* (*L. Reynier.*)

FAROS. (gros.) Variété du pommier dont le fruit eſt gros, de couleur rouge foncé, chargé de raies d'une teinte encore plus obſcure. Sa chair eſt ferme, blanche, un peu teinte de rouge ſous la peau & pleine d'une eau abondante & agréable. Elle ſe conſerve juſqu'à la fin de Pluviôſe. *Voyez* POMMIER, *au Dictionnaire des arbres & arbuſtes.* (*L. Reynier.*)

FAROS. (petit) Variété du pommier dont le fruit eſt allongé, renflé vers la queue, en quoi il diffère de la variété précédente qui eſt ronde. Sa peau eſt de couleur rouge cériſe vif, chargé de taches d'un rouge plus foncé. Sa chair eſt blanche, un peu grenue & d'un goût agréable. Elle ſe conſerve juſqu'en Pluviôſe. *Voyez au Dictionnaire des arbres & arbuſtes* (*L. Reynier.*)

FAROUCH. Nom qu'on donne au trefle incarnat, *trifolium incarnatum* L. dans les pays méridionaux de la France, par exemple, dans les environs de Dax en Gaſcogne & dans le cidevant Comminge, où cette plante eſt cultivée. *Voyez* TREFLE. (*Tessier.*)

FASCICULÉE. On dit racine Faſciculée, *radix faſciculata*, lorſqu'un grand nombre de ſes parties ou fibres, partent d'un centre commun en s'allongeant, comme dans l'*aſphodele*, dans quelques graminées, quelques *houque*, quelques *aconit*; feuilles FASCICULÉES lorſqu'elles s'inſerent pluſieurs enſemble ſur le même point, qu'elles y forment de petits bouquets ou faiſceaux diſtingués les uns des autres, comme dans l'*aſparagus retrofractus*, le *Pinus larix*, les *Pins*; fleurs FASCICULÉES quand les fleurs ſont redreſſées, paralleles, réunies en manière de faiſceau, comme celles des *lychnis*, des *ſilène armeria*, du *dianthus barbatus*; fruits FASCICULÉS lorſque pluſieurs ſont raſſemblés ou ſerrés les uns contre les autres. (*A. J. Mlnon.*)

FASCINAGE. Quelques agriculteurs ont propoſé le *Faſcinage* comme un moyen utile pour égoûter les terres. Il conſiſte à combler le fond des foſſés d'écoulement, de branchages qui entretiennent la poroſité & à les recouvrir de terre. D'autres ont propoſé d'y jetter des pierres. Si nous conſultons nos maîtres en fait de deſſéchement, les Hollandois, ils nous diront que des foſſés nets, où l'eau s'écoule ſans peine, épurent davantage le terrein que tous ces moyens ſupplémentaires. Boncerf qui durant ſa vie à étendu l'art des deſſéchemens en France, & l'a perfectionné, m'a dit pluſieurs fois qu'il blâmoit cette méthode. On trouvera au mot DESSÉCHEMENT, traité par Teſſier, les vrais principes de cette opération. (*L. Reynier.*)

FASCINE. Dans pluſieurs départemens on donne ce nom au *fagot. Voyez* ce mot. (*L. Reynier.*)

FASEOLE. On donne ce nom, ſuivant les pays, au haricot & à la fève, quoique ce ſoit deux plantes différentes. Cette confuſion vient de ce qu'en françois le haricot dans beaucoup de communes s'appelle fève. Faſeole étant dérivé de *phaſeolus* haricot, ce mot ne devroit convenir qu'au haricot. *Voyez* FÈVE & HARICOT. (*Tessier.*)

FASTIGIÉ Les botaniſtes donnent ce nom à une conformation des branches, ou des bouquets de fleurs où toutes les ramifications parvenant à la même hauteur, l'enſemble paroît comme s'il avoit été ſoumis au ciſeau du jardinier. (*L. Reynier.*)

FAU. Nom du hêtre dans la partie orientale de la France, & dans la partie limitrophe de la Suiſſe. C'eſt ſans doute de ce nom, qui eſt ancien, qu'eſt dérivé le mot *faine* conſervé pour déſigner le fruit de cet arbre. *Voyez* HÊTRE *au Dictionnaire des arbres & arbuſtes.* (*L. Reynier.*)

FAUCHAGE. Action de faucher. *Voyez* FAUCHER. (*Tessier.*)

FAUCHAISON. Saiſon de faucher. On dit à l'égard de l'époque, où l'on doit faucher, la *Fauchaiſon*, comme on dit la *vendange*, à l'égard du tems, où l'on cueille les raiſins. *V.* FAUCHER. (*Tessier*)

FAUCHÉE de pré. A Mirecourt en Lorraine, à Champlitte en Franche-Comté & à Soultz en Alſace, on donne ce nom à une meſure de terre contenant deux cent cinquante verges ; ce qui fait deux arpens & demi, ou environ, comparés à l'arpent des eaux & forêts, la verge étant le plus communément de vingt-deux pieds. *V. le mot* ARPENT, *Tome premier, deuxième partie de ce Dictionnaire.* (*TESSIER.*)

FAUCHER. Couper à la faulx. Il y a en-général deux manières de mettre les récoltes en état d'être ramassées & serrées ; l'une, en les arrachant, & l'autre, en les coupant. Certaines plantes doivent être arrachées, telles que le chanvre, le lin, la gaude, la coriandre, l'anis, &c. soit parce que la partie, pour laquelle on les cultive réside jusque dans la racine, soit parce qu'elles s'égraineroient, si on les coupoit. Cependant on fauche le chanvre dans quelques contrées de l'Espagne, où le défaut de bras & quelques circonstances particulières l'exigent. Mais par-tout ailleurs on l'arrache. D'autres plantes ne peuvent qu'être coupées ; telles sont les herbes des prairies, les orges, les avoines, les bleds, &c. Par une exception bien étrange, on arrache les bleds dans l'île de Fortaventure, une des Canaries. Il en résulte que le grain se trouvant mêlé à beaucoup de pierrailles, on est obligé d'employer un tems considérable, pour les ôter l'une après l'autre. La manière la plus répandue est de couper.

Dans quelques pays de petite exploitation & où on néglige entièrement la paille, les habitans étêtent seulement les fromens avec des ciseaux & emportent les épis dans des corbeilles ou sur des toiles. On a conseillé en France depuis deux ans cette manière de récolter comme expéditive. Il suffit de la rappeller, pour en sentir tous les inconvéniens & tout le ridicule.

L'usage le plus ordinaire est de couper les récoltes soit avec la *faucille*, soit avec la *faulx*. Je traiterai de la manière de couper à la faucille au mot FAUCILLER.

Les faulx n'étant pas par-tout les mêmes, il y a, suivant les pays, des différences dans la manière de Faucher. C'est la forme du manche, qui varie le plus ; car la lame, seulement un peu plus ou moins longue, (*) diffère très-peu. Il y a des faulx, emmenchées d'un bâton droit, & long, ce sont les plus communes ; on en voit dans la Flandre autrichienne dont les manches sont très-courts ; en Hollande, on ajoute à l'extrémité du manche un petit morceau de bois un peu incliné. Enfin entre Arnhem & Zuphten, le manche à deux coudes à son extrémité.

On distingue la *faulx nue* de la *faulx à playon* & de celle à *crochets*. La première consiste seulement en une lame tranchante d'un côté, ayant un arrête de l'autre & en un manche qui à une poignée au milieu, quand il est très-long. Cette faulx sert pour les prairies vertes, les pois, les vesces, les gazons, &c. En Flandre où elle est courte & sans poignée, l'homme, qui l'emploie, en tient le manche de la main droite, frappe contre le pied du trefle, & le coupe très-bas ; sa main gauche est armée d'un morceau de bois, long d'un pied, ayant au bout un crochet de fer, de six pouces de longueur, avec lequel il courbe le trefle, pendant que l'autre main frappe. Dans la Beauce, on coupe le chaume presque de cette manière. Là, au lieu d'un crochet de fer, le chaumeur tient à sa main gauche un bouchon de chaume, qui lui sert de repoussoir. *Voyez* CHAUME. Le crochet en Flandre sert en outre à rassembler & à ramasser le trefle. Cette opération qui supprime le râtelage s'appelle *piquer le foin, piquer le trefle.*

Dans les pays où est en usage la faulx à manche recourbé avec addition d'un petit morceau de bois, l'ouvrier place sa main droite au sommet du manche, au-dessous de l'endroit recourbé. Lorsqu'il tend le bras pour frapper, le morceau de bois ajouté se joint contre son avant bras & lui sert d'appui. On assure que cette manière de faucher est expéditive & fatigue moins le moissonneur.

La faulx *à playon* tient le milieu entre la *faulx nue* & la *faulx à crochets*. Deux branches de coudre ou d'autre bois verd, se placent en demi cercle sur le manche de la faulx, à l'endroit, où dans la faulx à crochets, on attache les crochets. Pour cela il doit y avoir au manche quatre trous successifs ; une de ces branches est mise par un bout dans le premier trou & par l'autre dans le troisième, & la seconde branche, dans le second & le quatrième. Quand on veut couper des grains très-hauts & très-touffus, c'est cette espèce de faulx, qui convient.

Enfin, la faulx à crochets, la plus grande de toutes, est ainsi nommée, parce que la lame de la faulx est accompagnée de plusieurs baguettes ou longues dents de bois, courbés dans le même sens qu'elle, & à des distances égales les unes des autres. Implantées dans une planchette, elles sont fixées par de petites traverses & soutenues par des arc-boutans, qui, à l'autre extrémité, entrent aussi dans une planchette, introduite, d'une part, dans le manche de la faulx & de l'autre dans un seul arc de playon. On emploie cette faulx pour les avoines, les orges & autres plantes, qu'on veut mettre en ondains réguliers ; car ce qui est coupé, à chaque coup de cette faulx, se plaçant sur les crochets, est

(*) Dans les pays de plaine où les labours se font à plat, on emploie de très-grandes faulx. On recherche celles, qui ont au moins trente-deux à trente-trois pouces de longueur. Mais on ne fauche dans les terreins bombés & sur les pentes des montagnes, qu'avec de petites faulx.

jetté sur le sol en ligne dans le sens des épis. *Voyez* pour le méchanisme du fauchage, la page 736 du premier volume, au mot Avoine.

Pour connoître toutes les espèces de faulx, il faudroit avoir parcouru tous les pays de culture, ou avoir fait de grandes recherches. Je ne doute pas qu'on n'en ait imaginé d'autres que celles dont je viens de parler. J'observerai que dans les pays, où on emploie la faulx à long manche on auroit plus d'avantage de le réduire. Le poids du grain étant plus éloigné des bras, doit nécessairement retarder le mouvement & fatiguer le faucheur, bien plus que si le manche étoit plus court. C'est une perfection qu'il convient de donner à cette espèce de faulx

Il y a des provinces & des états entiers, tels que la Flandre, le Haynaut, la Suisse, qui pour faire leurs récoltes ne connoissent presque que la faulx. Dans d'autres pays on se sert de la faucille, pour certaines plantes & de la faulx pour d'autres; plusieurs des meilleurs Départemens de la France sont dans ce cas. Enfin, il y a des circonstances, où l'on substitue momentanément la faulx à la faucille; par exemple, quand les bleds sont bas ou quand les bras manquent; ce qui a eu lieu cette année (1796.) La crainte de recevoir du papier monnoie, au lieu d'argent, a retenu chez eux les Berrichons & les Limousins, qui tous les ans, de tems immémorial, viennent faucillier les bleds dans la Beauce. Dans les environs de Paris, où les récoltes en bled sont peu considérables, beaucoup de journaliers, à l'approche de la moisson, quittent leurs communes & se répandent dans la Brie & autres pays à grande culture, assurés d'y trouver une tâche plus longue & plus lucrative. On est donc forcé dans ces pays de faire faucher les bleds.

Quelques personnes, & Duhamel est de ce nombre, ont pensé qu'il vaudroit mieux toujours faucher que faucillier les bleds. On lit sur cette question dans les Elémens d'agriculture l'extrait d'un Mémoire de M. De Lille, qui eut quelque peine à introduire cette pratique dans ses domaines, parce qu'on s'y prit mal d'abord. On employa la grande faulx à crochets & les ouvriers prirent la posture, qu'ils tiennent quand ils fauchent les avoines, ou les prés. Dix d'entr'eux tomberent malades. On sait que le faucheur d'avoine, chemine en traçant deux lignes paralleles avec ses pieds, qu'il traîne alternativement à chaque coup de faulx. Le poids de l'avoine n'étant pas considérable & cet ouvrier jetant ce qu'il coupe de dedans en dehors, il n'est point incommodé de cette attitude. Mais au contraire, quand il coupe du bled, il le prend de dehors en dedans, pour l'appuyer sur les tiges encore sur pied. Il a besoin & de plus de force & d'une autre position. En conséquence on doit le décharger de la faulx à crochets, pour ne lui donner que la faulx à playon qui est plus légère. Il faut qu'en cheminant il ne trace qu'une seule ligne, portant un pied l'un devant l'autre, de manière qu'à chaque coup de faulx, le pied gauche qui reste en arrière, chasse en avant le pied droit; alors il n'est pas forcé de faire une inversion pénible des côtes pour transporter vers sa gauche, le bled, dont sa faulx est chargée. Son corps se trouve de face & dans son plus grand état de force. Ce défaut d'attention avoit causé des courbatures aux premiers ouvriers de M. De Lille. Les autres en profiterent & le travail se fit avec une grande facilité.

L'homme, qui fauche les bleds, doit avoir autant qu'il est possible, le *vent à sa gauche*, parceque dans ce cas les tiges se trouvent naturellement inclinées sur la faulx; on peut couper plus près de terre; la résistance, qu'occasionne le vent, toute foible qu'elle est, appuie sur le playon la fauchée, qui est portée plus proprement sur le bled non coupé. Le *ramasseur* a moins de peine à le saisir pour le mettre en javelles. Dans cette opération chaque faucheur est toujours accompagné d'un ramasseur, qui peut être un enfant de douze à quinze ans. Quand dans une pièce de terre il y a plusieurs faucheurs travaillant les uns à côté des autres, il faut que les ramasseurs soient très-actifs. Ils ont une faucille, pour faciliter leur opération.

Il y a peu d'inconvéniens, lorsque le vent souffle *derrière* le faucheur. Mais il ne faut pas qu'il souffle *en face* & encore moins *à droite*, parce qu'il y a une trop grande dispersion d'épis & parce qu'on ne peut couper aussi bas.

Les *bleds coudés* doivent être pris dans le sens de la courbure & de gauche à droite.

S'ils sont *versés* & *mêlés*, il n'y a d'autre moyen que de les prendre, comme les précédens, dans le sens de la courbure & de les jetter en ondains, sans se servir de ramasseurs.

On attribue au fauchage des bleds les avantages suivans:

On croit qu'il est moins fatiguant que le faucillage; qu'il expédie d'avantage & abrege la durée de la moisson; qu'il exige moins d'ouvriers; qu'il met en état de se passer d'une partie des hommes qui rançonnent les cultivateurs. qu'il procure plus de paille; qu'il renouvelle l'herbe des champs, parce qu'on la coupe plus bas; enfin qu'il favorise la pâture des vaches, parce qu'il laisse un chaume court, qui ne les pique pas.

Plusieurs objections ont été faites contre cette méthode: on dit qu'il s'égraine plus de bled que dans le faucillage; que les bleds fauchés germent sur terre plus promptement que les autres, parce que leurs têtes n'étant pas soulevées par un chaume, d'une certaine hauteur, elles posent immédiatement sur le sol; que le bled fauché est plus long à faner, parce qu'on coupe plus d'herbe; enfin que les épis n'étant pas rangés comme dans le faucillage, il s'en trouve une plus grande quantité au centre & aux pieds des gerbes.

Ces objections, très-fortes en apparence, peuvent se détruire aisément. Il n'est pas prouvé qu'il s'égraine plus d'épis par le fauchage avec la faulx à playon, que par le faucillage; quelques faits semblent attester le contraire. D'ailleurs, pour Faucher les bleds, on ne doit pas attendre qu'ils soient trop mûrs. Il suffit qu'ils approchent de leur maturité. Si on craint les pluies, rien n'empêche qu'on ne dispose les javelles de manière à mettre les épis d'une javelle sur les tiges d'une autre & ainsi de suite. Quand on délie les gerbes à la grange pour les battre, on frappe sur les épis, qui sont dans le pied comme sur les autres. Au reste si on ne délie pas les gerbes quand on les bat, les épis intacts servent à nourrir mieux les animaux & ce n'est point une perte.

Une objection, qu'il me paroît bien étonnant que Duhamel n'ait pas faite, est celle, qui me reste à exposer : Duhamel étoit, comme moi, d'un pays, où, si le fauchage des bleds étoit admis par les cultivateurs, la majeure partie des autres habitans n'auroient pas de quoi se chauffer & faire cuire leurs alimens, ni de quoi couvrir leurs maisons. Leur seule ressource dans un pays, où il n'y a presque point de bois, est dans le chaume que l'on laisse d'une certaine hauteur quand on faucille les bleds & que ces habitans sont dans l'usage de ramasser tous les ans avec grand soin. *Voyez* le mot CHAUME, *page* 81 *& suivantes, III.ᵉ volume.*

En principe, tout ce qui est le produit des terres ensemencées appartient à celui, qui a fait ou fait faire l'ensemencement. Le seul cultivateur a droit non seulement aux grains & pailles, mais encore au chaume, comme aux herbes, qui poussent dans ses champs. Il est le maître de faire arracher, brûler, ou récolter ce chaume, suivant qu'il le juge convenable. Lorsqu'il néglige de faire couper ses bleds, jusqu'à la racine, il diminue ses pailles, si nécessaires pour lui fournir des engrais. Mais ces considérations, toutes puissantes qu'elles sont, sont-elles suffisantes, pour anéantir un usage établi depuis un tems infini? Faut-il en faisant valoir son droit réduire au désespoir tant de malheureux? Consentira-t-on à leur interdire une récolte, aussi indispensable pour leur existence? Si l'on n'écoute que l'humanité, on répondra *non*; si on n'écoute que la justice & le droit de propriété, on dira *oui*. Que le gouvernement par des encouragemens parvienne à faire faire des plantations dans ces contrées, tout se concilira; les habitans pourront alors se procurer le bois, dont ils ont besoin pour cuire leurs alimens & pour faire de la tuile. On ne craindra plus de Faucher les bleds jusqu'au bas des tiges, & on accroîtra les moyens d'engrais & par conséquent, de produit en grains. (*TESSIER.*)

FAUCHERIE. On donne ce nom à Brignole en Provence, à l'étendue de pré, qu'un homme peut faucher dans un jour. (*TESSIER.*)

FAUCHET. On appelle ainsi un instrument d'agriculture, plus connu sous le nom de râteau. *Voyez* ce mot. (*TESSIER.*)

FAUCHEUR. Ouvrier, qui avec une faulx coupe des grains ou des fourrages.

Dans les pays, à grandes récoltes, les jeunes garçons, qui se sentent forts & vigoureux, se destinent dès l'âge de quatorze à quinze ans, à faucher pendant la moisson. Cette saison étant pour le journalier celle, où il gagne le plus, il cherche les moyens d'augmenter ses profits & le fauchage lui en offre un plus certain, car toujours un Faucheur gagne plus qu'un faucilleur.

Pour accoutumer un jeune garçon à faucher, il faut mettre dans ses mains une faulx légère, ne le faire travailler que quelques heures par jour, par le tems le plus favorable & le placer à l'ouvrage le plus doux. A mesure qu'il acquiert des forces, on en exige davantage.

Le premier soin d'un Faucheur est de se procurer une bonne lame de faulx, c'est-à-dire, d'une trempe douce, courbée convenablement, large vers la partie de son attache au manche. Ordinairement les tourneurs des bourgs & des petites villes fabriquent les manches de faulx & les crochets; quelquefois quand c'est une faulx nue ou sans crochets, les Faucheurs eux-mêmes fabriquent le manche. Dans l'un & l'autre cas, il est nécessaire qu'ils les prennent à *leur main*, c'est-à-dire, tellement disposés qu'ils puissent les manier avec facilité. Car j'observerai ici, puisque l'occasion s'en présente, que quelque attention que prenne un ouvrier ou un artiste pour faire plusieurs instrumens, absolument conformes, ces instrumens diffèrent tous les uns des autres. Or, comme deux hommes n'ont ni la même manière d'être physiquement, ni la même manière de faire mouvoir leurs membres, on n'est jamais sûr qu'un outil qui conviendra à l'un, puisse également convenir à l'autre. C'est donc à chacun à choisir & à étudier ce qui lui sied le mieux.

Pour entretenir son outil, le Faucheur a besoin d'une pierre à aiguiser, d'une petite enclume & d'un marteau. Il porte aux champs la pierre à aiguiser, dans un petit godet profond de fer blanc, qu'il attache à sa ceinture & dans lequel il met un peu d'eau. Chaque fois qu'il s'apperçoit que sa faulx ne coupe pas bien, il l'aiguise en la tenant par l'extrêmité.

L'enclume & le marteau servent pour battre la faulx, c'est-à-dire, pour en faire une espèce de scie en pratiquant sur le bord du tranchant un grand nombre d'inégalités. Cette opération se fait dans les momens du repos & particulièrement au milieu du jour, aux heures où l'on ne peut faucher.

Aux mots AVOINE & FAUCHER, j'ai décrit le méchanisme du fauchage & les précautions à prendre relativement aux momens du jour, à la position du vent & à l'état où se trouvent les grains.

J'observerai cependant que s'il est indispensable, pour la facilité du travail & pour empêcher que le grain ne s'égraine, de ne faucher les avoines & les orges que de grand matin, ou dans la soirée, on auroit tort de choisir ces heures pour le froment. Si on le coupe, suivant mon avis un peu avant sa maturité complette, il ne faut pas attendre les heures où il y a de la rosée, qui rendroit les épis trop pésans. La légéreté de l'avoine & de l'orge prescrivent au Faucheur des attentions contraires.

Des pierres, des mottes & des taupinières, sont les inconvéniens qui exigent que le Faucheur baisse ou élève la main, afin de les éviter. Il seroit à desirer qu'il pût toujours ne pas couper les plantes à tiges fortes & sèches, qui se trouvent quelquefois au milieu des moissons. Outre les accidens qui peuvent lui arriver, soit en se blessant le pied, soit en faisant des efforts pénibles, il court le danger de briser ou au moins d'émousser sa faulx.

J'estime qu'un Faucheur dans l'âge de la force, peut faucher en douze heures de tems d'un seul jour, deux arpens d'avoine, un arpent & un quart d'orge, un & demi de luzerne, sainfoin ou trèfle, ou herbe de prés, un demi de lentilles, un de seigle ou de froment, &, gagner de quatre à six francs par jour sans être nourri.

Les maladies auxquelles le fauchage expose, sont les mêmes que celles de tous les aoûtrons; des pleurésies, des fluxions de poitrine, des coups de soleil, des courbatures, des tendons ou des muscles forcés. Le peu de précautions qu'ils prennent pour éviter le réfroidissement subit après des sueurs abondantes sont la cause des deux premières. En dormant entre des arbres ou des massifs de bois, ils reçoivent sur leur corps, comme dans un foyer, les rayons ardens du soleil. C'est souvent à leur peu d'intelligence & à leur mal-adresse, qu'ils doivent des fatigues excessives, ou des extensions outrées de parties musculaires ou tendineuses. Cependant sans rejetter tout ce qui leur survient de fâcheux sur leur imprudence, je conviens qu'ils sont quelquefois malades par des causes indépendantes de la sagesse humaine. Car s'il tombe de la pluie au moment où un Faucheur est en sueur & souvent en chemise; s'il ne peut se dispenser de couper des grains, situés entre des bois, exposés au plein midi, & quand le soleil perce entre deux nuages; enfin, si le fauchage par l'état des grains est difficile, les maladies qui en sont la suite, ne peuvent raisonablement être imputées à l'ouvrier.

En rappellant sur le champ la transpiration par des boissons, qui portent à la peau, telles que l'infusion de sureau, de mélisse, &c. après une ou deux saignées faites lorsque le pouls est dur & plein, on arrête les pleurésies & les fluxions de poitrine. Les coups de soleil, s'ils ne sont pas accompagnés de fièvre, cedent à des applications d'eau vinaigrée. Car dans ce cas il faut lorsque l'état du pouls l'exige, une saignée & toujours des boissons aigrelettes & des remèdes tempérans; on remedie aux coupures, si elles sont simples, avec de l'eau seule ou tout au plus avec une application de persil haché, en y mêlant du sel & de l'eau de vie. Le repos complet pendant quelques jours suffit, le plus souvent, pour guérir des courbatures & des extensions de muscles ou de tendons. S'il en est besoin on applique des émollients, ou le remède suivant, dont j'ai bien des fois éprouvé d'heureux effets, à l'égard des moissonneurs: on prend un jaune d'œuf & une cuillerée d'huile qu'on délaye & qu'on expose sur un feu doux, en remuant toujours du même sens avec une cuillière: quand il est assez chaud on l'étend sur un peu d'étouppe, & on l'applique sur les muscles ou tendons forcés; on l'ôte le matin & on recommence le soir suivant. Ce remède employé deux ou trois nuits de suite, suffit pour guérir le mal. (*TESSIER.*)

FAUCHEUSE. On appelle *la Faucheuse* dans les montagnes de la haute Auvergne, le moule, dans lequel on met les fromages.

Ce mot est aussi donné à une espèce d'araignée des champs, qui a les pates très-longues. *Voyez le Dictionnaire des insectes.* (*TESSIER.*)

FAUCILLE. Instrument dont on se sert pour faire les récoltes. *Voyez* le mot FAUCILLER & le *Dictionnaire des instrumens.* (*TESSIER.*)

FAUCILLER. Ce mot usité dans quelques pays, me paroît aussi propre à exprimer l'action de couper à la faucille, que l'est celui de *faucher*, à exprimer l'action de couper à la faulx. Le plus souvent on dit *scier* & par corruption *sceyer*, *sceiller* à cause de la forme de scie, donnée à la plus part des faucilles.

La lame de ces instrumens est faite en demi-cercle & fixée dans un court manche de bois, à l'extrêmité duquel elle est repliée, ou rivée ou assujetie par une virole. Le bord intérieur du demi-cercle est ou finement dentelé, ou tranchant, comme dans les faucilles de la Provence. Dans ce dernier cas il a besoin d'être aiguisé souvent & même battu, à la manière des faulx.

La forme de la faucille varie selon les pays. Ici, elle décrit un demi-cercle exact, là, le demi-cercle s'élargit aux deux extrémités; ailleurs, elle est perpendiculaire au manche; dans d'autres endroits elle fait un petit angle avec lui, de manière que l'ouvrier, en se baissant moins, coupe plus bas.

Toutes les faucilles n'ont ni la même largeur ni la même longueur. Dans quelques cantons, l'ouverture entre la pointe de la lame & l'extrémité supérieure du manche n'a pas plus de dix pouces, l'épaisseur de la lame & le demi-cercle étant proportionés. Dans d'autres, cette ouverture est de quinze à dix-huit pouces & la largeur de la lame, d'une ligne par pouce. L'épaisseur est d'une bonne ligne du côté de la grande courbure ou du bord extérieur. *Voyez le Dictionnaire des instrumens.*

On coupe moins de grains à la faucille qu'on n'en fauche, parce que le fauchage accélère davantage & que les plantes à récolter sont pour la plupart plus basses qu'élevées, & qu'enfin pour tout Faucillier il faudroit trop de bras. Communément on soumet à cette dernière opération, presque par-tout, le seigle & le froment, le sarrasin & l'avoine, seulement quand ils sont hauts & touffus.

Le méchanisme du faucillage consiste à saisir d'une main successivement de petites poignées de tiges, que l'autre main armée de la faucille coupe à mesure; l'ouvrier marche de droite à gauche, soutenant ses petites poignées jusqu'à ce que sa main en soit remplie & même qu'il en déborde sur son avant-bras; alors il pose ce qu'il a coupé, pour former des tas qu'on appelle *javelles*. Il revient ensuite au point d'où il est parti & il recommence. L'espace qu'il embrasse est plus ou moins étendu, selon que le grain est plus ou moins touffu. Les javelles se trouvent à-peu-près en lignes paralleles &, dans les lignes, les unes à la suite des autres. Quand elles sont très-pressées, cest un signe d'abondance.

Lorsque dix à douze faucilleurs travaillent ensemble, il se placent de manière que le premier ayant commencé plutôt que le second, celui-ci plutôt que le troisieme & ainsi de suite, ils forment une ligne toujours oblique, ne se gênent pas & coupent des espaces contigus, le second finissant sa coupée où le premier à commencé la sienne & ainsi des autres.

C'est le cultivateur, auquel appartiennent les champs, qui détermine à quelle hauteur on doit Faucillier; ce qui dépend des usages du pays, des circonstances locales & du besoin qu'il a de paille.

Les grains *condés* & *versés*, quand il s'agit de de les Faucillier, doivent être pris dans le sens de leur courbure, comme je l'ai dit pour les grains à faucher. On doit également faire en sorte d'avoir le vent par derrière, ou à droite. Le choix est facile, quand on coupe de grandes pièces; si on n'avoit à couper que des pieces étroites, il faudroit bien supporter les incommodités du vent. (*Tessier.*)

FAUCILLEUR. Homme qui coupe les grains avec la faucille. Il se distingue du faucheur, à raison de la différence de l'instrument qu'il emploie. Tous les deux tendent au même but, c'est-à-dire, à mettre les récoltes en état d'être transportées.

Le Faucilleur commence son travail de grand matin & le finit très-tard le soir, ne s'interrompant dans le courant de la journée, que pour prendre ses repas & un court repos. Il n'est pas obligé d'attendre le moment de la rosée parce que sa main gauche faisant un point d'appui, les tiges se coupent bien, pendant la sécheresse.

Quand le faucheur a coupé de l'avoine ou de l'orge, il passe à d'autres champs, sans s'embarrasser de ce que deviennent les ondains qu'il a faits. Souvent on les laisse quelque tems sur place, jusqu'à ce qu'ils aient reçu de la pluie. D'autres ouvriers se chargent de les ramasser & de les lier. Mais le Faucilleur n'abandonne ses javelles qu'après les avoir mises en gerbes. De ses mains elles passent dans celles du voiturier. Il y a des pays même où le Faucilleur fait le service des champs & de la grange. Il faucille, & lie de jour & le soir à la fin de la journée il entasse à la maison tout ce qu'on y a transporté. C'est l'usage dans le pays de Caux, sur-tout entre le Havre & Dieppe.

J'ai développé au mot Faucillier, le méchanisme du faucillage, les différentes sortes de faucilles & quelques précautions à prendre.

Un bon Faucilleur en travaillant seize heures par jour, peut couper cinquante perches de bled, soixante de seigle ou d'avoine, la perche de vingt-deux pieds & gagner de deux à trois livres étant nourri.

On regarde le faucillage comme le plus pénible des travaux de la moisson. En effet, il l'est infiniment; il se fait dans la saison de l'année la plus chaude Qu'on se figure la position d'un malheureux Faucilleur. L'épine du dos courbée en deux, une marche longue, quoique dans un espace circonscrit, les jarrets toujours gêné, un des deux bras se mouvant alternativement de dedans en dehors & de dehors en dedans, & l'autre chargé de tiges & faisant un point d'appui à la faucille, la tête exposée d'une part, aux rayons d'un soleil ardent, qui tombe d'aplomb & de l'autre à la réverbération du sol échauffé, dont elle n'est qu'à une très-petite distance. S'il fait un souffle de vent il est perdu pour lui, puisque son corps ne peut en être atteint; s'il pleut, il reçoit toute la pluie. Sa boisson, qui le plus souvent n'est que de l'eau, est toujours chaude, son pain toujours desséché. Continuellement il arrose la terre de ses sueurs; il dort peu de tems la nuit & presque point le jour. Tel est le véritable tableau de ce qu'a à souffrir pendant un mois entier un Faucilleur qui prend une tâche un peu considérable.

Qu'on compare cette situation avec celle du faucheur. Celui-ci, à la vérité, fait de grands efforts, toutes les parties de son corps sont en action pendant qu'il travaille; il n'a pas un muscle dans le relâche. Mais ses mouvemens sont libres; l'épine du dos n'est pas autant fléchie que dans le faucillage; la tête bien au-dessus de la terre & moins échauffée, peut profiter du bienfait d'un air agité. C'est communément le matin & le soir qu'il est aux champs; au milieu du jour il peut se livrer quelque tems au sommeil; il prend ses repas chez lui ou chez son maître, & ses alimens sont toujours frais.

Inutilement objecteroit-on que les femmes faucillent & ne fauchent pas; on répondroit que si elles ne fauchent pas, c'est moins parce que le travail est plus pénible, que parce que leur habillement s'y oppose. D'ailleurs elles n'ont ni la taille, ni l'étendue des bras nécessaires. En supposant & cette supposition n'est pas sans fondement, en supposant qu'il faille plus de force dans l'action du fauchage, il ne s'en suit pas qu'elle soit plus pénible. Il en coûte moins pour un grand effort peu durable, que pour un moindre long-tems continué. On peut donc à juste titre conclure que la plus fatiguante des opérations de la récolte est le faucillage.

Ceux qui s'y livrent sont d'abord sujets aux mêmes maladies que les faucheurs, c'est-à-dire, aux pleurésies, aux fluxions de poitrine, aux coups de soleil, aux courbatures, aux tendons forcés, parce qu'ils sont exposés aux mêmes causes. *Voyez* le mot FAUCHEUR. Comme eux encore il leur arrive quelquefois de se couper, non le pied, mais la main gauche, soit par inadvertance, soit lorsqu'une pierre ou une herbe dérange la direction de la faucille. Ce que j'ai vu de plus particulier à cette classe de moissonneurs, ce sont les *cholera morbus* ou vomissemens d'excrémens en même-tems que des déjections par la voie ordinaire, les dysenteries, les fièvres ardentes, putrides & intermittentes. Il me semble qu'on pourroit les attribuer en partie à la chaleur, à la grande quantité d'eau que les Faucilleurs sont forcés de boire pour étancher leur soif, & à des alimens ou mal-sains ou mal appropriés à la foiblesse de leur estomac, tel que du pain de grain nouveau, beaucoup de lard, de frommage, &c. sans aucune boisson tonique, qui en prévienne les effets.

Je renvoie à la fin de l'article FAUCHEUR pour les secours à donner dans les simples incommodités & dans les premiers instans des maladies, communes au faucheur & au Faucilleur, secours qui peuvent prévenir des suites fâcheuses. C'est tout ce que je me propose ici. Lorsqu'il est à craindre que le mal ne devienne grave, il faut recourir aux hommes de santé.

Seulement je rappellerai que j'ai réussi un bien grand nombre de fois, sur-tout pour les Faucilleurs, en me servant du remède indiqué plus haut, pour les muscles & les tendons forcés. Souvent les premiers jours de la moisson ils éprouvoient de la douleur & un gonflement sensible au-dessus du poignet de la main gauche; ce mal cédoit à deux ou trois applications du topique, sans qu'ils interrompissent leur travail.

A l'égard du *cholera morbus*, des dysentheries, des fièvres ardentes, putrides & intermittentes, elles sont du ressort de la médecine, qu'il faut alors invoquer.

Au reste, *voyez* le Dictionnaire de Médecine.

Je crois devoir placer ici quelques conseils, que j'ai eu occasion de publier, en 1789, en faveur des moissonneurs de la Beauce. Ils n'auront pas été inutiles, s'ils ont pu toucher les cultivateurs & les engager à prendre soin de leurs moissonneurs d'une manière mieux entendue.

Dans les pays de grande exploitation, où les bras sont insuffisans pour les récoltes, on est obligé d'appeller le secours des provinces qui sont peuplées au-delà de ce qu'il y a de travail alors. Le Montagnard descend dans la plaine, où la récolte est hâtive, & retourne encore à tems pour faire celle de son pays. L'habitant des vallons, couverts de prairies, fait la première coupe des foins en Juin, & la seconde en Novembre; ce qui lui laisse un intervalle assez long pour aller moissonner ailleurs des bleds. Les mois de Juillet & d'Août, sont les mois où il y a peu de chose à faire aux vignes; celui qui les cultive peut disposer de ce tems pour aller offrir ses services aux fermiers ou métayers. L'homme qui vit au milieu ou sur les bords des forêts, où il fait presque toute l'année le métier de bûcheron, interrompt volontiers son occupation ordinaire pour la moisson. Enfin, on voit dans cette saison partir avec leurs garçons, les infortunés pères de famil les des cantons, en grande partie incultes, pour se répandre au loin, & s'y livrer à un travail pénible, mais profitable, laissant à leurs femmes le soin de recueillir le produit du peu qu'ils ont semé.

En général les fermiers reçoivent bien & nourrissent le mieux qu'ils peuvent leurs moissonneurs. On leur doit la justice de le dire. Si l'hospitalité & la bienfaisance se trouvent quelque part, c'est sur-tout dans les ferm s. Mais il y a des circonstances où il faudroit ajouter quelque chose aux alimens que les fermiers donnent aux moissonneurs.

Au mois de Juillet 1789, je me trouvai dans la Beauce, au tems où les Berrichons & les Limousins arrivoient pour y faire la récolte. Depuis quelque tems ils ne mangeoient dans leurs pays que de mauvais pain, & n'en avoient pas même à discretion, à cause de l'espèce de disette qui se faisoit sentir dans toute la France. Aussi paroissoient-ils maigres, foibles & languissans. Il y avoit à craindre qu'ils ne fussent pas en état de résister à la fatigue de la moisson. Cette crainte me détermina à publier l'avis suivant, pour engager les fermiers ou les propriétaires résidans dans leurs terres, à faire quelques légères dépenses pour rétablir ces hommes de peine & soutenir leurs forces pendant la récolte.

Il seroit à desirer que les fermiers ou métayers fissent venir chez eux quelques jours d'avance leurs moissonneurs, afin qu'ils se reposassent de la route & qu'ils se fortifiassent par une bonne nourriture. Il y en a qui viennent quelquefois de cinquante lieues ne marchant qu'avec des sabots & se nourrissant à peine

Dans beaucoup de pays on ne leur donne pour toute boisson que de l'eau, qui, quelquefois, n'est pas de bonne qualité, comme cela arrive quand on est forcé de la prendre dans des marres ou dans des citernes mal soignées. Cette boisson est plus capable de leur nuire, que de les soutenir dans une fatigue excessive. Il seroit bien important qu'ils pussent avoir, au moins à leurs repas, du vin ou de la biere, ou du cidre, ou de l'hydromel, selon les provinces; une pinte de l'une de ces boissons, par jour, avec des alimens sains & abondans, pourroit suffire pour chaque moissonneur.

La plus agréable aux journaliers & la plus fortifiante des quatre est le vin. Dans le voisinage des vignobles, on est à portée d'en avoir à bon marché. Les fermiers qui en sont éloignés préféreront celle des trois autres boissons, qu'il leur sera plus facile de se procurer. Dans le cas où aucune ne leur conviendroit, à cause de son prix, on pourroit la remplacer par celle dont je donne ici la recette.

Prenez douze pintes d'eau, mesure de Paris, délayez-y douze cuillerées de miel; ajoutez-y trois demi-septiers d'eau-de-vie : cette dose est pour douze hommes, qui en boiront, moitié à dîner & moitié à souper. On la renouvelle tous les jours, ou à chacun des deux repas, ou la moitié à chaque repas.

C'est après avoir éprouvé plusieurs recettes & après avoir calculé les prix, que je m'en suis tenu à celle-ci, qui est bonne, agréable & saine. Le miel seroit relâchant s'il étoit seul. Mais sa qualité relâchante est détruite par l'eau-de-vie.

Le prix de cette boisson ne sauroit être le même par-tout. Il dépend de celui du miel & de l'eau-de-vie, qui varie dans les différentes parties de la France. En supposant le miel à douze sols la livre, & l'eau-de-vie, de vingt degrés, à vingt sols la pinte, la boisson du dîner & du souper du moissonneur reviendroit à deux sols. Elle seroit meilleure & plus fortifiante encore, si on ajoutoit un peu plus d'eau-de-vie. Mais il ne faudroit pas en mettre plus d'une pinte sur la totalité.

Indépendamment de ce secours, il est nécessaire de joindre quelques cuillerées de vinaigre par pinte dans l'eau ordinaire, qu'on boit dans l'intervalle des repas. Les moissonneurs ont de la peine à s'accoutumer à l'eau vinaigrée; mais c'est leur rendre un véritable service que de les forcer, en quelque sorte, à n'en pas boire d'autre, sur-tout les jours de grande chaleur. On leur fait aussi beaucoup de bien, si on jette dans la marmite, où cuit la viande qu'on leur destine, une poignée d'oseille & deux onces de riz par trois pintes d'eau; le bouillon en a plus de consistance On aura soin d'époudrer & de laver le riz auparavant. Il suffit de s'en pourvoir de quelques livres avant la moisson. En tems ordinaire on a du riz pour six sols la livre.

Par la même raison que j'ai desiré que les moissonneurs arrivassent chez les fermiers quelques jours avant de commencer la moisson, je demanderois qu'ils n'en partissent que trois ou quatre jours après l'avoir fini, afin qu'ils ne se remissent pas en route, avant d'avoir pris du repos. Je ne parle ici que pour les moissonneurs qui s'en retournent loin.

Ces moyens réunis produiront de bons effets. Ils fortifieront les moissonneurs, les préserveront des maladies putrides qu'ils gagnent quelquefois pendant la récolte, & les mettront en état de retourner chez eux, sains, vigoureux & capables de s'y livrer aux travaux qui les attendent. A leur retour l'année suivante, chez les fermiers qui les auront traités ainsi, ils couperont les récoltes avec plus de zèle & plus de soin, & feront avec plaisir le profit de leurs maîtres.

La dépense nécessaire pour le bien-être des moissonneurs n'est pas considérable. Il y a peu de fermiers, qui ne puissent la faire. Plutôt que de manquer aux attentions que j'exige, il vaudroit mieux donner quelque chose de moins en argent, pour la tâche des moissonneurs : ceux-ci moins attentifs à leur santé, si précieuse pour leur famille, qu'à l'appas d'un gain un peu plus fort, préféreroient

préféreroient gagner quelque chose de plus, en ne buvant que de l'eau qui pourroit les incommoder. Il faudroit en quelque sorte par une juste compensation, les forcer à être mieux nourris, & à gagner un peu moins. Si leur moisson devoit rapporter cinquante à soixante livres, il seroit préférable qu'elle ne rapportât que quarante-huit ou cinquante-huit livres, & que la santé n'en éprouvât aucune altération. (*Tessier.*)

FAULX. Instrument propre à couper les récoltes. *Voyez* Faucher & Faucheur, & le Dictionnaire des instrumens. (*Tessier.*)

FAUSSE-BRANC-URSINE. Nom vulgaire de l'espèce de *berce*, nommée *Berce branc-ursine. V.* ce mot. Ce nom lui a été donné à cause de sa ressemblance avec l'Acanthe, qui porte aussi le nom vulgaire de *Branc-ursine.* (*L. Reynier.*)

FAUSSE-FLEUR. Les jardiniers donnent ce nom aux Fleurs qui ne nouent pas, & notamment aux Fleurs unisexes, comme celles des courges, des melons, & autres plantes où les sexes sont séparés dans des Fleurs distinctes. Jadis les jardiniers regardant ces Fleurs comme onéreuses à l'individu, les retranchoient avec soin; actuellement que l'instruction est un peu plus répandue, ce préjugé commence à disparoître.

Quant aux Fleurs stériles par vice d'organisation, on peut très-bien les enlever lorsqu'on sait les distinguer, puisqu'elles sont une surcharge inutile; mais il est toujours préférable d'attendre pour éclaircir que la coulée ait eu son effet. *Voyez* Éclaircir. (*L. Reynier.*)

FAUSSE-MADAME. Nom vulgaire que quelques jardiniers ont donné à l'*Amarillis à fleur rose. V.* ce mot. (*L. Reynier.*)

FAUSSE-RHUBARBE ou *rue des prés.* Nom vulgaire mais peu connu du *Thalictrum-flavum. V.* Thalitron. (*L. Reynier.*)

FAUSTINE. Tulipe dont les panaches sont de couleur colombin-rougeâtre & blanc satiné sur un fonds bleu; ses panaches sont purs & bien tranchés. *Remarques sur la culture des fleurs.*

C'est une des variétés de la tulipe des jardins. *V.* Tulipe (*L. Reynier.*)

FAUX-ACACIA *de Sybérie.* Nom vulgaire qu'on donne au *Caragan arborescent*, arbre dont les fruits servent en Sybérie pour engraisser la volaille; souvent même les pauvres y ont recours pour se nourrir. C'est de-là qu'on l'a nommé aussi *arbre aux pois. V.* Caragan. (*L. Reynier.*)

FAUX-AUBIER. Les Physiologistes qui ont examiné la nature des arbres, tels que Duhamel, Buffon & Daubenton, nous ont fait connoître cette maladie ou imperfection des arbres. Elle consiste en une couche d'aubier interposée à l'intérieur & séparée par une couche de bon bois de l'aubier réel. Comme l'aubier n'est que le bois encore imparfait, l'existence de ce Faux-Aubier annonce que des causes externes ont arrêté son perfectionnement; & ces Physiciens, après beaucoup de recherches qu'on peut consulter dans leurs Ouvrages où ils ont comparé le nombre des couches annuelles qui recouvrent ce Faux-Aubier, avec la tradition qui nous a transmis les époques remarquables de notre atmosphère, en ont conclu que le froid de 1709 étoit la cause première de ces Faux-Aubiers qu'ils ont observés. Ainsi le froid par son intensité ou par ses retours après des dégels, peut altérer le perfectionnement du bois sans le dénaturer au point d'y établir la carie. J'adopte l'effet, mais je desirerois le voir plus clairement expliqué. (*L. Reynier.*)

FAUX-BOIS. Les cultivateurs d'arbres fruitiers donnent ce nom aux branches chifones ou menues qui paroissent ne pouvoir jamais fournir de belles branches. Quelques personnes étendent l'acception de ce mot jusqu'aux branches gourmandes; Rosier avertit avec raison, que cette extension est fautive. *V.* Branche au *Dict. des arbres & arbustes.* (*L. Reynier.*)

FAUX-BOURGEON. On donne ce nom, d'après la distinction établie par Rosier, aux bourgeons qui ne se forment pas d'un bouton, mais qui percent de l'écorce. Rarement ils forment une branche vigoureuse puisqu'ils ne doivent leur naissance qu'à une surabondance de sève; aussi doit-on les retrancher lorsqu'ils ne servent pas à couvrir quelque vuide. (*L. Reynier.*)

FAUX-BUIS. Les habitans des îles de France & de Bourbon, dite de la *Réunion*, donnent ce nom au *Fernel à feuilles de buis. V.* ce mot. (*L. Reynier.*)

FAUX-CERISIER *de la Chine.* Nom vulgaire d'un arbre dont la culture s'est très répandue à l'Isle de France pour former des abris. *V.* Litsé. (*L. Reynier.*)

FAUX-MUSEAU. Maladie du bétail; c'est la même que le *bouquet* ou le noir-museau. *Voyez* Noir-museau. (*Tessier.*)

FAUX-NEZ. Même maladie. (*Tessier.*)

FAVELOTTE. On donne encore ce nom à la fève *vicia faba. Voyez* Fève. (*Tessier.*)

FAVRODINE.

Genre nouveau que j'ai établi dans *les mémoires de la Société Physique de Lausanne*, comme voisin des *patiences* dont il ne diffère que par le nombre des parties de la fleur. Celle des patiences est à six divisions & contient six étamines; celle des Favrodines n'a que trois divisions & contient de neuf à douze étamines. Du reste ce genre purement artificiel comme celui des *patiences*, des *oseilles* & des *rhubarbes*, ne forme réellement avec eux qu'un seul genre ou division naturelle.

Espèce.

1 FAVRODINE dorée ♃ des pâturages montagreux de la Suisse.

Cette plante ressemble par son habitus à la patience aquatique, mais ses fleurs sont remarquables par la couleur dorée de leurs anthères, & par leur grandeur; ces anthères sont d'un jaune brillant presque orangé.

Culture. J'ai cultivé cette plante de plants enracinés, que j'avois transplantés dans un jardin, où ils ont végété très-rapidement & ont porté des fleurs. Des déplacemens, forcés par diverses occupations, m'ont empêché de suivre la culture de cette plante par les graines, seul moyen de constater la constance de l'espece. (*L. Reynier*)

FAYAN ou FAYARD. Ce nom est donné au hêtre dans les divers idiomes ou patois de la partie montagneuse de la France. *V.* HÊTRE au *Dict. des arbres & arbustes.* (*L. Reynier.*)

FAYAUX. C'est ainsi que l'on appelle les haricots, à Saint-Paul-trois-Châteaux & à Brignole en Provence, & dans plusieurs de nos Ports. (*Tessier.*)

FAYENES. Nom que l'on donne à Charleville, au faine, fruit que produit le hêtre, ou le faux, & dont on tire une bonne huile. *Voyez* HÊTRE au *Dictionnaire des arbres* (*Tessier.*)

FAYÈRE, *Phaius.*

Genre nouveau établi par Loureiro, & qui paroît entrer dans la famille des Iris par son organisation. Sa fleur est enveloppée dans un spathe d'un volume remarquable, qui persiste autour de la graine Elle a cinq pétales épais, évasés, à-peu-près égaux de grandeur. Son nectaire paroît remarquable; mais comme l'application de ce mot n'est pas déterminée, je renvoie à la description de l'Auteur.

Espèce.

1. FAYÈRE à grandes feuilles; le Hac-lou des Chinois.

Phaius grandifolius. Lour. Fl. Coch. cultivée dans les jardins, à la Chine & à la Cochinchine.

Cette plante pousse une tige d'un pied & demi, droite & sans aucune branche, couverte à distance de feuilles remarquables par leur longueur & qui embrassent la tige à leur base. Plusieurs fleurs naissent d'une hampe nue, distincte de cette tige; leur couleur est un brun noirâtre à l'intérieur, & un blanc de lait à l'extérieur.

Culture & usage. Loureiro dit qu'on cultive la Fayère en Chine & dans la Cochinchine comme plante décoratrice: mais en [illegible] de Linneus il ne nous donne aucune [illegible] sur la culture qu'elle exige; il ne nous dit [illegible] même si elle est annuelle ou vivace; quel est la conformation des racines. Dès-lors nous n'avons aucune indication sur les soins à donner aux premiers plants qui seroient importés en Europe. (*L. Reynier.*)

FÉCALES, *matières fécales.*

Les excrémens de l'homme, connus sous le nom de matières fécales, sont rangés dans la classe des engrais animaux. *Voyez* le mot AMENDEMENT. Dans les campagnes, on n'est guères dans l'usage de les réunir; on les jette ordinairement sur les fumiers, où ils se mêlent avec les pailles & fientes des bestiaux. Mais la propreté & la police exigent d'autres attentions dans les villes. Il y en a où tous les matins des charriots à grands tonneaux passent dans les rues, pour recevoir les garderobes de la veille. Presque dans toutes les autres, les habitans ont chez eux des latrines, qui ne se vuident que quand elles sont pleines. Leurs produits se portent dans des dépôts communs ou particuliers, appelés *voiries*, où les cultivateurs des environs, instruits de leurs avantages, viennent les chercher pour les répandre sur leurs terres. Graces aux progrès qu'a fait parmi nous l'agriculture, ces matières, autrefois peu employées, sont maintenant presque par tout recherchées; mais le plus souvent on les répand sur les terres dans l'état où elles ont été apportées dans les dépôts. Ce n'est que depuis peu, sur-tout en France, qu'on a pensé à les dessécher.

On assure qu'il existe en Hollande, dans la Flandre quelques petits établissemens destinés à cet usage. (*) Nous en comptons plusieurs en France parmi lesquels celui de Paris est le plus considérable, comme il devoit l'être, les vuidanges des latrines y étant plus abondantes qu'ailleurs. En voici l'origine & les détails, qu'il est bon de consigner dans ce Dictionnaire, afin d'engager à en former d'autres dans les environs des grandes villes.

Une compagnie qui s'étoit nommée compagnie du *ventilateur*, à cause de son procédé pour vuider les fosses d'aisance, avoit obtenu la permission de vendre, à son profit, les matières fécales, à la charge d'entretenir la voirie. Elle céda moyennant trois mille livres par an, [illegible]

(*) Je suis assuré qu'à Genève la poudrette est un engrais

droit à un cultivateur des environs de Vire, ci-devant basse Normandie, appellé Bridet, homme d'une grande intelligence, très-actif & versé dans les connoissances agricoles. Le citoyen Bridet a formé dans l'unique voirie de Paris, située au lieu, dit *Montfaucon*, un atelier en grand, pour faire évaporer le liquide des matières fécales, ne conserver que les parties épaisses & les réduire à l'état d'une poudre maniable.

Quelques difficultés qui s'éleverent en 1788, à l'occasion de l'écoulement du liquide sur les terreins environnans, firent consulter la Société de Médecine, association précieuse, qui, si elle eût été conservée, auroit reculé bien loin les bornes de la science de guérir. Elle nomma des commissaires pour examiner les choses & lui en rendre compte. L'un d'eux, Thouret, directeur actuel de l'Ecole de Santé, d'un mérite & d'un talent rares, suivit toutes les opérations du citoyen Bridet, & fit un excellent rapport, que la Société adopta. Il me suffira d'en extraire des morceaux, pour bien faire connoître un établissement aussi utile à l'agriculture. Je pourrois moi-même, s'il en étoit besoin, garantir les faits, ayant eu plus d'une fois l'occasion de voir le local & les procédés.

La voirie de Montfaucon est située au nord-d'est de Paris, à peu de distance au-delà des murs de la nouvelle enceinte de la ville. « Sa pente, qui se présente à l'ouest, est partagée en différens plateaux, sur lesquels sont creusés les bassins; ce qui permet de faire couler le liquide des uns dans les autres. »

« De ces bassins deux sont situés à l'endroit le plus élevé; ils servent à la décharge des matières, tant solides que liquides, que l'on apporte de Paris à la voirie. Ils sont placés latéralement dans la direction du nord au midi. Lorsqu'un de ces deux bassins supérieurs est totalement rempli, on y laisse séjourner quelque temps les matières pour que le départ s'en fasse. Les matières solides & pesantes se précipitent au fond, où elles forment un sédiment de huit à dix pieds de hauteur; au-dessus surnage le liquide, qui forme une couche de douze à quinze pieds & qui est bientôt recouverte par une croûte de deux à trois pieds d'épaisseur de matières solides, légères, qui s'élevent à la surface, où elles se durcissent à l'air. Pendant ce séjour des matières dans le bassin entièrement rempli, le deuxième sert à la décharge journalière; & lorsqu'on présume qu'elles sont séparées convenablement, on en fait écouler le liquide ou les *vannes*, au moyen d'un aqueduc construit à l'angle du nord-ouest de celui de ces deux bassins, qui est placé au nord. »

« Ce liquide est reçu dans l'un des autres bassins, qui sont inférieurs. De ces derniers deux sont situés sur un plateau, qui se rencontre vers la partie moyenne de la pente; ils sont placés aussi latéralement dans la direction du nord au midi; l'un, auquel communique l'aqueduc ci-dessus désigné, est très-peu considérable; l'autre l'est beaucoup d'avantage. »

« La voirie de Montfaucon étoit bornée à ces différens bassins, lorsqu'il en existoit une autre au midi de Paris. Aussi-tôt qu'on les eut réunis à Montfaucon, on ajouta un nouveau bassin, formé par l'excavation d'une carriere, pour recevoir les vannes & les laisser déposer. Ce bassin est placé immédiatement au-dessous du dernier, dont je viens de parler, dans la direction de l'est à l'ouest; il a une étendue très-considérable, & une très-grande profondeur. »

« Bientôt après, la grande quantité de vannes, accumulées dans ces bassins, les ayant remplis au point de faire craindre de les voir s'épencher dans les possessions voisines, on sentit la nécessité de former un nouveau réservoir pour les recevoir. On destina à cet usage des terreins voisins, dont on creusa la surface d'environ deux pieds. Les terres qui provenoient de cette excavation, furent employées à former une digue ou berge de cinq à six pieds d'élévation, qui fut plantée d'une haie vive & d'une lisière d'arbres. On avoit donné à ce bassin une grande surface, parce qu'on vouloit y faire évaporer les vannes. La berge ou digue devoit les retenir. »

« C'est dans cet emplacement que se fait l'exploitation d'après le procédé du citoyen Bridet, par la voie du desséchement. On y emploie les matières solides, soit celles qui forment une croûte à la surface, ou un dépôt au fond des bassins, soit le sédiment que déposent les vannes, lorsqu'on les laisse séjourner pour se clarifier. On étend ces matières sur les parties de ces bassins les plus élevées, ou dans ceux qui ne sont pas remplis, pour les sécher au soleil. On les fait retourner de tems en tems à la pelle ou avec des herses conduites par des chevaux. Ces matières, ainsi exposées à l'air, se durcissent & conservent, même lorsqu'elles sont à demi sèches, leur couleur qui est d'un verd-brun plus ou moins foncé, comme la bouse de vache. Cette couleur se change ensuite en une teinte grise, semblable à celle d'une terre sèche & pulvérulente. En trois ou quatre jours le desséchement est complet, & on transporte les matières sous un grand hangard, percé sur chaque face d'un grand nombre de petites ouvertures, ou fenêtres, où elles restent entassées jusqu'au toît. Les matières ainsi amoncelées, s'échauffent considérablement à la surface; elles présentent l'aspect d'un amas de terre séchée; l'odeur qui s'en exhale & qu'on sent en entrant sous le hangard, approche de celle de la tourbe; elle n'a plus rien de celle de matiere fécale; c'est une odeur particulière, tout-à-fait différente de cette dernière. En enlevant de la furface de cet amas de matières une couche d'un demi-pied ou d'un pied, on en voit fortir une fumée abondante, très-chaude; & la partie découverte a tant de chaleur, qu'on ne peut y tenir la main appliquée pendant quelques fecondes. La partie, ainfi mife à l'air a la couleur du fumier, ou plutôt, du terreau humide; il s'en exhale une vapeur graffe, qui s'attache aux mains; fon odeur eft plus forte & plus fenfible, quoique la même, que celle de la matière dont on n'a pas renouvellé la furface. »

« A ce degré de chaleur on ne peut méconnoître qu'il s'établit dans ces matières, ainfi accumulées en grande maffe, un mouvement de fermentation confidérable. Ce mouvement fe continue pendant plufieurs jours. On voit dans la même proportion leur volume s'affaiffer ou diminuer. La chaleur s'affoiblit enfuite & ceffe enfin au bout d'un certain tems. Alors on difpofe les matiéres à être employées. On les paffe à la claie pour en féparer les corps étrangers, que l'on rejette, & les parties groffières que l'on foumet à l'action d'un moulin pour les broyer. La matière fécale ainfi préparée, fe nomme *poudrette*. Elle n'a alors aucune odeur bien fenfible & reffemble à de la terre féchée & réduite en poudre. »

On avoit remarqué que dans cette opération la chaleur s'élevoit à quatre-vingt, quatre-vingt-dix, quatre-vingt-quinze degrés & devenoit fi forte, qu'à quelques degrés de plus, les matières auroient pu s'enflammer. Cet accident même a eu lieu à Montfaucon, dans le voifinage d'un des murs du hangard, où l'on peut fuppofer que l'humidité avoit pénétré. Les poutres furent endommagées par l'effet de la chaleur. En vingt & trente minutes on fit cuire & durcir des œufs en les enfonçant à un pied & demi de profondeur dans cette matière amoncelée. L'odeur répandue par l'amas entier, dont une partie des matières étoit plus nouvellement mife en tas, parut avoir, outre l'odeur de la tourbe qui dominoit, quelque analogie avec celle du tan ou du cuir brûlé. On remarqua que la vapeur qui s'exhaloit en creufant la furface, étoit graffe & onctueufe. Dans quelques endroits, où en s'élevant d'elle-même & perçant à la furface, elle avoit humecté quelques maffes qui y étoient placées, & les poutres des murs, elle avoit produit un effet femblable à l'effet réfultant de la fumée d'une certaine quantité de fuie, qui auroit brûlé lentement & en bouillonnant.

Tels font en abrégé les principaux détails de l'établiffement du citoyen Bridet, à Paris Il avoit commencé par en former un à Caen & un autre à Rouen. Le fuccès de ceux-ci l'avoit engagé à entreprendre celui qui exifte à Montfaucon.

Quand on connoît ce que peuvent l'intérêt particulier, l'habitude, l'entêtement, la prévention & l'envie de nuire, on n'eft pas furpris qu'un établiffement auffi utile ait été traverfé, & qu'il n'ait dû fa confervation qu'au bon efprit qui dirigeoit la police & à la confiance qu'elle avoit placée dans les hommes éclairés qui compofoient la Société de Médecine.

A la vue des profits du citoyen Bridet, la compagnie du ventilateur devint jaloufe & auroit voulu, en rompant le marché fait avec lui, faire tourner à fon propre avantage un procédé qu'il avoit fait connoître.

Il étoit devenu propriétaire des matières accumulées à Montfaucon & ne pouvoit en laiffer prendre aux cultivateurs des environs, comme ils étoient dans l'ufage d'en prendre autrefois. Cette exclufion qui les forçoit de recourir à d'autres engrais ou d'acheter de la poudrette leur déplut, & ils furent fes ennemis.

Par cela feul qu'une chofe eft nouvelle & inufitée, certaines gens la regardent comme mauvaife & ne veulent jamais l'adopter. Les habitans des Communes voifines de Paris, déclamerent contre la poudrette & prétendirent qu'elle étoit incapable de fertilifer les terres, & qu'il valloit mieux employer les matières fécales fraîches.

Enfin, on alla jufqu'à attribuer au travail du citoyen Bridet une augmentation de fétidité, tandis qu'il étoit évident que la voirie de Montfaucon, depuis qu'il en extrayoit de la poudrette, n'exhaloit pas autant de mauvaife odeur que dans le tems où il y avoit plus de matières accumulées dans les baffins, tandis que ce n'étoit pas plus aux matières fécales, qu'à des établiffemens d'*écariffage* de chevaux & de *boyauterie* fitués auprès de la voirie, qu'il falloit s'en prendre.

Mais les lumières à la fin triomphent de tout. L'établiffement du citoyen Bridet, encouragé & foutenu par des hommes qui y voyoient de grands avantages, a réfifté à tous les obftacles. Il eft en pleine jouiffance & activité. Maintenant il a un brevet d'invention qui lui affure fa découverte. Il fe propofe de perfectionner fon établiffement & d'en former d'autres à Orléans, à Tours, à Lyon, &c. Il en a un depuis peu à Verfailles. Sa fortune y gagnera fans doute. Mais lorfque l'intérêt des particuliers fe trouve lié avec l'intérêt général, le gouvernement doit les favorifer de tout fon pouvoir, & les amis du bien public ne peuvent qu'applaudir à leurs fuccès.

Ce n'eft point à moi à faire voir ici combien un établiffement pareil à celui du citoyen Bridet eft utile pour diminuer fans ceffe la maffe des matières qu'on apporte aux voiries. Il pourroit être tellement difpofé, que chaque année il convertît en poudrette autant de matières qu'on en tireroit des latrines des villes où on le formeroit, & ce feroit un grand foulagement pour atténuer les foyers d'infection. Mais je dois expofer les inconvéniens qui réfultoient, pour les environs de Paris, de l'ufage où étoient les cultivateurs d'aller puifer à Montfaucon des matières fécales molles & les avantages de la poudrette du citoyen Bridet pour les terres auxquelles elle convient.

« Les matières fortes ou folides, même après leur féjour pendant deux ou trois ans dans les baffins, confervent leur mauvaife odeur & le principe d'infection qu'on fait qu'elles exhalent. Le défaut de foin de la part des perfonnes qui les enlèvent, eft caufe qu'il s'en repand une partie fur les chemins par la mauvaife conftruction ou le mouvement trop rude des voitures. Dépofées enfuite à l'entrée des villages & dans les champs, où elles féjournent long-tems avant d'être employées, elles exhalent une odeur qui affecte défagréablement les fens; les habitations voifines en font infectées; (*) enfin répandues fur la furface des campagnes, elles ne produifent pas une moindre infalubrité, foit à raifon de l'altération de l'air qu'elles infectent au loin, foit par les mauvaifes qualités qu'elles communiquent aux plantes, dont elles corrompent la faveur, ou qu'elles alterent par une activité brûlante. On doit obferver à ce fujet que c'eft dans l'intervalle du mois d'Août à la vendange, ou au plus tard après les travaux de cette dernière, que les fermiers ont coutume d'envoyer leurs voitures à la voirie; qu'en enlevant les matières & les dépofant en maffe dans les champs ou les villages, avant le moment de les employer, ils prolongent ainfi leur féjour à l'air & proche des habitations, dans l'état où elles font capables de répandre leur infection; infection, que la chaleur de la faifon & leur état d'humidité entretiennent & développent; qu'un defféchement prompt & complet comme celui, opéré par le citoyen Bridet, auroit prévenu très-efficacement, & qui étoit moindre pendant le féjour dans les baffins « où la croûte sèche & denfe » qui les couvre à la furface, retient au moins » les émanations. »

Il y a deux manières d'apprécier les avantages de la poudrette; l'une, en la comparant à la matière fécale molle; l'autre, en l'examinant feule & ifolée.

(*) Cette incommodité fans doute eft grande, mais elle ne fuffiroit pas pour faire exclure cette pratique; car il n'eft rien moins que prouvé que la mauvaife odeur, même des matières fecales, foit nuifible à la fanté. Ramazini dans fon Traité des maladies des artifans, rappelle qu'Héfiode blâmoit l'ufage de fumer les terres avec des matières fécales, parce qu'il avoit plus d'égard à la fanté des hommes qu'à la fécondité du fol. D'où on doit conclure qu'on les employoit il y a long-tems.

On ne peut douter des bons effets des matières fécales molles, à part les inconvèniens du tranfport, puifque beaucoup de cultivateurs les emploient en cet état. Les difficultés même qu'a éprouvé le citoyen Bridet de la part de ceux des environs de Montfaucon, en font une preuve non équivoque. Dans quelques pays, où elles ne font pas délayées fuffifamment, on les étend dans beaucoup d'eau & on les répand enfuite comme une pluie abondante fur les terres. Par ce moyen, elles fe diftribuent affez également fur les diverfes parties des champs.

On a autant de raifon d'être convaincu que la poudrette eft un puiffant engrais. Mais comment favoir quel eft le meilleur des deux? Je ne connois que des expériences pofitives, qui puiffent décider la queftion. J'en avois tracé le plan, ayant été nommé commiffaire, dans un moment où le diftrict de Saint-Denys paroiffoit vouloir mettre quelques juftice dans fon jugement entre le citoyen Bridet & des cultivateurs des communes voifines.

Le citoyen Bridet, fuivant ce plan, devoit prendre une quantité déterminée de matière fécale molle, pour la convertir en poudrette fous les yeux des commiffaires, & avec les précautions néceffaires. Par ce moyen on auroit fu combien il faut de matière molle pour rendre une mefure connue de poudrette, je fuppofe un muid.

On auroit dans trois communes choifi trois fortes de terreins, un de la meilleure qualité, un médiocre & un mauvais. Chacun auroit été partagé en quatre parties, dont deux qu'on eût fumées avec de la poudrette, dans la proportion où il auroit été prouvé que fe feroit réduite par le defféchement la matière fécale molle. Les deux autres parties auroient été fumées avec la matière fécale molle, dans la proportion de feize muids par arpent de cent perches de vingt-deux pieds, fuivant qu'on l'emploie dans le pays.

L'expérience de comparaifon auroit été faite en automne, fur des champs enfemencés en feigle & froment; & au printems, fur des champs enfemencés en orge & en avoine.

Il étoit convenu que les terreins, confacrés aux Expériences, auroient été cultivés, enfemencés & foignés de la même manière, afin que toutes chofes fuffent égales.

Les commiffaires devoient dans le cours de la végétation fe tranfporter quelquefois fur les pièces de terre, pour les examiner. Au moment de la récolte, ils auroient pris les précautions convenables pour conftater les produits de chacune des expériences & en rendre compte au diftrict de Saint-Denys.

Ce plan, quoique figné des commiffaires, n'a point été exécuté, à caufe des menées de quelques parties intéressées à ce que la vérité ne fût pas connue. Il eût prouvé auquel de ces deux amendemens on devoit le plus de confiance.

Si on s'en rapporte à l'annonce du citoyen Bridet, on croira que sa poudrette contient des *sels fertilisans*; qu'elle fait plus que tout autre engrais, rapporter la terre tous les ans avec des produits plus considérables & meilleurs; que pour vingt livres de poudrette, prix de deux septiers, mesure de Paris, on peut fumer un arpent de terre de cent perches, de dix-huit pieds la perche; qu'on obtient un effet pareil à celui de six fortes charretées de fumier, qui reviendroient à quarante-huit livres; qu'une seule voiture pouvant transporter en peu l'entre l'engrais de vingt arpens, ou quarante septiers, il y avoit une grande diminution de prix (*); qu'on peut avec avantage la faire servir d'engrais dans les terres à bled, seigle, orge, avoine, lins, chanvres, pois, haricots, oignons & autres légumes, cultivés en grand; la répandre sur les trèfles, luzernes, sainfoins, les prés naturels; la placer aux pieds des choux-fleurs & autres choux; au bas des orangers, figuiers, ceps de vigne, &c.: dans les pépinières; dans les couches à melons; dans les quarrés d'artichauds & d'asperges.

Il est difficile d'adopter sans restriction & sans modification tout ce que contient l'annonce de la poudrette du citoyen Bridet. Un homme enthousiaste de son procédé & naturellement porté à faire valoir sa chose, cherche à l'appliquer à un plus grand nombre de cas possibles; mais son exagération, qui doit servir à mettre en garde contre ses assertions, n'est pas une raison pour rejetter sa découverte. Il s'agit donc pour être juste de l'apprécier à sa vraie valeur, & d'indiquer précisément les terres auxquelles elle est plus convenable & la manière de l'employer. On sent bien qu'il faut écarter de ce que le citoyen Bridet avance, les *sels fertilisans* de la poudrette; cette qualité, par laquelle elle fait produire les terres tous les ans & en plus grande abondance; & enfin cette sorte de convenance pour toutes les espèces de terres, pour toutes les plantes. Les connoissances actuelles ne permettent plus d'adopter des sels, comme principes de végétation. La poudrette ne contribue pas plus que d'autres bons engrais à rendre les terres, toujours fécondes; & il est impossible qu'il n'y ait pas quelque nature de terre, où elle soit moins utile & quelque espèce de plantes qui ne s'en arrange pas aussi bien.

Je pense que la poudrette peut être assimilée à la *fiente de pigeons*, le meilleur des engrais, & être utilement employée dans les mêmes cas. C'est lui donner une place distinguée parmi les engrais & en dire assez pour faire sentir une partie de ses avantages. Qu'on y joigne la facilité du transport par toute la France, si on veut, son peu d'odeur l'économie de fumier & par conséquent de pailles, qui résulte de son emploi, on sera convaincu de l'utilité des établissemens du citoyen Bridet, & du cas qu'on doit faire de sa poudrette.

On la transporte dans des sacs ou dans des futailles, sur des voitures ou en bateaux.

La manière de s'en servir consiste à la semer à la main sur les champs où l'on vient de semer du froment, du seigle, de l'orge, de l'avoine & du sarrasin immédiatement après avoir semé ces grains, afin que le herse l'enterre.

On en répand sur les lins, chanvres, pois, haricots, oignons & autres légumes, lorsqu'on les seme.

Il convient de jetter la poudrette sur les trefles, les luzernes & sainfoins, lorsqu'ils commencent à sortir de terre.

C'est ordinairement vers la fin de Février, dans le climat de Paris, qu'il convient de la répandre sur les prés.

(*) Voici un calcul, qui ne paroît pas forcé. L'engrais avec les matieres vives, suivant un des detracteurs de la poudrette, étoit de huit tombereaux par arpent.

La charge d'un cheval se vendoit de dix à quinze sols, prix moyen douze sols six deniers

Un tombereau attelé de trois chevaux se payoit donc, prix moyen une livre dix-sept sols six deniers.

Les huit pour l'engrais d'un arpent revenoient à quinze livres. ci.......	15 liv.

Frais de voiture.

On suppose qu'une voiture pouvoit faire deux voyages par jour, à quarante sols par cheval, pour les trois......	6 liv.	
Journee du charretier.. .	1 liv 10 s.	
Pour les huit tombereaux............		30 liv.
Il convient d'ajouter ici ce qu'il en coûtoit pour l'homme qui aidoit à charger chaque tombereau & pour celui qui repandoit les matières deposees par tas dans le champ; ces deux objets excedoient sûrement la somme de six livres, ci...............		6 liv.
Le Total general étoit donc un objet de		51 liv.

Engrais avec la poudrette.

Deux septiers mesure de Paris suffisent pour l'engrais d'un arpent à 10 liv le septier.	20 liv.
Un cheval de force ordinaire, voiture dix à douze sacs ou septiers; ainsi deux septiers pour l'arpent réduit à presque rien la depense du charrois. On peut cependant l'apprecier au plus fort à 30 sols ci	1 10 s.
Total général...,.......	21 l. 10 s

De cinquante une livres à vingt-une livres dix sols la différence se demontre d'elle-même.

A l'égard des légumes & des arbres, de la vigne, &c. on en met quelques poignées au pied, en la mêlant avec la terre. Le grand nombre des arbres d'une pépinière ne permettant pas ce détail, il suffit de semer la poudrette sur toute la surface, avant de la bêcher. On recommande d'en couvrir la terre de l'épaisseur d'un doigt dans les fosses d'asperges & les quarrés d'artichaud.

Plus la terre est fraîche & humide, plus on doit en augmenter la quantité, en sorte que si deux septiers conviennent pour un arpent de terre, qui n'est ni sèche, ni humide, il en faut de deux septiers & demi à trois pour celle qui seroit humide. J'observe que c'est particulièrement dans cette dernière sorte de terrein que ses succès sont le plus marqués.

Le tems le plus favorable est un tems disposé à la pluie ou pendant une légère pluie.

Je finirai cet article en indiquant comme témoignages favorables à la poudrette du citoyen Bridet 1.° l'usage qu'on en fait depuis quelque tems dans les environs de Caen (*), où l'on récolte plus de sarrasin, qu'avant l'emploi de cet engrais, qui y remplace maintenant les *charrées*.

2.° des expériences de la Société d'Agriculture de Rouen.

3.° L'opinion de la Société d'Agriculture de Paris, consignée dans son rapport du 16 Mai mil sept cent quatre-vingt-onze.

4.° Les déclarations de plusieurs particuliers, cultivateurs, dignes de foi.

5.° Enfin, l'accroissement journalier du débit qui s'en fait & les établissemens nouveaux que forme successivement le citoyen Bridet. (TESSIER.)

(*) A la page 225 du IIe volume des *Mémoires concernant les Chinois*, on voit que depuis long-tems ce peuple si industrieux, si sage & si versé dans l'agriculture, tire un très-grand parti des vuidanges des latrines, établies dans les grandes villes, sur-tout dans celles du nord de l'Empire. Il les emploie de preference sur les terres froides & humides, & en petite quantité. On les reduit sous forme de *galettes*, pour les transporter dans les provinces meridionales; ce qui a bien du rapport avec l'opération du citoyen Bridet, qui vraisemblablement ne pense pas qu'à une si grande distance de notre pays, on ait les mêmes vues, les mêmes *idées*. Ce qui m'étonne dans ce que racontent les Auteurs des Mémoires cités, c'est que suivant eux, les *galettes* de poudrette des Chinois, ont une odeur de violette. Ils insistent sur cette particularité avec d'autant plus de force, qu'ils assurent ne l'avoir cru qu'après avoir été d'une opinion absolument contraire. Comment les matières des vuidanges, si infectes qu'elles sont, peuvent-elles acquérir une odeur *suave*? Est-ce par une préparation quelconque? Est-ce par le mélange de quelque ingredient? Nous éprouvons que la poudrette du citoyen Bridet, n'est plus infecte; mais loin d'exhaler une odeur agréable, elle en a une d'une autre nature, qui deplaît moins, mais deplaît cependant à l'odorat

FÉCONDATION.

On nomme ainsi l'action des organes sexuels relative à la reproduction de l'espèce. Les plantes ont été reconnues pour des êtres organisés, portant des sexes dont le concours forme ou développe la graine. Nous devons la première découverte de ce fait aux naturalistes du seizième siecle. Depuis cette époque, chaque pas fait dans la science a développé davantage la vérité de cette découverte.

Cependant quoiqu'il soit constaté par l'expérience générale, que le concours des sexes est nécessaire, non pas pour la production du germe, car il paroît qu'il se forme antérieurement à la fécondation, mais pour son développement. Il existe des expériences qu'on ne peut contester, qui prouvent que des germes non fécondés ont été productifs. Spallanzani a fait des expériences de cette nature: notamment il a isolé des pieds femelles de chanvre; il s'est assuré avec cette scrupuleuse attention qu'on lui connoît, que ces pieds ne portoient aucune fleur mâle, & cependant ces pieds produisirent des graines fécondes. On objecta à son expérience que les mouvemens de l'air avoient apporté de loin des poussières fécondantes. Pour toute réponse il répeta cette expérience sur des pieds qu'il avoit hâtés, & dont la floraison précédoit d'un mois, celle des chanvres ordinaires & il obtint les mêmes résultats. Il réussit aussi sur la courge qu'il soumit à des expériences semblables. Malgré les précautions que ce naturaliste avoit prise, on persistoit à lui objecter l'influence des poussières que l'air, disoit on, pouvoit avoir apportées. Pour détruire toute objection de cette nature, j'ai fait d'autres expériences que j'ai rendues publiques dans le temps. *Journal de Physique*, *Novembre* 1787. Je choisis la passerose, &, au moment où la corolle commençoit à percer le calice, j'en coupai l'extrémité pour mettre à découvert le faisceau des organes sexuels; je m'assurai par un examen scrupuleux qu'à cette époque aucune anthère n'étoit encore ouverte, & j'enlevai avec un instrument fort tranchant tout l'appareil des sexes. Eh-bien, dans le nombre des fleurs que j'ai soumises à telle expérience, plusieurs m'ont donné des graines semées & qui m'ont produit des jeunes passeroses. On ne peut sous aucun prétexte avancer ici l'influence des poussières portées par l'air, car j'ai fait l'amputation des organes sexuels long-temps avant que les étamines fussent en état de féconder les pistilles.

J'abrège toutes les conclusions qu'on peut tirer de ces expériences, & me borne seulement à cette conséquence, qu'on ne peut pas regarder l'action fécondante des poussières séminales comme indispensable, mais bien comme un stimulant, dont l'effet assure la reproduction de l'espèce; à-peu-près quoique la comparaison soit mauvaise, comme la caprification qui assure la maturation des figues, quoiqu'une partie d'entr'elles seroit venue à maturité sans ce procédé. *Voyez* FÉCONDATION au Dictionnaire de botanique & dans celui de physiologie végétale, où l'on trouvera de grands détails sur cet objet. (*L. REYNIER.*)

FÉCULE. On extrait des corps farineux une substance blanche, fine, pésante, qui n'a ni odeur, ni saveur; on l'appelle *amidon* ou *Fécule*. Ce dernier nom lui est donné parce que dans les moyens les plus ordinaires de la séparer, elle se dépose au fond des vaisseaux, comme les lies (*fæces.*)

On ne distingue point la Fécule d'une plante de celle d'une autre, quand elles sont également bien lavées; celle de la patate, dont la racine entière est si douce, celle du maron-d'Inde, dont le fruit entier est si amer, ont la même blancheur, la même insipidité.

Long-tems on a cru que les graines des seules graminées contenoient de l'amidon. Mais il s'en rencontre dans celles des légumineuses & dans un grand nombre d'autres semences & racines. On en peut retirer même des tiges & des fruits des arbres parce que l'amidon qui fait partie de la farine est, comme elle, très-répandu dans les végétaux.

Les principales plantes, naturelles à nos climats, ou naturalisées parmi nous, dont l'art a su extraire de l'amidon, sont le froment & autres graminées, le haricot & autres légumineuses, les pommes de terre, le gland, l'aristoloche ronde, l'astragale, la belladone, le concombre sauvage, le colchique, la filipendule, la fumeterre bulbeuse, le glayeul, l'hellébore, l'imperatoire, la jusquiame, la mandragore, l'œnanthe, la patience, le persil de montagne, la renoncule, la saxifrage, la scrophulaire, le sureau, le maron-d'Inde, la bryone, la bistorte, l'iris, la pivoine. A Saint-Domingue, M. de la Haye, curé du Dondon, en a retiré comparativement du manioc, des patates, des tayaux (chou caraybe, espèce d'arum) des ignames, de bananes, des giraumons, du ris, du maïs, du petit mil.

Ce que les différens corps farineux fournissent d'amidon, varie suivant le pays & l'espèce de végétal. Il y en a même qui n'en donnant point dans un pays en donnent dans un autre. On a pu en obtenir du giraumont à Saint-Domingue & point à Paris. Voici un tableau, que j'ai trouvé dans un petit livre intitulé l'*Art de convertir les vivres en pain*, &c. par M. de la Haye, que j'ai cité.

	Fécule ou amidon.	Résidu.		Ext. & eau.	
	onces.	onces.	gros.	onces.	gros.
Manioc	4	2	6	9	2.
Patates	3	4	//	9	//.
Tayaux	3	2	4	10	4.
Ignames	3	2	//	11	//.
Bananes	4	4	//	8	//.
Giraumonts	1	4	//	8	//.
Ris	12	3	//	1	//.
Maïs	10	5	//	1	//.
Petit mil	10	5	//	1	//.

Le froment contient beaucoup d'amidon ou fécule; on assure que celui du Languedoc, en est plus riche, que ceux des parties septentrionales de la France. Mais il faudroit savoir quel froment on a examiné. Car dans le Languedoc comme ailleurs on cultive diverses espèces de fromens. Je regrete de n'avoir pu en faire la comparaison.

Les graines de beaucoup de graminées & notamment de froment, ne rendent leur Fécule que par la fermentation *Voyez* l'article AMIDON, *pages* 499 & 500 *du premier volume*.

Il est plus facile de retirer celle de la pomme de terre. Le procede est maintenant très-connu. Néanmoins je vais le décrire.

On les lave à plusieurs reprises, on les brise en déchirant sur une rape, au-dessus d'un tamis, qu'on pose sur un vase rempli d'eau; on presse avec une cuillère tout ce qui est sur le tamis, à travers des mailles duquel passe la Fécule, qui se précipite au fond de l'eau; on décante autant de fois que la Fécule se salit; on remet de nouvelle eau, ayant soin de remuer. Quand l'eau ne se teint plus, on la jete par inclinaison, sans la remplacer & on enlève par morceaux la Fécule, pour la faire sécher sur des tamis, ou sur des planches, ou sur des assiettes, soit au soleil, soit au four à une douce chaleur. Si on la passe ensuite dans un sas ou bluteau serré, elle se convertit en une poudre blanche, impalpable, criant sous les doigts.

On a voulu à la rape substituer des meules, armées de pointes de fer. Mais il ne s'agit pas de diviser les pommes de terre en les coupant ou en les broyant. Ce qu'il importe est de rompre

rompre les loges du parenchyme où elle est contenue : il faut donc s'en tenir à la rape, mais à une rape mue par une manivelle ou par un courant d'eau, soit circulairement, soit de va & de vient, pour expédier rapidement & complétement.

Je ne crois pas nécessaire de donner ici une description des machines de ce genre, qui ont été inventées, attendu qu'elles doivent faire partie du *Dictionnaire des Arts mécaniques*, & que les cultivateurs ne sont pas dans le cas d'en fabriquer eux-mêmes. Il me suffit de dire qu'avec une seule de ces machines on peut retirer de la pomme de terre, en deux heures de travail, ce qui seroit nécessaire de Fécule pour faire subsister un homme pendant un mois.

Une des plus importantes propriétés des Fécules, c'est celle de se conserver très-long-tems sans s'altérer, pour peu qu'elles soient tenues dans un lieu sec; aussi les a-t-on beaucoup préconisées comme moyen d'assurer les subsistances dans les années de disette & dans les voyages de long cours sur mer. Elles passent généralement, ainsi que le sucre dont elles différent peu, pour réunir, sous le plus petit volume possible, tous les principes de nourriture; mais comme elles ne lestent point l'estomac, se digèrent avec une grande rapidité & n'ont point de saveur propre, elles paroissent exclusivement sur la table du riche, qui, sous forme de gelée ou de bouillie, la consomme dans ses maladies ou en fait faire des entremets de douceur : on en fabrique aussi des biscuits.

Il a été tenté de nombreuses expériences pour savoir si la Fécule de pomme de terre pouvoit remplacer l'amidon dans les arts & pour la poudre à poudrer. Quelque satisfaisans qu'aient été les résultats de quelques-unes d'elles, il ne paroît pas qu'on ait trouvé avantageux de l'employer à ces usages, puisqu'on ne voit pas les fabricans & les perruquiers la rechercher.

Le sagou qu'on retire du tronc de plusieurs palmiers, principalement de celui qu'on appelle proprement *sagoutier*, est une véritable Fécule. *Voyez* SAGOUTIER.

Le salep, qui est la racine à moitié cuite & desséchée de certains Orchis, en est encore. *Voyez* ORCHIS. (*TESSIER.*)

FENAISON. On appelle ainsi la dessiccation des FOINS. *Voyez* ce mot.

FENIL, endroit où on serre les foins.

Tantôt le Fenil n'est que le grenier qui est au dessus de l'écurie, de l'étable ou de la bergerie; tantôt c'est un bâtiment séparé, une vaste grange, ou mieux un hangar isolé.

Les greniers placés au dessus du lieu qu'habitent les bestiaux, & qui n'en sont séparés, comme cela a presque toujours lieu, que par des claies ou au plus des planches mal jointes, doivent être proscrits, malgré les avantages de leur service, à raison des émanations provenant des bestiaux malades, & des fumiers; émanations qui se fixent sur les fourages, altèrent leur qualité & nuisent à la santé de ces bestiaux. Le mal qui en résulte si souvent n'est pas toujours connu, parce qu'on l'attribue à d'autres causes; mais il n'en est pas moins réel. Bien souvent j'ai respiré dans ces Fenils un air plus infect que dans l'écurie même; & en effet, on sait que les gaz s'élèvent toujours & que les fumiers en dégagent continuellement de délétères, comme le gaz hydrogène sulfuré, le gaz ammoniacal, &c. Point de doute pour moi que, si ces Fenils eussent été mieux clos, j'aurois été frappé d'asphixie en y entrant. Que de fourages, dans le principe, de bonne qualité on voit rebuter par les bestiaux, uniquement pour cette cause!

Si donc on veut placer le Fenil au dessus de l'habitation des bestiaux, il faut que le plancher en soit si bien construit, qu'aucune émanation ne puisse y pénétrer, que l'entrée en soit en dehors; ou si elle est en dedans, qu'elle soit accompagnée d'un tambour bien clos & pourvu de deux portes, dont l'une soit fermée quand on ouvre l'autre.

En général, tout Fenil doit être aussi aéré que possible, car rien n'altère plus le foin qu'un air stagnant. Cet inconvénient est surtout grave quand le foin n'a pas été serré bien sec, & cela arrive souvent; il peut amener l'inflammation spontanée du foin, & par conséquent l'incendie de la maison, comme on en a tant d'exemples. Un Fenil aura donc au moins deux larges fenêtres opposées, & en outre, s'il est vaste, un nombre suffisant de lucarnes pour y établir beaucoup de courans d'air.

D'après ce que je viens de dire on doit penser qu'il n'est pas bon de se contenter d'entasser le foin dans ces greniers sans précaution, comme on le fait presque partout. Un cultivateur soigneux fera mettre d'abord sur ce plancher de petits fagots de distance en distance, fagots sur lesquels il fera étendre le foin, & tous les trois ou quatre pieds, dans la hauteur, il renouvellera cette opération : la petite perte de terrein qu'il éprouvera par-là sera bien compensée par la meilleure qualité de son fourage, qui ne s'échauffera pas, encore moins moisira ou pourrira.

A défaut de fagots, de la paille un peu froissée remplira, quoique moins bien, ce même objet.

C'est une bonne pratique que de remuer le foin un ou deux mois après qu'il est rentré au Fenil : c'est à cette époque qu'on doit le botteler s'il est destiné à être vendu. Beaucoup de cultivateurs font même botteler celui qu'ils conservent pour leurs bestiaux; non-seulement à cause de l'utile effet qui en résulte pour sa qualité & sa conservation, mais afin de pouvoir se rendre plus exactement compte de ce qu'ils en gardent & de ce qu'ils en consomment journellement.

C'est un préjugé, que de laisser, comme on le fait si souvent, des araignées dans les Fenils : sans doute il ne faut pas les faire tomber sur le foin en les ôtant; mais on doit les faire disparoître par deux opérations, à quinze jours de distance l'une de l'autre, lorsque le Fenil est vide.

Il doit y avoir des moyens de communication avec le Fenil pour les chats, qui y détruisent les souris, mais non pour les poules, qui y portent leurs excrémens.

Les granges, par la raison qu'elles sont mieux fermées, sont moins favorables que les hangars pour la conservation du foin. D'ailleurs, elles sont l'objet d'une très-forte dépense. Ces derniers ont souvent les côtés entiérement ouverts, & alors leur toit se prolonge en avant & fort bas, ou leurs côtés sont fermés avec des planches mal jointes : toujours il faut mettre de gros fagots sur le sol de ces hangars, pour empêcher l'humidité de faire pourrir le foin.

Les Hollandais, qui ont toujours montré tant d'industrie, ont su former des hangars portatifs, hangars qu'ils placent sur leurs meules au milieu des prés : il en sera question au mot MEULE. (*Bosc.*)

FENOUIL, espèce de plante du genre ANET. *Voyez* ce mot.

FENTE (Greffe en). *Voyez* GREFFE.

FENU-GREC, espèce de trigonelle qu'on cultive dans les parties orientales & méridionales de l'Europe.

FER-A-CHEVAL, morceau de fer à demi circulaire ou à peu près, qu'on place sous la sole des pieds des chevaux, des mulets, des ânes & quelquefois des bœufs, pour empêcher qu'elle ne s'use trop rapidement par suite des efforts qu'ils font obligés de faire avec leurs pieds, pendant leur travail, sur les pavés des routes, ou les pierres des chemins, des champs, &c.

S'il est encore quelques lieux en Europe où on ne ferre pas les chevaux, ces lieux sont rares & très-circonscrits, parce que partout on fait tirer plutôt que porter ces animaux, & que c'est dans le tirage qu'ils ont le plus besoin de l'être.

Ferrer les chevaux n'est pas un métier qu'on puisse apprendre en peu de jours. Les cultivateurs qui, par un faux principe d'économie, l'exercent sur leurs chevaux, risquent de les estropier, ou au moins de perdre beaucoup de Fers. Il doivent donc se borner à surveiller la qualité du Fer que fournit le maréchal, & à lui recommander la plus grande prudence dans l'opération.

Il y a un grand nombre de sortes de Fers, applicables principalement aux pieds qui ont des vices de conformation, ou qui sont affectés de maladies particulières. Il en est traité en détail au mot MARÉCHAL du *Dictionnaire des Arts & Métiers*. J'y renvois le lecteur. (*Bosc.*)

FER DE BÊCHE. *Voyez* BÊCHE.

On emploie aussi ce mot pour indiquer la profondeur d'un labour. Cette terre a été défoncée d'un Fer, de deux Fers de Bêche, est une expression commune. (*Bosc.*)

FERME. C'est, ou l'ensemble des terres qui se louent à un cultivateur, avec les bâtimens nécessaires à leur exploitation, ou seulement les bâtimens. Dans quelques lieux cependant on donne ce même nom à toutes les propriétés rurales d'une certaine étendue, cultivées en céréales lors même qu'elles sont exploitées par le propriétaire.

Dans sa première acception, ce mot peut donner lieu à deux questions importantes.

1°. Est-il avantageux à la société en général, qu'il n'y ait que de grandes Fermes ou que de petites ?

2°. Est-il avantageux au fermier d'avoir une très-grande ou une très-petite Ferme ?

Les avantages des grandes Fermes, pour la société en général, sont d'abord que les travaux s'y faisant avec le moins d'hommes & d'animaux possible, elles donnent des productions moins coûteuses, & qu'on peut par conséquent vendre à meilleur marché; ensuite qu'elles sont les fabriques du blé nécessaire à l'approvisionnement des grandes villes, des armées, des flottes; facilitent l'élève des bestiaux & surtout des moutons, la fabrication de certains fromages, &c.

Leurs inconvéniens sont de diminuer la population, de mettre à la discrétion d'un petit nombre d'hommes la presque totalité des autres.

Au reste, dans ce cas comme dans tant d'autres, la Nature même décide; car il est evident, pour tous ceux qui ont voyagé avec un esprit observateur, qu'on ne peut espérer d'établir avec profit de grandes Fermes dans les pays de montagne, qu'il est impossible, à raison du nombre de bras qu'ils exigent, de cultiver, avec bénéfice, certains articles en grand, tels que la vigne, le chanvre, &c.

La solution de la seconde question dépend en partie de la fortune & de la capacité du fermier.

En effet, une grande Ferme ne peut être exploitée convenablement sans une mise dehors très-considérable, & sans un fonds de réserve pour parer aux événemens malheureux, & pouvoir attendre les momens de vente les plus favorables. Il faut que ce fermier s'occupe non-seulement de la culture proprement dite, mais de la conduite de ses valets, des ventes, des acquisitions, & c'est un détail immense dans lequel une tête foible est exposée à se fourvoyer.

Il paroît, par le résultat de l'expérience, qu'une Ferme de trois charues est celle qui, terme moyen, convient le mieux à la généralité des cultivateurs, pour l'intérêt particulier, comme pour l'intérêt général.

Quant au mot FERME, considéré comme ensemble des bâtimens servant à l'exploitation, il en sera question dans le *Dictionnaire d'Architecture*. (*Bosc.*)

FERMENTATION, décomposition des végétaux par la réaction de leurs principes les uns sur les autres.

On distingue plusieurs sortes de Fermentations qui se réduisent à la Fermentation vineuse, à la

Fermentation acéteuſe & à la Fermentation putride. *Voyez* ce mot dans le *Dictionnaire de Chimie.*

FERNEL, *Fernelia.*

Genre de plante de la famille des *Rubiacées*, & de la tétrandrie monogynie, qui, ſous le nom de *coccocypſilum*, renferme ſept eſpèces à feuilles oppoſées & à fleurs axillaires.

Eſpèces.

1. Fernel rampant.

Coccocypſilum repens. Swartz. ♃ Herbe des montagnes de la Jamaïque.

2. Fernel condalie.

Coccocypſilum cóndalia. Ruiz & Pav. Herbe des lieux arides du Pérou.

3. Fernel lancéolé.

Coccocypſilum lanceolatum. Ruiz & Pav. Herbe des lieux ombragés du Pérou.

4. Fernel ſeſſile.

Coccocypſilum ſeſſile. Ruiz & Pav. Arbuſte du Pérou.

5. Fernel oboval.

Fernelia obovata. Ruiz & Pav. Arbuſte des montagnes du Pérou.

6. Fernel uniflore.

Coccocypſilum uniflorum, fernelia brevifolia. Lam. Encycl. Illuſtr. des Genres, pl. 76, 1. Arbres de moyenne taille, de l'île Bourbon, vulgairement *faux-buis.*

7. Fernel biflore.

Coccocypſilum biflorum, fernelia buccifolia, var. 2. Lam. Encycl. Illuſtr. des Genres, pl. 67, 2. De l'Iſle de France. Vulgairement *faux-buis.*

Je ne ſache pas que ces plantes ſe cultivent dans leur pays natal ni en Europe.

FÉROLE, *Ferolia.*

Grand arbre de la Guiane, encore peu connu des botaniſtes, qui fournit au commerce le bois appelé *bois ſatiné, bois de férol.* Cet arbre n'exiſte, à ma connoiſſance, dans aucun jardin d'Europe, & ne ſe cultive pas dans ſon pays natal.

FERRARE, *Ferraria.*

Genre de plante de la famille des *Iridées* & de la monadelphie triandrie, qui renferme des herbes vivaces, à racines tuberculées & écailleuſes, à feuilles engaînantes.

Eſpèces.

1. Ferrare ondulée.

Ferraria undulata. Linn. ♃ Du Cap de Bonne-Eſpérance.

2. Ferrare tigrine.

Ferraria pavonia. Linn. ♃ Lamarck, Illuſtr. des Genres, pl. 569. Du Mexique. Forme aujourd'hui un genre appelé *tigridie.*

3. Ferrare fénariole.

Ferraria fenariola. Jacq. ♃ Du Cap de Bonne-Eſpérance.

4. Ferrare ixioïde.

Ferraria ixioides. Willd. *Moraea ixioides.* Thunb. ♃ De la Nouvelle-Zélande.

Culture.

De ces quatre eſpèces, les deux premières ſeules ſe cultivent dans les jardins de Paris. Toutes deux demandent la ſerre tempérée, & ſe multiplient par leurs graines & leurs cayeux, mais plus par ce dernier moyen, qui exige moins de tems pour donner des jouiſſances. C'eſt après la mort des tiges, qu'il convient de diviſer les cayeux pour les planter dans des pots ſéparés, remplis de terre conſiſtante, mais légère. On arroſe très-peu ces pots pendant l'hiver, tems pendant lequel on peut les tenir ſans inconvéniens dans une place privée de lumière, parce que les cayeux qu'ils contiennent, ne pouſſent qu'au printems. Il faut de la chaleur à cette époque pour les faire fleurir. Leurs fleurs ne s'épanouiſſent bien qu'au ſoleil le plus vif. Une particularité remarquable, c'eſt que les cayeux de la première eſpèce, quoi qu'on faſſe, ne donnent des fleurs que tous les deux ans.

Lorſqu'on veut multiplier ces plantes par le moyen de leurs graines, on ſème ces graines, en automne, dans des terrines qu'on place comme les pots, pendant l'hiver, dans une ſerre tempérée, mais qu'on enterre, dès le mois de février, dans une couche à châſſis. Comme beaucoup de ces graines ſont avortées, on peut les répandre un peu épais ſans inconvéniens. Les arroſemens à leur donner doivent être fréquens, mais peu abondans. La ſeconde année on relève les cayeux pour les planter dans les pots, & ils fleuriſſent ordinairement deux ans après.

La Ferrare ondulée a une fleur plus ſingulière que belle, auſſi ne ſe cultive-t-elle que dans les jardins de botanique & chez quelques amateurs; mais la Ferrare tigrine en offre une qui, par ſa grandeur & ſon éclat, mériteroit une place dans tous les jardins ſi par ſa durée elle payoit les ſoins qu'elle exige. Cette durée n'eſt que de quelques heures, & chaque pied ne donne qu'un petit nombre de fleurs. (*Bosc*)

FERTILE. Ce mot s'applique aux terres & aux années. Une terre eſt fertile lorſque ſes productions ſont conſtamment abondantes. Une année eſt fertile quand les récoltes ſont meilleures qu'à l'ordinaire.

Une terre très-chargée d'humus, ni trop forte ni trop légère, & ſuffiſamment humide, eſt très-fertile.

Une régulière alternative de pluie & de chaleur, ainsi que des jours favorables aux époques des semailles, de la floraison, de la maturité, sont les gages d'une année fertile.

La fertilité d'une terre est presque toujours un avantage pour son propriétaire, mais il n'est pas toujours desirable que les années soient fertiles, parce qu'alors les produits de la culture baissent de valeur, & que leur vente ne peut plus payer les frais, l'impôt, la rente du propriétaire, &c.

L'agriculture n'est en général que l'art de diriger les choses de manière à assurer une fertilité constante dans tel ou tel terrein, dans tel ou tel climat, ainsi que le prouvent les différens articles de cet ouvrage. *Voyez* aux mots LABOUR, ENGRAIS, FUMIER, AMANDEMENT, HUMUS, GAZ, ABRIS, ARROSEMENT, ARGILE, CALCAIRE, SABLE, CHAUX, MARNE, &c.

Les arbres des forêts & des vergers ont presque toujours leur année de fertilité, suivie d'une & quelquefois de deux années de stérilité, parce que leurs fruits ont absorbé la surabondance de sucs nutritifs qu'ils avoient en réserve, & qu'ils ont besoin d'en accumuler de nouveaux. On remédie à cet inconvénient par la TAILLE. *Voyez* ce mot & le mot OLIVIER. (*Bosc.*)

FÉRULE, *Ferula.*

Genre de plante de la famille des *Ombellifères* & de la pentandrie digynie, qui renferme des herbes à racines, ou vivaces, ou bisannuelles, à tiges très-élevées, & à feuilles alternes, très-divisées, remarquables par leur odeur forte. Lamarck. *Illustration des Genres*, pl. 205.

Espèces.

1. FÉRULE commune.
Ferula communis. ♃ Des parties méridionales de l'Europe.

2. FÉRULE glauque.
Ferula glauca. ♃ Des parties méridionales de l'Europe.

3. FÉRULE de Sibérie.
Ferula siberica. Pallas. ♃ De la Sibérie & de la Tartarie.

4. FÉRULE de Tanger.
Ferula tingitana. L. ♂ D'Espagne & de Barbarie.

5. FÉRULE pinnatifide.
Ferula ferulago. De Sicile & de Barbarie.

6. FÉRULE du Levant.
Ferula orientalis. L. ♃ De la Turquie d'Asie.

7. FÉRULE à feuilles de Méum.
Ferula meoides. L. Du Levant.

8. FÉRULE nodiflore.
Ferula nodiflora. L. ♃ Des parties orientales & méridionales de l'Europe.

9. FÉRULE du Canada.
Ferula canadensis. L. ♃ De l'Amérique septentrionale.

10. FÉRULE assafétida.
Ferula assafetida. L. ♃ De Perse.

11. FÉRULE de Perse.
Ferula persica. Hope. ♃ De Perse.

Culture.

Les espèces 1, 4, 5, 6 & 8 sont les seules qui se cultivent dans nos jardins. Toutes demandent un terrein léger, profond, & une exposition chaude. Dans le climat de Paris elles ne fleurissent ni à l'ombre, ni dans les années froides, ni dans les lieux humides. On les multiplie par leurs graines, qu'on sème, autant que possible, en place aussitôt qu'elles sont mûres. Si on attend au printems, il faut les semer préférablement dans des terrines qu'on place sur couche à châssis, & qu'on arrose légérement, mais fréquemment, sans quoi elles ne germeroient que l'année suivante : alors on les repique dès qu'elles ont acquis un peu de force, car elles craignent beaucoup la transplantation lorsqu'elles sont âgées. Une fois en place, elles ne demandent plus d'autres soins que ceux propres à tous les jardins. Souvent on est obligé de soutenir leurs tiges avec des tuteurs, contre les efforts des vents. Les racines qui ont fourni des tiges périssent l'hiver suivant, mais il s'en forme d'autres à côté, qui perpétuent la plante jusqu'à ce que le terrein soit fatigué de la nourrir. Elles craignent les très-fortes gelées de l'hiver : c'est pourquoi il est bon de les couvrir de fougère & de feuilles lorsque le thermomètre descend au dessous de dix degrés plus bas que zéro.

Usage.

La grandeur imposante des Férules & la délicatesse de leurs feuilles les rendent propres à l'ornement des jardins paysagers; cependant on ne les voit guère que dans les jardins de botanique & dans ceux des amateurs. C'est de l'espèce 10 qu'on tire cette drogue si estimée des Anciens pour l'assaisonnement de leurs mets, & si repoussée des Modernes à cause de son odeur fétide, qu'on emploie dans la médecine sous le nom d'*assafetida*. Il paroît que c'est aussi une espèce de ce genre qui ne nous est pas encore bien connue, qui fournit au commerce cette autre drogue nommée *Gomme ammoniac. Voyez* OLIVIER, *Voyage dans l'Empire ottoman & en Perse*. (*Bosc.*)

FERRURE. Opération dont le but est de fixer un fer sous le pied du cheval, afin d'empêcher que son ongle ne s'use plus rapidement qu'il ne se reproduit, à raison des efforts qu'il fait sur les pierres lorsqu'il est obligé de tirer une voiture, une charrue, &c.

Les pays sablonneux ou argileux, & où on n'emploie les chevaux qu'à porter, sont les seuls où on puisse se dispenser de les ferrer.

Il est des localités où on est obligé de ferrer aussi les ânes & les bœufs, à raison de leur nature pierreuse & des travaux auxquels on assujettit ces animaux.

Quoique l'opération de la Ferrure paroisse facile au premier coup-d'œil, elle est cependant très-compliquée, & elle demande, pour être convenablement exécutée, des études théoriques fort étendues & une longue pratique.

La connoissance des principes de la Ferrure est nécessaire aux cultivateurs, non pour opérer par eux-mêmes, chose que je crois qu'il leur est toujours trop hasardeux d'entreprendre, mais pour être en état de contrôler le maréchal qu'ils emploient. L'article que je traite devroit donc être très-développé; mais comme le même objet a été traité avec tous les détails convenables au mot MARECHAL du *Dictionnaire des Arts & Métiers*, je ne l'alongerai pas davantage. (*Bosc.*)

FÉTIDIER, *Fetidia.*

Genre de plante de la famille des *Myrtes* & de l'icosandrie monogynie, qui ne renferme qu'une espèce, le Fetidier de Bourbon, figurée pl. 419 des *Illustrations* de Lamarck. C'est un grand arbre dont le bois est propre à faire des meubles, mais qu'on ne cultive ni dans son pays natal ni en Europe, où il demanderoit la serre chaude.

FÉTUQUE, *Festuca.*

Genre de plante de la famille des *Graminées* & de triandrie digynie, qui est composé de plantes vivaces ou annuelles, presque toutes d'Europe, extrêmement du goût des bestiaux, & se cultivant ou pouvant se cultiver pour leur nourriture & pour l'ornement des jardins. *Voyez* Lamarck, *Illustration des Genres*, pl. 46.

Espèces.

Fleurs en épi simple.

1. FÉTUQUE à balles d'ivraie.
Festuca loliacea. Smith. ♃ Indigène, dans les prés humides.

2. FÉTUQUE à un seul épi.
Festuca monostachia. Desfont. ♃ Des côtes de Barbarie.

3. FÉTUQUE cynosuroïde.
Festuca cynosuroides. Desfont. ☉ Des côtes de Barbarie, dans les sables.

Fleurs en épi unilatéral.

4. FÉTUQUE ovine.
Festuca ovina. L. ♃ Des montagnes sèches de l'Europe.

5. FÉTUQUE hétérophylle.
Festuca heterophylla. Lamarck. ♃ Dans les bois des parties moyennes de l'Europe.

6. FÉTUQUE rougeâtre.
Festuca rubra. L. ♃ D'Europe. Se trouve dans les lieux secs & stériles.

7. FÉTUQUE durette.
Festuca duriuscula. L. ♃ Des lieux secs & sablonneux du climat de Paris.

8. FÉTUQUE des buissons.
Festuca dumetorum. L. ♃ De toute l'Europe.

9. FÉTUQUE glauque.
Festuca glauca. Lam. ♃ Des parties méridionales de l'Europe.

10. FÉTUQUE magellanique.
Festuca magellanica. Lam. Du détroit de Magellan.

11. FÉTUQUE capillate.
Festuca capillata. Lam. ♃ Des lieux sablonneux & ombragés de l'Europe.

12. FÉTUQUE à feuilles fines.
Festuca tenuifolia. Hoffm. D'Allemagne, sur les montagnes stériles.

13. FÉTUQUE vivipare.
Festuca vivipara. Smith. ♃ Des Alpes.

14. FÉTUQUE cendrée.
Festuca cinerea. Villars. De la France méridionale.

15. FÉTUQUE variable.
Festuca varia. Villars. Des alpes de la France.

16. FÉTUQUE améthystée.
Festuca amethystina. L. ♃ Des montagnes de l'Europe.

17. FÉTUQUE rampante.
Festuca reptatrix. L. ♃ De l'Arabie.

18. FÉTUQUE hétérophylle.
Festuca heterophylla. Jacq. ♃ Des bois de la France & de l'Allemagne.

19. FÉTUQUE queue de rat.
Festuca myuros. L. ☉ Des lieux sablonneux de la France & de l'Allemagne.

20. FÉTUQUE alopécure.
Festuca alopecurus. Schousb. De Maroc.

21. FÉTUQUE bromoïde.
Festuca bromoides. Lamarck. ☉ En Europe, dans les lieux sablonneux.

22. FÉTUQUE à une seule balle.
Festuca uniglumis. Smith. D'Angleterre.

23. FÉTUQUE ciliée.
Festuca ciliata. Link. Des parties méridionales de l'Europe.

24. FÉTUQUE de Haller.
Festuca Halleri. Villars. Des Alpes.

25. FÉTUQUE des montagnes.
Festuca montana. Pis. ♃ D'Italie.

26. FÉTUQUE stipoïde.
Festuca stipoides. Desfont. ☉ Des côtes de Barbarie.

27. FÉTUQUE rougissante.
Festuca rubens. D'Espagne.

28. FÉTUQUE rude.
Festuca scabra. Vahl. Du Cap de Bonne-Espérance.

Fleurs en panicule.

29. FÉTUQUE de Palestine.
Festuca fusca. L. De la Palestine.

30. FÉTUQUE noirâtre.
Festuca nigrescens. Lamarck. ♃ Des montagnes de la France.

31. FETUQUE inclinée.
Festuca decumbens. L. ♃ Indigène. Se trouve dans les pâturages sablonneux.

32. FETUQUE pauciflore.
Festuca pauciflora. Thunb. Du Japon.

33. FETUQUE élevée.
Festuca elatior. Lamarck. ♃ Croît en France & en Allemagne, dans les prés gras & humides.

34. FÉTUQUE spadicée.
Festuca spadicea. Smith. Des parties méridionales de la France.

35. FÉTUQUE arundinacée.
Festuca arundinacea. Hoffm. Se trouve sur le bord des rivières d'Allemagne & d'Angleterre.

36. FETUQUE bleuâtre.
Festuca cœrulescens. Desfont. Des côtes de Barbarie.

37. FÉTUQUE géante.
Festuca gigantea. Smith. *Bromus giganteus.* L. ♃ Dans les bois, en France & en Angleterre.

38. FETUQUE paturin.
Festuca poæformis. Thuilier. Des environs de Paris.

39. FÉTUQUE pocoïde.
Festuca pocoides. Michaux. De l'Amérique septentrionale.

40. FÉTUQUE à plusieurs épis.
Festuca polystachya. Michaux. De l'Amérique septentrionale.

41. FÉTUQUE calamaire.
Festuca calamaria. Smith. ♃ De l'Écosse.

42. FETUQUE flottante.
Festuca fluitans. L. Herbe à la manne. ♃ Dans les eaux stagnantes ou peu coulantes de toute l'Europe.

43. FETUQUE divariquée.
Festuca divaricata. Desfont. Des côtes de Barbarie.

44. FÉTUQUE de l'Inde.
Festuca indica. Willd. Originaire de l'Inde. Croît avec le riz.

45. FÉTUQUE calicinale.
Festuca calicina. Cav. D'Espagne.

46. FÉTUQUE piquante.
Festuca pungens. Vahl. De l'Arabie.

47. FÉTUQUE phalaroïde.
Festuca phalaroides. Lamarck. Des parties méridionales de la France.

48. FETUQUE des prés.
Festuca pratensis. Lam. ♃ Des parties tempérées de l'Europe.

Culture.

Parmi ces nombreuses espèces, la première est la plus commune, & véritablement la plus utile sous le point de vue de la nourriture des bestiaux. C'est la plante la plus recherchée par les moutons, & celle qui les conserve dans un meilleur état de santé. Ni eux ni les autres bestiaux ne mangent cependant pas sa tige, ainsi qu'on peut le voir dans les pâturages où elle subsiste souvent jusqu'après l'hiver. On pourroit sans doute avantageusement la semer sur les montagnes sablonneuses ou calcaires, & brûlées par le soleil, où elle se plaît, & dont on ne peut tirer parti; mais on s'y refuse généralement sous le spécieux prétexte qu'elle ne fournit pas assez de fourage pour être fauchée, comme si on n'arrivoit pas à un résultat analogue par un parcours bien entendu des terreins couverts de cette plante, puisqu'elle peut être pâturée toute l'année, les tems de neige exceptés.

Il semble, au premier coup-d'œil, que la Fétuque ovine, à raison de la finesse & du peu de grandeur de ses feuilles, est plus propre qu'aucune autre graminée d'Europe, pour former des gazons dans les jardins. Trois causes s'opposent à ce qu'on l'emploie à cet usage. La première, c'est que chaque pied fait une touffe qui s'isole toujours; de sorte que ce terrein n'est jamais bien couvert. La seconde, c'est qu'elle supporte peu le piétinement des promeneurs. La troisième, c'est que sa couleur est d'un vert-cendré, couleur qui ne plaît pas à l'œil, & qui est encore rendue plus désagréable par les feuilles mortes, qui sont toujours fort nombreuses. Cependant malgré ces inconvéniens on doit, faute de mieux, s'en servir pour couvrir la nudité des parterres ou des grandes allées des jardins. *Voyez* au mot GAZON.

La graine de Fétuque ovine se récolte dans le mois de juin, & se sème, sur un seul labour, dans le mois suivant. Elle demande à n'être point enterrée; ainsi un léger ratissage ou un hersage avec des fagots d'épines est tout ce qu'elle demande. Si elle est favorisée par la pluie, elle lève de suite, se fortifie pendant l'hiver, & remplit son objet dès le printems suivant. Elle dure passablement longtems lorsqu'on la fait constamment pâturer, comme on peut s'en assurer sur les pelouses; mais quand on la laisse monter en graine, elle périt au bout de peu d'années.

Ce que je viens de dire de cette espèce s'applique aussi à la Fétuque glauque; mais cette dernière, par sa couleur extraordinaire (d'un blanc-bleuâtre), peut servir, & sert en effet fréquemment dans les jardins des environs de Paris, à former des bordures d'un aspect agréable, & qui remplissent parfaitement leur objet dans les sols secs & sablonneux. On la sème pour cet objet, comme la précédente, au milieu de l'été, dans une largeur de quatre à six pouces, autour des plates-bandes ou autour des gazons qu'elle dessine très-agréablement. Il ne faut pas épargner la graine dans ce cas, parce qu'il y en a rarement plus du tiers de bonne, & qu'il vaut mieux que les pieds soient trop rapprochés que trop éloignés.

Les Fétuques n°s. 6, 7, 11, 12, 14 & 16 ont beaucoup de rapport avec les précédentes, & peuvent sans doute les suppléer.

Les Fétuques inclinées, élevées & des prés entrent avec avantage dans la composition des prés en terrein gras & frais, & un cultivateur, jaloux de la bonté de ses fourages, devroit en avoir toujours une planche pour s'en fournir de graines & les répandre sur ses prairies.

La Fétuque flottante, qui croît & ne peut croître que dans l'eau stagnante ou sur les vases qui sont la suite de leur desséchement momentané, devroit être semée dans tous les lieux qui lui conviennent, & qui le plus souvent ne produisent rien; car sa fane est un des meilleurs fourages, à raison de son abondance, de sa saveur & de son peu de dureté, qu'on puisse donner aux bestiaux, & surtout aux vaches, qui l'aiment avec passion, & sa graine est une excellente nourriture pour l'homme & les volailles. En France on coupe fréquemment cette fane pendant l'été pour la faire consommer en vert, & en Pologne on récolte la semence pour en faire provision; mais nulle part, que je sache, on s'occupe de la reproduction de la plante, quelqu'aisé qu'il soit de le faire. On appelle sa semence *manne de Pologne*. On la récolte en plaçant un tamis sous les épis, & en frappant sur ces derniers avec une baguette : on répète cette opération tous les huit jours, parce qu'elle ne mûrit pas toute à la fois. C'est exclusivement en bouillie qu'on la mange, & on dit que cette bouillie est meilleure qu'aucune autre; ce que je n'ai pas de peine à croire, d'après la saveur fine & sucrée que j'ai reconnue à la graine mondée de la Fétuque flottante.

Cette plante étant stolonifère, & s'élevant à une hauteur de plus de deux pieds, un seul grain peut couvrir, à la fin de l'année, un espace considérable; ce qui doit engager à la semer très-clair. (*Bosc.*)

FEU. On donne ce nom au dégagement de la lumière & du calorique d'un corps qui contient, ou du carbonne, ou de l'hydrogène, ou du soufre, ou du phosphore, &c.

L'oxygène est nécessaire à cette opération : c'est pourquoi le Feu ne peut subsister que dans l'air ou dans les gaz qui en contiennent une certaine quantité : c'est pourquoi plus on souffle le Feu & plus il brûle rapidement.

Il ne faut pas confondre le Feu, comme on le faisoit autrefois, avec le CALORIQUE & la LUMIÈRE. *Voyez* ce dernier mot.

On entretient ordinairement le Feu avec des végétaux ou le produit des végétaux (le charbon de terre est du nombre. *Voyez* HOUILLE.), mais on peut aussi en obtenir avec des parties d'animaux. *Voyez* GRAISSE.

Les matières végétales, susceptibles de fermentation, s'enflamment spontanément, comme on ne le voit que trop souvent dans les campagnes, lorsque les foins, les céréales, les chanvres, &c., sont renfermés dans les greniers ou mis en meule avant d'être suffisamment desséchés. Si les fumiers, qui s'échauffent presque toujours, font plus rarement dans ce même cas, c'est qu'ils contiennent une trop grande quantité d'eau & des sels.

La foudre met souvent le Feu aux forêts, aux granges, &c. Il est probable que c'est elle qui l'a d'abord fait connoître aux hommes dans les lieux où il n'y a pas de VOLCANS. *Voyez* ce mot.

On se procure du Feu, ou par le frottement, ou par la réunion des rayons du soleil, au moyen d'un verre convexe ou d'un miroir concave, ou par l'électricité, ou par des combinaisons chimiques.

Ainsi, lorsqu'on frotte rapidement un morceau de bois dur sur un morceau de bois mou, on enflamme ce dernier : c'est le mode des Sauvages d'Amérique.

Ainsi, lorsqu'on frappe un morceau d'acier contre un caillou sur lequel se trouve de l'amadou, une parcelle de cet acier est enlevée, est enflammée & allume l'amadou : c'est le mode des peuples civilisés.

Beaucoup de personnes allument leur Feu avec un verre convexe ou lentille & de l'amadou ou autre matière très-combustible.

Dans les campagnes on n'emploie ces moyens qu'en cas de nécessité absolue : on préfere conserver, dans la cendre, du Feu de la veille, pour, en le ranimant au moyen d'un soufflet, allumer celui du lendemain. Lorsqu'il ne s'en trouve plus, on en va chercher chez les voisins. C'est probablement pour en avoir toujours, que tant d'anciens peuples avoient perpétuellement du Feu dans leurs temples, usage qui a encore lieu dans quelques églises.

Le Feu est utile à tous les hommes, mais il est aujourd'hui indispensable aux peuples civilisés : c'est le condiment le plus nécessaire à nos alimens, & la plupart des arts reposent directement ou indirectement sur lui. Seul, il rend supportables les rigueurs des hivers dans les pays du nord.

Mais si le Feu est extrêmement utile, il est quelquefois nuisible; il brûle nos récoltes, nos maisons, nos personnes mêmes. *Voyez* INCENDIE, &, dans le *Dictionnaire de Médecine & de Chirurgie*, le mot BRULURE. (*Bosc.*)

FEU, maladie des bestiaux, & principalement des moutons, qui se rapproche de la rougeole, du mal-rouge, de l'érysipèle contagieux, & qui se caractérise par la rougeur de la peau, la fièvre, la chaleur, le dégoût & l'abattement des forces. Elle est très-dangereuse dans certains tems & dans certains lieux. Tenir les animaux qui en sont affectés, dans une étable ou une bergerie aérée sans être froide, les saigner & leur donner une boisson aiguisée de sel marin & de vinaigre, leur frotter la peau avec une décoction de patience, sont des moyens curatifs qui réussissent souvent : séparer les animaux sains des malades est surtout une précaution indispensable. (*Bosc.*)

Feu follet, aigrettes lumineuses ou petites flammes qu'on voit naître & disparoître instantanément : les unes sont des phénomènes électriques, les autres le résultat d'un dégagement de gaz hydrogène (air inflammable).

C'est au sommet des clochers, des girouettes, des grands arbres, sur le dos des bestiaux, la tête des hommes qu'on voit les Feux follets de la première sorte. *Voyez* Paratonnerre. C'est dans les écuries, sur les fumiers, dans le voisinage des eaux croupissantes, surtout dans les pays marécageux, que se développent ceux de la seconde sorte. *Voyez* Hydrogène.

Nos pères, qui ignoroient la cause de ces phénomènes, s'en formoient une idée très-redoutable : aujourd'hui que nous les produisons à volonté ils ne nous épouvantent plus.

L'apparition des Feux follets des deux sortes, annonçant la surabondance des élémens de la foudre dans un canton, donne lieu de craindre un orage prochain, & c'est sous ce seul rapport qu'ils doivent intéresser le cultivateur. (*Bosc.*)

Feu sacré. C'est la même chose que l'Érysipèle. *Voyez* ce mot dans le *Dictionnaire de Médecine.*

Feu Saint-Antoine. On donne ce nom à une maladie des brebis, qui se manifeste par un bouton douloureux qui s'enflamme & devient bientôt gangréneux : c'est une espèce de Charbon. *Voyez* ce mot.

Feu (Jeter son), expression employée par les cultivateurs dans plusieurs cas fort différens.

Une cuve jette son Feu lorsqu'elle est dans son plus violent moment de fermentation.

Une couche jette son Feu quand elle est arrivée au maximum de sa chaleur.

Un arbre jette son Feu lorsqu'il se trouve à l'époque de sa plus rapide croissance.

On arrête la fermentation d'une cuve en la remuant, en la transvasant, en y mettant de nouvelles matières fermentiscibles ou simplement de l'eau. *Voyez* Fermentation.

Une couche qui n'a pas jeté son Feu n'est pas encore dans le cas d'être semée, parce qu'il y auroit à craindre qu'elle fît périr, par son excès de chaleur, le germe des graines qu'on lui confieroit. *Voyez* Couche.

Il est des cas où il est utile d'empêcher les arbres de croître trop rapidement, & on y parvient en pinçant l'extrémité de leurs branches avec l'ongle. *Voyez* Taille. (*Bosc.*)

FEUILLAISON. On appelle ainsi le renouvellement annuel des arbres & des plantes vivaces. Cette époque, si intéressante pour le cultivateur & pour le simple spéculateur, varie, dans le même climat, selon les différentes espèces. Il est des plantes où elle suit la floraison, comme on le remarque sur l'orme, l'abricotier, le tussilage pas-d'âne, &c.; dans la plupart il la précède plus ou moins. Son commencement est un moment de crise dans ce pays, où les gelées tardives sont à craindre pour beaucoup d'espèces indigènes & pour presque toutes celles qui sont acclimatées.

Le cultivateur peut souvent avancer de beaucoup le moment de la feuillaison par le moyen des abris naturels, ou des couches, des châssis, des baches, des serres, &c. Il peut aussi quelquefois le retarder par divers procédés qui empêchent la chaleur de se développer; car c'est uniquement à cette cause qu'est dû le mouvement de la sève.

Linneus a cherché dans la foliation des arbres les plus communs des indications pour l'époque des travaux des champs, mais cet objet n'a pas été suivi en France autant qu'il eût été bon. *Voyez* sa Dissertation, intitulée *Vernatio arborum.* (*Bosc.*)

FEUILLE. Au mot Feuille du *Dictionnaire de Botanique* on trouve des notions suffisamment étendues sur l'usage des Feuilles, relativement aux plantes mêmes dont elles font partie, & sur leurs diverses sortes. Ici donc je n'ai à en parler que sous le rapport de leur influence dans la culture & de leur utilité en agriculture.

C'est par leur surface inférieure, organisée à cet effet d'une manière particulière, que les Feuilles absorbent les gaz qui flottent dans l'air, & par leur surface supérieure qu'elles exhalent ceux qui sont le produit de leur action vitale.

Il est aujourd'hui prouvé, de la manière la plus absolue, que les Feuilles sont aussi nécessaires aux plantes, que les racines, & qu'ainsi toutes les fois qu'on coupe une Feuille à un arbre au printems ou au commencement de l'été, on retarde nécessairement sa croissance.

Chaque Feuille est presque toujours accompagnée d'un bouton, comme on peut facilement s'en convaincre sur les arbres, & c'est elle qui le nourrit : l'en priver, c'est, selon l'époque, ou le faire mourir, l'*étiindre*, comme disent les jardiniers, ou au moins l'affoiblir de manière qu'au lieu de donner l'année suivante une pousse vigoureuse, il n'en fournit qu'une foible.

J'ai cité d'abord ces deux faits à raison de leur grande importance en agriculture, & du peu d'attention qu'y apportent la plupart des cultivateurs dans leur pratique annuelle.

L'époque du développement des Feuilles varie selon les espèces. Tantôt il est précoce, tantôt il est tardif; il précède le plus souvent, accompagne quelquefois, & même suit la Floraison. *Voyez* ce mot.

En enlevant les Feuilles d'un arbre à mesure qu'elles se montrent, on le force à alonger ses branches, & on l'empêche de fleurir. Si on répète continuellement l'opération on le fait immanquablement

blement mourir, comme je l'ai déjà observé : les insectes, en les mangeant, produisent fréquemment des effets semblables. Un arbre fruitier, dont les Feuilles ont été ainsi dévorées, ne porte pas de fruit pendant les années suivantes, s'en ressent quelquefois pendant très-long-tems : c'est pourquoi il est si important de s'occuper de la destruction des CHENILLES, des HANNETONS, des CANTHARIDES, &c. *Voyez* ces mots.

La couleur de la très-grande majorité des Feuilles est la verte, qui varie immensément dans ses nuances. Il en est cependant de naturellement brunes, le hêtre pourpre, le choux rouge par exemple. Celles de beaucoup d'espèces sont plus ou moins sujètes à se panacher par suite de leur altération organique, de telle manière que quelques-unes des plantes qui les portent, la laitue flagellée est du nombre, se reproduisent par le semis de leurs graines, & que toutes les autres peuvent être le plus souvent multipliées par le moyen des marcottes, des boutures, & surtout des greffes. Les causes de ces effets sont encore à expliquer.

Comme les pépiniéristes tirent un parti souvent fort avantageux des arbres panachés, puisqu'ils ne coûtent pas plus à élever que les autres, & qu'ils se vendent cependant plus cher, ils se saisissent de tous ceux que le hasard leur procure.

On observe que la plupart des Feuilles changent de couleur selon les terreins où les arbres qui les portent, se trouvent, & aux différentes époques de leur vie. C'est toujours en elles un signe d'affoiblissement. *Voyez* au mot JAUNISSE. Il est possible de tirer un parti utile de cette circonstance, pour faire contraster deux arbres de la même espèce ou d'espèce différente dans les jardins paysagers. Qui n'a pas admiré quelquefois les riches teintes de jaune, de fauve, de brun, de rouge, qui embellissent les forêts vers la fin de l'été? Ces variations sont souvent constantes, & peuvent servir à reconnoître les espèces.

Il faut bien distinguer cet état des Feuilles de celui appelé étiolement, & dont je suis obligé de parler ici, parce qu'il n'en a pas été question au mot sous lequel il devoit être mentionné.

Lorsque les jeunes Feuilles & les jeunes tiges des plantes poussent, étant privées de l'action des rayons du soleil, elles s'alongent, perdent leurs pores corticaux, leur saveur âcre ou amère, & deviennent plus ou moins blanches. Les cultivateurs appellent BLANCHIMENT cet état qui rend plus agréables à manger certaines plantes, comme la chicorée, la laitue, les choux, &c. Ils le provoquent tantôt en cultivant de préférence les variétés qui le prennent naturellement, tantôt en liant, enterrant ou plaçant dans un lieu obscur celles qui n'ont pas cette propriété. On trouvera aux articles de chacune des plantes qu'on est dans l'usage de faire blanchir, l'indication des moyens les plus avantageux à employer.

Les plantes étiolées ne tardent pas à reprendre leur couleur verte, leurs pores, & par suite toutes leurs qualités intrinsèques lorsqu'on les expose à la lumière.

Mais c'est de l'étiolement complet ou presque complet dont j'ai entendu parler jusqu'ici, & il en est un sur lequel il est bien plus intéressant que les cultivateurs portent leur attention : c'est celui produit, ou par l'ombre des arbres, ou par le trop grand rapprochement des plantes.

On ne peut se faire une idée, quand on n'a pas examiné la manière habituelle de cultiver & réfléchi sur ses résultats, de l'énorme perte qui résulte toutes les années pour la France, de la manie de semer trop épais, de planter trop près. C'est par centaines de millions, pour ne pas dire par milliards, qu'il faut compter. Sur dix cultivateurs il y en a neuf qui ne font aucune attention aux influences de l'étiolement imparfait sur l'accroissement des plantes, sur la durée de leur existence & sur l'abondance de leurs fruits, quoiqu'il n'y en ait peut-être pas un qui ne sache combien elles sont nuisibles : tel est l'effet de la nonchalance de la plupart des hommes. *Voyez* SEMIS & PLANTATION.

Quelques plantes cependant sont destinées, par la Nature, à végéter sous l'ombrage des autres ou à l'exposition du nord, & celles-là n'ont pas besoin d'une aussi grande quantité de lumière pour vivre. La ficaire, les anémones hépatique & des bois, le narcisse des bois, le millepertuis calicinal, la dentelaire, les fougères, &c. sont de ce nombre.

Pendant le jour les Feuilles sont plus froides que l'air, & c'est pour cela qu'elles le rafraîchissent & qu'elles soutirent l'eau qu'il contient. *Voy.* ROSÉE.

On doit couper les Feuilles des rameaux sur lesquels on veut lever des yeux pour la greffe à écusson à œil dormant, immédiatement après les avoir séparés de leur tronc, parce que leur grande transpiration accélère le desséchement de ces yeux.

Les Feuilles sont directement utiles aux cultivateurs, puisque plusieurs d'entr'elles lui servent de nourriture, & que les animaux, compagnons de ses travaux, en vivent presqu'exclusivement. Un grand nombre d'opérations de la grande & petite culture n'ont pour objet que la reproduction abondante des Feuilles. *Voyez* PRÉ, PATURAGE, FOIN, FOURAGE, TRÈFLE, LÉGUME, SAINFOIN, VESCE, GESSE, &c.

Non-seulement les animaux domestiques mangent les Feuilles de beaucoup de plantes herbacées, mais encore celles de beaucoup d'arbres. Quelques-uns d'entr'eux, comme les chèvres, les préfèrent même. Il est des cantons où on en fait récolte pour cet objet; mais ils sont peu nombreux. Dans beaucoup cependant on pourroit trouver en elles un supplément nécessaire au manque de prairies naturelles ou artificielles, puisqu'on tond tous les ans les haies pour les empêcher de s'accroître en largeur & en hauteur.

D'ailleurs, on peut réserver une certaine quantité de têtards d'ormes, de frênes, de saules-marceaux, &c., pour, dans la même intention, les tondre tous les deux ans. D'ailleurs, il est toujours avantageux à la santé des bestiaux de varier leur nourriture. Les Feuilles qu'on doit récolter au commencement du mois d'août se donnent fraîches ou sèches. Pour les dessécher, il n'est pas nécessaire, comme on le fait en quelques endroits, de les enlever des rameaux. Il faut faire sécher le tout ensemble, à l'ombre si cela est facile, & ensuite le stratifier avec de la paille dans une grange ou un grenier.

On dit que, dans quelques lieux, on met les Feuilles séparées avec de l'eau dans des tonneaux, & qu'on les sale. Il me semble que cette pratique doit être plus embarrassante que profitable.

Les feuilles du MURIER servent de nourriture aux VERS A SOIE. *Voyez* ces deux mots.

Plusieurs sortes de maladies affectent les Feuilles. *Voyez* JAUNISSE, BRULURE, CLOQUE. Des plantes parasites de la famille des Champignons, appartenant aux genres *Uredo*, *Erysiphe*, *Écidie*, leur nuisent sous les noms vulgaires de *rouille* & de *blanc*. Des insectes, outre les chenilles, vivent encore à leurs dépens.

Enfin les Feuilles tombent, & d'abord elles garantissent les graines de la dent des quadrupèdes & du bec des oiseaux; ensuite elles favorisent leur germination par l'humidité qu'elles conservent à la terre, & préservent le plant qui en provient, des atteintes de la gelée; puis elles se convertissent en terreau, qui fournit des élémens de végétation aux générations futures. Il est aujourd'hui reconnu que chaque plante, par la chute annuelle de ses feuilles, rend plus à la terre, qu'elle en a pris. C'est à raison de cette circonstance que, malgré l'immense quantité qui est chariée à la mer par les fleuves, la masse de la terre végétale, disséminée dans notre sol, est si considérable. *Voy.* TERREAU.

Les cultivateurs industrieux ramassent les feuilles mortes, 1°. pour les employer à couvrir leurs artichauts, leurs semis de graines étrangères, parce qu'elles les garantissent de la gelée mieux qu'aucune autre chose, même la fougère dont on se sert souvent cependant à raison de la facilité de sa récolte; 2°. pour en faire des couches, qui, si elles acquièrent moins de chaleur que celles composées de fumier, en ont une plus égale & plus durable; 3°. pour former des composts avec des terres franches, & obtenir par ce moyen du terreau qui n'a pas les inconvéniens de celui du fumier.

Comme les Feuilles privées d'air se décomposent avec lenteur, il faut avoir soin d'enlever celles que le vent a accumulées dans les trous destinés à recevoir des plantations d'arbres, parce qu'elles s'opposeroient à la reprise de ces arbres en empêchant leurs racines de pénétrer dans la terre. (*Bosc.*)

FEUILLE d'un bois, synonyme d'âge d'un bois, chaque feuille comptant pour une année.

FEUILLETTE : c'est un petit tonneau qui contient la moitié d'un muid. *Voyez* TONNEAU & BARIL.

FÉVE, *FABA*.

Plante du genre des *Vesces*, mais qui s'en écarte assez pour mériter d'en constituer un particulier. Elle est, en Europe, l'objet d'une culture fort importante, & mérite par conséquent d'être l'objet d'un article d'une certaine étendue.

Il paroît, par le rapport d'Olivier, membre de l'Institut, que la Féve est originaire de la haute Asie, comme la plupart des plantes que nous cultivons de toute ancienneté. C'est une plante annuelle, haute d'environ trois pieds, dont la racine est pivotante, & qui se plaît principalement dans les terreins argileux & humides, dans le voisinage des marais, d'où le nom de *Féve de marais* qu'elle porte généralement.

Les Feves se cultivant, ou dans les jardins pour la nourriture des hommes, ou dans les champs pour la nourriture des bestiaux, & leur culture différant beaucoup sous ces deux cas, je dois en parler séparément.

De la culture des Féves dans les jardins.

Comme plante cultivée depuis long-tems, la Féve offre un grand nombre de variétes préférables les unes aux autres, sous un ou plusieurs rapports, & parmi lesquelles je citerai, comme les plus communes & les plus avantageuses :

1°. La *Féve naine hative*, qui est petite, mais qui charge beaucoup.

2°. La *Féve julienne ;* elle est un peu plus grande que la précédente, & mûrit un peu plus tard.

3°. La *Féve verte* est encore plus tardive. La couleur de ses fruits la rend précieuse pour faire des purées pendant l'hiver.

4°. La *Féve à longue cosse* s'élève beaucoup, & produit comparativement plus que les précédentes.

5°. La *grosse Féve ordinaire :* c'est la plus généralement cultivée, soit dans les jardins, soit dans les champs; elle offre une sous-variété plus aplatie, qu'on appelle *Féve picarde.*

6°. La *grosse Féve de Windsor* est la plus forte de toutes, mais elle fournit peu. Ses semences sont presque rondes.

Ainsi que je l'ai dit plus haut, un sol substantiel & frais est celui qui convient le mieux aux Féves, & le seul où elles doivent être placées lorsqu'on veut en obtenir des récoltes abondantes; cependant quand on doit les manger en primeur, il faut les semer dans une terre légère & chaude, les pluies du printems leur fournissant une humidité suffisante.

Des labours profonds & répétés sont indispensables au succès de la culture des Féves, soit à raison de la nature du terrein qu'elles demandent, soit à raison de la forme de leurs racines. Des engrais abondans ne sont pas moins nécessaires dans le plus grand nombre des cas.

On dispose les semis de deux manières : en touffes de cinq à six pieds, écartées d'un pied à un pied & demi, ou en rayons séparés par le même intervalle. Dans l'un ou l'autre cas les pieds seront éloignés de trois à quatre pouces.

Une gelée de deux à trois degrés au dessous de zéro suffisant pour tuer les jeunes Féves, il est prudent de ne faire les semis que lorsqu'il n'y en a plus à craindre, quoique ceux d'automne procurent des récoltes plus précoces & plus belles. Une bonne méthode, c'est de semer une planche toutes les semaines, depuis la fin de mars jusqu'au milieu de mai. Du reste, on peut garantir le jeune plant de la gelée en le couvrant de feuilles sèches, de fougère, de litière, ou mieux de pots à fleurs renversés, pots qu'on ôte le matin.

Plus les binages & les buttages sont multipliés & bien faits, & plus le plant prospère, & plus la récolte est abondante. Il faut donc les commencer dès que ce plant a trois ou quatre pouces de haut, & les continuer (deux à trois fois par mois) jusqu'au moment de la floraison, époque où il ne faut plus y toucher. Le principe de ces opérations, qui gagnent à être exécutées par un tems humide, c'est que plus il y a de racines, & plus les racines trouvent de facilité à pénétrer dans la terre, & plus par conséquent elles portent de nourriture aux tiges.

Les riches préfèrent les Féves au quart de leur grosseur à celles qui ont acquis toute leur croissance : on les cueille donc avant que les pieds aient terminé leur évolution. Le plus souvent on laisse ces pieds sur place achever de s'épuiser à pousser des feuilles; mais on peut en tirer un meilleur parti en les coupant rez terre, parce que les tiges peuvent être données aux vaches, & que la repousse fournit une seconde récolte, foible à la vérité, mais qui a cependant une valeur. Couper les tiges avant la floraison, comme quelques personnes l'ont conseillé, produit le même effet, c'est-à-dire, donne lieu au développement d'un plus grand nombre de tiges; mais chaque tige a moins de fruits, & des fruits plus petits : c'est donc une mauvaise opération. Il n'en est pas de même de celle de pincer l'extrémité des tiges après la floraison, parce qu'il en résulte bien certainement précocité dans la maturité du fruit, & augmentation dans sa grosseur. Si on pinçoit, comme on le fait trop souvent pendant la floraison, on risqueroit de faire avorter les dernières fleurs par suite de la déperdition de séve qui auroit lieu par la plaie.

Dans quelques lieux on mange ces extrémités de tige en guise d'épinards. Je les ai trouvées bonnes.

Les Féves ont dans les pucerons un ennemi dont il n'est pas toujours facile de les garantir. Ils font souvent manquer la récolte, ou la rendent de mauvaise nature. Outre les moyens généraux de destruction indiqués au mot PUCERON, on peut encore en employer deux qui sont particuliers à la Féve : c'est, si la floraison n'est pas encore effectuée, de couper les tiges rez terre; & si elle est terminée, de couper la partie supérieure des tiges, la seule où ces pucerons se trouvent alors. La récolte est moindre sans doute, comme je l'ai dit plus haut, mais au moins elle est de bonne nature, & on peut en être dédommagé par la potasse que fournit abondamment l'incinération des tiges ou partie de tiges, cette plante étant une de celles qui en contiennent le plus. *Voyez* POTASSE.

La maturité des Féves se reconnoît à la couleur noire que prennent les gousses & les tiges; mais il y a lieu à gagner lorsqu'on attend le desséchement complet des unes & des autres. Il n'y a donc que la crainte des voleurs ou les ravages des mulots, ou les pluies permanentes, qui puissent obliger d'en faire la récolte avant la fin de l'été, encore ce dernier motif est-il de peu de valeur, puisqu'au milieu de l'été il y a toujours assez de places vides dans une maison rurale pour y déposer, à l'abri de la pluie, les produits de la culture des Féves dans le plus grand jardin.

Dans beaucoup de lieux on laisse pour graine les dernières gousses de chaque pied; mais cette méthode n'est propre qu'à amener promptement la dégénérescence de la variété qu'on y cultive, puisque c'est de la beauté de la graine que dépend la beauté des semis, & que ces dernières graines sont beaucoup inférieures aux premières. Il vaut beaucoup mieux réserver une portion du semis uniquement pour cet objet.

C'est dans leur gousse qu'on doit conserver les Féves destinées à la reproduction, parce qu'elles s'y dessèchent moins & y sont mieux à l'abri des attaques de la BRUCHE, insecte qui les dévore, ainsi que les pois. On les dépose dans un lieu sec & aéré. Elles sont encore bonnes à être semées six à sept ans après leur récolte; cependant ce sont celles de l'année précédente qu'on doit toujours préférer. La couleur rouge ou noirâtre qu'elles prennent par suite de leur vétusté n'est pas un signe d'altération, comme quelques personnes l'ont pensé.

Les tiges des Féves donnent moins de potasse après qu'avant leur maturité; mais elles peuvent cependant être encore brûlées dans cette intention. Ordinairement on les emploie à chauffer le four ou à augmenter la masse des fumiers, ce à quoi elles sont très-propres.

Culture de la Féve de marais en plein champ.

La culture des Féves en plein champ peut donner des résultats infiniment précieux aux cantons argileux & humides, avantages bien connus en Angleterre & dans quelques parties de l'Allemagne, mais qui ne sont pas appréciés en France autant qu'ils le méritent. Quelques personnes croient qu'elle est très-bornée, mais c'est parce qu'elles ignorent que les Féves sont une nourriture excellente pour tous les animaux domestiques. Les pays voisins de la mer en trouvent facilement le débit pour l'approvisionnement des vaisseaux & pour l'exportation dans le nord. Partout leur semis prépare les terres argileuses & froides pour les récoltes des céréales, comme le trèfle prépare celles qui sont sablonneuses; aussi doivent-elles entrer comme article principal dans les assolemens de ces sortes de terres.

Sous un autre rapport, c'est-à-dire, à raison des deux ou trois binages qu'elles demandent pendant la durée de leur végétation, les Féves sont une excellente préparation pour les terres qui doivent être semées en blé, qui sont par-là débarrassées des mauvaises herbes dont la graine étoit dans le champ. C'est donc dans l'année qui précède celle de la sole du blé, qu'il faut les semer successivement dans telle ou telle partie du domaine.

Les labours préparatoires au semis des Féves doivent être au nombre de deux, & les plus profonds possible. On fume entre les deux lorsque cette opération, toujours si avantageuse, est dans le cas d'être exécutée. Le semis a lieu avant l'hiver dans les pays où cette saison est douce, & après dans ceux où les gelées sont à craindre. Aux environs de Paris, c'est à la fin de février ou au commencement de mars.

Mais faut-il semer à la volée comme on le fait presque partout en France, ou en touffe ou en rayons? Chacune de ces manières a ses avantages & ses inconvéniens. En semant à la volée on va vite, mais on espace plus inégalement les pieds, & on est obligé par conséquent d'en arracher dans les endroits trop épais, & d'en planter dans ceux où ils sont trop clairs. En semant en touffe on perd beaucoup de tems. Le semis en rayon est sans contredit préférable aux deux autres, surtout lorsqu'on emploie, pour biner, une charue ou une houe à cheval. *Voyez* HOUE. On le pratique en suivant la charue & en répandant la Féve une à une dans le sillon. Il est à observer que quoique la Féve soit une grosse semence, elle pourrit si elle est trop enterrée; qu'ainsi il faut semer, dans ce cas, sur un labour léger; ce qui, d'après ce que j'ai dit plus haut, semble devoir forcer à en faire un troisième. La distance à laisser entre les pieds, dans toutes ces manières de semer, doit être telle qu'ils ne se nuisent point réciproquement, c'est-à-dire, au moins de cinq à six pouces.

C'est faute d'expérience, qu'on a proposé de transplanter les Féves de marais pour en obtenir de plus belles récoltes; car il est de fait qu'à égalité de circonstances, tout pied transplanté est d'une végétation plus tardive & plus foible que les autres. Et la dépense de l'opération?

Des binages fréquens sont extrêmement favorables à la belle croissance des Féves & à la multiplication de leurs fruits, parce qu'ils favorisent le développement de leurs racines; mais en le faisant il faut avoir soin de ramener toujours la terre contre les pieds. *Voyez* BUTTAGE. Il faut donc leur en donner au moins un ou deux, &, s'il se peut, trois ou quatre. Par habitude on pince quelquefois l'extrémité de la tige des Féves cultivées en plein champ; mais comme, dans cette culture, on n'a en vue que la graine arrivée à son dernier degré de maturité, & comme il est de peu d'importance que cette maturité se complète quelques jours plus tôt, l'opération susdite n'est pas aussi nécessaire que dans les jardins, & emploie inutilement un tems précieux.

Ce n'est que lorsque les Féves sont complétement desséchées, qu'il faut penser à les récolter : on gagne toujours à attendre quelques jours de plus dans ce cas.

Il y a trois manières de récolter les Féves, c'est-à-dire, en les cueillant une à une, en arrachant ou en fauchant les pieds pour les battre avec le fléau : la seconde est la plus en usage, & véritablement la plus recommandable : c'est donc celle que je conseille de suivre.

Dans beaucoup d'endroits c'est la Féve ordinaire ou grosse Féve de marais qu'on cultive ainsi en plein champ; mais plus généralement on préfère, lorsqu'on n'a en vue que la nourriture des bestiaux, une variété dont je n'ai pas encore parlé, variété qu'on regarde comme le type de l'espèce: elle est connue sous le nom de *Féverolle*, de *Féve de cheval*, de *Féve des champs*, de *Gourgane*; elle est moins haute, & ses grains sont de moitié plus petits, plus durs, moins agréables au goût; mais elle craint moins les effets des gelées & des sécheresses, & produit autant & même plus, parce que ses gousses sont plus nombreuses.

On donne les Féves aux bestiaux, soit entières & sèches, soit entières & ramollies dans l'eau, soit moulues, soit à demi cuites : de toutes manières ils les aiment avec passion, & elles les engraissent plus rapidement qu'aucune autre nourriture. Quand on pense à cette dernière circonstance & à la bonté de la graisse ou du lard qui en résulte, quand on pense qu'elles peuvent avantageusement suppléer l'avoine pour les chevaux, on se demande pourquoi tous les terreins propres, en France, à la culture de la Féve n'y sont pas successivement employés selon les règles d'un assolement régulier. Il est cependant des départemens où sa culture est presqu'inconnue.

Mais ce n'est pas seulement sous le rapport de leurs graines, que les Féves sont précieuses pour les cultivateurs : 1°. leur fane est aussi fort du goût des bestiaux, & dans quelques endroits on les cultive pour eux dans cette vue ; 2°. cette fane, enterrée en fleur, équivaut presqu'au meilleur fumier.

On sème les Féves de marais, pour fourage, à la volée & épais, tantôt seules, tantôt avec les vesces grimpantes, les pois gris, &c., auxquels elles servent de tuteurs (*Voyez* au mot MELANGE), & on les coupe dès qu'elles commencent à entrer en fleur, soit pour les consommer en vert, ce qui est le plus ordinaire, soit pour les faire sécher. Elles sont, lorsque les circonstances sont favorables, susceptibles de donner ainsi successivement jusqu'à trois récoltes, mais communément deux, sans pour cela empêcher que le terrein où elles se trouvent, puisse être ensemencé, la même année, ou en blé, ou en raves, ou en navette, &c. Dans les départemens méridionaux on peut faire paître les Féves de marais sur place pendant l'hiver, époque où les fourages verts sont rares.

Par la grosseur & la hauteur de leurs tiges, par le nombre & l'épaisseur de leurs feuilles, les Féves de marais, plus qu'aucune autre plante ordinairement cultivée, sont propres à suppléer au manque des fumiers. *Voyez* RECOLTES ENTERRÉES. Elles sont surtout précieuses dans les terreins argileux, dont elles soulèvent les molécules, & qu'elles rendent par conséquent plus convenables aux racines des plantes qu'on y seme ensuite. Il sembleroit donc que les cultivateurs devroient s'empresser de profiter de ce précieux avantage, & cependant ils le font rarement, tant l'ignorance est dominante chez eux.

Couper la première fane pour la nourriture des bestiaux & enterrer la seconde semblent une pratique dans le cas d'être recommandée.

Les fleurs des Féves de marais ont une petite odeur. Le miel qu'elles fournissent aux abeilles est de fort mauvaise qualité.

On ne peut faire de pain avec la farine de Féve, quoiqu'on l'ait annoncé, mais bien la faire entrer pour un cinquième dans celui de froment. En Angleterre on les dépouille de leur écorce dans des moulins avant de les faire cuire ; ce qui favorise singuliérement cette opération. En France, lorsqu'on ne veut pas manger leur écorce, & il n'y a que les estomacs les plus robustes qui puissent la digérer, on les en dépouille à la main, après leur cuisson ; ce qui est fort long.

Dirai-je que l'on fait du café avec les Féves torréfiées ? Avec quoi n'en a-t-on pas fait dans ces derniers tems ? (*Bosc.*)

FÉVIER, GLEDITZIA.

Genre de plante de la famille des *Légumineuses* & de la polygamie dioécie octandrie, qui renferme de grands arbres remarquables par les épines dont leur tronc est armé. Lam. *Illustration des Genres*, pl. 857.

Espèces.

1. FEVIER à trois épines.
Gleditzia triacanthos. L. ♄ De l'Amérique septentrionale. Variété sans épines.

2. FÉVIER de la Chine.
Gleditzia sinensis. Lamarck. ♄ De la Chine. Variété sans épines.

3. FÉVIER de la Caspienne.
Gleditzia capsica. Bosc. ♄ Des bords de la mer Caspienne.

4. FEVIER verdâtre.
Gleditzia virescens. Aiton. ♄ De la Chine.

5. FEVIER monosperme.
Gleditzia monosperma. Willd. ♄ De la Caroline.

6. FÉVIER à grosses épines.
Gleditzia macrocanthos. Desf. ♄ De la Chine.

Culture.

Le Févier à trois épines est le plus anciennement connu & le plus multiplié dans nos jardins. C'est un arbre de seconde grandeur, qui est propre à la décoration des jardins par la beauté de son feuillage, la disposition pendante de ses fruits & la singularité de ses épines, & dont le bois, quoique cassant, peut être employé à un grand nombre d'objets d'utilité.

Une terre substantielle & profonde est celle où prospère le mieux le Févier à trois épines ; cependant il s'accommode de celle qui est sablonneuse, pourvu qu'elle ne soit pas trop aride. Il demande une exposition chaude ; car comme il pousse tard, il est sensible aux gelées, qui font périr l'extrémité de ses rameaux & empêchent ses fruits d'arriver à maturité. On le multiplie uniquement de ses graines, quoique, ainsi que j'en ai l'expérience, on puisse aussi le reproduire par ses racines. Ces graines se sèment au printems, lorsque les gelées ne sont plus à craindre, dans une plate-bande de terre de bruyère située au levant, & s'arrosent au besoin ; elles ne tardent pas à lever, & le plant qui en provient, atteint ordinairement un pied de haut dans le cours de l'été. Dès les premières gelées ce plant demande à être couvert de feuilles ou de fougère ; mais malgré ce soin il en est souvent atteint ; ce qui oblige de le récéper au printems, au moment de sa transplantation. La distance à laquelle il se place dans la pepinière est de deux pieds, terme moyen. On ne lui donne que les cultures ordinaires pendant les deux ou trois ans qu'il doit y rester.

Je préfère cette manière de cultiver le Févier à trois épines, qui est celle actuellement suivie dans les pépinières soumises à ma surveillance, à la manière ancienne, qui consistoit à le semer dans des terrines sur couche ou sous châssis, & à le rentrer dans l'orangerie pendant le premier hiver, parce que, lors même que le plant gèle, il donne des pieds plus vigoureux, les semis en terrines étant toujours foibles, & l'influence de la végétation des premieres années se faisant long-tems sentir aux arbres à bois dur.

Lorsque la terre de la pépinière a été convenablement défoncée, & qu'elle est de bonne nature, on obtient, dès la première année de la transplantation, des tiges de quatre à cinq pieds de haut; car peu d'arbres poussent plus vigoureusement dans leur jeunesse.

C'est ordinairement à trois ou quatre ans qu'on place les Feviers à trois épines dans le lieu où ils doivent définitivement rester. Il faut ménager avec soin leurs racines en les arrachant, & ne les dépouiller que de leurs plus longues branches en les plantant. On peut en former des avenues d'un aspect tres-pittoresque; mais la facilité avec laquelle leurs branches sont cassees par le vent s'y oppose toutes les fois que le lieu n'est pas abrité par des montagnes, des bois ou des bâtimens. Ils produisent toujours de très-bons effets dans les jardins paysagers lorsqu'ils sont isolés au milieu des gazons, ou qu'on les fait contraster avec les arbres des massifs, en les plantant à quelque distance en avant de ces massifs.

Cet arbre est souvent dioique, c'est-à-dire, que beaucoup de pieds ne portent pas de graines; ce qui est un inconvénient, & sous le rapport de la reproduction, & sous celui de l'agrément.

Le Févier de la Chine est aussi grand que le précédent, & peut-être plus beau; mais, à raison de la plus grande largeur de ses folioles & du moindre développement de ses rameaux, il est peut-être moins élégant. Il se cultive positivement de même; cependant comme il est plus rare, & qu'on ne trouve pas aussi facilement à se pourvoir de ses graines, beaucoup de jardins ne le possèdent que greffé.

Il en est de même du Févier de la Caspienne, que ses épines recourbées & aplaties à leur base rendent remarquable.

Je ne connois pas le Févier verdâtre, qui n'est encore cultivé qu'en Angleterre.

Il m'a paru, dans son pays natal où je l'ai observé, que le Févier monosperme étoit le plus grand & le plus élégant de tous; mais il ne reste qu'en buisson dans le climat de Paris, parce que ses rameaux gèlent, dans leur plus grande étendue, presque tous les hivers. On ne l'y conserve même qu'en le greffant sur la première espèce; ce qui fait qu'il résiste un peu plus.

La hauteur du Févier à grosses épines est inférieure à celle des précédens; cependant comme ses branches sont plus ramassées, il produit des effets agréables, même auprès d'eux. Jusqu'à présent il a été rare; mais comme il commence à donner abondamment des graines, il n'y a pas de doute qu'il sera bientôt commun, peut être même le plus commun, car il est moins sensible à la gelée. (*Bosc.*)

FIBRE DES PLANTES. Lorsqu'on casse ou que l'on fend la plupart des bois, on voit saillir de la cassure des filets plus ou moins gros, plus ou moins longs, qu'on peut diminuer encore ou mécaniquement, ou par la macération dans l'eau ou autrement. Ce sont ces filets qu'on appelle improprement des *Fibres*, parce que leur apparence les rapproche des Fibres des muscles. Le vrai est que ces prétendus filets sont des fragmens du tissu cellulaire qui compose le bois, l'écorce, les feuilles, les fruits, &c. *Voyez* TISSU CELLULAIRE & PARENCHYME.

FIBREUX. On dit qu'une racine est *fibreuse* lorsqu'elle est composée de filamens longs & minces comme des fils; qu'un fruit est *fibreux* lorsqu'on y trouve des filets semblables à des fils ou à des fibres musculaires. (*Bosc.*)

FIC *ou* CRAPAUD, tumeur spongieuse, insensible & sans chaleur, qui a son siege à la partie inférieure du pied du cheval, & qui provient d'une humeur âcre, excitée par la saleté des écuries, des boues, &c.

Ce n'est pas instantanément que le Fic se forme, mais petit à petit. Son premier effet est la claudication, qui cependant n'a pas toujours lieu. Il est très-commun dans les pays marécageux. Tantôt il n'existe qu'à un, tantôt à plusieurs pieds & à des degrés differens. Quelquefois il disparoît de lui-même, à la suite d'un traitement très-simple; d'autres fois il prend un caractère très-inquiétant, devient cancéreux, & amène la carie de l'os: de là la division en Fic benin & en Fic grave.

Le premier remède à employer contre cette maladie est de changer le cheval de localité, c'est-à-dire, de l'envoyer dans un pays élevé, ou, si on ne le peut pas, de le mettre dans une écurie sèche, & d'éviter de le faire travailler sur des routes boueuses ou dans des terreins humides. Le second, c'est de taillader la tumeur, de la comprimer pour en faire sortir l'humeur âcre. On panse les plaies avec de l'onguent égyptiac, du goudron ou des liqueurs spiritueuses. Quand elles deviennent graves, on substitue à ces drogues celles qui sont indiquées pour les PLAIES ordinaires. *Voyez* ce mot. Pendant tout le traitement on met le cheval à l'eau blanche & à la paille; souvent on lui passe un seton à la fesse pour détourner une partie de l'humeur.

Comme le Fic est un véritable cautère naturel, il arrive quelquefois que son apparition est suivie de la guérison d'une maladie plus sérieuse, & que sa guérison amène les eaux aux jambes, les dartres, la gale, le farcin, la morve, la péripneumonie, la fluxion périodique, &c.

Les autres bestiaux sont sujets à des maladies de nature semblable, mais qui se présentent avec une autre apparence, à raison de la difference d'organisation. *Voyez* FOURCHET. (*Bosc.*)

FICAIRE, *Ficaria.*

Genre de plante de la famille des *Renonculacées*

& de la polyandrie polygynie, qui a été séparé des renoncules, & qui ne renferme qu'une espèce dont il sera fait mention au mot RENONCULE.

FICOÏDE, *MESEMBRYANTHEMUM.*

Genre de plante de la famille des *Cactiers* & de l'icosandrie pentagynie, qui renferme un grand nombre d'espèces remarquables par leurs feuilles épaisses, succulentes & de forme quelquefois extraordinaire, & par la grandeur & l'éclat des fleurs de quelques-unes. Lam. *Illustration des Genres*, pl. 438.

Nota. Les espèces de ce genre étant au nombre de plus de cent cinquante, & leur culture différant peu, je me contenterai de donner l'énumération de celles qui se trouvent au Jardin du Muséum de Paris, comme étant les plus faciles à se procurer. On doit à Redouté, *Plantes grasses*, un superbe Recueil de dessins gravés & coloriés, qui les a pour objet, & que ne peuvent se dispenser de consulter ceux qui veulent les étudier.

Espèces à feuilles planes.

1. FICOÏDE cristalline.
Mesembryanthemum cristallinum. L. ○ de Madère.

2. FICOÏDE linguiforme.
Mesembryanthemum linguiforme. L. ♃ Du Cap de Bonne-Espérance.

3. FICOÏDE tortueux.
Mesembryanthemum tortuosum. L. ♃ Du Cap de Bonne-Espérance.

4. FICOÏDE ouvert.
Mesembryanthemum expansum. L. ♃ Du Cap de Bonne-Espérance.

5. FICOÏDE pinnatifide.
Mesembryanthemum pinnatifidum. L. ○ Du Cap de Bonne-Espérance.

6. FICOÏDE en cœur.
Mesembryanthemum cordifolium. L. ♃ Du Cap de Bonne-Espérance.

7. FICOÏDE cunéiforme.
Mesembryanthemum cuneiforme. Jacq. ○ Du Cap de Bonne-Espérance.

8. FICOÏDE fleur de soleil.
Mesembryanthemum helianthoides. Aiton. ○ Du Cap de Bonne-Espérance.

Espèces à feuilles convexes en dessous.

9. FICOÏDE cilié.
Mesembryanthemum ciliatum. Aiton. ♃ Du Cap de Bonne-Espérance.

10. FICOÏDE géniculiflore.
Mesembryanthemum geniculiflorum. L. ♃ Du Cap de Bonne-Espérance.

11. FICOÏDE de nuit.
Mesembryanthemum noctiflorum. L. ♃ Du Cap de Bonne-Espérance.

12. FICOÏDE pâle.
Mesembryanthemum pallens. Aiton. ♃ Du Cap de Bonne-Espérance.

13. FICOÏDE écarlate.
Mesembryanthemum bicolorum. L. ♃ Du Cap de Bonne-Espérance.

14. FICOÏDE tubéreux.
Mesembryanthemum tuberosum. L. ♃ Du Cap de Bonne-Espérance.

15. FICOÏDE à feuilles menues.
Mesembryanthemum tenuifolium. L. ♃ Du Cap de Bonne-Espérance.

16. FICOÏDE violet.
Mesembryanthemum violaceum. Decand. ♃ Du Cap de Bonne-Espérance.

17. FICOÏDE stipulacé.
Mesembryanthemum stipulaceum. L. ♃ Du Cap de Bonne-Espérance.

18. FICOÏDE cornu.
Mesembryanthemum corniculatum. L. ♃ Du Cap de Bonne-Espérance.

19. FICOÏDE courroie.
Mesembryanthemum loreum. L. ♃ Du Cap de Bonne-Espérance.

20. FICOÏDE à feuilles lisses.
Mesembryanthemum verruculatum. L. ♃ Du Cap de Bonne-Espérance.

21. FICOÏDE hérissé.
Mesembryanthemum echinatum. Aiton. ♃ Du Cap de Bonne-Espérance.

22. FICOÏDE à fleurs vertes.
Mesembryanthemum viridiflorum. Aiton. ♃ Du Cap de Bonne-Espérance.

23. FICOÏDE luisant.
Mesembryanthemum splendens. L. ♃ Du Cap de Bonne-Espérance.

24. FICOÏDE velu.
Mesembryanthemum villosum. L. ♃ Du Cap de Bonne-Espérance.

25. FICOÏDE argenté.
Mesembryanthemum micans. L. ♃ Du Cap de Bonne-Espérance.

26. FICOÏDE bec de grue.
Mesembryanthemum rostratum. L. ♃ Du Cap de Bonne-Espérance.

27. FICOÏDE gueule de chien.
Mesembryanthemum caninum. ♃ Du Cap de Bonne-Espérance.

28. FICOÏDE gueule de chat.
Mesembryanthemum felinum. L. Du Cap de Bonne-Espérance.

29. FICOÏDE gueule de tigre.
Mesembryanthemum tigrinum. ♃ Du Cap de Bonne-Espérance.

30. FICOÏDE trilobé.
Mesembryanthemum testiculatum. Jacq. ♃ Du Cap de Bonne-Espérance.

Espèces à feuilles cylindriques.

31. Ficoide nodiflore.

Mesembryanthemum nodiflorum. L. ○ Des côtes de Barbarie.

32. Ficoide étalé.

Mesembryanthemum brachiatum. Aiton. ♃ Du Cap de Bonne-Espérance.

33. Ficoide hispide.

Mesembryanthemum hispidum. L. ♃ Du Cap de Bonne-Espérance.

34. Ficoide tuberculeux.

Mesembryanthemum tuberculatum. Decand. ♃ Du Cap de Bonne-Espérance.

35. Ficoide strié.

Mesembryanthemum striatum. ♃ Du Cap de Bonne-Espérance.

36. Ficoide barbu.

Mesembryanthemum barbatum. L. ♃ Du Cap de Bonne-Espérance.

37. Ficoide étoilé.

Mesembryanthemum stellatum. Miller. ♃ Du Cap de Bonne-Espérance.

38. Ficoide doigt d'enfant.

Mesembryanthemum calamiforum. L. ♃ Du Cap de Bonne-Espérance.

39. Ficoide falciforme.

Mesembryanthemum falcatum. L. ♃ Du Cap de Bonne-Espérance.

40. Ficoide rampant.

Mesembryanthemum reptans. Aiton. ♃ Du Cap de Bonne-Espérance.

41. Ficoïde épineux.

Mesembryanthemum spinosum. L. ♃ Du Cap de Bonne-Esperance.

42. Ficoïde aggloméré.

Mesembryanthemum glomeratum. L. ♃ Du Cap de Bonne-Espérance.

43. Ficoide glauque.

Mesembryanthemum glaucum. L. ♃ Du Cap de Bonne-Espérance.

44. Ficoïde à grandes fleurs.

Mesembryanthemum spectabile. ♃ Du Cap de Bonne-Esperance.

45. Ficoïde doré.

Mesembryanthemum aureum. L. ♃ Du Cap de Bonne-Espérance.

46. Ficoïde denté.

Mesembryanthemum serratum. L. ♃ Du Cap de Bonne-Espérance.

47. Ficoide rude.

Mesembryanthemum scabrum. L. ♃ Du Cap de Bonne-Espérance.

48. Ficoide à crochets.

Mesembryanthemum uncinatum. L. ♃ Du Cap de Bonne-Espérance.

49. Ficoide en poignard.

Mesembryanthemum pugioniforme. L. ♃ Du Cap de Bonne-Espérance.

50. Ficoide filamenteux.

Mesembryanthemum filamentosum. L. ♃ Du Cap de Bonne-Espérance.

51. Ficoide en sabre.

Mesembryanthemum acinaciforme. L. ♃ Du Cap de Bonne-Espérance.

52. Ficoide laceré.

Mesembryanthemum lacerum. ♃ Du Cap de Bonne-Espérance.

53. Ficoide deltoide.

Mesembryanthemum deltoides. L. ♃ Du Cap de Bonne-Esperance.

54. Ficoide blanc.

Mesembryanthemum albidum. L. ♃ Du Cap de Bonne-Espérance.

55. Ficoide à fleurs de paquerette.

Mesembryanthemum bellidiflorum. L. ♃ Du Cap de Bonne-Espérance.

56. Ficoïde en doloir.

Mesembryanthemum dolabriforme. L. ♃ Du Cap de Bonne-Espérance.

Observations.

Ni dans leur pays natal ni en Europe, on ne cultive les Ficoides hors les jardins de botanique ou des amateurs; mais en Égypte & dans les Canaries, on tire parti de la Cristalline & de la Nodiflore pour en retirer de la soude, & on mange au Cap de Bonne-Espérance les fruits d'une ou de deux espèces que nous ne possédons pas.

Les espèces de ce genre sont remarquables, ou par leurs feuilles épaisses & de formes singulières, ou par leurs fleurs la plupart grandes, souvent très-nombreuses, & de couleur très-vive. La Cristalline offre, sur ses tiges & ses feuilles, des vésicules blanches remplies d'eau limpide, vésicules qui augmentent en grosseur lorsque les rayons du soleil sont plus chauds; aussi son aspect frappe-t-il toujours ceux qui la voient pour la première fois. Quelques autres, principalement la Nodiflore, ont une odeur suave. Les fleurs de celles-là s'épanouissent le soir; mais celles de la plupart des autres ne s'ouvrent que le matin lorsque le soleil brille, & leur durée n'est que de cinq à six heures. Ces fleurs ont un tel besoin de la lumière de cet astre, qu'il suffit d'intercepter un moment ses rayons pour les faire fermer. Il y en a de couleur blanche, de couleur rouge, de couleur jaune & de couleur verte. Les plus remarquables par leur grandeur ou leur éclat sont celles des Ficoides hispide, filamenteuse, à feuilles menues, à feuilles en sabre, bicolore, doré, brillant, à grandes fleurs.

Culture.

On pourroit cultiver en grand deux ou trois espèces de Ficoïdes dans ceux de nos départemens qui bordent la Méditerranée, pour en retirer la soude, parce que ces espèces, qui sont annuelles, ne ne craignent pas les effets de la gelée ; mais la plupart des autres exigent au moins la ferre tempérée pendant l'hiver. Ce n'est donc qu'en pot qu'on peut les conserver dans le climat de Paris. Ces pots doivent être remplis de terre franche, plutôt maigre que grasse, avec quelques petites pierres ou du gros sable au fond pour favoriser l'écoulement des eaux des arrosemens ou de la pluie ; car une humidité surabondante, surtout pendant l'hiver, les fait immanquablement périr. Éviter cette humidité, soit en la tenant dans une orangerie particulière fort grande & fort éclairée, soit en leur ménageant le plus possible les arrosemens pendant cette saison, soit en les débarrassant exactement des tiges & des feuilles qui moisissent, même de celles qui sont superflues, soit en leur donnant de l'air toutes les fois que la température le permet, doit donc être le principal objet des soins du cultivateur. Au contraire, pour qu'elles se développent avec tout leur luxe au moment de leur floraison, qui pour la plupart a lieu au milieu de l'été, il faut leur prodiguer des arrosemens, sans cependant les faire trop copieux.

On multiplie les Ficoïdes annuelles & plusieurs des vivaces par le semis de leurs graines fait au printems, dans des terrines sur couche & sous châssis, & même quelquefois, surtout la Cristalline, sur couche nue. Les autres se propagent fort aisément de boutures coupées à la même époque, & placées de même. La reprise se fait en un ou deux mois. La pourriture, surtout des espèces tres-succulentes, est souvent la suite de cette opération ; mais comme la plupart fournissent beaucoup de rameaux, on la renouvelle aussi souvent qu'il est nécessaire. Lorsque ces boutures sont réunies dans le même pot, il est prudent de ne les séparer qu'au printems suivant.

Il est des Ficoïdes, telles que les linguiformes, dent-de-chat, calamiforme, gueule-de-chien, à fleurs de paquerette, &c. qui n'ont point de tiges rameuses. Celles-là se multiplient par la séparation de leurs rosettes latérales, qui se traitent positivement comme les boutures.

On place ordinairement les Ficoïdes, pendant l'été, sur des gradins, à l'exposition du soleil levant, & dans le voisinage de la maison, pour mieux jouir de leur floraison. Leur terre doit n'être renouvelée que tous les deux ou trois ans, parce qu'elle s'épuise peu, & que, lorsqu'elle est trop chargée d'humus, elles poussent plus en tiges & moins en fleurs. (*Bosc.*)

FIENT *ou* FIENTE : nom vulgaire des excrémens des animaux, & particuliérement de ceux des oiseaux.

Comme le Fient est le meilleur de tous les engrais, les cultivateurs devroient s'attacher à n'en laisser perdre aucune portion, & cependant il est peu d'entr'eux qui s'occupent de ce soin. *Voyez* aux mots EXCRÉMENS, COLOMBINE, FUMIER. (*Bosc.*)

FIÈVRE, accélération de la circulation produite par des causes qu'il est le plus souvent impossible de deviner, & accompagnee de symptômes extrêmement variables.

Quoique quelques vétérinaires ne regardent la Fièvre que comme effet des maladies dans les animaux, elle devroit faire ici l'objet d'un article fort étendu ; mais comme il en a été traité fort longuement dans le *Dictionnaire de Médecine*, j'y renvoie le lecteur, me réservant seulement d'indiquer les maladies dans lesquelles il est le plus important de la prendre en considération.

La Fièvre inflammatoire est la suite de la rupture d'un membre, d'une chute, d'un coup, d'une opération, &c. Quelquefois sa cause & ses effets sont internes. *Voy.* ESQUINANCIE, DYSSENTERIE, INFLAMMATION, &c.

La Fièvre putride & la Fièvre charbonneuse ou Fièvre maligne sont des plus dangereuses ; elles occasionnent la plupart des épizooties. *Voyez* GANGRÈNE, PÉRIPNEUMONIE, ÉPIZOOTIE, CHARBON, PUSTULE MALIGNE, ANTHRAX, CONTAGION, &c.

FIÈVRE ÉRUPTIVE. *Voyez* ÉRUPTION, GALE, LADRERIE, ERYSIPÈLE, EXANTHÈME.

FIÈVRE LENTE. *Voyez* PHTHISIE, HYDROPISIE, FARCIN, MORVE, OBSTRUCTION, &c. (*Bosc.*)

FIGUE. Fruit du FIGUIER.

FIGUE (Pomme). *Voyez* POMMIER.

FIGUIER. *Ficus.*

Genre de plante de la famille des *Urticées* & de la monoécie polyandrie, qui renferme des arbres des pays chauds, dont un est l'objet d'une culture fort étendue dans les parties méridionales de l'Europe, & dont plusieurs des autres se trouvent dans nos serres. Il en sera question dans le *Dictionnaire des Arbres & Arbustes.* (*Bosc.*)

FILAMENT, partie des étamines, qui soutient l'anthère. *Voyez* le *Dictionnaire de Botanique* & celui *de Physiologie végétale.* (*Bosc.*)

FILAMENTEUX, FILANDREUX, se dit des fruits qui offrent comme des fils dans leur intérieur. Les poires & les pêches sont principalement sujètes à être filamenteuses ou filandreuses. *Voyez* le *Dictionnaire de Physiologie végétale.*

FILANDRES. On donne ce nom, dans la médecine vétérinaire, aux extrémités des fibres qui sont saillantes dans une plaie, & qui souvent l'empêchent de se cicatriser. On doit donc, ou les extirper avec le bistouri, ou les toucher avec la pierre à cautère ou autre caustique sec.

Les fruits qui offrent comme des fibres dans leur intérieur sont appelés *filandreux.* (*Bosc.*)

FILAO. *Casuarina.*

Genre de plante de la famille des *Conifères* &

de la monoécie monandrie, qui comprend de très-grands arbres toujours verts, dépourvus de feuilles, & dont les rameaux sont verticillés, articulés, striés, filiformes, & les fleurs femelles disposées en tête. Cinq se cultivent dans les jardins de Paris. *Voyez* Lam. *Illustration des Genres*, pl. 746.

Espèces.

1. Filao à feuilles de prêle.
Casuarina equisetifolia. L. ♄ Des îles de l'Inde.
2. Filao tuberculeux.
Casuarina torulosa. Aiton. ♄ De la Nouvelle-Hollande.
3. Filao ramassé.
Casuarina stricta. Aiton. ♄ De la Nouvelle-Hollande.
4. Filao à quatre dents.
Casuarina quadridentata. Desf. ♄ De la Nouvelle-Hollande.
5. Filao à deux styles.
Casuarina distyla. Vent. ♄ De la Nouvelle-Hollande.

Culture.

Ces arbres ne se cultivent pas dans leur pays natal, où leur bois sert à la construction des maisons & à la fabrication des lances, casse-têtes & autres armes. Ils exigent tous l'orangerie dans le climat de Paris. Une terre de bruyère, rendue un peu consistante par un mélange de terre franche, est celle qui leur convient le mieux. Tous les ans il faut leur en donner de la nouvelle, & augmenter la capacité de leur pot; car ils poussent vigoureusement. La plupart s'élevant à la plus grande hauteur, on ne peut espérer de les voir arriver à toute leur croissance dans nos serres; mais comme ils y fleurissent & qu'ils les ornent par leur port singulier, on les y recherche cependant beaucoup.

C'est principalement de graines venues de leur pays natal qu'on reproduit les Filaos. Ces graines se sèment au printems dans des terrines sur couche & sous châssis. Le plant qui en provient se repique l'année suivante dans des pots isolés, & les semis & les plants exigent des arrosemens fréquens, mais peu abondans. On donne des tuteurs aux plants pour protéger leur foiblesse. La serpète ne doit presque jamais les toucher. Ils sont peu délicats, c'est-à-dire, redoutent peu les froids & ne craignent pas l'humidité; cependant il ne faut pas les y exposer plus qu'il ne convient.

On reproduit aussi les Filaos par marcotes & par boutures; mais ces moyens, surtout le dernier, ne réussissent pas toujours, & les pieds qu'ils fournissent, ne sont pas si beaux que ceux provenant de graines. Les marcotes se font généralement dans des pots ou des cornets en l'air, & les boutures dans des pots sur couche & sous châssis.

Il est probable que ces arbres pourront se cultiver un jour en pleine terre dans les parties méridionales de l'Europe; mais je ne sache pas qu'on ait encore essayé de le faire. (*Bosc.*)

FILARIA. *Phillyrea.*

Genre de plante de la famille des *Jasminées* & de la diandrie monogynie, qui renferme des arbustes originaires des parties méridionales de l'Europe. Il en est question dans le *Dictionnaire des Arbres & Arbustes.*

FILIPENDULE, espèce du genre *Spirée.*

FIN OR D'ÉTÉ. Variété de poires.

FISTULE, ulcère profond, à ouverture étroite, qui se forme dans certaines parties du corps des animaux domestiques.

La Fistule lacrymale a son siége au grand angle de l'œil; elle est le plus souvent l'effet du virus du Farcin ou de la Morve. *Voyez* ces mots. Une tumeur phlegmoneuse l'annonce toujours.

Pour la prévenir, on doit employer, dès l'apparition de la tumeur, des cataplasmes émolliens, appliqués trois ou quatre fois par jour. Lorsque l'ulcère est ouvert, il faut d'abord tâcher de le guérir par des injections déterſives, &, si on ne réussit pas, l'ouvrir au moyen du bistouri & panser la plaie avec le digestif simple.

Il survient souvent des Fistules après la saignée, après la castration, après l'opération de la coupe de la queue. On les guérit, comme il vient d'être dit, soit avec des emplâtres émollientes, soit en les scarifiant & en les faisant suppurer, soit encore en les extirpant si elles sont dans un lieu où cela soit sans inconvéniens.

En général, les Fistules sont plus incommodes que dangereuses. (*Bosc.*)

FLAGELLAIRE. *Flagellaria.*

Plante vivace, de la famille des *Asperges* & de l'héxandrie trigynie, qui croît naturellement dans les Indes, & qu'on cultive dans les jardins de botanique en Europe, où elle se fait remarquer par les vrilles qui terminent ses feuilles, & qui lui servent à s'attacher aux arbrisseaux voisins. *Voyez Illustration des Genres*, pl. 266.

Culture.

La Flagellaire exige la serre chaude dans le climat de Paris. On ne la multiplie que par la division de ses racines, qui sont épaisses & traçantes. Cette opération se fait pendant l'hiver, époque où elle perd ses tiges. Une terre légère, & cependant substantielle, qui se renouvelle tous les deux ans, est celle qui lui convient le mieux. Les arrosemens ne doivent lui être prodigués que pendant qu'elle est dans sa plus grande force végétative.

Elle ne sort de la serre que pendant les trois mois les plus chauds de l'année. (*Bosc.*)

FLAGET, synonyme de FLEAU.

FLAMBE : nom vulgaire de l'IRIS DES MARAIS.

FLAMME, fumée qui brûle. *Voyez* FUMÉE.

FLAVÉRIE. *FLAVARIA.*

Genre de plante de la famille des *Corymbifères* & de la syngénésie nécessaire, qui a été séparé du millerie, & qui ne renferme que deux espèces. Elles sont cultivées dans les jardins de Paris. *Voyez Illustration* de Lamarck, pl. 710, fig. 4.

Espèces.

1. FLAVÉRIE du Pérou.
Flavaria contrayerba. Cav. ○ De l'Amérique méridionale.

2. FLAVÉRIE à feuilles aiguës.
Flavaria angustifolia. Cav. ⊙ Du Mexique.

Culture.

La première de ces espèces sert, dans son pays natal, à teindre en jaune, & paroît fort bien remplir cet objet. En Europe on ne la cultive que dans les jardins de botanique & chez quelques amateurs, car elle n'offre aucun agrément. Elle exige l'orangerie. Quoiqu'annuelle, elle se conserve plusieurs années, parce que ses racines, surtout lorsque ses graines ne sont pas venues à maturité, ou qu'on a coupé ses tiges de bonne heure, poussent des rejetons qui la reproduisent. On sème ses graines, qui n'arrivent à maturité dans le climat de Paris que lorsqu'on les place dans la serre chaude, au printems, sur couche & sous châssis. On repique le plant dans des pots lorsqu'il a acquis deux ou trois pouces de haut, & on l'arrose fortement pendant les chaleurs; quelquefois même on le repique en pleine terre, où il fait plus de progrès dans une exposition méridionale & abritée, mais où il périt dès la premiere gelée. (*Bosc.*)

FLÉAU, instrument qu'on emploie pour séparer le grain des céréales, & autres objets de la culture, des enveloppes dans lesquelles il est renfermé. Deux bâtons attachés ensemble par des courroies le composent; l'un, plus long & plus mince, s'appelle *manche;* l'autre, plus court & plus gros, se nomme proprement le *fléau;* c'est celui-ci qui frappe sur les objets qu'on veut battre. *Voyez* BATTAGE.

Un Fleau court & d'un bois lourd, avec un long manche, fait beaucoup plus de besogne, & de la meilleure besogne qu'un Fléau long avec un manche court.

Parmi les bois communs, le meilleur est celui du cornouiller pour le Fléau; il suffit que celui du manche ne soit pas cassant.

Les deux parties du Fléau sont unies par des courroies qui forment boucle à une de leur extrémité, & qui entrent l'une dans l'autre, ou qui sont liées l'une avec l'autre par une troisième courroie. C'est ordinairement des lanières de cuir qu'on emploie dans ce cas; mais elles durent moins que ce qu'on appelle le *nerf de bœuf.*

Les figures 8 & 9 de la pl. 16 du *Dictionnaire de l'Art aratoire* représentent un Fléau; mais il faudroit qu'il eût l'extrémité arrondie au lieu de l'avoir coupée net, car cette disposition nuiroit beaucoup au succès de l'opération. (*Bosc.*)

FLÈCHE, synonyme d'AGE, ou portion de la charue qui porte le soc, & qui lie l'arrière avec l'avant-train lorsqu'il y en a.

La Flèche a ordinairement huit ou dix pieds de long, & est plus ou moins inclinée à l'horizon, selon l'espèce de CHARUE. *Voyez* ce mot.

FLECHIÈRE. *SAGITTARIA.*

Genre de plante de la famille des *Joncs* & de la monoécie polyandrie, renfermant une douzaine d'espèces, qui toutes vivent dans les eaux stagnantes & vaseuses, & dont une seule, appartenant à l'Europe, est dans le cas d'être ici mentionnée, puisqu'aucune des autres n'est cultivée dans nos jardins. *Voyez Illustration des Genres*, pl. 776.

Espèce.

FLÉCHIÈRE d'Europe.
Sagittaria sagittifolia. L. ♃ Dans les flaques d'eau & sur le bord des rivières peu courantes.

Cette plante, d'un aspect agréable quand elle est en fleur, ne se cultive pas positivement; mais les amateurs la placent quelquefois dans les eaux de leurs jardins, qu'elle orne pendant une partie de l'été. Pour cela on se contente d'y transporter des pieds arrachés dans la campagne. On pourroit aussi l'y introduire en semant ses graines; mais on le fait peu. Elle ne demande d'autre soin que d'être débarrassée des plantes aquatiques plus grandes qu'elle, qui gêneroient sa végétation ou empêcheroient de jouir de sa vue. Elle périt dès que l'eau où elle croît, se corrompt. (*Bosc.*)

FLÉOLE. *PHLEUM.*

Genre de plante de la famille des *Graminées* & de la triandrie digynie, qui comprend sept à huit espèces, toutes d'Europe & toutes propres à la nourriture des bestiaux. *Voyez Illustration des Genres*, pl. 42.

Espèces.

1. FLÉOLE des prés.
Phleum pratense. L. ♃ Dans les prés humides. *Thymothy grass* des Anglais.

2. FLÉOLE noueuse.
Phleum nodosum. L. ♃ Dans les pâturages marécageux.

3. Fléole des Alpes.

Phleum alpinum. L. ♃ Sur les montagnes élevées.

4. Fléole des sables.

Phleum arenarium. L. ☉ Dans les sables des bords de la mer.

Culture.

Les deux premières de ces espèces sont les seules qui soient dans le cas d'être prises en considération par les cultivateurs.

Au rapport de Linné & d'Anderson, les chevaux préfèrent la Fléole des prés à toute autre graminée. Elle pousse de très-bonne heure, & peut être coupée trois fois dans un été; mais le peu d'abondance de sa fane ne permet pas de la cultiver avec profit; & en effet, les essais qui ont été faits en Angleterre n'ont pas eu de résultats satisfaisans. C'est donc à la multiplier le plus possible dans les prés bas, & même marécageux, que doivent tendre tous les soins des cultivateurs. A cet effet, un propriétaire de ces sortes de prés en réservera une petite partie pour l'y semer seule sur un ou plusieurs labours, & par-là pouvoir se procurer abondamment de sa graine, qu'il répandra annuellement & successivement sur les autres peu après qu'elles auront été fauchées, après avoir fait passer dessus la herse à dents de fer.

Les mêmes animaux recherchent également la Fléole noueuse; mais quoiqu'un seul pied couvre quelquefois beaucoup de terrein parce que ses tiges sont couchées, & que chacun de ses nœuds inférieurs prenne des racines qui donnent naissance à de nouveaux pieds, il est encore moins fructueux de la cultiver séparément, la faulx ne pouvant couper que les épis. On doit donc encore se contenter de la semer dans les prés marécageux, sur le bord des fondrières, lieux où elle se plaît le plus. Ses racines sont tubéreuses & extrêmement du goût des cochons, qui ont bientôt labouré les lieux où ils en trouvent.

Dans les écoles de botanique on sème ces plantes en place au printems, & on n'a d'autre soin à leur donner que de les arroser fréquemment & abondamment pendant l'été; il faut aussi les empêcher de trop s'étendre. (*Bosc.*)

FLEUR, organe des plantes, où s'exécute le mystère de leur reproduction.

Une seule étamine ou un seul ovaire & leur support peuvent constituer & constituent même quelquefois une fleur; mais celle qui est complète est composée, 1°. d'un CALICE, 2°. d'une COROLLE, 3°. d'une, & le plus souvent de plusieurs & même de beaucoup d'ÉTAMINES; 4°. d'un ou plusieurs OVAIRES surmontés d'un STYLE & d'un STIGMATE. *Voyez* ces mots & le mot FLEUR du *Dictionnaire de Botanique.*

L'agriculteur ne peut se dispenser de considérer les Fleurs, non-seulement parce que sans elles il n'y a point de fruit, mais encore parce que son art s'exerce souvent uniquement pour elles. En effet, sans la beauté ou l'odeur de beaucoup d'entr'elles, elles n'auroient pas été transportées dans nos jardins, & ne s'y multiplieroient pas à grands frais. *Voyez* aux mots ROSIER, ŒILLET, RENONCULE, ANÉMONE, TULIPE, JACINTHE, LIS, NARCISSE, ORNITHOGALE, TUBÉREUSE, MUGUET, OREILLE-D'OURS, PAVOT, ASPHODÈLE, FRITILLAIRE, GLAYEUL, GESSE, IRIS, ALCÉE, BALSAMINE, NYCTAGÉ, BLUET, CAMPANULE, ROSAGE, CAPUCINE, CENTAURÉE, VIOLETTE, COQUELICOT, PIVOINE, GIROFLÉE, VALÉRIANE, LISERON, NIGELLE, PENSÉE, PIED-D'ALOUETTE, PLOX, MARGUERITE, RESEDA, SCABIEUSE, GÉRANION, HÉLIANTHE, SOUCI, THLASPI, ZINNIA, PERCE-NEIGE, SAFRAN, CHÈVRE-FEUILLE, CLÉMATITE, JASMIN, PERVENCHE, LILAS, SERINGA, SPIREE, CYTISE, LYCHNIDE, &c. &c.

La durée des Fleurs est fort peu constante, non-seulement dans les diverses espèces, mais même dans chaque espèce. Comme elle dépend toujours de la promptitude ou de la lenteur de la fécondation, il est souvent possible au cultivateur de l'alonger en retardant cette FÉCONDATION par les moyens qui seront indiqués à ce mot.

Ceux qui ont dit qu'on pouvoit rendre odorantes, par des procédés agricoles, des Fleurs qui ne le sont pas naturellement, ont été trompés par de fausses apparences; car il est certain que cela est impossible à l'homme. *Voyez* ODEUR DES FLEURS.

Quelque variable que soit la couleur des Fleurs, elle suit cependant certaines lois, & est restreinte dans de certaines bornes: c'est sur les changemens qu'elle est susceptible d'éprouver dans un grand nombre d'espèces, que se fonde une partie de l'art du cultivateur de Fleurs. *Voyez* COULEUR.

Le plus grand nombre des Fleurs s'épanouissent au printems, d'autres pendant l'été: il en est qui, comme le colchique, attendent les derniers jours de l'automne: l'hiver même, le tems des gelées seul excepté, en offre quelques-unes. Ce n'est donc pas seulement la chaleur, comme quelques écrivains l'ont soutenu, qui détermine leur développement. Il doit y avoir, dans leur organisation propre, une cause cachée qui agit aussi dans ce cas. Quelque fondée que soit cette remarque, il n'est pas moins certain que le cultivateur peut, presque toujours, avancer l'époque de l'épanouissement des Fleurs à l'aide des abris, & encore plus à l'aide de la chaleur artificielle. Ses moyens pour la retarder sont plus foibles, mais n'existent pas moins, comme on le voit fréquemment dans nos jardins. *Voyez* aux mots ARROSEMENT & OMBRE. Que de choses j'aurois à ajouter à ces observations! Mais il faut me restreindre.

Il arrive souvent que les Fleurs des plantes que nous semons dans nos jardins, & quelquefois, mais très-rarement, que les Fleurs de celles qui croissent naturellement dans les campagnes, perdent, en partie ou en totalité, leurs étamines & leurs pistils, qui se changent en pétales. On appelle ces monstruosités des *Fleurs semi-doubles* & des *Fleurs doubles*, & on les recherche beaucoup à raison de leur plus de beauté & de leur plus de durée : les premières peuvent, le plus souvent, se reproduire de graines, puisqu'elles conservent quelques-uns de leurs organes fructifères ; mais les secondes ne se multiplient plus que par leurs racines ou par la voie, ou des marcotes, ou des boutures, ou des greffes. Il est seulement toujours permis d'espérer que la même cause qui les a fait naître, c'est-à-dire, le semis des graines des pieds simples, & encore plus des pieds semi-doubles, agira de nouveau & en procurera d'autres, comme le prouvent, chaque année, les semis de renoncules, d'anémones, de jacinthe, &c.

Long-tems on a cru que les Fleurs doubles étoient les produits d'un terrein plus fertile & d'une culture plus soignée, ou autrement que la transformation des étamines & des pistils en pétales étoit exclusivement l'effet d'une nourriture plus abondante. Aujourd'hui, par suite d'une étude plus rigoureuse des phénomènes, les idées, à cet égard, sont devenues plus exactes. On sait, par exemple, comme ce que j'ai dit plus haut a dû le faire pressentir, que les Fleurs doubles ne sont produites que par le semis de leurs graines, &, comme je vais le faire voir, que l'affluence des sucs végétaux dans les organes de la génération est toujours le résultat de l'affoiblissement de leurs autres parties.

En effet, il y a des siècles qu'on a dû observer, pour la première fois, & M. Féburier l'a constaté de nouveau dans ces derniers tems, que les plantes à Fleurs doubles ont les racines plus petites, les feuilles moins grandes & moins colorées, les tiges plus grêles & moins hautes, qu'elles fleurissent plus tard & vivent moins long tems.

Je dois cependant observer que quoiqu'on obtienne des Fleurs doubles dans des terreins peu fertiles lorsqu'on y sème des graines de Fleurs semi-doubles, il est des cas où les unes ou les autres, provenant de semis faits dans un terrein plus fertile, redeviennent semi-doubles ou simples lorsqu'elles y sont transportées.

Mais c'est de pratique dont je dois principalement m'occuper ; & j'y reviens.

Les Fleurs doubles plaisent & plairont toujours, & les cultivateurs devront donc éternellement s'occuper du soin de les reproduire ou de les conserver. Or, on a aujourd'hui la certitude que ce sont les graines les plus foibles & les plus vieilles qui en produisent le plus : ce sont donc de telles graines qu'il faut semer.

La foiblesse des graines d'une plante peut provenir d'un grand nombre de causes, dont quelques-unes sont quelquefois directement contraires : ainsi il n'est que trop connu dans les campagnes, que, soit qu'on sème du froment dans un terrein trop aride, soit qu'on le sème dans un terrein trop fertile, il fournit également, à la récolte, des grains petits & ridés. Dans le premier cas, cette petitesse est due au manque, & dans le second cas à l'excès de nourriture. La sève, dans ce second cas, s'étant ouvert de trop larges canaux dans les feuilles pendant la jeunesse de la plante, continue d'y affluer à l'époque où elle auroit dû se porter dans les tiges. J'ai cité cet exemple du froment, parce qu'il se renouvelle tous les ans, & qu'aucun cultivateur ne l'ignore ; mais quoique je sois peut-être le premier qui le dise, il est certain que c'est parce que la culture des jardins favorise trop les plantes qu'on y soumet dans la production de leurs feuilles, qu'elle les affoiblit dans leur fructification, & qu'elle donne lieu à une plus grande production de Fleurs doubles. Lors donc qu'on veut avoir beaucoup de graines propres à donner des Fleurs doubles, il faut donc semer les plantes dans du terreau de couche, les biner & les arroser avec excès dans leur jeunesse, puis les abandonner à elles-mêmes au moment où elles sont disposées à monter en tiges, afin qu'elles s'affoiblissent alors assez pour que la sève ne se porte pas dans leurs tiges avec la force nécessaire pour les faire monter rapidement & les mettre en équilibre avec les feuilles radicales.

Il est au reste des plantes qui sont plus, d'autres qui sont moins disposées à doubler, excepté dans les *Anémones*, les *Renoncules*, les *Jacinthes*, les *Œillets*, les *Juliennes*, les *Quarantaines* & un petit nombre d'autres plantes qu'on seme tous les ans pour avoir des doubles. C'est presque toujours le hasard qui produit les fleurs doubles : on les propage ensuite par les moyens indiqués plus haut.

Une renoncule double qu'on laisse en terre deux ou trois années de suite sans la relever & la changer de place redevient semi-double ; &, au contraire, si on la conserve hors de terre une année sur trois, elle sera plus double & plus vivement colorée.

Cette dernière circonstance me rappelle que j'ai oublié de dire que les plantes à Fleurs doubles, quelque brillantes qu'elles soient, sont cependant généralement moins vivement colorées que celles à fleurs simples, ainsi qu'on en peut juger souvent dans les jardins des amateurs de renoncules & d'anémones.

On ne doit pas confondre la doublure des Fleurs dont il vient d'être question, avec celle des plantes de la syngénésie, qui appartiennent à la famille des *Corymbifères*. Dans ces plantes, il n'y a qu'exubérance d'une des divisions des fleurons, fleurons qui se transforment tous en demi-fleurons, semblables à ceux de la famille des Chicoracées sans perdre leur faculté productive, & ce, par le seul effet d'une nourriture plus abondante ; aussi suffit-il de semer les graines de ces plantes, de la reine-marguerite, par exemple, une seule fois dans un sol maigre, pour qu'elles redeviennent simples.

D'après cela, on doit croire que les chicoracées ne doivent pas pouvoir doubler, & en effet, on n'en voit point de doubles dans nos jardins. (*Bosc.*)

FLEUR DE CONSTANTINOPLE. *Voyez* LYCHNIDE.

FLEUR DU GRAND-SEIGNEUR. C'est la CENTAURÉE MUSQUÉE.

FLEUR DE GUIGNE. Variété de POIRE.

FLEUR DE JALOUSIE. Espèce d'AMARANTHE.

FLEUR D'UN JOUR. *Voyez* HÉMEROCALE.

FLEUR DU PARNASSE. *Voyez* PARNASSIE.

FLEUR DE LA PASSION : nom vulgaire de la GREÑADILLE.

FLEUR DE SAINT-JACQUES. C'est la JACOBÉE.

FLEUR DU SOLEIL : nom du CISTE HÉLIANTHÈME & de l'HÉLIANTHE ANNUEL.

FLEUR DU VIN. Plante peu connue, de la famille des *Champignons*, qui naît sur le vin des tonneaux & des bouteilles qui sont à moitié pleines & mal bouchées, mais qui n'en altère pas la qualité.

On ôte la Fleur du vin des tonneaux ou des bouteilles en remplissant ces vases jusqu'à écoulement du liquide, écoulement qui entraîne les Fleurs.

Lorsqu'on ne veut pas employer ce moyen, on a encore la ressource de la filtration à travers un linge fin ou du papier non collé. (*Bosc.*)

FLEURETTE, petite fleur. On applique aussi souvent ce nom aux fleurons & aux demi-fleurons des COMPOSÉES. *Voyez* ce mot.

FLEURONS & DEMI-FLEURONS. Petites fleurs dont la réunion forme une fleur COMPOSÉE. *Voyez Dictionnaire de Botanique.*

FLEURIMANE *ou* FLORIMANE. On a donné ce nom aux amateurs passionnés de la culture des fleurs, ou mieux à ceux qui portent dans le goût de la culture des fleurs une exagération ridicule, qui font, pour se procurer des objets rares, des dépenses folles. On a vu de ces Fleurimanes riches, payer 20,000 fr. un seul oignon de tulipe. On a vu des Fleurimanes moins fortunés ne manger que du pain & ne boire que de l'eau pendant des années entières, pour pouvoir acheter quelques variétés d'anémones ou de renoncules. Encore si ces Fleurimanes avoient employé leur richesse & leur patience pour faire des expériences utiles aux progrès de la culture ou de la physique végétale! Mais ils ne nous ont rien, positivement rien appris.

Aujourd'hui le nombre des Fleurimanes est fort réduit en France, le goût des jardins paysagers, auquel quelques personnes se livrent avec passion, ayant remplacé celui des fleurs proprement dites, c'est-à-dire, des tulipes, des anémones, des renoncules, des jacinthes, des oreille-d'ours, des œillets & des narcisses. (*Bosc.*)

FLEURISTE : c'est celui qui cultive des fleurs, soit pour son plaisir, soit pour en faire commerce. Aujourd'hui ce nom s'applique plus particulièrement, du moins à Paris, dans le dernier sens.

Il y a cinquante ans que les jardiniers fleuristes se contentoient de cultiver un petit nombre de plantes pour fournir des bouquets, ou au plus pour mettre sur les fenêtres. En ce moment la plupart ont des couches à châssis, des baches, des orangeries, des serres; multiplient des arbres & arbustes de toutes les parties du Monde, & font un grand commerce.

Quelques-uns cependant, dont les connoissances ne sont pas assez étendues, ou les capitaux assez considérables, se bornent encore à la culture des fleurs proprement dites, & leur principal but est alors d'avoir les premières de chaque espèce, afin que la vente en soit plus profitable : de là des soins, & par suite une activité de travail dont on ne se fait pas d'idée. C'est à qui perfectionnera le plus ses procédés de culture, qui pourra se procurer le plus tôt les variétés précoces, &c.

Il y a peu de jardiniers fleuristes dans les petites villes, & encore moins dans les campagnes, parce que la concurrence des jardiniers des particuliers, qui, n'ayant aucune dépense à faire, peuvent donner leurs fleurs au plus bas prix, s'y oppose invinciblement, & que d'ailleurs il n'y auroit pas assez de consommateurs pour alimenter leur commerce. (*Bosc.*)

FLORAISON, époque de l'épanouissement des fleurs des plantes, qui varie selon les espèces, & dans la même espèce selon les climats, les saisons, les expositions, &c.

Il est des plantes qui fleurissent la première année de leur vie, soit qu'elles doivent périr immédiatement après la maturité de leurs fruits, comme les plantes annuelles, soit qu'elles doivent vivre plusieurs années ensuite, comme les plantes vivaces. Il en est d'autres qui ne fleurissent que la seconde année : on les appelle *bisannuelles*. Enfin, il en est qui ne fleurissent qu'au bout d'un grand nombre d'années, &, parmi ces dernières, quelques-unes qui ne fleurissent qu'une fois.

On est généralement persuadé que la chaleur accélère toujours l'époque de la Floraison des plantes; mais il en est cependant qu'elle empêche de fleurir en activant trop leur végétation, dont l'effet se porte alors presqu'exclusivement sur les feuilles. Les plantes des Alpes sont principalement dans ce cas, qui se remarque au reste fréquemment sur celles qui se voient le plus communément dans nos campagnes ou dans nos jardins.

Qui n'a pas remarqué que, dans le climat de Paris, il y a dans la campagne, & à plus forte raison dans nos jardins, des fleurs pendant toute l'année, même pendant les gelées, témoins les *Perce-Neiges*, les *Hellébores*, les *Bois-Jolis*, les *Lauréoles*, les *Soucis sauvages*, les *Paquerettes*, les *Seneçons*, &c.!

Un sol sablonneux & aride accélère la végétation, & par conséquent la Floraison, & un sol gras & humide la retarde. On peut, d'après cette observation, prolonger la durée des fleurs dans un jardin, plus que le double du tems fixé par la Nature pour celle de chaque espèce.

L'exposition fournit encore un autre moyen de prolonger cette durée, puisque celles de ces plantes qui seront placées au midi d'un mur fleuriront plus tôt que celles qui seront au milieu d'un carré battu des vents, & celles-ci plus tôt que celles qui seront placées au nord du mur précédent.

La plupart des fleurs ne naissent qu'après le développement complet des feuilles; mais, dans un certain nombre de plantes, elle s'effectue en même tems, & dans d'autres avant & même long-tems avant cette époque, comme dans le Colchique.

Chaque espèce de plante laissée à la Nature fleurit chaque année à peu près à la même époque. Il est même certaines familles qui semblent affecter une saison particulière.

Qui n'a pas remarqué, par exemple, que les ombellifères étoient plus communes en été, & les composées en automne? Il en est même quelques-unes qui ne s'épanouissent qu'à une époque marquée de la journée, comme les ficoïdes, la belle-de-nuit.

Certaines fleurs s'ouvrent & se ferment peu de tems après pour ne plus se rouvrir. D'autres s'ouvrent & se ferment alternativement pendant plusieurs jours : d'autres enfin, & c'est le plus grand nombre, restent ouvertes tout le tems de leur durée.

L'époque & la durée de la Floraison intéressent les cultivateurs sous plusieurs rapports de première importance. On trouvera aux différens articles de chacune de ces fleurs, des indications aussi positives que possible à cet égard, mais c'est dans la Nature même qu'ils doivent les étudier.

Les jouissances du cultivateur de fleurs & les inquiétudes du cultivateur de fruits commencent au moment où les fleurs s'épanouissent, parce que le premier est arrivé à son but, & que le second sait que ces circonstances atmosphériques peuvent s'opposer à la fécondation, & que ces circonstances peuvent naître d'un moment à l'autre. *Voyez* FÉCONDATION.

Il est des plantes étrangères qui fleurissent deux fois dans la même année, par suite de leur nature même. Ce phénomène se remarque aussi quelquefois sur des plantes indigènes. Plusieurs causes peuvent concourir, séparément ou ensemble, à le faire naître. Quelquefois il n'en résulte aucun inconvénient : d'autres fois, surtout dans les arbres fruitiers, cette Floraison contre nature nuit aux productions de l'année suivante, & alors il faut l'empêcher de s'effectuer en enlevant les boutons.

Voyez, pour le surplus, à l'article FLORAISON du *Dictionnaire de Botanique*. (*Bosc.*)

FLORALE (Feuille). *Voyez* BRACTÉE.

FLORALE (Balle). *Voyez* BALLE.

FLOUVE. *ANTHOXANTHUM.*

Genre de plante de la famille des *Graminées* & de la diandrie digynie, qui renferme plusieurs espèces dont une seule est propre à l'Europe, & lui appartient seule véritablement, suivant quelques botanistes. Je ne parlerai donc d'aucune autre. *Voyez Illustration des Genres*, pl. 23.

Espèce.

FLOUVE odorante.

Anthoxanthum odoratum. L. ♃ Indigène. Croît dans les prés secs, sur les bords des bois.

Cette plante, dont les tiges & surtout les racines ont une odeur agréable, forme naturellement des touffes fort grosses, qui fleurissent dès les premiers jours du printems; elle est fort recherchée des bestiaux, & il résulte, des expériences de Beck, qu'elle peut être coupée jusqu'à trois fois dans un été. Il sembleroit, d'après cela, qu'elle devroit être cultivée dans un grand nombre de lieux, & cependant elle ne l'est nulle part à ma connoissance. D'où vient cette insouciance des agriculteurs sur leurs vrais intérêts? Je l'ignore. La disposition de cette plante à croître en touffe peut sans doute s'opposer, jusqu'à un certain point, à ce qu'on la sème isolement : mais qui empêche de la multiplier, plus qu'elle ne l'est naturellement, dans les prés secs & sablonneux où elle se plaît si bien, & dont elle augmenteroit la quantité & la qualité des produits? Il suffiroit pour cela de réserver un petit coin de terrein, où on la laisseroit croître seule pour en avoir annuellement de la graine, & de répandre cette graine sur un léger hersage, immédiatement après la fauchaison.

Dans les écoles de botanique cette plante se sème en place, & ne demande d'autre culture que celle générale à toutes les plates-bandes.

On ignore comment cette plante, qui donne des émanations balsamiques, a pu passer pour délétère dans le département de l'Ain & autres voisins. (*Bosc.*)

FLOSCULEUSES (Fleurs). *Voyez* le *Dictionnaire de Botanique*.

FLUTE. Tailler en Flûte, c'est couper obliquement une branche quelconque. Greffer en Flûte, c'est enlever un segment entier du sujet à greffer, pour y substituer un semblable segment pris sur une branche de même grosseur du sujet qu'on veut greffer. *Voyez* au mot GREFFE.

La taille en Flûte est la plus naturelle & la plus commode pour l'opérateur. En la faisant on doit, autant que possible, tourner la plaie du côté du nord & du côté de la terre, pour éviter à cette plaie les effets nuisibles de l'action du soleil & de la pluie. *Voyez* TAILLE. (*Bosc.*)

FLUTEAU. *ALISMA.*

Genre de plante de la famille des *Joncs* & de

l'hexandrie polygynie, qui renferme une dixaine d'espèces, dont quatre sont propres au sol de la France, & dont une peut être employée à décorer les eaux des jardins paysagers. *Voyez Illustration* de Lamarck, pl. 272.

Espèces.

1. FLUTEAU plantaginé.

Alisma plantago. L. ♃ Dans les eaux stagnantes ou peu courantes.

2. FLUTEAU renoncule.

Alisma ranunculoïdes. L. ♃ Dans les étangs.

3. FLUTEAU étoilé.

Alisma damasonium. L. ♃ Sur le bord des étangs.

4. FLUTEAU flottant.

Alisma natans. L. ♃ Dans les mares & les fossés pleins d'eau.

Le Fluteau plantaginé, autrement appelé *Plantain d'eau*, s'élève à plus de deux pieds, & fleurit au milieu de l'été. Cette plante est âcre & dangereuse, dit-on, pour les bestiaux qui la mangent. Il est des lieux où elle est si commune, qu'il peut être avantageux de la faucher, entre deux eaux, au milieu de l'été, pour en employer les tiges à l'augmentation des fumiers. On n'en tire, à ma connoissance, aucune utilité.

Comme son aspect a quelqu'élégance, il peut être bon d'en placer dans les eaux des jardins paysagers, & dans ce cas il suffit d'y en transporter des pieds arrachés dans celles du voisinage. Elle ne demande d'ailleurs aucun soin.

Le besoin de l'eau est si impérieux pour elle, qu'on ne peut la conserver dans les écoles de botanique qu'en la mettant dans une auge de pierre à moitié pleine de terre & d'eau, ou dans un pot dont la moitié plonge dans cette auge. (*Bosc.*)

FLUXION PÉRIODIQUE, maladie des yeux des chevaux, qui paroit devenir plus commune qu'autrefois, & sur laquelle l'attention du Gouvernement est fixée.

Dans les premiers momens de l'invasion de cette maladie, qui se remarque plus fréquemment chez les jeunes chevaux que sur les vieux, on ne la distingue pas d'une OPHTALMIE. *Voyez* ce mot.

Peu à peu l'humeur aqueuse de l'œil se trouble, puis elle se clarifie & se trouble de nouveau, & cela deux à trois fois en quatre ou cinq jours; puis l'œil reprend presque son apparence ordinaire pendant quinze, vingt, trente & quarante jours, tous les six mois, tous les ans, pour ensuite montrer encore la série des mêmes symptômes.

Pendant les jours de l'accès la peau des paupières est brûlante : il en sort une humeur qui les colle l'une à l'autre. La conjonctive est d'un rouge-obscur; la cornée lucide est blanchâtre; l'iris resserré empêche de voir le cristallin; enfin, il y a fièvre au moins du côté de l'œil malade, si elle n'est pas générale.

Lorsque les deux yeux sont attaqués en même tems, l'accès est moins violent, mais ordinairement il n'y en a qu'un.

On reconnoît pour cause à cette maladie, 1°. un sevrage brusque; 2°. des alternatives d'embonpoint & de maigreur; 3°. la fréquentation de pâturages humides; 4°. le travail avant l'âge fait; 5°. une gourme rentrée; 6°. des coups de sang à la tête.

Il est des pays où elle est presqu'endémique sur les poulains à l'époque de la sortie des crochets, tandis que les pouliches, qui n'ont pas de crochets, y sont peu sujètes.

Le meilleur conseil à donner à ceux qui spéculent sur l'élève des chevaux, c'est d'éviter de mettre leurs jeunes bêtes dans les circonstances citées plus haut; car les remèdes jusqu'à présent annoncés comme spécifiques pour avoir gueri une fois ou deux, n'ont pas réussi par la suite. Ces remèdes sont des masticatoires de sel marin & de poudre de réglisse, des lavemèns émolliens, des setons à l'encolure, la saignée; enfin, tous les moyens indiqués par la médecine pour dévier les humeurs ou en affoiblir l'action.

La dissection des yeux affectés de Fluxion périodique ayant appris que c'étoit le mélange d'une matière puriforme avec l'humeur aqueuse qui occasionnoit la maladie, on a proposé d'évacuer cette humeur au moment même de l'accès, par une ouverture à la cornée lucide.

Ce moyen, malgré les dangers qu'il offre, pourroit réussir si la Fluxion étoit le résultat d'une petite quantité de pus introduite accidentellement dans l'humeur aqueuse; mais la péridiocité seule de la maladie semble devoir faire croire qu'il ne peut pas remplir ce but. (*Bosc.*)

FŒTUS : c'est, dans les animaux, le petit non encore à terme. *Voyez* au mot PART.

FOINE, fourche à trois dents un peu recourbées, qui sert à charger le foin, la paille, le fumier, &c. (*Bosc.*)

FOINETTE : c'est une fourche à deux dents, servant aux mêmes usages que la foine. (*Bosc*)

FOLIOLES, petites feuilles qui forment une feuille composée. *Voy.* le *Dictionnaire de Botanique.*

FOLLICULES, espèce de capsule qui s'ouvre seulement d'un côté. *Voyez* le *Dictionnaire de Botanique.*

FONDANTE DE BREST & FONDANTE MUSQUÉE, sortes de poires. *Voyez* POIRIER.

FONDRE. Il arrive souvent que les jeunes plantes du semis qui annonçoit la prospérité la plus assurée, se fanent, tombent, pourrissent, & même disparoissent en quelques instans, comme la glace dans les changemens de tems. Les jardiniers disent alors que leur plant s'est fondu. Les uns s'en prennent aux araignées qui n'y peuvent rien; les autres à la malveillance qui existe rarement. Le vrai est qu'il y a beaucoup de causes souvent contradictoires, comme un trop grand chaud & un trop grand

grand froid, une trop grande sécheresse ou une trop grande humidité, une terre trop grasse & une terre trop maigre, qui agissent, dans ce cas, ensemble ou séparement.

Lorsque le semis est dans un lieu fermé, comme sous une cloche, un châssis, une bache, &c. d'autres causes se joignent encore à celles dont je viens de faire l'énumération, principalement les gaz azote & hydrogène, les coups de soleil, le defaut d'air, &c.

Il arrive fréquemment que le tonnerre produit le même effet en changeant instantanement les proportions des principes de l'air.

En général, il n'est pas toujours possible aux jardiniers d'empêcher leurs semis de *fondre*; mais il est beaucoup de cas où ils fondent par leur faute. C'est par une surveillance de tous les momens, & en réfléchissant sur tous les phenomènes qui se succèdent dans un semis, qu'ils préviennent quelquefois cet événement. Leur donner des préceptes est une chose impossible, puisque les circonstances changent dans chaque semis, & dans le même semis tous les jours, & a toutes les heures du jour & de la nuit. *Voyez* SEMIS.

Un semis fondu entièrement ne peut donner aucune esperance; il faut le recommencer. (*Bosc.*)

FONDRIÈRE, espace plus ou moins étendu, où se trouve une plus ou moins grande profondeur de boue.

Les véritables Fondrières, car on donne souvent ce nom à des flaques tourbeuses, sont toujours formées par des eaux de source, qui ne peuvent pas avoir leur écoulement. Il en est qui se dessèchent pendant l'eté, d'autres qui restent pourvues d'eau pendant toute l'annee. La plupart sont fort dangereuses pour les hommes & les animaux qui s'y enfoncent la nuit, & même quelquefois le jour; car elles ne sont pas toujours reconnoissables au premier coup-d'œil.

On ne peut pas détruire une véritable Fondrière en cherchant à la combler, parce qu'il faut que l'eau ait son écoulement. En conséquence, si l'on ne peut pas la dessecher par un fossé, il faut se borner à l'entourer d'une haie, ou même d'une simple barrière de perches pour éviter les accidens.

Les Fondrières qui se dessèchent pendant l'été peuvent, pendant ce tems, servir au pâturage; car elles donnent naissance à des plantes que les bestiaux aiment beaucoup, telles que la canche aquatique, la fléole noueuse, &c. Celles qui ne se dessèchent jamais offrent des roseaux, des massettes & autres grandes plantes qu'on peut couper avec une faulx à long manche, & amener à bord avec des râteaux pour être portées sur le fumier & en augmenter la masse.

Il peut être quelquefois profitable de tirer la boue des Fondrières pendant l'été, pour la répandre sur les terres l'année suivante : c'est un excellent engrais. Cette boue s'y reproduit, y étant amenée par les eaux. (*Bosc.*)

FONDS, synonyme de propriété. Voilà un bon Fonds, il est riche en Fonds, sont des expressions qu'on entend fréquemment. (*Bosc.*)

FONGOSITÉ : nom des champignons & des végetaux, ou partie de végétaux qui ont quelques rapports de contexture avec eux. (*Bosc.*)

FONGUEUX. On dit qu'une tumeur est fongueuse, qu'un fruit est fongueux lorsque sa consistance est analogue, au moins en apparence, avec celle des champignons. (*Bosc.*)

FONTAINE, lieu d'où un courant d'eau sort de terre.

La plupart des Fontaines étant alimentées par l'eau des pluies, plus il pleut, & plus elles sont nombreuses, & plus elles fournissent d'eau; & comme la pluie est d'autant plus abondante que le pays est plus élevé & plus garni de bois, il en résulte que les Fontaines sont plus fréquentes & plus fortes au pied des grandes chaînes de montagnes qu'ailleurs.

Les forêts qui existent sur le sommet des montagnes influent de deux manières sur la formation & la conservation des Fontaines. D'un côté, elles attirent les nuages & déterminent leur résolution en pluie. De l'autre, elles s'opposent au trop rapide écoulement des eaux fournies par ces pluies. Que de cantons, en effet, qui étoient jadis bien pourvus de Fontaines, qui en manquent aujourd'hui, parce qu'on a détruit les bois qui couronnoient leurs montagnes ! J'en aurois plus d'un exemple à citer, même seulement depuis la révolution. Ils sont donc bien coupables ou bien ignorans, ces propriétaires qui, sous l'appât de quelques récoltes avantageuses de céréales, défrichent le sommet de leurs montagnes boisées ! Une loi sévère devroit faire peser sur eux la vindicte de leurs contemporains & de la postérité.

Les Fontaines sont plus rares dans les pays calcaires que dans les autres, parce que les eaux y pénètrent plus facilement & s'y enfoncent davantage; mais aussi c'est là où elles sont les plus fortes.

La cause qui fait que les Fontaines diminuent pendant les gelées de l'hiver est la même que celle qui occasionne leur affoiblissement, & même trop souvent leur tarissement en été, c'est-à-dire, le manque de pluie.

La température de l'eau des Fontaines varie peu, & ce parce qu'elles apportent celle de l'intérieur de la terre, qui, comme on sait, est toute l'année de dix degrés au dessus de zéro du thermomètre de Reaumur : voilà pourquoi on la trouve chaude en hiver, & froide en été. Cette dernière circonstance doit être prise en sérieuse considération par les cultivateurs; car leur usage en boisson peut devenir dangereux si eux ou leurs animaux ont chaud, & son emploi dans les arrosemens retardera nécessairement la végétation. *Voyez* ARROSEMENT.

Souvent les eaux des Fontaines tiennent en dissolution des sels terreux, principalement du carbonate & du sulfate de chaux. Ces sortes d'eaux sont dites *crues*, *dures*, parce qu'elles pèsent sur l'estomac, qu'elles ne dissolvent pas le savon, & ne sont pas propres à la cuisson des légumes. *Voy.* au mot EAU. Il en est d'autres qui tiennent des terres en suspension, telles que celles dites *savoneuses* : leur eau n'est d'aucun danger, & le simple repos les en débarrasse. Quant à celles dites *minérales*, soit chaudes, soit froides, il n'entre pas dans l'objet de cet article d'en parler.

Quelque préférence que les cultivateurs donnent à juste titre à l'eau de Fontaine sur toutes les autres, il semble qu'ils ne mettent aucune importance à lui conserver tous ses avantages, tant sont négligées celles de la plupart des villages qui ont le bonheur d'en posséder. Souvent je les ai vues devenir le réceptacle de toutes les ordures, exhaler de leurs bords une odeur fétide, être presqu'inabordables, &c. Pourquoi donc cette insouciance, dont le résultat peut être & est sans doute souvent des épidémies ou des épizooties meurtrières ? Du défaut d'instruction & du peu d'aisance de la majorité des cultivateurs. Je ne demande pas que nos Fontaines rurales soient décorées avec le luxe de celles de la Grece, mais je voudrois qu'au moins on en tînt le fond propre, qu'on en rendît les abords faciles ; qu'on les ombrageât de grands arbres ; qu'elles eussent, autant que possible, chacune trois réservoirs distincts, le premier pour l'usage des habitans, le second pour la boisson des animaux, & le troisième pour laver le linge. Ces constructions en bois ou en pierres, quoique faites avec la solidité convenable, coûtent si peu lorsqu'elles sont dirigées par un homme éclairé & honnête, qu'il semble qu'elles devroient être plus communes qu'elles ne le sont.

Les Fontaines étant agréables & utiles, je voudrois que partout où elles ne sont pas très-communes, & c'est le plus grand nombre de lieux, les propriétaires du sol fissent faire quelque dépense pour entretenir & orner celles mêmes qui sont loin des villages ; car le proverbe veut qu'on ne dise pas : *Fontaine, je ne boirai pas de ton eau.* La plantation de quelques arbres & de quelques arbustes à fleurs, une demi-journée d'ouvrier par an, & peut-être moins pour chacune, sont-ils donc un objet de dépense bien regrettable ?

Les plus beaux ornemens des jardins proviennent de leurs eaux, & surtout de leurs Fontaines. On ne peut donc trop desirer en posseder pour les orner, non avec des colonnes de marbre, des coquillages & autres objets de cette nature, mais pour leur donner un aspect plus agreable, en les faisant sortir d'un rocher, d'une grotte, du pied d'un vieux chêne, &c., en les entourant d'un côté de gazon frais, & de l'autre d'arbustes odorans. Que de combinaisons elles sont susceptibles de permettre à celui qui joint à un goût sain des connoissances étendues dans les sciences d'imitation & en agriculture ! Mais je dois renvoyer ce que j'aurois à en dire au mot JARDIN.

On appelle *Fontaine*, à Paris & autres grandes villes, de grands vases ordinairement de terre, où on laisse reposer l'eau destinée à la boisson & au service de la cuisine, eau qui n'en sort qu'après avoir filtré à travers du sable, ou mieux du charbon réduit en poudre grossière. Pourquoi n'en voit-on pas dans les campagnes, surtout dans celles où on ne boit que des eaux de mares ? Parce qu'elles coûtent de l'argent, me répondra-t-on. Oui, mais on en dépense tant en pure perte ! (*Bosc.*)

FONTE DE FER, produit immédiat de la Fonte des mines de fer, dont il peut être important aux cultivateurs de connoître la nature, à raison de l'usage qu'ils font si généralement des marmites & des chaudières qui en sont composées.

La Fonte de fer est très cassante, mais plus ou moins, selon sa nature ; ainsi la Fonte blanche l'est plus que la grise, & celle-ci plus que la noire. Cette dernière sert même en Angleterre à faire des bêches, des socs de charue, &c.

Les marmites & les chaudières de fonte ont l'avantage de n'être jamais dangereuses, & de ne point s'oxider facilement. Avec des précautions, si elles sont de bonne qualité, on peut les faire durer un siècle, en les fixant sur des fourneaux (ce qui de plus économisera considérablement le combustible), au lieu de les manier vingt fois par jour, de les abandonner dans le premier endroit après s'en être servi, comme on le fait généralement.

C'est toujours dans les premiers mois de leur service, qu'on risque le plus de perdre les chaudières & les marmites. Il ne faut jamais les laisser sur le feu sans un peu d'eau. (*Bosc.*)

FONTINALE. *Fontinalis.*

Genre de plante de la famille des *Mousses* & de la cryptogamie, où se trouvent une demi-douzaine d'espèces propres à l'Europe. Elles intéressent trop peu le cultivateur pour être ici l'objet d'un article. *Voyez* le *Dictionnaire de Botanique.* (*Bosc.*)

FORFICULE. *Forficula.*

Genre d'insecte de l'ordre des *Coléoptères*, qui renferme cinq à six espèces propres à l'Europe, mais dont une seule est dans le cas d'être ici citee, n'y en ayant pas d'autre qui soit dans le cas de nuire à l'agriculture.

La Forficule auriculaire, plus connue sous le

nom de *Perce-Oreille*, d'après l'opinion où on est dans les campagnes, qu'elle entre dans l'oreille des personnes endormies, & leur fait éprouver de vives douleurs, vit également de substances animales & de substances végétales. Je l'ai trouvée mangeant du lard suspendu au plancher d'un cultivateur, & les amis des fruits & ceux des fleurs ne s'apperçoivent que trop des degâts qu'elle cause dans les jardins.

Beaucoup de procédés ont été indiqués pour faire périr les Forficules, mais aucun ne remplit complétement ce but. Il faut, quoi qu'on fasse, s'attendre à ce qu'elles dévoreront chaque année quelques abricots, quelques pêches, quelques poires d'été, car ce sont aux fruits qu'elles s'adressent surtout. Cependant on peut en diminuer beaucoup le nombre en leur faisant une chasse perpétuelle, c'est-à-dire, en les cherchant, soit sous les ecorces d'arbres, dans les fentes des murs, dans les fruits entamés, sous les pierres & autres endroits où elles se cachent pendant le jour; soit sous des tuiles rapprochées, sous des paillassons repliés, sous des pots qu'on aura disposés pour les engager à s'y retirer. C'est pendant l'hiver & au premier printems, que cette chasse est la plus facile & la plus fructueuse, parce que ces insectes sont alors réunis en sociétés, & n'ont pas encore pondu; mais on n'y pense ordinairement que pendant la saison des fleurs & des fruits, époque où ils sont écartés, & où on a à tuer, non-seulement les mères, mais encore les enfans.

Les volailles recherchent beaucoup les Forficules, & des canards mis dans un jardin l'en débarrassent bientôt.

FORME. Tumeur indolente, calleuse, qui naît à la couronne du pied du cheval, en dedans ou en dehors, quelquefois aux deux côtés, mais plus souvent aux pieds de devant qu'à ceux de derriere.

Ordinairement la Forme est le résultat d'un coup, d'une piqûre. Quelquefois elle est produite par un effort. Dans le premier cas, elle commence par être inflammatoire, & se traite avec des cataplasmes émolliens & des fomentations. Si ces remèdes ne produisent pas d'effet, on appliquera de l'onguent de vigo ou du *diabotanum;* enfin des raies de feu dans le second cas, car il est presque toujours nécessaire de dessoler l'animal. *Voyez* DESSOLEMENT, DESSOLURE.

Une exostose à la couronne du pied s'appelle souvent une Forme, quoiqu'elle n'ait de commun avec elle que l'apparence. (*Bosc.*)

FORME ou FOURME, sorte de fromage qui tient le milieu entre le Gruyère & le Marolle. On le fabrique dans les montagnes du Cantal. *Voyez* FROMAGE.

FORME. On donne aussi ce nom au vase percé de trous, ou au panier dans lequel on laisse égoutter les fromages ordinaires. *Voyez* FROMAGE.

FORSKALE. *FORSKALEA.*

Genre de plante de la famille des *Urticées* & de la monoécie polyandrie, ou de la décandrie pentagynie, qui renferme trois plantes exotiques qu'on ne cultive que dans les jardins de botanique & dans ceux d'un petit nombre d'amateurs. *Voyez* *Illustration* de Lamarck, pl. 388.

Espèces.

1. FORSKALE à larges feuilles.
Forskalea tenacissima. L. ☉ Des côtes de Barbarie.

2. FORSKALE du Cap.
Forskalea candida. L. ☉ Du Cap de Bonne-Espérance.

3. FORSKALE à feuilles étroites.
Forskalea angustifolia. L. ☉ D'Afrique.

Culture.

Ces trois plantes, qui n'ont d'intéressant que la singularité d'avoir le dedans de leurs fleurs rempli d'une laine fort feutrée, se sèment dans des pots sur couche simple, & se transplantent dans des écoles de botanique lorsqu'elles ont acquis trois à quatre pouces de haut. Elles sont très-sensibles à la gelée, mais elles ont déjà donné une grande quantité de graines lorsque celles d'automne arrivent. (*Bosc.*)

FORSTÈRE. *FORSTERA.*

Genre de plante de la famille des *Caprifoliacées* & de la monadelphie dyandrie, qui renferme deux petites plantes exotiques qui n'ont pas encore été cultivées en Europe. *Voyez* le *Dictionnaire de Botanique.* (*Bosc.*)

FORTE TERRE. Une terre forte est celle où l'argile domine, où par conséquent l'eau séjourne long-tems, & qu'il est difficile de labourer, soit après les longues pluies, soit après les longues sécheresses.

C'est par des labours profonds & multipliés, par des mélanges de sable, de gravier, de marne calcaire, de terre cuite, &c., par la culture de plantes qui demandent des binages d'été, qu'on améliore les Terres fortes.

L'assolement des Terres fortes est plus difficile à combiner, que celui des Terres légères. La plante qui y réussit le mieux & qui les prépare le plus avantageusement à recevoir le froment est la féve. *Voyez* TERRE. (*Bosc.*)

FORTRAITURE, maladie des chevaux, qui est due à des travaux forcés, & qui est caractérisée par une contraction spasmodique des muscles du bas-ventre, & par la sécheresse des excrémens ou une diarrhée liquide.

Des lavemens émolliens, une nourriture rafraîchiffante (quelquefois la faignée) & du repos fuffifent pour faire difparoître petit à petit ces fymptômes ; ce qui cependant eft quelquefois long. (*Bosc.*)

FOSSE. Ce mot varie un peu dans fon acception, mais il fignifie généralement un trou creufé dans la terre, & qui n'eft ni très grand ni très-petit. (*Bosc.*)

FOSSE A FUMIER, excavation du fol, faite dans la cour d'un bâtiment d'exploitation, & dans laquelle on place les fumiers. Cette excavation n'eft ordinairement que de quelques pouces, & elle remplit fon objet, qui eft d'empêcher les eaux de fumier de s'écouler, & cependant de ne pas mettre obftacle à l'arrivée des voitures près le tas ; quelquefois cependant elle a une profondeur d'un pied & plus. *Voyez* au mot FUMIER.

FOSSE AUX ENGRAIS. On diftingue cette Foffe de celle aux fumiers, 1°. parce qu'elle n'eft prefque jamais dans la cour ; 2°. parce qu'elle eft moins large, moins longue & plus profonde ; 3°. parce qu'on n'y met pas le fumier.

Toutes les fubftances végétales qui ne peuvent pas fervir de litière & qu'on ne veut pas brûler, telles que les tiges de la navette, du pavot, du chanvre, du lin, du maïs, des feves de marais, les feuilles ramaffées dans l'hiver, les chardons, les marubes, les centaurées & autres grandes plantes qui croiffent le long des chemins, celles des marais & des étangs, les légumes ou partie de légumes gâtés, doivent être jetées dans la Foffe aux engrais. Toutes les fubftances animales qui ne fervent à rien, comme les charognes, les matières fécales humaines, &c., s'y mêlent & s'y ftratifient avec de la terre franche, des boues, des curures d'étang ou de rivières, des marnes, de la chaux, &c.

Un trou a engrais, lorfqu'il eft comble, fe recouvre d'un à deux pieds de terre, & s'emploie plus ou moins promptement, mais rarement la même année.

Il n'appartient qu'à la petite agriculture d'avoir des trous à engrais ; car on fent bien que fi on paie des hommes & des chevaux pour les remplir, à moins que ce ne foit à des momens perdus, ils coûteront plus qu'ils ne produiront. *Voyez* ENGRAIS. (*Bosc.*)

FOSSE D'AISANCE, trou profond & ordinairement furmonté d'un toit, dans lequel les hommes vont dépofer leurs excrémens, & dans lequel on jette les urines de la nuit.

Les défagrémens de la mauvaife odeur & la néceffité de ne pas avoir à redouter l'infiltration dans les puits & dans les caves obligent d'en eloigner les Foffes d'aifance, dans les campagnes, où rarement on fait, comme dans les villes, la dépenfe d'un double mur de revêtiffement.

De tous les engrais celui des excrémens humains étant le plus puiffant, il eft de l'intérêt des cultivateurs de n'en pas perdre un atôme ; cependant combien peu de chaumières font pourvues de Foffe d'aifance ! Partout cet intérêt, ainfi que l'odorat & la vue, ainfi que la décence, eft facrifié à l'économie d'une mife dehors de peu d'importance : je dis de peu d'importance, car que coûtera une Foffe de quatre pieds de long, de trois pieds de large & de huit à dix de profondeur (grandeur plus que fuffifante pour la famille rurale la plus nombreufe), revêtue de pierres & furmontée d'un appentis en planches ? On peut même fe difpenfer d'une telle capacité & du revêtement, puifqu'alors, au lieu de vider la Foffe tous les deux ans, rien n'empêche de le faire tous les fix mois, tous les mois, toutes les femaines. Il en exifte dans beaucoup de maifons, même aifées, qui ne confiftent qu'en un trou de deux à trois pieds de profondeur & moitié de largeur, autour de laquelle font plantés quatre piquets qui fupportent une planche échancrée en arriere. Comme l'odeur de ces Foffes fe fait vivement fentir, on y met, toutes les femaines, de la paille en hiver, & de la terre en été. Lorfqu'elle eft pleine, on en fait une autre un peu plus loin, & on vide l'ancienne un an après. *Voyez* aux mots AMENDEMENT & POUDRETTE. (*Bosc.*)

FOSSÉS, excavations plus longues que larges & profondes qu'on pratique dans les campagnes, foit pour féparer les propriétés, foit pour les defendre des atteintes des hommes & des animaux, foit pour deffecher les terres, foit pour donner de l'écoulement aux eaux ftagnantes, ou rendre plus facile celui des eaux courantes.

La loi veut que tout Foffé appartienne au propriétaire du terrein fur lequel les déblais font fitués, & qu'il ne foit creufé qu'à un pied de diftance de la proprieté voifine.

Tout Foffé de clôture doit avoir quatre pieds d'ouverture au moins.

Pour qu'un Foffé rempliffe fon objet le plus longtems poffible, il faut que fes talus foient d'autant plus inclinés, que le terrein dans lequel il fe trouve, eft moins confiftant, & M. de Perthuis a obfervé que, terme moyen, la longueur de leur inclinaifon devoit être égale à une fois & demie leur profondeur. On augmente encore les bons effets de cette pratique en plaçant des gazons fur les talus ou en les femant de graminées vivaces.

Toutes les fois qu'on creufe un Foffé à parois perpendiculaires, c'eft qu'on eft dans l'intention de le revêtir d'un mur ou d'un fafcinage.

Une précaution à prendre, & qu'on prend rarement, c'eft de rejeter, à un pied du bord du Foffé, la terre qui en a été tirée, afin de l'empêcher d'y retomber, foit par l'effet des gelées, foit par celui des pluies.

Dans les Foffés en pente, deftinés à donner de l'écoulement aux eaux des orages, on laiffe, de diftance en diftance, des faillies obliques, ou on y pratique de petits murs, de petits clayonages également obliques, pour arrêter la violence du courant & diminuer les dégradations, & cela en d'autant plus grand nombre, que la pente est plus considérable ou le courant présumé plus fort ou plus rapide.

Pouvoir faire les Fossés en ligne droite est toujours desirable, parce que, dans ce cas, ils sont moins sujets aux inconvéniens ci-dessus; par la même cause leurs parois doivent être le plus unies possible.

Il est très ordinaire de planter une haie sur le bord des Fossés, & par ce moyen la haie & le Fossé se défendent mutuellement.

En Angleterre on plante souvent une haie dans le fond même des Fossés, & il en résulte une bien plus grande difficulté de dégrader la haie & de la franchir.

Beaucoup de cultivateurs connoissent tous les avantages des Fossés; aussi en creuse-t-on chaque année d'immenses quantités, quoique, selon moi, jamais assez; mais peu pensent à les entretenir. Presque partout, surtout pour ceux de limites & de clôtures, on n'y touche plus que lorsqu'ils sont comblés. Cependant avec quelques journées de travail chaque hiver on pourroit prolonger considérablement leur durée, & il n'est point de petite économie en agriculture.

Les curures des Fossés qui reçoivent les eaux des champs, des routes, des cours, &c. sont un excellent engrais qu'on ne doit jamais laisser perdre lorsqu'on veut agir pour son intérêt. *Voyez*, pour le surplus, les mots CLÔTURE & HAIE. (*Bosc*)

FOSSET, petit morceau de bois dur, taillé en carré, qui sert à boucher les trous qu'on fait dans les tonneaux lorsqu'on en tire du vin pour le goûter (*Bosc.*)

FOTHERGIL. *Fothergilla.*

Arbuste de l'Amérique septentrionale, appartenant à la famille des *Amentacées* & à la polyandrie digynie, qu'on cultive en pleine terre dans nos jardins. Il en est fait mention dans le *Dictionnaire des Arbres & Arbustes*. (*Bosc.*)

FOUDRE, très-grand tonneau fabriqué avec des madriers de deux à trois pouces d'épaisseur, cerclé en fer, & qu'il feroit bon, pour sa conservation & pour l'amélioration du vin, de peindre à l'huile en dehors.

Les Foudres se construisent comme les tonneaux, excepté qu'ils ne peuvent pas être bombés dans leur milieu. On en fait quelquefois de carrés, mais ils ne sont pas aussi solides.

On voit très-peu de Foudres dans les vignobles de France, parce que la dépense de leur construction est très-considérable, & que les propriétaires ne pensent qu'aux jouissances du moment; cependant il n'est pas moins très-avantageux & très-économique d'en avoir; très-avantageux, parce que le vin en grande masse se perfectionne mieux; très-économique, parce que l'évaporation, c'est-à-dire, la perte du vin, est de neuf dixièmes moindre, & qu'on ne craint plus les augmentations subites du prix des tonneaux, qui ont si souvent lieu au moment de la vendange.

Un Foudre peut durer plusieurs siècles, comme le prouvent ceux qui se voient sur les bords du Rhin; mais pour cela il faut qu'il soit placé convenablement & entretenu avec soin.

C'est principalement dans les vignobles dont le vin est précieux & s'améliore en vieillissant, que les Foudres sont dans le cas d'être desirés. Il est remarquable que les Moines de Cîteaux, propriétaires depuis cinq cents ans du célèbre clos de Vougeot, aient laissé à celui qui l'a acheté, à M. Tourton, l'honneur d'y en placer. Les plus grands de ceux qui s'y voient, ont coûté fort cher; mais ils ont été fabriqués avec des bois de choix, coupés depuis longues années, & rien n'a été épargné pour leur solidité & leur bonté relativement au vin.

Je dis leur bonté relativement au vin, parce qu'il est des bois qui altèrent sa qualité, au moins les premières années, & qu'il faut par conséquent les soumettre tous à des expériences avant leur emploi.

On a proposé & même on a construit des Foudres en maçonnerie, qu'on devroit plutôt appeler des *citernes*. Leur fabrication, soit sous le rapport du choix des matériaux, soit sous celui de leur mise en œuvre, est si difficile, qu'il est fort rare de trouver des ouvriers capables. Elles laissent toujours craindre, quelque bien établies qu'elles paroissent, la perte du vin qu'on leur confie, parce qu'il n'est pas possible d'en reconnoître d'avance les défauts. Quoique leur emploi soit très-économique en tous pays, cependant il ne peut être adopté que dans ceux où les vins sont destinés à la fabrication de l'eau-de-vie, parce qu'on a remarqué que la pierre calcaire ou la chaux qui entre dans leur composition, altéroit la couleur & la qualité du vin; aussi est-ce dans le midi de la France qu'on en voit le plus.

Il y a deux méthodes de construire ces citernes, ou en pierres de tailles dures & bien polies, unies à chaux & à ciment, & revêtues extérieurement d'un épais coroi d'argile, ou en béton d'un pied d'épaisseur, également revêtu d'argile en dehors. Ces deux méthodes ont chacune leurs avantages & leurs inconvéniens. Le choix dépend des matériaux qui se trouvent dans la localité.

De quelque manière que soit construite la citerne, il faudra, après qu'elle aura été laissée vide pendant un an pour que sa dessiccation se complète & que les effets du tassement se prononcent, & encore après qu'elle aura été réparée, la remplir d'eau, à laquelle on substituera une vendange qui y fermentera, après quoi on pourra y mettre le vin fabriqué.

Il y a toujours une absorption considérable dans

les nouvelles citernes à vin & dans celles qui ont été long-tems sans servir. (*Bosc.*)

FOUET : nom vulgaire des tiges traçantes qui, comme dans le fraisier, sortent du pied, & prennent racine de distance en distance. *Voyez* le mot STOLONE dans le *Dictionnaire de Botanique.* (*Bosc.*)

FOUETER. Les bergers donnent ce nom à une sorte de castration des beliers, qu'ils exécutent au moyen de l'espèce de ficelle qu'on appelle de même. Elle consiste à lier fortement le *scrotum.* *Voyez* CASTRATION.

FOUGÈRES.

Famille de plantes, qui fait partie de la cryptogamie de Linnæus, qui renferme un grand nombre de genres, & qui est dans le cas d'intéresser le cultivateur sous divers rapports.

Les genres de cette famille se sont beaucoup multipliés dans ces derniers tems ; ils montent aujourd'hui à quarante. Comme la nomenclature ancienne suffit aux besoins des cultivateurs, & que c'est celle qui est employée dans le *Dictionnaire de Botanique*, je crois devoir m'y borner ici.

FOUGÈRES VRAIES OU PROPREMENT DITES.

Fructification sur le dos ou au bord des feuilles.

ACROSTIQUE . . . . *Acrosticum.*
POLYPODE . . . . *Polypodium.*
DORADILLE . . . . *Asplenium.*
HEMIONITE . . . . *Hemionitis.*
BLEGNE . . . . *Blechnum.*
LONCHITE . . . . *Lonchitis.*
PTERIDE . . . . *Pteris.*
ADIANTE . . . . *Adiantum.*
TRICHOMANE . . . . *Trichomanes.*

Fructification en épi ou en grappe.

OSMONDE . . . . *Osmunda.*
ONOCLEE . . . . *Onoclea.*
OPHYOGLOSSE . . . . *Ophyoglossum.*

FOUGÈRES FAUSSES OU QUI S'ÉLOIGNENT UN PEU DES PRÉCEDENTES.

Fructification située à la base des feuilles.

PILULAIRE . . . . *Pilularia.*
MARSILE . . . . *Marsilea.*
SALVINIE . . . . *Salvinia.*
ISOTE . . . . *Isotes.*
AZOLE . . . . *Azola.*

Fructification en épi ou en cône terminal.

PRÊLE . . . . *Equisetum.*
CYCAS . . . . *Cycas.*
ZAME . . . . *Zamia.*

Voyez tous ces mots.

Les cultivateurs exercent peu souvent leur art sur les Fougères, 1°. parce qu'elles s'y refusent pour la plupart ; 2°. parce que, hors des jardins botaniques, il est rare qu'on les cultive.

Il est des Fougères dont la tige, ou si on veut la racine, contenant une grande quantité de fécule amilacée, peut être mangée & se mange en effet. Il en est d'autres dont la même partie, contenant une matière mucilagineuse sucrée, peut être employée & s'emploie dans les tisanes. Enfin, il en est d'autres dont la même partie est employée comme remède purgatif.

Les feuilles des Fougères sont des parties dont les cultivateurs tirent ou peuvent tirer le plus d'avantage en Europe. Brûlées dans des fosses, elles fournissent une grande quantité de potasse, dont la vente est très-productive. *Voy.* au mot POTASSE. Portées sur le fumier, ou mieux employées en litière, elles en augmentent la masse pour le plus grand bien des terres de l'exploitation. Les bestiaux les mangent quelquefois d'eux-mêmes, & toujours on peut les accoutumer à en faire leur nourriture habituelle en les mélangeant avec d'autres plantes. Elles forment la meilleure couverture qu'on puisse employer pour garantir pendant l'hiver les plantes des pays chauds & tous les semis, même des plantes de France, de l'influence des gelées.

Pour ce dernier objet, les Fougères doivent être coupées quand leur fructification est terminée, c'est-à-dire, quand elles ont acquis toute la consistance dont elles sont susceptibles ; dans le climat de Paris, c'est vers la fin de juillet ou le commencement d'août : on les laisse se dessecher en petits tas qu'on retourne une fois ou deux, puis on les apporte à la maison, où on les entasse à l'abri de la pluie, en ménageant leurs folioles qui se brisent alors très-facilement, & qui sont cependant leur partie la plus importante.

Cette Fougère peut, en cas de besoin, servir deux ans ; mais elle est d'un mauvais emploi la seconde année. Il vaut mieux alors s'en servir pour faire le plancher des couches, ce à quoi elle est très-propre. (*Bosc.*)

FOUGUEUX. Les jardiniers disent qu'un arbre est Fougueux lorsqu'il pousse beaucoup de bois & donne peu de fruits.

Comme c'est par excès de vigueur que les arbres deviennent Fougueux, c'est en les affoiblissant qu'on parvient à leur faire remplir leur destination ; ainsi, les transplanter dans un plus mauvais terrein, ou substituer de la mauvaise terre à celle dans laquelle ils sont, couper leurs plus fortes racines, courber leurs principales branches, les tailler très-longs, enfin les laisser monter à volonté, sont les moyens qu'on emploie ordinairement. (*Bosc.*)

FOUILLE-MERDE : nom vulgaire d'insectes

des genres *Bousier*, *Géotrupe* & *Scarabée*, qui vivent dans les excremens des animaux.

FOUINE, animal du genre des *Martres*, qui vit de petits quadrupèdes, d'oiseaux & d'œufs, & qui cause quelquefois de grands dommages dans les garennes, les poulaillers & les colombiers des cultivateurs.

C'est par une guerre perpétuelle que les cultivateurs peuvent espérer de se garantir des Fouines. Il est beaucoup de moyens pour les prendre, & ils sont décrits au *Dictionnaire des Chasses*. (*Bosc.*)

FOULER LA VENDANGE. *Voyez* VIN.

FOULURE, extension violente d'un muscle, ou contusion opérée par la selle. Dans ce premier cas, *voyez* ENTORSE. On guérit facilement la seconde sorte par le repos & des frictions d'eau-de-vie. (*Bosc.*)

FOUR A CHAUX. Non-seulement la chaux intéresse les agriculteurs comme un des matériaux des constructions, mais même comme fournissant un moyen certain de garantir les récoltes des céréales de la carie & du charbon, & comme un des plus puissans moyens de porter la fertilité dans les terres tourbeuses & autres abondantes en humus. Il est donc important qu'ils connoissent les moyens les plus simples & les plus économiques de s'en procurer. *Voyez* CHAUX, CHAULAGE, CARIE & CHARBON.

Toute pierre calcaire peut être transformée en Chaux par la calcination; mais comme il y a des pierres calcaires presque pures & des pierres calcaires très-chargées de matières étrangères, il y a autant de sortes de Chaux que de pays.

Le but de la calcination est de priver la pierre calcaire de tout l'acide carbonique & de la plus grande partie de l'eau qui entrent dans sa composition, & son résultat est de les rendre susceptibles de se diviser (de fuser) en reprenant cet acide & cette eau lorsqu'on la laisse exposée à l'air.

Plus la Chaux est pure & meilleure elle est pour la bâtisse, quoique l'opinion contraire prédomine dans quelques lieux. Cela est moins nécessaire lorsqu'on veut la répandre sur les terres, parce qu'on peut compenser la qualité par la quantité. Il est même quelquefois bon de préférer la pierre calcaire qui contient beaucoup de sable, lorsqu'on a des terres trop argileuses. Presque partout on trouve de la pierre calcaire: les cultivateurs peuvent donc en faire de la Chaux pour l'amendement de leurs terres.

C'est en rendant soluble l'humus qui se trouve dans le sol, & qui n'entre que sous cette forme dans l'organisation des végétaux, que la Chaux est utile à l'amendement des terres; ainsi, si on en met trop, les récoltes prochaines nuiront aux récoltes éloignées; car c'est l'abondance de l'humus qui fait la fertilité. *Voyez* HUMUS.

La pierre calcaire réduite en poudre peut suppléer la Chaux; mais elle coûte plus à fabriquer, & produit des effets moins prompts. La marne agit aussi en partie de même, & en partie mécaniquement. *Voyez* MARNE.

Parmi le grand nombre de Fours à Chaux dont la construction est connue, les plus simples & ceux qui économisent le mieux le combustible doivent être préférés par les cultivateurs; ils se classent sous quatre divisions principales: ceux qui forment voûte, presque partout on les abandonne comme ne satisfaisant qu'imparfaitement à leur objet; ceux qui représentent un ellipse alongé, remplissent très-bien leur destination; ceux qui sont cylindriques, étroits & élevés, & qui se vident & se chargent sans cesse, leurs avantages sont très-nombreux; ceux qui offrent une trémie ou un cône renversé, & dans lesquels on met le combustible (principalement le charbon de terre) pêle-mêle avec la pierre, on ne doit point les dédaigner.

Depuis quelques années on a proposé de superposer deux ou trois Fours à Chaux les uns aux autres, & de manière que le feu mis dans celui du bas commence à chauffer le second & le troisième, sous lesquels on le porte successivement. Point de doute qu'il n'y ait une grande économie de combustible à espérer en suivant cette méthode; mais la dépense de la construction ne doit-elle pas empêcher d'en faire usage? C'est ce dont l'expérience & le calcul doivent décider.

Je ne parlerai pas ici du mécanisme de la bâtisse des Fours à Chaux, le *Dictionnaire des Arts & Manufactures* donnant à cet égard toutes les instructions nécessaires. Je dirai seulement qu'il est plus avantageux d'avoir un petit Four qui travaille long-tems, qu'un grand Four qu'on laisse reposer souvent.

La pierre calcaire, encore pourvue de son eau de carrière, se calcine plus aisément que celle qui est restée long-tems exposée à l'air. Il faut donc mouiller cette dernière lorsqu'on est obligé de l'employer.

On peut conserver long-tems la Chaux dans des tonneaux, à l'abri de la pluie, sans qu'elle perde beaucoup de sa qualité.

Il est bon d'observer que la Chaux faite avec de la pierre qui contient beaucoup de magnésie, comme la dolomie, loin de fertiliser les champs sur lesquels on la répand, les rend stériles pour plusieurs années. On ne connoît pas encore l'explication de ce fait singulier. *Voyez* MAGNÉSIE. Au reste, les pierres magnésiennes ne se trouvent que dans les pays primitifs, c'est-à-dire, dans les montagnes granitiques & schisteuses. *Voyez* GRANIT & SCHISTE. (*Bosc.*)

FOUR A PAIN. Quoiqu'il soit aujourd'hui généralement reconnu qu'il est plus avantageux, tant sous le rapport de l'économie, que sous celui de la bonté, de faire faire son pain chez les boulangers, il est nécessaire que toutes les habitations rurales soient pourvues d'un Four, non-seulement pour suppléer à celui du boulanger, mais encore pour beaucoup de petits usages domestiques.

Généralement les Fours, dans les campagnes, sont mal faits; ce qui occasionne une plus grande consommation de bois & une mauvaise cuisson du pain. Ils pèchent, soit par leur grandeur, ordinairement trop considérable, soit par leur fabrication presque toujours peu soignée, soit par leur situation, si souvent défavorable. Leur hauteur exagérée empêche surtout que les pains soient assez promptement saisis de la chaleur & cuits avec égalité. *Voyez* PAIN.

Tout cultivateur, jaloux de tirer le meilleur parti de son Four, doit donc desirer qu'il soit exactement proportionné à ses besoins, que la courbe de son dôme soit la moins forte possible, qu'il soit bati avec les soins convenables & les meilleurs matériaux, qu'il soit placé de manière à ce qu'on puisse s'en servir facilement, & employer à des objets d'économie domestique la surabondance de sa chaleur.

Je n'entreprendrai pas de donner ici des conseils, relativement à leur construction, qui est suffisamment développée dans le *Dictionnaire d'Architecture;* en conséquence, je borne ce que j'aurois à en dire à quelques considérations generales sur la manière de s'en servir.

Toutes espèces de bois peuvent être employées à chauffer le Four, excepté ceux qui ont peints, parce qu'ils y portent un dangereux poison. *Voyez* dans le *Dictionnaire de Chimie* les articles CUIVRE & PLOMB. Généralement cependant on prefère les fagots & les bois blancs, non-seulement parce qu'ils coûtent moins cher, mais encore parce qu'ils flambent mieux & que leur flamme chauffe plus rapidement & plus également la voûte, objet principal de l'attention de celui ou de celle qui fait l'opération. Dans beaucoup de cantons on n'a même, pour chauffer le Four, que des herbes desséchées, du chaume, de la paille, & même des excrémens desséchés de vaches. La maniere de jeter le bois dans le Four n'est pas aussi indifférente que beaucoup de personnes peuvent le croire. Il faut chauffer promptement & également, & pour cela en mettre à la fois suffisamment & le distribuer régulièrement. Toujours on doit avoir l'oeil sur la combustion, pour, au besoin, la ranimer, & même quelquefois la retarder par le moyen d'une perche ou mieux d'une fourche de fer à ce destinée. L'expérience d'un jour en apprend plus à cet égard que des volumes d'ecriture.

On a propose bien des moyens pour s'assurer rigoureusement du moment où il convient d'enfourner; mais aucun de ces moyens n'est usité. C'est à la nuance de la couleur blanche que prend la voûte quand elle est suffisamment chaude, à la chaleur qu'indique la main placée sur la pierre qui supporte l'ouverture, à la quantité de bois brûlé, à la chaleur de la saison, que s'en rapportent les menagères; & quoiqu'elles se trompent quelquefois, ces grossières indications leur suffisent. Quand on pense à tous les élémens qui doivent les guider dans leur détermination à cet egard, il est en effet permis de croire que le thermomètre ne peut être qu'un instrument trompeur entre leurs mains, lors même qu'il seroit facile, ce qui n'est pas, de le placer convenablement; car ce n'est pas toujours la même chaleur qu'il leur faut : son intensité doit être d'autant plus forte, que les miches sont plus grosses, que leur forme est plus ramassée, qu'elles sont pétries avec une quantité d'eau plus considérable, que leur pâte est moins levée *Voyez* PAIN. (*Bosc.*)

FOURBURE, maladie des animaux solipèdes & des ruminans, qui consiste dans un engorgement des vaisseaux, renfermé sous l'ongle ou les ongles, engorgement souvent accompagné de fièvre & toujours très-douloureux.

Le cas le plus fréquent est la Fourbure à un seul pied, principalement de devant; mais il arrive assez souvent que la Fourbure attaque en même tems les deux pieds de devant ou les deux pieds de derrière, & alors la marche de l'animal devient très-pénible & très lente. Rarement les quatre pieds en sont affectés simultanément.

On juge de l'étendue & du degré de la Fourbure à l'engorgement du canon, à la chaleur de la couronne du pied, & à la douleur que de légers coups sur l'ongle font ressentir à l'animal.

Cette maladie est toujours très-grave si elle ne se guérit pas promptement par la résolution; car lorsque la suppuration a lieu, elle amène ou la gangrène ou la carie de l'os du pied.

Une transpiration arrêtée, le séjour dans des habitations humides, la pléthore, l'âcreté des liqueurs, des dispositions héréditaires, des maladies précédentes, une mauvaise ferrure, sont les causes les plus ordinaires de la Fourbure.

Dans les bêtes à cornes & dans les moutons elle est presque toujours produite par une marche trop prolongée sur des terreins durs & dans des tems de sécheresse.

L'emploi des saignées & des sudorifiques est indiqué dans la Fourbure par suppression de transpiration; & il réussit souvent, surtout lorsque la maladie est nouvelle.

On fera usage des sels divisans & des purgatifs dans celle qui reconnoît pour cause un trop grand repos.

C'est par des lavemens émolliens, des purgatifs & setons qu'on attaquera celle qui est produite par des alimens echauffans ou trop abondans.

Des setons, des saignées, des purgatifs, un régime rafraîchissant, sont les moyens à opposer aux Fourbures par disposition héréditaire & a celles qui sont la suite d'autres maladies.

Oter le fer qui, par sa compression, a causé la Fourbure est la première chose à faire quand on reconnoît que cette maladie lui est due.

Outre le traitement interne, la Fourbure en exige un

un externe, qui consiste, 1°. dans des bains de pied à l'eau de rivière, accompagnés de frottemens sur la couronne, ou mieux dans une eau fraîche aiguisée par du vinaigre & du sel ammoniac; 2°. dans une application, autour du sabot, de plumasseaux imbibés d'huile de laurier : ce pansement doit être renouvelé trois à quatre fois par jour.

Si les symptômes deviennent plus graves, scarifiez verticalement & profondément la couronne.

Le mal fait-il encore plus de progrès, faites une brêche à la paroi, mais gardez-vous de parer & encore plus de dessoler.

Après ces opérations, il convient de mettre les pieds dans l'eau, & de panser comme il a été dit plus haut.

Il est des Fourbures sans fièvres, qui subsistent long-tems sans faire de progrès, & qu'il faut faire devenir inflammatoires pour pouvoir guérir : on y parvient au moyen de frictions avec l'essence de térébenthine.

Dans les bêtes à cornes & dans les bêtes à laine la Fourbure est moins dangereuse & plus facile à guérir que dans le cheval, le mulet & l'âne, par la raison que les deux parties du pied sont rarement malades au même degré. (*Bosc.*)

FOURCHE, instrument d'un usage fréquent dans l'agriculture & l'économie rurale. Il est composé de deux ou trois branches ou dents pointues qui se réunissent du côté opposé à la pointe.

Il est des Fourches de bois, & elles sont toujours à deux branches très-écartées, un peu courbées & d'une seule pièce. Leur longueur est de quatre à cinq pieds, & leur grosseur d'un à deux pouces; elles servent à retourner le foin, la paille & autres objets du même genre.

Il est des Fourches de fer qui s'emmanchent à des perches qui ont depuis cinq pieds jusqu'à douze pieds de long & plus; elles ont deux ou trois branches recourbées, plus ou moins longues, suivant l'usage auquel on les destine. Celles à manche court & à dents longues servent à remuer le fumier dans l'écurie, à le charger sur la brouette ou le tombereau, à l'éparpiller sur le terrein. Elles servent encore à enlever, après les labours, les chiendents & autres racines qu'il est bon de détruire. Celles à manche long & à courtes dents ne sont employées que pour charger sur les charrettes, & porter sur les meules ou dans les greniers le foin, les bottes de céréales, la paille, &c.

Un cultivateur soigneux doit toujours avoir une collection de Fourches suffisante, & même plus que suffisante pour ses besoins; mais il ne les laissera pas traîner partout, comme cela est si commun; car il en résulte un fréquent renouvellement qui diminue d'autant ses bénéfices.

Les Fourches de bois sont le plus souvent le résultat du hasard & l'objet d'un délit forestier. Dans beaucoup de lieux elles sont cependant d'un assez haut prix pour qu'il puisse paroître avantageux de réserver une petite portion de bois dans le but d'en faire commerce. Le frêne est l'espèce d'arbre qui fournit les plus régulieres, les plus faciles à former & les plus solides des parties septentrionales de la France, & le micocoulier les meilleurs des parties méridionales.

Pour faire des Fourches de frêne il suffit de couper, pendant l'hiver, la flèche des rejets de cet arbre, qui ont atteint six pieds de haut (ils ont gagné, sur vieille souche, cette hauteur en deux ou trois ans); de rapprocher, avec un osier, en leur donnant la courbure convenable, les deux rameaux supérieurs, & de couper tous les autres à quelques lignes du tronc; l'année suivante, ou deux ans après, la Fourche est bonne à couper.

Une souche de cinquante ans d'âge peut ainsi fournir, tous les cinq à six ans, une vingtaine de Fourches, qui, à 10 sous pièce, font un produit de 50 fr., c'est-à-dire, un bénéfice plus élevé qu'aucun autre à espérer de la même quantité de terrein.

C'est dans la commune de Sauve qu'on fabrique presque toutes les Fourches de micocouliers en usage dans les départemens méridionaux de la France. Pour se les procurer, les habitans de cette commune, placés dans le canton le plus stérile, dirigent, pendant cinq à six ans, les pousses des jeunes micocouliers, de manière qu'elles offrent trois branches un peu recourbées & aussi égales que possible en grosseur. Ils laissent des Fourches de tout âge sur les souches; ce qui est une mauvaise pratique, puisqu'elles se nuisent réciproquement dans leur croissance. Le mieux est certainement, d'après la théorie & l'expérience, de ne laisser sur la souche que les brins les plus forts & les mieux venans, c'est-à-dire, de supprimer, la première année de la repousse, les jets les plus foibles, & de couper toutes les Fourches la même année, quelque différence qu'elles offrent dans leur grosseur. (*Bosc.*)

FOURCHET, FOURCHETTE, *Pourriture des pieds*, *Panaris du pied*, *Pesogne*, *Pietain*, *Crapaudeau.* Tous ces noms appartiennent à un ulcère qui naît à la Fourchette des pieds des moutons, qui fait boiter ces animaux, les force souvent de marcher sur leurs genoux, les fait maigrir, &c.

Cet ulcère paroît avoir presque toujours pour cause première une petite pierre, un morceau de corne durcie, un chicot de bois, &c., qui s'est introduit entre les ongles, y a fait naître une inflammation que l'humeur qui se secrète en cet endroit, ou le frottement, a envenimé.

Dans les premiers instans le Fourchet ne s'annonce que par un peu de rougeur à la Fourchette. Plus tard on remarque un petit suintement autour du sabot, & sa chaleur naturelle augmente évidemment. Quelque tems après l'ulcère se forme en dedans ou en dehors du sabot. A cette époque les bêtes ont la fièvre, ne peuvent plus marcher autrement que sur leurs genoux. Plus tard il se forme des dépôts purulens sous le sabot, dépôts qui se font jour aux endroits où il se joint à la peau. Quelquefois le sabot se détache, le pied n'est plus qu'un ulcère qui carie les os, & degenère en gangrene.

Quelques personnes ont prétendu que le Fourchet étoit contagieux; d'autres l'ont nié. Tous présentent des observations à l'appui de leur opinion. Il n'est pas nécessaire de recourir à la communication pour expliquer le fait du grand nombre d'animaux attaqués en même tems, puisque ces animaux étoient tous placés dans les mêmes circonstances. Cependant on ne peut se refuser de croire qu'un pus ulcéreux ne puisse développer un ulcère lorsqu'il agit dans des tems favorables.

Quoi qu'il en soit, il est bon de séparer les bêtes malades, de changer tous les jours leur litiere; enfin, de prendre, dans ce doute, les moyens necessaires pour préserver les saines.

La première précaution à prendre quand on s'apperçoit qu'un mouton boite, c'est de visiter son pied, d'ôter toutes les ordures qui se trouvent dans sa Fourchette & de la laver. Si au bout de deux jours la claudication continue, on place dans la Fourchette un plumasseau imbibe d'eau de Goulard. La maladie cède souvent à ce seul traitement continué pendant quelques jours. La douleur augmente-t-elle malgré ce pansement, on doit croire qu'il se forme un abcès sous le sabot, & alors il faut fendre & ouvrir la sole jusqu'à ce que le foyer du mal soit mis à découvert, puis le déterger avec du vin chaud, & repandre dessus du sulfate de cuivre réduit en poudre. On ne risque rien à enlever de grandes portions du sabot, même le sabot tout entier, parce qu'il se régénere facilement.

Une nourriture choisie & abondante sera donnée aux bêtes pendant le traitement.

Il arrive souvent que des individus qu'on avoit crus guéris se trouvent boiter peu de jours après être sortis de l'infirmerie. On doit les soumettre de nouveau au même traitement.

Le Fourchet semble être devenu plus commun depuis quelques années, du moins aux environs de Paris, où il fait la désolation de quelques propriétaires de moutons à laine fine. (*Bosc.*)

FOURCHETTE ÉCHAUFFÉE. C'est la même chose que le FIC. *Voyez* ce mot.

FOURCHUS (Pieds). On donne ce nom aux animaux domestiques, dont les pieds sont divisés en deux. Cette division comprend tous ceux qui se mangent. *Voyez* aux mots BŒUF, VACHE, VEAU, MOUTON & COCHON.

Il nous a paru utile, pour l'instruction de ceux qui se livrent aux calculs de l'économie politique, de publier l'instruction ci-dessous.

ÉTAT des Bestiaux à pieds fourchus entrés à Paris depuis le 1er. octobre 1697, jusqu'au dernier décembre 1790.

BAIL.	ANNÉES.	BŒUFS.	VACHES.	VEAUX.	MOUTONS.	PORCS
de Templier	1697	51,981	4,778	127,410	379,879	39,545 ¼
	1698	57,210	5,661	119,040	403,441	27,05 ¾
	1699	56,209	6,937	117,281	397,[illegible]63	3[illegible],[illegible]4 ¾
	1700	53,373	7,311	122,[illegible]20	359,988	2[illegible],[illegible] ¾
	1701	48,042	8,703	110,006	372,[illegible]91	26,088 »
	1702	4[illegible],338	10,927	105,638	379,799	28,0[illegible] ¼
		314,153	44,317	701,495	2,[illegible]92,361	177,638 ¾
de Ferreau	1703	47,513	12,630	118,493	385,[illegible]58	25,816 ¼
	1704	46,317	10,430	119,549	396,709	22,[illegible]68 ¾
	1705	47,353	9,652	119,805	385,[illegible]15	25,13[illegible] ¾
d'Isembert	1706	44,307	9,[illegible]77	118,[illegible]71	399,5[illegible]3	26,46[illegible] ¼
	1707	48,046	9,869	120,926	41[illegible],416	24,784 »
	1708	48,731	9,506	107,890	376,874	20,744 ¼
		282,267	61,264	704,734	2,353,985	145,629 ¼

SUITE de l'État des Bestiaux, &c.

BAIL.	ANNÉES.	BŒUFS.	VACHES.	VEAUX.	MOUTONS.	PORCS
RÉGIE d'Isembert	1709	44,107	8,015	85,490	354,415	15,211 ½
	1710	43,417	6,473	93,707	306,192	17,[illegible]65 ¼
	1711	46,919	4,936	104,296	309,758	17,[illegible] ¼
	1712	47,725	6,358	98,978	327,912	19,98[illegible] ½
	1713	50,901	7,918	122,131	306,553	22,00[illegible] ¾
		233,069	33,700	504,602	1,604,830	91,824 ¾
BAIL de Nerville	1714	51,693	8,487	112,722	331,263	21,718 ¾
de Naris	1715	53,848	7,544	122,844	325,554	21,556 »
	1716	52,941	8,536	119,556	335,685	21,798 ¾
	1717	55,236	7,589	114,726	347,727	22,841 ¼
de Lambert	1718	60,560	8,405	126,922	383,664	22,802 »
de Pillacome	1719	65,728	10,934	140,395	459,687	27,000 ¼
		340,006	51,495	737,165	2,183,580	137,717 »
de Cordier	1720	53,277	13,937	120,553	406,890	25,818 »
	1721	55,439	13,476	125,305	412,542	26,657 »
	1722	60,871	13,340	138,876	438,174	30,210 »
	1723	62,044	10,984	122,235	440,007	35,448 ¼
	1724	56,624	10,235	104,931	377,995	23,11[illegible] ¼
	1725	52,374	15,096	103,361	378,732	27,67[illegible] ¾
		340,629	77,068	715,261	2,454,340	168,92[illegible] ¼
de Carlier	1726	56,546	15,242	113,471	377,303	25,28[illegible] ¼
	1727	60,831	13,090	116,960	389,466	29,115 »
	1728	62,443	12,247	121,337	385,413	29,38[illegible] ¼
	1729	61,111	15,438	116,234	398,986	28,793 ⅓
	1730	60,014	16,202	112,152	387,838	28,93[illegible] ⅓
	1731	62,278	15,196	122,853	384,752	26,24 ¾
		363,223	87,415	732,012	2,323,738	167,762 ¼
de Desboues	1732	58,823	16,492	115,605	375,210	27,741 ¼
	1733	55,100	18,261	109,931	351,672	28,429 ½
	1734	57,502	17,157	126,250	334,195	31,297 ½
	1735	59,204	20,240	128,446	354,072	28,[illegible]6[illegible] ¼
	1736	63,085	19,638	124,875	373,969	31,21[illegible] ¾
	1737	67,309	19,593	127,305	380,853	29,473 ¼
		361,023	111,381	732,012	2,169,971	170,527 ⅓

SUITE de l'État des Bestiaux, &c.

BAIL.	ANNÉES.	BŒUFS.	VACHES.	VEAUX.	MOUTONS.	PORCS.
de Forceville	1738	68,760	19,691	178,793	381,257	28,601 ¼
	1739	70,724	19,488	127,996	361,795	29,418 ¾
	1740	67,264	20,604	115,9[illegible]6	345,313	2[illegible],570 ¼
	1741	63,071	2[illegible],295	103 8[illegible]2	317,105	2[illegible],6[illegible] ½
	1742	59,796	20,247	102 381	332,286	2[illegible],82 ½
	1743	59,846	18,050	106,119	32[illegible],865	[illegible]
		389,461	119,415	68[illegible],0 7	2, 01,721	1[illegible]6,4[illegible] ¾
de Larue	1744	56,460	19,946	104 394	319,451	31,21[illegible] ½
	1745	58,850	19,545	110,730	317,960	30,470 ¾
	1746	57,351	24,016	11[illegible] 535	30[illegible], [illegible]3	32,18[illegible] »
	1747	58,286	26,145	114,6[illegible]9	3[illegible]8,[illegible]83	32,39[illegible] ¼
	1748	59,330	27,774	117 713	326, 45	31,12[illegible] ¾
	1749	62,294	24,511	125,263	320,987	29,75 ¾
		352,571	141,936	686,294	1,9[illegible]7,439	187,114 »
de Bocquillon	1750	65,144	25,977	124,972	324,469	33,476 »
	1751	64,741	25,714	123,585	332,654	28,938 »
	1752	63,789	26,164	117,910	32[illegible],274	28,235 ¼
	1753	65,134	26,167	1[illegible]3 52	33[illegible],601	2[illegible] ¾
	1754	65,437	24,846	113,68[illegible]	33[illegible],5[illegible]5	32,0[illegible]3 »
	1755	64 558	23,401	111,440	327,98[illegible]	30,370 ¼
		388,803	152,269	704,811	1,983,638	181,142 ¾
de Henriet	1756	63,563	24,504	118,[illegible]37	32[illegible],269	3[illegible],41[illegible] ½
	1757	62,121	2[illegible],[illegible]22	11[illegible],868	3[illegible]7,[illegible]8	3[illegible],601
	1758	6[illegible],321	24,619	113,494	3[illegible],2[illegible]6	3[illegible],5[illegible] ¾
	1759	60,579	24,908	107,482	320,76	29,[illegible] ¾
	1760	60,166	23,672	[illegible]06,8[illegible]6	323 608	30,63[illegible] ¾
	1761	62,983	23,904	108,993	326,028	32,6[illegible]1 ¼
		369,733	145,529	672,350	1,926,944	190,597 ¼
de Prevost	1762	64,532	24,877	110,773	349.264	35,053 ½
	1763	65,073	25,[illegible]68	110,476	351,282	36,403 ¾
	1764	67,977	25,[illegible]85	115,255	360,796	35,518 »
	1765	68,845	24,929	108,864	372,699	36,[illegible]66 »
	1766	68,763	23,099	106,579	358,577	37,899 »
	1767	69,985	19,589	112,949	344,320	32,299 »
		405,175	143,147	664,896	2,136,938	213,829 ¼

Suite de l'État des Bestiaux, &c.

Bail.	Années.	Bœufs.	Vaches.	Veaux.	Moutons.	Porcs.
d'Alaterre.........	1768	66,586	18,732	111,608	333,916	36,186 »
	1769	66,818	20,280	110,578	335,013	36,712 »
	1770	65,360	18,826	107,598	314,124	30,753 »
	1771	63,4·7	19,728	101,791	293,671	28,611 »
	1772	65,324	17,517	99,749	309,137	29,391 »
	1773	68,·25	17,142	103,257	309,573	30,032 »
		395,530	112,225	634,581	1,895,434	191,685 »
de David.........	1774					
	1775	68,306	18,300	109,235	309,662	32,732 »
	1776	71,2·8	17,753	102,291	328,505	37,740 »
	1777	71,785	17,457	1·4,600	343,3·0	3·,82· »
	1778	73,606	15,·44	107,292	328,8·8	36,204 »
	1779	73 468	14,765	99,952	314,028	38,211 »
		71,488	13,503	104,825	308,043	4·,419 »
		429,861	97,322	628,195	1,·32,406	222,129 »
de Salzard.........	quart d'octobre 1780	19,342	5,392	21,999	89,353	14,227 »
	1781	70,484	15,152	99,·33	317,681	41,205 »
	1782	72,107	13,717	100,706	316,563	4·,772 »
	1783	71,042	14,252	98,478	321,627	39,177 »
	1784	72,982	13,326	10·,112	327,034	39,621 »
	1785	73,849	11,930	94,727	332,628	3·,297 »
	1786	73,088	11,692	89,575	328,699	39,572 »
		433,549	80,069	583,131	1,944,232	242,644 »
de Mager.........	1787	73,923	8,284	93,206	30·,538	35,834 »
	1788	71,377	7,902	97,6·7	306 953	39,673 »
	1789	67,056	10,437	85,378	289,392	31,·04 »
	1790	67,983	13,955 ½	103 957	31·,503	45,076 ¾
		280,339	40,578 ½	380,148	1,210,·86	152,18· ¾

(*Tessier.*)

FOURMI.

Genre d'insecte de l'ordre des héminoptères, dans lequel on compte plus de cent espèces, parmi lesquelles près de quarante sont indigènes, & peuvent plus ou moins nuire au cultivateur.

Celles de ces espèces que je crois dans le cas de citer ici se réduisent aux suivantes :

1. Fourmi ronge-bois.

Formica ligniperda. Latreille. Elle vit sous l'écorce des vieux arbres.

2. Fourmi pubescente.

Formica pubescens. Oliv. Se trouve sous l'écorce des vieux arbres.

3. Fourmi fuligineuse.

Formica fuliginosa. Latreille. Elle habite les fentes des arbres.

4. Fourmi fauve.

Formica rufa. Fabric. C'est pour beaucoup de monde la Fourmi proprement dite. Elle forme, dans les bois en terrein sec, de gros monticules avec des fragmens de branches, des fétus de paille, de petites pierres, de la terre, &c.

5. Fourmi des gazons.

Formica cespitum. Fab. Se trouve dans les prés & les pâturages, où elle fait des monticules, quelquefois de la largeur d'un pied.

6. Fourmi mineuse.

Formica cunicularia. Latreille. Elle forme de petits monticules de terre à la base des graminées.

7. Fourmi noire.

Formica nigra. Fab. Elle vit sous les pierres, d'où elle étend ses galeries au loin à la surface de la terre.

8. Fourmi noire cendrée.

Formica fusca. Lin. Se trouve sous les pierres, mais ne fait pas de galeries.

9. Fourmi échancrée.

Formica emarginata. Latreille. Habite dans les fentes des arbres & des murs, sous les châssis des fenêtres, derrière les boiseries des maisons.

Les Fourmis vivent de matières sucrées, de fruits & de substances animales. On les voit monter sur les arbres dont les feuilles sont couvertes de Mielat (*voyez* ce mot), entrer dans les fleurs qui offrent du miel, accompagner les Pucerons (*voy.* ce mot) qui en laissent fluer de leur corps, &c. Dans ces cas, elles ne causent aucun dommage au cultivateur; mais lorsqu'elles entrent dans sa maison & pillent ses provisions de sucre, de miel, de confitures, &c., alors il doit les regarder comme ses ennemis. La neuvième est celle qui s'en trouve le plus fréquemment coupable.

Elles mangent fort bien nos abricots, nos pêches, nos prunes, nos poires, nos pommes, nos figues, &c.; mais rarement elles les entament les premières; de sorte que le mal qu'elles peuvent nous causer sous ce rapport est peu important.

Elles se jettent sur les petits insectes & sur la chair morte; cependant celle qui est réservée pour l'usage de l'homme est presque toujours hors de leurs atteintes.

Toutes les Fourmis mordent, & plusieurs piquent très-douloureusement, mais seulement lorsqu'on les tourmente dans leur retraite, ou qu'on les touche avec les mains, qu'on marche ou s'assied sur elles, &c.

Le seul important & véritable motif qui doit faire desirer la destruction des Fourmis aux cultivateurs, c'est qu'elles déposent souvent sur les plantes des gouttes de l'acide dont elles sont pourvues; c'est qu'elles entourent les racines de ces plantes de galeries nombreuses, deux circonstances qui s'opposent à leur accroissement; c'est qu'elles bouleversent les semis, & forment dans les prairies des monticules qui gênent l'action de la faux.

Les moyens les plus certains de les détruire sont les suivans:

On suspend à un arbre une bouteille à moitié pleine d'eau miélée, où elles se noient.

Un pot à fleur est intérieurement enduit de miel & renversé sur la fourmillière. Elles montent contre ses parois & on les secoue dans l'eau.

L'eau sucrée ou miélée & chargée d'arsenic les fait périr dès qu'elles en goûtent.

Les Fourmis fauves, qui vivent dans les bois, sont ennemies de celles des jardins; & lorsqu'on en apporte dans ces jardins, elles les tuent ou les chassent, puis retournent au bois.

L'eau bouillante, jetée sur les fourmillières, fait périr les Fourmis, si ce n'est en une seule fois, au moins en deux ou trois.

Un feu entretenu pendant quelque tems sur la fourmillière remplit le même but.

Les décoctions de feuilles de tabac, de noyer, de sureau, de rue & autres plantes à odeur forte, répandues à plusieurs reprises sur les fourmillieres forcent les Fourmis de les abandonner.

Il en est de même de la suie de cheminée, du sable très fin, de la craie pulvérisée.

On les empêche de monter sur les arbres en mettant une zône de quelques pouces de large de goudron sur leur tronc.

En général, toutes les fois qu'on tourmente beaucoup les Fourmis elles abandonnent la place: on peut donc toujours s'en débarrasser en labourant souvent le lieu où elles se sont fixées.

L'utilité qu'on peut retirer des Fourmis se réduit à leurs nymphes, qu'on appelle leurs *œufs*, & qui servent, du moins celles de la fauve, à nourrir les jeunes volailles, principalement les faisans & les dindons.

Dans les pays intertropicaux, les Fourmis sont bien autrement nuisibles aux cultivateurs. Là, plusieurs espèces ne vivent que de feuilles, & elles sont si abondantes, qu'elles sont obligées de voyager pour vivre, & qu'elles dépouillent en un jour de toute verdure le canton cultivé le plus étendu. On ne peut rien conserver de mangeable dans les maisons, si on ne le met pas sur une table dont les pieds plongent dans des vases pleins d'eau.

Il ne faut pas confondre les Fourmis avec les thermites. (*Bosc.*)

FOURMILLIÈRE. *Voyez* Fourmi.

FOURMILLIÈRE, maladie du pied des chevaux, qui consiste en un vide entre la chair cannelée & la muraille, formé ou par un coup, ou par l'attouchement d'un fer chaud, ou par une cause interne. Ce vide règne ordinairement depuis la couronne jusqu'au bas. *Voyez* PIED.

C'est en rapant la muraille jusqu'au vif & en pansant la plaie avec l'onguent de pied, qu'on peut espérer de guerir promptement cette maladie. (*Bosc.*)

FOURNEAUX ÉCONOMIQUES. Généralement les cultivateurs ne font nulle attention aux moyens de diminuer leur consommation de bois, quoique partout, même dans le voisinage des forêts, ils se plaignent de sa rareté & de sa cherté. Il faut cependant qu'ils en viennent là tôt ou tard, car cette rareté & cette cherté s'augmentent dans une progression si effrayante, qu'il est à craindre qu'il n'y ait bientôt plus que les riches qui puissent se chauffer & faire cuire leurs alimens.

Le moyen le plus certain de diminuer la consommation du bois est l'emploi des Fourneaux économiques, emploi d'autant plus facile à introduire, à ce qu'il semble, dans les campagnes, que le genre de travail de leurs habitans leur rend moins souvent necessaire le besoin de se chauffer.

Un Fourneau économique, comme je le conçois, n'est pas celui qui satisfait à toutes les données de la théorie, & qu'un ouvrier de Paris peut seul construire; c'est tout simplement un massif de maçonnerie, placé à côté de la cheminée & sous son manteau, qui aura, supposons, trois pieds de long & de haut, sur deux de large, percé d'un côté, dans sa longueur, d'une galerie au milieu de laquelle sera une grille parallèle au sol & à son sommet, trois trous, dans lesquels seront scellées, 1°. une grande chaudière pour faire chauffer l'eau des lessives, pour faire cuire les pommes de terre, les choux & autres articles d'un gros volume; 2°. une grande & une petite marmite pour la préparation journalière du manger de la famille: le tout en fonte de fer. Un tel Fourneau peut durer bien des années s'il a été construit convenablement, & si on veille à ce qu'il ne soit pas dégradé par les enfans. La seule attention que son emploi exige, c'est qu'il y ait toujours de l'eau dans les trois vases lorsqu'il est en activité, la fonte de fer cassant à feu nu. (*Bosc.*)

FOURNIL, lieu où on fait la lessive, où on fait cuire le pain, &c. C'est une pièce indispensable à l'habitation d'un cultivateur aisé. (*Bosc.*)

FOURAGE. Tantôt ce mot signifie la totalité des articles qui peuvent servir à la nourriture des animaux domestiques, les grains exceptés; tantôt il se restreint au SAINFOIN, à la LUZERNE, au TREFLE, aux VESCES, aux POIS GRIS & autres objets du même genre; tantôt enfin, aux VESCES & aux POIS GRIS seulement. *Voyez* ces mots & ceux FOIN, PAILLE, FEUILLE, RAVE, CAROTTE, POMME DE TERRE & TOPINANBOUR.

La plus importante attention que doive faire un cultivateur jaloux de la santé de ses bestiaux, c'est de ne rentrer ses Fourages que bien secs, & de ne les pas mettre dans des lieux où ils pourroient moisir par l'effet de leur humidité. Tout Fourage gâté doit être jeté sur le fumier.

La quantité de Fourage à donner aux bestiaux varie selon leur espèce, leur âge, le travail qu'ils font, & encore selon la nature même de ce Fourage. Ainsi un jeune cheval limousin qui ne sert qu'à promener son maître, en recevra moins que le vieux cheval normand qui conduit une voiture publique. Il est à observer, de plus, que les Fourages qui conservent une partie de leurs graines sont plus nourrissans que ceux qui ont été coupes avant ou après leur developpement.

Les Fourages verts sont bien moins nourrissans que les Fourages secs, parce qu'ils contiennent plus d'eau. Leur usage n'en est pas moins utile; surtout au printems, pour ranimer la vigueur des chevaux, augmenter le lait des vaches, &c.

Il est des animaux, le cochon par exemple, qui aiment beaucoup les Fourages verts, & qui repoussent les Fourages secs. (*Bosc.*)

FRACTURE, solution de continuité d'un ou de plusieurs os, produite par un coup, une chute, un faux effort, &c.

Il est des Fractures droites ou obliques à l'axe de l'os, sans esquilles ou avec esquilles. Quelquefois l'os est brisé. Elles sont sans deplacement lorsque les deux parties de l'os n'ont point changé de position; avec déplacement imparfait quand il n'y a qu'un petit dérangement dans les rapports; avec déplacement complet lorsque les os sont eloignés l'un de l'autre, ou qu'ils sont reduits en un grand nombre d'éclats.

On s'assure de la Fracture d'un os aux saillies de la surface des muscles qui le recouvrent, à la possibilité de flexion dans une partie qui en est naturellement incapable, au bruit des deux extrémités de la cassure lorsqu'on meut le membre transversalement, à la position que prend le membre lorsqu'il est abandonné à lui-même.

Quelquefois une Fracture se guérit sans laisser de traces durables; mais le plus souvent ses suites sont une difformite dans le membre, telle qu'une exostose, un raccourcissement, une gêne dans les mouvemens, & même une impossibilite absolue de les exécuter en partie ou en totalité. La guérison de certaines Fractures se prolonge fort long-tems, & est accompagnee d'accidens très-graves & très-douloureux. Il n'y en a pas deux, dans le cours d'une pratique d'une année, qui presentent exactement les mêmes symptômes, & dont la cure ne demande pas des moyens différens.

Les Fractures de l'os de la cuisse & des deux os de la jambe, dans les gros animaux, lorsqu'il y a deplacement, sont regardées comme incurables; cependant on a de nombreux exemples qui prouvent le contraire. La difficulte, dans ces cas, tient, & à la force des muscles qui tendent toujours à deplacer les os lorsqu'ils ont éte remis en place, & à la difficulté de les assujettir par un bandage,

& d'empêcher l'effet du poids du corps par un moyen qui tourmente moins que de tenir ces animaux forcément couchés, ou que de les suspendre par-dessous le ventre. Ce sont donc uniquement les Fractures des os de la tête, celles des côtes, celles d'un seul des os des jambes, qu'on peut espérer de guérir facilement dans ces sortes d'animaux, encore, dans ce cas, la dépense de la cure doit-elle arrêter le zèle du vétérinaire. Pourquoi, par exemple, exiger qu'on sacrifie trois à quatre mois pour guérir un cheval qui vaut a peine la nourriture & les frais de pansement qu'il coûtera pendant cet espace de tems, & qui sera peut-être, malgré cela, hors d'etat de servir? Ne vaut-il pas mieux vendre de suite au boucher le bœuf ou la vache qui a la cuisse cassée, que de tenter de la guérir pour la tuer un an plus tard?

Ce ne sont donc que les chevaux de prix, surtout les étalons & les jumens poulinières, qui peuvent donner long-tems des produits d'un grand mérite, ou les chiens, les chats, les poules, dont il convient d'entreprendre de réduire & de guérir les Fractures des membres.

La réduction d'une Fracture s'exécute au moyen de l'extension & de la conformation; c'est-à-dire que, pour l'opérer, l'artiste vétérinaire tire à lui le membre dont un des os est cassé, pour en rapprocher ensuite les parties par le tâtonement & l'effort que font les muscles, effort qu'on appelle *contre-extension*. Cette opération demande de la prudence & de l'habitude. Cette nécessité de l'extension est encore une difficulté à vaincre dans la cassure des os des cuisses des chevaux & des bœufs, à raison de la force qu'il faut y employer, qui est au dessus de celle de l'homme.

L'extension & la contre-extension ne sont pas nécessaires dans les Fractures sans déplacement, comme on doit le penser.

Les deux os réunis, il faut s'occuper de les assujettir au moyen des bandes, des compresses, des atèles, &c. pour les empêcher de se désunir.

On appelle *bandes* de longues lanières de toile plus ou moins larges, propres à envelopper le membre un grand nombre de fois. Les compresses sont des linges plies en deux ou en quatre pour empêcher une trop forte compression de la partie malade, & pour remplir les parties les moins saillantes du membre. Pour faire des atèles, on choisit de petites planches minces d'un bois pliant. Ces atèles se placent longitudinalement autour du membre.

Voir faire cette opération une seule fois en apprend plus que des volumes de descriptions; ainsi je ne m'étendrai pas plus longuement sur ce qui la concerne.

Je suppose ici que la Fracture n'a occasionné ni blessure extérieure ni inflammation, & par conséquent point de fièvre; car si cela étoit, & cela est presque toujours, il faudroit au préalable saigner l'animal, lui donner des lavemens, frotter la partie malade avec une décoction resolutive.

Lorsque la Fracture est accompagnée d'une hemorrhagie, il faut aussi d'abord s'occuper de la maîtriser.

Les vétérinaires sont peu d'accord sur les médicamens à appliquer sur les cuisses ou les jambes dont les os ont été reduits; & en effet, ils doivent varier selon les symptômes & l'époque de la maladie. Le plus souvent, c'est seulement du vin chaud, comme tonique & fortifiant. On y ajoute quelquefois des infusions de plantes aromatiques, c'est-à-dire, ou de sauge, ou de lavande, ou de romarin, &c. L'eau-de-vie camphrée lui est substituée lorsqu'il y a quelque crainte de la gangrène. Des onguens viennent après quand il y a plaie, & que la suppuration commence à s'établir.

Les accidens produits par les suppurations internes & le fusement du pus entre les gaînes des muscles, la sortie des esquilles à travers les chairs, &c. compliquent souvent la maladie, & deviennent quelquefois plus graves qu'elle.

Outre la saillie ou l'enfoncement qui est la suite de la Fracture d'une côte, on la reconnoit encore à la difficulté plus ou moins grande de respirer, ainsi qu'a la toux & même à la fievre qu'offre l'animal.

La réduction, quand la Fracture est en dehors, ne presente pas ordinairement beaucoup de difficultes, puisqu'il ne s'agit que d'appuyer fortement sur le point de separation avec une main, tandis qu'avec l'autre on dirige les morceaux vers leur position naturelle.

Quand la Fracture est en dedans, on appuie au contraire une main alternativement sur la partie inférieure & sur la partie superieure de la cote, & on règle la réunion des deux extrémites cassées avec l'autre. Quelquefois, dans ce cas, on a besoin d'un aide pour avoir quatre mains à faire agir ensemble.

Dans ces deux cas, on applique des bandages & des compresses, comme il a été dit plus haut; mais on peut, le plus souvent, se dispenser d'employer des atèles.

La Fracture d'un os de la tête est souvent impossible à réduire; mais comme l'écartement des deux parties n'est ordinairement pas très-considérable, la soudure se fait d'elle-même, sauf une légère irrégularité.

On regarde comme incurable la Fracture de l'os de la couronne du pied du cheval.

Il n'en est pas de même de celle de l'os du pied même, qu'on guérit en dessolant l'animal, & en le laissant en repos pendant deux mois. (*Bosc.*)

FRAGON. *Ruscus.*

Genre de plante de la famille des *Asperges* & de la dioécie diandrie, qui reunit sept à huit espèces legérement ligneuses, toujours vertes, dont quatre, propres

propres à l'Europe, se cultivent dans quelques jardins paysagers, & peuvent entrer dans la composition des haies. Lam. *Voyez Illustration des Genres*, pl. 835.

Espèces.

1. FRAGON épineux.
Ruscus aculeatus. L. ♄ Des bois de l'Europe moyenne & meridionale. Vulgairement le *petit houx*, le *houx frelon*.

2. FRAGON à feuilles nues.
Ruscus hypophyllum. L. ♄ D'Italie. Vulgairement le *laurier alexandrin*.

3. FRAGON à languette.
Ruscus hypoglossum. L. ♄ D'Italie.

4. FRAGON à grappes.
Ruscus racemosus. L. ♄ D'Italie.

Culture.

Toutes ces espèces aiment une terre légère & une exposition chaude; elles ne craignent point l'humidité, & ne redoutent point la sécheresse.

La première est la plus commune & le plus dans le cas d'être employée par les cultivateurs, soit sous le rapport de l'agrément, soit sous celui de l'utilité, principalement à raison de la faculté dont elle jouit, de ne croître qu'à l'ombre des autres arbres. Sous les rapports de l'agrément, on peut la placer dans les massifs des jardins paysagers ou seulement sur leurs bords, qu'elle orne par sa forme singulière, par sa verdure & par ses fruits d'un rouge-vif pendant presque tout l'hiver, époque où le terrein de ces massifs est toujours d'une nudité désagréable. Sous les rapports d'utilité, on peut l'employer à fortifier les bas des haies de défense, tellement que les lapins & les poules mêmes ne peuvent les traverser, ainsi que je l'ai observé en Italie.

On fait, dans quelques endroits, des balais avec ses tiges garnies de leurs feuilles, & dans d'autres on mange ses jeunes pousses en guise d'asperge. Ses fruits se mangent également, mais ils sont peu agréables au goût.

On multiplie ordinairement le Fragon épineux par le déchirement des vieux pieds, ses racines traçant beaucoup; mais ce moyen, quelque facile qu'il soit, n'est rien moins qu'assuré, les éclats manquant très-souvent à la reprise. Ce sont donc les graines que je crois qu'il faut préférer pour cet objet. Or, on peut les employer de deux manières, c'est-à-dire, les semer dans le lieu qu'on desire garnir de la plante qu'elles doivent produire, ou dans une plate-bande située au nord, pour en repiquer le plant en pépinière. Dans l'un & l'autre cas il faut les mettre en terre au printems, & se résoudre à attendre leur germination, qui a rarement lieu la même année, & qui même n'auroit peut-être pas lieu si elles avoient été desséchées.

Le plant du Fragon épineux pousse très-lentement. Ce n'est que la seconde année qu'il est bon à être repiqué, & à la cinquième ou sixième qu'il est dans le cas d'être définitivement transplanté. Ainsi que je l'ai obbservé plus haut, ses racines traçant beaucoup, il est d'usage de mettre les pieds à une grande distance les uns des autres, une demi-toise par exemple. Une fois transplanté, non-seulement il ne demande plus aucun soin, mais les soins seroient nuisibles à sa croissance. Il ne peut souffrir ni les labours ni la taille, & périt immanquablement dès qu'il est constamment frappé pendant l'été par les rayons du soleil.

Les trois autres espèces de Fragon se placent également, pour l'agrément, dans les endroits ombragés des jardins paysagers; mais elles craignent les fortes gelées, & exigent des couvertures de feuilles ou de fougères pendant l'hiver. Il est toujours prudent d'en tenir des pieds en pots, & de les rentrer dans l'orangerie pour parer aux événemens. Leur multiplication & leur culture ne diffèrent pas de celles du précédent. (*Bosc.*)

FRAISIER. *Fragaria.*

Genre de plante de la famille des *Rosacées* & de l'icosandrie polygynie, qui renferme six espèces, dont quelques unes se cultivent pour leur fruit, & sont recherchées partout, à raison de l'excellence de ce fruit.

M. Duchêne, de Versailles, à qui on doit un excellent Traité sur les Fraisiers, Traité qui a servi de base à tout ce qu'on a écrit depuis sur leur culture, ne reconnoissant point d'espèces dans la nature, a cru ne devoir diviser les Fraisiers qu'en races rangées sous deux séries principales, les Fraisiers hermaphrodites & les Fraisiers dioïques.

N'étant point de son avis à cet égard, je crois pouvoir regarder comme espèces les suivantes.

Fraisiers hermaphrodites.

1. FRAISIER des bois.
Fragaria vesca. L. ♃ Indigène à toute l'Europe.

Fraisiers monoïques.

2. FRAISIER de Virginie.
Fragaria coccinea. Duchêne. ♃ Des bois de l'Amérique septentrionale.

3. FRAISIER caperon.
Fragaria moscata. Duchêne. ♃ Du nord de l'Europe.

4. FRAISIER du Chili.
Fragaria chiolensis. L. ♃ Du Chili.

Variétés du Fraisier des bois.

Les variétés du Fraisier des bois ou Fraisier commun sont nombreuses, & sans doute augmentent chaque année par les semis, comme celle de toutes les plantes cultivées.

Voici celles que M. Duchêne cite comme les plus dignes d'être recommandées, & qu'il divise en trois séries.

Ière. SÉRIE. *Fraisiers proprement dits.*

1. Le Fraisier des bois, type de l'espèce *Fragaria vesca*. Lin.
2. Le même, blanc.
3. Fraisier à châssis.
4. Le même, blanc.
5. Le Fraisier de Montreuil, ou Fraisier fressant, ou Fraisier de jardin. *Fragaria hortensis*. Duchêne.
6. Le même, plus foncé en couleur, ou Fraisier noir.
7. Le même, blanc.
8. Le Fraisier sans coulans, le Fraisier buisson. *Fragaria efflagellis*. Duchêne.
9. Le même, blanc.
10. Le Fraisier de Versailles. *Fragaria monophylla*. Duchêne.
11. Le Fraisier des Alpes, Fraisier de tous les mois, Fraisier des quatre saisons. *Fragaria semperflorens*. Duchêne.

IIe. SÉRIE. *Majauf.*

12. Le Majauf de Champagne ou le Fraisier vineux de Châlons. *Fragaria angulosa*. Duchêne.
13. Le Majauf de Provence, ou Fraisier de Bargemont, ou Fraisier à l'étoile. *Fragaria bifera*. Duchêne.

IIIe. SÉRIE. *Les Breslinges.*

14. Le Breslinge borgne, ou Fraisier aveugle, ou Fraisier coucou. *Fragaria abortiva*. Duchêne.
15. Le Breslinge de Versailles ou la Fraise mignone. *Fragaria granulosa*. Duchêne.
16. Le Breslinge noir, ou Breslinge d'Allemagne, ou Fraisier à cinq feuilles. *Fragaria pentaphylla*. Duchêne.
17. Le Breslinge de Bourgogne ou Fraise marteau. *Fragaria pendula*. Duchêne.
18. Le Breslinge de Longchamp, le Fraisier du bois de Boulogne. *Fragaria hispida*. Duchêne.
19. Le Breslinge d'Ecosse, Fraisier vert d'Angleterre. *Fragaria viridis*. Duchêne.
20. Le Breslinge de Suède, la Fraise brugnon. *Fragaria pratensis*. Linn.

Variétés du Fraisier de Virginie.

1. Le Fraisier de Virginie ou Quoimio, fraise écarlate. *Fragaria coccinea*. Duchêne.
2. Le Fraisier de la Caroline ou Quoimio cerise, ou fraise ananas, ou fraise bigareau. *Fragaria lucida*. Duchêne.
3. Le Fraisier quoimio ou Fraisier de Cantorbery. *Fragaria tincta*. Duchêne.
4. Le Fraisier de Bath ou Quoimio de Bath. *Fragaria bathonica*. Duchêne.
5. Le Fraisier ananas ou Quoimio de Harlem. *Fragaria ananassa*. Duchêne.

Variétés du Fraisier caperonier.

1. Le Caperonier commun, type de l'espèce *Fragaria moscata*. Duchêne.
2. Le Caperonier abricot.
3. Le Caperonier framboise.
4. Le Caperonier hermaphrodite, ou Caperonier royal, ou de Fontainebleau, ou de Bruxelles, ou Parfait.

Le Fraisier du Chili ou Frutillier n'offre pas de variétés, à moins qu'on ne regarde comme telles celles qui proviennent du semis de ses graines, fécondées par le Caperon; mais elles se rapprochent beaucoup plus de ce dernier, & sont dans le cas d'être rangées parmi les siennes.

Culture.

Le Fraisier des bois, donnant un fruit très-sucré & très-parfumé, est préféré par beaucoup d'amateurs, & en conséquence il est souvent cultivé dans les jardins des particuliers; mais comme il produit très-peu de fruit, & que ce fruit est rarement gros, les cultivateurs de profession préfèrent sa variété, dite de Montreuil, qui se remarque par les qualités contraires.

Le Fraisier des bois se place en planches ou en bordure dans les jardins.

Rarement on sème le Fraisier des bois. On préfère aller chercher, en octobre ou en novembre, dans les taillis, les haies, &c., les pieds qu'on veut mettre sous sa main, mais on est exposé à y trouver aussi le Fraisier coucou ou Breslinge borgne, variété qui ne donne jamais de fruit, & qu'on ne distingue pas toujours très-facilement; aussi M. Duchêne conseille-t-il de faire cette opération en juin ou juillet, pendant un tems pluvieux. Semer quinze jours auparavant, dit-il, des épinards en rayons, entre lesquels on place ces Fraisiers, arroser, biner & supprimer les coulans à mesure qu'ils paroissent, est un moyen de favoriser la reprise de ces pieds arrachés à contre-saison, & d'assurer une récolte avantageuse pour l'année suivante.

Je dois observer, une fois pour toutes, que lorsqu'on laisse venir trop de coulans aux Fraisiers, ils s'épuisent, & périssent plus promptement, & que ces coulans sont plus foibles & par conséquent ne fournissent pas de pieds vigoureux & de durée. Il est donc très-avantageux d'empêcher constamment la multiplication de ces coulans, en supprimant rigoureusement tous ceux qui paroissent après les deux ou trois premiers, & surtout ceux qui sortent des rosettes de feuilles

& des racines qu'ont données les premiers. On appelle cette opération *pincer*.

On ne peut guère compter sur plus de trois ans de durée aux Fraisiers des bois transplantés dans les jardins, à moins qu'on ne leur donne, chaque année, de la nouvelle terre, & qu'on ne supprime tous ou presque tous leurs coulans. C'est l'ignorance où sont les proprietaires de ce fait, qui occasionne si souvent des reprimandes non méritees aux jardiniers les plus soigneux.

Ce Fraisier n'aime pas à être tondu après sa récolte; & cette circonstance, dont peu de jardiniers connoissent l'importance, est frequemment cause de la perte de plantations bien faites & bien conduites.

La sous-variété du Fraisier qui ne porte pas du tout de coulans, c'est-à-dire, le Fraisier buisson, ne devient très-productif que dans les terreins argileux. Il pousse trop d'œuilletons dans ceux qui sont sablonneux.

Aux environs de Paris il se trouve des cultivateurs, principalement à Sceaux-les-Chartreux, à Villebon, à Villers, qui se consacrent uniquement à la multiplication du Fraisier de Montreuil, & qui en vendent des plants à ceux de Montreuil, Bagnolet, &c., ainsi qu'à tous les possesseurs de jardins qui en demandent.

Ce plant se met à six à huit pouces de distance, suivant la bonté de la terre.

La différence de culture du Fraisier de Montreuil consiste principalement en ce qu'il est toujours en planches, au milieu de la campagne, sous l'abri de simples paillassons, & sur ce qu'on garnit son pied de paille au moment de sa floraison, pour lui conserver un degré constant d'humidite, & pour empêcher ses tiges de fléchir sous le poids de leurs fruits, ordinairement très-gros & tres-nombreux.

Tous demandent au moins trois binages & un labour par an. Les debarrasser de leurs feuilles mortes & de leurs tiges qui ont porté du fruit est une très-bonne opération.

La culture des Fraisiers en bordure offre quelques avantages sur celle en planche, en ce qu'ils peuvent étendre plus à l'aise leurs racines & leurs coulans, & être rechauffes plus facilement par suite des binages qu'on donne aux plantes qui les avoisinent; aussi leurs productions sont-elles plus abondantes.

Il arrive quelquefois que les fraises fécondées, au lieu de devenir juteuses & de grossir, se dessèchent & se rapetissent. Cet effet peut avoir un grand nombre de causes, dont les deux principales sont une grande sécheresse & l'épuisement du sol. On n'y remédie guère, mais on peut le prévenir, dans le premier cas, par des arrosemens, & dans le second par des engrais, ou mieux de la terre nouvelle; car les engrais trop abondans nuisent beaucoup à la qualité du fruit. Ce moyen de ranimer & de conserver la végétation des Fraisiers au moyen d'une couche de nouvelle terre n'est pas assez pratique.

Une acquisition moderne & très-précieuse pour nos jardins est celle de la fraise des Alpes, qui naturellement, chaque année, fructifie plus tôt & plus long-tems qu'aucun autre; aussi depuis qu'on en connoît tous les avantages, sa culture s'étend-elle avec beaucoup de rapidité. Je ne puis trop l'encourager; car certainement cette variété est la plus précieuse de toutes, puisqu'elle donne du fruit, & même abondamment, pendant quatre à cinq mois de l'année, & que ce fruit ne le cède en bonté qu'à celui de la fraise des bois, cueillie dans les bois.

A moins qu'on ne lui donne de la terre nouvelle tous les ans, le Fraisier des Alpes, comme la plupart des autres, ne peut subsister avantageusement plus de trois ans dans la même place, & les multiplications par ses coulans, deux. Il est donc indispensable de le semer tous les ans pour avoir toujours des récoltes abondantes, ou de planter tous les ans des pieds provenans de coulans pincés & choisis.

Les semis de la fraise des Alpes se font dans des terres légères & fraîches, bien préparées & à l'exposition du Levant. La fin du printems est l'époque la plus favorable. De légers arrosemens pendant les jours chauds de l'été sont très-avantageux au plant qui en provient, lorsqu'il est assez fort pour supporter cette opération. On supprime avec soin toutes les fleurs & tous les coulans qui pourroient se développer pendant la pousse d'automne. La transplantation a lieu pendant le cours de l'hiver suivant.

Comme la fraise des Alpes dégénère nécessairement par suite de sa multiplication par semis de graines cueillies dans nos jardins, il est bon, lorsqu'on le peut, de faire venir de la nouvelle graine du Mont-Cenis, du Mont-Saint-Bernard & autres passages des Hautes-Alpes.

Lorsque, dans une plantation du Fraisier des Alpes, on reconnoît quelque pied fortement dégenéré, il faut l'arracher sans miséricorde.

Dans les planches on doit espacer le Fraisier des Alpes de quatre à six pouces.

On agit sagement en pinçant, lorsqu'elles sont encore en bouton, les dernières fleurs qui se montrent sur chaque tige. Cette opération ne nuit point à l'abondance des produits, puisqu'il pousse toujours de nouvelles tiges, & elle favorise le grossissement & la plus prompte maturité des fruits.

Il y a deux manières de cultiver le Fraisier à châssis ou, à son défaut, le Fraisier des bois, qui n'en diffère que par une fructification un peu moins abondante & des tiges un peu moins élevées.

La première consiste à placer dans des pots, soit au printems, & alors on supprime exactement les fleurs qui se montrent, soit en automne de l'année précédente, les pieds qu'on veut rendre précoces. Ces pots sont rentrés de bonne heure dans l'orangerie, ou placés sous des chassis ou dans la bâche à l'époque où on le desire, ordinairement en janvier ou fevrier. On change deux fois les pots de place avant l'époque où ils commencent à donner du fruit.

Dans la seconde, qui est certainement la préférable, on plante les pieds en pleine terre sous le châssis ou dans la bache, & ils y restent toute l'année : seulement on les découvre dès qu'ils ont donné leurs fruits.

De légers arrosemens & des binages fréquens sont indispensables dans cette sorte de culture, qui ne permet pas, à raison des dépenses qu'elle occasionne, de penser à conserver des coulans pour la reproduction qui se fait par d'autres pieds mis en pleine terre.

Une attention très-importante à avoir est de tenir les pieds très-près du jour, à raison de quoi les hautes variétés, principalement le Fraisier de Montreuil, ne sont pas propres à ce genre de culture.

Il y a peu de différence entre la culture des majaufs & celle des Fraisiers proprement dits : c'est le plus souvent en bordure qu'elle se fait. Ils donnent fréquemment deux récoltes. Le nord est l'exposition qui leur convient le mieux, parce que la maturité tardive de leurs fruits est ce qui les rend les plus dignes d'estime, & que cette maturité est encore retardée par cette exposition. On les conserve souvent six à sept ans dans la même place. Leurs feuilles se coupent avec avantage après la première récolte. Il est fréquent d'être obligé de soutenir leurs tiges avec des tuteurs ou de la paille.

Comme les breslinges sont ordinairement fort petits, ils n'ont jamais besoin de cette dernière précaution. Leur culture n'a rien de particulier.

Les caperoniers n'offrent de difficultés dans leur culture, l'hermaphrodite excepté, qu'en ce qu'ils ont besoin des deux sexes, & que, comme un se l pied mâle suffit à beaucoup de pieds femelles, il faut arracher une partie d'entr'eux lorsque leur floraison les a indiqués. Ils sont en général vigoureux, & même cette vigueur oblige souvent de les débarrasser de leurs feuilles surabondantes, afin de donner du soleil à leurs fruits.

Tous les Quoimios ou Fraisiers d'Amérique, si excellens d'ailleurs, sont fort petits, & donnent plus de feuilles que de fruits : on doit les espacer plus que ne semble l'exiger leur courte taille, afin qu'ils jouissent de toute l'influence des rayons du soleil.

Plusieurs natures de terrein & d'expositions ne conviennent pas au Fraisier du Chili ou frutillier, c'est pourquoi il est toujours si rare & si cher, quoiqu'apporté en France depuis près d'un siècle. Les gelées & les longues pluies lui nuisent beaucoup. Ce n'est guère qu'aux environs de Brest que sa culture s'est soutenue avec succès. Deux fois en trente ans je les ai vus paroître & disparoître dans les jardins des environs de Paris. On doit toujours, dans ce climat, en conserver quelques pieds en pots, qu'on rentre l'hiver dans l'orangerie, afin de pouvoir réparer les accidens. C'est au midi, dans un terrein sec & cependant fertile, qu'il faut placer le Fraisier du Chili, afin d'accélérer l'époque de sa floraison, qui est plus tardive que celle des caperons qu'on doit lui donner pour mâles. Par contre, c'est au nord, dans des pots remplis de terre fraiche, qu'on doit placer ces caperons pour pouvoir les apporter auprès des pieds à féconder, dans le moment favorable. Le Fraisier ananas, qui fleurit un peu plus tard, & les autres variétés, principalement l'hermaphrodite & le Fraisier de Bath, en retardant leur floraison par une déplantation ou en empêchant l'action des rayons du soleil sur eux, peuvent être cependant plantés à côté de lui avec quelqu'assurance de succès.

Tous les bestiaux aiment les feuilles de Fraisier, & on ne doit pas laisser perdre celles des jardins; mais il n'est pas avantageux de les cultiver dans le but de les employer à leur nourriture. (*Bosc.*)

FRANC. Les pépiniéristes donnent ce nom aux arbres provenant de graines d'arbres cultivés. *Voy.* le *Dictionnaire des Arbres & Arbustes*. (*Bosc.*)

FRANC-RÉAL, variété de poire.

FRANCHIPANE, variété de poire.

FRANCHIPANIER. *Plumeria*.

Genre de plante de la famille des *Apocinées* & de la pentandrie monogynie, qui renferme sept à huit espèces d'arbres, dont deux se cultivent dans les jardins des pays intertropicaux, à raison de l'excellente odeur de leurs fleurs. Voyez Lamarck, *Illustration des Genres*, pl. 173.

Espèces.

1. FRANCHIPANIER rouge.

Plumeria rubra. L. ♄ De l'Amérique méridionale.

2. FRANCHIPANIER blanc.

Plumeria alba. L. ♄ De l'Amérique méridionale.

Culture.

Une terre très-légère, & plutôt sèche qu'humide, est celle qui convient exclusivement aux Franchipaniers. Dans les pays intertropicaux, d'où ils sont originaires, on les multiplie de semences qu'on sème dès qu'elles sont mûres, & de boutures qu'on fait presqu'à toutes les époques de l'année : là ils sont très-recherchés, à raison de la beauté & de l'odeur suave de leurs fleurs. En Europe, où ils ne portent pas de fruit, & où on est obligé de les tenir dans la serre chaude, ces boutures ne se font qu'à la fin du printems, dans des pots mis sur couche & sous châssis, ou mieux tenus dans des baches. Ces boutures manquent rarement lorsqu'on a laissé convenablement dessecher leur coupe avant de les mettre en terre, qu'on les a placées sous l'influence d'une chaleur suffisante, & qu'on ne les a arrosées ni trop ni trop peu.

Il est bon de prévenir que le lait qui sort des plaies lorsqu'on les coupe, est très-corrosif, & peut faire beaucoup de mal s'il s'introduit dans une plaie ou dans les yeux.

L'accroissement des Franchipaniers est fort rapide dans les pays chauds, mais il est lent dans nos serres; cependant ils y donnent des fleurs à cinq ou six ans lorsqu'on les tient constamment dans la tannée, & qu'ils se trouvent dans un pot ou dans une caisse de suffisante capacité. On ne leur donne que fort peu d'arrosemens en hiver. Ils ne sortent de la serre que pendant les trois mois les plus chauds de l'été, ou mieux ils n'en sortent pas. (*Bosc.*)

FRASÉRE. *Frasera.*

Genre de plante de la famille des *Gentianées* & de la tétrandrie monogynie, qui ne renferme qu'une espece, la FRASÈRE de Walter, *Frasera Walteri*, Michaux, qui croît dans les marais de la Caroline.

Comme cette plante n'est pas dans les jardins de France, je ne puis rien dire sur la culture qui lui convient. (*Bosc.*)

FRANQUENNE. *Frankenia.*

Genre de plante de la famille des *Cariophyllées* & de l'hexandrie monogynie, qui comprend sept à huit petites plantes, dont trois sont naturelles à la France, mais ne sont remarquables sous aucun rapport, & ne se cultivent que dans les écoles de botanique. *Voyez* Lam. *Illustration des Genres*, pl. 262.

Espèces.

1. FRANQUENNE lisse.
Frankenia levis. L. ♃ En Europe, dans les sables du bord de la mer.

2. FRANQUENNE velue.
Frankenia hirsuta. L. ♃ Des parties méridionales de l'Europe.

3. FRANQUENNE pulvérulente.
Frankenia pulverulenta. L. ☉ Des parties méridionales de la France.

Culture.

Ces trois espèces se sèment en place, & ne demandent aucun autre soin que des sarclages; elles aiment une terre sèche & même sablonneuse. (*Bosc.*)

FRAXINELLE. *Voyez* DICTAME.

FRESILLON : nom vulgaire du TROÊNE dans quelques cantons.

FRETIN. Tout poisson trop petit pour être vendu s'appelle *Fretin*, soit qu'il appartienne à une espèce qui grossisse, ou à une espèce qui ne grossisse pas. *Voyez* ÉTANG.

FRICHE. Tout terrein sec, non cultivé & non couvert de bois, est une Friche.

Ce mot est, dans beaucoup de cantons, synonyme de PATURAGE. *Voyez* ce mot.

Beaucoup de Friches appartiennent aux communes & portent leur nom. *Voyez* COMMUNES & COMMUNAUX. Elles ont donc leurs inconvéniens.

Les Friches en plaine s'appellent le plus souvent des LANDES. *Voyez* ce mot.

Quelque mauvaise que soit généralement la terre des Friches, elle seroit susceptible de porter des bois, de fournir des récoltes de sainfoin, enfin de recevoir un assolement régulier; mais pour cela il faudroit d'abord les abriter contre les effets dessechans des rayons du soleil par des haies, ou des lignes de grandes plantes vivaces, dirigées du levant au couchant, & d'autant plus rapprochees, qu'il seroit plus sec. Or, c'est ce que leurs propriétaires sont rarement en disposition de faire, soit par défaut de moyens, soit par ignorance.

Dans beaucoup de lieux on est dans l'usage de labourer les Friches pendant deux ou trois ans pour y semer du seigle & de l'avoine, après quoi on les laisse revenir en pâturages où les moutons trouvent à peine de quoi subsister, & où par conséquent les chevaux & les vaches meurent de faim.

Dans beaucoup de pays, le mot *Friche* s'applique aux jachères ou aux champs qu'on laisse reposer plus d'un an, & qui servent pendant ce tems au pâturage des moutons.

Un abus très-nuisible, selon moi, à l'amélioration des Friches, c'est l'écobuage auquel on les soumet regulièrement dans quelques endroits avant de les labourer. Elles manquent d'une suffisante quantité de terre végétale, & on les prive, par cette opération, d'une partie de celles qu'elles contiennent. Peut-on voir une pratique plus absurde? *Voyez* ECOBUAGE. C'est par des engrais abondans, des cultures qui laissent beaucoup de débris qui couvrent la terre le plus long-tems possible, &, comme je l'ai dit plus haut, des abris, qu'il faut entreprendre de les améliorer. Les labours & les binages d'été leur sont contraires, comme favorisant trop l'évaporation de l'humidité du sol; mais un défoncement à la pioche, quoique coûteux & produisant souvent une infertilité complète pendant deux ou trois ans, est un puissant & durable moyen d'amélioration.

Voyez, pour le surplus, au mot DEFRICHEMENT. (*Bosc.*)

FRISÉE. Quelques cultivateurs donnent ce nom

à la même maladie des pommes de terre, qu'on appelle *pivre* en d'autres endroits. Dans cette maladie, leurs tiges sont comme panachées, leurs feuilles brûlées, maigres, rapprochées de la tige & ponctuées de jaune; leurs tubercules petits & peu nombreux. Ses causes ne sont point encore connues. (*Bosc.*)

FRITILLAIRE. *Fritillaria.*

Genre de plante de la famille des *Liliacées* & de l'hexandrie monogynie, qui renferme, après en avoir retiré les IMPERIALES & les BASILES (*voyez* ces mots), trois ou quatre espèces, dont deux se cultivent dans nos jardins, à raison de la beauté ou de l'élégance de leurs fleurs. *Voyez Illustration des Genres*, pl. 245, fig. 1.

Espèces.

1. FRITILLAIRE méléagre.

Fritillaria meleagris. L. ♃ Dans les prés des parties moyennes & méridionales de l'Europe. Vulgairement le *damier.*

2. FRITILLAIRE de Perse.

Fritillaria persica. L. ♃ De la Perse.

Culture.

La première espèce, étant cultivée depuis longtems & se multipliant souvent de semences, a fourni des variétés nombreuses qui portent sur la couleur, la grandeur & le nombre des fleurs, ainsi que sur l'époque de leur épanouissement. Les catalogues de Hollande les portent à plus de trente, & chaque année il s'en produit de nouvelles. Elles entrent toutes dans la décoration des parterres & des jardins paysagers dont le terrein est léger & frais, & où elles trouvent l'ombre qui leur est si favorable.

On sème la graine de Fritillaire aussitôt qu'elle est cueillie, dans une plate-bande légérement ombragée & exposée au levant, ou dans des terrines qu'on laisse au soleil jusqu'à ce que le plant paroisse, & qu'on place ensuite à l'ombre. Elle ne lève qu'au printems suivant : on l'arrose légérement, mais fréquemment. Au printems de la seconde année on repique les petits cayeux, à six pouces de distance, dans un terrein bien préparé, & deux ou trois ans après, lorsqu'ils ont fleuri, on les place à demeure. Depuis lors chaque pied donne chaque année quelques cayeux qu'on sépare, en automne, tous les deux, trois ou même quatre ans, & qu'on remet de suite en terre lorsqu'on veut en augmenter le nombre, ou multiplier telle ou telle variété. Je dis tous les deux, trois ou quatre ans, parce qu'on a reconnu que les pieds, relevés tous les ans, ne donnoient aussi constamment, ni d'aussi belles fleurs, ni d'aussi bons cayeux.

On fait en Hollande des collections de variétés de Fritillaires, comme des collections de variétés de tulipes, d'anémones, &c.

La Fritillaire de Perse est une plante très-élégante; mais comme elle ne donne pas de graines dans nos jardins, & qu'elle y fournit fort peu de cayeux, elle y est extrêmement rare. On se conduit à son egard, comme pour la précédente, soit relativement à sa culture, soit relativement à sa multiplication. (*Bosc.*)

FROID, diminution du calorique dans l'air ou dans un corps particulier.

C'est mal-à-propos qu'on donne au Froid les qualifications d'un être réel; mais, pour me faire entendre, je suis obligé de le considérer aussi comme tel.

Le soleil est l'origine de toute chaleur. Les parties de la terre, sur lesquelles il darde perpendiculairement ses rayons sont perpétuellement chaudes : tel est l'entre-deux des tropiques. Celles où il ne les fait parvenir que par une extrême obliquite sont au contraire continuellement froides : tels sont les deux pôles.

L'air se charge facilement d'un excès de chaleur & la perd également; aussi lorsqu'il vient du midi il est chaud, & lorsqu'il vient du nord il est froid, parce que, dans le premier cas, il a pris de la chaleur en passant sur des terres très-échauffées, & que dans le second il a déposé sur les terres froides la surabondance de celle qu'il possédoit.

Pour les corps inanimés, le Froid est toujours absolu. Il n'est souvent que relatif pour les etres vivans. Ainsi, pendant l'eté, deux degrés de diminution de chaleur leur sont plus sensibles que dix en hiver.

La chaleur dilate les corps, & le froid les resserre. On a conclu de ce fait, qu'on pouvoit mesurer la quantité de l'un & de l'autre en mettant un liquide dans un tube de verre fermé aux deux bouts : de là est venu le THERMOMÈTRE (*voyez* ce mot), instrument dont un cultivateur ne devroit pas se passer.

La végétation des plantes est ralentie par le plus foible degré de Froid; elle est suspendue par la GELÉE. *Voyez* ce mot. Ainsi il y a moins d'activité pendant la nuit que pendant le jour, par un vent du nord que par un vent du midi, au soleil qu'à l'ombre, &c.

Dans les zônes moyennes, en France, par exemple, la surface de la terre est plus froide en hiver qu'en été; mais on trouve dans les souterreins, pendant toute l'année, une température uniforme d'environ dix degrés au dessus de la glace.

Tantôt le Froid est sec, tantôt il est humide. Dans le premier cas, il donne lieu à une excessive transpiration des plantes. Dans le second, il fait craindre des inconvéniens encore plus grands, tels que la gêlée des bourgeons, la coulure des fleurs, &c.

C'est par des abris que les cultivateurs atténuent ou même arrêtent complétement les effets du Froid. Ainsi une plante placée contre un mur exposé au midi, n'éprouvant pas directement les effets du vent du nord, pousse plus tôt & plus rapidement. Ainsi la même plante, mise sous une cloche, sous un châssis, dans une orangerie, &c., gagne même sous ces deux rapports.

Il est des abris naturels, tels que les montagnes, les forêts, &c. : de là vient que certains cantons sont moins Froids que d'autres.

Une chaleur artificielle, produite, soit par des matières en fermentation, soit par des matières en combustion, peut contre-balancer, entre les mains des cultivateurs, les suites d'une grande augmentation du Froid, ainsi qu'on peut le voir aux mots COUCHE & SERRE.

Une des propriétés du Froid est d'empêcher la décomposition des substances susceptibles de fermentation, surtout des corps ou partie de corps des animaux. On a trouvé en Sibérie, au-delà du cercle polaire, dans des étés extraordinaires, & après des éboulemens de terre, des cadavres d'éléphans, qui y étoient enterrés & gelés depuis l'époque de la grande catastrophe qui a changé l'axe de rotation de la terre, & leur chair étoit encore mangeable, quoiqu'il y eût sans doute bien des milliers d'années que ces éléphans étoient morts. Cette propriété est fréquemment mise en usage par les peuples septentrionaux pour conserver leurs viandes & leurs poissons pendant la plus grande partie de l'année.

Si les plantes vivantes ne profitent pas pendant les tems froids, les hommes & les animaux au contraire ne se portent jamais mieux qu'alors. Il ne faut donc pas renfermer ces derniers, même pendant l'hiver, dans des ÉCURIES, dans des ÉTABLES, dans des BERGERIES, &c. basses & rigoureusement fermées. *Voyez* ces mots, & ceux CHEVAL, BŒUF, MOUTON, COCHON, POULE, PIGEON, &c.

FROMAGE, préparation, dans le but de la conserver & de la manger, de la partie caseuse du lait, ou de vache, ou de brebis, ou de chèvre.

La fabrication des Fromages est, dans quelques endroits, un article de commerce de grande importance pour les cultivateurs, & partout un objet d'économie domestique, auquel ils doivent, ou mieux leurs femmes, donner tous leurs soins.

Quelque quantité de Fromages qu'on fasse en France, on n'en fait pas encore assez même pour les besoins intérieurs; car il s'en importe des quantités considérables tous les ans, de la Hollande, de la Suisse & du nord de l'Italie. Nous en avons d'excellens, mais nous ne savons pas leur donner l'apprêt nécessaire pour assurer leur conservation beaucoup au-delà de la première année; ce qui empêche qu'ils puissent être exportés au loin.

Toutes les fois qu'on peut bien vendre son lait, il ne faut pas s'occuper du soin de faire des Fromages, de quelqu'espèce que ce soit, au-delà de sa propre consommation. Toutes les fois que la crême ou le beurre est d'un débit sûr & avantageux, on ne doit pas penser à faire des Fromages gras. Les Fromages susceptibles d'être mis dans le commerce ne peuvent être fabriqués que dans les pays éloignés des grandes villes, & où les pâturages & la main-d'œuvre sont à bon compte. Certains Fromages, qui ne peuvent être confectionnés qu'en grand, tel que le Gruyère, exigent par conséquent la possession de beaucoup de vaches ou la réunion de beaucoup de propriétaires de vaches. *Voyez* FRUITIÈRE.

La première question qui se présente à l'esprit lorsqu'on jette un coup-d'œil observateur sur l'immense quantité de sortes de Fromages qui existent, c'est celle qui a pour but de savoir quelle est la cause de leurs différences. Si j'ouvre les livres, je trouve qu'elle est due à la nature des pâturages. Je ne nie point le fait, mais si je parcours les campagnes en botaniste, je vois que, dans beaucoup de lieux qui offrent les mêmes plantes, les Fromages ne se ressemblent pas quoiqu'il n'y ait pas de différence dans leur fabrication. L'influence des pâturages, quelque puissante qu'elle soit, n'agit donc pas seule.

Sans entrer dans le détail des bases sur lesquelles je m'appuie, parce que cela exigeroit un volume, je pose en principe qu'il ne se fait pas deux Fromages rigoureusement semblables en France dans le courant d'une année, & que, quelques soins qu'on prenne, on ne pourra jamais dire affirmativement que celui qu'on fera aujourd'hui approchera assez de celui qu'on a fait hier pour qu'il ne soit pas facile de les distinguer à l'aspect, à l'odeur, au goût, aux altérations qu'ils éprouveront, &c. Cette irrégularité est due à la multitude & à l'incertitude des circonstances qui agissent avant, pendant & après leur fabrication; circonstances qui la plupart sont indépendantes de celui qui opère. J'en vais mettre quelques-unes sous les yeux du lecteur.

1°. Chaque vache, par son organisation individuelle, donne un lait différent de celui des autres. Chaque jour son lait change de nature, & parce qu'il est plus vieux, parce qu'elle se porte mieux ou moins bien, & parce qu'elle a mangé telle ou elle plante, & parce qu'il a fait plus chaud ou plus froid, & parce qu'elle a respiré, dans le pâturage, un air pur ou un air impur (l'air des montagnes comparé à celui des marais).

2°. Lorsqu'on mêle le lait de plusieurs vaches, il se fait des modifications dans leurs principes, qui sont souvent appréciables à l'œil & au goût.

3°. L'état de l'atmosphère, froide ou chaude, chargée de plus ou moins d'électricité, de plus ou moins de gaz surabondans à la composition de l'air, &c.; le lieu plus ou moins grand, plus ou moins humide, plus ou moins affecté de bonnes ou de mauvaises odeurs; la nature, la grandeur, la forme du vase dans lequel on met le lait à cailler, influent sur la qualité du caillé qu'on laisse former naturellement, sur sa consistance, &c. Dans ce cas, une partie plus ou moins considérable de la crême, & quelquefois la totalité de la crême, s'en sépare.

4°. La nature de la présure, & quoi qu'on fasse pour l'avoir toujours egalement bonne, on n'en voit pas deux semblables. La quantite qu'on en met, la manière de la détremper, l'epoque & le mode de son introduction dans le lait, agissent aussi très-puissamment. La surabondance de cette présure surtout porte dans le Fromage un principe d'altération qui opère continuellement, & une saveur désagréable qu'on ne peut lui faire perdre. On sait de plus qu'un caille plus ou moins promptement à se former, plus ou moins ferme, doit influer sur toutes les opérations subséquentes.

5°. Les opérations qu'on fait sur le caillé, seulement pour le débarrasser de la portion surabondante de sérum ou petit lait dont il est pourvu, peuvent améliorer ou deteriorer la qualité du Fromage, à plus forte raison celles auxquelles il est soumis jusqu'à l'époque où il est mangé ou livré au commerce, puisqu'aucun n'est dans le cas d'être constamment regularisée, c'est-à-dire, mise hors des atteintes des perturbations de toute espèce qui agissent sur elles.

Mais on peut, par une pratique judicieuse, par des soins assidus, diminuer les effets des causes de variations ci-dessus indiquées, ou faire que les unes corrigent les autres, ainsi que je le prouverai par le détail des opérations propres à chaque sorte de Fromage, que je mettrai sous les yeux du lecteur.

Les diverses espèces de Fromages se classent sous deux grandes divisions, qui sont elles-mêmes susceptibles d'un grand nombre de subdivisions.

1°. Ceux qui deviennent Fromage par le simple écoulement de la surabondance de la matière séreuse, & par leur exposition plus ou moins prolongée à l'air.

2°. Ceux qui subissent un commencement de cuisson qui ne dénature pas complétement le caillé.

On divise aussi les Fromages faits en Fromages tendres, Fromages demi tendres & Fromages durs. *Exemple des premiers*, Fromage de Brie; *exemple des seconds*, Fromage de Gruyère; *exemple des troisièmes*, Fromage de Parmesan. Mais il y a des nuances intermédiaires sans nombre; de manière qu'on est souvent embarrassé de décider à laquelle de ces divisions appartient tel ou tel Fromage.

Les Fromages de la première division sont ceux dont la fabrication est la plus générale en France, ceux dont les variétés sont les plus nombreuses, & ceux dont la conservation est la moins longue. Ils intéressent le plus immédiatement le cultivateur de qui ils sont l'aliment ordinaire, auquel il procure des bénéfices journaliers par leur vente dans les villes. Quelques-uns seulement entrent dans le commerce.

Les plus économiques de tous les Fromages, ceux dont on fabrique le plus en France, sont ceux faits avec le caillé formé par le seul effet, sur le lait de vache, du repos & de la temperature de l'air. Comme ce lait ne se coagule qu'après que la plus grande partie de sa crême l'a abandonné, & qu'on la lève pour en faire du beurre, le plus souvent d'un meilleur débit, ces Fromages s'appellent *Fromages maigres*, *Fromages mous*, *Fromages à la pie*, &c. Leur forme & leur grosseur varient sans fin, non-seulement dans divers cantons, mais encore dans le même. Tantôt on les mange peu après qu'ils sont fabriqués; tantôt on leur fait subir les opérations propres à assurer leur conservation. Ils sont la nourriture la plus habituelle des cultivateurs pauvres & des ouvriers qu'emploient les cultivateurs riches. La consommation qu'on en fait en France est énorme.

Pour faire le Fromage maigre, il suffit, comme je l'ai dit plus haut, d'abandonner le lait à lui-même; en été, dans un endroit frais; en hiver, dans un endroit chaud. Dans la première de ces saisons, il caille ordinairement avec tant de promptitude, que toute la crême n'a pas le tems de monter à sa surface; aussi celui de cette saison est-il le meilleur; mais il demande à être mangé frais par la difficulté plus grande qu'il y a à le conserver. Dans la seconde, il caille si difficilement, que quelquefois il ne l'est pas au bout de deux & trois jours, & qu'il faut lui donner de la présure, l'approcher du feu, même le mettre dans le four pour le faire *prendre*, comme disent les ménagères, précautions qui très-souvent altèrent sa qualité. Le Fromage d'hiver est grumeleux, sans goût, & est rarement soumis, comme n'en méritant pas la peine, aux apprêts nécessaires pour assurer sa conservation.

Après l'avoir écrémé, on met le caillé dans des formes ou des éclisses, en pieces aussi grandes que possible, en l'y distribuant le plus également qu'on peut, puis on place ces formes ou éclisses sur deux batons parallèles, au dessus d'une terrine lorsque la laiterie n'est pas pourvue, comme cela est presque général, d'une table à rainures & à châssis. Quelques personnes les changent de formes ou d'éclisses le lendemain; d'autres les laissent dans la même jusqu'à ce que tout le petit-lait en soit sorti. Je crois qu'il vaut mieux suivre la pratique des premières, surtout lorsqu'on emploie des éclisses en bois poreux, tels que l'osier, parce que le petit-lait qu'elles absorbent, s'aigrit & altère la qualité du Fromage.

Au bout de quelques heures ou de quelques jours, car on peut manger les Fromages maigres à toutes les époques de leur fabrication, on les ôte de la forme ou de l'éclisse pour, si on veut les conserver, les mettre sur des nattes de paille, de jonc, & les faire ce qu'on appelle *passer*.

Le lieu où on fait passer les Fromages est tantôt la laiterie même, tantôt une chambre attenante, tantôt une cave, tantôt un grenier, tantôt la cheminee, le four, tantôt les murs de la maison en dehors,

dehors, tantôt des cages d'osier suspendues en plein air, c'est-à-dire, qu'il varie, autant que possible, selon l'intention éclairée de la ménagère qui le fabrique, ou ses caprices & ses préjugés, ou simplement l'usage, ce tyran des sociétés humaines & surtout des habitans des campagnes; aussi faudroit-il un volume pour décrire toutes les variétés qu'on trouve dans les Fromages maigres en parcourant les départemens.

Il est de ces Fromages qu'on porte rapidement à cette décomposition à laquelle ils tendent tous, décomposition qui développe en eux l'ammoniac, fait qu'ils prennent une odeur forte, un goût piquant & âcre, mais qui plaît aux ouvriers des campagnes, parce qu'il irrite fortement les papilles nerveuses de leur palais, leur fait manger & boire davantage, ou déguise mieux la mauvaise nature du pain & du vin dont leur misère les force de se contenter. Il est certains pays mêmes où on est obligé de transformer les meilleurs Fromages en Fromages forts, pour pouvoir les faire accepter par ces ouvriers.

Il est d'autres de ces Fromages qu'on fait complétement & rapidement dessécher au moyen de la chaleur du soleil ou de celle du feu, pour pouvoir les conserver plus facilement. Les Fromages globuleux, appelés *Tête de moine* sur le cours de la Saône & contrées voisines, sont du nombre de ces derniers. Il faut un marteau pour les diviser, & encore a-t-on de la peine. On en ramollit les morceaux en les enveloppant d'un linge imbibé de vin blanc, & en les mettant dans un vase exactement fermé.

Mais la plus grande partie des Fromages maigres se disposent de manière à les conserver doux & mous. Pour cela on les place, immédiatement après qu'ils sont sortis de la forme ou de l'éclisse, ou dans une chambre fraîche & peu éclairée, ou dans une cave peu humide, sur de la paille ou sur des planches très-unies, & tous les jours pendant la première quinzaine, tous les deux ou trois jours pendant la seconde, & ensuite de tems en tems, on les retourne, on change leur paille, on essuie leur planche, on les frotte avec un linge, on les ratisse avec un couteau; enfin, on en prend tous les soins qui seront indiqués plus bas lorsqu'il sera question des Fromages qui sont l'objet d'un commerce étendu.

Quelquefois on sale les Fromages maigres, d'autres fois on ne le fait pas par économie seulement; car le sel favorise leur conservation & améliore leur goût.

Des expériences positives & les modifications qu'ont éprouvées certains Fromages en changeant de sel, donnent à croire que les sels déliquescens, mêlés avec le muriate de soude, tels que les muriates de chaux & de magnésie qui se trouvent toujours dans le sel gris, sont avantageux. *Voyez* SEL.

Toujours il faut que le sel employé soit, 1°. exempt de substances étrangères; 2°. très-sec & très-fin, afin qu'il ne porte aucun principe nuisible dans le Fromage; très-sec & très-fin, afin qu'il soit facilement absorbé.

Quelque peine qu'on se soit donnée pour faire les Fromages maigres il faut les consommer dans les six mois qui suivent leur fabrication, à moins qu'on ne veuille les manger *forts*; car très-difficilement on peut leur faire passer l'été sans qu'ils s'altèrent.

Il est des lieux où, après que les Fromages maigres sont à moitié passés, on racle leur croûte jusqu'au vif, on les brise & on les presse dans des vases avec un pilon. Ces vases, qu'on recouvre de beurre & qu'on ferme exactement, sont ensuite descendus à la cave. J'ai vu de ces Fromages se bien conserver, s'améliorer même; d'autres s'altérer beaucoup plus rapidement & être perdus, probablement parce qu'ils contenoient des élémens étrangers de fermentation, ou qu'on avoit laissé des vides entre leurs interstices.

Souvent les Fromages maigres frais s'arrosent de crême, ou se pétrissent avec de la crême avant de les manger. Cette pratique, ainsi que j'en ai eu bien des fois la preuve personnelle, est excellente à suivre; car on ne peut se dissimuler que les Fromages maigres ont sur les Fromages gras une supériorité de goût.

On peut faire entrer du beurre dans les Fromages qu'on doit manger dans le jour ou le lendemain, mais jamais dans ceux qui sont réservés pour une consommation plus éloignée, parce qu'il y porte un principe d'altération impossible à anéantir. *Voyez* BEURRE.

Les Fromages gras se divisent en deux sortes, ceux qui ne contiennent que la crême propre au lait avec laquelle ils sont faits; ceux dans lesquels, outre cette crême, on en met plus ou moins d'autre prise sur du lait d'une traite précédente. Ces derniers s'appellent *Fromages à la crême.*

La principale différence de fabrication que présentent ces Fromages consiste dans la nécessité où on est de faire cailler le lait par des moyens artificiels avant que la crême s'en soit séparée. Sans doute on pourroit, & on le fait même quelquefois, remêler la crême avec le caillé qu'elle surnage, mais le mélange ne peut plus être rendu intime, & la qualité du Fromage seroit de fort peu supérieure à celle qu'il auroit eue si on eût ôté la crême.

Pour fabriquer du Fromage gras aussitôt que le lait est passé, avant même qu'il soit refroidi, on le met donc en présure. Pour cela on introduit dans sa masse l'infusion d'une caillette ou l'estomac d'un veau ou autre ruminant encore à la mamelle, & on l'y disperse le plus exactement possible en remuant le lait, afin de lui faire prendre l'état qu'il eût pris s'il eût rempli la destination que lui avoit donnée la Nature, c'est-à-dire, qu'il se caillât dans l'estomac du jeune animal.

Le choix de la présure & le mode de sa préparation sont de première importance dans la pratique de la fabrication des Fromages quand on veut arriver au but ; aussi entrerai-je dans de grands détails, sur ce qui la concerne, à l'article qui lui est consacré, article auquel je renvoie le lecteur.

En été, la présure agit très-promptement, souvent en quelques minutes. En hiver, il faut quelquefois l'aider par une chaleur artificielle.

Il est à observer que le lait chargé de crême caille plus difficilement que celui qui en est privé, & qu'ainsi il faut mettre plus de présure pour le Fromage gras, que pour le Fromage maigre.

Rarement on ôte le caillé du petit-lait aussitôt qu'il est formé : on attend qu'il se soit consolidé en s'en séparant naturellement par la force attractive de ses molécules, pour pouvoir plus facilement le mettre dans la FORME ou l'ÉCLISSE, où il doit s'en débarrasser complétement. *Voyez* ces deux mots.

Le tems pendant lequel on laisse les Fromages gras s'égouter dans la forme ou l'éclisse varie depuis quelques heures jusqu'à quelques jours : cela dépend de la saison & du but qu'on se propose, les Fromages gras etant également bons, & quelques personnes les préférant même lorsqu'ils contiennent encore une partie de leur petit-lait.

Toutes les operations qu'on est dans le cas de faire subir aux Fromages gras pour assurer leur conservation ne diffèrent pas de celles indiquées pour les Fromages maigres.

Il est des Fromages qu'on frotte d'huile pour les empêcher de se dessécher trop vîte ; mais il est évident que cette huile doit promptement rancir, & par conséquent altérer la qualité de la pâte.

Ceux qu'on recouvre de lie de vin ne s'affinent pas mieux que ceux qu'on entoure d'herbes vertes, de foin ou de linges mouillés.

Il est peu de départemens où il ne se trouve un, deux ou un plus grand nombre de villages cités dans leurs alentours par la bonté de leurs Fromages gras, avec excès de crême, ou Fromages à la crême. Si ma mémoire me servoit, je pourrois en énumérer beaucoup ; mais, dans la nécessité de me restreindre, je me contenterai de parler de ceux de Neufchâtel, département de la Seine-Inférieure, que je crois les plus renommés, & qui selon moi méritent tout le cas qu'on en fait.

Ces Fromages, qui sont cylindriques & n'ont qu'environ deux pouces de long sur autant de diamètre, se font en unissant, après la coagulation au moyen de la présure d'une partie donnée du lait non écrémé, la crême retirée d'une quantité de lait égale ou supérieure. On les fabrique comme il vient d'être dit, ainsi je ne m'étendrai pas plus longuement sur ce qui les concerne.

Comme les Fromages maigres & gras, les Fromages à la crême, se mangent ou frais non salés & salés, ou passés comme il a été dit plus haut, les premiers sont bien supérieurs aux seconds, à mon avis ; & en effet, on doit croire que la petitesse de leur volume empêche les procédés qu'on leur applique de produire les mêmes résultats que sur les gros.

Les Fromages de Neufchâtel manquant de consistance lorsqu'ils sont frais, on est obligé, pour les envoyer à Paris, de les envelopper d'un papier fin. Ils se conservent au reste un mois dans cet état, moyennant quelques précautions.

Le bon prix que se vendent ces Fromages a engagé à les imiter aux environs de Paris ; mais comme la crême y est chère, on l'épargne ou même on n'en met pas du tout ; ce qui nuit à la réputation & au débit de ceux qui viennent véritablement de Neufchâtel, & dans lesquels la crême est dans la proportion convenable. Je fais cette observation pour engager les amateurs à n'en acheter qu'après les avoir goûtés.

Parmi les Fromages où la crême domine, & qui ont peu de consistance, se trouve au premier rang le Fromage de Viry, près Paris. On fait un secret de sa fabrication ; mais il y a lieu de croire que c'est de la crême réunie à partie égale de caillé gras, qu'on a battue pendant quelques instans dans une baratte à beurre. Des expériences faites d'après des indications ont du moins donné des Fromages qui ne différoient pas de ceux achetés à Viry même.

On mange le Fromage de Viry avec du sel ou du sucre. Il ne peut pas se conserver plus d'un jour pendant les chaleurs ; mais quand la température a baissé, il se garde un peu plus long-tems. C'est le plus cher de tous les Fromages.

Les Fromages à la crême de Mont-Didier, dont j'ai été à même d'apprécier toute la délicatesse à la table de mon collégue & ami Parmentier, ne diffèrent pas ou très-peu de ceux de Viry.

Il en est de même de la crême de Blois, si réputée dans cette ville, si je me rappelle bien de celle que j'ai mangée lorsque j'y ai passé.

Pour compléter ce que j'aurois à dire sur la composition & la fabrique des Fromages maigre, gras & à la crême, qui n'éprouvent point l'action du feu, je vais passer à la description des procédés qu'on suit aux environs de Paris pour faire les Fromages dits *de Brie*, Fromages qui offrent ces trois modifications, & qui ont une reputation plus étendue que celle d'aucun autre, probablement à raison de la grande consommation qui s'en fait à Paris, rendez-vous général de l'Europe, & même de toutes les parties du Monde.

Ce n'est point, comme on l'a écrit, aux pâturages que ce Fromage doit sa supériorité, mais aux soins qu'on apporte aux opérations dont il est l'objet. J'ai trop souvent fréquenté les champs & les laiteries de la Brie pour ne m'être pas convaincu par moi-même de cette vérité. Il me feroit possible de donner, à une demi-douzaine près, la liste des plantes qui y croissent, & de citer bien des fermières qui ne négligent rien pour donner à leur

Fromages toute la qualité qu'ils sont susceptibles d'acquérir.

On fait des Fromages de Brie d'un grand nombre de qualités. Les plus maigres sont composés de lait écremé. Les communs contiennent toute la crême de leur lait. Les fins, ou re cette crême, reçoivent celle de la traite précédente.

Voici comme on procède à la fabrication de ces derniers.

Dès que les vaches sont traites on passe leur lait, & on y réunit la crême de la traite du soir précédent. On jette dans ce mélange un peu d'eau chaude pour lui donner une douce chaleur, & on le bat avec une grande latte pour distribuer également la crême dans toute sa masse ; puis on y met la présure, renfermée dans un nouet de linge fin, sur le pied d'une cuillerée pour douze pintes. Cette précaution, dont on ne reconnoit pas assez l'importance dans d'autres cantons, est générale ici, parce qu'on a remarqué que la plus petite quantité de cette substance qui reste dans le Fromage le tache, & accélère sa décomposition.

La présure étant dans le lait, on couvre le vaisseau, & au bout d'une demi-heure ou plus s'il fait froid, on regarde si le lait est caillé. S'il ne l'est pas on ajoute de la nouvelle présure, car il est certain que quelques laits en demandent plus que d'autres.

Le caillé étant formé, on le remue dans son petit-lait, d'abord avec une tasse, ensuite avec la main ; enfin, on le comprime au fond du vaisseau. C'est alors qu'il est en état d'être mis dans le moule à Fromage, lequel est fait en osier & a souvent un pied de large sur deux pouces de profondeur. Là on le presse de nouveau, & on le couvre d'une planche un peu plus petite que le moule, planche qu'on charge d'un poids, & qu'on laisse jusqu'à ce que le petit lait soit écoulé.

Lorsque le Fromage paroît dépouillé de tout son petit-lait, on mouille un linge qu'on étend sur la planche du moule, & on renverse dessus le Fromage, puis on étend un autre linge à fond du moule & on y remet le Fromage. Dans cet état on le met en presse. Une demi-heure après on le retire du pressoir, on le change de linge & l'y replace, & cela se répète ensuite de deux heures en deux heures, la nuit exceptée, jusqu'au soir du lendemain ; mais on n'enveloppe plus le Fromage que dans un linge fin & sec, linge qu'on supprime même les dernières fois.

Au sortir du pressoir on frotte un des côtés du Fromage de sel dans un baquet où on le laisse passer la nuit. Le lendemain on le retourne pour frotter l'autre côté de la même manière, puis on le laisse trois jours dans la saumure.

Ce tems écoulé, on le place sur une planche, ordinairement garnie de linge ou d'un tissu de joncs ou de fétus de paille, tissu qu'on appelle *cajot*, dans un lieu ni trop sec ni trop humide : là on l'essuie tous les jours avec un linge sec, & on le retourne en même tems jusqu'à ce qu'il soit sec. La chaleur de l'atmosphère accélère ce moment.

Il est quelques parties de la Brie où on ne met pas les Fromages en presse ni dans la saumure : là, quand ils sont arrivés au degré de dessiccation suffisante, on racle avec un couteau la mucosité farineuse qui les couvre, & on les sale avec du sel fin d'un côté ; puis de l'autre, ayant soin de les retourner de tems en tems & de les changer de cajot.

Une certaine quantité de ces Fromages étant reconnue être au point convenable, on les renferme dans un tonneau défoncé, entre deux tissus de joncs ou de fétus de paille, avec de la menue paille d'avoine, de manière qu'aucun ne se touche. C'est là qu'ils s'affinent. Pour hâter ce moment, on place le tonneau dans un lieu frais, sans être humide : les Fromages s'y ressuient, s'attendrissent, & acquièrent, en peu de mois, cette perfection qui les fait tant rechercher.

Au lieu d'opérer ainsi, quelques fermières affinent leurs fromages quelques jours avant de les manger ou de les envoyer au marché. Pour cela, ou elles les enveloppent de paille d'avoine mouillée, ou elles les trempent un moment dans l'eau chaude chargée de cendre, & les entourent de foin.

Il est très-important pour les cultivateurs qui font ces sortes de Fromages, qu'ils les vendent en tems opportun ; car il en est beaucoup qui se décomposent & coulent, dès la fin de l'hiver, même avant que les chaleurs se fassent sentir, c'est-à-dire, qu'à cette époque leur partie intérieure se ramollit, se gonfle, fait crevasser la croûte, & sort sous la forme d'une bouillie épaisse, blanche ou jaunâtre. Aucun ne peut se garder, quelque précaution qu'on prenne, une année sur l'autre.

La bonne saison de faire les Fromages de Brie est le mois de septembre. Ceux qui se font plus tard, c'est-à-dire, pendant l'hiver, sont peu estimés. On mange frais ceux qui proviennent des traites de l'été.

L'art a su tirer parti des Fromages qui coulent, pour en former une autre sorte de Fromage d'une délicatesse extrême, qu'on appelle *Fromages en pots de la poste aux chevaux de Meaux*. A cet effet on tient ces Fromages dans une chambre basse, sur des planches bien polies & lavées plusieurs fois par jour ; & à mesure que la pâte liquéfiée s'en écoule, on la ramasse pour la mettre dans des pots, où elle se conserve une année de plus lorsqu'ils sont bien bouchés, & qu'on ne les expose pas à une trop forte chaleur. L'important dans cette opération, c'est de faire en sorte qu'il ne se mêle avec la pâte liquéfiée aucune portion de la croûte, qui nuiroit à sa bonté & à sa blancheur. Tous les Fromages de Brie ne sont pas dans le cas de fournir cette pâte de qualité supérieure; aussi y a-t-il des mécomptes à craindre pour ceux qui entreprennent d'en fabriquer sans en avoir l'expérience. C'est madame Petit, maîtresse de poste de Meaux, & ses deux charmantes filles, qui, avant la révolution, jouissoient de la plus grande réputation à cet égard; elles faisoient des envois jusqu'en Russie.

Les croûtes se pétrissent avec la pâte qui leur est restée adhérente, & on en fait un Fromage fort qu'on donne aux ouvriers au déjeûner & au goûter.

Les Fromages de Brie, bien à point, sont certainement au nombre des meilleurs de leur division. Il est fâcheux qu'il soit très-rare d'en trouver deux fois de suite d'également bons dans le commerce, & que, lorsqu'on s'adresse à la source, c'est-à-dire, chez des fermiers connus, on ne puisse pas les conserver plus de deux ou trois jours sans qu'ils s'altèrent. La proximité de Paris seule en assure le débit, qui est fort considérable.

Il est des Fromages de Brie d'une largeur un peu moindre que celle indiquée plus haut, & d'une épaisseur variable. Généralement cette épaisseur surpasse peu le pouce. Ceux qui sont maigres sont presque toujours bleus, & ceux qui sont fins sont presque toujours fauves à l'extérieur. En les entamant, pour peu qu'on ait de l'habitude, on juge facilement de leur qualité relativement à la quantité de crême qui est entrée dans leur composition; mais il faut nécessairement les goûter pour savoir s'ils sont bons. Il est fréquent de les trouver trop salés & avec un goût fort désagréable, qui provient ou de la présure employée, qui devient rance lorsqu'elle est trop vieille, ou du lieu où ils ont été renfermés, qui est quelquefois trop voisin des écuries, &c. Je dois avouer que je ne les ai pas toujours vu faire avec la propreté & les soins minutieux qui sont la base des travaux de même nature dans les Alpes.

Au reste, les fermières de ce pays prétendent toutes avoir des procédés de fabrication particuliers & préférables à ceux de leurs voisines; aussi toutes ne laissent-elles pas assister les curieux à leurs opérations.

D'autres Fromages dont on fait le plus grand commerce en France appartiennent à cette division: ce sont ceux de Marolles. Ils sont carrés, & tantôt de six pouces, tantôt de deux pouces de largeur sur un & demi de hauteur. Je ne sache pas que les procédés de leur fabrication aient été décrits en détail, mais on sait qu'ils ne diffèrent pas sensiblement de ceux employés pour les Fromages de Brie. Leur consistance plus pâteuse & plus molle tient uniquement à ce qu'on les passe dans des caves plus humides, & qu'on les emmagasine en grandes masses; ce qui s'oppose à l'évaporation de l'eau qu'ils contiennent. Il y en a aussi dans le commerce, de maigres, de gras & de crêmeux, mais incomparablement plus des seconds. Leur saveur peu prononcée & leur odeur forte les repoussent de la table des riches; mais ils sont très-recherchés par les ouvriers, qu'ils aident à manger le pain grossier dont ils se nourrissent. Il est fort difficile de les empêcher de devenir forts lorsqu'on ne peut pas les tenir dans une cave convenable, & surtout qu'on n'en a qu'un petit nombre.

Les Fromages de Rollot, du Mont-Dor, de Livarot, les Dauphins, les Angelots, avec une forme & quelques qualités intrinsèques différentes, rentrent dans la classe de ceux dont il vient d'être question.

Les Fromages de Herve, dans le département de l'Ourthe, jouissent d'une assez grande réputation pour qu'on en envoie jusqu'à Paris, quoique la fabrication n'en soit pas fort étendue. Leur extérieur est rouge, & leur intérieur présente des nuances variées de bleu, de brun, de rouge & de jaune; ils sont d'une consistance ferme & d'un goût agréable.

Voici les procédés de leur fabrication.

Après avoir fait cailler le lait sans l'écrémer, on le met dans un sac de toile claire, & on le comprime avec force pour en faire sortir le plus possible de petit-lait, puis on y incorpore une suffisante quantité de sel, avec une pincée, par chaque deux livres, de feuilles de persil, de ciboule, d'estragon hachées bien menu, en pétrissant le tout de manière à égaliser la distribution de ces feuilles dans la masse.

Cela fait, on introduit le caillé dans une forme de bois ronde ou carrée & percée de trous, où il reste trente-six heures, au bout duquel tems il est devenu Fromage qu'on place sur des claies d'osier garnies de paille, dans un lieu de température moyenne, où il se dessèche en huit ou dix jours.

Quelquefois on les expose au soleil.

Pour terminer la fabrication de ce Fromage, on le porte à la cave sur de la paille fraîche: on le sale de nouveau à la surface. Cette surface ne tarde pas à se couvrir de moisissure qu'on enlève à trois reprises différentes au moyen d'une brosse trempée dans de l'eau où on a délayé du bol rouge. Enfin, au bout de trois mois de séjour dans ce lieu, le Fromage est propre à être mis dans le commerce.

On fabrique aussi à Herve des Fromages non persillés, qui ne diffèrent de ceux de Marolles que parce que leur couleur est moins citrine, & leur goût plus désagréable; qu'ils se racornissent davantage & se conservent moins long-tems. Ils sont plus salés.

Dans deux villages des Vosges, nommés *Gerardmer* & *Géromé*, on fabrique une sorte de Fromage simple, qui a quelque réputation dans les environs, & dont j'ai autrefois souvent mangé. La forme dans laquelle on le moule, a deux pieds de hauteur & quatre pouces de diamètre: sa base rentre comme celle des bouteilles. Lorsqu'il est suffisamment sec on le porte à la cave, où il se perfectionne à la faveur de la température uniforme qui y règne, & d'où, au bout de deux mois, on peut le faire sortir pour le mettre dans le commerce. Pendant les premiers jours de son séjour dans ce lieu, on le sale, on le retourne; enfin, on en prend tous les soins nécessaires.

Les cultivateurs de cette contrée tirent le serai, qu'ils appellent *brocotte*, du petit-lait qui provient de la fabrication de ces Fromages.

Quelques-uns de ces cultivateurs introduisent dans la pâte de leurs Fromages, avant de la mettre en forme, une certaine quantité de graines de cumin; ce qui leur donne une odeur aromatique, & une saveur âcre qui plaît à beaucoup de personnes. Ces Fromages se consomment, pour la plus grande partie, dans les environs; cependant il en vient à Paris, & il en va en Allemagne.

J'ai reçu souvent autrefois des environs du Puy, une sorte de Fromage qui a la forme & les dimensions de celui de Gerardmer & de Géromé, sans cumin. Depuis, je les ai vu vendre dans presque toutes les villes de la ci-devant Auvergne.

Il se fabrique aux environs de Mastricht une sorte de Fromage appelé *Fromage de Mersem*, *de Rekem*, qui ne sort pas du pays, mais dont je crois cependant devoir donner la composition.

On fait cailler le lait après l'avoir écrémé, puis on met le caillé dans un chaudron sur le feu sans le laisser bouillir, & on le remue avec une spatule de bois jusqu'à ce que toute la partie caseuse en soit séparée. Le tout est ensuite passé à travers un linge, & on le comprime avec les mains, de manière à én exprimer le plus possible de petit-lait. Le lendemain on incorpore, dans la masse du sel, de la canelle & du girofle en poudre, & on la met, en la comprimant fortement, dans un vase qu'on place dans un lieu frais. Au bout de trois jours on retire le Fromage du pot, & on y incorpore la crême qui appartenoit au lait dont il est composé, plus un morceau de beurre & un jaune d'œuf. On mêle bien le tout par un pétrissage d'environ une heure, puis on le remet dans le pot en le comprimant fortement. Deux fois vingt-quatre heures après il est de nouveau pétri & distribué dans des moules de bois cubiques, où il reste trois jours, après quoi il est porté à la cave, où trente jours suffisent pour lui donner toutes les qualités qu'il doit avoir.

Ces Fromages ne plaisent pas à tout le monde, à raison de leur goût particulier.

Tous les Fromages qui se font dans les alpes de la Suisse, de la France, de l'Allemagne & de l'Italie se fabriquent à peu près de même que ces excellens Fromages si généralement connus sous le nom de *Gruyère*, du nom d'une ville du premier de ces pays, qui sert de dépôt au grand commerce qui s'en fait. Décrire la pratique d'une localité c'est donc décrire celle de toutes les autres.

Dans la Suisse allemande on nomme MARKAIRE l'homme chargé de la fabrication des Fromages de cette sorte; dans la Suisse française, il s'appelle FRUITIER. *Voyez* ces mots.

Comme il faut le lait d'au moins cinquante vaches en plein rapport pour faire un Fromage par jour, & qu'il faut, pendant l'été, employer ce lait peu après qu'il est tiré, il n'y auroit que les grands propriétaires qui pourroient en faire fabriquer si on n'avoit imaginé des associations de petits propriétaires qui, en mettant chaque jour leur lait en commun, se placent à l'unisson des premiers, & ont même quelques avantages sur eux en ce que leurs vaches sont mieux soignées.

L'importance dont il seroit pour la France que ces associations encore bornées aux Alpes & aux montagnes qui en dépendent, s'étendissent partout, m'a déterminé à en faire connoître les avantages, & indiquer en détail les moyens d'exécution au mot FRUITIÈRE, auquel je renvoie le lecteur.

Un grand nombre d'écrivains ont fait connoître plus ou moins en détail les procédés usités. Je les ai suivis moi-même en trois endroits; savoir: dans la Maurienne, sur le mont Baldo & aux environs d'Alstorf. Il me sera donc facile d'en rendre compte.

On distingue trois sortes de Fromages de Gruyère: le *gras*, qui contient toute la crême; le *mi-gras*, à qui on a ôté une partie de la crême, & le *maigre*, qui n'en renferme plus. Quelquefois on mêle avec la traite du matin la crême retirée de la traite du soir précédent; ce qui fait des Fromages extrêmement gras. Les personnes exercées, telles que les marchands, ne peuvent pas être trompées sur la quantité de crême qui a été soustraite.

On ne fait pas de Fromages maigres dans les vacheries des hautes montagnes.

Souvent il se fabrique forcément des Fromages demi-gras pendant les chaleurs de l'été, parce que la traite du soir laisse monter sa crême pendant la nuit, & qu'il faut l'enlever. Alors on ajoute à cette traite celle du matin, qui conserve toute sa crême.

Si le lait donne des signes d'aigreur on ne le met point en présure; car son caillé altéreroit la qualité du Fromage dans lequel on le feroit entrer: on le laisse de côté, &, après avoir profité de la crême qu'il est dans le cas de fournir, il est réuni au petit-lait pour être confectionné en SERAI. *Voyez* ce mot.

Une des considérations les plus importantes à la bonne fabrication des Fromages c'est la préparation & l'emploi de la présure.

Les estomacs de tous les jeunes animaux qui têtoient encore leur mère lorsqu'on les a tués, fournissent de la présure; mais on ne recherche généralement que ceux des veaux, qui, salés & desséchés, s'appellent la *caillette*. Il est rare d'en avoir deux de suite de la même qualité. *Voyez* PRÉSURE.

De la bonne préparation & du bon emploi de la présure dépend le succès des opérations qui ont la préparation des Fromages pour but : on ne peut donc y apporter trop d'attention.

Plusieurs causes étrangères à la présure font varier ses effets. Les principales sont la température de l'air, celle du lait; la nature de ce dernier, son âge, la saison. Il faut donc que celui qui opère, fasse attention à toutes ces circonstances pour obtenir un résultat semblable dans tous les tems & dans tous les lieux. L'expérience seule guide convenablement dans ce cas.

Une fabrication bien montée est toujours munie de deux infusions de caillette; l'une fraîche, très-forte; l'autre ancienne, très-foible. Celui qui opère essaie d'abord la forte dans une petite quantité de lait chaud, &, s'il trouve que la première le coagule trop rapidement, il l'affoiblit avec la seconde. Pour être bonne, il faut qu'à la température de vingt-six degrés elle agisse en vingt secondes. On dose celle de cette force sur le pied d'environ cinq centièmes en hiver, & d'un six-centième en été, plus pour les Fromages très-gras, moins pour les maigres.

Des fabricans enduisent leur grande cuiller de présure, & la promènent ensuite dans la chaudière; ce qui fait qu'elle s'y distribue plus également que lorsqu'on l'y verse directement. Une saveur désagréable & une disposition à la fermentation sont toujours les suites d'une surabondance de présure.

On commence l'opération de la fabrication par mettre, après l'avoir au préalable fait passer à travers la passoire, tout le lait nécessaire à la fabrication d'un Fromage qui, terme moyen, doit peser cinquante livres, dans une grande chaudière suspendue à une potence qui tourne sur un pivot, & on fait du feu dessous. Quand ce lait est arrivé à une température de vingt-cinq degrés on le retire de dessus le feu, on y jette la présure, on l'agite dans tous les sens pour la disperser également, & on le laisse reposer.

Le caillé se forme plus ou moins promptement. Un quart-d'heure suffit en été. Lorsqu'il est au point convenable, c'est-à-dire, que le petit-lait s'en est séparé, on enlève la pellicule qui le recouvre, & une petite épaisseur du caillé, lesquelles contiennent une surabondance de présure qui altéreroit le goût du Fromage, après quoi on coupe le caillé dans tous les sens avec une grande cuiller, jusqu'à ce qu'il soit divisé en morceaux gros comme le bout du petit doigt.

Cette première division opérée, on prend le brassoir, baton au bout duquel se trouvent fixées, tantôt de longues chevilles droites, ordinairement au nombre de neuf; tantôt des baguettes formant le demi-cercle : on le plonge au fond de la chaudière, & en le tournant dans tous les sens on imprime au liquide un mouvement irrégulier qui réduit le caillé en grains glutineux, élastiques, d'un blanc-jaune, qui crient sous la dent lorsqu'on les mâche.

Tout en brassant, on remet la chaudière sur le feu, & on élève la température du liquide, en vingt ou vingt-cinq minutes, au trente-cinquième degré, puis on la retire, & on continue de brasser pendant un quart-d'heure.

Peu après qu'on a cessé de brasser, le Fromage se dépose au fond de la chaudière sous la forme d'un gâteau que d'abord on consolide avec la main, & qu'ensuite on enlève au moyen d'une toile pour être porté sous une presse dans un moule enveloppé de la même toile.

On appelle *moule* une planche de bois de sapin ou de hêtre de cinq à six pieds de long, de cinq à six pouces de large, & de trois à quatre lignes d'épaisseur, contournée en cercle, & dont les extrémités sont libres, de manière qu'en le serrant avec une corde on peut diminuer son diamètre de moitié. Ce moule se pose sur une table épaisse & bien unie, & se recouvre d'un plateau ou planche épaisse de même forme, & d'un diamètre un peu plus grand.

Les soins qu'exige cette nouvelle opération c'est de faire correspondre exactement le centre de la masse au centre du moule, & de ne pas y mettre plus de matière qu'il ne faut; car si elle dépassoit le bord du moule de plus d'un pouce, elle s'échapperoit.

Au bout d'une demi-heure de pression on soulève le poids, on ôte le plateau & le cercle, on remet le Fromage dans une autre toile, on le retourne, on le replace dans le moule qu'on a rétréci, de manière qu'il le déborde de deux ou trois lignes, & on le soumet de nouveau à la pression jusqu'à ce que le plateau touche le moule. On répète cette opération, dans les six premières heures, aussi souvent que le plateau touche le moule chaque fois rétréci, afin de débarrasser le Fromage de tout son petit-lait.

Lorsqu'on néglige ces précautions, au lieu d'un excellent Fromage à pâte roulée, à grands trous, on en a un blanc-gris à petits trous, médiocre ou mauvais, & qui se conserve peu.

Toutes ces opérations sont un peu plus longues lorsqu'elles se font sur des Fromages très-gras, & au contraire plus courtes lorsqu'il est question de Fromages maigres.

On donne ordinairement le même diamètre à tous les Fromages destinés au commerce, afin de faciliter leur emballage.

Chaque Fromage doit porter la marque de son propriétaire. On l'applique à cette époque de la fabrication.

Le premier soin de celui qui fabrique des Fromages, en arrivant le matin dans le lieu de son travail, est de sortir du moule le Fromage fait la veille, & de le porter au magasin, où quelques heures après il le soupoudre de sel très-sec & très-fin, qui ne tarde pas à fondre & à offrir des goutes d'eau qu'il étend, au moyen d'un torchon de laine, sur toute la surface supérieure & les côtés du Fromage.

Le lendemain on tourne le Fromage, & on sale de même l'autre côté.

Quelquefois la saumure n'est pas absorbée dans cet intervalle, & alors on a à craindre que la croûte du Fromage ne prenne pas de consistance ou se fende. Il faut frotter plus fort & plus souvent, & attendre.

Chaque jour, pendant deux ou trois mois, selon que la saison est chaude ou froide, on répète la même opération.

Un Fromage est salé quand il a employé quatre à cinq pour cent de son poids de sel; mais il s'en faut bien que cette quantité entre dans sa substance. Il s'en perd inévitablement beaucoup, qui coule en saumure sur les tablettes.

Plusieurs circonstances, dont les unes sont dépendantes, & les autres indépendantes des soins de celui qui opère, font quelquefois manquer la fabrication des Fromages, & alors leur valeur se réduit souvent à moitié. Ces Fromages sont presque tous consommés par le pauvre dans le pays même, & on en voit d'autant plus rarement dans le commerce, qu'ils se conservent mal.

Immédiatement après que le Fromage est tiré de la chaudière, porté dans le moule & mis sous la presse, la personne qui opère, revient vers la chaudière qu'il replace sur le feu pour tirer, au moyen de l'aizy & à l'aide de l'ébullition, le serai que contient le petit-lait qui y est resté. J'ai décrit les procédés qui se suivent pour cela au mot SERAI, & j'y renvoie le lecteur.

Il semble qu'il ne reste plus rien à retirer du petit-lait qui reste, & qu'on appelle la *cuite;* mais, comme je l'ai dit plus haut, une partie est employée en aizy, & on trouve encore moyen de nourrir des cochons avec le reste, ou de le vendre pour cet objet. On peut aussi en obtenir du sucre de lait; mais cette fabrication, qui jadis étoit de quelqu'importance, est tombée presqu'à rien.

La fabrication des Fromages de Gruyère est une source de richesses pour la Suisse. Chaque année il en sort considérablement, qui se répandent en France, en Espagne, en Italie & en Allemagne. En tems de paix on en embarquoit beaucoup pour l'usage des équipages des vaisseaux, & pour transporter dans les colonies. Bien choisis, ils sont réellement délicieux, quoiqu'ils cèdent, à mon avis, au Parmesan. Dans les pays froids, ils se conservent plusieurs années; mais dans les pays chauds, même à Paris, ils s'altèrent au bout de l'année. J'ai lu quelque part que, dans les petits cantons de la Suisse, il étoit d'usage de garder un de ceux qui se fabriquoient à une époque mémorable, comme un mariage, la naissance d'un enfant, pour ne le manger qu'au mariage du premier né issu de ce mariage, ou à la naissance du premier enfant de cet enfant; que dans telle abbaye il y en avoit toujours de plus d'un siècle de date, pour le regal des Moines aux grandes fêtes religieuses.

Long-tems on a cru que les Fromages de Gruyère ne pouvoient être faits que sur les montagnes élevées, que c'étoit aux pâturages seuls qu'ils devoient leur bonne qualité. Actuellement on sait, par expérience, qu'il est possible d'en fabriquer ailleurs d'aussi bons ou de presqu'aussi bons. Sans compter les etablissemens qui se trouvent aujourd'hui descendus dans la plaine auprès de Genève, de Lausane, &c., il s'en est formé non loin de Nantes, près de Bourges, &c., qui mettent dans le commerce, avec de grands bénéfices, des Fromages qu'on distingue difficilement de ceux de la Suisse. Comme beaucoup de cultivateurs sont en état d'apprécier les avantages qui résultent des associations connues sous le nom de FRUITIÈRE (*voyez* ce mot), il est à croire qu'il s'en formera un grand nombre sur tous les points de l'Empire, & je fais des vœux pour que mes espérances à cet égard se realisent bientôt pour la prospérité particuliere & générale; car il n'est pas indifférent à cette prospérité, que telle quantité de lait ne produise qu'un demi à son propriétaire lorsqu'elle peut lui donner un entier.

On fabrique dans les montagnes du Jura deux sortes de Fromages fort estimés, qui diffèrent fort peu du Gruyère : c'est le Vachelin & le Sept-Moncel.

Pour faire le premier, on lève la crême avec modération, on chauffe légérement le caillé. On sale avec du sel en poudre le Fromage qui en provient pendant qu'il est dans la cave.

Pour faire le second, on fait cailler le lait immédiatement au sortir du pis de la vache, sans l'écrémer ni le chauffer. On le sale en le plongeant dans de la saumure où on le laisse fermenter, ensuite on le sèche à la cheminée.

Au reste, ces deux Fromages exigent les mêmes opérations que le Gruyère.

Le Sept-Moncel a des avantages marqués sur le Vachelin. Il se vend à Lyon, où il est fort estimé, où il se consomme presque toût, & où il vaut cinq pour cent de plus que le Vachelin. La même quantité de lait en fournit davantage, & sa fabrication est moins coûteuse.

Dans les montagnes du Cantal il se fabrique une grande quantité de Fromages, qui, s'ils étoient faits avec l'intelligence & la propreté convenables, seroient une source de richesses pour cette contrée. On les appelle des *Fourmes*. Ils offrent un cône tronqué, qui a ordinairement plus d'un pied de diamètre & de hauteur. Leur consistance est mollasse, & leur couleur d'un fauve gris ou d'un gris-sale. Leur conservation ne va guère au-delà de six mois. On en exporte quelque peu dans le midi ou dans l'ouest, & le reste est consommé dans le pays, où il vaut rarement plus de 10 sous la livre. On doit à MM. Desmarets & Boysson l'exposé des procédés de leur confection.

Le lait récemment trait est forcé de se cailler en une heure au moyen de la présure.

A l'aide d'une espèce d'épée de bois qu'on nomme *mesadou*, on divise le caillé, & à l'aide d'un bâton terminé par une planche ronde & trouée qu'on nomme *menole*, on le réunit en une masse qui se précipite au fond du vaisseau ou *baste*.

La masse retirée se met dans une *fescelle*, vase de bois percé de plusieurs trous, où elle est pressée avec les genoux, puis placée sur de la paille, dans une baste inclinée, offrant une ouverture pour l'écoulement du petit-lait. A mesure qu'on fait de nouvelles masses on les place sous les anciennes.

Lorsqu'il fait froid on met la baste ainsi garnie devant le feu.

Ces masses restent en cet état deux fois vingt-quatre heures, pendant lesquelles il s'opère un mouvement de fermentation qui fait que son volume augmente, qu'il s'y forme une infinité de vides ou d'yeux. Alors on dit que le caillé est poussé, & on lui donne le nom de *tomme*.

Un morceau de tomme est pétri ensuite dans la fescelle, puis salé. Lorsque toute la tomme est ainsi pétrie & salée par morceaux, on en remplit la fescelle en comprimant cette tomme, puis on engage dans la fescelle le bord inférieur d'une seconde pièce appelée *feuille*, pièce qu'il remplit également. Il place dessus la *guirlande*, autre pièce qui sert à maintenir la feuille, & qui se remplit encore jusqu'au bord. Le tout est recouvert d'un morceau de toile, & transporté sous une presse qui n'est autre qu'une planche placée au dessus d'une table à rigole, planche arrêtée d'un côté par des chevilles fixées dans deux montans, & qu'on charge de l'autre d'un nombre de pierres plus ou moins grosses.

Sous cette presse, le Fromage se comprime, la fescelle, ainsi que la guirlande, entre dans la feuille, & le petit-lait s'écoule par les trous de la fescelle & par les intervalles des trois pièces. Il y reste environ un jour, puis on le retourne & on l'y place de nouveau pendant quelques heures.

Au sortir de la presse, le Fromage est porté à la cave, où on a soin de l'humecter avec un linge trempé dans le petit-lait que la presse en a exprimé, & qui est chargé de sel, & de le retourner tous les jours. Son état de sécheresse indique qu'il n'a pas eu assez de sel, & on en augmente la dose. Au bout de six semaines ou deux mois le Fromage a formé une première croûte qu'on racle avec un couteau. Alors on le frotte tous les trois jours avec un linge sec.

Au bout de cinq mois il est transporté dans les caves des villes, où il achève de prendre de la consistance, & où on continue de le frotter avec un bouchon de paille.

Outre la mal-propreté dont j'ai déjà parlé, les causes de la mauvaise qualité des fourmes sont une présure mal préparée, du sel trop impur, & surtout une pressée incomplète, soit à raison de l'imperfection de la presse, soit à raison de la forme irrégulière & du volume considérable du Fromage.

Il n'en est pas de même des Fromages de Hollande, dont la forme est une sphère un peu aplatie. La plus grande propreté & les soins les plus minutieux président à leur fabrication ; aussi sont-ils l'objet du commerce le plus étendu qui se fasse en ce genre, aussi se transportent-ils dans toutes les parties du Monde, font-ils toujours partie de l'approvisionnement des vaisseaux. Après le Parmesan & le Chester, ce sont ceux qui se conservent le plus long-tems. Les sommes qu'ils attirent annuellement en Hollande sont très-considérables. Les amis de la France doivent desirer que leur fabrication y passe ; elle y réussiroit sans doute, puisque ceux du Cantal n'en diffèrent que par une infériorité qui tient aux mauvais procédés usités par les pâtres des montagnes qui les fournissent, & qu'il en sort des environs de Bergues, qu'on n'en distingue que par une pâte un peu moins consistante & une croûte plus épaisse.

Il faut une centaine de vaches pour pouvoir fournir le lait nécessaire à la fabrication d'un Fromage de Parmesan par jour, parce qu'on compte que, sur ce nombre, il y en a toujours un cinquième qui sont prêtes à vêler, qui viennent de vêler ou qui sont malades. L'une portant l'autre elles donnent trente-deux pots de lait, pesant un peu moins de deux livres chacun. On réunit la traite du soir à celle du matin, comme étant moins dans le cas, à raison de la fraîcheur de la nuit, d'être altérée, & comme ne pouvant pas être employée de suite. Les Fromages qu'on fait en hiver sont moins pesans, parce que le lait est moins abondant.

La traite du soir est écrémée ; mais celle du matin ne l'est pas ou très-peu. Le lait trop chargé de crême ne sauroit être employé à faire des Fromages de Lodesan, nommés *Fromages grenus*, parce qu'ils ne seroient pas assez secs, & qu'ils s'altereroient facilement.

Le lait se met dans une grande chaudière conique, d'environ cinq pieds de profondeur & huit pieds de diamètre, établie sur un fourneau en maçonnerie, ou suspendue à une potence. On fait tiédir ce lait, & on y mêle, avec la main, de la présure & du safran en proportion variable après en avoir ôté le feu. Cela fait, la chaudière est couverte. Lorsque le caillé est bien formé, on le rompt & on le mélange avec un bâton traversé de neuf chevilles en croix ; puis on rallume le feu qu'on augmente successivement, & on continue à remuer, mais avec un bâton qui n'a que quatre chevilles. Après un quart-d'heure de travail le caillé est réduit en petits grumeaux.

Il est de la plus grande importance de remarquer quand les grumeaux commencent à prendre de la consistance, afin de retirer le feu.

Arrivés à cet état, on enlève le petit-lait, d'abord

d'abord en le décantant, enfuite en le paffant à travers un linge.

Ce petit-lait eft remis fur le feu pour en faire le Mafcarpa ou Fromage de petit-lait, qui fe vend aux pauvres, & à bon marché.

Le caillé, après s'être refroidi, eft mis dans une forme de bois fans fond, recouverte d'une planche ronde, un peu plus petite que la forme, planche qu'on charge de poids très-confidérables, afin d'extraire du Fromage tout le petit-lait.

Le même foir que le Fromage a été mis en forme on le porte au magafin, où, vingt-quatre heures après, on le fale. Il y refte, en hiver, quinze à vingt jours, & en été huit à douze feulement. Pendant ce tems il fe forme une croûte fur fa furface.

A cette époque on tranfporte le Fromage dans une autre pièce, où de tems en tems on le frotte d'huile, où pendant fix mois on le retourne chaque jour, après quoi il eft propre à être livré au commerce.

La plus grande propreté eft indifpenfable pour le fuccès de toutes les opérations ci-deffus.

On voit par ce rapide expofé, que la fabrication de ces Fromages ne diffère pas ou prefque pas de ceux de Gruyère, & cependant ils ont une apparence & un goût bien différens. Quoique j'aie voyagé dans les cantons d'où ils proviennent, je n'ai pas eu occafion d'obferver en détail les opérations que je viens de décrire. Il faut donc que je me borne à fuppofer que les Fromages du Parmefan, & encore plus ceux du Lodefan, font plus fecs, parce qu'ils font plus cuits, contiennent moins de parties butyreufes & de petit-lait. Leurs rapports avec ceux de Chefter font très-nombreux. A mon goût, ils font les meilleurs de l'Europe quand ils font bien choifis; car, comme tous les autres, ils varient prodigieufement en qualité. C'eft à Pavie, à Lodi & à Milan, que j'ai été, comme à la fource, à portée d'apprécier toute leur fupériorité. Très-rarement on en mange de bons à Paris.

Les Fromages de Chefter fe font prefqu'entiérement comme ceux de Parmefan. Leur confiftance eft à peu près la même, mais ils font un peu moins fins. C'eft avec du roucou qu'on les colore. Il en eft de cent livres, & ce font, dit-on, les meilleurs. Le Fromage le plus eftimé parmi ceux qu'on fait en Angleterre eft celui de Stillon, qu'on appelle *Parmefan anglais* : fa forme eft carrée. Ceux qui en approchent le plus font ceux de Hunlingdon, Rutland & Northampton.

Il y a déjà long-tems qu'Olivier de Serres a publié que le mélange des différens laits amélioroit les Fromages, & la réputation méritée de ceux de Saffenage le prouve inconteftablement.

Pour fabriquer cette forte de Fromage on mêle, dans des proportions variables, mais où cependant le premier domine toujours, du lait de vache, de brebis & de chèvre dans un grand chaudron bien propre que l'on met fur le feu, & que l'on en retire lorfqu'il y a commencement d'ébullition. Le lendemain on écrème, & on remet du lait chaud dans la même proportion que la crême, puis on ajoute de la préfure. On remue jufqu'à ce que le lait fe caille, & lorfqu'il eft caillé on décante le petit-lait. Le caillé fe met enfuite dans des formes percées de trous, pour que le refte du petit-lait puiffe s'écouler. Trois heures après on renverfe le Fromage dans une autre forme, & on répète cette opération plufieurs fois pendant trois jours.

Lorfque le Fromage a acquis affez de folidité, on le foupoudre de fel fin fur toutes fes faces, &, lorfqu'il en eft complétement imprégné, on le pofe fur des planches bien propres, ayant grand foin de le retourner foir & matin, & de ne le jamais remettre de fuite dans la même place. On répète cette opération jufqu'à ce qu'il foit bien fec & ait pris une couleur rouge, après quoi on les place fur de la paille étendue par terre, & on continue à le vifiter, à le retourner tous les jours. S'il étoit trop fec, c'eft qu'on auroit trop écrémé, & alors il faudroit l'envelopper dans du foin mouillé ou le defcendre dans une cave humide.

Les petits Fromages qui fe font dans les environs de Montpellier, & qu'on connoît fous le nom de *Fromageons*, font compofés avec du lait de brebis.

Dans les premiers jours d'avril, lorfque les agneaux commencent à avoir acquis de la force, on les fépare chaque foir de leur mère, pour ne la leur rendre que le lendemain vers le milieu du jour, après qu'elles ont été traites au retour du pâturage. Le lait qu'on a tiré eft paffé par une étamine très-propre; enfuite on le jette dans de grands pots de grès, & on lui donne la quantité de préfure néceffaire. Ces pots font placés dans un endroit frais quand il fait chaud, & dans un endroit chaud quand il fait froid.

Auffitôt que le lait eft caillé on le brife avec une cuiller percée ou avec la main, & il eft mis enfuite dans des écliffes de grès, ou dans des moules percés de trous de fix pouces de diamètre & d'un pouce de profondeur, où il s'égoute. Au bout de quelques heures on retourne le Fromage. Lorfqu'il a acquis affez de confiftance pour être ôté de l'écliffe, on le met fur de la paille ou du jonc, puis on le fale des deux côtés. Chaque jour on le retourne.

Quelques perfonnes aiment mieux les Fromages frais, c'eft-à-dire, cinq à fix jours au plus de fabrication. D'autres les veulent plus ou moins paffés. Un troupeau de quatre cents brebis en donne fix à fept douzaines par jour, jufqu'au commencement de juin, qu'on les envoie à la montagne, & qu'on ceffe de les traire pour ne pas trop les affoiblir, & pour leur faire defirer le bélier. Ces Fromages procurent par conféquent un revenu confidérable aux propriétaires des brebis.

Le lait de brebis, on le fait depuis long-tems, eft plus riche en parties cafeufes que celui de vache.

C'eft avec du lait de brebis qu'eft fait le Fromage de Roquefort, qui est l'objet d'un commerce qui enrichit ce village. Lorsqu'on y méle du lait de chèvre il est plus délicat.

Les brebis qui fournissent ce lait paissent toute l'année sur des montagnes arides, & on leur donne habituellement du sel. Le plus réputé de ces pâturages s'appelle *le Lazart*.

Depuis mai jusqu'en juillet chaque brebis donne environ trois quarts de livre de lait en deux traites : c'est le tems du meilleur produit; cependant on fait des Fromages jusqu'à la fin de septembre.

Le lait trait est passé à travers une étamine & mis dans un chaudron étamé.

La présure provient d'un chevreau à la mamelle, & se conserve desséchée & salée. Lorsqu'on veut s'en servir, on la met pendant vingt-quatre heures infuser dans de l'eau ou du petit-lait. Elle peut, dans cet état, servir pendant un mois; mais, comme elle gâteroit les Fromages si elle se corrompoit, on en fait de nouvelle tous les quinze jours.

Trop peu de présure ne rempliroit pas l'objet : sa surabondance altéreroit la bonté du Fromage. Il faut donc en proportionner la quantité à celle dù lait. L'expérience guide mieux sur cela, que toutes les indications de la théorie.

Dès que la présure est dans la chaudière on remue bien le lait, pour qu'elle se disperse également dans toute sa masse. En moins de deux heures il est caillé.

Pour lors, une femme plonge les mains dans le caillé, qu'elle tourne & retourne dans tous les sens, puis elle le comprime ou pousse vers le fond, où enfin il se précipite sous la forme d'un pain rond. Le petit-lait est transvasé par l'inclinaison de la chaudière, & le caillé du Fromage coupé en morceaux, & transporté dans une forme placée sous une espèce de pressoir.

La forme est une cuvette de bois de chêne cylindrique, de grandeur variable & percée de trous. Souvent elle a un pied de diamètre, sur six à huit pouces de haut.

On pétrit de nouveau le Fromage dans la forme, & on l'en remplit au-delà de ses bords; puis, après l'avoir comprimé autant que possible, on le met sous la presse ou sous une planche chargée d'une pierre du poids de cinquante livres au moins.

Le Fromage reste environ douze heures dans la forme : pendant ce tems on le tourne d'heure en heure.

Quand il ne sort plus de petit lait par les ouvertures de la forme, on en tire le Fromage, on l'enveloppe d'un linge, & on le porte dans une chambre où on le fait sécher sur des planches. Pour les empêcher de se gercer, on les sangle avec une grosse toile. Il faut les retourner au moins deux fois par jour, & frotter, retourner les planches qui les supportent, sans quoi ils s'aigriroient, s'attacheroient aux planches & ne se coloreroient pas. Ils ne sont bien secs qu'au bout de quinze jours.

Dès que les Fromages sont secs on les porte dans les caves : on les y sale chaque côté l'un après l'autre, & à vingt-quatre heures de distance, avec du sel très-fin. Au bout de deux jours on les frotte avec un morceau de grosse toile, & le surlendemain on les ratisse fortement avec un couteau. Ces raclures servent à composer un Fromage en forme de boule, qu'on appelle *Rhubarbe*, qui se consomme dans le pays.

Ces opérations terminées, on met huit à dix Fromages en pile, & on les y laisse quinze jours. Au bout de ce tems ils se couvrent de moisissure longue d'un demi-pied (ce qui me paroît fort) qu'on racle, & on range les Fromages sur des tablettes. On renouvelle, pendant deux mois, tous les quinze jours, ou même plus souvent, l'enlévement de la moisissure, qui, de blanche qu'elle étoit d'abord, devient successivement verdâtre & rougeâtre, couleur que les Fromages conservent. Ils sont alors en état d'être mis dans le commerce.

Le déchet qu'éprouvent les Fromages de Roquefort par ces manipulations est tel, que cent livres de lait ne donnent que vingt livres de Fromage fait.

Le bon Fromage de Roquefort doit être bien persillé, c'est-à-dire, parsemé de veines bleuâtres dans son intérieur, & d'une saveur douce agréable. Comme sa fabrication est très-bornée, & qu'il est très-recherché, il se soutient toujours à un prix élevé.

Le petit lait est remis sur le feu pour faire ce qu'on appelle dans le pays des *recuites*, qui ne diffèrent du SERAI (*voyez* ce mot) que parce qu'elles ont été moins chauffées, & qu'on ne les sale pas.

Lorsque, dans l'arrière saison, les brebis ne donnent plus en un jour assez de lait pour faire un gros Fromage, on n'en fait que des petits. Il est cependant des cultivateurs qui font chauffer leur traite pour l'empêcher de s'aigrir, & le lendemain, après l'avoir écrémée, ils la mêlent avec la traite du jour, & en font un gros Fromage, mais inférieur à ceux de la bonne saison, pourvus de toute leur crême. Le beurre qu'on retire de la crême de ces Fromages est exquis, & se vend sous le nom de *Crême de Roquefort*.

On contrefait dans les environs le Fromage de Roquefort; mais on ne parvient pas à lui donner la couleur & la saveur des vrais. Il diminue beaucoup plus de poids & s'altère plus promptement.

Il convient de parler ici des caves de ce village, puisqu'il est reconnu que sans elles les Fromages qu'on y fabrique, seroient d'une bien moindre valeur.

Au midi de Roquefort se trouve un vallon en cul-de-sac, entouré d'une ceinture de rochers coupés à pic, & dans lesquels sont pratiquées les caves, au-devant de chacune desquelles il y a une bâtisse pour la porte, qui est tantôt au levant, tantôt au couchant, tantôt au nord, mais qui n'en reçoit pas plus les rayons du soleil, qui ne pénètrent dans le vallon que pendant quelques heures des plus longs jours de l'été.

Les caves varient en capacité, & ont toutes trois parties, le rez-de-chaussée, le souterrein qui est plus bas, & l'étage qui est plus élevé que le rez-de-chaussée. Toutes ces pieces ont environ huit pieds de hauteur moyenne, & sont garnies de planches contre leurs parois.

A différens endroits du rocher se trouvent des fentes d'où sort un vent froid, assez fort pour ne pas permettre d'en approcher de trois pieds une chandelle allumée sans qu'elle s'éteigne. C'est à la froidure de ce vent qu'on attribue, sans doute avec raison, la propriété qu'ont ces caves d'affiner si parfaitement le Fromage qu'on y dépose. On fait d'ailleurs à Roquefort une grande différence entre une cave & une autre pour cet objet, & il y a lieu de croire que ce sont les plus froides qui sont les meilleures. M. Marcorelle, à qui on doit les renseignemens dans lesquels j'ai puisé & que je viens de dire sur les Fromages de Roquefort, a trouvé, un 9 octobre, que l'air des caves étoit plus froid de sept degrés & demi que celui de l'atmosphere. M. Lesage trouva aussi, un 28 septembre, que dans sept à huit caves le froid étoit de sept degrés plus intense que dehors, & que dans deux autres il l'étoit de neuf degrés.

Sans doute on trouve rarement des circonstances naturelles de ce genre; mais il est possible de les produire artificiellement, principalement au moyen d'une trombe ou courant d'eau tombant par un canal perpendiculaire dans un réservoir qui communique avec une cave par un tuyau sortant de sa partie supérieure.

C'est dans les environs de Lyon que se font les Fromages de chèvre les plus renommés de France. Parmi eux se distinguent ceux du Mont-Dor. J'ai vécu quelque tems dans ce pays, & j'ai été à portée d'en suivre la fabrication & d'en goûter les produits dans tous les états.

Presque généralement on met la présure dans le lait de chèvre lorsqu'il est refroidi; mais certaines ménagères préfèrent faire cette opération peu d'instans après la traite. On remue le tout pour effectuer le mélange, & on laisse reposer.

Les formes sont d'osier, rondes, de quatre à six pouces de diamètre, sur deux de hauteur, & garnies d'un linge en dedans. Le caillé s'y met au moyen d'une cuiller ou d'une coquille d'anodonte, sans qu'il soit brouillé; au contraire, on fait en sorte que les levées soient les plus entières possible. On laisse le petit-lait s'écouler naturellement, &, lorsqu'il l'est assez pour que le Fromage se tienne ferme, on l'ôte de la forme, on le pose sur de la paille & on le sale, aujourd'hui d'un côté, demain de l'autre, avec du sel fort fin.

Les Fromages salés se changent de place & se retournent tous les jours. Le point essentiel est de les tenir dans un lieu ni trop sec ni trop humide, ni trop chaud ni trop froid.

Beaucoup de Fromages de chèvre se vendent à Lyon peu après leur salaison, c'est-à-dire, cinq à six jours de fabrication. Les autres sont amenés, en continuant à les retourner tous les jours, au point de dessiccation qu'on desire. On affine ces derniers, lorsqu'on veut les consommer, soit en les enveloppant d'un linge, soit en les trempant dans du vin blanc, & en les mettant entre deux assiètes.

Les chèvres qui fournissent la plupart des Fromages des environs de Lyon sont nourries à l'étable. Elles rendent un grand produit à leurs propriétaires, qui sont presque tous de pauvres cultivateurs.

Il est des personnes qui préfèrent le Fromage de chèvre fort à celui qui est frais. C'est le seul qu'on puisse envoyer au loin.

Les Fromages convenablement fabriqués, frais ou passés, qui ne sont pas altérés, sont un aliment aussi nourrissant que sain lorsqu'on en mange modérément. Ils aident puissamment à la digestion. Ceux qui sont altérés de quelque manière que ce soit, même ceux qui sont forts, quoiqu'on en consomme beaucoup dans cet état, portent dans l'estomac un levain de pourriture qui peut amener des maladies graves, surtout pendant les chaleurs de l'été. Ils excitent beaucoup la soif.

Plusieurs espèces de mouches déposent leurs œufs dans le Fromage, & il en naît des vers, ou mieux des larves qui vivent à ses dépens, & accélèrent beaucoup sa décomposition en y versant une liqueur qui le rend fluide. Les principales d'entre elles sont la *mouche de la pourriture*, dont la larve saute fort bien; la *mouche dorée*, la *mouche commune*, la *mouche stercoraire*. Il y a beaucoup de personnes qui ne veulent pas manger du Fromage dans lequel elles ont vu une seule de ces larves. Il en est beaucoup d'autres qui ne l'estiment que lorsqu'il en fourmille. Toujours il est facile, avec des précautions & de la surveillance, d'empêcher qu'elles se multiplient de manière à détruire promptement un Fromage. *Voyez* MOUCHE.

Le ciron du Fromage (*acarus ciro* Linn.) est un autre animal qui, quelque petit qu'il soit, nuit beaucoup aux marchands & aux amateurs; car il se multiplie avec une prodigieuse rapidité. On ne l'apperçoit que par le résultat de ses ravages, c'est-à-dire, par la diminution du poids & par la poudre qui en résulte. Ce sont principalement les Fromages secs qu'il préfère. Laver dans du vinaigre, ou entourer de linges trempés dans du vinaigre les Fromages qui en sont infestés, est la méthode la plus usitée pour les détruire. On peut aussi les faire périr en enduisant les Fromages d'huile, ou en les exposant à la vapeur du soufre enflammé.

Il ne faut pas, comme l'ont fait quelques écrivains, confondre cet insecte avec celui de la gale, qui pendant long-tems a été regardé comme son congénère, mais qui, mieux étudié, est aujourd'hui reconnu comme appartenant à un genre différent, appelé SARCOPTE. *Voyez* ce mot.

Quant aux moyens de préserver les Fromages de ces insectes, ils sont tous fondés sur les soins qu'on prend de les tenir dans des endroits exactement fermés, ou privés de la lumière, ou d'une température très-fraîche. Il n'y a réellement, ainsi que je m'en suis assuré par des observations positives, que ceux qui le veulent bien, qui aient à se plaindre de ce qu'un Fromage, qui n'en contenoit pas quand il a été acheté, soit dévoré par eux.

J'aurois pu étendre beaucoup cet article, mais j'ai lieu de croire que, tel qu'il est, il peut suffire à ceux qui desirent entreprendre la fabrication de quelque espèce de Fromage que ce soit. Comme je l'ai observé plusieurs fois, c'est presqu'uniquement des procédés de pratique que dépendent, & les nombreuses variétés qu'ils présentent dans chaque série, & les qualités particulières de chaque Fromage à quelque variété qu'il appartienne. Si quelqu'un pouvoit même douter de ce fait, il lui suffiroit de goûter les Fromages de Brie dans un marché, ou les Fromages de Gruyère dans un magasin, pour s'en assurer. (*Bosc.*)

FROMAGER. *Bombax.*

Genre de plante de la famille des *Malvacées* & de la monadelphie polyandrie, qui réunit une demi-douzaine d'espèces propres aux parties les plus chaudes de l'Amérique, de l'Inde & de l'Afrique, & dont on ne cultive qu'une seule dans les jardins de Paris.

Cette espèce est le Fromager à cinq feuilles, *bombax ceiba*, grand arbre du Brésil, qui n'est qu'un chétif arbrisseau dans nos serres chaudes, où on est obligé de le conserver toute l'année. La terre qu'on lui donne doit être consistante & n'être renouvelée que tous les deux ans. On lui ménage les arrosemens pendant l'hiver. Il se multiplie de boutures faites dans des pots sur couche & sous châssis; mais les pieds qui en proviennent ne sont jamais aussi bien venans que ceux qui sont le résultat du semis des graines venues de son pays natal.

Les autres espèces demandent sans doute la même culture.

Le bois du Fromager est si léger, qu'il supplée le liége dans plusieurs cas, & entr'autres pour soutenir le bord supérieur des filets des pêcheurs à la surface de l'eau. (*Bosc.*)

FROMENT. *Triticum.*

Genre de plante de la famille des *Graminées* & de la triandrie digynie, qui renferme une vingtaine d'espèces, dont une, le Froment proprement dit, est le plus beau présent que la Nature ait fait à l'homme, l'article le plus important de la richesse territoriale, le but le plus général de la culture en Europe. *Voyez* au mot BLÉ.

Il y a tout lieu de croire, d'après les observations d'Olivier, de l'Institut, & des considérations d'analogie tirées de la plupart des plantes qui sont l'objet de nos cultures, & qui sont étrangères à la France, que le Froment est originaire de la Haute-Asie. Quoi qu'il en soit, il est certain que c'est une des plantes les plus généralement & les plus anciennement cultivées, & qu'il n'y a que l'extrême du chaud & du froid qui lui soit complétement contraire.

Étant cultivé de tems immémorial, dans tous les climats & dans tous les sols, le Froment a dû offrir des variétés sans nombre, qui se sont successivement perdues & retrouvées. Mettre en concordance avec la nôtre la nomenclature que nous ont laissée les Grecs & les Romains, même celle d'Olivier de Serres, seroit extrêmement long, & nullement utile aux cultivateurs; aussi ne l'entreprendrai-je pas. Comme il est de ces variétés qui offrent des avantages ou des inconvéniens sous tel ou tel rapport, qui viennent mieux ou plus mal dans tel ou tel terrein, sous tel ou tel climat, il est très-utile de les connoître. C'est dans cette intention qu'en 1784 & années suivantes, je me procurai des graines de la plupart de celles qui sont cultivées en France, & beaucoup de celles qui le sont non-seulement dans les autres États de l'Europe, mais encore en Asie, en Afrique & en Amérique, & les fis semer plusieurs années de suite à Rambouillet & dans un autre canton de la Beauce, dont le sol est différent. Mes expériences n'ont pu être poussées aussi loin que je l'aurois voulu, parce qu'elles ont été interrompues par la révolution; mais elles m'ont cependant fourni, pour la France, des résultats qui ne sont pas à dédaigner.

Pour ne pas fatiguer le lecteur de divisions & de subdivisions, je rangerai les variétés de Fromens qui se cultivent en France dans deux séries : les Fromens à grains tendres & à chaume creux, qui sont les plus anciennement & les plus généralement connus, & les Fromens à grains durs & à chaume solide qui y ont été apportés d'Afrique, & qui s'y sement aujourd'hui beaucoup, principalement dans les départemens méridionaux.

C'est aux blés durs que l'Italie doit la réputation méritée de ses macaronis, de ses vermicelles & autres pâtes, qui varient sans fin par leurs formes, mais non par leur composition. C'est avec eux qu'on fabrique la meilleure semouille. Le pain qu'on en fabrique est bien plus savoureux & plus nourrissant, parce que la matière glutineuse y domine. Ils craignent beaucoup moins le CHARANÇON & l'ALUCITE (*voyez* ces mots), & s'altèrent infiniment plus difficilement, comme le prouvent ces amas de grains qu'on trouve de tems en tems en terre, dans quelques endroits des parties méridionales de l'Europe, & septentrionales de l'Afrique, amas qui ont quelquefois plusieurs siècles d'enfouissement. D'après ces avantages, il semble qu'on devroit les préférer dans toutes les cultures. Mais il résulte des expériences qui me sont propres, que ces blés craignent beaucoup les gelées, ainsi que les pluies de l'hiver dans le climat de Paris, & qu'on ne peut en espérer que rarement des récoltes profitables dans les fertiles champs de la Beauce.

Si je m'en rapportois aux noms qui m'ont été envoyés des différentes parties de la France, les variétés de Fromens seroient triples de celles que je vais mettre sous les yeux du lecteur, parce que la même porte souvent des noms différens dans les divers cantons où on la cultive. J'avois entrepris de fixer la synonymie de ces noms, mais mon travail est devenu incomplet par suite des événemens de la révolution, & il faudroit le reprendre & le suivre plusieurs années consécutives pour le rendre digne d'être mis sous les yeux du public. Je ne donne pas, au reste, cette liste comme complete, quoique j'aie pendant plusieurs années employé tous les moyens possibles pour la compléter, parce que, dans ce genre de recherche, où on est obligé d'employer beaucoup de personnes qui y mettent peu d'intérêt, les objets les plus communs ou les plus intéressans sont souvent ceux qui échappent les premiers à la vue; cependant c'est la plus étendue & la plus assurée qui ait encore été publiée.

1°. Froment sans barbe, à balles blanches peu serrées; grains jaunes, moyens; tige creuse.

Ce Froment est celui qu'on sème dans la majeure partie des plaines à blé dont la terre n'est pas trop campacte, & où il y a peu de fond.

2°. Froment sans barbe, à balles rousses & peu serrées; grains jaunes, moyens; tige creuse.

Les grains sont plus gros & d'un jaune plus roux que ceux du précédent. Il se cultive dans les mêmes cantons, & y est preféré dans les années où il pleut pendant la moisson, parce qu'il germe plus difficilement.

3°. Froment sans barbe, à balles rousses & à grains blancs.

La même observation s'applique encore à cette variété.

4°. Froment sans barbe, à balles blanches peu serrées; grains petits, blancs, ronds; tige creuse.

Ce Froment a beaucoup de rapport avec le premier : on le cultive dans beaucoup de cantons au nord & au midi. C'est le blé de première qualité des environs de Dunkerque; le blanc des environs de Calais, le blé blanc des environs de l'Ille, le *hedge-wheat* des Anglais.

5°. Froment sans barbe, à épi roux & carré; grains petits; tige creuse.

On le cultive sur les bords du Rhin, où on le sème ordinairement au printems. Quelquefois son épi prend une teinte blanchâtre.

6°. Froment sans barbe, à épi roux; grain de grosseur moyenne; tige creuse & grêle.

Il se cultive avec le précédent. Son épi varie également dans sa couleur.

7°. Froment sans barbe, à epi velu & grisâtre; grains moyens; tige creuse. Sa sous-variete a les epis roux.

Cette variété se cultive dans la vallée d'Auge & contrées voisines.

8°. Froment sans barbe, à épi blanc; grains blancs, longs & un peu transparens; tige creuse; calices rares & écartés.

C'est la *touzelle* ou *tousellé* des départemens méridionaux.

9°. Froment barbu, à épi blanc, large, à barbes blanches, divergentes; grains moyens; tige creuse; calices peu serres.

On le cultive dans la plus grande partie de la France : tantôt il est lisse, tantôt il est velu.

10°. Froment barbu, à épi roux, large; à barbes rousses, divergentes; grains moyens; tige creuse; calices peu serrés. Il est aussi ou lisse ou velu.

11°. Froment barbu, à balles & barbes violettes, velues & droites; grains gros & longs; tige pleine.

Il se cultive dans les environs de Gênes & de Turin. Une partie de ses barbes tombe à l'époque de sa maturité. Sa croissance est rapide & sa maturité hâtive.

12°. Froment barbu, à épi étroit, velu & gris; barbes grises ou noires; grains gros & bombés, tachés de noir sur le germe; tiges pleines & balles serrées.

On pourroit appeler ce Froment *Blé de Souris*. Il se cultive principalement dans les terres qui ont du fond, comme celles de la vallée d'Anjou. Ses balles tombent à sa parfaite maturité. Il est quelquefois plus blanc, quelquefois plus roux.

13°. Froment barbu, à épi rouge non velu, un peu étroit; barbes rouges; gros grains; tige pleine.

On le cultive avec le précédent dans la vallée d'Anjou, & seul dans beaucoup de cantons. Souvent ses barbes tombent au moment de la maturité. Quelquefois elles sont couvertes d'une poudre blanche. Elles varient en roux, en violet, en noir, en blanc. Cette dernière s'appelle *Nonette* dans les environs de Genève.

14°. Froment barbu, à épi blanc, carré; barbes noires à leur base; gros grains blancs, bombés; tige demi-creuse.

Il se trouve abondamment aux environs d'Avignon. Ses barbes sont sujètes à tomber.

15°. Froment barbu, à épi blanc, étroit; barbes noires; grains ternes & longs; tige grêle & pleine.

On le cultive dans le même canton. Ses épis sont quelquefois roux.

16°. Froment barbu, à épi blanc, long, carré; à barbes blanches; gros grains; couleur ordinaire; tige pleine.

C'eſt le *Blé de providence* de beaucoup de lieux, parce qu'il eſt d'un grand produit. Il convient dans les terres qui ont du fond. Ses barbes tombent.

17°. Froment barbu, à épi rouge, carré, long; gros grains; tige pleine. Il perd toutes les barbes à la maturité. Il ſe couvre quelquefois d'une efflo-reſcence blanchâtre.

18°. Froment barbu, à épi roux, velu, court, carré; barbes rouſſes; gros grains ternes & bombés; tige pleine.

Il ſe cultive à Lavaur, ſous le nom de *Blé pétaniel*. Au moment de la maturité il perd ſes barbes.

19°. Froment barbu, à épi blanc, velu, preſque carré; barbes blanches; grains gros & bombes; tige pleine.

On le trouve aux environs d'Avignon.

20°. Froment barbu, à épi rouge; balles & barbes rouges, rapprochées & ſerrées; à gros grains ternes.

On le cultive dans le même canton que le précédent. Ses balles ſont quelquefois couvertes de poudre. Il offre tantôt des barbes blanches, tantôt des barbes noires.

21°. Froment barbu, à barbes droites, à épi aplati & épais; grains longs & durs; tige pleine. Il eſt originaire d'Afrique, d'où il a paſſé dans le midi.

22°. Froment barbu, à épi blanc; barbes blanches; balles très-longues; grains longs; tige creuſe. On lui a donné le nom de *de Blé de Pologne*.

23°. Froment à épi très-blanc; barbes liſſes, étroites; tige pleine; grains gros.

Il eſt originaire d'Eſpagne, & connu, dans les départemens méridionaux, ſous le nom de *Blat de came*, blé de cuiſſon, parce qu'on le prépare & le mange comme le riz. Sa paille eſt extrêmement courte.

24°. Froment barbu, à épis groupés ſur le même pied, roux, velu; barbes rouſſes; grains blanchâtres, très-gros; tige pleine.

Cette variété eſt appelée *Blé de miracle*, à raiſon de la grande quantité de grains qu'il produit; mais ces grains ſont petits, ſe ſéparent difficilement de leur balle, ne donnent preſque pas de farine, & le pain qui en provient eſt ſans ſaveur; auſſi ne le cultive-t-on que par curioſité & en petite quantité.

Quant à l'épautre, comme elle forme une eſpèce diſtincte dans le genre, il en a été queſtion ſéparément, & je renvoie le lecteur à ſon article.

L'expérience prouve que la diſtinction des Fromens en Fromens d'automne & Fromens d'hiver n'eſt pas fondée ſur des caractères réels. Chacune des variétés citées plus haut peut être rendue Froment de mars en la ſemant, pendant le cours de ce mois, deux ou trois années de ſuite. La moindre longueur des épis, la plus foible groſſeur des grains, qui ſont la ſuite des ſemis de cette ſaiſon, tiennent à ce que la végétation ſe fait plus rapidement & s'arrête plus promptement, à raiſon de la chaleur du printems & de l'eté. Par contre, tout Froment de mars peut être reporté à la groſſeur naturelle de ſa variété en le ſemant deux ou trois années de ſuite en automne. Je dis, dans ces deux cas, deux ou trois années de ſuite, à raiſon de l'influence de la groſſeur de la graine ſur la vigueur des plantes qui en proviennent; influence qui fait que la dégénération, ainſi que la régénération, n'a lieu que petit à petit.

De cette dernière remarque qui a lieu pour toutes les graines, il faut généralement conclure qu'il eſt toujours avantageux de ſemer le plus beau Froment poſſible lorſqu'on veut avoir de belles recoltes.

C'eſt pour n'avoir pas fait attention à cette circonſtance, que tant de cultivateurs croient qu'il eſt bon, au bout de quelques années, de ſubſtituer dans leurs ſemis de la graine priſe dans un autre canton, à celle de leur propre récolte. Toujours dans ce cas, & j'en ai acquis la preuve bien des fois pendant mes voyages, ceux qui ont cette opinion, & qui la croient fondée ſur une expérience conſtante, tirent leur ſemence d'un canton plus fertile ou d'un canton mieux cultivé de leur voiſinage, & où par conſéquent la graine eſt plus groſſe & moins mélée de celles des mauvaiſes herbes qui faliſſent les cultures peu ſoignées. Cela eſt ſi vrai, que tel cultivateur ſoutient qu'il faut tirer ſes ſemences du midi, tel autre du nord, tel autre de la plaine, tel autre de la montagne, c'eſt-à-dire, ſelon qu'il eſt placé relativement aux pays plus fertiles ou mieux cultivés.

Mais, malgré l'évidence de cette preuve, j'ai voulu encore confirmer le principe par des expériences directes & authentiques.

En 1779 j'ai fait venir de la graine de Froment de vingt-deux points de la France; elle appartenoit aux variétés *à épi blanc ſans barbe*, *graine jaune*, *tige creuſe*, qu'on cultive dans le nord; & *à épi roux*, *barbu*, *barbes divergentes*, *graines jaunes*, *tige creuſe*, qu'on cultive dans le midi. Elle a été ſemée, ſous vingt-deux numéros, en plein champ, dans des terreins de fertilité moyenne, d'une même étendue, & préparés par le même laboureur.

Après pluſieurs récoltes j'ai été forcé de me reſtreindre à quatorze numéros, les autres ayant été confondus par inadvertance.

Ces expériences continuées pendant dix ans de ſuite m'ont prouvé que la graine de la récolte de la dixième année a eté auſſi bonne que celle des Fromens cultivés dans le canton (la Beauce) dont la ſemence a été changée, & que les réſultats, comparés à celle envoyée, dont j'avois conſervé des échantillons, n'ont préſenté aucune différence ſenſible. Il ne faut pas croire cependant que, pendant leur durée, les numéros aient toujours donné des récoltes également bonnes: l'un a produit plus que l'autre telle de ces années, & cet autre a produit davantage l'année suivante. Ces variations tenoient à des circonstances atmosphériques ou à des causes locales, à l'influence desquelles tous les cultivateurs savent qu'on ne peut échapper. Toutes les précautions possibles, au reste, ont été prises pour éviter des causes d'erreur; ainsi la culture des terres a toujours été très-soignée, les graines bien nétoyées &, à trois années près, convenablement chaulées.

Il résulte des faits que je viens de citer, que la dégénération du Froment n'a lieu qu'autant qu'on le sème dans une plus mauvaise terre, qu'on le cultive plus mal, qu'on le récolte avant sa complète maturité, &c. &c.

En effet, beaucoup de cultivateurs s'occupent peu de bien labourer & fumer leurs champs, de netoyer leurs graines de celles des mauvaises herbes, de chauler convenablement, de semer en tems opportun, & également de sarcler avec exactitude, de récolter ni trop tôt ni trop tard; de sorte que leurs récoltes donnent de foibles produits, & ils disent que leurs grains sont dégénérés. Alors ils achètent de la semence de choix, c'est-à-dire, plus grosse & mieux nétoyée, dans le canton voisin, qui, comme je l'ai dit plus haut, est le mieux cultivé, & ils obtiennent de meilleurs blés pendant deux ou trois ans, c'est-à-dire, jusqu'à ce que l'influence de leur mauvaise culture se fasse de nouveau éminemment sentir sur leurs grains, & les force de procéder à un nouveau renouvellement.

Toutes les fois qu'on cultive bien & dans un bon fonds on peut donc se dispenser de changer sa semence, & il est un moyen simple de s'en dispenser également lors même qu'on cultive mal & dans un mauvais fonds. Ce moyen consiste à ne semer que la plus belle portion de son grain. Mais comment séparer le plus beau grain de l'autre? Battre très-légérement chaque gerbe sans la délier, & rigoureusement cribler. Il est de fait que c'est toujours le plus beau grain, c'est-à-dire, le plus gros qui tient le moins dans ses balles, & qui par conséquent se sépare le premier. Le battage au tonneau est même préférable, dans ce cas, au battage avec le fléau. *Voyez* BATTAGE.

Il est cependant des cas où un cultivateur se trouve forcé d'acheter la semence; si, par exemple, sa récolte est germée, est retraite; si elle a été détruite par la grêle, les inondations, &c.; si seulement il n'a pas eu de tems pour la faire battre de suite, &c.

Presque tous les cultivateurs pensent qu'il faut semer les produits de la dernière récolte lorsqu'on veut assurer le succès de la prochaine, & cependant il est difficile de croire que la faculté germinative du Froment puisse se perdre plus facilement que celle de la plupart des autres grains. Pour éclaircir cette question j'ai encore fait des expériences. Ainsi j'ai semé en 1787, 1788 & 1789, dans deux cantons éloignés & de nature différente, 1°. des Fromens à épi blanc, sans barbe, tige creuse, grains jaunes, tirés de huit points de la France, que je conservois dans des bocaux depuis huit, neuf & dix ans. Les produits en grains ne furent pas les mêmes; mais ils se sont trouvés tels, que les plus considérables n'ont pas été ceux des semences des dernieres récoltes qui, pour la plupart, étoient les plus foibles; 2°. des blés de providence, des blés veloutés, des blés touzelles, de deux ans d'âge; des blés à épi rouge barbu; des blés de miracle, qui avoient trois ans. Les résultats ont été les mêmes, c'est-à-dire, que les produits ont été très beaux.

On peut donc croire, d'après ces données, dont je garantis l'exactitude, que si on a trouvé quelquefois un désavantage marqué à semer des blés d'une récolte antérieure à la dernière, c'est que leur germe avoit été altéré par l'humidité ou la sécheresse extrême, par la carie, le charbon, &c., ou qu'il avoit été rongé par les insectes.

J'ai de plus acquis la preuve par l'expérience, que les blés retraits échauffés, même germés, étoient susceptibles de produire de bonnes récoltes lorsque les circonstances sont d'ailleurs aussi favorables que possible. Je fais cette observation pour que les cultivateurs ne craignent pas d'employer de tels blés pour semence lorsqu'ils y sont impérieusement forcés; car d'ailleurs je suis loin de vouloir les engager à les préférer à raison de leur bon marché, car je reconnois, je le répète, que, toutes choses égales d'ailleurs, la plus belle semence donne la plus belle récolte.

Toujours il est facile de s'assurer en peu de jours si la semence qu'on veut employer est bonne, puisqu'il suffit d'en semer une poignée dans un jardin à une exposition chaude, & de l'arroser fréquemment: si la plus grande partie lève, on peut être certain qu'elle est bonne.

Les préparations à donner à la terre qu'on veut ensemencer en Froment varient sans fin, selon les climats, les expositions, les natures de terre, les variétés, &c. &c. C'est au cultivateur à combiner ses opérations à raison des diverses circonstances dans lesquelles il se trouve. Je ne puis ici que développer quelques principes généraux, renvoyant aux mots LABOUR, HERSAGE, ROULAGE, ENGRAIS, AMANDEMENT, &c. pour les développemens.

Les terres un peu fortes, un peu fraîches, & abondantes en humus, sont celles qui conviennent le mieux au Froment. Il ne profite point dans les sables arides qu'on réserve pour le seigle, & qui portent en conséquence le nom de *terres à seigle*. On peut cependant, au moyen d'un assolement bien entendu & des engrais, en mettre dans toutes les terres susceptibles de culture. *Voyez* TERRE A BLÉ.

On donne plus ou moins de labours, ou des labours plus ou moins profonds, selon la compacité ou la légéreté du sol. Cinq ne sont pas quelquefois de trop dans les terreins argileux, & deux suffisent ordinairement dans ceux qui sont sablonneux. Comme le Froment n'a pas de fort longues racines, il suffit, le plus ordinairement, que le dernier de ces labours ait cinq à six pouces de profondeur.

La quantité d'engrais à mettre dans un champ destiné à porter du Froment est relative, & à la nature du sol, & à la qualité de l'engrais. Je ne puis donc rien préciser à cet égard. Cependant je dois observer que s'il y a de l'avantage à fumer convenablement une terre à blé, il y a de grands inconvéniens à la trop fumer, parce que le Froment pousse alors des feuilles larges & nombreuses, dans lesquelles la féve continue à se porter avec force à l'époque de la montée des épis, qui, n'étant pas suffisamment nourris, n'offrent à la récolte que des grains petits & peu nombreux. *Voyez* ENGRAIS.

Les opérations à faire subir à la semence du blé avant de la confier à la terre doivent être rangées sous deux divisions, 1°. celles qui ont pour objet de la débarrasser des graines des mauvaises herbes, ou des grains de Froment retraits, brisés & qui s'y trouvent mêlés; 2°. celle dont le but est de détruire les germes de la carie ou du charbon.

Pour qui a observé comme moi les mauvais effets de l'abondance des mauvaises herbes sur le produit des récoltes, il doit être affligeant de voir le peu de soin que dans beaucoup de cantons les cultivateurs apportent à rendre leurs blés de semence nets de toutes autres graines. Je n'ose rechercher la somme des pertes que cette négligence occasionne annuellement à la société, tant je crains qu'elle paroisse exagérée. Je ne demande point, ainsi que quelques agronomes l'ont fait, qu'on sépare un à un, avec la main, les grains de blé, mais je voudrois qu'on employât tous les moyens industriels connus pour les avoir exempts de mélange, comme VANNAGES, CRIBLAGES, &c. *Voyez* ces mots.

Peu de personnes repoussent aujourd'hui le chaulage; car il est impossible, d'après mes expériences & une pratique de cinquante années, de nier son efficacité. J'ai développé assez longuement ses nombreux avantages au mot CARIE, pour que je me trouve dispensé d'en parler ici.

Partout l'époque des semailles du Froment varie, parce que partout elle doit varier à raison du climat, de l'exposition, de la nature du sol, de l'état de l'atmosphère, de la variété qu'on veut semer, des obstacles qui empêchent d'y procéder de bonne heure, &c. Il est des cantons où on commence à semer les Fromens d'automne dès le mois d'août, & d'autres où ils ne sont pas encore en terre à la fin de décembre. Les premiers blés, dit de mars, se sèment en février, & les derniers en avril. On voit par-là qu'en France on sème pendant huit mois de l'année.

La quantité de semence à répandre dans un espace donné de terrein est également soumise, & par les mêmes causes, aux plus grandes variations. Il ne faut donc établir ici que des principes généraux; ainsi je dirai qu'en général on seme les blés trop épais, & qu'à le faire, il y a perte de semence & diminution de récolte. Ce dernier cas a lieu parce que les pieds se gênant réciproquement, soit par leurs racines, soit par leurs feuilles, ne poussent que des tiges peu nombreuses & de courts épis. Dans un mauvais sol il faut semer clair; mais ce qui peut paroître un paradoxe, si ce sol est en même tems sec & chaud, il faut semer épais pour que les pieds l'ombragent & empêchent l'évaporation du peu d'humidité qu'il contient. Des semailles faites de bonne heure seront, à égalité de terrein, plus claires que celles faites plus tard, parce qu'elles donnent aux pieds le tems de taller. La qualité de la semence doit aussi entrer pour beaucoup dans la quantité qu'il faut en confier à la terre; car on sent bien qu'il en faut moins de bonne que de mauvaise. *Voyez* au mot SEMAILLES, où je rapporterai les expériences que j'ai faites pour fixer mon opinion sur les avantages & les inconvéniens de semer épais ou clair, selon les circonstances diverses où se trouvent les cultivateurs.

On compte trois sortes d'ensemencemens, l'un à la volée, l'autre au semoir, & le troisième au plantoir. Les deux derniers ont été préconisés par un grand nombre d'agronomes, mais ne sont pas pratiqués par les cultivateurs. Il en sera cependant question aux mots SEMOIR & PLANTOIR. C'est donc à la volée que se font généralement les semailles. Dans les grandes exploitations on fait porter aux champs les sacs de semences, & on les espace de manière à faire perdre le moins de tems possible au semeur. C'est ou le fermier ou son maître charretier qui se charge de cette opération, une des plus importantes de l'agriculture, & qui exige de l'intelligence & de la force Celui qui doit semer se sert d'un tablier long de toile, qu'il passe entre ses bras, au milieu duquel il passe le blé, & dont il entortille l'extrémité autour de son bras gauche. Le semeur prend ses mesures pour que tout le champ ait une égale quantité de semences, le mieux espacée possible. *Voyez* aux mots SEMIS & SEMEUR.

Dans les terres fortes on enterre le blé à la charrue; dans les terres légères, à la herse. Cela n'est cependant pas tant de rigueur que dans certains cantons, où on enterre toujours avec la charrue, & dans certains autres avec la herse. Le semis avant le dernier labour avec la charrue, qu'on appelle *sous raies*, quelques précautions qu'on prenne, a des inconvéniens, en ce qu'il enterre trop la semence qui lève en des tems différens, même qui ne lève qu'en partie. Le semis après le dernier labour, qu'on nomme *sur raies*, demande, pour être bien fait, des précautions qui ne sont pas

assez

assez souvent prises par les cultivateurs, elles seront detaillées aux mots SEMAILLES, ROULAGE, HERSAGE.

Si la terre est humide lorsqu'on lui confie la semence, ou qu'il pleuve peu après les semailles, le Froment ne tarde pas à lever, à moins que l'excès du froid ne s'y oppose. J'ai vu, dans l'hiver de 1788 à 1789, les semis rester, par cette dernière cause, trois mois en terre sans germer, & ce retard ne produisit aucun resultat nuisible, la récolte ayant été hâtive & abondante; mais on doit, malgré cela, chercher à éviter cette circonstance en semant long-tems avant l'époque présumée des gelées.

Pour espérer une prompte germination de la semence, il faut, ou attendre une pluie toujours incertaine, ou la répandre sur une terre labourée du matin ou de la veille au plus tard, & c'est l'usage dans beaucoup de lieux, celui que je conseille de suivre.

Le blé qui sort de terre est exposé à être arraché par les campagnols, les mulots, & par plusieurs espèces d'oiseaux. Il est donc convenable de leur tendre des pieges, ou au moins de les épouvanter par des cris ou des bruits inaccoutumés.

Quelques cultivateurs font passer le rouleau, ou même rapidement un troupeau de moutons sur les champs dont le semis n'offre encore que deux ou trois feuilles, afin de les fouler & de le faire taller davantage; mais cette pratique a des dangers, & ne doit être admise à l'époque de la croissance du Froment, qu'après un mûr examen. *Voyez* ROULAGE.

Les Fromens d'hiver, trop peu ou trop avancés, craignent plus les gelées, & surtout les pluies prolongées ou les courtes inondations de l'hiver, que ceux qui font d'une force moyenne. On a remarqué de plus, que ceux qui sont trop forts donnent moins de grains l'année suivante. Il faut donc faire en sorte qu'ils se trouvent toujours dans un état moyen. Or, c'est ce qui ne peut être que le résultat d'une longue expérience dans la même localité. Un nouveau propriétaire ou un nouveau fermier ne peut donc mieux faire, pour n'être pas exposé à commettre une faute nuisible à ses intérêts, que de suivre, à l'égard de l'époque des semailles, les usages du canton où il s'est transporté. *Voyez* PLUIE & INONDATION.

Comme quelqu'une de ces causes peut faire perdre entiérement ou presqu'entiérement le blé qui étoit le plus beau avant l'hiver, un cultivateur soigneux réserve toujours, soit des blés de mars, soit des avoines, des orges, des vesces, des gesses, &c. pour les lui substituer, dès que la saison le permettra, sur un nouveau labour ou, comme cela est possible dans un grand nombre de cas, sur un simple hersage.

La végétation du Froment se ranime au printems, & c'est l'époque où il y a le plus d'avantages & le moins d'inconvéniens à le rouler, parce que alors il a pris du pied. Cette opération produit deux effets utiles. Elle abat les mottes, & recouvre avec la terre de ces mottes les racines déchaussées du Froment; elle écrase les bourgeons des pieds, & les force d'en pousser en plus grand nombre.

On doit à Varennes de Fenilles une expérience tout-à-fait dans les principes de la théorie, & que je crois bon de placer ici. Il fit herser au printems, avec une herse légère de bois, la moitié d'un champ de Froment. Cette opération arracha beaucoup de pieds, mais chaussa si parfaitement ceux qui restèrent, que la recolte de cette moitie fut presque double de l'autre.

Dans les pays où les assolemens ne sont pas bien combinés, surtout dans ceux où la sole triennale est encore en faveur, & où on ne nétoie pas les semences avec le soin nécessaire, on est souvent obligé de sarcier une & quelquefois deux fois depuis le commencement du printems, jusqu'au moment où les Fromens se disposent à monter en épis. Laisser faire cette opération pour l'herbe qui en résulte, comme cela se pratique dans beaucoup de lieux, est une chétive économie, parce que les femmes & les enfans qui s'en chargent, n'arrachent que les herbes les plus apparentes ou le plus du goût de leurs vaches. Il vaut beaucoup mieux payer, pour avoir le droit de surveiller & d'ordonner. Il est des instrumens de plusieurs sortes, propres à cet objet. L'un est une espèce de ciseau ou de houlette emmanchée au bout d'un bâton, au moyen duquel on coupe les racines entre deux terres; l'autre est une tenaille de bois, à long manche, avec laquelle on saisit les mauvaises herbes au collet de leur racine, pour ensuite les arracher en tirant à soi. *Voyez* aux mots SARCLAGE, SARCLOIR & TENAILLE.

Les circonstances atmosphériques que le Froment ait le plus à craindre pendant la première partie du printems sont la sécheresse trop prolongée & les pluies constantes : l'une empêche les pieds de taller, de multiplier leurs feuilles, le chaume de monter, les épis de s'alonger & de grossir; les autres font pourrir beaucoup de pieds, &, en augmentant la vigueur des feuilles, s'opposent à la montée des chaumes & à la formation du grain dans les épis. Ce dernier effet est analogue à celui que produit l'excès des engrais. Les irrigations, lorsqu'on peut en faire, font le seul remède que je puisse indiquer contre la sécheresse. Il est permis d'espérer de bons effets de l'effanure lorsque les Fromens poussent trop en herbe, soit qu'elle soit faite avec la faucille ou la faulx, soit qu'elle soit exécutée par la dent des bestiaux. *Voyez* EFFANURE. Dans la seconde partie de cette même saison, c'est-à-dire, pendant la floraison, les pluies froides, les vents du nord, s'opposent à la fécondation, font couler la graine, comme disent les cultivateurs. *Voyez* COULURE & FECONDATION.

La sécheresse & l'humidité extrêmes sont encore à craindre pour les cultivateurs lorsque le grain est formé; mais heureusement les cas ne s'en présentent pas fréquemment, & il n'en résulte le plus souvent qu'une moindre grosseur dans les grains. *Voyez* RETRAIT. Ce sont les grêles d'abord seules, & ensuite les grêles, les averses & les grands vents, compris sous le nom commun d'*orage* ou d'*ouragan*, qu'ils doivent le plus redouter. Que de millions sont chaque année perdus pour la société, par suite de l'action de ces météores ! Que de cultivateurs industrieux ont été ruinés par eux ! Le moindre mal qu'ils puissent faire, c'est de diminuer les produits de la récolte dans toutes les proportions possibles. *Voyez* aux mots GRÊLE, VENT, ORAGE & OURAGAN, où il sera donné des indications pour diminuer les effets du mal qui les suit.

Tous les quadrupèdes pâturans sont les ennemis du Froment aux différentes époques de sa végétation. Ceux que l'homme a soumis à son empire peuvent en être écartés par une surveillance de tous les instans. Une guerre perpétuelle doit être faite à ceux qui sont sauvages, tels que les cerfs, les chevreuils, les lièvres, les lapins, &c. Il est d'autres animaux qui ne recherchent que sa graine, & qui sont peut-être plus nuisibles aux produits des récoltes : ce sont principalement les campagnols, les mulots, les pigeons, les perdrix, les alouettes, les moineaux, &c. Dans quelques pays les sauterelles, & en certaines années les vers blancs, peuvent leur être assimilés. Les moyens de s'opposer aux ravages de ces animaux seront développés aux articles qui les concernent.

Dans beaucoup de lieux on est dans l'usage de semer du seigle avec le Froment, c'est ce qu'on appelle METEIL (*voyez* ce mot), où je ferai connoître mon opinion sur ce mélange. Dans d'autres on veut que le Froment soit pur; & comme il arrive toujours que quelques grains de seigle lèvent parmi, on coupe leurs épis, qui dominent ordinairement ceux du Froment, avant leur maturité, avec un croissant ou un long sabre.

Plusieurs sortes d'altérations sont susceptibles d'affecter le Froment. Les principales sont la CARIE, le CHARBON, la ROUILLE, le RACHITISME & l'ERGOT. La carie, qui ne s'est encore trouvée que dans le Froment, est la plus dangereuse pour les cultivateurs, & à raison de l'importance des pertes qu'elle occasionne, & à raison des maladies qui sont la suite de l'usage du pain dans lequel il en entre. J'ai fait sur toutes ces altérations des recherches fort étendues, qui sont consignées dans mon ouvrage sur les maladies des grains, & dont le résultat sera indiqué aux articles qui les ont pour objet.

Les graines de certaines plantes qui restent confondues avec le grain de Froment influent assez sur la qualité du pain, pour que je doive les signaler. Ce sont principalement celles du MUSCARI DES CHAMPS, de la NIELLE DES BLES & de L'IVRAIE ANNUELLE. *Voyez* ces mots.

L'époque de la maturité du Froment varie selon les lieux & les années. On a calculé qu'il y avoit un intervalle de quatre mois de la moisson de Marseille, à celle d'Anvers. Les caractères qui l'annoncent, sont faciles à saisir. Le dessèchement des feuilles, la couleur jaune de toutes les parties, l'indiquent à ne pas s'y méprendre. Il ne faut pas attendre long-tems après cette époque, parce que si l'épi étoit parfaitement sec, il se perdroit une grande quantité de grains dans les opérations du sciage, du bottelage, du transport, de la mise en meule ou en grange, &c. D'ailleurs, le Froment, comme toutes les autres plantes, perfectionne ses semences après sa récolte lorsqu'il est mis en tas dans un lieu sec.

Le Froment se moissonne à la faucille ou à la faulx. La première manière est la plus longue & la plus fatigante ; mais on peut s'en servir à toutes les heures du jour sans que les grains se séparent de leur balle. Elle convient aux pays & aux jours chauds. La faulx est plus expéditive & fait perdre moins de paille ; mais elle mêle les tiges, & il faut n'en faire usage, si on ne veut pas perdre beaucoup de grains, que le matin & le soir, ou dans les jours humides. Depuis quelques années la pénurie des bras a fait prendre faveur à la faulx dans la plus grande partie de la France. *Voyez* aux mots MOISSON, FAUCILLE & FAUX.

Après que le Froment est coupé on le laisse étendu sur le sol pour qu'il perde son humidité surabondante, & que l'herbe qui est presque toujours plus ou moins mêlée avec sa paille puisse se dessécher. Après deux ou trois jours & même plus, selon son degré de matùrité, on le lie en paquets qu'on appelle GERBES ou BOTTES (*voyez* ces mots), qu'on laisse encore disposées en tas de dix, qu'on appelle DIXAINS (*voyez* ce mot), & que l'on transporte dans le GRENIER ou la GRANGE (*voyez* ces mots), ou qu'on dispose en MEULE. *Voyez* ce mot.

Dans les parties méridionales de la France, & en général dans tous les pays chauds, on se dispense de mettre le Froment dans des granges ou en meule. Là il est battu très-peu après qu'il est coupé & en plein air, souvent dans le champ même où il a crû. On conserve la paille en tas ou à l'air libre, ou sous des angars légers, appelés PAILLERS.

Les matières qu'on emploie pour lier le Froment sont, ou de jeunes pousses de bois flexibles, telles que celles du CHÈNE A GRAPPES, du CHATAIGNER, du NOISETIER, du SAULE MARCEAU, de l'OSIER, de la VIORNE, &c. ou d'écorce de TILLEUL, ou de la paille de SEIGLE, de FROMENT, d'AVOINE battue. *Voyez* ces mots.

Par un beau tems la récolte se fait facilement & promptement ; mais s'il vient à pleuvoir & que le mauvais tems dure, on commence & on interrompt souvent les opérations, ce qui augmente beaucoup la dépense, & on finit quelquefois par perdre une grande partie du grain, qui, ou se disperse, & est mangé par les campagnols & les oiseaux, ou germe, & est par-là également perdu pour le cultivateur & pour la Société. La paille elle-même moisit, pourrit, & diminue par-là considérablement de valeur. Si on rentre les gerbes à moitié sèches, les mêmes inconvéniens ont lieu, même plus certainement, parce qu'ils se font remarquer plus difficilement. *Voyez* HUMIDITÉ, FERMENTATION & MOISISSURE.

La plus grande partie des cultivateurs français battent le Froment avec le FLÉAU. *Voyez* ce mot. Dans les pays chauds on exécute cette opération par le moyen des chevaux ou des bœufs, & on les appelle le DÉPIQUAGE. *Voyez* ce mot. Depuis quelques années on a substitué, dans les mêmes contrées, aux pieds de ces animaux, des rouleaux anguleux qui produisent le même effet & brisent moins la paille. Ils seront décrits au mot ROULEAU A DÉPIQUER. Il est des circonstances où on bat dans un tonneau défoncé d'un côté, ou sur une table. Tous ces moyens & d'autres moins connus ont été mentionnés avec les détails convenables au mot BATTAGE.

Le grain de Froment est exposé, après qu'il est battu, à être dévoré par les souris, les oiseaux, surtout par le charançon & par l'alucite ou teigne, qui porte son nom. Le renfermer dans des greniers exactement clos, soit au dessus des bâtimens, soit isolés, le défend suffisamment des souris & des oiseaux, mais il faut des moyens plus puissans pour empêcher les ravages du charançon & de l'alucite. On en a imaginé un grand nombre, dont les seuls qui soient dans le cas d'être cités ici comme simples & efficaces, sont, 1°. de le mettre dans des coffres, des tonneaux ou des sacs isolés tenus dans un lieu sec; 2°. de l'enfouir dans une fosse creusée dans une terre argileuse & sèche; 3°. de le faire dessécher à l'étuve ou autrement. Je suis entré dans des détails fort étendus sur ces différens objets, ainsi que sur plusieurs autres, au mot CONSERVATION DES GRAINS. J'y renvoie le lecteur, qui pourra aussi consulter les mots GRENIER & MATAMORE, ainsi que les planches 17 & 18 de l'*Art aratoire*, où sont représentées les différentes coupes d'une étuve.

Le grain de Froment est le plus recherché, à raison de la supériorité alimentaire & de l'excellent goût du pain qu'on confectionne avec la farine qu'on en tire. On le cultive partout où il est possible de le cultiver, & malgré son abondance il reste toujours à un taux plus élevé que celui d'aucune autre des céréales. Tous les animaux domestiques, quadrupèdes ou oiseaux, l'aiment avec passion, & il les engraisse mieux que quoi que ce soit. Sa farine est composée de trois substances, d'amidon, de gluten & de mucoso-sucré. La seconde de ces substances ne se trouve point dans les autres céréales : chaque variété en offre des quantités différentes, c'est-à-dire, par livre, depuis deux onces jusqu'à cinq. Les blés de mars m'en ont fourni plus que les autres. *Voyez* GLUTEN, AMIDON & PAIN.

Les blés tendres du nord se moudent avec facilité, & ceux durs du midi résistent souvent à la meule. Il sera présenté au mot MOUTURE des considérations sur cet objet.

On trouvera au mot CONSOMMATION de Paris la quantité de Froment que cette grande ville consomme chaque année.

Le Froment en herbe est fort recherché par les bestiaux qu'elle rafraîchit au printems, & dispose fort bien à l'engrais. Sa paille sert à les substanter en hiver; mais comme elle contient peu de parties nutritives, il faut la mêler avec du foin ou la faire suivre d'une ration d'avoine. On s'en sert encore à défaut de celle du seigle pour couvrir les chaumières, faire des liens, &c. C'est en litière qu'on en fait le plus grand emploi, & elle est très-propre à ce service à raison de sa grosseur.

J'aurois pu beaucoup alonger cet article, le Froment étant, comme je l'ai dit au commencement, le principal objet de la culture en France; mais la plupart des autres lui servant de complément, je crois devoir m'arrêter pour ne pas commettre de doubles emplois.

Les botanistes ont décrit, comme espèces, quelques-unes des variétés du Froment, qui ont été indiquées ci-devant, & les agriculteurs appellent variété une véritable espèce. C'est celle connue sous les noms d'*Épautre*, *Épeautre*, *Locar*, *Locular*, *Froment rouge*, *&c.*, le *triticum spelta* de Linnæus, qui se distingue fort évidemment des autres espèces, non-seulement par la nature de son grain, comme on le verra plus bas, mais encore par ses fleurs mâles & hermaphrodites, & par ses balles tronquées. Il est originaire de Perse, d'où Michaux & Olivier en ont apporté des graines cueillies au milieu de plaines où on n'en cultive pas.

Les Anciens estimoient l'épautre beaucoup plus que les Modernes. Aujourd'hui on ne la cultive plus guère que dans les pays pauvres, principalement dans les montagnes granitiques ou schisteuses, comme les Vosges, les Cévennes, le Limousin, la Suisse, & surtout diverses parties de l'Allemagne. Il y auroit un grand désavantage à la semer dans les terreins qui sont propres à recevoir du Froment ou même du seigle, parce qu'elle reste long-tems en terre, s'élève peu, talle rarement; que ses épis sont courts, ses grains petits & peu abondans en farine.

Il existe deux variétés d'épautres, la grande & la petite. La première est en tous points préférable. Toutes deux s'accommodent des plus mauvais terreins, passent quelquefois quatre mois sous la neige sans inconvéniens, & manquent rarement par l'effet des circonstances atmosphériques qui agissent si puissamment sur le Froment; mais elles craignent l'eau, & demandent par conséquent des labours en billon ou des sillons d'écoulement nombreux. *Voyez* LABOUR.

On sème l'épautre depuis le commencement de

septembre jusqu'au milieu d'octobre, communément sur deux labours. Du reste, toutes les opérations de sa culture ne diffèrent pas de celles qu'exigent le Froment & le seigle. On la coupe quand la paille est devenue d'un beau jaune. Elle produit communément six pour un.

Le grain de l'épautre est presqu'aussi long, mais beaucoup moins gros que celui du Froment. Sa couleur tire sur le rouge; ses balles lui restent adhérentes comme celles de l'orge & de l'avoine, & il faut, pour l'en débarrasser, ou le piler dans un mortier de bois, ce qui est fort long, ou le faire passer dans des moulins à meules de bois, ce qui est fort coûteux; aussi la plupart de ceux qui en vivent, lesquels, je le répète, sont fort pauvres, font-ils moudre le tout ensemble, & mangent-ils un pain rempli de paille indigestible, & où le son domine. Sa partie la plus extérieure est très-dure & très-épaisse; aussi se moud-il très-difficilement & fournit-il très-peu de farine; aussi est-ce en gruau qu'on le transforme le plus souvent, & en boulie qu'on le mange le plus ordinairement. Cette boulie est d'un excellent goût & bien préférable à celle faite avec le meilleur Froment. On dit qu'on en fabrique aussi de la bière délicieuse. Probablement avec des soins on en feroit du pain meilleur que celui que j'ai mangé, mais il reviendroit fort cher.

Les charançons & les alucites ne peuvent entamer l'épautre, même lorsqu'elle est débarrassée de ses balles; ainsi on n'a pas à craindre leurs ravages.

On regarde en Allemagne, la paille de l'épautre comme une bonne nourriture pour les bestiaux. En France on ne l'emploie qu'à faire de la litière; ce à quoi elle est même peu propre, à raison de sa rigidité, étant solide comme celle des blés du midi. (TESSIER.)

Autres espèces de Froment.

Le FROMENT d'Espagne.
Triticum hispanicum. Linn. ⊙ D'Espagne.

Le FROMENT couché.
Triticum prostratum. Linn. ⊙ Des déserts de la Tartarie.

Le FROMENT nain.
Triticum pumilum. Linn. ⊙ De Sibérie.

Le FROMENT junciforme.
Triticum junceum. Linn. ♃ De la France.

Le FROMENT chiendent.
Triticum repens. Linn. ♃ De la France.

Le FROMENT des chiens.
Triticum caninum. Linn. ♃ De la France.

Le FROMENT maritime.
Triticum maritimum. Vahl. ♃ Des bords de la mer.

Le FROMENT grêle.
Triticum tenellum. Linn. ⊙ De la France.

Le FROMENT uniolide.
Triticum uniolides. Aiton. ♃ De Sicile.

Le FROMENT loliacé.
Triticum loliaceum. Smith. ⊙ D'Angleterre.

Le FROMENT unilatéral.
Triticum unilaterale. Linn. ⊙ De la France.

Culture.

Ces espèces ne se cultivent que dans les jardins botaniques. Toutes les annuelles se sèment en place au printems, & la culture des vivaces se borne à les empêcher de s'étendre; ce à quoi elles sont toutes disposées, mais principalement les trois suivantes, sur lesquelles seules j'ai quelque chose à dire, comme se trouvant fréquemment en France.

Le Froment chiendent, ou plus communément le chiendent, est la peste des cantons où la culture est peu soignée. Il en a été suffisamment parlé au mot CHIENDENT.

Le Froment junciforme est fort commun dans les bois en terreins secs & chauds, où il se fait remarquer par la grosseur de ses touffes, qui ne sont attaquées par les bestiaux qu'au premier printems. Dans beaucoup de lieux on le fauche à la fin de l'été pour en faire de la litière.

Le Froment des chiens faisoit partie des élymes, & se trouve dans les bois secs. Les bestiaux n'en mangent les feuilles que lorsqu'elles sont jeunes. (*Bosc.*)

FROMENTACÉES. On donne quelquefois ce nom aux graminées qui se cultivent pour la nourriture de l'homme. *Voyez* CÉRÉALES. (*Bosc.*)

FROMENTAL, espèce du genre des avoines, qui fournit un fourage aussi abondant qu'excellent.

FRUCTIFICATION, résultat de la fécondation dans les plantes, & quelquefois accroissement des fruits depuis cette époque jusqu'à leur maturité. *Voyez* FÉCONDATION & FRUIT.

La série des progrès des Fruits, pendant cet intervalle, n'offre pas des phénomènes d'un aussi grand intérêt pour le cultivateur que pour l'observateur. Son rôle doit être alors plus passif qu'actif; cependant il peut, sans de grands inconvéniens, en diminuer le nombre pour augmenter leur grosseur, & les espacer plus également, enlever une partie des bourgeons qui les empêchent de jouir de l'influence bénigne des rayons solaires. Pendant cet intervalle, les cultivateurs ont à craindre les trop grandes sécheresses, qui empêchent les fruits de grossir & les font quelquefois tomber; les pluies trop prolongées, qui les rendent sans saveur & d'une garde difficile; les froids, qui retardent outre mesure leur maturité. Il est fort difficile d'apporter des remèdes efficaces à ces trois inconvéniens; car les arrosemens qui paroissent devoir suppléer à l'absence des pluies ne produisent pas toujours le même effet, & d'ailleurs ne peuvent être que bornés. (*Bosc.*)

FRUCTIFICATION. Ce mot a deux acceptions.

En botanique, il signifie l'ensemble des parties de la fleur & du fruit.

Dans le langage commun, il rappelle seulement le fruit.

Voyez les *Dictionnaires de Botanique* & de *Physiologie végétale*. (*Bosc.*)

FRUIT. L'acception de ce mot varie. En botanique, il s'applique à tous les ovaires fécondes; ainsi la graine de froment, celle de la laitue, sont des Fruits comme la poire & la pêche; mais le plus ordinairement les cultivateurs le restreignent à ceux de ces ovaires qui deviennent des productions susceptibles de servir de nourriture à l'homme.

Comme le Fruit, selon l'acception des botanistes, a été pris en considération à l'article du *Dictionnaire de Botanique* qui le concerne, je ne parlerai ici que des Fruits bons à manger.

Il n'est point de Fruit qui ne soit composé au moins d'une partie extérieure qu'on appelle le *péricarpe*, & qui varie beaucoup dans sa forme, dans sa consistance, dans sa saveur, dans son odeur, &c., & d'une partie intérieure, qui varie au moins autant, & qu'on appelle GRAINE ou SEMENCE. *Voyez* ces deux mots.

La reproduction du Fruit est le grand & même l'unique but de la Nature & le principal objet des travaux du cultivateur. Que de motifs pour lui consacrer un article d'une grande étendue! Celui-ci sera cependant court, relativement à son importance, parce que les considérations qu'il devroit présenter se trouvent disséminées dans chacun de ceux qui en traitent.

Le nombre des espèces ou variétés principales de Fruits susceptibles d'être mangés crus ou cuits, inscrites dans les livres, & habituellement cultivées en France en pleine terre, se monte à douze ou quinze cents. Si on vouloit compter toutes celles qui s'y cultivent sans être décrites, il faudroit peut-être sextupler ce nombre; car il n'est peut-être pas un canton où on ne puisse en trouver d'inconnues au reste de la France. Hé! qu'on ne s'étonne pas de cette immensité de richesses! Plus les variétés se perfectionnent, & plus elles sont susceptibles de donner des variétés nouvelles par le semis de leur graine. Van-Mons, qui s'occupe si utilement de la multiplication des variétés, va même plus loin; car il se dit être en état de conclure, par les résultats de son expérience, que plus les variétés sont nouvellement acquises, plus elles en donnent de nouvelles & de meilleures.

Voici, d'après Thouin, la liste des familles & des genres auxquels appartiennent ces espèces & ces variétés.

Amentacées	Chêne. Noisetier. Hêtre. Châtaignier
Berbéridées	Vinetier.
Bicornes	Airelle. Arbousier.
Conifères	Pin.
Ébénacées	Plaqueminier.
Hespéridées	Citronier.
Jasminées	Olivier.
Laurinées	Laurier.
Légumineuses	Caroubier.
Myrthoïdes	Grenadier.
Rhamnoïdes	Jujubier.
Rosacées	Framboisier. Rosier. Azerolier. Néflier. Cormier. Poirier. Pommier. Coignassier. Prunier. Cerisier. Abricotier. Amandier. Pêcher.
Sarmentacées	Vigne.
Saxifragées	Groseiller.
Térébinthacées	Pistachier. Noyer.
Urticées	Figuier. Mûrier.

Voyez les articles de tous ces genres.

Parmi ces Fruits il en est en baies, à pepins, à noyau, en capsule ou secs, qui chacun demandent des procédés propres pour être récoltés & conservés. Il en est aussi qu'on distingue en Fruits d'été, Fruits d'automne & Fruits d'hiver, de l'époque de leur maturité. De ces trois sortes de Fruits les deux premières ne peuvent se conserver après leur chute de l'arbre au-delà d'un certain nombre de jours. Ceux d'hiver, quoique cueillis en automne, ne se mangent souvent qu'au printems de l'année suivante. Tous sont l'objet des spéculations des cultivateurs des environs des grandes villes, & servent ou peuvent servir de nourriture à ceux des campagnes pendant la moitié de l'année. Cependant ces derniers n'en savent le plus souvent pas tirer tout le parti qu'ils pourroient, par négligence, par ignorance & par défaut de local propre à assurer leur conservation.

On a élevé bien souvent la question de savoir si les Fruits en général, & ceux d'été principalement, n'étoient pas nuisibles à la santé, comme si la Nature avoit pu mal diriger ses combinaisons. Sans doute l'excès en Fruits, comme tous les autres excès, peut faire mal, mais leur usage modéré ne peut qu'être avantageux. Ce qui les a fait proscrire comme fiévreux par quelques personnes, c'est que, comme ils paroissent à l'époque des chaleurs qui amènent les fièvres, on leur a attribué cette maladie, dont ils sont si souvent l'antidote. Laissons-en donc l'usage le plus étendu aux cultivateurs, dont l'estomac n'est pas délabré par un régime contre nature, & qui par conséquent ne craignent pas les indigestions auxquelles sont si sujets les habitans des villes : laiſſons-les ſurtout aux enfans, pour qui ils ſont une manne ſalutaire qu'ils conſolent de leurs petits chagrins, & à la famille deſquels ils économiſent une nourriture plus coûteuſe.

Les ſignes de la maturité des Fruits varient, non-ſeulement dans toutes les eſpèces, mais même dans chaque variété. La groſſeur eſt ordinairement le premier, enſuite la couleur, puis l'odeur, la conſiſtance, &c.

Beaucoup de Fruits tombent de l'arbre auſſitôt qu'ils ſont arrivés au dernier terme de leur maturité. Il en eſt qui s'y deſſechent ou y pourriſſent. Il en eſt, ſurtout parmi les poires, qui ſont meilleurs un peu avant leur maturité. Beaucoup ſe perfectionnent plus promptement lorſqu'ils ſont détachés de l'arbre. Ces circonſtances ne peuvent être ignorées des cultivateurs; car ils doivent agir d'après les indications qu'elles leur fourniſſent.

Quand on veut tranſporter les Fruits à quelque diſtance, il eſt indiſpenſable de les cueillir un peu verts, parce que les ſecouſſes du voyage accélèrent leur maturité & altèrent la ſurface de ceux qui ſont trop mûrs.

C'eſt lorſque les feuilles des arbres commencent à jaunir par ſuite du retour des froids & même des gelées blanches, qu'il eſt convenable de cueillir les Fruits d'hiver. On riſque, en les laiſſant plus long-tems ſur l'arbre, qu'ils s'altèrent & ſoient d'une conſervation plus difficile. Un beau tems ſec & froid doit être choiſi autant que poſſible. Il faut conſerver leur queue dans ſon intégrité, & les tranſporter avec précaution, car la plus petite bleſſure peut occaſionner leur perte; enfin, les placer dans un fruitier convenablement diſpoſé.

Les plus gros & les mieux faits des Fruits ſont preſque toujours les meilleurs & les plus de garde.

Les Fruits dans leſquels les inſectes des genres *Charançon*, *Pyrale*, *Teigne*, *Tipule*, *Mouche* ont dépoſé leurs œufs d'où ſont ſortis des larves, ſont appelés *verreux*. Leur maturité précède toujours celle de ceux qui ſont ſains, & leur chute a ordinairement lieu avant le moment de la cueille. Ils ne ſont pas dans le cas d'être long-tems conſervés. C'eſt un fait non encore expliqué, que cette influence d'un ver ſur la maturité des Fruits, & il eſt à deſirer qu'il ſoit l'objet des expériences & des méditations des ſcrutateurs de la Nature.

Il m'eût été facile d'étendre beaucoup cet article, mais j'ai préféré renvoyer les développemens ultérieurs dont il eſt ſuſceptible, à ceux des différentes ſortes de Fruits. (*Bosc.*)

FRUIT MOU *ou* FRUIT BLOSSI. On donne ce nom à des Fruits qui, après qu'ils ſont arrivés à leur maturité, deviennent mous, & perdent, ou leur ſaveur ſucrée, ou leur ſaveur acide, ou leur ſaveur aſtringente, & reſtent quelquefois long-tems dans cet état avant de fermenter ou de pourrir.

Il eſt des Fruits, principalement parmi les poires d'été, qui paſſent au bloſſiſſement du jour au lendemain, & perdent par-là toute leur ſaveur ſucrée. On n'a pas encore trouvé de moyens de les conſerver autrement qu'en les ſéchant au four, qu'en les faiſant cuire, qu'en les immergeant dans l'eau-de-vie. J'ai cru cependant remarquer qu'on y parvenoit, juſqu'à un certain point, en les enterrant dans du terreau à l'expoſition du nord. Certaines perſonnes les aiment beaucoup dans cet état.

Il en eſt d'autres, comme pluſieurs variétés de pommes à cidre, qui deviennent noires & perdent leur acidité en bloſſiſſant. On les recherche beaucoup pour la fabrication du cidre, qu'elles rendent meilleur en l'adouciſſant. C'eſt ce qui a fait dire à quelques écrivains, qu'il falloit faire entrer un quart ou un tiers de pommes pourries dans le cidre; mais c'eſt mal-à-propos, car les pommes bloſſies ne ſont pas pourries, & toute pomme pourrie porte dans cette liqueur un principe de mauvais goût, qui ne ſe reconnoît que trop ſouvent.

Enfin, les Fruits âpres & aſtringens, tels que les nèfles, les cormes, les poires ſauvages, ne peuvent être mangés que lorſqu'ils ſont devenus mous, lorſqu'ils ſont bloſſis ou bleuſſis. C'eſt pour les faire arriver plus promptement à cet état, qu'on les étend ſur de la paille dans un lieu où l'air ſoit ſec & ſtagnant; dans un grenier, par exemple.

Dans beaucoup de cantons du centre & de l'eſt de la France, les habitans des campagnes font une grande conſommation de ces ſortes de Fruits. Il me ſemble cependant que les arbres qui les produiſent, prennent autant de terrein, & ſont beaucoup plus long-tems à devenir productifs que ceux qui peuvent en donner de meilleurs. J'invite donc les cultivateurs éclairés de ces cantons d'employer leur influence pour faire ſubſtituer aux cormiers, aux ſorbiers & aux poiriers ſauvages, des poiriers & des pommiers à cidre des bonnes variétés, & même des poires & des pommes à couteau. Le ſeul inconvénient qui en réſultera, ſera une plus grande rareté de bois durs, propres à la ſculpture; mais quand on ſait combien peu il y a de cormiers, de ſorbiers, de poiriers ſauvages d'une belle venue dans ces cantons, il paroît moins grand. (*Bosc.*)

FRUITS TOURNÉS. Certains Fruits aqueux & ſucrés, comme les ceriſes, les prunes, les figues, les fraiſes, &c. éprouvent quelquefois inſtantanément un commencement de décompoſition, principalement par ſuite d'un tems chaud ou d'un tems orageux : on dit alors qu'ils ſont tournés. Cette altération dans les ceriſes & les prunes ſe reconnoît à la couleur rembrunie de la peau; & dans les figues & les fraiſes, à l'odeur acide qu'elles exhalent. Point de doute donc qu'elle ne ſoit le commencement d'un mouvement fermentiſcible. *Voyez* FERMENTATION.

On peut retarder la fermentation par le froid. C'eſt donc en mettant les Fruits en queſtion dans une cave, dans une glacière, &c. qu'on peut les empêcher de tourner. (*Bosc.*)

FRUITIER *ou* FRUITERIE, lieu où on conserve les fruits.

Il a été donné, dans le *Dictionnaire de l'Art aratoire*, au mot FRUITIER, auquel je renvoie le lecteur, des indications suffisantes sur l'importance d'un Fruitier, & sur la disposition à lui donner pour qu'il remplisse le mieux possible son objet; mais on y a omis les soins qu'il faut en prendre quand il est rempli de fruits. Ce qu'on va lire en sera le complément.

La première opération à faire lorsqu'on a un Fruitier à regarnir, c'est de le laver à l'eau chaude dans toutes ses parties, au moins quinze jours auparavant, & de laisser ses fenêtres & sa porte ouvertes, afin qu'il se dessèche & perde toute odeur de moisi ou de renfermé.

L'attention la plus importante qu'il faille avoir lorsqu'on entreprend de conserver les fruits dans un Fruitier le plus long-tems possible, c'est de les soustraire à l'action de l'air extérieur & de la lumière, & à empêcher les fortes gelées de les atteindre. Les fenêtres du Fruitier ne doivent donc être ouvertes que lorsqu'on s'apperçoit que l'humidité est devenue trop forte dans son intérieur, & ce seulement pendant le milieu de la journée.

C'est sur de la paille, les queues en l'air, & sans qu'ils se touchent, que les fruits doivent être placés sur des tablettes. On les visitera au moins tous les deux jours, & tous ceux qui annonceront un commencement de pourriture seront rigoureusement enlevés.

Dans les jours les plus froids de l'hiver, si on avoit à craindre que la gelée pénétrât dans l'intérieur du Fruitier, on y placeroit un petit fourneau portatif ou une chaudière pleine de braise allumée; mais dans aucun autre tems il ne faut pas qu'il y entre du feu, qui ne sert qu'à accélérer l'altération des fruits.

Couvrir les fruits de papier, les enterrer dans la cendre, dans le son, &c. c'est risquer de les perdre plus sûrement qu'en les laissant en vue.

On ne doit manier les fruits que quand on ne peut pas s'en dispenser; car chaque attouchement peut leur nuire.

La conservation des raisins demande des procédés d'une autre sorte. Comme ils sont plus aqueux & plus susceptibles d'altération que la plupart des autres fruits, il est bon de ne pas les placer dans le même local. On suspend leurs grappes, par la queue ou quelquefois par le bout opposé, au moyen d'un fil à des perches transversales ou à des cercles concentriques, au dessous les uns des autres; & on veille journellement pour ôter les grains qui se gâtent avant qu'ils aient pu infecter les autres.

Un été sec & chaud, un hiver sec & froid, font l'annonce que les fruits se conserveront. Au reste, il est tant de causes qui troublent les soins les plus attentifs, qu'il n'est permis d'en juger qu'après l'événement. (*Bosc.*)

FRUITIER : c'est l'homme qui, dans les montagnes de la Suisse, est chargé de la fabrication des fromages dits de *Gruyère*. Il doit être très exercé & très-honnête; car c'est de lui que dépend le bien-être de celui ou de ceux qui l'emploient. *Voyez* aux mots FROMAGE & FRUITIÈRE.

FRUITIÈRE. On donne ce nom, dans quelques parties de la Suisse & contrées voisines, à des associations de cultivateurs qui mettent en commun le lait provenant de la traite de leurs vaches pour en faire retirer journellement & en grand, dans un emplacement consacré à cet usage, par un homme à gages, le beurre & le fromage, qui ensuite se partagent au prorata du lait fourni par chacun des co-associés, d'après des règles consenties par eux.

Ces associations sont fondées sur ce que le beurre est d'autant meilleur, qu'il est fait avec de la crême plus fraîche; que le fromage dit de *Gruyère* ne se fabrique bien qu'en grande masse, & qu'on ne peut retirer le SERAI (*voyez* ce mot) d'une petite quantité de petit-lait : à quoi il faut ajouter, 1°. qu'il y a toujours économie de matière & de tems lorsqu'on opère en une seule fois, sur une quantité de lait qui, dans l'ordre commun, eût été travaillé par douze, vingt, trente, &c. propriétaires de vaches; 2°. que ce qu'on fait uniquement se fait mieux que ce qu'on fait par circonstance; 3°. que les soins qu'exige le lait, soit relativement à l'effet de la température sur lui, soit relativement à la propreté, se suivent plus facilement dans un local particulier qu'autre part.

Il est donc à desirer que le régime des Fruitières s'établisse partout pour l'avantage des propriétaires de vaches & pour celui de la société en général.

C'est pour en faciliter les moyens, que je donne ici le mode de la tenue du compte journalier d'une Fruitière, le modèle d'un acte d'association & le réglement qui en est la suite.

Lorsque les associés d'une Fruitière sont convenus du jour où commencera l'association, chacun d'eux apporte soir & matin le produit de la traite de ses vaches, que le FRUITIER (*voyez* ce mot) mesure & porte à leur compte. Celui qui en a livré le plus, a le beurre, le fromage & le serai que fournissent toutes les traites de ce jour. On additionne ensuite toutes les livraisons, on soustrait de la totalité celle de celui qui a eu le produit, & il doit le reste à la société. Chaque jour le lait que ce premier copartageant apporte ensuite est reçu en déduction de sa dette, & lorsqu'elle est payée il devient, de débiteur, créancier. Alors, chaque jour, sa créance s'augmente de ses livraisons. Le jour où sa créance est plus forte que celle d'aucun des autres associés, il a de nouveau le produit de la Fruitière.

Le second jour le produit de la Fruitière est remis à celui qui a apporté le plus de lait dans les deux premiers jours; ainsi la société paie chaque jour son plus gros créancier, qui devient le lendemain son debiteur.

Mais la copie d'un acte d'association indiquera mieux le but & l'esprit d'une Fruitière, que ce que je pourrois en dire.

« L'an, &c. pardevant les témoins soussignés, les soussignés sont convenus de ce qui suit :

» 1°. Les nommés, &c. se réunissent en société pour établir une Fruitière & y faire fabriquer le lait produit par leurs vaches.

» 2°. Les intérêts de la société seront gérés par une commission de quatre membres & un président, élus par les associés.

» Les associés nommeront deux suppléans pour remplacer les commissaires qui seroient absens ou malades au moment d'une affaire importante.

» 3°. La commission recevra les comptes des frais d'établissement, & les répartira sur chaque tête de vache de l'association.

» 4°. La commission fera une convention avec le fruitier.

» 5°. Elle surveillera l'exécution des clauses de la présente association.

» 6°. Elle prononcera sur les violations du réglement & infligera les peines de ces violations.

» 7°. La commission prononcera entre les co-associés sur toutes discussions relatives à leurs intérêts dans la Fruitière.

» 8°. Les prononcés de la commission seront sans appel. Les associés renoncent, par le présent acte, à toutes plaintes & recours aux tribunaux; reconnoissent & acceptent la commission pour arbitre sans appel dans toute discussion relative à leurs intérêts dans la présente association.

» 9°. Les associés acceptent dans toute sa teneur le réglement suivant :

» 1°. Chaque associé apportera tous les jours, soir & matin, son lait à la Fruitière, à l'heure qu'indiquera le fruitier.

» 2°. Le lait sera apporté dans des vases soigneusement lavés, & avant d'être coulé.

» 3°. Nul ne pourra apporter à la Fruitière le lait d'une vache fraîche vêlée, avant douze jours après la naissance du veau.

» 4°. Nul ne pourra apporter à la Fruitière du lait mélangé de lait de chèvre ou de brebis.

» 5°. Chaque associé pourra garder le lait nécessaire à son ménage, mais ne pourra fabriquer chez lui ni beurre ni fromage.

» 6°. Chaque associé apportera à la Fruitière son lait pur, sans addition d'eau ni soustraction de crême.

» Le fruitier pourra éprouver chaque jour le lait de chaque associé. S'il soupçonne quelque fraude, il en avertira le président & les commissaires, qui feront faire sous leurs yeux une ou plusieurs épreuves du lait soupçonné, dresseront procès-verbal de ces épreuves, puis à l'heure de la traite se transporteront, au nombre de deux au moins, chez l'individu soupçonné, & feront traire ses vaches sous leurs yeux pour comparer le lait de cette traite à celui qui fait naître le soupçon. Si par suite des différentes épreuves des deux laits, les commissaires acquièrent la conviction que le premier a été falsifié, ils déclareront le coupable chassé de la société, & prononceront confiscation au profit de la société, 1°. de tout le lait qu'elle pourroit lui devoir; 2°. de tous les produits en beurre, fromage & serai qu'il pourroit avoir dans le magasin.

» 7°. En recevant le lait, le fruitier le mesurera, & marquera au compte de chaque associé la quantité de pintes qu'il aura apportées.

» Le produit total de la Fruitière appartiendra successivement, chaque jour, à celui des associés à qui elle devra le plus.

» En cas d'égalité, le produit appartiendra à celui qui sera arrivé le premier à la Fruitière pour apporter son lait.

» Si la quantité du lait apporté par tous les associés dépasse celle du lait dû par la société à celui de ses membres qui a le produit du jour, la différence lui sera retenue sur les livraisons suivantes.

» Si au contraire la Fruitière a moins de lait qu'elle n'en doit à celui qui a son produit du jour, la différence lui sera bonifiée, & cette différence, à son profit, sera placée à la tête de son nouveau compte.

» 8°. Nul ne pourra apporter à la Fruitière du lait produit par d'autres vaches que par les siennes. Nul ne pourra emprunter le lait d'un autre associé. Si on s'apperçoit qu'un associé viole le présent article du réglement, il sera dénoncé à la commission, qui prendra connoissance du fait. Si la contravention est prouvée, la commission déclarera le contrevenant chassé de la société, & prononcera, comme en l'article 6, la confiscation de tout ce qu'il auroit à réclamer de la société en lait, beurre, fromage & serai.

» 9°. Pour prononcer l'expulsion d'un membre & la confiscation de ce que lui doit la société, la commission devra être composée de ses cinq membres, ou des suppléans pour les absens.

» 10°. Les associés s'engagent à tenir, envers le fruitier, la convention que la commission aura faite avec lui.

» 11°. Les fromages, après leur salaison, seront délivrés aux propriétaires par le fruitier, sur la présentation d'un ordre écrit du président.

» Chaque associé sera obligé de laisser dans le magasin, au moins un fromage entiérement payé, qui servira de sûreté pour l'accomplissement de ses engagemens & devoirs envers la société, sinon il devra fournir caution suffisante pour ladite sûreté.

» 12°. Nul ne pourra, en aucun tems, refuser aux commissaires l'entrée de son écurie.

» 13°. Tous les six mois la commission fera une revue des vaches des associés.

» 14°. Cet article contient l'indication du nom & de la demeure du président & des commissaires.

Les

Les associés d'une Fruitière trouvent d'autant plus d'avantages dans leur association, qu'ils sont en plus grand nombre ou qu'ils ont plus de vaches, parce que les frais annuels sont les mêmes pour une petite comme pour une grande. Pour faire un fromage par jour, il faut trois à quatre cents litres de lait dans la bonne saison. Dépasser de beaucoup cette quantité nécessite deux fruitiers; car un seul ne peut pas convenablement fabriquer deux fromages, & donner au reste de son travail, surtout au soin du magasin, le tems nécessaire à sa perfection. Dans les pays abondans en fourages, les cultivateurs, pouvant bien nourrir leurs vaches pendant l'hiver, visent à avoir du lait dans cette saison, & font naître leurs veaux en automne. Alors le produit des Fruitières est assez égal pendant toute l'année; mais, dans les pays de montagnes, il y a de grandes variations à cet égard, l'automne & l'hiver étant des époques de disette pour les vaches. Dans un troupeau des mieux choisis & des mieux soignés du pays de Vaud, chaque vache a rendu deux mille deux cent dix-neuf litres de lait dans le cours d'une annee, dont mille neuf cent quatre-vingt-dix huit ont eté envoyes à la Fruitière, & ont produit cent trente-cinq kilogrammes de Fromage, trente-huit kilogrammes de beurre & quatre-vingt-huit kilogrammes de serai. Voici ce qu'elle a rapporté en argent à son propriétaire :

	fr.	cent.
Fromages....................	132	30
Beurre....................	74	48
Serai....................	18	48
Lait consommé..............	24	31
Veaux....................	26	75
	276	32
A déduire pour les frais.....	23	88
Reste....................	252	44

Ce produit est un des plus élevés; mais on ne peut pas mettre le prix moyen le plus bas, à moins de 110 fr.

Partout où les Fruitières sont établies on remarque une grande amélioration dans l'aisance des cultivateurs & dans la nature des bestiaux. (*Bosc.*)

FRUTILLER, synonyme de FRAISIER du Chili. *Voyez* FRAISIER.

FUIE. On appelle ainsi les COLOMBIERS dans quelques cantons.

FUIRÈNE. *Fuirena.*

Genre de plante de la famille des *Cypéracés* & de la triandrie monogynie, qui renferme une demi-douzaine d'espèces, dont aucune ne se cultive dans nos jardins. J'ai observé l'une d'elles en Caroline, où elle croît dans les endroits sablonneux qui retiennent l'eau pendant l'hiver. On ne pourroit la conserver dans le climat de Paris qu'en la tenant dans l'orangerie pendant l'hiver. La terre de bruyère lui seroit nécessaire, ainsi que des arrosemens fréquens. (*Bosc.*)

FUMÉE, air surchargé d'eau, d'huile dissoute, d'acide végétal, d'ammoniac, de différentes sortes de gaz, &c. qui se dégage des matières animales & végétales en combustion.

Les cultivateurs ont besoin de connoître les effets utiles & les effets nuisibles de la Fumée pour profiter des uns & se garantir des autres.

Les effets utiles de la Fumée sont de faciliter les moyens de prendre les renards, les blaireaux, les fouines & autres quadrupèdes ennemis des cultivateurs; de faire mourir les pucerons, les cochenilles, les chenilles & autres petits insectes qui vivent aux dépens des plantes; de chasser les cousins, les stomoxes & autres insectes qui tourmentent les animaux; de conserver la viande des quadrupèdes, des oiseaux & des poissons qu'on expose à son action bien au-delà du tems fixé par la nature pour sa decomposition.

Pour diriger facilement la Fumée sur les plantes infestées de pucerons, on a inventé une sorte de SOUFFLET qui sera décrit à ce mot.

Il est peu de cultivateurs en France, surtout dans les pays de montagnes, qui ne connoissent les avantages de la Fumée, puisqu'ils suspendent dans leur cheminée leur provision de lard, de jambon, d'andouille, &c. Mais c'est dans les pays du nord qu'on en use le plus pour la conservation des viandes & du poisson : là on a des bâtimens uniquement construits pour remplir cet objet.

On n'ignoroit pas, du tems des Grecs & des Romains, le parti qu'on peut retirer de la Fumée pour garantir les espaliers, les vignes & autres objets de nos cultures, des suites des dernières gelées du printems, & Olivier de Serres en fait mention dans son *Théâtre d'Agriculture*; mais ce moyen étoit tombé en désuétude, & ce n'est que dans ces derniers tems qu'on l'a mis de nouveau en pratique, quelque difficile qu'il soit d'opérer d'une manière réellement fructueuse.

Pour enfumer une vigne sujète aux gelées du printems, on dispose, autour de cette vigne, de petits tas de broussailles, d'herbes mortes, d'aiguisures d'échalas du côté où vient le vent, &c., principalement du côté du nord & du nord-est; & lorsque la vigne a été frappée de la gelée, ce qu'on fait toujours préjuger, & qu'on peut facilement vérifier, on met le feu à ces petits tas, & on les empêche de flamber, s'ils sont en disposition de le faire, en jetant de la terre dessus. Ce n'est point par sa chaleur que la Fumée agit dans ce cas, ainsi que quelques personnes le croient, mais en interceptant les rayons du soleil, comme cela sera prouvé au mot GELÉE.

Cette opération est beaucoup plus facile & plus certaine pour les espaliers, puisqu'il ne s'agit que de la faire vis-à-vis d'eux, & qu'on a moins d'espace à garantir.

Les effets nuisibles de la Fumée sont, 1°. lorsqu'elle n'est point épaisse, d'exciter une irritation dans la gorge, &, lorsqu'elle est très-épaisse, de faire mourir d'asphyxie les hommes & les animaux qui y sont exposés; 2°. de faire tomber les feuilles & les fruits des plantes; 3°. de rendre désagréables au goût les mets qui en sont imprégnés. Par des précautions on peut éviter ces résultats, de sorte que c'est toujours la faute des cultivateurs s'ils y sont exposés.

Cependant il ne dépend pas toujours de l'habitant d'une maison d'empêcher les chaumières de fumer; car tant de causes concourent dans ce cas, qu'il n'y a que ceux en état de consulter les hommes les plus instruits & de faire de la dépense, qui puissent se mettre à l'abri de cet inconvénient.

On peut faire consumer toute la Fumée d'un fourneau, & par conséquent ne pas perdre la chaleur que sa combustion développe. L'application des moyens à employer est principalement avantageuse dans la construction des serres auxquelles la Fumée nuit quelquefois tant. J'en parlerai au mot SERRE.

La Fumée des substances végétales, comme je l'ai dit plus haut, contient un acide. Cet acide est le même que celui du vinaigre. Il y a déjà un certain nombre d'années que, sous le nom d'*acide pyro-ligneux*, on l'a employé dans les arts. M. Mollerat nous a nouvellement appris qu'il étoit possible de le purifier & de l'amener à l'état de vinaigre, propre à servir de condiment à la préparation des mets. Une fabrique en grand en fournit en ce moment autant que le commerce peut en desirer. Cette fabrique procure aussi aux arts un goudron (union de l'acide avec l'huile du bois) extrêmement propre à garantir les vaisseaux, les meubles, &c. de la pourriture & de la piqûre des vers.

Il est des bois qui donnent plus de Fumée que d'autres, témoin le sapin, duquel on tire, par la combustion, le *noir de fumée* si employé dans la peinture, & qui sert à composer l'encre d'imprimerie. (*Bosc.*)

FUMETERRE. *Fumaria.*

Genre de plante de la famille des *Papavéracées* & de la diadelphie hexandrie, qui contient une trentaine d'espèces, parmi lesquelles il y en a deux ou trois qu'on cultive dans nos jardins, & autant qui peuvent quelquefois intéresser ceux qui s'occupent de la grande agriculture. *Voyez Illustration* de Lamarck, pl. 597.

Espèces.

1. FUMETERRE jaune.
Fumaria lutea. L. ♃ Du midi de la France.

2. FUMETERRE bulbeuse.
Fumaria bulbosa. L. ♃ Indigène.

3. FUMETERRE solide.
Fumaria solida. Smith. ♃ Indigène.

4. FUMETERRE odorante.
Fumaria nobilis. L. ♃ De Sibérie.

5. FUMETERRE du Canada.
Fumaria sempervirens. L. ○ De l'Amérique septentrionale.

6. FUMETERRE officinale.
Fumaria officinalis. L. ☉ Indigène.

7. FUMETERRE à petites fleurs.
Fumaria parviflora. Lamarck. Indigène.

La Fumeterre jaune se cultive dans les jardins d'agrément, à raison de son joli feuillage & de l'abondance, de la précocité, de la durée de ses fleurs. Elle demande une terre légère & fraîche, ou au moins une situation ombragée. On peut la multiplier de ses graines avec la plus grande facilité, même elle ne se multiplie souvent naturellement que trop par cette voie; mais on préfère généralement le faire par le déchirement de ses racines. C'est ordinairement en bordure qu'on la place. Elle fait aussi beaucoup d'effet en touffes, sur les rochers, dans les trous des murs, &c. Je conseille de l'employer à garnir le sol sous les arbres des massifs ou des quinconces trop serrés, parce qu'elle y croîtra fort bien & en cachera la triste nudité.

Les Fumeterres bulbeuse & solide ont été longtems confondues, & sont en effet si peu différentes, qu'il n'est pas nécessaire à un cultivateur de savoir les distinguer. Elles sont moins agréables que la précédente, mais cependant méritent également de trouver place dans les jardins. On les multiplie principalement par le déchirement de leurs racines, qui offrent un grand nombre de tubercules, dont chacun donne naissance à un nouveau pied. Les campagnols & les mulots sont très-friands de ces bulbes; ainsi il faut leur faire une guerre à outrance si on veut les conserver.

La Fumeterre odorante, la plus grande & la plus belle de ce genre, mais qui est encore fort rare dans nos jardins, se multiplie & se cultive comme les précédentes.

Ces plantes, encore plus que bien d'autres, ne peuvent se conserver toujours dans la même place. On voit leurs touffes se dégarnir du centre après deux ou trois années, en même tems qu'elles s'accroissent par leurs bords. C'est un effet de la loi des assolemens, qui indique qu'il faut les relever de tems en tems ou leur donner de la nouvelle terre.

La Fumeterre toujours verte, quoiqu'annuelle, peut être également employée à la décoration des endroits pierreux, des fabriques, &c. dans les jardins paysagers, parce qu'elle se resème d'elle-même. Ses feuilles sont très-belles, & elle est en fleur presque tout l'été.

Les Fumeterres officinales & à petites fleurs croissent abondamment dans les jardins, les champs, les vignes & autres lieux cultivés. Les vaches & les moutons les mangent, mais les autres bestiaux n'en veulent pas; car leur saveur est très-amère, d'où lui est venu le nom de *fiel de terre*. Elles s'emploient en médecine comme apéritives, incisives, diurétiques & fébrifuges. Leur nom de Fumeterre, qui sans doute est le résultat de l'expérience de nos pères, indique le parti qu'on peut en retirer, c'est-à-dire, que c'est à les enterrer, au moyen de la bêche ou de la charrue, quand elles sont arrivées à toute leur croissance, qu'il faut tendre, soit qu'elles aient crû spontanément, soit qu'on les ait semées dans cette intention. J'observerai cependant, relativement au dernier cas, qu'il est des plantes, telles que le sarrasin, telles que les vesces, les gesses, le trèfle, &c. qui sont plus avantageuses qu'elles, comme ayant une fanne plus considérable.

On peut aussi utilement arracher les Fumeterres pour les apporter sur le fumier & augmenter ainsi sa masse. (*Bosc.*)

FUMIER. On donne ce nom, tantôt exclusivement à la paille qui a servi de litière aux animaux domestiques, tantôt généralement à toutes les matières animales & végétales susceptibles d'être employées comme engrais. *Voyez* aux mots PAILLE, LITIÈRE & ENGRAIS.

Quelques auteurs l'ont aussi appliqué mal-à-propos à la MARNE, à la CHAUX, au PLATRE & autres objets de même nature, qui doivent être, selon moi, appelés des AMANDEMENS. *Voyez* ces mots.

Ici je considérerai principalement le Fumier comme étant produit par la décomposition de la paille qui a servi de litière, parce que c'est ainsi que la plus grande partie des cultivateurs le considèrent.

Ce qui fait que le Fumier est préféré aux autres engrais plus puissans, tels que les charognes, les excrémens humains, la fiente de volailles, &c. c'est, 1°. que, dans la grande agriculture, on ne peut se dispenser de nourrir des bestiaux, & que, partout où on en nourrit à l'écurie, il s'en produit en proportion de leur nombre & de la quantité de paille dont on peut disposer; 2°. qu'on peut en augmenter la quantité presqu'à volonté, en multipliant le nombre de ces bestiaux & en se procurant une plus grande abondance de paille; 3°. qu'étant composé de parties animales & de parties végétales, il se trouve dans l'état moyen le plus favorable, c'est-à-dire, qu'il n'offre pas l'activité souvent nuisible des engrais cités plus haut, & qu'il possède une puissance fertilisante plus considérable que la paille, les feuilles & autres productions purement végétales.

Un grand nombre d'écrivains se sont occupés de l'objet que j'entreprends de traiter; mais, faute d'être remontés aux principes, ils sont tombés dans le vague.

Le bien labourer & le bien fumer, dit notre Olivier de Serres, le patriarche de l'agriculture française, est tout le secret du laboureur. En effet, on ne sauroit trop fabriquer de Fumier. Il n'est que quelques terres d'alluvion qui se sont engraissées pendant des siècles, & qui s'engraissent même encore chaque année aux dépens des coteaux qui les dominent, dans lesquelles on puisse se dispenser d'en mettre après une succession quelconque de récoltes épuisantes. Dans le système de la culture avec jachère, on est obligé d'en mettre au moins une fois en trois ans; ce qui, dans les grandes exploitations, oblige quelquefois à le trop ménager; mais dans celui de la culture par assolemens à longs retours, on peut toujours en mettre autant qu'il est nécessaire, à raison de la possibilité de restreindre à volonté l'étendue de la sole des fromens. D'ailleurs, dans ce système, ils sont moins nécessaires, parce que, d'un côté, la terre perd moins, & que de l'autre elle reprend davantage de principes fertilisans.

On lit dans beaucoup d'anciens ouvrages sur l'agriculture, & quelques cultivateurs répètent encore, que le Fumier *échauffe* la terre en même tems qu'il l'engraisse. Cette expression est basée sur une exagération; car si, lorsqu'il est en masse, il donne de la chaleur, il n'en est pas de même lorsqu'il est éparpillé, ainsi que tout le monde peut s'en convaincre.

Il se trouve en France des cantons où la fabrication des Fumiers est l'objet des soins des cultivateurs, & où on cherche constamment à en augmenter la masse; mais je l'avoue avec peine, il en est d'autres où la plus grande incurie règne à leur égard. Il semble que dans ces derniers il suffise de pouvoir dire, j'ai du Fumier, ou j'ai fumé un champ, tant il y est peu abondant & de mauvaise qualité. Aussi long tems que l'instruction, suite de l'aisance, ne sera pas générale dans nos campagnes, on ne pourra pas espérer d'amélioration à cet égard. Si nos voisins nous ont surpassés en si peu d'années en agriculture, comme dans la plupart des arts mécaniques, c'est que le dernier des manouvriers est accoutumé à réfléchir sur ce qu'il fait, & qu'il se perfectionne sans cesse. Inutilement ai je plusieurs fois entrepris de faire comprendre à des cultivateurs les inconvéniens de la méthode qu'ils suivoient dans la confection de leurs Fumiers; ils ont repoussé mes observations, ou comme fausses, ou comme exagérées, ou comme inapplicables à leur pays, &c. Cependant, pour prouver que je ne suis pas de trempe à me décourager par les mauvais succès, je vais rédiger cet article comme s'il devoit produire tous les bons effets que je voudrois qu'il produisît pour l'avantage de l'agriculture en général, & de chaque cultivateur en particulier.

Il a été donné, à diverses époques, des analyses chimiques du Fumier. Toutes varient entr'elles, & devoient varier à raison de la nature de la paille, des espèces d'animaux, des circonstances multipliées qui agissent sans cesse sur lui, & de l'époque de son âge ou de l'année qu'on l'a pris. Kirwan est, à ma connoissance, le dernier qui ait publié une de ces analyses dans son *Traité des Engrais*. Je vais en inférer ici les résultats, quoiqu'il s'en faille beaucoup qu'ils me satisfassent.

Un quintal de Fumier de vache pourri a donné treize cent soixante pouces cubiques d'hydrogène carboné, cent vingt pouces cubiques de gaz acide carbonique, quatre-vingt-une livres d'eau, dix de charbon, trois de chaux, six d'argile, cinq de silex, soixante-cinq d'ammoniac, trente-trois de sels fixes.

Une certaine quantité de Fumier neuf, surtout de Fumier de cheval, réuni en tas, ne tarde pas à fermenter & à développer de la chaleur. Dans cet état on l'emploie à faire des couches, à faire éclore artificiellement des poulets, &c. Sa chaleur augmente quelquefois au point que, si le tas n'est pas très-humide, il s'enflamme, & met le feu aux bâtimens. *Voyez* INCENDIE & FOIN. Dans tous les degrés de cette chaleur il se dégage de l'eau & des gaz. Bientôt il s'affaisse, se noircit, se refroidit; les pailles perdent leur consistance; & après un tems plus ou moins long, selon sa masse, la quantité d'eau dont il est imbibé, la chaleur de l'atmosphère, &c. il est changé en une matière noire, grasse, homogène, qui n'est que du terreau mêlé avec différens sels, de l'huile & de l'eau. *Voyez* TERREAU & HUMUS.

La partie extérieure du tas, étant continuellement exposée à l'action desséchante de l'air, participe peu à ce mouvement intestin. Les pailles qui le composent deviennent cassantes, mais conservent leur forme. On les appelle PAILLES BRULEES. *Voyez* ce mot.

Le Fumier agit sur les plantes sous divers rapports, & dans des proportions d'effet innombrables; 1°. lorsqu'il est nouveau & en masse, par sa chaleur; 2°. lorsqu'il est nouveau & divisé, par les sels & l'espèce de savon qu'il contient; 3°. lorsqu'il est complétement décomposé, c'est-à-dire, changé en terreau, en fournissant le mucilage qui sert d'aliment à la végétation. Il agit encore mécaniquement, lorsqu'il est nouveau, en soulevant la terre, & en la rendant plus perméable aux racines, &, lorsqu'il est pourri, en conservant plus long-tems l'humidité si nécessaire à toute végétation. Les gaz qu'il contient agissent aussi sur les plantes de différentes manières. *Voyez* GAZ.

Puisqu'il entre dans la composition des pailles de froment, de seigle, d'avoine & d'orge des principes différens, ils doivent donner chacun des Fumiers d'une nature particulière. Celle de l'avoine, par exemple, y porte plus de silice que les autres, si on en juge par la belle analyse qu'en a faite Vauquelin. Sans doute les variétés, telles que celles si nombreuses du froment, ont aussi de l'influence; car il est impossible que le chaume solide de celles du midi se décompose avec autant de facilité que le chaume creux de celles du nord; mais probablement les résultats de cette différence sont d'une foible importance, puisqu'ils n'ont été consignés dans aucun ouvrage. Des expériences comparatives n'en seroient pas moins utiles à faire, & je les sollicite du zèle des cultivateurs instruits. Les *Annales d'Agriculture*, que je rédige en commun avec mon collaborateur Tessier, sont un registre toujours ouvert aux observateurs zéles & amis de la prospériré agricole de la France.

Il n'en est pas de même des différences que présentent les Fumiers, relativement aux animaux qui ont concouru à leur formation; car elles sont très-distinctes, comme le prouvent les noms donnés à ces Fumiers.

On dit que le Fumier de cheval est *chaud*, parce qu'il fermente très-promptement & très-fortement, qu'il excite l'action végétative dans les plantes, mieux que les autres. Il y a lieu de croire que l'avoine qu'on donne aux chevaux concourt à la bonté de leur Fumier, comme contenant beaucoup plus de carbonne. Et en effet, on a remarqué que ceux de ces animaux constamment tenus aux pâturages en fournissoient de moins bon.

Par comparaison au précédent, le Fumier de vache ou de bœuf est appelé *froid*. La viscosité des excrémens de ces animaux concourt sans doute à leur donner cette qualité, qui est précieuse dans certains cas; par exemple, dans les terreins secs & chauds, où il est si important de conserver, le plus long-tems possible, l'humidité nécessaire à la végétation, & pour la fabrication des couches qui demandent une chaleur foible, mais durable.

Il résulte encore de cette propriété, que les effets du Fumier de vache sont plus lents à se développer, mais durent plus long-tems, & que la chaux les active beaucoup plus. J'ai sur cela des faits positifs incontestables.

Dans beaucoup d'exploitations rurales on mélange le Fumier de cheval avec celui de vache au moment même où on les sort de l'écurie & de l'étable. Cette pratique est repoussée par Olivier de Serres. Et en effet, d'après ce que j'ai dit plus haut, elle ne doit avoir lieu que dans le cas où on ne cultive que des terres de même nature, c'est-à-dire, ni trop humides ni trop sèches; ce qui est rare dans un domaine de quelqu'étendue. D'ailleurs, il est des années, celles très-humides, où il est plus généralement utile d'employer du Fumier de cheval, & au contraire: j'observerai de plus, contre la méthode de mélanger les deux sortes de Fumier, qu'il suffit d'examiner un tas où elle a été pratiquée, pour se convaincre que le Fumier de vache nuit toujours à la décomposition du Fumier de cheval situé au dessous de lui, en empêchant l'eau des pluies d'y pénétrer. Je parlerai plus bas de la sorte d'altération que ce dernier éprouve dans ce cas, & qu'on appelle *blanc de Fumier* ou chansissure.

On prétend que le Fumier de mouton est très-actif, & cependant qu'il est le plus durable. La cause de cette apparente contradiction s'explique en considérant qu'il est composé de paille imprégnée d'URINE & de SUIN (*voyez* ces mots), ainsi que de crottes, & que ces dernières se décomposent fort lentement. Je parlerai longuement au mot PARC, de l'engrais que donnent ces animaux, qui, ne restant à la bergerie que pendant l'hiver, dans les pays où l'agriculture est convenablement pratiquée, concourent foiblement à l'augmentation du tas de Fumier.

Les chèvres & les lapins fournissent un Fumier peu différent de celui des moutons, & qui n'est jamais assez abondant pour mériter qu'on s'en occupe particulièrement.

Tantôt le Fumier de cochon passe pour très-énergique, tantôt pour être de peu de valeur. Ces deux opinions contradictoires sont peut-être fondées; car, comme je l'ai déjà observé, la nourriture influe prodigieusement sur la nature des excrémens, & celle des cochons varie beaucoup. Tantôt, en effet, ils ne mangent que de l'orge, des châtaignes, des glands & autres fruits abondans en carbonne; tantôt on les force de se contenter de laitues, de choux, de raves, de son, de lait caillé & autres articles qui en contiennent fort peu. Si les pigeons & les poules étoient à ce dernier régime, leur fiente ne seroit pas un si bon engrais. *Voyez* COLOMBINE. Au reste, rarement le Fumier de cochon entre pour beaucoup dans le tas général, parce que presque partout on leur ménage la litiere, & que le nombre de ceux qui se trouvent dans une ferme est toujours borné.

Il est des localités où on est dans l'usage de laisser les Fumiers s'amonceler dans les écuries ou les étables pendant la moitié de l'année, & d'où on les transporte directement, en automne, sur les champs qui doivent être ensemencés en seigle ou en froment, & au printems sur ceux destinés à recevoir les avoines & les orges. Cette pratique est excellente relativement aux Fumiers qui n'ont pas été délavés par les eaux des pluies, & qui n'ont que le degré de décomposition convenable; mais elle est éminemment nuisible à la santé des animaux, & doit être en conséquence généralement proscrite.

Dans le plus grand nombre des exploitations rurales on retire plus ou moins souvent le Fumier des écuries & des étables pour l'amonceler ou le répandre dans la cour, afin qu'il s'y *fasse*, comme on dit vulgairement, c'est-à-dire, qu'il s'y décompose en terreau, & devienne immédiatement propre à son objet. Chaque canton offre, dans ce cas, des pratiques différentes qu'il est bon de mettre sous les yeux du lecteur.

Les personnes qui ont des chevaux de luxe veulent que leur litière soit renouvelée tous les jours ou tous les deux jours au moins, afin d'entretenir leur santé en bon état, & leur poil toujours propre. Le Fumier qui sort de dessous eux est peu fourni d'urine & d'excrémens, mais il est très-propre à la composition des couches & à servir de suite d'engrais aux terreins argileux & humides.

Les cultivateurs les plus soigneux ne font enlever le Fumier des écuries, où ils tiennent leurs chevaux de trait ou de labour, que deux fois par semaine. Les autres se contentent de faire faire cette opération une fois par semaine, une fois tous les quinze jours, même une fois tous les mois, surtout en hiver.

Quant aux vaches & aux bœufs, l'usage est assez général de ne les nétoyer qu'une fois par semaine, deux fois, même une seule fois par mois.

Dans tous ces cas, tantôt on accumule en une seule fois la litière nécessaire, tantôt on en remet tous les jours ou tous les deux jours, ou deux fois par semaine, &c. Cette dernière pratique est préférable. *Voyez* LITIÈRE.

La manière d'arranger les Fumiers dans la cour ne varie pas moins.

Aux environs de Paris on les répand sur la surface de la cour, un peu creusée à cet effet dans son milieu, de manière que les hommes, les animaux, les voitures, &c. passant journellement dessus, le brisent & le tassent; que les volailles le grattent continuellement. Cette méthode n'a que l'avantage de conserver les excrémens des bestiaux & des volailles, & de faciliter à ces dernières la recherche des grains qui ont échappé au battage ou qui appartiennent aux mauvaises herbes; mais elle rend mal-saines la plupart des fermes, empêche le Fumier de fermenter, parce qu'il manque d'épaisseur; prive celui qui n'est pas dans la fosse, des sels & des huiles qui en sont les élémens les plus actifs, parce qu'ils sont entraînés par les eaux pluviales, & fait perdre, par la grande surface qu'il présente au soleil, les principes gazeux qu'il contient.

Je n'ai jamais pu faire avouer ces inconvéniens à des fermiers d'ailleurs éclairés, sous les yeux de qui je les mettois, & dont il est tel qui seroit bien fâché que je le citasse ici, tant il est difficile de vaincre les préjugés de l'enfance.

Dans d'autres endroits on dépose les Fumiers dans un coin de la cour, tantôt sur un tertre de quelques pieds d'élévation, tantôt sur le sol de niveau, tantôt dans des excavations plus ou moins profondes. Dans le premier & le second cas, ils perdent toutes leurs parties solubles & quelques-unes de leurs parties insolubles par l'effet des pluies & du tassement qui s'opère en eux. Dans le dernier, ils sont noyés dans l'eau, & y éprouvent une décomposition qui affoiblit leur action. Quelques cultivateurs les y accumulent sans ordre; d'autres les étendent également en en bordant la surface d'une manière régulière. Entrer dans tous les détails qu'exige la description de ces diverses manières exigeroit un volume. Pour ménager le tems du lecteur, je vais me contenter de poser des bases, & d'en tirer des conclusions de pratique qu'on ne puisse contester.

Au sortir de l'écurie ou de l'étable, les Fumiers contiennent des parties solubles à l'eau, &, à mesure qu'ils se décomposent, leurs parties solides deviennent également plus ou moins solubles. Ce sont ces parties solubles qui seules entrent dans la composition des végétaux, qui constituent véritablement l'engrais. La raison indique donc qu'il faut employer tous les moyens possibles & avoués par une sage économie, pour les empêcher de se perdre.

D'après ce simple exposé, il semble que la première chose à faire est, 1°. de paver la surface du sol, ou au moins de la corroyer avec de l'argile, pour empêcher l'infiltration de ces parties solubles, & de donner au pavé une inclinaison suffisante pour les conduire lentement dans une fosse, ou mieux dans une citerne revêtue de pierres; 2°. d'établir au dessus de ce sol un angar pour empêcher les eaux des pluies d'entraîner ces parties solubles plus vite ou plus abondamment qu'il n'est convenable, sans cependant empêcher l'action de l'air si importante à ne pas entraver, puisque sans elle il n'y a pas de décomposition; 3°. d'amonceler le Fumier avec régularité, comme on le fait pour les COUCHES (voyez ce mot), chaque fois qu'on le tire de dessous les bestiaux, sans trop le presser; 4°. de lui donner des arrosemens fréquens, mais légers, tels qu'ils entretiennent une humidité constante & égale dans la masse, & d'employer autant que possible à ces arrosemens l'eau de Fumier, l'urine humaine, les lavures de la cuisine, les eaux des lessives, des savonages; enfin toutes les eaux chargées de matières animales ou végétales qu'on peut se procurer aisément ou sans frais.

Il est un village, dans le département des Deux-Sèvres, celui de Mesle, qui s'est rendu célèbre par une méthode analogue de fabriquer le Fumier, méthode qui le fait vendre le double de celui des autres villages du même département. Ils le déposent dans des caves très-aérées, & ne l'emploient qu'après qu'il y a séjourné huit mois.

A part le toit, que je n'ai vu que dans deux ou trois endroits, il est beaucoup de cultivateurs qui disposent leurs Fumiers de la manière que je viens d'indiquer, ou à peu près, c'est-à-dire, qui en pavent ou en corroient la base, & en dirigent les eaux vers une fosse d'où ils peuvent les reporter sur le tas dans les tems de sécheresse, soit avec des sceaux, soit avec une pompe.

Quoique les émanations du Fumier ne soient mal-saines que lorsqu'il entre en putréfaction, ce qui n'a lieu que lorsqu'il est noyé dans l'eau, il est toujours prudent d'éloigner le lieu où on le dépose, de la maison d'habitation, & même du logement des animaux, sans cependant qu'il en coûte trop de perte de tems & de matières à le charier. Dans les fermes construites selon les principes, on le place souvent dans une petite cour particulière qui communique avec la grande, & dont les murs sont assez élevés pour que les courans d'air ne balaient pas la surface du Fumier, & n'en apportent pas les gaz dans cette dernière.

Il est, dit-on, des cultivateurs qui font autant de tas de Fumier qu'il y a de mois dans l'année, afin que le degré de la décomposition de celui qu'ils emploient, soit rigoureusement connu. Cette pratique a ses avantages.

J'en ai vu quelques-uns remuer ou changer de place leurs Fumiers, afin que toutes leurs parties fussent également consommées. Dans beaucoup de cas, cette opération peut paroître superflue, quoiqu'on doive la regarder comme fournissant à l'air, ou à ses principes, les moyens de se combiner plus facilement avec eux; mais il en est un où elle devient nécessaire, c'est lorsqu'ils commencent à CHANCIR. *Voyez* ce mot.

Le Fumier chancit toujours lorsqu'il n'est pas aussi humecté qu'il est nécessaire à son mouvement de fermentation. La manière irréfléchie avec laquelle on l'entasse en plein air donne souvent lieu à cet événement, qui altère beaucoup sa qualité. Il suffit, en effet, qu'on l'ait trop comprimé dans un endroit, qu'on y ait mis beaucoup de Fumier de vache, pour que l'eau des pluies ne puisse plus le pénétrer, & que ses couches inférieures chancissent.

Plusieurs fois j'ai examiné au microscope des Fumiers chancis, pour chercher à connoître la nature des filamens blancs qui composent la chanissure, filamens analogues au blanc de champignon, mais fort distincts, sans pouvoir y parvenir. Les pailles qui en sont affectées, deviennent très-cassantes, ne sont plus susceptibles de donner de la chaleur par leur accumulation, & pourrissent dès qu'on les humecte constamment. Le terreau qui en provient est moins noir, & ne paroît pas aussi propre à l'engrais que l'autre.

Certains cultivateurs ne veulent pas qu'on mette aucune matière étrangère sur leur Fumier, sous le spécieux prétexte que si elles sont animales elles lui donneront une mauvaise odeur; que si elles sont végétales elles accéléreront ou retarderont sa fermentation, & que si elles sont minérales elles augmenteront les frais de son transport.

Je ne puis me refuser à reconnoître la justesse de ces allégations dans certains cas; en conséquence, quelqu'avantageux qu'il soit, à mon avis, d'augmenter la bonté des Fumiers en y portant des animaux morts, des matières fécales, &c., je conseillerai de pratiquer, loin de l'habitation, une fosse où on les déposera, où on les laissera se décomposer complétement avant d'en enlever le résultat pour le répandre sur les champs. *Voyez* FOSSE A FUMIER.

Il ne me paroît pas que la plus ou moindre rapidité de décomposition des plantes puisse être une raison de les repousser, excepté pour les couches, puisqu'en définitif elles donnent toutes du terreau. Qu'importe que leur effet se produise un an plus tôt ou un an plus tard? C'est par suite de ce résultat, que j'indique souvent de couper, dans la campagne, les plantes que les bestiaux refusent de manger, pour les porter sur le Fumier, & en cela je crois être entiérement dans les intérêts des cultivateurs. Les crucifères, qui contiennent quelques-uns des élémens des animaux, méritent la préférence. La tourbe y produit aussi du bien quand on n'en met pas trop. *Voy.* TOURBE.

Il est permis de croire, d'après les expériences de Théodore de Saussure, que du Fumier fabriqué avec des plantes coupées avant leur floraison seroit beaucoup supérieur à celui fait avec la paille. Souvent on utilise, en en faisant de la litière & par suite du Fumier, du foin gâté ou du foin de marais que les bestiaux refusent, & il seroit par conséquent facile de s'assurer si ma conjecture à cet égard est réellement fondée.

La théorie & l'expérience se réunissent pour convaincre de l'efficacité de certaines substances minérales lorsqu'on les mêle avec les Fumiers. La chaux, par exemple, en poudre & en petite quantité, y produit des effets qui tiennent du miracle, en accélérant leur décomposition & en activant leur faculté fertilisante. Tout cultivateur pressé de profiter de ses Fumiers, & il leur arrive souvent de l'être, doit donc les saupoudrer de chaux, en observant cependant d'en mettre moins sur ceux qui sont faits, que sur ceux qui sortent de l'écurie, pour ne pas tomber dans l'inconvénient d'une action trop vive ou trop peu durable.

La pierre calcaire & le plâtre en poudre, ainsi que la marne délitée, offrent des effets semblables, mais beaucoup plus foibles.

On ne peut pas dire que la terre franche améliore un Fumier; mais comme elle se charge & conserve les émanations gazeuses qui s'échappent de ses couches inférieures, il y a nécessairement du bénéfice à l'en larder d'un ou de deux lits lorsqu'il y a espérance de l'élever à une certaine hauteur, quatre à six pieds, par exemple.

Les oxides métalliques sont tous nuisibles; mais il n'y a guère que celui de fer qui puisse s'y trouver.

Les cendres de tourbe & de charbon de terre, ainsi que le sel marin en petite quantité, produisent de bons effets sur les Fumiers. Les cendres de bois ou la charrée n'agissent que comme la chaux. *Voyez* CENDRE, POTASSE & SEL MARIN.

Les cultivateurs ne doivent pas se borner seulement à avoir beaucoup de Fumier, & à en diriger convenablement la manutention, il faut aussi qu'ils apprennent à connoître le véritable moment & la meilleure manière de l'employer. Il est donc nécessaire que je leur présente quelques considérations sur ces deux objets.

Il y a peu d'accord sur l'époque où il convient de porter le Fumier dans les champs. Les uns pensent qu'il faut qu'il soit répandu long-tems avant les semailles, pour qu'il ait le tems de se décomposer & de se combiner avec la terre. Les autres l'enterrent par le dernier labour que reçoivent les champs qui doivent être semés en seigle ou en froment. Si on considère les principes & la différence des circonstances, on peut établir que les premiers ont raison si c'est du Fumier frais dont ils entendent parler, & que les seconds agissent bien si c'est du Fumier très-consommé qu'ils répandent. L'important est, 1°. qu'il séjourne le moins possible sur les champs exposés à être desséchés par le soleil & lavé par les pluies. Qui n'a pas été souvent, en effet, scandalisé de voir du Fumier rester des mois entiers en tas sur la terre, de sorte qu'il n'y avoit que la place où il se trouvoit, qui fût engraissée, le tas ayant perdu toute sa faculté fertilisante lorsqu'on jugeoit enfin à propos de le répandre & de l'enterrer? 2°. Qu'il soit répandu le plus également possible, afin que les plantes jouissent toutes de son influence. Il est des cantons où on apporte la plus grande négligence dans cette opération, & où les champs de céréales le prouvent à toutes les époques de la végétation, par les places plus vertes qu'ils offrent. Je n'aime point cependant le voir éparpiller à la main par de jeunes filles, lorsqu'il est si facile de le faire avec des fourches de fer! Une bonne méthode à suivre, & qui même se suit dans beaucoup d'endroits, c'est de couper le Fumier avec une bêche bien tranchante, en le chargeant sur le tombereau; de sorte qu'il se divise sans peine dans l'opération de son éparpillement. 3°. Qu'il ne soit pas trop enterré lorsqu'il est destiné à favoriser la croissance du Froment ou autres céréales, pour que les racines puissent l'atteindre. Il est assez rare de voir le Fumier convenablement enterré. Il faut qu'un laboureur soit bien habile, & que le Fumier soit bien divisé, pour qu'il n'y en ait pas qui le soit trop, & d'autre trop peu. Souvent, surtout s'il est frais, la plus grande partie sort de terre. Les Anglais possèdent une machine qui s'adapte à la charrue, & qu'ils appellent *coutre à écumer*, au moyen de laquelle ils enterrent le Fumier à la profondeur qu'ils desirent. 4°. Que sa quantité soit suffisante pour qu'il remplisse complétement son objet, mais pas au-delà; car il en résulteroit, outre l'augmentation de la dépense, ou la perte des germes qui fondroient (*voyez* FONDRE), ou la diminution de la récolte en grains, les plantes dont la végétation est trop vigoureuse en donnant moins que les autres. *Voyez* ENGRAIS. Donner des indications sur la quantité qu'il convient de mettre sur telle étendue de terrein, & pour telle culture, est absolument impossible, parce qu'outre ces deux données, il en est encore beaucoup d'autres à considérer, & qui tiennent à la localité, telles que la nature de la terre, les productions qu'elle a données précédemment, & celles qu'elle doit donner les années suivantes, le climat, l'exposition, l'époque de l'année, la qualité du Fumier qui varie sans fin, soit relativement à sa composition première, soit relativement à sa fabrication, à son âge, &c. C'est un des objets que la pratique seule peut enseigner.

Je dois indiquer ici deux nouvelles méthodes d'employer le Fumier, qui ont été essayées avec un grand succès en Angleterre, & qui méritent d'être introduites en France.

La première, c'est de ne répandre le Fumier, & dans ce cas il doit toujours être très-consommé, qu'au printems, lorsque la végétation commence à se ranimer. Alors toute sa partie soluble agit immédiatement, & sa partie non soluble, chauffant le collet des racines, détermine une plus grande production de ces dernières.

La seconde, c'est de semer la graine des plantes sur le Fumier même. Elle peut avoir quelques inconvéniens; mais Arthur Young en vante beaucoup les bons effets. Pour cela on a imaginé un semoir qui verse d'abord le Fumier, & la semence ensuite. Je ne connois pas cet instrument, qui doit avoir les défauts de ceux de son espèce : sans lui on peut difficilement cependant faire cette opération, à moins qu'on ne mette le Fumier dans les raies, & qu'après avoir semé on rabatte les sillons avec la herse.

Le semis du blé en boulette, proposé, il y a quelques années, à la Société d'Agriculture de Versailles, & dont j'ai suivi les procédés, rentre un peu dans la méthode anglaise; mais il n'y a pas assez d'engrais autour de chaque grain de blé pour que son effet soit durable.

Je pourrois encore prolonger cet article, car il prête beaucoup aux developpemens; mais je m'arrête, un grand nombre d'articles lui servant de complément. (*Bosc.*)

FUMIER VERT : c'est, dans quelques endroits, celui qui n'est pas pourri.

FURONCLE, espèce de clou de mauvaise nature, qui s'élève sur la peau des animaux domestiques. *Voyez* CLOU.

FUSAIN BATARD : c'est le CÉLASTRE GRIMPANT.

FUSÉE, abscès qui se formé au canon du pied des chevaux. *Voyez* ABSCÈS. (*Bosc.*)

FUSCHIE. *FUSCHIA.*

Genre de plante de la famille des *Onagres* & de l'octandrie monogynie, qui renferme une douzaine d'espèces, dont deux sont cultivées dans nos jardins, & sont remarquables par l'élégance & la vivacité de la couleur de leurs fleurs. *Voyez Illustration des Genres* de Lamarck, pl. 282.

Espèces.

1. FUSCHIE écarlate ou de Magellan.
Fuschia coccinea. Aiton. ♄ Du détroit de Magellan.

2. FUSCHIE lycioïde.
Fuscia lycioides. Andr. ♄ Du Chili.

Culture.

On cultive la Fuschie écarlate tantôt en pots, qu'on rentre dans l'orangerie pendant l'hiver, tantôt en pleine terre à une exposition seche & abritée. Dans le premier cas, on la peut faire devenir un arbuste de trois à quatre pieds de haut & plus, dont la tête, lorsqu'elle est bien garnie de fleurs, & elle l'est presque toute l'année, produit un effet admirable. Dans le second cas, ses tiges périssent tous les ans ou presque tous les ans; mais elle repousse au printems de nombreuses tiges qui donnent de très-grosses fleurs, & forment des touffes superbes. Un vrai amateur doit donc l'avoir dans ces deux états, pour pouvoir en jouir complétement.

La terre de bruyère, mêlée d'un peu de terre franche & de terreau de couche, est celle dans laquelle la Fuschie écarlate fait le plus de progrès. Des arrosemens fréquens & abondans pendant les chaleurs de l'été, favorisent singuliérement sa végétation; mais il faut les lui ménager pendant l'hiver, car elle est alors fort disposée a perdre ses feuilles & même ses tiges par la moisissure & la pourriture.

On multiplie la Fuschie écarlate, 1°. par le semis de ses graines, dont elle donne abondamment, mais qui ne sont pas toujours bonnes, dans des pots sur couche & sous châssis; 2°. par boutures faites également en pots sur couche & sous châssis; 3°. par l'eclat de ses rejetons enracinés, dont elle pousse un grand nombre, surtout lorsqu'elle est en pleine terre. Ces deux derniers moyens sont les plus pratiqués, & réussissent presque toujours; aussi cette plante, quoique connue depuis un petit nombre d'années, est aujourd'hui extrêmement commune, & au prix le plus bas dans les marchés de Paris.

Les soins à donner à la Fuschie écarlate, autres que ceux que je viens d'énumérer, consistent à lui fournir un tuteur; car ses tiges ont souvent de la peine à supporter le poids de leurs fleurs, & à supprimer une partie de ses rameaux, car elle en pousse ordinairement beaucoup trop; ce qui nuit à sa beauté & favorise l'action nuisible de la surabondance d'humidite. Il faut aussi la débarrasser de ses feuilles qui moisissent, pour que celles qui sont encore saines ne se gâtent pas par leur contact.

Lorsqu'on veut faire monter la Fuschie écarlate en arbre, on supprime ses branches inférieures à mesure qu'il en pousse de supérieures; cependant il faut le faire avec prudence, leur trop grande diminution retardant sa croissance & empêchant le développement des fleurs.

La Fuschie lycioïde est plus délicate, & en même tems moins belle que la précédente. C'est un arbrisseau très-rameux, qu'on ne peut cultiver que dans les serres tempérées, ou au moins dans les bonnes orangeries. On le multiplie comme la précédente : elle est encore rare. (*Bosc.*)

FUSTEL, espèce du genre *Sumac. Voyez* le *Dictionnaire des Arbres & Arbustes.* (*Bosc.*)

FUTAIE. Ce nom se donne aux forêts qu'on laisse croître jusqu'à ce qu'elles soient parvenues au maximum de leur croissance.

Il en est traité en détail dans le *Dictionnaire des Arbres & Arbustes.*

FUTAILLES : nom générique de tous les vaisseaux grands & petits, destinés à contenir des liquides, & qui sont construits en douves. *Voyez* TONNEAU. (*Bosc.*)

GAD

GADOUE : c'est, dans quelques lieux, les excrémens humains, retirés des latrines; c'est, dans d'autres, les boues & autres immondices. Les Gadoues sont d'excellens ENGRAIS. *Voyez* ce mot.

GÆRTNER. *GÆRTNERA.*

Genre de plante établi aux dépens des *Banistères*, qui ne contient qu'une espèce, dont il est fait mention sous le nom de BANISTÈRE UNICAPSULAIRE à l'article de ce genre, article auquel je renvoie le lecteur.

Ce genre a aussi été nommé MOLINÉE, HIPTAGE & MADABLOTA. (*Bosc.*)

GAGNAGE. On appelle ainsi, tantôt les terres ensemencées, tantôt les terres non ensemencées. Ce mot s'applique encore au produit des récoltes, dans quelques lieux.

GAHNIE. *GAHNIA.*

Genre de plante de l'hexandrie monogynie & de la famille des *Graminées*, qui renferme deux espèces.

1. La GAHNIE élevée.
Gahnia procera. Linn. ♃ De la Nouvelle-Zélande.
2. La GAHNIE schénoïde.
Gahnia schænoides. ♃ De l'île d'Otaïti.

Ces deux plantes n'ayant pas encore été apportées en Europe, leur culture n'est pas connue. (*Bosc.*)

GAIAC. *Voyez* GAYAC.

GAJAN, arbre des Moluques, qui est décrit & figuré dans *Rumphius*, mais qui n'est connu qu'imparfaitement des botanistes, & qui n'est cultivé dans aucun jardin en Europe.

Je n'ai rien à en dire de plus. (*Bosc.*)

GAILLARDE. *Voyez* GALARDIENNE.

GAILLET. *GALIUM.*

Genre de plante de la tétrandrie monogynie & de la famille des *Rubiacées*, qui renferme un grand nombre d'espèces, tant indigènes qu'exotiques. Ce sont des plantes annuelles ou vivaces, à tiges anguleuses, à feuilles verticillées, & à fleurs disposées en épi ou en grappe terminale. *Voyez Illustration des Genres* de Lamarck, pl. 60.

Espèces.

1. Le GAILLET à feuilles de garance.
Galium rubioides. Lamarck. ♃ Du Levant.

2. Le GAILLET boréal.
Galium boreale. Linn. ♃ Des Alpes.
3. Le GAILLET des marais.
Galium palustre. Linn. ♃ Indigène.
4. Le GAILLET du Canada.
Galium tinctorium. Lamarck. Du Canada.
5. Le GAILLET des Bermudes.
Galium bermudianum. Linn. De l'Amérique septentrionale.
6. Le GAILLET à feuilles rondes.
Galium rotundifolium. Lamarck. Des Alpes.
7. Le GAILLET blanc.
Galium mollugo. Linn. ♃ Indigène.
8. Le GAILLET des bois.
Galium silvaticum. Linn. ♃ Indigène.
9. Le GAILLET à feuilles de lin.
Galium linifolium. Lamarck. D'Italie.
10. Le GAILLET glauque.
Galium glaucum. Lamarck. ♃ Des Alpes.
11. Le GAILLET à ombelles.
Galium umbellatum. Lamarck. Des Alpes.
12. Le GAILLET couché.
Galium supinum. Lamarck. ♃ Indigène.
13. Le GAILLET muscoïde.
Galium muscoides. Lamarck. Des Pyrénées.
14. Le GAILLET nain.
Galium pumilum. Lamarck. Des Pyrénées.
15. Le GAILLET des rochers.
Galium saxatile. Linn. ♃ Des Alpes.
16. Le GAILLET divergent.
Galium divaricatum. Lamarck. Indigène.
17. Le GAILLET de Provence.
Galium provinciale. Lamarck. ♃ Indigène.
18. Le GAILLET mucroné.
Galium mucronatum. Lamarck. Des Alpes.
19. Le GAILLET accrochant.
Galium apparine. Linn. ⊙ Indigène.
20. Le GAILLET bâtard.
Galium spurium. Linn. ⊙ Indigène.
21. Le GAILLET trifide.
Galium trifidum. Linn. Du Nord.
22. Le GAILLET jaune.
Galium verum. Linn. Indigène.
23. Le GAILLET rouge.
Galium rubrum. Lamarck. Indigène.
24. Le GAILLET maritime.
Galium maritimum. Lamarck. Indigène.
25. Le GAILLET velu.
Galium villosum. Lamarck. ♃ D'Espagne.
26. Le GAILLET éricoïde.
Galium ericoides. Lam. Du Brésil.
27. Le GAILLET hérissé.
Galium hirtum. Lam. Du Brésil.

28. Le GAILLET de Tunis.
Galium tunetanum. Lam. De Barbarie.
29. Le GAILLET grec.
Galium græcum. Linn. ♄ De Candie.
30. Le GAILLET parisien.
Galium parisiense. Linn. ♃ Indigène.
31. Le GAILLET sétacé.
Galium setaceum. Lam. D'Espagne.
32. Le GAILLET à gros fruits.
Galium megalospermum. Lam. Des Alpes.
33. Le GAILLET frutiqueux.
Galium fruticosum. Willd. ♄ De Crète.
34. Le GAILLET du Cap.
Galium capense. Thunb. Du Cap de Bonne-Espérance.
35. Le GAILLET mucroné.
Galium mucronatum. Thunb. Du Cap de Bonne-Espérance.
36. Le GAILLET étendu.
Galium expansum. Thunb. Du Cap de Bonne-Espérance.
37. Le GAILLET rude.
Galium asperum. Thunb. Du Cap de Bonne-Espérance.
38. Le GAILLET glabre.
Galium glabrum. Thunb. Du Cap de Bonne-Espérance.
39. Le GAILLET d'Autriche.
Galium austriacum. Jacq. D'Allemagne.
40. Le GAILLET visqueux.
Galium viscosum. Vahl. De Barbarie.
41. Le GAILLET mince.
Galium tenue. Vill. Des Alpes.
42. Le GAILLET de Jussieu.
Galium Jussiei. Vill. Des Alpes.
43. Le GAILLET roide.
Galium rigidum. Ait.
44. Le GAILLET de Jérusalem.
Galium hierosolymitanum. Linn. De Palestine.
45. Le GAILLET pascal.
Galium pascale. Vahl. D'Orient.
46. Le GAILLET d'Hyrcinie.
Galium harcynum. Weig. D'Allemagne.
47. Le GAILLET rhuténique.
Galium rhutenicum. Willd. D'Astracan.
48. Le GAILLET aparinoïde.
Galium aparinoides. Vahl. D'Arabie.
49. Le GAILLET à petites semences.
Galium mycrocarpum. Vahl. De Barbarie.

Observations.

Le véritable nom français des Gaillets est *caille-lait*, de la propriété vraie ou fausse que possèdent quelques espèces de faire cailler le lait dans lequel on met de leurs sommités fleuries. Je dis vraie ou fausse, parce que quelques cultivateurs, entr'autres ceux de Chester en Angleterre, en mêlent avec la présure, prétendant qu'elles augmentent sa force, & que cependant il résulte des expériences de mes collègues Parmentier & Desyeux, ainsi que de celles qui me sont propres, qu'elles n'ont presqu'aucune action sur le lait.

La plupart des Gaillets ont les racines rouges & susceptibles d'être, comme la garance, employées à la teinture; mais leur petitesse & la dépense de leur recolte ne permettent pas d'en tirer parti.

Tous les bestiaux mangent les Gaillets quand ils sont jeunes, & les repoussent quand ils sont vieux. D'après cette dernière circonstance, jamais on ne doit penser à les cultiver pour leur nourriture, quoique quelques écrivains l'aient proposé.

Culture.

Les Gaillets blanc & jaune, surtout le premier, font d'un effet assez agréable lorsqu'au printems ils font sortir leurs sommités fleuries des buissons qui servent de soutiens à leurs tiges, pour qu'on puisse les introduire avec avantage dans les jardins paysagers. Pour remplir ce but il suffit d'en déposer quelques graines, peu après qu'elles ont été récoltées, car elles ne conservent pas longtems leur faculté germinative, au pied du buisson qu'on veut en garnir, buisson qui doit toujours être au premier ou au second rang des massifs, ou isolé au milieu des gazons, sur le bord des eaux, &c. & de les recouvrir d'une ligne d'épaisseur de terre. Les pieds venus ne demanderont aucune culture, mais il faudra, en hiver, enlever les restes de leurs tiges, qui sans cela subsisteroient encore une année, & nuiroient à l'effet de la floraison de l'été suivant.

Les autres Gaillets ne se cultivent que dans les jardins de botanique. La plupart sont indigènes, & peuvent être semés en pleine terre & en place. Quelques-uns exigent l'orangerie, parce qu'ils peuvent périr dans les grands hivers, & en conséquence on les conserve en pot. Aucun de ceux qui demanderoient la serre n'a été apporté en Europe.

Une fois semés, les Gaillets ne demandent pas d'autres soins que ceux généraux aux cultures des jardins. Quelques espèces ont tant de propension à s'étendre par leurs racines & par leurs tiges, qu'il faut continuellement s'occuper des moyens d'arrêter leurs progrès, si on ne veut pas qu'elles s'emparent de tout le terrein.

Les espèces vivaces se multiplient avec la plus grande facilité par le déchirement des vieux pieds; mais on a rarement besoin de le faire, la demande qu'on en fait etant presque nulle. (*Bosc.*)

GAIN. Lorsque l'homme commença à devenir agriculteur, il lui suffisoit de faire naître, par son travail, assez de subsistance pour atteindre la récolte prochaine. Il ne craignoit pas de donner le superflu qui devenoit inutile à ses besoins. Bientôt le travail se divisa. Les uns préférèrent le labourage, les autres l'éducation des bestiaux : alors commencèrent des echanges du superflu du blé contre le superflu des bœufs, des chevaux, des moutons; & il devînt nécessaire, de chaque côté, de calculer ce qu'on étoit obligé de consommer, & ce dont on pourroit disposer pour se procurer ce qui manquoit. Comme plus rares, les métaux devinrent enfin un signe commun; & ce qu'on appelle *le commerce* s'établit sur les bases qui le regissent en ce moment, & qui le régiront toujours.

Lorsque la population s'accrut, il y eut des hommes qui n'eurent point de terre, & qui se chargèrent de cultiver celles des autres moyennant un salaire d'abord en denrées, & puis en argent. Il y en eut ensuite qui transigèrent avec les propriétaires, & obtinrent d'eux la jouissance annuelle de tous les fruits de la terre moyennant une quantité fixe de blé ou autres denrées. C'est l'origine des fermes. Alors le cultivateur fut encore plus obligé de surveiller ses opérations, puisqu'outre sa nourriture & la rentrée de ses semences, il devoit trouver dans ses recoltes de quoi satisfaire à ses engagemens.

Aujourd'hui que les impôts, qui d'abord étoient très-legers, emportent le plus clair des produits de l'agriculture, que des dépenses forcées & imprévues, inconnues aux Anciens, se présentent souvent, il faut, plus que jamais, que les cultivateurs calculent si telle ou telle opération qu'ils projettent, doit leur procurer un Gain. Ainsi toute opération agricole qui n'en produit pas, doit être taxée de folie si elle est faite en connoissance de cause. Autant un père de famille est coupable de se refuser aux avances propres à augmenter le produit de sa culture, autant il est blâmable de se livrer de son propre mouvement, ou d'après les suggestions des charlatans, a des speculations fausses. Il est si facile de s'assurer des résultats par des calculs ou des expériences, qu'en vérité ceux qui se plaignent des mauvais résultats de leurs opérations ont presque toujours tort.

L'extrême avarice & l'extrême prodigalité sont également nuisibles en agriculture. Là, comme presque partout ailleurs, le terme moyen est le meilleur à suivre. Par exemple, si pour épargner quelqu'argent on achète des chevaux trop foibles, on fera un plus mauvais labour, on mettra plus de tems à charier son fumier, &c. &c., & à la fin de l'année on trouvera un mécompte. Si au contraire on veut avoir des chevaux beaucoup plus forts que ne l'exige la nature de sa terre, l'intérêt du surplus de l'argent qu'ils auront coûté sera perdu, & ils occasionneront une plus grande consommation de fourages, &c. En général cependant, je dois le dire, il vaut mieux pécher en excès en bien qu'en excès en mal.

L'avidité pour le Gain est cependant quelquefois une cause directe de perte. Ainsi, en mettant trop d'engrais sur une terre, il arrive souvent que le blé pousse tout en herbe, donne peu de grain, ou qu'il est versé à raison de la prosseur de ses épis. Ainsi, en marcotant toutes les branches d'un arbuste, on est dans le cas de le faire périr. (*Bosc.*)

GAISAILLA : c'est celui qui se charge, par bail, de la culture des terres, à moitié fruit, dans le departement de la Haute-Garonne.

GALACTIE. *Galactia.*

Genre de plante de la diadelphie décandrie & de la famille des *Légumineuses*, établi par Michaux, & renfermant cinq espèces. Ce sont des herbes vivaces, à feuilles alternes, ternées, & à fleurs en épi axillaire.

Espèces.

1. La GALACTIE molle.
Galactia mollis. Mich. ♃ De la Caroline.
2. La GALACTIE glabre.
Galactia glabella. Mich. ♃ De la Caroline.
3. La GALACTIE soyeuse.
Galactia sericea. ♃ De l'île de la Réunion.
4. La GALACTIE pendante.
Galactia pendula. Willd. ♃ De la Jamaïque.
5. La GALACTIE pinnée.
Galactia pinnata. ♃ Des Antilles.

Observations.

De ces cinq espèces, j'ai eu occasion d'en observer deux en Caroline, où elles croissent dans les lieux les plus sablonneux & les plus arides, & où elles fleurissent au milieu de l'été. J'avois envoyé en Europe de leurs graines qui ont levé; mais les plants qui en sont provenus, n'ont pas subsisté long-tems. Je ne crois pas qu'il y en ait aujourd'hui un seul pied dans nos jardins.

Culture.

Les graines de ces plantes, au moins des deux premières, doivent être semées dans des pots remplis de terre de bruyère, & placés sur une couche à châssis. Lorsque les pieds qui en proviendront, auront acquis assez de force pour être transplantés, on les mettra isolément dans d'autres pots très-profonds, car ces plantes ont des racines extrêmement longues; pots qu'on placera dans une bonne exposition, & qu'on arrosera convenablement, surtout dans les chaleurs. Aux approches de l'hiver, c'est-à-dire, aux premières gelées, on rentrera les pots dans l'orangerie, où on pourra les placer à volonté. Les arrosemens seront ménagés dans cette saison, pendant laquelle ces plantes perdent leurs tiges. (*Bosc.*)

GALACTITE. *Galactites.*

Genre de plante, établi pour séparer de celui

des centaurées, une espèce qui n'en a pas complétement les caractères.

Comme il été parlé, au mot CENTAURÉE, de la culture qui convient à cette espèce, je ne m'étendrai pas plus longuement sur ce qui la concerne. (*Bosc.*)

GALACTOMÈTRE, instrument propre, dit-on, à faire apprécier la qualité du lait.

Plus le lait contient de beurre, & plus les pèse-liqueurs qu'on y plonge, & le Galactomètre en est un, y enfoncent; mais comme il n'est pas deux vaches qui donnent un lait semblable, que la même vache en fournit rarement deux jours de suite de même qualité, que la température de l'atmosphère, ainsi que le tems qui s'est écoulé depuis la traite, agit encore pour le faire varier, je ne crois pas qu'un Galactomètre puisse remplir utilement l'objet pour lequel on l'a proposé.

La fraude la plus commune que se permettent les marchandes de lait, c'est de l'alonger avec de l'eau. Sans doute la police doit s'occuper de réprimer cette fraude, qui est un véritable vol fait aux acquéreurs; mais il est des moyens plus simples & plus certains que le Galactomètre. Des fabricateurs de fromages de Gruyère, dans ces associations qu'on nomme FRUITIÈRES (*voyez* ce mot), savent reconnoître d'abord à la simple inspection, & ensuite au goût, un dixième d'eau mis dans le lait qu'on leur apporte comme pur, &, d'après leur rapport, des commissaires savent vérifier, par la comparaison du lait suspect avec du lait trait devant eux, & ce d'une manière certaine, si le fait a eu lieu ou non. Il semble que le Gouvernement pourroit nommer des inspecteurs dégustateurs de lait, qui attendroient les laitières aux barrières, & saisiroient, pour le faire vérifier judiciairement, tout celui qui leur paroîtroit suspect. La crainte seule de cette inspection feroit considérablement diminuer l'abus.

Le lait dans lequel on a mis une certaine quantité d'eau, de blanc-mat qu'il étoit, devient bleuâtre. La farine qu'on emploie pour masquer cette couleur ne remplit que très-imparfaitement son but, & donne un moyen de plus pour s'assurer de la friponnerie. (*Bosc.*)

GALANE. *Chelone.*

Genre de plante de la didynamie angiospermie & de la famille des *Personnées*, qui renferme des plantes à feuilles opposées, la plupart d'un aspect agréable lorsqu'elles sont en fleurs, qui toutes sont originaires de l'Amérique, & la plupart susceptibles d'être cultivées en pleine terre dans nos jardins. *Voyez Illustrations* de Lamarck, pl. 528.

Observations.

La Galane de Magellan, *chelone magellanica* Linn., forme aujourd'hui le genre OURISIE. *Voyez* ce mot.

On avoit formé un autre genre sous le nom de PENSTEMON, sous la considération que quelques especes ont le rudiment d'une cinquième etamine; mais la plupart des botanistes l'ont abandonné.

Espèces.

1. La GALANE à épi.
Chelone glabra. Linn. ♃ De Virginie.
2. La GALANE oblique.
Chelone obliqua. Linn. ♃ De Virginie.
3. La GALANE à panicule.
Chelone penstemon. Linn. ♃ De Virginie.
4. La GALANE velue.
Chelone hirsuta. Linn. ♃ De Virginie.
5. La GALANE lévigate.
Chelone lævigata. Willd. Ait. ♃ De Virginie.
6. La GALANE pubescente.
Chelone pubescens. Ait. ♃ De Virginie.
7. La GALANE barbue.
Chelone barbata. Cav. ♃ Du Mexique.
8. La GALANE campanulée.
Chelone campanulata. Cav. ♃ Du Mexique.

J'ai observé les six premières espèces dans leur pays natal. Toutes sont ou ont été cultivées en pleine terre dans le climat de Paris; cependant elles craignent les gelées, & il est bon de garantir leurs racines de l'action de celles de l'hiver, en les couvrant de feuilles ou de fougères.

Une terre fraîche & substantielle convient à toutes les Galanes; mais il leur faut en même tems une exposition chaude. La culture qu'elles demandent, se réduit à des sarclages & à des fouissages. On les multiplie peu de graines dans le climat de Paris, quoiqu'elles les y amènent assez souvent à maturité, parce qu'on en obtient beaucoup plus de jeunes pieds, à raison de la grande propension à s'étendre dont elles sont pourvues, que les besoins du commerce le demandent, de la division des vieux en hiver, ou au premier printems.

L'avant-dernière espèce se propage aussi de boutures faites au printems.

De toutes les Galanes, celle-ci est la plus élégante & celle qui fleurit le plus long-tems; cependant elle a l'inconvénient de ne pouvoir soutenir ses tiges; de sorte qu'il faut leur donner un tuteur. Les deux premières ont le mérite d'épanouir leurs fleurs à la fin de l'automne, c'est-à-dire, à une époque où celles des autres plantes commencent à être rares; aussi sont-elles souvent frappées de la gelée.

C'est le long des massifs, sur le bord des eaux, que l'on doit placer les Galanes dans les jardins paysagers. Il est bon, pour qu'on jouisse de tous leurs avantages, qu'elles y forment des touffes d'une certaine grosseur. (*Bosc.*)

GALANGA. *Maranta.*

Genre de plante de la monandrie monogynie &

de la famille des *Balisiers*, qui renferme une demi-douzaine d'espèces vivaces à feuilles engaînantes, dont une seule se cultive dans les jardins de Paris.

Observations.

Tous les Galangas ont les racines tubéreuses, les feuilles engaînantes à leur base, & les fleurs disposées en panicule terminale. *Voyez* Lamarck, *Illustration des Genres*, pl. 1.

Le Galanga des boutiques fait aujourd'hui partie des ALPINIES; mais comme il n'en a pas été question à cet article, je crois devoir le rappeler à son ancienne place.

Espèces.

1. Le GALANGA des boutiques.
Maranta galanga. Linn. ♃ Des lieux humides de l'Inde.
2. Le GALANGA à feuilles de balisier.
Maranta arundinacea. Linn. ♃ Des Antilles.
3. Le GALANGA de Surinam.
Maranta comosa. ♃ Linn. De Cayenne.
4. Le GALANGA tonchat.
Maranta tonchat. ♃ De la Cochinchine.
5. Le GALANGA de Malacca.
Galanga Malaccensis. Willd. De Malacca.
6. Le GALANGA jaune.
Maranta lutea. Lamarck. Des Antilles.

Usage.

La racine de la première espèce passe pour tonique & excitante. Les Indiens en assaisonnent leurs mets. On tire de ses fleurs une huile essentielle, extrêmement suave.

Celle de la seconde sert de remède contre les fièvres intermittentes & contre les blessures faites par les flèches empoisonnées.

Culture.

Le Galanga à feuilles de balisier est la seule espèce qu'on cultive en Europe. Elle demande la serre chaude pendant toute l'année. Une terre un peu consistante lui convient. Des arrosemens fréquens lui seront donnés en été, pour la faire pousser vigoureusement; ils seront rares en hiver, afin de ne pas faire pourrir ses racines, qui alors craignent beaucoup l'excès d'humidité. Tous les ans, en automne, lorsqu'elle a perdu ses feuilles, on lui donne de la nouvelle terre, & on augmente la capacité de son pot. C'est encore alors qu'on la multiplie en séparant les tubercules qui ont dû se former sur ses racines. *Voyez*, pour le surplus, au mot AMOME. (*Bosc.*)

GALANTHINE. *GALANTHUS.*

Genre de plante de l'hexandrie monogynie & de la famille des *Narcissoïdes*, qui ne renferme qu'une seule espèce dont la racine est une bulbe, d'où sortent deux ou trois feuilles longues & droites, & une hampe terminée par une seule fleur recourbée & blanche.

Les montagnes de presque toute l'Europe offrent cette plante aux botanistes : les amateurs de la culture l'ont transportée dans les jardins qu'elle embellit de ses fleurs dès le mois de février.

C'est autour des massifs, des buissons, sous les arbres isolés, qu'on plante la Galanthine dans les jardins paysagers. Pour qu'elle y remplisse convenablement sa destination, il est bon de la laisser former des touffes de quelque largeur, à l'effet de quoi on ne la relève que tous les trois à quatre ans.

Quoique la Galanthine donne de bonnes graines, on ne la multiplie généralement que pas ses cayeux. C'est l'automne qu'il faut choisir pour leur séparation & leur plantation, attendu la précocité de leur végétation. Elle aime une terre légère & sèche.

Il ne faut pas confondre cette plante, comme quelques personnes le font, avec la PERCE-NEIGE. *Voyez* ce mot.

La Galanthine d'hiver, *galanthus nivalis* Linn., est figurée pl. 230 des *Illustrations* de Lamarck. (*Bosc.*)

GALARDIENNE. *GALARDIA.*

Genre de plante de la syngénésie frustranée & de la famille des *Corymbifères*, qui renferme deux espèces, dont l'une a été pendant quelques années abondamment cultivée dans les jardins de Paris, où elle se faisoit remarquer par sa beauté, mais où elle est devenue fort rare par défaut de maturité de ses graines.

Les Galardiennes, qu'on auroit dû appeler *Gaillardiennes*, sont des plantes à feuilles alternes & à fleurs portées sur de longs pédoncules axillaires. *Voyez Illustrations* de Lamarck, pl. 708. Lhéritier l'a appelée *Virgilia*, & Buchoz *Calonnea*.

Espèces.

1. La GALARDIENNE bicolore.
Galardia bicolor. Lamarck. ⊙ Des parties méridionales de l'Amérique septentrionale.
2. La GALARDIENNE frangée.
Galardia fimbriata. Mich. De la Floride.

Culture.

La première espèce se sème en pot sur couche dans le courant d'avril, & se repique en juin en pleine terre, à une exposition chaude; elle fleurit en août. Lorsqu'on la laisse dans son pot, quelque bonne qu'en soit la terre, & quelque soin qu'on ait de l'arrofer, elle donne beaucoup moins de fleurs, & des fleurs moins grandes.

J'ai lieu de croire que ce qui a fait avorter la graine de cette belle plante, c'eft qu'on l'a généralement placée dans une trop bonne terre. On fait que l'exces d'engrais fait couler les fleurs comme l'exces d'aridité. C'eft donc dans un fol léger & maigre, c'eft-à-dire, femblable à celui où elle croît dans fon pays natal, qu'il faut la cultiver.

La feconde efpece n'eft pas encore parvenue en Europe. (*Bosc.*)

GALAXIE. *Galaxia.*

Genre de plante de la monadelphie triandrie & de la famille des *Irridées*, qui renferme de petites plantes bulbeufes, à feuilles fimples & radicales, & à hampe courte & uniflore. *Voyez Illuftrations* de Lamarck, pl. 568.

Efpèces.

1. La GALAXIE à feuilles ovales.

Galaxia ovata. Thunb. ♃ Du Cap de Bonne-Efpérance.

2. La GALAXIE à feuilles de graminée.

Galaxia graminea. Thunberg. ♃ Du Cap de Bonne Efpérance.

3. La GALAXIE narciffoide.

Galaxia narciffoides. Willd. ♃ De Magellan.

4. La GALAXIE à fleurs d'ixia.

Galanda ixiæflora. Dec. ♃ Du Cap de Bonne-Efpérance.

Culture.

De ces quatre efpèces, la dernière feule fe trouve dans nos jardins, & eft en même tems la plus grande & la plus belle. Plus commune, elle feroit certainement employée à l'ornement de nos parterres. Sa culture confifte à planter fa bulbe dans un pot rempli de terre de bruyère & au commencement de l'automne, & à placer ce pot fous une bache où toutes les plantes bulbeufes du Cap fe plaifent mieux que dans les ferres. Pendant l'hiver, on ne lui donnera que les arrofemens indifpenfables; mais au printems, époque de fa floraifon, on les lui ménagera moins.

On multiplie la Galaxie à fleurs d'ixia, qui n'a pas encore donné de graines en Europe, par les cayeux qu'elle fournit de tems en tems. (*Bosc.*)

GALE, maladie des animaux, qui eft caractérifée d'abord par une rougeur à la peau de la partie affectée, puis par des écailles blanchâtres, accompagnées d'afpérités; enfin par de petites excoriations longitudinales, d'où fort une humeur très-âcre. A toutes ces epoques l'animal eft tourmenté par des démangeaifons, dont l'intenfité augmente avec la maladie, mais quelquefois font affoiblies & même fufpendues fans qu'on fache pourquoi. Lorfque la Gale eft arrivée au dernier degré, les poils tombent: il n'y a plus de fommeil; les alimens ne profitent plus & la mort s'enfuit.

On a beaucoup écrit fur la gale; mais malgré cela elle eft encore fort imparfaitement connue, parce qu'elle n'a pas été obfervée fous le point de vue convenable. On ignore, par exemple, la caufe qui la fait naître dans beaucoup de cas, & c'eft fouvent au hafard qu'on applique les remèdes pour la guérir.

Depuis long-tems on fait qu'une des fortes de Gales dont les hommes font attaqués, eft due à un infecte du genre des ACARES de Linne, qui actuellement en forme un particulier, que Latreille a appelé SARCOPTE. Depuis quelque tems on fait également qu'une des fortes de Gales qui affectent les moutons eft due de même à un infecte de ce genre, different de celui de l'homme. Pourquoi une des Gales des chevaux, des bœufs, des chiens, &c., n'auroit-elle pas auffi la même caufe?

Mais la Gale produite par un infecte n'eft qu'une affection locale & fuperficielle, qui cède aifément à un traitement uniquement exterieur, & l'obfervation prouve qu'il eft des Gales dans lefquelles le fyftème lymphatique eft complétement altéré, & dont on ne peut fe rendre maître que par un régime long-tems continué & des remèdes internes d'un puiffant effet. Cette dernière forte provient, difent tous les vétérinaires, de l'âcreté des humeurs; mais d'où provient l'âcreté des humeurs? De la mal-propreté, répondent-ils; d'une mauvaife nourriture. Sans doute la mal-propreté & une mauvaife nourriture peuvent y contribuer; mais il eft des animaux qui font tenus bien propres, qui font très-bien nourris & qui ont la Gale. Au contraire, une nourriture trop excitante ou pas affez rafraîchiffante eft certainement une caufe prochaine de cette forte de Gale, temoins les chevaux, qui ne vivent que d'avoine & de foin fec, ceux de luxe principalement, lefquels en font fouvent affectés dans leur vieilleffe, tandis que ceux qui pâturent toute l'année en offrent rarement; témoins encore les chiens gorgés de viande, comme ceux de nos belles, comparés à ceux nourris de pain. Les chaffeurs ont fait cette remarque depuis long-tems; car Dufouilloux, le plus ancien des écrivains français fur la chaffe, recommande de les tenir à ce dernier régime, principalement pour ce motif, & tous fes copiftes en ont fait de même. Il eft de plus, dans les animaux, des difpofitions inhérentes à leur nature, qui n'agiffent que dans certaines circonftances. On fait, par exemple, que les chevaux entiers, à qui l'on refufe l'ufage des jumens, prennent toujours la Gale au garot, Gale qu'on appelle *roux-vieux;* & on fuppofe, probablement avec raifon, que la matière féminale réforbée porte dans les humeurs l'âcreté qui la produit. Les obfervations que j'ai faites fur les chiens, animaux qui font prefque tous affectés de la Gale dans leur vieillesse, me portent à penser que cette même cause agit également sur eux.

Cependant, hors les cas ci-dessus, le régime paroît avoir une influence fort étendue sur la naissance de la Gale, puisqu'on voit souvent la plupart des animaux d'une exploitation rurale en être atteints, tandis que ceux de l'exploitation voisine en sont exempts.

Mais il vaut mieux s'occuper du traitement de cette maladie, que de disserter sur ses causes.

D'après ce que je viens d'exposer, il faut nécessairement diviser la Gale en deux sortes, 1°. celle qui est produite par le sarcopte, qui est évidemment contagieuse, & qui ne devient dangereuse que lorsqu'elle est complétement négligée : c'est la Gale humide de quelques auteurs. *Voyez* SARCOPTE. 2°. Celle qui tient à l'âcreté des humeurs lymphatiques, qui n'est pas contagieuse dans tous les animaux, qui exige un traitement interne fort prolongé, & mène souvent à la mort malgré le traitement. C'est la Gale sèche de quelques écrivains.

Toutes les substances qui sont propres à faire périr les insectes peuvent être employées avec succès pour guérir la Gale humide.

Ainsi, oindre l'animal d'huile ou de graisse, qui bouche les stigmates des sarcoptes, remplit le but sans aucun inconvénient pour l'animal. Ainsi, laver l'animal avec des décoctions de tabac ou d'autres plantes âcres produit le même effet par une cause différente ; mais il échappe souvent des insectes à l'action de cette huile, de cette graisse & de cette décoction ; ils se multiplient, & il faut recommencer.

Je puis encore faire une semblable observation, relativement à l'emploi du savon, de la soude & de la potasse, emploi au reste qui, relativement aux deux derniers ingrédiens, n'est pas sans inconvéniens.

Tous les oxides de plomb, & encore plus ceux de mercure, étant de violens poisons, qu'ils soient en nature & réduits en poudre, ou dissous dans du vinaigre, dans de la graisse, &c., guérissent immanquablement de la Gale, mais font éminemment courir le risque de perdre l'animal, comme on en a eu tant d'exemples, ces dernières années, dans les troupeaux de mérinos. Ils ne doivent donc jamais être appliqués que par un vétérinaire instruit & prudent. Le plus habile ne peut même jamais répondre de la vie de tous les animaux qu'il traite par leur moyen, parce qu'il y a quelques-uns de ces animaux qui ont des dispositions qui rendent ces remèdes plus dangereux.

Il y a long-tems qu'on sait que l'huile empyreumatique animale est un excellent remède contre la Gale humide des moutons ; mais on doit à M. Waltz, vétérinaire allemand, le même qui a prouvé que cette maladie étoit due à un insecte, de l'avoir mis hors de tout doute, & d'avoir indiqué les proportions & la manière de l'appliquer. (*Voyez* HUILE.) Voici sa recette.

Prenez quatre parties de chaux nouvelle, & versez dessus, peu à peu, assez d'eau pour qu'elle se réduise en bouillie. Ajoutez y cinq parties de potasse ou de soude, six parties d'huile empyreumatique, & trois parties de goudron. Délayez le tout avec deux cents parties d'urine de bœuf ou de vache, & huit cents parties d'eau commune.

Le but de ce mélange est principalement d'effectuer une distribution aussi égale que possible, de l'huile empyreumatique dans une liqueur aqueuse, facile à appliquer sur toutes les parties de la peau sans endommager la laine.

La liqueur ci-dessus peut remplir son objet lorsqu'on en frotte simplement les bêtes malades au moyen d'un linge ou d'une éponge ; mais il vaut beaucoup mieux en faire usage par immersion.

A cet effet, on se procurera deux baquets ovales, assez grands pour qu'un mouton puisse y être plongé commodément. Un d'eux est rempli de la liqueur ci-dessus, mais affoiblie par de l'eau, s'il y a lieu ; & on y trempe le mouton, à l'extrémité de la tête & des pieds près, qu'on tient dans les mains. Lorsqu'il en est bien imbibé, on le porte dans l'autre baquet, où on pétrit sa laine de manière à faire pénétrer la liqueur à la racine de tous les poils, dans les plus petites fentes de la peau.

Quatre hommes robustes peuvent ainsi opérer sur quatre à cinq cents moutons dans une journée. Comme la liqueur est légérement caustique, il faut qu'ils trempent de tems en tems leurs mains dans l'eau fraîche.

Les moutons ainsi traités seront placés dans une bergerie spacieuse, ou dans un endroit ombragé & abrité de la pluie. Huit jours après on répétera l'opération, & on les remettra dans le même lieu encore huit jours ; après quoi on doit espérer qu'ils sont guéris. Si, par l'examen qui sera fait de toutes les bêtes avant de les réunir au troupeau, il s'en trouvoit qui offrissent encore des indications de Gale, on leur feroit subir une troisième immersion, en diminuant la quantité de l'eau pour donner plus de force à la liqueur.

Tous les moutons, même les plus délicats, même les agneaux à la mamelle, à moins qu'ils ne soient cachectiques, n'éprouvent aucun mauvais effet de ce traitement.

Le traitement de la Gale produite par l'âcreté des humeurs est composé de remèdes externes & de remèdes internes.

Les premiers sont des frottemens plus ou moins forts, plus ou moins répétés, sur la partie affectée de Gale, soit avec un linge rude, soit avec une brosse, soit même avec un corps plus dur, telle qu'une pierre, une étrille, &c., ensuite en bains fréquens, & l'application de cataplasmes émolliens & adoucissans, tels que de décoction de guimauve, de mauve, deux ou trois fois par jour.

Les seconds sont, 1°. des breuvages rafraîchisſans, tels que ceux dans leſquels il entre du nitre, du tartre, du vinaigre, de l'eau blanche, &c.; 2°. des bols de fleurs de ſoufre & d'antimoine incorporés dans du miel; 3°. des purgatifs doux & fréquemment répétés.

Je ne parle pas des onguens, même du citrin, dans lequel entre le ſoufre, parce que l'expérience a prouvé qu'ils étoient plus nuiſibles qu'utiles. En effet, une abondante tranſpiration eſt la condition la plus eſſentielle à la guériſon; auſſi la Gale ſe guérit-elle plus facilement en été, qu'en hiver; dans les climats tempérés, que dans les climats froids; dans les terreins ſecs & elevés, que dans les terreins humides & bas; dans les jeunes animaux, que dans les vieux.

Un animal qu'on regarde comme guéri de la Gale doit être purgé deux fois à huit jours de diſtance, la première immédiatement après le traitement. (*Bosc.*)

GALE, maladie des arbres. On remarque ſouvent ſur l'écorce des arbres des protubérances petites & nombreuſes, auxquelles on a donné le nom de *Gale*. Il s'en voit même quelquefois ſur les feuilles & les fruits, ſoit des arbres, ſoit des plantes herbacées.

Le plus ſouvent ces Gales ſont de jeunes champignons des genres PUCCINIE, URÉDO, ÉCIDIE, TRICHIE, LYCOGALE, ÉRÉSYPHE TUBERCULAIRE, SPHÉRIE, NÉMOSPORE, XYLOME, HYPODERME, OPÉGRAPHE & VERRUCAIRE. (*Voyez* ces mots.) Quelquefois ce ſont des inégalités organiques ou des retraits produits par la mort partielle de quelques parties de l'écorce.

Il y a peu de moyens de s'oppoſer au développement, ni des champignons cités plus haut, ni des aſpérités organiques. Souvent elles ſont un ſymptôme, mais rarement une cauſe de mort.

Quant aux protubérances qui ſont la ſuite de la piqûre des inſectes, *voyez* GALLE. (*Bosc.*)

GALEGA. *GALEGA.*

Genre de plante de la diadelphie décandrie & de la famille des *Légumineuſes*, qui renferme quelques plantes à tiges annuelles, fiſtuleuſes, cannelées; à feuilles alternes, ſtipulées, ternées ou ailées avec impaire; à fleurs diſpoſées en grappes portées ſur de longs pédoncules axillaires, dont une eſt indigène à l'Europe, & entre comme objet d'ornement dans la compoſition des jardins, & quelques autres ſervent à des uſages utiles dans leur pays natal. *Voyez Illuſtrations* de Lamarck, pl. 625.

Obſervations.

Perſoon a ſéparé la plus grande partie des eſpèces de ce genre pour conſtituer celui qu'il a appelé TEPHROSIE. Je ne ſuivrai pas ici ſon opinion.

Eſpèces à feuilles ternées.

1. Le GALEGA à feuilles linéaires.
Galega filifolia. Thunb. Du Cap de Bonne-Eſpérance.

2. Le GALEGA petit.
Galega puſilla. Thunb. Du Cap de Bonne-Eſpérance.

3. Le GALEGA falciforme.
Galega falcata. Thunb. Du Cap de Bonne-Eſpérance.

4. Le GALEGA filiforme.
Galega filiformis. Jacq. De l'Amérique méridionale.

5. Le GALEGA ſoyeux.
Galega ſericea. Thunb. Du Cap de Bonne-Eſpérance.

6. Le GALEGA lotta.
Galega lotta. Thunb. Du Cap de Bonne-Eſpérance.

7. Le GALEGA à longues feuilles.
Galega longifolia. Jacq. De l'Amérique méridionale.

8. Le GALEGA nerveux.
Galega nervoſa. Perſoon. De.....

Eſpèces à feuilles pinnées.

9. Le GALEGA commun.
Galega officinalis. Linn. ♃ Des parties méridionales de l'Europe.

10. Le GALEGA oriental.
Galega orientalis. Lam. ♃ De l'Orient.

11. Le GALEGA ſtrié.
Galega ſtriata. Thunb. Du Cap de Bonne-Eſpérance.

12. Le GALEGA de Daourie.
Galega daourica. Pallas. ♃ De Daourie.

13. Le GALEGA cendré.
Galega cinerea. Linn. ☉ De la Jamaïque.

14. Le GALEGA tomenteux.
Galega tomentoſa. Vahl. D'Arabie.

15. Le GALEGA de Carthagène.
Galega littoralis. Linn. ♃ Du Mexique.

16. Le GALEGA poiſon.
Galega toxicaria. Swartz. De l'Amérique méridionale.

17. Le GALEGA de Virginie.
Galega virginiana. Linn. De Virginie.

18. Le GALEGA à grandes fleurs ou *Galega roſe*.
Galega grandiflora. Aiton. ♄ Du Cap de Bonne-Eſpérance.

19. Le GALEGA à tiges élevées.
Galega ſtricta. Ait. ♄ Du Cap de Bonne-Eſpérance.

20. Le GALEGA à fleurs pâles.
Galega pallens. Ait. Du Cap de Bonne-Eſpérance.

21.

21. Le GALEGA velu.
Galega villosa. Linn. Des Indes.
22. Le GALEGA baguenaudier.
Galega colutea. Willd. ♄ Des Indes.
23. Le GALEGA gousses de vesce.
Galega maxima. Linn. De Ceilan.
24. Le GALEGA laineux.
Galega piscatoria. Ait. Des Indes.
25. Le GALEGA pourpre.
Galega purpurea. Linn. ♄ De Ceilan.
26. Le GALEGA des Antilles.
Galega caribæa. Linn. Des Antilles.
27. Le GALEGA brun.
Galega ochroleuca. Jacq. De.....
28. Le GALEGA bleu.
Galega cœrulea. Linn. De l'Amérique méridionale.
29. Le GALEGA des teinturiers.
Galega tinctoria. Linn. De Ceilan.
30. Le GALEGA linéaire.
Galega linearis. Willd. de Guinée.
31. Le GALEGA de Saint-Domingue.
Galega domingensis. Willd. ○ De Saint-Domingue.
32. Le GALEGA à feuilles de mimosa.
Galega mimosoides. Willd. ♄ Des Indes.
33. Le GALEGA douteux
Galega dubia. Jacq. Du Cap de Bonne-Espérance.
34. Le GALEGA du Cap.
Galega capensis. Thunb. ♄ Du Cap de Bonne-Esperance.
35. Le GALEGA épineux.
Galega spinosa. Linn. ♄ Des Indes.
36. Le GALEGA pinné.
Galega pinnata. Thunb. Du Cap de Bonne-Espérance.
37. Le GALEGA nain.
Galega pumila. Lam. De Guinée.
38. Le GALEGA en buisson.
Galega senticosa. Linn. De Ceilan.
39. Le GALEGA hispidule.
Galega hispidula. Mich. De l'Amérique septentrionale.
40. Le GALEGA uniflore.
Galega uniflora. Persoon. Du Sénégal.
41. Le GALEGA argenté.
Galega argentea. Lam. De l'Inde.

Culture.

De toutes ces espèces, il n'y a que la première de la seconde division qui soit de pleine terre. Les autres sont d'orangerie ou de serre chaude. Les jardins de botanique de France & d'Angleterre possèdent environ une douzaine de ces dernières, qui la plupart n'ont d'autre intérêt que leur qualité d'étrangères; cependant il faut distinguer les Galegas rose & élevé, qui sont susceptibles d'être, à raison de la beauté de leurs fleurs, employés comme plantes d'ornement.

J'ai observé le Galega de Virginie pendant mon séjour en Caroline. Il croît abondamment dans les terreins les plus arides, où il forme des touffes d'un pied de diamètre, qui ne sont pas sans élégance. Les bestiaux n'y touchent pas; mais il est extrêmement rare qu'on puisse trouver de bonnes graines dans ses gousses, un insecte du genre des bruches, ou mieux sa larve, les dévorant. J'en ai cependant rapporté quelques-unes, qui ont fourni des pieds dont deux ou trois existent encore dans les pépinières de Versailles, mais où elles végètent avec peu de vigueur.

Les feuilles des Galegas laineux & poison servent à enivrer le poisson, comme avec la coque-levant, *strychnos nux vomica*. On se sert du Galega des teinturiers pour teindre les étoffes en bleu.

Le Galega commun s'élève à deux pieds de haut & plus, & forme des touffes d'un aspect agréable en tout tems, & principalement quand ses fleurs sont épanouies. On le cultive dans les jardins paysagers & dans les parterres, qu'il orne depuis la fin du printems jusqu'aux gelées. C'est autour des massifs, sur le bord des pièces d'eau, au milieu des plate-bandes, qu'il se place avec le plus d'avantage. Un terrein gras & frais lui est plus favorable que tout autre. On le multiplie de ses graines, qui lèvent fort bien en place dans le climat de Paris, ou par déchirement des vieux pieds.

Une fois levé, le Galega ne demande plus d'autres soins que les serfouissages annuels & propres à tout jardin. Il convient aussi de couper ses fanes rez-terre au commencement de l'hiver. On peut espérer de le conserver sept à huit ans dans la même place.

La grandeur des tiges du Galega & l'abondance de ses feuilles ont fait penser à quelques écrivains, qu'il falloit en former des prairies artificielles, sans considérer que l'odeur forte & la saveur âcre de toutes ses parties en éloignoient les bestiaux, qui en effet n'y touchent que quand la plante est fort jeune, ainsi que j'ai pu m'en assurer en Italie, où elle est commune dans les pâturages. Il seroit cependant peut-être possible de les accoutumer à en manger, comme on les accoutume à manger du pastel; mais nous avons la luzerne & tant d'autres plantes qui ne le cèdent pas au Galega en abondance, que c'est peine inutile que d'y penser. D'ailleurs, ses tiges deviennent si dures par les progrès de l'âge, qu'elles seront toujours perdues pour leur nourriture.

Il est d'autres objets, dans la vue desquels il seroit sans doute plus avantageux de cultiver le Galega: c'est pour en faire de la potasse, & augmenter par-là la production de cette denrée si nécessaire aux arts; c'est pour en faire la litière, & augmenter par-là la masse des fumiers.

On appelle vulgairement le Galega *rue de chèvre*, *lavanèse*, *faux indigo*. Ce dernier mot a-t-il été donné à cette plante parce qu'elle ressemble à l'indigo, ou parce qu'elle contient de la fecule bleue? C'est ce que je ne puis dire.

Parmi les espèces des Galegas indiquées plus haut, celles qui se cultivent dans nos orangeries sont, celui à fleurs pâles, celui à tiges élevées, celui de Virginie. On leur donne une bonne terre consistante, quoique légère, & on les arrose médiocrement. Comme elles perdent leurs tiges pendant l'hiver, n'importe la place où on les met en cette saison, pourvu qu'elle ne soit pas trop humide. Leur multiplication a lieu par le déchirement des vieux pieds au printems, lorsqu'on les rempote; ce qui doit se faire au moins tous les deux ans.

Je citerai, parmi les Galegas de serre chaude, celui à grandes fleurs, quoiqu'il puisse passer l'hiver dans l'orangerie, parce qu'il profite bien mieux avec de la chaleur. Il lui faut du jour. Ce seroit une très-belle plante si elle n'étoit pas si grêle. (*Bosc.*)

GALÈNE. *Galenia.*

Genre de plante de l'octandrie digynie & de la famille des *Arroches*, qui renferme deux petits arbustes, dont un se cultive dans les jardins de botanique. *Voyez Illustrations* de Lamarck, pl. 314.

Espèces.

1. La Galène d'Afrique.
Galenia africana. Linn ♄ D'Afrique.
2. La Galène couchée.
Galenia procumbens. Linn. ♄ D'Afrique.

C'est l'orangerie, que demande la Galène d'Afrique. Comme elle reste toujours verte & qu'elle fleurit pendant l'hiver, il faut la mettre près du jour, & la peu arroser. Il en est autrement en été, où on multiplie les arrosemens.

Cette plante, ne donnant pas de graines dans le climat de Paris, ne peut être reproduite que par boutures ou par marcotes.

Les boutures se font au milieu de l'été, dans des pots sur couche & sous châssis, & s'enracinent assez difficilement. On les repique au printems suivant seulement.

Les marcotes peuvent se faire pendant toute l'année; mais on a rarement recours à ce moyen, la Galène étant une plante de peu d'agrément, qui n'a de mérite qu'aux yeux des botanistes. (*Bosc.*)

GALEOBDOLON, espèce du genre Galéope, que quelques botanistes ont érigee en titre de genre. *Voyez* plus bas.

GALÉOPE. *Galeopsis.*

Genre de plante de la didynamie gymnospermie & de la famille des *Labiées*, qui renferme un petit nombre d'espèces, parmi lesquelles il en est trois ou quatre qui sont si communes, qu'il ne doit pas être permis aux agriculteurs de négliger l'occasion d'apprendre à les connoître. Toutes ont les tiges carrées, les feuilles opposées, & les fleurs disposées en verticille axillaire. *Voyez Illustrations* de Lamarck, pl. 506.

Espèces.

1. Le Galéope des champs.
Galeopsis ladanum. Linn. ○ Indigène. Dans les champs argileux.
2. Le Galéope à feuilles aiguës.
Galeopsis angustifolia. ○ Indigène.
3. Le Galéope à petites fleurs.
Galeopsis parviflora. Vill. ⊙ Indigene.
4. Le Galeope à grandes fleurs.
Galeopsis grandiflora. Willd. ○ Indigene.
5. Le Galéope versicolor.
Galeopsis versicolor. Roth. ○
6. Le Galeope piquant.
Galeopsis tetrahit. Linn. ⊙ Indigène. Dans les bois humides.
7. Le Galéope jaune.
Galeopsis gadeobdolum. Linn. ♃ Indigène. Dans les bois humides.
8. Le Galéope hispide.
Galeopsis hispida. Thunb. Du Cap de Bonne-Esperance.

Observation.

Cette dernière espèce a servi à établir un genre particulier, à qui on a donné son nom latin.

Culture.

On ne cultive les Galeopes que dans les jardins de botanique; & il suffit d'y semer la graine en place, d'éclaircir le plant qui en provient, & de donner deux ou trois binages pour avoir fait tout ce qui est nécessaire à leur prospérite. On récolte leurs graines pour la reproduction de l'annee suivante.

Le Galéope jaune, qui est vivace, demande encore moins de culture, puisqu'il subsiste plusieurs années; cependant comme c'est dans les bois humides qu'il croît naturellement, il a besoin d'etre abrité du soleil pendant l'ete, & il demande des arrosemens dans la chaleur.

Comme le Galéope des champs & le Galéope piquant sont très-communs dans beaucoup de lieux, & que ce n'est que dans leur jeunesse que les bestiaux y touchent, il peut être avantageux de les arracher & de les couper au milieu de l'été, soit pour en faire de la potasse, soit pour en chauffer le four, soit pour augmenter la masse des fumiers. En agriculture, il faut savoir profiter de tout lorsque la dépense ne s'y oppose pas. (*Bosc.*)

GALÈRE, grande ratissoire à roues : on n'en fait usage que dans les jardins. Elle expédie beaucoup, mais fait de la mauvaise besogne & fatigue considerablement. *Voyez* Ratissoire.

GALÉRUQUE. *Galeruca.*

Genre d'insecte de la classe des *Coléoptères*, qu'il est de l'intérêt des cultivateurs d'apprendre à connoître, parce que toutes les espèces qui le composent, au nombre de plus de cent, vivent, ainsi que leurs larves, aux dépens des feuilles des arbres & des plantes herbacées.

La seule de ces espèces, que je citerai cependant, est celle de l'Orme, *galeruca calmariensis*, Fab., parce que c'est la plus commune, & celle dont les ravages sont les plus remarqués. Qui n'a pas vu l'orme, dans les promenades des environs de Paris, devenir noir comme si on l'avoit soupoudré de suie? C'est cette Galéruque, ou mieux sa larve, qui est noire, glutineuse & nauséabonde, qui, en mangeant le parenchyme de ses feuilles, le met dans cet état. Outre l'aspect hideux qui est la suite de la soustraction de ce parenchyme, il en resulte encore un retard dans la croissance de l'arbre, les feuilles, comme on sait, fournissant autant de sucs nutritifs aux plantes, que les racines.

Cet insecte fait deux & même quelquefois trois pontes dans un été, & chaque ponte est de plus de cent œufs. Qu'on juge de l'excessive multiplication dont il est susceptible?

Le seul moyen que je puisse indiquer pour détruire ces insectes, c'est de les rechercher, pendant les premiers beaux jours du printems, dans les crevasses des ormes, crevasses où elles se retirent pendant le jour, & de les écraser; car, comment atteindre des milliers, ou mieux des millions de larves, qui sont colées sur les feuilles d'un arbre de quarante pieds de haut, & sur lesquelles ni les vapeurs ni la percussion ne produisent aucun effet? *Voyez* Orme. (*Bosc.*)

GALET. On donne ce nom à des cailloux roulés, ordinairement un peu aplatis, le plus souvent quartzeux, qui couvrent des espaces considérables dans toutes les parties du Monde, principalement à la base des grandes chaînes de montagnes & sur les bords de la mer.

Tous les Galets proviennent de la destruction des montagnes, & ont été arrondis par le mouvement des eaux.

Combien devoient être hautes les Alpes, puisque ce sont elles qui ont fourni les Galets qui couvrent, dans une profondeur inconnue, les vallées si larges & si longues où coulent le Rhône, le Pô, le Rhin & le Danube? Quelle étoit donc la puissance de ces fleuves, pour avoir charié de si gros blocs à une si grande distance?

La diminution progressive de la hauteur des montagnes, & par suite de la masse des eaux, s'oppose aujourd'hui au transport, loin de leur origine, de ces masses énormes de rochers qu'on trouve au milieu des plaines. Il ne parvient plus à Lyon, par exemple, que de petits Galets, même que du gravier & de l'argile; aussi les vallées se comblent-elles chaque jour, ainsi que j'en ai acquis la preuve, un grand nombre de fois, dans mes voyages.

C'est toujours dans l'argile que se trouvent les Galets qui ne sont plus lavés par les eaux; & tout porte à croire que cette argile est le résultat, & de leurs frottemens réciproques, & de leur décomposition spontanée.

L'immensité des terreins qui sont composés de Galets, ou dans lesquels les Galets sont assez abondans pour influer sur leur culture, rend ici nécessaire l'exposé de quelques considérations générales sur le mode de culture qui leur convient. On peut les diviser en trois classes.

1°. Les terreins à Galets des vallées & des montagnes offrent des pierres extrêmement grosses & encore anguleuses, mêlées avec d'autres plus petites. Ils sont sans argile ou avec de l'argile. Lorsqu'ils sont sans argile, c'est parce que les torrens l'enlèvent à mesure qu'elle se forme; alors on doit les planter en saules, en argousiers, en tamarisques, en aunes ou autres arbres qui les fixent, & permettent à l'argile apportée de plus haut de s'arrêter entre leurs interstices. Lorsqu'ils contiennent de l'argile, on peut les cultiver en prairies naturelles. Les uns & les autres sont exposés à être ravagés circonstanciellement par les eaux.

2°. Les terreins à Galets à l'embouchure des grandes vallées & presqu'en plaine : les uns sont privés d'eau & presqu'incultivables; les autres donnent des recoltes passables de céréales. On les améliore en enlevant le plus possible de leurs Galets, qui sont plus petits & plus égaux que dans les premiers, & en en faisant des tas de distance en distance.

3°. Les terreins à Galets des plaines éloignées des montagnes. Ils ne contiennent qu'un petit nombre de Galets ou que de petits Galets. Ordinairement leur fertilité est remarquable. Toutes les cultures y sont praticables. Leur grande profondeur permet de les améliorer par des défoncemens ou des labours profonds. La chaux, la marne & autres amandemens de ce genre leur sont très-avantageux.

4°. Enfin les terreins à Galets encore plus petits, qu'on appelle Gravier lorsque leur grosseur est d'environ celle du doigt, & Sable quand elle est inférieure à celle du grain du blé. *Voyez* ces mots.

Il est beaucoup de cantons où on n'a que des Galets pour bâtir les maisons, faire les murs de clôture, &c. On les emploie aussi à paver les rues & à ferrer les routes. (*Bosc.*)

GALINE : c'est la poule dans les départemens du midi.

GALINSOGA. *Galinsoga.*

Genre de plante de la syngénésie superflue & de la famille des *Corymbifères*, qui est composé de deux espèces cultivées dans les jardins de botanique seulement.

Espèces.

1. Le GALINSOGA à petites fleurs.
Galinsoga parviflora. Cav. ○ Du Pérou.
2. Le GALINSOGA trilobé.
Galinsoga triloata. Cav. ○ Du Pérou.

Ces deux plantes ont les rameaux & les feuilles opposés, & les fleurs jaunes, portées sur de longs pédoncules axillaires. Leur aspect est assez agréable, celle de la seconde surtout, dont les tiges sont couchées, & forment une touffe fort dense. Cependant comme elles sont annuelles, on ne cherche pas à les utiliser pour l'ornement des parterres. C'est uniquement dans les jardins de botanique qu'elles sont cultivées.

Les graines de Galinsoga se sèment en pot sur couche pendant le courant d'avril, & le plant qui en provient, se repique en pleine terre, à une exposition chaude, dès qu'il a acquis trois ou quatre pouces de haut.

Lorsque ce plant est repris, il ne demande plus que les soins ordinaires aux jardins.

Comme ces plantes sont très-sensibles aux premières gelées de l'automne, il est prudent, pour assurer la récolte de leurs graines, d'en tenir quelques pieds en pot, pour pouvoir les rentrer dans l'orangerie si le cas l'exige. Ces pieds en pot sont bien moins vigoureux que les autres.

Il paroît que c'est une terre forte & humide qui convient le mieux à ces plantes; car c'est dans une telle terre que je les ai vus le plus souvent faire des progrès. (*Bosc.*)

GALIPOT, sorte de résine liquide, qui provient des entailles faites aux pins, principalement au pin maritime. *Voyez* au mot PIN.

GALLE. On donne généralement ce nom à des productions de formes très-différentes, qui naissent sur toutes les parties des plantes par l'effet de la piqûre de plusieurs sortes d'insectes, principalement du genre DIPLOLÈPE. Celles que les PUCERONS, les PSYLES, les MOUCHES font également naître, ont une organisation & un aspect différens, & se nomment *fausses Galles.*

Les plantes sur les tiges & les feuilles desquelles se trouvent des Galles, souffrent nécessairement de leur présence, puisqu'elles consomment de la sève. Il en est même qui, par leur grosseur, font souvent périr les branches. Telle est celle du ROSIER, appelée vulgairement *bedeguard.* Celles qui se forment dans les boutons, dans les fleurs, & le nombre en est grand, s'opposent complétement au développement de ces organes si essentiels, & nuisent par conséquent beaucoup plus.

Heureusement que les Galles sont rares sur les plantes qui font principalement l'objet de nos cultures; de sorte que c'est presque comme objet de curiosité seulement que les agriculteurs sont dans le cas de les considérer.

Quelques recherches qu'aient faites les naturalistes, Réaumur en particulier, la formation des Galles est encore un mystère. Je les ai observées bien des centaines de fois, à toutes les époques de leur existence, sans pouvoir reconnoître la cause qui leur faisoit prendre une forme si différente de celle propre à la plante sur laquelle elles se trouvent. S'il n'y en avoit que de rondes, on pourroit regarder la larve qui est au centre comme éradiant une humeur qui fait gonfler le parenchyme; mais il en est de coniques (sur le hêtre), de fusiformes (sur le chardon des champs), de feuillues (sur le chêne), de velues (sur le rosier), de fougeuses (sur l'orme), d'osseuses, de membraneuses, &c.

De tous les arbres d'Europe, le chêne est celui qui offre le plus de sortes de Galles. Toutes ses parties en fournissent, même ses racines, ainsi que je l'ai indiqué dans le *Journal de Physique* en l'an 5.

Celles des Galles qui se font le plus remarquer sont, 1°. celle du rosier, dont j'ai déjà parlé, laquelle est quelquefois de la grosseur du poing d'un enfant, & recouverte de filamens pinnés, souvent rougeâtres; 2°. celle du chardon des champs, qui, opérant le renflement de la tige, & la colorant en rouge, a été pendant long-tems regardée comme un spécifique contre les hémorrhoïdes; 3°. celle du lierre terrestre qu'on mange quelquefois, & qui a réellement une saveur flatteuse.

Les feuilles du saule blanc & des osiers sont quelquefois surchargées de Galles oblongues, qui sont dues à des larves de tenthredes.

Les grappes brunes qui se remarquent sur les petites branches du saule marceau & du frêne, & qui subsistent souvent pendant l'hiver, & nuisent si fort à leur croissance, sont encore des Galles; mais je n'ai jamais pu voir l'insecte qui les produit.

Les ormes & les peupliers offrent de grosses vessies qui, ouvertes, montrent une famille de pucerons, & qui sont par conséquent dues à la piqûre d'une femelle de ce genre. Comment un si frêle animal peut-il faire croître une telle monstruosité?

Ces deux dernières sortes de Galles sont presque les seules contre lesquelles les agriculteurs doivent prendre des précautions; car elles se multiplient dans certains lieux avec une rapidité incroyable. Le retranchement des branches qui les portent, à la fin du printems, à l'aide d'un croissant, est un moyen certain de détruire les générations actuelles & futures; mais il faut que tous les propriétaires d'un même canton l'emploient en même tems. (*Bosc.*)

GALLE-INSECTE. On donne vulgairement ce nom aux différentes espèces de COCHENILLES. *Voyez* ce mot.

Il a été suffisamment parlé de la cochenille, dont on fait une culture si importante au Mexique, à l'article de la plante sur laquelle elle vit, le CACTIER en raquette; mais il n'a rien été dit de celles d'Europe, qui nuisent si fort, dans certaines années, à nos arbres fruitiers. Je vais réparer cet oubli en renvoyant cependant au *Dictionnaire des Insectes*, pour les caractères du genre & pour ceux des espèces.

Toutes les Cochenilles vivent de la seve des plantes sur lesquelles elles se trouvent, en la suçant avec leur trompe. Lorsqu'elles sont peu abondantes, elles ne causent pas un mal sensible ; mais lorsqu'une plante en est entièrement couverte, elle cesse de profiter, & meurt même ; c'est ce qui rend si important pour les cultivateurs, la connoissance des moyens de détruire ces insectes.

La COCHENILLE KERMÈS, qui vit sur le chêne de son nom, dans les parties méridionales de la France & sur les côtes d'Afrique. Je l'ai beaucoup observée en France & en Espagne. La teinture qu'elle donne est plus solide, moins fournie, & d'une autre nuance que celle que donne la Cochenille du Mexique. Son abondance est quelquefois considérable, mais, à part quelques cantons fort circonscrits où on en ramasse un peu, on la laisse généralement se perdre, probablement par la difficulté de sa récolte, c'est-à-dire, à raison des blessures qui en sont la suite inévitable, le chêne kermès ayant les feuilles très-piquantes, & ses touffes, toujours rongées par les chèvres & les moutons, étant très-fourrées. Cette circonstance est fâcheuse en tout tems, & principalement en ce moment, que la Cochenille du Mexique est si rare & si chère. Pour activer sa récolte, il faudroit donner des primes aux pauvres cultivateurs des lieux où elle se trouve ; mais ces primes, en élevant son prix réel, feroient manquer le véritable but. Je ne conçois d'autres moyens de rendre sa récolte moins pénible, que d'empêcher le brout des bestiaux, & de débarrasser les chênes kermès d'une assez grande partie de leurs branches, pour qu'il soit possible de passer facilement le bras entr'elles par-dessous.

M. Truchet, d'Arles, à qui on doit un ouvrage sur cet insecte, propose de cultiver le chêne qui le nourrit, & d'en couper les branches, couvertes de Galles, pour les apporter à la maison, & assurer par là l'abondance des récoltes futures. Je crois qu'on peut lui objecter, 1°. que ce n'est qu'après qu'on aura pris généralement l'habitude de récolter les kermès qui se trouvent naturellement sur les chênes sauvages, qu'il faudra s'occuper de le multiplier, puisque l'avantage de l'économie ne seroit jamais, sans cela, pour celui venu sur le chêne cultivé ; 2°. que la culture de ce chêne n'est pas, d'après ce que j'ai observé, aussi aisée qu'il semble le supposer ; 3°. que renfermer dans un endroit frais ou dans un endroit sec les branches du chêne chargées de Galles feroit les faire immanquablement toutes périr, dans le premier cas, de suite, par la moisissure qu'elles prendroient ; dans le second, au moment où les petits écloroient, par le manque de nourriture qu'ils ne trouveroient pas à leur portée.

Il n'en est pas moins très-desirable que les cultivateurs des parties méridionales de la France cherchent tous les moyens possibles de tirer parti de ce précieux insecte, qui vit sur un arbre propre aux terreins les plus arides, & qu'il utiliseroit, par ce moyen, d'une manière avantageuse. *Voyez* CHÊNE dans le *Dictionnaire des Arbres & Arbustes*.

La COCHENILLE DE POLOGNE vit sur le collet des racines de la scleranthe vivace, de la pimprenelle, de la piloselle, &c. Elle a été anciennement l'objet d'une récolte de quelqu'importance pour les habitans de la Pologne, de la Russie & contrées voisines ; mais la connoissance de la Cochenille du Mexique l'a fait abandonner, ne pouvant entrer en concurrence de prix avec elle, à raison de sa rareté & des frais de sa récolte. En effet, on n'en trouve que deux ou trois sur chaque pied, & il faut les arracher pour les enlever, puis les remettre en terre pour en avoir les années suivantes. On n'exploitoit le même terrein que tous les deux ou trois ans, pour donner aux insectes le tems de se multiplier.

La COCHENILLE DE L'ORANGER. Celle-ci n'est pas dans la même cathégorie que les précédentes. C'est un fléau pour les cultivateurs, parce qu'elle ne donne pas une couleur à la teinture, & qu'elle est quelquefois si abondante sur les orangers, qu'elle les empêche de fleurir, retarde leur croissance, & même les fait mourir. Il n'est pas rare de voir des collections négligées n'offrir, par son fait, que des pousses de quelques lignes, & des feuilles petites & jaunes, qui tombent avant l'hiver. Un grand nombre de recettes ont été indiquées pour détruire cet insecte ; mais les unes ne produisent que fort peu de bien, & les autres, comme les lessives caustiques, peuvent nuire à l'arbre. Le plus simple, le plus efficace & le moins susceptible d'inconvénient, c'est de frotter toutes les branches avec le dos d'un couteau ou un linge fort rude, pour écraser ces insectes, & cela vers le milieu de mai, époque où les Cochenilles sont arrivées, dans le climat de Paris, à toute leur croissance, & où il est par conséquent plus facile de les voir. *Voyez* ORANGER.

La COCHENILLE DES SERRES, *Cocus adonidum*, Fab. est originaire du Sénégal, & s'est multipliée dans les serres, dans presque toute l'Europe, au point de nuire à la culture de beaucoup de plantes qui s'y conservent. Il est des espèces qu'elle respecte, mais par contre il en est qu'elle préfère, & qu'elle ne tarde pas à faire mourir. Le moyen indiqué plus haut lui est le plus applicable : c'est celui auquel on est revenu au Muséum d'Histoire naturelle de Paris, après en avoir tenté beaucoup d'autres.

La COCHENILLE DE LA VIGNE. Elle se fait à peine remarquer dans les vignes de France, parce qu'elle ne se plaît que sur les pousses de l'année précédente, & que, par suite des procédés de la culture, ces pousses sont, à une ou deux près, coupées rez du tronc, & que celles laissées le font au plus à un pied; mais j'ai vu, à Paris, des treilles négligées, qui en étoient si chargées, qu'elles n'amenoient pas leurs fruits à maturité. Il est probable qu'elle cause aussi des dommages dans les parties méridionales de la France & en Italie, où on ne taille pas la vigne, chose dont je ne me suis pas assuré. *Voyez* VIGNE.

La COCHENILLE DU FIGUIER. Les dommages qu'elle cause aux figuiers, dans les parties méridionales de l'Europe, sont très-considérables. Bernard, à qui on doit de bonnes observations sur cet arbre précieux, nous apprend que lorsqu'elle est abondante, il rapporte peu de fruit, & que ce fruit est petit, sans saveur, & tombe, en grande partie, avant sa maturité; que les feuilles tombent également plus tôt que l'époque indiquée par la Nature; que l'écorce se gerce & s'écaille; qu'enfin beaucoup de pieds périssent pendant l'hiver, par suite de leur affoiblissement. Il résulte encore, des observations de Bernard, que, de tous les moyens indiqués, les frottemens avec un couteau de bois ou un gros linge sont ceux qui ont produit le plus d'effet. C'est une opération longue & pénible, il est vrai; mais aussi quand elle a été bien faite, ses résultats durent un grand nombre d'années.

Il est des Cochenilles qui s'attachent aux figues, & qui, y trouvant une nourriture meilleure & plus abondante, deviennent beaucoup plus grosses. Elles se détachent d'elles-mêmes dans l'opération de leur dessiccation. (*Voyez* FIGUIER.)

La COCHENILLE DE L'OLIVIER. Elle produit sur l'olivier des dommages analogues à ceux qui viennent d'être indiqués, mais encore plus graves. Elle est un cruel fléau pour quelques cantons dont cet arbre fait la richesse. Comme on ne peut aller frotter l'extrémité des branches de cet arbre, qui a quelquefois trente à quarante pieds de haut, le véritable moyen de détruire les Cochenilles lorsqu'elles s'y trouvent en grande quantité, c'est de le RAPPROCHER (*voyez* ce mot), c'est-à-dire, de couper ses branches à une petite distance du tronc. Cette opération, il est vrai, privera de récolte pendant deux ou trois ans; mais elle en assurera par la suite de plus abondantes, & les insectes dont les femelles voyagent peu, en seront éloignés pour long-tems. *Voyez* OLIVIER.

La COCHENILLE DU PECHER. Il y en a de deux espèces; elles couvrent quelquefois les jeunes rameaux de cet arbre & lui nuisent beaucoup. Les jardiniers cherchent quelquefois à s'en débarrasser en lavant ces rameaux avec des décoctions de plantes âcres, telles que celles de feuilles de sureau, de noyer, de tabac; mais quoiqu'elles produisent quelqu'effet, surtout la dernière, le frottement avec un couteau de bois ou un linge rude est encore préférable.

Je m'arrête ici, en observant que la plupart des arbres des forêts ont des Cochenilles qui leur sont propres, mais qu'elles y sont rarement assez abondantes pour leur nuire. La plus grosse de toutes est celle de l'orme.

Les pluies froides du commencement du printems, les sécheresses du milieu de l'été, les grands froids de l'hiver, font souvent périr les Cochenilles; c'est ce qui fait qu'elles sont moins redoutable dans le climat de Paris & autres plus au nord, que dans celui de Marseille.

Le complément à cet article se trouvera au mot PSYLE. (*Bosc.*)

GALLERIE. Genre d'insecte de la famille des *Lépidoptères*, qui renferme deux espèces très-redoutées par les propriétaires d'abeilles, à qui, dans le système de ruches le plus généralement suivi, elles causent quelquefois de grandes pertes.

C'est certainement aux dépens de la cire, & non aux dépens du miel & des larves des abeilles, que vivent les chenilles des Galleries, puisque j'en ai nourri de nombreuses générations, trois à quatre ans de suite, dans un bocal où il n'y avoit qu'un morceau de rayon qui n'a pas été renouvelé.

Les chenilles des Galleries ne sont pas plutôt sorties de l'œuf, qu'elles se portent sur les rayons de la ruche, en dévorent la substance & s'y creusent un trou qu'elles prolongent à mesure qu'elles grossissent, en le recouvrant d'un tissu de soie, fortifié par leurs excrémens. Sans cette sage précaution elles seroient exposées à la vue & à la vengeance des abeilles dont elles détruisent les travaux. Enfin, il arrive un tems où leurs ravages sont si considérables, que les abeilles ne trouvent plus d'alvéoles, ni où elles puissent déposer leur cire, ni où elles puissent élever leurs larves, & elles sont en conséquence obligées d'abandonner la ruche.

Parvenues au terme de leur accroissement, les chenilles des Galleries quittent les gâteaux & vont dans un coin de la ruche, quelquefois hors de la ruche, filer le cocon où elles doivent se transformer en nymphes, & d'où elles doivent sortir en état d'insecte parfait. C'est dans le climat de Paris, vers le commencement de juillet, qu'on trouve le plus de Galleries volant le soir autour des ruches, & cherchant à s'accoupler; elles vivent fort peu de jours.

La présence des chenilles de Galleries se reconnoît aux grains de cire qui couvrent le tablier de la ruche.

Aucune des nombreuses recettes qui ont été proposées pour détruire les larves des Galleries ne remplissent leur objet : ce sont les cocons & les insectes parfaits sur lesquels il est seulement possible d'avoir quelqu'action. On recherche les premiers, pendant le cours du mois de juin, dans les sinuosités du bas de la ruche, sous la chemise & le tablier, &c. Les insectes parfaits peuvent être saisis dans les mêmes lieux un mois plus tard, & le soir, au vol, autour des ruches. On peut aussi les attirer sous une caisse large & plate, renversée sur une petite pierre, près la porte de la ruche, parce que cet insecte cherche l'obscurité & la tranquillité.

Tous ces moyens réunis, avec quelqu'activité ou intelligence qu'ils soient employés, ne valent pas celui qui résulte du frequent renouvellement des rayons de la ruche; aussi n'est-il jamais à craindre dans les ruches à section perpendiculaire, ruches où on laisse séjourner la cire au plus deux ans, que les chenilles des Galleries s'y multiplient d'une manière nuisible. Le plus souvent même il n'y en a pas du tout.

On trouvera au mot RUCHE, un supplément à l'article ABEILLE, où cette sorte de ruche sera décrite. (*Bosc.*)

GALOPINÉE. *Galopinea.*

Genre de plante établi par Thunberg dans la tétrandrie digynie. Elle ne renferme qu'une seule espèce, qui est une herbe annuelle du Cap de Bonne-Espérance, dont les feuilles sont opposées, & les fleurs disposées en panicule terminale.

La GALOPINÉE circeoïde n'ayant pas encore été apportée dans les jardins d'Europe n'est pas dans le cas d'un plus long article. Peut-être la culture des ANTHOSPERMES (*voyez* ce mot), de qui elle se rapproche au dire de Thunberg, lui conviendroit-elle. (*Bosc.*)

GALVÉSIE. *Galvesia.*

Genre de plante de la tétrandrie tétragynie, qui a été établi par Ruiz & Pavon sur une plante marécageuse du Pérou.

Comme la GALVÉSIE ponctuée n'est pas encore cultivée dans les jardins d'Europe, il n'est pas nécessaire que j'en parle plus au long (*Bosc*)

GANACHE: c'est la même chose que GOITRE.

GANDASULI. *Edychium.*

Genre de plante de la monandrie monogynie, & de la famille des *Balisiers*, qui ne renferme qu'une espèce, laquelle a les plus grands rapports avec les ZÉODAIRES (*voyez* ce mot), avec lesquelles quelques botanistes l'ont même réuni.

Le GANDASULI coronaire a les racines grosses & traçantes; les feuilles alternes, oblongues, entières, presque sessiles, pourvues de quelques longs poils; les fleurs blanches, tachées de jaune & disposées en épi terminal.

On cultive cette plante dans les îles de l'Inde, à raison de la bonne odeur de ses fleurs; mais elle n'est pas encore parvenue dans nos jardins; ainsi ce que j'ai à en dire se réduit à peu de chose.

C'est par la séparation des cayeux de ses racines, qu'on la multiplie exclusivement; car elle ne donne pas de graines. Un terrein gras & humide est celui qu'elle exige. (*Bosc.*)

GANGLION. On donne ce nom, dans la médecine vétérinaire, à une tumeur depuis la grosseur d'une noisette, jusqu'à celle d'un œuf de pigeon, dure, sensible à son apparition, qui se développe sur les enveloppes des tendons des pieds des chevaux, & les fait boîter.

On attribue le plus souvent les Ganglions à des coups, des chutes ou des efforts; mais il est probable que leur cause première réside dans la nature des humeurs qui ont pu s'accumuler & s'épaissir dans une des cellules des enveloppes tendineuses.

Récent, le Ganglion se guérit assez facilement au moyen d'abord de cataplasmes émolliens, & ensuite de topiques spiritueux; plus ancien, il faut quelquefois avoir recours au cautère actuel ou au bistouri, c'est-à dire, l'inciser pour en faire sortir l'humeur, en prenant garde de toucher le tendon.

L'application des caustiques conseillés par quelques praticiens peut avoir des inconvéniens graves, en ce qu'ils pourroient porter leur action jusque sur le tendon, & rendre l'animal boiteux pour la vie. (*Bosc.*)

GANGRÈNE, maladie des plus graves, qui se manifeste sur toutes les parties extérieures & dans la plupart des parties intérieures des animaux, & qui, chaque année, en fait périr bien des milliers.

Il y a deux sortes de Gangrène, l'*humide* & la *sèche*. On pourroit même en compter quatre, car le CHARBON & la POURRITURE (*voyez* ces mots) en sont deux autres.

La Gangrène humide commence toujours par une tumeur tendue & très-dure, accompagnée d'une chaleur brûlante & quelquefois douce, que le tact indique dans la partie qui va s'altérer. La consistance de cette tumeur devient ensuite flasque. Le mouvement musculaire, & même quelquefois celui de l'artère, cesse, puis à ces signes succèdent la chute du poil, la séparation de l'épiderme, le déchirement des fibres, le suintement d'une sérosité; enfin, une couleur verdâtre & une odeur cadavéreuse.

L'engorgement des humeurs dans une partie est la cause la plus frequente de la Gangrène. La morsure des vipères la fait toujours naître. Elle se développe souvent à la suite des coups, de la brûlure, des blessures, &c.

Comme, dans les premiers momens, la Gangrène ne diffère pas d'une inflammation locale ordinaire, on la traite par les rafraîchissans, les adoucissans, &c. Mais les progrès de cette maladie sont ordinairement si rapides, qu'on la reconnoît bientôt, & alors ce sont les antiseptiques qu'il faut employer, & souvent les plus puissans sont inutiles.

Si on pouvoit être assuré que la Gangrène doit naître d'une inflammation, il seroit souvent certain de l'empêcher de naître en appliquant le feu sur cette inflammation, & par-là détruisant le principe putride qui s'y développe. Mais hors des cas d'épizootie par Gangrène charbonneuse, où la mort des premières victimes indique ce qui doit arriver, il n'y a que les praticiens très-exercés qui puissent juger de la nécessité d'employer ce moyen.

La Gangrène qui vient à la suite d'une plaie, principalement dans les animaux vieux, débiles, d'une mauvaise constitution, &c., n'offre pas, comme on le pense bien, tous les caractères énumerés plus haut. La cessation de la douleur, la couleur livide & l'odeur fétide sont les seuls qu'on puisse remarquer; de sorte que la maladie est arrivée presqu'à son dernier degré au moment qu'on la reconnoît. C'est alors qu'il faut se presser de mettre obstacle aux progrès de la Gangrène : c'est alors que les remèdes les plus puissans doivent être appliqués.

Les médicamens qu'on préfère dans ce cas sont de fortes infusions, ou de fortes décoctions d'aristoloche, d'iris de Florence, de zédoaire, d'alliaire, de scordium, d'absynthe, de menthe, de camomille, avec lesquelles on fomente la partie malade. L'esprit-de-vin camphré, la teinture de mirrhe & d'aloé, unis à ces infusions ou teinture, en augmentent singulièrement les effets; mais par-dessus tout se trouve la décoction de quinquina, que l'expérience a prouvé être le plus puissant des antiseptiques.

Si on soupçonne que la cause originèle de la Gangrène soit dans le système des humeurs, on accompagnera ces remèdes de la saignée, des purgatifs, des diaphorétiques, des diurétiques, des cordiaux & des antiseptiques fébrifuges, selon les indications, indications qui ne peuvent être reconnues que par un vétérinaire exercé.

Il est aussi très-essentiel de tenir les animaux malades isolés, & dans des écuries, des étables ou des bergeries très-saines & très-aérées; de leur donner de bons fourages, & pour boisson de l'eau blanche, un peu acidulée ou salée.

Souvent, lorsque, malgré ces remèdes, la Gangrène fait des progrès, on est obligé de tenter, au risque d'accélérer la mort, d'exciter une grande inflammation locale par le moyen du sel ammoniac, des alcalis caustiques, &c.

La Gangrène est souvent produite dans les intestins des animaux domestiques par le séjour des alimens plus ou moins altérés; elle se manifeste d'abord par la diminution de l'appétit, par un léger dégoût, par des envies fréquentes de boire, par l'odeur de la bouche. Plus tard, l'animal perd totalement l'appétit. Les envies de boire sont plus pressantes; l'odeur de la bouche est plus forte. Les coliques se font sentir; la diarrhée commence. Enfin, le ventre se météorise, s'enflamme. Les excrémens deviennent très fétides. L'animal est accablé, se meut à peine. Son ventre devient froid; ses évacuations se font sans efforts de sa part, & exhalent une odeur cadavéreuse. Il meurt.

On arrête ces symptômes, dans les commencemens, par la diète, des alimens frais, de l'eau blanche nitrée ou salée. Plus tard, on purgera avec le séné, la casse, la rhubarbe, la crême de tartre & autres purgatifs doux, & on donnera pour unique nourriture des décoctions d'orge, d'avoine, de l'eau miélée, à laquelle on ajoutera un peu de vinaigre.

Lorsque les matières putrides sont évacuées, on doit donner du ton aux solides, & ranimer l'action des sucs digestifs. On y parvient par l'emploi des infusions ou décoctions, plus ou moins fortes, de menthe, de petite centaurée, de camomille, d'absinthe, d'aunée, d'angélique; par le cachou, la cascarille & le quinquina, que, selon les cas, on associera ou non avec de légers purgatifs.

Les animaux morts de Gangrène se putréfient beaucoup plus rapidement que les autres. Il y a toujours danger éminent à les écorcher, & leur chair cause la mort aux chiens qui en mangent. On doit donc les enterrer de suite à une grande profondeur & loin des habitations.

La Gangrène sèche est celle qui n'est pas accompagnée d'engorgement, & qui est suivie d'un desséchement qui empêche la partie morte de tomber en dissolution. Des cataplasmes dans lesquels entrent le vin, l'eau-de-vie camphrée, suffisent souvent pour la guérir. Comme elle est toujours symptomatique, elle disparoît le plus ordinairement avec la cause qui l'a produite.

Les érysipèles peuvent être regardés comme un commencement de Gangrène sèche. (*Bosc.*)

GANITRE. *Elæocarpus.*

Genre de plante de la polyandrie monogynie & de la famille des *Gattiers*, qui réunit cinq espèces, dont une seule est cultivée au jardin du Muséum. Ce sont des arbres à feuilles alternes & à fleurs disposées en grappes axillaires.

Espèces.

1. Le GANITRE à feuilles en scie.
Elæocarpus serrata. Linn. ♄ Des Indes.

2. Le GANITRE à feuilles entières.
Elæocarpus integrifolia. Lam. ♄ De l'Isle-de-France.

3. Le GANITRE cornu.
Elæocarpus monocerus. Cavan. ♄ Des îles de la Sonde.

4. Le GANITRE tétragyne.
Elæocarpus tetragyna. Lam. ♄ De la Nouvelle-Zélande. C'est le Dicere de Forster.

5. Le GANITRE denté.
Elæocarpus dentatus. Vahl. ♄ De la Nouvelle-Zélande.

Les trois premières de ces espèces demandent la serre chaude dans le climat de Paris, & les deux dernières probablement l'orangerie.

Le Ganitre à feuilles en scie est le seul que nous possédions. C'est à le conserver que doivent tendre tous

tous les ſoins du cultivateur, & ce but ſera rempli, 1.° en le changeant de pot & de terre tous les ans; 2° en lui donnant peu d'arroſement en hiver, & beaucoup en été; 3°. en le mettant dans une bonne place dans la ſerre, c'eſt-à-dire, dans une place voiſine des jours, & qui ne ſoit ni trop chaude ni trop froide. (*Bosc.*)

GANT-DE-NOTRE-DAME. Quatre plantes de genres différens portent ce nom; ſavoir : la DIGITALE à fleurs rouges, l'ANCHOLIE, la CAMPANULE à grandes fleurs & le TAMINIER. *Voyez* ces mots.

GANTELÉE. *Voyez* TAMINIER.

GARANCE. *RUBIA.*

Genre de plante de la tétrandrie monogynie & de la famille des *Rubiacées*, qui réunit une dixaine d'eſpèces, dont l'une eſt l'objet d'une culture de première importance, à raiſon du grand emploi qu'on fait de ſes racines pour teindre en rouge. Elle doit donc donner ici matière à un article de quelqu'étendue. *Voyez Illuſtrations* de Lamarck, pl. 60.

Eſpèces.

1. La GARANCE des teinturiers.
Rubia tinctorum. Linn. ♃ Indigène.
2. La GARANCE luiſante.
Rubia lucida. Lam. ♃ De Majorque.
3. La GARANCE à feuilles etroites.
Rubia anguſtifolia. Linn. ♃ D'Eſpagne.
4. La GARANCE à feuilles en cœur.
Rubia cordifolia. Linn. ♃ De Sibérie.
5. La GARANCE ſans calice.
Rubia acalyculata. Cavan. ♃ Des Indes.
6. La GARANCE du Chili.
Rubia chilenſis. Molina. ♃ Du Chili.
7. La GARANCE pelerine.
Rubia peregrina. Willd. ♃ Indigène.
8. La GARANCE fruteſcente.
Rubia fruticoſa Ait. ♄ De Ténériffe.
9. La GARANCE de Brown.
Rubia Brownei. Mich. ♃ De Caroline.

Culture.

La culture de la Garance n'eſt pas, comme la plupart des autres, répandue ſur toute la ſurface de la France. Elle eſt pour ainſi dire cantonnée aux environs d'Avignon, de Strasbourg & de Rouen. Pendant quelques années j'ai pu la ſuivre aux environs de Paris; mais aujourd'hui elle n'y exiſte plus. Avant la révolution on en tiroit beaucoup de l'Aſie mineure & de Hollande.

Quelque ſoin qu'on apporte à la culture de la Garance dans les climats froids, ſes produits, relativement à la qualité, ne valent jamais ceux des climats chauds. De toutes celles connues dans le commerce, celle qu'on apporte de Smyrne, ſous les noms d'*azara*, de *lizari* ou *izari*, eſt la plus riche en principes colorans. Les avantages très-marqués de cette Garance avoient déterminé l'ancien Gouvernement à en faire venir une grande quantité de graines qui furent diſtribuées aux cultivateurs qui en voulurent. Les produits immédiats de ces graines furent en effet ſupérieurs en qualité à ceux de la Garance du pays; mais bientôt ils dégénérèrent, & en ce moment (il y a trente ans que cette importation a eu lieu) on ne les diſtingue plus, même aux environs d'Avignon, où l'altération a été moins rapide, comme cela devoit être.

Je ne rapporte pas ce fait pour éloigner les cultivateurs de tirer de tems en tems leurs graines du midi & de Smyrne plutôt que d'Avignon, puiſqu'il conſtate que la graine que ces pays produiſent, eſt meilleure. Au contraire, je les engage fortement à ne pas négliger de le faire.

Il n'y a pas de doute qu'il doive y avoir beaucoup de variétés parmi la Garance cultivée; car elle eſt auſſi ſujète à l'influence de la culture, que les autres plantes; mais il ne paroît pas qu'on ſe ſoit occupé du ſoin de conſerver celles de ces variétés qui pourroient avoir quelque ſupériorité ſur les autres, ſoit ſous le rapport de la groſſeur ou du nombre des racines, ſoit ſous ceux de l'abondance des parties colorantes, de la précocité, de la ruſticité, &c. &c.

Comme c'eſt pour les racines qu'on cultive la Garance, c'eſt à avoir le plus poſſible de racines, & de plus groſſes racines, qu'on doit tendre; ainſi il faut la placer toujours dans une terre légère, profonde & naturellement fertile, afin d'arriver certainement & promptement à ce but. Les terres trop sèches & trop humides ſont également à éviter. Dans les pays chauds, celles qui ſont ſuſceptibles d'irrigation ſont preferables.

Après qu'on a fait choix de la terre où on veut placer la Garance, il faut penſer à lui donner les préparations convenables, préparations qui ſe font en automne, & qui conſiſtent en un défoncement de deux pieds à la pioche ou à la bêche, & en apport d'une ſuffiſante quantité de fumier.

Quelques cultivateurs de Garance, pour diminuer leurs frais, ſe diſpenſent de faire le défoncement, ſe contentant de deux ou trois forts labours avec une charrue faite exprès; mais il eſt évident qu'ils calculent mal, puiſque leurs produits ſeront diminués d'autant plus que la terre ſera moins ameublie dans la profondeur. On a même reconnu en Angleterre, que la Garance réuſſiſſoit moins bien après une prairie qu'après une culture de céréales, parce que le terrein ne pouvoit pas être autant ameubli dans le premier cas que dans le ſecond. D'autres ménagent les engrais, & ils ont également tort; car c'eſt d'eux que dépendra la grosseur des racines, & les grosses racines sont toujours d'un débit plus avantageux que les petites. D'après des expériences citées par Arthur Young, le fumier stratifié un an d'avance est préférable à celui qui sort de l'écurie, & ce fait est conforme aux principes de la théorie, puisque c'est de leur vigueur dans le premier âge que dépend la beauté des plantes pendant toute la durée de leur vie, & que le fumier stratifié d'avance, étant en plus grande partie en état dissoluble, agit sur la Garance au moment même de sa germination, tandis que celui qui est frais ne commence à remplir son but que plusieurs mois après qu'il est répandu.

On peut former une garancière par trois méthodes différentes : 1°. le semis en place, 2°. le semis dans une pépinière, 3°. le déchirement des vieux pieds. Je vais successivement les passer en revue.

La graine de Garance la plus grosse & la plus mûre est la seule qu'on doive employer; & comme elle est de nature cornée, il est nécessaire de la semer peu après sa récolte, ou de la stratifier de suite dans la terre; car lorsqu'elle est desséchée, la plus grande partie ne lève qu'après deux ou trois ans, & même ne leve pas du tout.

C'est le semis en place qui est le plus dans la nature, & le plus convenable dans une culture qui a pour objet la production des racines : on peut l'exécuter de deux manières, à la volée & en rayons.

Il y a deux inconvéniens à semer à la volée. Le premier, & le moins grave, c'est de répandre inégalement la semence, & d'être obligé, l'année suivante, d'éclaircir les places où il y a trop de plant, & de regarnir celles où il en manque. Le second, d'un effet plus durable, c'est de rendre plus longs, plus coûteux & plus sujets aux accidens les binages annuels.

Lorsqu'on sème en rayons, on place la graine sur des lignes parallèles, écartées d'environ deux pieds; & c'est dans cet intervalle que se font les binages, qui alors deviennent très-faciles, surtout les premières années.

On a calculé qu'il falloit environ vingt livres de graine de Garance pour garnir convenablement un arpent de Paris.

Le semis dans une pépinière a principalement lieu dans les climats chauds, parce que la graine n'y lève qu'autant qu'il pleut après qu'elle a été mise en terre, ou qu'on a des moyens d'irrigation à sa disposition.

On appelle *pépinière* une planche du jardin, à portée de l'eau, qui a reçu tous les labours & les engrais nécessaires, & sur laquelle on répand la graine beaucoup plus dru que dans les champs. Cette planche s'arrose & se sarcle au besoin. Le plant y reste rarement plus d'un an.

Pour former une garancière par le déchirement des vieux pieds, on met de côté, lorsqu'on en détruit une, les plus belles têtes de racines, &, après en avoir éclaté les bourgeons, on les met en jauge pour s'en servir quelques semaines plus tard à en former une nouvelle.

Jusqu'à présent j'ai supposé qu'on cultivoit la Garance à plat, comme on le fait le plus généralement; mais il est une méthode de la traiter, analogue à celle employée pour la culture des asperges, dont je dois parler avant d'aller plus loin.

Pour exécuter cette méthode, on divise le champ, dans toute sa longueur, en planches alternatives de quatre & de six pieds de large. Les premières de ces planches sont creusées d'un demi-pied de profondeur, & la terre qu'on en retire, est jetée sur les secondes, qui par-là deviennent bombées. C'est au fond de ces planches qu'on seme ou qu'on plante la Garance, dont les pieds sont, chaque année, successivement chaussés avec la terre prise sur les autres, qui deviennent creuses à leur tour. Le principe de cette excellente pratique est fondé, 1°. sur ce que la Garance prend des racines à tous ses verticilles lorsqu'ils sont recouverts de terre; 2°. que plus la terre est meuble, & plus les racines deviennent nombreuses & volumineuses; 3°. que plus une plante a de racines, & plus elle est vigoureuse dans toutes ses parties.

Des expériences exactes, faites en Angleterre, nous ont appris que les gros pieds donnoient de la Garance plus chargée en couleur, & de moins de déchet à la dessiccation que les petits. Ces deux circonstances sont d'une trop grande importance pour que les cultivateurs ne doivent pas les prendre en considération. En conséquence, il faudra tenir les pieds plutôt trop éloignés que trop rapprochés, soit qu'ils proviennent d'un semis ou d'une plantation.

Par la voie de la plantation on gagne un an; mais par celle des semis on obtient une meilleure récolte. C'est surtout quand on emploie du plant provenant d'une garancière depuis long-tems renouvelée par le premier de ces moyens, qu'on s'apperçoit plus sensiblement de la différence; aussi ne puis-je trop recommander aux cultivateurs de renouveler leurs garancières par la voie des semis, au moins une fois sur trois ou quatre. Il y a même lieu de croire que c'est pour n'avoir pas ainsi assez souvent retrempé la force vitale de la Garance dans la semence, si je puis me servir de cette expression, que la Garance de France a perdu de sa réputation dans l'étranger, qui en tire moins qu'autrefois.

On peut semer ou planter la Garance pendant tout l'hiver, les jours de gelée exceptés. Plus tôt elle est en terre, & plus on peut compter sur le succès; en conséquence, il faut s'arranger de manière que toutes les opérations qui l'ont pour objet, soient terminées vers le milieu de février.

Cependant la Garance, surtout celle qui est jeune, craint la gelée dans les pays du nord; ce qui oblige d'y retarder les plantations, & s'oppose même à ce qu'on y fasse des semis en plein champ. Sur les bords du Rhin, par exemple, lorsqu'on fait de ces semis, ce qui est rare, ils ont lieu en pépinière dans les jardins, parce qu'on peut plus facilement garantir le jeune plant de ces gelées au moyen de couvertures de litière, de feuilles sèches, de fougère, &c.

La première année du semis, la Garance fait peu de progrès, & on n'a d'autres façons à lui donner que deux ou trois sarclages, & un binage à la houe.

Dans les garancières plantées en rangées, on peut fort économiquement employer la houe à cheval, ou une charrue légère pour les binages, & alors on gagne à en donner plusieurs en place de sarclages.

L'intervalle vide des garancières en planche se cultive, cette même premiere année, à la houe ou à la charrue, & se plante en légumes ou en tout autre objet, à la volonté du cultivateur. Cependant dans les terreins secs, on doit préferer les cultures qui peuvent ombrager la Garance. Les topinambours remplissent parfaitement ce but.

Un binage au printems, un autre en été & un labour en hiver sont les cultures que demande une garancière de la seconde année. En faisant le premier de ces binages, on regarnit les places vides, & on butte tous les pieds. Souvent, avant de faire le second, on coupe les tiges de la Garance pour les donner aux bestiaux. Comme cette opération empêche les pieds de grainer, & que l'affaiblissement qu'elle produit en eux est peut-être moindre que celui qui auroit été la suite de la production de la graine, je ne la blâme pas; mais si on veut aller plus loin, & ainsi qu'il se pratique, dit-on, en Flandres, où l'on fait jusqu'à trois coupes de ces tiges, alors je dis qu'on agit en sens contraire de son but, puisqu'on n'a en vue que d'avoir promptement de nombreuses & grosses racines, & que les racines sont toujours retardées dans leur croissance lorsqu'on les prive de leurs tiges, ou mieux des feuilles qui les nourrissent.

Les garancières plantées sont cultivées positivement comme les semées; mais celles qui sont en planches exigent chaque année une operation particulière, qui remplace celle du buttage : c'est le recouvrement de leur pied, d'abord avec la terre retirée de la fosse, ensuite avec celle des espaces vides. On l'exécute en automne & au printems, ses effets se reconnoissant à la vigueur des pousses. Je ne puis trop le répéter : ce mode de culture qui nous vient du Levant, & qui est encore peu connu en France, doit être préféré comme le plus conforme aux principes de la théorie, & aux résultats de la vieille pratique d'un pays d'où l'on nous apporte la meilleure Garance connue. Il paroît même qu'il est moins coûteux que celui généralement adopté.

Lorsqu'on veut avoir de la graine de Garance, il faut réserver une petite portion de terre pour cet objet, plutôt que de la prendre sur toute la garancière, parce qu'elle en seroit affoiblie, comme je l'ai déjà observé.

Ce n'est qu'à leur troisième année que les racines de la Garance sont propres à donner beaucoup de parties colorantes à la teinture; &, dès la quatrième, une partie des racines, les plus anciennes, qui presque toujours sont les plus profondes, commence à s'altérer. Il est en conséquence généralement reconnu que c'est au commencement du troisième hiver, qu'il est le plus avantageux de faire la récolte de la Garance.

Peu de jours avant l'époque fixée pour la récolte de la Garance, on en fauche les tiges le plus près de terre possible. C'est ordinairement en octobre ou en novembre qu'on fait cette opération; alors leurs racines sont parfaitement mûres, si je puis employer ce terme, aux environs d'Avignon, mais elles ne le sont pas aux environs d'Anvers. Cette difference est la principale cause de la supériorité de Garance des pays chauds sur celle des pays froids.

Souvent on arrache la Garance pied à pied avec la houe ou au moyen de la charrue; mais par-là on risque d'en laisser beaucoup dans la terre. Le mieux est, sans contredit, de faire une large tranchée à une des extrémités du champ, &, par son moyen, de miner la terre plus bas que l'extrémité des racines qu'on obtient alors de toute leur longueur.

Dès que la Garance est entiérement arrachée, il faut la laver à grande eau, & de préférence dans un ruisseau rapide, pour la débarrasser de la terre qui y est restée adherente, ensuite l'éplucher à la main pour enlever les restes de la tige, les parties pourries & les plus petites fibriles. Ceux qui ne prennent pas ces précautions sont blâmables.

Les marchands qui servent d'intermédiaire entre les cultivateurs & les teinturiers, ne veulent acheter la Garance qu'après qu'elle a été dessechée. Il faut donc que les seconds se chargent de cette opération.

Pour l'exécuter, on commence par déposer les racines lavées sous un angar à l'abri de la pluie, & lorsqu'elles ont perdu la plus grande partie de leur eau de végétation, qu'elles sont devenues molles, c'est-à-dire, au bout de dix à douze jours s'il fait sec & chaud, on les porte, ou au soleil (dans les pays méridionaux), ou dans un four dont on vient de tirer le pain. Il arrive presque toujours qu'on est obligé de répéter une seconde fois cette dernière opération qui demande alors plus de soin, car l'important est de brusquer la dessiccation pour que la Garance ne moisisse ni ne noircisse. Une Garance moisie ou noircie n'est plus d'aucune valeur ; aussi un séchoir est-il préférable.

Un séchoir est un bâtiment monté par quatre murs de pierres, dont l'intérieur est de quatorze à dix-huit pieds en carré, accompagné d'un four qui consiste dans un petit mur de la hauteur de quatre pieds & demi, sur trois & demi de large, construit avec des creusets carrés & profonds de six pouces, faits avec de la terre grasse, comme la poterie, joints ensemble avec une composition de la même terre, de la paille d'orge hachée & du poil de vache. L'ouverture dudit four est assez grande pour y faire entrer de gros tronçons de racines. Sa longueur le porte jusqu'auprès du mur qui est vis-à-vis, &, revenant sur lui-même, il se jette dans une cheminée pratiquée à côté, & à quelque distance de son embouchure. La fin du four se termine en diminuant & en s'élevant, de sorte que l'on puisse passer par-dessous pour pouvoir entrer dans l'entre-deux dudit four & le raccommoder en cas de besoin, en observant qu'il remplisse l'intérieur dudit appartement, ne laissant, tout autour du mur, qu'un passage de deux pieds.

A un pied au dessus du four est le plancher des Garances. Il est fait par des lattes séparées d'un pouce, lesquelles sont soutenues, dans le milieu, par deux poutres. A quatre pieds au dessus est un pareil plancher, & à pareille distance un troisième ; ce qui forme trois chambres au dessus du four.

On met en premier lieu la Garance verte sur l'étage le plus élevé : on la descend ensuite au second, & de là au premier, en la faisant passer par des écoutilles pratiquées à chaque plancher, à la réserve de celui qui est le plus près du four. On l'enlève par une porte, en ayant attention de ne rien laisser tomber sur le four par la crainte du feu. De cette manière la Garance se sèche insensiblement, & elle n'est pas susceptible d'être brûlée. Tous les matins & tous les soirs, c'est-à-dire, toutes les douze heures, on met de la marchandise fraîche sur le séchoir d'en haut, & dans le même tems on retire celle de celui du bas. Ce que l'on peut sécher par jour sur un pareil four est environ de sept à huit cents livres de racines sèches, c'est-à-dire, trois cent cinquante chaque fois.

Lorsque la Garance est assez sèche, ce qu'on reconnoît à la facilité avec laquelle elle se casse, on la bat légérement avec un fléau pour en ôter l'épiderme & les restes des petites fibrilles. Ces parties réunies forment ce qu'on vend dans le commerce, à un prix fort inférieur, sous le nom de *Garance robée*. Quelquefois on passe la Garance battue à travers un crible d'osier, pour en séparer les racines les plus grosses, parce qu'elles se vendent le mieux. Les soins que les Hollandais apportent à ces opérations rendent leur Garance presque d'un prix égal à celle des pays chauds, où on n'en prend aucun. Après sa dessiccation complète, on met la Garance dans des sacs, & on la porte au grenier jusqu'à ce qu'il se présente un acquéreur qui, avant de la vendre aux teinturiers, la fait moudre dans un moulin semblable à celui à tan ne.

Il est peu de culture qui soit chargée de plus de procédés superflus que celle de la Garance. Pour éviter des dépenses aux cultivateurs, j'ai cru devoir en simplifier la pratique, en rejetant tous ceux de ces procédés qui ne sont pas avoués par une saine théorie.

Restant en terre trois ans, la Garance doit, par sa vente, payer la rente, l'impôt & le travail de cette terre pendant le même espace de tems ; plus, l'intérêt du capital avancé & le bénéfice ; mais si sa culture est quelquefois très-avantageuse, elle est aussi quelquefois très-onéreuse, parce que son emploi diminue par toutes les causes qui agissent défavorablement sur le commerce, aussi ne doit-elle être entreprise que par des cultivateurs riches, c'est-à-dire, qui puissent attendre le moment d'une vente favorable, ou supporter une perte considérable sans que leurs entreprises soient arrêtées.

La culture qui convient le plus dans la terre qui vient de porter de la Garance, est celle des plantes pivotantes, telles que les betteraves, les carotes, les pommes de terre, &c., parce que ces plantes, trouvant le sol très profondément défoncé, profitent beaucoup. Les prairies artificielles y réussissent également, mais sont exposées à être détériorées par des tiges de Garance sortant des racines qui ont échappé aux recherches, tiges qui disparoissent par suite des binages d'été qu'exigent les plantes que je viens de mentionner. On peut toujours ou presque toujours se dispenser de mettre du fumier dans une telle terre pendant deux ou trois ans, & cependant en obtenir de riches récoltes.

Conformément aux principes des assolemens, il ne faut remettre de la Garance dans le même champ, que plusieurs années après qu'il en a porté. Cependant un agriculteur anglais prétend qu'il y a du profit à en cultiver deux fois de suite, sous le spécieux prétexte que la terre est bien préparée. Je n'entrerai pas en discussion sur cet objet, pour ne pas alonger davantage cet article.

La Garance est sujette à deux ou trois maladies qui contrarient quelquefois les cultivateurs. Les descriptions qu'on en trouve dans les livres sont si obscures, que je n'ai pu reconnoître leur nature ; & quoique j'aie suivi des cultures de Garance aux environs de Paris, je n'ai pas eu occasion d'en remarquer les effets.

Les autres espèces de Garance ne se cultivent que dans les jardins de botanique ou dans les collections des amateurs. Excepté celle dont je viens de parler, la pérégrine & celle en cœur, qui se sèment en pleine terre, & y restent sans autre ſoin que celui d'empêcher leurs pieds de s'étendre, toutes demandent à être ſemées en pot ſur couche & ſous châſſis, & d'être rentrées, pendant l'hiver, dans l'orangerie. Je ne crois pas devoir m'étendre davantage ſur ce qui les concerne. (*Boſc.*)

GARANTIE. Les chevaux & autres beſtiaux ont ſouvent des défauts ou des maladies qui ne s'apperçoivent qu'au bout d'un certain tems, & qui auroient empêché leur vente ſi elles avoient été connues de l'acquéreur, puiſqu'elles rendent ces chevaux de moindre ſervice ou même de nul ſervice. Il faut donc, ou que le vendeur déclare ces défauts ou ces maladies, ou que l'acquéreur ait le droit de revenir ſur ſon marché lorſqu'il les découvre. On appelle Garantie le principe, & cas RED-HIBITOIRES l'application. *Voyez* ce dernier mot.

Les cultivateurs étant fréquemment dans la néceſſité de ſe trouver dans les termes de la loi, il eſt néceſſaire qu'ils la connoiſſent. En voici le texte, tiré du Code Napoléon.

Art. 1625. La Garantie que le vendeur doit à l'acquéreur a deux objets; le premier eſt la poſſeſſion paiſible de la choſe vendue; le ſecond, les défauts cachés de cette choſe ou les vices redhibitoires.

Art. 1641. Le vendeur eſt tenu à la Garantie à raiſon des défauts cachés de la choſe vendue, qui la rendent impropre à l'uſage auquel on la deſtine, ou qui diminuent tellement cet uſage, que l'acheteur ne l'auroit pas acquiſe ou n'en auroit donné qu'un moindre prix s'il les avoit connus.

Art. 1642. Le vendeur n'eſt pas tenu des vices apparens & dont l'acheteur a pu ſe convaincre lui-même.

Art. 1643. Il eſt tenu des vices cachés lors même qu'il ne les auroit pas connus, à moins que dans ce cas il n'ait ſtipulé qu'il ne ſera obligé à aucune Garantie.

Art. 1644. Dans le cas des articles 1641 & 1643, l'acheteur a le choix de rendre la choſe & de ſe faire reſtituer le prix, ou de garder la choſe & de ſe faire reſtituer une partie du prix, telle qu'elle ſera arbitrée par experts.

Art. 1645. Si le vendeur connoiſſoit les vices de la choſe, il eſt tenu, outre la reſtitution du prix qu'il aura reçu, de tous les dommages & intérêts envers l'acheteur.

Art. 1646. Si le vendeur ignoroit les vices de la choſe, il ne ſera tenu qu'à la reſtitution du prix & à rembourſer à l'acquéreur les frais occaſionnés par la vente.

Art. 1647. Si la choſe qui avoit des vices a péri par ſuite de ſa mauvaiſe qualité, la perte eſt pour le vendeur, qui ſera tenu, envers l'acquéreur, de la reſtitution du prix, & aux autres dédommagemens expliqués dans les deux articles précédens; mais la perte arrivée par cas fortuit ſera pour le compte de l'acheteur.

Art. 1648. L'action réſultante des vices redhibitoires doit être intentée par l'acquéreur dans un bref délai, ſuivant la nature des vices redhibitoires & l'uſage du lieu où la vente a été faite.

Art. 1649. Elle n'a pas lieu pour les ventes faites par autorité de juſtice. (*Boſc.*)

GARBÉ, nom du coq d'Inde.

GARCIE. *Garcia.*

Genre de plante de la monoécie polyandrie, qui ne renferme qu'une eſpèce.

La GARCIE PENCHÉE, *Garcia nutans*, Vahl, eſt un arbre de l'île de Sainte-Marthe, à feuilles alternes & à fleurs diſpoſées en petites grappes à l'extrémité des rameaux. Comme elle n'a pas encore été introduite dans nos jardins, je n'ai rien à dire ſur ſa culture. (*Boſc.*)

GARDE CHAMPÊTRE. Il eſt des lieux où les propriétés rurales ſont ſi reſpectées, qu'elles n'ont pas beſoin d'être gardées; mais il en eſt d'autres où la ſurveillance la plus active ne peut empêcher qu'elles ne ſoient journellement devaſtées par les hommes & les beſtiaux. A quoi tient cette différence? A l'éducation que reçoivent les enfans des pauvres cultivateurs. En effet, comment ceux qui, dès qu'ils peuvent à peine marcher, ſont excités par leurs parens à aller piller leurs voiſins, peuvent-ils s'y refuſer, n'en pas prendre l'habitude, ne pas continuer lorſqu'ils ſont devenus grands, & ne pas diriger leurs enfans comme ils l'ont été eux-mêmes? C'eſt donc en établiſſant dans les villages qui ont la plus mauvaiſe réputation en ce genre, des inſtituteurs dont la moralité ſoit certaine, & en même tems des Gardes champêtres incorruptibles, qu'on peut eſpérer de changer les diſpoſitions des enfans & les principes antiſociaux des pères. Il faut agir en même tems ſévérement ſur les pères & ſur les enfans; car les premiers comptent ſur l'indulgence qu'il eſt dans la Nature & dans la loi d'avoir pour les enfans, & les derniers, ayant échappé une fois à l'impunité, eſpèrent y échapper toujours. On a remarqué que les habitans des villages, voiſins des forêts, étoient bien plus généralement voleurs des fruits de la terre, que ceux des plaines découvertes & des montagnes nues. Cette circonſtance tient, 1°. à un ſentiment naturel au cœur de l'homme, ſentiment qui veut que ce qui croît ſpontanément appartienne à tous: tient, 2°. à ce qu'ils ont trouvé, dès leurs premières années, bien plus facile de gagner de l'argent ou d'éviter d'en depenſer en pillant les forêts, qu'en travaillant à la terre. Après avoir volé du bois, on vole des pommes, du foin, du blé, tout enfin de ce dont on a beſoin. J'ai habité de tels endroits, & j'ai été victime de telles diſpoſitions; ainſi j'en parle avec connoiſſance de cauſe. Là il faut, comme j'en ai l'expérience, ne jamais pardonner une première faute à qui que ce soit, parce que celui qui a la réputation d'être indulgent, est plus exposé que celui qui est craint, d'après l'observation faite plus haut, que le penchant pour le vol étoit devenu une habitude, & que les habitudes ne peuvent être dominées que par une force extérieure toujours agissante.

Mais il faut revenir aux Gardes champêtres.

Autrefois les cultivateurs choisissoient parmi eux, à la pluralité des suffrages, celui qui devoit garder les propriétés de tous. Le plus souvent il étoit nommé contre son gré, regardoit cette honorable fonction, ou comme au dessous de lui, ou comme un fardeau qu'il devoit alléger par tous les moyens possibles. Il en résultoit, ou qu'il se faisoit peu de tournées (quelquefois même pas du tout), ou que les propriétés des véritables cultivateurs étoient respectées, & que celles des personnes qui ne cultivoient pas de leurs mains étoient dévastées. On a vu même des Gardes, ainsi nommés, compter sur la difficulté de les prendre en flagrant délit, & devenir eux-mêmes les spoliateurs ou les persécuteurs des cultivateurs de cette dernière sorte, ou par intérêt pécuniaire, ou par esprit de vengeance.

Pendant la révolution, la loi a exigé qu'il fût établi des Gardes champêtres salariés aux frais communs, & cette loi est bonne; mais les rétributions qu'on leur a fixées, sont si insuffisantes, qu'il n'y a que les vieillards les plus pauvres & les plus foibles qui s'en contentent, ou que de mauvais sujets qui, comme ceux indiqués ci-devant, veulent spéculer sur les vols qu'ils feront, ou sur les vexations qu'ils exerceront. A ces inconvéniens s'en joignent encore d'autres, en ce moment que ces places sont données à des militaires réformés, qui ne sont plus destituables par l'autorité municipale.

Ce sont des Gardes champêtres très-largement payés, pris dans les familles les plus notables du canton, qui craignent plus de perdre leur place que de faire des patrouilles pendant la nuit, dans les tems de pluies, &c., que de déplaire à tel individu trouvé en faute, que je voudrois voir nommer partout. Il faudroit qu'ils fussent entourés de toute la considération possible; & comment peut en imposer un Garde champêtre continuellement ivre, & qui fréquente habituellement les plus mauvais sujets du lieu! De plus, il seroit bon que trois habitans nommés par les intéressés, & à tour de rôle, fussent tenus de faire chaque semaine la revue de tout le territoire, & autorisés à demander compte au Garde champêtre de tous les dégâts qu'ils reconnoîtront, pour les lui faire payer s'il ne peut pas en indiquer les auteurs, ou prouver qu'il a fait tout ce qu'il devoit d'après le règlement de service arrêté par le conseil municipal pour les empêcher.

Il n'y a pas de doute pour moi que, par ces dispositions, on parviendroit à arrêter les dégâts qui ont si généralement lieu dans les campagnes, dégâts qui, ne profitant pas en entier à ceux qui les causent, sont non-seulement une perte pour les propriétaires, mais encore pour la société. (*Bosc.*)

GARDE-CHASSE. Les Gardes-chasse, par les vexations qu'ils faisoient éprouver aux cultivateurs sous l'ancien régime, devoient donner lieu à un article de quelqu'étendue dans les ouvrages sur l'agriculture qu'on imprimoit alors. Aujourd'hui qu'ils ne peuvent plus avoir d'action sur les propriétés, autres que celles de celui qui les paye, il devient superflu d'en parler. (*Bosc.*)

GARDE-ROBE : nom vulgaire de l'ARMOISE AURONE.

GARDÈNE. *Gardenia.*

Genre de plante de la pentandrie monogynie & de la famille des *Rubiacées*, qui renferme une trentaine de plantes, qui la plupart sont remarquables par la beauté & l'odeur suave de leurs fleurs, & dont une est l'objet d'une culture fort étendue dans nos orangeries. *Voyez Illustrations des Genres* de Lamarck, pl. 158.

Espèces.

1. Le GARDÈNE à larges fleurs, vulgairement *Jasmin du Cap.*

Gardenia florida. Linn. ♄ Des Indes. Variété à fleurs doubles.

2. Le GARDÈNE radicant.

Gardenia radicans. Thunberg. ♄ Du Cap de Bonne-Espérance.

3. Le GARDÈNE verticillé.

Gardenia thunbergia. Linné. ♄ Du Cap de Bonne-Espérance.

4. Le GARDÈNE à longues fleurs.

Gardenia mussaenda. Lamarck. ♄ De l'Amérique méridionale.

5. Le GARDÈNE de Madagascar.

Gardenia madagascariensis. Lamarck. ♄ De Madagascar.

6. Le GARDÈNE gummifère.

Gardenia gummifera. Linn. ♄ De Ceilan.

7. Le GARDÈNE campanulé.

Gardenia rothmannia. Linné. ♄ Du Cap de Bonne-Espérance.

8. Le GARDÈNE appendiculé.

Gardenia frondosa. Lamarck. ♄ Des Indes orientales.

9. Le GARDÈNE à larges feuilles.

Gardenia longiflora. Ait. ♄ Des Indes.

10. Le GARDÈNE à feuilles de clusie.

Gardenia clusifolia. Jacq. ♄ Des îles Bahama.

11. Le GARDÈNE genipayer.

Gardenia genipa. Willd. ♄ De l'Amérique méridionale.

12. Le GARDÈNE des marais.
Gardenia uliginosa. Retz. ♄ Des Indes.
13. Le GARDÈNE tubiflore.
Gardenia tubiflora And. ♄ D'Afrique.
14. Le GARDÈNE à feuilles oblongues.
Gardenia oblongifolia. Ruiz & Pavon. ♄ Du Pérou.
15 Le GARDÈNE de Mérian.
Gardenia Meriana. Rich. ♄ De Cayenne.
16. Le GARDÈNE esculent.
Gardenia edulis. Rich. ♄ De Cayenne.
17. Le GARDÈNE à quatre épines.
Gardenia tetracantha. Lamarck. ♄ De l'Amérique méridionale.
18. Le GARDÈNE armé.
Gardenia armata. Swartz. ♄ De l'Amérique méridionale.
19. Le GARDÈNE épineux.
Gardenia spinosa. Willd. ♄ De la Chine.
20. Le GARDÈNE des buissons.
Gardenia dumetorum. Retz. ♄ Des Indes.
21. Le GARDENE randie.
Gardenia randia. Swartz. ♄ Des îles de l'Amérique. *Voyez Illustrations* de Lamarck, pl. 156.
22. Le GARDÈNE à petites feuilles.
Gardenia micranthera. Willd. ♄ De la Chine.
23. Le GARDÈNE grimpant.
Gardenia scandens. Thunb. ♄ De la Chine.
24. Le GARDÈNE multiflore.
Gardenia multiflora. Willd. ♄ Des Indes orientales.
25. Le GARDÈNE oboval.
Gardenia obovata. Ruiz & Pav. ♄ Du Pérou.
26. Le GARDÈNE à feuilles rondes.
Gardenia rotundifolia. Ruiz & Pavon. ♄ Du Pérou.

Observation.

Des observations nouvelles ont prouvé que les espèces qui avoient été réunies par Linnæus sous les genres *Genipayer* & *Randie*, appartenoient réellement à celui-ci; en conséquence je les y ai réunies. Le Gardene verticillé a aussi fait genre sous les noms de *Berghie* & *Thunbergie.*

Culture.

De tous les Gardènes dont je viens de présenter l'énumération, il n'y en a que cinq à six qui soient cultivés dans les jardins d'Europe; mais beaucoup le sont en Afrique, en Chine, en Amérique, dans les Indes, &c. Ce sont des arbrisseaux toujours verts, à feuilles opposées, & à fleurs disposées en corymbes terminaux. Ces dernieres sont, dans la plupart, extrêmement odorantes.

Le Gardène à larges fleurs est celui qui supporte le mieux notre climat. Il peut être cultivé en pleine terre dans le midi, & aux orangeries dans le nord. Cependant, comme il lui faut beaucoup de chaleur pour fleurir continuellement, & que c'est pour ses fleurs qu'on le cultive à Paris, il est plus avantageux de le tenir en serre. Il fleurit deux fois, en mai & en septembre.

Une terre substantielle, un peu légère, c'est-à-dire, de la terre franche, mêlée par moitié avec la terre de bruyère, est celle qu'il faut mettre dans les pots destinés à recevoir les pieds de Gardène. On la renouvelle en partie tous les ans au moins d'octobre, aux pieds qui sont dans le cas de fleurir. Quelques personnes font cette opération au printems; mais elles ont tort, parce qu'elle empêche les fleurs de cette époque de se développer, ou qu'elle les fait tomber avant leur épanouissement. En donnant de grands pots on a une végétation plus vigoureuse, mais moins de fleurs; & c'est, je le répète, pour ses fleurs qu'on cultive cet arbrisseau. *Voyez* REMPOTEMENT.

Les pieds de Gardène peuvent être mis, pendant tout l'été, en plein air, dans une bonne exposition un peu ombragée. Alors on ne leur épargne pas les arrosemens pour les faire reverdir & pousser; car c'est autant au défaut d'eau qu'au défaut de chaleur qu'est due la couleur jaune qu'ils montrent si souvent. J'en ai cultivé une grande quantité de pieds en Caroline, les uns dans un sable humide, & les autres dans un sable sec, & les premiers offroient une verdure & une vigueur dont les seconds étoient bien loin. C'est donc en mettant les pots de ceux qui souffrent dans une bache à tannée, où il est facile de leur donner une chaleur humide sans inconvénient, qu'on peut les faire reverdir; mais on risque, en les en ôtant, de les voir revenir promptement à leur premier état. Dans la serre chaude, & encore plus dans l'orangerie, on est forcé de leur ménager les arrosemens pendant l'hiver, à raison des dangers qui résultent d'une trop grande humidité pour les autres plantes qui s'y trouvent entassées.

La multiplication du Gardène est facile, soit par marcote, soit par bouture; jamais il ne donne de fruits dans nos jardins. Les unes & les autres se font en toutes saisons, cependant mieux au printems. Un amateur qui ne veut pas mutiler ses pieds, fait les marcotes avec les branches les plus basses, ou en l'air dans des cornets; mais il faut quelquefois deux ans pour qu'elles s'enracinent. Les pépiniéristes en sacrifient un pied qu'ils placent dans une bache, & dont ils couchent toutes les pousses, excepté une ou deux, aussitôt qu'elles ont acquis assez de longueur, & ils peuvent presque toujours les relever en automne avec certitude de reprise. Les boutures se font dans des pots recouverts d'un entonnoir, & placés sur une couche à châssis, ou mieux dans une bache, pots qu'on arrose fréquemment. Il ne faut que deux mois, & quelquefois moins, pour qu'elles soient suffisamment garnies de racines. Je dis quelquefois moins, car j'en ai vu s'enraciner en huit jours, qui avoient été faites avec une pousse non aoûtée, & placée dans une bache très-chaude & très-humide.

Comme la grandeur des fleurs de cet arbrisseau augmente leur mérite, & que celles fournies par les jeunes tiges sont les plus grandes, il est souvent bon de couper les pieds rez terre. Cette opération offre de plus l'avantage d'empêcher les fleurs de tomber avant leur complet développement, ainsi que cela a si souvent lieu.

La beauté du feuillage & des fleurs du Gardène, ainsi que l'excellente odeur que ces dernières répandent, doit les faire rechercher de tous les amateurs. Ils ornent les jardins où ils se trouvent, à toutes les époques de l'année.

Les Gardènes verticillé, randie & genipayer demandent à peu près la même culture, & se multiplient par les mêmes procédés; seulement il leur faut un degré de chaleur plus élevé & plus constant. Il est rare qu'ils fleurissent dans nos serres.

Dans les îles de l'Amérique on donne une sorte de culture au genipayer, arbre de moyenne grandeur, dont le bois est susceptible de recevoir un beau poli, & sert dans l'ébénisterie, dont les fleurs sont odorantes, les fruits bons à manger, & renferment, autour de leurs graines, un arille pulpeux, qui teint en noir passager tout ce qu'on en enduit. Cette culture consiste à en planter quelques pieds autour des habitations, & même dans les enclos qu'on appelle jardin, pieds auxquels on ne touche du reste plus que pour en cueillir les fleurs & les fruits, jusqu'au moment où on les coupe pour leur bois.

Le Gardène tubiflore est très recherché en Angleterre. (*Bosc.*)

GARDOQUIE. *Gardoquia.*

Genre de plante de la didynamie gymnospermie & de la famille des *Labiées*, qui renferme cinq espèces toutes originaires du Pérou, & dont aucune ne se cultive dans nos jardins. Ce sont de petites plantes pubescentes, à rameaux tétragones & à fleurs axillaires.

Espèces.

1. La GARDOQUIE blanche.
Gardoquia incana. Ruiz & Pav. ♄ Du Pérou.
2. La GARDOQUIE à feuilles en cornet.
Gardoquia revoluta. Ruiz & Pav. ♄ Du Pérou.
3. La GARDOQUIE multiflore.
Gardoquia multiflora. Ruiz & Pav. ♄ Du Pérou.
4. La GARDOQUIE elliptique.
Gardoquia elliptica. Ruiz & Pav. ♄ Du Pérou.
5. La GARDOQUIE obovale.
Gardoquia obovata. Ruiz & Pav. ♄ Du Pérou.

D'après ce que j'ai observé plus haut, ces plantes ne sont pas dans le cas de mériter ici un article plus étendu. (*Bosc.*)

GARENNE. On donne ce nom à un lieu clos, tantôt d'une grande, tantôt d'une petite étendue, où on élève des lapins dans une apparente liberté.

Lorsqu'on tient quelques lapins enfermés dans des batimens, dans des tonneaux, &c., on les nomme *lapins de clapier.*

Il n'est plus possible de conserver une Garenne non close, à raison des lois existantes sur la chasse.

Comme il est souvent avantageux & toujours utile aux cultivateurs d'avoir une Garenne ou un clapier, soit pour faire commerce des lapins qu'ils y élèvent, soit pour les employer à leur nourriture, je vais passer en revue leurs principales sortes.

Un parc, de quelqu'étendue qu'il soit, lorsqu'il y a une grande quantité de lapins, est une Garenne, qui ne demande d'autres soins que ceux qui ont rapport aux moyens d'empêcher ces animaux, 1°. de creuser des trous dans le voisinage des murs, & de telle manière qu'ils puissent s'en aller; 2°. d'être volés par les braconniers; 3°. d'être mangés par les fouines, les belettes, les chats, &c.

On parvient au premier de ces objets en creusant, en pente dirigée vers l'extérieur, le pourtour de ces murs dans la largeur d'une toise, & de manière que les fondemens de ces murs soient mis à découvert dans la hauteur d'environ un pied, les lapins ne faisant jamais leurs trous ni dans le sens des pentes ni dans les murs bien faits.

Une surveillance de tous les momens peut seule garantir une Garenne des braconiers.

Des piéges ou des appâts empoisonnés remplissent le but de détruire les animaux carnassiers qui mangent les lapins, & on peut y joindre la chasse au fusil.

Les lapins aimant beaucoup les bourgeons & l'écorce de la plupart des arbres, il ne faut pas penser à avoir de beaux taillis dans une Garenne. Si, outre le produit de ces animaux, on veut en tirer un de la terre, il faut planter des arbres de cinq à six ans, dont on entourera la tige d'épines très-serrées, pendant le même nombre d'années, arbres qu'on laissera croître de toute leur hauteur, ou qu'on tiendra en TETARD. (*Voyez* ce mot.) Il peut être quelquefois plus avantageux, relativement aux lapins mêmes, d'avoir de ces derniers.

Dans les Garennes dont l'étendue est considérable, & où le nombre des lapins n'est pas forcé, ils peuvent vivre toute l'année sans qu'on soit obligé de leur donner de la nourriture, parce que pendant les neiges ils mangent l'extrémité des branches des buissons & l'écorce des jeunes arbres. Cependant on doit diminuer, autant que possible, les effets de ce grave inconvénient, en leur fournissant, dans des places déterminées & abritées des vents, ou du foin, ou des branches d'arbres

garnies

garnies de leurs feuilles, coupées, à cet effet, au mois de juillet, convenablement desséchées, & gardées à l'abri de la pluie & même de l'humidité. C'est parce que les feuilles des têtards sont plus nombreuses, plus larges, plus succulentes, que j'ai dit plus haut qu'il étoit bon de tenir des arbres en têtards dans les Garennes d'une grande étendue.

Tous les arbres ne sont pas également propres à fournir des feuilles pour la nourriture des lapins; ils n'aiment point celles du chêne. Le saule marsault doit être préféré aux autres; ensuite les peupliers noir, du Canada & de Virginie; puis les érables, les ormes, &c.

Tuer les lapins dans les Garennes, à coups de fusil, seroit trop nuisible aux produits, & par la dépense de la poudre & du plomb, & par les blessés, & par l'épouvante générale qui en résulteroit. Les prendre au furet & à la poche est quelquefois nécessaire; mais cela est fort lent. Il vaut mieux ne leur laisser qu'un petit nombre de bouches de terriers, qui alors ont un pied ou deux de diamètre, & les jours qu'on veut en prendre on les garnit sans bruit de grand matin avec des sacs en filet. Le matin on fait une battue générale, qui force les lapins à se jeter dans les sacs où on a la facilité de choisir ceux qui sont dans le cas d'être vendus.

Dans le voisinage des grandes villes, il est fructueux de chasser dans les Garennes pendant toute l'année, parce que les lapins sont de bonne vente pendant l'été, où il y a peu de gibier; mais lorsqu'on en est éloigné, il ne faut le faire que pendant l'hiver, à raison du prix qu'on attache, pour la chapellerie, aux peaux qui en proviennent. Pendant la première de ces saisons, il ne faut prendre que les mâles.

Il y a discussion pour savoir si on doit laisser, ou non, de vieux mâles & de vieilles femelles. D'après le principe que les productions des animaux arrivés à toute leur croissance sont plus fortes que celles de ceux qui sont très-jeunes & de ceux qui sont très-vieux, je dirai: Laissez toujours quelques mâles de plus d'un an, & n'en laissez pas de plus de trois ans; mais on sent bien que, dans un espace étendu, il devient difficile de suivre ce principe à la rigueur. J'y reviendrai lorsqu'il sera question des clapiers.

N'y ayant pas dans les Garennes peu étendues, assez d'herbe ou de buissons pour la subsistance des lapins, il devient indispensable, ou d'en diminuer le nombre, ou de leur fournir de la nourriture au moins pendant l'hiver. Cette nourriture consiste principalement en foin & en feuilles d'arbres sèches.

Lorsque les Garennes sont encore plus petites, on ne peut faire autrement que de nourrir toute l'année les lapins qui les peuplent, & alors on proportionne le nombre de ces lapins à la quantité de nourriture dont on peut disposer sans frais extraordinaires. Dans ce cas, les Garennes ne diffèrent des clapiers que par un peu plus d'étendue, & parce qu'il devient plus difficile d'y fixer le nombre des mâles.

Généralement les enceintes des Garennes de cette dernière sorte, comme celles des grandes, sont en murs de pierres, par conséquent coûteuses. Il est une manière de les faire, usitée aux environs de Paris, que je crois devoir indiquer ici, à raison de sa simplicité & de son économie.

Cette sorte de Garenne clapier se forme en creusant un fossé autour d'une enceinte, de quelque forme ou dimension qu'on le veuille, en rejetant la terre en dedans de l'enceinte. Le côté extérieur de ce fossé est perpendiculaire, & le côté intérieur en pente douce. L'enceinte forme donc un monticule dont la terre est remuée, & par conséquent facile à creuser par les lapins. Au centre, on construit un petit angar couvert en planches, destiné à mettre les lapins à couvert de la pluie, & autour, excepté dans un espace de deux pieds, qu'on réserve pour la porte, & à deux pouces du bord extérieur du fossé, on plante des piquets hauts de six pieds, écartés de six pouces, piquets qu'on lie entr'eux par un grossier clayonage.

Dans le cas où la terre est argileuse, on ménage dans celle qui est remuée, avec des pierres ou des planches, des trous aux lapins. Lorsqu'elle est sablonneuse, ils savent fort bien en faire eux-mêmes.

Une telle fabrique, qui demande à être placée près de l'habitation, à raison de la nécessité de donner journellement aux lapins qui l'habitent la nourriture qui leur est nécessaire, peut devenir un objet de décoration & un but de promenade. Elle est peu coûteuse, & sa surveillance n'est difficile que lorsqu'on habite dans le voisinage d'un village très-peuplé de chats. Les lapins y étant exposés au soleil, abrités de la pluie, & cachés aux regards des survenans, y prospèrent beaucoup mieux que dans les cours, les cages, les tonneaux, &c. Pour assurer encore plus la salubrité du local, on aura soin d'enlever, au moins une fois par semaine, les restes de leur manger & leurs crotes.

Les pauvres cultivateurs, qui ne peuvent former pour leurs lapins les établissemens ci-dessus, les nourrissent dans des cours étroites, dans des écuries, des toits à porcs, dans des constructions particulières en pierres, faites contr'un mur, & représentant ces derniers en petit; enfin, dans des tonneaux défoncés d'un côté. Là on sépare les mâles des femelles, & les femelles pleines des autres & des petits. On les nourrit avec des feuilles de choux, de salade & autres légumes, avec les herbes provenantes des sarclages du jardin, des champs, ou récoltées exprès; avec des feuilles d'arbres, des raves, des carotes, des pommes de terre, des topinambours, &c.; & lorsque ces articles manquent, avec du foin, des feuilles sèches, du son, même de l'orge, de l'avoine & autres grains.

Il est digne de remarque qu'il est des départemens entiers où on ne trouveroit pas un seul clapier, lorsque, presque partout, chaque famille devroit en avoit un, puisque par son moyen elle auroit, presque sans frais, un plat de viande pour le dimanche, & encore un bénéfice de 15 à 18 fr. par an, par la vente des peaux. En effet, avec six mères & un mâle, on peut compter, terme moyen, sur une soixantaine de lapins par an, & ces soixante lapins ne reviendront peut-être pas à deux sous, l'un portant l'autre, à leur propriétaire, si ce sont ses jeunes enfans qui vont chercher leur nourriture, la leur distribuent, les nétoient, &c., puisque le plus souvent ils peuvent remplir tous ces objets en une demi-heure par jour, & quelquefois en cinq minutes.

Les lapins dans les clapiers sont sujets à périr par suite de l'humidité dans laquelle ils se trouvent constamment, humidité qui leur donne la dissenterie, & encore par asphixie, à raison des gaz délétères qui émanent de leurs excrémens & des substances qu'on leur donne pour nourriture; mais il est facile de prévenir cet événement en les plaçant dans des lieux secs, aérés & exposés au soleil, & en les nétoyant d'autant plus souvent, que l'espace qui leur est donné est plus étroit. On ne doit surtout jamais les placer au nord, dans les pays naturellement humides. J'ai connu un propriétaire qui s'étoit persuadé qu'il lui étoit impossible de nourrir des lapins, parce qu'habitant un tel pays, & ayant fait construire un clapier à une telle exposition, il n'avoit jamais pu en conserver pendant l'hiver. Je lui fis changer son clapier de place, & par-là le forçai à changer d'opinion. *Voyez*, pour le surplus, au mot LAPIN. (*Bosc.*)

GARÈNE DE POISSON, petit réservoir ou enceinte de pieux dans lequel on place le poisson pour pouvoir l'y prendre à volonté, au moyen d'une simple trouble. *Voyez* ÉTANG & VIVIER.

GARIDELLE. *GARIDELLA.*

Plante annuelle, à tige anguleuse, haute de deux pieds, à rameaux grêles, à feuilles, les unes bipinnées, les autres découpées, à fleurs solitaires & terminales, qui forme un genre dans la polyandrie polyginie & dans les familles des *Renonculacées. Voyez Illustrations* de Lamarck, pl. 488, fig. 3.

Cette plante, appelée la GARIDELLE NIGELLINE, *Garidella nigellastrum*, Linn. ☉, croît naturellement dans les blés des parties méridionales de l'Europe; mais elle n'y est jamais assez abondante pour leur nuire. Comme elle n'a aucun agrément, on ne la cultive que dans les jardins de botanique, où sa culture ne consiste qu'à semer ses graines en place lorsque les gelées ne sont plus à craindre, c'est-à-dire, à la fin d'avril; à éclaircir le plant qui en provient, & à lui donner les soins généraux de ces sortes de jardins. Elle fleurit en juin & juillet.

Les semences de cette plante, qui diffère peu des NIGELLES (*voyez* ce mot), sont aromatiques comme celles de ces dernières. (*Bosc.*)

GARIGUES : nom des terres en friche dans les départemens méridionaux. *Voyez* FRICHE.

GARILLUNE : nom des ÉTALONS à Toulon.

GAROU, espèce de LAURÉOLE. *Voyez* ce mot.

GAROUILLE. C'est, dans quelques lieux, le MAIS.

GASTONIE. *GASTONIA.*

Arbre à écorce spongieuse, à feuilles pinnées avec impaire, à fleurs disposées en grappes ombelliformes, qui forme un genre dans la dodécandrie pentagynie, & dans la famille des *Araliacées.*

Cet arbre, qui est originaire de l'Isle-de-France, où il est appelé *Bois d'éponge*, n'est pas encore cultivé dans nos jardins, & ne peut être ici l'objet d'un plus long article. (*Bosc.*)

GASTINE. Nos pères appeloient ainsi toutes les mauvaises terres.

GATILIER. *VITEX.*

Genre de plante de la didynamie angiospermie, & de la famille des *Pyrénacées*, qui renferme plusieurs arbustes dont il sera question au *Dictionnaire des Arbres & Arbustes.* (*Bosc.*)

GAUDE.

Plante annuelle, du genre des RÉSÉDAS (*voyez* ce mot), qui se cultive en grand, pour l'usage de la teinture, dans plusieurs cantons de la France, & à laquelle je dois par conséquent consacrer ici un article de quelqu'étendue.

La Gaude a une racine pivotante, une tige plus ou moins rameuse, plus ou moins haute, selon les terreins; des fleurs verdâtres, disposées en longs épis terminaux. Elle est indigène, se trouve dans les taillis, sur le bord des haies, le long des chemins, &c., & fleurit au milieu de l'été.

La nature du sol est à peu près indifférente à la Gaude; mais si elle vient plus belle dans les terreins gras & frais, elle fournit plus de matière colorante, proportion gardée, dans ceux qui sont maigres & secs, ce qui indique que c'est dans ces derniers, dont on ne sait souvent quel parti tirer, & qui ont plus besoin que les autres, d'assolemens à longs retours, qu'il est le plus avantageux de la placer. Ainsi ce sont les mauvaises terres à seigle, & après des récoltes successives de ce grain, de trèfle, de raves & de pommes de terre, qu'il faut choisir. Huit à dix ans d'intervalle entre son retour ne sont pas de trop.

Il y a deux opinions sur l'époque où il convient

de femer la Gaude, & toutes deux font fondées. Il eft évident, en effet, pour qui réfléchit, qu'on doit le faire en automne dans les départemens méridionaux, & au printems dans les feptentrionaux, puifqu'elle craint les fortes gelées.

Comme cette plante, ainfi que je l'ai dit plus haut, eft d'autant plus propre à remplir fon objet qu'elle a moins pris de developpemens, un feul labour lui fuffit, & elle ne demande jamais ou prefque jamais de fumier; ce qui eft un avantage important dans certains pays.

La graine de Gaude étant très-fine, il faut la mêler avec du fable ou de la terre fèche pour pouvoir la répandre moins dru & plus également. Une diftance de trois pouces entre chaque grain eft celle qui convient dans les terres médiocres; dans les bonnes, fix ne feroient pas de trop.

C'eft feulement lorfque les rofettes des pieds de Gaude ont acquis au moins un pouce de diamètre, qu'il convient de les éclaircir pour les mettre à la diftance précitée. On les farcle en même tems. Affez généralement on lui donne un binage à la même époque; cependant je crois qu'on peut prefque toujours en éviter la dépenfe, puifque ce ne font pas, je le répète encore, de hautes & de groffes tiges qu'on defire, mais des tiges riches en parties colorantes.

Cette plante ne demande plus aucun foin jufqu'à fa récolte, dont l'époque varie felon le climat, le terrein, la faifon qui a eu lieu, l'époque où on a femé, &c., dans les mois de juillet, août ou feptembre. Au refte, cette récolte eft indiquée, avec certitude, par la couleur jaune que prennent la plus grande partie des tiges & la maturité de la moitié des capfules.

La Gaude qui n'eft pas arrivée à fa complète maturité, donne un jaune vert à la teinture, nuance moins recherchée que le jaune pur; ainfi il faut, je le répète, faifir l'inftant précis où, après fa defficcation, elle ne préfentera plus de parties vertes.

Quelquefois, au moment de la récolte de la Gaude, il furvient des pluies qui raniment fa végétation & diminuent fa valeur. Dans ce cas, fi on a des angars, des granges, des greniers affez fpacieux, on fe preffe de la faire, finon on s'abandonne au hafard.

Les graines de la Gaude étant plus colorantes que les feuilles & les tiges, & la couleur qu'elles fourniffent étant plus folide, les teinturiers donnent une valeur plus confidérable des botes qui les ont confervées, que des botes qui les ont perdues; ce qui indique qu'il faut choifir un tems humide ou le grand matin, & prendre de grandes précautions en arrachant les pieds.

Il a été propofé de faucher la Gaude au lieu de l'arracher; mais outre la difperfion de graine qui auroit lieu, les teinturiers la veulent avec la racine, quoique cette racine contienne fort peu de parties colorantes.

A mefure qu'on arrache la Gaude, on la met en petites botes ou poignées, liées avec de la paille ou avec elle-même, puis on la tranfporte à la maifon dans des charriots garnis de toile, pour ne pas perdre la graine qui s'échappe des capfules, graine qui eft la meilleure, & qui fuffit ordinairement pour le femis fuivant. Ces petites botes ou poignées, quelquefois même les brins ifolés, font dreffées contre des murs, des haies, des perches fixées horizontalement à un pied & demi au deffus du fol, pour qu'elles fèchent rapidement au foleil.

La defficcation de la Gaude étant complète, on réunit les petites botes pour en faire de groffes, qu'on amoncèle dans des greniers ou fous des angars exempts d'humidité, où elles attendent les acquéreurs auffi long-tems qu'il eft néceffaire.

La pluie contrarie beaucoup toutes ces opérations, & fait quelquefois diminuer de beaucoup la valeur de la Gaude. Il eft heureux, dans ce cas, que les propriétaires aient des bâtimens affez vaftes pour qu'on puiffe les exécuter à l'abri.

On reconnoît facilement la Gaude qui a été mal deffĕchée ou mouillée pendant fa defficcation, ou confervée dans un lieu humide, à la couleur, ou brune, ou noirâtre, ou noire qu'elle prend en tout ou en partie. Tant qu'elle n'eft pas toute noire on trouve à s'en défaire, parce qu'il eft des nuances qu'elle peut encore fournir; mais le prix qu'on en reçoit eft bien loin de dédommager des frais de fa culture.

Ainfi que je l'ai dit au commencement de cet article, la Gaude croît naturellement dans les taillis, où on en voit fouvent des pieds d'une grandeur remarquable. Cette circonftance avoit fait penfer à quelques agronomes, qui ne favoient pas que la Gaude venue dans les plus mauvais terreins étoit la plus propre à la teinture, qu'il feroit très-avantageux de la femer dans les bois récemment coupés. Je crois, comme eux, qu'il faudroit le faire dans beaucoup de localités; mais ce n'eft pas pour vendre fes tiges, c'eft pour les arracher avant leur maturité, & les apporter fur le fumier dont elles augmenteront la maffe, ou pour en faire de la POTASSE. *Voyez* ce mot.

Les jardins payfagers peuvent être ornés par la Gaude, qui de loin fait un bel effet. Je crois, en conféquence, qu'il eft fouvent bon d'en placer quelques pieds fur le bord des maffifs, le long des allées, au milieu des gazons de ces fortes de jardins. (*Bosc.*)

GAUDE, bouillie faite avec la farine de maïs.

GAULE, perche longue & menue.

GAULER, faire tomber les fruits des arbres avec la gaule.

La queftion de favoir s'il n'eft pas nuifible de Gauler les pommiers à cidre, les noyers, &c. a été fouvent propofée & toujours réfolue d'une manière pofitive; cependant on continue de le faire & on le fera toujours, parce que les inconvéniens qui en réfultent, font généralement peu fenfibles, & que l'économie de tems, & par fuite d'argent, eft très-confidérable.

Je crois donc que je dois me contenter de recommander aux cultivateurs de ménager autant que poffible leurs arbres dans cette opération; chofe le plus fouvent fans difficultés. (*Bosc.*)

GAULTHERIE. *Gaultheria.*

Genre de plante de la décandrie monogynie & de la famille des *Bicornes*, qui renferme cinq arbriffeaux à feuilles alternes & à fleurs difpofées en grappes axillaires ou terminales, dont deux fe cultivent dans nos jardins, & font dans le cas d'être recherchées par les amateurs, à raifon de leur beauté & de leurs fleurs. *Voyez* les *Illuftrations* de Lamarck, pl. 367.

Obfervation.

Ce genre a été appelé *Palomier* en français par plufieurs botaniftes; mais ce nom n'ayant pas prévalu dans les pépinieres, il eft néceffaire de l'abandonner.

Efpèces.

1. La GAULTHERIE couchée.
Gaultheria procumbens. Linn. ♄ De l'Amérique feptentrionale.

2. La GAULTHERIE droite.
Gaultheria erecta. Vent. ♄ Du Pérou.

3. La GAULTHERIE des antipodes.
Gaultheria antipoda. Forft. ♄ De la Nouvelle-Zélande.

4. La GAULTHERIE à feuilles de buis.
Gaultheria buxifolia. Vahl. ♄ De Caracas.

5. La GAULTHERIE rude.
Gaultheria fcabra. Vahl. ♄ De Caracas.

Culture.

La première efpèce, dont j'ai obfervé de grandes quantités dans l'Amérique feptentrionale, eft la feule qui fe cultive en pleine terre dans le climat de Paris. C'eft un arbufte de cinq à fix pouces de haut, dont les rameaux font couchés & cachés fous les herbes, dont les feuilles font ovales, coriaces & toujours vertes, dont les fleurs font rouges & difpofées en bouquets de trois à cinq, & les fruits de même couleur. Quoique petit, il fe fait remarquer dans les plate-bandes de terre de bruyère expofées au nord, où il fe plaît exclufivement. Il fleurit pendant une partie de l'année, & de manière qu'il offre toujours, en automne, en même tems des fleurs & des fruits. C'eft généralement par le moyen de fes rejets, qui font conftamment très-nombreux, qu'on le multiplie; mais on le pourroit également par fes graines, car elles mûriffent fort bien dans le climat de Paris.

On peut tranfplanter la Gaultherie couchée pendant tout l'hiver, les tems de gelee feuls exceptés. Quand on le fait paffé le mois d'avril, on rifque de la voir périr, parce qu'elle pouffe de bonne heure. Comme plus fes touffes font groffes & plus elles ont d'apparence, il eft bon de ne les divifer, dans cette opération, qu'autant qu'on voit que leur centre pourrit. Elle remplace fort avantageufement le buis en bordure dans les localites qui lui conviennent, & c'eft même ainfi qu'on doit chercher à la placer, puifque fon peu de hauteur ne permet pas de la mettre fur les derniers rangs, où elle feroit cachée.

Si on vouloit femer les graines de la Gaultherie couchée, il faudroit le faire peu après leur récolte, parce qu'elles font de nature cornée, & que, lorfqu'elles font deffféchées, elles ne lèvent que la feconde ou la troifième année. Le plant qu'elles fourniroient, feroit relevé la feconde année, & mis à fix pouces de diftance en pépinière, dans une terre de bruyère naturellement très-fraîche, ou entretenue telle par des arrofemens fréquens en été. Deux ans après, les pieds feroient affez forts pour être mis en place.

C'eft mal-à-propos que quelques auteurs ont confeillé de tenir cette plante en pot pour la rentrer dans l'orangerie pendant l'hiver. Elle craint bien plus la chaleur que le froid.

La feconde efpèce de Gaultherie, qui s'élève trois fois plus que la précédente, eft celle qui demande cette culture; les trois autres ne font pas encore arrivées dans nos jardins. (*Bosc.*)

GAURA. *Gaura.*

Genre de plante de l'octandrie monogynie & de la famille des *Onagraires*, qui renferme cinq efpèces, dont trois font cultivées au jardin du Muféum de Paris, & doivent par conféquent faire ici l'objet d'un article. *Voyez* les *Illuftrations* de Lamarck, pl. 281.

Efpèces.

1. Le GAURA bifannuel.
Gaura biennis. Linn. ♂ De l'Amérique feptentrionale.

2. Le GAURA à feuilles aiguës.
Gaura anguftifolia. Mich. ♂ De l'Amérique feptentrionale.

3. Le GAURA frutefcent.
Gaura fruticofa. Jacq. ♄ De l'Amérique méridionale.

4. Le GAURA changeant.
Gaura mutabilis. Cav. ♃ Du Mexique.

5. Le GAURA à trois pétales.
Gaura tripetala. Cav. ♃ Du Mexique.

La première efpèce eft depuis long-tems cultivée dans les jardins, à la décoration defquels elle peut fervir. C'eft une plante de quatre à cinq pieds de hauteur, dont les feuilles font lancéolées, les fleurs roses & disposées en petits bouquets terminaux. Je l'ai observée en Caroline, où elle croît sur le bord des bois, dans les terreins frais. On doit la placer en Europe, dans un terrein semblable si on veut que sa végétation soit vigoureuse; aussi réussit-elle mieux dans les jardins paysagers, où elle se resème souvent d'elle-même, que dans les parterres & les écoles de botanique. Elle fleurit à la fin de l'été. Les gelées ne lui sont point contraires. Ses graines demandent à être mises en terre aussitôt qu'elles sont récoltées, & autant que possible en place. Lorsque l'automne se prolonge, elles lèvent de suite & fleurissent l'année suivante. Dans le cas contraire, elles ne lèvent qu'au printems, & ne fleurissent que l'année d'après. Lorsqu'on les cultive dans des terreins secs & découverts, des arrosemens leur sont nécessaires pendant les sécheresses.

La seconde espèce a été cultivée pendant plusieurs années au Jardin du Muséum d'Histoire naturelle, au moyen des graines que j'avois apportées; mais elle a cessé d'y être lorsque ces graines ont été épuisées, celles qu'elle y donnoit n'arrivant pas à maturité avant les gelées. C'est une plante qui croît en Caroline, dans les sables humides, & qui s'y fait remarquer par l'élégance de son port.

La troisième passe quelquefois l'hiver en pleine terre; mais il est prudent d'en conserver quelques pieds en pot, pour les rentrer dans l'orangerie, & assurer par-là leur conservation. Comme la précédente, elle ne donne pas toujours de bonnes graines dans le climat de Paris; mais comme elle est vivace, & que ses tiges subsistent, on peut la multiplier autant qu'on veut de boutures faites sur couche & sous châssis, boutures qui s'enracinent avec la plus grande facilité.

La quatrième se fait remarquer par le singulier changement qui s'opère dans ses fleurs immédiatement après que la fécondation est effectuée: de jaunes qu'elles étoient, elles deviennent rouges. Elle est plus délicate que la précédente, & demande impérieusement l'orangerie, & même la serre tempérée dans le climat de Paris. On la multiplie de même.

Je ne sache pas que la cinquième soit cultivée dans nos jardins.

Voyez, pour le surplus, au mot ONAGRE, genre qui a beaucoup de rapport avec celui-ci. (*Bosc.*)

GAURE : c'est la même chose que le GOÎTRE. *Voyez* MOUTON & POURRITURE.

GAYAC *ou* GAÏAC. *Guajacum.*

Genre de plante de la décandrie monogynie & de la famille des *Rutacées*, qui renferme quatre espèces d'arbres, dont deux sont d'un grand intérêt pour la médecine & les arts, mais qui ne peuvent être cultivés en Europe que dans la serre chaude, & qui par conséquent n'y parviennent jamais à une grandeur remarquable. *Voyez Illustrations des Genres* de Lamarck, pl. 342.

Espèces.

1. Le GAYAC officinal.
Guajacum officinale. Linn. ♄ Des Antilles.

2. Le GAYAC à feuilles de lentisque.
Guajacum sanctum. Linn. ♄ Des Antilles.

3. Le GAYAC vertical.
Guajacum verticale. Ortega. ♄ De la Nouvelle-Espagne.

4. Le GAYAC douteux.
Guajacum dubium. Forst. ♄ Des îles de la mer du Sud.

Observations.

Le Gayac d'Afrique, *guajacum afrum* Linn., forme aujourd'hui le genre SCHOTIE.

Tous les Gayacs sont des arbres à feuilles persistantes, ailées, sans impaires, & à fleurs disposées en bouquets à l'extrémité des rameaux.

Culture.

A Saint-Domingue, à la Jamaïque & autres îles du golfe du Mexique, le premier de ces arbres s'élève considérablement; mais sa croissance est extrêmement lente, malgré la chaleur du climat. On peut, d'après cela, préjuger qu'elle doit être celle qu'il peut avoir dans nos serres; aussi quelques soins qu'on apporte à sa culture dans celles du Jardin d'Histoire naturelle de Paris, à peine les vieux pieds qu'on y conserve, gagnent-ils une ligne de hauteur, & un huitième de ligne de grosseur par an, & n'y a-t-il aucun moyen connu de le mulplier, autre que le semis de ses graines, tirées de son pays natal, & semées chacune dans un pot sur couche & sous châssis, ou mieux dans une bache à bonne tannée.

Toute la culture que demande le Gayac arrivé à quelques années d'âge, c'est de le tenir constamment à la température la plus élevée, de lui donner des arrosemens légers en hiver, & plus copieux en été, & de renouveler sa terre tous les ans ou tous les deux ans. La serpette doit rarement le toucher.

Aujourd'hui le Gayac est devenu rare dans les îles précitées, parce qu'on l'a partout coupé sans mesure, & sans penser que la lenteur de sa croissance devoit l'en faire disparoître un jour. Son bois, le plus dur de ceux qu'il est possible de se procurer avec facilité, outre les usages domestiques & autres qu'il a dans son pays natal, s'exporte en Europe pour l'usage de la médecine, qui l'emploie comme sudorifique, & pour ceux de quelques arts qui peuvent difficilement s'en passer. C'est, par exemple, exclusivement avec lui qu'on doit fabriquer les poulies des vaisseaux & les roulettes des lits lorsqu'on veut qu'elles soient solides & durables.

Le Gayac laisse fluer, lorsqu'il est vieux, une résine qu'on appelle mal-à-propos *gomme*, & qui est également employée en médecine & dans les arts du vernis.

Les trois autres espèces de Gayac ne sont point cultivées dans nos serres, & je crois en conséquence pouvoir me dispenser d'en parler plus au long. (*Bosc.*)

GAZ, principe simple ou composé, que son union avec le calorique a rendu aériforme.

La plupart des propriétés physiques de l'air s'observent dans les Gaz; mais ils ont des propriétés chimiques propres à chacun d'eux.

Ceux d'entr'eux qu'il est le plus important aux cultivateurs de connoître, sont le Gaz OXYGÈNE, le Gaz AZOTE & le Gaz HYDROGÈNE. *Voyez* ces mots dans le *Dictionnaire de Chimie*.

Il est des cas où les Gaz s'unissent entr'eux & avec d'autres substances, & forment des composés qui portent également les noms de *Gaz* : par exemple, le Gaz acide carbonique, qui joue un si grand rôle dans la végétation, est la combinaison du carbone avec le Gaz oxygène; le Gaz ammoniacal, qui est le résultat de la décomposition des substances animales, est l'union du Gaz azote & du Gaz hydrogène; le Gaz hydrogène carboné, qui sort du tissu des plantes qui s'altèrent sous l'eau, est la combinaison de l'hydrogène avec le carbone; les Gaz hydrogène phosphoré & hydrogène sulfuré, qui exhalent une si désagréable odeur; la réunion du phosphore ou du soufre avec l'hydrogène; le Gaz acide muriatique oxigéné, qui blanchit si promptement les toiles, la cire, &c.; la combinaison de l'acide marin avec une nouvelle quantité d'oxygène. (*Bosc.*)

GAZON. On donne ce nom aux plantes, principalement aux graminées, qui tapissent les allées des jardins, le bord des routes ou autres lieux fréquentés, & qui ne s'élèvent point, soit parce qu'on les coupe plusieurs fois, soit parce qu'elles sont journellement broutées par les bestiaux.

Les prairies forment de véritables Gazons pendant les deux tiers de l'année, c'est-à-dire, tant que leur herbe n'est pas élevée.

On appelle *pelouse* les Gazons des coteaux secs & chauds, qui renferment des plantes à fleurs agréables & odorantes, telles que le LOTIER, la CORONILLE, la POTENTILLE, la VIOLETTE, le SERPOLLET, &c. *Voyez* ces mots & PELOUSE.

Point de beaux jardins sans Gazon. Les amateurs ne peuvent donc se dispenser d'en creer, se refuser à aucun soin, à aucune dépense pour les entretenir les plus beaux possible. Quels sont les moyens propres à arriver à ce but, de la manière la plus assurée & la plus économique? C'est la recherche de ces moyens qui doit être l'objet de cet article.

La réputation des Gazons anglais est fort étendue; mais c'est au climat de leur île & aux grandes dépenses qu'ils font pour leur entretien, bien plus qu'à la science de leurs jardiniers, qu'elle est due. Ici je veux apprendre à les faire en tous pays; en conséquence, je remonte aux principes.

Un sol froid & humide est celui qui est le plus convenable pour établir un beau Gazon; mais comme il ne s'en trouve pas de tels partout où on établit des jardins, on doit tendre à en créer artificiellement dans ceux qui sont chauds & secs.

C'est bien mal-à-propos que quelques jardiniers prétendent qu'en semant de la graine employée par les Anglais, l'IVRAIE VIVACE (*voyez* ce mot), on obtiendra, sur le penchant des montages crayeuses ou sablonneuses, d'aussi beaux Gazons que dans les plaines argileuses. Ce sont des CANCHES, des FÉTUQUES, des HOULQUES, des BRIZES, &c. (*voyez* ces mots), qui conviennent aux premiers de ces terreins.

Cependant partout où l'ivraie vivace peut croître avec succès, il faut la préférer, parce qu'elle jouit de plusieurs avantages que n'ont pas les autres graminees. 1°. La couleur de ses feuilles est un vert très-foncé, qui tranche bien avec celle de la terre; 2°. ses rejets sont le plus souvent latéraux, c'est-à-dire, augmentent chaque jour la largeur de ses touffes; 3°. plus on la foule & mieux elle remplit son objet; ce qui est très-précieux pour les Gazons destinés habituellement à la promenade.

Partout on se plaint que les Gazons semés d'une seule espèce de graminée ne tardent pas à se dégarnir; que souvent dès la troisième année ils offrent des vides désagréables à la vue, & qu'il n'est pas possible de regarnir.

La *mousse mange le Gazon*, dit-on vulgairement; & en effet, elle se substitue à lui en très-peu de tems, surtout dans les très-mauvais terreins & dans les lieux ombragés, terreins & lieux où les graminées sont plus foibles & durent par conséquent moins.

Ces faits tiennent à la loi des assolemens, loi qui veut que chaque espèce de plante ne puisse se conserver qu'un tems limité dans le même endroit, & qui oblige, ou de donner tous les ans de la nouvelle terre aux Gazons de cette sorte, ou de les retourner, au bout de quelques années, pour les renouveler. *Voyez* ASSOLEMENT & SUCCESSION DE CULTURE.

Ainsi il n'est donné qu'aux personnes très-riches d'avoir des Gazons d'une seule espèce de graminée, & encore sont-elles forcées d'en borner l'étendue le plus possible.

Les Gazons de la Nature, c'est-à-dire, ceux composés d'une très-grande variété d'espèces de plantes, sont donc ceux dont la plupart des cultivateurs doivent se contenter. Ils sont moins beaux, sans doute; mais ils demandent moins d'entretien & durent infiniment plus long-tems. Outre l'ivraie vivace qui doit toujours en faire le fond si le terrein est bon, on y introduit les *paturins des prés*, *trivial* & autres; les *flaux*, le *dactyle*, le *trèfle rampant des prés* & autres. Bientôt il paroît, dans ces Gazons, d'autres plantes, dont on ne détruit que celles qui, par la grandeur de leurs feuilles ou la hauteur de leurs tiges, pourroient nuire aux graminées & à l'agrement du coup-d'œil; & à ces plantes il s'y en substitue d'autres sans qu'on s'en apperçoive, comme cela a lieu dans les lieux incultes.

Pour procéder avec méthode, je parlerai d'abord des Gazons semés d'une seule graminée ou de plusieurs graminées, ensuite de ceux dans lesquels entrent toutes sortes de plantes, soit au moyen des semis, soit au moyen du placage.

Ainsi que je l'ai dit plus haut, c'est avec l'ivraie vivace, *ray graff* des Anglais, qu'on doit, toutes les fois que cela est possible, former les Gazons. On peut s'en procurer de la graine, soit en la faisant ramasser dans la campagne, soit en l'achetant chez les marchands de graines de Paris. Lorsqu'on a de grands projets à exécuter, on devra se donner la ressource économique d'en avoir tous les ans une certaine quantité, en créant une prairie plus ou moins étendue, qu'on ne fauchera que lorsque la graine sera mûre.

Lorsqu'on peut choisir, il vaut mieux semer la graine de Gazon de bonne heure, en automne, que tard au printems, parce que les pieds, qui ont déjà acquis de la force avant l'hiver, végéteront vigoureusement aussitôt que la cessation des froids le permettra, & garniront le terrein avant l'été, tandis que ceux qui ne leveront qu'au commencement des chaleurs, resteront stationnaires ou même périront.

Deux labours à la charrue, le premier aussi profond que possible, ou un défoncement à la bêche, & encore mieux à la pioche, doivent précéder tout semis de Gazon, de la prospérité duquel on est jaloux. La surface du terrein doit être ensuite nivelée, hersée, ratissée, roulée, jusqu'à ce que la plus petite inégalité ait disparu.

Un jour disposé à la pluie, qu'on ait ou non la facilité des arrosemens, est bien important à choisir pour le succès du semis d'un Gazon; car la pluie cache la graine aux yeux des oiseaux, & la fait lever promptement.

Comme la graine des graminées qui conservent leur bâle est souvent avortée, il faut toujours supposer que la moitié de celle qu'on sème est mauvaise, & ne pas craindre de la répandre trop épais. La perte qui peut résulter d'une erreur en plus, est moins grande que celle qui seroit la suite d'une fausse économie. Le semis s'exécute du reste comme celui des céréales, excepté qu'il faut faire plus attention au vent. *Voyez* SEMIS.

Dès que le semis est effectué, on le recouvre très-légérement, ou avec des rateaux si l'espace est peu étendu, ou avec une herse de fer armée d'épines s'il est considérable. On peut se dispenser de cette opération lorsqu'on espère une grosse pluie.

Il est toujours bon de faire garder le semis jusqu'à ce qu'il soit levé, pour en écarter les oiseaux.

Si on a semé en automne, il faudra donner un sarclage avant l'hiver; & un sarclage, suivi d'un roulage, vers le milieu du printems, & faucher au commencement de l'automne.

Si on a semé au printems, on fera un sarclage dans le courant de l'été, & un autre, suivi d'un roulage, au commencement de l'automne. On ne fauchera que l'année suivante.

Toutes les autres années on fauchera deux fois, même trois s'il y a lieu, & on roulera immédiatement après. Ces fauchaisons répétées, outre l'agrément du coup-d'œil & la facilité de la promenade, sont fondées sur le principe dont les propriétaires & les jardiniers doivent bien se pénétrer, que les plantes qui ne portent pas de graines épuisent à peine la terre, & peuvent par conséquent rester infiniment plus long-tems dans la même place. Le but du roulage est d'écraser les bourgeons qui s'élèvent, & de les forcer de s'étendre horizontalement.

Lorsqu'au bout de deux, trois, quatre, six ans, & même plus, selon la nature du sol, on s'apperçoit que le Gazon commence à se dégarnir, que la mousse s'y montre, on répandra dessus, pendant ou mieux à la fin de l'hiver, une ou deux lignes d'épaisseur de bonne terre, qu'on égalisera le mieux possible au moyen du rateau ou de la herse. Au moyen du renouvellement de ce soin aux époques indiquées, un Gazon peut durer, dans le même degré de beauté, pendant de longues années; mais il arrivera enfin une époque où il faudra le retourner pour le semer de nouveau.

Lorsqu'on sème plusieurs espèces de graminées ensemble dans un Gazon, on peut espérer qu'il sera possible d'en jouir un peu plus long-tems avant d'avoir recours aux moyens indiqués; mais le coup-d'œil y perd: c'est pourquoi on n'en sème guère en France de cette espèce.

Pour semer un Gazon mélangé de toutes sortes d'espèces de plantes, ou on réserve une portion de prairie haute, pour ne la faucher que lorsque sa graine est mûre, ou, & cela arrive plus fréquemment, on ramasse la graine qui se trouve sur le plancher dans les greniers à foin. Cette dernière graine est ordinairement extrêmement mauvaise; en conséquence il faut même, après l'avoir épurée le mieux possible, en couvrir le sol pour que le Gazon soit suffisamment garni.

La préparation du terren pour cette sorte de Gazon, ainsi que le semis, ne diffère pas de ce qui a été indiqué plus haut: seulement on y apporte quelquefois moins de perfection, uniquement parce que ce sont des personnes moins éclairées ou moins riches qui la préfèrent.

Comme il lève dans ce Gazon beaucoup de plantes annuelles à larges feuilles, & de plantes vivaces à hautes tiges, telles que la sauge des prés, la scabieuse, la viperine, la berce, la patience, l'oseille, la persicaire, le mélampyre, la luzerne, le salsifis, l'épervière, la crépide, la bardane, le chardon, le seneçon, l'inule, la marguerite, la camomille, la jacée, l'ortie, &c. &c., il faut des sarclages fréquens & rigoureux pour empêcher qu'elles nuisent à celles qui doivent former le fond du Gazon. Couper ces plantes à la faulx dès qu'elles commencent à predominer remplit très-imparfaitement le but, surtout pour les plantes vivaces à larges feuilles; aussi crois-je que les cultivateurs éclairés doivent repousser cette méthode.

Il faut deux ou trois ans de soins pour mettre un Gazon mélangé au point de propreté & d'agrément qu'il est susceptible d'acquérir, & il peut durer vingt ans dans un bon terrein, sans avoir besoin d'être rechargé ni laboure. Seulement on doit de tems en tems le gratter avec un rateau à dents de fer, & jeter, dans les places dégarnies, des graines prises dans les greniers à foin, ou mieux ramassées séparément dans les prés & les champs. Le trèfle blanc, *trifolium repens* Linn., est principalement propre à cet objet. Il en est de même du *paturin annuel*, qui garnit très-bien, quoique momentanément, & qui, comme l'ivraie vivace, jouit de la propriété d'être d'autant plus beau, qu'il est plus foulé par les pieds des promeneurs.

La seconde manière de former les Gazons mélangés, quand on la compare à la précédente, offre des avantages & des inconvéniens. Par exemple, elle coûte infiniment moins, & s'exécute sur les pentes les plus rapides; mais ses résultats sont incertains, & ils durent peu. C'est principalement en petit qu'il est avantageux de la préférer.

Pour former un Gazon plaqué dans un lieu de niveau parfait ou peu incliné, on en unit la surface au moyen de la pioche & du cordeau. Ensuite on choisit le long des routes, dans les pâturages secs, même dans les prairies élevées, dont le sol n'est ni trop maigre ni trop gras, un endroit où le Gazon soit, en majeure partie, composé de graminées, surtout d'ivraie vivace; & au moyen de la bêche ou de la pioche on l'enlève par morceaux d'un pied carré ou à peu près. Apportés sur le local préparé, ces morceaux sont remis à côté les uns des autres, & affermis avec un instrument particulier, qu'on nomme BATTE *ou* BATTOIR (*voyez* ces mots), après quoi on l'arrose.

C'est en automne ou au printems qu'on doit principalement confectionner ces sortes de Gazon, à raison de l'humidité qui règne alors, & qui est très-favorable à leur reprise. Quelque simples que paroissent les opérations auxquelles ils donnent lieu, il faut de l'habitude pour les bien exécuter, & tous les ouvriers n'y sont pas propres.

Ces Gazons, comme les autres, ont besoin d'être sarclés des grandes plantes qui pourroient leur nuire, & plus que les autres regarnis avec des graines de graminées, de trèfle blanc, &c.; car il est rare qu'ils n'offrent pas beaucoup de vides. Leur donner une légère couche de terre, ou mieux de terreau, assure leur existence & leur beauté future. Des arrosemens, pendant les grandes chaleurs de l'été, leur sont souvent nécessaires.

Dans les pentes roides, ces plaques de Gazon sont soutenues au moyen de chevilles de bois, de six pouces au moins de longueur, dont on les traverse, & dont la tête est enfoncée au moyen du battoir, de manière qu'elle ne se voie pas.

Beaucoup de jardiniers repandent du fumier sur les Gazons, & cependant il est facile de voir qu'outre le désagrément de son aspect pendant une partie de l'année, il fait pousser l'herbe inégalement, & produit des effets peu durables. La terre franche, je le répète, est préférable, en ce qu'elle chausse le collet des racines, & fait que leur nombre augmente. Je ne m'opposerai pas cependant qu'on la mêle avec du terreau si on en a à sa disposition, mais pas en assez grande quantité pour que la vigueur des plantes en soit trop augmentée; car ce n'est pas pour l'herbe qu'on forme des Gazons. Par des considérations du même genre, je ne parlerai pas de la chaux, de la marne, du plâtre, qui les raniment presque toujours comme par miracle.

Les Gazons plaqués demandent à être fauchés comme les Gazons semés, au moins deux fois par an.

Il est très-fréquent, en Angleterre, de voir des vaches, des chevaux, des cerfs, des daims, des chevreuils, des moutons pâturer les plus beaux Gazons sans leur nuire sensiblement. Pourquoi ne les imitons-nous pas en France, ou les imitons-nous si rarement, que je ne connois en ce moment aucun jardin paysager où il se trouve de ces animaux qui jettent un si grand charme sur les lieux qu'ils parcourent, & qui les utilisent si directement? J'aurois bien des choses à dire sur cette question; mais comme sa discussion ne conduiroit à rien en ce moment, je me borne à faire des vœux pour que les amis de la belle Nature ne se laissent pas entraîner à de fausses idées à cet égard par ceux qui sont intéressés à s'éviter de l'embarras.

Il est presqu'impossible d'établir des Gazons dans les lieux trop ombragés, sous les allées en berceau, entre les arbres des massifs, &c., parce que les plantes s'y étiolent. Dans ceux de ces lieux qui sont fréquentés, on doit répandre du sable; & dans les autres, mettre de certaines plantes basses qui y croissent volontiers, comme le millepertuis à grandes fleurs, le tussilage odorant, les fumetères bulbeuse, jaune, &c.

Lorsqu'on laboure une friche, un pré & autre lieu couvert de Gazon, on le fait périr; & ses feuilles, ainsi que ses racines, engraissent beaucoup la terre par suite de leur décomposition. Voilà pourquoi le système d'assolement, dans lequel entrent fréquemment des prairies artificielles, est si productif. Voilà pourquoi le plus mauvais terrein devient bon, au moins momentanément, quand

quand on l'abandonne pendant quelques années à la Nature. Que penser donc de cette méthode encore si suivie dans les cantons pauvres & ignorans, & qui consiste à brûler cet engrais naturel? *Voyez* ÉCOBUAGE. (*Bosc.*)

GEAI, oiseau du genre des Corbeaux, qui est tantôt regardé comme l'auxiliaire du cultivateur, parce qu'il détruit une immense quantité d'insectes ou de larves d'insectes; tantôt comme son ennemi, attendu qu'il vit aussi de blé, de chenevis & autres graines; de cerises, de prunes & autres fruits. Il est donc, selon les saisons, utile de le conserver, ou utile de le tuer. Au reste, comme il n'est nulle part très-commun, il n'y a réellement que de foibles motifs qui puissent les engager à s'occuper de sa destruction. Leurs enfans d'ailleurs, qui en recherchent les petits pour les apprivoiser & leur apprendre à parler, en empêchent la multiplication.

On trouvera, à l'article qui le concerne, dans le *Dictionnaire d'Ornithologie & de Chasse*, tout ce qu'on peut desirer de plus sur cet oiseau. (*Bosc.*)

GEHUPH.

Arbre de l'Inde, dont le genre est inconnu. Son fruit, nommé *pêche de Trapobane*, est amer & a le goût de l'angélique. On en tire une huile fort estimée. (*Bosc.*)

GELA. *Gela.*

Arbuste à feuilles opposées, odorantes, & à fleurs en corymbes, qui forme un genre dans l'octandrie monogynie, fort rapproché de l'heymassoli de Forster. Il se trouve à la Cochinchine. (*Bosc.*)

GÉLATINE, substance qui forme la base de la peau des animaux. Elle est très-abondante dans les cartilages & les aponévroses, se trouve aussi dans les os & dans le sang, constitue les gelées animales, & sert à la fabrication de la colle-forte.

L'eau dissout complétement la Gelatine, & le tanin la rend insoluble. C'est sur cette dernière propriété qu'est fondé l'art du tanneur.

La chaleur & l'humidité agissent très-rapidement sur la Gélatine & la font putréfier.

La fabrication de la colle-forte est le but d'un art auquel les cultivateurs ne devroient pas être totalement étrangers, car il leur feroit tirer quelque parti des animaux qu'ils perdent par maladie.

La Gelatine est une excellente nourriture; c'est elle que, sous le nom de *gelée*, on ordonne aux malades dont l'estomac est foible, & qui ont besoin d'être restaurés, parce qu'elle se digère aisément & fournit beaucoup de substance au corps. C'est un excellent engrais; mais elle ne peut être séparée avec économie des animaux dont elle fait partie. *Voyez* ENGRAIS. (*Bosc.*)

GELÉE. C'est la congelation de l'eau ou des liqueurs qui en contiennent beaucoup, par suite de l'ABAISSEMENT DE LA TEMPERATURE. *Voyez* ce mot dans le *Dictionnaire de Physique*.

Il est très-important aux cultivateurs de notre climat d'étudier, & les causes, & les effets de la Gelée pour éloigner les premières & affoiblir les suites des seconds.

La diminution de la chaleur de la terre a toujours pour cause directe ou indirecte l'obliquité des rayons du soleil. *Voyez* le *Dictionnaire de Physique*.

Il gèle toute l'année au-delà du cercle polaire & sur le sommet des plus hautes montagnes, n'importe leur latitude; & l'intensité des Gelées est d'autant plus foible dans chaque climat, qu'il s'approche des tropiques, ou que les montagnes s'abaissent.

Le froid a la propriété de diminuer le volume des corps; la Gelée, de consolider l'eau & d'augmenter son volume. Il est d'une grande importance de prendre ces deux derniers phénomènes en considération lorsqu'on entreprend d'expliquer les effets de la Gelée sur les animaux & sur les végétaux. *Voyez* GLACE.

Lorsque l'eau en vapeur se gèle, il en résulte de la NEIGE. *Voyez* ce mot.

La GELÉE BLANCHE & le GIVRE (*voyez* ces mots) sont de l'eau en vapeur, qui s'est gelée par suite de sa fixation sur un corps plus froid que l'air.

De la pluie saisie d'un haut degré de froid pendant qu'elle tombe, se gèle, se change en GRÊLE, & produit les désastres qui sont indiqués à ce mot.

Il est rare que le froid résultant directement de l'obliquité des rayons du soleil soit assez puissant pour amener de fortes Gelées dans le climat de la France. Ainsi, pendant l'hiver, la température de ce climat étant abstractivement supposée à quatre degrés au dessus de zéro, il n'y gelera pas; mais si le vent passe au nord, elle descendra une heure après à zéro; le lendemain, à quatre au dessous de zéro. Voilà pourquoi on dit que le vent du nord ou ceux qui en approchent, amènent le froid. Cet effet est produit par la perte de chaleur qu'éprouve ce vent en passant par des climats toujours glacés. Il en est de même de celui qui passe sur les montagnes toujours couvertes de neige; les Alpes, par exemple. Aussi pour Paris, le vent d'est détermine-t-il la Gelée comme celui du nord, tandis que, pour Milan, c'est le vent d'ouest.

Toutes les fois que les cultivateurs voient le vent tourner au nord ou à l'est, ils doivent donc s'attendre, pendant l'été, à une diminution de chaleur; pendant l'hiver, à la Gelée: voilà pourquoi il leur est si important d'observer la marche des nuages & le mouvement des girouettes. *Voyez* VENT.

L'observation prouve qu'il gèle toujours plus fortement par un tems sec que par un tems humide, mais que les effets de la Gelée, dans un tems humide, sont beaucoup plus dangereux lorsque la végétation est en activité, c'est-à-dire, en automne & au printems. Ce fait n'a pas encore été expliqué d'une manière complétement satisfaisante.

Il existe une grande variation dans l'action de la Gelée sur les animaux & les végétaux. Généralement ceux des pays chauds y sont très-sensibles. Quelques-uns des pays froids les craignent plus à certaines époques de l'année ou dans certaines circonstances.

Partout les plantes annuelles sont plus facilement gelées que les vivaces. Il est des plantes annuelles, originaires de la zône torride, qui se cultivent fort facilement dans nos jardins.

On a supposé que les plantes aqueuses étoient, comme les étiolées, plus facilement affectées de la Gelée que celles d'une nature sèche, sans considérer qu'on en trouve sous le cercle polaire, telles que la grassette, le ménianthe, le calla, &c. qui le sont à un haut degré, tandis que toutes celles qui sont étiolées ne peuvent y résister. *Voy.* ÉTIOLEMENT.

On est obligé de mettre, à Paris, dans l'orangerie, pendant l'hiver, parce qu'elles géleroient en pleine terre, les plantes des Alpes qu'on y cultive, quoique ces plantes restent, dans leur pays natal, six mois chaque année sous la neige. Ce dernier fait s'explique beaucoup plus aisément que les autres, parce qu'on sait qu'il ne gèle pas sous la neige lorsqu'elle a une certaine épaisseur, & que la neige ne fond que fort tard sur ces hautes montagnes.

Les fortes Gelées de l'hiver font quelquefois fendre, par suite de leur contraction, les arbres les plus robustes, même le chêne. Ces fentes portent le nom de GELIVURE, ROULURE & CADRAN, gélivure lorsqu'elles vont de la circonférence au centre, roulure quand elles séparent les couches annuelles, & cadran quand elles réunissent les deux modes; d'autres fois la Gelée frappe le liber, & produit ce qu'on appelle le FAUX AUBIER. Ces quatre accidens rendent les bois de haut service impropres à un grand nombre d'usages, & nuisent par conséquent beaucoup à leur valeur; mais il est difficile d'indiquer des moyens de les empêcher de naître.

Mais c'est principalement aux jeunes pousses des plantes & aux fleurs que la Gelée cause le plus de dommages. Elle les désorganise en partie ou en totalité; elle brûle leur écorce & leurs feuilles. *Voyez* BRULURE. Il est souvent possible à l'industrie du cultivateur d'agir, dans ces derniers cas, avec espoir de succès.

Une plante précieuse, frappée de la Gelée, peut être sauvée si on la couvre de suite avec un pot renversé. Un arbre en espalier peut l'être également par le moyen d'un paillasson, quelque peu épais qu'il soit. Comme c'est principalement en empêchant l'effet des rayons du soleil que ces couvertures agissent, on peut en conclure que la fumée interposée entre cet astre & les plantes doit produire un résultat analogue; aussi les Anciens & les Modernes l'ont-ils appliquée avec succès à la conservation des VIGNES. *Voyez* ce mot & celui FUMÉE.

Une des premières précautions à prendre pour être en position de braver les effets des Gelées du printems, c'est de ne pas planter les arbres qui y sont sensibles dans les valons étroits, dont l'humidité naturelle ne peut être balayée par les vents; sur le bord des étangs, des marais, où cette humidité est constamment abondante.

C'est une grande erreur de croire que l'exposition du midi est toujours la plus avantageuse pour prévenir les effets de la Gelée. Trop souvent le contraire est prouvé par l'expérience, & c'est cette expérience qui détermine, dans les pépinières, la plantation au nord de beaucoup d'arbres des pays chauds. Cette apparente irrégularité s'explique par le retard que cette exposition apporte à la végétation.

Les SERRES, les BACHES, les ORANGERIES, les CHASSIS, les COUVERTURES, les ABRIS, sont les principaux moyens que les cultivateurs opposent à la Gelée. On trouvera aux articles qui les concernent, les indications nécessaires pour les employer avec succès.

Il est des pays où on couche en terre les tiges des figuiers & les sarmens de la vigne pour les garantir de la Gelée, & par-là on les en garantit en effet. On pourroit faire usage du même artifice pour un grand nombre d'autres espèces étrangères, plus nouvellement cultivées en France, surtout dans leur jeunesse.

Certains arbres dont la végétation se prolonge fort tard en automne, les catalpas, par exemple, gèlent si souvent par leurs extrémités, qu'on peut dire qu'ils gèlent tous les ans. On peut presque certainement diminuer les inconvéniens de cette disposition en pinçant les boutons terminaux de leurs branches principales & en coupant leurs feuilles de bonne heure en automne, c'est-à-dire, en les forçant de s'AOUTER. (*Voyez* ce mot.) Il vaut souvent mieux les récéper pour leur faire pousser une tige droite & vigoureuse, que de les conserver avec des tiges en zigzag, d'un désagréable aspect, & qui retardent beaucoup leur végétation ultérieure.

Ces sortes de Gelées agissent même sur la pousse de l'année suivante, qu'elle rend plus foible, & quelquefois même sur toute la durée de la vie de l'arbre. J'ai sur cela des faits très-remarquables.

Une Gelée qui frappe au printems des bourgeons déjà en activité de végétation, nuit également aux arbres, mais d'une manière moins durable, parce que la Nature répare de suite leurs pertes. Cependant, presque toujours, il vaut mieux récéper les tiges lorsqu'elles sont jeunes, que de les laisser sans y toucher.

C'eſt furtout aux femis que les Gelées caufent le plus de dommages ; auſſi les cultivateurs doivent-ils, ou attendre qu'elles ne foient plus à craindre pour mettre les graines en terre, ou multiplier les moyens d'abri avec des cloches, des châſſis vitrés ou non vitrés, des paillaſſons, de la fougère, des feuilles fèches, de la paille, &c.

On doit toujours fe refuſer à planter pendant les Gelées, parce qu'outre les motifs qu'il y a de craindre qu'elles frappent les racines des arbres ou des plantes qu'on y expoſe (celles de l'orme furtout y font très-fenfibles), on doit être certain que la terre glacée dont on entoure les racines, fe dégelant fort tard, il en réfultera ou leur mort ou une végétation très-foible & très-reculée. Par la même raifon il ne faut pas labourer pendant les Gelées, quoique quelques écrivains, mus par une fauſſe théorie, l'aient anciennement confeillé.

D'après l'obſervation faite au commencement de cet article, que les Gelées étoient moins à craindre dans les lieux fecs & expoſés à tous les vents, on peut conclure que tous les femis faits dans les plaines arides réuſſiront mieux que les autres. C'eſt pourquoi, aux environs de Paris, on fème les pois & les haricots de primeur dans les fables du Point-du-Jour, de Houilles, de Romainville, d'Aſnières, de Colombe, &c. ; c'eſt pourquoi, en tous lieux, on doit agir de même.

La plupart des fruits aqueux & des plantes, ou partie de plantes, qu'on veut conſerver pendant l'hiver, font fujets à être gelés lorſqu'on ne prend pas des précautions pour les en garantir. On eſt donc obligé, ou de les enterrer dans des trous profonds, creuſés en terrein fec, ou de les renfermer dans des caves, des chambres, des SERRES A LEGUMES. *Voyez* ce dernier mot.

Souvent une plante vivante, un fruit, un légume, &c., qui paroiſſent complétement gelés, reviennent en bon état fans qu'on y touche. Souvent, pour arriver à ce but, il faut les mettre dans de l'eau froide. Les approcher du feu eſt, dans ce cas, un moyen preſque toujours certain de les frapper de mort. Il en eſt de même des membres gelés d'un animal.

Les cultivateurs retirent auſſi des avantages de la Gelée. Elle fait diſparoître les maladies cauſées par l'humidité de l'air, font périr les inſectes, aſſurent la conſervation des viandes & de beaucoup de produits végétaux.

C'eſt aux Gelées que les laboureurs ignorans ou pareſſeux doivent le complément de leurs labours, parce qu'elles diviſent les mottes qu'ils ont laiſſées dans leurs champs, les réduiſent en parcelles menues qui rechauffent le pied des céréales & autres articles de la grande culture.

Il eſt certaines localités, principalement les granitiques, dans leſquelles la Gelée produit de déſaſtreux effets fur les blés ou les feigles, parce qu'elle forme des filets de glace qui foulèvent la terre, mettent à nu les racines de ces plantes, & occaſionnent par conféquent leur mort. Cette obſervation, due en premier lieu à Deſmareſt, a été pluſieurs fois vérifiée par moi.

Une Gelée foible & de longue durée eſt preſque toujours le figne d'une récolte prochaine abondante. C'eſt le cas contraire lorſqu'il y a alternative de gel & de dégel. (*Bosc.*)

GELÉE BLANCHE, criſtalliſation fur les feuilles des plantes des vapeurs qui s'élèvent de la terre, ou qui tombent de l'atmoſphère, ou mieux roſée qui fe gèle en fe formant. *Voyez* ROSEE.

Il ne peut y avoir de Gelée blanche lorſqu'il fait chaud & lorſqu'il fait froid depuis quelque tems. Elle ne peut fe produire que lorſqu'il y a excès d'humidité dans la terre ou dans l'air, & que la température de la furface de la terre & des plus baſſes couches de l'air eſt l'une au deſſus, & l'autre au deſſous de zéro du thermomètre de Réaumur.

Ce qui eſt Gelée blanche pour les plantes indigènes eſt Gelée déſorganiſante pour celles des climats chauds ; ainſi nos blés & les herbes de nos prairies n'en fouffrent pas lorſqu'elle tue les haricots, les pommes de terre & beaucoup d'autres plantes qui font le but de nos cultures.

Les premières Gelées blanches, annonçant l'arrivée de l'hiver, doivent ſervir d'indication aux cultivateurs foigneux pour fe mettre en meſure, c'eſt-à-dire, pour couvrir les plantes qui en craignent les rigueurs, comme les artichauts ; pour rentrer dans l'orangerie celles qui font en pot ; pour arracher tous les légumes qui doivent être conſervés à la cave, &c. *Voyez*, pour le furplus, l'article précédent. (*Bosc.*)

GÉLIVURE *ou* CADRAN, fentes longitudinales qui fe produiſent dans les arbres par l'effet des fortes gelées & des grandes féchereſſes, & qui empêchent que leur bois puiſſe être employé à la menuiſerie, au tour, &c.

Ordinairement, furtout quand l'arbre eſt jeune, la Gélivure fe recouvre de bois, & on ne l'apperçoit qu'au moment où on le débite.

Il n'y a pas de remèdes contre la Gélivure. *Voy.* GELÉE, SÉCHERESSE, ROULURE, CADRAN.

On appelle Gélivure entrelardée une autre maladie des arbres, conſtituée par des portions de bois mortes, recouvertes des couches de bois vivant. Ses cauſes font encore peu connues. Elle diffère peu du FAUX AUBIER. (*Bosc.*)

GELONION. *Gelonium.*

On a donné ce nom à deux arbres de l'Inde, à feuilles alternes & à fleurs diſpoſées en ombelles dans les aiſſelles des feuilles qui forment un genre dans la dioécie icoſandrie.

Comme ces arbres ne font pas cultivés dans leur pays natal, & qu'ils n'ont pas encore été apportés dans nos jardins, il n'y a pas lieu à en parler ici. (*Bosc.*)

GELSEMIE. *Gelsemium.*

Genre de plante nouvellement établi pour séparer des bignones quelques espèces qui s'en écartent par quelques-uns de leurs caractères.

Comme il a été suffisamment parlé à l'article des Bignones, de celle qui sert de type à ce nouveau genre, la BIGNONE DE VIRGINIE, *Bignonia radicans* Linn., je ne dois pas en entretenir de nouveau le lecteur. (*Bosc.*)

GEMELLE.

Arbrisseau de la Cochinchine, à rameaux en zigzag, à feuilles ternées, à fleurs en épi axillaire, qui forme un genre dans la polygamie monoécie, & qui n'est pas encore dans nos jardins. (*Bosc.*)

GENEPI. On appelle ainsi dans les Alpes, deux ou trois espèces d'ABSINTHES & une ACHILLÉE, qui sont fort réputées pour leur efficacité medicale. *Voyez* ces mots.

GENESIPHYLLE. *Genesiphylla.*

Genre de plante établi par Lhéritier aux dépens des Xylophylles de Linnæus. Ce genre n'a pas été adopté des botanistes. *Voyez* XYLOPHYLLE A LARGES FEUILLES. (*Bosc.*)

GÉNESTROLE. Dans quelques lieux on donne ce nom au GENÊT des teinturiers.

GENÊT.

Genre de plante de la diadelphie décandrie & de la famille des *Légumineuses*, qui renferme un grand nombre d'espèces, dont il sera question dans le *Dictionnaire des Arbres & Arbustes*. (*Bosc.*)

GENÊT ÉPINEUX. On donne ce nom à l'AJONC dans un grand nombre de lieux.

GENET. C'est une race de petits chevaux espagnols, très-forts & très-vifs. *Voyez* CHEVAL.

GENETTE, un des noms du NARCISSE DES PRÉS.

GENEVRETTE, sorte de cidre fait avec des fruits sauvages, & dans lequel on fait entrer du bois ou des baies de genièvre qui l'aromatisent.

Partout on peut se procurer, à aussi peu de frais, une boisson plus saine & plus agréable que la genevrette, en employant des fruits cultivés, des céréales, &c. Je me croirois en conséquence coupable si je m'étendois davantage sur ce qui la concerne. Il n'y a que l'ignorance la plus crasse qui puisse la vanter, & la misère la plus absolue qui puisse se résoudre à la fabriquer, & encore plus à en faire usage.

On donne aussi quelquefois ce nom à l'eau-de-vie de grain, aromatisée avec la même graine. *Voyez* EAU-DE-VIE. (*Bosc.*)

GENÉVRIER. *Juniperus.*

Genre de plante de la dioécie monadelphie & de la famille des *Conifères*, qui renferme une quinzaine d'espèces d'arbres dont il sera traité dans le *Dictionnaire des Arbres & Arbustes*. (*Bosc.*)

GENEVRIER DOUX. C'est la CAMARINE.

GENIOSTOME. *Geniostoma.*

Plante de l'île de Tana, découverte par Forster, & dont il a fait un genre dans la pentandrie monogynie.

Cette plante n'étant pas cultivée dans son pays natal, & ne se trouvant pas encore dans nos jardins, n'est dans le cas que d'être indiquée ici. (*Bosc.*)

GENIPAYER. *Genipa.*

Arbre de l'Amérique méridionale, dont les fruits se mangent. Il formoit ci-devant un genre; mais aujourd'hui il fait partie de celui des GARDÈNES, parmi lesquelles on le trouvera placé.

Malgré des motifs certainement plausibles, d'après lesquels cette réunion a été effectuée, quelques botanistes se refusent à l'adopter. C'est dans le *Dictionnaire de botanique* qu'on doit chercher les raisons pour & contre qui ont été émises. (*Bosc.*)

GENISSE, jeune vache qui n'a pas encore reçu le mâle.

GENISTELLE, GENÊT A TIGES AILÉES.

GÉNORIE *ou* GINORIE. *Genoria.*

Plante à feuilles opposées & à fleurs solitaires dans les aisselles des feuilles, qui croît sur les bords des rivières de l'île de Cuba, & qui forme un genre dans la dodécandrie monogynie. *Voyez Illustrations* de Lamarck, pl. 407.

Cette plante ne peut faire l'objet d'un article, puisqu'elle n'est cultivée ni dans son pays natal ni en Europe. (*Bosc.*)

GENOUILLET. On donne quelquefois ce nom au MUGET POLYGONALE *ou* SCEAU DE SALOMON.

GENRE. On nomme ainsi la réunion des espèces qui ont des caractères communs pris d'une partie extérieure & essentielle; ainsi le cheval & l'âne, ayant les dents & les pieds semblables, appartiennent au même Genre; ainsi l'oie & le canard, ayant le bec & les pattes conformés de même, entrent dans un même Genre. Il en est de même du poirier & du pommier, du pêcher & de l'abricotier, de l'oignon, du poireau, de l'ail & de la rocambolle, de la violette & de la pensée.

Comme les considérations qui ont trait aux idées que ce mot rappelle, sont suffisamment développées dans les Dictionnaires des quadrupèdes, des oiseaux, des poissons, des reptiles, des insectes, des vers & des plantes, j'y renvoie le lecteur.

Je ne puis cependant me difpenfer d'obferver que l'étude des Genres ne doit pas être négligée par les cultivateurs; car, 1°. ce n'eft qu'avec des efpèces du même Genre qu'on peut procréer des mulets dans les animaux, & des hybrides dans les plantes; 2°. il n'y a que des efpèces du même Genre ou de Genres très-voifins, qu'on puiffe efpérer de greffer avec fuccès les unes fur les autres; 3°. la culture connue d'une efpèce peut fouvent conduire à la culture d'une autre du même Genre, qu'on introduit pour la première fois dans nos jardins. (*Bosc.*)

GENTIANE. *Gentiana.*

Genre de plante de la pentandrie digynie & de la famille de fon nom, qui renferme plus de foixante efpèces, la plupart d'un afpect fort agréable, & tres-propres à orner nos jardins, mais prefque toutes fort difficiles à foumettre à la culture avec certitude de fuccès. *Voyez Illuftrations* de Lamarck, pl. 109.

Obfervation.

Les Gentianes centaurée, à feuilles de linaire, maritime, en épi, &c. font aujourd'hui partie des CHIRONES; mais comme il n'en a pas été queftion à ce mot, je les prendrai ici en confidération. Une autre efpèce, la Gentiane filiforme, fe trouve parmi les GENTIANELLES. *Voyez* ce mot.

Efpèces.

Corolle à cinq divifions ou plus.

1. La GENTIANE jaune.
Gentiana lutea. Linn. ♃ Indigène.

2. La GENTIANE pourprée.
Gentiana purpurea. Linn. ♃ Indigène.

3. La GENTIANE ponctuée.
Gentiana punctata. Linn. ♃ Indigène.

4. La GENTIANE afclépiade.
Gentiana afclepiadea. Linn. ♃ Indigène.

5. La GENTIANE d'automne.
Gentiana pneumonanthe. Linn. ♃ Indigène.

6. La GENTIANE de Virginie.
Gentiana faponaria. Linn. ♃ De l'Amérique feptentrionale.

7. La GENTIANE de Panonie.
Gentiana panonica. Jacq. ♃ Des montagnes de la Styrie.

8. La GENTIANE campanulée.
Gentiana campanulata. Jacq. ♃ De Carinthie.

9. La GENTIANE velue.
Gentiana villofa. ♃ Linn. De l'Amérique feptentrionale.

10. La GENTIANE à fept divifions.
Gentiana feptemfida. Pallas. ♃ Des bords de la mer Cafpienne.

11. La GENTIANE des montagnes.
Gentiana montana. Forfter. De la Nouvelle-Zélande.

12. La GENTIANE à grandes feuilles.
Gentiana macrophylla. Pallas. ♃ De Sibérie.

13. La GENTIANE à longs pedoncules.
Gentiana exaltata. Linn. ⊙ De Saint-Domingue.

14. La GENTIANE à grandes fleurs.
Gentiana acaulis. Linn. ♃ Des Alpes.

15. La GENTIANE caulefcente.
Gentiana caulefcens. Lamarck. ♃ Des Alpes. Variéte de la précédente, felon la plupart des botaniftes.

16. La GENTIANE à feuilles longues.
Gentiana decumbens. Linn. ♃ De Sibérie.

17. La GENTIANE des rochers.
Gentiana faxofa. Linn. De la Nouvelle-Zélande.

18. La GENTIANE calicinale.
Gentiana calycina. Lamarck. De la Louifiane.

19. La GENTIANE naine.
Gentiana nana. Jacq. De l'Autriche.

20. La GENTIANE dichotome.
Gentiana dichotoma. Froel. ⊙ De Sibérie.

21. La GENTIANE de Carinthie.
Gentiana carinthica. Froel. ⊙ De Carinthie.

22. La GENTIANE fillonnée.
Gentiana fulcata. Rottb. ⊙ D'Iflande.

23. La GENTIANE en roue.
Gentiana rotata. Willd. ⊙ De Sibérie.

24. La GENTIANE triflore.
Gentiana triflora. Pallas. ♃ De Sibérie.

25. La GENTIANE des monts Carpathes.
Gentiana frigida. Jacq. De Styrie.

26. La GENTIANE du Jenifé.
Gentiana algida. Pallas. ♃ De Sibérie.

27. La GENTIANE fauve.
Gentiana ochroleuca. Froel. ♃ De Caroline.

28. La GENTIANE velue.
Gentiana villofa. Froel. ♃ De Virginie.

29. La GENTIANE à feuilles aiguës.
Gentiana anguftifolia. Mich. ♃ De Caroline.

30. La GENTIANE à longues fleurs.
Gentiana longiflora. Lamarck. De Sibérie.

31. La GENTIANE précoce.
Gentiana verna. Lamarck. ♃ Des Alpes.

32. La GENTIANE des Pyrénées.
Gentiana pyrenaica. Linn. ♃ Des Pyrénées.

33. La GENTIANE dentelée.
Gentiana bavarica. Linn. Des Alpes.

34. La GENTIANE à feuilles de ferpolet.
Gentiana ferpyllifolia. Lamarck. D'Italie.

35. La GENTIANE nivale.
Gentiana nivalis. Linn. ⊙ Des Alpes.

36. La GENTIANE dorée.
Gentiana aurea. Linn. ⊙ Des Alpes.

37. La GENTIANE aquatique.
Gentiana aquatica. Linn. De Sibérie.

38. La GENTIANE utriculée.
Gentiana utriculofa. Linn. ⊙ Des Alpes.

39. La GENTIANE à feuilles de linaire.
Gentiana linariæfolia. Lamarck. Du midi de la France.

40. La GENTIANE centaurelle.
Gentiana centaurium. Linn. ○ Indigène.
41. La GENTIANE à épi.
Gentiana spicata. Linn. ○ Du midi de la France.
42. La GENTIANE maritime.
Gentiana maritima. Linn. ○ Du midi de la France.
43. La GENTIANE du Pérou.
Gentiana peruviana. Lamarck. ○ Du Pérou.
44. La GENTIANE alopécuroïde.
Gentiana alopecuroides. Lamarck. De.....
45. La GENTIANE des Açores.
Gentiana scilloiaes. Linn. Des Açores.
46. La GENTIANE à cinq fleurs.
Gentiana quinqueflora. Linn. De l'Amérique septentrionale.
47. La GENTIANE amarelle.
Gentiana amarella. Linn. ○ Indigène.
48. La GENTIANE glauque.
Gentiana glauca. Pallas. ♃ Du Kamtzchatka.
49. La GENTIANE linéaire.
Gentiana linearis. Froel. ♃ De Pensilvanie.
50. La GENTIANE des monts Altaïques.
Gentiana altaica. Pallas. ♃ De Sibérie.
51. La GENTIANE imbriquée.
Gentiana imbricata. Froel. ♃ Des Alpes.
52. La GENTIANE germanique.
Gentiana germanica. Froel. Des Alpes.
53. La GENTIANE courte.
Gentiana pumila. Jacq. ♃ Des Alpes.
54. La GENTIANE uniflore.
Gentiana uniflora. Willd. ⊙ De Bavière.
55. La GENTIANE à feuilles obtuses.
Gentiana obtusifolia. Willd. ○ De Bavière.
56. La GENTIANE uligineuse.
Gentiana uliginosa. Willd. ⊙ De Prusse.

Corolle à quatre divisions.

57. La GENTIANE des prés.
Gentiana pratensis. Linn. ⊙ Indigène.
58. La GENTIANE ciliée.
Gentiana ciliata. Linn. ⊙ Indigène.
59. La GENTIANE croisette.
Gentiana cruciata. Linn. ♃ Indigène.
60. La GENTIANE sessile.
Gentiana sessilis. Linn. De l'Amérique méridionale.
61. La GENTIANE fluette.
Gentiana pusilla. Lamarck. ⊙ Indigène.
62. La GENTIANE noirâtre.
Gentiana nigricans. Lamarck. De.....
63. La GENTIANE auriculaire.
Gentiana auriculata. Pallas. ⊙ De Sibérie.
64. La GENTIANE grêle.
Gentiana tenella. Froel. ⊙ D'Islande.
65. La GENTIANE des Glaciers.
Gentiana glacialis. Villars. ⊙ Des Alpes.
66. La GENTIANE à crinière.
Gentiana crinita. Froel. De l'Amérique septentrionale.
67. La GENTIANE tondue.
Gentiana detonsa. Froel. De Norwège.
68. La GENTIANE dentée.
Gentiana dentata. Froel. D'Islande.
69. La GENTIANE à feuilles lancéolées.
Gentiana lancifolia. Raf. De Norwège.
70. La GENTIANE à feuilles obtuses.
Gentiana obtusifolia. Schmid. ⊙ De Bavière.

Culture.

Il seroit à desirer que la Gentiane jaune, qui s'élève de trois à quatre pieds, dont les feuilles sont plus larges que la main, dont les fleurs forment un superbe tyrse, fût cultivée dans nos jardins; mais il y en a très-peu où elle se trouve, parce que lorsqu'on y transplante ses jeunes pieds ils meurent, & que sa graine n'y lève pas. J'ai habité un pays dont elle orne toutes les pelouses, & il m'a été impossible, quoi que j'aie fait, de l'introduire dans le jardin, quoique je sois facilement parvenu à la naturaliser dans le verger qui n'en est séparé que par un mur. Au contraire de la plupart des autres plantes, elle ne peut pas supporter les terres cultivées & fumées, & c'est en les abandonnant à elles-mêmes qu'on peut le plus espérer de faire lever leurs graines; c'est en n'y touchant pas qu'on peut le plus se flatter de conserver les pieds qui en sont provenus; ainsi ce n'est que dans les jardins paysagers qu'il faut chercher à la multiplier. A cet effet, on composera une terre avec moitié de terre de bruyère & de terre franche, que l'on déposera dans une fosse dans un endroit sec & légérement ombragé; & lorsque cette terre factice se fera bien tassée, c'est-à-dire, un an après qu'elle aura été mise en place, on y semera, extrêmement clair, de la graine de Gentiane nouvellement récoltée; je dis extrêmement clair, parce que les feuilles radicales de cette Gentiane, en s'étalant sur le sol, forment une rosette qui a souvent plus d'un pied de diamètre, & qu'il faut, si on veut jouir de toute sa beauté, que ses pieds soient isolés, ou au plus groupés trois ou quatre ensemble. Vouloir y planter de jeunes pieds pour jouir plus vîte est presque toujours une fausse mesure; car il n'en reprend pas deux sur cent, à raison de la longueur de leur pivot & du petit nombre de leurs fibriles.

Quand on cultive la grande Gentiane, il faut savoir attendre; car elle est quelquefois dix à douze ans avant de fleurir, & souvent elle périt après avoir fleuri, n'étant vivace que parce qu'il naît autour du collet de la racine de nouveaux bourgeons qui renouvellent la plante.

Une autre Gentiane qui se trouve souvent dans la campagne à côté de celle dont il vient d'être question, est plus facile à introduire, si ce n'est dans les jardins de botanique, au moins dans quelques-uns de ceux qui imitent la Nature : c'est la Gentiane croisette. En effet, il suffit d'en répandre la graine, avant l'hiver, sur les pelouses des jardins paysagers en terrein calcaire & sec, pour en obtenir quelques pieds qui s'y conservent pendant un grand nombre d'années si on n'y touche pas. Ils sont là comme dans leur lieu natal.

Pour avoir cette Gentiane dans les jardins de botanique, on tenteroit inutilement d'en aller arracher dans la campagne, à moins que ce soient de très-jeunes pieds. Leurs racines sont si longues, que je n'ai jamais pu en obtenir d'entières, & qu'elles ne reprennent pas. Il faut semer sa graine dans un local disposé comme il a été dit pour l'espèce précédente. Une fois en place, elle se soutient mieux qu'elle, & y reste pendant plusieurs années, pourvu qu'on ne laboure pas la terre autour d'elle, qu'on ne coupe pas ses tiges, qu'enfin on l'oublie.

Cette espèce, loin de craindre le grand soleil, ne prospère jamais mieux que sur les pelouses découvertes.

Les bestiaux ne touchent à aucune de ces deux Gentianes, dont toutes les parties sont très-amères. On emploie les feuilles de la première, à raison de leur grandeur & de l'uni de leur surface, pour envelopper le beurre en livre qu'on porte au marché, & ses racines, en poudre, sont fréquemment employées dans la médecine vétérinaire.

La Gentiane à grandes fleurs est, de toutes les autres espèces vivaces des Alpes, la plus commune dans nos jardins, la plus facile à y cultiver, & probablement celle qui y produit les effets les plus agréables, les bordures qui en sont composées ayant, lorsqu'elle est en fleur, un éclat dont on ne peut se former une idée lorsqu'on n'en a pas vu. Sa culture pourra servir de type à celle que demandent toutes celles qui s'en rapprochent.

La terre de bruyère & une exposition humide & ombragée sont nécessaires à la Gentiane à grandes fleurs. On l'obtient de ses graines, qu'on sème, avant l'hiver, dans une planche au levant. Le plant levé, & il lève en général assez bien, après être resté une année dans sa planche, où on ne lui donne que des sarclages & des arrosemens au besoin, est transplanté à demeure. Par la suite, on fait les multiplications au moyen du déchirement des vieux pieds au premier printems, déchirement qui réussit presque toujours. C'est la sécheresse, que cette plante redoute le plus : j'en ai vu des touffes d'un demi-pied de diamètre périr, par cette cause, du jour au lendemain.

La grande floraison de la Gentiane à grandes fleurs a lieu en avril & en mai dans le climat de Paris ; mais il est rare qu'elle n'en fasse pas une seconde moins copieuse en automne, & même qu'elle ne donne quelques fleurs pendant tout l'été. Elle offre deux variétés, dont l'une, c'est la plus belle, a les fleurs sans tiges, & l'autre s'élève à deux ou trois pouces de terre.

Les espèces qui se rapprochent le plus de cette dernière sont les 2, 3, 4, 6, 7, 8, 17, 19, 31, 32, 33, 34, 35, 37, 50, 51 & 53, mais elles ne font que paroître dans nos jardins lorsqu'on parvient à y faire lever leurs graines.

Lorsqu'on veut avoir dans les jardins de botanique, les seuls pour lesquels elle soit intéressante, la Gentiane d'automne, il faut en enlever, avec leur motte, des pieds dans les pâturages humides, lieux où elle croît exclusivement, & les mettre dans des pots dont la base trempera dans une terrine contenant de l'eau qu'on renouvellera souvent. On pourra ainsi les conserver deux ou trois ans. Je n'ai pas vu réussir le semis de ses graines.

Les espèces annuelles les plus communes, qui, par leurs fleurs & leur port, ressemblent le plus aux deux dont je viens de parler, sont celles des n°s. 21, 22, 35, 36, 38, 52, 54, 55, 56, 65, 70. On doit semer leurs graines, aussitôt qu'on les a reçues, dans une terre de bruyère continuellement abreuvée d'eau ; car elles ne peuvent vivre dans celle qui est sèche. Elles sont en général si difficiles à cultiver, qu'on les voit très-rarement dans les jardins de botanique les mieux soignés, & qu'elles ne s'y reproduisent jamais deux années de suite.

Il en est une autre espèce qu'il n'est pas plus fréquent d'y trouver perpétuée, quoiqu'elle soit beaucoup plus commune & qu'elle croisse dans les lieux argileux les plus secs & les plus arides : c'est la Gentiane amarelle (à laquelle on peut réunir les 57e., 58e. & sans doute quelques autres). Je n'ai pas entendu dire que le semis de ses graines ait jamais réussi. On est obligé, pour la faire paroître au cours du professeur, d'aller l'enlever avec sa motte dans la campagne, & au bout de quinze jours elle disparoît.

On peut presqu'en dire autant de la Gentiane centaurée, qui fait aujourd'hui partie du genre chirone. Cependant elle lève quelquefois lorsque, comme pour la Gentiane jaune, on a préparé d'avance une terre médiocrement consistante, à laquelle on a laissé le tems de se tasser. La culture qu'elle demande, consiste en des sarclages.

Les Gentianes maritimes & à feuilles de linaire, qui sont des variétés de position de la précédente, au dire de quelques botanistes, demandant, l'un un terrein salé, & l'autre un terrein humide, sont encore plus difficiles à obtenir. (*Bosc.*)

GENTIANELLE. *Exacum.*

Genre de plante de la tétrandrie monogynie & de la famille des *Gentianées*, qui réunit une vingtaine d'espèces à feuilles opposées & à fleurs terminales, qui se conservent difficilement dans nos jardins, mais que je dois cependant indiquer ici.

Observations.

Plusieurs espèces de ce genre, principalement celle qui est indigène, ont fait autrefois partie de celui des Gentianes.

C'est sur un caractère très-incertain que Michaux a séparé son genre *Centaurium* de celui-ci. Comme il n'en a pas été question à son article, je les ai réunis de nouveau ici.

Espèces.

1. La GENTIANELLE visqueuse.
Exacum viscosum. Smith. ♃ Des Canaries.
2. La GENTIANELLE blanchâtre.
Exacum albens. Linné. ○ Du Cap de Bonne-Espérance.
3. La GENTIANELLE dorée.
Exacum aureum. Linné. ⊙ Du Cap de Bonne-Espérance.
4. La GENTIANELLE en cœur.
Exacum cordatum. Linn. ⊙ Du Cap de Bonne-Espérance.
5. La GENTIANELLE pourprée.
Exacum purpureum. Lamarck. ⊙ De Cayenne.
6. La GENTIANELLE violette.
Exacum violaceum. Lamarck. ⊙ De Cayenne.
7. La GENTIANELLE ponctuée.
Exacum punctatum. Linné. ○ De l'Inde.
8. La GENTIANELLE pédonculée.
Exacum pedunculatum. Vahl. ○ Des Indes.
9. La GENTIANELLE sessile.
Exacum sessile. Vahl. ○ De Ceilan.
10. La GENTIANELLE quadrangulaire.
Exacum quadrangulare. Willd. Du Pérou.
11. La GENTIANELLE diffuse.
Exacum diffusum. Willd. ⊙ Des Indes.
12. La GENTIANELLE filiforme.
Exacum filiforme. Willd. ⊙ Indigène.
13. La GENTIANELLE sans feuilles.
Exacum aphyllum. Willdenow. ⊙ De la Martinique.
14. La GENTIANELLE hétéroclite.
Exacum heteroclitum. Willd. ⊙ De l'Inde.
15. La GENTIANELLE en épi.
Exacum spicatum. Vahl. ○ De Cayenne.
16. La GENTIANELLE rameuse.
Exacum ramosum. Vahl. ○ De Cayenne.
17. La GENTIANELLE verticillée.
Exacum verticillatum. Willd. De l'Amérique.
18. La GENTIANELLE à feuilles d'hysope.
Exacum hyssopifolium. Willd. De l'Inde.
19. La GENTIANELLE vernale.
Centauricum vernum. Mich. ⊙ De Caroline.
20. La GENTIANELLE d'automne.
Centaurium autumnale. Mich. ⊙ De Caroline.

Culture.

La première espèce, qui paroît s'éloigner du genre, se cultive dans nos orangeries depuis quelques années; elle fleurit en été. Une terre un peu consistante lui est avantageuse. On la multiplie de boutures qui réussissent fort bien lorsqu'on les fait au printems sur couche & sous châssis. Je ne sache pas qu'elle ait encore donné de bonnes graines. Elle demande des arrosemens fréquens en été, & rares en hiver.

Les autres espèces sont, pour la plupart, de petites plantes annuelles, qui, si j'en juge par ce que m'ont offert la 12e., la 19e. & la 20e. que j'ai observées vivantes, & par ce que disent les voyageurs de quelques autres, ne croissent que dans les lieux toujours imbibés d'eau pure. Ainsi, si on veut les avoir dans les jardins de botanique, les seuls où on ait intérêt de s'occuper de leur culture, il faut en semer la graine, ou autour d'un bassin à bords de terre en pente douce, ou dans des terrines dont le fond plonge dans l'eau. Une ligne d'eau sur leurs racines les fait périr. Il en est de même du dessèchement, seulement pendant quelques jours, du lieu où elles se trouvent. La zône dans laquelle vit, autour des étangs de Meudon & des mares de la forêt de Fontainebleau, l'espèce indigène, est rarement de plus d'un demi-pied de large.

Les graines des Gentianelles, comme celles des gentianes, demandent à être semées peu après qu'elles sont récoltées, sans quoi elles ne lèvent pas. (*Bosc.*)

GÉOGRAPHIE AGRICOLE, détermination du climat qui convient à chaque sorte de culture.

Il est peut-être indifférent au laboureur proprement dit, d'avoir quelqu'idée de la Géographie agricole, parce qu'il ne considère que le lieu où il est fixé, & que les résultats de son expérience répondent à toutes les questions qu'il se fait; mais il n'en est pas de même du véritable cultivateur; il doit combiner ce qui se pratique sur toute la surface du globe, pour en tirer des conclusions générales, susceptibles d'applications plus ou moins prochaines aux objets de ses cultures. C'est pour ce dernier que j'entreprends de rédiger cet article, d'après les données fournies principalement par mon collègue & ami Decandolle.

La Géographie agricole étant fondée sur la Géographie botanique, il devient indispensable d'établir les principes de cette dernière avant de parler de la première.

Trois sortes de causes déterminent la position des plantes sauvages sur la terre, 1°. la situation des pays séparés par des mers, des déserts, des montagnes très-longues & très-élevées; ainsi l'Amérique septentrionale, l'Amérique méridionale, la Nouvelle-Hollande, le Cap de Bonne-Espérance, l'ouest & l'est des Cordillières, le Sénégal, la presqu'île de l'Inde, la Chine, la Sibérie, l'Europe, &c., offrent peu de plantes qui leur soient communes. 2°. Le climat : les plantes des pays chauds ne peuvent vivre dans les pays froids, & les plantes des pays froids dans les pays chauds.

chauds. 3°. La nature du sol : beaucoup de plantes veulent un sol sablonneux, d'autres un sol argileux, d'autres un sol très-riche en humus, d'autres un sol tres-humide, d'autres le fond ou la surface des eaux : il en est même qui vivent aux dépens des racines ou des branches des autres plantes (les PARASITES, *voyez* ce mot). 4°. L'organisation de la plante ; ainsi les arbres resineux, les herbes à racines vivaces & à tiges annuelles résistent mieux au froid que les autres ; ainsi les arbres qui n'ont pas de boutons écailleux, & ceux qui, ayant des boutons écailleux, fleurissent de bonne heure, sont plus sensibles à la gelée que les autres.

Ces quatre sortes de causes se combinent entr'elles de toutes les manières, & varient sans fin la circonscription de la plus grande partie des plantes.

Les montagnes présentant leurs flancs d'autant plus obliquement aux rayons du soleil qu'elles s'élèvent davantage, il en résulte que, sous l'équateur même, il y en a qui offrent les glaces perpétuelles du pôle, & que les plantes qui y croissent, sont chacune renfermées dans une zône très-étroite. En montant sur les hautes Alpes, par exemple, on trouve tous les cent pas des espèces qu'on n'a pas trouvées plus bas, & qu'on ne trouvera pas plus haut. Quelques-unes de ces espèces sont les mêmes que celles qui croissent à la même température dans les plaines de la Laponie. Au reste, si, ainsi que Humbold l'a remarqué dans les Cordillières, les mêmes plantes forment une zône régulière autour des montagnes alpines des pays chauds, il n'en est pas de même dans les pays tempérés, & encore moins dans les pays froids, où l'exposition au levant, au midi, à l'ouest & surtout au nord fait toujours changer d'espèces.

A ces hautes latitudes les plantes sont presque toujours dans les brouillards ou dans un sol très-abreuvé d'eau pure ; ce qui agit si puissamment sur elles, qu'il est presqu'impossible de les cultiver dans les plaines.

Toutes ces plantes ont besoin de lumière pour végéter, mais il en est qui en demandent moins que d'autres. Ces dernières se trouveront donc de préférence dans les bois, sous les buissons, contre les rochers exposés au nord, &c.

Il existe trois modes de conservation pour les plantes qui au contraire croissent dans les lieux constamment secs : ou elles ont de longues racines qui s'enfoncent à une grande profondeur pour y chercher l'humidité nécessaire ; ou elles ont des feuilles & des tiges épaisses, qui renferment, comme en magasin, une assez grande quantité d'eau pour qu'elles puissent attendre les pluies (les plantes grasses) ; ou elles rampent à la surface du sol, & peuvent par conséquent s'emparer plus facilement des vapeurs aqueuses qui en émanent.

Quoique, pour me conformer à l'usage, j'aie placé la nature du sol au troisième rang, je dois avouer cependant qu'il devroit l'être au dernier ; car il est toujours possible de faire végéter telle plante dans un sol sablonneux, quoiqu'elle ne se rencontre ordinairement que dans l'argile. Telle plante qui semble ne pouvoir vivre que dans un sol calcaire s'accommode cependant fort bien d'un pays granitique ; & telle plante qui vit dans l'eau peut être cultivée hors de l'eau.

Cependant il est à observer que c'est dans les pays les plus fertiles qu'il y a le plus d'espèces de plantes, & que c'est dans les pays dont le terrein est fortement caractérisé, qu'elles sont le mieux cantonnées. Cela tient à ce que les terreins fertiles sont mitoyens entre tous les autres, & à ce que les espèces qui se plaisent principalement dans les terreins sablonneux, argileux, calcaires, granitiques, marécageux, tourbeux, &c. étouffent celles qui s'y plaisent moins.

On peut diviser, selon Decandolle, la France en cinq grandes régions relativement à la botanique : 1°. la région maritime, qui s'étend le long de la mer & dans les salines de l'est ; 2°. la région de la Méditerranee, qui est bornée par les Pyrénées, les Corbières, la Montagne-Noire, les Cévennes, les Alpes & les Apennins ; 3°. la région des montagnes, qui comprend les sommités des Alpes, des Pyrénées, du Jura, du Mont-Dor, des Vosges, des Cévennes & des Apennins ; 4°. la région occidentale, qui va du pied des Pyrénées jusqu'en Bretagne ; 5°. la région des plaines, qui occupe toutes les vastes plaines de l'est & du nord.

Je n'entrerai pas dans le détail des espèces de plantes qui se trouvent particuliérement dans chacune de ces régions, cela devant trop alonger cet article, étant plus important aux yeux des botanistes que des cultivateurs, & appartenant au *Dictionnaire de Géographie-Physique*.

Actuellement je passe aux considérations qui dérivent de ce que je viens de dire, & qui s'appliquent, soit à la grande, soit à la petite agriculture.

Ce n'est pas une chose facile que de présenter le tableau de l'agriculture française dans son ensemble, relativement aux diverses regions qu'offre la surface de notre sol, à raison de la multitude des opérations dont elle se compose, & des causes politiques qui ont agi & agissent encore sur elle.

Ce n'est point, comme l'avoit pensé Rozier, en divisant la France en bassins d'après le versant des eaux vers tel ou tel fleuve, qu'on peut faire la carte agricole de la France, chacun de ces bassins ayant, à son origine, une culture totalement différente de celle qu'il a sur le bord de la mer. Cependant ce célèbre agronome avoit entrevu les vices de sa division, puisqu'il en propose une autre qui a été développée par Arthur Young, & perfectionnée par Decandolle.

On doit, d'après ce dernier, diviser la France, relativement aux plantes cultivées, & par conséquent auffi relativement au climat, en fept régions ; favoir : celle des orangers, des oliviers, du maïs, de la vigne, des pommiers à cidre, des montagnes, & enfin des plaines du nord.

La région des orangers, qui comprend auffi les citroniers & les cédrats, commence à Hyères, & fe prolonge à l'eft dans les vallons, abrités du nord & ouverts au midi, des départemens des Alpes-Maritimes, de Montenotte, de Gênes. Là fe font auffi d'autres cultures impoffibles partout ailleurs, telle que celle du caroubier entre Nice & Monaco, & du dattier autour de la Brodighiera. C'eft dans cette région qu'il convient de tenter la naturalifation des plantes des pays les plus chauds.

La région des oliviers commence à l'eft des Pyrénées & des Corbières, & fe prolonge au fud de la Montagne-Noire, des Cévennes, des Alpes, des Apennins : on en voit fur le penchant des montagnes expofées au midi ou au levant, à environ cinq cents mètres. Avec les oliviers fe trouvent d'autres plantes qui ne croiffent pas dans le refte de la France, telles que le caprier, le grenadier, le jujubier, le tournefol, le redoul, le chêne-kermès, le nerprun des teinturiers, le cade. On peut efpérer d'y acclimater avec fuccès la plupart des plantes d'Orient, de Barbarie, du Cap de Bonne-Efpérance, du Japon, de la Chine, &c.

La région du maïs ne préfente pas des limites auffi rigoureufes que les deux precédentes, parce que cette plante, étant annuelle, peut être cultivée dans tous les lieux dont la température de l'été eft élevée à un certain degré. Ainfi on le voit cultiver dans les régions précédentes, & en outre dans tout le baffin de la Garonne, fur les bords de la Saône, même aux environs du Mans. On peut le cultiver à près de mille mètres au deffus du niveau de la mer, dans les parties les plus chaudes de la France. Partout où profpère le maïs on peut cultiver le riz lorfque d'ailleurs il eft poffible de l'arrofer.

La région des vignes s'étend, en allant de l'oueft vers l'eft, jufqu'à Sufinion & Trenier en baffe Bretagne, Tillière, près Nonancourt en Normandie, à Laon en Picardie, fur les rives de la Mofelle & du Rhin. Ce qui fait que la vigne fe cultive plus au nord du côté de l'eft, c'eft que les étés y font plus chauds que dans l'oueft. Les différens modes de fa culture tiennent auffi au climat, ainfi qu'on le verra à l'article qui la concerne. Il ne paroît pas que, dans les climats les plus chauds, elle fe trouve à plus de fept cents mètres au deffus du niveau de la mer, hauteur inférieure à celle où croît le maïs.

La région des pommiers eft plutôt fixée par la volonté des cultivateurs, que par la Nature. Elle occupe les ci-devant provinces de Bretagne, de Normandie & la partie oueft de la Picardie. Elle fuppofe des pays plats & argileux, ainfi que des étés peu chauds.

La région des montagnes eft bien caractérifée. Elle occupe toutes les fommités des Alpes, des Pyrénées, des Cévennes, du Mont-Dor, des Vofges, du Jura & de l'Apennin, qui font entre cinq & fept cents mètres. Les produits de ces fommités font des bois ou des pâturages. On ne peut y cultiver, encore feulement dans quelques parties abritées, que le feigle, la pomme de terre, le farrafin, le chou, &c. Le châtaignier eft une précieufe manne pour beaucoup de montagnes granitiques ou fchifteufes, inférieures en hauteur à celles-ci.

Enfin la région des plaines du nord, où on cultive les céréales, les plantes oléagineufes, le houblon, pour entrer dans la compofition de la bière, boiffon qui y eft le plus généralement préférée. Les prairies artificielles y font en faveur depuis long-tems.

Je m'arrête ici, en prévenant le lecteur que la matière eft loin d'être épuifée, mais que tous les articles de culture fervent de complément à celui-ci. (*Bosc.*)

GÉOLOGIE. On donne ce nom à la fcience qui a pour objet de faire connoître la nature des couches de la terre & les phénomènes qu'elles préféntent. Les agriculteurs qui veulent s'élever au deffus de la routine, ne peuvent fe difpenfer de l'étudier, puifque c'eft fur la terre qu'ils opèrent, que cette terre eft plus fertile que telle autre, & que le mélange des terres eft prefque toujours un moyen d'amélioration.

Je n'entreprendrai pas ici de rechercher comment & pourquoi le globe terreftre exifte, parce que je regarde cette queftion comme infoluble & complétement oifeufe. Les fyftèmes qui ont été publiés pour l'expliquer, font tous des romans plus ou moins ingénieux, plus ou moins agréablement écrits, mais qui n'ont aucune bafe réelle.

La nature du noyau du globe étant inconnue, c'eft exclufivement de fa furface, qui d'ailleurs eft feule dans le cas d'intéreffer le cultivateur, dont je m'occuperai dans cet article.

Tous les faits, jufqu'à préfent obfervés, conftatent que c'eft dans l'eau que s'eft formée la croûte du globe. Les produits volcaniques, qui font évidemment lancés par les feux fouterreins, ne font que des parties de cette croûte à demi ou totalement vitrifiées. *Voyez* VOLCAN.

L'ordre de fuperpofition des matières qui conftituent la croûte du globe, doit néceffairement indiquer celui de leur formation.

Or, le granit formé de criftaux plus ou moins gros, plus ou moins réguliers, eft la bafe de toutes les autres. Viennent enfuite le gneiff & le fchifte, formés de mêmes élémens, & qui fe font dépofés fucceffivement fur lui. Leurs couches font le plus fouvent inclinées dans tous les fens. Ils forment des maffes énormes de montagnes. On appelle les terreins compofés de ces trois matières, avec lefquelles on en trouve quelquefois, plufieurs autres trop rares pour intéreſſer l'agriculteur, terreins primitifs, parce qu'ils ont précédé la formation des végétaux & des animaux, dont ils ne laiſſent voir aucun veſtige. Ils offrent peu de reſſource à l'agriculteur. *Voyez* Granit.

Après ces ſortes de roches ſe préſentent les calcaires, les grès, les argiles anciennes, dans leſquels on trouve des coquilles étrangères aux mers actuelles, telles que des cornes d'ammon, de bélemnites, des gryphites, &c., & des végétaux des pays les plus chauds, principalement des palmiers & des bambous: la craie en fait partie. Leurs couches ſont inclinées comme celle ſur leſquelles elles ſe ſont dépoſées; elles forment des montagnes adoſſées aux premières, ordinairement ſuſceptibles d'une bonne culture.

C'eſt dans les cinq dernières ſubſtances que ſe trouvent la plupart des mines métalliques & les houilles. Il n'y a guère que le fer qui s'exploite abondamment dans des terreins de formation plus moderne.

Les couches calcaires ſecondaires viennent enſuite; elles ſont parallèles à l'horizon, & entre elles. L'argile, ou mieux la marne, leur eſt ſouvent inférieure, ſupérieure ou interpoſée. Elles contiennent quelquefois de grandes quantités de grès en poudre ou ſable quartzeux. Leur compoſition eſt évidemment la ſuite de l'accumulation d'une immenſe quantité de madrépores & de coquilles marines, de genres & quelquefois d'eſpèces analogues à celles qu'on trouve dans les mers actuelles des climats intertropicaux: les grès & les argiles ſecondaires les accompagnent ordinairement. Elles forment la plupart des collines & des plaines: c'eſt ſur elles que repoſent la plus grande partie des terres arables. Ce ſont celles qui offrent le plus de reſſources à l'agriculteur éclairé.

G. Cuvier & A. Brongniart viennent de prouver, par des obſervations inconteſtables, que dans certaines localités, dans celle de Paris par exemple, cette dernière ſorte de terrein devoit ſa formation à des mers qui les avoient pluſieurs fois couvertes & découvertes, & que dans l'intervalle il y avoit eu des formations de couches dans l'eau douce. Le plâtre & les pierres meulières, ſi abondantes aux environs de cette capitale, ſont les produits de ces formations d'eau douce. *Voyez* Platre & Meulière.

On appelle couches d'alluvions celles qui ſont le réſultat de la décompoſition des matières ci-deſſus, & du dépôt qu'en ont fait les rivières ou la mer. Ces couches ont quelquefois une très-grande étendue, & le plus ſouvent ſe prêtent infiniment bien à la culture. Il y en a d'anciennes & de modernes. Le galet entre pour beaucoup dans la compoſition des premières, & le ſable dans celle des ſecondes. *Voyez* Galet, Sable & Alluvion.

Les montagnes doivent jouer un grand rôle dans les conſidérations géologiques; mais comme elles feront l'objet d'un article de quelqu'étendue, je n'en parlerai pas ici.

Il en eſt de même des eaux dont la maſſe paroît diminuée, ſi on en juge par les traces qui reſtent de l'ancien lit des rivières. Que ſont devenues ces eaux? Se ſont-elles introduites dans les cavernes ſuppoſées au centre de la terre? Sont-elles transformées en matière organique des animaux & des végétaux? Ces deux opinions ont été ſoutenues. Je penche pour la ſeconde.

C'eſt l'augmentation de la chaleur qui élève les eaux dans l'atmoſphère, & c'eſt ſa diminution qui y forme les nuages, les fait réſoudre en Rosee, en Pluie ou en Grêle pendant l'été, & en Neige pendant l'hiver. (*Voyez* ces mots). Il y a une communication perpétuelle de la mer aux montagnes par l'air, & des montagnes à la mer par les fleuves. Si ces phénomènes ceſſoient, la nature vivante périroit ſur la terre, & il n'y auroit plus par conſéquent d'agriculture.

Les recherches de la cauſe de la ſalure de l'eau de la mer eſt encore du reſſort de la Géologie; mais toutes les hypothèſes auxquelles ce ſujet a donné lieu, ſont inſoutenables, du moins à mon avis.

Les terres que les cultivateurs ont le plus intérêt de connoître, ſont la Siliceuse, la Calcaire & l'Argileuse. (*Voyez* ces trois mots.) Aucune d'elles ne ſe trouve pure dans la Nature, & toutes ſeroient infertiles ſi elles l'étoient. C'eſt par les mélanges qu'on parvient à leur donner le degré de conſiſtance le plus convenable. Une terre trop légère laiſſe paſſer l'eau des pluies avec une telle promptitude, qu'il faudroit qu'il plût tous les jours pour que les plantes s'y trouvaſſent bien. Une terre trop compacte s'oppoſe à l'introduction des racines des plantes & à celle de l'eau des pluies; elle eſt donc moins favorable que la première.

Il y a encore la terre magnéſienne, qui, introduite en certaine quantité dans un champ, ſous forme de chaux, le rend infertile pour longues années. On n'a pas encore expliqué ce fait. *Voyez* Magnésie.

La terre végétale par excellence eſt l'humus ou le terreau produit par la décompoſition des animaux & des végétaux; elle n'appartient donc à la Géologie que lorſqu'elle eſt mêlée avec les terres ci-deſſus dénommées. Son augmentation doit toujours être le but des travaux du cultivateur. Son expoſition à l'air & ſon mélange avec la chaux la rendent ſoluble, & par conſéquent propre à entrer dans la compoſition des végétaux. *Voyez* Terreau.

Je m'arrête ici, mais je déclare que j'ai à peine effleuré le ſujet, les conſidérations géologiques, étudiées ſous le point de vue agricole, fourniſſant des matériaux ſuffiſans pour remplir un gros volume. (*Bosc.*)

GÉONOME. *Geonoma.*

On a donné ce nom à deux arbrisseaux des environs de Caracas, qui forment un genre dans la monoécie monadelphie.

L'un de ces arbrisseaux est le Géonome à feuilles pinnées, *Geonoma pinnatifolia* Willd.; & l'autre est le Géonome à feuilles simples, *Geonoma simplicifolia* Willd. Ils sont assez caractérisés par leurs noms.

Comme ils ne sont cultivés ni dans leur pays natal ni dans nos jardins, je n'ai rien à en dire de plus. (*Bosc.*)

GÉONOMIE. Ce nom, qui est peu employé, s'applique à la science qui a pour but la connoissance de la composition des terres. *Voy.* Terre.

GÉOPONIQUE. On appelle ainsi, dans quelques livres, les terres susceptibles d'être cultivées en céréales. *Voyez* Terre & Céréale.

GÉORGINE. *Georgina.*

Genre de plante de la syngénésie superflue & de la famille des *Corymbifères*, qui renferme trois espèces, qui, sous le nom de *Dahlies* que leur a donné Cavanilles, commencent à être fréquemment cultivées dans nos jardins, qu'elles ornent, pendant tout l'automne, par leurs fleurs nombreuses, grandes, vivement colorées ou très-variées.

Espèces.

1. La Géorgine pourpre.
Georgina purpurea Willd. *Dahlia pinnata* Cav. ♃ Du Mexique.

2. La Géorgine rose.
Georgina rosea Willd. *Dahlia rosea* Cav. ♃ Du Mexique.

3. La Géorgine écarlate.
Georgina coccinea Willd. *Dahlia coccinea* Cav. ♃ Du Mexique.

Observation.

Ces trois plantes ont les racines tubéreuses, les tiges nombreuses, hautes de trois à quatre pieds; les feuilles bipinnées, & les fleurs solitaires sur de longs pédoncules axillaires. Ces fleurs se développent successivement à mesure que ces tiges s'élèvent; elles ont varié, depuis le peu de tems que nous les cultivons, du rouge foncé au blanc dans un grand nombre de nuances; de sorte qu'il y a lieu de soupçonner qu'elles varieront un jour autant que l'Astère de la Chine. (*Voyez* ce mot) On peut les placer, avec un égal avantage, dans les parterres & dans les corbeilles des jardins paysagers, qu'elles orneront depuis le mois d'août jusqu'aux gelées, auxquelles elles sont très-sensibles.

Culture.

Une bonne terre franche, mêlée par moitié avec du terreau de couche bien consommé, une exposition chaude & sèche, sont indispensables au succès de la culture des Géorgines. Elles craignent la terre trop légère; elles ne font point de progrès dans celle qui est trop maigre. Leurs racines pourrissent dans celles qui sont trop humides. Elles fleurissent extrêmement tard, & même ne fleurissent pas dans les expositions froides.

On doit cependant éviter de leur donner une terre trop fumée, attendu qu'elles y pousseroient tout en feuilles, qu'elles donneroient peu de fleurs, qui est l'unique objet de leur culture.

Je parle ici du climat de Paris & de ceux qui sont plus au nord; car dans les pays chauds, il suffit de les mettre dans une terre un peu fertile pour en obtenir d'abondantes & hautes tiges, & des fleurs nombreuses à l'excès & d'une longue durée.

La graine des Géorgines ne vient à maturité, dans les climats froids, que dans les années les plus favorables, & il n'y a que les premières fleurs qui en fournissent; mais ce qui s'en produit suffit aux besoins des cultivateurs, & d'ailleurs on en peut tirer, autant qu'on le desire, des parties méridionales de l'Europe, où il est rare qu'elles avortent.

On sème les graines des Géorgines dans des terrines sur couches & sous châssis dans le courant d'avril. Le plant qui en provient, se repique en juin, soit dans des pots qui s'enterrent contre un mur à l'exposition du midi, soit en pleine terre, en suivant les indications ci-dessus. La plupart des pieds fleurissent à la fin de l'été suivant; mais ils donnent un nombre de fleurs proportionné à leur foiblesse.

Les pieds en pot se rentrent dans l'orangerie dès que les froids commencent à ralentir leur végétation, & ils continuent d'y fleurir. Ceux en pleine terre s'arrachent aussitôt qu'ils ont été frappés de la première gelée, quelque foiblement que ce soit; & après avoir été dépouillés de leurs tiges & de la terre qui leur est restée adhérente, leurs racines se déposent dans un coin de la serre tempérée ou dans une chambre où il ne gèle jamais, & elles y attendent le retour du printems.

L'année suivante, vers la fin d'avril, lorsqu'il n'y a plus de gelées à craindre, on met les Géorgines de l'orangerie dans de plus grands pots, avec de la terre nouvelle, & on rétablit ces pots dans leur précédente place, & les racines qui avoient été déposées à nu dans la serre tempérée, après avoir été visitées pour en enlever la pourriture, ainsi que pour en séparer les tubercules propres à la multiplication, sont de nouveau plantées en pleine terre, comme il a été dit.

Cette seconde année les racines des Géorgines se fortifient, & leurs tiges, ainsi que leurs fleurs, font bien plus nombreufes que la première. Cette obfervation doit faire fentir qu'il ne convient pas de trop divifer les pieds lorfqu'on veut les multiplier par leurs tubercules, & cependant jouir de leurs fleurs; car, je le répète, une groffe touffe produit plus d'effet que trois petites.

Il y a difcordance, parmi les cultivateurs, fur la queftion de favoir s'il convient mieux de cultiver les Géorgines dans des pots ou en pleine terre. Dans la première manière, on a des touffes moins fortes & moins hautes, & des fleurs plus petites, mais plus abondantes & plus précoces, qui fe fuccèdent pendant deux mois. Dans la feconde, on n'a quelquefois, c'eft-à-dire, lorfque l'été eft froid & pluvieux, ou que les premières gelées arrivent de bonne heure, des fleurs que pendant un petit nombre de jours, & on rifque davantage de perdre les racines par l'effet de ces gelées ou de la pourriture. Je crois donc qu'un véritable ami de la culture doit employer ces deux manières en concurrence.

Dans la culture des Géorgines en pot, on doit avoir foin de mettre un tuileau fur le trou du pot; car lorfque leurs racines paffent par ce trou, il faut ou rifquer de perdre le pied en les coupant, ou caffer le pot. Des arrofemens fréquens pendant la force de leur végétation, & rares tout le refte de l'année, font néceffaires dans cette forte de culture.

Pour jouir de tout l'agrément de ces plantes dans les jardins payfagers, on fait une foffe de trois pieds de largeur & de deux de profondeur, ordinairement un peu en croiffant, qu'on remplit de terre compofée ainfi que je l'ai indiqué, & dans laquelle on met les Géorgines de manière à ce que les couleurs de leurs diverfes variétés contraftent les unes avec les autres. Rien n'eft plus beau que l'afpect de cette plantation en feptembre & en octobre, lorfque la faifon eft chaude.

Les tiges des Géorgines, lorfqu'elles ne font pas abritées de l'action des grands vents, & même quelquefois lorfqu'elles le font, ont befoin d'être foutenues par des tuteurs. Une bonne pratique à fuivre, c'eft de n'employer qu'un feul bâton par chaque pied, & de raffembler toutes les tiges dans un cercle d'ofier, de ficelle, ou mieux de fil de fer attaché à ce bâton. Dans la culture en planche on fubftitue à ce cercle deux perches parallèles.

On donne deux binages aux Géorgines en pleine terre pendant la durée de l'été. On ne les arrofe que lorfque la féchereffe eft trop prolongée, & que leurs feuilles indiquent qu'elles en ont befoin.

Dans les parties méridionales de l'Europe, les Géorgines ne demandent d'autres foins que ceux propres à toutes les plantes des parterres. Il faut les relever tous les deux ou trois ans pour les changer de place; car elles épuifent beaucoup la terre, & on profite de cette occafion pour enlever les tubercules qui font pourris, & pour divifer les fains afin de multiplier le nombre des pieds (*Bosc.*)

GERANION. *Geranium.*

Genre de plante de la monadelphie décandrie & de la famille de fon nom, qui renferme une grande quantité d'efpèces, dont beaucoup font l'objet d'une culture très-étendue dans les jardins d'agrément, à raifon de la beauté de leurs fleurs, de la variété de leurs feuilles, de l'odeur fuave des unes & des autres. Il doit donc être ici l'objet d'un long article. *Voyez* les *Illuftrations des Genres* de Lamarck, pl. 573 & 574.

Obfervations.

La trop grande quantité d'efpèces que contient ce genre, a forcé les botaniftes à profiter d'un caractère qu'offrent beaucoup d'entr'elles pour le divifer en trois fous les noms d'ÉRODIE, PÉLARGONION & GERANION.

Ce caractère confifte à avoir les unes cinq, les autres trois de leurs dix étamines dépourvues d'anthères, ou leurs anthères conftamment infertiles.

Comme cette divifion n'a pas encore été adoptée par les cultivateurs, je conferverai le genre, mais j'indiquerai les efpèces qui le compofent, en les rangeant d'après les principes fur lefquels elle eft fondée. On appelle fouvent les efpèces de ce genre, *bec de grue*, à raifon de la longueur de leurs femences.

Efpèces.

ÉRODIES *ou Geranions à corolle régulière & à cinq étamines fertiles.*

1. Le GERANION à feuilles épaiffes.
Geranium craffifolium. Desf. ♃ De Barbarie.

2. Le GERANION de Stephanian.
Geranium ftephanianum. Willd. De Sibérie.

3. Le GERANION blanc en deffus.
Geranium fupracanum. Lhérit. ♃ D'Efpagne.

4. Le GERANION des rochers.
Geranium petræum. Gouan. ♃ Du midi de la France.

5. Le GERANION abfynthoïde.
Geranium abfynthoides. Willd. ♃ D'Arménie.

6. Le GERANION glanduleux.
Geranium glandulofum. Cav. ♃ D'Efpagne.

7. Le GERANION d'Éthiopie.
Geranium bipinnatum. Cav. ♃ D'Éthiopie.

8. Le GERANION des Alpes.
Geranium alpinum. Lhérit. ♃ Des Alpes.

9. Le GERANION bec de cigogne.
Geranium ciconium. Linné. ⊙ Du midi de la France.

10. Le GERANION à feuilles de ciguë.
Geranium cicutarium. Linn. ⊙ Indigène.

11. Le GERANION à feuilles de pimprenelle.
Geranium pimpinellæfolium. Willd. ♂ Indigène.

12. Le GERANION romain.
Geranium romanum. Linn. ⊙ D'Italie.
13. Le GERANION musqué.
Geranium moſcatum. Linné. ⊙ De l'Europe méridionale.
14. Le GERANION précoce.
Geranium precox. Cav. ⊙ D'Eſpagne.
15. Le GERANION pulvérulent.
Geranium pulverulentum Cav. ♃. D'Eſpagne.
16. Le GERANION pubeſcent.
Garanium hirtum. Vahl. ♃ D'Égypte.
17. Le GERANION lacinié.
Geranium laciniatum. Cav. ⊙ D'Afrique.
18. Le GERANION bec de grue.
Geranium gruinum. Linné. ⊙ Des parties méridionales de l'Europe.
19. Le GERANION de Chio.
Geranium chium. Linné. ⊙ Des îles de l'Archipel.
20. Le GERANION aſplénoïde.
Geranium aſplenoides. Desfont. ♃ D'Afrique.
21. Le GERANION à feuilles de bénoite.
Geranium geifolium. Desfont. ♃ D'Afrique.
22. Le GERANION tacheté.
Geranium guttatum. Desfont. ♃ D'Afrique.
23. Le GERANION glauque.
Geranium glaucophyllum. Linn. ⊙ D'Égypte.
24. Le GERANION incarnat.
Geranium incarnatum. Linné. ♄ Du Cap de Bonne-Eſpérance.
25. GERANION très-élevé.
Geranium arduinum. Linné. ♃ Du Cap de Bonne-Eſpérance.
26. Le GERANION à feuilles de groſeiller.
Geranium ribifolium. Jacquin. ⊙ Du Cap de Bonne-Eſpérance.
27. Le GERANION arboreſcent.
Geranium arboreſcens. Desfont. ♄ D'Afrique.
28. Le GERANION. héliotropioide.
Geranium heliotropioides. Cav. De.....
29. Le GERANION malacoide.
Geranium malacoides. Linné. ⊙ Des parties méridionales de l'Europe.
30. Le GERANION maritime.
Geranium maritimum. Linné. ♃ Indigène.
31. Le GERANION malopoide.
Geranium malopoides. Desfont. ♃ D'Afrique.
32. Le GERANION chamédryoide.
Geranium chamedryoides. Cavan. ♃ De Majorque.
33. Le GERANION de Corſe.
Geranium corſicum. Dec. ♃ De Corſe.

PÉLARGONIONS *ou Geranions à corolle irrégulière & à ſept étamines fertiles.*

A tiges herbacées.

34. Le GERANION à longues feuilles.
Geranium longifolium. Jacquin. ♃ Du Cap de Bonne-Eſpérance.
35. Le GERANION à longues fleurs.
Geranium longiflorum. Jacquin. ♃ Du Cap de Bonne-Eſpérance.
36. Le GERANION à deux pétales.
Geranium bipetalum. Lhéritier. ♃ Du Cap de Bonne-Eſpérance.
37. Le GERANION oxaloïde.
Geranium oxaloides. Cavanilles. ♃ Du Cap de Bonne-Eſpérance.
38. Le GERANION ficaire.
Geranium ficaria. Willdenow. ♃ Du Cap de Bonne-Eſpérance.
39. Le GERANION cilié.
Geranium ciliatum. Lheritier. ♃ Du Cap de Bonne-Eſpérance.
40. Le GERANION auriculé.
Geranium auriculatum. Willden. ♃ Du Cap de Bonne-Eſpérance.
41. Le GERANION à feuilles concaves.
Geranium concavifolium. Vent. ♃ Du Cap de Bonne-Eſpérance.
42. Le GERANION en ſpatule.
Geranium ſpathulatum. Andrew. ♃ Du Cap de Bonne-Eſpérance.
43. Le GERANION rapproché.
Geranium affine. Andrew. ♃ Du Cap de Bonne-Eſpérance.
44. Le GERANION radicate.
Geranium radicatum. Andrew. ♃ Du Cap de Bonne-Eſpérance.
45. Le GERANION ondulé.
Geranium undulatum. Andrew. ♃ Du Cap de Bonne-Eſpérance.
46. Le GERANION virginé.
Geranium virgineum. Andrew. ♃ Du Cap de Bonne-Eſpérance.
47. Le GERANION oreillé.
Geranium auritum. Linné. ♃ Du Cap de Bonne-Eſpérance.
48. Le GERANION hériſſé.
Geranium hirtum. Aiton. ♃ Du Cap de Bonne-Eſpérance.
49. Le GERANION noir.
Geranium nigrum. Lhéritier. ♃ Du Cap de Bonne-Eſpérance.
50. Le GERANION tréfide.
Geranium trefidum. Cavanilles. ♃ Du Cap de Bonne-Eſpérance.
51. Le GERANION hétérophylle.
Geranium heterophyllum. Jacq. ♃ Du Cap de Bonne-Eſpérance.
52. Le GERANION triphylle.
Geranium triphyllum. Jacquin. ♃ Du Cap de Bonne-Eſpérance.
53. Le GERANION nervifeuille.
Geranium nervifolium. Jacquin. ♃ Du Cap de Bonne-Eſpérance.
54. Le GERANION pinné.
Geranium pinnatum. Linné. ♃ Du Cap de Bonne-Eſpérance.

55. Le GERANION barbu.
Geranium barbatum. Jacquin. ♃ Du Cap de Bonne-Efpérance.

56. Le GERANION mélananthon.
Geranium melananthon. Jacquin. ♃ Du Cap de Bonne-Efpérance.

57. Le GERANION à petites fleurs.
Geranium carneum. Jacquin. ♃ Du Cap de Bonne-Efpérance.

58. Le GERANION rapace.
Geranium rapaceum. Jacquin. ♃ Du Cap de Bonne-Efpérance.

59. Le GERANION lobé.
Geranium lobatum. Linn. ♃ Du Cap de Bonne-Efpérance.

60. Le GERANION à fleurs brunes.
Geranium trifte. Linné. ♃ Du Cap de Bonne-Efpérance.

61. Le GERANION linéaire.
Geranium lineare. Andr. Du Cap de Bonne-Efpérance.

62. Le GERANION lacinié.
Geranium laciniatum. Andr. Du Cap de Bonne-Efpérance.

63. Le GERANION beau.
Geranium pulchellum. Andr. Du Cap de Bonne-Efpérance.

64. Le GERANION appendiculé.
Geranium appendiculatum. Linné. ♃ Du Cap de Bonne-Efpérance.

65. Le GERANION jaunâtre.
Geranium flavum. Linné. ♃ Du Cap de Bonne-Efpérance.

66. Le GERANION onagre.
Geranium œnother. Linn. ♃ Du Cap de Bonne-Efpérance.

67. Le GERANION à feuilles de chamédrys.
Geranium chamedryfolium. Jacq. ♃ Du Cap de Bonne-Efpérance.

68. Le GERANION ovale.
Geranium ovale. Lhérit. ♃ Du Cap de Bonne-Efpérance.

69. Le GERANION trichoftome.
Geranium trichoftomum. Jacquin. ♃ Du Cap de Bonne-Efpérance.

70. Le GERANION blattaire.
Geranium blattarium. Jacquin. ♃ Du Cap de Bonne-Efpérance.

71. Le GERANION érioftemon.
Geranium erioftemon. Jacquin. ♃ Du Cap de Bonne-Efpérance.

72. Le GERANION élégant.
Geranium elegans. Willdenow. ♃ Du Cap de Bonne-Efpérance.

73. Le GERANION réniforme.
Geranium reniforme. Andr. Du Cap de Bonne-Efpérance.

74. Le GERANION quinate.
Geranium quinatum. Andr. Du Cap de Bonne-Efpérance.

75. Le GERANION couché.
Geranium procumbens. Andr. Du Cap de Bonne-Efpérance.

76. Le GERANION à feuilles de coronille.
Geranium coronillæfolium. Andr. Du Cap de Bonne-Efpérance.

77. Le GERANION ftipulacé.
Geranium ftipulaceum. Linné. ♃ Du Cap de Bonne-Efpérance.

78. Le GERANION articulé.
Geranium articulum. Cavanilles. ♃ Du Cap de Bonne-Efpérance.

79. Le GERANION à longs pédoncules.
Geranium tabulare. Linn. ♃ Du Cap de Bonne-Efpérance.

80. Le GERANION à pied de lièvre.
Geranium alchemilloides. Linn. ♃ Du Cap de Bonne-Efpérance.

81. Le GERANION odorant.
Geranium odoratiffimum. Linné. ♃ Du Cap de Bonne-Efpérance.

82. Le GERANION filiforme.
Geranium groffularioides. Linné. ♃ Du Cap de Bonne-Efpérance.

83. Le GERANION à tiges comprimées.
Geranium anceps. Jacq. ♃ Du Cap de Bonne-Efpérance.

84. Le GERANION à feuilles d'althéa.
Geranium altheoides. Linné. ♃ Du Cap de Bonne-Efpérance.

85. Le GERANION à feuilles d'alcée.
Geranium alceoides. Linn. ♃ Du Cap de Bonne-Efpérance.

86. Le GERANION à feuilles de coronopus.
Geranium coronopifolium. Jacq. ♃ Du Cap de Bonne-Efpérance.

87. Le GERANION capillaire.
Geranium capillare. Cav. ♃ Du Cap de Bonne-Efpérance.

88. Le GERANION tricolore.
Geranium tricolor. Willdenow. ♃ Du Cap de Bonne-Efpérance.

89. Le GERANION à feuilles de feneçon.
Geranium fenecioides. Lhéritier. ⊙ Du Cap de Bonne-Efpérance.

90. Le GERANION à feuilles de myrrhis.
Geranium myrrhifolium. Linné. ♃ Du Cap de Bonne-Efpérance.

91. Le GERANION lacéré.
Geranium lacerum. Jacq. ♃ Du Cap de Bonne-Efpérance.

92. Le GERANION à tiges nombreufes.
Geranium multicaule. Jacquin. ♃ Du Cap de Bonne-Efpérance.

93. Le GERANION à feuilles de coriandre.
Geranium coriandrifolium. Linné. ♃ Du Cap de Bonne-Efpérance.

94. Le GERANION à feuilles de caucalide.
Geranium caucalifolium. Jacquin. ♃ Du Cap de Bonne-Efpérance.

95. Le GERANION très-petit.
Geranium minimum. Cavanilles. ♃ Du Cap de Bonne-Esfpérance.

A tiges ligneuses.

96. Le GERANION glauque.
Geranium glaucum. Linn. ♄ Du Cap de Bonne-Esperance.

97. Le GERANION à feuilles de diverses formes.
Geranium diversifolium. Willd. ♄ Du Cap de Bonne-Esfpérance.

98. Le GERANION à feuilles de bouleau.
Geranium betulinum. Linné. ♄ Du Cap de Bonne-Esperance.

99. Le GERANION acide. (*Variété à fleurs roses.*)
Geranium acetosum. Linn. ♄ Du Cap de Bonne-Esfpérance.

100. Le GERANION grimpant.
Geranium scandens. Ehrh. ♄ Du Cap de Bonne-Esfpérance.

101. Le GERANION sténopétale.
Geranium stenopetalum. Ehrh. ♄ Du Cap de Bonne-Esfpérance.

102. Le GERANION hybride.
Geranium hybridum. Linn. ♄ Du Cap de Bonne-Esfpérance.

103. Le GERANION à zônes. (*Variétés à fleurs sanguines, à fleurs violettes, à fleurs écarlates, à fleurs blanches, à feuilles panachées de blanc, à feuilles panachées de jaune, à feuilles plus ou moins zonées.*)
Geranium zonale. Linn. ♄ Du Cap de Bonne-Esfpérance.

104. Le GERANION écarlate. (*Variétés à fleurs plus nombreuses, plus vives, plus grandes.*)
Geranium inquinans. Linn. ♄ Du Cap de Bonne-Esfpérance.

105. Le GERANION hétérogame.
Geranium heterogamum. Lhéritier. Du Cap de Bonne-Esfpérance.

106. Le GERANION monstre.
Geranium monstrosum. Aiton. ♄ Du Cap de Bonne-Esfpérance.

107. Le GERANION à feuilles épaisses.
Geranium crassicaule. Aiton. ♄ Du Cap de Bonne-Esfpérance.

108. Le GERANION en bouclier.
Geranium peltatum. Linné ♄ Du Cap de Bonne-Esfpérance.

109. Le GERANION à pied latéral.
Geranium lateripes. Ait. ♄ Du Cap de Bonne-Esfpérance.

110. Le GERANION tétragone.
Geranium tetragonum. Linn. ♄ Du Cap de Bonne-Esfpérance.

111. Le GERANION à feuilles en cœur. (*Variétés à feuilles entières & planes, & à feuilles laciniées & crispées*)
Geranium cordatum. Ait. ♄ Du Cap de Bonne-Esfpérance.

112. Le GERANION en capuchon ou en entonnoir. (*Variétés à feuilles alongées, à feuilles lobées, à fleurs presque blanches.*)
Geranium cucullatum. Linné. ♄ Du Cap de Bonne-Esfpérance.

113. Le GERANION anguleux.
Geranium angulosum. Ait. ♄ Du Cap de Bonne-Esfpérance.

114. Le GERANION à feuilles d'érable.
Geranium acerifolium. Ait. ♄ Du Cap de Bonne-Esfpérance.

115. Le GERANION papilionacé.
Geranium papilionaceum. Linné. ♄ Du Cap de Bonne-Esfpérance.

116. Le GERANION à feuilles de cortuse.
Geranium cortusæfolium. Lhérit. ♄ Du Cap de Bonne-Esfpérance.

117. Le GERANION fauve.
Geranium fruscatum. Jacquin. ♄ Du Cap de Bonne-Esfpérance.

118. Le GERANION à feuilles de sanicle.
Geranium saniculæfolium. Willd. ♄ Du Cap de Bonne-Esfpérance.

119. Le GERANION à tiges écartées.
Geranium patulum. Jacq. Du Cap de Bonne-Esfpérance.

120. Le GERANION à grandes fleurs.
Geranium grandiflorum. Andrew. ♄ Du Cap de Bonne-Esfpérance.

121. Le GERANION panaché.
Geranium variegatum. Linné. ♄ Du Cap de Bonne Esfpérnece

122. Le GERANION cotylet.
Geranium cotyledonis. Lhéritier. ♄ Du Cap de Bonne-Esfpérance.

123. Le GERANION échiné.
Geranium echinatum. Jacquin. ♄ Du Cap de Bonne-Esfpérance.

124. Le GERANION austral.
Geranium australe. Willd. ♄ De la Nouvelle-Hollande.

125. Le GERANION à feuilles de vigne.
Geranium vitifolium. Cavan. ♄ Du Cap de Bonne-Esfpérance.

126. Le GERANION à fleurs en tête, *ou* GERANION à odeur de rose. (*Variétés à fleurs d'un rouge plus foncé, à feuilles plus profondement divisées.*)
Geranium capitatum. Linné. ♄ Du Cap de Bonne-Esfpérance.

127. Le GERANION glutineux.
Geranium glutinosum. Lhéritier. ♄ Du Cap de Bonne-Esfpérance.

128. Le GERANION hispide.
Geranium hispidum. Linn. Du Cap de Bonne-Esfpérance.

129. Le

129. Le GERANION tomenteux.
Geranium tomentosum. Jacquin. ♄ Du Cap de Bonne-Espérance.

130. Le GERANION à feuilles de groseiller.
Geranium ribifolium. Jacquin. ♄ Du Cap de Bonne-Espérance.

131. Le GERANION à feuilles de chêne.
Geranium quercifolium. Linn. ♄ Du Cap de Bonne-Espérance.

132. Le GERANION térébinthacé.
Geranium terebinthinaceum. Cav. ♄ Du Cap de Bonne-Espérance.

133. Le GERANION âpre.
Geranium asperum. Ehrh. ♄ Du Cap de Bonne-Espérance.

134. Le GERANION balsamique.
Geranium balsameum. Jacq. ♄ Du Cap de Bonne-Espérance.

135. Le GERANION radula.
Geranium radula. Ait. ♄ Du Cap de Bonne-Espérance.

136. Le GERANION denticulé.
Geranium denticulatum. Jacq. ♄ Du Cap de Bonne-Espérance.

137. Le GERANION de deux couleurs.
Geranium bicolor. Linn. ♄ Du Cap de Bonne-Espérance.

138. Le GERANION à trois pointes.
Geranium tricuspidatum. Lhérit. ♄ Du Cap de Bonne-Espérance.

139. Le GERANION rude.
Geranium scabrum. Linn. ♄ Du Cap de Bonne-Espérance.

140. Le GERANION épineux.
Geranium spinosum. Willdenow. ♄ Du Cap de Bonne-Espérance.

141. Le GERANION rigide.
Geranium rigidum. Willdenow. ♄ Du Cap de Bonne-Espérance.

142. Le GERANION modeste.
Geranium modestum. Dumont Courset. Hybride née à Courset.

143. Le GERANION à odeur de citron.
Geranium citriodorum. Cavan. Du Cap de Bonne-Espérance.

144. Le GERANION crépu.
Geranium crispum. Linn. ♄ Du Cap de Bonne-Espérance.

145. Le GERANION à feuilles d'hermanne.
Geranium hermanniaifolium. Linn. ♄ Du Cap de Bonne-Espérance.

146. Le GERANION adultérin.
Geranium adulterinum. Lhérit. ♄ Du Cap de Bonne-Espérance.

147. Le GERANION à demi trilobé.
Geranium semitrilobum. Jacquin. ♄ Du Cap de Bonne-Espérance.

148. Le GERANION tripartite.
Geranium tripartitum. Jacq. ♄ Du Cap de Bonne-Espérance.

149. Le GERANION couleur de feu.
Geranium fulgidum. Linn. ♄ Du Cap de Bonne-Espérance.

150. Le GERANION bossu.
Geranium gibbosum. Linn. ♄ Du Cap de Bonne-Espérance.

151. Le GERANION sans stipules.
Geranium exstipulaceum. Cav. ♄ Du Cap de Bonne-Espérance.

152. Le GERANION terne.
Geranium ternatum. Linn. ♄ Du Cap de Bonne-Espérance.

153. Le GERANION uni.
Geranium lævigatum. Linn. ♄ Du Cap de Bonne-Espérance.

154. Le GERANION fragile.
Geranium fragile. Andrew. ♄ Du Cap de Bonne-Espérance.

155. Le GERANION incisé.
Geranium incisum. Andrew. ♄ Du Cap de Bonne-Espérance.

156. Le GERANION charnu.
Geranium carnosum. Linn. ♄ Du Cap de Bonne-Espérance.

157. Le GERANION férulacé.
Geranium ferulaceum. Cavan. ♄ Du Cap de Bonne-Espérance.

158. Le GERANION alternant.
Geranium alternans. Wendl. ♄ Du Cap de Bonne-Espérance.

159. Le GERANION cératophylle.
Geranium ceratophyllum. Lhéritier. ♄ Du Cap de Bonne-Espérance.

160. Le GERANION à feuilles de crithmum.
Geranium crithmifolium. Smith. Du Cap de Bonne-Espérance.

161. Le GERANION très-rameux.
Geranium ramosissimum. Cavan. ♄ Du Cap de Bonne-Espérance.

162. Le GERANION à feuilles d'aurone.
Geranium abrotanifolium. Linn. ♄ Du Cap de Bonne-Espérance.

163. Le GERANION ligneux.
Geranium fruticosum. Cavan. ♄ Du Cap de Bonne-Espérance.

164. Le GERANION hérissé.
Geranium hirtum. Jacquin. ♄ Du Cap de Bonne-Espérance.

165. Le GERANION à feuilles menues.
Geranium tenuifolium. Lhérit. ♄ Du Cap de Bonne-Espérance.

GERANIONS proprement dits, ou à corolle irrégulière & à dix étamines fertiles.

166. Le GERANION épineux.
Geranium spinosum. Linn. ♄ Du Cap de Bonne-Espérance.

167. Le GERANION à fleurs sessiles.
Geranium sessiliflorum. Cav. ♃ Du détroit de Magellan.

168. Le GERANION de Sibérie.
Geranium sibiricum. Linn. De Siberie.
169. Le GERANION sanguin.
Geranium sanguineum. Linn. ♃ Indigène.
170. Le GERANION tubéreux.
Geranium tuberosum. Linn. ♃ D'Italie.
171. Le GERANION à feuilles d'anémone.
Geranium anemonæfolium. Lhérit. ♄ de Madère.
172. Le GERANION à grosses racines.
Geranium macrorhizum. Linn. ♃ D'Italie.
173. Le GERANION brun.
Geranium phæum. Linn. ♃ Des Alpes.
174. Le GERANION brunâtre.
Geranium fuscum. Linn. ♃ Des parties méridionales de l'Europe.
175. Le GERANION réfléchi.
Geranium reflexum. Linn. ♃ D'Italie.
176. Le GERANION livide.
Geranium lividum. Lherit ♃ Des Alpes.
177. Le GERANION noueux.
Geranium nodosum. Linn. ♃ Des parties méridionales de l'Europe.
178. Le GERANION strié.
Geranium striatum. Linn. ♃ D'Italie.
179. Le GERANION anguleux.
Geranium angulatum. Curtis. ♃ De.....
180. Le GERANION d'Ibérie.
Geranium ibericum. Cavan. ♃ D'Espagne.
181. Le GERANION des bois.
Geranium silvaticum. Linn. ♃ Des Alpes.
182. Le GERANION des marais.
Geranium palustre. Linn. ♃ D'Allemagne.
183. Le GERANION asphodéloïde.
Geranium asphodeloides. Willd. ♃ D'Orient.
184. Le GERANION à feuilles d'aconit.
Geranium aconitifolium. Lhérit. ♃ Des Alpes.
185. Le GERANION des collines
Geranium collinum. Willd. ♃ De Sibérie.
186. Le GERANION des prés.
Geranium pratense. Linn. ♃ Du nord de l'Europe.
187. Le GERANION tacheté.
Geranium maculatum. Linn. ♃ De l'Amérique septentrionale.
188. Le GERANION poilu.
Geranium pilosum. Willd. ♃ De la Nouvelle-Hollande.
189. Le GERANION blanchâtre.
Geranium canescens. Lhéritier. ♃ Du Cap de Bonne-Espérance.
190. Le GERANION incane.
Geranium incanum. Linn. ♃ Du Cap de Bonne-Espérance.
191. Le GERANION argenté.
Geranium argenteum Linn ♃ Des Alpes.
192. Le GERANION varie.
Geranium varium. Lherit. ♃ Des Pyrénées.
193. Le GERANION des Pyrénées.
Geranium pyrenaicum. Linn. ♃ Des Pyrénées.
194. Le GERANION de Bohême.
Geranium bohemicum. Linn. ⊙ D'Allemagne.
195. Le GERANION etalé.
Geranium divaricatum. Ehrh. ⊙ De Sibérie.
196. Le GERANION luisant.
Geranium lucidum. Linn. ⊙ Indigène.
197. Le GERANION à feuilles molles.
Geranium molle. Linn. ⊙ Indigene.
198. Le GERANION de la Caroline.
Geranium carolinianum. Linn. ⊙ De l'Amérique septentrionale.
199. Le GERANION colombin.
Geranium columbinum. Linn. ⊙ Indigène.
200 Le GERANION découpé.
Geranium dissectum. Linn. ⊙ Indigène.
201. Le GERANION à feuilles rondes.
Geranium rotundifolium. Linn. ⊙ Indigène.
202. Le GERANION nain.
Geranium pusillum. Linn. ⊙ Indigène.
203. Le GERANION herbe a Robert.
Geranium robertianum. Linn. ⊙ Indigène.
204. Le GERANION pourpre.
Geranium purpureum. Vill. ♂ Des Alpes.
205. Le GERANION veineux.
Geranium venosum Curt. De ...
206. Le GERANION ombreux.
Geranium umbrosum. Persoon. De Hongrie.

Observations.

A ce grand nombre d'espèces de Geranions, dont les deux tiers sont cultivés dans nos jardins, il faut encore en joindre beaucoup d'autres qui sont ou indéterminées ou confondues, & toutes les variétés anciennes & nouvelles qui ont été produites par le semis de graines provenantes de fécondation HYBRIDES. *Voyez* ce mot.

Cette dernière source de Geranions est si manifeste aux yeux de plusieurs cultivateurs, & entre autres de Dumont Courset, qu'ils craignent que dans quelques années on ne puisse plus se reconnoître dans la détermination de leurs espèces, & qu'ils conseillent de ne multiplier quelques-uns d'entr'eux que par la voie des boutures ou des rejetons, afin de retarder l'époque de la confusion qu'ils annoncent.

On recherche beaucoup les Geranions comme plantes d'ornement, surtout les frutescens du Cap de Bonne-Espérance. Les fleurs de la plupart ont en effet beaucoup d'eclat, & leurs feuilles exhalent dans la chaleur, & lorsqu'on les froisse, une odeur forte, quelquefois agreable. Il en est trois, le *lobé*, le *triste* & celui à *feuilles de carotes*, dont les fleurs sont très-suaves. Ces deux derniers, ce qui est très-remarquable, ne les ont tels que le soir. Leurs racines sont tubéreuses.

Un seul, le *Geranium robertin* ou *herbe à Robert*, est employé en médecine.

Culture.

Pour mettre de l'ordre dans ce que j'ai à dire de

la culture des espèces de ce genre, je les diviserai, 1°. en Geranions de pleine terre, vivaces, annuels; 2°. en Geranions d'orangerie, vivaces, à tiges frutescentes; vivaces, à tiges annuelles.

Les Geranions de la première division sont la plupart de ceux d'Europe, de Sibérie & d'Amérique. Les vivaces seuls sont ou peuvent être cultivés pour l'ornement sur le bord des massifs & dans les corbeilles des jardins paysagers, ainsi que dans les plate-bandes des jardins dits français. Tous le doivent être dans les jardins de botanique & dans les collections des amateurs.

Parmi ceux qui peuvent être cultivés pour l'ornement, il faut distinguer les Geranions *des Alpes*, *sanguin*, *tubéreux*, *à grosses racines*, *brun*, *noueux*, *réfléchi*, *livide*, *rose*, *strié*, *des bois*, *des marais*, *à feuilles d'aconit*, *des prés*, *maculé*, *des Pyrénées*.

Quoique ces espèces, dans l'état sauvage, soient assez généralement cantonnées, comme l'indique le nom de plusieurs d'entr'elles, il est cependant assez facile de les faire prospérer dans toute espèce de terrein. Elles se sèment ou en place, ou en pépinière, dans une terre légère, à l'exposition du levant, pour être repiquées un an après. Lorsque les pieds sont un peu forts, on peut quelquefois les multiplier en éclatant leurs bourgeons latéraux, je dis quelquefois, parce que ces bourgeons, quelque nombreux qu'ils soient, sont portés sur une grosse souche qui n'offre souvent de racines qu'à son extrémité. Les soins qu'ils demandent, lorsqu'ils sont devenus grands, se réduisent à faire un ou deux binages par an autour d'eux, pour arrêter la croissance des autres plantes qui pourroient les gêner dans la leur. On coupe leurs tiges en automne. Ils peuvent rester dans la même place un nombre d'années que je ne puis fixer, parce qu'il doit varier suivant l'espèce & suivant la nature du sol.

Tous les Geranions annuels de France seront semés en place, &, autant que possible, aussitôt après la récolte de leurs graines. Une terre légère est généralement celle qu'ils demandent. Plusieurs ne craignent pas les sables les plus arides. Il en est, principalement le *Geranion robertin*, qui ne végètent bien qu'à l'ombre. La plupart lèvent en automne. On les éclaircit & on les sarcle, après quoi elles ne demandent plus aucun soin.

La culture des Geranions d'orangerie donne plus d'embarras, non qu'elle soit plus difficile, mais parce qu'elle s'exerce sur des espèces plus délicates ou plus soumises à des influences contraires.

Des espèces susceptibles d'être employées pour l'ornement, les plus communément cultivées sont les Geranions *couleur de feu*, *écarlate*, *hybride*, *en éventail*, *à zônes*, *acide*, *lancéolé*, *en bouclier*, *à grandes fleurs*, *tétragone*, *papilionacé*, *à feuilles de vigne*, *en capuchon*, *ovale*, *à feuilles de bouleau*, *à fleurs en tête*, *élégant*, *visqueux*, *à feuilles de chêne*, *térébinthacé*, *radula*, *rude*, *à deux couleurs*, *à cinq taches*, *charnu*, *sans stipules*, *crépu*, *suave*, *à longs pédoncules*, *à feuilles d'alchemile*, *très-odorant*, *filiforme*, *lobé*, *triste*, *à feuilles de carote*, &c.

Parmi eux il en est qui sont plus répandus que les autres : il n'est presque point de jardins où on ne trouve, par exemple, les Geranions *couleur de feu*, *hybride*, *à zônes*, *papilionacé*, *à feuilles de vigne*, *à fleurs en tête*, *suave*, *très-odorant*, &c.

Je noterai comme les plus dignes d'être recherchés à raison de l'agréable odeur de leurs feuilles, les *Geranions très-odorant*, *beaumier*, *à feuilles de vigne*, *velouté*, *crépu*, *sans stipules*, *d'Afrique*.

Tous ces Geranions, & autres des mêmes climats, & principalement du Cap de Bonne-Espérance, craignent les gelées de celui de Paris, mais y végètent fort bien pendant l'été, quoique quelques-uns n'y amènent pas leurs graines à maturité par défaut suffisant de chaleur.

Les graines de ces sortes de Geranions se sèment au printems, dans des pots remplis de terre de bruyère & de terre franche mélangées par moitié, sur couche & sous châssis. On arrose souvent, mais peu abondamment, pendant l'été, le plant qui en provient. Au printems suivant, on le repique seul à seul dans d'autres pots où la terre franche domine, & on le place à une exposition méridienne. Quelques pieds fleurissent dès cette seconde année; mais la plupart ne le font qu'à leur troisième année, même plus tard. Il y a aussi des variations à cet égard, selon les espèces, comme on peut bien le penser. Le Geranion triste, entr'autres, est désespérant par la lenteur avec laquelle il fleurit. Tous se rentrent dans l'orangerie vers la fin de septembre. Pendant qu'ils y sont on les arrose extrêmement peu, c'est-à-dire, seulement lorsque, par leurs feuilles fanées, elles annoncent qu'elles en ont un pressant besoin. On doit les placer, autant que possible, vis-à-vis des jours, & leur donner de l'air chaque fois que la température de l'atmosphère le permet.

Comme la plupart de ces Geranions ont les feuilles & les tiges plus ou moins charnues, qu'ils les conservent en hiver, & même qu'ils végètent pendant cette saison, il est rare que quelque soin qu'on prenne, il n'y ait pas quelques feuilles, quelques rameaux qui moisissent, & même pourrissent. Ces feuilles & ces rameaux doivent être journellement enlevés. Il faut couper les rameaux dans le vif; car la pourriture qui les a attaqués gagne insensiblement jusqu'aux branches principales & au tronc, & cause immanquablement la perte du pied.

Lorsqu'on n'a pas une bonne orangerie, ou qu'on a un trop grand nombre de Geranions pour l'espace où ils doivent hiverner, il est plus sûr de les dépouiller de toutes leurs feuilles aux approches des froids, même de couper leurs branches en entier, que de risquer sur eux les effets d'un excès d'humidité. J'ai devers moi des faits très-favorables à cette pratique.

Lorsqu'au printems on juge qu'il n'y a plus de gelées à craindre, on sort les Geranions de l'orangerie, dont on a tenu les fenêtres constamment ouvertes, au moins pendant le jour, quinze jours d'avance; mais on ne les met pas de suite au soleil, qui pourroit frapper de mort les pousses étiolées, pousses fort délicates & presque toujours nombreuses. On les dépose à l'ombre, & on procède à leur rempotage.

En leur qualité de plantes charnues, c'est-à-dire, vivant plus par leurs feuilles que par leurs racines, les Geranions ont moins besoin que la plupart des autres, d'être changés de terre tous les ans. Il est même bon, lorsqu'ils commencent à fleurir, de supprimer la terre de bruyère & de mêler du sable pur avec la terre franche pour la rendre aride; car ce n'est que lorsqu'ils poussent avec peu de vigueur, qu'ils donnent beaucoup de fleurs, & des fleurs très-colorées. Cependant il arrive une époque où il faut nécessairement ranimer leur végétation, époque dont on juge au peu de longueur des pousses & au peu de largeur des fleurs. Cette opération n'a rien de difficile, leurs racines pouvant être écourtées, non seulement sans inconvénient, mais même quelquefois avec avantage pour les pieds qui la subissent. Il faut profiter de cette occasion pour rajeunir les vieux pieds, & reformer les têtes mal disposées. *Voyez* RAJEUNISSEMENT. On arrose fortement, & quelques jours après on place les pots où ils doivent définitivement passer l'été; ce qui doit être, autant que possible, à une exposition chaude.

Il est un moyen de donner aux Geranions une vigueur qui les fait remarquer des plus indifférens. C'est de les planter en pleine terre, contre un mur exposé au midi, aussitôt que les gelees ne sont plus à craindre, & de les arroser fortement en été. Mais les pieds ainsi placés doivent être regardés comme perdus à raison de l'incertitude de leur reprise, lorsqu'on les relève en automne pour les mettre de nouveau en pot. Cependant quand on en possede beaucoup, & on a tant qu'on veut de certaines espèces, on peut en sacrifier, chaque année, quelques-uns pour cet objet.

On enterre quelquefois les pots contenant des Geranions de cette division, pour faire croire qu'ils sont en pleine terre; mais on n'y est trompé que dans les cas où leurs racines auroient passé au travers du trou d'écoulement, & se feroient enfoncées dans la terre. Cela arrivant, on risque presqu'autant de perdre le pied que dans le cas précédent, parce qu'il faut nécessairement couper ses racines saillantes pour le rentrer dans l'orangerie, & que cette operation l'affoiblit considérablement.

La reproduction des Geranions par graine laisse long-tems attendre les fleurs, & il en est d'ailleurs qui n'en donnent pas de bonnes dans le climat de Paris; aussi est ce par boutures qu'on les multiplie le plus généralement. Pour la plupart, c'est une opération des plus faciles & des plus sûres. En effet, il suffit de couper l'extrémité d'une branche à quelque époque de l'année que ce soit, mais mieux en mai; de retrancher ses feuilles, & de la mettre dans un pot, sur couche & sous châssis, pour la transformer, en moins d'un mois, en pied qui fleurit souvent avant la fin de la saison. Il arrive cependant souvent que la bouture pourrit au lieu de pousser. Pour rendre cet accident moins commun, il faut laisser les branches, qui sont destinées à en faire, se faner pendant quelques jours avant de les confier à la terre.

On multiplie aussi les Geranions de rejetons & de racines; mais ces deux modes sont moins pratiqués que les boutures.

On trouve dans cette série de Geranions quelques espèces qui n'ont point de tige, comme ceux appelés *triste*, *à feuilles de carote*, *tricolor*. Ceux là ne peuvent donc pas se multiplier comme les précédens. C'est par la division de leurs racines qu'on y parvient, mais pas toujours aussi souvent ni aussi certainement qu'il seroit à desirer, pour le tricolor surtout, un des plus beaux & des plus difficiles à cultiver. C'est au printems, au moment du rempotage, qu'il faut tenter cette opération. Les fragmens enlevés aux vieux pieds seront de suite mis dans des pots, fortement arrosés, & placés sur couche & sous châssis.

Il ne reste plus, pour terminer ce que j'ai à dire sur les Geranions d'orangerie, qu'à parler de ceux qui sont annuels, & qui ne se voient que dans les écoles de botanique ou dans les grandes collections de plantes, à raison de ce qu'à deux ou trois près, tels que les *Geranions bec de grue*, *à feuilles de bénoite*, ils sont d'un aspect peu remarquable. Ces Geranions donc se sèment dans des pots sur couche & sous châssis, vers le mois d'avril; & lorsque le plant a acquis un pouce ou deux de haut, on le repique seul à seul dans d'autres pots, qui après que la reprise est effectuée, sont placés a une exposition méridienne. On arrose au besoin.

Aucun Geranion n'est dans le cas d'intéresser beaucoup la grande culture, quoique les bestiaux mangent la plupart de ceux qui se trouvent dans nos campagnes, & que même on ramasse au printems, dans quelques lieux, comme aux environs de Paris, le plus précoce de tous, & qui croit dans les sables les plus arides, le Geranion a feuilles de cigue, avec sa racine, pour le donner aux vaches, qui en sont très-friandes.

Si j'avois voulu entrer dans le détail de la culture propre à chaque espèce de Geranion, j'aurois rempli un volume; car chacune de ces espèces offre des différences qui, quoique peu sensibles, sont toujours dans le cas d'être notées. J'ose croire cependant que le peu que j'en ai dit suffira aux amis de la culture, pour conserver & multiplier ceux qu'ils possèdent. (*Bosc.*)

GÉRARDE. *Gerardia.*

Genre de plante de la didynamie angiospermie & de la famille des *Personnées*, qui réunit une quinzaine de plantes à feuilles alternes & à fleurs en epi, dont la plupart ont un aspect assez agréable pour mériter d'être cultivées dans nos jardins, mais qui y sont encore rares à raison de la difficulte de faire lever leurs graines & de conserver le plant qui en provient. *Voyez* les *Illustrations des Genres* de Lamarck, pl. 529.

Espèces.

1. La Gerarde tubéreuse.

Gerardia tuberosa. Linn. ♃ Des îles de l'Amérique.

2. La Gérarde à feuilles de dauphinelle.

Gerardia delphinifolia. Linn. ⊙ Des Indes.

3. La Gerarde pourprée.

Gerardia purpurea. Linné. ⊙ De l'Amérique septentrionale.

4. La Gérarde jaune.

Gerardia flava. Linn. ⊙ De l'Amérique septentrionale.

5. La Gérarde laciniée.

Gerardia pedicularia. Linné. ⊙ De l'Amérique septentrionale.

6. La Gérarde de la Chine.

Gerardia glutinosa. Linn. De la Chine.

7. La Gerarde du Japon.

Gerardia japonica. Thunb. Du Japon.

8. La Gérarde nigrine.

Gerardia nigrina. Linné. ♃ Du Cap de Bonne-Esperance.

9. La Gérarde droite.

Gerardia erecta. Mich. ⊙ De l'Amérique septentrionale.

10. La Gérarde à feuilles menues.

Gerardia tenuifolia. Vahl. ⊙ De l'Amérique septentrionale.

11. La Gérarde tubuleuse.

Gerardia tubulosa. Linné. Du Cap de Bonne-Espérance.

12. La Gérarde rude.

Gerardia scabra. Linné. Du Cap de Bonne-Espérance.

13. La Gérarde à fleurs sessiles.

Gerardia sessiliflora. Vahl. Du Cap de Bonne-Esperance.

14. La Gérarde auriculée.

Gerardia auriculata. Mich. De la Caroline.

15. La Gérarde cassioide.

Gerardia cassioides. Mich. ⊙ De la Caroline.

Observation.

Cette dernière espèce forme le genre *Afzélie* de Gmelin, genre que je crois bon pour l'avoir observé sur le vivant.

Culture.

Une seule espèce de Gérarde a été, à ma connoissance, cultivée dans quelques jardins de Paris; c'est la troisième. Comme j'ai observé dans leur pays natal, toutes celles de l'Amérique septentrionale, ci-dessus indiquées, & que j'ai même apporté en abondance de leurs graines, je puis faire connoître les causes de leur rareté en Europe. 1°. Leurs graines, comme celles de beaucoup d'autres plantes, exigent d'être semées peu apres qu'elles sont arrivées à leur comlpète maturite. 2°. Il leur faut la terre de bruyère. 3°. Elles demandent à être couvertes d'eau pendant l'hiver, quoique les pieds qui en proviennent, ne puissent prosperer que dans la sécheresse. C'est donc uniquement sur le bord des étangs, dont les eaux diminuent considérablement pendant l'été, & qui sont situées en pays sablonneux, ou autour de mares construites à cet effet, qu'on peut espérer de les conserver, après en avoir fait venir de leur pays natal la graine dans de la terre humide.

Cependant la Gérarde laciniée & la Gérarde cassioide m'ont paru croître dans les sables qui ne retenoient pas l'eau pendant l'hiver, & on peut par conséquent espérer de les voir s'introduire plus facilement dans nos jardins que les autres. La dernière, par la finesse des découpures de ses feuilles & la grosseur de ses touffes, est d'un aspect très-agréable, & par-là compense ce que ses fleurs ont de moins brillant que celles des autres, qui les ont toutes remarquables par leur grandeur & leur vive coloration. Elle offre le phenomène de pousser une des premières au printems, & cependant de ne fleurir que fort tard en automne. (*Bosc.*)

GERBE, tiges de blé ou d'autres céréales, coupées & réunies au moyen d'un lien, de maniere à être toutes parallèles & à avoir toutes les épis tournés d'un même côté. Une Gerbe diffère d'une Bote (*voyez* ce mot) par ces deux dernières circonstances.

La grosseur des Gerbes varie, mais elle ne doit être ni trop petite ni trop considérable, leur principal objet étant de faciliter le transport des objets dont elles sont composées.

Il n'est pas aussi commun qu'on le pense, de faire une Gerbe bien & vîte. Quelque simple qu'en soit l'opération, elle demande de l'habitude & de la force. *Voyez* Froment, Seigle, Orge & Avoine. (*Bosc.*)

GERBÉE. Quelques cultivateurs nomment ainsi la paille, surtout celle d'avoine, qui a été froissée dans l'opération du battage & qu'on donne pour nourriture aux bestiaux. Quelques autres, au contraire, appliquent ce nom à la paille de seigle ou de froment qu'on a ménagée en la battant, & dont on se sert pour lier. *Voyez* Paille.

GERBER LES TONNEAUX; c'est mettre les uns dessus les autres.

GERBIER, lieux où on amoncelle les gerbes. *Voyez* GRANGE & MEULE.

GERÇURE. On donne ce nom aux petites fentes que le froid ou la dessiccation fait naître dans les arbres vivans ou dans les arbres morts. *Voyez* GELIVURE & BOIS.

GERMAIN (Poire de Saint-). *Voyez* POIRIER.

GERMAINE. *Voyez* PLECTRANTHE.

GERMANDRÉE. TEUCRIUM.

Genre de plante de la didynamie gymnospermie & de la famille des *Labiées*, qui comprend un assez grand nombre d'espèces, dont plusieurs sont extrêmement communes dans certains lieux; quelques-unes d'usage en médecine, & d'autres assez belles pour être cultivées comme ornement. Toutes exhalent dans la chaleur ou lorsqu'on les froisse, une odeur forte qui ne plaît pas à tout le monde. *Voyez* les *Illustrations des Genres* de Lamarck, pl. 501.

Espèces.

1. La GERMANDRÉE d'Espagne.
Teucrium fruticosum. Linn. ♄

2. La GERMANDRÉE des Canaries.
Teucrium heterophyllum. Lheritier. ♄ Des Canaries.

3. La GERMANDRÉE de Madère.
Teucrium betonicum. Ait. ♄ De Madère.

4. La GERMANDRÉE de Crète.
Teucrium creticum. Lamarck. ♄ De Crète.

5. La GERMANDRÉE à feuilles de romarin.
Teucrium rosmarinifolium. Lam. ♄ De Crète.

6. La GERMANDRÉE unie.
Teucrium lævigatum. Vahl. D'Amérique.

7. La GERMANDRÉE à petites fleurs.
Teucrium parviflorum. Schreb. ♃ D'Arménie.

8. La GERMANDRÉE trifide.
Teucrium trifidum. Retz. ♄ Du Cap de Bonne-Espérance.

9. La GERMANDRÉE à courtes feuilles.
Teucrium brevifolium. Schreb. ♄ De Crète.

10. La GERMANDRÉE très-rameuse.
Teucrium ramosissimum. Desf. ♄ De Barbarie.

11. La GERMANDRÉE maritime.
Teucrium marum. Linn. ♄ Des bords de la Méditerranée.

12. La GERMANDRÉE multiflore.
Teucrium multiflorum. Linn. ♄ D'Espagne.

13. La GERMANDRÉE de Laxmann.
Teucrium Laxmanni. Linn. De Sibérie.

14. La GERMANDRÉE de Sibérie.
Teucrium sibiricum. Linn. ♃ De Sibérie.

15. La GERMANDRÉE à odeur de pomme.
Teucrium massiliense. Lamarck. ♄ Des bords de la Méditerranée.

16. La GERMANDRÉE de Portugal.
Teucrium asiaticum. Linn. ♄ De Portugal.

17. La GERMANDRÉE de Cuba.
Teucrium cubense. Linn. ⊙ De Cuba.

18. La GERMANDRÉE d'Arduini.
Teucrium Arduini. Linn.

19. La GERMANDRÉE royale.
Teucrium regium. Schreb. ♄ D'Espagne.

20. La GERMANDRÉE de Virginie.
Teucrium virginicum. Willd. ♃ De Virginie.

21. La GERMANDRÉE velue.
Teucrium villosum. Forster. Des îles de la mer du Sud.

22. La GERMANDRÉE abutiloïde.
Teucrium macrophyllum. Lam. ♄ De Madère.

23. La GERMANDRÉE résupinée.
Teucrium resupinatum. Desf. ⊙ De Barbarie.

24. La GERMANDRÉE salviastre.
Teucrium salviastreum. Schreb. ♃ De Portugal.

25. La GERMANDRÉE à bractées.
Teucrium bracteatum. Desf. ♃ De Barbarie.

26. La GERMANDRÉE brillante.
Teucrium nitidum. Schreb. ♄ De Barbarie.

27. La GERMANDRÉE couchée.
Teucrium spinum. Linn. ♄ D'Autriche.

28. La GERMANDRÉE à feuilles de thym.
Teucrium thymifolium. Schreb. ♄ D'Espagne.

29. La GERMANDRÉE à feuilles de buis.
Teucrium buxifolium. Schreb. ♄ D'Espagne.

30. La GERMANDRÉE gnaphalode.
Teucrium gnaphalodes. Lhérit. ♄ D'Espagne.

31. La GERMANDRÉE achæmène.
Teucrium achæmenis. Schreb. ♄ Des bords de l'Adriatique.

32. La GERMANDRÉE trifoliée.
Teucrium trifoliatum. Vahl. ♄ De Barbarie.

33. La GERMANDRÉE fausse hyssope.
Teucrium pseudo-hyssopus. ♄ D'Italie.

34. La GERMANDRÉE de Valence.
Teucrium valentinum. Schreb. ♄ D'Espagne.

35. La GERMANDRÉE de Portugal.
Teucrium lusitanium. Schreb. ♄ De Portugal.

36. La GERMANDRÉE pycnophylle.
Teucrium pycnophyllum. Schreb. ♄ D'Espagne.

37. La GERMANDRÉE verticillée.
Teucrium verticillatum. Cav. ♄ D'Espagne.

38. La GERMANDRÉE libanite.
Teucrium libanitis. Cav. ♄ D'Espagne.

39. La GERMANDRÉE à feuilles aiguës.
Teucrium angustissimum. Schreb. ♄ D'Espagne.

40. La GERMANDRÉE céleste.
Teucrium cœleste. Schreb. ♄ D'Espagne.

41. La GERMANDRÉE à fleurs en cyme.
Teucrium cymosum. Persoon. D'Espagne.

42. La GERMANDRÉE à feuilles de marjolaine.
Teucrium majorana. Persoon. D'Espagne.

43. La GERMANDRÉE d'Égypte.
Teucrium ægyptiacum. Persoon. D'Égypte.

44. La GERMANDRÉE du Canada.
Teucrium canadense. Linn. ♃ De l'Amérique septentrionale.

45. La GERMANDRÉE d'Hircanie.
Teucrium hyrcanicum. Lamarck. ♃ De Perse.

46. La GERMANDRÉE sauvage.
Teucrium scorodonia. Linn. ♃ Indigène.
47. La GERMANDRÉE aquatique.
Teucrium scordium. Linn. ♃ Indigène.
48. La GERMANDRÉE officinale ou *le petit chêne.*
Teucrium chamædrys. Linn. ♃ Indigène.
49. La GERMANDRÉE luisante.
Teucrium lucidum. Linn. ♃ Des Basses-Alpes.
50. La GERMANDRÉE jaune.
Teucrium flavum. Lamarck. ♃ Du midi de l'Europe.
51. La GERMANDRÉE botryde.
Teucrium botrys. Linn. ⊙ Indigène.
52. La GERMANDRÉE campanulée.
Teucrium campanulatum. Lamarck. ♃ D'Italie.
53. La GERMANDRÉE du Levant.
Teucrium orientale. Lamarck. D'Orient.
54. La GERMANDRÉE de Nissole.
Teucrium nissolianum. Lamarck. ⊙ D'Espagne.
55. La GERMANDRÉE du Japon.
Teucrium japonicum. Willd. ♃ Du Japon.
56. La GERMANDRÉE à calice renflé.
Teucrium inflatum. Swartz. ♃ De la Jamaïque.
57. La GERMANDRÉE de Mauritanie.
Teucrium mauritanicum. Linn. ♃ De Barbarie.
58. La GERMANDRÉE ivette.
Teucrium chamæpytis. Linn. ⊙ Indigène.
59. La GERMANDRÉE fausse ivette.
Teucrium pseudo-chamæpytis. Linn. ♃ Du midi de l'Europe.
60. La GERMANDRÉE musquée.
Teucrium iva. Linn. ⊙ Du midi de l'Europe.
61. La GERMANDRÉE à feuilles de saule.
Teucrium salicifolium. Linn. ♃ Du Levant.
62. La GERMANDRÉE épineuse.
Teucrium spinosum. Linn. ⊙ D'Espagne.
63. La GERMANDRÉE de roche.
Teucrium rotundifolium. Schreb. ♄ D'Espagne.
64. La GERMANDRÉE des Pyrénées.
Teucrium pyrenaicum. Linn. ♃ Des Pyrénées.
65. La GERMANDRÉE de montagne.
Teucrium montanum. Lamarck. ♄ Indigène.
66. La GERMANDRÉE tomenteuse.
Teucrium polium. Linn. ♄ Indigène.
67. La GERMANDRÉE jaunâtre.
Teucrium flavicans. Lamarck. ♃ Du midi de la France.
68. La GERMANDRÉE jaunissante.
Teucrium flavescens. Schreb. ♄ Du midi de la France.
69. La GERMANDRÉE à fleurs en tête.
Teucrium capitatum. Linn. ♄ Du midi de la France.
70. La GERMANDRÉE naine.
Teucrium pumilum. Linn. ♄ D'Espagne.

Culture.

Les Germandrées, dans le cas d'être cultivées dans les jardins paysagers pour concourir à leur ornement, sont de deux sortes; les unes de pleine terre, telles que les *Germandrées du Canada, de Virginie, d'Hircanie, luisante, des Pyrénées, cotonneuse, jaune & à fleurs en tête.* Elles demandent un terrein sec & a une exposition très-méridienne, car elles craignent plus ou moins le froid; & un cultivateur sage en conservera quelques pieds en pot dans l'orangerie, pour pouvoir reparer les pertes que de fortes gelées pourroient lui occasionner. Les autres, comme les *Germandrées d'Espagne, à grandes feuilles, maritime, à odeur de pomme,* exigent imperieusement l'orangerie.

Aux premières, il faut reunir toutes celles qui sont indigènes, toutes celles qui viennent de l'Espagne, de l'Italie, de la Siberie; & aux secondes, celles naturelles au Cap de Bonne-Espérance, à la Barbarie, à l'Orient, au Japon.

La terre chaude est nécessaire aux *Germandrées à calice renflé & de Cuba.*

La plus grande partie des Germandrées demandent une terre légère, pierreuse, sèche. Il n'y a guère que celles *des marais* & *maritime* qui aiment l'humidite. Toutes s'accommodent cependant de celle qu'on leur donne.

Les Germandrées vivaces de pleine terre ou d'orangerie se multiplient par le semis de leurs graines, par le dechirement des vieux pieds & de boutures, soit dans des pots sur couche & sous châssis, soit en pleine terre, à une bonne exposition. On leur ménagera les arrosemens en tout tems, & surtout en hiver. Celles en pot seront pourvues tous les deux ans de nouvelle terre. Parmi ces dernières, il en est une dont l'odeur est plus forte que celle des autres, qui attire tellement les chats, qu'il n'y a pas moyen de la conserver autrement qu'en la plaçant sous une cage. C'est celle à *odeur de pomme* ou *marum.*

Les Germandrées annuelles se sèment également dans des pots sur couche & sous châssis, lorsqu'elles proviennent des pays chauds, & en place si elles sont indigènes. Les unes & les autres seront eclaircies & sarclées. Elles ne seront arrosées que dans les sécheresses. On ne les voit que dans les jardins de botanique, quoique quelques unes se fassent remarquer, ou par leur odeur, ou par la forme de leurs feuilles.

La Germandrée sauvage est quelquefois si abondante dans les bois secs & sablonneux, qu'il devient avantageux de la faucher pour en faire de la potasse ou augmenter la masse des fumiers.

Aucun animal domestique ne mange les Germandrées que lorsqu'il y est forcé par la faim, encore faut-il qu'elles soient jeunes. Une des espèces que les vaches repoussent le moins est l'*aquatique*, & on a remarque qu'elle donnoit à leur lait une odeur d'ail fort désagréable. (*Bosc.*)

GERME: nom des agneaux femelle dans quelques endroits.

GERME. Les anciens botanistes donnoient ce nom à la base du pistil, c'est-à-dire, à ce qu'on appelle généralement aujourd'hui OVAIRE (*voyez* ce mot), & les cultivateurs à cette partie de la graine qui est le rudiment de la nouvelle plante, & que les botanistes appellent l'EMBRYON.

Dans ce dernier sens, le germe est composé de la RADICULE, de la PLUMULE & du POINT VITAL, c'est-à-dire, le point de jonction des deux premières parties, ou mieux, qui est un être idéal auquel on suppose une action propre à faire naître & conserver la vie à la plante, action analogue à celle du cœur dans le fœtus & dans l'animal adulte. *Voyez* ces mots.

Toutes ces parties seront détaillées autant qu'il conviendra aux agriculteurs, au mot GRAINE, & pour le surplus je renvoie aux articles correspondans du *Dictionnaire de botanique*.

GERMÉ. On donne ce nom au GAZON dans quelques cantons.

GERMINATION, développement du germe, c'est-à-dire, de la RADICULE & de la PLUMULE des GRAINES. *Voyez* ces mots.

L'acte de la Germination est trop important pour que les cultivateurs ne doivent pas porter toute leur attention sur les phénomènes qu'il présente. Il est donc nécessaire que je donne quelque développement à l'article qui est consacré à l'éclairer.

Lorsqu'on met une graine dans la terre humide & pourvue d'un certain degré de chaleur, elle absorbe de l'eau, se gonfle: son enveloppe se rompt, la radicule sort, s'alonge, s'enfonce dans la terre; la plumule se redresse, s'élève vers le ciel; les cotylédons s'étalent, l'action vitale commence.

On dit alors que la graine est germée, quoique la plante nouvelle tire encore toute sa nourriture des COTYLÉDONS. *Voyez* ce mot.

Mais qu'est-ce qui fait germer les graines? Nous n'en savons rien.

Plusieurs circonstances sont également essentielles à la Germination.

1°. La présence de l'eau. Elle paroît agir de deux manières: mécaniquement, en gonflant les parties, & en faisant rompre les enveloppes; chimiquement, en dissolvant les matières contenues dans les cotylédons. Il n'est pas prouvé qu'elle se décompose dans cette opération, comme l'ont prétendu quelques physiologistes.

Lorsqu'il y a trop d'eau, l'air est intercepté, & la graine pourrit.

2°. L'action de la chaleur. Sans chaleur point de Germination, parce que, dans ce cas, l'eau ne peut point agir chimiquement. Il ne faut pas cependant que cette chaleur soit trop forte, parce qu'alors les opérations se succéderoient trop rapidement & se nuiroient réciproquement.

3°. La présence de l'air. Des expériences positives ont appris qu'il n'y avoit pas de Germination sans oxygène, qui sert probablement à aider l'effet chimique de l'eau. Un huitième de ce gaz suffit: un cinquième est la proportion la plus convenable. Plus qu'un quart produit des effets analogues à l'excès de la chaleur.

Il paroît que, dans l'acte de la Germination, l'oxygène se porte sur le carbone de la graine, & forme de l'acide carbonique qui est absorbé par la radicule.

Loin d'être utile à la Germination, la lumière la retarde, d'après des faits trop bien observés pour être révoqués en doute; mais elle devient nécessaire à la jeune plante dès que la Germination est effectuée. Il est donc d'une grande importance que le cultivateur qui a couvert les semis, les découvre au moment précis, sans quoi il risque de le voir se FONDRE en totalité presqu'instantanément.

L'action du sol sur la Germination tient à sa capacité pour retenir l'eau & la chaleur, & la facilité à donner passage aux foibles racines de la plante naissante. Les terres légères & noires, telles que celle de bruyère, & le terreau de couche lorsqu'elles sont suffisamment humectées, sont les plus convenables. On ne doit donc jamais négliger de les préférer dans la culture des plantes précieuses, lorsqu'on peut s'en procurer. C'est pour ne le pas faire qu'on se plaint que tant de graines d'arbres & d'arbustes étrangers, distribuées annuellement par mon collègue Thouin & par moi, ne lèvent pas autre bien autre part, que dans les jardins dont la surveillance nous est confiée.

Voici à peu près l'usage de chaque partie de la graine dans la Germination.

L'enveloppe sert à réunir les différens organes, & empêcher qu'il n'y affiue trop d'eau à la fois.

Le périsperme, lorsqu'il existe, paroît devoir donner le premier aliment aux plantes. *Voyez* PÉRISPERME.

Les cotylédons servent, mais plus tard, au même objet que le périsperme. Lorsqu'on enlève les cotylédons à une graine germante, la plante ne pousse plus que foiblement & périt même ordinairement. C'est pour ne pas connoître ce fait qu'il se perd, chaque année, tant de semis de raves, de navettes, de colsa, &c., des insectes du genre altise en dévorant les cotylédons à mesure qu'ils se montrent.

La radicule est la première partie qui se développe. Il semble qu'elle est la plus essentielle. Cependant on peut l'empêcher de croître, la couper même perpétuellement sans que la plante périsse.

Il en est de même de la plumule.

C'est donc dans l'intervalle des deux que réside la vie de la jeune plante. C'est cet entre-deux qu'on a appelé le POINT VITAL. *Voyez* ce mot & le mot GRAINE.

Depuis long-tems on sait que, quelle que soit la position de la graine dans la terre, la radicule tend toujours à descendre, & la plumule toujours à monter. Dans les petites graines rondes, celle de la moutarde, par exemple, c'est la graine qui se retourne. Dans celles qui sont grosses & longues, le gland, par exemple, c'est la radicule & la plumule. On peut la faire changer plusieurs fois de direction sans faire périr la jeune plante; mais

mais comme cela retarde le développement, on doit faire attention dans le semis des grosses graines, comme les noix, les châtaignes, &c. qu'on place dans la terre une à une, à la position qu'on leur donne.

Cette remarquable tendance de ces deux parties a fait desirer savoir ce qui arriveroit à des graines qui germeroient en changeant continuellement de position. M. Knight en a seme sur une roue toujours tournante, & il a vu qu'elles ont toutes tourné leur radicule vers le centre, & leur plumule vers la circonférence ; ce qui indique que c'est la gravitation qui joue le principal rôle dans cette opération de la Nature.

Je m'arrête ici crainte de donner, pour le surplus des phénomènes de la Germination, des hypothèses pour des vérités, & je renvoie au mot SEMINATION, SEMIS & SEMAILLES les applications des principes dont je viens de donner l'apperçu. (*Bosc.*)

GERMOIR. Il est des graines, ce sont celles dont le périsperme est corné, qui, dès qu'elles sont desséchées, ne germent plus que l'année qui suit celle de leur semis, & même deux, trois, six ans après. Il en est d'autres, ce sont celles dont les cotylédons sont huileux, qui perdent la faculté de germer lorsqu'elles sont exposées à une température sèche & chaude, parce que dans ce cas leur huile rancit, & que l'acide qui se développe altère leur germe.

Ces deux sortes de graines demandent donc à être semées presqu'immédiatement après qu'elles ont été recueillies.

Mais il est des cas où l'on ne peut pas semer les graines avant l'hiver ; par exemple, lorsqu'on n'a pas de terrein disponible, lorsqu'on craint les ravages des quadrupèdes ou des oiseaux granivores, lorsque les jeunes plantes qu'elles doivent produire sont dans le cas d'être affectées des dernières gelées du printems.

C'est pour ces cas que l'on a inventé le Germoir.

Le Germoir est un trou profond de deux pieds, aussi long & aussi large qu'on le veut, fait en terrein sec, ou un grand pot, une caisse, un tonneau défoncé d'un bout, dans lequel on dépose les graines, & où, après les avoir mêlées ou mieux stratifiées de terre ou de sable à demi sec, on les en recouvre d'un pied, puis on les y laisse passer l'hiver.

On doit préférer les pots & les caisses pour les graines précieuses, parce qu'en les rentrant dans une orangerie ou autre lieu fermé, on assure mieux leur conservation

Il est important que la terre ne soit ni trop sèche ni trop humide pour éviter, ou la dessiccation, ou la pourriture des graines.

Les graines qui peuvent se passer du Germoir gagnent à y être mises.

Dans les grandes pépinières, on y met toujours, par la nécessité d'économiser le terrein & le tems, toutes les graines qui ne germent que la seconde année, comme celles des épines, des aliziers, &c. ; par ce moyen on renferme dans quelques pieds ce qui devra couvrir un arpent.

On laisse au Germoir les grosses graines, telles que les noix, les châtaignes, les marrons d'Inde, les glands, les amandes, &c., jusqu'à ce qu'elles soient réellement germées, parce qu'alors on est sûr de n'en planter que de bonnes, & qu'on peut, lorsqu'on le juge à propos, pincer la radicule pour empêcher les pieds qu'elles doivent produire d'avoir un PIVOT. (*Voyez* ce mot.) Quant aux petites, il faut les semer avant leur germination pour que leur radicule & leur plumule ne soient pas cassées dans l'opération de leur semis.

Lorsqu'on veut retarder la germination des graines, il faut les enterrer très-profondément. On peut, par ce moyen, les conserver un nombre d'années indéterminées. Les agriculteurs ne font pas assez fréquemment usage de cette excellente pratique. *Voyez* GRAINE.

Voyez, pour le surplus, aux mots SEMIS & SEMAILLES. (*Bosc.*)

GÉROFLE. *Voyez* GIROFLE.

GÉROPOGON. *Geropogon.*

Genre de plante de la syngénésie égale & de la famille des *Chicoracées*, qui renferme trois espèces qui se rapprochent infiniment des SALSIFIS (*voyez* ce mot), & qui ne se cultivent que dans les écoles de botanique. Il est figuré pl. 646 des *Illustrations* de Lamarck.

Espèces.

1. Le GÉROPOGON glabre.
Geropogon glaber. Linn. ⊙ D'Italie.
2. Le GÉROPOGON hérissé.
Geropogon hirsutum. Linn. ⊙ D'Italie.
3. Le GÉROPOGON calyculé.
Geropogon calyculatum. Linn. ♃ D'Italie.

Culture.

Les deux premières espèces se sèment en pleine terre & en place au printems, lorsque les gelées ne sont plus à craindre. On éclaircit, on sarcle & on arrose leur plant selon le besoin. Une terre demi-légère paroît être celle qui leur convient le mieux, mais elles s'accommodent de celles qu'on leur donne.

La troisième espèce ne se cultive pas dans les jardins de Paris, mais bien dans ceux de Vienne. Il paroît qu'elle exige l'orangerie pendant l'hiver ; ce qui suppose qu'on la sème en pot, sur couche & sous châssis. (*Bosc.*)

GESNÈRE. *Gesneria.*

Genre de plante de la didynamie angiospermie & de la famille des *Campanulacées*, qui renferme une dixaine d'espèces, dont une est cultivée dans nos serres, qu'elle orne par ses feuilles toujours vertes, par ses fleurs qui se succèdent pendant presque toute l'année. *Voyez* les *Illustrations des Genres* de Lamarck, pl. 536.

Observation.

La Gesnère frangée forme le genre *Craniolaire* de Linnæus.

Espèces.

1. La GESNÈRE jaunâtre.
Gesneria humilis. Linn. ♄ De Saint-Domingue.
2. La GESNÈRE naine.
Gesneria acaulis. Linn. ♄ De la Jamaïque.
3. La GESNÈRE cotoneuse.
Gesneria tomentosa. Linn. ♄ De Saint-Domingue.
4. La GESNÈRE frangée.
Gesneria fimbriata. Lamarck. ♄ De Saint-Domingue.
5. La GESNÈRE en corymbe.
Gesneria corymbosa. Swartz. ♄ De la Jamaïque.
6. La GESNÈRE grande.
Gesneria grandis. Swartz. ♄ De la Jamaïque.
7. La GESNÈRE scabre.
Gesneria scabra. Swartz. ♄ De la Jamaïque.
8. La GESNÈRE saillante.
Gesneria exerta. Swartz. ♄ De la Jamaïque.
9. La GESNÈRE calycinale.
Gesneria calycina. Swartz. ♄ De la Jamaïque.
10. La GESNÈRE ventrue.
Gesneria ventricosa. Sw. ♄ De la Jamaïque.

Culture.

Comme je l'ai dit plus haut, on ne cultive dans nos serres qu'une seule espèce de ce genre : c'est la Gesnère cotoneuse. On lui donne une terre substantielle, des arrosemens fréquens en été & modérés en hiver. La tannée lui est nécessaire pendant cette saison. Etant toute l'année en végétation, elle demande à être dépotée au printems & en automne pour recevoir de la nouvelle terre, & être mise dans un plus grand pot, dont on aura soin de boucher les trous avec des tuileaux pour empêcher ses racines de pénétrer dans la tannée.

On multiplie la Gesnère tomenteuse de graines tirées de son pays natal, car elle n'en produit pas dans nos serres, ou par boutures. Ces dernières se font au milieu du printems, avec des pousses de l'année précédente, prises au collet de la racine, dans des pots sur couche & sous châssis, ou mieux dans des baches. On les recouvre d'un entonnoir de verre & on les ombrage. La moitié réussit ordinairement. L'année suivante, on met ces boutures seule à seule dans un pot, & on les traite comme les vieux pieds.

Pendant l'été on tire la Gesnère tomenteuse de la tannée, pour la mettre hors de la serre à une exposition méridienne. (*Bosc.*)

GÉRUMA. *GERUMA.*

Plante d'Arabie, qui, d'après Forskal, forme un genre dans la pentandrie monogynie. Elle n'est pas connue dans nos jardins. (*Bosc.*)

GESSE. *LATHYRUS.*

Genre de plante de la diadelphie décandrie & de la famille des *Légumineuses*, contenant un grand nombre d'espèces, presque toutes d'un grand intérêt pour le cultivateur, comme pouvant fournir un fourage pour la nourriture de ses bestiaux, & des graines pour la sienne, ou au moins pour celle de ses volailles. Quelques-unes se cultivent pour la bonne odeur ou la beauté de leurs fleurs. *Voy.* les *Illustrations* de Lamarck, pl. 632.

Ce genre est extrêmement voisin des VESCES. (*Voyez* ce mot.) Il n'offre que des plantes grimpantes, à tiges anguleuses, à feuilles alternes, composées d'une ou de deux paires de folioles attachées à des pétioles terminés en vrilles, à fleurs disposées en grappes peu garnies sur de longs pédoncules axillaires.

Espèces.

Gesses à pédoncules uniflores ou biflores.

1. La GESSE cultivée.
Lathyrus sativus. Linn. ☉ Des parties méridionales de l'Europe.
2. La GESSE sans feuilles.
Lathyrus aphaca. Linn. ☉ Indigène.
3. La GESSE sans vrilles.
Lathyrus nissolia. Linn. ☉ Indigène. Vulgairement *jarosse*, *pois d'Espagne*, *pois breton.*
4. La GESSE à petites fleurs.
Lathyrus inconspicuus. Linn. ☉ Du Levant.
5. La GESSE sétacée.
Lathyrus setifolius. Linn. ☉ Des parties méridionales de l'Europe.
6. La GESSE anguleuse.
Lathyrus angulatus. Linn. ☉ Des parties méridionales de l'Europe.
7. La GESSE axillaire.
Lathyrus axillaris. Lamarck. ☉ Des parties méridionales de l'Europe.
8. La GESSE à gousses enflées.
Lathyrus turgidus. Lamarck. De.....
9. La GESSE hérissée.
Lathyrus hirtus. Lamarck. ☉ De.....
10. La GESSE de Bithynie.
Lathyrus bithynicus. Lamarck. ☉ Du Levant.
11. La GESSE articulée.
Lathyrus articulatus. Linn. ☉ Des parties méridionales de l'Europe.

12. La Gesse d'Efpagne.
Lathyrus clymenum. Linn. ⊙ D'Efpagne.
13. La Gesse à deux fortes de fruits.
Lathyrus amphycarpos. Linn. ⊙ Du Levant.
14. La Gesse chiche, vulgairement *geffette, petite geffe, garonte.*
Lathyrus cicera. Linn. ⊙ D'Efpagne.
15. La Gesse à une fleur.
Lathyrus monanthos. Willd. ⊙ D'Allemagne.
16. La Gesse à feuilles étroites.
Lathyrus tenuifolius. Desfont. De Barbarie.
17. La Gesse atténuée.
Lathyrus attenuatus. Perfoon. Des environs de Gênes.
18. La Gesse fubulée.
Lathyrus fubulatus. Lamarck. De l'Amérique méridionale.
19. La Gesse de Tanger, vulgairement *pois grec.*
Lathyrus tingitanus. Linné. ⊙ Des côtes de Barbarie.
20. La Gesse odorante, vulgairement *pois de fenteur, pois odorant.*
Lathyrus odoratus. Linn. ⊙ De Ceilan.
21. La Gesse jaune.
Lathyrus annuus. Linn. ⊙ Des parties méridionales de l'Europe.

Geffes à pédoncules multiflores.

22. La Gesse velue.
Lathyrus hirfutus. Linn. ⊙ Indigène.
23. La Gesse de Magellan.
Lathyrus magellanicus. Lam. De l'Amérique méridionale.
24. La Gesse nerveufe.
Lathyrus nervofus. Lam. De l'Amérique méridionale.
25. La Gesse foyeufe.
Lathyrus fericeus. Lam. De l'Amérique méridionale.
26. La Gesse tomenteufe.
Lathyrus tomentofus. Lam. De l'Amérique méridionale.
27. La Gesse tubéreufe, vulgairement *mégufon.*
Latyrus tuberofus. Linn. ♃ Indigène.
28. La Gesse des prés.
Lathyrus pratenfis. Linn. ♃ Indigène.
29. La Gesse des marais.
Lathyrus paluftris. Linn. ♃ Indigène.
30. La Gesse fauvage ou des bois.
Lathyrus filveftris. Linn. ♃ Indigène.
31. La Gesse à feuilles larges, vulgairement *pois vivace, pois éternel, pois à bouquets.*
Lathyrus latifolius. Lam. ♃ Indigène.
32. La Gesse hétérophyle.
Lathyrus heterophyllus. Linn. ♃ Des parties méridionales de l'Europe.
33. La Gesse pififorme.
Lathyrus pififormis. Linn. ♃ Des parties feptentrionales de l'Europe.
34. La Gesse à feuilles rondes.
Lathyrus rotundifolius. Willd. De Crimée.
35. La Gesse à fruits recourbés.
Lathyrus incurvatus. Willd. ♃ De Sibérie.
36. La Gesse à feuilles de myrte.
Lathyrus myrtifolius. Willd. De l'Amérique feptentrionale.
37. La Gesse veineufe.
Lathyrus venofus. Willd. De l'Amérique feptentrionale.
38. La Gesse du Japon.
Lathyrus japonicus. Willd. Du Japon.

Culture.

Comme les cultivateurs doivent confidérer les Geffes fous des rapports très-différens, je vais paffer en revue par ordre, & indiquer d'abord la culture des efpèces indigènes, puis celle des efpèces qui ont été introduites dans nos jardins.

La Geffe cultivée offre une variété à feuilles & à fleurs plus grandes, & à fruits blancs qu'on préfère dans beaucoup de lieux.

C'eft principalement dans les parties méridionales de la France, que la Geffe cultivée eft un article important pour les exploitations rurales bien dirigées, attendu qu'elle a peu à y craindre les inconftances atmofphériques, & qu'elle y donne des produits fupérieurs à ceux des vefces & des pois gris. Dans le climat de Paris, les gelées tardives & les pluies continues du printems lui nuifent fi fouvent, qu'on n'en voit que dans quelques exploitations, & prefque feulement pour l'ufage des pharmacies de la capitale.

Tous les terreins conviennent à la Geffe cultivée, & cette facilité doit engager à ne la mettre que dans les plus médiocres, furtout dans les glaifes qu'elle améliore quand on la coupe au moment de fa floraifon, & parce qu'elle fait périr les mauvaifes herbes en les étouffant, & parce qu'elle y laiffe d'abondans débris. Elle leur eft encore utile fous le rapport de l'affolement. Je nè puis trop le répéter : on doit faifir tous les moyens de retarder le retour des mêmes cultures dans le même champ. *Voyez* Succession de culture.

Rarement on fume les terres deftinées à produire de la Geffe, quoique par-là on dût être certain d'obtenir des récoltes plus abondantes en tiges & en graines.

Un feul labour eft ordinairement donné aux terres deftinées à recevoir la vefce, & il doit fuffire lorfque la terre avoit précédemment porté des céréales. Cependant, dans les terres fortes, il feroit quelquefois bon de lui en donner deux.

Dans les parties méridionales de la France, où les gelées & les pluies d'hiver font peu à craindre pour la Geffe, on la fème en feptembre ou en octobre, & on en fait la récolte en avril lorfqu'on la cultive pour fourage, & en mai lorfqu'on la cultive pour graine; ce qui laiffe le tems de lui substituer une autre plante avant les chaleurs. Dans les parties septentrionales, même aux environs de Paris, il est prudent de ne la semer qu'en fevrier & même en mars, pour ne la couper en fourage qu'en juin, & en graines qu'en juillet ; aussi n'y est-elle jamais aussi fournie de tiges & de gousses. *Voyez* SEMIS d'automne & SEMIS de printems.

Quand on la destine à fournir sa graine, il faut la semer moitié plus clair que quand on veut en obtenir du fourage. Je l'ai vue presque partout trop épaisse pour l'une comme pour l'autre de ces indications.

Je dois observer que la grosseur & la forme anguleuse de la graine la défendent contre les pigeons, & qu'ainsi on est dispensé de faire leur pa t, comme lorsqu'on seme la VESCE. *Voyez* ce mot.

La graine de la Gesse cultivée demande à être fort peu enterrée. Si elle l'étoit de plus de deux pouces, elle ne lèveroit pas.

Quand la terre est naturellement fraîche ou qu'il survient de la pluie, la graine de Gesse lève promptement. Dans le cas contraire, elle reste quelquefois des mois entiers, sans pousser, exposée aux ravages des quadrupèdes rongeurs & des oiseaux.

En Angleterre, on sème souvent la Gesse en rangées pour pouvoir la biner, dans l'intervalle des rangées, avec la HOUE A CHEVAL. (*Voyez* ce mot.) Cette pratique a tant d'influence sur l'abondance des récoltes, qu'il est surprenant qu'elle ne soit pas plus généralement en usage.

Une opération également très-avantageuse, c'est de mêler un dixième de seigle avec la Gesse, afin que cette dernière trouve, dans les tiges du premier, un appui tutelaire qui favorise singuliérement sa végétation, & augmente le nombre de ses gousses, à raison de ce que, par ce moyen, les pieds sont moins dans le cas de se priver réciproquement du bienfait de l'air & de la lumière. *Voyez* MELANGE.

Le plant levé demande souvent d'être éclairci dans certaines places & sarclé partout. Il est à desirer, comme je l'ai déjà observé, qu'il puisse être biné.

En coupant la Gesse au moment où ses premières fleurs s'épanouissent, on est assuré d'obtenir une seconde coupe ou un bon pâturage un mois plus tard ; mais comme c'est principalement dans les graines que réside la partie nutritive, & que la récolte de la culture, qui peut lui être substituée, est toujours supérieure au produit de cette seconde coupe, je ne suis pas d'avis de faire cette seconde coupe hors quelques cas extraordinaires.

On peut aussi enterrer la Gesse comme engrais lorsqu'elle est en fleurs ; mais, sous ce rapport, elle cède l'avantage aux pois gris, à la veice, au sarrasin & autres plantes. Ce n'est donc que dans les pays chauds qu'il faut la cultiver dans ce but.

Comme les tiges de la Gesse sont d'une assez difficile deslication à raison de leur nature aqueuse & de leur vitalité, si je puis me servir de cette expression, il faut choisir un tems sec & même un soleil ardent pour les couper. J'en ai vu rester des quinze jours sur la terre, non-seulement sans perdre leur couleur, mais en continuant de s'alonger & de fleurir.

L'époque où on doit couper la Gesse pour fourage est celle où les gousses inférieures ont acquis toute leur grosseur. Si on attendoit, comme on ne le fait souvent que trop, que ces gousses fussent devenues jaunâtres, ce qui indique le commencement de la maturité du fruit, la fane seroit déjà trop dure.

Il convient de battre la Gesse peu de tems après qu'elle a été rentrée, afin d'éviter les inconvéniens de la moisissure des graines, des feuilles & des tiges, & les ravages des souris, qui en sont très-friandes.

La graine des Gesses doit être étendue dans un grenier, & remuée deux fois par semaine pendant le mois qui suit l'époque où elle a été battue ; car comme il y en a toujours une partie qui n'est pas bien mûre, elle est fort sujète à se moisir, & quelques grains moisis altèrent tout le tas. Lorsqu'elle est bien sèche, on la met dans des sacs isolés ou dans des tonneaux défoncés d'un bout. La bruche des pois la dévore lorsqu'elle n'est pas mise à l'abri de ses atteintes.

Il est préférable, sous les rapports économiques, de couper la Gesse destinée à fournir de la graine, un peu avant la maturité des dernières gousses, 1°. afin qu'il s'en perde moins de celles des premières ; 2°. afin que la fanne ait encore un reste de succulence, & puisse être donnée, avec utilité, dans l'intervalle de leurs repas, aux vaches & aux moutons.

Quelques cultivateurs font arracher la Gesse au lieu de la faucher, prétendant que par ce moyen ils perdent moins de graines ; cependant je ne crois pas que leur but soit toujours rempli, & la terre qui reste attachée aux racines, nuit à la qualité du fourage, est difficile à extraire de la graine, & gêne quelquefois les batteurs par la poussière qu'elle donne. Il n'y a pas de doute qu'il se répand beaucoup de graines ; mais les cochons, les dindes, les oies, savent bien les trouver & les utiliser. C'est dans le transport qu'il s'en perd réellement pour le propriétaire s'il n'a pas soin de la faire charier avant la fin de la rosée, ou s'il ne garnit pas de toiles son chariot ou sa charrette.

En général, il ne faut rentrer la Gesse que lorsqu'elle est sèche, parce qu'elle est sujète à se moisir, & qu'alors elle n'est plus bonne qu'à faire de la litière ou à être jetée sur le fumier.

Quelques cultivateurs stratifient, dans le grenier, la Gesse destinée pour fourage, avec de la paille de froment ou d'avoine, & ils sont dans le cas d'être partout imités, parce que, d'un côté, ils diminuent les motifs de craindre sa moisissure & même son inflammation; & de l'autre, ils communiquent son goût à cette paille; ce qui la rend plus agréable aux bestiaux.

Les amis de la prospérité agricole de la France doivent desirer qu'on fasse entrer plus fréquemment dans tous les lieux où cela peut être avantageux, la Gesse dans la rotation des assolemens; car on peut tirer un grand parti de sa culture dans une exploitation bien ordonnée.

Quatre boisseaux de graines semées sur un arpent ont rendu douze setiers; ce qui est un produit presque double de celui de l'orge.

Tous les bestiaux aiment la fanne & la graine de de la Gesse. La première, à laquelle il est bon, comme je l'ai déjà dit, qu'il reste attaché, en plus ou moins grande quantité, des gousses à moitié mûres, les tient bien en chair, & la seconde les engraisse rapidement. On en nourrit aussi les cochons & toutes les espèces de volailles. La faire cuire, ainsi que des expériences dont j'ai été témoin le constatent, augmente singuliérement sa qualité nutritive & engraissante. Les hommes mêmes la mangent habituellement dans les parties méridionales de la France, soit verte, soit sèche, entière ou en purée. Je l'ai trouvée agréable à Bordeaux & encore plus en Espagne; mais elle m'a paru insipide aux environs de Paris. Les estomacs délicats doivent cependant y renoncer, surtout lorsqu'elle est entière, son enveloppe très-épaisse & très-dure étant d'une digestion fort difficile. Les enfans l'aiment grillée dans la poële. On en fait un café, un chocolat, qui valent bien les autres, appelés comme eux indigènes.

La Gesse sans feuilles croît dans les champs cultivés en céréales, & nuit quelquefois beaucoup à ces dernières, aux tiges desquelles elle s'attache. Je l'ai vue si abondante dans quelques cantons de la ci-devant Bourgogne, qu'on pouvoit croire que c'étoit elle qui avoit été semée, & que le seigle ou le froment ne se trouvoit avec elle que pour lui fournir un appui. Comme c'est un excellent fourage, quelques cultivateurs, qui ne savent ni réfléchir ni calculer, s'applaudissent de sa présence, sous la considération qu'elle rend la paille meilleure pour leurs bestiaux, sans s'appercevoir qu'elle diminue souvent beaucoup leur récolte de seigle ou de froment; & que, s'ils eussent semé la Gesse cultivée ou autre séparément, ils auroient obtenu quatre fois plus de fourage. Tels sont les tristes effets du défaut d'instruction des habitans des campagnes. Je crois donc que la Gesse sans feuilles, ainsi que toutes les autres plantes, doit être rigoureusement bannie des cultures, & on y parvient facilement par le criblage répété des graines des céréales & par un assolement bien entendu, principalement par l'introduction, dans cet assolement, des plantes qui demandent des binages d'été. Ces dernières considérations sont fondées sur ce que la graine de cette plante, lorsqu'elle est enterrée à plus de deux pouces, se conserve plusieurs années sans altération, & lève lorsqu'un nouveau labour les ramène plus près de la surface. Or, les binages qu'on donne aux haricots, aux pommes de terre, au maïs, &c. la coupent avant sa floraison.

Les Gesses suivantes sont toutes susceptibles d'être cultivées plus ou moins avantageusement pour fourage; mais elles ne le sont que dans les jardins de botanique, & n'y demandent d'autres soins que ceux de semer leurs graines en place au printems, d'éclaircir & de sarcler au besoin le plant qui en provient, ainsi que de lui donner une ou plusieurs petites rames lorsqu'il est devenu un peu grand. Toutes croissent dans les moissons, auxquelles elles nuisent souvent beaucoup, comme j'ai eu occasion de l'observer aux environs d'Autun & de Lyon, pour l'une d'elles, la Gesse anguleuse, qui s'élève à plus de deux pieds, & étouffe le seigle. Ce que j'ai dit à l'occasion de la précédente espèce leur est applicable.

La Gesse a deux sortes de fruits, qu'il ne faut pas confondre avec la vesce du même nom; elle offre à peu près le même phénomène que l'ARACHIDE (*voyez* ce mot), c'est-à-dire, qu'une certaine quantité de ses fruits s'enfoncent en terre, & y achèvent leur évolution. C'est donc seulement en l'arrachant qu'on peut les récolter. Cette espèce n'est, au reste, cultivée dans aucun jardin d'Europe.

La Gesse chiche se cultive dans les parties méridionales de la France, & même dans les environs de Meaux, comme la première espèce, mais avec moins d'avantage, puisqu'elle ne donne pas autant de graines. Quelques personnes la préfèrent cependant, parce qu'elle est moins sensible aux gelées & aux pluies de l'hiver. On dit que les chevaux ne mangent pas sa fanne; ce qui peut paroître douteux.

Tout ce que j'ai dit de la culture de la Gesse cultivée s'appliquant presque complétement à celle-ci, je ne crois pas devoir m'étendre plus longuement sur ce qui la concerne.

Les Gesses indiquées depuis le n°. 15 jusqu'au n°. 18 inclusivement ne sont point cultivées dans les jardins de Paris. Celle de Tanger, qui est au n°. 19, l'a été en grand, dit-on, dans les parties méridionales de la France, ce dont je doute, ne l'y ayant pas vue. Elle s'élève plus que toutes celles dont il vient d'être parlé; ce qui lui donne un avantage marqué sur elles. On la sème quelquefois dans les jardins, quoique le manque d'odeur de ses fleurs lui doive faire préférer la suivante. La Gesse articulée mérite aussi l'attention des cultivateurs, à raison de sa grandeur.

La Gesse odorante est l'objet d'une très-fréquente culture dans les jardins, à raison de l'excellente odeur de ses fleurs, qui sont d'ailleurs fort grandes, & varient dans toutes les nuances du rouge, du bleu & du blanc. Elle s'élève de trois ou quatre pieds au moyen des treillages ou des rames qu'on lui donne pour support. Une exposition chaude lui est avantageuse dans le climat de Paris; en conséquence, c'est contre un mur ou à peu de distance d'un mur, au midi, qu'il convient de la semer. Elle produit de très-agréables effets entre des contr'espaliers. Souvent on la voit dans des pots sur des fenêtres, contre les montans desquelles on la fait grimper au moyen de fils tendus de bas en haut.

Toute terre convient à la Gesse odorante; elle s'élève davantage dans celles qui sont grasses & fraîches. Elle donne plus de fleurs, & des fleurs plus suaves dans celles qui sont maigres & sèches. Ces dernières sont donc à préférer: cependant il est bon, dans ce dernier cas, de lui donner un peu de terreau pour favoriser sa croissance pendant les premiers mois de sa végétation.

Ordinairement, dans les jardins bien montés, on sème de la Gesse odorante avant & après l'hiver, a cette dernière époque à deux ou trois reprises différentes, éloignees d'un mois, afin d'avoir des fleurs pendant tout l'eté. Le semis s'execute en mettant trois ou quatre graines dans une cavité large de quatre pouces, & profonde de deux. On l'arrose dans le besoin. Le plant leve se sarcle, se bine, & se palissade ou se rame. Il est bon de le visiter de tems en tems pour guider ses pousses dans un ordre régulier.

C'est dans le voisinage de la maison qu'on sème généralement la Gesse odorante. Elle ne fait pas bien dans les parterres, & trouve difficilement sa place dans les jardins paysagers. On aime cependant à la rencontrer souvent, à respirer ses suaves emanations, à cueillir une de ses fleurs. La simplicité & la facilité de sa culture invitent à la multiplier. Les premières gousses mûres doivent exclusivement être réservées pour la semence, parce que ce sont les meilleures. Les autres peuvent être données aux volailles, qui aiment beaucoup les graines qu'elles contiennent.

Des Gesses qui se trouvent placées sous les n°s. 21, 22, 23, 24, 25 & 26, les deux premières peuvent être cultivées pour fourage ou pour graine, & ont été même fort préconisées par quelques écrivains. Je ne sache pas cependant qu'on les cultive nulle part en grand. Elles craignent, à ce qu'il paroît, moins la gelée que les Gesses cultivée & chiche; ce qui devroit les faire préferer dans quelques cantons. Les quatre dernières ne sont pas encore parvenues en Europe.

La Gesse tubéreuse, dont le nom me rappelle toujours d'agréables souvenirs, parce qu'elle étoit fort abondante dans le pays où j'ai passé la majeure partie de mon enfance, commence la série de celles à racines vivaces. Ses fleurs sont plus petites que celles de la Gesse odorante, mais forment des bouquets plus garnis & d'une odeur douce. Ses racines offrent des renflemens ovales, noirs, gros comme le pouce, qui sont d'un bon goût, soit cuits sous la cendre, soit cuits dans l'eau. Parmentier, qui en a fait l'analyse, a trouvé qu'ils contenoient de l'amidon, du sucre & de la matière glutineuse, c'est à dire, qu'ils avoient les mêmes composans que le froment, & qu'on pouvoit en faire du pain.

On récolte les méгusons, c'est le nom des tubercules de cette espèce, à la suite des labours d'automne & d'hiver, & on peut les garder jusqu'au milieu du printems en les enterrant profondément ou en les déposant à la cave. Les cochons les aiment beaucoup, & ne quittent jamais volontairement un champ où ils espèrent en trouver.

Cette plante, demandant un terrein labouré tous les ans, ne peut être introduite dans les jardins paysagers, & il faudroit planter tous les ans ses tubercules si on vouloit la voir dans les parterres, parce qu'elle change continuellement de place.

La culture de cette plante, sous le rapport de ses racines, ne peut devenir un objet d'utilité, puisqu'elle en fournit fort peu, & que nous avons la pomme de terre. Je regrette cependant, j'ose le dire, que les perfectionnemens agricoles que je provoque dans cet ouvrage, doivent la faire disparoître de nos champs. En effet, & les prairies artificielles & les binages d'été la font partout périr.

La Gesse des prés, la Gesse des marais, la Gesse des bois & la Gesse à larges feuilles sont quatre belles plantes qui peuvent être employées avec succès, la dernière surtout, à l'ornement des jardins paysagers. Une fois introduites dans un lieu, c'est pour un grand nombre d'années. Comme chacune exige un terrein différent, terrein que le lieu où elles croissent naturellement indique, on peut toujours espérer qu'une d'elles réussira. C'est sur le bord des massifs, ou à quelque distance de ces massifs, qu'il convient de les planter. On leur donnera pour support un arbuste d'une nature robuste & fort garni de branches, l'épine commune par exemple. Il faut éviter l'accolement des deux dernières, qui s'élèvent beaucoup & forment des touffes souvent très-larges, avec un arbuste à fleurs, parce qu'elles l'étoufferoient. Toutes sont d'un aspect agréable lorsqu'elles sont en fleur, & elles y sont pendant tout l'automne. Les soins qu'elles demandent, se réduisent à couper leurs fanes pendant l'hiver, pour qu'elles ne gênent pas la pousse de l'année suivante, & qu'elles ne produisent pas un effet désagréable à la vue. Il est très-incertain de réussir à les multiplier par le déchirement de leurs vieux pieds, à raison de la longueur de leurs racines, quoique cela paroisse très-facile au premier coup-d'œil. On doit préférer le semis de leurs graines, semis qui se fera en automne ou au printems, quoique par-là on retarde la jouissance.

Tous les bestiaux aiment les feuilles de ces quatre espèces, surtout de la première; aussi Arthur Young la met-il au dessus de toutes les autres plantes fourageuses, soit pour la qualité, soit pour la quantité. Je ne crois pas cependant qu'on l'ait nulle part cultivée en grand en France pour cet objet. Je sollicite des essais qui ne seront sans doute pas perdus, lors même que leur résultat ne seroit pas aussi avantageux que le prétend cet écrivain. La propriété qu'a la seconde de croître dans un sol peu productif, doit engager également à tenter, à son égard, des expériences. Les fanes des deux dernières deviennent trop dures vers la fin de l'été, pour que les bestiaux continuent à les rechercher. Ces fanes peuvent être utilisées pour chauffer le four ou augmenter la masse des fumiers. On doit donc se borner à les cultiver dans les jardins. Leurs graines sont très-abondantes & très du goût des volailles; mais comme elles mûrissent successivement pendant trois mois, leur récolte est coûteuse & difficile.

La Gesse pisiforme se cultive, dit-on, en Allemagne pour son fanage & ses graines, & on en fait grand cas sous ces deux rapports. Son aspect indique en effet qu'elle doit être préférable à toutes les autres; mais comme je n'ai aucun document sur ses avantages & sa culture, je dois me borner à cette simple indication.

Les cinq dernières espèces ne se voient pas encore dans nos jardins; ainsi je n'ai rien à en dire. (*Bosc.*)

GESSETTE. C'est la GESSE CHICHE.

GESTATION. On donne ce nom à la grossesse des femelles des animaux.

Les cultivateurs doivent exactement connoître le tems de la Gestation des animaux qu'ils entretiennent, soit pour les aider dans leurs travaux, soit pour se nourrir de leur chair, afin de régler leurs opérations en conséquence.

Les chamelles portent onze mois & demi.
Les cavales & les ânesses onze mois.
Les vaches & les bufles neuf mois.
Les rennes huit mois.
La chèvre cinq mois.
La truie quatre mois.
La brebis soixante-cinq jours.
La chienne soixante-trois jours.
Les lapins & les lièvres trente jours.
Les cochons d'Inde vingt jours.

Les variations en moins ou en plus sont peu étendues & peu fréquentes.

Au mot PART, synonyme d'accouchement, je reviendrai sur cet objet.

Il en sera aussi question, relativement aux oiseaux domestiques, au mot INCUBATION. (*Bosc.*)

GÉTHONIE. *Gethonia.*

Arbrisseau grimpant, de la côte de Coromandel, à feuilles opposées & à fleurs disposées en panicules, qui forme seul un genre dans la décandrie monogynie & dans la famille des *Bicornes*.

Cet arbrisseau n'étant pas encore introduit dans nos jardins, & ne recevant aucune culture dans son pays natal, n'est pas dans le cas d'être ici l'objet d'un plus long article. (*Bosc.*)

GÉTHYLLIDE. *Gethyllis.*

Genre de plante de l'héxandrie monogynie & de la famille des *Narcissoïdes*, qui renferme cinq espèces, dont aucune n'est cultivée dans nos jardins.

Espèces.

1. La GÉTHYLLIDE spirale.
Gethyllis spiralis. Linné. ♃ Du Cap de Bonne-Espérance.

2. La GÉTHYLLIDE ciliée.
Gethyllis ciliaris. Linné. ♃ Du Cap de Bonne-Espérance.

3. La GÉTHYLLIDE velue.
Gethyllis villosa. Linné. ♃ Du Cap de Bonne-Espérance.

4. La GÉTHYLLIDE plissée.
Gethyllis plicata. Jacq. ♃ *Hypoxis plicata.* Linn. Du Cap de Bonne-Espérance.

5. La GÉTHYLLIDE lancéolée.
Gethyllis lanceolata. Linn. ♃ *Papiria lanceolata.* Thunb. Du Cap de Bonne-Espérance.

Si les Géthyllides étoient introduits dans nos jardins, il faudroit leur donner la même culture que celle usitée pour les hypoxides, de qui elles se rapprochent beaucoup. (*Bosc.*)

GEVIN ou GEVUINE DU CHILI. *Gevina avellana.* Molin.

Arbre toujours vert, à feuilles opposées, ailées avec impaire, à fleurs géminées dans les aisselles des feuilles, qui croît naturellement au Chili, où on mange ses fruits, dont l'amande a la forme & le goût de la noisette, & qui forme un genre dans la didynamie angiospermie.

Cet arbre ne se trouve pas encore dans les jardins de l'Europe; & n'est pas dans le cas de m'arrêter plus long-tems. (*Bosc.*)

GIBEL, poisson du genre *Cyprin*, qui vit dans les eaux les plus stagnantes, & s'y multiplie prodigieusement. Sa chair est tendre & a peu d'arêtes.

Ce poisson peut donc être avantageusement mis dans les mares ou les abreuvoirs voisins des fermes, & où aucun autre poisson ne réussiroit. (*Bosc.*)

GIBIER. Ce mot s'applique spécialement aux animaux sauvages que l'homme recherche pour sa nourriture.

Le Gibier étoit autrefois le fléau de l'agriculture; mais les lois existantes autorisant les cultivateurs à détruire celui qui se trouve sur leurs terres, il n'y a plus lieu de s'en plaindre.

Les moyens de prendre le Gibier en vie ou de le tuer avec le fusil ou autrement sont l'objet du

Dictionnaire des Chasses; ainsi je suis dispensé de les indiquer ici. (*Bosc.*)

GIBOULÉE. On donne ce nom à une petite pluie froide & accompagnée de vent, qui ne dure qu'un instant.

Il paroît que les Giboulées proviennent de l'action de deux vents contraires. Elles sont surtout fréquentes au printems. On ne peut les prévoir. Leur effet sur la végétation doit être nuisible, puisqu'elles amènent le froid sur les graines germantes, sur les plantes en végétation, sur les fleurs qui s'épanouissent. *Voy.* aux mots FROID, PLUIE & VENT. (*Bosc*).

GICLET, nom vulgaire du CONCOMBRE SAUVAGE, *cucumis elaterium* Linn.

GIGOT, nom vulgaire de l'IRIS FETIDE.

GILLIE. *Gillia.*

Plante du Pérou, à feuilles pinnatifides & à fleurs en tête, qui a servi à Ruiz & à Pavon pour former un genre dans la pentandrie monogynie, & dans la famille des *Liserons*, genre auquel on a ensuite réuni l'ipoméa quamoclit.

Comme il sera question de cette dernière au mot QUAMOCLIT, & que la première n'existe pas dans nos jardins, je clos cet article. (*Bosc.*)

GINGEMBRE, sorte d'épice. *Voyez* AMOME.

GINGHO. *Salisburia.*

Arbre du Japon, qu'on cultive en pleine terre dans le climat de Paris. *Voyez* le *Dictionnaire des Arbres & Arbustes.*

GINSENG. *Panax.*

Genre de plante de la polygamie monoécie & la famille des *Aralies*, qui renferme neuf espèces, les unes herbacées, les autres frutescentes, dont deux ou trois sont cultivées en France, & en plus grand nombre en Angleterre. L'une d'elles est très-célèbre par les propriétés, vraies ou supposées, que les Chinois attribuent à sa racine. *Voy.* les *Illustrations* de Lamarck, pl. 860.

Espèces.

1. Le GINSENG à cinq feuilles.

Panax quinquefolium. Linn. ♃ De la Tartarie & de l'Amérique septentrionale.

2. Le GINSENG à trois feuilles.

Panax trifolium. Linn. ♃ De l'Amérique septentrionale.

3. Le GINSENG à feuilles simples.

Panax simplex. Forst. De la Nouvelle-Zélande.

4. Le GINSENG à aiguillon.

Panax aculeatum. Ait. ♄ De la Chine.

5. Le GINSENG à feuilles aigues.

Panax attenuatum. Swartz. ♄ De la Guadeloupe.

6. Le GINSENG à feuilles d'or.

Panax chrysophyllum. Vahl. ♄ De Saint-Domingue.

7. Le GINSENG brillant.

Panax speciosum Willd. ♄ De Caracas.

8. Le GINSENG en arbre.

Panax arborescens. Linn. ♄ De Ternate.

Culture.

La première espèce est celle dont la racine est si estimée des Chinois, & qui valoit, chez eux, trois fois son poids d'argent lorsqu'ils la tiroient exclusivement de Tartarie, où elle est fort rare; mais depuis que les habitans de l'Amérique septentrionale, chez qui elle croît en abondance, leur en ont porté des cargaisons entières, elle est si tombée de prix, qu'il n'y a plus de profit à en récolter pour eux.

Cette plante a été plusieurs fois envoyée d'Amérique, & elle s'est conservée pendant quelques années dans nos jardins; mais l'impossibilité de la multiplier nous l'a fait perdre. Sa culture consistoit à la placer à l'ombre dans la terre de bruyère, & à l'arroser pendant les chaleurs. Elle ne craint pas les plus fortes gelées. C'est probablement à sa nature polygame qu'est due la privation de bonnes graines, que nous avons constamment éprouvée à Paris. Sa racine, grosse, charnue & presque toujours simple, se prête difficilement à la division.

Le Ginseng à aiguillon & le Ginseng en arbre sont deux arbres qui demandent la serre tempérée. Comme ils n'offrent rien de remarquable, on ne les voit que dans les collections de botanique. Il n'y a pas non plus moyen de les multiplier sans tirer des graines de leur pays natal. On les change de pot & de terre tous les deux ans. Il leur faut de légers arrosemens en hiver, & de copieux en été.

Les autres espèces ne sont cultivées, à ma connoissance, dans aucun jardin d'Europe. (*Bosc.*)

GIRANDOLE. On a donné ce nom à des arbres fruitiers en quenouille ou en pyramide, dont le tronc est alternativement garni & dégarni de branches.

Cette disposition des arbres fruitiers est extrêmement rare aujourd'hui, parce qu'elle n'a aucun but d'utilité & d'agrément, & qu'elle est difficile à maintenir; cependant je dois en dire un mot.

Pour former une Girandole on emploie un jeune arbre greffé rez terre & garni de branches latérales, dont on laisse alternativement une partie de manière à y former des vides plus ou moins rapprochés. On taille ensuite les branches conservées, en rond ou en carré, de manière que l'étage du bas ait un pied de large, & celui du haut seulement six pouces. On laisse faire la pyramide à la flèche.

La taille des Girandoles est fondée sur les mêmes principes que celle des pyramides; elle est seulement plus rigide. *Voyez* TAILLE & PYRAMIDE. (*Bosc.*)

GIRANDOLE, nom jardinier de l'AMARYLLIS ORIENTALE. On donne aussi ce nom à la CHARAGNE & au PLUMEAU. *Voyez* ces mots.

GIRAUMONT, sorte de COURGE. *Voyez* ce mot.

GIROFLE, nom du CHERVI à Lyon, & fruit du GIROFLIER.

GIROFLIER *ou* GÉROFLIER. *CARYOPHYLLUS AROMATICUS* Linn.

Arbre de moyenne grandeur, de la polyandrie monogynie & de la famille des *Myrtoïdes*, avec raison très-celèbre, puisque c'est lui qui fournit ce qu'on appelle le *clou de Girofle*, objet d'un commerce fort étendu.

C'est des îles Moluques que cet arbre est originaire. Autrefois il croissoit naturellement dans toutes; mais les Hollandais, pour se réserver le commerce exclusif de ses productions, l'ont conservé seulement sur celle d'Amboine, comme pouvant l'y défendre plus aisément contre les efforts des autres nations, qui devoient tôt ou tard tenter de le leur enlever.

Il ne paroît pas que le Giroflier fût cultivé dans cette île: on se contentoit de ne point couper ceux qui y croissoient spontanément.

C'est à M. Poivre, alors intendant de l'Isle-de-France, que la France & les autres nations ont l'obligation d'avoir enlevé cette source de richesses aux Hollandais. Cet administrateur, philanthrope & ami de l'agriculture, ordonna plusieurs expéditions dans la vue d'aller chercher des plantes & des graines de cet arbre précieux, ainsi que des autres arbres à épiceries, l'une desquelles, celle sur laquelle se trouvoit M. Sonnerat, réussit au gré de ses desirs. Ainsi furent apportés dans cette île, en 1770, les pieds qui ont ensuite fourni les moyens de les répandre, d'abord à l'île Bourbon, ensuite à la Martinique & autres Antilles, & à Cayenne.

Les détails dans lesquels mon collègue Tessier est entré sur l'histoire de cette importation & sur ses suites, au mot ÉPICERIE, me dispense de m'étendre davantage ici.

Aujourd'hui toutes nos colonies & celles des Anglais possedent le Giroflier; mais il paroît que nulle part il n'a autant prospéré qu'à Cayenne, puisqu'il est constate, par des rapports récens, que cette île est en état de fournir tout le clou de Girofle nécessaire à la consommation de la France.

Le clou de Girofle de Cayenne est égal en bonté & en grosseur à celui des îles Moluques, ainsi qu'il a été reconnu par des commissaires nommés à cet effet par le gouvernement, & ainsi que j'ai pu en juger par moi-même.

Culture.

Toutes sortes de terres ne conviennent pas au Giroflier. Il lui en faut une qui soit substantielle, profonde & fraîche. Le soleil & le vent sont également à craindre pour lui; ainsi on doit le planter à l'abri de l'un & de l'autre. Un défoncement de trois pieds de profondeur assure sa belle végétation.

C'est ordinairement en planche qu'on sème les graines de Giroflier, petites baies rondes qu'on enfonce, peu après leur maturité, deux ou trois ensemble, à un pied de distance en tout sens, à un demi-pouce de profondeur, au milieu d'un petit AUGET. (*Voyez* ce mot.) Cela fait, on recouvre la terre de feuilles sèches pour conserver sa surface dans une humidité constante, & on arrose largement.

Lorsque les jeunes Girofliers ont acquis cinq à six pouces de haut, on ôte le plus foible des deux, ou les deux plus foibles des trois, pour que le restant ne soit pas gêné dans sa croissance; & lorsqu'ils sont parvenus à un pied & demi ou deux pieds, on les transplante à demeure, après avoir défoncé la terre, comme je l'ai dit plus haut.

Il est évident pour moi, qu'il vaudroit mieux semer à la volée & clair, pour repiquer, lorsqu'il auroit six pouces, le plant à deux pieds de distance, & ensuite le transplanter à demeure lorsqu'il auroit deux pieds. Par cette pratique on ne perdroit pas de pieds, & tous les pieds auroient un plus bel empâtement de racines.

La transplantation du Giroflier demande à être faite avec la mote ou dans un tems de pluie, car il craint infiniment le HALE. *Voyez* ce mot.

On renouvelle autour du pied des Girofliers transplantés, la précaution de former un petit auget, & de couvrir la terre de feuilles.

La distance entre les Girofliers disposés en quinconce doit être au moins de douze pieds. Pour les garantir des vents & de la trop grande chaleur du soleil, on place ordinairement autour des terreins qui en sont plantés, des cocotiers ou autres palmiers qui donnent peu d'ombre.

Pour les mettre en état de résister aux vents & en même tems faciliter leur récolte, il est bon de tenir bas les Girofliers. En conséquence on les étête lorsqu'ils sont parvenus à huit ou dix pieds d'élévation.

Dans leur jeunesse on doit donner deux ou trois labours ou binages par an aux Girofliers; mais lorsqu'ils commencent à fleurir, un seul peut suffire.

Ainsi que tous les arbres ou arbustes de sa famille, le Giroflier peut aussi se multiplier ou de racines, ou de marcotes, ou de boutures. Il paroît qu'on emploie le dernier de ces moyens à Cayenne, parce qu'il est plus expéditif que les semis; mais il donne de plus mauvais pieds.

Les Girofliers commencent à fleurir à trois ou quatre ans, & sont en plein rapport à douze. A cette époque de leur vie, chaque pied fournit de deux à quatre livres de clous, ou de dix à vingt mille clous.

Le moment où il convient de cueillir les clous de Girofles est celui qui précède immédiatement leur épanouissement, moment indiqué par la couleur rouge que prennent les pétales encore roulés sur eux-mêmes. Cette récolte se fait depuis novembre jusqu'en février. On y emploie, ou des gaules, par le moyen desquelles on les fait tomber sur des draps étendus par terre, ou, ce qui vaut mieux, on les cueille un à un avec les mains. On les fait sécher, soit à la chaleur du soleil, soit dans une étuve, soit à la fumée. La seconde méthode est la meilleure, & la dernière la pire.

Les clous de Girofles, qui sont principalement employés, comme condiment, dans la préparation des alimens, contiennent beaucoup d'huile, & c'est à elle qu'ils doivent leur excellente odeur & leur forte saveur. On extrait cette huile, lorsqu'ils sont frais, par la simple expression; &, lorsqu'ils sont secs, par la distillation. Il s'en fait un assez fréquent usage en medecine & dans l'art de la parfumerie.

En Europe, les Girofliers exigent la serre chaude toute l'annee. On en a plusieurs fois envoyé à Paris; mais ou ils sont arrivés morts, ou ils n'ont pas tardé à mourir. Je ne puis donc indiquer la culture qui leur seroit convenable. (*Bosc.*)

GIROFLIER *ou* VIOLIER. *Cheiranthus.*

Genre de plante de la tétradynamie siliqueuse & de la famille des *Crucifères*, qui renferme une quarantaine d'espèces, dont plusieurs sont employées à l'ornement des parterres & des jardins paysagers, ce à quoi elles sont très-propres, à raison du nombre & de la beauté de leurs fleurs, ainsi que de la bonne odeur qu'elles exhalent. Ce sont des herbes à feuilles alternes & à fleurs disposées en épis. *Voyez Illustrations* de Lamarck, pl. 563.

Observation.

Les Girofliers, les juliennes & les velars sont des genres si voisins, & dont les espèces se confondent si facilement, qu'il y a la plus grande discordance entre les auteurs qui ont considéré leur ensemble. Dans l'embarras d'une détermination, je suis l'opinion de Persoon, qui en a mentionné le plus.

Espèces.

1. Le GIROFLIER jaune. *Violier jaune. Muret.*
Cheiranthus cheiri. Linn. ♂ Indigène.

2. Le GIROFLIER de Suisse.
Cheiranthus helveticus. Linn. ♂ Des Alpes.

3. Le GIROFLIER érysimoïde.
Cheiranthus erysimoides. Linn. ♂ Indigène.

4. Le GIROFLIER des Alpes.
Cheiranthus alpinus. Linn. ♃ Des Alpes.

5. Le GIROFLIER quarantain.
Cheiranthus annuus. Linn. ☉ Des bords de la Méditerranée.

6. Le GIROFLIER chou.
Cheiranthus fenestralis. Linn. ♂ De.....

7. Le GIROFLIER de Mahon.
Cheiranthus maritimus. Linn. ☉ Des bords de la Méditerranée.

8. Le GIROFLIER brun.
Cheiranthus tristis. Linn. ♃ Des bords de la Méditerranée.

9. Le GIROFLIER lancéolé.
Cheiranthus lanceolatus. Willd. De Crimée.

10. Le GIROFLIER fruticuleux.
Cheiranthus fruticulosus. Smith. ♄ D'Espagne.

11. Le GIROFLIER calleux.
Cheiranthus callosus. Linn. Du Cap de Bonne-Espérance.

12. Le GIROFLIER à feuilles étroites.
Cheiranthus tenuifolius. Ait. ♄ De Madère.

13. Le GIROFLIER changeant.
Cheiranthus mutabilis. Lhérit. ♄ De Madère.

14. Le GIROFLIER de Sibérie.
Cheiranthus apricus. Willd. ♄ De Sibérie.

15. Le GIROFLIER de Chio.
Cheiranthus chius. Linn. ☉ Des îles de la Grèce.

16. GIROFLIER à petites fleurs.
Cheiranthus parviflorus. Willd. ☉ De Maroc.

17. Le GIROFLIER des Salines.
Cheiranthus salinus. Linn. De Sibérie.

18. Le GIROFLIER à trois pointes.
Cheiranthus tricuspidatus. Willd. ☉ D'Espagne.

19. Le GIROFLIER à deux pointes.
Cheiranthus bicuspidatus. Willd. D'Arménie.

20. Le GIROFLIER des rivages.
Cheiranthus littoreus. Linn. ☉ Des bords de la Méditerranée.

21. Le GIROFLIER contourné.
Cheiranthus contortuplicatus. Willd. Du Caucase.

22. Le GIROFLIER à fleurs blanches.
Cheiranthus leucanthemus. Willd. De Perse.

23. Le GIROFLIER trilobé.
Cheiranthus trilobus. Linn. ☉ D'Espagne.

24. Le GIROFLIER très beau.
Cheiranthus pulchellus Willd. ♃ De Turquie.

25. Le GIROFLIER pinnatifide.
Cheiranthus pinnatifidus. Willd. De Sibérie.

26. Le GIROFLIER cotoneux.
Cheiranthus tomentosus. Willd. ♂ De Perse.

27. Le GIROFLIER très-odorant.
Cheiranthus odoratissimus. Willd. ♄ De Perse.

28. Le GIROFLIER sinué.
Cheiranthus sinuatus. Linn. ☉ Des bords de la Méditerranée.

29. Le GIROFLIER à feuilles de pissenlit.
Cheiranthus taraxacifolius. Willd. De Sibérie.

30. Le GIROFLIER quadrangulaire.
Cheiranthus quadrangulus. L'hérit. De Sibérie.

31. Le GIROFLIER de Farset.
Cheiranthus farsetia Linn. ♄ D'Egypte.
32. Le GIROFLIER de Bithynie.
Cheiranthus bithinicus. Persoon. De l'Asie mineure.
33. Le GIROFLIER effilé.
Cheiranthus strictus. Lamarck. Du Cap de Bonne Esperance.
34. Le GIROFLIER à feuilles charnues.
Cheiranthus carnosus. Thunb. Du Cap de Bonne-Esperance.
35. Le GIROFLIER à feuilles linéaires.
Cheiranthus linearis. Thunb. Du Cap de Bonne-Espérance.
36. Le GIROFLIER alongé.
Cheiranthus elongatus. Thunb. Du Cap de Bonne-Espérance.
37. Le GIROFLIER torruleux.
Cheiranthus torrulosus. Thunb. Du Cap de Bonne-Esperance.
38. Le GIROFLIER à longues feuilles.
Cheiranthus longifolius. Vent. ♄ De Ténériffe.
39. Le GIROFLIER toujours en fleur.
Cheiranthus semperflorens. Persoon. ♄ De Maroc.
40. Le GIROFLIER à feuilles de lin.
Cheiranthus linifolius. Persoon. D'Espagne.

Culture.

Les deux premières espèces ont fourni toutes les variétés cultivées dans nos jardins, sous les noms de *grande giroflée*, *giroflée de Calabre*, *giroflée d'Italie*, *giroflée du Cap*, *baguette d'or*, *giroflée de Brompton*, *giroflée grecque*.

M. Feburier, dans un excellent travail fait sur les giroflées, cherche à fixer l'origine de ces variétés; mais comme elles sont le résultat de fécondations hybrides, il paroît difficile de savoir laquelle de ces espèces a le plus fourni dans leur composition. Au reste, la recherche de ce fait est d'une trop foible importance pour mériter une longue discussion.

Pour les cultivateurs, la giroflée proprement dite se divise en giroflées simples, dont il y a des variétés sans nombre de grandeur & de couleur, & en giroflées doubles, qui en offrent encore plus. Quoique les dernières soient généralement préférées aux premières, il en est cependant des simples qui, par le nombre, la largeur, la vivacité de couleur & la plus grande suavité de leurs fleurs, méritent d'être recherchées, & le sont en effet. Ce sont elles qui donnent la graine des variétés doubles, & qui en font de tems en tems de nouvelles; & sous ce seul rapport elles doivent de toute nécessité être également cultivées.

Mais quelles sont les variétés simples qui fournissent les plus belles doubles? Je répondrai : celles qui ont les fleurs les plus nombreuses, les plus grandes, les plus vivement colorées, les plus disposées à doubler.

On reconnoît qu'une giroflée est prédisposée à fournir des fleurs doubles par le semis de ses graines, à des pétales surnuméraires qui se montrent dans quelques fleurs, à la petitesse des siliques & au petit nombre de bonnes graines qu'elles contiennent.

Il paroîtra singulier à quelques personnes, que les graines les plus mauvaises soient celles qui donnent les plus belles fleurs; mais c'est un fait depuis long-tems connu, & mis dernièrement dans tout son jour par le cultivateur ci-dessus cité. De plus, pour être encore plus certain du résultat, il faut conserver les graines dans un endroit sec pendant deux, trois & même un plus grand nombre d'années, afin d'affoiblir encore plus la force vitale du germe. *Voyez* au mot FLEUR DOUBLE.

Pour augmenter encore les chances favorables aux fleurs doubles, M. Feburier conseille de ne prendre les graines que sur les secondes pousses de l'année, pousses qui sont toujours latérales, plus foibles que les premières, & souvent mal organisées.

L'air de la mer est très-favorable aux giroflées; elles y sont plus vigoureuses, & cependant y doublent plus facilement. On peut partout les mettre dans une position à peu près analogue, en salant légérement la terre qui doit les recevoir.

La plus mauvaise terre suffit aux giroflées; car si elles y sont moins vigoureuses, elles y donnent plus de fleurs, & des fleurs d'une couleur plus éclatante.

C'est au printems, ou sur couche, ou dans une planche bien préparée & bien exposée, qu'on sème ordinairement les giroflées. Quelquefois on les sème dans des terrines qu'on enfonce dans la couche ou dans la terre. Dans le cas où on voudroit avoir des fleurs de très-bonne heure, il faudroit mettre les pots sur couche & sous châssis. Cela les avance au moins d'un mois; mais il en résulte des pieds foibles & de peu de durée.

Pour peu que le tems soit doux, la graine de giroflée lève promptement. Il faut alors avoir soin, lorsque les froids se font sentir de nouveau, de couvrir le plant avec des paillassons, car il craint beaucoup les gelées à cet âge. Plus tard, il est nécessaire de faire la chasse aux limaçons, & surtout aux altises, qui en dévorent les feuilles. A cette époque on l'éclaircit, on le sarcle, & on le serfouit s'il y a lieu. Quand il a acquis six pouces de haut & quelquefois moins, on le repique, soit isolé dans des pots ou dans des plates-bandes de parterre, soit en quinconce, dans des planches où il doit rester jusqu'à ce qu'il ait donné lieu, en fleurissant, de reconnoître l'étendue du mérite de chaque pied en particulier. Sa transplantation doit être faite par un tems couvert, &, autant que possible, avec la mote; après quoi on l'arrose & on le met à l'ombre jusqu'à ce qu'il soit repris.

Quelques cultivateurs ne transplantent leurs giroflées que quand elles commencent à développer leurs boutons, parce qu'à cette époque on peut juger si elles sont simples ou doubles à la forme de ces boutons, qui sont longs & croquent sous la dent dans le premier cas, & ronds & non croquans dans le second. La pratique de ces cultivateurs n'est pas à dédaigner, comme plus expéditive; mais je dois dire que les plantes, ainsi laissées dans le lieu de leur semis pendant toute leur jeunesse, sont moins vigoureuses, & donnent de moins belles fleurs que celles qui ont été transplantées.

Il est des amateurs qui préfèrent voir leurs giroflées former un seul épi bien long, bien gros, & par conséquent bien garni de fleurs. Ceux-là suppriment toutes les pousses latérales de leurs pieds au moment où elles se montrent. Il en est d'autres, au contraire, qui veulent que ces plantes forment une espèce de girandole ou de boule, composée du plus grand nombre possible de branches: ceux-là suppriment la tête de leurs pieds en les transplantant. Je ne prendrai parti ni pour les uns ni pour les autres, car les deux manières ont des avantages & des inconvéniens qui se compensent; je dirai seulement que les pieds à fleurs doubles, très-larges, gagnent à être sur un seul épi, & que ceux à fleurs doubles, petites & à fleurs simples, produisent plus d'effet lorsqu'ils offrent plusieurs branches. Il est bon d'observer que la suppression de la tête retarde la floraison au moins de quinze jours dans les circonstances les plus favorables.

Les boutures des giroflées se font presqu'en tout tems, mais préférablement à la fin du printems. On peut employer toutes les parties de la tige principale; cependant on réussit mieux avec de jeunes rameaux éclatés, à raison du bourrelet qu'ils offrent. On les met tantôt en pleine terre au levant, en les couvrant d'une vieille cloche ou d'un pot à fleur renversé, pendant huit à dix jours: tantôt dans des pots sur couche & sous châssis, pots qu'on couvre également pendant dix à douze jours, avec un entonnoir renversé. Les premières prennent racine plus ou moins promptement, suivant la chaleur de la saison. Il suffit quelquefois de quinze jours pour que les secondes puissent être transplantées. Laisser faner la bouture pendant une demi journée, après les avoir dépouillées de leurs feuilles, accélère & assure leur reprise. Des arrosemens fréquens & peu abondans produisent le même effet. Long-tems on a cru que fendre ou tordre leur bout inférieur étoit une opération utile; mais aujourd'hui on s'en dispense sans inconvénient. La terre destinée aux boutures des giroflées doit être à demi consistante & très-meuble.

Certaines personnes repiquent les boutures reprises avant l'hiver, en septembre; d'autres attendent au printems suivant, en mai. Les premières ont raison, en ce qu'elles peuvent espérer des pieds plus vigoureux l'année suivante. Les secondes sont plus sûres de conserver leurs pieds pendant l'hiver.

Les pieds provenans de boutures se transplantent & se conduisent comme ceux venus de graine. Le principe veut qu'ils durent moins long-tems; mais il n'est pas rare d'en voir qui ont trois à quatre ans d'age, & Feburier en cite un, en pleine terre à Brest, qui avoit sept ans, & qui étoit encore plein de vie.

Il doit paroître étonnant qu'une plante que j'indique comme bisannuelle, se conserve pendant si long-tems; mais je rappellerai que c'est la production de la graine qui les épuise & les fait périr, & que les giroflées à fleurs doubles n'en portent pas. D'ailleurs, la giroflée simple a, comme plusieurs autres plantes bisannuelles, l'avantage de repousser de nouvelles tiges de ses racines en automne, & ces nouvelles tiges poussent à leur tour de nouvelles racines; de sorte que par ce moyen elles deviennent vivaces. C'est probablement ce phénomène qui a fait dire à plusieurs cultivateurs, qu'il y avoit deux espèces confondues sous le même nom.

Les marcotes de giroflées poussent racine en très-peu de tems; aussi suis-je étonné qu'on n'en fasse pas plus souvent, soit en inclinant les pots sur la surface de la terre, soit en employant des cornets. Les pieds en pleine terre pourroient être coupés rez du sol, pour que leurs rejets puissent être couchés facilement.

J'ai vu des giroflées doubles greffées en fente, & d'autres greffées par juxtaposition sur des simples, & végéter avec vigueur. Si on ne fait pas plus souvent usage de ce moyen, c'est que par les boutures on arrive aussi promptement au même but.

La crainte des effets de la gelée & encore plus de l'humidité sur les giroflées pendant l'hiver détermine quelques personnes qui n'ont point d'orangerie à arracher leurs giroflées aux premiers froids, à les dépouiller de leurs feuilles & à les descendre dans leur cave. Ces pieds, ou la plupart de ces pieds, s'y conservent fort bien, & se remettent en terre au printems.

On place les giroflées jaunes à fleurs doubles & fortement colorées, principalement les baguettes d'or, ainsi que les simples à larges fleurs, dans les parties des parterres les plus voisines de la maison, sur les murs des terrasses, les repos des rampes des escaliers, &c. Celles à fleurs doubles ordinaires ont pour destination d'orner les corbeilles des jardins paysagers. Enfin, les simples servent à embellir les fabriques, les rochers, les ruines sur lesquelles elles croissent fort bien, quelque peu de terre qu'elles y trouvent. Un cultivateur intelligent peut partout en tirer un grand parti.

Les Girofliers de Suisse, Erysimoïde & des Alpes, dont les fleurs sont également jaunes, se cultivent aussi quelquefois dans les jardins, s'y doublent, & se confondent avec celui dont il vient d'être question. On les multiplie positivement de même. Le premier a les fleurs plus petites, & le dernier les a plus grandes que lui dans l'état ſauvage. C'eſt peut-être au mélange de leurs pouſſières fécondantes qu'on doit leurs variétés.

La giroflée quarantain ou quarantaine, ou giroflée des jardins, diffère beaucoup des précédentes par ſes feuilles; elle eſt annuelle, mais devient tantôt biſannuelle, tantôt vivace à raiſon de l'influence de la culture. Ainſi que celles dont il vient d'être queſtion, elle offre un grand nombre de variétés ſimples & doubles, dont les principales ſont, celle à fleurs écarlates, celle à fleurs violettes, celle à fleurs panachées & celle à fleurs blanches. La giroflée chou, quoiqu'élevée au rang d'eſpèce par les botaniſtes, en eſt encore une.

Il fut une époque où la giroflée quarantain faiſoit les délices des amateurs de fleurs. Sa réputation s'eſt beaucoup affoiblie dans ces dernières années; mais on en voit cependant encore beaucoup dans les jardins. Il y a lieu de croire, par ſuite de quelques obſervations qui me ſont propres, que ce délaiſſement vient de ce que la culture lui a fait perdre la plus grande partie de ſon odeur. Du moins, je ne trouve plus, même dans les ſimples, la ſuavité qui me les faiſoit ſentir avec tant de plaiſir dans ma jeuneſſe.

La gelée & l'humidité ayant plus d'action ſur la giroflée quarantain que ſur la giroflée jaune, elle ne ſe cultive guère qu'en pot dans les jardins du climat de Paris. La manière de la ſemer pour avoir de nouvelles variétés, de la multiplier par boutures pour conſerver ces variétés, ne diffère pas de celle indiquée plus haut; mais comme elle ne forme pas de grappes de fleurs auſſi ſerrées & auſſi longues, il eſt préférable d'en faire naître beaucoup de petites plutôt qu'une groſſe : en conſéquence toujours on pince le ſommet de ſa tige avant ſa floraiſon, pour lui faire pouſſer des rameaux latéraux dont on ſupprime les inférieurs, afin de lui donner une forme globuleuſe & une tige d'environ un pied de haut. Une giroflée quarantain, bien faite, doit reſſembler, en petit, à un pommier en plein vent. Cette giroflée demande donc d'être taillée tous les ans pour lui conſerver cette forme.

Pendant l'été la giroflée quarantain a beſoin de fréquens arroſemens : il faut les lui ménager le plus poſſible en hiver, ſaiſon qu'elle paſſe entiérement dans l'orangerie, & pendant laquelle elle eſt expoſée, à raiſon de la carnoſité de ſes tiges & de ſes feuilles, à moiſir & même à pourrir. Elle demande alors une ſurveillance de tous les jours, afin d'ôter les feuilles altérées, de couper les pouſſes mortes, &c., & encore malgré cette ſurveillance les pieds ſe chancrent & périſſent ſouvent. *Voyez* CHANCRE.

Lorſqu'on veut cultiver les giroflées quarantain en pleine terre dans le climat de Paris, il faut les planter contre un mur à l'expoſition du midi, & aux approches des grands froids les entourer de paille ou les couvrir de paillaſſons, qu'on charge de litière ou de feuilles ſèches. Quelquefois on les conſerve, quelquefois elles pourriſſent. Un autre inconvénient, c'eſt qu'elles pouſſent ſous cet abri, & que, lorſqu'on les découvre, ces pouſſes étiolées, étant extrêmement ſenſibles au froid & même à l'air, meurent, quelques précautions que l'on prenne.

Le type primitif, qui eſt véritablement annuel, & même ne vit que trois mois, a été regardé comme une eſpèce : c'eſt la giroflée grecque, la giroflée d'été, la giroflée glabre de quelques auteurs.

Le Giroflier de Mahon a été apporté de cette île par Antoine Richard, jardinier de Trianon, il y a une ſoixantaine d'années, & depuis cette époque il fait l'ornement de nos jardins. Je ne ſache pas qu'il ait doublé. La petiteſſe de ſes tiges, qui ne s'élèvent pas à plus de ſix pouces, & la grandeur de ſes fleurs, ainſi que les nombreuſes nuances de rouge qu'elles préſentent, la rendent propre à former des bordures ou des touffes d'un grand éclat. C'eſt toujours en place qu'il faut le ſemer; en automne, lorſqu'on veut en jouir de bonne heure; au printems, quand on veut en jouir plus tard. Sa graine ne doit être répandue ni trop clair ni trop dru, parce que dans le premier cas ſes tiges ſeroient moins maſſe, & que dans le ſecond elles auroient des fleurs plus petites & moins nombreuſes. On ne peut trop le multiplier, ſurtout dans les terreins ſecs, où il donne plus de fleurs, & des fleurs plus brillantes. Souvent il ſe reſème de lui-même, & ſe propage dans les allées, ſur les décombres, &c. Sa culture eſt preſque nulle, puiſqu'elle ſe réduit à des ſarclages & autres ſoins propres à tous les jardins.

Le Giroflier brun ſe fait remarquer par la couleur peu commune de ſes fleurs & par l'odeur ſuave qu'elles exhalent le ſoir. On ne le cultive pas autant qu'il mérite de l'être. C'eſt dans un terrein ſec & une expoſition chaude qu'il faut le planter. Les gelées du climat de Paris lui ſont quelquefois funeſtes : en conſéquence il eſt bon d'en tenir quelques pieds en pot pour parer aux événemens, c'eſt-à-dire, pour les rentrer dans l'orangerie aux approches des froids. On le multiplie de graines, de marcotes, de boutures & par déchirement des vieux pieds.

Les Girofliers lancéolé, fruticuleux & calleux ne ſe trouvent pas, je crois, dans nos jardins.

On cultive dans quelques orangeries les Girofliers à feuilles étroites & changeantes. Ce dernier, qui fleurit toute l'année, dont les fleurs ſont légérement odorantes & ont une particularité peu commune, eſt dans le cas d'être plus mutiplié. Il forme de petits arbres toujours verts & à groſſe tête, qui décèrent lors même qu'ils ne ſont pas en fleurs. On le reproduit avec la plus grande facilité, par tous les moyens indiqués précédemment.

Le Giroflier de Sibérie, de Willdenow, ne paroît pas être celui que M. Feburier appelle de ce nom. Je ne crois pas cultivés dans nos jardins ceux à petites fleurs, des salines, d'Arménie, contourné, à fleurs blanches, très-beau, cotoneux, très-odorant, à feuilles de pissenlit, de Bithinie, effilé, à feuilles charnues, à feuilles linéaires, alongé, torruleux, à longues feuilles, à feuilles de lin, toujours en fleurs.

C'est seulement dans les jardins de botanique qu'on cultive les Giroflierś à trois pointes, des rivages & sinueux. On les y sème en place au printems.

Le Giroflier quadrangulaire, qui est le cornu de Lamarck, a été regardé comme type d'une des variétés cultivées; mais c'est par erreur. Il peut être employé à l'ornement des jardins paysagers; mais la petitesse de ses fleurs ne permet pas de l'introduire dans les parterres. On le multiplie facilement de boutures.

Quant au Giroflier de Farset, il est indiqué comme cultivé au Jardin du Muséum & comme propre à l'ornement; mais j'avoue que je ne le connois que par la belle figure qu'en a donnée M. Desfontaines. (*Bosc.*)

GIRONILLE. On donne ce nom à la CAUCALIDE dans quelques cantons.

GIROU. Un des noms du GOUET.

GIROUETTE. C'est ordinairement un morceau de fer-blanc, plus long que large & de formes diverses, qu'on place, au moyen d'un tube ménagé à une de ses extrémités, au dessus d'un bâtiment, sur un pivot autour duquel il tourne au moindre vent.

Quoique la plupart des villages aient une Girouette ou, ce qui est la même chose, un coq au sommet du clocher de leur église, les cultivateurs aisés feront bien d'avoir une Girouette sur leur maison, afin de pouvoir s'assurer toujours facilement de la direction des vents, direction qui influe tant sur les changemens de tems, & par conséquent sur les travaux agricoles. *Voyez* VENT. (*Bosc.*)

GISÈQUE. *GISEKIA.*

Plante annuelle des Indes, à tiges couchées, à fleurs opposées, à fleurs en ombelles, qui forme seule un genre dans la pentandrie pentagynie.

Comme elle n'est pas encore cultivee dans nos jardins, je n'ai rien de plus à en dire. *Voyez* les *Illustrations des Genres* de Lam., pl. 221. (*Bosc.*)

GITHAGE. *AGROSTEMA.*

Genre de plante de la décandrie pentagynie & de la famille des *Caryophyllées*, que quelques auteurs, entr'autres Lamarck, ont réuni aux *Lychnides*, mais que la plupart des autres ont conservé, & même divisé en deux, la première de ses espèces présentant quelques caractères particuliers.

Espèces.

1. Le GITHAGE des blés.
Agrostema githago. Linn. ⊙ Indigène.
2. Le GITHAGE maritime.
Agrostema coeli rosa. Linn. ⊙ Indigène.
3. Le GITHAGE coquelourde.
Agrostema coronaria. Linn. ♂ Indigène.
4. Le GITHAGE rose.
Agrostema flos Jovis. Linn. ♃ Indigène.

La première espèce, qu'on appelle aussi *nielle des blés*, *fausse nielle*, est une plante de deux à trois pieds de haut, qui croît fort abondamment dans les champs de céreales, & qui, si elle ne nuit pas beaucoup au seigle ou au froment par son ombre, porte dans les grains une semence qui altère la qualité du pain qu'on en fabrique. Il est donc de l'intérêt des cultivateurs de la detruire.

C'est ordinairement par des sarclages faits avant la montée du seigle & du froment en épi, qu'on cherche à se débarrasser du Githage des blés; mais comme sa semence reste en terre plusieurs années lorsqu'elle est assez enfoncée pour ne pas jouir des influences de la chaleur & de l'air, il arrive que le champ qui en a été le mieux purgé en offre encore beaucoup l'annee suivante, lors même, ce qui n'arrive pas toujours, qu'on n'y auroit semé que des grains rigoureusement privés de toute semence étrangère.

Le véritable moyen de se garantir de l'excès des Githages consiste à suivre un systeme d'assolement, tel que les récoltes des céréales ne se représentent dans la même place qu'après plusieurs années d'intervalle, pendant lesquelles le terrein aura reçu des cultures binées, des plantes étouffantes & des prairies artificielles.

L'écorce seule de la semence du Githage, qui est noire & amère, nuit à la qualité du pain. Sa farine, d'un blanc éclatant, est un amidon presque pur, qu'on peut employer aux mêmes usages économiques que l'amidon du blé ou la fécule de la pomme de terre.

Quelques personnes ont proposé de cultiver le Githage pour en tirer de l'amidon; mais je ne crois pas que cela puisse être profitable.

Par sa grandeur, l'élégance de son port & les variations dont ses fleurs sont susceptibles, le Githage pourroit servir à l'ornement des parterres.

La seconde espèce de Githage est plus petite, & ses fleurs sont d'un rouge plus vif: on ne la cultive guère que dans les jardins de botanique. Elle demande à être semée en place & en touffe.

La troisième espèce ou la coquelourde est fréquemment cultivée dans les jardins, qu'elle orne vers la fin de l'été de ses fleurs qui sont d'un rouge de sang, & qui contrastent avec ses feuilles rendues blanches par le duvet dont elles sont couvertes.

Comme cette plante ne donne ses fleurs que la

ſeconde année, on la ſème rarement en place; & comme plus elle eſt forte & plus elle fait d'effet, on la ſème ordinairement ſur couche. Les bons terreins ſecs & chauds ſont ceux qui lui conviennent le mieux; mais elle ſe contente de celui où on la place. Ses jeunes pieds ſe repiquent en pépinière, à ſix ou huit pouces de diſtance, & s'arroſent au beſoin; ils y reſtent juſqu'à la fin de l'hiver ſuivant, qu'on les met en place.

La plantation des coquelourdes, ſe faiſant dans une ſaiſon favorable, eſt preſque toujours ſans inconvénient. Un ou deux arroſemens pour taſſer la terre autour des pieds ſont la ſeule précaution qu'elles demandent. Ordinairement, c'eſt ſur les côtés des plates-bandes des parterres qu'elles ſe placent. Rarement elles ſe cultivent dans les jardins payſagers.

Cette plante offre deux variétés aſſez recherchées, celle à *fleurs blanches & centre roſe*, & celle à *fleurs doubles*.

La dernière eſpèce de Githage, étant vivace, peut être plantée dans les jardins payſagers, où elle ſubſiſte pluſieurs années à la même place ſans exiger aucun ſoin. Rarement on la voit dans les parterres, où elle ne ſupporteroit pas la comparaiſon avec la précédente.

Aucune de ces eſpèces ne craint les gelées, & toutes donnent abondamment des graines dans le climat de Paris. (*Bosc*)

GIVRE : ce ſont des criſtaux de glace qui ſe fixent ſur les corps lorſque le froid eſt à un certain degré, & que l'air eſt très-chargé d'eau. Quelque rapport qu'il y ait entre la gelée blanche & le Givre, il faut les diſtinguer, puiſque l'une eſt produite par l'eau diſſoute dans l'air, & le ſecond par la précipitation des vapeurs qui y ſont ſuſpendues. Il y a fréquemment de la gelée blanche, à Paris, lorſque le vent du nord ſubſiſte : ce n'eſt preſque jamais que par les vents du ſud & du ſud-oueſt qu'on y voit du Givre.

Les cultivateurs éprouvent quelquefois des pertes par ſuite de la préſence du Givre, qui, s'accumulant ſur les branches des arbres, occaſionne leur rupture. On prévient cet événement, ſur les arbres fruitiers, en faiſant tomber le Givre avec une gaule ou en faiſant un feu de paille deſſous.

Il n'y a pas de moyen dans le cas d'être raiſonnablement propoſé pour empêcher cet effet du Givre. (*Bosc.*)

GLABRAIRE. *Glabraria.*

Arbre des Indes, à feuilles alternes & à fleurs diſpoſées en têtes axillaires, qui, ſelon quelques botaniſtes, forme ſeul un genre dans la polyadelphie polyandrie, &, ſelon d'autres, doit être réuni aux *Liſées*.

Cet arbre n'a pas encore été tranſporté dans nos jardins, & il ne ſe cultive pas dans ſon pays natal. (*Bosc.*)

GLACE, eau devenue ſolide par la perte de ſon CALORIQUE. *Voyez* ce mot, ainſi que ceux EAU, CONGELATION, GRÊLE & NEIGE.

Le terme où l'eau ſe glace eſt indiqué par le zéro du thermomètre de Réaumur.

Il eſt poſſible de faire de la Glace dans les climats les plus chauds, au moyen de liquides très-évaporables, tels que l'eſprit-de-vin & encore mieux l'éther, dans leſquels on trempe un vaſe mince contenant de l'eau.

La Glace prend plus de volume que n'en avoit l'eau avant qu'elle ſe fût gelée : de là vient la rupture des vaſes à col etroit; de là vient qu'elle flotte ſur les rivières, &c.

Les liqueurs, de quelqu'eſpèce qu'elles ſoient, ainſi que les eaux chargées de ſel, ne gèlent pas au degré qui condenſe les eaux pures.

La Glace fondante, en reprenant le calorique dans les corps environnans, les rend plus froids, & s'ils ſont vivans leur donne plus de ton; c'eſt pourquoi on l'emploie avec ſuccès, dans l'art vétérinaire, pour guérir les indigeſtions, diminuer les inflammations, &c.

On a prétendu que les plantes gelées périſſoient, parce que la ſève, en ſe formant, briſoit les vaiſſeaux où elle ſe trouve; mais on n'a pas conſidéré que beaucoup de plantes gèlent à un degré bien inférieur à celui qui forme la Glace, & que d'autres ne gèlent jamais. Telle plante très aqueuſe réſiſte au froid, tandis que telle autre d'une nature ſèche y eſt très-ſenſible.

La Glace peut nuire aux cultivateurs de deux manières : ou elle s'eſt formée ſur les champs après un débordement, ou elle y a été apportée par un débordement. Dans le premier cas elle fait périr les plantes, ſoit en les privant d'air lorſqu'elle eſt beaucoup au deſſus de la terre, ſoit en les arrachant lorſqu'elle ſe forme à la ſurface même de la terre. Dans le ſecond cas elle laboure le ſol, emporte les terres, caſſe les arbres, &c. C'eſt pour réparer autant que poſſible les ſuites de pareils événemens, que les cultivateurs doivent toujours avoir en réſerve une quantité de ſemences de graines du printems, afin de les ſubſtituer aux récoltes perdues.

Un autre effet de la Glace, c'eſt le déchauſſement des blés. Il a lieu principalement dans les terres légères, fortement imbibées d'eau, qui ſe glaçant les ſoulève & met dehors les racines. Les terres tourbeuſes & les terres granitiques ſont principalement dans ce cas; auſſi leurs récoltes ſont-elles très-caſuelles. Je ne puis indiquer d'autres moyens pour prévenir ces inconvéniens, que de ne pas faire de ſemis d'automne dans de telles terres.

La Glace qui ſe forme dans l'interſtice des rochers fait l'office de coins, & les éclate : de là les éboulemens ſi multipliés qu'on entend au printems dans les hautes Alpes; de là la diminution ſi marquée de la hauteur de ces MONTAGNES. *Voyez* ce mot.

Lorſque la Glace ſe forme ſur des étangs d'une petite étendue, & dans leſquels n'affluent pas des eaux de ſources, il faut la caſſer, tous les matins, en pluſieurs endroits, ſi on veut conſerver le poiſſon qui s'y trouve. Ce n'eſt pas ſeulement la privation de l'air qui cauſe leur mort, comme on l'a cru juſqu'à ces derniers tems; mais l'accumulation des gaz délétères, tels que l'hydrogène ſulfuré, qui ſe dégage de la vaſe ou des plantes en putréfaction, ainſi que l'a prouvé Varennes de Fenilles.

Un propriétaire doit faire vider, aux approches des fortes gelées, les tuyaux de terre cuite, même de bois ou de plomb, qui conduiſent l'eau dans ſes jardins, afin d'éviter qu'ils ſoient briſés. (*Bosc.*)

GLACIALE.

Plante du genre des FICOÏDES (*voyez* ce mot) qu'on voit dans quelques jardins, & qui eſt ainſi nommée à raiſon des globules d'eau entourés d'une membrane, qui ſortent de ſa tige & de ſes feuilles pendant la chaleur, & qui ſemblent être de la glace.

Dans les Canaries, on tire de la ſoude de cette plante, qu'on y cultive, pour cet objet, ſur le bord de la mer, quoiqu'il y en ait d'autres qui paroiſſent devoir en fournir davantage. *Voyez* SOUDE.

GLACIÈRE, conſtruction deſtinée à conſerver, pendant l'été, la glace qu'on y a renfermée pendant l'hiver.

L'uſage de la glace en été n'eſt pas ſeulement un objet de luxe, comme on le penſe communement, mais encore un moyen d'hygiène pour l'homme & pour les animaux domeſtiques, ainſi que je l'ai rapporté à l'article qui la concerne. Il ſeroit donc bon qu'un cultivateur aiſé eût, dans chaque canton, une Glacière au ſervice de ſes voiſins.

On conſtruit des Glacieres dans deux principes différens. Les unes ſont des trous en terre, coniques & très-profonds, recouverts d'un toit; les autres une cage de bois élevée au deſſus de terre, entourée extérieurement d'un mur épais, & au centre de laquelle paſſe un courant d'air perpetuel qui tient toujours froides les parois de la cage. On met la glace entre le mur & le courant d'air. Cette conſtruction ingénieuſe & peu coûteuſe ſe voit fréquemment aujourd'hui dans l'Amérique ſeptentrionale. J'en ai obſervé les effets à Charles-Town, c'eſt-à-dire, dans un pays plus chaud que Marſeille.

Comme il doit être queſtion de la conſtruction des Glacieres dans le *Dictionnaire d'Architecture*, je me contenterai de préſenter l'indication ci-deſſus au lecteur. (*Bosc.*)

GLACIERS, amas de neige glacée qui couvre le ſommet des plus hautes montagnes dans toutes les parties de l'Univers, & dont il exiſte un grand nombre dans les Alpes de la Suiſſe & dans les Pyrénées.

Quoique les Glaciers ſemblent n'avoir aucune influence ſur l'agriculture, puiſque leurs environs ne peuvent produire que des pâturages, cependant ils en ont une très-réelle & très-puiſſante, en ce qu'ils cauſent le froid dans des plaines qui en ſont éloignées de plus de cent lieues, ce froid y étant amené par des vents qui les balaient.

Comme il n'eſt pas dans la puiſſance des agriculteurs de s'oppoſer à l'effet de ces vents autrement que par des ABRIS, je renverrai, pour le ſurplus, à ce mot, & aux mots EXPOSITION, FROID, GELÉE & GLACE.

Les Glaciers fondent par-deſſous pendant l'hiver: voila pourquoi les rivières qui deſcendent des Alpes ſe conſervent pendant cette ſaiſon. Ils fondent par-deſſus, pendant l'été, & c'eſt alors qu'ils donnent naiſſance à ces torrens dévaſtateurs qui tourmentent ſi péniblement les cultivateurs des hautes vallées des Alpes.

Tantôt les Glaciers gagnent du terrein, tantôt ils en perdent: il paroît cependant qu'ils ſe ſont beaucoup étendus depuis un ſiècle. (*Bosc.*)

GLACIS, pente douce, ménagée dans un jardin d'agrément, & ordinairement couverte de gazon. Ce nom commence à paſſer d'uſage. *Voyez* GAZON.

GLADIOL. *Voyez* GLAYEUL & IRIS.

GLAIREUX. L'intérieur de certains fruits, comme la noix, eſt glaireux dans les premiers tems; peu à peu il prend de la conſiſtance, & enfin il ſe ſolidifie. Il faut que les cultivateurs faſſent attention à cette circonſtance afin de n'être pas dans le cas de les cueillir avant d'être aſſez avancées pour être mangées. *Voyez* NOYER. (*Bosc.*)

GLAIS. *Voyez* GLAYEUL.

GLAISE. Tantôt on donne ce nom à toutes les ſortes d'argile, tantôt on le reſtreint à celles qui ſont très-chargées de fer & de ſable, & qui contiennent en outre un peu de calcaire. *Voyez* ARGILE.

Cette dernière, la ſeule que je conſidérerai ici, ſe reconnoît à ſa couleur jaune & à la facilité avec laquelle elle ſe délaie dans l'eau. Elle eſt aſſez commune. Le TUSSILAGE PAS-D'ANE, le LAITRON DES CHAMPS, le COQUERET-ALKEKENGE, s'y plaiſent beaucoup. C'eſt la TERRE FROIDE de quelques agriculteurs. Ordinairement elle devient extrêmement dure dans les chaleurs, & très-molle, même FONDRIÈRE (*voyez* ce mot) après les longues pluies. L'améliorer exige des moyens très-coûteux. On ne peut en fabriquer de bonnes tuiles, mais on l'emploie avec avantage dans les bâtiſſes rurales, & pour faire des âtres de four. (*Bosc.*)

GLAISIÈRE, lieu d'où on tire de l'argile, ou même ſimplement un terrein argileux.

GLAITERON.

GLAITERON. On donne ce nom à la LAMPOURDE.

GLAIVANE. *Xyphidium*.

Genre de plante de la triandrie monogynie & de la famille des *Jones*, qui comprend deux espèces, la GLAIVANE bleue & la GLAIVANE blanche, toutes deux originaires de l'Amérique méridionale, & qui ne sont pas encore introduites dans nos jardins. Elles ont les plus grands rapports avec les COMMELINES. *Voyez* ce mot & les *Illustrations* de Lamarck, pl. 36. (*Bosc.*)

GLANAGE. C'est l'opération de ramasser à la main les épis de blé qui sont tombés, & n'ont pas été réunis par les moissonneurs. En tout pays les pauvres sont autorisés à la faire, & elle semble même de droit naturel pour eux; mais, d'un côté, elle donne lieu à de nombreux abus que les réglemens de police peuvent difficilement réprimer; & de l'autre, elle favorise la paresse, puisqu'elle donne moyen de récolter sans avoir semé.

Je ne m'éleverai pas davantage contre cet usage, qui existe de toute ancienneté; mais je fais des vœux pour que le nouveau Code rural en restreigne la jouissance dans de justes bornes. (*Bosc.*)

GLAND, fruit du CHÊNE.

GLAND DE TERRE : nom vulgaire de la GESSE TUBÉREUSE.

GLANDÉE, l'action de ramasser le gland ou de le faire manger par les cochons. *Voy.* CHÊNE.

GLANDES, organes globuleux ou ovoïdes, tantôt gros, tantôt petits, qui existent dans l'intérieur des animaux & sur diverses parties des plantes.

Ces organes sont tantôt plus, tantôt moins essentiels. Il en est traité en détail dans les *Dictionnaires d'Anatomie & de Physiologie végétale*.

Guettard a fait servir les Glandes à la formation des genres & à la détermination des espèces des plantes. Les agriculteurs font rarement dans le cas de les prendre en considération. Il suffira donc d'ajouter ici que les Glandes, telles que celles des feuilles des cerisiers, &c., ne paroissent pas faire de sécrétion, tandis que celles du calice des rosiers en font évidemment une. (*Bosc.*)

GLAUCIENNE. *Glaucium*.

Genre qui a été établi aux dépens des chélidoines, & dont le type est la CHÉLIDOINE CORNUE, *Chelidonium glaucium* Linn. Il comprend trois espèces, dont la culture a été indiquée au mot CHÉLIDOINE. (*Bosc.*)

GLAUX. *Glaux*.

Petite plante vivace à rameaux couchés, à feuilles alternes, à fleurs solitaires, qui croît en France sur les bords de la mer, & qui seule forme un genre dans la pentandrie monogynie & dans la famille des *Salicaires*.

Cette plante, qui est sans utilité & sans agrémens, ne se cultive que dans les jardins de botanique, où on la sème en place au printems, & où tous les soins qu'elle exige, lorsqu'elle est levée, ne consistent que dans des sarclages. Elle demande une terre sablonneuse. *Voyez* les *Illustrations des Genres* de Lamarck, pl. 141. (*Bosc.*)

GLAYEUL. *Gladiolus*.

Genre de plante de la triandrie monogynie & de la famille des *Iridées*, qui renferme soixante-dix espèces, la plupart originaires du Cap de Bonne-Espérance, &, s'il étoit possible de les cultiver en pleine terre dans nos jardins, propres à l'ornement des parterres. *Voyez* les *Illustrations des genres* de Lamarck, pl. 36.

Observation.

Il y a tant de rapport entre les Glayeuls, les Iris & les Antholyzes, qu'il est souvent difficile de savoir à quel genre appartiennent certaines espèces, & que leur culture est presque la même. Decandolle a fait à leurs dépens le genre MONTBRETIE.

Espèces.

Glayeuls à tiges simples.

1. Le GLAYEUL commun.
Gladiolus communis. Linn. ♃ Indigène.

2. Le GLAYEUL des montagnes.
Gladiolus montanus. Linn. ♃ Du Cap de Bonne-Espérance.

3. Le GLAYEUL à petites fleurs.
Gladiolus parviflorus. Jacq. ♃ De.....

4. Le GLAYEUL en zigzag.
Gladiolus flexuosus. Linn. ♃ Du Cap de Bonne-Espérance.

5. Le GLAYEUL recourbé.
Gladiolus recurvus. Linn. ♃ Du Cap de Bonne-Espérance.

6. Le GLAYEUL en faux.
Gladiolus falcatus. Linn. ♃ Du Cap de Bonne-Espérance.

7. La GLAYEUL biflore.
Gladiolus biflorus. Thunb. ♃ Du détroit de Magellan.

8. Le GLAYEUL délicat.
Gladiolus tenellus. Jacq. ♃ Du Cap de Bonne-Espérance.

9. Le GLAYEUL dichotome.
Gladiolus dichotomus. Thunb. ♃ De.....

10. Le GLAYEUL strié.
Gladiolus striatus. Jacq. ♃ Du Cap de Bonne-Espérance.

11. Le GLAYEUL crépu.
Gladiolus crispus. Linn. ♃ Du Cap de Bonne-Espérance.
12. Le GLAYEUL en pointe.
Gladiolus cuspidatus. Jacquin. ♃ Du Cap de Bonne-Espérance.
13. Le GLAYEUL triste.
Gladiolus tristis. Linné. ♃ Du Cap de Bonne-Espérance.
14. Le GLAYEUL blanchâtre.
Gladiolus albidus. Jacq. ♃ Du Cap de Bonne-Espérance.
15. Le GLAYEUL hyalin.
Gladiolus hyalinus. Jacq. ♃ Du Cap de Bonne-Espérance.
16. Le GLAYEUL menu.
Gladiolus gracilis. Jacq. ♃ Du Cap de Bonne-Espérance.
17. Le GLAYEUL cariné.
Gladiolus carinatus. Ait. ♃ Du Cap de Bonne-Espérance.
18. Le GLAYEUL en casque.
Gladiolus galeatus. Jacq. ♃ Du Cap de Bonne-Espérance.
19. Le GLAYEUL imbriqué.
Gladiolus imbricatus. Linn. ♃ De Sibérie.
20. Le GLAYEUL à feuilles courtes.
Gladiolus brevifolius. Jacquin. ♃ Du Cap de Bonne-Espérance.
21. Le GLAYEUL couleur de chair.
Gladiolus carneus. Jacq. ♃ Du Cap de Bonne-Espérance.
22. Le GLAYEUL hérissé.
Gladiolus hirsutus. Jacq. ♃ De Cap de Bonne-Espérance.
23. Le GLAYEUL de Watson.
Gladiolus watsonius. Jacq. ♃ Du Cap de Bonne-Espérance.
24. Le GLAYEUL mérianelle.
Gladiolus merianellus. Thunberg. ♃ Du Cap de Bonne-Espérance.
25. Le GLAYEUL de Mérian.
Gladiolus merianus. Thunberg. ♃ Du Cap de Bonne-Espérance.
26. Le GLAYEUL blanc de lait.
Gladiolus lacteus. Jacq. ♃ Du Cap de Bonne-Espérance.
27. Le GLAYEUL à feuilles d'iris.
Gladiolus iridifolius. Jacq. ♃ Du Cap de Bonne-Espérance.
28. Le GLAYEUL ptérophylle.
Gladiolus pterophyllus. Jacquin. ♃ Du Cap de Bonne-Espérance.
29. Le GLAYEUL ponctué.
Gladiolus punctatus. Jacquin. ♃ Du Cap de Bonne-Espérance.
30. Le GLAYEUL à fleurs vertes.
Gladiolus viridis. Redouté. ♃ Du Cap de Bonne-Espérance.

Glayeuls à tiges rameuses.

31. Le GLAYEUL brisé.
Gladiolus refractus. Jacq. ♃ Du Cap de Bonne-Espérance.
32. Le GLAYEUL ailé.
Gladiolus alatus. Jacq. ♃ Du Cap de Bonne-Espérance.
33. Le GLAYEUL à fleurs de deux couleurs.
Gladiolus bicolor. Thunb. ♃ Du Cap de Bonne-Espérance.
34. Le GLAYEUL à tige aplatie.
Gladiolus anceps. Thunb. ♃ Du Cap de Bonne-Esperance.
35. Le GLAYEUL à feuilles sessiles.
Gladiolus sessifolius. Jacq. ♃ Du Cap de Bonne-Espérance.
36. Le GLAYEUL silénoïde.
Gladiolus silenoides. Jacq. ♃ Du Cap de Bonne-Espérance.
37. Le GLAYEUL couleur de rose.
Gladiolus roseus. Jacq. ♃ Du Cap de Bonne-Espérance.
38. Le GLAYEUL en jonc.
Gladiolus junceus. Linn. ♃ Du Cap de Bonne-Espérance.
39. Le GLAYEUL à feuilles minces.
Gladiolus salifolius. Linn. ♃ Du Cap de Bonne-Espérance.
40. Le GLAYEUL marginé.
Gladiolus marginatus. Linné. ♃ Du Cap de Bonne-Espérance.
41. Le GLAYEUL étroit.
Gladiolus angustus. Linn. ♃ Du Cap de Bonne-Espérance.
42. Le GLAYEUL ondulé.
Gladiolus undulatus. Jacq. Du Cap de Bonne-Espérance.
43. Le GLAYEUL jaune.
Gladiolus flavus. Aiton. ♃ Du Cap de Bonne-Espérance.
44. Le GLAYEUL en doloir.
Gladiolus securiger. Curt. ♃ Du Cap de Bonne-Espérance.
45. Le GLAYEUL tubiflore.
Gladiolus tubiflorus. Thunberg. ♃ Du Cap de Bonne-Espérance.
46. Le GLAYEUL tubate.
Gladiolus tubatus. Jacq. ♃ Du Cap de Bonne-Espérance.
47. Le GLAYEUL floribond.
Gladiolus floribundus. Jacquin. ♃ Du Cap de Bonne-Espérance.
48. Le GLAYEUL bleu.
Gladiolus blandus. Aiton. ♃ Du Cap de Bonne-Espérance.
49. Le GLAYEUL plissé.
Gladiolus plicatus. Linn. ♃ Du Cap de Bonne-Espérance.

50. Le GLAYEUL grêle.
Gladiolus strictus. Aiton. ♃ Du Cap de Bonne-Efpérance.

51. Le GLAYEUL mucroné.
Gladiolus mucronatus. Jacquin. ♃ Du Cap de Bonne-Efpérance.

52. Le GLAYEUL fpathacé.
Gladiolus fpathaceus. Thunberg. ♃ Du Cap de Bonne-Efpérance.

53. Le GLAYEUL graminé.
Gladiolus gramineus. Linné. ♃ Du Cap de Bonne-Efpérance.

54. Le GLAYEUL à fleurs d'orchis.
Gladiolus orchideflorus. Andrew. ♃ Du Cap de Bonne-Efpérance.

55. Le GLAYEUL écarlate.
Gladiolus puniceus. Lamarck. ♃ Du Cap de Bonne-Efpérance.

56. Le GLAYEUL à grandes fleurs.
Gladiolus grandiflorus. Andrew. ♃ Du Cap de Bonne-Efpérance.

57. Le GLAYEUL campanulé.
Gladiolus campanulatus. Andr. ♃ Du Cap de Bonne-Efpérance.

58. Le GLAYEUL de diverfes couleurs.
Gladiolus verficolor. Andrew. ♃ Du Cap de Bonne-Efpérance.

59. Le GLAYEUL voifin.
Gladiolus affinis. Andr. ♃ Du Cap de Bonne-Efpérance.

60. Le GLAYEUL paniculé.
Gladiolus paniculatus. Andrew. ♃ Du Cap de Bonne-Efpérance.

61. Le GLAYEUL trimaculé.
Gladiolus trimaculatus. Lamarck. ♃ Du Cap de Bonne-Efpérance.

62. Le GLAYEUL bimaculé.
Gladiolus bimaculatus. Lamarck. ♃ Du Cap de Bonne-Efpérance.

63. Le GLAYEUL ventru.
Gladiolus ventricofus. Lamarck. ♃ Du Cap de Bonne-Efpérance.

64. Le GLAYEUL marbré.
Gladiolus marmoratus. Lamarck. ♃ Du Cap de Bonne Efpérance.

65. Le GLAYEUL bigaré. Il varie beaucoup.
Gladiolus triftis. Dumont Courfet. ♃ Du Cap de Bonne-Efpérance.

66. Le GLAYEUL jaune, *Montbretie.* Decand.
Gladiolus flavus. Dumont Courfet. ♃ Du Cap de Bonne-Efperance.

67. Le GLAYEUL cuivré.
Gladiolus fecuriger. Aiton. ♃ Du Cap de Bonne-Efpérance.

68. Le GLAYEUL à taches jaunes.
Gladiolus xanthofpilus. Decand. ♃ Du Cap de Bonne-Efpérance.

69. Le GLAYEUL orobanche.
Gladiolus orobanche. Decandolle. ♃ Du Cap de Bonne-Efpérance.

70. Le GLAYEUL incliné.
Gladiolus inclinatus. Decandolle. ♃ Du Cap de Bonne-Efpérance.

Culture.

Le Glayeul commun offre plufieurs variétés de couleurs, depuis le rouge très-foncé jufqu'au blanc. Il feroit faftidieux de les énumérer, puifqu'elles n'offrent rien de plus faillant que le type de l'efpèce dont la couleur eft un rouge nacarat, plus brillant qu'aucune d'elles.

Il eft rare qu'on multiplie, dans nos jardins, le Glayeul commun par le femis de fes graines, quoique ce foit par ce moyen qu'on a obtenu les variétés qu'il préfente, à raifon de ce que les pieds qui en proviennent, ne donnent des fleurs qu'au bout de quatre ans & plus, tandis que par la voie des cayeux on en obtient la feconde ou au moins la troifième année.

Pour femer avec fuccès les graines du Glayeul commun, on emploie deux méthodes. Quelques perfonnes choififfent un terrein léger, gras, fec & chaud, & y mettent les graines peu après qu'elles font cueillies, c'eft-à-dire, en feptembre ou octobre, terrein qu'elles couvrent de litière pour le garantir des gelées. D'autres perfonnes gardent ces graines en GERMOIR (*voyez* ce mot), dans un pot qu'elles rentrent dans l'orangerie, & les fèment au printems dans des terrines fur couche & fous châffis. Comme on obtient des réfultats à peu près égaux de chacune de ces méthodes, on peut indifféremment choifir l'une ou l'autre, mais plutôt la première dans les pays au midi de Paris, & la feconde au nord.

Les jeunes pieds de Glayeul commun s'élèvent peu la première année, & on les laiffe dans la planche du femis ou dans les terrines, ayant foin de les farcler & de les arrofer dans le befoin. Vers la fin de l'hiver de la feconde année, on relève les bulbes pour les mettre à la diftance de quatre à cinq pouces. Au bout de deux autres années la plupart fleuriffent, & on peut les mettre définitivement en place.

Pour profpérer, les Glayeuls communs, portant fleurs, ont également befoin d'une terre légère, fubftantielle & chaude. L'abri d'un mur leur eft prefqu'indifpenfable dans le climat de Paris. Leurs bulbes doivent être enterrées de quatre à cinq pouces, & couvertes, pendant l'hiver, avec de la litière, des feuilles feches ou de la fougère, afin que les fortes gelées, qui les feroient périr, ne les atteignent pas. On les relève tous les cinq à fix ans pour les mettre autre part, & pour les débarraffer de leurs cayeux, qu'on plante féparément en pépinière, comme il a été dit plus haut.

C'eft contre une fabrique, au pied d'un rocher, d'une terraffe, qu'on doit placer les Glayeuls communs dans les jardins payfagers. Je ne les ai jamais vus fe conferver long-tems dans les parterres;

ce qui n'est pas une raison pour qu'on n'y en place pas, car ils y produisent un agréable effet.

On retire des tubercules du Glayeul commun, en les rapant dans l'eau, une fécule semblable à celle qu'on obtient de la pomme de terre, & qui se mange, comme elle, au maigre ou au gras. Je ne conseillerai pas cependant de cultiver ces tubercules pour la nourriture de l'homme; mais elles peuvent devenir une ressource momentanée, pendant les disettes, dans les cantons où le Glayeul croît naturellement.

Des soixante-neuf autres Glayeuls de la liste ci-dessus, il s'en trouve peut-être en ce moment une vingtaine dans les jardins de Paris. Le catalogue de celui du Muséum n'en contient cependant que dix; mais un plus grand nombre y a été cultivé; car, à ma connoissance, on y a planté considérablement de tubercules apportés du Cap de Bonne-Esperance, tubercules qui ont péri sans pouvoir être multipliés, la plupart après avoir fleuri.

J'ai lieu de croire, par suite de quelques observations incomplètes, que c'est à la difficulté de donner, à ces tubercules, la quantité d'eau qu'ils exigent, qu'on doit attribuer ces pertes. En effet, trop d'humidité & trop de sécheresse leur sont également nuisibles. Or, comment doser les arrosemens lorsqu'on ne conoît pas le lieu où croît naturellement chaque espèce. Dans nos jardins, celle qui veut un terrein toujours sec se trouve à côté de celle qui ne vit que dans les marais, & elles reçoivent la même culture. Ceci prouve combien il est facheux que les botanistes voyageurs n'aient pas toujours indiqué le gissement des plantes avec une scrupuleuse exactitude.

Comme, dans notre ignorance actuelle, la même culture se donne à tous ou presqu'à tous, je vais l'indiquer d'une manière génerale.

Très-peu de ces Glayeuls ont donné de bonnes graines en France, & j'ignore si, excepté le plissé, il en a été semé. Quoi qu'il en soit, leur semis doit se faire dans des terrines remplies de terre de bruyère, & mises au printems sur couche & sous châssis, positivement comme il a été dit à l'occasion de la seconde méthode indiquée plus haut.

Le plus souvent on plante les bulbes des Glayeuls dans des pots qu'on rentre dans la serre tempérée, & qu'on place le plus près possible des jours, car c'est pendant l'hiver que la plupart des espèces fleurissent. Tous les deux ans on les relève, à la fin de l'été, lorsqu'ils ont perdu leurs feuilles, pour leur donner de la nouvelle terre, qui doit être généralement légère, & même le plus souvent de la terre de bruyère pure. En tout tems on les arrose modérément. Plusieurs demandent des tuteurs lorsqu'ils montent en fleurs.

Mais la meilleure manière de les cultiver, c'est de les planter en pleine terre sous un châssis, ou mieux dans une bache remplie de terre de bruyère. Là on les voit développer tout le luxe de leur parure, & fournir abondamment des cayeux. Pour éviter que les espèces se confondent, on peut diviser la surface de la terre par des barres de bois de trois pouces de large, qui s'y enfoncent à moitié, & qui y forment des carrés ou des parallélogrames plus ou moins grands, selon les espèces & le nombre des tubercules. Ces châssis ou ces baches restent ouverts pendant tout l'été, & ne demandent alors d'autres cultures que des sarclages. Au premier froid on les ferme pendant la nuit, & ensuite la nuit & le jour. Dans les tems doux on soulève les vitraux à l'heure de midi, pour donner de l'air. Dans les tems de fortes gelées on entoure le châssis de fumier ou de fougère, & on couvre ses vitraux d'un ou de plusieurs paillassons, pour empêcher le froid d'y pénétrer.

Il faut l'avouer: ce mode de culture, quelqu'avantageux qu'il puisse paroître, peut entraîner à des pertes si des hivers très-froids se prolongeoient, & il est peu favorable à la jouissance des amateurs de fleurs, puisque plusieurs s'épanouissent lorsqu'on ne peut pas ouvrir les vitraux. Ce sont les fleuristes par état, qui doivent principalement l'adopter, parce qu'ils peuvent mieux veiller sur leurs châssis & leurs baches, & qu'ils s'inquiètent moins de la floraison de leurs pieds, que de la formation des cayeux. *Voyez*, pour le surplus, au mot Ixie. (*Bosc.*)

Glayeul des marais. C'est l'Iris pseudacore.

Glayeul puant. *Voyez* Iris fétide.

GLEUCOMÈTRE, instrument destiné à indiquer la quantité de matière sucrée contenue dans le moût de raisin.

GLEUCONOMÈTRE, autre instrument, dont l'objet est de reconnoître le moment où il convient de décuver le vin.

Ces deux instrumens, qui ne sont que des pèse-liqueurs modifiés, si vantes par leurs inventeurs & par quelques agronomes enthousiastes, ne se trouvent chez aucun vigneron, parce que l'expérience leur a appris qu'ils n'étoient bons à rien.

En effet, le moût varie non-seulement dans les proportions de la quantité de matière sucrée que le Gleucomètre peut exactement indiquer, mais par la plus ou moins grande quantité de matières extractives, de matières colorantes, de tartre & autres sels. Il varie suivant le degré de maturité du raisin, la variété qui la fournit, la température de l'atmosphère, &c.

En effet, tant de causes agissent dans la fermentation du vin, que l'attention la plus suivie ne peut déterminer quelle est la principale. Or, ce que le Gleuconomètre indique, c'est seulement que la matière sucrée est décomposée. Mais que de choses il faut encore savoir pour faire du bon vin!

Entre les mains d'un physicien éclairé, ces instrumens peuvent avoir un certain degré d'utilité,

Entre les mains d'un manouvrier ils ne peuvent pas servir. *Voyez* aux mots VIN, MOUT & FERMENTATION. (*Bosc.*)

GLINOLE. *Glinus.*

Genre de plante de la décandrie pentagynie & de la famille des *Ficoïdes*, qui réunit trois espèces, dont une se cultive dans les jardins de botanique. *Voyez* les *Illustrations des genres* de Lamarck, pl. 413.

Espèces.

1. La GLINOLE lotoïde.
Glinus lotoides. Linn. ○ Des parties méridionales de l'Europe.
2. La GLINOLE à feuilles rondes.
Glinus dictamnoides. Vahl. ♄ De l'Inde.
3. La GLINOLE sétiflore.
Glinus setiflorus. Vahl. ♄ De l'Arabie.

Culture.

La Glinole lotoïde, étant annuelle, doit se semer en place au printems & fort clair, parce que, comme ses tiges sont étalées sur terre, chaque pied tient beaucoup de place. La plus mauvaise terre est pour elle la meilleure. Des sarclages & quelques arrosemens pendant les chaleurs de l'été sont toute la culture qu'elle demande. On est cependant quelquefois obligé d'éclaircir successivement ses pieds pour leur donner de la place. (*Bosc.*)

GLOBBÉE. *Globba.*

Genre de plante de la monandrie monogynie & de la famille des *Balisiers*, qui réunit cinq espèces, dont deux se cultivent dans nos serres, qu'elles ornent par la beauté de leurs feuilles & de leurs fleurs.

Espèces.

1. La GLOBBÉE pendante.
Globba nutans. Willd. ♃ De l'Inde.
2. La GLOBBÉE droite.
Globba erecta. Decand. ♃ De l'Inde.
3. La GLOBBÉE à feuilles de marantha.
Globba marantha. Linn. ♃ De l'Inde.
4. La GLOBBÉE du Japon.
Globba japonica. Thunb. ♃ Du Japon.
5. La GLOBBÉE oviforme.
Globba oviformis. Mart. ♃ De l'Inde.

Culture.

De ces cinq espèces, les deux premières seules se voient dans nos jardins : ce sont de très-belles plantes, surtout la première, dont les feuilles sont très-grandes, & les fleurs nombreuses. Toutes deux demandent la même culture.

Une terre consistante & cependant légère, c'est-à-dire, un mélange de terre franche & de terre de bruyère, doit être mise dans les pots destinés à recevoir des pieds de Globbée. C'est en automne qu'on enlève à cette plante les rejetons qui poussent ordinairement en abondance de ses racines, pour les mettre dans ces pots. La plus petite quantité de chevelu suffit pour, au moyen des arrosemens & de la chaleur d'une serre ou d'une couche, encore mieux d'une bache, en assurer la reprise. Tous les ans, à la même époque, les gros pieds qui ne fleurissent pas, doivent être changés de pot pour leur donner plus d'espace & de la nouvelle terre. Il est même souvent nécessaire de faire aussi cette opération au printems aux pieds qui indiquent qu'ils vont porter fleur ; mais alors il faut y procéder avec les plus grands ménagemens, sans quoi on arrêteroit leur floraison ; en conséquence on ne doit pas leur couper des racines, quelque surabondantes qu'elles paroissent ; mais après avoir redressé celles qui sont courbées, on mettra le tout dans un plus grand pot.

Les Globbées fleurissent en été, & exigent alors d'être laissées dans la serre. Les pieds qui ne doivent pas fleurir peuvent, avec avantage, être mis en plein air dans une exposition chaude. Les uns & les autres ont besoin d'être abondamment & fréquemment arrosés dans cette saison, mais non en hiver.

Je ne sache pas que les Globbées, qui ne se trouvent dans nos serres que depuis peu d'années, y aient encore donné du fruit. (*Bosc.*)

GLOBIFÈRE. *Globifera.*

Petite plante à tige rampante, à feuilles opposées & à fleurs axillaires, qui croît dans les lieux ombragés de la Caroline, & qui forme seule un genre dans la diandrie monogynie.

M. Michaux & moi avons apporté des graines de cette plante à Paris, cependant elle ne se voit pas encore dans nos jardins. Cette graine n'ayant pas levé, je n'ai rien de plus à en dire. (*Bosc.*)

GLOBULAIRE. *Globularia.*

Genre de plante de la tétrandrie monogynie & de la famille des *Lysimachies*, qui contient une dixaine d'espèces, dont quelques-unes sont assez jolies pour servir à la décoration des jardins paysagers. Toutes ont les feuilles simples, radicales ou alternes, & les fleurs disposées en boule.

Espèces.

1. La GLOBULAIRE commune.
Globularia communis. Linn. ♃ Indigène.
2. La GLOBULAIRE à feuilles de lin.
Globularia bisnagarica. Linn. ♃ D'Espagne.

3. La GLOBULAIRE épineuse.
Globularia spinosa. Linn. ♃ D'Espagne.
4. La GLOBULAIRE à feuilles en cœur.
Globularia cordifolia. Linn. ♃ Des parties méridionales de la France.
5. La GLOBULAIRE naine.
Globularia nana. Lamarck. ♄ Des parties méridionales de la France.
6. La GLOBULAIRE à tige nue.
Globularia nudicaulis. Linn. ♃ Des parties méridionales de la France.
7. La GLOBULAIRE du Levant.
Globularia orientalis. Linn. ♃ De l'Asie mineure.
8. La GLOBULAIRE turbith.
Globularia alypum. Linn. ♄ Des parties méridionales de la France.
9. La GLOBULAIRE à feuilles de saule.
Globularia longifolia. Ait. ♄ Des Canaries.

Observation.

Les Globulaires sont des poisons plus ou moins actifs. Les bestiaux ne les mangent pas.

Culture.

Les deux dernières espèces de Globulaires sont cultivées pour l'ornement; elles demandent l'orangerie, une terre légère & des arrosemens légers. On les multiplie de boutures faites en pot, & mises sur couche à châssis, ou mieux de marcotes qui s'enracinent ordinairement dans l'année. Il suffit de leur donner de la nouvelle terre tous les deux ans.

Je ne crois pas que les Globulaires épineuse & du Levant se voient dans nos jardins.

Toutes les autres espèces sont de pleine terre, & se multiplient de semences mises en terre légère & en exposition chaude aussitôt qu'elles sont mûres. Elles font, surtout la première & la sixième, un effet agréable sur les pelouses des jardins paysagers; mais il est assez difficile de les y introduire. Dans les jardins de botanique, on les sème en place, & elles ne demandent aucun autre soin que des sarclages. On peut aussi les multiplier par le déchirement des vieux pieds; mais par cette opération on risque de les perdre, car ces plantes sont du nombre de celles qui n'aiment point la transplantation, même la culture. (*Bosc.*)

GLOCHIDION RAMIFLORE.

Plante des îles de la Société, qui a servi à Forster pour établir un genre qui paroît devoir être réuni aux PHYLLANTHES. *Voyez* ce mot.

GLOXINIE. *Gloxinia.*

Genre de plante établi pour la MARTYNIE VIVACE, à laquelle on a trouvé des caractères qui l'éloignent des autres. *Voyez* ce mot, où il sera question de sa culture.

GLOUTERON. On donne ce nom à la LAMPOURDE, à la BARDANE & au CAILLE-LAIT ACROCHANT.

GLUTTIER. *Sapium.*

Genre de plante de la monoécie monadelphie & de la famille des *Thytimaloïdes*, qui renferme cinq arbres, dont un est cultivé dans nos serres.

Observation.

Quelques botanistes ont réuni à ce genre celui des CROTONS.

Espèces.

1. Le GLUTTIER des oiseleurs.
Sapium aucuparium. Lamarck. ♄ De l'Amérique méridionale.
2. Le GLUTTIER rayé.
Sapium lineatum. Lamarck. ♄ De l'île Bourbon.
3. Le GLUTTIER lisse.
Sapium lævigatum. Lamarck. ♄ De l'île Bourbon.
4. Le GLUTTIER à feuilles obtuses.
Sapium obtusifolium. Lamarck. ♄ De l'Isle-de-France.
5. Le GLUTTIER de l'Inde.
Sapium indicum. Willd. ♄ De l'Inde.
6. Le GLUTTIER à feuilles de houx.
Sapium ilicifolium. Willd. ♄ De l'Amérique méridionale.
7. Le GLUTTIER à feuilles de laurier-cerise.
Sapium laurocerasum. Desfont. ♄ De l'Amérique méridionale.

Celle-ci est la seule que l'on cultive dans les serres de Paris; elle demande une forte chaleur & des arrosemens modérés. On ne peut la multiplier que de marcotes, & encore difficilement. Tous les deux ans il faut la changer de pot & lui donner de la nouvelle terre.

La première espèce fournit, dans son pays natal, une espèce de glu, qui sert aux mêmes usages que la glu qu'on retire, en France, des écorces du houx & du guy. (*Bosc.*)

GLYCINE. *Glycine.*

Genre de plante de la diadelphie décandrie & de la famille des *Légumineuses*, dans lequel on trouve placées plus de quarante espèces, dont deux se cultivent en pleine terre dans nos jardins. *Voyez* les *Illustrations* de Lamarck, pl. 609.

Observation.

Les genres HALLIE & KÉNÉDIE ont été établis aux dépens de celui-ci.

Espèces.

1. La GLYCINE fouterraine.
Glycine fubterranea. Linn. ○ De l'Amérique méridionale.

2. La GLYCINE monoïque.
Glycine monoica. Linn. ♃ De l'Amérique feptentrionale.

3. La GLYCINE farmenteufe.
Glycine farmentofa. Roth. ○ De l'Amérique feptentrionale.

4. La GLYCINE de Java.
Glycine javanica. Linn. De Java.

5. La GLYCINE à fleurs denfes.
Glycine comofa. Lamarck. ♃ De l'Amérique feptentrionale.

6. La GLYCINE tomenteufe.
Glycine tomentofa. Linn. ♃ De l'Amérique feptentrionale.

7. La GLYCINE anguleufe.
Glycine angulofa. Willd. De l'Amérique feptentrionale.

8. La GLYCINE bitumineufe.
Glycine bituminofa. Linn. ♃ Du Cap de Bonne-Efperance.

9. La GLYCINE nummulaire.
Glycine nummularia. Linn. Des Indes.

10. La GLYCINE labiale.
Glycine labialis. Linn. ♄ Des Indes.

11. La GLYCINE odorante.
Glycine fuaveolens. Linn. ♄ Des Indes.

12. La GLYCINE velue.
Glycine villofa. Thunb. Du Japon.

13. La GLYCINE à petites fleurs.
Glycine parviflora. Lamarck. Des Indes.

14. La GLYCINE ftriée.
Glycine ftriata. Linn. De l'Amérique méridionale.

15. La GLYCINE clandeftine.
Glycine clandeftina. Wend. ♄ De l'Auftralafie.

16. La GLYCINE à trois lobes.
Glycine triloba. Linn. ⊙ Des Indes.

17. La GLYCINE à feuilles aiguës.
Glycine anguftifolia. Jacquin. ♄ Du Cap de Bonne-Efpérance.

18. La GLYCINE hétérophylle.
Glycine heterophylla. Thunb. ♄ Du Cap de Bonne-Efpérance.

19. La GLYCINE argentée.
Glycine argentea. Thunb. Du Cap de Bonne-Efpérance.

20. La GLYCINE glanduleufe.
Glycine glandulofa. Thunb. Du Cap de Bonne-Efpérance.

21. La GLYCINE totta.
Glycine totta. Thunb. ♄ Du Cap de Bonne-Efpérance.

22. La GLYCINE droite.
Glycine erecta. Thunb. Du Cap de Bonne-Efpérance.

23. La GLYCINE en ombelle.
Glycine umbellata. Willd. ♃ De l'Amérique feptentrionale.

24. La GLYCINE foyeufe.
Glycine fericea. Willd. ♃ De Guinée.

25. La GLYCINE à fleurs minces
Glycine tenuiflora. Willd. ♄ Des Indes.

26. La GLYCINE débile.
Glycine debilis. Ait. ♂ Des Indes.

27. La GLYCINE hédyfaroïde.
Glycine hedyfaroides. Willd. ♄ De Guinée.

28. La GLYCINE phafeolide.
Glycine phafeolides. Brown. ♄ De la Jamaïque.

29. La GLYCINE lucide.
Glycine lucida. Forfter. Des îles de la Société.

30. La GLYCINE labiale.
Glycine reticulata. Vahl. ♄ De la Jamaïque.

31. La GLYCINE molle.
Glycine mollis. Willd. De Guinée.

32. La GLYCINE peinte.
Glycine picta. Vahl. ♄ De la Guiane.

33. La GLYCINE blanche.
Glycine cana. Willd. ♄ Des Indes.

34 La GLYCINE rampante.
Glycine caribæa. Jacq. ♄ Des îles Caraïbes.

35. La GLYCINE unilatérale.
Glycine fecunda. Thunb. Du Cap de Bonne-Efpérance.

36. La GLYCINE rofe.
Glycine rofea. Forfter. Des îles de la Société.

37. La GLYCINE à feuilles en rhombe.
Glycine rhombifolia. Willd. Des Indes.

38. La GLYCINE ponctuée.
Glycine punctata. Willd. De Saint-Domingue.

39. La GLYCINE floribonde.
Glycine floribunda. Willd. Du Japon.

40. La GLYCINE tubéreufe.
Glycine apios. Linn. ♃ De l'Amérique feptentrionale.

41. La GLYCINE frutefcente, vulgairement *haricot en arbre.*
Glycine frutefcens. Linn. ♄ De l'Amérique feptentrionale.

42. La GLYCINE bimaculée.
Glycine bimaculata. Curt. ♄ D'Auftralafie.

43. La GLYCINE vifqueufe.
Glycine vifcida. Perfoon. Des Indes.

44. La GLYCINE ligneufe.
Glycine lignofa. Turpin. ♄ De Saint-Domingue.

Culture.

Les Glycines tubéreufe, frutefcente, monoïque, farmenteufe, à fleurs denfes & tomenteufe font de pleine terre; cependant il n'y a que les deux premières qui fe voient fréquemment dans nos jardins, quoique j'aie apporté de la Caroline confidérablement de graines des quatre autres, graines qui ont levé, mais dont les produits n'ont pas subsisté long-tems. La Glycine monoïque & sans doute la sarmenteuse qui en diffère peu, fleurissent en terre comme l'arrachide, & la gesse ou la vesce amphicarpe. La Glycine tomenteuse croît dans les sables les plus arides, où tantôt elle ne s'élève qu'à trois ou quatre pouces, & n'a que deux feuilles simples & un épi de fleurs; tantôt elle grimpe sur les buissons voisins, prend trois folioles à chaque feuille, & s'élève a une hauteur de trois à quatre pieds.

Une terre substantielle & cependant légère convient la mieux aux Glycines tubéreuse & frutescente. C'est contr'un mur, au levant ou au midi, qu'il faut les placer pour qu'elles y trouvent le degré de chaleur qui leur est nécessaire, & pour qu'on puisse facilement palissader leurs longues tiges. Rarement elles fleurissent dans le climat de Paris lorsqu'elles ne sont pas ainsi abritées. La tubéreuse, dont les tiges périssent tous les ans, & dont les fleurs, quelque nombreuses qu'elles soient, donnent rarement de bonnes graines, se multiplie par ses tubercules qu'on relève pendant l'hiver, & qu'on est quelquefois obligé d'aller chercher bien loin de la place où sortoit la tige. La frutescente se reproduit de ses graines, dont elle donne assez abondamment dans les années favorables; par boutures, par marcotes & par racines. Cette dernière fleurit ordinairement deux fois, & orne beaucoup plus les murs que la première. Dans son pays natal, elle grimpe sur les arbres, & laisse retomber avec grace ses nombreuses grappes de fleurs bleues; ce qui produit un effet très-agréable, effet que j'ai vu se reproduire dans les jardins d'Italie.

Dans les hivers rudes, il est bon de couvrir le pied de ces plantes de litière ou de fougère; car leurs racines, ordinairement peu profondes, sont susceptibles des atteintes de la gelée.

Les Glycines de l'Amérique méridionale & des Indes sont de serre chaude. Nous n'en possédons que trois ou quatre dans nos jardins, telles que la rampante, la réticulée & la débile. Toutes les autres sont d'orangerie. Parmi celles que nous possédons, & c'est le plus petit nombre, il faut distinguer la Glycine bitumineuse, dont les fleurs sont fort belles.

La culture de ces deux séries de Glycines a lieu dans des pots remplis de bonne terre légérement consistante, pots qui se rentrent à l'approche des gelées. On en renouvelle la terre tous les deux ans, & c'est alors qu'on multiplie les pieds des espèces qui perdent leurs tiges en divisant leurs racines. Quant à celles de ces espèces dont la tige est frutescente, on en fait des marcotes ou des boutures. Peu d'entr'elles donnent de bonnes graines, ou si elles en donnent, c'est très-rarement. Toutes exigent des arrosemens fréquens en été, & fort rares en hiver. (*Bosc.*)

GMELIN ASIATIQUE.

Arbre épineux des Indes, à feuilles opposées & à fleurs disposées en grappes à l'extrémité des rameaux, qui forme un genre dans la didynamie angiospermie & dans la famille des *Pyrénacées*.

Cet arbre, que l'excellente odeur de ses fleurs fait remarquer dans son pays natal, n'est pas encore cultivé dans nos jardins. *Voyez* les *Illustrations des genres* de Lamarck, pl. 542.

GNAPHALE. *Gnaphalium.*

Genre de plante de la syngénésie superflue & de la famille des *Corymbifères*, qui réunit cent cinquante espèces, dont beaucoup sont cultivées dans les jardins de botanique & dans ceux des amateurs, & dont plusieurs servent à l'ornement des parterres, sous le nom d'*Immortelles*, de *Cotonnières*.

Observation.

Ce genre a été divisé & subdivisé, dans ces derniers tems, sur des considérations peu marquantes, quoique réelles. Comme les genres nouveaux qui ont été formés à ses dépens ne sont pas connus des cultivateurs, je les regarderai ici comme non avenus; au contraire, je suivrai Lamarck, qui y a réuni les filages. *Filago* Linnæus.

Espèces.

Gnaphales frutescentes, à fleurs blanches.

1. La GNAPHALE globuleuse.
Gnaphalium eximium. Linn. ♄ Du Cap de Bonne-Espérance.

2. La GNAPHALE phlomoïde.
Gnaphalium milleflorum. Linn. ♄ Du Cap de Bonne-Espérance.

3. La GNAPHALE couronnée.
Gnaphalium coronatum. Linn. ♄ Du Cap de Bonne-Espérance.

4. La GNAPHALE alongée.
Gnaphalium discolorum. Linn. ♄ Du Cap de Bonne-Espérance.

5. La GNAPHALE à fleurs serrées.
Gnaphalium congestum. Lamarck. ♄ Du Cap de Bonne-Espérance.

6. La GNAPHALE carnée.
Gnaphalium carneum. Lamarck. ♄ Du Cap de Bonne-Espérance.

7. La GNAPHALE élevée.
Gnaphalium elatum. Linné. ♄ Du Cap de Bonne-Espérance.

8. La GNAPHALE appendiculée.
Gnaphalium appendiculatum. Linn. ♄ Du Cap de Bonne-Espérance.

9. La GNAPHALE protéiforme.
Gnaphalium proteoides. Lamarck. ♄ De l'Isle-de-France.

10. La GNAPHALE à feuilles d'yucca.
Gnaphalium yuccafolium. Lamarck. ♄ De l'Isle-de-France.

11. La GNAPHALE en gazon.
Gnaphalium cæspitosum. Lamarck. ♄ De l'Isle-de-France.

12. La GNAPHALE multicaule.
Gnaphalium multicaule. Lamarck. ♄ De l'Isle-de-France.

13. La GNAPHALE à feuilles de serpolet.
Gnaphalium serpillifolium Lamarck. ♄ D'Afrique.

14. La GNAPHALE à feuilles d'héliotrope.
Gnaphalium heliotropifolium. Lamarck. ♄ De l'île Bourbon.

15. La GNAPHALE de Saint-Domingue.
Gnaphalium domingense. Lamarck. ♄ De Saint-Domingue.

16. La GNAPHALE fauve.
Gnaphalium fuscum. Lamarck. ♄ Du Cap de Bonne-Espérance.

17. La GNAPHALE arborée.
Gnaphalium arboreum. Linné. ♄ Du Cap de Bonne-Espérance.

18. La GNAPHALE capitée.
Gnaphalium capitatum. Lamarck. ♄ Du Cap de Bonne Espérance.

19. La GNAPHALE à feuilles courtes.
Gnaphalium brevifolium. Lam. ♄ Du Cap de Bonne-Espérance.

20. La GNAPHALE dense.
Gnaphalium densum. Lamarck. ♄ Du Cap de Bonne-Espérance.

21. La GNAPHALE fasciculée.
Gnaphalium fasciculatum. Lam. ♄ Du Cap de Bonne-Espérance.

22. La GNAPHALE à ombelle.
Gnaphalium umbellatum. Linné. ♄ Du Cap de Bonne-Espérance.

23. La GNAPHALE éricoïde.
Gnaphalium ericoides. Linné. ♄ Du Cap de Bonne-Espérance.

24. La GNAPHALE à feuilles cylindriques.
Gnaphalium teretifolium. Linné. ♄ Du Cap de Bonne-Espérance.

25. La GNAPHALE recourbée.
Gnaphalium recurvum. Lam. ♄ Du Cap de Bonne-Espérance.

26. La GNAPHALE crépue.
Gnaphalium crispum. Linné. ♄ Du Cap de Bonne-Espérance.

27. La GNAPHALE à grandes fleurs.
Gnaphalium grandiflorum. Linné. ♄ Du Cap de Bonne-Espérance.

28. La GNAPHALE fruticante.
Gnaphalium fruticans. Linné. ♄ Du Cap de Bonne-Espérance.

29. La GNAPHALE à trois nervures.
Gnaphalium trinerve. Forst. ♄ De la Nouvelle-Zélande.

30. La GNAPHALE à rameaux écartés.
Gnaphalinm patulum. Linné. ♄ Du Cap de Bonne-Espérance.

31. La GNAPHALE divariquée.
Gnaphalium divaricatum. Thunb. ♄ Du Cap de Bonne-Espérance.

32. La GNAPHALE âpre.
Gnaphalium asperum. Thunb. ♄ Du Cap de Bonne-Espérance.

33. La GNAPHALE à grosses têtes.
Gnaphalium cepalotes. Thunb. ♄ Du Cap de Bonne-Espérance.

34. La GNAPHALE muriquée.
Gnaphalium muricatum. Linné. ♄ Du Cap de Bonne-Espérance.

35. La GNAPHALE hispide.
Gnaphalium hispidum. Linné. ♄ Du Cap de Bonne-Espérance.

36. La GNAPHALE divergente.
Gnaphalium divergens. Thunb. ♄ Du Cap de Bonne-Espérance.

37. La GNAPHALE en faisceau.
Gnaphalium fastigiatum. Linné. ♄ Du Cap de Bonne-Espérance.

38. La GNAPHALE à plusieurs têtes.
Gnaphalium polianthos. Thunb. ♄ Du Cap de Bonne-Espérance.

39. La GNAPHALE velue.
Gnaphalium hirsutum. Thunb. ♄ Du Cap de Bonne-Espérance.

40. La GNAPHALE sériphioïde.
Gnaphalium seriphioides. Thunb. ♄ Du Cap de Bonne-Espérance.

Gnaphales frutescentes, à fleurs jaunes.

41. La GNAPHALE mucronée.
Gnaphalium mucronatum. Linné. ♄ Du Cap de Bonne-Espérance.

42. La GNAPHALE citrine.
Gnaphalium stæchas. Linné. ♄ Des parties méridionales de la France.

43. La GNAPHALE à feuilles épaisses.
Gnaphalium crassifolium. Linn. ♄ De.....

44. La GNAPHALE à feuilles étroites.
Gnaphalium angustifolium. Lam. ♄ D'Espagne.

45. La GNAPHALE rougeâtre.
Gnaphalium ignescens. Linné. ♄ D'Allemagne.

46. La GNAPHALE élancée.
Gnaphalium strictum. Lamarck. ♄ Du Cap de Bonne-Espérance.

47. La GNAPHALE à feuilles de sariète.
Gnaphalium satureioides. Lamarck. ♄ Du Cap de Bonne-Espérance.

48. La GNAPHALE dentelée.
Gnaphalium serratum. Linné. ♄ D'Afrique.

49. La GNAPHALE étalée.
Gnaphalium patulum. Linné. ♄ Du Cap de Bonne-Espérance.

50. La GNAPHALE pétiolée.
Gnaphalium petiolatum. Linné. ♄ Du Cap de Bonne-Espérance.
51. La GNAPHALE maritime.
Gnaphalium maritimum. Linné. ♄ Du Cap de Bonne-Espérance.
52. La GNAPHALE en cime.
Gnaphalium cimosum. Lamarck. ♄ Du Cap de Bonne-Espérance.
53. La GNAPHALE à petites fleurs.
Gnaphalium parviflorum. Lamarck. ♄ Du Cap de Bonne-Espérance.
54. La GNAPHALE d'Orient, vulgairement *immortelle jaune*.
Gnaphalium orientale. Linn. ♄ D'Orient.
55. La GNAPHALE à petites fleurs.
Gnaphalium mycrophyllum Willd. ♄ D'Orient.
56. La GNAPHALE excisée.
Gnaphalium excisum. Thunb. ♄ Du Cap de Bonne-Espérance.
57. La GNAPHALE capitellée.
Gnaphalium capitellatum. Thunb. ♄ Du Cap de Bonne-Espérance.
58. La GNAPHALE rampante.
Gnaphalium repens. Thunberg. ♄ Du Cap de Bonne-Espérance.

Gnaphales herbacées, à fleurs jaunes.

59. La GNAPHALE cylindrique.
Gnaphalium cylindricum. Linné. Du Cap de Bonne-Espérance.
60. La GNAPHALE des sables.
Gnaphalium arenarium. Linn. ○ D'Allemagne.
61. La GNAPHALE réfléchie.
Gnaphalium reflexum. Linn. Du Cap de Bonne-Espérance.
62. La GNAPHALE à feuilles nues.
Gnaphalium nudifolium. Linné. ♃ Du Cap de Bonne-Espérance.
63. La GNAPHALE jaune-blanche.
Gnaphalium luteo-album. Linn. ⊙ Indigène.
64. La GNAPHALE à fleurs pâles.
Gnaphalium pallidum. Lam. De l'Isle-de-France.
65. La GNAPHALE crépue.
Gnaphalium crispum. Linn. ♃ Du Cap de Bonne-Espérance.
66. La GNAPHALE à bractées.
Gnaphalium bracteatum. Lamarck. Du Cap de Bonne-Espérance.
67. La GNAPHALE ailée.
Gnaphalium odoratissimum. Linn. ♃ Du Cap de Bonne-Espérance.
68. La GNAPHALE fétide.
Gnaphalium fœtidum. Linné. ⊙ Du Cap de Bonne-Espérance.
69. La GNAPHALE à feuilles de giroflée.
Gnaphalium cheiranthifolium. Lam. De l'Amérique méridionale.

70. La GNAPHALE à feuilles de Lavande.
Gnaphalium lavendulæfolium. Willd. ♃ D'Arménie.
71. La GNAPHALE très-blanche.
Gnaphalium candidissimum. Marschal. ♃ Des bords de la Caspienne.
72. La GNAPHALE du Japon.
Gnaphalium japonicum. Thunb. ⊙ Du Japon.
73. La GNAPHALE imbriquee.
Gnaphalium imbricatum. Linné. ♃ Du Cap de Bonne-Espérance.
74. La GNAPHALE laineuse.
Gnaphalium lanatum. Forster. De la Nouvelle-Zélande.
75. La GNAPHALE blanchâtre.
Gnaphalium albescens. Swartz. ♃ De la Jamaique.
76. La GNAPHALE pédonculaire.
Gnaphalium pedunculare. Linné. Du Cap de Bonne-Espérance.
77. La GNAPHALE cauliflore.
Gnaphalium cauliflorum. Desf. ⊙ De Tunis.
78. La GNAPHALE leyseroide.
Gnaphalium leyseroides. Desf. ⊙ De Tunis.
79. La GNAPHALE muscoïde.
Gnaphalium muscoides. Desf. ⊙ De Tunis.

Gnaphales herbacées, à fleurs blanches.

80. La GNAPHALE uniflore.
Gnaphalium uniflorum. Lam. Du Pérou.
81. La GNAPHALE sanguine.
Gnaphalium sanguineum. Linn. ♃ Du Liban.
82. La GNAPHALE cupulacée.
Gnaphalium cupulaceum. Lamarck. Du Cap de Bonne-Espérance.
83. La GNAPHALE étoilée.
Gnaphalium stellatum. Linn. Du Cap de Bonne-Espérance.
84. La GNAPHALE rouge-brun.
Gnaphalium spadiceum. Lamarck. Du Cap de Bonne-Espérance.
85. La GNAPHALE à calice rude.
Gnaphalium squarrosum. Linné. Du Cap de Bonne-Espérance.
86. La GNAPHALE achillée.
Gnaphalium achilloides. Lamarck. Du Cap de Bonne-Espérance.
87. La GNAPHALE nodiflore.
Gnaphalium nodiflorum. Lam. Du Portugal.
88. La GNAPHALE auriculée.
Gnaphalium auriculatum. Lamarck. Du Cap de Bonne Espérance.
89. La GNAPHALE ondulée.
Gnaphalium undulatum. Linn. ⊙ D'Afrique.
90. La GNAPHALE conoïde.
Gnaphalium conoideum. Lamarck. ⊙ De l'Amérique septentrionale.

91. La GNAPHALE des jardins, vulgairement *immortelle blanche*.

Gnaphalium margaritaceum. Linn. ♃ De l'Amérique septentrionale.

92. La GNAPHALE à feuilles de plantain.

Gnaphalium plantagineum. Linné. De l'Amérique septentrionale.

93. La GNAPHALE dioique, vulgairement *pied-de-chat*.

Gnaphalium dioicum. Linn. ♃ Indigène.

94. La GNAPHALE des Alpes.

Gnaphalium alpinum. Linn. ♃ Des Alpes.

95. La GNAPHALE naine.

Gnaphalium supinum. Linn. ♃ Des Alpes.

96. La GNAPHALE brune.

Gnaphalium fuscum. Lamarck. Des Alpes.

97. La GNAPHALE des bois.

Gnaphalium silvaticum. Linn. ⊙ Indigène.

98. La GNAPHALE à epis.

Gnaphalium spicatum. Lamarck. Du Brésil.

99. La GNAPHALE à feuilles de stachide.

Gnaphalium stachidifolium. Lam. Du Brésil.

100. La GNAPHALE pourprée.

Gnaphalium purpureum. Linn. De l'Amérique septentrionale.

101. La GNAPHALE spatulée.

Gnaphalium spathulatum. Lam. ⊙ Du Cap de Bonne-Esperance.

102. La GNAPHALE à feuilles en faulx.

Gnaphalium falcatum. Lam. Du Brésil.

103. La GNAPHALE rétuse.

Gnaphalium retusum. Lam. Du Brésil.

104. La GNAPHALE verticillée.

Gnaphalium verticillatum. Linn. ⊙ Du Cap de Bonne-Espérance.

105. La GNAPHALE des marais.

Gnaphalium uliginosum. Linn. ⊙ Indigène.

106. La GNAPHALE œil-de-chat.

Gnaphalium oculus cati. Linné. ⊙ Du Cap de Bonne-Espérance.

107. La GNAPHALE à feuilles d'hélianthème.

Gnaphalium helianthemifolium. ♄ Du Cap de Bonne-Espérance.

108. La GNAPHALE teinte.

Gnaphalium tinctum. Thunberg. Du Cap de Bonne-Espérance.

109. La GNAPHALE marquée.

Gnaphalium notatum. Thunb.

110. La GNAPHALE rougeâtre.

Gnaphalium rubellum. Thunberg. Du Cap de Bonne-Espérance.

111. La GNAPHALE dénudée.

Gnaphalium denudatum. Linné. Du Cap de Bonne-Espérance.

112. La GNAPHALE blanchie.

Gnaphalium dealbatum. Thunb. ⊙ Du Cap de Bonne-Espérance.

113. La GNAPHALE pilofelle.

Gnaphalium pilosellum. Linné. ♃ Du Cap de Bonne-Espérance.

Gnaphales à calice anguleux, c'est-à-dire, les Filuges de Linnæus.

114. LA GNAPHALE germanique.

Gnaphalium germanicum. Lam. ⊙ Indigène.

115. La GNAPHALE des champs, vulgairement *cotonnière*.

Gnaphalium arvense. Lam. ⊙ Indigène.

116. La GNAPHALE à feuilles menues.

Gnaphalium gallicum. Lam. ⊙ Indigène.

117. La GNAPHALE de montagne.

Gnaphalium montanum. Lam. ⊙ Indigène.

118. La GNAPHALE pyramidale.

Gnaphalium pyramidale. Lam. ⊙ D'Espagne.

119. La GNAPHALE pied-de-lion.

Gnaphalium leontopodium. Lam. ♃ Des Alpes.

120. La GNAPHALE astérique.

Gnaphalium asteriscistorum. Lam. ♃ D'Espagne.

121. La GNAPHALE colletée.

Gnaphalium involucratum. Lam. Du Brésil.

122. La GNAPHALE pygmée.

Gnaphalium pygmæum. Lam. ⊙ Des parties méridionales de l'Europe.

123. La GNAPHALE arnicoïde.

Gnaphalium arnicoides. Lamarck. De l'île de Bourbon.

124. La GNAPHALE à tiges nombreuses.

Gnaphalium multicaule. Willd. ⊙ Des Indes.

125. LA GNAPHALE déclinée.

Gnaphalium declinatum. Linn. Du Cap de Bonne-Espérance.

126. La GNAPHALE pied-blanc.

Gnaphalium lagopus. Willd. ⊙ De Sibérie.

Culture.

Cette liste, que j'aurois pu encore augmenter, est si longue, que si je parlois de la culture de chacune des espèces qui y entrent, il me faudroit faire un article extrêmement étendu, & par conséquent peu en rapport avec l'importance relative que ces espèces peuvent avoir. Je les diviserai donc en trois groupes; savoir : en Gnaphales de serre chaude, en Gnaphales d'orangerie & en Gnaphales de pleine terre.

Les Gnaphales des Indes & de l'Amérique méridionale sont celles qui exigent la serre chaude; mais comme je ne crois pas qu'aucune des douze inscrites ait encore été introduite dans nos jardins, je suis dispensé d'en parler.

Toutes les Gnaphales du Cap de Bonne-Espérance & du midi de l'Europe demandent l'orangerie. Nous possédons une douzaine des premières, & trois à quatre des secondes.

Une terre légère & cependant substantielle est celle qui convient le mieux aux Gnaphales de cette température. On se les procure par graines venant de leur pays natal, & semées dans des terrines sur couche nue au commencement du printems. Le plant levé se repique isolement dans de petits pots lorsqu'il a acquis un pouce de haut. Il s'arrose rarement & foiblement. Ces pots, l'hiver suivant, sont placés près des jours dans l'orangerie. Les espèces herbacées peuvent fleurir dès la seconde année; mais celles à tiges ligneuses ne le font que la troisième ou quatrième, & quelquefois plus. On doit moins craindre le froid pour elles, que l'humidité. Il en est qui sont très-difficiles à conserver par cette cause, quelque soin qu'on y apporte. Pendant l'été il faut les mettre à l'exposition du levant ou du midi, & les arroser plus copieusement. C'est pendant cette saison que le plupart fleurissent.

Comme plusieurs des Gnaphales que nous cultivons, donnent de bonnes graines, on peut les multiplier par leur moyen. On peut aussi multiplier les herbacées lorsqu'elles ont acquis une certaine force par le déchirement de leurs pieds, & les frutescentes de boutures faites au printems, dans des pots, sur couche & sous châssis.

La Gnaphale citrine est la seule, de celles d'Europe exigeant l'orangerie, qui se cultive pour l'agrément. Elle peut se conserver en plein air dans les hivers doux; car elle supporte fort aisément trois ou quatre degrés de froid au dessous de zéro du thermomètre de Réaumur. C'est un très-joli arbrisseau lorsqu'il est en fleurs, & il y est pendant la moitié de l'année. On le multiplie de boutoures avec la plus grande facilité.

La Gnaphale éricoide, qui commence à devenir commune dans nos orangeries, peut être assimilée à la précédente sous tous les rapports : c'est une de celles qui supportent le mieux l'humidité de nos hivers.

Epuisant peu la terre dans laquelle on les plante, les Gnaphales d'orangerie n'ont besoin d'être changées de pot que tous les deux & même tous les trois ans. Cette opération se fera au printems plutôt qu'en automne, pour qu'elles n'en souffrent pas pendant l'hiver.

Je rangerai en deux séries les Gnaphales qui sont de pleine terre dans le climat de Paris; savoir : celles qui ne se cultivent que dans les jardins de botanique ou des amateurs de plantes, subdivisées en annuelles & en vivaces, & celles de ces dernières qui s'emploient à la décoration des jardins ordinaires.

Ces Gnaphales appartiennent toutes aux parties froides de l'Europe, de l'Asie ou de l'Amérique. Elles se sèment en place au printems, car elles sont d'une reprise difficile à la transplantation. Les éclaircir & les sarcler sont tous les soins qu'elles exigent pendant la durée de leur existence. La plupart etant destinées par la Nature à croître dans les sables les plus arides, on doit rendre la terre qui leur est destinée, aussi rapprochée que possible de ces sables, c'est-à-dire, fort propre à laisser rapidement écouler l'eau de pluie. Celles à qui cette disposition ne convient pas sont trop rarement cultivées pour qu'il soit nécessaire de faire une exception en leur faveur. Les vivaces qu'on possède, se multiplient encore comme il a éte dit plus haut, par le déchirement des vieux pieds. Nulle d'entr'elles n'est frutescente.

Les espèces qui se cultivent plus particuliérement pour l'ornement des parterres & des jardins paysagers sont les Gnaphales d'Orient & des jardins.

La première, qui a une souche ligneuse, se multiplie principalement de boutures qui se font en pleine terre à une exposition chaude, mais cependant un peu abritée du soleil, & qui reprennent dans l'année.

La seconde, dont les racines sont traçantes, s'étend avec tant de rapidité, que chaque année on est obligé de restreindre sa croissance, en diminuant la grosseur de ses touffes au moyen de la bêche. Quoique moins belle que la première, elle est beaucoup plus commune à raison de cette facilité de croissance & de multiplication. Tout terrein lui est bon, excepté celui qui est aquatique.

Ces deux plantes ont été appelées *Immortelles*, parce que les écailles de leur calice, qui sont colorées & scarieuses, ne s'altèrent pas par la dessiccation; de sorte que les bouquets formes avec leurs fleurs semblent toujours être vivans. Cette particularité donne lieu, pour elles, à une culture spéciale aux environs des grandes villes, & à des bénefices assez importans pour ceux qui s'y livrent lorsque les froids de l'hiver se prolongent & que les fleurs nouvelles restent long-tems rares. Je dois observer cependant que cette culture a diminué dans ces derniers tems, proportionnellement à la multiplication des orangeries, des châssis, des baches, des serres qui fournissent, à Paris, des fleurs fraîches pendant tout l'hiver.

Il ne me reste plus, pour terminer cet article, que de parler des Gnaphales qui sont assez communes dans les campagnes, pour intéresser le cultivateur qui les habite.

La Gnaphale dioïque couvre quelquefois, par places fort etendues, les pâturages des montagnes sèches. C'est une très-agreable plante lorsqu'elle est en fleur; aussi doit-on toujours tenter de l'introduire dans les gazons des jardins paysagers. Elle varie sur le même pied, en rouge, en blanc & dans toutes les nuances intermédiaires. Les cochons recherchent ses racines; les moutons goûtent quelquefois ses feuilles, & les autres bestiaux n'y touchent pas. Il est donc bon, malgré sa beauté & ses vertus médicales, de la detruire dans les pâturages dont on veut tirer tout le parti possible.

La Gnaphale des bois est quelquefois si abondante dans les jeunes taillis, qu'il peut être fructueux de l'arracher à la fin de l'été pour en faire de la litière ou de la potasse. Tous les bestiaux la repoussent.

Les Gnaphales d'Allemagne & de France couvrent souvent le sol des plaines sablonneuses & arides. Elles sont l'indication de la plus mauvaise nature de terre. Leur petitesse ne permet pas d'en tirer quelqu'usage. (*Bosc.*)

GNAVELLE. *Scleranthus.*

Genre de plante de la décandrie digynie & de la famille des *Portulacées*, qui réunit trois petites plantes qu'on ne cultive que dans les jardins de botanique.

Espèces.

1. La Gnavelle vivace.
Scleranthus perennis. Linn. ♃ Indigène.
2. La Gnavelle annuelle.
Scleranthus annuus. Linn. ⊙ Indigène.
3. La Gnavelle polycarpe.
Scleranthus polycarpus. Linn. ⊙ Des parties méridionales de l'Europe.

Culture.

Ces plantes ne croissent naturellement que dans les terreins les plus arides. On doit donc leur en donner artificiellement un dans les jardins où on les cultive pour les étudier. Les semer en place au printems & les sarcler une ou deux fois dans le courant de l'été sont tous les soins qu'elles exigent.

Le cheval recherche ces plantes, mais les autres bestiaux ne s'en soucient pas.

C'est sur la première espèce que vit la cochenille de Pologne, qui a fait autrefois l'objet d'un grand produit pour les cultivateurs de ce pays. *Voyez* au mot Galle-insecte. (*Bosc.*)

GNEISS, sorte de pierre qui forme le sol d'un grand nombre de cantons dans les montagnes primitives, & qui s'est déposée immédiatement après le granit, auquel elle est toujours superposée, & des élémens duquel elle est évidemment composée. Elle est toujours par couches, sa surface est toujours rude au toucher, & le plus souvent elle offre des reflets jaunes, à raison des lames de mica qui s'y trouvent.

La décomposition du Gneiss est très-lente ; aussi les terreins à la surface desquels il se montre, sont-ils très-peu susceptibles d'amélioration. C'est principalement en bois qu'il convient de les planter.

On emploie le Gneiss à la bâtisse & à la fabrique d'une sorte de pierre à aiguiser. *Voyez* Granit, Schiste & Pierre a aiguiser. (*Bosc.*)

GNET. *Gnetum.*

Arbre de l'Inde, à feuilles opposées & à fleurs verticillées, qui forme un genre dans la monoécie monadelphie.

Cet arbre, dont on mange les fruits & même les feuilles, n'est cultivé ni dans son pays natal ni en Europe. Il n'est donc pas dans le cas de donner lieu à un plus long article. (*Bosc.*)

GNIDIENNE. *Gnidia.*

Genre de plante de l'octandrie monogynie & de la famille des *Thymelées*, qui renferme près de vingt arbrisseaux d'un aspect agréable lorsqu'ils sont en fleurs, & dont on cultive plusieurs dans nos jardins.

Observation.

Quelques espèces de ce genre en ont été retirées pour former le genre Nectandra, qui est encore peu connu.

Espèces.

1. La Gnidienne à feuilles de pin.
Gnidia pinifolia. Lam. ♄ Du Cap de Bonne-Espérance.
2. La Gnidienne rayonnée.
Gnidia radiata. Linn. ♄ Du Cap de Bonne-Espérance.
3. La Gnidienne à tiges simples.
Gnidia simplex. Linn. ♄ Du Cap de Bonne-Espérance.
4. La Gnidienne à feuilles de genévrier.
Gnidia juniperifolia. Lamarck. ♄ Du Cap de Bonne-Espérance.
5. La Gnidienne ponctuée.
Gnidia punctata. Lam. ♄ Du Cap de Bonne-Espérance.
6. La Gnidienne soyeuse.
Gnidia sericea. Linn. ♄ Du Cap de Bonne-Espérance.
7. La Gnidienne à feuilles opposées.
Gnidia oppositifolia. Linn. ♄ Du Cap de Bonne-Espérance.
8 La Gnidienne filamenteuse.
Gnidia filamentosa. Linn. ♄ Du Cap de Bonne-Espérance.
9. La Gnidienne carinée.
Gnidia carinata. Thunb. ♄ Du Cap de Bonne-Espérance.
10. La Gnidienne hérissée.
Gnidia scabra. Thunb. ♄ Du Cap de Bonne-Espérance.
11. La Gnidienne en tête.
Gnidia capitata. Linn. ♄ Du Cap de Bonne-Espérance.
12. La Gnidienne lisse.
Gnidia lævigata. Thunb. ♄ Du Cap de Bonne-Esperance.
13. La Gnidienne biflore.
Gnidia biflora. Thunb. ♄ Du Cap de Bonne-Espérance.

14. La GNIDIENNE à grappes.

Gnidia racemosa. Thunb. ♄ Du Cap de Bonne-Espérance.

15. La GNIDIENNE velue.

Gnidia tomentosa. Linn. ♄ Du Cap de Bonne-Espérance.

16. La GNIDIENNE argentée.

Gnidia argentea. Thunb. ♄ Du Cap de Bonne-Espérance.

17. La GNIDIENNE imbriquée.

Gnidia imbricata. Linn. ♄ Du Cap de Bonne-Espérance.

18. La GNIDIENNE à feuilles de lauréole.

Gnidia daphnæfolia. Linn. ♄ Du Cap de Bonne-Espérance.

Culture.

Plusieurs Gnidiennes, entr'autres la troisième, ont des fleurs odorantes, qui les feroient cultiver généralement si elles n'étoient pas aussi délicates & aussi difficiles à conserver pendant l'hiver, dont l'humidité leur est contraire. Cette troisieme est, de toutes les Gnidiennes, celle qui se multiplie le plus aisément, donnant de bonnes graines dans nos orangeries & reprenant promptement de marcotes & de boutures. Il est assez difficile de réussir à faire pousser des racines aux boutures de la plupart des autres; cependant on y parvient avec des soins, sur couche & sous châssis.

La terre de bruyère, presque pure, est celle qui doit être mise dans les pots destinés à recevoir des Gnidiennes. Tous les ans on la renouvelle par moitié, en automne ou au printems.

En eté, époque de la floraison des Gnidiennes, on les place contr'un mur à l'exposition du midi, & on les arrose copieusement. En hiver, elles doivent être dans l'endroit le plus sec de l'orangerie, & recevoir le moins possible d'eau. Toutes, & les jeunes surtout, sont exposées à chancir pour peu qu'une surabondante humidité se prolonge dans l'intérieur de l'orangerie, à laquelle il faut par conséquent donner de l'air toutes les fois que le tems le permet. (*Bosc.*)

GOBE. Tous les animaux ruminans ont l'habitude de se lécher le corps & d'avaler les poils qui s'attachent à leur langue. Ces poils, réunis en boule dans leur estomac par suite du mouvement péristaltique, portent généralement le nom d'EGRAGOPILE; & dans le mouton particuliérement, le nom de GOBE.

Le plus souvent les Gobes sont encroûtées d'une concretion de couleur brune, produite par la bile qui s'est desséchée autour; de sorte qu'elles ont l'air d'une boule de poix mêlée de poils.

Lorsque les Gobes sont trop grosses ou trop nombreuses, elles empêchent la digestion, & font perir l'animal. De ce fait vrai, mais rare, on en a conclu la conséquence fausse, qu'une seule Gobe suffisoit pour faire mourir un mouton; & comme les bergers ignorans n'en connoissent pas l'origine, la malveillance a supposé qu'elles étoient faites de mains d'homme, & données aux moutons pour les faire mourir. Des haines, même des procès, ont anciennement souvent éte la suite de ce préjugé. Aujourd'hui, graces aux lumières que les eleves des ecoles vétérinaires portent dans les campagnes, il commence à s'éteindre. Au moins aucun tribunal ne donne-t-il de suite à des plaintes qui l'ont pour base.

Il n'y a d'autres moyens de s'assurer de la présence des Gobes, que de tuer les moutons & de faire l'examen de leur estomac; car les symptômes qui les caractérisent, comme le refus du manger, la tristesse, l'amaigrissement, se remarquent dans beaucoup d'autres maladies.

On ne peut espérer d'effet d'aucun remède contre les Gobes, parce que tous ceux qui, comme la potasse ou la soude, pourroient les dissoudre, agissent sur la membrane de l'estomac & la détruisent. Il n'y a rien de mieux à faire que de tuer les moutons soupçonnés d'en avoir.

Les moutons qui ne se lèchent pas peuvent cependant avoir des Gobes, parce qu'ils mangent souvent le foin qui est tombé sur le dos des autres & arrachent en même tems leur poil.

Les agneaux, en tétant leur mère, avalent aussi quelquefois de la laine. (*Bosc.*)

GOBELET. C'est le nom donné à une disposition d'arbres fruitiers, qui differe des buissons principalement, parce que leur partie inférieure est aussi évasée que la supérieure.

On ne voit plus guère d'arbres en Gobelet dans nos jardins. *Voyez* BUISSON dans le *Dictionnaire des Arbres & Arbustes.*

GOBET, variete de POIRE & de CERISE.

GODET. Les fleuristes appellent ainsi les fleurs monopetales.

GODIN, jeune BŒUF.

GOEI, froment carié & barbu, qui se cultive dans l'ouest de la France.

GOEMON, synonyme de VAREC & d'ALGUE, ou mieux Varec & Algue, rejetés sur les bords de la mer. *Voyez* ces mots.

GODOVIE. GODOVIA.

Genre de plante de la décandrie monogynie, qui réunit deux arbres du Pérou, qui, n'étant pas encore introduits dans nos jardins, ne sont pas dans le cas d'un plus long article.

GOITRE, tumeur remplie d'une humeur trés-fluide, qui existe sous la mâchoire des moutons attaqués de la pourriture, & qui paroît & disparoît selon qu'il fait humide & sec, que l'animal est fatigué ou reposé. *Voyez* POURRITURE & MOUTON.

GOMART. *Bursera.*

Genre de plante de l'octandrie monogynie & de la famille des *Térébinthacées*, qui réunit trois arbres à feuilles ailées & à fleurs en grappes. *Voyez* les *Illustrations des genres* de Lamarck, pl. 256.

Espèces.

1. Le GOMART d'Amérique, vulgairement *gommier, sucrier de montagne, bois à cochon, cachibou.*
Bursera gummifera. Linn. ♄ De l'Amérique méridionale.

2. Le GOMART paniculé.
Bursera paniculata. Lamarck. ♄ De l'Isle-de-France.

3. Le GOMART à feuilles obtuses.
Bursera obtusifolia. Lamarck. ♄ De l'Isle-de-France.

Culture.

Les deux premières espèces de Gomarts se cultivent dans nos serres; mais je ne crois pas qu'ils y aient jamais fleuri. On les tient dans des pots ou des caisses proportionnées à leur grosseur, & on les change de terre tous les ans en automne. Ils ne s'y multiplient point autrement que de graines apportées de leur pays natal, graines qu'on sème au printems sur couche & sous châssis, ou mieux dans une bonne bache.

Ces deux arbres, principalement le premier, laissent fluer une gomme qui est regardée comme un bon remède, & qu'on trouve quelquefois dans le commerce. (*Bosc.*)

GOMBAUT. Les habitans des colonies appellent ainsi la KETMIE ESCULENTE.

GOMME, substance qui s'extravase de beaucoup de végétaux, soit naturellement, soit à la suite des blessures qu'on fait à leur écorce. *Voyez* ce mot dans le *Dictionnaire de Chimie.*

Il est important que les cultivateurs étudient les causes de la formation de la Gomme dans les arbres fruitiers qui en produisent, c'est-à-dire, dans les arbres dont le fruit est à noyau, comme les pêchers, les amandiers, les abricotiers, les pruniers & les cerisiers, soit pour empêcher ses mauvais effets, soit pour en tirer parti.

Ce sont principalement les arbres sur le retour, ceux qui sont attaqués de quelques maladies graves, ceux qui ont été mal conduits dans leur jeunesse, à qui on a trop fait porter de fruits, &c. qui sont le plus sujets à la Gomme.

L'observation prouve que la Gomme flue toujours de la partie supérieure des plaies; ce qui indique qu'elle est apportée par la séve descendante, qu'elle s'est élaborée dans les feuilles. On ignore encore si elle suit des vaisseaux particuliers, les vaisseaux propres, par exemple, parce qu'elle ne se distingue de la séve que lorsqu'elle s'est consolidée à l'air par l'évaporation de l'excès d'eau qu'elle contient.

On reconnoît l'influence de la Gomme, principalement à la suite de la taille & de la greffe de tous les arbres cités plus haut. C'est pourquoi il faut beaucoup plus d'attention pour choisir le moment de ces opérations dans ces arbres, que dans les autres.

Un homme qui, après s'être plu pendant plusieurs années à détruire dans les pépinières, s'avise aujourd'hui d'écrire sur les maladies des arbres qu'on y cultive, prétend qu'il y a une sorte de maladie organique dans les arbres à noyau, qu'il faut aussi appeler de ce nom. Si ce que son faiseur m'a montré est ce dont il a entendu parler, je dois croire que cette prétendue maladie organique n'est autre chose que le desséchement de quelques parties de l'écorce des amandiers ou des pêchers, soit par l'effet des rayons du soleil, soit par suite de l'action des vents, soit par toute autre cause, desséchement qui empêche ces branches de grossir, accélère la chute des feuilles, empêche les fleurs de se développer, le fruit de grossir, de mûrir, de devenir savoureux, & selon qu'il est d'une plus ou moins grande étendue ou plus fréquemment répété. Personne autre que ce personnage n'a vu, dans cette désorganisation accidentelle, une maladie qui se propage par la greffe, & encore moins par le semis. Cependant, comme je puis avoir été induit à erreur, il faut attendre des observations faites par des cultivateurs plus dignes de confiance, pour décider définitivement sur son assertion.

Ayant suffisamment développé aux articles des arbres ci-dessus & aux mots TAILLE & GREFFE, les moyens-pratiques de s'opposer aux effets facheux de la Gomme, je ne m'étendrai pas plus au long sur ce qui la concerne.

Les Gommes d'Arabie ou du Sénégal, qui proviennent de deux sortes d'ACACIES (*voyez* ce mot), étant en usage dans plusieurs arts & en médecine, ont une grande valeur dans le commerce; aussi quoique celles du pays leur soient bien inférieures sous tous les rapports, principalement en ce qu'elles ne se dissolvent pas véritablement dans l'eau, on les recherche pour la leur substituer. Elles sont, dans certains lieux, aux environs de Paris, par exemple, l'occasion d'un délit qui a nécessité une loi répressive, c'est-à-dire, que dans ces lieux, des individus parcourent les campagnes pour ramasser la Gomme des cerisiers & des pruniers; & afin d'en augmenter la production, ils font des entailles à la peau de ces arbres. Ainsi, outre qu'ils exercent un droit qui n'appartient qu'au propriétaire, ils accélèrent l'épuisement, & par conséquent rapprochent l'époque de la mort de l'arbre.

On appelle Gomme-résine la combinaison naturelle d'une Gomme avec une résine. Plusieurs de celles qui proviennent des pays étrangers sont en usage dans la médecine vétérinaire. *Voyez* au mot RÉSINE. (*Bosc.*)

GOMME ADRAGANT, Gomme dont on fait usage en médecine & dans les offices. Elle provient de plantes du genre ASTRAGAL. *Voyez* ce mot.

GOMME ARABIQUE. *Voyez* ACACIE & GOMME.

GOMOSIE. *Gomosia.*

Genre de plante établi par Linnæus sur une seule espèce, qui depuis a été réunie aux NERTHÈRES. *Voyez* ce mot.

GOMPHIE. *Gomphia.*

Genre de plante de la décandrie monogynie & de la famille des *Magnoliers*, que quelques botanistes ont réuni aux OCHNA (*voyez* ce mot), mais que d'autres croient devoir être conservé. *Voyez* les *Illustrations* de Lamarck, pl. 472, fig. 2.

Espèces.

1. La GOMPHIE à feuilles aiguës.
Gomphia angustifolia. Vahl. ♄ Des Indes.
2. La GOMPHIE à feuilles luisantes.
Gomphia nitida. Vahl. ♄ De l'Amérique méridionale.
3. La GOMPHIE à feuilles lisses.
Gomphia lævigata. Vahl. ♄ Des Indes.
4. La GOMPHIE à feuilles de laurier.
Gomphia laurifolia. Swartz. ♄ De la Jamaique.

Culture.

La Gomphie à feuilles luisantes, connue dans son pays natal sous le nom de *Jabotapite*, où elle forme un grand arbre dont les fleurs sont très-odorantes, & dont les graines fournissent une huile bonne à manger, est la seule qui se cultive dans nos serres.

Il paroît que cet arbre est extrêmement difficile à multiplier autrement que par des graines tirées des pays où il croît naturellement. On le met dans un pot rempli de terre consistante qu'on renouvelle en partie tous les ans. Ses progrès sont lents. Il demande à être placé dans la partie la plus chaude de la serre pendant les huit mois d'hiver, & dans une exposition très-abritée pendant les quatre mois de l'été. (*Bosc.*)

GONGOR. *Gongora.*

Plante du Pérou, qui forme un genre dans la gynandrie diandrie & dans la famille des *Orchidées*. Comme elle n'a pas encore été apportée dans nos jardins, je ne puis indiquer sa culture. (*Bosc.*)

GONZALÉE. *Gonzalea.*

Genre de plante de la tétrandrie monogynie, établi pour placer deux arbres de l'Amérique méridionale, qui ne sont pas encore cultivés dans nos jardins, & qui par conséquent ne sont pas dans le cas de mériter de faire ici l'objet d'un article étendu.

Espèces.

1. La GONZALÉE pendante.
Gonzalea peudula. Ruiz & Pav. ♄ Du Pérou.
2. La GONZALÉE de Panama.
Gonzalea panamensis Cavan. ♄ Du Mexique. (*Bosc.*)

GOODÉNIE. *Goodenia.*

Genre de plante de la pentandrie monogynie & de la famille des *Campanules*, qui rassemble une douzaine d'espèces, toutes de l'Australasie ou Nouvelle-Hollande, dont quelques unes se cultivent dans nos orangeries depuis un petit nombre d'années.

Observation.

Ce genre se rapproche si fort de celui des SCÉVOLES (*voyez* ce mot), qu'il est souvent difficile de distinguer les espèces qui appartiennent à l'un ou à l'autre lorsqu'elles ne sont pas vivantes, & que leurs fruits ne sont pas en maturité. Il s'éloigne également fort peu des LOBÉLIES. *Voyez* ce mot.

Espèces.

1. La GOODÉNIE ovale.
Goodenia ovata. Smith. ♄ D'Australasie.
2. La GOODENIE blanchâtre.
Goodenia albida. Smith. ♄ D'Australasie.
3. La GOODÉNIE lisse.
Goodenia lævigata. Smith. ♄ D'Australasie.
4. La GOODENIE paniculée.
Goodenia paniculata. Smith. ♄ D'Australasie.
5. La GOODÉNIE à feuilles de paquerette.
Goodenia bellidifolia. Smith. ♄ D'Australasie.
6. La GOODENIE à tiges élancées.
Goodenia stricta. Smith. ♄ D'Australasie.
7. La GOODENIE très-rameuse.
Goodenia ramosissima. Smith. ♄ D'Australasie.
8. La GOODÉNIE hétérophylle.
Goodenia heterophylla. Smith. ♄ D'Australasie.
9. La GOODENIE à feuilles de lierre.
Goodenia hederacea. Smith. ♄ D'Australasie.
10. La GOODÉNIE à feuilles de souci.
Goodenia calendulacea. And. ♄ D'Australase.
11. La GOODÉNIE radicante.
Goodenia radicans. Cav. ♄ De l'Archipel de Chiloé.

Culture.

La Goodénie ovale est la plus commune dans nos

nos jardins. On y voit auſſi les Goodénies liſſe & à feuilles de ſouci. Pluſieurs des autres exiſtent dans ceux d'Angleterre. Ce ſont des arbuſtes toujours verts, généralement peu ſenſibles à la gelée, & qui fleuriſſent pendant preſque toute l'année. La terre de bruyère pure eſt celle dans laquelle ils ſe plaiſent le mieux. On leur donne des arroſemens fréquens en été & rares en hiver. Leur multiplication a lieu par marcotes & par boutures, qui manquent rarement lorſqu'on les fait au printems; les ſecondes ſur couche & ſous châſſis. Je ne crois pas qu'elles aient encore donné de bonnes graines dans le climat de Paris, quoiqu'elles y montrent quelquefois des capſules, du moins la première. (*Bosc.*)

GORDONE. *Gordonia.*

Genre de plante de la monadelphie monandrie & de la famille des *Malvacées*, qui réunit quatre arbres ou arbuſtes que la beauté de leurs feuilles & de leurs fleurs doit engager à multiplier le plus poſſible dans nos jardins payſagers des départemens méridionaux. *Voyez* les *Illuſtrations* de Lamarck, pl. 694.

Eſpèces.

1. La GORDONE à feuilles glabres.
Gordonia laſianthus. Linn. ♄ De la Caroline.
2. La GORDONE pubeſcente.
Gordonia pubeſcens. Lam. ♄ De la Caroline.
3. La GORDONE de Francklin.
Gordonia Francklini. Lhérit. ♄ De la Caroline.
4. La GORDONE hématoxyle.
Gordonia hematoxylon. Swartz. ♄ De la Jamaïque.

Culture.

Les trois premières eſpèces ne ſe cultivent que dans les orangeries dans le climat de Paris, parce que, quoiqu'elles y puiſſent ſubſiſter en pleine terre, elles n'y ont jamais qu'une exiſtence chétive, que je ſuis certain qu'on doit attribuer à l'impoſſibilité de les placer dans le ſol qu'elles demandent.

En effet, la Gordone à feuilles glabres, la ſeule dont je parlerai comme étant celle que je connois le mieux, quoique je les aie obſervées toutes trois pendant mon ſéjour en Amérique, croît excluſivement dans des eaux ſtagnantes, qui ne ſe deſſèchent qu'à la fin de l'été, & dans leſquelles elle trouve, pendant le printems, autant de chaleur qu'il lui en faut pour pouſſer avec vigueur. Ici on ne peut la mettre dans une telle poſition, parce que la glace la feroit geler pendant l'hiver, & qu'elle ne trouveroit pas aſſez de chaleur au milieu de l'été, c'eſt-à-dire, à l'époque où elle n'auroit plus aſſez de tems pour aoûter ſes pouſſes, & encore moins pour fleurir. C'eſt dommage, car cet arbre eſt un des plus beaux de la Caroline, à raiſon de ſa grandeur, de ſa forme pyramidale, du beau vert-luiſant de ſes feuilles qui ſubſiſtent toute l'année, & du grand nombre de ſes fleurs blanches, qui ſe ſuccèdent pendant deux mois, & qui tranchent avec ſes feuilles.

A Paris les cultivateurs ont été portés à croire que c'étoit le froid ſeul qui empêchoit la Gordone à feuilles liſſes de proſpérer en pleine terre, tandis que c'eſt autant le défaut d'eau. On a donc été déterminé à la cultiver dans les orangeries, où elle ne proſpère pas mieux. C'eſt dans les parties méridionales de la France, dans les pays à riz, qu'on doit tenter, comme je l'ai dit plus haut, de la mettre en pleine terre.

Les Gordones ſe multiplient par le ſemis de leurs graines, ſemis qui doit être fait peu après la chute de ces graines ou, après l'hiver, avec des graines qui ont été ſtratifiées. C'eſt le défaut de ſtratification qui a empêché cette immenſe quantité de graines envoyées par Michaux père & fils, & par moi, dont les produits devroient aujourd'hui couvrir au moins cinquante arpens, de lever dans nos pépinières, quelques moyens qu'on ait employés pour y parvenir.

Ce ſont donc des graines, ſtratifiées dans la terre humide, qui doivent être à l'avenir demandées en Caroline. Auſſitôt qu'elles ſeront arrivées on les ſèmera dans des pots remplis de terre de bruyère, pots dont on mettra le pied dans des terrines où il y aura un pouce d'eau, & dans une bache ou dans une ſerre ayant vingt-cinq à trente degrés de chaleur. Ces graines ne tarderont pas à lever; & lorſque le plant qui en proviendra, aura acquis deux ou trois pouces de hauteur, on le tranſplantera iſolement dans de petits pots dont on mettra également le pied dans des terrines contenant de l'eau. Au bout de deux ans, ces mêmes plants ſeront mis, ou dans de plus grands pots, ou en pleine terre.

Les pieds de Gordone doivent être placés dans les endroits les plus éclairés & les plus froids de l'orangerie, afin qu'ils ne pouſſent pas pendant l'hiver; ce qui leur nuiroit beaucoup. En été, on les met à une expoſition chaude, un peu ombragée, & on les arroſe ſouvent & abondamment. Ils ne donnent que quelques fleurs qui même ne s'épanouiſſent pas toujours, tandis qu'en Caroline il en ſort juſqu'à trois de l'aiſſelle de chaque feuille.

Ces Gordones d'orangerie ſe multiplient de marcotes qui ne s'enracinent guère que la deuxième & même la troiſième année, & qui ne donnent que des pieds foibles & de peu de durée.

Le bois de Gordone à feuilles liſſes eſt mou & très-léger. Il n'eſt pas même bon à brûler. (*Bosc.*)

GORTÈRE. *Gorteria.*

Genre de plante de la ſyngénéſie fruſtranée &

de la famille des *Corymbifères*, qui offre une dixaine d'efpèces qui font remarquables par la grandeur de leurs fleurs, & dont plufieurs fe cultivent dans nos orangeries.

Obfervation.

Ce genre étoit ci-devant plus nombreux en efpèces; mais il a été démembré pour former ceux qui ont été nommés MUSSINIE & BERCKHEYE. *Voyez* ces mots.

Efpèces.

1. La GORTÈRE lappulacée.
Gorteria perfonata. Linn. ⊙ Du Cap de Bonne-Efpérance.
2. La GORTÈRE diffufe.
Gorteria diffufa. Thunb. Du Cap de Bonne-Efpérance.
3. La GORTÈRE à feuilles entières.
Gorteria integrifolia. Thunb. ♄ Du Cap de Bonne-Efpérance.
4. La GORTÈRE à grandes fleurs.
Gorteria rigens. Linn. ♄ Du Cap de Bonne-Efpérance.
5. La GORTÈRE pectinée.
Gorteria pectinata. Thunberg. ⊙ Du Cap de Bonne-Efpérance.
6. La GORTÈRE penchée.
Gorteria cernua. Linn. ♄ Du Cap de Bonne-Efperance.
7. La GORTÈRE ciliée.
Gorteria ciliata. Thunb. ♄ Du Cap de Bonne-Efpérance.

Culture.

Deux ou trois de ces plantes fe cultivent dans nos orangeries; mais il n'y a que la première, qu'il ne faut pas confondre, comme on le fait fouvent avec la Muffinie pinnée, qui y foit commune. C'eft une plante dont la fouche eft ligneufe, & qui cependant ne s'élève pas à plus de trois pouces, dont les feuilles font nombreufes, étalées en rofette fur la terre, & les fleurs extrêmement grandes & d'un jaune-ponceau éclatant, avec une tache noire à leur bafe. Il eft dommage que ces fleurs ne s'épanouiffent que lorfqu'un foleil vif les frappe directement, & que dans ce cas même elles ne durent que quelques inftans.

Cette plante donne rarement de bonnes graines dans le climat de Paris. On la multiplie par le déchirement des vieux pieds, déchirement qui fournit des efpèces de boutures ayant quelquefois une ou deux racines, qui fe placent dans des pots fur couche & fous châffis, & qui reprennent dans le courant du mois.

La terre que demande cette Gortère eft celle qui eft confiftante. On la lui renouvelle tous les ans, & même quelquefois deux fois par an, car elle pouffe beaucoup de racines & de feuilles. Les arrofemens doivent lui être prodigués en été & fort ménagés en hiver, faifon pendant laquelle on la tient auprès du jour & dans l'endroit le plus fec de l'orangerie pour éviter qu'elle pourrille au cœur; ce qui amène prefque toujours fa mort. Dans ce cas, que les plus grands foins ne peuvent pas toujours prévenir, on a la reffource de la depoter, de divifer le pied en plufieurs morceaux; auxquels toute la pourriture fera enlevée avec la ferpette, & de la planter féparément dans des pots, comme il a été dit ci-deffus. (*Bosc.*)

GOUANE. *GOUANIA.*

Genre de plante de la polygamie monoécie & de la famille des *Nerpruns*, qui raffemble fept efpèces d'arbuftes farmenteux, garnis de vrilles, ayant des feuilles fimples & alternes, & des fleurs difpofées en grappes terminales. *Voyez* les *Illuftrations des genres* de Lamarck, pl. 845.

Efpèces.

1. La GOUANE de Saint-Domingue, vulgairement *liane brûlée.*
Gouania domingenfis. Linn. ♄ De Saint-Domingue.
2. La GOUANE de Bourbon.
Gouania incifa. Lamarck. ♄ De Bourbon.
3. La GOUANE crénelée.
Gouania crenata. Lamarck. ♄ De l'Amérique méridionale.
4. La GOUANE à feuilles entières.
Gouania integrifolia. Lam. ♄ De l'Amérique méridionale.
5. La GOUANE velue.
Gouania tomentofa. Jacquin. ♄ De Saint-Domingue.
6. La GOUANE ftriée.
Gouania ftriata. Richard. ♄ De Cayenne.
7. La GOUANE à feuilles de tilleul.
Gouania tiliæfolia. Lam. ♄ De l'île Bourbon.

Culture.

La ferre chaude eft néceffaire aux Gouanes. Elles demandent à être mifes dans une terre confiftante & à être changées de pot tous les ans en automne ou au printems. Pendant l'été, qu'elles paffent contre un mur à l'expofition du midi, on leur prodigue les arrofemens pour les faire pouffer. Elles ne fe multiplient que de graines tirées de leur pays natal, fe refufant à pouffer des racines lorfqu'on les marcote ou qu'on les bouture. Au refte, ce font des plantes de peu d'agrément, qu'on ne cultive que dans les collections de botanique. Il y en a trois au Jardin du Muféum de Paris. (*Bosc.*)

GOUDRON, matière à demi liquide, de

couleur noire, qu'on retire de la combuſtion des arbres réſineux, & qui ſert à pluſieurs arts & à l'agriculture. *Voyez* PIN & le *Dictionnaire économique*.

On fait du Goudron de différentes ſortes, ſelon la nature des eſpèces de pin qu'on emploie. C'eſt faute d'avoir fait cette remarque, qu'on a cru pouvoir rendre celui des landes de Bordeaux, qui ſe retire du pin maritime, auſſi bon que celui du nord, qu'on obtient du véritable pin ſilveſtre de Linnæus.

Sur les bords de la Méditerranée, c'eſt le pin d'Alep qui fournit le Goudron. Dans les Alpes, c'eſt le pin de Genève, & peut-être le pin Cimbro. En Caroline, c'eſt le pin auſtral de Michaux, & en Penſilvanie le pin échiné.

On peut regarder la fabrication du Goudron comme faiſant partie de l'agriculture, puiſque ce ſont des cultivateurs qui s'y livrent pendant la morte ſaiſon, & j'en aurois décrit les procédés s'ils ne l'étoient pas dans le Dictionnaire précité.

Les cultivateurs français ne font pas un emploi auſſi étendu du Goudron, qu'il ſeroit dans leurs intérêts de le faire. Pourquoi n'en enduiſent-ils pas, comme on le fait généralement en Angleterre, le bois de leurs charrettes & les toiles qui doivent les recouvrir, ainſi que leurs charues, leurs tonneaux, leurs cuves, cuviers, baquets, ſceaux en dehors, leurs cordes faiſant le ſervice dans l'eau, leurs filets deſtinés à la pêche ou à la conſervation de leurs fruits, & en général tous les inſtrumens aratoires qui doivent reſter expoſés à l'air ou entrer ſouvent dans l'eau. Les fers mêmes qui ne ſont pas expoſés à des frotemens, doivent être goudronés pour n'être pas uſés par la rouille, ſoit par application, ſoit, ce qui vaut mieux, lorſque cela eſt poſſible, par leur immerſion, étant chauds, dans le Goudron. La mauvaiſe odeur & ſa propriété poiſſante, dira-t-on, ne permettent pas de faire uſage du Goudron dans beaucoup de cas. D'accord, mais ces inconvéniens ne diſparoiſſent-ils pas avec le tems, & doivent-ils entrer pour quelque choſe en conſidération avec la grande économie qui réſulte du conſeil que je donne? Les cultivateurs ſont-ils ſi délicats, eux qui ſont expoſés à ſe trouver dans toutes les ſituations poſſibles.

Dans quelques pays on ſe ſert du Goudron mêlé avec une argile fine pour graiſſer les roues des voitures, & on s'en trouve bien.

Le Goudron convient pour étancher les écoulemens des tonneaux & autres vaiſſeaux de bois. C'eſt lui qui ferme les trous des coutures dans les OUTRES. *Voyez* ce mot.

Une ceinture de Goudron de quelques pouces de largeur, appliquée ſur le tronc des arbres fruitiers, empêche les inſectes, principalement les fourmis, d'y monter. On fait généralement, & avec ſuccès, uſage de ce moyen ſur les ceriſiers de la vallée de Montmorenci, près Paris.

Une bouteille eſt appelée goudronée lorſque ſon bouchon & l'extrémité de ſon goulot ſont garnis de réſine.

On tire auſſi, du charbon de terre, par la diſtillation, une ſorte de Goudron qui pénètre mieux que le précédent dans les corps ſur leſquels on l'applique, & qui doit être préféré lorſqu'on peut s'en procurer. Il ſupplée de plus à l'huile empyreumatique dans la guériſon des maladies vermineuſes des beſtiaux. (*Bosc.*)

GOUEMON, GUESMON *ou* WARECH.

Deux eſpèces de Gueſmon ſont recueillies ſur les côtes de Breſt, département du Finiſterre.

L'un, appelé Gueſmon vert, ſe coupe avec des ſerpes ſur les rochers, dans les mois de février, mars & avril.

L'autre, appelé Gueſmon noir, eſt celui qui, détaché du fond de la mer & des rochers par la force des vents & des vagues, ſurnage ſur les eaux, & ſe ramaſſe dans tout le cours de l'année.

Le cultivateur ſe ſert d'un bateau pour la coupe de cette plante; il parcourt ainſi les rochers, îles & îlots de la mer; charge ſon bateau du Gueſmon qu'il a coupé; le tranſporte & le décharge au rivage le plus commode & le plus voiſin de ſa demeure. Cette opération ſe répète juſqu'au tems fixé pour la fin de la coupe.

Quant au Gueſmon noir, comme il ſurnage, & eſt en partie jeté par les vagues ſur le rivage, chacun y fait ſa cueillette. Le propriétaire du bateau a le double avantage d'aller en mer chercher celui qui y ſurnage & celui qui s'eſt arrêté contre les rochers éloignés, & ſur les îles & îlots.

Les terres qui avoiſinent les côtes ſont toutes cultivées, & annuellement couvertes de riches & abondantes moiſſons. Elles ſont d'une moitié, & même de deux tiers plus fertiles que celles des communes éloignées. On n'y voit ni ajoncs, ni genêt, ni bruyère. Leur fertilité provient de cette plante maritime & d'un ſable de coquillage broyé, qui s'amaſſe dans certaines petites anſes.

L'expérience a toujours démontré que les terres éloignées de la mer, ſur leſquelles on répand de cette plante & de ces ſables, ſe purgent des herbages malfaiſans & nuiſibles à la production du grain, & ſont d'un meilleur rapport. Les cultivateurs intelligens viennent de loin à grands frais ſur les côtes acheter & enlever le ſuperflu des habitans. (*Tessier.*)

GOUET. *Arum.*

Genre de plante de la gynandrie polyandrie & de la famille des *Aroïdes*, qui renferme une cinquantaine d'eſpèces, dont pluſieurs ſont d'une grande importance pour les peuples des pays chauds, qui font entrer leurs feuilles & leurs racines au nombre de leurs alimens. L'article auquel il va donner lieu doit donc être d'une certaine étendue. *Voyez* les *Illustrations des genres* de Lamarck, pl. 740.

Observations.

Quelques espèces de Gouet ont été séparées derniérement des autres par Ventenat, pour former le genre CALLADION; mais comme il n'en a pas été question à ce mot, je considérerai ici ce genre comme s'il n'avoit pas été divisé, & cela avec d'autant plus de raison, que le nouveau genre est peu connu des cultivateurs.

Tous les Gouets, & surtout les grandes espèces, présentent un fait remarquable : c'est l'élévation de la température de leur axe florifère au moment de la fecondation, élévation telle qu'on peut à peine y toucher sans croire qu'on va avoir la main brûlée.

Espèces.

1. Le GOUET serpentaire.
Arum serpentaria. Linn. ♃ Des parties méridionales de la France.
2. Le GOUET à longue pointe.
Arum dracuntium. Linn. ♃ De la Caroline.
3. Le GOUET à cinq feuilles.
Arum pentaphyllum. Linn. ♃ De l'Inde.
4. Le GOUET à trois feuilles.
Arum triphyllum. Linn. De la Caroline.
5. Le GOUET nain.
Arum pumilum. Lamarck. ♃ De la Caroline.
6. Le GOUET à crins.
Arum crinitum. Ait. ♃ De Minorque.
7. Le GOUET à fleurs pourpres.
Arum venosum. Ait. ♃ De.....
8. Le GOUET dentelé.
Arum serratum. Thunb. ♃ Du Japon.
9. Le GOUET Nanso.
Arum ringens. Thunb. ♃ Du Japon.
10. Le GOUET rouge-noir.
Arum atro-rubrum. Ait. ♃ De Virginie.
11. Le GOUET à feuilles d'hellébore.
Arum helleborifolium. Jacquin. ♃ De la Martinique.
12. Le GOUET commun, vulgairement *pied-de-veau.*
Arum vulgare. Linn. ♃ Indigène.
14. Le GOUET d'Italie.
Arum italicum. Lamarck. ♃ Des parties méridionales de la France.
14. Le GOUET à capuchon.
Arum arisarum. Linn. ♃ Des parties méridionales de la France.
15. Le GOUET graminé.
Arum gramineum. Lamarck. ♃ D'Italie.
16. Le GOUET à feuilles de scorsonère.
Arum tenuifolium. Linn. ♃ D'Italie.
17. Le GOUET cornu.
Arum proboscideum. Linn. ♃ D'Italie.
18. Le GOUET trilobé.
Arum trilobatum. Linn. ♃ De Ceilan.
19. Le GOUET divergent.
Arum divaricatum. Linn. ♃ De l'Inde.
20. Le GOUET gobe-mouche.
Arum muscivorum. Linn. ♃ De Minorque.
21. Le GOUET de Virginie.
Arum virginicum. Linn. ♃ De Virginie.
22. Le GOUET à feuilles ovales.
Arum ovatum. Linn. ♃ Des Indes.
23. Le GOUET peint.
Arum pictum. Linn. ♃ De Minorque.
24. Le GOUET à feuilles de balisier.
Arum cannæfolium. Linn. ♃ De Cayenne.
25. Le GOUET sagitté, vulgairement *chou caraïbe.*
Arum sagittæfolium. Linn. De Saint-Domingue.
26. Le GOUET mucroné.
Arum mucronatum. Lamarck. ♃ Des Indes.
27. Le GOUET colocase.
Arum colocasia. Linn. ♃ D'Égypte.
28. Le GOUET à grosses racines.
Arum macrorrhizon. Linn. ♃ De Ceilan.
29. Le GOUET pélerin.
Arum peregrinum. Linn. ♃ De l'Amérique méridionale.
30. Le GOUET très-petit.
Arum minutum. Willd. ♃ Des Indes.
31. Le GOUET spirale.
Arum spirale. Willd. ♃ Des Indes.
32. Le GOUET pinnatifide.
Arum pinnatifidum. Jacq. ♃ De l'Amérique méridionale.
33. Le GOUET ovale.
Arum ovatum. Linn. ♃ Des Indes.
34. Le GOUET de deux couleurs.
Arum bicolor. Ait. ♃ Du Brésil.
35. Le GOUET à feuilles de nymphée.
Arum nymphæifolium. Vent. ♃ Des Indes.
36. Le GOUET esculent.
Arum esculentum. Linn. ♃ De l'Amérique méridionale.
37. Le GOUET violet.
Arum violaceum. ♃ De l'Amérique méridionale.
38. Le GOUET à feuilles de sagittaire.
Arum sagittifolium. Linn. ♃ De l'Amérique méridionale.
39. Le GOUET arborescent.
Arum arborescens. Linn. ♄ De l'Amérique méridionale.
40. Le GOUET vénéneux.
Arum seguinum. Linn. ♄ De Saint-Domingue.
41. Le GOUET hédéracé.
Arum hederaceum. Linn. ♃ De la Martinique.
42. Le GOUET lingulé.
Arum lingulatum. Linn. ♃ De l'Amérique méridionale.
43. Le GOUET oreillé.
Arum auritum. Linn. De Saint-Domingue.

44. Le Gouet grimpant.
Arum scandens. Beauv. ♄ D'Afrique.
45. Le Gouet xanthorrhize.
Arum xanthorhizon. Jacq. De.....
46. Le Gouet à grandes feuilles.
Arum grandifolium. Jacq. ♄ De l'Amérique méridionale.
47. Le Gouet à feuilles déchirées.
Arum lacerum. Jacq. ♄ De l'Amérique méridionale.
48. Le Gouet tripartite.
Arum tripartitum. Jacq. ♄ De l'Amérique méridionale.
49. Le Gouet de la Cochinchine.
Arum cucullatum. Lour. ♄ De la Cochinchine.
50. Le Gouet varié.
Arum variegatum. ♃ De l'Amérique méridionale.

Culture.

Je dois considérer ici la culture des Gouets sous plusieurs rapports. Un d'eux, c'est le premier, se place en France comme plante d'ornement dans les jardins paysagers, moins peut-être à raison de sa beauté réelle, que par sa singularité. Plusieurs se mettent en pleine terre dans les jardins de botanique, tels que les n°s. 12, 13, 14, 15, 16, 17. Ceux de la Caroline, de Virginie, de Minorque, veulent l'orangerie. Les autres sont de serre chaude. Parmi ces dernières, il en est quelques-unes, entr'autres les Gouets à grosses racines, colocase, esculent, à feuilles de sagittaire, mucroné, violet, arborescent, qui se cultivent entre les tropiques, en Asie, en Afrique & en Amérique, pour la nourriture des hommes, qui mangent leurs feuilles ou leurs racines, & quelquefois les unes & les autres.

La plus grande partie des Gouets contiennent un suc âcre & piquant qui devient vénéneux dans quelques espèces, & qui ordinairement se dissipe en tout ou en partie par la dessiccation. Les racines de quelques-uns d'entr'eux contiennent une fécule semblable à celle de la pomme de terre, & qu'on obtient en les écrasant, & encore mieux en les rapant dans l'eau. (*Voyez* Fécule.) C'est cette fécule qui rend si nourrissantes certaines d'entre ces racines. Elle existe également dans l'espèce si commune en France, & connue sous le nom de *Pied-de-veau*; aussi y a-t-il déjà bien des années que Parmentier a proposé d'en tirer parti pour la nourriture dans les tems de disette, & j'en ai fait usage pendant les orages de la révolution, lorsque j'étois réfugié dans les solitudes de la forêt de Montmorenci. Cette plante est si abondante dans cette forêt & dans une infinité de lieux, qu'elle pouvoit, à cette époque, assurer la subsistance de bien des milliers d'hommes si on eût connu sa propriété alimentaire. J'avois sérieusement compté sur les ressources qu'elle pouvoit me procurer, lorsque la mort de Robespierre mit fin à ma peine. Parmi les bestiaux, il n'y a que les cochons qui la recherchent, principalement pour sa racine. Dans le département des Deux-Sèvres on l'arrache pour la leur donner. On peut l'employer, comme la saponaire, pour laver le linge, attendu qu'elle fait mousser l'eau. Quelques personnes ont proposé de la cultiver sans considérer qu'elle ne vient bien que dans les terres ombragées, qu'elle donne rarement de bonnes graines, & qu'il lui faut trois à quatre ans, & peut-être plus, pour parvenir à sa grosseur moyenne.

Les pieds de cette espèce qu'on cultive dans les jardins de botanique, proviennent de tubercules arrachés dans les haies ou les bois, & transplantés dans la place qui leur est destinée. On ne leur donne que les soins généraux des jardins, c'est-à-dire, des sarclages & des binages. Pour qu'ils fleurissent bien, il faut les ombrager.

Les autres espèces, que j'ai indiquées comme de pleine terre, demandent un peu plus de soin, parce qu'elles sont sensibles aux fortes gelées de l'hiver. Il est bon, lorsque l'ordre d'une école ne s'y oppose pas, de les planter contre un mur exposé au midi, & de les couvrir de feuilles ou de fougère pendant les grands froids.

Le Gouet serpentaire, qui fait partie de ces derniers, se place dans les jardins paysagers, en avant des massifs, contre les fabriques, les rochers, &c. Ses fleurs répandent une odeur cadavéreuse qui attire les boucliers (*silpha*), les mouches carnivore & césar, ainsi que les autres insectes qui déposent leurs œufs dans les charognes. Une fois plantés, ses pieds peuvent rester en place nombre d'années, sans autres soins que ceux indiqués plus haut.

Tous ces Gouets donnent rarement des graines; mais ils forment des tubercules sur leurs racines, tubercules qu'on emploie pour leur multiplication en les levant pendant l'hiver. On place ces tubercules ou à demeure ou en pépinière, à six ou huit pouces de distance, pour les relever deux ans après. Les jeunes pieds sont deux ou trois ans sans fleurir; les vieux mêmes ne fleurissent pas toujours chaque année.

Les Gouets d'orangerie se mettent dans des pots remplis de terre consistante, & se tiennent, pendant l'été, à une exposition chaude quoiqu'un peu ombragée. On leur donne de la nouvelle terre en automne, & on les rentre dans l'orangerie. Du reste, on les multiplie & on les soigne comme ceux de pleine terre. Le plus commun de ces Gouets est celui à trois feuilles, dont j'ai vu de grandes quantités en Caroline dans les bois très-humides & même marécageux; ce qui indique qu'il lui faut des arrosemens fréquens & abondans en été.

Comme toutes ces espèces perdent leurs tiges pendant l'hiver, on peut les mettre dans les plus mauvaises places de l'orangerie, & ne les arroser que lorsque leur terre est pulvérulente.

On cultive dans nos serres une douzaine des espèces indiquées, comme exigeant la température qu'on y fait naître. Plusieurs d'entr'elles sont très-remarquables, soit par leur couleur, comme le Gouet de deux couleurs; soit par leur grandeur, comme le Gouet arborescent; soit par leur importance entre les tropiques, comme les Gouets colocase, a feuilles de sagittaire & violet. Il est fâcheux que le Gouet à grosses racines, si digne d'attention par ses racines qui se mangent, & par ses fleurs, dont l'odeur est extrêmement suave, ne nous ait pas encore été apporté. Quelques-uns de ces Gouets, comme l'oreillé, sont radicans, c'est-à-dire, poussent de leurs tiges des racines qui les fixent sur les arbres contre le tronc desquels ils grimpent.

Ces Gouets demandent toujours beaucoup de chaleur, & craignent de passer l'été hors de la serre, à raison de la fraîcheur des nuits. Une terre consistante, renouvelée tous les ans en automne ou au printems, leur est nécessaire. On leur prodigue les arrosemens pendant les chaleurs, & on les leur ménage pendant les froids. On multiplie les espèces qui perdent leurs tiges par l'eclatement de leurs racines, & ceux qui ont des tiges par boutures. Peu d'entr'elles donnent des fleurs dans nos climats, & aucune n'y noue ses fruits, du moins à ma connoissance.

La colocase, qu'on appelle *colcas* en Égypte, se reproduit de tubercules qu'on plante en juillet, dans une terre bien labourée & susceptible d'être arrosée à volonté. Le plant qui en provient se relève un mois après pour l'espacer davantage, & lui donner une terre nouvellement remuée, afin que ses racines grossissent plus vîte. Pendant le tems qu'il reste en terre on lui donne deux binages, & des arrosemens aussi fréquens que de raison. On commence à en apporter des racines dans les marchés en octobre, & on cesse d'y en voir en mars.

Pour manger ces racines, quelquefois de la grosseur de la tête, on les dépouille de leur écorce, on les coupe en morceaux qu'on frotte dans une forte saumure les uns contre les autres, pour les dépouiller de leur suc, après quoi on les presse à plusieurs reprises dans plusieurs eaux. Ce n'est que lorsque ces eaux n'en soutirent plus rien, qu'on peut les manger, soit au gras, soit au maigre.

On fait un grand usage du colcas dans toute l'Égypte pendant les six mois précités. On garde les petits tubercules pour la reproduction. C'est, dit-on, de toutes les plantes cultivées celle qui fournit le plus de nourriture, avec le moins de travail, sur un espace donné.

Il paroît que c'est la colocase qui se cultive dans toutes les parties de l'Inde, à la Chine & dans les îles de la mer du Sud. Dans ces derniers lieux on l'appelle *tarro*. Là se cultive aussi le Gouet à grosses racines, sous le nom de *Apé*. On peut voir dans les voyages de Coock l'importance dont sont ces plantes pour les naturels de ces îles.

La culture du chou caraibe diffère à peine de celle de la colocase. C'est principalement en Amérique qu'elle a lieu. Je l'ai observée, très en petit il est vrai, en Caroline, où les Nègres qui ont vécu dans les iles, en ont apporté des pieds pour leur usage. On mange les feuilles, qui m'ont paru avoir peu de goût, comme nous mangeons les choux en Europe. Ses racines sont âcres comme celles de la colocase, & se traitent de même quand on veut les manger en ragoût; mais il suffit de les faire cuire sous la cendre pour les adoucir. Je ne les ai pas trouvées bonnes, cependant il faut qu'elles le soient, puisque tant de peuples en font leur nourriture habituelle. (*Bosc.*)

GOUJON, petit poisson du genre des carpes, dont la multiplication est excessive & la chair excellente. Il se trouve dans les rivières dont le fond est sablonneux, & s'accommode fort bien des étangs qui offrent, avec cette même circonstance, une eau limpide & continuellement renouvelée.

Il y a, dit-on, en Allemagne, des lacs où il est si abondant, qu'on le pêche pour la nourriture des cochons.

Je parle ici de ce poisson, parce qu'il faut éviter d'en mettre dans les étangs où il n'y a que des carpes, qu'il affameroit bientôt, & qu'il faut au contraire en peupler ceux où se trouvent des brochets, auxquels il sert de nourriture. (*Bosc.*)

GOURDE, espèce du genre des CALEBASSES.

GOURGANE, variété de FEVE. *Voyez* ce mot.

GOUPI. *Glossopetalum.*

Genre de plante de la pentandrie pentagynie & de la famille des *Rhamnoides*, qui est formé par deux arbres à feuilles alternes & à fleurs disposees en ombelles axillaires. *Voyez* les *Illustrations des genres* de Lamarck, pl. 217.

Espèces.

1. Le GOUPI glabre.

Glossopetalum glabrum. Willdenow. ♄ De la Guiane.

2. Le GOUPI velu.

Glossopetalum tomentosum. Willd. ♄ De la Guiane.

Ces deux arbres ne sont point cultivés en France. (*Bosc.*)

GOURMAND. Les jardiniers donnent ce nom à des bourgeons qui sortent d'un point quelconque des branches d'un arbre, poussent perpendiculairement, s'alongent, grossissent avec rapidité, & finissent par s'emparer de la plus grande partie de la séve destinée à nourrir la partie supérieure de la branche qui les porte; ce qui amène son affoiblissement & même sa mort.

Plus un arbre est tourmenté par des palissages forcés, par des tailles mal entendues, & plus il pousse de Gourmands. Ainsi on doit les regarder comme un effort que fait la Nature pour reprendre ses droits, pour rendre à l'arbre le degré de vigueur qui lui appartient, soit relativement à son espèce, soit relativement au sol dans lequel il se trouve.

Les Gourmands produisent les effets dont je viens de parler, parce que leurs canaux étant plus perpendiculaires & plus larges que ceux des autres bourgeons, la séve y entre en plus grande abondance; & comme leurs feuilles, par cette même cause, sont plus nombreuses & plus larges, ils grossissent avec plus de rapidité. *Voyez* SÉVE.

Outre ces inconvéniens, les Gourmands ont encore ceux de rompre l'équilibre qui doit régner entre les deux côtés d'un même arbre lorsqu'il est en espalier, ou entre toutes ses parties lorsqu'il est en buisson, en pyramide, en quenouille, en nain, &c.

Les poiriers greffés sur coignassier, les pommiers greffés sur paradis, les pêchers & les abricotiers greffes sur pruniers, sont plus sujets à donner des Gourmands, que lorsqu'ils le sont sur francs, parce qu'il n'y a pas la même concordance entre les féves de ces espèces. Rarement on en voit sur les arbres des forêts, & même sur les arbres fruitiers en plein vent, abandonnés complétement à eux-mêmes.

Quelques jardiniers ignorans trouvent tout simple de couper les Gourmands rez de la branche d'où ils sortent; & en effet, ils s'en débarrassent; mais l'année suivante il en pousse deux, trois, quatre autres. Enfin, si on les coupe de même, ils deviennent si nombreux, que l'arbre ne porte plus de fruit, & n'est plus bon qu'à brûler.

Au contraire, les jardiniers instruits regardent les Gourmands comme un moyen de rétablir l'arbre dans toute sa vigueur. Ils ne les coupent pas, mais ils les courbent, mais ils les tordent, mais ils pincent leur extrémité. Par ces opérations, la fougué de la séve est diminuée; ils changent de caractère, c'est-à-dire, deviennent branches ordinaires, mais branches plus vigoureuses que les anciennes, & qu'on leur substitue l'année suivante lorsque cela est jugé nécessaire.

Comme la manière dont on doit procéder relativemant aux Gourmands est un des objets que je dois prendre en considération aux mots TAILLE, PALISSAGE, ÉBOURGEONNEMENT, j'y renvoie le lecteur, ainsi qu'aux articles des arbres fruitiers, dans le *Dictionnaire des Arbres & Arbustes.* (*Bosc.*)

GOURME. Dans les chevaux, on donne ce nom, comme dans les enfans, à une maladie plus ou moins inflammatoire, avec écoulement par les naseaux, ou avec engorgement des glandes de la ganache, ou avec dépôt dans quelque partie de la tête, qui se développe dans l'intervalle de deux à cinq ans, & qui en fait périr beaucoup.

Peu de chevaux évitent cette maladie, qui concourt souvent avec la sortie des dents & avec la consolidation des chairs; mais c'est une erreur de croire qu'elle est contagieuse, puisqu'elle ne se développe que sur les jeunes animaux, & qu'elle n'attaque que rarement deux fois le même.

On distingue la Gourme en bénigne & en grave; elle est bénigne lorsqu'elle n'est pas accompagnée de fièvre & de toux. Alors il suffit d'envelopper la tête du cheval d'une peau de mouton, la laine en dedans, pour lui tenir la ganache chaude, & de lui donner pour nourriture de la paille, & pour boisson de l'eau blanche. Si les glandes de la ganache sont trop fortement engorgées, on les frottera avec l'onguent d'Althéa. S'il s'y forme un dépôt, on en favorisera la terminaison par des cataplasmes maturatifs, tels que ceux d'oignons blancs cuits, de farine de lin, &c. Quand elle est grave, ce qu'on reconnoît à la fièvre, à la toux, à la difficulté de respirer, il est bon d'abord de saigner pour arrêter l'inflammation, puis de donner des purgatifs, des lavemens, puis d'appliquer des décoctions émollientes, même d'établir un séton ou un cautère. Il faut aussi mettre l'animal malade à l'eau blanche pour toute nourriture. Souvent, dans ce cas, le dépôt se forme dans la trompe d'Eustache, & alors il faut, pour la vider, faire l'opération de l'HYOVERTÉBROTOMIE. *Voyez* ce mot.

Un vétérinaire éclairé, qui est appelé à traiter un jeune cheval, doit toujours croire que sa maladie a pu se compliquer avec la Gourme, & n'en être même qu'un symptôme, & étudier avec soin, dans cette supposition, les phénomènes qu'elle présente avant d'ordonner aucun remède. C'est pour ne pas faire attention à cette circonstance, que tant de jeunes chevaux périssent entre les mains des maréchaux ignorans, tandis qu'ils se seroient guéris si on les eût abandonnés à eux-mêmes.

Quoique j'aie dit que la Gourme n'étoit pas véritablement contagieuse dans la stricte valeur de ce mot, il n'en est pas moins prudent de séparer des autres les chevaux attaqués de cette maladie, & de bien laver les rateliers & les mangeoires des écuries qui en auront contenu, même de blanchir leurs murs & leur pavé à l'eau de chaux.

Une autre maladie, nommée *fausse Gourme*, qui a beaucoup de symptômes communs avec celle-ci, se montre quelquefois sur les chevaux de moins de deux ans, & paroît & disparoit tour-à-tour, ce qui contrarie beaucoup leur croissance. Ce sont moins des remèdes qu'un régime nourrissant & rafraîchissant à la fois qu'il faut lui opposer. Le vert, avec l'attention de faire rentrer les jeunes animaux tous les soirs, pour empêcher des suppressions de transpiration toujours redoutables dans ce cas, est ce qui convient le mieux. *Voyez*, pour le surplus, aux mots CHEVAL & HYGIÈNE. (*Bosc.*)

GOURRET ou GOURRI, petit COCHON.

GOUSSE ou LÉGUME, fruit propre aux

plantes de la famille des *Légumineuses* & à un petit nombre d'autres. Il présente beaucoup de variétés dans sa forme, sa grosseur, &c. *Voyez* le *Dictionnaire de Botanique*.

GOUTE. Cette maladie est très-rare dans les animaux; cependant on en a des exemples. Les remedes à y appliquer sont un exercice modéré, un régime adoucissant & la patience. Si c'est un animal dont on mange la chair, le mieux est de le vendre au boucher.

Comme la Goute doit être supposée héréditaire dans les animaux comme dans les hommes, il ne faut jamais permettre la reproduction à ceux qui en offrent des symptômes. (*Bosc.*)

GOUTE DE LIN. *Voyez* CUSCUTE.

GOUTE SEREINE, maladie qui attaque souvent les animaux domestiques, & les prive de la vue sans que leurs yeux paroissent altérés. On croit qu'elle provient de la paralysie des nerfs optiques, produite par des épanchemens, des abces, des tumeurs, &c. Quelquefois elle se montre subitement, d'autres fois elle arrive par progrès insensibles: dans ce dernier cas, on dit qu'elle est imparfaite ou parfaite.

Une personne exercée reconnoît l'existence de la Goute sereine dans le cheval, en le présentant au grand jour, la pupille de l'œil étant, dans cette maladie, plus dilatée que dans l'état naturel. Elle est encore indiquée par la marche de l'animal, qui lève les pieds très haut, & par la position de ses oreilles, dont toutes les deux, ou au moins une, sont tournées en devant.

Cette maladie est incurable. (*Bosc.*)

GOUTIÈRE, tronc d'arbre creusé dans sa longueur, ou feuilles de fer-blanc courbées & soudées à la suite les unes des autres, qu'on place à la chute des toits pour recevoir l'eau des pluies, soit afin de l'empêcher de dégrader le bâtiment ou les plantations qui lui sont adossées, soit pour les diriger dans des citernes.

Il est regrettable que les maisons rurales soient aussi rarement pourvues de Goutières; car elles concourroient à leur plus longue existence, donneroient moyen d'y planter plus d'espaliers, & dans beaucoup de lieux fourniroient des eaux bonnes pour la boisson des hommes & des animaux, les arrosemens, les lessives, &c. *Voyez* le *Dictionnaire d'Architecture*.

GOUTIÈRE DES ARBRES. C'est une maladie assez rare dans les forêts, mais fort commune sur les routes, dans les vergers, les jardins & autres lieux où on élague si dénaturément les arbres. Un ou plusieurs trous ou fentes par lesquels s'écoule une sanie noire & fétide est ce qui la caractérise. Toujours elle altère considérablement la valeur des arbres & finit par les faire périr. Sa cause est le plus fréquemment une plaie supérieure qui ne s'est pas recouverte, & par laquelle les eaux des pluies s'infiltrent dans le tronc & en déterminent la pourriture.

Il faut distinguer cette maladie de la carie, qui est une altération de la séve. *Voyez* CARIE.

Deux moyens se présentent, non pour rétablir l'arbre, ce qui est impossible, mais pour retarder sa mort: l'un, de boucher avec du plâtre, de l'onguent de Saint-Fiacre, &c., les ouvertures par où l'eau s'infiltroit; l'autre, d'augmenter l'ouverture de l'abcès, afin d'empêcher l'eau de séjourner dans l'interieur.

Les arbres à bois tendre & à séve abondante, comme les saules, les peupliers, les ormes, sont les plus sujets à avoir des Goutières: ce sont donc eux qu'il faudroit principalement ménager dans l'élagage, & ce sont eux que l'on y assujettit le plus rigoureusement.

Qui n'a pas gémi mille fois en voyant les ormes qui avoient été plantés sur les routes, dans l'intention d'en tirer parti pour le charonnage, tellement garnis de Goutières avant d'être arrivés au milieu de leur carrière, qu'ils étoient impropres à cet objet & à tout autre, excepté à brûler. Les amis de l'agriculture doivent donc se coaliser pour faire cesser le brigandage que l'on exerce depuis quelques annees sur les arbres des routes, sous le pretexte de les elaguer. (*Bosc.*)

GOYAVIER. *Psidium.*

Genre de plante de l'icosandrie monogynie & de la famille des *Myrtes*, qui réunit dix espèces d'arbres, & dont une est cultivée dans les pays chauds, à raison de la bonté de ses fruits. *Voyez* les *Illustrations des genres* de Lam. pl. 416.

Espèces.

1. Le GOYAVIER cultivé.
Psidium pyriferum. Linn. ♄ De l'Amérique méridionale.

2. Le GOYAVIER sauvage.
Psidium pomiforme. Linn. ♄ Des Indes.

3. Le GOYAVIER nain.
Psidium angustifolium. Lam. ♄ Des Indes.

4. Le GOYAVIER à grandes fleurs.
Psidium grandiflorum. Aub. ♄ De la Guiane.

5. Le GOYAVIER aromatique, vulgairement *citronelle.*
Psidium aromaticum. Aub. ♄ De la Guiane.

6. Le GOYAVIER de Guinée.
Psidium guyanense. Swartz. ♄ De Guinée.

7. Le GOYAVIER des montagnes.
Psidium montanum. Swartz. ♄ De la Jamaïque.

8. Le GOYAVIER décasperme.
Psidium decaspermum. Linn. ♄ Des îles de la Société.

9. Le GOYAVIER amplexicaule.
Psidium amplexicaule. Pers. ♄ Des Antilles

10. Le GOYAVIER à feuilles linéaires.
Psidium lineatifolium. Ruiz & Pavon. ♄ Du Pérou.

Culture.

Culture.

La première eſpèce de Goyavier, comme tous les autres arbres à fruits des pays intertropicaux, eſt dite cultivée, parce qu'elle ſe réſerve dans le voiſinage des lieux habités ; mais d'ailleurs, il ne paroît pas qu'on la ſoumette à une véritable culture. Les hommes, les quadrupèdes & les oiſeaux qui en mangent les fruits, & qui ne peuvent en digérer les graines, la ſèment partout où ils dépoſent leurs excrémens ; auſſi eſt-elle ſouvent, par ſon abondance, un fléau pour les cultivateurs.

A Saint-Domingue on diſtingue cinq variétés de Goyaves, au dire de Nicolſon ; ſavoir : la rouge, la framboiſée, la verte, la blanche & la bâtarde.

En Europe le Goyavier demande la ſerre chaude ; cependant il peut ſupporter un degré de froid aſſez conſidérable ſans périr. On lui donne une terre conſiſtante, qui doit être renouvelée en partie tous les ans. En été il ſe met contre un mur expoſé au midi, & reçoit des arroſemens fréquens. Il faut lui ménager l'eau en hiver. On le multiplie de graines tirées de ſon pays natal, graines qui ſe conſervent bonnes pendant quinze ans, & qui ſe ſèment ſur couche & ſous châſſis. Je ne ſache pas qu'on faſſe uſage, à ſon égard, du moyen ſupplémentaire des marcotes & des boutures, quoiqu'il appartienne à une famille où il ſe pratique beaucoup.

Outre cette eſpèce on cultive encore, dans nos ſerres, les n°s. 6 & 7.

Il ſeroit à deſirer que la dernière eſpèce, dont on dit le fruit ſi bon, fût introduite dans les autres pays où elle pourroit réuſſir. (*Bosc.*)

GRADINS, ſurfaces de peu de largeur, ſuperpoſées en arrière & au deſſus les unes des autres, & parallèles à l'horizon, ſur leſquelles on place des plantes en pot, pour que celles du devant ne nuiſent pas à la vue de celles du derrière, pour qu'elles ne leur ôtent pas l'influence des rayons du ſoleil, & pour qu'il en tienne davantage, c'eſt-à-dire, un huitième de plus, dans un eſpace donné.

Les Gradins ſont faits, ou de planches, ou de barres de fer qui repoſent d'un côté ſur deux ſolives fixées ſur deux montans, liées par quatre traverſes qui ſervent de baſe ; & de l'autre, ſur des triangles cloués aux mêmes ſolives, en ſens contraire de leur inclinaiſon. On en fait auſſi en maçonnerie, qui ne diffèrent des eſcaliers que par la nature de l'objet qu'on a en vue.

Comme le bois eſt un moins bon conducteur de la chaleur que la pierre, les Gradins qui en ſont compoſés, valent mieux, dans les ſerres, que les autres ; s'ils durent moins, ils ne coûtent pas autant. Au reſte, on n'en conſtruit plus guère en pierre. En garniſſant ces derniers de carreaux de faïence on annulleroit l'inconvénient ci-deſſus.

Les Gradins en bois & en fer ſe peignent à l'huile pour augmenter leur durée. Il ſeroit mieux de les goudroner. *Voyez* GOUDRON.

Les Gradins peuvent être plus ou moins longs, plus ou moins hauts, plus ou moins larges ; mais qu'ils paſſent certaines bornes, ils ne plaiſent plus autant à l'œil lorſqu'ils ſont garnis de pots : en conſéquence, il ne faut pas exagérer leurs proportions.

La plus petite largeur de chaque planche ne peut pas être moindre de ſix pouces, & la plus grande ne doit pas être de plus d'un pied. Leur moindre épaiſſeur ſera d'un demi-pouce, & leur plus grande force d'un pouce. Pour que les planches ne ſe cambrent pas ſous le poids des pots qu'elles doivent ſupporter, les montans & les ſolives ſe répètent de ſix pieds en ſix pieds, ou moins lorſque le Gradin a plus que cette longueur.

Les Gradins en plein air s'appellent ſouvent des THEATRES. *Voyez* ce mot.

On place des Gradins au midi pour les plantes des pays chauds, & au nord pour celles des pays froids, & auſſi pour conſerver plus long-tems les fleurs, principalement des oreilles d'ours & des œillets Les Gradins expoſés au midi ſe couvrent ſouvent de toiles dans la même intention. (*Bosc.*)

GRAIN. On donne ce nom, tantôt aux graines des céréales, conſidérées iſolément, *voilà du beau Grain* (de blé) ; tantôt aux graines des céréales priſes collectivement. *Le Grain eſt rare au marché. Voyez* GRAINS.

GRAINE, moyen de reproduction des végétaux, dont il eſt difficile de donner une définition exacte.

On compare la Graine à un œuf, & ſans doute avec raiſon ; mais combien il y a de différence dans leur organiſation reſpective !

C'eſt dans le *Dictionnaire de Phyſiologie végétale*, pour les parties internes & l'évolution de la Graine en général, & dans le *Dictionnaire de Botanique* pour la deſcription de ſes parties extérieures, que les cultivateurs devront chercher tout ce qu'il eſt bon qu'ils ſachent ſur ce qui la concerne ; ainſi je les y renvoie, pour ne leur préſenter ici que ce qui peut les intéreſſer immédiatement.

Certaines Graines expoſées à l'air conſervent, pendant de longues années, leur faculté germinative, tandis que certaines autres la perdent en peu de tems. Deux cauſes agiſſent dans ce dernier cas, ou dans les graines huileuſes, comme l'amande, la noix &c. : c'eſt l'huile que contiennent les Graines, qui rancit & altère leur germe ; ou dans les Graines cornées, comme le gland, la châtaigne, &c. : c'eſt le périſperme, qui ſe deſſèche au point de ne plus permettre à l'eau de gonfler le germe. Ces altérations n'ont pas lieu ſi les Graines ſont conſervées dans de la terre. Il en eſt beaucoup qui peuvent y reſter enfouies un nombre d'années indéterminées, ſans germer & ſans pourrir, lorſque d'ailleurs elles le ſont aſſez avant pour qu'elles n'éprouvent point l'action de la chaleur, & qu'elles ne ſe trouvent pas dans un excès d'humidité. Les faits qui constatent cette faculté qu'ont les Graines de se conserver dans la terre sans germer sont si nombreux, qu'il n'est pas permis d'en douter. On en voit tous les ans dans les champs cultivés en céréales, où, quelque soin qu'on apporte à les labourer dans l'annee de jachere, quelque précaution qu'on prenne pour netoyer le ble de semence de toutes Graines étrangères, il nait une grande quantité de mauvaises herbes. Quel est le cultivateur qui n'ait vu la même chose avoir lieu à la suite du défrichement de ses luzernes, qui, pendant six, huit & dix ans, n'avoient offert aucun pied de moutarde, de melampyre, de bluet, &c.! Un voyageur cite un champ de seigle, qui, dans une vallée des Alpes, fut recouvert, pendant cinquante ans, par un glacier, & qui leva lors de la fonte de ce glacier. J'ai vu une portion d'un champ semé en avoine, rester trente ans enterrée sous un pan de mur, sans que la faculté germinative de cette avoine en eût souffert. Tous les ans, dans les pépinières bien montées, on met en masse dans des trous creusés en terre, ou dans des pots à moitié remplis de terre, la plupart des Graines des arbres & arbustes, afin de les conserver jusqu'au printems en bon état de germination, soit parce qu'on n'a pas de terrein disponible en automne, soit parce qu'on craint les ravages des oiseaux, des mulots, des campagnols; soit parce qu'on veut, pour les grosses Graines, ne les mettre en terre que lorsqu'elles sont germées, afin de pouvoir casser leur pivot, ou seulement être assures de leur bonté. *Voyez* GERMOIR.

Il est d'expérience qu'en général les Graines qui naissent dans des capsules, des gousses, des siliques, &c. ou qui sont nues, ce qu'on appelle les Graines sèches, se conservent mieux à l'air que celles qui sont entourées immédiatement ou médiatement d'une pulpe, telles que les baies, les drupes, les pommes, &c. Cependant cette règle souffre beaucoup d'exceptions : par exemple, la Graine de melon est encore bonne au bout de vingt & trente ans, quoique laissée dans un lieu sec, & le gland peut à peine supporter d'être un mois dans la même situation. Faire mention ici de ces anomalies seroit superflu, puisque je n'ai jamais négligé de les indiquer aux articles des plantes qui les offrent.

De plus, les Graines doivent être laissées dans leurs enveloppes naturelles aussi long-tems que possible, parce que, d'un côté, elles s'y dessèchent moins, & que de l'autre elles perfectionnent leur maturité jusqu'au dernier point où elle peut arriver. C'est certainement bien mal agir contre leurs intérêts, que quelques cultivateurs les battent aussitôt qu'elles sont récoltées. Je tiens qu'à moins de circonstances impérieuses, on ne doit le faire qu'au moment où elles vont être semées. Si on faisoit plus d'attention à cette considération, on augmenteroit certainement de beaucoup les produits annuels de notre agriculture; car la foiblesse de nos récoltes tient très-souvent à la mauvaise nature des Graines.

Si quelqu'un pouvoit douter de ces faits, je lui conseillerois d'aller consulter les fabricans d'huile de colza, de navette, de pavot, &c., ces fabricans sachant fort bien que s'ils employoient des Graines battues avant leur maturité, ils auroient moins d'huile; que ce n'est qu'un mois après la récolte qu'ils doivent commencer à mettre leurs Graines au moulin s'ils veulent en tirer le plus d'huile possible, & que de deux portions égales de Graines provenant du même champ, celle qui a été battue la dernière donne le plus d'huile.

D'après ce que je viens de dire on doit juger que ce n'est pas dans un endroit trop sec ou trop chaud qu'il faut conserver des Graines sèches. Ce n'est pas non plus dans un endroit trop humide, car elles y moisiroient immanquablement, & la moisissure détruit leur faculté germinative. Par cette dernière raison on doit étendre à l'ombre celles qui viennent d'être récoltées, pour les faire secher convenablement.

Il a été reconnu que l'action de la lumière sur les Graines accéléroit la perte de leur faculté germinative : c'est pourquoi il est si important de les renfermer dans des sacs, des boîtes, &c., par le moyen desquelles d'ailleurs on peut les garantir plus facilement des insectes, des souris, &c. Ce n'est pas une bonne méthode que de les mettre dans des bouteilles ou autres vases susceptibles d'être hermétiquement fermés, ainsi que l'expérience le prouve, probablement par suite de la réaction sur leur germe, du gaz qu'elles émettent.

Le choix des Graines est un objet de grande importance pour les cultivateurs, qui rarement y apportent tout le soin nécessaire. Ce sont toujours les plus mûres & les plus grosses qu'il faut préférer. Celles des premières fleurs, celles des premieres tiges, sont meilleures que celles des suivantes. Que penser donc de ces jardiniers qui ne gardent que celles des dernières gousses développées dans leurs planches de pois, de ces fermiers qui réservent la seconde & même quelquefois la troisième pousse de leurs luzernes, de leurs trèfles pour leurs semences? Certainement ils ne peuvent agir d'une manière plus directement opposée à leurs vrais intérêts. Aux articles des plantes, qui sont le but des principales cultures, j'ai soin d'indiquer les caractères auxquels on reconnoît les bonnes Graines, & c'est à ces articles que je renvoie le lecteur qui desire de les connoître.

Une grande discordance règne parmi les cultivateurs, sur la question de savoir s'il est avantageux ou inutile de substituer plus ou moins souvent aux Graines de sa propre récolte, des Graines tirées d'un autre lieu. J'ai discuté cette question au mot SUBSTITUTION de semence, & j'ai prouvé, par des faits & par des raisonnemens, que cette opération étoit inutile toutes les fois que la culture étoit bien entendue, & qu'on pouvoit se procurer de la très-belle semence de sa propre récolte.

Il est un cas cependant où on doit préférer les Graines les plus chétives : c'est celui où on les sème dans l'intention d'avoir des fleurs doubles, parce que ce sont celles qui en donnent le plus. Le principe sur lequel cette pratique est appuyée se trouvant suffisamment développé aux mots FLEURS DOUBLES, j'y renvoie le lecteur.

Un autre fait dans le cas d'être rappelé ici, quoiqu'il ne soit pas aussi facile de l'expliquer que le précédent, avec lequel il doit cependant avoir des rapports, c'est que les Graines les plus gardées sont celles qui, lorsqu'elles lèvent, donnent le plus de fruits & les plus gros fruits. On ne devroit donc jamais semer les Graines des plantes annuelles cultivées pour leur fruit, que deux ou trois ans après leur récolte ; cependant on ne le fait guère que pour le melon, à raison de ce que les conséquences de ce fait se font remarquer plus éminemment dans sa culture, que dans nulle autre. *Voyez* MELON.

Puisque les plus belles Graines donnent les plus belles récoltes, il est de l'intérêt des cultivateurs de n'en semer que de telles. Or, ils le peuvent presque toujours, si ce sont des légumes ou des fleurs, en réservant les plus beaux pieds, & en ne cueillant que les premières mûres ; & si ce sont des céréales, en ne prenant que celles qui tombent les premières dans l'opération du battage.

Van Mons, qui s'occupe avec tant de succès de la multiplication des nouvelles variétés de fruits, assure que les Graines qu'on doit préférer pour arriver à ce but, sont celles des variétés les plus éloignées du type de l'espèce, & les plus nouvellement acquises. Cette idée, qui est en concordance avec la théorie, doit être méditée par tous les cultivateurs, à raison de l'importance des conséquences qui en peuvent résulter. *Voyez* ESPÈCE & VARIÉTÉ.

Il est probable, mais il n'est pas encore prouvé que les vices organiques des végétaux se propagent par leurs Graines. Dans l'incertitude, il est toujours sage d'éviter d'en prendre sur des arbres affectés de ces vices.

Les insectes qui nuisent le plus communément aux Graines appartiennent aux genres BRUCHE & CHARANSON.

Que de choses il me resteroit à dire sur les Graines ! Mais il faut réserver un complément à cet article au mot SEMENCE. (*Bosc.*)

GRAINE D'AVIGNON. *Voyez* NERPRUN.

GRAINE DE CANARIE. C'est la PHALARIDE.

GRAINE D'ÉCARLATE. On donne mal-à-propos ce nom à la COCHENILLE DU NOPAL.

GRAINS. L'acception de ce mot est bien plus circonscrite que celui de graines. En effet, par Grains on n'entend que les semences des céréales cultivées pour la nourriture de l'homme & des animaux qu'il s'est assujettis, c'est-à-dire, celles du FROMENT, du SEIGLE, de l'ORGE & de l'AVOINE. *Voyez* ces mots.

Les cultivateurs françois divisent les Grains en *hivernaux* & en *marsais*, d'après l'époque de leur semis ; mais cette classification est très-arbitraire, puisqu'il n'est pas un des premiers qui ne puisse être semé en mars, & pas un des seconds qui ne soit susceptible d'être mis en terre avant l'hiver. Des circonstances de climat, de sol, de terre & des convenances de plusieurs sortes agissent plus que la nature même des espèces & des variétés des Grains.

On doit considérer les Grains relativement, 1°. à leur production ; 2°. à leur conservation ; 3°. à leur commerce ; 4°. à leur emploi. De ces quatre objets, qui tous ont donné lieu à de nombreux écrits dans le siècle précédent, le premier & le dernier sont le but d'une grande quantité d'articles particuliers de cet ouvrage, & principalement de ceux cités plus haut, & les deux intermédiaires sont développés dans ceux intitulés CONSERVATION DES GRAINS, COMMERCE DES GRAINS, rédigés par mon collègue Tessier. Je suis donc dispensé d'étendre davantage celui-ci. (*Bosc.*)

GRAIS. *Voyez* GRÈS.

GRAISSE, substance tantôt solide, tantôt fluide, de couleur jaune ou blanche, plus légère que l'eau, s'enflammant très-rapidement par le contact d'un corps embrâsé, faisant des savons avec les alcalis, laquelle se forme dans les tissus cellulaires des animaux, & qui varie sous tous les rapports, non-seulement dans chaque espèce d'animal & selon la nature de ses alimens, mais encore dans les différentes parties du même & à ses différens âges.

Comme une certaine quantité de Graisse dans un animal annonce sa bonne santé & sa capacité pour rendre les services qu'on en attend, il est toujours desirable que les animaux domestiques en soient suffisamment pourvus ; & comme la Graisse surabondante rend la chair de ceux qui se mangent plus savoureuse, & qu'elle est isolement l'objet d'un commerce étendu, il est de l'intérêt des cultivateurs de connoître les moyens de faciliter son accumulation dans les BŒUFS, les MOUTONS, les COCHONS, les CHAPONS, les DINDONS, les OIES, &c. *Voyez* ces mots.

La Graisse prend différens noms, selon sa nature & les usages particuliers auxquels elle est propre ; ainsi la Graisse très-consistante, qui se trouve dans la cavité abdominale, principalement autour des reins des ruminans, tels que le bœuf, le mouton, le bouc, s'appelle SUIF. (*Voyez* ce mot.) Celle qui se rencontre dans les mêmes parties chez le cochon se nomme AXONGE, SAIN-DOUX & VIEUX-OINT (*voyez* ces mots) ; & celle qui est sous la peau du même animal, LARD.

La Graiſſe étant formée par l'excédent de la nourriture que prend l'animal, après celle qui eſt néceſſaire à l'entretien de ſes organes, il eſt évident qu'une nourriture abondante & de bonne nature eſt la condition la plus eſſentielle à ſa production, en tant que conſidérée dans les animaux qui ne ſont pas deſtinés à notre nourriture, c'eſt-à-dire, auxquels on ne deſire que de l'embonpoint. Les animaux qui n'ont pas encore pris toute leur croiſſance, transformant une plus grande quantité d'alimens en leur propre ſubſtance, s'engraiſſent plus difficilement, ainſi que les animaux qui, ayant pris toute leur croiſſance, perdent beaucoup, ſoit en travaillant à la propagation de leur eſpèce, ſoit en prenant un exercice immodéré. Il en eſt de même à l'égard de ceux qui ſont trop vieux, parce que leurs muſcles, leurs aponévroſes, &c., ſont plus ſolides, ſe prêtent moins à l'introduction de la Graiſſe.

Ce que j'ai obſervé au commencement du paragraphe précédent ſuffit pour guider les cultivateurs dans leur conduite, relativement aux animaux qu'ils veulent tenir dans un état conſtant d'embonpoint, & leur véritable intérêt doit le leur faire vouloir toujours. Il faut un peu plus d'art pour faire naître abondamment & promptement la Graiſſe dans les animaux dont la chair ſert à notre nourriture. Les procédés qu'on ſuit dans ce cas conſtituent l'ENGRAIS ; & comme ils n'ont pas eté décrits à ce mot, je vais les mettre ſous les yeux du lecteur.

D'après ce que j'ai dit plus haut, on doit conclure qu'il eſt bon, lorſqu'on veut engraiſſer complètement & rapidement un animal, de ne le choiſir ni très-jeune ni très-vieux, de lui ôter le deſir de ſe reproduire, de le tenir dans un repos preſqu'abſolu : donc l'année ou au plus les années qui ſuivent immédiatement la ceſſation de ſa croiſſance ſont les plus avantageuſes ; donc il faut le châtrer, ou au moins le ſequeſtrer de l'autre ſexe ; donc il faut l'empêcher de ſe mouvoir beaucoup.

Il eſt encore une autre condition importante : c'eſt d'affoiblir leur ſyſtème muſculaire par la caſtration, par les ſaignées, par une nourriture d'abord débilitante & par le ſéjour dans une température élevée. Ces précautions ſont baſées ſur ce principe, que l'affaiſſement des muſcles favoriſe l'introduction de la Graiſſe dans les tiſſus cellulaires qui exiſtent entre chacun d'eux, ou empêche qu'elle n'en ſoit chaſſée.

Ainſi, ſi je deſtinois un veau mâle qui vient de naître, uniquement à l'engrais, lorſqu'il ſeroit parvenu à toute ſa croiſſance, je le ferois châtrer très-jeune, avant la fin de ſa première année ; & lorſqu'il ſeroit parvenu à ſon complet développement, c'eſt-à-dire, à quatre ou cinq ans, je le ferois ſaigner trois ou quatre fois de ſuite, en y mettant un intervalle de deux ou trois jours ; je lui donnerois pendant ce tems, pour toute nourriture, des navets cuits ou du ſon délayé dans de l'eau chaude ; je le mettrois dans une étable très-chaude, très-obſcure, éloignée de tout bruit, ſurtout du mugiſſement des animaux de ſon eſpèce, même je l'envelopperois de pluſieurs couvertures de laine, après quoi je lui fournirois une nourriture abondante, d'abord compoſée de racines & de foin de la meilleure qualité, puis des graines les plus ſubſtantielles, que dans les derniers tems je ferois cuire ou moudre. Ces alimens ſeroient variés le plus poſſible & lui ſeroient diſtribués ſouvent, mais en petite quantité à la fois, pour exciter plus conſtamment ſon appétit.

Je dois obſerver cependant qu'il eſt, dans chaque eſpèce, des animaux qui ſont plus difficiles à engraiſſer que d'autres, par ſuite de leur organiſation. Les ſignes qui les font diſtinguer ſont connus des perſonnes qui font le commerce de ces animaux. Le premier eſt une bonne conſtitution, qui s'annonce par l'embonpoint, la gaîté, la vigueur. Il faut obſerver qu'en général les animaux qui ont le cou court, la poitrine large & le dos plat, s'engraiſſent mieux que ceux dont la conformation eſt contraire.

Un animal peut paroître gras à des yeux non exercés, & ne l'être cependant pas convenablement, parce que la Graiſſe ſe dépoſe d'abord ſous la peau, & que c'eſt autour des viſcères qu'il eſt le plus important qu'elle ſoit, puiſque c'eſt là où l'on trouve celle qui peut ſe vendre indépendamment de la chair, ſurtout le ſuif & l'axonge, dont la valeur eſt toujours ſupérieure à celle de la viande. Il eſt, dans chaque eſpèce d'animal, des ſignes auxquels on reconnoît qu'il eſt complétement gras, leſquels ſeront indiqués à leur article.

Il y a trois ſortes d'engrais pour les bœufs : l'engrais à l'herbe ſeulement, l'engrais à l'herbe & à l'étable, l'engrais à l'étable ſeulement. Le premier eſt le moins coûteux, mais le plus long. Il ne peut pas s'exécuter partout. La Graiſſe qu'il donne eſt la moins ferme, eſt la plus ſavoureuſe. Le dernier eſt le plus coûteux, mais le plus court. Il peut avoir lieu en tous pays. La Graiſſe qui en réſulte eſt ferme, mais peu agréable au goût. On l'appelle *engrais de pouture* dans quelques endroits. La ſeconde ſorte eſt celle qu'il eſt généralement le plus avantageux de pratiquer, & qui ſe pratique en effet le plus généralement. Comme les détails ſur leſquels mon collègue Teſſier eſt entré, à leur égard, au mot BÊTES A CORNES, ſont ſuffiſans, je n'en parlerai pas plus au long ici.

L'engrais des moutons a également lieu de ces trois manières, & les ſaiſons influent ſur le choix, à raiſon de l'abondance ou de la rareté des pâturages & de la nature de l'herbe ; ainſi, en automne, on préfère la première ; l'hiver, la troiſième ; le printems & l'été, la ſeconde. *Voyez* au mot BÊTES A LAINE.

Il eſt bon de rappeler ici que l'engrais des moutons eſt preſque toujours ſuivi d'une maladie appelée

POURRITURE (voyez ce mot), qui les fait immanquablement mourir ; de sorte qu'il faut avoir soin de ne le provoquer qu'à mesure du besoin, afin de pouvoir tuer, au moment convenable, les individus qui sont arrivés à point.

Celui des animaux domestiques qu'on élève le plus exclusivement pour être engraissé, le cochon, est celui dont l'engrais est le moins régulier, & par conséquent le plus sujet à des mécomptes, parce que chaque ménage veut l'exécuter, & que beaucoup n'ont ni l'instruction théorique & pratique, ni les moyens nécessaires pour parvenir au but promptement & économiquement. Les remarques que j'ai eu occasion de faire dans plusieurs cantons de la France, fort éloignés les uns des autres, m'ont donné la conviction que, si j'avois calculé tous les frais de l'engrais de certains cochons ainsi engraissés isolément dans un petit ménage, leur lard auroit été reconnu revenir à cinq ou six francs la livre, & peut-être plus. Il est avantageux pour la société en général, que les pauvres cultivateurs ne sachent pas se rendre compte de leurs opérations, surtout qu'ils comptent pour rien l'emploi de leur tems ; car le lard & l'axonge seroient beaucoup plus rares. *Voyez* COCHON.

On parvient à engraisser les volailles en suivant les mêmes principes. Seulement comme cet engrais est, ainsi que celui des cochons, livré souvent à l'impéritie, il devient quelquefois plus coûteux que le prix commun du commerce, où les facultés du plus grand nombre des consommateurs ne peuvent atteindre. Ce sont surtout les dispositions préparatoires qu'on néglige faute d'en connoître l'importance. Quelquefois même on agit de manière à retarder l'engrais, comme quand on crève les yeux aux chapons, quand on contourne les ailes aux dindons, quand on cloue les oies par les pattes, quand on fait entrer de force les canards dans un pot où leurs jambes sont pliées, & où ils ne peuvent se remuer. Sans doute l'obscurité, sans doute peu de mouvement sont utiles à l'engrais ; mais la douleur, mais la gêne s'y opposent nécessairement.

L'excès de l'engrais dans les volailles conduit à une maladie analogue à celle des moutons, maladie qu'on fait naître souvent exprès dans les oies en les tenant dans un lieu très-chaud & en leur refusant le boire. Dans cette maladie, toute la Graisse se porte sur le foie qui devient énorme. *Les pâtés de foie gras* sont fort réputés des gourmets ; mais si ceux qui s'en régalent avoient une idée des souffrances qu'ont éprouvées les pauvres bêtes qui les ont fournis, ils ne les mangeroient sans doute pas avec autant de plaisir. *Voyez* OIE.

On supplée souvent au peu de disposition que les volailles ont à manger en leur mettant des boulettes de pâte dans le bec ; ce qui s'appelle EMBOQUER, EMBOUCHER. Les bœufs & les moutons sont engraissés de même dans quelques cantons. Cette opération conduit au but ; mais comme elle tourmente les animaux, leur nourriture leur profite moins, & elle augmente, sous ce rapport, ainsi que sous celui de l'emploi du tems, les frais de l'engrais. Je crois qu'on peut toujours s'en dispenser avec avantage, lorsque d'ailleurs on a pris toutes les précautions préliminaires & fondamentales indiquées plus haut.

Je dois observer, en passant, que dans beaucoup de lieux on engraisse les animaux en général, & surtout les volailles, avec du son. Cela réussissoit toujours autrefois, c'est-à-dire, avant l'invention des moulins économiques, & réussit encore dans les cantons où ces sortes de moulins ne sont pas connus, parce que, dans la mouture dite *à la grosse*, il reste environ un sixième de farine, & de la meilleure farine, attachée au son ; mais dans la mouture perfectionnée, il n'en reste pas un centième ; de sorte que les animaux auxquels on donne pour nourriture du son provenant de cette sorte de mouture, loin d'engraisser maigrissent, le son proprement dit étant indigestible pour tous les animaux, ainsi que le prouve l'aspect des excrémens de ceux qui en mangent.

La paille, comme contenant fort peu de principes nutritifs, doit être également repoussée de l'engrais des bestiaux.

Ce sont généralement les graines qui fournissent le plus de ces principes, & c'est avec elles qu'on doit presque toujours nécessairement terminer l'engrais lorsqu'on veut qu'il soit complet. Les faire cuire ou les réduire en farine est toujours une opération très-avantageuse dans ce cas, parce que la digestion s'en fait plus facilement & plus complétement, & parce qu'à l'époque où l'engrais s'achève, l'estomac des animaux est affoibli. En France, c'est communément l'orge qu'on préfère ; cependant le froment & le maïs sont plus avantageux à employer : après viennent l'avoine, le sarrasin, les féves de marais, les pois gris, la gesse, la vesce, la graine de lin, les glands, les châtaignes, &c. On y applique souvent les résidus de la fabrication de la bierre, de l'huile, &c. *Voyez* TOURTEAU.

Les matières animales donnent une mauvaise Graisse aux animaux qu'on en nourrit exclusivement.

De tous les animaux domestiques, c'est le cochon qui prend le plus de Graisse, puis l'oie & la poule. Il est des individus qui, par suite de leur constitution, ne peuvent pas s'engraisser quoi qu'on fasse. On les appelle *bêtes brûlées* dans les pâturages de la ci-devant Normandie.

Les jeunes animaux, comme les veaux, les agneaux, les cochons de lait, &c., s'engraissent en leur donnant une plus grande abondance de lait & des substances d'une digestion facile, telles que des jaunes d'œufs, de la farine de froment, d'orge, de maïs, &c., selon leur âge.

On a remarqué que la Graisse recueillie au printems se conservoit mieux que celle retirée des bêtes tuées en été ou en automne, probablement, dit mon collègue Parmentier, parce que la nourriture sèche de l'hiver lui donne plus de consistance.

Pour obtenir la Graisse proprement dite, le suif, le sain-doux dans un état de pureté propre à permettre de les employer aux usages auxquels ils sont destinés, on les coupe en petits morceaux & on les fait fondre dans un chaudron à un feu très-foible, quelquefois même au bain-marie. On fait sortir la partie liquéfiée du tissu cellulaire, dans laquelle elle est contenue, au moyen de la compression du dos d'une cuiller ou autre instrument, puis on la verse dans des vases où elle se consolide par le refroidissement. Le tissu cellulaire qui reste dans le chaudron porte différens noms, dont le plus général est celui de CORTONS. On le mange ou on en nourrit les chiens, les cochons, &c.

On peut aussi enlever la Graisse contenue dans le tissu cellulaire par le moyen de l'eau bouillante; mais on emploie rarement ce moyen, quoique fournissant une Graisse plus blanche, parce que l'eau qui y reste mêlée favorise son altération.

La principale altération qu'éprouve la Graisse est celle appelée RANCIDITE. *Voyez* ce mot, où j'indiquerai ses causes & les moyens de la prévenir & d'en diminuer les effets.

L'emploi de la Graisse est fort étendu dans l'économie rurale & domestique : les cultivateurs mêmes les plus pauvres devroient toujours en avoir en provision; mais leur incurie naturelle s'y oppose. *Voyez*, pour le surplus, au mot HUILE.

En Angleterre, où toutes les idées de théorie sont mises en application, on transforme les charognes en Graisse, ou mieux en ce que les chimistes français ont appelé *adipo-cire*, en les enfonçant dans une terre humide & riche en carbone, & on emploie cette Graisse, après l'avoir fondue & épurée, pour éclairer les rues, les établissemens publics, &c.

La Graisse est un excellent engrais, mais qui agit lentement, & est généralement trop coûteux pour être employé. (*Bosc.*)

GRAISSE DU VIN, altération du vin, dans laquelle il présente une apparence grasse, & file comme l'huile. Il est fort difficile de rétablir les vins qui sont dans cet état. *Voyez* VIN.

GRAME. C'est le chiendent dans le département du Var.

GRAMINÉES, famille de plantes du plus grand intérêt pour les cultivateurs, puisque c'est celle dans laquelle les hommes & les animaux trouvent une grande partie de leurs moyens de subsistance, & sur laquelle ils exercent le plus leur industrie. L'étude des espèces qui la composent, doit donc être l'objet de leur constante occupation dans les momens de relâche que leur laissent leurs travaux.

L'organisation des Graminées est bien différente de celle des autres plantes, ainsi qu'on peut le voir dans les *Dictionnaires de Botanique & de Physiologie végétale*. Leurs racines sont, ou vivaces, ou annuelles, & le plus souvent fibreuses. Leur tige est, dans la plupart, garnie de nœuds, desquels il naît presque toujours des racines lorsqu'on les couche en terre. Cette tige s'appelle CHAUME dans un grand nombre d'espèces, entr'autres dans les céréales. Leurs fleurs sont disposées en épis ou en panicules. Leurs fruits offrent, tantôt des graines nues, tantôt des graines enveloppées dans leur bale florale, dont on ne peut les séparer que par des opérations mécaniques. *Voyez* RIZ, ORGE & AVOINE.

La culture des Graminées vivaces n'est pas aussi étendue qu'elle mériteroit de l'être. Il semble que l'homme craigne de profiter des avantages de son industrie à leur égard. Ce sont cependant elles qui font la base des PRAIRIES NATURELLES. *Voyez* ce mot & le mot GAZON.

On doit à M. Sageret une observation sur la germination des Graminées, dont les conséquences sont trop importantes pour que je ne les présente pas aux méditations des cultivateurs.

Le blé germant offre, comme toutes les autres plantes, une radicule & une plumule; mais la radicule n'est point destinée, comme à l'ordinaire, à devenir la racine. Elle ne subsiste que jusqu'à l'époque où la plumule a développé son premier nœud, duquel sort une couronne de véritables racines qui la remplacent. Cette suite de la germination des Graminées est si constante, que du blé germé dans un lieu privé de lumière, dont le premier nœud étoit, à raison de l'étiolement de la tige, à plus d'un pouce de la terre, s'est couché lorsqu'on l'a placé à l'air libre pour mettre ce nœud dans la possibilité de pousser des racines.

Les conséquences principales de cette observation sont, 1°. qu'il est inutile & même nuisible de trop enterrer le blé, puisque, ne devant se nourrir en définitif que par les racines superficielles, il a, pour lever, d'autant plus d'efforts à faire & de chemin à parcourir, qu'il est plus éloigné de la surface; 2°. que le blé déchaussé ne périt qu'autant qu'une grande sécheresse empêche ses nœuds de prendre racine.

Cette observation explique, de plus, la belle expérience faite par Varennes de Fenilles, qu'il publia peu de jours avant sa mort, expérience qui constate qu'on double presque toujours la récolte du blé, dans un espace donné, en hersant cet espace, au printems, avec une herse à dents de bois.

La pratique de tous les pays où l'on cultive de grandes Graminées prouve que leur butage est une condition essentielle à l'abondance des récoltes qu'on en espère. (*Voy.* CANNE A SUCRE, MAÏS, HOULQUE, &c.) On sait depuis quelque tems que le vrai moyen d'entretenir les gazons & les prairies dans un état prospère, est de les charger, soit à main d'homme, soit par alluvion, chaque année, d'une ou deux lignes d'épaisseur de nouvelle terre. Par ces opérations, en effet, on détermine les Graminées à pousser de nouvelles racines de leurs nœuds inférieurs, & c'est là qu'ils sont les plus nombreux, & par conséquent de fournir des tiges plus fortes ou plus abondantes, des fleurs plus nombreuses, & des grains plus gros. *Voyez* RACINE & BUTTAGE.

Les genres de la famille des Graminées les plus importans sont : FROMENT, SEIGLE, ORGE, AVOINE, RIZ, MAIS, HOULQUE, PANIC, MILLET, ZIZANIE, CANAMELLE, VULPIN, FLEOLE, ALPISTE, PASAPLE, AGROSTIDE, BARBON, CANCHE MÉLIQUE, DACTYLE, CRETELLE, IVRAIE, FLOUVE, STIPE, ÉLYME, BROME, FÉTUQUE, PATURIN, AMOURETTE, ROSEAU, LARMILLE.

L'analyse du blé prouve que c'est dans l'embryon des graines des Graminées, que se trouve la plus grande quantité de matière muqueuse, & que c'est dans la farine qu'est mêlée la matière mucilagineuse & amilacée. Ce sont ces deux dernières parties qui déterminent la fermentation panaire, & c'est parce qu'elles n'existent pas dans le riz, qu'on ne peut en faire du pain. (*Bosc.*)

GRANA, synonyme de GLANAGE.

GRANETTE, grains de raisins, séparés des marcs.

GRANGE, vaste bâtiment destiné à serrer les céréales jusqu'au moment où elles seront battues, & dans lequel on les bat même le plus souvent.

On connoît peu les Granges dans le midi de la France, parce qu'on y bat généralement le blé & l'orge immédiatement après leur récolte.

Dans beaucoup de cantons on supplée, en tout ou en partie, aux Granges par des amoncelemens de gerbes en plein air, amoncelemens qu'on appelle MEULES ou GERBIERS (*voyez* le premier de ces mots), & qu'on recouvre, ou de paille, ou d'un toit fixe ou mobile, durable ou temporaire.

Il règne de la discordance parmi les cultivateurs sur les avantages & les inconvéniens des Granges comparées aux meules. Comme il m'a paru qu'ils étoient à peu près compensés, & que c'étoit partout l'usage ou les convenances de localités qui en décidoient, je ne crois pas devoir développer les motifs qu'ils font valoir pour ou contre.

Une Grange étoit autrefois toujours proportionnée à la quantité de gerbes de froment, de seigle, d'orge & d'avoine, qui pouvoient être récoltées dans les meilleures années, sur l'exploitation à laquelle elle appartenoit. On en voit encore d'une immense grandeur dans certaines fermes des plaines à blé de la Brie, de la Beauce, de la Normandie, de la Picardie, de la Flandre, &c. Aujourd'hui les propriétaires préferent, & avec raison, d'en avoir deux ou trois moyennes, 1°. parce que les diverses sortes de grains ne s'y mélangent point, qu'on peut les battre séparément, & que les frais de charpente, frais qui ont sextuplé, sont moins grands.

La position de la Grange, dans une exploitation qui n'en exige qu'une, peut paroître indifférente à beaucoup de monde; cependant en en choisissant la place il faut faire attention à la facilité d'y amener des gerbes & d'y surveiller journellement le battage, à la nécessité qu'elle soit sur un sol bien sec, & que son toit soit bien aéré. Pour prévenir les accidens du feu, elle sera complétement isolée. Une Grange devroit toujours offrir une aire & un hallier ou endroit destiné à recevoir les bales ou menues pailles après le battage. Souvent cependant le hallier manque, & quelquefois même l'aire. Dans ce dernier cas, on bat dehors. *Voyez* AIRE.

Les Granges sont, partout où cela est possible, construites en maçonnerie bien récrépie pour ôter toute retraite aux souris. Dans les pays où il n'y a pas de pierres on les fait entiérement en charpente, & l'entre-deux des travées est fermé en briques, même quelquefois seulement en torchis.

Il est des pays où, quoique les murs soient en pierres, le toit porte cependant sur une suite de poteaux le plus souvent placés en dedans, crainte que la poussée de ce toit soit trop forte pour les murs; car généralement, dans les anciennes fermes, les toits sont hors de proportion avec la hauteur des murs. Actuellement on elève davantage ces derniers: on y gagne de toutes manières. Le tems n'est plus où le bas prix des bois de haut service permettoit de construire des Granges propres à durer des siècles. Partout le peuplier est substitué au chêne, & il faut que son plus bas prix compense sa moindre durée, durée qui s'étend cependant à un siècle & plus.

Le plus souvent les Granges n'ont qu'une porte assez grande pour que les voitures les plus chargées puissent y entrer facilement. Il est beaucoup plus avantageux qu'elles en aient deux opposées, les voitures pouvant alors traverser la Grange, & par conséquent perdre moins de tems, & un courant d'air pouvant être établi pour la salubrité des batteurs & la facilité du vannage.

Beaucoup de Granges n'offrent aucune fenêtre; cependant elles sont souvent utiles, principalement peu après la récolte, afin de faciliter l'évaporation de l'humidité que les gerbes contiennent encore. Je voudrois qu'il y en eût un & même deux rangs tout autour, ainsi que dans le toit, mais qu'elles fussent fermées avec des treillages en fil de fer ou en vannerie, de manière à empêcher l'introduction des moineaux, grands mangeurs de grains.

Les soins que demande une Grange sont, 1°. de faire visiter chaque année le toit pour boucher les trous par lesquels la pluie pourroit penétrer; 2°. de faire examiner le pourtour de ses murs en dedans & en dehors lorsqu'elle est complétement vide, & de faire boucher avec de la pierre & de la chaux ou du plâtre tous les trous faits par les souris; 3°. de la faire exactement nétoyer & aérer au moins quinze jours avant la moisson.

Il est des fermiers qui ne veulent jamais faire enlever les araignées qui tapissent ordinairement en grande abondance le toit & le mur des Granges, sous prétexte que les insectes destructeurs du blé s'y prennent. Ce motif est très-valable pour l'alucite ou TEIGNE DU BLE (*voyez* ce mot); mais il ne dispense pas de la propreté, puisque les araignées font de nouvelles toiles le lendemain du jour où on a détruit les anciennes.

Voyez, pour le surplus, le mot GRANGE au *Dictionnaire d'Architecture*. (*Bosc*).

GRANGÉE. *Grangea.*

Genre de plante établi par Lamarck, & figuré planche 699 de ses *Illustrations des genres*, pour placer quelques plantes de la syngénésie superflue & de la famille des *Corymbifères*. que d'autres botanistes regardent comme appartenantes à ceux des ARMOISES ou des COTULES. *Voy*. ces mots.

Comme la culture de la seule espèce de ce genre, qui se trouve dans nos jardins, la *Grangée de Madras*, est indiquée au mot ARMOISE, je n'en entretiendrai pas plus long-tems le lecteur. (*Bosc.*)

GRANGER : on appelle ainsi les fermiers dans quelques cantons.

GRANGERIE. *Grangeria.*

Grand arbre de l'île de Bourbon, à feuilles alternes & à fleurs en grappes axillaires, qui forme seul un genre de la dodécandrie monogynie.

Cet arbre, appelé *Buis* dans son pays natal, n'est pas encore cultivé dans nos jardins. Un de ses rameaux est figuré planche 427 des *Illustrations des genres* de Lamarck. (*Bosc.*)

GRANIT, sorte de pierre qui paroît former le noyau du globe, puisque c'est sur elle que reposent toutes les autres, & qu'elle ne les recouvre jamais. Elle est composée de quartz, de mica, de feldspath & quelquefois d'autres matières, le tout souvent cristallisé.

Tout prouve que les élémens du Granit étoient dissous dans l'eau, & qu'ils se sont cristallisés & précipités instantanément. Alors aucun être n'existoit; aussi n'en a-t-on jamais trouvé de restes dans les masses de cette pierre qui ont été examinées. Combien d'années se sont-elles écoulées depuis qu'il existe? Sans doute bien des millions.

Les composans du Granit varient sans fin; mais comme ils n'intéressent en rien l'agriculture, je renverrai au *Dictionnaire de Minéralogie* ceux qui voudront les connoître.

Je dois considérer ici le Granit sous deux rapports, 1°. comme constituant des montagnes; 2°. comme formant le sol de beaucoup de pays.

Comme, sous le premier de ces rapports, son influence sur l'agriculture se confond avec celle des autres roches, j'en traiterai aux mots MONTAGNE, ROCHER & ROCHE.

Quoique le Granit soit une des pierres les plus dures, il se décompose souvent très-facilement, même plus facilement que le calcaire. Le gneiss, qui est un Granit moins parfait, celui qui s'est précipité le dernier de l'eau dans laquelle ses élémens étoient dissous, est principalement dans ce cas. Ce fait ne peut être contesté de personne, surtout des agriculteurs qui habitent les pays dont le sol en est composé, & qui labourent dans ses débris. Un des produits de cette décomposition, ou mieux de la décomposition d'une de ses parties, le feldspalh, est le KAOLIN, espèce d'argile avec laquelle on fait la porcelaine.

Les pays granitiques sont généralement peu fertiles, soit à raison du peu d'épaisseur de la croûte décomposée, la seule qu'on puisse labourer; soit à raison de la facilité avec laquelle les eaux pluviales qui les noient pendant l'hiver, s'en échappent par infiltration & évaporation pendant l'été; soit à raison de la petite quantité d'humus qu'ils renferment, & de la difficulté que trouve cet humus à devenir dissoluble.

Une autre cause d'infertilité des pays granitiques, c'est l'action de la gelée sur les champs labourés & ensemencés en seigle ou autre grain. Pendant l'hiver, l'eau qui y est imbibée, se glace & se cristallise en filets perpendiculaires qui soulèvent la terre, & mettent à nu les racines, & cela d'autant plus que la gelée pénètre plus profondément. Ce phénomène, d'abord observé par Desmarest, a été plusieurs fois vérifié par moi. *Voyez* GLACE.

J'ai beaucoup voyagé dans les pays granitiques, mais c'étoit plutôt comme minéralogiste & botaniste, que comme agriculteur. Je vais cependant indiquer le genre de culture qui y est suivi, & qui m'a paru en effet le plus convenable à leur nature. Je ne connois aucun ouvrage qui en ait traité sous le point de vue où j'entreprends de les considérer ici.

Le peu d'épaisseur de la terre labourable dans les pays de Granit, & l'abondance des eaux en hiver, indiquent qu'il faut y labourer en billon, & c'est ainsi qu'on y laboure le plus généralement. Les billons mêmes y sont le plus souvent très-étroits & très-bombés. *Voyez* BILLON.

L'humus étant peu abondant & peu susceptible d'être dissous dans les sols granitiques, on ne doit tenter d'y cultiver que les céréales qui en consomment peu, comme le SEIGLE, l'ÉPEAUTRE, l'AVOINE; aussi sont-ce ces grains qu'on y voit le plus communément.

Il seroit sans doute possible de tirer de meilleures récoltes des terres granitiques en y mettant beaucoup de fumier; mais, d'un côté, les propriétaires de ces terres sont pauvres, ont peu de bestiaux; & de l'autre le fumier, qui ne se dissout pas d'abord, est en majeure partie entraîné par les eaux

eaux de l'hiver suivant, dans les vallées, les seules parties généralement fertiles des montagnes, & surtout des montagnes granitiques.

Après la plantation des bois, surtout des châtaigniers & des pins, la culture la plus avantageuse des terreins granitiques est celle des prairies artificielles, de trèfle & de sainfoin, qui y donnent des récoltes sans doute médiocres quand on les compare à celles des plaines, mais excellentes pour le sol, & très-propres à augmenter celles des céréales qui viennent ensuite. J'y ai vu semer avec le plus grand succès, presque partout, des raves &, dans quelques localités, de la spergule, comme récoltes secondaires.

On ne mange nulle part de meilleurs fruits & de meilleurs légumes que dans les pays granitiques; mais ils y sont petits, & les variétés les plus perfectionnées n'y sont pas communes. L'art du jardinage y est à peine connu. Les vignes y prospèrent rarement, & y donnent encore plus rarement du vin potable. On y recherche le chanvre & le lin, à raison de la nombreuse population; mais ils n'y viennent que dans les vallées, & même ils y sont rares & courts. C'est aussi exclusivement dans ces vallées que se trouvent les prairies naturelles, ordinairement susceptibles d'irrigation en totalité ou en partie, au moyen des nombreux ruisseaux qui descendent des montagnes.

J'appuie d'autant plus fortement sur l'introduction des prairies artificielles & des raves dans les pays granitiques, que ces pays sont généralement très-propres à l'élève & à l'engrais des chevaux, & des bêtes à cornes & des moutons, témoins le Limousin, l'Auvergne, la Suisse & les Ardennes. Que d'argent ces animaux amènent chaque année dans ces pays! & combien plus ils y en feroient affluer si l'instruction, ce grand moyen de prospérité, y étoit plus répandue!

Cependant, sous quelques rapports, la culture est bien suivie dans les pays granitiques. Les propriétés y sont assez généralement closes, soit par des haies rustiques garnies de grands arbres, soit par des murs en pierres sèches. Les irrigations y sont fréquemment usitées. Le travail n'y est pas ménagé, soit pour faire des fossés d'écoulement, soit pour enlever les pierres, soit pour reporter sur les pentes les terres descendues dans les vallées. Combien je devrois louer le bon cœur de leurs habitans, de qui j'ai constamment été reçu avec la plus grande bienveillance!

Comme pierre à bâtir, le Granit est dans le cas d'être recherché lorsqu'on veut que les édifices soient éternels; mais il est très-difficile à tailler, & par conséquent très-coûteux à employer. Quand on veut le travailler long-tems après sa sortie de la carrière, il faut le mouiller. (*Bosc.*)

GRAPPE, disposition de fleurs & de fruits, ayant un pédoncule propre, inséré sur un pédoncule commun. *Voyez* le *Dictionnaire de Botanique.*

La question de savoir si les Grappes de raisin doivent être mises dans la cuve a été débattue, dans le siècle dernier, parmi les agronomes. Elle sera discutée au mot VIN. (*Bosc.*)

GRAPPES. On donne ce nom, dans l'art vétérinaire, à des excroissances rouges, plus sensibles & plus molles que les verrues, qui naissent au pâturon & autour du boulet du cheval, & encore plus souvent du mulet & de l'âne.

Lorsque les Grappes commencent à se montrer, il faut les couper, & panser la plaie deux fois par jour avec du vinaigre, & ensuite avec du vert-de-gris jusqu'à parfaite guérison.

Si les Grappes sont la suite des eaux aux jambes, il est prudent de traiter d'abord l'animal pour cette dernière maladie, puis s'occuper de l'affection qui fait l'objet de cet article. *Voyez* EAU AUX JAMBES. (*Bosc.*)

GRAPPILLAGE. On donne ce nom à la recherche que font les femmes & les enfans des pauvres, des grappes de raisin qui ont échappé aux vendangeurs.

Il est peu de vignobles où on ne se plaigne des abus du Grapillage. Des réglemens pour les prévenir ont été promulgués, mais non exécutés. Fréquemment les vendangeurs laissent exprès beaucoup de grappes pour venir eux-mêmes le lendemain les cueillir ou les faire cueillir par leurs femmes & leurs enfans.

On appelle grapilleurs tous ces petits voleurs des productions de la terre, si nombreux dans quelques parties de la France, dont on ne peut arrêter les déprédations que par une surveillance de tous les instans.

Il y a lieu d'espérer que le nouveau Code rural mettra un frein à toutes les plaintes qui s'élèvent contre eux. (*Bosc.*)

GRAS. On donne ce nom à une OROBANCHE qui nuit beaucoup à la culture de la CARDÈRE. *Voyez* ces deux mots.

GRAS, synonyme, en zoologie, du mot EMBONPOINT, & en agriculture, tantôt de FERTILE, tantôt d'ARGILEUX. *Voyez* ces mots.

GRAS-FONDU, dénomination d'une maladie des intestins des animaux domestiques, qui se manifeste principalement par des déjections très-solides, entourées de filamens ou même de plaques minces, ayant l'apparence de la graisse, filamens & plaques qui ne sont autres que de l'humeur muqueuse des intestins à demi desséchée.

C'est au rang des maladies inflammatoires que doit être placé le Gras-fondu. Il est le plus souvent produit par un exercice outré. Quelquefois des purgatifs trop violens ou donnés à contretems le provoquent.

Cette maladie est peu dangereuse quand elle n'est pas compliquée, & qu'elle est prise à tems. Elle cède promptement à un régime rafraîchissant, tel que la diète & l'eau blanche dans laquelle on met un peu de vinaigre.

Mais quand l'animal ne veut plus manger, qu'il s'agite sans raison, que ses flancs battent vivement, qu'il fait des efforts infructueux pour rendre ses excrémens, alors la maladie est grave, & il faut employer les remèdes actifs, tels que les saignées, les lavemens émolliens, les boissons nitrées, &c.

Les purgatifs & autres moyens irritans doivent être soigneusement évités.

Quelquefois le Gras-fondu se complique avec la FOURBURE & la COURBATURE. *Voyez* ces deux mots. (*Bosc.*)

GRASSERIE. Les vers à soie sont sujets, pendant leurs mues, à une maladie qui porte ce nom, & qui est caractérisée par une enflure générale contre laquelle on ne connoît pas de remèdes. *Voyez* VER A SOIE.

GRASSETTE, nom vulgaire de l'ORPIN REPRISE.

GRASSETTE. *Pinguicula.*

Genre de plante de la diandrie monogynie & de la famille des *Lysimachies*, qui réunit une douzaine d'espèces toutes fort difficiles à cultiver, mais qu'on doit cependant tenter de conserver dans les jardins de botanique. *Voyez* les *Illustrations des genres* de Lamarck, pl. 14.

Espèces.

1. La GRASSETTE vulgaire.
Pinguicula vulgaris. Linn. ♃ Indigène.

2. La GRASSETTE à grandes fleurs.
Pinguicula grandiflora. Lam. ♃ Des Alpes.

3. La GRASSETTE des Alpes.
Pinguicula alpina. Linn. ♃ Des Alpes.

4. La GRASSETTE velue.
Pinguicula villosa. Linn. ♄ Des Alpes.

5. La GRASSETTE de Portugal.
Pinguicula lusitanica. Linn. ♃ De Portugal.

6. La GRASSETTE élevée.
Pinguicula elatior. Mich. ♃ De la Caroline.

7. La GRASSETTE campanulée.
Pinguicula campanulata. Lam. ♃ De la Caroline.

8. La GRASSETTE jaune.
Pinguicula lutea. Mich. ♃ De la Caroline.

9. La GRASSETTE alpestre.
Pinguicula alpestris. Willd. ♃ Des Alpes.

10. La GRASSETTE en cornet.
Pinguicula involuta. Ruiz & Pav. Du Pérou.

11. La GRASSETTE à feuilles aiguës.
Pinguicula acutifolia. Mich. Du Canada.

12. La GRASSETTE naine.
Pinguicula pumila. Mich. ♃ De la Caroline.

Culture.

Toutes les Grassettes, du moins celles que j'ai observées dans leur lieu natal, exigent un sol continuellement humecté sans être couvert d'eau. Il est indispensable de leur en donner un pareil dans les jardins où on veut les introduire. Pour cela, il faut les planter dans un pot rempli de terre tourbeuse, mêlée avec partie egale de terre argileuse, pot qu'on mettra dans une terrine à moitié pleine d'eau, & qu'on abritera des rayons du soleil. L'eau de la terrine sera renouvelée souvent, parce qu'elle feroit périr les Grassettes si elle venoit à se putrefier.

J'ai rapporté des graines des trois espèces de Grassettes qui sont originaires de la Caroline. On a semé plusieurs fois de celles des Grassettes des Alpes, & elles n'ont pas levé. Il paroît qu'il faut, comme toutes celles des plantes marécageuses, qu'elles soient mises en terre très-peu après leur récolte, sans quoi elles perdent leur faculté de germer.

La Grassette vulgaire est donc presque la seule qu'on puisse espérer de voir dans les jardins, & c'est la seule en effet qu'on voie dans ceux de Paris. Au moyen des précautions indiquées plus haut, on l'y conserve fort bien tout l'été; mais je ne sache pas que le même pied y soit resté deux années de suite, probablement parce qu'on néglige pendant l'hiver, tems où les plantes de pleine terre sont ordinairement abandonnées à elles-mêmes, de renouveler l'eau des terrines. Au reste, on en est quitte pour aller chercher de nouveaux pieds au printems, pieds qu'on trouve abondamment dans les lieux constitués comme je l'ai dit plus haut. (*Bosc.*)

GRATE-CU : c'est le fruit du ROSIER SAUVAGE.

GRATERON, espèce de CAILLE-LAIT.

GRATGAL. *Randia.*

Genre de plante établi par Linnæus dans la pentandrie monogynie, qui a depuis été réuni à celui des GARDÈNES, parmi lesquels sont comprises les espèces qu'il contenoit. *Voyez* ce mot. (*Bosc.*)

GRATIOLE. *Gratiola.*

Genre de plante de la diandrie monogynie & de la famille des *Personnées*, qui renferme une vingtaine d'espèces, dont peu se cultivent dans nos jardins. *Voyez* les *Illustrations des genres* de Lamarck, pl. 16.

Espèces.

1. La GRATIOLE officinale, vulgairement *l'herbe-au-pauvre-homme.*
Gratiola officinalis. Linn. ♃ Indigène.

2. La GRATIOLE alsinoide.
Gratiola alsinoides. Lam. Des Indes.

3. La GRATIOLE à feuilles d'hyssope.
Gratiola hyssopoides. Linn. ☉ Des Indes.

4. La GRATIOLE à feuilles de germandrée.
Gratiola chamædrifolia. Lam. Des Indes.
5. La GRATIOLE de Virginie.
Gratiola virginica. Lam. De Virginie.
6. La GRATIOLE portulacée.
Gratiola monieria. Linn. ♃ De Saint-Domingue.
7. La GRATIOLE du Pérou.
Gratiola peruviana. Linn. ⊙ De l'Amérique.
8. La GRATIOLE rampante.
Gratiola repens. Swartz. De la Jamaique.
9. La GRATIOLE à feuilles rondes.
Gratiola rotundifolia. Linn. Des Indes.
10. La GRATIOLE luisante.
Gratiola lucida. Willd. Des Indes.
11. La GRATIOLE à feuilles de véronique.
Gratiola veronicifolia. ⊙ Des Indes.
12. La GRATIOLE à feuilles de lobélie.
Gratiola lobelioides. ⊙ Des Indes.
13. La GRATIOLE à grandes fleurs.
Gratiola grandiflora. Retz. Des Indes.
14. La GRATIOLE à feuilles oppofées.
Gratiola oppofitifolia. Retz. Des Indes.
15. La GRATIOLE naine.
Gratiola pumila. Willd. ⊙ Des Indes.
16. La GRATIOLE à quatre dents.
Gratiola quadridens. Mich. De la Caroline.
17. La GRATIOLE velue.
Gratiola pilofa. Mich. De la Caroline.
18. La GRATIOLE aromatique.
Gratiola aromatica. Lam. Des Indes.

Culture.

Plufieurs des Gratioles ci-deffus, ainfi que d'autres nouvelles venant de l'Amerique feptentrionale, & dont j'ai apporté des graines, ont fubfifté un ou deux ans dans nos jardins; mais je ne fache pas qu'il y en ait plus de deux qui y foient cultivées en ce moment, la Gratiole officinale & la Gratiole portulacée.

La première, qui fe trouve en abondance dans quelques-uns de nos marais, où elle eft recherchée comme purgatif des hommes & des animaux, fe fème ou fe plante en pleine terre & en place dans les jardins de botanique, les feuls où l'on a interêt de la cultiver. L'unique foin qu'on en prend, c'eft de l'abriter des rayons du foleil pendant l'été, & de lui donner de frequens & abondans arrofemens.

La feconde exige la ferre chaude; elle aime également l'humidité. On la multiplie par le déchirement de fes racines, qui tracent beaucoup. (*Bosc.*)

GRATTOIR, forte de ratiffoire qu'on emploie particulierement, dans les jardins, à recouvrir la trace des roues des voitures & des pieds des chevaux & qui eft à peine connue aujourd'hui, tous les inftrumens de ce genre pouvant remplir le même objet. *Voyez* RATISSOIRE.

GRAVELÉES (Cendres), réfultat de l'incinération de la lie de vin deffechée.

Les cendres gravelées font compofées de potaffe, d'un peu de chaux & de fer. On en fait ufage dans la teinture, dans les verreries, &c. (*Bosc.*)

GRAVIER, pierres roulées, de moins d'un pouce de groffeur.

Plus groffes, les pierres roulées s'appellent GALET, & plus petites elles fe nomment SABLE. *Voyez* ces deux mots.

Le Gravier fait le fond de beaucoup de plaines & de vallées, & par conféquent il eft de l'intérêt des cultivateurs de connoître fa nature.

Il y a des Graviers calcaires, calcaro-argileux, calcaro-filiceux, argilo-filiceux & enfin filiceux. Les deux derniers font les plus communs.

Tous les Graviers font le refultat de la deftruction des roches & du roulement de leurs débris dans les torrens. Ils font d'autant plus abondans, que les montagnes d'où ils proviennent, étoient plus hautes ou plus étendues. C'eft autour des grandes chaînes, comme celles des Alpes, qu'on en voit le plus; mais toutes en offrent. Leur principale production a eu lieu lorfqu'elles étoient deux ou trois fois plus élevées, & que les eaux qui en defcendoient, étoient quatre à fix fois plus abondantes. Aujourdhui il ne s'en forme plus que de petites quantités. *Voyez* MONTAGNES.

On trouve auffi des Graviers fur les bords de la mer, & ils font, ou produits par la deftruction des rochers qui forment les côtes, ou apportés par les RIVIÈRES. *Voyez* ce dernier mot.

Les terreins compofés uniquement de Graviers font heureufement affez rares. Prefque toujours ils fe trouvent mêlés avec de l'argile provenant le plus fouvent de leur propre décompofition, & d'une petite quantité d'humus ou terreau. Ceux ainfi formés font fufceptibles de quelque culture, font même productifs dans les années pluvieufes, parce que, laiffant paffer rapidement l'eau, ils n'en font jamais furchargés comme les terreins argileux. Leur nature feche les rendant plus hâtifs que ces derniers, ils font très-avantageux pour avoir des primeurs en pois, en haricots, &c., comme on le voit, aux environs de Paris, dans les plaines du Point-du-Jour, de Boulogne, des Sablons, de Colombe, de Gennevillers, &c. C'eft d'engrais & d'eau dont ils ont le plus befoin; mais les engrais peuvent devenir pour eux une dépenfe inutile fi le printems & l'été font trop fecs. Il eft donc bon de chercher les moyens de les arrofer; ce que permettent facilement certaines localités, comme celles de Houilles près Paris, & de Saint-Lucar en Efpagne.

La plaine de Houilles eft fituée fur le bord de la Seine, vis à-vis la terraffe de Saint-Germain. En fouillant de huit à dix pieds, on y trouve l'eau des infiltrations de la rivière. Les induftrieux cultivateurs de cette commune & des deux ou trois voisines ont su tirer parti de cette circonstance pour faire produire annuellement, par arpent, jusqu'à 150 francs à des terres qui, par les moyens ordinaires, n'auroient pas produit plus de 12 fr., & dans une autre localité 3 fr. Pour cela, ainsi que je l'ai détaillé dans la *Bibliothèque des propriétaires ruraux*, seconde année, ils creusent, d'une manière extrêmement économique, un grand nombre de puits, & arrosent abondamment. *Voyez* au mot PUITS.

A Saint-Lucar, au rapport de Lasteyrie, on fait, dans le sable, de larges fosses qui s'arrêtent à un pied au dessus de l'eau infiltrée de la rivière, & c'est au fond de ces fosses qu'on établit les cultures, qui ont ainsi toujours le pied dans l'eau.

Mais les localités de ces deux sortes sont rares, & il s'agit de cultiver, de la manière en même tems la plus économique & la plus fructueuse, les terreins graveleux.

Puisque c'est la sécheresse du printems & de l'été, ainsi que le défaut d'humus, qui rend ces sortes de terreins peu fertiles, il faut, au défaut d'arrosemens, non-seulement éviter les labours & les binages d'été, qui favoriseroient leur dessèchement, mais même y cultiver de préférence des plantes qui, en couvrant constamment le sol, empêchent l'évaporation de son humidité, tels que la luzerne, le trèfle, la vesce, la gesse, &c. Il faut, au défaut de fumier, y enterrer souvent des récoltes de sarrasin, de pois gris, de raves, &c. Le seigle & l'orge, & comme exigeant beaucoup moins de fertilité dans le sol, & comme arrivant à maturité avant les sécheresses de l'été, sont, de toutes les céréales, celles qui leur conviennent le mieux, & que de fait on y voit le plus souvent. Il est certain que par ces procédés, suivis avec intelligence, on peut doubler, tripler même le produit de ces sortes de terres.

Le fumier de vache, les curures d'étangs, sont les meilleurs engrais pour les terreins graveleux. L'argile leur est très-avantageuse quand on peut leur en fournir sans frais de transport coûteux. Il faut leur ménager la chaux, les cendres & autres amandemens brûlans.

Des haies vives, larges, multipliées, & dans la direction du levant au couchant, empêchant la trop grande action des rayons solaires & produisant de la fraîcheur par le mouvement de leurs feuilles, sont propres à concourir, avec les moyens précédens, pour assurer le succès. De grands arbres dans ces haies, s'ils peuvent venir, seront un avantage de plus.

Qu'on ne dise pas que ces haies occasionnent une perte de terrein; car leur produit peut être tel dans quelques localités, qu'il vaille mieux planter un champ entièrement en bois taillis, que de le laisser en culture. Dans ce cas, l'orme, le chêne, le mahaleb, le bouleau, le saule-marsault & le peuplier grisard sont les espèces à préférer.

Si les terreins graveleux sont peu productifs, ce qu'ils produisent est au moins d'excellente qualité, surtout les racines, comme les pommes de terre & les raves.

Le Gravier est fort recherché, tantôt sous son propre nom, tantôt sous celui de *sable*, pour, avec la chaux, concourir à la construction des edifices, & surtout seul pour recouvrir les allées des jardins. Aux environs de Paris il est, pour ce dernier objet, la matière d'un petit commerce. Ou on le retire de la rivière, & alors il est exempt d'argile & ses grains sont égaux; ou on l'extrait dans les plaines qui en sont formées, par le moyen de fouilles de huit à dix pieds de profondeur, & alors il est mêlé d'argile & de gros cailloux, dont on le débarrasse par des criblages à la claie. Je renvoie ce que j'aurai à dire sur son emploi dans le jardinage, au mot SABLE. (*Bosc.*)

GREFFE, résultat de l'insertion d'un ou de plusieurs boutons isolés ou laissés sur leur branche, sur le tronc ou les branches d'un autre végétal vivant, pour en changer l'espèce ou la variété.

Pour qu'une Greffe réussisse, il faut qu'il y ait un certain degré d'analogie entre la plante qu'on veut greffer & celle sur laquelle on la greffe.

C'est sur les arbres, arbrisseaux & arbustes qu'on exécute presqu'exclusivement des Greffes.

Par la Greffe on conserve & multiplie les variétés & sous-variétés des arbres fruitiers, & beaucoup de celles des arbres d'agrément. Par son moyen on multiplie quantité d'espèces d'arbres étrangers qui ne donnent pas de fruits dans notre climat.

Le caractère botanique des arbres n'est pas changé par la Greffe; mais ces arbres sont souvent modifiés dans leurs dimensions, dans leur aspect, dans la durée de leur existence, dans la saveur de leurs fruits. Elle accélère de plusieurs années leur fructification, bonifie les fruits qui se mangent, en augmente le nombre & en assure la récolte, &c.

Il a été observé que les Greffes sur les vieux poiriers, pour en changer la variété, réussissoient bien plus certainement lorsqu'ils avoient été greffés sur franc, que lorsqu'ils l'avoient été sur coignassier; ce qui est une preuve que la Greffe affoiblit l'arbre. Une autre preuve du même genre se tire des arbres étrangers d'agrément, qui donnent moins souvent des graines fertiles lorsqu'ils sont greffés, que lorsqu'ils ne le sont pas.

Un grand nombre de faits prouvent que la Greffe d'une espèce ou d'une variété délicate sur une espèce ou une variété plus forte donnoit une plus grande vigueur à la première. Une espèce étrangère, sensible à la gelée, la brave beaucoup mieux lorsqu'elle est greffée sur une espèce indigène, comme le prouve le NEFLIER du Japon, greffé sur l'épine. *Voyez* ce mot.

L'époque de l'importante invention de la Greffe se perd dans la nuit des tems. On voit que les Phéniciens la pratiquoient habituellement. Les auteurs romains ont décrit leurs principales sortes. Depuis la renaissance de l'agriculture comme art, on en a fait connoître un grand nombre d'autres qui se trouvent mentionnés dans les écrits d'Olivier de Serres, de la Quintinie, d'Agricola, de Miller, de notre Duhamel, de Cabanis, de Rozier, &c.

On range généralement les diverses sortes de Greffe en trois sections.

La première comprend les *Greffes par approche.* Elle renferme toutes les sortes de Greffes qui s'effectuent au moyen de quelques-unes des parties des végétaux qui tiennent à un ou plusieurs individus munis de leurs racines.

La seconde réunit ce que j'appelle les *Greffes par scions ou jeunes pousses.* Elle offre toutes les sortes de Greffes qu'on pratique au moyen des parties boiseuses, telles que bourgeons, ramilles, rameaux & branches coupées sur un individu, & transportées sur un autre, ou à une autre place sur le même arbre.

La troisième rassemble ce qu'il faut nommer les *Greffes par gemma.* Elle est composée de celles qu'on fait au moyen des yeux, boutons ou gemmas transportés avec la portion d'écorce qui les entoure d'un arbre sur un autre, ou sur une autre partie du même arbre.

A cette première distribution, je propose d'en joindre une autre non moins avantageuse : c'est de réunir toutes celles d'une même section par groupe, de maniere à former des séries distinguées par des caractères propres, & rangées suivant l'ordre de leurs affinités, en commençant par les plus simples, & de placer à la suite de chacune d'elles leurs variétés & sous-variétés. De plus, pour s'entendre plus facilement, je propose de donner à toutes un nom qui sera, ou celui de leur inventeur, ou celui d'un agronome célèbre de l'époque ou du pays où elle a été inventée, &c.

SECTION PREMIÈRE.

Greffes par approche.

Cette section offre pour caractère commun, la *réunion de deux sujets enracinés & vivant chacun isolément, jusqu'à ce que la soudure de leur point de jonction, ainsi que la communication de leur séve, soit effectuée.*

On peut comparer les Greffes de cette section aux marcotes, qui, comme elles, vivent aux dépens de leur mère, jusqu'à ce qu'elles aient pris suffisamment de racines pour se suffire à elles-mêmes. La Nature en offre souvent des exemples. Ce sont les plus longues à exécuter. On peut les effectuer à toutes les époques de l'année, excepté dans le tems des fortes chaleurs & des grandes gelées; cependant celles de l'ascension ou de la descension de la séve sont les plus favorables. Elles se pratiquent principalement sur les arbres qui ont l'écorce trop épaisse, sur ceux qui poussent très-lentement, sur ceux qui ont des sucs propres très-abondans, parce que les autres y réussissent difficilement.

Leur théorie consiste, 1°. à faire aux parties qu'on veut greffer les unes sur les autres, des plaies bien nettes & proportionnées à leur grosseur, depuis l'épiderme jusqu'à l'aubier, souvent dans l'épaisseur du bois, & quelquefois même jusque dans l'étui médullaire, suivant l'exigence des cas; 2°. à réunir ces plaies de maniere qu'elles ne laissent entr'elles que le moins possible de vide, & que surtout les feuillets du liber soient joints ensemble exactement dans un très-grand nombre de points; 3°. à fixer ces parties au moyen de ligatures & de tuteurs solides, pour empêcher tout dérangement; 4°. d'abriter ces plaies de la lumière, de l'eau & de l'air au moyen d'emplâtres durables; 5°. de surveiller le grossissement des parties pour prévenir toutes nodosités difformes nuisibles à la circulation de la séve, & surtout empêcher que les branches ne soient coupées par les ligatures; 6°. enfin, à ne sevrer les Greffes de leurs pieds naturels que lorsque la soudure ou l'union des parties est complétement effectuée.

Les sortes & les variétés de Greffe de cette section étant nombreuses, il devient nécessaire de les diviser en cinq séries, d'après les parties qui concourent à les effectuer.

PREMIÈRE SÉRIE.

Greffes par approche sur tige.

Greffe MALESHERBES, Greffe par approche sur tige de gourmands, sur l'arbre qui les a produits. Par cette Greffe on se propose de rétablir l'équilibre entre les diverses parties du même arbre, en faisant en sorte que celles de ces parties qui ont de la séve par excès, la répartissent sur celles qui en sont moins pourvues.

G. FORSEYTH, Greffe par approche sur tige de rameaux, sur l'arbre qui les a produits. Son but est de remplacer des branches d'arbres fruitiers, conduits en espaliers, en vases & surtout en quenouilles dans les parties qui en manquent.

G. MICHAUX, Greffe par approche sur tige de branches de l'arbre qui les a produites. Son mérite consiste à faire produire aux arbres d'agrément des effets plus pittoresques, & à faire fournir des bois courbes aux chênes & autres arbres de haut service.

G. CAUCHOISE, Greffe par approche sur tige d'une tête d'arbre, sur un sujet qui en manque. Les cultivateurs du pays de Caux en font fréquemment usage pour rétablir leurs pommiers à cidre lorsqu'ils ont été rompus par le vent au dessous de la Greffe.

G. BRADELEY, Greffe par approche sur tige d'un rameau terminal, sur celle à laquelle on l'a coupé, & au moyen d'une agraffe. C'est pour transformer une espèce qu'on ne peut greffer autrement en une autre plus rare. On l'emploie principalement pour la multiplication des arbres résineux.

G. VARRON, Greffe par approche sur tige d'un rameau latéral, qui remplace la cime du sujet au moyen d'une fente. C'est celle qui est le plus communément employée. Elle est très-avantageuse pour multiplier les arbres à bois dur qui résistent aux autres sortes de Greffes, tels que les houx, les chênes & les hêtres.

Si de deux arbres greffés par approche on coupe l'un à un pied au dessous de la Greffe, la partie au dessous de la Greffe continuera de végéter, poussera même des bourgeons. Mariotte cite cette expérience pour prouver que les arbres peuvent être exclusivement nourris par la sève descendante.

G. SYLVAIN, Greffe par approche sur tige avec deux têtes croisées. Cette Greffe se montre fréquemment dans les bois. On peut l'employer pour faire des montans vivans aux portes des enclos.

G. HYMEN, Greffe par approche sur tige, avec accolement des deux troncs & de leur tête. On la pratique sur les arbres forestiers afin d'avoir des courbes, & aussi pour réunir les deux sexes des arbres dioïques.

G. DUMOUTIER, Greffe par approche sur tige, au moyen de quatre esquilles de bois, entrant les unes dans les autres. Quelque difficile qu'il soit de pratiquer cette Greffe, elle est préférable dans certains cas, parce que, fournissant un plus grand nombre de points de coïncidence, elle offre des chances plus nombreuses de réussite. De plus, elle est d'une solidité à l'épreuve des vents.

G. MONCEAU, Greffe par approche sur tige, au moyen de l'amputation de la tête du sujet, de sa taille en coin, & de son introduction dans une entaille faite à la tige de l'arbre portant la Greffe.

G. NOEL, Greffe par approche sur tige, au moyen de l'amputation de la tête de plusieurs sujets, de leur taille en coin, & de leur introduction dans des entailles faites aux arbres & placées les unes au dessus des autres.

G. VRIGNY, Greffe par approche sur tige, au moyen de l'amputation de la tête du sujet, de sa taille en bec de plume, & de son application sur l'aubier de l'arbre portant la Greffe.

G. DUHAMEL, Greffe par approche sur tige, au moyen de l'amputation de la tête des sujets, de leur taille en tenons, & de leur application dans des mortaises pratiquées sur l'arbre à greffer.

G. DENAINVILLERS, Greffe par approche sur tige, au moyen de l'amputation de la tête des sujets, de leur taille en biseau long, & de leur introduction entre l'aubier & l'écorce de l'arbre à greffer.

G. FOUGEROUX, Greffe par approche sur tige, au moyen de la réunion de plusieurs sujets qu'on accole, en leur conservant la tête, à un arbre planté au milieu d'eux.

A l'aide de ces six dernières sortes de Greffes, on parvient à faire croître un arbre plus rapidement qu'il est dans sa nature de le faire, en lui donnant deux ou un plus grand nombre d'appareils de racines. Il est probable que des arbres fruitiers, ainsi greffés, donneroient des fruits plus gros & plus savoureux.

Deux frênes d'Amérique, greffés ainsi & comparés à un autre frêne de même espèce planté en même tems dans leur voisinage, ont offert, au bout de deux ans, une grosseur double dans la tige unique qu'on leur a laissée.

G. MUSEUM, Greffe par approche sur tige, en coupant en deux parties égales les gemmas terminaux, avec une portion de leurs bourgeons, & les réunissant pour n'en former qu'un seul appartenant à deux arbres. C'est une des plus solides. Elle peut servir à fournir des arbres d'un effet pittoresque dans les jardins, & du bois anguleux de différentes formes, très-propres aux arts.

G. EN ARC, Greffe par approche sur tige, en faisant décrire une portion de cercle aux individus, & les unissant ensemble. Son but est de donner des formes singulières aux arbres, & des bois courbes à la marine.

G. EN BERCEAU, Greffe par approche sur tige & sur branche, en faisant décrire une portion de cercle aux premières, & disposant les secondes en losange. Il est très-facile & très-avantageux de pratiquer la Greffe en berceau dans la construction des BERCEAUX & des TONNELLES (*voyez* ces mots), composés d'arbres de même espèce ou d'espèces très-voisines.

G. PAR COMPRESSION, Greffe par approche sur tige, au moyen de leur simple compression. Il est possible de tirer un parti utile ou agréable de cette Greffe dans certains cas.

G. DE DIANE, Greffe par approche sur tiges contournées les unes autour ou à côté des autres en spirale dans la hauteur du tronc.

G. MAGON, Greffe par approche de tiges composant un seul tronc, au moyen d'écorcemens latéraux & correspondans sur les individus. On pratique cette Greffe en Espagne sur les oliviers, & on obtient des arbres bien plus gros & bien plus productifs que ceux greffés d'une autre manière. Elle offre le principal des avantages des Greffes Noel, Vrigny, Duhamel, Denainvillers & Fougeroux, c'est-à-dire, un plus grand nombre de racines.

G. CHINOISE, Greffe par approche sur tiges fendues longitudinalement en différentes parties, & chacune d'elles réunies à des parties semblables pour ne composer qu'un seul tronc. Ne fût-ce que comme singulière, cette Greffe mériteroit d'être exécutée; mais plusieurs autres raisons déterminantes militent aussi en sa faveur.

G. COLUMELLE, Greffe par approche d'une tige sur la racine d'un arbre différent. Elle peut être souvent employée pour multiplier des arbres qui ont peu de branches ou des branches trop élevées.

G. VIRGILE, Greffe par approche d'une tige passée à travers un tronc perforé dans le milieu de son diamètre. Elle a eté préconisée par Virgile ; & quoiqu'il y en ait de plus simples & de plus sûres, on peut trouver des cas où il est utile ou agréable de la pratiquer.

SECONDE SÉRIE.

Greffes par approche sur branches.

G. CABANIS, Greffe par approche sur branches, au moyen d'entailles correspondantes jusqu'à la moitié de l'épaisseur des parties. Elle est employée frequemment & avec succès, dans les pépinières, pour multiplier les espèces d'arbres qui reprennent difficilement par les autres sortes.

G. AGRICOLA, Greffe par approche sur branches accolées ensemble au moyen d'entailles longitudinales. Elle se pratique encore plus fréquemment que la précédente, pour multiplier les arbres précieux à bois dur.

G. AITON, Greffe par approche sur branches pour les arbres résineux, & ceux qui sont toujours verts. Elle est souvent avantageuse ; mais les arbres qui en résultent, sont généralement de peu de durée.

G. ROZIER, Greffe par approche sur deux branches mères, dont les bourgeons sont disposés en losange, & greffés à leurs points de section. Elle est très-propre à fournir des haies d'une grande défense, & des espaliers d'une seule pièce, très-productifs.

G. EN LOSANGE, Greffe par approche sur branches disposées en losange, & unies à leurs points de section. Son but est le même que celui de la précédente.

G. ÉGYPTIENNE, Greffe par approche sur branches de plusieurs arbres, sur la tige d'un autre individu placé au milieu d'eux. Elle ne remplit peut-être pas toujours son objet ; mais elle demande à être connue.

G. BUFFON, Greffe par approche de branches d'un arbre, incrustées sur des tiges de sujets placés dans sa circonférence.

G. CATON, Greffe par approche de bourgeons comprimés pendant leur croissance. Il est certain que les propriétés attribuées à cette Greffe par les Anciens sont erronées; cependant il est des cas où elle doit être employée.

TROISIÈME SÉRIE.

Greffes par approche sur racines.

G. MALPIGHI, Greffe par approche de racines tenant aux souches de deux arbres voisins.

G. LEMONNIER, Greffe par approche de souches de racines entr'elles, en conservant une seule tige.

C'est moins pour multiplier les espèces que pour retablir les arbres languissans, qu'on doit employer ces deux Greffes.

QUATRIÈME SÉRIE.

Greffes par approche de fruits.

G. POMONE, Greffe par approche de fruits, s'unissant dès leur naissance dans les boutons qui les renferment. On peut la pratiquer pour avoir des fruits plus gros & d'une forme singulière.

G. LE BERRIAYS, Greffe par approche de fruits d'un arbre sur un rameau d'un autre individu. Elle prouve que la Greffe ne change pas la nature des fruits.

CINQUIÈME SÉRIE.

Greffes par approche de feuilles & de fleurs.

G. ADANSON, Greffe par approche de feuilles & de fleurs, s'unissant, dans leur jeunesse, à d'autres parties de végétaux. Quoiqu'elle ne soit qu'une monstruosité, il est bon de l'indiquer, parce que la Nature l'offre quelquefois.

La principale des causes qui font quelquefois manquer les Greffes de ces cinq séries, c'est que les plaies se guérissent sans s'unir; mais il est toujours facile de recommencer l'opération tant que les arbres ou les branches ne sont pas entamés au-delà de leur moitié. Il n'y a donc qu'un retard à craindre en les pratiquant. Un simple lien d'osier suffit quelquefois pour déterminer la soudure; d'autres fois il faut une poupée pour soustraire la plaie à l'influence desséchante de l'air, même de la mousse ou de la terre entretenue dans une constante humidité.

Les plaies faites au bois des arbres greffés par approche se recouvrent par suite du grossissement de l'arbre, mais elles ne se réunissent pas. La soudure n'a lieu que par l'écorce. Si les Greffes de ces séries sont plus solides que celles des autres, cela tient à l'enchevêtrement du bois ou à l'étendue de la soudure. On gagne, au reste, toujours à ne sevrer ces sortes de Greffes qu'un an après celle où on s'est assuré de leur soudure, surtout quand elles appartiennent à des espèces à bois dur. C'est pour se trop presser, que tant de jardiniers perdent leurs peines & quelquefois leurs arbres.

SECTION SECONDE.

Greffes par approche.

Le caractère commun des Greffes de cette section est fondé sur ce qu'on emploie pour les effectuer, de jeunes pousses boiseuses, comme *bourgeons, ramilles, rameaux, petites branches & racines qu'on sépare de leur individu pour les placer sur une autre, afin d'y vivre & d'y croître à ses dépens.*

Ces sortes de Greffes peuvent être regardées comme des boutures, qui, au lieu d'être placées dans la terre, le sont dans des végetaux. Pour qu'elles reussissent, il faut qu'il y ait analogie marquée entre les seves du sujet qui fournit & de celui qui reçoit la Greffe. Toutes s'effectuent au moyen de l'amputation des Greffes, & souvent de la tête de l'arbre sur lequel on veut les placer. Comme elles sont plus faciles à pratiquer que celles de la section précedente, leur usage est beaucoup plus général. On les effectue sur des arbres de tout âge. Elles ont pour principaux buts, 1°. de transformer des pieds d'espèces communes en espèces rares; 2°. de multiplier des varietes qui ne se reproduisent pas par le semis de leurs graines; 3°. de hater la fructification de quelques espèces ou variétes. Ce dernier avantage n'a souvent lieu qu'aux dépens de la durée.

Ces Greffes se font au printems, à l'époque de la séve montante, avec de jeunes branches un peu moins avancées que le sujet, coupées, à cet effet, quelque tems d'avance, & placées dans un terrein frais, à l'exposition du nord, afin d'en retarder la végétation. On peut aussi les faire, dans les cas de nécessité, à toutes les époques de l'annee, ainsi que l'a prouvé M. Rast Maupas.

Couper ces sortes de Greffes dans leur partie superieure à une petite distance d'un gemma, & les aiguiser inférieurement en forme de lame de couteau, sont les préparations qu'elles exigent. Il est important, en les faisant, de ne pas érailler l'ecorce du dos, & en conséquence de se servir d'un greffoir extrêmement bien affilé. On pratique souvent à l'endroit de ce dos où la plaie commence, une entaille de chaque côté, entaille qui fournit un plus grand nombre de points de contact entre les écorces, & assure par conséquent la reprise & la solidité de la Greffe.

L'amputation de la tête des sujets est toujours nécessitée dans cette sorte de Greffe. Elle doit être faite avec un instrument bien tranchant; & si la grosseur oblige de faire usage de la scie, il faut unir la plaie avec la plane ou la serpe. Cela fait, on fend le tronc restant perpendiculairement, avec un ciseau de menuisier à large lame, en ayant attention que l'écorce ne soit pas morcelée. Il est plus avantageux que la fente soit trop longue que trop courte. Pour que la fente se fasse bien, il faut choisir un endroit où il n'y ait ni courbures ni branches.

Placer la Greffe dans la fente est une opération qui demande beaucoup d'adresse & de celérité. On entr'ouvre d'abord la fente au moyen du bec de la serpette si le sujet est foible, ou d'un coin de bois chassé par un maillet s'il est gros. Ensuite on y insère la Greffe sans efforts, afin que les bords des écorces ne soient pas déchirés; enfin, on la dispose de manière que les dernières couches de l'écorce & celle de l'aubier correspondent exactement. Cette précaution est de rigueur pour la réussite. Il n'existe d'exception à ce principe que pour un petit nombre d'arbres: la vigne en est une. On doit ne faire aucune attention à la coincidence des epidermes. Pour maintenir la Greffe & surtout les écorces dans la position où on les a mises, il est necessaire d'employer des ligatures. Les meilleures sont les plus simples, telles que de jeunes écorces d'orme, de frene, de tilleul, du jonc, les brindilles d'osier. A leur défaut, il faut employer de la filasse, de la ficelle, de la laine, &c.

Pour terminer l'opération, on couvre la tête du sujet & la base de la Greffe, d'une emplâtre propre à les garantir du hâle, de la lumière, de la pluie, & de les entretenir dans un etat constant d'humidité favorable à la soudure des écorces. Le plus simple, qu'on appelle *onguent de Saint Fiacre*, est encore le meilleur, c'est-à-dire, deux parties de terre franche melee avec une de bouse de vache, ou à son défaut, de mousse, de foin, &c. Ces sortes d'emplâtres, qu'on appelle *poupées*, doivent être plus épaisses dans leur milieu. Pour empêcher qu'elles soient gercees par le hâle ou dissoutes par la pluie, on les entoure d'un vieux linge, de mousse, de foin, &c. qu'on lie avec de l'osier ou du jonc.

Au printems suivant, lorsque le développement des nouveaux bourgeons est effectué, on supprime les poupées.

On fait aussi usage sans inconvéniens, surtout pour les arbres fruitiers, d'une composition legerement chaude de résine, de suif & de cire.

Quelques jours après que la Greffe est posée il faut enlever les bourgeons qui se sont développés sur la tige des sujets, à un ou deux près des plus foibles, qu'on laisse vers le haut, pour ne les supprimer qu'à la seconde seve, & on renouvelle cet ebourgeonnement toutes les fois qu'il devient nécessaire.

Ces bourgeons conservés sont utiles sous trois rapports: 1°. ils attirent la séve des racines; 2°. ils fournissent à la séve les moyens d'elaboration qu'elle a besoin de trouver dans l'air avant de revenir aux racines; 3°. ils consomment une partie de cette séve, & empêchent le bourgeon de la Greffe de devenir un gourmand que le moindre vent pourroit décoler. Malgré cette précaution, il est souvent necessaire de donner un tuteur à ce bourgeon.

Dans les années sèches, cette Greffe se dessèche quelquefois par défaut de feuilles, surtout quand elle est sur un sujet élevé & exposé à une grande évaporation. Mouiller la poupée & arroser fortement le pied sont des moyens propres à prevenir ces accidens, moyens qui étoient connus des Anciens, ainsi qu'on le lit dans les Géorgiques.

Dans les pays froids, il est quelquefois prudent d'envelopper, aux approches de l'hiver, les Greffes des espèces délicates, avec du foin ou de la mousse, pour diminuer les effets des fortes gelées de cette saison.

les

Les Greffes en fente se divisent comme celles en approche, en cinq séries.

PREMIÈRE SÉRIE.

Greffes en fente proprement dites.

G. ATTICUS, Greffe en fente à un seul rameau de diamètre plus petit que celui du sujet : c'est la plus simple, la plus généralement & la plus anciennement pratiquée. On l'établit à toutes les hauteurs, & souvent au collet des racines. On gagne, dans ce dernier cas, un degré de certitude de plus, à raison de l'humidité qui règne constamment autour d'elles. Quelques agronomes ont prétendu que la Greffe sur le collet des racines ne donnoit pas d'aussi beaux arbres que celle faite à une certaine élévation du sol; mais l'expérience n'appuie pas leur assertion.

G. OLIVIER DE SERRES, Greffe en fente de rameaux sur des branches nouvellement marcotées. Elle diffère peu de la précédente, faite sur le collet des racines. On l'emploie principalement sur la vigne. Il est possible aussi d'en faire usage pour faire gagner une & même deux années aux arbres qu'on multiplie de marcotes dans les pépinières, & qu'on est dans l'intention de transformer en espèces plus rares.

G. BERTEMBOISE, Greffe en fente de rameaux portés sur un sujet taillé en biseau, dans la partie qui n'est pas occupée par la Greffe. Comme cette Greffe demande une opération de plus que la première, & qu'elle n'offre aucun avantage particulier, on la pratique rarement dans les pépinières. C'est la *Greffe en fente à bec de flûte* de quelques auteurs.

G. KUFFNER, Greffe en fente à un seul rameau de même diamètre que le sujet, & dont un des côtés est enlevé pour être remplacé par la Greffe. Elle se pratique de plusieurs manières, qui rentrent dans celles à coupe perpendiculaire, dans celles à coupe oblique & dans celles à cran. On en fait peu usage à raison de sa difficulté.

G. RAST-MAUPAS. Greffe en fente à yeux dormans, en réservant les branches du sujet placées au dessous de la Greffe. Elle ne diffère de la première de cette série, que par l'époque de son exécution, qui est l'automne, & par la conservation des branches.

G. FERRARI, Greffe en fente à un seul rameau de même diamètre que la tige du sujet. Elle s'emploie fréquemment à Gênes pour greffer les jasmins. Tantôt on la place dans une fente qui passe par le centre, tantôt dans une fente pratiquée autre part.

G. LÉE, Greffe à un seul rameau taillé par le bas en coin triangulaire, & placé sur le sujet dans une rainure de même forme, sans fendre le cœur du bois. Elle nous vient d'Angleterre, mais elle se pratique aujourd'hui assez fréquemment dans les pépinières de France.

G. MILLER, Greffe à un rameau placé sur le bord de la circonférence de la coupe du sujet. On peut la modifier de beaucoup de manières. Dans la première, le sujet & la Greffe sont seulement coupés obliquement; dans la seconde, le sujet est coupé très-obliquement de deux côtés, & la Greffe est entaillée inégalement; dans la troisième, c'est au contraire le sujet qui est entaillé. Ces Greffes sont du nombre de celles qu'on appelle *Anglaises*. On les emploie assez souvent; mais elles sont fort difficiles & fort longues à faire.

G. ANGLAISE, Greffe à un seul rameau de même diamètre que le sujet, offrant chacun une esquille interposée entr'elles.

Pour pratiquer la Greffe anglaise proprement dite, il faut couper en biseau ou bec de flûte très-prolongé la tête du sujet, dont la grosseur peut être depuis celle d'une plume jusqu'à celle du doigt. On fait ensuite, vers le milieu de la longueur du biseau & dans toute sa longueur en descendant, une fente d'un à deux centimètres de profondeur. Ces deux opérations se répètent, mais en sens contraire, sur le rameau destiné à être greffé. L'ajustage des parties doit être le plus exact possible, & être recouvert par une poupée qui le défende du contact de l'air.

Cette ingénieuse Greffe est des plus sûres & des plus solides. On la réserve pour la multiplication des arbres à bois dur, tels que les chênes, les hêtres, les charmes, &c.

G. LENOSTRE, Greffe en fente à un seul rameau placé sens dessus dessous. Elle n'est propre qu'à instruire ou à amuser.

G. PALLADIUS, Greffe en fente à deux rameaux placés à l'opposé, occupant chacun la demi-circonférence du diamètre. C'est une double Greffe attique, qui a sur elle l'avantage de multiplier les chances de la reprise, & de régulariser plus promptement la tête de l'arbre. On la pratique très-fréquemment sur les arbres à fruits, qui ont plus de trois à quatre ans. Par son moyen il est possible de placer sur le même pied les deux sexes des arbres dioïques, ou des variétés différentes de fleurs ou de fruits. Elle offre deux variétés, c'est-à-dire que, ou on fait passer la fente par le centre, ou on la fait passer entre le centre & la circonférence.

G. DE LAVIGNE, Greffe à deux rameaux placés des deux côtés de la circonférence du sujet, sans offenser la moële. Elle diffère très-peu de la Greffe Lée, & se pratique le plus souvent en terre.

G. CÉSAR-CONSTANTIN, Greffe en fente à deux rameaux, avec suppression de la moële du sujet. On l'a indiquée, mais à tort, comme propre à donner le moyen de changer la saveur, l'odeur & la couleur des fruits, en substituant des liqueurs ou des poudres à la moele. En effet, l'expérience a prouvé la futilité de ces moyens.

G. LAQUINTINIE, Greffe à deux fentes, partageant en quatre parties égales le diamètre de la tige du sujet, sur lequel on place quatre rameaux. Elle ne diffère de la Greffe Palladius que parce qu'au lieu de faire seulement une fente transversale, on en fait deux qui se croisent à angles droits. Elle est très-pratiquée dans les pays où les cultivateurs croient qu'il y a généralement de l'avantage à greffer les arbres lorsqu'ils sont parvenus à la grosseur du bras.

Ce seroit ici le lieu de discuter cette opinion; mais, pour ne pas interrompre le sujet que je traite, je dirai seulement que si les Greffes sur vieux sujets poussent plus vigoureusement, & portent plus promptement du fruit, elles réussissent moins souvent, se soudent plus difficilement, & par conséquent se décolent plus aisément, &, quoiqu'on ait avancé le contraire, doivent durer moins long-tems que celles qui se sont complétement identifiées avec le sujet.

DEUXIÈME SÉRIE.

Greffes par scions en couronne.

G. DUMONT, Greffe en tête, à un seul rameau échancré triangulairement à sa base pour être posé sur un sujet taillé en coin. Elle diffère peu de la Greffe Kuffner, & est peu employée. C'est la *Greffe par enfourchure*, *la Greffe à cheval* de quelques auteurs.

G. HERVY, Greffe en tête, à un seul rameau taillé en coin par sa base pour être posé sur un sujet, dans une entaille triangulaire. Elle n'est que la contre-partie de la précédente. M. Costa vante beaucoup son usage entre deux terres pour la vigne.

G. PLINE, Greffe en couronne, à rameaux insérés entre l'aubier & l'écorce du sujet, c'est-à-dire, en couronne proprement dite. On l'exécute en coupant la tête du sujet, en écartant avec un petit ciseau l'écorce de l'aubier, & en introduisant, dans les ouvertures, des Greffes amincies par le gros bout en forme de coin. C'est principalement sur les arbres à fruits à pepins qu'elle réussit. Elle s'emploie moins aujourd'hui qu'autrefois. On met depuis cinq jusqu'à douze Greffes autour de la même circonférence.

G. THÉOPHRASTE, Greffe en couronne, à rameaux insérés entre l'aubier & l'écorce du sujet, en fendant cette dernière. Souvent, en voulant pratiquer la précédente, on exécute celle-ci.

G. LIEBAUT, Greffe en couronne, à rameaux insérés sur le collet de la racine de forts sujets. Olivier de Serres la recommande pour établir des mères de marcotes; & en effet, elle est très propre à remplir cet objet.

TROISIÈME SÉRIE.

Greffes par scions en ramilles.

G. HUART, Greffe en ramille, posée sur une entaille triangulaire, faite aux dépens des deux tiers du diamètre de la tige du sujet. Il n'y a encore que peu d'années qu'on execute cette Greffe, dont le principe est si intéressant sous le point de vue physiologique, & dont les résultats sont si agreables. On la connoît sous les noms de *Greffe à la Pontoise*, du lieu natal de M. Huart, qui l'inventa; de *Greffe à oranger*, parce que c'est pour cet arbre qu'elle est le plus usitée.

Pour effectuer cette Greffe, on choisit de très-jeunes sujets, depuis six mois jusqu'à trois ans, très vigoureux & dans le plein de la séve, & on leur coupe horizontalement la tête, puis on fait, à leur sommet, une entaille triangulaire qui enlève les deux tiers du cercle qui le termine, entaille qu'on prolonge lateralement dans une longueur de deux à quatre centimètres, en l'approfondissant d'autant moins qu'elle descend plus. Cela fait, on choisit sur un arbre, bien portant, une petite branche garnie de quelques ramilles, même, si on veut, garnie de feuilles, ou de boutons apparens, ou de fruits noues, qui soit à peu près de même grosseur que le sujet: on la taille, par le gros bout, en triangle propre à remplir juste l'entaille du sujet, puis on l'y place, & on l'assujettit au moyen d'une ligature qu'on entoure d'une poupée.

Par le moyen de cette Greffe on fait porter des fleurs & des fruits à un arbre de moins d'un an, qui n'en auroit porté naturellement qu'après quinze ou vingt ans d'attente. Quelle grande idée elle donne de la puissance de l'homme!

Cependant, il faut l'avouer, ces arbres si mignons, qu'on paie souvent si cher, ne vivent pas long-tems, soit à cause de la différence qui existe entre leurs parties ou entre les diamètres de leurs vaisseaux, soit, ce qui est le plus probable, parce que les fruits qu'ils portent les épuisent promptement.

Lorsque ce sont des orangers qu'on greffe ainsi, ils se placent sur couche & sous châssis, & souvent leurs feuilles ne se fanent même pas.

Quelque pratiquée que soit la Greffe Huart, elle ne l'est pas encore assez généralemeut; elle ne paroît difficile qu'à ceux qui ne l'ont pas exécutée. Il faut seulement des instrumens bien tranchans & un bon coup-d'œil pour ne pas se tromper dans les dimensions du sujet & de la Greffe, ainsi que dans celles de l'entaille & du biseau.

G. RIEDLÉ, Greffe en ramille posée en coin triangulaire sur le milieu de la tête du sujet.

G. COLLIGNON, Greffe en ramille, avec languette & coin.

G. RICHER, Greffe en ramille, avec languette, coin & entaille.

G. VARIN, Greffe en ramille posée entre l'aubier & l'ecorce au moyen d'une incision, comme pour une Greffe en couronne.

Ces quatre Greffes rentrent dans celles Atticus, Miller, Anglaise & Théophraste.

G. NOISETTE, Greffe en ramille de jeunes

branches ou de feuilles de plantes grasses. Elle est plus curieuse qu'utile; mais elle offre un fait important à constater.

Quatrième série.

Greffes par scions de côté.

G. Claude Richard, Greffe de côté, insérée sur la tige d'un arbre, dans une incision en T, pratiquée dans son écorce. Son usage est moins la multiplication des individus ou leur transformation, que la faculté de remplacer les branches manquant sur des arbres faits & soumis à des tailles régulières. On l'exécute presqu'exclusivement à la première séve montante. Quelquefois on pratique, à l'extrémité supérieure de l'incision, une échancrure pour que le talon de la Greffe s'applique plus exactement sur l'aubier.

G. Térence, Greffe de côté, placée, en manière de cheville, dans la tige du sujet. Les Anciens en faisoient souvent usage, principalement pour l'olivier; mais aujourd'hui elle est tombee en desuetude, & il n'y a pas lieu à la regretter.

G. Roger-Schabol, Greffe de côté, à scion aminci en forme de spatule, & insérée sur la tige du sujet. Elle ne diffère de la précédente que par le mode de l'entaille & du biseau.

G. Grew, Greffe de côté, au moyen d'un plançon placé en terre par sa base, & inséré dans la tige d'un arbre par son autre extrémité. Cette Greffe est d'une utilité bornée, puisqu'elle ne réussit que sur les arbres qui sont susceptibles de se multiplier par bouture.

G. Pepin, Greffe de côté, au moyen d'un rameau planté en terre par sa base, & accolé par le haut à la tige du sujet. Elle est très-peu usitée, quoiqu'elle ait l'avantage de fournir deux pieds d'un seul rameau.

G. Girardin, Greffe de côté, au moyen de rameaux portant des boutons à fleurs tout formés. Elle paroît propre à mettre à fruits des arbres trop vigoureux.

Cinquième série.

Greffes par scions sur racines.

G. Hall, Greffe de rameaux placés sur le petit bout d'une racine tenant à son arbre. Elle est très-propre à multiplier les arbres rares qui n'ont point d'analogues, & qui se refusent aux autres moyens de reproduction. Elle confirme l'existence d'une séve descendante; car ce n'est qu'à celle d'août qu'elle commence à pousser, lorsqu'elle a été faite au printems.

G. Saussure, Greffe de rameaux posés sur le gros bout des racines séparées de leurs arbres & laissées en place. On la pratique peu. Cependant, les résultats sont souvent des pousses d'un mètre, au bout de la première année.

G. Guettard, Greffe de rameaux dans le collet de la racine d'arbres laissés en place. On emploie assez fréquemment cette sorte de Greffe dans les pépinières, principalement pour multiplier les robiniers visqueux, inerme & rose par le moyen des communs, celle faite à quelque distance de terre réussissant rarement.

G. Cels, Greffe de rameaux sur des portions de racines séparées de leurs arbres, & transplantées ailleurs. On ne la pratique que depuis peu d'années, mais son usage s'étend journellement. Elle est principalement avantageuse pour multiplier plus sûrement & plus rapidement les arbres qui ne donnent pas de graines, & qui ne se reproduisent que difficilement par marcotes, boutures & Greffes. Bien des arbres précieux seroient aujourd'hui plus communs si elle eût été plus tôt connue.

G. Bourgsdorff, Greffe de racines d'arbres sur le collet de la racine d'autres arbres. Elle ne se pratique pas; mais il seroit utile de la pratiquer dans quelques cas, comme quand un arbre auroit perdu une partie de ses racines par suite de son renversement, qu'elles auroient été mangées par le ver blanc, &c.

G. Noel Chomel, Greffe en fente de racines sur celle d'un autre arbre tenant à sa souche. Elle diffère peu de la précédente, & s'exécute sur de plus petits sujets.

G. Bernard Palissy, Greffe de racines sur des branches tenant à leurs arbres. Il est des cas où on peut l'employer, quelque difficile à exécuter & quelque peu certaine qu'elle soit.

G. Muzat, Greffe de racines sur une bouture qui elle-même est greffée en fente. Elle peut être employée pour assurer la reprise de boutures difficiles.

SECTION QUATRIÈME.

Greffes par gemma.

On peut exprimer ainsi le caractère essentiel des Greffes de cette section : *œil, bouton ou gemma porté sur une plaque d'écorce plus ou moins grande & de différentes formes, transporté d'une place dans une autre sur le même ou sur d'autres individus.*

L'emploi des Greffes de cette section est très-étendu dans la culture des arbres fruitiers & des arbres d'agrément, parce qu'elles sont très-expéditives, & n'exigent pas toujours la mutilation du sujet, c'est-à-dire que, quand elles manquent, elles peuvent être refaites l'année suivante.

Elles doivent être comparées au semis dans la multiplication des végétaux.

C'est au moyen d'un petit couteau dont la lame est très-acérée & la pointe recourbée, & dont le manche est terminé par une petite languette d'ivoire, qu'on exécute ces Greffes. Il ne faut jamais économiser sur son prix & son aiguisage, car de sa bonté dépend le succès des Greffes. *Voy.* GREFFOIR.

Il y a deux époques pour faire ces Greffes : l'une au printems, lors de la séve montante : on les appelle *Greffes à œil poussant*; l'autre en automne, lors de la séve descendante : on les appelle *Greffes à œil dormant.*

Le bouton ou gemma, accompagné de la petite portion de l'écorce sur lequel il est inséré, & qu'on enlève de dessus la branche, s'appelle un ÉCUSSON. *Voyez* ce mot.

On choisit pour les faire, sur les arbres qu'on veut multiplier, des rameaux de la dernière pousse, munis d'yeux bien formés. S'ils ne l'étoient pas, on pinceroit l'extrémité de ces rameaux pour arrêter la séve & accélerer l'époque de leur AOUTEMENT. (*Voyez* ce mot.) Quand on coupe ces branches en été, il faut en supprimer les feuilles, de suite, en les coupant à leur insertion sur le pétiole s'ils en ont, & au quart de leur longueur si elles sont sessiles, afin que l'évaporation qui a lieu par leur surface supérieure ne diminue pas trop la séve. Si on les arrachoit, on tomberoit dans un inconvénient plus grave, à raison de la déperdition de séve qui auroit lieu par la plaie. De plus, le pétiole, ou la partie de la feuille conservée, sert à tenir l'écusson. Ainsi dépouillés de leurs feuilles, ces rameaux sont conservés dans un linge mouille ou dans un vase dans lequel il y a un ou deux centimètres de profondeur d'eau. Si on devoit les envoyer au loin, il faudroit, ou les insérer, par le gros bout, dans une pomme qui les conserveroit en état de fraîcheur, ou les enduire de miel, qui empêcheroit leur seve de s'évaporer, miel qu'on enlèveroit facilement, à leur arrivée, en les mettant quelques instans tremper dans l'eau.

Les Greffes de cette série ne peuvent se pratiquer que sur des sujets ou des branches d'un, de deux ou de trois ans au plus, c'est-à-dire, dont l'écorce est mince & unie. Lorsqu'on veut les exécuter au printems à œil poussant, on coupe la tête du sujet, & on ôte toutes les branches qui se trouvent sur le tronc. Lorsqu'on les fait en automne, on se contente de couper les rameaux au dessous du lieu où on doit placer la Greffe. Ces deux opérations sont meilleures à faire quelques jours avant l'époque de la Greffe, qu'au moment qui la précède.

La forme de l'incision destinée à recevoir l'écusson est celle d'un T, dont la tête est en haut, mais que, dans quelques pépinières, on renverse mal-à-propos suivant moi.

La levée de l'œil sur sa branche, qui doit être toujours de la dernière pousse, est une opération qui demande de l'habitude pour être bien & rapidement faite. Il ne faut prendre ni trop ni pas assez d'écorce en longueur & en largeur. Il ne faut entamer que le moins possible le bois. C'est là principalement qu'on reconnoît la nécessité d'un greffoir finement aiguisé. L'œil levé, on doit lui ôter la partie boiseuse de la branche qui lui est restée adhérente, pour mettre à nu le point vital (*corculum*); ce qui est facile quand la branche est bien en séve. Dans le cas contraire, il faut amincir le plus possible cette partie boiseuse. Certaines Greffes, celles des bois mous principalement, réussissent, quoiqu'on ait laissé du bois. Toutes les fois que le point vital est arraché par suite de l'enlévement de la partie boiseuse, la Greffe ne reprend pas. L'opérateur doit donc s'assurer de sa présence avant de mettre l'écusson sous l'écorce du sujet, & jeter tous ceux qui n'en ont pas.

Pour insérer l'écusson dans cette fente, on en soulève d'abord alternativement les bords avec la languette du greffoir; puis en soulevant un de ses côtés, on glisse dessous un de ceux de l'écusson qu'on tient de l'autre main, ensuite on soulève l'autre, & on y introduit l'autre côté. On coupe avec précaution la portion de l'écusson qui s'éleve au dessus de la barre du T, on ligature, & l'opération est faite.

Comme la division du travail amène toujours sa perfection & son accélération, la Greffe en écusson est partagée entre quatre ouvriers dans les pépinières bien montées, & en deux dans les autres. Le premier prépare le sujet; le second fait la fente; le troisième, & c'est le plus habile, lève l'écusson & le met en place; le quatrième effectue la ligature. Par ce moyen, quatre habiles greffeurs peuvent placer de vingt à trente mille écussons par jour.

Toutes les matières propres à lier ne conviennent pas pour les Greffes. Pour se prêter à l'accroissement en grosseur du sujet, accroissement qui est quelquefois très-considérable dans les jeunes, il faut employer des choses élastiques. La laine la plus commune, grossiérement filée, est ce qui a paru le plus propre, & c'est la seule chose qu'on y emploie aux environs de Paris. Cependant dans les pépinières peu étendues & où on peut par conséquent exercer une surveillance de tous les instans, il y a moins d'inconvéniens de ligaturer avec du chanvre, des écorces d'arbres, &c. Les feuilles de massette, de rubanier, les tiges de joncs de scirpe, qui, lorsqu'elles sont sèches, se cassent facilement, sont, après la laine, les matières les plus propres à employer. M. Dupont, si connu par son amour pour la culture des rosiers, avoit imaginé d'employer de petites lames de plomb roulées en papillottes, mais il y a renoncé.

Lorsque, quelque tems après que les Greffes sont faites, on s'apperçoit que la ligature étrangle le sujet & la Greffe, on la desserre, & cette opération se répète quelquefois une seconde fois avant l'époque où il convient de l'ôter, époque qui est fixée par l'union intime de l'écusson avec le sujet, mais qui varie selon les saisons & le climat. On dit alors que la Greffe est *prise*.

Dans beaucoup de pépinières on place la Greffe

fort au dessous (à un ou deux décimètres) du lieu où la tête a été ou sera coupée, & cela dans l'intention de pouvoir attacher le bourgeon de cette Greffe au chicot. Cette pratique est économique, puisqu'elle évite les tuteurs; mais il est plus difficile aux Greffes ainsi conduites, de reprendre la perpendiculaire, qu'il ne l'est à celles dont le résultat est le retranchement de la tête par une section oblique & opposée à la Greffe, d'abord à trois centimètres de distance, & ensuite à trois millimètres.

On conduit les Greffes en écusson à peu près comme les Greffes en fente, c'est-à-dire qu'on supprime les bourgeons qui poussent du sujet, aux deux supérieures près, qui restent jusqu'à la seve d'août, & qu'au plus on pince pour les empêcher de s'alonger. *Voyez* au mot Pepinière.

Il arrive quelquefois que la Greffe ne pousse qu'à la seconde séve, *boude*, comme disent les jardiniers. J'en ai même vu bouder deux & trois ans. Remédier à cet inconvenient n'est pas toujours facile.

Certaines Greffes laissent dessécher leur œil, & cependant ne meurent pas. Alors on a la chance de leur voir pousser deux petits bourgeons produits des gemma adventifs qui accompagnoient le gros; mais on n'est jamais sûr de cet événement que lorsqu'il commence à se montrer.

Une surabondance de séve dans le sujet le fait quelquefois grossir avec tant de rapidité, que l'œil de la Greffe est comprimé ou même recouvert par l'écorce du sujet, & qu'il périt. On dit alors que la Greffe est *noyée*. Pour prévenir ce grave inconvénient, on attend, pour greffer les arbres qui y sont le plus sujets, comme les érables sycomores, les amandiers, que la fougue de la séve soit appaisée. Ces derniers arbres, ainsi que tous les autres à fruits à noyau, ont encore l'inconvénient de l'affluence de la Gomme (*voyez* ce mot), comme les arbres résineux ont celui de l'affluence de la Resine. (*Voyez* ce mot.) Toutes ces circonstances particulières sont développées à chacun des arbres qui les offrent, au *Dictionnaire des Arbres & Arbustes*, & j'y renvoie le lecteur pour de plus grands détails.

Les Greffes par gemma se divisent en deux séries : en Greffes en écusson proprement dites, qui sont faites avec un écusson portant un seul œil ou un groupe d'yeux : ce sont celles dont je viens d'indiquer le mode; & les Greffes en anneau, en flûte, qui offrent plusieurs yeux écartés, & dont je vais parler.

Pour faire une Greffe en flûte on choisit, d'un côté, un sujet plein de séve, & on lui enlève un morceau d'écorce d'au moins un pouce de large, & au plus de deux pouces de long; de l'autre, un rameau de la même année ou de l'année précédente, également bien en séve, qui ait exactement le diamètre du sujet & un ou plusieurs yeux. Sur ce dernier, on enlève un morceau d'écorce, on le met en place de celui du sujet, & on fait la ligature. Tantôt cet anneau est entier, tantôt il est coupé en biseau d'un côté, tantôt il est fendu dans sa longueur. En opérant, il faut avoir attention de ne pas toucher au cambium qui suinte de la plaie du sujet, même de n'opérer ni par la pluie qui l'enlèveroit, ni par la chaleur qui le dessécheroit.

Si le tuyau étoit trop large, il faudroit lui enlever une lanière longitudinale. S'il étoit trop étroit, il faudroit au contraire lui en ajouter une pourvue d'un œil.

On ne pratique guère, dans les pépinières, les diverses sortes de Greffes en flûte, à raison des précautions & du tems qu'elles exigent; mais il est des lieux où elles sont très en faveur.

Première série.

Greffes en écusson.

G. Tillet, Greffe à plaque d'écorce sans yeux. Elle peut être utilement employée pour rétablir l'écorce d'un arbre qui auroit reçu des blessures.

G. Xenophon, Greffe d'un morceau d'écorce pourvu d'un œil, dans une excavation de même largeur. Son objet est de placer un bouton poussant, soit à bois, soit à fleur, sur une autre partie du même arbre. Elle reprend assez facilement lorsque la plaie a été lutée avec une emplâtre de cire & de térébenthine.

G. Poederlé, Greffe d'un morceau d'écorce dénué de bois. Comme les bois ne se soudent jamais ensemble, on devroit toujours ôter de l'écusson ce qui y est resté, ainsi que je l'ai observé plus haut; mais cela étant long & sujet à inconvénient, surtout quand la séve est peu abondante, on s'en dispense le plus possible dans les pépinières. Cependant la Greffe Poëderlé doit être employée, de toute nécessité, pour les arbres rares à bois dur, la suivante ne réussissant jamais sur eux.

G. le Normand, Greffe d'un morceau d'écorce, sous lequel se trouve une légère couche d'aubier. C'est celle qui est la plus généralement employée dans les pépinières d'arbres fruitiers.

G. Sicklair, Greffe sur les racines à œil poussant. On en fait usage pour multiplier les arbres qui n'ont point de congénères.

G. Jouette, Greffe avec suppression de la tête du sujet, pour faire pousser sur-le-champ le sujet. Pour exécuter cette Greffe, qui est proprement celle à *œil poussant*, on coupe la tête au sujet; mais du reste on agit comme dans les Greffes Poëderlé ou le Normand. Il est bon que les boutons soient moins en séve que les sujets : c'est pourquoi on coupe quelques jours d'avance les rameaux qui les portent, & on les enterre dans un lieu frais & ombragé. Comme cette Greffe fait gagner une année, on l'emploiroit de préférence à toutes les autres si elle ne necessitoit pas l'amputation de la tête du sujet, amputation qui expose, lorsque la Greffe manque, à attendre deux ou trois ans qu'il ait poussé une nouvelle tige.

G. Vitry, Greffe d'un gemma qui ne doit pousser qu'au printems suivant : c'est la *Greffe à œil dormant* proprement dite, la plus employée de toutes les Greffes, parce qu'elle réussit presque toujours lorsqu'elle est convenablement exécutée, & que lorsqu'elle manque on la recommence l'année suivante, le sujet n'étant pas déformé.

G. Mustel, Greffe au moyen d'une plaque d'écorce de figure ronde, ovale ou anguleuse, au milieu de laquelle se trouve un œil à bois. Elle est peu employée, quoiqu'elle puisse l'être avec avantage dans certains cas, comme quand on veut greffer en écusson une vieille tige de quenouille ou une grosse branche d'espalier. On se sert, pour la pratiquer, d'un emporte-pièce, ou d'un ciseau de menuisier, ou d'une gouge. Elle porte le nom du premier de ces instrumens.

G. Descemet, Greffe double ou multiple sur le même sujet. Elle trouve son application dans des cas particuliers, principalement pour donner de la régularité aux branches du Frene pleureur, des Cityses à feuilles sessiles & à épi. *Voyez* ces mots.

G. Schnervoogth, Greffe à incision faite en sens inverse de l'ordinaire. Il y a des avantages & des inconveniens à la pratiquer. Les premiers sont d'être moins sujets à se noyer de seve ou de gomme ; les seconds, de manquer lorsque la seve est peu abondante ou se suspend promptement.

G. Knoor, Greffe à œil tourné par sa pointe vers la terre. Comme le bourgeon que pousse cette Greffe se retourne, elle a bien moins d'usages qu'on a voulu le faire croire.

G. Jansein, Greffe de plusieurs variétés différentes sur le même arbre. Il est fréquent que les personnes peu instruites veuillent pratiquer cette Greffe, à raison des avantages qu'elles s'en promettent; mais si elle réussit souvent, elle dure peu long-tems, le bourgeon le plus approprié au sujet ou le plus vigoureux faisant périr successivement tous les autres. Cet inconvénient est encore plus sensible lorsqu'on greffe plusieurs espèces sur le même sujet.

Il a été remarqué que lorsque deux variétés, même plus, deux espèces, se conservoient sur le même pied, celle de ces variétés ou de ces espèces dont les fruits prédominoient une année, enlevoient toute la saveur à ceux de l'autre. Ce fait intéressant se remarque assez souvent sur les abricotiers & pêchers greffés sur prunier, lorsqu'on a laissé pousser une branche au sujet.

Lorsqu'on greffe des Bourses ou des Lambourdes (*voyez* ces mots), on éprouve moins, dit-on, l'inconvenient de voir une des variétés l'emporter ; mais ce fait, quoique dans la ligne de la théorie, a encore besoin de confirmation.

G. Duroy, Greffe faite successivement sur le même arbre, avec des écussons fournis par sa dernière poussé. Elle a été indiquée comme propre à bonifier les fruits ; mais rien ne constate qu'elle produise reellement cet effet.

G. Lambert, Greffe composée de celle en écusson, en approche & en fente. Elle est fondée sur l'opinion que le mélange des séves change la nature des fruits ; mais jusqu'à present l'expérience a prouvé le contraire.

G. Magneville, Greffe avec une double incision en manière de chevron brisé en dessus. Elle a eté imaginée pour empêcher l'œil d'etre noyé par la resine dans les arbres résineux, par la gomme dans les arbres gommeux. On pourroit aussi l'employer dans le cas de surabondance de séve pour tous les arbres.

G. Sintard, Greffe couverte par une plaque d'écorce d'un autre arbre. Elle a eté pratiquee autrefois ; mais ses avantages ne sont pas en proportion avec les embarras qu'elle cause.

G. Nebuleuse, Greffe de plantes ligneuses sur les racines de plantes vivaces. Quoiqu'Olivier de Serres cite des reussites de cette Greffe, il est probable qu'elles ne peuvent être pratiquées avec succès.

G. Liébaut, Greffe d'espèces de même genre ou de même famille, qui diffèrent par la durée du feuillage ou les epoques du mouvement de la séve. Elle n'est propre qu'à des expériences ; car si elles réussissent souvent, elles ne durent jamais long-tems.

G. Bonet, Greffe à la manière d'un écusson, entre le bois & l'écorce, de semences ou de leurs germes séparés de leurs cotylédons. Son seul objet est de fournir des faits à la science, car elle n'est véritablement pas une Greffe.

Deuxième série.

Greffes en flûte.

G. Jefferson, Greffe sans couper la tête du sujet à séve descendante & à œil dormant : c'est la plus simple de cette serie. On l'effectue à la séve descendante & sans compromettre la vie du sujet.

G. Carver, Greffe au moyen d'un anneau d'écorce enleve à un arbre & placé sur un autre, en coupant le sommet de la partie greffée. Elle se pratique plus que la précédente, principalement sur le châtaignier, quoiqu'elle ait plus d'inconvéniens : c'est au printems qu'on la fait.

G. de Pan, Greffe par amputation de la tête & à œil dormant. Peu employee.

G. de Faune, Greffe à plusieurs yeux alternes & poses en supprimant la tête de la partie greffée. On trouve quelquefois de l'avantage à la préférer. Elle diffère des précédentes par la longueur de son tuyau & par la conservation de l'ecorce du sujet, écorce qu'on divise en lanières & dont on recouvre le tuyau.

TROISIÈME SÉRIE.

Greffes difgénères.

Ce font des Greffes placées fur des fujets de genre & même de familles différentes. Les Anciens & plufieurs écrivains modernes les ont regardées comme poffibles. Il réfulte cependant de mes expériences & de celles de beaucoup d'autres cultivateurs, que fi elles paroiffent d'abord reuffir, elles ne tardent pas à périr. Je ne crois donc pas devoir m'étendre plus au long fur ce qui les concerne.

Il eft cependant néceffaire que j'obferve encore que certains arbres du même genre, certaines variétés de la même efpèce, ne peuvent fe greffer avec fuccès l'une fur l'autre. Le plus fouvent on en connoît la caufe; mais quelquefois on l'ignore. Ainfi fi l'erable platanoide ne peut recevoir la Greffe des autres érables, c'eft parce qu'il eft pourvu d'un fuc propre laiteux qu'ils n'ont pas. Ainfi fi le noyer ordinaire ne peut que difficilement prendre fur celui de la Saint-Jean, c'eft parce que ce dernier pouffe un mois plus tard. Mais pourquoi certaines variétés de poires ne reuffiffent-elles pas fur le coignaffier, même fur le franc. C'eft à l'obfervation à nous l'apprendre. M. Juge Saint-Martin a même remarqué que le mûrier à papier mâle (brouffonnetie) ne fe greffoit pas facilement fur fa femelle, & *vice versâ*.

Si j'avois voulu m'etendre fur chacune de ces Greffes autant que la matière le comportoit, & que quelques perfonnes auroient pu le defirer, j'aurois employé un volume. (THOUIN.)

GREFFOIR, petit couteau dont la lame fe recourbe légérement en dehors vers la pointe, & à l'extrémité du manche duquel eft inféré un petit morceau d'ivoire en forme de langue très-aplatie.

Avec la lame, qui doit être d'acier bien trempé & bien aiguifé, on fait les fentes dans l'écorce, on lève l'œil fur la branche, on l'approprie à fon objet; & avec le morceau d'ivoire on ouvre la fente, & on conduit l'œil où il doit être placé.

La perfection de cet inftrument eft très-importante pour le greffeur, qui ne doit pas l'employer, comme on le fait fi généralement, à couper tout ce qui lui tombe fous la main. *Voyez* GREFFE.

GRELA, forte de crible à larges trous, qui fert à nétoyer la terre des pierres qui la rendent impropre à certaines cultures. *Voyez* CRIBLE & TERRE.

GRÊLE, globules de glace qui tombent de l'atmofphère, déchirent les feuilles des végétaux, caffent leurs jeunes pouffes, bleffent l'écorce de leurs branches, détruifent fouvent en quelques minutes l'efpoir du cultivateur, & caufent fa ruine.

Non-feulement la Grêle nuit toujours aux récoltes de l'année; elle diminue fouvent celles de la fuivante & même des fuivantes, ainfi que ne le favent que trop les vignerons & les jardiniers.

Les caufes de la Grêle etant developpees dans le *Dictionnaire de Phyfique*, je dois me difpenfer de les indiquer ici.

Les dommages que la Grêle produit, dépendent de l'époque de l'année où elle tombe, de la groffeur de fes globules & de la nature des plantes qu'elle frappe.

Rarement la Grêle eft nuifible en hiver, faifon au refte où il en tombe peu fréquemment, & où fes globules font toujours petits.

Une Grêle à très-petits globules fait peu de mal, même au printems, furtout fi elle eft, comme cela arrive ordinairement, accompagnee de pluie.

Une Grêle dont les globules font anguleux & gros comme le poing, telle que celle que j'ai décrite dans le *Journal de Phyfique* de 1788, & dont j'ai failli d'être la victime, hache toutes les récoltes herbacées, brife les branches des arbres, caffe les vitres, les ardoifes, les tuiles, tue les petits animaux & bleffe les gros. Quel affreux fpectacle s'offre au moment qui la fuit! Quels longs gémiffemens elle caufe! Mais je ne dois pas ici peindre les triftes effets. C'eft dans un redoublement d'ardeur pour le travail, c'eft dans des efforts plus grands d'induftrie, que le cultivateur qui en eft frappé, doit chercher des confolations. En effet, fi on ne peut l'empêcher de tomber, on peut au moins diminuer, par des opérations agricoles, les pertes qui en font la fuite.

Ainfi, fi la Grêle a détruit les blés & autres céréales avant leur floraifon, on peut ou les faucher pour en obtenir une repouffe, qui donnera une récolte quelconque, ou les labourer pour femer en place des vefces, des geffes, des pois gris, du farrafin, &c. Si la Grêle arrive en juillet ou en août, on aura encore la reffource des raves, de la navette d'hiver, des prairies temporaires, &c.

Ainfi, les taillis de l'année feront récépés de fuite fi la Grêle les frappe au milieu du printems: ou pendant l'hiver, fi elle les frappe au milieu de l'été. Il en fera de même dans les pépinières dont les plants auront été récépés.

Ainfi, le jardinier qui aura vu fes efpaliers, contr'efpaliers & pyramides, fes arbres en plein vent, &c., mutilés dans leur écorce par la Grêle, les taillera très-courts l'hiver fuivant, les rapprochera même pour obtenir une écorce nouvelle.

Je dois remarquer que les effets de la Grêle fur les arbres fe fait fentir, non-feulement en les mutilant, mais encore en les empêchant, par l'interruption de leur végétation, de donner des pouffes vigoureufes & des fruits l'année fuivante, & qu'il n'y a par conféquent nulle augmentation de pertes à craindre, fous le dernier de ces rapports, en les taillant court. (*Voy.* au mot TAILLE.) C'eft donc le cas de rajeunir ces arbres & de leur donner d'abondans engrais, à la vigne principalement.

Le seul bien que fasse la Grêle, c'est de tuer les insectes, qui deviennent plus rares pendant quelques années.

Mais n'est-il donc pas donné à l'industrie de l'homme d'empêcher la Grêle de ruiner telle ou telle récolte precieuse, même de l'empêcher de se former?

Oui, répondrai-je; cependant on ne peut en garantir que des espaces très-circonscrits, & il n'est pas bien certain qu'on puisse agir sur les nuages qui la portent.

Les signes avant-coureurs de la Grêle sont les mêmes que ceux des ORAGES. (*Voyez* ce mot.) On peut donc toujours la prévoir pendant les grandes chaleurs de l'été, époque où, comme je l'ai déjà observé, elle est la plus à craindre. A ces signes, un cultivateur actif court à son jardin, couvre ses semis, ses plus précieux espaliers, de paillassons ou de toiles, cueille ceux de ses fruits auxquels il attache le plus d'importance. Celui qui a des serres, des baches, des couches, les couvre également. Celui qui a des cloches, des pots garnis ou non garnis, les met à l'abri, &c.

Il n'est qu'un moyen à tenter pour prévenir la formation de la Grêle. C'est celui employé pour rendre nuls les effets de la foudre, c'est-à-dire, l'établissement des PARATONNÈRES. (*Voyez* ce mot.) Je connois des lieux sur le revers oriental des montagnes, qui s'étendent de Langres à Lyon par Dijon, Beaune, Châlons & Mâcon, revers que j'ai long-tems habité, où il grêle presque tous les ans. Là on devroit, à l'imitation des environs de Munich, où il y en a cent quarante, établir des paratonnères sur les sommets les plus isolés des montagnes.

Parlerai-je de ces sonneries & de ces pratiques absurdes qu'on emploie encore dans quelques campagnes pour repousser ou conjurer les orages?

Des documens historiques semblent prouver que les Grêles étoient autrefois moins fréquentes en France qu'aujourd'hui. Il est probable que la cause en est à la coupe des bois qui couronnoient les montagnes. (*Bosc.*)

GRELOT, boule creuse de cuivre mince ou de métal de cloches, renfermant une autre boule plus petite & solide, qu'on attache au cou des animaux domestiques, pour, par le bruit que fait la petite en roulant dans la grande lorsque l'animal fait des mouvemens, indiquer le lieu où il est à ceux qui le cherchent.

C'est une chose fort utile que de pourvoir d'un Grelot ou sonnette un individu de chaque troupeau, non-seulement pour remplir l'objet ci-dessus, mais encore pour que tous les autres, appelés par le bruit qu'il fait, se dirigent du même côté, & que par-là ne s'égarent. Que de perte de tems & même d'amendes seroient évitées si cette pratique, qui est en usage dans beaucoup de lieux, s'étendoit partout!

Je n'en dirai pas autant de cet assourdissant & ridicule assemblage de Grelots dont on surcharge les mulets en Espagne & ailleurs, son utilité étant nulle & sa dépense considérable. *Voyez* MULET. (*Bosc.*)

GREMIL. *Lithospermum.*

Genre de plantes de la pentandrie monogynie & de la famille des *Borraginées*, qui réunit une vingtaine d'espèces, dont quelques-unes intéressent les cultivateurs à raison de leur abondance dans les campagnes, & dont beaucoup se trouvent dans les jardins de botanique. *Voyez* les *Illustrations des genres* de Lamarck, pl. 91.

Espèces.

1. Le GREMIL officinal, vulgairement *herbe-aux-perles*.
Lithospermum officinale. Linn. ♃ Indigène.

2. Le GREMIL des champs.
Lithospermum arvense. Linn. ⊙ Indigène.

3. Le GREMIL de Virginie.
Lithospermum virginicum. Linn. ♃ De Virginie.

4. Le GREMIL violet.
Lithospermum purpureo-cœruleum. Linn. ♃ Des parties méridionales de l'Europe.

5. Le GREMIL à fleurs jaunes.
Lithospermum orientale. Linn. ♃ Du Levant.

6. Le GREMIL ligneux.
Lithospermum fruticosum. Linn. ♄ Des parties méridionales de l'Europe.

7. Le GREMIL à petites fleurs.
Lithospermum tenuiflorum. Linn. ⊙ D'Égypte.

8. Le GREMIL disperme.
Lithospermum dispermum. Linn. ⊙ D'Espagne.

9. Le GREMIL à teinture.
Lithospermum tetrastigma. Lam. ⊙ D'Égypte.

10. Le GREMIL blanchâtre.
Lithospermum incanum. Forst. ♃ Des îles de la mer du Sud.

11. Le GREMIL papilleux.
Lithospermum papillosum. Thunb. Du Cap de Bonne-Espérance.

12. Le GREMIL de la Pouille.
Lithospermum apuleum. Linn. ⊙ Des parties méridionales de l'Europe.

13. Le GREMIL rude.
Lithospermum scabrum. Thunberg. Du Cap de Bonne-Espérance.

14. Le GREMIL calleux.
Lithospermum callosum. Vahl. ♄ D'Égypte.

15. Le GREMIL cilié.
Lithospermum ciliatum. Forsk. ♄ D'Égypte.

16. Le GREMIL à petites fleurs.
Lithospermum tenuiflorum. Linn. ⊙ D'Égypte.

17. Le

17. Le GREMIL à calice recourbé.
Lithospermum retortum. Pallas. ⊙ De Sibérie.
18. Le GREMIL à larges feuilles.
Lithospermum latifolium. Mich. ♃ De l'Amérique septentrionale.
19. Le GREMIL à feuilles aiguës.
Lithospermum angustifolium. Mich ♃ De l'Amérique septentrionale.
20. Le GREMIL distique.
Lithospermum distichum. Ortega. De l'ile de Cuba.
21. Le GREMIL à feuilles en coin.
Lithospermum cuneifolium. Ruiz & Pavon. Du Pérou.
22. Le GREMIL hispide.
Lithospermum hispidum. Ruiz & Pavon. ⊙ Du Pérou.
23. Le GREMIL muriqué.
Lithospermum muricatum. Ruiz & Pavon. Du Chili.
24. Le GREMIL tombant.
Lithospermum decumbens. Vent. ⊙ De Perse.

Observation.

La fréquence & la grosseur des touffes du Gremil officinal, dans certains lieux, doivent engager les cultivateurs à les couper pendant l'été, soit pour les apporter sur le fumier & augmenter sa masse, soit pour les employer à chauffer le four ou à fabriquer de la potasse. Elles doivent être arrachées de tous les lieux cultivés qu'elles infestent, puisqu'elles occupent beaucoup de place, & qu'aucun animal domestique ne les mange.

Culture.

Un tiers des Gremils ci-dessus énumérés se cultive dans les jardins de botanique. Ils doivent être divisés en trois classes : 1°. ceux de pleine terre & vivaces ; 2°. ceux de pleine terre & annuels ; 3°. ceux d'orangerie. Ces derniers sont tous vivaves.

Les deux premières espèces se sèment en pleine terre au printems. Elles ne demandent au reste d'autres soins que des binages de propreté. La première peut rester en place un nombre d'années indéterminé.

Les espèces appelées de Virginie, violet, à fleurs jaunes, ligneux, supportent nos hivers ordinaires en pleine terre ; mais il est prudent de les mettre dans l'orangerie. On leur donne une terre consistante qu'on renouvelle tous les deux ans. Elles ne veulent que le stricte nécessaire d'arrosement. On les multiplie de graines, qui mûrissent assez bien dans le climat de Paris. (*Bosc.*)

GRENADILLE. *PASSIFLORA.*

Genre de plante de la gynandrie pentandrie (ou de la monadelphie pentandrie) & de la famille des *Cucurbitacées*, qui comprend une soixantaine d'espèces, toutes de l'Amérique, remarquables par la singulière organisation de leurs fleurs, qui, dans quelques-unes, sont fort belles & odorantes, & qui, dans quelques autres, donnent naissance à des fruits qui se mangent. Ce sont des plantes grimpantes, pourvues de vrilles & à feuilles alternes. *Voyez* les *Illustrations des genres* de Lamarck, pl. 732.

Espèces.

Grenadilles à feuilles simples.

1. La GRENADILLE à feuilles dentelées.
Passiflora serratifolia. Linn. ♄ De Cayenne.
2. La GRENADILLE à fleurs pâles.
Passiflora pallida. Linn. ♄ De Saint-Domingue.
3. La GRENADILLE cuivrée.
Passiflora cuprea. Linn. ♄ De Bahama.
4. La GRENADILLE mucronée.
Passiflora mucronata. Lam. ♄ Du Brésil.
5. La GRENADILLE à feuilles de tilleul.
Passiflora tiliæfolia. Linn. ♄ Du Pérou.
6. La GRENADILLE écarlate.
Passiflora coccinea. Lam. ♄ De Cayenne.
7. La GRENADILLE pommiforme.
Passiflora maliformis. Linn. De Saint-Domingue.
8. La GRENADILLE quadrangulaire.
Passiflora quadrangularis. Linn. ♄ De la Jamaïque.
8. La GRENADILLE à feuilles de laurier, vulgairement *pomme de liane.*
Passiflora laurifolia. Linn. ♄ De la Martinique.
10 La GRENADILLE multiflore.
Passiflora multiflora. Linn. De Saint-Domingue.
11. La GRENADILLE adultérine.
Passiflora adulterina. Linn. ♄ De la Nouvelle-Grenade.
12. La GRENADILLE ailée.
Passiflora alata. Ait. ♄ D'Amérique.
13. La GRENADILLE glanduleuse.
Passiflora glandulosa. Cavan. ♄ De Cayenne.
14. La GRENADILLE à feuilles de guazuma.
Passiflora guazumæfolia. Juss. De la Nouvelle-Grenade.
15. La GRENADILLE à long pied.
Passiflora longipes. Juss. De la Nouvelle-Grenade.
16. La GRENADILLE lanière.
Passiflora ligularis. Juss. Du Pérou.
17. La GRENADILLE à feuilles de laurier-thym.
Passiflora tinifolia. Juss. De Cayenne.

Grenadilles à feuilles bilobées.

18. La GRENADILLE perfoliée.
Passiflora perfoliata. Linn. ♄ Du Mexique.
19. La GRENADILLE à fruits rouges.
Passiflora rubra. Lam. ♄ De Saint-Domingue.

20. La GRENADILLE capſulaire.
Paſſiflora capſularis. Lamarck. ♄ De Saint-Domingue.

21. La GRENADILLE biflore.
Paſſiflora lunata. Smith. ♄ De l'Amérique méridionale.

22. La GRENADILLE à équerres.
Paſſiflora normalis. Linn. De l'Amérique méridionale.

23. La GRENADILLE chauve-ſouris.
Paſſiflora veſpertilio. Linn. ♄ De l'Amérique méridionale.

24. La GRENADILLE ſans franges.
Paſſiflora murutuja. Linn. ♄ De Saint-Domingue.

25. La GRENADILLE à feuilles oblongues.
Paſſiflora oblongata. Swartz. ♄ De la Jamaïque.

26. La GRENADILLE du Mexique.
Paſſiflora mexicana. Juſſ. ♄ Du Mexique.

Grenadilles à feuilles à trois lobes.

27. La GRENADILLE à feuilles obrondes.
Paſſiflora rotundifolia. Linn. ♄ De l'Amérique méridionale.

28. La GRENADILLE ponctuée.
Paſſiflora punctata. Linn. ♄ Du Pérou.

29. La GRENADILLE jaune.
Paſſiflora lutea. Linn. ♃ De Virginie.

30. La GRENADILLE orbiculaire.
Paſſiflora orbiculata. Cavan. ♄ De Saint Domingue.

31. La GRENADILLE à feuilles aiguës.
Paſſiflora anguſtifolia. Willd. ♄ De la Jamaïque.

32. La GRENADILLE petite.
Paſſiflora minima. Linn. ♄ Des Antilles.

33. La GRENADILLE ſoyeuſe.
Paſſiflora holoſericea. Linn. ♄ Du Mexique.

34. La GRENADILLE fetide.
Paſſiflora fetida. Linn. ⊙ De l'Amérique méridionale.

35. La GRENADILLE à feuilles de ketmie.
Paſſiflora hibiſcifolia. Lam. De L'Amérique méridionale.

36. La GRENADILLE à fruits noirs.
Paſſiflora nigra. Jacq. De la Nouvelle-Grenade.

37. La GRENADILLE à grandes ſtipules.
Paſſiflora glauca. Aubl. De Cayenne.

38. La GRENADILLE cotoneuſe.
Paſſiflora tomentoſa. Lam. ♄ Du Pérou.

39. La GRENADILLE incarnate.
Paſſiflora incarnata. Linn. De la Caroline.

40. La GRENADILLE à longues feuilles.
Paſſiflora longifolia. Linn. ♄ De Saint-Domingue.

41. La GRENADILLE ſubéreuſe.
Paſſiflora ſuberoſa. Linn. ♄ Des Antilles.

42. La GRENADILLE peltée.
Paſſiflora peltata. Cav. ♄ Des Antilles.

43. La GRENADILLE hédéracée.
Paſſiflora hederacea. Cav. ♄ Des Antilles.

44. La GRENADILLE velue.
Paſſiflora hirſuta. Ait. ♄ Des Antilles.

45. La GRENADILLE ciliée.
Paſſiflora ciliata. Ait. ♄ De la Jamaïque.

46. La GRENADILLE à petites dents.
Paſſiflora ſerrulata. Jacq. De la Nouvelle-Grenade.

47. La GRENADILLE orangée.
Paſſiflora aurantia. Forſt. ♄ De la Nouvelle-Calédonie.

48. La GRENADILLE à feuilles cunéiformes.
Paſſiflora cuneifolia. Cav. ♄ De l'Amérique méridionale.

49. La GRENADILLE à longues fleurs.
Paſſiflora mixta. Linn. ♄ Du Perou.

50. La GRENADILLE coriace.
Paſſiflora coriacea. Juſſ. Du Pérou.

51. La GRENADILLE à ſix fleurs.
Paſſiflora ſexflora. Juſſ. De Saint Domingue.

52. La GRENADILLE à ſtipules pinnées.
Paſſiflora pinnatiſtipula. Cav. De l'Amérique méridionale.

53. La GRENADILLE à manchettes.
Paſſiflora manicata. Juſſ. De l'Amérique méridionale.

54. La GRENADILLE à fleurs vertes.
Paſſiflora viridiflora. Cavan. Du Mexique.

Grenadilles à plus de deux lobes.

55. La GRENADILLE hétérophylle.
Paſſiflora heterophylla. Lam. De Saint-Domingue.

56. La GRENADILLE bleue.
Paſſiflora cærulea. Linn. ♄ Du Bréſil.

57. La GRENADILLE à lobes dentelés.
Paſſiflora ſerrata. Linn. De la Martinique.

58. La GRENADILLE à feuilles pédiaires.
Paſſiflora pedata. Linn. De Saint-Domingue.

59. La GRENADILLE filamenteuſe.
Paſſiflora filamentoſa. Cav. ♄ De l'Amérique méridionale.

60. La GRENADILLE à fleurs vrillées.
Paſſiflora cirrhiflora. Juſſ. de Cayenne.

Culture.

Dans les pays intertropicaux, les habitans recherchent les fruits de pluſieurs eſpèces de Grenadilles pour leur nourriture. On les appelle vulgairement *Fleurs de la paſſion* à raiſon des rapports qu'on a cru reconnoître entre la figure des parties de leurs fleurs & entre celle des inſtrumens de la paſſion du Chriſt. Les principales de ces eſpèces ſont la Grenadille pommiforme, la Grenadille à feuilles de laurier, la Grenadille quadrangulaire, la Grenadille écarlate, la Grenadille à feuilles de tilleul. Ceux de cette dernière ſont les moins eſtimés, & les ſeuls dont j'aie mangé.

A Saint-Domingue, dans les Antilles, à Cayenne & au Brésil, on se contente de semer leurs graines dans le voisinage de l'habitation, & on ne donne presqu'aucune culture aux pieds qui en proviennent.

De toutes ces espèces, la Grenadille bleue est la seule qu'on puisse cultiver en pleine terre dans le climat de Paris, encore craint-elle les fortes gelées de l'hiver, & exige-t-elle l'exposition la plus chaude. C'est contre un mur au midi, garanti des vents d'est & d'ouest par d'autres murs, c'est-à-dire, dans un des angles d'un bâtiment à deux ailes, qu'on la place ordinairement. Sa nature grimpante oblige de la palisser à mesure qu'elle s'élève, & on doit la garantir des fortes gelées de l'hiver en couvrant ses tiges de paillassons, & ses racines de litière; de sorte qu'elle demande des soins pendant presque toute l année. Une terre à demi legère & de médiocre qualité lui est plus avantageuse qu'une autre, parce qu'elle y approfondit mieux ses racines, & y pousse moins vigoureusement. Cette dernière circonstance peut paroître paradoxale, mais seulement à ceux qui ne savent pas que les plantes qui manquent de nourriture fleurissent davantage, surtout consolident leurs tiges, les AOUTENT plus tôt (*voyez* ce mot). Or, dans la culture de cette Grenadille, on doit tendre à ces deux buts, puisque c'est pour ses fleurs réellement fort belles & fort singulières, qu'on la plante, & que ses pousses non consolidées sont sensibles aux plus foibles gelées de l'automne.

Dans la taille & le palissage des rameaux de cette plante on doit, par la même raison, tendre à leur faire faire des bifurcations, & à les disposer, sans qu'ils se touchent, parallélement ou presque parallelement au sol.

Lorsque, dans un hiver extraordinaire, toutes les tiges sont gelées, on les coupe rez terre, & il en pousse de nouvelles, qu'on dispose comme les anciennes. Les racines périssent rarement.

Cette plante donne quelquefois de bonnes graines dans le climat de Paris, & c'est par leur moyen qu'on la multiplie le plus communément. Ces graines se sèment dans les pots sur couche & sous châssis, vers le mois d'avril. Le plant qui en provient se repique l'année suivante seul à seul dans d'autres pots, & se rentre, pendant chaque hiver, dans l'orangerie. Ce n'est que lorsque ses racines ont acquis une certaine force, que ses tiges sont devenues un peu ligneuses, c'est-à-dire, après trois ou quatre ans de soins, qu'il convient de les mettre en pleine terre si on ne veut pas qu'ils soient tues par les gelées.

Dans le midi de la France, & encore mieux en Italie, ces précautions deviennent superflues; aussi plante-t-on la Grenadille bleue dans toutes les parties des jardins, la fait-on monter sur des tonnelles, où elle intercepte les rayons du soleil; la fait-on grimper sur les arbres, d'où ses rameaux retombent avec beaucoup de grace; la fait-on courir sur les palissades, les haies, où elle produit, lorsqu'elle est en fleurs, des effets extrêmement brillans.

Une manière très-sûre de jouir de la Grenadille bleue, c'est de la planter dans une orangerie ou dans une serre, & d'en faire sortir les tiges pendant l'été pour les palissader en dehors. Par ce moyen elles donnent beaucoup plus de fleurs & de plus belles fleurs, qui s'épanouissent chaque jour deux par deux sur chaque rameau, & se succèdent sans discontinuation jusqu'aux gelées.

Les Grenadilles incarnate, petite, chauve-souris, subéreuse, fétide, jaune, & peut-être deux ou trois autres, se contentent de l'orangerie dans le climat de Paris; mais toutes les autres qu'on y cultive, au nombre de douze, exigent impérieusement une serre chaude.

On se procure ces Grenadilles de graines tirées de leur pays natal. Quelques-unes des petites espèces en donnent annuellement de bonnes dans nos orangeries & nos serres. On les sème comme il a été dit plus haut, & le plant qui en provient est rentré dans l'orangerie ou dans la serre aux approches des froids. Les petites espèces se fixent sur des rames qui tiennent à leur pot; les grandes se pallissadent contre les murs du fond de la serre. Après quelques années on ne peut plus sortir ces dernières, à raison de la longueur de leurs rameaux, & il vaut mieux les mettre en pleine terre dans la serre, que de les laisser dans un pot. On leur donne des arrosemens abondans pendant la force de leur végétation, & modérés pendant le reste de l'année.

Toutes les Grenadilles peuvent aussi être multipliées par rejetons ou déchirement des vieux pieds, ainsi que par marcotes & par boutures; mais toutes ne se prêtent pas aussi facilement à ces opérations, qu'il seroit à desirer. La bleue est une de celles dont les marcotes & les boutures réussissent le mieux lorsqu'on les fait sur couche & sous châssis, à un haut degré de température. Miller a observé que cette plante, déjà très-disposée à la coulure dans son pays natal, & encore plus dans nos climats, perdoit totalement la faculté de fructifier lorsqu'on la multiplioit trois ou quatre fois de suite par cette voie. (*Bosc.*)

GRENIER. L'étymologie de ce mot indique sa destination, c'est-à dire, un lieu où on serre les grains. Ce lieu ne doit pas être humide: c'est pourquoi il est choisi de préférence au haut de la maison. Par extension on a nommé Grenier toute la partie non habitée du haut de la maison, celle qui est immédiatement recouverte par le toit, quoiqu'on y mette toute autre chose que des grains, & même rien du tout.

Je dois considérer ici les Greniers sous toutes

leurs acceptions, & d'abord sous celle qui leur est propre.

Pour favoriser autant que possible la conservation du blé & autres grains, le Grenier doit être, 1°. mis à l'abri de la pluie par une couverture bien entretenue; 2°. exactement planchéié, ou mieux carrelé; 3°. suffisamment aéré par des ouvertures opposées au nord & au midi s'il se peut, soit dans le toit, soit dans le mur, ouvertures qui se fermeront à volonté avec un volet & un grillage; celles du midi se tiennent le plus souvent fermées; 4°. que les murs soient assez exactement récrépis pour que les souris n'y trouvent point de retraites.

Comme ces conditions ne se trouvent pas toujours dans les Greniers ordinaires, dont la hauteur des maisons rend souvent le service difficile, & que le poids du grain peut quelquefois trop surcharger les planchers, & par suite les murs élevés, on voit dans beaucoup de fermes, des pièces qu'on appelle *chambres à grains*. Il est même des lieux où on construit exprès des bâtimens isolés, & on devroit en construire partout à raison de la sécurité qu'ils offrent en cas d'incendie.

Une chambre à grains est une chambre ordinaire, mais peu élevée, dont la grandeur est proportionnée à la quantité de blé qu'on présume qu'elle doit recevoir, dont le sol est soutenu par des poutres plus nombreuses ou plus grosses qu'à l'ordinaire, & qui de plus réunit les indications énoncées plus haut. Elle doit être éloignée des fumiers, des mares, & assez près de l'habitation du maître, pour qu'il puisse y exercer une surveillance de tous les instans.

Lorsque les chambres à grains sont dans un bâtiment particulier à plusieurs étages, on fait communiquer ces étages les uns aux autres par des trappes dont la position est alterne, afin de pouvoir jeter le grain du supérieur dans l'inférieur, & de le remonter de l'inférieur dans le supérieur au moyen de sacs & de poulies, parce qu'il est toujours nécessaire de le changer souvent de place, surtout dans sa première année, pour compléter sa dessiccation, éloigner les charansons ou les teignes, le débarrasser de la poussière, &c.

On doit donner une grande longueur aux chambres à grains ordinaires, afin de pouvoir remplir le même but en changeant fréquemment le grain de place au moyen de la pelle.

Tout Grenier ordinaire peut être transformé en chambre à grains en carrelant son sol, & en plafonnant, avec du plâtre ou des planches, le revers de son toit.

Un Grenier à farine ne diffère d'une chambre à grains que par son objet.

Trop souvent, dans les campagnes, les Greniers ne sont que des taudis de la mal-propreté la plus insigne, livrés aux déprédations des souris, des moineaux, où la pluie & la neige tombent comme en pleine campagne; souvent même leur sol, construit en planches ou en claies couvertes d'argile, est-il si mal entretenu, que les grains s'échappent par des fentes & des trous.

Voyez, pour le surplus, au mot CONSERVATION DES GRAINS.

Les Greniers à foins se nomment FENILS. *Voyez* ce mot.

On conserve aussi les foins & les pailles en tas, qu'on appelle MEULES & GERBIERS. *Voyez* ces mots. (*Bosc.*)

GRENOUILLADE. C'est, dans le département de la Haute-Garonne, un chancre qui naît sur la langue des bêtes à laine. *Voyez* CHANCRE.

GRENOUILLETTE. On appelle ainsi la RENONCULE FICAIRE.

GRENOUILLES, reptiles de la famille des *Batraciens* de Brongniart, qui, dans quelques pays, servent à la nourriture des cultivateurs, & dans quelques autres sont regardées par eux avec horreur.

Il est fâcheux qu'un préjugé aussi absurde règne dans ces derniers pays; & je ne puis trop recommander à ceux qui ont de l'influence, de saisir les occasions de le faire disparoître; car les grenouilles sont un aliment aussi sain qu'agréable, ainsi que j'en ai l'expérience.

Il y a deux sortes de Grenouilles en France. La GRENOUILLE COMMUNE, *rana esculenta* Linn., qui vit toujours dans ou sur le bord des eaux, & la GRENOUILLE ROUSSE, *rana temporaria* Linn., qui vit, pendant tout l'été, dans les bois, les prés, les champs.

Ces deux sortes de Grenouilles, & principalement la seconde, rendent service aux cultivateurs en mangeant les vers de terre, les limaces, les larves d'insectes, &c., qui nuisent si souvent aux produits de la culture.

Autrefois on faisoit des parcs pour les Grenouilles, & les cultivateurs y trouvoient, ou un bénéfice par leur vente, ou un supplément de nourriture pour leur famille. L'établissement de ces parcs est si peu coûteux, puisqu'il ne s'agit que de fermer exactement un jardin, un verger, où il y ait de l'eau courante ou stagnante, qu'il semble qu'ils devroient être très-nombreux. On cite encore à Paris un nommé Simon, de Clermont Ferrand, qui fit fortune en y apportant des Grenouilles ainsi élevées.

Dans les pays abondans en Grenouilles & en crapauds, on pêche quelquefois leur frai au printems, pour le répandre sur les terres ou sur le fumier, attendu que c'est un excellent engrais. (*Bosc.*)

GRÉPIO, sorte d'auge placée au dessous des rateliers.

GRÈS, pierre fort abondante dans certains cantons, & qui est formée de sable quartzeux à grains plus ou moins gros. *Voyez* ce mot dans le *Dictionnaire de Minéralogie*.

On emploie le Grès pour faire des meules à aiguiser, des pierres à faux, &c. Elle n'est pas borne pour bâtir à chaux & à ciment, parce qu'elle ne se lie pas avec ces ingrédiens, mais en la taillant; ce qui est au reste fort difficile & coûteux : on en forme des murs d'une éternelle durée.

Lorsque les Grès sont à la surface du sol, souvent ils se décomposent, & donnent naissance à un sable aride, impropre à la plupart des cultures. *Voyez* SABLE. (*Bosc.*)

GRETTE, sorte de charrue légère en usage dans le département de la Haute-Saône & autres voisins. *Voyez* CHARRUE.

GRÈVE. On appelle ainsi des couches plus ou moins épaisses de GRAVIER ou de SABLE (*voyez* ces mots) formés sur leurs bords, par les rivières ou la mer, avec les produits de la décomposition des MONTAGNES. *Voyez* ce mot.

Quelquefois on donne le nom de LAISSE (*voyez* ce mot) aux Grèves. Celles de la mer portent aussi le nom de DUNES dans quelques circonstances. *Voyez* ce mot.

Il est affligeant pour les amis de la prospérité de leur pays, de voir une si grande quantité de Grèves des bords de nos rivières perdues pour l'agriculture. Sans doute étant d'une mauvaise nature & exposées à être souvent couvertes d'eau, on ne peut pas y semer du blé. Mais qui empêche d'y planter des saules, des osiers, des rhamnoïdes & autres arbres ou arbustes ? Mais qui empêche d'y semer des graminées fourrageuses ? Mais qui empêche, au moins, d'y semer de ces grandes plantes vivaces, propres aux bords des eaux, comme la salicaire, la patience, la grande passerage, &c., dont on pourroit tirer parti pour augmenter la masse des fumiers, chauffer le four, faire de la potasse, &c. ?

Il n'y a que l'ignorant & le paresseux qui ne sachent pas tout mettre à profit. (*Bosc.*)

GREUVIER. *Grewia.*

Genre de plante de la polyandrie monogynie & de la famille des *Tiliacées*, qui comprend plus de trente arbres ou arbustes à feuilles alternes & à fleurs axillaires, dont quatre à cinq se cultivent dans nos serres ou nos orangeries. *Voyez* les *Illustrations des genres* de Lamarck, pl. 467.

Espèces.

1. LE GREUVIER à fleurs pourpres.
Grewia occidentalis. Linnæus. ♄ Du Cap de Bonne-Espérance.

2. Le GREUVIER d'Orient.
Grewia pilosa. Linn. ♄ De Ceilan.

3. Le GREUVIER à feuilles de noisetier, vulgairement *falsé.*
Grewia asiatica. Linn. ♄ Des Indes.

4. Le GREUVIER à panicules.
Grewia microcos. Linn. ♄ De Ceilan.

5. Le GREUVIER mallocoque.
Grewia mallococca. Linn. ♄ Des îles de la mer du Sud.

6. Le GREUVIER à feuilles de sauge.
Grewia salvifolia. Linn. ♄ De Ceilan.

7. Le GREUVIER chador.
Grewia populifolia. Vahl. ♄ D'Égypte.

8. Le GREUVIER en arbre.
Grewia excelsa. Vahl. ♄ D'Arabie.

9. Le GREUVIER à feuilles unies.
Grewia lævigata. Vahl. ♄ Des Indes.

10. Le GREUVIER glanduleux.
Grewia glandulosa. Vahl. ♄ De l'Isle-de-France.

11. Le GREUVIER hérissé.
Grewia hirsuta. Vahl. ♄ Des Indes.

12. Le GREUVIER velouté.
Grewia velutina. Vahl. ♄ D'Arabie.

13. Le GREUVIER sans pétales.
Grewia apetala. Juss. ♄ De Java.

14. Le GREUVIER multiflore.
Grewia multiflora. Juss. ♄ Des Philippines.

15. Le GREUVIER à feuilles de guazuma.
Grewia guazumæfolia. Juss. De Java.

16. Le GREUVIER tomenteux.
Grewia tomentosa. Juss. ♄ De Java.

17. Le GREUVIER à feuilles de micocoulier.
Grewia celtidifolia. Juss. ♄ De Java.

18. Le GREUVIER verruqueux.
Grewia verrucosa. Juss. ♄ De Java.

19. Le GREUVIER de deux couleurs.
Grewia bicolor. Juss. ♄ Du Sénégal.

20. Le GREUVIER à feuilles en coin.
Grewia cuneifolia. Juss. ♄ De Madagascar.

21. Le GREUVIER luisant.
Grewia nitida. Juss. ♄ De la Chine.

22. Le GREUVIER à feuilles ovales.
Grewia ovalifolia. Juss. ♄ De l'Inde.

23. Le GREUVIER jaunâtre.
Grewia flavescens. Juss. ♄ Des Indes.

24. Le GREUVIER à feuilles molles.
Grewia mollis. Juss. ♄ Du Sénégal.

25. Le GREUVIER à feuilles acuminées.
Grewia acuminata. Juss. ♄ De Java.

26. Le GREUVIER à feuilles de charme.
Grewia carpinifolia. Juss. ♄ De Guinée.

27. Le GREUVIER mégalocarpe.
Grewia megalocarpa. Juss. ♄ De Guinée.

28. Le GREUVIER oblique.
Grewia obliqua. Juss. ♄ Des Indes.

29. Le GREUVIER ériocarpe.
Grewia eriocarpa. Juss. ♄ De Java.

30. Le GREUVIER à feuilles de bouleau.
Grewia betulifolia. Juss. ♄ Du Sénégal.

31. Le GREUVIER à feuilles rondes.
Grewia rotundifolia. Juss. ♄ Des Indes.

32. Le GREUVIER à feuilles d'arbousier.
Grewia arbutifolia. Juss. ♄ De.....

Culture.

De toutes ces espèces, la première seule est d'orangerie Comme elle perd ses feuilles en automne, la plus mauvaise place lui suffit. Elle passe l'été, saison pendant laquelle elle demande des arrosemens abondans, dans un lieu abrité de tous les vents. Sa terre doit être consistante & renouvelee en partie tous les ans, en automne. On la multiplie de graines qui mûrissent fort bien sur les vieux pieds & pendant les années chaudes, dans le climat de Paris, & encore plus souvent de marcotes & de boutures.

Les graines se sèment dans des pots aussitôt qu'elles sont cueillies, & les pots se placent, au printems, sur couche & sous châssis. Le plant levé se sépare l'année suivante, & se met seul à seul dans d'autres pots, où il se traite comme les gros pieds.

Les marcotes se font au printems, soit dans des pots en l'air, soit dans la caisse même en recourbant les branches inferieures, soit en pleine terre en couchant les pieds. Elles s'enracinent dans l'année, & doivent être sevrees au printems suivant.

Lorsqu'on coupe les boutures avant la pousse des feuilles, & qu'on les place sur couche & sous châssis, on est presqu'assuré de leur réussite, & elles peuvent être plantees isolément au bout d'un an.

On fait une sorte de taille à cet arbrisseau, tant afin de lui donner une forme régulière, que pour l'empêcher de tenir trop de place dans l'orangerie. Cette taille ne diffère pas de celle de l'ORANGER. *Voyez* ce mot.

Au reste, cet arbrisseau n'est pas assez distingué, quoique ses fleurs ne soient pas sans élégance, pour être le but d'une culture étendue. On ne le voit guère que dans les jardins de botanique & chez quelques amateurs de plantes étrangères.

Le Greuvier d'Orient & le Greuvier luisant que nous possédons, & à plus forte raison les autres espèces, exigent la serre chaude. Le second est moins sensible au froid que le premier. On leur donne une terre semblable à celle indiquée plus haut, & on les multiplie de marcotes & de boutures. Ils ne demandent pas de soins différens de ceux propres à toutes les plantes de serre chaude. (*Bosc.*)

GRIAS. *Grias.*

Arbre de grandeur moyenne, à rameaux peu nombreux, à feuilles terminales, entières, à fleurs réunies en bouquets sur le tronc, à fruits globuleux, très-gros, qui forme seul un genre dans la polyandrie monogynie & dans la famille des *Guttifères*.

Cet arbre croît sur les montagnes de la Jamaïque.

Ses fruits se mangent crus & confits, sous le nom de *Poires d'anchois*. On en envoie souvent en Europe.

Il ne paroît pas que, dans son pays natal, le Grias reçoive des soins de la part des colons. On s'y contente de ne pas détruire les pieds qui croissent naturellement autour des habitations. Sa culture, en Europe, est inconnue, puisqu'il n'y a pas encore eté apporté; mais on doit croire que la serre chaude lui sera necessaire. (*Bosc.*)

GRIBOURI. *Cryptocephalus.*

Genre d'insecte de l'ordre des *Coléoptères* & voisin des *Chryomèles*, qui renferme un grand nombre d'espèces, qui toutes vivent dans leur etat de larve, comme dans leur état parfait, aux dépens des feuilles des plantes, & qu'il est bon par conséquent que les cultivateurs apprennent à connoître. *Voyez* le *Dictionnaire des Insectes*.

Ce genre a éprouvé des modifications qui en ont fait sortir deux espèces, qui font plus de tort à l'agriculture, que toutes les autres reunies: c'est le GRIBOURI DE LA VIGNE, plus connu sous les noms de *Lisette*, de *Coupe bourgeon*, & le GRIBOURI obscur. Ils entrent aujourd'hui dans le genre EUMOLPE.

Le Gribouri de la vigne exerce ses ravages dès que la vigne commence à pousser. Il cerne ou creuse les bourgeons naissans & les fait périr. Quand il y a peu de ces insectes dans un vignoble, on peut supporter les pertes qu'il fait éprouver; mais lorsqu'il y a une grande quantité de bourgeons coupés ou entamés, il n'y a plus d'espoir de récolte, non-seulement pour l'année actuelle, mais encore pour la prochaine. *Voyez* VIGNE.

C'est à l'époque de l'accouplement des Gribouris, c'est-à-dire, à la fin d'avril & au commencement de mai, qu'il est le plus avantageux de les rechercher pour les détruire, parce qu'ils se cachent moins alors. Comme ils se laissent tomber dès que l'on approche, il faut les suivre de l'œil pour pouvoir les ramasser & les ecraser. La mort d'une femelle détruit plus de cent larves qui devoient naître d'elles, & qui eussent, pendant tout l'ete, vécu aux dépens des feuilles & des grappes de la vigne. On peut aussi faire la chasse à ces larves, qui sont brunes, quoiqu'il ne soit pas très-facile de les trouver. Au reste, il n'y a pas d'autres moyens réellement praticables de s'opposer à leurs ravages, que ceux que j'indique, & je suis le premier à reconnoitre leur insuffisance.

Souvent un tems froid & humide, prolongé pendant quelques jours, un orage violent, font périr la plus grande partie des Gribouris de la vigne, & on en est débarrassé pour plusieurs années.

Le Gribouri obscur vit aux dépens de la luzerne. On remarque peu ses ravages, parce que, comme on coupe plusieurs fois cette plante pendant le printems, il n'a pas le tems de se multiplier; mais j'ai vu des luzernes abandonnées en être complétement dévorées. Comme la coupe de cette plante, ainsi que je viens de l'indiquer, est le vrai moyen à leur opposer, je n'en dirai pas davantage sur ce qui le concerne. (*Bosc.*)

GRIEL. *Grielum.*

Plante voisine des geranions, qui croît au Cap de Bonne-Espérance, & qui seule forme un genre dans la décandrie pentagynie, genre figuré pl. 388 des *Illustrations* de Lamarck.

Cette plante, qui est vivace, qui a les feuilles alternes, pinnées, & les fleurs pédonculées, n'est pas cultivée en Europe. (*Bosc.*)

GRIFFE. Ce nom s'applique aux racines de quelques plantes, à celles de la RENONCULE DES JARDINS principalement.

GRIFFES, petites pointes de fer qui s'adaptent aux souliers pour aider à monter sur les arbres élevés & sans branches, soit pour les élaguer, soit pour cueillir leurs graines, &c.

GRIGNON, marc des OLIVES. *Voyez* ce mot, & le mot HUILE.

GRIGNON. *Bucida.*

Genre de plante de la décandrie monogynie & de la famille des *Chalefs*, qui renferme deux arbres à feuilles rassemblées au sommet des rameaux, & à fleurs disposées en épi ou en tête. *Voyez* les *Illustrations des genres* de Lamarck, pl. 356.

Espèces.

1. Le GRIGNON corne de bœuf.
Bucida buceras. Linn. ♄ De la Jamaïque.
2. Le GRIGNON en tête.
Bucida capitata. Vahl. ♄ Du Mont-Ferrat.

Culture.

La première de ces espèces est cultivée au Jardin du Muséum d'Histoire naturelle. On la tient dans la serre chaude. Souvent son pistil s'alonge, se lignifie & prend la forme d'une corne de bœuf. Sa culture consiste à la changer de pot & de terre tous les deux ans, & à l'arroser modérément en hiver; car il n'y a pas moyen de la multiplier autrement qu'en tirant des graines de son pays natal. (*Bosc.*)

GRILLAGE. Ce mot est quelquefois synonyme de TREILLAGE. (*Voyez* ce mot.) Le plus souvent il s'applique à des enceintes à claire-voie, de bois ou de fer, destinées à garantir les plantes rares des atteintes des quadrupèdes ou des oiseaux. Dans ce sens, un Grillage n'est pas toujours composé de baguettes ou de fils de fer qui se croisent, puisque des baguettes ou des fils parallèles, & tenus dans cette situation par une ou deux traverses, peuvent en constituer.

On place un Grillage à la décharge d'un étang, pour empêcher le poisson de s'échapper. (*Bosc.*)

GRILLON. *Gryllus.*

Genre d'insecte de l'ordre des *Orthoptères*, qui a été appelé *Acheta* par Fabricius, & qui réunit une vingtaine d'espèces, parmi lesquelles deux sont dans le cas d'être citées ici comme intéressant les cultivateurs.

Le GRILLON DES CHAMPS est noirâtre & assez gros. Il nuit à la culture en mangeant l'herbe des prés. J'ai vu certains pâturages, dans les pays chauds & dans les terres calcaires, tellement rongés par lui, que leur valeur en étoit diminuée de moitié. Il vit cependant plus de chair que d'herbe. Sa destruction n'est pas facile, & c'est moins les soins des cultivateurs qui peuvent l'opérer, que l'irrégularité des saisons.

Le GRILLON DOMESTIQUE est d'un gris-brun. Il se tient autour du foyer & du four des cultivateurs. Il mange la chair, le pain, la farine, & se rend insupportable par le bruit presque continuel qu'il fait en frottant la base de ses élytres l'une contre l'autre. Boucher les trous où il se retire est le moyen le plus sûr de s'en débarrasser. Dans certains pays on le regarde comme un animal de bon augure, & l'on croiroit commettre un crime que de le tuer.

Je parlerai du Grillon de Fabricius au mot SAUTERELLE. (*Bosc.*)

GRIOTTE, variété de CERISE.

GRISET, nom de pays de l'ARGOUSIER.

GRIVE, genre d'oiseaux très-nombreux en espèces, parmi lesquelles il y en a cinq à six qui nuisent quelquefois aux cultivateurs en mangeant leurs cerises, leurs raisins & autres fruits en baie, mais qui d'un autre côté leur rendent service en détruisant les insectes. Elles sont donc tantôt leurs ennemis, tantôt leurs auxiliaires.

Il y a la Grive proprement dite, la draine, la litorne, le mauvis & le merle. *Voyez* le *Dictionnaire d'Ornithologie* & celui des *Chasses.* (*Bosc.*)

GRISAILLE *ou* GRISARD, espèce de PEUPLIER.

GRONE. *Grona.*

Plante rampante, à feuilles ovales, alternes, & à fleurs disposées en épis axillaires, qui seule forme un genre dans la diadelphie décandrie.

Cette plante, qui est originaire de la Cochinchine, n'étant pas cultivée dans nos jardins, n'est pas dans le cas d'un plus long article. (*Bosc.*)

GRONOVE. *Gronovia.*

Plante grimpante, à racines vivaces, à feuilles alternes, lobées, herissées, à fleurs solitaires dans les aisselles des feuilles, qui seule forme un genre dans la pentandrie monogynie & dans la famille des *Cucurbitacées.* *Voyez* les *Illustrations des genres* de Lamarck, pl. 144.

Cette plante, originaire de la Jamaïque, se

cultive dans nos jardins de botanique. Elle exige la serre chaude. On lui donne une terre consistante, qu'on renouvelle en partie tous les ans, & on l'arrose fortement en été, tems où elle fleurit, & peu en hiver. C'est uniquement de graines, qui mûrissent dans nos climats, qu'on la multiplie. Les graines se sèment au printems dans des pots qu'on met sur couche & sous châssis, & le plant qui en provient se repique l'année suivante. (*Bosc.*)

GROS BEC, oiseau du genre des moineaux, que la grosseur de son bec rend remarquable, & encore plus les ravages qu'il cause, au printems, dans les vergers, en mangeant les boutons des arbres fruitiers, & surtout des pruniers. Comme il ne compense par aucun avantage le mal qu'il fait aux cultivateurs, on doit lui faire une guerre perpetuelle. *Voyez* le *Dictionnaire d'Ornithologie* & celui des *Chasses*. (*Bosc.*)

GROSEILLE. *Voyez* l'article suivant.

GROSEILLIER. *Ribes.*

Genre de plante de la pentandrie monogynie & de la famille des *Cactiers*, qui comprend près de trente espèces, dont plusieurs sont cultivées à raison de leurs fruits qui se mangent. Les unes n'ont point d'épines, les autres en sont plus ou moins garnies. *Voy.* les *Illustrations des genres* de Lamarck, pl. 146.

Espèces non épineuses.

1. Le GROSEILLIER commun, vulgairement *Groseillier rouge*, *Groseillier à grappes.*
Ribes rubrum. Linn. ♄ Du nord de l'Europe.
2. Le GROSEILLIER des rochers.
Ribes petræum. Jacq. ♄ Des Alpes.
3. Le GROSEILLIER des Alpes.
Ribes alpinum. Linn. ♄ Indigène.
4. Le GROSEILLIER noir, vulgairement *cassis.*
Ribes nigrum. Linn. ♄ Des montagnes de l'Europe.
5. Le GROSEILLIER couché.
Ribes procumbens. Pallas. ♄ De Sibérie.
6. Le GROSEILLIER glanduleux.
Ribes prostratum. Lheritier. ♄ De l'Amérique septentrionale.
7. Le GROSEILLIER odorant.
Ribes fragrans. Pallas. ♄ De Siberie.
8. Le GROSEILLIER triste.
Ribes triste. Pallas. ♄ De Sibérie.
9. Le GROSEILLIER de Pensilvanie.
Ribes floridum. Lherit. ♄ De Pensilvanie.
10. Le GROSEILLIER en épi.
Ribes spicatum. Robs. ♄ D'Angleterre.
11. Le GROSEILLIER trifide.
Ribes trifidum. Mich. ♄ Du Canada.
12. Le GROSEILLIER ridé.
Ribes ringens. Mich. ♄ Du Canada.
13. Le GROSEILLIER à grandes feuilles.
Ribes macrobotrys. Ruiz & Pav. ♄ Du Pérou.
14. GROSEILLIER à feuilles blanches.
Ribes albifolium. Ruiz & Pav. ♄ Du Pérou.
15. Le GROSEILLIER ponctué.
Ribes punctatum. Ruiz & Pav. ♄ Du Pérou.
16. Le GROSEILLIER à nervures blanches.
Ribes albinervium. Ruiz & Pav. ♄ Du Perou.
17. Le GROSEILLIER recourbé.
Ribes recurvatum. Mich. ♄ Du Canada.
18. Le GROSEILLIER visqueux.
Ribes viscosum. Ruiz & Pav. ♄ Du Pérou.
19. Le GROSEILLIER à feuilles en coin.
Ribes cuneifolium. Ruiz & Pav. ♄ Du Pérou.

Espèces épineuses.

20. Le GROSEILLIER épineux, vulgairement *Groseillier à maquereau.*
Ribes uvacrispa. Linn. ♄ Indigène.
21. Le GROSEILLIER à feuilles d'aubépin.
Ribes oxyacanthoides. Linn. ♄ Du Canada.
22. Le GROSEILLIER à fruits piquans.
Ribes cynosbati. Linn. ♄ Du Canada.
23. Le GROSEILLIER à deux épines.
Ribes diacantha. Linn. ♄ De Siberie.
24. Le GROSEILLIER des lieux pierreux.
Ribes saxatile. Pallas. ♄ De Siberie.
25. Le GROSEILLIER à feuilles rondes.
Ribes rotundifolium. Mich. ♄ De la Caroline.
26. Le GROSEILLIER hérissé.
Ribes hirtellum. Mich. ♄ De l'Amérique septentrionale.
27. Le GROSEILLIER à tiges grêles.
Ribes gracile. Mich. ♄ De l'Amérique septentrionale.
28. Le GROSEILLIER des lacs.
Ribes lacustris. Mich. ♄ Du Canada.
29. Le GROSEILLIER du Liban.
Ribes orientale. Desfont. ♄ Du Liban.

Culture.

Le Groseillier commun étant cultivé de tems immémorial, a fourni un grand nombre de variétés qu'on trouve dans les jardins des amateurs. Je ne citerai que les plus remarquables ou les plus communes; savoir :

Celui à gros fruits rouges;
Celui à fruits noirs;
Celui à fruits blancs;
Celui à fruits perlés;
Celui sans pépins;
Celui à feuilles panachées.

La première & la quatrième de ces variétés sont celles qu'il faut préférer lorsqu'on desire offrir du beau; mais à raison de l'abondance de ses produits, on doit s'en tenir au type quand on ne veut que ce genre de profit.

Tous

Tous les terreins & toutes les expofitions conviennent au Grofeillier commun ; cependant il s'élève moins, & donne des fruits plus petits & plus acides dans les fables arides & fous un foleil brûlant : c'eft pourquoi il réuffit mal dans les parties méridionales de l'Europe, & c'eft pourquoi il convient de le planter dans les lieux abrités, frais & légérement ombragés, même dans le climat de Paris. Les gelées ne le frappent jamais.

La multiplication du Grofeillier commun a lieu par tous les procédés connus.

Le femis de fes graines, dans une terre légère, à l'expofition du nord, lorfqu'il eft fait de fuite en automne ou au printems (les graines ayant été ftratifiées pendant l'hiver), donne des pieds qui font vigoureux, & offrent quelquefois de nouvelles variétés ; mais comme ces pieds ne fructifient ordinairement que la quatrième ou cinquième année, on préfère généralement employer les autres moyens de multiplication.

Souvent les Grofeilliers pouffent des drageons, furtout lorfque leurs racines ont été bleffées, & ces drageons font très-propres à les multiplier. On peut en faire naître des centaines en arrachant un vieux pied & en laiffant les racines en terre & la foffe ouverte, chaque bout de ces racines en produifant un. Il fe reproduit également de fes racines tranfportées autre part. Je préférerois ce moyen, quoique non employé, comme affoibliffant moins les principes organiques. *Voyez* Bouture.

Les marcotes des Grofeilliers communs, furtout en tordant les branches pour les empêcher de caffer lorfqu'on les courbe, réuffiffent immanquablement, & prennent racine en peu de mois. Si l'on en fait rarement, c'eft parce que les boutures rempliffent auffi le but & font plus tôt faites. On peut faire les unes & les autres en toutes les faifons ; mais c'eft l'hiver qu'il faut préférer quand on travaille en grand. Peu de ces dernières manquent lorfque le terrein eft frais. C'eft, dit-on, des branches ayant du bois de deux ans qu'il faut préférer pour les faire ; mais j'ai l'expérience que celui de l'année eft au moins auffi bon. Il y a tant de difpofitions végétantes dans cet arbufte, qu'une tige très-vieille, coupée depuis plufieurs mois, & couchée dans une foffe, m'a donné des tiges dans toute fa longueur.

Autrefois on multiplioit beaucoup le Grofeillier commun par éclat de fes racines ; mais on y a renonce depuis que la théorie agricole éclaire la pratique. En effet, il eft certain que le morceau de vieille racine, qui fe trouvoit faire partie des nouveaux pieds, nuifoit à leur croiffance & à la production de leurs fruits.

On cultive le Grofeillier commun dans les jardins pour l'ufage de la maifon, ou en plein champ pour le commerce. Dans le premier cas, on le difpofe ifolément entre les contr'efpaliers ou le long des murs du nord, tantôt en touffes, tantôt en le mettant fur un brin & en en formant un petit arbre. Dans le fecond, on le tient toujours en touffe, & on le difpofe en quinconce, à trois pieds d'écartement.

Abandonnés à eux-mêmes, les Grofeilliers communs donnent du fruit ; mais ce fruit eft moins beau & moins abondant que lorfqu'ils font taillés annuellement. Il eft donc avantageux de les foumettre à cette opération pendant l'hiver.

La taille des Grofeilliers communs n'eft point difficile. Elle confifte à retrancher le plus poffible le bois ayant porté fruit (c'eft fur celui de deux ans qu'il naît), & à forcer la féve à fe porter dans le fruit par l'enlévement de la partie fupérieure des rameaux de l'année. Dans tous, & furtout dans ceux qui font en touffe, il fe reproduit chaque année une quantité de gourmands, qui fervent merveilleufement pour renouveler le bois. Ainfi un Grofeillier commun, bien conduit, furtout fi on le cultive uniquement pour le fruit, n'offrira, après fa taille, que des gourmands d'un ou de deux ans, écourtés, & au plus haut d'un pied, tous le plus éloignés poffible les uns des autres.

Dans les jardins on leur laiffe généralement prendre plus de hauteur, mais on a tort : il vaut beaucoup mieux leur donner de l'étendue. On y gagne abondance, groffeur, douceur & durée des fruits.

Les Grofeilliers communs en tige fe taillent encore plus court. Ils offrent un très-joli effet lorfqu'ils font bien garnis de fruits ; mais ces fruits font plus petits & plus acides que ceux des pieds en touffes, parce qu'ils font plus éloignés de la racine & plus expofés au vent & au foleil.

Il eft facile de conferver les grofeilles bien avant dans l'hiver, en entourant, un peu avant leur complète maturité, les pieds qui les portent, d'une chemife de longue paille, qui les garantit du hâle, & les défend contre le bec des oifeaux.

La culture du Grofeillier commun eft autour de Paris, & fans doute de la plupart des autres grandes villes de l'Europe, un objet de quelqu'importance. La récolte ne manque guère que lorfqu'il furvient des pluies froides au moment de la floraifon.

Quoique le fruit du Grofeillier noir ou caffis ne plaife pas auffi généralement que celui du Grofeillier commun, il eft rare qu'on n'en voie pas quelques pieds dans les jardins bien montés. Il a été, pendant quelques années, l'objet d'un produit très-confidérable pour les cultivateurs des environs de Paris, puifqu'ils tiroient jufqu'à 300 fr. de bénefice d'un arpent qui en étoit planté. Aujourd'hui, quoique la mode du ratafiat de caffis foit paffée, & que la cherté du fucre ne permette pas qu'elle fe renouvelle, on en cultive encore beaucoup.

Tout ce que j'ai dit du Grofeillier commun convient au Groseillier noir; seulement il demande un terrein encore plus frais & plus ombragé, fournit moins de drageons & de gourmands, & se taille un peu plus long sur le vieux bois.

Ce Groseillier offre aussi quelques variétés, mais elles sont si peu importantes, qu'à l'exception de celles à feuilles panachées, on ne les recherche pas.

Le Groseillier des Alpes se cultive dans toutes les pépinières, parce qu'il pousse un des premiers au printems ses feuilles & ses fleurs, & qu'il se place dans les jardins paysagers, sous les arbres, aux expositions les plus ombragées, c'est-à-dire, où aucun autre arbuste ne pourroit croître. On le multiplie comme les précédens, mais plus particuliérement de boutures qui, reprises, sont plantées à douze ou à quinze pouces de distance, & binées pendant trois ou quatre ans, après quoi les pieds qui en sont resultes, sont propres à être mis définitivement en place.

Les deux autres espèces de cette division, que nous possédons encore dans nos jardins, c'est-à-dire, le Groseillier des rochers & le Groseillier glanduleux, offrent peu d'agrémens, & ne se voient guère que dans les grandes collections. Ce que je viens de dire des précédens leur est complétement applicable.

Le Groseillier épineux ou Groseillier à maquereau offre beaucoup de variétés, dont je cite les suivantes :

A gros fruits verts & feuilles velues.

A gros fruits verdâtres & feuilles luisantes.

A gros fruits verdâtres & feuilles velues.

A gros fruits oblongs blanchâtres.

A gros fruits oblongs blanchâtres, hérissés de pointes & de feuilles luisantes.

A gros fruits jaunâtres, hérissés, & à feuilles velues.

A fruits moyens violets, hérissés, & à feuilles luisantes.

A gros fruits rouges, hérissés.

A fruits moyens rouges, feuilles velues.

Ce Groseillier croît naturellement dans les parties moyennes & meridionales de l'Europe, sur les montagnes seches & pierreuses, exposées au midi. Il demande donc une terre & une situation différente des précedentes; cependant il n'en rebute aucune. On en voit quelques pieds dans presque tous les jardins; mais il n y a peut-être que les environs de Paris, où on le cultive en grand pour suppléer le verjus par ses fruits, qui, à demi-grosseur, ont une acidité qui en approche, & dont le jus sert à l'assaisonnement des maquereaux.

La culture de cette espèce se rapproche de celle des précédentes : seulement on la multiplie plus de drageons & de marcotes que de boutures, & on la taille moins souvent & moins régulierement. C'est toujours en buissons qu'on la tient.

Cette espèce peut être avantageusement employée, à raison de ses épines, dans la formation des haies composées d'un grand nombre d'espèces d'arbres & d'arbustes, & pour boucher les vides de celles d'aube-épine, car elle garnit extrêmement leur pied. *Voyez* HAIE.

Les autres espèces de Groseilliers à tiges garnies d'epines, qui se cultivent dans nos jardins de botanique, sont celui à fruits piquans, celui à deux epines & celui du Liban. On les multiplie comme les autres. Ils ne demandent aucun soin particulier, ne craignent point les gelées, & se conservent partout où on les place. (*Bosc.*)

GROSSAIGNE, variété barbue de froment, qu'on cultive dans le département du Gers, qui est très-productif, mais dont la farine n'est ni blanche ni légère. Une terre forte est celle qui lui convient le mieux.

GROSSOSTYLIS. *Grossostylis.*

Genre de plante de la monadelphie polyandrie, établi par Forster. Il ne contient qu'une espèce originaire des îles de la Societe, & qui ne se cultive pas encore dans les jardins d'Europe. (*Bosc.*)

GROU, GROUETTE, GROUETTEUSE. Dans quelques cantons ce sont les terres argileuses très-mélangées de pierres, dans lesquelles les arbres font peu de progrès, & où les céréales ne reussissent qu'autant que l'année n'est ni trop sèche ni trop pluvieuse.

Ces terres exigent des labours profonds & multipliés. (*Bosc.*)

GRUAU. On donne ce nom au résultat d'une sorte de mouture qui n'enlève aux grains que leur ecorce, ou au plus les brise en deux ou trois morceaux, soit anguleux, soit arrondis.

C'est par un écartement plus grand des meules qu'on obtient les Gruaux, qui sont d'autant plus gros, que cet écartement est plus considérable. *Voyez* MOULIN & MOUTURE.

Dans la mouture dite économique, mouture dont il est tant à desirer que l'emploi devienne enfin général pour toute la France, le froment ou le seigle est toujours d'abord réduit en Gruau anguleux. Il y en a de deux sortes, le bis & le blanc. Ce dernier s'appelle aussi SEMOULE (*voyez* ce mot) lorsqu'on le met dans le commerce. L'un & l'autre se repassent au moulin, dont les meules ont eté plus rapprochées, & produisent ce qu'on appelle la *farine de Gruau*, avec laquelle on fait les pâtes, comme macaroni, vermicelle, &c., & dont on fabrique le meilleur pain & les meilleures pâtisseries.

Mais ce sont les Gruaux d'avoine & d'orge qui sont les plus connus sous leur veritable nom. Il y en a, comme je l'ai dit plus haut, de trois sortes dans chacune de ces espèces; la première, qui est le grain simplement depouillé de son écorce : on l'appelle aussi avoine & orge mondé; la seconde, qui est le grain moulu grossiérement, formant des corps anguleux dépouillés d'écorce ; la troisième, qui est ces mêmes corps anguleux repassés au moulin, & ayant pris une forme ronde : on l'appelle aussi avoine & orge perlé.

Les Gruaux d'orge & les Gruaux d'avoine de certains pays sont beaucoup plus estimés que ceux de certains autres. A part la portion d'habitude commerciale qui peut y entrer, il est probable que cette réputation tient à la variété employée, ainsi qu'au sol & au climat. On sait, par exemple, que le Gruau d'orge nu est plus savoureux que celui de l'orge commun ; que celui d'avoine blanche a plus d'efficacité médicale que celui d'avoine noire.

Comme le Gruau d'avoine, qu'on appelle *Bris* dans quelques cantons, exige des procedés particuliers, je donne ici une instruction pour le faire, rédigée par M. Wacquant.

Instruction pour faire le bris d'avoine.

Il faut, 1°. vanner l'avoine de manière qu'elle soit parfaitement nétoyée, & qu'elle ne contienne, s'il est possible, aucun autre grain ; 2°. la placer dans un four immédiatement après qu'on en a enlevé le pain, la remuer avec un bâton pour la sécher également, veiller attentivement à ce qu'elle ne sèche pas, mais soit, ce qu'on appelle dans les Ardennes, *groullée* : on reconnoît qu'elle l'est suffisamment lorsqu'elle pétille assez pour que la première écorce se soulève ; 3°. après cette opération, la vanner de nouveau, & de suite la porter au moulin. Il est essentiel, ainsi que je l'ai déjà dit, que le moulin soit petit, *battu ou piqué de vieux*, la meule légère, en parfait équilibre & assez soulevée. Sans ces précautions, l'avoine seroit réduite en farine : trois ou quatre tours de roue suffisent ordinairement. 4°. Au sortir du moulin, la vanner au petit van, jusqu'à ce qu'elle soit entiérement dépouillée de sa paille ; la passer ensuite au crible. Pour que le bris soit le plus beau possible, il convient de le tamiser à travers trois cribles progressivement plus fins les uns que les autres. Celui dont on se sert pour la navette est le dernier à employer.

J'ai fait préparer, selon cette méthode, dans un petit moulin, à Bricy, une quarte d'avoine, mesure de Bar, de la meilleure qualité, pesant, avant de la mettre au four, quatre-vingt-cinq livres ; après en avoir été enlevée, quatre-vingts livres ; réduite en bris, trente-quatre livres.

En ajoutant aux 4 liv. qu'elle a coûté, 15 f. pour frais de moulin, on aura 4 liv. 15 f. pour prix total des trente-quatre livres de bris ; ainsi, en divisant 95 f. par 34, le quotient 2 f. 9 d. $\frac{9}{17}$ indiquera le prix du bris.

Je ne fais point entrer en compte les frais de dessiccation, parce que partout où on fabrique du pain, ils deviennent nuls, & que, dans les autres endroits, on trouvera facilement le moyen de dessécher l'avoine sans faire un feu exprès. Il ne faut que le bois nécessaire pour produire une chaleur très-douce. Cependant, dans la crainte d'être accusé de n'avoir point compris dans l'évaluation du bris tous ces frais de fabrication à la rigueur, je porte à 3 f. le prix de celui que j'ai fait préparer ; & pour prouver combien je suis éloigné de chercher à surprendre le public en faveur de l'économie de cet aliment, je l'ai estimé d'après le plus haut prix actuel de l'avoine.

Manière de préparer le bris comme aliment pour la subsistance journalière d'un homme adulte & en bonne santé.

Prenez deux tiers de livre de bris d'avoine. Versez par-dessus suffisante quantité d'eau pour le laver. Agitez-le. Laissez-le reposer, & jetez l'eau surnageante avec les matières étrangères qu'elle contient. Faites bouillir deux pots d'eau dans un vase de terre, s'il est possible. Ajoutez le bris dans le moment de l'ébullition. Faites-le cuire pendant une demi-heure au plus, avec l'attention de le remuer par intervalle. Un petit instant avant de le retirer du feu, vous y mêlerez une once de sel & une chopine de lait (1). Cette formule coûte, en bris, 2 f. ; en sel, une once à raison de 4 f. la livre, 3 d. ; en lait, une chopine, 1 f. 3 d. ; en bois, au plus, 1 f. ; total, 4 f. 6 den. On peut rendre cet aliment encore plus économique, en substituant au lait une demi-once d'huile de navette qu'on fait frire avec un oignon, celui-ci étant estimé au plus 3 d., & la demi-once d'huile 6 d. On gagne 9 d. sur la préparation précédente. J'indiquerai donc cette seconde manière, comme préférable pour les pauvres. Elle deviendra bien plus avantageuse, par une moindre consommation de bois, quand on en fera à la fois une plus grande quantité. Dans les hôpitaux, le bris pourra remplacer, à la satisfaction des malades, le pain destiné à leurs soupes. Pour cela on le fera cuire dans le bouillon, à la manière du riz.

Les personnes aisées en useront de même, ou le prépareront avec du lait en crême ou en bouillie. Sous ces trois rapports, on voit augmenter l'agrément & l'utilité de cet aliment. (Tessier.)

GRUBBIE. *Grubbia.*

Arbuste du Cap de Bonne-Espérance, qui forme un genre dans l'octandrie monogynie. Cet arbuste, n'ayant pas encore été introduit dans nos jardins, n'est pas dans le cas de fournir matière à un article de quelqu'étendue. (*Bosc.*)

(1) Il faut, si l'on veut réussir, faire crever le Gruau, comme le riz, pendant plus de tems que l'auteur n'en indique : son potage ne vaut rien sans cela ; le Gruau reste sous & entre les dents.

GRUMES, tronçons de bois encore recouverts de l'écorce, & qui doivent avoir une destination autre que le feu.

GRUMELEUX. On dit qu'un fromage, un fruit est Grumeleux lorsqu'il est rempli de petits grains plus durs que la chair.

GRUPS, nom de la crêche dans quelques cantons.

GUAPIRE. *Guapira.*

Arbre de la Guiane, à feuilles opposées & à fleurs en grappes axillaires, qui seul forme un genre dans l'hexandrie monogynie. Comme il n'est pas encore dans nos jardins, je n'ai rien à en dire. (*Bosc.*)

GUARÉE. *Guarea.*

Arbre du Brésil, à feuilles pinnées, qui forme seul un genre dans l'octandrie monogynie, mais qui n'a pas encore été introduit dans nos jardins, & qui n'est pas, par conséquent, susceptible d'indications de culture. (*Bosc.*)

GUATTERIE. *Guatteria.*

Genre de plante de la polyandrie polygynie, qui réunit quatre espèces d'arbres, dont aucun n'existe encore dans nos jardins.

Espèces.

1. La GUATTERIE glauque.
Guatteria glauca. Ruiz & Pav. ♄ Du Pérou.
2. La GUATTERIE ovale.
Guatteria ovata. Ruiz & Pav. ♄ Du Pérou.
3. La GUATTERIE pendante.
Guatteria pendula. Ruiz & Pav. ♄ Du Pérou.
4. La GUATTERIE hérissée.
Guatteria hirsuta. Ruiz & Pav. ♄ Du Pérou.

Je n'ai rien à dire de plus sur ces espèces. (*Bosc.*)

GUAZUMA. *Guazuma.*

Arbre de seconde grandeur, qui forme un genre dans la monadelphie dodécandrie & dans la famille des *Malvacées*. *Voyez* les *Illustrations des genres* de Lamarck, pl. 637.

Cet arbre, vulgairement appelé *Orme* en Amérique, est fort employé, à Saint-Domingue & dans les Antilles, à faire des avenues. Son bois y est fort estimé pour les ouvrages de tonnellerie, & ses feuilles sont une excellente nourriture pour les bestiaux.

Nicolson, de qui j'ai tiré ces indications, ne dit point si on le cultive; mais il est probable que non, car on ne fait ce que c'est qu'une pépinière dans les pays intertropicaux, où, quand on veut faire une plantation, on va arracher çà & là de jeunes arbres qu'on se contente ensuite de mettre en terre, dans une disposition convenable au but qu'on s'est proposé.

Nous possédons le GUAZUMA à feuilles d'orme dans nos serres, & nous l'y soignons autant qu'on le néglige dans son pays natal. Il ne s'y multiplie que de graines tirées d'Amérique, & semées sur couche & sous chassis dans des pots remplis de terre franche un peu mélangée de terreau & de terre de bruyère. Les arrosemens ne doivent pas être ménagés pendant les chaleurs de l'été aux plants qui en proviennent, ni aux vieux pieds; mais dès qu'ils ont perdu leurs feuilles, il faut les rendre extrêmement rares. Comme il pousse vigoureusement, il est souvent nécessaire de rapprocher ses branches afin qu'elles ne nuisent pas aux autres plantes. On peut lui faire passer sans inconvénient une partie de l'été en plein air, pourvu qu'il soit placé à une exposition chaude. Un changement de sa terre tous les ans en automne lui est indispensable. (*Bosc.*)

GUÈDE, nom vulgaire du PASTEL. *Voyez* ce mot.

GUÊPE. *Vespa.*

Genre d'insectes de l'ordre des *Hyménoptères*, qui contient un grand nombre d'espèces, dont trois ou quatre au moins intéressent les cultivateurs, auxquels ils causent annuellement des pertes. *Voyez* le *Dictionnaire des Insectes*.

La GUÊPE FRELON, *vespa crabro* Linn., est de la grosseur du petit doigt. Elle fait son nid dans les trous des arbres & quelquefois dans les maisons des cultivateurs. Sa piqûre est redoutable pour les hommes & pour les animaux domestiques. Elle est éminemment carnassière, & tue les abeilles pour s'en nourrir. On doit lui faire une guerre à outrance, en mettant des mèches soufrées allumées dans son trou, ou en le bouchant avec du plâtre, du mortier, &c.

La GUÊPE VULGAIRE, *vespa vulgaris* Linn., est aussi grosse, mais plus longue qu'une abeille. Elle fait son nid dans la terre. C'est de fruit & de miel dont elle se nourrit le plus généralement, quoiqu'elle recherche également la viande. Il est des années où elle est tellement abondante, qu'elle cause de grands dommages aux cultivateurs de pêches, d'abricots, de prunes, de poires, de figues, de raisins, &c., attendu que ce sont les fruits les meilleurs & les plus mûrs sur lesquels elle se jette de préférence. Pour la détruire, on doit rechercher son nid & y introduire des mèches soufrées, de la fumée de paille, de l'eau chaude, &c. On se met sur la route de ce nid en suivant une Guêpe retenue quelques instans prisonnière.

La GUÊPE SAXONNE, la GUÊPE HOLSATIQUE & la GUÊPE ROUSSE sont plus rares, & se confondent avec cette dernière par tous les cultivateurs.

Un moyen efficace d'éviter les ravages des Guêpes, ou du moins de les diminuer beaucoup, c'est de leur faire la chasse au printems, & de tuer toutes celles qu'on peut atteindre, parce que, comme à cette époque de l'année il n'y a que des femelles & qu'elles sont continuellement en campagne, en en tuant une, on tue un nid entier. (*Bosc.*)

GUÉRET. On donne ce nom, dans quelques endroits, aux terres labourées, mais non ensemencées, & dans d'autres à toutes les terres cultivées. Il est peu d'usage aujourd'hui.

GUETTARD. *Guettarda.*

Genre de plante de la pentandrie monogynie & de la famille des *Rubiacées*, qui réunit sept espèces d'arbres à feuilles opposées & à fleurs disposées en bouquets dans les aisselles des feuilles. *Voyez* les *Illustrations des genres* de Lamarck, pl. 154.

Observation.

Quelques auteurs ont réuni les LAUGERIES & les MATHIOLES à ce genre; mais je les mentionnerai à leurs articles.

Espèces.

1. Le GUETTARD de l'Inde, vulgairement *fleur de Saint-Thomé.*
Guettarda speciosa. Linn. ♄ De l'Inde.

2. Le GUETTARD argenté.
Guettarda argentea Lamarck. ♄ De Cayenne.

3. Le GUETTARD à fleurs rouges.
Guettarda coccinea. Lamarck. ♄ de Cayenne.

4. Le GUETTARD rugueux.
Guettarda rugosa. Swartz. ♄ De la Dominique.

5. Le GUETTARD elliptique.
Guettarda elliptica. Swartz. ♄ De la Jamaïque.

6. Le GUETTARD membraneux.
Guettarda membranacea. Swartz. ♄ De Saint-Domingue.

7. Le GUETTARD à petites fleurs.
Guettarda parviflora. Vahl. ♄ De Sainte-Croix.

Culture.

Une seule de ces espèces, c'est la première, est cultivée dans quelques jardins de France. Elle exige la serre chaude pendant toute l'année. Je ne puis en dire davantage, ne l'ayant pas vue.

Sonnerat, dans son voyage aux Indes, donne la description & la figure de cette même plante, sous le nom de *fleur de Saint Thomé*, & annonce qu'on la cultive à raison de la beauté & de la bonne odeur de ses fleurs; mais il n'entre dans aucun détail sur cette culture (*Bosc.*)

GUEVINE. *Guevina.*

Genre de plante, autrement appelé QUADRIE, qui ne renferme qu'un arbre du Pérou, dont les fruits ont la forme & le goût des noisettes, & se mangent comme elles.

Cet arbre n'est pas encore introduit dans nos cultures. (*Bosc.*)

GUEULE (Fleur en). *Voyez* & FLEUR & LABIÉE & PERSONNÉE.

GUI. *Viscum.*

Genre de plante de la dioécie tétrandrie & de la famille des *Caprifoliacées*, qui comprend un grand nombre d'espèces, toutes parasites des branches des arbres, & parmi lesquelles il s'en trouve une qui nuit souvent beaucoup aux cultivateurs *Voyez* les *Illustrations des genres* de Lamarck, pl. 807.

Espèces.

1. Le GUI commun.
Viscum album. Linn. ♄ Indigène.

2. Le GUI à fruits rouges.
Viscum rubrum. Linn. ♄ De la Caroline.

3. Le GUI à fruits pourpres.
Viscum purpureum. Linn. ♄ De Saint-Domingue.

4. Le GUI à feuilles de buis.
Viscum buxifolium. Lamarck. ♄ De Saint-Domingue.

5. Le GUI prolifère.
Viscum opuntioides. Lamarck. ♄ De Saint-Dominque.

6. Le GUI verticillé.
Viscum verticillatum. Lamarck. ♄ De la Jamaïque.

7. Le GUI trinerve.
Viscum trinerve. Lamarch. ♄ De Saint-Domingue.

8. Le GUI à feuilles larges.
Viscum latifolium. Lamarck. ♄ De Cayenne.

9. Le GUI du Cap.
Viscum capense. Linn. ♄ Du Cap de Bonne-Espérance.

10. Le GUI à gros épis.
Viscum macrostachion. Jacq. ♄ De la Martinique.

11. Le GUI oriental.
Viscum orientale. Willd. ♄ Des Indes.

12. Le GUI à peu de fleurs.
Viscum pauciflorum. Linnæus. ♄ Du Cap de Bonne-Espérance.

13. Le GUI myrtilloide.
Viscum myrtilloides. Willd. ♄ De la Martinique.

14. Le GUI à feuilles rondes.
Viscum rotundifolium. Linn. ♄ Du Cap de Bonne-Espérance.

15. Le Gui antarctique.

Viscum antarcticum. Forst. ♄ De la Nouvelle-Zelande.

16. Le Gui en gaîne.

Viscum vaginatum. Willd. ♄ Du Mexique.

17. Le Gui obscur.

Viscum obscurum. Thunb. ♄ Du Cap de Bonne-Espérance.

18. Le Gui jaunâtre.

Viscum flavescens. Swartz. ♄ De la Jamaique.

Culture.

Le Gui n'est réellement le but d'une culture que dans les jardins de botanique. Comme de tous les arbres fruitiers c'est le pommier sur lequel il se plait le plus, on doit le faire naitre sur lui, en inférant une graine sous son écorce, où elle germe, & d'où elle introduit les suçoirs de ses racines dans l'aubier.

C'est bien aux dépens de la séve des arbres que vit le Gui. Il suffit de couper longitudinalement une branche où il y en a un pied d'implanté pour s'en assurer. La conséquence de ce fait est que l'arbre souffre d'autant plus, qu'un plus grand nombre de pieds de Gui vivent à ses dépens, & qu'il faut les detruire au moment où ils se montrent. Pour cela il ne suffit pas de casser les branches du Gui, ainsi qu'on le fait ordinairement : ce sont celles de l'arbre même qu'il faut attaquer, en les entaillant pour extirper ses racines. Quelquefois même on ne parvient à se debarasser des pieds de Gui que par la suppression des branches qui les portent, & on doit préférer ce moyen, comme plus expéditif, toutes les fois qu'il n'y a pas d'inconveniens.

L'écorce du Gui sert à faire de la GLU. *Voyez* ce mot. (*Bosc.*)

GUIEN, synonyme de REGAIN.

GUIÈRE. *Guiera.*

Arbuste du Sénégal, qui forme un genre dans la décandrie monogynie, & qui est figuré pl. 360 des *Illustrations des genres* de Lamarck.

Comme il n'est pas encore dans nos jardins, je ne puis rien dire sur sa culture. (*Bosc.*)

GUIGNE, variété de CERISE.

GUIGNETTE, petit sarcloir en usage dans l'ouest de la France.

GUIMAUVE. *Althæa.*

Genre de plante de la monadelphie polyandrie & de la famille des *Malvacées*, qui rassemble une demi-douzaine d'espèces, dont une est l'objet d'une culture de quelqu'étendue, à raison du grand emploi qu'on en fait dans la medecine, & dont plusieurs autres peuvent être avantageusement cultivées comme ornement dans les jardins paysagers. *Voyez* les *Illustrations des genres* de Lamarck, pl. 581.

Observation.

Les botanistes modernes s'accordent pour réunir les ALCEES à ce genre. Comme il a été traité de ces dernieres à leur article, je dois me restreindre à ne donner ici que la culture des Guimauves.

Espèces.

1. La GUIMAUVE officinale.

Althæa officinalis. Linn. ♃ Indigene.

2. La GUIMAUVE à feuilles de chanvre.

Althæa cannabina. Linn. ♃ Des parties méridionales de la France.

3. La GUIMAUVE de Narbonne.

Althæa narbonensis. Cav. ♃ Des parties méridionales de la France.

4. La GUIMAUVE velue.

Althæa hirsuta. Linn. ⊙ Indigène.

5. La GUIMAUVE de Sicile.

Althæa Ludwigii. Linn. ⊙ De Sicile.

6. La GUIMAUVE sans tiges.

Althæa acaulis. Cav. ⊙ De l'Orient.

Culture.

Une terre substantielle, légère, profonde & humide est celle dans laquelle la Guimauve officinale prospère le plus; cependant elle s'accommode de toutes, pourvu qu'elles ne soient pas arides au dernier degré ou trop aquatiques. La chaleur lui est avantageuse; cependant elle végète avec force dans les expositions froides, & les gelées de l'hiver ne lui font aucun tort. On la multiplie par le semis de ses graines, au printems, ou par le déchirement de ses bourgeons lateraux, bourgeons qui reprennent fort bien pourvu qu'ils soient pourvus d'une ou deux fibrilles. Par la première méthode, qui est celle qu'on suit généralement dans la culture en grand, c'est à dire, dans celle qui se fait autour des villes considérables pour l'usage des herboristes & des apothicaires, on a des plantes plus vigoureuses & de plus belles racines, mais il faut les attendre de quatre à cinq ans, tandis que par la seconde, qui se pratique principalement dans les jardins particuliers, où on n'a qu'un petit nombre de pieds pour la consommation de la maison, on peut en profiter des la seconde ou au plus la troisième année.

Quoiqu'on emploie, dans les remèdes, les fleurs, les feuilles, les tiges & les racines de la Guimauve, c'est cependant principalement pour ces dernières qu'on la cultive, parce que ce sont elles qui sont préférées. On doit donc tendre à les rendre plus grosses par une culture appropriée. Or, on y parvient au moyen de labours profonds avant la plantation, & de binages multipliés pendant sa durée. J'en ai vu qui avoient deux pieds de long & trois pouces de diamètre à trois ans. En général, on ne doit pas les laisser plus que ce tems en terre, parce qu'elles perdent de leur mucilage en vieillissant, finissent d'abord par devenir ligneuses, & ensuite par se carier.

La culture en grand de la Guimauve aux environs de Paris se fait en général dans des terreins sablonneux, sur les hauteurs de Belleville, Mesnil-Montant, &c.; & il est des années où elle est plus productive qu'aucune autre; car j'ai calculé, pendant que j'étois à la tête des hospices civils de Paris, époque où j'en achetois des quantités considérables & où elle étoit chère, qu'elle devoit rapporter près de 1000 francs par arpent. Malgré cela, comme son bon prix dépend de circonstances variables, telles que des rhumes & autres maladies qui en nécessitent l'usage, il n'est jamais sûr de spéculer sur sa culture; aussi sont-ce toujours de pauvres cultivateurs qui s'y livrent.

Quoique la Guimauve officinale soit une plante d'un assez agréable aspect pour servir à l'ornement des jardins paysagers, elle a l'avantage, sous ce rapport, sur les Guimauves à feuilles de chanvre & de Narbonne. Ces dernières doivent toujours faire partie des grandes plantes vivaces qui y entrent. On les y place à quelque distance des massifs, au pied des fabriques, dans les corbeilles pratiquées au milieu des gazons & autour des arbres isolés. Une fois reprises, elles subsistent un grand nombre d'années, sans autre soin que deux ou trois binages par an, & l'enlèvement de leurs tiges au commencement de l'hiver. La multiplication de ces espèces par graines est plus sûre que par éclat du collet de leurs racines, qui sont plus coriaces que celles de la précédente. Ainsi on doit agir en conséquence, c'est-à-dire, semer leurs graines dans un local bien préparé, à l'exposition du levant, & transplanter, dès leur première année, à demeure, les pieds qui en proviennent. La hauteur des tiges de la Guimauve à feuilles de chanvre, même de celle de la Guimauve de Narbonne, même de celle de la Guimauve officinale, exige l'emploi de tuteurs, qu'il est bon de disposer de manière à ne pas nuire à l'effet qu'elles doivent produire.

Ces trois plantes, surtout la Guimauve de Narbonne, fournissent, par le rouissage de leurs tiges, une filasse plus grossière & plus cassante que celle du chanvre, mais qui n'en peut pas moins servir à tisser des toiles dont on fait usage dans quelques parties de l'Espagne. On en a aussi obtenu, en les traitant convenablement, un papier qui peut suppléer celui fait avec les chiffons, dans un grand nombre de cas. Ces avantages ne devroient pas être négligés.

Les tiges de toutes ces Guimauves peuvent aussi servir à chauffer le four, cuire la chaux, le plâtre, & peut-être est-il des lieux où il pourroit être avantageux de les cultiver sous ce seul rapport.

Quant aux Guimauves annuelles, les deux que nous possédons ne se cultivent que dans les jardins de botanique, & leur culture se réduit à les semer en place au printems, & à sarcler ou serfouir le plant qui en provient lorsque cela est nécessaire. (*Bosc.*)

GUIT : nom du canard dans le Médoc.

GUMILLÉE. *Gumillea.*

Plante du Pérou, qui seule forme un genre dans la pentandrie digynie, & qui, n'étant pas encore introduite dans nos jardins, n'est dans le cas que d'être citée dans cet ouvrage. (*Bosc.*)

GUNDÈLE. *Gundelia.*

Plante vivace de la Turquie d'Asie, qui seule forme un genre dans la syngenesie reunie, & dans la famille des *Cynarocéphales*.

Cette plante se cultive en pleine terre dans nos jardins de botanique. Une terre profonde lui est indispensable, à raison de la longueur à laquelle parviennent ses racines. C'est au nord qu'il convient de la placer, parce que, si elle poussoit de trop bonne heure, elle pourroit être frappée par les dernieres gelées du printems. Sa place doit être, pendant l'hiver, recouverte de fougère ou de feuilles sèches, pour que les fortes gelées de cette saison ne puissent l'atteindre. Des binages sont tout ce qu'elle demande. On ne la multiplie que de graines tirées de son pays natal, ses fleurs n'en donnant jamais de bonnes dans notre climat, & ses racines n'étant pas susceptibles d'être éclatées; c'est pourquoi elle est toujours rare.

Quoique la Gundèle ne puisse pas être mise au rang des plantes d'ornement, elle seroit susceptible d'embellir les jardins paysagers. Elle jouit de l'avantage de subsister long-tems dans la même place, lorsque les gelées ne la font pas périr. Un des pieds provenant des graines apportées par Tournefort existoit encore au Jardin du Muséum lorsque j'ai commencé à le fréquenter. (*Bosc.*)

GUUNÈRE. *Guunera.*

Genre de plante de la gynandrie digynie & de la famille des *Orties*, qui réunit trois espèces, dont une seule est cultivée en Europe. *Voyez* les *Illustrations des genres* de Lamarck, pl. 801.

Observation.

Le genre *Misandra* de Jussieu doit être réuni à celui-ci.

Espèces.

1. La GUUNÈRE d'Afrique.
Guunera perpensa. Linn. ♃ Du Cap de Bonne-Espérance.
2. La GUUNÈRE du Chili.
Guunera scabra. Ruiz & Pav. ♃ Du Chili.
3. La GUUNÈRE de Magellan.
Guunera plicata. Vahl. ♃ De Magellan.

Culture.

La première espèce, la seule que nous possédons, demande l'orangerie; du reste, je ne connois pas sa culture.

La seconde espèce est d'un grand emploi au Chili, où on mange les pétioles de ses feuilles, & où on se sert de ses racines pour tanner les cuirs & teindre en noir. (*Bosc.*)

GUZMANNIE. *Gusmannia.*

Plante vivace du Pérou, qui forme seule un genre dans l'hexandrie monogynie.

Comme cette plante n'a pas encore été introduite dans nos jardins, je n'ai rien à en dire de plus. (*Bosc.*)

GYMNOCARPON. *Gymnocarpon.*

Plante frutescente, originaire des déserts voisins de l'Égypte, qui forme un genre dans la pentandrie monogynie & dans la famille des *Portulacées.*

Je ne crois pas cette plante cultivée dans nos jardins. Si elle nous étoit apportée, il faudroit lui donner la culture des trianthèmes, genre avec lequel celui-ci a été confondu par plusieurs botanistes, & avec lequel il a en effet de très-grands rapports. (*Bosc.*)

GYMNOSPORANGE. *Gymnosporangium.*

Genre de plante de la famille des *Champignons*, réunissant plusieurs espèces qui croissent toutes sur les genévriers, les détournent, nuisent beaucoup à leur croissance, & même font dans le cas de les faire quelquefois mourir lorsqu'elles y sont très abondantes: j'en ai eu un exemple ces dernières années.

On reconnoît les Gymnosporanges à des filamens épais, gélatineux, jaunes, qui sortent des renflemens qu'elles forment dans les branches des genevriers. Comme les tremelles, avec lesquelles elles ont beaucoup de rapport, elles se gonflent par la pluie & se dessechent par la chaleur. Le seul moyen d'en debarrasser les genévriers, c'est de couper au printems, c'est-à-dire, au moment où les premières se montrent, les branches qui en laissent voir. J'ai l'expérience que, lorsqu'on se contente d'enlever les filamens, ils repoussent toujours.

Les genevriers couverts de Gymnosporanges ont un aspect fort singulier après la pluie, & il pourroit paroître avantageux à l'amateur d'un jardin paysager d'en offrir de tels. (*Bosc.*)

GYMNOSTYLE. *Gymnostyles.*

Genre de plante de la syngénésie nécessaire & de la famille des *Flosculeuses*, qui renferme trois plantes, dont une se cultive dans nos jardins de botanique.

Espèces.

1. La GYMNOSTYLE à feuilles d'anthémis.
Gymnostyles anthemifolia. Juss. ☉ D'Australasie.
2. La GYMNOSTYLE à feuilles de cresson.
Gymnostyles nasturtifolia. Juss. De l'Amérique méridionale.
3. La GYMNOSTYLE à fruit ailé.
Gymnostyles pterosperma. Juss. Du Brésil.

Culture.

La Gymnostyle à feuilles d'anthémis est l'espèce que nous possédons. On seme sa graine, qui mûrit dans notre climat, dans des pots remplis de terre franche, qu'on met sur couche & sous chassis au printems. Lorsque le plant qui en provient, a acquis deux ou trois pouces, on le repique, seul à seul, dans d'autres pots qu'on place à une exposition chaude, & qu'on arrose au besoin. (*Bosc.*)

GYNOPOGON. *Gynopogon.*

Genre de plante de la pentandrie monogynie qui réunit trois arbres, dont aucun n'est cultivé dans nos jardins.

Espèces.

1. Le GYNOPOGON étoilé.
Gynopogon stellatum. Forst. ♄ Des Iles de la Société.
2. Le GYNOPOGON alyxie.
Gynopogon alyxia. Forst. ♄ De l'île de Norfolk.
3. Le GYNOPOGON grimpant.
Gynopogon scandens. Forst. ♄ Des îles de la Société.

Je n'ai rien de plus à dire sur ces arbres. (*Bosc.*)

GYPSE. Tantôt ce mot est synonyme de PLÂTRE, tantôt il s'applique particulièrement à du plâtre privé de matières étrangères à sa nature, c'est-à-dire, de CALCAIRE & d'ARGILE. *Voyez* ces deux mots dans les *Dictionnaires de Minéralogie & de Chimie.*

Les propriétés dont jouit le Gypse, sous les rapports agricoles, étant les mêmes que celles du plâtre,

plâtre, &, ce mot étant plus connu des cultivateurs, je me réserve d'en parler à son article.

Les eaux pluviales, en passant à travers les terres des pays qui recèlent du Gypse ou du plâtre, en dissolvent une petite quantité; de sorte que celles des fontaines, & surtout des puits, ne sont pas propres à la cuisson des legumes ni au savonnage du linge. Ce sont ces eaux qu'on appelle *Eaux séléniteuses*, *Eaux crues*. (*Voyez* EAU.) On remedie à leurs inconvéniens en mettant, dans ces eaux, une petite quantité de potasse ou de soude, qui, s'emparant de l'acide sulfurique, qui est une des parties constituantes du Gypse, laisse précipiter l'autre, c'est-à-dire, la terre calcaire.

Il est reconnu que le Gypse favorise éminemment la putrefaction; ainsi on ne doit pas déposer de la viande dans des chambres nouvellement construites ou récrépies en plâtre, lorsqu'il n'y a pas un courant d'air. (*Bosc.*)

GYPSOPHILE. *Gypsophila.*

Genre de plante de la décandrie digynie & de la famille des *Caryophyllées*, qui rassemble une quinzaine d'espèces, dont plusieurs sont susceptibles de servir a l'ornement des jardins paysagers. *Voyez* les *Illustrations des genres* de Lamarck, pl. 375.

Espèces.

1. La GYPSOPHILE étalée.
Gypsophila prostrata. Linn. ♄ Des parties méridionales de l'Europe.

2. La GYPSOPHILE paniculée, *variété à grandes fleurs.*
Gypsophila paniculata. Linn. ♃ De Sibérie.

3. La GYPSOPHILE élevée.
Gypsophila altissima. Linn. ♃ De Sibérie.

4. La GYPSOPHILE frutiqueuse.
Gypsophila struthium. Linn. ♄ D'Espagne.

5. La GYPSOPHILE nivelée.
Gypsophila fastigiata. Linn. ♃ D'Allemagne.

6. La GYPSOPHILE perfoliée.
Gypsophila perfoliata. Linn. ♃ Des parties méridionales de l'Europe.

7. La GYPSOPHILE des murs.
Gypsophila muralis. Linn. ⊙ Indigène.

8. La GYPSOPHILE rampante.
Gypsophila repens. Linn. ♃ Des parties méridionales de l'Europe.

9. La GYPSOPHILE visqueuse.
Gypsophila viscosa. Ait. ⊙ D'Orient.

10. La GYPSOPHILE relevée.
Gypsophila adscendens. Jacq. De.....

11. La GYPSOPHILE comprimée.
Gypsophila compressa. Desf. ♃ De Barbarie.

12. La GYPSOPHILE des sables.
Gypsophila arenaria. Willd. ♃ De Hongrie.

13. La GYPSOPHILE roide.
Gypsophila rigida. Linn. ♃ Des parties méridionales de la France.

14. La GYPSOPHILE calculée.
Gypsophila saxifraga. Linn. ♃ Des Alpes.

Culture.

Toutes les Gypsophiles peuvent passer l'hiver en pleine terre dans le climat de Paris; cependant les pieds de celles de parties méridionales de l'Europe demandent à être couverts, pendant cette saison, avec de la fougère ou des feuilles sèches. On les multiplie ordinairement par le semis de leurs graines, qui mûrissent fort bien dans nos jardins, & quelquefois par le déchirement des vieux pieds. Une terre legère & en même tems substantielle, une exposition seche & chaude, leur sont presqu'indispensables; car elles ne profitent point dans les sols trop compactes & maigres, & elles pourrissent dans ceux qui sont trop humides ou trop froids.

On sème la graine des Gypsophiles au printems en terre bien préparée. Le plant qui en provient se repique l'année suivante en pépinière à six pouces de distance, & celle d'après ils sont mis définitivement en place. On ne les arrose que dans les grandes sécheresses.

Le déchirement des vieux pieds des Gypsophiles se fait en hiver. Il ne réussit pas également bien sur toutes les espèces, dont plusieurs ont une racine unique; mais ses produits fleurissent dès la même année; ce qui est un avantage.

C'est sur les bords des massifs, au pied des fabriques des jardins paysagers que les Gypsophiles doivent être placees, pour produire tout l'effet dont elles sont susceptibles. Les seuls soins qu'elles demandent, sont un ou deux binages par an & la suppression de leurs tiges dans le courant de l'hiver. Il en est qui sont en fleurs même pendant cette saison.

Les fleurs des Gypsophiles ne sont pas assez brillantes pour mériter une place dans nos parterres; cependant les espèces 1, 2, 3, 8 & 10 s'y font voir avec plaisir.

Les Gypsophiles annuelles ne se cultivent que dans les jardins de botanique, où on les sème en place. (*Bosc.*)

GYROCARPE. *Gyrocarpus.*

Très-bel arbre, croissant également sur la côte de Coromandel & au Mexique, qui seul forme un genre dans la tétrandrie monogynie. *Voyez* les *Illustrations des genres*, pl. 850.

Des graines de Gyrocarpe ont été apportées ces dernières années, de leur pays natal, par Humboldt & Bonpland, & ont levé dans nos serres; mais les plants qu'elles ont produits sont fort délicats, & il est à craindre que le peu qui reste ne se conserve pas. Une terre consistante, une chaleur constante & des arrosemens fréquens, en été, sont ce qu'ils demandent. (*Bosc.*)

GYROSELLE. *Dodecatheon.*

Genre de plante de la pentandrie monogynie & de la famille des *Lysimachies*, qui renferme deux espèces, dont une est fréquemment cultivée dans nos jardins, ses fleurs étant jolies & ayant une disposition fort élégante. *Voyez* les *Illustrations des genres* de Lamarck, pl. 99.

Espèces.

1. La GYROSELLE de Virginie.

Dodecatheon meadia. Linn. ♃ De l'Amérique septentrionale.

2. La GYROSELLE à feuilles entières.

Dodecatheon integrifolium. Michaux. ♃ De l'Amérique septentrionale.

Culture.

La première de ces espèces se cultive en pleine terre dans nos jardins, où elle craint cependant les hivers trop pluvieux & trop froids; ce qui doit engager à en tenir toujours quelques pieds en pots pour les rentrer dans l'orangerie. On est encore déterminé à prendre cette précaution, par la considération qu'elle perd ses feuilles dès le mois de juillet, & qu'on retourne ou coupe souvent ses racines par suite des binages d'été & des labours d'hiver, lorsqu'ils sont faits par des ouvriers qui ne sont pas prévenus de sa présence ou qui travaillent sans réflexion.

Cette plante, que j'ai observée dans son pays natal, demande une terre légère, substantielle & fraîche, ou un mélange de partie égale de terre franche, de terre de bruyère & de terreau de couche, & des arrosemens suffisans; car elle est d'autant plus belle, qu'elle a en même tems un plus grand nombre de fleurs, & des fleurs plus grandes, & elle n'acquiert pas ces qualités dans les terres arides & sèches.

On doit couvrir, avec de la fougère ou des feuilles sèches, les pieds de Gyroselle qui sont en pleine terre.

L'exposition du nord est la plus favorable à la beauté des Gyroselles, probablement en raison de l'humidité qui y règne; après, c'est celle du levant. La couleur des fleurs est moins vive à celle du midi.

Une autre raison qui doit engager à placer les Gyroselles en pot, c'est que lorsqu'il n'y en a qu'un pied, & qu'il est beau, il y produit un effet beaucoup plus agréable qu'en pleine terre, à raison de sa plus grande élévation au dessus du sol, le pot sur la terre duquel les feuilles s'étendent lui servant de socle.

On multiplie les Gyroselles par leurs graines, qui mûrissent fort bien dans le climat de Paris, ou par le déchirement de leurs vieux pieds.

La graine se sème peu après qu'elle est récoltée, soit en pleine terre, soit dans des terrines. Elle lève en automne, & le plant qui en provient se couvre, pendant l'hiver, avec de la fougère ou des feuilles sèches, ou se rentre dans l'orangerie.

Au printems suivant on repique ce plant, soit en pleine terre, soit dans des pots. Il fleurit la troisième ou la quatrième année. Il faut fortement l'arroser pendant qu'il pousse, & fort peu quand il a perdu ses feuilles.

Lorsqu'on sème les graines de Gyroselle au printems, il en lève moins, & on perd une année.

Le déchirement des vieux pieds se fait en automne. Ses produits se repiquent de suite, & donnent ordinairement des fleurs dès l'année suivante. Cette dernière circonstance fait que ce moyen de multiplication est le plus souvent employé.

On cultive la Gyroselle dans les plates-bandes des parterres les plus voisins de la maison, dans les corbeilles des bords des massifs, dans les jardins paysagers. On la place, lorsqu'elle est en pot & en fleurs, sur les marches des escaliers, sur les fenêtres, même sur les cheminées; car, je le répète, elle se fait partout voir avec plaisir. (*Bosc.*)

H A B

HABILLER LE PLANT, expreſſion employée par les pépiniériſtes & les jardiniers, & qui ſignifie couper une partie des racines & une partie de la tige du plant, & même des arbres qu'on ſe diſpoſe à planter.

Cette opération, qui paroît au premier coup-d'œil ſi peu raiſonnable, eſt cependant fondée ſur les reſultats de l'expérience des ſiècles. Son excès ſeul eſt un mal, comme je le ferai voir au mot PLANT.

Ordinairement c'eſt avec une ſerpette qu'on habille le plant. Pour aller plus vîte, on emploie quelquefois, dans les grandes pépinières, mais avec déſavantage, la ſerpe & la hache.

Il faut de la pratique & de l'attention pour bien Habiller le plant; ainſi, lorſqu'on met beaucoup d'importance à la réuſſite des PLANTATIONS, c'eſt le plus inſtruit des ouvriers qui doit en être chargé. *Voyez* ce mot. (*Bosc.*)

HABITATION DES PLANTES. Chaque eſpèce de plante affecte un climat, un ſol, une expoſition particulière : ſeulement certaines d'entr'elles peuvent ſupporter, ſous ces rapports, des variations plus conſidérables que les autres. Connoître le climat, le ſol & l'expoſition qui conviennent aux plantes qu'on cultive, eſt donc eſſentiellement néceſſaire aux cultivateurs. C'eſt pour ne pas faire l'attention convenable à ces circonſtances, que tel cultivateur ne réuſſit pas à faire fleurir ou multiplier telle ou telle eſpèce, quelque ſoin qu'il y apporte d'ailleurs.

Je dois cependant dire que certaines eſpèces tranſplantées ne veulent pas être placées dans les mêmes circonſtances que celles où elles ſe trouvoient dans leur pays natal. Je citerai le cyprès diſtique, qui, en Caroline, croît dans l'eau, & qui, aux environs de Paris, ne s'accommode pas de cette poſition, probablement parce que la température qu'il y trouve eſt trop froide.

Mais, dira-t-on, comment ſuppléer au climat? Comment réunir autour de Paris, par exemple, les plantes de tout l'Univers? Par le moyen de l'EXPOSITION au midi, répondrai-je, pour celles des climats qui ne ſont pas très-chauds, & par le moyen des ORANGERIES, des CHASSIS, des BACHES & des SERRES pour celles qui ſont naturelles à ceux qui ſont plus chauds. *Voyez* ces mots.

En tenant conſtamment au nord les plantes des pays très-froids, on peut eſpérer de les conſerver; mais cela n'eſt jamais aſſuré, parce qu'elles craignent preſque toutes les gelées du printems autant que les chaleurs de l'été. La première de ces circonſtances s'explique, parce que ces plantes, dans leur localité, qui eſt couverte de neige juſqu'au commencement de l'été, ſont garanties par elle de ces gelées.

Quant à la nature du ſol on diſtingue les plantes qui croiſſent, 1°. ſur les rochers où il n'y a preſque pas de terre; 2°. dans les lieux ſablonneux & calcaires très-arides; 3°. dans les lieux argileux, marneux, tant ſecs qu'humides; 4°. dans les marais; 5°. enfin, dans l'eau. Je néglige des ſols intermédiaires ou compoſés pour éviter l'obſcurité.

Il eſt preſque toujours facile de donner aux plantes la ſorte de terre qui leur convient, ſoit en choiſiſſant la localité, ſoit par le moyen des mélanges. Il ne faut pas croire que ces mélanges ſoient fort difficiles & fort coûteux à compoſer, car un terme moyen de légéreté ou de compacité convient le plus ſouvent; ainſi la TERRE DE BRUYÈRE (*voyez* ce mot) pour celles qui exigent une terre très-perméable aux racines, & la TERRE FRANCHE (*voyez* ce mot) pour celles qui veulent une humidité plus égale, ſuffiſent le plus ſouvent. Il ne s'agit enſuite que de leur donner plus ou moins d'ARROSEMENS. *Voyez* ce mot.

Lorſqu'un cultivateur reçoit des graines de plantes dont il ne connoît ni le nom ni l'habitation, il doit toujours les ſemer ou les planter dans ces deux ſortes de terres, & ſur couche à châſſis. Il ſe détermine enſuite à les placer en pleine terre, dans l'orangerie ou dans la ſerre, ſelon les indications que lui donnent leur feuillage, leur conſiſtance & autres circonſtances ſuffiſamment indiquées par la pratique.

Voyez, pour le ſurplus, les obſervations réunies dans l'article GEOGRAPHIE BOTANIQUE & AGRICOLE. (*Bosc.*)

HACHE, inſtrument néceſſaire pour couper les gros arbres ou fendre le bois. Il y en a de beaucoup de formes & de grandeurs, qui ſeront indiquées dans le *Dictionnaire des Arts mécaniques.*

Les cultivateurs ne peuvent ſe diſpenſer d'avoir un aſſortiment de Haches appropriées aux différens ſervices qu'ils ſont dans le cas de leur demander. Souvent, faute d'un inſtrument de peu de valeur, ils perdent un tems précieux ou ſe jettent dans une dépenſe conſidérable. Il eſt tant de choſes qu'ils peuvent faire avec la Hache dans les momens où ils ne travaillent pas à la terre! (*Bosc.*)

HACHE-PAILLE. On appelle ainſi une machine plus ou moins compliquée, deſtinée à couper la paille pour la nourriture des beſtiaux, promptement, également & économiquement.

Beaucoup d'agronomes ont inventé, préconiſé

des Hache-pailles On s'en est servi, pendant quelques années, dans les écuries des chevaux de luxe de Paris. Aujourd'hui on n'en voit presque nulle part.

La Nature a donné des dents aux animaux pour s'en servir : pourquoi donc les empêcher de le faire ? La mastication est le premier acte de la digestion. N'y a-t il donc pas d'inconvéniens à s'en dispenser ? L'expérience a répondu à ces questions. En effet, on a remarqué que les chevaux qui étoient nourris avec de la paille hachee avoient plus fréquemment des indigestions. *Voyez* CHEVAL.

Je crois donc que les cultivateurs, non-seulement peuvent se passer de Hache-paille, mais même doivent les repousser, & ce d'autant plus que la plupart sont très-dispendieux.

Cependant, pour ne pas mécontenter ceux d'entr'eux qui voudroient en faire fabriquer, je les renverrai au *Dictionnaire de l'Art agricole*, où il y en a un de décrit & de figuré, & je donnerai une courte idée d'un autre, de tous ceux que je connois, celui qui m'a paru le moins compliqué & le plus expéditif.

Ce Hache-paille est composé de deux cylindres horizontaux & très-rapprochés. L'un est de cuivre, entaillé circulairement, & porte quelques crochets dans sa longueur, & une manivelle à son extrémité, avec laquelle on le fait tourner dans une caisse. L'autre est de fer, & garni d'autant de lames circulaires d'acier, séparées par des rouelles de plomb, qu'il y a d'entailles dans le premier. Il tourne en sens contraire. On rapproche ou on éloigne ces cylindres à volonté au moyen d'une vis. Les botes de paille se mettent, après avoir été déliées, dans une trémie au dessus de la caisse. La paille est saisie par les crochets du premier cylindre; elle est coupée par les lames circulaires du second, & tombe dans une auge établie sous la machine. (*Bosc.*)

HAGÉE. *Hagea.*

Genre de plante de la pentandrie monogynie & de la famille des *Caryophyllées*, qui réunit deux espèces, dont une s'est cultivée dans nos jardins. Il se rapproche beaucoup des polycarpes, avec lequel il a été d'abord confondu.

Espèces.

1. L'HAGÉE de Ténériffe.
Hagea Teneriffæ. Lamarck. ♃ De Ténériffe.
2. L'HAGÉE gnaphalode.
Hagea gnaphalodes. Cav. ♃ De Maroc.

Culture.

On a cultivé, pendant plusieurs années, au jardin du Muséum, l'Hagée de Ténériffe, provenant de graines envoyées de cette île par le jardinier qui accompagnoit la Peyrouse. On la tenoit dans des pots qu'on rentroit dans l'orangerie pendant l'hiver. Comme elle n'y donnoit pas de bonnes graines, elle a fini par y périr.

HAGÉNIE. *Hagenia.*

Arbre d'Abyssinie, à feuilles ailées & à feuilles disposées en grappes pendantes, qui seul forme un genre dans l'octandrie monogynie. *Voyez* les *Illustrations des genres* de Lamarck, pl 411.

Cet arbre, vulgairement appelé *Cusco* dans son pays natal, n'existe pas dans nos jardins (*Bosc.*)

HAIE SÈCHE. Enceinte ou portion d'enceinte formée avec des branches d'arbres ou d'arbrisseaux placées à la suite les unes des autres & tenues debout par le moyen de la rigole dans laquelle on enfonce leur gros bout, & par le moyen d'un double rang de perches parallèles au sol, & fixees par des harts.

Il est un grand nombre de cas où les cultivateurs sont forces de préférer les Haies sèches aux Haies vives; mais je gemis quand je les vois en fabriquer lorsque ces cas n'existent pas, ces dernières ayant tant d'avantages, comme on le verra dans l'article suivant.

Toute espèce de branches peuvent servir à la fabrication des Haies sèches; mais celles qui sont en même tems épineuses, d'un âge mûr, & d'une nature solide, doivent être preférées lorsqu'il est possible. L'epine blanche & le prunellier remplissent le mieux ces conditions; aussi ce sont ces arbustes qu'on emploie de préférence. Les plus mauvaises de toutes sont celles faites avec des branches de saule, de peuplier & d'autres bois blancs, qui ne subsistent qu'une année. Les branches trop droites & les branches trop courbes sont inférieures à celles qui ont des fourchures nombreuses. Celles qui ont quatre à cinq pieds de hauteur va en mieux que celles qui en ont plus ou moins.

La premiere opération à faire quand on veut fabriquer une Haie seche, c'est une tranchee de six à huit pouces de largeur & de profondeur, dans toute la longueur qu'elle doit avoir; la seconde, de ficher en terre, dans cette tranchée, à cinq à six pieds de distance, des pieux de quatre à cinq pieds de haut & de deux pouces de diamètre au moins, autant que possible de chêne ou de châtaignier, comme étant le bois de plus de durée; la troisième, de placer les branches d'arbres sur deux rangs & à deux ou trois pouces de distance au plus, entre les pieux, le gros bout en terre, & à les tenir droites en renversant contre leur gros bout la terre tirée de la tranchée; la quatrième, de placer deux perches opposées de chaque côté des branches, à deux pieds de terre, & de les attacher fortement ensemble & avec les pieux, en comprimant la Haie avec le pied, au moyen de harts, ou de chêne, ou de châtaignier, ou d'osier.

Assez souvent, pour plus de solidité, on met

deux rangs de perches de chaque côté, & on butte le pied à la hauteur de six à huit pouces.

Construire ainsi une Haie sèche n'est pas aussi facile qu'on le pourroit croire, & il n'y a que les personnes qui en font beaucoup qui les fassent bien.

Lorsqu'on construit des Haies avec des épines, il faut que l'ouvrier ait des gants de cuir, afin de pouvoir disposer les ramilles dans le sens de la longueur de la Haie, sans craindre de se blesser. C'est principalement dans cette disposition des ramilles que consiste la bonne fabrication de la Haie, qu'il ne faut pas faire inutilement trop épaisse, à raison de la nécessité d'economiser le bois, mais qui doit cependant etre garnie également partout, pour empêcher les animaux nuisibles de passer a travers.

Souvent on fait un fossé en dehors des Haies sèches, comme en dehors des Haies vives.

Des pieux de bois blancs qui prennent racine, sont préférables aux pieux de bois durs, lorsque la Haie est destinée à être renouvelée.

Planter des ronces sur le revers de ce fossé, au pied de la Haie, la fortifie singulièrement; mais ces ronces entretiennent une humidité qui fait pourrir les branches. Les avantages de cette pratique sont ainsi compensés par des inconvéniens.

Les Haies sèches, étant à claire-voie, sont moins utiles comme abri que les Haies vives, puisque les vents passent à travers; mais on peut les assimiler à ces dernières en plantant à leur pied des haricots, des pois, des liserons, &c., qui garnissent de feuilles l'intervalle de leurs branches.

Il arrive souvent qu'on ne construit une Haie sèche que pour garantir une Haie vive, convenablement plantee, de la dent des bestiaux. Alors, si le terrein est bon, il suffit qu'elle existe trois ans. En général, il est rare qu'on puisse compter, même pour les Haies d'épines, sur une durée double de celle-là. Celles faites avec de jeunes branches de saule, de peuplier, &c. ne subsistent qu'un an.

Dans quelques cantons on fait les Haies sèches tous les ans, à la fin de l'hiver, avec des fagots placés debout les uns contre les autres, & on en emploie le bois pour se chauffer l'hiver suivant. Cette pratique, très-coûteuse, ne peut être tolerée que dans les pays très-populeux, & qui manquent de bois.

Chaque année il faut faire la revue des Haies sèches pour les réparer.

Les PALISSADES qu'on fait avec des perches de six pieds de haut, les ABRIS qu'on fabrique avec des roseaux ou de la paille, peuvent etre considérés comme des Haies sèches. *Voyez* ces mots. (*Bosc.*)

HAIE VIVE, plantation de peu de largeur, d'arbrisseaux & d'arbustes, quelquefois même d'arbres qu'on empêche de s'élever, qui sert à enclore un terrein, soit pour le défendre des dévastations des hommes ou des animaux, soit pour lui fournir un abri contre l'action desséchante des vents ou des rayons du soleil.

Les avantages & les inconvéniens des CLÔTURES ont été suffisamment développés à l'article qui les concerne. On y a vu que les premiers l'emportent de beaucoup sur les seconds. Il ne s'agit donc ici que de faire voir que les clôtures en Haies vives sont, dans le plus grand nombre des cas, préférables à toutes les autres.

Les clôtures en Haies sont les plus naturelles; car dans les pays où les propriétés doivent être séparées par un espace inculte, comme en Espagne, ou dans les lieux où les propriétés sont limitees par un chemin, lieux si fréquens, il s'en forme sans l'intervention des cultivateurs, par le seul effet du semis des graines apportées par les oiseaux, ainsi qu'il n'est personne qui ne puisse s'en convaincre.

Comme les Haies coûtent beaucoup moins à établir & à entretenir que les murs, qu'elles sont moins sujètes à se dégrader que les fossés, elles doivent être plus économiques, & c'est ce que j'espère que cet article prouvera.

Sous le point de vue de l'intérêt général, l'utilité des Haies est incontestable; car, seules d'entre les clôtures, elles rapportent un revenu propre, plus ou moins considérable, qui augmente nécessairement la richesse territoriale d'un pays: leur destruction même est un bénéfice, puisque leurs souches & leurs racines servent à brûler.

Dans le Holstein, pays où l'agriculture est très-perfectionnée, & où on se livre constamment à l'elève des bestiaux, presque toutes les propriétés sont divisées en grandes pièces, entourees de fossés & de Haies. Là on suit un excellent assolement de cinq années, dont trois en prairies, après lesquelles on coupe les Haies qui repoussent pendant les deux années de culture de céréales. Un pareil système est dans le cas d'être approuvé presque partout.

On peut encore les considérer sous les rapports de leur influence sur la salubrité de l'air, de l'agrément qu'elles jettent dans le paysage, des obstacles qu'elles opposent aux invasions de l'ennemi, &c.

Il semble donc que partout où il est possible de planter une Haie vive, il devroit y en avoir, & il est des pays où on n'en voit pas une seule, parce que, d'un côté, le préjugé, & de l'autre les lois, s'opposent à leur établissement. C'est aux progrès des lumières & du perfectionnement de la législation qu'on doit attendre la disparution de ces obstacles locaux. *Voyez* PARCOURS.

Si, en effet, les Haies nuisent aux récoltes par leurs racines, on peut ne les former qu'au moyen des semis, & alors les arbrisseaux qui les composeront auront tous leur pivot, qui s'enfoncera perpendiculairement en terre. Si elles nuisent par leur ombre, on peut les tenir aussi basses que l'on veut en les taillant annuellement. Sans doute une Haie haute peut nuire, certaines années & à certaines époques de l'année, aux blés, aux vignes qu'elles enclosent, en y conservant une trop grande humidité; mais l'humidité n'est-elle donc jamais nécessaire à ces cultures? Qui osera dire que non? Il y a donc compensation entre le bien & le mal que font les Haies, quand on considère une révolution d'années, celle de six par exemple.

Je suis si persuadé des grands bénéfices qui sont la suite de la plantation des Haies, que je crois qu'un propriétaire, jaloux d'augmenter ses revenus & de faire le bien de ses enfans, ne peut se dispenser d'en planter, & de les multiplier d'autant plus, que sa propriété est dans un sol plus sec & plus aride. Il est de telles localités dans la ci-devant Champagne pouilleuse, par exemple, où elles pourroient sextupler les produits de la terre. Que de richesses elles produisent même dans les sols fertiles! Témoins les herbages de la ci-devant Normandie.

On peut considérer la plantation d'une Haie vive comme seulement destinée à fermer le terrein, ou comme devant en outre fournir du bois de chauffage. Dans le premier cas, des arbres & des arbustes épineux conviennent mieux. Dans le second, ce sont des arbrisseaux non épineux, & même des arbres. Je crois que c'est, autant que possible, vers ce dernier but que doivent tendre les propriétaires, vu la rareté du bois de chauffage & le haut prix auquel il se trouve monté, & ce d'autant plus qu'il est prouvé qu'une Haie produit un tiers plus de bois qu'un taillis de même surface, à raison de ce qu'elle peut plus facilement étendre ses racines & ses branches, au moins de deux côtés.

Un service des Haies qui n'est connu que dans un petit nombre de localités, c'est celui d'arrêter l'effet des dévastations produites par les AVALAISONS, par les débordemens des TORRENS & des RIVIÈRES, & les INONDATIONS de toutes natures. (*Voyez* ces mots.) Elles agissent alors, soit en empêchant par leurs racines les eaux d'enlever la terre, soit en arrêtant entre leurs branches les herbes, les pierres, les terres entraînées par les eaux; ce qui élève le sol à leur pied, & forme, souvent en peu d'années, comme je l'ai plusieurs fois remarqué dans les vallées des montagnes de la ci-devant Bourgogne, des digues naturelles, suffisantes pour s'opposer aux ravages subséquens des eaux.

Il est deux voies principales d'établir les Haies: celle des semis & celle des plantations. Par les semis on obtient, outre l'avantage cité plus haut, plus d'économie, de solidité & de durée; mais d'un côté ils manquent souvent, & de l'autre il faut attendre plus long-tems pour que le but soit rempli. Dans la plantation on trouve au contraire certitude de succès & promptitude de jouissance.

Lorsqu'on veut semer ou planter une Haie, il est bon de préparer le terrein au moins six mois à l'avance, par des labours, & même un défoncement de deux pieds de profondeur & de trois à quatre de largeur, plus ou moins, selon que ce terrein est compacte ou léger, graveleux ou sablonneux. Ici, comme dans bien d'autres circonstances agricoles, une legere augmentation de dépense donne lieu à une grande augmentation d'avantages. *Voyez* PLANTATION.

Si la Haie longe un chemin, il est presque toujours utile de la séparer de ce chemin par un fossé de trois à quatre pieds de large, afin de la garantir de la dent des bestiaux, au moins pendant sa jeunesse, & rendre plus difficiles les délits qu'elle est destinée à empêcher, ainsi que ceux dont elle peut être l'objet. Dans ce cas, on rejette souvent la terre du fossé dans l'intérieur; mais comme cette terre n'est pas toujours bonne, il est des lieux où il vaut mieux l'étendre sur le chemin ou l'enlever.

Une HAIE SÈCHE (*voyez* ce mot) est souvent indispensable, même quoiqu'il y ait un fossé, pour garantir encore mieux la jeune Haie vive, & de plus pour lui donner un abri, toujours si favorable.

Lorsqu'on veut procéder par la voie des semis, on repand les graines (si c'est de l'aube-épine ou du prunellier, & elles ont dû passer l'hiver dans un GERMOIR) sur deux ou trois lignes, dans des rigoles parallèles, d'un pouce de profondeur & de six pouces d'écartement, puis on les recouvre de terre. *Voyez* SEMIS.

Un été trop chaud & trop sec empêche souvent les graines de germer. Un été trop froid & trop pluvieux les fait quelquefois pourrir. Dans le premier cas, on a l'espoir de ne perdre qu'une année.

Un binage d'été & un labour d'hiver sont indispensables, les trois premières années, à une Haie de la prospérité de laquelle on est jaloux. Après cette révolution de tems, un seul labour d'hiver suffit, & même on ne le donne pas ensuite tous les ans.

Jusqu'à la troisième année on ne touche point aux plants qui composent la Haie: seulement on regarnit les places vides s'il y en a; mais alors, dans les bons terreins, & dans les mauvais une ou deux années plus tard, on doit couper la tête du plant à la même hauteur, pour le forcer à pousser des branches latérales, & il est bon de diriger dans la ligne, & surtout vers les places les moins garnies, ceux de ces plants qui s'en écarteroient, soit au moyen de tuteurs isolés, soit au moyen de perches appliquées des deux côtés de la Haie dans sa longueur.

Toute espèce de Haie, en bon fonds, doit être défensable à sa sixième année, & c'est alors qu'il faut la tondre latéralement, & supérieurement tous les ans si c'est une Haie de défense ou d'ornement. Cette opération se fait le plus souvent en hiver; mais quand on ne veut pas que la Haie s'élève ou s'étende trop, & qu'on desire employer le résultat de sa tonte à la nourriture des bestiaux, & on le doit souvent desirer, il vaut mieux la faire au milieu de l'été, entre les deux féves. *Voyez* CHARMILLE.

On établit de deux manières la seconde sorte de Haie, ou par plant enraciné, ou par boutures.

Le plant enraciné se prend dans les bois ou dans les pépinières. Le second est beaucoup préférable au premier, parce qu'il a cru dans la même nature de sol, qu'il est de même âge, presque de même grosseur, & qu'il est bien pourvu de racines. Il est bon qu'il ne soit pas de plus de deux ou trois ans, & qu'il n'ait pas été repiqué afin qu'il ait, autant que possible, son pivot. *Voyez* PÉPINIÈRE.

Les diverses manières de disposer une Haie sont plus faciles à exécuter lorsqu'on emploie du plant, que lorsqu'on fait usage des semis : c'est pourquoi j'ai remis à en parler. On plante, 1°. sans fossés; 2°. perpendiculairement ou obliquement sur la berge d'un fossé; 3°. des deux côtés d'un fossé; 4°. au milieu d'un fossé; 5°. obliquement sur la pente d'un des côtés ou sur la pente des deux côtés d'un fossé. On peut voir des exemples de toutes ces plantations dans l'École-pratique d'Agriculture du Muséum d'Histoire naturelle. En général, avec le tems, toutes reviennent à la première, à moins de dépenses toujours renouvelées; cependant je pense que la seconde doit être employée, comme je l'ai déjà observé, aussi souvent qu'il est possible.

C'est en hiver que les Haies formées de plants enracinés doivent être établies plus tôt dans les terreins secs, plus tard dans ceux qui sont humides. Ce plant est coupé à deux ou trois pouces au dessus du collet de sa racine; & ici cette opération est bien vue, puisque d'un côté on détermine le développement d'un plus grand nombre de branches, & que de l'autre on laisse aux racines, que je suppose n'avoir pas été mutilées, de plus grands moyens de succion.

Pour placer convenablement le plant, il faut pratiquer une rigole de six pouces de large & aussi profonde que la plus grande longueur des racines de ce plant, & l'y ranger à la distance de trois, quatre, cinq & six pouces, même plus, selon son espece & la nature du sol. S'il y a plusieurs rangées, le plant de l'une sera en regard avec l'intervalle des plantes de l'autre ou des autres, de manière à ce qu'ils se gênent le moins possible, & qu'ils garnissent également partout.

On disposera de même les Haies par boutures.

Les Haies formées de plants enracinés ou de boutures sont conduites comme celles provenant de semences; mais elles sont susceptibles d'être taillées deux & même trois ans plus tôt.

M. Riboud, dans un Mémoire sur les Haies de la ci-devant Bresse, cite une pratique usitée dans ce pays, qui doit être avantageuse dans beaucoup de circonstances, lorsque la nature des arbres s'y prête. Elle consiste à courber en arcs, d'inégales hauteurs & largeurs, parallélement à la Haie, les jets les plus extérieurs, & de fixer en terre leur extrémité. Ces arcs multipliés, poussant de nombreux mais foibles rejets, garnissent parfaitement bien le bas de ces Haies. On conserve ces arcs tant qu'ils vivent. Lorsqu'ils meurent on en fait d'autres. Les gourmands qui naissent souvent sur eux doivent être tordus, cassés, ou coupés à quelque distance de leur base (*voyez* GOURMAND), parce que leur conservation accéléreroit l'époque de la mort des arcs. Les tiges qui poussent de leurs racines & les plus forts de leurs rejets sont coupés tous les deux ou trois ans, & fournissent du fagotage. Quelquefois on laisse monter des tiges de distance en distance pour en former des TETARDS. (*Voyez* ce mot.) Par cette industrie, les cultivateurs de la partie occidentale du département de l'Ain sont parvenus à former des Haies très défensables & très-productives avec l'aune & le bouleau, arbres qui, dans la méthode commune, ne se prêtent que très-imparfaitement à cet emploi.

On trouve dans l'*Année rurale de* 1787, ouvrage dont la discontinuation est à regretter, une manière de faire des Haies uniquement de boutures de bois blancs, tels que peupliers & saules, qui mérite d'être adoptée. En effet, en mélangeant les espèces & en prenant quelques soins, on peut avoir, presque sans frais, dès la seconde année, une clôture suffisante contre les entreprises des bestiaux. Je ne puis que conseiller l'emploi de cette manière dans tous les cas où on est pressé de jouir, lorsque le terrein s'y prête. Ces Haies, taillées tous les deux ans à la serpe, & récépées tous les dix à douze ans rez terre, peuvent durer un siècle & plus. Je ne conçois pas comment elles ne sont pas plus communes.

Il est d'autres manières de conduire les Haies moins usitées que celles que j'ai indiquées plus haut, & qui méritent cependant la préférence sous plusieurs rapports. Je vais parler des deux plus connues d'entr'elles.

1°. Au lieu de ne couper qu'une fois les Haies qui sont arrivées à la hauteur desirée, on les rabat, à quatre ans, à six pouces, & tous les ans, ou tous les deux ou tous les trois ans, on coupe les pousses nouvelles, six pouces plus haut. Par suite de ces opérations, les Haies offrent des étages de rameaux très-serrés & d'une grande défense. Tous les vingt à trente ans, plus ou moins, selon la nature du sol, on rajeunit les Haies, ainsi conduites, en les coupant rez terre, & on recommence à les traiter de même, de maniere qu'elles peuvent subsister des siècles.

2°. La Haie arrivée, sans mutilation, à la hauteur qu'on veut lui laisser, on incline en sens contraire les unes sur les autres les tiges qui la composent, de maniere qu'elles forment, par leur croifement, des espèces de mailles ou de losanges, & on fixe ces tiges à leurs points de jonction par le moyen de brins d'osier qui, les serrant fortement, les obligent à se greffer. (*Voy.* GREFFE.) Il résulte de cette disposition, que toute la Haie offre un treillage impénetrable, & ne forme plus qu'un seul pied nourri par un grand nombre de racines. Je dois cependant observer que ces Haies, si séduisantes en théorie, ne sont pas d'une pratique facile, parce que les arbres qui les composent, gênés dans leur croissance par l'inclinaison de leurs tiges, poussent des gourmands de leur base ou de leurs racines, gourmands qui occasionnent la mort de ces tiges; de sorte qu'il faut les receper au bout d'un petit nombre d'années. Ce ne sera donc que des Haies de luxe, c'est-à-dire, des Haies le long desquelles un jardinier instruit peut sans cesse circuler la serpette à la main, qui doivent recevoir cette disposition.

L'objet sur lequel l'attention des cultivateurs doit le plus se fixer, relativement aux Haies, est de les empêcher de s'étendre latéralement. Des tontes annuelles, quelquefois doubles, arrêtent suffisamment les branches; mais ce n'est que par des soins continuellement répetés, qu'on s'oppose à la disposition qu'ont les racines de certains arbres, le prunellier, par exemple, de pousser des rejetons, surtout lorsqu'elles ont été blessées par les labours. C'est en hiver qu'on doit arracher leurs accrus, parce que, poussant, pour la plupart, à la seve descendante, c'est-à-dire, à la seve d'août, si on les arrachoit avant, ce seroit en provoquer une plus abondante sortie.

On demande souvent quelle est la hauteur que l'on doit donner aux Haies, comme si cette hauteur ne dépendoit pas du but qui les fait planter, du terrein & du climat où elles se trouvent, ainsi que des arbres qui les composent, &c.

Ainsi les Haies destinées à servir d'abri, soit contre les vents trop violens, soit contre les rayons d'un soleil trop brûlant, celles dont l'objet est d'empêcher la trop grande évaporation de l'humidite des terreins naturellement secs, celles qu'on destine à fournir du bois de chauffage, doivent être tenues très-élevées.

Ainsi les Haies dont le but est seulement de défendre les propriétés de l'invasion des hommes & des bestiaux, peuvent n'avoir que deux, trois ou quatre pieds de hauteur.

Dans mon opinion, les Haies de la grande culture doivent, le plus souvent possible, remplir ces deux objets à la fois; & pour cela, d'après le principe des assolemens, il faut qu'elles soient plantées d'un grand nombre d'espèces d'arbres & d'arbustes. En effet, combien voit-on de Haies d'épine blanche, qui sont celles qu'on plante le plus communément en France, & avec raison, durer vingt ans sans offrir des vides, des *trouées*, comme on dit vulgairement, qui en rendent l'usage presqu'inutile! Au contraire, qui n'a pas observé de ces Haies naturelles que j'appelle *Haies rustiques*, composées d'une grande variété d'espèces, subsister au même degré de perfection depuis un tems immémorial, parce qu'à mesure qu'une espèce meurt par suite de l'épuisement du sol, il s'en seme une autre qui périt à son tour, & est remplacée par une troisième?

Il est des arbres & des arbrisseaux qui conservent fort long-tems leurs branches intérieures lorsqu'on arrête leur croissance en hauteur & en largeur, tels que le charme & l'épine; mais il en est d'autres qui les perdent bientôt à moins de soins continuels. Les Haies ordinaires se dégarnissent donc du pied, & c'est ce qu'on voit malheureusement trop souvent. On remédie à cet inconvénient de deux manières, ou en récépant la Haie rez terre, ou en plantant, dans les places dégarnies, des arbustes à qui leur nature ne permet pas de s'élever de plus de deux à trois pieds, & qu'on peut tenir facilement plus bas par une tonte annuelle ou bisannuelle. Aucune de ces manières n'est suffisamment pratiquée, mais surtout la seconde. Je ne puis que solliciter les cultivateurs de les prendre en considération spéciale.

Mais, dira-t-on, une Haie coupée sera deux ou trois ans hors d'état de remplir son objet, & pendant ce tems sera exposée à la dent des bestiaux. Cela n'est vrai qu'autant qu'on ne pourroit pas la surveiller journellement ou la garantir par une légère Haie sèche, toujours de très-peu de dépense puisqu'on peut & qu'on doit même la faire avec les produits de la coupe de la Haie vive. Je l'ai déjà dit plus haut, & je le répete: une Haie coupée de tems en tems rez terre garnit mieux & dure plus long tems que celles dont on laisse subsister les tiges jusqu'à leur mort.

La plantation des arbustes peut avoir lieu, ou en même tems que la Haie, ou à mesure du besoin de regarnir telle ou telle place. Dans le premier cas, elle entre dans les frais d'établissement. Dans le second, elle se fait par une simple revue pendant l'hiver, & doit fort peu coûter.

J'ai dit plus haut que les Haies formées d'une seule espèce offroient toujours des vides ou des trouées; j'ajoute ici que celles composées de plusieurs espèces en offrent aussi lorsqu'elles sont complétement abandonnées à elles-mêmes. Les unes & les autres doivent donc être regarnies. Le plus souvent on tente de regarnir les premières avec l'espèce qui la compose; mais on réussit rarement, parce que la terre est fatiguée de la porter, & que les racines des pieds voisins viennent s'emparer de la terre remuée où on plante le remplaçant; ce qui l'empêche de reprendre. Les espèces les plus différentes possibles sont donc celles qu'il faut toujours préférer pour rétablir les vieilles Haies; & c'est parce qu'on répugne souvent à un tel choix, pour les Haies d'épines principalement, qu'il en est tant de mauvaises. Comme on ne craint point de varier les espèces dans les Haies rustiques, il est

est beaucoup plus facile de les regarnir, & on les regarnit plus souvent.

Je dois observer ici qu'il est des arbrisseaux & des arbustes qui ne viennent bien qu'entre les autres, & que ce sont eux qu'il faut par conséquent préférer. Les plus communs d'entr'eux sont le troëne, la clématite, la ronce, l'églantier. Une Haie garnie, sur ses côtés, de fragon épineux, d'ajonc, de buis, &c. devient impénétrable aux poules & aux lapins, & il n'est personne qui ne convienne qu'elle jouit par-là d'un grand avantage.

Pour mieux faire sentir mes idées, je vais entrer dans quelques détails sur le mode que je crois le meilleur à suivre dans la plantation d'une Haie rustique.

Au milieu on met des chênes, des frênes, des ormes, bouleaux, poiriers, pruniers, pins, sapins, &c. très-espacés, & chaque espèce ne revenant qu'après plusieurs autres, les uns destinés à s'élever autant que possible, les autres devant former des têtards. De chaque côté de la ligne de ces grands arbres seront plantés d'autres arbres ou des arbrisseaux écartés de deux pieds au moins, & leurs intervalles, en dehors, seront garnis par des arbustes, & en dedans par de grandes plantes vivaces.

On voit de telles Haies dans quelques parties de la France, dans la ci-devant Normandie, par exemple, & on y fait apprécier leurs avantages par suite d'une longue expérience. Si elles occupent du terrein, elles produisent beaucoup de bois; si elles nuisent un peu aux récoltes par leur ombre dans les années humides, elles leur sont utiles dans les années sèches. Tout est compensé dans la Nature, & c'est folie que de prétendre ne jouir que des avantages d'une chose, sans ressentir quelques uns de ses inconvéniens.

On place souvent des rangs de perches parallèles au sol dans l'intérieur des Haies rustiques, qui ne sont pas garnies d'arbustes épineux, afin d'arrêter les malfaiteurs qui voudroient les traverser pendant la nuit, & les bestiaux qui tenteroient de les franchir pendant le jour. Ces perches se fixent avec du fil de fer ou des harts, aux arbres de ces Haies, ou s'entrelacent avec eux. Une Haie dans laquelle on avoit employé la clématite vivante pour produire le même effet, m'a paru si bien conçue, que j'avois entrepris d'en disposer une de même dans le domaine que j'habitois dans la forêt de Montmorency pendant le règne de la terreur, & qu'elle commençoit à remplir mon attente lorsque je suis parti pour l'Amérique, voyage pendant lequel elle a été coupée. J'avois profité des pieds de cet arbrisseau grimpant, qui se trouvoient naturellement dans cette Haie. Ses rameaux, qui s'alongent chaque année de plusieurs toises, qui sont très-flexibles & peu cassans, étoient ramassés en touffes. Ils furent par moi développés, étendus dans la longueur de la Haie, & tantôt attachés aux arbres qui la composoient, avec des brins d'osier, tantôt entrelacés avec eux. Une poule ne pouvoit pas traverser cette Haie. Je crois bien qu'il auroit fallu tous les ans employer quelques heures pour l'entretien de cette Haie, mais elle eût duré un siècle.

On trouve à l'article CLÔTURE quelques indications données par mon collègue Tessier, relativement aux espèces d'arbres, d'arbrisseaux & d'arbustes indigènes, considérés comme propres à la composition des Haies. Je vais compléter ce qu'il convient de dire à ce sujet.

L'aube-épine ou épine blanche, l'épine noire ou prunellier, le grenadier, le saule, le coudrier ou noisetier, l'ajonc ou genêt épineux, le sureau, le chêne, le paliure, le houx, la ronce & l'épine vinette sont les espèces dont mon collègue Tessier a parlé, & sur lesquelles il devient par conséquent inutile que je revienne.

Arbres, Arbrisseaux & Arbustes épineux.

Le NÉFLIER. On emploie rarement cet arbrisseau à raison de la lenteur de sa croissance & de la difficulté d'avoir de ses graines en grande quantité; mais c'est le meilleur de tous les indigènes, à raison de la ténacité & de l'entrelacement de ses branches & de ses épines. Il est préférable de beaucoup à l'épine blanche, & s'accommode, comme elle, des plus mauvais terreins, de la taille la plus irrégulière.

Le CITRONIER. Il ne peut être employé que dans les pays chauds, mais il est excellent sous les mêmes rapports que ci-dessus; de plus, les feuilles coriaces & persistantes lui donnent un avantage sur le précédent.

Le POIRIER SAUVAGE. On en tire un très-grand parti. Il doit être encore comparé au premier par sa ténacité & ses moyens de défense; mais il tend beaucoup plus à s'élever, & il demande en conséquence une tonte plus rigoureuse.

Le POMMIER SAUVAGE. Les observations précédentes lui conviennent; cependant il est plus facile de l'empêcher de monter.

Le NERPRUN PURGATIF garnit suffisamment, mais se défend peu; il est propre aux terreins aquatiques.

Le NERPRUN DES TEINTURIERS: qualités semblables à celles du précédent, propre aux terreins les plus arides. Il s'emploie fréquemment dans les parties méridionales de la France.

Le JUJUBIER ne peut être employé que sur les bords de la Méditerranée, à raison de la grande chaleur qu'il exige.

Le LYCIET D'EUROPE remplace l'épine dans les parties méridionales de la France. C'est en effet un des meilleurs arbrisseaux qu'on puisse employer pour les Haies, parce qu'il est épineux, garnit bien du pied & s'accommode des plus mauvais terreins. Les lyciets étrangers, qui lui sont quelquefois substitués aux environs de Paris, ne le valent pas.

Le ROSIER DES HAIES n'est pas propre, par son peu de branches & son irrégularité de croissance, à former seul des Haies; mais il est très-bon pour fortifier celles où il n'entre que des arbres, arbrisseaux ou arbustes non épineux, & à boucher les vides des Haies dans toutes sortes de terreins.

Le GROSEILLER EPINEUX est de peu de défense, parce que ses rameaux sont toujours droits, & ses épines peu redoutables; mais il est propre à regarnir les Haies qui se déchaussent, & demande un terrein sec & pierreux.

La BUGRANE EPINEUSE remplit, mais moins bien, le même but que le groseillier épineux. Elle exige un sol argileux.

Le FRAGON EPINEUX. L'observation précédente lui est applicable. C'est un terrein léger & de l'ombre qu'il lui faut. Il trace beaucoup : on l'emploie fréquemment en Italie.

L'ASPERGE EPINEUSE & la SALSEPAREILLE ÉPINEUSE sont aussi propres au même objet, & souvent utilisées, sous ce rapport, en Italie, comme j'ai été à portée d'en juger.

Arbres, Arbrisseaux & Arbustes non épineux.

Le HÊTRE. Il s'emploie fréquemment en Haies dans les pays du nord & dans ceux de montagne; il garnit très-bien. On auroit beaucoup de peine à le faire servir à l'établissement de celles des plaines.

Le FRÊNE. Quelque peu propre qu'il paroisse à la fabrication des Haies, je l'ai vu en former d'excellentes, parce qu'on avoit eu soin de diriger ses branches latérales parallélement au sol, & de couper chaque année ses pousses perpendiculaires. Un sol humide lui est le plus favorable.

L'ÉRABLE COMMUN, fréquemment employé, & réellement excellent, surtout lorsqu'il est conduit comme le frêne.

L'ÉRABLE SYCOMORE : même observation; cependant il est inférieur au précédent.

L'ÉRABLE PLATANOIDE: encore même observation; plus rarement employé.

L'ÉRABLE DE MONTPELLIER buissonne mieux que les précédens, & croît dans les terreins les plus arides. On en fait un fréquent usage dans les pays où il croît naturellement.

Le CHARME. Il est très-employé, & avec raison, car il garnit extrêmement du pied, souffre la tonte, & vient dans presque tous les terreins.

L'ORME est encore moins difficile sur le choix du terrein; mais il buissonne moins, & se dégarnit plus. Il forme très-fréquemment seul des Haies d'une longue durée.

Le MICOCOULIER rend, dans le midi de la France, les mêmes services que l'orme. J'en ai vu de très-bonnes Haies en Italie. On ne le multiplie pas assez dans le nord.

Le PLATANE. Je ne l'ai pas vu en Haies, mais il paroît devoir en former d'analogues à celles de l'érable plane.

Le NOYER. Je ne puis que faire, à son égard, les mêmes observations que les précédentes.

Le TILLEUL. Les Haies qu'il forme sont de peu de défense, cependant assez bien garnies. Il est propre à renforcer celles d'épine lorsqu'elles commencent à vieillir.

Le SORBIER DOMESTIQUE paroît peu convenir pour former des Haies, quoique je l'y aie vu entrer.

Le CORMIER. Il ne diffère pas du précédent sous le rapport qui m'occupe.

Le COIGNASSIER forme des Haies très-garnies, mais de peu de défense. Il doit toujours faire partie de celles à plusieurs espèces.

Le CERISIER DES BOIS. Sa disposition à toujours monter ne permet pas de l'employer avec succès dans la composition des Haies, quoiqu'il s'y rencontre souvent.

Le CERISIER A GRAPPES s'élève peu, & vaut encore moins que le précédent.

Le CERISIER MAHALEB est très-propre à faire des Haies, parce que ses branches s'entrelacent & prennent toutes les directions qu'on veut. On doit d'autant plus ne le pas épargner dans celles à plusieurs espèces, qu'il s'accommode de tous les terreins.

Le CHATAIGNIER est fort peu propre à former des Haies de défense, parce que, comme le cerisier, il tend toujours à monter; cependant j'en ai vu qui en étoient uniquement composées, mais c'étoient plutôt des palissades destinées seulement à arrêter les animaux.

Le BOULEAU est peu utile dans les Haies, parce que ses rameaux sont trop rares & trop flexibles.

L'AUNE offre les mêmes inconvéniens que le châtaignier; mais il s'emploie cependant très-souvent dans les terreins aquatiques.

Les PEUPLIERS de toutes les espèces sont dans le même cas que l'aune, & s'emploient également très-souvent à raison de la facilité de leur multiplication & de la rapidité de leur croissance.

Le SAULE BLANC se trouve encore dans la même cathegorie.

Le SAULE MARSAULT. Ce que j'ai dit du coignassier s'applique ici. On ne sauroit trop l'employer dans les Haies composées de plusieurs espèces. On lui fait prendre toutes les dispositions possibles.

Le SAULE-OSIER se voit souvent employé en clôtures, mais ne peut être regardé comme de défense.

Le PRUNIER DOMESTIQUE. Il forme d'assez bonnes Haies, parce que ses rameaux sont nombreux, & qu'il souffre très-facilement la tonte.

L'AMANDIER est frequemment employé dans le midi de la France; mais ce que j'ai dit du cerisier lui est applicable.

Le PÊCHER est moins propre aux Haies, que le précédent. Je ne l'ai jamais vu y servir.

Les PISTACHIERS. La lenteur de leur croissance

ne permet pas de les employer en Haies; cependant les especes *térébinthe* & *lentisque* y sont très propres.

Le CORNOUILLER entre fréquemment dans les Haies rustiques, mais est de peu de defense. Il garnit bien, au reste, à raison de ce que ses rameaux sont perpendiculaires les uns sur les autres.

Le CORNOUILLER SANGUIN est même plus commun dans les Haies rustiques, que le précédent, mais il y est moins utile. On doit l'exclure de toutes celles qu'on plante, mais il peut servir à regarnir celles qui dépérissent.

Le NOISETIER. Peu d'arbrisseaux se voient plus souvent dans les Haies rustiques, & peu y sont moins utiles; cependant, quand on sait le conduire, on peut en tirer parti. Il peut être assimilé au saule marsault.

L'ARGOUSIER forme avec avantage des Haies sur le bord des eaux, dans le midi de la France. On ne peut trop le multiplier dans celles du nord.

Le MURIER se plante souvent en Haies dans les mêmes contrées, mais elles sont plutôt des palissades que des Haies de défense.

Le LAURIER. Il ne peut être employé dans le nord de la France, attendu qu'il ne supporte pas les gelees, mais bien dans le midi. Il n'est d'aucune défense; cependant, comme il conserve ses feuilles toute l'année, les Haies qui en sont formees ont une très-bonne apparence.

Le FIGUIER ne peut former de bonnes Haies, mais il convient pour regarnir les vieilles.

Le LAUROSE est dans le cas de la même observation.

Le LILAS est communément employé à faire des Haies aux environs de Paris; mais ce que j'ai dit du noisetier lui est applicable.

Le TROENE se voit dans toutes les Haies rustiques: il y domine même, & les compose souvent seul; il est cependant de peu de valeur comme arbuste de défense. Regarnir les vieilles Haies est son véritable emploi.

Le FILARIA ne vient bien que dans le midi de la France, où il s'emploie fréquemment dans les Haies, & il y est d'une bonne défense. Il conserve ses feuilles.

L'ALATERNE croît dans les mêmes lieux, & conserve egalement ses feuilles, mais n'est pas aussi propre à la défense.

La BOURGÈNE. Elle se voit fréquemment dans les Haies rustiques des cantons marécageux, mais n'en est pas moins impropre à en faire de défensables.

La VIORNE OBIER offre à peu près les mêmes inconveniens, cependant elle fourche davantage.

La VIORNE COTONEUSE fait seule de mauvaises Haies; mais comme elle pousse beaucoup de tiges, elle est propre à regarnir les Haies sur le retour.

Le SUMAC DES CORROYEURS est d'un foible secours dans les Haies: on l'y voit cependant quelquefois en Italie.

Le SUMAC FUSTEL. Sa valeur, sous le rapport de la défense, est encore moindre que celle du précedent, mais il garnit très-bien du pied.

Les GROSEILLIERS ROUGE & NOIR servent quelquefois à former des limites; car on ne peut pas donner le nom de *Haies* à des buissons qu'on peut enjamber sans difficulté. Ils sont, au reste, propres à regarnir le pied des vieilles Haies.

Le BAGUENAUDIER peut former des palissades, mais non des Haies; il regarnit assez bien ces dernières quand elles sont remplies de trouées.

Le FUSAIN est dans le même cas que la bourgène; il entre souvent dans la composition des Haies rustiques, mais sans utilité pour leur defense.

Le CYTISE DES ALPES est dans le même cas; cependant il buissonne mieux & croît plus promptement.

Les CYTISES A FEUILLES SESSILES & A FEUILLES VELUES ne peuvent servir qu'à regarnir les vieilles Haies.

Le SUREAU est un des arbres non épineux les plus employés dans la construction des Haies d'une seule espèce, parce qu'il se multiplie de boutures avec la plus grande facilité, croît rapidement, n'est mangé par aucun animal, & que la plupart des terreins lui conviennent. Il remplit fort bien sa place dans les Haies rustiques, où il croît naturellement.

Le SYRINGA est un peu inférieur au lilas dans la composition des Haies; mais d'ailleurs, ce que j'ai dit de ce dernier lui est applicable.

La CORIARIE pousse immensément de rejetons, & reste verte une partie de l'hiver. Elle n'est d'aucune défense, mais propre à regarnir les vieilles Haies, ainsi que j'en ai acquis la preuve en Italie.

Le BUIS entre souvent dans la composition des Haies naturelles & artificielles, parce qu'il garnit beaucoup & qu'il conserve ses feuilles; mais il n'est d'aucune défense.

Le MYRTE est dans le même cas pour les parties méridionales de la France, quoiqu'il garnisse un peu moins.

Les TAMARIX conviennent, l'un sur le bord des torrens, & l'autre dans les terreins salés. Ils ne font d'aucune défense, mais garnissent bien. On en voit beaucoup dans les vallées des Alpes & sur les bords de la mer.

Le ROMARIN, la LAVANDE, la SAUGE & l'HYSSOPE ne peuvent servir qu'à garnir le bas des haies plantées dans les lieux secs & chauds.

La LAURÉOLE & l'AIRELLE sont au contraire dans le cas d'être employées dans les terreins frais.

La BRUYÈRE A BALAIS est trop difficile à la reprise pour qu'elle soit plantée en Haie.

Arbrisseaux grimpans.

La VIGNE. On en peut tirer un grand parti pour

fortifier les Haies rustiques; mais il faut pour cela diriger ses rameaux en lignes parallèles au terrein, ce qui est facile, & les attacher aux tiges des arbrisseaux qui les composent.

La CLÉMATITE VIORNE est positivement dans le même cas, ainsi que je l'ai déjà observé. Elle est extrêmement commune dans les Haies rustiques, qu'elle détériore lorsqu'elle n'est pas dirigée convenablement.

Arbres résineux.

L'IF seroit un des arbres non épineux des plus propres à la formation des Haies si la lenteur de sa croissance ne le repoussoit pas de cet emploi.

Le PIN est peu convenable par la nature de sa croissance, qui exige une flèche.

Le SAPIN. Il est dans le même cas.

L'ÉPICÉA présente la même observation à faire.

Le GENEVRIER se rencontre fréquemment dans les Haies rustiques, & il les garnit bien; mais il est sans doute difficile d'en former uniquement avec lui, puisque je n'en ai jamais vu.

Arbres étrangers.

Une grande quantité d'arbres étrangers acclimatés peut être employée à la formation des Haies. Je ne citerai que l'acacia blanc & le fevier parmi les épineux, la ketmie en arbre & la thuya de la Chine parmi ceux qui ne le sont pas, parce que ce sont les seuls que j'y aie vu employer. Je renvoie à leur article pour ne pas alonger davantage celui-ci.

Je renvoie également aux articles des arbres qui ne sont pas acclimatés en France, pour ceux qui servent dans leur pays natal. (*Bosc.*)

HALE, résultat de l'évaporation naturelle de l'eau contenue dans la terre ou dans les plantes.

Un Hâle trop prolongé est la sécheresse pour la terre, & la dessiccation pour les plantes.

Le Hâle fait sentir ses effets sur les plantes lorsque l'évaporation de leur partie aqueuse est plus considérable que sa production : alors les feuilles & même les tiges de ces plantes ne peuvent plus se soutenir; elles se courbent vers la terre, se fannent enfin.

Les plantes dépourvues de pores corticaux, comme les plantes grasses; les plantes à feuilles coriaces, comme le laurier, le chêne, sont moins sensibles au Hâle que les autres.

Les effets du Hâle cessent le plus souvent avec leur cause. Beaucoup de plantes, comme il n'est personne qui n'ait pu s'en convaincre souvent, qui étoient fannées par le Hâle, reprennent leur fraîcheur après une légère pluie, un foible arrosement, ou aux approches de la nuit. Trop fréquent ou trop prolongé, le Hâle affoiblit les plantes, les empêche de produire du fruit, les fait même périr. On en voit de fréquens exemples dans les terreins secs exposés au midi ou aux vents de l'est, vents les plus desséchans dans une grande partie de la France.

C'est par des ABRIS, par des IRRIGATIONS (*voyez* ces mots), qu'on diminue les effets du Hâle dans la grande culture. C'est par des ABRIS, par des ARROSEMENS (*voyez* ces mots), qu'on empêche ses effets dans la petite agriculture. Il est des cantons qu'une montagne, qu'un bois en futaie met hors de ses atteintes. Souvent une HAIE (*voyez* ce mot) de six pieds de haut suffit pour en garantir une grande etendue de terre. Pour le prévenir on plante souvent des rangées d'arbres très-rapprochés sur la direction du levant au couchant, dans les pepinières & dans les jardins bien tenus. L'exposition du nord y est moins sujete qu'aucune autre.

On empêche aussi l'effet du Hâle sur les terres en les couvrant de LITIÈRE, de FEUILLES SÈCHES, de MOUSSE, de PIERRES, de GRAVOIS, &c. Les jardiniers des departemens meridionaux ne font pas assez usage de ces excellens moyens, très-connus de ceux des environs de Paris, & dont la dépense est payée avec usure par la surabondance des produits. *Voyez* les mots ci-dessus, & les mots PAILLER & OMBRER.

Les semis, à raison de la quantité d'eau dont ils ont besoin pour lever, de la delicatesse des racines & des tiges des plants les jours qui suivent celui de leur germination, redoutent beaucoup plus le Hâle que les plantes adultes. C'est souvent lui qui les fait FONDRE (*voyez* ce mot), qui les empêche de prospérer. Il faut donc les en préserver en les faisant par un tems pluvieux ou au moins couvert; il faut aussi couvrir ceux des jardins avec des paillassons pendant la grande chaleur du jour, & les arroser abondamment ou fréquemment.

Les plantes qu'on vient de transplanter pendant qu'elles sont en végétation, ne pouvant plus tirer de la terre la même quantité d'eau, sont très-sensibles aux effets du Hâle; aussi se fannent-elles toujours plus ou moins; aussi faut-il les mettre à l'abri de l'action des rayons du soleil ou du passage des vents, & les arroser fortement.

Les racines de ces plantes & même des arbres qu'on arrache pendant l'hiver sont dans le cas d'être frappées du Hâle si on les laisse trop longtems exposées à l'air, & alors les suçoirs qui les terminent, se désorganisent en totalité ou en partie, & il n'y a plus de reprise à espérer, ou, si elle a lieu, il y a foiblesse & langueur. Certaines plantes sont frappées de mort par cette cause, seulement après quelques minutes d'exposition de leurs racines à l'air. Les arbres resineux sont principalement dans ce cas, & voilà pourquoi leur reprise est si incertaine. On doit donc mettre le moins d'intervalle possible entre les levées & les plantations de ces arbres, ou, lorsque des causes prédominantes s'y opposent, couvrir provisoirement leurs racines d'un peu de terre, ou au moins d'un paillasson.

L'HYGROMÈTRE (*voyez* ce mot), c'est-à-dire, l'instrument destiné à annoncer la quantité d'humidité contenue dans l'air, sert aussi, par conséquent, à indiquer le Hale ; mais les cultivateurs savent fort bien le reconnoître à ses effets ou à son action sur leur corps.

Il est des cas où le Hâle est desiré par les cultivateurs : c'est principalement au printems, pour faire leurs labours dans les terres trop imbibées d'eau, & au commencement de l'éte pour faire leurs foins.

Souvent le Hâle est extrêmement considérable pendant les gelées de l'hiver. J'ai vu deux pieds d'epaisseur de neige disparoître par son action en moins d'un jour. On dit alors que le vent mange la neige, & cet adage est fondé. *Voyez*, pour le surplus, au mot SECHERESSE. (*Bosc.*)

HALER LE LIN, c'est-à-dire, le faire sécher par le moyen d'une chaleur artificielle.

Dans tous les lieux où j'ai vu cultiver le lin on le fait dessecher au soleil ou dans des greniers ; mais Duhamel regarde comme avantageux de le faire dessécher rapidement au feu, & indique deux moyens tres-usites d'arriver à ce but. Ces moyens s'appellent, dit-il, *Hâler le lin*.

On hâle dans les cavernes, partout où cela est possible. On fabrique des hâloirs en faisant, dans les pays de montagne, une cavité sur une pente rapide, & dans les pays de plaine contre un mur ; enfin on hâle dans les fours à cuire le pain.

Dans les premiers cas on place le lin sur une claie, & on fait du feu dessous. Dans le dernier, on chauffe, & ensuite on introduit le lin. Dans tous il faut des ouvriers bien attentifs ; car pour peu qu'ils ne veillent pas sur leur opération, le feu prend, & la récolte est perdue.

Le desséchement au four paroît le meilleur & le moins sujet à accident, puisqu'on peut toujours y graduer la chaleur à volonté, & qu'il ne s'agit que d'en balayer rigoureusement l'âtre. On chauffe avec des chénevotes ou de menues branches, jusqu'au cinquante ou cinquante-cinquième degré, au plus, du thermomètre de Réaumur. On arrange regulièrement le lin, & on l'y laisse pendant vingt-quatre heures ou plus ou moins. On le broie à mesure qu'il sort du four ; car s'il se refroidissoit, il attireroit l'humidité de l'air, & la chénevote se briseroit mal ; ce qui occasionneroit beaucoup de déchet. *Voyez* LIN. (*Bosc.*)

HALLER. *Halleria.*

Genre de plante de la didynamie angiospermie & de la famille des *Scrophulaires*, qui contient deux espèces, dont une est cultivee dans nos jardins. *Voyez* les *Illustrations des genres* de Lamarck, pl. 546.

Espèces.

1. L'HALLER luisant.
Halleria lucida. Linn. ♄ Du Cap de Bonne-Espérance.

2. L'HALLER elliptique.
Halleria elliptica. Thunb. ♄ Du Cap de Bonne-Espérance.

Culture.

L'orangerie est nécessaire, pendant l'hiver, à l'Haller luisant, mais il n'est pas difficile sur le lieu où il y est placé, quoique sa propriété d'être toujours vert semble indiquer qu'il lui faut le voisinage des jours. Il en est de même de la terre ; mais celle qui est fertile & consistante lui convient le mieux. On le change de pot & de terre tous les ans au printems. Il demande l'ombre & des arrosemens fréquens en été. C'est de marcotes & de boutures qu'il se multiplie, donnant rarement de bonnes graines dans le climat de Paris, quoiqu'il y fleurisse assez souvent. Les marcotes se font dans des cornets ou des pots en l'air. Elles s'enracinent ordinairement dès le premier été. Les boutures se placent dans des pots sur couche & sous châssis. Leur reprise dépend beaucoup de l'époque où on les fait & de la manière dont elles sont faites, c'est-à-dire qu'il faut les entreprendre avec des pousses de l'année précédente, au moment où elles commencent à se prolonger ; couper leurs feuilles, les peu enterrer, & leur donner de la chaleur & de l'eau.

Cet arbre fait un assez bel effet. (*Bosc.*)

HALLIE. *Hallia.*

Genre de plante de la diadelphie décandrie & de la famille des *Légumineuses*, fort voisin des glycines & des sainfoins, qui renferme huit espèces, à feuilles simples, dont aucune n'est cultivée dans nos jardins.

Espèces.

1. L'HALLIE ailée.
Hallia alata. Thunb. Du Cap de Bonne-Espérance.

2. L'HALLIE flasque.
Hallia flaccida. Thunb. Du Cap de Bonne-Espérance.

3. L'HALLIE à feuilles en cœur.
Hallia cordata. Thunb. ♄ Du Cap de Bonne-Espérance.

4. L'HALLIE à feuilles d'asarine.
Hallia asarina. Thunb. ♄ Du Cap de Bonne-Espérance.

5. L'HALLIE hérissée.
Hallia hirta. Willd. ♄ De Tranquebar.

6. L'HALLIE imbriquée.
Hallia imbricata. Thunb.

7. L'HALLIE sororie.
Hallia sororia. Willd. ♃ Des Indes orientales.

Je n'ai rien de plus à dire sur ces plantes. (*Bosc.*)

HALORAGIS. *Haloragis.*

Genre de plante de l'octandrie tétragynie & de la famille des *Onagres*, qui réunit deux espèces, dont une se cultive dans nos jardins. *Voyez* les *Illustrations des genres* de Lamarck, pl. 319. CERCODÉE.

Espèces.

1. L'HALORAGIS cercodée.

Haloragis cercodia. Ait. ♃ De la Nouvelle-Zélande.

2. L'HALORAGIS couchée.

Haloragis postrata. L'hérit. ♃ De la Nouvelle-Calédonie.

Culture.

La première espèce se conserve fort bien dans nos jardins, en pleine terre, quoiqu'elle craigne les gelées, parce que rarement ses racines en sont frappées. Il est cependant prudent d'en tenir des pieds en pots, & de les rentrer, pendant l'hiver, dans l'orangerie, où toute place lui est bonne.

Une terre un peu consistante paroît celle qui lui convient le mieux. Elle aime des arrosemens abondans pendant qu'elle est en végétation.

On multiplie la Cercodée par graines, qui mûrissent fort bien dans nos climats; par déchirement de ses vieux pieds & par boutures. Comme on ne la cultive que dans les jardins de botanique & dans ceux des amateurs de plantes, vu qu'elle a fort peu d'agrémens, le second de ces moyens suffit ordinairement aux besoins. Le semis & les boutures se placent, au reste, dans des pots sur couche & sous châssis, & manquent rarement. (*Bosc.*)

HAMADRYADE. *Hamadryas.*

Plante du détroit de Magellan, qui forme un genre dans la dioécie polyandrie & dans la famille des *Renoncules*.

Cette plante n'est pas cultivée dans nos jardins. (*Bosc.*)

HAMEL ou DUHAMEL. *Hamelia.*

Genre de plante de la pentandrie monogynie & de la famille de *Rubiacées*, qui rassemble une demi-douzaine d'espèces d'arbres à feuilles opposées, entières, & à fleurs en grappes terminales & unilatérales, dont la moitié se cultive dans nos serres. *Voyez* les *Illustrations des genres* de Lamarck, pl. 155.

Espèces.

1. L'HAMEL à feuilles velues, vulgairement *mort aux rats.*

Hamelia patens. Linn. ♄ De l'Amérique méridionale.

2. L'HAMEL à feuilles glabres, vulgairement *amajouier.*

Hamelia glabra. Lamarck. ♄ De Cayenne.

3. L'HAMEL à fruits ronds.

Hamelia sphærocarpa. Ruiz & Pavon. ♄ Du Pérou.

4. L'HAMEL axillaire.

Hamelia axillaris. Swartz. ♃ De la Jamaïque.

5. L'HAMEL à fruits jaunes.

Hamelia chrysantha. Swartz. ♄ De la Jamaïque.

6. L'HAMEL ventru.

Hamelia ventricosa. Swartz. ♄ De la Jamaïque.

Culture.

Ces arbres sont fort beaux lorsqu'ils sont en fleurs. Ils exigent la serre chaude dans le climat de Paris, & ils doivent y être placés près des jours. Une terre consistante & substantielle leur est nécessaire, ainsi que des arrosemens fréquens en été. On les multiplie de marcotes faites en l'air dans des cornets ou des pots, ou de boutures placées sur couche & sous châssis. Lorsque les marcotes sont faites avec des pousses de l'année précédente, elles prennent des racines dans l'année. Les boutures doivent être coupées, sur le même bois, au printems, & fortement chauffées & arrosées si on veut qu'elles réussissent.

Je ne crois pas que ces arbres aient encore donné de bonnes graines dans le climat de Paris, quoique le premier y fleurisse assez souvent. (*Bosc.*)

HAMILTONIE. *Hamiltonia.*

Arbre de l'Amérique septentrionale, qui forme, dans la dioécie pentandrie, un genre que Michaux a appelé *Pyrulaire.*

Cet arbre, des fruits duquel on tire de l'huile, n'est pas encore introduit dans nos jardins. (*Bosc.*)

HANCHE. On dit, dans les campagnes, qu'un cheval, un bœuf a pris un effort dans les Hanches; mais c'est par erreur, les os des Hanches étant soudés dans les animaux adultes.

Un cheval ehanché ou épointé est celui qui a un vice de conformation dans les Hanches. *Voyez* CHEVAL.

HANNETON.

Genre d'insecte de l'ordre des *Coléoptères*, qui comprend un grand nombre d'espèces qui toutes vivent, dans leur état de larve, aux dépens des racines, &, dans leur état parfait, aux dépens des feuilles des plantes. *Voyez* le *Dictionnaire des Insectes.*

Les larves & les insectes parfaits des Hannetons causent souvent beaucoup de dommages aux cultivateurs. Toujours ceux des seconds sont très-remarquables. C'est dans les pépinières qu'on se plaint le plus de ceux des premières.

Les femelles des Hannetons déposent leurs œufs au fond d'un trou qu'elles creusent dans la terre. De ces œufs naissent des larves blanches avec la tête brune, grosses, recourbées, peu actives, connues sous les noms de *ver blanc*, *mans*, *turc*, &c. qui restent quatre ans en cet état, & qui vivent aux dépens des racines des plantes & de l'écorce de celles des arbres. Toute racine coupée amène la mort de la plante. Toute racine dont l'écorce est endommagée languit ou périt selon qu'elle l'est assez pour cela. Les pertes qui sont du fait de ces larves sont peu sensibles dans les campagnes, à raison de la grande quantité de plantes qui s'y trouvent; mais ils n'en sont pas moins réels. C'est dans les jardins & les pépinières que, comme je l'ai observé plus haut, ils sont les plus remarquables. Tel semis qui promettoit beaucoup, est bouleversé, & ne donne presque pas de plant; telle plantation de légumes qui s'annonçoit sous les plus favorables apparences, est anéantie. Il suffit de questionner les jardiniers & leurs ouvriers pour se convaincre de la réalité de ces faits.

C'est dans les terres légères & humides que les larves des Hannetons se plaisent le mieux, parce que ce sont celles où elles peuvent le plus facilement pénetrer & trouver le plus abondamment leur substance; ainsi les jardins les plus favorablement disposés sont ceux où elles sont les plus multipliées.

J'ai évalué jusqu'à 6000 francs celles qu'ils ont causées, pendant une seule année, aux pépinières impériales de Versailles, lorsqu'elles étoient le plus garnies d'arbres précieux. Quoiqu'elles n'aient presque plus de ces arbres, la perte qu'ils leur ont fait éprouver l'année dernière (1811) peut encore être portée au tiers de cette somme.

Les plates-bandes de terre de bruyère, ayant les qualités des terres légères & humides, sont toujours surchargées de larves de Hannetons; & comme c'est là où se font les semis les plus précieux, où se plantent les arbustes les plus rares, c'est là aussi où ils causent les dégâts les plus nuisibles.

Les larves des Hannetons descendent en terre aux approches des froids, & y restent tout l'hiver sans manger. Elles remontent & recommencent leurs ravages au printems. Ce sont celles de trois ans qui remontent les premières, & qui sont les plus à redouter à cause de leur grosseur. C'est alors qu'il faut leur faire la chasse par des labours multipliés, à la suite desquels on les ramasse & les écrase. J'en ai vu tuer plus d'un mille par jour dans les pépinières de Versailles.

La Société d'agriculture de Lessines, département de Gemmapes, a fait connoître un procédé qu'elle annonce comme très-propre à detruire les larves des Hannetons. Il consiste à faire, pendant l'été, avec un pieu de fer, des trous de deux à trois pouces de diamètre à leur ouverture, & d'un à deux pieds de profondeur, trous dans lesquels tombent ces larves lorsqu'ils se trouvent dans la direction de leurs galleries, & où elles périssent. Je crois qu'une tarière seroit préférable à un pieu, en ce qu'elle ne tasseroit pas la terre, car toute terre tassée est plus difficile à pénétrer, & les larves des Hannetons se rebutent facilement lorsqu'ils trouvent des obstacles à leur passage.

On peut encore en détruire beaucoup en plantant des salades de laitue ou de romaine dans les terreins où se trouvent des plantations précieuses qu'on veut garantir, parce qu'aimant beaucoup leurs racines, ces larves se portent sur elles de préférence, & que, leurs feuilles se fannant à la plus petite atteinte qu'elles reçoivent, il est certain qu'en fouillant autour d'elles, on pourra les trouver & les tuer. Du bois à demi pourri qu'on enterre, comme des *aiguisures* d'échalas, les attire, ainsi que j'en ai eu la preuve, à différentes reprises, dans les pépinières impériales.

Ces deux moyens sont les seuls que je crois réellement avantageux d'employer; car toutes les recettes indiquées pour les faire périr en terre, comme la suie, la chaux, la cendre, ne produisent que peu d'effets ou des effets très-momentanés.

Les ennemis des larves des Hannetons sont heureusement nombreux, & servent utilement d'auxiliaires aux cultivateurs. Ce sont, parmi les quadrupèdes, les renards, les blaireaux, les hérissons, les fouines, les belettes, les rats, qui les sentent & fouillent la terre pour les manger; parmi les oiseaux, les corbeaux, les pies, les dindons, les poules, qui suivent la charrue; parmi les insectes, les carabes, les courtillières, les fourmis, &c. C'est donc à tort que les cultivateurs font la guerre aux deux premiers de ces oiseaux & au premier de ces insectes.

Les larves des Hannetons, qui sont arrivées à leur troisieme année révolue, se transforment, dans la terre, en insectes parfaits, & sortent de la terre vers le milieu de mai, plus tôt ou plus tard, selon le climat & la température de la saison. Aussitôt ces insectes parfaits volent sur les arbres, & les dépouillent de leurs feuilles. Il est peu d'espèces qui ne soient pas de leur goût. Les dommages qu'ils causent, dans cet état, sont beaucoup plus etendus & surtout plus remarquables que ceux qu'ils avoient causés sous celui de larves. Il est des années où tous les arbres d'un canton sont dépouilles de feuilles à l'époque de l'année où ces feuilles étoient le plus utile à leur accroissement & à leur fructification; aussi ces arbres ne grossissent-ils pas & ne portent-ils pas de fruits l'année même. Souvent ils se ressentent encore de ce dépouillement deux ou trois ans après, même tout le reste de leur vie. *Voyez* PLANTE.

Il est du devoir de tout cultivateur de détruire le plus possible de Hannetons pour empêcher leur reproduction. Une loi devroit même les y obliger; car ici l'intérêt général parle encore plus haut que l'intérêt particulier, puisqu'on peut évaluer à plusieurs millions les pertes que font éprouver, chaque année, les Hannetons dans la grande comme dans la petite culture. Les moyens à employer sont faciles & certains, puisqu'il ne s'agit que de battre avec une gaule, ou de secouer fortement le matin, avant que la chaleur du soleil les ait dégourdis, les arbres sur lesquels ils ont passé la nuit, & d'écraser ceux qui tombent par suite de ces opérations, & le plus grand nombre tombe. En vain objecteroit on qu'on ne peut battre ou secouer ainsi les grands arbres des routes ou des haies, les taillis, les futaies; car une seule femelle tuée évite les ravages de deux à trois cents larves pendant quatre ans, supposant qu'il n'en meure pas, & d'autant d'insectes parfaits pendant leur saison. Eh! n'est-ce donc rien que d'en diminuer le nombre? D'ailleurs, c'est principalement autour des habitations qu'ils sont les plus abondans, parce que c'est là que leurs ennemis sont les plus rares. C'est dans les jardins & dans les vergers qu'ils causent les plus grands dommages. Je n'ai vu que les bois de Vincennes & de Boulogne mangés par eux. A peine en trouve-t-on quelques-uns dans les grandes forêts. J'ajouterai qu'ils voyagent peu, & qu'un canton où on leur auroit fait la chasse, pendant quatre années consécutives, seroit long-tems avant d'avoir à s'en plaindre de nouveau. Ils sont plus rares dans les pays chauds & dans les pays froids, que dans les pays tempérés, parce que souvent, dans les premiers, ils ne peuvent percer la surface de la terre endurcie par la sécheresse, & meurent sans s'accoupler; & dans les seconds ils sont sujets, lorsque le mois de mai est froid & pluvieux, à une dyssenterie qui les fait périr par millions avant qu'ils se soient accouplés, ainsi que je l'ai observé une certaine année. C'est à raison de ces causes éventuelles de destruction que les Hannetons ne sont pas également abondans toutes les années. On dit qu'ils ne paroissent en grande quantité que tous les quatre ans; fait vrai, mais qu'il ne faut pas appliquer à une seule suite d'années. (*Bosc.*)

HANTOL. *Sandoricum.*

Arbre de l'Inde, à feuilles alternes, trifoliées; à fleurs disposées en grappes axillaires, & à fruits de la grosseur d'une orange, dont la pulpe se mange.

Cet arbre forme un genre dans la décandrie monogynie & dans la famille des *Méliacées*. *Voy.* les *Illustrations des genres* de Lamarck, pl. 350.

Comme il ne se trouve pas dans nos jardins, je ne puis en rien dire de plus. (*Bosc.*)

HARAN : nom des toits à porcs dans quelques lieux.

HARAS, lieu où on nourrit des chevaux uniquement pour en multiplier l'espèce.

On en distingue de trois sortes : les Haras sauvages, les Haras demi-sauvages & les Haras domestiques. Les premiers ne sont point connus en France. Les seconds sont ceux où les chevaux sont abandonnés à eux-mêmes, toute l'année, dans des parcs ou autres enceintes d'une grande étendue. Dans les troisièmes, les chevaux sont tenus à l'écurie, & ne font que prendre l'air, pendant l'été, dans des prairies ou des pâturages.

La formation & l'entretien des Haras exigeant des avances considérables, il n'appartient qu'aux riches propriétaires ou aux gouvernemens d'en former, & le nombre en doit être par conséquent très-restreint.

Rarement les Haras peuvent fournir des chevaux à l'agriculture, à raison de la grande dépense qu'ils entraînent, les étalons & les jumens qui les composent n'y gagnant pas leur vie par le travail. Cependant, comme il est reconnu qu'il est avantageux qu'il y en ait, 1°. pour conserver pures des races peu recherchées par les agriculteurs; 2°. pour commencer l'établissement de nouvelles races; 3°. pour fournir des étalons de races étrangères aux cultivateurs qui voudroient croiser les leurs. Je devrois leur consacrer ici un article de quelqu'étendue; mais comme il en a été question fort en détail au mot Cheval, je n'ai qu'à y renvoyer le lecteur.

La plus grande quantité des chevaux qui naissent en France sont dus aux cultivateurs qui emploient des jumens & qui nourrissent leurs poulains. Il est à regretter que cette spéculation, toujours avantageuse dans les lieux éloignés des grandes villes, où le foin est abondant & à bon compte, soit circonscrite dans un petit nombre de localités. (*Bosc.*)

HARICOT. *Phaseolus.*

Genre de plante de la diadelphie décandrie & de la famille des *Légumineuses*, qui renferme un grand nombre d'espèces, dont plusieurs sont l'objet d'une culture très-importante, leur fruit servant de nourriture aux hommes & aux animaux domestiques dans presque tous les pays du Monde civilisé. *Voyez* les *Illustrations des genres* de Lamarck, pl. 610.

Observation.

Ce genre diffère peu des Dolics, qui portent le nom de *Haricots* dans beaucoup de lieux. *Voyez* ce mot.

Espèces.

Haricots à tiges grimpantes.

1. Le Haricot commun, vulgairement *haricot à rames.*

Phaseolus vulgaris. Linn. ⊙ De l'Amerique méridionale.

2. Le

2. Le HARICOT d'Efpagne ou à fleurs rouges.
Phafeolus multiflorus. Linn. ⊙ De l'Amérique méridionale.

3. Le HARICOT lunulé.
Phafeolus lunatus. Linn. ⊙ Du Bengale.

4. Le HARICOT à fleurs verdâtres.
Phafeolus inamænus. Linn. ⊙ d'Afrique.

5. Le HARICOT à deux points.
Phafeolus bipunctatus. Jacq. De.....

6. Le HARICOT farineux.
Phafeolus farinofus. Linn. De l'Inde.

7. Le HARICOT à grand étendard.
Phafeolus vexillatus. Linn. ⊙ De la Havane.

8. Le HARICOT rouge-clair.
Phafeolus helvolus. Linn. ⊙ De la Caroline.

9. Le HARICOT à fleurs pourpres.
Phafeolus femierectus. Linn. ⊙ De l'Amérique méridionale.

10. Le HARICOT à grandes ailes.
Phafeolus alatus. Linn. ⊙ De la Caroline.

11. Le HARICOT à grandes fleurs.
Phafeolus caracalla. Linn. ♃ Des Indes.

12. Le HARICOT afelle.
Phafeolus afellus. Mol. Du Chili.

13. Le HARICOT vivace.
Phafeolus perennis. Willd. ♃ De la Caroline.

14. Le HARICOT Pallar.
Phafeolus Pallar. Mol. Du Chili.

15. Le HARICOT hériffé.
Phafeolus hirtus. Retz. ⊙ Du Cap de Bonne-Efpérance.

16. Le HARICOT tubéreux.
Phafeolus tuberofus. Lour. De la Cochinchine.

17. Le HARICOT du Tonquin.
Phafeolus tunkinenfis. Lour. Du Tonquin.

18. Le HARICOT paniculé.
Phafeolus paniculatus. Mich. De l'Amérique feptentrionale.

19. Le HARICOT anguleux.
Phafeolus angulofus. Orteg. ⊙ De l'Amérique feptentrionale.

20. Le HARICOT à feuilles boffues.
Phafeolus gibbofifolius. Orteg. ⊙ De Cuba.

21. Le HARICOT à feuilles d'aconit.
Phafeolus aconitifolius. Linn. De Tranquebar.

22. Le HARICOT à trois lobes.
Phafeolus trilobus. Linn. ⊙ Des Indes.

Haricots à tiges non grimpantes.

23. Le HARICOT nain.
Phafeolus nanus. Linn. ⊙ Des Indes.

24. Le HARICOT à rayons.
Phafeolus radiatus. Linn. ⊙ De la Chine.

25. Le HARICOT à grandes ftipules.
Phafeolus ftipularis. Lam. ⊙ Du Pérou.

26. Le HARICOT à gouffes velues.
Phafeolus mas. Linn. ⊙ Des Indes.

27. Le HARICOT en zigzag.
Phafeolus mungo. Linn. ⊙ Des Indes.

28. Le HARICOT de la Jamaïque.
Phafeolus lathyroides. Linn. ⊙ De la Jamaïque.

29. Le HARICOT à féves rondes.
Phafeolus fpherofpermus. Linn. ⊙ De l'Amérique meridionale.

30. Le HARICOT du Cap.
Phafeolus capenfis. Thunb. Du Cap de Bonne-Efpérance.

31. Le HARICOT à petites féves.
Phafeolus mycrofpermus. Orteg. ⊙ De Cuba.

32. Le HARICOT à feuilles diverfes.
Phafeolus diverfifolius. Mich. De la Caroline.

Culture.

Deux feules de ces efpèces, & leurs nombreufes variétés, font cultivées en Europe, en grand, pour la nourriture des hommes & des animaux; mais un plus grand nombre l'eft dans les pays intertropicaux, pour le même but : douze ou quinze fe voient dans les jardins de botanique.

Il eft prefqu'impoffible d'énumérer toutes les variétés du Haricot commun & du Haricot nain. Il n'eft point de pays qui n'en offre de plus ou moins caractérifées. J'en ai reconnu des milliers dans mes voyages, dont j'ai négligé la defcription. Il y en a eu plus de quatre cents réunies dans le jardin de M. Gavoty de Berthe, à Paris. Pour éviter leur faftidieufe & inutile nomenclature, je me bornerai à mentionner celles de ces variétés qui font le plus généralement cultivées dans les environs de la capitale, & dont on peut facilement fe procurer les graines chez M. Vilmorin & autres marchands.

Variétés du Haricot commun ou à rames.

Le *Haricot blanc hâtif.* On le cultive principalement pour le manger en vert, car fes graines cuifent difficilement.

Le *Haricot de Soiffons.* Il eft blanc, large, plat, & fa peau eft mince. Il fe mange vert, à moitié mûr & fec. C'eft le meilleur, mais il mûrit tard & gèle fouvent avant d'avoir fourni fa récolte. Il offre une fous-variété qu'on appelle *Haricot de Picardie* ou de *Liancourt*, dont la peau eft encore plus mince.

Le *Haricot blanc commun.* Il eft court, légérement aplati & d'un blanc-fale. C'eft celui qu'on cultive le plus généralement, celui qu'on doit regarder comme le type de l'efpèce. On le nomme *Mongette* à Bordeaux.

Le *Haricot fans parchemin* fe rapproche du précédent pour la forme, mais eft plus hâtif, & jouit de l'avantage de n'avoir pas fa membrane intérieure coriace. C'eft celui qu'on deffèche, ou mieux qu'on devroit deffécher exclufivement en vert. On ne le cultive pas affez, à raifon de fes avantages.

Le *Haricot jaune rond*, vulgairement *Princesse*, est fort estimé, mais cependant rare.

Le *Haricot jaune sans parchemin* ou *prud'homme jaune* est encore plus tendre que le précédent en vert. Il se mange peu en sec.

Le *Haricot pois rouge*, *Haricot rouge sans parchemin* ou *Haricot de Prague*. Sa gousse est fort tendre en vert. Il est d'un grand rapport, mais mûrit tard. On le mange peu en sec.

Le *Haricot rognon de coq* ou *de Caux* est blanc, & de la forme d'un rein. C'est un des meilleurs, mais il a souvent la peau dure. On le mange peu en vert.

Le *petit Haricot rond* ou *Haricot pois blanc*. Il est petit, mais produit beaucoup. Il fournit une sous-variété encore plus petite, appelée *Haricot riz*, qui est d'une délicatesse extrême.

Le *Haricot rouge d'Orléans* ou de *Chartres* est presque cylindrique, & aplati aux deux bouts. Sa fleur est rouge.

Le *Haricot rouge tacheté* est une sous-variété du précédent.

Le *Haricot sans fils*. Sa gousse est dépourvue de filamens latéraux. Il est très-délicat, & très-propre à être mangé en vert. Ses grains sont ronds, rouges & très-savoureux, mais ils colorent désagréablement la sauce.

De la culture des Haricots communs ou à rames.

La culture des Haricots est généralement très-productive, mais en même tems partout très-incertaine; dans le midi, à raison des sécheresses prolongées; dans le nord, à raison des gelées tardives du printems & hâtives de l'automne. Chaque canton, ayant, comme je l'ai dit plus haut, des variétés différentes, demande, à la rigueur, une culture particulière. En général, il convient de préférer, dans le nord, celles qui sont hâtives, comme craignant moins les gelées de l'automne; & dans le midi, les variétés tardives, comme étant plus productives. On a calculé qu'il étoit jadis commun aux environs de Bordeaux, de retirer 600 fr. de revenu d'un arpent qui en avoit été planté. Aujourd'hui le défaut d'exportation en rend la culture onéreuse dans les mêmes endroits.

Pour prospérer, les Haricots demandent une terre légère, substantielle, fraîche, & une exposition chaude. Ils préfèrent cependant un sol aride à un sol marécageux. Souvent ils sont attaqués de la rouille, surtout lorsqu'ils sont dans un lieu ombragé. Beaucoup d'air leur est nécessaire; cependant ils craignent les grands vents. Les années trop sèches & les années trop pluvieuses leur sont également contraires.

On cultive les Haricots, soit en pleine campagne, soit dans les jardins. Le mode de ces deux cultures étant différent, je vais en parler successivement.

J'ai lieu de croire que la culture des Haricots, dans les jardins, est plus étendue que celle en plein champ; car il en est peu où elle ne se fasse plus ou moins. Dans plusieurs cantons, c'est presque la seule culture, avec les choux, qu'on voie dans ceux des pauvres cultivateurs. Là, on en sème successivement depuis la fin des gelées jusqu'aux grandes chaleurs, tous les huit ou quinze jours, afin d'en avoir toujours à différens degrés de maturité; car les gousses vertes se recherchent presqu'autant que les grains arrivés à toute leur maturité. En mars, c'est contre un mur exposé au midi qu'on les place; plus tard, c'est dans un endroit frais. Les derniers semés exigent le nord, pour avoir moins à redouter les sécheresses de l'été. On les dispose ordinairement en planches & en lignes, & on espace leurs touffes d'un pied. Ceux destinés à donner des productions précoces sont couverts, pendant la nuit, de paillassons qui les garantissent des gelées. On arrose quelquefois les derniers semés pendant la sécheresse. Des binages multipliés favorisent singulièrement la croissance des uns & des autres. On les rame au moment où ils entrent en fleurs, & on les pince lorsqu'ils sont arrivés à la hauteur des rames. La récolte des gousses vertes commence lorsqu'elles ont acquis deux pouces de long, & celle des graines dès qu'elles sont devenues blanches. Plus on cueille tôt les gousses vertes, & plus il en renaît. La quantité qu'on en obtient est quelquefois prodigieuse.

Les planches destinées à recevoir des Haricots à rames ne doivent avoir que cinq à six pieds de large pour pouvoir atteindre leurs fruits des sentiers. Elles seront bien labourées à la bêche, & convenablement fumées avec du fumier bien consommé peu de jours avant celui de la plantation. Les semis s'exécuteront au cordeau, soit graine à graine, soit, ce qui est plus ordinaire, en touffes de cinq à six graines. Les diverses variétés seront séparées le plus possible, c'est-à-dire, de cinq à six toises au moins, afin que leurs poussières fécondantes ne puissent les féconder réciproquement; ce qui en causeroit la dégénération, &c.

Je renvoie aux indications relatives à la culture en grand tout ce qui paroît manquer à ce que je viens de dire.

C'est presque partout, uniquement pour les semences, qu'on cultive les Haricots en grand; cependant comme ils sont d'une nature différente des autres plantes cultivées, & exigent des binages d'été, outre l'avantage très-important d'alonger la rotation des assolemens, ils ont ceux de reposer la terre & de la nétoyer des mauvaises herbes qui l'infestent. Cette dernière circonstance doit engager à les faire précéder immédiatement le blé.

Dans les pays au nord du climat de Paris, c'est dans les terrains secs & arides, comme les plus précoces & les moins sujets à la gelée, qu'on est déterminé à placer de préférence les Haricots: il faut par conféquent les fortement fumer avec du fumier de vache, pour donner l'engrais & l'humidité qui manquent à ces sortes de terreins.

Trois labours à la charrue doivent être donnés aux terres destinées à porter des Haricots, lorsqu'elles sont compactes; mais deux suffisent dans celles qui sont sablonneuses, le premier avant, & le second après l'hiver.

On sème les Haricots par rangées ou par touffes disposées en échiquier. La distance qu'il convient de leur donner varie suivant la nature du sol. Il vaut mieux les espacer trop que pas assez, afin qu'ils aient plus d'air, & qu'on puisse leur donner les binages avec facilité. De petits sentiers de distance en distance favorisent beaucoup les opérations de la culture. On a calculé qu'un arpent peut contenir douze mille touffes d'Haricots de Soissons, & qu'il exige environ cent soixante-quinze livres de semences. Les répandre à la volée, comme on le fait dans beaucoup de lieux, est une très-mauvaise pratique.

La plus belle graine est celle qu'il faut choisir pour semer, parce que d'elle sortiront des pieds vigoureux qui produiront des gousses en abondance.

Un pouce est le terme moyen auquel il convient d'enterrer les Haricots, un peu moins dans les terres fortes, un peu plus dans les terres légères. Il est bon d'observer qu'ils pourrissent lorsqu'ils ne lèvent pas très-promptement, & qu'ainsi il faut qu'ils puissent jouir de la chaleur solaire. J'ai vu de grands semis manquer, soit par cette cause, soit parce qu'il y avoit trop d'humidité dans la terre, soit parce qu'il n'y avoit pas assez de chaleur dans l'air.

L'époque du semis des Haricots varie selon les climats, les terreins, les années, les variétés; ainsi il n'est pas possible de l'indiquer rigoureusement. Il seroit toujours avantageux de semer de bonne heure dans les climats froids, mais les gelées tardives sont à craindre. C'est la floraison du seigle qui sert de règle à cet égard dans beaucoup de cantons; cette indication peut être suivie avec confiance.

Beaucoup de cultivateurs ont pour principe de semer leurs Haricots en trois tems éloignés de dix à douze jours, & ils sont dans le cas d'être imités. Tous ceux qui sont prudens doivent au moins, lorsqu'ils sèment de bonne heure, réserver une portion de graines pour réparer leurs pertes.

Il est à desirer qu'il pleuve immédiatement après un semis d'Haricots; mais toujours une pluie trop prolongée lui est très-préjudiciable. Les mettre tremper dans l'eau pendant vingt-quatre heures avant de les confier à la terre est souvent une opération avantageuse.

Lorsque les Haricots ont acquis deux ou trois pouces, on leur donne le premier binage, dans lequel on ramène la terre contre leur tige. Le second se fait quand ils commencent à entrer en fleurs, & le dernier un mois plus tard. Il n'est pas necessaire que ce binage soit profond : c'est pourquoi, pour expédier, on peut le faire avec la pioche à large fer.

C'est à l'époque du second labour qu'on place les rames ou ramées, branches de bois qu'on enfonce en terre au pied des Haricots, & sur lesquelles ils montent & s'étendent. De toutes les ramees, celles faites avec des pousses d'ormes, prises dans un taillis de deux ans, sont les meilleures, parce qu'elles offrent des ramilles opposées, sur lesquelles les tiges des Haricots s'arrangent plus régulièrement. On les incline alternativement vers l'intérieur de la planche pour faire jouir ces tiges, au moins du côté opposé, du plus de soleil possible, & pour faciliter le passage entre les planches. *Voyez* RAMES.

Dans les pays où les rames sont difficiles à se procurer, on les supplée par des échalas, autour desquels les Haricots se contournent; mais ils sont moins avantageux, en ce qu'ils ne permettent pas un aussi grand développement à leurs tiges. *Voyez* ECHALAS.

Quelques cultivateurs plantent du maïs avec leurs Haricots, pour leur servir de rames. Il m'a paru, tant en Italie qu'en Amérique, que ces deux plantes souffroient de leur assemblage; & quelqu'économique que ce moyen paroisse, je ne le crois pas dans le cas d'être préconisé.

C'est à l'époque du troisième binage qu'il convient de pincer l'extrémité des tiges des Haricots pour les empêcher de s'accroître davantage, faire profiter les fruits de la féve, qui est arrêtée par cette opération, faciliter leur grossissement & accélérer leur maturité. *Voyez* PINCEMENT.

Comme les Haricots fleurissent à mesure qu'ils s'élèvent, c'est-à-dire, pendant environ deux mois, les premières gousses sont mûres long-tems avant les dernières; & comme ces premières sont les plus basses & les plus ombragées, elles sont sujètes à pourrir si on ne les cueille à tems. Leur blancheur indique leur maturité. En général, il est bon de faire la récolte en trois tems, & garder la première, comme la meilleure, pour la semence.

Les sécheresses prolongées & les pluies abondantes sont également à craindre pour les Haricots pendant toute la durée de leur croissance, mais les premières plus en été, & les dernières plus en automne. Il n'y a pas moyen de s'opposer complétement à leurs effets : seulement il faut arroser par irrigation dans le premier cas, & cueillir les gousses à mesure qu'elles blanchissent dans le second. Les suites de la sécheresse sont plus ou moins graves, & toujours une diminution de produit en nombre & en grosseur des grains, qui d'ailleurs ont alors la peau très-dure. Les suites des longues pluies sont la diminution en nombre,

& la pourriture des grains, qui d'ailleurs sont peu savoureux & nullement de garde.

Comme, dans les pays froids, les pluies sont bien plus fréquentes en automne que dans les pays chauds, les Haricots qu'on y cultive, ceux des environs de Soissons, par exemple, sont toujours plus ou moins dans les cas cités en dernier lieu; aussi sont-ils moins savoureux & plus facilement altérés que la même variété cultivée aux environs de Bordeaux. Ce sont seulement ceux des pays chauds qu'il faut, par cette raison, employer à l'approvisionnement des vaisseaux destinés à des voyages de long cours.

Les Haricots cueillis doivent être laissés dans leur gousse aussi long-tems qu'on n'a pas besoin de les en sortir pour les manger ou les vendre, parce qu'ils s'y conserveront mieux que lorsqu'ils en sont retirés. On les écosse à la main ou au fléau, selon qu'on en a moins ou plus, ou selon qu'on met d'importance à les avoir bien entiers.

Les fannes des Haricots à rames servent à faire de la litière, à chauffer le four, à fabriquer de la potasse, à augmenter la masse des fumiers.

Des variétés du Haricot nain.

Le *Haricot nain d'Argenton*. Ses grains sont blancs & nombreux: c'est le plus précoce. On ne le mange qu'en vert.

Le *Haricot nain de Hollande*. Il diffère peu du précédent, mais mûrit un peu plus tard; il fournit davantage. On le mange en vert & en sec.

Le *Haricot nain de Laon* ou le *flageolet*: encore fort semblable au précédent. Son grain est plus alongé & un peu moins blanc; il charge beaucoup. On le mange en vert & en sec. C'est le plus cultivé aux environs de Paris.

Le *Haricot nain flagellé* s'élève davantage que les précédens, c'est-à-dire, parvient à plus d'un pied. Ses grains sont gris, avec une tache brune sur l'œil. Il est très-bon en vert & en sec.

Le *Haricot nain jaune sans parchemin*. Ses gousses sont courbées, & ses grains ovales & petits. Il est également très-bon en vert & en sec. Il dégénère souvent.

Le *Haricot nain à ventre de biche ou suisse blanc*. Ses grains sont gros & excellens, mais donnent une couleur désagréable à la sauce. Ses gousses vertes sont fort tendres. Il est peu sujet à dégénérer.

Le *Haricot suisse rouge* ou *blanc flagellé de rouge* offre des variétés nombreuses, qui toutes sont bonnes en vert & en sec.

Le *Haricot suisse gris* ou *suisse noir* varie presque autant que le précédent & est plus sujet à dégénérer. C'est un des meilleurs à manger en vert & à conserver dans ce dernier état par la dessiccation ou la saumure.

Le *Haricot touffe* ou *de Bagnolet* est plus hâtif & charge plus que le précédent, duquel on doit le considérer comme une sous-variété. Il est moins sujet à filer. On le cultive beaucoup aux environs de Paris.

Le *Haricot nain rouge* charge beaucoup & brave mieux les intempéries que les autres. Il est bon en vert & en sec, & surtout fait d'excellentes purées.

Ce sont presqu'exclusivement les Haricots nains qu'on sème sur couche & sous châssis, ou dans des baches pour avoir de ces primeurs qu'on appelle *forcées*. Ce sont encore eux qu'on préfere pour mettre sur des ados contre un mur exposé au midi, à l'effet d'en obtenir des primeurs naturelles. Une manière de les cultiver, mitoyenne entre ces deux dernières, & préférable comme moins coûteuse, c'est de les faire lever sur couche dans des pots, & de les transplanter avec leur motte, un peu avant leur floraison, à l'exposition ci-dessus.

Ce que j'ai dit du terrein qui convient aux Haricots à rames, de la manière de les semer & de les biner, s'applique complétement aux variétés de l'espèce naine; cependant ils se contentent, en général, d'un terrein plus maigre. La principale différence qu'ils présentent, c'est qu'on n'a besoin ni de les ramer ni de les pincer, & qu'on peut en récolter la graine toute à la fois, & par conséquent la battre au fléau. Ces considérations font que l'on préfère dans beaucoup de lieux leur culture à celle des Haricots ramés, quoiqu'ils produisent bien moins, & que leurs grains soient généralement plus petits.

On peut biner, & on bine même dans quelques endroits les Haricots nains à la charrue ou à la houe à cheval; cependant ce mode de binage ne vaut pas celui à la houe, par la difficulté de remuer la terre du milieu des touffes.

Les Haricots nains, jouissant, plus que les ramés, de l'influence de l'air & du soleil, sont moins dans le cas de redouter les pluies; mais ils craignent, par contre, bien plus la sécheresse, à raison de ce que la terre, étant moins couverte par leurs feuilles, se hâle plus facilement. (*Voy.* HALE.) Lorsque les gelées de l'automne sont précoces, on les soustrait à leur action en les arrachant & en les suspendant dans des granges, des greniers où ils achèvent de mûrir. Dans les pays méridionaux, on les laisse en terre jusqu'à ce que leur tige soit complétement sèche; ce qui assure leur bonté & leur conservation.

Dans certaines localités, on sème des raves sur le troisième binage des Haricots, raves qui germent & prospèrent pendant le premier mois de leur végétation à l'ombre tutélaire des Haricots, & qui, quand on a arraché ces derniers, profitent de l'espèce de binage, qui est la suite de leur arrachement.

Presqu'en tous pays les Haricots sont très-recherchés pour la nourriture des hommes & des animaux. On mange leurs gousses dans leur jeunesse, & leurs grains dès qu'ils commencent à blanchir. Les verts, qui se digèrent facilement, sont principalement consommés par les riches, parce qu'ils nourrissent peu. Il est plus économique de les laisser venir à graine. Les secs, surtout lorsqu'on les mange avec leur peau, qui est souvent coriace à un haut degré, ne conviennent pas à tous les estomacs. Ce sont les robustes habitans des campagnes & les jeunes gens qui s'en arrangent le mieux. Presque tous les enfans les aiment avec passion. Ils engraissent avec une prodigieuse rapidité tous les animaux domestiques; mais en Europe, leur haut prix permet rarement de les employer à cet usage. Ainsi que je l'ai déjà observé, ils sont d'un excellent produit pour les cultivateurs lorsque l'intempérie des saisons ne nuit pas à leur croissance, & je ne puis trop recommander d'en multiplier la culture en grand, surtout au midi du climat de Paris.

On conserve les Haricots verts de trois manières: 1°. ou on les étend sur des claies qu'on place dans un grenier, ou on les enfile en chapelet & on les suspend dans un lieu sec & aéré, de manière qu'ils puissent sécher lentement; 2°. on les fait à moitié cuire, & on les confit dans le vinaigre, dans la graisse, dans le beurre, &c.; 3°. on les enferme hermétiquement dans une bouteille, à laquelle on fait prendre un certain degré de chaleur dans de l'eau bouillante. Ce dernier procédé est celui de M. Appert; il doit être préféré. Toutes les variétés, comme je l'ai déjà fait remarquer, ne conviennent pas également: ce sont celles sans parchemin & sans filandres qui sont préférables.

On peut conserver les Haricots secs plusieurs années en les tenant dans un lieu qui ne soit pas humide; mais ils perdent de leur qualité à mesure qu'ils vieillissent. C'est au moment de leur récolte qu'ils sont meilleurs. Comme leur peau se digère difficilement & retarde beaucoup leur cuisson, les Anglais l'enlèvent dans des moulins à ce destinés, comme on enlève celle de l'orge, de l'avoine, &c. (*voyez* GRUAU), & les vendent aux consommateurs ainsi dépouillés; ce qui est un grand avantage, & ce qu'il est bien à desirer qu'on fasse aussi en France. Ils les réduisent aussi en farine qu'ils mettent dans des barils en la comprimant fortement, & qu'ils consomment sur leurs vaisseaux sous le nom de *sagou de Brown*. Cette farine peut être introduite jusqu'à moitié dans le pain sans l'empêcher de lever; mais elle le rend lourd & très-susceptible de moisissure.

Autrefois on ne mangeoit les Haricots, sur les tables délicates, qu'après les avoir fait germer. On ne peut savoir pourquoi cet usage, qui les rend plus savoureux & plus sains, est tombé en désuétude.

Aucun insecte n'attaque les Haricots en graine; ce qui est un motif de plus d'en augmenter la production. Sur pied ils ont à craindre, dans le nord, la limace, qui les mange principalement alors qu'ils sortent de terre, & à laquelle il faut faire de grand matin, après la pluie, une chasse continuelle, & dans le midi la MITTE (*acarus*), qui en suce la séve & qui l'épuise. (*Voyez* le Memoire de M. Olivier, de l'Institut, dans ceux de l'ancienne Société d'Agriculture de Paris, annee 1787.) Le moyen le plus certain de se débarrasser de cet insecte, c'est d'interrompre pendant deux ou trois ans la culture du Haricot dans le canton qui en est infeste.

Des autres espèces de Haricots.

Le Haricot d'Espagne ou Haricot à fleurs écarlates se cultive très-fréquemment en France, tantôt pour l'ornement, tantôt pour ses graines: on le sème & on le conduit comme le Haricot à rames. C'est à couvrir des tonnelles, des berceaux, des palissades, qu'on l'emploie le plus communément. Je l'ai vu produire de brillans effets sur des arbres, d'où ses rameaux fleuris pendoient avec grâce. Il offre une variété à fleurs blanches, qui lui est bien inférieure. Les habitans des campagnes le préferent dans quelques cantons, comme plus avantageux, à raison de la grosseur & du nombre de ses graines; mais leur peau est si épaisse, qu'il n'y a que les plus robustes estomacs qui puissent les digérer; cependant je ne l'ai jamais vu cultiver en grand, probablement à raison de la hauteur des rames qu'il exige. Il est plus sensible aux gelées que les autres.

Le Haricot lunulé se cultive dans son pays natal, sous le nom de *pois jaune*. Il l'a eté au Jardin des Plantes de Paris.

On y a cultivé également celui à fleurs verdâtres.

Celui à fleurs pourpres s'y voit encore.

Ces trois Haricots se sèment sur couche dans des pots remplis de terre légérement consistante, & se placent, pendant l'été, contre un mur exposé au midi. En automne on les rentre dans l'orangerie pour faire mûrir leurs graines.

Le Haricot à grandes fleurs est vivace, & se cultive dans nos orangeries. Il lui faut, comme aux précédens, une exposition chaude & des arrosemens fréquens en été. Ses fleurs sont belles & odorantes; mais elles sont rarement abondantes dans le climat de Paris. On le multiplie de ses graines, qui mûrissent souvent à Paris.

Le Haricot à grand étendard exige la serre chaude dans sa jeunesse & à l'époque de la maturité de ses graines.

Le Haricot tubéreux est un des plus précieux, puisqu'on mange sa racine & ses graines. Nous ne le possédons pas dans nos jardins.

Le Haricot radié a été cultivé au Jardin du Muséum.

Celui à grandes stipules s'y cultive encore. On l'y sème, tous les ans, au printems sur couche nue, & on le place contre un mur, où il fleurit & amène ses graines à maturité.

Le Haricot en zigzag se cultive abondamment en Asie & en Amérique pour les graines qui ont un excellent goût, & dont on approvisionne les vaisseaux.

Il en est de même du Haricot à féves rondes, excellente espèce, dont j'ai beaucoup mangé en Amerique, & qui commence à se multiplier dans les parties méridionales de la France. Il se reconnoît à sa forme & à la tache noire de son ombilic. Son goût se rapproche de celui du pois. Je ne puis trop encourager sa culture, qui ne diffère de celle du Haricot nain que parce qu'il lui faut beaucoup plus de chaleur, & qu'il redoute les plus petites gelées. J'en ai semé plusieurs fois aux environs de Paris; mais les pieds qui en sont provenus ont été frappés par elles au milieu de leur floraison. On le voit au Jardin des Plantes de cette ville. (*Bosc.*)

HARMALE. *Peganum.*

Genre de plante de la dodécandrie monogynie & de la famille des *Rutacées*, qui réunit quatre espèces, dont une est cultivée dans nos jardins. Ces espèces ont les feuilles alternes & les fleurs terminales. *Voyez* les *Illustrations des genres* de Lamarck, pl. 401.

Espèces.

1. L'HARMALE à feuilles découpées.
Peganum harmala. Linn. ♃ D'Espagne.

2. L'HARMALE à feuilles simples.
Peganum dauricum. Linn. ♃ De Sibérie.

3. L'HARMALE à feuilles de criste marine.
Peganum crithmifolium. Retz. ♃ Des bords de la Caspienne.

4. L'HARMALE à feuilles simples.
Peganum retusum. Vahl. ♄ D'Égypte.

Culture.

La première espèce, dont l'odeur & les qualités médicinales se rapprochent beaucoup des rues, est celle qu'on cultive. Elle demande une terre légère, sèche & chaude, & craint les fortes gelées du climat de Paris; aussi est-il toujours prudent de couvrir ses racines aux approches de l'hiver, avec de la fougère ou des feuilles sèches, & même d'en tenir quelques pieds en pots pour parer aux accidens.

On multiplie l'Harmale par ses graines, qui mûrissent assez souvent dans le climat de Paris, graines qu'on sème dans des pots sur couche & sous châssis. Le plant, levé, s'arrose modérément, & est laissé en pot jusqu'au printems suivant, qu'on le met en terre.

Quoique les fleurs de l'Harmale ne soient pas sans agrément, leur petit nombre & leur écartement ne permettent pas de la cultiver comme plante d'ornement; aussi ne la voit-on que dans les jardins de botanique & dans ceux des amateurs. (*Bosc.*)

HARMONIE. C'est l'accord qui règne entre les différentes parties d'un tout. Ainsi, dans un jardin, il y a de l'Harmonie lorsque les eaux, les gazons, les buissons & les arbres sont tellement distribués, qu'ils se lient naturellement les uns aux autres, & que l'art ne paroît pas. Ainsi, dans une ferme, il faut que la grandeur des bâtimens, le nombre des bestiaux, la quantité des prairies naturelles & artificielles, l'étendue des terres cultivées en céréales, en graines de légumineuses, en racines nourrissantes, en plantes textiles, tinctoriales, &c., soient en Harmonie les uns avec les autres.

Le bon goût est presque toujours la règle de l'Harmonie dans le premier cas : un esprit juste & réfléchi y conduit necessairement dans le second.

Tout est Harmonie dans la Nature, c'est pourquoi elle plaît toujours. On s'ennuie souvent dans un jardin, on aime constamment une belle campagne. (*Bosc.*)

HARNOIS, ensemble des diverses pièces qui servent à guider les mouvemens du cheval, du bœuf, de l'âne, du mulet, &c., conformement au but de celui qui l'emploie.

La forme des Harnois, le nombre, la force des pièces qui les composent, varient selon les lieux & les animaux. Il n'est pas de canton qui n'offre des différences, à cet égard, pour chacun d'entre eux. Un volume suffiroit à peine pour décrire seulement ceux usités en France. Heureusement que je dois me dispenser d'en parler ici, mon estimable ami Roland de la Platière ayant fait connoître les plus employés dans son Traité du SELLIER, faisant partie du *Dictionnaire des Arts & Manufactures*, Traité accompagné de planches nombreuses, & auquel je renvoie le lecteur. (*Bosc.*)

HARPIN : c'est le nom qu'on donne, dans le département du Gers, à une tumeur charboneuse qui naît sur les jambes des bestiaux, & qu'on guérit en la perçant & en la bassinant avec du vin aromatique. (*Bosc.*)

HARPONIER : nom vulgaire du ROSIER DES HAIES dans quelques cantons.

HARTOGE. *Hartogia.*

Arbre du Cap de Bonne-Espérance, à feuilles opposées & à fleurs en grappes axillaires, qui seul forme un genre dans la tétrandrie monogynie. *Voy.* les *Illustrations des genres* de Lamarck, pl. 76.

Cet arbre, n'étant pas encore cultivé dans nos jardins, n'est pas susceptible d'un plus long article. (*Bosc.*)

HASSELQUISTE. *Hasselquistia.*

Genre de plante de la pentandrie digynie & de la famille des *Ombellifères*, qui contient deux espèces qu'on ne cultive que dans les jardins de botanique.

Observation.

Ce genre est réuni aux *Tordyles* par quelques botanistes.

Espèces.

1. L'HASSELQUISTE d'Égypte.
Hasselquistia ægyptiaca. Linn. ⊙ D'Égypte.
2. HASSELQUISTE à feuilles en cœur.
Hasselquistia cordata. Linn. ⊙ De.....

Culture.

Ces deux plantes se sèment sur couche au printems, & doivent y rester tout le tems de leur durée, ou au moins lorsqu'on veut les voir fleurir, il faut les mettre dans une exposition très-chaude. Elles demandent une terre légère & des arrosemens abondans. (*Bosc.*)

HATIF, synonyme de PRÉCOCE. *Voyez* ce mot.

Une année est Hâtive lorsque les chaleurs arrivent de bonne heure au printems, ou que les récoltes mûrissent de bonne heure par suite des grandes chaleurs de l'été.

Un terrein est Hâtif lorsque les productions qu'on y sème, mûrissent plus tôt qu'ailleurs : ce sont principalement ceux qui regardent le midi & qui sont abrités des vents du nord par des montagnes ou des bois, c'est-à-dire, ceux qui sont en bonne exposition, ainsi que ceux qui sont sablonneux, secs & noirs, c'est-à-dire, ceux où l'eau ne séjourne pas, ceux qui absorbent le plus facilement & qui conservent le mieux la chaleur des rayons du soleil, qui jouissent de cette faculté.

Une plante est Hâtive lorsqu'elle pousse ; une fleur est Hâtive lorsqu'elle s'épanouit ; un fruit est Hâtif lorsqu'il mûrit plus tôt que les autres, surtout plus tôt que les autres variétés de son espèce.

L'agriculteur ne peut influer sur les saisons ; ainsi il ne depend pas de lui qu'une année soit Hâtive, mais il peut souvent suppléer aux abris naturels par des abris artificiels. (*Voyez* ABRI.) Composer des terres, dans les jardins, de maniere à les rendre plus Hâtives n'est pas une chose difficile. Le hasard fait naitre des variétés Hatives parmi les plantes qu'il cultive, & il doit se les approprier en les isolant & en les multipliant, soit de graines si ce sont des plantes annuelles, soit par déchirement des vieux pieds si ce sont des plantes vivaces, soit de marcotes, de boutures, de greffes si ce sont des arbustes, des arbrisseaux ou des arbres.

Il est des pratiques qui rendent des récoltes Hâtives.

Ainsi, dans les Alpes, on sème de la terre noire sur les neiges, & cette terre, accélérant la fonte de ces neiges, fait croître & mûrir plus tôt les productions du sol.

Ainsi, dans les jardins, on pince l'extrémité de beaucoup de légumes, entr'autres des pois, des féves, des haricots, &c. pour accélérer leur maturité.

Toute plante ou toute partie de plante qui souffre, termine plus tôt son évolution, témoins ces arbres à qui on a enlevé un anneau d'écorce, ces fleurs en pots auxquelles on refuse des arrosemens, ces fruits verreux, &c.

Les variétés Hâtives dans les fleurs, les légumes, les fruits, quoique presque toutes inférieures aux variétés tardives en beauté & en goût, sont fort recherchées, dans les grandes villes, par les gens riches, & il est toujours fort avantageux de les cultiver. Il faut donc les saisir quand elles se présentent. Quoique, ainsi que je l'ai observé plus haut, on ne puisse pas influer directement sur leur naissance, cependant on sait, 1°. que plus une plante est anciennement & soigneusement cultivée, & plus elle donne d'espérance à cet égard ; 2°. que la graine de la variété la plus Hâtive donnera probablement de nouvelles variétés encore plus Hâtives. On doit donc agir en conséquence. (*Bosc.*)

HAUMIER. Decandolle donne ce nom à une espèce de cerisier.

HAUSSE, partie d'une RUCHE formée de plusieurs pièces superposées. *Voyez* ce mot & le mot ABEILLE.

HAUTAIN. On donne ce nom aux vignes qui montent sur des arbres ou sur de longues perches. *Voyez* VIGNE.

HAUTE-FUTAIE. *Voyez* FUTAIE dans le *Dictionnaire des Arbres & Arbustes.*

HAUT-GRISÉ, nom d'une variété de pommier à cidre qu'on cultive beaucoup dans le département du Calvados. Il est fertile, donne d'excellent cidre, &, à raison de sa disposition pyramidale, il n'ombrage pas les récoltes. *Voyez* POMMIER A CIDRE.

HAYE, partie de la charrue, synonyme d'AGE. *Voyez* CHARRUE.

HÉBENSTRÈTE. *Hebenstretia.*

Genre de plante de la didynamie angiospermie & de la famille des *Gatilliers*, qui renferme plusieurs espèces, dont quelques-unes sont cultivées dans nos jardins de botanique. *Voyez* les *Illustrations des genres* de Lamarck, pl. 521.

Espèces.

1. L'HÉBENSTRÈTE dentée.
Hebenstretia dentata. Linn. ♂ D'Afrique.
2. L'HÉBENSTRÈTE rude.
Hebenstretia scabra. Persoon. ♂ Du Cap de Bonne-Espérance.
3. L'HÉBENSTRÈTE dorée.
Hebenstretia aurea. Persoon. ♂ Du Cap de Bonne-Espérance.
4. L'HEBENTRÈTE hispide.
Hebenstretia hispida. Linn. ⊙ Du Cap de Bonne-Espérance.
5. L'HEBENSTRÈTE à feuilles entières.
Hebenstretia integrifolia. Linn. ⊙ D'Afrique.
6. L'HEBENSTRÈTE à feuilles en cœur.
Hebenstretia cordata. Linn. ♄ Du Cap de Bonne-Esperance.
7. L'HEBENSTRÈTE ciliée.
Hebenstretia ciliata. Linn. ⊙ Du Cap de Bonne-Espérance.
8. L'HEBENSTRÈTE érinoïde.
Hebenstretia erinoides. Linn. Du Cap de Bonne-Esperance.
9. L'HEBENSTRÈTE frutescente.
Hebenstretia fruticosa. Aiton. ♄ Du Cap de Bonne-Espérance.

Culture.

Les trois premières espèces, qui ont été longtems regardées comme des variétés l'une de l'autre, sont, avec la sixième, les seules qui se cultivent dans nos jardins. Toutes demandent une terre un peu consistante & l'orangerie pendant l'hiver. Une exposition chaude mais ombragée favorise singulièrement leur bonne végétation pendant l'été, saison où on les arrose frequemment. Le plus souvent on les multiplie de boutures faites en été, dans des pots sur couche & sous châssis, au moyen des pousses de l'année, ayant un court talon de la dernière, boutures qui, au moins pour les premières espèces, s'enracinent & même fleurissent en peu de mois.

Les premières espèces sont jolies & en fleurs presque toute l'année. Elles vivent généralement peu long-tems, & craignent beaucoup le transport. Dans la chaleur, leurs fleurs sont inodores le matin, d'une odeur forte & désagréable à midi, & aromatiques le soir. L'hiver elles sont sans odeur.

On multiplie aussi ces premières espèces, de graines qui mûrissent souvent dans notre climat, & qu'on sème au printems dans des pots sur couche & sous châssis. Les plants qui en proviennent ne fleurissent que la seconde & même la troisième année. (*Bosc.*)

HÉCATÉE. *Hecatea.*

Arbre médiocre, originaire de Madagascar, qui, selon Aubert du Petit-Thouars, forme un genre dans la monoécie monadelphie & dans la famille des *Malvacées.*

Cet arbre n'est pas cultivé dans nos jardins, & ne peut être ici l'objet d'un plus long article.

HÉDÉOME. *Hedeoma.*

Genre de plante établi par Persoon, pour placer trois espèces du genre des *Cuniles*, qui, ayant quatre étamines didynamiques, doivent être séparées des autres.

Comme il a été question de ces espèces au mot CUNILE, je n'en parlerai pas ici. (*Bosc.*)

HEDWIGE. *Hedwigia.*

Arbre de Saint-Domingue, où il est vulgairement appelé *Bois à cochon*, *Sucrier de montagne*, qui forme un genre dans l'octandrie monogynie & dans la famille des *Térébinthacées.* Ses amandes, qui sont entourées d'une pulpe sucrée & aromatique, fournissent de l'huile, & son bois est d'un grand usage dans les arts.

Il n'est pas encore introduit dans nos jardins, ainsi je n'ai rien à en dire de plus. (*Bosc.*)

HÉDYCAIRE. *Hedycaria.*

Arbrisseau de la Nouvelle-Zélande, qui, selon Forster, forme seul un genre dans la dioécie icosandrie. Il est figuré pl. 827 des *Illustrations des genres* de Lamarck. Ses noix se mangent.

Cet arbrisseau ne se cultivant pas dans nos jardins ni dans son pays natal, je suis dispensé d'en parler plus longuement. (*Bosc.*)

HÉDYCHIE. *Hedychium.*

Plante vivace de l'île de Java, qui seule forme un genre dans la monandrie monogynie & dans la famille des *Balisiers.* Elle est figuree pl. 1, n°. 3, des *Illustrations des genres* de Lamarck.

Cette plante se cultive dans les serres du Jardin du Muséum. On la tient dans un pot rempli de terre de moyenne consistance. On la place près des jours, & on l'arrose fréquemment pendant sa végétation. Sa multiplication se fait par la division de ses racines. (*Bosc.*)

HÉDYCRÉE. *Hedycrea.*

Arbuste de la Guiane, qui forme un genre dans la pentandrie monogynie, & qui est figuré, sous le nom de *Licanie*, dans l'ouvrage d'Aublet sur les plantes de ce pays.

Cet arbuste, dont on mange les fruits, n'a pas encore été introduit dans nos jardins. (*Bosc.*)

HEDYOSME.

HÉDYOSME. *Hedyosma.*

Genre de plante établi par Swartz, & qui contient deux arbrisseaux, dont aucun n'est encore cultivé en Europe.

Espèces.

1. L'Hédyosme penché.
Hedyosma nutans. Swartz. ♄ De la Jamaique.
2. L'Hédyosme arborescent.
Hedyosma arborescens. Swartz. ♄ De la Jamaique (*Bosc.*)

HÉDYOTE. *Hedyotis.*

Genre de plante de la tétrandrie monogynie & de la famille des *Rubiacées*, qui réunit une vingtaine d'espèces, dont aucune ne se cultive en ce moment dans les jardins de Paris, mais dont plusieurs se sont vues dans celui du Muséum. Il est figuré pl. 62 des *Illustrations des genres* de Lamarck.

Espèces.

1. L'Hédyote frutiqueuse.
Hedyotis fruticosa. Linn. ♄ De Ceilan.
2. L'Hédyote paniculée.
Hedyotis paniculata. Lamarck. De Java.
3. L'Hedyote nerveuse.
Hedyotis nervosa. Linn. De Java.
4. L'Hédyote velue.
Hedyotis villosa. Lamarck. Des Indes.
5. L'Hédyote capitée.
Hedyotis capitata. Lamarck. Des Indes.
6. L'Hedyote à grappes.
Hedyotis racemosa. Lamarck. Des Indes.
7. L'Hedyote herbacée.
Hedyotis herbacea. Linn. De Ceilan.
8. L'Hedyote graminée.
Hedyotis graminifolia. Linn. ♃ Des Indes.
9. L'Hedyote naine.
Hedyotis pumila. Linn. ☉ Des Indes.
10. L'Hedyote maritime.
Hedyotis maritima. Linn. Des Indes.
11. L'Hedyote hispide.
Hedyotis hispida. Lamarck. De la Chine.
12. L'Hedyote auriculée.
Hedyotis auricularia. Linn. ♃ De Ceilan.
13. L'Hedyote diffuse.
Hedyotis diffusa. Willd. Des Indes.
14. L'Hedyote grêle.
Hedyotis virgata. Willd. ♃ D'Afrique.
15. L'Hedyote d'Amérique.
Hedyotis rupestris. Swartz. ♄ D'Amérique.
16. L'Hédyote à feuilles en pointe.
Hedyotis setosa. Ruiz & Pav. ♄ Du Perou.
17. L'Hedyote à feuilles de genévrier.
Hedyotis juniperifolia. Ruiz & Pavon. ♄ Du Pérou.
18. L'Hédyote à feuilles de thym.
Hedyotis thymifolia. Ruiz & Pavon. ♄ Du Pérou.
19. L'Hedyote à tiges filiformes.
Hedyotis filiformis. Ruiz & Pavon. ♄ Du Pérou.
20. L'Hédyote à fleurs ramassées.
Hedyotis conferta. Ruiz & Pav. ♄ Du Pérou.

Je n'ai rien à dire sur la culture de ces plantes. (*Bosc.*)

HÉDYPNOIDE. *Hedypnois.*

Genre de plante établi par Tournefort, & qui renferme cinq espèces qui font partie des Hyoserides de Linnæus. *Voyez* ce mot & les *Illustrations des genres* de Lamarck, pl. 654.

Espèces.

1. L'Hédypnoïde de Montpellier.
Hedypnois monspeliensis. Willden. ☉ Du midi de la France.
2. L'Hédypnoïde de Mauritanie.
Hedypnois mauritanica. Willd. ☉ De la côte d'Afrique.
3. L'Hédypnoïde rhagadiolide.
Hedypnois rhagadiolides. Willden. ☉ Du midi de la France.
4. L'Hédypnoïde de Crète.
Hedypnois cretica. Willdenow. ☉ De l'île de Crète.
5. L'Hédypnoïde pendante.
Hedypnois pendula. Willd. ☉ D'Italie.

Culture.

Les Hédypnoïdes sont mangées par tous les bestiaux. Ce n'est que dans les jardins de botanique qu'on les cultive. On les y seme au printems, dans des pots remplis de terre franche, pots qu'on place sur une couche nue. Lorsque leurs plants ont acquis deux à trois pouces de haut, on les transporte dans le lieu où ils doivent rester, & on les met en terre avec leur mote. Des arrosemens pendant les premiers jours sont utiles, mais ensuite ils deviennent superflus, ces plantes appartenant toutes aux terreins arides. (*Bosc.*)

HEISTER. *Heisteria.*

Arbre de la Martinique, où il est connu sous le nom de *bois de perdrix*, qui seul forme un genre dans la décandrie monogynie & dans la famille des *Hespéridées.*

Cet arbre, dont un rameau est figuré pl. 354 des *Illustrations des genres* de Lamarck, n'étant cultivé ni dans son pays natal ni dans nos jardins, ne doit pas donner lieu à un plus long article. (*Bosc.*)

HÉLÉNIE. *Helenium.*

Genre de plante de la syngénésie superflue & de la famille des *Corymbifères*, qui comprend trois especes qui se cultivent en pleine terre dans nos jardins. Il est figuré pl. 688 des *Illustrations* de Lamarck.

Espèces.

1. L'Hélenie d'automne.

Helenium autumnale. Linn. ♃ De l'Amérique septentrionale.

2. L'Hélénie pubescente.

Helenium pubescens. Ait. ♃ De l'Amérique septentrionale.

3. L'Helenie à quatre dents.

Helenium quadridens. Labillard. ♂ De la Louisiane.

Culture.

Les deux premières espèces s'accommodent de toute espèce de terre, mais viennent mieux dans celles qui sont fraîches & fertiles. Elles ne craignent point les hivers les plus rigoureux. Leur tardive floraison les rend propres à orner les parterres & les jardins paysagers en automne. On les emploie fréquemment à cet usage dans les environs de Paris. Des tuteurs leur sont souvent nécessaires, parce que leurs tiges sont hautes & grêles, & que leurs feuilles donnent beaucoup de prise aux vents. Il faut, chaque année, rétrécir leurs touffes, qui s'étendent, lorsque le terrein est favorable, avec une incroyable rapidité. On peut les multiplier par leurs graines, qui mûrissent fort bien lorsque l'automne se prolonge; mais on ne le fait guère que par le déchirement de leurs vieux pieds, ce moyen en fournissant plus de nouveaux qu'il n'en faut, & ces nouveaux pieds fleurissant l'année même de leur transplantation, tandis que ceux venus de semence ne fleurissent que la seconde ou la troisième annee.

Il y a tout lieu de croire que la culture de ces Hélenies en grand, pour faire de la potasse, donneroit du bénéfice.

L'Hélénie à quatre dents craint le froid ; elle ne s'élève qu'à un ou deux pieds. C'est une assez jolie plante. On la seme dans des pots sur couche, & on la transplante lorsqu'elle a quelques pouces de haut, contre un mur exposé au midi. Il est bon d'en laisser quelques pieds en pots pour les rentrer dans l'orangerie, afin d'être certain d'en avoir de la graine. (*Bosc.*)

HÉLIANTHE. *Helianthus.*

Genre de plante de la syngénésie superflue & de la famille des *Corymbifères*, qui rassemble un grand nombre d'especes, dont plusieurs sont l'objet d'une culture plus ou moins importante. *Voyez* les *Illustrations des genres* de Lamarck, pl. 706.

Espèces.

1. L'Hélianthe annuel ou à *grandes fleurs*, vulgairement *grand soleil*, *tournesol*.

Helianthus annuus. Linn. ○ Du Pérou.

2. L'Helianthe de l'Inde.

Helianthus indicus. Linn. ○ D'Égypte.

3. L'Hélianthe trompette.

Helianthus tubæformis. Jacq. ○ Du Mexique.

4. L'Helianthe tubéreux, vulgairement *topinambour*, *poire de terre*.

Helianthus tuberosus. Linn. ♃ Du Brésil & du Chili.

5. L'Helianthe multiflore.

Helianthus multiflorus. Linn. ♃ De l'Amérique septentrionale.

6. L'Helianthe à dix pétales.

Helianthus decapetalus. Linn.

7. L'Helianthe à calice feuillé.

Helianthus frondosus. Linn. ♃ Du Canada.

8. L'Helianthe doronicoïde.

Helianthus doronicoides. Lamarck. ♃ De l'Amérique septentrionale.

9. L'Helianthe vosacan.

Helianthus strumosus. Linn. ♃ Du Canada.

10. L'Helianthe effilé.

Helianthus virgatus. Lamarck. ♃ De l'Amérique septentrionale.

11. L'Helianthe glabre.

Helianthus lævis. Linn. ♃ De Virginie.

12. L'Helianthe à feuilles molles.

Helianthus mollis. Linn. ♂ De l'Amérique septentrionale.

13. L'Helianthe à cinq rayons.

Helianthus quinqueradiatus. Cavanille. ♃ Du Mexique.

14. L'Helianthe denté.

Helianthus dentatus. Cav. Du Mexique.

15. L'Helianthe pubescent.

Helianthus pubescens. Vahl. ♂ De l'Amérique septentrionale.

16. L'Helianthe à feuilles étroites.

Helianthus angustifolius. Linn. ♃ De l'Amérique septentrionale.

17. L'Helianthe paniculé.

Helianthus paniculatus. Lamarck. ♃ De l'Amérique septentrionale.

18. L'Helianthe à feuilles rudes.

Helianthus atro-rubens. Linn. ♃ De l'Amérique septentrionale.

19. L'Helianthe à fleurs nombreuses.

Helianthus lætiflorus. Persoon. ♃ De l'Amérique septentrionale.

20. L'Helianthe à feuilles de trachélion.

Helianthus trachelifolius. Willd. ♃ De l'Amérique septentrionale.

21. L'Helianthe couché.

Helianthus prostratus. Willd. ♃ De l'Amérique septentrionale.

22. L'HELIANTHE géant.
Helianthus giganteus. Linn. ♃ Du Canada.
23. L'HELIANTHE très-élevé.
Helianthus altissimus. Linn. ♃ De Pensilvanie.
24. L'HELIANTHE à hautes tiges.
Helianthus excelsus. Willd. ♃ Du Mexique.
25. L'HELIANTHE linéaire.
Helianthus linearis. Cav. ♄ Du Mexique.
26. L'HELIANTHE divariqué.
Helianthus divaricatus. Linn. ♃ De l'Amérique septentrionale.
27. L'HELIANTHE sarmenteux.
Helianthus sarmentosus. Rich. De Cayenne.
28. L'HELIANTHE blanchâtre.
Helianthus incanus. Persoon. Du Pérou.
29. L'HELIANTHE de la Cochinchine.
Helianthus cochinchinensis. Lour. De la Cochinchine.

Culture.

On cultive la moitié de ces espèces dans nos jardins de botanique. Parmi elles il en est deux qui sont l'objet d'une grande culture. La plupart peuvent être employés à la décoration des parterres.

Le plus remarquable des Hélianthes est l'annuel, qui s'élève de huit à dix pieds, qui acquiert la grosseur du bras, & dont les fleurs sont les plus grandes connues. J'ai vu de ces dernières qui avoient près d'un pied de diamètre, & ordinairement elles ont plus de six pouces. C'est avec raison qu'on l'a nommé le grand soleil; car rien ne ressemble plus à cet astre que ses fleurs lorsqu'elles sont épanouies : toujours elles ornent les lieux où elles se trouvent, & produisent surtout de bons effets dans les grands parterres, dans les corbeilles qui se trouvent au milieu des gazons des jardins paysagers; enfin de tous les lieux où on peut le voir d'une certaine distance. On a bien souvent tenté de le cultiver en grand pour l'huile que fournissent ses graines, huile qui est aussi bonne à manger qu'à brûler; mais il paroît qu'on n'y a pas trouvé du profit, puisqu'il est si peu d'endroits où on le cultive, que je n'en ai jamais vu. Les motifs qui ont pu s'opposer à la culture en grand de cette plante sont, 1°. qu'elle épuise (EFFRITE, *voyez* ce mot) prodigieusement la terre, à raison de la grande quantité de graines qu'elle fournit (on en a compté dix mille sur un seul pied); 2°. que les quadrupèdes granivores grimpans, tels que les loirs, les écureuils, les muscardins, &c. & les oiseaux granivores, principalement les moineaux, les pinçons, les chardonnerets, les linotes, &c. dévorent ses graines avant qu'elles soient mûres. Dans les jardins même, il est souvent difficile de les garantir de leur bec autrement qu'avec des filets.

Outre le profit qu'on peut retirer des graines du tournesol pour l'huile qu'elles fournissent, on peut encore en nourrir & même engraisser les volailles, quoique quelques-unes les refusent. On peut aussi donner ses feuilles, soit vertes, soit sèches, aux vaches & aux moutons qui les aiment beaucoup, & employer ses tiges à chauffer le four ou à faire de la potasse, dont elles contiennent une grande quantité.

Le semis des graines de tournesol doit être effectué lorsque les gelées ne sont plus à craindre; car leur jeune plant y est extrêmement sensible. On le fera sur une terre naturellement fertile & en même tems humide & chaude, terre qui aura été au préalable profondément labourée & fortement fumée, soit très-clair à la volée, soit par petites touffes à la pioche. Dans le premier cas, il faudra que les pieds soient écartés au moins de trois pieds, &, dans le second, que les touffes soient éloignées de quatre à cinq. On gagne toujours à avoir plutôt peu de gros pieds que beaucoup de petits.

Lorsque les plants provenans de ce semis auront acquis six à huit pouces de haut, on les binera, & on dégarnira les endroits où ils seront trop épais, pour regarnir les endroits où ils seront trop clairs. Ces opérations doivent être faites, autant que possible, par un tems pluvieux.

Un nouveau binage est donné lorsque les plants commencent à entrer en fleurs, & dans celui ci on rapproche la terre des pieds, on les BUTTE. *Voyez* ce mot.

On peut s'en tenir à ces deux binages; mais un troisième, un mois plus tard, ne peut être qu'avantageux.

Lorsque les tournesols sont dans un bon terrein, & que l'année est favorable, ils se ramifient beaucoup. Il faut, au troisième binage, couper tous les rameaux dont les fleurs ne sont pas encore épanouies, afin que la séve profite entiérement à la graine qui n'est pas encore formée. C'est dès cette époque qu'on commence la récolte de cette graine, en coupant le pédoncule du réceptacle de la première fleur de chaque pied, qui est ordinairement la plus grande, ses graines devant alors être toutes noires. On suspend ces réceptacles au grenier, & la maturité s'y complète avec la lenteur convenable, au moyen de la grande quantité de séve qu'ils contiennent. Cette suppression des premières fleurs est favorable au grossissement des autres, qu'on coupe de même successivement à mesure que leur graine mûrit.

Toutes les opérations ci-dessus augmentent beaucoup la dépense de la culture du tournesol, & on peut les éviter; mais alors on a des tiges grêles, des fleurs petites & peu nombreuses, souvent même une seule sur chaque pied. C'est au cultivateur à calculer laquelle des deux méthodes lui est la plus avantageuse.

Il est encore une autre manière de cultiver le tournesol, que je n'ai pas vu pratiquer, mais qui, je crois, peut donner des profits dignes de considération. C'est de semer sur un seul labour à la volée, & de manière que les pieds soient éloignés de six à huit pouces, & d'arracher ces pieds lorsqu'ils commencent à montrer leur premier bouton à fleur, pour les employer, soit à la nourriture des bestiaux en vert ou en sec, soit à la fabrication de la potasse. Cette récolte, qui pourroit être intercalaire, puisqu'elle ne feroit que deux à trois mois en terre, n'épuiseroit pas ce sol; car il est prouvé que le tournesol, comme toutes les autres plantes, ne produit cet effet que lorsqu'il donne ses graines.

Dans les pays froids, pour avancer la floraison du tournesol, on peut le semer sur couche, & le planter avec sa mote, par un tems pluvieux, lorsqu'il a atteint six à huit pouces de haut.

Il est rare, dans le climat de Paris, que les premières gelées de l'automne ne frappent pas le tournesol lorsqu'il est encore en pleine végétation; de sorte qu'il est prudent de le couper rez terre, pour le rentrer dans une grange ou un grenier dès qu'on a lieu de les craindre.

Comme les tiges du tournesol se dessèchent fort lentement, il est bon, lorsqu'on le cultive pour fourage, après leur avoir laissé perdre à l'air, mais non au soleil, pendant une quinzaine de jours, leur eau surabondante de végétation, de les stratifier avec de la paille de froment ou d'avoine, paille qui prendra leur odeur, & qui sera mangée avec plus de plaisir par les bestiaux. Les tiges, après que les feuilles seront consommées, serviront à chauffer le four ou à fabriquer de la potasse. Elles peuvent encore être employées à faire des tuteurs pour les jeunes arbres, des rames pour les pois & les haricots. Lorsqu'on met le feu à une de leurs extrémités, ce feu suit lentement la moële sans brûler l'écorce, en donnant des signes fréquens de la présence du nitre; ce qui permet de le transporter à de longues distances sans aucun inconvénient.

L'Hélianthe de l'Inde se cultive de tems immémorial en Egypte; de sorte qu'il y a toute apparence qu'il constitue réellement une espèce. On en tire, dans ce pays, le parti qu'on devroit tirer de l'Helianthe annuel dans notre climat, & encore plus dans les climats plus meridionaux.

L'Hélianthe renflé ne se cultive que dans nos jardins de botanique, où on le sème en pots sur couche nue, & où on le met en pleine terre lorsqu'il a acquis cinq à six pouces de haut. Il craint peu le froid.

L'Hélianthe tubéreux est un des plus riches présens que l'Amérique méridionale ait fait à l'agriculture européenne; mais on ne sait pas encore en tirer tout le parti convenable. L'importance dont il est à mes yeux m'engage à en faire le sujet d'un article particulier, au mot TOPINAMBOUR, nom qu'il porte vulgairement.

L'Hélianthe multiflore est le plus cultivé de tous, & cependant ne l'est pas encore assez; car ce n'est que sous les rapports de l'agrément qu'il l'est, & il peut l'être aussi sous ceux du profit. C'est lui qu'on voit si souvent garnir de ses larges touffes & de ses nombreuses fleurs les plates-bandes des parterres de nos jardins publics, & le bord des massifs, les corbeilles, &c. de nos jardins paysageis. Il offre une variété à fleurs doubles, qui est devenue plus commune que le type, & qui est réellement plus belle.

Toute espèce de terrein & toute exposition conviennent à l'Helianthe multiflore. Il brave les chaleurs de l'été & les froids de l'hiver. La sécheresse & l'humidité ont peu d'influence sur lui. Enfin, c'est une de ces plantes rustiques que la facilité de leur culture doit faire rechercher.

On peut multiplier l'Hélianthe multiflore par ses graines dont il donne abondamment, & qu'on semeroit dans une terre préparée, & exposée au levant; mais ses touffes s'accroissent chaque année avec tant de rapidité, que le déchirement des vieux pieds en fournit de nouveaux mille fois plus qu'on n'en desire, & qu'on se borne généralement à ce mode de reproduction, qui remplit, mieux que le semis, le but des cultivateurs, puisqu'il en résulte des touffes qui fleurissent la même année, & qui ne diffèrent des anciennes que par leur moindre largeur. C'est en hiver qu'il faut faire cette opération.

Relever les pieds de cette plante de loin en loin pour les placer autre part ou pour leur donner de la terre nouvelle est une bonne pratique, parce qu'elle épuise le sol, que ses touffes deviennent moins belles, & même périssent par le centre.

Tous les bestiaux, & surtout les moutons & les vaches, aiment avec passion, en vert & en sec, les feuilles de l'Hélianthe multiflore, & elle devroit être cultivée en grand, pour leur nourriture, dans un grand nombre de localités qui manquent de fourage. Sa culture, se continuant sans aucun frais pendant cinq à six ans, & fournissant trois coupes par année, seroit extrêmement peu coûteuse, & de plus faciliteroit les moyens d'améliorer les ASSOLEMENS. *Voyez* ce mot.

On peut aussi cultiver avec profit, dans certains cantons, l'Hélianthe multiflore, pour, en le brûlant avant sa floraison, en tirer de la potasse. Je ne puis trop insister sur ce genre de spéculation, actuellement que la rareté du bois ne permet plus de l'employer à cette fabrication, & que Théodore de Saussure nous a appris que les jeunes plantes herbacées en donnoient davantage que les vieux arbres.

L'Hélianthe vocassan est fort célèbre en Canada, où on tire de ses racines, qui ont la forme d'une rave longue, une fecule employée à la nourriture des enfans. Nous le cultivons depuis longtems dans nos jardins, comme ornement, quoique ses tiges soient plus hautes & ses fleurs moins grandes que celles du précédent, c'est-à-dire quoiqu'il y produise moins d'effet. Tout ce que j'ai dit à son occasion lui convient, excepté qu'il exige un meilleur sol. J'en conseillerois vivement la culture si nous n'avions pas le topinambour, qui lui est supérieur sous tous les rapports.

Les autres espèces d'Hélianthe que nous possédons dans nos jardins, & ils sont en tout au nombre de quatorze, sont plus ou moins susceptibles d'être cultivées en pleine terre & pour ornement. Celles qu'on y voit le plus souvent après celles dont il vient d'être question, sont les Hélianthes lisse, couché, denté & à feuilles molles. Leur culture est absolument la même que celle de l'Hélianthe multiflore. (*Bosc.*)

HÉLIANTHÈME, espèce du genre des CISTES. *Voyez* ce mot.

HÉLICE. *Helix*.

Genre de coquillage de la classe des *Univalves*, que les cultivateurs doivent apprendre à connoître, parce que plusieurs des espèces qui le composent peuvent se manger, & que toutes leur causent ou peuvent leur causer du dommage en se nourrissant des feuilles, & surtout des feuilles séminales des plantes, qui font l'objet de leurs soins. *Voyez* le *Dictionnaire des Vers*.

L'HELICE VIGNERON, *Helix pomatia* Linn., vulgairement connu sous les noms d'*escargot*, de *colimaçon*, de *limaçon à coquille*, &c. est le plus gros & le plus important sous le rapport de l'utilité. Il vit dans les bois, les haies, les vignes. Comme il n'est pas très-commun, il est peu à redouter. On le mange dans beaucoup de lieux, & on devroit le manger partout, parce que tout moyen de subsistance ajouté à ceux qu'on possède, est une véritable augmentation de richesse. Les cultivateurs pauvres, qui souvent ne mangent que du pain sec, devroient surtout le rechercher. C'est pendant l'hiver, lorsqu'il est renfermé dans sa coquille & enfoncé dans la terre, qu'on l'estime le plus, parce qu'il est alors plus gras; mais j'ai l'expérience qu'il est bon à manger en tout tems.

L'HELICE CHAGRINÉ, *Helix adspersa* Muller, vit principalement dans les jardins en terrein sec & chaud. On l'appelle vulgairement la *Jardinière*. Il se mange de même que le précédent. Comme il cause de grandes pertes en rongeant les légumes naissans, il faut lui faire une guerre à outrance. Les canards sont très-propres à le detruire lorsqu'il est jeune. On lui fait la chasse, & on l'écrase quand il est parvenu à deux ou trois ans.

L'HELICE NEMORAL, *Helix nemoralis* Linn. Il est plus petit que le précédent, mais n'est pas moins plus nuisible à toutes les cultures. Geoffroi l'a appelé la *Livrée*, à cause de ses bandes brunes sur un fond jaune. On le mange rarement sans doute, à raison de sa petitesse; car il m'a paru aussi bon que les autres.

L'HELICE RUBAN, *Helix ericetorum* Linn., vit dans les terreins arides, & y est quelquefois si abondant, qu'on en écrase plusieurs chaque fois qu'on y pose un pied. Les ravages qu'il cause dans les sainfoins, les luzernes & autres objets cultivés dans ces lieux, sont quelquefois très-considérables. Il semble qu'il n'y a que le rouleau qui puisse le détruire; mais il faut l'employer souvent, c'est-à-dire, toutes les fois qu'on a fauché ces plantes, afin que ceux qui ont échappé la première fois succombent la seconde. (*Bosc.*)

HÉLICTÈRE. *Helicteris*.

Genre de plante de la monadelphie ou de la gynandrie dodécandrie & de la famille des *Malvacées*, qui comprend une douzaine d'espèces d'arbrisseaux, dont deux ou trois se cultivent dans nos jardins. *Voyez* les *Illustrations des genres* de Lamarck, pl. 735.

Espèces.

1. L'HÉLICTÈRE de Barve.
Helicteris barvensis. Linn. ♄ Du Mexique.
2. L'HELICTÈRE de la Jamaique.
Helicteris jamaicensis. Lamarck. ♄ De la Jamaique.
3. L'HELICTÈRE de Carthagène.
Helicteris carthaginensis. Linn. ♄ Du Mexique.
4. L'HELICTÈRE sans pétales.
Helicteris apetala. Linn. ♄ Du Mexique.
5. L'HELICTÈRE pentandrique.
Helicteris pentandra. Linn. ♄ De Cayenne.
6. L'HELICTÈRE à feuilles de guimauve.
Helicteris althaeifolia. Lamarck. ♄ Des Antilles.
7. L'HELICTÈRE à feuilles ovales.
Helicteris ovata. ♄ Du Bresil.
8. L'HELICTERE à feuilles étroites.
Helicteris angustifolia. Linn. ♄ De la Chine.
9. L'HELICTÈRE isora.
Helicteris isora. Linn. ♄ Du Malabar.
10. L'HELICTÈRE hérissé.
Helicteris hirsuta. Loureiro. ♄ De la Cochinchine.
11. L'HÉLICTERE tournesol.
Helicteris proniflora. Rich. ♄ De Cayenne.
12. L'HELICTERE à feuilles de tilleul.
Helicteris tiliaefolia. Du mont Courset. ♄ De.....

Culture.

Nous possédons trois ou quatre de ces arbustes dans nos serres, qu'ils exigent pendant huit mois de l'année. Une terre de moyenne consistance leur convient. On les multiplie, ou de graines semées sur couche & sous châssis, ou mieux dans des baches, ou de boutures faites dans les mêmes lieux. Ils fleurissent ordinairement la seconde année.

Ces arbustes sont de peu d'agrément, & je ne sache pas qu'on en tire un parti utile dans leur pays natal. (*Bosc.*)

HÉLIOCARPE. *Heliocarpus.*

Petit arbre de l'Amérique méridionale, qui seul forme un genre dans la dodécandrie digynie & de la famille des *Tiliacées*. *Voyez* les *Illustrations des genres* de Lamarck, pl. 409.

On le cultive dans nos serres, où il produit peu d'effets. C'est de graines & de boutures semées ou faites dans des pots, sur couche & sous châssis, qu'il se multiplie. Une terre franche, mêlée avec un tiers de terre de bruyère, terre qu'on renouvelle tous les ans, lui est la plus favorable. Le plant fleurit au bout de trois ou quatre ans, & les boutures la seconde année. (*Bosc.*)

HÉLIOPHILE. *Heliophila.*

Genre de plante de la tétradynamie siliqueuse & de la famille de *Crucifères*, qui offre douze espèces, parmi lesquelles il en est plusieurs qui se cultivent dans les jardins de botanique. *Voyez* les *Illustrations des genres* de Lamarck. pl. 563.

Espèces.

1. L'Héliophile à feuilles entières.
Heliophila integrifolia. Linn. ⊙ Du Cap de Bonne-Espérance.

2. L'Héliophile corne-de-cerf.
Heliophila coronopifolia. Linn. ♂ Du Cap de Bonne-Espérance.

3. L'Héliophile fluette.
Heliophila pusilla. Linn. ⊙ Du Cap de Bonne-Espérance.

4. L'Héliophile filiforme.
Heliophila filiformis. Linn. ⊙ Du Cap de Bonne-Espérance.

5. L'Héliophile à fleurs jaunes.
Heliophila flava. Linn. ♄ Du Cap de Bonne-Espérance.

6. L'Héliophile frutescente.
Heliophila frutescens. Lam. ♄ Du Cap de Bonne-Espérance.

7. L'Héliophile à feuilles de circée.
Heliophila circæoides. Linn. ⊙ Du Cap de Bonne-Espérance.

8. L'Héliophile amplexicaule.
Heliophila amplexicaulis. Linn. Du Cap de Bonne-Espérance.

9. L'Héliophile blanchâtre.
Heliophila canescens. Burm. Des Indes.

10. L'Héliophile pendante.
Heliophila pendens. Willden. ○ Du Cap de Bonne-Espérance.

11. L'Héliophile pinnée.
Heliophila pinnata. Linn. Du Cap de Bonne-Espérance.

12. L'Héliophile digitée.
Heliophila digitata. Linn. Du Cap de Bonne-Espérance.

Culture.

Des quatre espèces d'Héliophile que nous cultivons, l'une, la seconde, est bisannuelle ; l'autre, la sixième, est frutescente, & les deux autres, la première & la quatrième, sont annuelles. Elles offrent donc des exemples, des modes de culture applicables à toutes.

Les Héliophiles annuelles se sèment en pot, sur couche & sous châssis, au printems, & se mettent, lorsqu'elles sont levées, contre un mur abrité des vents du nord. Leur terre doit être celle de bruyère. On lui donne de legers arrosemens.

L'Héliophile bisannuelle se sème comme la précédente & se traite de même ; mais aux approches des froids on la rentre dans l'orangerie.

Les Héliophiles frutescentes demandent la même terre & les mêmes soins que les premières pendant l'été, & que la seconde pendant l'hiver. Elles se multiplient de boutures & de marcotes faites dans des pots, sur couche & sous châssis.

Toutes ces plantes sont de nulle utilité & de nulle beauté. On ne les voit que dans les jardins des écoles de botanique. (*Bosc.*)

HÉLIOPSE. *Heliopsis.*

Genre de plante de la syngénésie superflue, établi par Persoon pour placer une espèce qui a été successivement mise parmi les *Buphthalmes*, parmi les *Rudbecks*, parmi les *Silphions*, & enfin parmi les Hélianthes, où elle est mentionnée dans cet ouvrage.

HÉLIOTROPE. *Heliotropium.*

Genre de plante de la pentandrie monogynie & de la famille des *Borraginées*, qui rassemble trente espèces, dont une est commune dans nos champs les plus arides ; une autre se cultive très-fréquemment dans nos jardins, & enfin un grand nombre se voient dans les jardins de nos écoles de botanique. *Voyez* les *Illustrations des genres* de Lamarck, pl. 111.

Espèces.

1. L'Héliotrope commun.
Heliotropium europæum. Linn. ⊙ Indigène.

2. L'Héliotrope du Pérou.
Heliotropium peruvianum. Linn. ♄ Du Pérou.

3. L'Héliotrope à feuilles d'ormin.
Heliotropium indicum. Linn. ⊙ Des Indes.

4. L'Héliotrope à petites fleurs.
Heliotropium parviflorum. Linn. ⊙ De l'Amérique.

5. L'Héliotrope couché.
Heliotropium supinum. Linn. ⊙ Des parties méridionales de l'Europe.

6. L'HÉLIOTROPE de la Jamaïque.
Heliotropium fruticosum. Linn. De la Jamaïque.
7. L'HÉLIOTROPE à feuilles glauques.
Heliotropium curassavium. Linn. ⊙ D'Amérique.
8. L'HÉLIOTROPE de Ceilan.
Heliotropium zeilanicum. Lam. ♄ De l'Inde.
9. L'HÉLIOTROPE de Perse.
Heliotropium persicum. Lam. De Perse.
10. L'HÉLIOTROPE oriental.
Heliotropium orientale. Linn. ⊙ De l'Orient.
11. L'HÉLIOTROPE gnaphaloïde.
Heliotropium gnaphaloides. Lam.....
12. L'HÉLIOTROPE amplexicaule.
Heliotropium amplexicaule. Vahl. ♄ Du Brésil.
13. L'HÉLIOTROPE des lieux inondés.
Heliotropium inundatum. Swartz. ♄ Des Antilles.
14. L'HÉLIOTROPE velu.
Heliotropium villosum. Willd. ⊙ Des îles de l'Archipel.
15. L'HÉLIOTROPE de la côte de Coromandel.
Heliotropium coromandelicum. Vahl. Des Indes.
16. L'HÉLIOTROPE du Malabar.
Heliotropium malabaricum. Retz. Des Indes.
17. L'HÉLIOTROPE à feuilles de Marum.
Heliotropium marifolium. Retz. ♄ Des Indes.
18. L'HÉLIOTROPE ondulé.
Heliotropium undulatum. Valh. ♄ D'Égypte.
19. L'HÉLIOTROPE linée.
Heliotropium lineatum. Vahl. ♄ D'Égypte.
20. L'HÉLIOTROPE strié.
Heliotropium strigosum. Willd. ♄ De Guinée.
21. L'HÉLIOTROPE scabre.
Heliotropium scabrum. Retz. ⊙ Des Indes.
22. L'HÉLIOTROPE à feuilles ternées.
Heliotropium ternatum. Vahl. ♄ Des Indes.
23. L'HÉLIOTROPE pinné.
Heliotropium pinnatum. Vahl. De Magellan.
24. L'HÉLIOTROPE à fleurs en corymbe.
Heliotropium corymbiflorum. Ruiz & Pav. Du Pérou.
25. L'HÉLIOTROPE blanchâtre.
Heliotropium incanum. Ruiz & Pav. Du Pérou.
26. L'HÉLIOTROPE à petit calice.
Heliotropium mycrocalix. Ruiz & Pavon. Du Pérou.
27. L'HÉLIOTROPE velu.
Heliotropium pilosum. Ruiz & Pav. Du Pérou.
28. L'HÉLIOTROPE lancéolé.
Heliotropium lanceolatum. Ruiz & Pavon. Du Pérou.
29. L'HÉLIOTROPE à petit épi.
Heliotropium mycrostachium. Ruiz & Pavon. Du Pérou.
30. L'HÉLIOTROPE à épi séparé.
Heliotropium synstachium. Ruiz & Pavon. Du Pérou.

Culture.

Tous ceux de ces Héliotropes qui se cultivent dans nos jardins, & ils sont au nombre de dix à douze, demandent une terre sèche & une exposition chaude. Deux seuls, le commun & le couché, peuvent être semés dans la place où ils doivent rester; les autres exigent de l'être dans des pots & sur couche. Comme ils sont tous annuels ou bisannuels, excepté un, celui du Pérou, & qu'ils ne jouissent d'aucun agrément, ce n'est que dans les jardins de botanique qu'on les voit. Lorsqu'on veut qu'ils amènent leurs graines à complète maturité, on les rentre dans la serre chaude avant l'arrivée des froids.

L'Héliotrope du Pérou, que j'ai excepté, est en effet l'objet d'une culture très-étendue & très-soignée dans les jardins des environs de Paris & autres grandes villes, à raison de l'odeur suave de ses fleurs & de leur succession perpétuelle. Je vais en conséquence entrer dans quelques détails sur ce qui le concerne.

La terre de bruyère, mêlée de terreau de couche, est celle dans laquelle l'Héliotrope du Pérou fait le plus de progrès : c'est donc celle dans laquelle il convient de le planter. Les plus petites gelées sont dans le cas de faire périr toutes ses feuilles, & même toutes ses tiges : il faut donc le mettre à l'abri de leur action. L'excellente odeur de ses fleurs est le seul motif qui détermine à le cultiver : il faut donc le conduire de manière à lui en faire donner le plus possible. Ces trois considérations servent de base à sa culture.

On multiplie l'Héliotrope du Pérou de graines qui mûrissent fort bien sous nos châssis, de marcotes & de boutures qui reprennent avec la plus grande rapidité.

Les graines se sèment dans des pots sur couche & sous châssis. On les arrose fréquemment, mais foiblement. Le plant qui en provient se repique à la fin de l'été, seul à seul dans d'autres pots, &, ou il reste sous le châssis, ou il se rentre dans l'orangerie. Il fleurit l'année suivante.

Les marcotes se font toute l'année, mais mieux au printems. Elles ne manquent jamais, & fleurissent dans la même saison plus abondamment que leur mère.

C'est au printems seulement qu'on devroit faire les boutures de l'Héliotrope du Pérou; mais on en fait souvent pendant tout le courant de l'été. Pour être certain de leur reussite, on coupe un rameau, en état de végétation, avec un court talon du bois de l'année précédente; on supprime toutes ses feuilles, ou pince son extrémité supérieure, & on enterre son extrémité inférieure, à un pouce de profondeur, dans un pot qu'on place sur couche & sous châssis, & qu'on recouvre d'un entonnoir de verre. Chaque matin on donne un léger arrosement à cette bouture, &, si la couche est chaude, elle pousse de nouveaux bourgeons en peu de jours, & elle a ſuffiſamment de racines à la fin du mois pour qu'on puiſſe la regarder comme repriſe.

Il ne faut pas trop de chaleur à l'Héliotrope du Pérou, mais il lui en faut un certain degré, ſans quoi il ceſſe de pouſſer. Ses fleurs d'abord, & enſuite ſes feuilles, puis ſes tiges les plus jeunes, noirciſſent, moiſiſſent & pourriſſent. L'humidité ſurabondante produit les mêmes effets. Il demande auſſi beaucoup de lumière. On doit faire attention à toutes ces circonſtances lorſqu'on veut le faire proſpérer, & c'eſt parce qu'on ne les prend pas aſſez en conſidération, qu'il en périt tant de pieds dans les ſerres, dans les orangeries & même dans les appartemens.

Il arrive très-ſouvent que les Héliotropes du Pérou perdent toutes leurs feuilles & les extrémités de leurs tiges par ſuite des cauſes ci-deſſus. Cela retarde toujours leur floraiſon & altère ſouvent leur forme. Les couper rez terre eſt preſque toujours une utile opération dans ce cas.

Toutes mes obſervations tendent à prouver que c'eſt ſur couche ſourde & ſous châſſis qu'il eſt plus avantageux de tenir les Héliotropes du Pérou; mais comme on n'en jouit pas lorſqu'ils ſont ainſi placés, il n'y a que ceux qui ſpéculent ſur la vente de leurs pieds ou de leurs fleurs qui s'accommodent de cette manière de les cultiver. Dans ce cas, pour n'avoir pas des châſſis trop élevés, on tient toujours leurs pieds très-courts en les coupant tous les ans rez terre, &, outre l'avantage ci-deſſus, on y gagne de plus belles touffes & de beaux épis de fleurs, par le principe que les tiges qui ſortent immédiatement de terre & qui ne ſe bifurquent pas pluſieurs fois, ſont les plus vigoureuſes.

Des arroſemens très-fréquens en été aſſurent la vigueur des pouſſes de l'Héliotrope du Pérou; ainſi il ne faut pas les leur épargner.

En général, il ne faut pas chercher à conſerver les pieds de l'Héliotrope du Pérou, qui commencent à s'affoiblir. La facilité de leur multiplication doit même engager à les renouveler ſouvent. Il eſt cependant une manière de les conduire, qui en ſuppoſe de vieux. C'eſt celle de les faire monter en arbre ſur une ſeule tige, & de leur former une tête, ſoit ronde, ſoit en paraſol. Alors on n'a que de courts épis de fleurs & de petites fleurs. Il eſt vrai que le grand nombre des premiers y ſupplée.

La végétation des Héliotropes du Pérou étant très-active & ayant lieu pendant toute l'année, il devient indiſpenſable de leur donner de la nouvelle terre deux fois par an, en automne & au printems. En faiſant cette opération, on les débarraſſera de toutes les feuilles mortes, de toutes les tiges ſouffrantes & de toutes les branches trop rapprochées.

Une manière très-favorable, pour les produits, de cultiver les Héliotropes du Pérou, mais dont les ſuites ſont la perte de leurs pieds, c'eſt de les planter en pleine terre en mai, c'eſt-à-dire, lorſqu'il n'y a plus de gelées à craindre, contre un mur expoſé au midi, où ils végéteront avec la plus grande vigueur, & donneront des fleurs en abondance, & auſſi groſſes que poſſible juſqu'aux gelées d'automne qui les feront périr. Il eſt poſſible quelquefois de ſauver ces pieds en les relevant; mais d'après ce que j'ai dit plus haut, il y a peu d'avantages à le faire, parce qu'ils reſtent longtems foibles.

Dans les parties méridionales de la France, on peut conſerver les Héliotropes du Pérou en pleine terre toute l'année, en les couvrant ſeulement de paille ou de fougère pendant environ un mois. J'en ai vu de ſuperbes cultures en Italie. (*Bosc.*)

HELLÉBORE. *Helleborus.*

Genre de plante de la polyandrie polygynie & de la famille des *Renoncules*, qui raſſemble un petit nombre d'eſpèces, dont la plupart ſe cultivent en pleine terre dans les jardins, & ſervent de médicamens dans la médecine vétérinaire. *Voyez* les *Illuſtrations des genres* de Lamarck, pl. 499.

Eſpèces.

1. L'Hellébore fétide, vulgairement *pied de griffon*.
Helleborus fœtidus. Linn. ♃ Indigène.

2. L'Hellebore livide.
Helleborus lividus. Aiton. ♃ De Corſe.

3. L'Hellebore à fleurs roſes, vulgairement *la roſe de Noël*.
Helleborus niger. Linn. ♃ Des Alpes.

4. L'Hellébore à fleurs vertes.
Helleborus viridis. Linn. ♃ Du midi de la France.

5. L'Hellébore du Levant.
Helleborus orientalis. Linn. ♃ D'Orient.

6. L'Hellebore rougeâtre.
Helleborus purpuraſcens. Waldſt. ♃ De Hongrie.

7. L'Hellebore à trois lobes.
Helleborus trilobus. Lamarck. ♃ De Sibérie.

8. L'Hellebore renonculin.
Helleborus ranunculinus. Smith. ♃ De Cappadoce.

9. L'Hellebore d'hiver.
Helleborus hyemalis. Linn. ♃ Des Alpes.

Culture.

La première eſpèce croît dans les bois peu fourrés, dans les pâturages ombragés. Je l'ai vue dans toutes les natures de terre. L'odeur dont elle eſt pourvue repouſſe les beſtiaux que ſes tiges & ſes racines ſervent ſouvent à purger. Comme elle s'élève de plus d'un pied, reſte verte toute l'année, fleurit au milieu de l'hiver, & a des feuilles d'une forme & d'une couleur remarquables,

elle

elle est propre à entrer dans la composition des jardins paysagers, où on peut la placer sur le bord des massifs, derrière les fabriques, &c.; mais il faut éviter de la prodiguer, & la grouper convenablement. Elle est fort difficile à la reprise lorsque ses pieds sont vieux; aussi est-ce de graines qu'il faut la multiplier. Ces graines se sement au printems, en place & après avoir légérement gratté la terre. Le plant levé ne demande aucun soin; mais il ne fleurit guère que la quatrieme année.

Cette plante donne beaucoup de potasse par sa combustion, & il est des lieux, surtout dans les montagnes granitiques, où elle est si commune, qu'il pourroit être avantageux de la récolter uniquement pour fabriquer ce sel.

L'Hellébore livide est peut-être moins pittoresque que la precédente; cependant elle forme de grosses touffes qui se font remarquer des plus indifferens. Elle demande une exposition chaude & une terre peu consistante, mais du reste se seme & se traite comme elle. On la voit communément dans les jardins des environs de Paris.

L'Hellébore à fleurs roses, par la grandeur de ses fleurs, de plus de deux pouces de diamètre, leur couleur d'un blanc-rosé, & surtout l'époque de leur épanouissement au plus fort de l'hiver, c'est à-dire, en décembre & en janvier, mérite d'être cultivée dans tous les jardins d'agrément. Une terre fraîche & l'exposition du nord lui sont les plus favorables; mais elle croît partout où on la place. La difficulte est de la multiplier, ses graines nouant rarement, au moins dans le climat de Paris, & ses racines poussant peu de rejetons; aussi n'est-elle nulle part aussi commune qu'il seroit à desirer qu'elle le fût : c'est cependant de graines & par le dechirement des vieux pieds, qu'on peut seulement la multiplier.

Le commencement de l'automne est le moment qu'il faut choisir pour semer les graines de l'Hellébore à fleurs roses : on y procède dans une terre de bruyère exposee au nord. Le même moment est celui où on doit relever les vieux pieds pour les changer de place & en séparer les bourgeons dont on peut espérer la reprise. Les pieds provenus de graines ne commencent à donner des fleurs que la cinquième & la sixième année : ceux résultans de la séparation des bourgeons n'en donnent que la seconde ou la troisième. On est dédommagé de cette lenteur de croissance par la longue duree des pieds, qui subsistent quinze ou vingt ans dans la même place, donnant constamment un grand nombre de fleurs qui se succèdent pendant deux ou trois mois.

Le bord des massifs exposés au nord, les plates-bandes & les corbeilles très-ombragées sont les lieux où on place l'Hellébore à fleurs roses dans les jardins paysagers. On en tient aussi souvent en pot pour pouvoir les introduire dans les appartemens pendant les rigueurs de l'hiver. J'en ai vu qui produisoient l'admiration générale par le grand nombre, la grandeur & la duree de leurs fleurs.

L'Hellébore a fleurs vertes a peu d'éclat; cependant elle mérite également d'être cultivée à raison des propriétes médicales de sa racine, dont on fait un grand usage dans l'art vétérinaire. Il est des pays où tous les jardins des cultivateurs en offrent quelques pieds. On la multiplie très-facilement de graines & par déchirement des vieux pieds. Elle se voit aussi quelquefois autour des massifs des jardins paysagers, qu'elle embellit par le beau vert de ses feuilles & de ses fleurs pendant presque tout l'hiver.

L'Hellébore du Levant, que nous ne possédons pas, & qui paroît être la véritable Hellébore vantée par les Anciens, comme propre à guérir la folie, s'en rapproche beaucoup, & peut sans doute lui être utilement substituée.

Je crois que les Hellebores rougeâtre, à trois lobes & renonculee ne se trouvent pas dans nos jardins.

L'Hellébore d'hiver s'élève au plus à trois pouces, & sa tige est toujours simple; mais elle n'en est pas moins très-propre à l'ornement des jardins, à raison de la nature traçante de ses racines, du grand nombre & de la belle couleur de ses fleurs, ainsi que de ses feuilles. Les terreins légers & frais sont ceux où elle se plaît exclusivement. Il lui faut toujours l'ombre. C'est à border les massifs qu'on l'emploie le plus communément, & elle remplit parfaitement cet objet pendant trois à quatre mois qu'elle reste en fleurs & en graines, après quoi elle disparoît. Elle garnit pendant cet espace de tems presque complétement le terrein. On en forme aussi des touffes isolées qu'on aime à trouver sous ses pas. On la multiplie avec la plus grande facilité de graines, dont elle donne abondamment dans le climat de Paris, & par déchirement de racines.

Les graines peuvent être semées en place avant le commencement des froids, bien sûr qu'elles leveront en février ou en mars, & qu'elles donneront des fleurs l'année suivante.

Le déchirement des vieux pieds a lieu à la fin de l'été, époque où ils n'offrent plus de feuilles. Ils donnent des fleurs dès l'hiver suivant.

Je ne puis trop recommander la multiplication de cette jolie plante. (*Bosc.*)

HELLÉBORINE. *Voyez* ELLÉBORINE.

HELMINTIE. *Helmintia.*

Genre de plante de la syngénésie égale & de la famille des *Chicoracées*, établi pour placer deux espèces qui appartenoient ci-devant aux PICRIDES. *Voyez* ce mot.

Espèces.

1. L'HELMINTIE échioïde.

Helmintia echioides. Willd. ⊙ Indigène.

2. L'HELMINTIE épineuse.

Helmintia spinosa. Decandolle. ○ Des Pyrénées.

Culture.

La première espèce est la seule qu'à ma connoissance on cultive dans les jardins de botanique, & toute la culture qu'on lui donne consiste à semer les graines en place au printems, & à éclaircir le plant qui en provient, de manière que chaque pied soit suffisamment écarté des autres pour qu'ils ne se nuisent pas réciproquement.

Cette plante croît de préférence dans les terreins argileux. Je ne crois pas que les bestiaux la mangent, quoique d'une famille qu'ils aiment, sans doute à raison des piquans dont toutes les parties sont armées. (*Bosc.*)

HÉLONIAS. *Helonias.*

Genre de plante de l'hexandrie trigynie & de la famille des *Joncs*, qui rassemble six espèces, dont trois se cultivent dans quelques jardins en Europe. *Voyez* les *Illustrations des genres* de Lamarck, pl. 268.

Observation.

Une espèce qui faisoit partie des anthérics de Linnæus, l'*anthericum calyculatum*, & qui a fait ensuite partie des *Phalangères*, a été placée dans ce genre par Willdenow, sous le nom d'Hélonias boréal. *Voyez* NARTE.

Espèces.

1. L'HÉLONIAS à feuilles nerveuses.

Helonias bullata. Linn. ♃ De l'Amérique septentrionale.

2. L'HÉLONIAS asphodéloïde.

Helonias asphodeloides. Linn. ♃ De l'Amérique septentrionale.

3. L'HÉLONIAS à feuilles aiguës.

Helonias angustifolia. Mich. ♃ De l'Amérique septentrionale.

4. L'HELONIAS à fruits rouges.

Helonias erythrosperma. Mich. ♃ De l'Amérique septentrionale.

5. L'HELONIAS naine.

Helonias pumila. Jacq. ♃ De l'Amérique septentrionale.

6. L'HELONIAS douteuse.

Helonias dubia. Mich. ♃ De l'Amérique septentrionale.

Culture.

J'ai observé la première espèce en Caroline, dans les lieux sablonneux, humides & ombragés. C'est donc dans une terre de bruyère, & à l'exposition du nord, qu'il faut la placer dans nos jardins. Des arrosemens fréquens en été lui sont donc avantageux. Je puis assurer que c'est faute d'avoir pris ces soins, que tant de pieds ont péri dans ceux des environs de Paris.

Cette plante est fort agréable en fleurs, & mériteroit d'être multipliée : on y parvient par ses graines, qui mûrissent quelquefois dans notre climat, & par les œilletons que donnent quelquefois ses racines. Les premiers se sèment au printems dans des pots sur couche & sous châssis. Les seconds se lèvent à la même époque, & se mettent directement en place.

Il ne m'a pas paru que cette Hélonias se plût dans un pot ; ainsi c'est en pleine terre qu'il faut mettre le plant dès qu'il est assez fort pour supporter la transplantation.

On cultive encore, dans quelques jardins de botanique, la seconde & la troisième espèce, dont la culture ne diffère pas ou diffère peu de celle que je viens d'indiquer. (*Bosc.*)

HÉMANTHE. *Hæmanthus.*

Genre de plante de l'hexandrie monogynie & de la famille des *Narcisses*, dans lequel se trouvent réunies une quinzaine d'espèces très-remarquables par la disposition de leurs feuilles & de leurs fleurs, & dont plusieurs se cultivent dans les serres de Paris. *Voyez* les *Illustrations des genres* de Lamarck, pl. 228.

Espèces.

1. L'HEMANTHE écarlate.

Hæmanthus coccineus. Linn. ♃ Du Cap de Bonne-Espérance.

2. L'HEMANTHE à feuilles de colchique.

Hæmanthus puniceus. Linn. ♃ Du Cap de Bonne-Espérance.

3. L'HEMANTHE caréné.

Hæmanthus carinatus. Linn. ♃ Du Cap de Bonne-Esperance.

4. L'HEMANTHE à fleurs ramassées.

Hæmanthus coarctatus. Jacquin. ♃ Du Cap de Bonne-Espérance.

5. L'HEMANTHE multiflore.

Hæmanthus multiflorus. Marty. ♃ De Sierra Leone.

6. L'HEMANTHE tigrine.

Hæmanthus tigrinus. Jacq. ♃ Du Cap de Bonne-Espérance.

7. L'HÉMANTHE quadrivalve.

Hæmanthus quadrivalvis. Jacq. ♃ Du Cap de Bonne-Espérance.

8. L'HEMANTHE pubescente.

Hæmanthus pubescens. Linn. ♃ Du Cap de Bonne-Espérance.

9. L'HEMANTHE ciliée.
Hæmanthus ciliaris. Linn. ♃ Du Cap de Bonne-Espérance.
10. L'HEMANTHE à fleurs blanches.
Hæmanthus albiflos. Jacquin. ♃ Du Cap de Bonne-Espérance.
11. L'HEMANTHE à feuilles en éventail.
Hæmanthus toxicarius. Ait. ♃ Du Cap de Bonne-Espérance.
12. L'HEMANTHE à feuilles lancéolées.
Hæmanthus lancæfolius. Jacq. ♃ Du Cap de Bonne-Esperance.
13. L'HEMANTHE cariné.
Hæmanthus carinatus. Miller. ♃ Du Cap de Bonne-Esperance.
14. L'HEMANTHE petit.
Hæmanthus humilis. Jacquin. ♃ Du Cap de Bonne-Esperance.
15. L'HEMANTHE à tige en spirale.
Hæmanthus spiralis. Thunb. ♃ Du Cap de Bonne-Espérance.

Culture.

Comme la plupart des plantes bulbeuses du Cap de Bonne-Espérance, les Hémanthes veulent une terre franche, mais legère, c'est-à-dire, mélangée de terre de bruyere. A la rigueur elles peuvent se contenter de l'orangerie; cependant comme la serre chaude les fait fleurir plus souvent, on les y place ordinairement. Ils demandent des arrosemens fréquens pendant leur végétation, & très-rares lorsqu'ils ont perdu leurs feuilles, c'est-à-dire, en été; ce qui est contraire à ce qui se pratique pour la plupart des autres plantes. Quelques espèces développent leurs fleurs avant leurs feuilles. Rarement ils donnent des fruits en Europe. C'est de cayeux, dont ils se garnissent assez souvent, & qu'on sépare lors de leur dépotement en automne, qu'on les multiplie le plus ordinairement. On conduit ces cayeux comme les gros ognons : souvent ils sont huit à dix ans sans fleurir, quoiqu'ils croissent assez rapidement.

Pendant l'été les Hémanthes se placent dans un lieu ni trop froid ni trop chaud, avec des numéros indicateurs de leur espèce. (*Bosc.*)

HÉMEROCALLE. HEMEROCALLIS.

Genre de plante de l'hexandrie monogynie & de la famille des *Narcisses*, dans lequel entrent quatre espèces, dont les deux premières sont l'objet d'une culture fort étendue dans nos jardins, & dont les deux secondes sont fort recherchées dans nos serres & nos orangeries. Il est figuré pl. 234 des *Illustrations des genres* de Lamarck.

Espèces.

1. L'HEMEROCALLE fauve, vulgairement *lis asphodelle, lis fauve.*
Hemerocallis fulva. Linn. ♃ Des Alpes.
2. L'HEMEROCALLE jaune, vulgairement *lis jaune.*
Hemerocallis flava. Linn. ♃ De Hongrie.
3. L'HEMEROCALLE à feuilles de plantain.
Hemerocallis japonica. Thunb. ♃ Du Japon.
4. L'HEMEROCALLE bleue.
Hemerocallis cærulea. Vent. ♃ Du Japon.

Culture.

L'Hémerocalle fauve ne craint point les gelées du climat de Paris : on l'y emploie même, avec une sorte de prodigalité, à l'ornement des parterres & des jardins paysagers, & elle est très-propre à cet usage par la grandeur, la couleur, le nombre & la durée de ses fleurs. Toute espèce de terre lui convient; mais il paroît que celle qui est consistante & un peu fraîche lui est plus favorable. Les soins qu'elle demande se bornent à des sarclages en été, & à un labour en hiver. On la multiplie rarement de graines, parce que ses racines tracent beaucoup, & qu'on peut les diviser tant qu'on veut; on est même forcé de les diviser pour les empêcher de trop s'étendre, ou de s'étendre irrégulierement : c'est en hiver, lorsqu'on la transplante, que cette division se fait. Les nouveaux pieds donnent presque toujours des fleurs dès la même année.

Si on vouloit semer des graines de l'Hémerocalle fauve, il faudroit le faire peu après leur récolte, dans une terre bien preparée & exposée au levant. Le plant levé seroit transplanté le printems suivant en pépinière, à six ou huit pouces de distance, &, deux ans après, il seroit en état d'être planté à demeure & de fleurir. Pendant tout ce tems on ne lui donneroit que les binages ordinaires à tout jardin entretenu.

Les tiges de cette plante sont sujètes à être cassées par les vents, & il est quelquefois bon de leur donner des tuteurs quand elles y sont trop exposées.

L'Hémerocalle jaune fait ornement même à côte de la précédente, qui la surpasse en grandeur, mais qui n'a pas, comme elle, l'avantage d'avoir ses fleurs odorantes. On la multiplie & on la cultive positivement comme elle; cependant il paroît qu'elle préfère une terre légère & une exposition chaude. Elle garnit moins souvent les parterres que la précédente, parce qu'elle est sujète à périr, soit par l'excès des pluies, soit par les trop fortes gelées de l'hiver.

Ces deux Hémerocalles se placent, dans les jardins paysagers, autour des massifs, sur le bord des eaux, dans les corbeilles au milieu des gazons : partout elles se font remarquer quand elles sont en fleurs. Les soins qu'elles demandent se réduisent à des sarclages ou binages, & à l'enlévement de leurs tiges & de leurs feuilles à la fin de l'eté. Il est bon de les changer de place tous les trois à quatre ans, pour qu'elles conservent leur vigueur; car, comme toutes les autres plantes, elles épuisent le sol.

L'Hémerocalle à feuilles de plantain demande une terre consistante, & l'orangerie ou même la serre tempérée. Elle ne fleurit pas quand elle manque de chaleur en été : c'est pourquoi il est quelquefois bon de la mettre sous un châssis pendant cette saison. Ses fleurs sont blanches & ont une odeur très-suave. On la multiplie par le déchirement de ses vieux pieds. Je ne lui ai pas vu donner de graines dans le climat de Paris; cependant il y a lieu de croire qu'elle doit en donner. Des arrosemens fréquens, pendant sa végétation, la favorisent; mais il faut les leur ménager pendant l'hiver, de crainte que ses racines ne pourrissent.

L'Hemerocalle bleue est plus belle que la précédente, mais elle n'a point d'odeur; elle exige une terre un peu légère. On doit la placer, pendant l'hiver, dans la serre chaude : & pendant l'eté, sous un châssis, pour qu'elle fleurisse convenablement, & qu'elle amène ses graines à maturité. Elle se multiplie par déchirement des vieux pieds, & encore de graines qui se sèment dans des pots sur couche & sous châssis, & dont les produits se repiquent dans des pots séparés, au bout de la seconde année. Les jeunes pieds ne fleurissent qu'après quatre ou cinq ans.

Ces deux plantes demandent à être changées de terre tous les ans, en automne. (*Bosc.*)

HÉMIMÉRIDE. *Hemimeris.*

Genre de plante de la didynamie angiospermie & de la famille des *Solanées*, qui réunit neuf espèces, dont deux se cultivent dans les jardins de botanique. *Voyez* les *Illustrations des genres* de Lamarck, pl. 532.

Observation.

Ce genre se rapproche infiniment des CELSIES. *Voyez* ce mot.

Espèces.

1. L'HÉMIMÉRIDE des montagnes.
Hemimeris montana. Linn. ♃ Du Cap de Bonne-Espérance.

2. L'HEMIMERIDE des sables.
Hemimeris sabulosa. Linn. ♃ Du Cap de Bonne-Espérance.

3. L'HEMIMERIDE diffuse.
Hemimeris diffusa. Linn. ♃ Du Cap de Bonne-Esperance.

4. L'HEMIMERIDE à une seule lèvre.
Hemimeris unilabiata. Thunb. ♃ Du Cap de Bonne-Espérance.

5. L'HEMIMERIDE à tiges ailées.
Hemimeris caudialata. Ruiz & Pavon. ⊙ Du Pérou.

6. L'HEMIMERIDE à feuilles profondément dentées.
Hemimeris incisifolia. Linn. Du Chili.

7. L'HEMIMERIDE couchée.
Hemimeris procumbens. Linn. ⊙ Du Pérou.

8. L'HEMIMERIDE à feuilles d'ortie.
Hemimeris urticifolia. Willd. ♄ De l'Amérique septentrionale.

9. L'HEMIMERIDE écarlate ou frutescente.
Hemimeris linearis. Jacq. ♄ Du Pérou.

Culture.

Ce sont les deux dernières qui se cultivent dans les jardins.

L'Hemiméride à feuilles d'ortie exige l'orangerie, parce qu'elle est continuellement en végétation, car d'ailleurs elle est peu sensible aux gelées. Par la même raison, il faut la placer près des jours pour qu'elle s'étiole moins. Comme il est bon de retarder sa végétation dans cette saison, il faut lui ménager le plus possible les arrosemens. En été, au contraire, on les lui prodiguera, & on la placera en plein air dans l'exposition la plus chaude possible. C'est une terre consistante qu'il est convenable de lui donner. On la change de terre tous les ans en automne, & même une seconde fois au printems. Sa multiplication a lieu par graines, qui mûrissent fort bien dans nos climats, & qu'on sème dans des pots sur couche & sous châssis, par déchirement des vieux pieds, qui a lieu au moment des rempotemens, & par boutures, qui se font pendant toute l'année, mais mieux au printems, sur couche & sous châssis, & qui s'enracinent en peu de tems.

L'Hémimeride écarlate est une assez belle plante, plus délicate & plus sensible au froid que la première. On peut la tenir dans une serre tempérée; mais comme elle craint autant l'humidité que le froid, il est mieux de la mettre dans la serre chaude. Au reste, tout ce que j'ai dit de la précédente lui est applicable.

Pour conserver ces plantes dans un lieu humide, il est mieux de couper leurs rameaux ou même leurs tiges. Elles repousseront au printems, & donneront des touffes qui se garniront de fleurs plus grandes & plus nombreuses. (*Bosc.*)

HÉMITHOME. Ce nom a été donné au genre précédent.

HÉMOPTYSIE, maladie des poumons des animaux domestiques, qui est le plus souvent la suite des efforts qu'ils font en tirant, & qui en conséquence est très-rare dans la vache, & encore plus dans la brebis.

Cette maladie se caractérise par une respiration pénible & par le sifflement, ainsi que par l'écoulement d'un sang écumeux par les naseaux. Le danger est toujours relatif à l'activité de ces symptômes. On peut espérer la guérison tant que la suppuration du poumon n'est pas établie. La saignée à la veine jugulaire est le remède le plus essentiel à mettre en usage, ensuite des rafraîchissans, comme l'eau blanche, puis la décoction de grande consoude & des autres plantes astringentes, même le cachou en nature, édulcore dans du miel. L'application de la glace sur les parties laterales de la poitrine a quelquefois réussi. Il faut tenir l'animal dans une écurie seche & bien aérée, ne lui donner ni foin ni avoine tant que durent les accidens, & ne le faire travailler que quinze jours après qu'ils sont passés. (*Bosc.*)

HÉMORRHAGIE, écoulement, après une operation chirurgicale ou à la suite de la rupture ou de l'ouverture d'un vaisseau, d'une assez grande quantite de sang pour avoir à craindre la mort d'un animal.

On compte cinq moyens principaux d'arrêter les Hémorrhagies; savoir: la compression, la ligature, l'absorption, les astringens, le feu.

Si l'Hemorrhagie vient d'une plaie profonde, un des trois derniers moyens est seul praticable; & si elle est en même tems considérable, les trois réunis suffisent à peine.

La compression n'est applicable qu'aux vaisseaux les plus superficiels. On comprime, soit en entourant de bandes seulement, soit en entourant de bandes avec un tampon sur le vaisseau qu'on veut comprimer, soit avec un tourniquet ou autres instrumens.

On dissèque quelquefois les muscles pour aller faire la ligature à des vaisseaux profonds, principalement dans les cas de suppression d'un membre, d'ANEVRISME & de VARICE. (*Voyez* ces deux mots.) Pour faire la ligature, on emploie une aiguille courbe, enfilée d'un fil bien ciré: on passe cette aiguille sous le vaisseau, & on fait le nœud. La pratique en apprend plus, dans ce cas, que de longues descriptions.

Les substances qu'on emploie le plus fréquemment pour arrêter les Hémorrhagies par absorption, sont l'agaric; à son defaut, l'amadou, qui est la même substance différemment preparée; la poudre de licopode & celle de vesseloup. On applique ces substances sur l'orifice du vaisseau, & on les y assujettir au moyen d'un bandage.

Les astringens ou stiptiques ne remplissent leur objet que dans les Hemorrhagies des petits vaisseaux. Les plus en usage sont la poudre de noix de galle & celle d'alun calciné. On range aussi quelquefois parmi eux les caustiques, tels que la pierre infernale; mais comme ils agissent en cautérisant, il faut les assimiler au moyen suivant.

Le feu ou cautère actuel est l'application d'un fer rouge ou d'un violent caustique sur l'ouverture de la plaie. Il agit en formant subitement une escarre qui ferme l'ouverture des vaisseaux.

Tous ces moyens ont des avantages & des inconvéniens. Tous réussissent ou ne réussissent pas, selon des circonstances qu'on ne peut pas toujours présumer d'avance. C'est au praticien à juger & à se tenir prêt à les faire succéder les uns aux autres, selon le besoin. La rapidité de l'exécution est presque toujours la condition la plus essentielle pour arriver au but.

Il arrive quelquefois des Hémorrhagies par le nez, soit sans cause apparente, soit par suite d'efforts violens ou de coups sur la tête. Le repos & la diète sont presque toujours les meilleurs remèdes à employer; cependant quelques vetérinaires, lorsqu'ils savent que c'est un effort ou un coup qui a amené cet accident, font saigner l'animal, lui injectent des décoctions astringentes dans les naseaux, lui appliquent de la glace autour de la tête, &c. *Voyez* l'article précédent. (*Bosc.*)

HÉMORRHAGIE DE SÉVE. On a donné ce nom à la sortie de la séve par les plaies faites aux arbres pendant la force de leur végetation; elle a souvent lieu à la suite des greffes qui se font au printems. On combat cet accident par des emplâtres résineuses sur la plaie, ou par le déchaussement des racines.

Il n'y a pas de doute que les arbres qui perdent de leur séve, soient par cela même affoiblis; mais je crois qu'on a donne plus d'importance qu'il ne faut à cet affoiblissement. *Voyez* SÉVE. (*Bosc.*)

HENNÉ. *LAWSONIA.*

Genre de plante de l'octandrie monogynie & de la famille des *Salicaires*, dans lequel se trouvent quatre à cinq espèces d'arbrisseaux à feuilles alternes & à fleurs disposées en panicules terminales, dont deux se cultivent dans leur pays natal & dans nos jardins. *Voyez* les *Illustrations des genres* de Lamarck, pl. 296.

Espèces.

1. HENNÉ à fleurs blanches.
Lawsonia inermis. Linn. ♄ Des côtes de Barbarie.

2. Le HENNÉ à fleurs pourpres.
Lawsonia purpurea. Lamarck. ♄ Des Indes.

3. Le HENNÉ à longs pétioles.
Lawsonia acronychia. Linn. ♄ De la Nouvelle-Calédonie.

4. Le HENNÉ épineux.
Lawsonia spinosa. Linn. ♄ Des Indes.

Culture.

La première & la dernière sont celles que je dois prendre ici en considération. Leurs feuilles sont recherchées dans une partie de l'Orient, pour, conformément à la mode généralement adoptée, teindre en jaune les ongles des femmes, les crins, les cuirs, &c. Leurs fleurs exhalent une odeur très-suave. Sur la côte d'Afrique, elles donnent lieu à une culture qui ne consiste cependant qu'en semis en touffes ou en rangées de graines, dans le voisinage des habitations, graines qui donnent des pieds qu'on éclaircit & qu'on laisse croître à volonté, de manière qu'ils forment des haies irrégulières, dont on cueille tous les ans les feuilles en mai, pour les faire sécher & les livrer ensuite au commerce.

On pourroit cultiver le Henné dans beaucoup de localités des parties méridionales de la France; mais comme la vente de ses feuilles est de peu d'importance, on n'a tenté nulle part de le faire, du moins à ma connoissance.

Dans le climat de Paris, le Henné demande la serre tempérée, ou au moins l'orangerie. Il lui faut une terre très-légère & des arrosemens très-modérés en tout tems, & principalement en hiver, car l'humidité lui est extrêmement contraire. On le change de pot tous les ans en automne. Sa reproduction s'effectue principalement par le semis de ses graines tirées d'Alger ou de Tunis, car ses marcotes reprennent très-difficilement, & ses boutures jamais. Je ne sache pas qu'il puisse se greffer sur aucune espèce. Ses graines se sement sur couche & sous châssis, & le plant qui en provient se repique seul à seul, au bout de l'année, dans d'autres pots, après quoi on le traite comme les vieux pieds. Au reste, cet arbuste fleurissant rarement dans notre climat, & étant sans nul agrément par ses feuilles, on ne le recherche que dans les jardins de botanique. (*Bosc.*)

HÉPATIQUE. *Marchantia.*

Genre de plante de la famille des *Algues*, qui renferme une douzaine d'espèces, dont une nuit souvent aux cultivateurs des arbres étrangers, parce qu'elle s'oppose à la levée des graines qu'ils sèment à l'exposition du nord, lorsque ces graines sont de nature à rester plus d'un an en terre sans germer.

L'espèce que je signale ici est l'HÉPATIQUE ÉTOILÉE, *marchantia polymorpha* Linn. On la reconnoît à sa consistance membraneuse & coriace, à sa forme aplatie & lobée, à sa couleur d'un vert foncé. D'abord un point vert, elle s'étend successivement jusqu'à prendre un demi-pied de diamètre. De nombreuses racines l'attachent à la terre lorsqu'elle a acquis une certaine largeur. Elle empêche les plumules des graines de se montrer au jour, & on ne peut l'arracher qu'en enlevant beaucoup de terre; ce qui met à nu la radicule de ces mêmes graines.

Les planches de terre de bruyère, situées à l'exposition du nord & fréquemment arrosées, sont surtout tellement convenables à la multiplication de l'Hépatique, qu'elles en sont souvent complétement couvertes dans l'espace d'une année. Il devient toujours nuisible aux semis de les sarcler lorsqu'elles sont arrivées à une certaine grandeur: c'est donc dans leur jeunesse, ou à mesure qu'elles se montrent de la largeur d'une lentille, qu'il faut le faire avec la lame d'un couteau; car tout autre instrument pourroit nuire aux graines germantes. Il devient indispensable d'enlever tous leurs pieds à mesure qu'on les arrache, parce qu'elles repousseroient: le plus petit fragment d'un pied, laissé en terre, suffit pour le reproduire.

On reconnoît un pépiniériste insouciant & paresseux à la grande quantité d'Hépatique qui se trouve sur ses semis. (*Bosc.*)

HÉPATIQUE: nom spécifique d'une ANÉMONE.

HÉPIALE. *Hepialus.*

Genre d'insecte de l'ordre des *Lépidoptères*, que je signale aux cultivateurs, parce que les larves de toutes les espèces qui le composent, vivent aux dépens des racines des plantes, & peuvent par conséquent leur nuire.

Je ne citerai cependant que l'HÉPIALE DU HOUBLON, parce que c'est la seule dont la larve soit bien connue. Elle mange les grosses racines du houblon, & fait languir & même périr le pied. C'est en fouillant la terre autour des racines de ceux de ces pieds qui annoncent en être attaqués, qu'on peut la trouver & la tuer, car, ayant deux pouces de long, elle est très-visible. Plus tard, c'est-à-dire, à la fin du printems, cette chenille sort à moitié de terre, & se transforme en chrysalide, puis en insecte parfait. Dans ces deux états, on doit lui faire encore la chasse, c'est-à-dire, pendant qu'elle est en chrysalide, en regardant à terre & en écrasant celles qui sont sous la vue, &, quand elle est devenue papillon, en la prenant, le soir, au vol au moyen d'un filet. Des enfans peuvent fort bien remplir les deux dernières indications, & une petite gratification par chaque insecte apporté excitera leur zèle. *Voyez*, pour le surplus, le *Dictionnaire des Insectes.* (*Bosc.*)

HERBACÉ. Une plante Herbacée est celle dont la tige n'est pas ligneuse.

Un fruit a un goût Herbacé lorsque sa saveur se rapproche de celle de l'herbe.

HERBAGE. Ce mot a plusieurs acceptions. Tantôt il signifie un terrein en friche, dans lequel on laisse paître les bestiaux, & alors il est synonyme de PATURAGE (*voyez* ce mot); tantôt une prairie destinée à l'élève des chevaux, à l'engrais des boeufs, à la fabrication des fromages en grand; & c'est dans ce sens qu'il s'applique dans la ci-devant Normandie & dans les montagnes de la Suisse; tantôt les légumes dont on mange les feuilles, tels que l'épinard, l'oseille, &c.

Ce sont les prairies de la meilleure nature qu'il convient le plus de mettre en herbage dans les pays de plaine. On tire de quelques-uns de ceux de la ci-devant Normandie, de la ci-devant Nort-Hollande, des revenus dont on ne se fait pas d'idée, tant ils paroissent exagérés. La plupart des premiers sont entourés de haies rustiques, dans lesquelles entrent une grande quantité d'arbres élevés; les seconds le sont de fosses, dont on peut élever l'eau à volonté pour les arroser. On suit, à l'égard des uns & des autres, deux pratiques différentes : ou on les laisse perpétuellement en prairie, en les couvrant de loin en loin de fumier bien consommé, de terre franche, de marne, &c. (*voyez* PRAIRIES), ou on les laboure aux mêmes époques, on les fume fortement, & on les cultive en céréales, ou mieux en autres objets, pendant deux ou trois ans. Cette dernière méthode est plus conforme aux principes. *Voyez* ASSOLEMENT & SUCCESSION DE CULTURE.

Les Herbages marécageux ne valent rien; mais ils peuvent, le plus souvent, être facilement améliorés en donnant l'écoulement aux eaux, & en les labourant pour changer la nature de leurs plantes. *Voyez* DESSECHEMENT & TOURBE.

Les pâturages des montagnes sont presqu'abandonnés à eux mêmes. A peine s'occupe-t-on de les débarrasser des pierres qui se détachent, à chaque degel, des roches dont ils sont entourés ou parsemés. Leur grande étendue & l'excellente qualité de leur herbe dédommage du peu d'abondance de cette dernière.

En tout pays on peut suppléer plus ou moins avantageusement aux Herbages naturels par des PRAIRIES ARTIFICIELLES, par des semis abondans de plantes fourageuses annuelles, tels que des POIS, des VESCES, des GESSES, des RAVES, des CAROTES, des PANAIS, des BETTERAVES, des TOPINAMBOURS, des POMMES DE TERRE, &c. *Voyez* ces mots. (*Bosc.*)

HERBAGER. On appelle ainsi, dans la ci-devant Normandie, ceux qui louent des herbages pour se livrer à l'engrais des bœufs. Ce ne sont point des animaux qu'ils ont élevés & dont ils se sont servis pour le labourage, qu'ils placent dans ces herbages, mais des animaux achetés à l'âge le plus convenable, & de la rapidité de l'engrais desquels ils se sont assurés. La plupart s'enrichissent promptement. *Voyez* ENGRAIS & BŒUF. (*Bosc.*)

HERBE. Toutes les plantes qui ne sont point ligneuses portent généralement ce nom; mais on l'applique quelquefois plus particuliérement à celles de ces plantes qui servent à la nourriture des bestiaux, surtout aux graminées vivaces.

Les bonnes Herbes sont celles que les bestiaux recherchent le plus. On appelle mauvaises Herbes celles des prairies qu'ils refusent, & celles propres aux lieux cultivés, qui nuisent, de quelque manière que ce soit, aux objets de la culture.

Empêcher les mauvaises Herbes de naître ou les détruire lorsqu'elles existent sont des objets extrêmement importans pour la petite comme pour la grande culture. Les moyens d'y parvenir ne sont pas seulement le sarclage, ainsi qu'on le croit trop généralement; car il en est qui, comme le chiendent, se reproduisent par la plus petite de leurs racines laissée en terre, qui, comme les chardons, le seneçon, sont semées par les vents à de grandes distances, qui, comme la moutarde (senevé), ont des graines susceptibles de se conserver plusieurs années en terre lorsqu'elles sont profondément enfouies. D'ailleurs, les sarclages sont coûteux, doivent se renouveler souvent, & occasionnent des dégâts. Il faut donc les réserver pour les jardins. *Voyez* SARCLAGE.

C'est par le soin de ne semer que des graines exactement nétoyées de celles des mauvaises Herbes; c'est par l'adoption d'un système d'assolement bien combiné, qu'on peut espérer, dans la grande agriculture, d'avoir des récoltes nettes. En effet, il est d'observation que les plantes annuelles qui infestent le plus communément nos seigles, nos fromens, nos orges, nos avoines, ne peuvent pousser avec vigueur dans les prairies artificielles, & que les plantes vivaces qui nuisent souvent si considérablement aux prairies artificielles ne résistent pas aux labours. En alternant ces cultures, on est donc certain d'en faire périr immensément. On en est encore plus certain lorsqu'on intercale entr'elles, ou des semis de plantes qui demandent des binages d'été, telles que celle des haricots, des pommes de terre, des feves, &c. parce que ces binages les détruisent à mesure qu'elles se montrent, ou des semis de plantes qui couvrent le sol d'une ombre impénétrable, comme la vesce, le pois gris, le trèfle, &c., parce que ces plantes les étouffent. C'est par un tel artifice que la plupart des cultivateurs flamands & anglais ont toujours des blés exempts de mauvaises Herbes, & par conséquent beaucoup plus productifs que la plupart des nôtres. *Voyez* CULTURE.

Il est en France des cantons fort nombreux & fort étendus, où on ne pense pas que les mauvaises Herbes nuisent aux produits des céréales, où on les voit, aux chardons près, s'y multiplier avec plaisir, parce que leur paille, étant mêlée avec du foin, sera plus nourrissante & plus appétissante pour les bestiaux qu'on doit en nourrir. Que les cultivateurs de ces cantons qui sont principalement dans les montagnes du centre de la France sont à plaindre de n'être pas plus éclairés! Que de pertes ils éprouvent chaque année par suite de cette détestable pratique! En effet, leur récolte est peut-être de moitié, & je ne dis pas trop, inférieure en quantité & en qualité à ce qu'elle auroit eté si leurs seigles, leurs fromens, &c. eussent été exempts de mauvaises Herbes. Ils mangent du pain désagréable par sa couleur, son odeur, son goût, même souvent malsain, & leurs bestiaux sont généralement petits, maigres & foibles, parce qu'ils ne sont pas assez nourris. C'est en tenant leurs blés bien nets, c'est en multipliant leurs prairies artificielles ou leurs cultures de fourages annuels, que ces cultivateurs peuvent sortir de la misère dans laquelle ils sont généralement plongés. Un arpent de froment, exempt de mauvaises Herbes, donnera plus de grain, & de meilleur grain que trois conduits à la maniere ordinaire; & un arpent de sainfoin donnera plus de fourage & du meilleur fourage que dix de céréales mêlées de mauvaises Herbes. (*Bosc.*)

HERBE AUX ANES. *Voyez* ONAGRE.

HERBE AUX AULX. C'est l'ALLIAIRE.

HERBE AUX CHARPENTIERS. On donne ce nom à la MILLEFEUILLE & au VELAR.

HERBE AUX CHATS. *Voyez* CHATAIRE.

HERBE AUX CUILLERS, synonyme de CRANSON.

HERBE AUX ÉCUS. *Voyez* NUMMULAIRE.

HERBE A L'ESQUINANCIE. C'est l'ASPERULE RUBÉOLE

HERBE A ETERNUER. On appelle ainsi l'ACHILLÉE STERNUTATOIRE.

HERBE AUX GUEUX. Nom vulgaire de la CLÉMATITE.

HERBE AUX HÉMORRHOIDES. *Voyez* FICAIRE.

HERBE A LA HOUETTE. L'ASCLEPIADE DE SYRIE porte ce nom.

HERBE A JAUNIR. *Voyez* GAUDE.

HERBE AU PAUVRE HOMME. C'est ainsi qu'on nomme vulgairement la GRATIOLE.

HERBE AUX PERLES. *Voyez* GREMIL.

HERBE AUX POUX. C'est la DAUPHINELLE STAPHYSAIGRE.

HERBE AUX PUCES. Espèce de PLANTAIN.

HERBE A ROBERT. C'est le nom d'une espèce de GERANION.

HERBE ROUGE. On donne ce nom au MÉLAMPYRE DES CHAMPS.

HERBE DE SAINT-ANTOINE. *Voyez* ÉPILOBE.

HERBE DE SAINTE-BARBE. *Voyez* ROQUETTE SAUVAGE.

HERBE DE SAINT-ÉTIENNE. Nom vulgaire de la CIRCÉE.

HERBE DE SAINT-JEAN. Espèce d'ARMOISE.

HERBE DU SIÉGE. C'est la SCROPHULAIRE AQUATIQUE.

HERBE AUX VERRUES. *Voyez* HELIOTROPE.

HERBE AUX VERS. On appelle ainsi vulgairement la TANAISIE

HERBE AUX VIPÈRES. *Voyez* VIPERINE.

HERBES FROIDES Dans quelques endroits on donne ce nom aux Herbes qui croissent dans les marais; dans d'autres, à celles qui croissent dans les terreins argileux. Généralement ces Herbes sont dures, peu savoureuses, peu nourrissantes. Les vaches sont, parmi les animaux domestiques, celles qui s'en accommodent le mieux; mais il est cependant bon de ne pas les leur laisser exclusivement pâturer, parce qu'elles s'affoiblissent à la suite de leur usage exclusif. *Voyez* PATURAGE. (*Bosc.*)

HERBIER, collection de plantes aplaties & desséchées entre des feuilles de papier.

Il est indispensable à un cultivateur de plantes étrangères d'avoir un Herbier, afin de se rappeler ces plantes lorsque la memoire est en défaut, de comparer celles qu'il reçoit avec celles qu'il a perdues, d'eclaircir les discussions qui naissent quelquefois sur la nomenclature des plus communes, &c.

Il est utile à celui qui cultive ses propriétés, de connoître, au moins empyriquement, les plantes qui font l'objet de ses cultures, & celles qui croissent spontanément sur sa propriété pour multiplier celles qui peuvent être utiles, & detruire celles qui sont évidemment nuisibles.

Je ne puis donc me dispenser de donner ici une courte indication sur la manière de former un Herbier, quoique cet objet soit traité fort au long dans le *Dictionnaire de Botanique*.

Pour faire un Herbier, on arrache les petites plantes, & on coupe un rameau des grandes, ainsi que des arbustes, des arbrisseaux & des arbres: on les place entre des feuilles de papier gris non collé; on les dispose de manière à ce que toutes leurs parties soient étendues le plus possible, & on les comprime au moyen d'une presse, ou simplement au moyen d'une planche chargée de pierres.

Les plantes fannées étant plus difficiles à étendre que celles qui sont fraiches, il faut n'en employer de telles que lorsqu'on ne peut faire autrement.

Lorsqu'on va chercher les plantes au loin, on les dépose dans une boite de fer blanc, & elles s'y conservent plusieurs jours assez fraîches, pour être placees sans difficultés entre les feuilles de papier.

Comme les caractères des plantes se tirent des fleurs & des fruits, il faut que chaque rameau porte des fleurs & des fruits, ou qu'on dessèche un rameau en fleurs & un rameau en fruits.

Tous les jours d'abord, & ensuite tous les deux, tous les trois jours, on change les plantes, c'est-à-dire qu'on les met entre des feuilles d'autre papier sec, & ce jusqu'à ce qu'elles soient complétement seches.

On doit mettre au moins deux feuilles de papier entre chaque plante. Plus on en met & moins souvent on est obligé de les changer, & plus tôt la dessiccation s'opère

Certaines plantes se dessèchent très-rapidement. A chaque plante se joint une étiquette contenant son nom, l'indication du lieu où elle a été trouvée, & toutes les notes qu'on juge à propos d'y inscrire.

Les plantes desséchées & nommées se rangent par genre, & les genres par classes ou familles, pour

pour pouvoir trouver chacune d'elles au besoin sans être obligé de les visiter toutes.

Des insectes mangent les plantes des Herbiers : il faut donc les mettre à l'abri de leurs atteintes, ou leur faire continuellement la guerre. (*Bosc*)

HERBOUTEI : nom de l'ouvrier qui arrache les mauvaises herbes dans le departement des Deux-Sèvres.

HÉRITIÈRE. *Heritiera.*

Plante à racines vivaces, rouges, fibreuses, à feuilles gladiées & à fleurs disposées en cime terminale, qui croît dans les bois humides de la Caroline, & qui seule forme un genre dans la triandrie monogynie & dans la famille des *Iridées.*

Cette plante, que j'ai le premier figurée dans le *Bulletin des Sciences* par la Société philomatique, n'existe point dans nos jardins, quoique j'en aie apporté des graines & des pieds. Sa culture, ainsi que celle de beaucoup d'autres du même pays, demande un terrein si particulier, qu'il est difficile d'espérer pouvoir la cultiver en Europe. C'est dans les localités des bords de la Méditerranée, où croît le Rossolis, qu'on doit seulement tenter de l'introduire. (*Bosc.*)

HERMANE. *Hermannia.*

Genre de plante de la monadelphie pentandrie & de la famille des *Tiliacées*, qui renferme trente espèces d'arbustes à feuilles alternes & à fleurs axillaires ou terminales, dont plusieurs se cultivent dans les jardins de botanique. *Voyez* les *Illustrations des genres* de Lamarck, pl. 570.

Espèces.

1. L'HERMANE à feuilles de guimauve.
Hermannia altaifolia. Lamarck. ♄ Du Cap de Bonne-Espérance.

2. L'HERMANE à feuilles d'aune.
Hermannia alnifolia. Linnæus. ♄ Du Cap de Bonne-Espérance.

3. L'HERMANE à feuilles d'hyssope.
Hermannia hyssopifolia. Linn. ♄ Du Cap de Bonne-Espérance.

4. L'HERMANE vésiculeuse.
Hermannia vesicaria. Lamarck. ♄ Du Cap de Bonne-Espérance.

5. L'HERMANE couchée.
Hermannia procumbens. Cav. ♄ Du Cap de Bonne-Espérance.

6. L'HERMANE trifurquée.
Hermannia trifurcata. Linn. ♄ Du Cap de Bonne-Espérance.

7. L'HERMANE à feuilles de lavande.
Hermannia lavendulæfolia. Linn. ♄ Du Cap de Bonne-Espérance.

8. L'HERMANE à feuilles de sauge.
Hermannia salvifolia. Linn. ♄ Du Cap de Bonne-Espérance.

9. L'HERMANE colletée.
Hermannia involucrata. Cav. ♄ Du Cap de Bonne-Esperance.

10. L'HERMANE subulée.
Hermannia subulifolia. Linn. ♄ Du Cap de Bonne-Esperance.

11. L'HERMANE lisse.
Hermannia denudata. Linn. ♄ Du Cap de Bonne-Esperance.

12. L'HERMANE rude.
Hermannia scabra. Cav. ♄ Du Cap de Bonne-Esperance.

13. L'HERMANE à trois feuilles.
Hermannia triphylla. Linn. ♄ Du Cap de Bonne-Esperance.

14. L'HERMANE à grandes stipules.
Hermannia trifoliata. Linn. ♄ Du Cap de Bonne-Espérance.

15. L'Hermane plissée.
Hermannia plicata. Ait. ♄ Du Cap de Bonne-Esperance.

16. L'HERMANE blanchâtre.
Hermannia candicans. Jacq. ♄ Du Cap de Bonne-Esperance.

17. L'HERMANE distique.
Hermannia disticha. Willd. ♄ Du Cap de Bonne-Espérance.

18. L'HERMANE brillante.
Hermannia micans. Willd. ♄ Du Cap de Bonne-Espérance.

19. L'HERMANE à feuilles de scordion.
Hermannia scordifolia. Jacq. ♄ Du Cap de Bonne-Espérance.

20. L'HERMANE cotonneuse.
Hermannia disermæfolia. Jacq. ♄ Du Cap de Bonne Esperance.

21. L'HERMANE à feuilles en coin.
Hermannia cuneifolia. Jacq. ♄ Du Cap de Bonne-Esperance

22. L'HERMANE soyeuse.
Hermannia sericea. Jacq. ♄ Du Cap de Bonne-Espérance.

23. L'HERMANE hérissée.
Hermannia hirsuta. Willd. ♄ Du Cap de Bonne-Espérance.

24. L'HERMANE multiflore.
Hermannia multiflora. Jacquin. ♄ Du Cap de Bonne-Espérance.

25. L'HERMANE ignée.
Hermannia flammea. Jacquin. ♄ Du Cap de Bonne-Espérance.

26. L'HERMANE angulaire.
Hermannia angularis. Jacquin. ♄ Du Cap de Bonne-Espérance.

27. L'HERMANE odorante.
Hermannia odorata. Ait. ♄ Du Cap de Bonne-Espérance.

28. L'HERMANE à feuilles de groseillier.

Hermannia grossularifolia. Linn. ♄ Du Cap de Bonne-Espérance.

29. L'HERMANE incisée.

Hermannia incisa. Willd. ♄ Du....

30. L'HERMANE poudreuse.

Hermannia pulverata. And. ♄ Du Cap de Bonne-Espérance.

Culture.

La plus grande partie des espèces d'Hermanes qui viennent d'être énumérées, se cultivent dans nos orangeries. Toutes demandent la terre de bruyère, rendue un peu plus consistante par le mélange d'une petite quantité de terre franche, terre qui peut n'être renouvelée, le plus souvent, que tous les deux ans, à raison du peu de force végétative dont elles sont pourvues. Le terme de la vie de la plupart ne s'étend guère au delà de quelques années; ainsi il faut, si on veut les conserver, en faire de nouveaux pieds tous les ans ou tous les deux ans au moins. On doit être d'autant plus porté à renouveler ses pieds, que les jeunes donnent plus de fleurs, & de plus grandes fleurs que les vieux, & qu'ils ont un aspect plus elegant. Leur multiplication s'exécute, 1°. par le semis de leurs graines, qui mûrissent souvent dans nos climats, dans des pots sur couche & sous châssis; 2°. par marcottes qui s'enracinent toujours dans le cours d'un été, lorsqu'elles sont faites au printems; 3°. de boutures qui, pour reussir, doivent être faites au printems avec des pousses de l'année, & être mises dans des pots sur couche & sous châssis, & de plus recouvertes, pendant les premiers jours, avec un entonnoir de verre.

Ni le froid, pourvu qu'il ne soit pas au dessous du terme de la glace, ni l'humidité, pourvu qu'elle ne soit ni excessive ni prolongée, ne nuisent aux Hermanes lorsqu'elles sont dans l'orangerie. On les arrose modérément pendant l'été, on les place dans un lieu abrité & légerement ombragé, & on les arrose plus souvent.

Quelques Hermanes, par leur élégance, sont dans le cas d'être remarquées; mais en général elles ne se cultivent que dans les jardins de botanique & dans les collections des amateurs de plantes étrangères. (*Bosc.*)

HERMAPHRODITE, ou qui réunit les deux sexes.

La plupart des plantes sont Hermaphrodites: quelques vers le sont également; mais il n'est pas vrai qu'il s'en trouve dans les autres classes du règne animal.

HERMAS. *Hermas.*

Genre de plante de la polygamie monoécie & de la famille des *Ombellifères*, qui rassemble cinq espèces, dont aucune n'est cultivée dans nos jardins. Il se rapproche infiniment des *Buplevres*. *Voyez* les *Illustrations des genres* de Lamarck, pl. 851.

Espèces.

1. L'HERMAS dégarni.

Hermas depauperata. Linnæus. ♃ Du Cap de Bonne-Espérance.

2. L'HERMAS gigantesque.

Hermas gigantea. Linn. ♃ Du Cap de Bonne-Espérance.

3. L'HERMAS capité.

Hermas capitata. Linn. ♃ Du Cap de Bonne-Espérance.

4. L'HERMAS cilié.

Hermas ciliata. Linn. ♃ Du Cap de Bonne-Espérance.

5. L'HERMAS à cinq dents.

Hermas quinquedentata. Linn. ♃ Du Cap de Bonne-Esperance. (*Bosc*)

HERMES. On donnoit autrefois ce nom aux terres non cultivées de tems immemorial.

HERMÉTIE. *Hermetia.*

Arbre des bords de l'Orénoque, dont les feuilles sont alternes, lancéolees, & les fleurs disposées en grappes. Il forme seul un genre dans la dioécie ennéandrie & dans la famille des *Tithymaloïdes*. Comme il ne se trouve pas encore dans nos jardins, je n'ai rien à dire sur la culture. (*Bosc.*)

HERNANDIER. *Hernandia.*

Genre de plante de la monoécie triandrie & de la famille des *Lauriers*, qui réunit trois arbres remarquables, parmi lesquels il en est un qui se cultive dans nos jardins. Ce genre est figuré pl. 755 des *Illustrations des genres* de Lamarck.

Espèces.

1. L'HERNANDIER sonore.

Hernandia sonora. Linn. ♄ Des Indes.

2. L'HERNANDIER porte-œuf.

Hernandia ovigera. Linn. ♄ Des Indes.

3. L'HERNANDIER de la Guiane.

Hernandia guianensis. Aub. ♄ De Cayenne.

Culture.

On doit tenir, toute l'année, l'Hernandier sonore dans la serre chaude. Une terre franche, mêlée d'un peu de terreau de couche qu'on renouvelle, en partie, tous les ans, est celle qui lui est la plus avantageuse. Il s'arrose beaucoup en été & peu en hiver. C'est exclusivement par ses graines, tirées de son pays natal & semées dans des pots sur couche & sous châssis, qu'il se multiplie. Rarement il fleurit dans notre climat. (*Bosc.*)

HERNIAIRE. *HERNIARIA.*

Genre de plante de la pentandrie digynie & de la famille des *Amaranthes*, dans lequel se trouvent une demi-douzaine d'espèces propres au midi de l'Europe, & qui se cultivent pour la plupart dans nos jardins de botanique. *Voyez* les *Illustrations des genres* de Lamarck, pl. 180.

Espèces.

1. L'HERNIAIRE glabre, vulgairement la *Turquette.*

Herniaria glabra. Linn ☉ Des parties moyennes & meridionales de l'Europe.

2. L'HERNIAIRE velue.

Herniaria hirsuta. Linn. ☉ Des parties moyennes & meridionales de l'Europe.

3. L'HERNIAIRE blanchâtre.

Herniaria lenticulata. Linn. ♃ Du midi de la France.

4. L'HERNIAIRE des Alpes.

Herniaria alpina. Willd. ♃ Des Alpes.

5. L'HERNIAIRE frutiqueuse.

Herniaria fruticosa. Linn. ♄ D'Espagne.

6. L'HERNIAIRE polygonoïde.

Herniaria polygonoides. Willd. ♄ D'Espagne.

Culture.

Ces plantes, petites, rampantes & de nul agrément, ne se cultivent que dans les écoles de botanique. Les annuelles se sement en place au printems, s'éclaircissent & se sarclent au besoin. Les vivaces se sèment dans des pots sur couche & sous châssis, & se rentrent dans l'orangerie aux approches de l'hiver. Leurs pieds peuvent aussi se diviser lorsqu'on veut en augmenter le nombre. Une terre sablonneuse est celle qu'ils prefèrent. On doit rarement les arroser, même en été. (*Bosc.*)

HERNIE, sortie d'un viscère de l'abdomen par suite de l'écartement contre nature d'un muscle, ou l'affoiblissement des ligamens qui le retenoient.

Les animaux sont sujets aux mêmes Hernies que l'homme, mais il n'y a pas de moyens aussi certains de les empêcher de s'accroître ou de s'étrangler. Les grands efforts que font ceux qui sont dans le cas de tirer, les coups de corne de ceux qui en ont, les exposent surtout aux Hernies crurales & ventrales, & la position de leur ventre rend plus fréquentes les ombilicales. Les chevaux affectés d'Hernies s'amolcient avec ces Hernies, qu'on fait rentrer lorsqu'elles ne sortent pas trop souvent, & les bœufs qui sont dans le même cas doivent être envoyés à l'engrais, & de là à la boucherie.

Les vaches & les truies sont plus sujètes aux Hernies vaginales, que les jumens & les anesses. On les réduit tant qu'on peut espérer qu'elles se guériront. Si elles sont jugées incurables, il faut tuer l'animal.

Quant aux Hernies de la vessie, de l'estomac & autres, elles sont si rares dans les animaux, à raison de la position de leurs viscères, qu'on a nié leur possibilite.

En géneral, ce sont des astringens stiptiques qu'à défaut de bandage on applique sur l'ouverture par laquelle sortent les Hernies, apres que ces Hernies ont éte reduites; mais il ne faut pas les mettre sur l'Hernie même, comme on le fait quelquefois par ignorance; car il en résulte les plus graves inconvéniens.

Un cultivateur ordinaire peut difficilement juger de la nature de certaines Hernies. Il doit s'aider des lumieres d'un veterinaire pour prendre un parti sur ceux de ses animaux chez qui il s'en forme. Je n'alongerai donc pas cet article autant qu'il eût été possible de le faire si je le traitois à fond. (*Bosc.*)

HERSE. Dans le département des Deux-Sèvres on donne ce nom à une sorte de crible en plan incliné & à trémie. *Voyez* CRIBLE.

HERRERIE. *HERRERIA.*

Arbuste à tige grimpante, épineuse, à feuilles lineaires verticillées, & à fleurs disposées en grappes, qui croit au Pérou, & qui seul forme un genre dans l'hexandrie monogynie & dans la famille des *Asperges.*

Cet arbuste ne se voit dans aucun jardin d'Europe, & ne se cultive pas dans son pays natal. (*Bosc.*)

HERSAGE, opération qui consiste à faire traîner, par des chevaux ou des bœufs, une herse sur un terrein nouvellement labouré, & qui vient d'être ensemencé. *Voyez* HERSE.

Cette operation, une des plus nécessaires de la grande culture, a pour but, 1°. de recouvrir la semence de terre; 2°. de rompre les saillies de terre ou motes, & d'en amener les parcelles dans des cavités voisines; 3°. de ramener à la surface & de rassembler aux extrémites du champ les herbes ou les racines, même les grosses pierres qui sont peu enterrées. *Voyez* RATISSAGE.

Les terreins sablonneux sont ceux qui se hersent le mieux. Souvent il est impossible de herser ceux qui sont argileux, soit parce que leurs motes sont trop dures, soit parce qu'ils sont trop imbibés d'eau. Les sols très-chargés de pierres sont également difficiles à herser.

On ne peut être que scandalisé de voir avec combien peu de soin s'exécutent les Hersages. La rapidité avec laquelle on fait marcher les chevaux ne permet pas aux dents antérieures d'entrer dans la terre, & aux postérieures d'y entrer suffisamment. Souvent il s'amasse, entre les dents du milieu, une si grande quantité d'herbe, qu'elles ne font que gratter la surface du sol. Il semble qu'il suffit que la herse ait passé par tout un champ pour qu'il soit hersé.

Souvent on attache deux herses à la suite les unes des autres. Alors le Hersage est meilleur; mais combien les chevaux ou les bœufs ne fatiguent-ils pas!

En général les bœufs, à raison de la lenteur de leur marche & de la moindre hauteur de leurs pieds, conviennent mieux au Hersage que les chevaux qu'on y emploie cependant le plus communément.

Les Hersages peuvent se faire en tout tems dans les terreins sablonneux; mais pour les terreins argileux il faut choisir le moment le plus favorable, & ce moment est celui où les mottes ne sont ni trop durcies par la sécheresse, ni trop amollies par l'humidité. (*Bosc.*)

HERSE, barres de bois, parallèles, liées à un cadre, ou triangulaire, ou carré, ou trapézoïde, qui portent, de distance en distance, sur leur côté inférieur, des chevilles de bois ou de fer, alternes les uns aux autres, & formant ainsi une suite de rateaux très-propres à unir le terrein divisé par les labours, & à recouvrir la semence qui vient d'être répandue sur sa surface.

Les Herses servent aussi à retirer les herbes, les racines & les pierres qui sont restées à la surface du sol. *Voyez* RATISSAGE & HERSAGE.

Les cultivateurs ne peuvent se passer d'une ou de plusieurs Herses à chevilles de bois & à chevilles de fer. Elles doivent être plus ou moins grandes, plus ou moins pesantes, plus ou moins garnies de dents, selon la force des chevaux ou des bœufs qui doivent les tirer, la nature du sol, le but qu'on se propose, &c. L'essentiel est qu'elles soient solidement construites.

Souvent les Herses se chargent de pierres pour augmenter leur pesanteur; souvent leur extrémité postérieure est garnie de rameaux d'épines ou d'autres arbres, rameaux qui perfectionnent le hersage en recouvrant les raies formées par les dents de la Herse.

Les Herses à dents de fer servent aussi à faire un labour superficiel, qui suffit quelquefois aux cultures; par exemple, au semis des raves après la moisson, au semis de l'orge au printems, sur des fromens détruits par les inondations, &c. Elles servent encore à enlever la mousse & les corps étrangers des prairies qui en sont infestées.

Certaines de ces Herses à dents de fer ont leurs dents en forme de coutres, & sont destinées à couper les racines dans les défrichemens. On en fait peu usage.

Il est des Herses dont les barres sont mobiles sur leur cadre, & qui peuvent ainsi se prêter aux inflexions du terrein. Elles ont des avantages dans un grand nombre de cas; mais comme elles coûtent beaucoup plus cher, on en voit peu dans les exploitations rurales.

Je pourrois beaucoup étendre cet article en décrivant en détail les diverses sortes de Herses qui existent en France; mais je crois devoir me borner à renvoyer au *Dictionnaire de l'Art agricole*, pl. 36, où il y en a plusieurs de décrites & de figurées. (*Bosc.*)

HETÉROPOGON. *Heteropogon.*

Genre de plante établi par Persoon pour placer deux barbons, le glabre & le contourné, qui, étant monoïques, n'offrent pas les caractères des autres. *Voyez* au mot BARBON. (*Bosc.*)

HÉTÉROSPERME. *Heterospermum.*

Plante annuelle de la Nouvelle-Espagne, à feuilles pinnées & à fleurs solitaires, au sommet de longs pédoncules, qui, selon Cavanilles, forme un genre dans la syngénésie superflue & dans la famille des *Corymbifères.*

Comme cette plante ne se cultive pas dans nos jardins, je n'ai rien de plus à en dire. (*Bosc.*)

HEUCHÈRE. *Heuchera.*

Genre de plante de la pentandrie digynie & de la famille des *Saxifragées*, lequel réunit deux espèces, dont une se cultive dans nos jardins. *Voyez* les *Illustrations des genres* de Lamarck, pl. 184.

Espèces.

1. L'HEUCHÈRE d'Amérique.
Heuchera americana. Linn. ♃ De l'Amérique septentrionale.

2. L'HEUCHÈRE velue.
Heuchera villosa. Mich. ♃ De la Caroline.

Culture.

La première de ces espèces, qui est celle que nous possédons, ne craint point les plus fortes gelées. Toute terre lui convient. Cependant c'est dans les sols argileux que je l'ai vue croître le plus fréquemment en Amérique. Elle demande de l'ombre & des arrosemens assez fréquens en été. Sa multiplication a lieu par le semis de ses graines, dans un terrein préparé & exposé au levant, & par le déchirement des vieux pieds à la fin de l'hiver. Ce dernier moyen suffit aux besoins de la culture. Cette plante, quoique ne manquant pas d'élégance, ne se voit guère que dans les jardins de botanique. (*Bosc.*)

HÉVÉE. *Siphonia.*

Grand arbre de la Guiane, qui donne ce qu'on

appelle, dans le commerce, la *gomme élastique* ou *cahoutchouc*, & qui seul forme un genre dans la monoecie monadelphie & dans la famille des *Euphorbes*.

Cet arbre n'est pas encore dans nos jardins, & ne se cultive pas dans son pays natal ; ainsi je n'ai rien à en dire. *Voyez* les *Illustrations des genres* de Lamarck, pl. 790.

HIGGENTIE. *Higgentia*.

Genre de plante de la tétrandrie monogynie, qui renferme trois arbres ou arbrisseaux, dont aucun n'est cultivé dans nos jardins. Il se rapproche beaucoup des BERTIERES d'Aublet.

Espèces.

1. L'HIGGENTIE à fleurs ramassées.
Higgentia aggregata. Ruiz & Pav. ♄ Du Pérou.
2. L'HIGGENTIE à feuilles ovales.
Higgentia obovata. Ruiz & Pav. ♄ Du Pérou.
3. L'HIGGENTIE verticillé.
Higgentia verticillata. Ruiz & Pav. ♄ Du Pérou. (*Bosc.*)

HIPOCISTE. *Cytinus*.

Plante parasite des racines des grands cistes ligneux, qui seule forme un genre dans la monoécie monadelphie & dans a famille des *Asaroïdes*. *Voyez* les *Illustrations des genres* de Lamarck, pl. 737.

Cette plante est pour ainsi dire incultivable dans les orangeries, & je n'imagine pas qu'on ait tenté de la cultiver dans son pays natal. Ce seroit donc comme plante nuisible aux cistes, que je devrois la considérer ici ; mais les cistes ne se cultivent pas, & sont ordinairement si abondans dans les lieux qui leur conviennent, qu'on ne fait nulle attention au dommage qu'elle leur cause.

Je n'ai jamais eu occasion d'observer des Hipocistes vivans, & aucun auteur n'en a parlé sous le point de vue agricole. Je n'ai donc rien à en dire.

Il m'est cependant permis de supposer que les réflexions qui suivront l'article des OROBANCHES s'y appliqueront plus ou moins. (*Bosc.*)

HIPPIE. *Hippia*.

Genre de plante de la syngénésie nécessaire & de la famille des *Corymbifères*, qui réunit quatre espèces, dont une est cultivée dans nos jardins. *Voyez* les *Illustrations des genres* de Lamarck, pl. 717.

Espèces.

1. L'HIPPIE frutescente.
Hippia frutescens. Linn. ♄ Du Cap de Bonne-Espérance.
2. L'HIPPIE naine.
Hippia minuta. Linn. De l'Amérique méridionale.
3. L'HIPPIE stolonifère.
Hippia stolonifera. Brot. ⊙ Du Portugal.
4. L'HIPPIE à feuilles entières.
Hippia integrifolia. Linn. ○ Des Indes.

Culture.

La première espèce est d'orangerie. Elle est peu délicate, c'est-à-dire, ne craint que les fortes gelées & l'excès d'humidité. On lui donne une terre franche, mêlee de terreau ou de terre de bruyère. Ses graines mûrissent rarement dans le climat de Paris. Sa multiplication a lieu par le moyen des marcotes & des boutures. Les premieres reussissent toujours. Les secondes doivent être faites sur couche & sous chassis, & être recouvertes d'un entonnoir de verre pour n'être pas exposées à manquer. Pendant l'été on met les vieux comme les jeunes pieds dans un lieu abrité des vents froids, & on les arrose convenablement.

La dernière espèce, étant annuelle, se sème sur couche & sous châssis. Lorsque les pieds qu'ont produits ses graines sont arrivés à un pouce de haut, on les transplante seul à seul dans des pots remplis de terre de bruyère, &, après les avoir laissés encore quinze jours sous le châssis, on les place contre un mur exposé au midi.

Ces plantes sont de peu d'intérêt, & ne se cultivent que dans les jardins de botanique. (*Bosc.*)

HIPPOCRÈPE. *Hippocrepis*.

Genre de plante de la diadelphie décandrie & de la famile des *Légumineuses*, dans lequel se trouvent quatre espèces qui toutes se cultivent dans les jardins de botanique. *Voyez* les *Illustrations des genres* de Lamarck, pl. 630.

Espèces.

1. L'HIPPOCRÈPE unisiliqueuse.
Hippocrepis unisiliqua. Linn. ⊙ Des parties méridionales de l'Europe.
2. L'HIPPOCRÈPE multisiliqueuse.
Hippocrepis multisiliqua. Linn. ⊙ Indigène.
3. L'HIPPOCRÈPE des Baléares.
Hippocrepis balearica. Jacquin. ♄ Des îles Baléares.
4. L'HIPPOCRÈPE vivace.
Hippocrepis comosa. Linn. ♃ Indigène.

Culture.

Ces plantes n'ont d'intérêt que pour les botanistes, & ne se cultivent que dans les écoles. La première se sème dans des pots remplis de terre légère, fur couche nue ; & lorfque fon plant a acquis deux à trois pouces de haut, on le tranfplante à demeure en pleine terre. La troifième fe feme de même, mais fon plant refte en pot pour pouvoir être rentrée dans l'orangerie aux approches de l'hiver. La feconde & la quatrième fe fèment en pleine terre & en place, & y reftent toujours, l'une jufqu'à ce qu'elle ait amené fon fruit à maturité, & l'autre pendant plufieurs années. Leur culture fe réduit donc à peu de chofe. (*Bosc.*)

HIPPOTIS. *Hippotis.*

Plante du Perou, qui feule forme un genre dans la pentandrie monogynie & dans la famille des *Rubiacées.*

Comme cette plante ne fe trouve pas dans nos jardins, je ne puis indiquer la culture qui lui eft la plus convenable. (*Bosc.*)

HIRÉE. *Hiræa.*

Genre de plante de la décandrie trigynie & de la famille des *Malpighiacées*, qui reunit trois efpèces, y compris la FLABELLAIRE. (*Voyez* ce mot.) Il fe rapproche beaucoup des TRIOPTÈRES.

Efpèces.

1. L'HIRÉE réclinée.
Hiræa reclinata. Willd. ♄ De l'Amérique méridionale.

2. L'HIRÉE odorante.
Hiræa odorata. Willd. ♄ De Guinée.

3. L'HIREE à feuilles pinnées, *ou* FLABELLAIRE.
Hiræa pinnata. Willd. ♄ De Sierra-Leone.

Aucune de ces efpèces n'eft cultivee dans nos jardins. (*Bosc.*)

HIRONDELLE. *Hirundo.*

Toutes les efpèces de ce genre d'oifeaux, dont quatre font fort communes en Europe, vivent d'infectes qu'elles prennent au vol, & beaucoup d'infectes vivent aux depens des recoltes. Les cultivateurs ont donc dû les regarder comme des auxiliaires contre leurs ennemis, & en conféquence, dans beaucoup de lieux, & principalement dans le nord de l'Europe, en pofféder des nids à fa fenêtre ou dans fa cheminee eft un figne de bonheur ; en tuer un eft une action coupable.

Je ne puis qu'applaudir à ce préjugé, parce qu'il eft fondé fur une utilité reelle, & je vois avec peine qu'il diminue de jour en jour en France, c'eft-à-dire qu'aujourd'hui les enfans des cultivateurs détruifent les nids d'Hirondelle, fans que leurs pères y mettent obftacle. (*Bosc.*)

HIRTELLE. *Hirtella.*

Genre de plante de la pentandrie monogynie & de la famille des *Rofacées* qui réunit cinq efpèces. *Voyez* les *Illuftrations des genres* de Lamarck, pl. 138.

Efpèces.

1. L'HIRTELLE d'Amérique.
Hirtella americana. Linn. ♄ De l'Amérique méridionale.

2. L'HIRTELLE du Perou.
Hirtella peruviana. Ruiz & Pav. ♄ Du Pérou.

3. L'HIRTELLE triandre.
Hirtella triandra. Swartz. ♄ De la Jamaique.

4. L'HIRTELLE paniculee.
Hirtella paniculata. Swartz. ♄ De Cayenne.

5. L'HIRTELLE ruguеufe.
Hirtella rugofa. Perfoon. ♄ De Porto-Ricco.

Culture.

On a poffédé l'Hirtelle d'Amérique dans nos jardins ; mais je ne fache pas qu'on la voie aujourd'hui dans aucun de ceux de Paris. On la tenoit, toute l'annee, dans la ferre chaude, & on ne la multiplioit que de graines tirees de fon pays natal. (*Bosc.*)

HISPIDELLE. *Hispidella.*

Petite plante d'Efpagne, de la fyngénéfie égale & de la famille des *Chicoracées*, qui feule forme un genre qui n'a pas encore eté figuré.

Cette plante ne fe cultive pas dans nos jardins. (*Bosc.*)

HISSENGÈRE. *Hissengera.*

Arbre de l'Amérique méridionale, à feuilles alternes, qui feul forme un genre dans la dioecie polyandrie.

Il n'a pas encore été tranfporté dans nos jardins ; ainfi je n'ai rien à en dire. (*Bosc.*)

HISTOIRE NATURELLE, fcience qui a pour objet l'etude de tous les mineraux, de tous les végétaux & de tous les animaux. Elle fe fubdivife en MINÉRALOGIE ou fcience des minéraux, en BOTANIQUE ou fcience des végétaux, & en ZOOLOGIE ou fcience des animaux. *Voyez* ces mots.

Les agriculteurs, pour pouvoir exercer leur art avec tout l'avantage poffible, ont befoin d'avoir des connoiffances etendues en Hiftoire naturelle, & cependant fort peu d'entr'eux en poffèdent. Ils ne favent ni diftinguer les terres qu'ils labourent, ni les pierres avec lefquelles ils bâtiffent. Tres-peu d'entr'eux font en état de nommer les plantes qui font le plus du goût de leurs beftiaux, celles qui peuvent leur nuire. Encore moins en eft-il qui puissent dire quel est l'insecte qui a nui à telle de leurs cultures, quel est le ver intestinal qui a fait périr tel de leurs bestiaux.

Faciliter pour tout le monde en général, & pour les agriculteurs en particulier, les moyens de s'instruire en Histoire naturelle est rendre un service de première importance à la société. Par le moyen de cette science on se soustrait aux préjugés de toutes les espèces, & on est en état de tirer un parti utile de toutes les circonstances. Il y avoit lieu de croire que l'établissement des cabinets d'Histoire naturelle dans tous les chefs-lieux de département, & le goût que tous les enfans montrent pour l'étude de cette science, la rendroient plus commune ; mais la suppression de ces cabinets a été la suite de celle des écoles centrales, & rien ne les remplace.

Je voudrois que les cultivateurs aisés & éclairés réunissent, dans une pièce de leur habitation, tous les objets d'Histoire naturelle de leur canton ; & qu'après les avoir rangés méthodiquement & nommés par leurs noms scientifiques & vulgaires, ils en permissent la vue à tous ceux qui se présenteroient. (*Bosc.*)

HIVER. C'est la saison qui termine l'année rurale, celle pendant laquelle la Nature paroît engourdie dans nos climats. Alors la neige couvre souvent la terre, & s'oppose, ainsi que la gelée, à la plupart des travaux agricoles. On l'appelle vulgairement *mauvaise saison*, *morte saison*, à raison de cette dernière circonstance, dont les suites sont le dénuement de la classe des ouvriers à la journée.

Dans le calendrier, l'Hiver comprend les mois d'OCTOBRE, de NOVEMBRE & de DÉCEMBRE ; mais ses effets ne commencent le plus souvent qu'en décembre, & se prolongent en JANVIER & FÉVRIER. *Voyez* les articles de ces mois, où j'indiquerai la série des travaux qui se font pendant leur durée.

En tout pays l'Hiver rend à la terre l'excès d'eau qui est nécessaire à la conservation des sources & à la végétation du printems. Cette eau tombe en pluie dans les pays chauds, & en neige dans les pays froids.

Dans ces derniers pays la neige conserve un certain degré de chaleur à la surface de la terre, & empêche l'évaporation des gaz qu'elle contient : c'est pourquoi les Hivers abondans en neige y annoncent des récoltes plus riches & plus précoces ; c'est pourquoi les plantes des Hautes-Alpes, qui sont sous la neige six à huit mois de l'année, sont si sensibles aux gelées du climat de Paris. *Voyez* NEIGE.

Les Hivers constamment froids, en tenant gelée la surface de la terre, produisent à peu près les mêmes effets ; aussi les regarde-t-on comme favorables aux vœux des cultivateurs.

La végétation ayant peu d'action pendant l'Hiver, elle consomme moins d'humus soluble qu'il ne s'en forme. C'est pourquoi on dit, avec raison, que l'Hiver engraisse la terre ; & comme l'air est nécessaire à la décomposition de l'humus, les labours d'Hiver, en ramenant à la surface la portion de cet humus qui étoit plus bas, & en facilitant l'introduction de l'air autour de ses molécules, favorisent cette décomposition. C'est pourquoi on dit, avec raison, que labour d'Hiver vaut fumier. *Voyez* HUMUS.

Dans les pays chauds on peut travailler à la terre pendant tout l'Hiver. A quelques jours près, les cultivateurs peuvent également travailler dehors, pendant la même saison, dans les pays tempérés. Ceux où l'Hiver est très-rude & très-long, comme sur les Alpes, dans le nord, ils font plusieurs mois sans pouvoir le faire. Là il est desirable qu'ils s'occupent d'un art sédentaire pendant sa durée, ou qu'ils s'expatrient pour aller travailler ailleurs. Dans les montagnes du Tyrol ils font des sculptures grossières qui se vendent dans toute l'Europe. Dans celles de la Suisse, ils fabriquent des montres qui leur procurent de grandes richesses. Dans la Savoie, dans l'Auvergne, ils vont dans les grandes villes se louer pour les travaux les plus pénibles ou les plus désagréables, & en rapportent un pécule qui assure leur existence pendant leur vieillesse. Il est à desirer que ces excellens usages se propagent partout où cela est possible ; car il est fort pénible, à un ami de la prospérité publique, de voir le désœuvrement qui règne pendant l'Hiver, surtout parmi les hommes, dans les chaumières les plus peuplées de certains cantons de la France, les femmes seules y étant occupées à filer. (*Bosc.*)

HIVERNAGE, HIVERNAUX. On donne ce nom aux labours qui se font avant l'hiver, & par suite aux grains qu'on seme à la même époque.

La VESCE le porte aussi particulierement.

HIVERNES. Par un usage très-ancien, les bergers du département de l'Aveyron jouissent de la faculté de mettre dans le troupeau qu'ils conduisent & de nourrir toute l'année, aux dépens du propriétaire, un certain nombre de brebis qu'ils appellent *Hivernes*. Ces brebis sont une occasion d'abus qu'on a cherché inutilement à détruire. L'intervention seule du Gouvernement pourra y parvenir. *Voyez* MOUTON.

HOCHET. C'est le nom d'une sorte de bêche usitée aux environs de Montpellier. Le tranchant supérieur de cette bêche étant en biseau, on ne peut l'enfoncer avec le pied ; de sorte qu'elle ne peut servir que dans les terreins très-légers.

HONGRER. *Voy.* CASTRATION & CHEVAL.

HOFFMANNIE. *Hoffmannia.*

Plante vivace de la Jamaïque, qui seule, selon Swartz, forme un genre dans la tétrandrie monogynie.

Cette plante, n'étant pas encore introduite

dans nos jardins, & n'étant pas cultivée dans son pays natal, ne peut être ici l'objet d'un article plus étendu. (*Bosc.*)

HOFFMANSÈGE. *Hoffmanseggia.*

Genre de plante de la décandrie monogynie & de la famille des *Légumineuses*, qui réunit deux espèces, dont une se cultive dans nos jardins.

Espèces.

1. L'Hoffmansège en faulx.
Hoffmanseggia falcata. Cav. ♃ De l'Amérique méridionale.

2. L'Hoffmansège trifoliée.
Hoffmanseggia trifoliata. Cav. ♃ De l'Amérique méridionale.

Culture.

La première espèce se cultive dans les orangeries du Muséum d'Histoire naturelle de Paris. On l'y multiplie de graines dont elle donne abondamment, graines qui se sèment sur couche & sous châssis, & dont on repique le plant la même année. Elle demande la terre de bruyère & des arrosemens peu abondans. D'ailleurs, elle est de nul agrément, & par conséquent peu dans le cas d'être introduite dans les jardins. (*Bosc.*)

HOITZIE. *Hoitzia.*

Genre de plante de la pentandrie monogynie & de la famille des *Polémoines*, qui réunit trois espèces, dont aucune ne se voit dans nos jardins.

Observation.

Ce genre faisoit jadis partie des Cantu; ainsi la culture de ses espèces doit se rapprocher de celles qui sont restées dans ce dernier. *Voyez* Cantu.

Espèces.

1. L'Hoitzie écarlate.
Hoitzia coccinea. Cav. ♄ De l'Amérique méridionale.

2. L'Hoitzie bleue.
Hoitzia cærulea. Cav. ♄ De l'Amérique méridionale.

3. L'Hoitzie glanduleuse.
Hoitzia glandulosa. Cav. ♄ De l'Amérique méridionale. (*Bosc.*)

HOLMSKIOLDIE. *Holmskioldia.*

Grand arbre de l'Inde, qui seul forme un genre dans la didynamie angiospermie & dans la famille des *Personnées.*

Cet arbre n'est pas encore introduit dans nos jardins, & ne peut par conséquent devenir ici l'objet d'un article de culture. (*Bosc.*)

HOLOSTÉE. *Holosteum.*

Genre de plante de la triandrie trigynie & de la famille des *Caryophyllées*, qui renferme un petit nombre d'espèces que quelques auteurs ont réunies aux Morgelines. *Voyez* ce mot.

Espèces.

1. L'Holostée à feuilles en cœur.
Holosteum cordatum. Linn. De la Jamaïque.

2. L'Holostée diandre.
Holosteum diandrum. Swartz. ⊙ De la Jamaïque.

3. L'Holostée à feuilles épaisses.
Holosteum succulentum. Linn. Du Mexique.

4. L'Holostée hérissée.
Holosteum hirsutum. Linn. De Malabar.

5. L'Holostée en ombelle.
Holosteum umbellatum. Linn. ⊙ Indigène.

Culture.

La dernière de ces espèces est la seule qu'on cultive dans les jardins de botanique, où on la sème en place, & où on n'en prend d'autres soins que d'éclaircir ses pieds & de la sarcler au besoin. Elle est trop peu commune dans la campagne pour mériter l'attention des cultivateurs. (*Bosc.*)

HOMBAC. *Sodada.*

Arbrisseau d'Arabie, qui seul forme un genre dans l'octandrie monogynie & dans la famille des *Capriers.* Ses fruits se mangent cuits avant leur maturité. Il ne se voit pas encore dans nos jardins, par conséquent je ne puis le rendre l'objet d'un article plus étendu. (*Bosc.*)

HONKENIE. *Honkenia.*

Arbre de l'Inde, dont Usteri a fait un genre dans l'octandrie monogynie, genre qui a beaucoup de rapport avec les Aubleties. On ne l'a pas encore introduit dans nos jardins. (*Bosc.*)

HOPÉE. *Hopea.*

Petit arbre des parties méridionales de l'Amérique septentrionale, où il croît dans les lieux sablonneux & humides. Il forme seul un genre dans la polyandrie monogynie & dans la famille des *Plaqueminiers*, genre que l'Héritier croit devoir être réuni à celui des Symplocos. *Voyez* ce mot.

On cultive, dans quelques collections, l'Hopée

à

à teinture, *Horea tinctoria ;* mais il n'offre nulle part, en Europe, une belle apparence. L'ayant observé dans son pays natal, j'ai cru pouvoir le conduire d'une manière plus conforme à sa nature, & je ne suis pas arrivé au but. Je crois cependant que c'est une terre de bruyère fréquemment arrosée qui lui convient. L'orangerie lui est indispensable, pendant l'hiver, dans le climat de Paris. J'ai inutilement tenté de le multiplier par marcotes & par boutures ; de sorte que c'est exclusivement de graines tirées de son pays natal qu'on peut le reproduire, & il en donne peu, à raison de l'epoque de sa floraison (la fin de l'hiver), & elles germent rarement, parce qu'elles demandent à être semées sur-le-champ, ou à être envoyées stratifiées dans de la terre humide. Toutes celles que j'ai apportées de la Caroline ont été perdues.

Il est fâcheux que cet arbre ne puisse pas se cultiver en pleine terre dans notre climat, car il est très-propre à la décoration des jardins par ses fleurs jaunes & nombreuses, par ses feuilles d'un beau vert & long tems subsistantes. Point de doute pour moi, qu'il puisse réussir en Europe, partout où réussit l'oranger. (*Bosc.*)

HORMINELLE. *Horminum.*

Genre de plante de la didynamie gymnospermie & de la famille des *Labiées*, qui rassemble trois espèces, dont deux sont cultivées dans nos jardins de botanique. *Voyez* les *Illustrations des genres* de Lamarck, pl. 515.

Espèces.

1. L'Horminelle des Pyrénées.
Horminum pyrenaicum. Linn. ♃ Des Pyrénées & des Alpes.

2. L'Horminelle jaune.
Horminum caulescens. Orteg. ♃ Du Mexique.

3. L'Horminelle à feuilles de clinopode.
Horminum clinopodifolium. Persoon. ♃ De.....

Observation.

Willdenow a fait son genre *Lépichinia* avec ces deux dernières espèces.

Culture.

L'Horminelle des Pyrénées, à raison de son peu d'agrément, ne se cultive que dans les jardins de botanique. On sème ses graines, qui mûrissent fort bien dans le climat de Paris, sur couche nue, & les pieds qu'elles donnent, sont repiqués, au milieu de l'été, seul à seul dans d'autres pots qu'on arrose modérément, & qu'on rentre dans l'orangerie aux approches des gelées. Ces pieds sont quelquefois susceptibles d'être divisés, & donnent par conséquent un second moyen de multiplication qui suffit au peu de besoin qu'on a de cette plante. Leur division se fait en automne, lorsqu'on renouvelle leur terre.

L'Horminelle jaune est susceptible, par la beauté de ses fleurs, de devenir une plante d'ornement; mais elle est encore rare. Sa culture ne diffère pas de celle de la précédente. (*Bosc.*)

HORNSTEDTIE. *Hornstedtia.*

Genre de plante de la monoécie monogynie, qui réunit deux espèces qui ne se cultivent ni l'une ni l'autre dans nos jardins.

Espèces.

1. La Hornstedtie coupe.
Hornstedtia scyphus. Willd. ♃ De Malaca.

2. La Hornstedtie queue-de-lion.
Hornstedtia leonurus. Willd. ♃ De Malaca.
(*Bosc.*)

HORSFIELDE. *Horsfielda.*

Arbre de Ceilan, dont les fleurs ont l'odeur de la violette, & qu'on cultive, pour cette raison, dans son pays natal. Il forme seul un genre dans la dioécie monadelphie.

Comme cet arbre ne se trouve pas encore dans nos jardins, & que je n'ai aucune note sur la culture qu'on lui donne dans les îles de l'Inde, je ne puis m'étendre sur ce qui le concerne. (*Bosc.*)

HORTENSIA.

Plante vivace, presque ligneuse, à feuilles ovales, opposées, dentées ; à fleurs rougeâtres, disposées en corymbes terminaux, qui, selon quelques botanistes, forme un genre dans la pentandrie trigynie & dans la famille des *Chèvrefeuilles*, & qui, selon d'autres, de l'avis desquels je suis, doit être réunie aux Hydrangées. *Voyez* ce mot & les *Illustrations des genres* de Lamarck, pl. 380.

Comme les hydrangées, l'Hortensia, dans l'état de nature, a deux sortes de fleurs, les unes extérieures, à calice coloré, très-larges, & n'ayant que les rudimens des organes de la fructification ; les autres intérieures, à calice coloré, petit, & à organes complets de fructification. Dans l'état de culture, la plupart des fleurs de cette dernière sorte se transforment en fleurs de la première, & toutes sont stériles. *Voyez* au mot Obier, où un autre exemple de cette modification des fleurs sera présenté.

On savoit, depuis plus de deux siècles, que l'Hortensia étoit une plante d'ornement à la Chine & au Japon, soit par les écrits de Kempfer, soit par les tapisseries venues de Chine, tapisseries sur lesquelles elle se trouve fréquemment peinte, soit par les échantillons apportés par Commerson; mais elle n'avoit pas encore été cultivée en Europe avant 1790, époque où elle fut envoyée en Angleterre. La même année ou la suivante, je ne me rappelle pas bien précisement laquelle, j'arrivai chez Cels au moment où il déballoit des plantes qu'il recevoit d'Angleterre, &, voulant l'aider, je mis d'abord la main sur le paquet où elle étoit; de sorte que je suis le premier, en France, qui ai vu & touché cette belle plante. Cels la mit dans un pot rempli de terre franche, & la plaça sous sa bache, où elle reprit fort bien, mais où elle ne donna, l'année suivante, que trois ou quatre petits corymbes, dont un me fut remis pour mon herbier. Ce pied fut multiplié par boutures; mais les nouveaux pieds, qui furent tenus de même, ne donnèrent pas de plus belles fleurs. Quelque habile cultivateur que fût Cels, il n'imagina pas de mettre cette plante dans de la pure terre de bruyère, & de l'arroser avec excès pendant la force de sa végétation; de sorte qu'il ne la considéroit pas comme plante d'ornement, & ne se doutoit pas qu'elle pût arriver à la fortune à laquelle Audebert, à qui il en vendit un pied, la feroit parvenir, deux ou trois ans après, en la cultivant conformément à sa nature. Cette plante ne lui a donc presque rien produit, & elle a enrichi le fleuriste ci-dessus, qui, dans les commencemens, la vendoit énormément cher. Aujourd'hui, quoique très-vulgaire & à bas prix, elle est encore une source féconde de revenu pour les fleuristes, parce qu'on la recherche toujours, & que ce n'est que par une culture bien entendue qu'on peut la faire jouir de tous les avantages dont elle est susceptible.

Tous les Hortensia qui existent actuellement en Europe, provenans du même pied que celui de Cels, sont, comme lui, complétement stériles. On ne peut donc multiplier cette plante par graines; mais ses marcotes, ses boutures, ses œilletons, ses racines, fournissent des moyens si nombreux, si rapides, si certains de le faire, que cela est peu à regretter, par d'autres motifs que ceux de l'espoir d'avoir des variétés.

La terre de bruyère, dans laquelle on a introduit plus ou moins de terreau de couche, est celle dans laquelle l'Hortensia fait le plus de progrès. Comme il craint les gelées du climat de Paris, il faut le tenir dans des pots; & comme il consomme beaucoup pendant sa végétation, il faut que ces pots aient une grande capacité. L'été, ces pots seront placés dans un endroit chaud & ombragé, & abondamment arrosés. L'hiver, ils seront tenus dans une orangerie, & ils auront le moins possible d'eau. Si le pied est foible & le pot grand, on ne lui donnera de la nouvelle terre qu'une fois par an, au printems; mais s'il est gros & le pot petit, il faudra lui en donner deux fois.

On a déjà tenté bien des fois de tenir les Hortensia dans une plate-bande de terre de bruyère pendant toute l'année; & à raison du peu de rigueur des derniers hivers, & des soins avec lesquels on les avoit couverts, on est parvenu à les y conserver; mais quoique les pieds, ainsi tenus, poussent beaucoup plus vigoureusement que ceux cultivés en pot, qu'ils forment des touffes tres-grosses, on gagne peu à les cultiver ainsi, sous les rapports de l'agrément, attendu que leurs tiges se fourchent trop, & que leurs fleurs sont moins belles & moins nombreuses. Le véritable moyen de tirer un bon parti de ces pieds, c'est de leur couper les tiges rez terre aux premieres gelées, & de les couvrir avec une caisse renversée, de six pouces de hauteur, caisse qu'on recouvrira de feuilles sèches ou de fougère, dans une épaisseur d'un pied, ou de les arracher avec leur mote & de les déposer dans une orangerie; au printems on les découvrira ou replantera, &, étant fortement arrosés, ils pousseront, s'il fait chaud, un grand nombre de tiges droites, terminées par des bouquets de fleurs d'une grosseur remarquable. Quelquefois ces pieds ne fleurissent pas aux environs de Paris, ou ne fleurissent qu'incomplétement; mais ils fleurissent toujours dans les parties méridionales de la France.

Ces sortes de cultures sont celles qu'il convient de préférer, pour l'Hortensia, dans les jardins où on ne veut pas faire beaucoup de frais; mais il en est une qui se suit plus généralement dans ceux des fleuristes des faubourgs de Paris, & qui, si elle est plus coûteuse, donne de plus beaux produits; c'est celle qu'Audebert a d'abord appliquée à cette plante, celle dont résultent ces superbes pieds qui ornent les salons & les boudoirs des belles de cette capitale.

Dans ce mode de culture on fait de nouveaux pieds tous les ans, c'est-à-dire que, vers le milieu de février on coupe, sur les pieds de l'année précédente, les pousses les plus grosses & les plus droites, ayant trois paires d'yeux, & on les enterre seul à seul, jusqu'à la seconde paire d'yeux, droites si on veut en faire des touffes, obliques, en supprimant l'œil du côté de terre; si on veut en faire des tiges, dans un pot moyen rempli de terre de bruyère, mêlée par moitié de terreau de couche, pot qu'on place dans une bache, & auquel on donne un haut degré de chaleur & des arrosemens très-abondans. Ces boutures poussent avec la plus grande vigueur: leurs tiges deviennent grosses comme le petit doigt, leurs feuilles larges comme les deux mains, & leurs têtes, ainsi que leurs fleurs, sont donc beaucoup supérieures en grosseur & en largeur à celles que fournit la culture ordinaire. Pour augmenter encore cette grosseur des têtes & cette largeur des fleurs, on empêche les premières de se multiplier en supprimant les boutons qui devoient les donner. Rien de plus admirable qu'un Hortensia ainsi conduit, qui a ou une seule tête de près d'un pied de diamètre, & formée de fleurs d'un pouce de large, ou plusieurs têtes un peu plus petites (trois, quatre ou cinq) sur une seule tige au plus haute d'un pied & demi.

C'est, je le répète, au moyen d'une bonne terre très-légère, d'une grande chaleur continue & d'arrosemens abondans qu'on parvient à exagérer ainsi toutes les parties d'un Hortensia; mais cet effet contre nature l'épuise, & les pieds qui ont été soumis une année à cette culture, ne peuvent plus l'être avantageusement la suivante. Il faut les renouveler.

On pourroit faire monter l'Hortensia à une grande hauteur, puisque ses tiges sont presque ligneuses; mais on ne gagne rien à le tenter, parce que plus il s'élève & moins ses fleurs sont grandes, & moins il a de grâce : en général, c'est ce dernier caractere qui lui manque le plus.

La couleur de l'espèce varie dans toutes les nuances de rose. Comme la plus foncée est la plus agréable, il est bon de ne pas laisser exposés au soleil les pieds dont on soigne la culture.

Il se produit quelquefois accidentellement une variété d'Hortensia à fleurs bleues, variété qui s'est d'abord vendue à des prix foux, mais qui n'a pas tardé à perdre sa grande valeur, parce qu'on s'est apperçu qu'elle revenoit à son type l'année suivante. Quelques cultivateurs prétendent savoir lui donner cette couleur à volonté; cependant, comme ces cultivateurs n'en mettent pas plus dans le commerce que les autres, il y a lieu de croire qu'ils ne disent pas la vérité.

Les pieds d'Hortensia qui sont abandonnés à eux-mêmes, c'est-à-dire, dont on ne renouvelle pas la terre, qu'on n'arrose pas suffisamment, dont on ne coupe pas les tiges, deviennent hideux.

On place l'Hortensia dans toutes les parties ombragées des parterres & des jardins paysagers, sur les marches des escaliers, dans les appartemens. Il est d'autant plus propre à orner ces derniers, qu'il ne donne aucune émanation nuisible, & qu'il y subsiste long-tems en fleurs presque sans végéter. Pendant l'hiver il faut le tenir dans une orangerie fort sèche, & lui donner fort peu d'arrosemens, car il est alors sujet à pourrir. (*Bosc.*)

HOSLUNDIE. *Hoslundia.*

Genre de plante de la didynamie gymnospermie, dans laquelle se trouvent deux plantes qui ne se cultivent pas encore, à ma connoissance, dans les jardins de l'Europe.

Espèces.

1. La Hoslundie à feuilles opposées.
Hoslundia opposita. Vahl. ♄ de Cayenne.

2. La Hoslundie à feuilles verticillées.
Hoslundia verticillata. Vahl. ♄ De Cayenne. (*Bosc.*)

HOSTANE. *Hostana.*

Arbuste de l'Amérique méridionale, que Jacquin établit, en titre de genre, dans la didynamie angiospermie, mais que Willdenow a réuni aux Agnantes (*cornutia*). *Voyez* ce mot.

Je ne suis pas dans le cas de parler plus longuement de cet arbuste, à raison de ce qu'il n'a pas encore été introduit dans nos cultures. (*Bosc.*)

HOSTÉE. *Hostea.*

Plante vivace de la Guiane, qui a été appelée *Malétée* par Aublet, & qui est figurée, sous ce nom, pl. 179 des *Illustrations des genres* de Lamarck.

Cette plante, qui forme un genre dans la pentandrie monogynie, n'étant pas cultivée dans nos jardins, ne doit pas être l'objet d'un plus long article. (*Bosc.*)

HOTTE, ustensile d'un usage général dans beaucoup de cantons de la France, & qui est en effet très-commode pour porter, avec le moins de fatigue, la plus grande pesanteur, principalement des matières non liées, comme de la terre, du sable, de petites pierres, des fruits, &c.

Ordinairement elle est faite en vannerie, c'est-à-dire, en osier ou en mancienne; mais, en quelques endroits, on en fabrique en lanières de chêne ou de hêtre, & même en douves. Sa forme represente un demi-cône, dont le côté plat se prolonge beaucoup plus que la partie circulaire. On la porte sur le dos au moyen de deux bretelles qui s'attachent, d'un côté, à sa partie la plus étroite, & de l'autre à la demi-hauteur de son côté plat, & qui passent par-dessus les épaules.

C'est principalement dans les endroits où on ne peut pas faire usage de la brouette, comme les pays montueux & pierreux, que la Hotte est d'une grande utilité. Sans elle il est beaucoup de vignobles qui ne pourroient être convenablement cultivés. Il est à desirer que son usage s'étende.

Les Hottes sont plus ou moins grandes, plus ou moins serrées, selon les objets qu'elles doivent servir à transporter. Il en est de si serrées, quoique faites en vannerie, qu'elles conservent l'eau, & il en est qui sont à claire-voie, comme des cages à poulet. (*Bosc.*)

HOTTONE. *Hottonia.*

Genre de plante de la pentandrie monogynie & de la famille des *Lysimachies*, qui comprend quatre espèces, dont une croît en Europe. Il est figuré pl. 100 des *Illustrations* de Lamarck.

Espèces.

1. L'Hottone des marais.
Hottonia palustris. Linn. ♃ Indigène.

2. L'HOTTONE de l'Inde.
Hottonia indica. Linn. De l'Inde.
3. L'HOTTONE à fleurs sessiles.
Hottonia sessiliflora. Vahl. De l'Inde.
4. L'HOTTONE à feuilles dentées.
Hottonia serrata. Willd. De l'Inde.

Culture.

L'Hottone des marais ne croît que dans les eaux stagnantes & dans les sols argileux. C'est une très-belle plante lorsqu'elle est en fleurs; aussi est-il bon de l'introduire dans les bassins des jardins paysagers lorsque cela est possible, soit en y répandant ses graines, soit en y plaçant quelques-uns de ses pieds. Les premières doivent être semées immédiatement après leur maturité, & les seconds plantés en automne, après la mort des tiges. Au reste, elle ne demande aucune culture.

Rarement on peut cultiver l'Hottone dans les jardins de botanique: on se contente d'y apporter des tiges en boutons, tiges qu'on met dans des terrines pleines d'eau, & qui y fleurissent comme si elles étoient enracinées. (*Bosc.*)

HOUAGE, synonyme de BINAGE.

HOUETTE. *Voyez* ASCLEPIADE DE SYRIE.

HOUBLON. *Humulus*.

Plante grimpante, vivace, indigène, qui seule forme un genre dans la dioécie pentandrie & dans la famille des *Urticées*, & que l'amertume de ses graines a rendue l'objet d'une très-importante culture dans tous les lieux où on fabrique de la bière. Elle est figurée planche 815 des *Illustrations* de Lamarck.

On trouve le Houblon au milieu des haies, sur le bord des bois, dans presque toute l'Europe. Il ne craint par conséquent ni le chaud ni le froid du climat de Paris. Une terre légère, fraîche & substantielle est celle où il fait le plus de progrès; cependant il s'accommode de toutes celles qui ne sont pas, ou trop compactes, ou trop aquatiques, ou trop sablonneuses, ou trop arides. Il pousse de très-bonne heure au printems.

La culture du Houblon a trois objets parfaitement distincts.

Dans les jardins de botanique, on ne le cultive que pour apprendre à le connoître aux élèves. Là, il suffit d'en avoir un pied mâle & un pied femelle, & pour se les procurer on arrache dans les bois, pendant l'hiver, des œilletons de ceux qu'on a marqués au printems précédent comme étant de ces sexes, pour les planter en place, où ils peuvent rester un grand nombre d'années sans être renouvelés, en réduisant leurs accrus & en leur donnant, tous les deux ans, de la nouvelle terre. La culture de ces pieds ne consiste que dans un labour d'hiver & deux binages d'été. On leur donne une perche pour tuteur dès les premiers jours du printems, perche qu'on enlève, avec les tiges sèches, à la fin de l'automne. Quelques longs clous, fixes de distance en distance dans cette perche, assurent les tiges contre les efforts des vents.

Dans les jardins d'agrément on cultive le Houblon pour en garnir des tonnelles, des palissades; pour varier les aspects en le faisant grimper sur les arbres & sur les arbrisseaux, courir sur les rochers, les murs, d'où ses rameaux retombent en festons. Si ses fleurs méritent peu d'attention, ses feuilles offrent de l'élégance. Dans ce cas, les pieds femelles, comme plus durables & plus remarquables, doivent être préférés. On se les procure comme je l'ai dit plus haut. Un vieux pied peut en fournir autant de jeunes qu'il a de bourgeons, c'est-à-dire qu'il en peut fournir beaucoup. Il est quelquefois nécessaire de guider la direction des jeunes pousses pour leur faire complétement remplir le but qu'on se propose; mais d'ailleurs, on peut se dispenser de leur donner aucune autre culture que celle que nécessitent tous les jardins qu'on veut entretenir propres.

Dans quelques lieux on plante le Houblon dans les haies pour boucher leurs vides & pour leur donner une apparence plus touffue. Il produit un bon effet dans les haies sèches qu'il semble transformer en haies vives, & dont il augmente la propriété abritante.

Les pousses du Houblon sortent de terre à peu près comme les asperges. Ainsi que ces dernières, on les mange dans quelques endroits, ou cuites à l'eau & assaisonnées comme les salades, ou cuites avec des viandes, comme les choux. Leur saveur ne plaît pas d'abord, ainsi que j'en ai l'expérience; mais on dit qu'on s'y fait bientôt.

C'est, comme je l'ai observé plus haut, dans les pays à bière qu'on cultive réellement le Houblon en grand. Bien des milliers d'arpens de terre lui sont consacrés dans la ci-devant Flandre, dans la ci-devant Hollande, en Angleterre, en Allemagne & dans tout le nord. Il est quelquefois l'objet d'un profit considérable pour l'agriculture. On devroit apporter un très-grand soin à sa culture; cependant il est peu d'endroits où elle s'exécute d'une manière conforme aux principes, & par conséquent aux intérêts bien entendus de ceux qui l'entreprennent.

Les cultivateurs de Houblon en distinguent trois variétés, celui à *tige rouge*, que sa couleur fait peu estimer & qui vient dans les terres médiocres; le *blanc long*, qu'on recherche beaucoup, quoiqu'il ne puisse prospérer que dans une terre très-fertile; le *blanc court*, moins difficile sur la nature du sol, & aussi bon que ce dernier, mais qui produit peu. Comme il y a, parmi les brasseurs, des opinions différentes sur le mérite de chacune de ces variétés, les cultivateurs doivent consulter ceux de leur canton pour faire un choix.

En Angleterre, le pays de l'Europe où on cultive le mieux le Houblon, on le place partout où le sol est assez léger & assez profond pour lui convenir; mais en Flandre on croit qu'il ne peut prospérer que dans les plaines. Dans tous les cas, il faut l'abriter des vents dominans qui le fatiguent beaucoup, soit par la position où on le met, relativement aux montagnes & aux forêts, soit par des haies elevées & plantées de grands arbres.

Toute terre destinée au Houblon doit être labourée aussi profondément que possible par trois coups de charue. Un défoncement à la pioche vaudroit mieux sans doute; mais sa dépense en éloigne la plupart des cultivateurs qui ne sont pas propriétaires. La plupart du tems il faut suppléer au manque de profondeur du sol en l'élevant autour des tiges; car le Houblon approfondit autant ses racines, qu'il les étend en largeur; il épuise beaucoup le sol, & il donne des produits d'autant plus grands, qu'il croît avec plus de vigueur.

Toujours il est bon de donner une forte fumure aux terres destinées à porter du Houblon; c'est sur le second labour qu'on la place. Les engrais dont la durée se prolonge, comme les curures d'etangs, les boues des villes, sont préférables. Il faut cependant faire attention à la possibilité que l'excès du fumier ou sa mauvaise nature donne un goût désagréable aux cônes de Houblon, goût qui se transmet à la bière dans laquelle on les introduit.

La terre étant en état de recevoir la plantation du Houblon, on la garnit de buttes en quinconce d'un pied de hauteur & de cinq à sept pieds d'écartement, suivant que le terrein est plus ou moins bon. En Angleterre on les espace du double, parce que le Houblon produit d'autant plus qu'il a plus d'espace, & qu'on fait, dans l'intervalle de ses pieds, des cultures de pommes de terre, de haricots & autres légumes, qui paient, par leur vente, une partie des depenses. C'est au sommet de ces buttes qu'on creuse des trous d'un pied carré de large & de deux pieds de profondeur, pour y planter le Houblon : un pied à chaque angle.

Lorsque le terrein n'est pas très-bon ou très-fumé, on remplit le trou avec une terre préparée, même avec du terreau; mais il faut éviter d'y mettre du fumier en nature, qui brûleroit les racines. Quand la terre est trop forte on la mélange avec du sable.

Il me semble qu'il seroit beaucoup plus simple & plus conforme aux principes de planter le Houblon immédiatement après le dernier labour, & de le butter ensuite lorsqu'il seroit arrivé à une certaine hauteur de tige. Au reste, je ne fais que hasarder cette opinion, car, n'ayant fait qu'entrevoir des cultures de Houblon, je ne puis contredire les procédés auxquels elles donnent lieu.

Tantôt on met le Houblon en terre en automne, tantôt au printems. L'automne est la meilleure saison dans les terres trop sèches, & le printems dans les terres trop humides. Au reste, il est souvent difficile de se procurer du plant pour la première de ces saisons; aussi le plus grand nombre des cultivateurs plantent-ils au printems.

Le succès d'une plantation dépend du choix du plant. Le plus gros, pris sur les souches les plus vigoureuses d'une houblonière en terrein inférieur à celui auquel il est destine, est toujours le meilleur. Il doit avoir six à huit pouces de long, trois à quatre bourgeons au moins, & appartenir à la même variété. Ce plant doit être pris, on le pense bien, sur des pieds femelles, puisque c'est pour avoir les cônes où sont renfermees les graines qu'on le recherche. Cependant il est bon de placer quelques pieds mâles dans chaque champ, parce que la graine est desirable, & que celle qui n'est pas fécondée est beaucoup moins énergique que celle qui l'est. J'en ai acquis la preuve en comparant des cônes de Houblon sauvage très-petits, avec des cônes de Houblon cultivé très-gros.

L'importance de ménager les racines du plant, soit en l'arrachant, soit en le plantant, est généralement reconnue; cependant on n'y fait pas toujours l'attention nécessaire. Je ne puis trop recommander, dans ce cas, la surveillance la plus active sur les ouvriers.

Comme les racines du Houblon sont très-sensibles au HALE (*voyez* ce mot), il ne faut en arracher qu'autant qu'on en peut planter dans une demi journée, & les tenir exactement couvertes de terre ou renfermées dans des paniers.

La terre doit être très-peu comprimée autour des plants, & arrosée si cela est jugé nécessaire & facile. Les plantations du printems exigent plus impérieusement des arrosemens que celles de l'hiver.

Si des circonstances insurmontables avoient forcé de retarder la plantation, & que le plant fût en végétation, il faudroit ne pas enterrer l'extrémité des bourgeons. On doit éviter de se trouver dans ce cas; car les houblonières se ressentent toujours plus ou moins, quelquefois pendant toute la durée de leur existence, d'avoir été formées à contre-saison.

On estime qu'un arpent doit contenir environ mille monticules qui, si la terre est bonne & bien préparée, & si l'année est favorable, doivent produire chacun dix livres de cônes secs par an.

Le Houblon n'exige, la première année de sa plantation, que des binages pour enlever les mauvaises herbes & recharger les monticules. Si les tiges de la plante gênent dans cette opération, on peut lier ensemble toutes celles d'un même monticule; ce qui suffit pour les tenir droites. Quelques cultivateurs fument leurs houblonières à la fin de cette année; mais c'est une mauvaise pratique, puisque les racines du Houblon sont déjà trop approfondies pour en profiter.

Il ne paroit pas qu'il puisse être nuisible de planter des légumes, surtout de ceux qui demandent des binages, comme les pommes de terre, les haricots nains, &c. Les Anglais n'y manquent jamais, comme je l'ai déjà observé, & s'en trouvent bien *Voyez* MELANCE.

Les monticules sont abattus dans le mois de février de la seconde année, pour pouvoir couper les pousses de la première année, ainsi que les rejetons latéraux, à un pouce du collet des racines. Il est beaucoup plus avantageux d'avoir trois à quatre tiges vigoureuses, qu'une douzaine de foibles. A la suite de cette opération, qui se renouvelle tous les ans, on remplace les pieds morts, soit par des plants apportés de dehors, soit en couchant les pousses les moins éloignées. Les monticules sont rétablis, &, autant que possible, avec de la nouvelle terre prise dans les intervalles.

Arthur Young cite des faits qui prouvent d'une manière convaincante, que plus ces opérations sont terminées de bonne heure, & plus la récolte des cônes est avantageuse. Immédiatement après il faut échalasser.

La longueur des perches (grands échalas) destinées à servir de soutien aux tiges du Houblon varie à raison de l'age de la houblonière & de la nature du sol. Celles pour l'année, dont il est ici question, peuvent n'être que de dix à douze pieds: plus tard, celles de vingt & vingt-cinq pieds ne suffisent pas toujours. En général, les perches ne sont jamais assez grandes dans un bon sol; mais dans un mauvais il ne faut pas qu'elles le soient plus que le comporte la force de la végétation, parce qu'elles détermineroient l'alongement des tiges aux dépens de la production des fleurs.

Les perches de frêne, de châtaignier, de sapin sont les meilleures; mais comme elles sont rares & chères, on les supplée par celles d'aune, de saule, de peuplier, &c. On leur laisse quelques fourches au sommet. Leur grosseur doit être au plus de sept pouces de tour. Elles sont aiguisées par le gros bout, & placées dans des trous assez profonds pour qu'elles ne puissent pas être abattues par les vents ou par la pesanteur des tiges, trous faits, au refus du maillet, avec un plantoir de fer. On en fixe ordinairement trois ou quatre à chaque monticule, rarement moins ou plus. Leur position doit toujours être légérement inclinée sur les bords du monticule, tant pour la suspension des rameaux des tiges, suspension très-importante à favoriser quand on veut avoir d'abondantes récoltes, que pour permettre l'action de l'air & de la lumière. Pour satisfaire encore plus aux données on écarte davantage les perches qui sont du côte du midi. Les plus grandes & les plus grosses sont placées du côte de l'ouest, afin qu'elles résistent mieux aux vents qui viennent de ce point, lesquels sont les dominans dans la plus grande partie de la France.

Dans l'état sauvage, le Houblon monte rarement sur les grands arbres; il court sur les buissons parallélement au sol. Lui donner de longues perches est donc contre sa nature, & c'est s'exposer à de nombreux inconvéniens, parmi lesquels se comptent leur haut prix & leur renversement. Il semble donc que si on lioit des pieux par des traverses parallèles, en dirigeant les tiges sur leur longueur & en les distribuant egalement par le moyen de quelques attaches, on arriveroit au but d'une manière plus certaine & plus economique. Or, c'est ce qu'Arthur Young indique comme se faisant depuis quelque tems en Angleterre avec le plus grand succes. Pour conduire le Houblon selon cette methode, on place les monticules sur des lignes rigoureusement parallèles & ecartees de dix à douze pieds. Chaque monticule reçoit une grosse perche perpendiculaire, de douze pieds de haut, & toutes ces perches sont liees, dans leur hauteur, par trois autres beaucoup moins grosses & parallèles: la première à six pieds du sol; la seconde à huit ou neuf, & la troisieme tout en haut. Ces perches ainsi liées forment un ensemble que les vents les plus violens ne peuvent renverser; ce qui favorise singuliérement la floraison du Houblon. (*Voy.* COURBURE DES BRANCHES.) Il est donc fort à desirer, à mon avis, que la culture du Houblon en palissades prenne faveur dans nos départemens septentrionaux.

Dès que les tiges du Houblon sont parvenues à quelques pieds de hauteur, on les attache aux perches avec du jonc, mais sans les serrer (la laine vaudroit mieux); ensuite ces tiges se contournent & montent seules jusqu'au sommet des perches; cependant, comme il en est beaucoup qui poussent irrégulierement, il est bon de visiter la houblonière tous les huit jours pour relever & attacher celles de ces tiges qui ne se dirigeroient pas convenablement. Lorsqu'on ne peut plus atteindre au sommet des pousses, on se sert d'abord d'un bâton entaillé à son extrémité, & ensuite d'une échelle double.

Dans les premiers jours de juin, on donne un labour à la bêche ou à la charue (*voyez* HOUE A CHEVAL), & on exhausse les monticules; chacun des mois suivans on renouvelle cette dernière opération à la suite d'un léger binage. C'est alors qu'on arrache les pieds qui appartiennent à des variétés autres que la dominante ou qui s'offrent sous un mauvais aspect. Plus tard on pince l'extrémité des tiges pour les empêcher de s'élever davantage, & forcer la séve à se porter sur le fruit, seul but de la plantation. *Voyez* PINCEMENT.

Si quelques cultivateurs dépouillent, vers cette époque, les tiges du Houblon de leurs feuilles inférieures pour les donner à manger à leurs bestiaux, c'est qu'ils ne savent pas que ce chétif emploi diminue la production des fruits, les plantes vivant autant par leurs feuilles que par leurs racines.

En Flandre, le Houblon entre en fleurs au milieu de juillet. Il seroit alors utile de l'arroser lorsque la sécheresse est considerable; mais la dépense de cette opération s'y oppose le plus souvent.

La maturité des graines du Houblon est assez

avancée à la fin d'août pour qu'il faille penser à es récolter; car quand elle a dépassé un certain point il en tombe beaucoup, & les cônes qui les recouvrent perdent de leur qualité. L'époque précise où il convient de cueillir ces cônes est indiquée par la couleur brune qui remplace le vert-pâle qu'ils offroient.

Il faut se pourvoir de beaucoup de monde pour faire la récolte du Houblon, afin qu'elle soit terminée le plus promptement possible, un jour de pluie pouvant la faire perdre entiérement ou au moins l'altérer considérablement.

Dans quelques cantons, on prépare sur le sol, en le nétoyant & en le battant, une place propre à recevoir les cônes de Houblon à mesure qu'on les cueille; dans d'autres, on tend une toile sur un grand châssis porté sur quatre pieds, toile qui sert au même objet d'une maniere plus certaine & plus avantageuse.

Si les cultivateurs de Houblon vouloient faire la dépense d'un leger angar au centre de leur culture, ils y gagneroient beaucoup; car il est rare que la récolte d'une année sur trois ne soit plus ou moins détériorée par les pluies qui tombent au moment de la cueillette des cônes.

Le jour fixé pour la récolte, & ce jour doit être sans pluie & sans vent, des ouvriers parcourent la houblonière avec un long bâton terminé par une serpette (on l'appelle un *volant*), au moyen de laquelle ils coupent les sommités qui s'attachent à d'autres perches que celles qui leur étoient destinées, puis ils coupent toutes les tiges de Houblon à quatre ou cinq pieds au dessus du sol.

Si on coupoit ces tiges rez terre, il en repousseroit d'autres avant l'hiver; ce qui affoibliroit les pieds, & nuiroit à la récolte de l'année suivante. Pour bien operer, il faudroit même couper les tiges au double de la hauteur indiquée. Dans les houblonières cultivées en palissades on pourroit sans doute cueillir les cônes de Houblon sur pied, au moyen d'une échelle double, & il n'y a pas de doute que, par ce seul changement de pratique, on ne gagnât infiniment sur les récoltes futures.

Après que les tiges de Houblon sont coupées, on arrache les perches, soit à force de bras, soit au moyen de leviers, & on porte le tout auprès des aires ou des cadres, où se trouvent des hommes & des femmes assis, qui enlèvent les cônes avec la main & les déposent sur ces aires ou sur ces cadres. En les cueillant il faut avoir attention de n'y pas mêler de portions de feuilles, de fragmens de tiges, de la terre ou autres matières étrangères qui altéreroient sa valeur. Les cônes trop mûrs se mettent à part.

On prétend que le Houblon qui se cueille sur des tiges fanées est inférieur à l'autre; ce qui paroît difficile à croire; mais, pour ne pas se donner une mauvaise réputation, il faut se conformer à l'usage, & ne couper de nouvelles tiges que proportionnellement aux besoins des cueilleurs.

Quand la journée est finie on porte à la maison les cônes de Houblon déposées sur l'aire ou le cadre, au moyen de grands sacs dans lesquels on les empile, & on les étend sur de grandes toiles dans des granges, des greniers ou autres lieux fermés, pour procéder ensuite, le plus tôt possible, à leur dessiccation. Si on les laissoit seulement une journée dans les sacs, ou si on les entassoit trop sur les toiles, ils noirciroient, moisiroient, pourriroient, enfin seroient perdus.

C'est encore un avantage des houblonières en palissades, que de n'être obligé de cueillir chaque jour plus que ce qu'on peut dessécher.

Un bon Houblon (les cônes) doit être d'un brun-clair uniforme. Son odeur est suave & sa saveur très-amère. Il perd entre deux tiers & trois quarts à la dessiccation.

La forme des fourneaux à dessécher le Houblon varie selon les lieux. Il en est peu en France qui soient convenablement construits. C'est en Angleterre qu'il faut aller pour apprendre à les bâtir & à les conduire; aussi les Houblons de ce pays ont-ils une grande supériorité sur les nôtres, & le vendent-ils en conséquence beaucoup plus cher dans le Nord. On trouvera, dans le *Dictionnaire économique*, des descriptions & des modèles de ces fourneaux ou étuves; ainsi je puis me dispenser d'en parler ici.

C'est à sa troisième année que le Houblon est dans toute sa force. On peut le laisser quinze ou vingt ans dans les bons terreins en le rajeunissant, c'est-à-dire, en enlevant la terre qui entoure les pieds, & en la remplaçant par de la nouvelle; cependant il est plus avantageux de la détruire au bout de dix à douze ans. Il ne faut pas croire, comme quelques auteurs le supposent, que le terrein qui a porté du Houblon ne soit propre à d'autres cultures que quelques années après: seulement les cultures qu'on lui confie, sont gênées par les pousses que font les racines qu'on n'a pu extraire; en conséquence, ce doit être principalement celles qui demandent des binages d'été, comme des pommes de terre, des haricots, des féves de marais, qu'il faut y établir, parce que les tiges poussantes sont détruites par les binages. La garance, d'après l'observation d'Arthur Young, prospère beaucoup après lui.

La culture du Houblon est très-productive; mais aussi elle est quelquefois très-onéreuse, tant par la variation de la valeur de ses produits, que par l'incertitude de son succès. Un cultivateur prudent ne doit généralement y sacrifier qu'une très-petite partie de ses moyens.

Rouies, les tiges du Houblon donnent une assez bonne filasse, avec laquelle on peut faire des cordes; brûlées, elles fournissent beaucoup de potasse. On peut aussi les employer à augmenter la masse des fumiers.

Le MIELAT (*voyez* ce mot) fatigue beaucoup les houblonieres. Il en est de même de la *farine*, qui est probablement un *éréſiphé* ou un *urédo*. Il est difficile d'en empêcher les effets. *Voy*. ROUILLE.

Deux insectes nuisent souvent au Houblon : l'un est le PUCERON (*voyez* ce mot), l'autre la chenille de l'HEPIALE (*voyez* ce mot). Cette dernière ronge ses racines. Ce sont principalement les vieilles houblonières qu'elle infeste. (*Bosc.*)

HOVÈNE. *Hovenia.*

Arbre du Japon, à feuilles alternes & à fleurs disposées en corymbes axillaires & terminaux, qui seul fait un genre dans la pentandrie monogynie.

Cet arbre, dont on mange les pédoncules qui ont la saveur de la poire, est figuré pl. 131 des *Illustrations des genres* de Lamarck. Il n'est pas encore cultivé dans nos jardins. (*Bosc.*)

HOUE, morceau de fer aplati à une de ses extrémités, & percé d'une douille à l'autre, pour y introduire un manche de bois.

Il y a des Houes doubles, c'est-à-dire, dont le manche est au milieu, & qui sont aplaties à leurs deux extrémités.

Un morceau de fer dont l'extrémité ou, lorsqu'il y en a deux, une des extrémités est en pointe, s'appelle un PIC, une PIOCHE, une TOURNÉE, &c. *Voyez* ces mots & le mot BINETTE.

C'est avec les Houes qu'on donne les meilleurs labours, parce qu'il n'y a pas d'instrument qui divise autant la terre. On doit donc préférer leur emploi dans un grand nombre de cas.

La forme & la largeur du fer des Houes, ainsi que la longueur de leur manche, varient immensément. Il n'est pas deux cantons qui en offrent de parfaitement semblables. Ne pouvant les décrire toutes, je me bornerai à parler de leurs principales sortes, qui sont décrites & figurées pl. 20 du *Dictionnaire de l'Art aratoire*.

La Houe carrée est propre au labour superficiel des terres sablonneuses ou très-meubles. Lorsqu'elle a un long manche & six pouces de large & de long, c'est la Houe américaine, celle qui est la moins fatigante dans son emploi, parce qu'on peut en faire usage debout. Celle dont le fer a la même largeur, plus de longueur & le manche très-court, est la Houe des vignerons, celle qui fait le plus d'ouvrage, mais fatigue le plus, parce qu'il faut être complétement courbé pour l'employer.

On ne se sert guère de la Houe ronde que pour faire les augets dans lesquels on dépose des graines de pois, de haricots, &c., des racines de pomme de terre, de topinambour, &c.

La Houe triangulaire s'applique principalement aux défrichemens & aux labours des terres qui contiennent considérablement de pierres.

Les Houes à deux & à trois dents remplissent en partie les indications de la précédente, & de plus sont très-convenables pour enlever les racines de chiendent & autres qui salissent la terre.

L'important dans le choix d'une Houe, c'est qu'elle soit d'un fer, ni trop cassant, parce qu'elle exigeroit des réparations fréquentes & coûteuses, ni trop doux, parce qu'elle s'useroit trop vite, & seroit dans le cas de se courber au moindre effort. Dans beaucoup de lieux on garnit son tranchant d'une *étoffe* d'acier ; ce qui le rend d'un bien plus facile & plus long service, mais aussi ce qui augmente son prix.

Les sortes de bois qu'on doit préférer pour faire le manche des Houes sont l'alizier, le pommier, le poirier, le frêne & le cœur de chêne. Ce dernier est plus cher, plus lourd & plus cassant que les autres. Le cornouiller, malgré l'inégalité de sa surface, & l'érable, quoiqu'il soit peu solide, même le coudrier, y sont aussi employés.

Depuis quelque tems on donne, d'après les Anglais, le nom de Houe à cheval à une charrue qui a une Houe ou une ratissoire en place de socle, comme celle qui est figurée pl. 38 de l'*Art aratoire*, ou à des espèces de herses qui, au lieu d'être armées de pointes, le sont de petites Houes triangulaires, disposées en échiquier, & de manière que tout le terrein soit successivement gratté par elles. La machine à couper les racines, figurée pl. 35 du même ouvrage, donne une idée de la forme de cette dernière.

La Houe à cheval de la première sorte est très-convenable pour faire des binages très-expéditifs dans les cultures par rangées, & celle de la seconde sorte economise les labours que son travail, également beaucoup plus expéditif, supplée dans un grand nombre de cas.

Il est extrêmement à desirer que l'agriculture française adopte généralement ces deux sortes de Houes, dont l'usage est fort commun en Angleterre, & se propage rapidement en Allemagne ; car il en doit résulter de grands avantages pour elle. (*Bosc.*)

HOUILLE ou CHARBON DE TERRE, résultat des végétaux de l'ancien Monde, entraînés par les rivières dans la mer, & enfouis sous les couches produites par leurs alluvions. *Voyez* les *Dictionnaires de Minéralogie & de Géologie*.

Les terreins sous lesquels se trouve la Houille sont presque tous infertiles ; mais ce n'est pas à ses émanations, comme on le croyoit autrefois, que cette infertilité est due. Toutes celles que j'ai visitées étoient dans des schistes, & par conséquent dans des terreins naturellement infertiles. *Voyez* SCHISTE.

L'Angleterre tire une des principales sources de sa richesse de ses mines de Houille. Il y a peu de tems que la France cherche à utiliser les siennes d'une manière convenable. La cherté toujours croissante des bois conduit petit à petit à changer nos habitudes à cet égard, & il est à croire que bientôt

bientôt les préjugés qui règnent contre son usage, disparoîtront complétement.

Il a été dit quelques mots de l'emploi de la Houille à l'article CHARBON DE TERRE; mais on a négligé de parler de sa suie & de ses cendres, qui sont un excellent engrais. Je vais suppléer à ce qui manque à cet article.

La suie de la Houille est extrêmement abondante. En Angleterre & dans les environs de Liége, on en fait une très-grande consommation pour engrais, principalement dans les vieilles houblonières, qu'elle ranime & qu'elle purge des larves d'hépiales qui en dévorent les racines. Elle fait merveilleusement dans les jardins infestés de courtilières, de vers blancs & autres insectes. Sa grande activité doit engager à la ménager; car si elle étoit surabondante, il s'ensuivroit une infertilité momentanée. *Voyez* SUIE & ENGRAIS.

La cendre de Houille est l'objet d'un commerce de quelqu'étendue, tant on la recherche en tous pays pour engrais. C'est dans les terreins argileux & humides, dans ceux qu'on appelle froids, qu'elle produit les meilleurs effets. On la répand, ainsi que la chaux, sur les prairies naturelles & artificielles. Elle ne contient cependant que de la silice, de la magnésie, de la terre calcaire, un peu de fer & quelques atômes de sels vitrioliques. *Voyez* au mot CENDRE. (*Bosc.*)

HOULETTE, bâton de six pieds de long, terminé, d'un côté, par une pointe de fer, qui sert à l'enfoncer à volonté dans la terre; & de l'autre, par une lame de fer un peu creusée en cuiller, accompagnée d'un crochet.

Ce bâton sert aux gardiens des bêtes à laine, aux bergers, non à battre ces animaux, mais à jeter de la terre qui se prend avec la cuiller & se lance avec le bâton, à ceux d'entr'eux qui s'éloignent du troupeau, qui se portent sur les blés ou autres cultures, ainsi qu'aux chiens qui n'obéissent pas assez promptement à la voix.

Il y a quelque différence dans la forme & dans la grandeur des Houlettes, selon les pays; mais toutes rentrent dans la description ci-dessus. Le crochet sert à placer la Houlette contre un mur au moyen d'un clou, lorsque le berger est rentré à la maison.

Faire usage de la Houlette demande beaucoup de dextérité de la part des bergers. Il est étonnant avec quelle précision certains d'entr'eux atteignent le but. J'en ai vu un en Brie, qui, à vingt-cinq pas, entraînoit toujours une petite pièce de monnaie placée sur une grosse pierre.

Le véritable objet de la Houlette, c'est de pouvoir ramasser & lancer, promptement & sans fatigue, de la terre contre les moutons. Quelquefois cependant, en la leur présentant de travers, elle sert à les déterminer à changer la direction de leur marche. Jamais un bon berger, comme je l'ai dit plus haut, n'en frappe ni ses moutons ni ses chiens. Il a un fouet pour ces derniers.

On appelle aussi Houlette une petite bêche, dont le fer est recourbé comme celui de l'instrument précédent, & le manche au plus long d'un pied. Elle sert à biner la terre des caisses ou des planches garnies de jeunes plants, d'oignons de fleurs; à lever ces derniers, ainsi que les marcotes, & en général toutes les petites plantes qui doivent conserver leur motes. Il y en a de diverses formes & grandeurs. Les Houlettes sont d'un emploi très-commode, & tous les jardiniers qui cultivent avec soin doivent en être pourvus. Quand on en a soin elles durent plusieurs générations, attendu qu'elles ne fatiguent nullement. (*Bosc.*)

HOULQUE ou HOUQUE. *Holcus*.

Genre de plante de la polygamie monoécie & de la famille des graminées, qui rassemble plus de vingt espèces, dont plusieurs intéressent beaucoup l'agriculteur des pays froids, à raison de leur bonté comme fourage, & dont plusieurs autres sont l'objet d'une culture de première importance dans les pays chauds. *Voyez* les *Illustrations des genres* de Lamarck, pl. 838.

Observations.

Ce genre a été divisé en deux par quelques botanistes. Dans l'un on a laissé les espèces à balles biflores ou triflores, & dans l'autre les grandes espèces à balles uniflores, de la plupart desquelles on mange les graines. Ici je ferai mention de toutes les espèces, & je parlerai seulement de la culture de celles qui servent ou peuvent servir de fourage, & je renverrai au mot SORGHO la culture des autres.

Quelques botanistes ont placé les Houlques de la première division parmi les avoines.

Espèces.

Houlques à deux ou trois fleurs.

1. La HOULQUE laineuse.
Holcus lanatus. Linn. ♃ Indigène.

2. La HOULQUE molle.
Holcus mollis. Linn. ♃ Indigène.

3. La HOULQUE lâche.
Holcus laxus. Linn. ♃ De l'Amérique septentrionale.

4. La HOULQUE striée.
Holcus striatus. Linn. ♃ De l'Amérique septentrionale.

5. La HOULQUE odorante.
Holcus odoratus. Linn. ♃ Du nord de l'Europe.

6. La HOULQUE suave.
Holcus redolens. Vahl. De la Nouvelle-Zélande.

7. La HOULQUE à bonne odeur.
Holcus fragrans. Willd. ♃ Du Canada.
8. La HOULQUE à feuilles larges.
Holcus latifolius. ♃ Linn. Des Indes.
9. La HOULQUE capillaire.
Holcus capillaris. Thunb. Du Cap de Bonne-Espérance.
10. La HOULQUE rampante.
Holcus repens. Host. ♃ De Hongrie.
11. La HOULQUE des Alpes.
Holcus alpinus. Willd. ♃ De Laponie.

Houlques à une seule fleur.

12. La HOULQUE en épi, vulgairement *le couscou, le millet à chandelle.*
Holcus spicatus. Linn. ○ Des Indes.
13. La HOULQUE sorgho, vulgairement *le grand millet, le sorgho, le doura.*
Holcus sorghum. Linn. ⊙ Des Indes.
14. La HOULQUE sucrée.
Holcus saccharatus. Linn. ⊙ Des Indes.
15. La HOULQUE d'Alep.
Holcus halepensis. Linn. ♃ De Syrie.
16. La HOULQUE compacte.
Holcus compactus. Lam. ⊙ D'Afrique.
17. La HOULQUE percée.
Holcus pertusus. Linn. De.....
18. La HOULQUE de deux couleurs.
Holcus bicolor. Linn. ⊙ De Perse.
19. La HOULQUE penchée.
Holcus cernuus. Willd. ⊙ D'Afrique.
20. La HOULQUE des Caffres.
Holcus Caffrorum. Thunb. ⊙ D'Afrique.
21. La HOULQUE à grappe.
Holcus racemosus. Lam. ○ D'Arabie.
22. La HOULQUE décolorante.
Holcus decolorans. Willd. De l'Amérique.
23. La HOULQUE arénacée.
Holcus arenaceus. Willd. Du Cap de Bonne-Espérance.
24. La HOULQUE dentelée.
Holcus serratus. Thunb. Du Cap de Bonne-Espérance.
25. La HOULQUE rude.
Holcus asper. Thunb. Du Cap de Bonne-Espérance.
26. La HOULQUE luisante.
Holcus nitidus. Vahl. Des Indes.

Culture.

La Houlque laineuse se trouve dans toute l'Europe, aux lieux sablonneux, où elle forme des touffes isolées, d'un demi-pied de diamètre, qui ne subsistent que trois ou quatre ans. Elle fleurit dès les premiers jours du printems. C'est un excellent fourage que tous les bestiaux, & surtout les moutons, recherchent avec une grande avidité. Il est fâcheux que sa disposition à se tenir en touffe & son peu de durée s'opposent à ce qu'on puisse l'employer à la composition des prairies artificielles; car la précocité, l'abondance & la bonne qualité de sa fanne doivent le faire vivement desirer. Le véritable moyen d'en tirer parti dans la grande agriculture seroit d'en conserver quelques centaines de touffes dans un lieu susceptible d'être garanti de la dent des bestiaux & du bec des oiseaux, & d'employer, chaque année, les graines qu'ils produiroient, à regarnir les vieilles luzernes, les vieux sainfoins, les parties des pâturages les moins pourvues de graminées, &c. J'ai vu les touffes de cette Houlque former des effets agréables dans les gazons des jardins paysagers.

La Houlque molle croît naturellement dans les prés, où elle est souvent très-abondante. Elle doit entrer, en plus grande quantité possible, dans la composition de ceux qu'on forme ou qu'on veut regarnir: mais je doute qu'on doive la semer seule. Les bestiaux la recherchent avec autant & peut être plus d'ardeur que la précédente. J'ai lieu de croire, par suite de la nature traçante de ses racines, qu'elle subsiste plus long-tems qu'elle.

Dans les jardins de botanique, on sème ces Houlques en place, en automne ou au printems, & on les abandonne à elles-mêmes jusqu'à ce qu'elles aient epuisé la terre.

La Houlque odorante doit être semée dans un pot ou une terrine, parce que ses racines tracent avec plus d'activité que le chiendent, ainsi que je l'ai déjà dit, & qu'elles infesteroient bientôt tout leur voisinage. C'est une plante que tous les bestiaux, & surtout les bœufs, aiment avec passion, & qui donne un excellent goût au foin dans lequel elle se trouve. Il est dommage qu'elle soit si rare dans les prés & les pâturages de la France.

On ne cultive dans nos jardins, du moins à ma connoissance, aucune des autres espèces de cette division.

Il y a seulement quatre espèces de la seconde division, qui se cultivent, en ce moment, dans le Jardin du Muséum de Paris: ce sont les quatre premières; mais j'en ai vu un plus grand nombre y paroître & s'y perdre par la difficulté d'y amener leurs graines à maturité.

De ces quatre, trois & leurs nombreuses variétés sont annuelles, & feront, ainsi que je l'ai annoncé plus haut, le sujet de l'article SORGHO.

Dans les jardins de botanique, on seme ces plantes dans des pots, sur couche, vers le commencement d'avril, & on repique les pieds qui en proviennent, lorsqu'ils ont six pouces de haut, en pleine terre, & dans un sol léger, à une exposition chaude. On leur donne des irrosemens abondans pendant les chaleurs. Cependant, quoi qu'on fasse, ce n'est que dans les années favorables que ces pieds amènent leurs graines à maturité. La distance à mettre entre ces pieds est, lorsqu'ils sont en rangée, de deux pieds, &, lorsqu'ils sont en quinconce, de trois pieds.

La Houlque d'Alep, qui a les racines vivaces, craint moins le froid que ces dernières. On la seme comme elles; mais une fois en place, elle y subsiste un grand nombre d'années sans autre soin que de couvrir son pied, pendant l'hiver, avec des feuilles sèches ou de la fougère. Elle s'est presque naturalisée dans les parties méridionales de la France. On peut avantageusement employer ses feuilles & ses tiges, surtout dans leur jeunesse, à la nourriture des bestiaux; mais je ne sache pas qu'elle soit cultivée dans cette intention.

Cette plante est assez remarquable pour entrer, comme ornement, dans les jardins paysagers, où elle se placera, à quelque distance des massifs ou sur le bord des gazons. (*Bosc.*)

HOUMIRI. *Myrodendrum.*

Grand arbre de la Guiane, à feuilles alternes, lancéolees, amplexicaules, à fleurs disposées en corymbes terminaux, qui seul forme un genre dans la polyandrie monogynie.

Cet arbre, duquel il découle une résine liquide d'une odeur agréable, ne se voit pas dans nos jardins. (*Bosc.*)

HOUSTONE *Houstonia.*

Genre de plante de la tétrandrie monogynie & de la famille des *Rubiacées*, qui renferme une demi-douzaine d'espèces, dont une se cultive dans nos serres tempérées, & s'y fait remarquer par ses fleurs d'un rouge-vif. *Voyez* les *Illustrations des genres* de Lamarck, pl. 79.

Espèces.

1. L'Houstone écarlate.
Houstonia coccinea. Aiton. ♄ Du Mexique.
2. L'Houstone divergente.
Houstonia divaricata. Aiton. ♄ De l'Amérique septentrionale.
3. Houstone à feuilles de serpolet.
Houstonia serpillifolia. Mich. ♃ De la Caroline.
4. L'Houstone à feuilles rondes.
Houstonia rotundifolia. Mich. ♃ De la Caroline.
5. L'Houstone rouge.
Houstonia purpurea. Mich. ♃ De la Caroline.
6. L'Houstone bleue.
Houstonia cœrulea. Linn. ☉ De la Caroline.
7. L'Houstone à feuilles aiguës.
Houstonia angustifolia. Mich. ☉ De la Caroline.

Culture.

On ne cultive que l'Houstone écarlate & sa variété à fleurs blanches dans les jardins de Paris; l'Houstone bleue, l'Houstone à feuilles aigues & l'Houstone à feuilles de serpolet s'y sont vues provenant des graines que j'avois apportées de la Caroline; mais elles n'y ont subsisté qu'une ou deux années.

C'est dans des pots remplis de terre substantielle qu'on plante l'Houstone écarlate. Elle se place dans un endroit chaud & cependant aéré pendant l'été, & dans la serre tempérée ou au moins dans l'orangerie pendant l'hiver. Elle ne se multiplie guère que de boutures, qui réussissent presque toujours lorsqu'on les fait au printems, dans des pots, sur couche & sous châssis, & même fleurissent le plus souvent la même année.

Il faut renouveler la terre de l'Houstone écarlate tous les ans, en automne, & ne lui donner des arrosemens abondans que peu avant & pendant sa floraison. (*Bosc.*)

HOUTUYNE. *Houtuynia.*

Plante vivace, à feuilles en cœur & à fleurs en chaton, qui seule forme un genre que quelques auteurs placent dans la gynandrie, d'autres dans la polyandrie, d'autres dans l'heptandrie. Elle appartient à la famille des *Aroïdes* & est originaire du Japon. *Voyez* les *Illustrations des genres* de Lamarck, pl. 739.

Comme cette plante n'est pas cultivée dans nos jardins, je n'ai pas à m'étendre davantage sur ce qui la concerne. (*Bosc.*)

HOUX. *Ilex.*

Genre de plante de la tétrandrie tétragynie & de la famille des *Rhamnoïdes*, qui contient un certain nombre d'espèces d'arbres, dont la culture sera décrite dans le *Dictionnaire des Arbres & Arbustes.*

HOUX FRELON *Voyez* Fragon.

HOYAU, sorte de pioche dont le fer a peu de largeur, & dont le manche est recourbé. On l'emploie principalement pour le défoncement des terreins qui ne sont ni légers ni pierreux. *Voyez* Pioche.

HUANACA. *Huanaca.*

Plante sans tige, de l'Amérique méridionale, qui seule forme, selon Cavanilles, un genre dans la pentandrie digynie. Comme elle n'est pas cultivée en Europe, je n'ai rien de plus à en dire. (*Bosc.*)

HUDSONE. *Hudsonia.*

Arbuste de l'Amérique septentrionale, qui ressemble beaucoup à une bruyère, mais qui forme un genre dans la dodécandrie monogynie. Il est figuré pl. 401 des *Illustrations des genres* de Lamarck.

J'ai rapporté beaucoup de graines de cet arbuste, mais elles n'ont pas levé dans nos jardins, de sorte qu'il ne s'y cultive pas encore. C'est dans les sables les plus arides qu'il se plait le mieux. (*Bosc.*)

HUERTÉE. *Huertea.*

Arbre du Pérou, qui forme un genre dans la pentandrie monogynie, mais qui, n'ayant pas encore été apporté dans nos jardins, ne peut devenir ici l'objet d'un article. (*Bosc.*)

HUGONE. *Hugonia.*

Genre de plante de la monadelphie décandrie & de la famille des *Malvacées*, qui renferme trois espèces, dont aucune n'est cultivée dans nos jardins. Elle est figurée pl. 572 des *Illustrations des genres* de Lamarck.

Espèces.

1. L'Hugone de l'Inde.
Hugonia mystax. Linn. ♄ Du Malabar.
2. L'Hugone dentelée.
Hugonia serrata. Lam. ♄ De l'île de Bourbon.
3. L'Hugone tomenteuse.
Hugonia tomentosa. Lamarck. ♄ De l'île de Bourbon. (*Bosc.*)

HUILE, produit des végétaux & des animaux, qui se reconnoît à son onctuosité, à sa propriété de nager sur l'eau, de brûler par le contact d'un corps embrâsé, de rancir par suite de la réaction de ses principes, de former des savons par son union avec les alkalis, &c.

Certaines Huiles sont constamment solides à la température de l'atmosphère : on les appelle Beurre, Axonge, Suif, Graisse, Cire, &c. (*Voyez* ces mots.) Certaines autres qui portent souvent le nom d'Huiles grasses, d'Huiles fixes, d'Huiles douces, sont fluides l'été & solides l'hiver, comme l'Huile d'olives; certaines autres enfin sont fluides toute l'année, comme l'Huile d'œillette.

Je ne parlerai ici que des Huiles végétales, comme portant plus spécialement ce nom.

Les Huiles minérales, comme le pétrole, le naphte, ont toutes, selon moi, une origine végétale. *Voyez* Houille.

Les Huiles se divisent encore en Huiles fixes, c'est-à-dire, qui se décomposent par leur exposition à une chaleur élevée, & en Huiles volatiles, c'est-à-dire, qui s'évaporent au même degré de chaleur sans se décomposer. Ces dernières s'appellent aussi *Huiles essentielles.* Elles sont généralement très-odorantes.

Les cultivateurs ayant souvent la production de l'Huile pour but, & en faisant un grand usage pour assaisonner leur manger, alimenter leur lampe, graisser leurs roues, leurs ustensiles de cuir, peindre leurs meubles & leurs instrumens aratoires, l'article que je traite devroit être fort développé; mais comme il est question de leurs principes, dans celui qui la concerne, dans le *Dictionnaire de Chimie*, de la manière de l'extraire & de la conserver dans celui des *Arts économiques*, je n'en traiterai que très-succinctement.

C'est principalement de l'amande des graines qu'on obtient les Huiles fixes, & de leurs enveloppes qu'on retire les Huiles volatiles. Toutes les parties des plantes fournissent cependant de ces dernières.

Les deux tiers des plantes ont des graines qui contiennent de l'Huile grasse : il n'en est peut-être pas un centième dans lesquels on trouve des indications d'Huile volatile.

Les Huiles grasses sont celles sur lesquelles les cultivateurs spéculent le plus ordinairement, parce que ce sont elles dont l'emploi est le plus général. Les plantes cultivées en France, & des graines desquelles on les retire le plus ordinairement, sont l'Olivier, le Noyer, l'Amandier, le Colza, la Navette, la Moutarde, la Cameline, le Pavot, le Lin & le Chanvre.

On en fait aussi, dans quelques localités, avec les Faines, graines du Hêtre, & les Noisettes, graines du Coudrier. *Voyez* tous ces mots.

Ce n'est que lorsque les graines sont parvenues à tout le degré de maturité dont elles sont susceptibles, que l'Huile cesse de s'y former par la transmutation du mucilage, & devient plus facile à extraire par l'évaporation de l'eau surabondante. Or, cette maturité & cette dessiccation ne s'effectuent qu'un ou deux mois après leur récolte. Il faut donc attendre ce tems pour les porter au moulin, lorsqu'on veut avoir une grande quantité d'Huile. On y gagne de plus une plus longue & plus facile conservation de leur Huile. Plus tard, ces graines ranciroient, &, outre que l'Huile seroit impropre à quelques usages, elles en donneroient moins par la suite de sa décomposition. *Voyez* Rancidité.

Je dois observer cependant que l'Huile faite avec des graines fraîches est plus agréable au goût, & qu'ainsi celle qui est destinée à la cuisine doit être exprimée peu après la récolte. Je citerai, à l'appui de cette opinion, l'huile d'Aix, qui est faite avec des olives encore vertes, & qui est si supérieure à celles du reste de la Provence.

Les Huiles se tirent des graines par le moyen de l'expression; mais auparavant toutes ont besoin d'être moulues, c'est-à-dire, réduites en pâte, & quelques-unes, comme les noix, les amandes, les faînes, débarrassées de leur coque. Leur mouture a pour objet de déchirer les loges qui renferment l'Huile, & de faciliter à cette Huile des moyens de sortie. Ordinairement on commence par retirer, à la température de l'atmosphère, toute l'Huile possible de la farine des graines, parce que cette première Huile, qu'on appelle *Vierge*, est meilleure; mais ensuite on est obligé de rendre plus fluide celle qui reste, à l'aide de fers chauds ou de l'eau bouillante, afin de la faire couler plus facilement; ce qui l'altère.

Tout ce qui concerne la fabrication de l'Huile est développé, avec détail, au mot MOULIN A HUILE du *Dictionnaire des Arts mécaniques*; ainsi je n'aurai qu'un mot à en dire ici.

Quelque tard qu'on ait porté les graines huileuses au moulin, l'Huile qu'elles fournissent contient encore du mucilage, de l'amidon & du parenchyme. Une partie de ces matières se précipite peu de jours après que l'Huile a été déposée dans des vases. Ce qui reste donne le goût propre à chaque sorte d'Huile & retarde la rancidité; il ne faut donc pas se presser de l'enlever des Huiles destinées à l'apprêt des alimens; mais comme ce reste nuit à la combustion & à la dessiccation, il est important d'en débarrasser celles qu'on veut employer à brûler ou à peindre.

Exposer les Huiles à l'air pendant environ un mois, plus en hiver, moins en été, dans des vases peu profonds, avec moitié d'eau, favorise la précipitation du mucilage; mais si l'Huile, après cette opération, est très-limpide & très-fluide, elle est par contre extrêmement rance. On doit à Thenard l'indication d'un moyen beaucoup plus simple & plus expéditif pour les Huiles destinées à brûler ou à peindre. Il consiste à mélanger avec l'Huile deux centièmes d'acide sulfurique concentré, & à agiter le tout jusqu'à ce qu'il se charge de floccons. Alors on ajoute deux parties d'eau, & on agite de nouveau. Après plusieurs jours de repos, l'Huile surnage pure & limpide, & toutes les matières étrangères sont réduites à l'état de charbon. Il n'y a plus qu'à decanter & à filtrer. Tous les secrets pour remplir le même objet ne valent pas ce procedé. Quant aux Huiles réservées pour l'assaisonnement, il faut les filtrer à travers la poudre de charbon, dans un appareil qui consiste en un long tube de fer-blanc, terminé en haut par un entonnoir, & en bas par un coude qui entre dans une caisse remplie de charbon grossiérement concassé, & pourvue d'un robinet à sa partie supérieure. On verse l'Huile dans l'entonnoir; elle remonte à travers le charbon, & sort pure par le robinet. Après quelque tems de service on renouvelle le charbon, qui peut servir de nouveau après avoir rougi. Dans ces opérations, il faut l'avouer, on perd beaucoup d'Huile.

Faire bouillir l'Huile sur le charbon, comme quelques écrivains l'ont conseillé, la colore

On doit conserver les Huiles dans les lieux où la température est la moins variable possible, & où il y ait cependant un renouvellement d'air journalier, c'est-à-dire, dans des caves. Tous les ans on doit transvaser celles qu'on veut garder plus long-tems, afin de la débarrasser de sa LIE, c'est-à-dire, du mucilage qui s'est precipité. Et qu'on ne croie pas, comme tant de personnes, que ce transvasement occasionne une perte, parce que l'Huile transvasée est diminuée de toute l'épaisseur de la lie! Cette lie peut être utilisée d'une manière economique pour une infinité d'usages. N'employât-on celles qui sont facilement siccatives, comme celles de noix, de lin, de chanvre, d'œillette, en la mélant avec de la cendre, qu'à peindre les charrettes, tomberaux, charues, echelles & autres ustensiles de bois, les portes, les fenêtres, même les murs, on gagneroit immensément; car qui ne sait combien tous ces objets durent peu faute de soins, & combien ils sont chers en ce moment! N'employât-on celles qui sont peu siccatives, comme celles d'olives, de colza, de navette, qu'à enduire l'extrémité des pieux destinés à être enterres, qu'à graisser les harnois, les essieux des roues, on y trouveroit encore un grand bénéfice. Toujours je gémis de voir les habitans des campagnes perdre le fruit de leurs travaux par defaut de soin & d'intelligence.

Les debris des graines dont on a retiré l'Huile s'appellent TOURTEAUX (*voyez* ce mot), de leur forme la plus commune. C'est un excellent aliment pour les bestiaux, surtout pour les vaches laitieres. C'est aussi un excellent engrais pour les champs. Partout donc les cultivateurs les réservent pour leur usage ou pour en faire commerce.

Quelque considérable que soit la production de l'Huile en France, elle n'est pas encore en proportion avec les besoins, comme le prouve la cherté habituelle. Il est bien à desirer que les cultivateurs se livrent plus generalement à la plantation des arbres & au semis des graines qui en produisent. Il est des départemens entiers où on n'en fait pas pour la consommation d'un mois. Pourquoi la culture du colza, du pavot est-elle circonscrite dans deux ou trois de ceux du nord? Pourquoi ne fait-on que de l'Huile d'olives dans le midi? Que de choses j'aurois encore à dire sur cet objet! (*Bosc.*)

HUILE DE MARMOTTE, huile qu'on retire des amandes du PRUNIER DE BRIANÇON. *Voyez* ce mot.

Cette Huile a un goût de noyau agréable, mais elle est trop coûteuse pour qu'elle puisse devenir d'un usage general.

HUILE DE RASE, espèce de thérébentine qu'on retire du galipot par la distillation. *Voyez* PIN.

HUMBOLDSTIE. *Humboldstia.*

Arbre de Ceilan, qui forme un genre dans la pentandrie monogynie. Ses feuilles sont alternes & pinnées; ses fleurs disposées en grappes axillaires. Il n'est pas cultivé dans nos jardins. (*Bosc.*)

HUMIDITÉ. L'air est humide lorsqu'il tient en état de dissolution une quantité d'eau excedant celle qui s'y trouve ordinairement. Un corps est humide lorsque son interieur ou sa surface offre des indices d'un excès de particules aqueuses. Je dis excès, parce que des corps peuvent contenir beaucoup l'eau, & n'être pas humides ; par exemple, une plante grillée, un animal quelconque.

L'eau ſe diſſout d'autant plus dans l'air, que ce dernier eſt plus chaud ; mais l'Humidité ne commence à ſe montrer que lorſque la température diminue, que lorſque les parties aqueuſes ſe rapprochent. Si la diminution de chaleur augmente, la pluie s'enſuit néceſſairement, par la réunion en gouttes de ces parties aqueuſes. *Voy.* BROUILLARD & PLUIE.

L'influence de l'Humidité eſt très puiſſante, & agit tantôt en bien, tantôt en mal, ſelon les ſaiſons, les localités, les objets ſur leſquels elle ſe porte, le tems qu'elle dure, &c. Une Humidité trop forte ou trop durable peut, par exemple, faire pourrir les graines miſes en terre au printems, ou empêcher les plantes qu'elles ont fournies de prendre la conſiſtance néceſſaire : d'où réſultera, ou leur mort (*voyez* FONDRE), ou beaucoup de feuilles ſans principe nutritif, & peu de fruits ſans ſaveur & d'une difficile conſervation. Une trop grande Humidité règne plus ſouvent dans les vallons profonds & abondans en eaux, dans le voiſinage des grands étangs & des marais, ſous les châſſis, dans les baches, les orangeries, les ſerres : c'eſt pourquoi les récoltes de graines y ſont plus incertaines ; c'eſt pourquoi les feuilles des plantes y tombent ou y moiſiſſent ſi ſouvent. Certaines plantes, comme celles qui ſont deſtinées à croître ſur les montagnes ſèches, telles que les ciſtes, ou qui ſont déja d'une nature très-aqueuſe, comme les ficoïdes, ſont plus ſujets aux inconvéniens d'une humidité ſurabondante. Ce ſont ces conſidérations qui doivent rendre rares les arroſemens dans les lieux fermés lorſque la température ne peut y être élevée en proportion, qui forcent à ne pas autant arroſer ſous un châſſis que dans une bache, dans une orangerie que dans une ſerre. *Voyez* ARROSEMENT.

Au printems, lorſque les plantes ſont en fleurs, la durée de l'Humidité, ſoit de la terre, ſoit de l'air, s'oppoſe à la fécondation, & par conſéquent au ſuccès des récoltes des graines & des fruits, tandis qu'il favoriſe l'abondance dans les prairies naturelles & artificielles, la croiſſance des jeunes arbres ou des arbres coupés nouvellement.

L'Humidité de la terre empêche la fécondation en diminuant l'énergie de l'*aurum ſeminale* (qu'on me paſſe cette expreſſion, que j'emploie faute d'autre), qui eſt le principe fécondant mâle, en augmentant tellement la ſécrétion du fluide qui lubrifie le canal du piſtil, qu'il repouſſe toute introduction de pouſſière fécondante.

L'Humidité de l'air empêche la fécondation en s'oppoſant à la diſſémination de la pouſſière fécondante, en diminuant la dilatation des organes femelles, &c. Il convient de dire que l'abſence de la chaleur, qui reſte toujours alors au même degré, concourt auſſi à ces effets. *Voyez* FÉCONDATION & CHALEUR.

Un excès ou une continuité d'Humidité eſt encore nuiſible en été & en automne, lors de la maturité des graines & des fruits, qu'elle retarde ou empêche, ſur la bonté & la durée deſquels elle influe défavorablement. *Voyez* MOISSON, VENDANGE, FRUIT.

L'homme & les animaux ſouffrent auſſi de la prolongation de l'Humidité de l'air. Elle donne lieu même à des maladies ÉPIZOOTIQUES. *Voyez* ce mot.

Si une Humidité trop conſidérable ou trop durable nuit généralement au ſuccès des cultures, une Humidité modérée & à laquelle ſuccède la chaleur leur eſt fort avantageuſe. Ce ſont les années où cette alternative eſt la mieux combinée, qui ſont les plus productives.

Sans Humidité la terre eſt infertile : c'eſt pourquoi la ſécherèſſe eſt ſi à redouter pour les cultivateurs. De toutes les terres, l'HUMUS eſt celle qui retient le plus l'Humidité ; mais il n'exiſte ſans mélange nulle autre part que dans le réſultat des amoncelemens de matières végétales. Après lui, les terres qui la conſervent le mieux ſont les terres franches, auſſi ſont-elles les plus fertiles. Le fumier de vache, comme celui qui jouit le plus éminemment de la même propriété, eſt donc préférable dans les terreins ſecs & dans les années ſèches.

Les cultivateurs ne peuvent pas plus influer ſur l'augmentation ou la diminution de l'Humidité de la terre ou de l'air, que ſur la pluie, qui l'amène le plus ſouvent (*voyez* PLUIE) : les châſſis, les orangeries, les baches & les ſerres ſont les ſeuls endroits où ils ſoient dans le cas d'avoir à s'oppoſer fructueuſement à ſes effets. C'eſt un des principaux objets de la ſurveillance pendant l'automne, l'hiver & le printems, de ceux qui cultivent des plantes étrangères qui craignent le froid. Ne pas entaſſer plus de plantes qu'il ne convient à l'étendue du local, modérer les arroſemens au ſtrict néceſſaire, comme je l'ai déja dit ; nettoyer avec ſoin les plantes de leurs feuilles mortes, de leurs tiges pourries ; donner de l'air nouveau toutes les fois que cela eſt poſſible ; élever la température dans les baches & les ſerres, ſont les moyens les plus aſſurés de s'oppoſer aux ſuites de l'Humidité.

Un local humide eſt également nuiſible à la conſervation de la plupart des graines, des fruits, des fourages & autres produits des récoltes. Lorſque les foins ſont rentrés trop humides, non-ſeulement ils peuvent ſe moiſir & ſe pourrir, mais encore s'enflammer, & donner lieu à des INCENDIES de bâtimens & de meules. *Voyez* ce mot. (*Bosc.*)

HUMUS, produit de la décompoſition ſpontanée des végétaux & des animaux, terre végétale proprement dite, c'eſt-à-dire, baſe des principes de nutrition que les plantes tirent de la terre.

En donnant cette définition, je ne prétends pas induire à croire que l'Humus eſt indiſpenſable à toute végétation. J'ai trop bien établi, dans un grand nombre d'articles de cet ouvrage, que les plantes vivoient autant d'air & d'eau, que de principes fixes. Qui ne connoît les expériences de Hales, & celles bien plus rigoureuses faites dans ces dernières années, & qui constatent qu'on peut faire croître & fructifier des plantes dans l'eau distillée, dans du verre pilé, dans du plomb grenaillé, &c.? (*Voyez* AIR, EAU, VÉGÉTATION.) D'ailleurs, si cela étoit, il faudroit qu'une certaine quantité d'Humus eût préexisté à la végétation : or, c'est ce que la marche actuelle de la Nature peut nous dispenser de supposer. En effet, sur le granit le plus dur vivent des lichens crustacés, qui se substantent uniquement des élémens de l'air & de l'eau : leur décomposition donne lieu à un peu d'Humus qui peut nourrir des mousses, lesquelles augmentent assez cette quantité d'Humus pour permettre à quelques petites plantes de naître, ainsi de suite.

Mais à mesure qu'il se forme, cet Humus est transporté par les eaux pluviales dans les cavités des rochers, dans les vallées, puis dans les plaines éloignées. Il s'y accumule assez pour donner moyen aux plus grands arbres d'y croître, & de former les forêts qui en augmentent rapidement la masse, mais qui en même tems en consomment une certaine quantité.

C'est par la suite de ces transports que l'Humus se trouve former, dans certains endroits, des couches si épaisses & d'une fertilité inépuisable.

Il a dû être dans les vues de la Nature, que généralement il se produisît plus d'Humus qu'il n'est nécessaire pour alimenter la végétation, parce qu'une partie de cet Humus est entraînée dans les rivieres & de là dans la mer. Il y a d'ailleurs tout lieu de croire qu'il se décompose autrement que par l'acte de la végétation ; car on n'en trouve aucune trace dans les fouilles faites dans les couches de l'ancien Monde, c'est-à-dire, de celui qui a fourni à la végétation dont proviennent les houilles ou charbon de terre, ainsi que les dépôts analogues à celui de Cologne, qui donne la terre d'ombre au commerce.

On ne peut douter que l'Humus ne serve à l'aliment des plantes ; car, 1°. les terreins sont d'autant plus fertiles, toutes circonstances égales d'ailleurs, qu'ils en contiennent plus ; 2°. ils deviennent d'autant plus rapidement infertiles, qu'on y cultive plus de plantes susceptibles d'être enlevees entierement après la maturité de leurs graines ; 3°. leur fertilite est rétablie par l'apport de matières qui en contiennent, comme des substances animales ou végétales, & principalement du FUMIER. *Voyez* ce mot & le mot ENGRAIS. *Voyez* aussi les mots ASSOLEMENT & SUCCESSION DE CULTURE.

L'Humus pur se trouve, comme je l'ai laissé entrevoir plus haut, très-rarement dans la Nature. Le terreau des couches mêmes, qu'on regarde comme du terreau pur, est toujours mêlé de matières étrangères, quelques précautions qu'on prenne en le formant. Ce seroit même un grand mal qu'il fût sans mélange, parce qu'il détermineroit une si grande force de végétation dans les plantes, que toutes celles qui sont destinées à donner des graines ou des fruits, ne poussant, comme le prouve l'expérience, que des bourgeons ou des feuilles, ne satisferoient pas au but le plus fréquent de la culture.

Cette circonstance se montre souvent dans les défrichemens des antiques forêts de l'Amerique, defrichemens qu'on est obligé de cultiver plusieurs années en tabac avant d'y semer du froment, parce que ce dernier n'y donneroit pas de grains.

Etablir des récoltes très-épuisantes dans les sols très-fertiles, ou augmenter la quantité de l'Humus dans ceux qui en manquent, sont donc ce à quoi doivent tendre les cultivateurs ; & comme, dans notre vieille Europe, les premiers de ces sols sont rares, & les seconds très-communs, c'est donc sur ceux-ci, & pour y augmenter la quantité d'Humus, que se porte généralement leur sollicitude. Un grand nombre d'articles, dans cet ouvrage, n'a pas d'autre objet que de leur en fournir les moyens.

Pour avoir de l'Humus dans toute sa pureté, il faut faire pourrir des feuilles ou des tiges de plantes, ou de la viande, dans des caisses, ou prendre celui qui se forme naturellement dans le cœur des arbres qui sont sur le retour. Cet Humus brûlé ne laisse, comme le bois, qu'une petite quantité de cendres, contenant de la silice, du calcaire, de la potasse & quelques autres sels moins abondans.

L'Humus des végétaux, & encore plus celui des animaux, contient des parties solubles qui sont enlevées par des lotions d'eau chaude. Si apres l'en avoir complétement dépouillé, on le laisse un certain tems exposé à l'air libre, six mois par exemple, on trouve qu'il en contient de nouveau qu'on peut lui enlever de même & ainsi de suite, jusqu'à ce que sa masse soit réduite à la silice & au calcaire dont il vient d'être parle. Le principe charboneux paroît prédominer dans sa composition ; ce qui explique les phénomenes dont il va être question.

C'est parce que les charognes, les excrémens des animaux, le fumier enfin, a plus de parties solubles que le résultat de la décomposition des plantes, qu'ils sont des engrais plus puissans & plus actifs.

Lorsqu'on introduit de l'Humus dans une certaine quantité de potasse ou de soude pure (caustique), il s'y dissout, aux parties énumérées ci-dessus près, & forme une espèce de savon miscible à l'eau.

C'est sur ces expériences anciennement connues, mais renouvelées dans ces derniers tems, que roule une partie de la théorie de la végétation & de l'action des engrais.

Il est évident que le terreau ne peut entrer en

nature dans les pores des racines des plantes, pores si petits, qu'il n'a pas encore été possible de les voir avec les meilleurs microscopes. C'est donc en état de dissolution, peut-être même de vapeur, qu'il s'y introduit. On ne sait pas encore bien positivement comment l'Humus est rendu dissoluble par son exposition à l'air. Est-ce l'oxigène qui s'unit au carbone du terreau pour le transformer en acide carbonique? C'est ce qui est probable d'après le grand nombre d'expériences, qui indiquent combien l'acide carbonique influe sur la végétation. Quoi qu'il en soit, il est certain qu'une très-petite portion de l'Humus qui entre dans la composition d'une terre arable quelconque est toujours en état de dissolution, & que lorsque cette portion est absorbée par la végétation ou enlevée par les lessives, il s'en met de nouveau dans ce même état. C'est l'observation du résultat de ce fait qui a amené le système de culture fondée sur une JACHÈRE triennale. *Voyez* ce mot.

Les labours, en divisant la terre dans laquelle il entre de l'Humus, mettent un plus grand nombre de ses molecules en contact avec un air humide & stagnant (celui qui reste interposé dans les interstices des mottes); ce qui favorise sa décomposition : de là leur avantage, surtout pendant l'hiver. Mais un trop grand nombre de labours pendant l'été facilite l'évaporation de l'eau & de l'acide carbonique. Aussi on a remarqué que ceux faits à cette époque de l'année dans certains pays chauds ou secs diminuoient la fertilité de la terre.

Ce qui est très-remarquable, c'est que cet Humus dissous n'est point entraîné par les eaux pluviales dans les couches inferieures de la terre; il reste toujours dans la supérieure, puisqu'on n'en trouve pas de trace dans celles des fontaines. Il est cependant certain qu'elles en dissolvent, puisque celles qui ont lavé la surface de la terre en contiennent, comme on peut l'observer après un orage, les eaux qui en sont chargées ayant la propriété de mousser.

D'après ce que je viens de dire on doit penser, & l'observation le prouve, que toutes les fois qu'on augmentera la solubilite du terreau, on augmentera en même tems la fertilité du sol qui le recèle; mais si ce sol est cultivé en plantes qui n'en produisent pas du nouveau, en froment, par exemple, ce sera aux dépens de l'avenir, puisque sa quantité sera diminuée.

La potasse & la soude, étant les meilleurs dissolvans de l'Humus, sont par conséquent les meilleurs AMANDEMENS (*voyez* ce mot) qu'on puisse donner aux terres arables; mais, d'un côté, ces sels sont chers; de l'autre, ils agissent trop activement sur les plantes. Il est donc nécessaire de préférer des matières plus communes & moins actives. Or, on sait que la pierre calcaire, surtout lorsqu'elle est calcinée, possède la plupart des propriétés des alkalis : ainsi c'est de la chaux en poudre, & à son défaut, ou de la pierre calcaire en poudre, ou de la marne, que les cultivateurs devront repandre sur les terres abondantes en Humus, auxquelles ils voudront faire produire de plus riches récoltes. Je dis abondantes en Humus, parce que les terres maigres sont épuisées en peu d'annees par suite de l'emploi de ce moyen, & qu'il leur faut un long tems d'abandon ou de nombreux engrais pour les retablir.

Par la même raison, les fumiers dont on veut activer l'effet doivent être saupoudrés de chaux. *Voyez* FUMIER.

Les terres tourbeuses, & par conséquent surchargées d'Humus, sont celles qui s'accommodent le mieux de l'emploi de la POTASSE & de la CHAUX.

Les terres de bruyère peuvent être aussi améliorées par l'emploi moderé de la chaux, parce qu'elles contiennent beaucoup de parcelles de végétaux non encore transformées en Humus, & qui sont directement dissoutes par elles; mais il faut la leur ménager, quoique son excès leur fasse moins de mal que l'ECOBUAGE. *Voyez* ce mot, ainsi que les mots POTASSE & CHAUX.

Voyez, pour le surplus, au mot TERREAU. (*Bosc.*)

HYACINTHE. *Voyez* JACINTHE.

HYÆNANCHE. *HYÆNANCHE.*

Arbrisseau du Cap de Bonne-Espérance, qui seul forme un genre dans la dioecie dodecandrie, genre que Thunberg a appele *Toxicodendrum*, probablement parce qu'il est veneneux.

Comme cet arbrisseau n'est pas encore introduit dans nos jardins, je n'ai rien a en dire. (*Bosc.*)

HYBRIDE, résultat de la fécondation d'une plante par une autre espèce. C'est dans le règne végetal ce que les mulets sont dans le règne animal. *Voyez* MULET.

Il n'est pas plus possible de révoquer en doute l'existence des Hybrides, que celles des mulets. Linnæus, Koelreuter & autres nous ont offert à leur egard des observations nombreuses qui ont ete verifiees. Il s'en presente de tems en tems sous les yeux des botanistes & des cultivateurs attentifs; mais le plus souvent ils n'osent les regarder comme telles, tant qu'elles ne sont pas le résultat de leurs experiences. J'en ai vu beaucoup, mais je ne cite ici que le nyctage Hybride qui a été découvert par M. Amedée le Pelletier, lequel est si parfaitement l'intermédiaire du nyctage belle-de-nuit & du nyctage à longues fleurs. *Voyez* NYCTACE.

La plupart des Hybrides citées par Linnæus & Koelreuter ne se trouvent plus dans nos jardins, & je n'ai pas vu s'y propager celles que j'ai cru être telles; de sorte que, malgre l'exemple du nyctage, qui se propage depuis quatre ans, je soupçonne que les Hybrides, comme les mulets, ne se multiplient que fort rarement par les semis. En effet,

effet, si cela étoit, le nombre des espèces s'augmenteroit annuellement, & quelques-unes des anciennes disparoitroient de tems en tems: or, c'est ce qui n'arrive pas, quoiqu'un botaniste l'ait prétendu.

Un des faits certains qui milite le plus en faveur de l'opinion que je combats, ce sont les sous-variétés qui résultent du mélange des poussières fécondantes des variétés des plantes annuelles & bisannuelles qu'on cultive à une petite distance les unes des autres. Par exemple, si je ne cultive dans un jardin isolé que des choux milans & des laitues romaines, les graines de ces choux rendront toujours des choux milans & des laitues romaines; mais si dans la même planche, comme on ne le fait que trop, on laisse monter en graine des choux milans, des choux quintal, des choux fleurs, des choux raves, &c. des laitues romaines, des laitues de la passion, des laitues de Versailles, &c. les graines ne rendront pas exactement les mêmes variétés, parce que la poussière des étamines de certains pieds aura fécondé le pistil de certains autres; mais ici ce sont des variétés de la même espèce, c'est-à-dire, des plantes qui ont positivement la même organisation, & qui doivent par conséquent être fécondées les unes par les autres. *Voyez* VARIÉTÉS.

D'après cela, lorsqu'il se produit des variétés Hybrides, c'est au moyen des espèces du même genre ou de genres extrêmement voisins. En effet, on ne doit pas plus concevoir la possibilité de la fécondation d'un chêne par un orme, que d'une vache par un cheval, d'un poireau par une asperge, d'une poule par un canard.

Il ne faut pas croire cependant de ce que les fécondations mêlées produisent des Hybrides, que toutes les variétés sont le produit de ces fécondations, encore moins de croire pouvoir juger, d'après la forme des feuilles, des fleurs, des fruits, &c. comme l'a fait M. Gallesio, quelles sont les espèces ou les variétés qui ont concouru à l'Hybridation.

Au reste, tout ce qui concerne cette intéressante partie de la physiologie végétale est encore couvert d'un voile épais. C'est principalement aux cultivateurs qu'il appartient d'y jeter la lumière, parce que ce sont eux qui sont le plus à portée de faire des expériences, & qu'elles seules doivent être consultées dans ce cas comme dans tant d'autres. (*Bosc.*)

HYDATIDE. *Hydatis.*

Genre de vers intestins, qui renferme un assez grand nombre d'espèces, dont plusieurs nuisent beaucoup aux cultivateurs en causant un grand affoiblissement & même la mort dans les animaux domestiques. *Voyez* le *Dictionnaire des Vers.*

Long-tems on a pris les Hydatides pour des dépôts lymphatiques; & en effet, leur organisation est si difficile à reconnoître, que lors même qu'on est prévenu, il n'est pas toujours facile de la démontrer. Le moyen qui m'a le mieux réussi, quoique pas toujours, c'est de mettre le sac lymphatique entre deux morceaux de verre à vitre blanc, dont l'un est incliné sur l'autre, & de le comprimer lentement. La lymphe reflue dans le col, & développe la tête, que le microscope ou une forte loupe fait ensuite voir dans son entier lorsque la lymphe est écoulée.

On ne sait comment se multiplient les Hydatides; mais il est de fait que les animaux en ont quelquefois en naissant, & qu'elles sont plus communes sur les jeunes que sur les vieux; sur ceux qui vivent dans les endroits marécageux, que sur ceux qui vivent dans les endroits secs. J'ai demeuré dans un pays où tous les lievres que je tuois en avoient le foie couvert.

Les chevaux, les ânes, les bœufs, les chèvres, les volailles, sont, ainsi que l'homme, sujets aux Hydatides; mais il est rare qu'elles soient assez nombreuses ou placées dans un organe assez essentiel pour leur causer la mort. Ce sont principalement les moutons & les cochons chez qui elles exercent des ravages, tels qu'elles peuvent compromettre la fortune des cultivateurs.

Les moutons nourrissent trois espèces d'Hydatides: 1°. la cérébrale, qui cause chez eux le tournis, & qui en enlève de si grandes quantités pendant leurs deux premieres années; 2°. la vervecine & l'ovile, qui occasionnent en eux la maladie qu'on appelle *pourriture*, maladie qui, en quelques mois, enlève quelquefois la presque totalité de ces animaux dans tel canton. *Voy.* POURRITURE.

L'Hydatide cérébrale est dans le cas de former un genre particulier, car son organisation est différente de celle des autres. Au lieu d'être un animal à une seule tête, elle est composée d'une centaine, de plusieurs centaines de têtes fixées sur de courts pédicules à la membrane interne du sac, têtes qui vivent de la lymphe qui y afflue à travers les membranes de ce sac, & qui augmentent en nombre à mesure que ce sac grossit. Lorsque cette Hydatide commence elle est à peine de la grosseur d'une graine de choux. Les plus grosses que j'aie vues, avoient un pouce & demi de diamètre. Il y en a quelquefois cinq, six & même un plus grand nombre, logées à la fois dans les anfractuosites du cerveau & du cervelet d'un mouton antenois, les unes plus grosses, les autres plus petites. Tant qu'elles ne compriment pas trop le cerveau, elles ne causent aucun dommage à l'animal; mais lorsqu'elles sont parvenues à une grosseur telle qu'elles produisent cet effet, l'origine des nerfs s'en ressent, la vue se trouble, l'ouïe s'éteint, la raison s'égare; le mouton tourne sur lui-même du même côté, court avec vitesse, puis s'arrête subitement sans motifs apparens, enfin il meurt.

Cette maladie, qu'on appelle TOURNIS, &

qu'il faut distinguer des VERTIGES produits par la chaleur du soleil ou par les ŒSTRES (*voyez* ces mots), est connue de tout tems; mais comme, jusqu'à l'introduction des mérinos en France, elle ne s'exerçoit que sur des agneaux de peu de valeur & dont la chair étoit bonne à manger, on y faisoit peu attention. Aujourd'hui qu'elle fait perir des bêtes qui valent ou vaudroient plusieurs centaines de francs, on s'en occupe beaucoup.

Un grand nombre de remèdes, appuyés d'observations prétendues certaines, ont été indiqués contre le tournis produit par l'Hydatide cérébrale; mais aucun n'a résisté au creuset de l'expérience. Il n'y a réellement que l'opération de percer le sac hydatique & de vider la lymphe qu'il contient, qui ait produit des résultats heureux. Pour cela on est forcé d'attendre que l'Hydatide soit devenue assez grosse pour avoir aminci le crâne & être devenue palpable: alors on la perce avec un troquart ou un poinçon, & on soutire la lymphe avec une seringue, ou, ce qui n'est pas si bien, on la laisse s'épancher dans le cerveau. Les Hydatides meurent par suite de cette opération, & l'animal est guéri. Mais s'il y a plusieurs Hydatides; mais si ces Hydatides sont profondément enfoncées dans les plis du cerveau; mais si ces Hydatides sont sur le cervelet qu'on ne blesse pas sans occasionner la mort, on ne peut faire l'opération avec succès, même on accélère la mort de l'animal. Il arrive aussi qu'on la remette au lendemain pour être plus certain de sa réussite, & que la mort arrive dans la nuit; aussi sur cent opérations ne tire-t-on profit que de quelques-unes; aussi, après en avoir fait deux ou trois de suite avec succès, n'en fait-on plus de fructueuses qu'après une grande quantité d'infructueuses. Il faut cependant toujours la tenter, puisque c'est là le seul moyen d'espérance qu'on ait, & qu'enfin on a de trop nombreux exemples pour ne pas croire être favorisé du hasard.

Les Hydatides vervecine & ovile ne sont qu'un seul animal représenté par une vessie pleine d'eau, terminée par un long col. J'en ai vu de la grosseur d'une pomme. Elles naissent sur le foie des moutons, & y sont à moitié engagées. Lorsqu'il n'y en a qu'une ou deux petites, l'animal ne s'apperçoit pas de leur présence; mais quand elles grossissent & que leur nombre augmente, ses yeux deviennent pâles, sa contenance est chancelante, sa laine se détache au moindre effort, sa foiblesse arrive au dernier degré, enfin il meurt. *Voyez* POURRITURE.

L'observation prouve que les moutons, dans les années pluvieuses, ainsi que ceux qui paissent habituellement dans les lieux marécageux, sont plus sujets que les autres à cette terrible maladie, qui en dépeuple des pays entiers. Il n'y a point de remède à employer avec fruit contr'elle lorsqu'elle est arrivée à un certain degré; mais on peut la prévenir par les principes de l'hygiene, c'est-à-dire, en tenant les moutons dans un pays sec, en leur donnant fréquemment du sel, &c. *Voyez* HYGIÈNE.

Lorsque des moutons engraissés n'ont pas été livrés de suite au boucher, ils prennent la maladie de la pourriture, & meurent presque toujours en peu de mois. Il n'est pas facile d'expliquer ce fait. Mais cette pourriture est-elle exactement la même que celle causée par les Hydatides? Est-elle toujours accompagnée d'Hydatides? C'est ce que les observations qui me sont personnelles ne constatent pas. Je dois avouer que j'aurois besoin de mieux étudier cette maladie que je ne l'ai fait jusqu'à présent, pour me former une opinion éclairée.

Les Hydatides du cochon sont à peine de la grosseur d'un pois: c'est un seul ver ovoide, dont la tète rentre dans le ventre, lequel est rempli, comme dans les précédentes, par une humeur lymphatique. Elles se trouvent non-seulement sur les viscères, mais dans les viscères & entre les muscles des cochons, au milieu du lard; elles s'y montrent par milliers: on en voit toujours sous la langue, & c'est là qu'on s'assure de leur existence lorsque les caractères généraux de la maladie qu'ils occasionnent, & qu'on appelle la *ladrerie*, ne sont pas très-prononcés. Ces caractères sont à peu près les mêmes que ceux de la pourriture, c'est-à-dire que les cochons ladres sont tristes, ont la conjonctive & les lèvres pâles; que la racine de leurs soies est douloureuse & sanguinolente, qu'ils deviennent, par degré, de la plus grande foiblesse, & qu'enfin ils meurent.

Les cochons ladres ne peuvent être guéris: il faut les tuer aussitôt qu'on les reconnoit tels. Leur chair est blanche & fade, comme celle des moutons attaqués de la pourriture, mais nullement mal-saine.

Il est défendu de mettre en vente des cochons ladres. Il y avoit autrefois, à Paris, des officiers appelés *jurés langueyeurs de porcs*, dont l'emploi étoit de visiter tous ceux qu'on y amenoit. *Voyez* LADRERIE. (*Bosc.*)

HYDNOCARPE. *Hydnocarpus.*

Arbre à suc vénéneux, qui croît naturellement dans l'île de Ceilan, & qui seul forme un genre dans la dioécie pentandrie.

Comme cet arbre ne se cultive pas en Europe, je n'ai pas à en parler plus au long. (*Bosc.*)

HYDRANGELLE. *Hydrangea.*

Genre de plante de l'octandrie digynie & de la famille des *Saxifrages*, qui reunit trois espèces (& même quatre si on y fait entrer l'HORTENSIA, *voyez* ce mot), toutes cultivées dans nos jardins. Il est figuré pl. 370 des *Illustrations des genres* de Lamarck.

Espèces.

1. L'HYDRANGELLE de Virginie.
Hydrangea arborescens. Linn. ♄ De l'Amérique septentrionale.
2. L'HYDRANGELLE à feuilles blanches.
Hydrangea nivea. Mich. ♄ De l'Amérique septentrionale.
3. L'HYDRANGELLE à feuilles de chêne.
Hydrangea quercifolia. Bartram. ♄ De l'Amérique septentrionale.

Culture.

Ces plantes exigent la terre de bruyère & l'exposition du nord pour prospérer. La première, qui a été pendant long-tems la seule que nous possédions, est aujourd'hui la plus rare. Il n'y a que trois ou quatre ans que les graines de la dernière m'ont été envoyées par Michaux. La seconde est la plus répandue. Elle forme des touffes qui peuvent avantageusement garnir l'entre-deux des buissons des premiers rangs dans les jardins paysagers, & même produire de l'effet au milieu des gazons. Ses tiges périssent quelquefois par suite de la rigueur des hivers, mais elle en repousse de nouvelles au printems. C'est même une bonne pratique que de couper ses tiges, tous les ans, à la fin de l'hiver, parce que les nouvelles portent des feuilles plus grandes & des corymbes de fleurs plus larges.

On multiplie cette Hydrangelle de graines, qui mûrissent fort bien dans nos climats, par déchirement des vieux pieds, moyen qui fournit beaucoup plus abondamment que les besoins ne l'exigent, & par boutures qui ne manquent jamais.

La première espèce se multiplie un peu plus difficilement par graines qui avortent souvent, & par déchirement des vieux pieds qui ne poussent pas beaucoup de rejetons, mais également par boutures.

Il ne paroît pas que la dernière diffère beaucoup de la seconde; mais comme elle a fleuri, pour la première fois, l'année dernière, je ne connois encore que sa multiplication par boutures, dont aucune ne m'a manqué. (*Bosc.*)

HYDRASTE. *Hydrastis.*

Plante vivace du Canada, qui seule constitue un genre dans la polyandrie digynie, genre qui est figuré pl. 500 des *Illustrations des genres* de Lamarck.

Cette plante, qui a des feuilles palmées & des fleurs disposées en corymbe, vit dans l'eau, & est, dit-on, cultivée en Angleterre, où on la tient en pleine terre, dans un lieu frais & ombragé. Je ne crois pas qu'elle se trouve dans les jardins des environs de Paris. (*Bosc.*)

HYDROCÈLE, épanchement lymphatique dans la tunique vaginale du testicule.

Les circonstances qui font naître cette maladie dans les animaux domestiques, qui y sont, au reste, peu sujets, sont les coups, les fortes compressions, le relâchement de la tunique vaginale, l'affoiblissement du système musculaire, l'altération des humeurs, &c.

Tantôt l'Hydrocèle reste stationnaire pendant des années, tantôt il s'accroît rapidement : dans le premier cas, on applique sur les bourses des compresses de plantes aromatiques, comme la rue, la sauge, le thym, infusées dans du vin chaud; dans le second, on fait écouler la lymphe qui la cause par le moyen d'une incision, & on injecte, entre les tuniques, du vin miélé & autres médicamens fortifians.

Si l'animal attaqué est du nombre de ceux dont on mange la chair, le mieux sera de l'envoyer à la boucherie; car le traitement peut être long, coûteux, d'un effet incertain, & toujours on doit craindre qu'après avoir réussi il faille recommencer.

Lorsque cette maladie est causée par un vice des humeurs, tel que le virus de la MORVE, du FARCIN, &c. (*Voyez* ces mots), il faut d'abord combattre ce virus. (*Bosc.*)

HYDROCOTYLE. *Hydrocotyle.*

Genre de plante de la pentandrie digynie & de la famille des *Ombellifères*, qui rassemble trente-deux espèces, dont une est commune sur le bord de nos étangs, & dont plusieurs se cultivent dans nos jardins de botanique. *Voyez* les *Illustrations des genres* de Lamarck, pl. 188.

Espèces.

1. L'HYDROCOTYLE commune, vulgairement *écuelle-d'eau*, *gobelet-d'eau*.
Hydrocotyle vulgaris. Linn. ♃ Indigène.
2. L'HYDROCOTYLE à ombelle.
Hydrocotyle umbellata. Linn. ♃ De la Caroline.
3. L'HYDROCOTYLE nageante.
Hydrocotyle natans. Cyrill. ♃ De Naples.
4. L'HYDROCOTYLE tribotrys.
Hydrocotyle tribotris. Pers. ♃ De.....
5. L'HYDROCOTYLE d'Asie.
Hydrocotyle asiatica. Lam. ♃ Des Indes.
6. L'HYDROCOTYLE lunulée.
Hydrocotyle lunata. Lam. ♃ Des Indes.
7. L'HYDROCOTYLE à feuilles de sibstorpe.
Hydrocotyle sibstorpioides. Lam. ♃ De l'Isle-de-France.
8. L'HYDROCOTYLE à feuilles de ficaire.
Hydrocotyle ficarioides. Lam. ♃ De Saint-Domingue.
9. L'HYDROCOTYLE de Bonaire.
Hydrocotyle bonariensis. Lam. ♃ Du Brésil.

10. L'HYDROCOTYLE à feuilles de fanicle.
Hydrocotyle funiculæfolia. Lam. ♃ Du Bresil.
11. L'HYDROCOTYLE d'Amerique.
Hydrocotyle americana. Lœff. D'Amerique.
12. L'HYDROCOTYLE à feuilles de renoncule.
Hydrocotyle ranunculoides. Linn. ♃ Du Mexique.
13. L'HYDROCOTYLE droite.
Hydrocotyle erecta. Linn. ♃ De la Jamaique.
14. L'HYDROCOTYLE de la Chine.
Hydrocotyle chinensis. Linn. ♃ De la Chine.
15. L'HYDROCOTYLE effilée.
Hydrocotyle virgata. Linn. ♃ Du Cap de Bonne-Espérance.
16. L'HYDROCOTYLE trinerve.
Hydrocotyle glabrata. Linn. ♃ Du Cap de Bonne-Esperance.
17. L'HYDROCOTYLE velue.
Hydrocotyle villosa. Linn. ♃ Du Cap de Bonne-Esperance.
18. L'HYDROCOTYLE hérissée.
Hydrocotyle hirsuta. Swartz. ♃ De Saint-Domingue.
19. L'HYDROCOTYLE blanchâtre.
Hydrocotyle solanara. Linn. ♃ Du Cap de Bonne-Espérance.
20. L'HYDROCOTYLE musquée.
Hydrocotyle moschata. Forst. ♃ De la Nouvelle-Zelande.
21. L'HYDROCOTYLE spananthe.
Hydrocotyle spananthe. Jacq. ⊙ De l'Amérique méridionale.
22. L'HYDROCOTYLE tridentée.
Hydrocotyle tridentata. Linn. ♃ Du Cap de Bonne-Esperance.
23. L'HYDROCOTYLE à feuilles de lin.
Hydrocotyle linifolia. Linn. ♃ Du Cap de Bonne-Esperance.
24. L'HYDROCOTYLE triflore.
Hydrocotyle triflora. Ruiz & Pavon. ♃ Du Chili.
25. L'HYDROCOTYLE à fleurs globuleuses.
Hydrocotyle globosa. Ruiz & Pav. ♃ Du Pérou.
26. L'HYDROCOTYLE grêle.
Hydrocotyle gracilis. Ruiz & Pav. ♃ Du Pérou.
27. L'HYDROCOTYLE à cinq lobes.
Hydrocotyle quinqueloba. Ruiz & Pav. ♃ Du Pérou.
28. L'HYDROCOTYLE à odeur de citron.
Hydrocotyle citri odora. Ruiz & Pav. ♃ Du Pérou.
29. L'HYDROCOTYLE à feuilles épaisses.
Hydrocotyle incrassata. Ruiz & Pavon. ♃ Du Pérou.
30. L'HYDROCOTYLE à feuilles aiguës.
Hydrocotyle acutifolia. Ruiz & Pavon. ♃ Du Pérou.
31. L'HYDROCOTYLE à feuilles finuées.
Hydrocotyle repanda. Mich. ♃ De la Caroline.
32. L'HYDROCOTYLE linguiforme.
Hydrocotyle linguiformis. Bosc. ♃ De la Caroline.

Culture.

De ce grand nombre d'espèces, cinq seulement se cultivent, en ce moment, dans le Jardin du Muséum de Paris ; savoir : la premiere, la septieme, la onzième & la vingt-unième ; mais j'y en ai vu un plus grand nombre, qui ont disparu à raison de la difficulte de leur culture & de la non-fécondation de leurs fleurs.

L'espece commune & une ou deux de l'Amérique septentrionale peuvent être tenues dans des terrines plongees dans l'eau, où elles végètent & fleurissent sans aucun soin ; mais la plupart des autres craignent les froids de nos hivers, & demandent en consequence à être rentrées dans l'orangerie & même dans la serre chaude, toujours dans leur terrine plongée dans l'eau. Or, cet excès d'humidité nuit aux autres plantes, & on doit leur sacrifier les Hydrocotyles, qui n'ont aucun autre mérite que d'être des espèces. Ce n'est pas d'ailleurs chose aisée, que de conduire convenablement les plantes aquatiques des pays chauds dans nos jardins en toutes saisons, & surtout pendant l'hiver, ainsi que ceux qui sont à la tête de grands établissemens de culture ne le savent que trop, un seul oubli, pendant quelques heures, suffisant pour faire perdre le fruit de plusieurs annees de soins.

J'ai observé, en Caroline, que l'Hydrocotyle linguiforme ne croissoit que dans les marais d'eau salée, & que celles appelées à feuilles finuées & à fleurs en ombelle ne s'accommodoient que des terreins qui étoient inondés pendant l'hiver, & extrêmement arides pendant l'été. (*Bosc.*)

HYDROGÈNE, un des principes primitifs de beaucoup de corps, & principalement de l'eau. *Voyez* le *Dictionnaire de Chimie*.

La combinaison la plus simple de l'Hydrogène est celle avec le calorique, d'où résulte le gaz hydrogène, si célèbre par sa legéreté & par sa propriété de s'enflammer.

Il est important que les cultivateurs prennent le gaz hydrogène en considération, à raison du rôle qu'il joue dans la nature, & de l'influence qu'il a sur les animaux & sur les plantes, les premiers ne pouvant vivre, & les seconds ne pouvant germer au milieu de ce gaz. C'est lui qui rend le séjour des lieux marécageux si mal-sain. *Voyez* MARAIS.

A raison de sa légèreté, ce gaz s'élève de la surface de la terre, où il se degage, & des animaux, & des végétaux, & des mineraux, dans les couches supérieures de l'atmosphère, où il concourt à la formation des orages, & d'où il retombe en eau. C'est par son moyen qu'on éleve les ballons.

Le gaz Hydrogène se combine très-souvent avec le gaz acide carbonique, ainsi qu'avec le soufre & le phosphore. Il en résulte un composé encore plus dangereux, composé fort commun dans les marais & dans les lieux habités.

Le gaz Hydrogène, soit simple, soit composé, est absorbé & décomposé par quelques plantes, entr'autres par les arbrisseaux du genre des GALES. (*Voyez* ce mot.) Planter des marais avec le galé ordinaire, & encore mieux avec le galé de Pensilvanie, dont la graine donne de la cire, est donc un bon moyen de les rendre sains. (*Bosc.*)

HYDROGÉTON. *Hydrogeton.*

Plante aquatique vivace, de Madagascar, dont la racine est très-grosse, & se mange sous le nom d'*ouvirandra*.

Cette plante, qui a été observée par Aubert du Petit-Thouars, forme un genre dans l'hexandrie monogynie, & ne se cultive pas. (*Bosc.*)

HYDROMEL, liqueur vineuse, sucrée, qu'on obtient par la fermentation d'une plus ou moins grande quantité de miel dissous dans l'eau.

Cette liqueur, peu connue en France parce que le vin, le cidre & la bière y ont fait négliger sa fabrication, est fort en usage en Pologne & en Russie, où le miel est fort abondant & à bon compte. On en sert cependant souvent sur les meilleures tables de Paris, sous le nom de *vin de Malaga*, *de Madère*, *de Rota*, &c. vins auxquels elle ressemble infiniment lorsqu'elle est convenablement fabriquée.

Pour faire un Hydromel de bonne qualité & de garde, on fait dissoudre trente livres de miel dans trente livres d'eau, & on fait doucement bouillir le mélange jusqu'à ce qu'il ait pris une consistance sirupeuse, & qu'un œuf frais puisse y surnager. Pendant l'ebullition on enlève soigneusement les écumes : le tout est ensuite mis dans un baril qu'on ne remplit qu'aux trois quarts, & qu'on expose à une température de dix-huit à vingt-cinq degrés. Le sirop ne tarde pas à entrer en fermentation, & y reste, en diminuant progressivement, pendant près de deux mois. Après que le premier feu est jeté, on remplit presque le baril avec du sirop tenu en réserve à cet effet, &, lorsque la fermentation est totalement achevée, on le remplit complétement avec de l'eau, puis on le descend à la cave, où on le laisse, sans y toucher, pendant deux ou trois mois, au bout duquel tems on met la liqueur en bouteille.

L'Hydromel ainsi fabriqué conserve, pendant un an ou deux, un goût de miel qui n'est pas agréable; mais il le perd petit à petit, & s'assimile, comme je l'ai dit plus haut, aux meilleurs vins sirupeux connus. Il porte fortement à la tête, & cause une ivresse plus dangereuse, dans ses suites, que celle des vins ordinaires.

Les cultivateurs aisés, qui veulent avoir du vin de liqueur à offrir à leurs amis, ne peuvent mieux faire que de fabriquer ainsi de l'Hydromel, qui peut se garder un grand nombre d'années pourvu qu'il reste toujours dans une température très-basse. Sorti de la cave & exposé quelques instans à un soleil d'été, il casse les plus fortes bouteilles & expose à des accidens graves.

Il est un autre Hydromel qu'on fabrique avec les lavures des ustensiles qu'on a employés à l'extraction du miel & de la cire, ainsi qu'avec les portions de miel qu'on craint de ne pouvoir conserver. Dans celui-ci la proportion de l'eau est triple, quadruple même de celle du miel. La fermentation s'y opère bien plus rapidement; de sorte qu'il est buvable au bout de quelques jours; mais, d'un côté, il conserve toujours le goût de miel, & de l'autre il ne peut se garder long-tems, surtout s'il fait chaud. Il passe à l'acidité & devient d'excellent vinaigre.

Quant aux Hydromels composés, ils sont d'une fabrication trop difficile & trop incertaine pour être l'objet de la convoitise des cultivateurs : c'est dans les pharmacies des grandes villes qu'il faut les aller chercher. (*Bosc.*)

HYDROPHYLAX. *Hydrophylax.*

Petite plante des sables maritimes de l'Inde, dont les parties de la fructification sont figurées pl. 76 des *Illustrations des genres* de Lamarck, & qui seule en forme un dans la tétrandrie monogynie.

Cette plante n'est pas encore introduite dans nos cultures. (*Bosc.*)

HYDROPHYLLE. *Hydrophyllum.*

Genre de plante de la pentandrie monogynie & de la famille des *Borraginées*, qui réunit quatre espèces, dont deux se cultivent dans nos jardins. *Voyez* les *Illustrations des genres* de Lamarck, pl. 97.

Espèces.

1. L'HYDROPHYLLE pinnée.
Hydrophyllum virginicum. Linn. ♃ De Virginie.
2. L'HYDROPHYLLE anguleuse.
Hydrophyllum canadense. Linn. ♃ Du Canada.
3. L'HYDROPHYLLE de Magellan.
Hydrophyllum magellanicum. Lam. ♃ Du détroit de Magellan.
4. L'HYDROPHYLLE appendiculée.
Hydrophyllum appendiculatum. Mich. ♃ Des parties ouest de l'Amérique septentrionale.

Culture.

Les deux premières de ces espèces sont celles que nous possédons dans nos jardins. Elles se plaisent dans tous les terreins & à toutes les expositions; cependant elles profitent mieux dans ceux qui sont frais & dans celles qui sont ombragées.

Les rigueurs des hivers ne leur font point nuisibles. Elles perdent leurs feuilles pendant la chaleur de l'été, souvent pour fleurir une seconde fois en automne. On ne les voit guère que dans les jardins de botanique ; mais elles feroient de l'effet, pendant qu'elles sont en fleurs, si on les plaçoit dans les jardins paysagers, sur le bord des eaux, le long des allées, au nord. C'est de graines, dont elles donnent abondamment, & par déchirement des vieux pieds, qu'on les multiplie. (*Bosc.*)

HYGIÈNE VÉTÉRINAIRE. On appelle ainsi la science qui a pour objet d'entretenir les animaux domestiques dans l'état de vigueur & de santé nécessaires au but pour lequel on les nourrit.

Les cultivateurs doivent faire une étude constante de l'Hygiène vétérinaire, car c'est par l'application de ses principes qu'ils éviteront ces grandes mortalités qu'on appelle ÉPIZOOTIES (*voyez* ce mot), & ces pertes de tous les jours, qui, pour être peu remarquables, n'en sont pas moins nuisibles à leur fortune.

Il faut d'abord que les cultivateurs soient convaincus que plus ils laisseront leurs bestiaux se rapprocher de l'état de nature, moins ils les tourmenteront, les médicamenteront, & mieux ils se porteront. Ceux qui ne s'emploient pas à tirer ou à porter, comme les vaches, les moutons, les chèvres, les cochons, les volailles, doivent ne s'appercevoir de leur esclavage que par les avantages qu'ils en retirent ; & les autres, comme les chevaux, les mulets, les ânes & les bœufs, doivent n'être jamais assez surchargés de travail pour en souffrir. Une vérité que je ne puis trop leur répéter, c'est qu'il existe plus de moyens certains de garantir les animaux des maladies, que de moyens certains de les guérir.

Dans l'état sauvage chaque animal se cantonne. Les chevaux & les ânes recherchent les plaines découvertes ; les vaches, le bord des fleuves ; les moutons & les chèvres, le penchant des montagnes ; les cochons, les marais. Tous changent souvent de lieux ; ils restent peu dans ceux dont les herbes ne leur conviennent pas. Ainsi les pâturages de mauvaise nature sont rarement dans le cas de leur donner des maladies comme ils en donnent aux animaux domestiques, qui sont forcés de s'en contenter.

La première considération que doivent avoir les cultivateurs, c'est donc de se pourvoir de bestiaux d'une constitution analogue à celle du sol qu'ils habitent. Ainsi celui qui cultivera un sol marécageux & même seulement humide, préférera les bœufs aux chevaux pour ses labours & ses charois, & se gardera bien d'avoir des troupeaux de chèvres & de moutons, qui périroient immanquablement. Il les remplacera par l'élève des cochons, qui, quoique moins susceptible d'être pratiqué en grand, est quelquefois fort lucratif.

Outre le choix de l'espèce, il faut aussi s'occuper du choix des individus relativement au local. Ce seroit, par exemple, nuire à ses intérêts, que d'avoir des chevaux de la plus grande taille dans les terreins très-maigres & très-légers, 1°. parce qu'ils y dépériroient promptement faute d'une nourriture assez abondante & assez substantielle ; 2°. parce que leur supériorité de force seroit sans emploi à raison de la facilité des labours, & puis leur acquisition, ainsi que leur entretien, exigeroit un capital trop considérable, relativement aux produits à espérer de pareils terreins.

Il est quelquefois des considérations d'Hygiène qui en contrarient ou en modifient d'autres. Je citerai les bœufs, qui par leur nature, ainsi que je l'ai déjà observé, doivent vivre sur le bord des fleuves, dans les terreins argileux, où l'herbe est assez grosse & assez longue pour pouvoir être saisie par leur langue, & assez abondante pour pouvoir remplir, en peu d'heures, leur vaste panse. Eh bien ! il est souvent avantageux de les préférer aux chevaux dans les pays montagneux, secs & pierreux. Pourquoi ? 1°. Parce que la lenteur de leur marche rend meilleurs les labours que la rencontre des pierres arrête à chaque instant ; 2°. parce que, tirant plus par leur masse que par l'effort des muscles de leurs jambes, ils usent moins la corne de leurs pieds ou le fer dont elle est couverte ; 3°. parce qu'on peut suppléer, à leur égard, à la rareté des herbes par des feuilles d'arbres vertes ou sèches, qu'ils aiment beaucoup.

D'après ce que je viens de dire, on doit être déterminé à croire, & l'observation de tous les jours le prouve, qu'il est avantageux, lorsqu'on possède sur sa propriété des pâturages de différentes sortes, d'y faire passer les bestiaux d'autant plus rarement ou d'autant plus rapidement, qu'ils sont moins en rapport avec leur nature. Par conséquent, les moutons ne pâtureront sur les terreins humides qu'une fois par semaine ou une heure par jour ; les vaches pourront paître de deux jours l'un, les chevaux de trois jours l'un, dans un marais sans grands inconvéniens, pourvu que, le reste de la semaine, ils soient mis dans des pâturages secs & assez éloignés de ces marais pour que les gaz délétères qui s'en exhalent, ne puissent pas les atteindre.

L'habitude change cependant, jusqu'à un certain point, la nature. On a vu, à l'École vétérinaire d'Alfort, des moutons d'une race d'Allemagne, élevée dans les marais, se refuser à paître les herbes sèches & très-convenables à leur espèce, qui tapissent les allées dans le bois de Vincennes, & se jeter, à leur retour, dans la Marne pour manger avec avidité les plantes aquatiques qui y croissent.

Je puis placer ici le conseil hygiénique de donner chaque jour une petite quantité de sel aux bestiaux qui paissent dans les marais, surtout aux ruminans, afin de relever l'action de leurs organes digestifs, affoiblis, & par la mauvaise nourriture, & par le mauvais air qu'ils y trouvent. Il est prouvé, par des milliers d'observations, qu'il garantit les moutons de la pourriture : son haut prix seul doit donc seul en empêcher l'usage journalier.

L'heure du jour à laquelle on envoie les bestiaux à la pâture n'est rien moins qu'indifférente sous les rapports hygiéniques. D'abord il ne faut pas, surtout en été, que l'herbe qu'ils mangent, soit couverte de rosée, parce qu'il en résulte, pour la plupart, des indigestions, suite de la fraîcheur de ces herbes, indigestions qui peuvent les faire périr en peu d'instans, & pour les moutons en particulier la POURRITURE (*voyez* ce mot), qui en fait perdre un si grand nombre. Les chevaux sont ceux qui craignent le moins de pâturer l'herbe mouillée.

Ces inconvéniens s'aggravent beaucoup lorsque les bestiaux paissent dans des luzernes, dans des trefles, plantes qu'ils aiment avec passion, & dont ils peuvent facilement manger de grandes quantités en peu d'instans. *Voyez* METEORISATION.

Il est bon que les cultivateurs sachent que la luzerne convient mieux au cheval, le trefle aux vaches & aux bœufs, le sainfoin aux moutons, & que les plantes mélangées des prairies, surtout lorsqu'il se trouve parmi beaucoup de graminées, conviennent également à chacun de ces animaux.

Le meilleur lait, & par suite le meilleur beurre & le meilleur fromage, provient de vaches nourries continuellement dans de telles prairies.

Certaines plantes, le pastel; certaines racines, la pomme de terre, sont d'abord refusées par les bestiaux, mais il est facile de les accoutumer à les manger comme les autres. Il est des animaux qui préferent des plantes qui sont peu du goût des autres. J'ai connu une vache qui aimoit la berle avec tant de passion, qu'elle faisoit tous les jours une lieue de chemin pour en aller manger, & qu'on fut obligé de la tuer à raison des inconvéniens de ces courses.

Mais les animaux domestiques ne peuvent pas trouver toute l'année de l'herbe dans les pâturages. Il a donc fallu qu'ils se contentassent du foin pendant l'hiver, c'est-à-dire, de l'herbe recueillie pendant l'été, desséchée & conservée. *Voyez* au mot FOIN.

Le foin trop vieux passe pour avoir perdu de sa saveur & de sa qualité nutritive. Le foin nouveau est regardé comme mal-sain, surtout pour les chevaux des villes, parce que le mangeant avec avidité, il leur occasionne des digestions laborieuses. A Paris on ne leur en donne généralement que de l'année précédente.

Il en est de même de l'avoine & autres grains qu'il est si avantageux de leur donner, soit pour les entretenir en état de vigueur, soit pour les engraisser.

La manière d'offrir les alimens aux animaux agit puissamment sur eux. La paille hachée, par exemple, se digère plus difficilement que la paille longue, à raison de ce qu'elle est avalée sans mastication préalable, & que la salive est un des élémens de la digestion. Les graines moulues, au contraire, encore plus celles qui sont transformées en pain, nourrissent mieux, engraissent plus promptement que celles qui ne le sont pas, parce que, quoiqu'entraînant fort peu de salive, elles se digèrent bien plus complettement, par suite de leur extrême division.

Le moment de donner les alimens aux animaux qui travaillent est également dans le cas d'être pris en sérieuse considération par les cultivateurs. Ainsi il faut avoir soin de faire manger les chevaux & les bœufs quelque tems avant de les mettre au travail, parce que le travail, lorsqu'il est force, affoiblit leurs organes digestifs, & qu'il peut en résulter des indigestions. Il en est de même lorsqu'on leur donne à manger immédiatement après un fort travail.

Le choix des alimens n'est pas moins important, puisque tel d'entr'eux est meilleur à telle époque de l'année, dans telle circonstance, &c. Ainsi l'herbe fraîche est fort avantageuse, au printems, aux chevaux qui sont tenus au sec tout le reste de l'année; ainsi la paille, qui nourrit fort peu, ne convient pas aux chevaux qui travaillent beaucoup; ainsi les bœufs qu'on veut engraisser doivent être mis d'abord aux raves ou autre nourriture relâchante, & ensuite à la farine d'orge ou autre nourriture substantielle au plus haut degré.

Les chevaux qui ne mangent que l'herbe verte sont moins forts, toutes choses égales d'ailleurs, que ceux qui sont nourris de foin & d'avoine.

Le passage trop brusque d'un régime à un autre, soit relativement à la nourriture, soit relativement au travail, &c., est quelquefois suivi d'inconvéniens qu'il est bon d'éviter en accoutumant petit à petit les animaux au changement qu'on exige d'eux.

Le degré de chaleur qu'éprouvent les animaux au pâturage & au travail entre encore dans les principes de leur Hygiène, mais seulement dans les pays chauds & pendant le plus fort de l'été. Il est, dans ces lieux & dans ce tems, utile à leur santé, ou de les faire rentrer à l'écurie depuis midi jusqu'à trois heures, ou de les laisser se reposer dans un lieu aéré & ombragé. Les bœufs sont plus sensibles au grand chaud, que les autres bestiaux.

Il est des soins encore plus importans qu'on ne peut se dispenser de donner aux chevaux qui reviennent d'une grande course ou d'un fort travail, & qui sont en sueur. Avant de les laisser entrer à l'écurie, même de les desharnacher, on doit d'abord les promener quelque tems, lentement, au soleil, puis à l'ombre, ensuite leur enlever la sueur avec une lame de couteau non coupante, les bouchonner avec de la paille, & finir de les essuyer avec un linge.

On doit prendre les plus grands soins pour empêcher les animaux domestiques de boire des eaux altérées ou impures, & des eaux froides en été. Il en périt des milliers tous les ans, faute d'attention à cet égard. Plusieurs épizooties ont été reconnues avoir pour cause l'usage des eaux où avoient pourri des animaux ou des végétaux, & sans doute beaucoup d'autres l'ont également eue sans qu'on l'ait soupçonné. Un cheval échauffé par une longue course ou par un fort travail ne doit boire qu'après qu'un repos, plus ou moins long, l'a remis dans son état ordinaire. Il est généralement bon de ne les pas laisser boire pendant la chaleur quand ils sont en route, au moins de ne les laisser boire que fort peu, parce qu'outre l'inconvénient ci-dessus, il y a celui d'une plus abondante transpiration, & par suite d'un plus grand affoiblissement. La température de l'eau est beaucoup à considérer dans tous ces cas, c'est-à-dire que les dangers s'aggravent d'autant plus qu'elle est plus froide. D'après ce principe, il ne faut jamais faire boire les animaux, pendant l'été, aux fontaines ou aux ruisseaux qui en sortent, & il faut toujours tirer l'eau des puits, lorsqu'on n'en a pas d'autre, vingt-quatre heures avant de la leur donner à boire.

Les bains sont un moyen hygiénique très-bon à employer pour conserver la santé des animaux domestiques. On n'en fait pas assez usage, puisqu'il n'y a guère que les chevaux à qui on les fasse prendre, encore n'est-ce que dans certains pays. Il n'y a que le cas où ils seroient très échauffés par une course ou un travail forcé, & que l'eau seroit très froide, qu'ils peuvent leur devenir nuisibles. Je voudrois que tous les quinze jours au moins, excepté pendant les trois mois d'hiver, les chevaux, les ânes, les mulets, les bœufs, les vaches, les chèvres, les cochons, fussent conduits à la rivière ou à l'étang, & baignés pendant un tems plus ou moins long & proportionné à la chaleur de la saison, tems qui n'excéderoit cependant pas une demi-heure. Les moutons mêmes, depuis le moment de leur tonte jusqu'aux froids, y seroient également conduits. Au sortir du bain, on les feroit courir à l'air pour les sécher. On sent bien qu'à raison de cette dernière considération, il faudroit choisir un beau jour.

La manière dont on traite les animaux entre aussi pour beaucoup dans leur Hygiène. Les soins affectueux agissent sur leur moral & sur leur physique, autant que les brutalités qu'on se permet si souvent à leur égard. Sans doute on est souvent obligé d'employer la violence pour les faire obéir, mais c'est presque toujours quand on leur demande des travaux au dessus de leur force. En effet, ou leur caractère s'aigrit par les coups, & alors ils n'agissent jamais que forcément; ou ils deviennent insensibles aux coups, & alors ils n'agissent plus du tout. Il n'est personne qui n'ait des exemples du premier cas dans des chevaux & des chiens. J'en ai vu de très frappans du second dans des ânes & dans des bœufs. D'ailleurs, que de maladies, d'accidens, de morts mêmes sont la suite des mauvais traitemens! Je conseille donc aux cultivateurs de veiller d'autant plus sévèrement à ce que leurs domestiques ne battent pas sans raison ou à outrance leurs chevaux, leurs bœufs, &c., que l'exemple des pays où on ne les maltraite pas, comme la Suisse, l'Angleterre, le nord de l'Allemagne, prouve qu'on peut en tirer plus de service par la douceur que par la violence.

On doit commencer à appliquer les principes de l'Hygiène aux animaux domestiques dès les générations antérieures, c'est-à-dire qu'il faut avoir des races saines, belles & propres à remplir le mieux possible le but auquel on les destine. On ne doit pas les perdre de vue, ces principes, pendant la grossesse des mères, à l'effet de quoi ces mères seront mieux nourries, plus doucement traitées. Ils seront plus en considération encore plus spéciale au moment & après la naissance des petits.

Tous les cultivateurs doivent être persuadés de l'influence des premières heures, des premiers jours, des premières semaines, des premiers mois, sur l'avenir des animaux domestiques, en conséquence augmenter le lait de la mère en bonté & en quantité, ne point mettre le petit dans un local susceptible de lui nuire, éviter de le tourmenter, de l'attacher, de le battre; plus tard, lui donner des alimens plus que suffisans & de choix, sont des opérations hygiéniques de première importance.

En général, dans tout le cours de la vie des animaux domestiques, il faut faire choix d'alimens de bonne nature, les varier convenablement à leur espèce, à la saison, à leur âge plus ou moins avancé, à leur vigueur ou à leur foiblesse, au plus ou moins de travail qu'ils font, &c. Il faut que les cultivateurs étudient ceux que leurs animaux recherchent, ceux qu'ils digèrent plus facilement, ceux qui leur donnent le plus de force, ceux qui les engraissent le plus rapidement. Il y a, sur ces objets, des variations que je ne puis énumérer ici, mais qui seront mentionnées, soit aux articles des animaux, soit à ceux des objets mêmes.

La quantité de chacun de ces alimens à chacune de ces époques concourt, plus qu'on ne croit, à entretenir la vigueur & la bonne santé dans les animaux qui en font usage, puisque pas assez les affoiblit considérablement, & que trop, ou leur donne des indigestions qui exposent à les perdre, ou les engraisse au point de faire diminuer les travaux qu'on exige d'eux, enfin augmente la dépense qu'ils causent.

L'Hygiène veut que les animaux destinés à la reproduction de l'espèce soient bien en chair, comme on dit vulgairement, mais non trop gras, parce que la graisse, dans les femelles surtout, nuit au succès de la fécondation, & rend l'accouchement

chement plus difficile. Il faut donc empêcher les jumens, les vaches, les truies, les poules, &c. de prendre trop de graiſſe, en leur ménageant les alimens.

L'age auquel on châtre les animaux domeſtiques qui ſont dans le cas de l'être, comme les bœufs, les chevaux, les moutons, entre auſſi dans un ſyſtème complet d'Hygiène. Ceux qui ſont deſtinés au travail doivent l'être plus tard; ceux qui ſont deſtinés à l'engrais doivent l'être plus tôt, parce que cette opération affoiblit leur organiſation, & que leur affoibliſſement eſt nuiſible dans le premier cas, & avantageux dans le ſecond. *Voyez* ENGRAIS.

Il eſt des animaux qui demandent, plus que d'autres, certains ſoins hygiéniques: le cheval, par exemple. Ainſi on l'étrille, on le bouchonne, on le lave plus ſouvent que le bœuf & la vache, encore plus ſouvent que le mouton, que le cochon, &c. Le mulet & l'ane, dans certains cantons, ſont traites, a cet égard, comme le cheval, & dans certains autres comme le bœuf & la vache. Cependant il eſt toujours très-utile à la ſanté de tous les animaux, de tenir leur peau exempte des matières étrangeres qui en bouchent les pores, & empêchent la tranſpiration inſenſible de s'effectuer convenablement; car cette operation eſt au nombre des plus importantes de l'économie animale. La ſoupleſſe de la peau, & par conſéquent la facilite du mouvement des membres, perd auſſi quelque choſe par ſuite de la craſſe qui s'y trouve. Je ne puis donc trop recommander aux cultivateurs d'entretenir dans la propreté tous leurs beſtiaux, par les moyens ci-deſſus ou par les bains dans l'eau pure.

Une des parties importantes de l'Hygiène vétérinaire, partie ſur laquelle on ne porte l'attention néceſſaire que depuis un petit nombre d'annees, c'eſt celle qui a rapport au logement des animaux domeſtiques.

La ſituation du logement des animaux domeſtiques, comme celle du logement de l'homme, doit être calculée ſur leur bien-être, & leur bien-être depend, en grande partie, de la bonte de l'air qu'ils reſpirent. Il ne faut donc pas placer les batimens qui leur ſont deſtines, dans le voiſinage des eaux ſtagnantes, même à une expoſition privee de courant d'air. Ainſi dans les pays ſecs & chauds, dans les cours fort grandes, la ſituation au nord eſt tolerable, & elle ne l'eſt pas dans les pays marecageux, boiſes, dans les cours etroites, &c.

Il ne faut mettre les animaux domeſtiques dans ces batimens qu'un an apres leur conſtruction, afin que les murs aient le tems de ſe ſécher.

Les batimens conſtruits avec de la chaux ſont plus ſains que ceux qui le ſont avec du plâtre.

Long-tems les cultivateurs ont cru, & dans beaucoup de cantons ils le croient malheureuſement encore, que plus les logemens de leurs beſtiaux ſont chauds, & plus ils ſont convenables; en conſéquence on les faiſoit de la moindre dimenſion poſſible en étendue & en hauteur: on evitoit de multiplier les ouvertures, on n'en pavoit jamais le ſol, & on y laiſſoit s'accumuler le fumier pendant des années entières. Les connoiſſances aujourd'hui acquiſes ſur l'influence d'un air pur & continuellement renouvelé ſur la ſanté des animaux ont déterminé tous les écrivains à conſeiller au contraire de conſtruire les ÉCURIES, les ÉTABLES, les BERGERIES, les TOITS A PORCS, les POULAILLERS & les COLOMBIERS (*voyez* ces mots) toujours plutôt trop grands que trop petits, relativement au nombre d'animaux qu'ils doivent contenir; de leur donner une elévation conſidérable, comparativement à celles qu'ils avoient; de les percer de pluſieurs fenêtres oppoſées, tant hautes que baſſes, afin d'y etablir un courant d'air lorſqu'on le juge à propos, & de laiſſer même quelques-unes des fenêtres d'en haut toujours ouvertes, d'en paver le ſol, de manière que la ſurabondance des urines s'écoule au dehors; d'en enlever les fumiers tous les jours, tous les deux jours, toutes les ſemaines au plus, & de les dépoſer au loin. Outre ces précautions, tous les ans on doit nétoyer à fond toutes les parties de ces logemens, & en laver le plafond, les murs, le ſol, les uſtenſiles fixes, &c. avec un fort lait de chaux.

Point de doute que les animaux domeſtiques ſouffrent du froid, comme nous en ſouffrons; mais leur peau & leurs pieds ſont conformés de manière à en moins craindre les atteintes. On ne riſque donc jamais de les laiſſer expoſés en plein air, aux froids ordinaires des hivers du climat de Paris; à plus forte raiſon dans des lieux fermés, quelque vaſtes qu'ils ſoient. Ce ſont plutôt les pluies froides qui peuvent leur nuire, ſurtout pendant l'eté, en arrêtant leur tranſpiration, circonſtance qui, comme je viens de le dire, donne lieu à de graves inconveniens.

Ce ſeroit peut-être ici le lieu de diſcuter une grande queſtion qui diviſe les cultivateurs, celle de ſavoir s'il eſt plus avantageux de nourrir toute l'année les beſtiaux au pâturage ou dans l'ecurie.

Il eſt généralement reconnu, ainſi que je l'ai obſervé plus haut, que les chevaux qui mangent excluſivement des herbes vertes ſont moins forts que ceux qui ſont nourris de foin & d'avoine ou autre graine. D'ailleurs, 1°. il leur faut un bien plus long tems pour ſe remplir l'eſtomac au paturage qu'a l'ecurie; 2°. ils ne pourroient pas trouver partout de l'herbe fraiche lorſqu'ils ſont employes à un ſervice extérieur. Ainſi, excepté quelques cas, les chevaux doivent être plutôt nourris au ſec, qu'au vert.

Il en ſeroit de même des bœufs s'ils n'appartenoient pour la plupart à de pauvres cultivateurs, qui ne ſavent pas que, par une bonne culture des paturages où ils les mettent, & par un bon emploi du tems des perſonnes qui les y gardent, ils pourroient obtenir un revenu décuple de celui qu'ils tirent de leur service.

Reste donc les vaches, qui, nourries à l'étable, fournissent plus de lait & plus de fumier, objets sans doute d'une grande importance, mais dont les avantages sont atténués par la considération que leur nourriture est plus chère que le lait, ainsi que le beurre & le fromage qu'on en retire, lesquels sont de plus ou moins bonne qualité, & que les vaches sont plus sujètes aux maladies, qui sont la suite du défaut d'exercice & d'un long sejour dans un air stagnant.

Quant aux moutons, quoiqu'on gagne aussi plus de fumier à les tenir renfermés la plus grande partie de l'année, la plus forte dépense de leur nourriture & le danger des maladies, dépense plus sensible & danger plus imminent pour eux que pour les vaches, doivent s'y opposer. Ajoutez de plus que leur chair perd de sa saveur, & leur suif de sa consistance.

Ces inconveniens semblent moins graves pour les cochons; cependant tout le monde sait que ceux qui ont la liberté des champs jusqu'au moment où on les met à l'engrais, offrent, comme les autres animaux, dans le même cas, une chair moins fade & un lard moins flasque.

Je m'arrête ici quoiqu'il me soit facile de mettre sous les yeux du lecteur beaucoup d'autres considérations hygieniques, parce que les articles des animaux domestiques & des plantes qui sont l'objet de la grande culture fournissent des complémens à celui-ci. (*Bosc.*)

HYGROMETRE, instrument destiné à mesurer la quantité d'humidité qui est contenue dans l'air. *Voyez* HUMIDITÉ.

Les cultivateurs réfléchis savent assez bien juger de l'humidité de l'air dans les tems ordinaires; mais il est des cas où leurs sens & l'observation des phénomènes physiques les mettent en défaut. Il est donc bon qu'ils aient un Hygromètre.

Toute substance propre à absorber l'humidité de l'air peut servir d'Hygromètre. Une simple ficelle attachée au plancher & tenue tendue par un poids en est un. Elle s'alonge pendant la sécheresse, & se raccourcit pendant l'humidité; mais une corde à boyau est préférable, parce qu'elle agit avec plus de régularité. On vend dans les villes de ces Hygromètres de corde à boyau, qui font ornement, & dont le prix est fort bas. Ce sont ceux-là que je conseille aux cultivateurs de se procurer. Je renvoie au *Dictionnaire de Physique* pour les moyens de les construire.

Un Hygromètre peut servir à juger du degré d'humidite qui règne dans une chambre d'habitation, dans un fruitier, dans un grenier rempli de grains. Il peut, avec le baromètre, faire préjuger à l'avance le beau tems ou le mauvais tems. (*Bosc.*)

HYMÉNOPAPPE. *Hymenopappus.*

Plante annuelle, à feuilles presque pinnées, à fleurs disposées en corymbes, originaire de la Caroline, & qui seule forme un genre dans la syngénésie égale, genre qui est figuré, sous le nom de *Rothia*, dans les *Illustrations des genres* de Lamarck, pl. 667.

Cette plante a été cultivée, pendant plusieurs années, dans le Jardin du Muséum. On lui donnoit une terre consistante, une exposition chaude & des arrosemens modérés. Comme ses graines n'y arrivoient pas à maturité, elle a cessé d'exister lorsque la provision de celles envoyées d'Amérique par Michaux a été épuisée. (*Bosc.*)

HYOBANCHE. *Hyobanchus.*

Plante parasite des racines des plantes, qui croît dans une partie de l'Afrique, & qui forme un genre dans la didynamie angiospermie, peu different de celui des OROBANCHES. *Voy.* ce mot.

Comme cette plante n'est pas & ne pourra probablement jamais être cultivée en Europe, je suis dispensé de lui consacrer un plus long article. (*Bosc.*)

HYOSÉRIDE. *Hyoseris.*

Genre de plante de la syngénésie égale & de la famille des *Chicoracées*, qui renferme huit espèces, dont plusieurs sont cultivées dans les écoles de botanique. *Voyez* les *Illustrations des genres* de Lamarck, pl. 654.

Observation.

Ce genre a été divisé par quelques botanistes, qui ont formé à ses dépens celui des HEDYPNOIDES. (*Voyez* ce mot.) De plus, je dois observer que plusieurs espèces qui en faisoient autrefois partie, ont été réunies à d'autres.

Espèces.

1. L'HYOSÉRIDE rayonnée.
Hyoseris radiata. Linn. ♃ Des parties méridionales de la France.

2. L'HYOSÉRIDE luisante.
Hyoseris lucida. Linn. ♃ D'Orient.

3. L'HYOSERIDE rude.
Hyoseris aspera. Linn. ⊙ D'Italie.

4. L'HYOSERIDE hispide.
Hyoseris hispida. Willd. ♃ De Maroc.

5. L'HYOSERIDE naine.
Hyoseris pygmæa. Ait. ⊙ De Madère.

6. L'HYOSERIDE hérissée.
Hyoseris hirta. Willd. De.....

7. L'HYOSERIDE des sables.
Hyoseris arenaria. Willd. ⊙ De Maroc.

8. L'Hyoseride prenanthoïde.
Hyoseris prenanthoides. Willd. De l'Amérique septentrionale.

Culture.

Les trois premières espèces se cultivent dans le Jardin du Muséum d'Histoire naturelle de Paris. On les y place en pleine terre; mais comme elles craignent les fortes gelées, on en tient quelques pieds en pots pour pouvoir les en garantir en les rentrant dans l'orangerie avant l'hiver. Elles se multiplient par le semis de leurs graines, qui mûrissent assez bien, & par le déchirement des vieux pieds en automne. Une terre consistante paroît celle qui leur convient le mieux. Des arrosemens leur sont donnés au besoin, mais ils doivent être rares en hiver. (*Bosc.*)

HYOVERTOBROTOMIE. Les chevaux, ainsi que les ânes & les mulets, ont au dessous de la ganache deux cavités qu'on appelle *poches gutturales* ou *poches d'Eustache.* Par suite de la gourme, de la morve, du farcin, &c., ces deux poches se remplissent quelquefois de pus, & compriment la trachée artère au point de faire périr l'animal. L'opération propre à faire sortir ce pus porte le nom d'*Hyovertobrotomie.*

Cette opération, très-difficile, ne peut être faite que par un vétérinaire exercé. Pour l'exécuter il faut en effet renverser l'animal, faire un pli à la peau, en avant de la premiere vertèbre cervicale & dans toute la partie postérieure de la parotide, après quoi on pratique une incision verticale, & on fend le muscle qui recouvre la poche, de la direction de laquelle on s'est assuré au moyen du doigt pour éviter l'artère carotide & les nerfs qui l'accompagnent. Une partie du pus sort par l'ouverture; mais il en reste qu'on ne peut évacuer qu'au moyen d'une contr'ouverture faite, au moyen de la sonde cannelée, dans la partie inférieure de la ganache, en évitant les jugulaires. On place ensuite un seton dans la plaie. (*Bosc.*)

HYPÉCOON. *Hypecoum.*

Genre de plante de la tétrandrie digynie & de la famille des *Papavéracées*, qui rassemble trois espèces qu'on ne cultive que dans les jardins de botanique, étant petites & sans nul agrément. *Voyez* les *Illustrations des genres* de Lamarck, pl. 88.

Espèces.

1. L'Hypécoon couché.
Hypecoum procumbens. Linn. ⊙ Des parties méridionales de la France.

2. L'Hypecoon à fruits pendans.
Hypecoum pendulum. Linn. ⊙ Des parties méridionales de la France.

3. L'Hypecoon littoral.
Hypecoum littorale. Jacq. ⊙ D'Autriche.

Culture.

La première espèce est la seule qui se trouve inscrite dans le catalogue du Jardin du Muséum de Paris; mais j'y ai vu cultiver la seconde. On la sème tous les ans en place, au printems; & le seul soin qu'exige le plant qui en provient, c'est d'être éclairci & sarclé. Elle s'élève d'autant plus, que le terrein où elle se trouve est plus fertile & plus arrosé. (*Bosc.*)

HYPHYDRE. *Hyphydra.*

Plante aquatique de Cayenne, nommée *Tonina* par Aublet, figurée, sous ce nom, pl. 772 des *Illustrations des genres* de Lamarck, & formant seule un genre dans la monoécie gynandrie.

Cette plante ne paroît pas susceptible d'être jamais cultivée en Europe; ce qui m'empêche d'en parler plus longuement. (*Bosc.*)

HYPOLÈPE. *Hypolepis.*

Plante parasite des racines des arbres, qui croît au Cap de Bonne-Espérance, que quelques botanistes ont réunie aux *Phélypées*, & que d'autres croient devoir former seule un genre dans la dioécie diandrie.

Cette plante n'est pas cultivée, & ne paroît pas pouvoir l'être facilement, surtout en Europe; en conséquence je n en dirai rien de plus. (*Bosc.*)

HYPOLYTRE. *Hypolytrum.*

Plante de l'Inde, qui forme un genre dans la triandrie monogynie & dans la famille des *Cypéroïdes.*

Cette plante n'est pas encore cultivée dans nos jardins, & je n'ai rien à en dire. (*Bosc.*)

HYPOXIS. *Hypoxis.*

Genre de plante de l'hexandrie monogynie & de la famille des *Liliacées*, qui comprend vingt-deux espèces, dont plusieurs font l'objet de nos cultures dans les écoles de botanique & dans les collections des amateurs. Elle est figurée pl. 229 des *Illustrations des genres* de Lamarck.

Espèces.

1. L'Hypoxis de Virginie.
Hypoxis erecta. Linn. ♃ De Virginie.

2. L'Hypoxis à feuilles étroites.
Hypoxis angustifolia. Lamarck. ♃ De l'Isle-de-France.

3. L'Hypoxis cotonneux.
Hypoxis tomentosa. Lamarck. ♃ Du Cap de Bonne-Espérance.

4. L'Hypoxis géminiflore.
Hypoxis decumbens. Linn. ♃ De l'Amérique méridionale.

5. L'Hypoxis à feuilles de scorsonère.
Hypoxis scorsoneræfolia. Lamarck. ♃ De Cayenne.

6. L'Hypoxis fasciculaire.
Hypoxis fascicularis. Linn. ♃ De Syrie.

7. L'Hypoxis sessile.
Hypoxis sessilis. Linn. ♃ De Caroline.

8. L'Hypoxis à épi.
Hypoxis spicata. Thunb. ♃ Du Japon.

9. L'Hypoxis à étoile.
Hypoxis stellata. Linn. ♃ Du Cap de Bonne-Espérance.

10. L'Hypoxis sobolifère.
Hypoxis sobolifera. Jacq. ♃ Du Cap de Bonne-Espérance.

11. L'Hypoxis velu.
Hypoxis villosa. Linn. ♃ Du Cap de Bonne-Espérance.

12. L'Hypoxis penché.
Hypoxis decumbens. Linn. ♃ De la Jamaïque.

13. L'Hypoxis oblique.
Hypoxis obliqua. Jacq. ♃ Du Cap de Bonne-Espérance.

14. L'Hypoxis aquatique.
Hypoxis aquatica. Linn. ♃ Du Cap de Bonne-Espérance.

15. L'Hypoxis à feuilles ovales.
Hypoxis ovata. Linn. ♃ Du Cap de Bonne-Espérance.

16 L'Hypoxis à feuilles dentelées.
Hypoxis serrata. Linn. ♃ Du Cap de Bonne-Espérance.

17. L'Hypoxis jonc.
Hypoxis juncea. Smith. ♃ De la Caroline.

18. L'Hypoxis plissé.
Hypoxis plicata. Jacq. ♃ Du Cap de Bonne-Espérance.

19. L'Hypoxis bleu.
Hypoxis cærulescens. Linn. ♃ Du Cap de Bonne-Espérance.

20. L'Hypoxis à feuilles de luzule.
Hypoxis luzulæfolia. Decand. ♃ Du Cap de Bonne-Espérance.

21. L'Hypoxis nain.
Hypoxis alba. Linn. ♃ Du Cap de Bonne-Espérance.

22. L'Hypoxis très petit.
Hypoxis minuta. Linn. ♃ Du Cap de Bonne-Espérance.

Culture.

J'ai observé que les Hypoxis de l'Amérique septentrionale, c'est-à-dire, la première, la septième & la dix-huitième espèce, croissoient naturellement dans des lieux sablonneux, susceptibles de garder l'eau plusieurs jours après les pluies, surtout pendant l'hiver. Il est probable qu'il en est de même de la plupart de celles qui sont originaires du Cap de Bonne-Espérance. C'est donc une terre consistante & des arrosemens abondans qu'il leur faut. Il y a lieu de croire que c'est faute de connoître ces circonstances, qu'on cultive si peu de ces plantes dans nos jardins, où il a dû en être envoyé souvent des graines ou des pieds. On en cite quatre espèces cultivées aux environs de Paris; la première, extrêmement commune; la onzième, souvent confondue avec elle, & qui vient fort bien en pleine terre; la dixième & la douzième, plus rares, & qui exigent l'orangerie. Rarement ces quatre espèces donnent ici de bonnes graines. On les multiplie par la séparation des vieux pieds en automne, séparation qui remplit presque toujours son objet sans inconvénient. Au reste, de toutes ces espèces, il n'y a que la douzième qui soit de quelque beauté, & qui mérite d'être cultivée pour l'ornement hors des jardins de botanique. (*Bosc.*)

HYPTIS. *Hyptis.*

Genre de plante de la didynamie gymnospermie & de la famille des *Labiées*, qui réunit onze espèces, dont une ou deux sont cultivées dans les jardins de botanique. *Voyez* les *Illustrations des genres* de Lamarck, pl. 507.

Observations.

Plusieurs espèces de ce genre faisoient jadis partie du genre Clinopode; mais comme il n'a été question que d'une d'elles à ce mot, je vais les rappeler toutes.

Espèces.

1. L'Hyptis verticillé.
Hyptis verticillata. Jacquin. ♃ De Saint-Domingue.

2. L'Hyptis en tête.
Hyptis capitata. Jacquin. ♃ De la Jamaïque.

3. L'Hyptis radié.
Hyptis radiata. Willd. ♃ De la Caroline. C'est le *Clinopodium rugosum* de Linnæus.

4. L'Hyptis à feuilles de chamædrys.
Hyptis chamædris. ♃ Willd. De Cayenne.

5. L'Hyptis recourbé.
Hyptis recurvata. Poir. ♃ De Cayenne.

6. L'Hyptis rouge de sang.
Hyptis atrorubens. Poir. ♃ De Cayenne.

7. L'Hyptis à feuilles de lantana.
Hyptis lantanæfolia. Poir. ♃ Des Antilles.

8. L'Hyptis à feuilles de faux chamædrys.
Hyptis pseudochamædrys. Poir. ♃ Des Antilles.

9. L'Hyptis en épi.
Hyptis spicata. Poir. ♃ De Saint-Domingue.
10. L'Hyptis pectiné.
Hyptis pectinata. Lhéritier. ♃ De l'Amérique méridionale.
11. L'Hyptis de Perse.
Hyptis persica. Spreng. ♃ De Perse.

Culture.

Les Hyptis sont d'assez grandes plantes & propres à l'ornement des jardins paysagers; mais toutes demandent l'orangerie ou la serre chaude dans le climat de Paris. J'avois apporté abondamment des graines de la troisième espèce, & elles ont servi à la faire voir pendant quelques années dans le Jardin du Muséum, mais elle n'a pu s'y conserver; de sorte que la seconde seule est inscrite sur le catalogue de ce Jardin.

On doit semer les graines d'Hyptis sur couche & sous châssis, dans des pots remplis de terre de bruyère, melée d'un peu de terre franche. Le plant se relève lorsqu'il a deux pouces de haut, pour être repiqué seul à seul dans d'autres pots. On le tient, pendant l'eté, à l'exposition la plus chaude: on l'arrose moderément, & on le rentre dans la serre aux approches des froids. Il faut lui donner de la nouvelle terre tous les ans.

J'ai lieu de croire que ces plantes se multiplient difficilement par le déchirement des vieux pieds, puisqu'elles restent si rares dans nos jardins; car ce moyen est assuré pour les plantes qui se prêtent à son emploi. (*Bosc.*)

HYSSOPE. *Hyssopus.*

Genre de plante de la didynamie gymnospermie & de la famille des *Labiées*, qui réunit sept espèces, dont une est fort célèbre, & dont plusieurs se cultivent dans nos jardins. *Voyez* les *Illustrations des genres* de Lamarck, pl. 502.

Observations.

Plusieurs espèces, qui ont fait partie de ce genre, font actuellement partie du genre Elsholtzie; mais comme il n'en a pas ete question à ce mot, je les considérerai ici comme n'en ayant pas éte séparés.

Espèces.

1. L'Hyssope officinale.
Hyssopus officinalis. Linn. ♄ Indigène.
2. L'Hyssope à feuilles de moldavique.
Hyssopus lophantus. Linn. ♃ De la Chine.
3. L'Hyssope à feuilles de cataire.
Hyssopus nepetoides. Linn. ♃ De la Caroline.
4. L'Hyssope à feuilles de scrophulaire.
Hyssopus scrophularifolius. Willdenow. ♂ Du Canada.
5. L'Hyssope à feuilles de basilic.
Hyssopus cristata. Willd. ⊙ De Sibérie. *Patrinia.*
6 L'Hyssope paniculée.
Hyssopus paniculatus. Willd. ♃ Des Indes.
7. L'Hyssope occimoïde.
Hyssopus occimoides. Willd. ♃ Des Indes.

Culture.

L'Hyssope officinale croît naturellement dans les lieux arides & parmi les rochers exposés au midi de toutes les parties méridionales de l'Europe, même dans quelques localités des parties septentrionales. On en voit beaucoup sur les rochers qui bordent la Loire près Tours, & sur ceux qui bordent l'Oise près Paris. On la cultive de tems immémorial dans les jardins, où elle fournit plusieurs variétés remarquables, telles que celles à *larges feuilles*, à *feuilles de myrte*, à *feuilles étroites*, à *feuilles velues*, à *feuilles panachées*, à *fleurs rouges*, à *fleurs blanches*, &c. &c. Il lui faut une terre sèche, point d'engrais, & le grand soleil si on veut qu'elle subsiste long-tems. Elle embaume les jardins pendant l'été, & fournit aux abeilles une abondante récolte de miel. Elle orne également les jardins paysagers, où elle se place sur les rochers exposés au midi, sur le revers des tertres, sur le bord des gazons, &c. C'est en bordures qu'on la dispose le plus ordinairement dans les parterres, mais elle fait également bien en touffes.

Ces bordures ou touffes ne doivent pas être tondues comme on le fait souvent, mais seulement châtrees avec la serpette lorsqu'une de leurs branches prédomine trop, car c'est dans les fleurs de l'Hyssope que réside sa principale beauté.

On multiplie l'Hyssope de graines, dont elle donne abondamment, & qu'on sème au printems à l'exposition du midi. On la multiplie aussi, & même plus communément, par le déchirement des vieux pieds lorsqu'on les relève; ce qui se fait à la même époque. Les marcotes & les boutures sont aussi des moyens qu'on peut employer avec assurance de succès. Enfin, cette plante ne demande que les plus petits soins pour croître & se conserver. Elle craint cependant les étes humides & les hivers froids. On doit la lever tous les trois à quatre ans pour la changer de place ou lui donner de la nouvelle terre; car elle est très-effritante, &, si on ne le faisoit pas, ses tiges centrales mourroient successivement. D'ailleurs, ses touffes s'augmentent annuellement par les bords d'une manière irrégulière, & qui n'est pas toujours agréable à l'œil. Il est aussi quelquefois bon de la couper rez terre pour lui faire pousser de nouvelles tiges, qui ont des feuilles plus grandes & des fleurs plus belles que les anciennes.

La seconde & la troisième espèce d'Hyssope sont beaucoup plus grandes que celle dont il vient d'être question. Elles subsistent également en pleine terre dans le climat de Paris ; cependant, comme elles sont un peu plus délicates qu'elle, il est bon d'en tenir quelques pieds en pot pour les rentrer dans l'orangerie aux approches de l'hiver. On les multiplie de graines qu'on sème sur couche ou dans des pots remplis de terre de bruyère, & par déchirement des vieux pieds. On peut aussi faire des boutures avec le collet de leurs racines. Une exposition abritée & sèche est indispensable à leur prospérité.

La quatrième se sème de même que les précédentes, & lorsque le plant qu'ont fourni ses graines a deux ou trois pouces de haut, on le transplante, seul à seul, en pleine terre, où il ne demande que les soins ordinaires.

La cinquième, qui fait partie, ainsi que le reste, des elsholtzies, a servi à former le genre *Patrinie*. Son odeur est très-agréable, & lui devroit mériter une culture plus étendue. On sème ses graines, au printems, en place, & on éclaircit le plant qu'elles produisent : du reste, elle ne demande aucun soin. Il m'a paru qu'elle vouloit un terrein léger & frais plutôt que tout autre.

Je ne sache pas que les autres espèces se trouvent dans nos jardins. (*Bosc.*)

Fin du tome quatrième.

www.ingramcontent.com/pod-product-compliance
Ingram Content Group UK Ltd.
Pitfield, Milton Keynes, MK11 3LW, UK
UKHW011959240726
13965UKWH00001B/40

9 782012 939646